O Θ T

演算法導論

第四版

INTRODUCTION TO ALGORITHMS

Σ $\lim$ $\log$ Pr

Ω e^x $f(x)$

© 2024 GOTOP Information, Inc. Authorized Chinese Complex translation of the English edition of Introduction to Algorithms, fourth edition, ISBN 9780262046305.
© 2022 Massachusetts Institute of Technology.
This translation is published and sold by permission of The MIT Press, which owns or controls all rights to publish and sell the same.
All rights reserved. No part of this book may be reproduced in any form or by any electronic or mechanical means (including photocopying, recording, or information storage and retrieval) without permission in writing from the publisher.

目錄

前言 xi

I 基礎

簡介 1

1 演算法在計算時的作用 3
    1.1 演算法 3
    1.2 作為一種技術的演算法 9

2 起點 14
    2.1 插入排序 14
    2.2 分析演算法 21
    2.3 設計演算法 29

3 分析執行時間的特性 44
    3.1 O 表示法、Ω 表示法與 Θ 表示法 44
    3.2 漸近表示法：正式定義 48
    3.3 標準表示法與常用函數 57

4 分治法 71
    4.1 將方陣相乘 75
    4.2 Strassen 矩陣乘法演算法 80
    4.3 用代入法來求解遞迴式 84
    4.4 用遞迴樹來求解遞迴式 89
    4.5 用主法來求解遞迴式 95
    ★ 4.6 證明連續主定理 100
    ★ 4.7 Akra-Bazzi 遞迴式 109

5 機率分析與隨機演算法 120
    5.1 僱用問題 120
    5.2 指標隨機變數 123

目錄

   5.3 隨機演算法 128
★ 5.4 機率分析與進一步使用指標隨機變數 133

II 排序和順序統計量

| 簡介 .... 149 |

6 堆積排序 153
 6.1 堆積 153
 6.2 維持堆積特性 156
 6.3 建構堆積 159
 6.4 堆積排序演算法 162
 6.5 優先佇列 164

7 快速排序 173
 7.1 介紹快速排序 173
 7.2 快速排序的性能 178
 7.3 快速排序的隨機版本 183
 7.4 分析快速排序 184

8 以線性時間排序 195
 8.1 排序的下限 195
 8.2 計數排序 198
 8.3 數基排序 201
 8.4 桶排序 205

9 中位數與順序統計量 216
 9.1 最小值與最大值 216
 9.2 以期望線性時間來做選擇 218
 9.3 最壞情況為線性時間的選擇演算法 225

III 資料結構

| 簡介 .... 237 |

10 基本資料結構 240
 10.1 基於陣列的簡單資料結構：陣列、矩陣、堆疊、佇列 240

	10.2	鏈接串列	246
	10.3	表示有根樹	253
11	**雜湊表**		**260**
	11.1	直接定址表	260
	11.2	雜湊表	263
	11.3	雜湊函數	270
	11.4	開放定址	281
	11.5	實際的考慮因素	289
12	**二元搜尋樹**		**299**
	12.1	何謂二元搜尋樹？	299
	12.2	查詢二元搜尋樹	303
	12.3	插入與刪除	308
13	**紅黑樹**		**318**
	13.1	紅黑樹的特性	318
	13.2	旋轉	322
	13.3	插入	325
	13.4	刪除	333

IV　進階設計和分析技術

	簡介		347
14	**動態規劃**		**348**
	14.1	鋼棒切割	349
	14.2	矩陣乘法鏈	359
	14.3	動態規劃的元素	367
	14.4	最長相同子序列	377
	14.5	最佳二元搜尋樹	384
15	**貪婪演算法**		**400**
	15.1	活動選擇問題	400
	15.2	貪婪策略的元素	407
	15.3	Huffman 編碼	413
	15.4	離線快取	421

16 平攤分析 429
16.1 聚合分析 430
16.2 會計法 434
16.3 潛能法 437
16.4 動態表 441

V 高階資料結構

簡介 457

17 擴充資料結構 459
17.1 動態順序統計量 459
17.2 如何擴增資料結構 465
17.3 區間樹 468

18 B 樹 476
18.1 B 樹的定義 480
18.2 針對 B 樹的基本操作 482
18.3 在 B 樹中刪除一個鍵 491

19 不相交集合的資料結構 497
19.1 不相交集合操作 497
19.2 用鏈接串列來表示不相交集合 500
19.3 不相交集合森林 504
★ 19.4 分析使用路徑壓縮的依 rank 聯合 508

VI 圖演算法

簡介 523

20 初級圖演算法 525
20.1 圖的表示法 525
20.2 廣度優先搜尋 530
20.3 深度優先搜尋 539
20.4 拓撲排序 549
20.5 強連通成分 552

21 最小生成樹 561
21.1 增長最小生成樹 562
21.2 Kruskal 與 Prim 演算法 567

22 單源最短路徑 580
22.1 Bellman-Ford 演算法 588
22.2 在有向無迴路圖裡面的單源最短路徑 592
22.3 Dijkstra 演算法 595
22.4 差分約束與最短路徑 602
22.5 最短路徑特性的證明 608

23 all-pairs 最短路徑 622
23.1 最短路徑與矩陣乘法 624
23.2 Floyd-Warshall 演算法 631
23.3 處理稀疏圖的 Johnson 演算法 638

24 最大流量 646
24.1 流量網路 647
24.2 Ford-Fulkerson 方法 652
24.3 最多二部圖配對 669

25 二部圖的配對 680
25.1 最大二部匹配（複習） 681
25.2 穩定婚配問題 691
25.3 用匈牙利演算法來處理分配問題 698

VII 特選主題

簡介 719

26 平行演算法 722
26.1 分叉聚合平行化基礎 724
26.2 平行矩陣乘法 743
26.3 平行版的合併排序 747

27 線上演算法 763
27.1 等電梯 764
27.2 維護搜尋串列 767
27.3 線上快取 773

28 矩陣運算 **789**
- 28.1 求解線性方程組 789
- 28.2 矩陣求逆 803
- 28.3 對稱正定矩陣與最小平方近似 808

29 線性規劃 **820**
- 29.1 線性規劃公式與演算法 822
- 29.2 將問題定義成線性規劃 829
- 29.3 對偶性 835

30 多項式與 FFT **846**
- 30.1 多項式表示法 848
- 30.2 DFT 與 FFT 854
- 30.3 FFT 電路 863

31 數論演算法 **872**
- 31.1 基本數論概念 873
- 31.2 最大公因數 879
- 31.3 模數算術 885
- 31.4 求解模數線性方程式 893
- 31.5 中國餘數定理 897
- 31.6 元素的次方 901
- 31.7 RSA 公鑰加密系統 905
- ★ 31.8 質數判定 911

32 字串比對 **924**
- 32.1 天真字串比對演算法 927
- 32.2 Rabin-Karp 演算法 929
- 32.3 使用有限自動機來比對字串 934
- ★ 32.4 Knuth-Morris-Pratt 演算法 941
- 32.5 後綴陣列 952

33 機器學習演算法 **969**
- 33.1 聚類 971
- 33.2 乘法加權演算法 981
- 33.3 梯度下降 988

34　NP 完備性 1006
34.1　多項式時間 1011
34.2　多項式時間驗證 1018
34.3　NP 完備性與可約化性 1023
34.4　NP 完備性證明 1034
34.5　NP-complete 問題 1042

35　近似演算法 1064
35.1　頂點覆蓋問題 1066
35.2　旅行推銷員問題 1069
35.3　集合覆蓋問題 1074
35.4　隨機化與線性規劃 1078
35.5　子集合總和問題 1083

VIII　附錄：數學基礎

簡介 1095

A　求和 1096
A.1　和式與特性 1096
A.2　計算和式界限 1102

B　集合與離散數學的其他要素 1110
B.1　集合 1110
B.2　關係 1115
B.3　函數 1118
B.4　圖 1120
B.5　樹 1125

C　計數與機率 1134
C.1　計數 1134
C.2　機率 1140
C.3　離散隨機變數 1147
C.4　幾何分布和二項分布 1152
★ C.5　二項分布的尾部 1159

D　矩陣 **1171**
　　D.1　矩陣與乘法運算 1171
　　D.2　基本矩陣特性 1176
參考文獻 **1185**
索引 **1205**

前言

還在不久前,除了電腦科學家或數學家之外,幾乎沒有人聽過「演算法」,然而,隨著電腦在現代生活中日益普及,這個詞已不再如此專業了。環顧家裡可以發現,即使是不起眼的地方都有演算法在執行,例如微波爐、洗衣機,當然還有電腦。你可能會讓演算法推薦音樂,或規劃駕駛路線。我們的社會使用演算法來量刑(姑且不論好壞)。你甚至可能依靠演算法來維持生命,或至少避免喪命,例如,汽車或醫療設備裡的控制系統[1]。新聞報導幾乎每天都會提到「演算法」這個詞。

因此,除了計算機科學學生和從業者需要了解演算法之外,作為世界公民的你也必須了解演算法。一旦你了解演算法,你就可以教別人何謂演算法、它們如何運作,以及它們有什麼限制。

本書將全面介紹電腦演算法的現代研究成果,我們會介紹許多演算法,並對它們進行相當深入的探討,同時讓所有程度的讀者都可以理解本書的內容。我們會進行所有分析,有的很簡單,有的比較複雜。我們試著在不犧牲深度和數學嚴謹性的前提下,盡量清楚地解釋它們。

本書的每一章都會介紹一種演算法、一種設計技術、一種應用領域,或一個相關的主題。為了幫助幾乎沒有程式設計基礎的讀者理解,我們將用英文和虛擬碼(pseudocode)來描述演算法。本書使用 231 張圖表來說明演算法如何運作,其中有些圖表包含多個部分。我們強調*效率*這個設計標準,所以也會仔細地分析演算法的執行時間。

本書主要是讓大學或研究所的演算法或資料結構課程使用的。由於本書探討演算法設計的工程問題和數學層面,所以專業技術人員也可以用來自學。

在第四版中,我們再次更新了全書。我們更新的範圍很廣泛,包括加入新章節、彩色插圖,以及幫助你更專心的寫作風格。

---

1 若要了解演算法如何在各方面影響日常生活,可參考 Fry [162]。

致教師

我們將這本書設計得既全面又完整。你應該會同意它適合各種課程，從大學的資料結構，到研究所的演算法課程。因為本書的內容遠多於一個學期的課程可以傳授的內容，所以你可以選擇最適合課程的部分。

你可以輕鬆地用你需要的章節來規劃課程。我們讓各章相對獨立，所以不用擔心某章與另一章之間有沒必要的關係。大學課程可能只需要講解同一章裡的某幾節，研究所課程可能要講授完整的一章。

本書有 931 道習題與 162 個挑戰。每節的結尾都有習題，每章的結尾都有挑戰。習題通常是簡短的問題，可檢驗讀者對內容的基本掌握程度。有些習題是簡單的自我確認思考練習，但很多習題很重要，適合當成功課。挑戰則包含更深入的案例研究，經常會介紹新的內容；它們通常包含幾個部分，我們用這些部分來引導學生逐步找出答案。

如同本書的第三版，我們公布了一些習題和挑戰的解答，但並非全部。你可以在本書網站上找到這些解答（*http://mitpress.mit.edu/algorithms/*），並找一下裡面有沒有你想指定的習題或挑戰的解答；我們會不定期公布更多的解答，建議你在每次授課前都到這個網站確認一下。

我們將適合研究生而非大學生的小節和習題標上星號（★）。有星號的小節不見得較難，但可能需要更進階的數學知識；同理，有星號的習題可能需要更進階的背景知識，或更高階的創意思維。

致學生

我們希望這本教科書可以讓你開心地認識演算法領域。我們試圖讓每一個演算法既易懂又有趣。為了協助你認識不熟悉或困難的演算法，我們將按部就班地介紹每一種演算法。我們也會詳細地解釋分析演算法的數學工具，並提供輔助圖表，來幫助你更直觀地了解來龍去脈。

因為這本書很厚，所以你修的課程可能只介紹部分內容。雖然我們希望這本教科書對你有所幫助，但我們也試圖讓它具備足夠的全面性，讓它值得放在你的專業書架上。

閱讀本書的先決條件為何？

- 具備一些程式設計經驗，尤其是了解遞迴（recursive）程序和簡單的資料結構，例如陣列（array）與鏈接串列（linked list）（但第 10.2 節會介紹鏈接串列，以及一種你可能還沒看過的變體）。

- 對於數學證明有一定的把握，尤其是使用數學歸納法來證明。本書有些部分需要具備初級微積分知識。雖然本書到處使用數學，但我們會在第一部分與附錄 A–D 教導本書需要的所有數學。

我們的網站 *http://mitpress.mit.edu/algorithms/* 有一些挑戰和習題的解答連結，你可以隨時在那裡確認答案。不過，請勿將你的答案傳給我們。

致專業人員

由於本書涵蓋廣泛的主題，所以這是一本很棒的演算法手冊。因為各章相對獨立，所以你可以把焦點放在與你有關的主題上。

我們討論的演算法大多很實用，所以也會討論實作方面的問題和其他的工程問題。對於少數幾個偏理論的演算法，我們會提供實用的替代方案。

如果你想要實現任何演算法，你應該可以輕鬆地將虛擬碼轉換成你喜歡的程式語言。虛擬碼的目的是清楚並簡要地介紹每一種演算法，因此，我們不在裡面處理錯誤，也不會處理其他依賴程式設計環境的軟體工程問題。我們會簡潔地介紹每一種演算法，避免程式語言的特殊性質掩蓋演算法的本質。本書的陣列是從 1 算起的，如果你習慣使用從 0 算起的陣列，這個規範可能讓你容易出錯，你可以將我們的索引減 1，或乾脆重新配置陣列，完全不使用位置 0。

如果你用本書來自學，也許沒有老師可以幫助你確認挑戰或習題的答案。我們的網站 *http://mitpress.mit.edu/algorithms/* 有一些挑戰和習題的解答連結可供你確認。請勿將你的解答寄給我們。

致同業

我們提供了廣泛的參考書目和文獻。每章的結尾都有一篇後記，裡面有歷史細節和參考文獻。然而，後記並不包含整個演算法領域的完整參考資料。受限於篇幅，我們無法納入更多有趣的演算法，雖然或許你不相信，即使是這麼厚的書也做不到這一點。

雖然學生們無數次要求我們提供挑戰和習題的解答，但為了避免他們直接找答案，而不是自行探索，所以我們決定不提示參考資料。

第四版的修改

正如我們在第二版與第三版的修改說明中說過的，取決於你的觀點，你可能認為本書的修改很少，也可能認為很多。從目錄來看，第四版涵蓋了第三版大部分的章節。我們移除了三章與若干小節，但也加入新的三章和若干新的小節。

我們保留前三版採用的混合式架構，同時考慮問題領域和技術，而不是只根據其中一個元素來組織各章。本書有技術型章節，介紹分治法、動態規劃、貪婪演算法、平攤分析、擴大資料結構、NP 完備性，以及近似演算法。但本書也用完整的部分來介紹排序、動態集合的資料結構，以及圖問題演算法。雖然我們在設計演算法和分析演算法時知道該使用哪些技巧，但真正的問題幾乎都不會提示你該採用哪種技巧來處理。

第四版有些全書範圍的修改，有些則針對特定章節。我們將最重要的修改整理如下：

- 我們加入 140 道新習題與 22 個新挑戰。我們也改進了許多舊習題與挑戰，通常源自讀者的回饋（感謝所有提供建議的讀者）。

- 我們使用彩色印刷！我們和 MIT Press 的設計師一起挑選幾種顏色，希望賞心悅目地傳達資訊（很開心可以用紅色與黑色來展示紅黑樹！）。為了更方便閱讀，我們將既定術語、虛擬碼註解，以及索引中的頁數印成彩色的。

- 我們幫虛擬碼加上灰底色背景來突顯它們。虛擬碼不一定放在初次提及它們的那一頁，若是如此，內文會指出它在哪裡。我們也會在引用別頁的數學式、定理、引理和推論時指出頁數。

- 我們刪除比較沒有人教導的主題，移除探討斐波那契堆積、van Emde Boas 樹、計算幾何的章節。此外，也移除了以下的主題：最大子陣列問題、實作指標與物件、完美雜湊、隨機建構二元搜尋樹、擬陣、計算最大流量的 push-relabel 演算法、迭代式快速傅立葉轉換法、線性規劃的單體演算法，以及整數分解。你可以在我們的網站找到被刪除的所有內容：*http://mitpress.mit.edu/algorithms/*。

- 我們重新校閱了整本書，並改寫一些句子、段落和小節，來讓文章更清楚、更個人化、更性別中立。例如，我們將上一版的「traveling-salesman problem」改成「traveling-salesperson problem」。我們認為，工程學和科學（包括我們自己的計算機科學領域）應該一視同仁地歡迎所有人（但是第 13 章有一處讓我們很為難，該章需要用一個詞來代表父母的兄弟姐妹，這在英文裡沒有性別中立的詞，所以我們只能遺憾地使用「uncle」）。

- 我們也修改了各章的說明、參考文獻和索引，以反映演算法領域自第三版問世以來的急劇成長。

- 我們修正了錯誤，按照第三版的勘誤網頁來糾正內容。當我們緊鑼密鼓地準備這一版時也收到一些錯誤回報，雖然它們沒有被貼到第三版的網頁上，但我們直接在這一版修正了（再次感謝協助發現問題的讀者們）。

以下是第四版的具體改變：

- 我們更改了第 3 章的名稱，並在探討正式定義之前，加入介紹漸近表示法的一節。

- 我們大量修改第 4 章，以改善其數學基礎，讓它更穩固和直觀。我們加入演算法遞迴式的概念，並且更嚴謹地處理在遞迴式中忽略向下取整（floor）和向上取整（ceiling）的問題。我們為主定理（master theorem）的第二種情況加入多對數因子，並提供主定理的「連續」版本的嚴謹證明。我們也介紹強大且通用的 Akra-Bazzi 方法（但不證明）。

- 我們稍微修改第 9 章的確定性順序統計演算法，並重新整理關於隨機和確定性順序統計演算法的分析。

- 除了堆疊和佇列之外，第 10.1 節也討論陣列和矩陣的儲存方法。

- 我們在介紹雜湊表的第 11 章加入現代雜湊函數處理方法。本章也強調，當底層的硬體快取適合用來做本地搜尋時，如何用線性探測來有效處理碰撞。

- 為了取代第三版第 15 章中關於擬陣的小節，我們將離線快取的一個挑戰改成完整的小節。

- 現在第 16.4 節更直觀地解釋潛能函數，以分析表格的加倍和減半。

- 將介紹擴充資料結構的第 17 章從第三部分移至第五部分，因為我們認為這種技術不屬於基本教材。

- 我們在新的第 25 章裡介紹二部圖的配對，並介紹一個尋找最多配對的演算法，以解決穩定婚配問題，和尋找最大權重配對組合（稱為「分配問題」）。

- 在介紹任務平行計算的第 26 章，我們改用現代術語，包括該章的名稱。

- 第 27 章是另一個新章節，介紹線上演算法。線上演算法的輸入是逐漸進來的，不是在演算法開始執行時就全部獲得的。本章介紹幾個線上演算法的例子，包括：等了多久電梯之後，就要改走樓梯、透過「移至前面」捷思法（heuristic）來維護鏈接串列，以及評估快取的替換策略。

- 在第 29 章，我們刪除了單體演算法的介紹，因為它包含大量的數學，且未能傳達許多演算法概念。本章現在的重點是討論「用線性規劃來模擬問題」的關鍵層面，以及線性程式設計的基本對偶特性。

- 在介紹字串比對的一章加入第 32.5 節來討論簡單且強大的後綴陣列結構。

- 探討機器學習的第 33 章是第三個新章節。本章介紹機器學習的幾種基本方法，包括將類似的項目分成一組的聚類、加權多數決演算法，以及尋找函數最小值的梯度下降法。

- 第 34.5.6 節整理多項式時間約化策略，以證明問題是 NP-hard 的。

- 在第 35.3 節，我們修改了關於集合覆蓋問題的近似演算法的證明。

網站

你可以到我們的網站 *http://mitpress.mit.edu/algorithms/* 取得補充資訊，並和我們聯繫。該網站有勘誤清單的連結、未被納入第四版的第三版教材、特定習題和挑戰的解答、書中許多演算法的 Python 實作、一個解釋教授老笑話的清單（這是一定要的），以及可能額外加入的內容。該網站也說明如何回報錯誤或提出建議。

我們是如何製作這本書的

與前三版一樣，第四版是用 LaTeX 2_ε 來製作的。我們使用 Times 字體，數學排版則使用 MathTime Professional II 字體。和之前的版本一樣，我們用自己設計的 C 程式 Windex 來編輯索引。參考文獻則使用 BibTeX 來製作。本書的 PDF 檔是在運行 macOS 10.14 的 MacBook Pro 上製作的。

我們曾經在第三版的序言中懇請蘋果公司更新 MacDraw Pro 以支援 macOS 10，但沒有獲得回應，因此，我們繼續在還沒有 Intel 的 Mac 上，在舊版本 macOS 10 的 Classic 環境下使用 MacDraw Pro 來繪製插圖。插圖中的許多數學表達式都是用 LaTeX 2_ε 的 psfrag 程式包來撰寫的。

第四版致謝

自 1987 年開始編寫第一版以來，我們一直和 MIT Press 及多位總監、編輯和製作人員合作。和 MIT Press 合作的過程中，他們一向很用心地支持我們。特別感謝編輯 Marie Lee 和

Elizabeth Swayze，前者忍受我們太久，後者催促我們到達終點線。我們也感謝總監 Amy Brand 和 Alex Hoopes。

與第三版一樣，在製作第四版時，我們分散各處工作，分別位於 Dartmouth College Department of Computer Science、MIT Computer Science and Artificial Intelligence Laboratory、MIT Department of Electrical Engineering and Computer Science、Columbia University Department of Industrial Engineering and Operations Research、Department of Computer Science 和 Data Science Institute。在 COVID-19 流行期，我們主要在家裡工作。感謝大學和同事提供環境來支持和激勵我們。這場疫情看起來已經步入尾聲，完成這本書後，尚未退休的作者很期待回去原來的大學服務。

Julie Sussman, P.P.A. 再次在巨大的時間壓力下，擔任我們的技術文字編輯。如果沒有 Julie，這本書將錯誤百出（或者說，錯誤將多得多），易讀性也會大大降低。Julie，我們永遠感激你。沒被發現的錯誤都是作者的責任（那些錯誤可能是在 Julie 審稿之後才加入的）。

我們在製作這一版的過程中，修正了前幾版的幾十個錯誤。感謝多年來回報錯誤和提出改進建議的讀者，因為人數太多，我們無法一一列出。

我們在準備本版的新內容時獲得大量的幫助。Neville Campbell、MIT 的 Bill Kuszmaul、NYU 的 Chee Yap 為第 4 章提供了關於處理遞迴式的寶貴建議。University of California 的 Yan Gu 為第 26 章提供了平行演算法的回饋。Microsoft Research 的 Rob Shapire 修改了機器學習素材，在第 33 章提供詳細的評論。MIT 的 Qi Qi 協助分析 Monty Hall 問題（挑戰 C-1）。

MIT Press 的 Molly Seaman 與 Mary Reilly 幫助我們選擇插圖的顏色，Dartmouth College 的 Wojciech Jarosz 改善了彩色插圖的設計。已自 Dartmouth 畢業的 Yichen (Annie) Ke 和 Linda Xiao 為插圖上色，Linda 也編寫了許多 Python 實作，可從本書網站取得。

最後，我們要感謝我們的太太，Wendy Leiserson、Gail Rivest、Rebecca Ivry 和已故的 Nicole Cormen，以及我們的家人。本專案因為這些深愛我們的人所付出的耐心和鼓勵得以完成。我們深情地將本書獻給他們。

THOMAS H. CORMEN（*Lebanon, New Hampshire*）
CHARLES E. LEISERSON（*Cambridge, Massachusetts*）
RONALD L. RIVEST（*Cambridge, Massachusetts*）
CLIFFORD STEIN（*New York, New York*）

I 基礎

簡介

當你設計和分析演算法時，你必須描述它們如何運作，以及如何設計它們。你也要用一些數學工具來證明演算法能夠正確工作，並且有效率地做事。這個部分將幫助你起步，這也是後續章節的基礎。

第 1 章將概述演算法以及它們在現代電腦系統裡的地位。本章定義何謂演算法，並展示一些例子。我們認為演算法是一種技術，它的地位不亞於快速硬體、圖形用戶介面、物件導向系統、網路等技術，本章將提出充分的理由。

第 2 章介紹第一組演算法，它們處理的問題是排序 n 個數字。這些演算法是用虛擬碼寫成的，雖然虛擬碼無法直接轉換成傳統的程式語言，但它可以清楚地表達演算法的結構。你可以用你喜歡的語言來實現它。我們將討論的排序演算法是插入排序（使用漸增法），以及合併排序（使用一種稱為「分治法」的遞迴技術）。雖然這兩種演算法的時間都隨著 n 而增加，但增加的速度不相同。我們會在第 2 章算出這些執行時間，並開發一個實用的「漸近」表示法來描述它們。

第 3 章要準確地定義漸近表示法。我們將使用漸近表示法來描述函數的增長界限，包括上限與下限（這些函數幾乎都是描述演算法執行時間的函數）。本章先非正式地定義最常用的漸近表示法，並舉例說明如何使用它們，然後正式定義五種漸近表示法，並展示同時使用它們的慣例。第 3 章的其餘部分將介紹數學符號，主要是為了確保你使用的符號與本書一致，而不是為了教導新的數學概念。

第 4 章會深入討論第 2 章介紹過的分治法。本章提供兩個額外的分治演算法範例，它們的用途是將方陣相乘，包括神奇的 Strassen 方法。第 4 章有一些求解遞迴式的方法，它們很適合用來描述遞迴演算法的執行時間。在採取代入法時，你要猜測一個答案，並證明它正確。遞迴樹提供一種猜測的方式。第 4 章也會展示一種強大的「主法」技術，通常可以用來處理分治演算法產生的遞迴式。雖然本章提供了主定理的基本理論證明，但你不需要深入研究證明即可放心地運用主法。第 4 章的最後有一些進階的主題。

第 5 章介紹機率性分析與隨機演算法。如果相同規模的不同輸入可能因為固有的機率分布而需要不同的執行時間，我們通常使用機率分析來確定演算法的執行時間。有時，你可能會假設輸入符合已知的機率分布，以便計算所有可能的輸入的平均執行時間。有時，具有機率分布的東西不是輸入，而是演算法做出來的隨機選擇。如果一種演算法的行為不僅取決於輸入，也取決於隨機數產生器所產生的值，那種演算法就是隨機演算法。你可以使用隨機演算法來讓輸入具有某種機率分布，進而確保不會有特定的輸入導致性能不佳，你甚至可以限制演算法的錯誤率，只允許它產生有限的不正確結果。

附錄 A~D 包含其他數學素材，它們可以幫助你閱讀這本書。也許你在閱讀本書之前已經看過附錄的多數內容了（雖然我們使用的定義和符號慣例可能與你看過的不同），請將附錄視為參考教材。另一方面，你應該尚未見過第 1 部分的多數教材。第 1 部分的所有章節和附錄都是以教程（tutorial）風格寫成的。

1 演算法在計算時的作用

何謂演算法?為何演算法值得學習?相對於電腦使用的其他技術,演算法的作用是什麼?本章將解答這些問題。

1.1 演算法

非正式地講,**演算法**是任何一種定義完善的、接收某個值或一組值作為**輸入**,能在有限時間內產生某個值或一組值作為**輸出**的計算程序。因此,演算法是將輸入轉換成輸出的一系列計算步驟。

你也可以將演算法視為一種解決明確定義的**計算問題**的工具。問題敘述通常以普通的術語來表達問題實例所需的輸入 / 輸出關係,問題實例通常具有任意大小。演算法描述了具體的計算程序,以實現所有問題實例的輸入 / 輸出關係。

例如,假設你要將一系列的數字排成單調遞增順序。這種問題經常在現實生活中出現,它們是許多標準設計技術和分析工具的基礎。以下是**排序問題**的正式定義:

輸入:由 n 個數字組成的序列 $\langle a_1, a_2, ..., a_n \rangle$。

輸出:輸入序列 $\langle a'_1, a'_2, ..., a'_n \rangle$ 的一種排列(重新排序),滿足 $a'_1 \leq a'_2 \leq \cdots \leq a'_n$。

因此,若輸入為 $\langle 31, 41, 59, 26, 41, 58 \rangle$,那麼正確的排序演算法可輸出序列 $\langle 26, 31, 41, 41, 58, 59 \rangle$。這種輸入序列稱為排序問題的一個**實例**。一般來說,**問題的實例**[1]是由計算解所需的輸入(滿足問題敘述裡的所有限制條件)組成的。

因為許多程式都會在計算過程中使用排序,所以排序是電腦科學領域的基本操作。因此,優質排序演算法非常多。一個問題適合使用哪一種演算法取決於想排序的項目數量、項目已排序的程度、項目值的限制條件、電腦架構、儲存設備的種類(主記憶體、磁碟,甚至古老的磁帶)…等因素。

如果處理計算問題的演算法在收到每一個問題實例之後都能夠**停止執行**(用有限的時間完成計算),並輸出問題實例的正確答案,那麼該演算法就是**正確的**。正確的演算法可以**解出**

---

1 有時,在問題的背景已知的情況下,問題實例本身被簡單地稱為「問題」。

給定的計算問題。不正確的演算法可能在收到某些輸入實例後無法停止執行，或雖然停止執行了，卻提供不正確的答案。可能令人意外的是，有時不正確的演算法是有用的，在錯誤率可以控制的前提下。在第 31 章介紹尋找大質數的演算法時，我們將介紹一個錯誤率可控的演算法。然而，在一般情況下，我們只關注正確的演算法。

演算法可以用英語、電腦程式，甚至硬體設計來定義，唯一的需求在於，該定義必須精確地描述需要遵守的計算程序。

演算法可以處理哪幾類問題？

目前已被開發出來的演算法不是只能處理排序問題而已（從本書的份量應該可以看出）。演算法的應用隨處可見，包括這些例子：

- 人類基因組計畫（Human Genome Project）的目標是找出人類 DNA 的全部大約 30,000 個基因、確定構成人類 DNA 的大約 30 億個化學鹼基對、將這些資訊存入資料庫，並開發資料分析工具，此計畫已經有了巨大的進展。上述的每個步驟都需要複雜的演算法。雖然以上種種問題的解決方案超出本書討論範圍，但許多處理這些生物問題的方法都應用本書介紹的概念，讓科學家們得以有效地利用資源，完成工作。第 14 章介紹的動態規劃是解決幾個生物問題的重要技術，尤其是與「確定 DNA 序列之間的相似性」有關的問題。因為實驗室技術可以提取更多資訊，所以演算法可為我們節省的資源包括人員和機器的時間，以及資金。

- 網際網路可讓世界各地的人們快速地接觸和取得大量資訊。借助聰明的演算法，位於網際網路上的網站能夠管理和操作這些大量的資訊。已經充分利用演算法的問題包括尋找良好的資料傳輸路徑（第 22 章會介紹處理這種問題的技術），以及使用搜尋引擎來快速尋找包含特定資訊的網頁（第 11 章與第 32 章會介紹相關技術）。

- 電子商務可讓商品和服務透過電子形式來進行協商和交換，此領域依賴個人資訊的隱密性，例如信用卡號碼、密碼與銀行帳單。電子商務的核心技術包括公鑰加密和數位簽章（第 31 章介紹），它們都使用數值演算法和數論。

- 製造業和其他商務企業經常需要使用最有利的方式來分配稀缺資源。石油公司可能想知道可以在哪裡挖油井，將期望利潤最大化。政治候選人可能想知道該在哪裡買廣告，將勝選的機率拉到最高。航空公司可能想要用最便宜的方式將機組人員分配至航班上，確

保每架航班都被覆蓋，同時遵守政府的機組成員法規。為了更有效地服務客戶，網際服務供應商可能想知道該在何處投入額外的資源。這些案例都可以用線性規劃來處理，我們將在第 29 章探討。

這些例子有些細節超出本書的範圍，但我們會提供適合處理這些問題和領域的基本技術。我們也會介紹如何解決許多具體問題，包括：

- 有一張路線圖，上面有每對相鄰的十字路口之間的距離，你想知道從一個十字路口到另一個十字路口的最短路線。即使路線不能重疊，有效的路線也可能有很多條。如何從所有可能的路線中選出最短的一條？你可以先用圖（graph，第 6 部分和附錄 B 會介紹）來模擬路線圖（它本身就是實際道路的模型），然後在圖中找出從一個頂點到另一個頂點的最短路徑。第 22 章會介紹如何有效地解決這個問題。

- 有一個機械設計零件庫，其中的每一個零件都可能包含其他零件的實例，你想要依序列出零件，讓每一個零件都出現在使用它的任何零件之前。如果這個設計有 n 個零件，它有 $n!$ 種可能的順序，$n!$ 代表階乘函數。因為階乘函數的增長速度比指數函數更快，所以根本不可能預先列出每一種可能的順序，再確認每一個順序裡的每一個零件是否都出現在使用它的零件之前（除非零件很少）。這個問題是拓撲排序的應用之一，第 20 章將介紹如何有效解決這個問題。

- 醫生想要確定照片中的腫瘤究竟是癌症還是良性的。醫生有許多其他的腫瘤照片可用，其中有些已知是癌症，有些已知是良性腫瘤。癌症腫瘤應該比較像其他的癌症腫瘤，比較不像良性腫瘤，而良性腫瘤應該比較像其他的良性腫瘤。醫生可以使用第 33 章介紹的聚類演算法來找出比較可能正確的結果。

- 你想要壓縮一個包含文字的大型檔案，以減少它占用的空間。目前已經有很多方法可尋找重複的字元序列，包括「LZW compression」。第 15 章會研究一種不同的方法，「Huffman 編碼」，它用不同長度的位元序列來編碼各種字元，用較短的位元序列來編碼較常出現的字元。

以上並非完整的清單（從本書的厚度可以猜到），但它們展示了許多演算法問題的兩個共同特徵：

1. 它們有許多備選解決方案，其中絕大多數都無法解決你眼前的問題。你可能很難在不仔細地檢查每一種可能的解決方案之下，找出符合要求或「最好」的解決方案。

2. 它們有實際的應用。最簡單的例子是上述問題中的「尋找最短路徑」。卡車公司或鐵路公司…等運輸公司可以藉著找出公路或鐵路網路的最短路線來獲得經濟效益，因為短路線可降低人力成本和燃油成本。或者，網際網路上的路由節點可能想找出最短路徑，以快速地傳遞訊息。或者，想從紐約開車到波士頓的人可能使用導航 APP 來尋找駕駛路線。

能使用演算法來解決的問題不一定都有一組顯而易見的候選解決方案。例如，假設有一組數值，它們是每隔一段固定的時間取得的訊號樣本，也就是使用離散傅立葉轉換從時域轉換成頻域的樣本。離散傅立葉轉換使用正弦波的加權總和來近似訊號，它產生各種頻率的強度，用這些頻率的總和來近似被抽樣的訊號。離散傅立葉不但是訊號處理的核心，也被應用於資料壓縮和大型多項式和整數的乘法。第 30 章會介紹一種處理這種問題的高效演算法：快速傅立葉轉換（通常稱為 FFT）。該章也會介紹硬體 FFT 電路的設計。

資料結構

本書也會介紹幾種資料結構。**資料結構**是儲存和組織資料以利存取和修改的一種方法。使用適當的資料結構是演算法設計的重要元素。世上沒有一體適用的資料結構，你必須知道一些資料結構的優勢和限制。

技術

雖然你可以將本書當成演算法的「配方」，但你可能會遇到沒有現成演算法可以處理的問題（例如，本書的許多習題和挑戰）。本書將教你演算法的設計和分析技術，讓你可以自行開發演算法、證明它們能夠提供正確的解答，以及分析它們的效率。本書用不同的章節來探討解決演算法問題時的不同層面。我們用一些章節來處理特定問題，例如在第 9 章，我們會尋找中位數和順序統計量；在第 21 章，我們會計算最小生成樹；在第 24 章，我們會找出網路的最大流量。我們會在其他章節介紹一些技術，例如在第 2 章與第 4 章介紹分治法，在第 14 章介紹動態規劃，在第 16 章介紹平攤分析。

困難的問題

本書的大部分內容都與高效的演算法有關。我們通常使用速度來衡量效率，也就是演算法執行多久可以產生結果？但是，據我們所知，有一些問題無法用演算法在合理時間內解決。第 34 章會研究其中的一種有趣的問題，它們稱為 NP-complete（NP 完備）。

NP-complete 問題為何有趣？首先，雖然能夠有效處理 NP-complete 問題的演算法還沒有

被找到，但也沒有人證明可高效處理這種問題的演算法不存在。換句話說，NP-complete 問題有沒有高效的演算法可以解決還沒有定論。其次，這些 NP-complete 問題有一個顯著的特性：如果其中任何一個問題有高效演算法，那麼它們都有高效的演算法。這種 NP-complete 問題之間的關係使得人們更想要找出高效率的解決方案。第三，有些 NP-complete 問題類似某些可用高效演算法來處理的問題，但不完全一樣。電腦科學家很想知道為何只要稍微改變問題的敘述，就會讓著名的演算法有全然不同的效率。

你應該已經知道一些 NP-complete 問題了，因為有些這類問題令人驚奇地經常出現在實際的應用裡。如果你為某個 NP-complete 問題設計高效的演算法，你可能會花很多時間在無結果的搜尋上。如果你可以證明該問題是 NP-complete，你就可以把時間用在開發高效的演算法上，也就是能夠提供還不錯的解答的演算法（但那個解答不一定是最好的）。

舉個具體的例子，考慮一家設立了中央倉儲的快遞公司，那家公司每天都會在倉庫裡將貨物裝上貨車，並將貨物運送至每個地址。在下班之前，每輛貨車都必須回到倉庫，準備在隔天裝載貨物。為了降低成本，公司希望找出可讓每輛貨車的全部距離縮到最短的送貨點順序。這個問題就是著名的「旅行推銷員問題（traveling-salesperson problem）」，它是 NP-complete[2]，所以沒有已知的、有效的演算法。但是，在進行一些假設之下，我們知道有一些高效的演算法可以算出接近最小整體距離的結果。第 35 章會討論這種「近似演算法」。

其他的計算模型

多年來，處理器的時脈頻率都符合人們預測地穩定成長，然而，物理限制使得不斷提升的時脈頻率有了根本性的障礙：由於功率密度隨著時脈頻率的提升而成超線性成長，當時脈頻率到達一定高度時，晶片就有熔化的風險。因此，為了在每秒執行更多計算，晶片具備多個處理「核心」，而不是只有一個。我們可以將這些多核心計算機想成在一塊晶片上的多個循序計算機。換句話說，它們是一種「平行計算機」。為了榨出多核心計算機的最佳性能，我們在設計演算法時必須考慮平行化。第 26 章會介紹一種利用多處理核心的「任務平行（task-parallel）」演算法模型，從理論和實務的角度來看，這種模型都具備優勢，很多現代平行程式設計平台都採用類似這種平行模型的做法。

---

2 準確地說，只有決策問題才可能是 NP-complete 問題，決策問題就是答案為「是／否」的問題。旅行推銷員問題的決策版本是：有沒有一個送貨點順序的距離總和低於特定長度。

本書大部分的範例都假設所有輸入資料在演算法開始執行時即已取得。演算法設計領域的大多數工作都是如此假設的。然而，在許多重要的真實案例中，輸入其實是漸次抵達的，演算法必須決定如何在不知道接下來有什麼資料抵達的情況下繼續工作。在資料中心裡，工作會不斷地抵達和離開，調度（scheduling）演算法必須在不知道接下來有什麼工作到達的情況下，決定何時該執行工作，以及該在哪裡執行工作。它必須根據當下的狀態，在不知道資訊流將會抵達何處的情況下，在網路上轉傳資訊流。醫院急診室必須在不知道其他病患將在何時到達，以及他們需要怎麼治療的情況下，做出分流決策，決定先治療哪位病患。如果演算法沒有在最初取得所有輸入，而是逐漸且持續接受輸入，那種演算法稱為**線上演算法**，我們將在第 27 章介紹它們。

習題

1.1-1
從你自己的實際生活中舉出需要排序的例子。舉出必須找出兩點之間最短距離的例子。

1.1-2
在現實環境中，除了速度之外，你還要考慮哪些衡量效率的標準？

1.1-3
選擇一種你看過的資料結構，討論它的優點和侷限性。

1.1-4
上述的最短路徑問題和旅行推銷員問題有何相似處？有何不同處？

1.1-5
舉出一個只有最佳解才能處理的真實問題。然後舉出一個只要「接近」最佳解就足以妥善地處理的問題。

1.1-6
舉一個真實問題案例，這種問題有時在需要解決之前就能夠獲得完整的輸入，但有時無法事先取得完整的輸入，且輸入會漸次到達。

1.2 作為一種技術的演算法

如果計算機的速度是無限快的,而且記憶體是免費的,我們還有研究演算法的動機嗎?答案是肯定的,即使沒有其他理由,我們仍然希望解決方法可以停止,並輸出正確解。

如果計算機無限快,那麼可以正確地解決問題的任何方法都可以使用。或許你想要用優秀的軟體工程方法來設計演算法(例如,讓工作成果具備良好的設計和文件),但我們通常會採用最容易實現的方法。

電腦很快,但它們當然不是無限快的,計算時間是有限的資源,所以它們很寶貴,雖然我們常說「時間就是金錢」,但時間比金錢還要寶貴,錢可以再賺,但時間一去不復返。雖然記憶體不貴,但它既不是無限的,也不是免費的。你的演算法應該有效率地使用時間和空間。

效率

針對同一個問題而設計的不同演算法可能有全然不同的效率,這種效率的差異可能比硬體或軟體造成的差異要大得多。

例如,第 2 章會介紹兩種排序演算法。第一種稱為**插入排序**,它大約花 $c_1 n^2$ 時間來排序 n 個項目,其中的 c_1 是與 n 無關的常數。也就是說,它花費的時間大致與 n^2 成正比。第二種稱為**合併排序**,大約花 $c_2 n \lg n$ 時間,其中的 $\lg n$ 就是 $\log_2 n$,而 c_2 是另一個常數,它也與 n 無關。插入排序的常數因子通常比合併排序小,所以 $c_1 < c_2$。你將看到,常數因子對執行時間的影響,比輸入規模 n 對執行時間的影響要小很多。我們將插入排序的執行時間寫成 $c_1 n \cdot n$,將合併排序的執行時間寫成 $c_2 n \cdot \lg n$,插入排序的執行時間有一個 n 因子,合併排序有一個 $\lg n$ 因子,後者小很多。例如,當 n 是 1000 時,$\lg n$ 大約是 10,當 n 是 1,000,000 時,$\lg n$ 大約只有 20。雖然在處理小規模的輸入時,插入排序通常比合併排序更快,但一旦輸入規模 n 變得夠大,合併排序的 $\lg n$ 相對於 n 的優勢將超越常數因子的差異。無論 c_1 比 c_2 小多少,合併排序一定會在某個臨界點變得更快。

舉個具體的例子,假設我們用一台比較快的電腦(電腦 A)來執行插入排序,用一台比較慢的電腦(電腦 B)來執行合併排序,它們都必須排序一個包含 1000 萬個數字的陣列(雖然 1000 萬個數字看起來很多,但如果這些數字是 8-byte 的整數,那麼輸入大約占 80 MB,即使是廉價筆電的記憶體也可以容納它的數倍)。假設電腦 A 每秒執行 100 億條指令(比目前的任何一台循序電腦都快),電腦 B 每秒只能執行 1000 萬條指令(比大多數目前的電腦都慢得多),電腦 A 的原始計算能力比電腦 B 快 1000 倍。為了讓差異更明顯,假設有一位全

世界最聰明的程式設計師用電腦 A 的機器語言來撰寫插入排序，他的程式可用 $2n^2$ 條指令來排序 n 個數字。我們再假設，有一位普通的程式設計師用比較低效的高階語言來撰寫合併排序，需要使用 $50\,n \lg n$ 條指令。為了排序 1000 萬個數字，電腦 A 花了

$$\frac{2 \cdot (10^7)^2 \text{ 條指令}}{10^{10} \text{ 條指令／秒}} = 20{,}000 \text{ 秒（超過 5.5 小時），}$$

而電腦 B 花了

$$\frac{50 \cdot 10^7 \lg 10^7 \text{ 條指令}}{10^7 \text{ 條指令／秒}} \approx 1163 \text{ 秒（不到 20 分鐘）。}$$

電腦 B 使用執行時間增長速度較慢的演算法，即使它使用較差的編譯器，其執行速度仍然比電腦 A 快 17 倍！在排序 1 億個數字時，合併排序的優勢更加明顯，用插入排序來處理這個數量需要超過 23 天，但合併排序只需要不到 4 小時。1 億看起來是很大的數字，但每半個小時就會發生 1 億次的網路搜尋，每分鐘有超過 1 億封 email 被送出，有一些最小的星系（稱為超緊湊矮星系）有 1 億顆恆星。一般來說，合併排序的相對優勢可隨著問題規模的擴大而增加。

演算法與其他技術

從上面的例子可以看到，我們應該將演算法視為類似電腦硬體的一種技術。高效演算法對整體系統性能造成的影響力與快速硬體不分軒輊。其他的電腦技術正在快速地進展，演算法也一樣。

你可能會懷疑，在以下這些先進技術的支援之下，演算法在當代電腦中是否真的如此重要：

- 先進的電腦架構與製造技術，
- 容易使用的、直觀的圖形用戶介面（GUI），
- 物件導向系統，
- 整合式 web 技術，
- 快速網路，包括有線的與無線的，
- 機器學習，
- 以及行動設備。

答案是肯定的。雖然有些應用領域並未明確地要求在應用層面上使用與演算法有關的內容（例如一些簡單的網路 APP），但許多應用領域有這種要求。例如算出如何從一個地點前往另一個地點的網路服務，它的實現依賴快速的硬體、圖形用戶介面、廣大的網路，可能還有物件導向；它也要用演算法來執行尋找路線（可能使用最短路徑演算法）、算繪地圖，以及插入地址⋯等操作。

此外，即使是不需要在應用層面使用演算法相關內容的 APP 也重度依賴演算法。應用程式是否需要快速的硬體？硬體需要使用演算法來設計。應用程式是否需要圖形用戶介面？任何 GUI 的設計都依靠演算法。應用程式是否需要網路？在網路裡的路由重度依賴演算法。應用程式是不是用機器碼之外的語言寫出來的？它被編譯器、解譯器或組譯器處理過，那些工具都大量使用演算法。演算法是當代電腦採用的多數技術的核心。

我們可以說機器學習執行的是與演算法有關的任務，但它可以從資料中推導出模式，進而自動學習解決方案，我們不需要明確地設計演算法。機器學習將演算法設計流程自動化，使得「學習演算法」看似落伍，但事實剛好相反。機器學習本身就是一組演算法，只不過有個特殊的名稱。此外，機器學習迄今為止能夠成功處理的問題，主要是那些人類還不知道正確的演算法究竟是什麼的問題，最明顯的例子包括電腦視覺與自動語言翻譯。如果演算法問題是人類充分理解的，例如本書中的大多數問題，那麼能夠高效地解決問題的演算法通常優於機器學習方法。

資料科學這門跨領域學科的目標是從結構化和非結構化的資料中提取知識和見解。資料科學使用統計學領域、計算機科學領域和優化領域的方法。演算法的設計和分析是這些領域的基礎。資料科學的核心技術與機器學習的核心技術大都是重疊的，那些核心技術包括本書介紹的許多演算法。

此外，隨著電腦功能日漸提升，用它們來處理的問題也越來越大。正如我們在上述的插入排序和合併排序之間的比較中看到的，問題越大，演算法效率的差異越明顯。

嫻熟的程式設計師有一項特徵是具備紮實的演算法知識和技術。隨著現代電腦科技的發展，雖然我們能夠在不深入了解演算法的情況下完成一些工作，但具備良好的演算法背景能夠讓能力提升許多。

習題

1.2-1
舉一個需要在應用層面上使用與演算法有關的內容的應用案例，並討論其演算法的功能。

1.2-2
假設在一台電腦上處理規模為 n 的輸入時，插入排序需要 $8n^2$ 個步驟，合併排序需要 $64 n \lg n$ 個步驟，插入排序在 n 值為何時勝過合併排序？

1.2-3
在同一台機器上，若要讓執行時間為 $100n^2$ 的演算法跑得比執行時間為 2^n 的演算法更快，n 的最小值為何？

挑戰

1.1 比較執行時間

為表格裡的每個函數 $f(n)$ 與時間 t 算出可在時間 t 內解決的最大問題規模 n，假設解決問題的演算法耗時 $f(n)$ 微秒。

	1秒	1分鐘	1小時	1天	1個月	1年	100年
$\lg n$							
$\sqrt{n}$							
n							
$n \lg n$							
n^2							
n^3							
2^n							
$n!$							

後記

有很多傑出的文獻探討了演算法的一般性主題，包括：Aho、Hopcroft 與 Ullman[5, 6]，Dasgupta、Papadimitriou 與 Vazirani [107]，Edmonds [133]，Erickson [135]，Goodrich 與 Tamassia [195, 196]，Kleinberg 與 Tardos [257]，Knuth [259, 260, 261, 262, 263]，Levitin [298]，Louridas [305]，Mehlhorn 與 Sanders [325]，Mitzenmacher 與 Upfal [331]，Neapolitan [342]，Roughgarden [385, 386, 387, 388]，Sanders、Mehlhorn、Dietzfelbinger 與 Dementiev [393]，Sedgewick 與 Wayne[402]，Skiena [414]，Soltys-Kulinicz [419]，Wilf [455]，以及 Williamson 與 Shmoys [459]。以下文獻探討了演算法設計的實際層面：Bentley [49, 50, 51]，Bhargava [54]，Kochenderfer 與 Wheeler [268]，以及 McGeoch [321]。Atallah 與 Blanton [27, 28] 以及 Mehta 與 Sahhi [326] 彙整了演算法領域的研究。關於技術性較低的內容，可參考 Christian 與 Griffiths [92]，Cormen [104]，Erwig [136]，MacCormick [307]，以及 Vöcking 等作者 [448]。關於計算生物學（computational biology）使用的演算法，可參考以下書籍：Jones 與 Pevzner [240]，Elloumi 與 Zomaya [134]，以及 Marchisio [315]。

2 起點

本章將幫助你習慣以本書所使用的框架來思考演算法的設計與分析。本章自成一體，但也會參考第 3 章與第 4 章的一些內容（它也有一些和式[譯註]，附錄 A 將介紹如何求解它們）。

我們先研究插入排序演算法，這種演算法可以處理第 1 章提過的排序問題。我們將使用虛擬碼來描述演算法，寫過電腦程式的讀者應該看得懂虛擬碼。我們將展示插入排序為何能夠正確地進行排序，並分析它的執行時間。在分析時，將使用一種表示法來描述執行時間如何隨著被排序項目的增加而增加。在討論插入排序後，我們將使用一種稱為分治法的方法，來開發合併排序演算法。最後，我們要分析合併排序的執行時間。

2.1 插入排序

我們的第一個演算法是插入排序，它可以處理第 1 章介紹的排序問題：

輸入：一系列的 n 個數字 $\langle a_1, a_2, ..., a_n \rangle$。

輸出：輸入序列 $\langle a'_1, a'_2, ..., a'_n \rangle$ 的一種排列（重新排序），滿足 $a'_1 \leq a'_2 \leq \cdots \leq a'_n$。

被排序的數字也稱為鍵（*keys*）。雖然這個問題的概念是排序一個序列，但輸入的形式是一個包含 n 個元素的陣列。之所以想要排序數字，通常是因為它們是其他資料的鍵，那些其他的資料稱為衛星資料（*satellite data*）。一個鍵及其衛星資料一起稱為一筆紀錄（*record*）。例如，考慮一個存有學生紀錄的試算表，裡面有許多相關資料，例如年齡、平均成績，以及修過的課程數量，那些資料裡的任何一個都可能是個鍵，但是在排序這個試算表時，相關的紀錄（衛星資料）都會隨著鍵一起移動。在討論排序演算法時，我們的重點是鍵，但別忘了，它通常有相關的衛星資料。

譯註 原文為 summation，亦可譯為總和式、求和式，為求精簡，本書譯為「和式」。

本書通常用**虛擬碼**來撰寫程序以描述演算法，虛擬碼的很多地方與 C、C++、Java、Python[1] 或 JavaScript 很像（如果裡面沒有你喜歡的語言，跟你說聲抱歉，畢竟我們不可能列出所有語言）。如果你學過其中的任何語言，你應該看得懂用虛擬碼寫出來的演算法。虛擬碼與真實的程式碼之間的差異在於，虛擬碼用最清楚、最簡潔的表達方法來描述演算法。有時最清楚的表達方法是使用英語，所以，如果你在一段看起來很像真正的程式的段落裡看到英語句子時，不要吃驚[譯註]。虛擬碼與真正的程式碼的另一個差異在於，虛擬碼通常忽略軟體工程的層面，例如資料抽象、模組化與錯誤處理，以更簡潔地傳達演算法的本質。

我們討論的第一個演算法是**插入排序**，在排序少量元素時，它是一種高效的演算法。插入排序的做法應該和你排序一副撲克牌的方法一樣。最初，桌上有一副牌，你的左手沒有牌。你從牌堆中拿起一張牌，交給左手，然後每次都用右手從牌堆拿起一張牌，把它插入左手裡的正確位置。如圖 2.1 所示，你從右到左，比較右手中的牌與左手拿的每一張牌來找出那張牌的正確位置。當你看到左手的某張牌的數字比右手中的牌更小或相等時，你就將右手牌插入左手的那張牌的右邊。當左手牌的數字都大於右手牌的數字時，你就將那張牌插入左手牌的最左邊。無論何時，左手的牌都是排好的，那些牌原本都在桌上牌堆的最上面。

下一頁的 INSERTION-SORT 程序是插入排序法的虛擬碼。它接收兩個參數：一個陣列 A，裡面有想要排序的值，以及待排序的值的數量 n。值位於陣列的 $A[1]$ 至 $A[n]$，我們用 $A[1:n]$ 來表示。當 INSERTION-SORT 程序完成時，在陣列 $A[1:n]$ 裡面的值都是原本的值，但被排成不同的順序。

圖 **2.1** 使用插入排序來排序一副牌。

---

1 如果你只熟悉 Python，你可以將陣列（array）想成 Python 的 list。

譯註 所以本書的虛擬碼除了註解之外，均沿用原文。

INSERTION-SORT(A, n)
1 **for** $i = 2$ **to** n
2      $key = A[i]$
3   // 將 $A[i]$ 插入已排序的子陣列 $A[1:i-1]$。
4      $j = i - 1$
5   **while** $j > 0$ and $A[j] > key$
6          $A[j+1] = A[j]$
7          $j = j - 1$
8      $A[j+1] = key$

循環不變性與插入排序的正確性

圖 2.2 是用這個演算法來處理一個原本是 $\langle 5, 2, 4, 6, 1, 3 \rangle$ 的陣列 A 的情況。索引 i 代表被插入手牌的「當下撲克牌」。**for** 迴圈使用索引 i，每次迴圈開始迭代時，由 $A[1:i-1]$（即 $A[1]$ 至 $A[i-1]$）構成的**子陣列**（陣列的一塊連續位置）是當下已排序的手牌，其餘的子陣列 $A[i+1:n]$（元素 $A[i+1]$ 至 $A[n]$）是仍在桌上的牌。事實上，元素 $A[1:i-1]$ 是**原本**就在位置 1 至 $i-1$ 的元素，只是已被依序排列。我們將 $A[1:i-1]$ 的這些性質正式地稱為**循環不變性**（*loop invariant*）譯註：

在第 1~8 行的 **for** 迴圈的每一次開始迭代時，子陣列 $A[1:i-1]$ 都存有原本就在 $A[1:i-1]$ 裡面的元素，但它們是經過排序的。

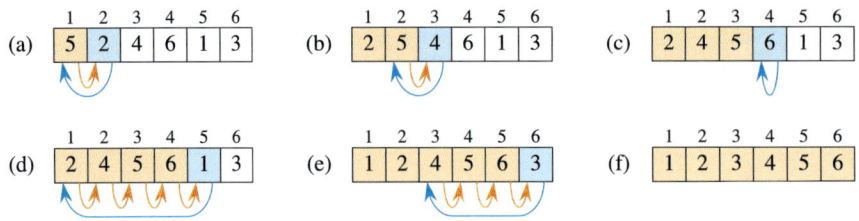

圖 2.2　INSERTION-SORT(A, n) 的動作，其中 A 原本存有 $\langle 5, 2, 4, 6, 1, 3 \rangle$，且 $n = 6$。在格子上面的數字是陣列索引，格子裡面的數字是陣列的每個位置的值。**(a)~(e)** 是第 1~8 行的 **for** 迴圈迭代的情況。在每次迭代時，藍色方塊存有取自 $A[i]$ 的鍵，第 5 行的測試式比較它與它左邊格子內的值。橘色箭頭代表第 6 行將陣列值右移一個位置的動作，藍色箭頭代表第 8 行將鍵移到哪個位置。**(f)** 是排好的最終陣列。

譯註　亦可譯為「迴圈不變性」、「迴圈不變式」等。本書依前後文語境譯為「循環不變性」或「循環不變式」。

循環不變性可協助我們了解為何演算法是正確的。在使用循環不變性時，必須證明三件事：

初始：它在迴圈第一次迭代之前成立。

維持：如果它在迴圈的一次迭代之前成立，它在下一次迭代之前保持成立。

終止：迴圈會終止，且當它終止時，不變性（通常與迴圈終止的原因一起）提供有用的屬性，來協助我們證明演算法是正確的。

若前兩個屬性成立，則循環不變性在迴圈每次迭代前成立（當然，你也可以使用循環不變性本身以外的既定事實，來證明循環不變性在每次迭代之前成立）。用循環不變性來證明是一種數學歸納法，在使用數學歸納法來證明屬性成立時，你要證明一種基本情況，以及一個歸納步驟。證明第一次迭代之前的不變性成立相當於基本情況，證明不變性在每次迭代之前成立相當於歸納步驟。

第三個屬性應該是最重要的一個，因為我們要用循環不變性來證明正確性。我們通常會同時使用循環不變性與導致迴圈終止的條件。數學歸納法通常會無限地應用歸納步驟，但在循環不變性中，這種「歸納」在迴圈終止時停止。

我們來看看這些屬性在插入排序中如何成立。

初始：首先，我們證明循環不變性在第一次迭代之前成立，也就是當 $i = 2$ 時[2]。此時子陣列 $A[1:i-1]$ 只有一個元素 $A[1]$，它實際上是 $A[1]$ 的原始元素。此外，這個子陣列已經排序過了（畢竟，只有一個值的子陣列無論如何都是經過排序的），證明循環不變性在迴圈第一次迭代之前成立。

維持：接下來處理第二個屬性：證明循環不變性在每次迭代時都能維持。非正式地說，**for** 迴圈主體的工作是將 $A[i-1]$、$A[i-2]$、$A[i-3]$ …等裡面的值右移一個位置，直到為 $A[i]$ 找到正確位置為止（第 4~7 行），找到後插入 $A[i]$ 的值（第 8 行）。所以，子陣列 $A[1:i]$ 的元素原本就在 $A[1:i]$ 裡，只是順序不同。所以，在 **for** 迴圈的下一次迭代遞增 i（將它的值加 1）可保留循環不變性。

證明第二個屬性比較正式的做法必須說明並展示第 5~7 行的 **while** 迴圈的循環不變性。我們先不糾結於過度正式的證明，而是採用非正式的分析，來展示外部迴圈的第二個屬性成立。

---

[2] 當迴圈是 **for** 迴圈時，在第一次迭代之前，循環不變性是在迴圈計數變數初次賦值之後、在迴圈頭（header）初次測試之前檢查的。在 INSERTION-SORT 中，這個地方是在將變數 i 設為 2，且在第一次測試 $i \leq n$ 是否成立之前。

終止： 最後，我們檢查迴圈終止。迴圈變數 i 最初是 2，在每次迭代時加 1。一旦 i 的值超過第 1 行的 n，迴圈即告終止。也就是說，迴圈在 i 等於 $n+1$ 時終止。將循環不變性的措詞中的 i 換成 $n+1$，可得出子陣列 $A[1:n]$ 的元素就是原本在 $A[1:n]$ 裡的元素，但順序不同。因此，這個演算法是正確的。

本書會在許多地方使用這種循環不變性來證明正確性。

虛擬碼規範

我們的虛擬碼採取以下規範。

- 用縮排來代表區塊結構。例如，從第 1 行開始的 **for** 迴圈的主體包含第 2~8 行，從第 5 行開始的 **while** 迴圈的主體包含第 6~7 行，但不包含第 8 行。我們的縮排風格也適用於 **if-else** 敘述句[3]。使用縮排而不是區塊結構的文字代號，例如 **begin** 與 **end** 敘述句或大括號，可降低雜亂程度，同時維持甚至提升清晰度[4]。

- 迴圈結構 **while**、**for** 與條件結構 **repeat-until** 與 **if-else** 的意義類似 C、C++、Java、Python 與 JavaScript 中的意義[5]。在本書中，迴圈計數器會在退出迴圈後保留值，這與 C++ 和 Java 不同。因此，在 **for** 迴圈執行之後，迴圈計數器的值是剛越過 **for** 迴圈範圍時的值[6]。我們曾經在證明插入排序的正確性時使用這個屬性。在第 1 行的 **for** 迴圈頭是 **for** $i = 2$ **to** n，所以當這個迴圈終止時，i 等於 $n+1$。如果 **for** 迴圈在每一次迭代時遞增它的迴圈計數器，我們使用關鍵字 **to**，如果 **for** 迴圈遞減它的迴圈計數器（在每次迭代時將它的值減 1），我們使用關鍵字 **downto**。如果迴圈計數器的變動幅度大於 1，我們將變動的幅度寫在選用的關鍵字 **by** 後面。

- 符號「//」代表該行的其餘部分都是註解。

---

3 在 **if-else** 敘述句裡，我們將 **else** 縮排，讓它與 **if** 對齊。我們將 **else** 子句的第一行可執行程式碼放在關鍵字 **else** 的同一行。若要表達多路檢查，我們用 **elseif** 來代表第一個檢查之後的檢查。如果在 **else** 句子裡的第一行是 **if** 敘述句，我們將 **if** 敘述句寫在 **else** 的下一行，以免被看成 **elseif**。

4 本書的虛擬碼程序都印在同一頁，避免你跨頁辨識縮排。

5 具備區塊結構的語言大都有對映的結構，儘管具體的語法可能有所不同。Python 沒有 **repeat-until** 迴圈，而且它的 **for** 迴圈的動作與本書的 **for** 迴圈不同。你可以將虛擬碼「**for** $i = 1$ **to** n」視為 Python 的「for i in range(1, n+1)」。

6 在 Python 裡，迴圈計數器會在退出迴圈後保留其值，但它保留的值是它在 **for** 迴圈的最後一次迭代期間持有的值，而不是越過迴圈邊界的值，因為 Python 的 **for** 迴圈迭代的是串列（list），而串列可能存有非數字值。

- 變數（例如 i、j 與 key）是該程序的區域變數。除非明確地說明，否則我們不會使用全域變數。

- 在存取陣列元素時，我們會寫出陣列名稱，在後面加上中括號，並將索引寫在中括號內。例如，$A[i]$ 代表陣列 A 的第 i 個元素。

  雖然很多程式語言的陣列都採用 0-origin 索引系統（最小的有效索引是 0），但我們採用人類最容易理解的索引系統。因為人們通常從 1 算起而不是 0，所以本書大多數的陣列（但不是全部）的索引都從 1 開始（1-origin）。為了說明一個演算法的索引是 0-origin 還是 1-origin，我們明確地指出陣列的邊界。如果我們使用 1-origin 索引來描述演算法，但你想用 0-origin 的程式語言來實作它（例如 C、C++、Java、Python 或 JavaScript），別看輕自己調整它的能力，你可以將每個索引減 1，或為每個陣列多配置一個位置，並直接忽略位置 0。

  我們用「:」來代表子陣列，因此，$A[i:j]$ 代表 A 的一個子陣列，裡面有元素 $A[i], A[i+1], ..., A[j]$[7]。我們也使用這個符號來代表陣列的邊界，如同之前討論陣列 $A[1:n]$ 時那樣。

- 我們通常將複雜的資料組成**物件**，物件包含**屬性**。我們用許多物件導向語言的語法來存取特定屬性，也就是先寫出物件名稱，加上一個句點，再加上屬性名稱。例如，若物件 x 有屬性 f，我們將該屬性寫成 $x.f$。

  我們將代表陣列或物件的變數視為指標（有些程式語言稱之為參考），該指標指向代表陣列或物件的資料。對物件 x 的所有屬性 f 而言，設定 $y = x$ 會讓 $y.f$ 等於 $x.f$。此外，如果現在設定 $x.f = 3$，那麼，接下來不但 $x.f$ 等於 3，$y.f$ 也等於 3。換句話說，x 與 y 在設定 $y = x$ 之後指向同一個物件。大多數的現代程式語言都以這種方式來處理陣列與物件。

  我們的屬性表示法可以「串聯」。例如，假設屬性 f 是個指標，指向一個具有屬性 g 的物件，那麼 $x.f.g$ 相當於加上括號的 $(x.f).g$。換句話說，若設定 $y = x.f$，則 $x.f.g$ 與 $y.g$ 一樣。

  有時，指標不指向任何物件，此時，我們會將它設為特殊值 NIL。

---

[7] 如果你曾經使用 Python，切記，在本書中，子陣列 $A[i:j]$ 包含元素 $A[j]$。在 Python 裡，$A[i:j]$ 的最後一個元素是 $A[j-1]$。Python 允許負值索引，代表從串列的結尾往前算，本書沒有負值陣列索引。

- 我們**以值**傳遞參數給程序，被呼叫的程序會收到屬於它自己的參數複本，如果那個程序將參數設為某個值，呼叫方**不會**看到這個改變。在傳遞物件時，我們會複製指向代表物件的資料的指標，但不會複製物件的屬性。例如，如果 x 是被呼叫的程序的參數，那麼在被呼叫的程序裡的賦值 $x = y$ 不會被呼叫它的程序看到。但是，如果呼叫方有個指向與 x 一樣的物件的指標的話，賦值式 $x.f = 3$ 會被看到。同理，陣列是用指標來傳遞的，所以我們傳遞的是指向陣列的指標，不是整個陣列，而且，改變個別陣列元素會被呼叫方看到。現代的程式語言大都是這樣運作的。

- **return** 敘述句會立刻將控制權交還給呼叫程序中的呼叫點。大多數的 **return** 敘述句也接收一個值，可將該值回傳給呼叫方。和許多程式語言不同的是，我們的虛擬碼的 **return** 敘述句可以回傳多個值，不必建立物件來將它們包裝起來[8]。

- 布林運算子「and」與「or」是**短路的**（*circuiting*）。也就是說，在計算運算式「x and y」時，我們先計算 x，如果 x 算出來是 FALSE，那麼因為整個運算式的結果不可能是 TRUE，所以 y 不會計算。另一方面，如果 x 算出來是 TRUE，y 必須計算才能確定整個運算式的值。同理，在運算式「x or y」裡，運算式 y 只會在 x 算出來是 FALSE 時計算。運算子短路可讓我們寫出「$x \neq$ NIL and $x.f = y$」這種布林運算式，而不必擔心當 x 是 NIL 時，計算 $x.f$ 會發生什麼事。

- 關鍵字 **error** 是指被呼叫的程序因有條件錯誤而導致的錯誤，此時程序會立刻終止。這種錯誤是呼叫方要負責處理的，所以我們不會說明該採取什麼行動。

習題

2.1-1
模仿圖 2.2，說明 INSERTION-SORT 處理最初是 ⟨31, 41, 59, 26, 41, 58⟩ 的陣列時的動作。

2.1-2
考慮下一頁的 SUM-ARRAY 程序。它計算陣列 $A[1:n]$ 裡的 n 個數字的和。說明這個程序的循環不變性，並使用它的初始、維持與終止屬性，來證明 SUM-ARRAY 程序可回傳 $A[1:n]$ 裡的數字的和。

8　Python 的 tuple 表示法可讓你用 **return** 敘述句回傳多個值，而不需要建立自訂類別的物件。

```
SUM-ARRAY(A, n)
1    sum = 0
2    for i = 1 to n
3        sum = sum + A[i]
4    return sum
```

2.1-3
改寫 INSERTION-SORT 程序，以單調遞減順序來排序，而不是以單調遞增順序。

2.1-4
考慮這個**搜尋問題**：

輸入：在陣列 $A[1:n]$ 裡的 n 個數字 $\langle a_1, a_2, ..., a_n \rangle$，與一個值 x。

輸出：使得 x 等於 $A[i]$ 的索引 i，或者，若 A 裡面沒有 x，i 為特殊值 NIL。

寫出**線性搜尋**虛擬碼，從頭到尾掃描陣列，尋找 x。用循環不變性來證明你的演算法是正確的。確保你的循環不變性滿足三個必要屬性。

2.1-5
考慮將兩個 n-bit 的二進制整數 a 與 b 相加的問題。這兩個整數被儲存在兩個包含 n 個元素的陣列 $A[0:n-1]$ 與 $B[0:n-1]$ 裡，其中的各個元素非 0 即 1，$a = \sum_{i=0}^{n-1} A[i] \cdot 2^i$，$b = \sum_{i=0}^{n-1} B[i] \cdot 2^i$。兩個整數的和 $c = a + b$ 必須以二進制格式存入包含 $(n+1)$ 個元素的陣列 $C[0:n]$ 裡，其中 $c = \sum_{i=0}^{n} C[i] \cdot 2^i$。寫出程序 ADD-BINARY-INTEGERS，讓它接收輸入陣列 A 與 B，以及長度 n，回傳存有和的陣列 C。

2.2 分析演算法

分析演算法意味著預測演算法需要使用的資源。你或許會考慮記憶體、通訊頻寬或能源消耗等資源，但最常評估的資源是計算時間。你可藉著分析問題的候選演算法來找出最有效率的演算法，可用的演算法可能不只一個，但你通常可以在分析的過程中排除幾個劣質的演算法。

在分析演算法之前，你要了解運行該演算法的技術模型，包括該技術的資源，以及它們的成本的表達方法。本書大部分的內容都假設實作技術採用一般的單處理器、**隨機存取機**（*random-access machine*，**RAM**）計算模型，並認定演算法被寫成電腦程式。在 RAM 模型中，指令是依序執行的，沒有並行（concurrent）操作。RAM 模型假設每條指令花費的時間

與任何其他指令相同,而且每一次資料存取(使用變數的值,或存入變數)所花費的時間與存取任何其他資料相同。換句話說,在 RAM 模型裡,每一條指令或資料存取都需要花費固定的時間,就算是檢索陣列也是如此[9]。

嚴格說來,你應該準確地定義 RAM 模型的指令及其成本,但是,這個工作很枯燥,而且對於演算法的設計和分析而言沒什麼啟發作用。然而,我們必須小心地避免亂用 RAM 模型。例如,如果 RAM 有排序指令呢?如此一來,只要用一個步驟即可完成排序,但這種 RAM 不切實際,因為真正的電腦沒有這種指令。因此,我們的教學採用真實電腦的設計。RAM 模型具有實際的電腦常見的指令:算術(例如加、減、乘、除、餘數、向下取整(floor)、向上取整(ceiling))、資料移動(載入、儲存、複製),和控制(條件型與非條件型分支、子程序呼叫和返回)。

在 RAM 模型裡的資料型態有整數、浮點數(用來儲存實數近似值)與字元。真實的電腦通常不會用獨立的資料型態來表示布林值 TRUE 與 FALSE,它們通常會和 C 一樣,檢查一個整數值是 0(FALSE)還是非零(TRUE)。不過本書通常不關心浮點值的精度(很多數字無法用浮點數來精準表示),但精度對大多數的應用來說非常重要。我們也假設資料的每一個 word 的位元數是有限的。例如,在處理規模為 n 的輸入時,我們通常假設整數是用 $c(\lfloor \log_2 n + 1 \rfloor)$ 個位元來表示的,其中 c 是 ≥ 1 的常數,$\lfloor \log_2 n \rfloor$ 是小於或等於 $\log_2 n$ 的最大整數。我們要求 $c \geq 1$,讓每個 word 都可以保存 n 的值,讓我們可以檢索各個輸入元素,而且我們限制 c 是常數,這樣 word 的大小就不會任意增長(如果 word 的大小能夠任意增長,我們可能會用一個 word 來儲存大量的資料,並以常數時間來處理所有資料,這與現實不符)。

真正的電腦還有上面沒有提到的指令,那些指令是 RAM 模型的灰色地帶。例如,冪運算是一種常數時間的指令嗎?通常不是:若 x 與 n 是一般的整數,計算 x^n 通常以 n 的對數為基數增加(見第 903 頁的式 (31.34)),而且,你還要注意結果能不能放入電腦的 word。但是,如果 n 是 2 的次方,冪運算通常可視為常數時間運算。許多電腦都有「左移」指令,可以用常數時間來將整數的位元左移 n 個位置。在大多數的電腦裡,將一個整數的位元左移 1 個位置相當於乘以 2,所以將位元左移 n 個位置相當於乘以 2^n。這種電腦可以藉著將整數 1 左移

---

[9] 我們假設特定陣列的每個元素占用相同的 bytes 數,而且特定陣列的元素都被存放在連續的記憶體位置。例如,若陣列 $A[1:n]$ 始於記憶體位址 1000,且每個元素占用 4 bytes,則元素 $A[i]$ 位於位址 $1000 + 4(i-1)$。一般來說,計算陣列元素的記憶體位址至少要做一次減法(0-origin 陣列不需要做減法)、一次乘法(如果元素大小是 2 的次方的話,通常被寫成位移操作),與一次加法。此外,在處理依序迭代陣列元素的程式碼時,優化的編譯器可以只用一次加法來產生各個元素的位址,其做法是將上一個元素的位址加上元素的大小。

n 個位置來以 1 常數時間計算 2^n，只要 n 少於電腦 word 的 bit 數即可。我們會試著避免 RAM 模型的這種灰色地帶，如果結果小得足以放入一個電腦 word，我們就將計算 2^n 與乘以 2^n 視為常數時間運算。

RAM 模型不考慮當代電腦裡常見的記憶體階層。它既不模擬快取，也不模擬虛擬記憶體。有一些其他的計算模型會試著考慮記憶體階層的效果，有時這對實際機器裡的實際程式而言非常重要。第 11.5 節與本書的一些問題將探討記憶體階層的影響，但在多數情況下，本書的分析不考慮它們。包含記憶體階層的模型比 RAM 模型複雜得多，所以可能難以使用。此外，使用 RAM 模型來進行分析通常可以準確地預測演算法在實際機器上的性能。

雖然在 RAM 模型裡分析演算法通常很簡單，但有時分析演算法是相當大的挑戰。你可能需要運用數學工具，例如組合數學、機率論、活用代數，以及看出公式中最重要的項。因為演算法可能在處理每一種可能的輸入時表現出不同的行為，我們要設法將該行為歸納成簡單、易懂的公式。

分析插入排序法

INSERTION-SORT 程序花費多久時間？有一種判斷方法是在你的電腦上執行它，並計時它需要執行多久。當然，如此一來，你就要用真正的程式語言來撰寫它，因為虛擬碼無法直接執行。這種計時檢驗可以提供什麼資訊？你可以知道插入排序在你的電腦上處理那一個特定的輸入、用你撰寫的特定程式、使用特定的編譯器或解譯器並連結特定的程式庫、在電腦同時運行某些特定的背景工作（例如檢查網路傳來的資訊）的情況下，花了多少時間執行。如果你再次使用相同的輸入在你的電腦上執行插入排序，你可能會得到不一樣的計時結果。在一台電腦上使用一組輸入來執行一個插入排序程式，就可以知道當它收到不同的輸入、在不同的電腦上執行、或是用不同的程式語言來編寫時的執行時間嗎？答案應該是否定的。我們需要一種方法來預測當插入排序收到一組新輸入時，需要花多少時間來處理。

我們可以藉著分析演算法本身來了解插入排序需要花多少時間，而不是測量它執行一次的時間，甚至執行多次的時間。接下來要檢查每一行虛擬碼執行多少次，以及每一行虛擬碼需要多少時間來執行。我們會先提出一個精確但複雜的執行時間公式，然後使用一種方便的表示法來萃取公式的重要部分，以方便比較同一個問題的不同演算法的執行時間。

如何分析插入排序？首先要知道，執行時間與輸入有關。排序 1000 個數字所花費的時間比排序 3 個數字還要久應該不奇怪吧？此外，插入排序可能會用不同的時間來排序相同規模的兩個輸入陣列，排序的時間取決於輸入陣列最初多接近排序完成。雖然執行時間可能與輸入的許多特徵有關，我們關注的是已被證實影響力最大的特徵，也就是輸入的規模，並用輸入規模的函數來描述程式的執行時間。為此，我們要更仔細地定義「執行時間」與「輸入規模」這兩個術語。我們也要清楚地知道，我們究竟是在討論引發最糟行為的輸入、引發最佳行為的輸入，或引發其他情況的輸入所導致的執行時間。

輸入規模的最佳概念依你想研究的問題而定。對許多問題而言，例如排序或計算離散傅立葉轉換，最自然的衡量標準是**輸入的項目數量**，例如，被排序的項目數量 n。對許多其他問題而言，例如將兩個整數相乘，最佳的輸入規模概念是用普通的二進制來表示輸入的話，**總共需要多少 bit**。有些問題比較適合使用多個數字來描述輸入的規模，例如，如果演算法的輸入是圖（graph），我們通常用圖的頂點數和邊數來分析輸入規模的特性。我們會在研究每一個問題時，說明我們採用哪一種輸入規模。

演算法處理特定輸入的**執行時間**就是指令的數量與存取資料的次數。評估這些成本的方法與任何特定計算機無關，但必須在 RAM 模型的框架內。現在我們採用以下觀點：每一行虛擬碼的執行時間都是固定的。雖然執行某行虛擬碼所需的時間可能比執行其他虛擬碼更多或更少，但我們假設每次執行第 k 行都需要 c_k 時間，c_k 是常數。這種觀點與 RAM 模型相符，它也反映了虛擬碼在大多數真正的電腦裡是如何實作的[10]。

我們來分析 INSERTION-SORT 程序。如同之前承諾的，我們會先推導一個精確的方程式，該方程式將使用輸入的規模，以及所有敘述句的成本 c_k。但是，這個方程式將非常雜亂。接下來我們會改用比較簡單的表示法，它更簡潔也更容易使用。較簡單的表示法可讓你更明白如何比較演算法的執行時間，特別是在輸入的規模增加時。

為了分析 INSERTION-SORT 程序，我們要在下一頁檢查每個敘述句的時間成本，以及每個敘述句執行幾次。對每一個 $i = 2, 3, ..., n$，設 t_i 代表第 5 行的 **while** 迴圈為那個 i 值進行檢查的次數，當 **for** 或 **while** 迴圈以一般的方式退出時（因為迴圈頭的檢查結果為 FALSE），檢查的次數會比迴圈主體多一次。因為註解不是可執行的敘述句，所以我們假設它們不花時間。

---

10 這裡有一些細節。用英文來敘述的計算步驟往往是某個程序的變體，執行該程序的時間可能不是固定的。例如，在第 203 頁的 RADIX-SORT 程序裡，有一行寫道「use a stable sort to sort array A on digit i」，它花費的時間多於一段固定的時間。此外，儘管呼叫子程序的敘述句只花費固定時間，但子程序本身被呼叫時，可能花更多時間。也就是說，我們將**呼叫**子程序的程序（傳遞參數給它⋯等）與**執行**子程序的程序分開。

INSERTION-SORT(A, n)	cost	times
1 **for** $i = 2$ **to** n	c_1	n
2 $key = A[i]$	c_2	$n - 1$
3 // 將 $A[i]$ 插入已排序的子陣列 $A[1:i-1]$。	0	$n - 1$
4 $j = i - 1$	c_4	$n - 1$
5 **while** $j > 0$ and $A[j] > key$	c_5	$\sum_{i=2}^{n} t_i$
6 $A[j + 1] = A[j]$	c_6	$\sum_{i=2}^{n} (t_i - 1)$
7 $j = j - 1$	c_7	$\sum_{i=2}^{n} (t_i - 1)$
8 $A[j + 1] = key$	c_8	$n - 1$

這個演算法的執行時間是被執行的每一個敘述句的執行時間總和。如果一個敘述句需要用 c_k 步來執行，且執行 m 次，它會讓總執行時間增加 $c_k m$[11]。如果演算法處理規模為 n 的輸入，我們通常將它的執行時間表示成 $T(n)$。為了計算 $T(n)$，也就是 INSERTION-SORT 處理 n 個值的輸入所需的執行時間，我們將 *cost* 與 *times* 欄位的積加總，得到

$$T(n) = c_1 n + c_2(n - 1) + c_4(n - 1) + c_5 \sum_{i=2}^{n} t_i + c_6 \sum_{i=2}^{n} (t_i - 1)$$
$$+ c_7 \sum_{i=2}^{n} (t_i - 1) + c_8(n - 1)$$

即使不同的輸入有相同的規模，演算法的執行時間也可能隨著那些輸入是什麼而變。例如，INSERTION-SORT 的最佳情況是陣列已被排序好了。此時，每次執行第 5 行時，*key* 的值（原本就在 $A[i]$ 裡的值）就已經大於或等於 $A[1:i-1]$ 裡的所有值了，所以第 5~7 行的 **while** 迴圈一定會在第 5 行的第一次測試退出。因此，$t_i = 1$，其中 $i = 2, 3, ..., n$，最佳情況的執行時間是

$$T(n) = c_1 n + c_2(n - 1) + c_4(n - 1) + c_5(n - 1) + c_8(n - 1)$$
$$= (c_1 + c_2 + c_4 + c_5 + c_8)n - (c_2 + c_4 + c_5 + c_8) \qquad (2.1)$$

我們可以將這個執行時間寫成 $an + b$，其中的**常數** a 與 b 與敘述句成本 c_k 有關（其中 $a = c_1 + c_2 + c_4 + c_5 + c_8$，$b = -(c_2 + c_4 + c_5 + c_8)$）。因此，執行時間是 n 的線性函數。

---

11 這個特性對記憶體等資源而言不一定成立。執行「引用 m 個記憶體 word 的敘述句」n 次，不一定會引用 mn 個不同的記憶體 word。

最壞情況是陣列被反向排序，也就是它在一開始被遞減排序。程序必須拿每一個元素 $A[i]$ 與整個已排序的子陣列 $A[1:i-1]$ 裡的每一個元素做比較，所以 $t_i = i$，$i = 2, 3, ..., n$（程序每次執行第 5 行都會發現 $A[j] > key$，**while** 迴圈只會在 j 變成 0 時退出）。注意

$$\sum_{i=2}^{n} i = \left(\sum_{i=1}^{n} i\right) - 1$$
$$= \frac{n(n+1)}{2} - 1 \quad \text{（用第 1097 頁的式 (A.2) 得出）}$$

且

$$\sum_{i=2}^{n}(i-1) = \sum_{i=1}^{n-1} i$$
$$= \frac{n(n-1)}{2} \quad \text{（同樣用式 (A.2) 得出）}$$

我們發現在最壞的情況下，INSERTION-SORT 的執行時間是

$$\begin{aligned} T(n) &= c_1 n + c_2(n-1) + c_4(n-1) + c_5\left(\frac{n(n+1)}{2} - 1\right) \\ &\quad + c_6\left(\frac{n(n-1)}{2}\right) + c_7\left(\frac{n(n-1)}{2}\right) + c_8(n-1) \\ &= \left(\frac{c_5}{2} + \frac{c_6}{2} + \frac{c_7}{2}\right)n^2 + \left(c_1 + c_2 + c_4 + \frac{c_5}{2} - \frac{c_6}{2} - \frac{c_7}{2} + c_8\right)n \\ &\quad - (c_2 + c_4 + c_5 + c_8) \end{aligned} \quad (2.2)$$

我們可以將這個最壞情況執行時間寫成 $an^2 + bn + c$，其中的常數 a、b 與 c 同樣與敘述句成本 c_k 有關（現在 $a = c_5/2 + c_6/2 + c_7/2$，$b = c_1 + c_2 + c_4 + c_5/2 - c_6/2 - c_7/2 + c_8$，$c = -(c_2 + c_4 + c_5 + c_8)$）。因此，執行時間是 n 的<u>二次函數</u>。

一般來說，演算法處理特定輸入的執行時間是固定的，就像插入排序那樣，但也有一些有趣的「隨機」演算法，即使輸入不變，演算法的行為也可能有所不同。

分析最壞情況與平均情況

我們在分析插入排序時探討了最佳情況，也就是輸入陣列已經被排好；以及最壞情況，也就是輸入陣列被反向排列。但是，在本書接下來的內容中，我們通常（但不一定）只會找

出**最壞情況的執行時間**，也就是處理規模為 n 的**任何輸入**時的最長執行時間。為什麼？理由有三個：

- 演算法的最壞情況執行時間是**任何輸入**的執行時間上限。上限意味著演算法不可能跑得比它久，免得使我們僅憑經驗猜測執行時間，並祈禱結果不會差太多。這個特性對即時（real-time）計算而言特別重要，因為這種計算必須在一個最後期限之前完成。

- 有一些演算法經常發生最壞情況。例如，當搜尋演算法在資料庫中搜尋特定資訊時，最壞情況通常在資料庫沒有該資訊時發生。有一些應用經常搜尋不存在的資訊。

- 「平均情況」通常大約與最壞情況一樣糟。假如你用插入排序來處理一個包含 n 個隨機數字的陣列，它需要花多少時間來決定元素 $A[i]$ 應該插入子陣列 $A[1:i-1]$ 的哪裡？平均看來，$A[1:i-1]$ 有一半的元素小於 $A[i]$，有一半的元素大於它，因此，平均來說，$A[i]$ 只需要與子陣列 $A[1:i-1]$ 的一半元素進行比較，所以 t_i 大約是 $i/2$。所以，平均情況的執行時間是輸入規模的二次函數，與最壞情況的執行時間一樣。

在某些情況下，我們特別在乎演算法的**平均情況**執行時間。本書將用**機率分析**來分析演算法。平均情況分析的範圍有限，因為有些問題沒有明顯的「平均」輸入。我們通常假設某個規模的輸入出現的機率是相同的，在現實情況下，這個假設可能不成立，但我們有時可以用**隨機演算法**來進行隨機選擇，以執行機率分析並得出一個**期望**執行時間。我們將在第 5 章及一些後續章節中探討隨機演算法。

增長率

為了更輕鬆地分析 INSERTION-SORT 程序，我們使用一些簡化抽象。首先，我們忽略每個敘述句的實際成本，使用常數 c_k 來代表這些成本。儘管如此，最佳情況與最壞情況的執行時間，即式 (2.1) 與 (2.2)，仍相當複雜。我們不需要這些式子的常數所提供的諸多細節。因此，我們也將最佳情況執行時間寫成 $an+b$，其中的常數 a 和 b 與敘述句成本 c_k 有關，並將最壞情況執行時間寫成 an^2+bn+c，其中常數 a、b 和 c 與敘述句成本有關。我們不但忽略敘述句的成本，也忽略抽象成本 c_k。

我們來進一步簡化抽象：我們真正感興趣的是執行時間的**增長率**（*rate of growth* 或 *order of growth*），因此，我們只考慮方程式的首項（例如 an^2），因為當 n 很大時，低次項相對不重要。我們也忽略首項的常數係數，因為在推導大輸入的計算效率時，常數因子的重要性不如增長率。在推導插入排序的最壞情況執行時間時，忽略低次項與首項的常數係數之後，只剩下首項的 n^2 因子。n^2 因子是執行時間最重要的部分，例如，假如有一個在特定機器上實

作的演算法需要用 $n^2/100 + 100n + 17$ 微秒來處理規模為 n 的輸入，雖然 n^2 項的 1/100 係數與 n 項的 100 相差四個數量級，但一旦 n 超過 10,000，$n^2/100$ 項的影響力就會超過 $100n$。10,000 乍看之下很大，但它少於一個普通城鎮的人口數。許多真實問題的輸入規模都大很多。

我們用一種特殊的表示法來強調執行時間的增長率：希臘字母 Θ（theta）。我們將插入排序法的最壞情況執行時間寫成 $\Theta(n^2)$（讀成「theta of n-squared」或「theta n-squared」），將插入排序法的最佳情況執行時間寫成 $\Theta(n)$（讀成「theta of n」或「theta n」）。現在你可以將 Θ 表示法想成「當 n 很大時，大致與⋯成正比」，所以 $\Theta(n^2)$ 的意思是「當 n 很大時，大致與 n^2 成正比」，$\Theta(n)$ 的意思是「當 n 很大時，大致與 n 成正比」。本章先以非正式的方式使用 Θ 表示法，我們會在第 3 章精確地定義它。

當一個演算法的最壞情況執行時間的增長率比另一個演算法更低時，我們通常認為前者的效率比較好。因為有常數因子和低次項，執行時間增長率較高的演算法處理小規模的輸入所花費的時間可能少於執行時間增長率較低的演算法。但是在處理規模夠大的輸入時，（舉例）最壞情況執行時間為 $\Theta(n^2)$ 的演算法，在最壞情況下花費的時間將少於最壞情況執行時間為 $\Theta(n^3)$ 的演算法。無論被 Θ 表示法隱藏的常數是什麼，一定存在某個數字 n_0，使得當輸入大小 n 大於等於 n_0 時，$\Theta(n^2)$ 演算法在最壞情況時能勝過 $\Theta(n^3)$ 演算法。

習題

2.2-1
以 Θ 表示法來表達 $n^3/1000 + 100n^2 - 100n + 3$。

2.2-2
為了排序陣列 $A[1:n]$ 裡的 n 個數字，我們先找出 $A[1:n]$ 的最小元素，然後將它與 $A[1]$ 的元素交換，接下來找出 $A[2:n]$ 的最小元素，將它與 $A[2]$ 交換，接下來找出 $A[3:n]$ 的最小元素，將它與 $A[3]$ 交換。繼續採取這種做法來處理 A 的前 $n-1$ 個元素。這個演算法稱為**選擇排序**，寫出它的虛擬碼。這個演算法維持什麼循環不變性？為什麼它只需要處理前 $n-1$ 個元素，而不是全部的 n 個元素？用 Θ 表示法來寫出選擇排序法的最壞情況執行時間。它的最佳情況執行時間有比較好嗎？

2.2-3

再次考慮線性搜尋（見習題 2.1-4）。假設被搜尋的元素有相同的機率是陣列的各個元素，那麼這種演算法平均需要檢查輸入陣列的多少元素？在最壞情況時呢？使用 Θ 表示法來寫出線性搜尋的平均情況與最壞情況執行時間。證明你的答案是正確的。

2.2-4

如何修改任何排序演算法來讓它有好的最佳情況執行時間？

2.3 設計演算法

可供選擇的演算法設計技術很廣泛。插入排序使用漸增法：它將每一個元素 $A[i]$ 插入子陣列 $A[1:i]$ 裡的正確位置，其中的 $A[1:i-1]$ 已經排序好了。

本節要介紹另一種設計方法，稱為「分治法（divide-and-conquer）」，第 4 章會更詳細介紹它。我們將使用分治法來設計一種排序演算法，它的最壞情況執行時間比插入排序要少很多。用分治法來設計的演算法有一個優點：比較容易用第 4 章介紹的技術來分析執行時間。

2.3.1 分治法

許多實用的演算法都有遞迴（*recursive*）的結構：在處理問題時，它們會遞迴（呼叫自己）一或多次，以處理密切相關的子問題。這些演算法通常採取分治法，將問題拆成幾個類似原始問題但規模較小的子問題，再遞迴處理子問題，然後結合子問題的解來產生原始問題的解。

在分治法中，如果問題的規模夠小（基本情況），你只要直接處理它即可，不需要遞迴。否則（遞迴情況），你要執行三個典型步驟：

分解，將問題分成一個或多個子問題，這些子問題是同一個問題的較小實例。

處理子問題，遞迴解決它們。

合併子問題的解，產生原始問題的解。

合併排序演算法嚴格遵守分治法。在每一步，它都會排序一個子陣列 $A[p:r]$，從整個陣列 $A[1:n]$ 開始，往下遞迴至越來越小的子陣列。合併排序的做法是：

分解有待排序的子陣列 $A[p:r]$，將它分成兩個相鄰的子陣列，使其分別有一半的規模。我們計算 $A[p:r]$ 的中點 q（計算 p 與 r 的平均值），再將 $A[p:r]$ 分成子陣列 $A[p:q]$ 與 $A[q+1:r]$。

處理問題，使用合併排序遞迴地排序兩個子陣列 $A[p:q]$ 與 $A[q+1:r]$。

合併兩個排序好的子陣列 $A[p:q]$ 與 $A[q+1:r]$，成為 $A[p:r]$，產生已排序的解。

如果待排序的子陣列 $A[p:r]$ 只有 1 個元素，遞迴就「觸底（bottom out）」了，也就是到達基本情況。正如我們在 INSERTION-SORT 的循環不變性的初始論點中所述，只有一個元素的子陣列都是已排序的。

合併排序演算法的關鍵是「合併」步驟，也就是將兩個相鄰的、已排序的子陣列合併起來。合併是用下一頁的輔助程序 MERGE(A, p, q, r) 來執行的，其中的 A 是陣列，p、q、r 是陣列的索引，$p \leq q < r$。這個程序假設相鄰子陣列 $A[p:q]$ 與 $A[q+1:r]$ 都被遞迴排序了，它會合併兩個已排序的子陣列，產生一個取代當下子陣列的已排序子陣列 $A[p:r]$。

為了說明 MERGE 程序如何運作，讓我們回到撲克牌主題。假如桌上有兩副牌面朝上的牌堆，兩副牌堆都已經排好了，點數最小的牌放在最上面。你想要將這兩副牌合併成一副排好的輸出牌堆，並牌面朝下放在桌上。最基本的步驟是選出牌面朝上的牌堆的頂牌中較小的那一張，將它從牌堆拿起來（牌堆出現新的頂牌），並將它牌面朝下放入輸出牌堆。重複這個步驟，直到其中一個輸入牌堆沒牌了，此時可以直接將剩餘的整副輸入牌堆翻過來，牌面朝下放在輸出牌堆上。

我們來想一下合併兩副排好的牌堆需要多久。每一個基本步驟都花費相同的時間，因為我們只比較兩張頂牌。如果已排好的牌堆最初各有 $n/2$ 張牌，那麼基本步驟至少要執行 $n/2$ 次（因為當一個牌堆清空時，所找到的每一張牌都比另一個牌堆裡的牌更小），最多 n 次（其實最多 $n-1$ 次，因為在 $n-1$ 個基本步驟之後，其中一個牌堆一定是空的）。因為每一個基本步驟都花費固定時間，而且基本步驟的總數介於 $n/2$ 與 n 之間，所以我們可以說，合併的時間大約與 n 成正比。也就是說，合併需要 $\Theta(n)$ 時間。

詳細地說，MERGE 程序是這樣運作的。它先將兩個子陣列 $A[p:q]$ 與 $A[q+1:r]$ 複製到臨時陣列 L 與 R（「left」與「right」），然後將 L 與 R 裡面的值合併回去 $A[p:r]$。第 1 行與第 2 行分別計算子陣列 $A[p:q]$ 與 $A[q+1:r]$ 的長度 n_L 與 n_R，第 3 行建立陣列 $L[0:n_L-1]$ 與 $R[0:n_R-1]$，其長度分別為 n_L 與 n_R。[12] 第 4~5 行的 **for** 迴圈將子陣列 $A[p:q]$ 複製到 L，第 6~7 行的 **for** 迴圈將子陣列 $A[q+1:r]$ 複製到 R。

---

12 這個程序是少數幾個同時使用 1-origin 索引（陣列 A）與 0-origin 索引（陣列 L 與 R）的案例。讓 L 與 R 使用 0-origin 索引可帶來更簡單的循環不變性，見習題 2.3-3。

MERGE(A, p, q, r)
1 $n_L = q - p + 1$ // $A[p:q]$ 的長度
2 $n_R = r - q$ // $A[q+1:r]$ 的長度
3 let $L[0:n_L - 1]$ and $R[0:n_R - 1]$ be new arrays
4 **for** $i = 0$ **to** $n_L - 1$ // 將 $A[p:q]$ 複製到 $L[0:n_L-1]$
5      $L[i] = A[p + i]$
6 **for** $j = 0$ **to** $n_R - 1$ // 將 $A[q+1:r]$ 複製到 $R[0:n_R-1]$
7      $R[j] = A[q + j + 1]$
8 $i = 0$ // 用 i 檢索 L 剩餘的最小元素
9 $j = 0$ // 用 j 檢索 R 剩餘的最小元素
10 $k = p$ // 用 k 檢索在 A 中填入的位置
11 // 只要 L 與 R 陣列都有未合併的元素，
   // 那就將最小的未合併元素複製回 $A[p:r]$。
12 **while** $i < n_L$ and $j < n_R$
13   **if** $L[i] \leq R[j]$
14         $A[k] = L[i]$
15         $i = i + 1$
16   **else** $A[k] = R[j]$
17         $j = j + 1$
18     $k = k + 1$
19 // 已經完全遍歷 L 或 R 之一了，
   // 將另一個剩餘的元素複製到 $A[p:r]$ 的結尾。
20 **while** $i < n_L$
21     $A[k] = L[i]$
22     $i = i + 1$
23     $k = k + 1$
24 **while** $j < n_R$
25     $A[k] = R[j]$
26     $j = j + 1$
27     $k = k + 1$

第 8~18 行執行基本步驟，如圖 2.3 所示。第 12~18 行的 **while** 迴圈重複地識別 L 與 R 中尚未被複製回 $A[p:r]$ 的最小值，並將它複製回去。正如註解所述，索引 k 代表演算法將填入 A 的哪個位置，索引 i 與 j 分別是 L 與 R 剩餘的值中最小值的位置。最後，L 或 R 的所有值都會被複製回 $A[p:r]$，迴圈終止。如果迴圈終止是因為 R 的所有值都被複製回去，也就是 j 等於 n_R，那麼 i 仍然小於 n_L，所以 L 有一些值還沒有被複製回去，那些值是 L 與 R 兩者的最大值，在這種情況下，第 20~23 行的 **while** 迴圈會將這些 L 的剩餘值複製回去 $A[p:r]$ 的最後幾個位置。因為 j 等於 n_R，所以第 24~27 行的 **while** 迴圈迭代 0 次。如果第 12~18 行的 **while** 迴圈因為 i 等於 n_L 而終止，代表 L 的所有值都已經被複製回去 $A[p:r]$ 了，那麼第 24~27 行的 **while** 迴圈會將 R 的剩餘值複製回 $A[p:r]$ 的結尾。

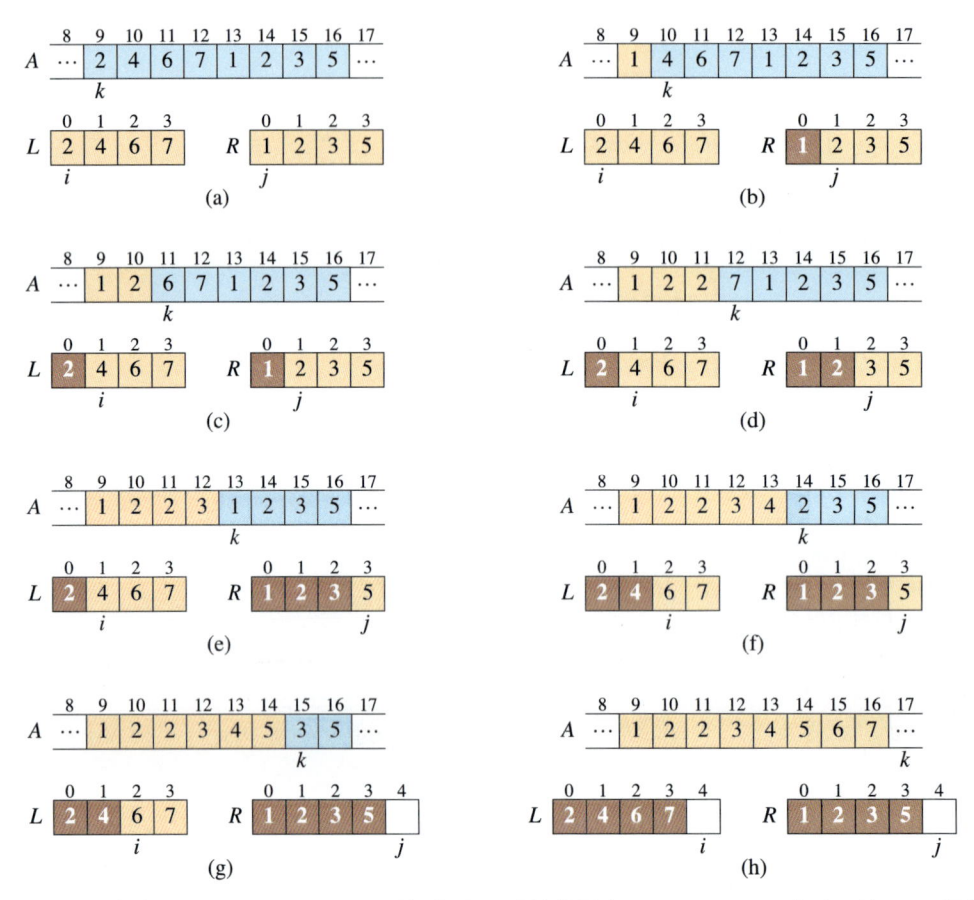

圖 2.3 呼叫 MERGE(A, 9, 12, 16) 且子陣列 A[9:16] 的值是 ⟨2, 4, 6, 7, 1, 2, 3, 5⟩ 時，第 8~18 行的 **while** 迴圈的動作。在配置陣列 L 與 R 並將元素複製進去之後，陣列 L 是 ⟨2, 4, 6, 7⟩，陣列 R 是 ⟨1, 2, 3, 5⟩。在 A 裡的淺褐色位置儲存最終值，在 L 與 R 裡面的淺褐色位置是尚未被複製回去 A 的值。綜合來看，深褐色位置的值一定是原本就在 A[9:16] 裡面的值。A 的藍色位置是將被覆寫的值，L 與 R 的深褐色位置是已經被複製回去 A 的值。**(a)~(g)** 是陣列 A、L 與 R 及其索引 k、i 與 j 在第 12~18 行的迴圈的每次迭代前的情況。在 **(g)**，R 的所有值都被複製回去 A 了（索引 j 等於 R 的長度），所以第 12~18 行的 **while** 迴圈終止。**(h)** 是陣列與索引在終止時的情況。第 20~23 行與第 24~27 行的 **while** 迴圈將 L 與 R 的剩餘值複製回去 A，它們是原本在 A[9:16] 裡面的最大值。在此，第 20~23 行將 L[2:3] 複製到 A[15:16]，因為 R 的所有值都已經被複製回去 A 了，所以第 24~27 行的 **while** 迴圈迭代 0 次。此時，在 A[9:16] 裡的子陣列已完成排序。

我們來證明 MERGE 程序以 $\Theta(n)$ 時間執行，其中 $n = r-p+1$ [13]。第 1~3 行與第 8~10 行的每一行都花費固定時間，第 4~7 行的 **for** 迴圈花費 $\Theta(n_L + n_R) = \Theta(n)$ 時間 [14]。第 12~18 行、第 20~23 行與第 24~27 行的三個 **while** 迴圈每次迭代都正好從 L 或 R 複製一個值回 A，而且每個值都恰好被複製回 A 一次，因此，這三個迴圈總共做了 n 次迭代。因為這三個迴圈的每次迭代都花費固定時間，所以這三個迴圈總共花費 $\Theta(n)$。

我們將 MERGE 程序當成合併排序演算法的子程序。下面的程序 MERGE-SORT(A, p, r) 可排序子陣列 $A[p:r]$ 裡的元素。如果 p 等於 r，代表子陣列只有 1 個元素，它已經排序好了。如果 $p < r$，那麼 MERGE-SORT 會執行分解、處理、合併步驟，分解步驟算出可將 $A[p:r]$ 分成兩個相鄰子陣列的索引，子陣列是：$A[p:q]$，裡面有 $\lceil n/2 \rceil$ 個元素；以及 $A[q+1:r]$，裡面有 $\lfloor n/2 \rfloor$ 個元素 [15]。初次呼叫 MERGE-SORT($A, 1, n$) 會排序整個陣列 $A[1:n]$。

圖 2.4 是當 $n = 8$ 時，這個程序的運作情況，這張圖也展示分解與合併步驟的程序。這個演算法會將陣列遞迴分解成 1 個元素的子陣列。合併步驟將成對的 1 元素子陣列合併成長度 2 的已排序子陣列，再將它們合併成長度 4 的已排序子陣列，最終再將它們合併成長度 8 的已排序子陣列。如果 n 不是 2 的次方，有一些分解步驟會產生長度差 1 的子陣列（例如，長度為 7 的子陣列會被分解成長度分別為 4 和 3 的子陣列）。無論被合併的兩個子陣列多長，合併 n 個項目的時間都是 $\Theta(n)$。

MERGE-SORT(A, p, r)

```
1   if p ≥ r                          // 零個或一個元素？
2       return
3   q = ⌊(p + r)/2⌋                   // A[p:r] 的中點
4   MERGE-SORT(A, p, q)               // 遞迴排序 A[p:q]
5   MERGE-SORT(A, q + 1, r)           // 遞迴排序 A[q+1:r]
6   // 將 A[p:q] 與 A[q+1:r] 合併成 A[p:r]。
7   MERGE(A, p, q, r)
```

---

13 如果你不知道「+1」從哪來的，你可以這樣想：$r = p+1$，子陣列 $A[p:r]$ 包含兩個元素，而 $r - p + 1 = 2$。

14 第 3 章會介紹如何正式地解讀包含 Θ 表示法的方程式。

15 $\lceil x \rceil$ 代表最小的整數大於或等於 x，$\lfloor x \rfloor$ 代表最大的整數小於或等於 x。我們會在第 3.3 節定義這些表示法。若要確認將 q 設成 $\lfloor (p+r)/2 \rfloor$ 可產生大小分別為 $\lceil n/2 \rceil$ 與 $\lfloor n/2 \rfloor$ 的子陣列 $A[p:q]$ 與 $A[q+1:r]$，最簡單的方法是檢查 p 和 r 為奇數或偶數的四種情況。

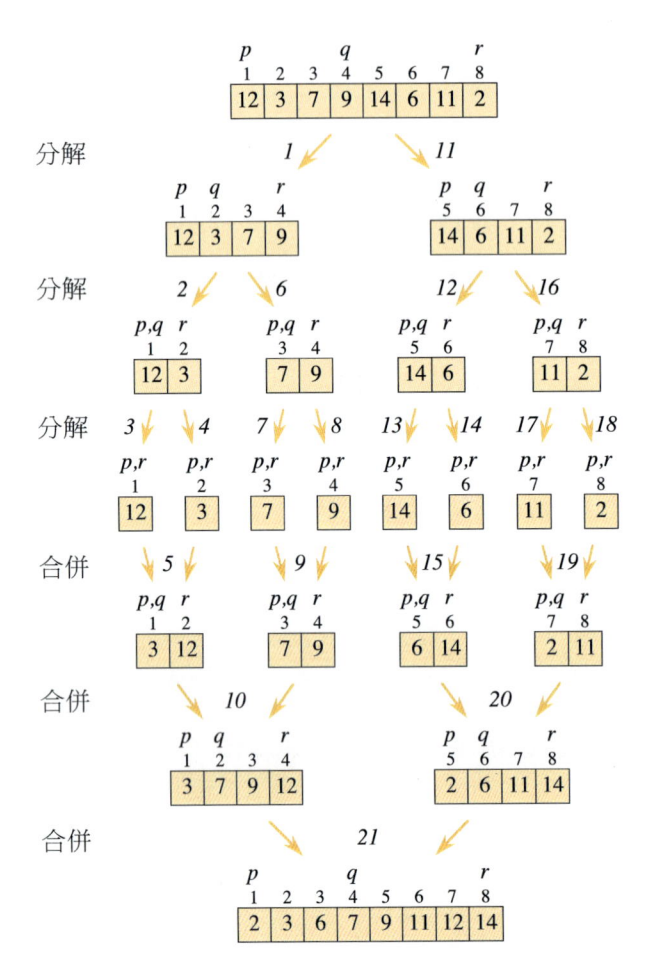

圖 2.4 當合併排序處理長度為 8，最初存有 ⟨12, 3, 7, 9, 14, 6, 11, 2⟩ 的陣列 A 時的動作。本圖將檢索各個子陣列的索引 p、q 與 r 標在它們的值上面。斜體的數字是最初呼叫 Merge-Sort(A,1,8) 之後，呼叫 Merge-Sort 與 Merge 程序的順序。

2.3.2 分析分治演算法

當演算法包含遞迴呼叫時，你通常可以用遞迴式（*recurrence equation* 或 *recurrence*）來描述它的執行時間。遞過式用演算法處理較小輸入時的執行時間來描述同一個演算法在處理規模為 n 的問題時的總體執行時間。你可以使用數學工具來求解遞迴式，並算出演算法性能的界限。

分治演算法的執行時間遞迴式可從它的三個基本步驟直接推導出來。如同插入排序，設 $T(n)$ 為規模 n 的問題的最壞情況執行時間。如果問題規模夠小，假設 $n < n_0$，其中常數 $n_0 > 0$，那麼直接了當的解法花費常數時間，我們寫成 $\Theta(1)$ [16]。假如問題被分解成 a 個子問題，每一個子問題的規模都是 n/b，也就是原始問題的 $1/b$。對合併排序而言，a 與 b 都是 2，但後續介紹的其他分治演算法的 $a \neq b$。處理 n/b 規模的子問題需要 $T(n/b)$ 時間，所以處理全部的 a 個需要 $aT(n/b)$ 時間。如果將問題分解成子問題需要 $D(n)$ 時間，將子問題的解結合成原始問題的解需要 $C(n)$ 時間，我們可以得到這個遞迴式

$$T(n) = \begin{cases} \Theta(1) & \text{若 } n < n_0 \\ D(n) + aT(n/b) + C(n) & \text{其他情況} \end{cases}$$

第 4 章會介紹如何求解這種形式的普通遞迴式。

有時，分解步驟的 n/b 大小不是整數。例如，Merge-Sort 程序將一個規模為 n 的問題分解成規模為 $\lceil n/2 \rceil$ 與 $\lfloor n/2 \rfloor$ 的子問題。因為 $\lceil n/2 \rceil$ 與 $\lfloor n/2 \rfloor$ 最多只相差 1，對大 n 來說，這個差的影響比將 n 除以 2 要小得多，所以我們忽略它，將它們的大小都看成 $n/2$。第 4 章會提到，這種忽略向下取整與向上取整的簡化通常不會影響分治遞迴式的解的增長率。

我們的另一個慣例是省略遞迴式的基本情況（base case）敘述句，第 4 章會更詳細地討論這一點。之所以這樣做的原因是，基本情況幾乎都是「若 $n < n_0$，則 $T(n) = \Theta(1)$，其中常數 $n_0 > 0$」。這是因為演算法處理固定規模的輸入的時間是固定的。我們用這個慣例來節省一些額外的內容。

---

[16] 如果你不知道 $\Theta(1)$ 來自何處，你可以這樣想。當我們說 $n^2/100$ 是 $\Theta(n^2)$ 時，我們忽略了因子 n^2 的係數 $1/100$。同理，當我們說常數 c 是 $\Theta(1)$ 時，我們忽略了因子 1（你也可以將它視為 n^0）的係數 c。

分析合併排序

接下來的過程可以寫出合併排序法處理 n 個數字的最壞情況執行時間 $T(n)$ 的遞迴式。

分解： 分解步驟只計算子陣列的中間位置，這使用常數時間，因此 $D(n) = \Theta(1)$。

處理： 遞迴處理兩個子問題，每一個子問題的規模都是 $n/2$，所以執行時間增加 $2T(n/2)$（如前所述，忽略向下取整與向上取整）。

合併： 因為 MERGE 程序處理 n 個元素的子陣列需要 $\Theta(n)$ 時間，我們得到 $C(n) = \Theta(n)$。

我們在分析合併排序時加入函數 $D(n)$ 與 $C(n)$，就是加入一個 $\Theta(n)$ 函數與一個 $\Theta(1)$ 函數。這個總和是 n 的線性函數。也就是說，當 n 很大時，它大約與 n 成正比，所以合併排序的分解與合併時間總共是 $\Theta(n)$。將 $\Theta(n)$ 與處理步驟的 $2T(n/2)$ 項相加可產生合併排序的最壞情況執行時間 $T(n)$ 的遞迴式：

$$T(n) = 2T(n/2) + \Theta(n) \tag{2.3}$$

第 4 章會介紹「主定理」，它將指出 $T(n) = \Theta(n \lg n)$ [17]。與最壞情況執行時間是 $\Theta(n^2)$ 的插入排序相比，合併排序將一個 n 因子換成 $\lg n$ 因子。因為對數函數的增長率比任何線性函數都要慢，所以這是好事。當輸入規模夠大時，最壞情況執行時間為 $\Theta(n \lg n)$ 的合併排序將優於最壞情況執行時間為 $\Theta(n^2)$ 的插入排序。

但是，我們不需要使用主定理就可以直觀地理解為何遞迴式 (2.3) 是 $T(n) = \Theta(n \lg n)$。為了簡化，假設 n 是 2 的次方，且未言明的基本情況是 $n = 1$。那麼遞迴式 (2.3) 實質上是

$$T(n) = \begin{cases} c_1 & \text{若 } n = 1 \\ 2T(n/2) + c_2 n & \text{若 } n > 1 \end{cases} \tag{2.4}$$

其中的常數 $c_1 > 0$ 是處理規模為 1 的問題所需的時間，$c_2 > 0$ 是分解與結合步驟處理每一個陣列元素的時間 [18]。

---

[17] $\lg n$ 的意思是 $\log_2 n$，雖然對數的底數在此不重要，但作為計算機科學家，我們喜歡 2 這個對數底數。第 3.3 節會討論其他的標準表示法。

[18] c_1 應該不會正好是處理規模為 1 的問題所需的時間，$c_2 n$ 也應該不會正好是分解與合併步驟的時間。我們將在第 4 章更仔細地研究遞迴式界限，屆時，我們將更仔細地研究這個細節。

圖 2.5 描述遞迴式 (2.4) 的一種解法。此圖的 (a) 是 $T(n)$，(b) 將它展開成等效的樹狀，代表遞迴式，其中的 c_2n 項是頂層遞迴的分解成本與合併成本，根節點的兩個子樹是兩個較小的遞迴式 $T(n/2)$。(c) 圖展開 $T(n/2)$ 來展示這個程序多執行一步的情況。第二層遞迴的兩個節點的分解與合併成本分別是 $c_2n/2$。我們繼續展開樹的每一個節點，根據遞迴式來將它們分解成構成部分，直到問題的規模變成 1，每個問題的成本都是 c_1 為止。(d) 部分是最後的**遞迴樹**。

接下來，我們將樹的每一層的成本相加。樹的最頂層總共需要 c_2n，下一層總共需要 $c_2(n/2) + c_2(n/2) = c_2n$，再下一層總共需要 $c_2(n/4) + c_2(n/4) + c_2(n/4) + c_2(n/4) = c_2n$，以此類推。每一層的節點數都是上一層的兩倍，但每一個節點的成本都只有上一層節點的一半。每一層與下一層之間的翻倍和減半會互相抵消，所以每層的成本都是 c_2n。總之，從最上面算下來的第 i 層有 2^i 個節點，每一個節點的成本都是 $c_2(n/2^i)$，所以從最上面算下來的第 i 層的總成本是 $2^i \cdot c_2(n/2^i) = c_2n$。最底層有 n 個節點，每一個節點的成本是 c_1，所以總成本是 c_1n。

圖 2.5 的遞迴樹總共有 $\lg n + 1$ 層，其中的 n 是葉節點數量，對應輸入規模。我們可以用非正式的歸納論證法來證明這一點。基本情況發生在 $n = 1$ 時，此時，樹只有一層。因為 $\lg 1 = 0$，所以 $\lg n + 1$ 產生正確的層數。作為歸納假設，我們假設有 2^i 個葉節點的遞迴樹有 $\lg 2^i + 1 = i + 1$ 層（因為對任何 i 值而言，$\lg 2^i = i$）。因為我們假設輸入規模是 2 的次方，所以下一個要考慮的輸入規模是 2^{i+1}。有 $n = 2^{i+1}$ 個葉節點的樹比有 2^i 個葉節點的樹多一層，所以總層數是 $(i + 1) + 1 = \lg 2^{i+1} + 1$。

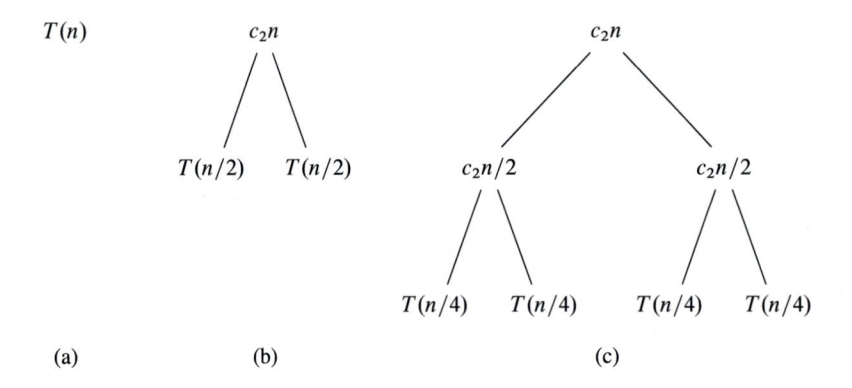

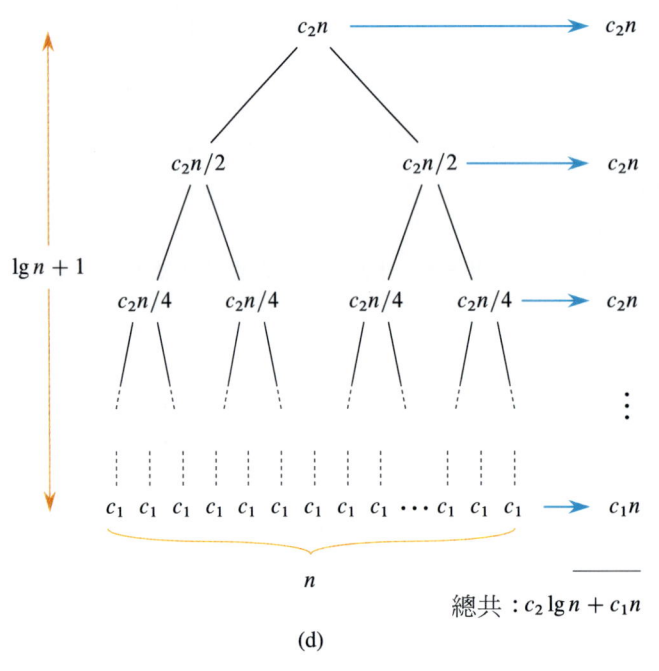

圖 2.5 如何為遞迴式 (2.4) 建構遞迴樹。**(a)** 是 $T(n)$，它在 **(b)~(d)** 逐漸展開成遞迴樹。(d) 是完全展開的樹，它有 $\lg n + 1$ 層，在葉節點以上的每一層都帶來 $c_2 n$ 的成本，葉節點帶來 $c_1 n$ 的成本。因此，總成本是 $c_2 n \lg n + c_1 n = \Theta(n \lg n)$。

只要將每一層的成本相加即可算出遞迴式 (2.4) 的總成本。這棵遞迴樹有 $\lg n + 1$ 層。在葉節點之上的每一層的成本都是 $c_2 n$，葉節點的成本是 $c_1 n$，總成本是 $c_2 n \lg n + c_1 n = \Theta(n \lg n)$。

習題

2.3-1
模仿圖 2.4，說明用合併排序法來處理最初包含 $\langle 3, 41, 52, 26, 38, 57, 9, 49 \rangle$ 的陣列時的動作。

2.3-2
MERGE-SORT 程序的第 1 行的測試是「**if** $p \geq r$」而不是「**if** $p \neq r$」。如果在呼叫 MERGE-SORT 時 $p > r$，則子陣列 $A[p:r]$ 是空的。證明只要初次呼叫 MERGE-SORT(A, 1, n) 時 $n \geq 1$，那麼使用「**if** $p \neq r$」就足以確保任何遞迴呼叫都不會出現 $p > r$。

2.3-3
寫出 MERGE 程序的第 12~18 行的 **while** 迴圈的循環不變性。展示如何使用它與第 20~23 行和第 24~27 行的 **while** 迴圈來證明 MERGE 程序是正確的。

2.3-4
使用數學歸納法來證明，當 $n \geq 2$ 且 n 是 2 的非負整數次方時，這個遞迴式

$$T(n) = \begin{cases} 2 & \text{若 } n = 2 \\ 2T(n/2) + n & \text{若 } n > 2 \end{cases}$$

的解是 $T(n) = n \lg n$。

2.3-5
你也可以將插入排序想成遞迴演算法。為了排序 $A[1:n]$，你可以遞迴排序子陣列 $A[1:n-1]$，然後將 $A[n]$ 插入已排序的子陣列 $A[1:n-1]$。寫出這個插入排序的遞迴版虛擬碼。寫出最壞情況執行時間的遞迴式。

2.3-6
回顧搜尋問題（見習題 2.1-4），如果想搜尋的子陣列已經排序好了，搜尋演算法可以檢查子陣列的中點與 x，並將一半的子陣列排除在外。二元搜尋演算法就是重複這個程序，每次將子陣列的其餘部分減半。寫出二元搜尋法的虛擬碼，使用迭代（iterative）或遞迴（recursive）皆可。證明二元搜尋法的最壞情況執行時間是 $\Theta(\lg n)$。

2.3-7
第 2.1 節的 INSERTION-SORT 程序的第 5~7 行的 **while** 迴圈使用線性搜尋來掃描（反向）已排序的子陣列 $A[1:i-1]$。如果插入排序使用二元搜尋（見習題 2.3-6）而不是線性搜尋呢？這樣做可以將插入排序的最壞情況整體執行時間改善為 $\Theta(n \lg n)$ 嗎？

2.3-8
寫出一個演算法，讓它接收一個包含 n 個整數的集合 S 與另一個整數 x，並輸出在 S 裡有沒有兩個元素的和為 x。這個演算法的最壞情況時間應該是 $\Theta(n \lg n)$。

挑戰

2-1 在合併排序裡，對小陣列進行插入排序

合併排序的最壞情況執行時間是 $\Theta(n \lg n)$，插入排序的最壞情況執行時間則是 $\Theta(n^2)$，但插入排序的常數因子讓它在許多機器上處理小問題時跑得更快。因此，我們可以在子問題變得夠小時，在合併排序裡面使用插入排序，來**簡化**（*coarsen*）遞迴的葉節點。修改合併排序，用插入排序來排序長度為 k 的 n/k 個子串列，然後使用標準的合併機制來進行合併，其中 k 是有待確定的值。

a. 證明插入排序法在最壞情況下，可在 $\Theta(nk)$ 時間之內，排序 n/k 個長度都是 k 的子串列。

b. 展示如何在 $\Theta(n \lg(n/k))$ 最壞情況時間內合併子串列。

c. 假設修改後的演算法的最壞情況執行時間是 $\Theta(nk + n \lg(n/k))$，可讓修改後的演算法的執行時間（使用 Θ 表示法）與標準合併排序一樣的最大 k 值是多少？以 n 的函數來表示。

d. 在實際情況下，該如何選擇 k？

2-2 氣泡排序的正確性

氣泡排序是一種流行但低效的排序演算法，其做法是反覆對調相鄰且順序不正確的元素。以下是排序陣列 $A[1:n]$ 的 BUBBLESORT 程序。

```
BUBBLESORT(A, n)
1   for i = 1 to n − 1
2       for j = n downto i + 1
3           if A[j] < A[j − 1]
4               exchange A[j] with A[j − 1]
```

a. 設 A' 為執行 BUBBLESORT(A, n) 之後的陣列 A。為了證明 BUBBLESORT 是正確的，你必須證明它會終止，而且

$$A'[1] \leq A'[2] \leq \cdots \leq A'[n] \tag{2.5}$$

你還要證明什麼事情，才能展示 BUBBLESORT 的確能夠進行排序？

接下來的兩個部分將證明不等式 (2.5)。

b. 為第 2~4 行的 **for** 迴圈寫出精準的循環不變性，並證明它成立。請按照本章證明循環不變性的結構來證明。

c. 使用於 (b) 證明的循環不變性的終止條件來寫出第 1~4 行的 **for** 迴圈的循環不變性，以便用來證明不等式 (2.5)。請按照本章證明循環不變性的結構來證明。

d. BUBBLESORT 的最壞情況執行時間為何？它與 INSERTION-SORT 的執行時間孰優孰劣？

2-3 Horner 法則的正確性

你有一組多項式的係數 $a_0, a_1, a_2, \ldots, a_n$，多項式為

$$P(x) = \sum_{k=0}^{n} a_k x^k$$
$$= a_0 + a_1 x + a_2 x^2 + \cdots + a_{n-1} x^{n-1} + a_n x^n$$

你想要用 x 值來計算這個多項式。*Horner 法則*教我們利用這些括號來計算多項式：

$$P(x) = a_0 + x\Big(a_1 + x\Big(a_2 + \cdots + x(a_{n-1} + x a_n) \cdots\Big)\Big)$$

下面是實作 Horner 法則來計算 $P(x)$ 的 HORNER 程序，它接收一個陣列 $A[0:n]$，裡面有係數 $a_0, a_1, a_2, \ldots, a_n$，並接收 x 值。

```
HORNER(A, n, x)
1   p = 0
2   for i = n downto 0
3       p = A[i] + x · p
4   return p
```

a. 用 Θ 表示法來寫出這個程序的執行時間。

b. 用虛擬碼來實作天真的多項式計算演算法，從零開始計算多項式的每一項。這個演算法的執行時間為何？比較它與 HORNER 的執行時間。

c. 考慮以下的 Horner 程序的循環不變性：

在第 2~3 行的 **for** 迴圈每次開始迭代時，

$$p = \sum_{k=0}^{n-(i+1)} A[k+i+1] \cdot x^k$$

將無項（no term）的總和視為 0。採取本章證明循環不變性的結構，使用這個循環不變性來證明：在程序結束時，$p = \sum_{k=0}^{n} A[k] \cdot x^k$。

2-4 逆序

設 $A[1:n]$ 是 n 個不同數字組成的陣列。若 $i < j$ 且 $A[i] > A[j]$，則 (i, j) 稱為 A 的 逆序（*inversion*）。

a. 寫出陣列 ⟨2, 3, 8, 6, 1⟩ 的五個逆序。

b. 在以集合 {1, 2, ..., n} 的元素組成的陣列中，哪一個有最多逆序？有幾個逆序？

c. 插入排序法的執行時間與輸入陣列的逆序數量有何關係？證明你的答案是正確的。

d. 寫一個演算法來算出 n 個元素的任意排列的逆序數量，且讓該演算法的最壞情況時間為 $\Theta(n \lg n)$（提示：修改合併排序法）。

後記

Knuth 在 1968 年出版的三冊《*The Art of Computer Programming*》中的第一冊 [259, 260, 261]。第一冊的重點是分析執行時間，這本書開創了現代計算機演算法的先河。對本書介紹的許多主題來說，這套書籍仍然是引人入勝且值得參考的資料。根據 Knuth 的說法，「algorithm」一詞源自「al-Khowârizmî」，它是一位九世紀的波斯數學家的名字。

Aho、Hopcroft 和 Ullman [5] 主張對演算法進行漸近分析（使用第 3 章介紹的表示法，包括 Θ 表示法）來比較相對性能。他們也推廣了用遞迴關係來描述遞迴演算法執行時間的做法。

Knuth [261] 對許多排序演算法進行了百科全書式的整理，他在比較排序演算法（第 366 頁）時使用精確的步驟計數分析，就像我們對插入排序進行的分析。Knuth 在討論插入排序時，介紹了該演算法的幾種變體。其中最重要的是由 D. L. Shell 提出的 Shell 排序，它對輸入的週期子陣列（*periodic subarray*）使用插入排序，以產生更快的排序演算法。

Knuth 也討論了合併排序，他提到，有人在 1938 年發明了能夠一次合併兩副打孔卡片的機械整理器。計算機科學的先驅 J. von Neumann 於 1945 年在 EDVAC 電腦上寫了一個合併排序程式。

　　Gries [200] 提到證明程式正確性的早期歷史，他認為 P. Naur 是這個領域的第一篇文章。Gries 將循環不變性歸功於 R. W. Floyd。Mitchell [329] 著作的教科書介紹了如何證明程式正確性的優良參考文獻。

3 分析執行時間的特性

第 2 章定義的演算法執行時間增長率提供一種簡單的方式來描述演算法的效率,也可以用來比較不同的演算法。當輸入的規模 n 變得夠大時,最壞情況執行時間為 $\Theta(n \lg n)$ 的合併排序,勝過最壞情況執行時間為 $\Theta(n^2)$ 的插入排序。雖然我們有時可以算出演算法的精確執行時間,就像第 2 章所做的那樣,但花時間來計算這種額外的精確度不太划算。當輸入夠大時,相較於規模本身的影響力,精確的執行時間的乘法常數與低次項的影響力可說是微乎其微。

當我們考慮非常大的輸入規模時,只關注執行時間的增長率是有意義的,此時就是在研究演算法的漸近效率。也就是說,我們關注的是,當輸入的規模無限增長時,在趨於極限時,演算法的執行時間如何隨著輸入規模而增加。除非輸入很小,否則漸近效率較好的演算法通常是最佳選擇。

本章將介紹幾種將演算法的漸近分析簡化的標準方法。下一節會非正式地介紹三種最常用的「漸近符號」,我們已經看過其中一種案例了:Θ 表示法。下一節也會說明一種使用這些漸近符號來推導插入排序的最壞情況執行時間的方法。然後,我們會更正式地了解漸近符號,並介紹本書所使用的幾個符號慣例。最後一節將回顧一些函數的行為,它們經常在分析演算法時出現。

3.1 O 表示法、Ω 表示法與 Θ 表示法

我們在第 2 章分析插入排序的最壞情況執行時間時,先從複雜的運算式開始看起

$$\left(\frac{c_5}{2} + \frac{c_6}{2} + \frac{c_7}{2}\right)n^2 + \left(c_1 + c_2 + c_4 + \frac{c_5}{2} - \frac{c_6}{2} - \frac{c_7}{2} + c_8\right)n$$
$$- (c_2 + c_4 + c_5 + c_8)$$

接著捨棄低次項 $(c_1 + c_2 + c_4 + c_5/2 - c_6/2 - c_7/2 + c_8)n$ 與 $c_2 + c_4 + c_5 + c_8$,也忽略 n^2 的係數 $c_5/2 + c_6/2 + c_7/2$,最後只剩下因子 n^2,我們將它放入 Θ 表示法,寫成 $\Theta(n^2)$。我們在描述演算法的執行時間特性時,捨棄低次項與首項的係數,並使用一種關注執行時間增長率的表示法。

Θ 表示法不是唯一的「漸近表示法」。本節將介紹其他的漸近表示法。我們會先直觀地了解這些表示法，並重新用插入排序來了解如何應用它們。在下一節，我們會介紹漸近表示法的正式定義，以及使用它們的規範。

在討論具體案例之前，切記，我們即將看到的漸近表示法在設計上是為了描述一般的函數特性，只是碰巧我們感興趣的函數是代表演算法執行時間的函數。但漸近表示法也可以用於描述演算法的其他特性的函數（例如，演算法使用的空間大小），甚至與演算法毫無關係的函數。

O 表示法

O 表示法描述函數的漸近行為的**上限**。換句話說，它指出一個函式的增長率**不會快於**某個速率，該速率基於函式的最高次項。例如，考慮函數 $7n^3 + 100n^2 - 20n + 6$。它的最高次項是 $7n^3$，所以我們說這個函數的增長率是 n^3。因為這個函數的增長速度不會比 n^3 快，所以可以寫成 $O(n^3)$。可能令你驚訝的是，我們也可以將函數 $7n^3 + 100n^2 - 20n + 6$ 寫成 $O(n^4)$，為什麼？因為這個函數的增長速度比 n^4 慢，所以說它增長速度低於 n^4 是對的。你應該可以猜到，這個函數也是 $O(n^5)$、$O(n^6)$…等。更普遍地說，它是 $O(n^c)$，其中 c 是 ≥ 3 的任何常數。

Ω 表示法

Ω 表示法描述一個函數的漸近行為的**下限**。換句話說，它與 O 表示法一樣根據最高次項，指出一個函數的增長速度至少與某個速度**一樣快**。因為函數 $7n^3 + 100n^2 - 20n + 6$ 的最高次項的增長速度至少與 n^3 一樣快，所以這個函數是 $\Omega(n^3)$。這個函數也是 $\Omega(n^2)$ 與 $\Omega(n)$。更普遍地說，它是 $\Omega(n^c)$，其中 c 是 ≤ 3 的任何常數。

Θ 表示法

Θ 表示法描述一個函數的漸近行為的**嚴格界限**。它精確地指出一個函數以某個速率增長，同樣根據最高次項。換句話說，Θ 表示法指出一個函數的增長率在一個常數因子之下，並且在一個常數因子之上。這兩個常數因子不一定相等。

如果你可以證明一個函數是 $O(f(n))$ 且 $\Omega(f(n))$，其中的 $f(n)$ 是個函數，那麼你就可以證明該函數是 $\Theta(f(n))$（下一節會用一個定理來描述這個事實）。例如，因為函數 $7n^3 + 100n^2 - 20n + 6$ 是 $O(n^3)$ 與 $\Omega(n^3)$，所以它也是 $\Theta(n^3)$。

範例：插入排序

我們來回顧插入排序，看看如何使用漸近表示法來描述它的 $\Theta(n^2)$ 最壞情況執行時間，而不必像第 2 章那樣計算總和。這是 INSERTION-SORT 程序：

INSERTION-SORT(A, n)
1 **for** $i = 2$ **to** n
2      $key = A[i]$
3   // 將 $A[i]$ 插入已排序的子陣列 $A[1:i-1]$。
4      $j = i - 1$
5   **while** $j > 0$ and $A[j] > key$
6          $A[j + 1] = A[j]$
7          $j = j - 1$
8      $A[j + 1] = key$

我們可以從虛擬碼看出什麼事情？這個程序有嵌套迴圈。在外面的迴圈是個 **for** 迴圈，它執行 $n-1$ 次，無論排序哪些值。在裡面的迴圈是個 **while** 迴圈，但它的迭代次數取決於被排序的值。迴圈變數 j 始於 $i-1$，每次迭代都減 1，直到它到達 0 或 $A[j] \le key$ 為止。對於特定的 i 值，**while** 迴圈可能迭代 0 次、$i-1$ 次，或兩者之間的任何次數。**while** 迴圈的主體（第 6~7 行）在每次 **while** 迴圈迭代時花費固定時間。

這些觀察可推導出 INSERTION-SORT 在任何情況下的 $O(n^2)$ 執行時間，進而為我們提供了一個涵蓋所有輸入的總體敘述。執行時間受內部迴圈主宰，因為外部迴圈的 $n-1$ 次迭代中的每一次都會造成內部迴圈至少迭代 $n-1$ 次，而且因為 i 最多是 n，所以內部迴圈的總迭代次數最多是 $(n-1)(n-1)$，小於 n^2。因為內部迴圈的每次迭代都花費固定時間，所以內部迴圈所花費的總時間最多是固定的時間 n^2，或寫成 $O(n^2)$。

發揮一點創意，我們也可以看到 INSERTION-SORT 的最壞情況執行時間是 $\Omega(n^2)$。演算法的最壞情況執行時間是 $\Omega(n^2)$ 的意思是，每一個超過某個閾值的輸入規模 n，都至少存在一個規模為 n 的輸入會讓演算法至少花費 cn^2 時間，c 是某個正的常數。$\Omega(n^2)$ 不一定代表演算法在處理所有輸入時都至少花費 cn^2 時間。

我們來看看 INSERTION-SORT 的最壞情況執行時間為什麼是 $\Omega(n^2)$。若要讓一個值最終位於它的最初位置的右邊，我們必須在第 6 行移動它。事實上，若要讓一個值最終位於它的最初位置右邊的第 k 個位置，第 6 行必須執行 k 次。如圖 3.1 所示，假設 n 是 3 的倍數，如此一來，我們可以將陣列 A 分成包含 $n/3$ 個位置的組別。假設在 INSERTION-SORT 的輸入中，最大的 $n/3$ 值位於陣列的前 $n/3$ 個位置 $A[1:n/3]$（它們在前 $n/3$ 個位置中的相對順序不重要）。當

陣列被排序之後，這 n/3 個值最終都會在最後的 n/3 個位置 A[2n/3 + 1:n]。為了獲得這個結果，這 n/3 個值都必須穿過中間的 n/3 個位置 A[n/3 + 1:2n/3] 之中的每一個。這 n/3 個值每次都會經過中間的 n/3 個位置的一個位置，藉由執行第 6 行至少 n/3 次。因為至少有 n/3 個值必須經過至少 n/3 個位置，所以 INSERTION-SORT 在最壞情況下花費的時間至少與 $(n/3)(n/3) = n^2/9$ 成正比，即 $\Omega(n^2)$。

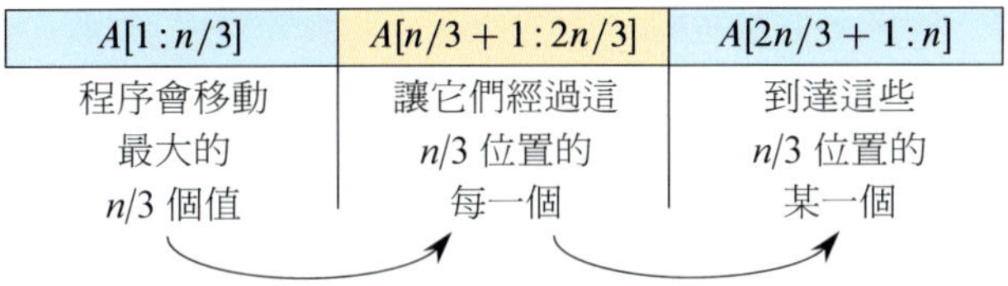

A[1:n/3]	A[n/3 + 1:2n/3]	A[2n/3 + 1:n]
程序會移動 最大的 n/3 個值	讓它們經過這 n/3 位置的 每一個	到達這些 n/3 位置的 某一個

圖 3.1 插入排序的 $\Omega(n^2)$ 下限。如果前 n/3 個位置有最大的 n/3 個值，那些值都一定會被移動，經過中間的 n/3 個位置，一次一個位置，到達最後面的 n/3 個位置裡的某處。因為 n/3 個值中的每一個值都至少會經過每一個 n/3 位置，所以在這種情況下花費的時間至少與 $(n/3)(n/3) = n^2/9$ 成正比，或 $\Omega(n^2)$。

我們證明了 INSERTION-SORT 在所有情況下都以 $O(n^2)$ 時間執行，以及有一個輸入會讓它花費 $\Omega(n^2)$ 時間，所以我們可以得出結論：INSERTION-SORT 的最壞情況執行時間是 $\Theta(n^2)$。上限與下限的常數因子可能不同，但這不重要。重要的是，我們描述了最壞情況執行時間在固定的常數之內（忽略低次項）。這個論點並未證明 INSERTION-SORT 在所有情況下都以 $\Theta(n^2)$ 時間執行。事實上，我們在第 2 章看過，它的最佳情況執行時間是 $\Theta(n)$。

習題

3.1-1
修改插入排序的下限證明，來處理不一定是 3 的倍數的輸入規模。

3.1-2
模仿推理插入排序的方法來分析習題 2.2-2 的選擇排序演算法的執行時間。

3.1-3
假如 α 是個小數，其範圍為 $0 < \alpha < 1$。說明如何將插入排序的下限證明普遍化，以考慮在輸入中，最大的 αn 個值起初位於前 αn 個位置的情況。你需要額外對 α 施加什麼限制？什麼 α 值可讓最大的 αn 個值必須經過陣列中間的 $(1-2\alpha)n$ 個位置的次數最大化？

3.2 漸近表示法：正式定義

看了非正式的漸近表示法之後，我們來正式地討論它。演算法的漸近執行時間表示法是用函數來定義的，這些函數的定義域通常是自然數集合 N 或實數集合 ℝ。這種表示法很適合用來描述執行時間函數 $T(n)$。本節將定義基本的漸近表示法，並介紹一些常見且「適當」地使用不嚴謹的表示法的情況。

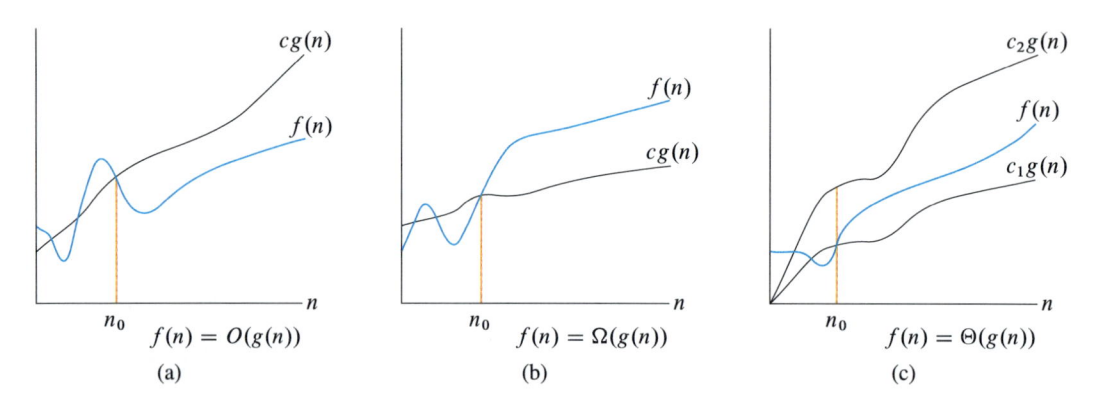

圖 3.2 O、Ω、Θ 表示法的圖表。在每張圖中，n_0 是可能的最小值，但任何更大的值都可以。**(a)** O 表示法描述函數的上限在一個常數因子之內。如果存在正的常數 n_0 與 c 使得大於等於 n_0 的 n 都讓函數 $f(n)$ 的值位於或低於 $cg(n)$，我們用 $f(n) = O(g(n))$ 來表示這個情況。**(b)** Ω 表示法指出函數的下限在一個常數因子之內。如果存在正的常數 n_0 與 c 使得大於等於 n_0 的 n 都讓函數 $f(n)$ 的值位於或高於 $cg(n)$，我們用 $f(n) = \Omega(g(n))$ 來表示這個情況。**(c)** Θ 表示法將一個函數限定在幾個常數因子之內。如果存在正的常數 n_0、c_1 與 c_2 使得大於等於 n_0 的 n 都讓函數 $f(n)$ 的值介於 $c_1 g(n)$ 與 $c_2 g(n)$ 之間（含兩者），我們說 $f(n) = \Theta(g(n))$。

O 表示法

如第 3.1 節所述，O 表示法描述的是**漸近上限**。我們用 O 表示法來表示一個函數的上限在一個常數因子之內。

以下是 O 表示法的正式定義。對於函數 $g(n)$，我們用 $O(g(n))$（讀成「big-oh of g of n」或「oh of g of n」）來表示這個**函數的集合**：

$O(g(n)) = \{f(n)：$ 存在正的常數 c 與 n_0，
使得當 $n \geq n_0$ 時，$0 \leq f(n) \leq cg(n)\}$ [1]。

---

[1] 在集合符號內的冒號代表「such that（使得、盡量、滿足）」。

函數 $f(n)$ 屬於集合 $O(g(n))$ 的條件是存在一個正的常數 c，使得對足夠大的 n 而言，$f(n) \leq cg(n)$。圖 3.2(a) 直覺地展示 O 表示法。對所有位於 n_0 或者在它右邊的 n 值而言，函數 $f(n)$ 的值都等於或小於 $cg(n)$。

$O(g(n))$ 的定義要求在 $O(g(n))$ 集合裡的每個函數 $f(n)$ 都是**漸近非負**：當 n 夠大時，$f(n)$ 一定不是負值（**漸近正數**函數對所有足夠大的 n 而言皆為正）。因此，函數 $g(n)$ 本身一定是漸近非負，否則集合 $O(g(n))$ 就是空的。因此，我們假設在 O 表示法裡面使用的每一個函數都是漸近非負。這個假設對本章定義的其他漸近表示法而言也成立。

你可能覺得用集合來定義 O 表示法很奇怪。事實上，你可能以為我們會用「$f(n) \in O(g(n))$」來表示 $f(n)$ 屬於集合 $O(g(n))$。但我們通常用「$f(n) = O(g(n))$」並說「$f(n)$ is big-oh of $g(n)$」來表達同一個意思。儘管這樣子不精確地使用等號可能讓你一頭霧水，但你將在本節看到，這樣做是有好處的。

我們來探討一個例子，看看如何使用 O 表示法的正式定義，來證明捨棄低次項並忽略高次項的常數係數是對的。我們將展示 $4n^2 + 100n + 500 = O(n^2)$，即使低次項的係數比首項大很多。我們必須找出正的常數 c 與 n_0，使得對所有 $n \geq n_0$ 而言，$4n^2 + 100n + 500 \leq cn^2$。將等號的兩邊都除以 n^2 可得 $4 + 100/n + 500/n^2 \leq c$。許多 c 與 n_0 都可以滿足這個不等式。例如，如果我們選擇 $n_0 = 1$，那麼這個不等式在 $c = 604$ 時成立。如果我們選擇 $n_0 = 10$，那麼 $c = 19$ 成立，選擇 $n_0 = 100$ 可讓我們使用 $c = 5.05$。

我們也可以使用 O 表示法的正式定義來展示函數 $n^3 - 100n^2$ 不屬於集合 $O(n^2)$，即使 n^2 的係數是個大負值。若 $n^3 - 100n^2 = O(n^2)$，則存在正的常數 c 與 n_0，使得若 $n \geq n_0$，$n^3 - 100n^2 \leq cn^2$。我們同樣將等號兩邊都除以 n^2，得到 $n - 100 \leq c$。無論選擇哪個常數 c，當 $n > c + 100$ 時，這個不等式都不成立。

Ω 表示法

O 表示法提供函數的**上限**，Ω 表示法則提供**漸近下限**。對於函數 $g(n)$，我們用 $\Omega(g(n))$（讀成「big-omega of g of n」或「omega of g of n」）來表示函數的集合

$\Omega(g(n)) = \{f(n) :$ 存在正的常數 c 與 n_0，
使得當 $n \geq n_0$ 時，$0 \leq cg(n) \leq f(n)\}$。

圖 3.2(b) 直覺地描述 Ω 表示法。對位於 n_0 或其右邊的所有 n 值而言，$f(n)$ 的值位於 $cg(n)$ 或在 $cg(n)$ 之上。

我們已經展示 $4n^2 + 100n + 500 = O(n^2)$ 了。接下來，我們要展示 $4n^2 + 100n + 500 = \Omega(n^2)$。我們必須找出正的常數 c 與 n_0，使得當 $n \geq n_0$ 時，$4n^2 + 100n + 500 \geq cn^2$。我們同樣將兩邊都除以 n^2，得到 $4 + 100/n + 500/n^2 \geq c$。這個不等式在 n_0 為任何正整數且 $c = 4$ 時成立。

如果讓 $4n^2$ 項減去低次項而不是加上低次項呢？如果 n^2 項有小係數呢？這個函數仍然是 $\Omega(n^2)$。例如，我們來證明 $n^2/100 - 100n - 500 = \Omega(n^2)$。將它除以 n^2 可得 $1/100 - 100/n - 500/n^2 \geq c$。我們可為 n_0 選擇 10,005 以上的任何值，並找出 c 的正值。例如，當 n_0 是 10,005 時，我們可以選擇 $c = 2.49 \times 10^{-9}$。它是一個小 c 值，但它是正數。選擇大的 n_0 值也會增加 c，例如，如果 $n_0 = 100{,}000$，我們可以選擇 $c = 0.0089$，n_0 的值越高，我們可以選擇的 c 值就越接近係數 $1/100$。

⊖ 表示法

我們用 Θ 表示法來表示**漸近嚴格界限**。對於函數 $g(n)$，我們用 $\Theta(g(n))$（「theta of g of n」）來表示函數集合

$$\Theta(g(n)) = \{f(n) : 存在正的常數\ c_1 \cdot c_2\ 與\ n_0, \\ 使得當\ n \geq n_0\ 時, 0 \leq c_1 g(n) \leq f(n) \leq c_2 g(n)\}。$$

圖 3.2 (c) 直覺地描繪 Θ 表示法。對位於 n_0 或其右邊的所有 n 值而言，$f(n)$ 的值位於 $c_1 g(n)$ 或其之上，且位於 $c_2 g(n)$ 或其之下。換句話說，當 $n \geq n_0$ 時，函數 $f(n)$ 的增長速度與函數 $g(n)$ 的增長速度相差不超過一個常數因子。

$O \cdot \Omega$ 與 Θ 表示法的定義帶來下面的定理，我們將它的證明留到習題 3.2-4。

定理 3.1

對任何兩個函數 $f(n)$ 與 $g(n)$ 而言，若且唯若 $f(n) = O(g(n))$ 且 $f(n) = \Omega(g(n))$，則 $f(n) = \Theta(g(n))$ [譯註]。　∎

我們通常用定理 3.1 以漸近上限與下限來證明漸近嚴格界限。

[譯註] 「若且唯若」的原文為「A if and only if B」，其中 A 與 B 皆為或長或短的條件，在本書中，如果 A 與 B 都是長度較短的條件，則譯為「A 若且唯若 B」（兩個條件間沒有逗號），否則考慮中文文法與易讀性，皆譯為「若且唯若 B，則 A」（B 與 A 之間有逗號）。

漸近表示法與執行時間

在使用漸近表示法來描述演算法的執行時間時，務必確保你的漸近表示法盡可能地精確，不要誇大執行時間的範圍。下面是一些正確和不正確地使用漸近表示法來描述執行時間的例子。

我們從插入排序看起。我們可以正確地說，插入排序的最壞情況執行時間是 $O(n^2)$、$\Omega(n^2)$ 與（根據定理 3.1）$\Theta(n^2)$。雖然用這三種方法來描述最壞情況執行時間都是正確的，但 $\Theta(n^2)$ 最精確，因此是首選。我們同樣可以正確地說插入排序的最佳情況執行時間是 $O(n)$、$\Omega(n)$ 與 $\Theta(n)$，但一樣，$\Theta(n)$ 是最精確的，因此是首選。

我們**不能**正確地說：插入排序的執行時間是 $\Theta(n^2)$。這是誇大的說法，因為這句話省略了「最壞情況」的敘述，產生涵蓋所有情況的概括性語句。這句話不對的地方在於，插入排序並不是在所有情況下都以 $\Theta(n^2)$ 來執行，因為之前看過，它在最佳情況下以 $\Theta(n)$ 時間執行。但是，我們可以正確地說，插入排序的執行時間是 $O(n^2)$，因為在任何情況下，它的執行時間增長速度都不會超過 n^2。如果我們說 $O(n^2)$，而不是 $\Theta(n^2)$，那麼有時執行時間增長速度比 n^2 慢就不成問題了。同理，說插入排序的執行時間是 $\Theta(n)$ 是不對的，但我們可以說它的執行時間是 $\Omega(n)$。

那合併排序呢？因為合併排序在所有情況下的執行時間都是 $\Theta(n \lg n)$ 時間，所以我們可以直接說它的執行時間是 $\Theta(n \lg n)$，而不需要指出最壞情況、最佳情況，或任何其他情況。

有人將 O 表示法與 Θ 表示法混為一談，用 O 表示法來表示漸近嚴格界限，他們會說：「$O(n \lg n)$ 時間演算法跑得比 $O(n^2)$ 時間演算法更快」之類的話。也許它更快，也許沒有。因為 O 表示法只表示漸近上限，所以所謂的 $O(n^2)$ 時間的演算法或許實際上是以 $\Theta(n)$ 時間執行的。你應該謹慎地選擇適當的漸近表示法。如果你想要表示漸近嚴格界限，那就使用 Θ 表示法。

我們通常使用漸近表示法來提供最簡單且最精確的界限。例如，如果一個演算法在處理所有情況時的執行時間都是 $3n^2 + 20n$，我們用漸近表示法，將它的執行時間描述成 $\Theta(n^2)$。嚴格說來，將它的執行時間寫成 $O(n^3)$ 或 $\Theta(3n^2 + 20n)$ 也是對的，但是這兩種表示法都不如寫成 $\Theta(n^2)$ 有用：如果執行時間是 $3n^2 + 20n$，$O(n^3)$ 比 $\Theta(n^2)$ 更不準確，而 $\Theta(3n^2 + 20n)$ 加入掩蓋增長率的複雜因素。使用最簡單且最準確的界限，例如 $\Theta(n^2)$，可方便我們為不同的演算法進行分類與比較。在這本書裡，你將看到漸近執行時間幾乎都使用多項式和對數，也就是 n、$n \lg^2 n$、$n^2 \lg n$，或 $n^{1/2}$ 等函數。你也會看到一些其他的函數，例如指數、$\lg \lg n$ 與 $\lg^* n$（見第 3.3 節）。比較這些函數的增長率通常很簡單。挑戰 3-3 是一個很好的練習。

在方程式和不等式中的漸近表示法

雖然我們用集合來定義正式的漸近表示法,但是在式子中,我們使用等號(=),而不是集合成員符號(∈)。例如,我們可能寫成 $4n^2 + 100n + 500 = O(n^2)$,也可能寫成 $2n^2 + 3n + 1 = 2n^2 + \Theta(n)$。如何解讀這種公式?

當漸近表示法被單獨放在一個等式(或不等式)的右邊時(也就是沒有被放在一個更大的式子裡面時),例如 $4n^2 + 100n + 500 = O(n^2)$,該等號的意思是集合成員:$4n^2 + 100n + 500 \in O(n^2)$。但是,一般來說,當漸近表示法被寫在式子裡面時,該表示法代表名稱不重要的匿名函數。例如,公式 $2n^2 + 3n + 1 = 2n^2 + \Theta(n)$ 代表 $2n^2 + 3n + 1 = 2n^2 + f(n)$,其中 $f(n) \in \Theta(n)$。在這個例子中,我們設 $f(n) = 3n + 1$,它屬於 $\Theta(n)$。

以這種方式來使用漸近表示法有助於排除式子裡沒必要的細節和雜亂。例如,我們在第 2 章用遞迴式來表示合併排序的最壞情況執行時間

$$T(n) = 2T(n/2) + \Theta(n)$$

如果我們只對 $T(n)$ 的漸近行為感興趣,那就不需要準確地寫出所有低次項,因為我們知道,它們都被包含在以 $\Theta(n)$ 來表示的匿名函式裡。

在式子裡的匿名函數數量就是漸近表示法出現的次數。例如,這個數學式

$$\sum_{i=1}^{n} O(i)$$

只有一個匿名函數(i 的函數)。因此,這個式子與 $O(1) + O(2) + \cdots + O(n)$ **不**同,後者沒有簡潔的表示法。

有時,漸近表示法出現在方程式的左邊,例如

$$2n^2 + \Theta(n) = \Theta(n^2)$$

你可以用這一條規則來解讀這種式子:**無論等號左邊的匿名函數是什麼,你都可以在等號右邊選擇一個匿名函數來讓方程式成立**。因此,這個例子意味著對任何函數 $f(n) \in \Theta(n)$ 而言,都存在**某個**函數 $g(n) \in \Theta(n^2)$ 可使得對所有 n 而言,$2n^2 + f(n) = g(n)$。換句話說,等號右邊不如等號左邊詳細。

我們可以串接好幾個這種關係，例如

$$2n^2 + 3n + 1 = 2n^2 + \Theta(n)$$
$$= \Theta(n^2)$$

你可以根據上述規則，分別解釋各個方程式。第一個等式是指，存在**某個**函數 $f(n) \in \Theta(n)$ 使得對所有 n 而言，$2n^2 + 3n + 1 = 2n^2 + f(n)$。第二個等式是指，對**任何**函數 $g(n) \in \Theta(n)$ 而言（例如剛才的 $f(n)$），存在**某個**函數 $h(n) \in \Theta(n^2)$，使得對所有 n 而言，$2n^2 + g(n) = h(n)$。這個說法意味著 $2n^2 + 3n + 1 = \Theta(n^2)$，它就是這一串等式的直覺意義。

適當地亂用漸近表示法

除了故意亂用（abuse）等號來表示集合成員之外（我們知道它有精確的數學解釋了），另一種亂用漸近表示法的情況發生在「趨近於 ∞ 的變數必須從前後文推斷出來」時。例如，我們可以假設，當我們使用 $O(g(n))$ 時，我們感興趣的是當 n 增長時，$g(n)$ 的增長情況，當我們使用 $O(g(m))$ 時，我們就是在說當 m 增長時，$g(m)$ 的增長情況。在式子裡面的自由變數指出哪個變數趨近於 ∞。

最常需要以前後文（context）來判斷哪一個變數趨近於 ∞ 的情況是在漸近表示法內部的函數是一個常數時，例如 $O(1)$。在這個情況下，我們無法從式子推斷出哪個變數將趨近於 ∞，因為裡面沒有變數。前後文必須消除歧義，例如，在包含漸近表示法的式子 $f(n) = O(1)$ 中，我們感興趣的變數顯然是 n。但是，如果可以從前後文知道我們感興趣的變數是 n，我們就可以從 O 表示法的正式定義完全理解式子：$f(n) = O(1)$ 是指，當 n 趨近於 ∞ 時，函數 $f(n)$ 的上限是個常數。嚴格說來，在漸近表示法裡面明確指出一個變數趨近於 ∞ 可減少歧義，但也會讓表示法顯得雜亂。所以，我們只確保前後文清楚地傳達哪些變數趨近於 ∞。

當漸近表示法裡的函數的界限是個正的常數時，例如 $T(n) = O(1)$，我們通常以另一種方式來故意亂用漸近表示法，尤其是在描述遞迴式時。我們可能會使用「當 $n < 3$ 時，$T(n) = O(1)$」之類的寫法。根據 O 表示法的正式定義，這個敘述句沒有意義，因為這個定義只指出當 $n_0 > 0$ 且 $n \geq n_0$ 時，$T(n)$ 的上限是個正的常數 c。當 $n < n_0$ 時的 $T(n)$ 值未必有此限制，因此，在「當 $n < 3$ 時，$T(n) = O(1)$」這個例子裡，我們無法推斷 $T(n)$ 在 $n < 3$ 時的任何界限，因為 n_0 可能 > 3。

當我們說「當 $n < 3$ 時，$T(n) = O(1)$」時，我們通常是指，存在一個正的常數 c 在 $n < 3$ 時使得 $T(n) \leq c$。這個規範省去命名界限常數的麻煩，讓我們在專心分析更重要的變數時，讓它維持匿名。類似的故意亂用也會在其他的漸近表示法裡面出現。例如，當 $n < 3$ 時，$T(n) = \Theta(1)$ 意味著當 $n < 3$ 時，$T(n)$ 的上限與下限是個正的常數。

有時，描述演算法執行時間的函數對於某些輸入大小而言是未定義的，例如，當演算法假設輸入大小是 2 的次方時。此時，我們仍然使用漸近表示法來描述執行時間的增長，並認知到，任何限制都只適用於當函數有定義時。例如，假如 $f(n)$ 只定義了自然數或非負實數的一個子集合。那麼 $f(n) = O(g(n))$ 意味著在 O 表示法的定義裡的 $0 \leq f(n) \leq cg(n)$ 這個界限，僅在 $f(n)$ 的定義域中的 $n \geq n_0$ 時成立，也就是說，當 $f(n)$ 有定義時。這種故意亂用很少特別說明，因為一般來說，你可以從背景看出它的含義。

在數學裡，故意亂用表示法是可以接受的，甚至經常需要如此，只要不濫用它即可。如果我們了解故意亂用的意義，而且沒有得出錯誤的結論，它可以簡化我們的數學語言，幫助我們獲得更高層次的理解，並協助我們專注於真正重要的事情上。

o 表示法

O 表示法提供的漸近上限可能是漸近嚴格的，也可能不是。$2n^2 = O(n^2)$ 是漸近嚴格的，但 $2n = O(n^2)$ 不是。我們用 o 表示法來代表上限非漸近嚴格。我們用集合來正式地定義 $o(g(n))$（「little-oh of g of n」）

$o(g(n)) = \{f(n) :$ 對任何正的常數 $c > 0$ 而言，存在一個常數 $n_0 > 0$，使得當 $n \geq n_0$ 時，$0 \leq f(n) < cg(n)\}$。

例如，$2n = o(n^2)$，但 $2n^2 \neq o(n^2)$。

O 表示法的定義與 o 表示法相似，它們的主要區別在於，在 $f(n) = O(g(n))$ 裡，界限 $0 \leq f(n) \leq cg(n)$ 對<u>某些</u> > 0 的常數 c 而言成立，但是在 $f(n) = o(g(n))$ 裡，界限 $0 \leq f(n) < cg(n)$ 對<u>所有</u> > 0 的常數 c 而言成立。直覺上，在 o 表示法裡，當 n 變得越來越大時，函數 $f(n)$ 相對於 $g(n)$ 變得越來越微不足道：

$$\lim_{n \to \infty} \frac{f(n)}{g(n)} = 0$$

有些作者使用這個界限作為 o 表示法的定義，但本書的定義也限制匿名函數是漸近非負的。

ω 表示法

ω 表示法與 Ω 表示法之間的關係相當於 o 表示法與 O 表示法之間的關係。我們用 ω 表示法來代表非漸近嚴格的下限。定義它的方法之一是

$f(n) \in \omega(g(n))$ 若且唯若 $g(n) \in o(f(n))$

然而，在正式地定義時，我們將 $\omega(g(n))$（「little-omega of g of n」）定義成集合

$\omega(g(n)) = \{f(n) :$ 對任何正的常數 $c > 0$ 而言，存在一個常數 $n_0 > 0$，使得當 $n \geq n_0$，$o \leq cg(n) < f(n)\}$。

其中，o 表示法的定義指出 $f(n) < cg(n)$，ω 表示法則指出相反的情況：$cg(n) < f(n)$。舉一個 ω 表示法的例子，$n^2/2 = \omega(n)$，但 $n^2/2 \neq \omega(n^2)$。所以 $f(n) = \omega(g(n))$ 關係意味著

$$\lim_{n \to \infty} \frac{f(n)}{g(n)} = \infty$$

若限制存在。也就是說，當 n 變得越來越大時，函數 $f(n)$ 相對於 $g(n)$ 變得越來越大。

比較函數

有許多實數間的關係的性質也可以在漸近比較中看到。在下面的內容中，假設 $f(n)$ 與 $g(n)$ 是漸近正數。

遞移性：

$f(n) = \Theta(g(n))$ 且 $g(n) = \Theta(h(n))$ 意味著 $f(n) = \Theta(h(n))$，
$f(n) = O(g(n))$ 且 $g(n) = O(h(n))$ 意味著 $f(n) = O(h(n))$，
$f(n) = \Omega(g(n))$ 且 $g(n) = \Omega(h(n))$ 意味著 $f(n) = \Omega(h(n))$，
$f(n) = o(g(n))$ 且 $g(n) = o(h(n))$ 意味著 $f(n) = o(h(n))$，
$f(n) = \omega(g(n))$ 且 $g(n) = \omega(h(n))$ 意味著 $f(n) = \omega(h(n))$。

自反性：

$f(n) = \Theta(f(n))$，
$f(n) = O(f(n))$，
$f(n) = \Omega(f(n))$。

對稱性：

$$f(n) = \Theta(g(n)) \quad \text{若且唯若} \quad g(n) = \Theta(f(n))\text{。}$$

轉置對稱性：

$$f(n) = O(g(n)) \quad \text{若且唯若} \quad g(n) = \Omega(f(n))\text{，}$$
$$f(n) = o(g(n)) \quad \text{若且唯若} \quad g(n) = \omega(f(n))\text{。}$$

因為漸近表示法有這些性質，所以我們可以用實數 a 和 b 之間的比較，來類比兩個函數 f 和 g 的漸近比較：

$f(n) = O(g(n))$ 就像 $a \leq b$，
$f(n) = \Omega(g(n))$ 就像 $a \geq b$，
$f(n) = \Theta(g(n))$ 就像 $a = b$，
$f(n) = o(g(n))$ 就像 $a < b$，
$f(n) = \omega(g(n))$ 就像 $a > b$。

如果 $f(n) = o(g(n))$，我們說 $f(n)$ 漸近小於 $g(n)$，如果 $f(n) = \omega(g(n))$，則 $f(n)$ 漸近大於 $g(n)$。

但是，實數有一個性質是漸近表示法沒有的：

三一性：任何兩個實數 a 與 b 一定有以下的關係之一：$a < b$、$a = b$ 或 $a > b$。

雖然任何兩個實數都可以拿來比較，但並非所有函數都是漸近可比較的。也就是說，對兩個函數 $f(n)$ 與 $g(n)$ 而言，$f(n) = O(g(n))$ 與 $f(n) = \Omega(g(n))$ 可能皆不成立。例如，我們無法用漸近表示法來比較函數 n 與 $n^{1+\sin n}$，因為在 $n^{1+\sin n}$ 裡的指數值會在 0 與 2 之間振盪，可能是兩個數字之間的任何值。

習題

3.2-1
設 $f(n)$ 與 $g(n)$ 為漸近非負函數。使用 Θ 表示法的基本定義來證明 $\max\{f(n), g(n)\} = \Theta(f(n) + g(n))$。

3.2-2
解釋為何「演算法 A 的執行時間至少是 $O(n^2)$」這句話沒有意義。

3.2-3
$2^{n+1} = O(2^n)$ 嗎？$2^{2n} = O(2^n)$ 嗎？

3.2-4
證明定理 3.1。

3.2-5
證明：若且唯若一個演算法的最壞情況執行時間是 $O(g(n))$ 且最佳情況執行時間是 $\Omega(g(n))$，則該演算法的執行時間是 $\Theta(g(n))$。

3.2-6
證明 $o(g(n)) \cap \omega(g(n))$ 是空集合。

3.2-7
我們可以將表示法擴展成兩個參數 n 和 m 的情況，讓它們可以獨立地以不同的速度趨近於 ∞。對函數 $g(n, m)$ 而言，我們可以用 $O(g(n, m))$ 來表示函數集合

$$O(g(n, m)) = \{f(n, m) : 存在正的常數 c、n_0 與 m_0，\\ 使得對所有 n \geq n_0 或 m \geq m_0 而言，\\ 0 \leq f(n, m) \leq cg(n, m)\}。$$

寫出 $\Omega(g(n, m))$ 與 $\Theta(g(n, m))$ 的定義。

3.3 標準表示法與常用函數

本節將回顧一些標準的數學函數和表示法，並探討它們之間的關係。本節也將說明漸近表示法的用法。

單調性

若 $m \leq n$ 意味著 $f(m) \leq f(n)$，則函數 $f(n)$ 為**單調遞增**。同理，若 $m \leq n$ 意味著 $f(m) \geq f(n)$，則它是**單調遞減**。若 $m < n$ 意味著 $f(m) < f(n)$，則函數 $f(n)$ 為**嚴格遞增**。若 $m < n$ 意味著 $f(m) > f(n)$，則它是**嚴格遞減**。

向下取整與向上取整

對任何實數 x 而言，我們用 $\lfloor x \rfloor$ 來代表小於或等於 x 的最大整數（讀成「the floor of x」），用 $\lceil x \rceil$ 來代表大於或等於 x 的最小整數（讀成「the ceiling of x」）。向下取整（floor）函數是單調遞增的，向上取整函數也是。

向下取整與向上取整具有下列性質。對任何整數 n 而言

$$\lfloor n \rfloor = n = \lceil n \rceil \tag{3.1}$$

對所有實數 x 而言

$$x - 1 < \lfloor x \rfloor \leq x \leq \lceil x \rceil < x + 1 \tag{3.2}$$

我們也可得

$$-\lfloor x \rfloor = \lceil -x \rceil \tag{3.3}$$

或等效地，

$$-\lceil x \rceil = \lfloor -x \rfloor \tag{3.4}$$

對任何實數 $x \geq 0$ 且整數 $a \cdot b > 0$ 而言

$$\left\lceil \frac{\lceil x/a \rceil}{b} \right\rceil = \left\lceil \frac{x}{ab} \right\rceil \tag{3.5}$$

$$\left\lfloor \frac{\lfloor x/a \rfloor}{b} \right\rfloor = \left\lfloor \frac{x}{ab} \right\rfloor \tag{3.6}$$

$$\left\lceil \frac{a}{b} \right\rceil \leq \frac{a + (b-1)}{b} \tag{3.7}$$

$$\left\lfloor \frac{a}{b} \right\rfloor \geq \frac{a - (b-1)}{b} \tag{3.8}$$

對任何整數 n 與實數 x 而言

$$\lfloor n + x \rfloor = n + \lfloor x \rfloor \tag{3.9}$$

$$\lceil n + x \rceil = n + \lceil x \rceil \tag{3.10}$$

模數算術

對任何整數 a 與任何正整數 n 而言，$a \bmod n$ 的值是 a/n 的餘數：

$$a \bmod n = a - n \lfloor a/n \rfloor \tag{3.11}$$

因此

$$0 \leq a \bmod n < n \tag{3.12}$$

即使 a 是負值。

因為整數相除的餘數有明確的定義，所以我們可以用特殊的表示法來代表餘數相等，以方便分析。若 $(a \bmod n) = (b \bmod n)$，我們用 $a = b \ (\bmod \ n)$ 來代表 a 與 b 在 $\bmod \ n$ 的情況下等價。換句話說，若 a 與 b 除以 n 有相同的餘數，則 $a = b \ (\bmod \ n)$。同理，$a = b \ (\bmod \ n)$ 若且唯若 n 是 $b-a$ 的因數。我們用 $a \neq b \ (\bmod \ n)$ 來代表 a 與 b 在 $\bmod \ n$ 的情況下不等價。

多項式

若 d 為非負的整數，關於 n 的 d 次多項式就是這種形式的函數 $p(n)$

$$p(n) = \sum_{i=0}^{d} a_i n^i$$

其中，常數 $a_0, a_1, \ldots, a_d$ 是多項式的係數，且 $a_d \neq 0$。若且唯若 $a_d > 0$，則多項式在漸近意義下為正。對一個漸近正的 d 次多項式 $p(n)$ 而言，$p(n) = \Theta(n^d)$。對任何實數常數 $a \geq 0$ 而言，函數 n^a 是單調遞增，對任何實數常數 $a \leq 0$ 而言，函數 n^a 是單調遞減。若 $f(n) = O(n^k)$，k 為某個常數，我們說 $f(n)$ 有多項式界限（*polynomially bounded*）。

指數

對所有實數 $a > 0$、m 與 n 而言，我們有以下的恆等式：

$$\begin{aligned}
a^0 &= 1 \\
a^1 &= a \\
a^{-1} &= 1/a \\
(a^m)^n &= a^{mn} \\
(a^m)^n &= (a^n)^m \\
a^m a^n &= a^{m+n}
\end{aligned}$$

對所有 n 與 $a \geq 1$ 而言，函數 a^n 隨著 n 單調遞增。在方便時，我們假設 $0^0 = 1$。

我們可以藉由以下事實來描述多項式與指數的增長率之間的關係。對所有的實數常數 $a > 1$ 與 b 而言

$$\lim_{n \to \infty} \frac{n^b}{a^n} = 0$$

因此可得：

$$n^b = o(a^n) \tag{3.13}$$

因此，任何底數嚴格大於 1 的指數函數的增長率，都比任何多項式函數還要快。

使用 e 來代表自然對數函數的底數 2.71828... 時，對所有實數 x 而言，

$$e^x = 1 + x + \frac{x^2}{2!} + \frac{x^3}{3!} + \cdots = \sum_{i=0}^{\infty} \frac{x^i}{i!}$$

其中的「!」代表稍後將定義的階乘函數。對所有實數 x 而言，可得不等式

$$1 + x \leq e^x \tag{3.14}$$

其中，等號只在 $x = 0$ 時成立。當 $|x| \leq 1$ 時，可得近似式

$$1 + x \leq e^x \leq 1 + x + x^2 \tag{3.15}$$

當 $x \to 0$ 時，$1 + x$ 很適合當成 e^x 的近似值：

$$e^x = 1 + x + \Theta(x^2)$$

（在這個等式裡，用來描述限制行為的漸近表示法是 $x \to 0$，而不是 $x \to \infty$）。我們可得，對於所有 x，

$$\lim_{n \to \infty} \left(1 + \frac{x}{n}\right)^n = e^x \tag{3.16}$$

對數

我們使用下面的表示法：

$\lg n = \log_2 n$ （以 2 為底的對數）
$\ln n = \log_e n$ （自然對數）
$\lg^k n = (\lg n)^k$ （計算次方）
$\lg \lg n = \lg(\lg n)$ （組合）

我們採用以下的表示法規範：在沒有括號時，**對數函數只處理式子的下一項**，所以 $\lg n + 1$ 的意思是 $(\lg n) + 1$，不是 $\lg(n+1)$。

對任何常數 $b > 1$ 而言，函數 $\log_b n$ 在 $n \leq 0$ 時是未定義的，在 $n > 0$ 是嚴格遞增的，在 $0 < n < 1$ 時是負，在 $n > 1$ 時是正，在 $n = 1$ 時是 0。對於所有實數 $a > 0$、$b > 0$、$c > 0$ 與 n：

$$a = b^{\log_b a} \tag{3.17}$$
$$\log_c(ab) = \log_c a + \log_c b \tag{3.18}$$
$$\log_b a^n = n \log_b a$$
$$\log_b a = \frac{\log_c a}{\log_c b} \tag{3.19}$$
$$\log_b(1/a) = -\log_b a \tag{3.20}$$
$$\log_b a = \frac{1}{\log_a b}$$
$$a^{\log_b c} = c^{\log_b a} \tag{3.21}$$

在上述的每一個方程式中，對數底數都不是 1。

根據式 (3.19)，將對數的底數從一個常數換成另一個常數，只會將對數的值改變一個恆定的因子。因此，不在乎常數因子時，我們通常使用「$\lg n$」表示法，例如在 O 表示法中使用。計算機科學家認為 2 是最自然的對數底數，因為有很多演算法與資料結構都將一個問題拆成兩個部分。

當 $|x| < 1$ 時，$\ln(1 + x)$ 有一種簡單的級數展開式：

$$\ln(1+x) = x - \frac{x^2}{2} + \frac{x^3}{3} - \frac{x^4}{4} + \frac{x^5}{5} - \cdots \tag{3.22}$$

我們也可以得到當 $x > -1$ 時的不等式：

$$\frac{x}{1+x} \leq \ln(1+x) \leq x \tag{3.23}$$

其中的等號只在 $x = 0$ 時成立。

若 $f(n) = O(\lg^k n)$，k 為某個常數，我們說 $f(n)$ 有**多重對數界限**（*polylogarithmically bounded*）。將式 (3.13) 的 n 換成 $\lg n$，將 a 換成 2^a 可以建立多項式的增長與多對數的增長之間的關係。對於所有實數常數 $a > 0$ 與 b，可得

$$\lg^b n = o(n^a) \tag{3.24}$$

因此，任何正多項式函數的增長速度都比任何多重對數函數更快。

階乘

$n!$（讀成「n factorial」）表示法的定義是當 $n \geq 0$ 時

$$n! = \begin{cases} 1 & \text{若 } n = 0 \\ n \cdot (n-1)! & \text{若 } n > 0 \end{cases}$$

因此，$n! = 1 \cdot 2 \cdot 3 \cdots n$。

階乘函數的弱上限是 $n! \leq n^n$，因為階乘的 n 項中的每一項的最大值是 n。在 *Stirling* **近似式**

$$n! = \sqrt{2\pi n} \left(\frac{n}{e}\right)^n \left(1 + \Theta\left(\frac{1}{n}\right)\right) \tag{3.25}$$

中，e 是自然對數的底數，提供更嚴格的上限，以及一個下限。習題 3.3-4 要求你證明三件事

$$n! = o(n^n) \tag{3.26}$$
$$n! = \omega(2^n) \tag{3.27}$$
$$\lg(n!) = \Theta(n \lg n) \tag{3.28}$$

Stirling 近似式有助於證明式 (3.28)。對所有 $n \geq 1$ 而言，下面的數學式成立：

$$n! = \sqrt{2\pi n} \left(\frac{n}{e}\right)^n e^{\alpha_n} \tag{3.29}$$

其中

$$\frac{1}{12n+1} < \alpha_n < \frac{1}{12n}$$

函數迭代

我們用 $f^{(i)}(n)$ 來代表用 n 的初始值來反覆計算函數 $f(n)$ i 次。正式地說，設 $f(n)$ 為實數函數。對非負整數 i，我們遞迴地定義

$$f^{(i)}(n) = \begin{cases} n & \text{若 } i = 0 \\ f(f^{(i-1)}(n)) & \text{若 } i > 0 \end{cases} \tag{3.30}$$

例如，若 $f(n) = 2n$，則 $f^{(i)}(n) = 2^i n$。

迭代對數函數

我們用表示法 $\lg^* n$（讀成「log star of n」）以代表迭代對數，其定義如下。設 $\lg^{(i)} n$ 的定義與上面一樣，且 $f(n) = \lg n$。因為非正數的對數沒有定義，所以 $\lg^{(i)} n$ 謹在 $\lg^{(i-1)} n > 0$ 時有定義。務必區分 $\lg^{(i)} n$（使用引數 n 開始連續計算對數函數 i 次）與 $\lg^i n$（n 的對數的 i 次方）之間的差異。然後，我們將迭代對數函數定義成

$$\lg^* n = \min\{i \geq 0 : \lg^{(i)} n \leq 1\}$$

迭代對數是增長速度非常緩慢的函數：

$$\begin{aligned} \lg^* 2 &= 1 \\ \lg^* 4 &= 2 \\ \lg^* 16 &= 3 \\ \lg^* 65536 &= 4 \\ \lg^* (2^{65536}) &= 5 \end{aligned}$$

由於在可觀察的宇宙中，原子總數估計為 10^{80} 個，它比 $2^{65536} = 10^{65536/\lg 10} \approx 10^{19728}$ 小很多，所以我們很少遇到可讓 $\lg^* n > 5$ 的輸入大小 n。

斐波那契數

我們將 $i \geq 0$ 的**斐波那契數** F_i 定義成：

$$F_i = \begin{cases} 0 & \text{若 } i = 0 \\ 1 & \text{若 } i = 1 \\ F_{i-1} + F_{i-2} & \text{若 } i \geq 2 \end{cases} \tag{3.31}$$

因此在最前面的兩個數字之後，每個斐波那契數都是前兩個數字的和，產生這個數列

0, 1, 1, 2, 3, 5, 8, 13, 21, 34, 55, ...

斐波那契數字與**黃金比例** ϕ 及其共軛數 $\widehat{\phi}$ 有關，它們是這個等式的兩個根

$$x^2 = x + 1$$

習題 3.3-7 會要求你證明，黃金比例是這樣算出來的

$$\begin{aligned} \phi &= \frac{1 + \sqrt{5}}{2} \\ &= 1.61803\ldots \end{aligned} \tag{3.32}$$

它的共軛數是這樣算出來的

$$\begin{aligned} \widehat{\phi} &= \frac{1 - \sqrt{5}}{2} \\ &= -.61803\ldots \end{aligned} \tag{3.33}$$

具體來說，我們得到

$$F_i = \frac{\phi^i - \widehat{\phi}^i}{\sqrt{5}}$$

它可以用歸納法來證明（習題 3.3-8）。由於 $|\widehat{\phi}| < 1$，可得

$$\begin{aligned} \frac{|\widehat{\phi}^i|}{\sqrt{5}} &< \frac{1}{\sqrt{5}} \\ &< \frac{1}{2} \end{aligned}$$

這意味著

$$F_i = \left\lfloor \frac{\phi^i}{\sqrt{5}} + \frac{1}{2} \right\rfloor \tag{3.34}$$

斐波那契數字 F_i 的第 i 個數字等於 $\phi^i/\sqrt{5}$ 取最近的整數。因此，斐波那契數字以指數的速度增長。

習題

3.3-1
證明若 $f(n)$ 與 $g(n)$ 是單調遞增函數，則函數 $f(n) + g(n)$ 與 $f(g(n))$ 亦然，且若 $f(n)$ 與 $g(n)$ 非負，則 $f(n) \cdot g(n)$ 為單調遞增。

3.3-2
證明對任何整數 n 與範圍為 $0 \leq \alpha \leq 1$ 的實數 α 而言，$\lfloor \alpha n \rfloor + \lceil (1-\alpha)n \rceil = n$。

3.3-3
使用式 (3.14) 或其他工具來證明對任何實數常數 k 而言，$(n + o(n))^k = \Theta(n^k)$。得出結論：$\lceil n \rceil^k = \Theta(n^k)$ 且 $\lfloor n \rfloor^k = \Theta(n^k)$。

3.3-4
證明：

a. 式 (3.21)。

b. 式 (3.26)~(3.28)。

c. $\lg(\Theta(n)) = \Theta(\lg n)$。

★ 3.3-5
函數 $\lceil \lg n \rceil!$ 是多項式界限嗎？函數 $\lceil \lg \lg n \rceil!$ 是多項式界限嗎？

★ 3.3-6
$\lg(\lg^* n)$ 與 $\lg^*(\lg n)$ 何者漸近較大？

3.3-7
證明黃金比例 ϕ 及其共軛數 $\widehat{\phi}$ 皆滿足等式 $x^2 = x + 1$。

3.3-8
用歸納法證明，斐波那契數字的第 i 個數字滿足等式

$$F_i = (\phi^i - \widehat{\phi}^i)/\sqrt{5}$$

其中的 ϕ 是黃金比例，$\widehat{\phi}$ 是它的共軛數。

3.3-9
證明 $k \lg k = \Theta(n)$ 意味著 $k = \Theta(n/\lg n)$。

挑戰

3-1 多項式的漸近行為

設

$$p(n) = \sum_{i=0}^{d} a_i n^i$$

其中 $a_d > 0$，為 n 的 d 次多項式，設 k 為常數。用漸近表示法的定義來證明下列屬性。

a. 若 $k \geq d$，則 $p(n) = O(n^k)$

b. 若 $k \leq d$，則 $p(n) = \Omega(n^k)$

c. 若 $k = d$，則 $p(n) = \Theta(n^k)$

d. 若 $k > d$，則 $p(n) = o(n^k)$

e. 若 $k < d$，則 $p(n) = \omega(n^k)$

3-2 相對漸近增長

在下表中，寫出在每一對運算式 (A, B) 裡，A 是 B 的 O、o、Ω、ω，還是 Θ。設 $k \geq 1$，$\epsilon > 0$，且 $c > 1$ 皆為常數。在每一格裡填入「是」或「否」。

	A	B	O	o	Ω	ω	Θ
a.	$\lg^k n$	n^ϵ					
b.	n^k	c^n					
c.	$\sqrt{n}$	$n^{\sin n}$					
d.	2^n	$2^{n/2}$					
e.	$n^{\lg c}$	$c^{\lg n}$					
f.	$\lg(n!)$	$\lg(n^n)$					

3-3 按漸近增長率排序

a. 按照增長率來排序下面的函數。也就是，找出函數的一種排列方式 $g_1, g_2, ..., g_{30}$，以滿足 $g_1 = \Omega(g_2)$，$g_2 = \Omega(g_3)$, ..., $g_{29} = \Omega(g_{30})$。將你列出來的函數分解成等價類別（equivalence class），使得若且唯若 $f(n) = \Theta(g(n))$，則函數 $f(n)$ 與 $g(n)$ 屬於同一個類別。

$\lg(\lg^* n)$	$2^{\lg^* n}$	$(\sqrt{2})^{\lg n}$	n^2	$n!$	$(\lg n)!$
$(3/2)^n$	n^3	$\lg^2 n$	$\lg(n!)$	2^{2^n}	$n^{1/\lg n}$
$\ln \ln n$	$\lg^* n$	$n \cdot 2^n$	$n^{\lg \lg n}$	$\ln n$	1
$2^{\lg n}$	$(\lg n)^{\lg n}$	e^n	$4^{\lg n}$	$(n+1)!$	$\sqrt{\lg n}$
$\lg^*(\lg n)$	$2^{\sqrt{2\lg n}}$	n	2^n	$n \lg n$	$2^{2^{n+1}}$

b. 舉一個非負函數 $f(n)$，滿足對 (a) 小題的所有函數 $g_i(n)$ 而言，$f(n)$ 既不是 $O(g_i(n))$ 也不是 $\Omega(g_i(n))$。

3-4 漸近表示法屬性

設 $f(n)$ 與 $g(n)$ 是漸近正函數。證明或反證以下的每一個推測。

a. $f(n) = O(g(n))$ 意味著 $g(n) = O(f(n))$。

b. $f(n) + g(n) = \Theta(\min\{f(n), g(n)\})$。

c. $f(n) = O(g(n))$ 意味著 $\lg f(n) = O(\lg g(n))$，其中，對所有足夠大的 n 而言，$\lg g(n) \geq 1$ 且 $f(n) \geq 1$。

d. $f(n) = O(g(n))$ 意味著 $2^{f(n)} = O(2^{g(n)})$。

e. $f(n) = O((f(n))^2)$。

f. $f(n) = O(g(n))$ 意味著 $g(n) = \Omega(f(n))$。

g. $f(n) = \Theta(f(n/2))$。

h. $f(n) + o(f(n)) = \Theta(f(n))$。

3-5 處理漸近表示法

設 $f(n)$ 與 $g(n)$ 是漸近正函數。證明下面的等式成立。

a. $\Theta(\Theta(f(n))) = \Theta(f(n))$

b. $\Theta(f(n)) + O(f(n)) = \Theta(f(n))$

c. $\Theta(f(n)) + \Theta(g(n)) = \Theta(f(n) + g(n))$

d. $\Theta(f(n)) \cdot \Theta(g(n)) = \Theta(f(n) \cdot g(n))$

e. 證明對任何實數常數 a_1、$b_1 > 0$ 以及整數常數 k_1, k_2 而言,下面的漸近界限成立:
$$(a_1 n)^{k_1} \lg^{k_2}(a_2 n) = \Theta(n^{k_1} \lg^{k_2} n)$$

★ *f.* 證明若 $S \subseteq \mathbb{Z}$,可得
$$\sum_{k \in S} \Theta(f(k)) = \Theta\left(\sum_{k \in S} f(k)\right)$$

假設兩個和式皆收斂。

★ *g.* 舉出反例來證明設 $S \subseteq \mathbb{Z}$,下面的漸近界限不一定成立,即使假設兩個積式皆收斂:
$$\prod_{k \in S} \Theta(f(k)) = \Theta\left(\prod_{k \in S} f(k)\right)$$

3-6 O 與 Ω 的變化

有些書籍作者所定義的 Ω 表示法與本書的定義稍微不同。我們將使用 ($\overset{\infty}{\Omega}$)(讀成「omega infinity」)來代表另一種定義。我們說,對無限多的整數 n 而言,如果存在正的常數 c 使得 $f(n) \geq cg(n) \geq 0$,那麼 $f(n) = \overset{\infty}{\Omega}(g(n))$。

a. 證明對任何兩個漸近非負函數 $f(n)$ 與 $g(n)$,可得 $f(n) = O(g(n))$ 或 $f(n) = \overset{\infty}{\Omega}(g(n))$(或兩者)。

b. 證明存在兩個漸近非負函數 $f(n)$ 與 $g(n)$,使得 $f(n) = O(g(n))$ 與 $f(n) = \Omega(g(n))$ 都不成立。

c. 說明使用 $\overset{\infty}{\Omega}$ 表示法而不是 Ω 表示法來描述程式執行時間的潛在優勢與劣勢。

有些作者也用稍微不同的方式來定義 O。我們將使用 O' 來代表另一種定義:$f(n) = O'(g(n))$ 若且唯若 $|f(n)| = O(g(n))$。

d. 如果我們將第 50 頁的定理 3.1 中的 O 換成 O' 但仍然使用 Ω,「若且唯若」的兩個方向會發生什麼情況?

有作者定義 $\widetilde{O}$(讀成「soft-oh」)來代表忽略對數因子的 O:
$$\widetilde{O}((g(n)) = \{f(n) : 存在正的常數 c \cdot k 與 n_0,使得對所有 n \geq n_0 而言,$$
$$0 \leq f(n) \leq cg(n)\lg^k(n)\}。$$

e. 用類似的方法來定義 $\widetilde{\Omega}$ 與 $\widetilde{\Theta}$。證明與定理 3.1 對應的類似結論。

3-7 迭代函數

我們可以將 lg* 函數中的迭代運算子 * 用於任何實數的單調遞增函數 $f(n)$。對於常數 $c \in \mathbb{R}$，我們如此定義迭代函數 f_c^*

$$f_c^*(n) = \min\{i \geq 0 : f^{(i)}(n) \leq c\}$$

它不需要為所有情況完善地定義。換句話說，數量 $f_c^*(n)$ 就是將函數 f 的引數降至 c 或更少所需的最少迭代次數。

為下表的函數 $f(n)$ 與常數 c 盡量寫出 $f_c^*(n)$ 的緊密界限。如果沒有 i 可讓 $f^{(i)}(n) \leq c$，那就填入「未定義」。

	$f(n)$	c	$f_c^*(n)$
a.	$n-1$	0	
b.	$\lg n$	1	
c.	$n/2$	1	
d.	$n/2$	2	
e.	$\sqrt{n}$	2	
f.	$\sqrt{n}$	1	
g.	$n^{1/3}$	2	

後記

Knuth [259] 認為 O 表示法的起源可追溯至 P. Bachmann 於 1892 年發表的一篇數論文章。O 表示法是 E.Landau 在 1909 年發明的，其目的是為了討論質數的分布。Ω 和 Θ 表示法是 Knuth [265] 提倡的，其目的是為了糾正文獻流行使用 O 表示法來表示上界和下界的做法，這種做法在嚴格意義上很草率。如本章所述，許多人沿用 O 表示法，儘管 Θ 表示法嚴格來說更精確。在挑戰 3-6 中的 soft-oh 符號 $\widetilde{O}$ 是 Babai、Luks 和 Seress [31] 提出的，儘管它最初被寫成 $O\sim$。現在有些作者將 $\widetilde{O}(g(n))$ 定義成忽略 $g(n)$ 裡的對數因子，而不是 n 裡的。根據這個定義，我們可以說 $n2^n = \widetilde{O}(2^n)$，但根據挑戰 3-6 的定義，這種說法並不正確。Knuth [259, 265] 與 Brassard 和 Bratley [70] 在他們的著作裡，進一步討論關於漸近表示法的歷史和發展。

並非所有作者都以相同的方式來定義漸近表示法，儘管各種定義在大多數常見情況下是一致的。有一些不同的定義包含非漸近非負的函數，只要它們的絕對值有適當的界限即可。

式 (3.29) 來自 Robbins [381]。你可以在任何優良的數學參考書中找到基本數學函數的其他性質，例如 Abramowitz 和 Stegun [1] 或 Zwillinger [468]，或是在微積分書本中找到，例如 Apostol [19] 或 Thomas 等人合著的 [433]。Knuth [259] 和 Graham、Knuth 與 Patashnik [199] 包含關於計算機科學所使用的離散數學的大量素材。

4 分治法

在設計漸近高效的演算法時，分治法是一種威力強大的策略。我們在第 2.3.1 節討論合併排序時，已經看過一個分治法案例了。本章將介紹分治法的應用，並提供寶貴的數學工具，讓你可以在分析分治演算法時，用來求解遞迴式。

複習一下，分治法就是用遞迴的方式來解決一個問題（實例）。如果問題夠小（**基本情況**），只要直接處理它即可，不需要遞迴。否則（在**遞迴情況**下）要執行三個典型步驟：

分解，將問題分成一個或多個子問題，這些子問題是同一個問題的較小實例。

處理子問題，遞迴解決它們。

合併子問題的解，產生原始問題的解。

分治演算法將一個大型的問題分成較小的子問題，子問題本身或許可以再分解成更小的子問題，以此類推。當遞迴程序遇到基本情況，而且子問題夠小，不需要繼續遞迴即可解決時，它就**觸底**（*bottom out*）了。

遞迴式

分析遞迴分治演算法需要使用一些數學工具。**遞迴式**就是「用一個函式使用其他的輸入值（值通常較小）來產生的值來描述該函式」的方程式。遞迴式與分治法形影不離，因為它們提供一種自然的數學方法來描述遞迴演算法的執行時間。我們在第 2.3.2 節分析合併排序的最壞情況執行時間時，曾經看過一個分治法範例。

接下來要為第 4.1 節和第 4.2 節介紹的矩陣乘法分治演算法，推導出描述其最壞情況執行時間的遞迴式。為了理解為何兩種演算法有那種性能，你必須學習求解描述執行時間的遞迴式。第 4.3~4.7 節將介紹一些解遞迴式的方法。這幾節也會探討遞迴式背後的數學，讓你在自行設計分治演算法時，有更強的直覺。

我們希望盡快介紹演算法。因此，我們暫時只介紹遞迴式的基本知識，接下來，在看完矩陣乘法範例之後，我們將更深入地研究遞迴式，特別是如何求解它們。

遞迴式的一般形式是一個方程式或不等式，它使用函數本身來描述整數或實數之上的函數。遞迴式包含兩個情況（case）或超過兩個，依參數而定。如果情況涉及使用不同的輸入（通常較小）來遞迴呼叫函式，它是**遞迴情況**（*recursive case*），如果情況不涉及遞迴呼叫，它是**基本情況**（*base case*）。滿足遞迴式敘述句的函數可能有零個、一個或多個。如果遞迴式至少有一個函數滿足它，它就是**定義完善的**（*well defined*）的，否則就是**定義不完善的**（*ill defined*）的。

演算法遞迴式

我們對描述分治演算法執行時間的遞迴式特別感興趣。如果對於每一個大於 0 且足夠大的**閾常數** n_0 而言，以下的兩個屬性成立，那麼遞迴式 $T(n)$ 就是**演算法相關的**（*algorithmic*）：

1. 若 $n < n_0$，則 $T(n) = \Theta(1)$。

2. 若 $n \geq n_0$，則每一條遞迴途徑都會在有限的遞迴呼叫次數之內，於定義明確的基本情況終止。

類似有時亂用漸近符號（見第 54 頁）情形，如果對一個函數而言，並非所有參數都是有定義的，我們認知，這個定義僅限於對 $T(n)$ 而言有定義的 n 值。

為何描述（正確的）分治演算法的最壞情況執行時間的遞迴式 $T(n)$，在閾常數夠大的情況下滿足這些屬性？第一個屬性指出，若 $n < n_0$，存在常數 c_1 與 c_2 使得 $0 < c_1 \leq T(n) \leq c_2$。對於每一個有效的輸入，演算法必須在有限的時間內輸出它所處理的問題的解（見第 1.1 節）。因此，設 c_1 為呼叫一個程序並從該程序返回的最短時間，此時間一定是正的，因為呼叫程序必須執行機器指令。演算法的執行時間對某個 n 值而言可能是未定義的（如果不存在該大小的合法輸入的話），但演算法一定至少對一個 n 值而言是有定義的，否則該「演算法」就無法解決任何問題。因此，我們可以設 c_2 為演算法處理大小為 $n < n_0$ 的任何輸入的最長執行時間，其中 n_0 大到至少可讓演算法處理一個大小小於 n_0 的問題。最大值是定義完善的，因為大小小於 n_0 的輸入的數量是有限的，而且當 n_0 足夠大時，這種輸入至少有一個。因此，$T(n)$ 滿足第一個屬性。如果 $T(n)$ 不能滿足第二個屬性，演算法就不正確，因為它會進入無窮遞迴迴圈，或無法算出解。因此，我們可以合理地認為，正確的分治演算法的最壞情況執行時間遞迴式是「演算法相關的」。

遞迴的規範

我們採用以下規範：

> 如果遞迴式沒有明確的基本情況，我們假設該遞迴式是演算法相關的。

這意味著，你可以幫 $T(n) = \Theta(1)$ 的基本情況選擇任何夠大的閾常數 n_0。有趣的是，在分析演算法時看到的演算法相關遞迴式的漸近解多半與閾常數無關，它只要大得足以讓遞迴式定義完善即可。

為了將「以整數來定義的遞迴式」轉換成「以實數來定義的遞迴式」，把遞迴式內的向下取整或向上取整移除通常不會改變演算法相關分治遞迴式的解。第 4.7 節會提供一個忽略向下取整和向上取整的充分條件，它適用於大多數的分治法遞迴式。因此，我們通常使用無向下取整和向上取整的演算法遞迴式。這樣做通常可以簡化遞迴式的敘述，以及簡化用它們來進行的任何數學運算。

有時你會看到一些不等式遞迴式，例如 $T(n) \le 2T(n/2) + \Theta(n)$，這種遞迴式只敘述 $T(n)$ 的上限，所以我們用 O 表示法來表達它的解，而不是使用 Θ 表示法。同理，如果不等式是 $T(n) \ge 2T(n/2) + \Theta(n)$，那麼，因為這個遞迴式只提供 $T(n)$ 的下限，所以我們用 Ω 表示法來表示它的解。

分治法與遞迴式

為了說明分治法，本章要展示和使用遞迴式來分析兩種計算 $n \times n$ 矩陣相乘的分治演算法。第 4.1 節介紹一種簡單的分治演算法，它可以求解大小 n 的矩陣相乘問題，做法是將該問題拆成八個大小為 $n/2$ 的子問題，並遞迴地求解那些子問題。這個演算法的執行時間可以用以下的遞迴式來描述

$$T(n) = 8T(n/2) + \Theta(1)$$

其解為 $T(n) = \Theta(n^3)$。雖然這個分治演算法慢於直接使用三層嵌套迴圈的做法，但它帶來一個漸近速度更快的分治法，該方法是 V. Strassen 提出的，將於第 4.2 節介紹，這個出色的演算法將一個大小為 n 的問題分成 7 個大小為 $n/2$ 的子問題，並以遞迴的方式來處理它們。Strassen 演算法的執行時間可用這個遞迴式來描述

$$T(n) = 7T(n/2) + \Theta(n^2)$$

其解為 $T(n) = \Theta(n^{\lg 7}) = O(n^{2.81})$。Strassen 演算法的漸近速度比直接使用迴圈的做法更快。

這兩種分治演算法都將一個大小為 n 的問題拆成幾個大小為 $n/2$ 的子問題。雖然在採取分治法時，子問題的大小通常是相同的，但有時並非如此。有時將大小為 n 的問題分成不同大小的子問題更有效率，此時，描述執行時間的遞迴式可以反映這種不規則性。例如，假設有一個分治法將大小為 n 的問題分成一個大小為 $n/3$ 的子問題與一個大小為 $2n/3$ 的子問題，且需要用 $\Theta(n)$ 時間來分解問題和合併子問題的解。那麼，該演算法的執行時間可以用這個遞迴式來描述

$$T(n) = T(n/3) + T(2n/3) + \Theta(n)$$

其解為 $T(n) = \Theta(n \lg n)$。我們甚至會在第 9 章看到一個演算法藉著遞迴求解一個大小為 $n/5$ 的子問題與另一個大小為 $7n/10$ 的子問題，來處理一個大小為 n 的問題，它需要花 $\Theta(n)$ 時間來執行分解與合併步驟。它的性能滿足這個遞迴式

$$T(n) = T(n/5) + T(7n/10) + \Theta(n)$$

其解為 $T(n) = \Theta(n)$。

雖然分治演算法通常產生大小為原始大小的固定分數的子問題，但有時並非如此。例如，線性搜尋的遞迴版本（見習題 2.1-4）只產生一個子問題，那個子問題的元素比原始問題少一個。每一次的遞迴呼叫都會花費固定的時間，加上遞迴解決少一個元素的子問題的時間，得到這個遞迴式

$$T(n) = T(n-1) + \Theta(1)$$

其解為 $T(n) = \Theta(n)$。儘管如此，絕大多數高效的分治演算法所解決的子問題大小都是原始問題大小的固定分數，那些演算法也是我們將學習的主題。

求解遞迴式

我們在第 4.1 與 4.2 節學習矩陣乘法的分治演算法之後，將要探討幾個求解遞迴式的數學工具，求解遞迴式就是算出其解的 Θ、O 或 Ω 漸近界限。我們希望工具簡單易用，並且能夠處理多數常見情況，但也希望工具是通用的，或許只要多費一些工夫即可處理較罕見的情況。本章提供四種求解遞迴式的方法。

- 代入法（*substitution method*）（第 4.3 節），你要猜測一個界限的形式，然後使用數學歸納法來證明你的猜測正確並解出常數。這個方法應該是求解遞迴式最穩健的方法，但必須猜出好答案，以及寫出歸納證明。

- **遞迴樹法**（*recursion-tree method*）（第 4.4 節）用樹狀結構來模擬遞迴，樹的節點代表各層遞迴的成本。為了求解遞迴式，你要算出每一層的成本，並將它們相加，可能要使用第 A.2 節的界限求和技術。即使你不採取這個方法來正式證明界限，它也可以幫你猜測界限的形式，然後在代入法中使用。

- **主法**（*master method*）是最容易使用的方法。它提供這種形式的遞迴式界限

  $T(n) = aT(n/b) + f(n)$

  其中 $a > 0$ 與 $b > 1$ 是常數，且 $f(n)$ 是特定的「驅動」函數。當我們研究演算法時，這種遞迴式出現的頻率比任何其他的還要高。它描述了能夠產生子問題的分治演算法，其中每個子問題的大小是原始問題的 $1/b$ 倍，且演算法使用 $f(n)$ 時間來執行分解與合併步驟。在使用主法時，你必須記住三種情況，但是一旦你記得它們，你就可以輕鬆地看出許多分治演算法的執行時間漸近界限。

- ***Akra-Bazzi 法***（第 4.7 節）是處理分治法遞迴式的一般方法。雖然它涉及微積分，但它能夠處理比主法可處理的遞迴式更複雜的遞迴式。

4.1 將方陣相乘

我們可用分治法來將方陣相乘。如果你看過矩陣，你應該知道如何將它們相乘（否則，請閱讀第 D.1 節）。設 $A = (a_{ik})$ 與 $B = (b_{kj})$ 皆為 $n \times n$ 方陣。矩陣的積 $C = A \cdot B$ 也是個 $n \times n$ 矩陣，若 $i, j = 1, 2, \ldots, n$，C 的 (i, j) 元素是這樣算出來的

$$c_{ij} = \sum_{k=1}^{n} a_{ik} \cdot b_{kj} \tag{4.1}$$

我們通常假設矩陣是**密集的**，也就是它的 n^2 個項目大部分都不是 0，而不是**稀疏的**，也就是 n^2 個項目大都是 0，若矩陣是稀疏的，非 0 的項目通常可以使用比 $n \times n$ 陣列更緊實的方法來儲存。

計算矩陣 C 需要計算 n^2 個矩陣項目，其中的每個項目都是 n 個來自 A 與 B 的輸入元素的兩兩乘積的和。MATRIX-MULTIPLY 程序用直接的方式來實現這種策略，並且將這個問題稍微一般化（generalize）。它接收三個 $n \times n$ 矩陣 A、B 與 C，並將矩陣的積 $A \cdot B$ 加至 C，來將結果存入 C，所以它計算的是 $C = C + A \cdot B$，而非只是 $C = A \cdot B$。如果你只想計算 $A \cdot B$，你只要在呼叫這個程序之前，將 C 的所有 n^2 個項目設為 0 即可，這需要額外的 $\Theta(n^2)$ 時間。我們將看到，矩陣乘法的成本會漸近地超過這個初始化的成本。

MATRIX-MULTIPLY(A, B, C, n)
1   **for** $i = 1$ **to** n // 計算 n 列的每一列的項目
2   **for** $j = 1$ **to** n // 計算第 i 列的 n 個項目
3   **for** $k = 1$ **to** n
4               $c_{ij} = c_{ij} + a_{ik} \cdot b_{kj}$ // 加入式 (4.1) 的另一項

MATRIX-MULTIPLY 的虛擬碼是這樣運作的：第 1~4 行的 **for** 迴圈計算每一列 i 的項目，在特定的 i 列中，第 2~4 行的 **for** 迴圈計算每一行 j 的每一個項目 c_{ij}。在第 3~4 行的每一次 **for** 迴圈迭代都會再加入式 (4.1) 中的一項。

因為這三層嵌套的 **for** 迴圈都執行 n 次迭代，而且每次執行第 4 行都花費固定的時間，所以 MATRIX-MULTIPLY 程序的運作時間是 $\Theta(n^3)$。即使加入將 C 的初始值設為 0 所需的 $\Theta(n^2)$ 時間，執行時間仍然是 $\Theta(n^3)$。

簡單的分治演算法

我們來看看如何使用分治法來計算矩陣積 $A \cdot B$。若 $n > 1$，分解步驟將 $n \times n$ 矩陣分解成 4 個 $n/2 \times n/2$ 的子矩陣。為了保證當演算法遞迴執行時，子矩陣的維度是整數，我們假設 n 是 2 的次方（習題 4.1-1 會請你放寬此假設）。如同 MATRIX-MULTIPLY，我們實際上計算 $C = C + A \cdot B$。但為了簡化演算法背後的數學，我們假設 C 最初已經被設為零矩陣了，所以我們事實上計算 $C = A \cdot B$。

分解步驟將 $n \times n$ 的矩陣 A、B 與 C 分別視為四個 $n \times n$ 的子矩陣：

$$A = \begin{pmatrix} A_{11} & A_{12} \\ A_{21} & A_{22} \end{pmatrix}, \quad B = \begin{pmatrix} B_{11} & B_{12} \\ B_{21} & B_{22} \end{pmatrix}, \quad C = \begin{pmatrix} C_{11} & C_{12} \\ C_{21} & C_{22} \end{pmatrix} \tag{4.2}$$

接下來，我們可以將矩陣的積寫成

$$\begin{pmatrix} C_{11} & C_{12} \\ C_{21} & C_{22} \end{pmatrix} = \begin{pmatrix} A_{11} & A_{12} \\ A_{21} & A_{22} \end{pmatrix} \begin{pmatrix} B_{11} & B_{12} \\ B_{21} & B_{22} \end{pmatrix} \tag{4.3}$$

$$= \begin{pmatrix} A_{11} \cdot B_{11} + A_{12} \cdot B_{21} & A_{11} \cdot B_{12} + A_{12} \cdot B_{22} \\ A_{21} \cdot B_{11} + A_{22} \cdot B_{21} & A_{21} \cdot B_{12} + A_{22} \cdot B_{22} \end{pmatrix} \tag{4.4}$$

它們可對映至等式

$$C_{11} = A_{11} \cdot B_{11} + A_{12} \cdot B_{21} \tag{4.5}$$
$$C_{12} = A_{11} \cdot B_{12} + A_{12} \cdot B_{22} \tag{4.6}$$
$$C_{21} = A_{21} \cdot B_{11} + A_{22} \cdot B_{21} \tag{4.7}$$
$$C_{22} = A_{21} \cdot B_{12} + A_{22} \cdot B_{22} \tag{4.8}$$

式 (4.5)~(4.8) 涉及八個 $n/2 \times n/2$ 乘法與四個 $n/2 \times n/2$ 子矩陣加法。

要將這些方程式轉換成演算法，並且用虛擬碼來描述它，甚至真正實現它，我們可以用兩種常用的策略來進行矩陣分解。

第一種策略是配置臨時空間來保存 A 的四個子矩陣 A_{11}、A_{12}、A_{21} 與 A_{22}，以及 B 的四個子矩陣 B_{11}、B_{12}、B_{21} 與 B_{22}。然後將 A 與 B 內的每一個元素複製到適當的子矩陣的對映位置。在完成遞迴處理步驟之後，將 C 的四個子矩陣 C_{11}、C_{12}、C_{21} 與 C_{22} 裡的元素複製到它們在 C 裡的對映位置。這種方法需要 $\Theta(n^2)$ 時間，因為要複製 $3n^2$ 個元素。

第二種策略使用索引計算，這種策略速度更快且實用。在指定子矩陣時，你可以指出那個子矩陣在矩陣中的何處，而不需要接觸任何矩陣元素。分解矩陣（或遞迴地分解一個子矩陣）只需要用位置資訊來進行計算，這種計算的大小是固定的，與矩陣的大小無關。改變子矩陣元素會改變原始矩陣，因為它們位於相同的儲存空間。

我們假設接下來都使用索引計算，且分解步驟可以用 $\Theta(1)$ 時間來執行。然而，習題 4.1-3 會請你證明，無論矩陣的分解採取第一種複製方法還是第二種索引計算方法，都不會對矩陣乘法的整體漸近執行時間造成任何差異。但是對其他的分治法矩陣計算而言，例如矩陣加法，這會造成差異，習題 4.1-4 將請你證明這一點。

MATRIX-MULTIPLY-RECURSIVE 程序使用式 (4.5)~(4.8) 來實作方陣乘法的分治策略。MATRIX-MULTIPLY-RECURSIVE 程序與 MATRIX-MULTIPLY 一樣，都是計算 $C = C + A \cdot B$，因為在必要時，要計算 $C = A \cdot B$，你可以在呼叫程序之前，先將 C 的初始值設為 0。

我們將在探討虛擬碼的過程中，推導一個描述它的執行時間的遞迴式。設 $T(n)$ 是使用這個程序來將兩個 $n \times n$ 矩陣相乘的最壞情況時間。

在基本情況下，當 $n = 1$ 時，第 3 行只執行一次純量乘法與一次加法，這意味著 $T(1) = \Theta(1)$。按照我們固定的基本情況規範，我們可以在遞迴式的敘述中省略這個基本情況。

MATRIX-MULTIPLY-RECURSIVE(A, B, C, n)

1 **if** $n == 1$
2   // 基本情況。
3      $c_{11} = c_{11} + a_{11} \cdot b_{11}$
4   **return**
5 // 分解。
6 partition A, B, and C into $n/2 \times n/2$ submatrices
        $A_{11}, A_{12}, A_{21}, A_{22}$; $B_{11}, B_{12}, B_{21}, B_{22}$;
        and $C_{11}, C_{12}, C_{21}, C_{22}$; respectively
7 // 處理。
8 MATRIX-MULTIPLY-RECURSIVE($A_{11}, B_{11}, C_{11}, n/2$)
9 MATRIX-MULTIPLY-RECURSIVE($A_{11}, B_{12}, C_{12}, n/2$)
10 MATRIX-MULTIPLY-RECURSIVE($A_{21}, B_{11}, C_{21}, n/2$)
11 MATRIX-MULTIPLY-RECURSIVE($A_{21}, B_{12}, C_{22}, n/2$)
12 MATRIX-MULTIPLY-RECURSIVE($A_{12}, B_{21}, C_{11}, n/2$)
13 MATRIX-MULTIPLY-RECURSIVE($A_{12}, B_{22}, C_{12}, n/2$)
14 MATRIX-MULTIPLY-RECURSIVE($A_{22}, B_{21}, C_{21}, n/2$)
15 MATRIX-MULTIPLY-RECURSIVE($A_{22}, B_{22}, C_{22}, n/2$)

遞迴情況在 $n > 1$ 時發生。如前所述，我們在第 6 行使用索引計算來分解矩陣，這花費 $\Theta(1)$ 時間。第 8~15 行遞迴地呼叫 MATRIX-MULTIPLY-RECURSIVE 共八次。前四次遞迴呼叫計算式 (4.5)~(4.8) 的第一項，接下來的四次遞迴呼叫計算它們的第二項並將它加入。因為進行索引計算，每一次遞迴呼叫都會將 A 的一個子矩陣與 B 的一個子矩陣的積就地加入 C 的子矩陣。因為每次迭迴呼叫都將兩個 $n/2 \times n/2$ 矩陣相乘，進而讓整體的執行時間增加 $T(n/2)$，所以全部的八次遞迴呼叫花費的時間是 $8T(n/2)$。這個程序沒有合併步驟，因為它就地更新矩陣 C。因此，遞迴情況的總時間是分解時間與所有遞迴呼叫時間之和，即 $\Theta(1) + 8T(n/2)$。

所以，不敘述基本情況時，MATRIX-MULTIPLY-RECURSIVE 的執行時間遞迴式是

$$T(n) = 8T(n/2) + \Theta(1) \tag{4.9}$$

我們將在第 4.5 節的主法中看到，遞迴式 (4.9) 的解是 $T(n) = \Theta(n^3)$，這意味著它的漸近執行時間與直接了當的 MATRIX-MULTIPLY 程序一樣。

為什麼這個遞迴式的解 $\Theta(n^3)$ 比第 36 頁的合併排序遞迴式 (2.3) 的解 $\Theta(n \lg n)$ 大很多？畢竟，合併排序的遞迴式有一個 $\Theta(n)$ 項，而遞迴矩陣乘法的遞迴式只有一個 $\Theta(1)$ 項。

想一下，相較於第 38 頁的圖 2.5 中的合併排序的遞迴樹，遞迴式 (4.9) 的遞迴樹長怎樣？在合併排序遞迴式裡的 2 的次方決定了樹的每個節點有多少子節點，進而決定樹的每一層有多少項貢獻總和。相較之下，就 MATRIX-MULTIPLY-RECURSIVE 的遞迴式 (4.9) 而言，它的遞迴樹的每一個內部節點都有八個子節點，不是兩個，所以這棵遞迴樹更「茂盛」，有更多葉節點，儘管事實上內部節點都小得多。因此，遞迴式 (4.9) 的解的增長速度比遞迴式 (2.3) 的解的增長速度快很多，實際的解可以證實這一點：$\Theta(n^3)$ vs. $\Theta(n \lg n)$。

習題

注意：你可能要先閱讀第 4.5 節再試著解答其中的一些習題。

4.1-1
將 MATRIX-MULTIPLY-RECURSIVE 一般化，讓它可將 n 不是 2 的次方的 $n \times n$ 矩陣相乘。寫出描述其執行時間的遞迴式。證明它在最壞情況下以 $\Theta(n^3)$ 時間執行。

4.1-2
如果將 MATRIX-MULTIPLY-RECURSIVE 當成子程序，你可以用多快的速度將 $kn \times n$ 矩陣（kn 列與 n 行）與 $n \times kn$ 矩陣相乘，其中 $k \geq 1$？將 $n \times kn$ 矩陣與 $kn \times n$ 矩陣相乘呢？哪一個乘法的漸近速度較快？快多少？

4.1-3
假如你不採用 MATRIX-MULTIPLY-RECURSIVE 的索引計算來分解矩陣，而是將 A、B 與 C 的元素分別複製到各自的 $n/2 \times n/2$ 子矩陣 A_{11}、A_{12}、A_{21}、A_{22}；B_{11}、B_{12}、B_{21}、B_{22}；與 C_{11}、C_{12}、C_{21} 及 C_{22}，並在遞迴呼叫後，將結果從 C_{11}、C_{12}、C_{21} 與 C_{22} 複製回 C 裡的適當位置。遞迴式 (4.9) 會變怎樣？它的解為何？

4.1-4
為分治演算法 MATRIX-ADD-RECURSIVE 寫出虛擬碼來將兩個 $n \times n$ 矩陣 A 與 B 相加，做法是將它們各自分解成四個 $n/2 \times n/2$ 子矩陣，然後遞迴地將每一對對映的子矩陣相加。假設矩陣分解使用 $\Theta(1)$ 時間來計算索引。寫出 MATRIX-ADD-RECURSIVE 的最壞情況執行時間的遞迴式。如果你使用 $\Theta(n^2)$ 時間的複製方法來實作分解階段，而不是使用索引計算呢？

4.2 Strassen 矩陣乘法演算法

也許你很難想像有任何矩陣乘法演算法可以花費不到 $\Theta(n^3)$ 的時間，因為矩陣乘法的定義天生就需要 n^3 次純量乘法。事實上，在 1969 年之前，很多數學家都認為矩陣相乘不可能在 $o(n^3)$ 時間內完成，直到該年，V. Strassen [424] 發表了一個了不起的 $n \times n$ 矩陣相乘遞迴演算法。Strassen 演算法的執行時間是 $\Theta(n^{\lg 7})$。因為 $\lg 7 = 2.8073549\ldots$，所以 Strassen 演算法的執行時間是 $O(n^{2.81})$，它的漸近速度優於 $\Theta(n^3)$ 的 Matrix-Multiply 與 Matrix-Multiply-Recursive 程序。

Strassen 方法的關鍵是使用 Matrix-Multiply-Recursive 程序中的分治概念，但是它讓遞迴樹更稀疏。它會讓每一個分解與合併步驟增加一個常數因子，但降低遞迴樹的茂盛程度可帶來更大的回報。我們不會將遞迴式 (4.9) 的八個分支降成遞迴式 (2.3) 的兩個分支，只會稍微改進它，但這將帶來極大的差異。Strassen 演算法不是執行八次 $n/2 \times n/2$ 的遞迴乘法，而是只執行七次，去除一次矩陣乘法的代價是幾次新的 $n/2 \times n/2$ 矩陣加法與減法，但那是固定的次數。接下來不會一直說「加法與減法」，而是將兩者都稱為「加法」，因為減法與加法在結構上是相同的計算，只有符號不同。

為了說明如何減少乘法數量，以及為什麼減少乘法數量對矩陣計算而言行得通，假設有兩個數字 x 與 y，我們想計算 $x^2 - y^2$ 的值。直接了當的算法需要做兩次乘法來計算 x 與 y 的平方，然後做一次減法（可將減法想成「負的加法」）。但是，回想一下這個古老的代數技巧：$x^2 - y^2 = x^2 - xy + xy - y^2 = x(x-y) + y(x-y) = (x+y)(x-y)$。你可以用這個公式來計算和，$x+y$，與差，$x-y$，然後將它們相乘，只需要執行一次乘法與兩次加法。我們用額外的一次加法來讓一個看起來需要做兩次乘法的算式只需做一次乘法即可。如果 x 與 y 是純量，這樣子沒有太大的區別，因為兩種方法都要做三次純量運算。但是，如果 x 與 y 是大型矩陣，乘法的成本比加法高很多，那麼，第二種方法的速度將比第一種方法快很多，儘管它不是漸近的。

Strassen 加入矩陣加法來減少矩陣乘法的策略毫不起眼，或許是本書裡最容易被低估的一種！Strassen 演算法與 Matrix-Multiply-Recursive 一樣使用分治法來計算 $C = C + A \cdot B$，其中的 A、B 與 C 都是 $n \times n$ 矩陣，且 n 是 2 的次方。Strassen 演算法有四個步驟，它以第 77 頁的式 (4.5)–(4.8) 來計算 C 的四個子矩陣 C_{11}、C_{12}、C_{21} 與 C_{22}。我們將一邊分析成本，一邊寫出整體執行時間的 $T(n)$ 遞迴式。讓我們來看看它是如何運作的：

1. 若 $n = 1$，每一個矩陣都有一個元素，演算法執行一次純量乘法與一次純量加法，如同 MATRIX-MULTIPLY-RECURSIVE 的第三行，花 $\Theta(1)$ 時間，並返回。否則，將輸入矩陣 A 與 B 與輸出矩陣 C 分割成 $n/2 \times n/2$ 子矩陣，如式 (4.2)。這一步用 $\Theta(1)$ 來進行索引計算，如同 MATRIX-MULTIPLY-RECURSIVE。

2. 建立 $n/2 \times n/2$ 矩陣 $S_1, S_2, \ldots, S_{10}$，每一個矩陣都是第 1 步產生的兩個子矩陣的和或差。建立七個 $n/2 \times n/2$ 矩陣 $P_1, P_2, \ldots, P_7$ 的項目（entry）並將它們設為零，以保存七個 $n/2 \times n/2$ 矩陣積。建立全部的 17 個矩陣與設定 P_i 初始值可在 $\Theta(n^2)$ 時間內完成。

3. 使用第 1 步的子矩陣與第 2 步建立的矩陣 $S_1, S_2, \ldots, S_{10}$ 來遞迴地計算七個矩陣積 $P_1, P_2, \ldots, P_7$ 的每一個，花費 $7T(n/2)$ 時間。

4. 藉著加入或減去各個 P_i 子矩陣來更新結果矩陣 C 的四個子矩陣 C_{11}、C_{12}、C_{21}、C_{22}，花費 $\Theta(n^2)$ 時間。

等一下會展示第 2–4 步的細節，但現在已經有足夠的資訊可定義 Strassen 方法的執行時間遞迴式了。目前，第 1 步的基本情況花費 $\Theta(1)$ 時間，我們在敘述遞迴式時省略它。當 $n > 1$ 時，第 1、2、4 步總共花費 $\Theta(n^2)$ 時間，第 3 步需要七次 $n/2 \times n/2$ 矩陣乘法。因此可得下列的 Strassen 演算法執行時間遞迴式：

$$T(n) = 7T(n/2) + \Theta(n^2) \tag{4.10}$$

相較於 MATRIX-MULTIPLY-RECURSIVE，我們用固定次數的矩陣加法來換取一次遞迴子矩陣乘法。了解遞迴式及其解可以知道為何這個交易可導致更低的漸近執行時間。根據第 4.5 節的主法，遞迴式 (4.10) 的解是 $T(n) = \Theta(n^{\lg 7}) = O(n^{2.81})$，勝過 $\Theta(n^3)$ 時間的演算法。

我們接著來研究細節。第 2 步建立下面的 10 個矩陣：

$$
\begin{aligned}
S_1 &= B_{12} - B_{22} \\
S_2 &= A_{11} + A_{12} \\
S_3 &= A_{21} + A_{22} \\
S_4 &= B_{21} - B_{11} \\
S_5 &= A_{11} + A_{22} \\
S_6 &= B_{11} + B_{22} \\
S_7 &= A_{12} - A_{22} \\
S_8 &= B_{21} + B_{22} \\
S_9 &= A_{11} - A_{21} \\
S_{10} &= B_{11} + B_{12}
\end{aligned}
$$

這一步對 $n/2 \times n/2$ 矩陣進行 10 次加法或減法，花費 $\Theta(n^2)$ 時間。

第 3 步對 $n/2 \times n/2$ 矩陣遞迴執行 7 次乘法，以計算下面的 $n/2 \times n/2$ 矩陣，每一次都對 A 與 B 的子矩陣的積進行加法或減法。

$$
\begin{aligned}
P_1 &= A_{11} \cdot S_1 \quad (= A_{11} \cdot B_{12} - A_{11} \cdot B_{22}) \\
P_2 &= S_2 \cdot B_{22} \quad (= A_{11} \cdot B_{22} + A_{12} \cdot B_{22}) \\
P_3 &= S_3 \cdot B_{11} \quad (= A_{21} \cdot B_{11} + A_{22} \cdot B_{11}) \\
P_4 &= A_{22} \cdot S_4 \quad (= A_{22} \cdot B_{21} - A_{22} \cdot B_{11}) \\
P_5 &= S_5 \cdot S_6 \quad (= A_{11} \cdot B_{11} + A_{11} \cdot B_{22} + A_{22} \cdot B_{11} + A_{22} \cdot B_{22}) \\
P_6 &= S_7 \cdot S_8 \quad (= A_{12} \cdot B_{21} + A_{12} \cdot B_{22} - A_{22} \cdot B_{21} - A_{22} \cdot B_{22}) \\
P_7 &= S_9 \cdot S_{10} \quad (= A_{11} \cdot B_{11} + A_{11} \cdot B_{12} - A_{21} \cdot B_{11} - A_{21} \cdot B_{12})
\end{aligned}
$$

這個演算法需要執行的乘法只有上述等式中間的那一排，最右邊的一排只是為了展示這些乘法相當於使用第 1 步建立的那些原始子矩陣來進行計算，演算法並未明確地計算這幾項。

第 4 步將乘積 C 的四個 $n/2 \times n/2$ 子矩陣加上或減去第 3 步建立的各個 P_i 矩陣。我們先計算

$$C_{11} = C_{11} + P_5 + P_4 - P_2 + P_6$$

展開右邊的算式，將各個 P_i 的展開式寫在獨立的一行，並將可以對消的項垂直對齊，可以看到更新 C_{11} 等於

$$
\begin{array}{l}
A_{11} \cdot B_{11} + A_{11} \cdot B_{22} + A_{22} \cdot B_{11} + A_{22} \cdot B_{22} \\
\qquad\qquad\qquad\quad - A_{22} \cdot B_{11} \qquad\qquad + A_{22} \cdot B_{21} \\
\qquad - A_{11} \cdot B_{22} \qquad\qquad\qquad\qquad\qquad - A_{12} \cdot B_{22} \\
\qquad\qquad\qquad\qquad\qquad - A_{22} \cdot B_{22} - A_{22} \cdot B_{21} + A_{12} \cdot B_{22} + A_{12} \cdot B_{21} \\
\hline
A_{11} \cdot B_{11} \qquad\qquad\qquad\qquad\qquad\qquad\qquad\qquad\qquad + A_{12} \cdot B_{21}
\end{array}
$$

它相當於式 (4.5)。採取類似的做法，設

$$C_{12} = C_{12} + P_1 + P_2$$

意味著更新 C_{12} 等於

$$
\begin{array}{l}
A_{11} \cdot B_{12} - A_{11} \cdot B_{22} \\
\qquad + A_{11} \cdot B_{22} + A_{12} \cdot B_{22} \\
\hline
A_{11} \cdot B_{12} \qquad\quad + A_{12} \cdot B_{22}
\end{array}
$$

它相當於式 (4.6)。設

$$C_{21} = C_{21} + P_3 + P_4$$

意味著更新 C_{21} 等於

$$
\begin{array}{l}
A_{21}\cdot B_{11} + A_{22}\cdot B_{11} \\
\qquad - A_{22}\cdot B_{11} + A_{22}\cdot B_{21} \\
\hline
A_{21}\cdot B_{11} \qquad\qquad + A_{22}\cdot B_{21}
\end{array}
$$

它相當於式 (4.7)。最後,設

$$C_{22} = C_{22} + P_5 + P_1 - P_3 - P_7$$

意味著更新 C_{22} 等於

$$
\begin{array}{l}
A_{11}\cdot B_{11} + A_{11}\cdot B_{22} + A_{22}\cdot B_{11} + A_{22}\cdot B_{22} \\
\qquad - A_{11}\cdot B_{22} \qquad\qquad\qquad\qquad + A_{11}\cdot B_{12} \\
\qquad\qquad\qquad - A_{22}\cdot B_{11} \qquad\qquad\qquad - A_{21}\cdot B_{11} \\
- A_{11}\cdot B_{11} \qquad\qquad\qquad\qquad - A_{11}\cdot B_{12} + A_{21}\cdot B_{11} + A_{21}\cdot B_{12} \\
\hline
\qquad\qquad\qquad\qquad A_{22}\cdot B_{22} \qquad\qquad\qquad\qquad + A_{21}\cdot B_{12}
\end{array}
$$

它相當於式 (4.8)。全部一起看,因為我們在第 4 步對著 $n/2 \times n/2$ 矩陣進行 12 次加法或減法,所以這一步實際上花費 $\Theta(n^2)$ 時間。

我們可以看到,由步驟 1~4 組成的 Strassen 演算法用 7 次子矩陣乘法與 18 次子矩陣加法來產生正確的矩陣積。我們也可以看到遞迴式 (4.10) 描述了它的執行時間。因為第 4.5 節指出這個遞迴式的解是 $T(n) = \Theta(n^{\lg 7}) = O(n^{2.81})$,所以 Strassen 的方法的漸近增長率勝過 $\Theta(n^3)$ 的 MATRIX-MULTIPLY 與 MATRIX-MULTIPLY-RECURSIVE 程序。

習題

注意:在試著解答一些習題之前,你可能要先閱讀第 4.5 節。

4.2-1
使用 Strassen 演算法來計算矩陣積

$$\begin{pmatrix} 1 & 3 \\ 7 & 5 \end{pmatrix} \begin{pmatrix} 6 & 8 \\ 4 & 2 \end{pmatrix}$$

寫出你的解法。

4.2-2
寫出 Strassen 演算法的虛擬碼。

4.2-3
如果說可以用 k 次乘法來將 3×3 矩陣相乘（假設乘法的交換率不成立），那就可以用 $o(n^{\lg 7})$ 時間來將 $n \times n$ 矩陣相乘，滿足這種情況的最大 k 值是多少？這個演算法的執行時間為何？

4.2-4
V. Pan 發現一種使用 132,464 次乘法來將 68×68 矩陣相乘的方法，一種使用 143,640 次乘法來將 70×70 矩陣相乘的方法，以及一種使用 155,424 次乘法來將 72×72 矩陣相乘的方法。哪一種方法可讓分治矩陣乘法演算法產生最佳漸近執行時間？它與 Strassen 演算法孰優孰劣？

4.2-5
說明如何僅用三次實數乘法來將複數 $a + bi$ 與 $c + di$ 相乘。這個演算法應接收 a、b、c 與 d 作為輸入，並分別產生實部 $ac - bd$ 與虛部 $ad + bc$。

4.2-6
假如你有個計算 $n \times n$ 矩陣的平方的演算法，其時間為 $\Theta(n^\alpha)$，其中 $\alpha \geq 2$。說明如何用該演算法在 $\Theta(n^\alpha)$ 時間內將兩個不同的 $n \times n$ 矩陣相乘。

4.3 用代入法來求解遞迴式

知道如何用遞迴式來描述分治演算法的執行時間之後，接下來要了解如何求解它們。本節從**代入法**開始討論，它是本章介紹的四種方法裡，最通用的一種。代入法包含兩個步驟：

1. 使用符號常數（symbolic constant）來猜測解的形式。
2. 使用數學歸納法來證明解正確，並求出常數。

要應用歸納假設，你要將猜測的解代入較小值的函數，這就是為什麼此法稱為「代入法」。這個方法很強大，但你必須猜出解的形式。雖然猜出好的解看似困難，但只要稍加練習即可提升直覺。

你可以使用代入法來證明遞迴式的上限或下限,但最好不要同時證明兩者。也就是說,你不應該試著直接證明 Θ 界限,而是應該先證明 O 界限,再證明 Ω 界限,然後用兩者來得出 Θ 界限(第 50 頁的定理 3.1)。

舉個代入法的例子,我們要找出這個遞迴式的漸近上限:

$$T(n) = 2T(\lfloor n/2 \rfloor) + \Theta(n) \tag{4.11}$$

這個遞迴式類似第 36 頁的合併排序的遞迴式 (2.3),但它使用向下取整函數,以確保 $T(n)$ 是以整數來定義的。我們猜它的漸近上限同樣是 $T(n) = O(n \lg n)$,並使用代入法來證明。

採取歸納假設,假設 $n \geq n_0$ 時,$T(n) \leq cn \lg n$,在檢查 c 與 n_0 需要符合哪些限制條件之後,我們選擇特定的常數 $c > 0$ 與 $n_0 > 0$。如果這個歸納假設成立,我們就可以得出結論:$T(n) = O(n \lg n)$。歸納假設 $T(n) = O(n \lg n)$ 是一種危險的選擇,因為稍後在討論陷阱時你將看到常數很重要。

假設按照歸納假設,這個界限對至少與 n_0 一樣大且小於 n 的所有數字而言都成立。因此,若 $n \geq 2n_0$,那麼 $\lfloor n/2 \rfloor$ 也讓它成立,可得 $T(\lfloor n/2 \rfloor) \leq c \lfloor n/2 \rfloor \lg (\lfloor n/2 \rfloor)$。代入遞迴式 (4.11)(所以這個方法稱為「代入」法)可得

$$\begin{aligned} T(n) &\leq 2(c \lfloor n/2 \rfloor \lg(\lfloor n/2 \rfloor)) + \Theta(n) \\ &\leq 2(c(n/2) \lg(n/2)) + \Theta(n) \\ &= cn \lg(n/2) + \Theta(n) \\ &= cn \lg n - cn \lg 2 + \Theta(n) \\ &= cn \lg n - cn + \Theta(n) \\ &\leq cn \lg n \end{aligned}$$

如果我們將常數 n_0 與 c 限制成足夠大,使得當 $n \geq 2n_0$ 時,cn 的大小可以宰制 $\Theta(n)$ 項,則最後一步成立。

我們已經證明歸納假設對歸納情況(inductive case)而言成立了,但也要證明歸納假設對「基本情況」而言也成立,也就是當 $n_0 \leq n < 2n_0$ 時,$T(n) \leq cn \lg n$。只要 $n_0 > 1$(對於 n_0 的新限制條件),可得 $\lg n > 0$,這意味著 $n \lg n > 0$。我們選擇 $n_0 = 2$。因為遞迴式 (4.11) 沒有明確敘述基本情況,按慣例,$T(n)$ 是演算法相關的,這意味著 $T(2)$ 與 $T(3)$ 是常數(如果它們描述輸入大小為 2 或 3 的任何一種真實程式的最壞情況執行時間,它們就應該是常數)。選擇 $c = \max\{T(2), T(3)\}$ 得到 $T(2) \leq c < (2 \lg 2)c$ 與 $T(3) \leq c < (3 \lg 3)c$,歸納假設對基本情況而言成立。

因此可得，當 $n \geq 2$ 時，$T(n) \leq cn \lg n$，這意味著遞迴式 (4.11) 的解是 $T(n) = O(n \lg n)$。

演算法文獻通常不會如此詳細地用代入法來證明，尤其是在處理基本情況時，因為，對大多數的演算法相關的分治法遞迴式而言，基本情況的處理方式幾乎都一樣。你設定一個方便的正常數（positive constant）n_0 作為起始值，再選擇一個常數 $n_0' > n_0$，保證當 $n \geq n_0'$ 時，遞迴可在固定大小（在 n_0 與 n_0' 之間）的基本情況觸底（這個範例使用 $n_0' = 2n_0$）。接下來，通常不需要解釋細節就可以看出，只要為開頭的常數（例如本例的 c）選擇夠大的值，就可讓歸納假設對 n_0 至 n_0' 的值而言皆成立。

猜出好答案

遺憾的是，我們沒有通用的方法可以正確地猜出任何一個遞迴式的緊密漸近解。猜出好答案需要經驗，有時也需要創造力。幸好，學習解遞迴式的捷思法[譯註]和研究遞迴式都可以累積經驗，幫助你猜出好答案。你也可以使用遞迴樹來猜出好答案，我們將在第 4.4 節介紹它。

如果你看過相似的遞迴式，你就可以猜測相似的解。舉個例子，遞迴式

$$T(n) = 2T(n/2 + 17) + \Theta(n)$$

是用實數來定義的。這個遞迴式看起來有點像合併排序遞迴式 (2.3)，但它比較複雜，因為右邊的 T 參數裡加上「17」。然而，直覺上，多出來的這一項應該不會影響遞迴式的解。當 n 很大時，$n/2$ 與 $n/2 + 17$ 的相對差異就不會那麼大，因為兩者都將 n 減少將近一半。因此可以合理地猜測 $T(n) = O(n \lg n)$，你可以用代入法來驗證它（見習題 4.3-1）。

猜出好答案的另一種方法是找出遞迴式的寬鬆上限與下限，然後縮小不確定的範圍。例如，對於遞迴式 (4.11)，你可以從 $T(n) = \Omega(n)$ 的下限開始，因為這個遞迴式包含 $\Theta(n)$ 項，而且你可以證明 $T(n)$ 的初始上限是 $O(n^2)$。然後試著降低上限與提高下限，直到收斂至正確的漸近嚴格解，此例為 $T(n) = \Theta(n \lg n)$。

交易技巧：減去一個低次項

有時，雖然你已經正確地猜出遞迴式解的緊密漸進界限了，但無法用數學來進行歸納證明，這個問題通常是因為歸納假設的強度不夠。在遇到這種障礙時，處理它的訣竅是減去一個低次項來修正猜測的結果，通常即可用數學來證明。

譯註 heuristic，指透過試錯或根據經驗快速地解決問題的演算法或方法，有助於在有限的空間與時間下找出近似最佳解，但不保證找到最佳解。本書譯為「捷思法」。

考慮這個遞迴式

$$T(n) = 2T(n/2) + \Theta(1) \tag{4.12}$$

它是用實數來定義的。我們猜它的解是 $T(n) = O(n)$，並試著證明當 $n \geq n_0$ 時，$T(n) \leq cn$，我們選擇適當的常數 c、$n_0 > 0$。將我們猜測的解代入遞迴式可得

$$\begin{aligned} T(n) &\leq 2(c(n/2)) + \Theta(1) \\ &= cn + \Theta(1) \end{aligned}$$

然而，這並不意味著**任何** c 都可讓 $T(n) \leq cn$ 成立。我們可以猜更大的解，例如 $T(n) = O(n^2)$。雖然這個解成立，但它的上限更寬鬆。事實上，我們原本猜的 $T(n) = O(n)$ 是正確且緊密的。但是，為了證明它是對的，我們必須改進歸納假設。

直覺上，我們幾乎猜對了：我們只差 $\Theta(1)$，一個低次項。儘管如此，數學歸納法要求我們證明歸納假設的**確切**形式。我們將之前猜測的解減去一個低次項：$T(n) \leq cn - d$，其中 $d \geq 0$，是個常數，可得

$$\begin{aligned} T(n) &\leq 2(c(n/2) - d) + \Theta(1) \\ &= cn - 2d + \Theta(1) \\ &\leq cn - d - (d - \Theta(1)) \\ &\leq cn - d \end{aligned}$$

只要我們選擇比 Θ 表示法未敘述的匿名上限常數更大的 d 即可。減去低次項有效！當然，我們還要處理基本情況，也就是選擇足夠大的 c，來讓 $cn - d$ 可宰制未敘述的基本情況。

你可能會覺得減去低次項的想法違反直覺，畢竟無法用數學來證明的話，不是應該增加猜測的解才對嗎？不一定如此！如果遞迴式有超過一個遞迴呼叫（式 (4.12) 有兩個），在猜測的解中加入一個低次項就會幫每一個遞迴呼叫加入它一次，使你遠離歸納假設。另一方面，如果你將猜測的解減去一個低次項，你就會幫每一個遞迴呼叫減去它一次。在上面的例子中，我們減去常數 d 兩次，因為 $T(n/2)$ 的係數是 2。我們最終得到不等式 $T(n) \leq cn - d - (d - \Theta(1))$，並迅速地找到合適的 d 值。

避免陷阱

不要在代入法的歸納假設中使用漸近表示法，因為它很容易出錯。如果我們在處理遞迴式 (4.11) 時，不明智地採用 $T(n) = O(n)$ 作為歸納假設，我們可能會錯誤地「證明」$T(n) = O(n)$：

$$T(n) \leq 2 \cdot O(\lfloor n/2 \rfloor) + \Theta(n)$$
$$= 2 \cdot O(n) + \Theta(n)$$
$$= O(n) \quad \Longleftarrow 錯！$$

這種推理方法的問題在於，O 表示法未敘述的常數會改變。我們可以使用明確的常數來重複進行這個「證明」來揭露它的謬誤。歸納假設當 $n \geq n_0$ 時，$T(n) \leq cn$，其中 c、$n_0 > 0$ 皆為常數。用不等式來重複前兩步可得

$$T(n) \leq 2(c \lfloor n/2 \rfloor) + \Theta(n)$$
$$\leq cn + \Theta(n)$$

的確 $cn + \Theta(n) = O(n)$，但是 O 表示法未敘述的常數必須大於 c，因為 $\Theta(n)$ 未敘述的匿名函數是漸近正數。我們不能採取第三步來得出 $cn + \Theta(n) \leq cn$，因此可見其謬誤。

在使用代入法或一般的數學歸納法時，請注意，被任何漸近表示法隱藏的常數在整個證明中都是相同的常數。因此，你要避免在歸納假設中使用漸近表示法，並明確地指出常數。

這個例子誤用代入法來證明遞迴式 (4.11) 是 $T(n) = O(n)$。我們猜 $T(n) \leq cn$，然後證明

$$T(n) \leq 2(c \lfloor n/2 \rfloor) + \Theta(n)$$
$$\leq cn + \Theta(n)$$
$$= O(n) \quad \Longleftarrow 錯！$$

因為 c 是正的常數。這個錯誤源自我們的目標（證明 $T(n) = O(n)$）與歸納假設（證明 $T(n) \leq cn$）之間的差異。在使用代入法時，以及在任何歸納證明中，你必須證明歸納假設的確切敘述句。在這個例子中，我們必須明確地證明 $T(n) \leq cn$，才能證明 $T(n) = O(n)$。

習題

4.3-1
使用代入法來證明下面這些以實數定義的遞迴式具有所述的漸近解：

a. $T(n) = T(n-1) + n$ 的解為 $T(n) = O(n^2)$

b. $T(n) = T(n/2) + \Theta(1)$ 的解為 $T(n) = O(\lg n)$

c. $T(n) = 2T(n/2) + n$ 的解為 $T(n) = \Theta(n \lg n)$

d. $T(n) = 2T(n/2 + 17) + n$ 的解為 $T(n) = O(n \lg n)$

e. $T(n) = 2T(n/3) + \Theta(n)$ 的解為 $T(n) = \Theta(n)$

f. $T(n) = 4T(n/2) + \Theta(n)$ 的解為 $T(n) = \Theta(n^2)$

4.3-2

遞迴式 $T(n) = 4T(n/2) + n$ 的解是 $T(n) = \Theta(n^2)$。展示假設 $T(n) \le cn^2$ 並以代入法來證明將會失敗。然後說明如何減去一個低次項來成功地用代入法證明。

4.3-3

遞迴式 $T(n) = 2T(n-1) + 1$ 的解是 $T(n) = O(2^n)$。展示假設 $T(n) \le c2^n$ 並以代入法來證明將會失敗，其中 $c > 0$ 為常數。然後說明如何減去一個低次項來成功地用代入法證明。

4.4 用遞迴樹來求解遞迴式

雖然我們可以使用代入法來證明遞迴式的解是正確的，但有時你無法猜出好的解。此時畫出遞迴樹有幫助，就像我們在第 2.3.2 裡分析合併排序遞迴式時那樣。在遞迴樹裡，每個節點都代表遞迴函數呼叫集合之中的某個子問題的成本。我們通常計算樹的各層的成本總和來獲得各層的總成本，然後將每一層的成本相加，以算出遞迴式的所有階層的總成本。但是，有時算出總成本需要更多創意。

遞迴樹最適合用來幫助你直覺地猜出好答案，再用代入法來驗證它。但是仔細地畫出遞迴樹並將成本加總起來也可以直接證明遞迴式的解。不過，只用它來猜出好答案通常可以容許一點點「草率」，簡化數學，等稍後用代入法來驗證猜測的解時，再使用精確的數學。本節將展示如何使用遞迴樹來求解遞迴式，猜出好的答案，以及直覺地了解遞迴式。

說明範例

我們來看看如何用遞迴樹來精確地猜出這個遞迴式的上限解

$$T(n) = 3T(n/4) + \Theta(n^2) \tag{4.13}$$

圖 4.1 展示如何推導出 $T(n) = 3T(n/4) + cn^2$ 的遞迴樹，其中常數 $c > 0$ 是 $\Theta(n^2)$ 項裡面的上限常數。此圖的 (a) 是 $T(n)$，(b) 將它展開成等價的遞迴樹。根節點的 cn^2 項代表遞迴式最頂層的成本，根的三個子樹代表大小為 $n/4$ 的子問題的成本。(c) 部分進一步執行這個程序，將 (b) 圖中成本為 $T(n/4)$ 的各個節點展開。根節點的三個子節點的成本分別為 $c(n/4)^2$。我們繼續展開樹的每一個節點，按照遞迴式來將它們分解成它們的組成部分。

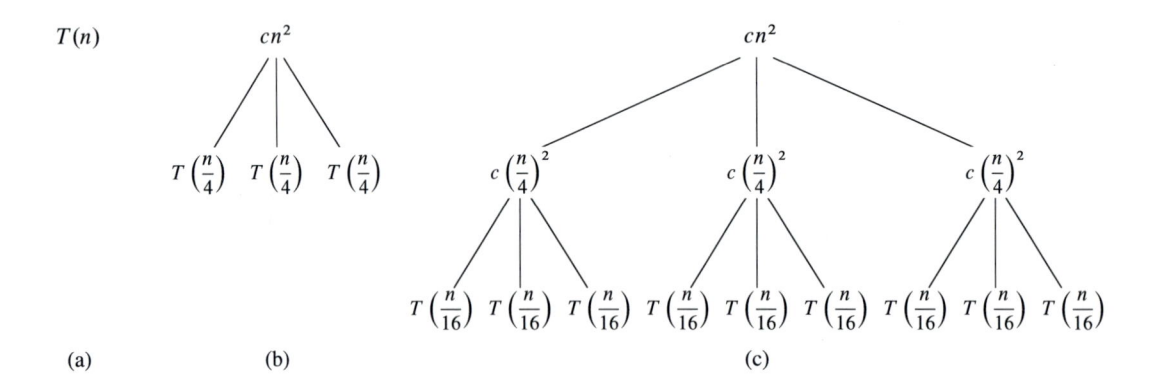

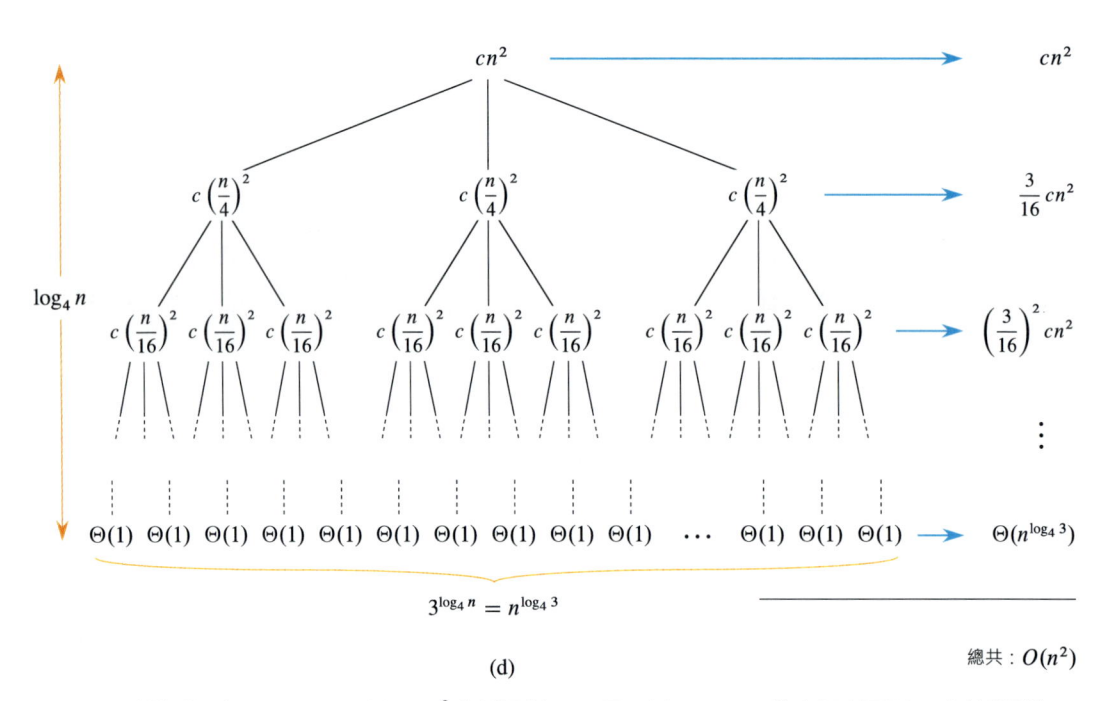

圖 4.1 建構遞迴式 $T(n) = 3T(n/4) + cn^2$ 的遞迴樹。**(a)** 是 $T(n)$，**(b)~(d)** 將它逐漸展開，形成遞迴樹。**(d)** 是完全展開的樹，它的高為 $\log_4 n$。

因為每往下延伸一層，子問題的大小就減少 4 倍，所以遞迴式最終一定在基本情況見底，此時 $n < n_0$。按規範，基本情況是當 $n < n_0$ 時，$T(n) = \Theta(1)$，其中 $n_0 > 0$ 是任何足夠大，可讓遞迴式定義完善的閾常數。然而，為了增加直覺，我們來簡化數學。假設 n 是 4 的次方，且基本情況是 $T(1) = \Theta(1)$，事實上，這些假設不會影響漸近解。

遞迴樹有多高？位於深度 i 的節點的子問題大小是 $n/4^i$。當我們從樹的根節點往下看時，子問題的大小會在 $n/4^i = 1$ 時，到達 $n = 1$，也就是在 $i = \log_4 n$ 時。因此，這顆樹在深度 $0, 1, 2, \ldots, \log_4 n - 1$ 時有內部節點，在深度 $\log_4 n$ 時有葉節點。

圖 4.1 (d) 展示每一層的成本。每層的節點數都是上一層的三倍，所以在深度 i 的節點數是 3^i。因為每遠離根節點一層，子問題的大小就減少 4 倍，所以在深度 $i = 0, 1, 2, \ldots, \log_4 n - 1$ 的內部節點的成本是 $c(n/4^i)^2$。使用乘法可得，在深度 i 的所有節點的總成本是 $3^i c(n/4^i)^2 = (3/16)^i cn^2$。在深度為 $\log_4 n$ 的底層有 $3^{\log_4 n} = n^{\log_4 3}$ 個葉節點（使用第 61 頁的式 (3.21)）。每一個葉節點的成本都是 $\Theta(1)$，所以，所有葉節點的總成本是 $\Theta(n^{\log_4 3})$。

計算各層的成本總和可得整棵樹的成本：

$$\begin{aligned}
T(n) &= cn^2 + \frac{3}{16}cn^2 + \left(\frac{3}{16}\right)^2 cn^2 + \cdots + \left(\frac{3}{16}\right)^{\log_4 n} cn^2 + \Theta(n^{\log_4 3}) \\
&= \sum_{i=0}^{\log_4 n} \left(\frac{3}{16}\right)^i cn^2 + \Theta(n^{\log_4 3}) \\
&< \sum_{i=0}^{\infty} \left(\frac{3}{16}\right)^i cn^2 + \Theta(n^{\log_4 3}) \\
&= \frac{1}{1-(3/16)} cn^2 + \Theta(n^{\log_4 3}) \quad \text{（根據第 1098 頁的式 (A.7)）} \\
&= \frac{16}{13} cn^2 + \Theta(n^{\log_4 3}) \\
&= O(n^2) \quad\quad\quad\quad\quad (\Theta(n^{\log_4 3}) = O(n^{0.8}) = O(n^2))
\end{aligned}$$

我們以推導的方式猜測原始遞迴式 $T(n) = O(n^2)$。在這個例子裡，cn^2 的係數形成一個遞減的等比級數。根據式 (A.7)，這些係數之和的上限為常數 16/13。因為根節點為總成本貢獻了 cn^2，所以根節點的成本占此樹總成本的絕大多數。

事實上，如果 $O(n^2)$ 真的是遞迴式的上限（我們很快就會驗證），那麼它一定是緊密的界限。為什麼？第一次遞迴呼叫貢獻了 $\Theta(n^2)$ 成本，所以 $\Omega(n^2)$ 一定是遞迴式的下限。

接下來，我們要使用代入法來驗證猜測的解是對的，即 $T(n) = O(n^2)$ 為遞迴式 $T(n) = 3T(n/4) + \Theta(n^2)$ 的上限。我們想要證明當常數 $d > 0$ 時，$T(n) \leq dn^2$。使用與之前一樣的常數 $c > 0$ 可得

$$\begin{aligned}
T(n) &\leq 3T(n/4) + cn^2 \\
&\leq 3d(n/4)^2 + cn^2 \\
&= \frac{3}{16}dn^2 + cn^2 \\
&\leq dn^2
\end{aligned}$$

當我們選擇 $d \geq (16/13)c$ 時，最後一步成立。

至於歸納法的基本情況，設 $n_0 > 0$ 為足夠大的閾常數，使得遞迴式在 $n < n_0$ 的 $T(n) = \Theta(1)$ 定義完善。我們可以選擇夠大的 d，讓 d 宰制 Θ 未敘述的常數，在這種情況下，當 $1 \leq n < n_0$ 時，$dn^2 \geq d \geq T(n)$。我們已經完成了基本情況的證明。

上面的代入證明涉及兩個具名常數 c 與 d。我們用 c 來代表 Θ 表示法未敘述且保證存在的上限常數。但是，我們不能任意選擇 c（它是給定的），儘管任何常數 $c' \geq c$ 皆可滿足 c。我們也使用名稱 d，但我們可以自由地選擇它的值來滿足我們的需求。在這個例子裡，d 的值剛好依賴 c 的值，這是好事，因為當 c 是常數時，d 也是常數。

不整齊的例子

我們來為另一個比較不整齊的案例找出漸近上限。圖 4.2 是這個遞迴式的遞迴樹

$$T(n) = T(n/3) + T(2n/3) + \Theta(n) \tag{4.14}$$

這棵遞迴樹是不平衡的，從根節點到葉節點的不同路徑有不同長度。從任何節點往左走都會產生一個 1/3 大小的子問題，往右走都會產生一個 2/3 大小的子問題。設 $n_0 > 0$ 是被隱藏的閾常數，使得當 $0 < n < n_0$，$T(n) = \Theta(1)$，並設 c 是 $n \geq n_0$ 時，被 $\Theta(n)$ 項隱藏的上限常數。這裡其實有兩個 n_0 常數，一個是遞迴式裡的閾值，另一個是 Θ 表示法裡的閾值，設 n_0 為這兩個常數較大的那一個。

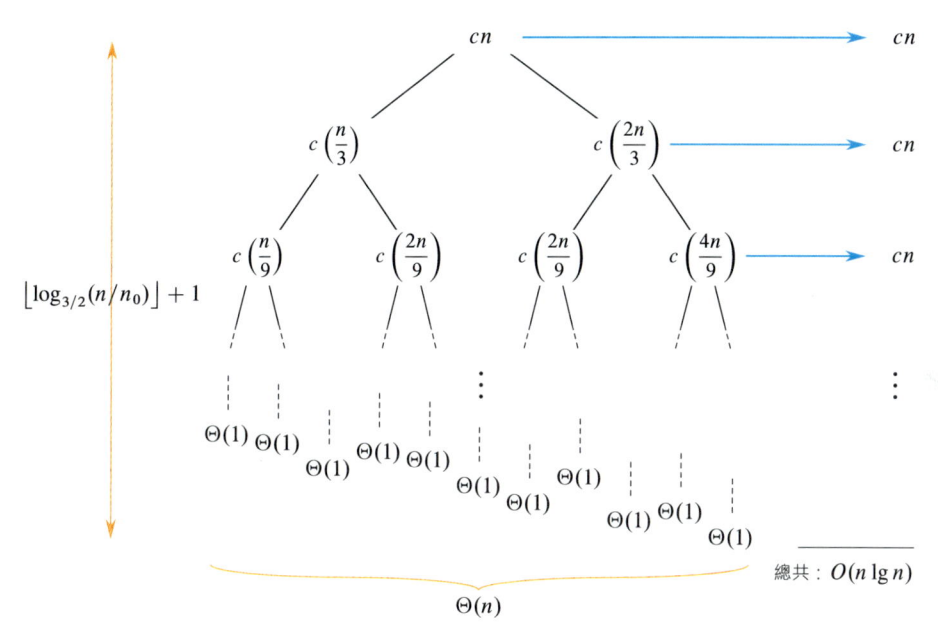

圖 4.2 遞迴式 $T(n) = T(n/3) + T(2n/3) + cn$ 的遞迴樹。

樹的高度是沿著樹的右側往下算的，可對映大小為 n, $(2/3)n$, $(4/9)n$, ..., $\Theta(1)$ 且成本上限為 cn, $c(2n/3)$, $c(4n/9)$, ..., $\Theta(1)$ 的子問題。我們在 $(2/3)^h n < n_0 \le (2/3)^{h-1} n$ 時遇到最右邊的葉節點，它在 $h = \lfloor \log_{3/2}(n/n_0) \rfloor + 1$ 時發生，因為將 $x = \log_{3/2}(n/n_0)$ 代入第 58 頁的式 (3.2) 可得 $(2/3)^h n = (2/3)^{\lfloor x \rfloor + 1} n < (2/3)^x n = (n_0/n)n = n_0$ 且 $(2/3)^{h-1} n = (2/3)^{\lfloor x \rfloor} n \ge (2/3)^x n = (n_0/n)n = n_0$。因此，樹的高是 $h = \Theta(\lg n)$。

現在可以開始了解上限了，我們暫不處理葉節點。將每一層的內部節點的成本加總，可得每一層的成本頂多 cn，乘上樹高 $\Theta(\lg n)$，可得所有內部節點的總成本為 $O(n \lg n)$。

接下來要處理遞迴樹的葉節點，它們代表基本情況，成本都是 $\Theta(1)$。葉節點有幾個？可能有人會將高度為 $h = \lfloor \log_{3/2}(n/n_0) \rfloor + 1$ 的完整二元樹的葉節點數量當成它的上限，因為遞迴樹的大小不會超出這種完整二元樹，但這種做法會導致不良的界限。完整二元樹的根有 1 個節點，在深度 1 有 2 個節點，在深度 k 有 2^k 個節點。因為高是 $h = \lfloor \log_{3/2} n \rfloor + 1$，所以完整二元樹有 $2^h = 2^{\lfloor \log_{3/2} n \rfloor + 1} \le 2n^{\log_{3/2} 2}$ 個葉節點，這是遞迴樹的葉節點數量的上限。因為每個葉節點的成本是 $\Theta(1)$，所以這個分析指出遞迴樹的所有葉節點的總成本是 $O(n^{\log_{3/2} 2}) = O(n^{1.71})$，這個漸近界限比所有內部節點的成本 $O(n \lg n)$ 還要大。事實上，我們很快就會看到，這個界限並不緊密。在遞迴樹裡的所有葉節點的成本是 $O(n)$，漸近地小於 $O(n \lg n)$。換句話說，內部節點的成本宰制葉節點的成本，而不是反過來。

我們也可以不分析葉節點，改用代入法來證明 $T(n) = \Theta(n \lg n)$，雖然這種方法可行（見習題 4.4-3），但了解遞迴樹有多少葉節點具有啟發意義。也許你會看到遞迴式的葉節點宰制內部節點的成本，而且，具備葉節點分析經驗可讓你做好更充分的準備。

為了了解究竟有多少葉節點，我們來為 $T(n)$ 的遞迴樹裡的葉節點數量寫一個遞迴式 $L(n)$。因為在 $T(n)$ 裡的所有葉節點都屬於根節點的左子樹或右子樹，所以

$$L(n) = \begin{cases} 1 & \text{若 } n < n_0 \\ L(n/3) + L(2n/3) & \text{若 } n \geq n_0 \end{cases} \tag{4.15}$$

這個遞迴式類似遞迴式 (4.14)，但它沒有 $\Theta(n)$ 項，而且它明確地寫出基本情況。因為這個遞迴式沒有 $\Theta(n)$ 項，所以它比較容易求解。我們用代入法來證明它的解是 $L(n) = O(n)$。歸納假設當常數 $d > 0$ 時，$L(n) \leq dn$，並假設此歸納假設對大於 n 的值而言皆成立，可得

$$\begin{aligned} L(n) &= L(n/3) + L(2n/3) \\ &\leq dn/3 + 2(dn)/3 \\ &\leq dn \end{aligned}$$

它對任何 $d > 0$ 而言皆成立。現在我們可以選擇夠大的 d 來處理基本情況：當 $0 < n < n_0$ 時，$L(n) = 1$，對此，使用 $d = 1$ 即可，我們完成葉節點上限的代入法（習題 4.4-2 會要求你證明 $L(n) = \Theta(n)$）。

回到 $T(n)$ 的遞迴式 (4.14)，現在可以明顯地看到，所有階層的葉節點的總成本一定是 $L(n) \cdot \Theta(1) = \Theta(n)$。因為我們已經推導出內部節點的成本的界限 $O(n \lg n)$ 了，所以遞迴式 (4.14) 的解是 $T(n) = O(n \lg n) + \Theta(n) = O(n \lg n)$（習題 4.4-3 會請你證明 $T(n) = \Theta(n \lg n)$）。

用代入法來驗證用遞迴樹算出來的界限是明智的做法，尤其是當你做了簡化假設時。另一種策略則是使用更強大的數學，通常採用下一節介紹的主法（可惜它不適合遞迴式 (4.14)）或 Akra-Bazzi（它適合，但需要使用微積分）。即使你決定使用強大的方法，遞迴樹也可以讓你更直覺地了解複雜的數學底下發生的事情。

習題

4.4-1
畫出下列遞迴式的遞迴樹，並精確地猜測其解的漸近上限。然後使用代入法來驗證答案。

a. $T(n) = T(n/2) + n^3$

b. $T(n) = 4T(n/3) + n$

c. $T(n) = 4T(n/2) + n$

d. $T(n) = 3T(n-1) + 1$

4.4-2
使用代入法來證明遞迴式 (4.15) 有漸近下限 $L(n) = \Omega(n)$。得出結論 $L(n) = \Theta(n)$。

4.4-3
使用代入法來證明遞迴式 (4.14) 的解為 $T(n) = \Omega(n \lg n)$。得出結論 $T(n) = \Theta(n \lg n)$。

4.4-4
使用遞迴樹來精確地猜測遞迴式 $T(n) = T(\alpha n) + T((1-\alpha)n) + \Theta(n)$ 的解，其中，α 是個常數，其範圍為 $0 < \alpha < 1$。

4.5 用主法來求解遞迴式

主法為下列形式的演算法相關的遞迴式提供一種標準化解法

$$T(n) = aT(n/b) + f(n) \tag{4.16}$$

其中，$a > 0$ 且 $b > 1$，兩者皆為常數。我們將 $f(n)$ 稱為**驅動函數**（*driving function*），將這種一般形式的遞迴式稱為**主遞迴式**（*master recurrence*）。要使用主法必須背三種情況，但記得它們之後，你就可以輕鬆地算出許多主遞迴式的解了。

主遞迴式可描述分治演算法的執行時間，這種演算法將一個大小為 n 的問題分解成 a 個子問題，且每一個子問題的大小皆為 $n/b < n$。這個演算法能夠遞迴地處理 a 個子問題，每次花費 $T(n/b)$ 時間。驅動函數 $f(n)$ 包含在開始遞迴之前分解問題的成本，以及合併子問題的遞迴解的成本。例如，Strassen 演算法的遞迴式是一個 $a = 7$，$b = 2$，且驅動函數是 $f(n) = \Theta(n^2)$ 的主遞迴式。

如前所述，在求解一個描述演算法執行時間的遞迴式時，我們經常忽略一個技術上的細節：輸入大小 n 必須是整數。例如，我們在第 36 頁看過，合併排序的執行時間可以用遞迴式 (2.3) 來描述，即 $T(n) = 2T(n/2) + \Theta(n)$。但如果 n 是個奇數，我們無法得到兩個大小正好一半的問題。為了確保問題的大小是整數，我們將一個子問題的大小設為 $\lfloor n/2 \rfloor$，將另一個的大小設為 $\lceil n/2 \rceil$，所以真正的遞迴式是 $T(n) = T(\lceil n/2 \rceil) + T(\lfloor n/2 \rfloor) + \Theta(n)$。但是，這種向下取整與向上取整的遞迴式寫起來比遞迴式 (2.3) 更冗長且更難處理。遞迴式 (2.3) 是以實數來定義的。如果沒必要，我們不想費心處理向下取整與向上取整，特別是因為這兩個遞迴式有相同的 $\Theta(n \lg n)$ 解。

主法可讓你敘述一個沒有向下取整與向上取整的主遞迴式，並隱性地推斷向下取整與向上取整。無論參數如何向上或向下取最近的整數，它提供的漸近界限都是一樣的。此外，我們將在第 4.6 節看到，當你定義實數的主遞迴式且不使用隱性的向下取整和向上取整時，漸近界限仍然不會改變。因此，你可以忽略主遞迴式的向下取整與向上取整。第 4.7 節將說明在比較一般性的分治遞迴式中忽略向下與向上取整的充分條件。

主定理

主法依賴以下的定理。

定理 4.1（主定理）

設 $a > 0$ 和 $b > 1$ 是常數，並且設 $f(n)$ 是驅動函數，該函數在所有足夠大的實數範圍內都有定義且非負。對於 $n \in \mathbb{N}$，遞迴式 $T(n)$ 的定義為：

$$T(n) = aT(n/b) + f(n) \tag{4.17}$$

其中 $aT(n/b)$ 的意思其實是當常數 $a' \geq 0$ 與 $a'' \geq 0$ 滿足 $a = a' + a''$ 時，$a'T(\lfloor n/b \rfloor) + a''T(\lceil n/b \rceil)$。那麼，$T(n)$ 的漸近行為可如此敘述：

1. 若存在常數 $\epsilon > 0$，滿足 $f(n) = O(n^{\log_b a - \epsilon})$，則 $T(n) = \Theta(n^{\log_b a})$。

2. 若存在常數 $k \geq 0$，滿足 $f(n) = \Theta(n^{\log_b a} \lg^k n)$，則 $T(n) = \Theta(n^{\log_b a} \lg^{k+1} n)$。

3. 若存在常數 $\epsilon > 0$，滿足 $f(n) = \Omega(n^{\log_b a + \epsilon})$，且 $f(n)$ 額外滿足**正規條件**（對小於 1 的常數 c 與足夠大的 n 而言，$af(n/b) \leq cf(n)$），則 $T(n) = \Theta(f(n))$。 ∎

在使用主定理來處理一些案例之前，我們先花一點時間來廣泛地了解它在說什麼。函數 $n^{\log_b a}$ 稱為**分水嶺**（*watershed*）**函數**。我們在上述的三種情況中比較驅動函數 $f(n)$ 與分水嶺函數 $n^{\log_b a}$。直覺上，若分水嶺函數的漸近增長速度比驅動函數更快，則符合第 1 種情況。若兩個函數的漸近增長速度幾乎相同，則符合第 2 種情況。第 3 種情況是第 1 種情況的「相反」，驅動函數的漸近增長速度比分水嶺函數更快。但技術細節很重要。

在第 1 種情況裡，分水嶺函數的漸近增長速度不但必須比驅動函數快，它的增長速度也必須在**多項式意義上**更快。也就是說，分水嶺函數 $n^{\log_b a}$ 必須漸近地大於驅動函數 $f(n)$ 至少 $\Theta(n^\epsilon)$ 倍，其中常數 $\epsilon > 0$。然後，主定理說，解為 $T(n) = \Theta(n^{\log_b a})$。在這個情況中，我們可以從遞迴式的遞迴樹看到，每一層的成本從根到葉至少成幾何級數增長，且葉節點的總成本宰制內部節點的總成本。

在第 2 個情況中，分水嶺與驅動函數的漸近增長速度幾乎相同。但更具體地說，驅動函數的增長速度比分水嶺函數快 $\Theta(\lg^k n)$ 倍，其中 $k \geq 0$。主定理說，我們為 $f(n)$ 額外添加一個 $\lg n$ 因子，產生解 $T(n) = \Theta(n^{\log_b a} \lg^{k+1} n)$。在這個情況中，遞迴樹的每一層成本大致相同，即 $\Theta(n^{\log_b a} \lg^k n)$，而且有 $\Theta(\lg n)$ 層。在實務上，第 2 種情況最常發生在 $k = 0$ 時，此時，分水嶺與驅動函數有相同的漸近增長速度，解為 $T(n) = \Theta(n^{\log_b a} \lg n)$。

第 3 種情況是第 1 種的相反。此時，驅動函數的漸近增長速度不但要比分水嶺函數快，也必須在**多項式意義上**更快。也就是說，驅動函數 $f(n)$ 必須漸近地大於驅動函數 $n^{\log_b a}$ 至少 $\Theta(n^\epsilon)$ 倍，其中常數 $\epsilon > 0$。此外，驅動函數必須滿足正規條件 $af(n/b) \leq cf(n)$。你在應用情況 3 時遇到的多項式界限函數可能大都滿足這個條件。如果驅動函數在局部區域內增長緩慢，但總體相對快速，那麼這個正規條件可能無法被滿足（習題 4.5-5 有這個函數的範例）。主定理說第 3 種情況的解是 $T(n) = \Theta(f(n))$。從遞迴樹可以看到，從根到葉，每一層的成本至少成幾何級數下降，根的成本遠大於所有其他節點的成本。

值得再次注意的是，分水嶺函數與驅動函數之間必須存在多項式差異，才能應用情況 1 或情況 3。這個差異不需要很大，但必須存在，而且必須在多項式意義上地增長。例如，對遞迴式 $T(n) = 4T(n/2) + n^{1.99}$ 而言（當然，在分析演算法時，你不可能看到這種遞迴式），分水嶺函數是 $n^{\log_b a} = n^2$，所以驅動函數 $f(n) = n^{1.99}$ 在多項式意義上小 $n^{0.01}$ 倍。$\epsilon = 0.01$，所以情況 1 適用。

使用主法

在使用主法時，你要找出哪個情況（有的話）適合使用主定理，並將解寫下。

我們來看第一個例子，考慮遞迴式 $T(n) = 9T(n/3) + n$。在這個遞迴式裡，$a = 9$，$b = 3$，這意味著 $n^{\log_b a} = n^{\log_3 9} = \Theta(n^2)$。因為對任何常數 $\epsilon \leq 1$ 而言，$f(n) = n = O(n^{2-\epsilon})$，所以我們可以運用主定理的情況 1，得出解為 $T(n) = \Theta(n^2)$。

接下來，考慮遞迴式 $T(n) = T(2n/3) + 1$，其 $a = 1$ 且 $b = 3/2$，這意味著分水嶺函數是 $n^{\log_b a} = n^{\log_{3/2} 1} = n^0 = 1$。因為 $f(n) = 1 = \Theta(n^{\log_b a} \lg^0 n) = \Theta(1)$，所以滿足情況 2。遞迴式的解是 $T(n) = \Theta(\lg n)$。

對於遞迴式 $T(n) = 3T(n/4) + n \lg n$，我們的 $a = 3$，$b = 4$，這意味著 $n^{\log_b a} = n^{\log_4 3} = O(n^{0.973})$。因為 $f(n) = n \lg n = \Omega(n^{\log_4 3 + \epsilon})$，其中 ϵ 可以大約為 0.2，只要 $f(n)$ 滿足正規條件，情況 3 就適用。情況確實如此，因為當 n 夠大且 $c = 3/4$ 時，$af(n/b) = 3(n/4)\lg(n/4) \leq (3/4)n \lg n = cf(n)$。按照情況 3，遞迴式的解是 $T(n) = \Theta(n \lg n)$。

接下來，我們來看遞迴式 $T(n) = 2T(n/2) + n \lg n$，其中，$a = 2$，$b = 2$，且 $n^{\log_b a} = n^{\log_2 2} = n$。因為 $f(n) = n \lg n = \Theta(n^{\log_b a} \lg^1 n)$，所以適用情況 2，解為 $T(n) = \Theta(n \lg^2 n)$。

我們可以使用主法來求解第 2.3.2、4.1 與 4.2 節的遞迴式。

第 36 頁的遞迴式 (2.3)，$T(n) = 2T(n/2) + \Theta(n)$，描述合併排序的執行時間。因為 $a = 2$，$b = 2$，所以分水嶺函數是 $n^{\log_b a} = n^{\log_2 2} = n$。此例適合情況 2，因為 $f(n) = \Theta(n)$，解為 $T(n) = \Theta(n \lg n)$。

第 78 頁的遞迴式 (4.9) $T(n) = 8T(n/2) + \Theta(1)$ 描述矩陣乘法的簡單遞迴演算法的執行時間。我們的 $a = 8$，$b = 2$，這意味著分水嶺函數是 $n^{\log_b a} = n^{\log_2 8} = n^3$。因為 n^3 在多項式意義上比驅動函數 $f(n) = \Theta(1)$ 更大，可得對任何正的 $\epsilon < 3$ 而言，$f(n) = O(n^{3-\epsilon})$，適合情況 1。結論是 $T(n) = \Theta(n^3)$。

最後，第 81 頁的遞迴式 (4.10)，$T(n) = 7T(n/2) + \Theta(n^2)$，來自 Strassen 矩陣乘法演算法的分析。在這個遞迴式中，我們的 $a = 7$，$b = 2$，分水嶺函數是 $n^{\log_b a} = n^{\lg 7}$。因為 $\lg 7 = 2.807355\ldots$，我們設 $\epsilon = 0.8$ 並設定驅動函數界限 $f(n) = \Theta(n^2) = O(n^{\lg 7 - \epsilon})$。適合情況 1，解為 $T(n) = \Theta(n^{\lg 7})$。

在不適合主法時

有時無法使用主定理。例如,當分水嶺函數與驅動函數可能無法漸近地比較時。我們可能遇到對無數個 n 值而言,$f(n) \gg n^{\log_b a}$,但同時,對無數個不同的 n 值而言,$f(n) \ll n^{\log_b a}$。然而,在研究演算法時遇到的驅動函數通常都可以有意義地和分水嶺函數進行比較。如果你遇到的主遞迴式不是如此,你就要尋求替代方法。

即使可以比較驅動與分水嶺函數的相對增長率,主定理也無法涵蓋所有可能的情況。當 $f(n) = o(n^{\log_b a})$ 時,情況 1 與 2 之間有無法應用主定理的地帶,且分水嶺函數的增長速度在多項式意義上沒有比驅動函數快。同理,當 $f(n) = \omega(n^{\log_b a})$ 時,情況 2 與 3 之間有無法應用主定理的地帶,驅動函數的增長速度在多對數意義上比分水嶺函數快,但是它的增長速度在多項式意義上沒有比較快。如果驅動函數落入這些地帶之一,或如果情況 3 的正規條件不成立,你就要使用主法之外的方法來求解遞迴式。

舉個落入無法應用主定理的地帶的驅動函數例子,考慮遞迴式 $T(n) = 2T(n/2) + n/\lg n$。因為 $a = 2$ 且 $b = 2$,分水嶺函數是 $n^{\log_b a} = n^{\log_2 2} = n^1 = n$。驅動函數是 $n/\lg n = o(n)$,這意味著它的漸近增長速度比分水嶺函數 n 更慢。但是 $n/\lg n$ 的增長速度只在**對數意義上**比 n 慢,而不是在**多項式意義上**更慢。更準確地說,在第 62 頁的數學式 (3.24) 對任何常數 $\epsilon > 0$ 而言,$\lg n = o(n^\epsilon)$,這意味著 $1/\lg n = \omega(n^{-\epsilon})$ 且 $n/\lg n = \omega(n^{1-\epsilon}) = \omega(n^{\log_b a - \epsilon})$。因此,沒有大於 0 的常數 ε 可讓 $n/\lg n = O(n^{\log_b a - \epsilon})$,這是使用情況 1 的條件。情況 2 也不適用,因為 $n/\lg n = \Theta(n^{\log_b a} \lg^k n)$,其中 $k = -1$,但 k 必須是非負值才能使用情況 2。

你必須使用另一種方法來求解這種遞迴式,例如代入法(第 4.3 節)或 Akra-Bazzi 法(第 4.7 節)(習題 4.6-3 會請你算出答案是 $\Theta(n \lg \lg n)$)。雖然主定理無法處理這個遞迴式,但它可以處理在實際應用中出現的絕大多數遞迴式。

習題

4.5-1
使用主法來求出下列遞迴式的緊密漸近界限。

a. $T(n) = 2T(n/4) + 1$

b. $T(n) = 2T(n/4) + \sqrt{n}$

c. $T(n) = 2T(n/4) + \sqrt{n} \lg^2 n$

d. $T(n) = 2T(n/4) + n$

e. $T(n) = 2T(n/4) + n^2$

4.5-2
Caesar 教授想開發一種漸近速度比 Strassen 演算法更快的矩陣乘法演算法。他的演算法使用分治法，將每個矩陣分成 $n/4 \times n/4$ 子矩陣，其分解與處理步驟總共花費 $\Theta(n^2)$ 時間。假如教授的演算法創造 a 個大小為 $n/4$ 的遞迴子問題，可讓他的演算法的漸近執行速度比 Strassen 演算法還要快的 a 最大整數值是多少？

4.5-3
使用主法來證明二元搜尋遞迴式 $T(n) = T(n/2) + \Theta(1)$ 的解是 $T(n) = \Theta(\lg n)$（二元搜尋法的說明見習題 2.3-6）。

4.5-4
考慮函數 $f(n) = \lg n$。證明儘管 $f(n/2) < f(n)$，正規條件 $af(n/b) \le cf(n)$，$a = 1$，$b = 2$ 對任何常數 $c < 1$ 而言都不成立。進一步證明，對任何 $\epsilon > 0$ 而言，情況 3 的條件 $f(n) = \Omega(n^{\log_b a + \epsilon})$ 不成立。

4.5-5
證明對合適的常數 a、b 與 ϵ 而言，函數 $f(n) = 2^{\lceil \lg n \rceil}$ 滿足主定理的情況 3 除了正規條件之外的所有條件。

★ 4.6 證明連續主定理

證明完整的主定理不在本書的討論範圍內，尤其是關於向下取整和向上取整的棘手技術問題。但是本節將介紹並證明主定理的變體，**連續主定理**（*continuous master theorem*）[1]，它的主遞迴式 (4.17) 是以足夠大的實正數來定義的。這個版本的證明忽略向下取整與向上取整，但涵蓋理解主遞迴式的行為所需的主要概念。第 4.7 節將更詳細地討論分治遞迴的向下取整與向上取整，介紹讓它們不影響漸近解的充分條件。

你不需要了解主定理的證明即可使用主法，所以可以跳過這一節。但是，如果你想要研究超出本教科書範圍且更先進的演算法，也許你需要更理解基礎數學，連續主定理的證明可提供這項知識。

---

[1] 這個術語並不意味著 $T(n)$ 或 $f(n)$ 必須是連續的，只是意味著 $T(n)$ 的定義域是實數，而不是整數。

雖然我們通常認為遞迴式是演算法相關的，不需要明確說明基本情況，但我們必須更謹慎地證明這種做法的合理性。本節的引理與定理明確地敘述基本情況，因為歸納證明需要數學基礎。在數學世界裡，我們經常格外小心地證明定理，以證明在實務上採取較隨興的做法的合理性。

連續主定理的證明涉及兩個引理。引理 4.2 使用稍微簡化的主遞迴式，其閾常數 $n_0 = 1$，而不是在未敘述基本情況時預定的、更廣泛的閾常數 $n_0 > 0$。這個引理採用遞迴樹來將簡化版的主遞迴式的解化簡為和式的解。接下來的引理 4.3 提供和的漸近界限，反映了主定理的三種情況。最後，連續主定理本身（定理 4.4）提供主遞迴式的漸近界限，同時推廣到未敘述基本情況時預定的閾常數 $n_0 > 0$。

有一些證明使用了第 67~68 頁的挑戰 3-5 描述的屬性來結合與簡化複雜的漸近表達式。雖然挑戰 3-5 只處理 Θ 表示法，但那裡列舉的屬性也可以延伸至 O 表示法與 Ω 表示法。

以下是第一個引理。

引理 4.2

設 $a > 0$ 及 $b > 1$ 為常數，並設 $f(n)$ 是在實數 $n \geq 1$ 上定義的函數。則遞迴式

$$T(n) = \begin{cases} \Theta(1) & \text{若 } 0 \leq n < 1 \\ aT(n/b) + f(n) & \text{若 } n \geq 1 \end{cases}$$

的解為

$$T(n) = \Theta(n^{\log_b a}) + \sum_{j=0}^{\lfloor \log_b n \rfloor} a^j f(n/b^j) \tag{4.18}$$

證明　考慮圖 4.3 的遞迴樹。我們先看它的內部節點。這棵樹的根的成本是 $f(n)$，它有 a 個子節點，每一個的成本是 $f(n/b)$（將 a 看成整數很方便，尤其是在將遞迴樹視覺化時，但是在數學上不需要如此）。這些子節點每一個都有 a 個子節點，所以在深度 2 有 a^2 個節點，這 a 個子節點的成本分別都是 $f(n/b^2)$。整體而言，在深度 j 有 a^j 個節點，每一個節點的成本是 $f(n/b^j)$。

接著，我們來了解葉節點。這棵樹會往下增長，直到 n/b^j 變成小於 1 為止。因此，樹的高度是 $\lfloor \log_b n \rfloor + 1$，因為 $n/b^{\lfloor \log_b n \rfloor} \geq n/b^{\log_b n} = 1$，且 $n/b^{\lfloor \log_b n \rfloor + 1} < n/b^{\log_b n} = 1$。正如我們所觀察的，因為在深度 j 的節點數為 a^j，而所有葉節點都在深度 $\lfloor \log_b n \rfloor + 1$，所以這棵樹有 $a^{\lfloor \log_b n \rfloor + 1}$ 個葉節點。使用第 61 頁的式 (3.21) 可得 $a^{\lfloor \log_b n \rfloor + 1} \leq a^{\log_b n + 1} = an^{\log_b a} = O(n^{\log_b a})$，

因為 a 是常數，亦可得 $a^{\lfloor \log_b n \rfloor + 1} \geq a^{\log_b n} = n^{\log_b a} = \Omega(n^{\log_b a})$。因此，葉節點總共有 $\Theta(n^{\log_b a})$ 個，這是漸近的分水嶺函數。

現在我們可以將樹的每一個深度的節點成本相加來推導出式 (4.18)，如圖所示。式子的第一項是葉節點的總成本。因為每一個葉節點都在深度 $\lfloor \log_b n \rfloor + 1$，且 $n/b^{\lfloor \log_b n \rfloor + 1} < 1$，遞迴式的基本情況提供葉節點的成本：$T(n/b^{\lfloor \log_b n \rfloor + 1}) = \Theta(1)$。因此，根據挑戰 3-5(d)，全部的 $\Theta(n^{\log_b a})$ 個葉節點的成本是 $\Theta(n^{\log_b a}) \cdot \Theta(1) = \Theta(n^{\log_b a})$。式 (4.18) 的第二項是內部節點的成本，在底層的分治演算法裡，它代表將問題分成子問題，然後重新結合子問題的成本。因為在深度 j 的內部節點的總成本是 $a^j f(n/b^j)$，所以所有內部節點的總成本是

$$\sum_{j=0}^{\lfloor \log_b n \rfloor} a^j f(n/b^j)$$

∎

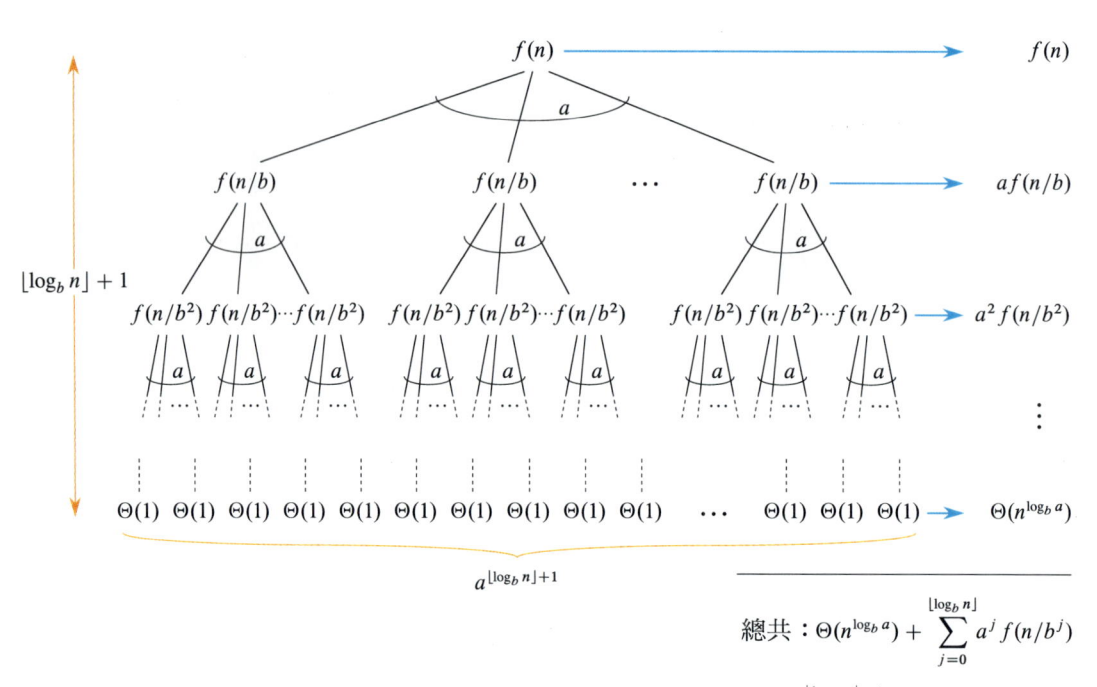

圖 4.3 $T(n) = aT(n/b) + f(n)$ 產生的遞迴樹。這棵樹是完整 a 元樹，有 $a^{\lfloor \log_b n \rfloor + 1}$ 個葉節點，高為 $\lfloor \log_b n \rfloor + 1$。圖的右側是各個深度的節點成本，式 (4.18) 是它們的總和。

我們將看到，主定理的三個情況取決於總成本分布在遞迴樹各層的狀況：

情況 1：成本從根到葉成幾何級數增長，每層以固定倍數增長。

情況 2：成本取決於定理中的 k 值。當 $k=0$ 時，每一層的成本相等，當 $k=1$ 時，成本從根到葉成線性增長，當 $k=2$ 時，增長是二次方的，一般來說，成本隨著 k 的增加成多項式增長。

情況 3：成本從根到葉成幾何級數減少，每層以固定倍數縮減。

式 (4.18) 的和式描述底層的分治演算法的分解與合併步驟的成本。下一個引理提供和式增長的漸近界限。

引理 4.3

設 $a>0$ 及 $b>1$ 為常數，並設 $f(n)$ 是在實數 $n \geq 1$ 上定義的函數。則為 $n \geq 1$ 定義的函數漸近行為

$$g(n) = \sum_{j=0}^{\lfloor \log_b n \rfloor} a^j f(n/b^j) \tag{4.19}$$

可以如此界定：

1. 如果存在一個常數 $\epsilon > 0$，使得 $f(n) = O(n^{\log_b a - \epsilon})$，則 $g(n) = O(n^{\log_b a})$。
2. 如果存在常數 $k \geq 0$，使得 $f(n) = \Theta(n^{\log_b a} \lg^k n)$，則 $g(n) = \Theta(n^{\log_b a} \lg^{k+1} n)$。
3. 如果存在常數 c 且 $0 < c < 1$，使得對所有 $n \geq 1$ 而言，$0 < af(n/b) \leq cf(n)$，則 $g(n) = \Theta(f(n))$。

證明 在情況 1，$f(n) = O(n^{\log_b a - \epsilon})$，這意味著 $f(n/b^j) = O((n/b^j)^{\log_b a - \epsilon})$。代入式 (4.19) 可得

$$
\begin{aligned}
g(n) &= \left(\sum_{j=0}^{\lfloor \log_b n \rfloor} a^j O\left(\left(\frac{n}{b^j}\right)^{\log_b a - \epsilon} \right) \right) \\
&= O\left(\sum_{j=0}^{\lfloor \log_b n \rfloor} a^j \left(\frac{n}{b^j}\right)^{\log_b a - \epsilon} \right) \quad \text{（根據挑戰 3-5(c)，重複地）} \\
&= O\left(n^{\log_b a - \epsilon} \sum_{j=0}^{\lfloor \log_b n \rfloor} \left(\frac{ab^\epsilon}{b^{\log_b a}}\right)^j \right) \\
&= O\left(n^{\log_b a - \epsilon} \sum_{j=0}^{\lfloor \log_b n \rfloor} (b^\epsilon)^j \right) \quad \text{（根據第 61 頁的式 (3.17)）} \\
&= O\left(n^{\log_b a - \epsilon} \left(\frac{b^{\epsilon(\lfloor \log_b n \rfloor + 1)} - 1}{b^\epsilon - 1} \right) \right) \quad \text{（根據第 1098 頁的式 (A.6)）}
\end{aligned}
$$

最後一個級數是幾何的。因為 b 與 ϵ 是常數，所以分母 $b^\epsilon - 1$ 不影響 $g(n)$ 的漸近增長，分子中的 -1 也不會。因為 $b^{\epsilon(\lfloor \log_b n \rfloor + 1)} \leq (b^{\log_b n + 1})^\epsilon = b^\epsilon n^\epsilon = O(n^\epsilon)$，可得 $g(n) = O(n^{\log_b a - \epsilon} \cdot O(n^\epsilon)) = O(n^{\log_b a})$，故情況 1 得證。

情況 2 假設 $f(n) = \Theta(n^{\log_b a} \lg^k n)$，由此可得，$f(n/b^j) = \Theta((n/b^j)^{\log_b a} \lg^k(n/b^j))$。代入式 (4.19) 並重複應用挑戰 3-5(c) 可得

$$\begin{aligned}
g(n) &= \Theta\left(\sum_{j=0}^{\lfloor \log_b n \rfloor} a^j \left(\frac{n}{b^j}\right)^{\log_b a} \lg^k\left(\frac{n}{b^j}\right)\right) \\
&= \Theta\left(n^{\log_b a} \sum_{j=0}^{\lfloor \log_b n \rfloor} \frac{a^j}{b^{j\log_b a}} \lg^k\left(\frac{n}{b^j}\right)\right) \\
&= \Theta\left(n^{\log_b a} \sum_{j=0}^{\lfloor \log_b n \rfloor} \lg^k\left(\frac{n}{b^j}\right)\right) \\
&= \Theta\left(n^{\log_b a} \sum_{j=0}^{\lfloor \log_b n \rfloor} \left(\frac{\log_b(n/b^j)}{\log_b 2}\right)^k\right) \quad \text{（根據第 61 頁的式 (3.19)）} \\
&= \Theta\left(n^{\log_b a} \sum_{j=0}^{\lfloor \log_b n \rfloor} \left(\frac{\log_b n - j}{\log_b 2}\right)^k\right) \quad \text{（根據式 (3.17)、(3.18) 與 (3.20)）} \\
&= \Theta\left(\frac{n^{\log_b a}}{\log_b^k 2} \sum_{j=0}^{\lfloor \log_b n \rfloor} (\log_b n - j)^k\right) \\
&= \Theta\left(n^{\log_b a} \sum_{j=0}^{\lfloor \log_b n \rfloor} (\log_b n - j)^k\right) \quad \text{（$b > 1$ 與 k 都是常數）}
\end{aligned}$$

在 Θ 表示法裡面的和式的上限可以這樣推導出來：

$$\begin{aligned}
\sum_{j=0}^{\lfloor \log_b n \rfloor} (\log_b n - j)^k &\leq \sum_{j=0}^{\lfloor \log_b n \rfloor} (\lfloor \log_b n \rfloor + 1 - j)^k \\
&= \sum_{j=1}^{\lfloor \log_b n \rfloor + 1} j^k \quad \text{（重新檢索，見第 1099~1100 頁）} \\
&= O((\lfloor \log_b n \rfloor + 1)^{k+1}) \quad \text{（根據第 1101 頁的習題 A.1-5）} \\
&= O(\log_b^{k+1} n) \quad \text{（根據第 65 頁的習題 3.3-3）}
\end{aligned}$$

習題 4.6-1 要求你證明和式可以用類似的方式推導出下限 $\Omega(\log_b^{k+1} n)$。因為我們已經有緊密的上限與下限了，和式為 $\Theta(\log_b^{k+1} n)$，由此可得 $g(n) = \Theta(n^{\log_b a} \log_b^{k+1} n)$，進而完成情況 2 的證明。

至於情況 3，我們看到，$f(n)$ 出現在 $g(n)$ 的定義 (4.19) 中（當 $j = 0$ 時），且 $g(n)$ 的項都是正的。因此，$g(n) = \Omega(f(n))$ 一定成立，接下來只剩下 $g(n) = O(f(n))$ 需要證明。迭代 j 次不等式 $af(n/b) \leq cf(n)$ 可得 $a^j f(n/b^j) \leq c^j f(n)$。代入式 (4.19) 可得

$$\begin{aligned}
g(n) &= \sum_{j=0}^{\lfloor \log_b n \rfloor} a^j f(n/b^j) \\
&\leq \sum_{j=0}^{\lfloor \log_b n \rfloor} c^j f(n) \\
&\leq f(n) \sum_{j=0}^{\infty} c^j \\
&= f(n) \left(\frac{1}{1-c} \right) \quad \text{（根據第 1098 頁的式 (A.7)，因為 $|c| < 1$）} \\
&= O(f(n))
\end{aligned}$$

因此可得 $g(n) = \Theta(f(n))$。完成情況 3 的證明後，引理的完整證明即告完成。∎

接下來要說明與證明連續主定理。

定理 4.4（連續主定理）

設 $a > 0$ 與 $b > 1$ 為常數，並設 $f(n)$ 是在所有足夠大的實數之上定義的非負驅動函數。我們定義正實數的演算法遞迴式 $T(n)$ 如下

$T(n) = aT(n/b) + f(n)$

那麼，$T(n)$ 的漸近行為可如此界定：

1. 若存在常數 $\epsilon > 0$，使得 $f(n) = O(n^{\log_b a - \epsilon})$，則 $T(n) = \Theta(n^{\log_b a})$。
2. 若存在常數 $k \geq 0$，使得 $f(n) = \Theta(n^{\log_b a} \lg^k n)$，則 $T(n) = \Theta(n^{\log_b a} \lg^{k+1} n)$。
3. 若存在常數 $\epsilon > 0$，使得 $f(n) = \Omega(n^{\log_b a + \epsilon})$，且若常數 $c < 1$ 且 n 足夠大時，$f(n)$ 額外滿足正規條件 $af(n/b) \leq cf(n)$，則 $T(n) = \Theta(f(n))$。

證明　我們的做法是用引理 4.3 來推導引理 4.2 的和式 (4.18) 的界限。但我們必須使用 $0 < n < 1$ 的基本情況來考慮引理 4.2，而這個定理使用未敘述且 $0 < n < n_0$ 的基本情況，其中 $n_0 > 0$ 是任意的閾常數。因為遞迴式是演算法相關的，我們可以假設 $f(n)$ 是為 $n \geq n_0$ 而定義的。

對於 $n > 0$，我們定義兩個輔助函數 $T'(n) = T(n_0 n)$ 與 $f'(n) = f(n_0 n)$。可得

$$\begin{aligned} T'(n) &= T(n_0 n) \\ &= \begin{cases} \Theta(1) & \text{若 } n_0 n < n_0 \\ aT(n_0 n/b) + f(n_0 n) & \text{若 } n_0 n \geq n_0 \end{cases} \\ &= \begin{cases} \Theta(1) & \text{若 } n < 1 \\ aT'(n/b) + f'(n) & \text{若 } n \geq 1 \end{cases} \end{aligned} \quad (4.20)$$

我們得到 $T'(n)$ 的遞迴式，它滿足引理 4.2 的條件，根據該引理，解為

$$T'(n) = \Theta(n^{\log_b a}) + \sum_{j=0}^{\lfloor \log_b n \rfloor} a^j f'(n/b^j) \quad (4.21)$$

為了求解 $T'(n)$，我們要先找出 $f'(n)$ 的界限。我們來檢視定理的各種情況。

情況 1 的條件是當常數 $\epsilon > 0$ 時，$f(n) = O(n^{\log_b a - \epsilon})$。可得

$$\begin{aligned} f'(n) &= f(n_0 n) \\ &= O((n_0 n)^{\log_b a - \epsilon}) \\ &= O(n^{\log_b a - \epsilon}) \end{aligned}$$

因為 a、b、n_0 與 ϵ 都是常數。函數 $f'(n)$ 滿足引理 4.3 的情況 1 的條件，引理 4.2 的式 (4.18) 的和式的解是 $O(n^{\log_b a})$。因為 a、b 與 n_0 都是常數，可得

$$\begin{aligned} T(n) &= T'(n/n_0) \\ &= \Theta((n/n_0)^{\log_b a}) + O((n/n_0)^{\log_b a}) \\ &= \Theta(n^{\log_b a}) + O(n^{\log_b a}) \\ &= \Theta(n^{\log_b a}) \qquad \text{（根據挑戰 3-5(b)）} \end{aligned}$$

我們完成定理的情況 1。

情況 2 的條件是當常數 $k \geq 0$ 時，$f(n) = \Theta(n^{\log_b a} \lg^k n)$。

可得

$$\begin{aligned}
f'(n) &= f(n_0 n) \\
&= \Theta((n_0 n)^{\log_b a} \lg^k(n_0 n)) \\
&= \Theta(n^{\log_b a} \lg^k n) \quad \text{（藉著刪除常數項）}
\end{aligned}$$

類似情況 1 的證明，函數 $f'(n)$ 滿足引理 4.3 的情況 2 的條件。因此，引理 4.2 的式 (4.18) 的和式是 $\Theta(n^{\log_b a} \lg^{k+1} n)$，這意味著

$$\begin{aligned}
T(n) &= T'(n/n_0) \\
&= \Theta((n/n_0)^{\log_b a}) + \Theta((n/n_0)^{\log_b a} \lg^{k+1}(n/n_0)) \\
&= \Theta(n^{\log_b a}) + \Theta(n^{\log_b a} \lg^{k+1} n) \\
&= \Theta(n^{\log_b a} \lg^{k+1} n) \quad \text{（根據挑戰 3-5(c)）}
\end{aligned}$$

定理的情況 2 得證。

最後，情況 3 的條件是常數 $\epsilon > 0$ 時，$f(n) = \Omega(n^{\log_b a + \epsilon})$，且 $f(n)$ 額外滿足正規條件：當 $n \geq n_0$，且常數 $c < 1$ 且 $n_0 > 1$ 時，$af(n/b) \leq cf(n)$。情況 3 的第 1 部分類似情況 1：

$$\begin{aligned}
f'(n) &= f(n_0 n) \\
&= \Omega((n_0 n)^{\log_b a + \epsilon}) \\
&= \Omega(n^{\log_b a + \epsilon})
\end{aligned}$$

使用 $f'(n)$ 的定義，以及 $n \geq 1$ 時，$n_0 n \geq n_0$ 這個事實，可得，當 $n \geq 1$ 時

$$\begin{aligned}
af'(n/b) &= af(n_0 n/b) \\
&\leq cf(n_0 n) \\
&= cf'(n)
\end{aligned}$$

因此，$f'(n)$ 滿足引理 4.3 的情況 3 的需求，且引理 4.2 的式 (4.18) 中的和式是 $\Theta(f'(n))$，產生

$$\begin{aligned}
T(n) &= T'(n/n_0) \\
&= \Theta((n/n_0)^{\log_b a}) + \Theta(f'(n/n_0)) \\
&= \Theta(f'(n/n_0)) \\
&= \Theta(f(n))
\end{aligned}$$

這完成定理的情況 3 的證明，進而完成整個定理的證明。 ∎

習題

4.6-1
證明 $\sum_{j=0}^{\lfloor \log_b n \rfloor} (\log_b n - j)^k = \Omega(\log_b^{k+1} n)$。

★ 4.6-2
證明主定理的情況 3 在某種意義上被誇大了，即對常數 $c < 1$ 而言，正規條件 $af(n/b) \leq c\, f(n)$ 意味著存在一個常數 $\epsilon > 0$ 使得 $f(n) = \Omega(n^{\log_b a + \epsilon})$（這也是引理 4.3 的情況 3 不要求 $f(n) = \Omega(n^{\log_b a + \epsilon})$ 的原因）。

★ 4.6-3
$f(n) = \Theta(n^{\log_b a}/\lg n)$，證明式 (4.19) 裡的和式的解為 $g(n) = \Theta(n^{\log_b a} \lg \lg n)$。得出結論：使用 $f(n)$ 作為驅動函數的主遞迴式 $T(n)$ 的解為 $T(n) = \Theta(n^{\log_b a} \lg \lg n)$。

★ 4.7 Akra-Bazzi 遞迴式

本節介紹與分治遞迴式有關的兩個進階主題。第一個主題涉及使用向下和向上取整所引起的技術問題，第二個問題則探討 Akra-Bazzi 方法，這要用一些微積分來求解複雜的分治遞迴式。

特別是，我們將介紹最初由 M. Akra 與 L. Bazzi [13] 研究出來的演算法分治遞迴式。這些 *Akra-Bazzi* 遞迴式的形式為

$$T(n) = f(n) + \sum_{i=1}^{k} a_i T(n/b_i) \tag{4.22}$$

其中，k 是正的整數；常數 $a_1, a_2, \ldots, a_k \in \mathbb{R}$ 都是嚴格的正數；常數 $b_1, b_2, \ldots, b_k \in \mathbb{R}$ 都嚴格地大於 1；且驅動函數 $f(n)$ 是在足夠大的非負實數上定義的，而且函數本身是非負的。

Akra-Bazzi 遞迴式將主定理所處理的遞迴式種類一般化。主遞迴式描述的是將問題拆成相同大小的子問題（取模（modulo）後，向下或向上取整）的分治演算法的執行時間，而 Akra-Bazzi 遞迴式可描述將問題拆成不同大小的子問題的分治演算法的執行時間。但是，主定理可讓你忽略向下與向上取整，而求解 Akra-Bazzi 遞迴式的 Akra-Bazzi 方法需要額外處理向下與向上取整。

但是在探討 Akra-Bazzi 方法本身之前，我們先來了解忽略 Akra-Bazzi 遞迴式裡面的向下與向上取整所涉及的限制。如你所見，演算法通常處理整數大小的輸入。但是在描述遞迴式的數學裡，使用實數通常比使用整數更方便，因為在使用整數時，我們必須處理向下與向上取整，以確保各項定義完善。兩者的差異看似不大（尤其對遞迴式而言通常如此），但為了數學上的正確，我們必須小心地做出假設。因為我們的最終目標是了解演算法，而不是了解數學上變幻莫測的罕見情況，所以我們希望在輕鬆的氛圍下保持嚴謹。如何在確保嚴謹的前提下，輕鬆地看待向下與向上取整？

從數學的角度來看，處理向下與向上取整的困難在於，有些驅動函數非常奇怪。所以一般來說，我們不能在 Akra-Bazzi 遞迴式裡忽略向下與向上取整。幸好，我們在研究演算法時遇到的驅動函數大部分都是正常的，向下與向上取整不會造成任何區別。

多項式增長的條件

如果在式 (4.22) 裡的驅動函數 $f(n)$ 在以下意義上行為正常，你就可以移除向下與向上取整。

> 若存在常數 $\hat{n} > 0$ 使以下情況成立，則在夠大的正實數上定義的函數滿足**多項式增長條件**：對每一個常數 $\phi \geq 1$ 而言，存在一個常數 $d > 1$（隨 ϕ 而變化），使得對所有 $1 \leq \psi \leq \phi$ 且 $n \geq \hat{n}$ 而言，$f(n)/d \leq f(\psi n) \leq df(n)$。

這個定義可能是這本書裡最難理解的定義之一。大致說來，它說 $f(n)$ 滿足屬性 $f(\Theta(n)) = \Theta(f(n))$，雖然多項式增長條件實際上更強一些（見習題 4.7-4）。這個定義也意味著 $f(n)$ 是漸近正數（見習題 4.7-3）。

滿足多項式增長條件的函數包括這種形式的任何函數：$f(n) = \Theta(n^\alpha \lg^\beta n \lg \lg^\gamma n)$，其中，$\alpha \cdot \beta \cdot \gamma$ 皆為常數。本書使用的多項式界限函數大部分都滿足這個條件，而指數和超指數不滿足（例子見習題 4.7-2），此外也有一些多項式界限函數不滿足。

在「好的」遞迴式裡面的向下與向上取整

當 Akra-Bazzi 遞迴式裡的驅動函數滿足多項式增長條件時，向下與向上取整不會改變解的漸近行為。下面的定理正式地描述這個概念，但不提供證明。

定理 4.5

設 $T(n)$ 是在非負實數上定義的函數，滿足遞迴式 (4.22)，其中，$f(n)$ 滿足多項式增長條件。設 $T'(n)$ 是另一個在自然數上定義的函數，也滿足遞迴式 (4.22)，但每一個 $T(n/b_i)$ 被換成 $T(\lceil n/b_i \rceil)$ 或 $T(\lfloor n/b_i \rfloor)$。那麼我們得到 $T'(n) = \Theta(T(n))$。 ∎

向下與向上取整會對遞迴式的參數造成微小的擾動（perturbation）。根據第 58 頁的不等式 (3.2)，它們擾動一個參數的幅度最多是 1。但更大的擾動是可容忍的，只要遞迴式 (4.22) 裡面的驅動函數 $f(n)$ 滿足多項式增長條件，那麼將任何項 $T(n/b_i)$ 換成 $T(n/b_i + h_i(n))$ 不會影響漸近解，其中 $|h_i(n)| = O(n/\lg^{1+\epsilon} n)$，$\epsilon > 0$ 且 n 足夠大。因此，分治演算法的分解步驟可以相對粗略，而不會影響執行時間遞迴式的解。

Akra-Bazzi 方法

不意外地，Akra-Bazzi 方法是為了求解 Akra-Bazzi 遞迴式 (4.22) 而開發的，根據定理 4.5，它適用於存在向下與向上取整的情況，甚至有更大的擾動的情況，正如剛才討論的那樣。這個方法先決定唯一的實數 p，使得 $\sum_{i=1}^{k} a_i/b_i^p = 1$。這個 p 一定存在，因為當 $p \to -\infty$ 時，總和趨近 ∞，總和隨著 p 的增加而減少；當 $p \to \infty$ 時，它趨近 0。所以，Akra-Bazzi 方法提供遞迴式的解如下

$$T(n) = \Theta\left(n^p \left(1 + \int_1^n \frac{f(x)}{x^{p+1}} dx\right)\right) \tag{4.23}$$

舉個例子，考慮遞迴式

$$T(n) = T(n/5) + T(7n/10) + n \tag{4.24}$$

我們將在第 229 頁學習從 n 個數字裡選出第 i 小的元素的演算法，屆時會看到類似的遞迴式 (9.1)。這個遞迴式符合式 (4.22) 的形式，其中 $a_1 = a_2 = 1$，$b_1 = 5$，$b_2 = 10/7$，且 $f(n) = n$。為了求解它，Akra-Bazzi 方法指出，我們應該找出滿足這個條件的唯一 p

$$\left(\frac{1}{5}\right)^p + \left(\frac{7}{10}\right)^p = 1$$

解 p 有點麻煩，事實上，$p = 0.83978\ldots$，但是我們不需要知道 p 的值就可以解遞迴式了。因為 $(1/5)^0 + (7/10)^0 = 2$ 且 $(1/5)^1 + (7/10)^1 = 9/10$，所以 p 的範圍是 $0 < p < 1$，已經足以讓 Akra-Bazzi 方法提供解了。我們利用微積分領域的一個事實：若 $k \neq -1$，則 $\int x^k dx = x^{k+1}/(k+1)$，我們將以 $k = -p \neq -1$ 來運用它。Akra-Bazzi 解 (4.23) 給出

$$
\begin{aligned}
T(n) &= \Theta\left(n^p\left(1+\int_1^n \frac{f(x)}{x^{p+1}}\,dx\right)\right) \\
&= \Theta\left(n^p\left(1+\int_1^n x^{-p}\,dx\right)\right) \\
&= \Theta\left(n^p\left(1+\left[\frac{x^{1-p}}{1-p}\right]_1^n\right)\right) \\
&= \Theta\left(n^p\left(1+\left(\frac{n^{1-p}}{1-p}-\frac{1}{1-p}\right)\right)\right) \\
&= \Theta\left(n^p \cdot \Theta(n^{1-p})\right) \qquad\text{（因為 }1-p\text{ 是正的常數）}\\
&\;\Theta(n) \qquad\qquad\qquad\qquad\text{（根據挑戰 3-5(d)）}
\end{aligned}
$$

雖然 Akra-Bazzi 方法比主定理更一般化，但它需要微積分，有時需要做更多推理。如果你想忽略向下與向上取整，你也要確保驅動函數滿足多項式增長條件，儘管這通常不是問題。在適合使用主法時，此方法容易使用許多，但只在子問題的大小幾乎相同時如此。這兩種方法都是很棒的演算法工具。

習題

★ **4.7-1**
考慮 (4.22) 這個在實數上定義的 Akra-Bazzi 遞迴式 $T(n)$，$T'(n)$ 的定義為

$$T'(n) = cf(n) + \sum_{i=1}^{k} a_i T'(n/b_i)$$

其中 $c > 0$ 為常數。證明無論 $T(n)$ 未敘述的初始條件為何，$T'(n)$ 都存在初始條件，使得當 $n > 0$ 時，$T'(n) = cT(n)$。證明我們可以將任何 Akra-Bazzi 遞迴式的驅動函數的漸近符號移除，而不影響它的漸近解。

4.7-2
證明 $f(n) = n^2$ 滿足多項式增長條件，但 $f(n) = 2^n$ 不滿足。

4.7-3
設 $f(n)$ 是個滿足多項式增長條件的函數。證明 $f(n)$ 為漸近正數，也就是說，存在一個常數 $n_0 \geq 0$，使得對於所有 $n \geq n_0$ 而言，$f(n) \geq 0$。

★ **4.7-4**
舉一個例子：函數 $f(n)$ 不滿足多項式增長條件，但對它而言 $f(\Theta(n)) = \Theta(f(n))$。

4.7-5
使用 Akra-Bazzi 方法來求解下面的遞迴式。

a. $T(n) = T(n/2) + T(n/3) + T(n/6) + n \lg n$

b. $T(n) = 3T(n/3) + 8T(n/4) + n^2/\lg n$

c. $T(n) = (2/3)T(n/3) + (1/3)T(2n/3) + \lg n$

d. $T(n) = (1/3)T(n/3) + 1/n$

e. $T(n) = 3T(n/3) + 3T(2n/3) + n^2$

★ **4.7-6**
使用 Akra-Bazzi 方法來證明連續主定理。

挑戰

4-1 遞迴式範例

寫出下面的每一個演算法相關遞迴式裡的 $T(n)$ 的嚴格上限與下限。證明你的答案是正確的。

a. $T(n) = 2T(n/2) + n^3$

b. $T(n) = T(8n/11) + n$

c. $T(n) = 16T(n/4) + n^2$

d. $T(n) = 4T(n/2) + n^2 \lg n$

e. $T(n) = 8T(n/3) + n^2$

f. $T(n) = 7T(n/2) + n^2 \lg n$

g. $T(n) = 2T(n/4) + \sqrt{n}$

h. $T(n) = T(n-2) + n^2$

4-2 傳遞參數的成本

在本書中，我們假設在呼叫程序的過程中傳遞參數所花費的時間是固定的，即使是傳遞 N 個元素的陣列。這個假設在大多數的系統中皆成立，因為我們傳遞的是陣列的指標，而不是陣列本身。這一題要研究三種參數傳遞策略的影響：

1. 用指標來傳遞陣列。時間 $= \Theta(1)$。
2. 用複製來傳遞陣列。時間 $= \Theta(N)$，其中，N 是陣列的大小。
3. 只複製並傳遞可能被你呼叫的程序存取的陣列範圍。若子陣列有 n 個元素，時間 $= \Theta(n)$。

考慮以下三個演算法：

a. 遞迴二元搜尋演算法，在已排序的陣列中尋找一個數字（見習題 2.3-6）。

b. 第 2.3.1 節的 MERGE-SORT 程序。

c. 第 4.1 節的 MATRIX-MULTIPLY-RECURSIVE 程序。

寫出這三種演算法使用上述的三種參數傳遞策略，來傳遞陣列和矩陣時的最壞情況執行時間遞迴式，共九個，分別為 $T_{a1}(N, n)$, $T_{a2}(N, n)$, …, $T_{c3}(N, n)$。求解你的遞迴式，寫出緊密漸近界限。

4-3 用變數變換法來求解遞迴式

有時使用一點代數技巧可將未知的遞迴式改成類似你看過的遞迴式。我們來求解遞迴式

$$T(n) = 2T\left(\sqrt{n}\right) + \Theta(\lg n) \tag{4.25}$$

使用變數變換法（change-of-variables method）。

a. 定義 $m = \lg n$ 與 $S(m) = T(2^m)$。用 m 與 $S(m)$ 來改寫遞迴式 (4.25)。

b. 求解你的 $S(m)$ 遞迴式。

c. 使用 $S(m)$ 的解來得出 $T(n) = \Theta(\lg n \lg \lg n)$。

d. 畫出遞迴式 (4.25) 的遞迴樹，並用它來直覺地解釋為何解為 $T(n) = \Theta(\lg n \lg \lg n)$。

用變數變換法來求解以下的遞迴式：

e. $T(n) = 2T(\sqrt{n}) + \Theta(1)$

f. $T(n) = 3T(\sqrt[3]{n}) + \Theta(n)$

4-4 更多遞迴式範例

為下列的每一個演算法相關遞迴式裡面的 $T(n)$ 寫出漸近嚴格上限與下限。證明你的答案是正確的。

- **a.** $T(n) = 5T(n/3) + n \lg n$
- **b.** $T(n) = 3T(n/3) + n/\lg n$
- **c.** $T(n) = 8T(n/2) + n^3\sqrt{n}$
- **d.** $T(n) = 2T(n/2 - 2) + n/2$
- **e.** $T(n) = 2T(n/2) + n/\lg n$
- **f.** $T(n) = T(n/2) + T(n/4) + T(n/8) + n$
- **g.** $T(n) = T(n-1) + 1/n$
- **h.** $T(n) = T(n-1) + \lg n$
- **i.** $T(n) = T(n-2) + 1/\lg n$
- **j.** $T(n) = \sqrt{n}\, T(\sqrt{n}) + n$

4-5 斐波那契數

這裡探討斐波那契數字的屬性，它的定義在第 63 頁的遞迴式 (3.31)。我們將探討以母函數（generating function）來求解斐波那契遞迴式的技術，我們定義**母函數**（或**形式冪級數**）$\mathcal{F}$ 如下：

$$\mathcal{F}(z) = \sum_{i=0}^{\infty} F_i z^i$$
$$= 0 + z + z^2 + 2z^3 + 3z^4 + 5z^5 + 8z^6 + 13z^7 + 21z^8 + \cdots$$

其中，F_i 是第 i 個斐波那契數。

- **a.** 證明 $\mathcal{F}(z) = z + z\mathcal{F}(z) + z^2\mathcal{F}(z)$。
- **b.** 證明

$$\mathcal{F}(z) = \frac{z}{1-z-z^2}$$
$$= \frac{z}{(1-\phi z)(1-\hat{\phi}z)}$$
$$= \frac{1}{\sqrt{5}}\left(\frac{1}{1-\phi z} - \frac{1}{1-\hat{\phi}z}\right)$$

其中的 ϕ 是黃金比例，$\hat{\phi}$ 是它的共軛數（見第 64 頁）。

c. 證明

$$\mathcal{F}(z) = \sum_{i=0}^{\infty} \frac{1}{\sqrt{5}}(\phi^i - \hat{\phi}^i)z^i$$

你可以使用第 1098 頁的式 (A.7) 的母函數版本，$\sum_{k=0}^{\infty} x^k = 1/(1-x)$，不用證明。因為這個等式涉及一個母函數，所以 x 是一個形式變數，不是實值變數，所以不需要在意和式的收斂性，或式 (A.7) 的要求 $|x| < 1$，它在此沒有意義。

d. 使用 (c) 小題來證明當 $i > 0$ 時，$F_i = \phi^i/\sqrt{5}$，取最近的整數。
（提示：$|\hat{\phi}| < 1$）。

e. 證明當 $i \geq 0$ 時，$F_{i+2} \geq \phi^i$。

4-6 晶片檢驗

Diogenes 教授有 n 個據稱相同的積體電路晶片，原則上能夠相互檢驗。教授的測試器材一次可以放兩塊晶片。器材被放上晶片後，可用一塊晶片來檢查另一塊，並回報它是好是壞。好晶片一定能夠準確地回報另一塊晶片是好是壞，但壞晶片提供的答案不可信。因此，一次檢驗有以下四種可能的結果：

晶片 A 說	晶片 B 說	結論
B 是好的	A 是好的	兩塊都是好的，或兩塊都是壞的
B 是好的	A 是壞的	至少有一塊是壞的
B 是壞的	A 是好的	至少有一塊是壞的
B 是壞的	A 是壞的	至少有一塊是壞的

a. 證明如果至少 $n/2$ 塊晶片是壞的，教授就不能使用這種兩兩測試的策略來確定哪些晶片是好的。假設壞晶片可以矇騙教授。

接下來你要設計一個演算法來識別哪些晶片是好的，哪些是壞的，假設有超過 $n/2$ 塊晶片是好的。首先，你要找出辨識好晶片的方法。

b. 證明 $\lfloor n/2 \rfloor$ 次配對檢驗足以將問題化簡為將近一半大小的問題。也就是說,說明如何使用 $\lfloor n/2 \rfloor$ 次配對檢驗來找出至多 $\lceil n/2 \rceil$ 塊晶片,使其仍然具備「超過一半的晶片是好的」這個屬性。

c. 說明如何遞迴地應用 (b) 小題的解來辨識一塊好晶片。用遞迴式來描述辨識一塊好晶片所需的檢驗次數,並求解它。

現在你已經知道如何辨識一塊好晶片了。

d. 說明如何用額外的 $\Theta(n)$ 次配對檢驗來辨識所有的好晶片。

4-7 Monge 陣列

滿足以下條件的 $m \times n$ 實數陣列 A 是 ***Monge 陣列***:對所有 $i \cdot j \cdot k$ 與 l 而言,$1 \leq i < k \leq m$ 且 $1 \leq j < l \leq n$,得到

$$A[i, j] + A[k, l] \leq A[i, l] + A[k, j]$$

換句話說,當我們選擇 Monge 陣列的兩列與兩行,並考慮列與行的交叉點上的四個元素時,左上和右下元素之和將小於或等於左下和右上元素之和。例如,下面的陣列是 Monge:

```
10  17  13  28  23
17  22  16  29  23
24  28  22  34  24
11  13   6  17   7
45  44  32  37  23
36  33  19  21   6
75  66  51  53  34
```

a. 證明陣列是 Monge 若且唯若:對所有 $i = 1, 2, ..., m-1$ 與 $j = 1, 2, ..., n-1$ 而言,

$$A[i, j] + A[i + 1, j + 1] \leq A[i, j + 1] + A[i + 1, j]$$

(提示:在「若(if)」的部分,使用歸納法分別對列和行進行歸納推理)。

b. 下面的陣列不是 Monge。修改一個元素來讓它成為 Monge(提示:使用 (a) 小題)。

```
37  23  22  32
21   6   7  10
53  34  30  31
32  13   9   6
43  21  15   8
```

c. 設 $f(i)$ 是第 i 列最左邊的最小元素的那一行的索引。證明對任何 $m \times n$ Monge 陣列而言，$f(1) \leq f(2) \leq \cdots \leq f(m)$。

d. 以下是計算 $m \times n$ Monge 陣列 A 每一列的最左最小元素的分治演算法：

用 A 的偶數列來建構 A 的子矩陣 A'，遞迴找出 A' 每一列的最左最小元素。然後計算 A 的單數列的最左最小元素。

解釋如何在 $O(m+n)$ 時間內算出 A 的奇數列的最左最小元素（已知偶數列的最左最小元素）。

e. 寫出 (d) 小題的演算法的執行時間遞迴式。證明其解為 $O(m + n \log m)$。

後記

將分治法當成設計演算法的技巧可追溯到 Karatsuba 與 Ofman 在 1962 年發表的一篇文章 [242]，但在那之前可能已經有人使用它了。據 Heideman、Johnson 和 Burrus 所述 [211]，C. F. Gauss 在 1805 年設計了第一個快速傅立葉轉換演算法，Gauss 的定式將問題分解成更小的子問題，再合併它們的解。

Strassen 演算法 [424] 在 1969 年出現時引起很大的迴響。在那之前，幾乎沒有人認為演算法可能比基本的 MATRIX-MULTIPLY 程序漸近快速。不久之後，S. Winograd 將子矩陣加法從 18 次簡化至 15 次，同時仍使用 7 次子矩陣乘法。這個 Winograd 從未發表的改進（而且在文獻中經常被誤引）有機會提高該方法的實用性，但不影響其漸近性能。Probert [368] 敘述了 Winograd 的演算法，並證明 7 次乘法與 15 次加法是可能的最少次數。

Strassen 的矩陣乘法界限 $\Theta(n^{\lg 7}) = O(n^{2.81})$ 在 1987 年之前都是對的，但是在那一年，Winograd [103] 做了顯著的改進，將界限改善成 $O(n^{2.376})$ 時間，使用一種在數學上很複雜但非常不實際的演算法：張量乘法。大約過了 25 年，漸近上限才被再次改進。Vassilevska Williams [445] 在 2012 年將它改進至 $O(n^{2.37287})$，兩年後，Le Gall [278] 到達 $O(n^{2.37286})$，他們都使用在數學上很迷人、但不切實際的演算法。迄今為止，最佳下限是不需多言的 $\Omega(n^2)$ 界限（明顯是因為任何矩陣乘法演算法都必須填寫乘積矩陣的 n^2 個元素）。

MATRIX-MULTIPLY-RECURSIVE 的實際性能可以藉著粗化（coarsening）遞迴的葉節點來改進。它也表現出比 MATRIX-MULTIPLY 更好的快取行為，儘管 MATRIX-MULTIPLY 可藉由「平舖（tiling）」來改進。Leiserson 等人 [293] 對矩陣乘法進行了性能工程研究，其中，平行和向量化的分治演算法具備最高性能。對於大型的密集矩陣來說，Strassen 演算法很實用，儘管大型的矩陣往往是稀疏的，而稀疏的方法可能快很多。使用有限精度的浮點值時，Strassen 演算法產生的數值誤差比 $\Theta(n^3)$ 演算法更大，儘管 Higham [215] 證明了 Strassen 演算法在某些應用中具有充分的準確度。

早在 1202 年，Leonardo Bonacci [66]（亦名 Fibonacci）就對遞迴進行了研究，斐波那契數就是以他的名字命名的，儘管印度數學家在好幾世紀前就發現了斐波那契數。法國數學家 De Moivre [108] 提出母函數方法，他用這種方法來研究斐波那契數（見挑戰 4-5）。Knuth [259] 和 Liu [302] 是研究母函數方法的好文獻。

Aho、Hopcroft 和 Ullman [5, 6] 提出最早的通用方法，來解決分析分治演算法時出現的遞迴問題。主法改編自 Bentley、Haken 與 Saxe [52]。Akra-Bazzi 法來自（理所當然的）Akra 與 Bazzi [13]。許多研究者都曾經研究分治遞迴，包括 Campbell [79]、Graham、Knuth 與 Patashnik [199]、Kuszmaul 與 Leiserson [274]、Leighton [287]、Purdom 與 Brown [371]、Roura [389]、Verma [447] 與 Yap [462]。

Leighton [287] 研究分治遞迴式中的向下與向上取整，包含一個類似定理 4.5 的定理。Leighton 提出多項式增長條件的一個版本。Campbell [79] 排除了 Leighton 所述的幾個限制，並展示存在一些不滿足 Leighton 的條件的多項式界限函數。Campbell 也仔細研究了許多其他技術問題，包括分治遞迴的完整定義程度。Kuszmaul 和 Leiserson [274] 為定理 4.5 提出一個不涉及微積分或其他高等數學的證明。Campbell 和 Leighton 都探討了簡單的向下與向上取整之外的參數擾動。

5 機率分析與隨機演算法

本章介紹機率分析和隨機演算法。如果你不熟悉機率理論的基本知識,請先閱讀附錄 C 複習這個主題的 C.1~C.4 節。本書將多次回顧機率分析與隨機演算法。

5.1 僱用問題

假如你要僱用一位新助理。你嘗試過的僱用都失敗了,於是你決定找職業介紹公司幫忙。職業介紹公司每天都會推薦一位求職者。你會面試那個人,然後決定要不要僱用他。你必須付一點錢給職業介紹公司才能面試求職者。然而,實際僱用求職者的成本更高,因為你必須解僱目前的助理,並向職業介紹公司支付大量的僱用費用。你決定持續不斷地找出最適合的人來擔任這項職務。因此,你決定,在面試每一位求職者之後,如果那個人比目前的助理更合適,你就會解僱目前的助理,並僱用新的求職者。你願意承擔這種策略帶來的代價,但你想要估計這個代價是多少。

下面的 HIRE-ASSISTANT 用虛擬碼來表達這項僱用策略。你將助理職位的求職者編號為 1 到 n,並按照這個順序來面試。這個程序假定在面試了求職者 i 之後,你可以決定求職者 i 是不是截至目前為止看過的最佳求職者。它先建立一個 0 號的假求職者,並讓他的條件比其他每位求職者都要差。

這個問題的成本模型與第 2 章介紹的模型不同。我們關注的不是 HIRE-ASSISTANT 的執行時間,而是面試和僱用的代價。表面上,分析這種演算法的成本似乎與分析合併排序的執行時間有很大不同。然而,無論是分析成本還是執行時間,我們使用的分析技術都是相同的。無論分析什麼,我們都要計算某些基本操作的執行次數。

HIRE-ASSISTANT(n)
1 $best = 0$ // 0 號求職者是條件最差的假求職者
2 **for** $i = 1$ **to** n
3   interview candidate i
4   **if** candidate i is better than candidate $best$
5          $best = i$
6   hire candidate i

面試的成本很低，假設是 c_i，而僱用很昂貴，需要 c_h。令 m 為僱用的人數，這個演算法的總成本是 $O(c_i n + c_h m)$。無論你僱用多少人，你一定面試 n 位求職者，因此一定有面試成本 $c_i n$，所以我們把注意力放在分析僱用成本 $c_h m$ 上，它的大小取決於你面試求職者的順序。

這個場景可以當成一種通用的計算範式的模型。演算法通常需要檢查序列中的每一個元素，並保留當下的「贏家」，來找出序列中的最大值或最小值。僱用問題模擬的是一個程序對於「當下勝出的元素」這個觀念的更新頻率有多麼頻繁。

最壞情況分析

最壞的情況就是你僱用了被你面試的每一位求職者。這種情況會在求職者按照他們的條件的嚴格遞增順序前來面試時發生，此時，你會僱用 n 次，總僱用費用是 $O(c_h n)$。

當然，求職者不一定按照條件的遞增順序前來。事實上，你不知道他們前來的順序，也無法控制這個順序。因此，我們自然要問，在典型或平均的情況下，可能將發生什麼事。

機率分析

機率分析就是在分析問題時使用機率學。我們最常使用機率分析法來分析演算法的執行時間。有時我們會用它來分析其他的數量，例如在 HIRE-ASSISTANT 程序裡的僱用成本。為了進行機率分析，我們必須使用或假設關於輸入的分布，然後分析演算法，使用輸入分布的平均值或期望值來計算平均情況執行時間，我們在報告這種執行期時間時，稱之為**平均情況執行時間**。

你必須謹慎地決定輸入的分布。對於某些問題，你可以合理地假設所有可能的輸入集合，然後使用機率分析技術來設計高效演算法，以及用它來深入了解問題。對於其他問題，因為你無法確定合理的輸入分布，所以無法使用機率分析。

在僱用問題中，我們可以假設求職者是按隨機順序前來的，這個假設對這個問題而言意味著什麼？我們假設，你可以比較任意兩位求職者，並決定哪一位更夠格，也就是說，求職者有全序關係（total order）（全序關係的定義見第 B.2 節）。因此，你可以使用從 1 到 n 的唯一數字來為求職者排名，使用 $rank(i)$ 來代表求職者 i 的名次，並按照慣例，將越高的名次視為越夠格。完成排名的串列 $\langle rank(1), rank(2), ..., rank(n) \rangle$ 是串列 $\langle 1, 2, ..., n \rangle$ 的一種排列。「求職者按隨機順序出現」的意思相當於「這個排名串列有相同的機率是數字 1 到 n 的 $n!$ 種排列之中的任何一個」，我們也可以說，這個排名形成一個**均勻隨機排列**（*uniform random permutation*），也就是說，$n!$ 個排列中的每一個都會以相同的機率出現。

第 5.2 節有僱用問題的機率分析。

隨機演算法

為了使用機率分析，你必須知道關於輸入的分布的資訊。在許多情況下，你對輸入分布知之甚少。即使你知道一些關於分布的情況，你也可能無法用計算機來建立模型。然而，機率和隨機性經常被當成設計和分析演算法的工具，用來讓演算法的一部分表現出隨機的行為。

在僱用問題中，求職者似乎是以隨機的順序呈現的，但你無從知道他們是否真的如此。因此，為了幫僱用問題開發隨機演算法，你要更嚴格地控制面試求職者的順序。因此，我們稍微改變模型。職業介紹公司會事先送給你一份包含 n 位求職者的名單。你每天都會隨機選擇想面試的求職者。雖然你對求職者一無所知（除了他們的名字之外），但我們已經做出重大改變了。我們並非接受職業介紹公司提供的順序並期望它是隨機的，而是控制程序，並強制實施隨機的順序。

更一般地說，如果演算法的行為不僅由輸入決定，也由**隨機數產生器**所產生的值決定，我們就稱之為**隨機**演算法。假設我們有一個隨機數產生器 RANDOM。呼叫 RANDOM(a, b) 會得到一個介於 a 和 b 之間（包含兩者）的整數，這些整數被回傳的機率一樣。例如，RANDOM(0, 1) 有 1/2 的機率產生 0，有 1/2 的機率產生 1。呼叫 RANDOM(3, 7) 可能回傳 3、4、5、6、7，每一個數字的機率都是 1/5。RANDOM 回傳的每一個整數都與之前的呼叫所回傳的整數無關。你可以將 RANDOM 想成丟擲一個 ($b-a+1$) 面的骰子來取得它的輸出（實際上，大多數的程式設計環境都提供**偽隨機數產生器**，它是一種確定性的演算法，會回傳「看似」統計學上隨機的數字）。

在分析隨機演算法的執行時間時，我們用隨機數產生器回傳值的分布來取得執行時間的期望值。我們將隨機演算法的執行時間稱為**期望執行時間**，來將這些演算法與輸入隨機的演算法區分開來。一般來說，如果演算法的輸入成機率分布，我們討論的是平均情況執行時間，如果演算法本身會隨機做出選擇，我們討論的是期望執行時間。

習題

5.1-1
證明：如果你在 Hire-Assistant 程序的第 4 行一定知道哪位求職者是最好的，那就意味著你可以知道全部的求職者名次。

★ 5.1-2
實現一個僅呼叫 Random(0, 1) 的 Random(a, b) 程序。你的程序的期望執行時間為何？請用 a 與 b 的函數來敘述。

★ 5.1-3
你想要寫出一個有 1/2 機率輸出 0，1/2 機率輸出 1 的程式。你可以使用 Biased-Random 程序，這個程序可輸出 0 或 1，但是它有 p 機率輸出 1，有 $1-p$ 機率輸出 0，其中，$0 < p < 1$。你不知道 p 是多少。使用 Biased-Random 作為子程序來寫出一個演算法，讓它回傳不偏向任何一方的答案，有 1/2 機率回傳 0，有 1/2 機率回傳 1。用 p 的函數來描述你的演算法的期望執行時間。

5.2 指標隨機變數

為了分析許多演算法，包括僱用問題，我們將使用指標隨機變數。指標隨機變數可讓你輕鬆地在機率與期望之間進行轉換。假如有一個樣本空間 S 與一個事件 A，與事件 A 相關的指標隨機變數 I{A} 的定義為

$$\mathrm{I}\{A\} = \begin{cases} 1 & \text{若 } A \text{ 發生} \\ 0 & \text{若 } A \text{ 未發生} \end{cases} \tag{5.1}$$

舉個簡單的例子，我們要確定丟一枚公正硬幣時，獲得人頭的期望次數。丟一次硬幣的樣本空間是 $S = \{H, T\}$，其中 $\Pr\{H\} = \Pr\{T\} = 1/2$。接下來，我們可以定義指標隨機變數 X_H，X_H 與丟出人頭有關，它是事件 H。這個變數計算丟這次硬幣獲得幾次人頭，如果出現人頭，它是 1，否則它是 0。我們可以這樣寫

$$\begin{aligned} X_H &= \mathrm{I}\{H\} \\ &= \begin{cases} 1 & \text{若 } H \text{ 發生} \\ 0 & \text{若 } T \text{ 發生} \end{cases} \end{aligned}$$

丟一次硬幣得到人頭的期望次數就是指標變數 X_H 的期望值：

$$\begin{aligned} \mathrm{E}[X_H] &= \mathrm{E}[\mathrm{I}\{H\}] \\ &= 1 \cdot \Pr\{H\} + 0 \cdot \Pr\{T\} \\ &= 1 \cdot (1/2) + 0 \cdot (1/2) \\ &= 1/2 \end{aligned}$$

因此，丟一次公正的硬幣得到人頭的期望次數是 1/2。如下列引理所示，事件 A 的指標隨機變數的期望值等於 A 的發生機率。

引理 5.1

假設有個樣本空間 S，與一個在樣本空間 S 裡面的事件 A，令 $X_A = \mathrm{I}\{A\}$。則 $\mathrm{E}[X_A] = \Pr\{A\}$。

證明　根據式 (5.1) 的指標隨機變數的定義，以及期望值的定義，可得

$$\begin{aligned} \mathrm{E}[X_A] &= \mathrm{E}[\mathrm{I}\{A\}] \\ &= 1 \cdot \Pr\{A\} + 0 \cdot \Pr\{\overline{A}\} \\ &= \Pr\{A\} \end{aligned}$$

其中 $\overline{A}$ 代表 $S-A$，即 A 的補數。　■

對於計算丟一枚硬幣的期望人頭次數這個問題來說，使用指標隨機變數看起來很麻煩，但它們在分析「執行重複的隨機試驗」時很有用。例如，在附錄 C，指標隨機變數提供一種簡單的方法來決定丟 n 次硬幣的期望人頭次數。有一種選項是分別考慮獲得 0 次人頭、1 次人頭、2 次人頭…等的機率，以取得第 1155 頁的式 (C.41) 的結果。或者，我們可以採用式 (C.42) 這個比較簡單的方法，它暗中使用指標隨機變數。更明確地說，令 X_i 是第 i 次丟出人頭的指標隨機變數：$X_i = \mathrm{I}\{$ 第 i 次丟擲發生事件 $H\}$。令 X 是代表丟 n 次硬幣得到的人頭總次數，可得

$$X = \sum_{i=1}^{n} X_i$$

為了計算人頭的期望次數，我們對這個等式的兩邊取期望，可得

$$\mathrm{E}[X] = \mathrm{E}\left[\sum_{i=1}^{n} X_i\right] \tag{5.2}$$

根據引理 5.1，每一個隨機變數的期望值是 $\mathrm{E}[X_i] = 1/2$，其中 $i = 1, 2, ..., n$。於是，我們可以計算期望值的和：$\sum_{i=1}^{n} \mathrm{E}[X_i] = n/2$。但式 (5.2) 使用和式的期望值，不是期望值的和。如何解決這個難題？此時可利用期望的線性性質，即第 1148 頁的式 (C.24)：**和式的期望值一定等於期望值的總和**。期望的線性性質即使在隨機變數彼此相關時也適用。指標隨機變數與期望值的線性性質提供強大的技術，可協助我們計算多個事件發生時的期望值。我們現在可以計算人頭的期望次數了：

$$\begin{aligned} \mathrm{E}[X] &= \mathrm{E}\left[\sum_{i=1}^{n} X_i\right] \\ &= \sum_{i=1}^{n} \mathrm{E}[X_i] \\ &= \sum_{i=1}^{n} 1/2 \\ &= n/2 \end{aligned}$$

因此，與式 (C.41) 使用的方法相比，指標隨機變數大大地簡化了計算。我們將在本書中持續使用指標隨機變數。

使用指標隨機變數來分析僱用問題

回到僱用問題，現在我們想要計算僱用新助理的期望次數。為了使用機率分析，假設求職者依照隨機順序前來，如第 5.1 節所述（第 5.3 節會說明如何移除這個假設）。令隨機變數 X 的值等於僱用新助理的次數。使用第 1148 頁的式 (C.23) 的期望值定義，得到

$$\mathrm{E}[X] = \sum_{x=1}^{n} x \, \mathrm{Pr}\{X = x\}$$

但是計算它很麻煩。我們用指標隨機變數來簡化計算。

為了使用指標隨機變數，而不是藉著定義一個變數來代表僱用新助理的次數來計算 $\mathrm{E}[X]$，我們將僱用程序想成重複的隨機嘗試，並定義 n 個變數來代表每一位求職者是否被僱用。令 X_i 為第 i 位求職者被僱用的事件的指標隨機變數。因此，

$$X_i = \text{I}\{\text{求職者 } i \text{ 被僱用}\}$$
$$= \begin{cases} 1 & \text{如果求職者 } i \text{ 被僱用,} \\ 0 & \text{如果求職者 } i \text{ 未被僱用,} \end{cases}$$

且

$$X = X_1 + X_2 + \cdots + X_n \tag{5.3}$$

使用引理 5.1 可得

$$\text{E}[X_i] = \text{Pr}\{\text{求職者 } i \text{ 被僱用}\},$$

因此,我們必須計算 HIRE-ASSISTANT 的第 5~6 行被執行的機率。

在第 6 行,求職者 i 會在他比求職者 1 到 $i-1$ 都要優秀的時候被僱用。因為我們假設求職者按照隨機順序前來,所以前 i 位求職者是以隨機順序出現的。到目前為止,這前 i 位求職者中的每一位最適任的機率是一樣的。求職者 i 有 $1/i$ 的機率比求職者 1 到 $i-1$ 更適任,所以他有 $1/i$ 機率被僱用。根據引理 5.1,我們得出結論

$$\text{E}[X_i] = 1/i \tag{5.4}$$

現在我們可以計算 E[X] 了:

$$\begin{aligned}
\text{E}[X] &= \text{E}\left[\sum_{i=1}^{n} X_i\right] &&\text{(根據式 (5.3))} \\
&= \sum_{i=1}^{n} \text{E}[X_i] &&\text{(根據式 (C.24),期望的線性性質)} \\
&= \sum_{i=1}^{n} \frac{1}{i} &&\text{(根據式 (5.4))} \\
&= \ln n + O(1) &&\text{(根據式 (A.9),調和級數)}
\end{aligned} \tag{5.5}$$
$$\tag{5.6}$$

即使你面試了 n 個人,平均來說,你其實只會僱用其中的 $\ln n$ 位左右。我們用下面的引理來總結這個結果。

引理 5.2

假設求職者按隨機順序出現,演算法 HIRE-ASSISTANT 在平均情況下的總僱用成本是 $O(c_h \ln n)$。

證明 根據僱用成本的定義和式 (5.6)，我們可以立刻推導出界限，指出僱用的期望次數大約是 $\ln n$。 ∎

平均情況的僱用成本明顯比最壞情況的僱用成本 $O(c_h n)$ 好很多。

習題

5.2-1
在 HIRE-ASSISTANT 裡，假設求職者以隨機順序出現，只僱用一次的機率為何？僱用 n 次的機率為何？

5.2-2
在 HIRE-ASSISTANT 裡，假設求職者以隨機順序出現，僱用兩次的機率為何？

5.2-3
使用指標隨機變數來計算丟 n 顆骰子的點數總和期望值。

5.2-4
這一題將要求你（部分地）驗證，即使隨機變數不是獨立的，期望的線性性質也成立。獨立丟出兩顆 6 面骰子，它們的點數總和期望值是多少？現在考慮第一顆骰子被正常地丟出，然後第二顆骰子被撥到第一顆骰子的點數，點數總和的期望值為何？現在考慮第一顆骰子被正常地丟出，第二顆被撥到 7 減第一顆骰子的點數，點數總和的期望值為何？

5.2-5
使用指標隨機變數來求解以下問題，它稱為**帽子歸還問題**。在一家餐廳裡，n 位顧客都把帽子交給一位保管帽子的服務生，該服務生按隨機順序將帽子還給顧客，能夠拿回自己的帽子的顧客數量的期望值是多少位？

5.2-6
令 $A[1:n]$ 是 n 個不同數字組成的陣列。若 $i < j$ 且 $A[i] > A[j]$，則 (i, j) 稱為 A 的**逆序**（*inversion*）（關於逆序的更多說明見第 42 頁的挑戰 2-4）。假如 A 的元素成均勻隨機排列 $\langle 1, 2, ..., n \rangle$。使用指標隨機變數來計算逆序的期望數量。

5.3 隨機演算法

上一節展示了了解輸入的分布如何協助我們分析演算法的平均情況行為，那麼，不知道分布怎麼辦？此時，你將無法執行平均情況分析。但是，如第 5.1 節所述，你或許可以使用一種隨機演算法。

在僱用問題這類的問題中，假設輸入的所有排列出現的可能性都一樣對我們來說是有幫助的，機率分析可以在開發隨機演算法時引導我們。此時，我們不**假設**輸入的分布，而是**強加**一種分布。特別是，在執行演算法之前，我們對求職者進行隨機排列，以強加「每一種排列都有相同可能性」的屬性。儘管我們修改了演算法，我們仍然預計大約需要僱用新助理 $\ln n$ 次。但現在，我們預計這種情況將對**任何**輸入而言都成立，而不僅僅是從特定分布中抽取的輸入。

我們來進一步探討機率分析和隨機演算法之間的區別。在第 5.2 節中，我們說，假設求職者以隨機順序到達，那麼，你僱用一個新助理的期望次數大約是 $\ln n$。這個演算法是確定性的：收到特定的輸入後，產生的助理僱用次數始終是相同的。此外，不同的輸入會造成不同的僱用新助理的次數，取決於每一位求職者的排名。因為這個數字僅取決於求職者的排名，為了展示特定的輸入，我們可以依序列出求職者的排名 $\langle rank(1), rank(2), \ldots, rank(n) \rangle$。當排名串列是 $A_1 = \langle 1, 2, 3, 4, 5, 6, 7, 8, 9, 10 \rangle$ 時，你一定會僱用新助理 10 次，因為每一位後面的求職者都比前一位好，且 Hire-Assistant 的第 5~6 行會在每次迭代時執行。當排名串列是 $A_2 = \langle 10, 9, 8, 7, 6, 5, 4, 3, 2, 1 \rangle$ 時，你只僱用新助理 1 次，在第一次迭代時。當排名串列是 $A_3 = \langle 5, 2, 1, 8, 4, 7, 10, 9, 3, 6 \rangle$ 時，你會僱用新助理 3 次，在面試第 5 名、第 8 名與第 10 名求職者時。之前說過，演算法的成本取決於僱用新助理的次數，我們看了 A_1 這種昂貴的輸入，A_2 這種不貴的輸入，以及 A_3 這種中等成本的輸入。

另一方面，考慮這種隨機演算法：先排列求職者名單，再決定最佳求職者。在這種情況下，我們是在演算法中隨機化，而不是在輸入分布中隨機化。我們沒辦法回答特定的輸入，例如上述的 A_3，會讓最大值被更新幾次，因為這個次數在每次執行演算法時都不一樣。當你第一次用 A_3 來執行演算法時，它可能產生排列 A_1 並執行 10 次更新。但是當你第二次執行演算法時，它可能會產生排列 A_2，並只執行一次更新。當你第三次執行演算法時，它可能更新其他次數。每次執行演算法，它的執行過程都取決於做出來的隨機選擇，可能與上一次執行演算法不一樣。對這個演算法與許多其他隨機演算法而言，**沒有特定的輸入會引發其最壞情況行為**。即使是最想打敗你的對手也無法產生最糟的輸入陣列，因為隨機排列會讓輸入的順序無關緊要。隨機演算法只會在隨機數產生器產生「倒楣」的排列時表現不良。

在僱用問題中，我們需要修改的部分只有讓它隨機排列陣列，如 RANDOMIZED-HIRE-ASSISTANT 程序所示。這個簡單的修改產生一個隨機演算法，它的性能與假設求職者以隨機順序出現時的性能相仿。

RANDOMIZED-HIRE-ASSISTANT(n)
1　randomly permute the list of candidates
2　HIRE-ASSISTANT(n)

引理 5.3

程序 RANDOMIZED-HIRE-ASSISTANT 的期望僱用成本是 $O(c_h \ln n)$。

證明　排列輸入陣列會產生與第 5.2 節對 HIRE-ASSISTANT 進行機率分析時相同的情況。　∎

　　仔細地比較引理 5.2 與 5.3 可以看到機率分析與隨機演算法之間的差異。引理 5.2 對輸入進行假設。引理 5.3 沒有這種假設，儘管將輸入隨機化需要花費一些額外的時間。為了保持術語的一致性，我們用平均情況僱用成本來敘述引理 5.2，用期望僱用成本來敘述引理 5.3。在本節的其餘內容中，我們將討論一些與隨機排列輸入有關的問題。

隨機排列陣列

許多隨機演算法都會排列輸入陣列來將輸入隨機化。我們將在本書的其他地方看到將演算法隨機化的其他方法，但現在我們先來看看如何隨機排列有 n 個元素的陣列。我們的目標是產生一個**均勻隨機排列**，也就是產生出來的排列與其他排列有相同的出現機率。因為有 $n!$ 個可能的排列，我們希望產生任何排列的機率都是 $1/n!$。

　　你可能認為，若要證明一種排列方式是均勻隨機排列，你只要證明每一個元素 $A[i]$ 最終位於位置 j 的機率都是 $1/n$ 即可。習題 5.3-4 指出，這種較弱的條件實際上是不夠的。

　　我們產生隨機排列的方法是**就地**對陣列進行排列：最多只有固定數量的輸入陣列元素被存放在陣列之外。RANDOMLY-PERMUTE 程序可在 $\Theta(n)$ 時間內重新排列陣列 $A[1:n]$。它會在第 i 次迭代時，從元素 $A[i]$ 到 $A[n]$ 中隨機選出元素 $A[i]$。在第 i 次迭代後，$A[i]$ 就不會被改變了。

RANDOMLY-PERMUTE(A, n)
1　**for** $i = 1$ **to** n
2　　　swap $A[i]$ with $A[\text{RANDOM}(i, n)]$

我們用循環不變性來證明 RANDOMLY-PERMUTE 產生均勻隨機排列。由 n 個元素組成的 *k-*排列（*k-permutation*）就是包含 n 個元素中的 k 個元素的序列，裡面沒有重複的元素（見附錄 C，第 1135 頁）。我們有 $n!/(n-k)!$ 種可能的 k- 排列。

引理 5.4

RANDOMLY-PERMUTE 程序可計算均勻隨機排列。

證明 我們使用以下的循環不變性：

> 在第 1–2 行的 **for** 迴圈第 i 次迭代之前，對 n 個元素的每一個可能的 $(i-1)$-排列而言，在子陣列 $A[1:i-1]$ 裡面有那個 $(i-1)$-排列的機率是 $(n-i+1)!/n!$。

我們要證明這個不變性在第一次迴圈迭代之前是成立的，也要證明每一次迴圈迭代與迴圈終止都能維持這個不變性，以及這個不變性提供一個有用的屬性來證明迴圈終止時的正確性。

初始： 考慮在第一次迴圈迭代之前的情況，所以 $i = 1$。循環不變性指出，對於每一個可能的 0-排列，在子陣列 $A[1:0]$ 裡面有那個 0-排列的機率是 $(n-i+1)!/n! = n!/n! = 1$。子陣列 $A[1:0]$ 是空的子陣列，0-排列沒有元素。因此，$A[1:0]$ 裡面有任意 0-排列的機率是 1，循環不變性在第一次迭代之前成立。

維持： 根據循環不變性，我們假設在第 i 次迭代之前，每一個可能的 $(i-1)$-排列出現在子陣列 $A[1:i-1]$ 裡面的機率是 $(n-i+1)!/n!$。我們應該證明在第 i 次迭代之後，每一個可能的 i-排列出現在子陣列 $A[1:i]$ 裡面的機率是 $(n-1)!/n!$。如此一來，在下一次迭代遞增 i 將維持循環不變性。

我們來檢驗第 i 次迭代。考慮一個特定的 i-排列，並用 $\langle x_1, x_2, ..., x_i \rangle$ 來代表它裡面的元素。這個排列是由一個 $(i-1)$-排列 $\langle x_1, ..., x_{i-1} \rangle$ 和演算法放入 $A[i]$ 裡面的值 x_i 組成的。令 E_1 代表前 $i-1$ 次迭代已經在 $A[1:i-1]$ 裡面建立特定的 $(i-1)$-排列 $\langle x_1, ..., x_{i-1} \rangle$ 的事件。根據循環不變性，$\Pr\{E_1\} = (n-i+1)!/n!$。令 E_2 為第 i 次迭代將 x_i 放入 $A[i]$ 的事件。i-排列 $\langle x_1, ..., x_i \rangle$ 出現在 $A[1:i]$ 裡面的情況在 E_1 與 E_2 發生時發生，所以我們想要計算 $\Pr\{E_2 \cap E_1\}$。使用第 1143 頁的式 (C.16) 可得

$$\Pr\{E_2 \cap E_1\} = \Pr\{E_2 \mid E_1\} \Pr\{E_1\}$$

機率 $\Pr\{E_2 \mid E_1\}$ 等於 $1/(n-i+1)$，因為演算法在第 2 行從位置 $A[1:n]$ 裡的 $n-i+1$ 個值裡面隨機選出 x_i。因此可得

$$\Pr\{E_2 \cap E_1\} = \Pr\{E_2 \mid E_1\} \Pr\{E_1\}$$
$$= \frac{1}{n-i+1} \cdot \frac{(n-i+1)!}{n!}$$
$$= \frac{(n-i)!}{n!}$$

終止：迴圈會終止，因為它是個迭代 n 次的 **for** 迴圈。在終止時，$i = n+1$，子陣列 $A[1:n]$ 是給定的 n-排列的機率是 $(n-(n+1)+1)!/n! = 0!/n! = 1/n!$。

因此，Randomly-Permute 產生均勻隨機排列。 ∎

隨機演算法通常是解決問題最簡單且最有效率的方法。

習題

5.3-1
Marceau 教授反對在引理 5.4 的證明中使用的循環不變性，他質疑它是否在第一次迭代之前成立，他認為我們同樣可以聲稱空子陣列不包含任何 0-排列，因此，空子陣列包含 0-排列的機率應為 0，進而在第一次迭代之前，讓循環不變性無效。改寫 Randomly-Permute 程序，讓與其相關的循環不變性適用於第一次迭代之前的非空子陣列，並修改引理 5.4 的證明，讓它適用於你的程序。

5.3-2
Kelp 教授決定寫一個程序來隨機產生除了恆等排列之外的任何排列，恆等排列就是每一個元素最終都在它們原本的地方。他提出 Permute-Without-Identity 程序。這個程序是否實現 Kelp 的想法？

```
Permute-Without-Identity(A, n)
1   for i = 1 to n − 1
2       swap A[i] with A[Random(i + 1, n)]
```

5.3-3
考慮下一頁的 Permute-With-All 程序，它不是將元素 $A[i]$ 與子陣列 $A[i:n]$ 裡的隨機元素對調，而是將它與陣列的任何地方的隨機元素對調。Permute-With-All 能夠產生均勻隨機排列嗎？為何可以或為何不行？

PERMUTE-WITH-ALL(A, n)
1   for i = 1 to n
2   swap A[i] with A[RANDOM(1, n)]

5.3-4
Knievel 教授建議使用 PERMUTE-BY-CYCLE 程序來產生均勻隨機排列。證明每一個元素 A[i] 都有 1/n 機率出現在 B 的任何特定位置。然後證明 Knievel 教授錯了，此程序產生的排列不是均勻隨機的。

PERMUTE-BY-CYCLE(A, n)
1   let B[1 : n] be a new array
2   offset = RANDOM(1, n)
3   for i = 1 to n
4   dest = i + offset
5   if dest > n
6   dest = dest − n
7   B[dest] = A[i]
8   return B

5.3-5
Gallup 教授想要製作集合 {1, 2, 3, ..., n} 的**隨機樣本**，也就是一個包含 m 個元素的子集合 S，其中 $0 \le m \le n$，使得每一個 m-子集合出現的機率一樣。有一種方法是設定 A[i] = i，其中 i = 1, 2, 3, ..., n，呼叫 RANDOMLY-PERMUTE(A)，然後只取前 m 個陣列元素。這個方法呼叫 RANDOM 程序 n 次。在 Gallup 教授的應用中，n 比 m 大很多，所以教授想減少製作隨機樣本時呼叫 RANDOM 的次數。

RANDOM-SAMPLE(m, n)
1   S = ∅
2   for k = n − m + 1 to n   // 迭代 m 次
3   i = RANDOM(1, k)
4   if i ∈ S
5   S = S ∪ {k}
6   else S = S ∪ {i}
7   return S

證明 RANDOM-SAMPLE 程序可回傳 {1, 2, 3, ..., n} 的隨機 m-子集合 S，且每一個 m-子集合的機率都一樣，同時僅呼叫 RANDOM m 次。

★ 5.4 機率分析與進一步使用指標隨機變數

這個進階的小節將使用四個範例來進一步說明機率分析。第一個範例是算出在一間房間內的 k 個人裡，有兩個人的生日相同的機率。第二個範例討論將球隨機投入箱子的問題。第三個範例研究丟硬幣時連續丟出人頭的情況。最後一個範例分析僱用問題的一種變體，其中，你必須在沒有實際面試所有求職者的情況下做出決定。

5.4.1 生日悖論

我們的第一個範例是**生日悖論**。一間房間裡至少要有多少人，才能讓其中有兩個人的生日相同的機率為 50%？答案出人意外的少。矛盾的是，它還少於一年的天數，甚至一年天數的一半，等一下就會看到。

為了回答這個問題，我們用整數 $1, 2, ..., k$ 來幫房間裡的人編號，k 是房間裡的人數。我們不考慮閏年的情況，並假設每一年都有 $n = 365$ 天。對於 $i = 1, 2, ..., k$，設 b_i 為編號 i 的人的生日，其中 $1 \le b_i \le n$。我們也假設生日在一年的 n 天之間均勻分布，所以當 $i = 1, 2, ..., k$ 且 $r = 1, 2, ..., n$ 時，$\Pr\{b_i = r\} = 1/n$。

兩個人 i 與 j 的生日相同的機率取決於生日的隨機選擇是否獨立。從現在開始，我們假設生日是獨立的，所以 i 的生日與 j 的生日都是 r 日的機率是

$$\Pr\{b_i = r \text{ 且 } b_j = r\} = \Pr\{b_i = r\} \Pr\{b_j = r\}$$
$$= \frac{1}{n^2}$$

因此，他們的生日是同一天的機率是

$$\begin{aligned}\Pr\{b_i = b_j\} &= \sum_{r=1}^{n} \Pr\{b_i = r \text{ 且 } b_j = r\} \\ &= \sum_{r=1}^{n} \frac{1}{n^2} \\ &= \frac{1}{n}\end{aligned} \tag{5.7}$$

更直觀地說，一旦 b_i 確定了，b_j 是同一天的機率是 $1/n$。只要生日是獨立的，i 與 j 的生日是同一天的機率與他們其中一人的生日是某一天的機率一樣。

我們可以藉著觀察互補事件來分析 k 個人裡至少有 2 個人的生日相同的機率。至少有兩個人的生日相同的機率是 1 減去所有人的生日都不同的機率。k 個人的生日都不一樣的事件 B_k 是

$$B_k = \bigcap_{i=1}^{k} A_i$$

其中，A_i 是對所有 $j < i$ 而言，i 與 j 的生日不一樣的事件。我們可以寫成 $B_k = A_k \cap B_{k-1}$，所以可從第 1144 頁的式 (C.18) 得出遞迴式

$$\Pr\{B_k\} = \Pr\{B_{k-1}\}\Pr\{A_k \mid B_{k-1}\} \tag{5.8}$$

我們將 $\Pr\{B_1\} = \Pr\{A_1\} = 1$ 當成初始條件。換句話說，生日 $b_1, b_2, ..., b_k$ 互不相同的機率等於 $b_1, b_2, ..., b_{k-1}$ 互不相同的機率乘以當 $i = 1, 2, ..., k-1$ 時，$b_k \neq b_i$ 的機率，假設 $b_1, b_2, ..., b_{k-1}$ 皆不相同。

如果 $b_1, b_2, ..., b_{k-1}$ 互不相同，當 $i = 1, 2, ..., k-1$ 時，$b_k \neq b_i$ 的條件機率是 $\Pr\{A_k \mid B_{k-1}\} = (n-k+1)/n$，因為在 n 天裡有 $n-(k-1)$ 沒被選取。迭代使用遞迴式 (5.8) 可得

$$\begin{aligned}
\Pr\{B_k\} &= \Pr\{B_{k-1}\}\Pr\{A_k \mid B_{k-1}\} \\
&= \Pr\{B_{k-2}\}\Pr\{A_{k-1} \mid B_{k-2}\}\Pr\{A_k \mid B_{k-1}\} \\
&\vdots \\
&= \Pr\{B_1\}\Pr\{A_2 \mid B_1\}\Pr\{A_3 \mid B_2\}\cdots\Pr\{A_k \mid B_{k-1}\} \\
&= 1 \cdot \left(\frac{n-1}{n}\right)\left(\frac{n-2}{n}\right)\cdots\left(\frac{n-k+1}{n}\right) \\
&= 1 \cdot \left(1-\frac{1}{n}\right)\left(1-\frac{2}{n}\right)\cdots\left(1-\frac{k-1}{n}\right)
\end{aligned}$$

用第 60 頁的不等式 (3.14)，$1 + x \leq e^x$，可得

$$\begin{aligned}
\Pr\{B_k\} &\leq e^{-1/n}e^{-2/n}\cdots e^{-(k-1)/n} \\
&= e^{-\sum_{i=1}^{k-1} i/n} \\
&= e^{-k(k-1)/2n} \\
&\leq \frac{1}{2}
\end{aligned}$$

當 $-k(k-1)/2n \leq \ln(1/2)$。當 $k(k-1) \geq 2n \ln 2$ 時，或者當 $k \geq (1 + \sqrt{1 + (8 \ln 2)n})/2$（解二次方程式）時，全部的 k 個生日都不一樣的機率最多是 $1/2$。當 $n = 365$ 時，我們必定得到 $k \geq 23$。因此，如果房間裡至少有 23 個人，兩個人生日相同的機率就至少是 $1/2$。因為在火星一年有 699 個火星日，所以要獲得相同的機率需要 31 個火星人。

使用指標隨機變數來分析

我們可以用指標隨機變數來為生日悖論進行更簡單但近似的分析。我們為房間裡的 k 個人中的每一對 (i, j)，其中 $1 \leq i < j \leq k$，定義指標隨機變數 X_{ij} 如下

$$\begin{aligned} X_{ij} &= \mathrm{I}\{\, i \text{ 與 } j \text{ 的生日相同} \,\} \\ &= \begin{cases} 1 & \text{如果 } i \text{ 與 } j \text{ 的生日相同} \\ 0 & \text{否則} \end{cases} \end{aligned}$$

根據式 (5.7)，兩個人的生日相同的機率是 $1/n$，因此，根據第 124 頁的引理 5.1 可得

$$\begin{aligned} \mathrm{E}[X_{ij}] &= \Pr\{\, i \text{ 與 } j \text{ 的生日相同} \,\} \\ &= 1/n \end{aligned}$$

令 X 是計算生日相同的對數的隨機變數，可得

$$X = \sum_{i=1}^{k-1} \sum_{j=i+1}^{k} X_{ij}$$

在兩邊取期望，並應用期望的線性性質，可得

$$\begin{aligned} \mathrm{E}[X] &= \mathrm{E}\left[\sum_{i=1}^{k-1} \sum_{j=i+1}^{k} X_{ij}\right] \\ &= \sum_{i=1}^{k-1} \sum_{j=i+1}^{k} \mathrm{E}[X_{ij}] \\ &= \binom{k}{2} \frac{1}{n} \\ &= \frac{k(k-1)}{2n} \end{aligned}$$

因此，當 $k(k-1) \geq 2n$ 時，生日相同的期望對數至少是 1。因此，如果房間裡至少有 $\sqrt{2n}+1$ 個人，我們可以預期至少有兩人有相同的生日。當 $n = 365$，且 $k = 28$，生日相同的期望對數是 $(28 \cdot 27)/(2 \cdot 365) \approx 1.0356$。因此，如果人數有 28 位以上，我們就可以預計至少有一對生日相同的人。在火星上，因為一年有 669 個火星日，所以至少需要 38 個火星人。

只運用機率的第一個分析推導出，需要有多少人才能讓裡面有兩個人的生日相同的機率超過 1/2，使用指標隨機變數的第二個分析則找出可讓生日相符的期望數量為 1 的數字。雖然兩種情況的確切人數不同，但它們是漸近相同的：$\Theta(\sqrt{n})$。

5.4.2 球與箱子

考慮這個過程：我們將相同的球隨機投入 b 個箱子裡，箱子的編號是 $1, 2, …, b$。每次投球都是獨立的，每次投球時，球被丟入任何箱子的機率相同。球被丟入任何箱子的機率是 $1/b$。如果我們把丟球的過程視為一連串的 Bernoulli 試驗（見附錄 C.4），成功意味著球被丟入指定的箱子裡，那麼每次試驗都有 $1/b$ 的機率成功。這個模型特別適合用來分析雜湊化（見第 11 章），我們可以找出關於丟球過程的各種有趣的問題（挑戰 C-2 會問你關於球與箱子的其他問題）。

- **有多少球被丟入特定的箱子？** 落入特定箱子的球數符合二項分布 $b(k; n, 1/b)$。如果你丟了 n 顆球，在第 1155 頁的式 (C.41) 可告訴我們落入特定箱子的期望球數是 n/b。

- **平均來說，你必須丟幾顆球，才能讓特定的箱子裡面有一顆球？** 讓特定箱子有一顆球所需的丟球次數符合機率為 $1/b$ 的幾何分布，根據第 1153 頁的式 (C.36)，成功的期望丟球次數是 $1/(1/b) = b$。

- **你必須丟多少顆球，才能讓每個箱子都至少有一顆球？** 我們將「把球丟入一個空箱子」稱為一次「命中」。我們想知道為了獲得 b 次命中所需的期望丟球次數 n。

使用「命中」可以把 n 次丟球分成幾個階段。第 i 階段包括第 $i-1$ 次命中之後到第 i 次命中的丟球。第 1 階段包括第一次丟球，因為當所有箱子都是空的時，保證命中一次。在第 i 階段期間的每一次丟球時，有 $i-1$ 個箱子有球，有 $b-i+1$ 個箱子是空的。因此，第 i 階段的每次丟球的命中機率是 $(b-i+1)/b$。

令 n_i 代表第 i 階段的丟球次數。為了獲得 b 次命中，需要丟的次數是 $n = \sum_{i=1}^{b} n_i$。每一個隨機變數 n_i 都成幾何分布，成功的機率是 $(b-i+1)/b$，因此，根據式 (C.36) 可得

$$E[n_i] = \frac{b}{b-i+1}$$

根據期望的線性性質，可得

$$\begin{aligned} E[n] &= E\left[\sum_{i=1}^{b} n_i\right] \\ &= \sum_{i=1}^{b} E[n_i] \\ &= \sum_{i=1}^{b} \frac{b}{b-i+1} \\ &= b \sum_{i=1}^{b} \frac{1}{i} \quad \text{（根據第 1100 頁的式 (A.14)）} \\ &= b(\ln b + O(1)) \quad \text{（根據第 1098 頁的式 (A.9)）} \end{aligned}$$

因此，我們要丟大約 $b \ln b$ 次才可以期望每一個箱子都有球。這個問題也稱為**優惠券收集問題**（*coupon collector's problem*），意思是，若要收集 b 種不同的優惠券中的每一種，預計需要隨機獲得 $b \ln b$ 張優惠券才會成功。

5.4.3 連勝 ^{譯註}

投擲一枚公正的硬幣 n 次，連續出現人頭的最多次數預計是多少次？我們將分別證明上限與下限，以展示答案是 $\Theta(\lg n)$。

我們先證明最長連勝的期望長度是 $O(\lg n)$。每次丟硬幣出現人頭的機率是 $1/2$。設 A_{ik} 是從第 i 次丟硬幣開始連勝至少 k 次的事件，或更精確地說，它是連續丟 k 次硬幣 $i, i+1, \ldots, i+k-1$ 時只丟出人頭的事件，其中 $1 \leq k \leq n$，且 $1 \leq i \leq n-k+1$。因為每次丟擲都是互相獨立的，對於任何給定的事件 A_{ik}，全部的 k 次丟擲都是人頭的機率是

譯註 原文為 streak，即比賽的「連勝」，為了方便行文與理解，本節以「連勝」來代表連續出現人頭，儘管丟出人頭不一定代表「勝利」。

$$\Pr\{A_{ik}\} = \frac{1}{2^k} \tag{5.9}$$

其中 $k = 2\lceil \lg n \rceil$，

$$\Pr\{A_{i,2\lceil \lg n \rceil}\} = \frac{1}{2^{2\lceil \lg n \rceil}}$$
$$\leq \frac{1}{2^{2\lg n}}$$
$$= \frac{1}{n^2}$$

因此，長度至少 $2\lceil \lg n \rceil$ 的連勝從位置 i 開始的機率很小，能夠發生這種連勝的位置頂多有 $n - 2\lceil \lg n \rceil + 1$ 個。所以，在任何地方開始連勝至少 $2\lceil \lg n \rceil$ 次的機率是

$$\Pr\left\{ \bigcup_{i=1}^{n-2\lceil \lg n \rceil+1} A_{i,2\lceil \lg n \rceil} \right\}$$
$$\leq \sum_{i=1}^{n-2\lceil \lg n \rceil+1} \Pr\{A_{i,2\lceil \lg n \rceil}\} \quad \text{（根據第 1145 頁的 Boole 不等式 (C.21)）}$$
$$\leq \sum_{i=1}^{n-2\lceil \lg n \rceil+1} \frac{1}{n^2}$$
$$< \sum_{i=1}^{n} \frac{1}{n^2}$$
$$= \frac{1}{n} \tag{5.10}$$

我們可以使用不等式 (5.10) 來決定最長連勝的界限。對於 $j = 0, 1, 2, \ldots, n$，設 L_j 代表最長連勝的長度正好是 j 的事件，設 L 是最長連勝的長度。根據期望值的定義可得

$$E[L] = \sum_{j=0}^{n} j \Pr\{L_j\} \tag{5.11}$$

雖然我們可以像不等式 (5.10) 那樣，使用每個 $\Pr\{L_j\}$ 的上限來計算這個和式，但遺憾的是，這個方法產生的界限很弱。但是，我們可以用上面的分析帶來的直覺來獲得良好的界限。在式 (5.11) 的和式裡面，沒有任何單獨的項的 j 和 $\Pr\{L_j\}$ 因子同時很大。為什麼？當 $j \geq 2\lceil \lg n \rceil$ 時，$\Pr\{L_j\}$ 很小，當 $j < 2\lceil \lg n \rceil$ 時，j 非常小。更準確地說，因為事件 L_j $(j = 0, 1, \ldots, n)$ 是不相交的，所以從任何地方開始長度至少是 $2\lceil \lg n \rceil$ 的連勝的機率是 $\sum_{j=2\lceil \lg n \rceil}^{n} \Pr\{L_j\}$。不等式 (5.10) 告訴我們，從任何地方開始連勝至少 $2\lceil \lg n \rceil$ 次的機率小於

$1/n$，這意味著 $\sum_{j=2\lceil \lg n \rceil}^{n} \Pr\{L_j\} < 1/n$。此外，因為 $\sum_{j=0}^{n} \Pr\{L_j\} = 1$，我們得到 $\sum_{j=0}^{2\lceil \lg n \rceil - 1} \Pr\{L_j\} \leq 1$。因此可得

$$\begin{aligned} \mathrm{E}[L] &= \sum_{j=0}^{n} j \Pr\{L_j\} \\ &= \sum_{j=0}^{2\lceil \lg n \rceil - 1} j \Pr\{L_j\} + \sum_{j=2\lceil \lg n \rceil}^{n} j \Pr\{L_j\} \\ &< \sum_{j=0}^{2\lceil \lg n \rceil - 1} (2\lceil \lg n \rceil) \Pr\{L_j\} + \sum_{j=2\lceil \lg n \rceil}^{n} n \Pr\{L_j\} \\ &= 2\lceil \lg n \rceil \sum_{j=0}^{2\lceil \lg n \rceil - 1} \Pr\{L_j\} + n \sum_{j=2\lceil \lg n \rceil}^{n} \Pr\{L_j\} \\ &< 2\lceil \lg n \rceil \cdot 1 + n \cdot \frac{1}{n} \\ &= O(\lg n) \end{aligned}$$

在丟了 $r\lceil \lg n \rceil$ 次硬幣之後，連勝的機率會隨著 r 的增加而迅速減少。我們來找出至少連勝 $r\lceil \lg n \rceil$ 次的機率的粗略界限。從位置 i 開始連勝至少 $r\lceil \lg n \rceil$ 次的機率是

$$\begin{aligned} \Pr\{A_{i, r\lceil \lg n \rceil}\} &= \frac{1}{2^{r\lceil \lg n \rceil}} \\ &\leq \frac{1}{n^r} \end{aligned}$$

長度至少為 $r\lceil \lg n \rceil$ 的連勝不會在最後的 $n - r\lceil \lg n \rceil + 1$ 次丟擲開始發生，但我們允許它在 n 次丟擲中的任何一次開始出現，以高估這種連勝的機率。那麼，連勝至少 $r\lceil \lg n \rceil$ 次的發生機率最多是

$$\begin{aligned} \Pr\left\{\bigcup_{i=1}^{n} A_{i, r\lceil \lg n \rceil}\right\} &\leq \sum_{i=1}^{n} \Pr\{A_{i, r\lceil \lg n \rceil}\} \quad \text{（根據 Boole 的不等式 (C.21)）} \\ &\leq \sum_{i=1}^{n} \frac{1}{n^r} \\ &= \frac{1}{n^{r-1}} \end{aligned}$$

等價地說，最長連勝的長度小於 $r\lceil \lg n \rceil$ 的機率至少是 $1 - 1/n^{r-1}$。

舉個例子，在 $n = 1000$ 次丟硬幣的過程中，連勝至少 $2\lceil \lg n \rceil = 20$ 次以上的機率頂多是 $1/n = 1/1000$。連勝至少 $3\lceil \lg n \rceil = 30$ 次以上的機率頂多是 $1/n^2 = 1/1,000,000$。

現在要證明互補的下限：丟 n 次硬幣的最長連勝期望長度是 $\Omega(\lg n)$。為了證明這個界限，我們將 n 次丟擲分成大約 n/s 組，每組有 s 次丟擲。如果我們選擇 $s = \lfloor (\lg n)/2 \rfloor$，我們將看到，裡面可能至少有一組全部都是人頭，這意味著最長連勝的長度可能至少是 $s = \Omega(\lg n)$。接下來，我們要證明最長連勝的期望長度是 $\Omega(\lg n)$。

我們將 n 次丟擲分成至少 $\lfloor n/\lfloor (\lg n)/2 \rfloor \rfloor$ 組，每組有連續 $\lfloor (\lg n)/2 \rfloor$ 次丟擲，並找出沒有群組全都是人頭的機率界限。根據式 (5.9)，從位置 i 開始的群組全部都是人頭的機率是

$$\Pr\{A_{i,\lfloor (\lg n)/2 \rfloor}\} = \frac{1}{2^{\lfloor (\lg n)/2 \rfloor}}$$
$$\geq \frac{1}{\sqrt{n}}$$

因此，長度至少是 $\lfloor (\lg n)/2 \rfloor$ 的連勝不是從位置 i 開始的機率最多是 $1 - 1/\sqrt{n}$。因為這 $\lfloor n/\lfloor (\lg n)/2 \rfloor \rfloor$ 個群組是由互斥的、獨立的丟擲組成的，所以每一個群組的連勝長度**不到** $\lfloor (\lg n)/2 \rfloor$ 的機率最多是

$$\begin{aligned}
\left(1 - 1/\sqrt{n}\right)^{\lfloor n/\lfloor (\lg n)/2 \rfloor \rfloor} &\leq \left(1 - 1/\sqrt{n}\right)^{n/\lfloor (\lg n)/2 \rfloor - 1} \\
&\leq \left(1 - 1/\sqrt{n}\right)^{2n/\lg n - 1} \\
&\leq e^{-(2n/\lg n - 1)/\sqrt{n}} \\
&= O(e^{-\ln n}) \\
&= O(1/n)
\end{aligned} \tag{5.12}$$

我們在這個證明中使用了第 60 頁的不等式 (3.14)，$1 + x \leq e^x$，以及這個可以驗證的事實：對夠大的 n 而言，$(2n/\lg n - 1)/\sqrt{n} \geq \ln n$。

我們想要找出最長連勝等於或超過 $\lfloor (\lg n)/2 \rfloor$ 的機率界限。設 L 是最長連勝等於或超過 $s = \lfloor (\lg n)/2 \rfloor$ 的事件。設 $\overline{L}$ 是互補事件，也就是最長連勝嚴格少於 s，所以 $\Pr\{L\} + \Pr\{\overline{L}\} = 1$。設 F 是每一組的 s 次丟擲都無法連勝 s 次的事件。根據不等式 (5.12) 可得 $\Pr\{F\} = O(1/n)$。如果最長連勝少於 s，每一組的連勝次數一定都不到 s，也就是事件 $\overline{L}$ 意味著事件 F。當然，即使事件 $\overline{L}$ 沒發生，事件 F 也有可能發生（例如，當連勝 s 次或更多次的事件跨越兩組時），所以可得 $\Pr\{\overline{L}\} \leq \Pr\{F\} = O(1/n)$。因為 $\Pr\{L\} + \Pr\{\overline{L}\} = 1$，可得

$$\begin{aligned}
\Pr\{L\} &= 1 - \Pr\{\overline{L}\} \\
&\geq 1 - \Pr\{F\} \\
&= 1 - O(1/n)
\end{aligned}$$

也就是說，最長連勝等於或超過 $\lfloor (\lg n)/2 \rfloor$ 的機率是

$$\sum_{j=\lfloor (\lg n)/2 \rfloor}^{n} \Pr\{L_j\} \geq 1 - O(1/n) \tag{5.13}$$

現在可以計算最長連勝的期望長度下限了，我們從式 (5.11) 開始，並按照分析上限的方式進行：

$$\begin{aligned}
\mathrm{E}[L] &= \sum_{j=0}^{n} j \Pr\{L_j\} \\
&= \sum_{j=0}^{\lfloor (\lg n)/2 \rfloor - 1} j \Pr\{L_j\} + \sum_{j=\lfloor (\lg n)/2 \rfloor}^{n} j \Pr\{L_j\} \\
&\geq \sum_{j=0}^{\lfloor (\lg n)/2 \rfloor - 1} 0 \cdot \Pr\{L_j\} + \sum_{j=\lfloor (\lg n)/2 \rfloor}^{n} \lfloor (\lg n)/2 \rfloor \Pr\{L_j\} \\
&= 0 \cdot \sum_{j=0}^{\lfloor (\lg n)/2 \rfloor - 1} \Pr\{L_j\} + \lfloor (\lg n)/2 \rfloor \sum_{j=\lfloor (\lg n)/2 \rfloor}^{n} \Pr\{L_j\} \\
&\geq 0 + \lfloor (\lg n)/2 \rfloor (1 - O(1/n)) \quad \text{（根據不等式 (5.13)）} \\
&= \Omega(\lg n)
\end{aligned}$$

如同生日悖論，我們用指標隨機變數來進行更簡單、但近似的分析。我們不打算找出最長連勝的期望長度，而是找出至少有某個長度的連勝的期望次數。設 $X_{ik} = \mathrm{I}\{A_{ik}\}$ 是從第 i 次丟硬幣開始連續丟出人頭的長度至少為 k 的指標隨機變數。為了計算這種連勝的總數，我們定義

$$X_k = \sum_{i=1}^{n-k+1} X_{ik}$$

取期望，並使用期望的線性性質，可得

$$E[X_k] = E\left[\sum_{i=1}^{n-k+1} X_{ik}\right]$$
$$= \sum_{i=1}^{n-k+1} E[X_{ik}]$$
$$= \sum_{i=1}^{n-k+1} \Pr\{A_{ik}\}$$
$$= \sum_{i=1}^{n-k+1} \frac{1}{2^k}$$
$$= \frac{n-k+1}{2^k}$$

藉著插入各種 k 值，我們可以計算長度至少為 k 的連勝的期望次數。如果期望次數很大（遠大於 1），我們預期長度 k 的連勝會出現很多次，所以出現一次的機率很高。如果期望次數很小（遠小於 1），我們預期長度 k 的連勝很少，所以它出現的機率很低。如果 $k = c \lg n$，其中 c 是正的常數，可得

$$E[X_{c\lg n}] = \frac{n - c\lg n + 1}{2^{c\lg n}}$$
$$= \frac{n - c\lg n + 1}{n^c}$$
$$= \frac{1}{n^{c-1}} - \frac{(c\lg n - 1)/n}{n^{c-1}}$$
$$= \Theta(1/n^{c-1})$$

如果 c 很大，長度為 $c \lg n$ 的連勝的期望次數很少，我們可以得出結論：它們不太可能發生。另一方面，如果 $c = 1/2$，我們得到 $E[X_{(1/2)\lg n}] = \Theta(1/n^{1/2-1}) = \Theta(n^{1/2})$，可預期會有很多長度為 $(1/2)\lg n$ 的連勝，因此，這種長度的連勝很可能發生。我們可以得出結論，最長連勝的期望長度是 $\Theta(\lg n)$。

5.4.4 線上僱用問題

在最後一個問題裡，我們要考慮僱用問題的一種變體。假如你不想要面試所有求職者來找出最好的那一位，也不想在找到更好的助理時，反覆進行僱用和炒魷魚，相反地，你願意退而求其次，選擇一位接近最優秀的求職者，來換取只僱用一次。你必須遵守公司的一個要求：在每次面試後，你必須立刻錄取求職者或立刻拒絕求職者。如何在盡量減少面試次數，以及盡量提高被錄取者的品質之間取得平衡？

我們可以用下面的方法來模擬這個問題。在面試一位求職者後，你可以幫每一位打分數。設 $score(i)$ 代表你給第 i 位求職者打的分數，並假設所有求職者的分數都不一樣。當你看過 j 位求職者後，你知道這 j 位的哪位分數最高，但你不知道其餘的 $n-j$ 位求職者能不能獲得更高分。你決定採取以下的策略：選擇一個正整數 $k < n$，在面試後，拒絕前 k 位求職者，然後錄取此後第一位分數高於之前所有求職者的人。如果最優秀求職者在第一批面試的 k 人中，你就僱用第 n 位求職者，也就是最後一位面試者。我們用 ONLINE-MAXIMUM(k, n) 來正式寫出這個策略，此程序回傳你想僱用的求職者的索引。

ONLINE-MAXIMUM(k, n)
1 *best-score* $= -\infty$
2 **for** $i = 1$ **to** k
3   **if** *score*(i) > *best-score*
4   *best-score* = *score*(i)
5 **for** $i = k + 1$ **to** n
6   **if** *score*(i) > *best-score*
7   **return** i
8 **return** n

如果可以為每一個可能的 k 值找出聘請最優秀的求職者的機率，我們就可以選出最好的 k 值，並按照那個 k 值執行策略。此時，我們暫時假設那個 k 是固定的。設 $M(j) = \max\{score(i) : 1 \le i \le j\}$ 代表求職者 1 到 j 之中分數最高的那一位。設 S 是成功選擇最佳求職者的事件，設 S_i 是最佳求職者是第 i 位面試者所以被你成功錄取的事件。因為各個 S_i 沒有交集，所以 $\Pr\{S\} = \sum_{i=1}^{n} \Pr\{S_i\}$。注意，當最佳求職者是前 k 位之一時，你絕對不會成功，所以 $\Pr\{S_i\} = 0$，其中 $i = 1, 2, \ldots, k$。因此可得

$$\Pr\{S\} = \sum_{i=k+1}^{n} \Pr\{S_i\} \tag{5.14}$$

我們來計算 $\Pr\{S_i\}$。為了在最佳求職者是第 i 位的情況下成功，有兩件事必須發生。首先，最佳求職者必須是第 i 位，我們用 B_i 來代表這個事件。其次，演算法不能選擇第 $k+1$ 位至第 $i-1$ 位的任何求職者，這件事只會在這個條件下發生：對於 $k+1 \leq j \leq i-1$ 的每一個 j 而言，第 6 行發現 $score(j) < best\text{-}score$（因為分數都是唯一的，所以我們可以忽略 $score(j) = best\text{-}score$ 的可能性）。換句話說，從 $score(k+1)$ 到 $score(i-1)$ 的值都必須小於 $M(k)$，如果任何一個大於 $M(k)$，演算法會回傳第一個更高分的索引。我們用 O_i 來代表從 $k+1$ 到 $i-1$ 的求職者都沒有被錄取的事件。幸運的是，B_i 與 O_i 這兩個事件是獨立的。事件 O_i 只與第 1 位到第 $i-1$ 位的值的相對順序有關，而 B_i 只與位置 i 的值是否大於所有其他位置的值有關。位置 1 到 $i-1$ 的值的順序不會影響位置 i 的值是否大於它們全部，而位置 i 的值不會影響位置 1 到 $i-1$ 的值的順序。因此，我們可以用第 1143 頁的式 (C.17) 得到

$$\Pr\{S_i\} = \Pr\{B_i \cap O_i\} = \Pr\{B_i\}\Pr\{O_i\}$$

我們得到 $\Pr\{B_i\} = 1/n$，因為最大值在 n 個位置中的任何一個的機率相同。為了讓 O_i 發生，在位置 1 到 $i-1$ 裡面的最大值（它在這 $i-1$ 個位置的機率相同）必須在前 k 個位置之一。因此，$\Pr\{O_i\} = k/(i-1)$ 且 $\Pr\{S_i\} = k/(n(i-1))$。使用式 (5.14) 可得

$$\begin{aligned}
\Pr\{S\} &= \sum_{i=k+1}^{n} \Pr\{S_i\} \\
&= \sum_{i=k+1}^{n} \frac{k}{n(i-1)} \\
&= \frac{k}{n} \sum_{i=k+1}^{n} \frac{1}{i-1} \\
&= \frac{k}{n} \sum_{i=k}^{n-1} \frac{1}{i}
\end{aligned}$$

我們用積分來敘述這個和式的上限與下限。根據第 1107 頁的不等式 (A.19) 可得

$$\int_{k}^{n} \frac{1}{x} dx \leq \sum_{i=k}^{n-1} \frac{1}{i} \leq \int_{k-1}^{n-1} \frac{1}{x} dx$$

計算這些定積分可得這些界限

$$\frac{k}{n}(\ln n - \ln k) \leq \Pr\{S\} \leq \frac{k}{n}(\ln(n-1) - \ln(k-1))$$

這個 Pr{S} 的界限相當緊密。因為我們想要將成功的機率最大化，讓我們把注意力放在選擇可將 Pr{S} 的下限最大化的 k 值上（此外，下限算式比上限算式更容易最大化）。以 k 為變數求 (k/n)(ln n − ln k) 的導數可得

$$\frac{1}{n}(\ln n - \ln k - 1)$$

將這個導數設為 0 可以看到，當 ln k = ln n − 1 = ln(n/e) 時，或等價地，當 k = n/e 時，我們可將機率的下限最大化。因此，當你用 k = n/e 來實行策略時，可以成功僱用最優秀的求職者的機率至少是 1/e。

習題

5.4-1
若要讓一間房間裡面有人的生日和你一樣的機率是 1/2 以上，房間裡必須有多少人？若要讓房間裡至少有兩個人的生日是 7 月 4 日的機率大於 1/2，房間必須有多少人？

5.4-2
若要讓房間裡有兩個人的生日一樣的機率是 0.99 以上，房間裡必須有多少人？有那麼多人時，生日相同的期望對數是幾對？

5.4-3
你想要把球丟到 b 個箱子，直到有箱子裡面有兩顆球為止。每次丟球都是獨立的，而且每一顆球被丟到任何箱子的機率都是相等的。丟球的期望次數是多少？

★ 5.4-4
在分析生日悖論時，生日是否一定要互相獨立？還是只要兩兩獨立即可？證明你的答案是正確的。

★ 5.4-5
你必須邀請多少人參加派對，才有可能在裡面找到三位同一天生日的人？

★ 5.4-6
在大小為 n 的集合中，一個 k-字串（定義在第 1135 頁）構成一個 k-排列的機率是多少？這個問題與生日悖論有何關係？

★ **5.4-7**
你想要把 n 顆球丟入 n 個箱子,每一次丟球都是獨立的,而且球被丟入任何箱子的機率是相同的。空箱子的期望數量是幾個?有一顆球的箱子的期望數量是幾個?

★ **5.4-8**
為了讓連勝長度的下限更精確,證明在丟 n 次公正的硬幣之中,連續出現 $\lg n - 2 \lg \lg n$ 次人頭的機率至少是 $1 - 1/n$。

挑戰

5-1 機率計數

在使用 b 位元的計數器時,我們通常只能計數到 $2^b - 1$。但使用 R. Morris 的**機率計數法**時,我們可以計數到大很多的數字,代價是降低一些準確度。

設計數器的值 i 代表一個計數 n_i,其中 $i = 0, 1, ..., 2^b - 1$,n_i 構成一個非負值的遞增序列。假設計數器的初始值是 0,代表 n_0 計數 = 0。INCREMENT 以機率方式對包含值 i 的計數器進行操作。如果 $i = 2^b - 1$,操作會回報溢位錯誤,否則,INCREMENT 操作有 $1/(n_{i+1} - n_i)$ 的機率將計數器遞增 1,有 $1 - 1/(n_{i+1} - n_i)$ 的機率維持計數器不變。

如果我們選擇 $n_i = i$,其中 $i \geq 0$,那麼計數器是普通的計數器。如果我們選擇(假設)$n_i = 2^{i-1}$,其中 $i > 0$,或 $n_i = F_i$(斐波那契數的第 i 個,見第 63 頁的方程式 (3.31)),更有趣的事情就會發生。

在這個問題中,假設 $n_{2^b - 1}$ 夠大,足以忽略溢位錯誤的機率。

a. 證明在執行 n 次 INCREMENT 操作後,計數器的值的期望值正好是 n。

b. 當我們分析計數器的值的變異數時需要使用 n_i 序列。我們來考慮一個簡單的情況:對所有 $i \geq 0$ 而言,$n_i = 100i$。估計在執行了 n 次 INCREMENT 操作之後,暫存器所代表的值的變異數。

5-2 搜尋未排序陣列

本題將分析三種演算法,它們可在一個包含 n 個元素的未排序陣列中尋找一個值 x。

考慮下面的隨機策略：隨機選擇 A 的一個索引 i，若 $A[i] = x$，則終止，否則隨機選擇 A 的一個新索引來繼續搜尋。繼續隨機選擇 A 的索引，直到找到一個索引 j 滿足 $A[j] = x$，或直到 A 的元素都已經被檢查過為止。這個策略可能檢查一個元素不只一次，因為它每次都從整個索引集合中挑選。

a. 寫出 RANDOM-SEARCH 程序的虛擬碼，以實現上述策略。你的演算法必須在 A 的索引都被檢查之後終止。

b. 假如有一個索引 i 滿足 $A[i] = x$，在 RANDOM-SEARCH 找到 x 並終止之前，預期需要選擇幾次 A 的索引？

c. 將 (b) 小題的答案一般化，假設有 $k \geq 1$ 個索引 i 滿足 $A[i] = x$。在 RANDOM-SEARCH 找到 x 並終止之前，預期需要選擇幾次 A 的索引？用 n 與 k 的函數來作答。

d. 假設沒有索引 i 滿足 $A[i] = x$，在 A 的所有元素都被檢查且 RANDOM-SEARCH 終止之前，預期需要選擇幾次 A 的索引？

現在考慮確定性線性搜尋演算法。我們將這個演算法稱為 DETERMINISTIC-SEARCH，它會在 A 裡依序尋找 x，考慮 $A[1], A[2], A[3], ..., A[n]$，直到找到 $A[i] = x$，或到達陣列的末端為止。假設輸入陣列的所有可能的排列都有相同的可能性。

e. 假如有一個索引 i 滿足 $A[i] = x$。在找到 x 並終止之前，DETERMINISTIC-SEARCH 預期需要選擇多少個 A 的索引？DETERMINISTIC-SEARCH 的最壞情況執行時間為何？

f. 將 (e) 小題的答案一般化，假如存在 $k \geq 1$ 個索引 i 滿足 $A[i] = x$。DETERMINISTIC-SEARCH 的平均情況執行時間為何？DETERMINISTIC-SEARCH 的最壞情況執行時間為何？用 n 與 k 的函數來作答。

g. 假設沒有索引 i 滿足 $A[i] = x$，DETERMINISTIC-SEARCH 的平均情況執行時間為何？DETERMINISTIC-SEARCH 的最壞情況執行時間為何？

最後，考慮隨機演算法 SCRAMBLE-SEARCH，它會先隨機排列輸入陣列，然後對著排列後的陣列執行上述的確定性線性搜尋。

h. 設 k 是滿足 $A[i] = x$ 的索引 i 的數量，寫出 SCRAMBLE-SEARCH 在 $k = 0$ 與 $k = 1$ 的情況下的最壞情況執行時間與期望執行時間。將你的解答一般化，以處理 $k \geq 1$ 的情況。

i. 你會使用這三種搜尋演算法中的哪一種？解釋你的答案。

後記

Bollobás [65]、Hofri [223] 與 Spencer [420] 有大量的高級機率技術。Karp [249] 與 Rabin [372] 對隨機演算法的優勢進行了討論和彙整。Motwani 和 Raghavan 的教科書 [336] 對隨機演算法進行了廣泛的探討。

R<small>ANDOMLY</small>-P<small>ERMUTE</small> 程序是由 Durstenfeld [128] 提出的，基於 Fisher 和 Yates [143，p.34] 更早提出的一個程序。

僱用問題的幾個變體已被廣泛研究。這些問題通常被稱為「秘書問題（secretary problem）」。此領域的文獻有 Ajtai、Meggido 和 Waarts 的論文 [11]，和 Kleinberg 的另一篇論文 [258]，它將秘書問題與線上廣告拍賣結合起來。

II 排序和順序統計量

簡介

這個部分將介紹處理下列排序問題的演算法:

輸入:一系列的 n 個數字 $\langle a_1, a_2, ..., a_n \rangle$。

輸出:輸入序列的一種排列(重新排序)$\langle a'_1, a'_2, ..., a'_n \rangle$,滿足 $a'_1 \leq a'_2 \leq \cdots \leq a'_n$。

輸入序列通常是有 n 個元素的陣列,雖然它可以用某種其他方式來表示,例如鏈接串列。

資料的結構

在實務上,有待排序的數字幾乎都不是孤立的值,它們通常是稱為**紀錄**的資料集合的一部分。每一筆紀錄都有一個**索引鍵**,它是我們想要排序的值。紀錄的其餘部分由**衛星資料**組成,它們通常與索引鍵放在一起。在實務上,當排序演算法排列索引鍵時也必須排列衛星資料。如果每一筆紀錄都有大量的衛星資料,為了盡量減少資料的移動,我們通常對紀錄的指標陣列進行排列,而不是紀錄本身。

從某種意義上說,演算法與完整的程式之間的區別正是這些實作細節。排序演算法描述了決定順序的**方法**,不管被排序的是個別的數字,還是包含許多衛星資料位元組的大型紀錄。因此,在探討排序問題時,我們通常假設輸入只由數字組成。將排序數字的演算法轉換成排序紀錄的程式在概念上很簡單,儘管在某些工程應用中,其他細節可能讓程式編寫任務變得具有挑戰性。

為什麼要排序?

許多計算機科學家認為排序是學習演算法時的基本問題。這有幾個原因:

- 有時,應用本來就要對資訊進行排序。例如,為了準備客戶報表,銀行要按照支票號碼對支票進行排序。

- 演算法經常將排序當成一種關鍵的子程序。例如，程式在顯示堆起來的圖片物件時，可能必須根據「上面（above）」關係對這些物件進行排序，以便由下而上繪製這些物件。我們將在本書中看到許多將排序當成子程序的演算法。

- 我們可以從各種排序演算法中吸取經驗，因為它們採用豐富的技術。在設計演算法時使用的許多重要技術都被用來開發排序演算法。如此看來，排序也是一種具有歷史意義的問題。

- 我們可以證明排序的有意義下限（正如我們將在第 8 章做的那樣），由於最佳上限在漸近意義上與下界匹配，因此可以得出一個結論：我們的一些排序演算法是漸近最佳的。此外，我們可以用排序的下限來證明各種其他問題的下限。

- 在實作排序演算法時，許多工程問題會浮現出來。在特定情況之下的最快排序程式可能依許多因素而定，例如對索引鍵與衛星資料的事先了解、主機的記憶體階層（快取和虛擬記憶體），以及軟體環境。其中許多問題最好在演算法層面處理，而不是透過「調整」程式來處理。

排序演算法

第 2 章已經介紹了兩種對 n 個實數進行排序的演算法。插入排序在最壞情況下需要 $\Theta(n^2)$ 時間。但是，因為它的內部迴圈很緊湊，所以對小規模的輸入而言，它是快速的排序演算法。此外，與合併排序不同的是，它是**就地排序**的，這意味著，在輸入陣列中，最多只有固定數量的元素被儲存到陣列之外，這有利於節省空間。合併排序有較佳的漸近執行時間，$\Theta(n \lg n)$，但它使用的 MERGE 不是就地操作的（第 26.3 節會介紹合併排序的一種平行化版本）。

本部分將介紹兩種新的排序演算法，它們可以排序任意的實數。第 6 章將介紹堆積排序法，它可以用 $O(n \lg n)$ 時間就地排序 n 個數字。它使用一種重要的資料結構，稱為堆積（heap），它也可以實作優先佇列（priority queue）。

第 7 章的快速排序（quicksort）也就地排序 n 個數字，但它的最壞情況執行時間是 $\Theta(n^2)$。它的期望執行時間是 $\Theta(n \lg n)$，但是，它在實務上的表現通常比堆積排序更好。快速排序和插入排序一樣有緊湊的程式碼，所以在其執行時間裡面的隱性常數因子很小。它是排序大型陣列時最常用的演算法。

插入排序、合併排序、堆積排序與快速排序都是比較排序法：它們藉著比較元素來決定輸入陣列的排列順序。為了研究比較排序法的性能限制，第 8 章的開頭會介紹決策樹模型。我們使用這個模型來證明任何比較排序法處理 n 個輸入的最壞情況執行時間下限是 $\Omega(n \lg n)$，進而證明堆積排序與合併排序是漸近最佳的比較排序法。

第 8 章接著展示，如果演算法能夠採用「比較元素」之外的做法來收集關於輸入的排列順序的資訊，我們也許能夠超越這個 $\Omega(n \lg n)$ 下限。例如，計數排序演算法假設輸入數字屬於集合 $\{0, 1, ..., k\}$。藉著使用陣列索引來決定相對順序，計數排序可以用 $\Theta(k + n)$ 時間來排序 n 個數字。因此，當 $k = O(n)$ 時，計數排序的執行時間與輸入陣列的大小成線性關係。另一種相關的演算法，數基排序，可以用來擴展計數排序的適用範圍。如果有 n 個整數需要排序，每個整數都有 d 位數，每一個位數最多可能有 k 種值，那麼數基排序可以用 $\Theta(d(n+k))$ 時間來排序數字。當 d 是個常數，且 k 是 $O(n)$ 時，數基排序以線性時間執行。第三種演算法是桶排序，它需要了解輸入陣列中的數字的機率分布。在平均情況下，它可以用 $O(n)$ 時間來排序半開區間 $[0, 1)$ 內均勻分布的 n 個實數。

下一頁的表格總結了第 2 章與第 6~8 章的排序演算法的執行時間。其中，n 代表有待排序的項目數量。對於計數排序，有待排序的項目是在集合 $\{0, 1, ..., k\}$ 裡面的整數。對於數基排序，每一個項目都是一個 d 位數的數字，其中的每一個位數都可能有 k 種值。對於桶排序，我們假設索引鍵是在半開區間 $[0, 1)$ 內均勻分布的實數。最右邊的欄位是平均情況執行時間或期望執行時間，當它與最壞情況執行時間不同時，表格會寫出它是哪一種。我們省略堆積排序的平均情況執行時間，因為本書不分析它。

演算法	最壞情況 執行時間	平均情況 / 期望執行時間
插入排序	$\Theta(n^2)$	$\Theta(n^2)$
合併排序	$\Theta(n \lg n)$	$\Theta(n \lg n)$
堆積排序	$O(n \lg n)$	—
快速排序	$\Theta(n^2)$	$\Theta(n \lg n)$　（期望）
計數排序	$\Theta(k + n)$	$\Theta(k + n)$
數基排序	$\Theta(d(n + k))$	$\Theta(d(n + k))$
桶排序	$\Theta(n^2)$	$\Theta(n)$　（平均情況）

順序統計量

在一組由 n 個數字組成的集合中,第 i 小的數字稱為第 i 個順序統計量。當然,你可以排序輸入並檢索輸出的第 i 個元素來選出第 i 個順序統計量。當你不知道輸入的分布時,這種方法的執行時間是 $\Omega(n \lg n)$,即第 8 章證明下限。

第 9 章介紹如何用 $O(n)$ 時間來找出第 i 小的元素,即使那些元素是任意的實數。我們提出一種隨機演算法,它具有緊湊的虛擬碼,最壞情況執行時間是 $\Theta(n^2)$,但期望執行時間是 $O(n)$。我們也會介紹一種更複雜的演算法,它的最壞情況執行時間是 $O(n)$。

背景

雖然這個部分大多數的內容都不使用高深的數學,但有些小節還是需要一些稍微複雜的數學知識。尤其是快速排序、桶排序與順序統計量演算法都需要使用機率學(你可以在附錄 C 複習),以及第 5 章的機率分析和隨機演算法。

6 堆積排序

本章介紹另一種排序演算法：堆積排序。堆積排序與合併排序相同，但是與插入排序不同的特性在於，它的執行時間是 $O(n \lg n)$。堆積排序與插入排序一樣，但是與合併排序不一樣的地方在於，它是就地進行的：在任何時候，只有固定數量的陣列元素被存放在輸入陣列之外。因此，堆積排序結合了我們討論過的兩種排序演算法的較佳屬性。

堆積排序也採取另一種演算法設計技術：使用資料結構（在此例中稱為「堆積」）來管理資料。堆積資料結構不僅對堆積排序有用，也可以用來建構高效的優先佇列。堆積資料結構將在後續的章節的演算法裡再次出現。

「堆積（heap）」這個術語最初是在堆積排序的背景下產生的，但後來它被用來代表「記憶體回收儲存體」，例如程式語言 Java 與 Python 提供的功能。千萬不要搞混了。堆積資料結構不是記憶體回收儲存體。本書使用的「堆積」一詞都是指資料結構，不是儲存類別。

6.1 堆積

(二元的)堆積資料結構是一種可視為近似完整二元樹（見第 B.5.3 節）的陣列物件，如圖 6.1 所示。樹的每一個節點都對映陣列的一個元素。樹的每一層都是完全填滿的，可能除了最低一層之外，該層會從左側開始一直填到某個點。代表堆積的陣列 $A[1:n]$ 是一個擁有屬性 *A.heap-size* 的物件，*A.heap-size* 代表有多少堆積元素被存入陣列 A。也就是說，雖然 $A[1:n]$ 可能容納數字，但只有在 $A[1:A.heap\text{-}size]$ 裡面的元素是堆積的有效元素，其中 $0 \le A.heap\text{-}size \le n$。如果 *A.heap-size* = 0，那麼堆積是空的。樹的根節點是 $A[1]$，一個節點有一個索引 i，我們可以用一種簡單的方法來計算節點的父節點、左邊子節點、右邊子節點的索引，只需要使用一行的程序 PARENT、LEFT 與 RIGHT。

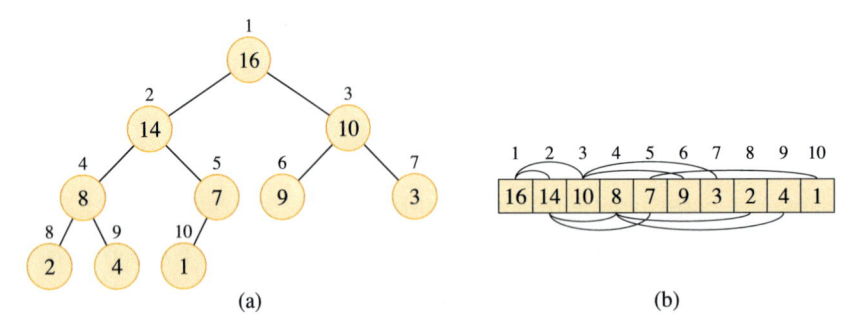

图 6.1 最大堆積的 **(a)** 二元樹與 **(b)** 陣列視角。在樹中的每個節點裡面的數字是該節點儲存的值。在節點上面的數字是它在陣列中的索引。在陣列的上面與下面有展示父子關係的線，父始終位於子的左邊。這顆樹的高度是 3，位於索引 4 的節點（其值為 8）的高度是 1。

Parent(i)
1   **return** $\lfloor i/2 \rfloor$

Left(i)
1   **return** $2i$

Right(i)
1   **return** $2i + 1$

在大多數的電腦上，Left 程序可以用一個指令來計算 $2i$，只要將 i 的二進制表示法左移 1 bit 位置即可。同理，Right 程序可以快速地計算 $2i+1$，只要將 i 的二進制表示法左移 1 bit 位置再加 1 即可。Parent 程序可以將 i 右移 1 bit 來計算 $\lfloor i/2 \rfloor$。好的堆積排序程式通常會將這些程序寫成巨集或行內程序。

二元堆積有兩種：最大堆積與最小堆積在這兩種堆積中的節點裡面的值滿足**堆積特性**，堆積特性的具體內容依堆積的種類而定。在**最大堆積**裡，**最大堆積特性**就是對每一個非根節點的節點 i 而言，

$A[\text{Parent}(i)\} \geq A[i]$

也就是說，節點的最大值是它的父節點的值。因此，在最大堆積裡面，最大元素被存放在根節點裡，而且，在根是某節點的子樹裡的值都不會大於該節點的值。**最小堆積**的排列方式完全相反：**最小堆積特性**是，對於每一個非根的節點 i，

$$A[\text{Parent}(i)] \leq A[i]$$

在最小堆積裡，最小元素在根節點。

堆積排序演算法使用最大堆積。最小堆積通常用來實作優先佇列，我們在第 6.5 節討論它。我們將說明每一個應用使用的是最大堆積還是最小堆積，當屬性適用於最大堆積與最小堆積時，我們只使用「堆積」這個術語。

在堆積樹中，我們定義堆積節點的**高度**是該節點往下到葉節點的最長簡單路徑的邊（edge）數，並定義堆積的高度是它的根的高度。因為包含 n 個元素的堆積是基於完整二元樹建立的，所以它的高是 $\Theta(\lg n)$（見習題 6.1-2）。我們將看到，針對堆積進行的基本操作的執行時間幾乎與樹高成正比，所以需要 $O(\lg n)$ 時間。本章接下來的內容將介紹一些基本程序，並展示如何在排序演算法與優先佇列資料結構中使用它們。

- Max-Heapify 程序是維持最大堆積特性的關鍵，它的執行時間是 $O(\lg n)$。
- Build-Max-Heap 程序用一個未排序的輸入陣列來產生一個最大堆積，它的執行時間是線性的。
- Heapsort 程序可就地排序陣列，它的執行時間是 $O(n \lg n)$。
- Max-Heap-Insert、Max-Heap-Extract-Max、Max-Heap-Increase-Key 與 Max-Heap-Maximum 程序可讓你用堆積資料結構實作優先佇列。它們的執行時間是 $O(\lg n)$ 加上「被插入優先佇列的物件」與「堆積索引」互相對映的時間。

習題

6.1-1
在高度為 h 的堆積裡面的元素數量，最少有幾個元素？最多有幾個元素？

6.1-2
證明包含 n 個元素的堆積的高度是 $\lfloor \lg n \rfloor$。

6.1-3
證明最大堆積的任何子樹的根的值，比那棵子樹的任何其他值都要大。

6.1-4
在最大堆積中，最小的元素可能在哪裡？假設所有元素都不同。

6.1-5
在最大堆積裡，第 k 大的元素可能在哪一層？設 $2 \leq k \leq \lfloor n/2 \rfloor$，且所有元素都不一樣。

6.1-6
已依序排列的陣列是最小堆積嗎？

6.1-7
值為 $\langle 33, 19, 20, 15, 13, 10, 2, 13, 16, 12 \rangle$ 的陣列是最大堆積嗎？

6.1-8
證明：在 n 個元素的堆積的陣列表示法中，葉節點的索引是 $\lfloor n/2 \rfloor + 1, \lfloor n/2 \rfloor + 2, ..., n$。

6.2 維持堆積特性

下一頁的 MAX-HEAPIFY 程序可維持最大堆積特性。它的輸入是具有 *heap-size* 屬性的陣列 A，以及陣列索引 i。當 MAX-HEAPIFY 被呼叫時，它假設根為 LEFT(i) 與 RIGHT(i) 的二元樹都是最大堆積，但 $A[i]$ 可能小於它的子節點，因而違反最大堆積特性。MAX-HEAPIFY 會讓位於 $A[i]$ 的值在最大堆積中「下降」，使得根為索引 i 的子樹具有最大堆積特性。

圖 6.2 說明 MAX-HEAPIFY 的工作情況，它的每一步都會確定 $A[i]$、$A[\text{LEFT}(i)]$ 與 $A[\text{RIGHT}(i)]$ 中，哪一個是最大的元素，並將最大元素的索引存入 *largest*。如果 $A[i]$ 是最大的，代表根為節點 i 的子樹已經是最大堆積了，所以不需要做其他事情，否則就代表兩個節點之一是最大元素。i 與 *largest* 對調它們的內容，使節點 i 與它的子節點滿足最大堆積特性。但是，索引為 *largest* 的節點的值變小了，因此根為 *largest* 的子樹可能違反最大堆積特性。所以 MAX-HEAPIFY 呼叫它自己來遞迴處理該子樹。

6.2 維持堆積特性 | 157

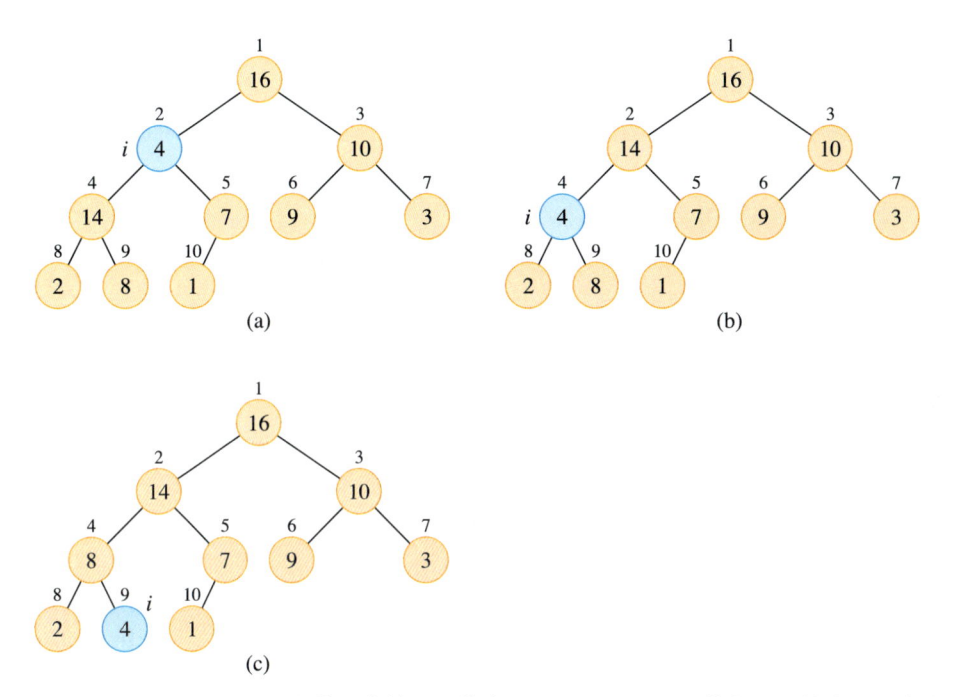

圖 6.2 MAX-HEAPIFY(A, 2) 的工作情況，其中 $A.heap\text{-}size = 10$。藍色是可能違反最大堆積特性的節點。**(a)** 初始設置，位於節點 $i = 2$ 的 $A[2]$ 違反最大堆積特性，因為它沒有比它的兩個子節點都要大。**(b)** 藉著將 $A[2]$ 換成 $A[4]$ 來讓節點 2 恢復最大堆積特性，但這會破壞節點 4 的最大堆積特性。遞迴呼叫 MAX-HEAPIFY(A, 4) 使得 $i = 4$。在 **(c)** 中，將 $A[4]$ 與 $A[9]$ 對調後，節點 4 被修正了，遞迴呼叫 MAX-HEAPIFY(A, 9) 不會進一步改變資料結構。

MAX-HEAPIFY(A, i)
1 $l = $ LEFT(i)
2 $r = $ RIGHT(i)
3 **if** $l \leq A.heap\text{-}size$ **and** $A[l] > A[i]$
4      $largest = l$
5 **else** $largest = i$
6 **if** $r \leq A.heap\text{-}size$ **and** $A[r] > A[largest]$
7      $largest = r$
8 **if** $largest \neq i$
9   exchange $A[i]$ with $A[largest]$
10   MAX-HEAPIFY($A, largest$)

為了分析 MAX-HEAPIFY，設 $T(n)$ 是這個程序處理大小不超過 n 的子樹的最壞情況執行時間。對根為節點 i 的樹而言，執行時間包含以 $\Theta(1)$ 時間來修正元素 $A[i]$、$A[\text{LEFT}(i)]$、$A[\text{RIGHT}(i)]$ 之間的關係，加上針對根為節點 i 的一個子節點的子樹執行 MAX-HEAPIFY 的時間（假設發生遞迴呼叫）。子節點的子樹的大小頂多分別是 $2n/3$（見習題 6.2-2），因此我們可以用這個遞迴式來描述 MAX-HEAPIFY 的執行時間

$$T(n) \leq T(2n/3) + \Theta(1) \tag{6.1}$$

根據主定理的情況 2（第 96 頁的定理 4.1），這個遞迴式的解是 $T(n) = O(\lg n)$。或者，我們可以將 MAX-HEAPIFY 處理高度為 h 的節點的執行時間描述成 $O(h)$。

習題

6.2-1
模仿圖 6.2，說明 MAX-HEAPIFY(A, 3) 處理陣列 $A = \langle 27, 17, 3, 16, 13, 10, 1, 5, 7, 12, 4, 8, 9, 0 \rangle$ 的動作。

6.2-2
有一個堆積有 n 個節點，證明該堆積的根節點的各個子節點是一棵包含最多 $2n/3$ 個節點的子樹的根節點。使得各個子樹最多有 αn 個節點的最小 α 是多少？這如何影響遞迴式 (6.1) 和它的解？

6.2-3
參考 MAX-HEAPIFY 程序，寫出 MIN-HEAPIFY(A, i) 程序的虛擬碼，讓它對著一個最小堆積執行對映的操作。比較 MIN-HEAPIFY 與 MAX-HEAPIFY 的執行時間。

6.2-4
當 $A[i]$ 大於它的子節點時，呼叫 MAX-HEAPIFY(A, i) 有什麼效果？

6.2-5
當 $i > A.heap\text{-}size/2$ 時，呼叫 MAX-HEAPIFY(A, i) 有什麼效果？

6.2-6
MAX-HEAPIFY 的程式碼非常高效，或許除了第 10 行的遞迴呼叫之外，有些編譯器可能將它編譯成低效的程式碼。寫出高效的 MAX-HEAPIFY，用迭代控制結構（迴圈）來取代遞迴。

6.2-7

證明 MAX-HEAPIFY 處理大小為 n 的堆積的最壞情況執行時間是 $\Omega(\lg n)$（提示：為一個擁有 n 個節點的堆積給出節點值，讓程序在從根節點到葉節點的單一路徑上的每一個節點中，遞迴地呼叫 MAX-HEAPIFY）。）

6.3 建構堆積

BUILD-MAX-HEAP 程序藉著由下而上的方式，呼叫 MAX-HEAPIFY 來將陣列 $A[1:n]$ 轉換成最大堆積。習題 6.1-8 指出，在子陣列 $A[\lfloor n/2 \rfloor + 1:n]$ 裡面的元素都是樹的葉節點，所以它們都是 1 個元素的堆積。BUILD-MAX-HEAP 會遍歷樹的其餘節點，並對每一個節點執行 MAX-HEAPIFY。圖 6.3 是 BUILD-MAX-HEAP 的動作範例。

BUILD-MAX-HEAP(A, n)
1   $A.heap\text{-}size = n$
2   **for** $i = \lfloor n/2 \rfloor$ **downto** 1
3   MAX-HEAPIFY(A, i)

為了展示 BUILD-MAX-HEAP 為何可以正確運作，我們使用下列的循環不變性：

> 在第 2~3 行的 **for** 迴圈每次開始迭代時，每個節點 $i + 1, i + 2, \ldots, n$ 都是一個最大堆積的根節點。

我們要證明這個不變性在第一次迴圈迭代之前是成立的、證明每一次迴圈迭代與迴圈終止都能維持這個不變性，以及展示這個不變性提供一個有用的屬性來證明迴圈終止時的正確性。

初始： 在迴圈的初次迭代之前，$i = \lfloor n/2 \rfloor$。節點 $\lfloor n/2 \rfloor + 1, \lfloor n/2 \rfloor + 2, \ldots, n$ 都是葉節點，因此它們都是一個簡單的最大堆積的根。

維持： 為了確定每次迭代都維持循環不變性，我們可以觀察節點 i 的子節點的編號都比 i 大。因此，根據循環不變性，它們都是最大堆積的根節點。這正是呼叫 MAX-HEAPIFY(A, i) 來讓節點 i 成為最大堆積的根節點所需的條件。此外，呼叫 MAX-HEAPIFY 會維持節點 $i + 1, i + 2, \ldots, n$ 都是最大堆積的根節點這個屬性。在新的 **for** 迴圈減少 i 的值可以為下一次迭代重新確立循環不變性。

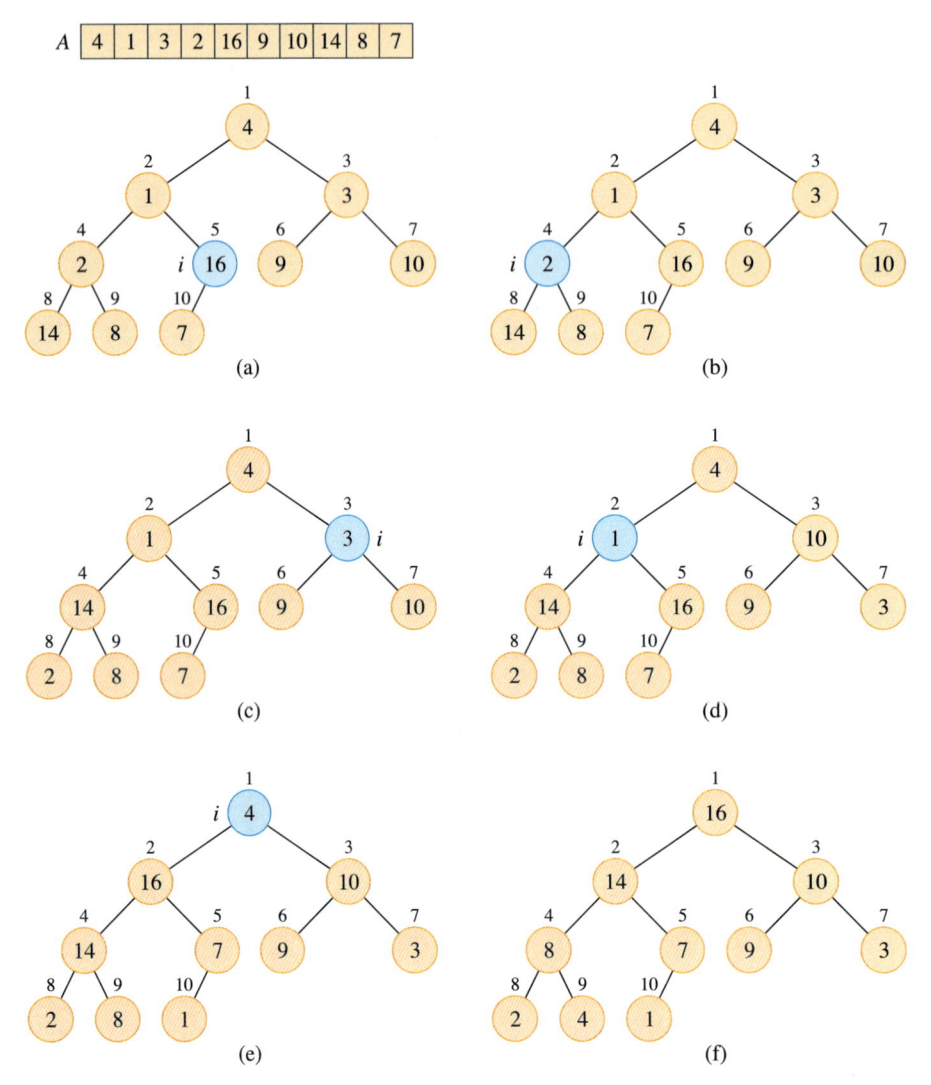

圖 6.3 BUILD-MAX-HEAP 的工作情況，此圖展示在 BUILD-MAX-HEAP 的第 3 行呼叫 MAX-HEAPIFY 之前的資料結構。藍色是每次迭代時，索引為 i 的節點。**(a)** 具有 10 個元素的輸入陣列 A 與它的二元樹。在呼叫 MAX-HEAPIFY(A, i) 之前，迴圈索引 i 引用節點 5。**(b)** 程序產生的資料結構。下一次迭代的迴圈索引 i 引用節點 4。**(c)~(e)** BUILD-MAX-HEAP 的 **for** 迴圈的後續迭代。你可以看到，當程序對著一個節點呼叫 MAX-HEAPIFY 時，該節點的兩棵子樹都是最大堆積。**(f)** 在 BUILD-MAX-HEAP 完成後的最大堆積。

終止： 迴圈做了 $\lfloor n/2 \rfloor$ 次迭代並終止。在終止時，$i = 0$。根據循環不變性，各個節點 1, 2, ..., n 都是一個最大堆積的根節點。特別是，節點 1 也是。

我們可以用下面的方式來計算 BUILD-MAX-HEAP 的執行時間的簡單上限。每次呼叫 MAX-HEAPIFY 都花費 $O(\lg n)$ 時間，BUILD-MAX-HEAP 發出 $O(n)$ 次這種呼叫。因此，執行時間是 $O(n \lg n)$。雖然這個上限是正確的，但它不像該有的那樣緊密。

我們可以看到，MAX-HEAPIFY 處理一個節點的執行時間會隨著該節點在樹中的高度而變化，而且大多數節點的高度都很小，由此可知，我們可以推導出更嚴格的漸近界限。更嚴格的分析依賴兩個屬性：包含 n 個元素的堆積的高為 $\lfloor \lg n \rfloor$（見習題 6.1-2），以及高度為任何 h 的節點最多 $\lceil n/2^{h+1} \rceil$ 個（見習題 6.3-4）。

對著高度 h 的節點進行呼叫時，MAX-HEAPIFY 需要的時間是 $O(h)$。設 c 是漸近表示法的隱性常數，我們可以將 BUILD-MAX-HEAP 的總成本上限寫成 $\sum_{h=0}^{\lfloor \lg n \rfloor} \lceil n/2^{h+1} \rceil ch$。如習題 6.3-2 所示，當 $0 \leq h \leq \lfloor \lg n \rfloor$ 時，$\lceil n/2^{h+1} \rceil \geq 1/2$。因為對任何 $x \geq 1/2$ 而言，$\lceil x \rceil \leq 2x$，所以 $\lceil n/2^{h+1} \rceil \leq n/2^h$。於是可得

$$\sum_{h=0}^{\lfloor \lg n \rfloor} \left\lceil \frac{n}{2^{h+1}} \right\rceil ch$$
$$\leq \sum_{h=0}^{\lfloor \lg n \rfloor} \frac{n}{2^h} ch$$
$$= cn \sum_{h=0}^{\lfloor \lg n \rfloor} \frac{h}{2^h}$$
$$\leq cn \sum_{h=0}^{\infty} \frac{h}{2^h}$$
$$\leq cn \cdot \frac{1/2}{(1-1/2)^2} \quad \text{（根據第 1099 頁的式 (A.11)，設 } x = 1/2\text{）}$$
$$= O(n)$$

因此，我們可以在線性時間內將未排序的陣列排成最大堆積。

我們使用 BUILD-MIN-HEAP 程序來建立最小堆積，它與 BUILD-MAX-HEAP 一樣，但將第 3 行呼叫 MAX-HEAPIFY 換成呼叫 MIN-HEAPIFY（見習題 6.2-3）。BUILD-MIN-HEAP 可在線性時間內將未排序的陣列做成最小堆積。

習題

6.3-1
模仿圖 6.3，說明 BUILD-MAX-HEAP 處理陣列 $A = \langle 5, 3, 17, 10, 84, 19, 6, 22, 9 \rangle$ 的動作。

6.3-2
證明當 $0 \leq h \leq \lfloor \lg n \rfloor$ 時，$\lceil n/2^{h+1} \rceil \geq 1/2$。

6.3-3
為什麼 BUILD-MAX-HEAP 的第 2 行的迴圈索引 i 從 $\lfloor n/2 \rfloor$ 減少至 1，而不是從 1 增加至 $\lfloor n/2 \rfloor$？

6.3-4
證明在具有 n 個元素的任何堆積裡，高度是 h 的節點最多有 $\lceil n/2^{h+1} \rceil$ 個。

6.4 堆積排序演算法

堆積排序演算法，如 HEAPSORT 程序所示，會先呼叫 BUILD-MAX-HEAP 程序來使用輸入陣列 $A[1:n]$ 建立一個最大堆積。因為陣列的最大元素被放在根節點 $A[1]$，所以 HEAPSORT 可以將它與 $A[n]$ 交換，來將它放到正確的最終位置。如果程序接下來從堆積移除節點 n（只要遞減 $A.heap\text{-}size$ 即可做到），根節點的子節點可維持最大堆積，但新的根元素可能違反最大堆積特性。為了恢復最大堆積特性，程序會呼叫 MAX-HEAPIFY$(A, 1)$，在 $A[1:n-1]$ 建立一個最大堆積。HEAPSORT 程序對大小為 $n-1$ 的最大堆積重複進行這個程序，直到堆積的大小為 2 為止（精確的循環不變性見習題 6.4-2）。

HEAPSORT(A, n)
1　BUILD-MAX-HEAP(A, n)
2　**for** $i = n$ **downto** 2
3　　　exchange $A[1]$ with $A[i]$
4　　　$A.heap\text{-}size = A.heap\text{-}size - 1$
5　　　MAX-HEAPIFY$(A, 1)$

圖 6.4 是 HEAPSORT 在第 1 行建立最初的最大堆積之後的工作情況。本圖展示在第 2~5 行的 **for** 迴圈的第一次迭代之前的最大堆積，以及在每次迭代之後的最大堆積。

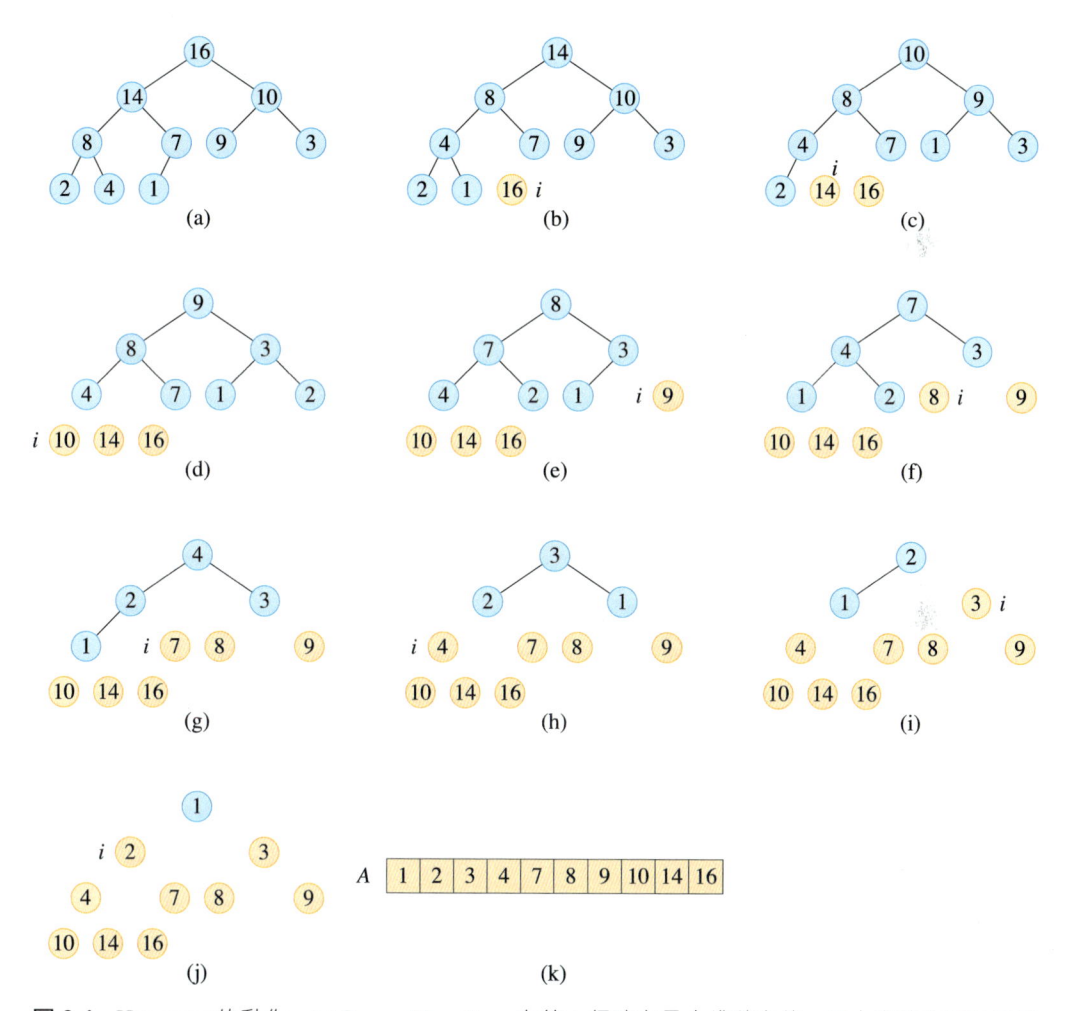

圖 6.4 HEAPSORT 的動作。**(a)** BUILD-MAX-HEAP 在第 1 行建立最大堆積之後，最大堆積的資料結構。**(b)~(j)** 每次在第 5 行呼叫 MAX-HEAPIFY 之後的最大堆積，圖中顯示當時的 i 值。只有藍色節點維持在堆積內。棕色節點是陣列最大的值，依序排列。**(k)** 最終的已排序陣列 A。

Heapsort 程序花費 $O(n \lg n)$ 時間，因為呼叫 Build-Max-Heap 花費 $O(n)$ 時間，而且 $n-1$ 次呼叫 Max-Heapify 都花費 $O(\lg n)$ 時間。

習題

6.4-1
模仿圖 6.4 的方式，說明 Heapsort 處理陣列 $A = \langle 5, 13, 2, 25, 7, 17, 20, 8, 4 \rangle$ 的動作。

6.4-2
使用下面的循環不變性來證明 Heapsort 的正確性：

在第 2~5 行的 **for** 迴圈每次開始迭代時，子陣列 $A[1:i]$ 都是一個最大堆積，裡面有 $A[1:n]$ 中的最小的 i 個元素，且子陣列 $A[i+1:n]$ 裡面有 $A[1:n]$ 中的最大的 $n-i$ 個元素，已排序。

6.4-3
Heapsort 處理已遞增排序且長度為 n 的陣列 A 的執行時間為何？陣列已遞減排序呢？

6.4-4
證明 Heapsort 的最壞情況執行時間是 $\Omega(n \lg n)$。

★ 6.4-5
證明當 A 的所有元素都不相同時，Heapsort 的最佳情況執行時間是 $\Omega(n \lg n)$。

6.5 優先佇列

我們將在第 8 章看到，所有比較式排序演算法都需要做 $\Omega(n \lg n)$ 次比較，所以需要 $\Omega(n \lg n)$ 時間。因此，堆積排序是比較式排序演算法中漸近最佳的一種。然而，寫得好的快速排序（見第 7 章）在實務上通常可以勝過它。儘管如此，堆積資料結構本身有很多用途。在本節，我們將展示堆積最常見的一種應用：高效的優先佇列。如同堆積，優先佇列有兩種形式：最大優先佇列與最小優先佇列。在此，我們將專心討論如何實作最大優先佇列，它以最大堆積為基礎。習題 6.5-3 會請你寫出最小優先佇列程序。

優先佇列是保存元素集合 S 的資料結構，它有一個相關的值，稱為**鍵（*key*）**。**最大優先佇列**支援下列操作：

INSERT(S, x, k) 將附帶鍵 k 的元素 x 插入集合 S，它相當於這個操作：$S = S \cup \{x\}$。

MAXIMUM(S) 回傳 S 的元素中，鍵最大的那一個。

EXTRACT-MAX(S) 移除並回傳 S 的元素中，鍵最大的那一個。

INCREASE-KEY(S, x, k) 將元素 x 的鍵的值增加為新值 k，假設 k 至少和 x 當下的鍵的值一樣大。

除了其他應用之外，你可以使用最大優先佇列來安排多位用戶在同一台電腦上的工作。最大優先佇列會記錄等待執行的工作和它們之間的相對優先順序。當一項工作完成或中斷時，調度器會呼叫 EXTRACT-MAX，從那些待處理的工作中，選擇優先順序最高的工作。調度器可以隨時呼叫 INSERT 來將一項新工作加入佇列。

另外，**最小優先佇列**支援 INSERT、MINIMUM、EXTRACT-MIN 和 DECREASE-KEY 等操作。最小優先佇列可以在事件驅動模擬器中使用。在佇列中的項目是待模擬的事件，每一個事件都有一個發生時間作為它的鍵。事件必須按照發生的時間順序進行模擬，因為模擬一個事件可能導致將來模擬其他事件。模擬程式在每一步都會呼叫 EXTRACT-MIN，來選擇下一個要模擬的事件。隨著新事件的產生，模擬器會藉著呼叫 INSERT 來將它們插入最小優先順序佇列。我們將在第 21 章和第 22 章中看到最小優先佇列的其他用途，特別關注 DECREASE-KEY 操作。

當你在應用程式中使用堆積來實作優先佇列時，優先佇列的元素將對映到應用程式中的物件。每一個物件都有一個鍵。如果優先佇列是用堆積製作的，你必須確定哪個物件對映到特定的堆積事件，反之亦然。因為堆積元素被儲存在一個陣列中，你要設法將應用程式物件對映到陣列索引，以及進行反向對映。

在應用程式物件和堆積元素之間進行對映的方法之一是使用 *handle*，它是一種額外資訊，被儲存在物件和堆積的元素裡面，可提供足夠的資訊來執行對映。handle 通常不會被周遭的程式碼看到，因而可在應用程式和優先佇列之間維持一個抽象的屏障。例如，在應用程式物件裡面的 handle 可能包含堆積陣列的對映索引。但是因為只有優先佇列的程式碼可使用這個索引，所以應用程式碼完全看不到索引。因為在優先佇列的實際程式中，堆積元素的位置會改變，所以在改變堆積元素的位置時，也必須相應地改變 handle 中的陣列索引。反過來說，堆積中的每個元素可能包含指向相應應用程式物件的指標，但堆積元素只知道這個指標是一個不透明的 handle，且應用程式會將這個 handle 對映到一個應用程式物件。一般來說，維護 handle 的最壞情況開銷是每一次存取花費 $O(1)$。

除了在應用程式物件中加入 handle 之外，你可以採取另一種做法，在優先佇列中，儲存一個從應用程式物件指向堆積裡的陣列索引的對映。這種做法的好處是你可以將對映完全放在優先佇列中，因此，應用程式物件不需要進一步調整。缺點是它會帶來建立和維護對映的額外成本。這種對映的做法之一是使用雜湊表（見第 11 章）[1]。用雜湊表將物件對映到陣列索引所增加的期望時間只有 $O(1)$，最壞情況時間可能是很糟的 $\Theta(n)$。

我們來看看如何使用最大堆積來實作最大優先佇列的操作。在之前的小節裡，我們將陣列元素視為有待排序的鍵，隱性地假設任何衛星資料都跟著鍵一起移動。用堆積來實作優先佇列時，我們改成將每一個陣列元素視為一個指向優先佇列內的物件的指標，因此，在排序時，物件相當於衛星資料。我們進一步假設，每一個這樣的物件都有一個屬性 *key*，指定該物件屬於堆積的哪個位置。對於用陣列 A 來製作的堆積，我們稱之為 $A[i].key$。

下面的 MAX-HEAP-MAXIMUM 程序實作了 $\Theta(1)$ 時間的 MAXIMUM 操作，且 MAX-HEAP-EXTRACT-MAX 實作了 EXTRACT-MAX 操作。MAX-HEAP-EXTRACT-MAX 類似 HEAPSORT 程序的 **for** 迴圈主體（第 3~5 行）。我們隱性地假設 MAX-HEAPIFY 根據優先佇列物件的 *key* 屬性來比較它們。我們也假設，當 MAX-HEAPIFY 交換陣列內的元素時，它交換的是指標，而且它會更新物件與陣列索引之間的對映。MAX-HEAP-EXTRACT-MAX 的執行時間是 $O(\lg n)$，因為它只在 MAX-HEAPIFY 的 $O(\lg n)$ 時間之上執行固定數量的工作，再加上在 MAX-HEAPIFY 裡面，將優先佇列物件對映至陣列索引所產生的開銷。

MAX-HEAP-MAXIMUM(A)
1 **if** $A.heap\text{-}size < 1$
2   **error** "heap underflow"
3 **return** $A[1]$

MAX-HEAP-EXTRACT-MAX(A)
1 $max = $ MAX-HEAP-MAXIMUM(A)
2 $A[1] = A[A.heap\text{-}size]$
3 $A.heap\text{-}size = A.heap\text{-}size - 1$
4 MAX-HEAPIFY($A, 1$)
5 **return** max

---

1 在 Python 裡，字典是用雜湊表來實作的。

第 168 頁的 MAX-HEAP-INCREASE-KEY 程序實作了 INCREASE-KEY 操作。它先確認新鍵 k 不會讓物件 x 的鍵變小，如果沒問題，它就幫 x 設成新鍵值。接下來，這個程序在陣列中尋找對映物件 x 的索引 i，滿足 $A[i] = x$。因為讓 $A[i]$ 的鍵變大可能違反最大堆積特性，這個程序令人聯想到第 16 頁的 INSERTION-SORT 的插入迴圈（第 5~7 行）的方式，從這個節點到根節點沿著簡單路徑遍歷，為新增的鍵找一個適當的位置。當 MAX-HEAP-INCREASE-KEY 遍歷這個路徑時，它會重複比較一個元素的鍵與父節點的鍵，如果元素的鍵比較大，它會交換指標並繼續比較，如果元素的鍵比較小，則停止比較，因為此時最大堆積特性成立了（精確的循環不變性見習題 6.5-7）。如同在優先佇列中使用 MAX-HEAPIFY 時那樣，MAX-HEAP-INCREASE-KEY 在交換陣列元素時，會更新將物件對映到陣列索引的資訊。圖 6.5 是 MAX-HEAP-INCREASE-KEY 操作的範例。除了將優先佇列物件對映至陣列索引的開銷之外，MAX-HEAP-INCREASE-KEY 處理包含 n 個元素的堆積的執行時間是 $O(\lg n)$，因為從第 3 行所更新的節點到根節點的路徑長度是 $O(\lg n)$。

下一頁的 MAX-HEAP-INSERT 程序實作了 INSERT 操作。它接收一個實作了最大堆積的陣列 A、想要插入最大堆積的新物件 x、陣列 A 的大小 n。這個程序先確認陣列有空間可容納新元素。然後擴展最大堆積，將鍵為 $-\infty$ 的新葉節點加入樹。然後呼叫 MAX-HEAP-INCREASE-KEY 來將新元素的鍵設成正確值，並維持最大堆積特性。MAX-HEAP-INSERT 處理具有 n 個元素的堆積的執行時間是 $O(\lg n)$，加上將優先佇列物件對映到索引的成本。

總之，堆積可以讓你對一個大小為 n 的集合進行任何優先佇列操作，需要的時間是 $O(\lg n)$ 加上將優先佇列物件對映到陣列索引的時間。

MAX-HEAP-INCREASE-KEY(A, x, k)

1 **if** $k < x.key$
2   **error** "new key is smaller than current key"
3 $x.key = k$
4 find the index i in array A where object x occurs
5 **while** $i > 1$ and $A[\text{PARENT}(i)].key < A[i].key$
6   exchange $A[i]$ with $A[\text{PARENT}(i)]$, updating the information that maps
          priority queue objects to array indices
7     $i = \text{PARENT}(i)$

MAX-HEAP-INSERT(A, x, n)

1 **if** $A.heap\text{-}size == n$
2   **error** "heap overflow"
3 $A.heap\text{-}size = A.heap\text{-}size + 1$
4 $k = x.key$
5 $x.key = -\infty$
6 $A[A.heap\text{-}size] = x$
7 map x to index $heap\text{-}size$ in the array
8 MAX-HEAP-INCREASE-KEY(A, x, k)

習題

6.5-1
假如在最大優先佇列裡面的物件都只是鍵。說明 MAX-HEAP-EXTRACT-MAX 處理堆積 $A = \langle 15, 13, 9, 5, 12, 8, 7, 4, 0, 6, 2, 1 \rangle$ 的操作過程。

6.5-2
假如在最大優先佇列裡面的物件都只是鍵。說明 MAX-HEAP-INSERT(A, 10, 15) 處理堆積 $A = \langle 15, 13, 9, 5, 12, 8, 7, 4, 0, 6, 2, 1 \rangle$ 的操作過程。

6.5-3
寫出 MIN-HEAP-MINIMUM、MIN-HEAP-EXTRACT-MIN、MIN-HEAP-DECREASE-KEY 與 MIN-HEAP-INSERT 程序，並寫出以最小堆積實作最小優先佇列的虛擬碼。

6.5-4
寫出最大堆積的 MAX-HEAP-DECREASE-KEY(A, x, k) 程序的虛擬碼。你的程序的執行時間為何？

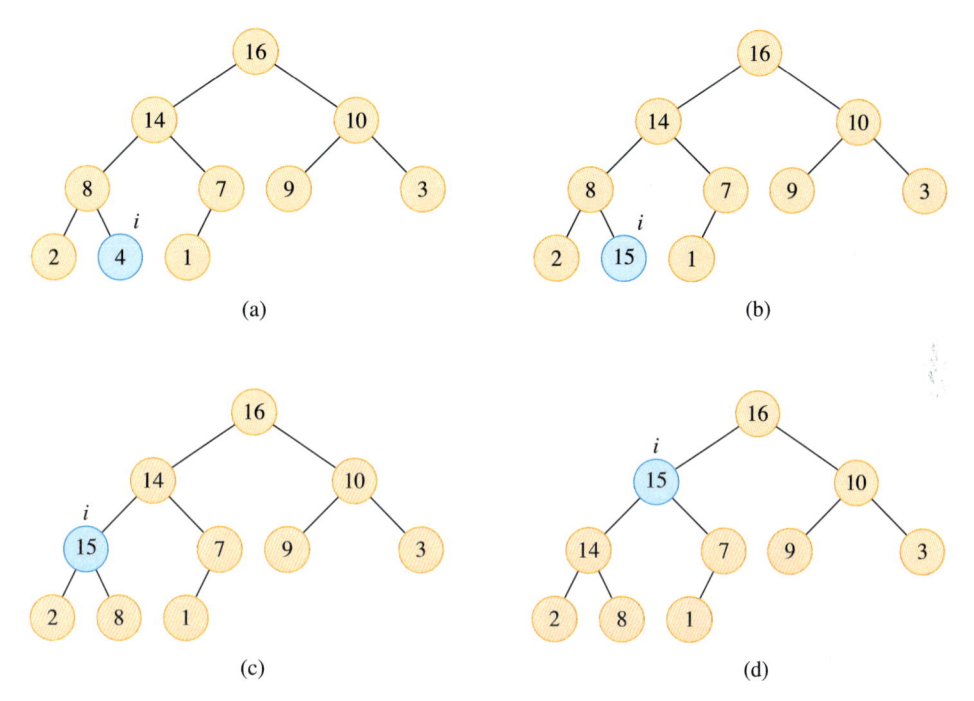

圖 6.5　MAX-HEAP-INCREASE-KEY 的工作過程。本圖僅展示在優先佇列裡面的各個元素的鍵。藍色是在每次迭代時索引為 i 的節點。**(a)** 是圖 6.4(a) 的最大堆積，i 位於鍵將要被增加的節點。**(b)** 這個節點將它的鍵加至 15。**(c)** 第 5~7 行的 **while** 迴圈迭代一次之後，這個節點與它的父節點的鍵互換，索引 i 往上移到父節點。**(d)** **while** 迴圈再迭代一次之後的最大堆積。此時，$A[\text{PARENT}(i)] \geq A[i]$。現在最大堆積特性成立，且程序終止。

6.5-5
既然第 8 行會把物件的鍵設為所需的值，為什麼 MAX-HEAP-INSERT 還要在第 5 行把它插入的物件的鍵設為 $-\infty$？

6.5-6
Uriah 教授建議將 MAX-HEAP-INCREASE-KEY 第 5~7 行的 **while** 迴圈改成呼叫 MAX-HEAPIFY。說明 Uriah 教授的想法有何問題。

6.5-7
使用以下的循環不變性來證明 MAX-HEAP-INCREASE-KEY 的正確性：

在第 5~7 行的 **while** 迴圈的每次迭代開始時：

a. 若 PARENT(*i*) 與 LEFT(*i*) 節點皆存在，則 *A*[PARENT(*i*)].*key* ≥ *A*[LEFT(*i*)].*key*。

b. 若 PARENT(*i*) 與 RIGHT(*i*) 節點皆存在，則 *A*[PARENT(*i*)].*key* ≥ *A*[RIGHT(*i*)].*key*。

c. 子陣列 *A*[1:*A.heap-size*] 滿足最大堆積特性，但可能有一個違反的情況，也就是 *A*[*i*].*key* 可能大於 *A*[PARENT(*i*)].*key*。

你可以假設子陣列 *A*[1:*A.heap-size*] 在呼叫 MAX-HEAP-INCREASE-KEY 時滿足最大堆積特性。

6.5-8
在 MAX-HEAP-INCREASE-KEY 的第 6 行的每次交換操作通常需要做三次賦值，不包括更新物件到陣列索引的對映。說明如何使用 INSERTION-SORT 的內部迴圈來將三次賦值減為只有一次賦值。

6.5-9
說明如何使用優先佇列來實作先入先出佇列。說明如何使用優先佇列來實作堆疊（佇列與堆疊的定義見第 10.1.3 節）。

6.5-10
MAX-HEAP-DELETE(*A, x*) 操作可將最大堆積 *A* 的物件 *x* 刪除。為 *n* 個元素的最大堆積實作 MAX-HEAP-DELETE，讓它的執行時間是 $O(\lg n)$ 加上將優先佇列物件對映至陣列索引的時間。

6.5-11
寫出一個 $O(n \lg k)$ 時間的演算法來將 *k* 個已排序的串列合併成 1 個已排序的串列，其中，*n* 是所有輸入串列的元素總數量（提示：使用最大堆積來進行 *k* 路（*k*-way）合併）。

挑戰

6-1 使用插入來建構堆積
有一種建構堆積的方法是反覆呼叫 MAX-HEAP-INSERT 來將元素插入堆積。考慮下面的 BUILD-MAX-HEAP′ 程序。它假定被插入的物件只是堆積元素。

BUILD-MAX-HEAP′(*A, n*)
1 *A.heap-size* = 1
2 **for** *i* = 2 **to** *n*
3   MAX-HEAP-INSERT(*A, A*[*i*]*, n*)

a. BUILD-MAX-HEAP 與 BUILD-MAX-HEAP′ 程序在處理相同的輸入陣列時，一定建立相同的堆積嗎？證明它們確實如此，或提出反例。

b. 證明在最壞情況下，BUILD-MAX-HEAP′ 需要 $\Theta(n \lg n)$ 時間來建立有 n 個元素的堆積。

6-2 分析 *d* 元堆積

d 元堆積就像二元堆積，但非葉節點有 d 個子節點，而不是 2 個子節點（可能有一個例外）。在這一題的所有小題裡，我們假設維護物件與堆積元素之間的對映的時間是每一次操作需要 $O(1)$。

a. 說明如何在陣列中表示一個 d 元堆積。

b. 使用 Θ 表示法，以 n 與 d 來表示一個有 n 個元素的 d 元堆積的高。

c. 為 d 元最大堆積開發一個高效的 EXTRACT-MAX 實作。用 d 與 n 來分析它的執行時間。

d. 為 d 元最大堆積開發一個高效的 INCREASE-KEY 實作。用 d 與 n 來分析它的執行時間。

e. 為 d 元最大堆積開發一個高效的 INSERT 實作。用 d 與 n 來分析它的執行時間。

6-3 楊表（*Young tableaus*）

一個 $m \times n$ 的楊表是一個 $m \times n$ 的矩陣，其中每一列的項目都由左到右排序，每一行的項目都由上到下排序。楊表的項目可能是 ∞，我們將它們視為不存在的元素。因此，楊表可保存 $r \leq mn$ 個有限的數字。

a. 畫出一個 4×4 楊表，裡面有元素 $\{9, 16, 3, 2, 4, 8, 5, 14, 12\}$。

b. 證明 $m \times n$ 的楊表 Y 在 $Y[1, 1] = \infty$ 時是空的。證明當 $Y[m, n] < \infty$ 時，Y 是滿的（裡面有 mn 個元素）。

c. 寫出演算法來針對一個非空的 $m \times n$ 楊表進行 EXTRACT-MIN，演算法的執行時間必須是 $O(m + n)$。你的演算法必須使用遞迴子程序，在處理 $m \times n$ 問題時，遞迴地求解一個 $(m-1) \times n$ 或一個 $m \times (n-1)$ 的子問題（提示：想想 MAX-HEAPIFY）。解釋為何你的 EXTRACT-MIN 的執行時間是 $O(m + n)$。

d. 說明如何用 $O(m + n)$ 時間來將一個新元素插入非滿的 $m \times n$ 楊表。

e. 在不使用其他排序方法作為子程序的情況下，說明如何使用 $n \times n$ 楊表，以 $O(n^3)$ 時間來排序 n^2 個數字。

f. 寫出一個 $O(m + n)$ 時間的演算法來確認一個數字有沒有被儲存在一個 $m \times n$ 楊表裡面。

後記

堆積排序演算法是 Williams [456] 發明的，他也說明了如何用堆積來實作優先佇列。BUILD-MAX-HEAP 程序是 Floyd [145] 提出的。Schaffer 和 Sedgewick [395] 證明，在最佳情況下，元素在堆積排序過程中移動的次數大約是 $(n/2)\lg n$，平均移動次數大約是 $n \lg n$。

我們會在第 15 章、第 21 章和第 22 章中使用最小堆積來實作最小優先佇列。其他更複雜的資料結構能夠在某些最小優先佇列操作中提供更好的時間界限。Fredman 和 Tarjan [156] 開發了斐波那契堆積，它可在 $O(1)$ 平攤時間內支援 INSERT 和 DECREASE-KEY（見第 16 章）。也就是說，這些操作的平均最壞情況執行時間是 $O(1)$。Brodal、Lagogiannis 和 Tarjan [73] 隨後設計了嚴格的斐波那契堆積，讓這些時間界限成為實際的執行時間。如果鍵是唯一的，而且取自非負整數集合 $\{0, 1, ..., n-1\}$，van Emde Boas 樹 [440, 441] 可用 $O(\lg \lg n)$ 時間來支援 INSERT、DELETE、SEARCH、MINIMUM、MAXIMUM、PREDECESSOR 與 SUCCESSOR 操作。

如果資料是 b 位元整數，且電腦記憶體由可定址的 b 位元 word 組成，Fredman 和 Willard [157] 展示了如何實作 $O(1)$ 時間的 MINIMUM，以及 $O(\sqrt{\lg n})$ 時間的 INSERT 和 EXTRACT-MIN。Thorup [436] 使用隨機雜湊，將 $O(\sqrt{\lg n})$ 界限改進為 $O(\lg \lg n)$ 時間，而且只需要線性空間。

如果一系列的 EXTRACT-MIN 操作是**單調的**，也就是連續執行 EXTRACT-MIN 得到的值隨著時間而單調增加時，優先佇列會出現一個重要的特殊情況。這種情況出現在幾個重要的應用中，例如第 22 章討論的 Dijkstra 單源最短路徑演算法，以及離散事件模擬。對於 Dijkstra 的演算法來說，實作高效的 DECREASE-KEY 操作特別重要。對於單調的情況，如果資料是範圍為 $1, 2, ..., C$ 的整數，Ahuja、Mehlhorn、Orlin 和 Tarjan [8] 介紹了如何以 $O(\lg C)$ 的平攤時間實作 EXTRACT-MIN 和 INSERT（第 16 章會介紹平攤分析），還有以 $O(1)$ 時間實作 DECREASE-KEY，他們使用一種稱為數基堆積的資料結構。一起使用斐波那契堆積和數基堆積可以將 $O(\lg C)$ 界限改進為 $O(\sqrt{\lg C})$。Cherkassky、Goldberg 和 Silverstein [90] 藉著將 Denardo 和 Fox [112] 的多級桶結構（multilevel bucketing structure）與前面提到的 Thorup 堆積結合起來，進一步將界限改進成 $O(\lg^{1/3+\epsilon} C)$ 期望時間。Raman [375] 進一步改進了這些結果，得到界限 $O(\min\{\lg^{1/4+\epsilon} C, \lg^{1/3+\epsilon} n\})$，對任何固定的 $\epsilon > 0$ 而言。

近來有許多其他的堆積變體被發表出來，Brodal [72] 彙整了其中的一些發展。

7 快速排序

快速排序演算法處理 n 個數字的輸入陣列的最壞情況執行時間是 $\Theta(n^2)$。儘管這是個緩慢的最壞情況執行時間，但快速排序在實務上通常是最佳選擇，因為它平均而言非常高效，當所有數字都不相同時，它的期望執行時間是 $\Theta(n \lg n)$，而且被 $\Theta(n \lg n)$ 表示法隱藏起來的常數因子很小。與合併排序不同的是，它也有就地排序的優勢（見第 150 頁），而且它即使在虛擬記憶體環境中也有很好的表現。

我們的快速排序內容將拆成四小節。第 7.1 節說明這種演算法，以及一種被快速排序用來進行分解的重要子程序。因為快速排序的行為很複雜，我們將在第 7.2 節開始對它的性能進行直觀的討論，並在本章結尾對它進行精確的分析。第 7.3 節介紹快速排序的隨機版本。當所有元素都不相同時[1]，這個隨機演算法有很好的期望執行時間，而且沒有任何輸入會引發其最壞情況行為（關於元素可能相等的情況，請見挑戰 7-2）。第 7.4 節會分析隨機演算法，證明它的最壞情況執行時間是 $\Theta(n^2)$，而且，如果元素各不相同，它的期望執行時間是 $O(n \lg n)$。

7.1 介紹快速排序

快速排序和合併排序一樣，使用第 2.3.1 節介紹的分治法。以下是排序一個子陣列 $A[p:r]$ 的三步驟分治程序：

劃分：將陣列 $A[p:r]$ 分成兩個（可能是空的）子陣列 $A[p:q-1]$（**低側**）與 $A[q+1:r]$（**高側**），讓劃分點低側的每一個元素都小於或等於**分界點** $A[q]$，進而小於或等於高側的每一個元素。計算分界點的索引 q 是這個劃分程序的一部分。

處理：遞迴呼叫快速排序，來排序子陣列 $A[p:q-1]$ 與 $A[q+1:r]$。

---

[1] 你可以將每一個輸入值 $A[i]$ 轉換成有序的一對 $(A[i], i)$，滿足當 $A[i] < A[j]$，或當 $A[i] = A[j]$ 且 $i < j$，則 $(A[i], i) < (A[j], j)$，如此一來，可在額外花費 $\Theta(n)$ 的空間成本和只有固定的執行時間開銷下，強制假設陣列 A 裡的值是互不相同的。如果元素不重複，我們也有更實用的快速排序變體可用。

結合：不需要做任何事情，因為兩個子陣列都已經排序了，因此不需要進行任何操作就可以將它們合併。在 $A[p:q-1]$ 裡面的所有元素都排序好了，都小於或等於 $A[q]$，而且在 $A[q+1:r]$ 裡面的所有元素都排序好了，都大於或等於分界點 $A[q]$，所以整個子陣列 $A[p:r]$ 被迫排序完成！

Quicksort 程序實作了快速排序。若要排序 n 個元素的陣列 $A[1:n]$，最初的呼叫是 Quicksort$(A, 1, n)$

Quicksort(A, p, r)
1 **if** $p < r$
2   // 按分界點劃分子陣列，分界點是 $A[q]$。
3      $q =$ Partition(A, p, r)
4   Quicksort$(A, p, q-1)$ // 遞迴排序低側
5   Quicksort$(A, q+1, r)$ // 遞迴排序高側

劃分陣列

這個演算法的關鍵是下面的 Partition 程序，它會就地重新排列子陣列 $A[p:r]$，並回傳兩個部分的分界點的索引。

圖 7.1 是 Partition 處理 8 個元素的陣列時的情況。Partition 始終選擇元素 $x = A[r]$ 作為分界點。當程序執行時，每一個元素都會落入四個區域之一，有些區域可能是空的。在第 3~6 行的 **for** 迴圈每次開始迭代時，這些區域會滿足某些屬性，如圖 7.2 所示。我們用循環不變性來說明這些屬性：

Partition(A, p, r)
1 $x = A[r]$ // 分界點
2 $i = p - 1$ // 低側的最高索引
3 **for** $j = p$ **to** $r - 1$ // 處理分界點之外的每一個元素
4   **if** $A[j] \leq x$ // 這個元素是否屬於低側？
5          $i = i + 1$ // 在低側的新位置的索引
6   exchange $A[i]$ with $A[j]$ // 把這個元素放這裡
7 exchange $A[i+1]$ with $A[r]$ // 分界點在低側的右邊
8 **return** $i + 1$ // 回傳分界點的新索引

在第 3~6 行的迴圈每次迭代開始時，對任何陣列索引 k 而言，以下條件成立：

1. 若 $p \leq k \leq i$，則 $A[k] \leq x$（圖 7.2 的棕色區域）；
2. 若 $i+1 \leq k \leq j-1$，則 $A[k] > x$（藍色區域）；
3. 若 $k = r$，則 $A[k] = x$（黃色區域）。

我們必須證明在第一次迭代前，這個循環不變性成立、迴圈的每次迭代維持不變性、迴圈會終止、以及當迴圈終止時，可由不變性得出正確性。

初始： 在迴圈的第一次迭代之前，$i = p-1$ 且 $j = p$。因為在 p 與 i 之間沒有值，且在 $i+1$ 與 $j-1$ 之間沒有值，循環不變性的前兩個條件皆輕鬆地滿足。在第 1 行的賦值滿足第三個條件。

維持： 如圖 7.3 所示，我們考慮兩種情況，具體取決於第 4 行的測試結果。圖 7.3(a) 是當 $A[j] > x$ 時的情況：在迴圈內，唯一的動作就是遞增 j。遞增 j 之後，第二個條件對 $A[j-1]$ 而言成立，且所有其他項目都保持不變。圖 7.3(b) 是 $A[j] \leq x$ 時的情況：迴圈遞增 i，將 $A[i]$ 與 $A[j]$ 對調，然後遞增 j。因為進行對調，我們得到 $A[i] \leq x$，條件 1 滿足。同理，我們也得到 $A[j-1] > x$，因為根據循環不變性，被換到 $A[j-1]$ 的項目大於 x。

終止： 因為迴圈做了 $r-p$ 次迭代，它終止了，於是 $j = r$。此時，未經檢查的子陣列 $A[j:r-1]$ 是空的，且陣列裡的每一個項目都屬於不變性所描述的其他三個集合之一。因此，在陣列內的值已被劃分成三組：小於或等於 x 的（低側）、大於 x 的（高側），以及存放 x 的單元素集合（分界點）。

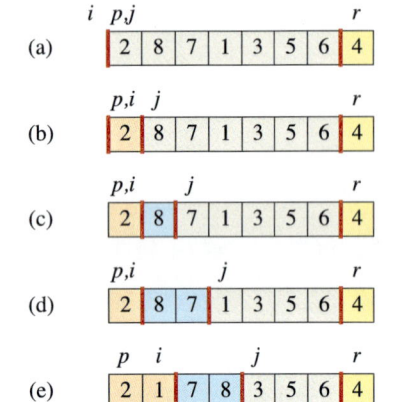

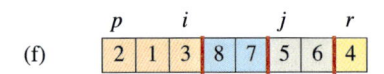

```
          i   p,j              r
(a)     ┃2┃ 8 │ 7 │ 1 │ 3 │ 5 │ 6 │ 4┃

         p,i   j               r
(b)     ┃2┃ 8 │ 7 │ 1 │ 3 │ 5 │ 6 │ 4┃

         p,i       j           r
(c)     ┃2┃ 8 │ 7 │ 1 │ 3 │ 5 │ 6 │ 4┃

         p,i           j       r
(d)     ┃2┃ 8 │ 7 │ 1 │ 3 │ 5 │ 6 │ 4┃

          p   i       j        r
(e)     ┃2┃ 1 │ 7 │ 8 │ 3 │ 5 │ 6 │ 4┃

          p       i       j    r
(f)     ┃2│ 1 │ 3 │ 8 │ 7 │ 5 │ 6 │ 4┃

          p       i            j r
(g)     ┃2│ 1 │ 3 │ 8 │ 7 │ 5 │ 6│4┃

          p       i              r
(h)     ┃2│ 1 │ 3 │ 8 │ 7 │ 5 │ 6│4┃

          p       i              r
(i)     ┃2│ 1 │ 3 │ 4 │ 7 │ 5 │ 6│8┃
```

圖 7.1 PARTITION 處理一個陣列的操作過程。陣列項目 $A[r]$ 是分界點元素 x。棕色的陣列元素都屬於分區低側，它們的值最多是 x。藍色元素屬於高側，它們的值大於 x。白色元素尚未被放入分區的任何一側，黃色元素是分界點。**(a)** 初始陣列與變數設定。這些元素都還沒有被放入分區的兩側。**(b)** 值 2「與自己對調」，並被放入低側。**(c)~(d)** 8 與 7 被放入高側。**(e)** 將 1 與 8 對調，低側增長。**(f)** 將 3 與 7 對調，高側增長。**(g)~(h)** 分區的高側增長以納入 5 與 6，迴圈終止。**(i)** 第 7 行對調分界點元素，讓它位於兩側之間。第 8 行回傳分界點的新索引。

　　PARTITION 的最後兩行將分界點與大於 x 的最左邊元素對調，進而將分界點移到被劃分的陣列的正確位置，然後回傳分界點的新索引。現在 PARTITION 的輸出滿足分解步驟的規範。事實上，它滿足稍嚴格的條件：在 QUICKSORT 的第 3 行之後，$A[q]$ 嚴格小於 $A[q+1:r]$ 的每一個元素。

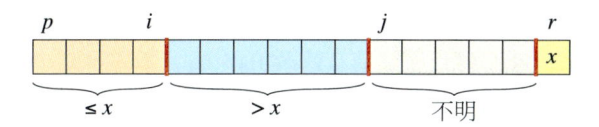

圖 7.2 PARTITION 在子陣列 $A[p:r]$ 維護的四個區域。在 $A[p:i]$ 裡的棕色值都小於或等於 x，在 $A[i+1:j-1]$ 裡的藍色值都大於 x，在 $A[j:r-1]$ 裡的白色值與 x 的關係不明，而 $A[r]=x$。

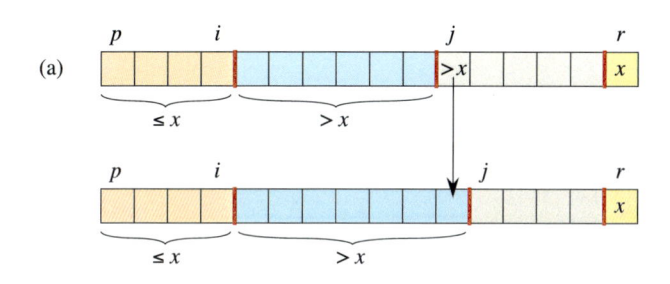

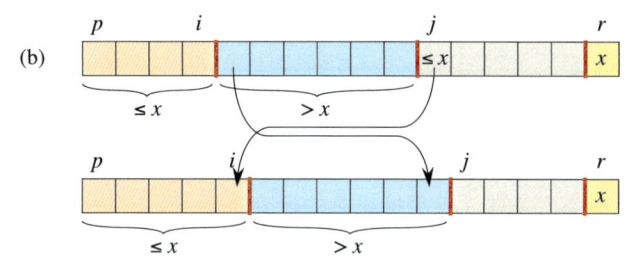

圖 7.3 PARTITION 程序迭代一次時的兩種情況。**(a)** 如果 $A[j]>x$，唯一的動作是遞增 j，維持循環不變性。**(b)** 如果 $A[j]\leq x$，則遞增索引 i，將 $A[i]$ 與 $A[j]$ 對調，然後遞增 j，同樣維持循環不變性。

習題 7.1-3 會要求你證明 PARTITION 處理 n 個元素的子陣列 $A[p:r]$ 的執行時間是 $\Theta(n)$，其中，$n=r-p+1$。

習題

7.1-1
模仿圖 7.1，說明 PARTITION 處理陣列 $A = \langle 13, 19, 9, 5, 12, 8, 7, 4, 21, 2, 6, 11 \rangle$ 的操作過程。

7.1-2
當子陣列 $A[p:r]$ 的元素的值都一樣時，PARTITION 回傳什麼 q 值？修改 PARTITION，使得當子陣列 $A[p:r]$ 的元素值都一樣時，$q = \lfloor (p+r)/2 \rfloor$。

7.1-3
簡單證明 PARTITION 處理大小為 n 的子陣列的執行時間是 $\Theta(n)$。

7.1-4
修改 QUICKSORT 來排序成單調遞減順序。

7.2 快速排序的性能

快速排序的執行時間取決於各個分區的平衡程度，平衡程度則取決於哪些元素被當成分界點來使用。如果一個劃分的兩側差不多大，也就是分區是平衡的，那麼演算法的漸近執行速度將與合併排序一樣快。然而，如果分區是不平衡的，它的漸近執行速度可能與插入排序一樣慢。為了讓你在正式進行分析之前有一些直覺，本節將非正式地研究快速排序在平衡和非平衡劃分時的表現。

但首先，我們來簡單地看一下快速排序需要的最大記憶體空間。雖然根據第 149 頁的定義，快速排序會就地排序，但它使用的記憶體空間（除了被排序的陣列之外）不是固定的。由於每次遞迴呼叫都需要占用執行期堆疊一定的空間，除了被排序的陣列之外，快速排序需要的空間與遞迴的最大深度成正比。我們將看到，它在最壞情況下，可能會是糟糕的 $\Theta(n)$。

最壞情況劃分

快速排序的最壞情況是發生在劃分產生一個 $n-1$ 個元素的子問題和一個 0 個元素的子問題時（見第 7.4.1 節）。假設每次遞迴呼叫都發生這種不平衡的劃分，那麼劃分花費 $\Theta(n)$ 時間。因為針對大小為 0 的陣列進行遞迴呼叫會直接返回，不做任何事情，所以 $T(0) = \Theta(1)$，執行時間的遞迴式為

$$T(n) = T(n-1) + T(0) + \Theta(n)$$
$$= T(n-1) + \Theta(n)$$

計算每一層遞迴產生的成本後，我們得到一個等差級數（第 1097 頁的式 (A.3)），它的計算結果是 $\Theta(n^2)$。事實上，我們可以用代入法來證明遞迴式 $T(n) = T(n-1) + \Theta(n)$ 的解是 $T(n) = \Theta(n^2)$（見習題 7.2-1）。

因此，如果在演算法的每一層遞迴裡，劃分都是最不平衡的，那麼執行時間是 $\Theta(n^2)$。因此，快速排序的最壞情況執行時間不會比插入排序還要好。此外，$\Theta(n^2)$ 執行時間在輸入陣列已經被完全排序時發生，在這種情況下，插入排序的執行時間是 $O(n)$。

最好情況劃分

在最平均的情況下，PARTITION 產生兩個子問題，每一個的大小都不超過 $n/2$，因為一個的大小是 $\lfloor (n-1)/2 \rfloor \leq n/2$，一個的大小是 $\lceil (n-1)/2 \rceil \leq n/2$。在這種情況下，快速排序跑得快很多。我們可以用這個遞迴式來描述執行時間的上限

$$T(n) = 2T(n/2) + \Theta(n)$$

根據主定理的情況 2（第 96 頁的定理 4.1），這個遞迴式的解是 $T(n) = \Theta(n \lg n)$。因此，當遞迴的每一層的劃分都一樣平衡時，我們可以得到漸近更快的演算法結果。

平衡的劃分

第 7.4 節的分析將展示，快速排序的平均情況執行時間與最佳情況之間的差距，比它與最壞情況之間的差距小很多。了解劃分的平衡如何影響執行時間遞迴式可讓我們更理解原因。

例如，假設劃分演算法始終產生 9 比 1 的劃分比例，乍看之下，這相當不平衡。我們可以得到快速排序執行時間的遞迴式

$$T(n) = T(9n/10) + T(n/10) + \Theta(n)$$

圖 7.4 是這個遞迴式的遞迴樹，其中，為了簡化，我們將 $\Theta(n)$ 驅動函數換成 n，這不會影響遞迴式的漸近解（第 112 頁的習題 4.7-1 已證明）。樹的每一層的代價都是 n，直到遞迴式在深度為 $\log_{10} n = \Theta(\lg n)$ 的基本情況見底為止，接下來，每層的代價最多是 n。遞迴式在深度 $\log_{10/9} n = \Theta(\lg n)$ 終止。因此，當遞迴的每一層都以直覺上極不平衡的 9 比 1 比例劃分時，快速排序的執行時間是 $O(n \lg n)$，與恰好在中間進行劃分漸近相同。其實，即使是 99 比 1 的劃分也會產生 $O(n \lg n)$ 執行時間。事實上，**固定**比例的任何劃分都會產生深度為 $\Theta(\lg n)$ 的遞迴樹。因此，當劃分有固定比例時，執行時間是 $O(n \lg n)$。劃分的比例只會影響 O 表示法所隱藏的常數。

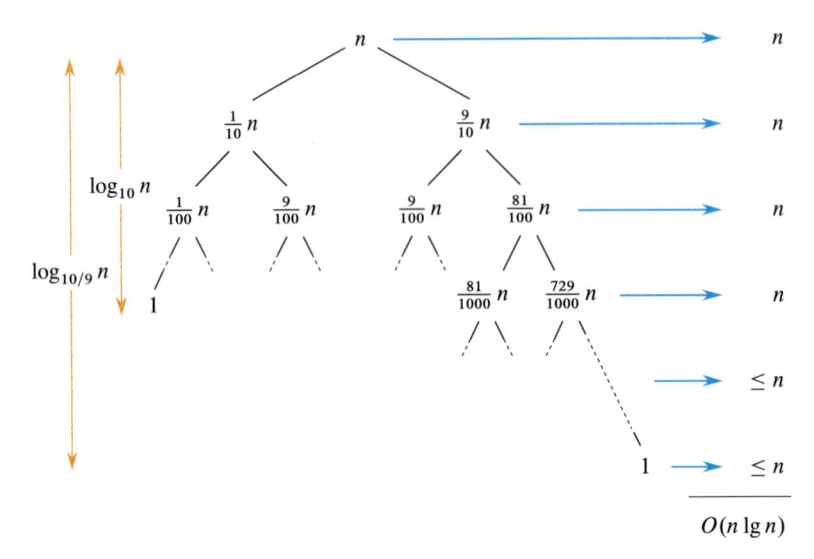

圖 7.4 Quicksort 的遞迴樹。其中，Partition 始終產生 9 比 1 劃分，導致執行時間 $O(n \lg n)$。節點是子問題的大小，右邊是每一層的成本。

平均情況的直覺理解

為了對快速排序的預期行為有清晰的概念，我們必須對它的輸入分布做一些假設。因為快速排序只根據輸入元素之間的比較來決定排序順序，所以它的行為與輸入陣列元素值的相對順序有關，而不是陣列的特定值。與第 5.2 節對僱用問題進行機率分析時一樣，我們假設輸入數字的所有排列都有相同的可能性，而且元素互不相同。

當快速排序處理一個隨機的輸入陣列時，劃分的結果極不可能像我們在非正式分析時假設的那樣，在每一層有相同的情況。

我們預計，有些劃分相當平衡，有些相當不平衡。例如，習題 7.2-6 將要求你證明，Partition 大約 80% 的情況下會產生至少與 9 比 1 一樣平衡的劃分，大約 20% 的情況下會產生比 9 比 1 還不平衡的劃分。

在平均情況下，PARTITION 會產生混合「好」與「不好」的劃分。在 PARTITION 的平均執行情況的遞迴樹中，好的和不好的劃分會在整棵樹中隨機分布。為了直觀理解，假設好的和不好的劃分在樹中交替出現，而且好的劃分是最佳劃分，不好的劃分是最糟劃分。圖 7.5(a) 展示遞迴樹中連續兩層的劃分。在樹的根節點，劃分的成本是 n，產生的子陣列的大小是 $n-1$ 和 0：這是最壞的情況。在下一層，大小為 $n-1$ 的子陣列經歷了最佳情況的劃分，分成大小為 $(n-1)/2 - 1$ 與 $(n-1)/2$ 的子陣列。假設大小為 0 的子陣列的基本情況成本是 1。

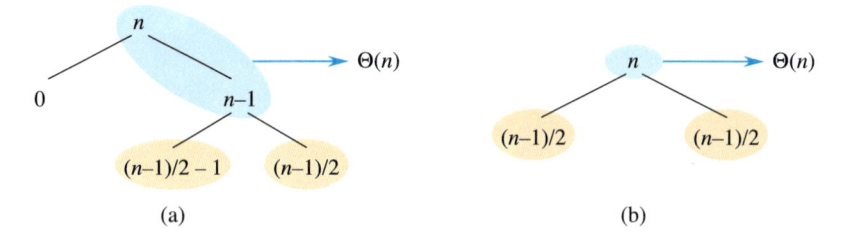

圖 7.5 **(a)** 快速排序遞迴樹中的兩層。在根節點的劃分成本是 n，產生「糟糕」的劃分結果：大小為 0 和 $n-1$ 的兩個子陣列。劃分大小為 $n-1$ 的子陣列的成本是 $n-1$，產生「良好」的劃分結果：大小為 $(n-1)/2 - 1$ 與 $(n-1)/2$ 的子陣列。**(b)** 平衡遞迴樹中的一層。在兩個部分裡，藍色子問題的劃分成本是 $\Theta(n)$。然而，在 (a) 裡，棕色的待解決的剩餘子問題不會比 (b) 裡待解決的剩餘子問題還要大。

在不好的劃分後面接著好的劃分會產生三個子陣列，其大小為 0、$(n-1)/2 - 1$ 與 $(n-1)/2$，劃分成本為 $\Theta(n) + \Theta(n-1) = \Theta(n)$。這種情況頂多劣於圖 7.5(b) 的情況一個常數因子，圖 7.5(b) 用一層劃分產生兩個大小為 $(n-1)/2$ 的子陣列，成本為 $\Theta(n)$。但是後者是平衡的！直觀地說，圖 7.5(a) 的不良劃分的 $\Theta(n-1)$ 成本可以融入良好劃分的 $\Theta(n)$ 成本，而且它產生的劃分是良好的。因此，當階層在好的和不好的劃分之間交替時，快速排序的執行時間如同好的劃分的執行時間，仍然是 $O(n \lg n)$，但 O 表示法隱藏了一個略大的常數。我們將在第 7.4.2 節嚴謹地分析快速排序的隨機版本的期望執行時間。

習題

7.2-1
使用代入法來證明遞迴式 $T(n) = T(n-1) + \Theta(n)$ 的解是 $T(n) = \Theta(n^2)$，與第 7.2 節的開頭所聲稱的一致。

7.2-2
當陣列 A 的元素值都相同時，Q<small>UICKSORT</small> 的執行時間為何？

7.2-3
證明當陣列 A 裡面有互不相同的元素，並以遞減順序排序時，Q<small>UICKSORT</small> 的執行時間是 $\Theta(n^2)$。

7.2-4
銀行通常按照交易時間的順序來記錄一個帳戶的交易，但很多人喜歡在收到銀行對帳單時，按照支票號碼的順序列出支票。人們通常按照支票號碼的順序開出支票，而商家通常即時兌現支票。因此將交易時間排序轉換為支票號碼排序的問題，是一種對著幾乎已排序的輸入進行排序的問題。合理地解釋為什麼對這個問題而言，I<small>NSERTION</small>-S<small>ORT</small> 應該優於 Q<small>UICKSORT</small>。

7.2-5
假設每一層的快速排序劃分都是固定的 α 比 β，其中 $\alpha + \beta = 1$，$0 < \alpha \leq \beta < 1$。證明遞迴樹的葉節點的最小深度大約是 $\log_{1/\alpha} n$，且最大深度大約是 $\log_{1/\beta} n$（不必在乎取整）。

7.2-6
考慮一個由不同元素組成的陣列，它的每一種元素排列都有相同的可能性。證明對任何常數 $0 < \alpha \leq 1/2$ 而言，P<small>ARTITION</small> 產生的劃分至少與 $1-\alpha$ 比 α 一樣平衡的機率約為 $1-2\alpha$。

7.3 快速排序的隨機版本

在研究快速排序的平均情況行為時，我們假設輸入數字的所有排列的可能性相同。然而，這個假設不一定成立，例如習題 7.2-4 的前提情況。第 5.3 節說過，我們有時可以在演算法中加入合理的隨機化，以便在處理所有輸入時，都有良好的期望性能。對快速排序進行隨機化可產生一種快速且實用的演算法。許多軟體程式庫都提供隨機版本的快速排序，並將它當成排序大型資料組的首選演算法。

在第 5.3 節，RANDOMIZED-HIRE-ASSISTANT 程序明確地重新排列它的輸入，然後執行確定性的 HIRE-ASSISTANT 程序。我們也可以為快速排序做同樣的事情，但不同的隨機化技術可產生更簡單的分析。隨機化版本不一定使用 $A[r]$ 作為分界點，它會從子陣列 $A[p:r]$ 中隨機選擇分界點，在 $A[p:r]$ 裡的每一個元素被選擇的機率相等。然後在劃分之前，將那個元素與 $A[r]$ 交換。由於分界點是隨機選擇的，我們預計輸入陣列的劃分平均來說相當平衡。

PARTITION 與 QUICKSORT 需要改變的地方很少。新的劃分程序 RANDOMIZED-PARTITION 會在執行劃分之前進行對調。新的快速排序程序 RANDOMIZED-QUICKSORT 會呼叫 RANDOMIZED-PARTITION 而不是 PARTITION。我們將在下一節分析這個演算法。

RANDOMIZED-PARTITION(A, p, r)
1   $i = $ RANDOM(p, r)
2   exchange $A[r]$ with $A[i]$
3   **return** PARTITION(A, p, r)

RANDOMIZED-QUICKSORT(A, p, r)
1   **if** $p < r$
2      $q = $ RANDOMIZED-PARTITION(A, p, r)
3   RANDOMIZED-QUICKSORT$(A, p, q-1)$
4   RANDOMIZED-QUICKSORT$(A, q+1, r)$

習題

7.3-1
為什麼我們分析隨機演算法的期望執行時間，而不是最壞情況執行時間？

7.3-2

當 RANDOMIZED-QUICKSORT 執行時，在最壞情況下，它會呼叫幾次隨機數產生器 RANDOM？在最佳情況下呢？用 Θ 表示法來作答。

7.4 分析快速排序

第 7.2 節為快速排序的最壞情況行為提供一些直覺，以及為什麼我們預期該演算法能夠快速執行。本節將更嚴謹地分析快速排序的行為。我們先進行最壞情況分析，這適用於 QUICKSORT 和 RANDOMIZED-QUICKSORT，並且在最後分析 RANDOMIZED-QUICKSORT 的期望執行時間。

7.4.1 最壞情況分析

我們在第 7.2 節看過，在快速排序的每一層遞迴中，最壞情況的劃分會產生 $\Theta(n^2)$ 的執行時間，直觀地說，這就是演算法的最壞情況執行時間。我們來證明這個論點。

我們使用代入法（見第 4.3 節）來證明快速排序的執行時間是 $O(n^2)$。設 $T(n)$ 是 QUICKSORT 程序處理大小為 n 的輸入的最壞情況時間。因為 PARTITION 程序產生兩個子問題，它們的大小總共是 $n-1$，所以可得遞迴式

$$T(n) = \max\{T(q) + T(n-1-q) : 0 \leq q \leq n-1\} + \Theta(n) \tag{7.1}$$

我們猜測 $T(n) \leq cn^2$，其中常數 $c > 0$。將這個猜測代入遞迴式 (7.1) 可得

$$\begin{aligned} T(n) &\leq \max\{cq^2 + c(n-1-q)^2 : 0 \leq q \leq n-1\} + \Theta(n) \\ &= c \cdot \max\{q^2 + (n-1-q)^2 : 0 \leq q \leq n-1\} + \Theta(n) \end{aligned}$$

我們把注意力放在最大化上。當 $q = 0, 1, \ldots, n-1$ 時，可得

$$\begin{aligned} q^2 + (n-1-q)^2 &= q^2 + (n-1)^2 - 2q(n-1) + q^2 \\ &= (n-1)^2 + 2q(q-(n-1)) \\ &\leq (n-1)^2 \end{aligned}$$

因為 $q \leq n-1$ 意味著 $2q(q-(n-1)) \leq 0$。因此，在最大化裡的每一項的界限都是 $(n-1)^2$。

繼續分析 $T(n)$，我們得到

$$\begin{aligned} T(n) &\leq c(n-1)^2 + \Theta(n) \\ &\leq cn^2 - c(2n-1) + \Theta(n) \\ &\leq cn^2 \end{aligned}$$

我們選一個夠大的 c，來讓 $c(2n-1)$ 項宰制 $\Theta(n)$ 項。因此，$T(n) = O(n^2)$。第 7.2 節展示了一個讓快速排序花費 $\Omega(n^2)$ 時間的特殊情況：當劃分極度不平衡時。因此，快速排序的最壞情況執行時間是 $\Theta(n^2)$。

7.4.2 期望執行時間

我們知道 Randomized-Quicksort 的期望執行時間是 $O(n \lg n)$ 背後的直覺了：如果在遞迴的每一層，Randomized-Partition 所做的劃分將任何常數比例的元素放在分區的一側，那麼遞迴樹的深度為 $\Theta(\lg n)$，且每一層的工作量是 $O(n)$。即使我們在這幾層之間加了一些最不平衡的劃分，總時間仍然是 $O(n \lg n)$。我們可以先了解劃分程序的工作方式，然後利用這個知識來推導出期望執行時間的 $O(n \lg n)$ 上限，進而精確地分析 Randomized-Quicksort 的執行時間。這個期望執行時間的上限結合第 7.2 節的最佳情況上限 $\Theta(n \lg n)$，產生 $\Theta(n \lg n)$ 期望執行時間。我們在整個過程中都假設被排序的元素值是互不相同的。

執行時間與比較

Quicksort 和 Randomized-Quicksort 程序的區別僅在於它們如何選擇分界點元素，它們在所有其他方面都是一樣的。因此，我們可以藉著考慮 Quicksort 和 Partition 程序來分析 Randomized-Quicksort，但假設分界點元素是從 Randomized-Partition 接收的子陣列中隨機選擇的。我們先了解 Quicksort 的漸進執行時間與元素比較次數的關係（都在 Partition 的第 4 行），這個分析也適用於 Randomized-Quicksort。注意，我們是在計算**陣列元素被比較的次數**，而不是索引的比較。

引理 7.1

Quicksort 處理 n 個元素的陣列的執行時間是 $O(n + X)$，其中 X 是比較元素次數。

證明 Quicksort 的執行時間主要由 Partition 程序花費的時間主導。每次呼叫 Partition 時，它都會選擇一個分界點元素，該元素永遠不會被包含在後續對 Quicksort 和 Partition 的遞迴呼叫中。因此，在整個快速排序演算法的執行過程中，Partition 最多被呼叫 n 次。每次 Quicksort 呼叫 Partition 時，它也會遞迴呼叫自己兩次，所以 Quicksort 程序本身的呼叫次數最多只有 $2n$ 次。

呼叫一次 Partition 需要 $O(1)$ 時間加上與第 3~6 行的 **for** 迴圈的迭代次數成正比的時間。這個 **for** 迴圈的每一次迭代都會在第 4 行進行一次比較，比較分界點元素與陣列 A 的另一個元素。因此，在全部的執行過程中，在 **for** 迴圈裡花費的總時間與 X 成正比。由於針對 Partition 的呼叫最多只有 n 次，而每次呼叫時，在 **for** 迴圈之外花費的時間是 $O(1)$，所以 Partition 在 **for** 迴圈之外花費的總時間是 $O(n)$。所以，快速排序的總時間是 $O(n+X)$。 ∎

因此，我們在分析 Randomized-Quicksort 時的目標是計算隨機變數 X 的期望值 $E[X]$，代表在所有針對 Partition 的呼叫中進行比較的總次數。為此，我們必須了解快速排序演算法何時會對陣列中的兩個元素進行比較，何時不進行比較。為了便於分析，我們用陣列 A 的元素在已排序的輸出中的位置來檢索元素，而不是用它們在輸入中的位置。也就是說，儘管 A 的元素最初可能是任何順序，但我們以 $z_1, z_2, ..., z_n$ 來稱呼它們，其中 $z_1 < z_2 < ... < z_n$，這是嚴格不等式，因為我們假設所有元素都不一樣。我們用 Z_{ij} 來代表集合 $\{z_i, z_{i+1}, ..., z_j\}$。

下一個引理描述何時兩個元素會被比較。

引理 7.2

用 Randomized-Quicksort 來處理一個由 n 個不同的元素 $z_1 < z_2 < ... < z_n$ 組成的陣列時，若且唯若元素 z_i 與元素 z_j 之一（$i < j$）比集合 Z_{ij} 之中的任何其他元素更早被選為分界點，它們才會被互相比較。此外，任何兩個元素都不會被比較兩次。

證明 我們來看元素 $x \in Z_{ij}$ 在演算法執行期間第一次被選成分界點的情況。我們要考慮三種情況。如果 x 既不是 z_i 也不是 z_j，也就是 $z_i < x < z_j$，那麼，z_i 與 z_j 接下來都不會被比較，因為它們在 x 的不同側。如果 $x = z_i$，Partition 會拿 z_i 與 Z_{ij} 裡的每一個其他項目做比較。同理，如果 $x = z_j$，Partition 會拿 z_j 與 Z_{ij} 裡的每一個其他項目做比較。因此，z_i 與 z_j 被互相比較若且唯若第一個被選為基準的 Z_{ij} 元素非 z_i 即 z_j。在後面的兩種情況下，也就是 z_i 或 z_j 被選為分界點的情況下，因為未來的比較將排除分界點，所以它不會與其他元素互相比較了。 ∎

舉一個例子，考慮快速排序的輸入是數字 1 到 10 的任意順序。假如第一個分界點元素是 7。然後，第一次呼叫 PARTITION 會將數字分成兩組：{1, 2, 3, 4, 5, 6} 與 {8, 9, 10}。在過程中，分界點元素 7 會和所有其他元素進行比較，但第一個集合中的任何數字（例如 2）都不會與第二個集合中的任何數字（例如 9）進行比較。7 與 9 被互相比較是因為 7 是 $Z_{7,9}$ 中第一個被選為分界點的項目。相較之下，2 與 9 絕不會被互相比較，因為第一個從 $Z_{2,9}$ 選出來的分界點元素是 7。

下一個引理提供兩個元素被比較的機率。

引理 7.3

對一個具有 n 個不同元素 $z_1 < z_2 < \cdots < z_n$ 的陣列執行 RANDOMIZED-QUICKSORT 程序時，兩個任意的元素 z_i 與 z_j（$i < j$）被比較的機率是 $2/(j-i+1)$。

證明 我們來看一下 RANDOMIZED-QUICKSORT 發出的遞迴呼叫的樹狀圖，並考慮在每次呼叫時的輸入元素集合。最初，根集合包含 Z_{ij} 的所有元素，因為根集合包含 A 的每一個元素。屬於 Z_{ij} 的元素在每次遞迴呼叫 RANDOMIZED-QUICKSORT 都會保持在一起，直到 PARTITION 選擇某個元素 $x \in Z_{ij}$ 作為分界點為止。從那時起，分界點 x 就不會出現在後續的輸入集合中。當 RANDOMIZED-SELECT 第一次從包含 Z_{ij} 的所有元素的集合中選擇分界點 $x \in Z_{ij}$ 時，在 Z_{ij} 裡的每一個元素都有相同的機率是 x，因為分界點是均勻隨機選擇的。因為 $|Z_{ij}| = j-i+1$，所以 Z_{ij} 的任何元素是第一個從 Z_{ij} 選出來作為分界點的機率是 $1/(j-i+1)$。因此，根據引理 7.2 可得

$$\begin{aligned}
\Pr\{Z_i \text{ 與 } Z_j \text{ 做比較}\} &= \Pr\{z_i \text{ 或 } z_j \text{ 是從 } Z_{ij} \text{ 選出來的第一個分界點}\} \\
&= \Pr\{z_i \text{ 是從 } Z_{ij} \text{ 選出來的第一個分界點}\} \\
&\quad + \Pr\{z_j \text{ 是從 } Z_{ij} \text{ 選出來的第一個分界點}\} \\
&= \frac{2}{j-i+1}
\end{aligned}$$

其中，第二行基於第一行，因為那兩個事件是互斥的。 ∎

現在我們可以完成隨機快速排序的分析了。

定理 7.4

RANDOMIZED-QUICKSORT 處理 n 個不同元素的輸入的期望執行時間是 $O(n \lg n)$。

證明 這個分析使用指標隨機變數（見第 5.2 節）。設 n 個不同的元素為 $z_1 < z_2 < \cdots < z_n$，且設 $1 \leq i < j \leq n$，我們定義指標隨機變數 $X_{ij} = \mathrm{I}\{z_i$ 與 z_j 做比較$\}$。根據引理 7.2，每一對元素頂多被比較一次，所以我們可以這樣表達 X：

$$X = \sum_{i=1}^{n-1} \sum_{j=i+1}^{n} X_{ij}$$

對兩邊取期望，並使用期望的線性性質（第 1148 頁的式 (C.24)）與第 124 頁的引理 5.1 可得

$$\begin{aligned}
\mathrm{E}[X] &= \mathrm{E}\left[\sum_{i=1}^{n-1} \sum_{j=i+1}^{n} X_{ij}\right] \\
&= \sum_{i=1}^{n-1} \sum_{j=i+1}^{n} \mathrm{E}[X_{ij}] \quad \text{（根據期望的線性性質）} \\
&= \sum_{i=1}^{n-1} \sum_{j=i+1}^{n} \Pr\{z_i \text{ 與 } z_j \text{ 做比較}\} \quad \text{（引理 5.1）} \\
&= \sum_{i=1}^{n-1} \sum_{j=i+1}^{n} \frac{2}{j-i+1} \quad \text{（引理 7.3）}
\end{aligned}$$

我們可以使用變數變換（$k = j - i$）與第 1098 頁的式 (A.9) 裡面的調和級數來計算這個和式：

$$\begin{aligned}
\mathrm{E}[X] &= \sum_{i=1}^{n-1} \sum_{j=i+1}^{n} \frac{2}{j-i+1} \\
&= \sum_{i=1}^{n-1} \sum_{k=1}^{n-i} \frac{2}{k+1} \\
&< \sum_{i=1}^{n-1} \sum_{k=1}^{n} \frac{2}{k} \\
&= \sum_{i=1}^{n-1} O(\lg n) \\
&= O(n \lg n)
\end{aligned}$$

從這個界限與引理 7.1 可得出結論：Randomized-Quicksort 的期望執行時間是 $O(n \lg n)$（假設元素值互不相同）。∎

習題

7.4-1
證明遞迴式

$$T(n) = \max\{T(q) + T(n-q-1) : 0 \le q \le n-1\} + \Theta(n)$$

的下限是 $T(n) = \Omega(n^2)$。

7.4-2
證明快速排序的最佳情況執行時間是 $\Omega(n \lg n)$。

7.4-3
證明運算式 $q^2 + (n-q-1)^2$（其中 $q = 0, 1, ..., n-1$）在 $q = 0$ 或 $q = n-1$ 時到達它的最大值。

7.4-4
證明 RANDOMIZED-QUICKSORT 的期望執行時間是 $\Omega(n \lg n)$。

7.4-5
將遞迴粗化，正如我們在挑戰 2-1 的合併排序所做的那樣，是改善快速排序執行時間的常見方法。我們將遞迴的基本情況改成在陣列中的元素少於 k 個時，用插入排序來排序子陣列，而不是持續呼叫快速排序。證明這種排序演算法的隨機版本的期望執行時間是 $O(nk + n \lg(n/k))$。如何選擇 k，包括在理論上和實務上？

★ 7.4-6
考慮將 PARTITION 程序改成從子陣列 $A[p:r]$ 中隨機選取三個元素，並使用它們的中位數（排在三個元素中間的元素值）來進行劃分。以 α 的函數（$0 < \alpha < 1/2$）來粗略表示劃分結果劣於「α 比 $(1-\alpha)$」的機率。

挑戰

7.1 Hoare 劃分的正確性
本章的 PARTITION 版本不是原始的劃分演算法。以下是原始的劃分演算法，它是由 C. A. R. Hoare 提出的。

HOARE-PARTITION(A, p, r)
1   x = A[p]
2   i = p − 1
3   j = r + 1
4   **while** TRUE
5   **repeat**
6   j = j − 1
7   **until** A[j] ≤ x
8   **repeat**
9   i = i + 1
10   **until** A[i] ≥ x
11   **if** i < j
12   exchange A[i] with A[j]
13   **else return** j

a. 說明 HOARE-PARTITION 處理陣列 A = ⟨13, 19, 9, 5, 12, 8, 7, 4, 11, 2, 6, 21⟩ 的操作過程，寫出第 4~13 行的 **while** 迴圈每次迭代後的陣列與索引 i 和 j 的值。

b. 說明當 A[p:r] 裡面的所有元素都相同時，第 7.1 節的 PARTITION 程序與 HOARE-PARTITION 有何不同。相較於 PARTITION，在快速排序中使用 HOARE-PARTITION 有什麼實際優勢？

接下來的三個問題要求你仔細證明 HOARE-PARTITION 程序的正確性。假設子陣列 A[p:r] 至少有兩個元素，證明：

c. 索引 i 與 j 可讓程序絕不會存取子陣列 A[p:r] 之外的 A 的元素。

d. 當 HOARE-PARTITION 終止時，它會回傳一個值 j，滿足 $p \leq j < r$。

e. 當 HOARE-PARTITION 終止時，在 A[p:r] 裡面的每一個元素都小於或等於 A[j + 1:r] 的每一個元素。

第 7.1 節的 PARTITION 程序將分界點值（原本在 A[r] 裡）與它造成的兩個分區分開。但 HOARE-PARTITION 程序始終將分界點值（原本在 A[p] 裡）放入兩個分區 A[p:j] 與 A[j + 1:r] 之一。因為 $p \leq j < r$，兩個分區都不是空的。

f. 改寫 QUICKSORT 程序來使用 HOARE-PARTITION。

7-2 對相同的元素值進行快速排序

我們在第 7.4.2 節分析隨機快速排序的期望執行時間時，假設所有元素值都是不相同的。這個問題將讓你了解當它們並非如此時會怎樣。

a. 假設所有元素值都相同，此時隨機快速排序的執行時間為何？

b. Partition 程序回傳索引 q，使 $A[p:q-1]$ 的每一個元素都小於或等於 $A[q]$，而且 $A[q+1:r]$ 的每一個元素都大於 $A[q]$。將 Partition 程序改成 Partition′(A, p, r)，讓它將 $A[p:r]$ 的元素互換，並回傳兩個索引 q 和 t，其中 $p \leq q \leq t \leq r$，使得

- $A[q:t]$ 的所有元素都一樣，
- $A[p:q-1]$ 的每一個元素都小於 $A[q]$，以及
- $A[t+1:r]$ 的每一個元素都大於 $A[q]$。

如同 Partition，你的 Partition′ 程序應花費 $\Theta(r-p)$ 時間。

c. 修改 Randomized-Partition 程序來呼叫 Partition′，並將新程序命名為 Randomized-Partition′。然後將 Quicksort 改成 Quicksort′(A, p, r)，讓它呼叫 Randomized-Partition′ 並且只對無法確定元素是否相同的分區進行遞迴。

d. 使用 Quicksort′，調整第 7.4.2 節的分析，避免假設所有元素都是不同的。

7-3 另一種快速排序分析

另一種隨機快速排序執行時間的分析方法側重於分析 Randomized-Quicksort 的每一個單獨的遞迴呼叫的期望執行時間，而不是執行多少次比較。與第 7.4.2 節的分析一樣，假設元素的值都不相同。

a. 證明對於大小為 n 的陣列，任何特定元素被選為分界點的機率是 $1/n$。使用這個機率來定義指標隨機變數 $X_i =$ I{ 第 i 小的元素被選為分界點 }。$\mathrm{E}[X_i]$ 為何？

b. 設 $T(n)$ 是個隨機變數，代表快速排序法處理大小為 n 的陣列的執行時間。證明

$$\mathrm{E}[T(n)] = \mathrm{E}\left[\sum_{q=1}^{n} X_q \left(T(q-1) + T(n-q) + \Theta(n)\right)\right] \tag{7.2}$$

c. 說明如何將式 (7.2) 改寫為

$$\mathrm{E}[T(n)] = \frac{2}{n} \sum_{q=1}^{n-1} \mathrm{E}[T(q)] + \Theta(n) \tag{7.3}$$

d. 證明

$$\sum_{q=1}^{n-1} q \lg q \leq \frac{n^2}{2} \lg n - \frac{n^2}{8} \tag{7.4}$$

當 $n \geq 2$ 時（提示：將和式分成兩部分，一個計算 $q = 1, 2, \ldots, \lceil n/2 \rceil - 1$ 的和，另一個計算 $q = \lceil n/2 \rceil, \ldots, n-1$ 的和）。

e. 使用式 (7.4) 的界限，證明式 (7.3) 的遞迴式的解為 $\mathrm{E}[T(n)] = O(n \lg n)$（提示：用代入法證明，對夠大的 n 與正的常數 a 而言，$\mathrm{E}[T(n)] \leq an \lg n$）。

7-4 Stooge 排序

Howard、Fine 和 Howard 教授提出一種看似簡單卻虛假的排序演算法，並將它命名為「stooge sort」，如下所示。

a. 證明呼叫 Stooge-Sort(A, 1, n) 可正確地排序陣列 $A[1:n]$。

b. 寫出 Stooge-Sort 的最壞情況執行時間遞迴式，與最壞情況執行時間的緊密漸近（Θ 表示法）界限。

c. 比較 Stooge-Sort 與插入排序、合併排序、堆積排序與快速排序的最壞情況執行時間。教授值得獲得終身職嗎？

```
Stooge-Sort(A, p, r)
1  if A[p] > A[r]
2      exchange A[p] with A[r]
3  if p + 1 < r
4      k = ⌊(r − p + 1)/3⌋      // 向下取整
5      Stooge-Sort(A, p, r − k)  // 前三分之二
6      Stooge-Sort(A, p + k, r)  // 後三分之二
7      Stooge-Sort(A, p, r − k)  // 再次前三分之二
```

7-5 快速排序的堆疊深度

第 7.1 節的 Quicksort 程序對自己發出兩次遞迴呼叫。在 Quicksort 呼叫 Partition 後，它遞迴排序低側，然後遞迴排序高側。在 Quicksort 裡的第二次遞迴呼叫其實不需要，因為程序可以改用迭代控制結構。這種轉換技術稱為**尾端遞迴消除**（*tail-recursion elimination*），優秀的編譯器會自動提供這種技術。用尾端遞迴消除來將 Quicksort 轉換成 TRE-Quicksort 程序。

TRE-Quicksort(A, p, r)
1 **while** $p < r$
2   // 劃分，然後排序低側。
3      $q = $ Partition(A, p, r)
4   TRE-Quicksort($A, p, q-1$)
5      $p = q + 1$

a. 證明 TRE-Quicksort($A, 1, n$) 正確地排序陣列 $A[1:n]$。

編譯器通常使用堆疊來執行遞迴程序，堆疊裡有相關的資訊，包括每個遞迴呼叫的參數值。最近一次呼叫的資訊被放在堆疊的頂部，而最初呼叫的資訊被放在底部。當一個程序被呼叫時，其資訊會被**推入**堆疊，當它終止時，該資訊會被**取出**（*pop*）。由於我們假設陣列參數是以指標來表示的，在堆疊裡，每個程序呼叫的資訊占用 $O(1)$ 堆疊空間。**堆疊深度**是在計算過程的任何時候使用的最大堆疊空間。

b. 描述一個場景，在這個場景中，TRE-Quicksort 在處理 n 個元素的輸入陣列時，堆疊深度是 $\Theta(n)$。

c. 修改 TRE-Quicksort，讓最壞情況堆疊深度是 $\Theta(\lg n)$。讓演算法的期望執行時間維持 $O(n \lg n)$。

7-6 三數取中劃分

為了改進 Randomized-Quicksort 程序，與其從子陣列中隨機抽取一個元素，我們可以更謹慎地選擇分界點，並用分界點來進行劃分。有一種常見的方法是**三數取中法**：從子陣列隨機選擇 3 個元素，將中間的元素當成分界點（見習題 7.4-6）。在這個問題中，假設在輸入子陣列 $A[p:r]$ 裡面的 n 個元素都不相同，而且 $n \geq 3$。我們用 $z_1, z_2, ..., z_n$ 來表示 $A[p:r]$ 的已排序版本。使用三數取中法來選擇分界點元素 x，定義 $p_i = \Pr\{x = z_i\}$。

a. 使用「以 n 與 i 為變數的函式」來寫出 p_i 的精確公式，$i = 2, 3, ..., n-1$（注意 $p_1 = p_n = 0$）。

b. 與一般的做法相比，三數取中法選擇的分界點是 $x = z_{\lfloor(n+1)/2\rfloor}$（即 $A[p:r]$ 的中位數）的機率增加多少？假設 $n \to \infty$，寫出這些機率的極限比值。

c. 假如我們定義「良好」的劃分是選出分界點 $x = z_i$，其中 $n/3 \le i \le 2n/3$。與一般的做法相比，三數取中法做出良好的劃分的機率增加多少？（**提示**：用積分來算出和式的近似值）。

d. 證明在快速排序的 $\Omega(n \lg n)$ 執行時間中，三數取中法只影響常數因子。

7-7 對區間進行模糊排序

考慮一個排序問題，你不知道確切的數字，但你知道每一個數字的實數區間。也就是說，你知道 n 個 $[a_i, b_i]$ 形式的閉區間，其中 $a_i \le b_i$。你的目標是**模糊排序**這些區間：產生區間的排列 $\langle i_1, i_2, \dots, i_n \rangle$，使得當 $j = 1, 2, \dots, n$，存在 $c_j \in [a_{i_j}, b_{i_j}]$，滿足 $c_1 \le c_2 \le \dots \le c_n$。

a. 設計一個隨機演算法來模糊排序 n 個區間。你的演算法應該具有快速排序左端點（a_i 值）的演算法的一般結構，但它應該利用重疊的區間來改善執行時間（隨著區間的重疊越來越多，模糊排序區間問題會變得越來越簡單。只要存在這種重疊，你的演算法就應該利用它）。

b. 證明你的演算法在一般情況下的期望執行時間是 $\Theta(n \lg n)$，但是當所有的區間都重疊時，則是 $\Theta(n)$（也就是有個值 x 對所有 i 而言滿足 $x \in [a_i, b_i]$）。你的演算法不應該明確地檢查這種情況，而是應該隨著重疊量的增加，自然地提高性能。

後記

快速排序是 Hoare 發明的 [219]，他的 PARTITION 版本在挑戰 7-1。Bentley [51, p. 117] 將第 7.1 節的 PARTITION 程序歸功於 N. Lomuto。第 7.4 節的分析是基於 Motwani 和 Raghavan [336] 的分析。Sedgewick [401] 和 Bentley [51] 為實作的細節和它們的重要性提供了很好的參考資料。

McIlroy [323] 展示如何製作「殺手級對手」，做出一個可讓幾乎所有快速排序實作都需要花費 $\Theta(n^2)$ 時間的陣列。

8 以線性時間排序

我們看了一些可以在 $O(n \lg n)$ 時間內對 n 個數字進行排序的演算法，合併排序和堆積排序在最壞情況下達到此上限，而快速排序在平均情況下達到此上限。此外，對於這些演算法中的每一個，我們可以產生一個包含 n 個數字的輸入序列，使得該演算法在 $\Omega(n \lg n)$ 時間內運行。

這些演算法都有一個有趣的屬性：**它們都只根據輸入元素之間的比較結果來決定順序**。我們將這種排序演算法稱為比較排序。本書到目前為止介紹的排序演算法都是比較排序。

在第 8.1 節，我們將證明，任何比較排序在最壞情況下，一定以 $\Omega(n \lg n)$ 時間來排序 n 個元素。因此，合併排序與堆積排序是漸近最佳的，目前沒有任何比較排序方法比它們快得超過一個固定的倍數。

第 8.2、8.3 與 8.4 節將介紹三種排序演算法：計數排序、數基排序與桶排序，它們可用線性時間來處理某種類型的輸入。當然，這些演算法使用「比較」之外的操作來確定順序。因此，$\Omega(n \lg n)$ 下限不適用於它們。

8.1 排序的下限

比較排序藉著比較元素來獲取輸入序列 $\langle a_1, a_2, ..., a_n \rangle$ 的排序資訊。也就是說，有兩個元素 a_i 與 a_j 時，它會執行 $a_i < a_j$、$a_i \leq a_j$、$a_i = a_j$、$a_i \geq a_j$ 或 $a_i > a_j$ 等檢查之一，來確定它們的相對順序。它可能不會檢查元素的值，或以任何其他方式獲得關於排序的資訊。

因為我們要證明下限，所以在本節中，我們同樣假設所有的輸入元素都是不同的。畢竟，元素不相同時的下限適用於元素不相同及有相同元素的情況。因此，我們不會用到 $a_i = a_j$ 這種比較，這意味著我們可以假設不會有比較精確相等的情況。此外，$a_i \leq a_j$、$a_i \geq a_j$、$a_i > a_j$、$a_i < a_j$ 都是等價的，因為它們同樣提供關於 a_i 與 a_j 的相對順序資訊。因此，我們假設所有的比較都是 $a_i \leq a_j$。

決策樹模型

我們可以用決策樹來抽象地看待比較排序。**決策樹**是一種滿（full）二元樹（每一個節點不是葉節點就是有兩個子節點），用來表示特定的排序演算法處理特定大小的輸入時，在元素之間進行的比較。它忽略了控制、資料移動與演算法的其他層面。圖 8.1 是第 2.1 節的插入排序演算法處理三個元素的輸入序列時的決策樹。

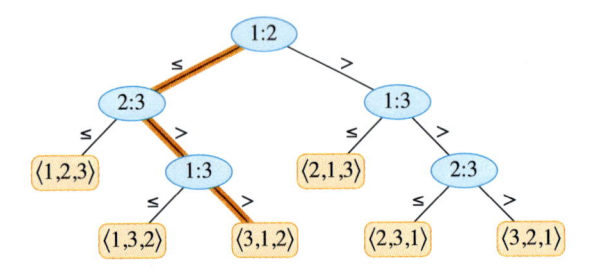

圖 8.1 插入排序處理三個元素時的決策樹。被標上 $i:j$ 的內部節點（橢圓）代表比較 a_i 與 a_j。被標上排列 $\langle \pi(1), \pi(2), ..., \pi(n) \rangle$ 的葉節點代表順序 $a_{\pi(1)} \le a_{\pi(2)} \le \cdots \le a_{\pi(n)}$。加粗的路徑代表排序輸入序列為 $\langle a_1 = 6, a_2 = 8, a_3 = 5 \rangle$ 時做出的決策。從 1:2 這個根節點往左走代表 $a_1 \le a_2$。從 2:3 這個節點往右走代表 $a_2 > a_3$。從 1:3 這個節點往右走代表 $a_1 > a_3$。因此得到順序 $a_3 \le a_1 \le a_2$，即 $\langle 3, 1, 2 \rangle$ 這個葉節點。因此三個輸入元素有 $3! = 6$ 個可能的排列方式，所以決策樹至少一定有 6 個葉節點。

決策樹的內部節點都被標上 $i:j$，其範圍是 $1 \le i, j \le n$，其中，n 是輸入序列的元素數量。我們也將葉節點標上排列 $\langle \pi(1), \pi(2), ..., \pi(n) \rangle$（關於排列的背景知識見第 C.1 節）。在內部節點和葉節點裡的索引指的是當排序演算法開始時陣列元素的原始位置。比較排序演算法的執行過程相當於從決策樹的根節點開始，往下走一條簡單的路徑到葉節點。每一個內部節點都代表一次確定是否 $a_i \le a_j$ 的比較。左子樹代表當 $a_i \le a_j$ 之後的比較，右子樹代表當 $a_i > a_j$ 之後的比較。到達葉節點時，排序演算法就完成了排序 $a_{\pi(1)} \le a_{\pi(2)} \le \cdots \le a_{\pi(n)}$。因為正確的排序演算法必須能夠產生輸入的每一種排列，所以 n 個元素的 $n!$ 種排列都必須至少出現在決策樹的一個葉節點，比較排序才是正確的。此外，這些葉節點都必須可從根節點到達，沿著一條相當於比較排序的實際執行過程的向下路徑（我們將這種葉節點稱為「可達的」）。因此，我們只考慮每一種排列都出現在可達的葉節點的決策樹。

最壞情況的下限

從決策樹的根節點到任何一個可達的葉節點的最長簡單路徑的長度,代表排序演算法在最壞情況下的比較次數。因此,比較排序演算法在最壞情況下的比較次數等於決策樹的高度。所以,如果決策樹的葉節點有每一種排列,它的高度下限就是比較排序演算法的執行時間下限。下面的定理建立了這個下限。

定理 8.1
任何比較排序演算法在最壞情況下都需要做 $\Omega(n \lg n)$ 次比較。

證明 根據上面的討論,我們只要找出可達的葉節點具有每一種排列的決策樹之高度即可。考慮一棵決策樹,它的高度是 h,有 l 個可達的葉節點,相當於針對 n 個元素進行比較排序的結果。因為輸入的 $n!$ 種排列都出現在一個或多個葉節點裡,所以 $n! \leq l$。因為高度為 h 的二元樹的葉節點不超過 2^h 個,我們得到

$$n! \leq l \leq 2^h$$

取對數可得

$h \geq \lg(n!)$ (因為 lg 函數是單調遞增的)
$= \Omega(n \lg n)$ (根據第 62 頁的式 (3.28))。 ∎

推論 8.2
堆積與合併排序是漸近最佳的比較排序。

證明 堆積排序與合併排序的執行時間上限是 $O(n \lg n)$,這與定理 8.1 的最壞情況下限 $\Omega(n \lg n)$ 是一致的。 ∎

習題

8.1-1
在比較排序的決策樹中,葉節點的最小深度是多少?

8.1-2
不使用 Stirling 近似式,來寫出 $\lg(n!)$ 的漸近嚴格界限。使用第 A.2 節的技術來計算 $\sum_{k=1}^{n} \lg k$。

8.1-3

證明:沒有一種演算法可用線性執行時間來處理長度為 n 的 $n!$ 種輸入之中的一半以上。長度為 n 的輸入的 $1/n$ 呢?$1/2^n$ 呢?

8.1-4

你有一個包含 n 個元素的輸入序列,且事先知道這個序列已被部分排序,排序規則如下:每個最初在位置 i 的元素(滿足 $i \bmod 4 = 0$),若不是已經在它的正確位置,就是與它的正確位置相差一個位置。例如,你知道最初在位置 12 的元素在排序後會在位置 11、12 或 13。但你事先不知道位於 $i \bmod 4 \neq 0$ 的位置 i 的其他元素的資訊。證明比較排序的下限 $\Omega(n \lg n)$ 在這種情況下仍然成立。

8.2 計數排序

計數排序假設 n 個輸入元素的每一個都是在範圍 0 至 k 之內的整數,其中 k 為整數。它的執行時間是 $\Theta(n+k)$,所以當 $k = O(n)$ 時,計數排序的執行時間是 $\Theta(n)$。

計數排序會先確定與每一個輸入元素 x 一樣大或比它小的元素數量,然後根據這項資訊,將元素 x 直接放到它在輸出陣列中的位置。例如,如果有 17 個元素小於或等於 x,那麼 x 屬於輸出位置 17。如果有好幾個元素有相同值,我們就要修改這種做法,因為我們不希望它們最後都被放到同一個位置。

下一頁的 COUNTING-SORT 程序接收陣列 $A[1:n]$、這個陣列的大小 n、在 A 裡面的非負整數值上限 k。這個程序用陣列 $B[1:n]$ 來回傳已排序的輸出,並使用陣列 $C[0:k]$ 作為臨時的工作儲存空間。

COUNTING-SORT(A, n, k)
1 let $B[1:n]$ and $C[0:k]$ be new arrays
2 **for** $i = 0$ **to** k
3      $C[i] = 0$
4 **for** $j = 1$ **to** n
5      $C[A[j]] = C[A[j]] + 1$
6 // 現在 $C[i]$ 裡面有等於 i 的元素的數量。
7 **for** $i = 1$ **to** k
8      $C[i] = C[i] + C[i-1]$
9 // 現在 $C[i]$ 裡面有小於或等於 i 的元素的數量。
10 // 將 A 複製到 B，從 A 的結尾處開始。
11 **for** $j = n$ **downto** 1
12     $B[C[A[j]]] = A[j]$
13     $C[A[j]] = C[A[j]] - 1$ // 處理重複的值
14 **return** B

圖 8.2 是計數排序的情況。我們在第 2~3 行用 **for** 迴圈將陣列 C 都設為零之後，在第 4~5 行用 **for** 迴圈遍歷陣列 A 一次，以檢查每一個輸入元素。每次找到值為 i 的輸入元素時，就遞增 $C[i]$。因此，在第 5 行之後，$C[i]$ 會儲存等於 i 的輸入元素的數量，整數 $i = 0, 1, ..., k$。第 7~8 行累加陣列 C 來為每個 i 計算有多少輸入元素小於或等於 i，其中 $i = 0, 1, ..., k$。

最後，我們在第 11~13 行的 **for** 迴圈對 A 進行另一次遍歷，不過這次是反向遍歷，來將每一個元素 $A[j]$ 放入它在輸出陣列 B 裡的正確排序位置。如果全部的 n 個元素都不相同，那麼當第 11 行第一次進入時，對每一個 $A[j]$ 而言，$C[A[j]]$ 的值就是 $A[j]$ 在輸出陣列裡的正確最終位置，因為小於或等於 $A[j]$ 的元素有 $C[A[j]]$ 個。由於元素也有可能相同，所以這個迴圈每次將一個值 $A[j]$ 放入 B 時，就會遞減 $C[A[j]]$。遞減 $C[A[j]]$ 會導致 A 中前一個值等於 $A[j]$ 的元素（如果存在的話），被放到輸出陣列 B 裡的 $A[j]$ 的前一個位置。

計數排序需要多久？第 2~3 行的 **for** 迴圈花費 $\Theta(k)$ 時間，第 4~5 行的 **for** 迴圈花費 $\Theta(n)$ 時間，第 7~8 行的 **for** 迴圈花費 $\Theta(k)$ 時間，第 11~13 行的 **for** 迴圈花費 $\Theta(n)$ 時間。因此，全部的時間是 $\Theta(k+n)$。在實務上，我們通常在 $k = O(n)$ 時使用計數排序，此時，執行時間是 $\Theta(n)$。

計數排序可能勝過第 8.1 節證明的 $\Omega(n \lg n)$ 下限，因為它不是比較排序。事實上，程式的任何地方都不會互相比較輸入元素。計數排序使用元素的實際值來檢索陣列。如果不是透過「比較」來進行排序的話，排序的 $\Omega(n \lg n)$ 下限就不適用了。

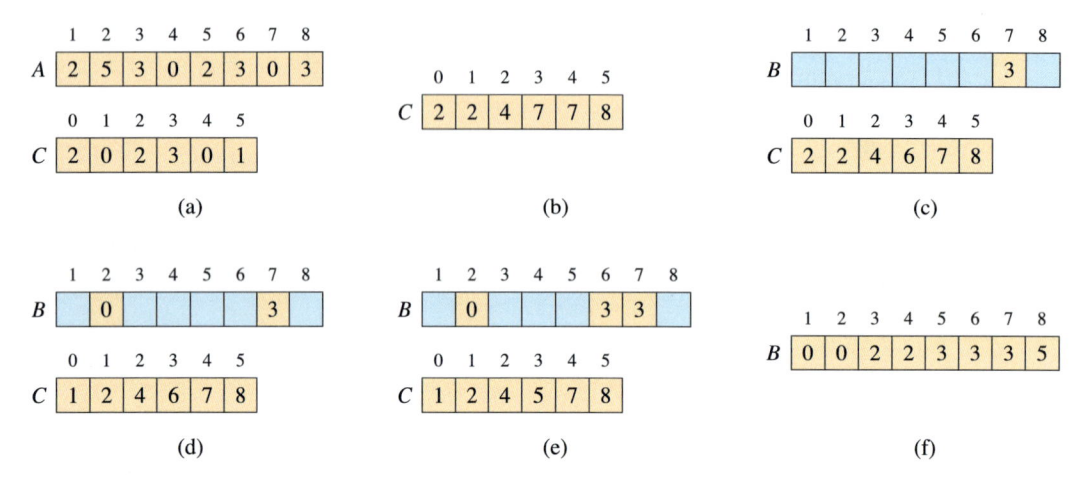

圖 8.2 Counting-Sort 處理輸入陣列 $A[1:8]$ 的工作過程，A 的每一個元素都是不大於 $k = 5$ 的非負整數。**(a)** 陣列 A 與輔助陣列 C 在第 5 行之後的情況。**(b)** 陣列 C 在第 8 行之後的情況。**(c)~(e)** 陣列 B 與輔助陣列 C 在第 11~13 行的迴圈迭代一次、兩次與三次後的情況。只有 B 的棕色元素被填入值。**(f)** 最終的已排序輸出陣列 B。

　　計數排序有一個重要的屬性為它是**穩定的**：值相同的元素在輸出陣列中的順序與它們在輸入陣列中的順序相同。也就是說，它用這條規則來決定兩個相同元素的順序：讓先出現在輸入陣列中的元素先出現在輸出陣列中。一般來說，「穩定」屬性只有當衛星資料會與被排序的元素一起移動時才重要。計數排序的穩定屬性很重要有另一個原因：計數排序經常被當成數基排序的子程序。我們將在下一節看到，為了讓數基排序正確運作，計數排序必須是穩定的。

習題

8.2-1
模仿圖 8.2，說明 Counting-Sort 處理陣列 $A = \langle 6, 0, 2, 0, 1, 3, 4, 6, 1, 3, 2 \rangle$ 的操作過程。

8.2-2
證明 Counting-Sort 是穩定的。

8.2-3
假如我們將 Counting-Sort 的第 11 行的 **for** 迴圈頭改寫成

11　　**for** $j = 1$ **to** n

證明演算法仍然正確運作，但不是穩定的。然後重寫計數排序的虛擬碼，將值相同的元素按索引遞增順序寫入輸出陣列，如此一來，演算法就穩定了。

8.2-4
證明 Counting-Sort 的循環不變性：

> 在第 11~13 行的 **for** 迴圈每一次開始迭代時，在 A 裡，值為 i 且還沒有被複製到 B 的最後一個元素屬於 $B[C[i]]$。

8.2-5
假設被排序的陣列只有 0 到 k 範圍內的整數，而且沒有衛星資料隨著這些鍵移動。修改計數排序，只使用陣列 A 和 C，將排序後的結果放回陣列 A，而不是放入新陣列 B。

8.2-6
寫出一個演算法：當它收到 n 個範圍為 0 至 k 的整數時，它會預先處理輸入，然後用 $O(1)$ 時間回答關於 n 個整數有多少個落入 $[a:b]$ 範圍的查詢。你的演算法應使用 $\Theta(n+k)$ 預先處理時間。

8.2-7
如果輸入值有小數，但小數的位數很少，計數排序也可以有效地運作。假設你有 0 到 k 範圍的 n 個數字，每一個數字的小數點後面最多有 d 個位數（基數 10）。修改計數排序，讓它以 $\Theta(n+10^d k)$ 時間執行。

8.3 數基排序

數基排序是當今只能在計算機博物館看到的卡片排序機所使用的演算法。它的卡片有 80 行，在每一行裡，機器可以在 12 個地方之一打孔。分類機透過機械「程式」來檢查一副卡片的每張卡片的特定行，並根據哪個地方被打過孔，將卡片分到 12 個容器之一。操作員可以從每一個容器收集卡片，把第一個地方被打孔的卡片放在第二個地方被打孔的卡片上面，以此類推。

對十進制數字而言，每一行只使用 10 個位置（保留另外兩個位置來編碼非數字字元）。d 位數的數字占用 d 行。因為卡片分類機一次只能檢查一欄，所以「排序 n 張卡片裡的 d 位數」這個問題必須用排序演算法來解決。

你可能會憑直覺使用數字的**最高**（最左邊的）位數來排序，再對每一行進行遞迴排序，然後按順序合併卡片。遺憾的是，為了排序一個盒子中的卡片，你必須把 10 個盒子中的 9 個盒子裡的卡片放在一旁，這個程序會產生許多中間的卡堆，你必須追蹤那些卡堆（見習題 8.3-6）。

數基排序可解決卡片排序的問題——以違反直覺的方式。它先按照**最低位數**來排序，然後將卡片合併成一副，將 0 號盒子的卡片放在 1 號盒子的卡片前面，將 1 號盒子的卡片放在 2 號盒子的卡片前面，以此類推。接著再次按照次低位數來排序整副卡片，並以相同方式重新合併整副卡片。這個程序繼續進行，直到使用全部的 d 位數來排序所有卡片為止。值得注意的是，此時，卡片完全按照 d 位數進行排序。因此，我們只要遍歷整副卡片 d 次就可以完成排序。圖 8.3 是數基排序處理七個 3 位數數字的「卡片」的情況。

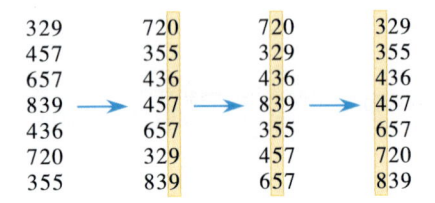

```
329        720        720        329
457        355        329        355
657        436        436        436
839   →    457   →    839   →    457
436        657        355        657
720        329        457        720
355        839        657        839
```

圖 8.3　數基排序處理七個 3 位數的操作過程。最左邊的那一行是輸入。其餘各行是從低位數開始排到高位數產生的數字。棕色背景代表當時排序的位數。

為了讓數基排序正確運作，位數的排序必須是穩定的。卡片分類機執行的排序是穩定的，但是操作員拿出卡片時必須避免改變卡片的順序，即使在同一個盒子裡的所有卡片的某一行都有相同的數字。

在典型的電腦裡，因為電腦是循序隨機存取機器，我們有時會用數基排序來排序以多個欄位為鍵的紀錄。例如，我們可能想要用三個鍵來排序日期：年、月、日。我們可以使用一個比較函數來執行排序演算法，當它收到兩個日期時，先比較年，如果年一樣，比較月，如果月一樣，比較日。或者，我們可以用穩定排序來排序資訊三次：先排序日（「最低位數」部分），然後月，最後年。

數基排序的程式很簡單。RADIX-SORT 程式假設在陣列 $A[1:n]$ 裡面的每一個元素都有 d 位數，其中，位數 1 是最低位數，位數 d 是最高位數。

RADIX-SORT(A, n, d)
1 **for** $i = 1$ **to** d
2   use a stable sort to sort array $A[1:n]$ on digit i

雖然 RADIX-SORT 的虛擬碼並未指定使用哪個穩定排序，但一般使用 COUNTING-SORT。使用 COUNTING-SORT 作為穩定排序可以讓 RADIX-SORT 的效率更高一些。你可以修改 COUNTING-SORT，將輸出陣列的指標作為參數傳入，讓 RADIX-SORT 預先配置這個陣列，並在 RADIX-SORT 的 **for** 迴圈的後續迭代中，交替使用兩個陣列來作為輸入與輸出。

引理 8.3

當 RADIX-SORT 接收 n 個 d 位數的數字，其中每一個位數可能有 k 種值時，它可以用 $\Theta(d(n+k))$ 時間來正確地排序這些數字——如果它使用的穩定排序花費 $\Theta(n+k)$ 時間的話。

證明　我們可以藉著針對被排序的行進行歸納證明，來證明數基排序的正確性（見習題 8.3-3）。執行時間的分析取決於作為中間排序演算法的穩定排序。當每一個位數都在範圍 0 至 $k-1$ 之內時（所以它可能有 k 種值），k 不太大，計數排序是理所當然的選擇。所以每次遍歷 n 個 d 位數數字花費 $\Theta(n+k)$ 時間。數基排序遍歷 d 次，所以它的總時間是 $\Theta(d(n+k))$。∎

當 d 是常數，且 $k = O(n)$ 時，我們可以讓數基排序以線性時間執行。更普遍地說，我們可以靈活地將鍵值分成不同的位數。

引理 8.4

給定 n 個 b 位數的數字與任意正整數 $r \leq b$，RADIX-SORT 可以用 $\Theta((b/r)(n+2^r))$ 時間正確地排序這些數字，如果它使用的穩定排序演算法處理範圍為 0 至 k 的輸入需要 $\Theta(n+k)$ 時間的話。

證明　對於一個值 $r \leq b$ 而言，每一個鍵都可視為 r 位元的 $d = \lceil b/r \rceil$ 位數。每一個位數都是範圍為 0 至 $2^r - 1$ 的整數，所以我們可以使用計數排序，設 $k = 2^r - 1$（例如，我們可以將一個 32 位元的 word 當成它有四個 8 位元的位數，所以 $b = 32$，$r = 8$，$k = 2^r - 1 = 255$，$d = b/r = 4$）。每回合的計數排序花費 $\Theta(n+k) = \Theta(n+2^r)$ 時間，有 d 回合，總執行時間是 $\Theta(d(n+2^r)) = \Theta((b/r)(n+2^r))$。∎

知道 n 與 b 後，哪個值 $r \leq b$ 可讓算式 $(b/r)(n + 2^r)$ 最小？因子 b/r 會隨著 r 的減少而增加，但 r 增加，2^r 也會增加。答案取決於 b 是否小於 $\lfloor \lg n \rfloor$。如果 $b < \lfloor \lg n \rfloor$，那麼 $r \leq b$ 意味著 $(n + 2^r) = \Theta(n)$。因此，選擇 $r = b$ 會得到執行時間 $(b/b)(n + 2^b) = \Theta(n)$，它是漸近最佳的。如果 $b \geq \lfloor \lg n \rfloor$，那麼選擇 $r = \lfloor \lg n \rfloor$ 可得到在一個常數因子範圍內的最佳執行時間，等一下會看到[1]。選擇 $r = \lfloor \lg n \rfloor$ 會產生 $\Theta(bn/\lg n)$ 這個執行時間。當 r 超過 $\lfloor \lg n \rfloor$ 時，分子的 2^r 項的增長速度比分母的 r 項更快，所以當 r 超過 $\lfloor \lg n \rfloor$ 時產生執行時間 $\Omega(bn/\lg n)$。如果 r 低於 $\lfloor \lg n \rfloor$，那麼 b/r 項增加，且 $n + 2^r$ 項維持在 $\Theta(n)$。

數基排序會比快速排序等比較型排序演算法更好嗎？如果 $b = O(\lg n)$，這是一般情況，且 $r \approx \lg n$，那麼數基排序的執行時間是 $\Theta(n)$，看起來比快速排序的期望執行時間 $\Theta(n \lg n)$ 更好。然而，隱藏在 Θ 表示法中的常數因子是不同的。雖然數基排序遍歷 n 個鍵的次數可能比快速排序少，但數基排序的每一次遍歷花費的時間可能長很多。排序演算法的選擇取決於實作的特性、底層機器的特性（例如，快速排序使用硬體快取的效率通常優於數基排序）以及輸入資料的特性。此外，使用計數排序作為中間穩定排序的數基排序不做就地排序，但許多 $\Theta(n \lg n)$ 時間的比較排序會就地排序。因此，在主記憶體空間有限的情況下，快速排序這種就地演算法可能是更好的選擇。

習題

8.3-1
模仿圖 8.3，說明 Radix-Sort 處理下面的英文單字的操作過程：COW、DOG、SEA、RUG、ROW、MOB、BOX、TAB、BAR、EAR、TAR、DIG、BIG、TEA、NOW、FOX。

8.3-2
下列哪些演算法是穩定的：插入排序、合併排序、堆積排序與快速排序？提出一個簡單的方案來讓任何比較排序都是穩定的。你的方案需要增加多少時間和空間？

8.3-3
用歸納法來證明數基排序的正確性。在證明過程中，哪裡需要假設中間排序法是穩定的？

---

[1] 選擇 $r = \lfloor \lg n \rfloor$ 時，假設 $n > 1$。若 $n \leq 1$，則沒有東西可排序。

8.3-4

假如 RADIX-SORT 使用 COUNTING-SORT 作為穩定排序。如果 RADIX-SORT 呼叫 COUNTING-SORT d 次，那麼因為每次呼叫 COUNTING-SORT 都遍歷兩次資料（第 4~5 行與第 11~13 行），所以總共遍歷資料 $2d$ 次。說明如何將總遍歷數降為 $d+1$。

8.3-5

說明如何用 $O(n)$ 時間來排序 n 個整數，整數的範圍為 0 至 n^3-1。

★ **8.3-6**

本節的第一個卡片排序演算法先使用最高位數來排序，它在最壞情況下需要做幾回合的排序來排序 d 位數的十進制數字？在最壞情況下，操作員需要追蹤多少副卡片？

8.4 桶排序

桶排序假設輸入成均勻分布，且平均執行時間是 $O(n)$。如同計數排序，因為桶排序對輸入做了某種假設，所以它也很快。計數排序假設輸入是以小範圍的整數構成的，桶排序則假設輸入是一個隨機程序產生的，該程序將元素均勻、獨立地分布在 [0, 1) 區間上（均勻分布的定義見第 C.2 節）。

桶排序將 [0, 1) 區間分成 n 個同樣大小的子區間，也稱為**桶子**（***bucket***），然後將 n 個輸入數字分給各個桶子。因為輸入在 [0, 1) 中均勻且獨立分布，所以我們認為每個桶子都不會有許多數字。為了產生輸出，我們只要排序每個桶子裡的數字，然後依序遍歷桶子，列出每一個桶子裡的元素即可。

下一頁的 BUCKET-SORT 程序假設輸入是陣列 $A[1:n]$，而且在陣列中的每一個元素 $A[i]$ 都滿足 $0 \leq A[i] < 1$。實際的程式需要使用一個輔助鏈接串列 $B[0:n-1]$（桶子），假設這些串列有現成的維護機制（第 10.2 節將說明如何實作鏈接串列的基本操作）。圖 8.4 是桶排序處理 10 個數字的輸入陣列時的操作過程。

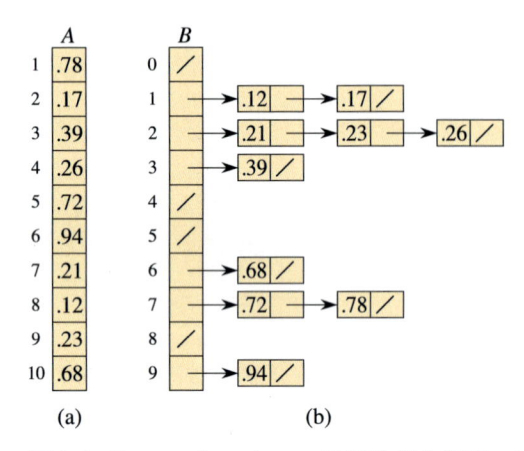

圖 8.4 BUCKET-SORT 在 n = 10 時的操作過程。**(a)** 輸入陣列 A[1:10]。**(b)** 在演算法的第 7 行之後，陣列 B[0:9] 儲存已排序的串列（桶子）。斜線代表每一個桶子的末端。桶子 i 存有半開區間 [i/10, (i + 1)/10) 之內的值。輸出是藉著依序串接串列 B[0], B[1], ..., B[9] 做成的。

```
BUCKET-SORT(A, n)
1   let B[0 : n − 1] be a new array
2   for i = 0 to n − 1
3       make B[i] an empty list
4   for i = 1 to n
5       insert A[i] into list B[⌊n · A[i]⌋]
6   for i = 0 to n − 1
7       sort list B[i] with insertion sort
8   concatenate the lists B[0], B[1], ..., B[n − 1] together in order
9   return the concatenated lists
```

為了了解這個演算法如何運作，考慮兩個元素 $A[i]$ 與 $A[j]$。不失普遍性，假設 $A[i] \leq A[j]$。因為 $\lfloor n \cdot A[i] \rfloor \leq \lfloor n \cdot A[j] \rfloor$，所以元素 $A[i]$ 若不是與 $A[j]$ 在同一個桶子裡，就是在較低索引的桶子裡。如果 $A[i]$ 與 $A[j]$ 在同一個桶子裡，第 6~7 行的 **for** 迴圈會以正確的順序擺放它們。如果 $A[i]$ 與 $A[j]$ 在不同的桶子裡，第 8 行會以正確的順序擺放它們。因此，桶排序正確運作。

接下來分析執行時間，我們注意到，除了第 7 行之外的每一行在最壞情況下都花費 $O(n)$ 時間。我們來分析呼叫第 7 行的插入排序 n 次所花費的總時間。

為了分析呼叫插入排序的成本，設 n_i 是隨機變數，代表被放入桶子 $B[i]$ 的元素數量。因為插入排序的執行時間是二次時間（見第 2.2 節），所以桶排序的執行時間是

$$T(n) = \Theta(n) + \sum_{i=0}^{n-1} O(n_i^2) \tag{8.1}$$

接下來要分析桶排序的平均情況執行時間，我們將計算執行時間的期望值，對著輸入分布取期望。對等式兩邊取期望，並使用期望的線性性質（第 1148 頁的式 (C.24)），可得

$$\begin{aligned}
\mathrm{E}\left[T(n)\right] &= \mathrm{E}\left[\Theta(n) + \sum_{i=0}^{n-1} O(n_i^2)\right] \\
&= \Theta(n) + \sum_{i=0}^{n-1} \mathrm{E}\left[O(n_i^2)\right] \quad \text{（根據期望的線性性質）} \\
&= \Theta(n) + \sum_{i=0}^{n-1} O\left(\mathrm{E}\left[n_i^2\right]\right) \quad \text{（根據第 1149 頁的式 (C.25)）}
\end{aligned} \tag{8.2}$$

我們認為

$$\mathrm{E}\left[n_i^2\right] = 2 - 1/n \tag{8.3}$$

其中 $i = 0, 1, \ldots, n-1$。每一個桶子 i 都有相同的 $\mathrm{E}[n_i^2]$ 值並不奇怪，因為在輸入陣列 A 裡的每一個值都有相同的機率落入任何桶子。

為了證明式 (8.3)，我們將每一個隨機變數 n_i 視為 n 次 Bernoulli 試驗的成功次數（見第 C.4 節）。試驗成功就是有一個元素被放入桶子 $B[i]$，成功的機率是 $p = 1/n$，失敗的機率是 $q = 1 - 1/n$。二項分布可計算 n 次試驗的成功次數 n_i。根據第 1155~1156 頁的式 (C.41) 與 (C.44) 可得，$E[n_i] = np = n(1/n) = 1$ 且 $\mathrm{Var}[n_i] = npq = 1 - 1/n$。用第 1150 頁的式 (C.32) 可得

$$\begin{aligned}
\mathrm{E}\left[n_i^2\right] &= \mathrm{Var}\left[n_i\right] + \mathrm{E}^2\left[n_i\right] \\
&= (1 - 1/n) + 1^2 \\
&= 2 - 1/n
\end{aligned}$$

這證明了式 (8.3)。在式 (8.2) 中使用這個期望值，我們得到桶排序的平均情況執行時間是 $\Theta(n) + n \cdot O(2 - 1/n) = \Theta(n)$。

即使輸入不是來自均勻分布，桶排序仍然可能以線性時間執行。只要輸入有這個特性：桶子大小的平方和與元素總數成線性關係，由式 (8.1) 可知，桶排序以線性時間執行。

習題

8.4-1
模仿圖 8.4，說明 BUCKET-SORT 處理陣列 $A = \langle .79, .13, .16, .64, .39, .20, .89, .53, .71, .42 \rangle$ 的操作過程。

8.4-2
解釋為何桶排序的最壞情況執行時間是 $\Theta(n^2)$。如何簡單地修改演算法，以保留它的線性平均情況執行時間，並讓它的最壞情況執行時間是 $O(n \lg n)$？

8.4-3
設隨機變數 X 等於丟一枚公正硬幣兩次出現人頭的次數。$\mathrm{E}[X^2]$ 是多少？$\mathrm{E}^2[X]$ 是多少？

8.4-4
我們用以下的方式來填充一個大小為 $n > 10$ 的陣列：為每一個元素 $A[i]$，我們從 $[0, 1)$ 均勻且獨立地選擇兩個隨機變數 x_i 與 y_i。然後設定

$$A[i] = \frac{\lfloor 10 x_i \rfloor}{10} + \frac{y_i}{n}$$

修改桶排序，讓它以 $O(n)$ 期望時間排序陣列 A。

★ 8.4-5
在單位圓 $p_i = (x_i, y_i)$ 裡面有 n 個點，滿足 $0 < x_i^2 + y_i^2 \leq 1$，其中 $i = 1, 2, \ldots, n$。假設點都均勻分布，也就是說，在圓中的任何區域找到一個點的機率與該區域的面積成正比。設計一個平均情況執行時間為 $\Theta(n)$ 的演算法來根據 n 個點與原點的距離 $d_i = \sqrt{x_i^2 + y_i^2}$ 來排序它們（**提示**：在 BUCKET-SORT 中，設計適當的桶大小，以反映各個點在單位圓中的均勻分布情況）。

★ 8.4-6
隨機變數 X 的機率分布函數 $P(x)$ 的定義是 $P(x) = \Pr\{X \leq x\}$。假設你從一個連續機率分布函數 P 中抽取 n 個隨機變數 $X_1, X_2, \ldots, X_n$，P 的計算時間是 $O(1)$（給定 y，你可以在 $O(1)$ 時間內找到 x，滿足 $P(x) = y$）。寫出一個演算法，以線性的平均情況時間排序這些數字。

挑戰

8-1 比較排序的機率下限

在這個問題中，你要證明任何確定性的或隨機性的比較排序在處理 n 個不同的輸入元素時，執行時間都有機率性的 $\Omega(n \lg n)$ 下限。你將先用決策樹 T_A 來分析確定性的比較排序 A。假設 A 的輸入的每一種排列都以相同的機率出現。

a. 假設 T_A 的每一個葉節點都被標上一個隨機輸入抵達它那裡的機率。證明有 $n!$ 個葉節點被標上 $1/n!$，其餘的葉節點被標上 0。

b. 設 $D(T)$ 代表決策樹 T 的外部路徑長度（external path length），也就是 T 的所有葉節點的深度的和。設 T 是有 $k > 1$ 個葉節點的決策樹，且 LT 與 RT 是 T 的左子樹與右子樹。證明 $D(T) = D(LT) + D(RT) + k$。

c. 設 $d(k)$ 是有 $k > 1$ 個葉節點的所有決策樹 T 的最小 $D(T)$ 值。證明 $d(k) = \min\{d(i) + d(k-i) + k : 1 \leq i \leq k-1\}$（**提示**：考慮一棵有 k 個葉節點且具有最小值的決策樹 T。設 i_0 是 LT 的葉節點數量，$k-i_0$ 是 RT 的葉節點數量）。

d. 證明對於給定值 $k > 1$，且 $1 \leq i \leq k-1$，函數 $i \lg i + (k-1)\lg(k-i)$ 的最小值在 $i = k/2$ 處。得出結論 $d(k) = \Omega(k \lg k)$。

e. 證明 $D(T_A) = \Omega(n!\lg(n!))$，得出結論：排序 n 個元素的平均情況時間是 $\Omega(n \lg n)$。

現在考慮**隨機性**比較排序 B。我們可以擴展決策樹模型來處理隨機化，方法是加入兩種節點：普通比較節點與「隨機化」節點。我們用隨機化節點來模擬演算法 B 做出來的隨機選擇，其形式為 RANDOM$(1, r)$。節點有 r 個子節點，每一個子節點在演算法執行期間被選擇的機率相同。

f. 證明任何隨機性比較排序演算法 B，都存在一個確定性比較排序演算法 A 的期望比較次數不超過 B 的比較次數。

8-2 以線性時間就地排序

你有一個具有 n 筆資料紀錄的陣列需要排序，每一筆紀錄都有一個鍵，鍵的值為 0 或 1。對這樣的一組紀錄進行排序的演算法可能擁有以下三種理想特徵中的幾種：

1. 演算法以 $O(n)$ 時間執行。
2. 演算法是穩定的。

3. 演算法可以就地排序，除了原始的陣列之外，使用的儲存空間不超過固定數量。

a. 寫出一個滿足上述標準 1 與標準 2 的演算法。

b. 寫出一個滿足上述標準 1 與標準 3 的演算法。

c. 寫出一個滿足上述標準 2 與標準 3 的演算法。

d. 你能用 (a)~(c) 小題的任何一種排序演算法作為 Radix-Sort 第 2 行使用的排序方法，讓 Radix-Sort 以 $O(bn)$ 時間對使用 b 位元鍵的 n 筆紀錄進行排序嗎？解釋怎麼做，或為何不行。

e. 假如這 n 筆紀錄使用範圍為 1 至 k 的鍵。說明如何修改計數排序，讓它以 $O(n+k)$ 時間就地排序紀錄。除了輸入陣列之外，你可以使用 $O(k)$ 儲存空間。你的演算法是穩定的嗎？

8-3 排序長度不固定的項目

a. 你有一個整數陣列，不同的整數可能有不同位數，但是在陣列裡的**所有**整數的位數總和是 n。說明如何以 $O(n)$ 時間排序這個陣列。

b. 你有一個字串陣列，不同的字串的字元可能不一樣多，但所有字串的字元總數是 n。說明如何以 $O(n)$ 時間排序字串（期望以標準字母順序排序，例如，a < ab < b）。

8-4 水壺

你有 n 個紅色水壺與 n 個藍色水壺，全部都有不同的外形與大小。紅壺可裝的水都不一樣多，藍壺也是如此。而且每一個水壺都有另一種顏色的水壺可裝一樣多的水。

你的工作是找出每一對容量一樣多的紅壺與藍壺。為此，你可以執行以下動作：選一對水壺，其中一個是紅色的，一個是藍色的，將紅壺裝滿水，然後將水倒入藍壺。這個操作可讓你知道紅壺或藍壺能否裝更多水，或是它們的容量相同。假設這種比較花費一個時間單位。你的目標是寫出一個演算法來將分組的比較次數最小化。別忘了，你不能直接比較兩個紅壺或兩個藍壺。

a. 寫出以 $\Theta(n^2)$ 次比較來為水壺進行配對的確定性演算法。

b. 證明演算法為了解決這個問題必須執行的比較次數最少是 $\Omega(n \lg n)$。

c. 寫出一個期望比較次數是 $O(n \lg n)$ 的隨機性演算法，並證明這個界限是正確的。你的演算法的最壞情況比較次數是多少？

8-5 平均排序

假如我們不想完全排序一個陣列，而是只想讓元素平均來說是遞增的。更準確地說，當以下條件滿足時，我們就說 n 個元素的陣列 A 是 *k-sorted*（*k- 排序的*），其中 $i = 1, 2, ..., n-k$：

$$\frac{\sum_{j=i}^{i+k-1} A[j]}{k} \leq \frac{\sum_{j=i+1}^{i+k} A[j]}{k}$$

a. 一個陣列是 1-sorted 意味著什麼？

b. 寫出一個由數字 1, 2, ..., 10 組成的排列，它是 2-sorted，但未完全排序。

c. 證明 n 個元素的陣列是 k-sorted 若且唯若 $A[i] \leq A[i+k]$，其中 $i = 1, 2, ..., n-k$。

d. 寫出可在 $O(n \lg(n/k))$ 時間內 k-排序 n 個元素的陣列的演算法。

我們也可以證明產生一個 k-sorted 陣列的時間下限，k 是常數。

e. 證明如何在 $O(n \lg k)$ 時間內排序一個長度為 n 的 k-sorted 陣列（**提示**：使用習題 6.5-11 的解答）。

f. 證明當 k 是常數時，k-排序 n 個元素的陣列需要 $\Omega(n \lg n)$ 時間（**提示**：使用 (e) 小題的解答與比較排序的下限）。

8-6 合併有序串列的下限

將兩個有序串列合併很常見。我們已經在第 2.3.1 節看過做這種事的 MERGE 子程序了。在這個問題裡，你要證明合併兩個有序串列的最壞情況比較次數至少是 $2n-1$。首先，你要使用決策樹來證明比較次數的下限是 $2n - o(n)$。

a. 你有 $2n$ 個數字，算出有幾種可能的方式可將它們分成兩個有序串列，每一個串列有 n 個數字。

b. 使用決策樹和 (a) 的答案，證明正確合併兩個有序串列的任何演算法都必須至少執行 $2n - o(n)$ 次比較。

接下來你要證明稍嚴格的 $2n-1$ 界限。

c. 證明如果兩個元素在有序順序中是相鄰的，而且來自不同的串列，它們必定會被比較。

d. 使用 (c) 的答案來證明，合併兩個有序串列所需的比較次數下限為 $2n-1$。

8-7 0-1 排序引理與行排序

對著兩個陣列元素 $A[i]$ 與 $A[j]$ 進行**比較交換**操作的形式如下，其中 $i < j$

COMPARE-EXCHANGE(A, i, j)
1 **if** $A[i] > A[j]$
2   exchange $A[i]$ with $A[j]$

在進行比較交換操作後，我們知道 $A[i] \leq A[j]$。

***oblivious* 比較交換演算法**僅透過一個預先定義的比較交換操作序列來運作。在序列中，要比較的位置索引必須事先決定，雖然它們可能與被排序的元素數量有關，但它們與被排序的值無關，也與先前的任何比較交換操作的結果無關。例如，下面的 COMPARE-EXCHANGE-INSERTION-SORT 程序是基於 oblivious 比較交換演算法的插入排序（與第 16 頁的 INSERTION-SORT 程序不一樣的是，oblivious 版本在任何情況下都在 $\Theta(n^2)$ 時間內執行）。

***0-1* 排序引理**可證明 oblivious 比較交換演算法可產生有序結果。它指出，如果 oblivious 比較交換演算法可以正確地排序僅含 0 與 1 的所有輸入序列，它就可以正確地排序包含任意值的所有輸入。

COMPARE-EXCHANGE-INSERTION-SORT(A, n)
1 **for** $i = 2$ **to** n
2   **for** $j = i - 1$ **downto** 1
3   COMPARE-EXCHANGE($A, j, j + 1$)

你將藉著證明 0-1 排序引理的逆命題來證明它：如果 oblivious 比較交換演算法無法排序一個包含任意值的輸入，它就無法排序一些 0-1 輸入。假設 oblivious 比較交換演算法 X 無法正確地排序陣列 $A[1:n]$。設 $A[p]$ 是演算法 X 未放到正確位置的最小值，$A[q]$ 是被演算法 X 移到本該放入 $A[p]$ 的位置的值。我們定義以 0 和 1 組成的陣列 $B[1:n]$ 如下：

$$B[i] = \begin{cases} 0 & \text{若 } A[i] \leq A[p] \\ 1 & \text{若 } A[i] > A[p] \end{cases}$$

a. 證明 $A[q] > A[p]$，所以 $B[p] = 0$ 且 $B[q] = 1$。

b. 為了完成 0-1 排序引理的證明，證明演算法 X 無法正確地排序陣列 B。

接下來，你要使用 0-1 排序引理來證明特定的排序演算法是正確的。**行排序**演算法可處理一個包含 n 個元素的矩形陣列。這個陣列有 r 列與 r 行（所以 $n = rs$），它滿足三個條件：

- r 必須是偶數，
- s 必須是 r 的因子，且
- $r \geq 2s^2$。

當行排序完成時，陣列會**以行為主**排序：如果由上而下、由左而右看的話，元素成單調遞增。

行排序有八個步驟，無論 n 的值是多少。它的奇數步驟都一樣：個別排序每一行。每一個偶數步驟都是一個固定的排列。步驟如下：

1. 排序每一行。
2. 轉置陣列，但將它的外形重塑為 r 列與 s 行。換句話說，將最左邊一行依序轉換成最上面的 r/s 列，將下一行依序轉換成接下來的 r/s 列，以此類推。
3. 排序每一行。
4. 執行第 2 步的排列動作的逆操作。
5. 排序每一行。
6. 將每一行的上半部移到同一行的下半部，將每一行原本的下半部移到右邊那一行的上半部。最左上角的上半部留空。將最後一行的下半部移到新的最右行的上半部，新行的下半部留空。
7. 排序每一行。
8. 執行第 6 步的排列動作的逆操作。

你可以將第 6~8 步想成一個單一步驟：對每一行的下半部和下一行的上半部進行排序。圖 8.5 是當 $r = 6$、$s = 3$ 時，行排序的處理步驟示範（即使這個範例違反 $r \geq 2s^2$ 的需求，但它是可行的）。

c. 證明我們可以將行排序當成 oblivious 比較交換演算法，即使不知道奇數步驟使用哪一種排序法。

```
10  14   5         4   1   2         4   8  10         1   3   6         1   4  11
 8   7  17         8   3   5        12  16  18         2   5   7         3   8  14
12   1   6        10   7   6         1   3   7         4   8  10         6  10  17
16   9  11        12   9  11         9  14  15         9  13  15         2   9  12
 4  15   2        16  14  13         2   5   6        11  14  17         5  13  16
18   3  13        18  15  17        11  13  17        12  16  18         7  15  18
     (a)               (b)               (c)               (d)               (e)

 1   4  11             5  10  16         4  10  16         1   7  13
 2   8  12             6  13  17         5  11  17         2   8  14
 3   9  14             7  15  18         6  12  18         3   9  15
 5  10  16     1   4  11             1   7  13             4  10  16
 6  13  17     2   8  12             2   8  14             5  11  17
 7  15  18     3   9  14             3   9  15             6  12  18
     (f)               (g)               (h)               (i)
```

圖 8.5 行排序的步驟。**(a)** 輸入陣列有 6 列與 3 行（這個例子不符合 $r \geq 2s^2$ 需求，但可處理）。**(b)** 在第 1 步排序每一行的結果。**(c)** 在第 2 步的轉置與重塑的結果。**(d)** 在第 3 步排序每一行的結果。**(e)** 在第 4 步執行第 2 步的排列的逆操作之後。**(f)** 在第 5 步排序每一行之後。**(g)** 在第 6 步位移一半之後。**(h)** 在第 7 步排序每一行之後。**(i)** 在第 8 步執行第 6 步的排序的逆操作之後。第 6~8 步為每一行的下半部分與下一行的上半部分進行排序。在第 8 步後，陣列會以行為主排序。

雖然乍看之下，我們很難相信行排序真的可行，但接下來要使用 0-1 排序引理來證明它確實可以。可以使用 0-1 排序引理的原因是我們可以把行排序當成一種 oblivious 比較交換演算法。有幾個定義可幫助你應用 0-1 排序引理。如果我們知道陣列的一個區域全部都是 0 或全部都是 1 或是空的，我們說它是乾淨的。否則，該區域可能混合 0 與 1，我們說它就是髒的。接下來，我們假設輸入陣列只有 0 和 1，而且我們可將它視為一個有 r 列與 s 行的陣列。

d. 證明在第 1~3 步後，陣列的頂部有 0 的乾淨列，在底部有 1 的乾淨列，在它們之間最多有 s 列是髒的（其中一個乾淨列可以是空的）。

e. 證明在第 4 步後，按照以行為主的順序來查看陣列的話，最初會看到一塊乾淨的 0 區域，最終會看到一塊乾淨的 1 區域，在中間一塊最多有 s^2 個元素的髒區域（同理，其中一塊乾淨區域可以是空的）。

f. 證明第 5~8 步產生完全排序的 0-1 輸出。得出結論：行排序可以正確地排序包含任意值的所有輸入。

g. 假設 s 不能被 r 整除。證明在第 1~3 步後，陣列的頂部有 0 的乾淨列，底部有 1 的乾淨列，在兩者間最多有 $2s-1$ 個髒列（同理，其中一塊乾淨區域可以是空的）。當 s 不能被 r 整除時，為了讓行排序能夠正確排序，r 必須比 s 大多少？

h. 簡單地修改第 1 步，讓我們可以在 s 不能被 r 整除的情況下，仍能保持 $r \geq 2s^2$，並證明行排序在修改後可以正確排序。

後記

研究比較排序時使用的決策樹模型是由 Ford 和 Johnson [150] 提出的。Knuth 針對排序的全面探討 [261] 涵蓋了排序問題的許多變化，包括本書提出的關於排序複雜性的資訊理論下限。Ben-Or [46] 使用決策樹模型的一般化（generalization）來研究排序的下限。

Knuth 認為 H. H. Seward 在 1954 年發明了計數排序，並提出將計數排序與數基排序結合的想法。從最小位數開始處理的數基排序似乎是來自民間的演算法，被機械卡片排序機的操作員廣泛使用。根據 Knuth 的說法，第一個引用該方法的公開文獻是 L. J. Comrie 在 1929 年寫的一份描述打孔卡片設備的文件。桶排序從 1956 年就被使用了，當時的基本思路是 Isaac 和 Singleton 提出的 [235]。

Munro 和 Raman [338] 提出一種穩定的排序演算法，在最壞情況下可以進行 $O(n^{1+\epsilon})$ 比較，其中 $0 < \epsilon \leq 1$ 是任意固定的常數。儘管任何一個 $O(n \lg n)$ 時間的演算法都能做更少次比較，但 Munro 和 Raman 的演算法只移動資料 $O(n)$ 次，而且是就地操作。

許多研究者已經研究了在 $o(n \lg n)$ 時間內對 n 個 b 位元整數進行排序的情況。有些人已經取得正面的成果，他們都對計算模型做了稍微不同的假設，並對演算法施加略有不同的限制。所有的結果都假設計算機記憶體被分成可定址的 b 位元 word。Fredman 和 Willard [157] 介紹了融合樹資料結構，並使用它在 $O(n \lg n / \lg \lg n)$ 時間內對 n 個整數進行排序。後來，Andersson [17] 將這個界限改進為 $O(n\sqrt{\lg n})$ 時間。這些演算法需要使用乘法和幾個預先計算的常數。Andersson、Hagerup、Nilsson 與 Raman [18] 展示了如何在 $O(n \lg \lg n)$ 時間內對 n 個整數進行排序而不使用乘法，但他們的方法需要使用的儲存空間無法以 n 來表示界限。使用乘法雜湊可以將儲存空間減少到 $O(n)$，但如此一來，最壞情況執行時間的 $O(n \lg \lg n)$ 界限會變成期望時間界限。Thorup [434] 歸納了 Andersson [17] 的指數搜尋樹，提出一個 $O(n(\lg \lg n)^2)$ 時間的排序演算法，該演算法不使用乘法或隨機化，而且使用線性的空間。Han [207] 結合這些技術和一些新的想法，將排序的界限改善為 $O(n \lg \lg n \lg \lg \lg n)$ 時間。儘管這些演算法在理論面是很重要的突破，但它們都相當複雜，且在現實中不太可能與現有的排序演算法競爭。

挑戰 8-7 的行排序演算法是 Leighton [286] 提出的。

9 中位數與順序統計量

n 個元素的第 i **順序統計量**就是第 i 小的元素。例如，一組元素的**最小元素**是第一順序統計量（$i=1$），**最大元素**是第 n 順序統計量（$i=n$）。非正式地說，**中位數**就是集合的「中點」。當 n 是奇數時，中位數是唯一的，位於 $i=(n+1)/2$。當 n 是偶數時，中位數有兩個，**較低的中位數**位於 $i=n/2$，**較高的中位數**位於 $i=n/2+1$。因此，無論 n 是奇數還是偶數，中位數都出現在 $i=\lfloor(n+1)/2\rfloor$ 與 $i=\lceil(n+1)/2\rceil$。然而，為了簡化，我們使用「中位數」來代表較低的中位數。

本章要處理從 n 個不同的數字裡選擇第 i 順序統計量的問題。為了方便起見，我們假設這個集合裡面有不同的數字，儘管我們所做的一切幾乎都可以延伸到包含重複值的集合。我們正式地定義這個**選擇問題**如下：

輸入：n 個不同數字[1] 的集合 A 與一個整數 i，其中 $1 \leq i \leq n$。

輸出：大於 A 裡的 $i-1$ 個其他元素的元素 $x \in A$。

我們可以使用堆積排序或合併排序來排序數字，然後輸出有序陣列的第 i 個元素，在 $O(n \lg n)$ 時間內解決這個選擇問題。本章將介紹漸近較快的演算法。

第 9.1 節會介紹選擇一組元素的最小值和最大值的問題。接下來的兩節將介紹更有趣的一般性選擇問題。第 9.2 節會分析一種實用的隨機演算法，當元素都不相同時，它可以達到 $O(n)$ 期望時間。第 9.3 節介紹一個更有理論意義的演算法，它的最壞情況執行時間可達 $O(n)$。

9.1 最小值與最大值

為了找出 n 個元素的集合中的最小值，你需要做幾次比較？我們只要依次檢查集合中的每個元素，並記錄迄今為止看到的最小值，就可以得到 $n-1$ 次比較這個上限。MINIMUM 程序假設這個集合被放在陣列 $A[1:n]$ 裡面。

---

1 如同第 173 頁的註腳，你可以將每一個輸入值 $A[i]$ 轉換成有序的一對 $(A[i], i)$ 來強制執行「數字互不相同」的假設，其中，如果 $A[i] < A[j]$，或者 $A[i] = A[j]$ 且 $i < j$，則 $(A[i], i) < (A[j], j)$。

MINIMUM(A, n)
1 min = A[1]
2 **for** i = 2 **to** n
3   **if** min > A[i]
4   min = A[i]
5 **return** min

用 n−1 次比較來找出最大值不會更難。

這個找出最小值的演算法是最佳策略嗎？是的，因為事實證明，找出最小值的問題至少需要做 n−1 次比較。你可以把找出最小值的任何演算法視為元素間的錦標賽。每一次比較都是錦標賽中的一場比賽，兩個元素中的小者獲勝。由於除了贏家之外的每個元素都至少會輸掉一場比賽，我們可以得出結論，為了找出最小值，我們要進行 n−1 次比較。因此，就比較的次數而言，MINIMUM 演算法是最好的。

同時找到最小值與最大值

有一些應用需要從 n 個元素中同時找到最小值和最大值。例如，繪圖程式可能要縮放一組 (x, y) 資料，以配合一個矩形螢幕或其他圖形輸出設備。為此，程式必須先找出各個座標的最小值與最大值。

我們當然可以使用 $\Theta(n)$ 次比較來找出 n 個元素的最小與最大值，就是分別找出最小值與最大值，為兩者分別做 n−1 次比較，總共做 2n−2 = $\Theta(n)$ 次比較。

雖然 2n−2 次比較是漸近最佳的，但我們可以改進主要的常數，使用不超過 $3\lfloor n/2 \rfloor$ 次比較來找出最小值與最大值，訣竅是同時保存迄今為止看過的最小與最大元素。在處理輸入的每一個元素時，我們不是拿它與當下的最小值和最大值做比較，導致每個元素都需要做 2 次比較，而是成對地處理元素。我們先將輸入的元素兩兩互相比較，然後拿較小的元素與當下的最小值做比較，拿較大的元素與當下的最大值做比較，所以每 2 個元素需要做 3 次比較。

如何設定當下最小值和最大值的初始值取決於 n 是奇數還是偶數。如果 n 是奇數，那就將最小值和最大值都設為第一個元素的值，然後成對處理其餘的元素。如果 n 是偶數，那就對前 2 個元素進行 1 次比較，以決定最小值和最大值的初始值，然後像 n 是奇數時那樣，成對處理其餘的元素。

我們來計算總共需要比較幾次。n 是奇數時，需要 $3\lfloor n/2 \rfloor$ 次比較。n 是偶數時，有 1 次初始比較，然後再進行 $3(n-2)/2$ 次比較，共 $3n/2-2$ 次。因此，無論哪種情況，總比較次數頂多是 $3\lfloor n/2 \rfloor$。

習題

9.1-1
證明在最壞的情況下，我們可以用 $n + \lceil \lg n \rceil - 2$ 次比較，找到 n 個元素中第二小的那一個（提示：也找出最小的元素）。

9.1-2
你有 $n > 2$ 個不同的數字，你想找到一個既不是最小也不是最大的數字。你最少需要做幾次比較？

9.1-3
有一座賽馬場每一次可讓五匹馬比賽，以決定牠們的相對速度。有 25 匹馬時，假設遞移性（transitivity，見第 1116 頁）成立的話，需要 6 場比賽才能找出最快的馬。那麼在 25 匹馬中找出最快的 3 匹馬需要進行幾場比賽？

★ 9.1-4
證明在最壞情況下，尋找 n 個數字中的最大值與最小值需要做 $\lceil 3n/2 \rceil - 2$ 次比較（提示：考慮有多少數字可能是最大值或最小值，並探究進行一次比較會如何影響這些計數）。

9.2 以期望線性時間來做選擇

一般的選擇問題（找出第 i 順序統計量，i 為任何值）看起來比找出最小值更困難。然而，令人驚訝的是，這兩個問題的漸近執行時間都是 $\Theta(n)$。本節將介紹選擇問題的分治演算法。演算法 RANDOMIZED-SELECT 模仿第 7 章的快速排序演算法。它與快速排序一樣對輸入陣列進行遞迴劃分，但快速排序遞迴處理分區的兩側，而 RANDOMIZED-SELECT 只處理分區的一側。這種差異會在分析中體現出來：快速排序的期望執行時間是 $\Theta((n \lg n)$，而 RANDOMIZED-SELECT 的期望執行時間是 $\Theta(n)$，假設元素都不相同。

Randomized-Select 使用第 7.3 節介紹的 Randomized-Partition 程序。如同 Randomized-Quicksort，它是一種隨機演算法，因為它的部分行為是由隨機數產生器的輸出決定的。Randomized-Select 程序回傳陣列 $A[p:r]$ 的第 i 小的元素，其中 $1 \leq i \leq r-p+1$。

RANDOMIZED-SELECT(A, p, r, i)
1 **if** $p == r$
2   **return** $A[p]$ // 當 $p == r$ 意味著 $i = 1$ 時，$1 \leq i \leq r-p+1$
3 $q =$ RANDOMIZED-PARTITION(A, p, r)
4 $k = q - p + 1$
5 **if** $i == k$
6   **return** $A[q]$ // 分界點是答案
7 **elseif** $i < k$
8   **return** RANDOMIZED-SELECT$(A, p, q-1, i)$
9 **else return** RANDOMIZED-SELECT$(A, q+1, r, i-k)$

圖 9.1 說明 Randomized-Select 程序的工作情況。第 1 行檢查遞迴的基本情況，此時子陣列 $A[p:r]$ 只有一個元素，i 一定等於 1，第 2 行回傳 $A[p]$ 作為第 i 小的元素。否則，第 3 行呼叫 Randomized-Partition，將陣列 $A[p:r]$ 分成兩個（可能是空的）子陣列 $A[p:q-1]$ 與 $A[q+1:r]$，使得 $A[p:q-1]$ 的每一個元素都小於或等於 $A[q]$，$A[q]$ 小於 $A[q+1:r]$ 的每一個元素（雖然我們的分析假設元素互不相同，但如果有相同的元素，這個程序仍然可以產生正確結果）。如同快速排序，我們將 $A[q]$ 稱為**分界點**元素。第 4 行計算子陣列 $A[p:q]$ 裡面的元素數量 k，也就是分區低側的元素數量加上分界點元素的 1。接下來，第 5 行檢查 $A[q]$ 是不是第 i 小的元素，如果是，第 6 行回傳 $A[q]$。否則，演算法檢查第 i 小的元素在兩個子陣列 $A[p:q-1]$ 與 $A[q+1:r]$ 的哪一個。如果 $i < k$，想找的元素位於分區的低側，第 8 行遞迴地從子陣列選擇它。但是，如果 $i > k$，想找的元素位於分區的高側。因為我們已經知道有 k 個值比 $A[p:r]$ 的第 i 小的元素還要小——即 $A[p:q]$ 的元素，我們要的元素是 $A[q+1:r]$ 中第 $i-k$ 小的元素，第 9 行會遞迴尋找它。這段程式碼看起來允許遞迴呼叫有 0 個元素的子陣列，但是習題 9.2-1 會請你證明這種情況不可能發生。

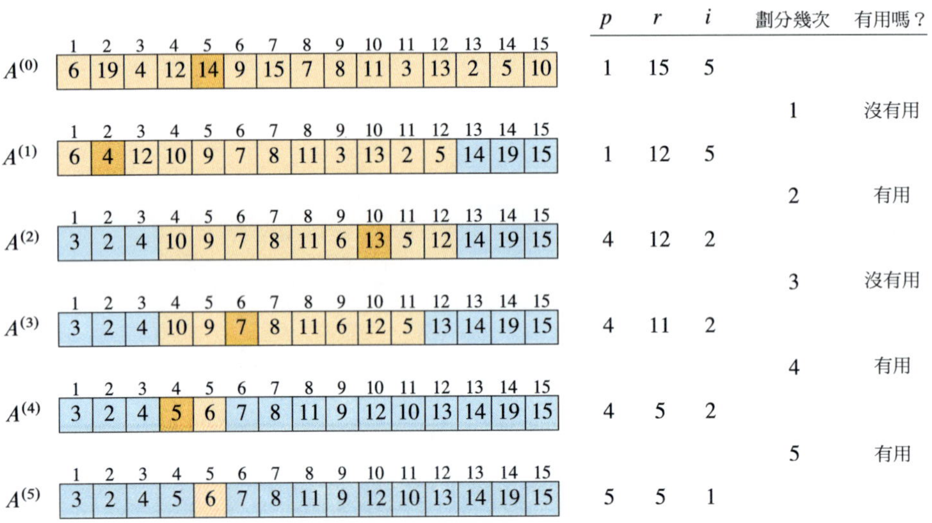

圖 9.1 Randomized-Select 進行連續劃分來縮小子陣列 $A[p:r]$ 的過程，圖中展示每次遞迴呼叫時的參數 p、r 和 i 的值。淺棕色是每個遞迴步驟中的 $A[p:r]$ 子陣列，深棕色是被選出來當成下一次劃分的分界點的元素。藍色元素在 $A[p:r]$ 之外。最終的答案是最下面的陣列中的淺棕色元素，此時 $p = r = 5$ 且 $i = 1$。陣列被標上 $A^{(0)}, A^{(1)}, \ldots, A^{(5)}$，代表劃分次數，下一頁將解釋劃分是否有用。

Randomized-Select 的最壞情況執行時間是 $\Theta(n^2)$，即使是尋找最小值也是如此，因為它可能運氣很差，總是圍繞剩餘元素的最大元素進行劃分，最後在只剩下一個元素時找出第 i 小的元素。在這個最壞情況下，每次遞迴步驟都只會在考慮對象中排除分界點。因為劃分 n 個元素花費 $\Theta(n)$ 時間，所以最壞情況執行時間的遞迴式與 Quicksort 一樣：$T(n) = T(n-1) + \Theta(n)$，其解為 $T(n) = \Theta(n^2)$。我們將看到，這個演算法有線性的期望執行時間，然而，由於它是隨機的，所以沒有特定的輸入會引起最壞情況的行為。

為了理解線性的期望執行時間背後的直覺，假設每次演算法都隨機選擇一個分界點元素，而該分界點位於剩餘元素排序後的第二四分位數和第三四分位數之間的「中間一半」區域內。如果第 i 小的元素小於分界點，那麼大於分界點的元素在之後的遞迴呼叫裡都會被忽略。這些被忽略的元素至少包含最上面的四分之一，也可能更多。同理，如果第 i 小的元素大於分界點，那麼所有小於分界點的元素（至少是第一四分位數）在未來的遞迴呼叫中都會被忽略。因此，無論如何，在未來所有的遞迴呼叫中，至少有 1/4 的剩餘元素被忽略，最多剩下 3/4 的剩餘元素*尚未出局*，也就是位於子陣列 $A[p:r]$ 中的元素。因為 Randomized-Partition 花費 $\Theta(n)$ 時間處理 n 個元素的子陣列，所以最壞情況執行時間的遞迴式是 $T(n) = T(3n/4) + \Theta(n)$。根據主法的情況 3（第 96 頁的定理 4.1），這個遞迴式的解是 $T(n) = \Theta(n)$。

當然，分界點不一定每次都落在中間一半區域。因為分界點是隨機選擇的，所以它每次落在中間一半區域的機率大約是 1/2。我們可以將選擇分界點的程序視為 Bernoulli 試驗（見第 C.4 節），試驗成功相當於分界點落在中間一半區域。因此，為了成功所需的期望試驗次數可由幾何分布得出：平均只要進行兩次試驗（第 1153 頁的式 (C.36)）。換句話說，我們預計有一半的劃分至少能減少 1/4 仍未出局的元素數量，但有一半的劃分沒有太大的幫助。因此，當分界點總是落在中間一半區域內時，劃分的期望次數最多增加一倍。每次額外劃分的代價都比之前的還要小，所以期望執行時間仍然是 $\Theta(n)$。

為了讓上述的論證更嚴謹，我們先定義隨機變數 $A^{(j)}$ 為一組在 j 次劃分之後仍然未出局的 A 元素（也就是在 j 次呼叫 Randomized-Select 之後，仍然在子陣列 $A[p:r]$ 裡面的），所以 $A^{(0)}$ 包含 A 的所有元素。因為每一次劃分都至少移除一個參與元素（分界點），所以序列 $|A^{(0)}|, |A^{(1)}|, |A^{(2)}|, \ldots$ 嚴格遞減。集合 $A^{(j-1)}$ 在第 j 次劃分之前仍未出局，集合 $A^{(j)}$ 在那次劃分之後仍未出局。為了方便起見，假設初始集合 $A^{(0)}$ 是第 0 次「虛擬」劃分的結果。

如果 $|A^{(j)}| \leq (3/4)|A^{(j-1)}|$，我們稱第 j 次劃分是**有用的**。圖 9.1 展示集合 $A^{(j)}$ 以及每次劃分對一個陣列而言是否有用。有用的劃分相當於成功的 Bernoulli 試驗。下面的引理顯示，劃分有用的可能性至少與沒有用的可能性一樣大。

引理 9.1

一次劃分至少有 1/2 機率是有用的。

證明　一次劃分是否有用取決於隨機選擇的分界點。我們在上面的非正式證明中討論了「中間一半區域」。對於一個包含 n 個元素的子陣列，我們更準確地定義它的中間一半區域為：除了最小的 $\lceil n/4 \rceil - 1$ 個元素和最大的 $\lceil n/4 \rceil - 1$ 個元素之外的所有元素（也就是說，如果子陣列是已排序的，那就是前 $\lceil n/4 \rceil - 1$ 個元素，以及後 $\lceil n/4 \rceil - 1$ 個元素）。我們將證明，如果分界點落在中間一半區域內，那麼分界點將導致有用的劃分，我們也將證明，分界點落在中間一半區域的機率至少是 1/2。

無論分界點落在哪裡，大於它的所有元素或小於它的所有元素，連同分界點本身，在劃分之後將會出局。因此，如果分界點落在中間一半區域，那麼至少有 $\lceil n/4 \rceil - 1$ 個小於分界點的元素，或 $\lceil n/4 \rceil - 1$ 個大於分界點的元素，連同分界點，在劃分後出局。也就是說，至少有 $\lceil n/4 \rceil$ 個元素出局。未出局的元素數量頂多是 $n - \lceil n/4 \rceil$，根據第 65 頁的習題 3.3-2，它等於 $\lfloor 3n/4 \rfloor$。因為 $\lfloor 3n/4 \rfloor \leq 3n/4$，所以劃分是有用的。

為了確定隨機選擇的分界點落入中間一半區域的機率下限，我們要確定它不是如此的機率上限。那個機率是

$$\frac{2(\lceil n/4 \rceil - 1)}{n} \leq \frac{2((n/4 + 1) - 1)}{n}$$ （根據第 58 頁的不等式 (3.2)）
$$= \frac{n/2}{n}$$
$$= 1/2$$

因此，分界點至少有 1/2 機率落入中間一半區域，所以一次劃分至少有 1/2 機率是有用的。∎

現在我們可以推導 RANDOMIZED-SELECT 的期望執行時間的界限了。

定理 9.2

RANDOMIZED-SELECT 程序處理 n 個不同元素的輸入陣列的期望執行時間是 $\Theta(n)$。

證明 因為並非每次劃分都一定有用，我們為每次劃分指定一個索引，從 0 開始，並用 $\langle h_0, h_1, h_2, ..., h_m \rangle$ 來表示一系列有用的劃分，因此第 h_k 次劃分是有用的，其中 $k = 0, 1, 2, ..., m$。雖然有用的劃分的次數 m 是隨機變數，但我們可以推導它的界限，因為在頂多 $\lceil \log_{4/3} n \rceil$ 次有用的劃分之後，只剩下一個元素出局。設虛擬的第 0 次劃分是有用的，所以 $h_0 = 0$。我們用 n_k 來表示 $|A^{(h_k)}|$，其中 $n_0 = |A^{(0)}|$ 是原始的問題大小。因為第 h_k 次劃分是有用的，而且集合 $A^{(j)}$ 的大小嚴格遞減，我們得到 $n_k = |A^{(h_k)}| \leq (3/4)|A^{(h_k-1)}| = (3/4)n_{k-1}$，其中 $k = 1, 2, ..., m$。藉著迭代 $n_k \leq (3/4)n_{k-1}$，我們得到 $n_k \leq (3/4)^k n_0$，其中 $k = 0, 1, 2, ..., m$。

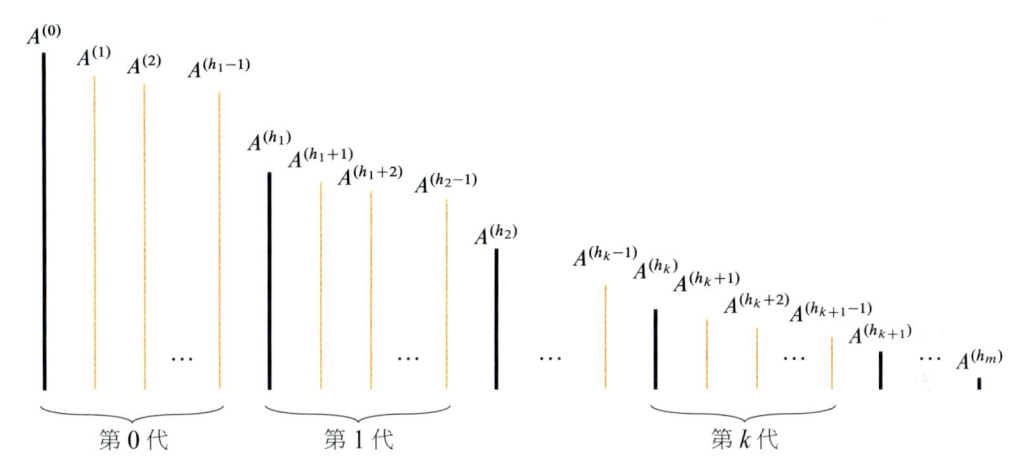

圖 9.2 在定理 9.2 的證明裡的每一代集合。垂直線代表集合，每一條線的高度代表集合的大小，它等於未出局的元素數量。每一代都從一個集合 $A^{(h_k)}$ 開始，它是一次有用的劃分的結果，我們用粗線來表示這種集合，其大小不超過它的左邊的集合的 3/4。用細線來表示的集合都不是一代裡的第一個。一代可能只有一個集合。在第 k 代裡的集合是 $A^{(h_k)}, A^{(h_k+1)}, ..., A^{(h_{k+1}-1)}$。集合 $A^{(h_k)}$ 是有定義的，滿足 $|A^{(h_k)}| \leq (3/4)|A^{(h_{k-1})}|$。如果一直劃分，直到產生 h_m，集合 $A^{(h_m)}$ 頂多有一個元素未出局。

如圖 9.2 所示，我們將集合 $A^{(j)}$ 的序列分成 m 代（*generation*），每一代都以連續幾次劃分所產生的集合組成，從一次有用的劃分結果 $A^{(h_k)}$ 開始，到下一個有用的劃分前的最後一個集合 $A^{(h_{k+1}-1)}$ 結束，因此第 k 代的集合是 $A^{(h_k)}, A^{(h_k+1)}, ..., A^{(h_{k+1}-1)}$。那麼對於第 k 代的每一組元素 $A^{(j)}$，我們得到 $|A^{(j)}| \leq |A^{(h_k)}| = n_k \leq (3/4)^k n_0$。

我們來定義隨機變數

$$X_k = h_{k+1} - h_k$$

其中 $k = 0, 1, 2, ..., m-1$。也就是說，X_k 是第 k 代的集合數目，所以在第 k 代裡面的集合是 $A^{(h_k)}, A^{(h_k+1)}, ..., A^{(h_k+X_k-1)}$。

根據引理 9.1，劃分有用的機率至少是 1/2。這個機率其實更高，因為即使分界點沒有落入中間一半區域，如果第 i 小的元素剛好位於分區的較小側，劃分也是有用的。但是，我們使用 1/2 作為下限，由式 (C.36) 可得 $\mathrm{E}[X_k] \leq 2$，其中 $k = 0, 1, 2, ..., m-1$。

我們來推導在劃分的過程中，進行比較的總次數上限，因為執行時間是由比較次數主導的。因為我們想計算上限，我們假設遞迴一直進行到只剩下一個元素參與。第 j 次劃分讓元素集合 $A^{(j-1)}$ 參賽，並且拿隨機選擇的分界點與所有其他的 $|A^{(j-1)}|-1$ 個元素做比較，因此第 j 次劃分的比較次數少於 $|A^{(j-1)}|$。在第 k 代裡，集合的大小是 $|A^{(h_k)}|, |A^{(h_k+1)}|, \ldots, |A^{(h_k+X_k-1)}|$。因此，在劃分期間的總比較次數少於

$$\sum_{k=0}^{m-1}\sum_{j=h_k}^{h_k+X_k-1}|A^{(j)}| \leq \sum_{k=0}^{m-1}\sum_{j=h_k}^{h_k+X_k-1}|A^{(h_k)}|$$

$$= \sum_{k=0}^{m-1} X_k |A^{(h_k)}|$$

$$\leq \sum_{k=0}^{m-1} X_k \left(\frac{3}{4}\right)^k n_0$$

因為 $\mathrm{E}[X_k] \leq 2$，我們得到在劃分期間的期望比較總次數小於

$$\mathrm{E}\left[\sum_{k=0}^{m-1} X_k \left(\frac{3}{4}\right)^k n_0\right] = \sum_{k=0}^{m-1} \mathrm{E}\left[X_k \left(\frac{3}{4}\right)^k n_0\right] \quad (\text{根據期望的線性性質})$$

$$= n_0 \sum_{k=0}^{m-1} \left(\frac{3}{4}\right)^k \mathrm{E}[X_k]$$

$$\leq 2n_0 \sum_{k=0}^{m-1} \left(\frac{3}{4}\right)^k$$

$$< 2n_0 \sum_{k=0}^{\infty} \left(\frac{3}{4}\right)^k$$

$$= 8n_0 \quad (\text{根據第 1098 頁的式 (A.7)})$$

因為 n_0 是原始陣列 A 的大小，我們得出結論：RANDOMIZED-SELECT 的期望比較次數是 $O(n)$，所以它的期望執行時間也是如此。在第一次呼叫 RANDOMIZED-PARTITION 時，全部的 n 個元素都被檢查，所以下限是 $\Omega(n)$。因此期望執行時間是 $\Theta(n)$。∎

習題

9.2-1
證明 Randomized-Select 絕對不會對長度為 0 的陣列發出遞迴呼叫。

9.2-2
寫出 Randomized-Select 的迭代版本。

9.2-3
假如我們用 Randomized-Select 來選擇陣列 $A = \langle 2, 3, 0, 5, 7, 9, 1, 8, 6, 4 \rangle$ 的最小元素。寫出導致 Randomized-Select 的最壞情況性能的一系列劃分。

9.2-4
證明 Randomized-Select 的期望執行時間與它的輸入陣列 $A[p:r]$ 的元素順序無關。也就是說，輸入陣列 $A[p:r]$ 的任何排列的期望執行時間都一樣（提示：對輸入陣列的長度 n 進行歸納證明）。

9.3 最壞情況為線性時間的選擇演算法

我們接下來要研究一種值得注意且在理論上很有趣的選擇演算法，它的最壞情況執行時間是 $\Theta(n)$。雖然第 9.2 節的 Randomized-Select 演算法達到線性時間，但我們看到它的最壞情況執行時間是二次的。本節介紹的選擇演算法在最壞情況下可達到線性時間，但它不如 Randomized-Select 實用。它可以說是理論意義上的演算法。

與具有期望線性時間的 Randomized-Select 一樣，最壞情況為線性時間的演算法 Select 藉著遞迴劃分輸入陣列來尋找元素。但是與 Randomized-Select 不一樣的是，Select 在劃分陣列時選擇可被證明良好的分界點，來保證好的劃分。這種演算法的巧妙之處在於，它用遞迴的方式來找到分界點。因此，Select 有兩次呼叫：一次是為了找到好分界點，另一次是為了找出想要的順序統計量。

Select 使用的劃分演算法與快速排序中的確定性劃分演算法 Partition 相似（見第 7.1 節），但經過修改，用額外的輸入參數來接收用來進行劃分的元素。與 Partition 一樣，Partition-Around 演算法也會回傳分界點的索引。由於 Partition-Around 與 Partition 非常相似，所以我們省略它的虛擬碼。

Select 程序接收子陣列 $A[p:r]$（有 $n = r-p+1$ 個元素）與一個整數 i（範圍為 $1 \leq i \leq n$），並回傳 A 的第 i 小的元素。這段虛擬碼其實沒有乍看之下的那麼難理解。

```
SELECT(A, p, r, i)
1   while (r − p + 1) mod 5 ≠ 0
2       for j = p + 1 to r              // 將最小值放入 A[p]
3           if A[p] > A[j]
4               exchange A[p] with A[j]
5       // 如果我們想要 A[p:r] 的最小值，完成。
6       if i == 1
7           return A[p]
8       // 否則，我們想要 A[p+1:r] 的第 (i−1) 個元素。
9       p = p + 1
10      i = i − 1
11  g = (r − p + 1)/5                   // 包含 5 個元素的群組的號碼
12  for j = p to p + g − 1              // 排序各個群組
13      sort ⟨A[j], A[j + g], A[j + 2g], A[j + 3g], A[j + 4g]⟩ in place
14  // 現在所有群組的中位數位於 A[p:r] 的中間五分之一。
15  // 遞迴地找出分界點 x，它是群組中位數的中位數。
16  x = SELECT(A, p + 2g, p + 3g − 1, ⌈g/2⌉)
17  q = PARTITION-AROUND(A, p, r, x)    // 用分界點來劃分
18  // 其餘的程式與 RANDOMIZED-SELECT 的第 3~9 行很像。
19  k = q − p + 1
20  if i == k
21      return A[q]                     // 分界點值是答案
22  elseif i < k
23      return SELECT(A, p, q − 1, i)
24  else return SELECT(A, q + 1, r, i − k)
```

這段虛擬碼先執行第 1~10 行的 **while** 迴圈來將子陣列裡的元素數量 $r−p+1$ 減少到可被 5 整除為止。**while** 迴圈執行 0 到 4 次，每次都重新排列 $A[p:r]$ 的元素，讓 $A[p]$ 存有最小元素。如果 $i = 1$，這意味著我們實際上想要的是最小元素，那麼這個程序會在第 7 行回傳它。否則，SELECT 會將最小值從子陣列 $A[p:r]$ 刪除，並進行迭代，以尋找 $A[p+1:r]$ 裡的第 $i−1$ 個元素。第 9~10 行藉著遞增 p 與遞減 i 來做這件事。如果 **while** 迴圈完成所有迭代卻沒有回傳結果，這個程序會執行第 11~24 行的演算法核心，此時確定在 $A[p:r]$ 裡的元素數量 $r−p+1$ 可被 5 整除。

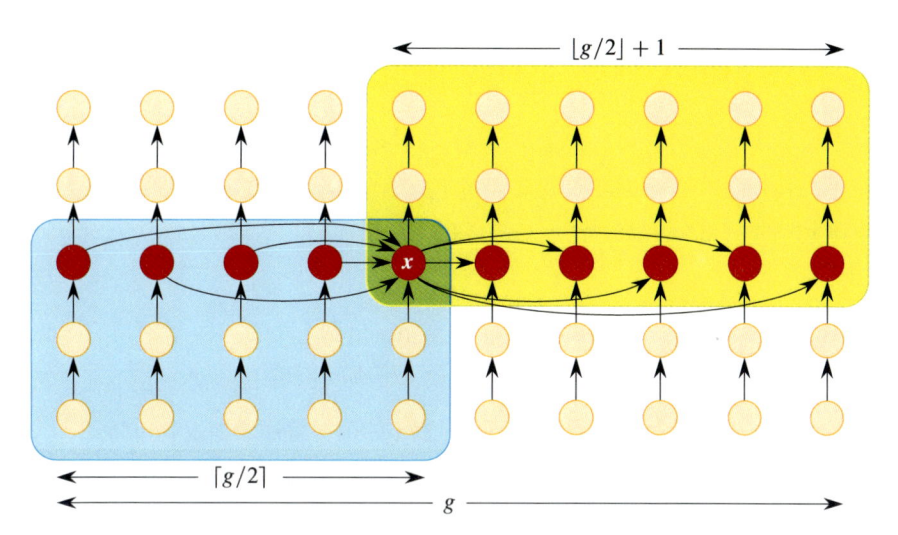

9.3 最壞情況為線性時間的選擇演算法 | 227

圖 9.3 在選擇演算法 SELECT 執行第 17 行之後，元素之間的關係（以圓圈表示）。這裡有 $g = (r-p+1)/5$ 個包含 5 個元素的群組，每一個群組都占一行。例如，最左行有元素 $A[p]$、$A[p+g]$、$A[p+2g]$、$A[p+3g]$、$A[p+4g]$，下一行有 $A[p+1]$、$A[p+g+1]$、$A[p+2g+1]$、$A[p+3g+1]$、$A[p+4g+1]$。群組的中位數是紅色的，我們在圖中標出分界點 x。箭頭是從較小的元素指向較大的元素。在藍色背景上面的元素都是已知小於或等於 x，而且不能被放入以 x 劃分的高側分區的元素。在黃色背景上面的元素都是已知大於或等於 x，而且不能被放入以 x 劃分的低側分區的元素。分界點 x 屬於藍色與黃色區域，以綠色背景來表示。在白色背景上面的元素可能位於分區的兩側。

演算法的下一個部分實作了以下的概念，我們以圖 9.3 來說明。將 $A[p:r]$ 裡面的元素分成 $g = (r-p+1)/5$ 個群組，每一個群組有 5 個元素。第一個 5 元素群組是

$$\langle A[p], A[p+g], A[p+2g], A[p+3g], A[p+4g] \rangle$$

第二個是

$$\langle A[p+1], A[p+g+1], A[p+2g+1], A[p+3g+1], A[p+4g+1] \rangle$$

以此類推，直到最後一個是

$$\langle A[p+g-1], A[p+2g-1], A[p+3g-1], A[p+4g-1], A[r] \rangle$$

（注意，$r = p + 5g - 1$）。第 13 行使用（舉例）插入排序法（第 2.1 節）來排好每一組的順序，於是當 $j = p, p+1, \ldots, p+g-1$，我們得到

$$A[j] \leq A[j+g] \leq A[j+2g] \leq A[j+3g] \leq A[j+4g]$$

圖 9.3 的每個直行都代表一個已排序的 5 元素群組。每一個 5 元素群組的中位數是 $A[j+2g]$，因此所有的 5 元素中位數（紅色）都在範圍 $A[p+2g:p+3g-1]$ 之內。

接下來，第 16 行決定分界點 x，做法是遞迴呼叫 SELECT 來找出 g 個群組中位數的中位數（具體來說，是第 $\lceil g/2 \rceil$ 小的）。第 17 行使用改過的 PARTITION-AROUND 演算法用 x 來劃分 $A[p:r]$ 的元素，回傳 x 的索引 q，所以 $A[q] = x$，在 $A[p:q]$ 裡面的元素最大是 x，在 $A[q:r]$ 裡面的元素都大於或等於 x。

其餘的程式與 RANDOMIZED-SELECT 的相同。如果分界點 x 是第 i 大的，程序回傳它。否則，程序遞迴呼叫它自己來處理 $A[p:q-1]$ 或 $A[q+1:r]$，取決於 i 的值。

我們來分析 SELECT 的執行時間，並看看精心選擇分界點 x 如何保證最壞情況執行時間。

定理 9.3

SELECT 處理 n 個輸入元素的執行時間是 $\Theta(n)$。

證明 我們定義 $T(n)$ 是 SELECT 處理大小最多是 n 的任何輸入子陣列 $A[p:r]$ 的最壞情況執行時間，也就是說，$r-p+1 \leq n$。根據這個定義，$T(n)$ 是單調遞增的。

我們先確定除了第 16、23 和 24 行的遞迴呼叫之外最多花費多少時間。在第 1~10 行的 **while** 迴圈執行 0 至 4 次，這是 $O(1)$ 時間。因為在迴圈裡的主要時間是第 2~4 行的最小值計算，需要 $\Theta(n)$ 時間，所以第 1~10 行執行 $O(1) \cdot \Theta(n) = O(n)$ 時間。第 12~13 行排序 5 元素群組花費 $\Theta(n)$ 時間，因為每一個 5 元素群組都花費 $\Theta(1)$ 時間來排序（即使使用漸近低效排序演算法，例如插入排序），需要排序的元素有 g 個，其中 $n/5 - 1 < g \leq n/5$。最後，在第 17 行的劃分時間是 $\Theta(n)$，這已經在第 178 頁的習題 7.1-3 中證明過了。因為剩餘的記錄開銷只需要 $\Theta(1)$ 時間，所以除了遞迴呼叫之外總共花費的時間是 $O(n) + \Theta(n) + \Theta(n) + \Theta(1) = \Theta(n)$。

接著來計算遞迴呼叫的執行時間。在第 16 行尋找分界點的遞迴呼叫花費 $T(g) \leq T(n/5)$ 時間，因為 $g \leq n/5$ 且 $T(n)$ 單調遞增。在第 23 與 24 行的兩個遞迴呼叫最多只有一個會執行。但是我們將看到，無論這兩個 SELECT 遞迴呼叫中的哪一個被實際執行，在遞迴呼叫中的元素數量最多是 $7n/10$，因此第 23 和 24 行的最壞情況成本最多是 $T(7n/10)$。接下來要證明使用群組中位數和選擇群組中位數的中位數作為分界點 x 可保證這個屬性成立。

圖 9.3 將過程視覺化。我們有 $g \leq n/5$ 個包含 5 個元素的群組，每一組被顯示成一行，由下而上排序。箭頭是行內元素的順序。各行從左到右排序，在 x 所屬群組左邊的群組中位數小於 x，在 x 所屬群組右邊的群組中位數大於 x。雖然各組內的相對順序很重要，但在 x 行左邊的群組之間的相對順序其實不重要，在 x 行右邊的群組之間的相對順序也不重要。重要的是，左邊的群組的群組中位數小於 x（以指向 x 的橫向箭頭表示），右邊的群組的群組中位數大於 x（以離開 x 的橫向箭頭表示）。因此，黃色區域包含已知大於或等於 x 的元素，藍色區域包含已知小於或等於 x 的元素。

這兩個區域各自至少有 $3g/2$ 個元素。在黃色區域裡的群組中位數有 $\lfloor g/2 \rfloor + 1$ 個，每一個群組中位數都有兩個大於它的元素，總共有 $3(\lfloor g/2 \rfloor + 1) \geq 3g/2$ 個元素。同理，在藍色區域裡的群組中位數有 $\lceil g/2 \rceil$ 個，每一個群組中位數都有兩個小於它的元素，總共有 $3\lceil g/2 \rceil \geq 3g/2$ 個。

在黃色區域裡的元素不會落入圍繞著 x 劃分的區域的低側，而藍色區域裡的元素不會落入高側。不屬於這兩個區域的元素（在白色背景上的元素）都可能落入分區的任何一側。但由於分區的低側不含黃色區域的元素，且總共有 $5g$ 個元素，我們知道，在分區的低側最多可能有 $5g - 3g/2 = 7g/2 \leq 7n/10$ 個元素。同理，分區的高側不含藍色區域的元素，用類似的計算可得，它也最多包含 $7n/10$ 個元素。

根據以上的推論可得到 SELECT 的最壞情況執行時間遞迴式：

$$T(n) \leq T(n/5) + T(7n/10) + \Theta(n) \tag{9.1}$$

我們可以用代入法來證明 $T(n) = O(n)^2$。更具體地說，我們將證明對大於 0 且適當大的常數 c 和大於 0 的所有 n 而言，$T(n) \leq cn$。將這個歸納假設代入遞迴式 (9.1) 的右邊，並假設 $n \geq 5$，可得

$$\begin{aligned} T(n) &\leq c(n/5) + c(7n/10) + \Theta(n) \\ &\leq 9cn/10 + \Theta(n) \\ &= cn - cn/10 + \Theta(n) \\ &\leq cn \end{aligned}$$

---

2   我們也可以使用第 4.7 節的 Akra-Bazzi 法來解這個遞迴式，它需要使用微積分。事實上，我們曾經在第 111 頁用類似的遞迴式 (4.24) 來說明這種方法。

如果選擇夠大的 c，使得 $c/10$ 宰制被 $\Theta(n)$ 隱藏的上限常數的話。除了這個限制外，我們可以選擇夠大的 c，使得 $T(n) \leq cn$，當 $n \leq 4$ 時，它是 SELECT 內的遞迴式的基本情況。因此，SELECT 的最壞情況執行時間是 $O(n)$，因為光是第 13 行就花了 $\Theta(n)$ 時間，總時間是 $\Theta(n)$。 ∎

與比較排序一樣（見第 8.1 節），SELECT 與 RANDOMIZED-SELECT 僅藉著比較元素來獲得元素相對順序的資訊。第 8 章說過，採取比較模式的排序需要 $\Omega(n \lg n)$ 時間，即使是平均而言（見挑戰 8-1）。第 8 章的線性時間排序演算法對輸入的類型做了假設。相較之下，本章的線性時間選擇演算法不對輸入的類型做任何假設，只要求元素是互不相同的，並且可以按照線性順序兩兩比較。本章的演算法不受 $\Omega(n \lg n)$ 下限的限制，因為它們不需要排序所有元素即可處理選擇問題。因此，就像本章開頭所介紹的那樣，在比較模式中，透過排序和索引來解決選擇問題的方法是漸進低效的。

習題

9.3-1
在 SELECT 演算法裡，輸入元素被分成 5 個一組。證明如果輸入元素被分成 7 個一組而不是 5 個，這個演算法將以線性時間執行。

9.3-2
假設 SELECT 第 1~10 行的預先處理部分被換成 $n \leq n_0$ 時的基本情況，其中 n_0 是個合適的常數，g 為 $\lfloor (r-p+1)/5 \rfloor$，且 $A[5g:n]$ 裡的元素不屬於任何組別。證明雖然執行時間遞迴式變得更雜亂，但它仍然可以解出 $\Theta(n)$。

9.3-3
說明如何使用 SELECT 作為子程序，讓快速排序在最壞情況下以 $O(n \lg n)$ 時間執行，假設所有元素都不同。

★ 9.3-4
假如有一個演算法只透過比較來尋找 n 個元素中的第 i 小元素。證明它也可以在不進行額外比較的情況下，找到 $i-1$ 個較小的元素，和 $n-i$ 個較大的元素。

9.3-5
說明如何只做 6 次比較來找出 5 個元素的中位數。

9.3-6
你有一個「黑箱」的最壞情況線性時間中位數子程序。寫一個能在線性時間內解決任意順序統計量選擇問題的簡單演算法。

9.3-7
Olay 教授擔任一家石油公司的顧問，該公司打算做一條從東到西穿過 n 口油井的大型管道。公司希望將每口油井的支線管道直接接到路徑最短的主管道（從北邊或南邊），如圖 9.4 所示。取得油井的 x 和 y 座標後，教授如何選擇主管道的最佳位置，以盡量減少支線的總長度？說明如何在線性時間內找出一個最佳位置。

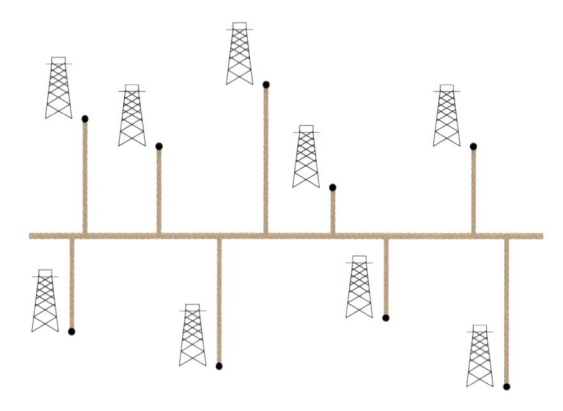

圖 9.4 Olay 教授想要找出可將南北方向支線的總長度最小化的東西方向管道位置。

9.3-8
n 個元素的第 k 分位數就是將排序後的元素集合分為 k 個一樣大的子集合（差距不超過 1）的第 $k-1$ 個順序統計量。寫出一個在 $O(n \lg k)$ 時間內列出集合的第 k 分位數的演算法。

9.3-9
寫出一個 $O(n)$ 時間的演算法，可在收到 n 個不同數字的集合 S 和一個正整數 $k \leq n$ 之後，找出在 S 裡最接近 S 的中位數的 k 個數字。

9.3-10
設 $X[1:n]$ 與 $Y[1:n]$ 是兩個陣列，每一個都有 n 個有序的數字。寫出以 $O(\lg n)$ 時間找出陣列 X 與 Y 內的全部 $2n$ 個元素的中位數的演算法。假設全部的 $2n$ 個數字都不同。

挑戰

9-1 有序序列的最大 i 個數字
有 n 個數字，你想要使用比較型演算法來找出依序排列的最大 i 個數字。寫出一個以最佳的漸近最壞情況執行時間來實作以下各種方法的演算法，並用 n 與 i 來分析演算法的執行時間。

- **a.** 排序數字，並列出最大的 i 個。
- **b.** 用數字建立最大優先佇列，並呼叫 EXTRACT-MAX i 次。
- **c.** 使用順序統計量演算法來找到第 i 大的數字，用該數字來分區，並排序最大的 i 個數字。

9-2 隨機選擇的變體
Mendel 教授建議一種簡化 RANDOMIZED-SELECT 的做法：不檢查 i 與 k 是否相等。SIMPLER-RANDOMIZED-SELECT 是簡化後的程序。

```
SIMPLER-RANDOMIZED-SELECT(A, p, r, i)
1  if p == r
2      return A[p]      // 1 ≤ i ≤ r−p+1 代表 i = 1
3  q = RANDOMIZED-PARTITION(A, p, r)
4  k = q − p + 1
5  if i ≤ k
6      return SIMPLER-RANDOMIZED-SELECT(A, p, q, i)
7  else return SIMPLER-RANDOMIZED-SELECT(A, q + 1, r, i − k)
```

- **a.** 證明在最壞情況下，SIMPLER-RANDOMIZED-SELECT 不會終止。
- **b.** 證明 SIMPLER-RANDOMIZED-SELECT 的期望執行時間仍然是 $O(n)$。

9-3 加權中位數

考慮有正權重 $w_1, w_2, \ldots, w_n$ 的 n 個元素 $x_1, x_2, \ldots, x_n$，使得 $\sum_{i=1}^{n} w_i = 1$。**加權（較低）中位數**就是滿足下列條件的元素 x_k

$$\sum_{x_i < x_k} w_i < \frac{1}{2}$$

且

$$\sum_{x_i > x_k} w_i \leq \frac{1}{2}$$

例如，考慮下面的元素 x_i 與權重 w_i：

i	1	2	3	4	5	6	7
x_i	3	8	2	5	4	1	6
w_i	0.12	0.35	0.025	0.08	0.15	0.075	0.2

這些元素的中位數是 $x_5 = 4$，但加權中位數是 $x_7 = 6$。要了解加權中位數為何是 x_7，可觀察小於 x_7 的元素有 x_1、x_3、x_4、x_5 與 x_6，且 $w_1 + w_3 + w_4 + w_5 + w_6 = 0.45$，它小於 1/2。此外，只有元素 x_2 大於 x_7，且 $w_2 = 0.35$，它沒有大於 1/2。

a. 證明 $x_1, x_2, \ldots, x_n$ 的中位數是權重為 $w_i = 1/n$ 時，x_i 的加權中位數，其中 $i = 1, 2, \ldots, n$。

b. 說明如何使用排序，以 $O(n \lg n)$ 最壞情況時間來計算 n 個元素的加權中位數。

c. 說明如何使用線性時間的中位數演算法，例如第 9.3 節的 SELECT，來以 $\Theta(n)$ 最壞情況時間計算加權中位數。

郵局位置問題的定義如下。它的輸入是 n 個點 $p_1, p_2, \ldots, p_n$，這些點有權重 $w_1, w_2, \ldots, w_n$。問題的解是可將和式 $\sum_{i=1}^{n} w_i \, d(p, p_i)$ 最小化的位置 p（不一定是輸入點之一），其中 $d(a, b)$ 是 a 點與 b 點之間的距離。

d. 證明加權中位數是一維郵局位置問題的最佳解，其中點是實數，a 點和 b 點之間的距離是 $d(a, b) = |a - b|$。

e. 找出二維郵局位置問題的最佳解，其中，點是 (x, y) 座標，$a = (x_1, y_1)$ 和 $b = (x_2, y_2)$ 兩點之間的距離是 **Manhattan 距離**，可用 $d(a, b) = |x_1 - x_2| + |y_1 - y_2|$ 算出。

9-4 小順序統計量

我們用 S(n) 來表示 SELECT 從 n 個數字中選出第 i 順序統計量的最壞情況比較次數。雖然 $S(n) = \Theta(n)$，但是被 Θ 表示法隱藏起來的常數很大。當 i 比 n 小時，有一種使用 SELECT 作為子程序，但在最壞情況下進行較少次比較的演算法。

a. 說明這個演算法：使用 $U_i(n)$ 次比較來找出 n 個元素中第 i 小的那一個，其中

$$U_i(n) = \begin{cases} S(n) & \text{若 } i \geq n/2 \\ \lfloor n/2 \rfloor + U_i(\lceil n/2 \rceil) + S(2i) & \text{其他情況} \end{cases}$$

（提示：先做 $\lfloor n/2 \rfloor$ 次不相交的成對比較，然後針對每一對中較小的元素組成的集合進行遞迴處理）。

b. 證明：若 $i < n/2$，則 $U_i(n) = n + O(S(2i)\lg(n/i))$。

c. 證明：若 i 是小於 n/2 的常數，則 $U_i(n) = n + O(\lg n)$。

d. 證明：若 $i = n/k$ 且 $k \geq 2$，則 $U_i(n) = n + O(S(2n/k)\lg k)$。

9-5 隨機選擇的另一種分析

在這個問題中，你要使用指標隨機變數來分析 RANDOMIZED-SELECT 程序，採用類似我們在第 7.4.2 節分析 RANDOMIZED-QUICKSORT 時的方法。

如同快速排序分析，我們假設所有元素都不相同。我們將輸入陣列 A 的元素重新命名為 $z_1, z_2, ..., z_n$，其中 z_i 是第 i 小的元素。因此，呼叫 RANDOMIZED-SELECT(A, 1, n, i) 會回傳 z_i。

若 $1 \leq j < k \leq n$，設

$X_{ijk} = I\{$ 在執行演算法以找到 z_i 的過程中，z_j 與 z_k 進行比較 $\}$。

a. 寫出 $E[X_{ijk}]$ 的精確表達式（提示：你的表達式可能有不同的值，取決於 i、j 與 k 的值）。

b. 設 X_i 代表在尋找 z_i 時，在陣列 A 的元素之間進行比較的總次數。證明

$$E[X_i] \leq 2\left(\sum_{j=1}^{i}\sum_{k=i}^{n}\frac{1}{k-j+1} + \sum_{k=i+1}^{n}\frac{k-i-1}{k-i+1} + \sum_{j=1}^{i-2}\frac{i-j-1}{i-j+1}\right)$$

- **c.** 證明 $E[X_i] \leq 4n$。
- **d.** 得出結論：假設陣列 A 的所有元素都不同，Randomized-Select 的期望執行時間是 $O(n)$。

9-6 用 3 個一組來選擇

習題 9.3-1 請你證明 Select 演算法在元素被分成 7 個一組時，仍然以線性時間執行。這個問題是 3 個一組。

- **a.** 證明當你將元素分成大小為大於 3 的任何奇數常數的群組時，Select 能以線性時間執行。
- **b.** 證明當你將元素分成 3 個一組時，Select 以 $O(n \lg n)$ 時間執行。

因為 (b) 小題的界限只是上限，我們不知道 3 個一組的策略是否實際上以 $O(n)$ 時間執行。但是針對中位數的中間群組反覆應用「3 個一組」的概念，可以讓我們選出保證達到 $O(n)$ 時間的分界點。下一頁的 Select3 演算法可找出具有 $n > 1$ 個不同元素的輸入陣列的第 i 小的元素。

- **c.** 用英文說明 Select3 如何運作。在你的說明中，使用一張或多張合適的圖表。
- **d.** 證明 Select3 的最壞情況執行時間是 $O(n)$。

後記

在最壞情況下以線性時間尋找中位數的演算法是由 Blum、Floyd、Pratt、Rivest 和 Tarjan 設計的 [62]。快速隨機化版本是由 Hoare [218] 提出的。Floyd 和 Rivest [147] 開發了一個改進的隨機版本，它從少數的元素樣本中遞迴選出一個元素來進行劃分。

SELECT3(A, p, r, i)
1 while (r − p + 1) mod 9 ≠ 0
2   for j = p + 1 to r   // 將最小值放入 A[p]
3   if A[p] > A[j]
4   exchange A[p] with A[j]
5   // 如果我們想要 A[p:r] 的最小值，此時工作完成。
6   if i == 1
7   return A[p]
8   // 否則，我們想要 A[p + 1:r] 的第 i−1 個元素。
9   p = p + 1
10   i = i − 1
11 g = (r − p + 1)/3   // 3 個元素一組的組數
12 for j = p to p + g − 1   // 遍歷群組
13   sort ⟨A[j], A[j + g], A[j + 2g]⟩ in place
14 // 現在所有群組的中位數都位於 A[p:r] 的中間三分之一。
15 g′ = g/3   // 3 個元素一組的子群組數量
16 for j = p + g to p + g + g′ − 1   // 排序子群組
17   sort ⟨A[j], A[j + g′], A[j + 2g′]⟩ in place
18 // 所有子群組中位數都位於 A[p:r] 的中間九分之一。
19 // 遞迴找出分界點 x，它是子群組中位數的中位數。
20 x = SELECT3(A, p + 4g′, p + 5g′ − 1, ⌈g′/2⌉)
21 q = PARTITION-AROUND(A, p, r, x)   // 用分界點來劃分
22 // 其餘程序與 SELECT 的第 19~24 行類似。
23 k = q − p + 1
24 if i == k
25   return A[q]   // 分界點是答案
26 elseif i < k
27   return SELECT3(A, p, q − 1, i)
28 else return SELECT3(A, q + 1, r, i − k)

目前還沒有人研究出尋找中位數需要做多少次比較。Bent 和 John [48] 提出找出中位數的比較次數的下限是 $2n$ 次，Schönhage、Paterson 和 Pippenger [397] 提出上限是 $3n$ 次。Dor 和 Zwick 改進這兩個界限，他們的上限 [123] 略低於 $2.95n$，他們的下限 [124] 是 $(2 + \epsilon)n$，ϵ 是一個正的小常數，進而稍微改進 Dor 等人 [122] 的相關研究。Paterson [354] 介紹了其中一些成果以及其他相關研究。

挑戰 9-6 的靈感來自 Chen 和 Dumitrescu 的論文 [84]。

III 資料結構

簡介

集合是計算機科學的基礎,如同它們是數學的基礎。數學集合不會改變,但是演算法所處理的集合可能隨著時間而增長、縮小或發生其他變化。我們將這種集合稱為**動態的**。接下來四章將介紹表示有限動態集合的技術,以及在計算機上操作這種集合的基本技術。

演算法可能需要對集合進行幾種類型的操作。例如,許多演算法只需要在集合中插入元素、刪除元素和測試成員資格,我們將支援這些操作的動態集合稱為**字典**。其他演算法需要更複雜的操作。例如,我們在第 6 章學習堆積資料結構時,曾經看過最小優先佇列,它支援將一個元素插入一個集合,以及從集合中提取最小元素的操作。實作動態集合的最佳方法取決於你要支援的操作。

在動態集合內的元素

在典型的動態集合實作中,每一個元素都用一個物件來表示,你可以使用一個指向物件的指標,來檢查和操作元素的屬性。有些動態集合假設物件的一個屬性是個識別**鍵**。如果鍵都不相同,我們可以把動態集視為鍵值集合。物件可能包含**衛星資料**,它們被儲存在物件的其他屬性中,但集合實作不使用它們。物件可能也有可被集合操作(set operation)操縱的屬性,這些屬性可能包含資料或指向集合的其他物件的指標。

有些動態集合假設鍵來自全序(totally ordered)集合,例如實數或按字母順序排序的完整單字集合。全序性質可讓我們定義集合的最小元素,或描述(舉例)「在集合中比給定元素更大的下一個元素」。

針對動態集合的操作

針對動態集合的操作可以分成兩類：查詢會回傳關於集合的資訊，以及修改操作，例如修改集合。以下是典型的操作。具體的應用通常只需要實作其中的幾個。

SEARCH(S, k)

這種查詢會在收到集合 S 與鍵值 k 後，回傳一個指向 S 裡的一個元素的指標 x，使得 x.key = k，或如果 S 沒有這種元素，則回傳 NIL。

INSERT(S, x)

這種修改操作會將 x 所指的元素加入集合 S。我們通常假設集合的實作所需要的元素 x 的屬性都已經被初始化了。

DELETE(S, x)

當這種修改操作收到一個指向集合 S 裡的一個元素的指標 x 時，它會將 x 從 S 移除（注意，這項操作接收指向元素 x 的指標，不是鍵值）。

MINIMUM(S) 與 MAXIMUM(S)

它們是針對全序的集合 S 執行的查詢。它們會回傳一個指向 S 中，具有最小（MINIMUM）或最大（MAXIMUM）鍵的元素的指標。

SUCCESSOR(S, x)

當這種查詢收到一個元素 x，且 x 的鍵來自全序集合 S 時，它會回傳一個指向 S 中較大的下一個元素的指標，或如果 x 是最大元素，則回傳 NIL。

PREDECESSOR(S, x)

當這種查詢收到一個元素 x，且 x 的鍵來自全序集合 S 時，它會回傳一個指向 S 中較小的下一個元素的指標，或如果 x 是最小元素，則回傳 NIL。

在某些情況下，我們可以擴展 SUCCESSOR 與 PREDECESSOR，讓它們也適用於具有重複鍵的集合。對於一個包含 n 個鍵的集合，一般假設呼叫一次 MINIMUM 再呼叫 $n-1$ 次 SUCCESSOR 即可依序列出該集合中的元素。

我們通常用集合的大小來衡量執行集合操作所需的時間。例如，第 13 章會介紹一種資料結構，它可以支援在 $O(\lg n)$ 時間內，對大小為 n 的集合進行上述的所有操作。

當然，你也可以用陣列來實作動態集合。這樣做的好處是讓動態集合操作演算法很簡單，但缺點是，其中的許多操作都有 $\Theta(n)$ 的最壞情況執行時間。如果陣列沒有被排序，INSERT 和 DELETE 可能需要 $\Theta(1)$ 時間，但其餘的操作需要 $\Theta(n)$ 時間。如果陣列維持排序，那麼 MINIMUM、MAXIMUM、SUCCESSOR 和 PREDECESSOR 需要 $\Theta(1)$ 時間，以二元搜尋來實作的 SEARCH 需要 $O(\lg n)$ 時間，但是 INSERT 和 DELETE 在最壞情況下需要 $\Theta(n)$ 時間。對許多動態集合操作來說，本部分將研究的資料結構比陣列實作更優越。

第 3 部分概覽

第 10~13 章介紹幾種資料結構，它們可用來實作動態集合。我們以後會使用其中的許多資料結構來建構處理各種問題的高效演算法。我們已經在第 6 章看過另一種重要的資料結構了—堆積。

第 10 章會介紹使用簡單資料結構的要點，那些資料結構包括陣列、矩陣、堆疊、佇列、鏈接串列和有根樹。如果你上過程式設計入門課程，你應該已經熟悉其中的大部分主題了。

第 11 章會介紹雜湊表，這是一種廣泛使用的資料結構，它支援字典操作 INSERT、DELETE 和 SEARCH。在最壞的情況下，雜湊表需要 $\Theta(n)$ 時間來執行 SEARCH 操作，但雜湊表操作的期望時間是 $O(1)$。我們將用機率學來分析雜湊表的操作，但即使不使用機率學，你也可以理解這些操作的工作原理。

第 12 章介紹二元搜尋樹，它支援之前列出的所有動態集合操作。在最壞的情況下，對一棵有 n 個元素的樹執行每一項操作需要 $\Theta(n)$ 時間。二元搜尋樹是許多其他資料結構的基礎。

第 13 章介紹紅黑樹，它是二元搜尋樹的變體。與普通的二元搜尋樹不同的是，紅黑樹保證有良好的性能：在最壞情況下，操作需要 $O(\lg n)$ 時間。紅黑樹是平衡的搜尋樹。第 5 部分的第 18 章會介紹另一種平衡搜尋樹：B 樹。雖然紅黑樹的機制有點複雜，但你可以從這一章了解它們的大部分特性，而不需要仔細研究機制。儘管如此，閱讀程式碼對你應該有幫助。

10 基本資料結構

在這一章，我們將透過簡單的資料結構來了解動態集合的表示法，它們都使用指標。雖然指標可以用來建構許多複雜的資料結構，但我們只介紹最基本的資料結構：陣列、矩陣、堆疊、佇列、鏈接串列和有根樹。

10.1 基於陣列的簡單資料結構：陣列、矩陣、堆疊、佇列

10.1.1 陣列

我們假設，與大多數程式語言一樣，陣列是以連續的位元組（bytes）儲存在記憶體中的。如果一個陣列的第一個元素的索引是 s（例如，在 1-origin 索引系統的陣列中，$s=1$），陣列從記憶體位址 a 開始，每個陣列元素占用 b bytes，那麼第 i 個元素占用從 $a+b(i-s)$ 到 $a+b(i-s+1)-1$ 的 bytes。本書中大部分的陣列索引是從 1 開始，有些則是從 0 開始，因此我們可以稍微簡化這個公式。當 $s=1$ 時，第 i 個元素占用 $a+b(i-1)$ 到 $a+bi-1$ bytes，當 $s=0$ 時，第 i 個元素占用 $a+bi$ 到 $a+b(i+1)-1$ bytes。假設計算機存取所有的記憶體位置都使用相同的時間（如第 2.2 節所述的 RAM 模型），那麼存取任何陣列元素都花費固定的時間，無論索引是多少。

大多數程式語言都規定陣列的每個元素都一樣大。如果陣列的元素可能占用不同的 bytes 數，上述公式就不適用，因為元素大小 b 不是常數。在這種情況下，陣列元素通常是大小不一的物件，而且在每一個陣列元素裡面有一個指向物件的指標。無論指標參考什麼，指標占用的 bytes 數通常是一樣的，因此，若要存取陣列中的一個物件，使用上述公式可算出該物件的指標位址，然後，你必須追隨指標來存取物件本身。

10.1.2 矩陣

我們通常用一個或多個一維陣列來表示一個矩陣或二維陣列。矩陣最常見的儲存方式有兩種：以列為主順序，和以行為主順序。我們來考慮一個 $m \times n$ 矩陣，也就是 m 列 n 行的矩陣。在**以列為主順序**中，矩陣是一列接著一列儲存的，在**以行為主順序**中，矩陣是一行接著一行儲存的。例如，考慮這個 2×3 矩陣

$$M = \begin{pmatrix} 1 & 2 & 3 \\ 4 & 5 & 6 \end{pmatrix} \tag{10.1}$$

以列為主順序儲存兩列 1 2 3 與 4 5 6，而以行為主順序儲存三行 1 4、2 5 與 3 6。

圖 10.1 的 (a) 與 (b) 展示如何使用一個一維陣列來儲存這個矩陣。(a) 用以列為主順序來儲存它，(b) 用以行為主順序來儲存它。如果列、行，與陣列的索引都從 s 開始，那麼 $M[i, j]$（在第 i 列，第 j 行的元素）在以列為主順序時，位於陣列索引 $s + (n(i-s)) + (j-s)$，在以行為主順序時，位於陣列索引 $s + (m(j-s)) + (i-s)$。若 $s = 1$，單一陣列索引在以列為主順序時，是 $n(i-1) + j$，在以行為主順序時，是 $i + m(j-1)$。當 $s = 0$ 時，單一陣列的索引比較容易計算：在以列為主時，是 $ni + j$，在以行為主時，是 $i + mj$。假設矩陣 M 的索引從 1 開始，元素 $M[2, 1]$ 在使用以列為主順序時，被儲存在單一陣列裡的索引 $3(2-1) + 1 = 4$，在使用以行為主順序時，被儲存在單一陣列裡的索引 $2 + 2(1-1) = 2$。

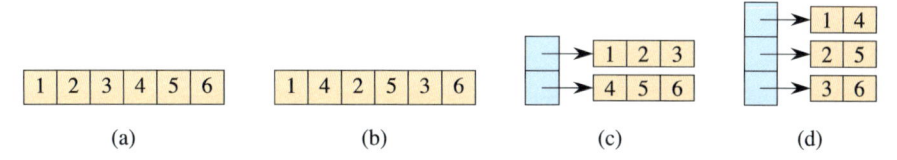

圖 10.1 式 (10.1) 的 2×3 矩陣 M 的四種儲存方法。**(a)** 以列為主的順序，存放在一個陣列中。**(b)** 以行為主的順序，存放在一個陣列中。**(c)** 以列為主的順序，每一列有一個陣列（右橫列）和一個指向列陣列的指標陣列（左直行）。**(d)** 以行為主的順序，每行有一個陣列（右橫列）和一個指向行陣列的指標陣列（左直行）。

圖 10.1 的 (c) 與 (d) 展示儲存矩陣的多陣列策略，在 (c) 裡，每一列都被儲存在它自己的陣列裡，陣列長度為 n，在圖中為橫列，並且用另一個陣列（有 m 個元素，在圖中為直行）指向 m 列陣列。如果將直行陣列稱為 A，那麼 $A[i]$ 指向儲存 M 的 i 列的陣列，陣列元素 $A[i][j]$ 儲存矩陣元素 $M[i, j]$。(d) 是多陣列表示法的以行為主版本，有 n 個陣列，每一個的長度都是 m，代表 n 行。矩陣元素 $M[i, j]$ 被存放在陣列元素 $A[j][i]$ 裡。

在現代機器上，單陣列表示法通常比多陣列表示法更有效率。但是多陣列表示法有時比較靈活，例如，它可以用來儲存「參差陣列」，在以列為主的版本中，這種陣列的列可能有不同的長度，在以行為主的版本中，它的行可能有不同的長度。

有時我們也用其他的方案來儲存矩陣。在**區塊表示法**裡，矩陣被分成區塊，每一個區塊都被儲存在連續的位置。例如，一個分成 2×2 區塊的 4×4 矩陣

$$\begin{pmatrix} 1 & 2 & 3 & 4 \\ 5 & 6 & 7 & 8 \\ 9 & 10 & 11 & 12 \\ 13 & 14 & 15 & 16 \end{pmatrix}$$

可能以這個順序儲存在一個陣列裡：$\langle 1, 2, 5, 6, 3, 4, 7, 8, 9, 10, 13, 14, 11, 12, 15, 16 \rangle$。

10.1.3 堆疊與佇列

堆疊與佇列是動態集合，在它們裡面，用 DELETE 來移除的集合元素是預先決定的。在**堆疊**裡，從集合中刪除的元素是最近被插入的元素，堆疊實現**後入先出**，或稱 *LIFO* 策略。同理，在**佇列**中，被刪除的元素一定是待在集合中最久的那一個，佇列實現**先入先出**，或稱 *FIFO* 策略。我們可以用幾種有效的方法在計算機上實作堆疊和佇列。接下來將展示如何使用一個帶有屬性的陣列來儲存它們。

堆疊

堆疊的 INSERT 操作通常被稱為 PUSH，它的 DELETE 操作通常被稱為 POP，DELETE 操作不需要元素參數。這些名稱暗指物理堆疊，例如在餐廳裡的盤子堆疊。從堆疊取出盤子的順序與將它們放入堆疊的順序相反，因為只有最上面的盤子可以拿取。

圖 10.2 說明如何用陣列 $S[1:n]$ 來實作一個最多有 n 個元素的堆疊。這個堆疊有屬性 $S.top$，用來檢索最近插入的元素，和 $S.size$，它等於陣列的大小 n。堆疊由元素 $S[1:S.top]$ 組成，其中 $S[1]$ 是堆疊底部的元素，$S[S.top]$ 是頂部的元素。

	1	2	3	4	5	6	7
S	15	6	2	9			

S.top = 4

(a)

	1	2	3	4	5	6	7
S	15	6	2	9	17	3	

S.top = 6

(b)

	1	2	3	4	5	6	7
S	15	6	2	9	17	3	

S.top = 5

(c)

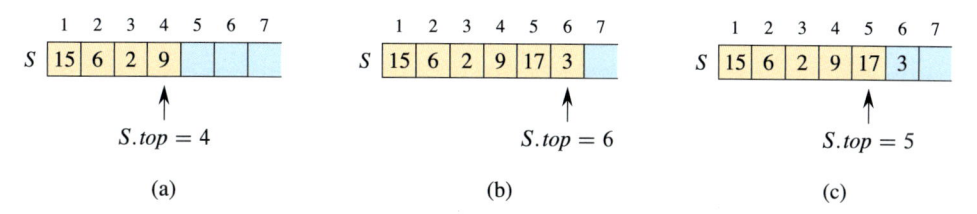

圖 10.2 以陣列來實作堆疊 S，堆疊元素只出現在棕色位置。**(a)** 堆疊 S 有 4 個元素。最上面的元素是 9。**(b)** 在呼叫 PUSH(S, 17) 與 PUSH(S, 3) 之後的堆疊 S。**(c)** 在 POP(S) 回傳元素 3 之後的堆疊 S，3 是最晚被推入的元素。雖然 3 仍然在陣列裡，但它不在堆疊裡了。top 元素是 17。

當 $S.top = 0$ 時，堆疊沒有任何元素，是*空的*。我們可以用 STACK-EMPTY 來檢查堆疊是不是空的。當你試圖 pop 一個空堆疊時，堆疊會 *underflow*（低於下限），這通常是一種錯誤。如果 $S.top$ 超過 $S.size$，堆疊會 *overflow*（溢位）。

程序 STACK-EMPTY、PUSH 和 POP 僅用幾行程式就實作了每一個堆疊操作。圖 10.2 是修改 PUSH 和 POP 的效果。三個堆疊操作都需要 $O(1)$ 時間。

STACK-EMPTY(S)
1 **if** $S.top == 0$
2   **return** TRUE
3 **else return** FALSE

PUSH(S, x)
1 **if** $S.top == S.size$
2   **error** "overflow"
3 **else** $S.top = S.top + 1$
4      $S[S.top] = x$

POP(S)
1 **if** STACK-EMPTY(S)
2   **error** "underflow"
3 **else** $S.top = S.top - 1$
4   **return** $S[S.top + 1]$

佇列

我們把佇列的 INSERT 操作稱為 ENQUEUE，將 DELETE 操作稱為 DEQUEUE。與堆疊操作 POP 一樣，DEQUEUE 不需要元素引數。佇列的先入先出特性讓它的行為就像排隊等待服務的客人。佇列有一個頭和一個尾。當一個元素被 enqueue 時，它會被放在佇列的尾部，就像一位新來的客人排在隊伍的末端一樣。被 dequeue 的元素一定是排在佇列頭的那個，就像排第一位的客人，他等待的時間最久。

圖 10.3 是使用陣列 $Q[1:n]$ 來實作最多有 $n-1$ 個元素的佇列的方法之一，其屬性 $Q.size$ 等於陣列的大小 n。佇列有一個屬性 $Q.head$，用來檢索或指向它的頭。屬性 $Q.tail$ 指向新元素將被插入的下一個位置。佇列中的元素位於位置 $Q.head, Q.head+1, \ldots, Q.tail-1$，我們循環地「繞圈」，也就是位置 1 會緊接著位置 n。當 $Q.head = Q.tail$ 時，佇列是空的。最初，$Q.head = Q.tail = 1$。試著從空佇列 dequeue 一個元素會造成佇列 underflow。當 $Q.head = Q.tail+1$，或 $Q.head = 1$ 且 $Q.tail = Q.size$ 時，佇列是滿的，試著 enqueue 一個元素會造成 overflow。

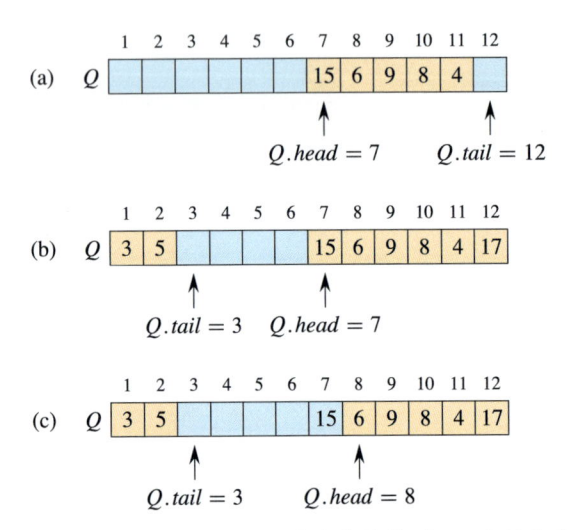

圖 10.3 用陣列 $Q[1:12]$ 來實作的佇列。只有棕色的位置是佇列元素。**(a)** 佇列有 5 個元素，在位置 $Q[7:11]$。**(b)** 在呼叫 ENQUEUE(Q, 17)、ENQUEUE(Q, 3)、ENQUEUE(Q, 5) 之後的佇列狀態。**(c)** 在呼叫 DEQUEUE(Q) 後，佇列的配置回傳原先在佇列頭的鍵值 15。新 head 的鍵值是 6。

在程序 ENQUEUE 和 DEQUEUE 裡，我們省略了針對 underflow 和 overflow 的錯誤檢查（習題 10.1-5 會要求你提供這些檢查）。圖 10.3 是 ENQUEUE 和 DEQUEUE 操作的效果。每一個操作都花費 $O(1)$ 時間。

ENQUEUE(Q, x)
1   $Q[Q.tail] = x$
2   **if** $Q.tail == Q.size$
3       $Q.tail = 1$
4   **else** $Q.tail = Q.tail + 1$

DEQUEUE(Q)
1   $x = Q[Q.head]$
2   **if** $Q.head == Q.size$
3       $Q.head = 1$
4   **else** $Q.head = Q.head + 1$
5   **return** x

習題

10.1-1
考慮一個以列為主的 $m \times n$ 矩陣，其中 m 和 n 都是 2 的次方，列和行的索引都從 0 開始。我們可以用 $\lg m$ 個位元 $\langle i_{\lg m-1}, i_{\lg m-2}, \ldots, i_0 \rangle$ 的二進制數字來表示一個列索引 i，用 $\lg n$ 個位元 $\langle j_{\lg n-1}, j_{\lg n-2}, \ldots, j_0 \rangle$ 的二進制數字來表示一個行索引 j。假如這個矩陣是個 2×2 區塊矩陣，其中每一個區塊有 $m/2$ 列與 $n/2$ 行，而且可以用一個 0-origin 索引的陣列來表示。說明如何用 i 與 j 的二進制表示法來產生單一陣列的 ($\lg m + \lg n$) 位元索引的二進制表示法。

10.1-2
模仿圖 10.2，說明對一個用陣列 $S[1:6]$ 來儲存的空堆疊 S 依序執行以下操作的結果：PUSH(S, 4)、PUSH(S, 1)、PUSH(S, 3)、POP(S)、PUSH(S, 8) 與 POP(S)。

10.1-3
解釋如何用一個陣列 $A[1:n]$ 來實作兩個堆疊，使兩個堆疊都不會 overflow，除非兩個堆疊的元素總共有 n 個。PUSH 與 POP 操作必須以 $O(1)$ 時間執行。

10.1-4
模仿圖 10.3，說明對一個用陣列 $Q[1:6]$ 來儲存的空佇列依序執行以下操作的結果：ENQUEUE(Q, 4)、ENQUEUE(Q, 1)、ENQUEUE(Q, 3)、DEQUEUE(Q)、ENQUEUE(Q, 8) 與 DEQUEUE(Q)。

10.1-5
改寫 ENQUEUE 與 DEQUEUE，以檢測佇列的 underflow 與 overflow。

10.1-6
堆疊只允許在一端插入和刪除元素，而佇列允許在一端插入，在另一端刪除，*deque*（雙端佇列，發音類似「deck」）允許在兩端插入和刪除。編寫四個 $O(1)$ 時間的程序，用陣列來實現將元素插入 deque 的兩端以及從兩端將元素刪除的操作。

10.1-7
說明如何使用兩個堆疊來實作一個佇列。分析佇列操作的執行時間。

10.1-8
說明如何使用兩個佇列來實作一個堆疊。分析堆疊操作的執行時間。

10.2 鏈接串列

鏈接串列是以線性順序排列物件的資料結構，但它與陣列不同，陣列的線性順序是由陣列索引決定的，而鏈接串列的順序是由每個物件中的一個指標決定的。由於鏈接串列的元素經常包含可供搜尋的鍵，鏈接串列有時稱為搜尋串列。鏈接串列可讓我們用一種簡單、靈活的方法來表示動態集合，它支援（雖然不一定高效）第 238 頁列出的所有操作。

如圖 10.4 所示，**雙向鏈接串列** L 的每個元素都是一個物件，有一個屬性 key 和兩個指標屬性：$next$ 和 $prev$。物件可能有其他衛星資料。取得串列中的元素 x 後，$x.next$ 指向它在鏈接串列中的下一個元素，$x.prev$ 指向它的前一個元素。如果 $x.prev = $ NIL，代表元素 x 沒有前一個元素，因此它是串列的第一個元素，或**頭**。如果 $x.next = $ NIL，代表元素 x 沒有下一個元素，因此它是串列的最後一個元素，或**尾**。屬性 $L.head$ 指向串列的第一個元素。如果 $L.head = $ NIL，代表串列是空的。

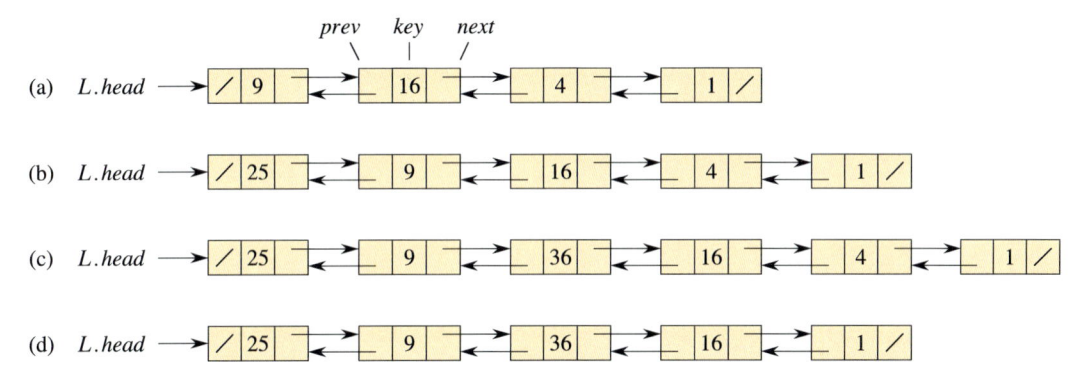

```
                        prev  key  next
                           \   |   /
(a)  L.head ──→  / │ 9 ├─┼─┤ 16 ├─┼─┤ 4 ├─┼─┤ 1 │ /

(b)  L.head ──→  / │ 25 ├─┼─┤ 9 ├─┼─┤ 16 ├─┼─┤ 4 ├─┼─┤ 1 │ /

(c)  L.head ──→  / │ 25 ├─┼─┤ 9 ├─┼─┤ 36 ├─┼─┤ 16 ├─┼─┤ 4 ├─┼─┤ 1 │ /

(d)  L.head ──→  / │ 25 ├─┼─┤ 9 ├─┼─┤ 36 ├─┼─┤ 16 ├─┼─┤ 1 │ /
```

圖 10.4 (a) 用來表示動態集合 {1, 4, 9, 16} 的雙向鏈接串列 L。串列中的每個元素都是一個物件，具有鍵屬性和指向下一個和上一個物件的指標（用箭頭表示）。結尾的 $next$ 屬性和開頭的 $prev$ 屬性是 NIL，用斜線表示。屬性 $L.head$ 指向頭。(b) 是執行 LIST-PREPEND(L, x) 的結果，其中 $x.key = 25$，鏈接串列的新頭是一個鍵為 25 的物件，這個新物件指向鍵為 9 的舊頭。(c) 是呼叫 LIST-INSERT(x, y) 的結果，其中 $x.key = 36$，y 指向鍵為 9 的物件。(d) 是隨後呼叫 LIST-DELETE(L, x) 的結果，其中 x 指向鍵為 4 的物件。

串列可能是幾種形式之一，它可能是單向鏈接的，也可能是雙向鏈接的，可能是已排序的，也可能是未排序的，它也可能是循環的或非循環的。如果串列是**單向鏈接的**，那麼每一個元素都有一個 $next$ 指標，但沒有 $prev$ 指標。如果串列是**已排序的**，那麼串列的線性順序和串列元素儲存的鍵的線性順序一致，那麼，最小的元素就是串列的頭，最大的元素就是串列的尾。如果串列是**未排序的**，那麼元素可能以任何順序出現。在**循環串列**中，串列頭的 $prev$ 指標指向尾，串列尾的 $next$ 指標則指向頭。你可以將循環串列視為由元素組成的環狀結構。在本節的其餘部分，我們假設串列都是未排序的，和雙向鏈接的。

搜尋鏈接串列

程序 LIST-SEARCH(L, k) 用簡單的線性搜尋來找到串列 L 中第一個鍵值為 k 的元素，並回傳一個指向該元素的指標。如果串列中沒有鍵值為 k 的物件，該程序回傳 NIL。對於圖 10.4(a) 的鏈接串列，呼叫 LIST-SEARCH(L, 4) 會得到一個指向第三個元素的指標，而呼叫 LIST-SEARCH(L, 7) 得到 NIL。在搜尋一個有 n 個物件的串列時，LIST-SEARCH 程序在最壞情況下需要 $\Theta(n)$ 時間，因為它可能要搜尋整個串列。

LIST-SEARCH(L, k)
1    $x = L.head$
2   **while** $x \neq$ NIL and $x.key \neq k$
3        $x = x.next$
4   **return** x

插入鏈接串列

當 LIST-PREPEND 程序收到一個 *key* 屬性已被設定的元素 x 時，它會將 x 加到鏈接串列的開頭，如圖 10.4(b) 所示（別忘了，我們的屬性表示法是可以串接的，所以 $L.head.prev$ 代表 $L.head$ 所指的那個物件的 *prev* 屬性）。LIST-PREPEND 處理 n 個元素的串列的執行時間是 $O(1)$。

LIST-PREPEND(L, x)
1    $x.next = L.head$
2    $x.prev =$ NIL
3   **if** $L.head \neq$ NIL
4        $L.head.prev = x$
5    $L.head = x$

你可以在鏈接串列內的任何地方插入元素。如圖 10.4(c) 所示，如果你有一個指向串列中的一個物件的指標 y，下一頁的 LIST-INSERT 程序能夠在 $O(1)$ 時間內將一個新元素 x「插」到串列中的 y 之後。由於 LIST-INSERT 不參考串列物件 L，所以不需要用參數來傳遞它。

LIST-INSERT(x, y)
1   x.next = y.next
2   x.prev = y
3   **if** y.next ≠ NIL
4   y.next.prev = x
5   y.next = x

從鏈接串列刪除

LIST-DELETE 程序可在鏈接串列 L 中刪除一個元素 x。你必須傳給它一個指向 x 的指標,它會藉著更新指標,將 x 從串列中「取」出來。若要刪除具有特定鍵的元素,你要先呼叫 LIST-SEARCH 來取得指向元素的指標。圖 10.4(d) 展示如何在一個鏈接串列中刪除一個元素。LIST-DELETE 的執行時間是 $O(1)$,但是為了刪除特定鍵的元素而呼叫 LIST-SEARCH 會讓最壞情況執行時間變成 $\Theta(n)$。

LIST-DELETE(L, x)
1   **if** x.prev ≠ NIL
2   x.prev.next = x.next
3   **else** L.head = x.next
4   **if** x.next ≠ NIL
5   x.next.prev = x.prev

在雙向鏈接串列中插入和刪除元素比在陣列中還要快。如果你想要在陣列中插入新的第一個元素,或刪除陣列的第一個元素,並維持所有既有元素的相對順序,那麼每個既有元素都要移動一個位置。因此,在最壞的情況下,在陣列中進行插入和刪除需要 $\Theta(n)$ 時間,而在雙向鏈接串列中需要 $O(1)$ 時間(習題 10.2-1 會請你證明從單鏈接串列刪除一個元素在最壞情況下需要 $\Theta(n)$ 時間)。然而,如果你想找到線性順序的第 k 個元素,在陣列中,無論 k 是多少,都只需要 $O(1)$ 時間,但是在鏈接串列中,你必須遍歷 k 個元素,花費 $\Theta(k)$ 時間。

哨符

如果忽略串列頭尾的邊界條件,LIST-DELETE 的程式碼會更簡單。

LIST-DELETE′(x)

1 x.prev.next = x.next
2 x.next.prev = x.prev

哨符是一個虛擬物件，可以簡化邊界條件。在鏈接串列 L 中，哨符是一個代表 NIL 的物件 L.nil，但它有串列的其他物件的所有屬性。我們將指向 NIL 的參考都換成指向哨符 L.nil 的參考。如圖 10.5 所示，這個改變會將一個普通的雙向鏈接串列變成一個**循環的、帶有哨符的循環雙向鏈接串列**，其中，哨符 L.nil 位於頭和尾之間。屬性 L.nil.next 指向串列的頭，L.nil.prev 則指向串列的尾，尾的 next 屬性和頭的 prev 屬性都指向 L.nil。由於 L.nil.next 指向頭，屬性 L.head 可以完全移除，我們將指向它的參考換成指向 L.nil.next 的參考。圖 10.5(a) 是一個只由哨符組成的空串列，且 L.nil.next 和 L.nil.prev 都指向 L.nil。

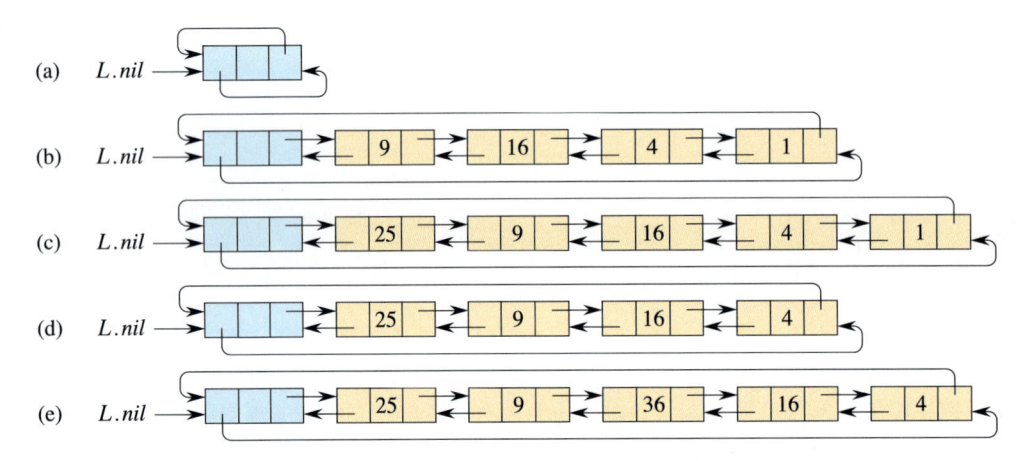

圖 10.5　帶有哨符的環狀雙向鏈接串列。以三個空格表示的哨符 L.nil 位於頭尾之間。我們不需要 L.head 這個屬性了，因為串列的頭是 L.nil.next。**(a)** 空串列。**(b)** 圖 10.4 (a) 的鏈接串列，頭是鍵 9，尾是鍵 1。**(c)** 執行 LIST-INSERT′(x, L.nil) 之後的串列，其中 x.key = 25。新物件變成串列的頭。**(d)** 刪除鍵 1 的物件後的串列。**(e)** 執行 LIST-INSERT′(x, y) 後的串列，其中 x.key = 36，y 指向鍵為 9 的物件。

若要從串列中刪除一個元素，我們只要使用之前的 LIST-DELETE′ 程序即可。LIST-INSERT 不參考串列物件 L，LIST-DELETE′ 也是如此。哨符 L.nil 絕對不能刪除，除非你要刪除整個串列！

LIST-INSERT′ 程序會將一個元素 x 插至串列物件 y 之後。我們不需要單獨的「加到開頭（prepend）」程序，若要將元素插入串列頭，那就將 y 設為 L.nil，若要插入串列尾，那將 y 設為 L.nil.prev。圖 10.5 展示 LIST-INSERT′ 和 LIST-DELETE′ 對一個示範串列的影響。

LIST-INSERT′(x, y)
1   x.next = y.next
2   x.prev = y
3   y.next.prev = x
4   y.next = x

搜尋帶哨符的循環雙向鏈接串列的漸近執行時間與搜尋無哨符時相同，但可以減少常數因子。在 LIST-SEARCH 第 2 行的測試做了兩個比較：一個是檢查搜尋進度是否已達串列的結尾，如果沒有，另一個檢查鍵是否在當下元素 x 裡。假設你**知道**鍵在串列的某處。那麼你就不需要檢查搜尋程序是否已達串列結尾，因此可為 **while** 迴圈的每一次迭代省下一次比較。

哨符提供在開始搜尋前放置鍵的位置。搜尋從串列 L 的頭 L.nil.next 開始，在串列的某處找到鍵時停止。現在搜尋程序保證可以找到鍵，它可能在哨符裡，或是在到達哨符之前。如果鍵在到達哨符前找到，它就真的在搜尋停止處的元素裡面。然而，如果搜尋遍歷了串列的所有元素，卻只在哨符中找到了鍵，那麼鍵就不是真的在串列中，於是搜尋程序回傳 NIL。程序 LIST-SEARCH′ 體現了這個想法（如果你的哨符規定它的**鍵**屬性是 NIL，那麼你可能要在第 5 行之前指派 L.nil.key = NIL）。

LIST-SEARCH′(L, k)
1   L.nil.key = k   // 將鍵存入哨符裡，以保證它在串列裡
2   x = L.nil.next   // 從串列的頭開始
3   **while** x.key ≠ k
4   x = x.next
5   **if** x == L.nil   // 在哨符裡找到 k
6   **return** NIL   // k 其實沒有在串列裡
7   **else return** x   // 在元素 x 裡找到 k

哨符通常可以簡化程式碼，而且，就像在搜尋鏈接串列時那樣，它們可能會讓程式加速一個小的常數因子，但是它們通常不能改善漸近執行時間。請謹慎地使用它們。如果你有許多小串列，它們的哨符所使用的額外空間可能意味著浪費許多記憶體。在本書中，我們只會在哨符可以大幅簡化程式時使用它們。

習題

10.2-1
解釋為什麼單鏈接串列中的動態集合操作 INSERT 可以在 $O(1)$ 時間內完成，但 DELETE 的最壞情況時間是 $\Theta(n)$。

10.2-2
使用單鏈接串列來實作堆疊，讓 PUSH 和 POP 操作仍然需要 $O(1)$ 時間。你需要在串列中加入任何屬性嗎？

10.2-3
使用單鏈接串列來實作佇列，讓 ENQUEUE 和 DEQUEUE 操作仍然需要 $O(1)$ 時間。你需要在串列中加入任何屬性嗎？

10.2-4
動態集合操作 UNION 可接收兩個不重疊的集合 S_1 和 S_2，並回傳一個由 S_1 和 S_2 的所有元素組成的集合 $S = S_1 \cup S_2$。集合 S_1 和 S_2 通常會被操作破壞。說明如何使用合適的串列資料結構，以 $O(1)$ 時間支援 UNION。

10.2-5
寫一個 $\Theta(n)$ 時間的非遞迴程序來將 n 個元素的單鏈接串列反過來。這個程序使用的儲存空間不應該超過串列本身需要的固定儲存空間。

★ 10.2-6
解釋如何實作雙向鏈接串列，並讓每一個項目只使用一個指標值 x.np，而不是常見的兩個（next 和 prev）。假設所有的指標值都可以視為 k 位元整數，並定義 x.np = x.next XOR x.prev，即 x.next 和 x.prev 的 k 位元「互斥或」。NIL 值以 0 來表示。務必說明存取串列頭需要什麼資訊。說明如何用這個串列來實作 SEARCH、INSERT 和 DELETE 操作，並說明如何在 $O(1)$ 時間內將這種串列反過來。

10.3 表示有根樹

鏈接串列很適合用來表示線性關係，但並非所有關係都是線性的。在這一節，我們將具體研究一個問題：以鏈接資料結構來表示有根樹資料結構。我們先了解二元樹，然後學習一種有根樹方法，它的節點可以有任意數量的子節點。

我們用物件來表示樹的每個節點。與鏈接串列一樣，我們假設每個節點都有一個 *key* 屬性。在其餘的屬性中，比較重要的屬性是指向其他節點的指標，它們依樹的類型而不同。

二元樹

圖 10.6 展示如何使用屬性 *p*、*left* 和 *right* 來儲存指向二元樹 *T* 的每一個節點的父節點、左子節點和右子節點的指標。如果 $x.p = $ NIL，*x* 是根節點。如果節點 *x* 沒有左子節點，那麼 $x.left = $ NIL，右子節點也是如此。*T.root* 指向整棵樹 *T* 的根節點。若 $T.root = $ NIL，則樹是空的。

分支無上限的有根樹

將二元樹表示法擴展成任何一種樹很簡單，如果樹的每一個節點的子節點數量上限是常數 *k*，我們可以將 *left* 與 *right* 屬性換成 $child_1, child_2, ..., child_k$。但是子節點數量沒有上限時無法採取這種做法，因為我們不知道該事先配置多少屬性。此外，如果子節點數量上限 *k* 是很大的常數，但是大多數的節點都只有少量的子節點，你將浪費很多記憶體。

幸好，我們可以用一種巧妙的做法來表示具有任意子節點數量的樹，這種做法的優點是任何具有 *n* 個節點的有根樹都只需要使用 $O(n)$ 空間。圖 10.7 是**左子節點、右同層節點表示法**（***left-child, right-sibling representation***）。與之前一樣，每一個節點都有一個父指標 *p*，且 *T.root* 指向樹 *T* 的根節點。但是，這種做法的每一個節點 *x* 都只有兩個指標，而不是有指向它的每個子節點的指標：

1. *x.left-child* 指向節點 *x* 的最左邊子節點，
2. *x.right-sibling* 指向節點 *x* 右邊的同層節點。

如果節點 *x* 沒有子節點，那麼 $x.left\text{-}child = $ NIL，如果節點 *x* 是它的父節點的最右邊的子節點，那麼 $x.right\text{-}sibling = $ NIL。

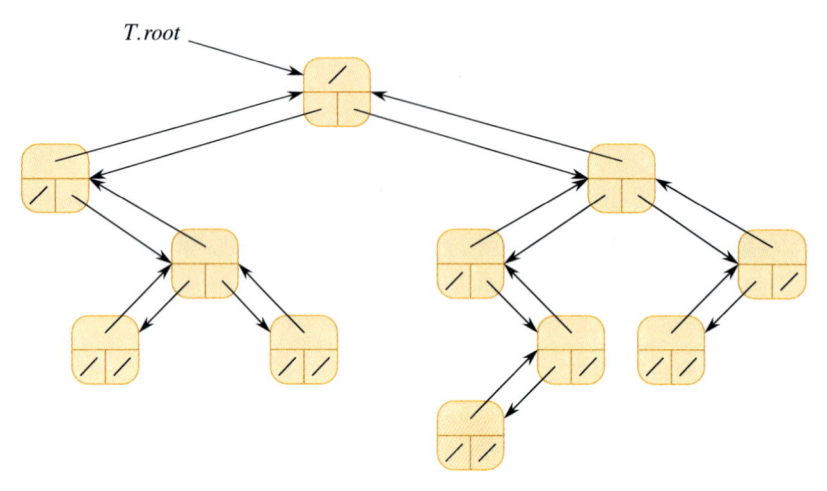

圖 10.6 二元樹 T 的表示法。每個節點 x 都有屬性 $x.p$（上）、$x.left$（左下）、$x.right$（右下）。本圖未展示 key 屬性。

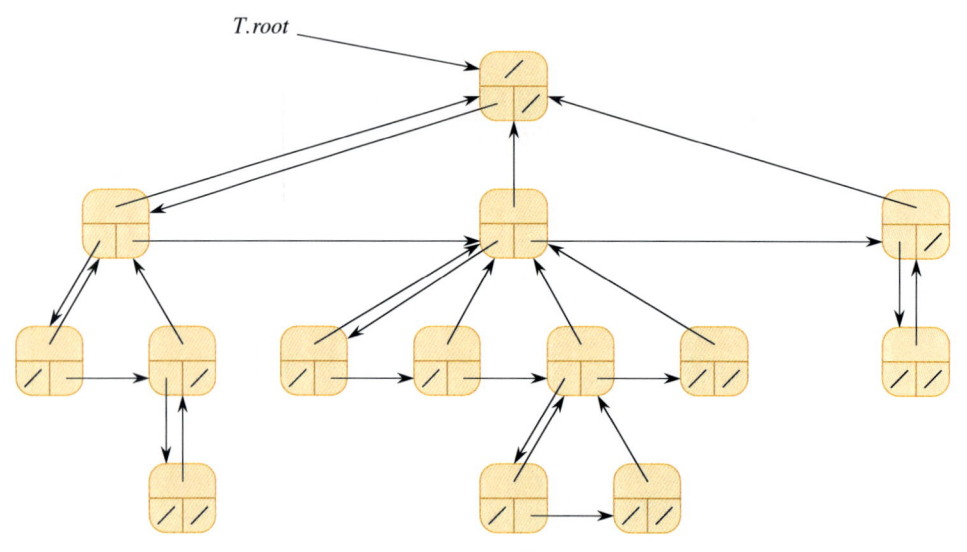

圖 10.7 樹 T 的左子節點、右同層節點表示法。每個節點 x 都有屬性 $x.p$（上）、$x.left\text{-}child$（左下）、$x.right\text{-}sibling$（右下）。本圖未展示 key 屬性。

樹的其他表示法

我們有時會用其他的方法來表示有根樹。例如我們在第 6 章介紹了堆積，它是基於完整二元樹的資料結構，通常使用單一陣列來表示，並使用一個屬性來指出堆積的最後一個節點的索引。第 19 章的樹只朝著根節點遍歷，所以只有父指標，沒有指向子節點的指標。此外還有許多其他方法。最佳方法取決於具體用途。

習題

10.3-1

畫出以索引 6 為根節點，並以下列屬性來表示的二元樹：

索引	key	left	right
1	17	8	9
2	14	NIL	NIL
3	12	NIL	NIL
4	20	10	NIL
5	33	2	NIL
6	15	1	4
7	28	NIL	NIL
8	22	NIL	NIL
9	13	3	7
10	25	NIL	5

10.3-2

寫一個 $O(n)$ 時間的遞迴程序，當它收到 n 個節點的二元樹之後，會印出樹中每個節點的鍵。

10.3-3

寫一個 $O(n)$ 時間的非遞迴程序，當它收到 n 個節點的二元樹之後，會印出樹中每個節點的鍵。使用堆疊作為輔助資料結構。

10.3-4

寫一個 $O(n)$ 時間的程序，讓它印出具有 n 個節點的任意有根樹的所有鍵，樹是用左子節點、右同層節點表示法來儲存的。

★ 10.3-5

寫一個 $O(n)$ 時間的非遞迴程序，當它收到一個有 n 個節點的二元樹時，可印出每個節點的鍵。除了樹本身的空間之外，不要使用超過固定數量的額外空間，而且不要在過程中修改樹，即使是暫時性的修改。

★ 10.3-6

任意有根樹的左子節點、右同層節點表示法在每個節點裡使用三個指標：*left-child*、*right-sibling* 與 p。你可以從任何節點用固定時間來存取它的父節點，也可以用與它的子節點數量成線性關係的時間來存取它的所有子節點。說明如何在每個節點 x 中只用兩個指標和一個布林值，來讓存取 x 的父節點或 x 的所有子節點的時間，與 x 的子節點數量成線性關係。

挑戰

10-1 比較串列

對於下表中的四種不同的串列而言，各種動態集合操作的漸進最壞情況執行時間為何？

	未排序 單鏈接	已排序 單鏈接	未排序 雙鏈接	已排序 雙鏈接
SEARCH				
INSERT				
DELETE				
SUCCESSOR				
PREDECESSOR				
MINIMUM				
MAXIMUM				

10-2 使用鏈接串列來製作可合併堆積

可合併堆積支援以下操作：MAKE-HEAP（建立一個空的可合併堆積）、INSERT、MINIMUM、EXTRACT-MIN 與 UNION[1]。

---

[1] 因為我們定義可合併堆積支援 MINIMUM 與 EXTRACT-MIN，所以它可以稱為可合併最小堆積。或者，如果它支援 MAXIMUM 與 EXTRACT-MAX，它是可合併最大堆積。

說明如何在以下的情況下,使用鏈接串列來實作可合併堆積。試著讓每一種操作都盡可能地高效。分析每一項操作的執行時間,用被操作的動態集合大小來分析。

a. 串列已排序。

b. 串列未排序。

c. 串列未排序,所合併的動態集合是不相交的。

10-3 搜尋已排序的緊湊串列

我們可以用兩個陣列來表示一個單鏈接串列,陣列為 *key* 與 *next*。給定元素索引 i,它的值被存放在 *key*[i] 裡,它的下一個元素的索引是 *next*[i],最後一個元素的 *next*[i] = NIL。我們也需要串列第一個元素的索引 *head*。如果 n 個元素的串列以這種方式儲存,而且只被儲存在 *key* 與 *next* 陣列的位置 1 到 n,它就是**緊湊的**。

假設所有鍵都不同,而且緊湊串列也被排序好了。也就是 *key*[i] < *key*[*next*[i]],其中 $i = 1, 2, …, n$ 滿足 *next*[i] ≠ NIL。在這些假設下,你將證明隨機演算法 COMPACT-LIST-SEARCH 以 $O(\sqrt{n})$ 期望時間在串列中尋找鍵 k。

COMPACT-LIST-SEARCH(*key*, *next*, *head*, n, k)
1 i = *head*
2 **while** i ≠ NIL **and** *key*[i] < k
3   j = RANDOM(1, n)
4   **if** *key*[i] < *key*[j] **and** *key*[j] ≤ k
5   i = j
6   **if** *key*[i] == k
7   **return** i
8   i = *next*[i]
9 **if** i == NIL **or** *key*[i] > k
10   **return** NIL
11 **else return** i

忽略程序的第 3~7 行的話,它是一個搜尋已排序鏈接串列的普通演算法,其中,索引 i 依序指向串列的各個位置。當索引 i「掉出」串列的結尾,或是當 *key*[i] ≥ k 時,搜尋終止。在第二種情況下,如果 *key*[i] = k,代表程序已經找到值為 k 的鍵了。但是,如果 *key*[i] > k,那麼搜尋永遠無法找到值為 k 的鍵,所以終止搜尋是正確的動作。

第 3~7 行試著向前跳到一個隨機選擇的位置 j。如果 $key[j]$ 大於 $key[i]$ 而且不大於 k，這樣跳是有幫助的。在這種情況下，j 標記了在普通串列搜尋期間 i 會到達的串列位置。因為串列是緊湊的，我們知道在 1 與 n 之間的任何 j 都指向串列的某個元素。

我們不直接分析 COMPACT-LIST-SEARCH 的性能，而是分析一個相關的演算法，COMPACT-LIST-SEARCH′，它會執行兩個獨立的迴圈。這個演算法需要一個額外的參數 t，以設定第一個迴圈的迭代次數上限。

COMPACT-LIST-SEARCH′($key, next, head, n, k, t$)
```
1   i = head
2   for q = 1 to t
3       j = RANDOM(1, n)
4       if key[i] < key[j] and key[j] ≤ k
5           i = j
6           if key[i] == k
7               return i
8   while i ≠ NIL and key[i] < k
9       i = next[i]
10  if i == NIL or key[i] > k
11      return NIL
12  else return i
```

為了比較兩種演算法的執行情況，我們假設兩種演算法對 RANDOM(1, n) 發出一系列呼叫可產生相同的整數序列。

a. 證明對於任意 t 值，COMPACT-LIST-SEARCH($key, next, head, n, k$) 與 COMPACT-LIST-SEARCH′ ($key, next, head, n, k, t$) 會回傳相同的結果，而且在 COMPACT-LIST-SEARCH 的 2~8 行的 **while** 迴圈的迭代次數最多是 COMPACT-LIST-SEARCH′ 的 **for** 與 **while** 迴圈兩者的迭代總次數。

在呼叫 COMPACT-LIST-SEARCH′($key, next, head, n, k, t$) 時，設 X_t 是隨機變數，代表在第 2~7 行的 **for** 迴圈迭代了 t 次之後，在鏈接串列中從位置 i 到鍵 k 的距離（透過一連串的 *next* 指標）。

- **b.** 證明 COMPACT-LIST-SEARCH'(*key, next, head, n, k, t*) 的期望執行時間是 $O(t + \mathrm{E}[X_t])$。
- **c.** 證明 $\mathrm{E}[X_t] = \sum_{r=1}^{n} (1 - r/n)^t$（提示：使用第 1149 頁的式 (C.28)）。
- **d.** 證明 $\sum_{r=0}^{n-1} r^t \leq n^{t+1}/(t+1)$（提示：使用第 1107 頁的不等式 (A.18)）。
- **e.** 證明 $\mathrm{E}[X_t] \leq n/(t+1)$。
- **f.** 證明 COMPACT-LIST-SEARCH'(*key, next, head, n, k, t*) 的期望執行時間是 $O(t + n/t)$。
- **g.** 得出結論：COMPACT-LIST-SEARCH 的期望執行時間是 $O(\sqrt{n})$。
- **h.** 為什麼要假設在 COMPACT-LIST-SEARCH 裡的所有鍵都是不同的？證明當串列有重複的鍵值時，隨機跳躍不一定有漸近性的幫助。

後記

Aho、Hopcroft 與 Ullman [6] 和 Knuth [259] 是基本資料結構的優良參考文獻。此外有許多其他文獻既探討基本的資料結構，也說明它們在特定語言中的實作，這類書籍包括 Goodrich 和 Tamassia [196]、Main [311]、Shaffer [406] 和 Weiss [452, 453, 454]。Gonnet 和 Baeza-Yates 的著作 [193] 提供了關於許多資料結構操作性能的實驗數據。

將堆疊和佇列當成計算機科學中的資料結構的起源不明，因為在出現數位計算機之前，相應的概念已經可見於數學和紙質商業實踐中。Knuth [259] 指出 A. M. Turing 在 1947 年開發堆疊來處理子程序連接。

採用指標的資料結構似乎也是來自民間的發明。根據 Knuth 的說法，使用鼓形儲存體的早期計算機顯然已經開始使用指標了。G. M. Hopper 在 1951 年開發的 A-1 語言用二元樹來表示代數公式。Knuth 認為由 A. Newell、J. C. Shaw 和 H. A. Simon 於 1956 年開發的 IPL-II 語言意識到指標的重要性，並促進了指標的使用。他們在 1957 年開發的 IPL-III 語言具備明確的堆疊操作。

11 雜湊表

許多應用程式需要僅支援字典操作 INSERT、SEARCH 和 DELETE 的動態集合。例如，翻譯程式語言的編譯器可能維護一個符號表，其元素的鍵是任意的字串，相當於語言中的識別符。雜湊是實作字典的高效資料結構。儘管在雜湊表中搜尋一個元素的時間，與在鏈接串列中搜尋一個元素的時間一樣長，在最壞的情況下是 $\Theta(n)$，但在實務上，雜湊的表現非常好。合理的假設下，在雜湊表中搜尋一個元素的平均時間是 $O(1)$。事實上，Python 的內建字典是用雜湊表來實作的。

雜湊表擴展了普通陣列的簡單概念，直接對普通陣列進行定址，利用 $O(1)$ 存取時間來存取任何陣列元素。第 11.1 節會更詳細地討論直接定址。為了使用直接定址，你必須配置一個陣列來儲存每一個可能的鍵的位置。

當實際儲存的鍵比可能的鍵還要少時，雜湊表就是直接定址陣列的高效選項，因為雜湊表使用的陣列的大小通常與實際儲存多少鍵成正比。我們不會直接使用鍵作為陣列索引，而是用鍵來計算陣列索引。第 11.2 節會介紹主要概念，重點是用「chaining（鏈接）」來處理「碰撞」，也就是讓一個以上的鍵對映到同一個陣列索引。第 11.3 節介紹如何使用雜湊函數與鍵來計算陣列索引。我們將提出並分析基本主題的幾種變化。第 11.4 節會探討「開放定址」，這是另一種處理碰撞的方法。總之，雜湊是極其高效且實用的技術：基本的字典操作平均只需要 $O(1)$ 時間。第 11.5 節討論現代計算機系統的分層儲存系統，並說明如何設計能夠在這種系統中妥善運作的雜湊表。

11.1 直接定址表

直接定址是一種簡單的技術，當鍵域 U 很小的時候，它的效果很好。假設有一個應用程式需要一個動態集合，它的每一個元素都有一個從鍵域 $U = \{0, 1, \ldots, m-1\}$ 中取得的唯一鍵，其中 m 不太大。

為了表示動態集合，你可以使用一個陣列，或**直接定址表**，以 $T[0:m-1]$ 表示，其中的每一個位置，或**槽位**（*slot*）都對映鍵域 U 裡的一個鍵，圖 11.1 說明這種方法。k 槽指向集合中鍵為 k 的一個元素。如果集合沒有鍵為 k 的元素，那麼 $T[k] = $ NIL。

下面的字典操作 DIRECT-ADDRESS-SEARCH、DIRECT-ADDRESS-INSERT 和 DIRECT-ADDRESS-DELETE 很容易實作，它們都只花費 $O(1)$ 時間。

對某些應用而言，直接定址表本身就可以容納動態集合中的元素了。也就是說，我們不需要將元素的鍵和衛星資料存放在直接定址表之外的物件裡，並用一個指標從表中的槽位指向該物件，我們只需要將物件直接儲存在槽位中，以節省空間。空槽必須用一個特殊鍵來表示。話說回來，為什麼要儲存物件的鍵？畢竟物件的索引<u>就是</u>它的鍵了！當然可以，但如此一來，你就要設法判斷槽是不是空的

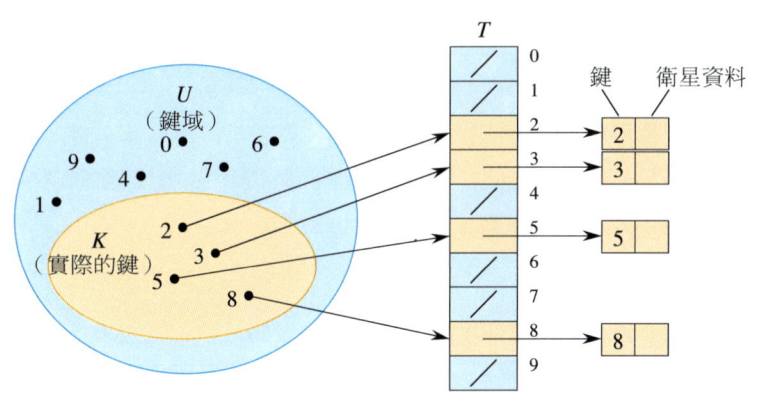

圖 11.1 如何用直接定址表 T 來實作動態集合。在域 $U = \{0, 1, ..., 9\}$ 裡的每個鍵都對映至表的一個索引。實際鍵的集合 $K = \{2, 3, 5, 8\}$ 決定了表的哪些槽位儲存元素指標。其他槽位（有 / 的）的內容是 NIL。

DIRECT-ADDRESS-SEARCH(T, k)
1   **return** $T[k]$

DIRECT-ADDRESS-INSERT(T, x)
1   $T[x.key] = x$

DIRECT-ADDRESS-DELETE(T, x)
1   $T[x.key] = \text{NIL}$

習題

11.1-1
有一個動態集合 S 是用一個長度為 m 的直接定址表 T 來表示的。寫出一個能夠找到 S 的最大元素的程序。

11.1-2
位元向量是以位元（每一個都是 0 或 1）組成的陣列。一個長度為 m 的位元向量占用的空間，比一個用 m 個指標組成的陣列小得多。說明如何用一個位元向量來表示一個取自集合 $\{0, 1, ..., m-1\}$ 的不同元素的動態集合，它沒有衛星資料。字典操作應以 $O(1)$ 時間執行。

11.1-3
說明如何實作一個直接定址表，它儲存的元素鍵不要求互不相同，元素可以擁有衛星資料。全部的三種字典操作（INSERT、DELETE 和 SEARCH）都要在 $O(1)$ 時間內執行（別忘了，DELETE 接收一個指向想刪除的物件的指標作為參數，而不是一個鍵）。

★ 11.1-4
假設你要在一個巨大的陣列上使用直接定址來實作字典。也就是說，如果陣列的大小是 m，而且字典在任何時候最多有 n 個元素，那麼 $m \gg n$。在一開始，陣列的項目可能存有垃圾，而且考慮到大小，將整個陣列初始化是不切實際的想法。寫出一個用巨大的陣列來實作直接定址字典的方案。儲存每一個物件應使用 $O(1)$ 空間，操作 SEARCH、INSERT 和 DELETE 應各自花費 $O(1)$ 時間，初始化資料結構應花費 $O(1)$ 時間（**提示**：使用一個額外的陣列，將它當成類似堆疊的空間，其大小是字典實際儲存的鍵的數量，以協助釐清巨大陣列中的特定項目是否有效）。

11.2 雜湊表

直接定址的缺點很明顯：如果鍵域 U 很大或無限大，考慮到一般計算機可用的記憶體，儲存一個大小為 $|U|$ 的表 T 可能不切實際，甚至不可能做到。此外，**實際儲存**的鍵集合 K 可能比 U 小很多，以致於為 T 配置的空間大部分都被浪費了。

當儲存在字典裡的鍵集合 K 比鍵域 U 小得多時，雜湊表的儲存空間比直接定址表少很多。具體來說，儲存需求會降至 $\Theta(|K|)$，在雜湊表中搜尋一個元素仍然只需要 $O(1)$ 的時間。問題是，這個界限是**平均情況時間**的[1]，但這個時間是直接定址的**最壞情況時間**。

在使用直接定址時，我們將鍵為 k 的元素儲存在 k 槽，但是在使用雜湊時，我們使用**雜湊函數** h 和鍵 k 來計算槽號，所以元素被放在 $h(k)$ 槽。雜湊函數 h 將鍵域 U 對映到**雜湊表** $T[0:m-1]$ 的槽中：

$$h : U \to \{0, 1, \ldots, m-1\}$$

其中雜湊表的大小 m 通常遠小於 $|U|$。我們說這個動作是將鍵為 k 的元素 *hash*[譯註] 到槽 $h(k)$，且 $h(k)$ 是鍵 k 的**雜湊值**。圖 11.2 說明這個基本概念。雜湊函數減少了陣列索引的範圍，進而減少了陣列的大小。陣列的大小可能是 $|U|$，而不是 m。$h(k) = k \bmod m$ 是一種簡單但不是很好的雜湊函數案例。

雜湊有一個小問題：兩個鍵可能會被 hash 到同一個槽。我們將這種情況稱為**碰撞**（*collision*）。幸運的是，我們可以用一些有效的技術來處理碰撞導致的衝突。

當然，理想的解決方案是完全避免碰撞。我們可以試著選擇一個合適的雜湊函數 h 來實現這個目標。有一種想法是讓 h 看起來是「隨機的」，進而避免碰撞，或盡量降低碰撞次數。「雜湊（hash）」令人想起隨機切割與混合的畫面，貼切地傳達了這種方法的精神（當然，雜湊函數 h 必須是確定性的，也就是說，特定的輸入 k 必定產生相同的輸出 $h(k)$）。然而，由於 $|U| > m$，所以一定至少會有兩個鍵有相同的雜湊值，不可能完全避免碰撞。因此，雖然精心設計的、看似「隨機」的雜湊函數可以減少碰撞次數，但我們仍然要設法處理發生碰撞的情況。

---

1 「平均情況」的定義需要謹慎處理—我們是在假設鍵的輸入分布，還是雜湊函數本身的隨機選擇？我們將考慮這兩種方法，但會將重點放在使用隨機選擇的雜湊函數上。

譯註 為了方便理解，本書以 hash 來代表動詞的「雜湊」。

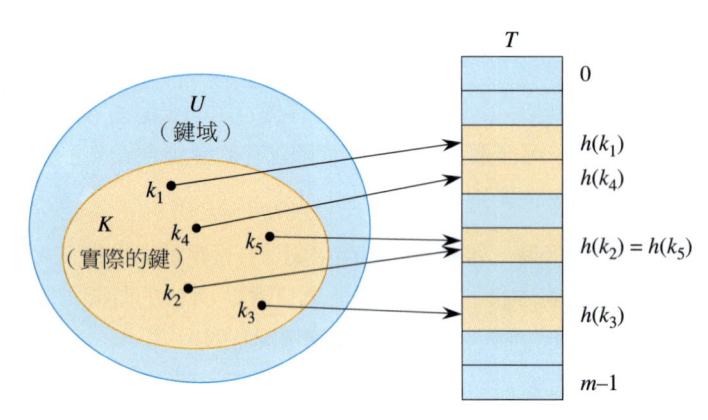

圖 11.2 使用雜湊函數 h 來將鍵對映到雜湊表的槽位。因為鍵 k_2 與 k_5 對映到同一個槽位，所以它們碰撞了。

本節其餘部分將先介紹「獨立均勻雜湊化」的定義，它貼切地描述了「雜湊函數是『隨機的』」是什麼意思。接下來要介紹並分析最簡單的碰撞解決技術，稱為 chaining。第 11.4 節會介紹另一種解決碰撞的方法，稱為開放定址。

獨立均勻雜湊化

「理想的」雜湊函數 h 在處理鍵域 U 中的每個可能的輸入 k 之後都會產生一個輸出 $h(k)$，它是一個從 $\{0, 1, ..., m-1\}$ 範圍內均勻隨機且獨立選擇的元素。當值 $h(k)$ 被隨機選出之後，使用相同的輸入 k 來呼叫 h 都會產生相同的輸出 $h(k)$。我們把這種理想的雜湊函數稱為獨立均勻雜湊函數。這種函數通常也被稱為隨機預言機（*random oracle*）[43]。用獨立均勻雜湊函數來實作雜湊表就是在進行獨立均勻雜湊化。

獨立均勻雜湊化是理想的理論抽象，實際上無法合理地實現。儘管如此，我們接下來要在獨立均勻雜湊化的假設下分析雜湊效率，然後提出接近這個理想的實用方法。

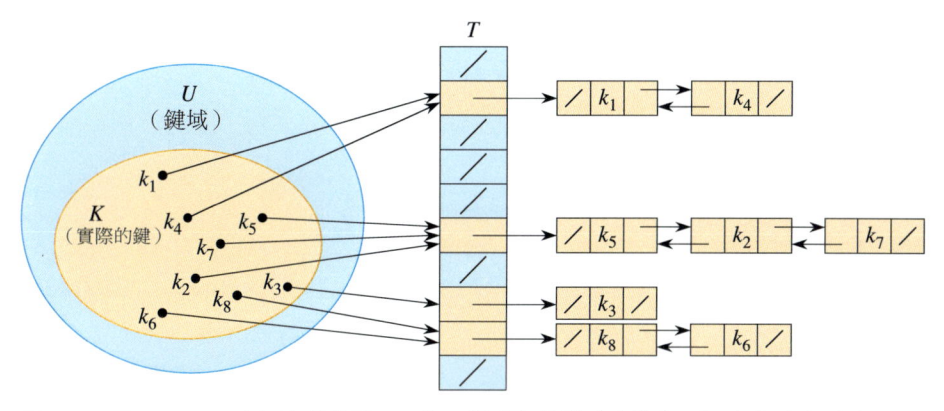

圖 11.3 用 chaining 來解決碰撞問題。每一個非空的雜湊表槽位 $T[j]$ 都指向雜湊值為 j 的所有鍵的鏈接串列。例如，$h(k_1) = h(k_4)$ 且 $h(k_5) = h(k_2) = h(k_7)$。列表可以是單鏈的，也可以是雙鏈的。圖中是雙鏈，之所以展示它，是因為讓刪除程序知道要刪除的串列元素是哪個（而不僅僅是鍵是哪個），可以加快刪除速度。

用 chaining 來處理碰撞

在高層次上，你可以將 chaining 雜湊視為是一種非遞迴的分治法：將 n 個元素的集合隨機分成 m 個子集合，每個子集合的大小接近 n/m。元素屬於哪個子集合是用雜湊函數來決定的，每一個子集合都用一個串列來獨立管理。

圖 11.3 展示了 *chaining* 背後的想法：每一個非空槽都指向一個鏈接串列，被 hash 到同一槽的元素都會被放入該槽的鏈接串列。在 j 槽裡面有一個指標，指向雜湊值為 j 的元素串列頭，如果沒有這種元素，j 槽就儲存 NIL。

用 chaining 來處理碰撞後，字典操作就很容易實作了。它們在下一頁，使用第 10.2 節中的鏈接串列程序。插入程序的最壞情況執行時間是 $O(1)$。插入程序之所以快速，部分原因是因為它假設被插入的元素 x 在表中還不存在。為了執行這個假設，你可以在插入前搜尋（需要額外成本）鍵為 $x.key$ 的元素。搜尋的最壞情況執行時間與串列的長度成正比（接下來會更仔細地分析這個操作）。如果串列是雙鏈的，如圖 11.3 所示，那麼進行刪除需要 $O(1)$ 的時間（由於 CHAINED-HASH-DELETE 接收元素 x 而不是它的鍵 k，所以不需要搜尋。如果雜湊表支援刪除，那麼它的鏈接串列應該做成雙鏈，以便快速刪除一個項目。如果串列只是單鏈的，那麼根據習題 10.2-1，刪除的時間可能與串列的長度成正比。單鏈鏈接串列的刪除和搜尋操作有相同的漸近執行時間）。

CHAINED-HASH-INSERT(T, x)
1 LIST-PREPEND(T[h(x.key)], x)

CHAINED-HASH-SEARCH(T, k)
1 **return** LIST-SEARCH(T[h(k)], k)

CHAINED-HASH-DELETE(T, x)
1 LIST-DELETE(T[h(x.key)], x)

分析 chaining 雜湊

chaining 雜湊的性能如何？尤其是，用特定的鍵來搜尋一個元素需要多久？

有一個雜湊表 T，它有 m 槽，儲存 n 個元素，我們將 T 的**負載率** α 定義成 n/m，也就是一條串列平均儲存多少元素。我們將用 α 來分析，它可能小於、等於或大於 1。

chaining 雜湊在最壞情況下的行為很糟糕：全部的 n 個鍵都被 hash 到同一槽，形成一個長度為 n 的串列。因此，搜尋的最壞情況時間是 $\Theta(n)$ 加上計算雜湊函數的時間，這不會比使用一個鏈接串列來儲存所有元素更好。我們顯然不是因為這個最壞情況性能而使用雜湊表。

雜湊的平均情況性能取決於雜湊函數 h 在平均情況下（這是指將要 hash 的鍵的分布，以及雜湊函數的選擇，如果雜湊函數是隨機選擇的話），如何將待儲存的鍵分配到 m 個槽位中。第 11.3 節會討論這些問題，但現在我們假設任何元素都有同樣的機率被 hash 到任何一槽中，也就是說，雜湊函數是**均勻的**。我們進一步假設，特定的元素被 hash 到哪裡與任何其他元素被 hash 到哪裡**無關**。換句話說，我們假設使用**獨立均勻雜湊化**。

因為不同鍵的雜湊值是獨立的，獨立均勻雜湊化是**全域性的**（*universal*）：任何兩個不同的鍵 k_1 和 k_2 碰撞的機會最多是 $1/m$。全域性在進行分析時很重要，也在雜湊函數的全域性族群的規範中扮演關鍵的角色，這將在第 11.3.2 節中討論。

設 n_j 為串列 $T[j]$ 的長度，其中 $j = 0, 1, \ldots, m-1$，所以

$$n = n_0 + n_1 + \cdots + n_{m-1} \tag{11.1}$$

n_j 的期望值是 $\mathrm{E}[n_j] = \alpha = n/m$。

我們假設計算雜湊值 $h(k)$ 的時間是 $O(1)$，所以搜尋一個鍵為 k 的元素的時間與串列 $T[h(k)]$ 的長度 $n_{h(k)}$ 成線性關係。撇開計算雜湊函數和存取槽 $h(k)$ 所需的 $O(1)$ 時間不談，我們將考慮搜尋演算法檢查的元素期望數量，也就是演算法為了確認有沒有鍵等於 k，而在串列 $T[h(k)]$ 中檢查的元素數量。我們考慮兩種情況。第一種情況，搜尋不成功，表中沒有元素帶有鍵 k。第二種情況，搜尋成功地找到一個帶有鍵 k 的元素。

定理 11.1

在使用 chaining 來處理碰撞的雜湊表中，在獨立均勻雜湊化的假設下，一次不成功的搜尋平均需要 $\Theta(1 + \alpha)$ 時間。

證明 在獨立均勻雜湊化的假設下，任何尚未儲存在表中的鍵 k 都有相同的機率被 hash 到 m 個槽的任何一個裡。搜尋鍵 k 不成功的期望時間是搜尋至串列 $T[h(k)]$ 結尾的期望時間，它的期望長度是 $\mathrm{E}[n_{h(k)}] = \alpha$。因此，不成功的搜尋所檢查的元素期望數量是 α，需要的時間總共是（包括計算 $h(k)$ 的時間）$\Theta(1 + \alpha)$。 ∎

成功搜尋的情況略有不同。不成功的搜尋有相同的機率前往雜湊表的任何槽位。然而，成功的搜尋不會前往空槽，因為它在尋找被儲存在其中一個鏈接串列中的元素。我們假設被搜尋的元素有相同的機率是表中的任何一個元素，因此，串列越長，搜尋所尋找的元素越有可能是它的元素之一。即使如此，期望搜尋時間仍然是 $\Theta(1 + \alpha)$。

定理 11.2

在一個用 chaining 來處理碰撞的雜湊表中，在獨立均勻雜湊化的假設下，一次成功的搜尋平均需要 $\Theta(1 + \alpha)$ 時間。

證明 假設被搜尋的元素有相同的機率是表中的 n 個元素之中的任何一個。在成功搜尋元素 x 的過程中，被檢查的元素數量比在 x 所屬的串列中位於 x 之前的元素數量多 1。因為新元素會被放在串列的前面，在 x 之前的串列元素都是在 x 被插入之後插入的。設 x_i 是第 i 個被插入表中的元素，其中 $i = 1, 2, \ldots, n$，並設 $k_i = x_i.key$。

我們的分析將廣泛使用指標隨機變數。對於表中的每一槽 q，以及每對不同的鍵 k_i 和 k_j，我們定義指標隨機變數

$X_{ijq} = \mathrm{I}\{$ 要搜尋的是 x_i，$h(k_i) = q$，且 $h(k_j) = q\}$。

也就是說，如果 k_i 與 k_j 在 q 槽碰撞，而且我們要搜尋的元素是 x_i，那麼 $X_{ijq} = 1$。因為 $\Pr\{$ 要搜尋的是 $x_i\} = 1/n$，$\Pr\{h(k_i) = q\} = 1/m$，$\Pr\{h(k_j) = q\} = 1/m$，且這些事件是互相獨立的，我們得到 $\Pr\{X_{ijq} = 1\} = 1/nm^2$。第 124 頁的引理 5.1 指出 $\mathrm{E}[X_{ijq}] = 1/nm^2$。

接下來，對於每個元素 x_j，我們定義指標隨機變數

$Y_j = \mathrm{I}\{x_j\ 出現在所搜尋的元素之前的串列中\ \}$
$= \sum_{q=0}^{m-1} \sum_{i=1}^{j-1} X_{ijq}$

因為等於 1 的 X_{ijq} 最多只有一個，也就是當被搜尋的元素 x_i 與 x_j 在同一個串列裡（q 槽所指的），並且 $i < j$（因此在串列裡 x_i 在 x_j 後面）時。

我們的最後一個隨機變數是 Z，它計算在串列裡，被搜尋的元素前面有多少個元素：

$$Z = \sum_{j=1}^{n} Y_j$$

因為我們必須計算被搜尋的元素以及它前面的所有元素，所以我們想要計算 $\mathrm{E}[Z+1]$。利用期望的線性性質（第 1148 頁的式 (C.24)）可得

$$\begin{aligned}
\mathrm{E}[Z+1] &= \mathrm{E}\left[1 + \sum_{j=1}^{n} Y_j\right] \\
&= 1 + \mathrm{E}\left[\sum_{j=1}^{n} \sum_{q=0}^{m-1} \sum_{i=1}^{j-1} X_{ijq}\right] \\
&= 1 + \mathrm{E}\left[\sum_{q=0}^{m-1} \sum_{j=1}^{n} \sum_{i=1}^{j-1} X_{ijq}\right] \\
&= 1 + \sum_{q=0}^{m-1} \sum_{j=1}^{n} \sum_{i=1}^{j-1} \mathrm{E}[X_{ijq}] \quad \text{（根據期望的線性性質）} \\
&= 1 + \sum_{q=0}^{m-1} \sum_{j=1}^{n} \sum_{i=1}^{j-1} \frac{1}{nm^2} \\
&= 1 + m \cdot \frac{n(n-1)}{2} \cdot \frac{1}{nm^2} \quad \text{（用第 1097 頁的式 (A.2) 得出）} \\
&= 1 + \frac{n-1}{2m} \\
&= 1 + \frac{n}{2m} - \frac{1}{2m} \\
&= 1 + \frac{\alpha}{2} - \frac{\alpha}{2n}
\end{aligned}$$

因此，一次成功搜尋需要的時間總共是 $\Theta(2 + \alpha/2 - \alpha/2n) = \Theta(1 + \alpha)$（包括計算雜湊函數的時間）。∎

這個分析意味著什麼？如果表中的元素數量最多與雜湊表的槽數成正比，我們得到 $n = O(m)$，因此，$\alpha = n/m = O(m)/m = O(1)$。所以，搜尋的平均時間是固定的。由於插入的最壞情況時間是 $O(1)$，刪除的最壞情況時間是 $O(1)$，當串列是雙鏈時（假設要刪除的串列元素是已知的，而不僅僅是它的鍵），我們平均可以在 $O(1)$ 時間內支援所有字典操作。

在前面的兩個定理中的分析只取決於獨立均勻雜湊化的兩個基本特性：均勻性（每個鍵都有相同的機率被 hash 到 m 個槽中的任何一個）和獨立性（因此，任何兩個不同的鍵發生碰撞的機率是 $1/m$）。

習題

11.2-1
你用一個雜湊函數 h 來將 n 個不同的鍵 hash 到一個長度為 m 的陣列 T 裡。假設雜湊化是獨立均勻的，那麼碰撞的期望次數是多少？更準確地說，$\{\{k_1, k_2\}: k_1 \neq k_2 \text{ 且 } h(k_1) = h(k_2)\}$ 的期望基數是多少？

11.2-2
考慮有 9 個槽的雜湊表和雜湊函數 $h(k) = k \bmod 9$。展示插入鍵 5, 28, 19, 15, 20, 33, 12, 17, 10 之後會怎樣？用 chaining 來處理碰撞。

11.2-3
Marley 教授臆測，他可以修改 chaining 方案來保持每個串列的排列順序，進而大幅提升性能。教授的修改對成功的搜尋、不成功的搜尋、插入和刪除的執行時間有何影響？

11.2-4
說明如何藉著建立「閒置串列」來為雜湊表裡的元素配置和釋出儲存空間，閒置串列是包含所有未使用的槽位的鏈接串列。假設一個槽位可以儲存一個旗標，以及一個元素加上一個指標，或兩個指標。所有的字典和閒置串列的操作應該在 $O(1)$ 期望時間內執行。閒置串列需要使用雙鏈嗎？還是使用單鏈就可以了？

11.2-5

你需要在一個大小為 m 的雜湊表中儲存 n 個鍵。證明如果鍵來自 U 域，$|U| > (n-1)m$，那麼 U 有一個大小為 n 的子集合，裡面的鍵都被 hash 到同一槽，使得 chaining 雜湊化的最壞情況搜尋時間是 $\Theta(n)$。

11.2-6

你在一個大小為 m 的雜湊表裡儲存了 n 個鍵，並且用 chaining 來解決碰撞，你知道每個串列的長度，包括最長串列的長度 L。寫出一個程序，在期望時間 $O(L \cdot (1 + 1/\alpha))$ 內，從雜湊表內均勻地隨機選擇一個鍵並回傳它。

11.3 雜湊函數

為了發揮好的雜湊化效果，我們需要好的雜湊函數，好的雜湊函數除了能夠高效地計算之外，還具有哪些特性？如何設計好的雜湊函數？

本節將透過兩種臨時性的雜湊函數建立法來回答這些問題，也就是除法雜湊化和乘法雜湊化。雖然這些方法對某些輸入鍵集合的效果很好，但它們的效果有限，因為它們試圖提供單一固定的雜湊函數來妥善地處理任何資料，這種方法稱為**靜態雜湊化**。

然後我們會看到，只要設計合適的雜湊函數**家族**，並在執行期從這個家族中隨機選擇一個雜湊函數，就可以獲得可證明的良好平均性能，無論被 hash 的資料是什麼。我們將探討的方法稱為隨機雜湊化。通用雜湊化是一種特殊的隨機雜湊化，它有很好的效果。正如我們在第 7 章看過的快速排序，隨機化是一種強大的演算法設計工具。

什麼是好的雜湊函數？

好的雜湊函數（幾乎）滿足獨立均勻雜湊化假設：每個鍵都有同樣的可能性被 hash 到 m 個槽的任何一個，與任何其他鍵被 hash 到哪裡無關。這裡的「同樣的可能性」是什麼意思？如果雜湊函數是固定的，那麼任何機率必定都基於輸入鍵的機率分布。

不幸的是，我們通常無法檢查這個條件，除非你碰巧知道鍵是從哪個機率分布中抽取的，而且，鍵可能不是獨立地抽取的。

有時你可能知道機率分布。例如，如果你知道鍵是獨立且均勻地分布在 $0 \leq k < 1$ 範圍內的隨機實數 k，那麼雜湊函數

$$h(k) = \lfloor km \rfloor$$

滿足獨立均勻雜湊化條件。

好的靜態雜湊化方法以一種與資料中的任何潛在模式無關的方式推導出雜湊值。例如，「除法法（division method）」（將在第 11.3.1 節討論）將鍵除以特定的質數產生的餘數當成雜湊值。如果你（以某種方式）選擇一個與鍵的任何分布模式無關的質數，這種方法可能會產生很好的結果。

第 11.3.2 節介紹的隨機雜湊從一個合適的雜湊函數家族中隨機挑選雜湊函數來使用。這種方法不需要知道關於輸入鍵的機率分布的任何資訊，因為實現良好平均情況行為所需的隨機化來自（已知的）從雜湊函數家族挑選雜湊函數的隨機程序，而不是來自（未知的）建立輸入鍵的程序。我們建議你使用隨機雜湊化。

鍵是整數、向量，或字串

在實務上，雜湊函數被設計來處理以下兩種類型的鍵之一：

- 短的非負整數，可放入一個 w-bit 的機器 word。典型的 w 值是 32 或 64。
- 非負整數的短向量，每一個都有有限的大小。例如，每個元素可能是一個 8 位元 byte，在這種情況下，向量通常被稱為（byte）字串。向量的長度可能是可變的。

首先，我們假設鍵是非負短整數。向量鍵處理起來比較複雜，我們將在第 11.3.5 與 11.5.2 節討論。

11.3.1 靜態雜湊化

靜態雜湊化使用單一的、固定的雜湊函數。唯一可以隨機化的是輸入鍵的分布（通常是未知的）。本節將討論靜態雜湊化的兩種標準方法：除法法（division method）與乘法法（multiplication method）。雖然我們不推薦採用靜態雜湊化，但乘法法為「非靜態」雜湊化（較好的名稱是隨機雜湊化）提供良好的基礎，非靜態雜湊化的雜湊函數是從一個合適的雜湊函數家族中隨機選擇的。

除法法

建立雜湊函數的除法法藉著取 k 除以 m 的餘數，來將鍵 k 對映到 m 個槽位。也就是說，雜湊函數是

$$h(k) = k \bmod m$$

例如，如果雜湊表的大小是 $m = 12$，鍵是 $k = 100$，那麼 $h(k) = 4$。因為用除法法來 hash 只需要做一次除法運算，所以它很快。

當 m 是一個不太接近 2 的某個次方的質數時，除法法可能產生良好的效果。但是，這種方法不保證提供良好的平均性能，而且它可能會讓應用程式更複雜，因為它限制了雜湊表的大小必須是質數。

乘法法

建立雜湊函數的一般乘法法有兩個步驟。將鍵 k 乘以常數 A，A 的範圍為 $0 < A < 1$，並提取 kA 的小數部分，然後將這個值乘以 m，並將結果向下取整。也就是說，雜湊函數是

$$h(k) = \lfloor m\,(kA \bmod 1) \rfloor$$

其中，「$kA \bmod 1$」的意思是 kA 的小數部分，也就是 $kA - \lfloor kA \rfloor$。一般乘法法的優點是，m 的值不是重點，你可以獨立地選擇它，與如何選擇乘法常數 A 無關。

乘法移位法

在實務上，乘法法最適合一種特殊情況：雜湊表的槽數 m 是 2 的次方，所以 $m = 2^\ell$，ℓ 為某個整數，其中 $\ell \leq w$，且 w 是一個機器 word 的位元數。如果你選擇一個固定的 w 位元的正整數 $a = A\,2^w$，其中 $0 < A < 1$，與乘法法一樣，使得 a 在 $0 < a < 2^w$ 的範圍內，你就可以用接下來的做法，在大多數計算機上實作該函數。我們假設鍵 k 可放入一個 w 位元的 word。

參考圖 11.4，我們先將 k 乘以 w 位元的整數 a，得到一個 $2w$ 位元的值 $r_1 2^w + r_0$，其中 r_1 是積的較高 w 位元 word，r_0 是積的較低 w 位元 word。我們要的 ℓ 位元雜湊值由 r_0 的最高 ℓ 個位元組成（因為忽略 r_1，雜湊函數可以在接收兩個 w 位元的輸入後，只能產生 w 位元積的計算機中實作，也就是說，它的乘法運算是計算 modulo 2^w）。

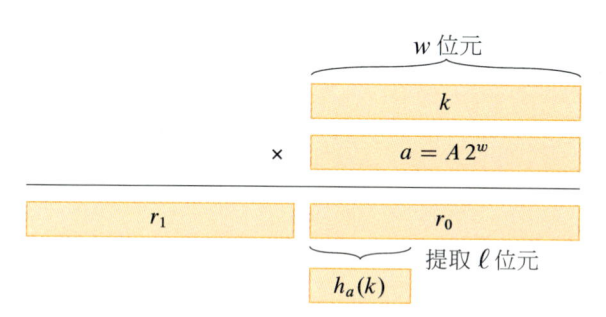

圖 11.4 用乘法移位法來計算雜湊函數。將鍵 k 的 w 位元表示法乘以 w 位元值 $a = A \cdot 2^w$。積的較低 w 位元的最高 ℓ 位元就是雜湊值 $h_a(k)$。

換句話說，我們定義雜湊函數 $h = h_a$，其中

$$h_a(k) = (ka \bmod 2^w) \gg (w - \ell) \tag{11.2}$$

對一個固定的非零 w 位元值 a 而言。因為兩個 w 位元的 word 的積 ka 占用 $2w$ 位元，對這個積取 modulo 2^w 會將較高的 w 位元（r_1）變成 0，只留下較低的 w 位元（r_0）。$\gg$ 運算子是指邏輯右移 $w - \ell$ 位元，將零填至左邊的空位，所以 r_0 的最高 ℓ 位元被移到最右邊的 ℓ 個位置（這與除以 $2^{w-\ell}$ 並對著結果向下取整一樣）。計算出來的值等於 r_0 的最高 ℓ 位元。雜湊函數 h_a 可以用三個機器指令實現：乘法、減法與邏輯右移。

舉個例子，設 $k = 123456$，$\ell = 14$，$m = 2^{14} = 16384$，$w = 32$。假設我們選擇 $a = 2654435769$（按照 Knuth [261] 的建議）。那麼 $ka = 327706022297664 = (76300 \cdot 2^{32}) + 17612864$，所以 $r_1 = 76300$，$r_0 = 17612864$。r_0 的最高 14 位元產生值 $h_a(k) = 67$。

儘管乘法移位法的速度很快，但它不保證提供良好的平均情況性能。下一節介紹的通用雜湊方法提供這個保證。乘法移位法有一種簡單的隨機化變體，平均而言可提供很好的表現，它會在程式開始時，隨機選擇一個奇數整數作為 a。

11.3.2 隨機雜湊化

如果你允許惡意的對手選擇供固定的雜湊函數 hash 的鍵，那位對手可能會選擇 n 個被 hash 到同一槽的鍵，導致 $\Theta(n)$ 的平均取得時間。任何靜態雜湊函數都很容易被這種可怕的最壞情況行為影響。改善這種情況的唯一有效方法就是**隨機**選擇雜湊函數，而且選擇的方法必須與實際儲存的鍵**無關**。這種方法稱為**隨機雜湊化**。這種方法有一個特例，稱為**通用雜湊化**，當你使用 chaining 來處理碰撞時，它可以產生可證明的良好性能，無論對手選擇哪些鍵。

若要使用隨機雜湊化，在程式開始執行時，你要從一個合適的函數家族中隨機選擇雜湊函數。與快速排序的情況一樣，隨機化可以保證沒有任何單一輸入總是引發最壞情況行為。因為雜湊函數是隨機選擇的，所以演算法在每次執行時都有不一樣的表現，即使是 hash 同一組鍵，這可保證良好的平均情況性能。

設 $\mathcal{H}$ 是一個數量有限的雜湊函數家族，它們可將鍵域 U 對映到範圍 $\{0, 1, ..., m-1\}$。當以下條件滿足時，這種家族稱為**通用的**（*universal*）：對於每一對不同的鍵 $k_1, k_2 \in U$，滿足 $h(k_1) = h(k_2)$ 的雜湊函數 $h \in \mathcal{H}$ 的數量最多是 $|\mathcal{H}|/m$ 個。換句話說，從 $\mathcal{H}$ 隨機選出雜湊函數來使用時，不相同的鍵 k_1 和 k_2 發生碰撞的機率不大於 $1/m$，假設 $h(k_1)$ 和 $h(k_2)$ 是從 $\{0, 1, ..., m-1\}$ 集合中隨機且獨立地選擇的。

獨立均勻雜湊化等於從 m^n 個雜湊函數的家族中均勻地隨機挑選一個雜湊函數，該家族的每個成員都以不同的方式將 n 個鍵對映到 m 個雜湊值。

每一個獨立均勻隨機雜湊函數家族都是通用的，但反過來說不一定成立：考慮 $U = \{0, 1, ..., m-1\}$，且家族中唯一的雜湊函數是恆等函數。兩個不同的鍵發生碰撞的機率是零，即使每個鍵都被 hash 成一個固定值。

用第 267 頁的定理 11.2 可以得出以下的推論：通用雜湊化可帶來預期的回報，對手不可能選出一系列的操作來造成最壞情況執行時間。

推論 11.3

在一個最初是空的、有 m 個槽的表裡，使用通用雜湊化和 chaining 的話，處理一系列 s 次的 INSERT、SEARCH 和 DELETE 操作，其中包含 $n = O(m)$ 次 INSERT 操作，需要 $\Theta(s)$ 的期望時間。

證明 INSERT 與 DELETE 操作花費常數時間。因為插入的次數是 $O(m)$，我們得到 $\alpha = O(1)$。此外，每次 SEARCH 操作的期望時間是 $O(1)$，這可以藉著觀察定理 11.2 的證明知道。該分析只根據碰撞機率，在該理論中，選擇獨立均勻雜湊函數來處理任何一對鍵 k_1, k_2 時，碰撞機率是 $1/m$。使用通用雜湊函數家族而不是使用獨立均勻雜湊函數可將碰撞的機率從 $1/m$ 變成最多 $1/m$。因此，根據期望的線性質，全部的 s 次操作的期望時間是 $O(s)$。因為每次操作都需要 $\Omega(1)$ 的時間，所以 $\Theta(s)$ 界限成立。 ∎

11.3.3 可實現的隨機雜湊特性

目前有豐富的文獻探討關於雜湊函數家族 $\mathcal{H}$ 可能具有的特性，以及它們與雜湊化效率的關係。我們在此整理幾個有趣的研究。

設 $\mathcal{H}$ 是一個雜湊函數家族，每個雜湊函數都有定義域 U 和值域 $\{0, 1, ..., m-1\}$，設 h 是從 $\mathcal{H}$ 中均勻隨機抽取的任何雜湊函數，上述的機率就是選到 h 的機率。

- 如果對於 U 裡的任何鍵 k 和 $\{0, 1, ..., m-1\}$ 範圍內的任何槽 q 而言，$h(k) = q$ 的機率是 $1/m$，那麼家族 $\mathcal{H}$ 是*均勻的*。

- 如果對於 U 裡的任何不同鍵 k_1 和 k_2 而言，$h(k_1) = h(k_2)$ 的機率最多是 $1/m$，那麼 $\mathcal{H}$ 家族是*通用的*。

- 如果對於 U 裡的任何不同鍵 k_1 和 k_2 而言，$h(k_1) = h(k_2)$ 的機率最多是 ϵ，那麼雜湊函數家族 $\mathcal{H}$ 是 *ϵ 通用的*。因此，通用的雜湊函數家族也是 $1/m$-通用 [2]。

- 如果對於 U 裡的任何不同鍵 $k_1, k_2, ..., k_d$ 和在 $\{0, 1, ..., m-1\}$ 中的任何不一定不相同的槽而言，$h(k_i) = q_i$，其中 $i = 1, 2, ..., d$ 的機率是 $1/m^d$ 的話，$\mathcal{H}$ 家族是 *d-獨立的*。

通用雜湊函數族特別引人關注，因為它們能夠為任何輸入資料組提供可證實有效的雜湊表操作，而且是最簡單的一種。它們可能還有許多其他有趣和令人滿意的特性，並可實現高效且專門的雜湊表操作。

---

[2] 在文獻裡，(c/m)-通用的雜湊函數有時會被稱為 c-通用或 c-近似通用。我們使用 (c/m)-通用這個說法。

11.3.4 設計通用的雜湊函數家族

本節介紹兩種設計通用（或 ϵ-通用）雜湊函數家族的方法：一種基於數論，另一種基於第 11.3.1 節介紹的乘法移位法的隨機化變體。第一種方法比較容易證明通用性，但第二種方法在實務上更新穎、更快速。

基於數論的通用雜湊函數家族

我們可以用一點點數論來設計一個通用的雜湊函數家族。如果你不熟悉數論的基本概念，不妨參考第 31 章。

首先，選擇一個足夠大的質數 p，使每一個可能的鍵 k 都在 0 到 $p-1$ 的範圍內，包含 $p-1$。假設 p 有「合理」的長度（見第 11.3.5 節討論處理長輸入鍵的方法，例如可變長度的字串）。設 $\mathbb{Z}_p$ 為集合 $\{0, 1, ..., p-1\}$，設 $\mathbb{Z}_p^*$ 為集合 $\{1, 2, ..., p-1\}$。因為 p 是質數，我們可以用第 31 章的方法來求解 $\bmod p$ 的方程式。因為鍵域的大小大於雜湊表的槽數（否則可以使用直接定址），我們得到 $p > m$。

對於任何 $a \in \mathbb{Z}_p^*$ 和任何 $b \in \mathbb{Z}_p$，我們將雜湊函數 h_{ab} 定義成一個仿射轉換，接著化簡 $\bmod p$，然後 $\bmod m$：

$$h_{ab}(k) = ((ak + b) \bmod p) \bmod m \tag{11.3}$$

例如，當 $p = 17$，$m = 6$ 時，可得

$$\begin{aligned} h_{3,4}(8) &= ((3 \cdot 8 + 4) \bmod 17) \bmod 6 \\ &= (28 \bmod 17) \bmod 6 \\ &= 11 \bmod 6 \\ &= 5 \end{aligned}$$

有了 p 和 m 後，包含所有這種雜湊函數的家族是

$$\mathcal{H}_{pm} = \{h_{ab} : a \in \mathbb{Z}_p^* \text{ and } b \in \mathbb{Z}_p\} \tag{11.4}$$

每一個雜湊函數 h_{ab} 都將 $\mathbb{Z}_p$ 對映至 $\mathbb{Z}_m$。這個雜湊函數家族有一個很好的特性，就是輸出範圍的大小 m（它也是雜湊表的大小）可以任意選擇，不需要是質數。因為你可以從 $p-1$ 個值中選擇 a，從 p 個值中選擇 b，所以 $\mathcal{H}_{pm}$ 家族有 $p(p-1)$ 個雜湊函數。

定理 11.4

用式 (11.3) 與 (11.4) 來定義的雜湊函數家族 $\mathcal{H}_{pm}$ 是通用的。

證明　考慮兩個取自 $\mathbb{Z}_p$ 的不同鍵 k_1 與 k_2，k_1 不等於 k_2。對於特定的雜湊函數 h_{ab}，設

$$r_1 = (ak_1 + b) \bmod p$$
$$r_2 = (ak_2 + b) \bmod p$$

我們首先注意到 r_1 不等於 r_2。為什麼？因為 $r_1 - r_2 \equiv a(k_1 - k_2) \pmod{p}$，所以 r_1 不等於 r_2，因為 p 是質數，且 a 與 $(k_1 - k_2)$ 都是非零 $\bmod\, p$。根據第 876 頁的定理 31.6，它們的積一定也是非零 $\bmod\, p$。因此，在計算任何 $h_{ab} \in \mathcal{H}_{pm}$ 時，不同的輸入 k_1 與 k_2 會對映到不同的值 r_1 與 r_2 $\bmod\, p$，在「$\bmod\, p$ 層面上」還沒有碰撞。此外，a 不等於 0 時，為 (a, b) 選擇的每一個可能的 $p(p-1)$ 都會產生**不同的** (r_1, r_2)，其中 r_1 不等於 r_2，因為我們可以用 r_1 與 r_2 算出 a 與 b：

$$a = \left((r_1 - r_2)((k_1 - k_2)^{-1} \bmod p)\right) \bmod p$$
$$b = (r_1 - ak_1) \bmod p$$

其中 $((k_1 - k_2)^{-1} \bmod p)$ 是 $k_1 - k_2$ 的倒數 $\bmod\, p$。對於 r_1 的 p 種值之中的每一個值而言，只有 $p-1$ 個可能的 r_2 值不等於 r_1，使得只有 $p(p-1)$ 對 (r_1, r_2) 中的 r_1 不等於 r_2。因此，在 a 不等於 0 且 r_1 不等於 r_2 的 (a, b) 和 (r_1, r_2) 這兩對之間有一對一的對應關係。因此，對任何一對不同的輸入 k_1 與 k_2 而言，如果我們從 $\mathbb{Z}_p^* \times \mathbb{Z}_p$ 均勻隨機選擇 (a, b)，產生的 (r_1, r_2) 是任何一對不同值 $\bmod\, p$ 的機率相同。

因此，當 r_1 與 r_2 是隨機選擇的不同值 $\bmod\, p$ 時，不同鍵 k_1 與 k_2 碰撞的機率等於 $r_1 \equiv r_2 \pmod{m}$ 的機率。對於一個特定的 r_1 值，在 r_2 的 $p-1$ 個可能的剩餘值中，滿足 r_2 不等於 r_1 且 $r_2 \equiv r_1 \pmod{m}$ 的 r_2 值數量頂多是

$$\left\lceil \frac{p}{m} \right\rceil - 1 \leq \frac{p + m - 1}{m} - 1 \quad \text{（根據第 58 頁的不等式 (3.7)）}$$
$$= \frac{p - 1}{m}$$

用 $\bmod\, m$ 來縮小範圍時，r_2 與 r_1 碰撞的機率最多是 $((p-1)/m)/(p-1) = 1/m$，因為 r_2 是 $\mathbb{Z}_p$ 中與 r_1 不同的 $p-1$ 個值中的任何一個的機率相同，但這些值中最多有 $(p-1)/m$ 個等同於 r_1 $\bmod\, m$。

因此，對於任何一對不同的值 $k_1, k_2 \in \mathbb{Z}_p$，

$$\Pr\{h_{ab}(k_1) = h_{ab}(k_2)\} \leq 1/m$$

所以 $\mathcal{H}_{pm}$ 是通用的。 ∎

基於乘法移位法的雜湊函數 *2/m*-通用家族

我們建議你在實務上使用以下的這個基於乘法移位法的雜湊函數家族。它的效率非常高，而且可以證明是 2/m-通用的（儘管我們省略了證明）。我們定義 $\mathcal{H}$ 是乘法移位雜湊函數家族，有一個奇數常數 a：

$$\mathcal{H} = \{h_a : a \text{ 是奇數}, 1 \leq a < m, \text{且 } h_a \text{ 是以式 (11.2) 定義的 }\} \tag{11.5}$$

定理 11.5

式 (11.5) 的雜湊函數家族 $\mathcal{H}$ 是 2/m-通用的。 ∎

換句話說，任何兩個不同的鍵發生碰撞的機率最多是 2/m。在許多實際情況下，與通用雜湊函數相比，更快的雜湊函數計算速度可以彌補兩個不同鍵碰撞的機率上限更高的情況。

11.3.5 將向量或字串等長輸入雜湊化

有時，雜湊函數的輸入太長了，以致於不容易 mod 一個合理大小的質數 p，或編碼成單一的 word（例如，64 位元的）。舉個例子，考慮向量的類別，例如 8 位元 bytes 的向量（許多程式語言的字串就是這樣儲存的）。向量可能有任意的非負長度，在這種情況下，雜湊函數的輸入的長度可能因不同的輸入而異。

數論的方法

要為可變長度的輸入設計良好的雜湊函數，有一個方法是擴展第 11.3.4 節使用的想法來設計通用雜湊函數。習題 11.3-6 將探討這種方法。

加密雜湊化

為可變長度的輸入設計好的雜湊函數的另一種方法是，使用加密應用領域的雜湊函數。**加密雜湊函數**是複雜的偽隨機函數，它是針對需要額外特性的應用領域而設計的，但它很強大、被廣泛實作，並可當成雜湊表的雜湊函數來使用。

加密雜湊函數接收一個任意 byte 的字串，回傳一個固定長度的輸出。例如，NIST 標準的確定性加密雜湊函數 SHA-256 [346] 可為任何輸入產生 256 位元（32 bytes）的輸出。

有一些晶片製造商在 CPU 架構中加入指令，以提供一些加密函數的快速實作。特別值得注意的是能夠有效實現高級加密標準（AES）輪數（rounds）的指令，即「AES-NI」指令。這些指令的執行時間是幾十奈秒，對雜湊表來說，這通常是夠快的速度。像 CBC-MAC 這種基於 AES 的訊息認證碼（MAC）以及 AES-NI 指令，可以當成有用且高效的雜湊函數。我們在此不進一步研究專門的指令集的潛在用途。

加密雜湊函數之所以有用，是因為它們提供了實現隨機預言機近似版本的方法。如前所述，隨機預言機相當於一個獨立均勻雜湊函數家族。從理論的角度來看，隨機預言機是一種無法實現的理想：它是一種確定性的函數，可為每一個輸入提供一個隨機選擇的輸出。因為它是確定性的，所以它再次收到相同的輸入必須產生相同的輸出。從實用的角度來看，用加密雜湊函數來建構雜湊函數家族是合理的隨機預言機替代方案。

將加密雜湊函數當作雜湊函數來使用的方法有很多種。例如，我們可以定義

$h(k) = \text{SHA-256}(k) \bmod m$

為了定義一個這種雜湊函數家族，我們可以在 hash 輸入之前，先在輸入的前面加上一個「鹽（salt）」a，例如

$h_a(k) = \text{SHA-256}(a \parallel k) \bmod m$

其中，$a \parallel k$ 代表這個字串是藉著串接字串 a 和 k 而成的。探討訊息驗證碼（MAC）的文獻提供了更多方法。

隨著計算機將記憶體規劃成不同容量和速度的階層，用加密領域的方法來設計的雜湊函數也越來越具實用性。第 11.5 節會討論一種基於 RC6 加密方法的雜湊函數設計。

習題

11.3-1
你想要搜尋一個長度為 n 的鏈接串列，其中每個元素都附帶一個鍵 k 和一個雜湊值 $h(k)$。每一個鍵都是一個長字元字串。如何利用雜湊值在串列中搜尋具有特定鍵的元素？

11.3-2
你把一個包含 r 個字元的字串 hash 入 m 個槽，做法是將它視為 radix-128 數字，再使用除法法。雖然你可以用一個 32 位元的計算機 word 來表示數字 m，但是將包含 r 個字元的字串當成 radix-128 數字來處理需要使用很多 word。如何利用除法法來計算字串的雜湊值，而不使用除了字串本身以外的固定數量的儲存空間？

11.3-3
考慮除法的一個版本，其中 $h(k) = k \bmod m$，$m = 2^p - 1$，k 是以 2^p 來解讀的字元字串。證明如果你可以藉著重新排列字串 x 的字元來將它轉換成字串 y，那麼 x 和 y 的雜湊值相同。舉一個應用實例，說明雜湊函數不應該有這種特性。

11.3-4
考慮一個大小為 $m = 1000$ 的雜湊表，和一個相應的雜湊函數 $h(k) = \lfloor m(kA \bmod 1) \rfloor$，其中 $A = (\sqrt{5} - 1)/2$。計算鍵 61、62、63、64 與 65 被對映到哪個位置。

★ 11.3-5
證明從有限集合 U 對映到有限集合 Q 的任何雜湊函數的 ϵ-通用家族 $\mathcal{H}$ 都有 $\epsilon \geq 1/|Q| - 1/|U|$。

★ 11.3-6
設 U 是從 $\mathbb{Z}_p$ 抽取的 d-tuple 集合，設 $Q = \mathbb{Z}_p$，其中 p 是質數。我們為一個取自 U 的輸入 d-tuple $\langle a_0, a_1, \ldots, a_{d-1} \rangle$，定義雜湊函數 $h_b: U \to Q$（其中 $b \in \mathbb{Z}_p$）為

$$h_b(\langle a_0, a_1, \ldots, a_{d-1} \rangle) = \left(\sum_{j=0}^{d-1} a_j b^j \right) \bmod p$$

並且設 $\mathcal{H} = \{h_b : b \in \mathbb{Z}_p\}$。證明 $\mathcal{H}$ 是 ϵ-通用，其中 $\epsilon = (d-1)/p$（提示：見習題 31.4-4）。

11.4 開放定址

本節介紹開放定址，這是一種解決碰撞問題的方法，但與 chaining 不一樣的是，它不會用到雜湊表之外的儲存空間。**開放定址**的所有元素都占用雜湊表本身。也就是說，表的每一個項目都儲存一個動態集合的元素或 NIL。開放定址與 chaining 不一樣，不會在表之外儲存任何串列或元素。因此，使用開放定址的雜湊表可能被「填滿」，無法再進行插入操作。這種特性有一種後果是，負載率 α 絕不會超過 1。

開放定址處理碰撞的方法如下：在將新元素插入表中時，可能的話，將它放置在它的「首選」位置。如果該位置已被占用，將它放在其「第二志願」位置。一直持續這個過程，直到找到一個可以放置新元素的空槽為止。不同的元素有不同的位置偏好順序。

若要搜尋一個元素，開放定址會系統性地檢查該元素的首選槽位，按照優先順序的遞減順序檢查，直到找到想要的元素，或找到一個空槽，進而確認該元素不在表中為止。

當然，你可以使用 chaining，將鏈接串列儲存在雜湊表的未用槽中（見習題 11.2-4），但是開放定址的優點是完全避免使用指標。你要計算將要檢查的槽位序列，而不是追蹤指標。不儲存指標而節省下來的記憶體可讓雜湊表用相同的記憶體空間來儲存大量的槽位，導致更少的碰撞次數和更快的檢索速度。

為了使用開放定址來進行插入，你要連續檢查或**探測**雜湊表，直到找到一個空槽來放置鍵為止。探測的順序不是固定的 $0, 1, \ldots, m-1$（這意味著 $\Theta(n)$ 搜尋時間），而是取決於被插入的鍵。為了確定要探測哪些槽，雜湊函數使用探測號碼（從 0 開始）作為第二個輸入。因此，雜湊函數變成

$$h : U \times \{0, 1, \ldots, m-1\} \to \{0, 1, \ldots, m-1\}$$

開放定址規定對於每個鍵 k，**探測順序** $\langle h(k, 0), h(k, 1), \ldots, h(k, m-1) \rangle$ 是 $\langle 0, 1, \ldots, m-1 \rangle$ 的排列，因此，在雜湊表填滿時，每個雜湊表位置都會被考慮當成新鍵的槽位。下一頁的 HASH-INSERT 程序假定雜湊表 T 中的元素是沒有衛星資訊的鍵：鍵 k 與包含鍵 k 的元素相同。每個槽都包含一個鍵或 NIL（如果槽是空的）。HASH-INSERT 程序的輸入是一個雜湊表 T 和一個假設不在雜湊表裡的鍵 k。它會回傳儲存鍵 k 的槽號，或因為雜湊表已經滿了，而發出錯誤。

HASH-INSERT(T, k)

1 $i = 0$
2 **repeat**
3      $q = h(k, i)$
4   **if** $T[q] ==$ NIL
5          $T[q] = k$
6   **return** q
7   **else** $i = i + 1$
8 **until** $i == m$
9 **error** "hash table overflow"

HASH-SEARCH(T, k)

1 $i = 0$
2 **repeat**
3      $q = h(k, i)$
4   **if** $T[q] == k$
5   **return** q
6      $i = i + 1$
7 **until** $T[q] ==$ NIL or $i == m$
8 **return** NIL

搜尋鍵 k 的演算法探測槽的順序與插入演算法在插入鍵 k 時檢查槽的順序相同。因此，搜尋操作可以在發現空槽時終止（不成功），因為 k 本該插入那裡，而不是插入探測順序的後續槽位中。程序 HASH-SEARCH 接收雜湊表 T 和鍵 k 作為輸入，如果它發現槽 q 有鍵 k，則回傳 q，如果鍵 k 不在表 T 中，則回傳 NIL。

在開放定址雜湊表中進行刪除很麻煩。當你刪除 q 槽裡的鍵時，不能直接在該槽裡儲存 NIL 來將它標記成空的，如果你這樣做，而且在做這件事之前，程序曾經在插入鍵 k 時探測了 q 槽並發現它被占用，你可能無法取回任何這種 k。解決這個問題的方法之一是在該槽裡面儲存特殊值 DELETED 而不是 NIL。然後，HASH-INSERT 程序必須將這種槽視為空的，這樣它就可以在那裡插入新鍵。HASH-SEARCH 程序在搜尋時會跳過 DELETED 值，因為它所搜尋的鍵被插入時，存有 DELETED 的槽不是空的。然而，使用特殊值 DELETED 意味著搜尋時間不再取決於負載因子 α，因此，需要刪除鍵時，我們經常用 chaining 來解決碰撞。開放定址有一個簡單的特例，即線性探測，它可以避免使用 DELETED 來標記槽。第 11.5.1 節展示在使用線性探測時，如何在雜湊表中進行刪除。

在我們的分析中，我們假設**獨立均勻排列雜湊化**（*independent uniform permutation hashing*，在文獻中，也被不精確地稱為**均勻雜湊化**（*uniform hashing*））成立，也就是：每一次探測鍵的順序為 $\langle 0, 1, \ldots, m-1 \rangle$ 的 $m!$ 種排列之中的任何一種的機率都是相同的。獨立均勻排列雜湊化將前面定義的獨立均勻雜湊化的概念歸納成一個雜湊函數，它不是只產生一個槽號而已，而是產生整個探測順序。然而，真正的獨立均勻排列雜湊化是很難實現的，在實務上會採用適當的近似方法（比如下面定義的雙重雜湊化）。

我們將研究雙重雜湊化和它的特例，線性探測。這些技術保證對每一個鍵 k 而言，$\langle h(k, 0), h(k, 1), \ldots, h(k, m-1) \rangle$ 是 $\langle 0, 1, \ldots, m-1 \rangle$ 的一種排列（回顧一下，雜湊函數 h 的第二個參數是探測號碼）。然而，雙重雜湊化和線性探測都不滿足獨立均勻排列雜湊化的假設。雙重雜湊無法產生超過 m^2 種不同探測順序（而不是獨立均勻排列雜湊所需的 $m!$ 種）。儘管如此，正如你所期望的那樣，雙重雜湊化有大量可能出現的探測順序，應該可以提供很好的結果。線性探測的限制更多，只能產生 m 種不同的探測順序。

雙重雜湊化

雙重雜湊化是開放定址最好的方法之一，因為它產生的排列具有隨機選擇排列順序的許多特徵。**雙重雜湊化**使用的雜湊函數形式為

$$h(k, i) = (h_1(k) + i h_2(k)) \bmod m$$

其中，h_1 與 h_2 是**輔助雜湊函數**。最初的探測會前往 $T[h_1(k)]$ 位置，後續的探測位置與之前的位置差 $h_2(k)$，$\bmod m$。因此探測順序有兩個地方取決於鍵 k，因為探測起點 $h_1(k)$、步幅 $h_2(k)$ 都可能改變。圖 11.5 是用雙重雜湊進行插入的例子。

為了讓整個雜湊表被搜尋到，值 $h_2(k)$ 必須與雜湊表大小 m 互質（見習題 11.4-5）。為了滿足這個條件，有一種方便的手段是讓 m 是 2 的整數次方，並設計 h_2，讓它總是產生奇數。另一種方法是讓 m 是質數，並設計 h_2，讓它總是回傳一個小於 m 的正整數。例如，你可以選擇 m 質數，並使得

$$h_1(k) = k \bmod m$$
$$h_2(k) = 1 + (k \bmod m')$$

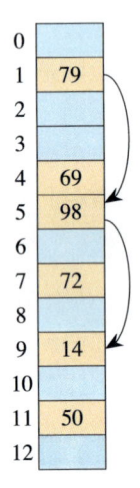

```
0
1  79
2
3
4  69
5  98
6
7  72
8
9  14
10
11 50
12
```

圖 11.5 用雙重雜湊化來進行插入。雜湊表的大小是 13，$h_1(k) = k \bmod 13$，$h_2(k) = 1 + (k \bmod 11)$。因為 $14 = 1 \pmod{13}$ 且 $14 = 3 \pmod{11}$，鍵 14 被放入空槽 9，在檢查槽 1 和 5 並發現它們被占用後。

其中，m' 略小於 m（例如 $m-1$）。舉個例子，如果 $k = 123456$，$m = 701$，$m' = 700$，那麼 $h_1(k) = 80$ 且 $h_2(k) = 257$，所以第一次探測前往位置 80，後續的探測會跳到它之後的第 257 個槽（$\bmod\, m$），直到找到鍵，或每個槽都被檢查過。

儘管原則上在雙重雜湊裡也可以使用質數和 2 次方之外的 m 值，但是實際上，如此一來將難以有效地產生 $h_2(k)$（除了選擇 $h_2(k) = 1$ 之外，這會產生線性探測）以確保它與 m 互質，部分的原因是對於一般的 m 值，這種數字的相對密度 $\phi(m)/m$ 可能很小（見第 889 頁的公式 (31.25)）。

當 m 是質數或 2 的整數次方時，雙重雜湊化會產生 $\Theta(m^2)$ 探測順序，因為每一對可能的 $(h_1(k), h_2(k))$ 都會產生不同的探測順序。因此，對於這種 m 值，雙重雜湊化的表現接近獨立均勻排列雜湊的「理想」方案。

線性探測

線性探測是雙重雜湊化的特例，它是處理碰撞的開放定址法中最簡單的一種。與雙重雜湊化一樣，這種方法用一個輔助雜湊函數 h_1 來決定插入元素時的第一個探測位置 $h_1(k)$。如果 $T[h_1(k)]$ 已被占用，那就探測下一個位置 $T[h_1(k)+1]$。視需要繼續執行，直到抵達槽 $T[m-1]$，然後繞到槽 $T[0]$、$T[1]\cdots$ 等，但永遠不會超過槽 $T[h_1(k)-1]$。為了知道為何線性探測是雙重雜湊化的特例，你只要把雙重雜湊的步幅函數 h_2 固定為 1：對所有 k 而言，$h_2(k) = 1$。也就是說，雜湊函數是

$$h(k, i) = (h_1(k) + i) \bmod m \tag{11.6}$$

其中 $i = 0, 1, \ldots, m-1$。$h_1(k)$ 的值決定了整個探測順序，因此假設 $h_1(k)$ 可以採用 $\{0, 1, \ldots, m-1\}$ 中的任何值，線性探測法只允許 m 個不同的探測順序。

我們會在第 11.5.1 節回來討論線性探測。

分析開放定址雜湊化

與我們在第 11.2 節分析 chaining 時一樣，我們用雜湊表的負載率 $\alpha = n/m$ 來分析開放定址。使用開放定址時，每個槽最多有一個元素，因此，$n \leq m$，這意味著 $\alpha \leq 1$。接下來的分析要求 α 嚴格小於 1，因此我們假設至少有一個槽是空的。因為在開放定址雜湊表裡進行刪除不會真正空出槽位，所以我們也假設沒有刪除發生。

我們假設雜湊函數是獨立均勻排列雜湊化。在這個理想化的方案中，插入或搜尋每個鍵 k 的探測順序 $\langle h(k, 0), h(k, 1), \ldots, h(k, m-1) \rangle$ 有相同的機率是 $\langle 0, 1, \ldots, m-1 \rangle$ 的任何一種排列。當然，任何特定的鍵都有一個唯一且固定的探測順序。我們的意思是，考慮到鍵空間的機率分布和雜湊函數處理鍵的動作，每一個可能的探測順序都有相同的機率發生。

現在我們要分析在獨立均勻排列雜湊化的假設下，使用開放定址雜湊時的期望探測次數，首先是一次不成功的搜尋的期望探測次數（如上所述，假設 $\alpha < 1$）。

我們可以這樣直觀地解釋所證明的界限 $1/(1-\alpha) = 1 + \alpha + \alpha^2 + \alpha^3 + \cdots$：第一次探測一定會發生，第一次探測有將近 α 的機率找到已被占用的槽，導致第二次探測，前兩個槽有將近 α^2 的機率被占用，導致第三次探測，以此類推。

定理 11.6

給定一個負載率為 $\alpha = n/m < 1$ 的開放定址雜湊表，假設獨立均勻排列雜湊化成立，且沒有刪除，一次不成功的搜尋的期望探測次數最多是 $1/(1-\alpha)$。

證明 在一次不成功的搜尋中，除了最後一次探測之外，每一次探測都會造訪一個不含所需鍵的被占槽，而最後一次探測的槽是空的。設隨機變數 X 代表在一次不成功的搜尋中進行的探測次數，並定義事件 A_i 是第 i 次探測時發生的事件，其中 $i = 1, 2, \ldots$，而且它探測一個被占用的槽。那麼，事件 $\{X \geq i\}$ 是事件的交集 $A_1 \cap A_2 \cap \ldots \cap A_{i-1}$。根據第 1146 頁的習題 C.2-5，我們藉著求出 $\Pr\{A_1 \cap A_2 \cap \ldots \cap A_{i-1}\}$ 的界限來求出 $\Pr\{X \geq i\}$ 的界限，

$$\Pr\{A_1 \cap A_2 \cap \cdots \cap A_{i-1}\} = \Pr\{A_1\} \cdot \Pr\{A_2 \mid A_1\} \cdot \Pr\{A_3 \mid A_1 \cap A_2\} \cdots \Pr\{A_{i-1} \mid A_1 \cap A_2 \cap \cdots \cap A_{i-2}\}$$

因為有 n 個元素與 m 個槽，所以 $\Pr\{A_1\} = n/m$。當 $j > 1$ 時，在前 $j-1$ 次探測都找到被占用的槽的情況下，發生第 j 次探測，而且那次探測找到已被占用的槽的機率是 $(n-j+1)/(m-j+1)$。這個機率是因為第 j 次探測會在 $(m-(j-1))$ 個未檢查的槽中尋找剩餘的 $(n-(j-1))$ 個元素之一，根據獨立均勻排列雜湊化的假設，機率是這些數量的比值。由於 $n < m$ 意味著對於 $0 \leq j < m$ 範圍內的所有 j，$(n-j)/(m-j) \leq n/m$，因此，對於 $1 \leq i \leq m$ 範圍內的所有 i，可得

$$\begin{aligned} \Pr\{X \geq i\} &= \frac{n}{m} \cdot \frac{n-1}{m-1} \cdot \frac{n-2}{m-2} \cdots \frac{n-i+2}{m-i+2} \\ &\leq \left(\frac{n}{m}\right)^{i-1} \\ &= \alpha^{i-1} \end{aligned}$$

在第一行裡面的積有 $i-1$ 個因子。當 $i = 1$ 時，積是 1，我們得到 $\Pr\{X \geq 1\} = 1$，這是有意義的，因為探測一定至少發生 1 次。如果前 n 次探測中的每一次探測都前往一個被占用的槽，那麼所有被占用的槽都已被探測過。所以，第 $n+1$ 次探測一定是空槽，可得 $\Pr\{X \geq i\} = 0$，當 $i > n+1$。我們使用第 1149 頁的式 (C.28) 來求出期望探測次數的界限：

$$\begin{aligned} \mathrm{E}[X] &= \sum_{i=1}^{\infty} \Pr\{X \geq i\} \\ &= \sum_{i=1}^{n+1} \Pr\{X \geq i\} + \sum_{i > n+1} \Pr\{X \geq i\} \end{aligned}$$

$$\leq \sum_{i=1}^{\infty} \alpha^{i-1} + 0$$

$$= \sum_{i=0}^{\infty} \alpha^i$$

$$= \frac{1}{1-\alpha} \quad \text{（根據第 1098 頁的式 (A.7)，因為 } 0 \leq \alpha < 1\text{）。} \blacksquare$$

如果 α 是常數，定理 11.6 預測，一次不成功的搜尋的執行時間是 $O(1)$。例如，如果雜湊表是半滿的，那麼一次不成功的搜尋的平均探測次數最多是 $1/(1-.5) = 2$。如果它是 90% 滿，平均探測次數最多是 $1/(1-.9) = 10$。

定理 11.6 幾乎可以立刻告訴我們 HASH-INSERT 程序的性能如何。

推論 11.7

假設獨立均勻排列雜湊化成立，且沒有刪除，平均來說，在一個負載率為 α（$\alpha < 1$）的開放定址雜湊表中插入一個元素，最多需要 $1/(1-\alpha)$ 次探測。

證明 有空間才能插入元素，因此 $\alpha < 1$。插入鍵需要進行一次不成功的搜尋，然後將鍵放入第一個找到的空槽。因此，探測的期望次數最多是 $1/(1-\alpha)$。 $\blacksquare$

計算成功搜尋的期望探測次數比較麻煩。

定理 11.8

考慮一個負載率為 $\alpha < 1$ 的開放定址雜湊表，一次成功搜尋的期望探測次數最多是

$$\frac{1}{\alpha} \ln \frac{1}{1-\alpha}$$

假設獨立均勻排列雜湊化成立，沒有刪除，並假設表中的每個鍵被搜尋到的機率相同。

證明 搜尋鍵 k 時的探測順序與插入鍵為 k 的元素時的順序相同。如果 k 是第 $i+1$ 個被插入雜湊表的鍵，那麼在它被插入時的負載率是 i/m，因此根據推論 11.7，搜尋 k 時的期望探測次數最多是 $1/(1-i/m) = m/(m-i)$。取雜湊表的全部 n 個鍵的平均值可以得到成功搜尋時的期望探測次數：

$$\begin{aligned}
\frac{1}{n}\sum_{i=0}^{n-1}\frac{m}{m-i} &= \frac{m}{n}\sum_{i=0}^{n-1}\frac{1}{m-i} \\
&= \frac{1}{\alpha}\sum_{k=m-n+1}^{m}\frac{1}{k} \\
&\le \frac{1}{\alpha}\int_{m-n}^{m}\frac{1}{x}\,dx \quad \text{（根據第 1150 頁的不等式 (A.19)）} \\
&= \frac{1}{\alpha}(\ln m - \ln(m-n)) \\
&= \frac{1}{\alpha}\ln\frac{m}{m-n} \\
&= \frac{1}{\alpha}\ln\frac{1}{1-\alpha}
\end{aligned}$$
∎

如果雜湊表是半滿的，那麼在一次成功的搜尋中，期望探測次數小於 1.387。如果雜湊表 90% 滿，期望探測次數將小於 2.559。如果 $\alpha = 1$，那麼一次不成功的搜尋一定會探測全部的 m 個槽。習題 11.4-4 將要求你分析 $\alpha = 1$ 時的成功搜尋。

習題

11.4-1
考慮使用開放定址來將鍵 10, 22, 31, 4, 15, 28, 17, 88, 59 插入一個長度為 $m = 11$ 的雜湊表的情況。說明使用 $h(k, i) = (k + i) \bmod m$ 的線性探測和使用 $h_1(k) = k \bmod m$ 及 $h_2(k) = 1 + (k \bmod (m-1))$ 的雙重雜湊化來插入這些鍵的結果。

11.4-2
寫出 HASH-DELETE 的虛擬碼，用特殊值 DELETED 來填寫鍵被刪除的槽位，並根據需要修改 HASH-SEARCH 和 HASH-INSERT 來處理 DELETED。

11.4-3
考慮一個獨立均勻排列雜湊化和無刪除的開放定址雜湊表。寫出當負載率為 3/4 和 7/8 時，不成功的搜尋的期望探測次數，和成功的搜尋的期望探測次數的上限值。

11.4-4
證明當 $\alpha = 1$ 時（即 $n = m$ 時），成功的搜尋所需的預期探測次數為 H_m，也就是第 m 個調和數。

★ **11.4-5**
證明在使用雙雜湊化時，如果對某個鍵 k 而言，m 和 $h_2(k)$ 有最大公因數 $d \geq 1$，那麼不成功地搜尋鍵 k 時，會先檢查雜湊表的第 $1/d$ 個元素再回到槽 $h_1(k)$。因此，當 $d = 1$ 時，m 與 $h_2(k)$ 互質，搜尋可能檢查整個雜湊表（**提示**：見第 31 章）。

★ **11.4-6**
考慮一個負載率為 α 的開放定址雜湊表。找出一個非零的 α 近似值，使得一次不成功的查詢的期望探測次數，等於成功搜尋的期望探測次數的兩倍。用定理 11.6 和 11.8 提供的上限來計算這些期望探測次數。

11.5 實際的考慮因素

高效的雜湊表演算法不僅具有理論意義，也具有巨大的實用價值。常數因子也很重要。因此，本節將討論第 2.2 節的標準 RAM 模型未提及的兩個現代 CPU 的層面：

記憶體階層：現代 CPU 的記憶體有很多層，從快速暫存器，到一或多層的**快取記憶體**，到主記憶體層。每一個後續的階層都比前一層儲存更多資料，但存取速度較慢。因此，在快速暫存器中進行所有複雜計算（例如複雜的雜湊函數）所花費的時間可能比讀取一次主記憶體還要少。此外，快取記憶體被組成**快取區塊**，每個區塊有（比如）64 bytes，這些快取區塊一定從主記憶體一起讀取。使用相鄰的記憶體有實質的好處：重複使用同一個快取區塊比從主記憶體獲取不同的快取區塊要高效得多。

標準的 RAM 模型藉著計算探測槽位的次數來衡量雜湊表操作的效率。在實際應用中，這個衡量方法只是粗略的估計，因為連續探測快取區塊的速度比探測主記憶體的速度要快得多。

高級指令集：現代 CPU 可能有複雜的指令集，它們實作了適用於加密或其他密碼學的高級原始語言，有時很適合用來設計極度高效的雜湊函數。

第 11.5.1 節將討論線性探測，在有記憶體階層的情況下，它是處理碰撞問題的首選技術。第 11.5.2 節介紹如何基於加密原理建構「高級」的雜湊函數，它適用於具備分層記憶體模型的計算機。

11.5.1 線性探測

線性探測在標準 RAM 模型中的性能較差，因而常常受到詬病。但是，在分層記憶體模型中，線性探測卻表現出色，因為連續的探測通常針對同一塊快取記憶體。

用線性探測來進行刪除

線性探測實際上不常使用的另一個原因是，如果不使用特殊的 DELETED 值，刪除就會很複雜，或不可能做到。然而，我們將看到，即使不使用 DELETED 值，用線性探測在雜湊表中進行刪除沒有那麼困難。這個刪除程序適用於線性探測，但不適用於一般的開放定址探測，因為線性探測都按照相同的簡單循環順序來進行探測（儘管起點不同）。

刪除程序使用線性探測雜湊函數 $h(k, i) = (h_1(k) + i) \bmod m$ 的「反」函數，線性探測雜湊函數將一個鍵 k 和一個探測號碼 i 對映到雜湊表裡的一個槽號。反函數 g 則是將鍵 k 與槽號 q 對映到抵達 q 槽的探測號碼，其中 $0 \leq q < m$：

$$g(k, q) = (q - h_1(k)) \bmod m$$

若 $h(k, i) = q$，則 $g(k, q) = i$，所以 $h(k, g(k, q)) = q$。

下一頁的 LINEAR-PROBING-HASH-DELETE 可將儲存在位置 q 的鍵從雜湊表 T 中刪除。圖 11.6 說明它是如何工作的。這個程序先在第 2 行將 $T[q]$ 設為 NIL 以刪除位置 q 的鍵，然後搜尋 q' 槽（如果有的話），在該槽裡的鍵應移到 k 鍵空出來的 q 槽。第 9 行提出一個重要的問題：要不要將 q' 槽裡的鍵 k' 移到空出來的 q 槽，讓 k' 仍然可被找到？如果 $g(k', q) < g(k', q')$，代表在將 k' 插入表時有檢查 q 槽，卻發現它已被占用。但現在，尋找 k' 時會探測的 q 槽是空的。此時，第 10 行會將 k' 鍵移到 q 槽，搜尋繼續進行，以檢查接下來有沒有鍵也需要移到因為移動 k' 而空出來的 q' 槽。

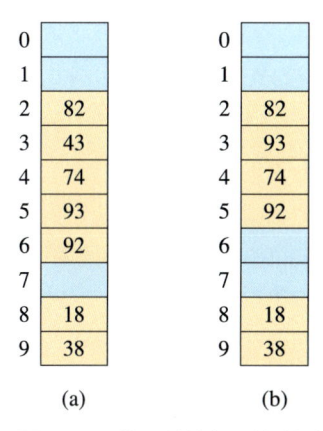

	(a)		(b)
0		0	
1		1	
2	82	2	82
3	43	3	93
4	74	4	74
5	93	5	92
6	92	6	
7		7	
8	18	8	18
9	38	9	38

圖 11.6 使用線性探測在雜湊表中進行刪除。這個雜湊表的大小是 10，$h_1(k)$ k mod 10。**(a)** 依序插入 74, 43, 93, 18, 82, 38, 92 鍵之後的雜湊表。**(b)** 刪除槽 3 的鍵 43 之後的雜湊表。鍵 93 上移到槽 3，讓它依然可被找到，然後鍵 92 上移到剛剛鍵 93 空出來的槽 5。其他鍵都不需要移動。

LINEAR-PROBING-HASH-DELETE(T, q)

```
1  while TRUE
2      T[q] = NIL                  // 清空 q 槽
3      q' = q                      // 搜尋的起點
4      repeat
5          q' = (q' + 1) mod m     // 線性探測所探測的下一個槽號
6          k' = T[q']              // 下一個試著移動的鍵
7          if k' == NIL
8              return              // 在找到空槽時返回
9      until g(k', q) < g(k', q')  // 空槽 q 在 q' 之前被探測過嗎？
10     T[q] = k'                   // 將 k' 移入 q 槽
11     q = q'                      // 空出 q' 槽
```

分析線性探測

線性探測是一種很流行的做法，但它會出現一種稱為**主群聚**（*primary clustering*）的現象。主群聚現象的原因是，如果在一個空槽的前面有 i 個已滿的槽，該空槽下一次被填入的機率是 $(i+1)/m$。一長串已被占用的槽位傾向越來越長，平均搜尋時間也會增加。

在標準的 RAM 模型裡，主群聚是一種問題，一般的雙重雜湊化的表現通常比線性探測更好。相較之下，在分層記憶體模型中，主群聚是有益的特性，因為元素傾向被儲存在同一個快取區塊中。搜尋程序會先處理一塊快取，才搜尋下一塊快取。使用線性探測時，Hash-Insert、Hash-Search 或 Linear-Probing-Hash-Delete 處理鍵 k 的執行時間頂多與 $h_1(k)$ 和下一個空槽之間的距離成正比。

以下定理是由 Pagh 等人 [351] 提出的。Thorup [438] 提出了較新的證明。我們在此省略證明。5-獨立（5-independence）不是絕對必要的，請參閱所引用的證明。

定理 11.9

如果 h_1 是 5-獨立，且 $\alpha \leq 2/3$，那麼使用線性探測來搜尋、插入、刪除雜湊表裡的一個鍵所花費的期望時間是固定的。　∎

（事實上，期望操作時間是 $O(1/\epsilon^2)$，當 $\alpha = 1 - \epsilon$）。

★ 11.5.2 階層記憶體模型的雜湊函數

本節介紹在具備記憶體階層結構的現代計算機系統中設計高效雜湊表的方法。

由於記憶體有階層，線性探測是解決碰撞的好方法，因為探測順序是循序的，而且往往停留在快取區塊內。但當雜湊函數很複雜時（例如定理 11.9 中的 5-獨立雜湊函數），線性探測是最有效的。幸運的是，記憶體階層的存在，意味著我們可以有效地實現複雜的雜湊函數。

如第 11.3.5 節所述，我們可以使用加密雜湊函數，例如 SHA-256。這些函數對雜湊表而言是複雜且足夠隨機的。在具有專用指令的計算機上，加密函數非常高效。

但在此要介紹一種僅僅使用加法、乘法、對調一個 word 的兩半的簡單雜湊函數。它可以在快速暫存器裡完整實現，在具有記憶體層次結構的機器上，它的延遲時間比存取雜湊表的隨機槽位所需的時間還要少。它與 RC6 加密演算法有關，在實際應用中，可以視為是一種「隨機預言機」。

wee 雜湊函數

設 w 是機器的 word 大小（例如 $w = 64$），假設它是偶數，並設 a 與 b 是 w 位元的無正負號（非負值）整數，a 是奇數。設 swap(x) 代表將 w 位元的輸入 x 的兩半（$w/2$ 位元）對調的結果，也就是

$$\text{swap}(x) = (x \ggg (w/2)) + (x \lll (w/2))$$

其中，「≫」是「邏輯右移」（見式 (11.2)）且「≪」是「邏輯左移」。我們定義

$$f_a(k) = \text{swap}((2k^2 + ak) \bmod 2^w)$$

因此，為了計算 $f_a(k)$，我們要計算二次函數 $2k^2 + ak \bmod 2^w$，然後將結果的左右兩半對調。

設 r 代表計算雜湊函數所需的「回合」數。我們使用 $r = 4$，但雜湊函數對任何非負值 r 都有明確的定義。我們用 $f_a^{(r)}(k)$ 來表示從輸入值 k 開始，迭代 f_a 共 r 次（即 r 回合）的結果。對於任何奇數 a 和任何 $r \geq 0$，函數 $f_a^{(r)}$ 雖然複雜，卻是一對一的（見習題 11.5-1）。密碼學家把 $f_a^{(r)}$ 視為一個簡單的區塊編碼器，它可以處理 w 位元的輸入區塊，執行 r 回合和使用鍵 a。

首先，我們定義短輸入的 wee 雜湊函數 h，這裡的「短」是指「長度 t 最多是 w 位元」，所以這種輸入可放入計算機的一個 word 裡。我們希望用不同的方式來 hash 不同長度的輸入。接收參數 a、b、r 與 t 位元輸入 k 的 ***wee 雜湊函數*** $h_{a,b,t,r}(k)$ 的定義是

$$h_{a,b,t,r}(k) = \left(f_{a+2t}^{(r)}(k+b)\right) \bmod m \tag{11.7}$$

也就是說，t 位元輸入 k 的雜湊值是對著 $k + b$ 執行 $f_{a+2t}^{(r)}$，然後將最終結果 $\bmod\ m$ 產生的。加上 b 值可以對輸入進行雜湊相關的隨機化，以確保在處理可變長度的輸入時，長度為 0 的輸入不會有固定的雜湊值。將 a 加上 $2t$ 可以確保雜湊函數以不同的方式來處理不同長度的輸入（我們用 $2t$ 而不是 t，以確保當 a 是奇數時，則鍵 $a + 2t$ 是奇數）。我們將這種雜湊函數稱為「wee」，因為它使用的記憶體很少，更準確地說，我們只需要使用快速暫存器就可以有效地實現它（在文獻中，這個雜湊函數沒有名字，它是我們為這本教科書開發的一種變體）。

wee 雜湊函數的速度

提高資料的局部性可以驚奇地提升效率。有一些（未公開發表，作者做的）證明，計算 wee 雜湊函數的時間比在探測雜湊表中隨機選擇的一個槽所需的時間更短。這些實驗是在一台筆記型電腦（2019 年出廠的 MacBook Pro）上運行的，當時設定 $w = 64$，$a = 123$。對大型的雜湊表而言，計算 wee 雜湊函數比對雜湊表進行一次探測還要快 2 到 10 倍。

處理可變長度輸入的 wee 雜湊函數

有時輸入很長，長度可能超過一個 w 位元的 word，或長度可變，如第 11.3.5 節所述。上述的 wee 雜湊函數的輸入的長度最多是一個 w 位元的 word，我們可以擴展它，來處理很長的或可變長度的輸入。以下是具體方法。

假設輸入 k 的長度是 t（單位是 bit）。將 k 分成一個 w 位元 word 的序列 $\langle k_1, k_2, ..., k_u \rangle$，其中 $u = \lceil t/w \rceil$，k_1 包含 k 的最低 w 個有效位元，k_u 包含最高的幾個有效位元。如果 t 不是 w 的倍數，k_u 裡面的位元數會少於 w，此時，用 0 位元來填補未使用的較高位元。chop 是回傳 k 中一系列 w 位元的 word 的函數，其定義為

$$\text{chop}(k) = \langle k_1, k_2, ..., k_u \rangle$$

chop 操作最重要的特性是它是一對一的，給定 t，對任何兩個 t 位元的鍵 k 與 k'，若 $k \neq k'$，則 $\text{chop}(k) \neq \text{chop}(k')$，且 k 可以用 $\text{chop}(k)$ 與 t 推導出來。chop 操作也有一種實用的特性：1 word 的輸入鍵會產生 1 word 的輸出序列，$\text{chop}(k) = \langle k \rangle$。

有了 chop 函數之後，對於長度為 t 位元的輸入 k，我們定義 wee 雜湊函數 $h_{a,b,t,r}(k)$ 為：

$$h_{a,b,t,r}(k) = \text{Wee}(k, a, b, t, r, m)$$

下一頁定義的 Wee 程序會遍歷 $\text{chop}(k)$ 回傳的 w 位元 word 的元素，對著當下的 word k_i 和迄今為止計算的雜湊值的和執行 $f_{a+2t}^{(r)}$，最後回傳得到的結果 $\bmod\ m$。這個為可變長度的輸入和長輸入（多個 word）而定義的函式一致性地擴展了為短輸入（一個 word）而定義的式 (11.7)。在實際使用時，我們建議 a 是一個隨機選擇的奇數 w 位元 word，b 是一個隨機選擇的 w 位元 word，而 $r = 4$。

注意，wee 雜湊函數實際上是一個雜湊函數家族，每一個雜湊函數是由參數 a、b、t、r 和 m 決定的。根據 Bellare 等人 [42] 的研究，我們可以基於以下的假設來證明處理可變長度輸入的 wee 雜湊函數家族的（近似）5-獨立性：假設 1 個 word 的 wee 雜湊函數是一個隨機預言機，並且假設加密區塊鏈訊息鑑別碼（CBC-MAC）具安全性。這裡的情況其實比文獻研究的更簡單，因為如果兩個訊息有不同長度 t 與 t'，那麼它們的「鍵」是不同的：$a + 2t \neq a + 2t'$。在此省略細節。

WEE(k, a, b, t, r, m)
1 $u = \lceil t/w \rceil$
2 $\langle k_1, k_2, \ldots, k_u \rangle = \text{chop}(k)$
3 $q = b$
4 **for** $i = 1$ **to** u
5      $q = f_{a+2t}^{(r)}(k_i + q)$
6 **return** $q \bmod m$

這個基於密碼學的雜湊函數家族的定義是現實可行的，但僅供參考，它還有很多變化和改進的可能性。請參考本章後記以進行後續研究。

綜上所述，我們可以看到，當記憶體系統是階層式的時候，使用線性探測（雙重雜湊化的一種特例）比較有利，因為連續的探測往往發生在同一個快取區塊裡。此外，只需使用計算機的快速暫存器就能實現的雜湊函數異常高效，因此它們可能相當複雜，甚至使用密碼學，以提供線性探測所需的高度獨立性，將它的效率最大化。

習題

★ **11.5-1**
完成這個證明：對任何奇數正整數 a 與任何整數 $r \geq 0$ 而言，函數 $f_a^{(r)}$ 是一對一的。使用反證法，並利用函數 $f_a \bmod 2^w$ 的事實。

★ **11.5-2**
證明隨機預言機是 5- 獨立。

★ **11.5-3**
考慮當你翻轉（flip）輸入值 k 的一個位元 k_i 時，$f_a^{(r)}(k)$ 的值會變怎樣，考慮各種 r 值。設 $k = \sum_{i=0}^{w-1} k_i 2^i$，且 $g_a(k) = \sum_{j=0}^{w-1} b_j 2^j$ 定義了輸入的位元值 k_i（k_0 是最低有效位元），且位元值 b_j 在 $g_a(k) = (2k^2 + ak) \bmod 2^w$ 裡（其中，$g_a(k)$ 是將兩半對調後會變成 $f_a(k)$ 的值）。假設翻轉輸入 k 的一個位元 k_i 可能造成 $g_a(k)$ 的任何位元 b_j 被翻轉，其中 $j \geq 1$。翻轉任何一個位元 k_i 的值可能造成輸出 $f_a^{(r)}(k)$ 的**任何**位元翻轉的最小 r 值是多少？解釋你的答案。

挑戰

11-1 雜湊的最長探測界限
假設你使用一個大小為 m 的開放定址雜湊表來儲存 $n \leq m/2$ 個項目。

a. 假設獨立均勻排列雜湊化成立，證明：設 $i = 1, 2, \ldots, n$，第 i 次插入需要超過 p 次探測的機率最多是 2^{-p}。

b. 證明：設 $i = 1, 2, \ldots, n$，第 i 次插入需要超過 $2 \lg n$ 次探測的機率是 $O(1/n^2)$。

設隨機變數 X_i 代表第 i 次插入所需的探測次數。你已經在 (b) 證明 $\Pr\{X_i > 2 \lg n\} = O(1/n^2)$ 了。設隨機變數 $X = \max\{X_i : 1 \leq i \leq n\}$ 代表 n 次插入中的任何一次所需的最大探測次數。

c. 證明 $\Pr\{X > 2 \lg n\} = O(1/n)$。

d. 證明最長探測順序的期望長度 $\mathrm{E}[X]$ 是 $O(\lg n)$。

11-2 搜尋靜態集合
有人要求你實作一個包含 n 個元素的可搜尋集合，它的鍵是數字。這個集合是靜態的（沒有 INSERT 和 DELETE 操作），唯一的操作是 SEARCH。你可以用任意的時間來預先處理 n 個元素，以便讓 SEARCH 操作快速執行。

a. 說明如何實作最壞情況時間為 $O(\lg n)$ 的 SEARCH，除了使用儲存集合本身的元素所需的空間之外，不能使用額外的儲存空間。

b. 考慮使用 m 個槽的開放定址雜湊化來實作該集合，並假設獨立均勻排序雜湊化成立。為了讓不成功的 SEARCH 操作的平均性能至少與 (a) 小題的界限一樣好，至少需要多少額外的儲存空間 $m-n$？在你的答案中，用 n 來表示 $m-n$ 的漸近上限。

11-3 使用 chaining 時，槽位大小的界限
有一個具有 n 個槽的雜湊表，它用 chaining 來處理碰撞，假設有 n 個鍵被插入表中。每個鍵被 hash 到每個槽的機率都相同。設 M 是所有鍵都被插入之後，在任意槽裡的最大鍵數。你的任務是證明 $\mathrm{E}[M]$ 的 $O(\lg n / \lg \lg n)$ 上限，即 M 的期望值。

a. 證明：恰好有 k 個鍵被 hash 到特定槽的機率 Q_k 可用以下公式算出

$$Q_k = \left(\frac{1}{n}\right)^k \left(1 - \frac{1}{n}\right)^{n-k} \binom{n}{k}$$

b. 設 P_k 是 $M = k$ 的機率，也就是儲存最多鍵的槽有 k 個鍵的機率。證明 $P_k \leq nQ_k$。

c. 證明 $Q_k < e^k/k^k$。**提示**：使用 Stirling 近似式，第 62 頁的式 (3.25)。

d. 證明存在常數 $c > 1$，當 $k_0 = c \lg n/\lg \lg n$ 時，使得 $Q_{k_0} < 1/n^3$。得出結論：當 $k \geq k_0 = c \lg n/\lg \lg n$ 時，$P_k < 1/n^2$。

e. 證明

$$\mathrm{E}[M] \leq \Pr\left\{M > \frac{c \lg n}{\lg \lg n}\right\} \cdot n + \Pr\left\{M \leq \frac{c \lg n}{\lg \lg n}\right\} \cdot \frac{c \lg n}{\lg \lg n}$$

得出結論，$\mathrm{E}[M] = O(\lg n/\lg \lg n)$。

11-4 雜湊化與驗證

設 $\mathcal{H}$ 是一個雜湊函數家族，其中每一個雜湊函數 $h \in \mathcal{H}$ 都可將鍵域 U 對映至 $\{0, 1, ..., m-1\}$。

a. 證明如果雜湊函數家族 $\mathcal{H}$ 是 2-獨立，它就是通用的（universal）。

b. 假設 U 域是取自 $\mathbb{Z}_p = \{0, 1, ..., p-1\}$ 的值組成的 n-tuple 集合，其中 p 是質數。考慮一個元素 $x = \langle x_0, x_1, ..., x_{n-1}\rangle \in U$。對於任何 n-tuple $a = \langle a_0, a_1, ..., a_{n-1}\rangle \in U$，雜湊函數 h_a 的定義為

$$h_a(x) = \left(\sum_{j=0}^{n-1} a_j x_j\right) \bmod p$$

設 $\mathcal{H} = \{h_a : a \in U\}$。證明 $\mathcal{H}$ 是通用的，但不是 2-獨立的（**提示**：找出一個可讓 $\mathcal{H}$ 裡面的所有雜湊函數都產生相同值的鍵）。

c. 假設我們將 (b) 的 $\mathcal{H}$ 稍微修改成：對任何 $a \in U$ 且對於任何 $b \in \mathbb{Z}_p$，定義

$$h'_{ab}(x) = \left(\sum_{j=0}^{n-1} a_j x_j + b\right) \bmod p$$

且 $\mathcal{H}' = \{h'_{ab} : a \in U \text{ 且 } b \in \mathbb{Z}_p\}$。證明 $\mathcal{H}'$ 是 2-獨立的（**提示**：考慮固定的 n-tuple $x \in U$ 且 $y \in U$，對於某個 i，$x_i \neq y_i$。當 a_i 與 b 在 $\mathbb{Z}_p$ 上變動時，$h'_{ab}(x)$ 與 $h'_{ab}(y)$ 會發生什麼變化？）

d. Alice 和 Bob 私下從一個 2-獨立的雜湊函數家族 $\mathcal{H}$ 中決定一個雜湊函數 h。每一個 $h \in \mathcal{H}$ 都將一個鍵域 U 對映至 $\mathbb{Z}_p$，p 是質數。後來，Alice 透過網路發送一條訊息 m 給 Bob，其中 $m \in U$。她也發送一個認證標籤 $t = h(m)$ 來讓 Bob 認證這條訊息，Bob 確認他收到的一對 (m, t) 確實滿足 $t = h(m)$。假設有一位對手攔截了 (m, t)，並試圖將 (m, t) 換成不同的 (m', t') 來欺騙 Bob。證明對手成功欺騙 Bob 接受 (m', t') 的機率頂多是 $1/p$，無論對手有多少計算能力，即使對手知道他們所使用的雜湊函數家族 $\mathcal{H}$。

後記

Knuth [261]，以及 Gonnet 和 Baeza-Yates [193] 的書籍是分析雜湊演算法的優秀參考資料。Knuth 認為 H. P. Luhn（1953 年）發明了雜湊表，並且使用 chaining 來解決碰撞。大約在同一時間，G. M. Amdahl 提出開放定址的想法。Bellare 等人 [43] 提出隨機預言機的概念。Carter 和 Wegman [80] 在 1979 年提出雜湊函數的通用家族的概念。

Dietzfelbinger 等人 [113] 發明乘法移位雜湊函數，並提供定理 11.5 的證明。Thorup [437] 提供擴展和補充分析。Thorup [438] 提供一個簡單的證明，用 5- 獨立雜湊來進行線性探測時，每次操作需要固定的期望時間。Thorup 也提出使用線性探測在雜湊表中進行刪除的方法。

Fredman、Komlós 和 Szemerédi [154] 為靜態集合開發一個完美的雜湊方案，之所以「完美」是因為它可以避免所有碰撞。Dietzfelbinger 等人 [114] 擴展他們的方法來處理動態集合，他們的方法進行插入和刪除的平攤期望時間是 $O(1)$。

wee 雜湊函數是基於 RC6 加密演算法 [379]。Leiserson 等人 [292] 提出一個「RC6MIX」函數，它實質上與 wee 雜湊函數相同。他們提出實驗證據，證明它有良好的隨機性，他們也提出一個「DOTMIX」函數來處理可變長度的輸入。Bellare 等人 [42] 為加密區塊鏈結訊息鑑別碼進行了安全性分析，他們的分析暗示 wee 雜湊函數具有所需的偽隨機性質。

12 二元搜尋樹

搜尋樹資料結構支援第 238 頁列出的每一個動態集合操作：SEARCH、MINIMUM、MAXIMUM、PREDECESSOR、SUCCESSOR、INSERT 與 DELETE。因此，你可以把搜尋樹當成字典和優先佇列來使用。

對著二元搜尋樹進行基本操作所需的時間與樹的高度成正比。對於一個有 n 個節點的完整二元樹而言，這種操作會以最壞情況時間 $\Theta(\lg n)$ 執行。然而，如果樹是一個以 n 個節點組成的線性鏈（linear chain），同樣的操作在最壞情況下需要的時間是 $\Theta(n)$。在第 13 章，我們將探討二元搜尋樹的一種變體：紅黑樹，它的操作保證高度為 $O(\lg n)$。用隨機的 n 個鍵來建立二元搜尋樹時，它的期望高度是 $O(\lg n)$，即使你不試圖限制其高度，但我們不在此證明。

在介紹二元搜尋樹的基本特性之後，接下來的幾節將介紹如何在二元搜尋樹上遍歷，並按排序印出它的值、如何在二元搜尋樹上搜尋值、如何找到最小的或最大的元素、如何找到某元素的上一個或下一個元素，以及如何對二元搜尋樹進行插入或刪除。樹的基本數學特性可參考附錄 B。

12.1 何謂二元搜尋樹？

顧名思義，二元搜尋樹是具有二元結構的樹，如圖 12.1 所示。你可以用連結的資料結構來表示這種樹，如第 10.3 節所述。每一個節點物件除了有一個鍵和衛星資料外，也有屬性 *left*、*right* 和 *p*，分別指向它的左子節點、右子節點和父節點。如果節點沒有子節點或父節點，其相應屬性的值將是 NIL。樹本身有一個指向根節點的屬性 *root*，如果樹是空的，它的值為 NIL。在樹 T 中，父節點是 NIL 的節點只有根節點 *T.root*。

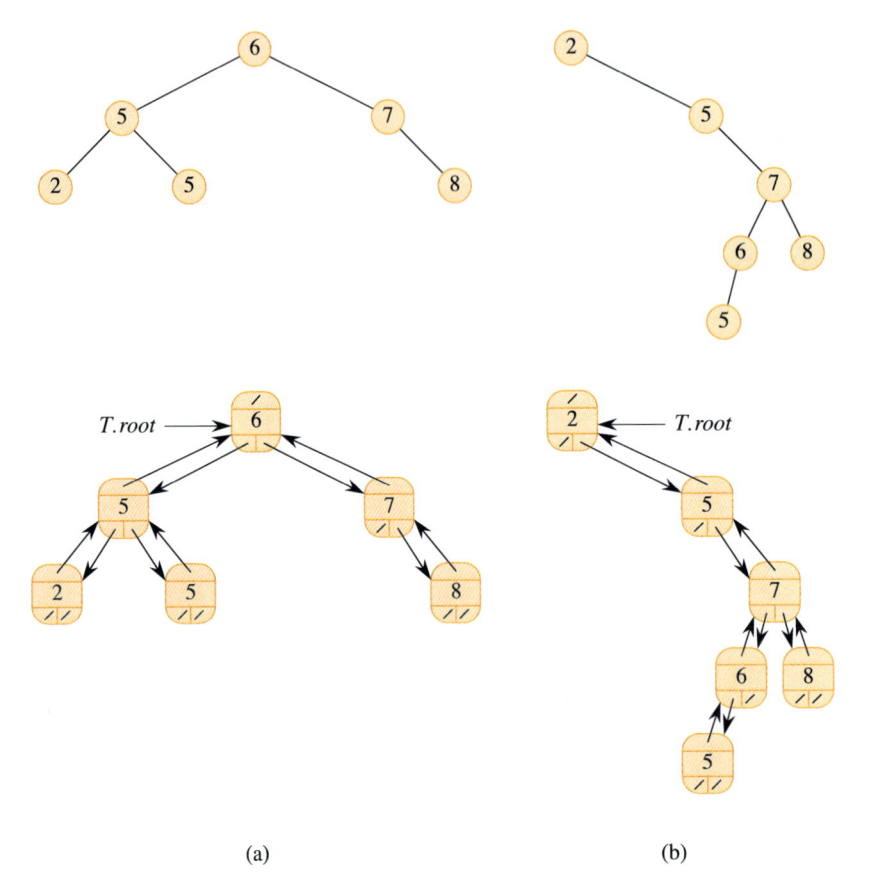

圖 12.1 二元搜尋樹。對任何節點 x 而言，其左子樹的最大鍵值是 $x.key$，其右子樹的最小鍵值是 $x.key$。不同的二元樹可能代表同一組值。大多數的搜尋樹操作在最壞情況下的執行時間與樹的高度成正比。**(a)** 高度為 2，有 6 個節點的二元搜尋樹。上圖展示如何從概念上看待這棵樹，下圖展示每個節點的 *left*、*right* 和 *p* 屬性，使用第 254 頁的圖 10.6 的風格。**(b)** 效率較低的二元搜尋樹，它的高度為 4，裡面有相同的鍵。

在二元搜尋樹裡的鍵總是以滿足**二元搜尋樹特性**的方式來儲存：

設 x 是二元搜尋樹裡的一個節點。若 y 是 x 的左子樹的節點，則 $y.key \leq x.key$。若 y 是 x 的右子樹的節點，則 $y.key \geq x.key$。

因此，在圖 12.1(a) 裡，根的 key（鍵）是 6，在它的左子樹裡的 key 2、5 與 5 都不大於 6，在它的右子樹裡的 key 7 與 8 都不小於 6。樹裡的每一個節點都有相同的特性。例如，將根的左子節點視為一棵子樹的根時，這個子樹根的 key 是 5，在它的左子樹裡的 key 2 不大於 5，在它的右子樹裡的 key 不小於 5。

二元搜尋樹的特性可以讓你用一個簡單的遞迴演算法來依序印出二元搜尋樹的所有鍵，這種演算法稱為 *inorder tree walk*，其程序為 INORDER-TREE-WALK。這種演算法之所以取這個名稱，是因為它會在印出左子樹的值和右子樹的值之間，印出子樹的根節點的鍵值（同理，*pretorder tree walk* 會在印出子樹的值之前印出根，而 *postorder tree walk* 會在印出子樹的值之後印出根）。若要印出二元搜尋樹 T 裡的所有元素，可呼叫 INORDER-TREE-WALK (T.root)。例如，inorder tree walk 會按照 2, 5, 5, 6, 7, 8 的順序將圖 12.1 中的兩棵二元搜尋樹的鍵印出來。這個演算法的正確性可以直接用二元搜尋樹特性來進行歸納證明。

INORDER-TREE-WALK(x)
1   **if** x ≠ NIL
2   INORDER-TREE-WALK(x.left)
3   print x.key
4   INORDER-TREE-WALK(x.right)

走完一棵 n 個節點的二元搜尋樹需要 $\Theta(n)$ 時間，因為在最初的呼叫之後，程序在樹中的每個節點正好遞迴呼叫自己兩次，一次為它的左子節點，一次為它的右子節點。下面的定理以正式的方式來證明執行 inorder tree walk 需要線性時間。

定理 12.1

若 x 是 n 個節點的子樹的根，那麼呼叫 INORDER-TREE-WALK(x) 需要 $\Theta(n)$ 時間。

證明　設 $T(n)$ 是對著 n 個節點的子樹根節點呼叫 INORDER-TREE-WALK 花費的時間。因為 INORDER-TREE-WALK 會造訪子樹的全部 n 個節點，我們得到 $T(n) = \Omega(n)$。接下來只需要證明 $T(n) = O(n)$。

由於 INORDER-TREE-WALK 花費少量的固定時間來處理空子樹（用來測試 x 不等於 NIL），我們得到 $T(0) = c$，其中常數 $c > 0$。

對於 $n > 0$，假設我們對著節點 x 呼叫 INORDER-TREE-WALK，該節點的左子樹有 k 個節點，右子樹有 $n-k-1$ 個節點。執行 INORDER-TREE-WALK(x) 的時間上限是 $T(n) \leq T(k) + T(n-k-1) + d$，其中常數 $d > 0$，這反映了執行 INORDER-TREE-WALK(x) 主體的時間上限，不包括遞迴呼叫所花費的時間。

我們用代入法，藉著證明 $T(n) \leq (c+d)n + c$ 來證明 $T(n) = O(n)$。當 $n = 0$，我們得到 $(c+d) \cdot 0 + c = c = T(0)$。當 $n > 0$，我們得到

$$\begin{aligned} T(n) &\leq T(k) + T(n-k-1) + d \\ &\leq ((c+d)k + c) + ((c+d)(n-k-1) + c) + d \\ &= (c+d)n + c - (c+d) + c + d \\ &= (c+d)n + c \end{aligned}$$

故得證。 ∎

習題

12.1-1
為鍵集合 {1, 4, 5, 10, 16, 17, 21} 畫出高度為 2、3、4、5 和 6 的二元搜尋樹。

12.1-2
二元搜尋樹特性與第 155 頁的最小堆積特性有何不同？你可以用最小堆積特性，在 $O(n)$ 時間內按照排序順序印出 n 個節點的樹的鍵嗎？說明怎麼做，或解釋為何不行。

12.1-3
寫出一個非遞迴演算法來執行一個無序的 tree walk（提示：有一種簡單的做法是使用堆疊作為輔助資料結構。另一種比較複雜但比較優雅的解決方案是不使用堆疊，但假設你可以測試兩個指標是否相等）。

12.1-4
寫出以 $\Theta(n)$ 時間對著 n 個節點的樹執行 preorder 與 postorder tree walk 的遞迴演算法。

12.1-5
證明由於採用比較法來排序 n 個元素的最壞情況時間是 $\Omega(n \lg n)$，所以使用比較法來將任何長度為 n 的元素串列做成二元搜尋樹的任何演算法的最壞情況時間是 $\Omega(n \lg n)$。

12.2 查詢二元搜尋樹

二元搜尋樹可以支援 MINIMUM、MAXIMUM、SUCCESSOR、PREDECESSOR 以及 SEARCH 等查詢。本節將研究這些操作，並展示如何在任何高度為 h 的二元搜尋樹中，以 $O(h)$ 時間來支援每一項操作。

搜尋

若要在二元搜尋樹中搜尋具有特定鍵的節點，可以呼叫 TREE-SEARCH 程序。TREE-SEARCH(x, k) 接收一個指向子樹根節點的指標 x 和一個鍵 k，如果子樹中存在具有鍵 k 的節點，這個程序會回傳一個指向該節點的指標，否則，回傳 NIL。若要在整個二元搜尋樹 T 中搜尋鍵 k，可呼叫 TREE-SEARCH($T.root$, k)。

TREE-SEARCH(x, k)
1 **if** $x ==$ NIL or $k == x.key$
2   **return** x
3 **if** $k < x.key$
4   **return** TREE-SEARCH($x.left$, k)
5 **else return** TREE-SEARCH($x.right$, k)

ITERATIVE-TREE-SEARCH(x, k)
1 **while** $x \neq$ NIL and $k \neq x.key$
2   **if** $k < x.key$
3          $x = x.left$
4   **else** $x = x.right$
5 **return** x

TREE-SEARCH 程序從根開始搜尋，往下沿著一條簡單的路徑，如圖 12.2(a) 所示。它遇到每個節點 x 時，會拿鍵 k 與 $x.key$ 做比較。若兩個鍵相等，搜尋終止。若 k 小於 $x.key$，它繼續在 x 的左子樹中搜尋，因為二元搜尋樹特性意味著 k 不會在右子樹裡。另一方面，若 k 大於 $x.key$，則繼續在右子樹搜尋。在遞迴過程中遇到的節點會從樹的根節點向下形成一條簡單的路徑，因此 TREE-SEARCH 的執行時間是 $O(h)$，其中 h 是樹的高度。

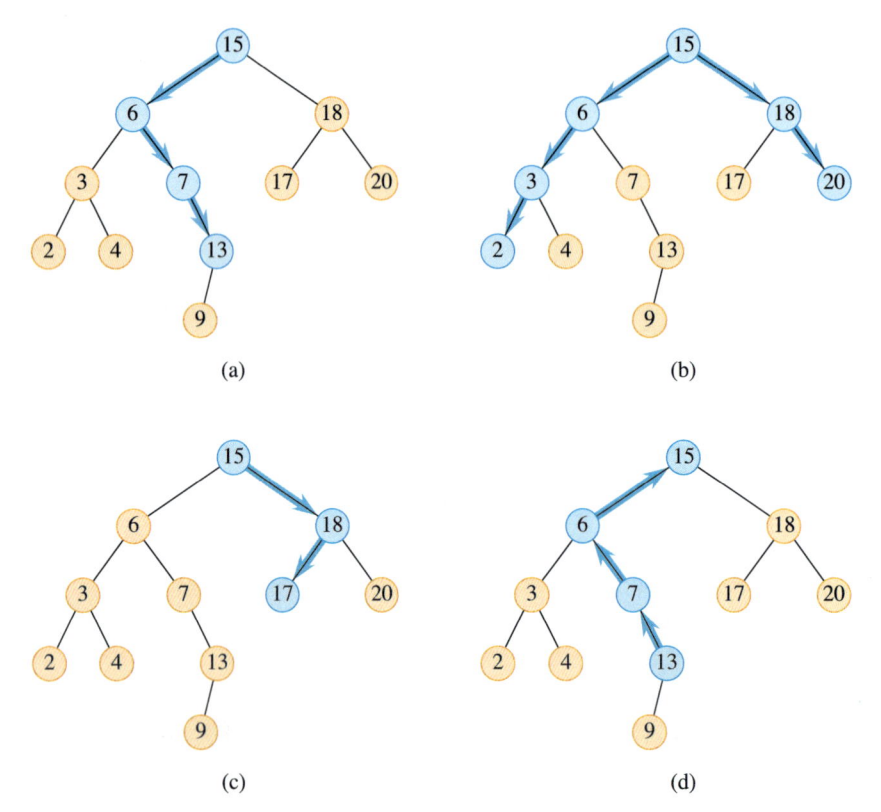

圖 12.2 查詢二元搜尋樹。每一次的查詢所經歷的節點與路徑以藍色表示。**(a)** 在樹中搜尋鍵 13 會從根節點經歷路線 15→6→7→13。**(b)** 在樹中的最小鍵是 2，它是從根節點開始沿著 *left* 指標找到的。最大鍵 20 是從根節點開始沿著 *right* 指標找到的。**(c)** 鍵為 15 的節點的後繼節點（successor）是鍵為 17 的節點，因為它是 15 的右子樹中的最小鍵值。**(d)** 鍵為 13 的節點沒有右子樹，因此它的後繼節點是它的前代中，左子節點也是前代的最低節點。在這個例子中，鍵為 15 的節點是它的後繼節點。

由於 TREE-SEARCH 程序只遞迴處理左子樹或右子樹，不會遞迴處理兩者，因此我們可以改寫演算法，「展開」遞迴，將它轉換成 **while** 迴圈。在大多數計算機上，下一頁的 ITERATIVE-TREE-SEARCH 程序更有效率。

最小值與最大值

要在二元搜尋樹中找到鍵最小的元素，你只要從根節點開始沿著 *left* 子指標，直到遇到 NIL 即可，如圖 12.2(b) 所示。

TREE-MINIMUM 程序會回傳一個指標，指向根為特定節點 x 的子樹中的最小元素，我們假設該元素非 NIL。

TREE-MINIMUM(x)
1 **while** $x.left \neq$ NIL
2      $x = x.left$
3 **return** x

TREE-MAXIMUM(x)
1 **while** $x.right \neq$ NIL
2      $x = x.right$
3 **return** x

　　二元搜尋樹特性保證了 TREE-MINIMUM 的正確性。如果節點 x 沒有左子樹，那麼因為 x 的右子樹裡的每個鍵都至少和 $x.key$ 一樣大，所以根為 x 的子樹裡的最小鍵是 $x.key$。如果節點 x 有左子樹，那麼因為右子樹裡的鍵都不小於 $x.key$，而左子樹裡的每個鍵都不大於 $x.key$，所以根為 x 的子樹裡的最小鍵位於根為 $x.left$ 的子樹中。

　　TREE-MAXIMUM 的虛擬碼是對稱的。TREE-MINIMUM 和 TREE-MAXIMUM 在高度為 h 的樹上的執行時間都是 $O(h)$，因為如同 TREE-SEARCH，它們遇到的節點會形成一條從根部往下的簡單路徑。

後繼節點與前驅節點

給定二元搜尋樹裡的一個節點，如何用 inorder tree walk 來找到有序排列的下一個節點？如果所有鍵都是不同的，一個節點 x 的下一個節點（successor，統一譯為後繼節點）就是具有比 $x.key$ 大的鍵之間的最小鍵的節點。無論鍵是否不同，我們都將一個節點的**後繼節點**定義成 inorder tree walk 下一個訪問的節點。二元搜尋樹的結構可讓你在不比較鍵的情況下找出一個節點的後繼節點。下一頁的 TREE-SUCCESSOR 程序可回傳二元搜尋樹中的節點 x 的後繼節點（如果它存在），或者如果 x 是 inorder walk 最後造訪的節點，則回傳 NIL。

　　TREE-SUCCESSOR 的程式碼有兩種情況。如果節點 x 的右子樹非空，那麼 x 的後繼節點就是在 x 的右子樹中最左邊的節點，第 2 行藉著呼叫 TREE-MINIMUM($x.right$) 來找到這個節點。例如，在圖 12.2(c) 中，鍵為 15 的節點的後繼節點是鍵為 17 的節點。

另一方面，正如習題 12.2-6 要求你證明的那樣，如果節點 x 的右子樹是空的，並且 x 有後繼節點 y，那麼 y 是 x 的前代中，左子節點也是 x 的前代的最低前代。在圖 12.2(d) 中，擁有鍵 13 的節點的後繼節點是擁有鍵 15 的節點。為了找到 y，我們要從 x 開始往上走，直到遇到根，或它的父代的左子節點為止。TREE-SUCCESSOR 的第 4~8 行就是處理這種情況。

```
TREE-SUCCESSOR(x)
1   if x.right ≠ NIL
2       return TREE-MINIMUM(x.right)    // 在右子樹裡最左邊的節點
3   else // 找到 x 的前代中，左子節點也是前代的最低前代
4       y = x.p
5       while y ≠ NIL and x == y.right
6           x = y
7           y = y.p
8       return y
```

TREE-SUCCESSOR 在處理高度為 h 的樹時的執行時間是 $O(h)$，因為它會沿著簡單的路徑往上走，或是沿著簡單的路徑往下走。TREE-PREDECESSOR 與 TREE-SUCCESSOR 是對稱的，它也在 $O(h)$ 時間內執行。

綜上所述，我們已經證明了以下的定理。

定理 12.2

我們可以實現動態集合操作 SEARCH、MINIMUM、MAXIMUM、SUCCESSOR 和 PREDECESSOR，並讓每一種操作在高度為 h 的二元搜尋樹上以 $O(h)$ 時間執行。∎

習題

12.2-1
你要在一棵包含 1 到 1000 之間的數字的二元搜尋樹裡搜尋數字 363。下面的哪個節點順序不可能是檢查順序？

a. 2, 252, 401, 398, 330, 344, 397, 363

b. 924, 220, 911, 244, 898, 258, 362, 363

c. 925, 202, 911, 240, 912, 245, 363

d. 2, 399, 387, 219, 266, 382, 381, 278, 363

e. 935, 278, 347, 621, 299, 392, 358, 363

12.2-2
寫出 TREE-MINIMUM 和 TREE-MAXIMUM 的遞迴版本。

12.2-3
寫出 TREE-PREDECESSOR 程序。

12.2-4
Kilmer 教授說他發現了二元搜尋樹的一種顯著特性。假設在二元搜尋樹中搜尋鍵 k 時，最終停在一個葉節點上。考慮三個集合：A 為搜尋路徑左側的鍵集合，B 為搜尋路徑上的鍵集合，C 為搜尋路徑右側的鍵集合。Kilmer 教授說，任何三個鍵 $a \in A$，$b \in B$，$c \in C$ 都一定滿足 $a \leq b \leq c$。針對教授的主張提出一個最小的反例。

12.2-5
證明如果在二元搜尋樹裡的一個節點有兩個子節點，那麼它的後繼節點沒有左子節點，它的前驅節點沒有右子節點。

12.2-6
考慮一棵鍵互不相同的二元搜尋樹。證明如果在 T 中，節點 x 的右子樹是空的，而且 x 有後繼節點 y，那麼 y 是 x 的前代中，左子節點也是 x 的前代的最低前代（每個節點都是它自己的前代）。

12.2-7
對 n 個節點的二元搜尋樹進行 inorder tree walk 的另一種方法是呼叫 TREE-MINIMUM，然後呼叫 $n-1$ 次 TREE-SUCCESSOR 來找到樹的最小元素。證明這個演算法的執行時間是 $\Theta(n)$。

12.2-8
證明無論你從高度為 h 的二元搜尋樹的哪個節點開始，連續呼叫 TREE-SUCCESSOR k 次的時間都是 $O(k + h)$。

12.2-9
設 T 是一棵鍵互不相同的二元搜尋樹，設 x 是葉節點，y 是它的父節點。證明 $y.key$ 若不是在 T 中比 $x.key$ 大的最小 key，就是在 T 中比 $x.key$ 小的最大 key。

12.3 插入與刪除

插入和刪除會導致以二元搜尋樹來表示的動態集合發生變化。我們必須修改資料結構，以反映這個變化，但也要保證二元搜尋樹特性繼續維持。我們將看到，修改樹以插入新元素相對簡單，但從二元搜尋樹中刪除一個節點比較複雜。

插入

Tree-Insert 程序會在二元搜尋樹中插入一個新節點。這個程序接收一個二元搜尋樹 T 和一個節點 z，其中 $z.key$ 已被填寫，$z.left = $ NIL 且 $z.right = $ NIL。它會修改 T 和 z 的一些屬性，以便將 z 插入樹中的適當位置。

```
TREE-INSERT(T, z)
1   x = T.root              // 與 z 進行比較的節點
2   y = NIL                 // y 將是 z 的父節點
3   while x ≠ NIL           // 往下走，直到抵達葉節點
4       y = x
5       if z.key < x.key
6           x = x.left
7       else x = x.right
8   z.p = y                 // 找到位置，插入父節點為 y 的 z
9   if y == NIL
10      T.root = z          // 樹 T 是空的
11  elseif z.key < y.key
12      y.left = z
13  else y.right = z
```

圖 12.3 是 Tree-Insert 的操作過程。如同程序 Tree-Search 和 Iterative-Tree-Search，Tree-Insert 從樹的根節點開始處理，指標 x 會往下沿著一條簡單的路徑尋找一個 NIL 來換成輸入節點 z。這個程序會保存一個**尾隨指標**（*trailing pointer*）y 作為 x 的父節點。在初始化後，第 3~7 行的 **while** 迴圈讓這兩個指標在樹中移動，比較 $z.key$ 與 $x.key$ 來決定向左或向右移動，直到 x 變成 NIL 為止。這個 NIL 就是節點 z 將被插入的位置。更準確地說，這個 NIL 就是將要成為 z 的父節點的那個節點的 *left* 或 *right* 屬性，或者，如果樹 T 目前是空的，它就是 $T.root$。這個程序需要使用尾隨指標 y，因為當它找到 z 所屬的 NIL 時，搜尋的位置已經超出需要改變的節點一步了。第 8~13 行設定指標，來將 z 插入。

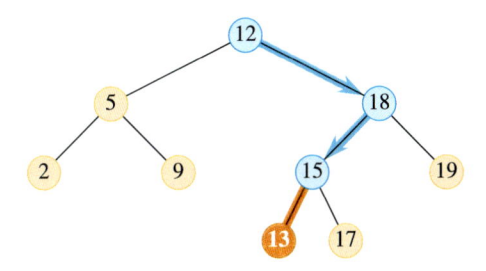

圖 12.3 將鍵為 13 的節點插入二元搜尋樹。藍色的路徑是從根節點往下走到插入節點之處的路徑。橘色代表新節點以及接到它的父節點的接線。

如同其他的搜尋樹基本操作，程序 TREE-INSERT 處理高度為 h 的樹的執行時間是 $O(h)$。

刪除

從二元搜尋樹 T 中刪除節點 z 的整體策略需要處理三種基本情況，我們等一下會看到，其中一種情況比較麻煩。

- 如果 z 沒有子節點，只要修改它的父節點，將 z 換成 NIL 作為它的子節點，即可將 z 刪除。

- 如果 z 只有一個子節點，那就修改 z 的父節點，將 z 換成 z 的子節點來將那個子節點往上移。

- 如果 z 有兩個子節點，那就尋找 z 的後繼節點 y（它一定屬於 z 的右子樹），將 y 移到 z 在樹中的位置。將 z 的右子樹的其餘部分變成 y 的新右子樹，將 z 的左子樹變成 y 的新左子樹。因為 y 是 z 的後繼元素，所以它不能有左子節點，將 y 原本的右子節點移到 y 原本的位置，y 原本的右子樹的其他部分自動補上。這是麻煩的情況，因為正如我們將看到的，y 是否為 z 的右子節點很重要。

從二元搜尋樹 T 中刪除特定節點 z 的程序接收指向 T 和 z 的指標參數。它組織各種情況的方法與上面的三種情況有點不同，它會考慮圖 12.4 的四種情況。

- 如果 z 沒有左子節點，那就像 (a) 小圖一樣，將它換成它的右子節點，可能是 NIL 也可能不是。當 z 的右子節點是 NIL 時，處理 z 沒有子節點的情況。當 z 的右子節點不是 NIL 時，處理 z 只有一個子節點的情況，該子節點是它的右子節點。

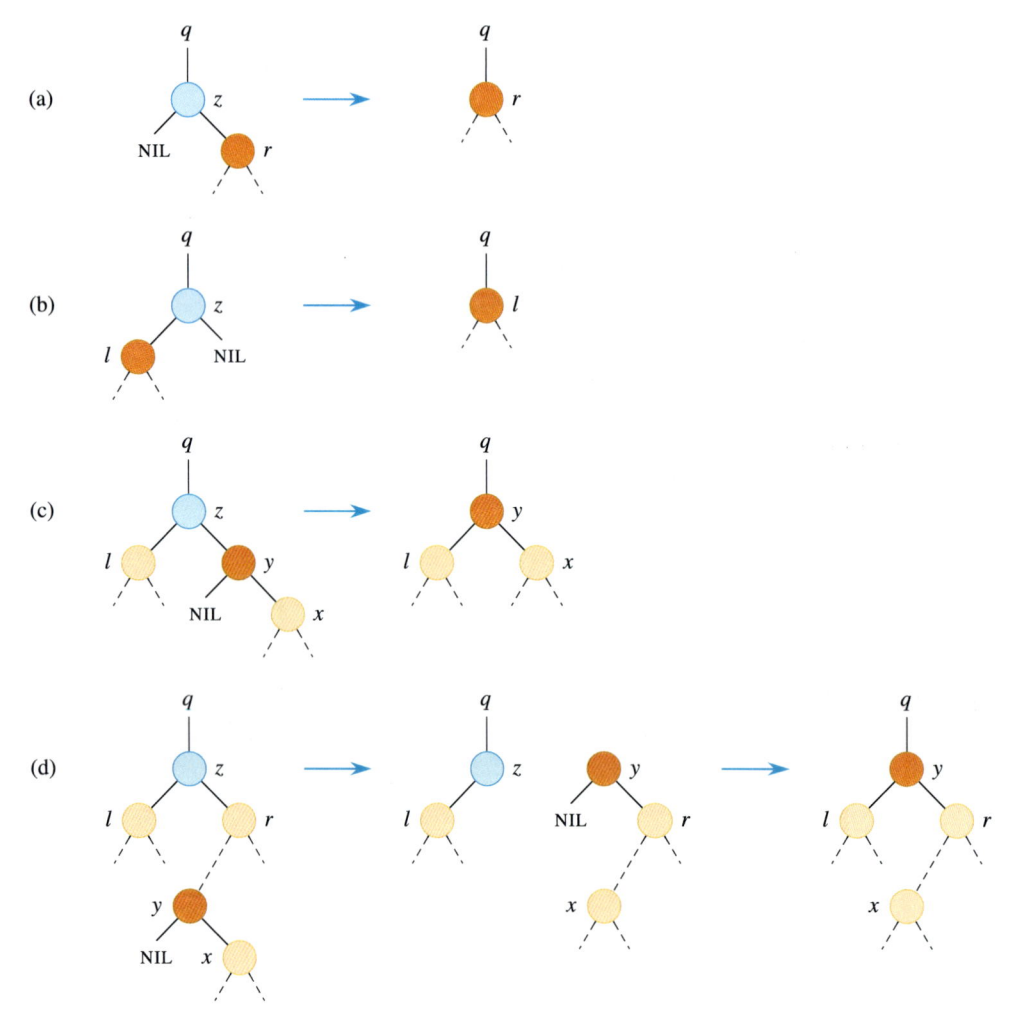

圖 12.4 刪除二元樹的節點 z（藍色）。節點 z 可能是根節點、節點 q 的左子節點，或 q 的右子節點。橘色的節點是將在節點 z 的位置取代它的節點。**(a)** 節點 z 沒有左子節點。將 z 換成它的右子節點，右子節點可能是 NIL 也可能不是。**(b)** 節點 z 有左子節點 l 但沒有右子節點。將 z 換成 l。**(c)** 節點 z 有兩個子節點。它的左子節點是節點 l，它的右子節點是它的後繼節點 y（沒有左子節點），且 y 的右子節點是節點 x。將 z 換成 y，將 y 的左子節點改為 l，但維持 x 為 y 的右子節點。**(d)** 節點 z 有兩個子節點（左子節點 l 與右子節點 r），且它的後繼節點 $y \neq r$ 位於根為 r 的子樹裡。先將 y 換成它自己的右子節點 x，然後將 z 設為 r 的父節點，然後將 y 設為 q 的子節點與 l 的父節點。

- 否則，如果 z 只有一個子節點，那個子節點是左子節點。如圖 (b) 所示，將 z 換成它的左子節點。

- 否則，z 有左與右子節點。找出 z 的後繼節點 y，它位於 z 的右子樹，而且沒有左子節點（見習題 12.2-5）。將節點 y 從它的位置移出，將 z 換成 y。具體做法取決於 y 是不是 z 的右子節點：

    – 如果 y 是 z 的右子節點，那就像圖 (c) 那樣，將 z 換成 y，不處理 y 的右子節點。

    – 否則，y 在 z 的右子樹裡，但不是 z 的右子節點。此時，如圖 (d) 所示，先將 y 換成它的右子節點，再將 z 換成 y。

在刪除節點的過程中，子樹需要在二元搜尋樹中移動。子程序 TRANSPLANT 可將一棵子樹換成它的父節點的另一棵子樹。當 TRANSPLANT 將根為 u 的子樹換成根為 v 的子樹時，節點 u 的父節點變成節點 v 的父節點，而 u 的父節點最終擁有合適的子節點 v。TRANSPLANT 允許 v 是 NIL 而不是指向節點的指標。

TRANSPLANT(T, u, v)
1 **if** $u.p ==$ NIL
2      $T.root = v$
3 **elseif** $u == u.p.left$
4      $u.p.left = v$
5 **else** $u.p.right = v$
6 **if** $v \neq$ NIL
7      $v.p = u.p$

以下是 TRANSPLANT 的運作方式。第 1~2 行處理 u 是 T 的根節點的情況。若非如此，u 若不是其父節點的左子節點，就是其父節點的右子節點。如果 u 是左子節點，第 3~4 行負責更新 u.p.left，如果 u 是右子節點，第 5 行更新 u.p.right。因為 v 可能是 NIL，第 6~7 行只在 v 不是 NIL 的情況下更新 v.p。TRANSPLANT 程序不會試圖更新 v.left 和 v.right，要不要更新它們是 TRANSPLANT 的呼叫方的責任。

下一頁的 TREE-DELETE 程序使用 TRANSPLANT 從二元搜尋樹 T 中刪除節點 z。它執行以下四種情況。第 1~2 行處理節點 z 沒有左子節點的情況（圖 12.4(a)），第 3~4 行處理 z 有左子節點，但沒有右子節點的情況（圖 12.4(b)）。第 5~12 行處理剩下的兩種情況，在這些情況下，z 有兩個子節點。第 5 行找到節點 y，它是 z 的後繼節點。因為 z 有非空的右子樹，所以它的後繼節點一定是在該子樹中鍵最小的節點，因此呼叫 TREE-MINIMUM(z.right)。如前所述，y 沒有左子節點。程序必須將 y 從當下的位置取出，並在樹中將 z 換成 y。如果 y 是 z 的

右子節點（圖 12.4(c)），那麼第 10~12 行將 z 換成 y 作為它的父節點的子節點，並將 y 的左子節點換成 z 的左子節點。節點 y 保留它的右子節點（圖 12.4(c) 中的 x），因此不需要改變 y.right。如果 y 不是 z 的右子節點（圖 12.4(d)），那就必須移動兩個節點。第 7~9 行將 y 換成 y 的右子節點作為它的父節點的子節點（圖 12.4(d) 中的 x），並將 z 的右子節點（圖中的 r）設為 y 的右子節點。最後，第 10~12 行將 z 換成 y 作為其父節點的子節點，並將 y 的左子節點換成 z 的左子節點。

```
TREE-DELETE(T, z)
1   if z.left == NIL
2       TRANSPLANT(T, z, z.right)         // 將 z 換成它的右子節點
3   elseif z.right == NIL
4       TRANSPLANT(T, z, z.left)          // 將 z 換成它的左子節點
5   else y = TREE-MINIMUM(z.right)        // y 是 z 的後繼節點
6       if y ≠ z.right                    // y 在樹的更下面嗎？
7           TRANSPLANT(T, y, y.right)     // 將 y 換成它的右子節點
8           y.right = z.right             // z 的右子節點變成
9           y.right.p = y                 // y 的右子節點
10      TRANSPLANT(T, z, y)               // 將 z 換成它的後繼節點 y
11      y.left = z.left                   // 並將 z 的左子節點給 y，
12      y.left.p = y                      // 它沒有左子節點
```

除了第 5 行呼叫 TREE-MINIMUM 之外，TREE-DELETE 的每一行都需要固定時間，包括呼叫 TRANSPLANT。因此，TREE-DELETE 處理高為 h 的樹的時間是 $O(h)$。

綜上所述，我們證明了以下的定理。

定理 12.3

動態集合操作 INSERT 和 DELETE 的實作可以在高度為 h 的二元搜尋樹上以 $O(h)$ 時間執行。∎

習題

12.3-1
寫出 TREE-INSERT 程序的遞迴版本。

12.3-2
假設你想藉著反覆在樹中插入不同的值來建構一棵二元搜尋樹。證明在樹中搜尋一個值時，需要檢查的節點數是 1 加上首次將該值插入樹中時檢查的節點數。

12.3-3
為了排序 n 個數字，你可以先建立一組包含這些數字的二元搜尋樹（反覆使用 TREE-INSERT 來一一插入數字），然後使用 inorder tree walk 來印出數字。這種排序演算法的最壞情況和最好情況執行時間是多少？

12.3-4
當 TREE-DELETE 呼叫 TRANSPLANT 時，在什麼情況下，TRANSPLANT 的參數 v 可以是 NIL？

12.3-5
刪除是「可互換的」嗎？也就是，先刪除 x 再刪除 y 之後的二元搜尋樹，與先刪除 y 再刪除 x 的樹一樣嗎？說明為何它是可互換的，或提出反例。

12.3-6
假設節點 x 沒有指向父節點的屬性 $x.p$，卻有指向 x 的後繼節點的屬性 $x.succ$。用這種表示法寫出二元搜尋樹 T 的 TREE-SEARCH、TREE-INSERT 和 TREE-DELETE 虛擬碼。這些程序應該以 $O(h)$ 時間執行，其中 h 是樹 T 的高度。你可以假設二元搜尋樹裡的鍵都是不同的（**提示**：你可以寫一個回傳某節點的父節點的子程序）。

12.3-7
當 TREE-DELETE 裡面的節點 z 有兩個子節點時，你可以選擇節點 y 作為它的前驅節點，而不是它的後繼節點，如果要這樣做，你要對 TREE-DELETE 進行哪些修改？有人認為，採取公平策略，給前驅節點和後繼節點相同的優先順序可以獲得更好的實驗效果。為了實現這種公平策略，如何對 TREE-DELETE 函數進行最小程度的更改？

挑戰

12-1 有相等鍵的二元搜尋樹
相等的鍵給二元搜尋樹的實作帶來一個問題。

a. 用 TREE-INSERT 來對著最初是空的二元搜尋樹插入 n 個具有相同鍵的項目時，它的漸近性能為何？

考慮將 TREE-INSERT 改成在第 5 行之前檢查 $z.key$ 是否等於 $x.key$，並在第 11 行之前檢查 $z.key$ 是否等於 $y.key$，如果相等，實作下列策略之一。推導出採取各種策略來將 n 個具有相同鍵的項目插入最初是空的二元搜尋樹的漸近效率（這些策略是針對第 5 行，該行比較 z 與 x 的鍵，將 y 換成 x 可得到針對第 11 行的策略）。

b. 在節點 x 保存布林旗標 $x.b$，並根據 $x.b$ 的值，將 x 設為 $x.left$ 或 $x.right$，每次 TREE-INSERT 插入一個鍵與 x 相同的節點並造訪 x 時，就將 $x.b$ 的值在 FASLE 與 TRUE 之間切換。

c. 讓 x 保存一個鍵相同的節點組成的串列，並將 z 插入串列。

d. 將 x 隨機設成 $x.left$ 或 $x.right$（寫出最壞情況效率，並非正式地推導期望執行時間）。

12-2 基數樹

給定兩個字串，$a = a_0a_1\ldots a_p$，$b = b_0b_1\ldots b_q$，其中每一個 a_i 與每一個 b_j 都屬於某個有序字元集合，當以下條件之一成立時，我們說字串 a 的**字典順序小於**字串 b

1. 有一個整數 j，$0 \leq j \leq \min\{p, q\}$，使得對所有 $i = 0, 1, \ldots, j-1$ 而言，$a_i = b_i$，且 $a_j < b_j$，或

2. $p < q$，且對所有 $i = 0, 1, \ldots, p$ 而言，$a_i = b_i$。

例如，如果 a 與 b 是位元字串，那麼根據規則 1，10100 < 10110（設 $j = 3$），且根據規則 2，10100 < 101000。這個排序方式類似英語字典使用的排序方式。

圖 12.5 的**基數樹**（也稱為 *trie*）資料結構儲存了位元字串 1011, 10, 011, 100 與 0。在搜尋一個鍵 $a = a_0a_1\ldots a_p$ 時，如果 $a_i = 0$，就在深度 i 的節點往左走，如果 $a_i = 1$ 就往右走。設 S 是一個由 n 個互不相同的位元字串組成的集合，這些位元字串的長度總和為 n。說明如何使用基數樹，用 $\Theta(n)$ 時間來以字典順序排序 S。例如，在圖 12.5 中，排序的輸出應該是 0, 011, 10, 100, 1011。

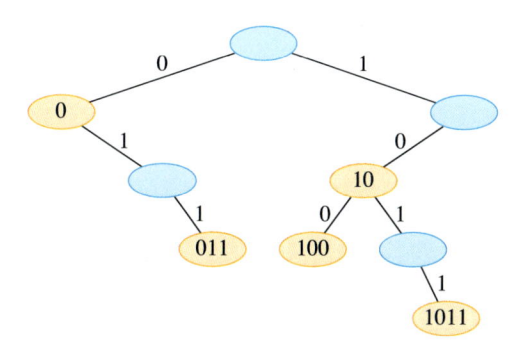

圖 12.5 儲存位元字串 1011, 10, 011, 100 與 0 的基數樹。若要找出一個節點的鍵，只要從根節點走一條簡單路徑到那個節點即可，所以不需要在節點裡儲存鍵。圖中的鍵只是為了說明。這棵樹中的藍色節點沒有鍵，這些節點僅用於建立到達其他節點的路徑。

12-3 隨機建立的二元搜尋樹的平均節點深度

用 n 個鍵來**隨機建立的二元搜尋樹**，是指從一棵空樹開始，按隨機順序插入鍵來建立的二元搜尋樹，其中鍵的 $n!$ 種排列方式的機率相同。在這個問題中，你要證明在一棵隨機建立的、有 n 個節點的二元搜尋樹中，節點的平均深度是 $O(\lg n)$。此技術揭示了二元搜尋樹的建立和第 7.3 節的 Randomized-Quicksort 的執行有驚人的相似性。

我們將樹 T 的任何節點 x 的深度表示為 $d(x, T)$。樹 T 的**總路徑長** $P(T)$ 就是 T 的所有節點 x 的 $d(x, T)$ 的總和。

a. 證明 T 的節點的平均深度是

$$\frac{1}{n}\sum_{x \in T} d(x, T) = \frac{1}{n} P(T)$$

因此，你要證明 $P(T)$ 的期望值是 $O(n \lg n)$。

b. 設 T_L 與 T_R 分別是樹 T 的左子樹與右子樹。證明若 T 有 n 個節點，則

$$P(T) = P(T_L) + P(T_R) + n - 1$$

c. 設 $P(n)$ 是隨機建立的、具有 n 個節點的二元搜尋樹的平均總路徑長，證明

$$P(n) = \frac{1}{n}\sum_{i=0}^{n-1}(P(i) + P(n-i-1) + n - 1)$$

d. 說明如何將 $P(n)$ 改寫為

$$P(n) = \frac{2}{n}\sum_{k=1}^{n-1} P(k) + \Theta(n)$$

e. 採用挑戰 7-3 針對快速排序隨機版本的另一種分析方法，得出結論 $P(n) = O(n \lg n)$。

隨機快速排序的每次遞迴呼叫都選擇一個隨機的分界點元素來劃分要排序的元素集合。二元搜尋樹的每一個節點都劃分以該節點為根的子樹裡的元素。

f. 描述一種快速排序的實作，其中，對一組元素進行排序時的比較方法，與將這些元素插入二元搜尋樹時的比較方法完全相同（進行比較的順序可能不同，但必須進行相同的比較）。

12-4 不同的二元樹的數量

設 b_n 是有 n 個節點的多個不同二元樹的數量。在這個問題中，你要找出 b_n 的公式，以及一個漸近估計。

a. 證明 $b_0 = 1$，且當 $n \geq 1$ 時，

$$b_n = \sum_{k=0}^{n-1} b_k b_{n-1-k}$$

b. 母函數的定義請參考第 115 頁的挑戰 4-5，設 $B(x)$ 是母函數

$$B(x) = \sum_{n=0}^{\infty} b_n x^n$$

證明 $B(x) = xB(x)^2 + 1$，因此，以閉合形式來表達 $B(x)$ 的一種方式是

$$B(x) = \frac{1}{2x}\left(1 - \sqrt{1-4x}\right)$$

$f(x)$ 在 $x = a$ 處的**泰勒展開式**是

$$f(x) = \sum_{k=0}^{\infty} \frac{f^{(k)}(a)}{k!}(x-a)^k$$

其中 $f^{(k)}(x)$ 是 f 在 x 處的 k 階導數。

c. 使用根號 $\sqrt{1-4x}$ 在 $x = 0$ 處的泰勒展開式，證明

$$b_n = \frac{1}{n+1}\binom{2n}{n}$$

（即第 n 個 *Catalan* 數）（如果你願意，可不使用泰勒展開式，而是將第 1136 頁的式 (C.4) 的二項式定理推廣到非整數指數 n，也就是對於任何實數 n 與任何整數 k，當 $k \geq 0$ 時，$\binom{n}{k}$ 可表示成 $n(n-1)\cdots(n-k+1)/k!$，否則為 0）。

d. 證明

$$b_n = \frac{4^n}{\sqrt{\pi}n^{3/2}}\left(1 + O(1/n)\right)$$

後記

Knuth [261] 針對簡單的二元搜尋樹和許多變體進行詳細的探討。二元搜尋樹似乎是由一些人在 1950 年代末獨立發現的。基數樹通常被稱為「tries」，來自於 *retrieval* 的中間幾個字母。Knuth [261] 也討論了它們。

　　許多文獻，包括本書的前兩版，都介紹一種方法，可在一個節點的兩個子節點都存在時，用比較簡單的方式將該節點從二元搜尋樹中刪除。這種方法不是將 z 換成它的後繼節點 y，而是刪除節點 y，但將它的鍵和衛星資料複製到節點 z 裡。這種方法的缺點在於，被實際刪除的節點可能不是被傳給刪除程序的節點。如果程式有其他部分會記錄指向樹中節點的指標，它們可能會錯誤地記錄指向已被刪除的節點的「過期」指標。雖然本書的這一版介紹的刪除方法有點複雜，但它可以保證，為了刪除節點 z 而發出的呼叫都會刪除節點 z，而且只會刪除節點 z。

　　第 14.5 節將介紹如何在建構樹之前知道搜尋頻率的情況下建構最佳二元搜尋樹。我們將根據「針對每一個鍵進行搜尋的頻率」，以及「針對樹中的鍵之間的值進行搜尋的頻率」，讓一組搜尋在所建構的二元搜尋樹中檢查最少的節點。

13 紅黑樹

第 12 章提到高度為 h 的二元搜尋樹可以在 $O(h)$ 時間內支援任何基本動態集合操作，例如 SEARCH、PREDECESSOR、SUCCESSOR、MINIMUM、MAXIMUM、INSERT 與 DELETE。因此，如果搜尋樹的高度較低，集合操作很快。然而，如果高度很高，集合操作的執行速度可能不如使用鏈接串列。紅黑樹是許多搜尋樹方案中的一種，它是「平衡」的，以保證基本的動態集合操作在最壞情況下有 $O(\lg n)$ 時間。

13.1 紅黑樹的特性

紅黑樹是一種二元搜尋樹，它的每一個節點都有一個額外的儲存位元：該節點的顏色，可以是 RED 或 BLACK。紅黑樹藉著限制從根節點到葉節點的任何簡單路徑上的節點顏色，來確保沒有任何路徑比其他路徑長兩倍以上，因此樹是接近平衡的。事實上，正如我們即將看到的，有 n 個鍵的紅黑樹的高度最多是 $2\lg(n+1)$，也就是 $O(\lg n)$。

這種樹的每個節點都包含 *color*、*key*、*left*、*right* 與 *p* 等屬性。如果一個節點的子節點或父節點不存在，則該節點的相應指標屬性是 NIL 值。你可以把這些 NIL 視為指向二元搜尋樹的葉節點（外圍節點）的指標，而正常的、附帶鍵的節點是樹的內部節點。

紅黑樹是滿足以下紅黑特性的二元搜尋樹：

1. 每個節點非紅即黑。
2. 根是黑的。
3. 每一個葉節點（NIL）都是黑的。
4. 如果節點是紅的，它的兩個子節點都是黑的。
5. 對每個節點而言，從該節點到後代葉節點的所有簡單路徑都有相同數量的黑色節點。

圖 13.1(a) 是一個紅黑樹的例子。

為了方便處理紅黑樹程式中的邊界條件（boundary condition），我們用一個哨符來代表 NIL（見第 250 頁）。紅黑樹 T 的哨符 $T.nil$ 是一個物件，它的屬性與樹中的普通節點相同。它的**顏色**屬性是 BLACK，其他屬性（p、$left$、$right$、key）可以是任意值。如圖 13.1(b) 所示，指向 NIL 的所有指標都換成指向哨符 $T.nil$ 的指標。

為什麼要使用哨符？哨符可讓我們將節點 x 的 NIL 子節點視為「父節點為 x 的普通節點」。另一種設計是讓樹的每個 NIL 使用不同的哨符節點，如此一來，每個 NIL 的父節點都有明確的定義。但是，這種做法毫無必要地浪費空間。我們只要用一個哨符 $T.nil$ 就可以代表所有的 NIL 了，包括所有的葉節點和根的父節點。哨符的 p、$left$、$right$ 和 key 屬性的值不重要。紅黑樹程序可以在哨符中放置任何數值，來讓程式更簡單。

通常我們只對紅黑樹的內部節點感興趣，因為它們保存鍵值。本章接下來的紅黑樹圖會省略葉節點，如圖 13.1(c) 所示。

我們用<u>黑高</u>（*black-height*）來稱呼從節點 x 往下走到一個葉節點的任何簡單路徑上的黑色節點數量，以 bh(x) 來表示。根據特性 5，黑高定義完善，因為從節點開始往下走的所有簡單路徑都有相同數量的黑節點。紅黑樹的黑高是它的根節點的黑高。

下面的引理說明為何紅黑樹是優秀的搜尋樹。

引理 13.1
有 n 個內部節點的紅黑樹的高最多是 $2 \lg(n + 1)$。

證明 我們先證明，根為 x 的任何子樹至少有 $2^{bh(x)} - 1$ 個內部節點。我們藉著對 x 的高進行歸納來證明這個論點。如果 x 的高度是 0，那麼 x 一定是葉節點（$T.nil$），根為 x 的子樹的確至少有 $2^{bh(x)} - 1 = 2^0 - 1 = 0$ 個內部節點。在歸納步驟，考慮節點 x 有正的高度，而且是內部節點，那麼節點 x 有兩個子節點，其中的一個或兩個可能是葉節點。如果有一個子節點是黑的，那麼它對 x 的黑高貢獻 1，但對它自己的黑高沒有貢獻。如果有一個子節點是紅色的，那麼它對 x 的黑高和它自己的黑高都沒有貢獻。因此，每個子節點的黑高都是 bh(x) $-$ 1（如果它是黑的）或 bh(x)（如果它是紅的）。因為 x 的子節點的高小於 x 本身的高，我們可以用歸納假設得出結論，每個子節點至少有 $2^{bh(x)-1} - 1$ 個內部節點。因此，根為 x 的子樹至少有 $(2^{bh(x)-1} - 1) + (2^{bh(x)-1} - 1) + 1 = 2^{bh(x)} - 1$ 個內部節點，這個說法得證。

(a)

(b)

(c)

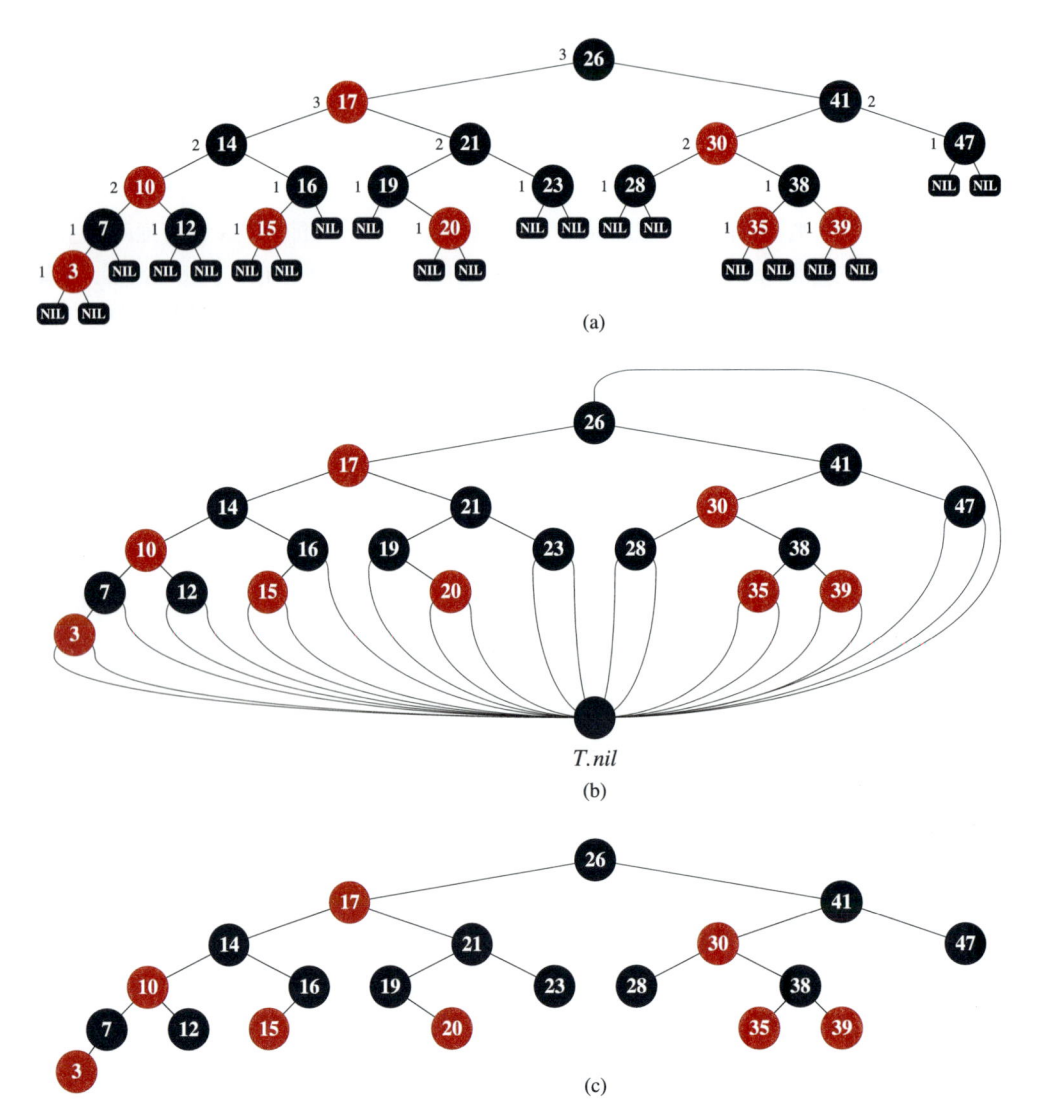

圖 13.1 紅黑樹。在紅黑樹裡的每個節點都是紅色或黑色的,紅色節點的子節點都是黑色的,從一個節點到一個後代葉節點的每一條簡單路徑都包含相同數量的黑色節點。**(a)** 標上 NIL 的葉節點都是黑色的。每個非 NIL 節點都標有其黑高,其中 NIL 的黑高為 0。**(b)** 同樣的紅黑樹,但每個 NIL 都被換成單一的哨符 *T.nil*,它一定是黑色的,本圖省略黑高。根節點的父節點也是哨符。**(c)** 同一棵紅黑樹,但完全省略葉節點和根的父節點。本章的其餘內容將使用這種繪圖風格。

為了完成引理的證明，設 h 是樹的高度。根據特性 4，從根節點到葉節點的任何簡單路徑上，至少有一半的節點是黑色，不包括根節點。因此，根節點的黑高至少是 $h/2$，所以，

$$n \geq 2^{h/2} - 1$$

把 1 移到左邊，對兩邊取對數，得到 $\lg(n+1) \geq h/2$ 或 $h \leq 2\lg(n+1)$。 ∎

這個引理的直接結論是，動態集合操作 SEARCH、MINIMUM、MAXIMUM、SUCCESSOR 和 PREDECESSOR 在紅黑樹上的執行時間都是 $O(\lg n)$，因為每個操作在高度為 h 的二元搜尋樹上的執行時間都是 $O(h)$（見第 12 章），且 n 個節點的紅黑樹都是高度為 $O(\lg n)$ 的二元搜尋樹（當然，在第 12 章的演算法中，針對 NIL 的參考必須換成 $T.nil$）。儘管第 12 章的程序 TREE-INSERT 和 TREE-DELETE 在接收紅黑樹作為輸入時，執行時間是 $O(\lg n)$，但你不能直接使用它們來實作動態集合操作 INSERT 和 DELETE，它們不一定能維持紅黑特性，所以最終可能不會產生一棵合格的紅黑樹。本章其餘內容將展示如何在 $O(\lg n)$ 時間內對著紅黑樹進行插入和刪除。

習題

13.1-1
用圖 13.1(a) 的風格，繪製包含鍵 {1, 2, ..., 15}，高度為 3 的完整二元搜尋樹。加入 NIL 葉節點，並以三種不同的方式為節點上色，使得最終的紅黑樹的黑高為 2、3 和 4。

13.1-2
畫出以鍵 36 對著圖 13.1 的樹呼叫 TREE-INSERT 之後的紅黑樹。如果插入的節點被畫成紅色，那麼產生的樹是紅黑樹嗎？如果畫成黑色呢？

13.1-3
我們將寬鬆紅黑樹定義成滿足紅黑特性 1、3、4 和 5 的二元搜尋樹，但它的根可能是紅色或黑色。考慮一棵寬鬆紅黑樹 T，它的根是紅色的。如果將 T 的根改成黑色，但不做其他改變，最終的樹是紅黑樹嗎？

13.1-4
假設在紅黑樹裡的每個黑節點都「吸收」了它的所有紅色子節點，因此任何紅色節點的子節點都會變成它的黑色父節點的子節點（忽略鍵發生的事情）。在一個黑色節點的所有紅色子節點都被吸收後，黑色節點可能是多少度（degree）？最終的樹的葉節點的深度為何？

13.1-5
證明從紅黑樹的一個節點 x 到一個後代葉節點的最長簡單路徑的最大值，是從節點 x 到後代葉節點的最短簡單路徑的兩倍。

13.1-6
在黑高為 k 的紅黑樹中，內部節點最多可能有幾個？最少可能有幾個？

13.1-7
畫出一棵有 n 個鍵，且紅色內部節點與黑色內部節點有最大比值的紅黑樹。這個比值是多少？最小的比值是多少？有這個比值的樹長怎樣？

13.1-8
證明在紅黑樹中，紅色節點不可能正好有一個非 NIL 子節點。

13.2 旋轉

搜尋樹的操作 TREE-INSERT 與 TREE-DELETE 處理具有 n 個鍵的紅黑樹的時間是 $O(\lg n)$。因為它們會修改樹，所以結果可能違反第 13.1 節中列舉的紅黑特性。為了恢復這些特性，我們要修改節點內的顏色和指標。

指標結構可透過旋轉來改變，旋轉是搜尋樹的一種局部操作，可保留二元搜尋樹的特性。圖 13.2 展示兩種旋轉：左旋和右旋。我們來看針對一個節點 x 進行左旋的情況，它將右邊的結構轉換成左邊的結構。節點 x 有一個右子節點 y，它不能是 *T.nil*。左旋改變了最初以 x 為根的子樹，將 x 和 y 之間的連線「轉」向左邊。子樹的新根變成節點 y，x 變成 y 的左子節點，y 原本的左子節點（在圖中以 β 表示的子樹）變成 x 的右子節點。

下一頁的 LEFT-ROTATE 虛擬碼假定 *x.right* ≠ *T.nil*，且根的父節點是 *T.nil*。圖 13.3 是 LEFT-ROTATE 修改二元搜尋樹的例子。RIGHT-ROTATE 的程式是對稱的。LEFT-ROTATE 和 RIGHT-ROTATE 都以 $O(1)$ 時間執行。旋轉只會改變指標，節點中的所有其他屬性都保持不變。

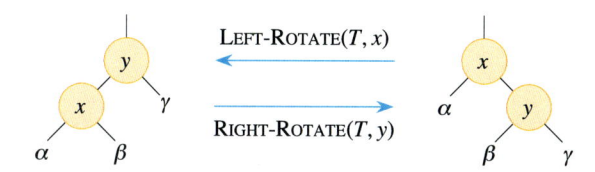

圖 13.2 在二元搜尋樹上進行旋轉操作。LEFT-ROTATE(T, x) 藉著改變固定數量的指標，將右邊的兩個節點的排列方式轉換成左邊的排列方式。反向操作 RIGHT-ROTATE(T, y) 將左邊的排列方式轉換成右邊的排列方式。字母 α、β 和 γ 代表任意的子樹。旋轉保留了二元搜尋樹特性：在 α 裡的鍵在 $x.key$ 之前，$x.key$ 在 β 裡的鍵之前，而 β 裡的鍵在 $y.key$ 之前，$y.key$ 在 γ 裡的鍵之前。

LEFT-ROTATE(T, x)
1 $y = x.right$
2 $x.right = y.left$ // 將 y 的左子樹轉入 x 的右子樹
3 **if** $y.left \neq T.nil$ // 如果 y 的左子樹不是空的…
4      $y.left.p = x$ // …x 變成子樹的根的父節點
5 $y.p = x.p$ // x 的父節點變成 y 的父節點
6 **if** $x.p == T.nil$ // 如果 x 是根節點…
7      $T.root = y$ // …y 變成根節點
8 **elseif** $x == x.p.left$ // 否則，如果 x 是左子節點…
9      $x.p.left = y$ // …y 變成左子節點
10 **else** $x.p.right = y$ // 否則，x 是右子節點，現在是 y
11 $y.left = x$ // 將 x 變成 y 的左子節點
12 $x.p = y$

習題

13.2-1
寫出 RIGHT-ROTATE 的虛擬碼。

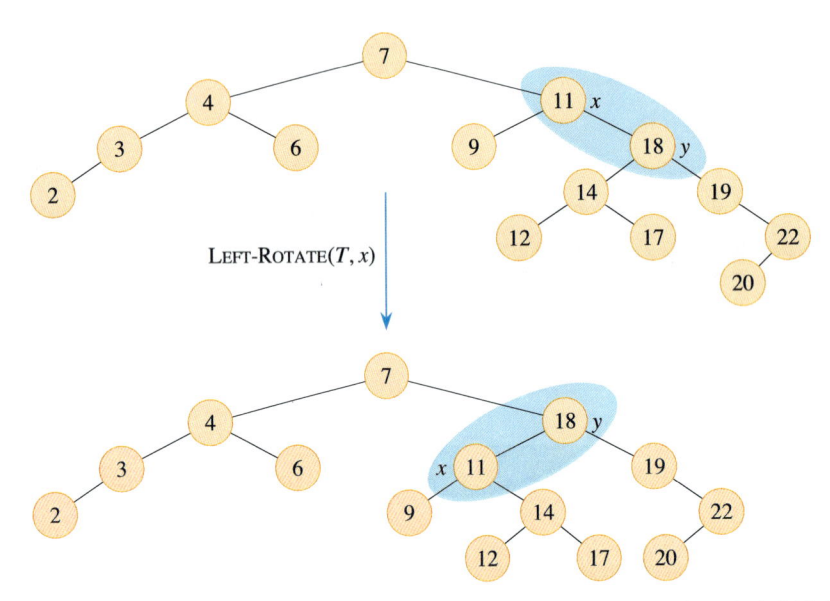

圖 13.3 LEFT-ROTATE(T, x) 修改二元搜尋樹的例子。對著輸入樹和修改後的樹進行 inorder tree walk 會產生相同的鍵值。

13.2-2
證明在每一個包含 n 個節點的二元搜尋樹裡都只有 $n-1$ 個可能的旋轉。

13.2-3
設 a、b、c 分別是圖 13.2 的右樹中的子樹 α、β、γ 的任意節點。對著圖中的節點 x 執行左旋會如何改變 a、b、c 的深度？

13.2-4
證明任何具有 n 個節點的二元搜尋樹都可以用 $O(n)$ 次旋轉來轉變成任何具有其他 n 個節點的二元搜尋樹（提示：先證明最多只要做 $n-1$ 次右旋就足以將樹轉變成一條往右延伸的鏈狀結構）。

★ 13.2-5
如果我們可以呼叫一系列的 RIGHT-ROTATE 來將二元搜尋樹 T_1 轉換成 T_2，我們說 T_1 可以**右轉換**（*right-converted*）成 T_2。舉出 T_1 無法右轉換成 T_2 的例子。然後證明如果 T_1 可以右轉換成 T_2，它就可以藉著呼叫 $O(n^2)$ 次 RIGHT-ROTATE 來右轉換為 T_2。

13.3 插入

為了在 $O(\lg n)$ 時間內將一個節點插入有 n 個內部節點的紅黑樹中，並維持紅黑特性，我們必須稍微修改第 308 頁的 Tree-Insert 程序。當 RB-Insert 程序開始時，它會將節點 z 插入樹 T，就像 T 是一棵普通的二元搜尋樹一樣，然後將 z 設成紅色（習題 13.3-1 會請你解釋為什麼要將節點 z 設成紅色而不是黑色）。為了維持紅黑特性，下一頁的輔助程序 RB-Insert-Fixup 會對節點進行重新著色並執行旋轉。呼叫 RB-Insert(T, z) 會將已經填好**鍵值**的節點 z 插入紅黑樹 T 中。

```
RB-INSERT(T, z)
1   x = T.root                     // 與 z 做比較的節點
2   y = T.nil                      // y 將是 z 的父節點
3   while x ≠ T.nil                // 往下走，直到到達哨符為止
4       y = x
5       if z.key < x.key
6           x = x.left
7       else x = x.right
8   z.p = y                        // 插入父節點為 y 的 z
9   if y == T.nil
10      T.root = z                 // 樹 T 是空的
11  elseif z.key < y.key
12      y.left = z
13  else y.right = z
14  z.left = T.nil                 // z 的兩個子節點都是哨符
15  z.right = T.nil
16  z.color = RED                  // 新節點最初是紅的
17  RB-INSERT-FIXUP(T, z)          // 修正任何違反紅黑特性之處
```

Tree-Insert 和 RB-Insert 程序有四個不同之處。首先，在 Tree-Insert 裡的所有 NIL 實例都被換成 $T.nil$。第二，RB-Insert 的第 14~15 行將 $z.left$ 和 $z.right$ 設為 $T.nil$，以維持適當的樹結構（Tree-Insert 假設 z 的子節點已經是 NIL）。第三，第 16 行將 z 設為紅色。第四，因為將 z 設為紅色可能導致紅黑特性不成立，所以 RB-Insert 的第 17 行呼叫 RB-Insert-Fixup(T, z) 來恢復紅黑特性。

RB-INSERT-FIXUP(T, z)
```
1   while z.p.color == RED
2       if z.p == z.p.p.left
3           y = z.p.p.right                 // y 是 z 的叔節點（uncle）
4           if y.color == RED               // z 的父節點與叔節點都是紅的嗎？
5               z.p.color = BLACK       ⎫
6               y.color = BLACK         ⎬ 情況 1
7               z.p.p.color = RED       ⎪
8               z = z.p.p               ⎭
9           else
10              if z == z.p.right       ⎫
11                  z = z.p             ⎬ 情況 2
12                  LEFT-ROTATE(T, z)   ⎭
13              z.p.color = BLACK       ⎫
14              z.p.p.color = RED       ⎬ 情況 3
15              RIGHT-ROTATE(T, z.p.p)  ⎭
16      else // 與第 3~15 行一樣，但將「right」與「left」交換
17          y = z.p.p.left
18          if y.color == RED
19              z.p.color = BLACK
20              y.color = BLACK
21              z.p.p.color = RED
22              z = z.p.p
23          else
24              if z == z.p.left
25                  z = z.p
26                  RIGHT-ROTATE(T, z)
27              z.p.color = BLACK
28              z.p.p.color = RED
29              LEFT-ROTATE(T, z.p.p)
30  T.root.color = BLACK
```

// z 的父節點是左子節點嗎？

為了了解 RB-INSERT-FIXUP 如何運作，我們分三個主要步驟來探討程式碼。首先，我們要確定，在插入節點 z 並將它設成紅色後，在 RB-INSERT 裡可能出現哪些違反紅黑特性的情況。第二，我們將考慮第 1~29 行的 **while** 迴圈的總體目標。最後，我們將分別探討 **while** 迴圈的主體內的三種情況（發生情況 2 之後會進入情況 3，所以這兩種情況不是互斥的），並檢視它們如何完成目標。

在描述紅黑樹的結構時，我們經常提到某節點的父節點的同層節點，我們用叔（*uncle*）來代表這種節點[1]。圖 13.4 是 RB-INSERT-FIXUP 處理一棵紅黑樹的過程，裡面的「情況」部分取決於一個節點、它的父節點和它的叔節點的顏色。

呼叫 RB-INSERT-FIXUP 可能出現哪些違反紅黑特性的情況？特性 1 必定繼續成立（每個節點都非紅即黑），特性 3 也是（每個葉節點都是黑色的），因為新插入的紅色節點的兩個子節點都是哨符 $T.nil$。特性 5，也就是從一個節點開始的每一條簡單路徑上的黑色節點數量都相同，也成立，因為節點 z 取代了（黑色）哨符，且節點 z 是紅色的，有哨符子節點。因此，可能違反的特性只有特性 2，根必須是黑的，以及特性 4，紅色節點不能有紅色的子節點。這兩個特性可能違反是因為 z 被設為紅色。如果 z 是根節點，特性 2 就會違反。圖 13.4(a) 是插入節點 z 後，違反特性 4 的情形。

第 1~29 行的 **while** 迴圈有兩種對稱的可能性：第 3~15 行處理的情況是節點 z 的父節點 $z.p$ 是 z 的祖節點 $z.p.p$ 的左子節點，第 17~29 行處理的情況則是 z 的父節點是右子節點。因為第 17~29 行是對稱的，我們的證明只專注在第 3~15 行。

我們將證明，**while** 迴圈在每次迭代開始時都維持包含以下三個部分的不變性：

a. 節點 z 是紅的。

b. 若 $z.p$ 是根，則 $z.p$ 是黑的。

c. 如果該樹違反任何一個紅黑特性，那麼它最多只違反其中一個，而且會違反特性 2 或特性 4，但不會兩者都違反。如果樹違反特性 2，那是因為 z 是根，而且是紅色的。如果樹違反特性 4，那是因為 z 和 $z.p$ 都是紅色的。

(c) 處理違反紅黑樹特性的情況，在證明 RB-INSERT-FIXUP 可恢復紅黑特性時，它比 (a) 和 (b) 更重要，在過程中，我們會利用 (a) 和 (b) 來了解程式碼裡面的情況。因為我們將關注節點 z 和它附近的節點，由 (a) 知道 z 為紅色是有幫助的。(b) 將有助於證明當第 2、3、7、8、14 和 15 行引用 z 的祖節點 $z.p.p$ 時，$z.p.p$ 是存在的（別忘了，我們只關注第 3~15 行）。

1　儘管我們在本書中盡量避免使用有性別差異的語言，但英語沒有代表父母的兄弟姐妹的性別中性詞（譯註：uncle 可譯為伯父、叔父、姑丈、舅舅和姨丈⋯等，本書選用「叔」）。

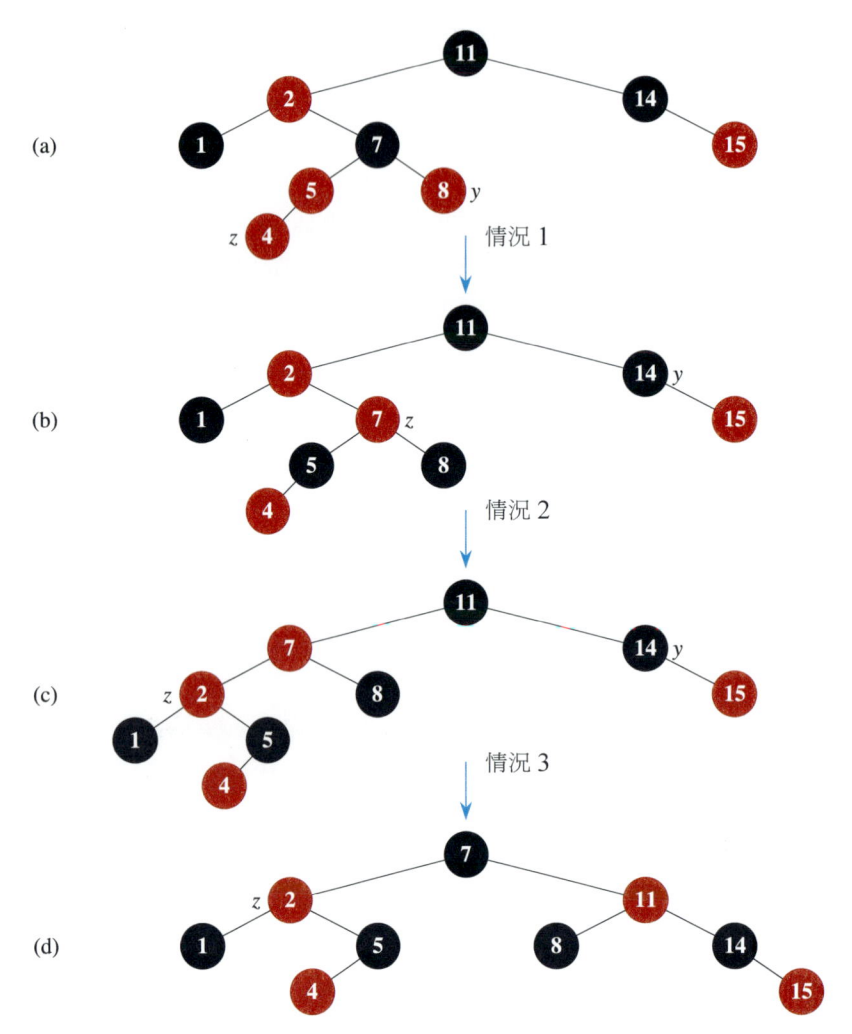

圖 13.4 RB-INSERT-FIXUP 的操作過程。**(a)** 被插入後的節點 z。z 和它的父節點 $z.p$ 都是紅的，違反特性 4。因為 z 的叔節點 y 是紅的，程式中的情況 1 成立。節點 z 的祖節點 $z.p.p$ 一定是黑的，它的黑色轉移給下一層的 z 的父與叔節點。**(b)** 是指標 z 在樹中上移兩層的結果。同理，z 和它的父節點都是紅的，但這一次，z 的叔節點 y 是黑的。因為 z 是 $z.p$ 的右子節點，所以情況 2 成立。執行左旋轉造成 **(c)** 的結果。現在 z 是它的父節點的左子節點，所以情況 3 成立。改變顏色並進行右旋轉產生 **(d)**，它是合格的紅黑樹。

複習一下，若要使用循環不變性，我們要證明該不變性在進入迴圈的第一次迭代時成立、該不變性在每次迭代都維持成立、迴圈會終止，而且該循環不變性在迴圈終止時給我們一個有用的屬性。我們將看到，迴圈的每次迭代都有兩種可能的結果：指標 z 在樹中往上移動，或是發生一些旋轉，然後迴圈終止。

初始： 在呼叫 RB-INSERT 之前，紅黑樹沒有違規。RB-INSERT 加入紅色節點 z，並呼叫 RB-INSERT-FIXUP。我們將證明，在呼叫 RB-INSERT-FIXUP 時，不變性的每一個部分都成立：

a. 呼叫 RB-INSERT-FIXUP 時，z 是被加入的紅色節點。

b. 如果 $z.p$ 是根，那麼 $z.p$ 最初是黑色的，在呼叫 RB-INSERT-FIXUP 之前不會變。

c. 我們已經知道，呼叫 RB-INSERT-FIXUP 時，特性 1、3 和 5 都成立。

如果樹違反特性 2（根必須是黑的），那麼紅色的根一定是新添加的節點 z，它是樹中唯一的內部節點。因為父節點和 z 的兩個子節點都是哨符，而哨符是黑色的，所以該樹沒有違反特性 4（紅色節點的兩個子節點都是黑色的）。因此，整棵樹違反的紅黑特性只有特性 2。

如果樹違反特性 4，那麼，因為節點 z 的子節點是黑色的哨符，而且樹在加入 z 之前沒有其他違規，所以違規的情形一定是 z 和 $z.p$ 都是紅色。此外，該樹沒有違反其他紅黑特性。

維持： 在 **while** 迴圈內有六種情況，但我們只檢查第 3~15 行的三種情況，當節點 z 的父節點 $z.p$ 是 z 的祖節點 $z.p.p$ 的左子節點時。第 17~29 行的證明是對稱的。節點 $z.p.p$ 存在，因為根據循環不變性的 (b) 部分，如果 $z.p$ 是根，那麼 $z.p$ 是黑色的。由於 RB-INSERT-FIXUP 只會在 $z.p$ 是紅色時進入迴圈迭代，所以我們知道 $z.p$ 不可能是根。因此 $z.p.p$ 存在。

情況 1 與情況 2 和 3 的不同之處在於叔節點 y 的顏色。第 3 行讓 y 指向 z 的叔節點 $z.p.p.right$，第 4 行檢查 y 的顏色。如果 y 是紅色，則執行情況 1。否則，將控制權轉移到情況 2 和 3。在全部的三種情況下，z 的祖節點 $z.p.p$ 是黑的，因為它的父節點 $z.p$ 是紅的，特性 4 只會在 z 和 $z.p$ 兩者之間違反。

情況 1：z 的叔節點是紅的

圖 13.5 展示了情況 1（第 5~8 行）的情形，它發生在 $z.p$ 和 y 都是紅色時。因為 z 的祖節點 $z.p.p$ 是黑的，它的黑色可以下移一層到 $z.p$ 和 y，進而解決 z 和 $z.p$ 都是紅色的問題。黑色下移一層後，z 的祖節點變成紅色，進而維持特性 5。**while** 迴圈重複執行，將 $z.p.p$ 當成新節點 z，於是節點 z 在樹中上移兩層。

我們已經證明情況 1 在下一次迭代開始時保持循環不變性。我們用 z 來代表在當下迭代中的節點 z，用 $z' = z.p.p$ 來代表下一次迭代時，在第 1 行的檢查中稱為節點 z 的節點。

a. 因為這次迭代將 $z.p.p$ 設成紅色，所以節點 z' 在下一次迭代開始時是紅色。

b. 節點 $z'.p$ 在這次迭代是 $z.p.p.p$，這個節點的顏色不變。如果這個節點是根，它在這次迭代之前是黑色的，在下一次迭代開始時它仍然是黑色的。

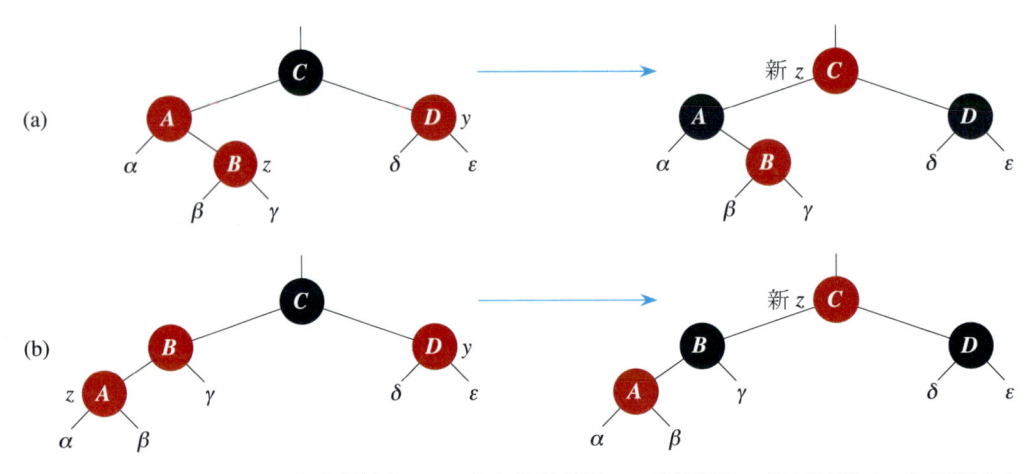

圖 13.5 RB-INSERT-FIXUP 程序的情況 1。z 與它的父節點 $z.p$ 都是紅的，違反特性 4。在情況 1 中，z 的叔節點 y 是紅的。無論 **(a)** z 是紅子節點，還是 **(b)** z 是左子節點，同樣的動作都會發生。子樹 α、β、γ、δ 與 ε 都有黑根節點（可能是哨符），而且它們都有相同的黑高。情況 1 的程式將 z 的祖節點的黑色移到 z 的父節點和叔節點，維持特性 5：從任意節點到葉節點的所有下行的簡單路徑都有相同數量的黑色。**while** 迴圈繼續執行，將 z 的祖節點 $z.p.p$ 當成新 z。如果情況 1 的動作導致違反特性 4 的新情況發生，那麼它一定只發生在新的 z（紅色）和它的父節點（如果它也是紅色）之間。

c. 我們已經證明，情況 1 維持特性 5，而且它不會導致特性 1 或 3 被違反。

如果節點 z' 在下一次迭代開始時是根節點，那麼情況 1 會糾正在這次迭代中唯一違反特性 4 的情況。由於 z' 是紅色的，而且是根節點，所以特性 2 變成唯一被違反的特性，而這個違反是 z' 造成的。

如果節點 z' 在下一次迭代開始時不是根節點，那麼情況 1 不會導致違反特性 2。情況 1 修正了此次迭代開始時唯一違反特性 4 的情況。然後，它把 z' 變成紅色，並且不處理 $z'.p$。如果 $z'.p$ 是黑色的，違反特性 4 的情況就不存在。如果 $z'.p$ 是紅色的，那麼將 z' 變成紅色會導致 z' 和 $z'.p$ 違反特性 4。

情況 2：z 的叔節點 y 是黑的，且 z 是右子節點
情況 3：z 的叔節點 y 是黑的，且 z 是左子節點

在情況 2 和 3 中，z 的叔節點 y 是黑色。我們假設 z 的父節點 $z.p$ 是紅色的，而且是左子節點，並根據 z 是 $z.p$ 的右子節點還是左子節點來分成兩種情況。第 11~12 行構成情況 2，在圖 13.6 中與情況 3 一起展示。在情況 2 中，節點 z 是其父節點的右子節點。左旋會立刻變為情況 3（第 13~15 行），其中，節點 z 是左子節點。因為 z 和 $z.p$ 都是紅色的，旋轉既不影響節點的黑高，也不影響特性 5。無論情況 3 是直接執行，還是經過情況 2 再執行，z 的叔節點 y 都是黑色的，因為若非如此，情況 1 就會執行。此外，節點 $z.p.p$ 存在，因為我們已經證明這個節點在第 2 行和第 3 行執行時存在，在第 11 行將 z 上移一層，然後在第 12 行下移一層後，$z.p.p$ 的身分仍然沒有改變。情況 3 進行了一些顏色改變和右旋，保留特性 5。此時不再有連續兩個紅節點了。**while** 迴圈在第 1 行的下一次檢查時終止，因為 $z.p$ 現在是黑色的。

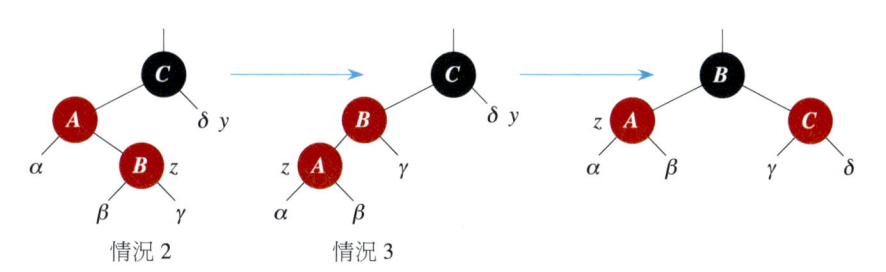

圖 13.6 RB-INSERT-FIXUP 程序的情況 2 與 3。和情況 1 一樣，在情況 2 或情況 3 中，特性 4 不成立，因為 z 和它的父節點 $z.p$ 都是紅色的。子樹 α、β、γ 和 δ 都有黑根（α、β 和 γ 是因為特性 4，δ 則是因為若非如此，就是情況 1），且每個子樹都有相同的黑高。情況 2 藉著左旋轉轉變成情況 3，保留了特性 5：從一個節點往下到達葉節點的簡單路徑都有相同數量的黑色。情況 3 導致一些顏色變化和右旋轉，這也保留了特性 5。然後，**while** 迴圈終止，因為特性 4 滿足了：不再有連續兩個紅色節點了。

我們現在已經證明情況 2 和 3 維持循環不變性（正如剛才證明的，$z.p$ 在第 1 行的下一次檢查時會變成黑色，迴圈主體不再執行）。

a. 情況 2 讓 z 指向 $z.p$，它是紅色的。在情況 2 和 3 中，z 與它的顏色不會再改變。

b. 情況 3 讓 $z.p$ 變成黑色，因此如果 $z.p$ 在下次迭代開始時是根節點，它是黑色的。

c. 與情況 1 一樣，情況 2 和 3 維持特性 1、3 和 5。

由於節點 z 在情況 2 和 3 中不是根節點，所以我們知道特性 2 未違反。情況 2 和 3 不會導致違反特性 2，因為情況 3 的旋轉會讓唯一變成紅色的節點成為黑色節點的子節點。

情況 2 和 3 糾正了唯一違反特性 4 的情況，而且它們不會導致其他的違反。

終止：為了確定迴圈會終止，我們可以觀察，如果只有情況 1 發生，那麼節點指標 z 在每次迭代中都會向根部移動，所以最終 $z.p$ 是黑色的（如果 z 是根節點，那麼 $z.p$ 是哨符 $T.nil$，它是黑的）。如果發生情況 2 或情況 3，我們已經知道迴圈會終止。由於迴圈終止是因為 $z.p$ 是黑的，所以樹在迴圈終止時沒有違反特性 4。根據循環不變性，唯一可能不成立的特性是特性 2。第 30 行藉著將根節點變成黑色來恢復這個特性，因此當 RB-INSERT-FIXUP 終止時，所有的紅黑特性都成立。

所以，我們已經證明，RB-INSERT-FIXUP 正確地恢復紅黑特性。

分析

RB-INSERT 的執行時間為何？由於 n 個節點的紅黑樹的高是 $O(\lg n)$，所以 RB-INSERT 的第 1~16 行需要 $O(\lg n)$ 時間。在 RB-INSERT-FIXUP 中，只有在情況 1 發生時，**while** 迴圈才會重複執行，然後指標 z 會在樹中上移兩層。因此，**while** 迴圈可能執行的總次數是 $O(\lg n)$。所以，RB-INSERT 總共花費 $O(\lg n)$ 時間。此外，它絕不執行超過兩次旋轉，因為執行了情況 2 或情況 3 之後，**while** 迴圈就會終止。

習題

13.3-1
RB-INSERT 的第 16 行將新插入的節點 z 設為紅色。如果 z 被設為黑色，那麼紅黑樹特性 4 就不會被違反。為何不將 z 設為黑色？

13.3-2
畫出將鍵 41, 38, 31, 12, 19, 8 依次插入最初為空的紅黑樹之後的紅黑樹。

13.3-3
假設圖 13.5 和 13.6 中的子樹 α、β、γ、δ、ε 的黑高都是 k。在這兩張圖中的每個節點標上其黑高，以驗證所示的轉換維持了特性 5。

13.3-4
Teach 教授擔心 RB-INSERT-FIXUP 可能會將 $T.nil.color$ 設為 RED，若是如此，第 1 行的檢查將不會導致迴圈在 z 是根節點時終止。證明 RB-INSERT-FIXUP 絕不會將 $T.nil.color$ 設為紅色，所以教授的擔心是沒有根據的。

13.3-5
考慮用 RB-INSERT 來插入 n 個節點形成的紅黑樹。證明，如果 $n > 1$，該樹至少有一個紅色節點。

13.3-6
如果紅黑樹的表示法不儲存父指標，該如何有效地實作 RB-INSERT？

13.4 刪除

如同在 n 個節點的紅黑樹上的其他基本操作，刪除一個節點需要 $O(\lg n)$ 時間。從紅黑樹刪除一個節點比插入一個節點更複雜。

　　從紅黑樹刪除一個節點的程序是以第 312 頁的 TREE-DELETE 程序為基礎。首先，我們要修改 TREE-DELETE 所呼叫的 TRANSPLANT 子程序（第 311 頁），讓它適用於紅黑樹。與 TRANSPLANT 一樣，新程序 RB-TRANSPLANT 將根為 u 的子樹換成根為 v 的子樹。RB-TRANSPLANT 程序有兩個地方與 TRANSPLANT 不同。首先，第 1 行參考哨符 $T.nil$ 而不是 NIL。第二，在第 6 行中針對 $v.p$ 的賦值是無條件發生的，即使 v 指向哨符，這個程序也會對 $v.p$ 賦值。我們將利用當 $v = T.nil$ 時賦值給 $v.p$ 的能力。

RB-TRANSPLANT(T, u, v)
1 **if** $u.p == T.nil$
2      $T.root = v$
3 **elseif** $u == u.p.left$
4      $u.p.left = v$
5 **else** $u.p.right = v$
6 $v.p = u.p$

下一頁的程序 RB-DELETE 與 TREE-DELETE 相似，但增加幾行虛擬碼，用來處理可能導致違反紅黑特性的節點 x 和 y。當被刪除的節點 z 最多只有一個子節點時，y 將是 z。當 z 有兩個子節點時，就像在 TREE-DELETE 裡一樣，y 將是 z 的後繼節點，它沒有左子節點，並移到 z 在樹中的位置。此外，y 會被設為 z 的顏色。在這兩種情況下，節點 y 最多只有一個子節點：節點 x，x 會接替 y 在樹中的位置（如果 y 沒有子節點，節點 x 將是哨符 $T.nil$）。因為節點 y 將會被移除或在樹中移動，所以這個程序需要記錄 y 的原始顏色。如果刪除節點 z 後可能違反紅黑特性，RB-DELETE 會呼叫輔助程序 RB-DELETE-FIXUP 來改變顏色，並執行旋轉，以恢復紅黑特性。

儘管 RB-DELETE 的虛擬碼行數幾乎是 TREE-DELETE 的兩倍，但這兩個程序的基本結構是一樣的。你可以在 RB-DELETE 中找到 TREE-DELETE 的每一行（將 NIL 換成 $T.nil$，將呼叫 TRANSPLANT 換成呼叫 RB-TRANSPLANT），在相同的條件下執行。

詳細來說，以下是這兩個程序的其他區別：

- 如上所述，第 1 行和第 9 行設定節點 y。第 1 行是當節點 z 最多只有一個子節點時。第 9 行是當 z 有兩個子節點時。

- 因為節點 y 的顏色可能改變，所以變數 y-$original$-$color$ 會在發生任何改變之前儲存 y 的顏色。第 2 行和第 10 行會在對 y 賦值後立刻設置這個變數。當節點 z 有兩個子節點時，節點 y 和 z 是不同的，在這種情況下，第 17 行將 y 移到 z 的原始位置（也就是在呼叫 RB-DELETE 時，z 在樹中的位置），第 20 行將 y 的顏色設成與 z 相同。當節點 y 原本是黑色時，移除或移動它可能導致違反紅黑特性，第 22 行藉著呼叫 RB-DELETE-FIXUP 來糾正。

RB-DELETE(T, z)
1   y = z
2   y-original-color = y.color
3   **if** z.left == T.nil
4   x = z.right
5   RB-TRANSPLANT(T, z, z.right)   // 將 z 換成它的右子節點
6   **elseif** z.right == T.nil
7   x = z.left
8   RB-TRANSPLANT(T, z, z.left)   // 將 z 換成它的左子節點
9   **else** y = TREE-MINIMUM(z.right)   // y 是 z 的後繼節點
10   y-original-color = y.color
11   x = y.right
12   **if** y ≠ z.right   // y 在樹的下方嗎？
13   RB-TRANSPLANT(T, y, y.right)   // 將 y 換成它的右子節點
14   y.right = z.right   // z 的右子節點變成
15   y.right.p = y   // y 的右子節點
16   **else** x.p = y   // 當 x 是 T.nil 時
17   RB-TRANSPLANT(T, z, y)   // 將 z 換成它的後繼節點 y
18   y.left = z.left   // 並將 z 的左子節點給 y，
19   y.left.p = y   // y 本來沒有左子節點
20   y.color = z.color
21 **if** y-original-color == BLACK   // 如果違反任何特性
22   RB-DELETE-FIXUP(T, x)   // 糾正它們

- 如前所述，這個程序被呼叫時，會記錄被移入節點 y 的原始位置的節點 x。在第 4 行、第 7 行和第 11 行的賦值會將 x 設成 y 的唯一子節點，或者，如果 y 沒有子節點，則設成哨符 T.nil。

- 因為節點 x 被移到節點 y 的原始位置，屬性 x.p 必須正確設定。如果節點 z 有兩個子節點，並且 y 是 z 的右子節點，那麼 y 會被移到 z 的位置，x 仍然是 y 的一個子節點。第 12 行檢查這種情況。你或許認為第 16 行將 x.p 設成 y 是沒必要的，因為 x 是 y 的子節點，但呼叫 RB-DELETE-FIXUP 的前提是 x.p 指向 y，即使 x 是 T.nil 也是如此。因此，當 z 有兩個子節點，並且 y 是 z 的右子節點時，如果 y 的右子節點是 T.nil，那麼執行第 16 行是必要的，否則它不會改變任何東西。

否則，節點 z 或者與節點 y 相同，或者是 y 的原父節點的真祖（proper ancestor）。在這些情況下，第 5、8 和 13 行呼叫 RB-TRANSPLANT 會在 RB-TRANSPLANT 的第 6 行正確地設定 x.p（在這三次呼叫 RB-TRANSPLANT 中，我們傳遞的第三個參數等同於 x）。

- 最後，如果節點 y 是黑色的，一或多個違反紅黑特性的情況可能會出現。在第 22 行呼叫 RB-DELETE-FIXUP 可恢復紅黑特性。如果 y 是紅色的，那麼當 y 被移除或移動時，紅黑特性仍然成立，原因如下：

  1. 在樹中的黑高都沒有改變（見習題 13.4-1）。
  2. 我們沒有讓紅色節點相鄰。如果 z 最多有一個子節點，那麼 y 和 z 是同一個節點。該節點會被移除，用一個子節點接替其位置。如果被移除的節點是紅色的，那麼它的父節點和子節點都不可能是紅色的，所以移動一個子節點來接替它的位置不會導致兩個紅色節點變成相鄰的節點。另一方面，如果 z 有兩個子節點，那麼 y 接替 z 的位置，並接替 z 的顏色，所以在 y 的新位置不可能有兩個相鄰的紅色節點。此外，如果 y 不是 z 的右子節點，那麼 y 原本的右子節點 x 就會在樹中接替 y。由於 y 是紅色的，x 一定是黑色的，所以用 x 替換 y 不會讓兩個紅色節點相鄰。
  3. 如果 y 是紅色的，它就不可能是根節點，所以根節點仍然是黑色的。

如果節點 y 是黑色的，有三個問題可能會出現，呼叫 RB-DELETE-FIXUP 可以補救這些問題。首先，如果 y 是根節點，而 y 的一個紅色子節點變成新的根，那就違反特性 2。第二，如果 x 和它的新父節點都是紅色的，那就發生違反特性 4。第三，移動 y 會導致以前包含 y 的所有簡單路徑都少一個黑色節點，因此，y 的任何前代節點都違反特性 5。我們可以糾正違反特性 5 的情況，做法是當黑色節點 y 被移除或移動時，將它的黑色轉移到被移到 y 原本位置的節點 x，給 x 一個「額外的」黑色。也就是說，如果我們將包含節點 x 的任何簡單路徑上的黑節點計數增加 1，那麼在這個解釋下，特性 5 成立。但這會出現另一個問題：節點 x 既不是紅色也不是黑色，所以違反特性 1。節點 x 或者是「兩黑」，或者是「紅黑」，分別使得包含 x 的簡單路徑上的黑色節點數量加 2 或加 1。x 的 color 屬性仍為 RED（如果 x 是紅黑）或 BLACK（如果 x 是兩黑）。換句話說，節點的多餘黑色是反映在「x 所指的節點」上（x's pointing to the node），而不是反映在 color 屬性上。

下一頁的 RB-DELETE-FIXUP 程序可恢復特性 1、2 和 4。習題 13.4-2 和 13.4-3 會請你證明該程序可恢復特性 2 和 4，因此在本節的剩餘部分，我們主要討論特性 1。在第 1~43 行的 **while** 迴圈的目標是將額外的黑色往上移，直到

1. x 指向一個紅黑節點，在這種情況下，第 44 行將 x 設成（單）黑色；
2. x 指向根節點，在這個情況下，額外的黑色直接消失；或者
3. 進行適當的旋轉和顏色設定後，迴圈退出。

如同 RB-INSERT-FIXUP，RB-DELETE-FIXUP 程序處理兩種對稱的情況：第 3~22 行處理 x 是左子節點的情況，第 24~43 行處理 x 是右子節點的情況。我們的證明關注的是第 3~22 行的四種情況。

在 **while** 迴圈內，x 始終指向一個非根的雙黑節點。第 2 行檢查 x 是它的父節點 $x.p$ 的左子節點還是右子節點，以決定在迭代時該執行第 3~22 行還是第 24~43 行。我們用指標 w 來表示 x 的同層節點。因為節點 x 是雙黑，所以節點 w 不能是 $T.nil$，否則，從 $x.p$ 到葉節點 w 的簡單路徑上的黑數（單黑）將少於從 $x.p$ 到 x 的簡單路徑上的黑數。

回顧一下，RB-DELETE 程序總是在呼叫 RB-DELETE-FIXUP 之前對 $x.p$ 進行賦值（無論是在第 13 行的 RB-TRANSPLANT 呼叫中，還是在第 16 行的賦值），即使節點 x 是哨符 $T.nil$。這是因為 RB-DELETE-FIXUP 在多個地方引用了 x 的父節點 $x.p$，這個屬性必須指向在 RB-DELETE 裡成為 x 的父節點的節點，即使 x 是 $T.nil$。

圖 13.7 展示在程式碼中，當節點 x 是左子節點時的四種情況（如同 RB-INSERT-FIXUP，RB-DELETE-FIXUP 中的情況不是互斥的）。在仔細研究每個情況之前，我們先看看如何驗證在每種情況下的轉換是否維持特性 5。關鍵在於，所應用的轉換都保留從所示的子樹之根（含）到每棵子樹 $\alpha, \beta, ..., \zeta$ 之根的黑節點數量（包括 x 的額外黑色）。因此，如果特性 5 在轉換之前成立，那麼在轉換之後也繼續成立。例如，在說明情況 1 的圖 13.7(a) 中，從根到子樹 α 或 β 之根的黑色節點的數量在轉換的前後都是 3（同理，別忘了，節點 x 加入一個額外的黑色）。同理，從根到 γ、δ、ε 和 ζ 的任何一個子樹之根的黑色節點數量在轉換之前和之後都是 2^2。在圖 13.7(b) 中，計數必定涉及所示子樹之根的 $color$ 屬性值 c，該值可能是 RED 或 BLACK。

2　如果特性 5 成立，我們可以假設從 γ、δ、ε 和 ζ 的根到葉節點的路徑，比從 α 和 β 的根到葉節點的路徑多一個黑色。

RB-DELETE-FIXUP(T, x)
1   while $x \neq T.root$ and $x.color ==$ BLACK
2   if $x == x.p.left$ // x 是左子節點嗎？
3           $w = x.p.right$ // w 是 x 的同層節點
4   if $w.color ==$ RED
5               $w.color =$ BLACK
6               $x.p.color =$ RED   ⎫
7   LEFT-ROTATE($T, x.p$)   ⎬ 情況 1
8               $w = x.p.right$ ⎭
9   if $w.left.color ==$ BLACK and $w.right.color ==$ BLACK
10              $w.color =$ RED   ⎫
11              $x = x.p$ ⎬ 情況 2
12   else   ⎭
13   if $w.right.color ==$ BLACK
14                  $w.left.color =$ BLACK   ⎫
15                  $w.color =$ RED   ⎬ 情況 3
16   RIGHT-ROTATE(T, w)   ⎪
17                  $w = x.p.right$ ⎭
18              $w.color = x.p.color$ ⎫
19              $x.p.color =$ BLACK   ⎪
20              $w.right.color =$ BLACK   ⎬ 情況 4
21   LEFT-ROTATE($T, x.p$)   ⎪
22              $x = T.root$ ⎭
23   else // 與第 3~22 行一樣，但「right」與「left」互換
24          $w = x.p.left$
25   if $w.color ==$ RED
26              $w.color =$ BLACK
27              $x.p.color =$ RED
28   RIGHT-ROTATE($T, x.p$)
29              $w = x.p.left$
30   if $w.right.color ==$ BLACK and $w.left.color ==$ BLACK
31              $w.color =$ RED
32              $x = x.p$
33   else
34   if $w.left.color ==$ BLACK
35                  $w.right.color =$ BLACK
36                  $w.color =$ RED
37   LEFT-ROTATE(T, w)
38                  $w = x.p.left$
39              $w.color = x.p.color$
40              $x.p.color =$ BLACK
41              $w.left.color =$ BLACK
42   RIGHT-ROTATE($T, x.p$)
43              $x = T.root$
44 $x.color =$ BLACK

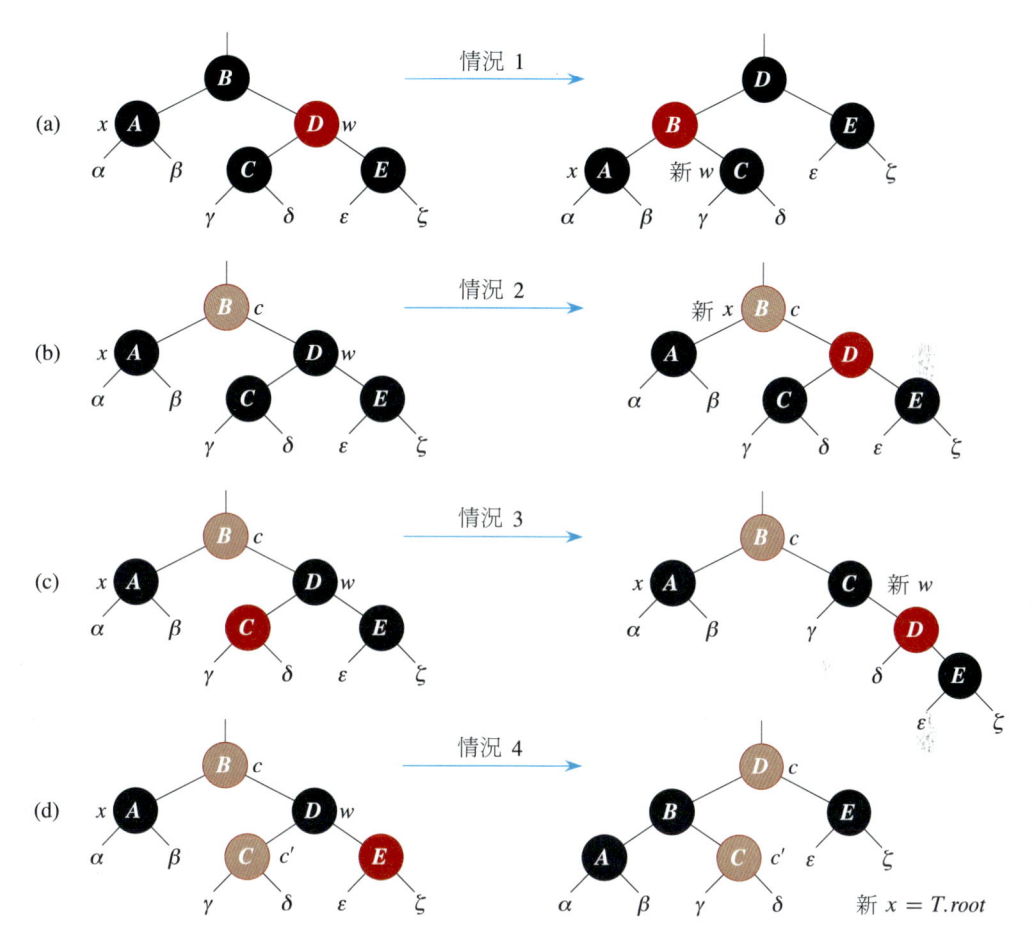

圖 13.7 在 RB-DELETE-FIXUP 程序的第 3–22 行的四種情況。棕色節點的 *color* 屬性以 c 和 c' 表示，它可能是 RED 或 BLACK。字母 $\alpha, \beta, \ldots, \zeta$ 代表任意的子樹。每個情況都藉著改變一些顏色和（或）進行旋轉，來將左邊的排列轉換成右邊的排列。x 所指的節點都有一個額外的黑色，它或者是雙黑，或者是紅黑。只有情況 2 會導致迴圈重複執行。**(a)** 情況 1 藉著交換節點 B 和 D 的顏色並進行左旋轉來轉換為情況 2、3 或 4。**(b)** 在情況 2，將指標 x 所代表的額外黑色往上移。做法是將 D 設為紅色，並將 x 指向 B。如果情況 2 是經由情況 1 到達的，那麼 **while** 迴圈終止，因為新節點 x 是紅黑，因此它的 *color* 屬性的 c 值是 RED。**(c)** 藉著交換 C 和 D 的顏色並執行右旋轉，從情況 3 轉換成情況 4。**(d)** 情況 4 移除 x 所代表的額外黑色，做法是改變一些顏色和進行左旋轉（且不違反紅黑特性），然後迴圈終止。

如果我們定義 count(RED) = 0 且 count(BLACK) = 1，那麼從根到 α 的黑節點數量是 2 + count(c)，無論是在轉換之前還是之後。在這種情況下，轉換之後，新節點 x 具有 color 屬性 c，但這個節點實際上是紅黑（若 c = RED）或雙黑（若 c = BLACK）。你可以用類似的方法驗證其他情況（見習題 13.4-6）。

情況 1：x 的同層 w 是紅的

情況 1（第 5~8 行與圖 13.7(a)）在節點 w（x 的同層節點）是紅的時發生。因為 w 是紅色的，所以它一定有黑色的子節點。這個情況會對調 w 和 x.p 的顏色，然後對 x.p 進行左旋轉，在不違反任何紅黑特性的情況下。x 的新同層節點（也就是在旋轉之前的 w 的子節點之一）現在是黑色的，因此情況 1 轉化為情況 2、3 或 4 之一。

情況 2、3 和 4 發生在節點 w 是黑色的時候，並以 w 的子節點的顏色來區分。

情況 2：x 的同層節點 w 是黑的，且 w 的兩個子節點都是黑的

在情況 2 中（第 10~11 行和圖 13.7(b)），w 的兩個子節點都是黑的。因為 w 也是黑的，在這個情況裡，我們將 x 和 w 的一個黑色移除，讓 x 只剩下一個黑色，讓 w 是紅色。為了彌補 x 和 w 各失去一個黑色節點，x 的父節點 x.p 可以多承接一個額外的黑色節點。第 11 行藉著將 x 上移一層來做這件事，所以 **while** 迴圈將 x.p 當成新節點 x 來重複執行。如果情況 2 是經由情況 1 進入的，新節點 x 是紅黑的，因為原本的 x.p 是紅的。因此，新節點 x 的 color 屬性的 c 值是紅色，迴圈在檢查迴圈條件時終止。然後，第 44 行將新節點 x 標為（一個）黑色。

情況 3：x 的同層 w 是黑的，w 的左子節點是紅的，且 w 的右子節點是黑的

情況 3（第 14~17 行和圖 13.7(c)）在 w 是黑的時發生，它的左子節點是紅的，右子節點是黑的。這個情況會交換 w 和它的左子節點 w.left 的顏色，然後在不違反任何紅黑特性的情況下，對 w 執行一次右旋。現在 x 的新同層 w 是一個黑色節點，它有一個紅色的右子節點，因此情況 3 落入情況 4。

情況 4：x 的同層 w 是黑的，而 w 的右子節點是紅色的

情況 4（第 18~22 行和圖 13.7(d)）在節點 x 的同層 w 是黑色，且 w 的右子節點是紅色時發生。我們對 x.p 進行一些顏色改變和左旋，讓 x 的多餘黑色消失，將它變成單黑，且不違反任何紅黑特性。第 22 行將 x 設為根節點，**while** 迴圈在下次檢查迴圈條件時終止。

分析

RB-DELETE 的執行時間為何？因為 n 個節點的紅黑樹的高度是 $O(\lg n)$，所以在未呼叫 RB-DELETE-FIXUP 的情況下，程序的總成本是 $O(\lg n)$ 時間。在 RB-DELETE-FIXUP 裡，情況 1、3 和 4 在執行固定次數的顏色改變和最多進行三次旋轉之後都會終止。情況 2 是 **while** 迴圈可能重複的唯一情況，此時，指標 x 在樹中最多往上移動 $O(\lg n)$ 次，不執行任何旋轉。因此，程序 RB-DELETE-FIXUP 需要 $O(\lg n)$ 時間，最多執行三次旋轉，所以 RB-DELETE 的總體時間也是 $O(\lg n)$。

習題

13.4-1
證明如果節點 y 在 RB-DELETE 裡面是紅的，那就沒有黑高會改變。

13.4-2
證明在 RB-DELETE-FIXUP 執行後，樹的根節點必定是黑色的。

13.4-3
證明如果在 RB-DELETE 裡，x 和 $x.p$ 都是紅色的，那麼特性 4 可以藉著呼叫 RB-DELETE-FIXUP(T, x) 來恢復。

13.4-4
你曾經在第 333 頁的習題 13.3-2 中，畫出一棵在最初為空的樹中依次插入鍵 41, 38, 31, 12, 19, 8 產生的紅黑樹。現在畫出依序刪除鍵 8, 12, 19, 31, 38, 41 產生的紅黑樹。

13.4-5
RB-DELETE-FIXUP 的哪幾行程式碼可能檢查或修改哨符 $T.nil$？

13.4-6
在圖 13.7 的每一種情況中，寫出從所示的子樹之根到每一棵子樹 $\alpha, \beta, ..., \zeta$ 之根的黑色節點數量，並驗證每個數量在轉換後仍保持相同。當節點有 *color* 屬性 c 或 c' 時，在你的計數中使用 count(c) 或 count(c') 來表示。

13.4-7
Skelton 和 Baron 教授擔心，在 RB-Delete-Fixup 的情況 1 開始時，節點 $x.p$ 可能不是黑色的。如果 $x.p$ 不是黑色，那麼第 5~6 行就是錯誤的。證明 $x.p$ 在情況 1 開始時一定是黑色的，讓教授們安心。

13.4-8
有一個節點 x 被 RB-Insert 插入紅黑樹，然後立刻被 RB-Delete 刪除。經過這個程序之後，紅黑樹一定與最初的紅黑樹相同嗎？證明你的答案是正確的。

★ 13.4-9
有一個操作 RB-Enumerate(T, r, a, b)，它可以輸出在具有 n 個節點的紅黑樹 T 中，根為節點 r 的子樹裡，滿足 $a \leq k \leq b$ 的所有鍵 k。說明如何在 $\Theta(m + \lg n)$ 時間內實現 RB-Enumerate，其中 m 是它輸出的鍵數。假設在 T 裡的鍵都是不同的，且 a 和 b 是 T 中的鍵值。如果 a 和 b 可能不在 T 裡出現，如何修改你的解決方案？

挑戰

13-1 持久化動態集合

在演算法的執行過程中，有時你需要保存一個動態集合的過去版本，因為它會被更新，我們將這種行為稱為**持久化**（*persistent*）。要將集合持久化，有一種做法是在集合被修改時複製整個集合，但是這種做法可能會拖慢程式，也會浪費很多空間。有時，你可以採取更好的做法。

考慮一個具有 Insert、Delete 和 Search 操作的持久化集合 S，如圖 13.8(a) 所示，你用二元搜尋樹來實現這些操作。你將為每一個版本的集合分別保存一個根節點。若要將鍵 5 插入集合，你要建立一個鍵 5 新節點，將這個節點設為鍵 7 新節點的左子節點，因為你不能修改既有的鍵 7 節點。同理，你要將鍵 7 新節點設為鍵 8 新節點的左子節點，它的右子節點是既有的鍵 10 節點。鍵 8 新節點是鍵 4 新根節點 r' 的右子節點，鍵 8 新節點的左子節點是既有的鍵 3 節點。因此，你只複製了樹的一部分，並與原樹共用一些節點，如圖 13.8(b) 所示。

假設每個樹節點都有屬性 *key*、*left* 和 *right*，但沒有 parent（見第 333 頁的習題 13.3-6）。

a. 若要將二元搜尋樹持久化（不是紅黑樹，只是二元搜尋樹），在插入或刪除一個節點時，你要改變哪些節點？

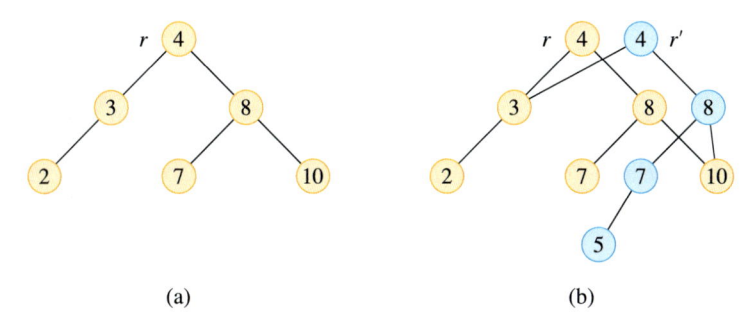

圖 13.8 **(a)** 擁有鍵 2, 3, 4, 7, 8, 10 的二元搜尋樹。**(b)** 插入鍵 5 後產生的持久化二元搜尋樹。集合的最新版本由根節點 r' 能到達的節點組成,之前的版本則由 r 能到達的節點組成。藍色節點是插入鍵 5 之後加入的。

- **b.** 寫出程序 PERSISTENT-TREE-INSERT(T, z),當它收到一個持久化二元搜尋樹 T 和一個要插入的節點 z 之後,會回傳一個新的持久化樹 T',T' 是將 z 插入 T 的結果。假設你有一個程序 COPY-NODE(x) 可製作節點 x 的複本,包括它的所有屬性。

- **c.** 如果持久化二元搜尋樹 T 的高度是 h,那麼你的 PERSISTENT-TREE-INSERT 的時間和空間需求為何?(空間需求與被複製的節點數量成正比)。

- **d.** 假如你在每個節點中加入父(parent)屬性,在此情況下,PERSISTENT-TREE-INSERT 程序需要執行額外的複製。證明如此一來,PERSISTENT-TREE-INSERT 需要 $\Omega(n)$ 的時間和空間,其中 n 是樹的節點數。

- **e.** 說明如何使用紅黑樹來保證每次插入或刪除的執行時間和空間,在最壞情況下都是 $O(\lg n)$。你可以假設所有的鍵都是不同的。

13-2 在紅黑樹上的 join 操作

給定具有 *key* 屬性的元素,*join* 操作接收兩個動態集合 S_1 與 S_2 以及一個元素 x,使 $x_1 \in S_1$,$x_2 \in S_2$ 的任何元素皆滿足 $x_1.key \le x.key \le x_2.key$。此操作回傳一個集合 $S = S_1 \cup \{x\} \cup S_2$。在這個問題中,我們將討論如何在紅黑樹上實作聯集操作。

- **a.** 假設你將紅黑樹 T 的黑高存為新屬性 $T.bh$。證明 RB-INSERT 和 RB-DELETE 不需要在樹的節點中加入額外的儲存空間,也不會增加漸近運行時間,即可以保存 bh 屬性。說明在沿著 T 往下走時,如何知道每一個造訪的節點的黑高。訪問一個節點需要 $O(1)$ 時間。

設 T_1 和 T_2 是紅黑樹，x 是節點所代表的元素，使得對於任意節點 $x_1 \in T_1$ 與 $x_2 \in T_2$ 而言，可得 $x_1.key \le x.key \le x_2.key$。你將說明如何實作 RB-JOIN($T_1, x, T_2$)，它將銷毀 T_1 和 T_2，並回傳一棵紅黑樹 $T = T_1 \cup \{x\} \cup T_2$。設 n 是 T_1 與 T_2 內的節點總數。

b. 假設 $T_1.bh \ge T_2.bh$。寫出一個 $O(\lg n)$ 時間的演算法，讓它從 T_1 裡，黑高為 $T_2.bh$ 的節點中，找到鍵值最大的黑節點 y。

c. 設 T_y 是根為 y 的子樹。說明如何在 $O(1)$ 時間內，用 $T_y \cup \{x\} \cup T_2$ 替代 T_y，而不破壞二元搜尋樹特性。

d. 你應該把 x 設成什麼顏色來讓紅黑特性 1、3 和 5 得以維持？說明如何在 $O(\lg n)$ 時間內實現特性 2 與 4。

e. 證明 (b) 小題所做的假設不會損失任何一般性（no generality is lost）。描述當 $T_1.bh \le T_2.bh$ 時發生的對稱情況。

f. 證明 RB-JOIN 的執行時間是 $O(\lg n)$。

13-3 AVL 樹

AVL 樹是一棵**高度平衡**（*height balanced*）的二元搜尋樹：對每個節點 x 而言，它的左右子樹的高最多相差 1。為了實作 AVL 樹，你要在每個節點中保存一個額外的屬性 h，用 $x.h$ 來表示節點 x 的高度。假設其他二元搜尋樹 T 的 $T.root$ 皆指向根節點。

a. 證明 n 個節點的 AVL 樹的高度是 $O(\lg n)$（提示：證明高度為 h 的 AVL 樹至少有 F_h 個節點，其中 F_h 是第 h 個斐波那契數）。

b. 要在 AVL 樹中插入一個節點，首先要按照二元搜尋樹的順序將節點放入合適的位置，如此一來，樹可能不再有平衡的高度，具體來說，某節點的左右子樹之高可能相差 2。寫出程序 BALANCE(x)，讓它接收一個根為 x 的子樹，該子樹的左右子節點的高度是平衡的，且兩者的高度相差不超過 2，所以 $|x.right.h - x.left.h| \le 2$，修改根為 x 的子樹，讓它高度平衡。此程序在發生修改後，應回傳一個指向子樹的根節點的指標（提示：使用旋轉）。

c. 使用 (b) 小題的解答，寫出遞迴程序 AVL-INSERT(T, z)，讓它接收一個 AVL 樹 T 和一個新建立的節點 z，並將 z 加到 T 中，讓 T 維持 AVL 樹的特性。如同第 12.3 節的 TREE-INSERT，假設 $z.key$ 已被填寫，且 $z.left =$ NIL，$z.right =$ NIL。並假設 $z.h = 0$。

d. 證明用 AVL-INSERT 來處理 n 個節點的 AVL 樹，需要花費 $O(\lg n)$ 時間與執行 $O(\lg n)$ 次旋轉。

後記

平衡搜尋樹的想法是由於 Adel'son-Vel'skiĭ 和 Landis [2] 提出的，他們在 1962 年提出一種平衡搜尋樹，稱為「AVL 樹」，如挑戰 13-3 所述。另一種搜尋樹稱為「2-3 樹」，它是由 J. E. Hopcroft 在 1970 年提出的（未發表）。2-3 樹藉著在樹中操縱節點的度數來保持平衡，其中，每個節點有兩個或三個子節點。第 18 章會介紹 Bayer 和 McCreight [39] 提出的 2-3 樹的一般型態，稱為「B 樹」。

紅黑樹是 Bayer [38] 發明的，當時他稱之為「symmetric binary B-trees」。Guibas 和 Sedgewick [202] 仔細研究了它們的特性，並採用紅/黑顏色慣例。Andersson [16] 提出一種更容易寫成程式的紅黑樹變體。Weiss [451] 將這種變體稱為 AA 樹。AA 樹類似紅黑樹，只是左子節點永遠不是紅色。

Sedgewick 和 Wayne [402] 將紅黑樹視為 2-3 樹的修改版，在這種樹裡，具有三個子節點的節點被分成兩個節點，那兩個節點分別具有兩個子節點，其中一個節點變成另一個節點的左子節點，而且只有左子節點可以是紅色的。他們將這種結構稱為「左傾紅黑二元搜尋樹」。雖然左傾紅黑二元搜尋樹的程式比本章的紅黑樹虛擬碼更簡潔，但是在左傾紅黑二元搜尋樹上的操作都無法將旋轉次數限制在一個固定次數。這個差異在第 17 章會發揮重要性。

Treaps 是二元搜尋樹和堆積的混合體，由 Seidel 和 Aragon [404] 提出，它們是 LEDA [324] 的字典的預設實作，LEDA 是一個出色的資料結構和演算法集合。

平衡二元樹還有很多其他變體，包括 weight-balanced trees [344]、k-neighbor trees [318] 和 scapegoat trees [174]。最吸引人的應該是 Sleator 和 Tarjan [418] 提出的「伸展樹（splay tree）」，它是「自我調整的」（見 Tarjan [429] 對 splay trees 的詳細介紹）。伸展樹可在沒有任何明確的平衡條件（例如顏色）的情況下保持平衡。每次造訪這種樹時，都會在樹內進行「伸展操作」（涉及旋轉）。在一棵 n 個節點的樹中，每次操作的平攤成本（見第 16 章）是 $O(\lg n)$。據推測，伸展樹的性能是採用旋轉的最佳離線（offline）樹的固定倍數。在採用旋轉技術的樹中，已知具備最佳競爭比（見第 27 章）的樹是 Demaine 等人提出的 Tango Tree [109]。

skip lists [369] 是一種替代平衡二元樹的方法。skip lists 是一種增加一些額外指標的鏈接串列。在有 n 個項目的 skip lists 中，每個字典操作的期望執行時間是 $O(\lg n)$。

IV 進階設計和分析技術

簡介

這個部分將介紹設計和分析高效演算法的三種重要技術：動態規劃（第 14 章）、貪婪演算法（第 15 章），以及平攤分析（第 16 章）。之前的幾個部分介紹了廣泛適用的技術，例如分治法、隨機化，以及如何求解遞迴式。這個部分的技術有點複雜，但可用來解決許多計算問題。這個部分介紹的主題將在本書後面反覆出現。

動態規劃通常適用於優化問題，在這些問題中，你要做出一系列的選擇以獲得最佳解，每個選擇都會產生與原始問題相同形式的子問題，而且相同的子問題會重複出現。處理這種問題的關鍵策略是儲存每個子問題的解，而不是重新計算它們。第 14 章將展示這個簡單的想法，有時可以將指數時間的演算法轉化成多項式時間的演算法。

與動態規劃演算法一樣，貪婪演算法通常適用於優化問題，在這種問題中，你要做出一系列的選擇，以獲得一個最佳的解。貪婪演算法的概念是每一次都做出局部最佳選擇，所以這種演算法比動態規劃更快。第 15 章將協助你確定貪婪法何時有效。

平攤分析技術適用於執行一系列相似操作的一些演算法。平攤分析並非藉著分別界定每一個操作的實際成本來界定一系列操作的成本，而是界定整個操作系列的最壞情況實際成本。這種方法的優點是，儘管有一些操作可能很昂貴，但其他許多操作可能很便宜。你可以在設計演算法時使用平攤分析，因為設計演算法和分析執行時間通常是密不可分的。第 16 章會介紹三種對演算法進行平攤分析的方法。

14 動態規劃

動態規劃（dynamic programming）和「分治法」很像，都是藉著結合子問題的解來處理問題（這裡的「programming」是一種表格方法，而不是編寫程式）。正如我們在第 2 章和第 4 章中看到的，分治法將問題分解成互不相干的子問題，遞迴地解決這些子問題，然後將它們的解結合起來，以解決原始問題。相比之下，動態規劃適用於子問題重疊（overlap）的情況，也就是子問題有共同的子問題時。在這種情況下，分治法會做沒必要的工作，反覆解決常見的子問題。動態規劃演算法只會解決每一個子問題一次，然後將其解保存在一張表中，免得在每次解決每一個子問題時，都得重新計算答案。

動態規劃通常適用於**優化問題**。這種問題有許多可能的解。每一個解都有一個值，我們想要找到一個具有最佳值（最小或最大）的解。我們把這種解稱為問題的**一個**最佳解，而非**唯一**最佳解，因為產生最佳值的解可能不只一個。

開發動態規劃演算法需要遵守包含四個步驟的程序：

1. 定義最佳解的結構。
2. 遞迴定義最佳解的值。
3. 計算最佳解的值，通常由下而上進行。
4. 根據計算出來的資訊建構最佳解。

步驟 1~3 是問題的動態規劃解的基礎。如果你只需要一個最佳解的值，而不是解本身，你可以省略第 4 步。當你需要執行第 4 步時，在第 3 步保存額外的資訊通常可以幫助你建構最佳解。

接下來的小節將使用動態規劃來處理一些優化問題。第 14.1 節探討將一根鋼棒切成更短的鋼棒，來將它的總價值最大化的問題。第 14.2 節將展示如何用最少的純量乘法來執行一連串的矩陣乘法。基於這些動態規劃案例，第 14.3 節將討論問題必須具備哪兩種關鍵特徵，才適合使用動態規劃來處理。然後，第 14.4 節將展示如何使用動態規劃來找出兩個序列的最長相同子序列。最後，第 14.5 節將在已知想要尋找的鍵的分布之下，使用動態規劃來建構最佳二元搜尋樹。

14.1 鋼棒切割

我們的第一個例子將使用動態規劃來處理一個簡單的問題：該從哪裡切割鋼棒。Serling 企業會購買長鋼棒並將它們切成短鋼棒再出售。切割是零成本的。Serling 企業的管理層想知道怎樣切割鋼棒最好。

Serling 企業有一張表格，裡面有 i 英吋長的鋼棒應收取多少價格 p_i（美元），$i = 1, 2, \ldots$。鋼棒的長度以英吋為單位，都是整數。圖 14.1 是價格表樣本。

鋼棒切割問題如下。有一根 n 英吋長的鋼棒和一張價格 p_i 表格，$i = 1, 2, \ldots, n$，我們想計算切割鋼棒並出售分段可獲得的最大收入 r_n。如果長度為 n 的鋼棒的價格 p_n 夠高，那麼最佳解可能根本不需要切割。

考慮 $n = 4$ 的情況。圖 14.2 是切割 4 英吋長的鋼棒的所有方法，包括完全不切割。將 4 英吋的鋼棒切成兩條 2 英吋的鋼棒產生的收入是 $p_2 + p_2 = 5 + 5 = 10$，這是最佳解。

Serling 企業可以用 2^{n-1} 種不同的方式來切割長度為 n 的鋼棒，因為他們可以在距離鋼棒左端 i 英吋的位置進行獨立的切割或不切割，其中 $i = 1, 2, \ldots, n-1$[1]。我們用普通的加法符號來表示切割後的段落，所以 $7 = 2 + 2 + 3$ 代表一條長度為 7 的鋼棒被切成三段，其中兩段的長度為 2，一段的長度為 3。如果最佳解是將鋼棒切成 k 段，$1 \leq k \leq n$，那麼將鋼棒切成長度為 $i_1, i_2, \ldots, i_k$ 的段落的最佳切割法

$$n = i_1 + i_2 + \cdots + i_k$$

可帶來最大的收入

$$r_n = p_{i_1} + p_{i_2} + \ldots + p_{i_k}$$

長度 i	1	2	3	4	5	6	7	8	9	10
價格 p_i	1	5	8	9	10	17	17	20	24	30

圖 14.1 鋼棒價格表。每根長度 i 的鋼棒可讓公司賺取 p_i 美元的收入。

---

[1] 如果必須按照大小，以單調遞增的順序切割，那麼可考慮的切法將少很多。當 $n = 4$ 時，只有 5 種可能的切法：圖 14.2 的 (a)、(b)、(c)、(e) 與 (h)。切法數量稱為**切割函數**（*partition function*），它大約等於 $e^{\pi\sqrt{2n/3}}/4n\sqrt{3}$。這個數量小於 2^{n-1}，但仍然遠遠大於 n 的任何多項式。不過，我們不研究這個問題。

9		1	8		5	5		8	1
(a)		(b)		(c)		(d)

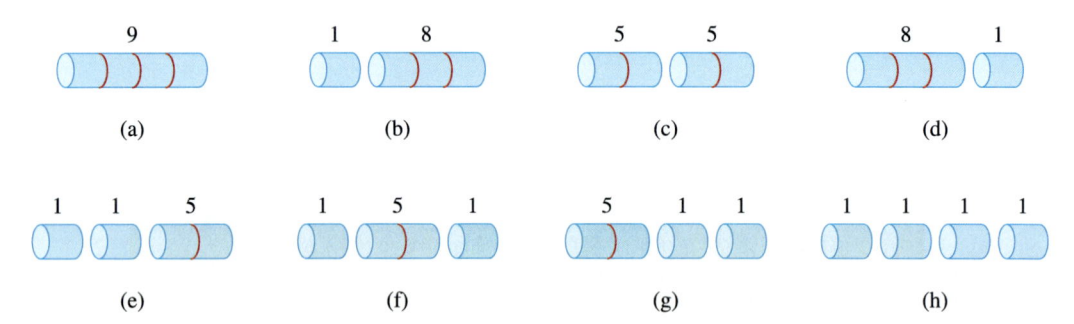

1	1	5		1	5	1		5	1	1		1	1	1	1
(e)		(f)		(g)		(h)

圖 14.2 切割一根長度為 4 的鋼棒的 8 種方式。在每一小段上面的數字是該段的售價，根據圖 14.1 的價格表。最佳策略是 (c)，將鋼棒切成兩條長度為 2 的小段，總共價值 10。

對於圖 14.1 的問題，你可以透過觀察來找出最佳收入 r_i，以及相應的最佳切割法

$r_1 = 1$ ，採用切割法 $1 = 1$（不切割），

$r_2 = 5$ ，採用切割法 $2 = 2$（不切割），

$r_3 = 8$ ，採用切割法 $3 = 3$（不切割），

$r_4 = 10$，採用切割法 $4 = 2 + 2$，

$r_5 = 13$，採用切割法 $5 = 2 + 3$，

$r_6 = 17$，採用切割法 $6 = 6$（不切割），

$r_7 = 18$，採用切割法 $7 = 1 + 6$ 或 $7 = 2 + 2 + 3$，

$r_8 = 22$，採用切割法 $8 = 2 + 6$，

$r_9 = 25$，採用切割法 $9 = 3 + 6$，

$r_{10} = 30$，採用切割法 $10 = 10$（不切割）。

更普遍地說，我們可以用短鋼棒帶來的最佳收入來表達 r_n 值，其中 $n \geq 1$：

$$r_n = \max \{p_n, r_1 + r_{n-1}, r_2 + r_{n-2}, \ldots, r_{n-1} + r_1\} \tag{14.1}$$

第一個參數 p_n 就是完全不切割，將長度 n 的鋼棒按原樣出售。max 的其他 $n-1$ 個參數就是對於每一個 $i = 1, 2, \ldots, n-1$，先將鋼棒切成大小為 i 和 $n-i$ 的兩段，然後以最佳方法進一步切割，從這兩段獲得收入 r_i 和 r_{n-i}，所得到的最大收入。因為你無法事先知道哪個 i 值可讓收入最大，所以你必須考慮所有可能的 i 值，並選出讓收入最大的那個。如果出售未切割的鋼棒可獲得最大收入，你也可以不選擇 i。

為了處理大小為 n 的原始問題，你要處理同一類型的小問題。一旦你進行第一次切割，切出來的兩根鋼棒就成為獨立的鋼棒切割問題實例。整體的最佳解決方案包含兩個衍生子問題的最佳解決方案，它們分別將每個子問題的收益最大化。我們說鋼棒切割問題表現出**最佳子結構**，也就是問題的最佳解決方案包含子問題的最佳解決方案，而且子問題可以獨立處理。

我們以一種相關但比較簡單的方法來安排鋼棒切割問題的遞迴結構。我們將切割過程視為切下左端長度為 i 的第一部分，剩餘右邊長度為 n-i 的部分。只有剩餘的部分可以繼續切割，第一部分不能切割了。我們想像每次切割長度為 n 的鋼棒的做法都是先切下第一部分，再切割其餘的部分。如此一來，我們可以如此表達完全不切割的解決方案：第一段的大小為 $i = n$，收入為 p_n，其餘部分的大小為 0，收入為 $r_0 = 0$。因此，我們得到下面這個式 (14.1) 的簡單版本：

$$r_n = \max \{p_i + r_{n-i} : 1 \leq i \leq n\} \tag{14.2}$$

在這個式子中，最佳解只包含**一個**相關子問題的解決方案（即剩下來的部分），而不是兩個子問題。

由上而下遞迴實現

下面的 CUT-ROD 程序以一種直接的、由上而下的遞迴方法來實現式 (14.2) 隱含的計算。它接收一個價格陣列 $p[1:n]$ 與一個整數 n，回傳長度為 n 的鋼棒的最大收入。長度 $n = 0$ 不可能有收入，所以 CUT-ROD 在第 2 行回傳 0。第 3 行將最大收入 q 的初始值設為 $-\infty$，如此一來，第 4~5 行的 **for** 迴圈就能正確計算 $q = \max\{p_i + \text{CUT-ROD}(p, n-i) : 1 \leq i \leq n\}$。然後，第 6 行回傳這個值。使用式 (14.2) 對 n 進行簡單的歸納可證明這個答案等於期望答案 r_n。

CUT-ROD(p, n)
1　**if** n == 0
2　　　**return** 0
3　$q = -\infty$
4　**for** $i = 1$ **to** n
5　　　$q = \max \{q, p[i] + \text{CUT-ROD}(p, n - i)\}$
6　**return** q

如果你用你最喜歡的程式語言來編寫 CUT-ROD，並在你的電腦上執行，你會發現一旦輸入大到一定程度，你的程序就要花很長的時間來執行。當 $n = 40$ 時，你的程式可能需要花好幾分鐘，甚至超過一個小時來執行。當 n 值很大時，你會發現，每當 n 加 1，程式的執行時間就大約增加一倍。

為什麼 CUT-ROD 的效率這麼低？原因在於，CUT-ROD 用相同的參數值反覆呼叫自己，這意味著它重複解決相同的子問題。圖 14.3 用一棵遞迴樹來展示 $n = 4$ 的情況。CUT-ROD(p, n) 呼叫 CUT-ROD$(p, n-i)$，其中 $i = 1, 2, \ldots, n$。等價地，CUT-ROD(p, n) 呼叫 CUT-ROD(p, j)，其中 $j = 0, 1, \ldots, n-1$。將這個程序遞迴地展開時，完成的工作量（n 的函數）成爆炸性增長。

為了分析 CUT-ROD 的執行時間，設 $T(n)$ 代表用特定的 n 值來呼叫 CUT-ROD(p, n) 的總次數。這個算式等於在遞迴樹裡，根被標為 n 的子樹的節點數量。這個數量包括位於根的初始呼叫。因此，$T(0) = 1$ 且

$$T(n) = 1 + \sum_{j=0}^{n-1} T(j) \tag{14.3}$$

第一項的 1 是在根節點的呼叫，$T(j)$ 項是由於呼叫 CUT-ROD$(p, n-i)$ 而導致的呼叫次數（包括遞迴呼叫），其中 $j = n-i$。習題 14.1-1 會請你證明，

$$T(n) = 2^n \tag{14.4}$$

所以，CUT-ROD 的執行時間隨著 n 成指數級增長。

回想起來，這種指數級的執行時間並不令人意外。CUT-ROD 清楚地考慮了切割長度為 n 的鋼棒的所有可能方法。總共有多少方法？一根長度為 n 的鋼棒有 $n-1$ 個潛在的切割位置，每一種可能的切割方法都會在這 $n-1$ 個位置的某個子集合上進行切割，包括不進行切割的空集合。如果將每一個切割位置視為一個包含 $n-1$ 個元素的集合中的一個不同成員，那麼子集合有 2^{n-1} 個。圖 14.3 的遞迴樹的每一個葉節點都對應一種可能的切割方法。因此，遞迴樹有 2^{n-1} 個葉節點。從根節點到葉節點的簡單路徑上的標籤是每次切割之前，剩餘的右邊鋼棒的長度。也就是說，標籤是從鋼棒的右端測量的相應切割點。

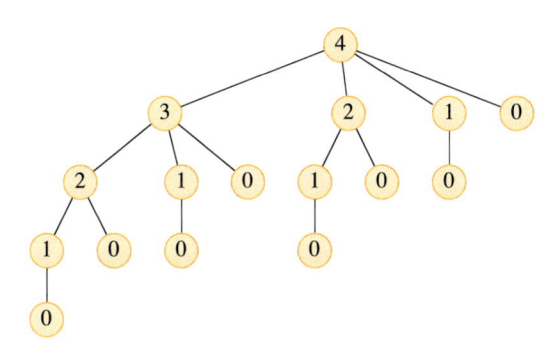

圖 14.3 這棵遞迴樹是用 $n = 4$ 來呼叫 CUT-ROD(p, n) 產生的遞迴呼叫。每一個節點的標籤都是相應的子問題的大小 n，因此，從標籤為 s 的父節點到標籤為 t 的子節點的邊（edge），相當於切斷一個大小為 $s-t$ 的初始段落，留下一個大小為 t 的剩餘子問題。從根到葉的路徑相當於切割長度為 n 的鋼棒的 2^{n-1} 種方式之一。一般來說，這個遞迴樹有 2^n 個節點和 2^{n-1} 個葉節點。

使用動態規劃來獲得最佳鋼棒切割方法

我們來看看如何使用動態規劃，將 CUT-ROD 轉換成高效的演算法。

　　動態規劃方法的原理如下。我們設法讓每個子問題**只被解決一次**，而不是像天真的遞迴方案那樣重複解決相同的子問題。我們其實可以採取一種簡單的做法：在初次解決一個子問題之後，**保存它的解**，以後如果需要再次參考這個子問題的解，只要查詢它，而不是重新計算它。

　　保存子問題的解是有代價的，我們要用額外的記憶體來儲存解。因此，動態規劃需要**權衡時間與記憶體**。儲存的代價可能很龐大。例如，我們即將使用動態規劃，將指數時間的鋼棒切割演算法變成 $\Theta(n^2)$ 時間的演算法。當所涉及的**不同**子問題的數量與輸入大小成多項式關係，而且你可以在多項式時間內解決每個子問題時，動態規劃方法的執行時間是多項式時間。

　　動態規劃法通常有兩種等效的實作方式，我們將在鋼棒切割問題中說明這兩種方式。

第一種方式是使用記憶化（*memoization*）的由上而下法[2]。在這種方法中，我們用自然的方式遞迴編寫程序，但會修改它來保存每個子問題的結果（通常儲存在陣列或雜湊表中）。這個程序會先檢查它有沒有處理過子問題，如果有，它會回傳保存的值，免得在這一層進行進一步計算。如果沒有，程序以一般的方式計算該值，但也保存它。我們說遞迴程序被記憶化：它「記住」之前算過的結果。

第二種方法是由下而上法。採取這種方法的前提是子問題的「大小」有某種自然的概念，所以為了解決任何特定的子問題，我們只需要解決「更小的」子問題，依照大小順序解決子問題，先解決小的，在初次解決每一個子問題之後儲存它的解。如此一來，在解決特定的子問題時，我們已經保存了它的解所依賴的所有更小子問題的解。你只需要解決每個子問題一次，而且當你第一次遇到它時，它的所有子問題都已經被處理過了。

這兩種方法產生的演算法具有相同的漸近執行時間，除非遇到不尋常的情況，也就是由上而下法無法真正遞迴地檢查所有可能的子問題。由於程序呼叫的開銷較低，由下而上法通常有好很多的常數因子。

下一頁的程序 MEMOIZED-CUT-ROD 和 MEMOIZED-CUT-ROD-AUX 展示如何將由上而下的 CUT-ROD 程序記憶化。主程序 MEMOIZED-CUT-ROD 將一個新的輔助陣列 $r[0:n]$ 的初始值設為 $-\infty$，由於已知的收入值必定不是負值，所以 $-\infty$ 可以用來表示「未知」。接下來，MEMOIZED-CUT-ROD 呼叫它的輔助程序 MEMOIZED-CUT-ROD-AUX，這個輔助程序其實是指數時間的 CUT-ROD 程序的記憶化版本。它先在第 1 行檢查所需的值是否已知，如果是，那麼第 2 行將它回傳。否則，第 3~7 行以一般的方式計算所需的值 q，第 8 行將它保存在 $r[n]$ 中，第 9 行將它回傳。

下一頁的由下而上版本 BOTTOM-UP-CUT-ROD 更簡單。BOTTOM-UP-CUT-ROD 使用由下而上的動態規劃法，利用子問題的自然順序：若 $i < j$，則大小為 i 的子問題比大小為 j 的子問題「更小」。因此，這個程序會依此順序來處理大小為 $j = 0, 1, ..., n$ 的子問題。

---

[2] 術語「memoization」不是將「memorization」拼錯了。「memoization」一詞來自「memo」，因為這種技術會記錄一個值，以便將來查詢。

MEMOIZED-CUT-ROD(p, n)
1 let r[0:n] be a new array   // 我們將在 r 裡記憶解的值
2 for i = 0 to n
3   r[i] = −∞
4 return MEMOIZED-CUT-ROD-AUX(p, n, r)

MEMOIZED-CUT-ROD-AUX(p, n, r)
1 if r[n] ≥ 0   // 已經有長度 n 的解了嗎？
2   return r[n]
3 if n == 0
4   q = 0
5 else q = −∞
6   for i = 1 to n   // i 是第一次切割的位置
7   q = max {q, p[i] + MEMOIZED-CUT-ROD-AUX(p, n − i, r)}
8 r[n] = q   // 記住長度 n 的解的值
9 return q

BOTTOM-UP-CUT-ROD(p, n)
1 let r[0:n] be a new array   // 我們將在 r 裡記憶解的值
2 r[0] = 0
3 for j = 1 to n   // 對於越來越長的鋼棒長度 j
4   q = −∞
5   for i = 1 to j   // i 是第一次切割的位置
6   q = max {q, p[i] + r[j − i]}
7   r[j] = q   // 記住長度 j 的解的值
8 return r[n]

BOTTOM-UP-CUT-ROD 的第 1 行建立一個新陣列 r[0:n]，以便在裡面儲存子問題的結果，第 2 行將 r[0] 的初始值設為 0，因為長度為 0 的鋼棒不會帶來收入。第 3~6 行處理大小為 j 的每一個子問題，j = 1, 2, ..., n，按照大小由小而大的順序。處理大小為 j 的問題的方法與 CUT-ROD 所使用的方法相同，只是現在第 6 行直接引用陣列項目 r[j−i] 來處理大小為 j−i 的子問題，而不是進行遞迴。第 7 行將大小為 j 的子問題的解儲存在 r[j] 中。最後，第 8 行回傳 r[n]，它等於最佳值 r_n。

由下而上和由上而下的版本有相同的漸近執行時間。BOTTOM-UP-CUT-ROD 的執行時間是 $\Theta(n^2)$，因為它有雙嵌套迴圈結構。它的內部 **for** 迴圈的迭代次數（在第 5~6 行）形成一個等差級數。與它對映的由上而下版本 MEMOIZED-CUT-ROD 的執行時間也是 $\Theta(n^2)$，儘管這個執行時間比較不容易看出。由於遞迴呼叫在處理已經處理過的子問題時會立即 return，所以 MEMOIZED-CUT-ROD 只處理每一個子問題一次。它處理了大小為 0, 1, ..., n 的子問題。為了處理大小為 n 的子問題，第 6~7 行的 **for** 迴圈需要迭代 n 次。因此，在所有針對 MEMOIZED-CUT-ROD 的遞迴呼叫中，這個 **for** 迴圈的總迭代次數形成一個等差級數，總共有 $\Theta(n^2)$ 次迭代，就像 BOTTOM-UP-CUT-ROD 的內部 **for** 迴圈一樣（我們在這裡其實使用一種聚合分析（aggregate analysis）。第 16.1 節將詳細介紹聚合分析）。

子問題圖

當你考慮動態規劃問題時，你要了解牽涉其中的子問題，以及子問題如何相互依賴。

子問題圖呈現了這些資訊。圖 14.4 是 $n = 4$ 的鋼棒切割問題的子問題圖。它是一個有向圖，在裡面，每個不同的子問題都有一個頂點。如果找出子問題 x 的最佳解必須直接考慮子問題 y 的最佳解，子問題圖會有一條從子問題 x 的頂點指到子問題 y 的頂點的有向邊。如果解決 x 的由上而下遞迴程序直接呼叫它自己來解決 y，那麼在子問題圖裡，會有一條邊從 x 指向 y。你可以把子問題圖視為由上而下遞迴法的遞迴樹的「精簡」或「合併」版本，它將同一個子問題的所有節點聚成一個頂點，所有的邊都從父節點指到子節點。

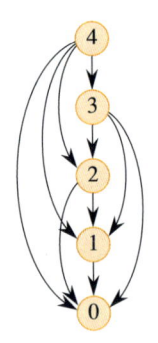

圖 14.4 $n = 4$ 的鋼棒切割問題的子問題圖。頂點的標籤是相應子問題的大小。有向邊 (x, y) 代表解決子問題 x 之前，需要解決子問題 y。這張圖是圖 14.3 的遞迴樹的縮小版，在這張圖中，具有相同標籤的節點都被合併成一個頂點，所有的邊都是從父節點指到子節點。

由下而上的動態規劃法在考慮子問題圖的頂點時依照這樣的順序：在解決特定子問題 x 之前，先解決與之相鄰的子問題 y（如第 B.4 節所述，有向圖的相鄰關係不一定是對稱的）。在由下而上的動態規劃演算法中，按照第 20.4 節將介紹的術語，我們以「反向拓撲排序」來考慮子問題圖的頂點，或稱為子問題圖的「轉置拓撲排序」。換句話說，在任何子問題所依賴的所有子問題都被處理之前，我們不會考慮它。同理，按照第 20.3 節將介紹的概念，你可以將由上而下的動態規劃法（有記憶化）視為子問題圖的「深度優先搜尋」。

子問題圖 $G = (V, E)$ 的大小可以幫你了解動態規劃演算法的執行時間。因為每個子問題只處理一次，所以執行時間是處理每個子問題所需的時間的總和。一般來說，計算一個子問題的解的時間，與它在子問題圖裡的相應頂點的度數（出邊）成正比，而子問題的數量等於子問題圖中的頂點數量。在這種常見情況下，動態規劃的執行時間與頂點和邊的數量成線性關係。

重建解

MEMOIZED-CUT-ROD 和 BOTTOM-UP-CUT-ROD 程序回傳的是鋼棒切割問題的最佳解的**值**，但它們不回傳解**本身**，也就是一系列的段落長度。

我們來看如何擴展動態規劃法，讓它不僅記錄每個子問題的最佳**值**，也記錄產生最佳值的**選擇**。有了這些資訊之後，你就可以隨時印出最佳解決方案。對於每根鋼棒長度 j，下一頁的 EXTENDED-BOTTOM-UP-CUT-ROD 程序不僅可以算出最大收入 r_j，也可以算出 s_j，也就是第一次切割的最佳長度。它與 BOTTOM-UP-CUT-ROD 類似，只是它在第 1 行建立陣列 s，並在第 8 行更新 $s[j]$，以保存大小為 j 的子問題的第一次最佳切割長度 i。

下一頁的程序 PRINT-CUT-ROD-SOLUTION 接收一個價格陣列 $p[1:n]$ 和一個鋼棒長度 n。它呼叫 EXTENDED-BOTTOM-UP-CUT-ROD 來計算最佳第一段長度陣列 $s[1:n]$。然後，它印出長度為 n 的鋼棒的最佳切割法的所有段落長度。用圖 14.1 的價格圖來呼叫 EXTENDED-BOTTOM-UP-CUT-ROD(p, 10) 可以得到以下陣列：

i	0	1	2	3	4	5	6	7	8	9	10
$r[i]$	0	1	5	8	10	13	17	18	22	25	30
$s[i]$		1	2	3	2	2	6	1	2	3	10

呼叫 PRINT-CUT-ROD-SOLUTION(p, 10) 只會印出 10，但以 $n = 7$ 來呼叫它則會印出 1 與 6，與上述的 r_7 的第一個最佳切割方案相符。

EXTENDED-BOTTOM-UP-CUT-ROD(p, n)
1　let $r[0:n]$ and $s[1:n]$ be new arrays
2　$r[0] = 0$
3　**for** $j = 1$ **to** n　　　　　　　// 增加鋼棒長度 j
4　　　$q = -\infty$
5　　　**for** $i = 1$ **to** j　　　　　// i 是第一次切割的位置
6　　　　　**if** $q < p[i] + r[j-i]$
7　　　　　　　$q = p[i] + r[j-i]$
8　　　　　　　$s[j] = i$　　　　　　// 對長度 j 而言，迄今為止的最佳切割位置
9　　　$r[j] = q$　　　　　　　　　// 記住長度 j 的解
10　**return** r and s

PRINT-CUT-ROD-SOLUTION(p, n)
1　$(r, s) =$ EXTENDED-BOTTOM-UP-CUT-ROD(p, n)
2　**while** $n > 0$
3　　print $s[n]$　　　　　　// 長度 n 的切割位置
4　　$n = n - s[n]$　　　　　// 鋼棒剩餘長度

習題

14.1-1
證明式 (14.4) 可由式 (14.3) 和初始條件 $T(0) = 1$ 得出。

14.1-2
用反例來證明以下的「貪婪」策略不一定能找出最佳的切割方式。我們定義長度為 i 的鋼棒的**密度**為 p_i/i，也就是每英吋的價值。用貪婪策略來處理長度為 n 的鋼棒，就是先切斷長度為 i 且密度最大的第一段，其中 $1 \leq i \leq n$，然後繼續用貪婪策略來處理長度為 $n-i$ 的其餘部分。

14.1-3
修改鋼棒切割問題，使其除了每根鋼棒的價格 p_i 之外，每一次切割都有固定成本 c，所以解決方案的收入變成鋼段價格總和減去切割成本。寫出動態規劃演算法來處理這個修改後的問題。

14.1-4
修改 CUT-ROD 與 MEMOIZED-CUT-ROD-AUX，讓它們的 **for** 迴圈僅往上執行至 $\lfloor n/2 \rfloor$ 而不是 n。這些程序還有哪些地方需要修改？這對它們的執行時間有何影響？

14.1-5
修改 MEMOIZED-CUT-ROD，讓它不只回傳值，也回傳實際的解。

14.1-6
第 63 頁的遞迴式 (3.31) 是斐波那契數的定義。寫出一個 $O(n)$ 時間的動態規劃演算法來計算第 n 個斐波那契數。畫出子問題圖。這張圖裡有多少個頂點與邊？

14.2 矩陣乘法鏈

下一個動態規劃的例子是一種處理矩陣乘法鏈的演算法。我們有一個矩陣鏈 $\langle A_1, A_2, \ldots, A_n \rangle$，裡面有 n 個有待相乘的矩陣，這些矩陣不一定是方陣，我們的目標是使用標準的矩形（rectangular）矩陣乘法演算法[3] 來計算積

$$A_1 A_2 \cdots A_n \tag{14.5}$$

同時盡量減少純量乘法的次數。稍後會展示標準的演算法。

要計算算式 (14.5)，我們只要使用括號來指明矩陣該如何相乘，就可以使用將兩個矩陣相乘的演算法作為子程序來計算它。矩陣乘法符合結合律，所以不管括號放在哪裡都會產生相同的積。符合以下條件的矩陣乘積稱為**完全括號化**：它若不是單個矩陣，就是被放在一對括號裡的兩個完全括號化的矩陣乘積的乘積。例如，如果矩陣鏈是 $\langle A_1, A_2, A_3, A_4 \rangle$，你可以用 5 種不同的方式來將乘積 $A_1 A_2 A_3 A_4$ 完全括號化：

$(A_1(A_2(A_3 A_4)))$
$(A_1((A_2 A_3)A_4))$
$((A_1 A_2)(A_3 A_4))$
$((A_1(A_2 A_3))A_4)$
$(((A_1 A_2)A_3)A_4)$

為矩陣鏈加上括號的方式會對積的計算成本造成巨大的影響。我們先考慮兩個矩形矩陣相乘的成本。程序 RECTANGULAR-MATRIX-MULTIPLY 是標準演算法，它將第 76 頁的方陣乘法程序 MATRIX-MULTIPLY 一般化。RECTANGULAR-MATRIX-MULTIPLY 程序為三個矩陣 $A = (a_{ij})$、$B = (b_{ij})$ 與 $C = (c_{ij})$ 計算 $C = C + A \cdot B$，其中，A 是 $p \times q$，B 是 $q \times r$，C 是 $p \times r$。

---

3 第 4.1 節和 4.2 節的三種方法都不能直接使用，因為它們只適用於方陣。

```
RECTANGULAR-MATRIX-MULTIPLY(A, B, C, p, q, r)
1   for i = 1 to p
2       for j = 1 to r
3           for k = 1 to q
4               c_{ij} = c_{ij} + a_{ik} · b_{kj}
```

RECTANGULAR-MATRIX-MULTIPLY 的執行時間主要由第 4 行的純量乘法的次數決定，它是 pqr。因此，我們接下來將純量乘法的次數視為矩陣乘法的成本（即使將 C 的初始值設為 0，只執行 $C = A \cdot B$，純量乘法的次數也是主導因素）。

為了說明不同的括號產生的不同矩陣乘積成本，我們考慮包含三個矩陣的矩陣鏈 $\langle A_1, A_2, A_3 \rangle$ 問題。假設這三個矩陣的維數分別是 $10 \times 100, 100 \times 5$ 和 5×50。按照 $((A_1 A_2) A_3)$ 來進行乘法會執行 $10 \cdot 100 \cdot 5 = 5000$ 次純量乘法來計算 10×5 的矩陣積 $A_1 A_2$，加上另外的 $10 \cdot 5 \cdot 50 = 2500$ 次純量乘法，來將這個矩陣乘以 A_3，總共有 7500 次純量乘法。按照 $(A_1(A_2 A_3))$ 來進行乘法會執行 $100 \cdot 5 \cdot 50 = 25,000$ 次純量乘法來計算 100×50 的矩陣積 $A_2 A_3$，加上 $10 \cdot 100 \cdot 50 = 50,000$ 次純量乘法，來將這個矩陣乘以 A_1，總共有 75,000 次純量乘法。因此，用第一種括號來計算積的速度快十倍。

所謂的**矩陣乘法鏈問題**（*matrix-chain multiplication problem*）的定義是：有一個包含 n 個矩陣的矩陣鏈 $\langle A_1, A_2, ..., A_n \rangle$，$i = 1, 2, ..., n$，矩陣 A_i 的維數是 $p_{i-1} \times p_i$，我們要用一種完全括號化的方式，來將積 $A_1 A_2 \cdots A_n$ 的純量乘法次數降到最小。演算法的輸入是維數序列 $\langle p_0, p_1, p_2, ..., p_n \rangle$。

矩陣乘法鏈問題不實際執行矩陣相乘，其目標只是找出成本最低的矩陣乘法順序。一般來說，找出這個最佳順序所花費的時間比實際用它來執行矩陣乘法所節省的時間少很多（例如僅執行 7500 次純量乘法，而不是 75,000 次）。

計算括號數量

在使用動態規劃來處理矩陣乘法鏈問題之前，我們先來說服自己，仔細地檢驗所有加上括號的方式並不是高效的演算法。我們用 $P(n)$ 來表示 n 個矩陣的括號方式的數量。當 $n = 1$ 時，矩陣只有一個，因此將矩陣乘積完全括號化的方法只有一種。當 $n \geq 2$ 時，完全括號化的矩陣乘積就是兩個完全括號化的部分矩陣乘積的乘積，兩個部分乘積的分界點可能在第 k 個矩陣與第 $k+1$ 個矩陣之間，k 為 $1, 2, ..., n-1$ 中的任意值。因此可得遞迴式

$$P(n) = \begin{cases} 1 & \text{若 } n = 1 \\ \sum_{k=1}^{n-1} P(k)P(n-k) & \text{若 } n \geq 2 \end{cases} \qquad (14.6)$$

第 316 頁的挑戰 12-4 會請你證明一個相似的遞迴式的解是 *Catalan* 數序列，它的增長速度是 $\Omega(4^n/n^{3/2})$。另一個比較簡單的習題（習題 14.2-3）請你證明遞迴式 (14.6) 的解是 $\Omega(2^n)$。因此，解的數量與 n 成指數關係，用蠻力法來尋找矩陣鏈的最佳括號是下下策。

使用動態規劃

我們用動態規劃來找出矩陣鏈的最佳括號，方法是按照本章開頭說過的四個步驟：

1. 定義最佳解的結構。
2. 遞迴定義最佳解的值。
3. 計算最佳解的值。
4. 根據計算出來的資訊建構最佳解。

我們將依序執行這些步驟，展示如何運用每一個步驟來處理問題。

第 1 步：最佳括號的結構

在動態規劃的第一步，你要找到最佳的子結構，然後用子問題的最佳解來建構問題的最佳解。為了用這個步驟來處理矩陣乘法鏈問題，我們要使用一些方便的符號。設 $A_{i:j}$ 是計算積 $A_i A_{i+1} \cdots A_j$ 得到的矩陣，其中 $i \leq j$。如果問題有一定的複雜度，也就是 $i < j$，那麼為了將乘積 $A_i A_{i+1} \cdots A_j$ 加上括號，我們一定要在 A_k 與 A_{k+1} 之間劃分乘積，其中 k 是整數，且範圍為 $i \leq k < j$。也就是說，對於某個 k 值，我們要先計算矩陣 $A_{i:k}$ 與 $A_{k+1:j}$，然後將它們相乘，以產生最後的積 $A_{i:j}$。以這種方式使用括號的成本就是計算矩陣 $A_{i:k}$ 的成本，加上計算 $A_{k+1:j}$ 的成本，再加上將它們相乘的成本。

　　這個問題的最佳子結構如下。假設為了幫 $A_i A_{i+1} \cdots A_j$ 找出最佳括號法，你在 A_k 與 A_{k+1} 之間進行劃分。接下來，在為這個 $A_i A_{i+1} \cdots A_j$ 的最佳括號法的「前端」子鏈 $A_i A_{i+1} \cdots A_k$ 加上括號時，你一定會採用 $A_i A_{i+1} \cdots A_k$ 的最佳括號法。為什麼？因為如果 $A_i A_{i+1} \cdots A_k$ 有成本更低的括號法，你就會在 $A_i A_{i+1} \cdots A_j$ 的最佳括號法裡面改用那種括號法，造成成本比最佳括號

法更低的另一種 $A_iA_{i+1}\cdots A_j$ 括號法，這是矛盾的。在 $A_iA_{i+1}\cdots A_j$ 最佳括號法中，子鏈 $A_{k+1}A_{k+2}\cdots A_j$ 的括號法也是類似的情況：它一定是 $A_{k+1}A_{k+2}\cdots A_j$ 的最佳括號法。

現在，我們要用最佳子結構來說明如何用子問題的最佳解來建構問題的最佳解。在處理任何一個稍微複雜的矩陣乘法鏈問題時，我們都要對乘法進行劃分，且任何最佳解都包含子問題實例的最佳解。因此，為了建立一個矩陣乘法鏈問題的最佳解，我們要把問題分成兩個子問題（$A_iA_{i+1}\cdots A_k$ 和 $A_{k+1}A_{k+2}\cdots A_j$ 的最佳括號法），找到這兩個子問題的最佳解，然後把這些最佳子問題解結合起來。為了確保找出最佳劃分方法，你必須考慮所有可能的劃分方法。

第 2 步：遞迴解

下一步是以子問題的最佳解為基礎，遞迴地定義最佳解的成本。在矩陣乘法鏈問題中，子問題就是找出將 $A_iA_{i+1}\cdots A_j$ 加上括號的最低成本，其中 $1 \leq i \leq j \leq n$。設輸入維數為 $\langle p_0, p_1, p_2, \ldots, p_n \rangle$，我們用一對索引 i, j 來指定子問題。設 $m[i, j]$ 是計算矩陣 $A_{i:j}$ 所需的最低純量乘法次數。因此，計算整個問題的 $A_{1:n}$ 的最低成本方法是 $m[1, n]$ 次。

我們可以這樣遞迴地定義 $m[i, j]$。若 $i = j$，問題很簡單：這個乘法鏈只有一個矩陣 $A_{i:i} = A_i$，所以不需要使用純量乘法來計算積。因此，$m[i, i] = 0$，$i = 1, 2, \ldots, n$。為了計算 $m[i, j]$，其中 $i < j$，我們利用第 1 步的最佳解的結構。假設最佳括號法在 A_k 與 A_{k+1} 之間拆開乘法 $A_iA_{i+1}\cdots A_j$，其中 $i \leq k < j$。那麼，$m[i, j]$ 等於計算子積 $A_{i:k}$ 的最低成本 $m[i, k]$，加上計算子積 $A_{k+1:j}$ 的最低成本 $m[k+1, j]$，加上將這兩個矩陣相乘的成本。因為每一個矩陣 A_i 都是 $p_{i-1} \times p_i$，所以計算矩陣積 $A_{i:k}A_{k+1:j}$ 需要 $p_{i-1}p_kp_j$ 次純量乘法。因此可得

$$m[i, j] = m[i, k] + m[k+1, j] + p_{i-1}p_kp_j$$

這個遞迴式假設你知道 k 的值，但其實你並不知道，至少還不知道。你必須嘗試所有可能的 k 值，有幾個？只有 $j - i$ 個，即 $k = i, i+1, \ldots, j-1$。因為最佳括號法一定使用其中一個 k 值，所以你只要檢查全部 k 值就可以找出最好的那一個。我們將乘積 $A_iA_{i+1}\cdots A_j$ 括號法的最低成本的遞迴式定義變成

$$m[i, j] = \begin{cases} 0 & \text{若 } i = j \\ \min\{m[i, k] + m[k+1, j] + p_{i-1}p_kp_j : i \leq k < j\} & \text{若 } i < j \end{cases} \tag{14.7}$$

$m[i,j]$ 值給出子問題的最佳解的成本，但它們並未提供建構最佳解所需的所有資訊。為了協助你建構最佳解，我們將 $s[i,j]$ 定義為拆分 $A_i A_{i+1} \cdots A_j$ 的最佳括號位置 k 的值。也就是說，$s[i,j]$ 等於一個可讓以下等式成立的 k 值：$m[i,j] = m[i,k] + m[k+1,j] + p_{i-1} p_k p_j$。

第 3 步：計算最佳成本

此時，你可以根據遞迴式 (14.7) 寫一個遞迴演算法來計算乘法 $A_1 A_2 \cdots A_n$ 的最低成本 $m[1, n]$。但是，就像我們在鋼棒切割問題中看過的，我們也會在第 14.3 節中看到，這個遞迴演算法需要指數級時間，並未比直接檢查每一種括號法的蠻力法更好。

幸好，不同的子問題並沒有那麼多，每一對 i 與 j（滿足 $1 \leq i \leq j \leq n$）都只有一個子問題，或者說，總共只有 $\binom{n}{2} + n = \Theta(n^2)$ 個[4]。遞迴演算法在其遞迴樹的不同分支中，可能多次遭遇同一個子問題。這種子問題重疊性質是適合採取動態規劃的第二項標誌（第一項標誌是最佳子結構）。

我們使用表格式的、由下而上的方法來計算最佳成本，而不是遞迴地計算遞迴式 (14.7) 的解，如程序 MATRIX-CHAIN-ORDER 所示（相對的由上而下方法使用第 14.3 節的記憶化）。演算法的輸入是矩陣維數序列 $p = \langle p_0, p_1, p_2, \ldots, p_n \rangle$，以及 n，因此，矩陣 A_i 的維數是 $p_{i-1} \times p_i$，$i = 1, 2, \ldots, n$。這個程序使用輔助表 $m[1{:}n, 1{:}n]$ 來儲存 $m[i,j]$ 成本，並使用另一個輔助表 $s[1{:}n-1, 2{:}n]$ 來記錄在計算 $m[i,j]$ 時，哪個索引 k 導致最佳解。表 s 將協助建構最佳解。

MATRIX-CHAIN-ORDER(p, n)

```
1   let m[1:n, 1:n] and s[1:n-1, 2:n] be new tables
2   for i = 1 to n                    // 鏈長 1
3       m[i, i] = 0
4   for l = 2 to n                    // l 是鏈長
5       for i = 1 to n - l + 1        // 乘法鏈始於 A_i
6           j = i + l - 1             // 乘法鏈終於 A_j
7           m[i, j] = ∞
8           for k = i to j - 1        // 嘗試 A_{i:k} A_{k+1:j}
9               q = m[i, k] + m[k+1, j] + p_{i-1} p_k p_j
10              if q < m[i, j]
11                  m[i, j] = q       // 記憶這個成本
12                  s[i, j] = k       // 記憶這個索引
13  return m and s
```

4　$\binom{n}{2}$ 項計算 $i < j$ 的所有配對。因為 i 與 j 可能相同，所以我們必須加入 n 項。

演算法應該按照什麼順序填寫表格項目？為了回答這個問題，我來看看在計算成本 $m[i, j]$ 時，需要讀取表中的哪些項目。式 (14.7) 告訴我們，若要計算矩陣積 $A_{i:j}$ 的成本，就要先計算 $A_{i:k}$ 與 $A_{k+1:j}$ 的成本，其中 $k = i, i+1, \ldots, j-1$。乘法鏈 $A_i A_{i+1} \cdots A_j$ 有 $j - i + 1$ 個矩陣，而乘法鏈 $A_i A_{i+1} \cdots A_k$ 與 $A_{k+1} A_{k+2} \cdots A_j$ 分別有 $k - i + 1$ 與 $j - k$ 個矩陣。因為 $k < j$，包含 $k - i + 1$ 個矩陣的乘法鏈裡面的矩陣少於 $j - i + 1$ 個。同理，因為 $k \geq 1$，所以包含 $j - k$ 個矩陣的乘法鏈裡面的矩陣少於 $j - i + 1$ 個。因此，演算法在填寫表 m 時，應該從較短的矩陣鏈填到較長的矩陣鏈。也就是說，在尋找 $A_i A_{i+1} \cdots A_j$ 乘法鏈的最佳括號的子問題中，我們可以將子問題的大小視為鏈的長度 $j - i + 1$。

接下來，我們來看看 MATRIX-CHAIN-ORDER 程序如何按照鏈長的遞增順序來填寫 $m[i, j]$ 項目。第 2~3 行設定初始值 $m[i, i] = 0$，$i = 1, 2, \ldots, n$，因為只包含一個矩陣的矩陣鏈不需要做純量乘法。在第 4~12 行的 **for** 迴圈裡，迴圈變數 l 代表將被計算最低成本的矩陣鏈的長度。這個迴圈的每次迭代都使用遞迴式 (14.7) 來計算 $m[i, i+l-1]$，$i = 1, 2, \ldots, n-l+1$。在第一次迭代中，$l = 2$，所以迴圈計算 $m[i, i+1]$，$i = 1, 2, \ldots, n-1$：長度 $l = 2$ 的矩陣鏈的最低成本。第二次執行迴圈時計算 $m[i, i+2]$，$i = 1, 2, \ldots, n-2$：長度 $l = 3$ 的矩陣鏈的最低成本，以此類推，最後是長度 $l = n$ 的單一矩陣鏈，並計算 $m[1, n]$。當第 7–12 行計算 $m[i, j]$ 成本時，這個成本只與表格項目 $m[i, k]$ 與 $m[k+1, j]$ 有關，它們都已經被算出來了。

圖 14.5 是 MATRIX-CHAIN-ORDER 程序為 $n = 6$ 的矩陣鏈填寫的 m 與 s 表。因為 $m[i, j]$ 僅在 $i \leq j$ 時有定義，所以 m 表只使用主對角線以上的部分。在這張圖裡面的表格都經過旋轉，將主對角線轉成水平。本圖將矩陣鏈列在底下。在這個構圖裡，計算矩陣子鏈 $A_i A_{i+1} \cdots A_j$ 的積的最低成本 $m[i, j]$ 位於從 A_i 往右上角延伸，以及從 A_j 往左上角延伸的交叉點上。橫著看的話，表中的每一條對角線裡面都儲存相同長度的矩陣鏈的項目。MATRIX-CHAIN-ORDER 由下而上計算每一列，並且由左而右計算每列裡面的項目。在計算每一個項目 $m[i, j]$ 時，它會使用乘積 $p_{i-1} p_k p_j$，$k = i, i+1, \ldots, j-1$，以及 $m[i, j]$ 的左下和右下方向的所有項目。

稍微看一下 MATRIX-CHAIN-ORDER 的嵌套迴圈結構可以知道演算法的執行時間是 $O(n^3)$。迴圈嵌套三層，每一個迴圈索引（l、i 與 k）最多被設成 $n - 1$ 個值。習題 14.2-5 會要求你證明這個演算法的執行時間事實上也是 $\Omega(n^3)$。這個演算法需要 $\Theta(n^2)$ 空間來儲存 m 與 s 表。因此，MATRIX-CHAIN-ORDER 比列舉所有可能的括號法並檢查每一種括號法的指數時間策略還要高效許多。

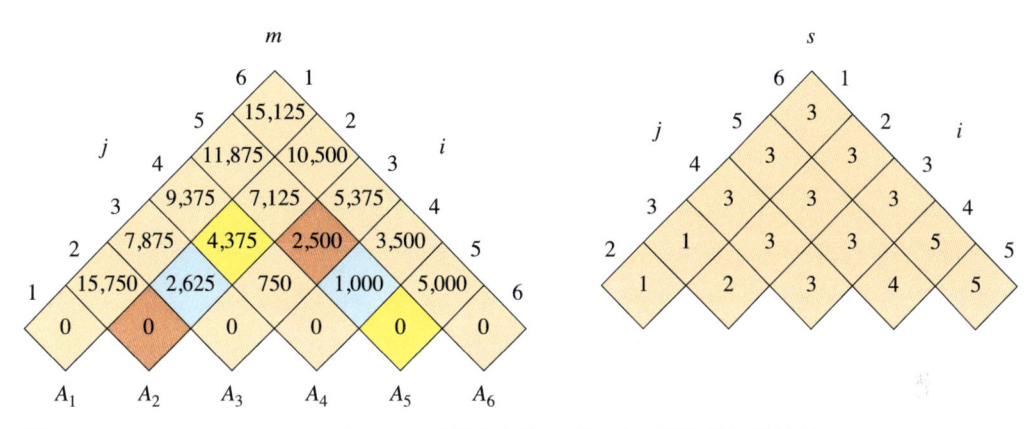

圖 14.5 MATRIX-CHAIN-ORDER 在 $n = 6$ 時算出來的 m 與 s 表，下面是矩陣維數：

矩陣	A_1	A_2	A_3	A_4	A_5	A_6
維數	30×35	35×15	15×5	5×10	10×20	20×25

我們旋轉兩張表來將它們的對角線轉成水平。m 表僅使用主對角線和上三角，s 表僅使用上三角。將 6 個矩陣相乘所需的最少純量乘法是 $m[1, 6] = 15{,}125$。在非棕色的項目中，相同顏色的兩個項目在第 9 行進行下列計算時使用

$$m[2, 5] = \min \begin{cases} m[2,2] + m[3,5] + p_1 p_2 p_5 = 0 + 2500 + 35 \cdot 15 \cdot 20 = 13{,}000 \\ m[2,3] + m[4,5] + p_1 p_3 p_5 = 2625 + 1000 + 35 \cdot 5 \cdot 20 = 7125 \\ m[2,4] + m[5,5] + p_1 p_4 p_5 = 4375 + 0 + 35 \cdot 10 \cdot 20 = 11{,}375 \end{cases}$$
$$= 7125$$

第 4 步：建構最佳解

儘管 MATRIX-CHAIN-ORDER 可以提供矩陣乘法鏈所需的最低純量乘法數量，但它無法直接展示如何進行矩陣乘法，$s[1{:}n-1, 2{:}n]$ 表可提供所需的資訊。它的每一筆項目 $s[i, j]$ 都記錄一個 k 值，代表在以最好的方法為 $A_i A_{i+1} \cdots A_j$ 加上括號時，應該在 A_k 與 A_{k+1} 之間拆開乘積。在計算 $A_{1:n}$ 時，最佳的矩陣乘法是 $A_{1:s[1,n]} A_{s[1,n]+1:n}$。在 s 表裡面也有確定稍早的矩陣乘法所需的資訊，它使用遞迴，$s[1, s[1, n]]$ 指出在計算 $A_{1:s[1,n]}$ 時的最後一個矩陣乘法，$s[s[1, n] + 1, n]$ 指出在計算 $A_{s[1,n]+1:n}$ 時的最後一個矩陣乘法。下一頁的遞迴程序 PRINT-OPTIMAL-PARENS 可印出矩陣鏈乘積 $A_i A_{i+1} \cdots A_j$ 的最佳括號法，它接收一個以 MATRIX-CHAIN-ORDER 計算的 s 表，以及索引 i 和 j。初次呼叫 PRINT-OPTIMAL-PARENS$(s, 1, n)$ 會印出完整的矩陣鏈乘積 $A_1 A_2 \cdots A_n$ 的最佳括號法。在圖 14.5 的例子中，呼叫 PRINT-OPTIMAL-PARENS$(s, 1, 6)$ 會印出最佳括號法 $((A_1(A_2 A_3))((A_4 A_5) A_6))$。

```
Print-Optimal-Parens(s, i, j)
1   if i == j
2       print "A"_i
3   else print "("
4       Print-Optimal-Parens(s, i, s[i, j])
5       Print-Optimal-Parens(s, s[i, j] + 1, j)
6       print ")"
```

習題

14.2-1
為維數序列為 $\langle 5, 10, 3, 12, 5, 50, 6 \rangle$ 的矩陣鏈乘積找出最佳括號法。

14.2-2
寫出可實際執行最佳矩陣乘法的遞迴演算法 Matrix-Chain-Multiply(A, s, i, j)，它的輸入是一個矩陣序列 $\langle A_1, A_2, ..., A_n \rangle$、一個用 Matrix-Chain-Order 算出來的 s 表，以及索引 i 與 j（最初的呼叫是 Matrix-Chain-Multiply($A, s, 1, n$)）。假設呼叫 Rectangular-Matrix-Multiply(A, B) 可得到矩陣 A 與 B 的積。

14.2-3
使用代入法來證明遞迴式 (14.6) 的解是 $\Omega(2^n)$。

14.2-4
畫出輸入鏈的長度為 n 的矩陣乘法鏈的子問題圖。它有幾個頂點？幾條邊？有哪些邊？

14.2-5
設 $R(i, j)$ 是呼叫 Matrix-Chain-Order 時，為了計算其他表格項目而引用表格項目 $m[i, j]$ 的次數。證明整張表的總引用次數是

$$\sum_{i=1}^{n} \sum_{j=i}^{n} R(i, j) = \frac{n^3 - n}{3}$$

（提示：利用第 1097 頁的式 (A.4)）。

14.2-6
證明具有 n 個元素的運算式的完全括號化正好有 $n-1$ 對括號。

14.3 動態規劃的元素

雖然我們展示了兩個動態規劃方法的完整範例，但你應該想知道何時適合使用這種方法。從工程的角度來看，何時該用動態規劃來處理問題？在本節中，我們將探討優化問題必須具備兩項關鍵因素才適合使用動態規劃：最佳子結構，以及子問題重疊。我們也將更充分地回顧和討論，在由上而下的遞迴方法中，記憶化如何協助你利用重疊子問題的特性。

最佳子結構

用動態規劃來處理優化問題的第一步是定義最佳解的結構。之前提過，如果一個問題的最佳解包含子問題的最佳解，那麼這個問題就有**最佳子結構**。如果問題有最佳子結構，那就代表它可能適合使用動態規劃來處理（然而，正如第 15 章所討論的那樣，這可能也意味著適合使用貪婪策略）。動態規劃就是用子問題的最佳解來建構整個問題的最佳解。因此，你必須小心地確保你所考慮的子問題包含最佳解使用的子問題。

最佳子結構是解決本章的前兩個問題的關鍵。在第 14.1 節中，我們觀察到，以最佳方式切割長度為 n 的鋼棒（如果 Serling 企業進行任何切割的話），涉及對第一次切割產生的兩個部分進行最佳切割。在第 14.2 節中，我們注意到，矩陣乘法鏈 $A_i A_{i+1} \cdots A_j$ 的最佳括號法，設它將 A_k 和 A_{k+1} 之間的乘積分開，包含為 $A_i A_{i+1} \cdots A_k$ 與 $A_{k+1} A_{k+2} \cdots A_j$ 加上括號的兩個子問題的最佳解。

當你找出最佳子結構時，你往往會遵循一種常見的模式：

1. 你會證明問題的解包含「做出選擇」，例如選擇第一次切割鋼棒的位置，或是選擇用來拆開矩陣鏈的索引。做出選擇會產生一或多個待解決的子問題。

2. 對於給定的問題，你會假設你被授予一個邁向最佳解決方案的選擇。你不關心如何做出該選擇，只是假設你被授予該選擇。

3. 有了這個選擇後，你會確定接下來會出現哪些子問題，以及如何定義那些子問題的空間。

4. 你會用「剪貼法（cut-and-paste）」來證明在最佳解中使用的子問題解本身一定是最佳的。你的做法是假設每個子問題解都不是最佳的，然後推導出矛盾的結果。具體來說，你會「剪掉」每個子問題的非最佳解再「貼上」最佳解來證明原問題有更好的解，因而與最初的假設（已獲得最佳解）矛盾。如果最佳解決方案產生多個子問題，那些子問題通常很相似，因此可以輕鬆地修改其中一個子問題的「剪貼法」證明，將它用在其他子問題上。

根據經驗，在定義子問題的空間時，應試著盡量保持空間的簡單，然後視需要擴展它。例如，鋼棒切割問題的子問題空間包含以最佳方式切割長度 i 的鋼棒，i 為各種大小。這個子問題空間有很好的效果，沒必要嘗試更廣泛的子問題空間。

反過來說，假設你試著將矩陣鏈乘法的子問題空間限制為形如 $A_1 A_2 \cdots A_j$ 的矩陣乘積。和以前一樣，最佳的括號法必須在 A_k 和 A_{k+1} 之間分開這個乘積，$1 \leq k < j$。除非你可以保證 k 總是等於 $j-1$，否則你會遇到這種形式的子問題：$A_1 A_2 \cdots A_k$ 與 $A_{k+1} A_{k+2} \cdots A_j$。此外，第二個子問題不具備這種形式：$A_1 A_2 \cdots A_j$。為了用動態規劃來處理這個問題，你要讓子問題可在「兩端」變化，也就是說，在將乘積 $A_i A_{i+1} \cdots A_j$ 括號化的子問題裡面，i 與 j 都需要變化。

不同問題領域的最佳子結構之間有兩個不同之處：

1. 原始問題使用多少子問題與最佳解，以及

2. 當你確定在最佳解裡該使用哪些子問題時，有多少選項。

在鋼棒切割問題中，切割大小為 n 的鋼棒的最佳解僅使用一個子問題（大小為 $n-i$），但我們必須考慮 i 的 n 個選項來確定哪一個產生最佳解。子乘法鏈 $A_i A_{i+1} \cdots A_j$ 的矩陣乘法鏈有兩個子問題，與 $j-i$ 個選項。如果拆開乘積的矩陣是 A_k，我們有兩個子問題：將 $A_i A_{i+1} \cdots A_k$ 括號化，以及將 $A_{k+1} A_{k+2} \cdots A_j$ 括號化，我們必須找出**兩者**的最佳解。找出子問題的最佳解之後，我們要從 $j-i$ 個選項中找出索引 k。

非正式地說，動態規劃演算法的執行時間取決於兩個因素的乘積：子問題的總體數量，以及每個子問題有多少選項。在鋼棒切割中，我們總共有 $\Theta(n)$ 個子問題，每一個子問題最多有 n 個選項需要考慮，導致 $O(n^2)$ 執行時間。矩陣乘法鏈總共有 $\Theta(n^2)$ 個子問題，每一個最多有 $n-1$ 個選項，導致 $O(n^3)$ 執行時間（其實是 $\Theta(n^3)$ 執行時間，根據習題 14.2-5）。

子問題圖（subproblem graph）通常可以作為另一種方法來進行同樣的分析，它的每一個頂點都相當於一個子問題，從那個子問題出發的邊則是該子問題的選項。在鋼棒切割中，子問題有 n 個頂點，每個頂點最多有 n 條邊，導致 $O(n^2)$ 執行時間。如果你畫出矩陣乘法鏈的子問題圖，它有 $\Theta(n^2)$ 個頂點，每一個頂點最多有 $n-1$ 度，導致總共有 $O(n^3)$ 個頂點與邊。

動態規劃通常以由下而上的方式來使用最佳子結構。也就是說，你要先找出子問題的最佳解，處理子問題之後，再找出問題的最佳解。在找出問題的最佳解時，你要在許多子問題中找出用來處理問題的子問題。求解問題的成本通常是子問題的成本加上做出選擇本身的直接成本。例如，在鋼棒切割中，我們先解決子問題：找出切割長度 i 的鋼棒的最佳方法（$i = 0, 1, ..., n-1$），然後找出這些子問題之中的哪一個產生長度 n 的鋼棒的最佳解，使用

式 (14.2)。選擇本身的成本就是式 (14.2) 裡面的 p_i 項。在矩陣乘法鏈裡，我們找出子乘法鏈 $A_iA_{i+1}\cdots A_j$ 的最佳括號法，然後選擇拆開乘法鏈的矩陣 A_k。選擇本身所產生的成本是 $p_{i-1}p_kp_j$ 項。

第 15 章將介紹「貪婪演算法」，它與動態規劃有很多相似處，尤其是適合使用貪婪演算法的問題也有最佳子結構。貪婪演算法和動態規劃之間的主要差異在於，貪婪演算法不是先找到子問題的最佳解，再做出明智的選擇，而是先做出一個「貪婪」的選擇，也就是當下的最佳選擇，然後解決所產生的子問題，而不是解決所有可能的相關子問題。出人意外的是，這種策略在某些情況下有效！

細節

小心，不要在不適合使用最佳子結構的情況下假設它適用。考慮下面的兩個問題，它們的輸入是由有向圖 $G = (V, E)$ 和頂點 u、$v \in V$ 構成的。

未加權最短路徑[5]：找出一條從 u 到 v 且邊最少的路徑。這種路徑必然是簡單的路徑，因為如果路徑有圓環，將圓環移除會產生一條邊更少的路徑。

未加權最長簡單路徑：找出一條從 u 到 v 且邊最多的簡單路徑（如果不要求這條路徑必須是簡單的，那麼這個問題就無法定義，因為反覆繞著圓環走，會產生一條有任意邊數的路徑）。

未加權最短路徑問題有最佳子結構。我們來解釋一下。假設 $u \neq v$，所以這個問題有一定的複雜度。那麼，從 u 到 v 的任何一條路徑 p 都一定包含一個中間頂點，假設它是 w（w 可能是 u 或 v）。然後，我們將路徑 $u \overset{p}{\leadsto} v$ 分成子路徑 $u \overset{p_1}{\leadsto} w \overset{p_2}{\leadsto} v$。在 p 裡面的邊數等於在 p_1 裡面的邊數加上在 p_2 裡面的邊數。我們說，如果 p 是從 u 到 v 的最佳路徑（也就是最短的），那麼 p_1 一定是從 u 到 w 的最短路徑。為什麼？我們使用前述的「剪貼法」證明：如果從 u 到 w 有另一條路徑的邊比 p_1 少，假設是該路徑是 p'_1，我們就可以剪下 p_1，並貼上 p'_1，產生路徑 $u \overset{p'_1}{\leadsto} w \overset{p_2}{\leadsto} v$，這條路徑的邊比 p 少，與「p 是最佳的」互相矛盾。同理，p_2 一定是從 u 到 w 的最短路徑，因為，為了找出從 u 到 v 的最短路徑，我們考慮所有中間頂點 w，找出從 u 到 w 的最短路徑，以及從 w 到 v 的最短路徑，並選出產生總體最短路徑的中間頂點 w。第 23.2 節使用這種最佳子結構的變體來尋找一張加權有向圖裡面的每一對頂點之間的最短路徑。

5　我們使用「未加權」這個術語來區分這個問題與第 22 章和第 23 章中的有權重邊最短路徑問題。你可以使用第 20 章介紹的廣度優先搜尋技術來求解未加權問題。

你可能認為，尋找未加權最長簡單路徑的問題也有最佳子結構。畢竟，把一條最長的簡單路徑 $u \overset{p_1}{\leadsto} v$ 分解成子路徑 $u \overset{p_1}{\leadsto} w \overset{p_2}{\leadsto} v$ 的話，p_1 難道不是從 u 到 w 的最長簡單路徑？且 p_2 難道不是從 w 到 v 的最長簡單路徑？答案是否定的。圖 14.6 提出一個例子。考慮路徑 $q \rightarrow r \rightarrow t$，它是從 q 到 t 的最長簡單路徑。$q \rightarrow r$ 是從 q 到 r 的最長簡單路徑嗎？不是，因為 $q \rightarrow s \rightarrow t \rightarrow r$ 是更長的簡單路徑。$r \rightarrow t$ 是從 r 到 t 的最長簡單路徑嗎？也不是，因為 $r \rightarrow q \rightarrow s \rightarrow t$ 是更長的簡單路徑。

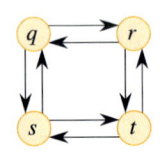

圖 14.6 這張有向圖證明「在未加權有向圖中尋找最長簡單路徑」這個問題沒有最佳子結構。路徑 $q \rightarrow r \rightarrow t$ 是從 q 到 t 的最長簡單路徑，但是子路徑 $q \rightarrow r$ 不是從 q 到 r 的最長簡單路徑，子路徑 $r \rightarrow t$ 也不是從 r 到 t 的最長簡單路徑。

這個例子證明，最長簡單路徑問題不僅沒有最佳子結構，你也不一定可以用子問題的解來組合「有效」的解。組合最長簡單路徑 $q \rightarrow s \rightarrow t \rightarrow r$ 與 $r \rightarrow q \rightarrow s \rightarrow t$ 會得到路徑 $q \rightarrow s \rightarrow t \rightarrow r \rightarrow q \rightarrow s \rightarrow t$，這不是簡單的路徑。事實上，尋找未加權最長簡單路徑的問題看起來沒有任何一種最佳子結構。這個問題目前還沒有人發現有效的動態規劃演算法。事實上，這個問題是 NP-complete，我們將在第 34 章看到，這意味著我們不太可能在多項式時間內找出解決它的方法。

為什麼最長簡單路徑的子結構與最短路徑的子結構如此不同？儘管最長路徑和最短路徑問題的解都使用兩個子問題，但最長簡單路徑的子問題不是獨立的，而最短路徑的子問題是獨立的。「子問題是獨立的」是什麼意思？意思就是，一個子問題的解不會影響同一個問題的另一個子問題的解。以圖 14.6 為例，「尋找從 q 到 t 的最長簡單路徑」這個問題有兩個子問題：尋找從 q 到 r 和從 r 到 t 的最長簡單路徑。對於第一個子問題，我們選擇路徑 $q \rightarrow s \rightarrow t \rightarrow r$，它使用頂點 s 與 t。這些頂點不能出現在第二個子問題的解裡面，否則將兩個子問題的解結合起來會產生一個非簡單的路徑。如果頂點 t 不能出現在第二個問題的解裡面，那就沒有辦法解決問題，因為 t 必須出現在形成解的路徑上，而且它不是將子問題「拼接」在一起的頂點（該頂點是 r）。因為頂點 s 與 t 出現在一個子問題的解之中，所以它們不能出現在另一個子問題的解裡面。然而，它們之一必定出現在另一個子問題的解裡面，而且最佳解需要兩者，因此我們說，這些子問題不是獨立的。換個角度，使用某些資源（頂點）來處理一個子問題會導致那些資源無法在另一個子問題中使用。

那麼，為什麼尋找最短路徑的子問題是獨立的？答案是，從本質上講，這些子問題不共用資源。我們說，如果頂點 w 在從 u 到 v 的最短路徑 p 上，我們就可以將**任意**最短路徑 $u \stackrel{p_1}{\leadsto} w$ 與**任意**最短路徑 $w \stackrel{p_2}{\leadsto} v$ 拼接起來，以產生從 u 到 v 的最短路徑。為什麼？假如有個頂點 $x \neq w$ 既出現在 p_1 也出現在 p_2 上，導致 p_1 可以分解成 $u \stackrel{p_{ux}}{\leadsto} x \leadsto w$，$p_2$ 可以分解成 $w \leadsto x \stackrel{p_{xv}}{\leadsto} v$。根據這個問題的最佳子結構，路徑 p 的邊與 p_1 和 p_2 的加起來一樣多。假設 p 有 e 個邊。現在我們建構一條從 u 到 v 的路徑 $p' = u \stackrel{p_{ux}}{\leadsto} x \stackrel{p_{xv}}{\leadsto} v$。因為我們刪除了從 x 到 w 和從 w 到 x 的路徑，這兩條路徑都至少包含一條邊，所以路徑 p' 最多有 $e-2$ 條邊，與「p 是最短路徑」這個假設互相矛盾。因此，我們可以確定，最短路徑問題的子問題是獨立的。

第 14.1 節與 14.2 節討論的兩個問題都有獨立的子問題。在矩陣乘法鏈裡，子問題是將子鏈 $A_i A_{i+1} \cdots A_k$ 與 $A_{k+1} A_{k+2} \cdots A_j$ 相乘。這些子鏈是不相交的，所以不會有任何矩陣同時出現在兩者之中。在鋼棒切割中，為了找出切割長度 n 的鋼棒的最佳方法，我們檢查切割長度 i （$i = 0, 1, ..., n-1$）的鋼棒的最佳方法。因為長度 n 的問題的最佳解只包括這些子問題之一的解（在切割第一段之後），所以子問題的獨立性不是問題。

子問題重疊

可用動態規劃來處理的優化問題必備的第二個因素是子問題的空間必須夠「小」，也就是說，該問題的遞迴演算法可以反覆處理相同的子問題，而不是一直產生新的子問題。一般來說，不同子問題的總數與輸入大小成多項式關係。如果遞迴演算法會反覆遇到同一個問題，那麼該優化問題就有**重疊的子問題**[6]。反過來說，適合用分治法來處理的問題通常會在每一步遞迴時產生全新的問題。動態規劃演算法通常利用子問題重疊的性質，它們會處理每一個子問題一次，然後將解儲存在一張表中，以便在需要時進行查詢，每一次查詢的時間都是固定的。

我們曾經在第 14.1 節簡要地探討鋼棒切割的遞迴解決方案，如何以指數級的呼叫次數來尋找更小的子問題的解。動態規劃解決方案可將執行時間從遞迴演算法的指數時間降到二次時間。

---

6 使用動態規劃的條件是子問題必須既獨立且重疊看似奇怪，雖然這兩個條件看似矛盾，但它們其實描述兩個不同的概念，而不是在同一軸上的兩個點。獨立的意思是同一個問題的兩個子問題不共享資源。重疊的意思是出現在兩個不同問題裡的子問題實際上是相同的子問題。

為了更詳細地說明重疊子問題的特性，我們再來看一下矩陣乘法鏈問題。在圖 14.5 中，MATRIX-CHAIN-ORDER 在處理較高列（higher rows）的子問題時，會反覆查詢較低列的子問題解。例如，它引用項目 $m[3, 4]$ 四次：在計算 $m[2, 4]$、$m[1, 4]$、$m[3, 5]$ 與 $m[3, 6]$ 時。如果這個演算法每次都重新計算 $m[3, 4]$ 而不是查詢它，執行時間將大幅增加。為了了解原因，我們考慮下一頁的低效遞迴程序 RECURSIVE-MATRIX-CHAIN，它會算出 $m[i, j]$，也就是計算矩陣乘積 $A_{i:j} = A_i A_{i+1} \cdots A_j$ 所需的最低純量乘法次數。這個程序直接採用遞迴式 (14.7)。圖 14.7 是呼叫 RECURSIVE-MATRIX-CHAIN(p, 1, 4) 產生的遞迴樹。圖中的每一個節點中的值是參數 i 與 j。你可以看到，有幾對值多次出現。

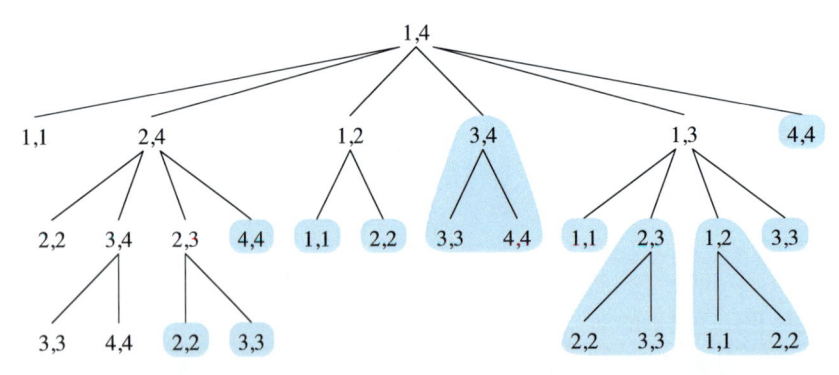

圖 14.7 計算 RECURSIVE-MATRIX-CHAIN(p, 1, 4) 時的遞迴樹。每個節點都有參數 i 與 j。當 MEMOIZED-MATRIX-CHAIN 處理藍色背景的子樹時，會查詢一次表格，而不是實際計算。

事實上，這個遞迴程序計算 $m[1, n]$ 的時間至少與 n 成指數關係。為了了解原因，設 $T(n)$ 為 RECURSIVE-MATRIX-CHAIN 計算 n 個矩陣的最佳括號法所花費的時間。因為執行第 1~2 行與第 6~7 行分別至少花費單位時間，第 5 行的乘法也是如此，所以從這個程序可寫成遞迴式

RECURSIVE-MATRIX-CHAIN(p, i, j)

1 **if** $i == j$
2   **return** 0
3 $m[i, j] = \infty$
4 **for** $k = i$ **to** $j - 1$
5   q = RECURSIVE-MATRIX-CHAIN(p, i, k)
             + RECURSIVE-MATRIX-CHAIN($p, k + 1, j$)
             + $p_{i-1} p_k p_j$
6   **if** $q < m[i, j]$
7          $m[i, j] = q$
8 **return** $m[i, j]$

$$T(n) \geq \begin{cases} 1 & \text{若 } n = 1 \\ 1 + \sum_{k=1}^{n-1}(T(k) + T(n-k) + 1) & \text{若 } n > 1 \end{cases}$$

注意，設 $i = 1, 2, \ldots, n-1$，在這個式子中，每一個 $T(i)$ 項以 $T(k)$ 的形式出現一次，以 $T(n-k)$ 的形式出現一次。整合和式裡的 $n-1$ 個 1 以及最前面的 1，可將遞迴式改寫成

$$T(n) \geq 2 \sum_{i=1}^{n-1} T(i) + n \tag{14.8}$$

我們用代入法來證明 $T(n) = \Omega(2^n)$。具體來說，我們將證明 $T(n) \geq 2^{n-1}$，當 $n \geq 1$。在基本情況 $n = 1$ 時，和式是空的，我們得到 $T(1) \geq 1 = 2^0$。當 $n \geq 2$ 時，我們得到

$$\begin{aligned} T(n) &\geq 2 \sum_{i=1}^{n-1} 2^{i-1} + n \\ &= 2 \sum_{j=0}^{n-2} 2^j + n \quad \text{（設 } j = i-1\text{）} \\ &= 2(2^{n-1} - 1) + n \quad \text{（根據第 1098 頁的式 (A.6)）} \\ &= 2^n - 2 + n \\ &\geq 2^{n-1} \end{aligned}$$

故得證。因此，呼叫 RECURSIVE-MATRIX-CHAIN($p, 1, n$) 所執行的總工作量至少與 n 成指數關係。

我們來比較這個由上而下的遞迴演算法（無記憶化）、與由下而上的動態規劃演算法。後者的效率較高，因為它利用了子問題重疊的特性。矩陣乘法鏈只有 $\Theta(n^2)$ 個不同的問題，動態規劃演算法僅處理每一個子問題一次。另一方面，每當子問題出現在遞迴樹裡時，遞迴演算法就必須處理它們。如果相同的子問題在問題的自然遞迴解的遞迴樹中重複出現，而且不同子問題很少，那麼動態規劃可以提升效率，有時可以大幅提升。

重建最佳解

實際上，你通常會用一張單獨的表格來儲存你在每一個子問題中做出來的選擇，這樣就不必用成本表格來重建這些資訊了。

在處理矩陣乘法鏈時，當我們需要重建最佳解時，$s[i, j]$ 表可以節省大量的工作。假設第 363 頁的 MATRIX-CHAIN-ORDER 程序沒有保存 $s[i, j]$ 表，只填寫了包含最佳子問題成本的表格 $m[i, j]$。這個程序在決定 $A_i A_{i+1} \cdots A_j$ 的最佳括號法該使用哪些子問題時，必須從 $j - i$ 種可能的選項中選擇，且 $j - i$ 不是固定不變的。因此，它需要 $\Theta(j - i) = \omega(1)$ 時間來重建它為了解決一個問題而選擇的子問題。因為 MATRIX-CHAIN-ORDER 將拆開乘積 $A_i A_{i+1} \cdots A_j$ 的矩陣的索引存入 $s[i, j]$，所以第 366 頁的 PRINT-OPTIMAL-PARENS 程序可以用 $O(1)$ 時間來查詢每一個選擇。

記憶化

正如我們在鋼棒切割問題中看到的，有一種取代動態規劃的做法既可以保持由上而下的策略，又可以提供由下而上的效率，這種做法就是將自然但低效的遞迴演算法記憶化，它與由下而上的方法一樣，需要維護一個儲存子問題的解的表格，但填寫表格的控制結構比較像遞迴演算法。

記憶化的遞迴演算法在表中為每個子問題的解保存一個項目。每一個項目最初都有一個特殊值，代表該項目還沒有被填寫。當遞迴演算法展開並第一次遇到子問題時，該子問題的解會被計算出來，然後存入表中。之後每一次遇到那個子問題時，演算法只需要查詢表中的值，並將之回傳[7]。

MEMOIZED-MATRIX-CHAIN 程序是第 373 頁的 RECURSIVE-MATRIX-CHAIN 程序的記憶化版本。注意它與第 355 頁的鋼棒切割問題的由上而下記憶化方法有何相似之處。

---

[7] 這種方法假設你知道所有可能的子問題參數，並建立了表的位置和子問題之間的關係。另一種更普遍的方法是使用雜湊化，並將子問題的參數當成鍵來記憶。

MEMOIZED-MATRIX-CHAIN(p, n)
1 let m[1:n, 1:n] be a new table
2 **for** i = 1 **to** n
3   **for** j = i **to** n
4   m[i, j] = ∞
5 **return** LOOKUP-CHAIN(m, p, 1, n)

LOOKUP-CHAIN(m, p, i, j)
1 **if** m[i, j] < ∞
2   **return** m[i, j]
3 **if** i == j
4   m[i, j] = 0
5 **else for** k = i **to** j − 1
6   q = LOOKUP-CHAIN(m, p, i, k)
           + LOOKUP-CHAIN(m, p, k + 1, j) + $p_{i-1} p_k p_j$
7   **if** q < m[i, j]
8   m[i, j] = q
9 **return** m[i, j]

MEMOIZED-MATRIX-CHAIN 程序與第 363 頁的由下而上的 MATRIX-CHAIN-ORDER 程序一樣，它也維護一個 m[1:n, 1:n] 表，儲存 m[i, j] 的計算值，也就是計算矩陣 $A_{i:j}$ 所需的最少純量乘法次數。每一個表格項目的初始值都是 ∞，代表該項目尚未被填入資訊。在呼叫 LOOKUP-CHAIN(m, p, i, j) 時，如果第 1 行發現 m[i, j] < ∞，那麼第 2 行會直接回傳之前算出來的成本 m[i, j]。否則，這個程序會像在 RECURSIVE-MATRIX-CHAIN 中那樣計算成本，存入 m[i, j]，並回傳。因此，LOOKUP-CHAIN(m, p, i, j) 一定會回傳 m[i, j] 的值，但只會在你第一次使用特定的 i 與 j 值來呼叫它時計算 m[i, j]。圖 14.7 說明 MEMOIZED-MATRIX-CHAIN 比 RECURSIVE-MATRIX-CHAIN 節省多少時間。藍底的子樹代表透過查詢而不是透過重新計算得到的值。

與由下而上的 MATRIX-CHAIN-ORDER 一樣，記憶化的 MEMOIZED-MATRIX-CHAIN 的執行時間是 $O(n^3)$。最初，MEMOIZED-MATRIX-CHAIN 的第 4 行執行 $\Theta(n^2)$ 次，它是除了在第 5 行呼叫 LOOKUP-CHAIN 之外的主要執行時間。我們可以將針對 LOOKUP-CHAIN 的呼叫分成兩種：

1. m[i, j] = ∞ 時，於是執行第 3~9 行，以及

2. m[i, j] < ∞ 時，於是 LOOKUP-CHAIN 在第 2 行直接 return。

第一種呼叫有 $\Theta(n^2)$ 次，每一個表格項目一次。第二種呼叫都是由於呼叫第一種而遞迴呼叫的，當一次針對 LOOKUP-CHAIN 的呼叫引發遞迴呼叫時，它會呼叫它們 $O(n)$ 次。因此，第二種呼叫總共有 $O(n^3)$ 次。第二種呼叫都花費 $O(1)$ 時間，第一種呼叫每次花費 $O(n)$ 時間加上遞迴呼叫花費的時間，所以總時間是 $O(n^3)$。因此，記憶化可將一個 $\Omega(2^n)$ 時間的演算法轉變成 $O(n^3)$ 時間的演算法。

我們已經知道如何使用由上而下的記憶化動態規劃演算法，或是由下而上的動態規劃演算法，以 $O(n^3)$ 時間來解決矩陣乘法鏈問題了。由下而上和記憶化的方法都利用子問題重疊的特性。不同的子問題總共只有 $\Theta(n^2)$ 個，這些方法都只為每個子問題計算一次解。如果沒有記憶化，自然遞迴演算法會以指數時間執行，因為它會反覆處理解決過的子問題。

在一般的做法中，如果所有子問題都至少需要解決一次，那麼由下而上的動態規劃演算法通常比對映的由上而下記憶化演算法還要快一個常數因子，因為由下而上的演算法沒有遞迴的成本，維護表格的成本也較少。此外，在處理一些問題時，你可以在動態規劃演算法中，利用常規的表格讀取模式來進一步減少時間或空間需求。另一方面，在某些情況下，子問題空間裡的一些子問題根本不需要解決，在這種情況下，記憶化解決方案的好處是它只會處理必須解決的子問題。

習題

14.3-1
在矩陣乘法鏈問題中，用以下哪種方法來找出最佳乘法次數比較有效率：是將乘積括號化的所有方法列出來，並計算每一種方法的乘法次數，還是執行 RECURSIVE-MATRIX-CHAIN？證明你的答案是正確的。

14.3-2
畫出以第 2.3.1 節的 MERGE-SORT 程序來處理 16 個元素的陣列時的遞迴樹。解釋為什麼記憶化無法提升本身已經很好的分治演算法的速度，例如 MERGE-SORT。

14.3-3
考慮矩陣乘法鏈問題的相反版本，也就是幫一連串的矩陣加上括號來將純量乘法的次數最大化，而不是最小化。這個問題有最佳子結構嗎？

14.3-4

如前所述,在動態規劃中,你要先解決子問題,然後選擇要在問題的最佳解中使用哪些子問題。Capulet 教授聲稱,她不一定要處理所有子問題即可找到最佳解。她說,在找出矩陣乘法鏈問題的最佳解時,她可以先選出將子乘積 $A_i A_{i+1} \cdots A_j$ 分開的矩陣 A_k(藉著選出將 $p_{i-1} p_k p_j$ 最小化的 k),再處理子問題。舉一個矩陣乘法鏈問題的例子來證明這種貪婪方法產生的解不是最好的。

14.3-5

假如第 14.1 節的鋼棒切割問題也限制長度為 i 的段落數量 l_i,$i = 1, 2, ..., n$,證明如此一來,第 14.1 節提到的最佳子結構特性不再成立。

14.4 最長相同子序列

生物學應用領域經常需要比較兩個(或更多)不同生物體的 DNA。DNA 鏈是以一串稱為<u>鹼基</u>的分子組成的,可能的鹼基有腺嘌呤、胞嘧啶、鳥嘌呤和胸腺嘧啶。我們用鹼基的第一個字母來代表它們,所以我們可以用包含 4 個元素的集合 {A, C, G, T} 來將 DNA 鏈表示成一個字串(字串的定義見第 C.1 節)。例如,一個生物體的 DNA 可能是 $S_1 =$ ACCGGTCGAGTGCGCGGAAGCCGGCCGAA,另一個生物體的 DNA 可能是 $S_2 =$ GTCGTTCGGAATGCCGTTGCTCTGTAAA。比較兩串 DNA 的原因之一是為了確定它們有多麼「相似」,以衡量兩種生物體有多麼相關。我們可以用(也確實用了)許多不同的方式來定義相似度。例如,當一串 DNA 是另一串的子字串時,我們可以說它們兩者是相似的(第 32 章會討論處理這個問題的演算法)。在我們的例子中,S_1 與 S_2 不是彼此的子字串。我們也可以說,將一串 DNA 改成另一串 DNA 所需的改變次數很少時,它們兩者是相似的(習題 14-5 會討論這種概念)。然而,衡量 S_1 和 S_2 的相似性還有一種方法:找出第三個 S_3,使得出現在 S_3 裡面的鹼基均出現在 S_1 和 S_2 裡,這些鹼基必須以相同的順序出現,但不一定要連續,找到的 S_3 越長,S_1 和 S_2 就越相似。在我們的例子中,最長的 S_3 是 GTCGTCGGAAGCCGGCCGAA。

我們將最後一種相似性的概念正式化,稱之為最長相同子序列問題。序列的子序列就是將序列的 0 個或多個元素移除之後的序列。正式地說,有一個序列 $X = \langle x_1, x_2, ..., x_m \rangle$,當另一個序列 $Z = \langle z_1, z_2, ..., z_k \rangle$ 滿足以下條件時,它就是 X 的<u>子序列</u>:存在一個 X 的索引的嚴格遞增序列 $\langle i_1, i_2, ..., i_k \rangle$,使得對所有 $j = 1, 2, ..., k$ 而言,$x_{i_j} = z_j$。例如,$Z = \langle B, C, D, B \rangle$ 是 $X = \langle A, B, C, B, D, A, B \rangle$ 的子序列,對映的索引序列為 $\langle 2, 3, 5, 7 \rangle$。

給定兩個序列 X 與 Y，當序列 Z 符合以下條件時，它就是 X 與 Y 的**共同子序列**：Z 是 X 與 Y 的子序列。例如，如果 $X = \langle A, B, C, B, D, A, B \rangle$，$Y = \langle B, D, C, A, B, A \rangle$，那麼序列 $\langle B, C, A \rangle$ 是 X 與 Y 的共同子序列。但是 $\langle B, C, A \rangle$ 不是 X 與 Y 的**最長共同子序列**（*longest common subsequence*，*LCS*），因為它的長度是 3，而序列 $\langle B, C, B, A \rangle$ 也是 X 與 Y 的共同子序列，它的長度是 4。序列 $\langle B, C, B, A \rangle$ 是 X 與 Y 的 LCS，$\langle B, D, A, B \rangle$ 也是，因為 X 與 Y 沒有長度 5 以上的共同子序列。

最長相同子序列問題的輸入是兩個序列 $X = \langle x_1, x_2, ..., x_m \rangle$ 與 $Y = \langle y_1, y_2, ..., y_n \rangle$，我們的目標是找出 X 與 Y 的最長相同子序列。本節將介紹如何有效率地使用動態規劃來解決 LCS 問題。

第 1 步：描述最長相同子序列

你可以用蠻力法來處理 LCS 問題：列出 X 的所有子序列，檢查每一個子序列是不是也是 Y 的子序列，並記錄你找到的最長子序列。X 的每一個子序列都對映到 X 的索引 $\{1, 2, ..., m\}$ 的一個子集合。因為 X 有 2^m 個子序列，所以這種方法需要指數時間，非常不適合用來處理長序列。

然而，正如下面的定理所示，LCS 問題有最佳子結構特性。我們將看到，子問題的自然類別可對映兩個輸入序列的「序列頭（prefix）」。準確地說，如果有一個序列 $X = \langle x_1, x_2, ..., x_m \rangle$，我們定義 X 的第 i 個**序列頭**是 $X_i = \langle x_1, x_2, ..., x_i \rangle$，$i = 0, 1, ..., m$。例如，若 $X = \langle A, B, C, B, D, A, B \rangle$，則 $X_4 = \langle A, B, C, B \rangle$，$X_0$ 則是空序列。

定理 14.1（LCS 的最佳子結構）

設 $X = \langle x_1, x_2, ..., x_m \rangle$，$Y = \langle y_1, y_2, ..., y_n \rangle$ 皆為序列，並設 $Z = \langle z_1, z_2, ..., z_k \rangle$ 為 X 與 Y 的任意 LCS。

1. 若 $x_m = y_n$，則 $z_k = x_m = y_n$ 且 Z_{k-1} 為 X_{m-1} 與 Y_{n-1} 的 LCS。
2. 若 $x_m \neq y_n$ 且 $z_k \neq x_m$，則 Z 為 X_{m-1} 與 Y 的 LCS。
3. 若 $x_m \neq y_n$ 且 $z_k \neq y_n$，則 Z 為 X 與 Y_{n-1} 的 LCS。

證明 (1) 若 $z_k \neq x_m$，我們可以將 $x_m = y_n$ 附加到 Z，得到 X 與 Y 的共同子序列，其長度為 $k+1$，這與 Z 是 X 與 Y 的<u>最長</u>共同子序列的假設矛盾。因此，$z_k = x_m = y_n$ 一定成立。Z_{k-1} 序列頭是 X_{m-1} 與 Y_{n-1} 的共同子序列，其長度為 $k-1$。我們想證明它是 LCS。我們利用反證法，假設 X_{m-1} 與 Y_{n-1} 有一個長度大於 $k-1$ 的共同子序列。那麼，將 $x_m = y_n$ 附加至 W 可產生 X 與 Y 的共同子序列，其長度大於 k，這是矛盾的。

(2) 若 $z_k \neq x_m$，則 Z 為 X_{m-1} 與 Y 的共同子序列。如果 X_{m-1} 與 Y 有一個共同子序列 W 的長度大於 k，那麼 W 也是 X_m 與 Y 的共同子序列，與「Z 是 X 與 Y 的 LCS」這個假設矛盾。

(3) 的證明與 (2) 對稱。∎

定理 14.1 定義最長相同子序列的方式指出，兩個序列的 LCS 裡面有那兩個序列的序列頭的 LCS。因此，LCS 問題具有最佳子結構特性。遞迴解也具有重疊子問題的特性，等一下會展示。

第 2 步：遞迴解

定理 14.1 意味著，在尋找 $X = \langle x_1, x_2, ..., x_m \rangle$ 和 $Y = \langle y_1, y_2, ..., y_n \rangle$ 的 LCS 時，你應該檢查一個或兩個子問題。如果 $x_m = y_n$，你要找到 X_{m-1} 與 Y_{n-1} 的一個 LCS。將 $x_m = y_n$ 附加到這個 LCS 後面可產生 X 與 Y 的 LCS。如果 $x_m \neq y_n$，你就要處理兩個子問題：找出 X_{m-1} 與 Y 的 LCS，以及找出 X 與 Y_{n-1} 的 LCS。這兩個 LCS 較長的那一個就是 X 與 Y 的 LCS。因為這些情況涵蓋了所有可能性，所以這些最佳子問題的解之一，一定出現在 X 與 Y 的 LCS 裡。

LCS 問題有子問題重疊的特性，證明如下。為了找到 X 與 Y 的 LCS，你可能要找到 X 與 Y_{n-1} 以及 X_{m-1} 與 Y 的 LCS。但是這些子問題的每一個都有「找到 X_{m-1} 與 Y_{n-1} 的 LCS」這個子問題。許多其他的子問題也都共享子子問題。

與矩陣乘法鏈問題相似，為了遞迴地解決 LCS 問題，你要建立最佳解的值的遞迴式。我們定義 $c[i, j]$ 是序列 X_i 與 Y_j 的 LCS 的長。如果 $i = 0$ 或 $j = 0$，其中一個序列的長度為 0，所以 LCS 的長度為 0。從 LCS 問題的最佳子結構可得到這個遞迴式

$$c[i,j] = \begin{cases} 0 & \text{若 } i = 0 \text{ 或 } j = 0 \\ c[i-1, j-1] + 1 & \text{若 } i, j > 0 \text{ 且 } x_i = y_j \\ \max\{c[i, j-1], c[i-1, j]\} & \text{若 } i, j > 0 \text{ 且 } x_i \neq y_j \end{cases} \quad (14.9)$$

在這個遞迴式裡，問題中的一個條件限制了要考慮哪些子問題。當 $x_i = y_j$ 時，你可以且應該考慮「尋找 X_{i-1} 與 Y_{j-1} 的 LCS」這個子問題。否則，你要考慮「尋找 X_i 與 Y_{j-1} 以及 X_{i-1} 與 Y_j 的 LCS」這兩個子問題。在我們看過的動態規劃演算法中（鋼棒切割與矩陣乘法鏈），我們並未根據問題中的條件排除任何子問題。尋找 LCS 並不是唯一一個基於問題中的條件來排除子問題的動態規劃演算法。舉例來說，編輯距離問題（edit-distance problem，見習題 14-5）就有這種特性。

第 3 步：計算 LCS 的長度

根據式 (14.9)，你可以寫一個指數時間的遞迴演算法來計算兩個序列的 LCS 的長度。因為 LCS 問題只有 $\Theta(mn)$ 個不同的子問題（計算 $c[i, j]$，$0 \leq i \leq m$ 且 $0 \leq j \leq n$），所以動態規劃可以由下而上解決。

下一頁的 LCS-Length 程序接收兩個序列 $X = \langle x_1, x_2, ..., x_m \rangle$ 與 $Y = \langle y_1, y_2, ..., y_n \rangle$，以及它們的長度。它在 $c[0:m, 0:n]$ 表格裡儲存 $c[i, j]$ 值，並按照列優先順序來計算項目。也就是說，這個程序會先由左而右填寫 c 的第一列，然後第二列，以此類推。這個程序也使用表 $b[1:m, 1:n]$ 來協助建構最佳解。直覺上，$b[i, j]$ 指向在計算 $c[i, j]$ 時選擇的最佳子問題解所對應的表格項目。這個程序回傳 b 與 c 表，在 $c[m, n]$ 裡面有 X 與 Y 的 LCS 的長度。圖 14.8 是 LCS-Length 處理 $\langle A, B, C, B, D, A, B \rangle$ 與 $\langle B, D, C, A, B, A \rangle$ 產生的表。這個程序的執行時間是 $\Theta(mn)$，因為每一個表格項目花費 $\Theta(1)$ 來計算。

```
LCS-LENGTH(X, Y, m, n)
1   let b[1:m, 1:n] and c[0:m, 0:n] be new tables
2   for i = 1 to m
3       c[i, 0] = 0
4   for j = 0 to n
5       c[0, j] = 0
6   for i = 1 to m          // 按照「列優先」順序計算表格項目
7       for j = 1 to n
8           if x_i == y_j
9               c[i, j] = c[i − 1, j − 1] + 1
10              b[i, j] = "↖"
11          elseif c[i − 1, j] ≥ c[i, j − 1]
12              c[i, j] = c[i − 1, j]
13              b[i, j] = "↑"
14          else c[i, j] = c[i, j − 1]
15              b[i, j] = "←"
16  return c and b

PRINT-LCS(b, X, i, j)
1   if i == 0 or j == 0
2       return              // LCS 的長度為 0
3   if b[i, j] == "↖"
4       PRINT-LCS(b, X, i − 1, j − 1)
5       print x_i           // 與 y_j 一樣
6   elseif b[i, j] == "↑"
7       PRINT-LCS(b, X, i − 1, j)
8   else PRINT-LCS(b, X, i, j − 1)
```

第 4 步：建構 LCS

你可以使用 LCS-LENGTH 回傳的 b 表來快速建構 $X = \langle x_1, x_2, \ldots, x_m \rangle$ 與 $Y = \langle y_1, y_2, \ldots, y_n \rangle$ 的 LCS，從 $b[m, n]$ 開始，沿著箭頭在表中前進。在項目 $b[i, j]$ 裡面的 "↖" 意味著 $x_i = y_j$ 是被 LCS-LENGTH 找到的 LCS 的元素。這個方法以反向順序來提供 LCS 的元素。遞迴程序 PRINT-LCS 會以正確的順向順序印出 X 與 Y 的 LCS。

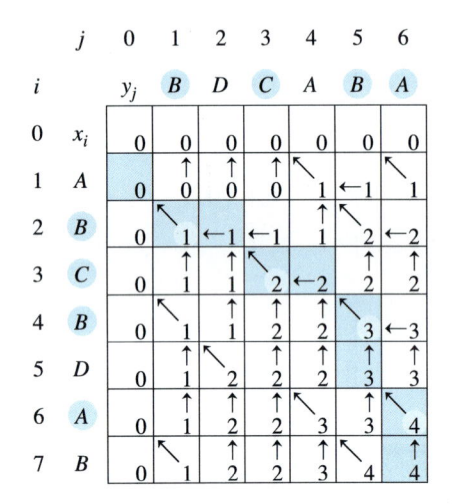

	j	0	1	2	3	4	5	6
i		y_j	B	D	C	A	B	A
0	x_i	0	0	0	0	0	0	0
1	A	0	↑0	↑0	↑0	↖1	←1	↖1
2	B	0	↖1	←1	←1	↑1	↖2	←2
3	C	0	↑1	↑1	↖2	←2	↑2	↑2
4	B	0	↖1	↑1	↑2	↑2	↖3	←3
5	D	0	↑1	↖2	↑2	↑2	↑3	↑3
6	A	0	↑1	↑2	↑2	↖3	↑3	↖4
7	B	0	↖1	↑2	↑2	↑3	↖4	↑4

圖 14.8 LCS-Length 用 $X = \langle A, B, C, B, D, A, B\rangle$ 與 $Y = \langle B, D, C, A, B, A\rangle$ 算出來的 c 與 b 表。在 i 列與 j 行的格子裡面的是 $c[i,j]$ 的值，以及 $b[i,j]$ 的箭頭。在 $c[7,6]$ 裡面的 4（表的右下角）是 X 與 Y 的 LCS $\langle B, C, B, A\rangle$ 的長度。當 $i, j > 0$ 時，$c[i,j]$ 只與 $x_i = y_j$ 是否成立，以及 $c[i-1, j]$、$c[i, j-1]$ 和 $c[i-1, j-1]$ 項目內的值有關（它們是在 $c[i,j]$ 之前計算的）。為了重建 LCS 的元素，我們從右下角開始，循著 $b[i,j]$ 箭頭，按照藍色背景上的順序重建。在藍色背景上面的每一個 "↖" 都對映一個項目（以醒目的圓圈來表示），其 $x_i = y_j$ 是 LCS 的成員之一。

最初的呼叫是 PRINT-LCS(b, X, m, n)。就圖 14.8 的 b 表而言，這個程序印出 $BCBA$。這個程序花費 $O(m + n)$ 時間，因為它在每次遞迴呼叫中，至少遞減 i 與 j 之一。

改善程式碼

當你開發出演算法之後，你通常會發現你可以改善它所使用的時間或空間。有一些修改可以簡化程式並改善常數因子，但無法漸近地改善性能。有一些修改則可以漸近地大量節省時間和空間。

例如，在 LCS 演算法中，你可以完全移除 b 表。每一個 $c[i,j]$ 項目僅與三個其他的 c 表項目有關：$c[i-1, j-1]$、$c[i-1, j]$ 與 $c[i, j-1]$。得到 $c[i,j]$ 值之後，你可以在 $O(1)$ 時間內確認這三個值中的哪一個被用來計算 $c[i,j]$，而不需要檢查 b 表。因此，你可以使用類似 PRINT-LCS 的程序，在 $O(m + n)$ 時間內重建 LCS（習題 14.4-2 會請你寫出虛擬碼）。雖然這個方法可節省 $\Theta(mn)$ 空間，但用來計算 LCS 所需的輔助空間並未漸近地減少，因為 c 表佔了 $\Theta(mn)$ 空間。

但是，你可以減少 LCS-LENGTH 的漸近空間需求，因為它每次只需要 c 表的兩列：被計算的那一列，以及上一列（事實上，正如習題 14.4-4 要求你證明的那樣，只要使用略多於 c 的一列的空間即可計算 LCS 的長度）。如果你只需要 LCS 的長度，這個改善可以發揮作用。如果你需要重建 LCS 的元素，較小的表格無法保存足夠的資訊量來讓你在 $O(m + n)$ 時間內回溯演算法的步驟。

習題

14.4-1
找出 $\langle 1, 0, 0, 1, 0, 1, 0, 1 \rangle$ 與 $\langle 0, 1, 0, 1, 1, 0, 1, 1, 0 \rangle$ 的 LCS。

14.4-2
寫出虛擬碼，在 $O(m + n)$ 時間內，用已完成的 c 表和原始序列 $X = \langle x_1, x_2, ..., x_m \rangle$ 與 $Y = \langle y_1, y_2, ..., y_n \rangle$ 來重建 LCS，而不使用 b 表。

14.4-3
寫出以 $O(mn)$ 時間執行的 LCS-LENGTH 記憶化版本。

14.4-4
說明如何僅用 c 表的 $2 \cdot \min\{m, n\}$ 個項目加上額外的 $O(1)$ 空間來計算 LCS 的長度。然後說明如何做相同的事情，但使用 $\min\{m, n\}$ 個項目加上額外的 $O(1)$ 空間。

14.4-5
寫出一個 $O(n^2)$ 時間的演算法，在 n 個數字的序列中，找出最長的單調遞增子序列。

★ 14.4-6
寫出一個 $O(n \lg n)$ 時間的演算法，在 n 個數字的序列中，找出最長的單調遞增子序列（提示：長度為 i 的候選子序列的最後一個元素，至少與長度為 $i-1$ 的候選子序列的最後一個元素一樣大。將候選子序列與輸入序列連接起來，以維護這些候選子序列）。

14.5 最佳二元搜尋樹

假如你在設計一個程式,它的功能是將英語翻譯成拉脫維亞語。你必須為文章中的每一個英語單字查詢它的拉脫維亞語。你可以建立一個二元搜尋樹來進行這些查詢操作,以 n 個英語單字為鍵,以它們的拉脫維亞語對映詞為衛星資料。因為你會在樹中搜尋文中的每個單字,所以你希望盡量減少搜尋的總時間。你可以利用紅黑樹或任何其他平衡的二元搜尋樹來確保每次的搜尋時間都是 $O(\lg n)$。然而,單字出現的頻率都不一樣,頻繁使用的單字,例如 *the*,可能位於遠離根節點的地方,但很少使用的單字,例如 *naumachia*,則出現在根節點附近。這種排列方式會降低翻譯速度,因為在二元搜尋樹中搜尋一個鍵時造訪的節點數等於 1 加上該鍵所在節點的深度。你希望將文章中經常出現的單字放在靠近根的地方[8]。此外,文章的某些單字可能沒有拉脫維亞語翻譯[9],這種單字根本不會出現在二元搜尋樹中。如果你知道每個單字出現的頻率,該如何排列一棵二元搜尋樹,以盡可能地減少全部的搜尋所造訪的節點數量?

你需要的是**最佳二元搜尋樹**。正式地講,有一個序列 $K = \langle k_1, k_2, ..., k_n \rangle$,它有 n 個不同的鍵,且 $k_1 < k_2 < \cdots < k_n$,我們要建構一個包含它們的二元搜尋樹。每一個鍵 k_i 都有它被搜尋的機率 p_i。因為有些搜尋可能尋找不在 K 裡的值,你也有 $n+1$ 個代表這些值的「假(dummy)」鍵 $d_0, d_1, d_2, ..., d_n$。具體來說,d_0 代表小於 k_1 的所有值,d_n 代表大於 k_n 的所有值,且設 $i = 1, 2, ..., n-1$,假鍵 d_i 代表 k_i 與 $k_i + 1$ 之間的所有值。每一個假鍵 d_i 都有一個 q_i,代表它被搜尋的機率。圖 14.9 是 $n = 5$ 個鍵的兩棵二元搜尋樹。每一個鍵 k_i 都是一個內部節點,每一個假鍵 d_i 都是一個葉節點。因為每次搜尋都或者成功(找到某個鍵 k_i),或者不成功(找到某個假鍵 d_i),我們得到

$$\sum_{i=1}^{n} p_i + \sum_{i=0}^{n} q_i = 1 \tag{14.10}$$

---

[8] 如果文章的主題是古羅馬,你應該想要把 *naumachia*(海戰表演)放在根節點附近。
[9] 沒錯,*naumachia* 有拉脫維亞語:*nomačija*。

14.5 最佳二元搜尋樹

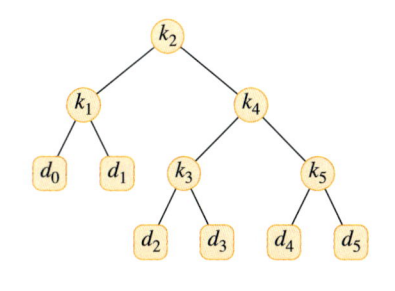

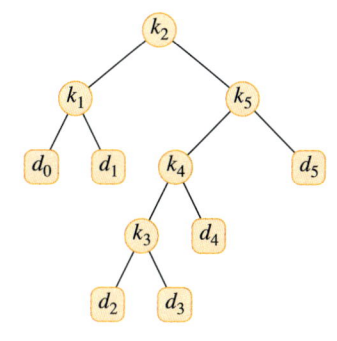

節點	深度	機率	貢獻
k_1	1	0.15	0.30
k_2	0	0.10	0.10
k_3	2	0.05	0.15
k_4	1	0.10	0.20
k_5	2	0.20	0.60
d_0	2	0.05	0.15
d_1	2	0.10	0.30
d_2	3	0.05	0.20
d_3	3	0.05	0.20
d_4	3	0.05	0.20
d_5	3	0.10	0.40
總共			2.80

(a)

節點	深度	機率	貢獻
k_1	1	0.15	0.30
k_2	0	0.10	0.10
k_3	3	0.05	0.20
k_4	2	0.10	0.30
k_5	1	0.20	0.40
d_0	2	0.05	0.15
d_1	2	0.10	0.30
d_2	4	0.05	0.25
d_3	4	0.05	0.25
d_4	3	0.05	0.20
d_5	2	0.10	0.30
總共			2.75

(b)

圖 14.9 用 $n = 5$ 個具有以下機率的鍵畫出來的兩棵二元搜尋樹

i	0	1	2	3	4	5
p_i		0.15	0.10	0.05	0.10	0.20
q_i	0.05	0.10	0.05	0.05	0.05	0.10

(a) 期望搜尋成本為 2.80 的二元搜尋樹。**(b)** 期望搜尋成本為 2.75 的二元搜尋樹。這棵樹是最佳的。

知道搜尋每個鍵與每個假鍵的機率，可讓我們知道在二元搜尋樹 T 中進行搜尋的期望成本。假設一次搜尋的實際成本等於被檢查的節點數量，也就是在 T 中找到的節點的深度加 1。那麼，在 T 中，一次搜尋的期望成本是

$$\begin{aligned} \mathrm{E}[\text{在 } T \text{ 中搜尋的成本}] &= \sum_{i=1}^{n}(\mathrm{depth}_T(k_i) + 1) \cdot p_i + \sum_{i=0}^{n}(\mathrm{depth}_T(d_i) + 1) \cdot q_i \\ &= 1 + \sum_{i=1}^{n} \mathrm{depth}_T(k_i) \cdot p_i + \sum_{i=0}^{n} \mathrm{depth}_T(d_i) \cdot q_i \end{aligned} \quad (14.11)$$

其中，depth_T 是一個節點在 T 裡的深度。最後一個式子來自式 (14.10)。圖 14.9 說明如何逐節點計算期望搜尋成本。

有了一組機率之後，你的目標是建構一棵期望搜尋成本最小的二元搜尋樹。我們將這種樹稱為**最佳二元搜尋樹**。圖 14.9(a) 是一棵期望成本為 2.80 的二元搜尋樹，它的機率列在圖中的表格裡。(b) 圖是最佳二元搜尋樹，它的期望成本是 2.75。從這個例子可以看出，最佳二元搜尋樹不一定是總體高度最小的樹，最佳二元搜尋樹也不一定把機率最高的鍵放在根節點，鍵 k_5 是機率最高的，但最佳二元搜尋樹的根節點是 k_2（以 k_5 為根節點的二元搜尋樹的最低期望成本都是 2.85）。

徹底檢查所有可能的樹無法設計出高效的演算法。你可以將有 n 個節點的任何二元搜尋樹的節點標上鍵 $k_1, k_2, ..., k_n$ 來建構二元搜尋樹。在第 316 頁的習題 12-4 中，我們看過，具有 n 個節點的二元樹有 $\Omega(4^n/n^{3/2})$ 棵。因此，你需要檢查指數級數量的二元搜尋樹才能進行徹底的搜尋。接下來要介紹如何用動態規劃更高效地處理這個問題。

第 1 步：最佳二元搜尋樹的結構

為了定義最佳二元搜尋樹的最佳子結構，我們先來觀察子樹。考慮一棵二元搜尋樹的任何一棵子樹。它一定包含連續範圍 $k_i, ..., k_j$ 之內的鍵，其中 $1 \leq i \leq j \leq n$。此外，鍵 $k_i, ..., k_j$ 所屬的子樹的葉節點一定是假鍵 $d_{i-1}, ..., d_j$。

現在我們可以描述最佳子結構了：如果一棵最佳搜尋樹 T 有子樹 T'，且 T' 裡面有鍵 $k_i, ..., k_j$，那麼 T' 一定也是擁有鍵 $k_i, ..., k_j$ 與假鍵 $d_{i-1}, ..., d_j$ 的子問題的最佳子樹。在此可以使用一般的剪貼證明法。如果有棵子樹 T'' 的期望成本比 T' 的更低，那麼將 T' 從 T 剪下，並貼上 T'' 會產生一棵期望成本比 T 更低的二元搜尋樹，這與 T 的最佳性矛盾。

有了最佳子結構之後，以下是用子問題的最佳解來建構整個問題的最佳解的方法。給定鍵 $k_i, ..., k_j$，其中的一個鍵，假設是 $k_r (i \leq r \leq j)$，是包含這些鍵的最佳子樹的根。根 k_r 的左子樹包含鍵 $k_i, ..., k_{r-1}$（與假鍵 $d_{i-1}, ..., d_{r-1}$），右子樹包含鍵 $k_{r+1}, ..., k_j$（與假鍵 $d_r, ..., d_j$）。只要檢查所有候選根 $k_r (i \leq r \leq j)$，並找出包含 $k_i, ..., k_{r-1}$ 與包含 $k_{r+1}, ..., k_j$ 的所有最佳二元搜尋樹，你就一定可以找到一棵最佳二元搜尋樹。

有一個關於「空」子樹的技術細節值得了解。假設在一棵包含鍵 $k_i, ..., k_j$ 的子樹中，你選擇了 k_i 作為根。根據上述證明，k_i 的左子樹有鍵 $k_i, ..., k_{i-1}$，等於完全沒有鍵。但是別忘了，子樹也包含假鍵。我們採用的規範是，包含鍵 $k_i, ..., k_{i-1}$ 的子樹沒有實際的鍵，但是有一個假鍵 d_{i-1}。對稱地說，如果你選擇 k_j 為根，那麼 k_j 的右子樹包含鍵 $k_{j+1}, ..., k_j$，這棵右子樹沒有實際的鍵，但是有假鍵 d_j。

第 2 步：遞迴解

我們來遞迴地定義最佳解的值。子問題的範圍就是找出包含鍵 $k_i, ..., k_j$ 的最佳二元搜尋樹，其中 $i \geq 1$，$j \leq n$ 且 $j \geq i-1$（當 $j = i-1$ 時只有假鍵 d_{i-1}，沒有實際的鍵）。設 $e[i, j]$ 是搜尋包含鍵 $k_i, ..., k_j$ 的最佳二元搜尋樹的期望成本。你的目標是計算 $e[1, n]$，也就是在一棵最佳二元搜尋樹中搜尋所有真鍵與假鍵的期望成本。

最簡單的情況是 $j = i-1$，此時，子問題只有假鍵 d_{i-1}。期望搜尋成本是 $e[i, i-1] = q_{i-1}$。

當 $j \geq i$ 時，你必須從 $k_i, ..., k_j$ 選出一個根 k_r，然後使用鍵 $k_i, ..., k_{r-1}$ 製作一個最佳二元搜尋樹作為它的左子樹，並使用鍵 $k_{r+1}, ..., k_j$ 製作一個最佳二元搜尋樹作為它的右子樹。當一棵子樹成為一個節點的子樹時，它的期望搜尋成本是多少？在子樹裡的每一個節點的深度都加 1，根據式 (14.11)，該子樹的期望搜尋成本增加的數量是子樹中的所有機率的總和。對一棵具有鍵 $k_i, ..., k_j$ 的子樹而言，我們將這個機率總和寫成

$$w(i, j) = \sum_{l=i}^{j} p_l + \sum_{l=i-1}^{j} q_l \tag{14.12}$$

因此，如果 k_r 是包含鍵 $k_i, ..., k_j$ 的最佳子樹的根，我們得到

$$e[i, j] = p_r + (e[i, r-1] + w(i, r-1)) + (e[r+1, j] + w(r+1, j))$$

注意

$$w(i, j) = w(i, r-1) + p_r + w(r+1, j)$$

我們將 $e[i, j]$ 改寫成

$$e[i, j] = e[i, r-1] + e[r+1, j] + w(i, j) \tag{14.13}$$

遞迴式 (14.13) 假設你知道該使用哪一個節點 k_r 作為根。當然，你會選擇帶來最低期望搜尋成本的根，我們可以得到最終的遞迴式：

$$e[i,j] = \begin{cases} q_{i-1} & \text{若 } j = i-1 \\ \min\{e[i,r-1] + e[r+1,j] + w(i,j) : i \le r \le j\} & \text{若 } i \le j \end{cases} \quad (14.14)$$

$e[i,j]$ 值是最佳二元搜尋樹的期望搜尋成本。為了記錄最佳二元搜尋樹的結構，我們定義 $root[i,j]$（其中 $1 \le i \le j \le n$）是索引 r，其 k_r 是包含鍵 $k_i, ..., k_j$ 的最佳二元搜尋樹的根。儘管等一下會介紹如何計算 $root[i,j]$ 的值，但建構這些值的最佳二元搜尋樹的方法會在習題 14.5-1 中留給讀者練習。

第 3 步：計算最佳二元搜尋樹的期望搜尋成本

此時，你可能已經發現，最佳二元搜尋樹與矩陣乘法鏈的特徵有些相似。這兩個問題領域的子問題都是由連續的索引範圍組成的。式 (14.14) 的直接遞迴做法，將和直接遞迴的矩陣乘法鏈演算法一樣效率低下。你可以將 $e[i,j]$ 值存入表格 $e[1:n+1, 0:n]$ 裡。第一個索引的上限是 $n+1$ 而不是 n，因為為了獲得一個只包含假鍵 d_n 的子樹，你必須計算並儲存 $e[n+1, n]$。第二個索引必須從 0 開始，因為為了獲得一個只包含假鍵 d_0 的子樹，你必須計算與儲存 $e[1, 0]$。我們只填入項目 $e[i,j]$，$j \ge i-1$。表 $root[i,j]$ 記錄包含鍵 $k_i, ..., k_j$ 的子樹的根，並且只使用 $1 \le i \le j \le n$ 的項目。

另一個表格讓動態規劃演算法更快一些。與其在計算 $e[i,j]$ 時都從零開始計算 $w(i,j)$ 的值（這需要做 $\Theta(j-i)$ 次加法），我們將這些值存放在表 $w[1:n+1, 0:n]$ 裡。在基本情況，我們計算 $w[i, i-1] = q_{i-1}$，$1 \le i \le n+1$。當 $j \ge 1$，計算

$$w[i,j] = w[i, j-1] + p_j + q_j \quad (14.15)$$

因此，你可以用 $\Theta(1)$ 時間來計算 $w[i,j]$ 的 $\Theta(n^2)$ 個值的各個值。

下一頁的 OPTIMAL-BST 程序接收機率 $p_1, ..., p_n$ 與 $q_0, ..., q_n$ 以及大小 n，並回傳表 e 與 $root$。根據上述的介紹，以及第 14.2 節的 MATRIX-CHAIN-ORDER 程序，你應該會認為這個程序的操作非常直觀。第 2–4 行的 **for** 迴圈設定 $e[i, i-1]$ 與 $w[i, i-1]$ 的初始值。然後，第 5–14 行的 **for** 迴圈使用遞迴式 (14.14) 與 (14.15) 來計算 $e[i,j]$ 與 $w[i,j]$，使用所有的 $1 \le i \le j \le n$。在第一次迭代，$l = 1$ 時，迴圈計算 $e[i, i]$ 與 $w[i, i]$，$i = 1, 2, ..., n$。在第二次

迭代，$l = 2$ 時，計算 $e[i, i + 1]$ 與 $w[i, i + 1]$，$i = 1, 2, ..., n-1$ 等。最裡面的 **for** 迴圈（在第 10~14 行）嘗試每一個候選索引 r，來決定該使用哪個鍵 k_r 作為包含鍵 $k_i, ..., k_j$ 的最佳二元搜尋樹的根。當這個 **for** 迴圈發現有更好的鍵可當成根來使用時，會將當下的索引 r 的值存入 $root[i, j]$。

OPTIMAL-BST(p, q, n)

```
 1  let e[1:n + 1, 0:n], w[1:n + 1, 0:n],
        and root[1:n, 1:n] be new tables
 2  for i = 1 to n + 1              // 基本情況
 3      e[i, i − 1] = q_{i−1}        // 式 (14.14)
 4      w[i, i − 1] = q_{i−1}
 5  for l = 1 to n
 6      for i = 1 to n − l + 1
 7          j = i + l − 1
 8          e[i, j] = ∞
 9          w[i, j] = w[i, j − 1] + p_j + q_j   // 式 (14.15)
10          for r = i to j                      // 嘗試所有可能的根 r
11              t = e[i, r − 1] + e[r + 1, j] + w[i, j]  // 式 (14.14)
12              if t < e[i, j]                  // 新的最小值？
13                  e[i, j] = t
14                  root[i, j] = r
15  return e and root
```

圖 14.10 是用 OPTIMAL-BST 程序處理圖 14.9 的鍵分布得到的表 $e[i, j]$、$w[i, j]$ 與 $root[i, j]$。如同圖 14.5 的矩陣乘法鏈範例，我們旋轉這些表，將對角線轉成水平。OPTIMAL-BST 由下而上計算列，並由左而右計算每一列的內容。

OPTIMAL-BST 程序花費 $\Theta(n^3)$ 時間，與 MATRIX-CHAIN-ORDER 一樣。它的執行時間是 $O(n^3)$，因為它的 **for** 迴圈嵌套三層，而且每一個迴圈索引最多可能有 n 個值。OPTIMAL-BST 的迴圈索引的範圍與 MATRIX-CHAIN-ORDER 的不一樣，但它們在每個方向最多不超過 1。因此，與 MATRIX-CHAIN-ORDER 一樣，OPTIMAL-BST 程序花費 $\Omega(n^3)$ 時間。

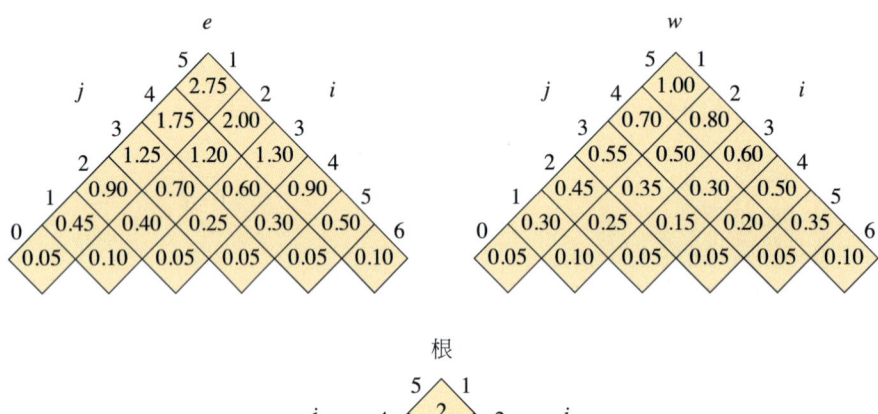

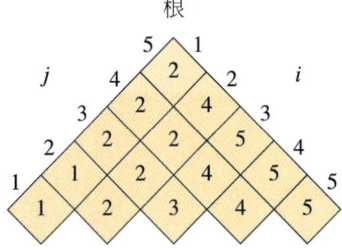

圖 14.10 OPTIMAL-BST 用圖 14.9 的鍵分布算出來的表 $e[i, j]$、$w[i, j]$ 與 $root[i, j]$。這些表格經過旋轉，將對角線轉成水平。

習題

14.5-1

寫出 CONSTRUCT-OPTIMAL-BST($root, n$) 程序的虛擬碼，讓它接收表 $root[1:n, 1:n]$，並輸出最佳二元搜尋樹的結構。對於圖 14.10 的例子，你的程序應輸出以下結構

 k_2 為根

 k_1 為 k_2 的左子節點

 d_0 為 k_1 的左子節點

 d_1 為 k_1 的右子節點

 k_5 為 k_2 的右子節點

 k_4 為 k_5 的左子節點

 k_3 為 k_4 的左子節點

 d_2 為 k_3 的左子節點

 d_3 為 k_3 的右子節點

 d_4 為 k_4 的右子節點

 d_5 為 k_5 的右子節點

圖 14.9(b) 是對映的最佳二元搜尋樹。

14.5-2
以下是 $n = 7$ 個鍵的機率，找出它們的最佳二元搜尋樹的成本與結構：

i	0	1	2	3	4	5	6	7
p_i		0.04	0.06	0.08	0.02	0.10	0.12	0.14
q_i	0.06	0.06	0.06	0.06	0.05	0.05	0.05	0.05

14.5-3
假設你不記錄表 $w[i, j]$，而是在 OPTIMAL-BST 的第 9 行用式 (14.12) 計算 $w(i, j)$ 的值，並在第 11 行使用這個算出來的值。這項改變會對 OPTIMAL-BST 的漸近執行時間造成什麼影響？

★ 14.5-4
Knuth[264] 指出，最佳子樹一定具有符合以下條件的根：對所有 $1 \leq i < j \leq n$ 而言，$root[i, j-1] \leq root[i, j] \leq root[i+1, j]$。用這個事實來修改 OPTIMAL-BST 程序，讓它以 $\Theta(n^2)$ 時間執行。

挑戰

14-1 在有向無迴路圖裡的最長簡單路徑
你有一個有向無迴路圖 $G = (V, E)$，它有實值的邊權重，以及兩個特異（distinguished）頂點 s 與 t。路徑的**權重**（*weight*）就是在路徑裡的邊的權重和。寫出一個尋找從 s 到 t 的最長加權簡單路徑的動態規劃方法。你的演算法的執行時間為何？

14-2 最長回文子序列
回文（*palindrome*）是順著讀和逆著讀都一樣的非空字串，例如所有長度為 1 的字串、civic、racecar 與 aibohphobia（回文恐懼症）都是回文。

寫出一個高效的演算法來尋找輸入字串的最長回文子序列。例如，當輸入是 character 時，你的演算法應回傳 carac。你的演算法的執行時間為何？

14-3 雙調（bitonic）歐氏旅行推銷員問題
在歐氏旅行推銷員問題中，你有位於一個平面上的 n 個點，你的目標是找到連接全部的 n 個點的最短封閉路線。

圖 14.11(a) 是一個包含 7 個點的問題的解。這個一般性問題是 NP-hard 問題，因此人們認為解決它需要超過多項式時間（見第 34 章）。

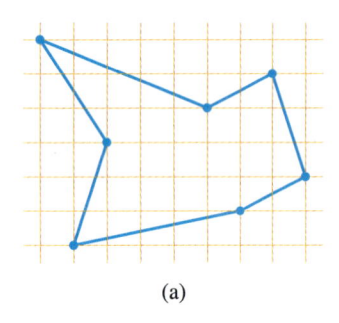

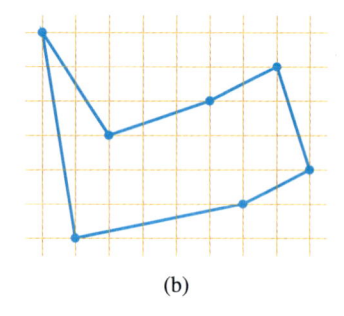

圖 14.11 在平面上的 7 個點，此平面以單位網格來展示。**(a)** 最短封閉路線，其長度約為 24.89。這個路線不是雙調的。**(b)** 經過同一組點的最短雙調路線。它的長度約為 25.58。

J. L. Bentley 建議簡化這個問題，只考慮**雙調路線**，也就是以最左邊的點作為起點，嚴格向右前進到最右邊的點，再嚴格向左返回起點。圖 14.11(b) 是同樣的 7 個點的雙調路線。這個例子有機會用多項式時間的演算法來解決。

寫一個可以找出最佳雙調路線的 $O(n^2)$ 時間演算法。你可以假設任何兩點的 x 座標都不相同，而且針對實數的所有運算都花費單位時間（提示：從左到右掃描，保存路線的兩個部分的最佳可能性）。

14-4 整齊列印

考慮一個整齊列印問題：我們想印出一段定寬字體的文字（所有字元的寬度都相同）。輸入的文字是一系列的 n 個單字，單字的長度是 $l_1, l_2, ..., l_n$ 個字元，我們要將它們整齊地印成幾行，每行最多有 M 個字元，且不能有單字超出行長，所以 $l_i \leq M$，$i = 1, 2, ..., n$。「整齊」的標準如下。如果某行包含單字 i 到 j，其中 $i \leq j$，而且單字之間有一個空格，那麼在該行結尾的額外空格數量是 $M-j+i-\sum_{k=i}^{j} l_k$，額外的空格必須是非負數，所以單字都可以放入一行內。你的目標是將除了最後一行之外的每一行結尾的額外空格字元數量的立方和最小化。寫出一個動態規劃演算法，將具有 n 個單字的段落整齊地印出。分析你的演算法的執行時間與空間需求。

14-5 編輯距離

你可以執行各種轉換來將一個原始文字字串 $x[1:m]$ 轉換成目標字串 $y[1:n]$。給定 x 與 y，你的目標是產生一系列的轉換，來將 x 變成 y。我們用陣列 z 來保存中間結果，假設 z 的大小足以容納所需的所有字元。最初，z 是空的，在結束時，$z[j] = y[j]$，$j = 1, 2, ..., n$。處理這個問題的程序將當下的索引 i 保存在 x 裡，將 j 保存在 z 裡，你的操作可以改變 z 和這些索引。最初，$i = j = 1$。在轉換過程中，你必須檢查 x 裡的每一個字元，這意味著在一系列的轉換操作結束時，$i = m + 1$。

你有六種轉換操作可以選擇，每一種都有固定的成本，依操作而定：

複製（*copy*）：藉著設定 $z[j] = x[i]$，然後遞增 i 與 j 來將 x 的一個字元複製到 z。這項操作檢查 $x[i]$，其成本為 Q_C。

替換（*replace*）：藉著設定 $z[j] = c$，然後遞增 i 與 j 來將 x 的一個字元換成另一個字元 c。這項操作檢查 $x[i]$，其成本為 Q_R。

刪除（*delete*）：藉著遞增 i 但維持 j 不變來移除 x 的一個字元。這項操作檢查 $x[i]$，其成本為 Q_D。

插入（*insert*）：藉著設定 $z[j] = c$ 然後遞增 j 來將字元 c 插入 z，但保持 i 不變。這項操作不檢查 x 的字元，其成本為 Q_I。

互換（*twiddle*）：將兩個字元對調。做法是將它們從 x 複製到 z，但以相反順序：設定 $z[j] = x[i+1]$ 與 $z[j+1] = x[i]$，然後設定 $i = i + 2$ 與 $j = j + 2$。這項操作檢查 $x[i]$ 與 $x[i+1]$，其成本為 Q_T。

終止（*kill*）：設定 $i = m + 1$ 來將 x 的其餘內容刪除。這項操作在 x 中檢查尚未被檢查的所有字元。這項操作在執行時，必須是最後一個操作。它的成本是 Q_K。

圖 14.12 是將原始字串 algorithm 轉換成目標字串 altruistic 的一種方法。此外也有一些其他的轉換操作可將 algorithm 轉換成 altruistic。

我們假設 $Q_C < Q_D + Q_I$ 且 $Q_R < Q_D + Q_I$，要不然，copy 與 replace 操作將無法使用。轉換操作序列的成本就是序列內的個別操作的成本之和。將 algorithm 轉換成 altruistic 的操作的成本是 $3Q_C + Q_R + Q_D + 4Q_I + Q_T + Q_K$。

操作	x	z
初始字串	a̱lgorithm	_
複製	aḻgorithm	a_
複製	alg̱orithm	al_
替換成 t	algo̱rithm	alt_
刪除	algoṟithm	alt_
複製	algori̱thm	altr_
插入 u	algoriṯhm	altru_
插入 i	algoriṯhm	altrui_
插入 s	algoriṯhm	altruis_
互換	algoritẖm	altruisti_
插入 c	algorithm̱	altruistic_
終止	algorithm_	altruistic_

圖 14.12 將原始字串 algorithm 轉換成目標字串 altruistic 的系列操作。有底線的字元是執行操作後的 $x[i]$ 與 $z[j]$。

a. 給定兩個序列 $x[1:m]$ 與 $y[1:n]$，以及轉換操作的成本，從 x 到 y 的**編輯距離**（*edit distance*）就是將 x 轉換成 y 時，最便宜的操作序列的成本。寫出一個動態規劃演算法來找出從 $x[1:m]$ 到 $y[1:n]$ 的編輯距離並印出最佳操作序列。分析你的演算法的執行時間與空間需求。

「編輯距離」就是「將兩條 DNA 序列對齊」（例如，見 Setubal 與 Meidanis [405, Section 3.2]）的廣義問題。將兩條 DNA 對齊來測量它們之間的相似程度的方法有好幾種。對齊兩條序列 x 與 y 的方法之一，就是在它們裡面的任意位置（包括結尾）插入空格，讓產生的 x' 與 y' 一樣長，但不在相同的位置插入空格（也就是沒有任何位置 j 使得 $x'[j]$ 與 $y'[j]$ 都是空格）。然後，我們為每一個位置打「分數」。位置 j 的分數是這樣打的：

- 若 $x'[j] = y'[j]$ 且兩者皆非空格，+1，
- 若 $x'[j] \neq y'[j]$ 且兩者皆非空格，−1，
- 若 $x'[j]$ 或 $y'[j]$ 之一為空格，−2。

對齊分數是各個位置的分數的總和。例如，序列 $x =$ GATCGGCAT 與 $y =$ CAATGTGAATC 的一種對齊是

```
G ATCG GCAT
CAAT GTGAATC
-*++*+*+-++*
```

在一個位置下面的 + 代表該位置的分數是 +1，- 代表 −1，* 代表 −2，所以這個對齊方式的總分數是 $6 \cdot 1 - 2 \cdot 1 - 4 \cdot 2 = -4$。

b. 解釋如何使用複製、替換、刪除、插入、互換與終止等轉換操作的子集合來將「找出最佳對齊問題」轉換成「編輯距離問題」。

14-6 公司聚會規劃

Blutarsky 教授是公司總裁的顧問，該公司正在籌劃一次公司聚會。這家公司有階級結構，也就是說，主管之間的關係是一個以總裁為根節點的樹狀結構。人力資源部門為每一位員工打了一個「歡樂」分數，它是一個實數。為了讓所有與會者都享受聚會的樂趣，總裁不打算讓員工和他的直屬主管同時參加。

Blutarsky 教授有一張公司結構的樹狀圖，它使用第 10.3 節描述的左子，右同層（left-child, right-sibling）表示法。樹的每一個節點除了儲存指標之外，也有一位員工的名字，和該員工的歡樂分數排名。寫出一個演算法來產生一份將參與者的歡樂分數最大化的名單。分析你的演算法的執行時間。

14-7 Viterbi 演算法

用有向圖來進行動態規劃可協助實現語音識別。我們可以用一個具有帶標籤邊的有向圖 $G = (V, E)$ 來表示一個人使用有限的語言來交談的正式模型。圖裡的每條邊 $(u, v) \in E$ 都被標上來自有限聲音集合 $\sum$ 的聲音 $\sigma(u, v)$。在圖中，從特定頂點 $v_0 \in V$ 開始的每條路徑都對映模型可能產生的聲音序列，路徑的標籤就是將該路徑上的邊的標籤串接起來的結果。

a. 寫出一個高效的演算法，讓它接收一個有向圖 G（邊帶有標籤，並具有頂點 v_0）以及一個來自 $\sum$ 的聲音序列 $s = \langle \sigma_1, \sigma_2, ..., \sigma_k \rangle$，並回傳一條從 G 的 v_0 開始，標籤為 s 的路徑，如果有這種路徑存在的話。否則，演算法回傳 NO-SUCH-PATH。分析演算法的執行時間（提示：第 20 章有一些有用的概念）。

現在假設每條邊 $(u, v) \in E$ 都有一個非負機率 $p(u, v)$，代表它被經過，因而對映的聲音被說出來的機率。從任何頂點離開的所有邊的機率總和等於 1。一條路徑的機率就是它的所有邊的機率的乘積。我們把起點位於頂點 v_0 的路徑的機率想成一個「隨機漫步」從 v_0 出發並沿著指定路徑行走的機率，其中，離開頂點 u 的邊是隨機選取的，根據邊離開 u 的機率。

b. 延伸 (a) 小題的答案，讓回傳的路徑是**最有可能**從頂點 v_0 出發而且具有標籤 s 的**路徑**。分析你的演算法的執行時間。

14-8 用縫線雕刻來進行影像壓縮

假設你有一張彩色圖像，它是以 $m \times n$ 的像素陣列 $A[1:m, 1:n]$ 構成的，每一個像素都指定了紅、綠、藍（RGB）強度。你想稍微壓縮這張圖片，做法是從 m 列的每列中刪除一個像素，使得整張圖像變窄一個像素。但為了避免造成不協調的視覺效果，在相鄰兩列中，被移除的像素必須位於同一行或隔壁行。如此一來，被移除的像素會形成一條「縫線」，從最上面的一列延伸到最底下的一列，在縫線中的相鄰像素位於彼此的上下方或對角線。

a. 假設 $n > 1$，證明這種縫線可能的數量至少與 m 成指數關係。

b. 假設除了每個像素 $A[i,j]$ 之外，你也有一個實值的破壞度 $d[i,j]$，代表移除像素 $A[i,j]$ 造成的破壞程度。直覺上，一個像素的破壞度越低，代表它與隔壁像素的相似度越高。我們將一條縫線的破壞度定義成它裡面的像素的破壞度的總和。

寫出一個產生最低破壞度縫線的演算法。你的演算法的效率如何？

14-9 拆開字串

有一些字串處理程式語言可讓你將一個字串拆成兩段。因為這項操作會複製字串，所以將一個具有 n 個字元的字串拆成兩段需要 n 個時間單位。假設你想要將一個字串拆成多段。拆解的順序可能會影響總時間。例如，假設你想在字元 2、8 和 10 的後面拆開一個包含 20 個字元的字串（從左邊開始，依序對字元進行編號，從 1 開始）。如果你從左到右拆開字串，那麼第一次拆解花費 20 個時間單位，第二次花費 18 個時間單位（在字元 8 的地方，將從字元 3 到 20 的字串拆開），第三次花費 12 個時間單位，總共 50 個時間單位。但是，如果你從右到左拆開，那麼第一次拆開花費 20 個時間單位，第二次 10 個，第三次 8 個，總共 38 個時間單位。你也可以採取另一種順序，先在 8 拆開（花費 20），然後在 2 拆開左邊（花費另一個 8），最後在 10 拆開右邊（花費 12），總共 40 個時間單位。

設計一個演算法，讓它接收想在哪幾個字元後面拆開，輸出成本最低的拆解順序。更正式地說，讓它接收一個陣列 $L[1:m]$，裡面具有 n 個字元的字串的拆解點，計算進行一系列拆解的最低成本，以及產生這個成本的拆解順序。

14-10 規劃投資策略

你活用演算法知識，進入一家熱門的初創公司，擔任一項令人期待的職位，並獲得 $10,000 簽約金。你決定投資這筆錢，目標是在 10 年後獲得最大的收益。你決定請投資經理 G. I. Luvcache 來管理簽約金。Luvcache 的公司要求你遵守以下規則。它提供了 n 種不同的投資，編號為 1 至 n。在每一年 j，投資 i 的報酬率是 r_{ij}。換句話說，如果你在第 j 年對 i 投資 d 美元，那麼在第 j 年年底，你有 dr_{ij} 美元。報酬率是有保證的，也就是說，他們給你每

一筆投資在下一個十年的報酬率。你只需要每年做出一次投資決策。在每年年底，你可以把去年賺的錢留在相同的投資項目中，也可以把錢轉移到其他投資項目，方法是在既有投資項目之間轉移資金，或者把錢轉移到新投資項目。如果你連續兩年沒有轉移資金，你需要支付 f_1 美元的手續費，如果你轉移資金，則需要支付 f_2 美元的手續費，其中 $f_2 > f_1$。你在每年的年底都要支付一次費用 f_2，無論你只進出一項投資，還是進出許多項投資，費用都是一樣的。

a. 如上所述，這個問題讓你每年將錢投資於多項投資項目。證明這種最佳投資策略存在：每年都把所有錢投入單一投資項目（提醒你，最佳投資策略是在 10 年後將資金最大化，但不涉及任何其他目標，例如將風險最小化）。

b. 證明規劃最佳投資策略的問題具有最佳子結構。

c. 設計一種演算法來規劃你的最佳投資策略。你的演算法的執行時間為何？

d. 假設 Luvcache 的公司增加額外的限制，規定在任何時候，你對任何一項投資的資金不能超過 $15,000。證明「將 10 年後的報酬最大化」這個問題不再有最佳子結構。

14-11 庫存規劃

Rinky Dink 是一家製造溜冰場鋪冰機的公司。客戶對這種產品的需求隨月而異，因此，公司必須擬定策略，根據波動但可預測的情況來規劃生產量。公司想為未來的 n 個月設計一項計畫，他們知道每一個月 i 的需求 d_i，也就是將售出的機器數量。設 $D = \sum_{i=1}^{n} d_i$ 為接下來的 n 個月的總需求。公司聘請一位全職員工，他每個月可製造 m 台機器。如果公司需要在某月製造超過 m 台機器，它可以額外聘請兼職人力，成本為每台機器 c 美元。此外，如果公司在月底有任何未售出的機器，它必須支付庫存成本。公司最多可以儲藏 D 台機器，庫存 j 台機器的成本是函數 $h(j)$，$j = 1, 2, ..., D$，這個函數隨著 j 單調遞增。

寫出演算法來為公司算出一個計畫來將成本最小化，同時滿足所有需求。演算法的執行時間應該與 n 和 D 成多項式關係。

14-12 簽下棒球自由球員

假設你是某支大聯盟棒球隊的經理。在休季期間，你要為球隊簽下一些自由球員。球隊老闆給你 X 美元的預算來簽下自由球員。你花的錢可以少於 X 美元，但如果超過 X 美元，老闆會請你走路。

你正在考慮 N 個不同的守備位置，每一個守備位置有 P 位自由球員可供選擇[10]。因為你不想讓任何守備位置的人數太多，所以每一個守備位置最多只能簽一位能夠守該位置的自由球員（如果你沒有簽下可以守某個位置的球員，代表你打算使用該位置的既有球員）。

為了確定一位球員有多大的價值，你決定使用一個稱為「WAR」或「勝場貢獻值」的賽伯計量學統計數據[11]。WAR 較高的球員比 WAR 較低的球員更有價值。簽一位 WAR 較高的球員並不一定比簽一位 WAR 較低的球員更貴，因為決定球員身價的因素除了他們可以貢獻的價值之外也有其他因素。

你知道每一位自由球員 p 的三項資訊：

- 球員的守備位置，
- $p.cost$，簽下該名球員的金額，以及
- $p.war$，該球員的 WAR。

設計一個演算法，在花費低於 X 美元的情況下，將你簽下來的球員的總 WAR 最大化。你可以假設每位球員的簽約金是 100,000 美元的倍數。你的演算法應輸出你簽下來的球員的總 WAR、你花費的總金額，以及你簽下來的球員名單。分析你的演算法的執行時間和空間需求。

後記

Bellman [44] 在 1955 年開始對動態規劃進行系統化研究，他在 1957 年出版一本關於動態規劃的書。這裡的「規劃（programming）」和線性規劃裡的「規劃」都是指使用表格的解法。雖然早期已經有利用動態規劃技術的優化方法，但 Bellman 為這個領域奠定了堅實的數學基礎。

Galil 和 Park [172] 根據表的大小和每個項目依賴多少其他項目，來對動態規劃演算法進行分類。如果表的大小是 $O(n^t)$ 且每個項目依賴 $O(n^e)$ 個其他項目，他們將這種動態規劃演算法稱為 tD/eD。例如，第 14.2 節的矩陣乘法鏈演算法是 2D/1D，第 14.4 節的最長相同子序列演算法是 2D/0D。

---

10 雖然一支棒球隊有九個守備位置，但 N 不一定等於 9，因為有些經理對守備位置有特殊的想法。例如，可能有經理認為右投手和左投手是不同的「守備位置」，此外還有先發投手、長局數中繼投手和短局數救援投手（通常最多只投一局的救援投手）。

11 賽伯計量學是將統計分析應用在棒球紀錄上的技術。它提供幾種方法來比較個別球員的相對價值。

第 363 頁的 MATRIX-CHAIN-ORDER 演算法是 Muraoka 和 Kuck [339] 研發的。Hu 和 Shing [230, 231] 提出一種處理矩陣乘法鏈問題的 $O(n \lg n)$ 時間演算法。

最長相同序列問題的 $O(mn)$ 時間演算法似乎是來自民間的演算法。Knuth[95] 提出了「LCS 問題有沒有次二次（subquadratic）演算法可解決」的問題。對於這個問題，Masek 和 Paterson [316] 給出肯定的答案，並提供一個執行時間為 $O(mn/\lg n)$ 的演算法，其中 $n \leq m$，且序列取自一個大小有限的集合。對於輸入序列中沒有元素出現超過一次的特殊情況，Szymanski [425] 展示了如何在 $O((n+m)\lg(n+m))$ 時間內解決問題。其中的許多結果可延伸到計算字串編輯距離的問題（挑戰 14-5）。

Gilbert 和 Moore 有一篇關於可變長度二進制編碼的早期論文 [181]，它曾經被用來建構當所有機率 p_i 皆為 0 的情況下的最佳二元搜尋樹，其中包含一個 $O(n^3)$ 時間的演算法。第 14.5 節的演算法是 Aho、Hopcroft 與 Ullman [5] 提出的。伸展樹 [418] 可以在每次的搜尋查詢之後調整樹的形狀，不需要用頻率來進行初始化就可以實現接近最佳界限的性能。習題 14.5-4 來自 Knuth [264]。Hu 和 Tucker [232] 為所有機率 p_i 皆為 0 的情況設計一種演算法，該演算法使用 $O(n^2)$ 時間和 $O(n)$ 空間。隨後，Knuth [261] 將時間減少到 $O(n \lg n)$。

挑戰 14-8 來自 Avidan 和 Shamir [30]，他們在網路上發表一段精彩的影片介紹這種圖像壓縮技術。

15 貪婪演算法

處理優化問題的演算法通常會執行一連串的步驟，每一步都面臨多種選擇。有很多優化問題不需要用動態規劃來找出最佳選擇，只要使用較簡單、更高效的演算法即可。**貪婪演算法**始終做出當下看似最好的選擇。也就是說，它會做了一個局部最佳選擇，期望這個選擇可以導致一個整體最佳的解決方案。本章將探討可用貪婪演算法來獲得最佳解的優化問題。在閱讀本章之前，你要先閱讀第 14 章的動態規劃，特別是第 14.3 節。

雖然貪婪演算法不一定可以產生最佳解，但它們確實可以為許多問題產生最佳解。在第 15.1 節，我們要先研究一個簡單但不複雜的問題：活動選擇問題，貪婪演算法可以為這個問題有效地算出最佳解。我們會先考慮動態規劃法，然後證明做出貪婪的選擇一定可以導致最佳的解決方案。第 15.2 節會複習貪婪法的基本要素，並用一種直接的方法來證明貪婪演算法的正確性。第 15.3 節介紹貪婪技術的一項重要應用：設計資料壓縮（Huffman）碼。最後，第 15.4 節會展示，為了在快取未中（miss）時決定該替換哪些區塊，若事先知道區塊存取順序的話，「furthest-in-future（最遠未來）」是最佳的策略。

貪婪法很強，能夠有效地處理廣泛的問題。接下來的章節將介紹許多演算法，它們都可以視為貪婪法的應用，包括最小生成樹演算法（第 21 章）、Dijkstra 的單源最短路徑演算法（第 22.3 節），以及貪婪集合覆蓋捷思法（第 35.3 節）。最小生成樹演算法是典型的貪婪法案例。雖然你可以分別閱讀本章和第 21 章，但一起閱讀它們應該很有幫助。

15.1 活動選擇問題

我們的第一個例子是安排幾個互相競爭相同資源的活動，目標是選擇一個最大的相容活動集合。假設你負責安排一間會議室。你收到一個集合 $S = \{a_1, a_2, ..., a_n\}$，裡面有 n 個**活動**提議，這些活動希望預訂會議室，會議室一次只能用來舉辦一個活動。每一場活動 a_i 都有一個**開始時間** s_i 與一個**結束時間** f_i，其中 $0 \leq s_i < f_i < \infty$。如果活動 a_i 被選取，它會在半開時段 $[s_i, f_i)$ 占用會議室。如果活動 a_i 與 a_j 的時段 $[s_i, f_i)$ 與 $[s_j, f_j)$ 不重疊，它們就是**相容**的。也就是說，若 $s_i \geq f_j$ 或 $s_j \geq f_i$，則 a_i 與 a_j 相容（如果在一場活動結束之後，工作人員需要花時間準備下一場活動，那麼換場時間包含在時段內）。在活動選擇問題中，你的目標是選出一個包含最多相容活動的子集合。假設我們按照結束時間，以單調遞增的順序排列活動：

$$f_1 \leq f_2 \leq f_3 \leq \cdots \leq f_{n-1} \leq f_n \tag{15.1}$$

（等一下你會看到這個假設帶來的好處）。例如，考慮圖 15.1 的一組活動。子集合 $\{a_3, a_9, a_{11}\}$ 裡面的活動是相容的，然而，它不是最大的子集合，因為子集合 $\{a_1, a_4, a_8, a_{11}\}$ 更大。事實上，$\{a_1, a_4, a_8, a_{11}\}$ 是最大的相容活動子集合之一，另一個最大子集合是 $\{a_2, a_4, a_9, a_{11}\}$。

i	1	2	3	4	5	6	7	8	9	10	11
s_i	1	3	0	5	3	5	6	7	8	2	12
f_i	4	5	6	7	9	9	10	11	12	14	16

圖 15.1 活動集合 $\{a_1, a_2, ..., a_{11}\}$。活動 a_i 的開始時間是 s_i，結束時間是 f_i。

我們將分幾個步驟展示如何解決這個問題。首先，我們要探討一個動態規劃解決方案，其中，當你決定最佳解決方案該使用哪些子問題時，你要考慮幾個選擇。然後你會發現，你只要考慮一個選擇：貪婪的選擇，而且做出貪婪的選擇之後，子問題只剩下一個。根據這些發現，我們將開發一個遞迴貪婪演算法來解決活動選擇問題。最後，我們會將遞迴演算法轉換成迭代演算法，並完成開發貪婪解決方案的過程。雖然我們在這一節討論的步驟比開發貪婪演算法的典型步驟多一些，但你可以從中看出貪婪演算法和動態規劃之間的關係。

活動選擇問題的最佳子結構

我們來證明活動選擇問題具有最佳子結構。我們用 S_{ij} 來表示一組在活動 a_i 結束之後開始、在活動 a_j 開始之前結束的活動。假設你想在 S_{ij} 中找出最多相容的活動，我們進一步假設，這個最大集合是 A_{ij}，裡面有某活動 a_k。將 a_k 納入最佳解後，你剩下兩個子問題：在集合 S_{ik} 中（在活動 a_i 結束之後開始，在活動 a_k 開始之前結束的活動）找出相容的活動，以及在集合 S_{kj} 中（在活動 a_k 結束之後開始，在活動 a_j 開始之前結束的活動）找出相容的活動。設 $A_{ik} = A_{ij} \cap S_{ik}$ 且 $A_{kj} = A_{ij} \cap S_{kj}$，因此，$A_{ik}$ 包含 A_{ij} 中在 a_k 開始之前結束的活動，A_{kj} 包含 A_{ij} 中在 a_k 結束之後開始的活動。所以我們得到 $A_{ij} = A_{ik} \cup \{a_k\} \cup A_{kj}$，所以在 S_{ij} 中，最多相容活動的集合 A_{ij} 由 $|A_{ij}| = |A_{ik}| + |A_{kj}| + 1$ 個活動組成。

使用一般的剪貼證明法可得知，最佳解 A_{ij} 一定也包含 S_{ik} 和 S_{kj} 兩個子問題的最佳解。如果你能在 S_{kj} 中找到一組相容的活動 A'_{kj}，其中 $|A'_{kj}| > |A_{kj}|$，那麼你就可以在 S_{ij} 的子問題的解中使用 A'_{kj}，而不是 A_{kj}。你會建構一組 $|A_{ik}| + |A'_{kj}| + 1 > |A_{ik}| + |A_{kj}| + 1 = |A_{ij}|$ 個相容的活動，這與 A_{ij} 是最佳解的假設矛盾。對稱的證明也適用於 S_{ik} 的活動。

從定義最佳子結構的方式可看出，我們可以用動態規劃來解決活動選擇問題。我們用 $c[i,j]$ 來代表 S_{ij} 集合的最佳解的大小。那麼，動態規劃方法產生遞迴式

$$c[i,j] = c[i,k] + c[k,j] + 1$$

當然，如果你不知道集合 S_{ij} 的最佳解包括活動 a_k，你就必須檢查 S_{ij} 裡的所有活動來找出要選擇哪個活動，因此

$$c[i,j] = \begin{cases} 0 & 若 S_{ij} = \emptyset \\ \max\{c[i,k] + c[k,j] + 1 : a_k \in S_{ij}\} & 若 S_{ij} \neq \emptyset \end{cases} \quad (15.2)$$

然後你可以開發一個遞迴演算法並將它記憶化，或者由下而上地處理，並在過程中填寫表格項目。但如此一來，你將忽略活動選擇問題的另一個重要特徵，它有巨大的好處。

進行貪婪的選擇

要是你不需要先解決所有的子問題就可以選出一個活動來加入最佳解呢？這樣你就不必考慮遞迴式 (15.2) 中的所有選擇了。事實上，在活動選擇問題中，你只要考慮一個選擇：貪婪的選擇。

對活動選擇問題而言，何謂貪婪的選擇？直覺上，你應該選擇可將資源盡可能地留給許多其他活動的活動。在最終選擇的活動裡，必定有一個活動是第一個結束的。因此，直覺告訴我們應選擇 S 中結束時間最早的活動，因為這樣就可以把資源盡量留給後續的活動（如果在 S 中不止一個活動有最早的結束時間，那就選擇其中的任何一個活動）。換句話說，由於活動是按照完成時間以單調遞增的順序排序的，所以貪婪的選擇是活動 a_1。在這個問題中做出貪婪的選擇並不是只能選擇第一個結束的活動。習題 15.1-3 會請你探索其他可能性。

當你做出貪婪的選擇後，需要解決的子問題就只剩下一個：尋找在 a_1 結束後開始的活動。為什麼不必考慮在 a_1 開始之前結束的活動？因為 $s_1 < f_1$，而且 f_1 是所有活動的最早結束時間，所以任何活動的結束時間都不會小於或等於 s_1。因此，與活動 a_1 相容的活動一定是在 a_1 結束後開始。

此外，我們已經知道，活動選擇問題呈現最佳的子結構。設 $S_k = \{a_i \in S : s_i \geq f_k\}$ 是在 a_k 結束後開始的活動集合。如果你貪婪地選擇活動 a_1，那麼 S_1 是唯一需要解決的子問題[1]。最佳子結構說，如果 a_1 屬於一個最佳解，那麼原問題的最佳解是由活動 a_1 和子問題 S_1 的最佳解裡的所有活動組成的。

我們要處理一個重要的問題：這個直覺正確嗎？貪婪的選擇（也就是選擇第一個結束的活動）是否必定屬於某個最佳解？下面的定理將證明確實如此。

定理 15.1

考慮任何非空的子問題 S_k，並設 a_m 是 S_k 中結束時間最早的活動。那麼，a_m 屬於 S_k 的最大相容活動子集合。

證明 設 A_k 是 S_k 中最大的相容活動子集合，設 a_j 是在 A_k 中完成時間最早的活動。如果 $a_j = a_m$，我們就完成證明了，因為我們已經證明 a_m 屬於 S_k 的某個最大相容活動子集合。如果 $a_j \neq a_m$，設集合 $A_k' = (A_k - \{a_j\}) \cup \{a_m\}$ 為 A_k，但將 a_m 換成 a_j。在 A_k' 中的活動是相容的，因為在 A_k 中的活動是相容的，而 a_j 是 A_k 中第一個結束的活動，並且 $f_m \leq f_j$。因為 $|A_k'| = |A_k|$，我們得出結論：A_k' 是 S_k 的最大相容活動子集合，而且它包含 a_m。 ∎

雖然你可以用動態規劃來解決活動選擇問題，但定理 15.1 說你不需要這樣做。你可以反覆選擇先結束的活動，只保留與該活動相容的活動，並重複進行，直到沒有活動為止。此外，因為你總是選擇結束時間最早的活動，所以你所選擇的活動的結束時間一定嚴格遞增。整體來說，你可以按照結束時間單調遞增的順序只考慮每一個活動一次。

處理活動選擇問題的演算法不需要像使用表格的動態規劃演算法那樣由下而上地處理。它可以由上而下地處理，選擇一項活動來放入最佳解中，然後從那些和已被選擇的活動相容的活動中選擇活動。貪婪演算法通常具備這種由上而下的設計：做出選擇，然後處理子問題，而不是使用由下而上的技術，先解決子問題再做出選擇。

遞迴貪婪演算法

知道可以使用由上而下的貪婪演算法而不必使用動態規劃之後，我們來看看處理活動選擇問題的一種直接的遞迴程序。下一頁的程序 RECURSIVE-ACTIVITY-SELECTOR 接收活動的開始和結束時間，以陣列 s 和 f 來表示[2]，以及定義待解決的子問題 S_k 的索引 k，還有原始問題的

---

[1] 我們有時將 S_k 集合稱為子問題，而不僅僅是活動集合。這些稱呼可以清楚地說明，我們究竟是將 S_k 視為一組活動，還是接收那個集合作為輸入的子問題。
[2] 因為虛擬碼用陣列來接收 s 和 f，所以我們用中括號來檢索它們，而不是使用下標（subscript）。

大小 n，並回傳 S_k 的最大相容活動集合。這個程序假設，根據式 (15.1)，n 個輸入活動已經按照結束時間的單調遞增順序進行排序。如果沒有，你可以在 $O(n \lg n)$ 時間內先將它們排序成那樣，結束時間相同的活動可隨意排序。在一開始，我們加入一個虛擬活動 a_0，其結束時間為 $f_0 = 0$，讓子問題 S_0 是活動 S 的整個集合。最初的呼叫是 RECURSIVE-ACTIVITY-SELECTOR $(s, f, 0, n)$，它可以處理整個問題。

```
RECURSIVE-ACTIVITY-SELECTOR(s, f, k, n)
1   m = k + 1
2   while m ≤ n and s[m] < f[k]      // 找到 S_k 中第一個結束的活動
3       m = m + 1
4   if m ≤ n
5       return {a_m} ∪ RECURSIVE-ACTIVITY-SELECTOR(s, f, m, n)
6   else return ∅
```

圖 15.2 展示演算法處理圖 15.1 中的活動的情況。在一次遞迴呼叫 RECURSIVE-ACTIVITY-SELECTOR(s, f, k, n) 時，第 2~3 行的 **while** 迴圈在 S_k 尋找第一個結束的活動。迴圈檢查 a_{k+1}，$a_{k+2}, \ldots, a_n$，直到找到第一個與 a_k 相容的活動 a_m 為止，相容意味著 $s_m \geq s_k$。如果迴圈因為找到這種活動而終止，第 5 行回傳 $\{a_m\}$ 與 RECURSIVE-ACTIVITY-SELECTOR(s, f, m, n) 回傳的 s_m 的最大子集合的聯集。或者，如果迴圈因為 $m > n$ 而終止，代表程序已經檢查了 S_k 的所有活動，但沒有找到與 a_k 相容的活動。此時，$S_k = \emptyset$，第 6 行回傳 $\emptyset$。

如果活動都按照結束時間來排序，那麼呼叫 RECURSIVE-ACTIVITY-SELECTOR$(s, f, 0, n)$ 的時間是 $\Theta(n)$。要知道原因，你可以觀察在所有遞迴呼叫中，第 2 行的 **while** 迴圈正好檢查每一個活動一次。特別是，活動 a_i 是在 $k < i$ 時的最後一次呼叫中檢查的。

迭代貪婪演算法

因為 RECURSIVE-ACTIVITY-SELECTOR 幾乎是「尾部遞迴 (tail recursive)」（見挑戰 7-5），所以這個遞迴程序可以轉換成迭代程序。尾部遞迴的意思是它在結束時遞迴呼叫它自己，再進行一次聯集操作。將一個尾部遞迴程序轉化成迭代形式通常很簡單，其實有一些程式語言的編譯器能夠自動執行這項任務。

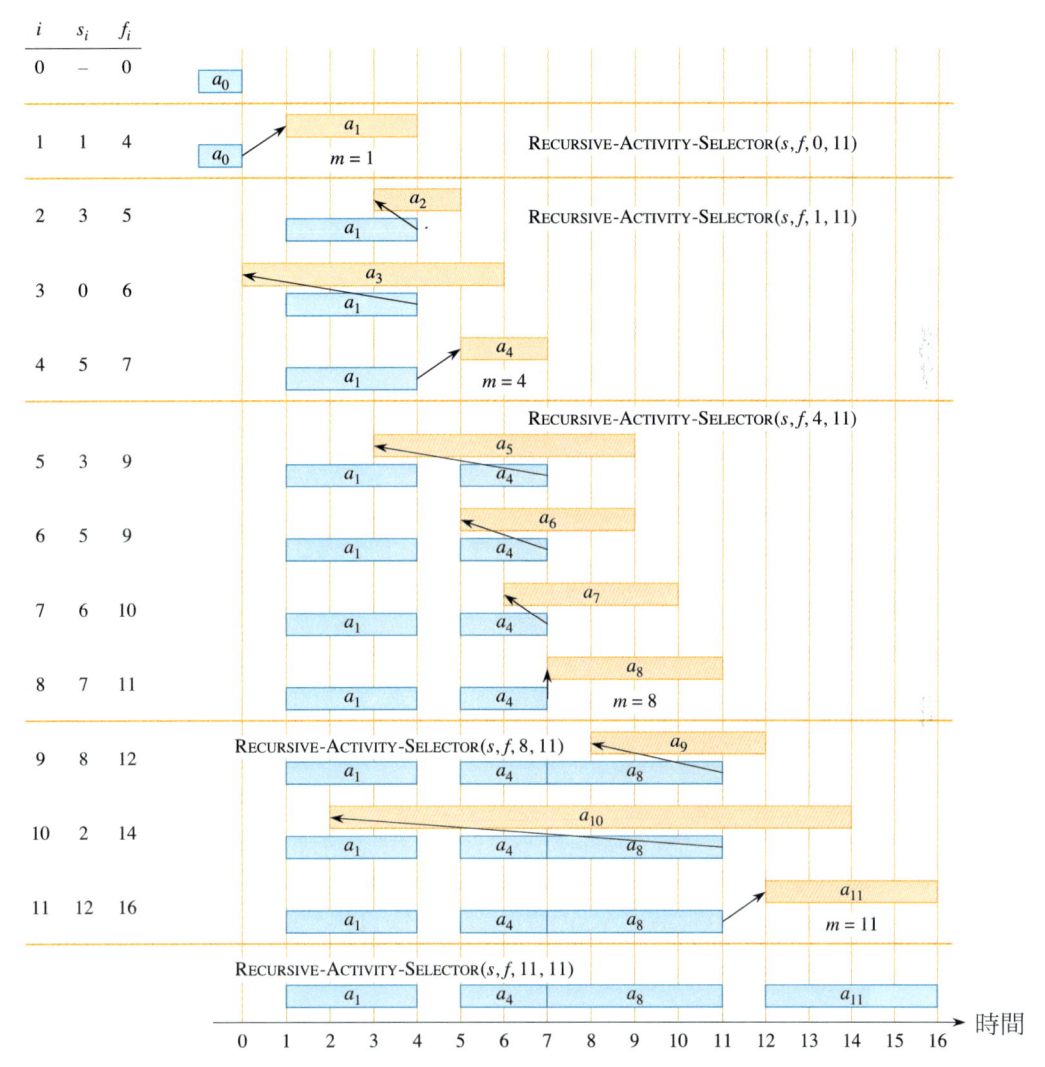

圖 15.2 用 RECURSIVE-ACTIVITY-SELECTOR 來處理圖 15.1 的 11 個活動的操作過程。在垂直線之間的是每次遞迴呼叫時考慮的活動。虛擬活動 a_0 在時間 0 完成，最初的呼叫 RECURSIVE-ACTIVITY-SELECTOR$(s, f, 0, 11)$ 選擇活動 a_1。在每次遞迴呼叫中，藍色代表已被選擇的活動，棕色代表被考慮的活動。如果一項活動的開始時間在最近加入的活動的結束時間之前（它們之間的箭頭往左指），它會被拒絕。否則（箭頭往上指或往右指），它會被選擇。最後一次遞迴呼叫 RECURSIVE-ACTIVITY-SELECTOR$(s, f, 11, 11)$ 回傳 $\emptyset$。最終選擇的活動集合為 $\{a_1, a_4, a_8, a_{11}\}$。

Greedy-Activity-Selector 程序是 Recursive-Activity-Selector 程序的迭代版本。它也假設輸入活動是按照結束時間單調遞增排序的。它將被選擇的活動收集到集合 A 中，並在結束時回傳這個集合。

```
Greedy-Activity-Selector(s, f, n)
1   A = {a₁}
2   k = 1
3   for m = 2 to n
4       if s[m] ≥ f[k]      // aₘ 在 Sₖ 裡面嗎？
5           A = A ∪ {aₘ}    // 是，所以選擇它
6           k = m           // 並從這裡開始
7   return A
```

這個程序的工作方式如下。變數 k 是最近被加入 A 的活動的索引，相當於遞迴版本中的活動 a_k。因為此程序按照結束時間單調遞增的順序考慮活動，所以 f_k 始終是 A 的任何活動的最大結束時間，亦即，

$$f_k = \max\{f_i : a_i \in A\} \tag{15.3}$$

第 1~2 行選擇活動 a_1，初始化 A，讓它只有這個活動，並初始化 k，以檢索這個活動。第 3~6 行的 **for** 迴圈尋找 S_k 中最早結束的活動。這個迴圈依次考慮每個活動 a_m，如果它與之前選擇的所有活動相容，就將它加入 A，這個活動在 S_k 中是最早完成的。為了了解活動 a_m 是否與當下在 A 中的每個活動相容，我們只要根據式 (15.3)，檢查（在第 4 行）它的開始時間 s_m 不早於最近被加入 A 的活動的結束時間 f_k。如果活動 a_m 是相容的，那麼第 5~6 行將活動 a_m 加入 A，並將 k 設為 m。呼叫 Greedy-Activity-Selector(s, f) 得到的集合 A 正是之前呼叫 Recursive-Activity-Selector$(s, f, 0, n)$ 得到的集合。

Greedy-Activity-Selector 與遞迴版本一樣，在 $\Theta(n)$ 時間內安排了 n 個活動，假設這些活動最初已經按照結束時間來排序了。

習題

15.1-1
根據遞迴式 (15.2)，寫出活動選擇問題的動態規劃演算法。演算法應計算前面定義的大小 $c[i, j]$，並產生最多相容活動子集合。

假設輸入已經按照式 (15.1) 的方式排序。比較你的解決方案與 Greedy-Activity-Selector 的執行時間。

15.1-2
假設你不是每次都選擇最早結束的活動，而是選擇最晚開始而且與之前選擇的活動都相容的活動。說明這種方法為何是一種貪婪演算法，並證明它可產生最佳解。

15.1-3
並非處理活動選擇問題的所有貪婪方法都能產生最大相容活動集合。舉例說明，選擇與之前已經選擇的活動相容，而且活動時間最短的活動是行不通的。同樣舉例說明「始終選擇與剩餘活動最少重疊的相容活動」以及「始終從剩餘的相容活動中選擇開始時間最早的活動」是行不通的。

15.1-4
你有一組活動必須分配給大量的講堂，任何活動都可以在任何講堂中舉行。你想用盡可能少的講堂來安排所有活動。寫出有效的貪婪演算法來決定該讓哪個活動使用哪個講堂。

（這個問題也稱為區間圖著色（*interval-graph coloring*）問題。這種問題用區間圖來建模，裡面的頂點是活動，裡面的邊連接不相容的活動。為每個頂點著色並讓相鄰的兩個頂點有不相同的顏色所需的最少顏色數量，相當於算出所有活動所需的最少講堂）。

15.1-5
修改活動選擇問題，讓每一個活動 a_i 除了有開始和結束時間之外，還有一個價值 v_i。此問題的目標不是安排最多活動，而是將活動的總價值最大化。也就是說，我們的目標是選擇一個相容的活動集合 A，來將 $\sum_{a_k \in A} v_k$ 最大化。為這個問題設計一個多項式時間的演算法。

15.2 貪婪策略的元素

貪婪演算法藉著做出一連串的選擇來獲得問題的最佳解。在每一個決策點，演算法都會做出當下看似最佳的選擇。這種試探策略不一定可以產生最佳解，但有時可以，就像我們在活動選擇問題中看到的那樣。本節將討論一些貪婪法的一般特性。

我們在第 15.1 節用來開發貪婪演算法的程序比一般的還要複雜一些。它包含以下步驟：

1. 找出問題的最佳子結構。
2. 開發遞迴解決方案（在活動選擇問題中，我們導出遞迴式 (15.2)，但並未僅根據這個遞迴式來開發遞迴演算法）。
3. 證明做出貪婪選擇的話，子問題只剩下一個。
4. 證明做出貪婪選擇一定是安全的（第 3 步與第 4 步可按任何順序執行）。
5. 開發實現貪婪策略的遞迴演算法。
6. 將遞迴演算法轉換成迭代演算法。

這些步驟詳細說明了貪婪演算法的動態規劃基礎。例如，在活動選擇問題中，我們先定義子問題 S_{ij}，其中 i 和 j 是可變的。然後我們發現，如果始終做出貪婪的選擇，我們就可以將子問題限制為 S_k 形式。

另一種方法是在考慮貪婪選擇的情況下建構最佳子結構，讓該選擇只有一個子問題需要解決。在活動選擇問題中，我們先去掉第二個下標，定義 S_k 形式的子問題。然後證明貪婪的選擇（在 S_k 中第一個結束的活動 a_m）結合剩餘的相容活動集合 S_m 的最佳解產生 S_k 的最佳解。更廣泛地說，你可以按照以下的步驟來設計貪婪演算法：

1. 把優化問題視為「你要做出選擇，並留下一個有待解決的子問題」的問題。
2. 證明原問題若做出貪婪的選擇一定有最佳解，因此，貪婪的選擇必然是安全的。
3. 證明存在最佳子結構，做法是證明在做出貪婪的選擇後，剩下的東西是一個子問題，該子問題有一個特性：如果你將子問題的最佳解與你所做的貪婪選擇結合起來，你就可以得到原問題的最佳解。

本章接下來的內容將使用這個比較直接的程序。然而，在每個貪婪演算法之下，幾乎總是存在一個更繁瑣的動態規劃解決方案。

如何判斷貪婪演算法能否解決特定的優化問題？我們沒有必然有效的方法，但貪婪選擇特性和最佳子結構是兩個關鍵因素。如果你可以證明問題具有這些特性，你就可以為它開發出貪婪演算法。

貪婪選擇特性

第一個關鍵因素是**貪婪選擇特性**：你可以藉著做出局部最佳（貪婪）選擇來建構一個整體最佳解決方案。換句話說，當你考慮該做出哪個選擇時，你會做出對當下的問題看似最佳的選擇，而不考慮子問題產生的結果。

這就是貪婪演算法與動態規劃不同的地方。在動態規劃中，你會在每一步做出選擇，但這個選擇通常取決於子問題的解。因此，我們通常用「由下而上」法來解決動態規劃問題，從較小的子問題處理到較大的子問題（你也可以由上而下地解決問題，但要進行記憶化。當然，即使程式碼是由上而下工作的，你仍然必須在做出選擇之前解決子問題）。在貪婪演算法中，你會做出目前看似最佳的選擇，然後解決剩下的子問題。貪婪演算法做出來的選擇可能取決於迄今為止的選擇，但它不取決於任何未來的選擇或子問題的解。因此，動態規劃在做出第一個選擇之前先解決子問題，貪婪演算法則是在解決任何子問題之前做出第一個選擇。動態規劃演算法是由下而上進行的，貪婪策略通常是由上而下進行的，做出一個又一個貪婪的選擇，將每個問題縮小成更小的問題。

當然，你要證明每一步的貪婪選擇都能產生整體最佳解。做法通常像定理 15.1 的情況一樣，先檢查某個子問題的整體最優解，然後展示如何修改解決方案，將貪婪選擇換成其他選擇，進而得到一個類似但更小的子問題。

做出貪婪的選擇通常比考慮更廣泛的選項更有效率。例如，在活動選擇問題中，假設活動已經按照結束時間單調遞增順序進行排序，那麼每項活動只需要檢查一次。使用適當的資料結構（通常是優先佇列）來預先處理輸入，往往可以讓我們快速地做出貪婪的選擇，進而產生高效的演算法。

最佳子結構

正如我們在第 14 章中看到的，如果一個問題的最佳解包含子問題的最佳解，那麼此問題就展現出**最佳子結構**。這個特性是評估動態規劃是否適用的關鍵要素，對貪婪演算法而言也至關重要。舉一個最佳子結構的例子，回顧一下第 15.1 節如何證明：若子問題 S_{ij} 的最佳解包含活動 a_k，那麼它一定也包含子問題 S_{ik} 和 S_{kj} 的最佳解。有了這個最佳子結構，我們認為，如果你知道該將哪個活動當成 a_k，你就可以藉著選擇 a_k 以及子問題 S_{ik} 與 S_{kj} 的最佳解裡面的所有活動來建構 S_{ij} 的最佳解。這個關於最佳子結構的觀察產生了定義最佳解之值的遞迴式 (15.2)。

當你將最佳子結構用於貪婪演算法時，你通常會採取比較直接的做法。如上所述，你可以假設你在原問題中進行了貪婪選擇，並到達一個子問題，你只需要證明子問題的最佳解，再加上已經做出來的貪婪選擇，就可以得到原問題的最佳解。這種做法暗中對子問題進行歸納，以證明在每一步都做出貪婪選擇可以產生最佳解。

貪婪 vs. 動態規劃

由於貪婪和動態規劃策略都利用最佳子結構，你可能會忍不住為貪婪演算法可以解決的問題設計動態規劃解決方案，或者誤以為貪婪法可行，其實需要使用動態規劃解決方案。為了說明這兩種技術之間的微妙差異，我們來研究一個經典的優化問題的兩個變體。

以下是 *0-1 背包問題*。有一位入店行竊的小偷想用一個最多可容納 W 磅贓物的背包來竊取最貴的物品。小偷可以選擇拿走 n 個物品的任何子集合。第 i 件物品價值 v_i 美元，重量為 w_i 磅，其中 v_i 和 w_i 是整數。小偷應該拿走哪些物品？（這個問題稱為 0-1 背包問題的原因是，小偷只能選擇拿走或留下每一件物品，不能拿走物件的一部分，或拿走同一項物品兩次）。

*小數背包問題*的規定相似，但小偷可以拿部分的物品，而不是只能對每一項物品做出二元（0-1）選擇。你可以將 0-1 背包問題中的物品想成金塊，而小數背包問題中的物品則比較像金粉。

這兩個背包問題都有最佳子結構特性。如果最有價值負重（已放在背包裡的物品）不超過 W 磅，裡面有物品 j，那麼其餘的負重必定是小偷可從不含 j 的 $n-1$ 個原本物品中拿走，而且重量不超過 $W-w_j$ 磅的最有價值負重。對於相似的小數問題，如果最有價值負重不超過 W 磅，裡面有重量為 w 的物品 j，那麼其餘的負重必定是小偷可以從 $n-1$ 個原來的物品和重量為 w_j-w 的物品 j 中選出來的、總重量不超過 $W-w$ 磅的最有價值負重。

雖然這兩個問題相似，但貪婪策略可以處理小數背包問題，卻不能解決 0-1 問題。為了處理小數問題，你要先計算每件物品的每磅價值 v_i/w_i。按照貪婪策略，小偷一開始要盡可能地裝入每磅價值最高的物品。如果該物品已全部裝入，但小偷還能放入更多物品，那麼小偷就要盡可能地拿走每磅價值最高的下一個物品，以此類推，直到到達重量限制 W 為止。因此，如果將物品按每磅價值的順序排序，貪婪演算法的執行時間為 $O(n \lg n)$。習題 15.2-1 會要求你證明小數背包問題具有貪婪選擇特性。

為了說明這種貪婪策略無法處理 0-1 背包問題，考慮圖 15.3(a) 的問題實例。這個例子有三件物品和一個可以裝 50 磅的背包。物品 1 有 10 磅重，價值 $60。物品 2 有 20 磅重，價值 $100。物品 3 有 30 磅重，價值 $120。因此，物品 1 的每磅價值 $6，高於物品 2（每磅 $5）與物品 3（每磅 $4）的每磅價值。所以，貪婪策略會先拿物品 1。然而，從圖 15.3(b) 的案例分析中可以看出，最佳解是拿物品 2 和 3，將物品 1 留到最後。先拿物品 1 的兩種方案都是次優的。

然而，對於小數問題而言，貪婪策略（即先拿物品 1）確實可產生最佳解，如圖 15.3(c) 所示。在 0-1 背包問題中，選擇物品 1 是不可行的，因為小偷無法將背包裝滿，未裝滿的空間會降低負重的每磅有效價值。在 0-1 背包問題中，當你考慮是否將一個物品放進背包裡時，你必須先比較包含該物品的子問題的解與不包含該物品的子問題的解，然後才能做出選擇。這種形式的問題會產生許多重疊的子問題，這是動態規劃的標誌。而且，正如習題 15.2-2 要求你做的那樣，你可以使用動態規劃來解決 0-1 問題。

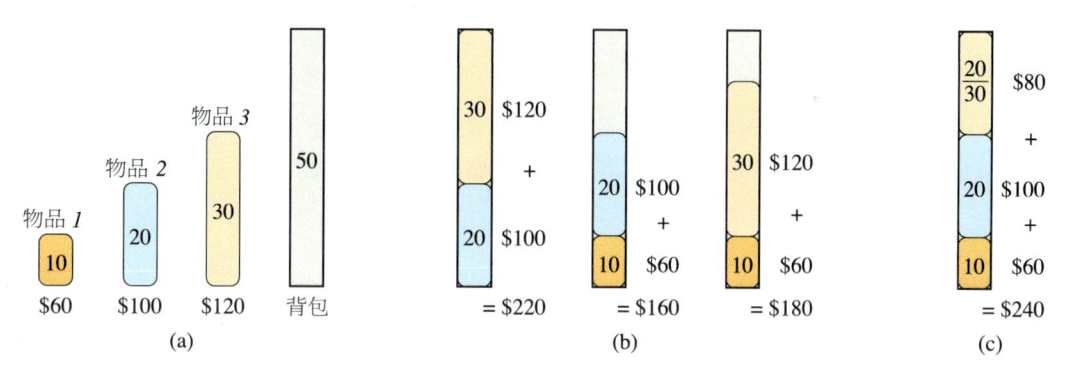

圖 15.3 證明貪婪策略不適合處理 0-1 背包問題的例子。**(a)** 小偷必須從所示的三個物品中選擇一個重量不超過 50 磅的子集合。**(b)** 最佳子集合包含物品 2 和 3。包含物品 1 的解決方案都是次優的，儘管物品 1 的每磅價值最大。**(c)** 在處理小數背包問題時，按照每磅最大價值的順序來選擇物品可以得到最佳解。

習題

15.2-1
證明小數背包問題有貪婪選擇特性。

15.2-2
寫出 0-1 背包問題的動態規劃解決方案，它的執行時間必須為 $O(nW)$，其中 n 是物品數量，W 是小偷可以放入背包的最大物品重量。

15.2-3
假設在 0-1 背包問題中，將物品按照重量遞增排序的順序，與將它們按照價值遞減排序的順序相同。寫出一個有效的演算法來找出這種變體背包問題的最佳解，並證明你的演算法是正確的。

15.2-4
Gekko 教授的夢想是溜直排輪穿越北達科他州。教授打算走美國 2 號公路穿越該州，這條東西向的公路從東部明尼蘇達州邊界的大福克斯，接到西部蒙大拿州邊界的威利斯頓。教授可以帶兩公升水，在水喝完之前可以溜 m 英里（因為北達科他州相對平坦，所以教授不必擔心在上坡路段喝水的次數高於平地或下坡路段）。教授將帶著兩公升的水從大福克斯出發。教授有一張官方的北達科他州地圖，上面畫有美國 2 號公路沿線的所有加水站，以及它們之間的距離。

教授的目標是在穿越該州的路線上，將需要停靠補水的次數最小化。設計一種有效率的方法，來幫教授決定該停靠哪些加水站。證明你的策略可產生最佳解，並寫出它的執行時間。

15.2-5
寫出一個高效的演算法，給定實數線上的一組點 $\{x_1, x_2, ..., x_n\}$，讓該演算法找出最小的一組包含所有給定點的單位長度閉區間。證明你的演算法是正確的。

★ 15.2-6
說明如何在 $O(n)$ 時間內處理小數背包問題。

15.2-7
你有兩個集合 A 與 B，它們分別有 n 個正整數。你可以用你喜歡的方式重新排序它們。在重新排序後，設 a_i 為集合 A 的第 i 個元素，設 b_i 為集合 B 的第 i 個元素，你可以得到回報 $\prod_{i=1}^{n} a_i^{b_i}$。寫出一個將回報最大化的演算法。證明你的演算法將回報最大化，並說明它的執行時間，不含重新排序集合的時間。

15.3 Huffman 編碼

Huffman 編碼有很好的資料壓縮效果，根據被壓縮的資料的特性，通常可節省 20% 至 90% 的空間。資料以字元序列的形式傳遞。Huffman 的貪婪演算法使用表格來記錄每個字元出現的頻率，以找出用哪些二進制字串來表示字元有最好的效果。

假設你有一個包含 100,000 個字元的資料檔案，你想緊湊地儲存它，而且你知道檔案中的 6 個不同的字元的出現頻率，如圖 15.4 所示。字元 a 出現 45,000 次，字元 b 出現 13,000 次，以此類推。

表示這種資訊檔案的選項很多。在此，我們要設計一種**二進制字元碼**（簡稱**代碼**），用不同的二進制字串來表示每一個字元，我們稱之為**碼字**（*codeword*）。如果你使用**固定長度的代碼**，你要用 $\lceil \lg n \rceil$ 個位元來表示 $n \geq 2$ 個字元。因此，你要用 3 bit 來表示 6 個字元：a = 000、b = 001、c = 010、d = 011、e = 100 與 f = 101。這個方法需要 300,000 個位元來編碼整個檔案。你有更好的方法嗎？

	a	b	c	d	e	f
頻率（千）	45	13	12	16	9	5
固定長度碼字	000	001	010	011	100	101
可變長度碼字	0	101	100	111	1101	1100

圖 15.4 字元編碼問題。一個具有 100,000 個字元的資料檔案，裡面只有字元 a-f，並已知它們的出現頻率。每個字元都用一個 3 位元的碼字來表示，對這個文件進行編碼需要 300,000 個位元。使用表中的可變長度編碼的話，編碼只需要 224,000 個位元。

可變長度編碼的效果可能比固定長度編碼更好，這種做法的概念很簡單：讓頻繁出現的字元使用短碼字，讓不常出現的字元使用長碼字。圖 15.4 展示這種編碼。它用 1 位元字串 0 來代表 a，用 4 位元字串 1100 來代表 f。這種編碼用

$$(45 \cdot 1 + 13 \cdot 3 + 12 \cdot 3 + 16 \cdot 3 + 9 \cdot 4 + 5 \cdot 4) \cdot 1,000 = 224,000 \text{ 個位元}$$

來表示這個檔案，節省大約 25%。事實上，我們將看到，這種字元編碼方法對這個檔案而言是最好的。

prefix-free 編碼

在我們考慮的編碼中，任何碼字都不是其他碼字的前綴（prefix），這種編碼稱為 *prefix-free* **編碼**。儘管我們不會在此證明，但在任何字元編碼中，prefix-free 編碼一定可以實現最佳資料壓縮，因此不失一般性，我們將焦點放在 prefix-free 編碼上。

任何二進制字元碼的編碼方法都很簡單，只要將代表文件中的每個字元的碼字連接起來即可。例如，使用圖 15.4 的可變長度 prefix-free 編碼時，具有 4 個字元的檔案 face 的編碼為 $1100 \cdot 0 \cdot 100 \cdot 1101 = 110001001101$，其中的「·」代表串接。

prefix-free 編碼是不錯的技術，因為它簡化了編碼的過程。由於任何碼字都不是其他碼字的開頭，所以在編碼後的檔案開頭的碼字沒有歧義，你可以直接辨識最初的碼字，將它轉換成原始字元，然後針對編碼後的檔案的其餘部分重複執行解碼程序。在我們的例子中，字串 100011001101 只能解析成 $100 \cdot 0 \cdot 1100 \cdot 1101$，並解碼為 cafe。

解碼的過程需要使用方便的方式來表達 prefix-free 碼，以便輕鬆地選出初始的碼字，我們使用二元樹，把給定的字元放在葉節點，字元的二進制碼字就是從根節點到那個字元的簡單路徑，其中 0 代表「至左子節點」，1 代表「至右子節點」。圖 15.5 是之前範例的兩種編碼的二元樹。注意，它們不是二元搜尋樹，因為葉節點不需要按依照排序順序出現，且內部節點不含字元鍵。

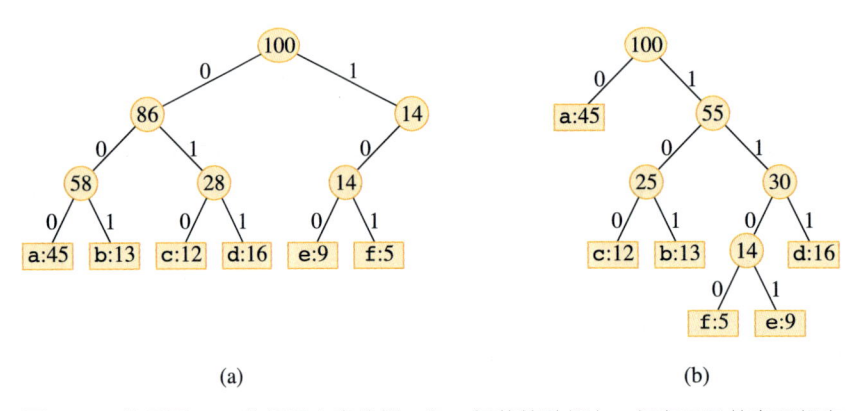

圖 15.5 使用圖 15.4 的編碼方案的樹。每一個葉節點都有一個字元及其出現頻率。每一個內部節點都有它下面的子樹裡的葉節點出現頻率的總和。所有頻率皆以千為單位。**(a)** 固定長度編碼的樹，編碼為 a = 000、b = 001、c = 010、d = 011、e = 100、f = 101。**(b)** 最佳 prefix-free 編碼的樹，編碼為 a = 0、b = 101、c = 100、d = 111、e = 1101、f = 1100。

一個檔案的最佳編碼一定用一棵**滿**二元樹來表示，其中，每個非葉子節點都有兩個子節點（見習題 15.3-2）。我們的例子中的固定長度編碼不是最好的，因為它的樹（圖 15.5(a)）不是一棵滿二元樹：它有 10 開頭的代碼，但沒有 11 開頭的代碼。因為我們現在可以只關注滿二元樹，所以我們可以說，如果 C 是字元的來源字母集合，而且字元的頻率皆為正，那麼最佳 prefix-free 編碼樹正好有 $|C|$ 個葉節點，每個字母一個，它也正好有 $|C|-1$ 個內部節點（見第 1131 頁的習題 B.5-3）。

如果有一棵代表 prefix-free 編碼的樹 T，我們可以算出編碼一個檔案所需的位元數。對於字母集合 C 裡的每個字元 c，設屬性 $c.freq$ 代表 c 在檔案中的頻率，設 $d_T(c)$ 代表 c 的葉節點在樹中的深度。請注意，$d_T(c)$ 也是字元 c 的碼字長度。因此，編碼一個檔案需要多少位元的算法是

$$B(T) = \sum_{c \in C} c.freq \cdot d_T(c) \tag{15.4}$$

我們將它定義為樹 T 的**成本**。

建構 Huffman 編碼

Huffman 發明了一種建構最佳 prefix-free 編碼的貪婪演算法，為了紀念他，我們稱之為 *Huffman 編碼*。與我們在第 15.2 節中的觀察一樣，證明它的正確性必須使用貪婪選擇特性和最佳子結構。我們將先介紹虛擬碼，而不是先證明這些特性成立，再開發虛擬碼。按照這種次序有助於釐清演算法如何做出貪婪的選擇。

Huffman 程序假設 C 是一個包含 n 個字元的集合，每個字元 $c \in C$ 是一個物件，它的屬性 $c.freq$ 為其頻率。這個演算法以由下而上的方式，建立一棵代表最佳編碼的樹 T。它先產生 $|C|$ 個葉節點，並執行 $|C|-1$ 次「合併」操作，來產生最終的樹。這個演算法使用一個最小優先佇列 Q，使用 $freq$ 屬性作為它的鍵，以便將兩個頻率最低的物件合併在一起。合併兩個物件會產生一個新物件，新物件的頻率是被合併的兩個物件的頻率之和。

HUFFMAN(C)
1 $n = |C|$
2 $Q = C$
3 **for** $i = 1$ **to** $n - 1$
4   allocate a new node z
5      $x = $ EXTRACT-MIN(Q)
6      $y = $ EXTRACT-MIN(Q)
7      $z.left = x$
8      $z.right = y$
9      $z.freq = x.freq + y.freq$
10   INSERT(Q, z)
11 **return** EXTRACT-MIN(Q)   // 樹的根節點就是剩餘的最後一個節點

圖 15.6 是 Huffman 演算法處理這個例子的過程。因為字母集合有 6 個字母，所以初始佇列的大小是 $n = 6$，建立樹需要 5 次合併步驟。最終的樹代表最佳的 **prefix-free** 編碼。一個字母的字碼就是從根節點到該字母的簡單路徑上的邊的標籤組成的序列。

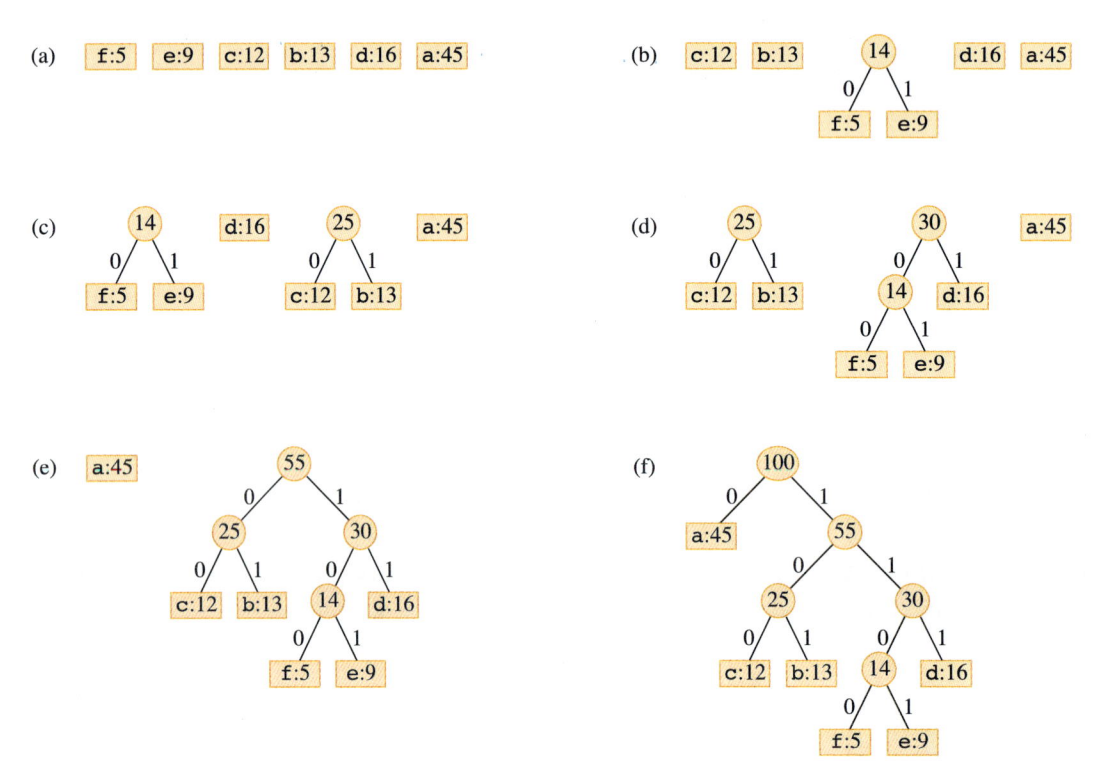

圖 15.6 Huffman 演算法處理圖 15.4 的頻率的步驟。每一張圖都展示按頻率遞增排序的佇列內容。每一步都合併頻率最低的兩棵樹。本圖以方塊代表葉節點，裡面有一個字元及其頻率，以圓圈代表內部節點，裡面有它們的子節點的頻率和。連接內部節點及其子節點的邊若通往左子節點，則標記為 0，若通往右子節點，則標記為 1。字母的編碼就是從根節點到該字母的葉節點的邊上的標籤序列。**(a)** 最初的 $n = 6$ 個節點，每個字母一個節點。**(b)~(e)** 中間階段。**(f)** 最終的樹。

Huffman 程序的工作方法如下。第 2 行用 C 裡的字元來初始化最小優先佇列 Q。第 3~10 行的 **for** 迴圈反覆從佇列中提取頻率最低的兩個節點 x 和 y，並將它們合併成新節點 z 來替換它們。第 9 行將 z 的頻率設為 x 和 y 的頻率之和。z 節點的左子節點是 x，右子節點是 y（順序是隨意決定的，對調任何節點的左右子節點會產生不同的編碼，但成本不變）。在 $n-1$ 次合併後，第 11 行回傳佇列剩餘的唯一節點，它就是編碼樹的根。

這個演算法不使用變數 x 和 y 可產生相同的結果，它可以在第 7 行和第 8 行將呼叫 EXTRACT-MIN 得到的值直接指派給 $z.left$ 與 $z.right$，並將第 9 行改為 $z.freq = z.left.freq + z.right.freq$。但是，我們會在證明正確性時使用節點名稱 x 與 y，所以保留它們。

Huffman 演算法的執行時間取決於最小優先佇列 Q 是怎麼寫的。假設它被寫成二元最小堆積（見第 6 章），對於一個包含 n 個字元的集合 C，第 6.3 節介紹的 BUILD-MIN-HEAP 程序可在 $O(n)$ 時間內在第 2 行初始化 Q。第 3~10 行的 **for** 迴圈執行 $n-1$ 次，因為每一個堆積操作的執行時間是 $O(\lg n)$，所以這個迴圈為執行時間貢獻 $O(n \lg n)$。所以 HUFFMAN 處理 n 個字元的集合的總執行時間是 $O(n \lg n)$。

Huffman 演算法的正確性

為了證明 HUFFMAN 貪婪演算法是正確的，我們將證明「找出最佳 prefix-free 編碼」的問題有貪婪選擇和最佳子結構的特性。下面的引理指出貪婪選擇特性成立。

引理 15.2（最佳 prefix-free 編碼具有貪婪選擇特性）

設 C 是一個字母集合，其中每一個字元 $c \in C$ 的頻率為 $c.freq$。設 x 與 y 是在 C 裡頻率最低的兩個字元。那麼，C 有一個最佳的 prefix-free 編碼，其中，x 與 y 的碼字有相同的長度，而且它們只有最後一個位元不相同。

證明 證明的概念就是將一個代表任意最佳 prefix-free 編碼的樹 T 修改成代表另一個最佳 prefix-free 編碼的樹，使得字元 x 和 y 在新樹中成為最深的同層葉節點。在這棵樹中，x 和 y 的碼字有相同的長度，只有最後一個位元不相同。

設任意兩個字元 a 與 b 是 T 中最深的兩個同層葉節點。不失普遍性，設 $a.freq \leq b.freq$ 且 $x.freq \leq y.freq$。因為 $x.freq$ 與 $y.freq$ 依序是最低的兩個葉節點頻率，而且 $a.freq$ 與 $b.freq$ 依序是最低的兩個葉節點頻率，我們得到 $x.freq \leq a.freq$ 與 $y.freq \leq b.freq$。

在證明的其餘部分，我們有可能得到 $x.freq = a.freq$ 或 $y.freq = b.freq$，但 $x.freq = b.freq$ 意味著 $a.freq = b.freq = x.freq = y.freq$（見習題 15.3-1），引理顯然是成立的。因此，我們假設 $x.freq \neq b.freq$，這意味著 $x \neq b$。

如圖 15.7 所示，想像我們交換 T 的 a 與 x 的位置，產生樹 T'，然後交換 T' 的 b 與 y 的位置，產生樹 T''，其中 x 與 y 是最深的同層葉節點（注意，如果 $x = b$ 但 $y \neq a$，那麼樹 T'' 的 x 與 y 不是最深的同層葉節點。因為我們假設 $x \neq b$，所以這種情況不會發生）。根據式 (15.4)，T 與 T' 的成本的差異為

$$B(T) - B(T')$$
$$= \sum_{c \in C} c.freq \cdot d_T(c) - \sum_{c \in C} c.freq \cdot d_{T'}(c)$$
$$= x.freq \cdot d_T(x) + a.freq \cdot d_T(a) - x.freq \cdot d_{T'}(x) - a.freq \cdot d_{T'}(a)$$
$$= x.freq \cdot d_T(x) + a.freq \cdot d_T(a) - x.freq \cdot d_T(a) - a.freq \cdot d_T(x)$$
$$= (a.freq - x.freq)(d_T(a) - d_T(x))$$
$$\geq 0$$

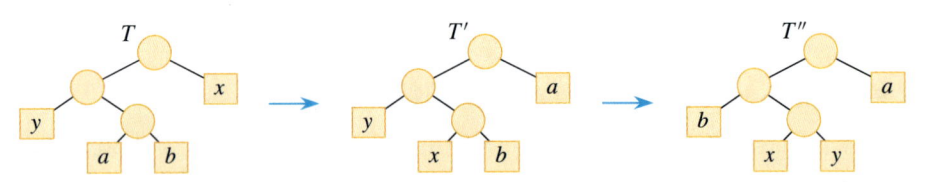

圖 15.7 證明引理 15.2 的關鍵步驟。在最佳樹 T 裡，葉節點 a 與 b 是最深的兩個同層節點。葉節點 x 與 y 是頻率最低的兩個字元，它們在 T 中出現在任意位置。假設 $x \neq b$，將葉節點 a 與 x 對調產生樹 T'，然後將葉節點 b 與 y 對調產生 T''。因為對調不增加成本，所以產生的 T'' 也是最佳樹。

因為 $a.freq - x.freq$ 與 $d_T(a) - d_T(x)$ 都是非負值。更具體地說，$a.freq - x.freq$ 是非負值的原因是，x 是頻率最小的葉節點，而 $d_T(a) - d_T(x)$ 是非負值，因為 a 是 T 裡最深的葉節點。同理，將 y 與 b 對調不會增加成本，所以 $B(T') - B(T'')$ 是非負值。因此，$B(T'') \leq B(T') \leq B(T)$，而且因為 T 是最佳的，我們得到 $B(T) \leq B(T'')$，這意味著 $B(T'') = B(T)$。因此，T'' 是最佳樹，其中，x 與 y 是最深的同層葉節點，故引理得證。∎

引理 15.2 意味著，在不失普遍性的情況下，用合併來建立最佳樹的過程可以從「貪婪地將兩個頻率最低的字元合併起來」開始。為何這是貪婪的選擇？我們可以把被合併的兩個項目的頻率之和視為一次合併的成本。習題 15.3-4 證明，建構樹的總成本等於其合併的成本之和。在每一步的所有可能的合併中，Huffman 會選擇產生最小成本的那一個。

下一個引理證明「建構最佳 prefix-free 編碼」這個問題有最佳子結構特性。

引理 15.3（最佳 prefix-free 編碼有最佳子結構特性）

設 C 是一個字母集合，每一個字元 $c \in C$ 都定義了頻率 $c.freq$。設 x 與 y 是 C 裡頻率最小的兩個字元。設 C' 是在 C 裡移除 x 與 y 並加入新字元 z 得到的字母集合，所以 $C' = (C-\{x, y\}) \cup \{z\}$。我們定義在 C' 裡的所有字元的 $freq$ 值與 C 裡的一樣，且 $z.freq = x.freq + y.freq$。設 T' 是表示字母集合 C' 的最佳 prefix-free 編碼的任何樹。那麼，在 T' 裡將代表 z 的葉節點換成具有子節點 x 和 y 的內部節點，得到的樹 T，是字母集合 C 的最佳 prefix-free 編碼。

證明 我們先展示如何用 T' 的成本 $B(T')$ 來表達 T 的成本 $B(T)$，藉著考慮式 (15.4) 的每一項的成本。對於每個字元 $c \in C-\{x, y\}$，我們知道 $d_T(c) = d_{T'}(c)$，因此，$c.freq \cdot d_T(c) = c.freq \cdot d_{T'}(c)$。因為 $d_T(x) = d_T(y) = d_{T'}(z) + 1$，故

$$x.freq \cdot d_T(x) + y.freq \cdot d_T(y) = (x.freq + y.freq)(d_{T'}(z) + 1)$$
$$= z.freq \cdot d_{T'}(z) + (x.freq + y.freq)$$

由此可得

$$B(T) = B(T') + x.freq + y.freq$$

或等價的

$$B(T') = B(T) - x.freq - y.freq$$

我們用反證法來證明引理。假如 T 不是 C 的最佳 prefix-free 編碼，那就有一棵最佳樹 T'' 滿足 $B(T'') < B(T)$。不失普遍性（根據引理 15.2），T'' 有同層節點 x 與 y。設 T''' 是將 T'' 裡的 x 和 y 的共同父節點換成葉節點 z 得到的樹，z 的頻率為 $z.freq = x.freq + y.freq$，那麼

$$\begin{aligned} B(T''') &= B(T'') - x.freq - y.freq \\ &< B(T) - x.freq - y.freq \\ &= B(T') \end{aligned}$$

與「T' 代表 C' 的最佳 prefix-free 編碼」這個假設矛盾。因此，T 一定代表字母集合 C 的最佳 prefix-free 編碼。∎

定理 15.4

HUFFMAN 程序可以產生最佳 prefix-free 編碼。

證明 從引理 15.2 與 15.3 可直接得證。∎

習題

15.3-1
解釋在引理 15.2 的證明中，為何若 $x.freq = b.freq$，則 $a.freq = b.freq = x.freq = y.freq$ 必定成立。

15.3-2
證明非滿（non-full）二元樹無法對映最佳 prefix-free 編碼。

15.3-3
下面這組頻率的最佳 Huffman 編碼是什麼？根據前 8 個斐波那契數。

```
a:1 b:1 c:2 d:3 e:5 f:8 g:13 h:21
```

能不能將你的解答一般化，來找出頻率是前 n 個斐波那契數時的最佳編碼？

15.3-4
證明一個編碼的滿二元樹 T 的總成本 $B(T)$，等於所有內部節點的兩個子節點的頻率之和的總和。

15.3-5
有一個包含 n 個字元的集合 C 的最佳 prefix-free 編碼，你想用盡可能少的位元來傳輸編碼本身。說明如何只用 $2n-1+n\lceil \lg n \rceil$ 個位元來表示 C 的任何最佳 prefix-free 編碼（提示：藉著遍歷樹來發現樹的結構，並用 $2n-1$ 個位元來定義樹的結構）。

15.3-6
將 Huffman 算法推廣至三元碼（即使用符號 0、1 和 2 的碼字），並證明它能產生最佳三元碼。

15.3-7
有一個資料檔案裡面有一連串的 8 位元字元，全部的 256 個字元的頻率都差不多，也就是最大字元頻率低於最小字元頻率的兩倍。證明在這種情況下，Huffman 編碼的效率不會比普通的 8 位元固定長度編碼更好。

15.3-8
證明任何無損（可逆）壓縮技術都無法保證它可以將每一個輸入檔案，都轉換成更短的輸出檔案（提示：比較「檔案可能有幾個」與「編碼後的檔案可能有幾個」）。

15.4 離線快取

計算機系統可以將主記憶體的一個子集合儲存在**快取**中，以減少存取資料的時間。快取是一種小而快的儲存體，它會將資料組織成**快取區塊**（*cache block*），這些區塊通常是 32、64 或 128 bytes。你也可以將主記憶體當成磁碟資料的快取。我們將區塊稱為**頁**（*page*），一頁通常有 4096 bytes。

計算機程式在執行時會提出一系列的記憶體請求。假設有 n 個記憶體請求，想依序取得區塊 $b_1, b_2, \ldots, b_n$ 裡的資料。事實上，一系列的存取可能針對相同的區塊，任何區塊通常會被多次存取，例如，一個存取四個不同區塊 p, q, r, s 的程式可能發出一系列的請求來存取區塊 $s, q, s, q, q, s, p, p, r, s, s, q, p, r, q$。快取最多可容納某個固定數量的快取區塊，我們說有 k 個。在它被第一次請求之前是空的。每一次請求最多會導致一個區塊進入快取，最多導致一個區塊被移出快取。針對區塊 b_i 的一次請求可能發生三種情況之一：

1. 區塊 b_i 已經在快取內，因為相同的區塊曾經被請求。快取維持不變。這種情況稱為**快取命中**（*cache hit*）。

2. 區塊 b_i 不在快取內，但快取裡面的區塊少於 k 個。此時，區塊 b_i 被放入快取，因而快取內的區塊比請求前多一個。

3. 區塊 b_i 不在快取中，且快取是滿的，即裡面有 k 個區塊。區塊 b_i 被放入快取，但在此之前，在快取內的一些其他區塊必須被移出，以騰出空間。

在後面的兩種情況裡，被請求的區塊不在快取中，稱為**快取未中**（*cache miss*）。我們的目標是在全部的 n 次連續請求中，將快取未中的次數最小化，或等價地講，將快取命中的次數最大化。在快取內的區塊少於 k 個時發生的快取未中稱為**必然未中**（*compulsory miss*），由於之前的決策無法將所需的區塊保留在快取中。當快取已滿發生快取未中，在決定該移除哪個區塊時，理想情況下應選擇可讓以後的請求發生最少次快取未中的區塊。

通常快取是線上問題。也就是說，計算機必須在不知道未來請求的情況下，決定該將哪些區塊保留在快取中。然而，我們在此討論的是這個問題的離線版本，在這個版本中，計算機事先知道 n 個連續的請求和快取的大小 k，其目標是將快取的總未中次數最小化。

為了處理這個離線問題，你可以使用一種叫做「*furthest-in-future*（**最遠未來**）」的貪婪策略，即移除下次最晚存取的區塊。直覺上，這種策略是有道理的：如果某個東西暫時用不到，那又何必把它留住？我們將藉著證明離線快取問題具有最佳子結構，以及 furthest-in-future 策略具有貪婪選擇特性，來證明 furthest-in-future 策略的確是最佳的。

現在你可能會想,既然計算機通常無法事先知道請求的順序,那研究離線問題有何意義?其實這是有意義的,因為在某些情況下,你可以事先知道請求的順序。例如,如果將主記憶體視為快取,並假設資料都在磁碟(或固態硬碟)裡,有一些演算法可以事先規劃出整個讀寫集合。我們也可以將最佳演算法產生的快取未中次數當成基準,用來比較線上演算法的表現。我們將在第 27.3 節中做這件事。

離線快取甚至可以模擬現實世界的問題。例如,考慮這種情況:你事先知道 n 個事件在某個地點發生的時間。事件可能在同一地點發生多次,且不一定連續發生。你負責管理一個由 k 位代理人組成的小組,你要確保在事件發生時,每一個地點都有一位代理人,而且你想盡量減少代理人的移動次數,在這個案例中,代理人就像區塊,事件就像請求,移動一位代理人則類似一次快取未中。

離線快取的最佳子結構

為了證明離線問題有最佳子結構,假設快取在發生針對區塊 b_i 的請求時的配置(內容)是 C,我們定義子問題 (C, i) 是在這種情況下,處理對於區塊 $b_i, b_{i+1}, ..., b_n$ 的請求。也就是說,C 是區塊集合的子集合,$|C| \leq k$。子問題 (C, i) 的解是一系列決策,指定在每次請求區塊 $b_i, b_{i+1}, ..., b_n$ 時,該將哪個區塊移出(如果需要的話)。子問題 (C, i) 的最佳解是讓快取未中次數降到最低。

考慮子問題 (C, i) 的最佳解 S,設 C' 是在最佳解 S 中處理針對區塊 b_i 的請求之後的快取配置。設 S' 是 S 的子解,可解決子問題 $(C', i+1)$。如果針對 b_i 的請求導致快取命中,那麼快取保持不變,所以 $C' = C$。如果針對 b_i 的請求導致快取未中,快取的配置狀況會改變,所以 $C' \neq C$。我們說在這兩種情況下,S' 皆為子問題 $(C', i+1)$ 的最佳解。為什麼?如果 S' 不是子問題 $(C', i+1)$ 的最佳解,那麼子問題 $(C', i+1)$ 就有另一個解 S''' 產生的快取未中比 S' 產生的更少。結合 S''' 與 S 在發生針對 b_i 的請求時的決策,可以得到另一個快取未中次數比 S 更少的解決方案,與 S 是子問題 (C, i) 的最佳解這個假設矛盾。

為了量化遞迴解,我們需要使用更多代號。設 $R_{C, i}$ 是配置 C 在處理針對 b_i 的請求之後的所有快取配置。如果請求導致快取命中,那麼快取保持不變,所以 $R_{C, i} = \{C\}$。如果請求 b_i 導致快取未中,那麼有兩種可能。如果快取未滿($|C| < k$),那麼快取會被填入區塊,唯一的選擇是將 b_i 插入快取,所以 $R_{C, i} = \{C \cup \{b_i\}\}$。如果快取未中時快取已滿($|C| = k$),$R_{C, i}$ 裡面有 k 種可能的配置:在 C 裡的每一個候選區塊都可能被移出並換成 b_i。此時,$R_{C, i} = \{(C - \{X\}) \cup \{b_i\} : x \in C\}$。例如,如果 $C = \{p, q, r\}$,$k = 3$,且程式請求區塊 s,那麼 $R_{C, i} = \{\{p, q, s\}, \{p, r, s\}, \{q, r, s\}\}$。

設 $miss(C, i)$ 是子問題 (C, i) 的一個解的最低快取未中次數。這是 $miss(C, i)$ 的遞迴式：

$$miss(C, i) = \begin{cases} 0 & \text{若 } i = n \text{ 且 } b_n \in C \\ 1 & \text{若 } i = n \text{ 且 } b_n \notin C \\ miss(C, i+1) & \text{若 } i < n \text{ 且 } b_i \in C \\ 1 + \min\{miss(C', i+1) : C' \in R_{C,i}\} & \text{若 } i < n \text{ 且 } b_i \notin C \end{cases}$$

貪婪選擇特性

為了證明 furthest-in-future 策略產生最佳解，我們必須證明最佳離線快取有貪婪選擇特性。只要滿足貪婪選擇特性和最佳子結構特性，就可以證明 furthest-in-future 能夠將快取未中次數降到最低。

定理 15.5（最佳離線快取有貪婪選擇特性）

考慮當快取 C 裡面有 k 個區塊時的子問題 (C, i)，此時快取 C 是滿的，發生快取未中。當區塊 b_i 被請求時，設 $z = b_m$ 是在 C 中下一次最晚被存取的區塊（如果在快取中，有一些區塊不會被存取了，那就將任意的這種區塊當成 z，並加入一個針對 $z = b_m = b_{n+1}$ 的假請求）。於是，「在請求區塊 b_i 時移除區塊 z」屬於子問題 (C, i) 的某個最佳解。

證明 設 S 為子問題 (C, i) 的最佳解。如果 S 在請求區塊 b_i 時移除區塊 z，證明完成，因為我們已經證明某個最佳解包含移除 z。

假設最佳解 S 在 b_i 被請求時移除另一個區塊 x。我們為子問題 (C, i) 建構另一個解 S'，在請求 b_i 時，它移除的是區塊 z 而不是 x，且造成的快取未中次數不比 S 多，所以 S' 也是最佳的。因為不同的解可能導致不同的快取配置，我們用 $C_{S,j}$ 來表示解 S 在某個區塊 b_j 被請求之前的快取配置，解 S' 與 $C_{S',j}$ 之間的關係也一樣。我們使用下面的性質來展示如何建構 S'：

1. 若 $j = i+1, \ldots, m$，設 $D_j = C_{S,j} \cap C_{S',j}$。則 $|D_j| \geq k-1$，所以快取配置 $C_{S,j}$ 與 $C_{S',j}$ 最多只差一個區塊。如果它們不相同，那麼設區塊 $y \neq z$，$C_{S,j} = D_j \cup \{z\}$ 且 $C_{S',j} = D_j \cup \{y\}$。

2. 對於針對區塊 $b_i, \ldots, b_{m-1}$ 的各個請求，若解 S 產生快取命中，則解 S' 也產生快取命中。

3. 對於所有 $j > m$，快取配置 $C_{S,j}$ 與 $C_{S',j}$ 是一致的。

4. 在一系列針對區塊 $b_i, \ldots, b_m$ 的請求中，解 S' 產生的快取未中次數最多與解 S 產生的快取未中次數一樣。

我們用歸納法來證明這些特性對每個請求而言都是成立的。

1. 我們先對著 j 進行歸納證明，設 $j = i+1, ..., m$。在基本情況，最初的快取 $C_{S,i}$ 與 $C_{S',i}$ 是相同的。在請求區塊 b_i 時，解 S 移除 x，解 S' 移除 z。因此，快取配置 $C_{S,i+1}$ 與 $C_{S',i+1}$ 的差異只有一個區塊，$C_{S,i+1} = D_{i+1} \cup \{z\}$，$C_{S',i+1} = D_{i+1} \cup \{x\}$，且 $x \ne z$。

   歸納步驟定義解 S' 在區塊 b_j 被請求時的表現，其中 $i+1 \le j \le m-1$。我們歸納假設，當 b_j 被請求時，特性 1 成立。因為 $z = b_m$ 是在 $C_{S,i}$ 裡面下一次最晚被引用的區塊，我們知道 $b_j \ne z$。我們考慮幾種情況：

   - 如果 $C_{S,j} = C_{S',j}$（所以 $|D_j| = k$），那麼解 S' 在 b_j 被請求時做出來的決定，與 S 做出來的決定一樣，所以 $C_{S,j+1} = C_{S',j+1}$。

   - 如果 $|D_j| = k-1$ 且 $b_j \in D_j$，那麼這兩個快取都有區塊 b_j，而且 S 與 S' 都會快取命中，因此，$C_{S,j+1} = C_{S,j}$ 且 $C_{S',j+1} = C_{S',j}$。

   - 如果 $|D_j| = k-1$ 且 $b_j \notin D_j$，那麼因為 $C_{S,j} = D_j \cup \{z\}$ 且 $b_j \ne z$，S 快取未中，它會移除區塊 z 或某個區塊 $w \in D_j$。

     – 如果 S 移除區塊 z，那麼 $C_{S,j+1} = D_j \cup \{b_j\}$。此時有兩種情況，取決於是否 $b_j = y$：

       * 如果 $b_j = y$，S' 快取命中，所以 $C_{S',j+1} = C_{S',j} = D_j \cup \{b_j\}$。因此，$C_{S,j+1} = C_{S',j+1}$。

       * 如果 $b_j \ne y$，S' 快取未中，它移除區塊 y，所以 $C_{S',j+1} = D_j \cup \{b_j\}$，同樣 $C_{S,j+1} = C_{S',j+1}$。

     – 如果解 S 移除區塊 $w \in D_j$，則 $C_{S,j+1} = (D_j - \{w\}) \cup \{b_j, z\}$。同樣有兩種情況，取決於是否 $b_j = y$：

       * 如果 $b_j = y$，則 S' 快取命中，所以 $C_{S',j+1} = C_{S',j} = D_j \cup \{b_j\}$。因為 $w \in D_j$ 且 w 沒有被 S' 移除，所以 $w \in C_{S',j+1}$。因此，$w \notin D_{j+1}$ 且 $b_j \in D_{j+1}$，故 $D_{j+1} = (D_j - \{w\}) \cup \{b_j\}$。所以，$C_{S,j+1} = D_{j+1} \cup \{z\}$，$C_{S',j+1} = D_{j+1} \cup \{w\}$，且因為 $w \ne z$，特性 1 在區塊 b_{j+1} 被請求時成立（換句話說，也就是將特性 1 裡的 y 換成 w）。

       * 如果 $b_j \ne y$，那麼 S' 快取未中，它移除區塊 w，所以 $C_{S',j+1} = (D_j - \{w\}) \cup \{b_j, y\}$。因此，$D_{j+1} = (D_j - \{w\}) \cup \{b_j\}$，所以 $C_{S,j+1} = D_{j+1} \cup \{z\}$ 且 $C_{S',j+1} = D_{j+1} \cup \{y\}$。

2. 在上面關於維持特性 1 的討論中，S 可能只在前兩個情況有快取命中，而且若且唯若 S 如此，則 S' 才會在這些情況快取命中。

3. 如果 $C_{S,m} = C_{S',m}$，那麼解 S' 在區塊 $z = b_m$ 被請求時做出與 S 一樣的決定，所以 $C_{S,m+1} = C_{S',m+1}$。如果 $C_{S,m} \neq C_{S',m}$，那麼根據特性 1，$C_{S,m} = D_m \cup \{z\}$ 且 $C_{S',m} = D_m \cup \{y\}$，其中 $y \neq z$。在此情況下，S 有快取命中，所以 $C_{S,m+1} = C_{S,m} = D_m \cup \{z\}$。解 S' 移除區塊 y 並放入區塊 z，所以 $C_{S',m+1} = D_m \cup \{z\} = C_{S,m+1}$。所以，無論是否 $C_{S,m} = C_{S',m}$，我們都可得到 $C_{S,m+1} = C_{S',m+1}$，從區塊 b_{m+1} 被請求開始，S' 做出與 S 一樣的決定。

4. 根據特性 2，在區塊 $b_i, ..., b_{m-1}$ 被請求時，如果 S 快取命中，S' 也會。我們只剩下區塊 $b_m = z$ 被請求的情況需要考慮。如果 S 在 b_m 被請求時快取未中，那麼無論 S' 快取命中還是未中，我們都完成證明了：S' 的快取未中次數最多與 S 的一樣。

所以，假設在 b_m 被請求時，S 快取命中，且 S' 快取未中。我們將證明，在針對區塊 $b_{i+1}, ..., b_{m-1}$ 的請求中，至少有一個請求會導致 S 快取未中和 S' 快取命中，進而補償區塊 b_m 被請求時發生的情況。這個證明使用反證法。假設針對區塊 $b_{i+1}, ... b_{m-1}$ 的請求都不會導致 S 產生快取未中以及 S' 產生快取命中。

我們首先看到，一旦快取 $C_{S,j}$ 和 $C_{S',j}$ 在某個 $j > i$ 時相等，此後它們就會一直相等。我們也看到，如果 $b_m \in C_{S,m}$ 且 $b_m \notin C_{S',m}$，那麼 $C_{S,m} \neq C_{S',m}$。因此，S 不可能在區塊 $b_i, ..., b_{m-1}$ 被請求時移除區塊 z，因為若是如此，那麼這兩個快取的配置將是相同的。剩下的可能性是，在這些請求中，對於某區塊 $y \neq z$，$C_{S,j} = D_j \cup \{z\}$、$C_{S',j} = D_j \cup \{y\}$，且 S 移除某個區塊 $w \in D_j$。此外，因為這些請求都沒有導致 S 快取未中和 S' 快取命中，所以 $b_j = y$ 的情況從未發生。也就是說，對於每個針對區塊 $b_{i+1}, ..., b_{m-1}$ 的請求，被請求的區塊 b_j 絕不是區塊 $y \in C_{S',j} - C_{S,j}$。在這些情況下，處理請求後，我們得到 $C_{S',j+1} = D_{j+1} \cup \{y\}$：兩個快取之間的差異沒有改變。接下來，我們回到針對區塊 b_i 的請求，在此之後，我們得到 $C_{S',i+1} = D_{i+1} \cup \{x\}$。因為在請求區塊 b_m 之前的每個相繼的請求都沒有改變快取之間的差異，我們得到 $C_{S',j} = D_j \cup \{x\}$，$j = i + 1, ..., m$。

根據定義，區塊 $z = b_m$ 是在區塊 x 後請求的，這意味著至少區塊 $b_{i+1}, ..., b_{m-1}$ 之一是區塊 x。但是當 $j = i + 1, ..., m$，我們得到 $x \in C_{S',j}$ 且 $x \notin C_{S,j}$，所以這些請求至少有一個讓 S' 快取命中，且讓 S 快取未中，產生矛盾。結論是，如果在區塊 b_m 被請求時，S 快取命中，而 S' 快取未中，那就代表之前的某個請求有相反的結果，導致 S' 產生的快取未中不多於 S 的。因為我們假設 S 是最佳的，所以 S' 也是最佳的。∎

除了最佳子結構特性之外，定理 15.5 告訴我們，furthest-in-future 策略產生最少快取未中。

習題

15.4-1
寫出以 furthest-in-future 策略來管理快取的虛擬碼。讓它接收一個快取內的區塊集合 C、快取可保存的區塊數量 k、被請求的區塊的序列 $b_1, b_2, \ldots, b_n$，以及被請求的區塊 b_i 在序列中的索引 i。它必須印出每一個請求發生快取命中還是未中，並且在發生快取未中時，印出哪個區塊被移除，如果需要移除的話。

15.4-2
真正的快取管理程式不知道未來的請求，因此他們經常使用過去的資料來決定要移除哪個區塊。*最近最少用*（*least-recently-used*，*LRU*）策略會將快取中最近最少被請求的區塊移除（你可以將 LRU 想成「furthest-in-past（最久以前）」）。以一個請求序列為例，說明 LRU 對它而言不是最佳策略，並證明 LRU 會造成比 furthest-in-future 策略更多次的快取未中。

15.4-3
Croesus 教授提議，在定理 15.5 的證明中，性質 1 的最後一句可以改為 $C_{S',j} = D_j \cup \{x\}$，等價地說，就是要求在針對區塊 b_i 提出請求時，在性質 1 中的區塊 y 必然是解決方案 S 在將區塊 x 移除時所移除的區塊。說明這個建議會導致後續的證明在哪裡出問題。

15.4-4
本節假設，每當有區塊被請求時，最多只有一個區塊被放入快取。然而，可能有策略在一次請求時將多個區塊放入快取。證明：每一個在請求發生時可將多個區塊放入快取的解決方案，都有對映的一個僅允許放入一個區塊的方案，而且它們至少一樣好。

挑戰

15-1 找零
考慮用最少硬幣來找 n 美分的問題。假設每一種硬幣的面額都是整數。

a. 設計一種貪婪演算法來找零，硬幣的面額有 25 美分、10 美分、5 美分和 1 美分。證明你的演算法產生最佳解。

b. 假設硬幣的面額是 c 的次方，即面額為 $c^0, c^1, ..., c^k$，其中整數 $c > 1$ 且 $k \geq 1$。證明貪婪演算法一定產生最佳解。

c. 寫出一組貪婪演算法無法產生最佳解的硬幣面額，為了讓每一個 n 值都有解，這組硬幣必須包含 1 美分。

d. 寫出一個能夠在 $O(nk)$ 時間內，使用 k 種不同面額且最少硬幣來找零的演算法，假設其中一種硬幣是 1 美分。

15-2 安排最小平均完成時間

你有一組工作 $S = \{a_1, a_2, ..., a_n\}$，其中，工作 a_i 需要 p_i 個單位的處理時間來完成。設 C_i 是工作 a_i 的**完成時間**，也就是工作 a_i 完成處理的時間。你的目標是將平均完成時間最小化，也就是將 $(1/n) \sum_{i=1}^{n} C_i$ 最小化。例如，假設有兩個工作 a_1 與 a_2，$p_1 = 3$，$p_2 = 5$，如果先進行 a_2 再進行 a_1，那麼 $C_2 = 5$，$C_1 = 8$，平均完成時間是 $(5 + 8)/2 = 6.5$。但是如果先進行 a_1，那麼 $C_1 = 3$，$C_2 = 8$，平均完成時間是 $(3 + 8)/2 = 5.5$。

a. 設計一種演算法來安排工作，將平均完成時間最小化。每項工作都必須以不可搶占的方式執行，也就是說，一旦工作 a_i 開始進行，它就必須連續執行 p_i 個單位時間，直到完成為止。證明你的演算法可以將平均完成時間最小化，並分析你的演算法的執行時間。

b. 假設並非所有工作都能一次完成。也就是說，每個工作都有一個**釋出時間** b_i，在這個時間之前不能動工。我們也假設工作**可搶占**（*preempted*），因此工作可以先暫停，並在稍後重新啟動。例如，處理時間 $p_i = 6$，釋出時間 $b_i = 1$ 的工作 a_i 可能在時間 1 開始執行，並在時間 4 被搶占，然後可能在時間 10 恢復執行，但在時間 11 被搶占，最後可能在時間 13 恢復，在時間 15 完成。工作 a_i 總共執行 6 個時間單位，但它的執行時間被分成三部分。設計一種演算法在這個新設定之下安排工作，將平均完成時間最小化。證明你的演算法可以將平均完成時間最小化，並分析你的演算法的執行時間。

後記

關於貪婪演算法的更多資訊可參考 Lawler [276] 和 Papadimitriou 與 Steiglitz [353]。貪婪演算法最早出現在組合優化文獻中，它是 Edmonds 在 1971 年發表的一篇文章 [131]。

活動選擇問題的貪婪演算法的正確性證明是基於 Gavril [179] 提供的證明。

Huffman 編碼是在 1952 年發明的 [233]。Lelewer 和 Hirschberg [294] 彙整了截至 1987 年的資料壓縮技術。

furthest-in-future 策略是 Belady [41] 提出的，他建議在虛擬記憶體系統中使用它。furthest-in-future 是最佳策略的其他證明，可在 Lee 等人 [284] 和 Van Roy [443] 的文章中找到。

16 平攤分析

假設你加入了 Buff 健身房。Buff 每個月收取 $60 的會員費，加上每次使用健身房的 $3。因為你很自律，所以 11 月的每一天都去 Buff 健身房訓練。除了 11 月份的月費 $60 之外，你也在當月支付了 $3 × 30 = $90。雖然你可以把這些花費視為 $60 的固定費用和另外 $90 的當日費用，但你可以用另一種方式來思考。全部一起算的話，你在 30 天期間支付了 $150，或平均每天 $5。用這種方式來看待花費就是將月費**平攤**給每月的 30 天，以每天 $2 的價格分攤。

在分析執行時間時也可以做同一件事。**平攤分析**就是將一系列的資料結構操作的執行時間平均分給已執行的所有操作。透過平攤分析，你可以證明，平均計算一系列操作的話，裡面的單一操作的平均成本很小，即使那個操作本身的成本很高。平攤分析與平均情況分析的不同之處在於前者不涉及機率。平攤分析保證**每個操作在最壞情況下的平均性能**。

本章的前三節將介紹平攤分析最常用的三種技術。第 16.1 節從聚合分析開始談起，其中，你要找出一系列的 n 個操作的總成本上限 $T(n)$。所以每一個操作的平均成本是 $T(n)/n$。我們將平均成本視為每項操作的平攤成本，讓所有操作都有相同的平攤成本。

第 16.2 節介紹會計法（accounting method），我們要算出每項操作的平攤成本。如果操作類型不只一種，那麼每一種操作類型可能有不同的平攤成本。會計法會向操作序列中的一些早期操作收取超額費用，將超收的費用當成「預付費用」，儲存在資料結構中的特定物件裡。在操作序列的後期，再用預付費用來補償索價低於實際成本的操作。

第 16.3 節討論潛能法（potential method），它與會計法類似，用來計算每個操作的平攤成本，而且可以在早期對某些操作超收費用，以彌補後期的低估成本。潛能法將信用額度當成整個資料結構的「潛在能量」來保存，而不是將信用額度分配給資料結構內的各個物件。

我們將在本章中使用兩個例子來研究這三種方法的每一種。第一個例子是附帶額外操作 MULTIPOP 的堆疊，它可以一次 pop 多個物件。另一個例子是二進制計數器，用單一操作 INCREMENT 來從 0 開始計數。

在閱讀本章時，切記，在平攤分析期間分配的費用僅供分析，它們不需要也不應該寫在程式碼裡面。例如，如果你在使用會計法時，將信用額度分配給物件 x，你不需要在程式中分配適當的數量給某個屬性，例如 $x.credit$。

執行平攤分析往往可以幫你深入了解某個特定的資料結構，而這種了解可以幫助你優化設計。例如，第 16.4 節將使用潛能法來分析一張動態擴展和收縮的表格。

16.1 聚合分析

在聚合分析中，我們要證明對任何 n 而言，一系列的 n 個操作在**最壞情況**下總共花費 $T(n)$ 時間。因此，在最壞情況下，每一次操作的平均成本（或**平攤成本**）是 $T(n)/n$。這種平攤成本適用於每項操作，即使一系列操作裡有好幾種操作類型。本章介紹的另外兩種方法，會計法和潛能法，可以為不同類型的操作分配不同的平攤成本。

堆疊操作

在聚合分析的第一個例子裡，我們要分析被加入一種新操作的堆疊。第 10.1.3 節介紹了兩種基本的堆疊操作，每一種都需要 $O(1)$ 時間。

PUSH(S, x) 將物件 x 推入堆疊 S。

POP(S) 將堆疊 S 頂部的物件 pop 出來，然後回傳它。對一個空堆疊呼叫 POP 會產生錯誤。

因為這兩種操作的執行時間都是 $O(1)$，我們將它們的成本都視為 1。因此，n 個連續的 PUSH 與 POP 操作的總成本是 n，n 個操作的實際執行時間是 $\Theta(n)$。

接下來，我們加入堆疊操作 MULTIPOP(S, k)，它會將堆疊 S 最上面的 k 個物件移除，如果堆疊的物件少於 k 個，那就 pop 整個堆疊。當然，這個程序假設 k 是正數，否則，MULTIPOP 操作會讓堆疊保持不變。在 MULTIPOP 的虛擬碼裡，如果當下的堆疊裡沒有物件，STACK-EMPTY 回傳 TRUE，否則回傳 FALSE。圖 16.1 是 MULTIPOP 的範例。

```
MULTIPOP(S, k)
1   while not STACK-EMPTY(S) and k > 0
2       POP(S)
3       k = k - 1
```

```
頂部 →  23
        17
         6
        39
        10         頂部 →  10
        47                 47
       ───                ───            ───
        (a)                (b)            (c)
```

圖 16.1 對堆疊 S 執行 Multipop 的情況。**(a)** 是最初的狀態。**(b)** 是用 Multipop(S, 4) 來 pop 最上面的 4 個物件的結果。**(c)** 下一個操作是 Multipop(S, 7)，它將堆疊清空，因為剩餘的物件不足 7 個。

用 Multipop(S, k) 來處理 s 個物件的堆疊需要多少執行時間？實際的執行時間與實際執行的 Pop 操作數量成線性關係，因此我們可以用 Push 和 Pop 的抽象成本 1 來分析 Multipop。**while** 迴圈的迭代次數就是從堆疊 pop 出來的物件的數量 $\min\{s, k\}$。每一次迴圈迭代都會在第 2 行呼叫一次 Pop。因此，Multipop 的總成本是 $\min\{s, k\}$，實際的執行時間與這個成本成線性關係。

接下來，我們要分析對一個最初為空的堆疊執行 n 次 Push, Pop 與 Multipop 操作的情況。在這一系列的操作中，Multipop 操作的最壞情況成本是 $O(n)$，因為堆疊的大小最多是 n。因此，任何堆疊操作的最壞情況時間都是 $O(n)$，所以，n 個操作需要花費 $O(n^2)$，因為該序列最多有 n 個 Multipop 操作，每個操作都需要花費 $O(n)$。雖然這個分析是正確的，但是藉著考慮每一項操作的最壞情況成本得出來的結果 $O(n^2)$ 並不嚴謹。

沒錯，一次 Multipop 可能很昂貴，但是綜合分析說，在初始為空的堆疊裡執行任何 n 次 Push、Pop 和 Multipop 操作的總成本上限為 $O(n)$。為什麼？物件必須先被 push 進去才能被 pop 出來。因此，可以對一個非空堆疊呼叫 Pop 的次數，包括 Multipop 裡面的呼叫，最多是 Push 操作的次數，也就是最多是 n 次。對於任何 n 值，任何 n 個 Push、Pop 和 Multipop 操作總共需要 $O(n)$ 時間。計算 n 個操作的平均值，可以得到每個操作的平均成本是 $O(n)/n = O(1)$。聚合分析將每個操作的平攤成本分配為平均成本。因此，在這個例子中，全部的三個堆疊操作的平攤成本是 $O(1)$。

複習一下：儘管堆疊操作的平均成本是 $O(1)$，因而執行時間也是如此，但這個分析並不使用機率推理。相反地，這個分析為一系列的 n 個操作提供**最壞情況**界限 $O(n)$。將這個總成本除以 n 可得到每項操作的平均成本（也就是平攤成本）是 $O(1)$。

遞增二進制計數器

我們來看另一個聚合分析的例子。假設我們要實作一個從 0 開始往上計數的 k 位元二進制計數器。我們用一個位元陣列 $A[0:k-1]$ 來代表計數器。被儲存在這個計數器裡面的二進制數字 x 的最低位元位於 $A[0]$，最高位元位於 $A[k-1]$，所以 $x = \sum_{i=0}^{k-1} A[i] \cdot 2^i$。最初，$x = 0$，因此 $A[i] = 0$，$i = 0, 1, ..., k-1$。我們藉著呼叫 INCREMENT 程序，來將計數器裡面的值加 1（$\mod 2^k$）。

```
INCREMENT(A, k)
1   i = 0
2   while i < k and A[i] == 1
3       A[i] = 0
4       i = i + 1
5   if i < k
6       A[i] = 1
```

圖 16.2 是當 INCREMENT 被呼叫 16 次，從初始值 0 開始，到 16 結束時，二進制計數器的情況。在第 2~4 行的 **while** 迴圈每次迭代都會將 1 加到位置 i。如果 $A[i] = 1$，那麼加 1 會將位置 i 的位元切換成 0，並產生一個 1 的進位，在迴圈的下一次迭代加入位置 $i+1$。否則，迴圈結束，然後，如果 $i < k$，$A[i]$ 一定是 0，所以第 6 行將 1 加到位置 i，將 0 改成 1。如果迴圈結束時 $i = k$，那麼呼叫 INCREMENT 會將全部的 k 個位元從 1 切換成 0。每次 INCREMENT 操作的成本與被切換的位元數量成線性關係。

計數器的值	A[7] A[6] A[5] A[4] A[3] A[2] A[1] A[0]	總成本
0	0 0 0 0 0 0 0 0	0
1	0 0 0 0 0 0 0 1	1
2	0 0 0 0 0 0 1 0	3
3	0 0 0 0 0 0 1 1	4
4	0 0 0 0 0 1 0 0	7
5	0 0 0 0 0 1 0 1	8
6	0 0 0 0 0 1 1 0	10
7	0 0 0 0 0 1 1 1	11
8	0 0 0 0 1 0 0 0	15
9	0 0 0 0 1 0 0 1	16
10	0 0 0 0 1 0 1 0	18
11	0 0 0 0 1 0 1 1	19
12	0 0 0 0 1 1 0 0	22
13	0 0 0 0 1 1 0 1	23
14	0 0 0 0 1 1 1 0	25
15	0 0 0 0 1 1 1 1	26
16	0 0 0 1 0 0 0 0	31

圖 16.2 藉著執行 16 次 INCREMENT 操作，將一個 8 位元二進制計數器的值從 0 變成 16 的過程。藍底色代表為了變成下一個值而需要切換的位元。右邊那一行是切換位元的累計成本。總成本一定少於 INCREMENT 操作的總次數的兩倍。

與堆疊的例子一樣，雖然粗略的分析可得到正確的界限，但並不嚴謹。在最壞的情況下，執行一次 INCREMENT 需要 $\Theta(k)$ 時間，此時，陣列 A 的所有位元都是 1。因此，在最壞情況下，對一個最初為零的計數器進行一連串的 INCREMENT 操作需要 $O(nk)$ 時間。

雖然一次呼叫 INCREMENT 可能切換全部的 k 個位元，但並非每次呼叫都會切換所有位元（注意與 MULTIPOP 的相似處，呼叫 MULTIPOP 一次可能 pop 多個物件，但並非每次呼叫都 pop 許多物件）。如圖 16.2 所示，$A[0]$ 在每次呼叫 INCREMENT 時都會切換，但是從下一個位元起，$A[1]$ 每隔一次呼叫切換一次，對一個最初為 0 的計數器連續呼叫 n 次 INCREMENT 操作會導致 $A[1]$ 切換 $\lfloor n/2 \rfloor$ 次。同理，位元 $A[2]$ 只會每隔 4 次切換一次，或者，對 n 次連續的 INCREMENT 操作而言，切換 $\lfloor n/4 \rfloor$ 次。總之，若 $i = 0, 1, ..., k-1$，對一個最初為零的計數器連續執行 n 次 INCREMENT 操作的話，位元 $A[i]$ 會切換 $\lfloor n/2^i \rfloor$ 次。設 $i \geq k$，位元 $A[i]$ 不存在，所以它不能切換。因此，一系列的呼叫的總切換次數是

$$\sum_{i=0}^{k-1} \left\lfloor \frac{n}{2^i} \right\rfloor < n \sum_{i=0}^{\infty} \frac{1}{2^i}$$
$$= 2n$$

根據第 1098 頁的式 (A.7)。因此，對最初為零的計數器連續執行 n 次 INCREMENT 操作的最壞情況執行時間是 $O(n)$。每次操作的平均成本，也就是每次操作的平攤成本，是 $O(n)/n = O(1)$。

習題

16.1-1
如果一系列的堆疊操作包含一個將 k 個項目推入堆疊的 MULTIPUSH 操作，那麼堆疊操作的平攤成本界限 $O(1)$ 是否仍然成立？

16.1-2
證明如果在 k 位元計數器範例中加入 DECREMENT 操作，那麼 n 次操作的成本可能多達 $\Theta(nk)$ 時間。

16.1-3
在針對某資料結構的一系列操作中，對第 i 個操作而言，如果 i 是 2 的整數次方，它的操作成本是 i，否則是 1。使用聚合分析來計算 n 次操作裡的每一個操作的平攤成本。

16.2 會計法

在平攤分析的 會計法 中，你可以為不同的操作指定不同的費用，有一些操作的費用比它們的實際成本更高或更低。你向一個操作收取的費用就是它的 平攤成本。當一項操作的平攤成本超過它的實際成本時，我們將差額當成 信用額度（*credit*），分配給資料結構中的特定物件。信用額度可以在稍後用來支付平攤成本低於實際成本的操作。因此，操作的平攤成本可以視為兩個部分：實際成本，以及已儲存或已使用的信用額度。不同的操作可能有不同的平攤成本。這種方法與聚合分析不同，在聚合分析中，所有操作都有相同的平攤成本。

你必須謹慎地選擇操作的平攤成本。如果你想使用平攤成本來證明在最壞的情況下，每項操作的平均成本很小，你必須確保一系列操作的總平攤成本是該系列的總實際成本的上限。此外，與聚合分析一樣，這個上限必須適用於所有的操作序列。我們用 c_i 來代表第 i 項操作的實際成本，用 $\hat{c}_i$ 來代表第 i 項操作的平攤成本。那麼，對於包含 n 個操作的所有序列，這個條件必須成立

$$\sum_{i=1}^{n} \hat{c}_i \geq \sum_{i=1}^{n} c_i \tag{16.1}$$

被儲存在資料結構裡面的總信用額度是總平攤成本與總實際成本的差，或 $\sum_{i=1}^{n} \hat{c}_i - \sum_{i=1}^{n} c_i$。根據不等式 (16.1)，與資料結構有關的總信用額度始終必須為非負數。如果你允許總信用額度成為負數（這是在早期收費不足，並承諾稍後償還帳戶的結果），那麼當時產生的總平攤成本將低於總實際成本。在這種情況下，對於截至當時的操作序列而言，總平攤成本不是總實際成本的上限。因此注意，在資料結構裡的總信用額度永遠不能變成負數。

堆疊操作

為了說明平攤分析的會計法，我們回到堆疊的例子。複習一下，操作的實際成本是

PUSH	1
POP	1
MULTIPOP	min$\{s, k\}$

其中 k 是傳給 MULTIPOP 的引數，s 是它被呼叫時的堆疊大小。我們指定以下的平攤成本：

PUSH	2
POP	0
MULTIPOP	0

MULTIPOP 的平攤成本是一個常數（0），而實際成本是可變的，因此三個平攤成本都是常數。一般來說，我們所考慮的任務的平攤成本可能彼此不同，它們甚至可能在漸近意義上不相同。

接著來看看如何藉著收取平攤成本，來支付任何一個堆疊操作序列的成本。設 $1 代表每個單位的成本。最初，堆疊是空的。回想一下第 10.1.3 節中關於堆疊資料結構和餐廳中的一疊盤子的比喻。當你將一個盤子 push 入堆疊時，就用 $1 來支付 push 操作的實際成本，並交出 $1 的信用額度（被收取 $2）。我們將那 $1 的信用額度放在盤子上。在任何時候，堆疊裡的每一個盤子都有 $1 的信用額度。

儲存在盤子上的 $1 是從堆疊 pop 盤子的預付款。POP 操作不會產生任何費用，它的實際操作成本是藉著從盤子上取走信用額度 $1 來支付的。因此，我們藉著稍微超收 PUSH 操作的費用，來將 POP 操作視為免費。

此外，MULTIPOP 操作也不收費用，因為它只是重複的 POP 操作，其中的每一次都是免費的。如果一次 MULTIPOP 需要 pop k 個盤子，那麼實際成本是用儲存在 k 個盤子上的 $k 來支付的。因為在堆疊裡的每個盤子都有 $1 的信用額度，而且堆疊裡的盤子數量始終是非負的，

所以信用額度始終是非負的。因此，**任何連續的** n **個** PUSH、POP 和 MULTIPOP 操作的總平攤成本是總實際成本的上限。因為總平攤成本是 $O(n)$，所以總實際成本也是如此。

遞增二進制計數器

舉會計法的另一個例子，我們來分析針對從 0 開始計數的二進制計數器的 INCREMENT 操作。複習一下，這個操作的執行時間與切換的位元數成正比，我們將切換位元當成這個例子的成本。我們再次使用 $1 來代表每一個單位成本（在這個範例就是切換一個位元）。

　對平攤分析而言，將一個 0 位元設為 1 的平攤成本是 $2。當一個位元被設為 1 時，我們支付 $2 裡面的 $1 來實際設定位元，該位元剩下來的 $1 是信用額度，用來支付該位元被重設為 0 時的費用。在任何時候，計數器裡的每一個 1 位元都有 $1 的信用額度，因此將一個位元重設為 0 可視為免費，因為該位元的 $1 預付了重設的費用。

　以下是計算 INCREMENT 的平攤成本的方法。在 **while** 迴圈內將位元重設為 0 的成本是用被重設的位元上的錢來支付的。INCREMENT 程序最多將一個位元設為 1，那是在第 6 行，因此，一個 INCREMENT 操作的平攤成本最多是 $2。在計數器裡的 1 位元的數量永遠不會是負值，因此，信用額度始終保持非負值。因此，對於 n 個 INCREMENT 操作，總平攤成本是 $O(n)$，這是總實際成本的上限。

習題

16.2-1
你在一個大小不超過 k 的堆疊上執行一連串的 PUSH 和 POP 操作。為了進行備份，每隔 k 次操作後，整個堆疊就會被自動複製一次。證明：將合適的平攤成本分給各種堆疊操作的話，n 次堆疊操作的成本（包括複製堆疊）是 $O(n)$。

16.2-2
用會計分析法來重做習題 16.1-3。

16.2-3
你不但想要遞增計數器，也想將它重設為 0（也就是將它的所有位元都設為 0）。設檢查或修改一個位元的時間是 $\Theta(1)$，說明如何用位元陣列來實作計數器，讓針對最初為零的計數器執行任意 n 次 INCREMENT 與 RESET 操作都是 $O(n)$ 時間（提示：維護一個指向最高的 1 的指標）。

16.3 潛能法

不同於在資料結構裡的特定物件內儲存信用額度來代表預付的工作，平攤分析的潛能法用「潛能（potential energy，或僅稱為 potential）」來表示已預支費用的工作，潛能可被釋放，以支付未來的操作。潛能適用於整個資料結構，而不是資料結構裡的特定物件。

潛能法的工作方式如下。最初有一個資料結構 D_0，以及一系列的 n 個操作。對於每一個 $i = 1, 2, ..., n$，設 c_i 是第 i 個操作的實際成本，D_i 是對著資料結構 D_{i-1} 執行第 i 個操作產生的資料結構。潛能函數 Φ 將各個資料結構 D_i 對映至實數 $\Phi(D_i)$，它是 D_i 的潛能。用潛能函數來定義的第 i 個操作的平攤成本 $\widehat{c}_i$ 是

$$\widehat{c}_i = c_i + \Phi(D_i) - \Phi(D_{i-1}) \tag{16.2}$$

因此，每項操作的平攤成本是實際成本加上該操作導致的潛能變化。根據式 (16.2)，n 個操作的總平攤成本是

$$\begin{aligned}\sum_{i=1}^{n} \widehat{c}_i &= \sum_{i=1}^{n} (c_i + \Phi(D_i) - \Phi(D_{i-1})) \\ &= \sum_{i=1}^{n} c_i + \Phi(D_n) - \Phi(D_0)\end{aligned} \tag{16.3}$$

第二個等式來自第 1099 頁的式 (A.12)，因為 $\Phi(D_i)$ 項分項對消。

如果你可以定義一個潛能函數 Φ，使得 $\Phi(D_n) \geq \Phi(D_0)$，那麼總平攤成本 $\sum_{i=1}^{n} \widehat{c}_i$ 是總實際成本 $\sum_{i=1}^{n} c_i$ 的上限。在實際應用中，你不一定知道將會執行多少次操作，因此，如果你要求對所有 i 而言，$\Phi(D_i) \geq \Phi(D_0)$，那就可以像會計法一樣保證你已經預支了費用。直接定義 $\Phi(D_0)$ 為 0，然後證明對所有 i 而言 $\Phi(D_i) \geq 0$ 通常是最簡單的做法（習題 16.3-1 提供一種簡單的方法來處理 $\Phi(D_0) \neq 0$ 的情況）。

直覺上，如果第 i 個操作的潛能差 $\Phi(D_i) - \Phi(D_{i-1})$ 是正數，那麼平攤成本 $\widehat{c}_i$ 就代表對於第 i 個操作的超收費用，所以資料結構的潛能增加。如果潛能差是負值，那麼平攤成本代表對第 i 個操作欠收費用，所以減少潛能來支持該操作的實際成本。

式 (16.2) 與 (16.3) 所定義的平攤成本取決於潛能函數 Φ 的選擇。不同的潛能函數可能產生不同的平攤成本，但仍然是實際成本的上限。在選擇潛能函數時通常會做一些權衡取捨。最佳潛能函數取決於你需要的時間界限。

堆疊操作

為了說明潛能法，我們再一次回到堆疊操作 PUSH、POP 和 MULTIPOP 的例子。我們將堆疊的潛能函數 Φ 定義成堆疊中的物件數量。空的初始堆疊 D_0 的潛能是 $\Phi(D_0) = 0$。因為在堆疊裡的物件數量不可能是負數，所以在第 i 個操作之後的堆疊 D_i 有非負的潛能，因此

$$\Phi(D_i) \geq 0 \\ = \Phi(D_0)$$

所以對於 Φ，n 次操作的總平攤成本是實際成本的上限。

接下來，我們要計算各種堆疊操作的平攤成本。如果針對包含 s 個物件的堆疊的第 i 次操作是 PUSH，那麼潛能差是

$$\Phi(D_i) - \Phi(D_{i-1}) = (s+1) - s \\ = 1$$

根據式 (16.2)，這個 PUSH 操作的平攤成本是

$$\widehat{c}_i = c_i + \Phi(D_i) - \Phi(D_{i-1}) \\ = 1 + 1 \\ = 2$$

假設針對一個包含 s 個物件的堆疊執行的第 i 次操作是 MULTIPOP(S, k)，它造成 $k' = \min\{s, k\}$ 個物件被 pop 出堆疊。這個操作的實際成本是 k'，潛能差是

$$\Phi(D_i) - \Phi(D_{i-1}) = -k'$$

因此，MULTIPOP 操作的平攤成本是

$$\widehat{c}_i = c_i + \Phi(D_i) - \Phi(D_{i-1}) \\ = k' - k' \\ = 0$$

同理，一次普通的 POP 操作的平攤成本是 0。

這三種操作的平攤成本都是 $O(1)$，因此連續 n 個操作的總平攤成本是 $O(n)$。因為 $\Phi(D_i) \geq \Phi(D_0)$，所以 n 次操作的總平攤成本是總實際成本的上限。因此，n 次操作的最壞情況成本是 $O(n)$。

遞增二進制計數器

作為潛能法的另一個例子,我們再來討論遞增 k 位元的二進制計數器。這一次,我們將計數器在第 i 次 INCREMENT 操作之後的潛能定義成第 i 次操作後,計數器中 1 位元的數量,用 b_i 來表示。

以下展示如何計算一個 INCREMENT 操作的平攤成本。假設第 i 個 INCREMENT 操作將 t_i 個位元重設為 0。這個操作的實際成本 c_i 最多是 $t_i + 1$,因為除了重設 t_i 個位元之外,它最多將一個位元設為 1。如果 $b_i = 0$,那就是第 i 個操作已將全部的 k 個位元重設為 0,所以 $b_{i-1} = t_i = k$。如果 $b_i > 0$,那麼 $b_i = b_{i-1} - t_i + 1$。無論如何,$b_i \leq b_{i-1} - t_i + 1$,潛能差是

$$\begin{aligned}\Phi(D_i) - \Phi(D_{i-1}) &\leq (b_{i-1} - t_i + 1) - b_{i-1}\\ &= 1 - t_i\end{aligned}$$

因此平攤成本是

$$\begin{aligned}\widehat{c}_i &= c_i + \Phi(D_i) - \Phi(D_{i-1})\\ &\leq (t_i + 1) + (1 - t_i)\\ &= 2\end{aligned}$$

如果計數器從 0 開始,那麼 $\Phi(D_0) = 0$。因為對所有 i 而言,$\Phi(D_i) \geq 0$,連續 n 個 INCREMENT 操作的總平攤成本是總實際成本的上限,所以 n 次 INCREMENT 操作的最壞情況成本是 $O(n)$。

在分析計數器時,潛能法是一種既簡單且巧妙的方法,即使它不是從 0 開始。計數器最初有 b_0 個 1 位元,在 n 次 INCREMENT 操作之後,它有 b_n 個 1 位元,其中 $0 \leq b_0, b_n \leq k$。我們將式 (16.3) 改寫為

$$\sum_{i=1}^{n} c_i = \sum_{i=1}^{n} \widehat{c}_i - \Phi(D_n) + \Phi(D_0)$$

因為 $\Phi(D_0) = b_0$,$\Phi(D_n) = b_n$,且當 $1 \leq i \leq n$,$\widehat{c}_i \leq 2$,所以 n 個 INCREMENT 操作的總實際成本是

$$\begin{aligned}\sum_{i=1}^{n} c_i &\leq \sum_{i=1}^{n} 2 - b_n + b_0\\ &= 2n - b_n + b_0\end{aligned}$$

特別是,$b_0 \leq k$ 意味著只要 $k = O(n)$,總實際成本就是 $O(n)$。換句話說,如果至少有 $n = \Omega(k)$ 個 INCREMENT 操作發生,那麼總成本就是 $O(n)$,無論計數器的初始值是什麼。

習題

16.3-1
假設你有一個潛能函數 Φ，對所有 i 而言，$\Phi(D_i) \geq \Phi(D_0)$，但 $\Phi(D_0) \neq 0$。證明存在一個潛能函數 Φ'，滿足 $\Phi'(D_0) = 0$，且設 $i \geq 1$，$\Phi'(D_i) \geq 0$，且使用 Φ' 時的平攤成本與使用 Φ 時的平攤成本一樣。

16.3-2
使用潛能分析法重做習題 16.1-3。

16.3-3
考慮一個支援 INSERT 和 EXTRACT-MIN 操作的普通二元最小堆積資料結構，當堆積中有 n 個項目時，每個操作的最壞情況執行時間為 $O(\lg n)$。寫出一個潛能函數 Φ，使得 INSERT 的平攤成本是 $O(\lg n)$，EXTRACT-MIN 的平攤成本是 $O(1)$，並證明你的潛能函數可以產生這些平攤的時間界限。請注意，在分析中，n 是目前在堆積中的項目數量，而你不知道堆積最多能夠儲存多少個項目。

16.3-4
假設有一個堆疊最初有 s_0 個物件，最終有 s_n 個物件，那麼執行 n 個堆疊操作 PUSH、POP 和 MULTIPOP 的總成本是多少？

16.3-5
說明如何用兩個普通堆疊來實作一個佇列（習題 10.1-7），讓每一個 ENQUEUE 與每一個 DEQUEUE 操作的平攤成本是 $O(1)$。

16.3-6
設計一個資料結構來支援下面的兩個針對整數動態多重集合（允許重複的值）S 的操作：

INSERT(S, x) 可將 x 插入 S。

DELETE-LARGER-HALF(S) 可將 S 裡最大的 $\lceil |S|/2 \rceil$ 個元素刪除。

解釋如何實作這個資料結構，讓任意的連續 m 次 INSERT 與 DELETE-LARGER-HALF 操作可在 $O(m)$ 時間內執行。你的實作也要提供一個方法在 $O(|S|)$ 時間內輸出 S 的元素。

16.4 動態表

當你設計使用表格的應用程式時，你不一定可以事先知道那張表將容納多少個項目。你可能幫表配置了空間，後來才發現空間不夠用，於是，程式必須重新配置更大的表，並將儲存在原表中的所有項目複製到新的、更大的表中。同理，如果表中的許多項目已經被刪除，重新配置更小的表可能是值得的。本節將研究這個動態擴展和收縮表格的問題。我們將使用平攤分析來證明進行插入和刪除的平攤成本只有 $O(1)$，儘管當某個操作觸發擴展或收縮時，該操作的實際成本很大。此外，你將看到如何保證動態表未使用的空間永遠不超過總空間的一個固定比率。

假設這個動態表支援 TABLE-INSERT 和 TABLE-DELETE 操作。TABLE-INSERT 可在表中插入一個占用一個**儲存槽**的項目，也就是儲存一個項目的空間。TABLE-DELETE 可將一個項目從表中刪除，進而釋出一個儲存槽。用來組織這種表的資料結構細節並不重要：它可能是一個堆疊（第 10.1.3 節）、一個堆積（第 6 章）、一個雜湊表（第 11 章），或其他東西。

我們可以利用第 11.2 節的一個概念，當時我們用它來分析雜湊。一張非空表格 T 的**負載率** $\alpha(T)$ 的定義是表中儲存的項目數量除以表的大小（儲存槽數量）。空表（沒有儲存槽的表格）的大小是 0，我們定義它的負載率是 1。如果動態表的負載率的下限是一個常數，那麼表中未使用的空間永遠不會超過總空間的一個固定比例。

我們先分析一個只支援插入的動態表，再分析支援插入和刪除的普遍情況。

16.4.1 表格擴展

假設表格的儲存空間被配置成儲存槽陣列。當所有儲存槽都被使用時，表就被填滿，或者說，當它的負載率是 1 時，它就被填滿[1]。在一些軟體環境中，當你試著在一張已滿的表中插入一個項目時，唯一的選擇是中止操作並顯示錯誤。但是，本節的場景假設軟體環境和許多現代環境一樣，提供記憶體管理系統，可以根據要求配置和釋出儲存區塊。因此，當你在一張填滿的表格裡插入一個項目時，系統可藉著配置一張具有更多儲存槽的新表格來**擴展**表格。由於表格必須放在連續的記憶體裡，所以系統必須為較大的表配置一個新陣列，然後將舊表中的項目複製到新表中。

在配置新表時，有一種常見的方法是讓它的儲存槽是舊表的兩倍。如果表的操作只有插入，那麼表的負載率始終至少是 1/2，因此浪費的空間永遠不會超過表的總空間的一半。

---

[1] 在某些情況下，例如開放定址雜湊表，當表的負載率等於某個嚴格小於 1 的常數時，最好將之視為已滿（見習題 16.4-2）。

下面的 TABLE-INSERT 程序假設 T 是一個代表表格的物件。屬性 $T.table$ 儲存一個指向該表的儲存區塊的指標，$T.num$ 儲存該表的項目數，$T.size$ 儲存該表的儲存槽總數。最初，表是空的：$T.num = T.size = 0$。

程序裡有兩種插入：TABLE-INSERT 程序本身，以及第 6 行和第 10 行中的**基本插入**。我們定義每一次基本插入的成本都是 1，並用基本插入的數量來分析 TABLE-INSERT 的執行時間。在大多數的計算環境中，第 2 行配置初始表的成本是固定的，第 5 行和第 7 行配置和釋出儲存空間的成本，主要由第 6 行轉移項目的成本決定。因此，TABLE-INSERT 的實際執行時間與基本插入的數量成線性關係。**擴展**在執行第 5–9 行時發生。

TABLE-INSERT(T, x)

```
1   if T.size == 0
2       allocate T.table with 1 slot
3       T.size = 1
4   if T.num == T.size
5       allocate new-table with 2 · T.size slots
6       insert all items in T.table into new-table
7       free T.table
8       T.table = new-table
9       T.size = 2 · T.size
10  insert x into T.table
11  T.num = T.num + 1
```

接下來，我們要使用全部的三種平攤分析技術來分析，針對一個空表的 n 次連續的 TABLE-INSERT 操作。首先，我們要決定第 i 次操作的實際成本 c_i。如果當下的表有空間容納新的項目（或者，如果它是第一個操作），那麼 $c_i = 1$，因為我們執行的基本插入只有第 10 行的那一個。然而，如果表已經滿了，並且發生了擴展，那麼 $c_i = i$，因為第 10 行的基本插入的成本 1，加上第 6 行將舊表的項目複製到新表的 $i-1$。對 n 個操作而言，一個操作的最壞情況成本是 $O(n)$，所以 n 個操作的總執行時間的上限是 $O(n^2)$。

這個界限並不嚴謹，因為在 n 次的 TABLE-INSERT 操作中，表很少擴展。具體來說，只有當 $i-1$ 是 2 的整數次方時，第 i 次操作才會導致擴展。一項操作的平攤成本實際上是 $O(1)$，正如聚合分析所說的那樣。第 i 次操作的成本是

$$c_i = \begin{cases} i & \text{如果 } i-1 \text{ 恰好是 2 的整數次方} \\ 1 & \text{其他情況} \end{cases}$$

所以 n 次 TABLE-INSERT 操作的總成本是

$$\sum_{i=1}^{n} c_i \leq n + \sum_{j=0}^{\lfloor \lg n \rfloor} 2^j$$
$$< n + 2n \quad \text{（根據第 1098 頁的式 (A.6)）}$$
$$= 3n$$

因為最多只有 n 個操作的成本為 1，其餘操作的成本是一個幾何級數。由於 n 個 TABLE-INSERT 操作的總成本的界限是 $3n$，單一操作的平攤成本最多是 3。

會計法可以讓我們直覺地明白為什麼 TABLE-INSERT 操作的平攤成本應該是 3。你可以想成每個項目都要付費給三個基本插入：將自己插入當下的表格、在下次表格擴展時移動自己，以及在下次表格擴展時移動已經在表格中的一些其他項目。例如，假設表的大小在擴展後是 m，如圖 16.3 所示，$m = 8$。然後，這張表保存 $m/2$ 個項目，且未儲存信用額度。每次呼叫 TABLE-INSERT 的費用是 \$3。會立刻發生的基本插入的費用是 \$1，另一個 \$1 放在被插入的項目上，作為信用額度，第三個 \$1 當成信用額度，放在已經在表裡的 $m/2$ 個項目之一上。在另外的 $m/2 - 1$ 個項目被插入之前，這張表不會被再次填寫，因此，當表有 m 個項目並且是滿的時，每個項目都有 \$1，用來支付它在擴展期間被重新插入的費用。

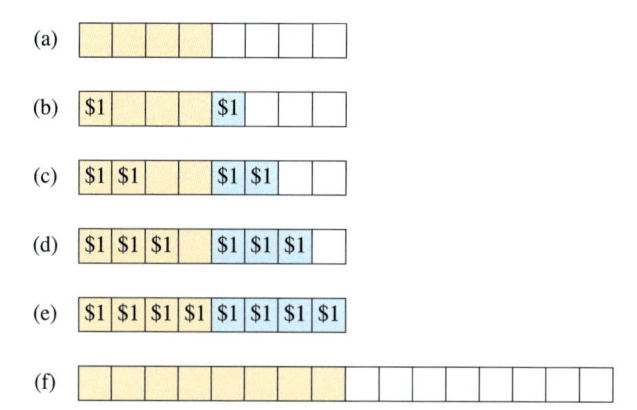

(a) ▢▢▢▢
(b) \$1 ▢ \$1 ▢
(c) \$1 \$1 \$1 \$1
(d) \$1 \$1 \$1 \$1 \$1 \$1
(e) \$1 \$1 \$1 \$1 \$1 \$1 \$1 \$1
(f) ▢▢▢▢▢▢▢▢

圖 16.3 用會計法來分析表格擴展。每次呼叫 TABLE-INSERT 都收取 \$3，把 \$1 付給基本插入，把 \$1 放在被插入的項目上，作為它稍後被重新插入的預付款，把 \$1 放在已在表格內的一個項目上，同樣作為重新插入的預付款。**(a)** 擴展後的表格，有 8 個槽，4 個項目（棕色），尚未儲存信用額度。**(b)~(e)** 呼叫 4 次 TABLE-INSERT 之後的情況，每次呼叫都在表中增加一個項目，把 \$1 儲存在新項目上，把 \$1 儲存在擴展後出現的 4 個項目之一上。這些新項目被儲存在藍槽。**(f)** 在下一次呼叫 TABLE-INSERT 時，這張表已經滿了，所以它再次擴展。每一個項目都有用來支付它被重新插入的 \$1。現在，表格看起來就像 (a) 一樣，未儲存信用額度，但有 16 個槽和 8 個項目。

現在，我們來看看如何使用潛能法。我們將在第 16.4.2 節中再次使用它來設計一個 TABLE-DELETE 操作，它也有 $O(1)$ 的平攤成本。正如會計法在擴展後的那一刻（也就是說，當 $T.num = T.size/2$ 時）沒有儲存信用額度一樣，我們定義 $T.num = T.size/2$ 時的潛能是 0。隨著基本插入的發生，潛能必須增加到足以支付下一次表格擴展時的所有重新插入。表格將在額外呼叫 TABLE-INSERT $T.size/2$ 次之後填滿，此時 $T.num = T.size$。在這 $T.size/2$ 次呼叫之後，下一次呼叫 TABLE-INSERT 會觸發一次成本為 $T.size$ 的擴展，來重新插入所有項目。因此，在 $T.size/2$ 次呼叫 TABLE-INSERT 的過程中，潛能要從 0 增加到 $T.size$。為了實現潛能的增加，我們來設計一下潛能，使得每次呼叫 TABLE-INSERT 都會讓它增加

$$\frac{T.size}{T.size/2} = 2$$

直到表擴展為止。你可以看到潛能函數

$$\Phi(T) = 2(T.num - T.size/2) \tag{16.4}$$

在表格擴展後的那一刻等於 0，此時 $T.num = T.size/2$。而且它在每次插入時都增加 2，直到表格填滿為止。當表格填滿時，亦即，當 $T.num = T.size$ 時，潛能 $\Phi(T)$ 等於 $T.size$。潛能的初始值是 0，因為表始終至少是半滿的，所以 $T.num \geq T.size/2$，這意味著 $\Phi(T)$ 始終是非負的。因此，n 個 TABLE-INSERT 操作的平攤成本總和就是實際成本總和的上限。

在分析表格操作的平攤成本時，我們可以考慮每項操作引起的勢力變化。設 Φ_i 是第 i 次操作後的潛能，我們可以將式 (16.2) 改寫為

$$\begin{aligned}\widehat{c}_i &= c_i + \Phi_i - \Phi_{i-1} \\ &= c_i + \Delta\Phi_i\end{aligned}$$

其中，$\Delta\Phi_i$ 是第 i 個操作引起的潛能變動。首先，考慮第 i 次插入沒有造成表格擴展的情況，此時，$\Delta\Phi_i$ 是 2。因為實際成本 c_i 是 1，所以平攤成本是

$$\begin{aligned}\widehat{c}_i &= c_i + \Delta\Phi_i \\ &= 1 + 2 \\ &= 3\end{aligned}$$

現在，考慮表格在第 i 次插入期間擴展的情況（表在插入的前一刻已滿）。設 num_i 是在第 i 個操作之後，表格儲存的項目數量，$size_i$ 是在第 i 個操作之後表格的總大小，所以 $size_{i-1} = num_{i-1} = i-1$，因此 $\Phi_{i-1} = 2(size_{i-1} - size_{i-1}/2) = size_{i-1} = i-1$。在擴展後的下一刻，潛能下降至 0，然後新項目被插入，造成潛能增加至 $\Phi_i = 2$。因此，當第 i 次插入觸發擴展時，

$\Delta\Phi_i = 2 - (i-1) = 3 - i$。當表格在第 i 次 TABLE-INSERT 操作發生擴展時，實際成本 c_i 等於 i（為了重新插入 $i-1$ 個項目，以及插入第 i 個項目），所以平攤成本是

$$\begin{aligned}\hat{c}_i &= c_i + \Delta\Phi_i \\ &= i + (3 - i) \\ &= 3\end{aligned}$$

圖 16.4 是 num_i、$size_i$、Φ_i 與 i 之間的關係，注意潛能是如何累積以支付表格擴展的。

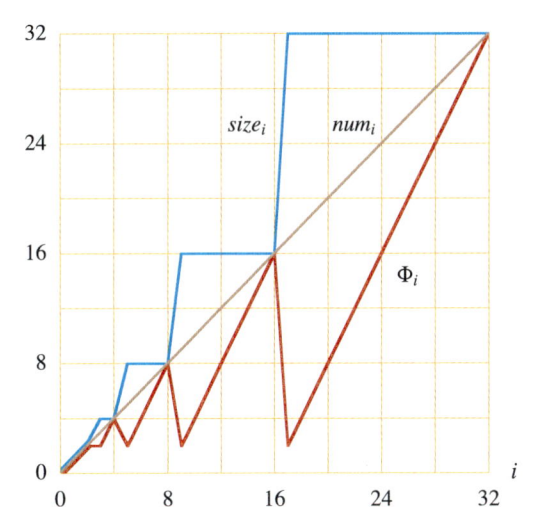

圖 16.4 一系列的 n 次 TABLE-INSERT 操作對表中的項目數量 num_i（棕線）、表中的儲存槽數量 $size_i$（藍線）、潛能 $\Phi_i = 2(num_i - size_i/2)$（紅線）的影響，三者都是在第 i 次操作後測量的。在擴展的前一刻，潛能已經累積到表中的項目數量，因此可以支付將所有項目移到新表的費用。之後，潛能下降至 0，但它會在插入導致擴展的項目之後，立刻加 2。

16.4.2 表格擴展與收縮

在實作 TABLE-DELETE 操作時，從表中刪除指定的項目非常簡單。然而，為了限制浪費的空間，當負載率變得太小時，我們想要收縮表格。收縮表格與擴展表格很像，我們要在表的項目變得太少時，分配一個新的、更小的表，然後將舊表中的項目複製到新表中，然後將舊表回傳給記憶體管理系統，以釋出它的空間。為了避免浪費空間，同時保持較低的平攤成本，插入和刪除程序應維持兩個特性：

- 動態表格的負載率下限是一個正的常數，上限是 1，且
- 表格操作的平攤成本的上限是一個常數。

每一個操作的實際成本都等於基本插入或刪除的數量。

你可能會認為，既然我們在將項目插入已滿的表時將表增加一倍，我們就應該在刪除一個項目時將表減半，使得表的容量不到一半。這種策略確實可以保證表的負載率永遠不會低於 1/2，但不幸的是，它也可能造成單一操作的平攤成本太大。考慮這種情況：對一個大小為 n/2 的表 T 執行 n 個操作，其中 n 是 2 的整數次方。前 n/2 個操作是插入，根據之前的分析，它們的總成本是 $\Theta(n)$。當這一系列的插入結束時，$T.num = T.size = n/2$。第二組 n/2 操作如下：

插入、刪除、刪除、插入、插入、刪除、刪除、插入、插入、…

第一次插入造成表格擴展至大小 n。接下來的兩次刪除造成表格縮回大小 n/2。接下來的兩次插入造成另一次擴展，以此類推。每一次擴展和收縮的成本是 $\Theta(n)$，它們有 $\Theta(n)$ 個，因此，n 次操作的總成本是 $\Theta(n^2)$，使得一次操作的平攤成本是 $\Theta(n)$。

這個策略的問題在於，在表格擴展之後沒有發生足夠的刪除來支付收縮的費用。同理，在表格收縮後，沒有發生足夠的插入來支付擴展的費用。

如何解決這個問題？答案是允許表格的負載率下降到 1/2 以下。具體來說，在將一個項目插入一張滿表時，同樣將表的大小擴展一倍，但是在刪除一個項目導致表格少於 1/4 滿時，將表格縮小一半，而不是像之前一樣的 1/2 滿。因此，表的負載率的下限是常數 1/4，在收縮後那一刻的負載率是 1/2。

擴展或收縮應該會耗盡所有累積的潛能，因此，在擴展或收縮後，當負載率是 1/2 時，表的潛能立刻變成 0。圖 16.5 展示這個概念。當負載率遠離 1/2 時，潛能就會增加，所以當擴展或收縮發生時，該表已經累積足夠的潛能，可支付將所有項目複製到新表的費用。因此，在負載率增加到 1 或減少到 1/4 時，潛能函數應該增長到 $T.num$。在擴展或收縮表格後，負載率立刻回到 1/2，表的潛能減少到 0。

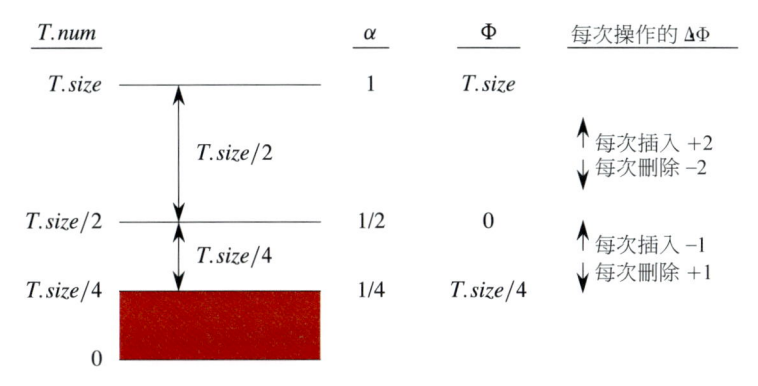

T.num		α	Φ	每次操作的 ΔΦ
T.size		1	T.size	↑ 每次插入 +2 ↓ 每次刪除 −2
T.size/2	T.size/2	1/2	0	↑ 每次插入 −1 ↓ 每次刪除 +1
T.size/4	T.size/4	1/4	T.size/4	
0				

圖 16.5 如何思考表格插入和刪除的潛能函數 Φ。當負載率 α 是 1/2 時，潛能是 0。為了累積足夠的潛能，在表格滿的時候支付重新插入全部的 T.size 個項目的費用，在 α ≥ 1/2 時，每次插入應該將潛能加 2。另一方面，每次造成 α ≥ 1/2 的刪除都要將潛能減 2。為了累積足夠的潛能，以支付表格收縮時重新插入所有的 T.size/4 個項目的費用，當 α < 1/2 時，潛能必須在每次刪除時加 1，相應地，每次導致 α < 1/2 的插入都要將潛能減 1。紅色的區域代表負載率小於 1/4，這是不允許的情況。

我們省略 TABLE-DELETE 的程式碼，因為它與 TABLE-INSERT 類似。我們假設，如果在 TABLE-DELETE 執行過程中發生收縮，它會發生在項目被刪除之後。這個分析假定，每當表中的項目數量下降到 0 時，該表就不占用儲存空間，也就是說，若 T.num = 0，則 T.size = 0。

如何設計一個讓插入和刪除都有固定平攤時間的潛能函數？當負載率至少是 1/2 時，用於插入的潛能函數 Φ(T) = 2(T.num − T.size/2) 仍然有效。當表至少半滿時，如果表沒有擴展，每次插入都會將潛能加 2，如果刪除不會導致負載率降到 1/2 以下，每次刪除都會將潛能減 2。

當負載率小於 1/2 時，也就是當 1/4 ≤ α(T) < 1/2 時，怎麼處理？與之前一樣，當 α(T) = 1/2 時，T.num = T.size/2，潛能 Φ(T) 應該是 0。讓負載率從 1/2 下降到 1/4 需要發生 T.size/4 次刪除，這時 T.num = T.size/4。為了支付所有的重新插入費用，潛能必須在這 T.size/4 次刪除中，從 0 增加到 T.size/4。因此，在表收縮之前，每呼叫一次 TABLE-DELETE，潛能應該增加

$$\frac{T.size/4}{T.size/4} = 1$$

同理，當 $\alpha < 1/2$ 時，每次呼叫 TABLE-INSERT 都應該將潛能減 1。當 $1/4 \leq \alpha(T) < 1/2$ 時，潛能函數

$$\Phi(T) = T.size/2 - T.num$$

可產生這種期望的行為。

同時考慮兩種情況可得到潛能函數

$$\Phi(T) = \begin{cases} 2(T.num - T.size/2) & \text{若 } \alpha(T) \geq 1/2 \\ T.size/2 - T.num & \text{若 } \alpha(T) < 1/2 \end{cases} \tag{16.5}$$

空表的潛能是 0，且潛能絕不會變成負值。因此，用 Φ 定義的一系列操作的總平攤成本是那一系列操作的實際成本的上限。圖 16.6 是潛能函數在一連串的插入和刪除時的情況。

我們接下來要推導每一次操作的平攤成本。如前所述，設 num_i 為第 i 次操作後儲存在表中的項目數量，$size_i$ 為第 i 次操作後表的總大小，$\alpha_i = num_i/size_i$ 是第 i 次操作後的負載率，Φ_i 是第 i 次操作後的潛能，$\Delta\Phi_i$ 是第 i 次操作導致的潛能變化。最初，$num_0 = 0$、$size_0 = 0$ 且 $\Phi_0 = 0$。

表格不擴展或收縮，且負載率不超過 $\alpha = 1/2$ 的情況很簡單。我們知道，如果 $\alpha_{i-1} \geq 1/2$ 且第 i 個操作是不造成表格擴展的插入，那麼 $\Delta\Phi_i = 2$。同理，如果第 i 個操作是刪除，且 $\alpha_i \geq 1/2$，那麼 $\Delta\Phi_i = -2$。此外，如果 $\alpha_{i-1} < 1/2$ 且第 i 次操作是插入，且 $\alpha_i < 1/2$，那麼 $\Delta\Phi_i = -1$。換句話說，如果沒有發生擴展或收縮，而且負載率不超過 $\alpha = 1/2$，那麼

- 如果負載率是 1/2 或以上，那麼潛能在每次插入時加 2，在每次刪除時減 2，且
- 如果負載率是 1/2 之下，那麼潛能在每次刪除時加 1，在每次插入時減 1。

在每一個情況下，第 i 個操作的實際成本 c_i 是 1，所以

- 如果第 i 個操作是插入，它的平攤成本 $\hat{c}_i$ 是 $c_i + \Delta\Phi_i$，如果負載率是 1/2 或之上，它是 $1 + 2 = 3$，如果負載率是 1/2 之下，它是 $1 + (-1) = 0$，且
- 如果第 i 個操作是刪除，它的平攤成本 $\hat{c}_i$ 是 $c_i + \Delta\Phi_i$，如果負載率是 1/2 或之上，它是 $1 + (-2) = -1$，如果負載率是 1/2 之下，它是 $1 + 1 = 2$。

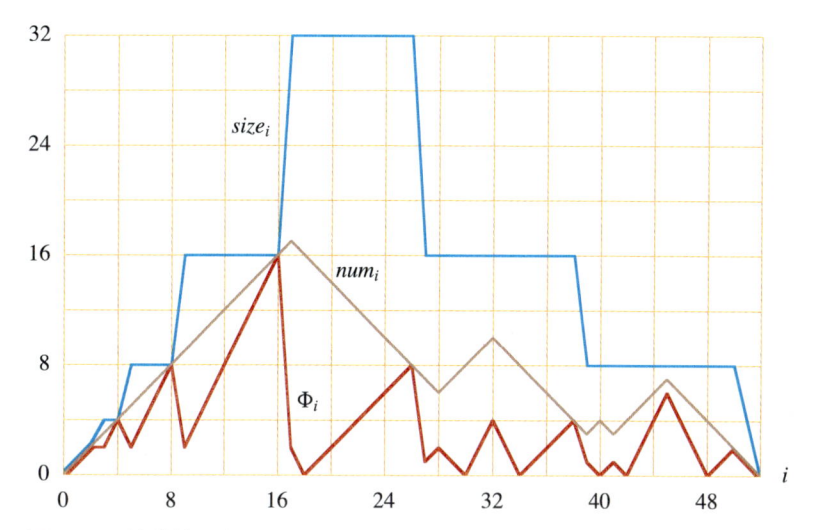

圖 16.6 連續的 n 次 TABLE-INSERT 與 TABLE-DELETE 對表中的項目數量 num_i（棕線）、表中的儲存槽數量 $size_i$（藍線）、潛能（紅線）造成的效果。

$$\Phi_i = \begin{cases} 2(num_i - size_i/2) & \text{若 } \alpha_i \geq 1/2 \\ size_i/2 - num_i & \text{若 } \alpha_i < 1/2 \end{cases}$$

其中 $\alpha_i = num_i/size_i$，每次都在第 i 個操作之後測量。在擴展或收縮的前一刻，潛能已經累積到表中的項目數量，因此它可以支付移動所有項目到新表的費用。

我們還剩下四種情況：插入導致負載率從低於 1/2 變為 1/2、刪除導致負載率從 1/2 變成低於 1/2、刪除導致表格收縮、插入導致表格擴展。我們已經在第 16.4.1 節的結尾分析了最後一種情況，證明它的平攤成本是 3。

當第 i 個操作是導致表格收縮的刪除操作時，在收縮前 $num_{i-1} = size_{i-1}/4$，接著項目被刪除，最後，在收縮後，$num_i = size_i/2 - 1$。因此，從式 (16.5) 可得

$$\begin{aligned}\Phi_{i-1} &= size_{i-1}/2 - num_{i-1} \\ &= size_{i-1}/2 - size_{i-1}/4 \\ &= size_{i-1}/4\end{aligned}$$

這也等於刪除一個項目並將 $size_{i-1}/4 - 1$ 個項目複製到新的、更小的表中的實際成本 c_i。由於操作完成後 $num_i = size_i/2 - 1$，$\alpha_i < 1/2$，所以

$$\begin{aligned}\Phi_i &= size_i/2 - num_i \\ &= 1\end{aligned}$$

得到 $\Delta\Phi_i = 1 - size_{i-1}/4$。因此，當第 i 個操作是刪除且觸發收縮時，它的平攤成本是

$$\begin{aligned}\widehat{c}_i &= c_i + \Delta\Phi_i \\ &= size_{i-1}/4 + (1 - size_{i-1}/4) \\ &= 1\end{aligned}$$

最後要處理的是這個情況：在操作前，負載率符合式 (16.5) 的一種情況，在操作後符合另一種情況。我們從刪除開始，刪除前，$num_{i-1} = size_{i-1}/2$，所以 $\alpha_{i-1} = 1/2$，刪除後，$num_i = size_i/2 - 1$，所以 $\alpha_i < 1/2$。因為 $\alpha_{i-1} = 1/2$，可得 $\Phi_{i-1} = 0$，而且因為 $\alpha_i < 1/2$，可得 $\Phi_i = size_i/2 - num_i = 1$。因此我們得到 $\Delta\Phi_i = 1 - 0 = 1$。由於第 i 個操作是不導致收縮的刪除，所以實際成本 c_i 等於 1，平攤成本 $\widehat{c}_i$ 是 $c_i + \Delta\Phi_i = 1 + 1 = 2$。

反過來說，如果第 i 個操作是插入，使負載率從低於 1/2 到等於 1/2，那麼潛能的變化 $\Delta\Phi_i$ 等於 −1。同理，實際成本 c_i 是 1，現在平攤成本 $\widehat{c}_i$ 是 $c_i + \Delta\Phi_i = 1 + (-1) = 0$。

綜上所述，由於每個操作的平攤成本的上限是常數，所以針對動態表的任何連續 n 個操作的實際時間是 $O(n)$。

習題

16.4-1
使用潛能法來分析第一次表格插入的平攤成本。

16.4-2
你想要寫一個動態的、開放定址的雜湊表。為什麼當它的負載率達到嚴格小於 1 的 α 時，我們認為表格已經滿了？簡述如何實作動態、開放定址雜湊表的插入操作，使每一次插入的平攤成本期望值為 $O(1)$。為什麼對所有插入而言，每次插入的實際成本的期望值不一定是 $O(1)$？

16.4-3
討論如何使用會計法來分析插入和刪除操作，假設當表的負載率超過 1 時，表的大小增加一倍，當表的負載率低於 1/4 時，表的大小縮減一半。

16.4-4

假設我們不是在表的負載率低於 1/4 時,將它的大小減半來收縮它,而是在負載率低於 1/3 時,將表的大小乘以 2/3 來收縮它。使用這個潛能函數

$$\Phi(T) = |2(T.num - T.size/2)|$$

來證明使用這個策略的 TABLE-DELETE 的平攤成本的上限是一個常數。

挑戰

16-1 二進制反射 Gray 碼

二進制 Gray 碼是一個非負二進制整數序列,當它從一個整數變成下一個整數時,只需要改變一個位元。**二進制反射 Gray 碼**根據以下的遞迴方法來表示從 0 到 $2^k - 1$ 的整數,其中的 k 是正整數:

- 當 $k = 1$ 時,二進制反射 Gray 碼是 $\langle 0, 1 \rangle$。

- 當 $k \geq 2$,先算出 $k-1$ 的二進制反射 Gray 碼,得到 2^{k-1} 個整數,範圍從 0 到 $2^{k-1} - 1$。然後算出該序列的反射序列,也就是該序列的反向排列(也就是序列的第 j 個整數,在反射中變成第 $(2^{k-1} - j - 1)$ 個整數)。接下來,將反射後的序列裡的 2^{k-1} 個整數都加上 2^{k-1}。最後,串接兩個序列。

例如,當 $k = 2$ 時,先寫出 $k = 1$ 時的二進制反射 Gray 碼 $\langle 0, 1 \rangle$。它的反射是 $\langle 1, 0 \rangle$。將反射裡的每一個整數加上 $2^{k-1} = 2$ 得到序列 $\langle 3, 2 \rangle$。將兩個序列串接得到 $\langle 0, 1, 3, 2 \rangle$,或者二進制形式的 $\langle 00, 01, 11, 10 \rangle$,所以每一個整數與它的上一個整數之間的差異只有一個位元。當 $k = 3$ 時,$k = 2$ 的二進制反射 Gray 碼是 $\langle 2, 3, 1, 0 \rangle$,加上 $2^{k-1} = 4$ 得到 $\langle 6, 7, 5, 4 \rangle$。串接後,得到序列 $\langle 0, 1, 3, 2, 6, 7, 5, 4 \rangle$,它的二進制形式是 $\langle 000, 001, 011, 010, 110, 111, 101, 100 \rangle$。二進制反射 Gray 碼只切換一個位元,即使從最後一個整數繞回第一個整數也是如此。

a. 我們用索引 0 到 $2^k - 1$ 來檢索二進制反射 Gray 碼裡的整數,並考慮二進制反射 Gray 碼的第 i 個整數。從二進制反射 Gray 碼裡面的第 $(i-1)$ 個整數到第 i 個整數只需要切換 1 個位元。說明給定索引 i,如何決定該切換哪個位元。

b. 假設給定一個位元號碼 j,你可以在固定時間內切換一個整數的位元 j,請說明如何在 $\Theta(2^k)$ 時間內,計算包含 2^k 個數字的整個二進制反射 Gray 碼序列。

16-2 將二元搜尋動態化

對一個已排序的陣列進行二元搜尋需要對數級搜尋時間，但插入一個新元素的時間與陣列的大小成線性關係。你可以藉著保存幾個已排序的陣列來改善插入時間。

具體來說，假設你想支援針對 n 個元素的 SEARCH 和 INSERT 操作。設 $k = \lceil \lg(n+1) \rceil$，並設 n 的二進制表示法是 $\langle n_{k-1}, n_{k-2}, ..., n_0 \rangle$。我們保存 k 個已排序陣列 $A_0, A_1, ..., A_{k-1}$，設 $i = 0, 1, ..., k-1$，陣列 A_i 的長度是 2^i。每一個陣列都非滿即空，取決於 $n_i = 1$ 還是 $n_i = 0$。因此在全部的 k 個陣列裡保存的元素總共有 $\sum_{i=0}^{k-1} n_i 2^i = n$ 個。雖然每一個陣列都是排序好的，但是不同陣列的元素之間沒有特殊關係。

a. 說明如何對該資料結構執行 SEARCH 操作。分析它的最壞情況執行時間。

b. 說明如何執行 INSERT 操作。分析它的最壞情況執行時間與平攤執行時間，假設操作種類只有 INSERT 與 SEARCH。

c. 說明如何實作 DELETE。分析它的最壞情況與平攤執行時間，假設操作有 DELETE、INSERT 與 SEARCH。

16-3 平攤加權平衡樹

考慮一個普通的二元搜尋樹，我們為每個節點 x 加入屬性 $x.size$ 來改良它，這個屬性儲存根為 x 的子樹裡的鍵數。設 α 是在 $1/2 \leq \alpha < 1$ 的範圍內的常數。如果節點 x 的 $x.left.size \leq \alpha \cdot x.size$ 且 $x.right.size \leq \alpha \cdot x.size$，我們說該節點是 *α 平衡的*。如果一棵樹裡的每一個節點都是 α 平衡的，我說那整棵樹 *α 平衡的*。G. Varghese 提出這個維持權重平衡樹的平攤方法。

a. 1/2 平衡樹在某種意義上是最平衡的樹。給定任意二元搜尋樹的節點 x，說明如何以 x 為根，重建一棵 1/2 平衡的子樹。演算法的執行時間必須在 $\Theta(x.size)$ 時間內，它可以使用 $O(x.size)$ 大小的輔助儲存空間。

b. 證明在一棵有 n 個節點的 α 平衡二元搜尋樹裡進行搜尋，在最壞情況下需要 $O(\lg n)$ 時間。

在本問題的其餘部分，假設你實作了針對 n 個節點的二元搜尋樹的常規 INSERT 和 DELETE 操作，但是在每次進行這些操作後，如果樹中的任何節點不再是 α 平衡的，你會「重建」以最高的不平衡節點為根的子樹，把它變成 1/2 平衡樹。

我們將用潛能法來分析這個重建策略。對於二元搜尋樹 T 裡面的一個節點 x，我們定義

$$\Delta(x) = |x.left.size - x.right.size|$$

T 的潛能是

$$\Phi(T) = c \sum_{x \in T : \Delta(x) \geq 2} \Delta(x)$$

其中 c 是一個夠大的常數，取決於 α 的值。

c. 證明任何二元搜尋樹都有非負的潛能，也證明 1/2 平衡樹的潛能是 0。

d. 假設 m 個單位的潛能可以支付重建 m 個節點的子樹所需的費用。按照 α 的條件，c 應該多大，才能用 $O(1)$ 平攤時間來重建一棵非 α 平衡的子樹。

e. 證明將一個節點插入一棵 n 個節點的 α 平衡樹，或將它裡面的一個節點刪除，需要花費 $O(\lg n)$ 的平攤時間。

16-4 重建紅黑樹的成本

紅黑樹有四種基本操作會**修改結構**：節點插入、節點刪除、旋轉和改變顏色。我們已經知道，RB-INSERT 和 RB-DELETE 只使用 $O(1)$ 次旋轉、節點插入和節點刪除來保持紅黑特性，但它們改變顏色的次數可能更多次。

a. 設計一棵具有 n 個節點的合法紅黑樹，使得呼叫 RB-INSERT 來加入第 $n+1$ 個節點會導致 $\Omega(\lg n)$ 次顏色更改。然後設計一棵具有 n 個節點的合法紅黑樹，使得呼叫 RB-DELETE 來刪除某個節點會導致 $\Omega(\lg n)$ 次顏色更改。

儘管在最壞情況下，每一個操作改變顏色的次數可能是對數級的，但你將證明，對一個最初為空的紅黑樹進行任意的 m 次 RB-INSERT 和 RB-DELETE 操作時，在最壞情況下只會發生 $O(m)$ 的結構修改。

b. 在 RB-INSERT-FIXUP 和 RB-DELETE-FIXUP 的程式裡的主迴圈，所處理的一些情況是**終止性的**（*terminating*），一旦遇到這些情況，迴圈就會在進行一定數量的額外操作後終止。對於 RB-INSERT-FIXUP 和 RB-DELETE-FIXUP 的每一種情況，說明哪些是終止性的，哪些不是（提示：參考第 13.3 與 13.4 節裡的圖 13.5、13.6 與 13.7）。

你將先分析只執行插入時發生的結構修改。設 T 是一棵紅黑樹，定義 $\Phi(T)$ 是 T 的紅色節點的數量。假設一個單位的潛能，可以支付 RB-INSERT-FIXUP 的三種情況中的任何一種所進行的結構修改。

- **c.** 設 T' 是對 T 執行 RB-INSERT-FIXUP 的情況 1 的結果。證明 $\Phi(T') = \Phi(T) - 1$。

- **d.** 我們可以將 RB-INSERT 程序的操作分成三部分。列出 RB-INSERT 的第 1~16 行、RB-INSERT-FIXUP 的非終止性情況、RB-INSERT-FIXUP 的終止性情況，所引起的結構修改和潛在改變。

- **e.** 利用 (d) 小題，證明呼叫 RB-INSERT 導致的結構修改的平攤次數是 $O(1)$。

接下來你要證明，當插入和刪除皆發生時，有 $O(m)$ 次結構修改。對於每一個節點 x，我們定義

$$w(x) = \begin{cases} 0 & \text{如果 } x \text{ 是紅色，} \\ 1 & \text{如果 } x \text{ 是黑色，而且沒有紅色子節點，} \\ 0 & \text{如果 } x \text{ 是黑色，而且有一個紅色子節點，} \\ 2 & \text{如果 } x \text{ 是黑色，而且有兩個紅色子節點。} \end{cases}$$

我們將紅黑樹 T 的潛能重新定義成

$$\Phi(T) = \sum_{x \in T} w(x)$$

並且設 T' 是對 T 執行 RB-INSERT-FIXUP 或 RB-DELETE-FIXUP 的任何非終止性情況產生的樹。

- **f.** 證明對 RB-INSERT-FIXUP 的所有非終止性情況而言，$\Phi(T') \leq \Phi(T) - 1$。證明因為呼叫 RB-INSERT-FIXUP 而執行的結構修改的平攤數量是 $O(1)$。

- **g.** 證明對 RB-DELETE-FIXUP 的所有非終止性情況而言，$\Phi(T') \leq \Phi(T) - 1$。證明因為呼叫 RB-DELETE-FIXUP 而執行的結構修改的平攤數量是 $O(1)$。

- **h.** 完成證明：在最壞的情況下，任何的 m 個 RB-INSERT 和 RB-DELETE 操作都會進行 $O(m)$ 次結構修改。

後記

Aho、Hopcroft 與 Ullman [5] 使用聚合分析來推導針對不相交集合森林（disjoint-set forest）執行操作的執行時間。我們將在第 19 章使用潛能法來分析這個資料結構。Tarjan [430] 彙整了平攤分析的會計法和潛能法，並介紹了幾項應用。他將會計法歸功於幾位作者，包括 M. R. Brown、R. E. Tarjan、S. Huddleston 和 K. Mehlhorn。他將潛能法歸功於 D. D. Sleator。「平攤（amortized）」一詞來自 D. D. Sleator 和 R. E. Tarjan。

潛能函數也可以用來證明某些類型的問題的下限。我們為問題的每一個配置（configuration）定義一個潛能函數來將該配置對映到一個實數，然後找出初始配置的潛能 Φ_{init}、最終配置的潛能 Φ_{final}，以及任何步驟引起的最大潛能變化 $\Delta\Phi_{max}$。因此，步驟的數量至少是 $|\Phi_{final}-\Phi_{init}|/|\Delta\Phi_{max}|$。在 Cormen、Sundquist 和 Wisniewski [105]、Floyd [146] 以及 Aggarwal 和 Vitter [3] 的文章中，可找到用潛能函數來證明 I/O 複雜性的下限的範例。Krumme、Cybenko 和 Venkataraman [271] 用潛能函數來證明 *gossiping* 的下限，gossiping 就是在圖中，從每個頂點向每個其他頂點傳遞一個獨特的項目。

V 高階資料結構

簡介

我們要在這個部分回來研究支援動態集合操作的資料結構,但比第 3 部分更高階,例如,有一章會大量使用第 16 章介紹的平攤分析技術。

第 17 章將介紹如何加強紅黑樹,在每個節點中加入額外的資訊,以支援第 12 章和第 13 章介紹的動態集合操作之外的操作。第一個例子將加強紅黑樹,以動態地維護一組鍵的順序統計量。另一個例子將以不同的方式強化它們,以維護實數的區間。第 17 章有一個定理提出充分條件,指出紅黑樹何時可以被強化,同時保持插入和刪除操作的 $O(\lg n)$ 執行時間。

第 18 章將介紹 B 樹,它是專門為了儲存在磁碟裡而設計的平衡搜尋樹。由於磁碟的執行速度比隨機存取記憶體慢得多,B 樹的性能不僅取決於動態集合操作所消耗的計算時間,也取決於操作執行了多少次磁碟存取。每一個 B 樹操作存取磁碟的次數隨著 B 樹的高度而增加,但 B 樹操作可維持較低的高度。

第 19 章研究不相交集合的資料結構。我們先討論包含 n 個元素的宇宙,每個元素最初都在自己的單例集合裡,UNION 操作會將兩個集合聯合在一起。在任何時候,n 個元素都被劃分成不相交的集合,即使呼叫 UNION 操作會動態改變集合的成員。FIND-SET 可以找到當下包含特定元素的唯一集合。將每一個集合表示成一棵簡單的有根樹可以實現非常快速的操作,一系列的 m 個操作可在 $O(m\,\alpha(n))$ 時間內執行,其中 $\alpha(n)$ 是一個增長速度極其緩慢的函數,在任何可以想像的應用中,$\alpha(n)$ 最多為 4。證明這個時間界限的複雜度和資料結構相同的平攤分析很簡單。

這個部分介紹的案例只是一部分的「高階」資料結構,其他的高階資料結構包括:

- **斐波那契堆積** [156] 實現可合併堆積(見第 256 頁的挑戰 10-2),它的 INSERT、MINIMUM 和 UNION 操作只需要 $O(1)$ 實際時間和平攤時間,而 EXTRACT-MIN 和 DELETE 操作需要 $O(\lg n)$ 平攤時間。然而,這些資料結構最顯著的優點是,DECREASE-KEY 只需要 $O(1)$ 平攤時間。後來開發的**嚴格斐波那契堆積** [73] 將這些時間界限全都化為現實。由於 DECREASE-KEY 操作需要固定的平攤時間,迄今為止,(嚴格)斐波那契堆積是一些漸近速度最快的圖問題演算法的關鍵元素。

- **動態樹** [415, 429] 維護了一個不相交有根樹（disjoint rooted trees）森林。在每棵樹中的每條邊都有一個實值的成本。動態樹支援查詢，可用來尋找父節點、根、邊的成本，以及從一個節點到根的簡單路徑上的最小邊成本。你可以對樹進行的操作包括切割邊、更新從一個節點到根的簡單路徑上的所有邊成本、將一個根接到另一棵樹，以及讓一個節點成為它所在的樹的根。動態樹有一種實作方式可讓每個操作都有 $O(\lg n)$ 的平攤時間界限，有一種更複雜的實作方式則實現 $O(\lg n)$ 的最壞情況時間界限。一些漸近最快的網路流量演算法都使用動態樹。

- **伸展樹** [418, 429] 是一種二元搜尋樹，樹的標準搜尋操作在它上面的平攤執行時間是 $O(\lg n)$。伸展樹有一種應用簡化了動態樹。

- **持久化**資料結構允許查詢，有時也允許對資料結構的過去版本進行更新。例如，鏈結資料結構只需要用很少的時間和空間成本就可以實現持久化 [126]。挑戰 13-1 提出一個持久化動態集合的簡單例子。

有些資料結構可以為有限的鍵集合實現更快速的字典操作（INSERT、DELETE 和 SEARCH）。這些資料結構利用鍵集合的限制來實現比「比較式資料結構」更好的最壞情況漸近執行時間。如果鍵是取自集合 $\{0, 1, 2, ..., u-1\}$ 的唯一整數，其中 u 是 2 的整數次方，那麼有一種稱為 **van Emde Boas 樹** [440, 441] 的遞迴資料結構可在 $O(\lg \lg u)$ 時間內支援 SEARCH、INSERT、DELETE、MINIMUM、MAXIMUM、SUCCESSOR 和 PREDECESSOR 操作。**融合樹** [157] 是在鍵集合被限制為整數時可提供更快速的字典操作的資料結構，它可在 $O(\lg n/\lg \lg n)$ 時間內實現這些操作。後來的幾個資料結構，包括**指數搜尋樹** [17]，也改善了部分或全部的字典操作的界限，本書各章的後記會提到它們。

- **動態圖資料結構**支援各種查詢，同時允許透過插入或刪除頂點或邊來改變圖的結構。它們支援的查詢包括頂點連通性 [214]、邊連通性、最小生成樹 [213]、雙連通性和遞移閉包 [212]。

本書各章的後記還會提到其他的資料結構。

17 擴充資料結構

有些解決方案只需要「教科書式」的資料結構，例如雙向鏈接串列、雜湊表或二元搜尋樹，但許多其他解決方案需要多一點創意。不過，需要創作全新類型的資料結構的情況並不常見。更多時候，你可以在教科書式資料結構裡儲存額外的資訊來擴增它。然後，你可以為資料結構編寫新的操作，以支援你的應用。然而，擴增資料結構不一定很簡單，因為新增的資訊必須透過資料結構的普通操作來更新和維護。

本章將討論兩種基於紅黑樹的資料結構，這兩種結構都是用額外的資訊來擴增的。第 17.1 節介紹一種可對動態集合進行一般順序統計學操作的資料結構，它可以快速找到第 i 小的數字，或特定元素的排序。第 17.2 節將擴增資料結構的過程抽象化，並提供了一個定理，可以在擴增紅黑樹的時候使用。第 17.3 節使用這個定理來協助設計一個用來維護動態區間集合的資料結構，例如時間間隔。你可以用這個資料結構來快速找到與特定查詢區間重疊的區間。

17.1 動態順序統計量

第 9 章曾經介紹順序統計量的概念。具體來說，一個包含 n 個元素的集合中的第 i 個順序統計量，$i \in \{1, 2, ..., n\}$，就是在集合中具有第 i 小的鍵的元素。第 9 章已經告訴你如何在 $O(n)$ 時間內計算一個無序集合的任何順序統計量了。本節將介紹如何修改紅黑樹，來讓你在 $O(\lg n)$ 時間內找出動態集合的任何順序統計量，它也可以讓你在 $O(\lg n)$ 時間內計算一個元素的排序，也就是它在集合的線性順序中的位置。

圖 17.1 是一個可以支援快速順序統計量操作的資料結構。**順序統計樹** T 其實是一棵在每個節點儲存額外資訊的紅黑樹。每一個節點 x 都有一般的紅點樹屬性 $x.key$、$x.color$、$x.p$、$x.left$ 與 $x.right$，以及一個新屬性，$x.size$。這個屬性儲存根為 x 的子樹的內部節點數量（包括 x 本身，但不包括任何哨符），也就是子樹的大小。如果我們定義哨符的大小是 0，也就是將 $T.nil.size$ 設為 0，我們可以得到恆等式

$x.size = x.left.size + x.right.size + 1$

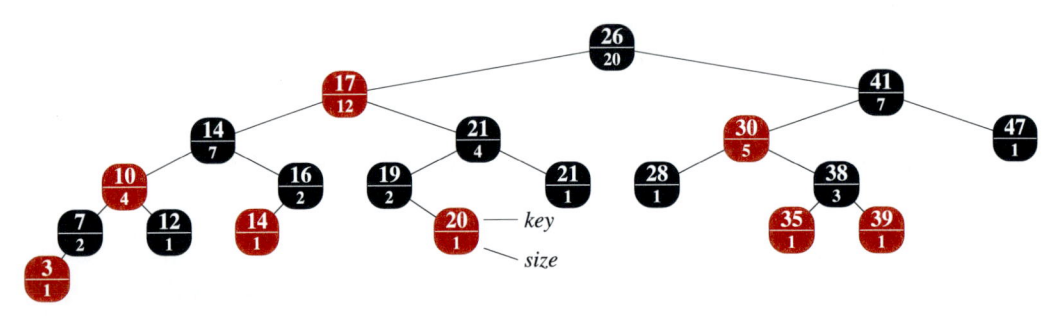

圖 17.1 順序統計樹，它是紅黑樹的擴增版。每個節點 x 除了一般的屬性外，都有一個屬性 $x.size$，指出在根為 x 的子樹中，除了哨符之外的節點數量。

在順序統計樹中，鍵可以是相同的。例如，圖 17.1 的樹有兩個值為 14 的鍵和兩個值為 21 的鍵。有相等的鍵的話，上述關於排名的概念就不明確了，為了排除這種模糊性，我們定義元素的排序就是中序（inorder）遍歷樹時，該節點在輸出中的位置。例如，在圖 17.1 中，黑色節點裡的鍵 14 的排序是 5，紅色節點裡的鍵 14 的排序是 6。

取出特定排序的元素

我們先看如何使用這個額外的資訊來實作兩種順序統計操作，再來了解如何在插入和刪除的過程中，保存大小資訊。第一個操作是取出特定次序的元素。下一頁的程序 OS-SELECT(x, i) 回傳一個指標，指向在根為 x 的子樹中，擁有第 i 小的鍵之節點。為了找出順序統計樹 T 中擁有第 i 小的鍵之節點，我們要呼叫 OS-SELECT($T.root$, i)。

以下是 OS-Select 的工作方式。第 1 行計算 r，也就是節點 x 在根為 x 的子樹裡的排序。$x.left.size$ 的值是以中序遍歷根為 x 的子樹時，在 x 之前的節點數。因此，$x.left.size + 1$ 是 x 在根為 x 的子樹裡的排序。如果 $i = r$，那麼節點 x 是第 i 小的元素，因此第 3 行回傳 x。如果 $i < r$，那麼第 i 小的元素在 x 的左子樹裡，因此，第 5 行在 $x.left$ 進行遞迴。如果 $i > r$，那麼第 i 小的元素在 x 的右子樹裡。因為以中序遍歷根為 x 的子樹時，在 x 的右子樹之前有 r 個元素，所以在根為 x 的子樹裡第 i 小的元素，是在根為 $x.right$ 的子樹裡第 $i-r$ 小的元素。第 6 行遞迴算出這個元素。

OS-Select(x, i)
1    $r = x.left.size + 1$ // x 在根為 x 的子樹裡的排序
2   **if** $i == r$
3   **return** x
4   **elseif** $i < r$
5   **return** OS-Select($x.left, i$)
6   **else return** OS-Select($x.right, i - r$)

舉一個 OS-Select 操作的例子，我們要在圖 17.1 的順序統計樹中搜尋第 17 小的元素。搜尋以 x 為根開始，它的鍵是 26，$i = 17$。因為 26 的左子樹的大小是 12，所以它的排序是 13。因此，排序為 17 的節點是在右子樹裡 17 − 13 = 第 4 小的元素。在遞迴呼叫時，x 是鍵為 41 的節點，且 $i = 4$。因為 41 的左子樹的大小是 5，所以它在子樹中的排序是 6。因此，排序為 4 的節點是 41 的左子樹中第 4 小的元素。在遞迴呼叫時，x 是鍵為 30 的節點，它在它的子樹中的排序是 2。程序再次遞迴，以找到根為擁有鍵 38 的節點之子樹中的 4 − 2 = 第 2 小的元素，它的左子樹的大小是 1，這意味著它是第 2 小的元素。因此，這個程序回傳一個指向鍵為 38 的節點的指標。

因為每次遞迴呼叫都在順序統計樹中下移一層，所以 OS-Select 的總時間在最壞情況下，也與統計樹的高成正比。由於該樹是一棵紅黑樹，其高度為 $O(\lg n)$，n 為節點數量。因此，對一個有 n 個元素的動態集合而言，OS-Select 的執行時間是 $O(\lg n)$。

計算元素的排序

下一頁的 OS-Rank 程序接收一個指向順序統計樹 T 中的節點 x 的指標後，可回傳 x 在中序遍歷樹 T 時的線性順序排位。

```
OS-RANK(T, x)
1   r = x.left.size + 1         // x 在根為 x 的子樹
2   y = x                        // 所檢查的子樹的根
3   while y ≠ T.root
4       if y == y.p.right        // 如果是右子樹的根…
5           r = r + y.p.left.size + 1   // …加入父節點與它的左子樹
6       y = y.p                  // 將 y 往樹的上方移
7   return r
```

OS-RANK 程序的工作原理如下。你可以把節點 x 的排序想成在中序遍歷樹時，位於 x 前面的節點數。OS-RANK 維持以下的循環不變性：

每次第 3~6 行的 while 迴圈開始迭代時，r 是 x.key 在根為 y 的子樹裡的排序。

我們用這個循環不變性來證明 OS-RANK 正確運作：

初始：在第一次迭代之前，第 1 行將 r 設為 x.key 在根為 x 的子樹中的排序。第 2 行設定 y = x 導致不變性在第 3 行的測試初次執行時為真。

維持：在 while 迴圈的每一次迭代結束時，第 6 行設定 y = y.p。因此，我們必須證明，如果 r 是迴圈主體開始執行時，x.key 在根為 y 的子樹中的排序，那麼 r 就是迴圈主體結束時，x.key 在根為 y.p 的子樹中的排序。在 while 迴圈的每次迭代中，考慮根為 y.p 的子樹。r 值已包含中序遍歷以 y 為根的子樹時，先於 x 的節點數量，因此，程序必須加上中序遍歷以 y 的同層節點為根的子樹時，先於 x 的節點，如果 y.p 也排在 x 之前，再加上 1。如果 y 是左子節點，那麼 y.p 和 y.p 的右子樹中的任何節點都不在 x 之前，所以 OS-RANK 不考慮 r。否則，y 是右子節點，y.p 的左子樹的所有節點都在 x 之前，y.p 本身也是如此。在這種情況下，第 5 行將當下的 r 值加上 y.p.left.size + 1。

終止：因為迴圈的每一次迭代都將 y 朝著根移動，而且迴圈在 y = T.root 時終止，所以迴圈最終會終止。此外，根為 y 的子樹是整棵樹，因此，r 的值是 x.key 在整棵樹中的排序。

舉個例子，當我們用 OS-RANK 來處理圖 17.1 的順序統計樹，以尋找鍵為 38 的節點的排序時，在 while 迴圈的最上面會出現以下的 y.key 和 r 值：

迭代	$y.key$	r
1	38	2
2	30	4
3	41	4
4	26	17

這個程序回傳排序 17。

因為 **while** 迴圈的每次迭代都需要 $O(1)$ 時間，而 y 在樹中每迭代一次就上升一層，所以 OS-RANK 的執行時間在最壞情況下也與樹的高度成正比：對 n 個節點的順序統計樹而言，它是 $O(\lg n)$。

維持子樹大小

OS-SELECT 和 OS-RANK 可以用每個節點的 $size$ 屬性來快速算出排序統計資訊。但如果紅黑樹的基本修改操作無法有效地維護 $size$ 屬性，我們的工作將毫無效果。我們來看看如何在不影響任何一個操作的漸近執行時間的情況下，在插入和刪除時，維護子樹大小。

第 13.3 節說過，對紅黑樹進行插入包括兩個階段。第一階段從根部往下走，將新節點當成現有節點的子節點插入。第二階段沿著樹往上走，改變顏色並進行旋轉，以維持紅黑特性。

要在第一階段維護子樹的大小，我們只要遞增從根部到葉子的簡單路徑上的每個節點 x 的 $x.size$ 即可。新增的節點的 $size$ 是 1。因為在遍歷路徑上有 $O(\lg n)$ 個節點，所以維護 $size$ 屬性的額外成本是 $O(\lg n)$。

在第二階段，底層紅黑樹的唯一結構變化是旋轉引起的，最多有兩次。此外，旋轉是一種局部操作：只有兩個節點的 $size$ 屬性會失效。旋轉的對象連結與這兩個節點相連。我們在第 323 頁的 LEFT-ROTATE(T, x) 程式中加入這幾行：

```
13    y.size = x.size
14    x.size = x.left.size + x.right.size + 1
```

圖 17.2 展示屬性是如何更新的。對 RIGHT-ROTATE 進行的改變是對稱的。

由於對紅黑樹進行插入最多需要兩次旋轉，在第二階段更新 $size$ 屬性只需花費 $O(1)$ 的額外時間。因此，對 n 個節點的順序統計樹執行插入的總時間是 $O(\lg n)$，與普通紅黑樹的時間在漸近意義上相同。

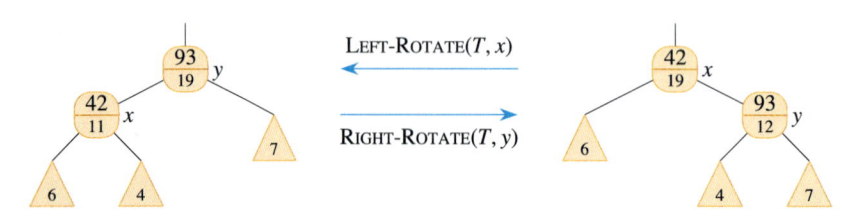

圖 17.2 在旋轉時更新子樹大小。這些更新是局部的，只需要儲存在 x、y 和三角形所示的子樹的根節點中的 *size* 資訊。

對紅黑樹進行刪除也包含兩個階段：第一個階段是處理底下的搜尋樹，第二個階段最多引起三次旋轉，除此之外不會進行任何結構性改變（見第 13.4 節）。第一階段從樹中移走一個節點 z，並且最多在樹中移動兩個其他節點（第 310 頁圖 12.4 中的節點 y 和 x）。要更新子樹的大小，我們只要遍歷一條簡單路徑，從最低的被移動節點（從它在樹內的原始位置開始）走到根，並遞減路徑上的每個節點的 *size* 屬性。由於在 n 個節點的紅黑樹裡，這條路徑的長度是 $O(\lg n)$，所以在第一階段維護 *size* 屬性花費的額外時間是 $O(\lg n)$。我們用處理插入時的方法來處理刪除的第二階段發生的 $O(1)$ 次旋轉。因此，對於一棵有 n 個節點的順序統計樹來說，無論是插入還是刪除，包含維護 *size* 屬性，都需要 $O(\lg n)$ 的時間。

習題

17.1-1
說明 OS-SELECT($T.root$, 10) 如何處理圖 17.1 的紅黑樹 T。

17.1-2
說明 OS-RANK(T, x) 如何處理圖 17.1 的紅黑樹 T，以及 $x.key = 35$ 的節點 x。

17.1-3
寫出非遞迴版的 OS-SELECT。

17.1-4
寫出程序 OS-KEY-RANK(T, k)，讓它接收一個順序統計樹 T 和一個鍵 k，並回傳 k 在 T 所代表的動態集合中的排序。假設 T 的鍵都不相同。

17.1-5
給定一個在 n 個節點的順序統計樹裡的元素 x 和一個自然數 i，說明如何在 $O(\lg n)$ 時間內算出 x 在該樹的線性順序中的第 i 個後繼者。

17.1-6

程序 OS-Select 和 OS-Rank 只使用節點的 *size* 屬性來計算排序。假設你在每個節點裡儲存了它在以它為根的子樹中的排序，而不是 *size* 屬性。說明如何在插入和刪除過程中維護這些資訊（別忘了，這兩種操作可能導致旋轉）。

17.1-7

說明如何使用順序統計樹在 $O(n \lg n)$ 時間內，計算一個有 n 個不同元素的陣列裡的逆序數量（見第 42 頁挑戰 2-4）。

★ 17.1-8

考慮在一個圓上的 n 條弦，每條弦由其端點定義。寫出一個 $O(n \lg n)$ 時間的演算法來算出在圓內相交的弦有幾對（例如，如果 n 條弦都是在圓心相交的直徑，那麼答案是 $\binom{n}{2}$）。假設所有弦的端點都不同。

17.2 如何擴增資料結構

演算法的設計經常執行「擴增基礎資料結構」的程序，以支援其他功能。在下一節中，我們將再次使用此方法來設計一個支援區間操作的資料結構。本節將探討這種擴增所涉及的步驟。本節包括一個有用的定理，可讓你在許多情況下輕鬆地擴增紅黑樹。

　擴增資料結構的過程可以分成四個步驟：

1. 選擇基礎資料結構。
2. 決定要在基礎資料結構中維護哪些額外資訊。
3. 驗證你是否能夠在針對基礎資料結構進行基本的修改操作時，維護額外的資訊。
4. 開發新操作。

如同任何規範性設計方法，你很少能夠按照上述的順序按部就班地精確執行這些步驟。大多數的設計工作都包含試誤因素，而且所有步驟的進度通常是平行發展的。例如，如果你不能有效地維護額外的資訊，那麼決定額外的資訊和開發新的操作（步驟 2 和 4）就沒有意義。儘管如此，這個包含四個步驟的程序可讓你知道在擴增資料結構時，該關注哪些事情，它也是一個記錄擴增資料結構的好框架。

我們在第 17.1 節中按照這四個步驟設計了順序統計樹。在第 1 步中，我們選擇了紅黑樹作為底層資料結構。紅黑樹似乎是個不錯的起點，因為它們能夠有效地支援其他在全序上的動態集合操作，例如 MINIMUM、MAXIMUM、SUCCESSOR 和 PREDECESSOR。

在第 2 步，我們加入 *size* 屬性，讓每個節點 *x* 都儲存根為 *x* 的子樹之大小。一般來說，額外的資訊可讓操作更有效率。例如，我們可以只用樹中的鍵來設計 OS-SELECT 和 OS-RANK，但如此一來，它們就不能在 $O(\lg n)$ 時間內執行。有時，額外的資訊是指標的資訊而不是資料，如習題 17.2-1 所述。

在第 3 步，我們確保插入和刪除可以維護 *size* 屬性，同時仍以 $O(\lg n)$ 時間執行。理想情況下，我們希望只更新資料結構中的幾個元素，以保存額外的資訊。例如，如果每個節點都只儲存它在樹中的排序，雖然 OS-SELECT 和 OS-RANK 程序可以快速執行，但插入一個新的最小元素可能導致樹中的每個節點改變這個資訊。因為我們選擇儲存子樹的大小，所以插入一個新的元素只導致 $O(\lg n)$ 個節點改變資訊。

在第 4 步，我們開發 OS-SELECT 和 OS-RANK 操作。畢竟我們煞費苦心地擴增資料結構的初衷，就是為了加入新操作。有時，你可以用額外的資訊來加速既有的操作，而不是開發新的操作，如習題 17.2-1 所述。

擴增紅黑樹

使用紅黑樹作為擴增的基礎時，我們可以證明插入和刪除始終可以有效地維護某些額外資訊，進而簡化第 3 步。以下定理的證明類似第 17.1 節的證明，即我們可以維持順序統計樹的 *size* 屬性。

定理 17.1（擴增紅黑樹）

設 *f* 是有 *n* 個節點的紅黑樹 *T* 的擴增屬性，並假設每個節點 *x* 的 *f* 值只與節點 *x*、*x.left* 和 *x.right* 中的資訊有關（可能包括 *x.left.f* 和 *x.right.f*），且 *x.f* 的值可以用這些資訊在 $O(1)$ 時間內算出來。那麼，插入和刪除操作可以維護 *T* 的所有節點的 *f* 值，且不會影響這些操作的 $O(\lg n)$ 漸近執行時間。

證明 這個證明的主要概念是，*x* 節點的 *f* 屬性的變動只會傳播到 *x* 的前代。也就是說，改變 *x.f* 可能需要更新 *x.p.f*，僅此而已，更新 *x.p.f* 可能需要更新 *x.p.p.f*，僅此而已，以此類推。在更新 *T.root.f* 之後，任何其他節點都不依賴新值，因此這個程序終止。由於紅黑樹的高度是 $O(\lg n)$，改變一個節點的 *f* 屬性要花費 $O(\lg n)$ 時間來更新所有被該變動影響的節點。

正如第 13.3 節所述，將一個節點 x 插入紅黑樹 T 包括兩個階段。如果樹 T 是空的，那麼第一階段只是讓 x 成為 T 的根。如果 T 不是空的，那麼第一階段就把 x 當成現有節點的子節點插入。因為我們假設 $x.f$ 的值只取決於 x 本身的其他屬性的資訊和 x 的子節點的資訊，而且因為 x 的子節點都是哨符 $T.nil$，所以計算 $x.f$ 的值只需要 $O(1)$ 時間。計算了 $x.f$ 之後，變動往上傳播。因此，插入的第一階段的總時間是 $O(\lg n)$。在第二階段，樹的結構變化只來自旋轉。因為一次旋轉只會讓兩個節點發生變化，但一次屬性改變可能需要傳播到根，所以每次旋轉時，更新 f 個屬性的總時間是 $O(\lg n)$。因為在插入過程中的旋轉次數最多是兩次，所以插入的總時間是 $O(\lg n)$。

如第 13.4 節所述，刪除也和插入一樣有兩個階段。在第一階段，樹的改變在一個節點被刪除時發生，而且最多只有兩個其他節點可能在樹內移動。傳播這些改變引起的 f 更新最多花費 $O(\lg n)$，因為這些改變沿著發生變化的最低節點到根節點的簡單路徑對樹進行局部修改。在第二階段修復紅黑樹最多需要三次旋轉，每次旋轉最多需要 $O(\lg n)$ 時間來將更新傳播到 f。因此，如同插入，刪除的總時間是 $O(\lg n)$。 ∎

在很多情況下，例如維持順序統計樹的 $size$ 屬性時，旋轉後的更新成本是 $O(1)$，而不是定理 17.1 的證明中得出的 $O(\lg n)$。習題 17.2-3 將提供一個例子。

另一方面，當旋轉後的更新需要一路遍歷到根時，對紅黑樹進行插入和刪除需要固定的旋轉次數。第 13 章的後記列出其他的平衡搜尋樹方案，這些方案的每一次插入或刪除的旋轉次數不是固定的數字。如果每個操作都可能需要做 $\Theta(\lg n)$ 次旋轉，而且每一次旋轉都會沿著一條到達根的路徑前進，那麼單一操作可能需要 $\Theta(\lg^2 n)$ 時間，而不是定理 17.1 所述的 $O(\lg n)$ 時間界限。

習題

17.2-1
藉著在節點中加入指標，來說明如何以最壞情況時間 $O(1)$，在擴增的順序統計樹中支援動態集合查詢 Minimum、Maximum、Successor 和 Predecessor。在順序統計樹上的其他操作的漸近性能不應受到影響。

17.2-2
你可以在不影響紅黑樹的任何操作的漸近性能的情況下，用樹的節點裡的屬性來保存該節點的黑高嗎？說明做法，或證明為何不行。如何保存節點的深度？

17.2-3

設 $\otimes$ 是可結合的二元運算子，設 a 是紅黑樹的每個節點保存的屬性。假設你想要在每一個節點 x 裡加入額外的屬性 f，使 $x.f = x_1.a \otimes x_2.a \otimes \cdots \otimes x_m.a$，其中 $x_1, x_2, ..., x_m$ 是根為 x 的子樹的節點的中序串列。說明如何在一次旋轉後以 $O(1)$ 時間更新 f 屬性。稍微修改你的擴增方法，將它用於順序統計樹的 *size* 屬性。

17.3 區間樹

本節介紹如何擴增紅黑樹，以支援區間的動態集合的操作。本節假設區間是封閉的。將本節的結果延伸至開放和半開區間很簡單（閉、開和半開區間的定義請參考第 1114 頁）。

區間適合用來表示占用一段連續時間的事件。例如，你可以查詢一個時間區間資料庫，來找出某個時間區間內發生了哪些事件。本節的資料結構可以有效地幫助你維護這種區間資料庫。

要表示一個區間 $[t_1, t_2]$，有一種簡單的方法是使用物件 i 及其屬性 $i.low = t_1$（**低端點**）和 $i.high = t_2$（**高端點**）。如果 $i \cap i' \neq \emptyset$，我們說 i 與 i' 是**重疊的**，也就是 $i.low \leq i'.high$，且 $i'.low \leq i.high$。

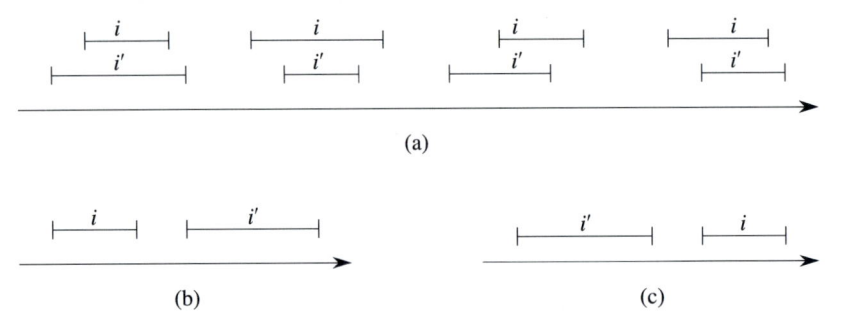

圖 17.3 兩個閉區間 i 與 i' 的區間三歧性。**(a)** 如果 i 與 i' 重疊，它們有四種情況，每一種情況皆為 $i.low \leq i'.high$ 且 $i'.low \leq i.high$。**(b)** 區間不重疊，且 $i.high < i'.low$。**(c)** 區間不重疊，且 $i'.high < i.low$。

如圖 17.3 所示，任何兩個區間 i 與 i' 皆滿足**區間三歧性**，也就是說，它們只滿足以下的三個特性之一：

a. i 與 i' 重疊，

b. i 在 i' 的左邊（即 $i.high < i'.low$），

c. i 在 i' 的右邊（即 $i'.high < i.low$）。

區間樹就是保存元素的動態集合的紅黑樹，它的每個元素 x 都有一個區間 $x.int$。區間樹支援以下操作：

INTERVAL-INSERT(T, x) 將元素 x 加入區間樹 T，假定它的 int 屬性存有一個區間。

INTERVAL-DELETE(T, x) 將元素 x 從區間樹 T 移除。

INTERVAL-SEARCH(T, i) 回傳一個指向區間樹 T 裡的元素 x 的指標，其 $x.int$ 與區間 i 重疊，或回傳指向哨符 $T.nil$ 的指標，如果元素裡沒有該元素。

圖 17.4 展示如何用區間樹來代表一組區間。第 17.2 節的四步驟方法將引導我們設計區間樹，以及處理它的操作。

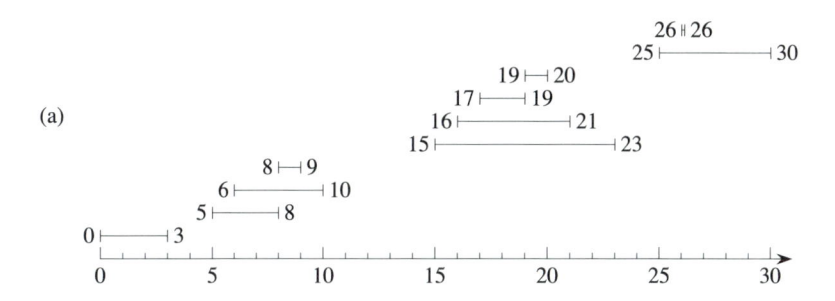

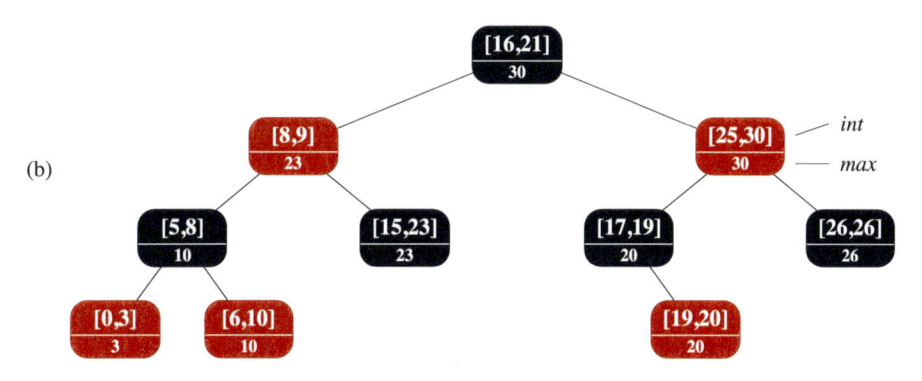

圖 17.4 區間樹。**(a)** 10 個區間，按照左端點，從最下面到最上面進行排序。**(b)** 代表它們的區間樹。每個節點 x 都有一個區間，顯示在直線上面，以及根為 x 的子樹裡的所有區間端點的最大值，顯示在直線下面。中序遍歷這棵樹會以左端點的排序列出節點。

第 1 步：基礎資料結構

將紅黑樹當成基礎資料結構。每個節點 x 裡面都有一個區間 $x.int$。x 的鍵是區間的低端點，$x.int.low$。因此，資料結構的中序樹遍歷是按照低端點的順序來列出區間。

第 2 步：額外資訊

除了區間本身之外，每一個節點 x 都有一個值 $x.max$，它是根為 x 的子樹裡的所有區間端點的最大值。

第 3 步：維護資訊

我們必須驗證，在一棵有 n 個節點的區間樹中，進行插入和刪除需要 $O(\lg n)$ 時間。有了區間 $x.int$ 和節點 x 的子節點的 max 值之後，在 $O(1)$ 時間內算出 $x.max$ 很簡單：

$x.max = \max \{x.int.high, x.left.max, x.right.max\}$

因此，根據定理 17.1，插入與刪除的執行時間是 $O(\lg n)$。事實上，你可以使用習題 17.2-3 或 17.3-1 來證明如何以短短的 $O(1)$ 時間更新在旋轉後改變的所有 max 屬性。

第 4 步：開發新操作

我們的新操作只有 INTERVAL-SEARCH(T, i)，它會找出 T 樹裡，區間與 i 重疊的節點。如果在樹裡沒有區間與 i 重疊，程序回傳一個指向哨符 $T.nil$ 的指標。

```
INTERVAL-SEARCH(T, i)
1   x = T.root
2   while x ≠ T.nil and i does not overlap x.int
3       if x.left ≠ T.nil and x.left.max ≥ i.low
4           x = x.left   // 重疊的節點在左子樹，或右子樹沒有重疊的節點
5       else x = x.right // 在左子樹沒有重疊的節點
6   return x
```

這個程序從根開始往下搜尋與 i 重疊的區間。當它找到重疊的區間或到達哨符 $T.nil$ 時，就會終止。因為基本迴圈的每一次迭代都需要 $O(1)$ 時間，而且因為 n 個節點的紅黑樹的高度是 $O(\lg n)$，所以 INTERVAL-SEARCH 程序需要 $O(\lg n)$ 時間。

在了解為什麼 Interval-Search 是正確的之前，我們來看看它是如何處理圖 17.4 的區間樹的。我們來尋找與 $i = [22, 25]$ 重疊的區間，最初，x 是根節點，它儲存 $[16, 21]$，沒有與 i 重疊。因為 $x.left.max = 23$ 大於 $i.low = 22$，迴圈繼續執行，將 x 設為根的左子節點，這個節點儲存 $[8, 9]$，它沒有與 i 重疊。這一次，$x.left.max = 10$ 小於 $i.low = 22$，所以迴圈繼續執行，以 x 的右子節點作為新的 x。因為這個節點裡面的區間 $[15, 23]$ 與 i 重疊，此程序回傳這個節點。

現在我們來嘗試不成功的搜尋，在圖 17.4 的區間樹裡尋找與 $i = [11, 14]$ 重疊的區間。在一開始，同樣將 x 設為根。因為根的區間 $[16, 21]$ 與 i 不重疊，而且因為 $x.left.max = 23$ 大於 $i.low = 11$，所以往左走到儲存 $[8, 9]$ 的根。區間 $[8, 9]$ 與 i 不重疊，而且 $x.left.max = 10$ 小於 $i.low = 11$，所以往右搜尋（在左子樹裡沒有區間與 i 重疊）。區間 $[15, 23]$ 與 i 不重疊，而且它的左子節點是 $T.nil$，所以再次往右搜尋，迴圈終止，Interval-Search 回傳哨符 $T.nil$。

為了了解為什麼 Interval-Search 是正確的，我們必須了解為什麼從根開始檢查一條路徑就夠了。這個程序的基本想法是，在任何節點 x，如果 $x.int$ 與 i 不重疊，搜尋始終朝著安全的方向進行：如果樹有重疊區間，搜尋一定會找到它。下面的定理更精確地說明這個特性。

定理 17.2

執行任何一次 Interval-Search(T, i) 若非回傳一個區間與 i 重疊的節點，就是回傳 $T.nil$ 區間且 T 沒有節點的區間與 i 重疊。

證明　第 2~5 行的 **while** 迴圈在 $x = T.nil$ 或 i 與 $x.int$ 重疊時終止。在第二個情況下，回傳 x 一定是正確的。因此，我們專注於第一個情況，此時，**while** 迴圈因為 $x = T.nil$ 終止，它是 Interval-Search 回傳的節點。

我們將證明，如果程序回傳 $T.nil$，它不會錯過 T 中與 i 重疊的任何區間。我們的想法是證明，無論搜尋過程在第 4 行向左，還是在第 5 行向右，它都會朝向一個包含與 i 重疊的區間的節點，如果有任何這種區間的話。具體來說，我們將證明

1. 如果搜尋過程在第 4 行往左，代表節點 x 的左子樹有一個與 i 重疊的區間，或 x 的右子樹沒有與 i 重疊的區間。因此，即使 x 的左子樹沒有與 i 重疊的區間，往左走也沒有錯，因為 x 的右子樹也沒有與 i 重疊的區間。

2. 如果搜尋在第 5 行往右走，代表 x 的左子樹沒有與 i 重疊的區間。因此，往右走沒有不對。

我們在這兩種情況下使用區間三歧性。我們從搜尋往右走開始討論，它的證明比較簡單。根據第 3 行的測試，我們知道 x.left = T.nil 或 x.left.max < i.low。若 x.left = T.nil，則 x 的左子樹沒有與 i 重疊的區間，因為它裡面完全沒有區間。假設 x.left ≠ T.nil，所以我們一定得到 x.left.max < i.low。考慮在 x 的左子樹裡的任何區間 i'。因為 x.left.max 是在 x 的左子樹裡的最大端點，我們得到 i'.high ≤ x.left.max。因此，如圖 17.5(a) 所示，

$$i'.high \leq x.left.max$$
$$< i.low$$

根據區間三歧性，區間 i 與 i' 不重疊，所以 x 的左子樹裡面沒有與 i 重疊的區間。

接下來要討論搜尋往左走的情況。如果節點 x 的左子樹裡面沒有與 i 重疊的區間，我們就不需要討論了，所以我們假設在 x 的左子樹裡沒有節點與 i 重疊。我們要證明在這種情況下，在 x 的右子樹裡沒有節點與 i 重疊，所以往左走不會錯過在 x 的右子樹裡的任何重疊。根據第 3 行的測試，x 的左子樹不是空的，且 x.left.max ≥ i.low。根據 max 屬性的定義，x 的左子樹裡有某區間 i'，滿足

$$i'.high = x.left.max$$
$$\geq i.low$$

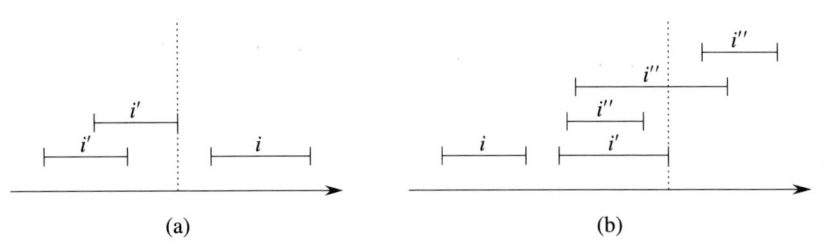

圖 17.5 在定理 17.2 的證明中提到的區間。我們用虛線來代表 x.left.max 在各種情況下的值。**(a)** 搜尋往右。在 x 的左子樹裡沒有區間 i' 與 i 重疊。**(b)** 搜尋往左。x 的左子樹裡有一個與 i 重疊的區間（未展示此情況），或 x 的左子樹裡有一個區間 i' 滿足 i'.high = x.left.max。因為 i 與 i' 不重疊，所以它也與 x 的右子樹裡的任何區間 i'' 不重疊，因為 i'.low < i''.low。

如圖 17.5(b) 所示。因為 i' 在 x 的左子樹內，它與 i 不重疊，且因為 i'.high ≥ i.low，區間三歧性告訴我們，i.high < i'.low。現在要運用一個特性：區間樹的鍵是區間的低端點。因為 i' 在 x 的左子樹，我們得到 i'.low ≤ x.int.low。現在考慮在 x 的右子樹裡符合這個條件的任意區間 i''：x.int.low ≤ i''.low。將不等式寫在一起，可得

$i.high < i'.low$
$\leq x.int.low$
$\leq i''.low$

因為 $i.high < i''.low$，區間三歧性告訴我們，i 與 i'' 不重疊。因為我們選擇 i'' 作為 x 的右子樹裡的任意區間，所以在 x 的右子樹裡沒有節點與 i 重疊。 ∎

因此，INTERVAL-SEARCH 程序正確運作。

習題

17.3-1
寫出虛擬碼 LEFT-ROTATE 來處理區間樹裡的節點，讓它在 $O(1)$ 時間內更新所有改變的 *max* 屬性。

17.3-2
寫出一種有效率的演算法，讓它接收一個區間 i，回傳一個與 i 重疊的、低端點最小的區間，如果沒有這樣的區間，則回傳 $T.nil$。

17.3-3
你有一棵區間樹 T 與一個區間 i，說明如何在 $O(\min\{n, k \lg n\})$ 時間內，列出 T 中與 i 重疊的所有區間，其中，k 是輸出串列中的區間數量（提示：有一種簡單的方法是發出多個查詢，並在查詢之間修改樹。比較複雜的方法不修改樹）。

17.3-4
修改區間樹程序以支援新操作 INTERVAL-SEARCH-EXACTLY(T, i)，其中 T 是區間樹，i 是區間。該操作應回傳一個指向 T 的節點 x 的指標，滿足 $x.int.low = i.low$ 及 $x.int.high = i.high$，如果 T 裡面沒有這樣的節點，則回傳 $T.nil$。所有操作都要以 $O(\lg n)$ 執行時間處理具有 n 個節點的區間樹，包括 INTERVAL-SEARCH-EXACTLY。

17.3-5
說明如何維護一個支援 MIN-GAP 操作的數字動態集合 Q，該操作提供 Q 裡面兩個彼此最接近的數字之差的絕對值。例如，如果 $Q = \{1, 5, 9, 15, 18, 22\}$，那麼 MIN-GAP$(Q)$ 回傳 3，因為 15 與 18 是在 Q 裡最接近的兩個數字。讓 INSERT、DELETE、SEARCH 與 MIN-GAP 盡可能地高效，並分析它們的執行時間。

★ 17.3-6
VLSI 資料庫通常以一系列的矩形來表示積體電路。假設每個矩形都放在直角方向（它們的邊與 x 軸和 y 軸平行），因此每個矩形都用四個值來表示，也就是它們的最小和最大的 x 和 y 座標。寫一個 $O(n \lg n)$ 時間的演算法，來計算採取這種表示方式的 n 個矩形裡，是否有兩個重疊的矩形。你的演算法不需要回報每一對重疊的矩形，但如果有一個矩形完全覆蓋另一個矩形，即使邊線不相交，也必須回報這個重疊情況（提示：用一條「掃描」線掃過這些矩形）。

挑戰

17-1 最多重疊點
你想要記錄一組區間的**最多重疊點**，也就是在這組區間中，哪一點有最多重疊的區間。

a. 證明一定有一個最多重疊點是其中的一個區間的端點。

b. 設計一個資料結構來高效地支援 INTERVAL-INSERT、INTERVAL-DELETE 和 FIND-POM 操作，FIND-POM 可回傳一個最多重疊點（提示：使用一棵包含所有端點的紅黑樹。將每一個左端點設為 +1 值，將每個右端點設為 −1 值。用額外的資訊來擴增樹的每個節點，以維護最多重疊點）。

17-2 Josephus 排列
*Josephus 問題*的定義如下。有 n 個人圍成一個圓，有個正整數 $m \leq n$。我們先指定一個人，然後繞著圓前進，每隔 m 個人就移出一個人。在移出一個人之後，繼續繞著剩餘的圓計數，這個程序持續進行，直到圓沒有人為止。對於整數 $1, 2, ..., n$，被移出圓的人的順序就是 **(n, m)-Josephus 排列**。例如，$(7, 3)$-Josephus 排列是 $\langle 3, 6, 2, 7, 5, 1, 4 \rangle$。

a. 假設 m 是常數。寫出一個 $O(n)$ 時間的演算法，讓它接收整數 n，輸出 (n, m)-Josephus 排列。

b. 假設 m 不一定是常數。寫出一個 $O(n \lg n)$ 時間的演算法，讓它接收整數 n 與 m，輸出 (n, m)-Josephus 排列。

後記

Preparata 和 Shamos 於他們的書中 [364] 介紹了在文獻中出現的幾種區間樹,他們引用了 H. Edelsbrunner (1980) 和 E. M. McCreight (1981) 的研究。該書詳細介紹一種區間樹,在接收一個由 n 個區間組成的靜態資料庫後,可以在 $O(k + \lg n)$ 時間內,列出與特定區間重疊的全部 k 個區間。

18 B 樹

B 樹是平衡搜尋樹，它是為了在磁碟機、或其他直接存取的二級儲存設備上良好運作而設計的。B 樹類似紅黑樹（第 13 章），但它更擅長將存取磁碟的操作數量降到最低（我們通常只說「磁碟」，而不是「磁碟機」）。許多資料庫系統都使用 B 樹或 B 樹的變體來儲存資訊。

B 樹與紅黑樹的不同之處在於，B 樹的節點可以有很多子節點，從幾個到幾千個不等。也就是說，B 樹的「分支因子」可能很大，儘管它通常取決於磁碟機的特性。B 樹與紅黑樹類似之處在於，每一棵有 n 個節點的 B 樹的高度都是 $O(\lg n)$，所以 B 樹可以在 $O(\lg n)$ 時間內實現許多動態集合操作。但是 B 樹的分支因子比紅黑樹更大，所以計算 B 樹高度的對數的底數較大，因此它的高度可能大幅降低。

B 樹以自然的方式對二元搜尋樹進行了泛化（generalize）。圖 18.1 是一種簡單的 B 樹。如果 B 樹的內部節點 x 有 $x.n$ 個鍵，它就有 $x.n + 1$ 個子節點。在節點 x 裡的鍵都是分界點，它們將 x 處理的鍵的範圍分成 $x.n + 1$ 個子範圍，每個子範圍由 x 的一個子節點處理。在 B 樹中搜尋鍵時，會與 x 儲存的 $x.n$ 個鍵進行比較，根據比較結果做出 $x.n + 1$ 種決策之一。內部節點存有指向其子節點的指標，但葉節點沒有。

第 18.1 節會提供 B 樹的精確定義，並證明 B 樹的高度僅隨著它裡面的節點數量成對數增長。第 18.2 節會說明如何在 B 樹中搜尋一個鍵和插入一個鍵，第 18.3 節則討論刪除。然而，在繼續討論之前，我們要先了解為磁碟機設計的資料結構、與為隨機存取主記憶體設計的資料結構不同。

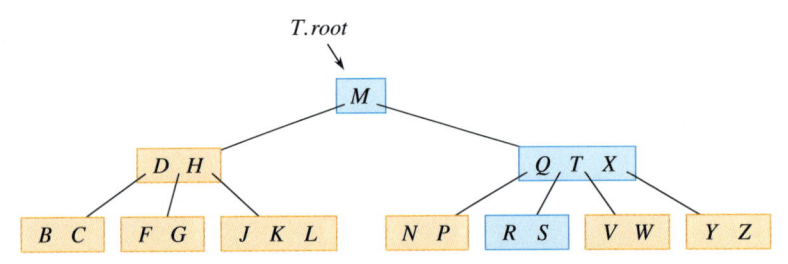

圖 18.1 鍵為英語子音的 B 樹。具有 $x.n$ 個鍵的內部節點 x 有 $x.n + 1$ 個子節點。樹的所有葉節點的深度皆相同。藍色的節點是在搜尋字母 R 時檢查的節點。

在二級儲存設備上的資料結構

計算機系統利用各種技術來提供記憶容量。計算機系統的**主記憶體**通常由記憶體矽晶片組成，這種技術的每位元儲存成本，通常比磁帶或磁碟機等磁性儲存技術貴一個數量級以上。大多數計算機系統也有固態硬碟（SSD）或磁性磁碟機等**二級儲存設備**。這種二級儲存設備的容量往往比主記憶體的容量多一到兩個數量級。固態硬碟的存取時間比磁碟機快，後者是機械設備。近年來，SSD 的容量不斷增加，價格卻不斷下降。磁碟機的容量通常比固態硬碟高得多，它們仍然是儲存大量資訊時較具成本效益的一種手段。容量為幾 TB[1] 的磁碟機可以在 100 美元以下買到。

圖 18.2 是典型的磁碟機。磁碟機由一個或多個**磁盤**組成，它們以固定的速度繞著同一個**轉軸**旋轉。每個磁盤的表面都塗有磁性物質。磁碟機用一根**磁臂**末端的**磁頭**對每一片磁盤進行讀取和寫入。磁臂可以將磁頭朝著主軸或轉軸移動。磁頭固定不動時，經過它下方的表面被稱為**磁軌**。

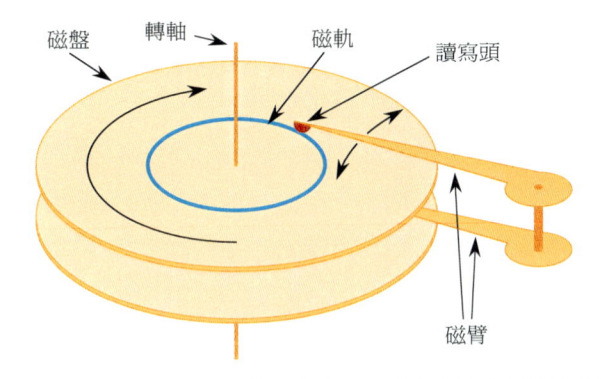

圖 18.2 典型的磁碟機。它由一個或多個塗有磁性材料的磁盤組成（圖中有兩塊磁盤），磁盤圍繞一個轉軸旋轉。每個磁盤都用磁臂末端的磁頭（紅色）來讀寫。磁臂圍繞同一個轉軸旋轉。磁軌是當磁頭固定不動時，在磁頭下面移動的表面。

雖然磁碟機比主記憶體便宜，容量也更大，但由於它們有需要移動的機械零件，所以速度慢得多。機械運動有兩個成分：磁盤旋轉和磁臂移動。截至目前，商品級磁碟機的旋轉速度為每分鐘 5400~15,000 轉（RPM）。伺服器級硬碟的典型速度是 15,000 RPM，桌機硬碟是 7200 RPM，而筆電硬碟是 5400 RPM。7200 轉看起來很快，但旋轉一次需要 8.33 毫秒，這比主記憶體常見的 50 奈秒存取時間（或多或少）還要久 5 個數量級。換句話說，計算機等

1　在指出磁碟容量時，一 TB 是一兆 bytes，而不是 2^{40} bytes。

待一次完整的旋轉，使特定的項目跑到讀／寫頭下面的時間，可以存取主記憶體超過 10 萬次。雖然平均等待時間只有半次旋轉，但主記憶體的存取時間與磁碟機相比仍有巨大差異。移動磁臂也需要一些時間。截至目前，商品級磁碟機的平均存取時間約為 4 毫秒。

為了分攤等待機械運動的時間（也就是所謂的延遲），磁碟機不會一次只存取一個項目，而是一次存取多個。資訊會被分為若干大小相等且被放在連續磁軌上的位元區塊，每一次磁碟的讀寫都會讀寫一個或多個完整區塊的資訊[2]。典型的磁碟機的區塊大小是 512 到 4096 bytes。當讀寫頭被放到正確位置，而且磁盤被旋轉到所需的區塊的開頭之後，讀寫磁碟機就是完全電子化的（除了磁盤的旋轉之外），磁碟機可以快速地讀寫大量的資料。

一般來說，從磁碟找到一塊資訊並讀取它所花費的時間，比處理所有讀到的資訊更久。因此，本章將分別研究執行時間的兩個主要成分：

- 磁碟存取次數，以及
- CPU（計算）時間。

我們用需要讀取或寫入的資訊區塊數量來衡量磁碟存取次數。雖然磁碟存取時間不是固定的，因為它取決於當下軌道和目標軌道之間的距離，也取決於磁盤的初始旋轉位置，但所讀取或所寫入的區塊數量是很好的一級近似值，可反映存取磁碟所需的總時間。

實際使用典型的 B 樹時需要處理的資料量非常大，無法將所有資料一次放入主記憶體。B 樹演算法會根據需要，將選定的區塊從磁碟複製到主記憶體中，並將發生改變的區塊寫回磁碟。B 樹演算法無論何時都只在主記憶體中保留固定數量的區塊，因此主記憶體的大小不限制它可處理的 B 樹大小。

B 樹程序必須能夠將資訊從磁碟讀到主記憶體，並將資訊從主記憶體寫到磁碟。考慮某個物件 x。如果 x 目前在計算機的主記憶體內，那麼程式碼可以像往常一樣引用 x 的屬性，例如 $x.key$。然而，如果 x 在磁碟上，那麼程序必須先執行 DISK-READ(x) 操作，將包含物件 x 的區塊讀入主記憶體，才能引用 x 的屬性（假設 x 已經在主記憶體中，那麼 DISK-READ(x) 不需要讀取磁碟，它是一個「無操作（no-op）」）。同理，程序呼叫 DISK-WRITE(x) 在磁碟中寫入包含 x 的區塊，來保存物件 x 的屬性發生的任何改變。因此，使用物件的典型模式如下：

---

[2] 固態硬碟的延遲也比主記憶體和存取區塊內的資料更久。

$x = $ 指向某個物件的指標
DISK-READ(x)
讀取與／或修改 x 的屬性的操作
DISK-WRITE(x)   // 若 x 的屬性皆不變則省略
讀取但不修改 x 的屬性的其他操作

無論何時，系統只能在主記憶體中保存有限數量的區塊。我們的 B 樹演算法假設系統會自動將主記憶體內再也用不到的區塊移除。

因為在大多數系統中，B 樹演算法的執行時間主要取決於它執行多少個 DISK-READ 和 DISK-WRITE 操作，所以我們通常希望這些操作可以盡可能多地讀取或寫入資訊。因此，一個 B 樹節點通常和整個磁碟區塊一樣大，這個大小限制了一個 B 樹節點可以擁有的子節點數量。

被儲存在磁碟機裡的大型 B 樹的分支因子通常介於 50 與 2000 之間，取決於鍵與區塊的相對大小。大分支因子可大大降低樹的高度，和減少找到任何鍵所需的磁碟讀取次數。圖 18.3 是一個分支因子為 1001、高度為 2 的 B 樹，它可以儲存超過 10 億個鍵。儘管如此，如果根節點永久保存在主記憶體裡，最多只需要兩次磁碟存取就足以找到此樹中的任何鍵。

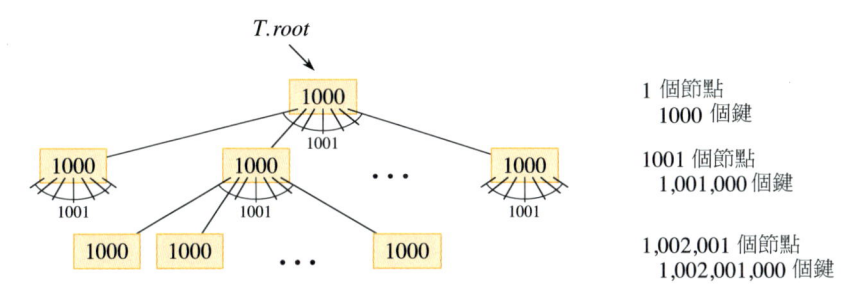

圖 18.3 這棵高度為 2 的 B 樹擁有超過 10 億個鍵。在每個節點裡面的數字是 $x.n$，也就是在 x 裡面的鍵數。每個內部節點與葉節點都有 1000 個鍵。這棵 B 樹有 1001 個節點在深度 1，在深度 2 有超過 100 萬個葉節點。

18.1 B 樹的定義

為了簡單起見，我們假設，與特定鍵有關的所有衛星資訊都被放在與鍵相同的節點中，和我們在討論二元搜尋樹和紅黑樹時假設的一樣。在實際情況下，你可能只會將一個指向其他磁碟區塊的指標和鍵存放在一起，並將鍵的衛星資訊存放在那個磁碟區塊裡。本章的虛擬碼隱性假設，在鍵從一個節點移到另一個節點時，與該鍵相關的衛星資訊，或指向衛星資訊的指標，會與該鍵一起移動。B 樹有一種常見的變體稱為 B^+ 樹，它會將所有衛星資訊儲存在葉節點中，只在內部節點中儲存鍵和子節點指標，進而將內部節點的分支係數最大化。

B 樹 T 是一棵有根的樹，其根 $T.root$ 有以下特性：

1. 每個節點都有以下屬性：

    a. 目前在 x 裡的鍵數，$x.n$，

    b. $x.n$ 個鍵本身（$x.key_1, x.key_2, \ldots, x.key_{x.n}$），依單調遞增順序儲存，所以 $x.key_1 \leq x.key_2 \leq \cdots \leq x.key_{x.n}$，

    c. 布林值 $x.leaf$，若 x 是葉節點為 TRUE，若 x 是內部節點為 FALSE。

2. 每個內部節點 x 也存有 $x.n + 1$ 個指向它的子節點的指標 $x.c_1, x.c_2, \ldots, x.c_{x.n+1}$。葉節點沒有子節點，所以它們的 c_i 屬性是未定義的。

3. 鍵 $x.key_i$ 將儲存在每棵子樹中的鍵範圍分隔開來：若 k_i 是被儲存在根為 $x.c_i$ 的子樹內的任意鍵，則

    $$k_1 \leq x.key_1 \leq k_2 \leq x.key_2 \leq \cdots \leq x.key_{x.n} \leq k_{x.n+1}$$

4. 所有葉節點都有相同的深度，該深度是樹的高度 h。

5. 節點有它的鍵的數量的下限和上限，用一個固定的整數 $t \geq 2$ 來表示，這個整數稱為 B 樹的**最小度數**（*minimum degree*）：

    a. 除了根節點之外的每個節點都必須至少有 $t-1$ 個鍵。因此，除了根節點之外的每個內部節點都至少有 t 個子節點。如果樹是非空的，根一定至少有一個鍵。

    b. 每個節點最多可容納 $2t-1$ 個鍵。因此，一個內部節點最多可能有 $2t$ 個子節點。如果節點容納 $2t-1$ 個鍵，我們說該節點是**滿的**（*full*）[3]。

---

[3] B 樹的另一種常見的變體稱為 $B*$ 樹，它要求每個內部節點至少要 2/3 滿，而不是像 B 樹那樣至少半滿。

$t = 2$ 的 B 樹是最簡單的。每個內部節點有 2 個、3 個或 4 個子節點，也就是它是一棵 **2-3-4 樹**，然而，在實際情況下，t 值越大，B 樹的高度越小。

B 樹的高度

針對 B 樹的大多數操作所需的磁碟存取次數與 B 樹的高度成正比。以下的定理說明 B 樹在最壞情況下的高度限制。

定理 18.1

如果 $n \geq 1$，那麼對任何鍵數為 n，高度為 h，最小度數 $t \geq 2$ 的 B 樹 T 而言

$$h \leq \log_t \frac{n+1}{2}$$

證明 根據定義，非空 B 樹 T 的根至少有一個鍵，且所有其他節點都至少有 $t-1$ 個鍵。設 h 是 T 的高度。那麼，T 的深度 1 至少有 2 個節點，深度 2 至少有 $2t$ 個節點，深度 3 至少有 $2t^2$ 個節點，以此類推，直到深度 h 至少有 $2t^{h-1}$ 個節點。圖 18.4 是 $h = 3$ 的這種樹。因此，鍵數 n 滿足不等式

$$\begin{aligned} n &\geq 1 + (t-1) \sum_{i=1}^{h} 2t^{i-1} \\ &= 1 + 2(t-1) \left(\frac{t^h - 1}{t - 1} \right) \quad \text{（根據第 1098 頁的式 (A.6)）} \\ &= 2t^h - 1 \end{aligned}$$

所以 $t^h \leq (n+1)/2$。對不等式的兩邊取以 t 為底的對數即可證明這個定理。

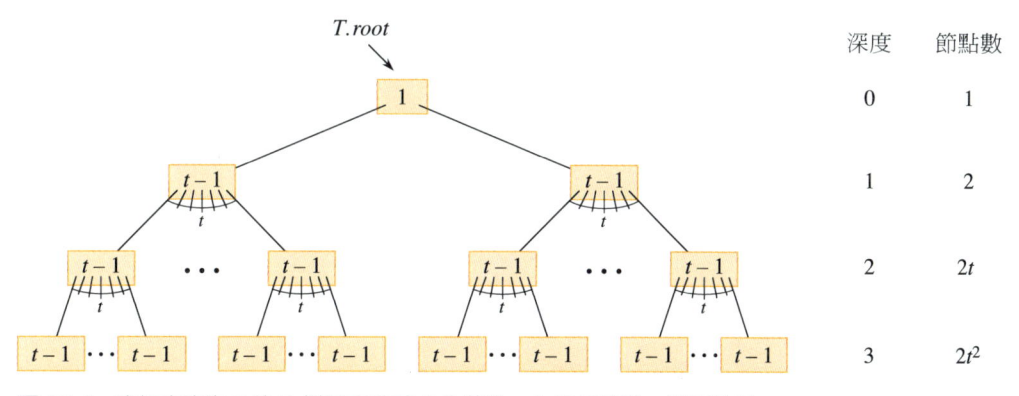

圖 18.4 這棵高度為 3 的 B 樹裡面有最少的鍵數。在每個節點 x 裡面的是 $x.n$。

你可以看出 B 樹優於紅黑樹之處，儘管這兩種樹的高度都以 $O(\log n)$ 增長（t 是常數），但是對 B 樹來說，對數的底數可能大很多倍。因此，對於針對樹的大多數操作而言，在 B 樹中需要檢查的節點數量比紅黑樹少了大約 $\lg t$ 倍。因為檢查樹中的節點通常需要存取磁碟，B 樹可避免大量的磁碟存取。

習題

18.1-1
為什麼最小度數 D 不能等於 1？

18.1-2
t 的值是多少才能讓圖 18.1 的樹成為合法的 B 樹？

18.1-3
畫出最小度數為 2 且儲存鍵 1、2、3、4、5 的所有合法 B 樹。

18.1-4
一棵高度為 h 的 B 樹最多可以儲存多少鍵？用最小度數 t 的函數來回答。

18.1-5
如果紅黑樹的每個黑色節點都吸收它的紅色子節點，將它們的子節點與自己的合併，這樣會產生什麼資料結構？

18.2 針對 B 樹的基本操作

本節將介紹 B-Tree-Search、B-Tree-Create 和 B-Tree-Insert 操作的細節。這些程序遵守兩個規範。

- B 樹的根始終位於主記憶體裡，所以任何程序都不必對著根節點執行 Disk-Read。但是，如果根節點發生任何改變，那就必須針對根節點呼叫 Disk-Write。
- 當成參數來傳遞的節點都必須被執行過 Disk-Read 操作。

這些程序都是「單程」演算法，它們從樹的根開始向下執行，不需要往回走。

搜尋 B 樹

搜尋 B 樹的過程很像搜尋二元搜尋樹,唯一的不同是在每個節點上,搜尋不是做出二元或「兩路」的分支決策,而是根據節點的子節點數量進行多分支決策。更精確地說,搜尋程序在每一個內部節點 x 處,會做出一個有 $x.n + 1$ 個選擇的決策。

B-Tree-Search 程序擴展第 303 頁的那個為二元搜尋樹定義的 Tree-Search 程序。它接收一個指向子樹根節點 x 的指標和一個想在該子樹裡搜尋的鍵 k。因此,頂層呼叫是 B-Tree-Search($T.root, k$)。如果 k 在 B 樹裡,那麼 B-Tree-Search 會回傳有序的 (y, i),包含節點 y 與一個索引 i,且 $y.key_i = k$。否則,程序回傳 NIL。

B-Tree-Search(x, k)
1 $i = 1$
2 **while** $i \leq x.n$ and $k > x.key_i$
3      $i = i + 1$
4 **if** $i \leq x.n$ and $k == x.key_i$
5   **return** (x, i)
6 **elseif** $x.leaf$
7   **return** NIL
8 **else** Disk-Read($x.c_i$)
9   **return** B-Tree-Search($x.c_i, k$)

B-Tree-Search 的第 1~3 行使用線性搜尋程序來尋找滿足 $k \leq x.key_i$ 的最小索引 i,若找不到,就將 i 設為 $x.n + 1$。第 4~5 行確認搜尋是否發現鍵,若有,回傳它,否則,若 x 是葉節點,則第 7 行不成功地終止搜尋。若 x 是內部節點,第 8~9 行在對該子節點執行必要的 Disk-Read 後,遞迴搜尋 x 的適當子樹。圖 18.1 是 B-Tree-Search 的操作。藍色節點是在搜尋鍵 R 時檢查的節點。

與二元搜尋樹的 Tree-Search 程序一樣,在遞迴過程中遇到的節點形成一條從根往下走的簡單路徑。因此,B-Tree-Search 程序存取了 $O(h) = O(\log_t n)$ 個磁碟區塊,其中 h 是 B 樹的高度,n 是 B 樹的鍵數。由於 $x.n < 2t$,第 2~3 行的 **while** 迴圈在每個節點花費 $O(t)$ 時間,總 CPU 時間是 $O(th) = O(t \log_t n)$。

建立空 B 樹

為了建立一棵 B 樹 T,我們先使用下一頁的 B-Tree-Create 程序來建立一個空的根節點,然後呼叫第 486 頁的 B-Tree-Insert 程序來加入新鍵。這兩個程序都使用輔助程序 Allocate-

NODE，我們省略它的虛擬碼，它可以在 $O(1)$ 時間內配置一個磁碟區塊來當成新節點使用。ALLOCATE-NODE 建立的節點不需要執行 DISK-READ，因為該節點在磁碟中還沒有儲存有用的資訊。B-TREE-CREATE 需要 $O(1)$ 次磁碟操作與 $O(1)$ CPU 時間。

B-TREE-CREATE(T)
1    $x = $ ALLOCATE-NODE()
2    $x.leaf = $ TRUE
3    $x.n = 0$
4   DISK-WRITE(x)
5    $T.root = x$

將鍵插入 B 樹

將鍵插入 B 樹比將鍵插入二元搜尋樹還要複雜得多。與二元搜尋樹一樣，你會搜尋要插入新鍵的葉節點位置。然而，在 B 樹中，你不能直接建立一個新的葉節點並插入它，因為這樣做出來的樹不是一棵有效的 B 樹。你要把新鍵插入現有的葉節點。由於無法將鍵插入已滿的葉節點，所以你需要用一個操作，在一個滿節點 y（有 $2t-1$ 個鍵）的中位鍵 $y.key_t$ 將它拆成兩個只有 $t-1$ 個鍵的節點，並將中位鍵上移到 y 的父節點中，以標識兩棵新樹的分界點。但是，如果 y 的父節點也是滿的，你必須在插入新鍵之前拆開它，因此，你最終可能沿著樹往上，一路拆開滿的節點。

為了避免回溯至樹的上層，你只要在向下遍歷樹時，將遇到的每一個滿節點進行拆分。這樣，每當你需要拆開一個完整的節點時，你就可以保證它的父節點不是滿的。於是，將鍵插入 B 樹，只需從根節點向下遍歷樹，直到葉節點，完成一次遍歷即可。

拆開 B 樹的節點

下一頁的 B-TREE-SPLIT-CHILD 程序接收一個**非滿**的內部節點 x（假設它在主記憶體內）與一個滿足 $x.c_i$（也假設在主記憶體內）是 x 的**滿**子節點的索引 i。這個程序將這個子節點拆成兩個，並調整 x 來讓它有一個額外的子節點。為了拆開滿根節點，你要先將根節點設為一個新的空根節點的子節點，以便使用 B-TREE-SPLIT-CHILD。因此，這棵樹的高度會加 1，拆開節點是讓樹長高的唯一手段。

B-Tree-Split-Child(x, i)
1   y = x.c_i   // 要拆開的滿節點
2   z = Allocate-Node()   // z 將占 y 的一半
3   z.leaf = y.leaf
4   z.n = t − 1
5   for j = 1 to t − 1   // z 取得 y 的最大鍵…
6   z.key_j = y.key_{j+t}
7   if not y.leaf
8   for j = 1 to t   // …與它的相應子節點
9   z.c_j = y.c_{j+t}
10 y.n = t − 1   // y 有 t−1 個鍵
11 for j = x.n + 1 downto i + 1   // 將 x 的子節點往右移…
12   x.c_{j+1} = x.c_j
13 x.c_{i+1} = z   // …來挪出空間，讓 z 成為子節點
14 for j = x.n downto i   // 移動在 x 內相應的鍵
15   x.key_{j+1} = x.key_j
16 x.key_i = y.key_t   // 插入 y 的中位鍵
17 x.n = x.n + 1   // x 獲得一個子節點
18 Disk-Write(y)
19 Disk-Write(z)
20 Disk-Write(x)

圖 18.5 說明如何將一個節點拆開。B-Tree-Split-Child 根據滿節點 $y = x.c_i$ 的中位鍵（圖中的 S）將它拆開，將中位鍵上移到 y 的父節點 x。在 y 裡，大於中位鍵的鍵被移到新節點 z 中，讓 z 成為 x 的一個新子節點。

B-Tree-Split-Child 直接使用剪下與貼上，節點 x 是被拆開的節點 y 的父節點，y 是 x 的第 i 個子節點（在第 1 行設定）。節點 y 原本有 $2t$ 個子節點與 $2t-1$ 個鍵，但拆開 y 會將它減成 t 個子節點與 $t-1$ 個鍵。y 最大的 t 個子節點與 $t-1$ 個鍵被移到 z，z 成為 x 的新子節點，在 x 的子節點表裡，z 的位置在 y 的後面。y 的中位鍵被往上移，變成節點 x 裡的鍵，分開指向 y 與 z 的指標。

第 2~9 行建立節點 z 並給它最大的 $t-1$ 個鍵，如果 y 與 z 是內部節點，也給它 y 的 t 個子節點。第 10 行調整 y 的鍵數。然後，第 11~17 行將 x 裡的鍵和子節點指標右移，以便為 x 的子節點騰出空間，插入 z 作為 x 的新子節點，將 y 的中位鍵上移至 x，以便將 y 和 z 分開，並調整 x 的鍵數。第 18~20 行寫出所有修改過的磁碟區塊。因為有第 5~6 行和第 8~9 行的 for 迴圈，B-Tree-Split-Child 使用的 CPU 時間是 $\Theta(t)$（第 11~12 行和第 14~15 行的 for 迴圈也執行了 $O(t)$ 次迭代）。這個程序執行 $O(1)$ 次磁碟操作。

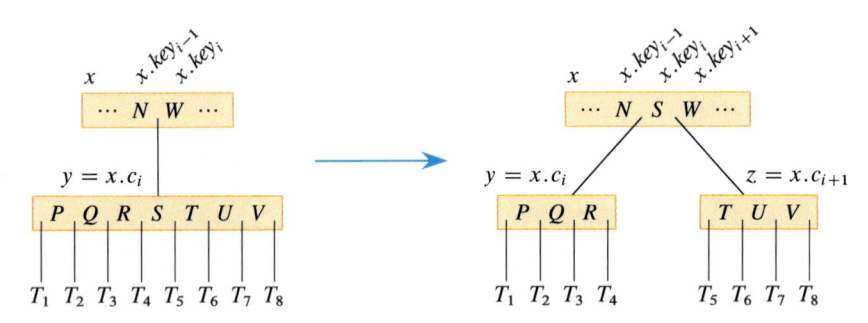

圖 18.5 拆開一個 $t = 4$ 的節點。節點 $y = x.c_i$ 被拆成兩個節點（y 與 z），y 的中位鍵 S 被上移至 y 的父節點裡。

在 B 樹中單程往下走，來插入一個鍵

將一個鍵 k 插入高度為 h 的 B 樹 T 只需要在樹中單程往下走一次，以及進行 $O(h)$ 次磁碟存取即可完成。做這件事的 CPU 時間是 $O(th) = O(t \log_t n)$。B-TREE-INSERT 程序使用 B-TREE-SPLIT-CHILD 來保證遞迴永遠不會下降到一個滿節點。如果根是滿的，B-TREE-INSERT 會藉著呼叫下一頁的 B-TREE-SPLIT-ROOT 程序來將它拆開。

B-TREE-INSERT(T, k)
1 $r = T.root$
2 **if** $r.n == 2t - 1$
3 $s = $ B-TREE-SPLIT-ROOT(T)
4 B-TREE-INSERT-NONFULL(s, k)
5 **else** B-TREE-INSERT-NONFULL(r, k)

B-TREE-INSERT 的工作方式如下。如果根是滿的，第 3 行呼叫 B-TREE-SPLIT-ROOT 來將它拆開。新節點 s（有兩個子節點）變成根，由 B-TREE-SPLIT-ROOT 回傳。如圖 18.6 所示，拆開根節點是增加 B 樹高度的唯一手段。與二元搜尋樹不同的是，B 樹是從最上面增加高度，而不是從最下面。無論是否拆開根節點，B-TREE-INSERT 在結束時都會呼叫 B-TREE-INSERT-NONFULL，來將鍵 k 插入以非滿根節點為根的樹中，該節點可能是新根（第 4 行的呼叫）或原始根（第 5 行的呼叫）。

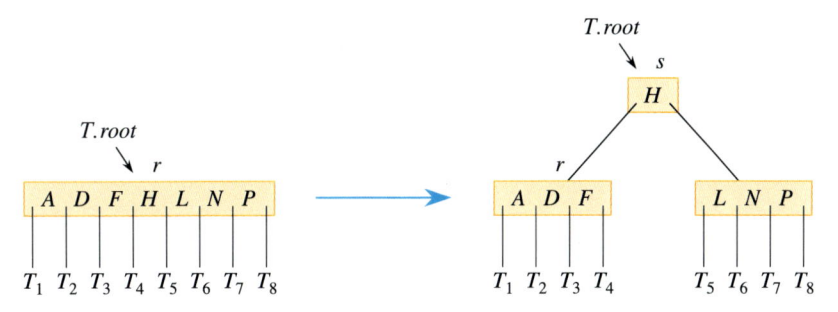

圖 18.6 拆開 $t = 4$ 的根。我們將根節點 r 拆成兩個，並建立新根節點 s。新根裡面有 r 的中位鍵，r 的兩半成為新根的子節點。根被拆開時，B 樹的高度加一。B 樹的高度只會在根被拆開時增加。

B-TREE-SPLIT-ROOT(T)
1 $s =$ ALLOCATE-NODE()
2 $T.root = s$
3 $s.leaf =$ FALSE
4 $s.n = 0$
5 $s.c_1 = r$
6 B-TREE-SPLIT-CHILD($s, 1$)
7 **return** s

第 489 頁的輔助程序 B-TREE-INSERT-NONFULL 可將鍵 k 插入節點 x 中，假設該節點在呼叫這個程序時不是滿的。B-TREE-INSERT-NONFULL 在必要時順著樹往下遞迴，並在必要時呼叫 B-TREE-SPLIT-CHILD 來保證它所遞迴的節點是未滿的。B-TREE-INSERT 的操作和 B-TREE-INSERT-NONFULL 的遞迴操作保證這個假設是成立的。

圖 18.7 說明 B-TREE-INSERT-NONFULL 將一個鍵插入 B 樹的各種情況。第 3~8 行處理 x 是葉節點的情況，它將鍵 k 插入 x，將 x 中大於 k 的所有鍵右移。如果 x 不是葉節點，那麼 k 應該進入以內部節點 x 為根的子樹的適當葉子節點。第 9~11 行決定遞迴該下降到哪個子節點 $x.c_i$。第 13 行檢查遞迴是否下降到一個滿的子節點，若是如此，第 14 行呼叫 B-TREE-SPLIT-CHILD 來將該子節點分成兩個非滿的子節點，第 15~16 行確定兩個子節點中的哪一個是正確的下降目的（注意，在第 16 行遞增 i 之後不需要執行 DISK-READ($x.c_i$)，因為在這種情況下，遞迴程序會下降至 B-TREE-SPLIT-CHILD 剛建立的子節點）。因此，第 13~16 行的淨效果是保證此程序絕不會遞迴至一個滿節點。第 17 行遞迴地將 k 插入適當的子樹中。

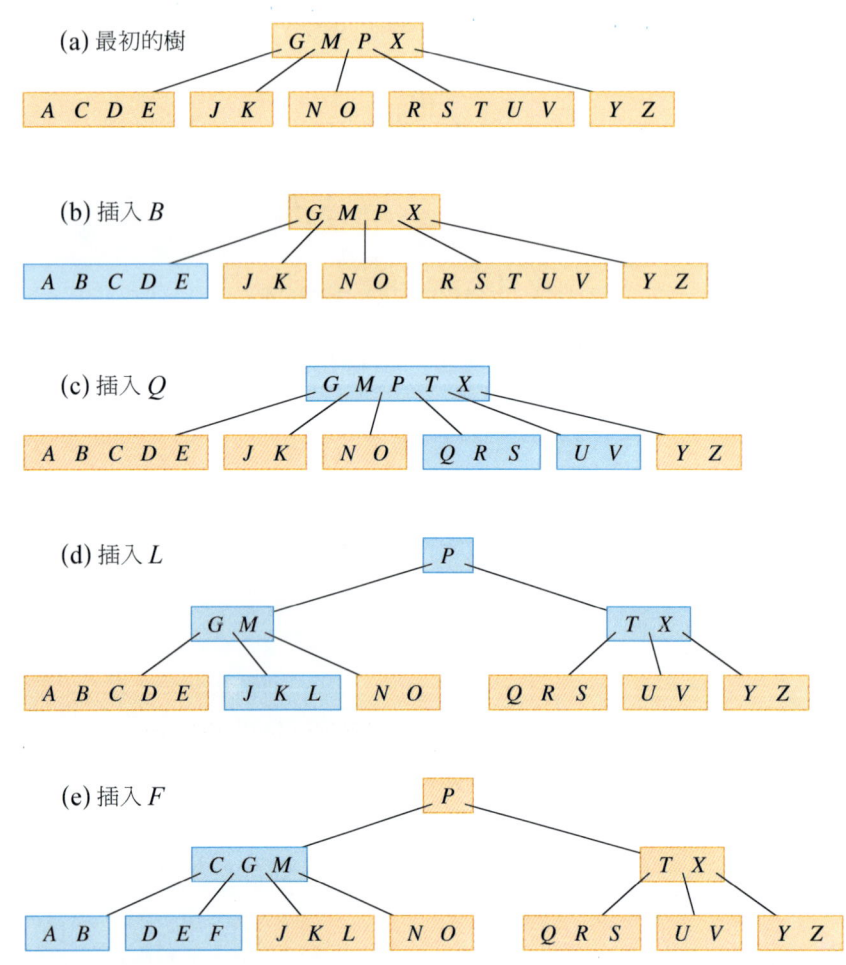

圖 18.7 將鍵插入 B 樹。這棵 B 樹的最小度數 t 是 3，因此，一個節點最多可以容納 5 個鍵。藍色節點是在插入過程中修改的節點。**(a)** 這個例子最初的樹。**(b)** 將 B 插入最初的樹中的結果。這次是簡單地插入葉節點。**(c)** 將 Q 插入上一棵樹的結果。*RSTUV* 節點被分成包含 *RS* 和 *UV* 的兩個節點，T 被上移至根，Q 被插入兩半的左節點（*RS* 節點）。**(d)** 將 L 插入上一棵樹中的結果。根被分開，因為它是滿的，且 B 樹的高度加一。然後 L 被插入包含 *JK* 的葉節點。**(e)** 將 F 插入上一棵樹的結果。節點 *ABCDE* 被分開，然後 F 被插入右半部（*DE* 節點）。

B-TREE-INSERT-NONFULL(x, k)

```
 1  i = x.n
 2  if x.leaf                             // 插入葉節點？
 3      while i ≥ 1 and k < x.key_i       // 移動 x 裡的鍵來為 k 騰出空間
 4          x.key_{i+1} = x.key_i
 5          i = i − 1
 6      x.key_{i+1} = k                   // 將鍵 k 插入 x
 7      x.n = x.n + 1                     // 現在 x 的鍵多 1 個
 8      DISK-WRITE(x)
 9  else while i ≥ 1 and k < x.key_i      // 找出 k 所屬的子節點
10          i = i − 1
11      i = i + 1
12      DISK-READ(x.c_i)
13      if x.c_i.n == 2t − 1              // 如果子節點是滿的，拆開它
14          B-TREE-SPLIT-CHILD(x, i)
15          if k > x.key_i                // k 要放入 x.c_i 還是 x.c_{i+1}？
16              i = i + 1
17      B-TREE-INSERT-NONFULL(x.c_i, k)
```

對高度為 h 的 B 樹而言，B-TREE-INSERT 執行 $O(h)$ 次磁碟存取，因為樹的每一層只發生 $O(1)$ 次 DISK-READ 與 DISK-WRITE 操作。樹的每一層使用的總 CPU 時間是 $O(t)$，總時間 $O(th) = O(t \log_t n)$。因為 B-TREE-INSERT-NONFULL 是尾遞迴的（tail-recursive），你可以改用 **while** 迴圈來實作它，進而證明，無論何時，需要放在主記憶體內的區塊數量皆為 $O(1)$。

習題

18.2-1
畫出將這些鍵

$F, S, Q, K, C, L, H, T, V, W, M, R, N, P, A, B, X, Y, D, Z, E$

依序插入最小度數為 2 的空 B 樹的結果。僅畫出某些節點必須拆開之前的樹，以及最終的樹。

18.2-2
解釋在呼叫並執行 B-TREE-INSERT 的過程中，什麼情況下會發生多餘的 DISK-READ 或 DISK-WRITE 操作（多餘的 DISK-READ 就是 DISK-READ 一個已經在記憶體內的區塊，多餘的 DISK-WRITE 就是將一個在磁碟裡面已經存在的資訊區塊寫入磁碟）。

18.2-3
Bunyan 教授主張，B-TREE-INSERT 程序一定會產生一個高度盡可能小的 B 樹。藉著證明當 $t = 2$ 且鍵為 $\{1, 2, \ldots, 15\}$ 時，任何插入順序都無法產生高度盡可能小的 B 樹，來證明教授是錯誤的。

★ 18.2-4
如果你將鍵 $\{1, 2, \ldots, n\}$ 插入最小度數為 2 的空 B 樹中，最終的 B 樹有多少個節點？

18.2-5
因為葉節點不需要保存指向子節點的指標，所以對於相同的磁碟區塊大小，它們可以使用與內部節點不同（更大）的 t 值。說明如何修改 B 樹的建立和插入程序來處理這種改變。

18.2-6
假設你寫出來的 B-TREE-SEARCH 在每個節點內使用二元搜尋而不是線性搜尋。證明這個改變會讓 CPU 時間變成 $O(\lg n)$，無論 t 如何隨 n 而變。

18.2-7
假設磁碟硬體可以讓你任意選擇磁碟區塊的大小，但讀取磁碟區塊需要的時間是 $a + bt$，其中 a 和 b 是特定的常數，t 是使用選定大小的區塊建立的 B 樹的最小度數。說明如何選擇 t 來將 B 樹的搜尋時間（接近）最小化。寫出 $a = 5$ 毫秒，$b = 10$ 微秒時的最佳 t 值。

18.3 在 B 樹中刪除一個鍵

在 B 樹中的刪除類似插入，但比較複雜一些，因為你可以在任何節點中刪除一個鍵，而不僅僅是葉節點，當你在內部節點中刪除一個鍵時，你必須重新排列該節點的子節點。和插入時一樣，你必須防止刪除產生一個違反 B 樹特性的結構。就像節點不能因為插入而變得太大那樣，節點在刪除時也不應該變得太小（唯獨根節點可以少於最小的 $t-1$ 個鍵）。而且就像簡單的插入演算法，在前往鍵被插入之處的路上遇到滿節點時需要往回走一樣，簡單的刪除方法，在前往被刪除的鍵之處的路上遇到有最少鍵的節點時（除了根節點），也需要往回走。

B-Tree-Delete 程序可將鍵 k 從根為 x 的子樹裡刪除。第 312 頁的 Tree-Delete 程序和第 335 頁的 RB-Delete 程序都接收想刪除的節點（可能是之前的搜尋產生的結果），但 Tree-Delete 將搜尋鍵 k 的程序與刪除程序結合起來。為什麼要將搜尋和刪除這兩個操作結合在 B-Tree-Delete 裡？正如 B-Tree-Insert 會在樹中單程下行時防止任何節點變得過滿（擁有超過 $2t-1$ 個鍵），B-Tree-Delete 也會在樹中單程下行，以搜尋鍵並刪除該鍵時，防止任何節點變得過少（擁有少於 $t-1$ 個鍵）。

為了防止任何節點變得過少，B-Tree-Delete 在設計上保證，每當它對著一個節點 x 遞迴呼叫自己時，在 x 裡的鍵數至少是呼叫時的最小度數 t（雖然根的鍵可能少於 t 個，而且遞迴呼叫可能從根發出，但遞迴呼叫不會對著根執行）。這個條件需要的鍵數比一般的 B 樹條件需要的最少鍵多一個，因此，在針對一個子節點進行遞迴呼叫之前，我們可能要將一個鍵從 x 移到它的子節點之一（仍然確保 x 至少具有最小的 $t-1$ 個鍵），進而使得刪除可以用單次向下遍歷完成，而不必返回上層節點。

我們將說明程序 B-Tree-Delete(T, k) 如何從 B 樹 T 中刪除一個鍵 k，但不展示詳細的虛擬碼。我們將研究三種情況，如圖 18.8 所示。這些情況包括當搜尋程序到達一個葉節點時、到達一個包含鍵 k 的內部節點時，以及到達一個不包含鍵 k 的內部節點時。如前所述，在全部的三種情況下，節點 x 至少有 t 個鍵（除非 x 是根節點）。情況 2 和 3（當 x 是內部節點時）可於遞迴程序在 B 樹中下行時保證這個特性。

(a) 最初的樹

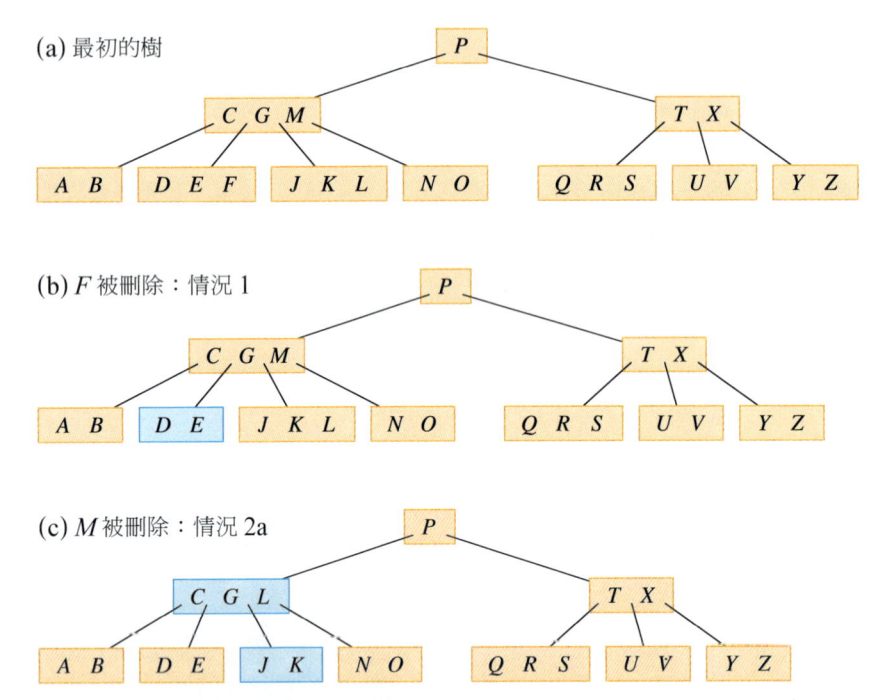

(b) F 被刪除：情況 1

(c) M 被刪除：情況 2a

圖 18.8 將 B 樹裡的鍵刪除。這棵 B 樹的最小度數是 $t = 3$，所以，除了根之外，每一個節點至少必須有 2 個鍵。藍色節點是被刪除程序修改的節點。**(a)** 圖 18.7(e) 的 B 樹。**(b)** 刪除 F，這是情況 1：在搜尋期間造訪的節點（除了根節點外）都至少有 $t = 3$ 個鍵時，在葉節點進行簡單的刪除。**(c)** 刪除 M，這是情況 2a：M 的前一個鍵 L 被上移，補上 M 的位置。

情況 1：搜尋程序到達葉節點 x。如果 x 裡面有鍵 k，將 x 裡的 k 刪除。如果 x 裡面沒有鍵 k，那麼 k 不在 B 樹裡，不需要做其他事情。

情況 2：搜尋程序到達包含鍵 k 的內部節點 x。設 $k = x.key_i$。此時以下三種情況之一會發生，取決於 $x.c_i$（x 的子節點中，k 的前一個子節點）與 $x.c_{i+1}$（x 的子節點中，k 的下一個子節點）裡的鍵數。

情況 2a：$x.c_i$ 至少有 t 個鍵。在根為 $x.c_i$ 的子樹中找到 k 的前一個鍵 k'。遞迴地將 $x.c_i$ 裡的 k' 刪除，在 x 裡將 k 換成 k'（鍵 k' 可以用一次單程下行找到與刪除）。

情況 2b：$x.c_i$ 有 $t-1$ 個鍵，且 $x.c_{i+1}$ 至少有 t 個鍵。這個情況與情況 2a 對稱。在根為 $x.c_{i+1}$ 的子樹中找到 k 的下一個鍵 k'。

(d) G 被刪除：情況 2c

(e) D 被刪除：情況 3b

(e′) 樹的高度縮短

(f) B 被刪除：情況 3a

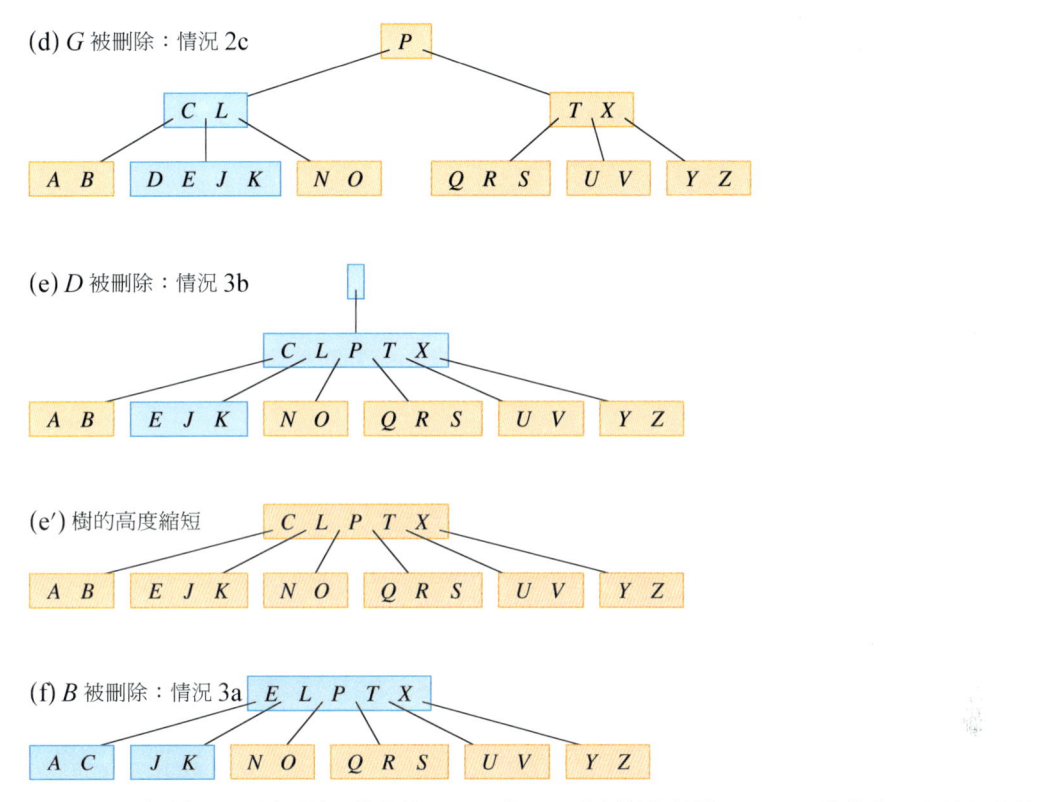

圖 18.8 （續）**(d)** G 被刪除，這是情況 2c：將 G 下移以製作節點 $DEGJK$，然後將 G 從這個葉節點刪除（情況 1）。**(e)** D 被刪除，這是情況 3b：由於節點 CL 只有 2 個鍵，遞迴程序無法下行至該節點，所以將 P 下移，並將它與 CL 和 TX 合併，做成 $CLPTX$。然後將葉節點的 D 刪除（情況 1）**(e′)** 在 (e) 後，刪除空節點。樹的高度縮短 1。**(f)** B 被刪除，這是情況 3a：C 被移去填補 B 的位置，E 被移去填補 C 的位置。

遞迴地在 $x.c_{i+1}$ 中刪除 k'，並在 x 中，將 k 換成 k'（同理，找到 k' 與刪除它可以在一次單程下行中完成）。

情況 2c：$x.c_i$ 與 $x.c_i + 1$ 都有 $t-1$ 個鍵。將 k 與所有的 $x.c_{i+1}$ 都併入 $x.c_i$，所以 x 失去 k 與指向 $x.c_{i+1}$ 的指標，且 $x.c_i$ 現在有 $2t-1$ 個鍵。然後釋出 $x.c_{i+1}$，並遞迴地將 k 從 $x.c_i$ 刪除。

情況 3：搜尋程序到達不含鍵 k 的內部節點 x。繼續在樹中往下搜尋，同時確定造訪的每個節點都至少有 t 個鍵。為此，如果 k 的確在樹中的話，找出必定包含 k 的子樹的根 $x.c_i$。如果 $x.c_i$ 只有 $t-1$ 個鍵，在必要時執行情況 3a 或 3b，以保證往下走到包含至少 t 個鍵的節點。然後，對 x 的適當子節點進行遞迴，完成整個過程。

> **情況 3a**：$x.c_i$ 只有 $t-1$ 個鍵，但是有一個同層節點至少有 t 個鍵。給 $x.c_i$ 一個額外的鍵，做法是將一個鍵從 x 下移至 $x.c_i$。將 $x.c_i$ 的左邊或右邊的同層節點的一個鍵上移至 x，並將同層節點的適當子節點指標移入 $x.c_i$。

> **情況 3b**：$x.c_i$ 與 $x.c_i$ 的左右同層節點都有 $t-1$ 個鍵（$x.c_i$ 可能有一個或兩個同層節點）。將 $x.c_i$ 與一個同層節點合併，這需要將一個鍵從 x 下移至新合併的節點，讓它成為該節點的中位鍵。

在情況 2c 與 3b 中，如果節點 x 是根節點，它最終可能沒有鍵。當這種情況發生時，x 會被刪除，且 x 唯一的子節點 $x.c_i$ 會變成樹的新根。這個動作會將樹的高度減一，並保留樹的根至少有一個鍵的特性（除非樹是空的）。

因為 B 樹的鍵大都在葉節點裡，刪除操作通常刪除葉節點的鍵。然後 B-TREE-DELETE 程序在樹中單程下行，不需要往回走。然而，在刪除內部節點 x 中的一個鍵時，程序可能會在樹中下行，以尋找該鍵的上一個或下一個鍵，然後回到節點 x，將該鍵換成它的上一個或下一個鍵（情況 2a 和 2b）。但是，回到節點 x 不需要遍歷 x 和上一個或下一個鍵的所在節點之間的所有階層，因為程序只需要保存指向 x 的指標和 x 裡面的鍵位置，並將上一個或下一個鍵直接放在那裡。

雖然這個程序看起來很複雜，但是對於高度為 h 的 B 樹來說，它只涉及 $O(h)$ 次磁碟操作，因為在程序中的遞迴呼叫之間，只要呼叫 DISK-READ 和 DISK-WRITE $O(1)$ 次。做這件事的 CPU 時間是 $O(th) = O(t \log_t n)$。

習題

18.3-1
畫出在圖 18.8(f) 的樹中依序刪除 C、P 與 V 的結果。

18.3-2
寫出 B-TREE-DELETE 的虛擬碼。

挑戰

18-1 二級儲存設備的堆疊

我們要在一台計算機裡實作堆疊，這台計算機擁有相對少量的快速主記憶體、和相對較多的慢速磁碟空間。PUSH 和 POP 操作處理的是一個 word 的值。堆疊的大小可以超過記憶體的容量，因此它的多數內容必須儲存在磁碟中。

有一種簡單但低效的做法是將整個堆疊放在磁碟中，並在記憶體中保存一個堆疊指標，指向最高的堆疊元素的磁碟位址。我們從 0 開始檢索區塊編號與區塊內的 word 偏移值，如果指標的值是 p，那麼最上面的元素是磁碟的 $\lfloor p/m \rfloor$ 區塊的第 $p \bmod m$ 個 word，其中，m 是每個區塊的 word 數量。

在實現 PUSH 操作時，我們要遞增堆疊指標，將適當的區塊從磁碟讀到記憶體中，將想 push 的元素複製到區塊的適當 word，並將區塊寫回磁碟。POP 操作與 PUSH 很像，我們要從磁碟讀取適當的區塊，保存堆疊的頂部元素，遞減堆疊指標，並回傳保存的值。我們不需要寫回這個區塊，因為它沒有被修改，且該區塊中包含被 pop 的值的 word 將被忽略。

與分析 B 樹的操作時一樣，有兩個成本很重要：存取磁碟的總次數和 CPU 總時間。磁碟存取也會產生 CPU 時間的成本。具體來說，存取一個 m word 的區塊都會產生一次磁碟存取和 $\Theta(m)$ CPU 時間的成本。

a. 使用這種簡單的做法時，n 次堆疊操作在最壞情況下的磁碟存取漸近次數為何？n 次堆疊操作的 CPU 時間是多少？請用 m 和 n 來表達這一題和接下來幾題的答案。

現在考慮另一種做法，在記憶體中保存一個堆疊區塊（也需要維護少量的記憶體，來記錄當下在記憶體中的區塊是哪個）。只有當相關的磁碟區塊位於記憶體中時，你才能執行堆疊操作。如果有必要，你可以把當下在記憶體中的區塊寫到磁碟，並把新區塊從磁碟讀到記憶體中。如果相關的磁碟區塊已經在記憶體內就不需要做磁盤存取。

b. 在最壞的情況下，n 次 PUSH 操作需要存取幾次磁碟？需要多少 CPU 時間？

c. 在最壞的情況下，n 次堆疊操作需要存取幾次磁碟？需要多少 CPU 時間？

假設你現在要藉著在記憶體中保存兩個區塊來製作堆疊（並使用少量的 word 來做記錄）。

d. 說明如何管理堆疊區塊，讓任何堆疊操作的磁碟存取平攤次數都是 $O(1/m)$，且任何堆疊操作的平攤 CPU 時間都是 $O(1)$。

18-2 結合與分解 2-3-4 樹

結合（*join*）操作會接收兩個動態集合 S' 和 S'' 以及一個元素 x，對任何 $x' \in S'$ 和 $x'' \in S''$ 而言，滿足 $x'.key < x.key < x''.key$。這個操作回傳集合 $S = S' \cup \{x\} \cup S''$。**分解**操作很像結合的「反操作」，它接收一個動態集合 S 與一個元素 $x \in S$，並建立一個集合 S'，裡面有 $S - \{x\}$ 中，鍵小於 $x.key$ 的所有元素，並建立另一個集合 S''，裡面有 $S - \{x\}$ 中，鍵大於 $x.key$ 的所有元素。這個問題探討如何用 2-3-4 樹（$t = 2$ 的 B 樹）來實現這些操作。為了方便起見，假設元素只由鍵組成，且所有的鍵值都不相同。

a. 說明如何使用屬性 $x.height$ 來為 2-3-4 樹的每個節點 x 保存根為 x 的子樹的高度。確保你的做法不會影響搜尋、插入和刪除的漸近執行時間。

b. 說明如何實現結合操作。這個結合操作收到兩棵 2-3-4 樹 T' 和 T'' 以及一個鍵 k 之後，必須在 $O(1 + |h' - h''|)$ 時間內執行，其中 h' 和 h'' 分別是 T' 和 T'' 的高度。

c. 考慮一條從 2-3-4 樹 T 的根到特定鍵 k 的簡單路徑 p、T 中小於 k 的鍵的集合 S'，以及 T 中大於 k 的鍵的集合 S''。證明 p 可將 S' 拆成一組樹 $\{T'_0, T'_1, ..., T'_m\}$ 與一組鍵 $\{k'_1, k'_2, ..., k'_m\}$，滿足 $y < k'_i < z$，其中 $i = 1, 2, ..., m$，且任意鍵 $y \in T'_{i-1}$，$z \in T'_i$。T'_{i-1} 的高度與 T'_i 的高度有什麼關係？說明 p 如何將 S'' 拆成一組樹與鍵。

d. 說明如何實現針對 T 的分解操作。使用結合操作來將 S' 裡面的鍵組成一棵 2-3-4 樹 T'，將 S'' 裡面的鍵組成一棵 2-3-4 樹 T''。分解操作的執行時間應為 $O(\lg n)$，其中 n 是 T 裡的鍵數（提示：結合的成本應該分項對消）。

後記

Knuth [261]、Aho、Hopcroft 與 Ullman [5]，以及 Sedgewick 與 Wayne [402] 針對平衡樹方案和 B 樹做了進一步的討論。Comer [99] 對 B 樹進行了全面的彙整。Guibas 和 Sedgewick [202] 討論了各種平衡樹方案之間的關係，包括紅黑樹和 2-3-4 樹。

J. E. Hopcroft 在 1970 年發明 2-3 樹，它是 B 樹和 2-3-4 樹的前身，它的每一個內部節點都有兩個或三個子節點。Bayer 和 McCreight [39] 在 1972 年提出 B 樹，但並未解釋為何選擇這個名稱。

Bender、Demaine 與 Farach-Colton [47] 研究了如何在有記憶體分層效應時，讓 B 樹很有效率。他們的**快取無關**（*cache-oblivious*）演算法，不需要明確了解記憶體階層所傳輸的資料大小即可有效地運作。

19 不相交集合的資料結構

有些應用需要將 n 個不同的元素分到不相交的集合中，不相交的集合就是沒有共同元素的集合。這些應用往往需要執行兩種操作：尋找包含特定元素的唯一集合，以及合併兩個集合。本章將探討如何維護一個支援這些操作的資料結構。

第 19.1 節介紹不相交集合資料結構所支援的操作，並介紹一種簡單的應用。第 19.2 節介紹不相交集合的簡單鏈接串列實作。第 19.3 節介紹更有效率的表示法，使用有根樹，在使用樹時，執行時間在理論上是超線性的，但是在實際的應用中，它是線性的。第 19.4 節將定義並討論一個增長速度非常快的函數，以及增長速度非常緩慢的反函數，你將在基於樹的實作裡操作的執行時間中看到它們。接下來，我們要用複雜的平攤分析來證明，執行時間的上限僅僅稍微超過線性。

19.1 不相交集合操作

不相交集合資料結構保存一組不相交的動態集合 $\mathcal{S} = \{S_1, S_2, ..., S_k\}$。為了表示每一個集合，我們會選擇一個**代表**，該代表是該集合的某個成員。在某些應用中，使用哪個成員作為代表成員並不重要；唯一重要的是，如果你在兩次查詢之間沒有對動態集合進行修改，當你兩次取得動態集合的代表元素時，你都會得到相同的答案。其他應用可能會用預定的規則來選擇代表，例如選擇集合的最小成員（如果集合的元素可以排序的話）。

就像我們研究過的其他動態集合實作那樣，集合的每個元素都是用一個物件來表示的。假設 x 是一個物件，我們將了解如何支援以下的操作：

MAKE-SET(x)，其中的 x 還不屬於其他集合。此操作會建立一個新集合，x 是該集合的唯一成員（所以是它的代表）。

UNION(x, y) 會將分別包含 x 與 y 的兩個不相交的動態集合（S_x 與 S_y）聯合成一個新集合，新集合是這兩個集合的聯集。此操作產生的集合的代表是 $S_x \cup S_y$ 的任何成員，儘管 UNION 的許多實作選擇 S_x 或 S_y 的代表作為新的代表。由於一組集合在任何時候都必須是不相交的，所以 UNION 操作會破壞集合 S_x 和 S_y，將這兩個集合從 $\mathcal{S}$ 中移除。實際的做法通常是將其中一個集合的元素放入另一個集合中。

Find-Set(x) 回傳一個指標,指向 x 所屬的唯一集合的代表。

本章用兩個參數來分析不相交集合資料結構的執行時間:n,Make-Set 操作的數量,以及 m,Make-Set、Union 和 Find-Set 操作的總數。因為操作總數 m 包括 n 個 Make-Set 操作,所以 $m \geq n$。前面的 n 個操作一定是 Make-Set 操作,所以在前面的 n 個操作之後,集合是由 n 個單一元素集合組成的。這些集合在任何時候都是不相交的,所以每個 Union 操作都會將集合的數量減 1。因此,經過 $n-1$ 次 Union 操作後,集合只剩下一個,所以 Union 操作最多可能發生 $n-1$ 次。

不相交集合資料結構的應用

不相交集合資料結構有許多應用,其中一種是找出無向圖的連通成分(見第 B.4 節)[譯註]。例如,圖 19.1(a) 是一張具有四個連通成分的圖。

下一頁的程序 Connected-Components 使用不相交集合操作來計算圖的連通成分。用 Connected-Components 程序來對圖進行前置作業後,Same-Component 程序就可以回答「兩個頂點是否屬於同一個連通成分」的問題。在虛擬碼裡,我們用 $G.V$ 來代表圖 G 的頂點集合,用 $G.E$ 來代表邊集合。

程序 Connected-Components 最初將每個頂點 v 放在它自己的集合中。然後,對於每條邊 (u, v),它將包含 u 和 v 的集合聯合起來。根據習題 19.1-2,在處理所有邊後,若且唯若頂點對應的物件屬於同一個集合,則兩個頂點屬於同一個連通成分。因此,Connected-Components 計算集合,來讓程序 Same-Component 能夠判定兩個頂點是否在同一個連通成分內。圖 19.1(b) 說明 Connected-Components 如何計算不相交集合。

譯註 原文為 connected component,常見的譯法有:連通分量、連通元件、連通單元、連通成分…等。本書使用「連通成分」。

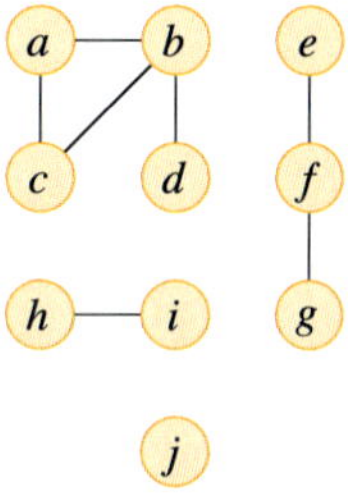

已處理的邊			不相交集合			
初始集合	{a}	{b}	{c} {d} {e}	{f} {g} {h}	{i}	{j}
(b,d)	{a}	{b,d} {c}	{e}	{f} {g} {h}	{i}	{j}
(e,f)	{a}	{b,d} {c}	{e,f}	{g} {h}	{i}	{j}
(a,c)	{a,c}	{b,d}	{e,f}	{g} {h}	{i}	{j}
(h,i)	{a,c}	{b,d}	{e,f}	{g} {h,i}		{j}
(a,b)	{a,b,c,d}		{e,f}	{g} {h,i}		{j}
(f,g)	{a,b,c,d}		{e,f,g}	{h,i}		{j}
(b,c)	{a,b,c,d}		{e,f,g}	{h,i}		{j}

(a)　　　　　　　　　　　　　　　(b)

圖 19.1　(a) 有四個連通成分的圖：$\{a,b,c,d\}$、$\{e,f,g\}$、$\{h,i\}$ 和 $\{j\}$。(b) 在處理每條邊之後的不相交集合。

CONNECTED-COMPONENTS(G)
1　**for** each vertex $v \in G.V$
2　　　MAKE-SET(v)
3　**for** each edge $(u,v) \in G.E$
4　　　**if** FIND-SET(u) ≠ FIND-SET(v)
5　　　　　UNION(u,v)

SAME-COMPONENT(u,v)
1　**if** FIND-SET(u) == FIND-SET(v)
2　　　**return** TRUE
3　**else return** FALSE

在這個連通成分演算法的實際程式中，圖的表示法和不相交集合的資料結構需要互相引用。也就是說，在代表頂點的物件裡面有一個指向對應的不相交集合物件的指標，反之亦然。因為這些程式設計細節取決於程式語言，在此不做進一步討論。

當圖的邊是靜態的時（不會隨著時間變化），深度優先搜尋可以更快速地計算連通成分（見第 548 頁的習題 20.3-12）。然而，有時邊是動態加入的，在加入每條邊時，連通成分也會更新。在這種情況下，比起為每條新邊執行一次新的深度優先搜尋，這裡的做法更有效率。

習題

19.1-1
CONNECTED-COMPONENTS 程序處理的是無向圖 $G = (V, E)$，其中 $V = \{a, b, c, d, e, f, g, h, i, j, k\}$，$E$ 的邊是按照以下順序處理的：$(d, i), (f, k), (g, i), (b, g), (a, h), (i, j), (d, k), (b, j), (d, f), (g, j), (a, e)$。列出每一次迭代第 3~5 行之後，在各個連通成分裡的頂點。

19.1-2
證明當所有邊都被 CONNECTED-COMPONENTS 處理後，若且唯若兩個頂點屬於同一個集合，則它們屬於同一個連通成分。

19.1-3
有一張具有 k 個連通成分的無向圖 $G = (V, E)$，在對著 G 執行 CONNECTED-COMPONENTS 的過程中，FIND-SET 被呼叫幾次？UNION 被呼叫幾次？用 $|V|$、$|E|$ 與 k 來寫出答案。

19.2 用鏈接串列來表示不相交集合

圖 19.2(a) 是一種實現不相交集合資料結構的簡單方法：用不同的鏈接串列來表示每一個集合。每個集合的物件都有屬性 *head*，指向串列的第一個物件，和屬性 *tail*，指向最後一個物件。在串列中的每個物件都包含一個集合成員、一個指向串列的下一個物件的指標，以及一個指回集合物件的指標。在每個鏈接串列中，物件可以按任何順序出現。集合的代表元素是串列第一個物件裡的集合成員。

使用這種鏈接串列表示法的話，MAKE-SET 和 FIND-SET 都只需要 $O(1)$ 時間。為了執行 MAKE-SET(x)，我們要建立一個新的鏈接串列，裡面有唯一物件 x。在執行 FIND-SET(x) 時，我們只要跟隨指標，從 x 返回它的集合物件，然後回傳 *head* 所指的物件中的成員即可。例如，在圖 19.2(a) 中，呼叫 FIND-SET(g) 會得到 f。

圖 19.2 **(a)** 代表兩個集合的鏈接串列。設 S_1 有成員 d、f 與 g，它的代表元素是 f，並且設 S_2 有成員 b、c、e 與 h，它的代表元素是 c。串列內的每一個物件裡都有一個集合成員、一個指向串列的下一個物件的指標、一個指回集合物件的指標。每一個集合物件都有指標 *head* 與 *tail*，分別指向第一個與最後一個物件。**(b)** 執行 UNION(g, e) 的結果，它將包含 e 的鏈接串列附加至包含 g 的鏈接串列，所產生的集合的代表元素是 f。e 的串列的集合物件 S_2 會被刪除。

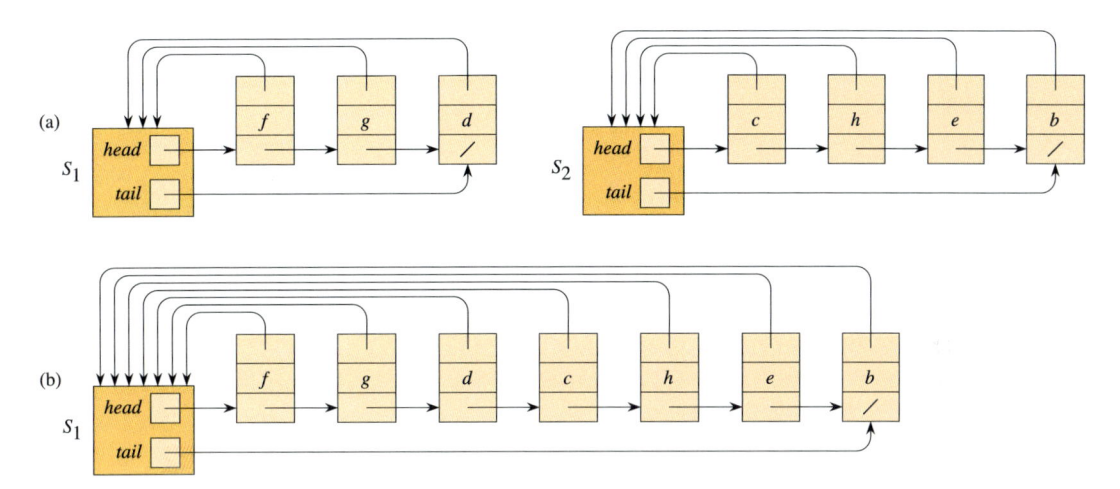

聯集的簡單實作

使用鏈接串列來製作的 UNION 操作所花費的時間明顯比 MAKE-SET 和 FIND-SET 的還要多。如圖 19.2 (b) 所示，UNION(x, y) 將 y 的串列附加到 x 的串列的結尾。x 的串列的代表元素成為最終集合的代表元素。為了快速找到該在哪裡附加 y 的串列，我們使用 x 的串列的 *tail* 指標。因為 y 的串列的所有成員都與 x 的串列結合，所以 UNION 操作將 y 的串列的物件銷毀。FIND-SET 的常數時間代價體現在 UNION 操作上：UNION 也必須為原本在 y 的串列裡的每個物件更新指向集合物件的指標，這件事花費的時間與 y 的串列的長度成線性關係。例如，在圖 19.2 中，UNION(g, e) 導致 b、c、e 與 h 物件裡的指標被更新。

事實上，我們可能對著 n 個物件執行 m 個需要 $\Theta(n^2)$ 時間的操作。在圖 19.3 中，我們從物件 $x_1, x_2, \ldots, x_n$ 開始，執行 n 個 MAKE-SET 操作和 $n-1$ 個 UNION 操作，所以 $m = 2n-1$。n 個 MAKE-SET 操作花費 $\Theta(n)$ 時間。因為第 i 個 UNION 操作更新 i 個物件，所以被全部的 $n-1$ 個 UNION 操作更新的物件總數形成一個等差級數：

$$\sum_{i=1}^{n-1} i = \Theta(n^2)$$

操作	被更新的物件數量
MAKE-SET(x_1)	1
MAKE-SET(x_2)	1
$\vdots$	$\vdots$
MAKE-SET(x_n)	1
UNION(x_2, x_1)	1
UNION(x_3, x_2)	2
UNION(x_4, x_3)	3
$\vdots$	$\vdots$
UNION(x_n, x_{n-1})	$n-1$

圖 19.3 使用鏈接串列集合表示法與簡單的 UNION，對著 n 個物件進行 $2n-1$ 個操作花費 $\Theta(n^2)$ 時間，平均每個操作花費 $\Theta(n)$ 時間。

操作總共有 $2n-1$ 個，所以平均每一個操作需要 $\Theta(n)$ 時間。也就是說，一個操作的平攤時間是 $\Theta(n)$。

加權聯合捷思法

在最壞情況下，上述的 UNION 實作的每一次呼叫平均需要 $\Theta(n)$ 時間，因為它可能將較長的串列附加到最短的串列，而且必須在較長的串列的每一個成員裡更新指向集合物件的指標。假設每個串列還存有串列的長度（可以直接使用固定的開銷來維護），且 UNION 程序總是將較短的串列附加至較長的，長度相同則任意決定。採取這種簡單的**加權聯合捷思法**，如果兩個集合都有 $\Omega(n)$ 個成員的話，一次 UNION 操作仍然花費 $\Omega(n)$ 時間，但是，從接下來的定理可以知道，如果進行 m 個連續的 MAKE-SET、UNION 與 FIND-SET 操作，其中的 n 個是 MAKE-SET 操作，花費的時間是 $O(m + n \lg n)$。

定理 19.1

使用鏈接串列與加權聯合捷思法來表示不相交集合的話，連續執行 m 個 MAKE-SET、UNION 與 FIND-SET 操作，其中的 n 個是 MAKE-SET 操作，花費的時間是 $O(m + n \lg n)$。

證明 因為每一個 UNION 操作都聯合兩個不相交集合，所以最多發生 $n-1$ 次 UNION 操作，現在我們要推導這些 UNION 操作所花費的總時間界限。我們先找出每一個物件指向它的集合物件的指標最多被更新幾次。考慮一個物件 x。每次 x 的指標被更新時，x 最初一定在較小的集合中。因此，x 的指標第一次被更新時，產生的集合一定至少有 2 個成員。同理，下一次 x 的指標被更新時，產生的集合一定至少有 4 個成員。繼續下去，設任意 $k \leq n$，在 x 的指標被更新 $\lceil \lg k \rceil$ 次後，產生的集合一定至少有 k 個成員。因為最大的集合最多有 n 個成員，在所有 UNION 操作中，每個物件的指標最多更新 $\lceil \lg n \rceil$ 次。因此，在所有 UNION 操作中，更新

物件指標總共花費的時間是 $O(n \lg n)$。我們也必須考慮更新 *tail* 指標和串列長度的時間，它們在每一個 UNION 操作中只需要 $\Theta(1)$ 時間。所以，所有 UNION 操作花費的總時間是 $O(n \lg n)$。

所有的 m 個操作的時間如下。每個 MAKE-SET 和 FIND-SET 操作需要 $O(1)$ 時間，它們有 $O(m)$ 個。所以整個操作序列的總時間是 $O(m + n \lg n)$。∎

習題

19.2-1
寫出 MAKE-SET、FIND-SET 和 UNION 的虛擬碼，使用鏈接串列表示法和加權聯合捷思法。務必指出你在集合物件和串列物件中使用的屬性。

19.2-2
寫出在以下程序中，FIND-SET 操作產生的資料結構和回傳的答案。使用鏈接串列表示法與加權聯合捷思法。假設當包含 x_i 和 x_j 的集合一樣大時，UNION(x_i, x_j) 會將 x_j 的串列附加到 x_i 的串列。

```
1   for i = 1 to 16
2       MAKE-SET(x_i)
3   for i = 1 to 15 by 2
4       UNION(x_i, x_{i+1})
5   for i = 1 to 13 by 4
6       UNION(x_i, x_{i+2})
7   UNION(x_1, x_5)
8   UNION(x_11, x_13)
9   UNION(x_1, x_10)
10  FIND-SET(x_2)
11  FIND-SET(x_9)
```

19.2-3
調整定理 19.1 的總體證明（aggregate proof），在使用鏈接串列和加權聯合捷思法的情況下，證明 MAKE-SET 和 FIND-SET 的平攤時間上限為 $O(1)$，UNION 的平攤時間上限為 $O(\lg n)$。

19.2-4

寫出圖 19.3 中的操作序列的執行時間嚴格漸近界限。假設使用鏈接串列表示法和加權聯合捷思法。

19.2-5

Gompers 教授懷疑在每個集合物件裡可能只需要保留一個指標，而不是兩個（*head* 和 *tail*），同時維持每個串列表元素的指標數量是兩個。說明如何用鏈接串列來表示每個集合，讓每一個操作的執行時間與本節的操作的執行時間相同，來證明教授的懷疑是有根據的。也說明這些操作是如何執行的。你的做法可以使用加權聯合捷思法，其效果與本節所述相同（提示：將鏈接串列的結尾（tail）當成集合的代表元素）。

19.2-6

說明如何對 UNION 程序進行簡單的修改，讓鏈接串列表示法不需要保存指向每個串列的最後一個物件的 *tail* 指標。無論是否使用加權聯合捷思法，你的修改都不應該改變 UNION 程序的漸近執行時間（提示：將串列拼接（splice）在一起，而不是將一個串列附加（append）到另一個後面）。

19.3 不相交集合森林

不相交集合有一種更快速的實現方法，就是用有根樹來表示集合，其中的每個節點都包含一個成員，每棵樹都代表一個集合。如圖 19.4(a) 所示，在**不相交集合森林**中，每個成員都只指向它的父節點。每棵樹的根節點儲存該集合的代表元素，而且該節點是自身的父節點。正如我們將看到的，儘管使用這種表示法的簡單演算法的速度，比不上使用鏈接串列表示法的演算法，但是有兩個捷思法可產生漸近最佳的不相交集合資料結構：「依 rank 聯合」和「路徑壓縮」。

　　三種不相交集合操作都有簡單的寫法。MAKE-SET 操作只需建立一棵只有一個節點的樹。FIND-SET 操作循著父節點指標，直到到達樹的根節點為止，在這條前往根節點的簡單路徑上經過的節點構成**尋找路徑**。UNION 操作（如圖 19.4(b) 所示）讓一棵樹的根節點指向另一棵樹的根節點。

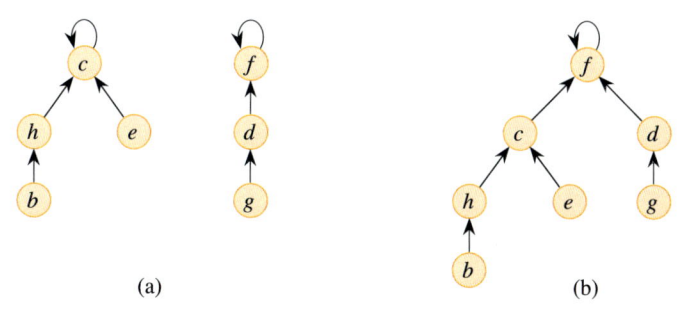

圖 19.4 不相交集合森林。**(a)** 這兩棵樹代表圖 19.2 中的兩個集合。左邊的樹代表集合 $\{b, c, e, h\}$，c 是代表元素，右邊樹代表集合 $\{d, f, g\}$，f 是代表元素。**(b)** UNION(e, g) 的結果。

改善執行時間的捷思法

到目前為止，不相交集合森林的效果並沒有比鏈接串列更好，進行 $n-1$ 次的 UNION 操作可能建立一棵本身僅僅是 n 個節點的線性鏈的樹，然而，藉著使用以下兩種捷思法，我們可以讓執行時間幾乎與操作的總數量 m 成線性關係。

第一種捷思法是**依 *rank* 聯合**，它類似之前與鏈接串列一起使用的加權聯合捷思法。符合常識的做法是讓節點較少的樹的根節點指向節點較多的樹的根節點。但是，我們將採用一種簡化分析的方法，而不是明確地記錄以每一個節點為根的子樹的大小。我們為每一個節點保存一個 *rank*，它是該節點的高度上限。在 UNION 操作期間，依 rank 聯合讓 rank 較小的根指向 rank 較大的根。

第二種捷思法是**路徑壓縮**，它也相當簡單且高效。如圖 19.5 所示，FIND-SET 操作利用它來讓尋找路徑上的每個節點直接指向根。路徑壓縮不會改變任何 rank。

不相交集合森林的虛擬碼

依 rank 聯合捷思法的程式必須記錄 rank，它必須在每一個節點 x 保存一個整數值 $x.rank$，該值是 x 的高度上限（從後代的葉節點到 x 的最長簡單路徑上的邊數）。當 MAKE-SET 建立一個單元素集合時，在相應的樹中的唯一節點的初始 rank 是 0。每一個 FIND-SET 操作都不改變 rank。UNION 操作有兩種情況，取決於樹的根是否有相同的 rank。如果兩個根的 rank 不相同，那就讓 rank 較高的根成為 rank 較低的根的父節點，但不改變 rank 本身。如果根的 rank 相同，那就隨意選擇其中一個根作為父節點，並遞增它的 rank。

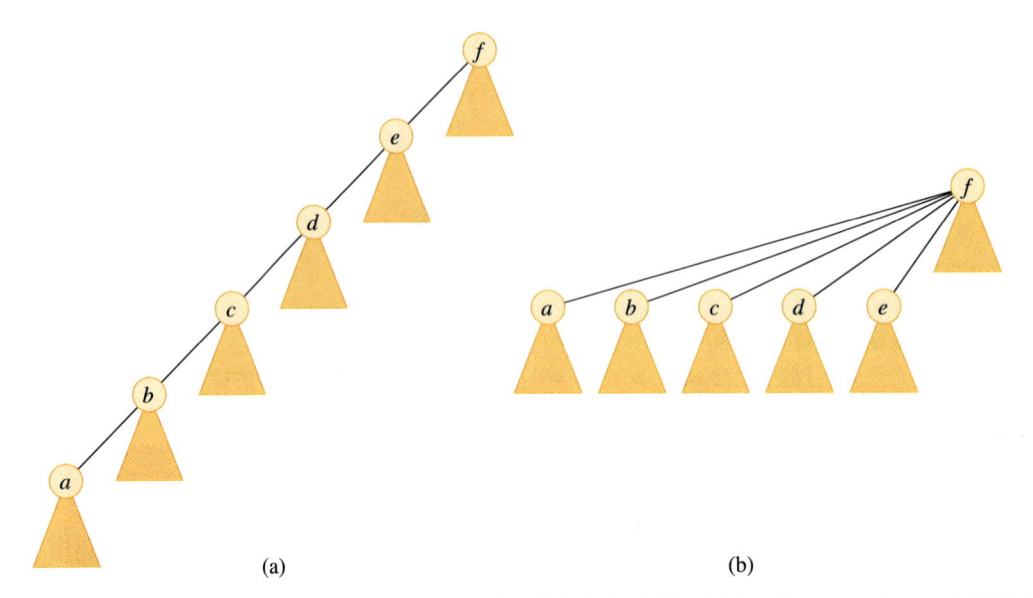

圖 19.5 在 FIND-SET 操作期間的路徑壓縮。省略箭頭與根節點的自迴路（self-loop）。**(a)** 此樹代表執行 FIND-SET(*a*) 之前的集合。三角形代表根為所示節點的子樹。每個節點都有一個指向其父節點的指標。**(b)** 此樹代表執行 FIND-SET(*a*) 之後的同一個集合。在尋找路徑上的每個節點都直接指向根。

下一頁有這個技巧的虛擬碼。我們用 *x.p* 來表示節點 *x* 的父節點。UNION 呼叫的子程序 LINK 接收指向兩個根節點的指標。以遞迴的方式實作且可以執行路徑壓縮的 FIND-SET 程序非常簡單。

FIND-SET 程序是一個**雙程法**：當它遞迴時，它會沿著尋找路徑往上走一趟，以尋找根，當遞迴展開時，它會再次沿着尋找路徑往下進行第二次遍歷，以更新每個節點，讓它們直接指向根。每次呼叫 FIND-SET(*x*) 都會在第 3 行回傳 *x.p*。如果 *x* 是根，FIND-SET 會跳過第 2 行，直接回傳 *x.p*，它是 *x*，此時遞迴觸底。否則，執行第 2 行，用參數 *x.p* 來執行遞迴呼叫可得到一個指向根的指標。第 2 行更新節點 *x* 來讓它直接指向根，第 3 行回傳這個指標。

MAKE-SET(x)
1   x.p = x
2   x.rank = 0

UNION(x, y)
1   LINK(FIND-SET(x), FIND-SET(y))

LINK(x, y)
1   **if** x.rank > y.rank
2   y.p = x
3   **else** x.p = y
4   **if** x.rank == y.rank
5   y.rank = y.rank + 1

FIND-SET(x)
1   **if** x ≠ x.p   // 不是根？
2   x.p = FIND-SET(x.p)   // 根變成父節點
3   **return** x.p   // 回傳根

捷思法對執行時間造成的影響

單獨來看，依 rank 聯合和路徑壓縮都可以改善操作不相交集合森林的執行時間，結合這兩種方法可以改善更多。對於 m 個連續的操作，其中有 n 個是 MAKE-SET，依 rank 聯合的執行時間是 $O(m \lg n)$（見習題 19.4-4），且這個上限是嚴謹的（見習題 19.3-3）。雖然我們在此不做證明，但對於一系列的 n 個 MAKE-SET 操作（因此最多有 n–1 個 UNION 操作）和 f 個 FIND-SET 操作，僅使用路徑壓縮的話，最壞情況的執行時間是 $\Theta(n + f \cdot (1 + \log_{2+f/n} n))$。

結合「依 rank 聯合」和「路徑壓縮」策略時，最壞情況的執行時間是 $O(m\,\alpha(n))$，其中 $\alpha(n)$ 是增長速度**非常緩慢**的函數，它的定義在第 19.4 節。在任何一種想像得到的不相交集合資料結構的應用中，$\alpha(n) \leq 4$，因此，在所有實際應用中，它的執行時間都和 m 成線性關係。然而，從數學上講，它是超線性的。第 19.4 節會證明這個 $O(m\,\alpha(n))$ 上限。

習題

19.3-1
使用不相交集合森林、依 rank 聯合、路徑壓縮來重做習題 19.2-2。畫出最終的森林,在每個節點內寫上它的 x_i 和 rank。

19.3-2
寫出使用路徑壓縮且非遞迴版本的 FIND-SET。

19.3-3
僅使用依 rank 聯合,不使用路徑壓縮,寫出花費 $\Omega(m \lg n)$ 時間的 m 個 MAKE-SET、UNION 與 FIND-SET 操作,其中的 n 個是 MAKE-SET 操作。

19.3-4
考慮操作 PRINT-SET(x),它接收一個節點 x 並印出 x 的集合的所有成員,順序不限。說明如何在不相交集合森林中的每個節點裡只增加一個屬性,來讓 PRINT-SET(x) 的時間與 x 的集合的成員數量成線性關係,且維持其他操作的漸近執行時間不變。假設你可以在 $O(1)$ 時間內印出集合的每一個成員。

★ 19.3-5
證明任何的連續 m 個 MAKE-SET、FIND-SET 和 LINK 操作,其中所有的 LINK 操作都出現在任何 FIND-SET 操作之前,在使用路徑壓縮和依 rank 聯合時都只需要 $O(m)$ 時間。你可以假設 LINK 的引數是不相交集合森林裡的根。在同樣的情況下,如果只使用路徑壓縮,不使用依 rank 聯合,會有什麼結果?

★ 19.4 分析使用路徑壓縮的依 rank 聯合

如第 19.3 節所述,在同時使用依 rank 聯合和路徑壓縮時,針對 n 個元素執行 m 個不相交集合操作的執行時間是 $O(m\,\alpha(n))$。本節將探討函數 α,來看看它的增長速度多慢。然後,我們將使用平攤分析的潛能法來分析執行時間。

非常快速的增長函數,及其非常緩慢的反函數

設整數 $j, k \geq 0$,我們定義函數 $A_k(j)$ 為

$$A_k(j) = \begin{cases} j+1 & \text{若 } k = 0 \\ A_{k-1}^{(j+1)}(j) & \text{若 } k \geq 1 \end{cases} \tag{19.1}$$

其中,式 $A_{k-1}^{(j+1)}(j)$ 使用第 63 頁的式 (3.30) 定義的函數迭代表示法。具體而言,當 $i \geq 1$,式 (3.30) 產生 $A_{k-1}^{(0)}(j) = j$ 與 $A_{k-1}^{(i)}(j) = A_{k-1}(A_{k-1}^{(i-1)}(j))$。我們將參數 k 稱為函數 A 的 等級(*level*)。

函數 $A_k(j)$ 隨著 j 與 k 嚴格遞增。為了確認這個函數的增長速度,我們要先得到 $A_1(j)$ 與 $A_2(j)$ 的封閉形式表達式。

引理 19.2

對任何整數 $j \geq 1$ 而言,$A_1(j) = 2j + 1$。

證明 我們先對 i 使用歸納法來證明 $A_0^{(i)}(j) = j + i$。在基本情況,$A_0^{(0)}(j) = j = j + 0$。在歸納步驟,假設 $A_0^{(i-1)}(j) = j + (i-1)$。於是 $A_0^{(i)}(j) = A_0(A_0^{(i-1)}(j)) = j + (i-1) + 1 = j + i$。最後,我們看到 $A_1(j) = A_0^{(j+1)}(j) = j + (j+1) = 2j + 1$。 ∎

引理 19.3

對任何整數 $j \geq 1$ 而言,$A_2(j) = 2^{j+1}(j+1) - 1$。

證明 我們先對 i 使用歸納法來證明 $A_1^{(i)}(j) = 2^i(j+1) - 1$。在基本情況,我們得到 $A_1^{(0)}(j) = j = 2^0(j+1) - 1$。在歸納步驟,假設 $A_1^{(i-1)}(j) = 2^{i-1}(j+1) - 1$。那麼 $A_1^{(i)}(j) = A_1(A_1^{(i-1)}(j)) = A_1(2^{i-1}(j+1) - 1) = 2 \cdot (2^{i-1}(j+1) - 1) + 1 = 2^i(j+1) - 2 + 1 = 2^i(j+1) - 1$。最後,我們看到 $A_2(j) = A_1^{(j+1)}(j) = 2^{j+1}(j+1) - 1$。 ∎

現在只要檢查 $A_k(1)$ 在等級 $k = 0, 1, 2, 3, 4$ 時的值,就可以知道 $A_k(j)$ 的增長速度多快了。從 $A_0(j)$ 的定義與上述的引理,我們得到 $A_0(1) = 1 + 1 = 2$,$A_1(1) = 2 \cdot 1 + 1 = 3$,$A_2(1) = 2^{1+1} \cdot (1+1) - 1 = 7$。我們也得到

$$
\begin{aligned}
A_3(1) &= A_2^{(2)}(1) \\
&= A_2(A_2(1)) \\
&= A_2(7) \\
&= 2^8 \cdot 8 - 1 \\
&= 2^{11} - 1 \\
&= 2047
\end{aligned}
$$

且

$$
\begin{aligned}
A_4(1) &= A_3^{(2)}(1) \\
&= A_3(A_3(1)) \\
&= A_3(2047) \\
&= A_2^{(2048)}(2047) \\
&\gg A_2(2047) \\
&= 2^{2048} \cdot 2048 - 1 \\
&= 2^{2059} - 1 \\
&> 2^{2056} \\
&= (2^4)^{514} \\
&= 16^{514} \\
&\gg 10^{80}
\end{aligned}
$$

這是可觀測的宇宙裡的原子的估計數量（「$\gg$」代表「遠大於」）。

我們定義函數 $A_k(n)$ 的反函數為（當整數 $n \geq 0$）

$$\alpha(n) = \min \{k : A_k(1) \geq n\} \tag{19.2}$$

用白話說，$\alpha(n)$ 是讓 $A_k(1)$ 至少是 n 的最低等級 k。從上述的 $A_k(1)$ 的值，我們看到

$$
\alpha(n) = \begin{cases}
0 & \text{當 } 0 \leq n \leq 2 \\
1 & \text{當 } n = 3 \\
2 & \text{當 } 4 \leq n \leq 7 \\
3 & \text{當 } 8 \leq n \leq 2047 \\
4 & \text{當 } 2048 \leq n \leq A_4(1)
\end{cases}
$$

唯有當 n 值是「天文數字」時（比 $A_4(1)$ 還要大，這是個巨大的數字），才會使 $\alpha(n) > 4$，所以對於所有實際的應用，$\alpha(n) \leq 4$。

rank 的特性

在本節的其餘部分中，我們將證明：使用依 rank 聯合和路徑壓縮的不相交集合操作的執行時間上限是 $O(m\,\alpha(n))$。為了證明這個上限，我們要先證明 rank 的一些特性。

引理 19.4

對所有節點 x 而言，我們可以得到 $x.rank \leq x.p.rank$，若 $x \neq x.p$（x 不是根），這是嚴格不等式。$x.rank$ 的初始值是 0，並隨著時間遞增，直到 $x \neq x.p$，且自此之後，$x.rank$ 維持不變。$x.p.rank$ 的值隨著時間單調遞增。

證明 這個引理的證明需使用第 507 頁的 MAKE-SET、UNION 與 FIND-SET 的程式，並對操作的數量直接使用歸納法，我們把它放在習題 19.4-1。 ∎

推論 19.5

在從任何節點朝著根往上行的簡單路徑上，節點的 rank 嚴格遞增。 ∎

引理 19.6

每個節點的 rank 的最大值是 $n-1$。

證明 每一個節點的 rank 都從 0 開始，它只會在進行 LINK 操作時增加。因為 UNION 操作最多有 $n-1$ 個，所以 LINK 操作最多也是 $n-1$ 個。因為每個 LINK 操作若非不改變任何 rank，就是將某節點的 rank 加 1，所以所有的 rank 最大是 $n-1$。 ∎

引理 19.6 證明 rank 的弱界限。事實上，每個節點的 rank 最大是 $\lfloor \lg n \rfloor$（見習題 19.4-2）。但是引理 19.6 的寬鬆界限對我們的需求來說已經夠了。

證明時間界限

我們將使用第 16.3 節的平攤分析的潛能法來證明 $O(m\,\alpha(n))$ 時間界限。在進行平攤分析時，假設我們呼叫 LINK 操作而不是 UNION 操作將更加方便。也就是說，由於 LINK 程序的參數是指向兩個根節點的指標，所以我們就像分別執行適當的 FIND-SET 操作一樣。下面的引理說明，即使計入由 UNION 呼叫引起的額外 FIND-SET 操作，漸近執行時間仍保持不變。

引理 19.7

假設我們將一個由 m' 個 MAKE-SET、UNION 和 FIND-SET 操作組成的序列 S' 裡面的每個 UNION，換成兩個 FIND-SET 再加上一個 LINK，來將它轉換成一個由 m 個 MAKE-SET、LINK 和 FIND-SET 操作組成的序列 S。那麼，若序列 S 的執行時間是 $O(m\,\alpha(n))$，則序列 S' 的執行時間是 $O(m'\,\alpha(n))$。

證明 因為 S' 的每一個 UNION 操作在 S 裡都被轉換成三個操作，我們得到 $m' \leq m \leq 3m'$，所以 $m = \Theta(m')$，因此，轉換出來的序列 S 的時間界限是 $O(m\,\alpha(n))$ 意味著原始序列 S' 的時間界限是 $O(m'\,\alpha(n))$。∎

接下來，我們假設 m' 個 MAKE-SET、UNION 與 FIND-SET 操作的初始序列，被轉換成 m 個 MAKE-SET、LINK 與 FIND-SET 操作的序列。現在我們要證明轉換出來的操作序列的時間界限是 $O(m\,\alpha(n))$，並用引理 19.7 來證明原始的 m' 個操作的序列的執行時間是 $O(m'\,\alpha(n))$。

潛能函數

我們使用的潛能函數會在 q 個操作之後，將潛能 $\phi_q(x)$ 指派給不相交集合森林的每一個節點 x。整個森林在進行 q 個操作之後的潛能 Φ_q 就是所有節點的潛能總和：$\Phi_q = \sum_x \phi_q(x)$。因為森林在第一個操作之前是空的，所以這個總和是用空集合計算的，所以 $\Phi_0 = 0$。潛能 Φ_q 不可能是負的。

$\phi_q(x)$ 的值取決於 x 在第 q 個操作之後是不是樹根，如果是，或如果 $x.rank = 0$，那麼 $\phi_q(x) = \alpha(n) \cdot x.rank$。

現在假設在第 q 個操作之後，x 不是根，而且 $x.rank \geq 1$。在定義 $\phi_q(x)$ 之前，我們要定義兩個關於 x 的輔助函數。我們先定義

$$\text{level}(x) = \max\{k : x.p.rank \geq A_k(x.rank)\} \tag{19.3}$$

換句話說，level(x) 就是可讓「A_k 處理 x 的 rank 產生的結果」不大於「x 的父節點的 rank」的最大等級 k。

我們主張

$$0 \leq \text{level}(x) < \alpha(n) \tag{19.4}$$

這個主張的推導過程如下。我們知道

$x.p.rank \geq x.rank + 1$　　（根據引理 19.4，因為 x 不是根）

　　　　　$= A_0(x.rank)$　　（根據 $A_0(j)$ 的定義 (19.1)），

這意味著 $\text{level}(x) \geq 0$，且

$A_{\alpha(n)}(x.rank) \geq A_{\alpha(n)}(1)$　　（因為 $A_k(j)$ 是嚴格遞增）

　　　　　　　$\geq n$　　　　（根據 $\alpha(n)$ 的定義 (19.2)）

　　　　　　　$> x.p.rank$　　（根據引理 19.6），

這意味著 $\text{level}(x) < \alpha(n)$。

對於特定的非根節點 x，$\text{level}(x)$ 的值隨著時間單調遞增。為什麼？因為 x 不是根，它的 rank 不改變。$x.p$ 的 rank 隨著時間而單調遞增，因為如果 $x.p$ 不是根，那麼它的 rank 不會變，如果 $x.p$ 是根，那麼它的 rank 絕不減少。因此，$x.rank$ 與 $x.p.rank$ 的差隨著時間而單調遞增。所以，讓 $A_k(x.rank)$ 趕上 $x.p.rank$ 所需的 k 值也隨著時間而單調遞增。

第二個輔助函數在 $x.rank \geq 1$ 時使用：

$$\text{iter}(x) = \max \left\{ i : x.p.rank \geq A_{\text{level}(x)}^{(i)}(x.rank) \right\} \tag{19.5}$$

亦即，$\text{iter}(x)$ 是可以迭代地應用 $A_{\text{level}(x)}$ 的最大次數，它最初應用於 x 的 rank，直到超過 x 的父節點的 rank 之前。

我們主張，當 $x.rank \geq 1$ 時，

$$1 \leq \text{iter}(x) \leq x.rank \tag{19.6}$$

這個主張的推導過程如下。我們知道

$x.p.rank \geq A_{\text{level}(x)}(x.rank)$　　（根據 $\text{level}(x)$ 的定義 (19.3)）

　　　　　$= A_{\text{level}(x)}^{(1)}(x.rank)$　（根據函數迭代的定義 (3.30)）

這意味著 $\text{iter}(x) \geq 1$。我們知道

$A_{\text{level}(x)}^{(x.rank+1)}(x.rank) = A_{\text{level}(x)+1}(x.rank)$　（根據 $A_k(j)$ 的定義 (19.1)）

　　　　　　　　　　$> x.p.rank$　　　（根據 $\text{level}(x)$ 的定義 (19.3)）

這意味著 iter(x) ≤ $x.rank$。注意，因為 $x.p.rank$ 隨著時間而單調遞增，為了讓 iter(x) 遞減，level(x) 必須遞增。只要 level(x) 維持不變，iter(x) 若非增加，就是維持不變。有了這些輔助函數之後，我們可以定義節點 x 在 q 個操作之後的潛能了：

$$\phi_q(x) = \begin{cases} \alpha(n) \cdot x.rank & \text{如果 } x \text{ 是根或 } x.rank = 0, \\ (\alpha(n) - \text{level}(x)) \cdot x.rank - \text{iter}(x) & \\ & \text{如果 } x \text{ 不是根且 } x.rank \geq 1。 \end{cases} \quad (19.7)$$

我們接下來要研究節點潛能的一些有用特性。

引理 19.8

對每個節點 x 與所有操作次數 q 而言，我們可以得到

$$0 \leq \phi_q(x) \leq \alpha(n) \cdot x.rank$$

證明　如果 x 是根或 $x.rank = 0$，那麼根據定義，$\phi_q(x) = \alpha(n) \cdot x.rank$。假設 x 不是根，且 $x.rank \geq 1$。我們可以藉著將 level(x) 與 iter(x) 最大化來得到 $\phi_q(x)$ 的下限。從界限 (19.4) 與 (19.6) 可以得到 $\alpha(n) - \text{level}(x) \geq 1$ 且 iter(x) ≤ $x.rank$。因此可得

$$\begin{aligned} \phi_q(x) &= (\alpha(n) - \text{level}(x)) \cdot x.rank - \text{iter}(x) \\ &\geq x.rank - x.rank \\ &= 0 \end{aligned}$$

類似的做法，將 level(x) 與 iter(x) 最小化可得到 $\phi_q(x)$ 的上限。根據界限 (19.4)，level(x) ≥ 0，根據界限 (19.6)，iter(x) ≥ 1。因此可得

$$\begin{aligned} \phi_q(x) &\leq (\alpha(n) - 0) \cdot x.rank - 1 \\ &= \alpha(n) \cdot x.rank - 1 \\ &< \alpha(n) \cdot x.rank \end{aligned}$$ ∎

推論 19.9

如果節點 x 不是根，且 $x.rank > 0$，那麼 $\phi_q(x) < \alpha(n) \cdot x.rank$。 ∎

潛能的變化與操作的平攤成本

現在我們可以研究不相交集合操作如何影響節點潛能了。了解各個操作如何改變潛能之後，即可算出平攤成本。

引理 19.10

設 x 是非根節點，並設第 q 個操作是 LINK 或 FIND-SET。那麼，在第 q 個操作之後，$\phi_q(x) \leq \phi_{q-1}(x)$。此外，如果 $x.rank \geq 1$，且 level(x) 或 iter(x) 因為第 q 個操作而改變，那麼 $\phi_q(x) \leq \phi_{q-1}(x) - 1$。也就是說，$x$ 的潛能不會增加，而且如果它的 rank 是正的，且 level(x) 或 iter(x) 改變，那麼 x 的潛能至少減 1。

證明 因為 x 不是根，所以第 q 個操作不改變 $x.rank$，而且因為 n 不會在最初的 n 個 MAKE-SET 操作之後改變，所以 $\alpha(n)$ 也保持不變。因此，在第 q 個操作之後，x 的潛能公式中的這幾項保持不變。若 $x.rank = 0$，則 $\phi_q(x) = \phi_{q-1}(x) = 0$。

假設 $x.rank \geq 1$。我們知道 level(x) 隨著時間單調遞增。如果第 q 個操作讓 level(x) 保持不變，那麼 iter(x) 若非增加，就是保持不變。如果 level(x) 與 iter(x) 都不變，那麼 $\phi_q(x) = \phi_{q-1}(x)$。如果 level($x$) 不變，iter($x$) 增加，那麼它至少加 1，所以 $\phi_q(x) \leq \phi_{q-1}(x) - 1$。

最後，如果第 q 個操作增加 level(x)，它至少增加 1，因此 $(\alpha(n) - \text{level}(x)) \cdot x.rank$ 項的值至少減少 $x.rank$。因為 level(x) 增加，iter(x) 的值可能減少，但根據界限 (19.6)，減少的幅度最多是 $x.rank - 1$。因此，由於 iter(x) 的變化而增加的潛能，小於由於 level(x) 的變化而減少的潛能，可得 $\phi_q(x) \leq \phi_{q-1}(x) - 1$。 ∎

最後的三個引理將證明 MAKE-SET、LINK 與 FIND-SET 操作的平攤成本都是 $O(\alpha(n))$。複習一下，第 437 頁的式 (16.2) 告訴我們，每一個操作的平攤成本是它的實際成本加上該操作造成的潛能變化。

引理 19.11

每個 MAKE-SET 操作的平攤成本是 $O(1)$。

證明 假設第 q 個操作是 MAKE-SET(x)。這個操作建立 rank 為 0 的節點 x，所以 $\phi_q(x) = 0$。因為其他的 rank 或潛能都不變，所以 $\Phi_q = \Phi_{q-1}$。我們可以看到 MAKE-SET 操作的實際成本是 $O(1)$，故得證。 ∎

引理 19.12

每個 LINK 操作的平攤成本是 $O(\alpha(n))$。

證明 假設第 q 個操作是 LINK(x, y)。LINK 操作的實際成本是 $O(1)$。不失普遍性，假設 LINK 讓 y 成為 x 的父節點。

為了確定 LINK 引起的潛能變化，應注意的是，潛能可能改變的節點只有 x、y 和執行操作前的 y 的子節點。我們將證明，潛能可能因為 LINK 而增加的節點只有 y，而且增加量最多是 $\alpha(n)$。

根據引理 19.10，在執行 LINK 操作之前，y 的任何子節點的潛能都不會因為 LINK 而增加。

- 根據 $\phi_q(x)$ 的定義 (19.7)，請注意，因為 x 是第 q 個操作之前的根，所以當時 $\phi_{q-1}(x) = \alpha(n) \cdot x.rank$。若 $x.rank = 0$，則 $\phi_q(x) = \phi_{q-1}(x) = 0$。否則，

$$\phi_q(x) < \alpha(n) \cdot x.rank \quad （根據推論 19.9）$$
$$= \phi_{q-1}(x)$$

所以 x 的潛能減少。

- 因為 y 是在執行 LINK 之前的根，$\phi_{q-1}(y) = \alpha(n) \cdot y.rank$。在執行 LINK 之後，$y$ 仍然是根，所以 y 的潛能在操作後仍然等於 $\alpha(n)$ 乘以它的 rank。LINK 操作若非不改變 y 的 rank，就是將 y 的 rank 加 1。因此，若非 $\phi_q(y) = \phi_{q-1}(y)$ 就是 $\phi_q(y) = \phi_{q-1}(y) + \alpha(n)$。

所以，由於 LINK 操作而增加的潛能最多是 $\alpha(n)$。LINK 操作的平攤成本是 $O(1) + \alpha(n) = O(\alpha(n))$。∎

引理 19.13
每個 FIND-SET 操作的平攤成本是 $O(\alpha(n))$。

證明 假設第 q 個操作是 FIND-SET，且尋找路徑包含 s 個節點。FIND-SET 操作的實際成本是 $O(s)$。我們將證明，任何節點的潛能都不會因為 FIND-SET 而增加，而且在尋找路徑上，至少有 $\max\{0, s - (\alpha(n) + 2)\}$ 個節點的潛能至少減 1。

我們先證明，任何節點的潛能都不會增加。引理 19.10 處理的是根以外的所有節點。如果 x 是根，那麼它的潛能是 $\alpha(n) \cdot x.rank$，它不會因為 FIND-SET 操作而改變。

現在我們要證明，至少有 $\max\{0, s - (\alpha(n) + 2)\}$ 個節點的潛能至少減 1。設 x 是在尋找路徑上的節點，滿足 $x.rank > 0$，而且在尋找路徑的某處，x 的後面有另一個非根節點 y，且在執行 FIND-SET 之前，$\text{level}(y) = \text{level}(x)$（節點 y 不必是 x 在尋找路徑上的下一個節點）。在尋找路徑上，除了至多 $\alpha(n) + 2$ 個節點外的所有節點都滿足關於 x 的限制，不滿足那些限制的是尋找路徑上的第一個節點（如果它的 rank 是 0）、路徑上的最後一個節點（即根），以及路徑上最後一個滿足 $\text{level}(w) = k$ 的節點 w，$k = 0, 1, 2, \ldots, \alpha(n) - 1$。

考慮這樣的節點 x。它有正的 rank，並且在尋找路徑的某處，在它後面有一個非根節點 y，滿足在路徑壓縮發生之前，$\text{level}(y) = \text{level}(x)$。我們說，路徑壓縮至少將 x 的潛能減 1。為了證明這個說法，設 $k = \text{level}(x) = \text{level}(y)$，且在路徑壓縮發生之前 $i = \text{iter}(x)$。在 FIND-SET 造成路徑壓縮之前，

$x.p.rank \geq A_k^{(i)}(x.rank)$ （根據 $\text{iter}(x)$ 的定義 (19.5)），

$y.p.rank \geq A_k(y.rank)$ （根據 $\text{level}(y)$ 的定義 (19.3)），

$y.rank \geq x.p.rank$ （根據推論 19.5，且因為在尋找路徑上，y 在 x 後面）。

結合這些不等式得到

$$\begin{aligned} y.p.rank &\geq A_k(y.rank) \\ &\geq A_k(x.p.rank) \quad \text{（因為 } A_k(j) \text{ 是嚴格遞增）} \\ &\geq A_k(A_k^{(i)}(x.rank)) \\ &= A_k^{(i+1)}(x.rank) \quad \text{（根據函數迭代的定義 (3.30)）} \end{aligned}$$

因為路徑壓縮讓 x 與 y 有同一個父節點，所以在路徑壓縮後，$x.p.rank = y.p.rank$。y 的父節點可能因為路徑壓縮而改變，但如果它改變了，那麼 y 的新父節點的 rank 與路徑壓縮前的父節點相比，若非相同，就是更大。由於 $x.rank$ 不變，所以路徑壓縮後，$x.p.rank = y.p.rank \geq A_k^{(i+1)}(x.rank)$。根據 iter 函數的定義 (19.5)，$\text{iter}(x)$ 的值至少從 i 增加到 $i+1$。根據引理 19.10，$\phi_q(x) \leq \phi_{q-1}(x) - 1$，所以 x 的潛能至少減 1。

FIND-SET 操作的平攤成本是實際成本加上潛能的變化。實際成本是 $O(s)$，我們已經證明，總潛能至少減少 $\max\{0, s - (\alpha(n) + 2)\}$，所以平攤成本最多 $O(s) - (s - (\alpha(n) + 2)) = O(s) - s + O(\alpha(n)) = O(\alpha(n))$，因為我們可以調整潛能的單位，以宰制隱藏在 $O(s)$ 裡的常數（見習題 19.4-6）。∎

整理上述的引理可得以下的定理。

定理 19.14

對一個採用「依 rank 聯合」及「路徑壓縮」的不相交集合森林，執行 m 個 MAKE-SET、UNION 和 FIND-SET 操作且其中的 n 個操作是 MAKE-SET 時，這一系列操作可在 $O(m\,\alpha(n))$ 時間內完成。

證明 從引理 19.7、19.11、19.12 與 19.13 可以直接證明。∎

習題

19.4-1
證明引理 19.4。

19.4-2
證明每個節點的 rank 最多是 $\lfloor \lg n \rfloor$。

19.4-3
根據習題 19.4-2，為每一個節點 x 儲存 $x.rank$ 需要使用多少位元？

19.4-4
利用習題 19.4-2 來簡單地證明，對一個使用依 rank 聯合、但不使用路徑壓縮的不相交集合森林進行操作的執行時間是 $O(m \lg n)$。

19.4-5
Dante 教授認為，由於節點的 rank 會沿著前往根節點的簡單路徑嚴格增加，所以節點的等級一定沿著路徑單調遞增。換句話說，若 $x.rank > 0$ 且 $x.p$ 非根，則 $\text{level}(x) \leq \text{level}(x.p)$。教授對嗎？

19.4-6
引理 19.13 的證明以「擴大潛能的單位，以主導隱藏在 $O(s)$ 裡的常數」結束。為了更精確地證明，你要改變潛能函數的定義 (19.7)，將兩種情況都乘以一個常數，比如說 c，來主導在 $O(s)$ 項裡的常數。為了配合這個更改後的潛能函數，此分析的其他部分該如何修改？

★ 19.4-7
考慮函數 $\alpha'(n) = \min\{k : A_k(1) \geq \lg(n+1)\}$。證明所有實際的 n 值皆可使 $\alpha'(n) \leq 3$，並使用習題 19.4-2 來說明如何修改潛能函數引數來證明：對著一個使用依 rank 聯合與路徑壓縮技術的不相交集合森林執行一系列的 m 個 MAKE-SET、UNION 與 FIND-SET 操作，其中的 n 個操作是 MAKE-SET 時，所需的執行時間是 $O(m\alpha'(n))$。

挑戰

19-1 離線最小化

離線最小化問題就是使用 INSERT 和 EXTRACT-MIN 操作來維護一個動態元素集合 T，該集合的元素來自 $\{1, 2, ..., n\}$。問題的輸入是一系列的呼叫 S，其中有 n 個 INSERT 呼叫與 m 個 EXTRACT-MIN 呼叫，$\{1, 2, ..., n\}$ 的每一個鍵都只被插入一次。你的目標是確定每次的 EXTRACT-MIN 呼叫回傳哪個鍵。具體來說，你必須填寫一個陣列 $extracted[1:m]$，設 $i = 1, 2, ..., m$，$extracted[i]$ 是第 i 次的 EXTRACT-MIN 呼叫回傳的鍵。這個問題之所以稱為「離線」，是因為你可以先處理整個序列 S，再決定回傳的鍵。

a. 考慮以下的離線最小問題實例，我們用 i 的值來表示每個 INSERT(i)，用字母 E 來表示 EXTRACT-MIN：

4, 8, E, 3, E, 9, 2, 6, E, E, E, 1, 7, E, 5

將正確的值填入 $extracted$ 陣列。

為了開發這個問題的演算法，我們將序列 S 拆成同質（homogeneous）的子序列。也就是說，我們以這種方式來表示 S

I_1, E, I_2, E, I_3, ..., I_m, E, I_{m+1}

其中，每個 E 代表一次 EXTRACT-MIN 呼叫，每個 I_j 代表一個（可能是空的）INSERT 呼叫序列。對於每個子序列 I_j，我們先將操作插入的鍵放入一個集合 K_j，如果 I_j 是空的，該集合就是空的。然後執行 OFFLINE-MINIMUM 程序。

OFFLINE-MINIMUM(m, n)
1 **for** $i = 1$ **to** n
2   determine j such that $i \in K_j$
3   **if** $j \neq m + 1$
4          $extracted[j] = i$
5   let l be the smallest value greater than j for which set K_l exists
6          $K_l = K_j \cup K_l$, destroying K_j
7 **return** $extracted$

b. 證明 OFFLINE-MINIMUM 回傳的 $extracted$ 陣列是正確的。

c. 說明如何用一個不相交集合資料結構來有效率地實現 OFFLINE-MINIMUM。用盡可能嚴格的界限來說明你的做法的最壞情況執行時間。

19-2 確定深度

確定深度問題就是用三種操作來維護一個有根樹的森林 $\mathcal{F} = \{T_i\}$：

Make-Tree(v) 建立一棵只有節點 v 的樹。

Find-Depth(v) 回傳節點 v 在它的樹裡的深度。

Graft(r, v) 讓節點 r（假定它是一棵樹的根節點）成為節點 v 的子節點，假定 v 在與 r 不同的樹中，但它本身可能是根，也可能不是。

a. 假設你使用類似不相交集合森林的樹表示法：$v.p$ 是節點 v 的父節點，但如果 v 是根，則 $v.p = v$。也假設你藉著設定 $r.p = v$ 來實現 Graft(r, v)，並沿著從 v 到根的尋找路徑回傳除了 v 以外，遇到的所有節點的數量來實現 Find-Depth(v)。證明一系列的 m 個 Make-Tree、Find-Depth 和 Graft 操作的最壞情況執行時間是 $\Theta(m^2)$。

使用依 rank 聯合與路徑壓縮可減少最壞情況執行時間。我們使用不相交集合森林 $\mathcal{S} = \{S_i\}$，其中每個集合 S_i（本身是一棵樹）對應森林 $\mathcal{F}$ 裡的一棵樹 T_i。但是，在集合 S_i 裡面的樹結構不一定對應 T_i 的樹結構。事實上，S_i 的實作不記錄確切的父子關係，但仍然可以讓你知道任何節點在 T_i 中的深度。

核心概念是在每個節點 v 中保存一個「虛擬距離」$v.d$，我們定義，從 v 到其集合 S_i 之根的簡單路徑上的虛擬距離之和，等於 v 在 T_i 中的深度。也就是說，如果從 v 到它在 S_i 中的根的簡單路徑是 $v_0, v_1, \ldots, v_k$，其中 $v_0 = v$，v_k 是 S_i 的根，那麼 v 在 T_i 中的深度是 $\sum_{j=0}^{k} v_j.d$。

b. 寫出 Make-Tree 的實作。

c. 說明如何修改 Find-Set 來實現 Find-Depth。你的實作應執行路徑壓縮，而且它的執行時間應該與查詢路徑的長度成線性關係。確保你的實作能正確地更新虛擬距離。

d. 說明如何藉著修改 Union 和 Link 程序來實現 Graft(r, v)，以合併包含 r 和 v 的集合。確保你的實作能正確地更新虛擬距離。請注意，集合 S_i 的根不一定是相應樹 T_i 的根。

e. 有一系列的 m 個 Make-Tree、Find-Depth 和 Graft 操作，其中的 n 個操作是 Make-Tree，說明這一系列操作的最壞情況執行時間的嚴格界限。

19-3 Tarjan 的離線最低共同前代演算法

有根樹 T 的兩個節點 u 和 v 的**最低共同前代**節點 w 是 u 和 v 在 T 中最深的前代。在**離線最低共同前代**問題中，你有一棵有根樹 T，以及 T 中無序的成對節點的任意集合 $P = \{\{u, v\}\}$，你要找出 P 中每對節點的最低共同前代。

為了解決離線最低共同前代問題，下面的 LCA 程序先呼叫 LCA(T.root) 在 T 樹中遍歷。假設每個節點在遍歷之前都是 WHITE（白色）。

a. 證明第 10 行為每一對 $\{u, v\} \in P$ 執行一次。

b. 證明在呼叫 LCA(u) 時，在不相交集合資料結構裡的集合數量等於 u 在 T 中的深度。

LCA(u)
1   MAKE-SET(u)
2   FIND-SET(u).*ancestor* $= u$
3   **for** each child v of u in T
4   LCA(v)
5   UNION(u, v)
6   FIND-SET(u).*ancestor* $= u$
7   $u.color =$ BLACK
8   **for** each node v such that $\{u, v\} \in P$
9   **if** $v.color ==$ BLACK
10   print "The lowest common ancestor of"
                u "and" v "is" FIND-SET(v).*ancestor*

c. 證明 LCA 能為每對 $\{u, v\} \in P$ 正確地列印 u 和 v 的最低共同前代。

d. 假設你使用第 19.3 節中不相交集合資料結構實作，分析 LCA 的執行時間。

後記

有許多關於不相交集合資料結構的重要結果至少應部分歸功於 R. E. Tarjan。Tarjan [427, 429] 使用聚合分析法給出第一個嚴格的上限，該上限使用 Ackermann 函數的反函數 $\hat{\alpha}(m, n)$，它的增長非常緩慢（第 19.4 節的 $A_k(j)$ 函數類似 Ackermann 函數，且函數 $\alpha(n)$ 類似 $\hat{\alpha}(m, n)$）。對於所有可想像的 m 和 n 值，$\alpha(n)$ 與 $\hat{\alpha}(m, n)$ 的值都最多是 4）。Hopcroft 和 Ullman [5, 227] 在早期證明了 $O(m \lg^* n)$ 的上限。第 19.4 節的方法改編自 Tarjan [431] 後來的分析，該分析基於 Kozen [270] 的分析。Harfst 和 Reingold [209] 提出 Tarjan 早期界限的一種基於潛能的版本。

Tarjan 和 van Leeuwen [432] 討論了路徑壓縮捷思法的變體，包括「單程法」，這種方法的性能有時提供比雙程法更好的常數因子。與 Tarjan 早期對基本路徑壓縮捷思法所做的分析一樣，Tarjan 和 van Leeuwen 的分析也是聚合分析。後來，Harfst 和 Reingold [209] 展示了如何對潛能函數做一點改變，讓他們的路徑壓縮分析可以分析這些單程變體。Goel 等人 [182] 證明，隨機連接不相交集合樹可產生與「依 rank 聯合」相同的漸近執行時間。Gabow 和 Tarjan [166] 證明，在某些應用中，不相交集合操作可以在 $O(m)$ 時間內執行。

Tarjan [428] 證明，對於任何滿足特定技術條件的不相交集合資料結構進行操作所需的下限為 $\Omega(m\,\hat{\alpha}(m, n))$ 時間。這個下限後來被 Fredman 和 Saks [155] 進一步推廣，證明在最壞情況下，必須存取 $\Omega(m\,\hat{\alpha}(m, n))(\lg n)$ 位元的記憶體 word。

VI 圖演算法

簡介

圖問題遍布計算機科學,處理這些問題的演算法是計算機科學領域的基礎。數以百計的計算問題都是以圖為載體的。這個部分將討論幾個比較重要的問題。

第 20 章將說明如何在計算機中表示一個圖,並探討使用廣度優先和深度優先來搜尋圖的演算法。這一章介紹深度優先搜尋的兩個應用:對有向無迴路圖進行拓撲排序,和將有向圖分解成強連通成分。

第 21 章介紹如何計算圖的最小權重生成樹:這是當每條邊都有權重時,將所有頂點連接起來,並讓它們有最小權重的方法。計算最小生成樹的演算法是很棒的貪婪演算法範例(見第 15 章)。

第 22 章和第 23 章考慮的是當每條邊都有相關長度或「權重」時,如何計算頂點之間的最短路徑。第 22 章介紹如何找出從特定的源頭頂點到所有其他頂點的最短路徑,第 23 章研究如何計算每一對頂點之間的最短路徑。

第 24 章介紹如何計算流量網路的最大流量,流量網路是一個有向圖,裡面有一個物質源頭、一個匯集點,以及能夠在每一條有向邊上流動的物質容量。這個一般性問題有許多形式,能夠有效地計算最大流量的演算法,可以幫助你高效地解決各種相關問題。

最後,第 25 章探討二部圖配對。我們將討論如何藉著選擇兩個集合之間的邊,來配對兩個集合的頂點。二部圖配對問題模擬了現實世界的幾種情況。本章將研究如何找到對數最多的配對方式,並探討「穩定婚配問題」,這種問題適合用來將住院醫師分配到醫院。我們也會探討分配問題,其目標是將二部圖配對問題的總權重最大化。

在描述一個圖演算法在特定圖 $G = (V, E)$ 上的執行時間時，我們通常用圖的頂點數 $|V|$ 和邊數 $|E|$ 來衡量輸入的大小，也就是用兩個參數來表示輸入的大小，而不是只有一個參數。我們在這些參數中採用通用的符號慣例。在漸近表示法（例如 O 表示法或 Θ 表示法）裡，而且只在這種表示法裡，符號 V 代表 $|V|$，符號 E 代表 $|E|$。例如，我們可能說：「該演算法可在 $O(VE)$ 時間內執行」，意思是該演算法在 $O(|V||E|)$ 時間內執行。這種慣例可讓執行時間公式更容易閱讀，並且可以避免出現歧義。

我們採用的另一個慣例出現在虛擬碼中。我們用 $G.V$ 來表示圖 G 的頂點集合，用 $G.E$ 來表示它的邊集合。也就是說，虛擬碼將頂點集合和邊集合視為圖的屬性。

20 初級圖演算法

本章將介紹圖的表示法和搜尋圖的方法。搜尋圖就是有系統地沿著圖的邊走，以便造訪圖的頂點。圖搜尋演算法可以發現很多關於圖的結構資訊。很多演算法會先搜尋它的輸入圖，以獲得這種結構資訊。有幾個其他的圖演算法是在基本的圖搜尋之上發展的。搜尋圖的技術是圖演算法領域的核心。

第 20.1 節將討論圖的兩種最常見的計算機表示法：相鄰串列和相鄰矩陣。第 20.2 節介紹一種簡單的圖搜尋演算法，稱為廣度優先搜尋，並介紹如何製作一棵廣度優先的樹。第 20.3 節介紹深度優先搜尋，並證明一些關於深度優先搜尋訪問頂點的標準結果。第 20.4 節提供深度優先搜尋的第一個實際應用：對一個有向無迴路圖進行拓撲排序。深度優先搜尋的第二個應用是尋找有向圖的強連通成分，這個應用是第 20.5 節的主題。

20.1 圖的表示法

你可以用兩種標準方式之一來表示圖 $G = (V, E)$：使用相鄰串列（adjacency list）的集合，或使用相鄰矩陣。這兩種方式都適用於有向圖和無向圖。因為相鄰串列表示法可以緊湊地表達**稀疏**圖（$|E|$ 遠小於 $|V|^2$ 的圖），所以它通常是首選方法。本書介紹的圖演算法大都假定輸入圖是以相鄰串列形式來表示的。然而，當圖很**密集**時（$|E|$ 接近 $|V|^2$）或是當你需要快速判斷是否有一條邊連接兩個特定的頂點時，相鄰矩陣表示法或許更適用。例如，在第 23 章介紹的 all-pairs 頂點最短路徑演算法中，有兩種演算法假定它們的輸入圖是用相鄰矩陣來表示的。

圖 $G = (V, E)$ 的**相鄰串列表示法**由一個包含 $|V|$ 個串列的陣列 Adj 組成，其 V 的每個頂點都有一個串列。對於每一個 $u \in V$ 而言，在相鄰串列 $Adj[u]$ 裡面有滿足邊 $(u, v) \in E$ 的所有頂點 v。也就是說，在 $Adj[u]$ 裡面有 G 中與 u 相鄰的所有頂點（也可以說，它裡面有指向這些頂點的指標）。因為相鄰串列代表圖的邊，我們的虛擬碼將陣列 Adj 視為圖的一個屬性，就像邊集合 E 一樣。因此，在虛擬碼裡，你會看到 $G.Adj[u]$ 這種寫法。圖 20.1(b) 是圖 20.1(a) 的無向圖的相鄰串列表示法。圖 20.2(b) 則是圖 20.2(a) 的有向圖的相鄰串列表示法。

如果 G 是有向圖，所有相鄰串列的長度之和為 $|E|$，因為 (u, v) 形式的邊是藉著將 v 放在 $Adj[u]$ 裡面來表示的。如果 G 是無向圖，所有相鄰串列的長度之和為 $2|E|$，因為如果 (u, v) 是一條無向邊，那麼 u 會出現在 v 的相鄰串列中，反之亦然。對有向圖和無向圖而言，相鄰串列表示法具備理想的特性，它使用的記憶體容量是 $\Theta(V + E)$。尋找圖中的每條邊也需要 $\Theta(V + E)$ 時間，而不僅僅是 $\Theta(E)$ 時間，因為 $|V|$ 個相鄰串列中的每一個都必須檢查。當然，如果 $|E| = \Omega(V)$（例如在一個連通的無向圖或強連通的有向圖中），我們可以說，尋找每條邊需要 $\Theta(E)$ 時間。

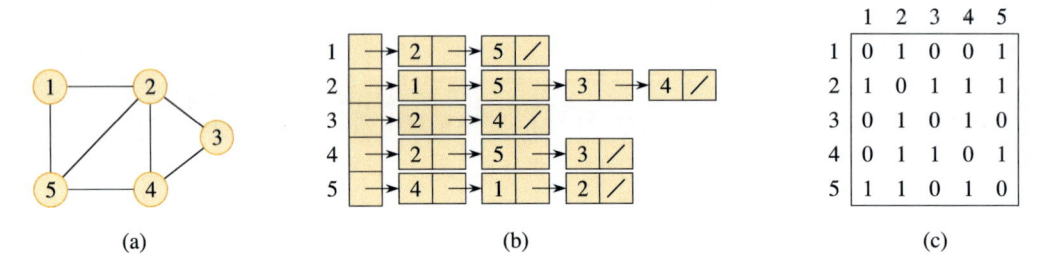

圖 20.1 無向圖的兩種表示法。**(a)** 具有 5 個頂點和 7 條邊的無向圖 G。**(b)** G 的相鄰串列表示法。**(c)** G 的相鄰矩陣表示法。

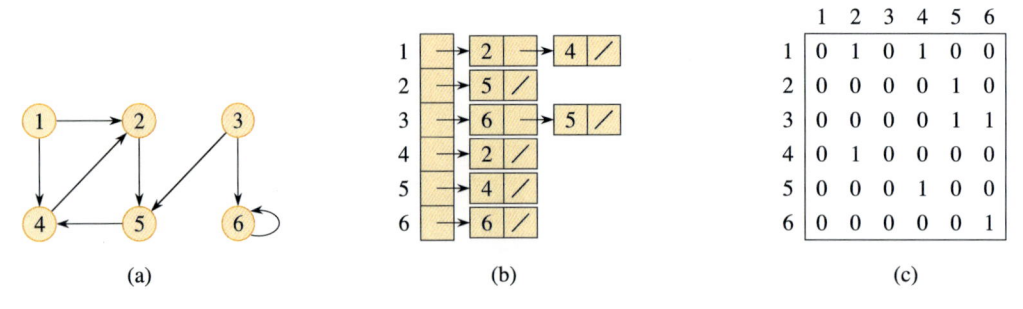

圖 20.2 有向圖的兩種表示法。**(a)** 具有 6 個頂點和 8 條邊的有向圖 G。**(b)** G 的相鄰串列表示法。**(c)** G 的相鄰矩陣表示法。

相鄰串列也可以用來表示**加權圖**，這種圖中的每一條邊都有一個**權重**，權重是用**權重函數** $w: E \to \mathbb{R}$ 算出來的。例如，設 $G = (V, E)$ 是使用權重函數 w 的加權圖。你可以在 u 的相鄰串列裡面儲存邊 $(u, v) \in E$ 的權重 $w(u, v)$。相鄰串列表示法很穩健，因為你可以修改它以支援圖的許多其他變體。

相鄰串列有一個潛在缺點：除了在相鄰串列 $Adj[u]$ 中搜尋 v 之外，你無法用更快的方法來確認特定的邊 (u, v) 是否在圖中。圖的相鄰矩陣表示法彌補了這個缺點，但代價是在漸近意義上必須使用更多記憶體（習題 20.1-8 提出一些可以更快速地查詢邊的相鄰串列變體）。

圖 $G = (V, E)$ 的**相鄰矩陣表示法**假定頂點被隨意地編號為 $1, 2, \cdots, |V|$。G 的相鄰矩陣表示法包含一個 $|V| \times |V|$ 的矩陣 $A = (a_{ij})$，滿足

$$a_{ij} = \begin{cases} 1 & \text{若 } (i, j) \in E \\ 0 & \text{其他情況} \end{cases}$$

圖 20.1(c) 和 20.2(c) 分別是圖 20.1(a) 和 20.2(a) 中的無向圖和有向圖的相鄰矩陣。圖的相鄰矩陣需要 $\Theta(V^2)$ 的記憶體，這個大小與圖的邊數無關。因為尋找圖中的每條邊都需要檢查整個相鄰矩陣，所以做這件事需要 $\Theta(V^2)$ 時間。

圖 20.1(c) 的相鄰矩陣的主對角線的兩側是對稱的。由於在無向圖中，(u, v) 和 (v, u) 代表相同的邊，所以無向圖的相鄰矩陣 A 是它自己的轉置矩陣：$A = A^\mathrm{T}$。在某些應用中，我們可以只儲存相鄰矩陣的對角線及對角項之上的項目，進而將儲存圖的記憶體減少將近一半。

相鄰矩陣與圖的相鄰串列表示法一樣，也可以表示加權圖。例如，如果 $G = (V, E)$ 是一個加權圖，它的邊權重函數是 w，你可以將邊 $(u, v) \in E$ 的權重 $w(u, v)$ 填入相鄰矩陣的第 u 列和第 v 行。如果邊不存在，你可以在它對應的矩陣項目中儲存 NIL 值，儘管對於許多問題來說，使用 0 或 ∞ 這類的值很方便。

儘管從漸近的角度來看，相鄰串列表示法至少與相鄰矩陣表示法有相同的空間效率，但相鄰矩陣比較簡單，因此當圖相當小時，你應該比較喜歡使用它們。此外，對於未加權圖來說，相鄰矩陣還有一個優勢：它們的每個項目只需要一個位元。

表示屬性

處理圖的演算法幾乎都需要維護頂點和（或）邊的屬性。我們用一般的符號來表示這些屬性，例如，用 $v.d$ 來表示頂點 v 的屬性 d。在使用一對頂點來表示邊時，我們也使用相同的表示風格。例如，如果邊有屬性 f，我們將邊 (u, v) 的 f 屬性表示成 $(u, v).f$。這個屬性表示法已經足以用來介紹和理解演算法了。

在實際的程式中實作頂點和邊的屬性可能是另一回事。儲存和讀取頂點和邊的屬性沒有最好的方法。在特定的情況下，你可能會根據你所使用的程式語言、你正在實作的演算法，以及你的程式的其他部分如何使用該圖來做出決定。如果你使用相鄰串列來表示一個圖，有一種設計是用額外的陣列來表示頂點屬性，例如一個與 Adj 陣列平行的陣列 $d[1:|V|]$。如果與 u 相鄰的頂點屬於 $Adj[u]$，那麼屬性 $u.d$ 實際上可以儲存在陣列項目 $d[u]$ 中。屬性還有許多其他的實現方法。例如，在物件導向程式語言中，頂點屬性可能被寫成 Vertex 類別的一個子類別的實例變數。

習題

20.1-1
給定一個有向圖的相鄰串列表示法，計算每個頂點的出度（out-degree）需要多久？計算入度（in-degree）需要多久？

20.1-2
給定一個具有 7 個頂點的完整二元樹的相鄰串列表示法，寫出等效的相鄰矩陣表示法。假設邊是無向的，而且頂點像二元堆積一樣從 1 到 7 編號。

20.1-3
圖 $G = (V, E)$ 的**轉置**是圖 $G^T = (V, E^T)$，其中 $E^T = \{(v, u) \in V \times V : (u, v) \in E\}$。也就是說，$G^T$ 就是將 G 的所有邊的方向相反的圖。寫出一個高效的演算法來用 G 算出 G^T，使用 G 相鄰串列和相鄰矩陣表示法兩者。分析你的演算法的執行時間。

20.1-4
給定一個多重圖（multigraph）$G = (V, E)$ 的相鄰串列表示法，寫出一個 $O(V + E)$ 時間的演算法來計算「等效」的無向圖 $G' = (V, E')$ 的相鄰串列表示法，其中 E' 包含 E 裡面的邊，但將兩個頂點之間的多重邊都換成一條邊，並將所有的自迴路移除。

20.1-5
若且唯若有向圖 $G = (V, E)$ 的 u 和 v 之間有一條頂多包含兩條邊的路徑，則 G 的平方是指圖 $G^2 = (V, E^2)$，使得 $(u, v) \in E^2$。寫出用 G 來計算 G^2 的高效演算法，使用 G 的相鄰串列和相鄰矩陣表示兩者。分析你的演算法的執行時間。

20.1-6
接收相鄰矩陣作為輸入的圖演算法大都需要 $\Omega(V^2)$ 時間，但也有一些例外。給定一個有向圖 G 的相鄰矩陣，說明如何在 $O(V)$ 時間內，確定 G 是否包含一個普遍匯點（*universal sink*），也就是一個入度為 $|V| - 1$、出度為 0 的頂點。

20.1-7
無自迴路的有向圖 $G = (V, E)$ 的關聯矩陣（*incidence matrix*）是 $|V| \times |E|$ 矩陣 $B = (b_{ij})$，滿足

$$b_{ij} = \begin{cases} -1 & \text{若邊 } j \text{ 離開頂點 } i \\ 1 & \text{若邊 } j \text{ 進入頂點 } i \\ 0 & \text{其他情況} \end{cases}$$

說明矩陣積 BB^T 的項目代表什麼，其中 B^T 是 B 的轉置。

20.1-8
假設每個陣列項目 $Adj[u]$ 不是一個鏈接串列，而是一個雜湊表，裡面有頂點 v，滿足 $(u, v) \in E$，這個表並用串連（chaining）來處理碰撞。在均勻獨立雜湊的假設下，如果所有邊被查詢的機率相同，確定一條邊有沒有在圖中的期望時間是多久？

這個策略有什麼缺點？為每一個邊串列提出一種替代資料結構，以解決這些問題。與雜湊表相比，你的替代方案有沒有缺點？

20.2 廣度優先搜尋

廣度優先搜尋是最簡單的圖搜尋演算法之一,也是許多重要圖演算法的原型。Prim 的最小生成樹演算法(第 21.2 節)和 Dijkstra 的單源最短路徑演算法(第 22.3 節)都使用類似廣度優先搜尋的概念。

給定一個圖 $G = (V, E)$ 和一個特定的**源頭**頂點 s,廣度優先搜尋可系統性地探尋 G 的邊,以「發現」可從 s 到達的每個頂點。它會計算從 s 到每個可到達的頂點之間的距離,與頂點 v 之間的距離等於從 s 到 v 所需的最小邊數。廣度優先搜尋也會產生一棵「廣度優先樹」,其根 s 包含所有可到達的頂點。對於任何一個可以從 s 到達的頂點 v,在廣度優先樹中,從 s 到 v 的簡單路徑就是在 G 中從 s 到 v 的最短路徑,也就是包含最少邊的路徑。演算法可處理有向圖和無向圖。

廣度優先搜尋之所以被稱為廣度優先,是因為它會均勻地擴展介於已發現的頂點和未發現的頂點之間的邊界。你可以想像源頭頂點發出一道波浪,演算法在波浪前緣發現頂點。也就是說,從 s 開始,該演算法會先發現 s 的所有鄰居,這些鄰居的距離為 1。然後,它會發現距離為 2 的所有頂點,然後是距離為 3 的所有頂點,以此類推,直到它發現了可從 s 到達的所有頂點。

為了記錄頂點波浪,雖然廣度優先搜尋可以用一組陣列或串列來記錄與源頭頂點相距 k 單位的頂點,但它使用一個先入先出佇列(見第 10.1.3 節),在裡面放入一組距離為 k 的頂點,接下來可能是一組距離為 $k + 1$ 的頂點。因此,這個佇列隨時都包含連續兩道波浪的成分。

為了追蹤進度,廣度優先搜尋會將每個頂點染成白色、灰色或黑色。所有頂點最初都是白色的,無法從源頭頂點 s 到達的頂點會一直維持白色。可從 s 到達的頂點在搜尋期間第一次被遇到時,它就**被發現**,此時,它變成灰色,代表它處於搜尋的前沿,亦即介於已發現的頂點和未發現的頂點之間的邊界。在佇列裡面有所有的灰色頂點。灰色頂點的邊最終都會被探索,因此它的所有鄰居都會被發現。當頂點的所有邊都被探索過,該頂點就會在搜尋邊界的後面,從灰色變成黑色[1]。

---

[1] 我們藉著區分灰色頂點和黑色頂點來理解廣度優先搜尋的運作方式。事實上,如習題 20.2-3 所示,即使不區分灰色和黑色頂點,我們也會得到同樣的結果。

廣度優先搜尋會建構一棵廣度優先樹,樹中最初只有它的根,也就是源頭頂點 s。每當搜尋程序在掃描灰色頂點 u 的相鄰串列時發現一個白色頂點 v 時,該頂點 v 和邊 (u, v) 就會被加入樹中。我們說,在廣度優先樹裡,u 是 v 的*前驅元素*(*predecessor*)或父節點。由於可從 s 到達的每個頂點最多只會被發現一次,所以可從 s 到達的每個頂點正好有一個父節點(有一個例外:s 是廣度優先樹的根,所以它沒有父節點)。像往常一樣,在廣度優先樹裡,前後代關係是相對於根 s 定義的:如果 u 在從根 s 到頂點 v 的簡單路徑上,那麼 u 是 v 的前代,v 是 u 的後代。

下一頁的廣度優先搜尋程序 BFS 假設圖 $G = (V, E)$ 是用相鄰串列來表示的。它用 Q 來代表佇列,並為圖中的每個頂點 v 加上三個屬性:

- $v.color$ 是 v 的顏色,可能是 WHITE、GRAY 或 BLACK。
- $v.d$ 保存源頭頂點 s 到 v 之間的距離,這是演算法算出來的。
- $v.\pi$ 是 v 在廣度優先樹裡的前驅元素。若 v 是源頭頂點或未被發現,因而沒有前驅元素,則 $v.\pi$ = NIL。

圖 20.3 是 BFS 處理無向圖的過程。

BFS 的運作程序如下。除了源頭頂點 s 之外,第 1~4 行會將每個頂點塗成白色,為每個頂點 u 設定 $u.d = \infty$,並將每個頂點的父節點設為 NIL。因為源頭頂點 s 始終是第一個被發現的頂點,所以第 5~7 行將 s 塗成灰色,將 $s.d$ 設為 0,並將 s 的前驅元素設為 NIL。第 8~9 行建立佇列 Q,裡面最初只有源頭頂點。

只要還有灰色頂點,第 10~18 行的 **while** 迴圈就會迭代,灰色頂點位於前沿,它們是已被發現的頂點,但它們的相鄰串列還沒有被完全檢查。這個 **while** 迴圈維持下列的不變性:

在第 10 行的檢查中,佇列 Q 由灰色頂點的集合組成。

雖然我們不使用這個循環不變性來證明正確性,但我們很容易看出它在第一次迭代之前就成立了,而且迴圈的每一次迭代都能保持這個不變性。在第一次迭代之前,唯一的灰色頂點是源頭頂點 s,它也是 Q 中唯一的頂點。第 11 行找出在佇列 Q 開頭的灰色頂點 u,並將它從 Q 移除。第 12~17 行的 **for** 迴圈考慮 u 的相鄰串列中的每個頂點 v。如果 v 是白色的,代表它還沒有被發現,程序藉著執行第 14~17 行來發現它。這幾行將頂點 v 塗成灰色,將 v 的距離

$v.d$ 設成 $u.d+1$，將 u 設為 v 的父節點 $v.\pi$，並將 v 放在佇列 Q 的結尾。檢查 u 的相鄰串列裡的所有頂點之後，第 18 行將 u 塗成黑色，代表 u 現在在前沿的後面了。循環不變性可以維持的原因是，每當一個頂點被塗成灰色（在第 14 行），它也會被放入佇列（在第 17 行），且每當一個頂點被移出佇列（在第 11 行），它也會被塗成黑色（在第 18 行）。

```
BFS(G, s)
 1  for each vertex u ∈ G.V − {s}
 2      u.color = WHITE
 3      u.d = ∞
 4      u.π = NIL
 5  s.color = GRAY
 6  s.d = 0
 7  s.π = NIL
 8  Q = ∅
 9  ENQUEUE(Q, s)
10  while Q ≠ ∅
11      u = DEQUEUE(Q)
12      for each vertex v in G.Adj[u]    // 搜尋 u 的鄰居
13          if v.color == WHITE          // 現在 v 有被發現嗎？
14              v.color = GRAY
15              v.d = u.d + 1
16              v.π = u
17              ENQUEUE(Q, v)            // 現在 v 在前沿
18      u.color = BLACK                  // 現在 u 在前沿後面
```

廣度優先搜尋的結果可能取決於第 12 行中造訪特定頂點的鄰居的順序：雖然廣度優先樹可能有所不同，但演算法計算出來的距離 d 不會改變（見習題 20.2-5）。

只要做一個簡單的改變就可以在許多情況下，讓廣度優先搜尋程序在佇列 Q 清空之前終止。因為每個頂點最多只能被發現一次，而且當它被發現時才會被設定一個有限的 d 值，所以一旦每個頂點都有一個有限的 d 值，演算法就可以終止了。如果廣度優先搜尋持續追蹤已發現的頂點數量，它就可以在佇列 Q 清空，或全部的 $|V|$ 個頂點都被發現時終止。

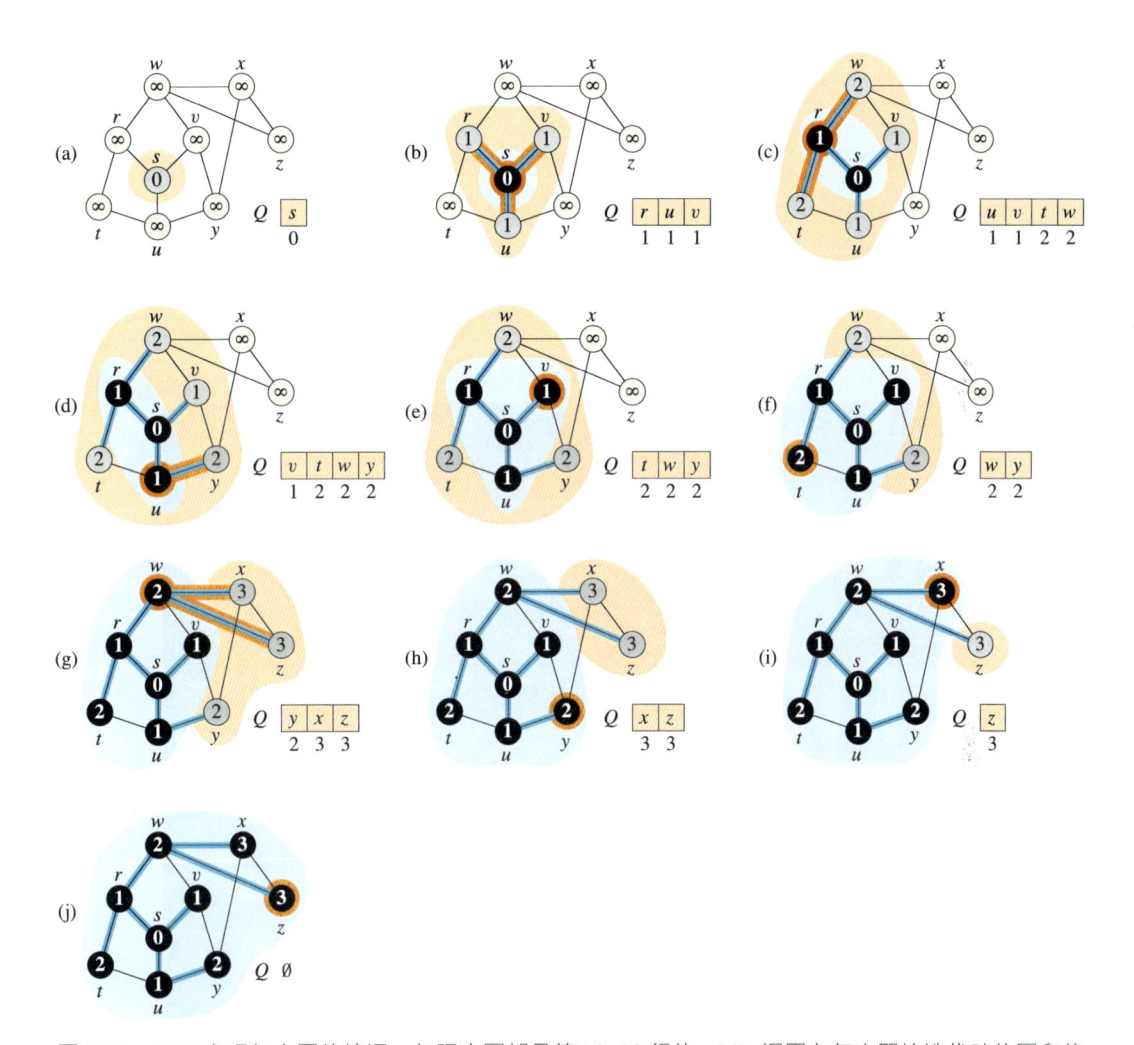

圖 20.3 BFS 處理無向圖的情況。每張小圖都是第 10~18 行的 **while** 迴圈在每次開始迭代時的圖和佇列 Q。我們將頂點距離寫在每個頂點裡面，並寫在佇列中的頂點下面。棕色區域是搜尋前沿，由佇列裡的頂點組成。淺藍色區域是在前沿後面的頂點，它們已被移出佇列。橘色代表在上一次迭代中被移出佇列的頂點和被加入廣度優先樹的邊（如果有的話）。藍色邊屬於迄今為止建構的廣度優先樹。

分析

在證明廣度優先搜尋的各種屬性之前，我們先來做一個比較簡單的工作：分析它處理輸入圖 $G = (V, E)$ 的執行時間。我們將使用第 16.1 節的聚合分析。在初始化之後，廣度優先搜尋絕不會將頂點塗成白色，因此第 13 行的測試確保每個頂點最多被放入佇列一次，所以它們最多被移出佇列一次。放入佇列和移出佇列的操作需要 $O(1)$ 時間，所以操作佇列的總時間是 $O(V)$。因為這個程序只在每個頂點被移出佇列時掃描該頂點的相鄰串列，所以它最多只掃描每個相鄰串列一次。由於所有 $|V|$ 的相鄰串列的長度之和是 $\Theta(E)$，所以掃描相鄰串列的總時間為 $O(V+E)$。初始化的開銷是 $O(V)$，因此 BFS 程序的總執行時間是 $O(V+E)$。所以，廣度優先搜尋的執行時間與 G 的相鄰串列表示法的大小成線性關係。

最短路徑

接下來，我們要看看為什麼廣度優先搜尋能找到從給定的源頭頂點 s 到圖中每個頂點的最短距離。我們定義從 s 到 v 的**最短路徑距離** $\delta(s, v)$ 是從頂點 s 到頂點 v 的所有路徑中的最小邊數。如果沒有路徑可從 s 到 v，那麼 $\delta(s, v) = \infty$。我們把從 s 到 v 且長度是 $\delta(s, v)$ 的路徑稱為從 s 到 v 的**最短路徑**[2]。在證明廣度優先搜尋能夠正確地計算最短路徑距離之前，我們先討論最短路徑距離的一個重要特性。

引理 20.1

設 $G = (V, E)$ 是一個有向圖或無向圖，且 $s \in V$ 是任意頂點。那麼，對於任何邊 $(u, v) \in E$，

$$\delta(s, v) \leq \delta(s, u) + 1$$

證明 如果 u 可以從 s 到達，v 也可以。在這種情況下，從 s 到 v 的最短路徑不可能比從 s 到 u 的最短路徑加上邊 (u, v) 更長，因此不等式成立。如果 u 不能從 s 到達，那麼 $\delta(s, u) = \infty$，不等式同樣成立。 ∎

我們的目標是證明 BFS 程序可為每個頂點 $v \in V$ 正確地算出 $v.d = \delta(s, v)$。我們先證明 $v.d$ 是 $\delta(s, v)$ 的上限。

---

2 第 22 章和第 23 章會將最短路徑推廣至加權圖，加權圖的每條邊都有一個實值權重，路徑的權重是組成它的邊的權重之和。本章考慮的圖是無權重的（未加權），也可以說，所有邊都有單位權重。

引理 20.2

設 $G = (V, E)$ 是一個有向圖或無向圖，假設 BFS 從一個給定的源頭頂點 $s \in V$ 開始處理 G。接下來，對於每個頂點 $v \in V$，BFS 算出來的值 $v.d$ 在任何時候都滿足 $v.d \geq \delta(s, v)$，包括終止時。

證明　我們可以直覺地知道這個引理是正確的，因為指派給 $v.d$ 的任何有限值都等於從 s 到 v 的某條路徑上的邊數。正式的證明是對 ENQUEUE 操作數量進行歸納證明。歸納假設是，對於所有 $v \in V$，$v.d \geq \delta(s, v)$。

歸納法的基本情況是 BFS 的第 9 行將 s 放入佇列之後的情形。在那裡，歸納假設成立，因為 $s.d = 0 = \delta(s, s)$ 且 $v.d = \infty \geq \delta(s, v)$，對所有 $v \in V - \{s\}$ 而言。

在歸納步驟，考慮從頂點 u 開始搜尋之後發現的白色頂點 v。根據歸納假設，$u.d \geq \delta(s, u)$。從第 15 行的賦值與引理 20.1 可得

$$v.d = u.d + 1$$
$$\geq \delta(s, u) + 1$$
$$\geq \delta(s, v)$$

然後頂點 v 被放入佇列，而且它絕不會被再次放入佇列，因為它也會被塗成灰色，且第 14~17 行僅為白色頂點執行。因此，$v.d$ 的值絕對不會再次改變，歸納假設成立。∎

為了證明 $v.d = \delta(s, v)$，我們先更精確地說明在 BFS 過程中，佇列 Q 是如何運作的。下一個引理證明，無論何時，在佇列裡的頂點的 d 值若非全都一樣，就是形成一個序列 $\langle k, k, ..., k, k+1, k+1, ..., k+1 \rangle$，$k$ 是個 ≥ 0 的整數。

引理 20.3

假設在 BFS 處理圖 $G = (V, E)$ 期間，佇列 Q 裡面有頂點 $\langle v_1, v_2, ..., v_r \rangle$，其中 v_1 是 Q 的開頭，v_r 是結尾。那麼，$v_r.d \leq v_1.d + 1$ 且 $v_i.d \leq v_{i+1}.d$，其中 $i = 1, 2, ..., r-1$。

證明　這個證明針對佇列操作數量使用歸納法。最初，當佇列裡面只有 s 時，這個引理當然成立。

在歸納步驟中，我們必須證明，將頂點移出佇列和移入佇列之後，這個引理皆成立。我們先證明移出佇列的情況。當佇列的頭 v_1 被移出時，v_2 變成新的頭（如果佇列變成空的，那麼引理直接成立）。根據歸納假設，$v_1.d \leq v_2.d$，然後得到 $v_r.d \leq v_1.d + 1 \leq v_2.d + 1$，其餘的不等式不受影響。因此，當 v_2 是新的頭時，引理成立。

接下來，我們討論移入佇列的情況。當 BFS 的第 17 行將頂點 v 放入包含頂點 $\langle v_1, v_2, \ldots, v_r \rangle$ 的佇列時，被放入佇列的頂點變成 v_{r+1}。如果佇列在 v 被放入時是空的，那麼在放入 v 後，$r = 1$，引理成立。現在假設佇列在 v 被放入時不是空的。此時，程序剛從佇列 Q 移除頂點 u，並且正在掃描它的相鄰串列。在 u 被移除之前，$u = v_1$ 且歸納假設成立，所以 $u.d \leq v_2.d$ 且 $v_r.d \leq u.d + 1$。在 u 被移出佇列後，原本是 v_2 的頂點變成佇列的新頭 v_1，所以現在 $u.d \leq v_1.d$。因此，$v_{r+1}.d = v.d = u.d + 1 \leq v_1.d + 1$。因為 $v_r.d \leq u.d + 1$，我們得到 $v_r.d \leq u.d + 1 = v.d = v_{r+1}.d$，其餘的不等式不受影響。因此，引理在 v 被放入佇列時成立。∎

下面的推論指出，當頂點被放入佇列時，d 值會隨著時間而單調增加。

推論 20.4

假設頂點 v_i 與 v_j 在 BFS 執行期間被放入佇列，而且 v_i 先於 v_j 被放入佇列。那麼在 v_j 被放入佇列時，$v_i.d \leq v_j.d$。

證明 從引理 20.3 和每個頂點在 BFS 執行過程中最多接收一次有限的 d 值可以看出。∎

現在可以證明廣度優先搜尋能夠正確地找到最短路徑距離了。

定理 20.5（廣度優先搜尋的正確性）

設 $G = (V, E)$ 是一個有向圖或無向圖，假設 BFS 從給定的源頭頂點 $s \in V$ 開始處理 G。接下來，在執行期間，BFS 發現可從 s 到達的每一個頂點 $v \in V$，且在終止時，$v.d = \delta(s, v)$，對所有 $v \in V$ 而言。此外，對可從 s 到達的任何頂點 $v \neq s$ 而言，從 s 到 v 的最短路徑之一是從 s 到 $v.\pi$ 加上邊 $(v.\pi, v)$ 的最短路徑。

證明 使用反證法，假設某個頂點被設定的 d 值不等於其最短路徑距離。在所有頂點中，設 v 是有最小 $\delta(s, v)$ 的頂點。根據引理 20.2，我們得到 $v.d \geq \delta(s, v)$，因此 $v.d > \delta(s, v)$。我們無法得到 $v = s$，因為 $s.d = 0$，且 $\delta(s, s) = 0$。頂點 v 必須可從 s 到達，否則會得到 $\delta(s, v) = \infty \geq v.d$。設 u 是在 s 到 v 的某條最短路徑上，v 的前一個頂點（因為 $v \neq s$，頂點 u 一定存在），所以 $\delta(s, v) = \delta(s, u) + 1$。因為 $\delta(s, u) < \delta(s, v)$，且因為我們選擇 v 的方式，我們得到 $u.d = \delta(s, u)$。根據這些特性可得

$$v.d > \delta(s, v) = \delta(s, u) + 1 = u.d + 1 \tag{20.1}$$

現在考慮 BFS 在第 11 行選擇將頂點 u 從 Q 移出的時刻。此時，頂點 v 若非灰色就是黑色。我們將證明，這兩種情況都會導致與不等式 (20.1) 矛盾的情況。若 v 是白的，則第 15 行設定 $v.d = u.d + 1$，與不等式 (20.1) 矛盾。若 v 是黑的，則它已被移出佇列，根據推論 20.4 可得 $v.d \le u.d$，同樣與不等式 (20.1) 矛盾。如果 v 是灰的，它是在某個頂點 w 被移出佇列時被塗成灰色，該頂點比 u 更早被移出 Q，且 $v.d = w.d + 1$。但是，根據推論 20.4，$w.d \le u.d$，所以 $v.d = w.d + 1 \le u.d + 1$，同樣與不等式 (20.1) 矛盾。

因此，我們得出結論，對所有 $v \in V$ 而言，$v.d = \delta(s, v)$。可從 s 到達的所有頂點 v 一定會被發現，否則它們會得到 $\infty = v.d > \delta(s, v)$。要獲得最終的結論，只要注意第 15~16 行，若 $v.\pi = u$，則 $v.d = u.d + 1$。因此，從 s 到 $v.\pi$ 的最短路徑加上邊 $(v.\pi, v)$ 是從 s 到 v 的最短路徑。∎

廣度優先樹

圖 20.3 的藍邊是 BFS 程序搜尋圖時建立的廣度優先樹。這棵樹與 π 屬性互相對映。更正式地說，對一個源頭節點為 s 的圖 $G = (V, E)$ 而言，我們定義 G 的**前驅子圖**（*predecessor subgraph*）為 $G_\pi = (V_\pi, E_\pi)$，其中

$$V_\pi = \{v \in V : v.\pi \ne \text{NIL}\} \cup \{s\} \tag{20.2}$$

且

$$E_\pi = \{(v.\pi, v) : v \in V_\pi - \{s\}\} \tag{20.3}$$

前驅子圖 G_π 是 V_π 的**廣度優先樹**，此樹包含可從 s 到達的頂點，而且對於所有 $v \in V_\pi$，在子圖 G_π 裡面有 G 裡的唯一既是從 s 到 v 的簡單路徑，也是從 v 到 s 的簡單路徑的路徑。廣度優先樹事實上是一棵樹，因為它是連通的，且 $|E_\pi| = |V_\pi| - 1$（見第 1126 頁的定理 B.2）。我們將 E_π 裡的邊稱為**樹邊**。

下面的引理證明 BFS 產生的前驅子圖是廣度優先樹。

引理 20.6

當 BFS 處理有向圖或無向圖 $G = (V, E)$ 時，它建構出來的 π 會讓前驅子圖 $G_\pi = (V_\pi, E_\pi)$ 是廣度優先樹。

證明 BFS 的第 16 行設定 $v.\pi = u$，若且唯若 $(u, v) \in E$ 且 $\delta(s, v) < \infty$（即若 v 可從 s 到達），因此 V_π 包含 V 中可從 s 到達的頂點。因為前驅子圖 G_π 形成一棵樹，根據定理 B.2，它裡面有從 s 到 V_π 的每一個節點的唯一簡單路徑。用定理 20.5 來歸納可以得出，每條這種路徑都是 G 中的最短路徑。 ■

假設 BFS 已經算出一棵廣度優先樹，PRINT-PATH 程序可以印出從 s 到 v 的最短路徑裡的頂點，這個程序的執行時間與被列印的路徑中的頂點數量成線性關係，因為每次遞迴呼叫都是為了處理一條少一個頂點的路徑。

PRINT-PATH(G, s, v)
1   **if** $v == s$
2   print s
3   **elseif** $v.\pi ==$ NIL
4   print "no path from" s "to" v "exists"
5   **else** PRINT-PATH($G, s, v.\pi$)
6   print v

習題

20.2-1
寫出在圖 20.2(a) 的有向圖執行廣度優先搜尋產生的 d 和 π 值，源頭頂點為頂點 3。

20.2-2
寫出在圖 20.3 的無向圖執行廣度優先搜尋得到的 d 和 π 值，源頭頂點為頂點 u。假設頂點的鄰居是以字母順序造訪的。

20.2-3
藉著證明將 BFS 程序的第 18 行刪除可以產生相同的結果，來證明只要使用一個位元來儲存各個頂點顏色就夠了。然後說明如何完全不需要使用頂點顏色。

20.2-4
如果用相鄰矩陣來表示 BFS 的輸入圖，並修改演算法來處理這種形式的輸入，那麼 BFS 的執行時間為何？

20.2-5
證明在廣度優先搜尋中，被指派給頂點 $u.d$ 的值，與頂點 u 出現在每一個相鄰串列中的順序無關。以圖 20.3 為例，說明 BFS 計算出來的廣度優先樹可能取決於相鄰串列內的排序。

20.2-6
使用有向圖 $G = (V, E)$、源頭頂點 $s \in V$，以及包含三個邊的集合 $E_\pi \subseteq E$，其中每個頂點 $v \in V$，舉例說明在圖 (V, E_π) 中，從 s 到 v 的唯一最短路徑是在 G 裡的最短路徑，但是邊的集合 E_π 無法藉由使用 BFS 處理 G 來產生，無論這些頂點在相鄰串列中如何排序。

20.2-7
職業摔角手有兩種類型。「faces」（「babyfaces」的簡稱，代表「好人」）和「heels」（「壞人」）。任何兩位職業摔角手之間可能有敵對關係，也可能沒有。你有一份包含 n 位職業摔角手的名單，以及 r 對具有敵對關係的摔角手名單。用一個 $O(n + r)$ 時間的演算法來計算是否可能指定一些摔角手扮演 faces，其餘的扮演 heels，讓每一場比賽都是一位 face 與一位 heel 對決。如果可能做出這種安排，讓演算法產生它。

★ 20.2-8
樹的直徑 $T = (V, E)$ 的定義是 $\max\{\delta(u, v) : u, v \in V\}$，也就是在樹中的所有最短路徑距離中的最大值。寫出一個高效率的演算法來計算樹的直徑，並分析你的演算法的執行時間。

20.3 深度優先搜尋

顧名思義，深度優先搜尋會盡可能地往圖的「深處」搜尋。深度優先搜尋會探索最近發現的頂點 v 的出邊，只要該頂點還有未探索的出邊。一旦 v 的邊都被探索過了，搜尋就會「回去」探索當初發現 v 的那個頂點的出邊。這個程序持續進行，直到發現可從源頭頂點到達的所有頂點為止。如果還有任何未發現的頂點，那麼深度優先搜尋會選擇其中一個頂點作為新的源頭，從該源頭開始重複搜尋。演算法會重複整個程序，直到發現每個頂點[3]。

---

[3] 廣度優先搜尋只有一個源頭，深度優先搜尋卻可以從多個源頭開始搜尋，這令人覺得莫名其妙。概念上，廣度優先搜尋也可以從多個源頭開始搜尋，深度優先搜尋也可以只有一個源頭，但我們的做法反映了這些搜尋結果的一般用法。廣度優先搜尋通常用來尋找最短路徑距離，和給定源頭的前子圖。深度優先搜尋通常是另一種演算法中的子程序，等一下你就會看到。

但是，與廣度優先搜尋一樣，只要深度優先搜尋在掃描已發現的頂點 u 的相鄰串列時發現頂點 v，它就會將 v 的前驅頂點屬性 $v.\pi$ 設為 u 來記錄此事件。廣度優先搜尋的前驅子圖形成一棵樹，但深度優先搜尋產生的前驅子圖可能包含幾棵樹，因為搜尋可能從多個源頭開始重複進行。因此，深度優先搜尋的*前驅子圖*的定義與廣度優先搜尋的略有不同，深度優先搜尋始終包括所有頂點，而且考慮到多個源頭。具體來說，深度優先搜尋的前驅子圖是 $G_\pi = (V, E_\pi)$，其中

$$E_\pi = \{(v.\pi, v) : v \in V \text{ 且 } v.\pi \neq \text{NIL}\}$$

深度優先搜尋的前驅子圖形成一座**深度優先森林**，裡面有幾棵**深度優先樹**。在 E_π 裡的邊是**樹邊**。

與廣度優先搜尋相同的是，深度優先搜尋會在搜尋期間為頂點上色，以標示它們的狀態。每個頂點最初都是白色的，當它在搜尋中*被發現*時，就會變成灰色，當它被處理*完成*時（也就是當它的相鄰串列被完全檢查時）會變成黑色。這種技術保證每個頂點最後都正好在一棵深度優先樹裡，所以這些樹是不相交的。

除了建立一座深度優先森林外，深度優先搜尋也會幫每個頂點**標記時間**。每個頂點 v 都有兩個時戳：第一個時戳 $v.d$ 記錄 v 第一次被發現（並變灰）的時間，第二個時戳 $v.f$ 記錄了搜尋程序完成檢查 v 的相鄰串列的時間（並將 v 變黑）。這些時戳提供了關於圖的結構的重要資訊，通常有助於推理深度優先的搜尋行為。

下一頁的 DFS 程序會在屬性 $u.d$ 中記錄它發現頂點 u 的時間，在屬性 $u.f$ 中記錄完成頂點 u 的時間。這些時戳是介於 1 和 $2|V|$ 之間的整數，因為 $|V|$ 個頂點中的每一個都有一個發現事件和一個完成事件。對於每個頂點 u，

$$u.d < u.f \tag{20.4}$$

頂點 u 在時間 $u.d$ 之前是 WHITE，在時間 $u.d$ 和 $u.f$ 之間是 GRAY，之後是 BLACK。在 DFS 程序裡，輸入圖 G 可能是無向的或有向的。變數 *time* 是個全域變數，用來設定時戳。圖 20.4 說明 DFS 處理圖 20.2 中的圖的過程（但用字母來標記頂點，而不是用數字）。

```
DFS(G)
1   for each vertex u ∈ G.V
2       u.color = WHITE
3       u.π = NIL
4   time = 0
5   for each vertex u ∈ G.V
6       if u.color == WHITE
7           DFS-VISIT(G, u)

DFS-VISIT(G, u)
1   time = time + 1              // 白色頂點 u 剛剛被發現
2   u.d = time
3   u.color = GRAY
4   for each vertex v in G.Adj[u]    // 探索各個邊 (u, v)
5       if v.color == WHITE
6           v.π = u
7           DFS-VISIT(G, v)
8   time = time + 1
9   u.f = time
10  u.color = BLACK              // 將 u 設為黑色，它被處理完成了
```

DFS 程序的工作方式如下。第 1~3 行將所有頂點設為白色，並將它們的 π 屬性設為 NIL。第 4 行重設全域的時間計數器。第 5~7 行依序檢查每個頂點，找到白色頂點時，呼叫 DFS-VISIT 來造訪它。每次第 7 行呼叫 DFS-VISIT(G, u) 時，頂點 u 變成深度優先森林裡的新樹的根。當 DFS return 時，每個頂點 u 都被設定一個**發現時間** $u.d$ 與一個**完成時間** $u.f$。

在每次呼叫 DFS-VISIT(G, u) 時，頂點 u 最初是白色。第 1~3 行遞增全域變數 $time$，將 $time$ 的新值指派給發現時間 $u.d$，並將 u 設為灰色。第 4~7 行檢查與 u 相鄰的每個頂點 v，並遞迴造訪 v，如果它是白色的。由於第 4 行考慮了每個頂點 $v \in Adj[u]$，深度優先搜尋**探索**了邊 (u, v)。最後，在 u 的每條出邊都被探索過後，第 8~10 行遞增 $time$，在 $u.f$ 中記錄完成時間，並將 u 塗成黑色。

深度優先搜尋的結果可能取決於 DFS 第 5 行檢查頂點的順序，和 DFS-VISIT 第 4 行造訪頂點鄰居的順序。不同的造訪順序在實務上通常不會造成問題，因為許多深度優先搜尋的應用都可以使用任何深度優先搜尋的結果。

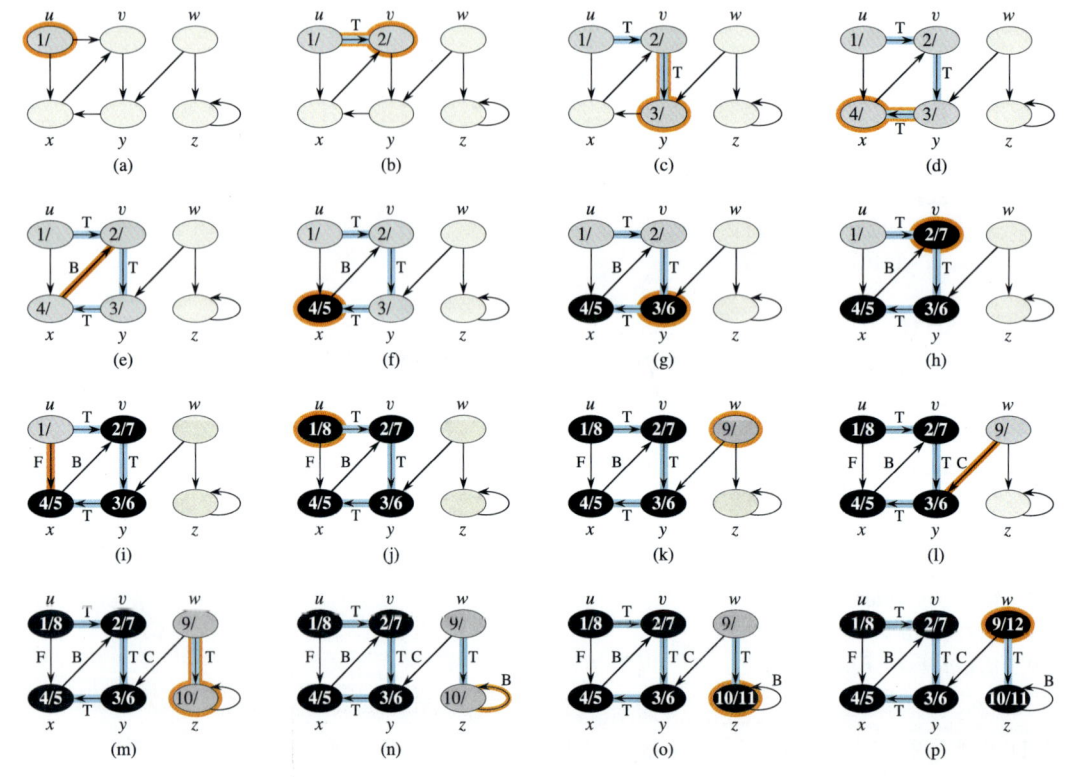

圖 20.4 深度優先搜尋演算法 DFS 處理一張有向圖的過程。DFS 在探索邊的過程中將它們分類，將樹邊（tree edge）標為 T，將後向邊（back edge）標為 B，將前向邊（forward edge）標為 F，將交叉邊（cross edge）標為 C。樹邊以藍色來表示。橘色代表發現時間或完成時間改變的頂點，以及在每一步探索的邊。

DFS 的執行時間為何？DFS 的第 1~3 行和第 5~7 行的迴圈需要 $\Theta(V)$ 時間，不包括呼叫並執行 DFS-VISIT 的時間。我們和分析廣度優先法時一樣，使用聚合分析。我們為每個頂點 $v \in V$ 呼叫一次程序 DFS-VISIT，因為我們為頂點 u 呼叫 DFS-VISIT 時，u 一定是白色的，所以 DFS-VISIT 做的第一件事就是把頂點 u 設成灰色。在執行 DFS-VISIT(G, v) 的過程中，第 4~7 行的迴圈執行了 $|Adj[v]|$ 次。因為 $\sum_{v \in V} |Adj[v]| = \Theta(E)$ 且我們為每個頂點呼叫一次 DFS-VISIT，執行 DFS-VISIT 的第 4~7 行的總成本是 $\Theta(V+E)$，所以 DFS 的執行時間是 $\Theta(V+E)$。

深度優先搜尋的特性

深度優先搜尋可以提供關於圖的結構的寶貴資訊。深度優先搜尋最基本的性質之一是，前驅子圖 G_π 確實形成一座森林，因為深度優先搜尋樹的結構正好反映了 DFS-VISIT 遞迴呼叫的結構。也就是說，若且唯若 DFS-VISIT(G, v) 在搜尋 u 的相鄰串列時被呼叫，則 $u = v.\pi$。此外，在深度優先森林中，若且唯若 v 是在 u 變成灰色時被發現的，則頂點 v 是頂點 u 的後代。

深度優先搜尋的另一個重要特性是，發現和完成時間有**括號結構**。如果 DFS-VISIT 程序在發現頂點 u 時列印一個左括號「(u」，在完成 u 時印出一個右括號「u)」，那麼列印出來的文字將有正確的嵌套格式。例如，圖 20.5(a) 的深度優先搜尋可對映至圖 20.5(b) 中的括號。以下的定理用另一種方法來描述括號結構的特性。

定理 20.7（括號定理）

在有向或無向圖 $G = (V, E)$ 中的任何深度優先搜尋中，對任何兩個頂點 u 和 v 而言，以下的三個條件之一會成立：

- $[u.d, u.f]$ 和 $[v.d, v.f]$ 這兩個區間完全不相交，而且 u 和 v 在深度優先森林中不是彼此的後代，
- 區間 $[u.d, u.f]$ 完全在區間 $[v.d, v.f]$ 裡面，且 u 在深度優先樹裡是 v 的後代，或
- 區間 $[v.d, v.f]$ 完全在區間 $[u.d, u.f]$ 裡面，且 v 在深度優先樹裡是 u 的後代。

證明 我們從 $u.d < v.d$ 的情況開始證明。考慮兩種次級情況，根據是否 $v.d < u.f$。第一種次級情況在 $v.d < u.f$ 時發生，因此，v 是在 u 仍然是灰色的時候被發現的，這意味著 v 是 u 的後代。此外，由於 v 是在 u 之後被發現的，在搜尋程序往回走並完成處理 u 之前，v 的所有出邊都被探索了，而且它已經被完成處理了。因此，在這種情況下，區間 $[v.d, v.f]$ 完全在區間 $[u.d, u.f]$ 裡面。另一種次級情況是 $u.f < v.d$，根據不等式 (20.4)，$u.d < u.f < v.d < v.f$，因此區間 $[u.d, u.f]$ 與 $[v.d, v.f]$ 是不相交的。由於這些區間不相交，因此當其中一個頂點是灰色時，另一個頂點不會被發現，所以這兩個頂點皆非對方的後代。

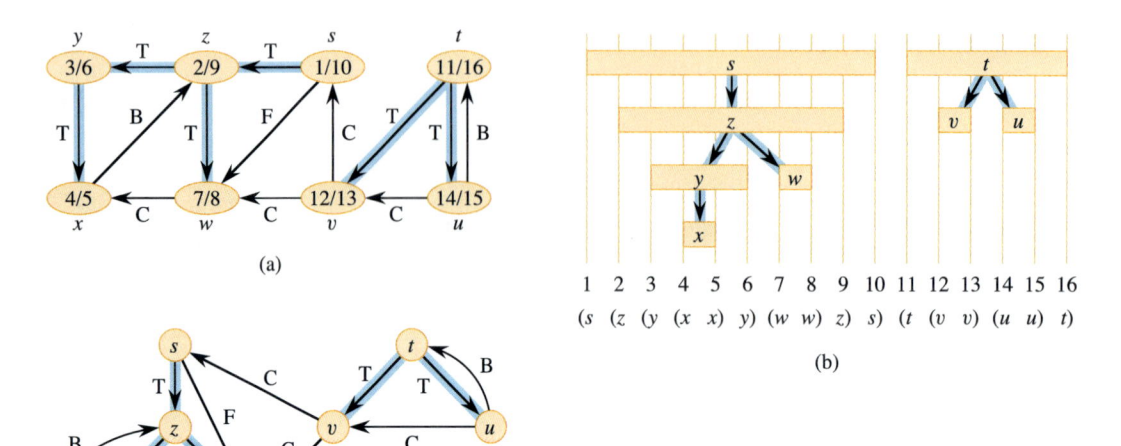

圖 20.5 深度優先搜尋的特性。**(a)** 在有向圖裡進行深度優先搜尋的結果。在圖中，頂點被標上時戳，邊的類型如圖 20.4 所示。**(b)** 每個頂點的發現時間和結束時間之間的時段可對應下面的括號。每一條矩形橫跨的時段來自相應頂點的發現和完成時間。此圖只展示三條邊。如果兩個區間重疊，那麼其中一個會嵌入另一個，而且較小區間對應的頂點是較大區間對應的頂點的後代。**(c)** 是將 (a) 重新繪製的圖，其中包含所有樹、在深度優先樹裡向下走的順向邊，以及從後代往前代走的反向邊。

$v.d < u.d$ 的情況相似，只是將上述內容中的 u 和 v 的角色對調。∎

推論 20.8（後代的區間的嵌套情況）

在一個（有向或無向）圖 G 的深度優先森林中，若且唯若 $u.d < v.d < v.f < u.f$，則頂點 v 是頂點 u 的真後代。

證明 直接從定理 20.7 得證。∎

當一個頂點是深度優先森林裡的另一個頂點的後代時，下一個定理提供另一個重要的特性。

定理 20.9（白路徑定理）

在一個（有向或無向）圖 $G = (V, E)$ 的深度優先森林中，若且唯若搜尋程序於時間 $u.d$ 發現頂點 u 時，有一條從 u 到 v 的路徑完全由白色頂點組成，則頂點 v 是頂點 u 的後代。

證明 $\Rightarrow$: 如果 $v = u$，那麼從 u 到 v 的路徑只包含頂點 u，當 $u.d$ 接收一個值時，它還是白色的。假設在深度優先森林裡，v 是 u 的一個真後代。根據推論 20.8，$u.d < v.d$，所以 v 在 $u.d$ 時是白色的。由於 v 可為 u 的任何後代，在深度優先森林中，從 u 到 v 的唯一簡單路徑上的所有頂點在 $u.d$ 時是白色的。

$\Leftarrow$: 假設在 $u.d$ 時，有一條從 u 到 v 的白色頂點路徑，但在深度優先樹中，v 沒有成為 u 的後代。不失普遍性地假設沿著此路徑，除了 v 以外的每個頂點都成為 u 的後代（否則，設 v 是路徑上未成為 u 的後代且最接近 u 的頂點）。設 w 是 v 在路徑上的前一個頂點，因此 w 是 u 的後代（w 和 u 可能是同一個頂點）。根據推論 20.8，$w.f \leq u.f$。因為 v 必須在 u 被發現之後，但在 w 完成之前被發現，所以 $u.d < v.d < w.f \leq u.f$。所以定理 20.7 意味著區間 $[v.d, v.f]$ 被完全包在區間 $[u.d, u.f]$ 裡面。根據推論 20.8，v 必然是 u 的後代。∎

邊的分類

在深度優先搜尋過程中，你可以對圖的邊進行分類，來獲得關於圖的重要資訊。例如，第 20.4 節將說明，若且唯若深度優先搜尋未產生「後向邊」，則有向圖是無迴路的（引理 20.11）。

藉著在圖 G 上進行深度優先搜尋產生的深度優先森林 G_π 可能有四種類型的邊：

1. <u>樹邊</u>是在深度優先森林 G_π 裡面的邊。如果 v 最初是藉著探索邊 (u, v) 發現的，那麼邊 (u, v) 是樹邊。

2. <u>後向邊</u>是在深度優先樹中，將頂點 u 連接到前代 v 的邊 (u, v)。我們將自迴路視為後向邊，它可能出現在有向圖裡。

3. <u>前向邊</u>是從頂點 u 接到深度優先樹裡的真後代 v 的非樹（nontree）邊 (u, v)。

4. <u>交叉邊</u>是所有其他邊。它們可能連接同一棵深度優先樹裡的頂點，只要其中一個頂點不是另一個頂點的前代即可，它們也可能連接不同的深度優先樹裡的頂點。

在圖 20.4 與 20.5 裡，邊的標籤代表邊的類型。圖 20.5(c) 也展示如何將圖 20.5(a) 重繪，讓所有樹與前向邊都在深度優先樹中朝下，並讓所有後向邊都朝上。你可以用這種方式來重繪任何圖。

DFS 演算法在遇到一些邊的時候已經有足夠的資訊分類它們，要點在於，當一條邊 (u, v) 第一次被探索時，頂點 v 的顏色可以指出那條邊是哪一種：

1. WHITE 代表樹邊，
2. GRAY 代表後向邊，
3. BLACK 代表前向邊或交叉邊。

上面第一種情況直接來自演算法的規範。對於第二種情況，我們觀察到，灰色的頂點總是形成一條與活躍的 DFS-VISIT 呼叫堆疊對應的後代線性鏈（linear chain of descendants）。灰色頂點的數量比最近發現的頂點組成的深度優先森林的深度多 1。深度優先搜尋始終從最深的灰色頂點開始探索，因此，如果一條邊到達另一個灰色頂點，那就意味著它到達一個前代。第三種情況處理其餘的可能性。習題 20.3-5 會請你證明，如果 $u.d < v.d$，那麼邊 (u, v) 是前向邊，如果 $u.d > v.d$，那麼它是交叉邊。

根據以下定理，在無向圖的深度優先搜尋中永遠不會出現前向邊和交叉邊。

定理 20.10

在針對無向圖 G 的深度優先搜尋中，G 的每條邊若非樹邊，就是後向邊。

證明 設 (u, v) 是 G 的任意邊，不失普遍性地假設 $u.d < v.d$。那麼，當 u 是灰色時，搜尋程序必定在完成 u 之前發現並完成 v，因為 v 在 u 的相鄰串列中。如果搜尋程序第一次探索邊 (u, v) 的方向是從 u 到 v，那麼 v 在那一刻之前未被發現（白色），否則搜尋已經在從 v 到 u 的方向探索該邊了。因此，(u, v) 是樹邊。如果搜尋先從 v 到 u 的方向探索 (u, v)，那麼 (u, v) 就是一條後向邊，因為在 u 和 v 之間必定有一條由樹邊構成的路徑。 ∎

由於 (u, v) 和 (v, u) 實際上是無向圖的同一條邊，定理 20.10 的證明指出如何對這條邊進行分類。當搜尋程序從一個頂點開始時，該頂點必定是灰色的，如果相鄰頂點是白色的，那麼該邊就是一條樹邊，否則，該邊是一條後向邊。

接下來兩節將運用上述關於深度優先搜尋的定理。

習題

20.3-1
製作一個 3 × 3 的圖表，其列與行的標籤為 WHITE、GRAY 與 BLACK。在每一格 (i, j) 裡，填入在針對有向圖進行深度優先搜尋的任何時間點，是否可能有一條從 i 顏色的頂點連到 j 顏色的頂點的邊。指出每一條可能的邊可以是哪些類型。為無向圖的深度優先搜尋製作第二張這種圖表。

20.3-2
說明深度優先搜尋如何處理圖 20.6 的圖。假設 DFS 程序的第 5~7 行的 **for** 迴圈按照字母順序考慮頂點，並假設每個相鄰串列都按字母順序排列。寫出每個頂點的發現和完成時間，並寫出每條邊的分類。

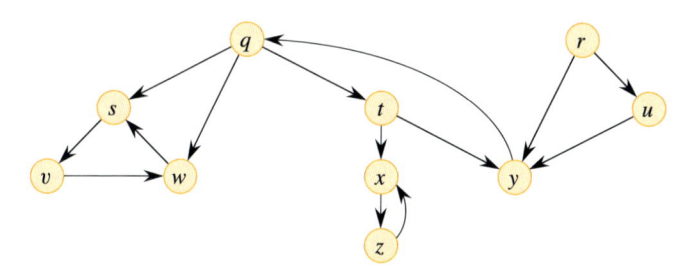

圖 20.6 習題 20.3-2 與 20.5-2 使用的有向圖。

20.3-3
寫出圖 20.4 的深度優先搜尋的括號結構。

20.3-4
藉著證明刪除 DFS-VISIT 的第 10 行可讓 DFS 程序產生相同的結果，來證明只要使用一個位元來儲存每個頂點的顏色就夠了。

20.3-5
證明在一張有向圖中，邊 (u, v) 是

a. 樹邊或前向邊，若且唯若 $u.d < v.d < v.f < u.f$，

b. 後向邊，若且唯若 $v.d \leq u.d < u.f \leq v.f$，以及

c. 交叉邊，若且唯若 $v.d < v.f < u.d < u.f$。

20.3-6
改寫 DFS 程序，使用堆疊來移除遞迴。

20.3-7
寫出以下猜測的反例：如果在有向圖 G 裡面有一條從 u 到 v 的路徑，且如果在 G 的深度優先搜尋裡 $u.d < v.d$，那麼在程序產生的深度優先森林中，v 是 u 的後代。

20.3-8
寫出以下猜測的反例：如果有向圖 G 有一條從 u 到 v 的路徑，那麼任何深度優先搜尋的結果都一定是 $v.d \leq u.f$。

20.3-9
修改深度優先搜尋的虛擬碼，讓它印出有向圖 G 的每條邊，以及邊的類型。說明如果 G 是無向圖，需要做哪些修改。

20.3-10
解釋在什麼情況下，有向圖的 個頂點 u 在深度優先樹中只包含自己，即使在 G 裡它有入邊和出邊。

20.3-11
設 $G = (V, E)$ 是連通無向圖。寫一個 $O(V + E)$ 時間的演算法來算出 G 中的一條路徑，使它以每一個方向遍歷 E 的每一條邊恰好一次。說明如果你有大量的 1 美分硬幣（penny），如何在迷宮裡找到出口。

20.3-12
有一個無向圖 G，說明如何使用深度優先搜尋來識別 G 的連通成分，使深度優先森林包含與 G 的連通成分相同數量的樹。更準確地說，說明如何修改深度優先搜尋，讓它為每個頂點 v 指派一個介於 1 和 k 之間的整數標籤 $v.cc$，其中 k 是 G 的連通成分數量，滿足 $u.cc = v.cc$ 若且唯若 u 和 v 屬於同一個連通成分。

★ 20.3-13
對有向圖 $G = (V, E)$ 來說，如果對所有頂點 $u, v \in V$ 而言，$u \leadsto v$ 意味著 G 裡面最多只有一條從 u 到 v 的簡單路徑，那麼 G 是**單連通**（*singly connected*）。寫出一個高效率的演算法來判斷一個有向圖是不是單連通。

20.4 拓撲排序

本節介紹如何使用深度優先搜尋來對有向無迴路圖（有時稱為「dag」）進行拓撲排序。對 dag $G = (V, E)$ 進行**拓撲排序**就是對它的所有頂點進行線性排序，使得若 G 有一條邊 (u, v)，那麼 u 出現在 v 之前。拓撲排序只在有向無迴路圖之上定義，如果有向圖有迴路，那就不可能有線性排序。你可以把圖的拓撲排序想成將它的頂點沿著水平線排列，讓所有的有向邊都從左指向右。拓撲排序與本書的第 2 部分討論的一般「排序」不同。

許多應用都使用有向無迴路圖來表示事件之間的優先次序。圖 20.7 提供一個例子，它是 Bumstead 教授在早上著裝時發生的。教授必須先穿某些服飾，才能穿其他服飾（例如，先穿襪子再穿鞋）。其他的服飾可以按任何順序穿上（例如襪子與褲子）。圖 20.7(a) 中的 dag 的有向邊 (u, v) 代表服飾 u 必須比服飾 v 更早穿上，因此，這個 dag 的拓撲排序提供了可能的著裝順序。圖 20.7(b) 將 dag 進行拓撲排序，將頂點沿著水平線排序，使得有向邊皆由左指向右。

TOPOLOGICAL-SORT 程序對一個 dag 進行拓撲排序。圖 20.7(b) 是使用拓撲排序來按照完成時間逆序排列的頂點。

TOPOLOGICAL-SORT(G)
1 call DFS(G) to compute finish times $v.f$ for each vertex v
2 as each vertex is finished, insert it onto the front of a linked list
3 **return** the linked list of vertices

TOPOLOGICAL-SORT 程序可在 $\Theta(V + E)$ 時間內執行，因為深度優先搜尋需要 $\Theta(V + E)$ 時間，且將 $|V|$ 個頂點中的每一個插入鏈接串列的開頭需要 $O(1)$ 時間。

為了證明這個非常簡單且高效的演算法的正確性，我們從下面這個定義有向無迴路圖的關鍵引理開始探討。

引理 20.11
若且唯若對有向圖 G 進行深度優先搜尋時，不產生任何後向邊，則 G 是無迴路的。

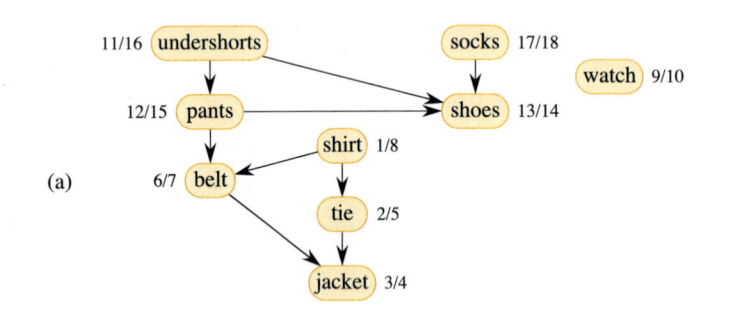

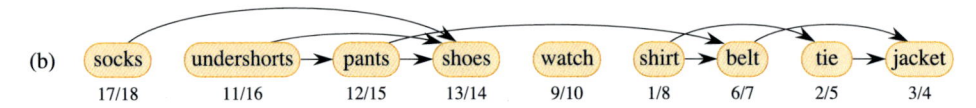

圖 20.7 **(a)** Bumstead 教授為著裝時的服飾進行拓撲排序。每條有向邊 (u, v) 都代表服飾 u 必須先穿，再穿服飾 v。在每個頂點的旁邊的數字是深度優先搜尋法的發現和完成時間。**(b)** 以拓撲排序來展示同一張圖，裡面的頂點按完成時間的遞減順序從左到右排列。有向邊都從左指向右。

證明 ⇒：假設深度優先搜尋產生一個後向邊 (u, v)。那麼在深度優先森林中，頂點 v 是頂點 u 的前代。因此，G 包含一條從 v 到 u 的路徑，而後向邊 (u, v) 完成一個迴路。

⇐：假設 G 有一個迴路 c。我們證明，對 G 進行深度優先搜尋可以得到一條後向邊。設 v 是在 c 中第一個被發現的頂點，設 (u, v) 是 c 裡的前向邊。在時間 $v.d$ 時，c 的頂點形成一條從 v 到 u 的白色頂點的路徑。根據白路徑定理，頂點 u 在深度優先森林中成為 v 的後代。因此，(u, v) 是後向邊。 ∎

定理 20.12

TOPOLOGICAL-SORT 可為有向無迴路圖輸入產生其拓撲排序。

證明 假設 DFS 處理某個 dag $G = (V, E)$，以確定其頂點的完成時間。我們只要證明，對任何兩個不同的頂點 $u, v \in V$，若 G 有一條從 u 到 v 的邊，則 $v.f < u.f$。考慮 DFS(G) 所探索的任意邊 (u, v)。當這條邊被探索時，v 不是灰的，否則 v 就是 u 的前代，而且 (u, v) 是後向邊，與引理 20.11 互相矛盾。因此，v 如果不是白的，就是黑的。如果 v 是白的，它變成 u 的後代，所以 $v.f < u.f$。如果 v 是黑的，它已經完成了，所以 $v.f$ 已經被設定。因為搜尋程序仍然是從 u 開始探索，它還沒有將 $u.f$ 設成時戳，所以最終指派給 $u.f$ 的時戳大於 $v.f$。所以對 dag 裡的任何邊 (u, v) 而言，$v.f < u.f$，定理得證。 ∎

習題

20.4-1
畫出用 TOPOLOGICAL-SORT 來處理圖 20.8 的 dag 產生的頂點排序。假設 DFS 程序的第 5~7 行的 **for** 迴圈按照字母順序考慮頂點，並假設每個相鄰串列都按字母順序排列。

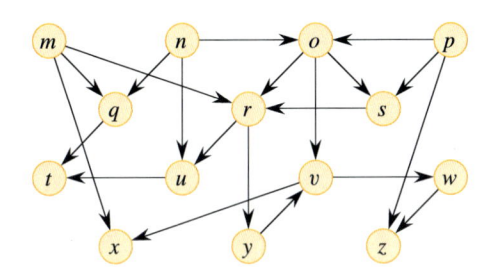

圖 20.8 拓撲排序的 dag。

20.4-2
寫出一個線性時間的演算法，讓它接收一個有向無迴路圖 $G = (V, E)$ 與兩個頂點 $a, b \in V$，並回傳 G 裡從 a 到 b 的簡單路徑數量。例如，圖 20.8 的有向無迴路圖有四條從 p 到 v 的簡單路徑：$\langle p, o, v \rangle$、$\langle p, o, r, y, v \rangle$、$\langle p, o, s, r, y, v \rangle$ 與 $\langle p, s, r, y, v \rangle$。你的演算法只需要提供簡單路徑的數量，不需要列出它們。

20.4-3
寫一個演算法來判斷無向圖 $G = (V, E)$ 裡面有沒有一個簡單迴路。你的演算法應該在 $O(V)$ 時間內執行，與 $|E|$ 無關。

20.4-4
證明或反證：如果有向圖 G 裡面有迴路，那麼用 TOPOLOGICAL-SORT(G) 產生的頂點排序可將與該排序不一致的「壞」邊數量減到最少。

20.4-5
對有向無迴路圖 $G = (V, E)$ 進行拓撲排序的另一種方法是反覆找到一個度數為 0 的頂點，輸出它，並從圖中刪除它和它的所有出邊。解釋如何實現這個想法，讓它的執行時間是 $O(V + E)$。如果 G 有迴路，這個演算法會怎樣？

20.5 強連通成分

我們接下來要考慮深度優先搜尋的一種經典應用：將一個有向圖分解成強連通成分。本節將說明如何使用兩個深度優先搜尋來做這件事。許多處理有向圖的演算法都會先做這種分解，將圖分解成強連通成分後，這類演算法會分別處理每一個成分，然後根據成分之間的連結結構來將問題的解合併。

回顧附錄 B，有向圖 $G = (V, E)$ 的強連通成分是滿足以下條件的頂點 $C \subseteq V$ 的最大集合：對每一對頂點 $(u, v) \in C$ 而言，$u \rightsquigarrow v$ 且 $v \rightsquigarrow u$，亦即，頂點 u 和 v 可以互相到達。圖 20.9 是一個例子。

尋找有向圖 $G = (V, E)$ 的強連通成分的演算法使用 G 的轉置，我們在習題 20.1-3 如此定義它：$G^T = (V, E^T)$，其中 $E^T = \{(u, v):(v, u) \in E\}$。亦即 E^T 是將 G 的邊反過來。給定 G 的相鄰串列表示法，建立 G^T 的時間是 $\Theta(V + E)$。圖 G 與 G^T 有相同的強連通成分：u 與 v 在 G 裡面可互相到達若且唯若它們在 G^T 裡可互相到達。圖 20.9(b) 是圖 20.9(a) 的圖的轉置，藍色部分代表它們的強連通成分。

下一頁的線性時間（即 $\Theta(V + E)$ 時間）程序 STRONGLY-CONNECTED-COMPONENTS 使用兩個深度優先搜尋，一個搜尋 G，一個搜尋 G^T，來計算有向圖 $G = (V, E)$ 的強連通成分。

這個演算法的概念來自**成分圖** $G^{SCC} = (V^{SCC}, E^{SCC})$ 的一種關鍵特性，其定義如下：假設 G 有強連通成分 $C_1, C_2, ..., C_k$，頂點集合 V^{SCC} 是 $\{v_1, v_2, ..., v_k\}$，G 的每一個強連通成分 C_i 在它裡面都有一個對應的頂點 v_i。如果 G 有一條有向邊 (x, y)，其中 $x \in C_i$ 且 $y \in C_j$，那就有一條邊 $(v_i, v_j) \in E^{SCC}$。以另一種方式來看，如果我們將 G 中屬於相同強連通成分的頂點的所有邊都合併，使每一個強連通分量都只保留一個點，這樣得到的圖就是 G^{SCC}。圖 20.9(c) 是圖 20.9(a) 的成分圖。

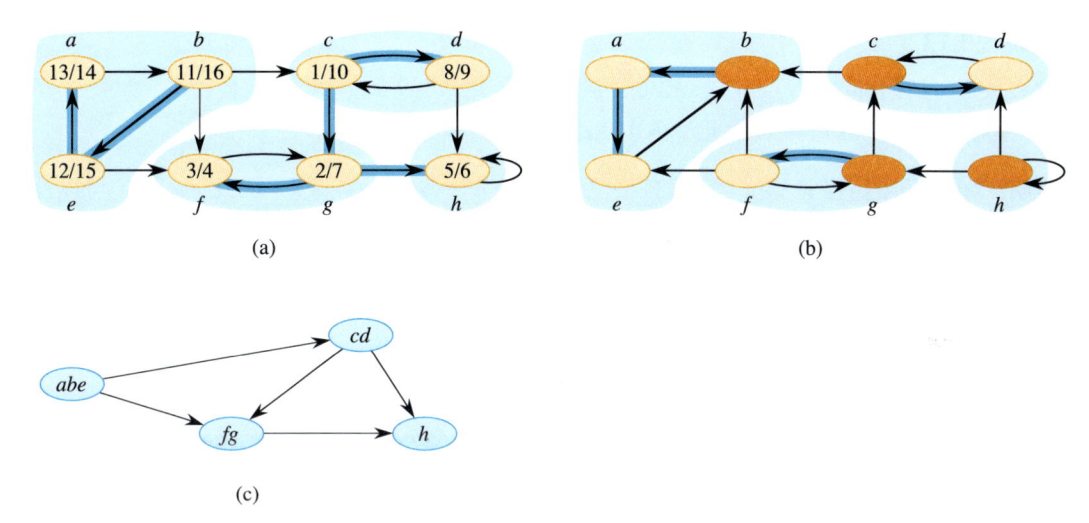

圖 20.9 **(a)** 有向圖 G。淺藍色部分是 G 的強連通成分。每一個頂點都有它在深度優先搜尋裡的發生與完成時間，深藍色部分是樹的邊。**(b)** G 的轉換圖 G^T，展示 STRONGLY-CONNECTED-COMPONENTS 的第 3 行計算出來的深度優先森林，深藍色部分是樹的邊。每個強連通成分都對映一個深度優先樹。橘色頂點 b、c、g 與 h 是對 G^T 進行深度優先搜尋產生的深度優先樹的根。**(c)** 將各個強連通成分裡面的所有邊合併所產生的無迴路成分圖 G^{SCC}，在個成分裡面只保留一個頂點。

STRONGLY-CONNECTED-COMPONENTS(G)
1 call DFS(G) to compute finish times $u.f$ for each vertex u
2 create G^T
3 call DFS(G^T), but in the main loop of DFS, consider the vertices
   in order of decreasing $u.f$ (as computed in line 1)
4 output the vertices of each tree in the depth-first forest formed in line 3 as a
   separate strongly connected component

下面的引理指出一個關鍵特性：成分圖是無迴路的。我們將看到，這個演算法利用這個特性，按照拓撲排序造訪成分圖的頂點，在進行第二次深度優先搜尋時，按照第一次深度優先搜尋產生的完成時間的遞減順序來考慮頂點。

引理 20.13

設 C 與 C' 是在有向圖 $G = (V, E)$ 裡的不同強連通成分，設 $u, v \in C$，$u', v' \in C'$。假設 G 裡面有路徑 $u \rightsquigarrow u'$，那麼在 G 裡面不會也有路徑 $v' \rightsquigarrow v$。

證明 如果 G 有路徑 $v' \rightsquigarrow v$，它就有路徑 $u \rightsquigarrow u' \rightsquigarrow v'$ 與 $v' \rightsquigarrow v \rightsquigarrow u$。因此，$u$ 與 v' 可以互相到達，與「C 和 C' 是不同的強連通成分」這個假設矛盾。 ∎

因為 STRONGLY-CONNECTED-COMPONENTS 程序執行兩次深度優先搜尋，所以有兩組不同的發現和完成時間。本節所說的發現和完成時間一定是指**第一次**呼叫 DFS 計算出來的時間，在第 1 行。

發現時間和完成時間的概念可以延伸到頂點的集合。對於一個頂點子集合 U，$d(U)$ 與 $f(U)$ 分別是最早發現時間與最晚發現時間，對於 U 裡的任何頂點，$d(U) = \min\{u.d : u \in U\}$ 且 $f(U) = \max\{u.f : u \in U\}$。

下面的引理及其推論指出一個與「強連通成分」和「第一次深度優先搜尋」的完成時間有關的關鍵特性。

引理 20.14

設 C 與 C' 是在有向圖 $G = (V, E)$ 裡的不同強連通成分。假設有一條邊 $(u, v) \in E$，其中 $u \in C'$ 且 $v \in C$。那麼 $f(C') > f(C)$。

證明 我們考慮兩種情況，取決於哪個強連通成分（C 或 C'）包含了在第一次深度優先搜尋中首先被發現的頂點。

如果 $d(C') < d(C)$，設 x 是在 C' 裡第一個發現的頂點。在 $x.d$ 時，在 C 與 C' 裡面的所有頂點都是白色的。在那時，G 有一條從 x 到 C' 中每個頂點的路徑，該路徑完全由白色頂點組成。因為 $(u, v) \in E$，對於任何頂點 $w \in C$，在 $x.d$ 時，在 G 裡面也有一條從 x 到 w 的路徑完全由白色頂點組成：$x \rightsquigarrow u \rightarrow v \rightsquigarrow w$。根據白路徑理論，在 C 與 C' 裡的所有頂點在深度優先樹裡成為 x 的後代。根據推論 20.8，x 的完成時間比它的任何後代都要晚，所以 $x.f = f(C') > f(C)$。

另一種情況，$d(C') > d(C)$。設 y 是在 C 裡第一個發現的頂點，所以 $y.d = d(C)$。在 $y.d$ 時，在 C 中的所有頂點都是白色，且 G 有一條從 y 到 C 的各個頂點的路徑，該路徑完全由白色頂點組成。根據白路徑理論，C 中的所有頂點在深度優先樹中都成為 y 的後代，且根據

推論 20.8，$y.f = f(C)$。因為 $d(C') > d(C) = y.d$，在 C' 裡的所有頂點在 $y.d$ 時都是白的。因為從 C' 到 C 有一條邊 (u, v)，引理 20.13 意味著不可能有一條從 C 到 C' 的路徑。因此，在 C' 裡面的頂點都無法從 y 到達。所以，在 $y.f$ 時，在 C' 裡的所有頂點仍然是白色的。因此，對於任何頂點 $w \in C'$，我們得到 $w.f > y.f$，這意味著 $f(C') > f(C)$。∎

推論 20.15

設 C 與 C' 是在有向圖 $G = (V, E)$ 裡的不同強連通成分，並且設 $f(C) > f(C')$。那麼，E^T 裡面沒有邊 (v, u) 滿足 $u \in C'$ 且 $v \in C$。

證明 由引理 20.14 的反證可得，若 $f(C') < f(C)$，則沒有邊 $(u, v) \in E$ 滿足 $u \in C'$ 且 $v \in C$。因為強連通成分 G 與 G^T 一樣，如果沒有這種邊 $(u, v) \in E$，那就沒有邊 $(v, u) \in E^\mathrm{T}$ 滿足 $u \in C'$ 且 $v \in C$。∎

推論 20.15 是了解強連通成分演算法為何有效的關鍵。我們來看看在第二次深度優先搜尋時發生什麼事，第二次搜尋的是 G^T。搜尋的起點是第一次深度優先搜尋的完成時間最大的頂點 x。這個頂點屬於某個強連通成分 C，由於 $x.f$ 是最大值，$f(C)$ 是所有強連通成分的最大值。當搜尋從 x 開始時，它會造訪 C 的所有頂點。根據推論 20.15，G^T 不含從 C 到任何其他強連通成分的邊，因此從 x 開始搜尋不會造訪任何其他成分裡面的頂點。因此，以 x 為根的樹正好包含 C 的頂點。在造訪 C 的所有頂點之後，第二次深度優先搜尋從另一個強連通成分 C' 中選擇一個頂點作為新根，C' 的完成時間 $f(C')$ 是除了 C 之外的所有成分中最大的。這次搜尋同樣訪問 C' 裡的所有頂點。但是根據推論 20.15，如果在 G^T 裡面有任何邊從 C' 連接到任何其他成分，它們一定接到 C，第二次深度優先搜尋已經造訪它了。一般來說，當第 3 行的 G^T 深度優先搜尋造訪任何強連通成分時，離開該成分的任何邊一定是該搜尋已經造訪過的成分。因此，每一棵深度優先樹都正好對應一個強連通成分。下面的定理以正式的形式說明這個論點。

定理 20.16

STRONGLY-CONNECTED-COMPONENTS 程序可以正確地計算有向圖的強連通成分。

證明 我們藉著歸納第 3 行對 G^T 進行深度優先搜尋時發現的深度優先樹的數量，來證明每棵樹的頂點形成強連通成分。我們的歸納假設是，在第 3 行中產生的前 k 個樹是強連通成分。這個歸納的基本情況（當 $k = 0$ 時）很容易證明。

在歸納步驟中，我們假設第 3 行產生的前 k 個深度優先樹中的每一個都是一個強連通成分，我們考慮所產生的第 $k+1$ 棵樹。設這棵樹的根是頂點 u，並設 u 在強連通成分 C 裡面。基於深度優先搜尋在第 3 行選擇根的方式，對於非 C 且尚未被造訪的任何強連通成分 C' 來說，$u.f = f(C) > f(C')$。根據歸納假設，在搜尋程序造訪 u 的時候，C 的所有其他頂點都是白色的。因此，根據白路徑定理，C 的所有其他頂點都是 u 在它的深度優先樹中的後代。此外，根據歸納假設和推論 20.15，在 G^T 中，離開 C 的邊一定都是已經被造訪過的強連通成分。因此，在深度優先搜尋 G^T 期間，在非 C 的任何強連通成分中的頂點都不是 u 的後代。在 G^T 中以 u 為根的深度優先樹的頂點正好形成一個強連通成分，我們完成歸納步驟和證明。 ∎

以下是關於第二次深度優先搜尋的運作方式的另一種觀點。考慮 G^T 的成分圖 $(G^T)^{\text{SCC}}$。如果你把第二次深度優先搜尋時造訪的每個強連通成分都對映到 $(G^T)^{\text{SCC}}$ 的一個頂點，那麼第二次深度優先搜尋會以拓撲排序的反序造訪 $(G^T)^{\text{SCC}}$ 的頂點。把 $(G^T)^{\text{SCC}}$ 的邊反過來可以得到圖 $((G^T)^{\text{SCC}})^T$。因為 $((G^T)^{\text{SCC}})^T = G^{\text{SCC}}$（見習題 20.5-4），所以第二次深度優先搜尋以拓撲排序順序造訪 G^{SCC} 的頂點。

習題

20.5-1
加入一條新邊會讓圖的強連通成分的數量有什麼不同？

20.5-2
說明 STRONGLY-CONNECTED-COMPONENTS 程序如何處理圖 20.6 的圖。具體來說，寫出第 1 行算出來的完成時間，和畫出第 3 行產生的森林。假設 DFS 第 5~7 行的迴圈按字母順序考慮頂點，而且相鄰串列是按字母順序排序的。

20.5-3
Bacon 教授重寫了強連通成分的演算法，在第二次深度優先搜尋中使用原始的圖（而不是轉置圖），並按完成時間的**遞增**順序掃描頂點。這個重寫的演算法是否一定產生正確的結果？

20.5-4
證明對任何有向圖 G 而言，G^T 的成分圖的轉置與 G 的成分圖相同，亦即 $((G^T)^{\text{SCC}})^T = G^{\text{SCC}}$。

20.5-5
寫出一個 $O(V+E)$ 時間的演算法來計算有向圖 $G = (V, E)$ 的成分圖。確保你的演算法產生的成分圖中的兩個頂點之間最多只有一條邊。

20.5-6
寫出一個 $O(V+E)$ 時間的演算法，讓它接收一個有向圖 $G = (V, E)$，建構另一個圖 $G' = (V, E')$，使 G 和 G' 有相同的強連通成分，G' 的成分圖與 G 相同，並且 $|E'|$ 盡可能的小。

20.5-7
如果有向圖 $G = (V, E)$ 的每一對頂點 $u, v \in V$ 都滿足 $u \rightsquigarrow v$ 或 $v \rightsquigarrow u$，那麼 G 是**半連通的**。寫出一個高效率的演算法來判斷 G 是不是半連通的。證明你的演算法是正確的，並分析它的執行時間。

20.5-8
設 $G = (V, E)$ 是個有向圖，設 $l: V \to \mathbb{R}$ 是個將實值標籤 l 指派給各個頂點的函數。對於頂點 $s, t \in V$，我們定義

$$\Delta l(s,t) = \begin{cases} l(t) - l(s) & \text{如果在 } G \text{ 裡有路徑從 } s \text{ 到 } t \\ -\infty & \text{其他情況} \end{cases}$$

寫出一個 $O(V+E)$ 時間的演算法來找出可讓 $\Delta l(s, t)$ 產生最大值的頂點 s 與 t（相較於其他的每一對頂點產生的值）（**提示**：使用習題 20.5-5）。

挑戰

20-1 用廣度優先搜尋來對邊進行分類
深度優先森林可將圖的邊分類為樹邊、後向邊、前向邊和交叉邊。廣度優先樹也可以將可從搜尋源頭到達的邊分成同樣的四類。

a. 證明在無向圖中進行廣度優先搜尋時，下面的特性成立：

1. 後向邊不存在，前向邊也不存在。
2. 若 (u, v) 為樹邊，則 $v.d = u.d + 1$。
3. 若 (u, v) 為交叉邊，則 $v.d = u.d$ 或 $v.d = u.d + 1$。

b. 證明在有向圖的廣度優先搜尋中，下面的特性成立：

1. 前向邊不存在。
2. 若 (u, v) 為樹邊，則 $v.d = u.d + 1$。
3. 若 (u, v) 為交叉邊，則 $v.d \leq u.d + 1$。
4. 若 (u, v) 為後向邊，則 $0 \leq v.d \leq u.d$。

20-2 銜接點、橋和雙連通成分

設 $G = (V, E)$ 是連通無向圖。G 的**銜接點**是被移除會導致 G 斷開連通的頂點。G 的**橋**是被移除會導致 G 斷開連通的邊。G 的**雙連通成分**是它裡面的任何兩條邊都屬於一個共同的簡單迴路的最大邊集合。圖 20.10 說明這些定義。你可以使用深度優先搜尋來找出銜接點、橋和雙連通成分。設 $G_\pi = (V, E_\pi)$ 是 G 的深度優先樹。

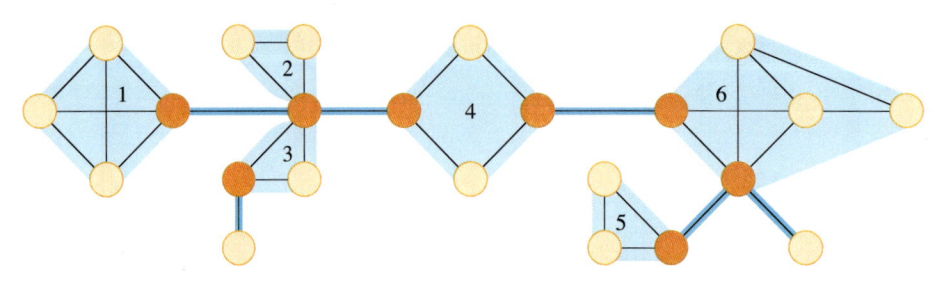

圖 20.10 挑戰 20-2 使用的連通無向圖的銜接點、橋和雙連通成分。銜接點是橘色的頂點，橋是深藍色的邊，雙連接成分是淺藍色區域裡面的邊，圖中也顯示 *bcc* 的編號。

a. 證明 G_π 的根是 G 的銜接點若且唯若它在 G_π 中至少有兩個子節點。

b. 設 v 是 G_π 的非根頂點，證明 v 是 G 的銜接點若且唯若 v 有一個子節點 s，滿足從 s 或 s 的任何後代到 v 的真前代之間沒有後向邊。

c. 設

$$v.low = \min \begin{cases} v.d \\ w.d : (u, w) \text{ 是 } v \text{ 的某個後代 } u \text{ 的後向邊}\end{cases}$$

說明如何在 $O(E)$ 時間內計算所有頂點的 $v.low$。

d. 說明如何在 $O(E)$ 時間內計算所有銜接點。

e. 證明 G 的一條邊是橋若且唯若它在 G 的任何簡單迴路上。

f. 說明如何在 $O(E)$ 時間內計算 G 的所有橋。

g. 證明 G 的雙連通成分分割了 G 的非橋邊。

h. 寫出一個 $O(E)$ 時間的演算法來將 G 的每條邊 e 標上正整數 $e.bcc$，滿足 $e.bcc = e'.bcc$ 若且唯若 e 與 e' 屬於同一個雙連通成分。

20-3 Euler 迴路

強連通有向圖 $G = (V, E)$ 的 *Euler 迴路* 是經過 G 的每條邊僅僅一次的迴路，儘管它可能經過某個頂點不只一次。

a. 證明 G 有 Euler 迴路若且唯若對各個頂點 $v \in V$ 而言，入度 $(v) =$ 出度 (v)。

b. 寫出一個 $O(E)$ 時間的演算法來找出 G 的 Euler 迴路，如果有的話（提示：合併邊不相通的迴路）。

20-4 可到達性

設 $G = (V, E)$ 是一個有向圖，其中的每個頂點 $u \in V$ 都標上唯一的整數 $L(u)$，該整數取自集合 $\{1, 2, ..., |V|\}$。對於每個頂點 $u \in V$，設 $R(u) = \{v \in V : u \leadsto v\}$ 是可從 u 到達的頂點集合。我們定義 $\min(u)$ 是 $R(u)$ 中標籤最小的頂點，亦即 $\min(u)$ 是滿足 $L(v) = \min\{L(w) : w \in R(u)\}$ 的頂點 v。寫出一個 $O(V + E)$ 時間的演算法來為所有頂點 $u \in V$ 計算 $\min(u)$。

20-5 插入與查詢平面圖裡的頂點

平面圖是可在平面上畫出來,邊不交叉的無向圖。Euler 證明了每一個平面圖都滿足 $|E| < 3|V|$。

考慮在平面圖 G 上的以下兩個操作:

- INSERT($G, v, neighbors$) 將新頂點 v 插入 G,其中 *neighbors* 是個陣列(可能是空的),裡面有已經被插入 G,且在 v 被插入後,會變成 v 在 G 裡的鄰居的所有頂點。

- NEWEST-NEIGHBOR(G, v) 回傳頂點 v 的鄰居中,最晚被插入 G 的那一個,如果 v 沒有鄰居,則回傳 NIL。

設計一個支援這兩項操作的資料結構,滿足 NEWEST-NEIGHBOR 的最壞情況時間是 $O(1)$,INSERT 的平攤時間是 $O(1)$。注意,傳給 INSERT 的 *neighbors* 陣列的長度可變(提示:使用平攤分析的潛能函數)。

後記

Even [137] 和 Tarjan [429] 也是圖演算法的優秀參考資料。

廣度優先搜尋是 Moore [334] 在尋找迷宮出路的背景下發現的。Lee [280] 在電路板布線的背景下獨自發現了相同的演算法。

Hopcroft 和 Tarjan [226] 主張在處理稀疏圖時使用相鄰串列表示法,而不是相鄰矩陣表示法,他們是最早體認深度優先搜尋演算法的重要性的人。自 1950 年代末以來,深度優先搜尋已被廣泛使用,特別是在人工智慧程式中。

Tarjan [426] 提出一個尋找強連通成分的線性時間演算法。第 20.5 節的強連通成分演算法改自 Aho、Hopcroft 和 Ullman [6],他們將其歸功於 S. R. Kosaraju(未發表)和 Sharir [408]。Dijkstra [117, Chapter 25] 也開發了一種將迴路縮約的強連通成分演算法。隨後,Gabow [163] 也發現了這種演算法。Knuth [259] 是線性時間拓撲排序演算法的首位提出者。

21 最小生成樹

電子電路經常需要將幾個元件的接腳接在一起。設計者可使用 $n-1$ 條線來連接 n 個引腳，每條線都連接兩個接腳。在所有接法中，使用最少接線的接法通常是最理想的。

我們使用連通的無向圖 $G = (V, E)$ 來模擬這個布線問題，其中 V 是接腳的集合，E 是每一對接腳之間可能的接法的集合，我們為每條邊 $(u, v) \in E$ 標上一個權重 $w(u, v)$ 來表示連接 u 和 v 的成本（需要的電線量）。我們的目標是找出一個連接所有頂點的無迴路子集合 $T \subseteq E$，並將它的總權重

$$w(T) = \sum_{(u,v) \in T} w(u, v)$$

最小化。由於 T 無迴路且連接所有頂點，它一定形成一棵樹，我們稱之為**生成樹**（*span tree*），因為它「展開成（span）」圖 G。我們將找出樹 T 的問題稱為**最小生成樹**（*minimum-spanning-tree*）問題[1]。圖 21.1 是連通圖與最小生成樹的範例。

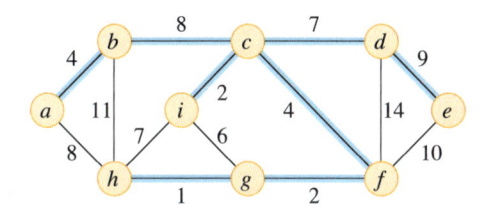

圖 21.1 一個連通圖的最小生成樹。數字是邊的權重，藍色邊形成一棵最小生成樹。在圖中，樹的總權重是 37。最小生成樹不是只有一個，移除邊 (b, c) 並將它換成邊 (a, h) 可產生另一棵權重為 37 的生成樹。

本章將研究兩個最小生成樹問題的解法。Kruskal 演算法和 Prim 演算法都可在 $O(E \lg V)$ 時間內執行。Prim 演算法藉著使用二元堆積作為優先佇列來滿足這個界限。Prim 演算法藉著改用斐波那契堆積（見第 457 頁）來讓它在 $O(E + V \lg V)$ 時間內執行，只要 $|E|$ 的漸近增長速度快於 $|V|$，這個界限就優於 $O(E \lg V)$。

---

1 「最小生成樹」是「最小權重生成樹」的簡稱。將 T 的邊數最小化沒有意義，因為根據第 1126 頁的定理 B.2，所有生成樹都正好有 $|V| - 1$ 條邊。

這兩種演算法都是貪婪演算法，詳見第 15 章。貪婪演算法的每一步都一定會在幾個可能的選項中做出一個選擇。貪婪策略主張在當下做出最好的選擇。一般來說，這樣的策略不保證總是找到全域最佳解。然而，對最小生成樹問題而言，我們可以證明，有些貪婪策略的確可以產生權重最小的生成樹。雖然你不需要先閱讀第 15 章就可以閱讀這一章，但本章介紹的貪婪方法是該章的理論的經典應用。

第 21.1 節會介紹一種「通用」的最小生成樹方法，它藉著每次增加一條邊來增長生成樹。第 21.2 節提供兩個實現通用方法的演算法。第一種演算法是 Kruskal 提出的，它類似第 19.1 節介紹的連通成分演算法。第二種演算法是 Prim 提出的，它類似 Dijkstra 的最短路徑演算法（第 22.3 節）。

因為樹是一種圖，為了準確起見，我們在定義樹時，不僅使用它的邊，也使用它的頂點。因為本章的重點是樹的邊，所以我們預定，樹 T 的頂點就是 T 的某條邊上面的頂點。

21.1 增長最小生成樹

最小生成樹問題的輸入是一個連通的無向圖 $G = (V, E)$，其權重函數為 $w:E \rightarrow \mathbb{R}$。我們的目標是為 G 找到一棵最小生成樹。本章討論的兩種演算法都採用貪婪策略來解決這個問題，儘管它們運用這種策略的手段互不相同。

下面的 Generic-MST 展現了這種貪婪策略，這個程序每次都增長最小生成樹的一條邊。通用（generic）方法管理一個邊的集合 A，它維持以下的循環不變性：

在每次迭代之前，A 是某個最小生成樹的一個子集合。

Generic-MST(G, w)
1 $A = \emptyset$
2 **while** A does not form a spanning tree
3   find an edge (u, v) that is safe for A
4      $A = A \cup \{(u, v)\}$
5 **return** A

程序的每一步都會找出一條可加入 A 又不違反這個不變性的邊 (u, v)，因為 $A \cup \{(u, v)\}$ 也是最小生成樹的一個子集合。我們將這樣的邊稱為 A 的安全邊，因為它可以安全地加入 A，同時維持不變性。

通用演算法如此使用循環不變性：

初始： 在第 1 行之後，集合 A 直接滿足循環不變性。

維持： 第 2~4 行的迴圈藉著只加入安全邊來維持不變性。

終止： 被加入 A 的所有邊都屬於最小生成樹，迴圈必須在考慮了所有邊之後終止。因此，第 5 行回傳的集合 A 必定是最小生成樹。

當然，麻煩的部分是尋找安全邊的第 3 行。安全邊一定存在，因為第 3 行執行時，不變性告訴我們，存在一棵生成樹 T 滿足 $A \subseteq T$。在 **while** 迴圈主體內，A 一定是 T 的真子集合，因此一定存在一條邊 $(u, v) \in T$ 滿足 $(u, v) \notin A$ 且 (u, v) 對 A 是安全的。

本節的其餘部分將提供一條辨識安全邊的規則（定理 21.1）。下一節將介紹兩個使用這一條規則來有效率地找到安全邊的演算法。

首先，我們需要定義一些名詞。無向圖 $G = (V, E)$ 的切線（*cut*）$(S, V-S)$ 就是對 V 做一次分割，如圖 21.2 所示。如果一條邊 $(u, v) \in E$ 的一個端點屬於 S，另一個端點屬於 $V-S$，我們說那條邊跨越（*cross*）切線 $(S, V-S)$。如果 A 沒有跨越切線的邊，我們說切線尊重（*respect*）A。在跨越一條切線的邊裡面，權重最小的那條邊稱為輕邊（*light edge*）。輕邊可能不只一條（當它們的權重相同時）。更廣泛地說，如果一條邊的權重是滿足特定條件的所有邊中最小的，我們說它是滿足該特定條件的輕邊（*light edge*）。

下面的定理是辨識安全邊的規則。

定理 21.1

設 $G = (V, E)$ 是連通的無向圖，而且有一個為 E 定義的實值權重函數 w。設 A 是 E 的子集合，A 屬於 G 的某個最小生成樹。設 $(S, V-S)$ 是在 G 中尊重 A 的任何切線，且 (u, v) 是跨越 $(S, V-S)$ 的輕邊，那麼，邊 (u, v) 對 A 來說是安全的。

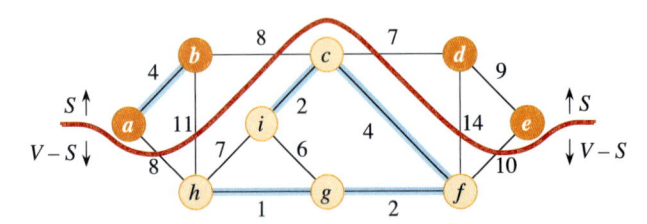

圖 21.2 圖 21.1 的一條切線 $(S, V-S)$。橘色頂點屬於集合 S，棕色頂點屬於 $V-S$。與切線交叉的邊就是連接棕色頂點與橘色頂點的邊。(d, c) 是與切線交叉的唯一輕邊。藍邊形成邊的子集合 A。切線 $(S, V-S)$ 尊重 A，因為 A 的邊都未與切線交叉。

證明 設 T 是一棵包含 A 的最小生成樹，設 T 不含輕邊 (u, v)，否則無須證明。我們將使用剪貼技巧來建構另一棵包含 $A \cup \{(u, v)\}$ 的最小生成樹 T'，以證明 (u, v) 是 A 的安全邊。

如圖 21.3 所示，邊 (u, v) 與 T 內從 u 到 v 的簡單路徑裡的邊一起形成一個迴路。因為 u 與 v 在切線 $(S, V-S)$ 的兩側，在 T 裡至少有一條邊既在簡單路徑 p 上，也跨越切線。設 (x, y) 是任意一條這種邊。邊 (x, y) 不在 A 裡，因為切線尊重 A。因為 (x, y) 位於 T 中從 u 到 v 的唯一簡單路徑上，所以移除 (x, y) 會將 T 拆成兩個部分。加入 (x, y) 會將它們重新連接，形成一棵新的生成樹 $T' = (T - \{(x, y)\}) \cup \{(u, v)\}$。

接下來我們要證明 T' 是一棵最小生成樹。因為 (u, v) 是跨越 $(S, V-S)$ 的輕邊，而且 (x, y) 也跨越這條切線，所以 $w(u, v) \leq w(x, y)$。因此，

$$\begin{aligned} w(T') &= w(T) - w(x, y) + w(u, v) \\ &\leq w(T) \end{aligned}$$

但是 T 是最小生成樹，所以 $w(T) \leq w(T')$，因此，T' 一定也是最小生成樹。

最後只需要證明 (u, v) 事實上是 A 的安全邊。我們知道 $A \subseteq T'$，因為 $A \subseteq T$ 且 $(x, y) \notin A$，所以 $A \cup \{(u, v)\} \subseteq T'$。因為 T' 是最小生成樹，所以 (u, v) 對 A 是安全的。∎

定理 21.1 讓我們了解 GENERIC-MST 方法如何處理有向圖 $G = (V, E)$。在這個方法的執行過程中，集合 A 始終是無迴路的，因為它是最小生成樹的一個子集合，而樹沒有迴路。

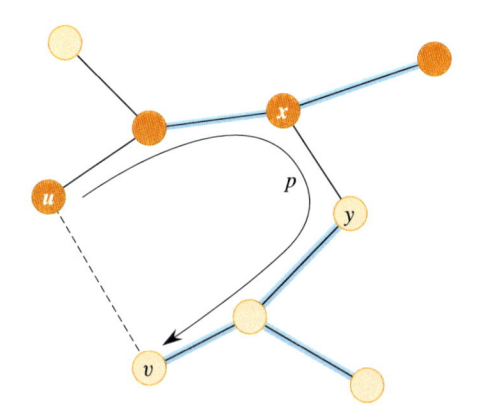

圖 21.3 定理 21.1 的證明。橘色頂點屬於 S，淺棕色頂點屬於 $V-S$。本圖只顯示最小生成樹 T 裡面的邊，以及不屬於 T 的邊 (u, v)。藍色的邊是在 A 裡面的邊，(u, v) 是跨越切線 $(S, V-S)$ 的輕邊。邊 (x, y) 是在 T 裡從 u 到 v 的唯一簡單路徑 p 上的邊。若要形成一個包含 (u, v) 的最小生成樹 T'，你要將 T 的邊 (x, y) 移除，並加入邊 (u, v)。

在程序執行的任何時候，圖 $G_A = (V, A)$ 都是一座森林，且 G_A 的每一個連通成分都是一棵樹（有些樹可能只包含一個頂點，例如，在這個例子中，當方法開始時，A 是空的，且森林裡有 $|V|$ 棵樹，每一個頂點一棵）。此外，A 的任何安全邊 (u, v) 都連接 G_A 的不同成分，因為 $A \cup \{(u, v)\}$ 必須是無迴路的。

GENERIC-MST 的第 2~4 行的 **while** 迴圈執行 $|V|-1$ 次，因為它在每一次迭代都會尋找最小生成樹的 $|V|-1$ 條邊中的一條。最初，當 $A = \emptyset$ 時，G_A 有 $|V|$ 棵樹，每次迭代都會將該數字減 1。當森林裡面只有一棵樹時，此方法結束。

第 21.2 節的兩個演算法將使用下面這個基於定理 21.1 的推論。

推論 21.2

設 $G = (V, E)$ 是連通無向圖，且有一個為 E 定義的實值權重函數 w。設 A 是 E 的子集合，它屬於 G 的某個最小生成樹，設 $C = (V_C, E_C)$ 是森林 $G_A = (V, A)$ 中的一個連通成分（樹）。如果 (u, v) 是將 C 接到 G_A 裡的某個其他成分的輕邊，那麼 (u, v) 對 A 來說是安全的。

證明 切線 $(V_C, V-V_C)$ 尊重 A，且 (u, v) 是這個切線的輕邊。因此，(u, v) 對 A 而言是安全的。 ∎

習題

21.1-1
設 (u, v) 是連通圖 G 裡的最小權重邊。證明 (u, v) 屬於 G 的某個最小生成樹。

21.1-2
Sabatier 教授猜測定理 21.1 有個逆定理如下。設 $G = (V, E)$ 是一個連通無向圖，且有一個為 E 定義的實值權重函數 w。設 A 是 E 的子集合，屬於 G 的某個最小生成樹，設 $(S, V-S)$ 是 G 的任何一條尊重 A 的切線，設 (u, v) 是 A 的安全邊，跨越 $(S, V-S)$。那麼，(u, v) 是該切線的輕邊。用反例來證明教授的猜測是錯的。

21.1-3
證明若邊 (u, v) 在某個最小生成樹裡，它就是跨越圖的某條切線的輕邊。

21.1-4
舉一個簡單的連通圖範例，它的這種邊 $\{(u, v):$ 存在一條切線 $(S, V-S)$ 使得 (u, v) 是跨越 $(S, V-S)$ 的輕邊 $\}$ 的集合無法形成一個最小生成樹。

21.1-5
設 e 是連通圖 $G = (V, E)$ 的某條迴路上的最大權重邊。證明 $G' = (V, E-\{e\})$ 有一棵最小生成樹也是 G 的最小生成樹。也就是說，G 有一棵不含 e 的最小生成樹。

21.1-6
證明如果圖的每一條切線都有唯一的輕邊跨越它，那個圖就有唯一的最小生成樹。舉一個反例來證明逆命題不成立。

21.1-7
證明：如果一個圖的所有邊權重都是正的，那麼連接所有頂點且總權重最小的邊子集合一定是一棵樹。舉例說明，當你允許一些權重不是正數時，無法得到相同的結論。

21.1-8
設 T 是圖 G 的一棵最小生成樹，設 L 是 T 的邊的權重的排序串列（sorted list）。證明對 G 的任何其他最小生成樹 T' 而言，串列 L 也是 T' 的邊的權重的排序串列。

21.1-9
設 T 是圖 $G = (V, E)$ 的最小生成樹，設 V' 是 V 的一個子集合。設 T' 是由 V' 衍生的 T 的子圖，設 G' 是由 V' 衍生的 G 的子圖。證明若 T' 是連通的，則 T' 是 G' 的最小生成樹。

21.1-10
給定一個圖 G 和一個最小生成樹 T，假設 T 的一條邊的權重被減少了。證明 T 仍然是 G 的最小生成樹。更正式地說，設 T 是 G 的最小生成樹，且邊的權重由權重函數 w 決定。選擇一條邊 $(x, y) \in T$ 與一個正數 k，並定義權重函數 w' 為

$$w'(u, v) = \begin{cases} w(u, v) & \text{若 } (u, v) \neq (x, y) \\ w(x, y) - k & \text{若 } (u, v) = (x, y) \end{cases}$$

證明 T 是 G 的最小生成樹，且邊的權重由 w' 決定。

★ 21.1-11
給定一個圖 G 和一個最小生成樹 T，假設有一條不在 T 裡的邊的權重被減少了。寫出在改變後的圖中找到最小生成樹的演算法。

21.2 Kruskal 與 Prim 演算法

本節介紹的兩種最小生成樹演算法將詳細說明通用的方法。它們各自使用一個特定的規則來確定 GENERIC-MST 第 3 行的安全邊。在 Kruskal 演算法中，集合 A 是一座森林，它的頂點都是給定的圖的頂點。被加入 A 的安全邊，一定是在圖中連接兩個不同成分且權重最低的邊。在 Prim 演算法裡，集合 A 形成一棵樹。被加入 A 的安全邊一定是將樹接到一個不在樹裡的頂點的最低權重邊。這兩種演算法都假定輸入圖是連通的，而且是用相鄰串列來表示的。

Kruskal 演算法

Kruskal 演算法藉著在連接森林的任意兩棵樹的所有邊中，找到權重最小的邊 (u, v)，來尋找可以安全地加入正在增長的森林之中的邊。設 C_1 與 C_2 是 (u, v) 連接的兩棵樹。因為 (u, v) 一定是一條將 C_1 接到某棵其他樹的輕邊，所以從推論 21.1 可知，(u, v) 對 C_1 而言是一條安全邊。Kruskal 演算法符合貪婪演算法的定義，因為它的每一步都會在森林中加入一條權重最低的邊。

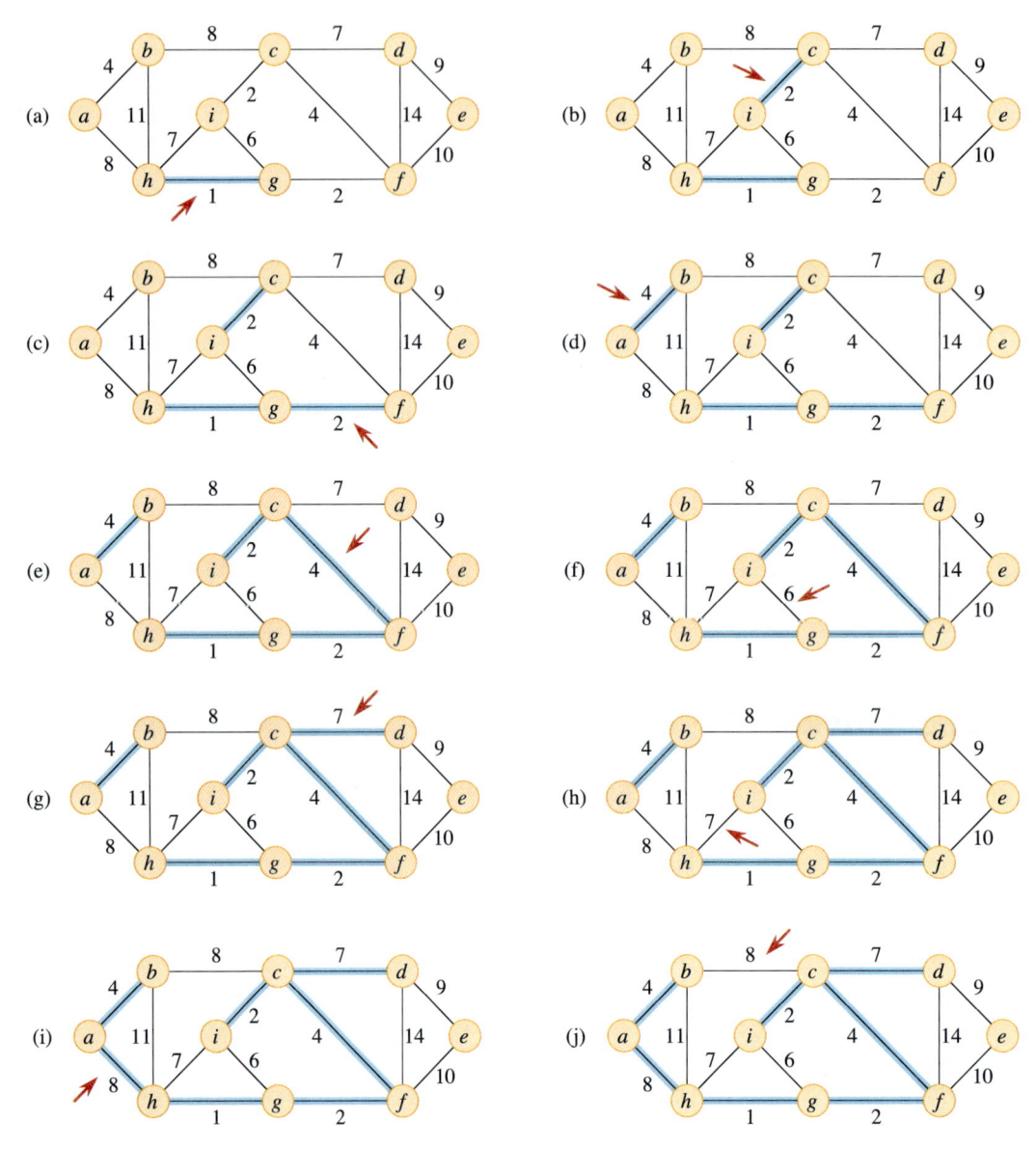

568 | Chapter 21 最小生成樹

圖 21.4 Kruskal 演算法處理圖 21.1 的步驟。藍色邊屬於增長的森林 A。這個演算法按照權重的排序來考慮每一條邊。紅色箭頭指向演算法的每一步考慮的邊。如果那條邊連接森林裡的兩棵不同樹，它就會被加入森林中，進而合併那兩棵樹。

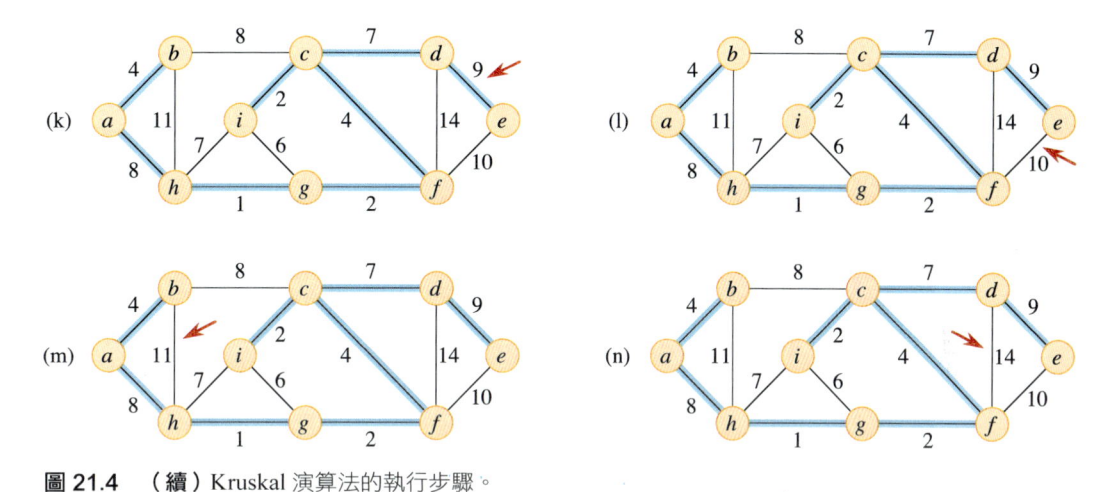

圖 21.4 （續）Kruskal 演算法的執行步驟。

與第 19.1 節中計算連通成分的演算法一樣，下一頁的 MST-KRUSKAL 程序使用不相交集合資料結構來維護幾個不相交的元素集合。其中的每個集合都包含當下森林的一棵樹的頂點。FIND-SET(u) 會回傳 u 所屬的集合的代表元素。因此，若要確定兩個頂點 u 和 v 是否屬於同一棵樹，只要測試 FIND-SET(u) 是否等於 FIND-SET(v) 即可。Kruskal 演算法藉著呼叫 UNION 程序來將樹合併。

圖 21.4 是 Kruskal 演算法的運作情況。第 1~3 行將集合 A 初始化為空集合，並建立 $|V|$ 棵樹，每一個頂點一棵。第 6~9 行的 **for** 迴圈按照權重由低而高檢查邊。這個迴圈為每條邊 (u, v) 檢查端點 u 和 v 是否屬於同一棵樹，如果是，那麼將邊 (u, v) 加入森林一定會製造迴路，因此忽略該邊。否則，這兩個頂點屬於不同的樹，在這種情況下，第 8 行將邊 (u, v) 加入 A，第 9 行將兩棵樹的頂點合併。

```
MST-KRUSKAL(G, w)
1   A = ∅
2   for each vertex v ∈ G.V
3       MAKE-SET(v)
4   create a single list of the edges in G.E
5   sort the list of edges into monotonically increasing order by weight w
6   for each edge (u, v) taken from the sorted list in order
7       if FIND-SET(u) ≠ FIND-SET(v)
8           A = A ∪ {(u, v)}
9           UNION(u, v)
10  return A
```

Kruskal 演算法處理圖 $G = (V, E)$ 的執行時間，取決於不相交集合資料結構的具體實作。假設它使用第 19.3 節的不相交集合森林實作，並使用依 rank 聯合和路徑壓縮捷思法，因為這是已知漸近速度最快的做法。在第 1 行將集合 A 初始化需要 $O(1)$ 時間，在第 4 行建立一個邊串列需要 $O(V + E)$ 時間（因為 G 是連通的，所以這是 $O(E)$），在第 5 行對邊進行排序的時間是 $O(E \lg E)$（稍後會計算第 2~3 行的 **for** 迴圈中的 $|V|$ 個 MAKE-SET 操作的成本）。第 6~9 行的 **for** 迴圈對不相交集合森林執行 $O(E)$ 個 FIND-SET 和 UNION 操作。連同 $|V|$ 個 MAKE-SET 操作，這些不相交集合操作總共花費 $O((V + E)\alpha(V))$ 時間，其中 α 是增長速度極其緩慢的函式，其定義在第 19.4 節。因為我們假設 G 是連通的，所以 $|E| \geq |V| - 1$，所以不相交集合操作花費 $O(E \alpha(V))$ 時間。此外，因為 $\alpha(|V|) = O(\lg V) = O(\lg E)$，所以 Kruskal 演算法的總執行時間是 $O(E \lg E)$。由於 $|E| < |V|^2$，我們得到 $\lg |E| = O(\lg V)$，所以我們可以將 Kruskal 演算法的執行時間重新表述為 $O(E \lg V)$。

Prim 演算法

和 Kruskal 演算法一樣，Prim 演算法也是第 21.1 節的通用最小生成樹方法的特例。Prim 演算法在圖中尋找最短路徑的行為很像第 22.3 節的 Dijkstra 演算法。Prim 演算法有一個特性，就是在集合 A 裡的邊始終形成一棵樹。如圖 21.5 所示，樹從任意的根頂點 r 開始，一直成長到覆蓋 V 中的所有頂點。每一步都在樹 A 加入一條輕邊，將 A 與一個孤立的頂點（尚未與 A 的任何邊相連的頂點）連接起來。根據推論 21.2，這條規則只加入對 A 來說安全的邊。因此，當演算法終止時，在 A 裡的邊形成一棵最小生成樹。這個策略符合貪婪的定義，因為在每一步，它都會在樹中加入一條讓樹增加最少權重的邊。

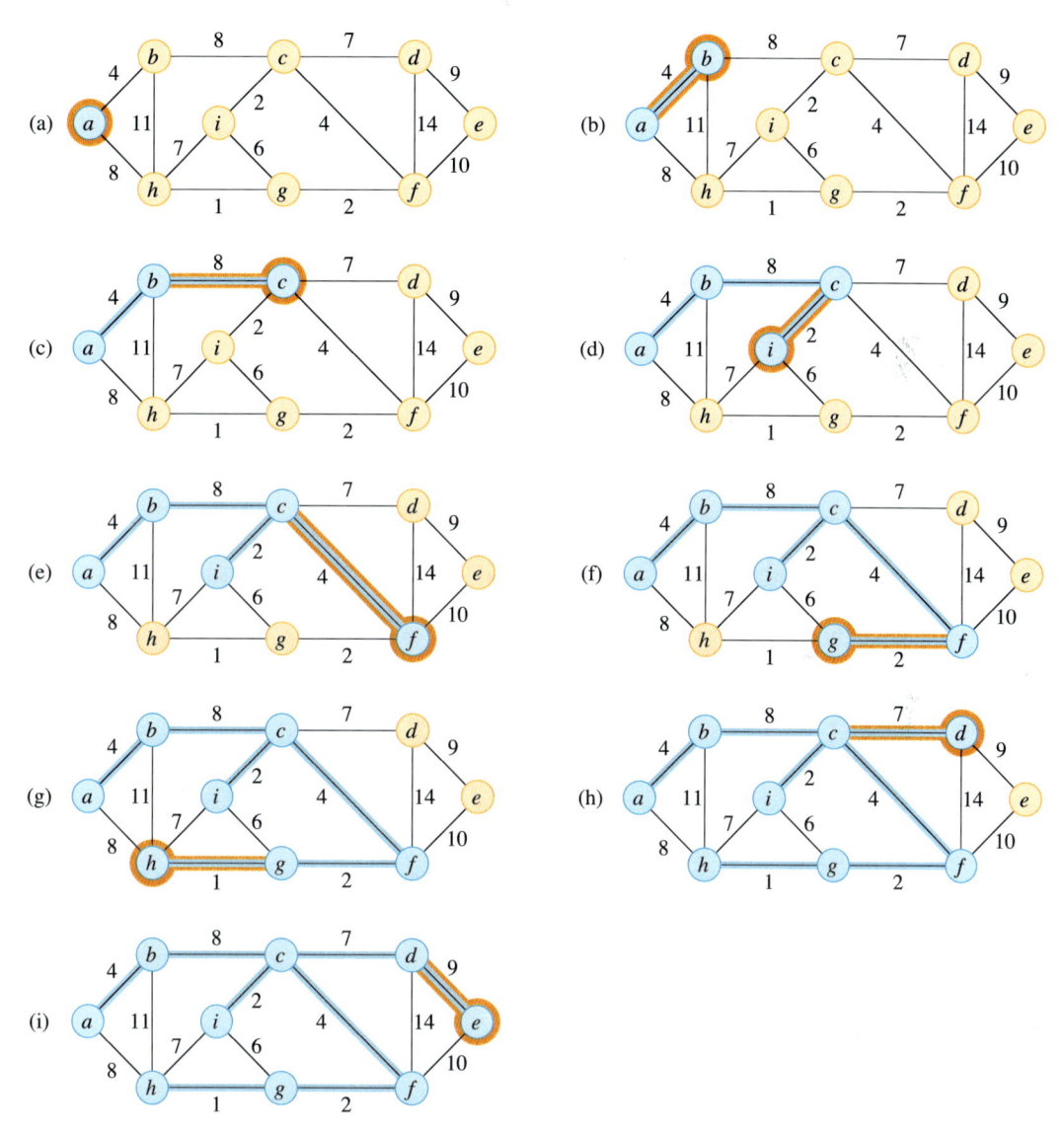

圖 21.5 對圖 21.1 的圖執行 Prim 演算法的情況。根頂點是 a。藍色的頂點和邊屬於正在增長的樹，棕色的頂點是尚未被加入樹的頂點。在演算法的每一步，樹中的頂點決定了圖的一條切線，跨越切線的輕邊會被加入樹中。橘色的部分是被加入樹的邊與頂點。例如，在第二步（(c) 小圖），演算法可以選擇將邊 (b, c) 或邊 (a, h) 加入樹中，因為這兩條都是跨越切線的輕邊。

在下面的 MST-Prim 程序中，演算法的輸入是連通圖 G，以及待增長的最小生成樹的根 r。為了有效地選擇一條新邊來加入樹 A，這個演算法用一個 key 屬性來記錄一個最小優先佇列 Q，在裡面存放所有不在樹中的頂點。每個頂點 v 的屬性 v.key 是將 v 和樹的某個頂點連接起來的任意邊的最小權重，習慣上，如果沒有這種邊，則 v.key $= \infty$。屬性 v.π 是 v 在樹中的父節點。這個演算法以這種方式隱性地記錄 Generic-MST 的 A 集合

$$A = \{(v, v.\pi) : v \in V - \{r\} - Q\}$$

我們將 Q 中的頂點視為形成一個集合。當演算法終止時，最小優先佇列 Q 是空的，因此 G 的最小生成樹 A 是

$$A = \{(v, v.\pi) : v \in V - \{r\}\}$$

MST-Prim(G, w, r)
```
1   for each vertex u ∈ G.V
2       u.key = ∞
3       u.π = NIL
4   r.key = 0
5   Q = ∅
6   for each vertex u ∈ G.V
7       INSERT(Q, u)
8   while Q ≠ ∅
9       u = EXTRACT-MIN(Q)        // 將 u 加入樹
10      for each vertex v in G.Adj[u]   // 更新 u 的非樹鄰居的鍵
11          if v ∈ Q and w(u, v) < v.key
12              v.π = u
13              v.key = w(u, v)
14              DECREASE-KEY(Q, v, w(u, v))
```

圖 21.5 是 Prim 演算法的運作情況。第 1~7 行將每個頂點的鍵設為 ∞（但將根 r 的鍵設為 0，來讓它成為第一個處理的頂點），將各個頂點的父頂點設為 NIL，將各個頂點插入最小優先佇列 Q。演算法維持以下的這個包含三個部分的循環不變性：

在第 8~14 行的 **while** 迴圈每一次迭代之前，

1. $A = \{(v, v.\pi) : v \in V - \{r\} - Q\}$。

2. 已被放入最小生成樹的頂點就是在 $V - Q$ 裡的那些。

3. 對所有頂點 $v \in Q$ 而言，若 $v.\pi \neq \text{NIL}$，則 $v.key < \infty$，且 $v.key$ 是輕邊 $(v, v.\pi)$ 的權重，輕邊將 v 連接到已被放入最小生成樹的某個頂點。

第 9 行找出頂點 $u \in Q$，該頂點是一條跨越切線 $(V - Q, Q)$ 的輕邊的端點（除了第一次迭代之外，此時由於第 4~7 行，$u = r$）。從集合 Q 中移除 u 會將它加入樹的頂點集合 $V - Q$ 中，進而將邊 $(u, u.\pi)$ 加入 A 中。第 10~14 行的 **for** 迴圈會更新與 u 相鄰但不在樹中的每個頂點 v 的 *key* 和 π 屬性，進而維持循環不變性的第三部分。每當第 13 行更新 $v.key$ 時，第 14 行就呼叫 DECREASE-KEY 來告知最小優先佇列 v 的鍵已改變。

Prim 演算法的執行時間取決於最小優先佇列 Q 的具體寫法。你可以用二元最小堆積（見第 6 章）來編寫 Q，並加入一個讓頂點對映至其相應的堆積元素的方法。BUILD-MIN-HEAP 程序可以在 $O(V)$ 時間內執行第 5~7 行。事實上，我們不需要呼叫 BUILD-MIN-HEAP。你可以把 r 的鍵放在最小堆積的根，且因為所有其他鍵都是 ∞，所以它們可以放在最小堆積的任何其他地方。**while** 迴圈的主體執行 $|V|$ 次，因為每個 EXTRACT-MIN 操作花費 $O(\lg V)$ 時間，針對 EXTRACT-MIN 的所有呼叫的總時間是 $O(V \lg V)$。第 10~14 行的 **for** 迴圈總共執行 $O(E)$ 時間，因為所有相鄰串列的長度總共是 $2|E|$。在 **for** 迴圈裡，於第 11 行測試頂點是否屬於 Q 可能花費固定時間，如果你使用 1 bit 來指示每一個頂點是否屬於 Q，並且在該頂點被移出 Q 時更新該 bit 的話。因此，Prim 演算法的總時間是 $O(V \lg V + E \lg V) = O(E \lg V)$，它在漸近意義上與我們寫的 Kruskal 演算法一樣。

你可以使用斐波那契堆積來編寫最小優先佇列，以進一步改善 Prim 演算法的漸近執行時間（見第 457 頁）。如果一個斐波那契堆積有 $|V|$ 個元素，一個 EXTRACT-MIN 操作需要 $O(\lg V)$ 的平攤時間，且每個 INSERT 和 DECREASE-KEY 操作只需要 $O(1)$ 的平攤時間。因此，使用斐波那契堆積來實現最小優先佇列 Q 的話，Prim 演算法的執行時間可改善至 $O(E + V \lg V)$。

習題

21.2-1
Kruskal 演算法可能為相同的輸入圖 G 回傳不同的最小生成樹，取決於當它為邊進行排序時，如何處理平手的情況。證明對於圖 G 的每一個最小生成樹 T，Kruskal 演算法都有一種方式可以對 G 的邊進行排序，以回傳 T。

21.2-2
寫出一個簡單的 Prim 演算法實作，讓它的執行時間在你使用相鄰矩陣來表示圖 $G = (V, E)$ 的時候，是 $O(V^2)$。

21.2-3
在處理一個稀疏圖 $G = (V, E)$ 時，其中 $|E| = \Theta(V)$，使用斐波那契堆積來設計 Prim 演算法，在漸近意義上是否比使用二元堆積來設計它更快？對 $|E| = \Theta(V^2)$ 的密集圖而言呢？$|E|$ 和 $|V|$ 必須有什麼關係，才能讓斐波那契堆積實作的漸近速度快於二元堆積實作？

21.2-4
假設有一個圖的邊的權重都是 1 到 $|V|$ 之間的整數。你可讓 Kruskal 演算法跑多快？如果邊的權重是 1 到常數 W 之間的整數呢？

21.2-5
假設有一個圖的邊的權重都是 1 到 $|V|$ 之間的整數。你可以讓 Prim 演算法跑多快？如果邊的權重是 1 到常數 W 之間的整數呢？

21.2-6
Borden 教授提出一種計算最小生成樹的新分治演算法，其內容如下。給定一個圖 $G = (V, E)$，將頂點集合 V 分成兩個集合 V_1 和 V_2，讓 $|V_1|$ 和 $|V_2|$ 最多相差 1。設 E_1 是僅與 V_1 裡的頂點接觸的邊的集合，E_2 是僅與 V_2 裡的頂點接觸的邊的集合。我們遞迴地解決兩個子圖 $G_1 = (V_1, E_1)$ 與 $G_2 = (V_2, E_2)$ 的最小生成樹問題。最後，從 E 中選擇跨越切線 (V_1, V_2) 的最小權重邊，並使用這個邊來將之前產生的兩棵最小生成樹合併成一棵生成樹。

證明這個演算法可正確地算出 G 的最小生成樹，或是提出一個讓演算法失敗的例子。

★ **21.2-7**
假設有一個圖的邊的權重在半開放區間 [0, 1) 裡均勻地分布。你可以讓哪個演算法跑得更快？Kruskal 還是 Prim？

★ **21.2-8**
假設我們已經算出圖 G 的最小生成樹了，在為 G 加入新頂點和相關邊之後，你可以用多快的速度更新最小生成樹？

挑戰

21-1 次佳最小生成樹

設 $G = (V, E)$ 是一個無向連通圖，它的權重函數是 $w: E \to \mathbb{R}$ 並假設 $|E| \geq |V|$ 且所有邊權重都是不同的。

次佳最小生成樹的定義如下。設 $\mathcal{T}$ 是 G 的所有生成樹的集合，設 T 是 G 的最小生成樹。那麼，**次佳最小生成樹**是滿足以下條件的生成樹 T'：$w(T') = \min\{w(T''): T'' \in \mathcal{T} = \{T\}\}$。

a. 證明最小生成樹是唯一的，但次佳最小生成樹不一定是唯一的。

b. 設 T 是 G 的最小生成樹。證明 G 裡面有一條邊 $(u, v) \in T$ 與一條邊 $(x, y) \notin T$，使得 $(T - \{(u, v)\}) \cup \{(x, y)\}$ 是 G 的次佳最小生成樹。

c. 設 T 是 G 的任意生成樹，而且對任意兩個頂點 $u, v \in V$ 而言，設 $max[u, v]$ 是在 T 的 u 和 v 之間的唯一簡單路徑上權重最大的邊。設計一個 $O(V^2)$ 時間的演算法，讓它接收 T，並為所有 $u, v \in V$ 算出 $max[u, v]$。

d. 寫出一個高效率的演算法來計算 G 的次佳最小生成樹。

21-2 在稀疏圖裡的最小生成樹

如果連通圖 $G = (V, E)$ 非常稀疏,我們可以使用斐波那契堆積來進一步改善 Prim 演算法的 $O(E + V \lg V)$ 執行時間,做法是預先處理 G 來減少頂點的數量,再執行 Prim 演算法。具體來說,我們為每個頂點 u 選擇與它接觸的最小權重邊 (u, v),並將 (u, v) 放入所建構的最小生成樹。然後,縮約所有選定的邊(見第 B.4 節),但不是一次縮約一條邊,而是先找出會被合併成同一個新頂點的頂點,再一次縮約一條邊以建立新圖,但我們根據那些邊的端點在哪個集合來「重新命名」它們。原圖的不同邊可能被重新命名成相同的名稱,在這種情況下,只留下一條邊,它的權重是相應的原始邊的最小權重。

首先,將要建構的最小生成樹 T 設為空,並為每一條邊 $(u, v) \in E$ 初始化兩個屬性 $(u, v).orig = (u, v)$ 和 $(u, v).c = w(u, v)$。我們使用 $orig$ 屬性來引用初始圖中,與縮約圖的某條邊相關的邊。c 屬性保存邊的權重,當邊被縮約時,它會根據上述選擇邊權重的方法進行更新。下一頁的程序 MST-REDUCE 接受輸入 G 和 T,並回傳一個具有更新的屬性 $orig'$ 和 c' 的縮約圖 G'。這個程序也將 G 的邊收入最小生成樹 T 中。

a. 設 T 是 MST-REDUCE 回傳的邊的集合,設 A 是呼叫 MST-PRIM(G', c', r) 形成的圖 G' 之最小生成樹,其中 c' 是 $G'.E$ 的邊權重,r 是在 $G'.V$ 裡面的任意頂點。證明 $T \cup \{(x, y).orig' : (x, y) \in A\}$ 是 G 的最小生成樹。

b. 證明 $|G'.V| \leq |V|/2$。

c. 說明如何實作 MST-REDUCE 來讓它的執行時間是 $O(E)$(提示:使用簡單的資料結構)。

d. 假設你執行 MST-REDUCE 的 k 個階段,將一個階段產生的輸出 G' 當成下一個階段的輸入 G,並縮約 T 的邊。證明 k 個階段的總體執行時間是 $O(kE)$。

e. 假設在執行 MST-REDUCE 的 k 個階段之後,就像 (d) 小題那樣,你呼叫 MST-PRIM(G', c', r) 來執行 Prim 演算法,其中 G' 和權重屬性 c' 是上一個階段回傳的,且 r 是在 $G'.V$ 裡的任意頂點。說明如何選擇 k 來讓整體執行時間是 $O(E \lg \lg V)$。證明你選擇的 k 可產生最小的整體漸近執行時間。

f. 什麼 $|E|$ 值(就 $|V|$ 而言)可讓有進行預先處理的 Prim 演算法勝過沒有進行預先處理的 Prim 演算法?

MST-REDUCE(G, T)
1 **for** each vertex $v \in G.V$
2      $v.mark =$ FALSE
3   MAKE-SET(v)
4 **for** each vertex $u \in G.V$
5   **if** $u.mark ==$ FALSE
6   choose $v \in G.Adj[u]$ such that $(u, v).c$ is minimized
7   UNION(u, v)
8          $T = T \cup \{(u, v).orig\}$
9          $u.mark =$ TRUE
10         $v.mark =$ TRUE
11 $G'.V = \{$FIND-SET$(v) : v \in G.V\}$
12 $G'.E = \emptyset$
13 **for** each edge $(x, y) \in G.E$
14     $u =$ FIND-SET(x)
15     $v =$ FIND-SET(y)
16   **if** $u \neq v$
17   **if** $(u, v) \notin G'.E$
18             $G'.E = G'.E \cup \{(u, v)\}$
19             $(u, v).orig' = (x, y).orig$
20             $(u, v).c' = (x, y).c$
21   **elseif** $(x, y).c < (u, v).c'$
22             $(u, v).orig' = (x, y).orig$
23             $(u, v).c' = (x, y).c$
24 construct adjacency lists $G'.Adj$ for G'
25 **return** G' and T

21-3 其他的最小生成樹演算法

考慮下一頁的三個演算法 MAYBE-MST-A、MAYBE-MST-B 和 MAYBE-MST-C。它們都接收一個連通圖與一個權重函數，並回傳一組邊 T。證明各個演算法回傳的 T 是最小生成樹，或證明 T 不一定是最小生成樹。並且為每一種演算法寫出最有效率的實作，無論它是否算出最小生成樹。

21-4 瓶頸生成樹

無向圖 G 的瓶頸生成樹 T 是 G 的每一棵生成樹中，最大邊權重最小的那棵生成樹。瓶頸生成樹的值是 T 中權重最大的邊的權重。

MAYBE-MST-A(G, w)
1 sort the edges into monotonically decreasing order of edge weights w
2 $T = E$
3 **for** each edge e, taken in monotonically decreasing order by weight
4   **if** $T - \{e\}$ is a connected graph
5          $T = T - \{e\}$
6 **return** T

MAYBE-MST-B(G, w)
1 $T = \emptyset$
2 **for** each edge e, taken in arbitrary order
3   **if** $T \cup \{e\}$ has no cycles
4          $T = T \cup \{e\}$
5 **return** T

MAYBE-MST-C(G, w)
1 $T = \emptyset$
2 **for** each edge e, taken in arbitrary order
3      $T = T \cup \{e\}$
4   **if** T has a cycle c
5   let e' be a maximum-weight edge on c
6          $T = T - \{e'\}$
7 **return** T

a. 證明最小生成樹是瓶頸生成樹。

由 (a) 小題可知，尋找瓶頸生成樹不會比尋找最小生成樹更難。在接下來的小題中，你要說明如何在線性時間內找到一棵瓶頸生成樹。

b. 寫出一個線性時間演算法，讓它接收圖 G 和一個整數 b，並確認瓶頸生成樹的值是否頂多為 b。

c. 將 (b) 小題的演算法當成處理瓶頸生成樹的線性時間演算法的子程序（**提示**：你可以使用一個縮約邊集合的子程序，就像在挑戰 21-2 中描述的 MST-REDUCE 程序一樣）。

後記

Tarjan [429] 彙整了最小生成樹問題，並提供了傑出的進階素材。Graham 和 Hell [198] 整理了最小生成樹問題的歷史。

Tarjan 認為第一個最小生成樹演算法來自 O.Borůvka 在 1926 年發表的一篇論文。Borůvka 的演算法迭代執行挑戰 21-2 描述的 MST-REDUCE 程序 $O(\lg V)$ 次。Kruskal 的演算法是 Kruskal [272] 在 1956 年提出的。俗名為 Prim 演算法的演算法的確是 Prim 發明的 [367]，但 V. Jarník 在 1930 年比他更早發明這個演算法。

當 $|E| = \Omega(V \lg V)$ 時，用斐波那契堆積來實作的 Prim 演算法的執行時間是 $O(E)$。Fredman 與 Tarjan [156] 結合 Prim 演算法、Kruskal 演算法、Borůvka 演算法的概念，以及進階的資料結構，提出一個處理稀疏圖的演算法，它的執行時間是 $O(E \lg^* V)$。Gabow、Galil、Spencer 和 Tarjan [165] 改進這個演算法，讓它可在 $O(E \lg \lg^* V)$ 時間內執行。Chazelle [83] 提出了一種執行時間為 $O(E \hat{\alpha}(E, V))$ 的演算法，其中 $\hat{\alpha}(E, V)$ 是 Ackermann 函數的反函數（關於 Ackermann 函數及其反函數的簡要討論，見第 19 章的後記）。與以前的最小生成樹演算法不同的是，Chazelle 的演算法不使用貪婪法。Pettie 和 Ramachandran [356] 提出一個使用預先計算的「MST 決策樹」的演算法，該演算法也可以在 $O(E \hat{\alpha}(E, V))$ 時間內執行。

生成樹驗證是相關的問題：給定一個圖 $G = (V, E)$ 與一棵樹 $T \subseteq E$，我們要確定 T 是不是 G 的最小生成樹。King [254] 提出一個線性時間演算法來確認生成樹，這演算法的基礎是 Komlós [269] 與 Dixon、Rauch 和 Tarjan [120] 的研究。

上述演算法都是確定性的，屬於第 8 章介紹的比較模式。Karger、Klein 和 Tarjan [243] 提出一種隨機化的最小生成樹演算法，它的期望執行時間是 $O(V + E)$。這個演算法使用類似第 9.3 節中，以線性時間選擇演算法的遞迴方式，它遞迴呼叫一個輔助問題，該問題是找出一個邊的子集合 E'，裡面的邊都不在任何最小生成樹裡。然後對著 $E - E'$ 進行另一個遞迴呼叫來找出最小生成樹。這個演算法也採用 Borůvka 演算法和 King 演算法的概念來驗證生成樹。

Fredman 和 Willard [158] 展示如何使用一種非比較式的確定性演算法，可在 $O(V + E)$ 時間內找到最小生成樹。他們的演算法假設資料是 b-bit 整數，且計算機的記憶體是由可定址的 b-bit word 組成。

22 單源最短路徑

假設你要走一條最短的路線，從紐約州的歐申賽德開車到加州的歐申賽德。你的 GPS 有美國道路網的完整資訊，包括每一對相鄰交叉口之間的道路距離。你的 GPS 如何找出最短路線？

方法之一是列舉從紐約州歐申賽德到加州歐申賽德的所有路線，把每條路線的距離加起來，然後選擇最短的路線。但即使不計算包含迴路的路線，GPS 也要檢查大量的可能選項，其中大部分根本不值得考慮。例如，行經佛州邁阿密的路線就是荒謬的選擇，因為邁阿密距離幾百英里遠。

本章和第 23 章將介紹如何有效地解決這類問題。**最短路徑問題**的輸入是一個加權有向圖 $G = (V, E)$，它有一個權重函數 $w : E \to \mathbb{R}$，可將邊對映至實值的權重。路徑 $p = \langle v_0, v_1, ..., v_k \rangle$ 的**權重** $w(p)$ 是 p 的邊的權重之和：

$$w(p) = \sum_{i=1}^{k} w(v_{i-1}, v_i)$$

從 u 到 v 的**最短路徑權重** $\delta(u, v)$ 之定義如下

$$\delta(u, v) = \begin{cases} \min\{w(p) : u \overset{p}{\rightsquigarrow} v\} & \text{如果從 } u \text{ 到 } v \text{ 有路徑} \\ \infty & \text{如果沒有} \end{cases}$$

所以，從頂點 u 到頂點 v 的**最短路徑**的定義是滿足權重 $w(p) = \delta(u, v)$ 的任何路徑 p。

在從紐約州的歐申賽德到加州的歐申賽德的例子中，GPS 將道路網做成一個圖，裡面的頂點代表交叉點，邊代表交叉點之間的路段，邊的權重代表道路的距離。我們的目標是找到一條最短的路徑，從紐約州歐申賽德的某個十字路口（例如 Brower Avenue 和 Skillman Avenue）到加州歐申賽德的某個十字路口（例如 Topeka Street 與 South Horne Street）。

邊的權重也可以代表非距離的測量單位，例如時間、成本、罰金、損失或任何其他能夠沿著路徑線性累加，而且想要最小化的量。

第 20.2 節的廣度優先搜尋演算法是一種最短路徑演算法，適用於未加權圖，未加權圖是每條邊都是單位權重的圖。由於廣度優先搜尋的許多概念是在研究加權圖的最短路徑時產生的，你可以考慮先複習第 20.2 節，再繼續看下去。

變體

本章主要討論**單源最短路徑問題**：給定一個圖 $G = (V, E)$，找到一條從特定的源頭頂點 $s \in V$ 到每個頂點 $v \in V$ 的最短路徑。單源問題的演算法可以解決許多其他問題，包括以下的變體。

單目的地最短路徑問題：找出從給定的**目的地頂點** t 到各個頂點 v 的最短路徑。將圖中每條邊的方向反過來可將這個問題化簡為單源問題。

單對（single-pair）最短路徑問題：找出從給定的頂點 u 到 v 的最短路徑，如果你已經解決源頭頂點為 u 的單源問題，你就解決了這個問題。此外，這個問題的所有已知演算法的最壞情況漸近執行時間與最佳單源演算法的一樣。

每對頂點（all-pairs）最短路徑問題：為每一對頂點 u 和 v 找到一條從 u 到 v 的最短路徑。雖然你可以為每一個頂點執行一次單源演算法來解決這個問題，但通常有更快速的解法。此外，其結構本身也很有趣。第 23 章將詳細討論 all-pairs 頂點問題。

最短路徑的最佳子結構

最短路徑演算法通常依賴一個特性：兩個頂點之間的最短路徑包含其他的最短路徑（第 24 章的 Edmonds-Karp 最大流量演算法也依賴此特性）。複習一下，最佳子結構是想解決的問題可能適合使用動態規劃（第 14 章）和貪婪法（第 15 章）來解決的關鍵指標之一。將在第 22.3 節介紹的 Dijkstra 演算法是一種貪婪演算法，在每一對頂點之間找到一條最短路徑的 Floyd-Warshall 演算法（見第 23.2 節）是一種動態規劃演算法。下面的引理更準確地說明最短路徑的最佳子結構特性。

引理 22.1（最短路徑的子路徑是最短路徑）

給定一個加權有向圖 $G = (V, E)$，其權重函數為 $w : E \to \mathbb{R}$，設 $p = \langle v_0, v_1, ..., v_k \rangle$ 為自頂點 v_0 至頂點 v_k 的最短路徑，i 與 j 滿足 $0 \leq i \leq j \leq k$，假設自頂點 v_i 至頂點 v_j 的路徑 $p_{ij} = \langle v_i, v_{i+1}, ..., v_j \rangle$ 是 p 的子路徑，那麼，p_{ij} 是從 v_i 到 v_j 的最短路徑。

證明 將路徑 p 分解成 $v_0 \overset{p_{0i}}{\leadsto} v_i \overset{p_{ij}}{\leadsto} v_j \overset{p_{jk}}{\leadsto} v_k$，使得 $w(p) = w(p_{0i}) + w(p_{ij}) + w(p_{jk})$。假設有一條從 v_i 到 v_j 的路徑 p'_{ij}，其權重 $w(p'_{ij}) < w(p_{ij})$。那麼，$v_0 \overset{p_{0i}}{\leadsto} v_i \overset{p'_{ij}}{\leadsto} v_j \overset{p_{jk}}{\leadsto} v_k$ 是從 v_0 到 v_k 的路徑，其權重 $w(p_{0i}) + w(p'_{ij}) + w(p_{jk})$ 小於 $w(p)$，這與 p 是從 v_0 到 v_k 的最短路徑此假設互相矛盾。 ■

負權重邊

有一些單源最短路徑問題可能有權重為負值的邊。如果圖 $G = (V, E)$ 沒有可從源頭 s 到達的負權重迴路,那麼對所有 $v \in V$ 而言,最短路徑權重 $\delta(s, v)$ 仍然有明確的定義(well defined),即使它有一個負值。然而,如果圖有一個可從 s 到達的負權重迴路,那麼最短路徑權重就沒有明確的定義。從 s 到迴路上的某頂點的路徑都不可能是最短路徑,因為按照提議的「最短」路徑遍歷負權重迴路,總是可以找到一條具有更低權重的路徑。如果從 s 到 v 的某條路徑有負權重的迴路,我們定義 $\delta(s, v) = -\infty$。

圖 22.1 說明負權重和負權重迴路對最短路徑權重的影響。因為從 s 到 a 的路徑只有一條(路徑 $\langle s, a \rangle$),我們得到 $\delta(s, a) = w(s, a) = 3$。同理,從 s 到 b 的路徑只有一條,所以 $\delta(s, b) = w(s, a) + w(a, b) = 3 + (-4) = -1$。從 s 到 c 的路徑有無限多條,包括 $\langle s, c \rangle$、$\langle s, c, d, c \rangle$、$\langle s, c, d, c, d, c \rangle$…等。因為迴路 $\langle c, d, c \rangle$ 的權重是 $6 + (-3) = 3 > 0$,所以從 s 到 c 的最短路徑是 $\langle s, c \rangle$,其權重為 $\delta(s, c) = w(s, c) = 5$,且從 s 到 d 的最短路徑是 $\langle s, c, d \rangle$,其權重 $\delta(s, d) = w(s, c) + w(c, d) = 11$。同理,從 s 到 e 的路徑有無限多條,包括 $\langle s, e \rangle$、$\langle s, e, f, e \rangle$、$\langle s, e, f, e, f, e \rangle$…等。然而,因為迴路 $\langle e, f, e \rangle$ 的權重是 $3 + (-6) = -3 < 0$,所以從 s 到 e 沒有最短路徑。經過負權重的迴路 $\langle e, f, e \rangle$ 任意次數可以找到任意大的負權重的路徑,所以 $\delta(s, e) = -\infty$。同理,$\delta(s, f) = -\infty$。因為 g 可從 f 到達,從 s 到 g 也可以找到有任意大負權重的路徑。所以 $\delta(s, g) = -\infty$。頂點 h、i 與 j 也形成負權重迴路。但它們無法從 s 到達,所以 $\delta(s, h) = \delta(s, i) = \delta(s, j) = \infty$。

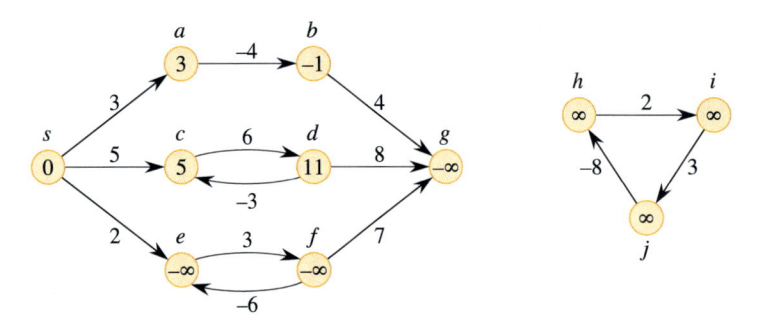

圖 22.1 在有向圖裡的負邊權重。在每一個頂點裡面的值,是從 s 出發的最短路徑。因為頂點 e 與 f 形成一個可從 s 到達的負權重迴路,所以它們的最短路徑權重是 $-\infty$。因為頂點 g 可以從最短路徑權重為 $-\infty$ 的頂點到達,所以它的最短路徑權重也是 $-\infty$。h、i 與 j 等頂點無法從 s 到達,所以它們的最短路徑權重是 ∞,即使它們形成一個負權重迴路。

有些最短路徑演算法（例如 Dijkstra 演算法）假設輸入圖的所有邊的權重都是非負的，就像道路網路一樣。其他的演算法（例如 Bellman-Ford 演算法）允許輸入圖有負權重邊，只要沒有可從起點到達的負權重迴路，就可以產生正確的答案。一般來說，如果有這種負權重迴路，演算法都可以檢測與回報它的存在。

迴路

最短路徑能不能有迴路？如同我們剛才看到的，它不能有負權重迴路。它也不能有正權重迴路，因為將路徑的迴路移除會產生一條起點和目的地相同，但路徑權重更小的路徑。也就是說，如果 $p = \langle v_0, v_1, ..., v_k \rangle$ 是一條路徑，且 $c = \langle v_i, v_{i+1}, ..., v_j \rangle$ 是這條路徑上的正權重迴路（所以 $v_i = v_j$ 且 $w(c) > 0$），那麼路徑 $p' = \langle v_0, v_1, ..., v_i, v_{j+1}, v_{j+2}, ..., v_k \rangle$ 的權重是 $w(p') = w(p) - w(c) < w(p)$，所以 p 不會是從 v_0 到 v_k 的最短路徑。

所以迴路的權重只能為 0。你可以將任何路徑上的 0 權重迴路移除，得到另一條權重相同的路徑。因此，如果有一條從源頭頂點 s 到目的地頂點 v 的最短路徑有一個 0 權重的迴路，那麼從 s 到 v 還有一條最短路徑沒有這個迴路。只要最短路徑有 0 權重迴路，你就可以反覆地將這些迴路從路徑中去除，直到產生一條無迴路的最短路徑為止。因此，不失普遍性，我們假設最短路徑沒有迴路，也就是說，它們是簡單路徑。因為在圖 $G = (V, E)$ 裡的任何無迴路路徑最多都有 $|V|$ 個不同的頂點，所以它也最多有 $|V| - 1$ 條邊。因此，我們假設任何最短路徑都最多有 $|V| - 1$ 條邊。

表示最短路徑

只計算最短路徑的權重通常還不夠。最短路徑的大多數應用也需要知道最短路徑上有哪些頂點。比如，如果 GPS 只告訴你目的地還有多遠，卻無法告訴你如何到達，它就沒有多大的用處。我們表示最短路徑的方式與第 20.2 節中表示廣度優先樹的方式類似。給定圖 $G = (V, E)$，我們為每一個頂點 $v \in V$ 保存一個**前驅值**（*predecessor*）$v.\pi$，它是另一個頂點或 NIL。本章的最短路徑演算法將設定 π 屬性，使得源自頂點 v 的一系列前驅值，就是自 s 至 v 的最短路徑的相反。因此，如果頂點 v 的 $v.\pi \neq$ NIL，第 20.2 節的程序 PRINT-PATH(G, s, v) 會印出從 s 到 v 的最短路徑。

然而，在執行最短路徑演算法的過程中，這些值可能不代表最短路徑。使用 π 值來定義的單源最短路徑的前驅子圖 $G_\pi = (V_\pi, E_\pi)$ 與第 537 頁為廣度優先搜尋定義的式 (20.2) 和 (20.3) 相同：

$$V_\pi = \{v \in V : v.\pi \neq \text{NIL}\} \cup \{s\}$$
$$E_\pi = \{(v.\pi, v) \in E : v \in V_\pi - \{s\}\}$$

我們將證明本章的演算法產生的 π 值有這樣的特性：在終止時，G_π 是一棵「最短路徑樹」，非正式的講法是，它是一棵有根樹，裡面有從源頭 s 到每個可從 s 到達的頂點的最短路徑。最短路徑樹與第 20.2 節中的廣度優先樹一樣，但它裡面有從源頭出發的最短路徑，這些路徑是用邊的權重來定義的，而不是用邊的數量。準確地說，設 $G = (V, E)$ 是加權有向圖，它的權重函數是 $w: E \to \mathbb{R}$。我們假設 G 裡面沒有可從源頭頂點 $s \in V$ 到達的負權重迴路，所以最短路徑有明確的定義。根為 s 的**最短路徑樹**是一個有向子圖 $G' = (V', E')$，其中 $V' \subseteq V$ 且 $E' \subseteq E$，滿足

1. V' 是在 G 中可從 s 到達的頂點集合，
2. G' 形成一棵根為 s 的樹，且
3. 對於所有 $v \in V'$，在 G' 中從 s 到達 v 的唯一簡單路徑是在 G 中從 s 到達 v 的最短路徑。

最短路徑不一定只有一條，最短路徑樹也是如此。例如，圖 22.2 的加權有向圖有兩棵同根的最短路徑樹。

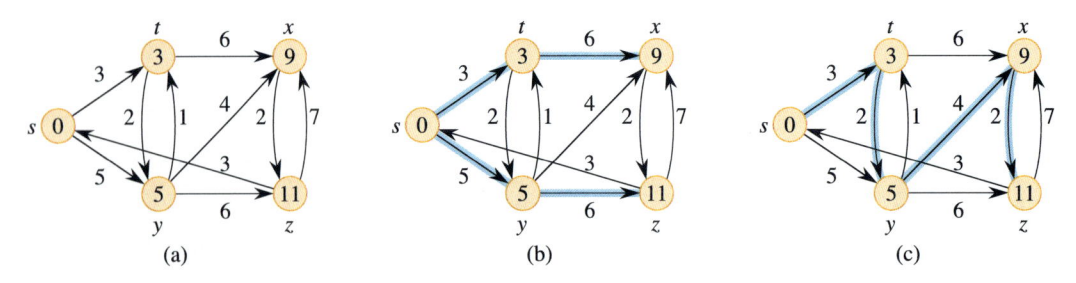

圖 22.2 **(a)** 加權有向圖，標上從 s 出發的最短路徑權重。**(b)** 藍色邊形成一棵以 s 為根的最短路徑樹。**(c)** 同根的另一棵最短路徑樹。

放鬆技術

本章的演算法使用**放鬆技術**。單源最短路徑演算法為每一個頂點 $v \in V$ 維護一個屬性 $v.d$，它是從 s 到 v 的最短路徑的權重上限。$v.d$ 稱為**最短路徑估計值**。我們呼叫 $\Theta(V)$ 時間的程序 INITIALIZE-SINGLE-SOURCE 來初始化最短路徑估計值與前驅值。在初始化之後，對所有 $v \in V$ 而言，$v.\pi = $ NIL，$s.d = 0$ 且 $v.d = \infty$，其 $v \in V - \{s\}$。

INITIALIZE-SINGLE-SOURCE(G, s)
1 **for** each vertex $v \in G.V$
2      $v.d = \infty$
3      $v.\pi = $ NIL
4 $s.d = 0$

針對邊 (u, v) 的**放鬆**程序包括檢查經過 u 能否改進迄今為止找到的前往頂點 v 的最短路徑，若可改進，那就更新 $v.d$ 與 $v.\pi$。放鬆步驟可能減少最短路徑估計值 $v.d$，並更新 v 的前驅值屬性 $v.\pi$。下面的 RELAX 程序以 $O(1)$ 時間在邊 (u, v) 上執行放鬆步驟。圖 22.3 是放鬆一條邊的兩個例子，其中一個減少最短路徑估計值，另一個不改變估計值。

RELAX(u, v, w)
1 **if** $v.d > u.d + w(u, v)$
2      $v.d = u.d + w(u, v)$
3      $v.\pi = u$

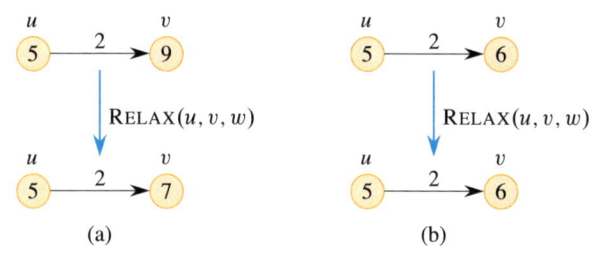

圖 22.3 放鬆一條權重 $w(u, v) = 2$ 的邊 (u, v)。在頂點裡面的數字是最短路徑估計值。**(a)** 因為在放鬆前 $v.d > u.d + w(u, v)$，所以減少 $v.d$ 的值。**(b)** 因為在放鬆邊之前 $v.d \leq u.d + w(u, v)$，所以放鬆步驟維持 $v.d$ 不變。

本章的每個演算法都呼叫 INITIALIZE-SINGLE-SOURCE，然後反覆放鬆邊[1]。此外，放鬆是改變最短路徑估計值和前驅值的唯一手段。本章的演算法之間的差異在於它們放鬆每條邊多少次，以及它們放鬆邊的順序。Dijkstra 演算法和有向無迴路圖的最短路徑演算法都對每條邊放鬆一次。Bellman-Ford 演算法放鬆每條邊 $|V|-1$ 次。

最短路徑與放鬆的特性

為了證明本章的演算法是正確的，我們將利用最短路徑和放鬆的幾個特性。接下來要說明這些特性，第 22.5 節會正式證明這些特性。為了供你參考，這裡提到的每個特性都包含第 22.5 節的相應定理或推論。這些特性的最後五項（關於最短路徑估計值或前驅子圖）隱性假設圖是藉著呼叫 INITIALIZE-SINGLE-SOURCE(G, s) 來初始化的，且最短路徑估計值和前驅子圖的改變是透過一系列的放鬆步驟來進行的。

三角不等式（引理 22.10）

對任何邊 $(u, v) \in E$ 而言，$\delta(s, v) \leq \delta(s, u) + w(u, v)$。

上限特性（引理 22.11）

對所有頂點 $v \in V$ 而言，$v.d \geq \delta(s, v)$ 一定成立，且一旦 $v.d$ 到達值 $\delta(s, v)$，它就不會改變。

無路徑特性（推論 22.12）

如果 s 沒有路徑可以到達 v，那麼 $v.d = \delta(s, v) = \infty$ 一定成立。

收斂特性（引理 22.14）

如果對 $u, v \in V$ 而言，$s \rightsquigarrow u \to v$ 是 G 中的最短路徑，且如果在放鬆邊 (u, v) 之前的任何時候，$u.d = \delta(s, u)$，那麼在放鬆之後的任何時候，$v.d = \delta(s, v)$。

---

[1] 用「放鬆」來稱呼收緊上限的操作好像有點奇怪，這個詞是有歷史淵源的。我們可以將放鬆的結果視為放鬆限制條件 $v.d \leq u.d + w(u, v)$，根據三角不等式（第 609 頁的引理 22.10），該不等式在 $u.d = \delta(s, u)$ 且 $v.d = \delta(s, v)$ 時必須被滿足。也就是說，如果 $v.d \leq u.d + w(u, v)$，那就沒有滿足這個限制的「壓力」了，所以這個限制被「放鬆」了。

路徑放鬆特性（引理 22.15）

如果 $p = \langle v_0, v_1, ..., v_k \rangle$ 是從 $s = v_0$ 到 v_k 的最短路徑，且 p 的邊按照這個順序放鬆：$(v_0, v_1), (v_1, v_2), ..., (v_{k-1}, v_k)$，那麼 $v_k.d = \delta(s, v_k)$。無論其他放鬆步驟如何執行，這個特性都成立，即使那些步驟與放鬆 p 的邊的操作交錯進行。

前驅子圖特性（引理 22.17）

對所有 $v \in V$ 而言，一旦 $v.d = \delta(s, v)$，前驅子圖就是根為 s 的最短路徑樹。

章節綱要

第 22.1 節介紹 Bellman-Ford 演算法，該演算法可在邊可能有負權重的情況下解決單源最短路徑問題。Bellman-Ford 演算法非常簡單，它的另一個好處是它可以檢測出負權重迴路可否從源頭到達。第 22.2 節提供一種線性時間演算法，可計算有向無迴路圖的單一源頭最短路徑。第 22.3 節介紹了 Dijkstra 演算法，該演算法的執行時間比 Bellman-Ford 演算法更低，但要求邊的權重不是負值。第 22.4 節展示如何使用 Bellman-Ford 演算法來解決線性規劃的一種特殊情況。最後，第 22.5 節證明上述的最短路徑和放鬆的特性。

本章的計算會使用無窮大，所以必須規定當數學式裡面有 ∞ 與 $-\infty$ 時該怎麼處理。我們假設對任何實數 $a \neq -\infty$ 而言，$a + \infty = \infty + a = \infty$。此外，為了使證明在具有負權重迴路的情況下成立，我們假設對任何實數 $a \neq \infty$ 而言，$a + (-\infty) = (-\infty) + a = -\infty$。

本章的演算法都假設有向圖 G 被存放在相鄰串列裡，而且每條邊都跟它的權重一起存放，所以當各種演算法遍歷相鄰串列時，它可以用 $O(1)$ 時間為每條邊找到它的權重。

22.1 Bellman-Ford 演算法

Bellman-Ford 演算法處理一般情況的單源最短路徑問題，其中邊的權重可能是負值。給定一個加權有向圖 $G = (V, E)$，它的源頭頂點是 s，權重函數是 $w:E\rightarrow \mathbb{R}$，Bellman-Ford 演算法回傳一個布林值，指出有沒有負權重迴路可以從源頭到達。如果有這種迴路，演算法會指出沒有解存在，如果沒有這種迴路，演算法會產生最短路徑及其權重。

Bellman-Ford 程序會放鬆邊，逐步減少從源頭 s 到 V 的每個頂點 v 的最短路徑權重估計值 $v.d$，直到到達實際的最短路徑權重 $\delta(s, v)$ 為止。這個演算法回傳 TRUE 若且唯若圖沒有可從源頭到達的負權重迴路。

```
BELLMAN-FORD(G, w, s)
1   INITIALIZE-SINGLE-SOURCE(G, s)
2   for i = 1 to |G.V| - 1
3       for each edge (u, v) ∈ G.E
4           RELAX(u, v, w)
5   for each edge (u, v) ∈ G.E
6       if v.d > u.d + w(u, v)
7           return FALSE
8   return TRUE
```

圖 22.4 是對著一個具有五個頂點的圖執行 Bellman-Ford 演算法的情況。在第 1 行初始化所有頂點的 d 與 π 值之後，這個演算法對圖的邊進行 $|V|-1$ 次處理，每一次都執行第 2–4 行的 **for** 迴圈的一次迭代，包括放鬆圖的每條邊一次。圖 22.4 (b)~(e) 是演算法處理邊四次之後的狀態。在處理 $|V|-1$ 次之後，第 5–8 行檢查負權重迴路，並回傳適當的布林值（稍後會說明為何這個檢查有效）。

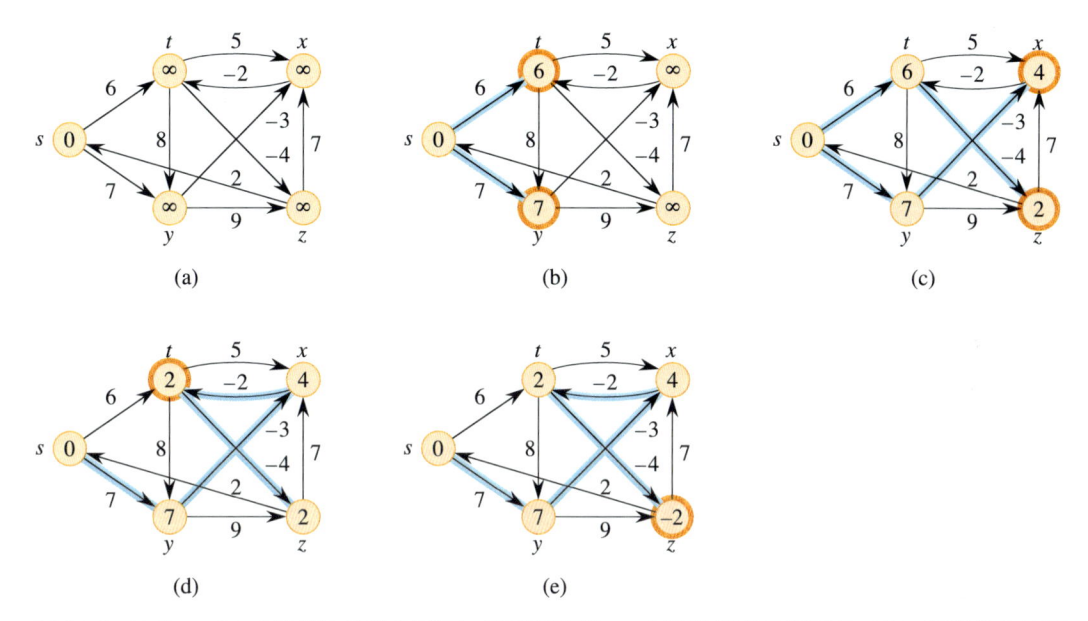

圖 22.4 Bellman-Ford 演算法的執行情況。源頭是頂點 s。在頂點裡面的數字是 d 值，藍邊代表前驅值：如果邊 (u, v) 是藍的，那麼 v.π = u。在這個範例裡，每一次迭代都按照以下順序放鬆邊：(t, x), (t, y), (t, z), (x, t), (y, x), (y, z), (z, x), (z, s), (s, t), (s, y)。**(a)** 在第一次處理邊之前的情況。**(b)~(e)** 連續處理邊幾次之後的情況。橘色的頂點代表在那次處理時，被改變最短路徑估計值和前驅值的頂點。(e) 裡面的 d 與 π 值是最終值。在這個範例中，Bellman-Ford 演算法回傳 TRUE。

用相鄰串列來表示圖的話，Bellman-Ford 演算法的執行時間是 $O(V^2 + VE)$，因為第 1 行的初始化花費 $\Theta(V)$ 時間，在第 2~4 行處理邊 $|V|-1$ 次，每次都花費 $\Theta(V+E)$ 時間（檢查 $|V|$ 個相鄰串列來尋找 $|E|$ 個邊），第 5~7 行的 **for** 迴圈花費 $O(V+E)$ 時間。有時邊不需要處理 $|V|-1$ 次（見習題 22.1-3），這就是演算法的執行時間是 $O(V^2 + VE)$，而不是 $\Theta(V^2 + VE)$ 的原因。$|E| = \Omega(V)$ 的情況經常發生，此時，我們可以將這個執行時間表示成 $O(VE)$。習題 22.1-5 要求你讓 Bellman-Ford 演算法的執行時間即使在 $|E| = o(V)$ 時仍為 $O(VE)$。

為了證明 Bellman-Ford 演算法的正確性，我們先證明，如果沒有負權重迴路，這個演算法可為所有可從源頭到達的頂點算出正確的最短路徑權重。

引理 22.2

設 $G = (V, E)$ 是個加權有向圖，它的源頭頂點是 s，權重函數是 $w: E \to \mathbb{R}$，假設 G 裡面沒有可從 s 到達的負權重迴路。在 BELLMAN-FORD 的第 2~4 行的 **for** 迴圈迭代 $|V|-1$ 次之後，對可從 s 到達的所有頂點 v 而言，$v.d = \delta(s, v)$。

證明 我們用路徑放鬆特性來證明這個引理。考慮可從 s 到達的任何頂點 v，設 $p = \langle v_0, v_1, ..., v_k \rangle$ 是從 s 到 v 的任何最短路徑，其中 $v_0 = s$，$v_k = v$。因為最短路徑是簡單的，p 最多有 $|V|-1$ 個邊，所以 $k \leq |V|-1$。第 2~4 行的 **for** 迴圈的 $|V|-1$ 次迭代中的每一次都放鬆全部的 $|E|$ 個邊。(v_{i-1}, v_i) 是第 i 次迭代放鬆的邊之一，其中 $i = 1, 2, ..., k$。所以，根據路徑放鬆特性，$v.d = v_k.d = \delta(s, v_k) = \delta(s, v)$。∎

推論 22.3

設 $G = (V, E)$ 是加權有向圖，源頭頂點為 s，權重函數為 $w: E \rightarrow \mathbb{R}$。那麼，若且唯若 BELLMAN-FORD 在完成處理 G 時 $v.d < \infty$，則 V 的每一個頂點 v 皆存在一條自 s 至 v 的路徑。

證明 我們將此證明當成習題 22.1-2。∎

定理 22.4（Bellman-Ford 演算法的正確性）

用 BELLMAN-FORD 來處理一個加權有向圖 $G = (V, E)$，其源頭頂點為 s，權重函數為 $w: E \rightarrow \mathbb{R}$。若 G 沒有可從 s 到達的負權重迴路，則此演算法回傳 TRUE，對所有頂點 $v \in V$ 而言，$v.d = \delta(s, v)$，且前驅子圖 G_π 是根為 s 的最短路徑樹。如果 G 沒有可從 s 到達的負權重迴路，此演算法回傳 FALSE。

證明 假設圖 G 沒有可從源頭 s 到達的負權重迴路。我們先證明在結束時，對所有頂點 $v \in V$ 而言，$v.d = \delta(s, v)$。如果頂點 v 可從 s 到達，那麼根據引理 22.2 可證明這個主張。如果 v 無法從 s 到達，我們可用無路徑特性來證明它，故此主張得證。前驅子圖特性加上這個主張意味著 G_π 是一棵最短路徑樹。現在我們用這個主張來證明 BELLMAN-FORD 回傳 TRUE。在結束時，對於所有邊 $(u, v) \in E$，我們知道

$$\begin{aligned} v.d &= \delta(s, v) \\ &\leq \delta(s, u) + w(u, v) \quad \text{（根據三角不等式）} \\ &= u.d + w(u, v) \end{aligned}$$

所以第 6 行的測試都不會導致 BELLMAN-FORD 回傳 FALSE。因此，它回傳 TRUE。

現在，假設圖 G 裡面有可從 s 到達的負權重迴路。設這個迴路是 $c = \langle v_0, v_1, ..., v_k \rangle$，其中 $v_0 = v_k$，此時可得

$$\sum_{i=1}^{k} w(v_{i-1}, v_i) < 0 \tag{22.1}$$

使用反證法，假設 Bellman-Ford 演算法回傳 TRUE。因此，$v_i.d \leq v_{i-1}.d + w(v_{i-1}, v_i)$，$i = 1, 2, ..., k$。將迴路 c 上的這種不等式加起來，得到

$$\sum_{i=1}^{k} v_i.d \leq \sum_{i=1}^{k} (v_{i-1}.d + w(v_{i-1}, v_i))$$

$$= \sum_{i=1}^{k} v_{i-1}.d + \sum_{i=1}^{k} w(v_{i-1}, v_i)$$

因為 $v_0 = v_k$，在 c 裡的每一個頂點在每一個式 $\sum_{i=1}^{k} v_i.d$ 與 $\sum_{i=1}^{k} v_{i-1}.d$ 裡出現一次，所以

$$\sum_{i=1}^{k} v_i.d = \sum_{i=1}^{k} v_{i-1}.d$$

此外，根據推論 22.3，當 $i = 1, 2, ..., k$ 時，$v_i.d$ 是有限的，因此，

$$0 \leq \sum_{i=1}^{k} w(v_{i-1}, v_i)$$

這與不等式 (22.1) 矛盾。所以，我們得出結論，如果圖 G 沒有可從源頭到達的負權重迴路，那麼 Bellman-Ford 演算法會回傳 TRUE，否則回傳 FALSE。∎

習題

22.1-1
用 Bellman-Ford 演算法來處理圖 22.4 的有向圖，以頂點 z 為源頭。每次都按照圖中的順序放鬆邊，並寫出每次放鬆後的 d 與 π 值。將邊 (z, x) 的權重改成 4，以 s 為源頭再次執行演算法。

22.1-2
證明推論 22.3。

22.1-3

給定一個加權有向圖 $G = (V, E)$，它裡面沒有負權重迴路，設 m 是從源頭 s 到所有頂點 $v \in V$ 的最短路徑中，最大的最少邊數（在此，最短路徑是用權重來算的，不是用邊數）。說明如何對 Bellman-Ford 演算法進行簡單的修改，讓它在第 $m + 1$ 次放鬆後終止，即使事先不知道 m。

22.1-4

修改 Bellman-Ford 演算法，如果從源頭到 v 的路徑上有負權重迴路，讓它將頂點 v 的 $v.d$ 都設為 $-\infty$。

22.1-5

假設傳給 Bellman-Ford 演算法的圖是用一個包含 $|E|$ 個邊的串列來表示的，其中每個邊都附帶它離開與進入的頂點，以及它的權重。證明 Bellman-Ford 演算法在沒有 $|E| = \Omega(V)$ 的限制下，執行時間為 $O(VE)$。修改 Bellman-Ford 演算法，讓它在輸入圖用相鄰串列來表示的情況下，執行時間都是 $O(VE)$。

22.1-6

設 $G = (V, E)$ 是加權有向圖，其權重函數為 $w:E \to \mathbb{R}$。寫出一個 $O(VE)$ 時間的演算法來為所有頂點 $v \in V$ 計算值 $\delta^*(v) = \min\{\delta(u, v):u \in V\}$。

22.1-7

假設有一個加權有向圖 $G = (V, E)$ 裡面有負權重迴路。寫出一個高效的演算法來列出這種迴路的頂點。證明你的演算法是正確的。

22.2 在有向無迴路圖裡面的單源最短路徑

這一節要介紹加權有向圖的另一個限制：它們是無迴路的。也就是說，我們要關注加權 dag。在 dag 裡，最短路徑一定有明確的定義，因為即使有負權重邊，也不可能有負權重迴路。我們將看到，如果加權 dag $G = (V, E)$ 的邊是根據其頂點的拓撲排序來放鬆的，那麼計算從源頭開始的最短路徑只需要 $\Theta(V + E)$ 時間。

這個演算法最初先對 dag 進行拓撲排序（見第 20.4 節），讓頂點成線性順序。如果 dag 有一條從頂點 u 到頂點 v 的路徑，那麼在拓撲順序中，u 在 v 的前面。DAG-SHORTEST-PATHS 程序只按照拓撲順序對頂點進行一次處理。當它處理各個頂點時，它會放鬆離開頂點的邊。圖 22.5 是執行這個演算法的情況。

DAG-SHORTEST-PATHS(G, w, s)
1   topologically sort the vertices of G
2   INITIALIZE-SINGLE-SOURCE(G, s)
3   **for** each vertex $u \in G.V$, taken in topologically sorted order
4   **for** each vertex v in $G.Adj[u]$
5   RELAX(u, v, w)

我們來分析這個演算法的執行時間。如第 20.4 節所述，第 1 行的拓撲排序花費 $\Theta(V + E)$ 時間。第 2 行呼叫 INITIALIZE-SINGLE-SOURCE 花費 $\Theta(V)$ 時間。第 3~5 行的 **for** 迴圈為每個頂點迭代一次。第 4~5 行的 **for** 迴圈放鬆每個邊一次（我們在此使用聚合分析）。因為內部的 **for** 迴圈每次迭代花費 $\Theta(1)$ 時間，所以總執行時間是 $\Theta(V + E)$，與圖的相鄰串列的大小成線性關係。

下面的定理證明 DAG-SHORTEST-PATHS 程序可正確地計算最短路徑。

定理 22.5

如果加權有向圖 $G = (V, E)$ 有源頭頂點 s 且沒有迴路，那麼在 DAG-SHORTEST-PATHS 程序終止時，對所有頂點 $v \in V$ 而言，$v.d = \delta(s, v)$，且前驅子圖 G_π 是最短路徑樹。

證明 我們先證明在終止時，對所有頂點 $v \in V$ 而言，$v.d = \delta(s, v)$。如果 v 無法從 s 到達，那麼根據無路徑特性，$v.d = \delta(s, v) = \infty$。假設 v 可從 s 到達，所以存在一條最短路徑 $p = \langle v_0, v_1, ..., v_k \rangle$，其中 $v_0 = s$ 且 $v_k = v$，因為 DAG-SHORTEST-PATHS 按拓撲順序處理頂點，所以它按照這個順序放鬆 p 上的邊：$(v_0, v_1), (v_1, v_2), ..., (v_{k-1}, v_k)$。根據路徑放鬆特性，在終止時，$v_i.d = \delta(s, v_i)$，$i = 0, 1, ..., k$。最後，根據前驅子圖特性，$G_\pi$ 是最短路徑樹。 ∎

這種演算法有一種實用的應用：在 **PERT** 圖[2] 分析中找出關鍵路徑。有些工作由幾項任務組成，每項任務都需要一定的時間，有些任務必須先完成，才能開始進行其他任務。例如，如果工作是蓋房子，那麼在開始蓋牆壁之前必須先打好地基，且牆壁必須先蓋好才能開始蓋屋頂。有些任務必須先完成多個其他任務才能開始進行：先完成水電工程，才能將石膏板裝上牆架。dag 可模擬任務與依賴關係。它的邊代表任務，邊的權重代表執行任務所需的時間，頂點代表「里程碑」，當進入頂點的邊所代表的任務都完成時，該里程碑就達成了。如果邊 (u, v) 進入頂點 v，且邊 (v, x) 離開 v，那麼任務 (u, v) 必須先完成，才能開始進行任務 (v, x)。穿越這個 dag 的路徑代表一系列必須按照特定順序完成的任務。**關鍵路徑**是穿越 dag

---

2   「PERT」是「program evaluation and review technique（計畫評核術）」的縮寫。

的**最長路徑**，它代表執行一系列工作所需的最長時間。因此，關鍵路徑的權重就是執行所有任務的總時間的下限，即使任務被盡可能地同步執行。你可以用以下的方式來找出關鍵路徑

- 將權重變成負值，然後執行 DAG-SHORTEST-PATHS，或
- 執行 DAG-SHORTEST-PATHS，但將 INITIALIZE-SINGLE-SOURCE 的第 2 行的「∞」換成「$-\infty$」，並將 RELAX 程序裡的「>」換成「<」。

習題

22.2-1
將頂點 r 當成源頭，寫出對圖 22.5 的有向無迴路圖執行 DAG-SHORTEST-PATHS 的結果。

22.2-2
假如你將 DAG-SHORTEST-PATHS 的第 3 行改成

3   **for** the first $|V| - 1$ vertices, taken in topologically sorted order

證明這個程序仍然正確。

22.2-3
PERT 圖的另一種表示法很像第 550 頁的圖 20.7 的 dag。這個 dag 的頂點代表任務，邊代表順序條件，也就是說，(u, v) 代表任務 u 必須在任務 v 之前執行。它的頂點有權重，邊沒有權重。修改 DAG-SHORTEST-PATHS 程序，讓它在線性時間內，在頂點有權重的有向無迴路圖裡找到最長路徑。

★ 22.2-4
寫出一個有效率的演算法來計算一個有向無迴路圖裡面的路徑總數。這個數量應包括每對頂點之間的所有路徑，和具有 0 條邊的所有路徑。分析你的演算法。

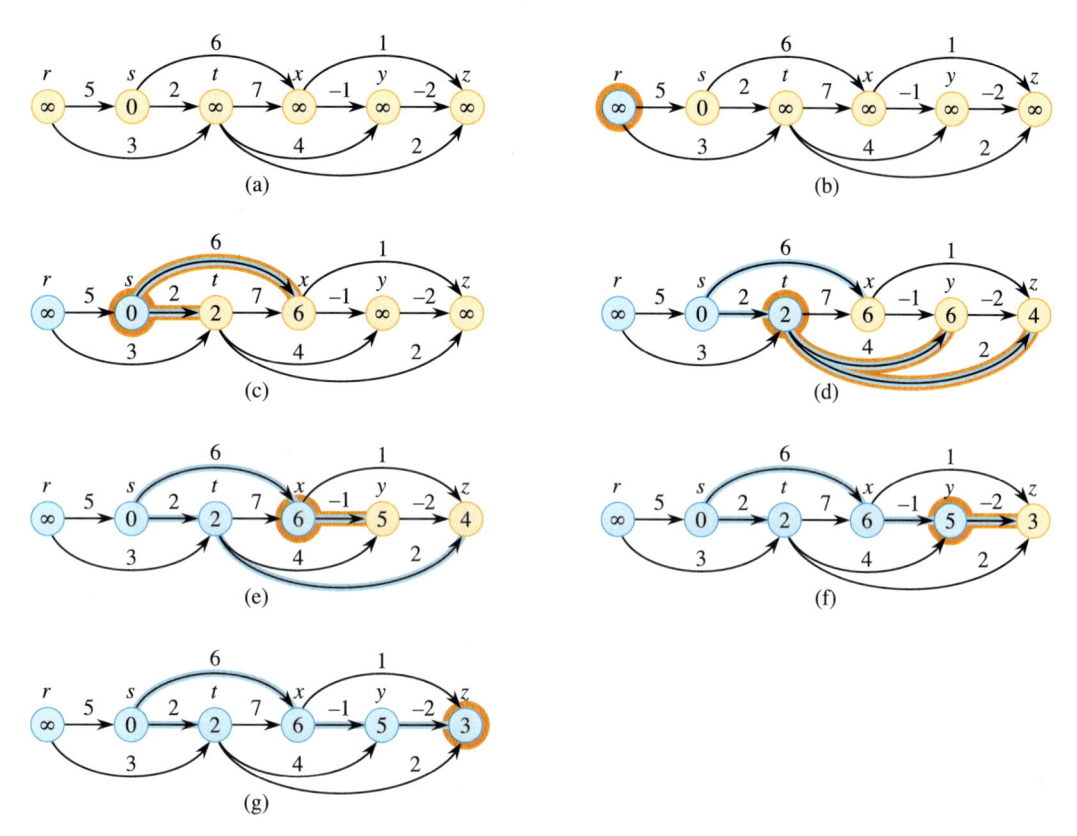

圖 22.5 在有向無迴路圖上執行最短路徑演算法的情況。圖中的頂點從左到右按拓撲次序排列。s 是源頭頂點。在頂點裡面的數字是 d 值，藍邊代表 π 值。**(a)** 第 3~5 行的 **for** 迴圈第一次迭代之前的情況。**(b)~(g)** 第 3~5 行的 **for** 迴圈每次迭代之後的情況。藍色頂點放鬆它們的出邊。橘色頂點是在那次迭代被當成 u 的頂點。橘色邊在那次迭代被放鬆的話，會造成 d 值改變。**(g)** 圖裡的值是最終值。

22.3 Dijkstra 演算法

Dijkstra 演算法可處理加權有向圖 $G = (V, E)$ 的單源最短路徑問題，但它規定所有邊的權重都不是負值：對於每個邊 $(u, v) \in E$，$w(u, v) \geq 0$。我們將看到，寫得好的話，Dijkstra 演算法的執行時間會低於 Bellman-Ford 演算法的執行時間。

你可以想像 Dijkstra 演算法就是將廣度優先搜尋延伸至加權圖：有一道波浪從源頭發出，當那道波浪第一次到達一個頂點時，從該頂點發出一道新波浪。在廣度優先搜尋的操作方式中，每道波浪都需要單位時間來穿越一條邊，在加權圖中，一道波浪穿越一條邊的時間是由該邊的權重決定的，因為對加權圖而言，最短路徑的邊數可能不是最少的，所以不能使用簡單的先入先出佇列來選擇下一個發送波浪的頂點。

反之，Dijkstra 演算法維護一個頂點集合 S，裡面有源自 s 的最終最短路徑權重已經被找出來的頂點。這個演算法反覆地選擇具有最小的最短路徑估計值的頂點 $u \in V-S$，將 u 加入 S，並放鬆離開 u 的所有邊。DIJKSTRA 程序將廣度優先搜尋的先入先出佇列換成頂點的最小優先佇列 Q，並將它們的 d 值當成鍵。

DIJKSTRA(G, w, s)
1   INITIALIZE-SINGLE-SOURCE(G, s)
2   $S = \emptyset$
3   $Q = \emptyset$
4   **for** each vertex $u \in G.V$
5   INSERT(Q, u)
6   **while** $Q \neq \emptyset$
7       $u =$ EXTRACT-MIN(Q)
8       $S = S \cup \{u\}$
9   **for** each vertex v in $G.Adj[u]$
10   RELAX(u, v, w)
11   **if** the call of RELAX decreased $v.d$
12   DECREASE-KEY$(Q, v, v.d)$

圖 22.6 是 Dijkstra 演算法鬆開邊的情況。第 1 行以一般的方式初始化 d 和 π 值，第 2 行將集合 S 初始化為空集合。這個演算法維持不變性：在第 6~12 行的 **while** 迴圈每次開始迭代時，$Q = V-S$。第 3~5 行初始化最小優先佇列 Q，將 V 裡面的所有頂點放入。因為此時 $S = \emptyset$，所以第一次到達第 6 行時不變性成立。每次經過第 6~12 行的 **while** 迴圈時，第 7 行會從 $Q = V-S$ 提取一個頂點 u，第 8 行將它加入集合 S，進而維持不變性（第一次經過這個迴圈時，$u = s$）。因此，頂點 u 的最短路徑估計值是 $V-S$ 裡的任何頂點中最小的。然後，如果迄今為止找到的前往 v 的最短路徑可以藉著經過 u 來改善的話，第 9~12 行鬆開離開 u 的各個邊 (u, v)，進而更新估計值 $v.d$ 與前驅值 $v.\pi$。當放鬆步驟改變 d 與 π 值時，第 12 行呼叫的 DECREASE-KEY 會更新最小優先佇列。演算法在第 4~5 行的 **for** 迴圈之後，絕不會將頂點插入 Q 中，且它會從 Q 提取每個頂點並加入 S 一次，因此第 6~12 行的 **while** 迴圈迭代 $|V|$ 次。

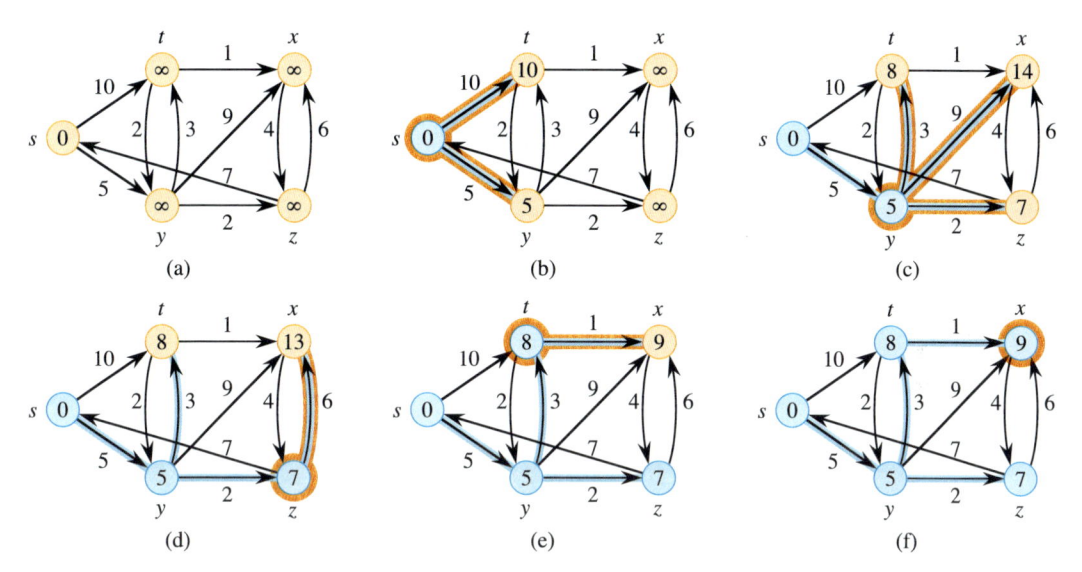

圖 22.6 Dijkstra 演算法的執行情況。源頭 s 是最左邊的頂點。在頂點裡面的數字是最短路徑估計值，藍色邊的數字是前驅值。藍色頂點屬於集合 S，棕色頂點在最小優先佇列 $Q = V - S$ 裡面。**(a)** 第 6~12 行的 **while** 迴圈第一次迭代之前的情況。**(b)~(f) while** 迴圈接下來每次迭代的情況。在每張小圖裡，第 7 行選擇橘色頂點作為頂點 u，放鬆橘色邊會造成 d 值與前驅值改變。在 (f) 中的 d 值與前驅值是最終值。

因為 Dijkstra 演算法總是選擇 $V - S$ 中「最輕」或「最近」的頂點來加入集合 S 中，所以它可以視為一種貪婪策略。第 15 章詳細解釋了貪婪策略，但你不需要閱讀該章就能理解 Dijkstra 演算法。一般來說，貪婪策略不一定能產生最佳結果，但正如下面的定理及其推論所述，Dijkstra 演算法確實可以算出最短路徑。關鍵是證明它每次將一個頂點 u 加入 S 時，$u.d = \delta(s, u)$。

定理 22.6（Dijkstra 演算法的正確性）

若以 Dijkstra 演算法處理一個加權有向圖，且該圖有非負權重函數 w 與源頭頂點 s，當演算法終止時，對所有頂點 $u \in V$ 而言，$u.d = \delta(s, u)$。

證明 我們將證明第 6~12 行的 **while** 迴圈每次開始迭代時，對所有 $v \in S$ 而言，我們得到 $v.d = \delta(s, v)$。這個演算法在 $S = V$ 時終止，且對所有 $v \in V$ 而言，$v.d = \delta(s, v)$。

證明方法是對 **while** 迴圈的迭代次數進行歸納，它在每次迭代開始時等於 $|S|$。基本情況有兩種：$|S| = 0$ 時，因而 $S = \emptyset$，所以這個論點直接成立，以及當 $|S| = 1$ 時，$S = \{s\}$，且 $s.d = \delta(s, s) = 0$。

在歸納步驟中，我們的歸納假設是：對所有 $v \in S$ 而言，$v.d = \delta(s, v)$。演算法從 $V-S$ 中提取頂點 u。因為演算法將 u 加入 S，我們要證明當時 $u.d = \delta(s, u)$。如果 s 和 u 之間沒有路徑，根據無路徑特性，證明直接完成。如果 s 到 u 有路徑，如圖 22.7 所示，設 y 是從 s 到 u 的最短路徑上第一個不在 S 裡的頂點，並設 $x \in S$ 是 y 在那條最短路徑上的前驅頂點（也有可能 $y = u$ 或 $x = s$）。因為 y 在最短路徑上出現的時間不晚於 u，而且所有邊的權重都是非負的，所以 $\delta(s, y) \leq \delta(s, u)$。因為第 7 行呼叫 Extract-Min 得到的 u 在 $V-S$ 中有最小的 d 值，所以 $u.d \leq y.d$，且根據上限特性可以得到 $\delta(s, u) \leq u.d$。

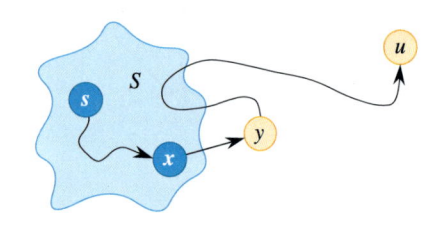

圖 22.7 定理 22.6 的證明。Dijkstra 的第 7 行選擇頂點 u 來加入集合 S。頂點 y 是從源頭 s 到頂點 u 的最短路徑上，第一個不屬於集合 S 的頂點，且 $x \in S$ 是 y 在那條最短路徑上的前驅頂點。從 y 到 u 的子路徑可能會重新進入集合 S，也可能不會。

因為 $x \in S$，歸納假設意味著 $x.d = \delta(s, x)$。在將 x 加入 S 的 **while** 迴圈迭代期間，邊 (x, y) 被放鬆。根據收斂特性，$y.d$ 在那時得到 $\delta(s, y)$ 的值。因此可得

$$\delta(s, y) \leq \delta(s, u) \leq u.d \leq y.d \quad \text{且} \quad y.d = \delta(s, y)$$

所以

$$\delta(s, y) = \delta(s, u) = u.d = y.d$$

因此，$u.d = \delta(s, u)$，根據上限特性，這個值再也不會改變。　■

推論 22.7

給定加權有向圖 $G = (V, E)$，此圖有非負權重函數 w 與源頭頂點 s，Dijkstra 演算法處理這張圖後，前驅子圖 G_π 是根為 s 的最短路徑樹。

證明　根據定理 22.6 與前驅子圖特性得證。　■

分析

Dijkstra 演算法有多快？它藉著呼叫三個優先佇列操作來維護最小優先佇列 Q：INSERT（第 5 行）、EXTRACT-MIN（第 7 行）與 DECREASE-KEY（第 12 行）。這個演算法為每個頂點呼叫 INSERT 與 EXTRACT-MIN 一次。因為每個頂點 $u \in V$ 都被加入集合 S 中一次，所以在演算法執行過程中，第 9~12 行的 **for** 迴圈對相鄰串列 $Adj[u]$ 中的每條邊檢查一次，因為在相鄰串列裡的邊總共有 $|E|$ 條，這個 **for** 迴圈總共迭代 $|E|$ 次，所以演算法最多總共呼叫 $|E|$ 次 DECREASE-KEY（再次注意，我們使用聚合分析）。

與 Prim 演算法一樣，Dijkstra 演算法的執行時間取決於最小優先佇列 Q 的具體寫法。有一種簡單的寫法將頂點編號為 1 到 $|V|$，因此只需將 $v.d$ 存放在陣列的第 v 個項目即可。每個 INSERT 和 DECREASE-KEY 操作都需要 $O(1)$ 時間，每個 EXTRACT-MIN 操作需要 $O(V)$ 時間（因為它必須搜尋整個陣列），所以總時間為 $O(V^2 + E) = O(V^2)$。

如果圖夠稀疏，尤其是 $E = o(V^2/\lg V)$，你可以使用二元最小堆積來實作最小優先佇列，並在二元最小堆積中加入可讓頂點及其堆積元素互相對映的方法，來改善執行時間。每一個 EXTRACT-MIN 操作都花費 $O(\lg V)$ 時間。一如往常，我們有 $|V|$ 個這種操作。建立二元最小堆積的時間是 $O(V)$（如第 21.2 節所述，你不需要呼叫 BUILD-MIN-HEAP）。每一個 DECREASE-KEY 操作花費 $O(\lg V)$ 時間，最多有 $|E|$ 個這種操作。因此總執行時間是 $O((V + E) \lg V)$，在典型的情況 $|E| = \Omega(V)$ 時，總執行時間是 $O(E \lg V)$。如果 $E = o(V^2/\lg V)$，這個時間比直接做法的 $O(V^2)$ 還要好。

用斐波那契堆積（見第 457 頁）來製作最小優先佇列可以將執行時間改善成 $O(V \lg V + E)$。$|V|$ 個 EXTRACT-MIN 操作中的每一個操作的平攤成本是 $O(\lg V)$，每一次 DECREASE-KEY 呼叫（最多有 $|E|$ 個）只花費 $O(1)$ 平攤時間。斐波那契堆積之所以被開發出來，是因為他觀察到 Dijkstra 演算法呼叫 DECREASE-KEY 的次數比呼叫 EXTRACT-MIN 還要多很多。因此，任何一種可將每個 DECREASE-KEY 操作的平攤時間減少至 $o(\lg V)$ 又不增加 EXTRACT-MIN 的平攤時間的方法，都可以做出一個在漸近意義上比二元堆積更快的實作。

Dijkstra 演算法與廣度優先搜尋（見第 20.2 節）和計算最小生成樹的 Prim 演算法（見第 21.2 節）很類似。它類似廣度優先搜尋的地方在於，集合 S 相當於廣度優先搜尋裡的黑頂點集合。如同 S 中的頂點具有它們的最終最短路徑權重一般，廣度優先搜尋中的黑色頂點也有其正確的廣度優先距離。Dijkstra 演算法與 Prim 演算法類似，兩者都使用最小優先佇列來找到給定集合之外的「最輕」頂點（在 Dijkstra 演算法中為集合 S，在 Prim 演算法中為正在增長的樹），將該頂點加入集合中，並相應地調整集合之外的剩餘頂點的權重。

習題

22.3-1
用 Dijkstra 演算法來處理圖 22.2 的有向圖，首先將頂點 s 當成起點，再將頂點 z 當成起點。用圖 22.6 的形式來展示 **while** 迴圈每次迭代後的 d 和 π 值，以及集合 S 裡的頂點。

22.3-2
畫出一個包含負權重邊、可讓 Dijkstra 演算法產生錯誤答案的有向圖。為什麼允許負權重邊時，定理 22.6 的證明無法完成？

22.3-3
假設你將 Dijkstra 演算法的第 6 行改成

6 **while** $|Q| > 1$

這個改變導致 **while** 迴圈執行 $|V|-1$ 次，而不是 $|V|$ 次。如此更改後的演算法是否正確？

22.3-4
修改 Dijkstra 程序，讓優先佇列 Q 更像 BFS 程序中的佇列，裡面只有迄今為止已從起點 s 到達的頂點：$Q \subseteq V-S$ 且 $v \in Q$ 意味著 $v.d \neq \infty$。

22.3-5
Gaedel 教授寫了一個程式，聲稱該程式實現了 Dijkstra 演算法，這個程式可為每個頂點 $v \in V$ 產生 $v.d$ 和 $v.\pi$。寫出一個 $O(V+E)$ 時間的演算法來檢查這個程式的輸出。它必須確認 d 與 π 屬性是否符合某最短路徑樹的這些屬性。你可以假設所有權重都是非負值。

22.3-6
Newman 教授認為，他可以用更簡單的方法來證明 Dijkstra 演算法的正確性。他說，Dijkstra 演算法按照邊出現在最短路徑上的順序來放鬆每條邊，因此路徑放鬆特性適用於可從起點到達的每個頂點。畫出一個使得 Dijkstra 演算法按照不正確的順序，對最短路徑的邊進行放鬆的有向圖來證明教授錯了。

22.3-7
畫出一個有向圖 $G = (V, E)$，其中每條邊 $(u, v) \in E$ 都有一個值 $r(u, v)$，它是在範圍 $0 \leq r(u, v) \leq 1$ 之間的實數，代表從頂點 u 到頂點 v 的通訊管道的可靠性。我們將 $r(u, v)$ 視為從 u 到 v 的管道不故障的機率，並假設這些機率互相獨立。寫出一個高效的演算法來找出兩個特定頂點之間最可靠的路徑。

22.3-8
設 $G = (V, E)$ 是加權有向圖，它有正權重函數 $w: E \rightarrow \{1, 2, ..., W\}$，其中 W 是正整數。假設從源頭頂點 s 到任何兩個頂點的最短路徑權重都不一樣。我們定義未加權有向圖 $G' = (V \cup V', E')$ 就是將每一條邊 $(u, v) \in E$ 換成 $w(u, v)$ 條單位權重的邊。G' 有多少頂點？假設你在 G' 上執行廣度優先搜尋。證明廣度優先搜尋處理 G' 時，將 V 的頂點著色為黑色的順序，與 Dijkstra 演算法在處理 G 時，從優先佇列中提取 V 的頂點的順序相同。

22.3-9
設 $G = (V, E)$ 是加權有向圖，具有非負權重函數 $w: E \rightarrow \{0, 1, ..., W\}$，其中 W 是非負整數。修改 Dijkstra 演算法，在 $O(WV + E)$ 時間內計算起點為頂點 s 的最短路徑。

22.3-10
修改習題 22.3-9 的演算法，讓它在 $O((V + E) \lg W)$ 時間內執行（提示：在任何時間點，$V - S$ 可容納多少個不同的最短路徑估計值？）

22.3-11
假設你有一個加權有向圖 $G = (V, E)$，其中離開源頭頂點 s 的邊可能有負權重，其他邊的權重都不是負值，而且沒有負權重迴路。證明 Dijkstra 演算法可以在這個圖中正確地找到從 s 開始的最短路徑。

22.3-12
假設你有一個加權有向圖 $G = (V, E)$，裡面的所有邊權重都是正實數，它們的範圍是 $[C, 2C]$，其中 C 是正的常數。修改 Dijkstra 演算法，讓它在 $O(V + E)$ 時間內執行。

22.4 差分約束與最短路徑

第 29 章將研究一般的線性規劃問題，介紹如何在滿足一組線性不等式的條件下優化一個線性函數。本節討論線性規劃問題的一種特例，此特例可簡化成尋找單源最短路徑問題，接下來，我們用 Bellman-Ford 演算法來處理這個單源最短路徑問題，進而解決線性規劃問題。

線性規劃

在一般的線性規劃問題中，輸入是一個 $m \times n$ 矩陣 A、一個 m 維的向量 b 和一個 n 維的向量 c。這種問題的目標是找出一個包含 n 個元素的向量 x，使得在滿足 $Ax \leq b$ 的 m 個限制條件之下，將目標函數 $\sum_{i=1}^{n} c_i x_i$ 最大化。

線性問題最受歡迎的解決方法是單體演算法（*simplex algorithm*），第 29.1 節會討論它。雖然單體演算法的執行時間不一定與輸入的大小成多項式關係，但有其他線性規劃演算法可在線性時間內執行。我們在此提出兩個瞭解線性規劃問題設置的理由。第一，如果你可以把一個問題轉換成多項式大小的線性規劃問題，你就會立刻獲得一個能夠處理這個問題的多項式時間演算法。第二，線性規劃的許多特殊情況都有更快速的演算法可以處理。例如，單對（single-pair）最短路徑問題（習題 22.4-4）與最大流問題（習題 24.1-5）都是線性規劃的特例。

有時目標函數並不重要，只要找到任何一個可行的解決方案就夠了，亦即滿足 $Ax \leq b$ 的任何向量 x，或證實沒有可行的解決方案。本節將討論這種可行性問題之一。

差分約束系統

在差分約束系統裡，線性規劃矩陣 A 的每一列都有一個 1 與一個 –1，且 A 的所有其他項目皆為 0。因此，$Ax \leq b$ 提供的限制條件是 m 個涉及 n 個未知數的差分約束，其中，每一個限制條件都是一個簡單的線性不等式，其形式為

$$x_j - x_i \leq b_k$$

其中，$1 \leq i, j \leq n$，$i \neq j$ 且 $1 \leq k \leq m$。

例如這個問題：找到滿足下列條件的 5 元素向量 $x = (x_i)$

$$\begin{pmatrix} 1 & -1 & 0 & 0 & 0 \\ 1 & 0 & 0 & 0 & -1 \\ 0 & 1 & 0 & 0 & -1 \\ -1 & 0 & 1 & 0 & 0 \\ -1 & 0 & 0 & 1 & 0 \\ 0 & 0 & -1 & 1 & 0 \\ 0 & 0 & -1 & 0 & 1 \\ 0 & 0 & 0 & -1 & 1 \end{pmatrix} \begin{pmatrix} x_1 \\ x_2 \\ x_3 \\ x_4 \\ x_5 \end{pmatrix} \leq \begin{pmatrix} 0 \\ -1 \\ 1 \\ 5 \\ 4 \\ -1 \\ -3 \\ -3 \end{pmatrix}.$$

這個問題相當於找出滿足這 8 個不同條件的未知數 x_1, x_2, x_3, x_4, x_5：

$$x_1 - x_2 \leq 0 \tag{22.2}$$
$$x_1 - x_5 \leq -1 \tag{22.3}$$
$$x_2 - x_5 \leq 1 \tag{22.4}$$
$$x_3 - x_1 \leq 5 \tag{22.5}$$
$$x_4 - x_1 \leq 4 \tag{22.6}$$
$$x_4 - x_3 \leq -1 \tag{22.7}$$
$$x_5 - x_3 \leq -3 \tag{22.8}$$
$$x_5 - x_4 \leq -3 \tag{22.9}$$

這個問題有一個解是 $x = (-5, -3, 0, -1, -4)$，你可以藉著檢查每條不等式來驗證它。事實上，這個問題的解不只一個。

另一個解是 $x' = (0, 2, 5, 4, 1)$。這兩個解是相關的：x' 的元素都比 x 的對應元素大 5。這不是巧合。

引理 22.8

設 $x = (x_1, x_2, \ldots, x_n)$ 是差分約束系統 $Ax \leq b$ 的解，設 d 是任意常數。則 $x + d = (x_1 + d, x_2 + d, \ldots, x_n + d)$ 也是 $Ax \leq b$ 的解。

證明 任何 x_i 與 x_j 都滿足 $(x_j + d) - (x_i + d) = x_j - x_i$。所以，如果 x 滿足 $Ax \leq b$，$x + d$ 也滿足它。 ∎

差分約束系統可在幾種應用領域中看到。例如，未知數 x_i 可能是事件發生的時間。每一個限制條件都代表兩個事件之間至少需要相隔一定的時間，或最多只能相隔一定的時間。也許這些事件是在產品組裝過程中需要執行的工作。如果製造商在時間 x_1 塗上一種要等 2 小時才能凝固的黏著劑，而且必須等它凝固後才能在時間 x_2 安裝一個零件，我們就有一條限制條件 $x_2 \geq x_1 + 2$，或等價的 $x_1 - x_2 \leq -2$。或者，製造商可能要在黏著劑被塗抹後但在黏著劑凝固到一半之前安裝零件，導致一對限制條件，$x_2 \geq x_1$ 且 $x_2 \leq x_1 + 1$，或等價的 $x_1 - x_2 \leq 0$ 且 $x_2 - x_1 \leq 1$。

如果所有限制條件的右側數字都是非負的，也就是如果 $b_i \geq 0$，其中 $i = 1, 2, \ldots, m$，那麼找到可行解就再簡單不過了，只要把所有未知數 x_i 設為彼此相等即可，如此一來，所有的差都是 0，所以每一條限制條件都被滿足。唯有在至少有一個限制條件的 $b_i < 0$ 時，為差分約束系統找出可行解才有價值。

約束圖

我們可以從圖論的角度來解釋差分約束系統。假設有一個差分約束系統 $Ax \leq b$，我們將 $m \times n$ 線性規劃矩陣 A 視為一個具有 n 個頂點和 m 條邊的圖的關聯矩陣的轉置（見習題 20.1-7）。圖中的每一個頂點 v_i（$i = 1, 2, \ldots, n$）都對映 n 個未知變數 x_i 之一。圖中的每一條有向邊都對映涉及兩個未知數的 m 條不等式之一。

更正式地說，給定一個差分約束系統 $Ax \leq b$，其對映的 **約束圖** 是一個加權有向圖 $G = (V, E)$，其中

$$V = \{v_0, v_1, \ldots, v_n\}$$

且

$$E = \{(v_i, v_j) : x_j - x_i \leq b_k \text{ 是一條限制條件}\}$$
$$\cup \{(v_0, v_1), (v_0, v_2), (v_0, v_3), \ldots, (v_0, v_n)\}$$

我們很快就會看到，約束圖包括額外的頂點 v_0，以保證該圖有一些能夠到達所有其他頂點的頂點。因此，頂點集合 V 由代表各個未知 x_i 的頂點 v_i，加上額外的頂點 v_0 構成。邊集合 E 裡面有代表每一個差分約束的邊，加上代表每個未知 x_i 的邊 (v_0, v_i)。如果 $x_j - x_i \leq b_k$ 是差分約束，那麼邊 (v_i, v_j) 的權重是 $w(v_i, v_j) = b_k$。離開 v_0 的每一條邊的權重是 0。圖 22.8 是差分約束系統 (22.2)~(22.9) 的約束圖。

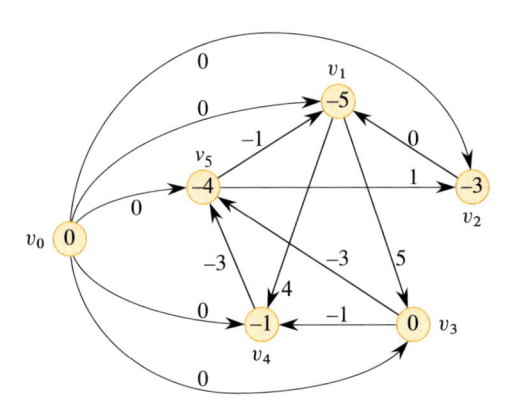

圖 22.8 差分約束系統 (22.2)~(22.9) 的約束圖。頂點裡面的數字是 $\delta(v_0, v_i)$ 的值。這個系統有一種可行解是 $x = (-5, -3, 0, -1, -4)$。

接下來的定理展示如何藉著找出約束圖中的最短路徑權重來求解差分約束系統。

定理 22.9

給定一個差分約束系統 $Ax \leq b$，設 $G = (V, E)$ 是對映的約束圖。如果 G 沒有負權重迴路，那麼

$$x = (\delta(v_0, v_1), \delta(v_0, v_2), \delta(v_0, v_3), \ldots, \delta(v_0, v_n)) \tag{22.10}$$

是系統的可行解。如果 G 有負權重迴路，那麼此系統沒有可行解。

證明 我們先證明，若約束圖沒有負權重迴路，則式 (22.10) 可提供可行解。考慮任何邊 $(v_i, v_j) \in E$。從三角不等式可得，$\delta(v_0, v_j) \leq \delta(v_0, v_i) + w(v_i, v_j)$，這相當於 $\delta(v_0, v_j) - \delta(v_0, v_i) \leq w(v_i, v_j)$。因此，設 $x_i = \delta(v_0, v_i)$ 且 $x_j = \delta(v_0, v_j)$ 滿足邊 (v_i, v_j) 所對映的差分約束 $x_j - x_i \leq w(v_i, v_j)$。

現在要證明，若約束圖有負權重迴路，則差分約束系統沒有可行解。不失普遍性，設負權重迴路為 $c = \langle v_1, v_2, \ldots, v_k \rangle$，其中 $v_1 = v_k$（頂點 v_0 不能在迴路 c 上，因為它沒有入邊）。迴路 c 對映以下的差分約束：

$$\begin{aligned} x_2 - x_1 &\leq w(v_1, v_2) \\ x_3 - x_2 &\leq w(v_2, v_3) \\ &\vdots \\ x_{k-1} - x_{k-2} &\leq w(v_{k-2}, v_{k-1}) \\ x_k - x_{k-1} &\leq w(v_{k-1}, v_k) \end{aligned}$$

我們將假設 x 有一個滿足這 k 個不等式的解，然後證明這是矛盾的。那一個解也必須滿足將 k 個不等式相加所得到的不等式，將左邊相加時，每個未知數 x_i 被加入一次，然後減去一次（別忘了，$v_1 = v_k$ 意味著 $x_1 = x_k$），所以左邊的和為 0，右邊的和是迴路權重 $w(c)$，得到 $0 \leq w(c)$。但因為 c 是負權重迴路，$w(c) < 0$，所以出現矛盾：$0 \leq w(c) < 0$。∎

求解差分約束系統

定理 22.9 提出如何使用 Bellman-Ford 演算法來求解差分約束系統。因為約束圖包含從源頭頂點 v_0 到所有其他頂點的邊，約束圖裡的任何負權重迴路都可以從 v_0 到達。若 Bellman-Ford 演算法回傳 TRUE，那麼最短路徑權重將提供可行的系統解。例如，在圖 22.8 中，最短路徑權重提供可行解 $x = (-5, -3, 0, -1, -4)$，且根據引理 22.8，$x = (d-5, d-3, d, d-1, d-4)$ 對任何常數 d 也是可行解。若 Bellman-Ford 演算法回傳 FALSE，則差分約束系統沒有可行解。

對於 n 個未知數有 m 個限制條件的差分約束系統，可產生一個有 $n+1$ 個頂點和 $n+m$ 條邊的圖。因此，Bellman-Ford 演算法提供一種在 $O((n+1)(n+m)) = O(n^2 + nm)$ 時間內求解該系統的方法。習題 22.4-5 會請你修改演算法，讓它在 $O(nm)$ 時間內執行，即使 m 遠小於 n。

習題

22.4-1
找出以下差分約束系統的可行解，或證明它沒有可行解。

$x_1 - x_2 \leq 1$
$x_1 - x_4 \leq -4$
$x_2 - x_3 \leq 2$
$x_2 - x_5 \leq 7$
$x_2 - x_6 \leq 5$
$x_3 - x_6 \leq 10$
$x_4 - x_2 \leq 2$
$x_5 - x_1 \leq -1$
$x_5 - x_4 \leq 3$
$x_6 - x_3 \leq -8$

22.4-2
找出以下差分約束系統的可行解，或證明它沒有可行解。

$x_1 - x_2 \leq 4$
$x_1 - x_5 \leq 5$
$x_2 - x_4 \leq -6$
$x_3 - x_2 \leq 1$
$x_4 - x_1 \leq 3$
$x_4 - x_3 \leq 5$
$x_4 - x_5 \leq 10$
$x_5 - x_3 \leq -4$
$x_5 - x_4 \leq -8$

22.4-3
在約束圖中，從新頂點 v_0 出發的最短路徑權重有可能是正數嗎？解釋你的答案。

22.4-4
將單對（single-pair）最短路徑問題寫成一個線性規劃問題。

22.4-5
說明如何稍微修改 Bellman-Ford 演算法，讓它在處理一個包含 m 個不等式，n 個未知數的差分約束系統時，執行時間為 $O(nm)$。

22.4-6
考慮將形式為 $x_i = x_j + b_k$ 的**相等約束**加入差分約束系統中。說明如何求解這種約束系統。

22.4-7
說明如何用類似 Bellman-Ford 的演算法來處理沒有額外頂點 v_0 的約束圖，並求解差分約束系統。

★ 22.4-8
設 $Ax \leq b$ 是包含 n 個未知數和 m 個差分約束的系統。證明用 Bellman-Ford 演算法來處理對應的約束圖的話，對所有 x_i 而言，最大化 $\sum_{i=1}^{n} x_i$ 可滿足 $Ax \leq b$ 和 $x_i \leq 0$。

★ **22.4-9**

證明用 Bellman-Ford 演算法來處理差分約束系統的 $Ax \leq b$ 約束圖時,可最小化 $(\max\{x_i\} - \min\{x_i\})$,滿足 $Ax \leq b$。解釋一下,如果用這個演算法來安排建築工作的話,如何利用這個事實。

22.4-10

假設線性規劃問題 $Ax \leq b$ 的矩陣 A 中的每一列都對映一個差分約束、一個形式為 $x_i \leq b_k$ 的單變數限制條件,或一個形式為 $-x_i \leq b_k$ 的單變數限制條件。說明如何修改 Bellman-Ford 演算法來求解這種約束系統。

22.4-11

有一個差分約束系統 $Ax \leq b$,其 b 的所有元素都是實值,且所有的未知數 x_i 一定是整數,寫出一個高效演算法來求解它。

★ **22.4-12**

有一個差分約束系統 $Ax \leq b$,其 b 的所有元素都是實值,且某些特定的未知數 x_i 子集合一定是整數,但並非全部的 x_i 都是如此,寫出一個高效演算法來求解它。

22.5 最短路徑特性的證明

本章在證明正確性時使用三角形不等式、上限特性、無路徑特性、收斂特性、路徑放鬆特性,和前驅子圖特性。當我們在第 586 頁介紹這些特性時並未證明它們,在這一節,我們要證明它們。

三角不等式

在研究廣度優先搜尋時(第 20.2 節),我們在引理 20.1 中證明了未加權圖的最短路徑的一個簡單特性。三角不等式將這個特性推廣至加權圖中。

引理 22.10（三角不等式）

設 $G = (V, E)$ 是加權有向圖，其權重函數為 $w:E \to \mathbb{R}$，源頭頂點為 s。那麼，對所有邊 $(u, v) \in E$ 而言，

$$\delta(s, v) \leq \delta(s, u) + w(u, v)$$

證明 假設 p 是從起點 s 到頂點 v 的最短路徑。p 的權重不會比從 s 到 v 的任何其他路徑更多。具體而言，路徑 p 的權重不會超過這一條路徑的權重：該路徑先從起點 s 經過最短路徑到達頂點 u，然後經過邊 (u, v)。

習題 22.5-3 會要求你處理從 s 到 v 不存在最短路徑的情況。∎

放鬆步驟對最短路徑估計值的影響

下一組引理說明，對著一個已經用 INITIALIZE-SINGLE-SOURCE 來初始化的加權有向圖的邊執行一系列的放鬆步驟，如何影響最短路徑估計值。

引理 22.11（上限特性）

設 $G = (V, E)$ 是加權有向圖，其權重函數為 $w:E \to \mathbb{R}$，設 $s \in V$ 是源頭頂點，且圖已經用 INITIALIZE-SINGLE-SOURCE(G, s) 來初始化了。那麼，對所有 $v \in V$ 而言，$v.d \geq \delta(s, v)$，且這個不變性在對 G 的邊執行任何連續的放鬆步驟時都成立。此外，當 $v.d$ 到達其下限 $\delta(s, v)$ 時，它就不再改變。

證明 我們用放鬆步驟的數量和歸納法來證明不變性成立（對所有 $v \in V$ 而言，$v.d \geq \delta(s, v)$）。

基本步驟：在初始化之後，$v.d \geq \delta(s, v)$ 成立，因為若 $v.d = \infty$，則對所有 $v \in V - \{s\}$ 而言，$v.d \geq \delta(s, v)$，且 $s.d = 0 \geq \delta(s, s)$（注意，如果 s 在負權重迴路上，$\delta(s, s) = -\infty$，否則 $\delta(s, s) = 0$）。

歸納步驟：考慮放鬆邊 (u, v) 的情況。根據歸納假設，在放鬆前，對所有 $x \in V$ 而言，$x.d \geq \delta(s, x)$。可能改變的 d 值只有 $v.d$。如果它改變，我們得到

$v.d = u.d + w(u, v)$
$\quad \geq \delta(s, u) + w(u, v)$ （根據歸納假設）
$\quad \geq \delta(s, v)$ （根據三角不等式）

故維持不變性。

一旦 $v.d = \delta(s, v)$，$v.d$ 的值就不會改變了，因為 $v.d$ 到達它的下限之後就不繼續減少了，而且我們剛才證明了 $v.d \geq \delta(s, v)$，它無法增加，因為放鬆步驟不會增加 d 值。∎

推論 22.12（無路徑特性）

給定一個加權有向圖 $G = (V, E)$，其權重函數為 $w:E \to \mathbb{R}$，裡面沒有路徑可將源頭頂點 $s \in V$ 前往特定頂點 $v \in V$。那麼，在圖用 INITIALIZE-SINGLE-SOURCE(G, s) 來初始化之後，$v.d = \delta(s, v) = \infty$，且這個等式在我們對 G 的邊進行任何連續的放鬆步驟時皆保持成立。

證明 根據上限特性，我們一定得到 $\infty = \delta(s, v) \leq v.d$，因此 $v.d = \infty = \delta(s, v)$。∎

引理 22.13

設 $G = (V, E)$ 是加權有向圖，其權重函數為 $w:E \to \mathbb{R}$，設 $(u, v) \in E$。那麼，在呼叫 RELAX(u, v, w) 來放鬆邊 (u, v) 之後，我們得到 $v.d \leq u.d + w(u, v)$。

證明 如果在放鬆邊 (u, v) 之前，$v.d > u.d + w(u, v)$，放鬆之後會得到 $v.d = u.d + w(u, v)$。如果放鬆前 $v.d \leq u.d + w(u, v)$，那麼 $u.d$ 和 $v.d$ 都不變，所以放鬆後 $v.d \leq u.d + w(u, v)$。∎

引理 22.14（收斂特性）

設 $G = (V, E)$ 是加權有向圖，其權重函數為 $w:E \to \mathbb{R}$，設 $s \in V$ 是源頭頂點，且 $s \rightsquigarrow u \to v$ 是 G 中的最短路徑，其中頂點 $u, v \in V$。假設 G 已經用 INITIALIZE-SINGLE-SOURCE(G, s) 來初始化了，我們用一系列的放鬆步驟，包括呼叫 RELAX(u, v, w) 來處理 G 的邊。如果在呼叫之前的任何時候，$u.d = \delta(s, u)$，那麼在呼叫之後的任何時候，$v.d = \delta(s, v)$。

證明 根據上限特性，如果在放鬆邊 (u, v) 之前的某個時間點，$u.d = \delta(s, u)$，那麼放鬆之後這個等式成立。具體來說，邊 (u, v) 被放鬆之後，我們得到

$$\begin{aligned} v.d &\leq u.d + w(u, v) &&\text{（根據引理 22.13）} \\ &= \delta(s, u) + w(u, v) \\ &= \delta(s, v) &&\text{（根據第 581 頁的引理 22.1）} \end{aligned}$$

上限特性指出 $v.d \geq \delta(s, v)$，所以我們得出結論 $v.d = \delta(s, v)$，且此後這個等式保持不變。∎

引理 22.15（路徑放鬆特性）

設 $G = (V, E)$ 是加權有向圖，其權重函數為 $w: E \to \mathbb{R}$，設 $s \in V$ 是源頭頂點。考慮從 $s = v_0$ 到 v_k 的任意最短路徑 $p = \langle v_0, v_1, \ldots, v_k \rangle$。如果 G 已經用 INITIALIZE-SINGLE-SOURCE(G, s) 來初始化，然後執行一系列的放鬆步驟，依序放鬆邊 $(v_0, v_1), (v_1, v_2), \ldots, (v_{k-1}, v_k)$，那麼在執行這些放鬆之後，$v_k.d = \delta(s, v_k)$，並保持不變。這個特性不論其他放鬆的情況如何皆成立，包括這些放鬆與 p 的邊的放鬆交錯進行。

證明 我們用歸納法來證明當路徑 p 的第 i 個邊被放鬆後，$v_i.d = \delta(s, v_i)$。基本步驟：$i = 0$，在 p 的任何邊被放鬆之前，從初始狀態可得 $v_0.d = s.d = 0 = \delta(s, s)$。根據上限特性，$s.d$ 的值在初始化之後絕不改變。

歸納步驟：假設 $v_{i-1}.d = \delta(s, v_{i-1})$。當 (v_{i-1}, v_i) 被放鬆時會怎樣？根據收斂特性，在這次放鬆後，我們得到 $v_i.d = \delta(s, v_i)$，此後這個等式維持成立。 ∎

放鬆與最短路徑樹

我們接下來要證明，一旦一系列的放鬆使得最短路徑的估計值收斂至最短路徑權重，由結果 π 值形成的前驅子圖 G_π 將是 G 的最短路徑樹。我們先證明以下的引理，它指出前驅子圖始終形成一棵有根樹，且樹的根是源頭。

引理 22.16

設 $G = (V, E)$ 是加權有向圖，其權重函數為 $w: E \to \mathbb{R}$，設 $s \in V$ 是源頭頂點，假設 G 沒有可從 s 到達的負權重迴路。那麼，在圖用 INITIALIZE-SINGLE-SOURCE(G, s) 來初始化之後，前驅子圖 G_π 形成一棵根為 s 的有根樹，且對 G 的邊執行的放鬆步驟都保持這個特性的不變性。

證明 最初，在 G_π 裡面的頂點只有源頭頂點，所以此引理直接得證。考慮一棵在執行一系列放鬆步驟之後形成的前驅子圖 G_π。我們先證明 G_π 沒有迴路。假設有一個放鬆步驟在圖 G_π 中產生一個迴路。設這個迴路是 $c = \langle v_0, v_1, \ldots, v_k \rangle$，其中 $v_k = v_0$。那麼，$v_i.\pi = v_{i-1}$（$i = 1, 2, \ldots, k$），而且不失普遍性，假設放鬆 (v_{k-1}, v_k) 在 G_π 裡產生迴路。

我們主張，在迴路 c 上的所有頂點都可從源頭頂點 s 到達。為什麼？在 c 上的每個頂點都有一個非 NIL 的前驅頂點，所以當每個頂點被指派非 NIL π 值時，都被指派了有限最短路徑估計值。根據上限特性，在迴路 c 上的每個頂點都有有限的最短路徑權重，這意味著它可從 s 到達。

我們來檢查呼叫 RELAX(v_{k-1}, v_k, w) 的前一刻於迴路 c 上的最短路徑估計值，並證明 c 是一個負權重迴路，因此和「G 沒有可從源頭到達的負權重迴路」這個假設矛盾。在呼叫的前一刻，$v_i.\pi = v_{i-1}$，其中 $i = 1, 2, \ldots, k-1$。因此，當 $i = 1, 2, \ldots, k-1$，$v_i.d$ 的最後一次更新是 $v_i.d = v_{i-1}.d + w(v_{i-1}, v_i)$。如果 $v_{i-1}.d$ 接下來改變了，它會減少。因此，在呼叫 RELAX(v_{k-1}, v_k, w) 的前一刻，

$$v_i.d \geq v_{i-1}.d + w(v_{i-1}, v_i) \qquad \text{其中 } i = 1, 2, \ldots, k-1 \tag{22.11}$$

因為 $v_k.\pi$ 是藉著呼叫 RELAX(v_{k-1}, v_k, w) 來改變的，在前一刻，我們也有嚴格不等式

$$v_k.d > v_{k-1}.d + w(v_{k-1}, v_k)$$

將這個嚴格不等式和 (22.11) 的 $k-1$ 個不等式相加，可得到迴路 c 的最短路徑估計值總和：

$$\sum_{i=1}^{k} v_i.d > \sum_{i=1}^{k} (v_{i-1}.d + w(v_{i-1}, v_i))$$
$$= \sum_{i=1}^{k} v_{i-1}.d + \sum_{i=1}^{k} w(v_{i-1}, v_i)$$

但是

$$\sum_{i=1}^{k} v_i.d = \sum_{i=1}^{k} v_{i-1}.d$$

因為在迴路 c 裡面的每個頂點在每個累加中只出現一次。這個等式意味著

$$0 > \sum_{i=1}^{k} w(v_{i-1}, v_i)$$

因此，圍繞著迴路 c 的權重和是負值，導致我們想看到的矛盾。

證明 G 是有向無迴路圖之後，要證明它形成一棵根為 s 的有根樹，我們只要證明每個頂點 $v \in V_\pi$ 在 G_π 裡都只有一條從 s 到 v 的路徑即可。

在 V_π 裡面的頂點是 π 值非 NIL 的頂點，加上 s。習題 22.5-6 會要求你證明從 s 到 V_π 裡的每個頂點都有一條路徑。

為了完成這個引理的證明，我們現在要證明，對於任何頂點 $v \in V$，圖 G_π 最多有一條從 s 到 v 的簡單路徑。假設事實並非如此，亦即，如圖 22.9 所示，假設 G_π 有兩條從 s 到 v 的簡單路徑，包括 p_1，我們將它分解成 $s \leadsto u \leadsto x \to z \leadsto v$，以及 p_2，我們將它分解成 $s \leadsto u \leadsto y \to z \leadsto v$，其中 $x \neq y$（雖然 u 可能是 s，z 可能是 v）。但如此一來，$z.\pi = x$ 且 $z.\pi = y$，這意味著 $x = y$，矛盾。我們得出結論：G_π 只有一條從 s 到 v 的路徑，因此 G_π 形成根為 s 的有根樹。∎

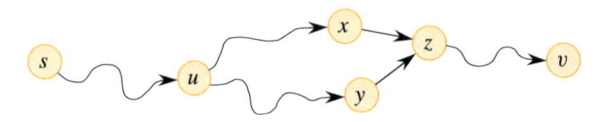

圖 22.9 證明在 G_π 裡，從源頭頂點 s 到 v 的簡單路徑只有一條。如果 G_π 有兩條路徑 $p_1(s \leadsto u \leadsto x \to z \leadsto v)$ 與 $p_2(s \leadsto u \leadsto y \to z \leadsto v)$，其中 $x \neq y$，那麼 $z.\pi = x$ 且 $z.\pi = y$，這是矛盾。

現在可以證明，如果所有頂點在一系列的放鬆步驟之後都被設成真正的最短路徑權重，那麼前驅子圖 G_π 就是最短路徑樹。

引理 22.17（前驅子圖特性）

設 $G = (V, E)$ 是加權有向圖，其權重函數為 $w: E \to \mathbb{R}$，設 $s \in V$ 是源頭頂點，假設 G 裡面沒有可從 s 到達的負權重迴路。那麼，在呼叫 INITIALIZE-SINGLE-SOURCE(G, s) 一次，然後對 G 的邊進行一系列的放鬆步驟來產生 $v.d = \delta(s, v)$（其中 $v \in V$）之後，前驅子圖 G_π 是根為 s 的最短路徑樹。

證明 我們必須證明 G_π 具備第 583 頁的三個最短路徑樹特性。為了證明第一個特性，我們必須證明 V_π 是可從 s 到達的頂點集合。根據定義，最短路徑權重 $\delta(s, v)$ 是有限的若且唯若 v 可從 s 到達。因此，可從 s 到達的頂點，就是具備有限 d 值的頂點。但若且唯若 $v.\pi \neq$ NIL，則頂點 $v \in V - \{S\}$ 的 $v.d$ 被指派有限值，因為這兩種賦值都發生在 RELAX 裡。因此，在 V_π 裡面的頂點就是可從 s 到達的。

第二個特性，G_π 形成一棵根為 s 的有根樹，可直接用引理 22.16 來證明。

因此，需要證明的只剩下最短路徑樹的最後一個特性：對於每個頂點 $v \in V_\pi$，在 G_π 裡的唯一簡單路徑 $s \stackrel{p}{\leadsto} v$ 就是在 G 中從 s 到 v 的最短路徑。設 $p = \langle v_0, v_1, ..., v_k \rangle$，其中 $v_0 = s$，且 $v_k = v$。考慮在路徑 p 中的邊 (v_{i-1}, v_i)。因為這條邊屬於 G_π，所以最後一次改變 $v_i.d$ 的放鬆動作一定發生在這條邊。在那次放鬆後，我們得到 $v_i.d = v_{i-1}.d + w(v_{i-1}, v_i)$。隨後，進入 v_{i-1} 的一條邊可能被放鬆，導致 $v_{i-1}.d$ 進一步減少，但不改變 $v_i.d$。因此，我們得到 $v_i.d \geq v_{i-1}.d + w(v_{i-1}, v_i)$。所以，當 $i = 1, 2, ..., k$，得到 $v_i.d = \delta(s, v_i)$ 與 $v_i.d \geq v_{i-1}.d + w(v_{i-1}, v_i)$，它們意味著 $w(v_{i-1}, v_i) \leq \delta(s, v_i) - \delta(s, v_{i-1})$。將路徑 p 上的權重相加得到

$$\begin{aligned} w(p) &= \sum_{i=1}^{k} w(v_{i-1}, v_i) \\ &\leq \sum_{i=1}^{k} (\delta(s, v_i) - \delta(s, v_{i-1})) \\ &= \delta(s, v_k) - \delta(s, v_0) \quad \text{（因為和式分項對消）} \\ &= \delta(s, v_k) \quad \text{（因為 } \delta(s, v_0) = \delta(s, s) = 0\text{）} \end{aligned}$$

因此可得 $w(p) \leq \delta(s, v_k)$。由於 $\delta(s, v_k)$ 是從 s 到 v_k 的任何路徑的權重下限，我們得出結論：$w(p) = \delta(s, v_k)$，且 p 是從 s 到 $v = v_k$ 的最短路徑。∎

習題

22.5-1
畫出第 584 頁的圖 22.2 之中的有向圖的最短路徑樹，它不能與該圖中的兩棵最短路徑樹一樣。

22.5-2
舉一個加權有向圖 $G = (V, E)$ 的例子，它的加權函數是 $w:E \rightarrow \mathbb{R}$，源頭頂點是 s，且 G 滿足以下特性：每一條邊 $(u, v) \in E$ 都存在一棵根為 s 且包含 (u, v) 的最短路徑樹，以及另一棵根為 s 且不包含 (u, v) 的最短路徑樹。

22.5-3
修改引理 22.10 的證明，以處理最短路徑權重是 ∞ 或 $-\infty$ 的情況。

22.5-4
設 $G = (V, E)$ 是加權有向圖，其源頭頂點為 s，設 G 已經用 INITIALIZE-SINGLE-SOURCE(G, s) 來初始化了。證明若一系列放鬆步驟將 $s.\pi$ 設為非 NIL 值，則 G 有負權重迴路。

22.5-5
設 $G = (V, E)$ 是加權有向圖，裡面沒有負權重邊。設 $s \in V$ 是源頭頂點，假如當 $v \in V-\{s\}$ 可從 s 到達時，$v.\pi$ 可作為自源頭 s 至 v 的**任何**最短路徑上的 v 的前驅頂點，否則，$v.\pi$ 為 NIL。給出在 G_π 中產生迴路的 G 和 π 值（根據引理 22.16，此 π 值無法藉著一系列的放鬆步驟產生）。

22.5-6
設 $G = (V, E)$ 是加權有向圖，其權重函數為 $w: E \to \mathbb{R}$，且沒有負權重迴路。設 $s \in V$ 是源頭頂點，且 G 已經用 INITIALIZE-SINGLE-SOURCE(G, s) 來初始化了。用歸納法來證明，每一個頂點 $v \in V_\pi$ 在 G_π 中都有一條從 s 到 v 的路徑，而且這個性質在任何一系列的放鬆操作中都保持不變。

22.5-7
設 $G = (V, E)$ 是加權有向圖，裡面沒有負權重迴路。設 $s \in V$ 是源頭頂點，且 G 已經用 INITIALIZE-SINGLE-SOURCE(G, s) 來初始化了。證明對所有 $v \in V$ 而言，存在連續的 $|V|-1$ 個放鬆步驟可產生 $v.d = \delta(s, v)$。

22.5-8
設 G 是任意的加權有向圖，裡面有可從源頭頂點 s 到達的負權重迴路。說明如何建構一系列無限的 G 邊放鬆步驟，使每一次放鬆都導致最短路徑估計值改變。

挑戰

22-1 Yen 對 Bellman-Ford 的改善

Bellman-Ford 演算法並未指定在每一個回合裡放鬆邊的順序。假設我們用以下的方法來決定順序。在第一次放鬆前，我們為輸入圖 $G = (V, E)$ 的頂點隨意指定線性順序 $v_1, v_2, ..., v_{|V|}$。然後將邊集合 E 分成 $E_f \cup E_b$，其中 $E_f = \{(v_i, v_j) \in E : i < j\}$，$E_b = \{(v_i, v_j) \in E : i > j\}$（假設 G 沒有自迴路，所以每一條邊若非屬於 E_f 就是屬於 E_b）。我們定義 $G_f = (V, E_f)$，$G_b = (V, E_b)$。

a. 證明 G_f 沒有迴路並具備拓撲排序 $\langle v_1, v_2, ..., v_{|V|} \rangle$，且 G_b 沒有迴路並具備拓撲排序 $\langle v_{|V|}, v_{|V|-1}, ..., v_1 \rangle$。

假設 Bellman-Ford 演算法每次都這樣放鬆邊：先按照順序 $v_1, v_2, ..., v_{|V|}$ 造訪各個頂點，並放鬆離開該頂點的 E_f。然後按照順序 $v_{|V|}, v_{|V|-1}, ..., v_1$ 造訪各個頂點，並放鬆離開該頂點的 E_b。

b. 證明採取這種做法時，若 G 沒有可從起點 s 到達的負權重迴路，那麼只需要在處理邊 $\lceil |V|/2 \rceil$ 次之後，對所有頂點 $v \in V$ 而言，$v.d = \delta(s, v)$。

c. 這種做法可改善 Bellman-Ford 演算法的漸近執行時間嗎？

22-2 嵌套盒子

有一個 d 維的盒子，其維度為 $(x_1, x_2, ..., x_d)$，以及另一個維度為 $(y_1, y_2, ..., y_d)$ 的盒子，若 $\{1, 2, ..., d\}$ 有一個排序組合 π 滿足 $x_{\pi(1)} < y_1, x_{\pi(2)} < y_2, ..., x_{\pi(d)} < y_d$，則前者被<u>嵌入</u>後者。

a. 證明嵌套具遞移性。

b. 寫出一個高效率的方法，來判斷一個 d 維的盒子是否被嵌入另一個。

c. 你有一組 n 維的盒子 $\{B_1, B_2, ..., B_n\}$。用一個高效率的演算法來找出最長的盒子序列 $\langle B_{i_1}, B_{i_2}, ..., B_{i_k} \rangle$，滿足 B_{i_j} 被嵌入 $B_{i_{j+1}}$，其中 $j = 1, 2, ..., k-1$。用 n 與 d 來寫出你的演算法的執行時間。

22-3 套利

<u>套利</u>就是利用貨幣匯率的差異，將一個單位的貨幣轉換成更多單位的相同貨幣。例如，假設 1 美元可兌換 64 印度盧比，1 印度盧比可兌換 1.8 日元，1 日元可兌換 0.009 美元。那麼，藉著兌換貨幣，交易者可以用 1 美元買入 $64 \times 1.8 \times 0.009 = 1.0368$ 美元，進而獲利 3.68%。

假設你有 n 個幣值 $c_1, c_2, \ldots, c_n$ 與 $n \times n$ 的匯率表 R，1 單位的 c_i 可以購買 $R[i,j]$ 單位的 c_j。

a. 用一個高效率的演算法來判斷是否有一系列的幣值 $\langle c_{i_1}, c_{i_2}, \ldots, c_{i_k} \rangle$ 滿足

$$R[i_1, i_2] \cdot R[i_2, i_3] \cdots R[i_{k-1}, i_k] \cdot R[i_k, i_1] > 1$$

分析演算法的執行時間。

b. 用一個高效率的演算法來印出這一系列幣值，如果它存在的話。分析演算法的執行時間。

22-4 Gabow 的單源最短路徑伸縮演算法

伸縮演算法在解決問題時，最初僅考慮每個相關輸入值（例如邊權重）的最高位元，假設那些值為非負整數。然後，演算法觀察最高的兩個位元來改進初始解，逐步觀察更多最高位元來改進解，直到檢查所有位元，並算出正確解為止。

在這個問題中，我們要研究一個藉由伸縮權重來計算單源最短路徑的演算法。演算法的輸入是一個有向圖 $G = (V, E)$，它的邊權重 w 是非負值整數。設 $W = \max\{w(u, v):(u, v) \in E\}$ 是所有邊的最大權重。在這個問題中，你要開發一個執行時間為 $O(E \lg W)$ 的演算法。假設所有頂點都可以從起點到達。

伸縮演算法會在邊權重的二進制表示中，從最高有效位元到最低有效位元逐步揭示其位元。具體來說，設 $k = \lceil \lg(W + 1) \rceil$ 是 W 的二進制表示法之中的位元數量，且設 $w_i(u, v) = \lfloor w(u, v)/2^{k-i} \rfloor$，其中 $i = 1, 2, \ldots, k$。亦即，$w_i(u, v)$ 是縮約版的 $w(u, v)$，裡面只有 $w(u, v)$ 的最高 i 個有效位元（所以，$w_k(u, v) = w(u, v)$，對所有 $(u, v) \in E$ 而言）。例如，若 $k = 5$ 且 $w(u, v) = 25$，25 的二進制表示法為 $\langle 11001 \rangle$，那麼 $w_3(u, v) = \langle 110 \rangle = 6$。同理，當 $k = 5$ 時，若 $w(u, v) = \langle 00100 \rangle = 4$，那麼 $w_4(u, v) = \langle 0010 \rangle = 2$。我們定義 $\delta_i(u, v)$ 是從頂點 u 到頂點 v 的最短路徑權重，其權重函式為 w_i，所以對所有 $u, v \in V$ 而言，$\delta_k(u, v) = \delta(u, v)$。對於給定的起點 s，伸縮演算法先為所有 $v \in V$ 計算最短路徑 $\delta_1(s, v)$，然後為所有 $v \in V$ 計算 $\delta_2(s, v)$，以此類推，直到為所有 $v \in V$ 計算 $\delta_k(s, v)$ 為止。假設 $|E| \geq |V| - 1$。你將回答如何在 $O(E)$ 時間內計算 δ_i 至 δ_{i-1}，讓整個演算法耗時 $O(kE) = O(E \lg W)$。

a. 假設對所有頂點 $v \in V$ 而言，$\delta(s, v) \leq |E|$，說明如何在 $O(E)$ 時間內為所有 $v \in V$ 計算 $\delta(s, v)$。

b. 說明如何在 $O(E)$ 時間內為所有 $v \in V$ 計算 $\delta_1(s, v)$。

現在把注意力放在計算 δ_i 至 δ_{i-1} 上。

c. 證明當 $i = 2, 3, …, k$ 時，若非 $w_i(u, v) = 2w_{i-1}(u, v)$ 就是 $w_i(u, v) = 2w_{i-1}(u, v) + 1$。然後證明對所有 $v \in V$ 而言：

$$2\delta_{i-1}(s, v) \leq \delta_i(s, v) \leq 2\delta_{i-1}(s, v) + |V| - 1$$

d. 我們定義，若 $i = 2, 3, …, k$ 且所有 $(u, v) \in E$，則

$$\widehat{w}_i(u, v) = w_i(u, v) + 2\delta_{i-1}(s, u) - 2\delta_{i-1}(s, v)$$

證明若 $i = 2, 3, …, k$ 且所有 $u, v \in V$，邊 (u, v)「重新調整的」權重值 $\widehat{w}_i(u, v)$ 是非負值整數。

e. 我們定義 $\widehat{\delta}_i(s, v)$ 是從 s 到 v 的最短路徑，其權重函數為 $\widehat{w}_i$。證明對所有 $v \in V$ 而言，若 $i = 2, 3, …, k$，則

$$\delta_i(s, v) = \widehat{\delta}_i(s, v) + 2\delta_{i-1}(s, v)$$

而且 $\widehat{\delta}_i(s, v) \leq |E|$。

f. 說明如何在 $O(E)$ 時間內用 $\delta_{i-1}(s, v)$ 來為所有 $v \in V$ 計算 $\delta_i(s, v)$。得出結論，你可以在 $O(E \lg W)$ 時間內，為所有 $v \in V$ 計算 $\delta(s, v)$。

22-5 Karp 的最小平均權重迴路演算法

設 $G = (V, E)$ 是權重函數 $w : E \to \mathbb{R}$ 的有向圖，並設 $n = |V|$。我們定義 E 的邊組成的迴路 $c = \langle e_1, e_2, …, e_k \rangle$ 的**平均權重**為

$$\mu(c) = \frac{1}{k} \sum_{i=1}^{k} w(e_i)$$

設 $\mu^* = \min\{\mu(c) : c$ 是 G 內的一個有向迴路$\}$。我們將 $\mu(c) = \mu^*$ 的迴路 c 稱為**最小平均權重迴路**。這個問題將研究如何用高效的演算法來計算 μ^*。

不失一般性，假設每個頂點 $v \in V$ 都可從起點 $s \in V$ 到達。設 $\delta(s, v)$ 是從 s 到 v 的最短路徑的權重，設 $\delta_k(s, v)$ 是從 s 到 v 且**正好有 k 條邊**的最短路徑的權重。如果從 s 到 v 沒有路徑正好有 k 條邊，那麼 $\delta_k(s, v) = \infty$。

a. 證明若 $\mu^* = 0$，則 G 沒有負權重迴路，且對所有頂點 $v \in V$ 而言，$\delta(s,v) = \min\{\delta_k(s,v) : 0 \le k \le n-1\}$。

b. 證明若 $\mu^* = 0$，則對所有頂點 $v \in V$ 而言：

$$\max\left\{\frac{\delta_n(s,v) - \delta_k(s,v)}{n-k} : 0 \le k \le n-1\right\} \ge 0$$

（提示：使用 (a) 的兩個特性。）

c. 設 c 是 0 權重迴路，並設 u 和 v 是 c 的任何兩個頂點。假設 $\mu^* = 0$，且在迴路上從 u 到 v 的最短路徑的權重是 x。證明 $\delta(s,v) = \delta(s,u) + x$。（提示：在迴路上從 v 到 u 的簡單路徑的權重是 $-x$。）

d. 證明若 $\mu^* = 0$，則在每個最小平均權重迴路上，都有一個滿足以下條件的頂點 v

$$\max\left\{\frac{\delta_n(s,v) - \delta_k(s,v)}{n-k} : 0 \le k \le n-1\right\} = 0$$

（提示：說明如何將最短路徑延伸至最小平均權重迴路上的任意頂點，來產生一條前往迴路中的下一個頂點的最短路徑。）

e. 證明若 $\mu^* = 0$，則以 $v \in V$ 的所有頂點來計算

$$\max\left\{\frac{\delta_n(s,v) - \delta_k(s,v)}{n-k} : 0 \le k \le n-1\right\}$$

的最小值等於 0。

f. 證明：若將常數 t 加到 G 的每條邊的權重上，則 μ^* 增加 t。用這個事實來證明 μ^* 等於使用 $v \in V$ 的所有頂點來計算

$$\max\left\{\frac{\delta_n(s,v) - \delta_k(s,v)}{n-k} : 0 \le k \le n-1\right\}$$

時的最小值。

g. 寫出一個計算 μ^* 的 $O(VE)$ 時間演算法。

22-6 雙調最短路徑

如果一個序列單調遞增，然後單調遞減，或者將它循環移位（circular shift）之後，它會單調地遞增，然後單調地遞減，那麼它就是雙調的（*bitonic*）。例如，序列 ⟨1, 4, 6, 8, 3, –2⟩、⟨9, 2, –4, –10, –5⟩ 與 ⟨1, 2, 3, 4⟩ 是雙調的，但 ⟨1, 3, 12, 4, 2, 10⟩ 不是雙調的（見第 391 頁，討論雙調歐氏旅行推銷員的問題 14-3）。

假設你有一個加權有向圖 $G = (V, E)$，其權重函數為 $w:E \to \mathbb{R}$，其中所有權重皆不相同，你想找出從起點 s 出發的單源最短路徑。你有一個額外的資訊：從 s 到每個頂點 $v \in V$ 的最短路徑上的權重都形成一個雙調序列。

寫出一個高效率的演算法來處理這個問題，並分析它的執行時間。

後記

最短路徑問題有悠久的歷史，Schrijver [400] 的一篇文章詳細地介紹它。他把重複執行放鬆的想法歸功於 Ford [148]。Dijkstra 演算法 [116] 出現在 1959 年，但當時他沒有提到優先佇列。Bellman-Ford 演算法來自 Bellman [45] 和 Ford [149] 分別提出的演算法。Moore [334] 也提出同一個演算法。Bellman 提到最短路徑與差分約束的關係。Lawler [276] 提到 dag 最短路徑的線性時間演算法，他認為它來自民間。

如果邊的權重是相對較小的非負值整數，使用優先佇列可做出更有效率的演算法，這個優先佇列使用整數鍵，且 Dijkstra 演算法裡面的 EXTRACT-MIN 呼叫回傳的值必須隨著時間單調遞增。對於非負值權重的圖，Ahuja、Mehlhorn、Orlin 和 Tarjan [8] 提出一種執行時間為 $O(E + V\sqrt{\lg W})$ 的演算法，其中 W 是圖的任意邊的最大權重。具有最佳界限的演算法由 Thorup [436] 提出，其執行時間為 $O(E \lg \lg V)$，以及由 Raman [375] 提出，其執行時間為 $O(E + V \min\{(\lg V)^{1/3+\epsilon}, (\lg W)^{1/4+\epsilon}\})$。這兩種演算法使用的空間大小與底層機器 word 的大小有關。雖然使用的空間量可能會隨著輸入的大小而無限增長，但利用隨機雜湊可將使用的空間量減少成與輸入的大小成線性關係。

對於具有整數權重的無向圖，Thorup [435] 提出的演算法可用 $O(V + E)$ 時間來計算單源最短路徑。與上一段提到的演算法相比，在這種演算法裡，EXTRACT-MIN 回傳的數值序列不會隨著時間單調遞增，因此它不是 Dijkstra 演算法的一種實作。Pettie 和 Ramachandran [357] 移除了無向圖的整數權重限制。他們的演算法需要一個預先處理階段，接著為特定的源頭

頂點進行查詢。預先處理階段需要 $O(MST(V, E) + \min\{V \lg V, V \lg \lg r\})$ 時間，其中的 $MST(V, E)$ 是計算最小生成樹的時間，r 是最大權重與最小權重之比。在預先處理後，每個查詢花費 $O(E \lg \hat{\alpha}(E, V))$ 時間，其中 $\hat{\alpha}(E, V)$ 是 Ackermann 函數的反函數（關於 Ackermann 函數及其反函數的詳請，見第 19 章的後記）。

對於具有負值權重的圖，Gabow 與 Tarjan [167] 提出一個 $O(\sqrt{V} E \lg (VW))$ 時間的演算法，Goldberg [186] 則提出執行時間為 $O(\sqrt{V} E \lg W)$ 的演算法，其中 $W = \max\{|w(u, v)|: (u, v) \in E\}$。此外，採用持續優化（continuous optimization）和電流（electrical flow）的方法也有一些進展。Cohen 等人 [98] 提出一種隨機演算法，它的期望執行時間是 $\tilde{O}(E^{10/7} \lg W)$（$\tilde{O}$ 表示法的定義見第 68 頁挑戰 3-6）。另外也有一種基於快速矩陣乘法的虛擬多項式時間演算法。Sankowski [394] 和 Yuster 及 Zwick [465] 設計了執行時間為 $\tilde{O}(WV^\omega)$ 的最短路徑演算法，可在 $O(n^\omega)$ 時間內將兩個 $n \times n$ 矩陣相乘，這種演算法處理小 W 值的密集圖的速度比前面提到的演算法更快。

Cherkassky、Goldberg 與 Radzik [89] 進行了大量的實驗，比較了各種最短路徑演算法。最短路徑演算法被廣泛應用在即時導航和路線規劃領域中。這些演算法通常基於 Dijkstra 演算法，它們使用許多聰明的想法，能夠在幾分之一秒內算出包含數百萬個頂點和邊的網路中的最短路徑。Bast 等人 [36] 彙整了許多這些發展。

23 all-pairs 最短路徑

本章將討論如何尋找圖中每一對頂點之間的最短路徑（以下稱為 all-pairs 最短路徑）。這個問題的經典應用就是計算一個公路地圖裡面的每一對城市之間的距離，並畫成一張表。雖然它是經典，但它並未真正尋找**所有**頂點間的最短路徑。畢竟，用圖來表示道路的話，**每個**路口都是一個頂點，每一條連接路口的道路都是一條邊，雖然一本地圖冊中的城市距離表可能包含 100 個城市的距離，但美國大約有 30 萬個紅綠燈路口[1]，以及更多無紅綠燈的路口。

all-pairs 最短路徑的合理應用之一，就是找出一個網路的**直徑**（*diameter*），也就是在所有最短路徑裡最長的那一條。如果你用有向圖來模擬一個通訊網路，用邊的權重來代表一道訊息穿越通訊連結的時間，那麼直徑就是一道訊息在網路中可能的最長傳輸時間。

與第 22 章一樣，這個問題的輸入是一個加權有向圖 $G = (V, E)$，其權重函數為 $w: E \to \mathbb{R}$，可將邊對映至實值權重。現在的目標是為每一對頂點 $u, v \in V$ 找到一條從 u 到 v 的最短（最小權重）路徑，路徑的權重是它的邊的權重之和。all-pairs 問題的輸出通常是表格，其中，在 u 列和 v 行內的項目是從 u 到 v 的最短路徑的權重。

你可以藉著執行單源最短路徑問題 $|V|$ 次來解決 all-pairs 最短路徑問題，分別將各個頂點當成起點。如果所有的權重都不是負值，你可以使用 Dijkstra 演算法。如果你用線性陣列來實作最小優先佇列，演算法執行時間是 $O(V^3 + VE)$，即 $O(V^3)$。用二元最小堆積來實作最小優先佇列可得到 $O(V(V + E) \lg V)$ 的執行時間。如果 $|E| = \Omega(V)$，執行時間變成 $O(VE \lg V)$，如果圖是稀疏的，它比 $O(V^3)$ 更快。或者，你可以用斐波那契堆積來實現最小優先佇列，產生 $O(V^2 \lg V + VE)$ 的執行時間。

如果圖有負權重邊，Dijkstra 演算法就無法使用，但你可以為每一個頂點執行一次較慢的 Bellman-Ford 演算法。這種做法的執行時間是 $O(V^2 E)$，在密集圖上，它是 $O(V^4)$。本章要介紹如何獲得快很多的漸近執行時間。我們也要探討 all-pairs 最短路徑問題與矩陣乘法的關係。

---

1 根據美國交通部聯邦公路管理局引用的一份報告，根據「經驗」，合理的數量是每 1,000 人口擁有一個紅綠燈路口。

單源演算法假定圖是用相鄰串列來表示的，但本章的大多數演算法中的圖都是用相鄰矩陣表示的（在第 23.3 節中，處理稀疏圖的 Johnson 演算法則使用相鄰串列）。為方便起見，我們假定頂點的編號是 1, 2, ..., |V|，因此，輸入是一個 $n \times n$ 矩陣 $W = (w_{ij})$，代表具有 n 個頂點的有向圖 $G = (V, E)$ 的權重，其中

$$w_{ij} = \begin{cases} 0 & \text{若 } i = j \\ \text{有向邊 } (i, j) \text{ 的權重} & \text{若 } i \neq j \text{ 且 } (i, j) \in E \\ \infty & \text{若 } i \neq j \text{ 且 } (i, j) \notin E \end{cases} \quad (23.1)$$

圖可能有負權重的邊，但我們暫時假定輸入圖沒有負權重迴路。

本章介紹的每一個 all-pairs 最短路徑演算法輸出的表格都是一個 $n \times n$ 矩陣。輸出矩陣的 (i, j) 項目裡面有 $\delta(i, j)$，也就是從 i 到 j 的最短路徑權重，與第 22 章一樣。

all-pairs 最短路徑問題的完整解不僅包含最短路徑權重，也包含<u>前驅矩陣</u> $\Pi = (\pi_{ij})$，其中，若 $i = j$ 或 i 沒有路徑到達 j，則 π_{ij} 為 NIL，否則 π_{ij} 是 j 在某條從 i 開始的最短路徑上的前驅頂點。第 22 章的前驅子圖 G_π 是特定起點的最短路徑樹，同理，用 Π 矩陣的第 i 列產生的子圖是根為 i 的最短路徑樹。對於每個頂點 $i \in V$，G 的 i <u>前驅子圖</u>是 $G_{\pi, i} = (V_{\pi, i}, E_{\pi, i})$，其中

$$V_{\pi, i} = \{j \in V : \pi_{ij} \neq \text{NIL}\} \cup \{i\}$$
$$E_{\pi, i} = \{(\pi_{ij}, j) : j \in V_{\pi, i} - \{i\}\}$$

如果 $G_{\pi, i}$ 是最短路徑樹，那麼下一頁的 PRINT-ALL-PAIRS-SHORTEST-PATH 程序（改自第 20 章的 PRINT-PATH 程序）會印出從 i 到 j 的最短路徑。

在這一章裡，為了強調 all-pairs 演算法的基本特性，我們不會像在第 22 章處理前驅子圖時那樣廣泛地介紹如何計算前驅矩陣及其性質。基本性質將在一些習題中討論。

PRINT-ALL-PAIRS-SHORTEST-PATH(Π, i, j)
1 **if** $i == j$
2   print i
3 **elseif** $\pi_{ij} ==$ NIL
4   print "no path from" i "to" j "exists"
5 **else** PRINT-ALL-PAIRS-SHORTEST-PATH(Π, i, π_{ij})
6   print j

Chapter 23 all-pairs 最短路徑

章節綱要

第 23.1 節將介紹一種使用矩陣乘法的動態規劃演算法，以處理 all-pairs 最短路徑問題。利用「重複平方」技術可產生 $\Theta(V^3 \lg V)$ 執行時間。第 23.2 節會介紹另一種動態規劃演算法，即 Floyd-Warshall 演算法，其執行時間為 $\Theta(V^3)$。第 23.2 節也會介紹尋找有向圖的遞移閉包問題，此問題與 all-pairs 最短路徑問題有關。最後，第 23.3 節將介紹 Johnson 演算法，該演算法可在 $O(V^2 \lg V + VE)$ 時間內解決 all-pairs 最短路徑問題，適合用來處理大型稀疏圖。

在繼續討論之前，我們要為相鄰矩陣表示法制定一些規範。首先，我們通常假設輸入圖 $G = (V, E)$ 有 n 個頂點，所以 $n = |V|$。第二，我們按習慣，用大寫字母來表示矩陣，例如 W、L 或 D，用帶下標的小寫字母來表示矩陣的各個元素，例如 w_{ij}、l_{ij} 或 d_{ij}。最後，有些矩陣有帶括號的上標，例如 $L^{(r)} = (l_{ij}^{(r)})$ 或 $D^{(r)} = (d_{ij}^{(r)})$，它們代表迭代。

23.1 最短路徑與矩陣乘法

本節將介紹處理有向圖 $G = (V, E)$ 的 all-pairs 最短路徑問題的動態規劃演算法。動態規劃的每一個主要迴圈都會呼叫一個類似矩陣乘法的操作，因此這個演算法看起來像重複執行矩陣乘法。接下來要為 all-pairs 最短路徑問題開發一個 $\Theta(V^4)$ 時間的演算法，然後把執行時間改善至 $\Theta(V^3 \lg V)$。

在繼續討論之前，我們先簡單地複習一下第 14 章介紹的動態規劃演算法開發步驟：

1. 定義最佳解的結構。
2. 遞迴定義最佳解的值。
3. 由下而上計算最佳解的值。

我們將第四步（根據計算出來的資訊建構最佳解）放在習題供你練習。

最短路徑的結構

我們從定義最佳解的結構開始。引理 22.1 告訴我們，在最短路徑上的所有子路徑都是最短路徑。考慮一條從 i 到 j 的最短路徑 p，並假設 p 最多有 r 條邊，沒有負權重迴路，r 是有限的。如果 $i = j$，那麼 p 的權重為 0，沒有邊。如果 i 與 j 不同，可將路徑 p 拆成 $i \overset{p'}{\leadsto} k \to j$，其中路徑 p' 最多有 $r-1$ 條邊。引理 22.1 指出，p' 是從 i 到 k 的最短路徑，所以 $\delta(i, j) = \delta(i, k) + w_{kj}$。

all-pairs 最短路徑問題的遞迴解

設 $l_{ij}^{(r)}$ 是從 i 到 j 且最多有 r 條邊的任意路徑的最小權重。當 $r = 0$ 時，若且唯若 $i = j$，則從 i 到 j 有一條無邊的最短路徑，故

$$l_{ij}^{(0)} = \begin{cases} 0 & \text{若 } i = j \\ \infty & \text{若 } i \neq j \end{cases} \tag{23.2}$$

當 $r \geq 1$ 時，獲得一條從 i 到 j 且至少有 r 條邊的最小權重路徑的方法之一，就是經過一條最多包含 $r-1$ 條邊的路徑，所以 $l_{ij}^{(r)} = l_{ij}^{(r-1)}$。另一個方法是經過從 i 到 k 且最多有 $r-1$ 條邊的路徑，然後經過邊 (k,j)，所以 $l_{ij}^{(r)} = l_{ik}^{(r-1)} + w(k,j)$。因此，為了檢查從 i 到 j 且最多包含 r 條邊的路徑，我們嘗試 j 的所有可能前驅頂點 k，得出遞迴定義

$$\begin{aligned} l_{ij}^{(r)} &= \min\left\{l_{ij}^{(r-1)}, \min\{l_{ik}^{(r-1)} + w_{kj} : 1 \leq k \leq n\}\right\} \\ &= \min\{l_{ik}^{(r-1)} + w_{kj} : 1 \leq k \leq n\} \end{aligned} \tag{23.3}$$

最後一個等式是基於以下觀察得出的：對所有 j 而言，$w_{jj} = 0$。

實際的最短路徑權重 $\delta(i,j)$ 是什麼？如果圖沒有負權重迴路，那麼當 $\delta(i,j) < \infty$ 時，從 i 到 j 有一條簡單的最短路徑（如果從 i 到 j 的路徑 p 不是簡單的，那就代表它有迴路。因為每個迴路的權重都不是負值，所以將該路徑上的迴路全部移除可以產生一條簡單路徑，其權重不會大於 p 的權重）。因為任何簡單路徑最多有 $n-1$ 條邊，所以從 i 到 j 的路徑，如果有超過 $n-1$ 條邊，則其權重不可能比從 i 到 j 的最短路徑更小。因此，實際的最短路徑權重可由此得出

$$\delta(i,j) = l_{ij}^{(n-1)} = l_{ij}^{(n)} = l_{ij}^{(n+1)} = \cdots \tag{23.4}$$

由下而上計算最短路徑權重

若輸入是矩陣 $W = (w_{ij})$，我們來看看如何計算一系列的矩陣 $L^{(0)}, L^{(1)}, \ldots, L^{(n-1)}$，其中 $L^{(r)} = (l_{ij}^{(r)})$，$r = 0, 1, \ldots, n-1$。初始矩陣是用式 (23.2) 得到的 $L^{(0)}$。最終的矩陣 $L^{(n-1)}$ 包含實際的最短路徑權重。

這個演算法的核心是 EXTEND-SHORTEST-PATHS 程序，它為所有 i 與 j 實作了式 (23.3)。程序的四個輸入是迄今為止算出來的矩陣 $L^{(r-1)}$、邊權重矩陣 W、輸出矩陣 $L^{(r)}$（保存計算結果，它的元素在呼叫此程序之前都設為 ∞），以及頂點數量 n。上標 r 和 $r-1$ 可以方便我們比對

虛擬碼與式 (23.3)，但它們在虛擬碼裡面沒有實際作用。這個程序將迄今為止計算出來的最短路徑延伸一條邊，用迄今為止計算出來的矩陣 $L^{(r-1)}$ 來產生最短路徑權重矩陣 $L^{(r)}$。它的執行時間是 $\Theta(n^3)$，因為有三個嵌套的 **for** 迴圈。

EXTEND-SHORTEST-PATHS($L^{(r-1)}, W, L^{(r)}, n$)
1   // 假設 $L^{(r)}$ 的元素的初始值都被設為 ∞。
2   **for** $i = 1$ **to** n
3   **for** $j = 1$ **to** n
4   **for** $k = 1$ **to** n
5               $l_{ij}^{(r)} = \min\{l_{ij}^{(r)}, l_{ik}^{(r-1)} + w_{kj}\}$

我們來了解一下這種計算與矩陣乘法之間的關係。考慮如何計算兩個 $n \times n$ 矩陣 A 與 B 的矩陣積 $C = A \cdot B$。第 76 頁的 MATRIX-MULTIPLY 使用三層嵌套的迴圈來實現式 (4.1)，為了方便起見，我們將它列在下面：

$$c_{ij} = \sum_{k=1}^{n} a_{ik} \cdot b_{kj} \tag{23.5}$$

其中，$i, j = 1, 2, ..., n$。在式 (23.3) 裡面做這些替換：

$l^{(r-1)} \to a$
$\quad w \to b$
$\quad l^{(r)} \to c$
$\quad \min \to +$
$\quad + \to \cdot$

可以得到式 (23.5)！在 EXTEND-SHORTEST-PATHS 裡面做這些修改，並將 ∞（min 的恆等元（identity））換成 0（+ 的恆等元），可得到程序 MATRIX-MULTIPLY。我們可以看到，程序 EXTEND-SHORTEST-PATHS($L^{(r-1)}, W, L^{(r)}, n$) 使用這個不尋常的矩陣乘法定義[2]來計算矩陣「積」$L^{(r)} = L^{(r-1)} \cdot W$。

---

[2] 代數的 ***semiring*** 有 $\oplus$ 運算元，它與恆等元 $I_\oplus$ 滿足交換律，以及 $\otimes$ 運算元，其恆等元為 $I_\otimes$。$\otimes$ 在 $\oplus$ 的左側和右側均滿足分配律，且對所有 x 而言，$I_\oplus \otimes x = x \otimes I_\oplus = I_\oplus$。標準矩陣乘法，就像在 MATRIX-MULTIPLY 裡面做的那樣，使用 + 來取代 $\oplus$，使用 $\cdot$ 來取代 $\otimes$，用 0 來取代 $I_\oplus$，用 1 來取代 $I_\otimes$。EXTEND-SHORTEST-PATHS 程序使用另一個 semiring，稱為 ***tropical semiring***，以 min 來取代 $\oplus$，用 + 來取代 $\otimes$，用 ∞ 來取代 $I_\oplus$，用 0 來取代 $I_\otimes$。

因此，我們可以藉著反覆執行矩陣乘法來求解 all-pairs 最短路徑問題。每一步都用 EXTEND-SHORTEST-PATHS($L^{(r-1)}, W, L^{(r)}, n$) 來執行矩陣乘法，將迄今算出來的最短路徑權重再延伸一條邊。我們從矩陣 $L^{(0)}$ 開始，產生以下與 W 的次方對應的 $n-1$ 個矩陣：

$$
\begin{aligned}
L^{(1)} &= L^{(0)} \cdot W = W^1 \\
L^{(2)} &= L^{(1)} \cdot W = W^2 \\
L^{(3)} &= L^{(2)} \cdot W = W^3 \\
&\vdots \\
L^{(n-1)} &= L^{(n-2)} \cdot W = W^{n-1}
\end{aligned}
$$

最後，矩陣 $L^{(n-1)} = W^{n-1}$ 裡面有最短路徑權重。

下一頁的 SLOW-APSP 程序可在 $\Theta(n^4)$ 時間內計算這個矩陣序列。這個程序接收 $n \times n$ 矩陣 W 和 $L^{(0)}$，以及 n。圖 23.1 是它的運作過程。這個程序使用兩個 $n \times n$ 矩陣 L 與 M 來儲存 W 的次方，在每次迭代時計算 $M = L \cdot W$。第 2 行設定 $L = L^{(0)}$。在每個迭代 r，第 4 行都設定 $M = \infty$，在此，∞ 是一個具有 ∞ 純量值的矩陣。第 r 次迭代始於不變性 $L = L^{(r-1)} = W^{r-1}$。第 6 行計算 $M = L \cdot W = L^{(r-1)} \cdot W = W^{r-1} \cdot W = W^r = L^{(r)}$，所以第 7 行設定 $L = M$ 來恢復不變性以進行下一次迭代。最後回傳最短路徑矩陣 $L = L^{(n-1)} = W^{n-1}$。第 2、4 與 7 行對 $n \times n$ 矩陣進行的每一次賦值都在底層執行花費 $\Theta(n^2)$ 時間的雙重嵌套迴圈。

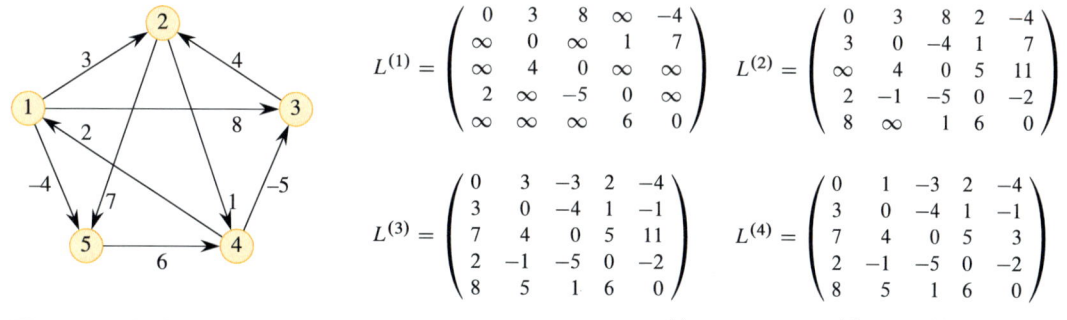

$$L^{(1)} = \begin{pmatrix} 0 & 3 & 8 & \infty & -4 \\ \infty & 0 & \infty & 1 & 7 \\ \infty & 4 & 0 & \infty & \infty \\ 2 & \infty & -5 & 0 & \infty \\ \infty & \infty & \infty & 6 & 0 \end{pmatrix} \quad L^{(2)} = \begin{pmatrix} 0 & 3 & 8 & 2 & -4 \\ 3 & 0 & -4 & 1 & 7 \\ \infty & 4 & 0 & 5 & 11 \\ 2 & -1 & -5 & 0 & -2 \\ 8 & \infty & 1 & 6 & 0 \end{pmatrix}$$

$$L^{(3)} = \begin{pmatrix} 0 & 3 & -3 & 2 & -4 \\ 3 & 0 & -4 & 1 & -1 \\ 7 & 4 & 0 & 5 & 11 \\ 2 & -1 & -5 & 0 & -2 \\ 8 & 5 & 1 & 6 & 0 \end{pmatrix} \quad L^{(4)} = \begin{pmatrix} 0 & 1 & -3 & 2 & -4 \\ 3 & 0 & -4 & 1 & -1 \\ 7 & 4 & 0 & 5 & 3 \\ 2 & -1 & -5 & 0 & -2 \\ 8 & 5 & 1 & 6 & 0 \end{pmatrix}$$

圖 23.1 一個有向圖，以及用 SLOW-APSP 計算出來的矩陣序列 $L^{(r)}$。你可以驗證 $L^{(5)}$ 等於 $L^{(4)}$，所以對所有 $r \geq 4$ 而言，$L^{(r)} = L^{(4)}$。$L^{(5)}$ 的定義是 $L^{(4)} \cdot W$。

我們呼叫 EXTEND-SHORTEST-PATHS $n-1$ 次，每次花費 $\Theta(n^3)$ 時間，它占了大多數的計算時間，導致總執行時間為 $\Theta(n^4)$。

SLOW-APSP($W, L^{(0)}, n$)
1 let $L = (l_{ij})$ and $M = (m_{ij})$ be new $n \times n$ matrices
2    $L = L^{(0)}$
3   **for** $r = 1$ **to** $n-1$
4        $M = \infty$ // 將 M 初始化
5   // 計算矩陣「積」$M = L \cdot W$。
6   EXTEND-SHORTEST-PATHS(L, W, M, n)
7        $L = M$
8 **return** L

改善執行時間

別忘了，我們的目標不是計算所有的 $L^{(r)}$ 矩陣，我們只在乎 $L^{(n-1)}$ 矩陣。之前說過，在沒有負權重迴路的情況下，式 (23.4) 意味著對所有整數 $r \geq n-1$ 而言，$L^{(r)} = L^{(n-1)}$。傳統的矩陣乘法是可結合的，EXTEND-SHORTEST-PATHS 程序定義的矩陣乘法也是如此（見習題 23.1-4）。事實上，我們只要使用**重複平方**技術就可以僅用 $\lceil \lg(n-1) \rceil$ 次矩陣乘法來計算 $L^{(n-1)}$：

$$\begin{aligned}
L^{(1)} &= W \\
L^{(2)} &= W^2 &= W \cdot W \\
L^{(4)} &= W^4 &= W^2 \cdot W^2 \\
L^{(8)} &= W^8 &= W^4 \cdot W^4 \\
&\vdots \\
L^{(2^{\lceil \lg(n-1) \rceil})} &= W^{2^{\lceil \lg(n-1) \rceil}} &= W^{2^{\lceil \lg(n-1) \rceil - 1}} \cdot W^{2^{\lceil \lg(n-1) \rceil - 1}}
\end{aligned}$$

因為 $2^{\lceil \lg(n-1) \rceil} \geq n-1$，所以最終的積是 $L^{(2^{\lceil \lg(n-1) \rceil})} = L^{(n-1)}$。

下一頁的 FASTER-APSP 實現這個概念。它接收 $n \times n$ 矩陣 W 與大小 n。第 4~8 行的 **while** 迴圈的每一次迭代都以不變性 $L = W^r$ 開始，它用 EXTEND-SHORTEST-PATHS 來進行平方，產生矩陣 $M = L^2 = (W^r)^2 = W^{2r}$。在每次迭代結束時，$r$ 的值都加倍，下一次迭代的 L 變成 M，恢復不變性。在 $r \geq n-1$ 而退出迴圈時，根據式 (23.4)，這個程序回傳 $L = W^r = L^{(r)} = L^{(n-1)}$。與 SLOW-APSP 一樣，在第 2、5 和 8 行對 $m \times n$ 矩陣進行賦值會在底層執行雙重嵌套的迴圈，所以每次賦值都花費 $\Theta(n^2)$ 時間。

FASTER-APSP(W, n)
1 let L and M be new n × n matrices
2 L = W
3 r = 1
4 **while** r < n − 1
5   M = ∞   // 將 M 初始化
6   EXTEND-SHORTEST-PATHS(L, L, M, n)   // 計算 M = L²
7   r = 2r
8   L = M   // 可進行下次迭代
9 **return** L

因為 $\lceil \lg(n-1) \rceil$ 次矩陣乘法中的每一次都花費 $\Theta(n^3)$ 時間，所以 FASTER-APSP 的執行時間是 $\Theta(n^3 \lg n)$。這段程式很緊湊，沒有複雜的資料結構，所以隱藏在 Θ 表示法之下的常數很小。

習題

23.1-1
用 SLOW-APSP 來處理圖 23.2 的加權有向圖，寫出迴圈的每次迭代所產生的矩陣。然後用 FASTER-APSP 來做同一件事。

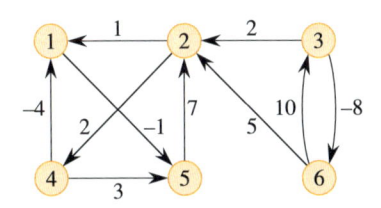

圖 23.2　習題 23.1-1、23.2-1 和 23.3-1 使用的加權有向圖。

23.1-2
為什麼 $w_{ii} = 0$（$i = 1, 2, ..., n$）對 SLOW-APSP 和 FASTER-APSP 而言都很方便？

23.1-3

在最短路徑演算法裡面使用的矩陣

$$L^{(0)} = \begin{pmatrix} 0 & \infty & \infty & \cdots & \infty \\ \infty & 0 & \infty & \cdots & \infty \\ \infty & \infty & 0 & \cdots & \infty \\ \vdots & \vdots & \vdots & \ddots & \vdots \\ \infty & \infty & \infty & \cdots & 0 \end{pmatrix}$$

相當於一般矩陣乘法裡的什麼？

23.1-4

證明 EXTEND-SHORTEST-PATHS 定義的矩陣乘法是可結合的。

23.1-5

說明如何將單源最短路徑問題表示為矩陣和一個向量的積。並說明計算這個積的過程與類 Bellman-Ford 演算法有什麼關係（見第 22.1 節）。

23.1-6

證明 SLOW-APSP 不需要使用矩陣 M，因為將 M 換成 L，並省略 M 的初始化，程式仍然可以正常運作（提示：注意 EXTEND-SHORTEST-PATHS 的第 5 行、與第 585 頁的 RELAX 之間的關係）。在 FASTER-APSP 裡需要使用矩陣 M 嗎？

23.1-7

假設你也想在本節的演算法中計算最短路徑上的頂點。說明如何在 $O(n^3)$ 時間內，使用已經完成的最短路徑權重矩陣 L 來算出前驅矩陣 Π。

23.1-8

你也可以在計算最短路徑權重的同時，計算最短路徑上的頂點。我們定義 $\pi_{ij}^{(r)}$ 是頂點 j 在從 i 到 j 且最多 r 條邊的最小權重路徑上的前驅頂點。修改 EXTEND-SHORTEST-PATHS 與 SLOW-APSP 程序，讓它們在計算矩陣 $L^{(1)}, L^{(2)}, \ldots, L^{(n-1)}$ 的同時計算矩陣 $\Pi^{(1)}, \Pi^{(2)}, \ldots, \Pi^{(n-1)}$。

23.1-9

修改 FASTER-APSP，讓它可以判斷圖是否有負權重迴路。

23.1-10

寫出一個高效率的演算法來找出圖的最短負權重迴路的長度（邊的數量）。

23.2 Floyd-Warshall 演算法

我們剛才看了 all-pairs 最短路徑問題的一種動態規劃解決方案，本節將介紹另一種解決方案：***Floyd-Warshall 演算法***，它可以在 $\Theta(V^3)$ 時間內執行。圖同樣可以有負權重邊，但不能有負權重迴路。與第 23.1 節一樣，我們要用動態規劃程序來開發演算法。在研究開發出來的演算法之後，我們會提出一種類似的方法，來尋找有向圖的遞移閉包。

最短路徑的結構

在 Floyd-Warshall 演算法裡，我們描述最短路徑結構的方法與第 23.1 節的方法不同。Floyd-Warshall 演算法考慮最短路徑的中間頂點，簡單路徑 $p = \langle v_1, v_2, ..., v_l \rangle$ 的中間頂點是在 p 中除了 v_1 或 v_l 以外的任何頂點，也就是在集合 $\{v_2, v_3, ..., v_{l-1}\}$ 裡的任何頂點。

Floyd-Warshall 演算法來自以下的觀察結果。將 G 的頂點編號成 $V = \{1, 2, ..., n\}$，取頂點的子集合 $\{1, 2, ..., k\}$，其中 $1 \leq k \leq n$。對於任何一對頂點 $i, j \in V$，考慮從 i 到 j 且中間頂點都屬於 $\{1, 2, ..., k\}$ 的所有路徑，並設 p 是那些路徑中權重最小的那一條（p 是簡單路徑）。Floyd-Warshall 演算法利用了「路徑 p」和「從 i 到 j 且中間頂點都屬於 $\{1, 2, ..., k-1\}$ 的最短路徑」之間的關係。這種關係的具體細節取決於 k 是不是路徑 p 的中間頂點。

- 如果 k 不是路徑 p 的中間頂點，那麼路徑 p 的所有中間頂點都屬於集合 $\{1, 2, ..., k-1\}$。因此，從 i 到 j 且中間頂點都屬於集合 $\{1, 2, ..., k-1\}$ 的最短路徑也是從 i 到 j 且中間頂點都屬於集合 $\{1, 2, ..., k\}$ 的最短路徑。

- 如果 k 是路徑 p 的中間頂點，我們將 p 拆成 $i \overset{p_1}{\leadsto} k \overset{p_2}{\leadsto} j$，如圖 23.3 所示。根據引理 22.1，$p_1$ 是從 i 到 k 且中間頂點都屬於集合 $\{1, 2, ..., k\}$ 的最短路徑。事實上，我們可以提出更強的主張。因為頂點 k 不是路徑 p_1 的中間頂點，所以 p_1 的中間頂點都屬於集合 $\{1, 2, ..., k-1\}$。因此，p_1 是從 i 到 k 的最短路徑，且它的中間頂點都屬於集合 $\{1, 2, ..., k-1\}$。同理，p_2 是從 k 到 j 的最短路徑，且它的中間頂點都屬於集合 $\{1, 2, ..., k-1\}$。

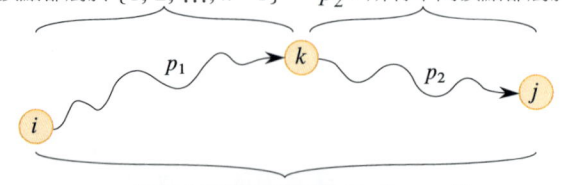

圖 23.3 Floyd-Warshall 演算法使用的最佳子結構。路徑 p 是從 i 到 j 的最短路徑，且 k 是 p 中編號最大的中間節點。路徑 p_1 是從 i 到 k 的路徑，它是 p 的一部分，且所有中間頂點都屬於集合 $\{1, 2, \ldots, k-1\}$。從 k 到 j 的路徑 p_2 也是如此。

all-pairs 最短路徑問題的遞迴解

以上的觀察結果可以導出一個不同於第 23.1 節的最短路徑估計遞迴公式。設 $d_{ij}^{(k)}$ 是從 i 到 j 且所有中間節點都屬於集合 $\{1, 2, \ldots, k\}$ 的最短路徑的權重。當 $k = 0$ 時，從 i 到 j 且中間節點的編號都不大於 0 的路徑完全沒有中間節點。這種路徑最多有一條邊，因此 $d_{ij}^{(0)} = w_{ij}$。按照上面的討論，我們遞迴地定義 $d_{ij}^{(k)}$

$$d_{ij}^{(k)} = \begin{cases} w_{ij} & \text{若 } k = 0 \\ \min\left\{d_{ij}^{(k-1)}, d_{ik}^{(k-1)} + d_{kj}^{(k-1)}\right\} & \text{若 } k \geq 1 \end{cases} \quad (23.6)$$

因為對任意路徑而言，所有中間節點都屬於集合 $\{1, 2, \ldots, n\}$，所以矩陣 $D^{(n)} = (d_{ij}^{(n)})$ 提供最終答案：對所有 $i, j \in V$ 而言，$d_{ij}^{(n)} = \delta(i, j)$。

由下而上計算最短路徑權重

由下而上的程序 Floyd-Warshall 根據遞迴式 (23.6) 按照 k 值的遞增順序計算 $d_{ij}^{(k)}$ 的值。它的輸入是按照式 (23.1) 定義的 $n \times n$ 矩陣 W。這個程式回傳最短路徑權重矩陣 $D^{(n)}$。圖 23.4 是 Floyd-Warshall 演算法為圖 23.1 的圖計算的矩陣 $D^{(k)}$。

FLOYD-WARSHALL(W, n)
1   $D^{(0)} = W$
2   **for** $k = 1$ **to** n
3   let $D^{(k)} = \left(d_{ij}^{(k)}\right)$ be a new $n \times n$ matrix
4   **for** $i = 1$ **to** n
5   **for** $j = 1$ **to** n
6               $d_{ij}^{(k)} = \min\{d_{ij}^{(k-1)}, d_{ik}^{(k-1)} + d_{kj}^{(k-1)}\}$
7   **return** $D^{(n)}$

Floyd-Warshall 演算法的執行時間是由第 2~6 行的三層嵌套 **for** 迴圈決定的。因為每次執行第 6 行都需要 $O(1)$ 時間，所以該演算法的執行時間為 $\Theta(n^3)$ 時間。這段程式與第 23.1 節的最終演算法一樣很緊湊，沒有複雜的資料結構，隱藏在 Θ 表示法之下的常數很小。因此，Floyd-Warshall 演算法也很適合處理中等大小的圖。

建構最短路徑

在 Floyd-Warshall 演算法中，我們可以用多種不同的方法來建構最短路徑。其中一種方法是計算最短路徑權重矩陣 D，然後用 D 矩陣來建構前驅矩陣 Π。習題 23.1-7 會要求你實現這個方法，並讓它在 $O(n^3)$ 時間內執行。將前驅矩陣 Π 傳給 PRINT-ALL-PAIRS-SHORTEST-PATH 程序後，它可以印出給定最短路徑上的頂點。

或者，前驅矩陣 Π 可以在演算法計算矩陣 $D^{(0)}, D^{(1)}, ..., D^{(n)}$ 的同時進行計算。具體來說，演算法計算一系列的矩陣 $\Pi^{(0)}, \Pi^{(1)}, ..., \Pi^{(n)}$，其中 $\Pi = \Pi^{(n)}$，且 $\pi_{ij}^{(k)}$ 是 j 在起點為 i 且中間頂點都屬於集合 $\{1, 2, ..., k\}$ 的最短路徑上的前驅值。

以下是 $\pi_{ij}^{(k)}$ 的遞迴式。當 $k = 0$ 時，從 i 到 j 的最短路徑完全沒有中間值，所以

$$\pi_{ij}^{(0)} = \begin{cases} \text{NIL} & \text{若 } i = j \text{ 或 } w_{ij} = \infty \\ i & \text{若 } i \neq j \text{ 且 } w_{ij} < \infty \end{cases} \tag{23.7}$$

設 $k \geq 1$，若 k 是路徑的中間頂點，則路徑是 $i \rightsquigarrow k \rightsquigarrow j$，其中 $k \neq j$，我們選擇以下的頂點作為 j 在這條路徑上的前驅頂點：從 k 出發且中間頂點都屬於 $\{1, 2, ..., k-1\}$ 的最短路徑中，為 j 選擇的前驅頂點。否則，如果從 i 到 j 的路徑沒有中間頂點 k，那就選擇以下的頂點作為 j 在這條路徑上的前驅頂點：從 i 出發且中間頂點都屬於 $\{1, 2, ..., k-1\}$ 的最短路徑中，為 j 選擇的前驅頂點。以下是正式的寫法，當 $k \geq 1$ 時，

$$\pi_{ij}^{(k)} = \begin{cases} \pi_{kj}^{(k-1)} & \text{若 } d_{ij}^{(k-1)} > d_{ik}^{(k-1)} + d_{kj}^{(k-1)} \quad (k \text{ 是中間頂點}) \\ \pi_{ij}^{(k-1)} & \text{若 } d_{ij}^{(k-1)} \le d_{ik}^{(k-1)} + d_{kj}^{(k-1)} \quad (k \text{ 不是中間頂點}) \end{cases} \tag{23.8}$$

習題 23.2-3 會請你說明如何將 $\Pi^{(k)}$ 矩陣的計算併入 FLOYD-WARSHALL 程序。圖 23.4 是演算法為圖 23.1 中的圖計算出來的 $\Pi^{(k)}$ 矩陣序列。這道習題也會要求你做一件更困難的事情：證明前驅子圖 $G_{\pi,i}$ 是根為 i 的最短路徑樹。習題 23.2-7 會請你用另一種方法來重新建構最短路徑。

$$D^{(0)} = \begin{pmatrix} 0 & 3 & 8 & \infty & -4 \\ \infty & 0 & \infty & 1 & 7 \\ \infty & 4 & 0 & \infty & \infty \\ 2 & \infty & -5 & 0 & \infty \\ \infty & \infty & \infty & 6 & 0 \end{pmatrix} \quad \Pi^{(0)} = \begin{pmatrix} \text{NIL} & 1 & 1 & \text{NIL} & 1 \\ \text{NIL} & \text{NIL} & \text{NIL} & 2 & 2 \\ \text{NIL} & 3 & \text{NIL} & \text{NIL} & \text{NIL} \\ 4 & \text{NIL} & 4 & \text{NIL} & \text{NIL} \\ \text{NIL} & \text{NIL} & \text{NIL} & 5 & \text{NIL} \end{pmatrix}$$

$$D^{(1)} = \begin{pmatrix} 0 & 3 & 8 & \infty & -4 \\ \infty & 0 & \infty & 1 & 7 \\ \infty & 4 & 0 & \infty & \infty \\ 2 & 5 & -5 & 0 & -2 \\ \infty & \infty & \infty & 6 & 0 \end{pmatrix} \quad \Pi^{(1)} = \begin{pmatrix} \text{NIL} & 1 & 1 & \text{NIL} & 1 \\ \text{NIL} & \text{NIL} & \text{NIL} & 2 & 2 \\ \text{NIL} & 3 & \text{NIL} & \text{NIL} & \text{NIL} \\ 4 & 1 & 4 & \text{NIL} & 1 \\ \text{NIL} & \text{NIL} & \text{NIL} & 5 & \text{NIL} \end{pmatrix}$$

$$D^{(2)} = \begin{pmatrix} 0 & 3 & 8 & 4 & -4 \\ \infty & 0 & \infty & 1 & 7 \\ \infty & 4 & 0 & 5 & 11 \\ 2 & 5 & -5 & 0 & -2 \\ \infty & \infty & \infty & 6 & 0 \end{pmatrix} \quad \Pi^{(2)} = \begin{pmatrix} \text{NIL} & 1 & 1 & 2 & 1 \\ \text{NIL} & \text{NIL} & \text{NIL} & 2 & 2 \\ \text{NIL} & 3 & \text{NIL} & 2 & 2 \\ 4 & 1 & 4 & \text{NIL} & 1 \\ \text{NIL} & \text{NIL} & \text{NIL} & 5 & \text{NIL} \end{pmatrix}$$

$$D^{(3)} = \begin{pmatrix} 0 & 3 & 8 & 4 & -4 \\ \infty & 0 & \infty & 1 & 7 \\ \infty & 4 & 0 & 5 & 11 \\ 2 & -1 & -5 & 0 & -2 \\ \infty & \infty & \infty & 6 & 0 \end{pmatrix} \quad \Pi^{(3)} = \begin{pmatrix} \text{NIL} & 1 & 1 & 2 & 1 \\ \text{NIL} & \text{NIL} & \text{NIL} & 2 & 2 \\ \text{NIL} & 3 & \text{NIL} & 2 & 2 \\ 4 & 3 & 4 & \text{NIL} & 1 \\ \text{NIL} & \text{NIL} & \text{NIL} & 5 & \text{NIL} \end{pmatrix}$$

$$D^{(4)} = \begin{pmatrix} 0 & 3 & -1 & 4 & -4 \\ 3 & 0 & -4 & 1 & -1 \\ 7 & 4 & 0 & 5 & 3 \\ 2 & -1 & -5 & 0 & -2 \\ 8 & 5 & 1 & 6 & 0 \end{pmatrix} \quad \Pi^{(4)} = \begin{pmatrix} \text{NIL} & 1 & 4 & 2 & 1 \\ 4 & \text{NIL} & 4 & 2 & 1 \\ 4 & 3 & \text{NIL} & 2 & 1 \\ 4 & 3 & 4 & \text{NIL} & 1 \\ 4 & 3 & 4 & 5 & \text{NIL} \end{pmatrix}$$

$$D^{(5)} = \begin{pmatrix} 0 & 1 & -3 & 2 & -4 \\ 3 & 0 & -4 & 1 & -1 \\ 7 & 4 & 0 & 5 & 3 \\ 2 & -1 & -5 & 0 & -2 \\ 8 & 5 & 1 & 6 & 0 \end{pmatrix} \quad \Pi^{(5)} = \begin{pmatrix} \text{NIL} & 3 & 4 & 5 & 1 \\ 4 & \text{NIL} & 4 & 2 & 1 \\ 4 & 3 & \text{NIL} & 2 & 1 \\ 4 & 3 & 4 & \text{NIL} & 1 \\ 4 & 3 & 4 & 5 & \text{NIL} \end{pmatrix}$$

圖 23.4 Floyd-Warshall 為圖 23.1 中的圖計算出來的矩陣 $D^{(k)}$ 與 $\Pi^{(k)}$。

有向圖的遞移閉包

給定一個有向圖 $G = (V, E)$，其頂點集合為 $V = \{1, 2, ..., n\}$，你想要確定，對每一對頂點 $i, j \in V$ 而言，G 有沒有從 i 到 j 的路徑，不考慮邊的權重。我們定義 G 的**遞移閉包**（*transitive closure*）是圖 $G^* = (V, E^*)$，其中

$E^* = \{(i, j) : \text{在 } G \text{ 裡，從頂點 } i \text{ 到頂點 } j \text{ 有一條路徑}\}$。

要在 $\Theta(n^3)$ 時間內計算圖的遞移閉包，有一種方法是將 E 的每條邊的權重都設成 1，並執行 Floyd-Warshall 演算法。如果 i 到 j 有路徑，我們得到 $d_{ij} < n$，否則得到 $d_{ij} = \infty$。

我們也可以用另一種類似的方法在 $\Theta(n^3)$ 時間內計算圖的遞移閉包，它可以實際節省時間和空間。這個方法將 Floyd-Warshall 演算法裡的算術運算子 min 和 + 換成邏輯運算子 $\vee$（邏輯 OR）與 $\wedge$（邏輯 AND）。設 $i, j, k = 1, 2, ..., n$，我們定義若 G 有從 i 到 j 的路徑，且所有中間頂點都屬於集合 $\{1, 2, ..., k\}$，則 $t_{ij}^{(k)}$ 為 1，否則為 0。建構遞移閉包 $G^* = (V, E^*)$ 的方法是若且唯若 $t_{ij}^{(n)} = 1$，則將邊 (i, j) 放入 E^*。$t_{ij}^{(k)}$ 的遞迴定義類似遞迴式 (23.6)：

$$t_{ij}^{(0)} = \begin{cases} 0 & \text{若 } i \neq j \text{ 且 } (i, j) \notin E \\ 1 & \text{若 } i = j \text{ 或 } (i, j) \in E \end{cases}$$

且當 $k \geq 1$ 時，

$$t_{ij}^{(k)} = t_{ij}^{(k-1)} \vee \left(t_{ik}^{(k-1)} \wedge t_{kj}^{(k-1)} \right) \tag{23.9}$$

如同 Floyd-Warshall 演算法，TRANSITIVE-CLOSURE 程序按照 k 的遞增順序計算矩陣 $T^{(k)} = (t_{ij}^{(k)})$。

```
TRANSITIVE-CLOSURE(G, n)
1   let T^(0) = (t_ij^(0)) be a new n × n matrix
2   for i = 1 to n
3       for j = 1 to n
4           if i == j or (i, j) ∈ G.E
5               t_ij^(0) = 1
6           else t_ij^(0) = 0
7   for k = 1 to n
8       let T^(k) = (t_ij^(k)) be a new n × n matrix
9       for i = 1 to n
10          for j = 1 to n
11              t_ij^(k) = t_ij^(k-1) ∨ (t_ik^(k-1) ∧ t_kj^(k-1))
12  return T^(n)
```

圖 23.5 是 TRANSITIVE-CLOSURE 程序為一個圖計算的矩陣 $T^{(k)}$。TRANSITIVE-CLOSURE 程序的執行時間與 Floyd-Warshall 演算法一樣是 $\Theta(n^3)$。不過，有些計算機對單一位元進行邏輯操作的速度比對整數 word 資料進行算術運算還要快。此外，由於直接的遞移閉包演算法只使用布林值而不是整數值，所以從計算機儲存體的 word 大小來看，它的空間需求比 Floyd-Warshall 演算法還要少一個數量級。

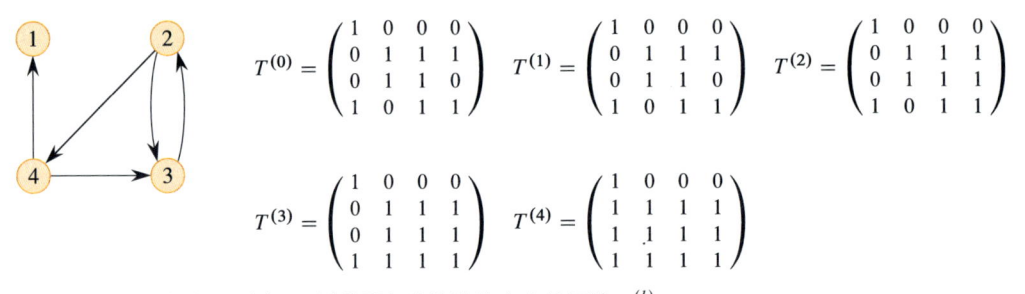

$$T^{(0)} = \begin{pmatrix} 1 & 0 & 0 & 0 \\ 0 & 1 & 1 & 1 \\ 0 & 1 & 1 & 0 \\ 1 & 0 & 1 & 1 \end{pmatrix} \quad T^{(1)} = \begin{pmatrix} 1 & 0 & 0 & 0 \\ 0 & 1 & 1 & 1 \\ 0 & 1 & 1 & 0 \\ 1 & 0 & 1 & 1 \end{pmatrix} \quad T^{(2)} = \begin{pmatrix} 1 & 0 & 0 & 0 \\ 0 & 1 & 1 & 1 \\ 0 & 1 & 1 & 1 \\ 1 & 0 & 1 & 1 \end{pmatrix}$$

$$T^{(3)} = \begin{pmatrix} 1 & 0 & 0 & 0 \\ 0 & 1 & 1 & 1 \\ 0 & 1 & 1 & 1 \\ 1 & 1 & 1 & 1 \end{pmatrix} \quad T^{(4)} = \begin{pmatrix} 1 & 0 & 0 & 0 \\ 1 & 1 & 1 & 1 \\ 1 & 1 & 1 & 1 \\ 1 & 1 & 1 & 1 \end{pmatrix}$$

圖 23.5 一個有向圖，以及用遞移閉包演算法算出來的矩陣 $T^{(k)}$。

習題

23.2-1
用 Floyd-Warshall 演算法來處理圖 23.2 的加權有向圖。畫出外部迴圈每一次迭代產生的矩陣 $D^{(k)}$。

23.2-2
說明如何使用第 23.1 節的技術來計算遞移閉包。

23.2-3
修改 FLOYD-WARSHALL 程序，根據式 (23.7) 與 (23.8) 來計算 $\Pi^{(k)}$ 矩陣。嚴謹地證明對所有 $i \in V$ 而言，前驅子圖 $G_{\pi, i}$ 是根為 i 的最短路徑樹（**提示**：為了證明 $G_{\pi, i}$ 是無迴路的，你要先證明 $\pi_{ij}^{(k)} = l$ 意味著 $d_{ij}^{(k)} \geq d_{il}^{(k)} + w_{lj}$，根據 $\pi_{ij}^{(k)}$ 的定義。然後使用引理 22.16 的證明）。

23.2-4
如第 633 頁所示，Floyd-Warshall 演算法需要 $\Theta(n^3)$ 空間，因為它建立 $i, j, k = 1, 2, ..., n$ 的 $d_{ij}^{(k)}$。證明將所有上標移除的 FLOYD-WARSHALL' 程序是正確的，所以只需要 $\Theta(n^2)$ 空間。

FLOYD-WARSHALL'(W, n)
1   $D = W$
2   **for** $k = 1$ **to** n
3   **for** $i = 1$ **to** n
4   **for** $j = 1$ **to** n
5               $d_{ij} = \min\{d_{ij}, d_{ik} + d_{kj}\}$
6   **return** D

23.2-5
我們將式 (23.8) 的等號修改如下：

$$\pi_{ij}^{(k)} = \begin{cases} \pi_{kj}^{(k-1)} & \text{若 } d_{ij}^{(k-1)} \geq d_{ik}^{(k-1)} + d_{kj}^{(k-1)} \quad (k \text{ 是中間頂點}) \\ \pi_{ij}^{(k-1)} & \text{若 } d_{ij}^{(k-1)} < d_{ik}^{(k-1)} + d_{kj}^{(k-1)} \quad (k \text{ 不是中間頂點}) \end{cases}$$

這個前驅矩陣 Π 的定義正確嗎？

23.2-6
說明如何使用 Floyd-Warshall 演算法的輸出來檢查負權重迴路是否存在。

23.2-7

在 Floyd-Warshall 演算法中重建最短路徑的另一種方法是使用值 $\phi_{ij}^{(k)}$，其中 $i, j, k = 1, 2, ..., n$，$\phi_{ij}^{(k)}$ 是從 i 到 j 的所有中間頂點都屬於集合 $\{1, 2, ..., k\}$ 的最短路徑上，編號最大的中間頂點。寫出 $\phi_{ij}^{(k)}$ 的遞迴式，修改 FLOYD-WARSHALL 程序來計算 $\phi_{ij}^{(k)}$ 值，並改寫 PRINT-ALL-PAIRS-SHORTEST-PATH 程序來接收矩陣 $\Phi = \left(\phi_{ij}^{(n)}\right)$ 作為輸入。矩陣 Φ 與第 14.2 節的矩陣乘法鏈問題中的 s 表有多像？

23.2-8

寫出一個 $O(VE)$ 時間的演算法來計算有向圖 $G = (V, E)$ 的遞移閉包。假設 $|V| = O(E)$，且圖是用相鄰串列來表示的。

23.2-9

假設計算有向無迴路圖的遞移閉包需要 $f(|V|, |E|)$ 時間，其中 f 是 $|V|$ 與 $|E|$ 的單調遞增函數。證明計算一般有向圖 $G = (V, E)$ 的遞移閉包 $G^* = (V, E^*)$ 所需的時間是 $f(|V|, |E|) + O(V + E^*)$。

23.3 處理稀疏圖的 Johnson 演算法

Johnson 演算法可在 $O(V^2 \lg V + VE)$ 時間內找出每一對頂點之間的最短路徑。在處理稀疏圖時，它的漸近速度快於矩陣重複平方和 Floyd-Warshall 演算法。這個演算法若非回傳每一對頂點的最短路徑權重矩陣，就是回報輸入圖有負權重迴路。Johnson 演算法使用第 22 章的 Dijkstra 演算法與 Bellman-Ford 演算法作為子程序。

Johnson 演算法使用**重新加權**（*reweighting*）技術，其做法如下。如果在圖 $G = (V, E)$ 裡面的所有權重都不是負值，你可以在每個頂點執行一次 Dijkstra 演算法，以找出每一對頂點之間的最短路徑。在使用斐波那契堆積最小優先佇列時，這個 all-pairs 演算法的執行時間是 $O(V^2 \lg V + VE)$。如果 G 有負權重邊，但沒有負權重迴路，那就先計算一組新的非負權重，以便執行 Dijkstra 演算法。這組新權重 $\hat{w}$ 必須滿足兩項重要特性：

1. 對每一對頂點 $u, v \in V$ 而言，若且唯若路徑 p 是使用權重函數 $\hat{w}$ 時從 u 到 v 的最短路徑，則 p 是使用權重函數時從 u 到 v 的最短路徑。

2. 對所有邊 (u, v) 而言，新權重 $\hat{w}(u, v)$ 非負值。

我們很快就會看到，預先處理 G 來找出新權重函數 $\hat{w}$ 耗時 $O(VE)$。

用重新加權來保存最短路徑

下面的引理說明如何對邊進行重新加權，以滿足上述第一個特性。我們用 δ 來表示以權重函數 w 獲得的最短路徑權重，用 $\hat{\delta}$ 表示以權重函數 $\hat{w}$ 獲得的最短路徑權重。

引理 23.1（重新加權不會改變最短路徑）

給定一個加權有向圖 $G = (V, E)$，其權重函數為 $w: E \to \mathbb{R}$，設 $h: V \to \mathbb{R}$ 是將頂點對映至實數的任何函數。設每條邊 $(u, v) \in E$，我們定義

$$\hat{w}(u, v) = w(u, v) + h(u) - h(v) \tag{23.10}$$

設 $p = \langle v_0, v_1, \ldots, v_k \rangle$ 是從 v_0 到 v_k 的任意路徑。若且唯若 p 是使用權重函數 $\hat{w}$ 時從 v_0 到 v_k 的最短路徑，則 p 是使用權重函數 w 時的最短路徑。也就是說，$w(p) = \delta(v_0, v_k)$ 若且唯若 $\hat{w}(p) = \hat{\delta}(v_0, v_k)$。此外，若且唯若 G 使用權重函數 $\hat{w}$ 時有負權重迴路，則 G 使用權重函數 w 時有負權重迴路。

證明 我們先證明

$$\hat{w}(p) = w(p) + h(v_0) - h(v_k) \tag{23.11}$$

我們得到

$$\begin{aligned}
\hat{w}(p) &= \sum_{i=1}^{k} \hat{w}(v_{i-1}, v_i) \\
&= \sum_{i=1}^{k} (w(v_{i-1}, v_i) + h(v_{i-1}) - h(v_i)) \\
&= \sum_{i=1}^{k} w(v_{i-1}, v_i) + h(v_0) - h(v_k) \quad \text{（因為和式分項對消）} \\
&= w(p) + h(v_0) - h(v_k)
\end{aligned}$$

因此，從 v_0 到 v_k 的任何路徑都有 $\hat{w}(p) = w(p) + h(v_0) - h(v_k)$。由於 $h(v_0)$ 與 $h(v_k)$ 與路徑無關，如果從 v_0 到 v_k 的路徑比使用權重函數 w 的另一條路徑更短，那麼使用 $\hat{w}$ 時，它也會更短。因此，$w(p) = \delta(v_0, v_k)$ 若且唯若 $\hat{w}(p) = \hat{\delta}(v_0, v_k)$。

最後，我們證明若且唯若 G 使用權重函數 $\hat{w}$ 時有負權重迴路，則 G 使用權重函數 w 時有負權重迴路。考慮任何迴路 $c = \langle v_0, v_1, ..., v_k \rangle$，其中 $v_0 = v_k$。根據式 (23.11)，

$$\hat{w}(c) = w(c) + h(v_0) - h(v_k)$$
$$= w(c)$$

因此，使用 w 時 c 有負權重若且唯若使用 $\hat{w}$ 時它有負權重。

用重新加權來產生非負權重

我們的下一個目標是確保第二個特性成立：對所有邊 $(u, v) \in E$ 而言，$\hat{w}(u, v)$ 必須是非負值。給定一個加權的有向圖 $G = (V, E)$，其權重函數為 $w:E \to \mathbb{R}$，我們將看看如何製作一個新圖 $G' = (V', E')$，其中 $V' = V \cup \{s\}$，新頂點 $s \notin V$，且 $E' = E \cup \{(s,v) : v \in V\}$。為了納入新頂點 s，我們擴展權重函數 w，使得對所有 $v \in V$ 而言，$w(s, v) = 0$。因為沒有邊進入 s，所以在 G' 裡，除了起點為 s 的路徑之外，沒有其他的最短路徑裡面有 s。此外，若且唯若 G 沒有負權重迴路，則 G' 沒有負權重迴路。圖 23.6(a) 是與圖 23.1 的圖 G 對應的圖 G'。

假設 G 與 G' 沒有負權重迴路。我們定義對所有 $v \in V'$ 而言，函數 $h(v) = \delta(s, v)$。根據三角不等式（第 609 頁的引理 22.10）可得，對所有邊 $(u, v) \in E'$ 而言，$h(v) \leq h(u) + w(u, v)$。因此，根據式 (23.10) 的重新加權 $\hat{w}$ 可得，$\hat{w}(u, v) = w(u, v) + h(u) - h(v) \geq 0$，因而滿足第二個特性。圖 23.6(b) 是將圖 23.6(a) 重新加權後的 G'。

計算 all-pairs 最短路徑

計算 all-pairs 最短路徑的 Johnson 演算法使用 Bellman-Ford 演算法（第 22.1 節）和 Dijkstra 演算法（第 22.3 節）作為子程序。第 642 頁的 JOHNSON 程序是它的虛擬碼。它隱性地假設，邊都被存放在相鄰串列中。這個演算法若非回傳一般的 $|V| \times |V|$ 矩陣 $D = (d_{ij})$，其中 $d_{ij} = \delta(i, j)$，就是回報輸入圖有負權重迴路。如同一般的 all-pairs 最短路徑演算法，它假設頂點的編號是從 1 到 $|V|$。

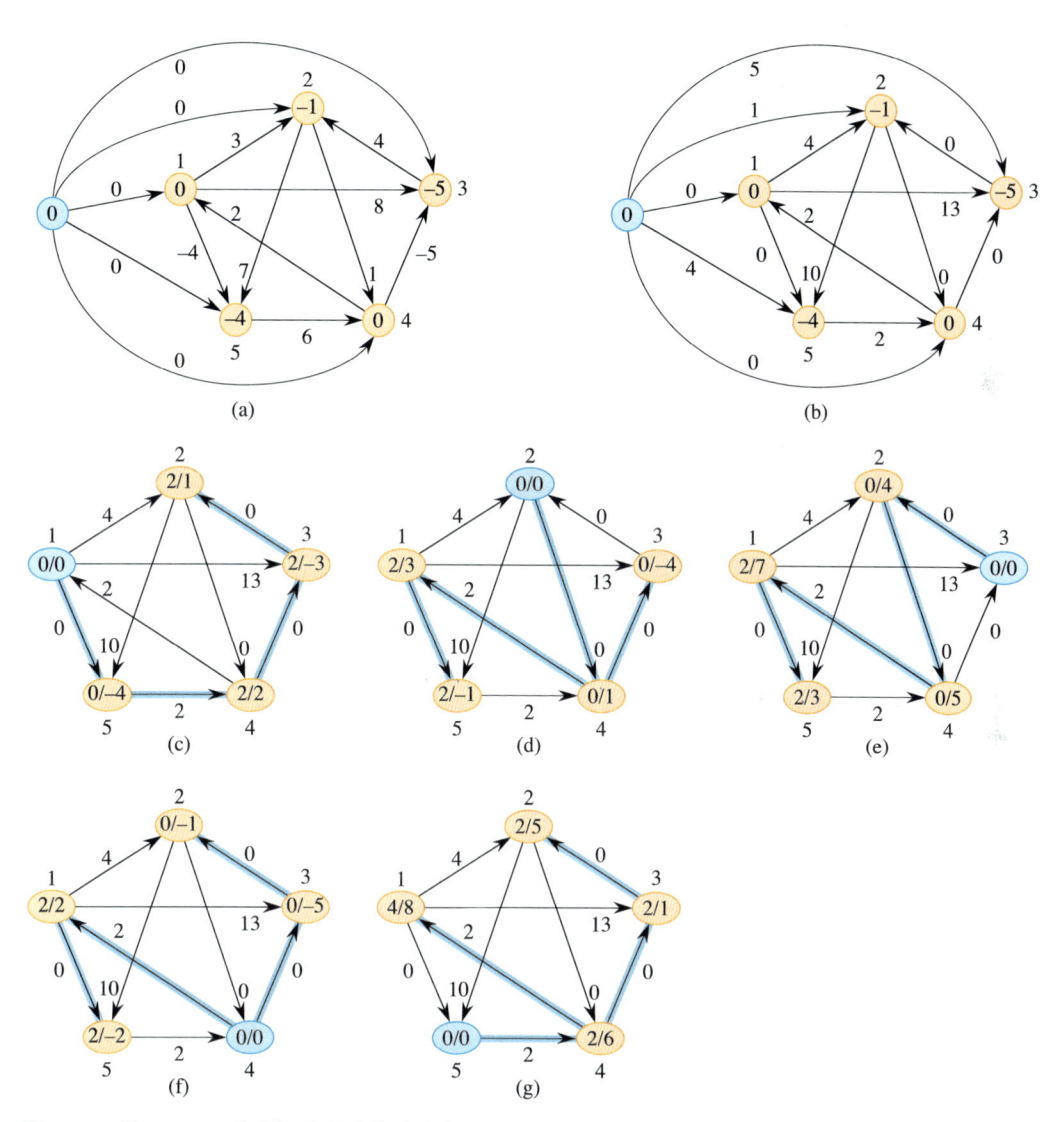

圖 23.6 用 Johnson 的最短路徑演算法來處理圖 23.1 中的圖。在頂點外面的數字是頂點編號。**(a)** 使用原始權重函數 w 的 G'。藍色代表新頂點。在各個頂點 v 裡面的數字是 $h(v) = \delta(s, v)$。**(b)** 在重新加權後，每一條邊 (u, v) 使用權重函數 $\hat{w}(u, v) = w(u, v) + h(u) - h(v)$。**(c)~(g)** 是用 Dijkstra 演算法來處理權重函數為 $\hat{w}$ 的 G 的每個頂點的結果。在每張小圖裡，藍色的頂點是起點 u，屬於最短路徑樹的藍邊是演算法計算出來的。在每個頂點 v 裡面的是 $\hat{\delta}(u, v)$ 與 $\delta(u, v)$ 值，以斜線分開。$d_{uv} = \delta(u, v)$ 等於 $\hat{\delta}(u, v) + h(v) - h(u)$。

JOHNSON(G, w)
1   compute G', where $G'.V = G.V \cup \{s\}$,
    $G'.E = G.E \cup \{(s, v) : v \in G.V\}$, and
    $w(s, v) = 0$ for all $v \in G.V$
2   **if** BELLMAN-FORD(G', w, s) == FALSE
3   print "the input graph contains a negative-weight cycle"
4   **else for** each vertex $v \in G'.V$
5   set $h(v)$ to the value of $\delta(s, v)$
            computed by the Bellman-Ford algorithm
6   **for** each edge $(u, v) \in G'.E$
7           $\hat{w}(u, v) = w(u, v) + h(u) - h(v)$
8   let $D = (d_{uv})$ be a new $n \times n$ matrix
9   **for** each vertex $u \in G.V$
10   run DIJKSTRA($G, \hat{w}, u$) to compute $\hat{\delta}(u, v)$ for all $v \in G.V$
11   **for** each vertex $v \in G.V$
12              $d_{uv} = \hat{\delta}(u, v) + h(v) - h(u)$
13   **return** D

JOHNSON 程序僅執行了前面指定的動作。第 1 行產生 G'。第 2 行用 Bellman-Ford 演算法來處理 G'，使用權重函數 w 與起點 s。如果 G' 有負權重迴路，那麼 G 也有，第 3 行回報問題。第 4~12 行假定 G' 沒有負權重迴路。第 4~5 行將 $h(v)$ 設為 Bellman-Ford 為所有 $v \in V'$ 計算的最短路徑權重 $\delta(s, v)$。第 6~7 行計算新權重 $\hat{w}$。第 9~12 行的 **for** 迴圈為 V 的每個頂點呼叫 Dijkstra 演算法一次，來為每一對頂點 $u, v \in V$ 計算最短路徑權重 $\hat{\delta}(u, v)$。第 12 行在矩陣項目 d_{uv} 裡儲存正確的最短路徑權重 $\delta(u, v)$，它是用式 (23.11) 算來的。最後，第 13 行回傳完成的 D 矩陣。圖 23.6 是執行 Johnson 演算法的情況。

如果 Dijkstra 演算法裡面的最小優先佇列是用斐波那契堆積來實作的，那麼 Johnson 演算法的執行時間是 $O(V^2 \lg V + VE)$。較簡單的二元堆積實作可產生 $O(VE \lg V)$ 的執行時間，如果圖是稀疏的，它的漸近速度仍然比 Floyd-Warshall 演算法更快。

習題

23.3-1
用 Johnson 演算法來找出圖 23.2 中的圖的每對頂點的最短路徑。寫出演算法算出來的 h 與 $\hat{w}$ 值。

23.3-2
將新頂點 s 加入 V 以產生 V' 的目的是什麼？

23.3-3
假設對所有邊 $(u, v) \in E$ 而言，$w(u, v) \geq 0$。權重函數 w 與 $\hat{w}$ 有什麼關係？

23.3-4
Greenstreet 教授說有一種比 Johnson 演算法更簡單的方法可重設邊的權重。設 $w^* = \min\{w(u, v):(u, v) \in E\}$，我們只要為所有邊 $(u, v) \in E$ 定義 $\hat{w}(u, v) = w(u, v) - w^*$ 即可。教授的重新加權方法錯在哪裡？

23.3-5
證明：若 G 有 0 權重迴路 c，則對 c 內的每條邊而言，$\hat{w}(u, v) = 0$。

23.3-6
Michener 教授認為沒必要在 Johnson 的第 1 行建立一個新的源頭頂點。他建議使用 $G' = G$，並將 s 設為任意頂點。如果 Johnson 演算法採用教授的想法，舉一個使它產生錯誤答案的加權有向圖 G 案例。假設 $\infty - \infty$ 是未定義的，具體來說，它不是 0。然後證明如果 G 是強連通的（每一個頂點都可以到達每一個其他頂點），那麼採用教授想法的 Johnson 回傳的結果是正確的。

挑戰

23-1 動態圖的遞移閉包

你想在將邊插入有向圖 $G = (V, E)$ 的 E 時，記錄它的遞移閉包。也就是說，在插入邊後，你想更新迄今為止被插入的邊的遞移閉包。G 最初沒有邊，遞移閉包用布林矩陣來表示。

a. 說明在將新邊加入 G 時，如何在 $O(V^2)$ 時間內更新圖 $G = (V, E)$ 的遞移閉包 $G^* = (V, E^*)$。

b. 給出一個圖 G 與一條邊 e，滿足將 e 插入 G 後，更新遞移閉包需要 $\Omega(V^2)$ 時間，無論使用哪一種演算法。

c. 寫出一種演算法，在邊被插入圖中時更新遞移閉包。你的演算法在處理任何連續的 r 次插入時，都必須以 $\sum_{i=1}^{r} t_i = O(V^3)$ 時間執行，其中 t_i 是在插入第 i 條邊時更新遞移閉包的時間。證明你的演算法達到這個時間界限。

23-2 在 ϵ 密集圖裡的最短路徑

滿足以下條件的圖 $G = (V, E)$ 稱為 ϵ 密集：$|E| = \Theta(V^{1+\epsilon})$，其中常數 ϵ 的範圍為 $0 < \epsilon \le 1$。d 元最小堆積（見第 171 頁的挑戰 6-2）可讓你不必使用複雜的資料結構，就可讓最短路徑演算法處理密集圖的速度相當於採用斐波那契堆積的演算法。

a. 在一個 d 元最小堆積中，INSERT、EXTRACT-MIN 和 DECREASE-KEY 操作的漸近執行時間為何？以 d 和元素數量 n 的函數來表示。如果你選擇 $d = \Theta(n^\alpha)$，$0 <$ 常數 $\alpha \le 1$，比較這些操作的執行時間，與它們在斐波那契堆積裡的平攤成本。

b. 說明如何在 $O(E)$ 時間內，為 ϵ 密集、無負權重邊的有向圖 $G = (V, E)$ 裡的一個起點計算最短路徑（提示：選擇 ϵ 的函數作為 d）。

c. 說明如何在 $O(VE)$ 時間內，為一個無負權重邊、ϵ 密集的有向圖 $G = (V, E)$ 計算 all-pairs 最短路徑。

d. 說明如何在 $O(VE)$ 時間內，為一個可能有負權重邊但沒有負權重迴路、ϵ 密集的有向圖 $G = (V, E)$ 計算 all-pairs 最短路徑。

後記

Lawler [276] 為 all-pairs 最短路徑問題做了很好的說明。他認為矩陣乘法演算法來自民間。Floyd-Warshall 演算法是 Floyd [144] 提出的，他根據 Warshall [450] 的一個定理，該定理描述如何計算布林矩陣的遞移閉包。Johnson 的演算法取自 [238]。

有一些研究者提出使用矩陣乘法來計算最短路徑的改進演算法。Fredman [153] 展示了如何對邊權重和進行 $O(V^{5/2})$ 次比較，來解決 all-pairs 最短路徑問題，並設計出一個執行時間為 $O(V^3 (\lg \lg V/\lg V)^{1/3})$ 的演算法，其執行時間略優於 Floyd-Warshall 演算法。這個界限已被多次改進，目前最快的演算法是 Williams [457] 提出的，其執行時間為 $O(V^3/2^{\Omega(\lg^{1/2} V)})$。

另一條研究路線展示了如何將快速矩陣乘法演算法（見第 4 章的後記）應用在 all-pairs 最短路徑問題上。設 $O(n^\omega)$ 是將兩個 $n \times n$ 矩陣相乘的最快演算法的執行時間。Galil 和 Margalit [170, 171] 及 Seidel [403] 設計的演算法可以在 $(V^\omega p(V))$ 時間內解決未加權無向圖的 all-pairs 最短路徑問題，其中 $p(n)$ 是以 n 的多項式為界的特殊函數。在處理密集圖時，這些演算法的速度比執行 $|V|$ 廣度優先搜尋所需的 $O(VE)$ 時間更快。有一些研究者擴大這些

成果，提出計算無向圖的 all-pairs 最短路徑的演算法，圖的邊權重是在 $\{1, 2, ..., W\}$ 範圍內的整數。根據 Shoshan 與 Zwick [410] 的說法，這類演算法的漸近速度最快可達 $O(WV^\omega p(VW))$ 時間。在有向圖裡，迄今最佳演算法是 Zwick [467] 提出的，其執行時間為 $\tilde{O}(W^{1/(4-\omega)}V^{2+1/(4-\omega)})$。

Karger、Koller 和 Phillips [244] 以及獨立的 McGeoch [320] 提出與 E^* 有關的時間界限，E^* 是 E 中屬於某個最短路徑的邊的集合。他們的演算法可在 $O(VE^* + V^2 \lg V)$ 時間內處理一個非負權重的圖，且當 $|E^*| = o(E)$ 時，其速度比 Dijkstra 演算法好 $|V|$ 倍。Pettie [355] 用一種基於組件層次結構（component hierarchies）的方法，實現了 $O(VE + V^2 \lg \lg V)$ 的執行時間，Hagerup [205] 也實現了同樣的執行時間。

Baswana、Hariharan 和 Sen [37] 研究了幾種減量演算法（decremental algorithm），這些演算法可對邊進行一系列混合的刪除和查詢，可維護 all-pairs 最短路徑和遞移閉包資訊。當路徑存在時，他們的隨機遞移閉包演算法有 $1/n^c$ 的機率不會回報它，其中 $c > 0$。查詢時間是 $O(1)$ 的機率很高。對於遞移閉包，每次更新的平攤時間是 $O(V^{4/3} \lg^{1/3} V)$。相比之下，挑戰 23-1（涉及邊的插入）採用增量演算法。all-pairs 最短路徑的更新時間與查詢有關。對於僅回報最短路徑權重的查詢，每次更新的平攤時間是 $O(V^3/E \lg^2 V)$。對於回報實際最短路徑的查詢，平攤的更新時間是 $\min\{O(V^{3/2}\sqrt{\lg V}), O(V^3/E \lg^2 V)\}$。Demetrescu 和 Italiano [111] 介紹如何在既插入邊又刪除邊的情況下處理更新和查詢操作，前提是邊權重的範圍是有限的。

Aho、Hopcroft 和 Ullman [5] 定義了一個稱為「closed semiring」的代數結構，可當成處理有向圖路徑問題的一般框架。Floyd-Warshall 演算法和第 23.2 節的遞移閉包演算法都是採用 closed semiring 的 all-pairs 演算法的實例。Maggs 和 Plotkin [309] 提出了如何使用 closed semiring 來尋找最小生成樹。

24 最大流量

如同之前使用有向圖來模擬路線圖，以尋找兩個地點之間的最短路徑，我們也可以將有向圖視為「流量網路」，並用它來回答關於物質流動的問題。試想，有某種材料在一個源頭被生產出來，並且經過一個系統，到達耗用該材料的匯集點。源頭以穩定的速度生產材料，而匯集點以同樣的速度耗用材料。直覺上，材料在系統中的任何一點的「流量（flow）」就是它的移動速率。流量網路可以模擬許多問題，包括液體在管道中的流動，零件在生產線上的流動，電流在電網中的流動，以及資訊在通訊網路中的流動。

我們可以將流量網路中的有向邊都視為材料管道。每一條管道都有一個明確的容量，可視為材料流經管道的最大速率，例如每小時有 200 加侖的液體流經管道，或 20 安培的電流流經電線。網路中的頂點是管道頂點，除了源頭和匯集點之外，材料會流經頂點，而不是在裡面聚集。換句話說，材料進入頂點的速度必須等於材料離開頂點的速度。我們將此特性稱為「流量守恆」，當材料是電流時，它相當於克希何夫電流定律。

最大流量問題的目標是在不違反任何容量限制的情況下，算出將材料從源頭送到匯集點的最大速率。這是流量網路最簡單的問題之一，正如我們將在本章中看到的，這個問題可以用高效的演算法來解決。此外，其他網路流動問題也可以藉著改變最大流量演算法使用的基本技術來解決。

本章將介紹兩種處理最大流量問題的一般方法。第 24.1 節會正式定義流量網路和物流（flow）的概念，並正式定義最大流量問題。第 24.2 節會介紹 Ford 和 Fulkerson 的經典方法，其用途是尋找最大流量。最後，第 24.3 節會介紹這種方法的一種簡單應用，也就是在一個無向二部圖中找出最多配對（第 25.1 節將提供一種更高效的演算法，該演算法是專門為了尋找二部圖的最多配對而設計的）。

24.1 流量網路

本節將提供流量網路的圖論定義，討論它們的特性，並準確地定義最大流量問題。本節也會介紹一些有用的符號。

流量網路與物流

流量網路 $G = (V, E)$ 是一個有向圖，其中每條邊 $(u, v) \in E$ 都有非負值的**容量** $c(u, v) \geq 0$。我們進一步規定，如果 E 有 (u, v)，反向邊 (v, u) 就不存在（等一下會說明如何繞過這個限制）。如果 $(u, v) \notin E$，為了方便請見，我們定義 $c(u, v) = 0$，而且我們不允許自迴路。每一個流量網路都有兩個特別的頂點：**源頭** s，與**匯集點** t。為了方便起見，我們假設每個頂點都位於從源頭到匯集點的一條路徑上。亦即，對於每一個頂點 $v \in V$，流量網路皆包含一條路徑 $s \rightsquigarrow v \rightsquigarrow t$。因為除了 s 之外的每一個頂點都至少有一條入邊，所以 $|E| \geq |V| - 1$。圖 24.1 是一個流量網路範例。

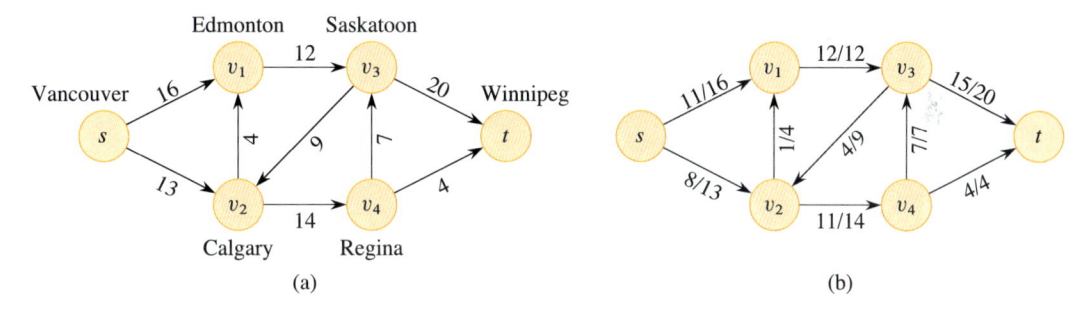

圖 24.1 (a) 描述 Lucky Puck 公司的卡車運輸問題的流量網路 $G = (V, E)$。Vancouver 工廠是源頭 s，而 Winnipeg 倉庫是匯集點 t。該公司會在中間城市之間運送冰球，但每天只能從城市 u 運送 $c(u, v)$ 箱到城市 v，每條邊都標示其容量。(b) 在 G 中的一個物流 f，其值為 $|f| = 19$。每條邊 (u, v) 都被標上 $f(u, v)/c(u, v)$。斜線只是為了將物流和容量分開，不是指除法。

我們現在要更正式地定義物流。設 $G = (V, E)$ 是流量網路，它有容量函數 c。設 s 是網路的源頭，t 是匯集點。在 G 裡面的**物流**（*flow*）就是一個實值函數 $f: V \times V \rightarrow \mathbb{R}$，滿足以下兩個特性：

流量限制： 對所有 $u, v \in V$，我們要求

$$0 \leq f(u, v) \leq c(u, v)$$

從一個頂點到另一個頂點的物流必須是非負值，而且不能超過規定容量。

流量守恆： 對於所有 $u \in V - \{s, t\}$，我們要求

$$\sum_{v \in V} f(v, u) = \sum_{v \in V} f(u, v)$$

流入非源頭和匯集點的頂點的總流量必須等於流出該頂點的總流量，用非正式的話來說，就是「流入等於流出」。

當 $(u, v) \notin E$ 時，沒有物流從 u 流到 v，所以 $f(u, v) = 0$。

我們將非負數量 $f(u, v)$ 稱為從頂點 u 到頂點 v 的物流。物流 f 的**值** $|f|$ 的定義為

$$|f| = \sum_{v \in V} f(s, v) - \sum_{v \in V} f(v, s) \tag{24.1}$$

也就是從源頭流出的總流量減去流入源頭的流量（在此，$|\cdot|$ 代表物流值，不是絕對值或元素數量）。一般來說，流量網路沒有進入源頭的邊，且進入源頭的流量是 0，流量以 $\sum_{v \in V} f(v, s)$ 來表示。但是我們加入進入源頭的邊，因為在本章稍後介紹的剩餘網路中，進入源頭的流量可能是正值。在**最大流量問題**中，輸入是一個具有源頭 s 和匯集點 t 的流量網路 G，問題的目標是算出最大流量。

物流的例子

流量網路可以模擬圖 24.1(a) 的卡車運輸問題。Lucky Puck Company 在 Vancouver 有一間生產冰球的工廠（源頭 s），在 Winnipeg 有一間儲存冰球的倉庫（匯集點 t）。Lucky Puck 向另一家公司租用卡車上的空間，想將冰球從工廠運到倉庫。因為卡車會在城市（頂點）間的特定路線（邊）行駛，並且容量有限，所以 Lucky Puck 每天最多只能在圖 24.1 (a) 的每一對城市 u 和 v 之間運送 $c(u, v)$ 箱。Lucky Puck 無法控制這些路線和容量，因此不能改變圖 24.1(a) 的流量網路。他們必須算出每天可以運送的最大箱數 p，然後生產那個數量，因為無法運送的冰球沒必要生產。Lucky Puck 不在乎冰球從工廠運到倉庫需要多久。他們只關心每天有 p 個箱子離開工廠、每天有 p 個箱子到達倉庫。

在這個網路中的物流是貨運的「物流」模型，因為每天從一個城市運到另一個城市的箱子有容量限制。此外，這個模型必須遵守流量守恆，因為在穩定狀態下，冰球進入一個中間城市的速度必須等於離開城市的速度，否則，箱子會塞在中間城市。

用反向平行邊來模擬問題

假設貨運公司讓 Lucky Puck 可以在從 Edmonton 開到 Calgary 的卡車裡租用 10 個箱子的空間。將這個機會加入我們的範例，並形成圖 24.2(a) 所示的網路，應該是很自然的事情。然而，這個網路有一個問題：它違反了原來的假設：若邊 $(v_1, v_2) \in E$，則邊 $(v_2, v_1) \notin E$。我們稱這兩條邊 (v_1, v_2) 和 (v_2, v_1) 是**反向平行**的。因此，為了模擬具有反向平行邊的物流問題，我們必須將網路轉換成不含反向平行邊的等效網路。圖 24.2(b) 就是這個等效網路。轉換網路的方法是先選擇兩條反向平行邊之一，本例選擇 (v_1, v_2)，再加入一個新頂點 v' 並將 (v_1, v_2) 換成 (v_1, v') 和 (v', v_2) 來分開它。我們也將兩條新邊的容量設成原邊的容量。處理後的網路滿足這個特性：若一條邊屬於網路，則其反向邊不屬於網路。就像習題 24.1-1 將請你證明的那樣，處理後的網路與原始網路是等效的。

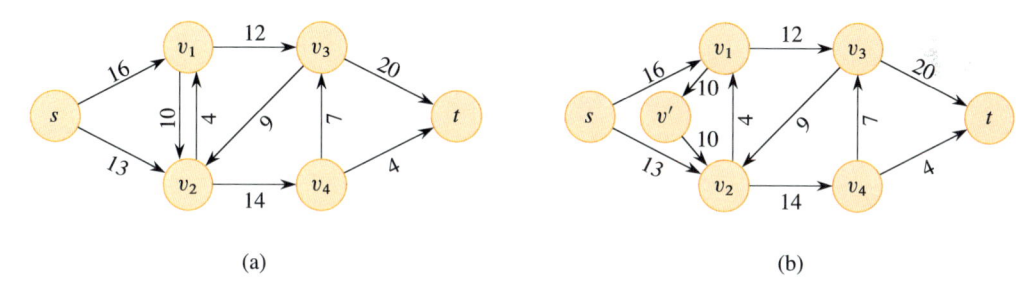

圖 24.2 將具有反向平行邊的網路轉換成沒有反向平行邊的等效網路。**(a)** 有邊 (v_1, v_2) 也有邊 (v_2, v_1) 的流量網路。**(b)** 沒有反向平行邊的等效網路。我們加入新頂點 v'，將邊 (v_1, v_2) 換成一對邊 (v_1, v') 與 (v', v_2)，它們的流量都是 (v_1, v_2)。

有多個源頭和匯集點的網路

最大流量問題可能有多個源頭和匯集點，而不是只有一個。例如，Lucky Puck 公司實際上可能有 m 個工廠 $\{s_1, s_2, ..., s_m\}$ 和 n 個倉庫 $\{t_1, t_2, ..., t_n\}$，如圖 24.3(a) 所示。幸好，這個問題不會比普通的最大流量還要難。

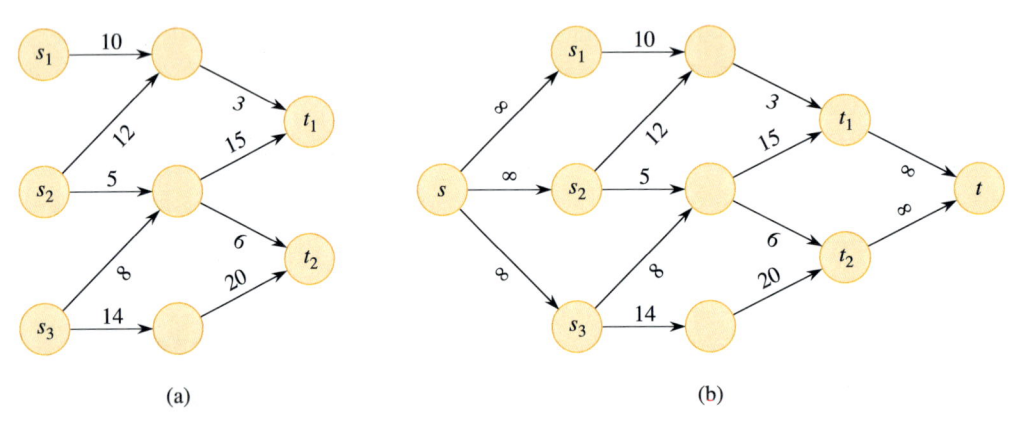

圖 24.3 將多源多匯集點最大流量問題轉換為單源單匯集點問題。**(a)** 有三個源頭 $S = \{s_1, s_2, s_3\}$ 和兩個匯集點 $T = \{t_1, t_2\}$ 的流量網路。**(b)** 等效的單源單匯集點流量網路。我們加入一個超源頭 s，以及從 s 到每一個源頭的無限容量邊。我們也加入一個超匯集點 t，以及從每個匯集點到 t 的無限容量邊。

在多源頭與多匯集點的網路中找出最大流量的問題，可以化簡成普通的最大流量問題。圖 24.3(b) 展示如何將 (a) 的網路轉換成只有一個源頭和一個匯集點的普通流量網路。我們加入一個**超源頭** s 並為每個 $i = 1, 2, ..., m$ 加入容量 $c(s, s_i)$ 為 ∞ 的有向邊 (s, s_i)。同理，我們建立一個新的**超匯集點** t，並為每個 $i = 1, 2, ..., m$ 加入容量 $c(t, t_i)$ 為 ∞ 的有向邊 (t_i, t)。直覺上，在 (a) 的網路中的任何物流都可對應 (b) 的網路的物流，反之亦然。單一超源頭 s 可為所有源頭 s_i 提供它們所需的流量，單一超匯集點 t 可消耗所有匯集點 t_i 所消耗的流量。習題 24.1-2 將請你正式地證明這兩個問題是等效的。

習題

24.1-1
證明在流量網路中切開一條邊可以得到一個等效的網路。更正式地說，假設流量網路 G 有邊 (u, v)，我們藉著建立一個新頂點 x，並將 (u, v) 換成新的邊 (u, x) 和 (x, v) 來定義一個新的流量網路 G'，且 $c(u, x) = c(x, v) = c(u, v)$。證明在 G' 中的最大流量與在 G 中的最大流量相同。

24.1-2
我們將物流特性和定義擴展成多源頭多匯集點問題。證明在多源頭多匯集點流量網路裡的任何物流，都可以對映到藉著加入超源頭和超匯集點來產生的單源頭單匯集點網路內的一個同值物流，反之亦然。

24.1-3
假設流量網路 $G = (V, E)$ 違反這個假設：對所有頂點 $v \in V$ 而言，網路包含路徑 $s \leadsto v \leadsto t$。設 u 沒有路徑 $s \leadsto u \leadsto t$。證明在 G 裡一定存在一個最大流量 f，滿足對所有頂點 $v \in V$ 而言，$f(u, v) = f(v, u) = 0$。

24.1-4
設 f 是一個網路中的物流，α 是一個實數，αf 是**純量流積**（*scalar flow product*），它是一個從 $V \times V$ 對映至 $\mathbb{R}$ 的函數，其定義為

$$(\alpha f)(u, v) = \alpha \cdot f(u, v)$$

證明在網路中的物流形成一個**凸集合**。亦即，證明若 f_1 與 f_2 是物流，那麼對 $0 \leq \alpha \leq 1$ 的所有 α 而言，$\alpha f_1 + (1 - \alpha) f_2$ 也是物流。

24.1-5
將最大流問題表示為線性規劃問題的形式。

24.1-6
Adam 教授有兩個孩子，令人難過的是，他們都不喜歡對方。這個問題非常嚴重，他們不但拒絕一起走路上學，甚至拒絕經過另一人在當天經過的任何街區。但他們不在乎路線相交。幸好，教授的房子和學校都在轉角處，但他不知道有沒有可能把兩個小孩送到同一所學校就學。教授有一張小鎮的地圖。說明如何將「確定兩個小孩能不能上同一所學校」這個問題定義成最大流量問題。

24.1-7

假設除了邊的容量之外，流量網路還有**頂點容量**。也就是說，每個頂點 v 都有一個 $l(v)$，限制可以通過 v 的流量。說明如何將具有頂點容量的流量網路 $G = (V, E)$，轉換成沒有頂點容量的等價流量網路 $G' = (V', E')$，讓 G' 裡的最大流量與 G 裡的最大流量一樣大。G' 有多少頂點與邊？

24.2 Ford-Fulkerson 方法

本節要介紹解決最大流量問題的 Ford-Fulkerson 方法。我們稱之為「方法」而不是「演算法」，因為它有幾種執行時間不同的實現方式。Ford-Fulkerson 方法依賴三個重要的概念，這三個概念不只與 Ford-Fulkerson 有關，也與許多物流演算法和問題有關，包括剩餘網路、增量路徑和切線。這些概念對重要的 max-flow min-cut 定理（定理 24.6）至關重要，該定理用流量網路的切線來描述最大物流值。在本節的結尾，我們會介紹 Ford-Fulkerson 方法的具體實作，並分析它的執行時間。

Ford-Fulkerson 方法會迭代地增加流量值。最初，對所有 $u, v \in V$ 而言，$f(u, v) = 0$。每次迭代都會在相關的「剩餘網路」G_f 中找到一條「增量路徑（augmenting path）」[譯註]，進而增加 G 的流量值。在 G_f 裡，增量路徑的邊代表接下來要在 G 的哪些邊增加流量值並更新物流。雖然 Ford-Fulkerson 方法的每一次迭代都會增加流量值，但我們將看到，在 G 的任意邊的流量都可能增加或減少。雖然減少一條邊的流量看似違反直覺，但這樣做可能會使其他邊的流量增加，讓更多流量從源頭流向匯集點。FORD-FULKERSON-METHOD 程序實現的 Ford-Fulkerson 方法會反覆增加流量，直到剩餘網路沒有增量路徑為止。max-flow min-cut 定理指出，這個程序終止時，會產生最大流量。

FORD-FULKERSON-METHOD(G, s, t)
1   initialize flow f to 0
2   **while** there exists an augmenting path p in the residual network G_f
3   augment flow f along p
4   **return** f

為了實現和分析 Ford-Fulkerson 方法，我們還要介紹幾個額外的概念。

譯註 在本書中，augment 皆譯為「增量」，且「增量」皆是指 augment、augmentation。

剩餘網路

直觀地說，對於一個流量網路 G 和一個物流 f，剩餘網路 G_f 的邊的容量代表流量在 G 的邊可能如何改變。流量網路的邊還能容納的流量等於該邊的容量減去該邊的流量。如果該值是正的，那條邊在 G_f 裡有「剩餘容量」$c_f(u, v) = c(u, v) - f(u, v)$。可容納更多流量的 G 邊才屬於 G_f。如果邊 (u, v) 的流量等於容量，它的 $c_f(u, v) = 0$，不屬於 G_f。

可能讓你驚訝的是，剩餘網路 G_f 也可能有不在 G 裡的邊。當演算法為了增加總流量而操作流量時，為了在其他地方增加流量，它可能需要減少某條邊的流量。為了表示 G 的一條邊上的正流量 $f(u, v)$ 可能減少的情況，剩餘網路 G_f 有一條具有剩餘容量 $c_f(v, u) = f(u, v)$ 的邊 (v, u)，亦即一條在 (u, v) 的相反方向上承載流量的邊，其流量最多可以抵消 (u, v) 上的流量。在剩餘網路中的這些反向邊，可讓演算法將它已經沿著一條邊發送的物流送回來。沿著邊將物流送回來，相當於減少邊的流量，在許多演算法中，這是一種必要的操作。

更確切地說，對於一個具有源頭 s、匯集點 t 和物流 f 的流動網路 $G = (V, E)$，考慮一對頂點 $u, v \in V$。**剩餘容量** $c_f(u, v)$ 的定義是

$$c_f(u, v) = \begin{cases} c(u, v) - f(u, v) & \text{若 } (u, v) \in E \\ f(v, u) & \text{若 } (v, u) \in E \\ 0 & \text{其他情況} \end{cases} \quad (24.2)$$

在流量網路中，$(u, v) \in E$ 意味著 $(v, u) \notin E$，所以每一對有序頂點都只會是式 (24.2) 中的一種情況。

舉個式 (24.2) 的例子，若 $c(u, v) = 16$ 且 $f(u, v) = 11$，那麼 $f(u, v)$ 最多可以再增加 $c_f(u, v) = 5$ 個單位，才會超過邊 (u, v) 的容量限制。換一種說法，最多有 11 個單位的流量可以從 v 回到 u，所以 $c_f(v, u) = 11$。

給定一個流量網路 $G = (V, E)$ 和一個物流 f，以 f 推導的 G 的**剩餘網路**是 $G_f = (V, E_f)$，其中

$$E_f = \{(u, v) \in V \times V : c_f(u, v) > 0\} \quad (24.3)$$

也就是說，如上所述，剩餘網路的每條邊，或**剩餘邊**，都可以容納大於 0 的流量。圖 24.4(a) 重繪圖 24.1 (b) 的流量網路 G 和物流 f，圖 24.4 (b) 是相應的剩餘網路 G_f。在 E_f 裡面的邊若不是 E 的邊，就是它們的反向，滿足

$$|E_f| \leq 2|E|$$

（a）

（b）

（c）

（d）

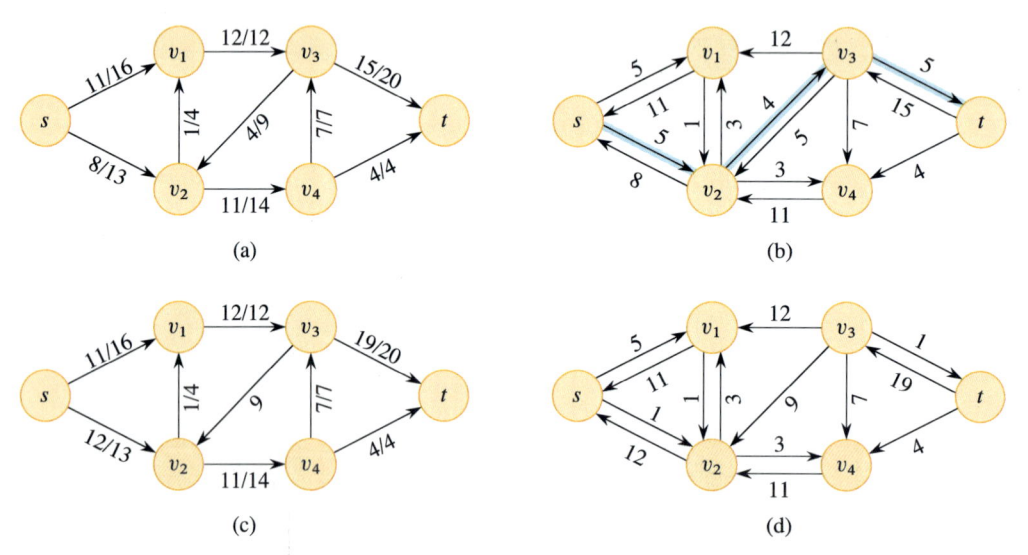

圖 24.4 (a) 圖 24.1 (b) 的流量網路 G 和物流 f。(b) 剩餘網路 G_f 的增強路徑 p（藍色），它的剩餘容量 $c_f(p) = c_f(v_2, v_3) = 4$。我們不顯示剩餘容量等於 0 的邊，例如 (v_1, v_3)，在本節的其餘部分將遵循這個習慣。(c) 在 G 中沿著路徑 p 加上剩餘容量 4 產生的物流。對於沒有流量的邊，我們僅標上它們的容量，例如 (v_3, v_2)，我們接下來也會遵循這個習慣。(d) 用 (c) 的流量推導出來的剩餘網路。

觀察一下，剩餘網路 G_f 類似一個容量為 c_f 的流量網路。然而，它不符合流量網路的定義，因為它可能有反向平行邊。除此以外，剩餘網路與流量網路有相同的特性，我們可以將剩餘網路中的物流定義成滿足物流定義的物流，但它與剩餘網路 G_f 裡的容量 c_f 有關。

在剩餘網路中的物流可以指引你在原始的流量網路中加入物流。如果 f 是在 G 中的物流，f' 是相應的剩餘網路 G_f 的物流，我們定義 $f \uparrow f'$ 就是將 f **增量** f'，它是一個將 $V \times V$ 對映到 $\mathbb{R}$ 的函數，其定義如下

$$(f \uparrow f')(u, v) = \begin{cases} f(u,v) + f'(u,v) - f'(v,u) & \text{若 } (u,v) \in E \\ 0 & \text{其他情況} \end{cases} \quad (24.4)$$

這個定義背後的直覺源自於剩餘網路的定義。在 (u, v) 上的流量增加 $f'(u, v)$，但減少 $f'(v, u)$，因為在剩餘網路的反向邊推送物流意味著在原始網路中減少流量。在剩餘網路的反向邊推送物流也稱為**抵消**（*cancellation*）。例如，假設有 5 箱冰球從 u 送到 v，2 箱從 v 送到 u。這相當於（從最終結果來看）有 3 箱從 u 送到 v，且沒有箱子從 v 送到 u。這種抵消對所有最大流量演算法來說都非常重要。

下面的引理說明，用 G_f 裡的一個物流來增加 G 裡的一個物流，會在 G 裡產生一個流量更大的新物流。

引理 24.1

設 $G = (V, E)$ 是個流量網路，它的源頭是 s，匯集點是 t，並設 f 是 G 裡的一道物流。設 G_f 是用 f 計算出來的 G 之剩餘網路，設 f' 是 G_f 中的一道物流。那麼在式 (24.4) 中定義的函數 $f \uparrow f'$ 是 G 中的一道值為 $|f \uparrow f'| = |f| + |f'|$ 的物流。

證明 我們先確定 $f \uparrow f'$ 滿足 E 的每條邊的容量限制，而且在 $V - \{s, t\}$ 裡的每個頂點都遵守流量守恆。

關於容量限制，我們先觀察，若 $(u, v) \in E$，則 $c_f(v, u) = f(u, v)$。因為 f' 是在 G_f 裡的一道物流，我們得到 $f'(v, u) \leq c_f(v, u)$，因而 $f'(v, u) \leq f(u, v)$。所以，

$$\begin{aligned}(f \uparrow f')(u, v) &= f(u, v) + f'(u, v) - f'(v, u) \quad \text{（根據式 (24.4)）} \\ &\geq f(u, v) + f'(u, v) - f(u, v) \quad \text{（因為 } f'(v, u) \leq f(u, v) \text{）} \\ &= f'(u, v) \\ &\geq 0\end{aligned}$$

此外

$$\begin{aligned}(f \uparrow f')(u, v) &= f(u, v) + f'(u, v) - f'(v, u) \quad \text{（根據式 (24.4)）} \\ &\leq f(u, v) + f'(u, v) \quad \text{（因為物件不是負的）} \\ &\leq f(u, v) + c_f(u, v) \quad \text{（容量限制）} \\ &= f(u, v) + c(u, v) - f(u, v) \quad \text{（}c_f \text{的定義）} \\ &= c(u, v)\end{aligned}$$

為了證明流量守恆成立，而且 $|f\uparrow f'| = |f| + |f'|$，我們先證明對所有 $u \in V$ 而言：

$$\sum_{v \in V}(f \uparrow f')(u, v) - \sum_{v \in V}(f \uparrow f')(v, u)$$
$$= \sum_{v \in V} f(u, v) - \sum_{v \in V} f(v, u) + \sum_{v \in V} f'(u, v) - \sum_{v \in V} f'(v, u) \quad (24.5)$$

因為我們不允許 G 有反向平行邊（但 G_f 可以），我們知道在 G 裡，每一個頂點 u 都可能有邊 (u, v) 或 (v, u)，但不會同時有兩者。我們為一個固定的頂點 u 定義 $V_l(u) = \{v:(u, v) \in E\}$ 是在 G 裡擁有離開 u 的邊的頂點集合，並定義 $V_e(u) = \{v:(v, u) \in E\}$ 是在 G 裡擁有進入 u 的邊的頂點集合。我們得到 $V_l(u) \cup V_e(u) \subseteq V$，而且，因為 G 沒有反向平行邊，所以 $V_l(u) \cap V_e(u) = \emptyset$。根據式 (24.4) 的流量增量定義，只有 $V_l(u)$ 裡面的頂點 v 可能有正的 $(f \uparrow f')(u, v)$，且只有 $V_e(u)$ 裡面的頂點 v 可能有正的 $(f \uparrow f')(v, u)$。我們從式 (24.5) 的左邊開始，利用這個事實，然後重新排列群組項，得到

$$\sum_{v \in V}(f \uparrow f')(u, v) - \sum_{v \in V}(f \uparrow f')(v, u)$$
$$= \sum_{v \in V_l(u)}(f \uparrow f')(u, v) - \sum_{v \in V_e(u)}(f \uparrow f')(v, u)$$
$$= \sum_{v \in V_l(u)}(f(u, v) + f'(u, v) - f'(v, u)) - \sum_{v \in V_e(u)}(f(v, u) + f'(v, u) - f'(u, v))$$
$$= \sum_{v \in V_l(u)} f(u, v) + \sum_{v \in V_l(u)} f'(u, v) - \sum_{v \in V_l(u)} f'(v, u)$$
$$\quad - \sum_{v \in V_e(u)} f(v, u) - \sum_{v \in V_e(u)} f'(v, u) + \sum_{v \in V_e(u)} f'(u, v)$$
$$= \sum_{v \in V_l(u)} f(u, v) - \sum_{v \in V_e(u)} f(v, u)$$
$$\quad + \sum_{v \in V_l(u)} f'(u, v) + \sum_{v \in V_e(u)} f'(u, v) - \sum_{v \in V_l(u)} f'(v, u) - \sum_{v \in V_e(u)} f'(v, u)$$
$$= \sum_{v \in V_l(u)} f(u, v) - \sum_{v \in V_e(u)} f(v, u) + \sum_{v \in V_l(u) \cup V_e(u)} f'(u, v) - \sum_{v \in V_l(u) \cup V_e(u)} f'(v, u) \quad (24.6)$$

在式 (24.6) 裡，全部的四個和式都可以擴展成對 V 求和，因為每個額外項的值都是 0（習題 24.2-1 會請你正式證明這一點）。計算對 V 進行全部的四個求和，而不是只對 V 的子集合，可證明式 (24.5) 的主張。

現在我們可以證明 $f \uparrow f'$ 滿足流量守恆,且 $|f \uparrow f'| = |f| + |f'|$。對於後者,在式 (24.5) 中,設 $u = s$。於是,我們得到

$$\begin{aligned}|f \uparrow f'| &= \sum_{v \in V}(f \uparrow f')(s, v) - \sum_{v \in V}(f \uparrow f')(v, s) \\ &= \sum_{v \in V} f(s, v) - \sum_{v \in V} f(v, s) + \sum_{v \in V} f'(s, v) - \sum_{v \in V} f'(v, s) \\ &= |f| + |f'|\end{aligned}$$

至於流量守恆,可觀察對於既非 s 亦非 t 的任何頂點 u 而言,f 與 f' 流量守恆意味著式 (24.5) 的右邊是 0,因此 $\sum_{v \in V}(f \uparrow f')(u, v) = \sum_{v \in V}(f \uparrow f')(v, u)$。 ∎

增量路徑

給定一個流量網路 $G = (V, E)$ 與一個物流 f,**增量路徑**(*augmenting path*)p 就是在剩餘網路 G_f 裡的一條從 s 到 t 的簡單路徑。根據剩餘網路的定義,在增量路徑上的邊 (u, v) 上的物流可以增加至 $c_f(u, v)$,而不違反原始流量網路的 (u, v) 與 (v, u) 的容量限制。

在圖 24.4(b) 的藍色路徑是一條增量路徑。將圖中的剩餘網路 G_f 視為流量網路的話,流經這個路徑的每條邊的物流可以增加 4 個單位,而不違反容量限制,因為在這條路徑上的最小剩餘容量是 $c_f(v_2, v_3) = 4$。我們將增量路徑 p 中的每一條邊可以增加的最大流量稱為 p 的**剩餘容量**(*residual capacity*),由此得出

$$c_f(p) = \min\{c_f(u, v) : (u, v) \text{ 在 } p \text{ 裡}\}$$

接下來的引理更精確地說明這個論點。習題 24.2-7 會請你證明。

引理 24.2

設 $G = (V, E)$ 是流量網路,設 f 是 G 裡的物流,並設 p 是 G_f 裡的增量路徑。我們定義函數 $f_p : V \times V \to \mathbb{R}$ 如下

$$f_p(u, v) = \begin{cases} c_f(p) & \text{若 } (u, v) \text{ 在 } p \text{ 上} \\ 0 & \text{其他情況} \end{cases} \tag{24.7}$$

那麼,f_p 是在 G_f 上的物流,值為 $|f_p| = c_f(p) > 0$。 ∎

下面的推論指出，將 f 加上 f_p，可在 G 中產生另一個更接近最大值的物流。圖 24.4(c) 是將圖 24.4(a) 的物流 f 加上圖 24.4(b) 的物流 f_p 的結果，圖 24.4(d) 是繼而產生的剩餘網路。

推論 24.3

設 $G = (V, E)$ 是流量網路，設 f 是 G 裡的物流，並設 p 是 G_f 裡的增量路徑。設 f_p 的定義是式 (24.7)，並假定 f 被加上 f_p。那麼函數 $f \uparrow f_p$ 是 G 裡的一個物流，其值 $|f \uparrow f_p| = |f| + |f_p| > |f|$。

證明 從引理 24.1 與 24.2 可直接得證。　　■

流量網路的切線

Ford-Fulkerson 方法會沿著增量路徑反覆加大物流，直到找到最大流量為止。我們怎麼知道當演算法終止時會找到最大流量？我們即將證明的 max-flow min-cut 定理告訴我們，若且唯若物流的剩餘網路沒有增量路徑，則它是最大值。但是，為了證明這個定理，我們必須先了解流量網路的切線概念。

流量網路 $G = (V, E)$ 的切線（*cut*）(S, T) 將 V 切成 S 與 $T = V-S$，使得 $s \in S$ 且 $t \in T$（這個定義類似第 21 章的最小生成樹的「切線」定義，但是在這裡切割的是有向圖而不是無向圖，而且我們堅持 $s \in S$ 且 $t \in T$）。若 f 是個物流，則跨越切線 (S, T) 的淨流量（*net flow*）$f(S, T)$ 的定義是

$$f(S, T) = \sum_{u \in S} \sum_{v \in T} f(u, v) - \sum_{u \in S} \sum_{v \in T} f(v, u) \tag{24.8}$$

切線 (S, T) 的容量是

$$c(S, T) = \sum_{u \in S} \sum_{v \in T} c(u, v) \tag{24.9}$$

一個網路的最小切線就是在網路的所有切線中，容量最小的那一條。

你應該有注意到，「穿越切線的流量」的定義和「切線容量」的定義不同，流量計算的是從兩個方向穿過切線的邊，而容量只計算從源點一側到匯集點一側的邊。這種不對稱是有意的且重要的。本節稍後將揭曉這個差異的原因。

圖 24.5 是圖 24.1(b) 的流量網路裡的切線 ($\{s, v_1, v_2\}, \{v_3, v_4, t\}$)。穿越這條切線的淨流量是

$$\begin{aligned} f(v_1, v_3) + f(v_2, v_4) - f(v_3, v_2) &= 12 + 11 - 4 \\ &= 19 \end{aligned}$$

這條切線的容量是

$$\begin{aligned} c(v_1, v_3) + c(v_2, v_4) &= 12 + 14 \\ &= 26 \end{aligned}$$

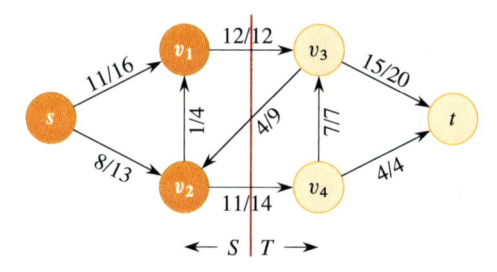

圖 24.5 在圖 24.1(b) 的流量網路中的一條切線 (S, T)，其中 $S = \{s, v_1, v_2\}$，$T = \{v_3, v_4, t\}$。橘色頂點屬於 S，棕色頂點屬於 T。穿越 (S, T) 的淨流量是 $f(S, T) = 19$，容量是 $c(S, T) = 26$。

下面的引理指出，對特定的物流 f 而言，穿越任何切線的淨流量都是相同的，而且等於 $|f|$，即物流的值。

引理 24.4

流量網路 G 的源頭為 s，匯集點為 t，設 f 是裡面的一個物流，並設 (S, T) 是 G 的任意切線。那麼，穿越 (S, T) 的淨流量是 $f(S, T) = |f|$。

證明　對於任意頂點 $u \in V - \{s, t\}$，我們重寫流量守恆性質如下：

$$\sum_{v \in V} f(u, v) - \sum_{v \in V} f(v, u) = 0 \tag{24.10}$$

根據式 (24.1) 對 $|f|$ 的定義，並將式 (24.10) 的左邊加進來（它等於 0），計算 $S - \{s\}$ 的所有頂點的總和，得到

$$|f| = \sum_{v \in V} f(s, v) - \sum_{v \in V} f(v, s) + \sum_{u \in S - \{s\}} \left(\sum_{v \in V} f(u, v) - \sum_{v \in V} f(v, u) \right)$$

將右邊的求和項展開並重新組合，可得

$$|f| = \sum_{v \in V} f(s,v) - \sum_{v \in V} f(v,s) + \sum_{u \in S-\{s\}} \sum_{v \in V} f(u,v) - \sum_{u \in S-\{s\}} \sum_{v \in V} f(v,u)$$

$$= \sum_{v \in V} \left(f(s,v) + \sum_{u \in S-\{s\}} f(u,v) \right) - \sum_{v \in V} \left(f(v,s) + \sum_{u \in S-\{s\}} f(v,u) \right)$$

$$= \sum_{v \in V} \sum_{u \in S} f(u,v) - \sum_{v \in V} \sum_{u \in S} f(v,u)$$

因為 $V = S \cup T$ 且 $S \cap T = \emptyset$，將每一個對 V 的求和分成對 S 和 T 的求和，得到

$$|f| = \sum_{v \in S} \sum_{u \in S} f(u,v) + \sum_{v \in T} \sum_{u \in S} f(u,v) - \sum_{v \in S} \sum_{u \in S} f(v,u) - \sum_{v \in T} \sum_{u \in S} f(v,u)$$

$$= \sum_{v \in T} \sum_{u \in S} f(u,v) - \sum_{v \in T} \sum_{u \in S} f(v,u)$$

$$+ \left(\sum_{v \in S} \sum_{u \in S} f(u,v) - \sum_{v \in S} \sum_{u \in S} f(v,u) \right)$$

在括號裡的兩個求和項其實是相同的，因為對所有頂點 $x, y \in S$ 而言，$f(x,y)$ 在各個求和項裡出現一次，所以，將這些求和項對消，得到

$$|f| = \sum_{u \in S} \sum_{v \in T} f(u,v) - \sum_{u \in S} \sum_{v \in T} f(v,u)$$

$$= f(S,T)$$

■

下面的推論根據引理 24.4，它指出切線的容量限制了物流值。

推論 24.5

在流量網路 G 中的任意物流 f 的值不超過 G 的任意切線的容量。

證明 設 (S, T) 是 G 的任何切線，並設 f 是任意物流，根據引理 24.4 與容量限制，

$$|f| = f(S,T)$$

$$= \sum_{u \in S} \sum_{v \in T} f(u,v) - \sum_{u \in S} \sum_{v \in T} f(v,u)$$

$$\leq \sum_{u \in S} \sum_{v \in T} f(u,v)$$

$$\leq \sum_{u \in S} \sum_{v \in T} c(u,v)$$

$$= c(S,T)$$

■

推論 24.5 直接給我們一個結論：網路中的最大流量值不會超過該網路的最小切線的容量。接下來要介紹和證明的 max-flow min-cut 定理很重要，它指出，最大流量值實際上等於最小切線的容量。

定理 24.6（max-flow min-cut 定理）

流量網路 $G = (V, E)$ 的源頭是 s，匯集點是 t，如果 f 是 G 裡的物流，那麼下面的條件是等價的：

1. f 是 G 的最大物流。
2. 剩餘網路 G_f 沒有增量路徑。
3. $|f| = c(S, T)$，(S, T) 是 G 的一條切線。

證明 (1) $\Rightarrow$ (2)：我們使用反證法，假設 f 是 G 的最大物流，但 G_f 有增量路徑 p，根據推論 24.3，將 f 加上 f_p 得到的物流（f_p 用式 (24.7) 得出）是 G 的一條值嚴格大於 $|f|$ 的物流，與 f 是最大物流的假設互相矛盾。

(2) $\Rightarrow$ (3)：假設 G_f 沒有增量路徑，也就是說，G_f 沒有從 s 到 t 的路徑。我們定義

$$S = \{v \in V : G_f \text{ 有一條從 } s \text{ 到 } v \text{ 的路徑}\}$$

且 $T = V - S$。(S, T) 是一條切線：顯然 $s \in S$，且因為 G_f 沒有從 s 到 t 的路徑，所以 $t \notin S$。現在考慮一對頂點 $u \in S$ 與 $v \in T$。若 $(u, v) \in E$，我們一定得到 $f(u, v) = c(u, v)$，否則 $(u, v) \in E_f$，這會將 v 放入集合 S 中。如果 $(v, u) \in E$，我們一定得到 $f(v, u) = 0$，否則 $c_f(u, v) = f(v, u)$ 是正值，我們會得到 $(u, v) \in E_f$，同樣將 v 放入 S。當然，若 (u, v) 和 (v, u) 皆不屬於 E，則 $f(u, v) = f(v, u) = 0$。我們得到

$$\begin{aligned} f(S, T) &= \sum_{u \in S} \sum_{v \in T} f(u, v) - \sum_{v \in T} \sum_{u \in S} f(v, u) \\ &= \sum_{u \in S} \sum_{v \in T} c(u, v) - \sum_{v \in T} \sum_{u \in S} 0 \\ &= c(S, T) \end{aligned}$$

因此，根據引理 24.4，$|f| = f(S, T) = c(S, T)$。

(3) $\Rightarrow$ (1)：根據推論 24.5，對於所有切線 (S, T)，$|f| \leq c(S, T)$。因此，條件 $|f| = c(S, T)$ 意味著 f 是最大物流。 ∎

基本的 Ford-Fulkerson 演算法

Ford-Fulkerson 方法的每一次迭代都會找到**某條**增量路徑 p，並用 p 來修改物流 f。根據引理 24.2 與推論 24.3，將 f 換成 $f \uparrow f_p$ 會產生一個新物流，它的值是 $|f| + |f_p|$。下面的 FORD-FULKERSON 程序藉著更新每一條邊 $(u, v) \in E$ 的物流屬性 $(u, v).f$ 來實現這個方法[1]。它暗中假設，若 $(u, v) \notin E$，則 $(u, v).f = 0$。這個程序也假設流量網路有容量 $c(u, v)$，且若 $(u, v) \notin E$，則 $c(u, v) = 0$。這個程序根據公式 (24.2) 計算剩餘容量 $c_f(u, v)$。在程式中的 $c_f(p)$ 只是一個臨時變數，用來儲存路徑 p 的剩餘容量。

FORD-FULKERSON(G, s, t)
1   **for** each edge $(u, v) \in G.E$
2       $(u, v).f = 0$
3   **while** there exists a path p from s to t in the residual network G_f
4       $c_f(p) = \min \{c_f(u, v) : (u, v) \text{ is in } p\}$
5   **for** each edge (u, v) in p
6   **if** $(u, v) \in G.E$
7               $(u, v).f = (u, v).f + c_f(p)$
8   **else** $(v, u).f = (v, u).f - c_f(p)$
9   **return** f

FORD-FULKERSON 程序只是擴充之前的 FORD-FULKERSON-METHOD。圖 24.6 是在一個樣本上執行每次迭代的結果。第 1~2 行將物流 f 設為 0。第 3~8 行的 **while** 迴圈反覆地在 G_f 中找出一條增量路徑 p，並將 p 上的物流 f 加上剩餘容量 $c_f(p)$。在路徑 p 裡的每條剩餘邊（residual edge）若非原始網路的一條邊，就是原始網路的一條邊的反向。第 6~8 行更新每種情況之下的物流，如果剩餘邊是原始邊，就增加流量，否則就減去流量。如果沒有增量路徑，代表物流 f 是最大物流。

分析 Ford-Fulkerson

FORD-FULKERSON 的執行時間取決於增量路徑 p，以及第 3 行如何找到它。如果邊的容量是無理數，選出來的增量路徑可能使得演算法永遠不會終止：流量會隨著連續的增量而增加，但絕不收斂到最大流量值。好消息是，如果演算法使用廣度優先搜尋（第 20.2 節介紹過）來尋找增量路徑，它的執行時間就是多項式的。在證明這個結果之前，我們先為一種情況推導簡單的界限：設所有的容量都是整數，且演算法可以找到任何增量路徑。

---

[1] 回顧第 20.1 節，我們也用 $(u, v).f$ 來表示邊 (u, v) 的屬性，就像使用任何其他物件的屬性一樣。

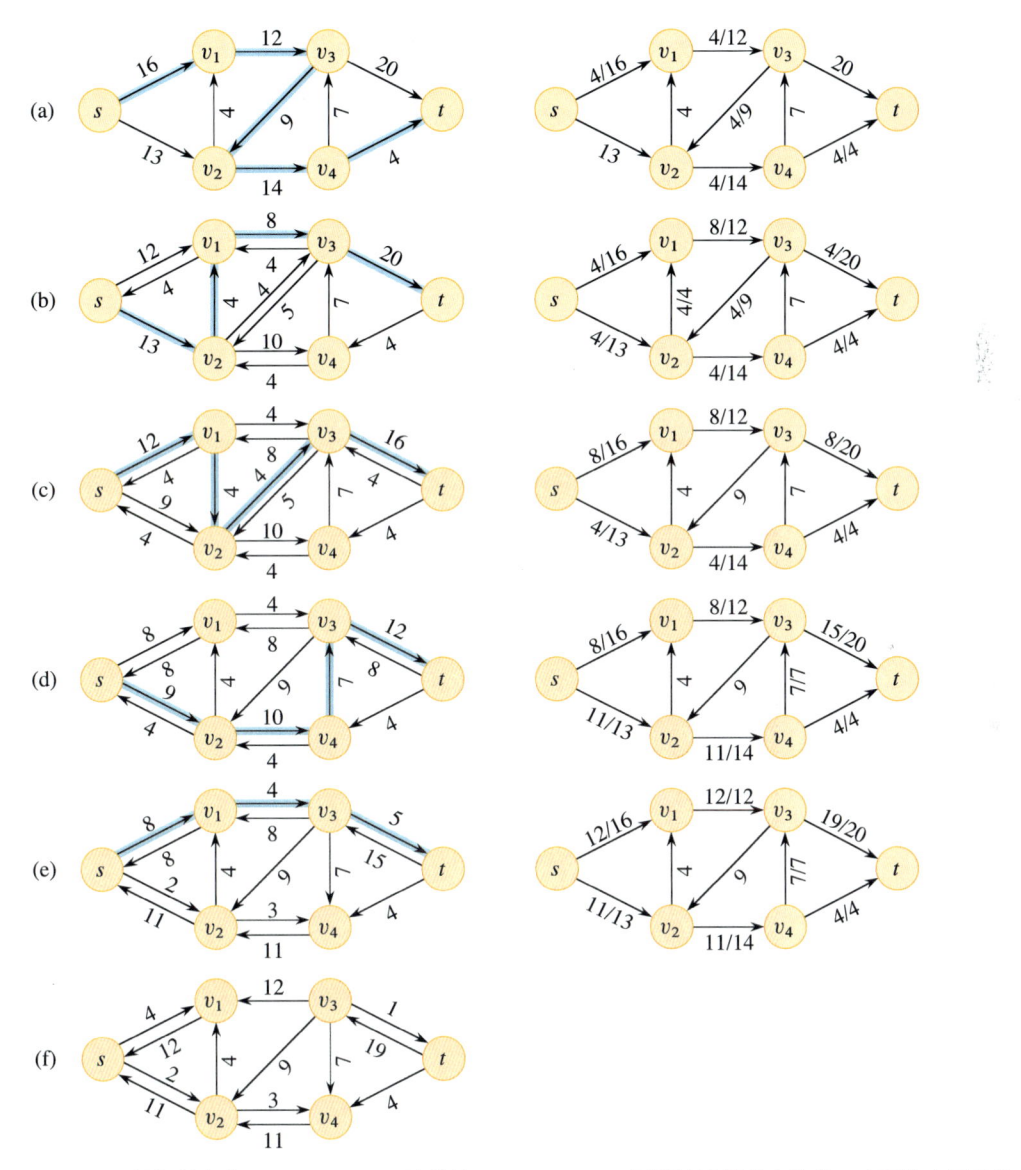

圖 24.6 執行基本的 Ford-Fulkerson 演算法。**(a)~(e)** while 迴圈的連續幾次迭代。小圖的左圖是第 3 行的剩餘網路 G_f，藍色部分是增量路徑 p。右圖是將 f 加上 f_p 產生的新物流 f。**(a)** 的剩餘網路是輸入流量網路 G。**(f)** 是 while 迴圈最後一次檢查時的剩餘網路。它沒有增量路徑，因此 (e) 的物流 f 是最大物流。算出來的最大流量是 23。

在現實應用中，最大流量問題的容量通常是整數。如果容量是有理數，透過適當的比例轉換可以將它們都轉成整數。如果 f^* 代表轉換後的網路中的最大流量，那麼 FORD-FULKERSON 的簡單實作最多執行第 3~8 行的 **while** 迴圈 $|f^*|$ 次，因為流量值在每次迭代中至少增加 1 個單位。

設計得好的程式可以更有效率地執行 **while** 迴圈內的工作，它會用正確的資料結構來表示流量網路 $G = (V, E)$，並用線性時間的演算法來尋找增量路徑。我們假設這種程式保存一個與有向圖 $G' = (V, E')$ 對照的資料結構，其中 $E' = \{(u, v):(u, v) \in E$ 或 $(v, u) \in E\}$。在 G 裡的邊也在 G' 裡，所以用這個資料結構來保存容量和流量很簡單。給定 G 的一個物流 f，剩餘網路 G_f 裡的邊由 G' 的所有邊 (u, v) 構成，滿足 $c_f(u, v) > 0$，其中 c_f 符合式 (24.2)。因此，使用深度優先搜尋或廣度優先搜尋時，在剩餘網路中尋找路徑的時間是 $O(V + E') = O(E)$。所以 **while** 迴圈的每一次迭代都需要 $O(E)$ 時間，第 1~2 行的初始化也是如此，故 FORD-FULKERSON 演算法的總執行時間為 $O(E |f^*|)$。

當容量是整數，且最佳流量值 $|f^*|$ 較小時，Ford-Fulkerson 演算法的執行時間很好。圖 24.7(a) 展示 $|f^*|$ 很大時，簡單的流量網路可能發生的情況。這個網路的最大流量是 2,000,000：有 1,000,000 個單位的物流經過路徑 $s \to u \to t$，另一道 1,000,000 個單位的物流經過路徑 $s \to v \to t$。如果 FORD-FULKERSON 找到的第一個增量路徑是 $s \to u \to v \to t$，如圖 24.7(a) 所示，那麼在第一次迭代後，物流的值是 1。圖 24.7(b) 是算出來的剩餘網路。如果第二次迭代找到增量路徑 $s \to v \to u \to t$，如圖 24.7(b) 所示，那麼物流的值是 2。圖 24.7(c) 是算出來的剩餘網路。如果演算法繼續交替地選擇增量路徑 $s \to u \to v \to t$ 與 $s \to v \to u \to t$，它總共執行 2,000,000 次增量，每一次只為物流值加 1。

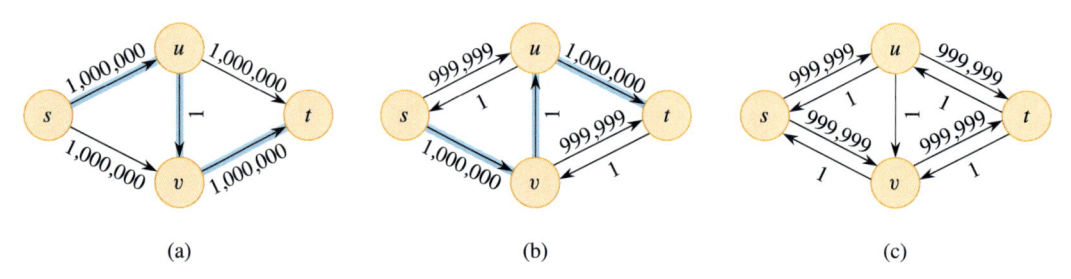

圖 24.7 (a) 讓 FORD-FULKERSON 花費 $\Theta(E|f^*|)$ 時間的流量網路，其中 f^* 是最大物流，此圖的 $|f^*| = 2{,}000{,}000$。藍色路徑是剩餘容量為 1 的增量路徑。(b) 計算出來的剩餘網路，它有另一條增量路徑，其剩餘容量為 1。(c) 計算出來的剩餘網路。

Edmonds-Karp 演算法

在圖 24.7 的例子中,演算法絕不選擇具有最少邊的增量路徑,但它應該選擇該路徑。使用廣度優先搜尋來尋找剩餘網路中的增強路徑的話,演算法以多項式時間執行,與最大物流值無關。我們將採取這種做法的 Ford-Fulkerson 方法稱為 *Edmonds-Karp 演算法*。

我們來證明 Edmonds-Karp 演算法的執行時間是 $O(VE^2)$。這個分析取決於剩餘網路 G_f 的各頂點的距離。我們用 $\delta_f(u, v)$ 來表示 G_f 中 u 到 v 的最短路徑距離,其中每條邊具有單位距離。

引理 24.7

若使用 Edmonds-Karp 演算法來處理一個流量網路 $G = (V, E)$,其源頭為 s,匯集點為 t,那麼對所有頂點 $v \in V - \{s, t\}$ 而言,在剩餘網路 G_f 裡的最短路徑距離 $\delta_f(s, v)$ 隨著每次的物流增量而單調遞增。

證明 我們將假設有流量增量造成從 s 到某個頂點 $v \in V - \{s, t\}$ 的最短路徑距離減少,然後得出矛盾的結論。設 f 是「使最短路徑距離減少」的增量之前的物流,設 f' 是之後的物流。設 v 是 $\delta_{f'}(s, v)$ 最小的頂點,它的距離已被增量操作(augmentation)縮短,所以 $\delta_{f'}(s, v) < \delta_f(s, v)$。設 $p = s \leadsto u \to v$ 是 $G_{f'}$ 裡從 s 到 v 的最短路徑,所以 $(u, v) \in E_{f'}$,且

$$\delta_{f'}(s, u) = \delta_{f'}(s, v) - 1 \tag{24.11}$$

由於我們選擇 v 的方式,我們知道從頂點 u 與源頭 s 的距離並未減少,也就是說,

$$\delta_{f'}(s, u) \geq \delta_f(s, u) \tag{24.12}$$

我們主張 $(u, v) \notin E_f$。為什麼?如果 $(u, v) \in E_f$,我們也會看到

$$\begin{aligned}
\delta_f(s, v) &\leq \delta_f(s, u) + 1 &&\text{(根據引理 22.10,三角不等式)}\\
&\leq \delta_{f'}(s, u) + 1 &&\text{(根據不等式 (24.12))}\\
&= \delta_{f'}(s, v) &&\text{(根據等式 (24.11))}
\end{aligned}$$

這與原本的假設 $\delta_{f'}(s, v) < \delta_f(s, v)$ 互相矛盾。

如何既滿足 $(u,v) \notin E_f$ 又滿足 $(u,v) \in E_{f'}$？增量必須增加從 v 到 u 的物流，使得邊 (v,u) 在增量路徑上。增量路徑是在 G_f 中從 s 到 t 的最短路徑，因此，最短路徑的任何子路徑本身是最短路徑，這個增量路徑包含 G_f 中從 s 到 u 且最後一條邊是 (v,u) 的最短路徑，因此，

$$\begin{aligned}\delta_f(s,v) &= \delta_f(s,u) - 1 \\ &\leq \delta_{f'}(s,u) - 1 \quad \text{（根據不等式 (24.12)）} \\ &= \delta_{f'}(s,v) - 2 \quad \text{（根據等式 (24.11)）}\end{aligned}$$

所以 $\delta_{f'}(s,v) > \delta_f(s,v)$，與我們的假設 $\delta_{f'}(s,v) < \delta_f(s,v)$ 矛盾。由此可得出結論，我們的假設：存在這樣的頂點 v，是不正確的。∎

下一個定理指出 Edmonds-Karp 演算法的迭代次數上限。

定理 24.8

用 Edmonds-Karp 演算法來處理一個具有源頭 s 和匯集點 t 的流量網路 $G = (V, E)$ 的話，演算法執行的流量增量總次數為 $O(VE)$。

證明 剩餘網路 G_f 裡有邊 (u,v)，如果增量路徑 p 的剩餘容量是 (u,v) 的剩餘容量，我們說 (u,v) 在 p 上是關鍵（*critical*）。在沿著增量路徑的物流被增量之後，在路徑上的任何關鍵邊都會從剩餘網路消失。此外，任何增量路徑至少有一條邊是關鍵邊。我們將證明 $|E|$ 條邊裡的每一條邊最多可能變成關鍵邊 $|V|/2$ 次。

設 u 和 v 是頂點集合 V 中，以邊集合 E 中的一條邊相連的頂點。因為增量路徑是最短路徑，當 (u,v) 第一次成為關鍵邊時，我們得到

$$\delta_f(s,v) = \delta_f(s,u) + 1$$

一旦物流被增量，(u,v) 就從剩餘網路消失，在從 u 到 v 的流量減少之前，它不會在另一條擴增路徑上重新出現，而這件事僅在 (v,u) 出現在一條增量路徑上時才會發生。如果在此事發生時，G 中的物流為 f'，我們得到

$$\delta_{f'}(s,u) = \delta_{f'}(s,v) + 1$$

因為根據引理 24.7，$\delta_f(s,v) \leq \delta_{f'}(s,v)$，我們得到

$$\begin{aligned}\delta_{f'}(s,u) &= \delta_{f'}(s,v) + 1 \\ &\geq \delta_f(s,v) + 1 \\ &= \delta_f(s,u) + 2\end{aligned}$$

因此，從 (u, v) 成為關鍵邊到它下一次成為關鍵邊之前，u 與源頭的距離至少增加 2 個單位。u 與源頭的距離最初至少是 0。因為 (u, v) 在一條增量路徑上，且增量路徑在 t 結束，我們知道 u 不是 t，因此，在 s 到 u 有路徑的任何剩餘網路中，最短的這種路徑最多只有 $|V|-2$ 條邊。因此，在 (u, v) 第一次成為關鍵邊之後，它可能再次成為關鍵邊的次數最多是 $(|V|-2)/2 = |V|/2-1$ 次，總共最多 $|V|/2$ 次。由於剩餘網路有 $O(E)$ 對頂點之間可能有一條邊，所以在整個 Edmonds-Karp 演算法的執行過程中，關鍵邊的總數為 $O(VE)$。每一條增量路徑最少有一條關鍵邊，此定理得證。 ∎

因為當 FORD-FULKERSON 使用廣度優先搜尋來尋找增量路徑時，它的每次迭代都需要 $O(E)$ 時間，所以 Edmonds-Karp 演算法的總執行時間為 $O(VE^2)$。

習題

24.2-1
證明式 (24.6) 中的求和項等於式 (24.5) 右邊的求和項。

24.2-2
在圖 24.1 (b) 中，穿越切線 ($\{s, v_2, v_4\}, \{v_1, v_3, t\}$) 的淨流量是多少？這條切線的容量是多少？

24.2-3
展示以 Edmonds-Karp 演算法處理圖 24.1(a) 的流量網路時的情況。

24.2-4
與圖 24.6 的例子所示的最大流量相應的最小切線為何？在範例所示的增量路徑中，哪一條路徑抵消物流？

24.2-5
第 24.1 節使用容量無限的邊，來將具有多個源頭和匯集點的流量網路，轉換成單源單匯集點網路。證明如果多源頭多匯集點的原始網路的邊容量有限，那麼轉換出來的網路中的任何流量值都是有限的。

24.2-6

假設在一個多源頭多匯集點的流量網路中，每個源頭 s_i 都產生 p_i 個單位的流量，且 $\sum_{v \in V} f(s_i, v) = p_i$。假設每個匯集點 t_j 都消耗 q_j 個單位的流量，且 $\sum_{v \in V} f(v, t_j) = q_j$，其中 $\sum_i p_i = \sum_j q_j$。說明如何將「尋找滿足這些額外限制的物流 f」這個問題轉換成「尋找單源頭單匯集點流量網路中的最大流量」這個問題。

24.2-7

證明引理 24.2。

24.2-8

假設我們重新定義剩餘網路，讓它不允許進入 s 的邊。證明程序 FORD-FULKERSON 仍然能夠正確算出最大流量。

24.2-9

假設 f 和 f' 都是流量網路中的物流。增量後的物流 $f \uparrow f'$ 是否滿足流量守恆特性？它是否滿足容量限制？

24.2-10

說明如何用最多 $|E|$ 條增量路徑，在流量網路 $G = (V, E)$ 中找到最大流量（**提示**：在找到最大流量*之後*找出路徑）。

24.2-11

無向圖的**邊連通性**（*edge connectivity*）是指至少必須移除 k 條邊才能斷開圖的連結。例如，樹的邊連通性是 1，以頂點組成的迴圈的邊連通性是 2。說明如何對著頂多 $|V|$ 個流量網路執行最大流量演算法來找出無向圖 $G = (V, E)$ 的邊連通性，其中每個流量網路都有 $O(V + E)$ 個頂點與 $O(E)$ 個邊。

24.2-12

你有一個流量網路 G，G 有進入源頭 s 的邊。設 f 是 G 的一個物流，$|f| \geq 0$，它有一條進入源頭的邊 (v, s)，$f(v, s) = 1$。證明一定有另一個物流 f'，$f'(v, s) = 0$，滿足 $|f| = |f'|$。給定 f 並假設所有邊容量都是整數，寫出一個 $O(E)$ 時間的演算法來計算 f'。

24.2-13
假設你希望在具有整數容量的流量網路 G 的所有最小切線中，找到一個包含最少邊的切線。說明如何修改 G 的容量來建立一個新的流量網路 G'，使得 G' 的任何最小切線都是在 G 裡，具有最少邊的最小切線。

24.3 最多二部圖配對

有些組合問題可以視為最大流量問題，例如第 24.1 節的多源頭多匯集點最大流量問題。其他的組合問題表面上和流量網路沒什麼關係，事實上可以簡化為最大流量問題。本節將介紹這樣的一個問題：在二部圖中找出最多配對。為了解決這個問題，我們將利用 Ford-Fulkerson 方法提供的整數性質。我們也會討論如何使用 Ford-Fulkerson 方法，在 $O(VE)$ 時間內解決圖 $G = (V, E)$ 的二部圖最多配對問題。第 25.1 節將介紹一種專門用來處理這個問題的演算法。

二部圖最多配對問題

給定一個無向圖 $G = (V, E)$，**配對組合**就是邊的一個子集合 $M \subseteq E$，滿足 M 最多只有一條邊與任何頂點 $v \in V$ 相連。如果有 M 的邊與頂點 $v \in V$ 相連，我們說頂點 v 被配對組合 M **配對**，否則 v **未配對**。**最大配對組合**就是具有最多邊數的配對組合，也就是配對組合 M 與任何配對組合 M' 之間的關係皆為 $|M| \geq |M'|$。在這一節，我們把注意力放在尋找二部圖的最大配對組合上。二部圖就是頂點可以分成 $V = L \cup R$ 的圖，其中 L 與 R 是不相交的，而且 E 的所有邊都連接 L 與 R。我們進一步假設，V 的每一個頂點都至少有一條邊。圖 24.8 是二部圖的配對概念。

在二部圖中找出最大配對組合這個命題有很多實際的應用。例如，配對一組機器 L 與一組需要同時執行的工作 R。E 的一條邊 (u, v) 代表特定機器 $u \in L$ 能夠執行特定工作 $v \in R$。最大配對組合就是將盡可能多的工作分配給機器。

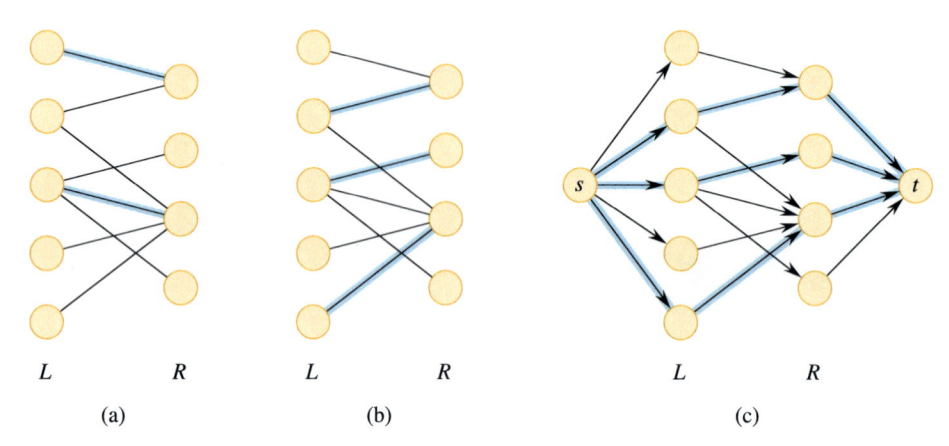

圖 24.8 二部圖 $G = (V, E)$ 將頂點分成 $V = L \cup R$。**(a)** 邊數為 2 的最大配對組合，以藍色邊來表示。**(b)** 邊數為 3 的最大配對組合。**(c)** 對應的流量網路 G'，它有最大流量。每條邊都是單位容量。藍邊的流量為 1，其他的邊都沒有流量。從 L 到 R 的藍邊與 (b) 的最大配對組合相應。

尋找最多二部圖配對

我們可以採用 Ford-Fulkerson 方法，在無向二部圖 $G = (V, E)$ 中找出最大配對組合，且執行時間與 $|V|$ 和 $|E|$ 成多項式關係。做法是建構一個流量網路，裡面的物流代表配對組合，如圖 24.8(c) 所示。我們定義與二部圖 G 對應的流量網路 $G' = (V', E')$ 如下。設源頭 s 與匯集點 t 是不屬於 V 的新頂點，設 $V' = V \cup \{s, t\}$。如果 G 將頂點分成 $V = L \cup R$，則 G' 的有向邊是 E 的邊（從 L 指向 R）和 $|V|$ 條新的有向邊：

$$E' = \{(s, u) : u \in L\}$$
$$\cup \{(u, v) : u \in L, v \in R，且 (u, v) \in E\}$$
$$\cup \{(v, t) : v \in R\}$$

為了完成定義，我們要為 E' 的每條邊指定單位容量。因為 V 的每個頂點至少有一條邊，所以 $|E| \geq |V|/2$。$|E| \leq |E'| = |E| + |V| \leq 3|E|$，所以 $|E'| = \Theta(E)$。

下面引理證明，在 G 裡的配對組合可以直接對應至 G 的相應流量網路 G' 裡的一條物流。設 f 是流量網路 $G = (V, E)$ 的一條物流，如果對所有 $(u, v) \in V \times V$ 而言，$f(u, v)$ 是整數，我們說 f 是**整數值的**。

引理 24.9

設 $G = (V, E)$ 是二部圖，頂點分成 $V = L \cup R$，設 $G' = (V', E')$ 是對應的流量網路。若 M 是 G 的一個配對組合，則在 G' 裡有一個整數值的物流 f，其值 $|f| = |M|$。反過來說，如果 f 是 G' 裡的一個整數值的物流，在 G 裡就有一個配對組合 M，它的邊數 $|M| = |f|$，裡面的邊 $(u, v) \in E$，滿足 $f(u, v) > 0$。

證明 我們先證明在 G 裡的配對組合 M 可對應到 G' 裡的整數值物流 f。我們定義 f 如下。若 $(u, v) \in M$，則 $f(s, u) = f(u, v) = f(v, t) = 1$。對於所有其他邊 $(u, v) \in E'$，我們定義 $f(u, v) = 0$。證明 f 滿足容量限制與流量守恆很簡單。

直覺上，每條邊 $(u, v) \in M$ 都可對應到 G' 裡的 1 個單位的物流，它流經路徑 $s \to u \to v \to t$。此外，M 的邊組成的路徑是頂點不相交的，除了 s 與 t 之外。流經切線 $(L \cup \{s\}, R \cup \{t\})$ 的淨流量等於 $|M|$，因此，根據引理 24.4，流量是 $|f| = |M|$。

接著證明相反的情況，設 f 是 G' 裡的整數值物流，而且，按引理所述，設

$$M = \{(u, v) : u \in L, v \in R，且 f(u, v) > 0\}$$

每一個頂點 $u \in L$ 都只有一個入邊，即 (s, u)，它的容量是 1。因此，每個 $u \in L$ 最多有 1 個單位的物流流入，如果有 1 個單位的物流流入，根據流量守恆，一定有 1 個單位的物流流出。此外，由於 f 是整數值，對於每個 $u \in L$，1 個單位的物流最多可以進入一條邊，最多可以離開一條邊。因此，若且唯若正好有一個頂點 $v \in R$ 滿足 $f(u, v) = 1$，且每一個 $u \in L$ 最多只有一條離開邊有正物流，則有 1 個單位的物流進入 u。每個 $v \in R$ 也可以用對稱的方法來證明。因此集合 M 是一個配對組合。

要證明 $|M| = |f|$，我們只要觀察，對於滿足 $u \in L$ 且 $v \in R$ 的邊 $(u, v) \in E'$

$$f(u, v) = \begin{cases} 1 & 若 (u, v) \in M \\ 0 & 若 (u, v) \notin M \end{cases}$$

因此，穿越切線 $(L \cup \{s\}, R \cup \{t\})$ 的淨流量 $f(L \cup \{s\}, R \cup \{t\})$ 等於 $|M|$。從引理 24.4 可得 $|f| = f(L \cup \{s\}, R \cup \{t\}) = |M|$。 ∎

根據引理 24.9，我們希望得出這樣的結論：在二部圖 G 裡的最大配對組合，可對應至 G 的對應流量網路 G' 裡的一條最大物流，因此，用最大物流演算法來處理 G' 可以得到 G 中的最大配對組合。這個推論的唯一障礙是，最大流量演算法可能回傳 $f(u, v)$ 不是整數的物流，即使物流值 $|f|$ 必為整數。接下來的定理將證明，用 Ford-Fulkerson 方法得到的解沒有這個問題。

定理 24.10（整數定理）

如果容量函數 c 只能接收整數值，那麼用 Ford-Fulkerson 方法得到的最大流量 f 具備 $|f|$ 為整數的特性。此外，對所有頂點 u 與 v 而言，$f(u, v)$ 的值是整數。

證明 習題 24.3-2 會請你對迭代次數使用歸納法來證明。 ∎

我們現在可以證明引理 24.9 的一個推論。

推論 24.11

二部圖 G 的最大配對組合 M 的邊數等於其相應的流量網路 G' 的最大物流 f 的值。

證明 我們使用引理 24.9 中的代號。假設 M 是 G 的最大配對組合，但是在 G' 裡的相應物流 f 不是最大的。那麼，在 G' 裡有一個最大物流 f'，且 $|f'| > |f|$。因為 G' 裡的容量是整數值，根據定理 24.10，我們可以假設 f' 是整數值。因此，f' 可對應 G 的一個配對組合 M'，其邊數 $|M'| = |f'| > |f| = |M|$，與我們所假設的「M 是最大配對組合」互相矛盾。用類似的方法可以證明，若 f 是 G' 的最大物流，則它對應的配對組合是 G 的最大配對組合。 ∎

因此，為了找到無向二部圖 G 的最大配對組合，我們可以建立流量網路 G'，用 Ford-Fulkerson 方法來處理 G'，將找到的整數值最大的物流轉換成 G 的最大配對組合。因為在二部圖裡的任何配對組合最多有 $\min\{|L|, |R|\} = O(V)$ 條邊，所以在 G' 裡的最大物流的值是 $O(V)$。所以，在二部圖找出最大配對組合需要 $O(VE') = O(VE)$ 時間，因為 $|E'| = \Theta(E)$。

習題

24.3-1
用 Ford-Fulkerson 演算法來處理圖 24.8(c) 的流量網路，並畫出每次物流增量後的剩餘網路。將 L 裡的頂點從上到下編號為 1 到 5，將 R 裡的頂點從上到下編號為 6 到 9。在每次迭代中，選擇字典順序最小的增量路徑。

24.3-2
證明定理 24.10。對 Ford-Fulkerson 方法的迭代次數使用歸納法。

24.3-3
設 $G = (V, E)$ 是一個二部圖，其頂點分成 $V = L \cup R$，設 G' 是相應的流量網路。在 Ford-Fulkerson 演算法執行期間，在 G' 中找到的任何增量路徑的長度上限為何？給出準確的上限。

挑戰

24-1 逃脫問題

$n \times n$ 網格是由 n 列與 n 行頂點構成的無向圖,如圖 24.9 所示。我們用 (i, j) 來表示第 i 列、第 j 行的頂點。除了邊界頂點之外,在網格裡的所有頂點都有四個鄰點,邊界頂點是 $i = 1$、$i = n$、$j = 1$ 或 $j = n$ 的頂點 (i, j)。

給定 $m \leq n^2$ 個網格內的起點 $(x_1, y_1), (x_2, y_2), \ldots, (x_m, y_m)$,**逃脫問題**就是判定從起點到邊界上的 m 個頂點之間,有沒有 m 個頂點不相交的路徑。例如,圖 24.9(a) 的網格有逃脫路徑,但是圖 24.9(b) 的網格沒有。

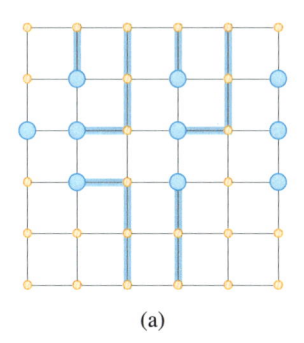

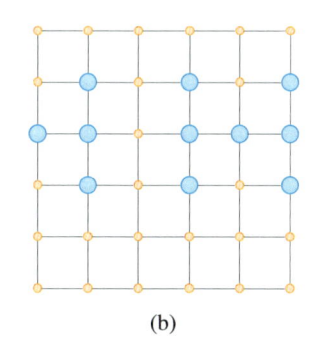

圖 24.9 逃脫問題的網格。藍色的大圓圈是起點,棕色的小圓圈是其他的網格頂點。**(a)** 有逃脫路徑的網格,即藍色的路徑。**(b)** 沒有逃脫路線的網格。

a. 考慮一個流量網路,裡面的頂點和邊都有容量限制,也就是說,進入任何特定頂點的總正流量都有一個容量上限。說明如何將「具有邊和頂點容量限制的網路最大物流問題」轉化成「在大小相當的流量網路裡的普通最大流量問題」。

b. 設計一個高效率的演算法來解決逃脫問題,並分析其執行時間。

24-2 最小路徑覆蓋

有向圖 $G = (V, E)$ 的**路徑覆蓋**是一組頂點不相交的路徑 P,使得 V 的每一個頂點都僅屬於其中的一條路徑,路徑可從任何地方開始與結束,也可以是任意長度,包括 0。G 的**最小路徑覆蓋**就是裡面有最少路徑的路徑覆蓋。

a. 設計一個高效率的演算法來找出一個有向無迴路圖 $G = (V, E)$ 的最小路徑覆蓋（提示：假設 $V = \{1, 2, ..., n\}$，用圖 $G' = (V', E')$ 來建構一個流量網路，其中

$V' = \{x_0, x_1, ..., x_n\} \cup \{y_0, y_1, ..., y_n\}$
$E' = \{(x_0, x_i) : i \in V\} \cup \{(y_i, y_0) : i \in V\} \cup \{(x_i, y_j) : (i, j) \in E\}$

並執行最大流量演算法）。

b. 你的演算法可以處理有迴路的有向圖嗎？解釋你的答案。

24-3 聘請顧問

Fieri 教授想為食品業開一家顧問公司。他已經整理出 n 個重要的食品類別，用集合 $C = \{C_1, C_2, ..., C_n\}$ 來表示它們。他可以用 $e_k > 0$ 美元的價格，為每個類別 C_k 聘請該類別的專家。公司已經列出一組潛在工作 $J = \{J_1, J_2, ..., J_m\}$。為了執行工作 J_i，公司必須聘請類別子集合 $R_i \subseteq C$ 的專家。每位專家都可以同時進行多項工作。如果公司選擇承接工作 J_i，它就必須聘請 R_i 裡的所有類別的專家，公司可以收到 $p_i > 0$ 美元的收入。

Fieri 教授的任務是將淨收入最大化，他必須決定該聘請哪些類別的專家，以及承接哪些工作。淨收入就是承接工作的總收入減去聘請專家的總成本。

考慮下面的流量網路 G。它有源頭頂點 s，頂點 $C_1, C_2, ..., C_n$，頂點 $J_1, J_2, ..., J_m$，以及一個匯集點 t。設 $k = 1, 2, ..., n$，流量網路有一條邊 (s, C_k) 具有容量 $c(s, C_k) = e_k$，且設 $i = 1, 2, ..., m$，流量網路有一條邊 (J_i, t) 具有容量 $c(J_i, t) = p_i$。設 $k = 1, 2, ..., n$ 且 $i = 1, 2, ..., m$，若 $C_k \in R_i$，則 G 有一條邊 (C_k, J_i) 具有容量 $c(C_k, J_i) = \infty$。

a. 證明如果對 G 的有限容量切線 (S, T) 而言，$J_i \in T$，那麼對各個 $C_k \in R_i$ 而言，$C_k \in T$。

b. 說明如何使用 G 的最小切線的容量和給定的 p_i 值來算出最大淨收入。

c. 設計一個高效的演算法，來決定該承接哪些工作和聘請哪些專家。用 m、n 與 $r = \sum_{i=1}^{m} |R_i|$ 來分析你的演算法的執行時間。

24-4 更新最大流量

設 $G = (V, E)$ 是個流量網路，它的源頭是 s，匯集點是 t，具有整數容量。假設你知道 G 的最大流量。

a. 假設有一條邊 $(u, v) \in E$ 的容量增加了 1。設計一個 $O(V + E)$ 時間的演算法來更新最大流量。

b. 假設有一條邊 $(u, v) \in E$ 的容量減少了 1。設計一個 $O(V + E)$ 時間的演算法來更新最大流量。

24-5 用伸縮操作來計算最大流量

設 $G = (V, E)$ 是個流量網路，它的源頭是 s，匯集點是 t，每條邊 $(u, v) \in E$ 都有整數容量 $c(u, v)$。設 $C = \max\{c(u, v) : (u, v) \in E\}$。

a. 證明 G 的最小切線的容量頂多是 $C|E|$。

b. 對於一個給定的數字 K，說明如何在 $O(E)$ 時間內找到一條容量至少為 K 的增量路徑，如果這種路徑存在的話。

下面的程序 MAX-FLOW-BY-SCALING 修改基本的 FORD-FULKERSON-METHOD 程序來計算 G 的最大流量。

c. 證明 MAX-FLOW-BY-SCALING 回傳最大流量。

d. 證明每次執行第 4 行時，剩餘網路 G_f 的最小切線的容量小於 $2K|E|$。

e. 證明第 5~6 行的內部 **while** 迴圈為每一個 K 值執行 $O(E)$ 次。

MAX-FLOW-BY-SCALING(G, s, t)
1 $C = \max\{c(u, v) : (u, v) \in E\}$
2 initialize flow f to 0
3 $K = 2^{\lfloor \lg C \rfloor}$
4 **while** $K \geq 1$
5   **while** there exists an augmenting path p of capacity at least K
6   augment flow f along p
7      $K = K/2$
8 **return** f

f. 證明 MAX-FLOW-BY-SCALING 實作的執行時間可為 $O(E^2 \lg C)$。

24-6 最寬增量路徑

Edmonds-Karp 演算法藉著始終在剩餘網路中選擇最短的增量路徑來實現 Ford-Fulkerson 演算法。假設 Ford-Fulkerson 演算法改成選擇**最寬的增量路徑**，也就是剩餘容量最大的增量路徑。設 $G = (V, E)$ 是源頭為 s，匯集點為 t 的流量網路，它的所有容量都是整數，且最大容量是 C。在這個問題中你要證明：選擇最寬的增量路徑最多導致 $|E| \ln |f^*|$ 次增量，以尋找最大物流 f^*。

a. 說明如何修改 Dijkstra 演算法，以找到剩餘網路中的最寬增量路徑。

b. 證明 G 的最大流量最多只要沿著從 s 到 t 的 $|E|$ 條路徑進行流量增量即可形成。

c. 給定一個物流 f，證明剩餘網路 G_f 有一條剩餘容量 $c_f(p) \geq (|f^*| - |f|)/|E|$ 的增量路徑 p。

d. 假設每條增量路徑都是最寬的增量路徑，設 f_i 是用第 i 條增量路徑來增量之後的物流，對所有邊 (u, v) 而言，f_0 的 $f(u, v) = 0$。證明 $|f^*| - |f_i| \leq |f^*|(1 - 1/|E|)^i$。

e. 證明 $|f^*| - |f_i| < |f^*| e^{-i/|E|}$。

f. 證明一條物流最多被增量 $|E| \ln |f^*|$ 次之後，就有最大流量。

24-7 全域最小切線

無向圖 $G = (V, E)$ 的**全域切線**可將 V 劃分（第 1112 頁）成兩個非空的集合 V_1 與 V_2。這個定義很像本章用過的定義，但這次沒有特殊的頂點 s 與 t。滿足 $u \in V_1$ 且 $v \in V_2$ 的任何邊 (u, v) 都稱為**穿越**切線。

我們可以將這個切線的定義延伸至多重圖 $G = (V, E)$（見第 1124 頁），我們用 $c(u, v)$ 來代表端點為 u 與 v 的多重圖的邊數。多重圖的全域切線仍然劃分頂點，且全域切線 (V_1, V_2) 的值是 $c(V_1, V_2) = \sum_{u \in V_1, v \in V_2} c(u, v)$。**全域最小切線問題**的解是 $c(V_1, V_2)$ 最小的切線 (V_1, V_2)。設 $\mu(G)$ 是在圖或多重圖裡的一條全域最小切線的值。

a. 說明如何藉著求解 $\binom{|V|}{2}$ 個最大流量問題來找出圖 $G = (V, E)$ 的全域最小切線，其中的每一個問題都用不同的兩個頂點作為源頭和匯集點，並取所找到的切線的最小值。

b. 設計一個演算法，讓它只處理 $\Theta(V)$ 個最大流量問題來找出全域最小切線。你的演算法的執行時間為何？

這個問題的其餘部分將開發一個不做任何最大流量計算的演算法，來處理全域最小切割問題。它使用第 1124 頁定義的邊縮約的概念，但有一個關鍵的差異。這個演算法記錄一個多重圖，所以當它縮約一條邊 (u, v) 時，它會建立一個新頂點 x，且對於任何其他頂點 $y \in V$，x 與 y 之間的邊數是 $c(u, y) + c(v, y)$。這個演算法不記錄自迴路，所以它將 $c(x, x)$ 設為 0。我們用 $G/(u, v)$ 來表示藉著縮約多重圖 G 的邊 (u, v) 而產生的多重圖。

考慮一下當一條邊被縮約時，最小切線會發生什麼事。我們假設在多重圖 G 裡的最小切線是唯一的。稍後會排除這個假設。

c. 證明對任意邊 (u, v) 而言，$\mu(G/(u, v)) \leq \mu(G)$。在什麼情況下，$\mu(G/(u, v)) < \mu(G)$？

接下來，你將證明，如果你均勻地隨機挑選一條邊，那麼它屬於最小切線的機率很小。

d. 證明對任何多重圖 $G = (V, E)$ 而言，全域最小切線的值頂多是頂點的平均度數：$\mu(G) \leq 2|E|/|V|$，其中 $|E|$ 是多重圖的總邊數。

e. 使用 (c) 與 (d) 的結果來證明，如果隨機且均勻地選擇邊 (u, v)，那麼 (u, v) 屬於最小切線的機率頂多是 $2/V$。

考慮一下這樣的演算法：反覆隨機選擇一條邊並縮約它，直到多重圖正好有兩個頂點為止，假設它們是 u 和 v。此時，多重圖對應至原圖的一條切線，u 代表原圖一側的所有節點，v 代表另一側的所有頂點。用 $c(u, v)$ 得到的邊數與原圖中穿越相應切線的邊數完全對應。我們將這種演算法稱為**縮約演算法**。

f. 假設縮約演算法在結束時，產生一個只有 u 和 v 兩個頂點的多重圖。證明 $\Pr\{c(u, v) = \mu(G)\} = \Omega(1/\binom{|V|}{2})$。

g. 證明如果重複執行縮約演算法 $\binom{|V|}{2} \ln |V|$ 次，至少有一次執行回傳最小切線的機率是 $1 - 1/|V|$ 以上。

h. 寫出一個執行時間在 $O(V^2)$ 之內的縮約演算法的詳細實作。

i. 結合前面的小題，排除「最小切線是唯一的」這個假設，證明執行縮約演算法 $\binom{|V|}{2} \ln |V|$ 次可以得到一個執行時間在 $O(V^4 \lg V)$ 之內的演算法，且至少有 $1 - 1/V$ 的機率回傳最小切線。

後記

Ahuja、Magnanti 和 Orlin [7]、Even [137]、Lawler [276]、Papadimitriou 和 Steiglitz [353]、Tarjan [429] 以及 Williamson [458] 是網路物流和相關演算法的優良參考文獻。Schrijver [399] 為網路物流領域的歷史發展寫了一篇有趣的回顧。

Ford-Fulkerson 方法來自 Ford 和 Fulkerson [149]，他們開創了許多網路物流問題的正式研究，包括最大流量和二部圖配對問題。Ford-Fulkerson 方法的許多早期做法都用廣度優先搜尋來尋找增量路徑。Edmonds 和 Karp [132]，以及獨立研究的 Dinic [119]，證明這種策略可產生多項式時間的演算法。Dinic [119] 研究出一種相關的想法，使用「blocking flows」。

Goldberg [185] 和 Goldberg 及 Tarjan [188] 提出一種稱為 *push-relabel* 的演算法，他們採取和 Ford-Fulkerson 方法不同的做法。push-relabel 演算法允許除了源頭和匯集點之外的頂點違反流量守恆。他們使用 Karzonov [251] 最初研究出來的想法，允許出現 *preflow*，也就是進入頂點的物流可大於離開頂點的物流。這種頂點稱為 *overflowing*（溢流）。最初，離開源頭的每條邊都會被填至容量上限，所以源頭的鄰居都會 overflowing。在 push-relabel 演算法中，每個頂點都被指定一個整數的高度。overflowing 的頂點可以將物流推送至具有剩餘邊的相鄰頂點，前提是它比相鄰頂點更高。如果從 overflowing 頂點出發的剩餘邊都前往一樣高或更高的相鄰頂點，它可以增加其高度。當匯集點之外的所有頂點都不再 overflow 時，preflow 不僅是合法的物流，也是最大物流。

Goldberg 和 Tarjan [188] 提出一個 $O(V^3)$ 時間的演算法，該演算法使用佇列來保存 overflowing 的頂點集合，他們也提出一個使用動態樹的演算法，可實現 $O(VE \lg(V^2/E + 2))$ 的執行時間。其他一些研究者開發了改進的變體和實作 [9, 10, 15, 86, 87, 255, 358]，其中最快的是 King、Rao 和 Tarjan [255]，他們的執行時間是 $O(VE \log_{E/(V \lg V)} V)$。

另一個高效的最大流量演算法是 Goldberg 和 Rao [187] 提出的，它的執行時間是 $O(\min\{V^{2/3}, E^{1/2}\} E \lg(V^2/E + 2) \lg C)$，其中 C 是任意邊的最大容量。Orlin [350] 提出與該演算法具有相同精神的演算法，其執行時間為 $O(VE + E^{31/16} \lg^2 V)$。將它與 King、Rao 和 Tarjan 的演算法結合，可以產生一個 $O(VE)$ 時間的演算法。

另一種處理最大流量和相關問題的方法是使用持續優化技術，包括電流（electrical flow）和內點法。這個研究領域的第一個突破來自 Madry [308]，他提出了一個 $\tilde{O}(E^{10/7})$ 時間的演算法，可處理單位容量最大流量和二部圖最大配對組合（$\tilde{O}$ 的定義見第 68 頁的挑戰 3-6）。在這個領域已經有一系列關於配對、最大流量和最低成本流量的論文。迄今為止，在這個工作領域中，最快的最大流量演算法是由 Lee 和 Sidford [285] 提出的，需要 $\tilde{O}(\sqrt{V}E\lg^{O(1)}C)$ 的時間。如果容量不大，這種演算法比上述的 $O(VE)$ 時間演算法要快。Liu 和 Sidford [303] 提出的另一種演算法，可在 $\tilde{O}(E^{11/8}C^{1/4})$ 時間內執行，其中 C 是任意邊的最大容量。這個演算法不是多項式執行時間，但若容量夠小，它比上述的演算法都要快。

實際上，目前都採用增量路徑、持續優化、線性規劃來處理最大流量問題的演算法，大都採用 push-relabel 演算法 [88]。

25 二部圖的配對

許多現實問題都可以定義成「在無向圖中尋找配對組合」。對一個無向圖 $G = (V, E)$ 而言，*matching*（**配對組合**）就是邊的子集合 $M \subseteq E$，滿足 V 的每個頂點都最多只與 M 的一條邊接觸。

例如，考慮這個場景。你有一或多個職缺需要面試幾位應徵者。你可以根據行程表，在某些空檔面試應徵者。你會讓應徵者指定有空的時間。如何安排面試來讓每個空檔頂多安排一位，同時將面試的人數最大化？你可以將這個場景定義成二部圖配對問題，裡面的每一個頂點代表一位應徵者或一個空檔，如果應徵者當時有空，就有一條邊連接應徵者和空檔。將一條邊加入配對組合，就是將一位特定的應徵者排入特定的空檔。你的目標是找到一個**最大配對組合**，也就是包含最多元素的配對組合。當本書的作者為一個大班級聘請助教時曾經面臨這種情況，他使用第 25.1 節的 Hopcroft-Karp 演算法來安排面試。

配對組合的另一個應用場景是美國全國住院醫生媒合計畫，這個計畫是為了將醫學生分配到醫院擔任住院醫師。每位學生都按照他們的喜好對醫院進行排名，每個醫院也對學生進行排名。計畫的目標是將學生分配給醫院，避免遺憾地將互相喜歡的雙方分給排名較低的對象。這種場景應該是第 25.2 節探討的「穩定婚姻問題」在現實世界中最著名的案例。

另一個使用配對組合的案例是將工作分配給工人來將整體工作效率最大化。在這個命題中，我們有每位工人處理每一項工作的量化效率數據。假設工人和工作的數量相等，你的目標是找到一個總效益最大的配對組合。這種情況是分配問題的例子之一，第 25.3 節會介紹如何解決這個問題。

本章的演算法都是尋找**二部圖**中的配對組合。如第 24.3 節所述，問題的輸入是一個無向圖 $G = (V, E)$，其中 $V = L \cup R$，頂點集合 L 與 R 是分離的，在 E 裡面的每條邊都將 L 的一個頂點與 R 的一個頂點連接起來。因此，配對組合就是為 L 的頂點與 R 的頂點進行配對。在一些應用裡，L 與 R 的元素數量相同，有些應用則不一定有相同大小。

配對組合的概念並非只能用於無向二部圖，許多領域也將配對組合用在一般的無向圖裡，例如時程安排和計算化學等領域。它可以模擬將實體配對的問題，用頂點來代表實體。如果兩個頂點代表相容的實體，它們就是相鄰的，你的目的是找到大量的相容配對。一般圖的最大配對組合和最大權重配對組合問題，可以用多項式時間的演算法來解決，它們的執行時間與二部圖配對組合演算法相似，但複雜許多。習題 25.2-5 將討論穩定婚姻問題的一般版本，稱為「穩定室友問題」。儘管配對組合亦適用於一般的無向圖，但本章只討論二部圖。

25.1 最大二部匹配（複習）

第 24.3 節介紹了一種在二部圖中尋找最大配對組合的方法，當時是透過尋找最大流量來進行。本節將介紹一種更有效率的方法，即 Hopcroft-Karp 演算法，它的執行時間為 $O(\sqrt{V}E)$。圖 25.1(a) 是無向二部圖中的配對組合。當頂點有一條邊屬於配對組合 M 時，它對 M 而言就是 *matched*（已配對），否則它就是 *unmatched*（未配對）。**極大配對組合**（*maximal matching*）就是無法加入更多邊的配對組合 M，也就是說，對任何一條邊 $e \in E - M$ 而言，邊集合 $M \cup \{e\}$ 不能成為配對組合。最大（maximum）配對組合一定是極大（maximal），但反過來說不一定成立。

許多尋找最大配對組合的演算法，包括 Hopcroft-Karp 演算法，都是藉著逐漸增加配對組合的大小來運作的。給定一個無向圖 $G = (V, E)$ 中的配對組合 M，**M-交替路徑**是一條簡單路徑，它的邊在 M 和 $E-M$ 中交替。圖 25.1(b) 是一條 **M-增量路徑**（有時稱為相對於 M 的增量路徑）：它是一條 M-交替路徑，但第一條邊和最後一條邊都屬於 $E-M$。由於在 M-增量路徑中，屬於 $E-M$ 的邊比屬於 M 的邊多一條，所以它一定由奇數條邊構成。

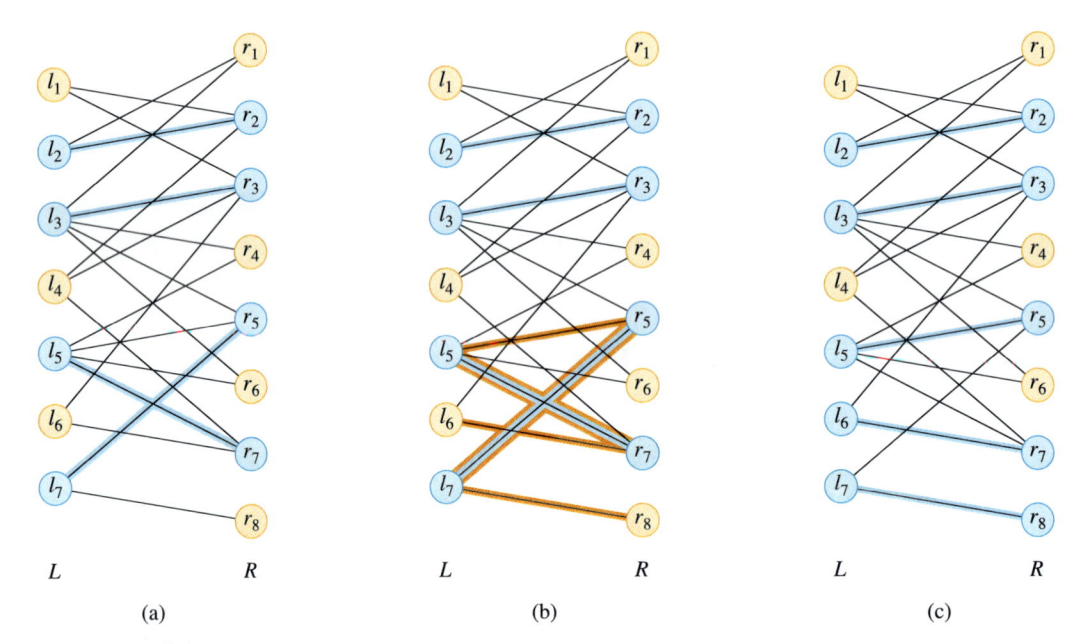

圖 25.1 二部圖，其中 $V = L \cup R$，$L = \{l_1, l_2, ..., l_7\}$，且 $R = \{r_1, r_2, ..., r_8\}$。**(a)** 有 4 個元素的配對組合 M，元素以藍色來表示。已配對的頂點是藍色的，未配對的頂點是棕色的。**(b)** 橘色的五條邊組成從 l_6 走到 r_8 的 M-增量路徑 P。**(c)** 用藍色來表示的邊集合 $M' = M \oplus P$ 是一個配對組合，它的邊比 M 多一條，並將 l_6 與 r_8 加入已配對頂點。這個配對組合不是最大配對組合（見習題 25.1-1）。

圖 25.1(c) 展示了接下來的引理，它指出，在配對組合 M 裡刪除屬於 M 的 M-增量路徑之邊，並將不屬於 M 的 M-增量路徑之邊加入 M 裡，會得到一個比 M 多一條邊的新配對組合。因為配對組合是一組邊，所以這個引理使用兩個集合的**對稱差**：$X \oplus Y = (X - Y) \cup (Y - X)$，亦即得出來的元素屬於 X 或 Y 之一，但不同時屬於兩者。或者說，你可以將 $X \oplus Y$ 想成 $(X \cup Y) - (X \cap Y)$。運算子 $\oplus$ 具交換性與結合性。此外，對任何集合 X 而言，$X \oplus X = \emptyset$，且 $X \oplus \emptyset = \emptyset \oplus X = X$，所以空集合是 $\oplus$ 的恆等元。

引理 25.1

設 M 是任意無向圖 $G = (V, E)$ 裡的配對組合，設 P 是 M-增量路徑。那麼邊集合 $M' = M \oplus P$ 也是 G 的配對組合，且 $|M'| = |M| + 1$。

證明 設 P 有 q 條邊，所以 $\lceil q/2 \rceil$ 條邊屬於 $E-M$，且 $\lfloor q/2 \rfloor$ 條邊屬於 M，並設這 q 條邊是 $(v_1, v_2), (v_2, v_3), \ldots, (v_q, v_{q+1})$。因為 P 是 M-增量路徑，頂點 v_1 與 v_{q+1} 在 M 是未配對的，且 P 的所有其他頂點都是已配對的。邊 $(v_1, v_2), (v_3, v_4), \ldots, (v_q, v_{q+1})$ 屬於 $E-M$，且邊 $(v_2, v_3), (v_4, v_5), \ldots, (v_{q-1}, v_q)$ 屬於 M。對稱差 $M' = M \oplus P$ 將這些角色反過來，所以邊 $(v_1, v_2), (v_3, v_4), \ldots, (v_q, v_{q+1})$ 屬於 M'，且 $(v_2, v_3), (v_4, v_5), \ldots, (v_{q-1}, v_q)$ 屬於 $E-M'$。頂點 $v_1, v_2, \ldots, v_q, v_{q+1}$ 在 M' 都是已配對的，它比 M 多一條邊，且從 M 變成 M' 不影響 G 的其他頂點或邊。因此，M' 是 G 的一個配對組合，且 $|M'| = |M| + 1$。 ∎

因為取配對組合 M 和 M-增量路徑的對稱差會讓配對組合的大小加 1，接下來的推論指出，取 M 與 k 個頂點不相交的 M-增量路徑的對稱差會讓配對組合的大小加 k。

推論 25.2

設 M 是在任意無向圖 $G = (V, E)$ 裡的配對組合，且 $P_1, P_2, \ldots, P_k$ 是頂點不相交的 M-增量路徑。邊集合 $M' = M \oplus (P_1 \cup P_2 \cup \cdots \cup P_k)$ 是 G 的配對組合，且 $|M'| = |M| + k$。

證明 因為 M-增量路徑 $P_1, P_2, \ldots, P_k$ 頂點不相交，所以 $P_1 \cup P_2 \cup \cdots \cup P_k = P_1 \oplus P_2 \oplus \cdots \oplus P_k$。因為運算子 $\oplus$ 具結合性，我們得到

$$M \oplus (P_1 \cup P_2 \cup \cdots \cup P_k) = M \oplus (P_1 \oplus P_2 \oplus \cdots \oplus P_k)$$
$$= (\cdots((M \oplus P_1) \oplus P_2) \oplus \cdots \oplus P_{k-1}) \oplus P_k$$

用引理 25.1 來對 i 進行簡單的歸納，可得 $M \oplus (P_1 \cup P_2 \cup \cdots \cup P_{i-1})$ 是 G 的配對組合，裡面有 $|M| + i - 1$ 條邊，且對 $M \oplus (P_1 \cup P_2 \cup \cdots \cup P_{i-1})$ 而言，路徑 P_i 是一條增量路徑。每一條這種增量路徑都會將配對組合的大小加 1，所以 $|M'| = |M| + k$。 ∎

當 Hopcroft-Karp 演算法從一個配對組合轉移到另一個配對組合時，考慮兩個配對組合之間的對稱差會很有幫助。

引理 25.3

設 M 與 M^* 是圖 $G = (V, E)$ 的配對組合，考慮圖 $G' = (V, E')$，其中 $E' = M \oplus M^*$。那麼，G' 是簡單路徑、簡單迴路、與（或）獨立頂點的不相交聯集。在每一條這種簡單路徑或簡單迴路裡面的邊都會在 M 與 M^* 之間交替出現。若 $|M^*| > |M|$，則 G' 至少有 $|M^*| - |M|$ 條頂點不相交的 M-增量路徑。

證明 在 G' 裡面的每一個頂點都有 0、1 或 2 度（degree），因為一個頂點最多只能連接 E' 的兩條邊，其中最多一條 M 的邊，最多一條 M^* 的邊。因此，G' 的各個連通成分若不是單一頂點、偶數長度的簡單迴路，且邊在 M 與 M^* 之間交替，就是一條簡單路徑，且邊在 M 與 M^* 之間交替。因為

$$E' = M \oplus M^*$$
$$= (M \cup M^*) - (M \cap M^*)$$

且 $|M^*| > |M|$，在邊集合 E' 裡，來自 M^* 的邊一定比來自 M 的邊多 $|M^*|-|M|$ 條。因為在 G' 中的每個迴路都有偶數條邊，這些邊輪流來自於 M 和 M^*，所以在每個迴路中的 M 和 M^* 的邊數相等。因此，在 G' 裡的簡單路徑可以說明，來自 M 的邊比來自 M^* 的多 $|M^*|-|M|$ 條。每條路徑都有不同數量的邊來自 M 與 M^*，這些路徑若不是開頭和結尾都是 M 的邊，且路徑中來自 M 的邊比 M^* 的邊多一條，就是開頭和結尾都是 M^* 的邊，且來自 M^* 的邊比 M 的邊多一條。因為在 E' 裡面，來自 M^* 的邊比來自 M 的多 $|M^*|-|M|$ 條，後者的路徑至少有 $|M^*|-|M|$ 條，且每一條都是 M-增量路徑。因為每個頂點最多有兩條來自 E' 的邊，所以路徑的頂點一定不重複。 ∎

當演算法透過逐漸增加配對組合的大小來找到最大配對組合時，如何知道何時該停止？下面的推論告訴你答案：在沒有增量路徑時。

推論 25.4

若且唯若圖 $G = (V, E)$ 沒有 M-增量路徑，則 G 的配對組合 M 是最大配對組合。

證明 我們將證明這句論述的順向和逆向的逆否命題（contrapositive）。順向的逆否命題很簡單。如果在 G 裡面有 M-增量路徑 P，根據引理 25.1，配對組合 $M \oplus P$ 的邊比 M 多一條，這代表 M 不是最大配對組合。

為了證明逆向的逆否命題，即若 M 不是最大配對組合，則 G 有 M-增量路徑，我們設 M^* 是引理 25.3 中的最大配對組合，所以 $|M^*| > |M|$。那麼 G 至少有 $|M^*|-|M| > 0$ 條頂點不相交的 M-增量路徑。 ∎

我們已經具備足夠的知識，可以開始設計一個可在 $O(VE)$ 時間內執行的 maximum-matching 演算法了。我們從空的配對組合 M 開始，然後從一個未配對的頂點開始，反覆執行廣度優先搜尋或深度優先搜尋，沿著交替路徑尋找另一個未配對的頂點。接著使用得到的 M-增量路徑來將 M 的大小加 1。

Hopcroft-Karp 演算法

Hopcroft-Karp 演算法可將執行時間改善至 $O(\sqrt{V}E)$。HOPCROFT-KARP 程序接收一個無向二部圖，它使用推論 25.2 來反覆增加所找到的配對組合 M 的大小。推論 25.4 可證明這種演算法的正確性，因為它會在沒有 M-增量路徑時停止。接下來要證明的只剩下這個演算法的執行時間確實是 $O(\sqrt{V}E)$。等一下會看到，第 2~5 行的 *repeat* 迴圈迭代 $O(\sqrt{V})$ 次，以及如何實現第 3 行，讓它每次迭代的執行時間都是 $O(E)$。

HOPCROFT-KARP(G)
1   $M = \emptyset$
2   **repeat**
3   let $\mathcal{P} = \{P_1, P_2, \ldots, P_k\}$ be a maximal set of vertex-disjoint
            shortest M-augmenting paths
4       $M = M \oplus (P_1 \cup P_2 \cup \cdots \cup P_k)$
5   **until** $\mathcal{P} == \emptyset$
6   **return** M

我們先來看看如何在 $O(E)$ 時間內，找到頂點不相交的最短 M-增量路徑的極大集合。這項工作有三個階段。第一階段製作無向二部圖 G 的有向版本 G_M。第二階段用一種廣度優先搜尋的變體，用 G_M 建立一個有向無迴路圖 H。第三階段對著 H 的轉置 H^T 執行深度優先搜尋的變體，來找到頂點不相交的最短 M-增量路徑的極大集合（有向圖的轉置就是將每條邊的方向反過來。因為 H 沒有迴路，所以是 H^T）。

給定一個配對組合 M，你可以將 M-增量路徑 P 想成它始於 L 的一個未配對頂點，經過奇數條邊，最終到達 R 的一個未配對頂點。在 P 裡從 L 走到 R 的邊一定屬於 $E-M$，在 P 裡從 R 走到 L 的邊一定屬於 M。因此，第一階段藉著相應地為邊定向，來建立有向圖 G_M：$G_M = (V, E_M)$，其中

$E_M = \{(l,r) : l \in L, r \in R，且 (l,r) \in E - M\}$ （從 L 到 R 的邊）
$\quad\quad \cup \{(r,l) : r \in R, l \in L，且 (l,r) \in M\}$ （從 R 到 L 的邊）

圖 25.2(a) 是圖 25.1(a) 中的圖 G 與配對組合 M 的 G_M。

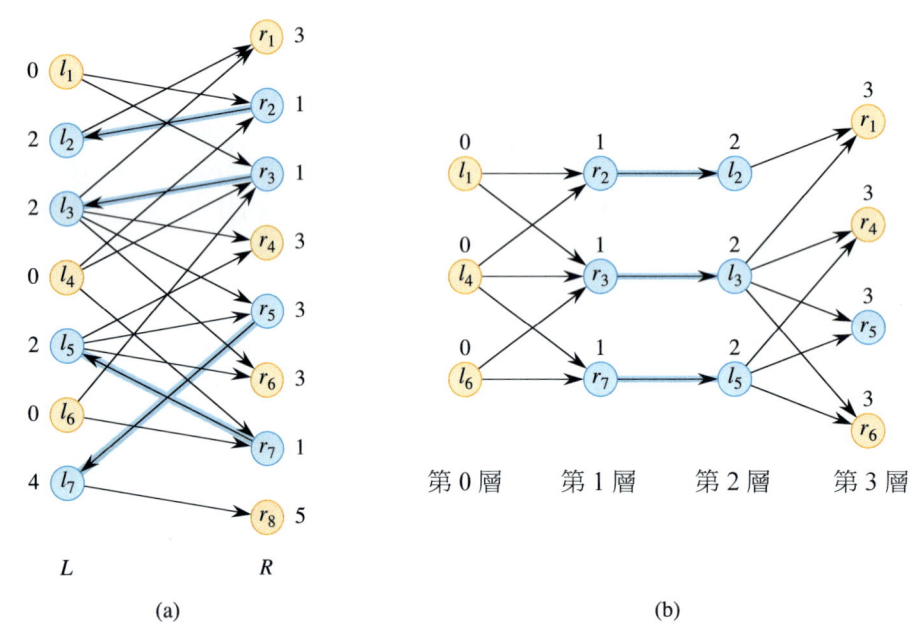

圖 25.2 **(a)** 於第一階段為圖 25.1(a) 的無向二部圖 G 與配對組合 M 建立的有向圖 G_M。在每一個頂點旁邊的數字是與 L 的任意未配對頂點之間的廣度優先距離。**(b)** 在第二階段用 G_M 建立的 dag H。因為與 R 的未配對頂點之間的最小距離是 3，頂點 l_7 與 r_8 的距離皆大於 3，所以它們不在 H 裡。

第二階段建立的 dag $H = (V_H, E_H)$ 有階層與頂點。圖 25.2(b) 是 (a) 的有向圖 G_M 的 dag H。每一層都只有來自 L 的頂點，或來自 R 的頂點，在各層之間交替出現。特定頂點位於哪一層，是由該頂點在 G_M 中與 L 的任意未配對頂點之間的最小廣度優先距離決定的。在 L 中的頂點位於偶數層，在 R 中的頂點位於奇數層。設 q 是 R 的任意未配對頂點在 G_M 中的最小距離，那麼，H 的最後一層包含 R 中距離為 q 的頂點。距離超過 q 的頂點不會出現在 V_H（圖 25.2(b) 的圖 H 沒有頂點 l_7 和 r_8，因為它們與 L 的任何未配對的頂點的距離都超過 $q = 3$）。在 E_H 裡的邊形成 E_M 的子集合：

$$E_H = \{(l, r) \in E_M : r.d \leq q \text{ 且 } r.d = l.d + 1\} \cup \{(r, l) \in E_M : l.d \leq q\}$$

其中，頂點的屬性 d 是該頂點在 G_M 與 L 的任何未配對頂點之間的廣度優先距離。E_H 省略未連接連續兩層的邊。

頂點的廣度優先距離是對著圖 G_M 執行廣度優先搜尋來決定的，不過是從 L 的所有未配對頂點開始（將第 532 頁的 BFS 程序裡面的根頂點 s 換成 L 的未配對頂點集合）。這裡不需要使用 BFS 程序計算出來的前驅值屬性 π，因為 H 是 dag，不一定是樹。

在 H 中，從第 0 層的頂點到第 q 層的未配對頂點的每一條路徑，都可以對應到原始的二部圖 G 中的一條最短 M-增量路徑。我們只要使用 H 的有向邊的無向版本即可。此外，G 裡的每一條最短 M-增量路徑都出現在 H 裡。

第三階段找出頂點不相交的最短 M-增量路徑的極大集合。如圖 25.3 所示，它先建立 H 的轉置 H^T，然後從 q 層的每個未配對頂點 r 開始進行深度優先搜尋，直到到達 0 層的一個頂點為止，或直到走遍所有可能的路徑卻無法到達 0 層的頂點為止。深度優先搜尋不需要保存發現和完成時間，只需要追蹤每次搜尋的深度優先樹裡的前驅屬性 π 即可。到達第 0 層的頂點時，沿著前驅頂點往回走就可以找到一條 M-增量路徑。對每一個頂點而言，當它在任何搜尋中第一次被發現時，它才會被搜尋。如果從第 q 層的頂點 r 開始進行的搜尋找不到一條從「未被發現的頂點」至「第 0 層的未被發現的頂點」的路徑，就不會有包含 r 的 M-增量路徑被放入極大集合中。

圖 25.3 是第三階段的結果。第一次深度優先搜尋從頂點 r_1 開始。它找到 M-增量路徑 $\langle(r_1, l_3), (l_3, r_3), (r_3, l_1)\rangle$，以橘色表示，並發現頂點 r_1、l_3、r_3 與 l_1。下一次深度優先搜尋從頂點 r_4 開始，這次搜尋先檢查邊 (r_4, l_3)，但因為 l_3 已被發現，所以它往回走，並檢查邊 (r_4, l_5)。它從那裡繼續進行，識別出 M-增量路徑 $\langle(r_4, l_5), (l_5, r_7), (r_7, l_6)\rangle$，以黃色表示，並發現頂點 r_4、l_5、r_7 與 l_6。從頂點 r_6 開始的深度優先搜尋卡在已被發現的頂點 l_3 和 l_5，所以這次搜尋未能找到一條從「未被發現的頂點」連接至「第 0 層的頂點」的路徑。沒有深度優先搜尋從頂點 r_5 開始進行，因為它是已配對的，而深度優先搜尋是從未配對的頂點開始的。因此，這次找到的頂點不相交的最短 M-增量路徑極大集合只包含兩條 M-增量路徑，$\langle(r_1, l_3), (l_3, r_3), (r_3, l_1)\rangle$ 與 $\langle(r_4, l_5), (l_5, r_7), (r_7, l_6)\rangle$。

你可能已經注意到，在這個例子中，這個由兩個頂點不相交的最短 M-增量路徑組成的極大（maximal）集合不是一個最大（maximum）集合。這個圖有三個頂點不相交的最短 M-增量路徑：$\langle(r_1, l_2), (l_2, r_2), (r_2, l_1)\rangle$、$\langle(r_4, l_3), (l_3, r_3), (r_3, l_4)\rangle$ 與 $\langle(r_6, l_5), (l_5, r_7), (r_7, l_6)\rangle$，這無傷大雅：演算法需要在 HOPCROFT-KARP 的第 3 行找到的頂點不相交的最短 M-增量路徑集合只是極大的（maximal），而不一定是最大的（maximum）。

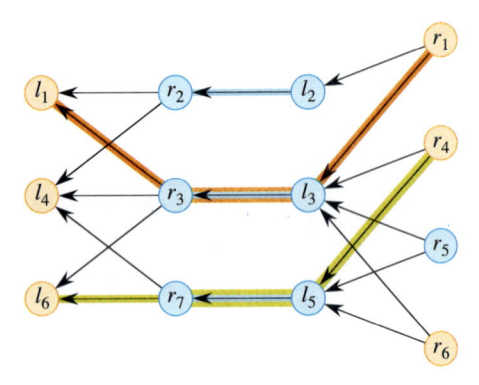

第 0 層　　第 1 層　　第 2 層　　第 3 層

圖 25.3 第三階段建立的 dag H 的轉置 H^T。第一次深度優先搜尋從 r_1 開始，找出橘色的 M-增量路徑 $\langle (r_1, l_3), (l_3, r_3), (r_3, l_1) \rangle$，並發現頂點 r_1、l_3、r_3、l_1。第二次深度優先搜尋從 r_4 開始，找出黃色的 M-增量路徑 $\langle (r_4, l_5), (l_5, r_7), (r_7, l_6) \rangle$，並發現頂點 r_4、l_5、r_7、l_6。

我們的工作只剩下證明第 3 行的全部三個階段花費 $O(E)$ 時間。假設在原始的二部圖 G 裡，每個頂點至少有一條入邊，所以 $|V| = O(E)$，這意味著 $|V| + |E| = O(E)$。第一階段僅藉著追蹤 G 的每條邊來建立有向圖 G_M，所以 $|V_M| = |V|$ 且 $|E_M| = |M|$。第二階段在 G_M 裡執行廣度優先搜尋，花費 $O(V_M + E_M) = O(E_M) = O(E)$ 時間。事實上，在廣度優先搜尋中，一旦佇列裡的第一個距離超過前往 R 的未配對頂點的最短距離 q，搜尋即可停止。dag H 的 $|V_H| \le |V_M|$ 且 $|E_H| \le |E_M|$，所以它花費 $O(V_H + E_H) = O(E)$ 時間來建構。最後，第三階段從第 q 層的未配對頂點開始執行深度優先搜尋，如果頂點被發現過，演算法就不會再次從該頂點進行搜尋，因此第 20.3 節中關於深度優先搜尋的分析適用於此：$O(V_H + E_H) = O(E)$。所以，全部的三個階段花費 $O(E)$ 時間。

在第 3 行找到頂點不相交的最短 M-增量路徑的極大集合之後，第 4 行更新配對組合花費 $O(E)$ 時間，因為這件事只是遍歷 M-增量路徑的邊，並將加入配對組合 M，或從 M 刪除邊。所以，第 2~5 行的 repeat 迴圈的每次迭代耗時 $O(E)$。

最後只剩下證明 repeat 迴圈迭代 $O(\sqrt{V})$ 次。我們從下面的引理開始看起，它說明在每次的 repeat 迴圈迭代之後，增量路徑的長度都會增加。

引理 25.5

設 $G = (V, E)$ 是無向二部圖，有配對組合 M，並設 q 為最短的 M-增量路徑的長度。設 $\mathcal{P} = \{P_1, P_2, ..., P_k\}$ 為長度 q 的頂點不相交的 M-增量路徑極大集合。設 $M' = M \oplus (P_1 \cup P_2 \cup \cdots \cup P_k)$，並設 P 是最短的 M'- 增量路徑。則 P 有超過 q 條邊。

證明 我們分別考慮 P 與 $\mathcal{P}$ 的增量路徑沒有共同頂點的情況,以及它有共同頂點的情況。

首先,假設 P 與 $\mathcal{P}$ 的增量路徑沒有共同頂點。那麼,P 有一些邊屬於 M 但不屬於 P_1, P_2, ..., P_k,所以 P 也是 M-增量路徑。因為 P 與 $P_1, P_2, ..., P_k$ 不相交,但也是 M-增量路徑,且因為 $\mathcal{P}$ 是最短 M-增量路徑的極大集合,所以 P 一定比 $\mathcal{P}$ 的任意增量路徑更長,那些路徑的長度都是 q。所以,P 的邊超過 q 條。

接下來,假設 P 至少造訪了 $\mathcal{P}$ 的 M-增量路徑的一個頂點。根據推論 25.2,M' 是 G 的配對組合,且 $|M'| = |M| + k$。因為 P 是個 M'-增量路徑,根據引理 25.1,$M' \oplus P$ 是個配對組合,且 $|M' \oplus P| = |M'| + 1 = |M| + k + 1$。設 $A = M \oplus M' \oplus P$。我們主張,$A = (P_1 \cup P_2 \cup \cdots \cup P_k) \oplus P$:

$$\begin{aligned}
A &= M \oplus M' \oplus P \\
&= M \oplus (M \oplus (P_1 \cup P_2 \cup \cdots \cup P_k)) \oplus P \\
&= (M \oplus M) \oplus (P_1 \cup P_2 \cup \cdots \cup P_k) \oplus P \quad (\oplus \text{ 的結合性}) \\
&= \emptyset \oplus (P_1 \cup P_2 \cup \cdots \cup P_k) \oplus P \quad (X \oplus X = \emptyset,\text{對所有 } X \text{ 而言}) \\
&= (P_1 \cup P_2 \cup \cdots \cup P_k) \oplus P \quad (\emptyset \oplus X = X,\text{對所有 } X \text{ 而言})
\end{aligned}$$

由引理 25.3 和 $M^* = M' \oplus P$ 可知,A 至少有 $|M' \oplus P| - |M| = k + 1$ 條頂點不相交的 M-增量路徑。因為每一條這種 M-增量路徑都至少有 q 條邊,我們得到 $|A| \geq (k+1)q = kq + q$。

現在我們主張,P 至少與 $\mathcal{P}$ 中的某條 M-增量路徑有一條邊相同。在配對組合 M' 之下,在 $\mathcal{P}$ 中的每一條 M-增量路徑的每一個頂點都是已配對的(只有各個 M-增量路徑 P_i 的第一個與最後一個頂點在 M 之下是未配對的,且在 $M \oplus P_i$ 之下,P_i 的所有頂點都是已配對的。因為在 $\mathcal{P}$ 裡的 M-增量路徑頂點不相交,所以 $\mathcal{P}$ 的其他路徑都不影響 P_i 的頂點配對與否。亦即對任何其他路徑 $P_j \in \mathcal{P}$ 而言,P_i 的頂點在 $M \oplus P_i$ 之下是已配對的若且唯若它們在 $(M \oplus P_i) \oplus P_j$ 之下是已配對的)。假設 P 與某條路徑 $P_i \in \mathcal{P}$ 共用頂點 v。頂點 v 不會是 P 的端點,因為 P 的端點在 M' 之下是未配對的。因此,v 在屬於 M' 的 P 裡有一條邊。因為在配對組合裡,任何頂點最多有一條邊,所以這條邊一定屬於 P_i,故得證。

因為 $A = (P_1 \cup P_2 \cup \cdots \cup P_k) \oplus P$,而且 P 與某個 $P_i \in \mathcal{P}$ 至少有一條相同的邊,我們得到 $|A| < |P_1 \cup P_2 \cup \cdots \cup P_k| + |P|$。因此可得

$$\begin{aligned}
kq + q &\leq |A| \\
&< |P_1 \cup P_2 \cup \cdots \cup P_k| + |P| \\
&= kq + |P|
\end{aligned}$$

所以 $q < |P|$。我們得出結論:P 有超過 q 條邊。　∎

下一個引理用最短增量路徑的長度來決定最大配對組合的大小。

引理 25.6

設 M 是圖 $G = (V, E)$ 的一個配對組合，並設 G 的最短 M-增量路徑有 q 條邊。那麼，G 的最大配對組合頂多是 $|M| + |V|/(q + 1)$。

證明 設 M^* 是 G 的最大配對組合。根據引理 25.3，G 最少有 $|M^*| - |M|$ 條頂點不相交的 M-增量路徑。每條路徑都至少有 q 條邊，因此至少有 $q + 1$ 個頂點。因為這些路徑頂點不相交，我們得到 $(|M^*| - |M|)(q + 1) \leq |V|$，所以 $|M^*| \leq |M| + |V|/(q + 1)$。 ∎

最後一個引理指出第 2~5 行的 repeat 迴圈的迭代次數。

引理 25.7

用 HOPCROFT-KARP 程序來處理二部圖 $G = (V, E)$ 時，第 2~5 行的 repeat 迴圈迭代 $O(\sqrt{V})$ 次。

證明 根據引理 25.5，第 3 行找到的最短 M-增量路徑之長度 q 會在每一次迭代時增加。因此，在 $\lceil \sqrt{|V|} \rceil$ 次迭代後，我們一定得到 $q \geq \lceil \sqrt{|V|} \rceil$。考慮 M-增量路徑至少是 $\lceil \sqrt{|V|} \rceil$ 且第 4 行第一次執行之後的情況。因為配對組合的大小在每次迭代後至少增加 1 條邊，引理 25.6 意味著在到達最大配對組合之前，額外的迭代次數最多是

$$\frac{|V|}{\lceil \sqrt{|V|} \rceil + 1} < \frac{|V|}{\sqrt{|V|}} = \sqrt{|V|}$$

因此，迴圈迭代的總次數少於 $2\sqrt{|V|}$。 ∎

我們得到 HOPCROFT-KARP 程序的執行時間界限如下。

定理 25.8

HOPCROFT-KARP 程序處理無向二部圖 $G = (V, E)$ 的執行時間是 $O(\sqrt{V}E)$。

證明 根據引理 25.7，repeat 迴圈迭代 $O(\sqrt{V})$ 次，我們已經知道如何在 $O(E)$ 時間內實現每次迭代了。 ∎

習題

25.1-1
使用 Hopcroft-Karp 演算法來為圖 25.1 的圖找出最大配對組合。

25.1-2
M-增量路徑與流量網路的增量路徑類似嗎？它們有何不同？

25.1-3
相較於在 dag H 裡從第 0 層搜尋到第 q 層，在轉置的 H^T 裡從第 q 層的未配對頂點開始搜尋（第一個有 R 的未配對頂點的階層）到第 0 層有什麼好處？

25.1-4
說明如何讓 Hopcroft-Karp 的第 2~5 行的 *repeat* 迴圈的迭代次數上限為 $\lceil 3\sqrt{|V|}/2 \rceil$。

★ 25.1-5
完美配對組合（*perfect matching*）是每一個頂點都被配對的配對組合。設 $G = (V, E)$ 是無向二部圖，它的頂點分成 $V = L \cup R$，其中 $|L| = |R|$。我們為任意 $X \subseteq V$ 定義 X 的**鄰點**為

$$N(X) = \{y \in V : (x, y) \in E \text{ 對於某個 } x \in X\}$$

也就是與 X 的某個成員相鄰的頂點集合。證明 *Hall* **定理**：若且唯若對於每一個子集合 $A \subseteq L$ 而言，$|A| \leq |N(A)|$，則 G 有完美配對。

25.1-6
在 *d-regular* 圖中，每個頂點都有 d 度。若 $G = (V, E)$ 是二部圖，其頂點分成 $V = L \cup R$，而且 G 是 d-regular，則 $|L| = |R|$。使用 Hall 定理（見習題 25.1-5）來證明每一個 d-regular 的二部圖都包含完美配對，然後使用這個結果來證明每一個 d-regular 的二部圖都包含 d 組不相交的完美配對。

25.2 穩定婚配問題

第 25.1 節的目標是找出無向二部圖的最大配對組合。如果你知道頂點 $V = L \cup R$ 的圖 $G = (V, E)$ 是一個**完全二部圖**[1]，也就是 G 的邊從 L 的每一個頂點連到 R 的每一個頂點，那麼你只要使用簡單的貪婪演算法就可以找到最大配對集合。

---

[1] 完全二部圖的定義與第 1124 頁的完全圖的定義不同，因為在二部圖中，L 的頂點之間沒有邊，R 的頂點之間也沒有。

當一張圖可能有多個配對組合時，你可能想要找出哪個配對組合是最理想的。在第 25.3 節，我們要為邊加上權重，並找到權重最大的配對組合。在本節中，我們將為完全二部圖的每個頂點添加一些資訊：另一側的頂點的排名，也就是說，在 L 裡的每一個頂點都有 R 的所有頂點的排名，反之亦然。為了簡單起見，我們假設 L 和 R 分別有 n 個頂點，目標是以一種「穩定」的方式，為 L 的每個頂點與 R 的一個頂點進行配對。

穩定婚配問題的名稱來自於異性婚姻的概念，我們將 L 視為一組女性，將 R 視為一組男性[2]。每位女性都按喜好為所有男性排名，每位男性也為所有女性排名。我們目標是媒合女性和男性（一種配對組合），使得即使媒合出來的男女沒有情投意合，至少其中一位喜歡另一位。

如果一對男女沒有互相喜歡，而且他們都更喜歡別人，他們就形成一個**阻礙性配對**。阻礙性配對有分手並結交他人的動機，他們將阻礙整個配對組合的「穩定性」。因此，**穩定的配對組合**就是沒有阻礙性配對的配對組合。如果有阻礙性配對，配對組合就**不穩定**。

我們來看一個例子，有四位女性：Wanda、Emma、Lacey 及 Karen，和四個男性：Oscar、Davis、Brent 及 Hank，他們的偏好如下：

Wanda: Brent, Hank, Oscar, Davis
Emma: Davis, Hank, Oscar, Brent
Lacey: Brent, Davis, Hank, Oscar
Karen: Brent, Hank, Davis, Oscar

Oscar: Wanda, Karen, Lacey, Emma
Davis: Wanda, Lacey, Karen, Emma
Brent: Lacey, Karen, Wanda, Emma
Hank: Lacey, Wanda, Emma, Karen

穩定配對組合包含以下配對：

Lacey 與 Brent
Wanda 與 Hank
Karen 與 Davis
Emma 與 Oscar

你可以確認這個配對組合沒有阻礙性配對。例如，儘管 Karen 比較喜歡 Brent 和 Hank，而不是她的伴侶 Davis，但 Brent 比較喜歡他的伴侶 Lacey 而不是 Karen，Hank 比較喜歡他的伴

---

[2] 雖然婚姻的形式有所改變，但是從異性婚姻的角度來看待穩定婚配問題是傳統的做法。

侶 Wanda 而不是 Karen，因此 Karen 和 Brent 以及 Karen 和 Hank 都不形成阻礙性配對。事實上，這個穩定配對組合是唯一的。假設最後兩對改成

　　Emma 與 Davis
　　Karen 與 Oscar

那麼 Karen 和 Davis 就成為阻礙性配對，因為他們沒有被配在一起，Karen 比較喜歡 Davis 而不是 Oscar，Davis 比較喜歡 Karen 而不是 Emma。因此，這個配對組合不是穩定的。

穩定配對組合不一定是唯一的。例如，假設有三位女性：Monica、Phoebe 與 Rachel，和三位男性：Chandler、Joey 和 Ross，他們的偏好如下：

```
Monica:   Chandler, Joey, Ross
Phoebe:   Joey, Ross, Chandler
Rachel:   Ross, Chandler, Joey

Chandler: Phoebe, Rachel, Monica
Joey:     Rachel, Monica, Phoebe
Ross:     Monica, Phoebe, Rachel
```

這個案例有三個穩定配對組合：

配對組合 1	配對組合 2	配對組合 3
Monica 與 Chandler	Phoebe 與 Chandler	Rachel 與 Chandler
Phoebe 與 Joey	Rachel 與 Joey	Monica 與 Joey
Rachel 與 Ross	Monica 與 Ross	Phoebe 與 Ross

在配對組合 1 中，所有女性都與她們的第一志願在一起，所有男性都與他們的最後志願在一起。配對組合 2 則相反，所有男性都與他們的第一志願在一起，所有女性都與她們的最後志願在一起。當所有的女性或所有的男性都與他們的第一志願在一起時，阻礙性配對顯然不存在。在配對組合 3 中，每個人都與他們的第二志願在一起。你可以自行驗證這一組沒有阻礙性配對。

你可能在想，是不是不管每個人提出什麼排名都會產生穩定配對組合？答案是肯定的（習題 25.2-3 會請你證明，即使是全國住院醫生媒合計畫，每家醫院都可以錄取多位學生，也一定會產生一個穩定配對組合）。簡單的 Gale-Shapley 演算法一定可以找出穩定配對組合。這個演算法有兩種版本，它們是互相對映的：「女性導向」和「男性導向」。我們來看女性導向版本。其中，每位參與者若不是「單身狀態」就是「已訂婚」。所有人最初都是單身。當單身女性向一位男性求婚時，她就變成已訂婚。當男性第一次被求婚時，他會從單身狀態變

成已訂婚，接下來會一直保持已訂婚，但對象不一定一直是同一位女性。如果已訂婚的男性被他更喜歡的女性求婚，而不是當下的訂婚對象，那麼這個婚約就會被解除，原先與他訂婚的女性會變成單身，該男性和他更喜歡的女性訂婚。每位女性會依序向她的志願名單上的男性求婚，直到最後一次，她訂婚為止。當女性已訂婚時，她會暫時停止求婚，但如果她再次變成單身，她就會繼續向名單的下一位求婚。如果所有人都訂婚了，演算法就會終止。下面的 GALE-SHAPLEY 程序更具體地描述這個過程。這個程序會做一些選擇：第 2 行可能選中任何一位單身的女性。你將看到，無論第 2 行按照什麼順序選擇單身女性，這個程序都會產生穩定配對組合。男性導向版本只是將此程序中的男女角色對換。

GALE-SHAPLEY(*men, women, rankings*)
1   assign each woman and man as free
2   **while** some woman w is free
3   let m be the first man on w's ranked list to whom she has not proposed
4   **if** m is free
5   w and m become engaged to each other (and not free)
6   **elseif** m ranks w higher than the woman w' he is currently engaged to
7   m breaks the engagement to w', who becomes free
8   w and m become engaged to each other (and not free)
9   **else** m rejects w, with w remaining free
10 **return** the stable matching consisting of the engaged pairs

我們來看看 GALE-SHAPLEY 程序如何處理參與者為 Wanda、Emma、Lacey、Karen、Oscar、Davis、Brent 和 Hank 的情況。將每個人都設為單身之後，以下是第 2~9 行的 **while** 迴圈的連續迭代時可能發生的情況之一：

1. Wanda 向 Brent 求婚。Brent 單身，所以 Wanda 和 Brent 訂婚，他們不再是單身。

2. Emma 向 Davis 求婚。Davis 是單身，所以 Emma 與 Davis 訂婚，他們不再是單身。

3. Lacey 向 Brent 求婚。Brent 已經和 Wanda 訂婚了，但他更喜歡 Lacey。Brent 取消與 Wanda 的婚約，Wanda 變成單身。Lacey 與 Brent 訂婚，Lacey 不再是單身。

4. Karen 向 Brent 求婚。Brent 已經和 Lacey 訂婚，且比起 Karen，他更喜歡 Lacey。Brent 拒絕 Karen，Karen 仍然是單身。

5. Karen 向 Hank 求婚。Hank 單身，所以 Karen 與 Hank 訂婚，不再是單身。

6. Wanda 向 Hank 求婚。Hank 已經和 Karen 訂婚了，但他比較喜歡 Wanda。Hank 取消與 Karen 的婚約，Karen 變成單身。Wanda 與 Hank 訂婚，Wanda 不再是單身。

7. Karen 向 Davis 求婚。Davis 已經和 Emma 訂婚了，但他比較喜歡 Karen。Davis 取消與 Emma 的婚約，Emma 變成單身。Karen 與 Davis 訂婚，Karen 不再是單身。

8. Emma 向 Hank 求婚。Hank 已經和 Wanda 訂婚了，比起 Emma，他更喜歡 Wanda。Hank 拒絕 Emma，Emma 仍然是單身。

9. Emma 向 Oscar 求婚。Oscar 單身，所以 Emma 與 Oscar 訂婚，不再是單身。

此時，所有人都訂婚了，沒有人單身，所以 while 迴圈終止。這個程序回傳我們之前看過的穩定配對組合。

接下來的定理指出，GALE-SHAPLEY 不僅會終止，也一定會回傳穩定配對組合，進而證明穩定配對組合一定存在。

定理 25.9

GALE-SHAPLEY 程序一定會終止，並回傳穩定配對組合。

證明 我們先來證明第 2~9 行的 while 迴圈一定終止，所以這個程序會終止。這個證明使用反證法。如果迴圈不終止，原因出在仍然有女性是單身。女性保持單身的前提是，她必須向所有男性求婚，並被每個人拒絕。男性必須已訂婚才能拒絕女性。因此，所有男性都已訂婚。一旦男性訂婚，他就維持訂婚（雖然對象不一定是同一位女性）。然而，女性和男性的數量相等，這意味著每位女性都訂婚了，沒有女性是單身，造成矛盾。我們也必須證明 while 迴圈的迭代次數有限。因為 n 位女性都依序向她們所排名的 n 位男性求婚，且可能不會到達名單的最後一位，所以迭代總次數最多是 n^2。因此，while 迴圈一定終止，且程式會回傳一個配對組合。

我們必須證明阻礙性配對不存在。我們首先觀察到，一旦男性 m 和女性 w 訂婚，m 的所有後續行動都發生在第 6~8 行。因此，一旦男性訂婚了，他就維持訂婚狀態，如果他取消與女性 w 的婚約，那一定是為了和更喜歡的女性訂婚。假設女性 w 與男性 m 訂婚，但他更喜歡男性 m'。我們將證明 w 與 m' 不是阻礙性配對，因為 m' 比較喜歡他的伴侶，而不是 w。因為在 w 的名單裡，m' 在 m 前面，他一定先向 m' 求婚，才向 m 求婚，且 m' 若不是已經拒絕她的求婚，就是曾經接受她，但後來取消婚約。如果 m' 拒絕過 w 的求婚，那是因為他已經和一位他更喜歡的女性訂婚了。如果 m' 曾經訂婚後來取消婚約，他就是在某個時候與 w 訂婚，後來接受一位更喜歡的女性的求婚。無論如何，他一定更喜歡最終的伴侶而不是 w。結論是，即使 w 更喜歡 m' 而不是她的伴侶 m，m' 也不會更喜歡 w 而不是他的伴侶。所以，這個程序回傳的配對組合沒有阻礙性配對。∎

習題 25.2-1 會請你證明接下來的推論。

推論 25.10

給定 n 位女性與 n 位男性的喜好排名，Gale-Shapley 演算法可以寫成 $O(n^2)$ 的執行時間。 ∎

因為第 2 行選擇任意單身女性，你可能在想，不同的選擇是否產生不同的穩定配對組合？答案是否定的，接下來的定理指出，每次執行 GALE-SHAPLEY 程序都會產生一模一樣的結果。此外，它回傳的穩定配對組合對女性而言是最佳的。

定理 25.11

無論 GALE-SHAPLEY 的第 2 行如何選擇女性，這個程序一定回傳相同的穩定配對組合，而且在這個穩定配對組合裡，每一位女性被分配到的伴侶都是任何穩定配對組合中最好的。

證明 我們用反證法來證明每一女性都被分配到所有穩定配對組合最好的伴侶。假設 GALE-SHAPLEY 程序回傳一個穩定配對組合 M，在裡面，w 被分配給 m，但存在另一個穩定配對組合 M'，在裡面，w 被分配給 m'，而且比起 w 在 M 裡的伴侶 m，她更喜歡 m'。因為 w 將 m' 排在 m 的前面，所以她一定會先向 m' 求婚，再向 m 求婚。這代表，有一位女性 w'，比起 w，m' 更喜歡她，且當 w 向 m' 求婚時，m' 已經與 w' 訂婚了，或者，m' 先接受 w 的求婚，後來為了接受 w' 而取消婚約。無論如何，m' 都會在某個時刻不接受 w 而接受 w'。假設不失一般性，這一刻是第一次有男性拒絕屬於某個穩定配對組合的伴侶。

我們主張，在穩定配對組合裡，w' 不可能與比 m' 更討她喜歡的 m'' 成為伴侶。如果有這位男性 m''，那麼 w' 向 m' 求婚意味著在此之前，她已經向 m'' 求婚過並且被拒絕了。如果 m' 接受 w 的求婚，後來為了接受 w' 而取消婚約，那麼因為這是在穩定配對組合中的第一個拒絕，我們得到矛盾的情況，m'' 不可能拒絕過 w'。如果 m' 在 w 求婚時已經和 w' 訂婚了，那麼同理，m'' 不可能拒絕過 w'，故我們的主張得證。

因為在穩定配對組合中，w' 最喜歡的是 m'，而且 w' 在 M' 裡沒有與 m' 配對（因為 m' 在 M' 裡與 w 配對），w' 更喜歡 m'，而不是他在 M' 裡的伴侶。因為比起 w' 在 M' 裡的伴侶，w' 更喜歡 m'，而且比起 m' 在 M' 裡的伴侶 w，他更喜歡 w'，所以 w' 與 m' 在 M' 裡是阻礙性配對。因為 M' 有阻礙性配對，所以它不會成為穩定配對組合，進而與以下的假設矛盾：存在一個穩定配對組合，其中女性的伴侶比 GALE-SHAPLEY 回傳的配對組合 M 裡面的伴侶更好。

我們沒有為程序設定任何執行條件，這意味著第 2 行以任何順序選擇女性都會產生相同的穩定配對組合。 ∎

推論 25.12
GALE-SHAPLEY 程序可能不會回傳某些穩定配對組合。

證明 定理 25.11 說，給定特定的排名，GALE-SHAPLEY 只回傳一個配對組合，無論它在第 2 行如何選擇女性。之前有一個例子說三個女性與三個男性有三種不同的穩定配對組合，所以特定的排名集合可能有多個穩定配對組合。所以呼叫 GALE-SHAPLEY 只能得到穩定配對組合之一。 ∎

儘管 GALE-SHAPLEY 程序為女性提供了最好的結果，但下面的推論指出，它也為男性提供了最差的結果。

推論 25.13
在 GALE-SHAPLEY 程序回傳的穩定配對組合中，每位男性的伴侶都是任何穩定配對組合中最差的。

證明 設 M 是呼叫 GALE-SHAPLEY 得到的配對組合。假設有另一個穩定配對組合 M'，而且有一位男性 m 比較喜歡他在 M 裡的伴侶 w 而不是他在 M' 裡的伴侶 w'。設 w 在 M' 裡的伴侶是 m'。根據定理 25.11，m 是 w 在任何穩定配對組合中可能得到的最佳伴侶，這意味著 w 比較喜歡 m 而不是 m'。因為 m 比較喜歡 w 而不是 w'，w 與 m 在 M' 裡是阻礙性配對，與「M' 是穩定配對」這個假設互相矛盾。 ∎

習題

25.2-1
說明如何設計 Gale-Shapley 演算法來讓它的執行時間是 $O(n^2)$。

25.2-2
不穩定配對組合是否可能只有兩位女性與兩位男性？如果有，舉一個例子，並說明理由。如果沒有，說明原因。

25.2-3
全國住院醫生媒合計畫與本節所述的穩定婚配問題有兩個不同之處。首先，一間醫院可能被分配不只一位學生，所以醫院 h 會收到 $r_h \geq 1$ 位學生。第二，學生人數可能與醫院數量不同。說明如何修改 Gale-Shapley 演算法來滿足全國住院醫生媒合計畫的需求。

25.2-4

證明以下特性，這個特性稱為 *weak Pareto optimality*：

假設 M 是 GALE-SHAPLEY 程序產生的穩定配對組合，其中女性向男性求婚。那麼，對於一個穩定婚配問題實例，不存在任何一種配對組合（無論是穩定的，還是不穩定的）可讓每一位女性都獲得比她在穩定配對組合 M 中的伴侶更令她喜歡的伴侶。

25.2-5

穩定室友問題類似穩定婚配問題，但這個問題的圖是完全圖，不是二部圖，而且有偶數頂點。每一個頂點都代表一個人，每個人都會對所有其他人進行排名。阻礙性配對與穩定配對組合的定義以自然的方式延伸：阻礙性配對中的兩個人喜歡彼此的程度更甚於他們當下的伴侶，且如果配對組合沒有阻礙性配對，它就是穩定的。例如，考慮四個人：Wendy、Xenia、Yolanda 與 Zelda，他們的喜好排名如下：

Wendy:　Xenia, Yolanda, Zelda
Xenia:　 Wendy, Zelda, Yolanda
Yolanda: Wendy, Zelda, Xenia
Zelda:　 Xenia, Yolanda, Wendy

你可以檢驗以下的配對組合是穩定的：

Wendy 與 Xenia
Yolanda 與 Zelda

與穩定婚配問題不同的是，穩定室友問題的輸入可能沒有穩定配對組合。找出這種輸入，並解釋為何沒有穩定配對組合。

25.3 用匈牙利演算法來處理分配問題

讓我們在完全二部圖 $G = (V, E)$ 中再次加入一些資訊，其中 $V = L \cup R$。這一次，不是由每一方的頂點為另一方的頂點排名，而是為每條邊指定一個權重。我們同樣假設頂點集合 L 和 R 各包含 n 個頂點，因此，這個圖有 n^2 條邊。設 $l \in L$ 與 $r \in R$，我們將邊 (l, r) 的權重寫成 $w(l, r)$，代表將頂點 l 與頂點 r 配成一對的效果。

我們的目標是找出邊的總權重最大的完美配對組合 M^*（見習題 25.1-5 與 25.1-6）。也就是說，設 $w(M) = \sum_{(l,r) \in M} w(l, r)$ 代表配對組合 M 的邊的總權重，我們想要找到完美配對組合 M^* 滿足

$w(M^*) = \max\{w(M) : M \text{ 是完美配對組合}\}$

找出這種最大權重完美配對組合稱為**分配問題**。分配問題的解是將總效果最大化的完美配對組合。分配問題與穩定婚配問題一樣，必須找到「好」的配對，但好的定義不同，分配問題是將總權重值最大化，而不是找到穩定狀態。

雖然你可以列出全部的 $n!$ 個完美配對組合來解決分配問題，但**匈牙利演算法**可以更快速地解決它。本節將證明 $O(n^4)$ 的時間界限，且問題 25-2 會要求你改進演算法來將執行時間降為 $O(n^3)$。匈牙利演算法不是處理完全二部圖，而是處理 G 的子圖，稱為等效子圖（equality subgraph）。等效子圖會隨著時間而改變，下面是它的定義。等效子圖有一個好處：在裡面的任何完美配對組合也是分配問題的最佳解。

要產生等效子圖，我們要為每一個頂點指派一個屬性 h。我們將 h 稱為頂點的**標籤**，且若 h 符合以下條件，則稱它是 G 的**可行頂點標籤**：

$l.h + r.h \geq w(l, r)$ 對 L 與 R 中的所有 l 與 r 而言

可行頂點標籤一定存在，例如**預設頂點標籤**

$$l.h = \max\{w(l, r) : r \in R\} \quad \text{對 } L \text{ 中的所有 } l \text{ 而言} \tag{25.1}$$
$$r.h = 0 \quad \text{對 } R \text{ 中的所有 } r \text{ 而言} \tag{25.2}$$

給定一個可行頂點標籤 h，G 的**等效子圖** $G_h = (V, E_h)$ 包含與 G 相同的頂點，以及邊的子集合

$E_h = \{(l, r) \in E : l.h + r.h = w(l, r)\}$

下面的定理指出等效子圖中的完美配對組合和分配問題的最佳解之間的關係。

定理 25.14

設 $G = (V, E)$ 是完全二部圖，其中 $V = L \cup R$，且每條邊 $(l, r) \in E$ 都有權重 $w(l, r)$。設 h 是 G 的可行頂點標籤，且 G_h 是 G 的等效子圖。如果 G_h 有 M^*，那麼 M^* 是 G 的分配問題的最佳解。

證明 如果 G_h 有完美配對組合 M^*，那麼因為 G_h 與 G 有相同的頂點，所以 M^* 也是 G 的完美配對組合。因為 M^* 的每一條邊都屬於 G_h，而且每個頂點都有一條來自任何完美配對組合的邊，我們得到

$$\begin{aligned} w(M^*) &= \sum_{(l,r) \in M^*} w(l,r) \\ &= \sum_{(l,r) \in M^*} (l.h + r.h) \quad \text{（因為在 } M^* \text{ 裡的邊都屬於 } G_h\text{）} \\ &= \sum_{l \in L} l.h + \sum_{r \in R} r.h \quad \text{（因為 } M^* \text{ 是完美配對組合）} \end{aligned}$$

設 M 是 G 的任意完美配對組合，那麼

$$\begin{aligned} w(M) &= \sum_{(l,r) \in M} w(l,r) \\ &\leq \sum_{(l,r) \in M} (l.h + r.h) \quad \text{（因為 } h \text{ 是可行頂點標籤）} \\ &= \sum_{l \in L} l.h + \sum_{r \in R} r.h \quad \text{（因為 } M \text{ 是完美配對組合）} \end{aligned}$$

因此可得

$$w(M) \leq \sum_{l \in L} l.h + \sum_{r \in R} r.h = w(M^*) \tag{25.3}$$

所以 M^* 是 G 的一個最大權重完美配對組合。∎

現在我們的目標變成尋找等效子圖裡的完美配對組合。哪個等效子圖？這不重要！我們不僅可以自由地選擇等效子圖，也可以在過程中改變我們選擇的等效子圖，只要在某個等效子圖裡找到某個完美配對組合即可。

為了更了解等效子圖，再次考慮定理 25.14 的證明，並且在後半部，設 M 為任意配對組合。該證明仍然有效，特別是不等式 (25.3)：任意配對組合的權重一定不超過頂點標籤之和。如果我們選擇任何一組定義了等效子圖的頂點標籤，那麼在這個等效子圖中的最大元素（maximum-cardinality）配對組合的總值不會超過頂點標籤之和。如果一組頂點標籤是「正確的」，那麼它的總值將等於 $w(M^*)$，等效子圖中的最大元素配對組合也是權重最大的完美配對組合。匈牙利演算法會反覆修改配對組合和頂點的標籤，以實現這個目標。

匈牙利演算法從任意可行的頂點標籤 h 和等效子圖 G_h 中的任意配對組合 M 開始執行。它會反覆地在 G_h 中找到一條 M-增量路徑 P，並使用引理 25.1，將配對組合更新為 $M \oplus P$，進而增加配對組合的大小。只要有一些等效子圖包含 M-增量路徑，配對組合的大小就可能增加，直到找到完美配對組合。

我們有四個問題：

1. 演算法應該從哪一個可行頂點標籤開始？答案：用式 (25.1) 與 (25.2) 得到的預設頂點。
2. 演算法應該從 G_h 的哪個初始配對組合開始做起？簡要答案：任意配對組合，甚至空的配對組合，但貪婪極大配對組合也可以。
3. 如果 G_h 有 M-增量路徑，怎麼找到它？簡要答案：使用類似 Hopcroft-Karp 演算法的第二階段程序所使用的廣度優先搜尋的變體，來找到最短 M-增量路徑的滿集合。
4. 如果無法找到 M-增量路徑呢？簡要答案：更新可行頂點標籤，來至少加入一條新邊。

我們用圖 25.4 的例子來開始詳細解釋簡要答案。在此，$L = \{l_1, l_2, \ldots, l_7\}$ 且 $R = \{r_1, r_2, \ldots, r_7\}$。在圖 (a) 的矩陣裡的數字是邊的權重，其中權重 $w(l_i, r_j)$ 在第 i 列，第 j 行。在矩陣的左側和上面的數字是預設的可行頂點標籤。紅色的矩陣項目代表 $l_i.h + r_j.h = w(l_i, r_j)$ 的邊 (l_i, r_j)，也就是出現在圖 (b) 的等效子圖 G_h 裡的邊。

以貪婪法尋找極大二部圖配對組合

用貪婪法來尋找極大二部圖配對組合的方法有很多種，Greedy-Bipartite-Matching 程序是其中一種。在圖 25.4(b) 裡的藍邊是最初在 G_h 裡的貪婪極大配對組合。習題 25.3-2 會請你證明 Greedy-Bipartite-Matching 程序回傳一個大小至少為最大配對組合的一半的配對組合。

Greedy-Bipartite-Matching(G)
1 $M = \emptyset$
2 **for** each vertex $l \in L$
3   **if** l has an unmatched neighbor in R
4   choose any such unmatched neighbor $r \in R$
5          $M = M \cup \{(l, r)\}$
6 **return** M

	r_1	r_2	r_3	r_4	r_5	r_6	r_7
h	0	0	0	0	0	0	0
l_1 10	4	**10**	**10**	**10**	2	9	3
l_2 12	6	8	5	**12**	9	7	2
l_3 15	11	9	6	7	9	5	**15**
l_4 9	3	**9**	6	7	5	6	3
l_5 6	2	**6**	5	3	2	4	2
l_6 11	10	8	**11**	4	**11**	2	**11**
l_7 8	3	4	5	4	3	6	**8**

(a)

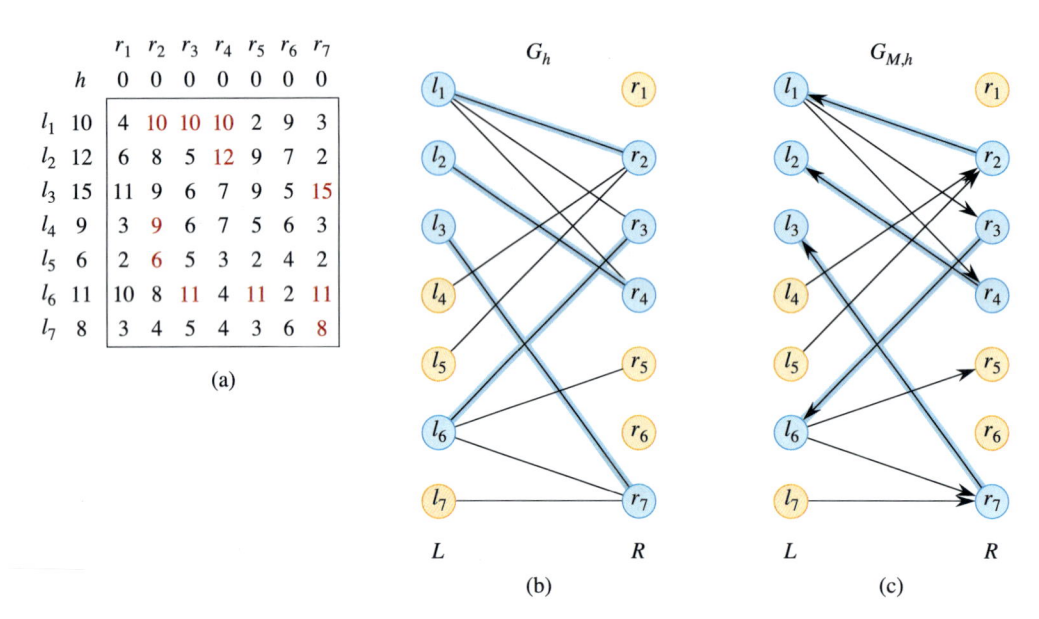

(b)　　　　　　　　　　　　　(c)

圖 25.4 開始執行匈牙利演算法的情況。**(a)** $L = \{l_1, l_2, ..., l_7\}$ 且 $R = \{r_1, r_2, ..., r_7\}$ 的二部圖的邊權重矩陣。i 列 j 行的值代表 $w(l_i, r_j)$。在矩陣的上面與側邊的數字是可行頂點標籤。紅色項目是等效子圖裡的邊。**(b)** 等效子圖 G_h。藍色邊屬於初始貪婪極大配對組合 M。藍色頂點是已配對的，棕色頂點是未配對的。**(c)** 用 G_h 建立出來的有向等效子圖 $G_{M,h}$ 是藉著在 M 中將一些邊從 R 接到 L，並將所有其他邊從 L 接到 R 產生的。

找出 G_h 裡的 M-增量路徑

為了在具有配對組合 M 的等效子圖 G_h 中找到一條 M-增量路徑，匈牙利演算法先用 G_h 來建立**有向等效子圖** $G_{M,h}$，如同 Hopcroft-Karp 演算法用 G 來建立 G_M。和 Hopcroft-Karp 演算法一樣，你可以將 M-增量路徑想成這樣的路徑：開始於 L 中的未配對頂點，結束於 R 中的未配對頂點，從 L 到 R 走未配對邊，並從 R 到 L 走已配對邊。因此，$G_{M,h} = (V, E_{M,h})$，其中

$$E_{M,h} = \{(l,r) : l \in L, r \in R，且 (l,r) \in E_h - M\} \quad \text{（從 } L \text{ 到 } R \text{ 的邊）}$$
$$\cup \{(r,l) : r \in R, l \in L，且 (l,r) \in M\} \quad \text{（從 } R \text{ 到 } L \text{ 的邊）}$$

因為在有向等效子圖 $G_{M,h}$ 中的 M-增量路徑也是在等效子圖 G_h 中的 M-增量路徑，所以我們只要找到 $G_{M,h}$ 中的 M-增量路徑即可。圖 25.4(c) 是對應至等效子圖 G_h 以及 (b) 圖的配對組合 M 的有向等效子圖 $G_{M,h}$。

有了有向等效子圖 $G_{M,h}$ 之後，匈牙利演算法搜尋從 L 的任意未配對頂點，到 R 的任意未配對頂點的 M-增量路徑。這項操作可使用任何一種窮舉（exhaustive）的圖搜尋方法。在此，我們使用廣度優先搜尋，從 L 的所有未配對頂點開始（就像 Hopcroft-Karp 演算法在建立 dag H 時的做法），但在第一次發現 R 的某個未配對頂點時就停止。圖 25.5 展示這種概念。為了從 L 中所有未配對頂點開始，我們先將 L 的所有未配對頂點放入先入先出佇列，而不是只使用一個源頭頂點。與 Hopcroft-Karp 演算法中的 dag H 不同的是，這裡的每個頂點只需要一個前驅值，因此，廣度優先搜尋建立一個**廣度優先森林** $F = (V_F, E_F)$。在 L 裡的每一個未配對頂點都是 F 的根。

在圖 25.5 (g) 中，廣度優先搜尋已經找到 M-增量路徑 $\langle(l_4, r_2), (r_2, l_1), (l_1, r_3), (r_3, l_6),$ $(l_6, r_5)\rangle$。圖 25.6(a) 是藉著對圖 25.5(a) 中的配對組合 M 與這個 M-增量路徑，進行對稱差做出來的新配對組合。

無法找到 M-增量路徑時

用 M-增量路徑來更新配對組合 M 之後，匈牙利演算法會根據新配對組合來更新有向等效子圖 $G_{M,h}$，然後從 L 的所有未配對頂點開始進行新的廣度優先搜尋。圖 25.6 延續圖 25.5，展示這個程序開始時的情況。

在圖 25.6(d) 中，佇列包含頂點 l_4 和 l_3。然而，這些頂點都沒有出邊，所以一旦這些頂點被移出佇列，佇列就會清空。此時搜尋終止，且尚未在 R 中發現未配對的頂點以產生 M-增量路徑。每當這種情況發生時，最晚發現的頂點一定屬於 L，為什麼？每當 R 中的一個未配對頂點被發現時，搜尋程序就找到一條 M-增量路徑，而當 R 中的一個已配對頂點被發現時，它在 L 中有一個未造訪的鄰居，搜尋程序會發現它。

提醒你，我們可以自由地使用任何等效子圖。我們可以「即時」改變有向等效子圖，只要不取消已完成的工作即可。匈牙利演算法會更新可行頂點標籤 h 以滿足以下條件：

1. 在廣度優先森林 F 裡沒有邊離開有向等效子圖。
2. 在配對組合 M 裡沒有邊離開有向等效子圖。
3. 至少有一條邊 (l, r) 進入 E_h，因此也進入 $E_{M,h}$（$l \in L \cap V_F$ 且 $r \in R - V_F$）。因此，在 R 中至少有一個頂點會被新發現。

因此，至少有一條新邊進入有向等效子圖，且離開有向等效子圖的任何邊既不屬於配對組合 M，也不屬於廣度優先森林 F。在 R 中新發現的頂點會被放入佇列，但它們的距離不一定比在 L 中最晚發現的頂點的距離大 1。

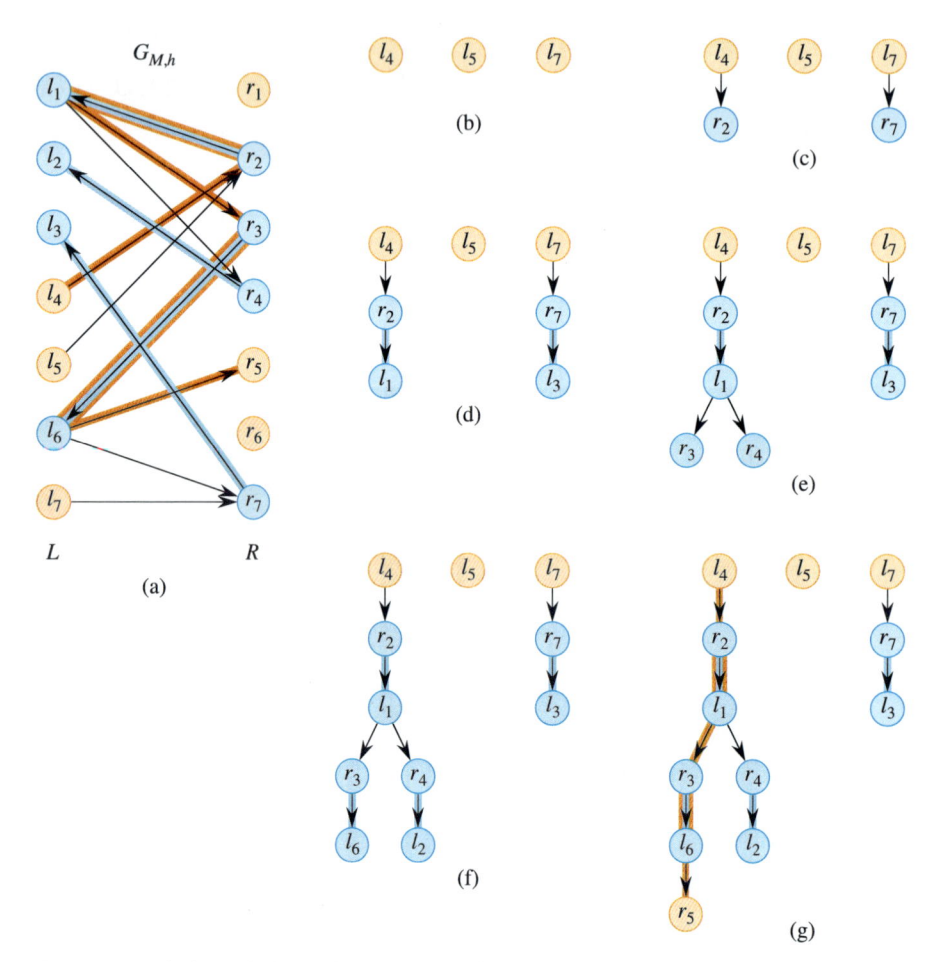

圖 25.5 用廣度優先搜尋在 $G_{M,h}$ 中找出 M-增量路徑。**(a)** 來自圖 25.4(c) 的有向等效子圖 $G_{M,h}$。**(b)~(g)** 廣度優先森林 F 的連續版本，按照與根（L 的未配對頂點）之間的距離來顯示。在圖 (b)~(f) 中，最底層的頂點是先入先出佇列內的頂點。例如，在圖 (b) 中，佇列裡有根 $\langle l_4, l_5, l_7 \rangle$，在圖 (e) 中，佇列裡有 $\langle r_3, r_4 \rangle$，它們與根的距離是 3。在圖 (g) 中，未配對頂點 r_5 被發現，所以廣度優先搜尋終止。在圖 (a) 和 (g) 中的橘色路徑 $\langle (l_4, r_2)、(r_2, l_1)、(l_1, r_3)、(r_3, l_6)、(l_6, r_5) \rangle$ 是 M-增量路徑。取它與配對組合 M 的對稱差可得到一個新的配對組合，它比 M 多一條邊。

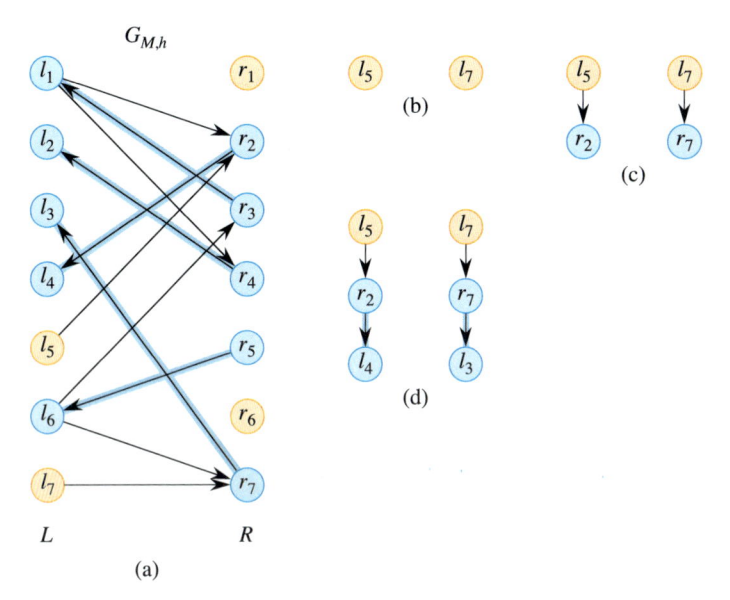

圖 25.6 **(a)** 用圖 25.5(g) 的 M-增量路徑來更新圖 25.5(a) 的配對組合之後，得到的新配對組合 M 與新有向等效子圖 $G_{M,h}$。**(b)~(d)** 進行新的廣度優先搜尋得到的，根為 l_5 與 l_7 的廣度優先森林 F 的連續幾個版本。在圖 (d) 的頂點 l_4 和 l_3 被移出佇列後，在搜尋程序發現 R 的未配對頂點之前，佇列就清空了。

為了更新可行頂點標籤，匈牙利演算法先計算這個值

$$\delta = \min\{l.h + r.h - w(l, r) : l \in F_L \text{ 且 } r \in R - F_R\} \tag{25.4}$$

其中 $F_L \cap V_F$ 和 $F_R = R \cap V_F$ 分別代表廣度優先森林 F 中屬於 L 和 R 的頂點。也就是說，δ 是造成「與 F_L 的頂點連接的邊」未被納入當下的等效子圖 G_h 的最小差距。然後，匈牙利演算法建立一個新的可行頂點標籤，假設它是 h'，演算法會將所有頂點 $l \in F_L$ 的 $l.h$ 減去 δ，並將所有頂點 $r \in F_R$ 的 $r.h$ 加上 δ：

$$v.h' = \begin{cases} v.h - \delta & \text{若 } v \in F_L \\ v.h + \delta & \text{若 } v \in F_R \\ v.h & \text{其他情況 } (v \in V - V_F) \end{cases} \tag{25.5}$$

接下來的引理證明，這些變更滿足上述三個條件。

引理 25.15

設 h 是具有等效子圖 G_h 的完全二部圖 G 的可行頂點標籤，設 M 是 G_h 的一個配對組合，F 是為有向等效子圖 $G_{M,h}$ 建立的廣度優先森林。那麼，在式 (25.5) 裡的 h' 標籤是 G 的可行頂點標籤，它有以下特性：

1. 若 (u, v) 是 $G_{M,h}$ 的廣度優先森林 F 裡的邊，則 $(u, v) \in E_{M,h'}$。
2. 若 (l, r) 屬於 G_h 的配對組合 M，則 $(r, l) \in E_{M,h'}$。
3. 存在頂點 $l \in F_L$ 與 $r \in R - F_R$，滿足 $(l, r) \notin E_{M,h}$，但 $(l, r) \in E_{M,h'}$。

證明　我們先證明 h' 是 G 的可行頂點標籤。因為 h 是可行頂點標籤，對所有 $l \in L$ 與 $r \in R$ 而言，$l.h + r.h \geq w(l, r)$。要讓 h' 不是可行頂點標籤，對一些 $l \in L$ 與 $r \in R$ 而言，$l.h' + r.h' < l.h + r.h$。唯有當 $l \in F_L$ 且 $r \in R - F_R$ 時，才會如此。在這個情況下，減少的大小等於 δ，所以 $l.h' + r.h' = l.h - \delta + r.h$。根據式 (25.4) 可知，對任何 $l \in F_L$ 與 $r \in R - F_R$ 而言，$l.h - \delta + r.h \geq w(l, r)$，所以 $l.h' + r.h' \geq w(l, r)$。對於所有其他邊，我們得到 $l.h' + r.h' \geq l.h + r.h \geq w(l, r)$。所以，$h'$ 是可行頂點標籤。

接下來要證明三個特性成立：

1. 若 $l \in F_L$ 且 $r \in F_R$，則 $l.h' + r.h' = l.h + r.h$，因為 δ 被加到 l 的標籤，並從 r 的標籤扣除。因此，如果一條邊屬於有向圖 $G_{M,h}$ 的 F，它也屬於 $G_{M,h'}$。

2. 我們主張，當匈牙利演算法計算新可行頂點標籤 h' 時，對於每條邊 $(l, r) \in M$，若且唯若 $r \in F_R$，我們得到 $l \in F_L$。為了了解原因，考慮已配對頂點並設 $(l, r) \in M$。先假設 $r \in F_R$，所以搜尋程序發現 r 並將它放入佇列。當 r 被移出佇列時，l 被發現，所以 $l \in F_L$。現在假設 $r \notin F_R$，所以 r 未被發現。我們將證明 $l \notin F_L$。在 $G_{M,h}$ 裡，進入 l 的邊只有 (r, l)，因為 r 未被發現，搜尋程序沒有走這條邊；如果 $l \in F_L$，原因不是出在邊 (r, l)。L 的頂點會出現在 F_L 裡的唯一其他條件是它是搜尋的根，但只有 L 的未配對頂點是根，且 l 是已配對的。因此，$l \notin F_L$，我們的主張得證。

    我們已經知道，$l \in F_L$ 與 $r \in F_R$ 意味著 $l.h' + r.h' = l.h + r.h$。相反情況，當 $l \in L - F_L$ 且 $R \in R - F_R$ 時，$l.h' = l.h$ 且 $r.h' = r.h$，所以同樣 $l.h' + r.h' = l.h + r.h$。因此，若邊 (l, r) 在等效子圖 G_h 的配對組合裡，則 $(r, l) \in E_{M,h'}$。

3. 設 (l, r) 是不在 E_h 裡的邊，滿足 $l \in F_L$，$r \in R - F_R$，且 $\delta = l.h + r.h - w(l, r)$。根據 δ 的定義，這種邊至少有一條。於是，我們得到

$$\begin{aligned}
l.h' + r.h' &= l.h - \delta + r.h \\
&= l.h - (l.h + r.h - w(l, r)) + r.h \\
&= w(l, r)
\end{aligned}$$

因此 $(l, r) \in E_{h'}$。因為 (l, r) 不在 E_h 裡，所以它不在配對組合 M 裡，所以在 $E_{M, h'}$ 裡，它一定從 L 指向 R。因此，$(l, r) \in E_{M, h'}$。 ∎

邊可能屬於 $E_{M, h}$ 但不屬於 $E_{M, h'}$。根據引理 25.15，在計算新的可行頂點標籤 h' 的時候，任何這樣的邊都不屬於配對組合 M，也不屬於廣度優先森林 F（見習題 25.3-3）。

回到圖 25.6(d)，佇列在找到 M-增量路徑之前清空。圖 25.7 是演算法的下一步。$\delta = 1$ 是用邊 (l_5, r_3) 算出來的，因為在圖 25.4(a) 中，$l_5.h + r_3.h - w(l_5, r_3) = 6 + 0 - 5 = 1$。在圖 25.7(a) 中，$l_3.h$、$l_4.h$、$l_5.h$ 和 $l_7.h$ 的值減少 1，$r_2.h$ 和 $r_7.h$ 的值增加 1，因為這些頂點位於 F 中。結果是，邊 (l_1, r_2) 和 (l_6, r_7) 離開 $G_{M, h}$，邊 (l_5, r_3) 進入。圖 25.7(b) 是新的有向等效子圖 $G_{M, h}$。由於現在邊 (l_5, r_3) 在 $G_{M, h}$ 中，圖 25.7(c) 顯示該邊被加到廣度優先森林 F 中，且 r_3 加入佇列。圖 (c)~(f) 顯示廣度優先森林被繼續建立，直到圖 (f)，在沒有出邊的頂點 l_2 被移除後，佇列再次清空。同理，演算法必須更新可行頂點標籤和有向等效子圖。現在 $\delta = 1$ 的值是由三條邊實現的：(l_1, r_6)、(l_5, r_6) 和 (l_7, r_6)。

如圖 25.8 的 (a) 與 (b) 所示，這些邊進入 $G_{M, h}$，而邊 (l_6, r_3) 離開。在圖 (c) 中，邊 (l_1, r_6) 被加入廣度優先森林（也可以改成加入邊 (l_5, r_6) 或 (l_7, r_6)）。因為 r_6 是未配對的，所以搜尋程序已經找到橘色的 M-增量路徑，$\langle (l_5, r_3), (r_3, l_1), (l_1, r_6) \rangle$。

圖 25.9(a) 是配對組合 M 被更新後的 $G_{M, h}$，演算法藉著取 M 與 M-增量路徑的對稱差來更新。匈牙利演算法開始進行最後一次廣度優先搜尋，此時頂點 l_7 是唯一的根。搜尋的過程如圖 (b)~(h) 所示，直到佇列在移除 l_4 之後清空為止。這一次，我們發現 $\delta = 2$，這是由五條邊 (l_2, r_5)、(l_3, r_1)、(l_4, r_5)、(l_5, r_1) 與 (l_5, r_5) 得到的，這五條邊都進入 $G_{M, h}$。圖 25.10(a) 是將 F_L 中每個頂點的可行頂點標籤減 2，將 F_R 中每個頂點的可行頂點標籤加 2 的結果，圖 25.10(b) 是得到的有向等效子圖 $G_{M, h}$。圖 (c) 顯示邊 (l_3, r_1) 被加入廣度優先森林。因為 r_1 是未配對頂點，搜尋終止，找到橘色的 M-增量路徑 $\langle (l_7, r_7), (r_7, l_3), (l_3, r_1) \rangle$。如果 r_1 已配對，頂點 r_5 也會被加入廣度優先森林，它的父節點是 l_2、l_4 或 l_5 之一。

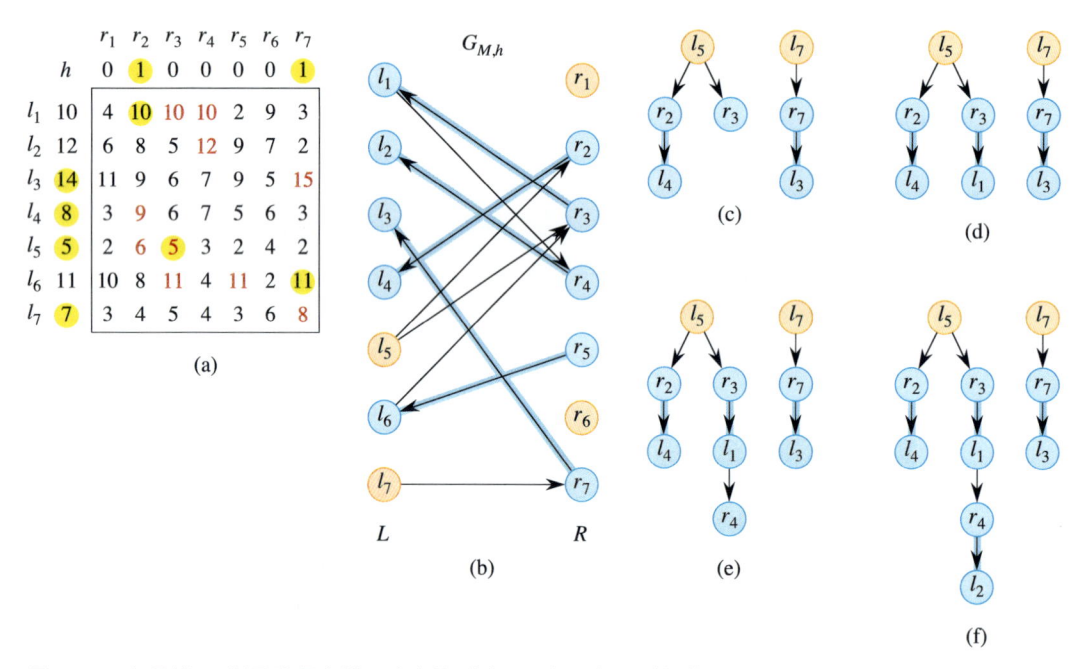

圖 25.7 在尋找 M-增量路徑之前、清空佇列時，更新可行頂點標籤和有向等效子圖 $G_{M,h}$。**(a)** $\delta = 1$，$l_3.h$、$l_4.h$、$l_5.h$ 與 $l_7.h$ 的值減 1，$r_2.h$ 與 $r_7.h$ 加 1。邊 (l_1, r_2) 與 (l_6, r_7) 離開 $G_{M,h}$，(l_5, r_3) 進入它。這些改變以黃色來表示。**(b)** 得到的有向等效子圖 $G_{M,h}$。**(c)~(f)** 隨著邊 (l_5, r_3) 被加入廣度優先森林，r_3 被加入佇列，廣度優先搜尋繼續進行，直到佇列在圖 (f) 再次清空。

在更新配對組合 M 之後，演算法得到圖 25.11 的等效子圖 G_h 的完美配對組合。根據定理 25.14，在 M 裡的邊構成原始分配問題的最佳解，可用矩陣來表示。在此，邊的權重 (l_1, r_6)、(l_2, r_4)、(l_3, r_1)、(l_4, r_2)、(l_5, r_3)、(l_6, r_5) 與 (l_7, r_7) 之和為 65，這是任意配對組合的最大權重。

最大權重配對組合的權重等於所有可行頂點標籤之和。「將配對組合的權重最大化」與「將可行頂點標籤之和最小化」是「對偶」的，類似「最大流量的值」等於「最小切線的容量」。第 29.3 節將更深入探討對偶性。

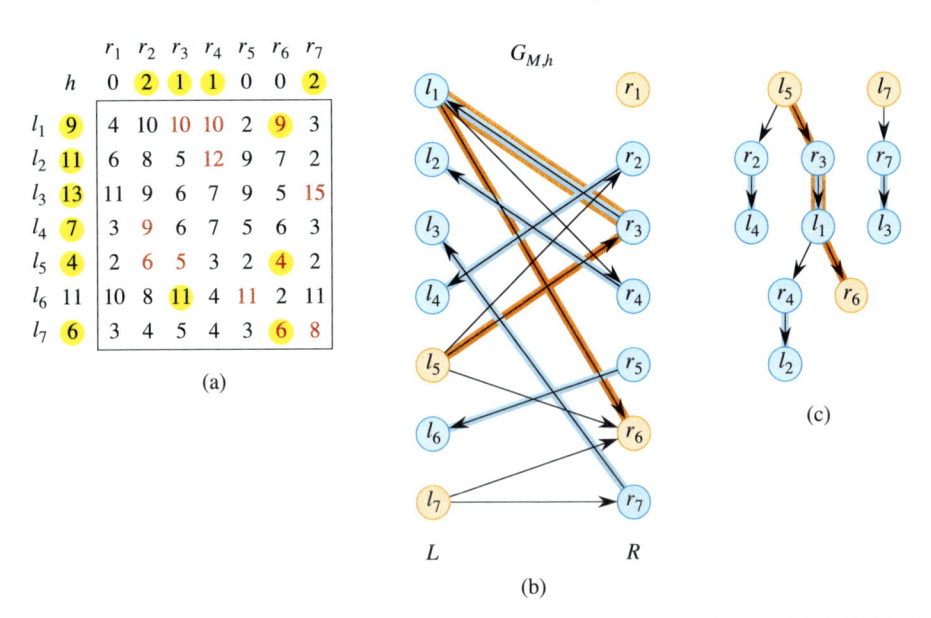

圖 25.8 因為佇列在找到 M-增量路徑之前清空，再次更新可行頂點標籤與有向等效子圖 $G_{M,h}$。**(a)** 因為 $\delta = 1$，$l_1.h$、$l_2.h$、$l_3.h$、$l_4.h$、$l_5.h$ 與 $l_7.h$ 的值減 1，$r_2.h$、$r_3.h$、$r_4.h$ 與 $r_7.h$ 的值加 1。邊 (l_6, r_3) 離開 $G_{M,h}$，邊 (l_1, r_6)、(l_5, r_6) 與 (l_7, r_6) 進入它。**(b)** 算出來的有向等效子圖 $G_{M,h}$。**(c)** 邊 (l_1, r_6) 被加入廣度優先森林，r_6 未配對，搜尋終止，找到 M-增量路徑 $\langle (l_5, r_3), (r_3, l_1),$ $(l_1, r_6) \rangle$，即圖 (b) 與 (c) 的橘色路徑。

匈牙利演算法

第 712 頁的 Hungarian 程序和第 713 頁的子程序 Find-Augmenting-Path，執行我們剛才看到的步驟。引理 25.15 的第三個特性確保佇列 Q 在 Find-Augmenting-Path 的第 23 行不是空的。這段虛擬碼使用屬性 π 來代表廣度優先森林中的前驅頂點。這裡的搜尋不像第 532 頁的 BFS 程序那樣將頂點標上顏色，而是將已發現的頂點放入集合 F_L 與 F_R。由於匈牙利演算法不需要廣度優先距離，所以虛擬碼忽略 BFS 程序計算出來的 d 屬性。

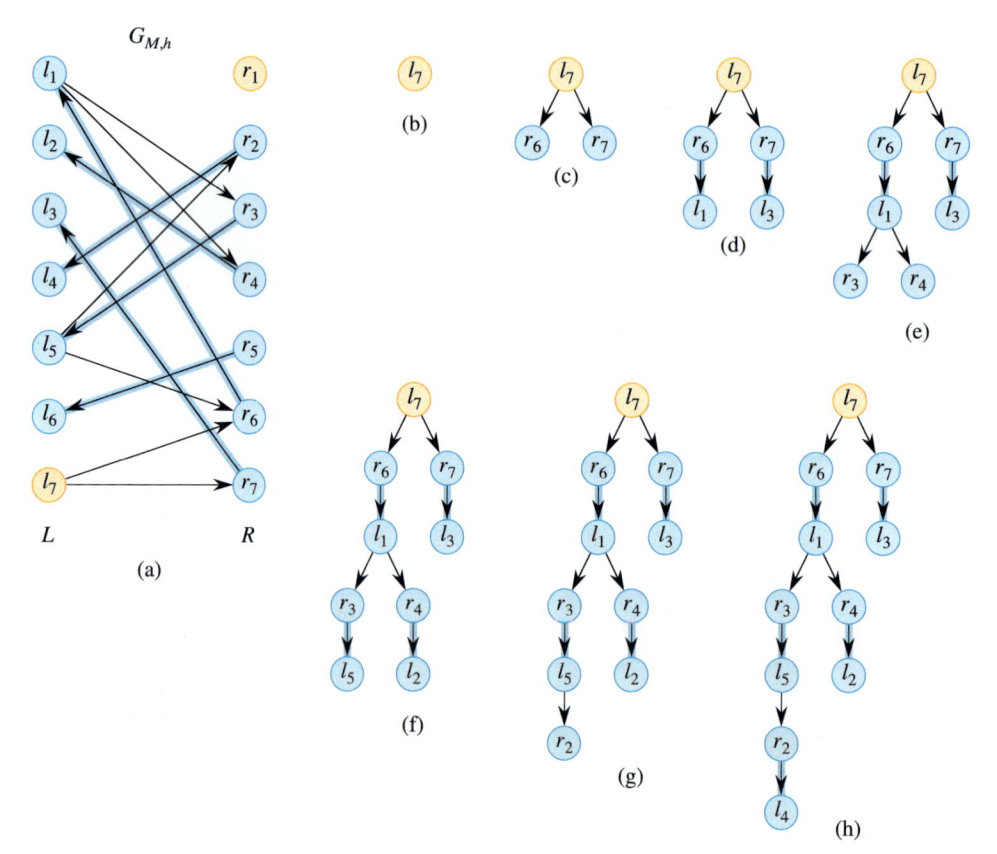

圖 25.9 (a) 用圖 25.8 (b) 與 (c) 的 M-增量路徑，來更新圖 25.8 的配對組合之後的新配對組合 M 與新有向等效子圖 $G_{M,h}$。(b)~(h) 從根 l_7 開始進行新的廣度優先搜尋時，廣度優先森林的連續幾個版本。在圖 (h) 中的頂點 l_4 被移出佇列後，佇列在搜尋發現 R 的未配對頂點之前清空。

接下來要看看為什麼匈牙利演算法能在 $O(n^4)$ 時間內執行，其中 $|V| = n/2$，$|E| = n^2$，皆屬於原始圖 G（稍後會概述如何將執行時間降成 $O(n^3)$）。你可以在 HUNGARIAN 的虛擬碼裡面驗證第 1~6 行與第 11 行花費 $O(n^2)$ 時間。第 7~10 行的 **while** 迴圈頂多迭代 n 次，因為每次迭代都將配對組合 M 的大小加 1。在第 7 行的每次檢查僅檢查是否 $|M| < n$，花費固定時間，第 9 行每次更新 M 都花費 $O(n)$ 時間，第 10 行的更新花費 $O(n^2)$ 時間。

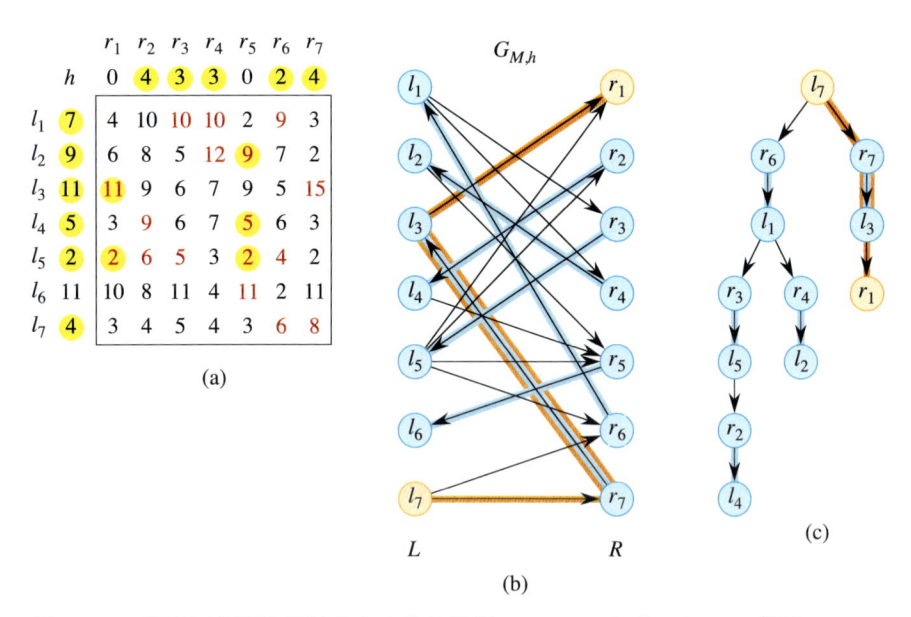

圖 25.10 更新可行頂點標籤與有向等效子圖 $G_{M,h}$。**(a)** 在此，$\delta = 2$，所以 $l_1.h$、$l_2.h$、$l_3.h$、$l_4.h$、$l_5.h$ 與 $l_7.h$ 的值減 2，且 $r_2.h$、$r_3.h$、$r_4.h$、$r_6.h$ 與 $r_7.h$ 的值加 2。邊 (l_2, r_5)、(l_3, r_1)、(l_4, r_5)、(l_5, r_1) 與 (l_5, r_5) 進入 $G_{M,h}$。**(b)** 得到的有向子圖 $G_{M,h}$。**(c)** 將邊 (l_3, r_1) 加入廣度優先森林，且 r_1 未配對，搜尋終止，找到 M-增量路徑 $\langle (l_7, r_7)、(r_7, l_3)、(l_3, r_1) \rangle$，在圖 (b) 與 (c) 中以橘色表示。

為了得到 $O(n^4)$ 時間界限，我們還要證明每次呼叫 FIND-AUGMENTING-PATH 的執行時間都是 $O(n^3)$。我們將第 10~22 行的每次執行稱為**增長步驟**。忽略增長步驟的話，FIND-AUGMENTING-PATH 是廣度優先搜尋。以適當的方法來編寫集合 F_L 與 F_R 的話，廣度優先搜尋花費 $O(V + E) = O(n^2)$ 時間。呼叫一次 FIND-AUGMENTING-PATH 最多可能有 n 次增長步驟，因為每次增長步驟都保證至少發現 R 的一個頂點。$G_{M,h}$ 最多有 n^2 條邊，所以每次呼叫 FIND-AUGMENTING-PATH 後，第 16~22 行的 **for** 迴圈最多執行 n^2 次。瓶頸位於第 10 行與第 15 行，它花費 $O(n^2)$ 時間，所以 FIND-AUGMENTING-PATH 程序花費 $O(n^3)$ 時間。

習題 25.3-5 會請你證明在第 15 行重建有向等效子圖 $G_{M,h}$ 實際上是沒必要的，所以這個成本可以忽略。將第 10 行中，計算 δ 的成本降低到 $O(n)$ 需要再費一些工夫，這是挑戰 25-2 的主題。做了這些修改後，每次呼叫 FIND-AUGMENTING-PATH 都花費 $O(n^2)$ 時間，所以匈牙利演算法的執行時間是 $O(n^3)$。

712 | Chapter 25 二部圖的配對

	h	r_1 0	r_2 4	r_3 3	r_4 3	r_5 0	r_6 2	r_7 4
l_1	7	4	10	10	10	2	9	3
l_2	9	6	8	5	12	9	7	2
l_3	11	11	9	6	7	9	5	15
l_4	5	3	9	6	7	5	6	3
l_5	2	2	6	5	3	2	4	2
l_6	11	10	8	11	4	11	2	11
l_7	4	3	4	5	4	3	6	8

(a)

(b)

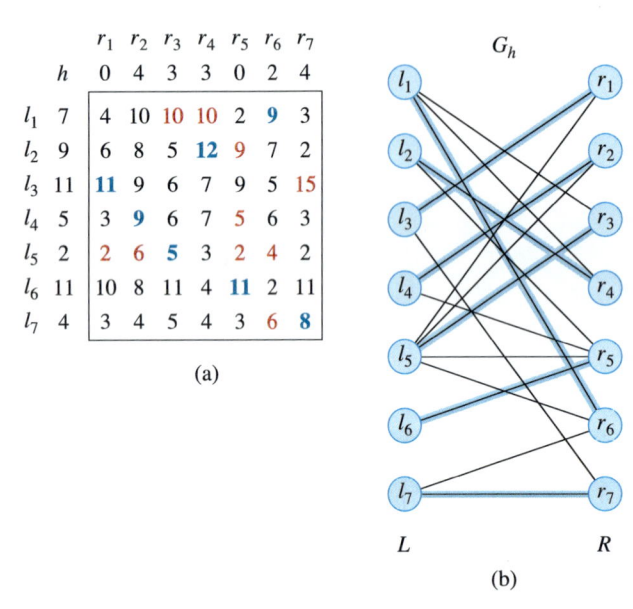

圖 25.11 最終的配對組合，在等效子圖 G_h 中以藍色粗邊來表示，在矩陣中以藍色項目來表示。在配對組合中的邊權重和是 65，它對於原始的完全二部圖 G 的任意配對組合來說是最大值，對於所有最終可行頂點標籤之和而言也是如此。

HUNGARIAN(G)
1 **for** each vertex $l \in L$
2      $l.h = \max\{w(l,r) : r \in R\}$ // 來自式 (25.1)
3 **for** each vertex $r \in R$
4      $r.h = 0$ // 來自式 (25.2)
5 let M be any matching in G_h (such as the matching returned by
       GREEDY-BIPARTITE-MATCHING)
6 from G, M, and h, form the equality subgraph G_h
       and the directed equality subgraph $G_{M,h}$
7 **while** M is not a perfect matching in G_h
8      $P = $ FIND-AUGMENTING-PATH($G_{M,h}$)
9      $M = M \oplus P$
10   update the equality subgraph G_h
           and the directed equality subgraph $G_{M,h}$
11 **return** M

FIND-AUGMENTING-PATH($G_{M,h}$)

```
 1  Q = ∅
 2  F_L = ∅
 3  F_R = ∅
 4  for each unmatched vertex l ∈ L
 5      l.π = NIL
 6      ENQUEUE(Q, l)
 7      F_L = F_L ∪ {l}           // 森林 F 最初是 L 的未配對頂點
 8  repeat
 9      if Q is empty             // 沒有可以搜尋的頂點了嗎？
10          δ = min {l.h + r.h − w(l,r) : l ∈ F_L and r ∈ R − F_R}
11          for each vertex l ∈ F_L
12              l.h = l.h − δ     // 根據式 (25.5) 來重新標記
13          for each vertex r ∈ F_R
14              r.h = r.h + δ     // 根據式 (25.5) 來重新標記
15          from G, M, and h, form a new directed equality graph G_{M,h}
16          for each new edge (l, r) in G_{M,h}    // 繼續用新邊來搜尋
17              if r ∉ F_R
18                  r.π = l                        // 發現 r，將它加入 F
19                  if r is unmatched
20                      an M-augmenting path has been found
                            (exit the repeat loop)
21                  else ENQUEUE(Q, r)             // 之後可從 r 搜尋
22                      F_R = F_R ∪ {r}
23      u = DEQUEUE(Q)                             // 從 u 搜尋
24      for each neighbor v of u in G_{M,h}
25          if v ∈ L
26              v.π = u
27              F_L = F_L ∪ {v}                    // 發現 v，將它加入 F
28              ENQUEUE(Q, v)                      // 稍後可從 v 搜尋
29          elseif v ∉ F_R                         // v ∈ R，做與第 18~22 行相同的事情
30              v.π = u
31              if v is unmatched
32                  an M-augmenting path has been found
                        (exit the repeat loop)
33              else ENQUEUE(Q, v)
34                  F_R = F_R ∪ {v}
35  until an M-augmenting path has been found
36  using the predecessor attributes π, construct an M-augmenting path P
        by tracing back from the unmatched vertex in R
37  return P
```

習題

25.3-1
Find-Augmenting-Path 程序在兩個地方檢查它在 R 中發現的頂點是否未配對（在第 19 行和第 31 行）。說明如何改寫虛擬碼，讓它只在一個地方檢查 R 中的未配對頂點。這樣做有什麼缺點？

25.3-2
證明對任何二部圖而言，第 701 頁的 Greedy-Bipartite-Matching 程序都會回傳一個大小至少是最大配對組合的一半的配對組合。

25.3-3
證明如果邊 (l, r) 屬於有向等效子圖 $G_{M,h}$，但不屬於 $G_{M,h'}$，其中 h' 用式 (25.5) 算出，那麼在計算 h' 時，$l \in L-F_L$ 且 $r \in F_R$。

25.3-4
在 Find-Augmenting-Path 程序的第 29 行，我們已經確定 $v \in R$。這一行藉著檢查是否 $v \in F_R$ 來確定 v 是否已被發現。為什麼在第 26~28 行，當 $v \in L$ 時，程序不需要檢查 v 是否已被發現？

25.3-5
Hrabosky 教授認為，有向等效子圖 $G_{M,h}$ 必須以匈牙利演算法來建構和維護，因此 Hungarian 的第 6 行和 Find-Augmenting-Path 的第 15 行是必須的。說明如何在不明確地建構 $G_{M,h}$ 的情況下確定一條邊是否屬於 $E_{M,h}$，以證明教授的觀點不正確。

25.3-6
如何修改匈牙利演算法來找到 L 的頂點與 R 的頂點的配對組合中，邊權重之和最小的配對組合，而不是最大的？

25.3-7
如何修改 $|L| \neq |R|$ 的分配問題，來讓匈牙利演算法可以解決它？

挑戰

25-1 一般二部圖的完美配對組合

a. 挑戰 20-3 詢問了關於有向圖中的 Euler 迴路的問題。證明：若且唯若 V 的每個頂點的度數都是偶數，則連通**無向**圖 $G = (V, E)$ 有 Euler 迴路（只經過每一條邊一次的迴路，儘管它可能經過同一個頂點多次）。

b. 假設 G 是連通無向的，且在 V 裡的每個頂點都有度數，設計一個 $O(E)$ 時間的演算法來找出 G 的 Euler 迴路，就像挑戰 20-3(b) 那樣。

c. 習題 25.1-6 說，如果 $G = (V, E)$ 是 d-regular 二部圖，它就有 d 個不相交的完美配對組合。假設 d 是 2 的整數次方。設計一個演算法，在 $\Theta(E \lg d)$ 時間內找出 d-regular 二部圖的全部 d 個不相交完美配對組合。

25-2 將匈牙利演算法的執行時間降為 $O(n^3)$

這個問題將請你藉著說明如何將 FIND-AUGMENTING-PATH 的執行時間從 $O(n^3)$ 降為 $O(n^2)$，來說明如何將匈牙利演算法的執行時間從 $O(n^4)$ 降為 $O(n^3)$。習題 25.3-5 已經證明 HUNGARIAN 的第 6 行和 FIND-AUGMENTING-PATH 的第 15 行是沒必要的。現在你將說明如何將 FIND-AUGMENTING-PATH 第 10 行的每一次執行的執行時間降為 $O(n)$。

我們為每個頂點 $r \in R - F_R$ 定義一個新屬性 $r.\sigma$ 如下

$$r.\sigma = \min\{l.h + r.h - w(l, r) : l \in F_L\}$$

即 $r.\sigma$ 代表在有向等效子圖 $G_{m,h}$ 中，r 與 F_L 中的某個頂點 l 的相鄰程度。最初，在將任何頂點放入 F_L 之前，我們將所有 $r \in R$ 的 $r.\sigma$ 設為 ∞。

a. 說明如何在 $O(n)$ 時間內，在第 10 行使用 σ 屬性來計算 δ。

b. 說明如何在算出 δ 後，在 $O(n)$ 時間內更新所有 σ 屬性。

c. 證明當 F_L 改變時，為了更新所有 σ 屬性，每次呼叫 FIND-AUGMENTING-PATH 需要 $O(n^2)$ 時間。

d. 得出結論：HUNGARIAN 程序可以在 $O(n^3)$ 時間內執行。

25-3 其他配對問題

匈牙利演算法可在完全二部圖中找到最大權重的完美配對組合。匈牙利演算也可以用來處理其他種類的圖問題，只要修改輸入圖，執行匈牙利演算法，再視情況修改輸出即可。說明如何用這種方式來處理接下來的配對問題。

a. 設計一種演算法，在一個加權二部圖裡找到最大權重配對組合，該二部圖不一定是完全的（complete），且邊的權重都是正值。

b. 重做 (a)，但邊的權重也可能是 0 或負值。

c. 在有向圖（不一定是二部圖）裡的 *cycle cover* 是一組無共同邊的有向迴路，其中的每個頂點頂多位於一個迴路上。給定非負邊權重 $w(u, v)$，設 C 是 cycle cover 裡的邊集合，我們定義 $w(C) = \sum_{(u,v) \in C} w(u, v)$ 是 cycle cover 的權重。設計一個演算法來找出權重最大的 cycle cover。

25-4 小數配對組合

我們也可以定義小數配對組合。給定圖 $G = (V, E)$，我們定義小數配對組合 x 是一個函數 $x:E \rightarrow [0, 1]$（介於 0 與 1 之間的實數，包括 0 與 1）滿足對每個頂點 $u \in V$ 而言，可得 $\sum_{(u,v) \in E} x(u, v) \leq 1$。小數配對組合的值是 $\sum_{(u,v) \in E} x(u, v)$。小數配對組合的定義與配對組合的定義一樣，只是配對組合有額外的限制：對所有邊 $(u, v) \in E$ 而言，$x(u, v) \in \{0, 1\}$。給定一個圖，設 M^* 代表最大配對組合，x^* 代表具有最大值的小數配對組合。

a. 證明：對任意二部圖而言，一定得到 $\sum_{(u,v) \in E} x^*(u, v) \geq |M^*|$。

b. 證明：對任意二部圖而言，一定得到 $\sum_{(u,v) \in E} x^*(e) \leq |M^*|$（提示：設計一個演算法來將具有整數值的小數配對組合轉換成配對組合）。得出結論：在二部圖中，小數配對組合的最大值與最大元素（maximum cardinality）配對組合的大小相同。

c. 我們可以用同樣的方式來定義加權圖的小數配對組合：現在配對組合的值是 $\sum_{(u,v) \in E} w(u, v) x(u, v)$。延伸前幾部分的結果，證明在加權二部圖中，加權小數配對組合的最大值等於最大加權配對組合的值。

d. 在一般的圖中，類似的結果不一定成立。用一個非二部圖的小圖作為例子，證明具有最大值的小數配對組合不是最大配對組合。

25-5 計算頂點標籤

你有一個完全二部圖 $G = (V, E)$，對所有 $(l, r) \in E$ 而言，邊權重為 $w(l, r)$，你也有 G 的最大權重完美配對組合 M^*。你想要計算一個可行頂點標籤 h，滿足 M^* 是等效子圖 G_h 的完美配對組合。亦即你要計算一個頂點標籤 h，滿足

$$l.h + r.h \geq w(l, r) \quad 對所有 \quad l \in L 與 r \in R 而言 \quad (25.6)$$
$$l.h + r.h = w(l, r) \quad 對所有 \quad (l, r) \in M^* 而言 \quad (25.7)$$

（條件 (25.6) 對所有邊而言皆成立，更嚴格的條件 (25.7) 對 M^* 的所有邊而言成立）。設計一個演算法來計算可行頂點標籤 h，並證明它是正確的（**提示**：利用條件 (25.6) 和 (25.7) 之間的相似性，以及第 22 章證明的一些最短路徑特性，尤其是三角不等式（引理 22.10）和收斂特性（引理 22.14））。

後記

配對演算法有悠久的歷史，它是演算法設計和分析的許多突破性進展的核心。Lovász 和 Plummer [306] 合著的書是關於配對問題的優秀參考資料，在 Ahuja、Magnanti 和 Orlin [10] 的書中，關於配對的章節也有大量的參考資料。

Hopcroft-Karp 演算法是 Hopcroft 與 Karp [224] 發現的。Madry [308] 提出 $\tilde{O}(E^{10/7})$ 時間的演算法，它處理稀疏圖的漸近速度優於 Hopcroft-Karp。

推論 25.4 來自 Berge [53]，它在非二部圖的圖中也成立。在一般圖裡尋找配對組合需要使用較複雜的演算法。第一個多項式時間演算法是 Edmonds [130] 提出的（在一篇也介紹多項式時間演算法概念的論文中），它的執行時間為 $O(V^4)$。這種演算法與二部圖一樣，也使用增量路徑，儘管在一般的圖中尋找增量路徑的演算法比二部圖的演算法更複雜。隨後出現幾個 $O(\sqrt{V}E)$ 時間的演算法，包括 Gabow 和 Tarjan [168] 的演算法，他們的演算法是加權配對演算法的一部分，以及 Gabow [164] 的一個較簡單的演算法。

Bondy 和 Murty [67] 在他們的書中介紹了匈牙利演算法，基於 Kuhn [273] 和 Munkres [337] 的研究。Kuhn 取「匈牙利演算法」這個名稱是因為該演算法源自匈牙利數學家 D. Kőnig 和 J. Egerváry 的研究。該演算法是一個 primal-dual 演算法的早期案例。Gabow 和 Tarjan [167] 提出一個更快的演算法，其執行時間為 $O(\sqrt{V}E \log (VW))$，其中，邊的權重是 0 到 W 的整數。Duan、Pettie 和 Su [127] 則提出一種在一般圖中具有相同時間界限的最大權重配對演算法。

Gale 和 Shapley [169] 是最早定義並分析穩定婚配問題的人。穩定婚配問題有很多變體。Gusfield 和 Irving [203]、Knuth [266] 及 Manlove [313] 的書籍是分類和解決它們的優良文獻。

VII 特選主題

簡介

這個部分包含特選的演算法主題,它們是本書先前內容的延伸和補充。有些章節將介紹新的計算模型,例如電路或平行計算機;有些主題涉及專門領域,如矩陣或數論。最後兩章討論設計高效演算法的一些已知限制,以及克服這些限制的技術。

第 26 章介紹一種平行計算演算法模型,它的基礎是任務平行計算,具體地說,我們將介紹分叉聚合平行化。這一章會介紹這種模型的基本原理,展示如何使用工作量和跨度作為指標來量化平行性。接下來會研究幾種有趣的分叉聚合演算法,包括處理矩陣乘法和合併排序的演算法。

陸續接收輸入,而不是一開始就收到所有輸入的演算法稱為「線上」演算法。第 27 章將探討線上演算法的應用技術,我們從一個「玩具」問題開始看起:應該等多久電梯才改走樓梯,然後研究維護鏈接串列的「前移」捷思法,最後討論第 15.4 節介紹過的快取問題的線上版本。這些線上演算法的分析非常引人注目,因為它們證明了這些演算法(它們不知道未來的輸入)的性能,大約是預知未來輸入的最佳演算法的常數倍數。

第 28 章要研究處理矩陣的高效演算法。它提出兩種通用的方法,LU 分解和 LUP 分解,可在 $O(n^3)$ 時間內,用高斯消去法求解線性方程式。它亦展示逆矩陣和矩陣乘法也可以同樣快速地算出來。本章最後展示當一組線性方程式沒有精確解時,如何算出最小平方近似解。

第 29 章研究如何用線性規劃來模擬問題,目的是在有限的資源和相互競爭的限制條件下,將目標最大化或最小化。線性規劃出現在各種實踐領域中。本章也會討論「對偶性」的概念,藉著確定最大化問題和最小化問題有相同的目標值,來協助證明這兩種問題的解都是最佳的。

第 30 章要研究多項式運算，並介紹如何使用一種著名的訊號處理技術：快速傅立葉變換（FFT），在 $O(n \lg n)$ 時間內將兩個 n 次多項式相乘。本章也會推導一個計算 FFT 的平行電路。

第 31 章介紹數論演算法。在複習初級數論之後，本章將介紹計算最大公因數的輾轉相除法，然後探討求解 mod 線性方程式的演算法，以及取一個數字的某次方 mod 另一個數字的演算法。然後，我們要討論數論演算法的一種重要應用：RSA 公鑰密碼系統。這種密碼系統不僅可以用來加密訊息，防止對手讀取，也可以用來提供數位簽章。本章最後將介紹 Miller-Rabin 的隨機質數判定法，它能夠高效地找到大質數，這是 RSA 系統的基本要求之一。

第 32 章會研究如何在給定的文本字串中尋找特定模式的所有字串，這種問題經常在文本編輯程式中出現。在研究天真的方法之後，本章將介紹 Rabin 與 Karp 發現的一種優雅解法。然後，在介紹基於有限自動機的有效解法之後，我們要介紹 Knuth-Morris-Pratt 演算法，這個演算法修改了自動化的演算法，藉著巧妙地預先處理模式來節省空間。本章最後將研究後綴陣列，它不僅可以找到文本字串中的模式，也可以做更多事情，例如找到文本中最長的重複子字串，以及找到同時出現在兩個文本中的最長相同子字串。

第 33 章將探討機器學習這個廣闊領域中的三種演算法。機器學習演算法在設計上可以接收大量的資料，針對資料中的模式提出假設，並測試這些假設。本章從 k-means 聚類法開始談起，它可以根據資料元素之間的相似度來將它們分為 k 類。接下來介紹如何使用乘法加權技術，根據一組素質不一的「專家」意見做出準確的預測。令人驚訝的是，即使你不知道哪些專家可靠，哪些不可靠，你也可以做出和最可靠的專家一樣準確的預測。最後介紹梯度下降，梯度下降是一種優化技術，可為一個函數找出局部最小值。梯度下降有很多應用，包括為許多機器學習模型尋找參數。

第 34 章討論 NP-complete 問題。許多有趣的計算問題都是 NP-complete 的，但目前還沒有已知的多項式時間演算法可以解決其中的任何問題。本章將介紹確定一個問題是不是 NP-complete 的技術，並用它們來證明幾個經典問題是 NP-complete：確定一個圖有沒有 hamiltonian 迴路（包含每一個頂點的迴路）、確定一個布林式是不是「可滿足的」（能不能將布林式的變數設成一個布林值來讓它的結果是 TRUE），以及判定特定的數字集合有沒有一個子集合的總和是特定的目標值。本章也會證明著名的旅行推銷員問題（找到起點與終點相同，且訪問一組地點中的每個地點一次的最短路徑）是 NP-complete。

第 35 章介紹如何使用近似演算法來有效地找到 NP-complete 問題的近似解。有些 NP-complete 問題很容易找到近似最佳解，但有些問題，即使是已知最好的近似演算法，隨著問題規模的增加，效果也會越來越差。有些問題投入越多計算時間可產生越好的近似解。本章會用頂點覆蓋問題（包括加權和無權重的版本）、3-CNF 可滿足性的優化版本、旅行推銷員問題、集合覆蓋問題和子集合總和問題來說明這些可能性。

26 平行演算法

在本書中，絕大多數的演算法都是**串行**（*serial*）**演算法**，適合在一次只執行一條指令的單處理器計算機上運行。在這一章，我們要擴展演算模式，加入**平行演算法**，也就是同時執行多個指令。具體來說，我們將探索任務平行演算法的優雅模型，它適合用來進行演算法設計和分析。我們的研究重點是分叉聚合平行演算法，這是最基本且最容易理解的一種任務平行演算法。分叉聚合平行演算法可以用普通串行程式的簡單擴充語法來簡潔地表達，它們在實務上可以有效地實作。

具有多個處理單元的平行計算機隨處可見。掌上型電腦、筆電、桌機和雲端機器都是**多核心計算機**，簡稱**多核處理器**（*multicore*），裡面有多個處理「核心」。每一個處理核心都是一個功能齊全的處理器，可以直接存取**共享記憶體**的任何位置。多核可以用網路來互連，組成更大的系統，例如叢集（cluster）。這些多核叢集通常有一個**分散式記憶體**，裡面的多核的記憶體不能被另一個多核的處理器直接存取。處理器必須明確地透過叢集網路，向遠程多核處理器裡的一個處理器發送一個訊息，以請求它所需要的任何資料。最強大的叢集是超級計算機，由成千上萬個多核處理器組成。但是，由於共享記憶體程式往往比分散式記憶體程式更容易設計，而且多核心機器已經被廣泛使用，所以本章要重點討論多核的平行演算法。

我們使用**執行緒平行化**來設計多核程式。這種以處理器為中心的平行設計模式採用「虛擬處理器」的軟體抽象，或是使用一塊相同記憶體的**執行緒**。每一個執行緒都保存自己的程式計數器，可以單獨執行程式碼。作業系統會將一個執行緒載入一個處理核心來執行，當另一個執行緒需要執行時，再將它換掉。

不幸的是，為共享記憶體的平行計算機撰寫執行緒通常很困難，而且容易出錯。其中一個原因是，在執行緒之間動態地分配工作，讓每個執行緒都承接大致相同的工作量並不容易。除非是最簡單的應用程式，否則程式設計師必須使用複雜的溝通協定來設計調度器，以平衡工作負擔。

任務平行程式設計

麻煩的執行緒使得**任務平行平台**應運而生，這種平台在執行緒之上提供一層軟體，來協調、安排和管理多核心處理器。有一些任務平行平台被做成執行期（runtime）程式庫，有些則提供具備編譯器和 runtime 支援的成熟平行語言。

任務平行規劃可讓你用「無視處理器」的方式來指定平行機制，程式設計師只需要指明哪些計算任務可以平行執行即可，不必指定該用哪個執行緒或處理器來執行該任務。因此，程式設計師不必煩惱通訊協定、負載平衡和其他五花八門的執行緒設計問題。任務平行平台包含調度器，它可以在各處理器之間自動平衡任務的負載，進而大大簡化程式設計師的工作。**任務平行演算法**為普通的串行演算法提供自然的擴展功能，可讓我們用「工作 / 跨度分析」和數學來推斷性能。

分叉聚合平行化

儘管任務平行環境的功能還在不斷發展和擴增，但幾乎所有環境都支援**分叉聚合平行化**，這種機制通常以兩種語言功能來實現：**生產**（*spawning*）和**平行迴圈**（*parallel loop*）。spawn 可以將子程序「分叉」，其執行方式類似子程序呼叫（subroutine call），但呼叫方可以在 spawn 出來的子程序還在計算結果時繼續執行。平行迴圈很像一般的 **for** 迴圈，但是可以同時執行多個迴圈迭代。

分叉聚合平行演算法使用 spawn 和 parallel 迴圈來描述平行化。這種平行模式有一個關鍵層面繼承自任務平行模式，但是與執行緒模式不同，那就是程式設計師不需要指定哪些任務必須平行執行，只需要指定哪些任務可以平行執行。底層的 runtime 系統會使用執行緒來平均分配處理器的工作量。本章將探討以分叉聚合模式來定義的平行演算法，以及底層的 runtime 系統如何高效地安排任務平行計算（其中包括分叉聚合計算）。

分叉聚合平行化提供了幾個重要的好處：

- 分叉聚合模式是本書大部分的內容使用的串行設計模式的簡單擴展版本。本書的虛擬碼只需要增加三個關鍵字，就可以定義分叉聚合平行演算法：**parallel**、**spawn** 和 **sync**。在平行虛擬碼中將這些平行關鍵字刪除就會變成同一個問題的普通串行版本，我們稱之為平行演算法的「串行投影（serial projection）」。

- 底層的任務平行模式提供一種理論上的簡潔方式，可根據「工作」和「跨度」概念來量化平行性。

- spawn 可以用自然的方式將許多分治演算法平行化。此外,正如串行的分治演算法適合使用遞迴式來分析,分叉聚合模式中的平行演算法也是如此。

- 分叉聚合設計模式忠實地反映了多核編程在實踐中的演變。有越來越多的多核環境支援分叉聚合設計的各種變體,包括 Cilk [290, 291, 383, 396]、Habanero-Java [466]、Java Fork-Join Framework [279]、OpenMP [81]、Task Parallel Library [289]、Threading Building Blocks [376] 和 X10 [82]。

第 26.1 節將介紹平行虛擬碼,展示如何將任務平行計算的執行過程畫成有向無迴路圖,並介紹工作、跨度和平行性的測量方法,讓你可以用它們來分析平行演算法。第 26.2 節將研究如何平行地計算矩陣乘法,第 26.3 節將處理一種比較麻煩的問題:設計高效的平行合併排序。

26.1 分叉聚合平行化基礎

接下來要開始討論平行設計,首先以平行地遞迴計算斐波那契數為例。我們先看一個簡單的串行斐波那契計算方法,雖然它的效率不高,但可以說明如何用虛擬碼來敘述平行化。

第 63 頁的式 (3.31) 如此定義斐波那契數:

$$F_i = \begin{cases} 0 & \text{若 } i = 0 \\ 1 & \text{若 } i = 1 \\ F_{i-1} + F_{i-2} & \text{若 } i \geq 2 \end{cases}$$

你可以用下面的程序 FIB 中的普通串行演算法來遞迴地計算第 n 個斐波那契數。你應該不會用這種方法來實際計算大的斐波那契數,因為這種方法會做沒必要的重複工作,但將它平行化很有教育意義。

FIB(n)
1   **if** $n \leq 1$
2   **return** n
3   **else** $x = $ FIB($n-1$)
4       $y = $ FIB($n-2$)
5   **return** $x + y$

我們來分析這個演算法，設 $T(n)$ 為 $\text{F{\scriptsize IB}}(n)$ 的執行時間。因為 $\text{F{\scriptsize IB}}(n)$ 有兩個遞迴呼叫與一個固定的額外工作，我們得到遞迴式

$$T(n) = T(n-1) + T(n-2) + \Theta(1)$$

我們可以用代入法來導出這個遞迴式的解為 $T(n) = \Theta(F_n)$（見第 4.3 節）。為了證明 $T(n) = O(F_n)$，我們採用歸納假設 $T(n) \leq aF_n - b$，其中 $a > 1$ 且 $b > 0$ 是常數。代入可得

$$\begin{aligned} T(n) &\leq (aF_{n-1} - b) + (aF_{n-2} - b) + \Theta(1) \\ &= a(F_{n-1} + F_{n-2}) - 2b + \Theta(1) \\ &\leq aF_n - b \end{aligned}$$

若選擇夠大的 b，使得 $\Theta(1)$ 的上限常數可忽略不計。我們可以再選擇一個夠大的 a，以決定小 n 時，$\Theta(1)$ 基本情況的上限。我們使用歸納假設 $T(n) \geq aF_n - b$ 來證明 $T(n) = \Omega(F_n)$。我們進行代入，並按照與漸進上限證明類似的推理，選擇比 $\Theta(1)$ 項中的下限常數更小的 b，以及足夠小的 a，以確保在小的 n 值下，滿足 $\Theta(1)$ 基本情況的下限，以建立這個假設。從第 50 頁的定理 3.1 可得到 $T(n) = \Theta(F_n)$。因為 $F_n = \Theta(\phi^n)$，其中 $\phi = (1 + \sqrt{5})/2$ 是黃金比例，根據第 64 頁的式 (3.34) 可得

$$T(n) = \Theta(\phi^n) \tag{26.1}$$

用這個程序來計算斐波那契數特別緩慢，因為它的執行時間成指數級增長（第 921 頁的挑戰 31-3 有更快速的方法）。

我們來看看為何這個演算法很低效。圖 26.1 是用 $\text{F{\scriptsize IB}}$ 程序來計算 F_6 時建立的遞迴程序實例樹。呼叫 $\text{F{\scriptsize IB}}(6)$ 會遞迴地呼叫 $\text{F{\scriptsize IB}}(5)$ 然後 $\text{F{\scriptsize IB}}(4)$。然而，呼叫 $\text{F{\scriptsize IB}}(5)$ 也會導致呼叫 $\text{F{\scriptsize IB}}(4)$。兩次呼叫 $\text{F{\scriptsize IB}}(4)$ 皆回傳相同的結果（$F_4 = 3$）。因為 $\text{F{\scriptsize IB}}$ 程序不進行記憶（第 354 頁有「記憶化」的定義），所以第二次呼叫 $\text{F{\scriptsize IB}}(4)$ 會重複做第一次呼叫所做的工作，浪費資源。

雖然 $\text{F{\scriptsize IB}}$ 很不適用來計算斐波那契數，但它可以協助我們初步理解並熟悉平行化概念。或許最基本的概念是，如果兩個平行的任務處理完全不同的資料，那麼在沒有其他干擾的情況下，同時執行它們的結果與串行執行它們的結果是相同的。比如說，在 $\text{F{\scriptsize IB}}(n)$ 中，遞迴呼叫第 3 行的 $\text{F{\scriptsize IB}}(n-1)$ 兩次和遞迴呼叫第 4 行的 $\text{F{\scriptsize IB}}(n-2)$ 可以安全地平行執行，因為其中一個的計算不會影響另一個。

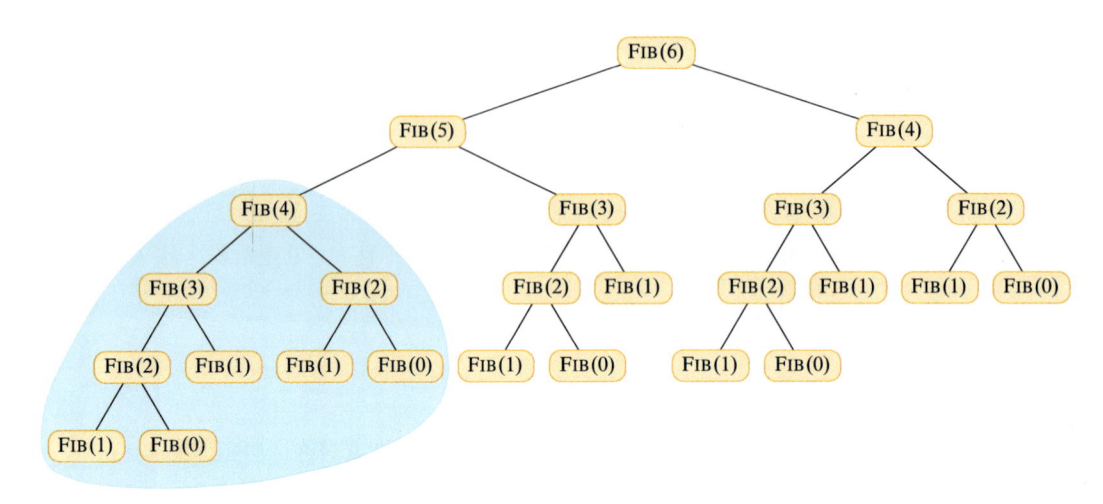

```
                              Fib(6)
                   ┌────────────┴────────────┐
                 Fib(5)                    Fib(4)
            ┌──────┴──────┐           ┌──────┴──────┐
          Fib(4)        Fib(3)      Fib(3)        Fib(2)
        ┌───┴───┐      ┌──┴──┐     ┌──┴──┐       ┌──┴──┐
      Fib(3)  Fib(2)  Fib(2) Fib(1) Fib(2) Fib(1) Fib(1) Fib(0)
      ┌─┴─┐   ┌─┴─┐   ┌─┴─┐         ┌─┴─┐
    Fib(2)Fib(1)Fib(1)Fib(0)Fib(1)Fib(0)Fib(1)Fib(0)
    ┌─┴─┐
  Fib(1)Fib(0)
```

圖 26.1 Fib(6) 的呼叫樹。樹中的每個節點代表一個程序實例，它們的子節點是它們在執行過程中呼叫的程序實例。因為每一個使用相同引數的 Fib 實例都做相同的工作來產生相同的結果，用這種演算法來計算斐波那契數的效率之低下，可以從大量重複呼叫函式來計算同一個東西看出。圖 26.2 是樹中陰影部分的任務平行形式。

平行關鍵字

下一頁的 P-Fib 程序可計算斐波那契數，但使用**平行關鍵字** **spawn** 與 **sync** 來代表虛擬碼中的平行化。

　　將 P-Fib 中的 **spawn** 與 **sync** 關鍵字刪除後產生的虛擬碼與 Fib 一模一樣（除了程序開頭的名稱與兩個遞迴呼叫中的名稱之外）。將平行演算法的平行指令移除得到的串行演算法稱為平行演算法的串行投影[1]，這個例子可以藉著省略關鍵字 **spawn** 與 **sync** 得到。遇到 **parallel for** 迴圈時（等一下會介紹），我們省略關鍵字 **parallel**。事實上，我們的平行虛擬碼有一個優雅的特性：它的串行投影一定是解決相同問題的一般串行虛擬碼。

1　在數學中，投影是個等價函數，它是一個函數 f，滿足 $f \circ f = f$。在這個例子裡，函數 f 將分叉聚合程式集合 $\mathcal{P}$ 對映至串行程式集合 $\mathcal{P}_S \subset \mathcal{P}$，串行程式是沒有平行化的分叉聚合程式。對於分叉聚合程式 $x \in \mathcal{P}$，因為 $f(f(x)) = f(x)$，所以正如我們所定義的，串行投影確實是一種數學投影。

P-FIB(n)
1   if $n \leq 1$
2   return n
3   else $x =$ **spawn** P-FIB$(n-1)$ // 不等待子程序 return
4       $y =$ P-FIB$(n-2)$ // 與生產出來的子程序平行執行
5   **sync**   // 等待生產出來的子程序完成
6   return $x + y$

平行關鍵字的語義

當一個程序呼叫式的前面有關鍵字 **spawn** 時，就會發生生產（*spawning*）。spawn 的語義和普通的程序呼叫不同，執行 spawn 的程序實例（父程序）可以繼續和 spawn 出來的子程序（其子程序）平行執行，而不是像串行執行那樣，等待子程序完成。在這個例子中，當 spawn 出來的子程序正在計算 P-FIB$(n-1)$ 時，父程序可繼續計算第 4 行的 P-FIB$(n-2)$，與 spawn 出來的子程序平行執行。因為 P-FIB 程序是遞迴的，所以這兩個子程序的呼叫本身就產生了嵌套的平行化，它們的子程序也是如此，可能創造很龐大的子計算樹，全部都以平行方式執行。

然而，關鍵字 **spawn** 並未規定程序**必須**和它的子程序平行執行，僅定義它**可以**。平行化的關鍵字表達的是計算的邏輯平行性，指出計算的哪些部分可以平行進行。在執行期，究竟哪些子計算可以平行執行是由調度器（*scheduler*）決定的，隨著計算的展開，調度器會將它們分配給有空的處理器。等一下會討論任務平行調度器背後的理論（在第 732 頁）。

程序必須執行 **sync** 敘述句才能安全地使用它 spawn 的子程序所回傳的值，像第 5 行。關鍵字 **sync** 代表程序在必要時，必須等待它 spawn 的所有子程序完成工作，才能繼續執行在 **sync** 後面的敘述句，也就是分叉聚合計算中的「聚合」階段。P-FIB 程序必須在第 6 行的 return 之前使用 **sync**，以免在 P-FIB$(n-1)$ 結束之前將 x 和 y 相加，並將其回傳值指派給 x，因而發生異常。除了用 **sync** 敘述句來明確提供的聚合同步之外，為了方便見，我們假設每個過程在 return 之前，都會私下執行一次 **sync**，以確保所有子程序皆在其父程序結束之前完成。

平行執行的圖模型

我們可以將平行計算（在平行程式的指示下，處理器所執行的動態執行期指令串流）的執行過程視為有向無迴路圖 $G = (V, E)$，我們稱之為（平行）追跡（*trace*）[2]。從概念上講，在 V 中的頂點是已執行的指令，在 E 中的邊代表指令之間的依賴關係，其中 $(u, v) \in E$ 代表平行程式要求指令 u 必須在指令 v 之前執行。

一個追跡的頂點僅代表一個執行的指令，有時候這不方便，特別是當我們想要關注計算的平行結構時，因此，只要一連串的指令裡沒有平行或程序控制指令（沒有 **spawn**、**sync**、程序呼叫或 **return**，無論是透過明確的 **return** 敘述句，還是在程序結束時自動 return），我們就將整串指令組成一串。例如，圖 26.2 是圖 26.1 的陰影部分計算 P-FIB(4) 產生的追跡。指令串裡面沒有平行或程序控制的指令，在追跡中，這些控制型依賴關係一定用邊來表示。

當父程序呼叫子程序時，追跡有一條邊 (u, v) 從父程序中發出呼叫的 u 串連接到 spawn 出來的子程序的第一串 v，例如在圖 26.2 中，有一條邊從 P-FIB(4) 的橘串連接到 P-FIB(2) 的藍串。當子程序的最後一串 v' 返回時，它在追跡裡有一條接到 u' 串的邊 (v', u')，其中，u' 是父程序的 u 的下一串，例如從 P-FIB(2) 的白串連接到 P-FIB(4) 的白串的邊。

但是，當父程序 spawn 子程序時，追跡有些不同。與發出呼叫時一樣，此時有一條邊 (u, v) 從父程序接到子程序，例如 P-FIB(4) 的藍串連接到 P-FIB(3) 的藍串，但追跡還有另一條邊 (u, u')，這條邊代表 u 的下一串 u' 在 v 執行時可以繼續執行，例如從 P-FIB(4) 的藍串連接到 P-FIB(4) 的橘串的邊。與呼叫時一樣，子程序的最後一串 v' 會有一條出邊，但因為這是 spawn，所以那條邊不是接到 u 的後繼者，而是 (v', x)，x 是在父程序裡緊接在 **sync** 之後的指令串，該串會確保子程序已經完成，例如從 P-FIB(3) 的白串連接到 P-FIB(4) 的白串的邊。

你可以判斷特定的追跡是由哪些平行控制指令建立的。如果一個指令串有個後繼者，其中一個一定是 spawn 出來的；如果一個指令串有多個前驅者，那些前驅者一定是用 **sync** 敘述句來聚合的。因此，在一般情況下，V 是指令串集合，而有向邊集合 E 代表平行化和程序控制所造成的指令串之間的依賴關係。如果在 G 中，從串 u 到串 v 有一條有向路徑，我們說這兩串是（邏輯上）串行的。如果在 G 中，沒有路徑從 u 到 v 或從 v 到 u，那麼這兩串是（邏輯上）平行的。

---

[2] 在文獻中也稱為 *computation dag*。

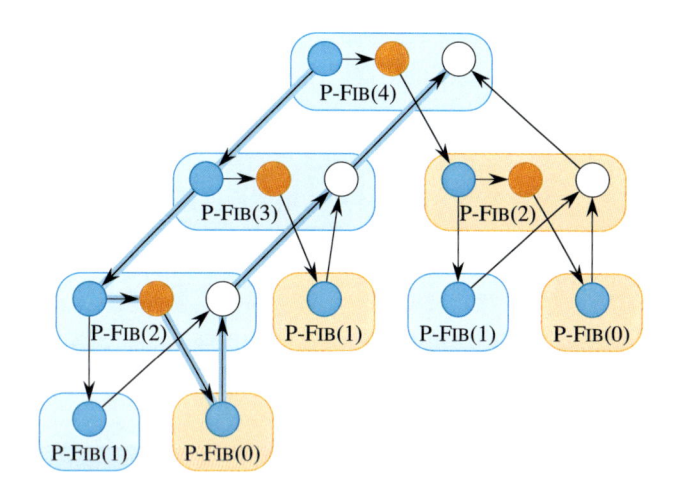

圖 26.2 與圖 26.1 對應的 P-FIB(4) 追跡。圖中的每個圓都代表一串指令，藍圓代表程序實例在第 3 行 spawn P-FIB($n-1$) 之前執行的任何指令；橘圓代表程序中，從第 4 行呼叫 P-FIB($n-2$) 到第 5 行的 **sync** 所執行的指令，程序會在第 5 行暫停，直到 P-FIB($n-1$) 的 spawn 返回為止；白圓代表程序在 **sync** 之後（將 x 與 y 相加）一直到回傳結果時執行的指令。屬於同一個程序的指令串都放在圓角矩形內，藍矩形代表 spawn 出來的程序，棕矩形代表被呼叫的程序。假設每一串都花費單位時間，此圖的工作量是 17 單位時間，因為有 17 串，且跨度是 8 單位時間，因為關鍵路徑（藍邊）包含 8 串。

在繪製分叉聚合平行追跡時，我們可以將以指令串構成的 dag 放入程序實例**呼叫樹**中。例如，圖 26.1 是 FIB(6) 的呼叫樹，它也可以當成 P-FIB(6) 的呼叫樹，在程序實例之間的邊代表呼叫或 spawn。圖 26.2 將鏡頭拉近到陰影部分的子樹，展示 P-FIB(4) 的各個程序實例中的指令串。所有連接指令串的有向邊都在程序裡執行，或是沿著圖 26.1 的呼叫樹裡的無向邊執行（較一般的任務平行追跡（不是分叉結合追跡）可能包含一些不沿著無向邊執行的有向邊）。

我們的分析通常假設平行演算法在**理想的平行計算機**上執行，計算機由一組處理器和一個**順序一致的**共享記憶體組成。記憶體是用**載入指令**和**儲存指令**來存取的，前者將資料從記憶體中的某個位置複製到處理器的某個暫存器，後者將資料從處理器的暫存器複製到記憶體的某個位置。一行虛擬碼可能包含幾條這種指令。例如，$x = y + z$ 這一行可能會產生載入指令，將 y 和 z 分別從記憶體抓到處理器中，以及一條加法指令，在處理器中將它們相加，以及一條儲存指令，將結果 x 放回記憶體中。一台平行計算機可能同時使用幾個處理器來進行載入或儲存。順序一致性意味著，即使有多個處理器試圖同時存取記憶體，共享記憶體的行為仍然像每次只執行一個處理器的一條指令一樣，即使實際上可能同時傳輸資料。這就好像指令按照一種總體線性順序被依次執行，且該順序保留了各個處理器執行自己的指令的個別順序。

對任務平行計算而言（runtime 系統會將工作自動安排到各個處理器上），順序一致的共享記憶體的行為，就像將平行計算的執行指令按照其追跡的拓撲排序（見第 20.4 節）依序執行一樣。也就是說，你可以想像個別指令（而不是指令串，指令串包含許多指令）用某種線性順序來交錯執行，並保留追跡的部分順序。根據調度的狀況，每次執行程式時，線性順序可能不同，但是，所有的執行都像是按照線性順序執行，與追跡裡的相依性保持一致。

理想的平行計算機模型除了對語義做出假設之外，也對性能做出一些假設。具體來說，它假設機器中的每個處理器都有相等的計算能力，並忽略調度成本。雖然最後一個假設聽起來過度樂觀，但事實證明，對具備足夠「平行度」（稍後會精確地定義這個術語）的演算法而言，調度的開銷在實務上通常微不足道。

性能衡量標準

我們可以使用**工作量/跨度分析**（*work/span analysis*）來衡量任務平行演算法的理論效率，這種分析基於兩個指標：「工作量」和「跨度」。任務平行計算的**工作量**就是用一個處理器來執行整個計算所需的總時間。換句話說，工作量就是每串指令所需的時間之和。如果每串指令都需要單位時間，工作量就是追跡的頂點數量。**跨度**是在無限數量的處理器上執行計算的最快時間，相當於在追跡中，最長路徑上的各串指令所花費的時間之和，其中「最長」意味著各串指令都根據其執行時間加權。這條最長路徑稱為追跡的**關鍵路徑**，因此，跨度是追跡中最長（加權）路徑的權重（第 593–595 頁的第 22.2 節曾經介紹如何用 $\Theta(V + E)$ 時間在 dag $G = (V, E)$ 裡找到關鍵路徑）。如果追跡中的每串指令花費單位時間，跨度就等於關鍵路徑上的串數。例如，圖 26.2 的追跡總共有 17 個頂點，關鍵路徑有 8 個頂點，所以如果每串指令需要單位時間，其工作量是 17 個時間單位，其跨度是 8 個時間單位。

任務平行計算的實際執行時間不僅取決於它的工作量和跨度，也取決於有多少個處理器可用，以及調度器如何將指令串分配給處理器。我們用下標 P 來表示一個任務平行計算在 P 個處理器上的執行時間，例如，我們用 T_P 表示一個演算法在 P 個處理器上的執行時間。工作量就是在一個處理器上的執行時間，用 T_1 來表示。跨度就是為每一串指令分配一個處理器所得到的執行時間，也就是假設有無限個處理器，所以我們用 T_∞ 來代表跨度。

工作量和跨度代表在 P 個處理器上執行任務平行計算的執行時間 T_P 的下限：

- 在一個步驟之中，擁有 P 個處理器的理想平行計算機最多可以處理 P 個工作單位，因此它在 T_P 時間內最多可以完成 PT_P 的工作量。因為有待完成的總工作量是 T_1，所以 $PT_P \geq T_1$，除以 P 可得到**工作量法則**：

$$T_P \geq T_1/P \tag{26.2}$$

- 擁有 P 個處理器的理想平行計算機不可能跑得比擁有無數個處理器的機器更快。換個角度看，擁有無數個處理器的機器，只需使用其中的 P 個處理器，就可以模擬一台 P 個處理器的機器。因此，我們得到**跨度法則**：

$$T_P \geq T_\infty \tag{26.3}$$

我們定義在 P 個處理器上的計算**加速比**是 T_1/T_P 的比率，它代表在 P 個處理器上的計算的執行速度是在一個處理器上的幾倍。從工作量法則可以得到 $T_P \geq T_1/P$，這意味著 $T_1/T_P \leq P$。因此，在擁有 P 個處理器的理想平行計算機上，加速比最多可達 P。若加速比與處理器數量成線性關係，也就是說，若 $T_1/T_P = \Theta(P)$，則計算作業呈現**線性加速比**。$T_1/T_P = P$ 稱為**完美線性加速比**。

工作量與跨度之比 T_1/T_∞ 是平行演算法的**平行度**。我們可以從三個角度來看待這個平行度。作為一個比率，平行度代表在關鍵路徑上的每一步可以平行執行的平均工作量。作為一個上限，平行度代表在任何數量的處理器上可能實現的最大加速比。也許最重要的是，平行度限制了實現完美線性加速的可能性。具體來說，一旦處理器的數量超過平行度，計算程式就不可能實現完美線性加速比。為了證明，假設 $P > T_1/T_\infty$，從跨度法則可知加速比滿足 $T_1/T_P \leq T_1/T_\infty < P$。此外，如果理想平行計算機的處理器數量 P 遠多於平行度，也就是說，如果 $P \gg T_1/T_\infty$，那麼 $T_1/T_P \ll P$，所以加速比遠小於處理器數量。換句話說，如果處理器的數量超過平行度，即使增加更多處理器，加速比也不會變得更完美。

舉個例子，考慮圖 26.2 的計算 P-FIB(4)，並假設每串指令都花費單位時間。因為工作量是 $T_1 = 17$，跨度是 $T_\infty = 8$，平行度是 $T_1/T_\infty = 17/8 = 2.125$。因此，無論有多少處理器執行計算，都無法實現高於兩倍性能的結果。然而，我們將看到，對於更大規模的輸入，P-FIB(n) 可展現出相當大的平行度。

我們定義在具有 P 個處理器的理想平行計算機上執行的並行計算的（**平行**）**餘裕度**（*slackness*）是 $(T_1/T_\infty)/P = T_1/(PT_\infty)$，代表計算的平行度超過機器中處理器數量幾倍。重提一下加速比界限，如果餘裕度小於一，完美線性加速比就不可能實現，因為 $T_1/(PT_\infty) < 1$，且跨度法則指出 $T_1/T_P \leq T_1/T_\infty < P$。當餘裕度從 1 降至趨近於 0 時，計算作業的加速比會離完美的線性加速比越來越遠。如果餘裕度小於 1，在演算法中加入更多平行性將對執行效率造成巨大影響。然而，如果餘裕度大於 1，那麼每個處理器的工作量就變成限制條件。我們將看到，隨著餘裕度從 1 開始增加，良好的調度器可以實現越來越完美的線性加速。但是一旦餘裕度遠大於 1，加入更多平行度的回報將越來越少。

調度

要實現良好的性能，你不僅僅要將工作量和跨度盡可能地最小化，也要有效率地將指令串分配給平行機器的處理器。我們的分叉聚合平行設計模式無法讓程式設計師指定哪個指令串該在哪個處理器執行，我們依靠 runtime 系統的調度器來將動態展開的計算程序分配給各個處理器。實際上，調度器會將指令串分配給靜態執行緒，作業系統會將這些執行緒分配給處理器。但是要理解調度，我們不需要了解這一層額外的關係，我們只要想像調度器直接將指令串分配給處理器即可。

任務平行調度器必須在事先不知道程序何時被 spawn 或何時結束的情況下進行調度，也就是說，它必須**線上**（*online*）運作。此外，優秀的調度器是以離散的方式運行的，調度器的執行緒會互相合作，來平均分配計算工作量。雖然可證明的優秀線上離散型調度器是存在的，但它們分析起來很複雜。為了簡化分析，我們將考慮一個線上**集中型**調度器，它隨時都知道計算作業的全局狀態。

具體來說，我們將分析**貪婪調度器**，它會在每個時步中，盡可能多地將指令串分配給處理器，如果有工作需要做，就絕對不會讓處理器閒置。我們將把貪婪調度器的步驟分類如下。

- **完成步驟**：可以執行的指令串至少有 P 個，這意味著它們所依賴的指令串都執行完畢了。貪婪調度器會將可執行的一組指令串之中的任意 P 個分配給處理器，完全利用所有的處理器資源。

- **未完成步驟**：可以執行的指令串少於 P 個。貪婪調度器會將每一個可以執行的指令串都分配給它專屬的處理器。這一步有一些閒置的處理器，但可以執行的指令串都被執行。

工作量法則指出，當處理器有 P 個時，可以期望的最快執行時間 T_P 至少一定是 T_1/P。跨度法則告訴我們，最快執行時間一定至少是 T_∞。下面的定理指出，貪婪調度在可證明的範圍內是好的，因為它的上限是這兩個下限之和。

定理 26.1

在具有 P 個處理器的理想平行計算機上，貪婪調度器可在下述的時間內，執行一個工作量為 T_1，跨度為 T_∞ 的任務平行計算

$$T_P \leq T_1/P + T_\infty \tag{26.4}$$

證明 不失普遍性，假設每個指令串都花費單位時間（在必要時，可將較長的指令串換成多個單位時間的指令串）。我們將分別考慮完成與未完成步驟。

在完成步驟中，P 個處理器一起執行 P 個工作。因此，如果完成步驟有 k 個，那麼執行所有完成步驟的總工作量是 kP。因為貪婪調度器不執行任何指令串超過一次，而且只有 T_1 個工作需要執行，所以 $kP \leq T_1$。我們可以得出結論：完成步驟的數量 k 頂多是 T_1/P 個。

接著考慮未完成步驟。設 G 是整個計算的追跡，G' 是 G 的子追跡，代表在未完成步驟開始執行時尚未執行的部分。設 G'' 是執行未完成步驟之後，等待執行的其餘子追跡。考慮在未完成步驟開始執行時可以執行的指令串集合 R，$|R| < P$。根據定義，如果指令串可以執行的話，那麼在追跡 G 裡，它前面的所有程序都已經執行了。因此，在 R 中，在指令串前面的程序不屬於 G'。G' 的最長路徑一定從 R 的一個指令串開始，因為 G' 的其他串之前都有程序，因此不會是最長路徑的起點。因為貪婪調度器在未完成步驟會執行所有可執行的指令串，G'' 的指令串就是 G' 的指令串減去 R 的指令串。因此，G'' 的最長路徑的長度一定比 G' 的最長路徑的長度少 1。換句話說，每一個未完成步驟都將剩餘有待執行的追跡的跨度減 1。因此，未完成步驟的數量最多是 T_∞ 個。

因為每一個步驟若不是完成步驟，就是未完成步驟，故定理得證。 ∎

接下來的推論指出，貪婪調度器始終有好表現。

推論 26.2

在 P 個處理器的理想平行計算機上，使用貪婪調度器來安排的任意任務平行計算的執行時間 T_P 都在最佳時間的 2 倍之內。

證明 設 T_P^* 是在擁有 P 個處理器的機器上的最佳調度器產生的執行時間，設 T_1 與 T_∞ 分別是計算作業的工作量與跨度。根據工作量法則與跨度法則（不等式 (26.2) 與 (26.3)）可得 $T_P^* \geq \max\{T_1/P, T_\infty\}$。定理 26.1 意味著

$$\begin{aligned} T_P &\leq T_1/P + T_\infty \\ &\leq 2 \cdot \max\{T_1/P, T_\infty\} \\ &\leq 2T_P^* \end{aligned}$$

∎

下一個推論指出，事實上，當貪婪調度器處理任何任務平行計算時，隨著餘裕度的增加，它可實現接近完美的線性加速。

推論 26.3

設 T_P 是貪婪調度器在具有 P 個處理器的理想平行計算機上進行任務平行計算作業的執行時間，設 T_1 和 T_∞ 分別是計算的工作量和跨度。那麼，如果 $P \ll T_1/T_\infty$，或者說，平行餘裕度遠大於 1，可得 $T_P \approx T_1/P$，也就是接近 P 的加速比。

證明 假設 $P \ll T_1/T_\infty$，那麼 $T_\infty \ll T_1/P$，因此從定理 26.1 可得 $T_P \leq T_1/P + T_\infty \approx T_1/P$。因為工作量法則 (26.2) 指出 $T_P \geq T_1/P$，我們得出結論，$T_P \approx T_1/P$，或者說，加速比是 $T_1/T_P \approx P$。∎

$\ll$ 代表「遠小於」，但多小才叫「遠」？根據經驗，餘裕度至少 10（也就是平行度是處理器的 10 倍）通常足以實現不錯的加速比，所以，在貪婪調速器的時間界限中（不等式 (26.4)），跨度項小於「每個處理器的工作量」項的 10%，這對大多數的工程案例來說已經夠好了。例如，如果一個計算作業只在 10 個或 100 個處理器上運行，我們不能說平行度 1,000,000 比平行度 10,000 還要好，即使兩者相差 100 倍。正如挑戰 26-2 所示，有時降低極端的平行度可以產生在其他方面表現得更優越的演算法，並且在合理數量的處理器上，仍然能夠妥善地擴展。

分析平行演算法

我們已經做好準備，可以使用工作量／跨度分析來分析平行演算法了，我們可以推導出演算法在任何數量的處理器上的執行時間上限。分析工作量比較簡單，因為這是在分析一個普通的串行演算法的執行時間，也就是平行演算法的串行投影。你應該已經熟悉如何分析工作量了，因為本書的大部分內容都在做這件事！跨度分析是平行化帶來的新工作，但一旦你掌握它，通常不會更難。我們用 P-FIB 程式來研究跨度分析的基本思路。

分析 P-FIB(n) 的工作 $T_1(n)$ 很簡單，因為我們已經做過了。P-FIB 的串行投影就是原始的 FIB 程序，因此，從式 (26.1) 可得 $T_1(n) = T(n) = \Theta(\phi^n)$。

圖 26.3 告訴你如何分析跨度。如果兩個追跡是串聯的，那麼將它們的跨度相加就是它們的組合的跨度，如果它們是並聯的，那麼它們的組合的跨度就是兩個跨度中最大的那一個。因此，任何分叉聚合程式的追跡都可以用串聯／並聯組合，從一個指令串開始建立。

$$\text{工作量}: T_1(A \cup B) = T_1(A) + T_1(B)$$
$$\text{跨度}: T_\infty(A \cup B) = T_\infty(A) + T_\infty(B)$$

(a)

$$\text{工作量}: T_1(A \cup B) = T_1(A) + T_1(B)$$
$$\text{跨度}: T_\infty(A \cup B) = \max(T_\infty(A), T_\infty(B))$$

(b)

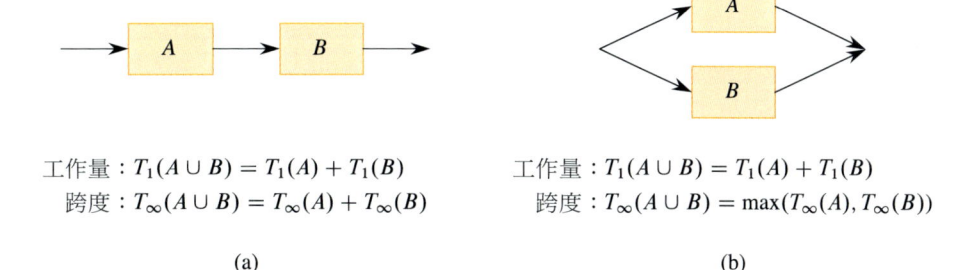

圖 26.3 平行追蹤的串聯/並聯組合。**(a)** 當兩個追蹤是串聯的,組合的工作量就是它們的工作量之和,組合的跨度就是它們的跨度之和。**(b)** 當兩個追蹤是並聯的,組合的工作量仍然是它們的工作量之和,但組合的跨度是它們之間最大的跨度。

知道串聯/並聯組合之後,我們可以開始分析 P-FIB(n) 的跨度了。第 3 行的 spawn P-FIB($n-1$) 會與第 4 行的 P-FIB($n-2$) 平行執行。因此,我們可以用這個遞迴式來表達 P-FIB(n) 的跨度

$$\begin{aligned}T_\infty(n) &= \max\{T_\infty(n-1), T_\infty(n-2)\} + \Theta(1) \\ &= T_\infty(n-1) + \Theta(1)\end{aligned}$$

其解為 $T_\infty(n) = \Theta(n)$(從第一個等式可以得到第二個等式的理由在於,P-FIB($n-1$) 在其計算作業中使用 P-FIB($n-2$),所以 P-FIB($n-1$) 的跨度一定至少與 P-FIB($n-2$) 的跨度一樣大)。

P-FIB(n) 的平行度是 $T_1(n)/T_\infty(n) = \Theta(\phi^n/n)$,它會隨著 n 變大而大幅增長。因此,推論 26.3 告訴我們,即使在最大型的平行計算機上,適度的 n 值就足以讓 P-FIB(n) 實現接近完美的線性加速比,因為這個程序有相當大的平行餘裕度。

平行迴圈

許多演算法都有迴圈,它的迭代都可以平行執行。雖然 **spawn** 與 **sync** 關鍵字可以用來將這種迴圈平行化,但比較方便的方法是直接指明這種迴圈的迭代可以平行執行。我們的虛擬碼使用 **parallel** 敘述句來指明,它必須寫在 **for** 迴圈的 **for** 關鍵字的前面。

例如,考慮將一個 $n \times n$ 方陣 $A = (a_{ij})$ 乘以 n-向量 $x = (x_j)$ 的問題,所產生的 n-向量 $y = (y_i)$ 是用這個式子算出來的

$$y_i = \sum_{j=1}^{n} a_{ij} x_j$$

其中 $i = 1, 2, ..., n$。P-MAT-VEC 程序藉著平行計算 y 的所有項目來執行矩陣向量乘法（其實是 $y = y + Ax$）。在 P-MAT-VEC 的第 1 行的 **parallel for** 關鍵字指出迴圈主體迭代 n 次，其中包括一個串行的 **for** 迴圈，此迴圈可平行執行。如果需要的話，初始化 $y = 0$ 應在呼叫此程序之前執行（可以用一個 **parallel for** 迴圈來完成）。

P-MAT-VEC(A, x, y, n)
1   **parallel for** $i = 1$ **to** n // 平行迴圈
2   **for** $j = 1$ **to** n // 串行迴圈
3            $y_i = y_i + a_{ij}x_j$

分叉聚合平行程式的編譯器可以使用遞迴 spawn，用 **spawn** 和 **sync** 來實現 **parallel for** 迴圈。例如，對於第 1~3 行的 **parallel for** 迴圈，編譯器可以產生輔助子程序 P-MAT-VEC-RECURSIVE，並在編譯好的程式碼中，將該迴圈換成呼叫式 P-MAT-VEC-RECURSIVE$(A, x, y, n, 1, n)$。如圖 26.4 所示，這個程序遞迴地 spawn 了迴圈迭代的前半部分（第 5 行），來讓它與迭代的後半部分（第 6 行）平行執行，然後執行 **sync**（第 7 行），進而建立一個平行執行的二元樹。樹的每個葉節點都代表一個基本情況（base case），也就是第 2~3 行的串行 **for** 迴圈。

P-MAT-VEC-RECURSIVE(A, x, y, n, i, i')
1   **if** $i == i'$ // 只有一次迭代要做？
2   **for** $j = 1$ **to** n // 模仿 P-MAT-VEC 串行迴圈
3            $y_i = y_i + a_{ij}x_j$
4   **else** $mid = \lfloor (i + i')/2 \rfloor$ // 平行分治法
5   **spawn** P-MAT-VEC-RECURSIVE(A, x, y, n, i, mid)
6   P-MAT-VEC-RECURSIVE$(A, x, y, n, mid + 1, i')$
7   **sync**

若要計算 P-MAT-VEC 處理 $n \times n$ 矩陣的工作量 $T_1(n)$，我們只要計算它的串行投影的執行時間即可，所以我們將第 1 行的 **parallel for** 迴圈換成普通的 **for** 迴圈。得到的串行虛擬碼的執行時間是 $\Theta(n^2)$，這意味著 $T_1(n) = \Theta(n^2)$。然而，這種分析似乎忽略了在平行迴圈的實作中，遞迴 spawn 帶來的開銷。事實上，與串行迴圈相比，遞迴 spawn 確實會增加平行迴圈的工作量，但不是漸近的。為了理解原因，我們可以觀察，因為遞迴程序實例樹是一棵滿二元樹，它的內部節點比葉節點少一個（見第 1131 頁的習題 B.5-3）。每個內部節點都執行固定的工作量來劃分迭代範圍，每個葉節點都對應一個基本情況，基本情況至少需要固定的時間（在這個例子中，是 $\Theta(n)$ 時間）。因此，將遞迴 spawn 的開銷分攤給葉節點裡的迭代工作量，可以看到整體工作量最多增加一個常數因子。

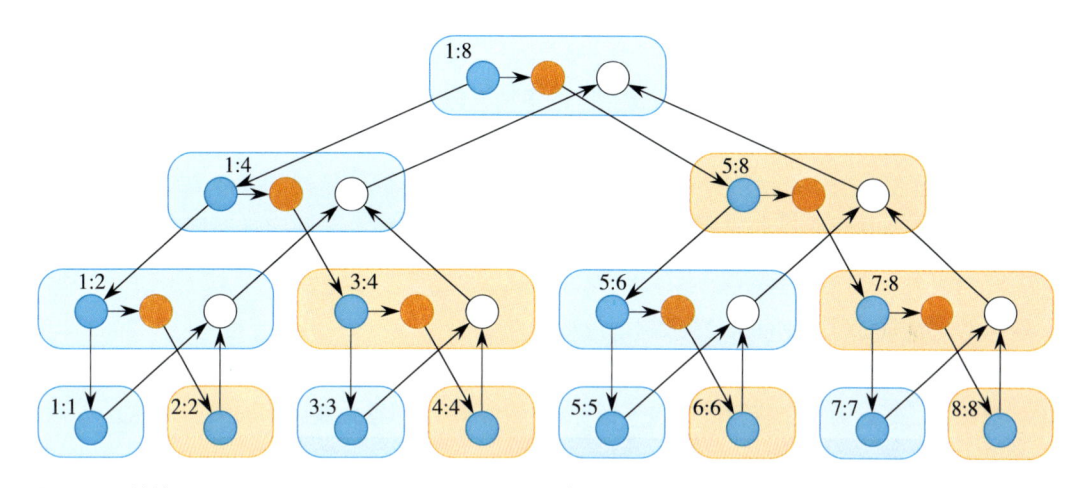

圖 26.4 計算 P-MAT-VEC-RECURSIVE($A, x, y, 8, 1, 8$) 的追跡。在圓角矩形裡面的兩個數字是呼叫（藍色是 spawn，棕色是呼叫）程序時，最後兩個參數的值（程序第 1 行裡面的 i 與 i'）。藍圓代表第 5 行的 spawn P-MAT-VEC-RECURSIVE 之前的程序所對應的指令串。橘圓代表第 6 行呼叫 P-MAT-VEC-RECURSIVE 至第 7 行的 **sync** 所對應的指令串，它會在那裡暫停，直到第 5 行 spawn 出來的子程序返回為止。白圓代表程序的 **sync** 之後，到它返回的部分（可忽略）所對應的指令串。

為了減少遞迴 spawn 的開銷，任務平行平台有時會在一個葉節點中執行幾個迭代（自動的，或在程式設計師的控制下），來**粗化**遞迴的葉節點。這種優化的代價是降低平行度。然而，如果計算作業有足夠的平行餘裕度，近乎完美的線性加速比就不會被犧牲。

儘管遞迴 spawn 不會漸近地影響平行迴圈的工作量，但我們在分析跨度時必須考慮它。考慮一個有 n 次迭代的平行迴圈，其中第 i 次迭代的跨度是 $iter_\infty(i)$。因為遞迴的深度與迭代次數成對數關係，所以平行迴圈的跨度是

$$T_\infty(n) = \Theta(\lg n) + \max\{iter_\infty(i) : 1 \leq i \leq n\}$$

例如，我們來計算 P-MAT-VEC 的第 1~3 行的雙層嵌套迴圈的跨度。**parallel for** 迴圈控制結構的跨度是 $\Theta(\lg n)$。外面的 parallel 迴圈每迭代一次，裡面的串行 **for** 迴圈會迭代第 3 行 n 次。因為每次迭代都花費固定時間，所以裡面的串行 **for** 迴圈的總跨度是 $\Theta(n)$，無論它是在外部的 **parallel for** 迴圈的哪次迭代裡面。因此，取外部迴圈的所有迭代的最大值，並加上迴圈控制的 $\Theta(\lg n)$，可以得到程序的總跨度是 $T_\infty n = \Theta(n) + \Theta(\lg n) = \Theta(n)$。因為工作量是 $\Theta(n^2)$，所以平行度是 $\Theta(n^2)/\Theta(n) = \Theta(n)$（習題 26.1-7 會請你提供平行度更高的實作）。

競態情況

如果平行演算法每次都對相同的輸入做相同的事情，無論在多核心計算機裡指令如何調度，它就是**確定性的**（*deterministic*）。如果輸入相同，但它每次執行時的行為可能不同，它就是**非確定性的**（*nondeterministic*）。然而，如果原先希望設計成確定性的平行演算法因為有難以診斷的 bug，導致它以非確定性的方式行事，這種情況稱為「確定性競態（determinacy race）」。

著名的競態 bug 包括 Therac-25 放射治療機，它造成三人死亡，數人受傷，以及 2003 年美加大停電，導致美國超過 5,000 萬人無電可用。這些 bug 都出了名的難以發現。你可能在實驗室裡測試了好幾天都沒有發現錯誤，到了真正上場時，卻發生偶發性崩潰，有時造成可怕的後果。

如果有兩條邏輯上平行的指令存取同一塊記憶體位置，而且至少有一條指令修改被存放在該位置的值，那就會發生**確定性競態**。我們用下一頁的玩具程序 RACE-EXAMPLE 來說明一種確定性競態。RACE-EXAMPLE 在第 1 行將 x 設為 0 之後，建立兩條平行的指令串，每一個都在第 3 行遞增 x。雖然呼叫 RACE-EXAMPLE 看起來都會印出 2（它的串行投影的確如此），但它可能印出 1。我們來看看這種異常現象是如何發生的。

處理器遞增 x 的操作並非不可分割，而是由一連串的指令組成的：

```
RACE-EXAMPLE( )
1   x = 0
2   parallel for i = 1 to 2
3       x = x + 1           // 確定性競態
4   print x
```

- 將 x 從記憶體載入處理器的暫存器之一。
- 遞增暫存器裡面的值。
- 將暫存器裡面的值存回記憶體裡的 x。

圖 26.5(a) 是表示 RACE-EXAMPLE 的執行情況的追蹤，其中，指令串被分解成單獨的指令。之前提過，因為理想的平行計算機支援順序一致性，所以平行演算法的平行執行可以視為遵守追蹤內的依賴關係且互相交錯的指令。圖 (b) 是執行計算時引起異常的值。x 值被存放在記憶體內，r_1 與 r_2 是處理器的暫存器。在第 1 步，有一個處理器將 x 設為 0。在第 2 步與第 3 步，處理器 1 將 x 從記憶體載入它的暫存器 r_1，並遞增它，在 r_1 中產生值 1。此時，處理器

2 加入，執行指令 4–6。處理器 2 將 x 從記憶體載入它的暫存器 r_2，並遞增它，在 r_2 中產生值 1，然後將這個值存入 x，將 x 設為 1。現在，處理器 1 繼續執行第 7 步，將 r_1 裡的值 1 存入 x，導致 x 的值不變。因此，第 8 步印出 1，而不是串行投影印出來的 2。

```
        1  x = 0
          /     \
2  r₁ = x    4  r₂ = x
      ↓            ↓
3  incr r₁   5  incr r₂
      ↓            ↓
7  x = r₁    6  x = r₂
          \     /
        8  print x
           (a)
```

step	x	r_1	r_2
1	0	–	–
2	0	0	–
3	0	1	–
4	0	1	0
5	0	1	1
6	1	1	1
7	1	1	1

(b)

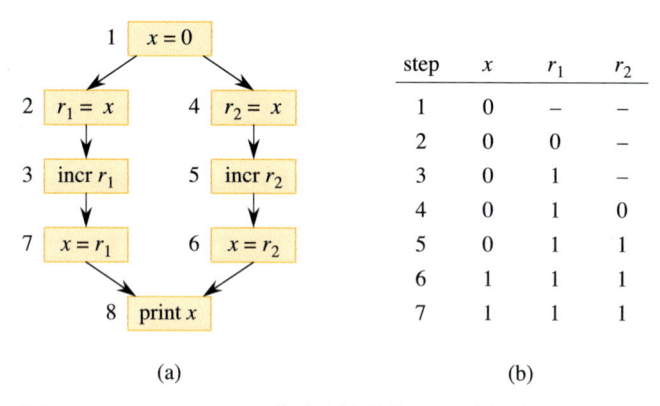

圖 26.5 RACE-EXAMPLE 的確定性競態。**(a)** 這個追跡展示個別指令之間的依賴關係。r_1 與 r_2 是處理器的暫存器。本圖省略與這個競態無關的指令，例如迴圈控制。**(b)** 引發 bug 的執行序列，展示每一步在記憶體中的 x 值，以及暫存器 r_1 與 r_2 的值。

我們來回顧一下發生了什麼事。順序一致性是指，平行執行的效果就像兩個處理器將指令交錯執行一般。如果處理器 1 在處理器 2 工作之前執行它的所有指令，印出來的值是 2。反過來說，如果處理器 2 在處理器 1 工作之前執行它的所有指令，那麼印出來的值仍然是 2。然而，當兩個處理器的指令互相交錯時，結果可能和這個例子一樣，失去針對 x 的一次更新，導致印出來的值是 1。

當然，也有許多次執行不會引發這種錯誤。這就是確定性競態的問題所在。一般來說，絕大多數的指令排序都可以產生正確的結果，例如左分支的指令都在右分支的指令之前執行，或反過來。但是當指令交錯執行時，有些順序會產生不當的結果。因此，競態可能很難測試。程式可能會出錯，但你可能無法在後續的測試中，穩定地重現錯誤，因而無法在程式中找出 bug，並修復它。任務平行設計環境通常提供競爭狀態檢測工具來協助隔離競態 bug。

在現實生活中的許多平行程式都是刻意寫成非確定性的。雖然它們有確定性競態，但它們使用互斥鎖和其他同步方法，來降低非確定性風險。然而，基於我們的目的，我們堅持我們開發的演算法不能有確定性競態。非確定性程式確實很有趣，但非確定性程式設計是一種進階主題，而且對大多數的平行演算法來說沒必要。

為了確保演算法的確定性，任何兩個平行操作的指令串都必須**互不干擾**：它們只能讀取，不能修改它們兩個所使用的任何記憶體位置。因此，在一個 **parallel for** 結構中，例如 P-MAT-VEC 的外部迴圈，我們想讓主體的所有迭代（包括一次迭代在子程序中執行的任何程式）都是互不干涉的。而且在 **spawn** 及其相應的 **sync** 之間，我們希望 spawn 出來的子程序所執行的程式碼和父程序所執行的程式碼互不干擾，同樣包括被呼叫的子程序。

我們用一個例子來說明有競態的程式多麼容易寫出來，下面的 P-MAT-VEC-WRONG 程式以錯誤的平行方法來實現矩陣與向量的乘法，藉著將內部的 **for** 迴圈平行化來實現 $\Theta(\lg n)$ 的跨度。這個程序是不正確的，因為在 3 行更新 y_i 時會發生確定性競態，平行執行 j 的全部 n 個值。

parallel for 迴圈的索引變數，例如第 1 行的 i 與第 2 行的 j，不會造成迭代之間的競態。從概念上講，迴圈的每一次迭代都會建立一個獨立變數，並在那次迭代執行迴圈主體的過程中，保存該次迭代的索引。即使有兩次平行的迭代都存取同一個索引變數，它們實際上是在存取不同的變數實例，所以是在不同的記憶體位置，不會發生競態。

P-MAT-VEC-WRONG(A, x, y, n)
1 **parallel for** $i = 1$ **to** n
2   **parallel for** $j = 1$ **to** n
3      $y_i = y_i + a_{ij}x_j$ // 確定性競態

有競態的平行演算法有時是確定性的。舉個例子，兩個平行執行緒可能將同一個值存入共用的變數，哪一個執行緒先儲存它都沒關係。然而，為了簡單起見，我們通常比較喜歡沒有確定性競態的程式，即使那些競態是無害的。而且，如果確定性的程式可以產生相同的效果的話，優秀的平行程式設計師很不喜歡有確定性競態的程式碼，因為這些程式會導致非確定性的行為。

但非確定性程式碼有其可取之處。例如，如果不在程式中加入確定性競態，你就無法寫出平行雜湊表這種高度實用的資料結構。許多研究都專門探討如何擴展分叉聚合模式以納入有限的「結構化」非確定性，同時避免非確定性完全不受控而導致的複雜情況。

西洋棋程式帶來的教訓

為了說明工作量 / 跨度分析的威力，在本節的最後，我們來看多年前，有人開發世界級西洋棋平行程式 [106] 時發生的真實故事。為了便於說明，我們簡化接下來的計間計算。

這個西洋棋程式是在具有 32 個處理器的計算機上開發和測試的，但它被設計成在具有 512 個處理器的超級計算機上運行。因為超級計算機的使用時間有限且價格昂貴，所以開發者在小型計算機上執行性能評測，據以推斷它在大型計算機上的性能。

有一次，開發者在程式中加入一項優化，在小型機器上，將一項重要的性能評測的執行時間從 $T_{32} = 65$ 秒減少到 $T'_{32} = 40$ 秒。然而，開發者用工作量和跨度性能指標得出這個結論：雖然這個優化版本在具有 32 個處理器上跑得比較快，但它在具有 512 個處理器的大型機器上，會跑得比原始版本更慢。於是，他們放棄了這一版的「優化」。

以下是他們的工作量／跨度分析。原始版的程式的工作量 $T_1 = 2048$ 秒，跨度 $T_\infty = 1$ 秒。我們將第 733 頁的不等式 (26.4) 視為等式 $T_P = T_1/P + T_\infty$，並用它來推導程式在 P 個處理器上的近似執行時間。那麼，我們得到 $T_{32} = 2048/32 + 1 = 65$。這個優化版本將工作量變成 $T'_1 = 1024$ 秒，將跨度變成 $T'_\infty = 8$ 秒。使用近似方法可得到 $T'_{32} = 1024/32 + 8 = 40$。

然而，當我們估計這兩個版本在 512 個處理器上的執行時間時，它們的相對速度發生變化。第一版的執行時間是 $T_{512} = 2048/512 + 1 = 5$ 秒，第二版的執行時間是 $T'_{512} = 1024/512 + 8 = 10$ 秒。這個在 32 顆處理器上可以加快執行時間的優化，在 512 顆處理器上卻讓執行時間變成原先的兩倍！優化版的跨度是 8，它在 32 個處理器上不是執行時間的主導項，但它在 512 個處理器上卻變成主導項，將使用更多處理器的好處抵消。這個優化無法擴展。

這個故事告訴我們，相較於僅僅測量執行時間，分析和測量工作量／跨度可以更準確地預測演算法的可擴展性。

習題

26.1-1
串行演算法的執行追跡長怎樣？

26.1-2
假設 P-FIB 的第 4 行 spawn 了 P-FIB$(n-2)$，而不是像虛擬碼那樣呼叫它。圖 26.2 的 P-FIB(4) 追跡會變成怎樣？它對漸近工作量、跨度與平行度有什麼影響？

26.1-3
畫出執行 P-FIB(5) 產生的追跡。假設在計算中的每一個指令串都花費單位時間，計算的工作量、跨度與平行度為何？說明如何使用貪婪調度法在 3 個處理器上安排追跡，為每一個指令串標上它在哪個時步執行。

26.1-4
證明貪婪調度器可以達到下面的時間界限，它比定理 26.1 證明出來的界限還要強一些：

$$T_P \leq \frac{T_1 - T_\infty}{P} + T_\infty \tag{26.5}$$

26.1-5
建構一個追跡，使得一個用貪婪調度器來執行的運算所花費的時間，幾乎是另一個貪婪調度器在相同數量的處理器上執行的運算的兩倍。描述這兩個執行過程。

26.1-6
Karan 教授在具有 4 個、10 個和 64 個處理器的理想平行計算機上，使用貪婪調度器來測量她的確定性任務平行演算法。她聲稱，這三次執行結果是 $T_4 = 80$ 秒，$T_{10} = 42$ 秒，$T_{64} = 10$ 秒。證明教授若非撒謊，就是不稱職（**提示**：使用工作法則 (26.2)、跨度法則 (26.3) 和習題 26.1-4 中的不等式 (26.5)）。

26.1-7
寫出一個平行演算法來將一個 $n \times n$ 矩陣與一個 n-向量相乘，並實現 $\Theta(n^2/\lg n)$ 平行度，同時維持 $\Theta(n^2)$ 工作量。

26.1-8
分析 P-Transpose 程序的工作量、跨度與平行度，這個程序可將 $n \times n$ 矩陣 A 就地轉置。

```
P-Transpose(A, n)
1   parallel for j = 2 to n
2       parallel for i = 1 to j − 1
3           exchange a_{ij} with a_{ji}
```

26.1-9
假設習題 26.1-8 中的 P-Transpose 程序在第 2 行不是使用 **parallel for** 迴圈，而是使用普通的 **for** 迴圈。分析這個演算法的工作量、跨度與平行度。

26.1-10
使用幾個處理器可讓兩個版本的西洋棋程式跑得一樣快？假設 $T_P = T_1/P + T_\infty$。

26.2 平行矩陣乘法

在本節中，我們將探討如何將第 4.1 節和第 4.2 節中的三種矩陣乘法算法平行化。我們將看到，每一種演算法都可以使用 parallel 迴圈或遞迴 spawn 的方式直接平行化。我們將使用工作量 / 跨度分析法來分析它們，並看到每一種平行演算法在單一處理器上執行時的性能都與相應的串行演算法相同，而且可以擴展到大量的處理器上。

使用 parallel 迴圈的矩陣乘法平行演算法

我們要研究的第一個演算法是 P-MATRIX-MULTIPLY，它其實只是將第 76 頁的程序 MATRIX-MULTIPLY 中的兩個外部迴圈平行化。

P-MATRIX-MULTIPLY(A, B, C, n)
1　**parallel for** $i = 1$ **to** n　　　// 計算在 n 列中的每個項目
2　　　**parallel for** $j = 1$ **to** n　　　// 計算在 i 列中的 n 個項目
3　　　　　**for** $k = 1$ **to** n
4　　　　　　　$c_{ij} = c_{ij} + a_{ik} \cdot b_{kj}$　// 加入式 (4.1) 的另一項

我們來分析 P-MATRIX-MULTIPLY。因為這個演算法的串行投影就是 MATRIX-MULTIPLY，所以它的工作量與 MATRIX-MULTIPLY 的執行時間一樣：$T_1(n) = \Theta(n^3)$。它的跨度是 $T_\infty(n) = \Theta(n)$，因為它在遞迴樹中，沿著始於第 1 行的 **parallel for** 迴圈的一條路徑往下走，然後沿著始於第 2 行的 **parallel for** 迴圈的路徑往下走，然後執行始於第 3 行的普通 **for** 迴圈的全部 n 次迭代，產生總跨度 $\Theta(\lg n) + \Theta(\lg n) + \Theta(n) = \Theta(n)$。因此平行度是 $\Theta(n^3)/\Theta(n) = \Theta(n^2)$（習題 26.2-3 會請你將內部迴圈平行化，以獲得 $\Theta(n^3/\lg n)$ 的平行度，屆時，你不能直接使用 **parallel for**，因為這會造成競態）。

使用平行分治演算法來執行矩陣乘法

第 4.1 節使用分治策略，在 $\Theta(n^3)$ 時間內，串行地將 $n \times n$ 矩陣相乘。我們來看看如何使用遞迴 spawn 來取代呼叫，將演算法平行化。

第 78 頁的串行 MATRIX-MULTIPLY-RECURSIVE 程序接收三個 $n \times n$ 矩陣 A、B 和 C，藉著對 A 和 B 的 $n/2 \times n/2$ 子矩陣遞迴地進行八次乘法，來進行矩陣計算 $C = C + A \cdot B$。下一頁的 P-MATRIX-MULTIPLY-RECURSIVE 程序使用相同的分治策略，但它使用 spawn 來平行執行八次乘法。為了避免在更新 C 的元素時發生確定性競態，它建立一個臨時矩陣 D 來儲存四個子

矩陣的積。最後，它將 C 與 D 相加，產生最終結果（挑戰 26-2 會請你犧牲一些平行性來移除臨時矩陣 D）。

P-MATRIX-MULTIPLY-RECURSIVE 的第 2~3 行處理 1×1 矩陣相乘的基本情況。程序的其餘部分處理遞迴情況。第 4 行配置一個臨時矩陣 D，第 5~7 行將它設為零。第 8 行分別將四個矩陣 A、B、C、D 分成 $n/2 \times n/2$ 子矩陣（如同第 78 頁的 MATRIX-MULTIPLY-RECURSIVE，我們不討論如何使用索引計算來表示矩陣的子矩陣）。在第 9 行 spawn 的遞迴呼叫設定 $C_{11} = C_{11} + A_{11} \cdot B_{11}$，所以 C_{11} 等於第 77 頁的式 (4.5) 的兩項中的第一項。同理，第 10~12 行讓 C_{12}、C_{21} 和 C_{22} 平行地計算式 (4.6)~(4.8) 的兩項中的第一項。第 13 行將子矩陣 D_{11} 設為子矩陣積 $A_{12} \cdot B_{21}$，因此 D_{11} 等於式 (4.5) 的兩項中的第二項。第 14~16 行平行地將 D_{12}、D_{21} 和 D_{22} 設成式 (4.6)~(4.8) 的兩項中的第二個項。第 17 行的 **sync** 敘述句確保第 9~16 行中所有 spawn 的子矩陣積都計算完畢，之後第 18~20 行的雙重嵌套 **parallel for** 迴圈將 D 的元素加到 C 的相應元素。

P-MATRIX-MULTIPLY-RECURSIVE(A, B, C, n)

```
 1  if n == 1                              // 在各個矩陣內只有一個元素？
 2      c_11 = c_11 + a_11 · b_11
 3      return
 4  let D be a new n × n matrix            // 臨時矩陣
 5  parallel for i = 1 to n                // 設定 D = 0
 6      parallel for j = 1 to n
 7          d_ij = 0
 8  partition A, B, C, and D into n/2 × n/2 submatrices
        A_11, A_12, A_21, A_22; B_11, B_12, B_21, B_22; C_11, C_12, C_21, C_22;
        and D_11, D_12, D_21, D_22; respectively
 9  spawn P-MATRIX-MULTIPLY-RECURSIVE(A_11, B_11, C_11, n/2)
10  spawn P-MATRIX-MULTIPLY-RECURSIVE(A_11, B_12, C_12, n/2)
11  spawn P-MATRIX-MULTIPLY-RECURSIVE(A_21, B_11, C_21, n/2)
12  spawn P-MATRIX-MULTIPLY-RECURSIVE(A_21, B_12, C_22, n/2)
13  spawn P-MATRIX-MULTIPLY-RECURSIVE(A_12, B_21, D_11, n/2)
14  spawn P-MATRIX-MULTIPLY-RECURSIVE(A_12, B_22, D_12, n/2)
15  spawn P-MATRIX-MULTIPLY-RECURSIVE(A_22, B_21, D_21, n/2)
16  spawn P-MATRIX-MULTIPLY-RECURSIVE(A_22, B_22, D_22, n/2)
17  sync                                   // 等待 spawn 出來的子矩陣計算乘積
18  parallel for i = 1 to n                // 更新 C = C + D
19      parallel for j = 1 to n
20          c_ij = c_ij + d_ij
```

我們來分析 P-MATRIX-MULTIPLY-RECURSIVE 程序。我們先來分析工作量 $M_1(n)$，這與其前身 MATRIX-MULTIPLY-RECURSIVE 的串行執行時間分析相呼應。遞迴情況在 $\Theta(n^2)$ 時間內配置臨時矩陣 D 並將它清零，在 $\Theta(1)$ 時間內進行分割，執行 8 次 $n/2 \times n/2$ 矩陣的遞迴乘法，最後將兩個 $n \times n$ 矩陣相加，工作量為 $\Theta(n^2)$。因此，除了 spawn 的遞迴呼叫之外的工作量為 $\Theta(n^2)$，工作量 $M_1(n)$ 的遞迴式變成

$$M_1(n) = 8M_1(n/2) + \Theta(n^2)$$
$$= \Theta(n^3)$$

根據主定理的情況 1（定理 4.1）。不意外的，這個演算法的工作量與第 76 頁的 MATRIX-MULTIPLY 程序（有三層迴圈）的執行時間漸近相同。

我們來推導 P-MATRIX-MULTIPLY-RECURSIVE 的跨度 $M_\infty(n)$。因為八個平行遞迴 spawn 都處理相同大小的矩陣，所以任意遞迴 spawn 的最大跨度都是其中一個的跨度，即 $M_\infty(n/2)$。第 5~7 行的雙層 **parallel for** 迴圈的跨度是 $\Theta(\lg n)$，因為每一個迴圈都將第 7 行的常數跨度加上 $\Theta(\lg n)$。同理，第 18~20 行的雙層 **parallel for** 迴圈加上另一個 $\Theta(\lg n)$。藉由索引計算來進行矩陣分割的跨度是 $\Theta(1)$，它被嵌套迴圈的跨度 $\Theta(\lg n)$ 宰制。我們得到遞迴式

$$M_\infty(n) = M_\infty(n/2) + \Theta(\lg n) \tag{26.6}$$

因為這個遞迴式屬於主定理的情況 2，$k = 1$，所以解是 $M_\infty(n) = \Theta(\lg^2 n)$。

P-MATRIX-MULTIPLY-RECURSIVE 的平行度是 $M_1(n)/M_\infty(n) = \Theta(n^3/\lg^2 n)$，這很大（挑戰 26-2 會請你稍微犧牲平行度來簡化這個平行演算法）。

將 Strassen 方法平行化

我們可以按照第 80~81 頁的大綱來將 Strassen 演算法平行化，但使用 spawn。你可以比較接下來的每一個步驟與那裡的相應步驟。我們將一邊分析成本，一邊推導整體工作量和跨度的遞迴式 $T_1(n)$ 和 $T_\infty(n)$。

1. 若 $n = 1$，每一個矩陣都有一個元素。執行一次純量乘法和一個純量加法，然後返回。否則，將輸入矩陣 A 與 B 與輸出矩陣 C 分割成 $n/2 \times n/2$ 子矩陣，如第 76 頁的式 (4.2)。使用索引計算，這一步需要 $\Theta(1)$ 工作量與 $\Theta(1)$ 跨度。

2. 建立 $n/2 \times n/2$ 矩陣 $S_1, S_2, \ldots, S_{10}$，每一個矩陣都是第 1 步的兩個子矩陣的和或差。建立 7 個 $n/2 \times n/2$ 的矩陣 $P_1, P_2, \ldots, P_7$ 並將它們的項目設為零，以保存 7 個 $n/2 \times n/2$ 的矩陣積。我們可以使用雙層的 **parallel for** 迴圈，以 $\Theta(n^2)$ 的工作量與 $\Theta(\lg n)$ 的跨度來建立 17 個矩陣，並將 P_i 初始化。

3. 使用第 1 步建立的子矩陣與第 2 步建立的矩陣 $S_1, S_2, \ldots, S_{10}$，遞迴地 spawn 七個 $n/2 \times n/2$ 矩陣積 $P_1, P_2, \ldots, P_7$ 之計算，花費 $7T_1(n/2)$ 工作量與 $T_\infty(n/2)$ 跨度。

4. 藉著加上或減去各個 P_i 矩陣來更新結果矩陣 C 的四個子矩陣 C_{11}、C_{12}、C_{21}、C_{22}。使用雙層的 **parallel for** 迴圈，計算全部的四個子矩陣花費 $\Theta(n^2)$ 工作量與 $\Theta(\lg n)$ 跨度。

我們來分析這個演算法。因為串行投影與原始的串行演算法一樣，所以工作量就是串行投影的執行時間，即 $\Theta(n^{\lg 7})$。就像在 P-Matrix-Multiply-Recursive 的做法，我們可以為跨度推導出遞迴式。在這個例子中，有七個遞迴呼叫平行執行，但因為它們都處理相同大小的矩陣，我們得到與 P-Matrix-Multiply-Recursive 一樣的遞迴式 (26.6)，其解為 $\Theta(\lg^2 n)$。所以 Strassen 法的平行化版本的平行度是 $\Theta(n^{\lg 7}/\lg^2 n)$，這很大。雖然這個平行度比 P-Matrix-Multiply-Recursive 略小，但那只是因為工作量也比較少。

習題

26.2-1
畫出以 P-Matrix-Multiply 來計算 2×2 矩陣的追跡，標注圖中的頂點與演算法中的指令串的對映關係。假設每個指令串都在單位時間內執行，分析這個計算的工作量、跨度和平行度。

26.2-2
使用 P-Matrix-Multiply-Recursive 來重做習題 26.2-1。

26.2-3
寫出將兩個 $n \times n$ 矩陣相乘的平行演算法的虛擬碼，讓它的工作量是 $\Theta(n^3)$，但跨度只有 $\Theta(\lg n)$。分析你的演算法。

26.2-4
寫出將 $p \times q$ 矩陣與 $q \times r$ 矩陣相乘的高效平行演算法的虛擬碼。你的演算法必須高度平行，即使 p、q 與 r 等於 1。分析你的演算法。

26.2-5

寫出 Floyd-Warshall 演算法（見第 23.2 節）的高效平行版本的虛擬碼，該演算法可算出邊加權圖的每一對頂點之間的最短路徑。分析你的演算法。

26.3 平行版的合併排序

我們在第 2.3.1 節中第一次看到串行合併排序，並在第 2.3.2 節分析了它的執行時間，算出它是 $\Theta(n \lg n)$。因為合併排序已經使用分治法了，所以它是很適合使用分叉聚合平行化的案例。

P-MERGE-SORT 程序修改合併排序，來 spawn 第一個遞迴呼叫。如同第 33 頁的串行版本 MERGE-SORT，P-MERGE-SORT 程序可排序子陣列 $A[p:r]$。當 P-MERGE-SORT 在第 8 行使用 **sync** 敘述句來確保第 5 行與第 7 行的兩個遞迴 spawn 都完成後，它會呼叫 P-MERGE 程序，這是一個平行合併演算法，位於第 751 頁，你可以翻過去看一下。

P-MERGE-SORT(A, p, r)
1   **if** $p \geq r$ // 零個或一個元素？
2   **return**
3   $q = \lfloor (p+r)/2 \rfloor$ // $A[p:r]$ 的中間
4   // 遞迴且平行地排序 $A[p:q]$
5   **spawn** P-MERGE-SORT(A, p, q)
6   // 遞迴且平行地排序 $A[q+1:r]$。
7   **spawn** P-MERGE-SORT$(A, q+1, r)$
8   **sync**   // 等待 spawn
9   // 將 $A[p:q]$ 與 $A[q+1:r]$ 合併成 $A[p:r]$。
10 P-MERGE(A, p, q, r)

首先，我們用工作量／跨度分析，來直覺地了解為什麼需要使用平行合併程序。畢竟，我們好像只要將 MERGE-SORT 平行化就可以得到大量的平行度，不需要費心思考如何將合併的動作平行化。但是，把 P-Merge-Sort 第 10 行的 P-Merge 呼叫改成呼叫第 31 頁的串行 MERGE 程序會怎樣？我們將如此修改的虛擬碼稱為 P-NAIVE-MERGE-SORT。

設 $T_1(n)$ 是 P-Naive-Merge-Sort 處理 n 個元素的子陣列的工作量（最壞情況），其中 $n = r-p+1$ 是 $A[p:r]$ 的元素數量，設 $T_\infty(n)$ 是跨度。因為 MERGE 是串行的，且執行時間是 $\Theta(n)$，它們的工作量與跨度都是 $\Theta(n)$。因為 P-Naive-Merge-Sort 的串行投影就是 Merge-Sort，所以它的工作量是 $T_1(n) = \Theta(n \lg n)$。第 5 行與第 7 行的兩次遞迴呼叫是平行執行的，所以它的跨度可用這個遞迴式算出

$$T_\infty(n) = T_\infty(n/2) + \Theta(n)$$
$$= \Theta(n)$$

根據主定理的情況 1。因此，P-Naive-Merge-Sort 的平行度是 $T_1(n)/T_\infty(n) = \Theta(\lg n)$，這個平行度很普通。舉例來說，若要排序 100 萬個元素，因為 $10^6 \approx 20$，它或許可以在幾個處理器上實現線性加速比，但這個效果無法延伸到幾十個處理器上。

P-Naive-Merge-Sort 的平行度瓶頸顯然是 Merge 程序。如果我們漸近地減少合併的跨度，從主定理可知，平行合併排序的跨度也會變小。在 Merge 的虛擬碼裡，合併看似本質上是串行的，其實不然。我們也可以設計平行的合併演算法。我們的目標是漸近地減少平行合併的跨度，但是如果我們想要設計高效的平行演算法，我們必須確保工作量的 $\Theta(n)$ 界限不會增加。

圖 26.6 描繪我們將在 P-Merge 中使用的分治策略。這個演算法的核心是一個遞迴輔助程序 P-Merge-Aux，它可以平行地將陣列 A 的兩個已排序子陣列合併至另一個陣列 B 的一個子陣列中。具體來說，P-Merge-Aux 將 $A[p_1:r_1]$ 和 $A[p_2:r_2]$ 合併成子陣列 $B[p_3:r_3]$，其中 $r_3 = p_3 + (r_1-p_1+1) + (r_2-p_2+1) - 1 = p_3 + (r_1-p_1) + (r_2-p_2) + 1$。

P-Merge-Aux 的遞迴合併演算法的關鍵想法是圍繞著分界點 x 將 A 的兩個已排序的子陣列都拆開，使得每個子陣列的較低部分的所有元素最多是 x，每個子陣列較高部分的所有元素至少是 x。然後，這個程序可以平行地遞迴處理兩個子任務：合併兩個較低部分，以及合併兩個較高部分。關鍵是找到一個適當的分界點 x，以免遞迴過於不平衡。我們不希望出現像第 174 頁的 Quicksort 那樣的情況，因為使用不良的分割元素導致漸近效率急劇下降。雖然我們可以圍繞一個隨機元素進行分割，就像第 183 頁的 Randomized-Quicksort 那樣，但由於輸入的子陣列是經過排序的，所以 P-Merge-Aux 可以快速地找出效果一定很好的分界點。

具體來說，遞迴合併演算法選擇兩個輸入子陣列中較大的那一個的中間元素作為分界點 x，不失普遍性，我們可以假設那個子陣列是 $A[p_1:r_1]$，因為若非如此，兩個子陣列可以互換角色。亦即 $x = A[q_1]$，其中 $q_1 = \lfloor (p_1+r_1)/2 \rfloor$。因為 $A[p_1:r_1]$ 已經排序好了，所以 x 是子陣列元素的中位元素：$A[p_1:q_1-1]$ 的每一個元素都不大於 x，$A[q_1+1:r_1]$ 裡的每一個元素都不

小於 x。然後，演算法在較小的子陣列 $A[p_2:r_2]$ 裡找出「分割點」q_2，使得 $A[p_2:q_2-1]$ 的所有元素（若有的話）最多是 x，$A[q_2:r_2]$ 的所有元素（若有的話）至少是 x。直覺上，如果 x 被插入 $A[q_2-1]$ 和 $A[q_2]$ 之間，子陣列 $A[p_2:r_2]$ 仍然是已排序的（儘管演算法並沒有這樣做）。因為 $A[p_2:r_2]$ 是已排序的，在最壞情況下，以 x 為搜尋鍵的二元搜尋小改版（見習題 2.3-6）可以在 $\Theta(\lg n)$ 時間內找到分割點 q_2。我們將在分析時看到，即使 x 把 $A[p_2:r_2]$ 分得很糟（x 小於所有子陣列元素，或大於它們），在兩個遞迴合併中，我們仍然至少有 1/4 的元素。因此，較大的遞迴合併頂多處理 3/4 個元素，且遞迴保證在經過 $\Theta(\lg n)$ 次遞迴呼叫後見底。

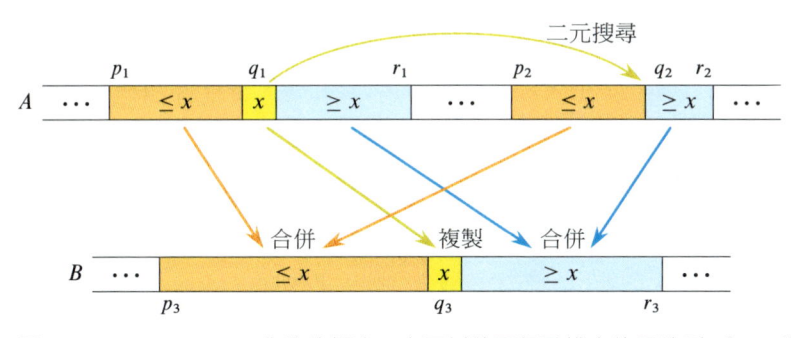

圖 26.6 P-MERGE-AUX 背後的概念，它可以將兩個已排序的子陣列 $A[p_1:r_1]$ 與 $A[p_2:r_2]$ 平行地合併成子陣列 $B[p_3:r_3]$。設 $x = A[q_1]$（黃色）是 $A[p_1:r_1]$ 的中間位置。q_2 是 $A[p_2:r_2]$ 裡的一個位置，使得 x 落在 $A[q_2-1]$ 與 $A[q_2]$ 之間，在子陣列 $A[p_1:q_1-1]$ 與 $A[p_2:q_2-1]$ 裡面的元素（橘色部分）最大是 x，在子陣列 $A[q_1+1:r_1]$ 與 $A[q_2+1:r_2]$ 裡的元素（藍色部分）最小是 x。在合併時，我們計算 x 在 $B[p_3:r_3]$ 裡的位置索引 q_3，將 x 複製到 $B[q_3]$ 裡，然後反覆將 $A[p_1:q_1-1]$ 與 $A[p_2:q_2-1]$ 合併到 $B[p_3:q_3-1]$ 裡，將 $A[q_1+1:r_1]$ 與 $A[q_2:r_2]$ 合併到 $B[q_3+1:r_3]$ 裡。

接下來要將這些想法寫成虛擬碼。我們先完成下一頁的串行程序 FIND-SPLIT-POINT (A, p, r, x)，它接收一個已排序子陣列 $A[p:r]$ 與一個鍵 x。這個程序回傳 $A[p:r]$ 的一個分割點，它是一個在 $p \leq q \leq r+1$ 範圍內的索引 q，使得在 $A[p:q-1]$ 裡面的所有元素（若有的話）最大是 x，在 $A[q:r]$ 裡的所有元素（若有的話）最小是 x。

FIND-SPLIT-POINT 程序使用二元搜尋來尋找分割點。第 1 行與第 2 行建立搜尋的索引範圍。每次執行 **while** 迴圈時，第 5 行比較範圍的中間元素與搜尋鍵 x，第 6 行和第 7 行根據比較結果，將搜尋範圍縮小到子陣列的下半部分或上半部分。最後，將範圍縮小到一個索引後，第 8 行回傳該索引作為分割點。

FIND-SPLIT-POINT(A, p, r, x)
1　low = p   // 搜尋範圍的下界
2　high = r + 1   // 搜尋範圍的上界
3　while low < high   // 多於一個元素？
4　　　mid = ⌊(low + high)/2⌋   // 範圍的中點
5　　　if x ≤ A[mid]   // 答案 q ≤ mid？
6　　　　high = mid   // 將搜尋縮小至 A[low:mid]
7　　　else low = mid + 1   // 將搜尋縮小至 A[mid+1:high]
8　return low

因為 FIND-SPLIT-POINT 沒有平行化，所以它的跨度就是它的串行執行時間，也是它的工作量。在一個大小為 $n = r-p+1$ 的子陣列 $A[p:r]$ 上，while 迴圈的每一次迭代都將搜尋範圍減半，這意味著迴圈在 $\Theta(\lg n)$ 次迭代之後終止。因為每次迭代花費固定時間，所以這個演算法的執行時間是 $\Theta(\lg n)$（最壞情況）。因此這個程序的工作量和跨度是 $\Theta(\lg n)$。

下一頁是平行合併程序 P-MERGE 的虛擬碼。大部分的虛擬碼都來自 P-MERGE-AUX。P-MERGE 本身只是一個「外包裝」，負責為 P-MERGE-AUX 進行設定。它在第 1 行配置一個新陣列 $B[p:r]$ 來保存 P-MERGE-AUX 的輸出。然後在第 2 行呼叫 P-MERGE-AUX，傳遞想要合併的兩個子陣列的索引，以及傳遞 B（從索引 p 開始）作為合併結果的輸出目標。在 P-MERGE-AUX return 後，第 3~4 行平行地將輸出 $B[p:r]$ 複製到子陣列 $A[p:r]$ 裡面，也就是 P-MERGE-SORT 期望的地方。

P-MERGE-AUX 程序是這個演算法很有趣的地方。我們先來了解這個遞迴平行程序的參數。輸入陣列 A 與四個索引 p_1、r_1、p_2、r_2 指定有待合併的子陣列 $A[p_1:r_1]$ 與 $A[p_2:r_2]$。陣列 B 與索引 p_3 指定合併的結果應存入 $B[p_3:r_3]$，其中 $r_3 = p_3 + (r_1-p_1) + (r_2-p_2) + 1$，和之前看過的一樣。輸出子陣列的最後一個索引 r_3 在這個虛擬碼裡用不到，但它可以在概念上協助指出最終索引，如第 13 行的注解所述。

這個程序先檢查遞迴的基本情況，並進行相同的記錄，以簡化其餘的虛擬碼。第 1 行與第 2 行測試兩個子陣列是否都是空的，若是如此，程序 return。第 3 行檢查第一個子陣列的元素有沒有比第二個子陣列更少。因為在第一個子陣列裡面的元素有 r_1-p_1+1 個，在第二個子陣列裡面的是 r_2-p_2+1 個，所以這個測試省略兩個「+1」。如果第一個子陣列小於第二個，第 4 行與第 5 行對調子陣列的角色，讓 $A[p_1,r_1]$ 代表較大的子陣列，以保持程序的平衡。

P-MERGE(A, p, q, r)
1 let B[p : r] be a new array   // 配置新陣列
2 P-MERGE-AUX(A, p, q, q + 1, r, B, p)   // 將 A 合併至 B
3 **parallel for** i = p **to** r   // 平行地將 B 複製回 A
4   A[i] = B[i]

P-MERGE-AUX(A, p_1, r_1, p_2, r_2, B, p_3)
1 **if** $p_1 > r_1$ **and** $p_2 > r_2$ // 兩個子陣列都是空的嗎？
2   **return**
3 **if** $r_1 - p_1 < r_2 - p_2$ // 第二個子陣列比較大？
4   exchange p_1 with p_2 // 交換子陣列的角色
5   exchange r_1 with r_2
6 $q_1 = \lfloor (p_1 + r_1)/2 \rfloor$ // $A[p_1:r_1]$ 的中點
7 $x = A[q_1]$ // $A[p_1:r_1]$ 的中點是分界點 x
8 q_2 = FIND-SPLIT-POINT(A, p_2, r_2, x)   // 從 x 拆開 $A[p_2:r_2]$
9 $q_3 = p_3 + (q_1 - p_1) + (q_2 - p_2)$ // x 屬於 B 的哪裡⋯
10 $B[q_3] = x$ // ⋯把它放在那裡
11 // 遞迴地將 $A[p_1:q_1-1]$ 與 $A[p_2:q_1-1]$ 合併到 $B[p_3:q_3-1]$ 裡面。
12 **spawn** P-MERGE-AUX(A, $p_1, q_1 - 1, p_2, q_2 - 1$, B, p_3)
13 // 遞迴地將 $A[q_1+1:r_1]$ 與 $A[q_2:r_2]$ 合併到 $B[q_3+1:r_3]$ 裡面。
14 **spawn** P-MERGE-AUX(A, $q_1 + 1, r_1, q_2, r_2$, B, $q_3 + 1$)
15 **sync**   // 等待 spawn

接下來是 P-MERGE-AUX 的重點：實現平行分治策略。在解說虛擬碼時，你可以翻回去參考圖 26.6。

首先是分解步驟。第 6 行計算 $A[p_1:r_1]$ 的中點 q_1，找出這個子陣列的中間位置 $x = A[q_1]$，以當成分界點來使用，第 7 行則決定 x 本身。接下來，第 8 行使用 FIND-SPLIT-POINT 程序來找到 $A[p_2:r_2]$ 裡面的索引 q_2，使得在 $A[p_2:q_2-1]$ 裡面的所有元素頂多是 x，且在 $A[q_2:r_2]$ 裡面的所有元素至少是 x。第 9 行計算可將輸出子陣列 $B[p_3:r_3]$ 分成 $B[p_3:q_3-1]$ 與 $B[q_3+1:r_3]$ 的元素索引 q_3，然後第 10 行將 x 放入 $B[q_3]$，那就是它在輸出中的位置。

接下來是處理步驟，這也是應用平行遞迴之處。第 12 行與第 14 行都 spawn P-MERGE-AUX，以遞迴地將 A 併入 B，第一行合併較小的元素，第二行合併較大的元素。第 15 行的 **sync** 敘述句確保子問題在程序 return 之前完成。

這裡沒有合併步驟，因為 $B[p:r]$ 已經儲存正確排序的輸出了。

平行合併的工作量 / 跨度分析

我們先分析 P-MERGE-AUX 在處理總共有 n 個元素的輸入子陣列時的最壞情況跨度 $T_\infty(n)$。第 8 行呼叫 FIND-SPLIT-POINT 在最壞情況下為跨度貢獻 $\Theta(\lg n)$，並且這個程序除了第 12 行和第 14 行的兩個遞迴 spawn 之外，最多執行固定數量的額外串行工作。

由於兩個遞迴 spawn 在邏輯上是平行運作的，因此只有其中一個對整體的最壞情況跨度發揮作用。之前說過，這兩個遞迴呼叫處理的元素都不超過 $3n/4$ 個，我們來看看為什麼。設 $n_1 = r_1 - p_1 + 1$ 且 $n_2 = r_2 - p_2 + 1$（其中 $n = n_1 + n_2$）是兩個子陣列在第 6 行開始執行時的大小，那是在必要時交換兩個子陣列的角色來確保 $n_2 \leq n_1$ 之後。因為分界點 x 是 $A[p_1:r_1]$ 的中位元素，在最壞情況下，一次遞迴合併最多只涉及 $A[p_1:r_1]$ 的 $n_1/2$ 個元素，但可能涉及 $A[p_2:r_2]$ 的全部 n_2 個元素。因此，我們可以推導 P-MERGE-AUX 的一次遞迴呼叫所牽涉的元素數量上限為

$$\begin{aligned}
n_1/2 + n_2 &= (2n_1 + 4n_2)/4 \\
&\leq (3n_1 + 3n_2)/4 \quad （因為 n_2 \leq n_1） \\
&= 3n/4
\end{aligned}$$

故我們的主張得證。

因此，P-MERGE-AUX 的最壞情況跨度可以用下面的遞迴式來表示

$$T_\infty(n) = T_\infty(3n/4) + \Theta(\lg n) \tag{26.7}$$

因為這個遞迴式屬於主定理的情況 2，$k = 1$，所以它的解是 $T_\infty(n) = \Theta(\lg^2 n)$。

接著，我們來驗證 P-MERGE-AUX 處理 n 個元素時的工作量 $T_1(n)$ 是線性的。$\Omega(n)$ 的下限很簡單，因為 n 個元素都是從陣列 A 複製到陣列 B。我們藉著推導最壞情況工作量的遞迴式來證明 $T_1(n) = O(n)$。第 8 行的二元搜尋在最壞情況下需要 $\Theta(\lg n)$，遠大於遞迴 spawn 之外的工作量。對於遞迴 spawn，我們可以觀察，雖然第 12 行與第 14 行可能合併不同數量的元素，但兩個遞迴 spawn 一起合併的元素頂多 $n-1$ 個（因為 $x = A[q]$ 未被合併）。此外，正如我們分析跨度時看到的，遞迴 spawn 頂多處理 $3n/4$ 個元素，因此得到遞迴式

$$T_1(n) = T_1(\alpha n) + T_1((1-\alpha)n) + \Theta(\lg n) \tag{26.8}$$

其中，α 的範圍是 $1/4 \leq \alpha \leq 3/4$。α 的值在每次遞迴呼叫時都可能不同。

我們使用代入法（見第 4.3 節）來證明上面的遞迴式 (26.8) 的解是 $T_1(n) = O(n)$（你也可以使用第 4.7 節的 Akra-Bazzi 法）。假設 $T_1(n) \leq c_1 n - c_2 \lg n$，其中 c_1 與 c_2 是正值常數。使用第 61–62 頁的對數特性（具體來說，$\lg \alpha + \lg(1-\alpha) = -\Theta(1)$）和代入法可得

$$\begin{aligned} T_1(n) &\leq (c_1 \alpha n - c_2 \lg(\alpha n)) + (c_1(1-\alpha)n - c_2 \lg((1-\alpha)n)) + \Theta(\lg n) \\ &= c_1(\alpha + (1-\alpha))n - c_2(\lg(\alpha n) + \lg((1-\alpha)n)) + \Theta(\lg n) \\ &= c_1 n - c_2(\lg \alpha + \lg n + \lg(1-\alpha) + \lg n) + \Theta(\lg n) \\ &= c_1 n - c_2 \lg n - c_2(\lg n + \lg \alpha + \lg(1-\alpha)) + \Theta(\lg n) \\ &= c_1 n - c_2 \lg n - c_2(\lg n - \Theta(1)) + \Theta(\lg n) \\ &\leq c_1 n - c_2 \lg n \end{aligned}$$

選擇夠大的 c_2，使得對足夠大的 n 而言，$c_2(\lg n - \Theta(1))$ 項遠大於 $\Theta(\lg n)$ 項。此外，我們可以選擇夠大的 c_1 以滿足遞迴式隱含的 $\Theta(1)$ 基本情況，歸納證明完成。因為下限與上限是 $\Omega(n)$ 與 $O(n)$，所以 $T_1(n) = \Theta(n)$，與串行合併的漸近工作量相同。

P-MERGE 程序本身的虛擬碼在執行時不會漸近地增加 P-MERGE-AUX 的工作量和跨度。第 3~4 行的 **parallel for** 迴圈因為迴圈控制結構，所以跨度是 $\Theta(\lg n)$，且每次迭代都以固定時間執行。因此，P-MERGE-AUX 的 $\Theta(\lg^2 n)$ 跨度占主導地位，所以 P-MERGE 的整體跨度是 $\Theta(\lg^2 n)$。**parallel for** 迴圈的工作量是 $\Theta(n)$，與 P-MERGE-AUX 的漸近工作量相符，故 P-MERGE 的整體工作量是 $\Theta(n)$。

分析平行合併排序

我們已經完成「重頭戲」了，知道 P-MERGE 的工作量和跨度之後，接下來要分析 P-MERGE-SORT。設 $T_1(n)$ 與 $T_\infty(n)$ 分別是 P-MERGE-SORT 處理 n 個元素的陣列時的工作量與跨度，P-MERGE-SORT 第 10 行呼叫 P-MERGE 的成本遠超過第 1~3 行，無論是工作量還是跨度。所以可以得到 P-MERGE-SORT 工作量的遞迴式

$$T_1(n) = 2T_1(n/2) + \Theta(n)$$

以及它的跨度的遞迴式

$$T_\infty(n) = T_\infty(n/2) + \Theta(\lg^2 n)$$

工作量遞迴式的解是 $T_1(n) = \Theta(n \lg n)$，根據主定理的情況 2，$k = 0$。跨度遞迴式的解是 $T_\infty(n) = \Theta(\lg^3 n)$，也是根據主定理的情況 2，但 $k = 2$。

平行合併使得 P-Merge-Sort 的平行度勝過 P-Naive-Merge-Sort。呼叫串行 Merge 程序的 P-Naive-Merge-Sort 的平行度只有 $\Theta(\lg n)$。P-Merge-Sort 的平行度是

$$T_1(n)/T_\infty(n) = \Theta(n \lg n)/\Theta(\lg^3 n)$$
$$= \Theta(n/\lg^2 n)$$

無論是在理論上，還是在實際上，這個平行度好很多。實際的優良設計會犧牲一些平行度，藉著將基本情況粗化來減少漸近表示法隱含的常數，例如，在需要排序的元素夠少時，改用高效的串行排序──或許使用快速排序。

習題

26.3-1
說明如何將 P-Merge 的基本情況粗化。

26.3-2
假設合併程序不像 P-Merge 那樣找出較大子陣列的中位元素，而是使用習題 9.3-10 的結果來找出兩個已排序子陣列裡的中位元素。使用這個尋找中位元素的程序，用虛擬碼寫出高效的平行合併程序。分析你的演算法。

26.3-3
設計一個高效的平行演算法，用一個分界點來分割陣列，就像第 174 頁的 Partition 程序所做的那樣。你不需要就地分割陣列。讓你的演算法盡可能地平行。分析你的演算法（**提示**：你可能需要輔助陣列，也可能需要對輸入元素進行一次以上的處理）。

26.3-4
寫出第 859 頁的 FFT 的平行版本。讓你的程式盡可能地平行。分析你的演算法。

★ 26.3-5
說明如何將第 9.3 節的 Select 平行化。讓你的程式盡可能地平行。分析你的演算法。

挑戰

26-1 使用遞迴 spawn 來實作 parllel 迴圈

平行程序 SUM-ARRAYS 可對著 n 個元素的陣列 $A[1:n]$ 與 $B[1:n]$ 執行逐位元加法，並將結果存入 $C[1:n]$。

SUM-ARRAYS(A, B, C, n)
1　**parallel for** $i = 1$ **to** n
2　　$C[i] = A[i] + B[i]$

a. 以 P-MAT-VEC-RECURSIVE 的做法，使用遞迴 spawn 來改寫 SUM-ARRAYS 的 parallel 迴圈。分析平行度。

下面的 SUM-ARRAYS' 用另一種方式來實作 SUM-ARRAYS 的平行迴圈，其中，你必須指定 *grain-size* 值。

SUM-ARRAYS'(A, B, C, n)
1　*grain-size* = ?　　　// 有待決定
2　$r = \lceil n/\textit{grain-size} \rceil$
3　**for** $k = 0$ **to** $r - 1$
4　　**spawn** ADD-SUBARRAY$(A, B, C, k \cdot \textit{grain-size} + 1,$
　　　　　　　　$\min\{(k+1) \cdot \textit{grain-size}, n\})$
5　**sync**

ADD-SUBARRAY(A, B, C, i, j)
1　**for** $k = i$ **to** j
2　　$C[k] = A[k] + B[k]$

b. 假設 *grain-size* = 1，程序的平行度為何？

c. 用 n 與 *grain-size* 來寫出 SUM-ARRAYS' 的跨度公式。算出可將平行度最大化的 *grain-size*。

26-2 在遞迴矩陣乘法中避免使用臨時矩陣

第 744 頁的 P-MATRIX-MULTIPLY-RECURSIVE 程序必須配置一個 $n \times n$ 的臨時矩陣 D，它可能對 Θ 表示法隱含的常數產生不利的影響，但是，這個程序有很高的平行度：$\Theta(n^3/\log^2 n)$。

例如，忽略 Θ 表示法裡面的常數的話，將 1000×1000 的矩陣相乘的平行度大約是 $1000^3/10^2 = 10^7$，因為 $\lg 1000 \approx 10$。平行計算機的處理器幾乎都遠少於 1,000 萬個。

a. 在不使用臨時矩陣的情況下，將 MATRIX-MULTIPLY-RECURSIVE 平行化，使其維持工作量 $\Theta(n^3)$（提示：spawn 遞迴呼叫，但是在適當的位置插入 **sync** 以避免競態）。

b. 寫出你的程式的工作量和跨度的遞迴式，並求解它們。

c. 分析你的程式的平行度。忽略 Θ 表示法裡面的常數，估計處理 1000×1000 的矩陣時的平行度。與 P-MATRIX-MULTIPLY-RECURSIVE 的平行度做比較，並討論這種取捨是否值得。

26-3 將矩陣演算法平行化

在回答這個問題之前先閱讀第 28 章可能有幫助。

a. 將第 797 頁的 LU-DECOMPOSITION 程序平行化，寫出該演算法的平行版本虛擬碼。讓你的程式盡可能地平行化，分析它的工作量、跨度與平行度。

b. 為第 800 頁的 LUP-DECOMPOSITION 做同一件事。

c. 為第 794 頁的 LUP-SOLVE 做同一件事。

d. 使用第 805 頁的式 (28.14)，寫出平行演算法的虛擬碼，來計算對稱正定矩陣的逆矩陣。讓你的程式盡可能地平行化，分析它的工作量、跨度與平行度。

26-4 平行歸約（reduction）與掃描（scan）（前綴）計算

陣列 $x[1:n]$ 的 $\otimes$-*reduction*（其中的 $\otimes$ 是結合運算子）就是值 $y = x[1] \otimes x[2] \otimes \cdots \otimes x[n]$。下面的 REDUCE 程序可串行地計算子陣列 $x[i:j]$ 的 $\otimes$–reduction。

REDUCE(x, i, j)
1 $y = x[i]$
2 **for** $k = i + 1$ **to** j
3      $y = y \otimes x[k]$
4 **return** y

a. 設計平行演算法 P-REDUCE，在裡面使用遞迴 spawn 來執行同一個函式，並且讓它的工作量為 $\Theta(n)$，跨度為 $\Theta(\lg n)$。分析它。

對著陣列 $x[1:n]$ 計算 $\otimes$-*scan* 是相關的另一種問題，有時稱為 $\otimes$-*prefix* **計算**，其中的 $\otimes$ 同樣是結合運算子。以串行程序 SCAN 實作的 $\otimes$-scan 可產生以下面的演算法算出來的 $y[1:n]$

$$y[1] = x[1]$$
$$y[2] = x[1] \otimes x[2]$$
$$y[3] = x[1] \otimes x[2] \otimes x[3]$$
$$\vdots$$
$$y[n] = x[1] \otimes x[2] \otimes x[3] \otimes \cdots \otimes x[n]$$

也就是用 $\otimes$ 運算子來計算陣列 x 的所有前綴元素（prefix）之「和」。

SCAN(x, n)
1 let $y[1:n]$ be a new array
2 $y[1] = x[1]$
3 **for** $i = 2$ **to** n
4      $y[i] = y[i-1] \otimes x[i]$
5 **return** y

將 SCAN 平行化並不容易。舉例來說，直接將 **for** 迴圈換成 **parallel for** 迴圈可能導致競態，因為迴圈主體的每次迭代都取決於上一次迭代。雖然程序 P-SCAN-1 與 P-SCAN-1-AUX 可平行執行 $\otimes$-scan，但很低效。

P-SCAN-1(x, n)
1 let $y[1:n]$ be a new array
2 P-SCAN-1-AUX$(x, y, 1, n)$
3 **return** y

P-SCAN-1-AUX(x, y, i, j)
1 **parallel for** $l = i$ **to** j
2      $y[l] = $ P-REDUCE$(x, 1, l)$

b. 分析 P-SCAN-1 的工作量、跨度與平行度。

程序 P-SCAN-2 與 P-SCAN-2-AUX 使用遞迴 spawn 來執行更高效的 ⊗-scan。

P-SCAN-2(x, n)
1 let $y[1:n]$ be a new array
2 P-SCAN-2-AUX($x, y, 1, n$)
3 **return** y

P-SCAN-2-AUX(x, y, i, j)
1 **if** $i == j$
2      $y[i] = x[i]$
3 **else** $k = \lfloor (i+j)/2 \rfloor$
4   **spawn** P-SCAN-2-AUX(x, y, i, k)
5   P-SCAN-2-AUX($x, y, k+1, j$)
6   **sync**
7   **parallel for** $l = k+1$ **to** j
8          $y[l] = y[k] \otimes y[l]$

c. 證明 P-SCAN-2 是正確的，並分析它的工作量、跨度與平行度。

為了改善 P-SCAN-1 與 P-SCAN-2，我們可以對著資料執行兩遍不同的 ⊗-scan。第一遍將 x 的各個連續子陣列的項（terms）收集到一個臨時陣列 t 裡，第二遍使用 t 裡面的項（terms）來計算最終結果 y。下一頁的 P-SCAN-3、P-SCAN-UP 與 P-SCAN-DOWN 是實現這個策略的虛擬碼，但移除了一些運算式。

d. 補上三個遺漏的運算式，它們在 P-SCAN-UP 的第 8 行以及 P-SCAN-DOWN 的第 5 行與第 6 行。證明加上你提供的運算式的 P-SCAN-3 是正確的（提示：證明被傳給 P-SCAN-DOWN (v, x, t, y, i, j) 的值 v 滿足 $v = x[1] \otimes x[2] \otimes \cdots \otimes x[i-1]$）。

e. 分析 P-SCAN-3 的工作量、跨度與平行度。

f. 說明如何改寫 P-SCAN-3 來讓它不需要使用臨時陣列 t。

★ **g.** 寫出就地執行 scan 的演算法 P-SCAN-4(x, n)。讓它將輸出放入 x，而且只需要使用固定的輔助儲存空間。

h. 寫出高效的平行演算法，讓它使用 +-scan 來判斷一串小括號是否正確配對。例如，字串 (( ))( ) 有正確配對，但字串 (( ))(( ) 沒有（提示：將 (視為 1，將) 視為 −1，然後執行 +-scan）。

P-SCAN-3(x, n)

1 let y[1 : n] and t[1 : n] be new arrays
2 y[1] = x[1]
3 **if** n > 1
4   P-SCAN-UP(x, t, 2, n)
5   P-SCAN-DOWN(x[1], x, t, y, 2, n)
6 **return** y

P-SCAN-UP(x, t, i, j)

1 **if** i == j
2   **return** x[i]
3 **else**
4   k = ⌊(i + j)/2⌋
5   t[k] = **spawn** P-SCAN-UP(x, t, i, k)
6   right = P-SCAN-UP(x, t, k + 1, j)
7   **sync**
8   **return** _____   // 填空

P-SCAN-DOWN(v, x, t, y, i, j)

1 **if** i == j
2   y[i] = v ⊗ x[i]
3 **else**
4   k = ⌊(i + j)/2⌋
5   **spawn** P-SCAN-DOWN(_____, x, t, y, i, k)   // 填空
6   P-SCAN-DOWN(_____, x, t, y, k + 1, j)   // 填空
7   **sync**

26-5 將簡單的模板計算平行化

計算科學領域的演算法經常需要在陣列的項目裡填入以鄰近項目算出來的值，同時保留在計算過程中不變的資訊。「鄰近項目的模式在計算期間不會改變」這種模式稱為 *stencil*。例如，第 14.4 節展示一個計算最長相同子序列的 stencil 演算法，項目 $c[i, j]$ 的值僅取決於 $c[i-1, j]$、$c[i, j-1]$ 與 $c[i-1, j-1]$ 的值，以及輸入提供的兩個序列中的 x_i 與 y_i 元素。雖然輸入序列是固定的，但為了填寫二維陣列 c，演算法會先計算全部的三個項目 $c[i-1, j]$、$c[i, j-1]$ 和 $c[i-1, j-1]$ 之後，再計算項目 $c[i, j]$。

這個問題研究如何使用遞迴 spawn 來將一個簡單的 stencil 計算平行化。這個計算將處理一個 $n \times n$ 陣列 A，$A[i, j]$ 的值僅與 $A[i', j']$ 的值有關，其中 $i' \leq i$ 且 $j' \leq j$（當然，$i' \neq i$ 或 $j' \neq j$）。換句話說，一個項目的值僅取決於其上方和（或）左方的項目的值，以及陣列外的靜態資訊。此外，在整個問題中，我們假設一旦 $A[i, j]$ 所依賴的項目被填入值了，$A[i, j]$ 就可以用 $\Theta(1)$ 時間來算出來（如同第 14.4 節的 LCS-LENGTH 程序）。

我們將 $n \times n$ 陣列 A 分成四個 $n/2 \times n/2$ 子陣列如下：

$$A = \begin{pmatrix} A_{11} & A_{12} \\ A_{21} & A_{22} \end{pmatrix} \tag{26.9}$$

你可以立即遞迴地填入子陣列 A_{11}，因為它不依賴其他三個子陣列的項目。A_{11} 的計算完成後，你可以平行地填寫 A_{12} 和 A_{21}，因為儘管它們都依賴 A_{11}，但它們不互相依賴。最後，你可以遞迴地填寫 A_{22}。

- **a.** 根據分解法 (26.9) 與上面的討論，以平行虛擬碼來設計出分治演算法 SIMPLE-STENCIL，來執行這個簡單的 stencil 計算（不用擔心基本情況的細節，它取決於具體的 stencil）。用 n 來寫出這個演算法的工作量與跨度的遞迴式，並求解它們。寫出它的平行度。

- **b.** 修改 (a) 題的答案，將 $n \times n$ 陣列分成九個 $n/3 \times n/3$ 子陣列，同樣盡可能平行地遞迴。分析這個演算法。與 (a) 題相比，這個演算法的平行度多了多少？或少了多少？

- **c.** 將 (a) 與 (b) 的解一般化如下。選擇一個整數 $b \geq 2$。將一個 $n \times n$ 陣列分成 b^2 個子陣列，每一個的大小都是 $n/b \times n/b$，盡可能平行地遞迴。用 n 與 b 來表示你的演算法的工作量、跨度與平行度。證明：使用這個方法，對任何 $b \geq 2$ 而言，平行度一定是 $o(n)$（提示：證明對任何 $b \geq 2$ 而言，在平行度裡的 n 的指數都嚴格小於 1）。

- **d.** 為這個簡單的 stencil 計算寫出平行度為 $\Theta(n/\lg n)$ 的平行演算法虛擬碼。用工作量與跨度的概念來證明這個問題的固有平行度是 $\Theta(n)$。很遺憾，簡單的分叉聚合平行化無法實現這個最大平行度。

26-6 隨機平行演算法

與串行演算法一樣，平行演算法可以使用隨機數產生器。這個問題將探討如何調整工作量、跨度和平行度，以管理隨機平行演算法的期望行為。這個問題也會請你設計並分析一個隨機快速排序平行演算法。

a. 解釋如何修改工作量法則 (26.2)、跨度法則 (26.3) 和貪婪調度器界限 (26.4)，讓它們在 T_P、T_1 和 T_∞ 都是隨機變數時，可以用期望值來表達。

b. 考慮一個隨機化的平行演算法，它在 1% 的情況下，$T_1 = 10^4$ 且 $T_{10,000} = 1$，但其餘的 99% 的情況下，$T_1 = T_{10,000} = 10^9$。證明隨機化平行演算法的加速比應該定義成 $E[T_1]/E[T_P]$，而不是 $E[T_1/T_P]$。

c. 證明隨機平行演算法的平行度應該定義成 $E[T_1]/E[T_\infty]$。

d. 將第 183 頁的 Randomized-Quicksort 演算法平行化，使用遞迴 spawn 來寫出 P-Randomized-Quicksort（不要將 Randomized-Partition 平行化）。

e. 分析你的隨機化快速排序平行演算法（提示：複習第 219 頁的 Randomized-Select 分析）。

f. 將第 219 頁的 Randomized-Select 平行化，使程式盡可能地平行。分析你的演算法（提示：使用習題 26.3-3 的分割演算法）。

後記

平行計算機和平行化演算法模型以各種形式存在已久。本書的上一版介紹了關於排序網路和 PRAM（平行隨機存取機）模型的內容。資料平行模型 [58, 217] 是另一種流行的演算法設計模型，其特點是將向量和矩陣當成基本單位來操作。順序一致性的概念是 Lamport [275] 提出的。

Graham [197] 和 Brent [71] 證明存在可實現定理 26.1 的界限的調度器。Eager、Zahorjan 和 Lazowska [129] 證明，任何貪婪調度器都能達到這個界限，並提出以工作量和跨度（儘管他們不是使用這些名稱）來分析平行演算法的方法。Blelloch [57] 為資料平行設計開發了一個基於工作量和跨度（他稱之為「深度」）的演算法設計模型。Blumofe 和 Leiserson [63] 提出一種基於隨機「偷工（work-stealing）」的任務平行計算的分散式調度演算法，並證明它能達到界限 $E[T_P] \leq T_1/P + O(T_\infty)$。Arora、Blumofe 和 Plaxton [20] 以及 Blelloch、Gibbons 和 Matias [61] 也為任務平行計算的調度（scheduling）提供可證明的優良演算法。最近有很多文獻提出調度平行程序的演算法和策略。

Cilk [290, 291, 383, 396] 啟發本書的平行虛擬碼和程式設計模型。開放原始碼專案 OpenCilk（www.opencilk.org）提供 C 和 C++ 程式語言的擴展功能：Cilk programming。本章的所有平行演算法都可以直接用 Cilk 來編寫。

Lee [281] 和 Bocchino、Adve、Adve 和 Snir [64] 都表達了對於非確定性平行程式的擔憂。許多演算法文獻都提出檢測競態條件和擴展分叉聚合模式，以避免各種非確定性或安全地應對它們的策略，包括 [60, 85, 118, 140, 160, 282, 283, 412, 461]。Blelloch、Fineman、Gibbons 和 Shun [59] 證明確定性的平行演算法通常可以和非確定性的版本一樣快，甚至更快。

本章的幾個平行演算法來自 C. E. Leiserson 與 H. Prokop 未發表的講義，它們最初是用 Cilk 來實現的。平行合併排序演算法的靈感來自 Akl [12] 的一個演算法。

27 線上演算法

本書的問題幾乎都假設演算法在開始執行之前就已經取得所有的輸入了，但是在很多情況下，輸出不是事先就拿到的，而是在執行時才收到的。第三部分關於資料結構的許多討論都隱含這個概念。例如，你想設計一個能夠處理 n 個 INSERT、DELETE 和 SEARCH 操作，而且每次操作都能在 $O(\lg n)$ 時間內處理的資料結構，背後的原因可能是你將會收到進行 n 個這種操作的請求，但事先不知道會有什麼操作。這個想法也隱藏在第 16 章的平攤分析中，我們當時討論如何維護一個可以隨著一連串的插入和刪除操作而增長或縮小的表，同時讓每次操作的平攤成本都不變。

線上演算法是一種逐步接收輸入的演算法，它不像**離線演算法**那樣在開始時就有全部輸入可用。線上演算法涉及許多資訊逐漸到達的情況。股票交易者不知道明天的價格是多少，但必須在今天做出決策，期望獲得很好的報酬。計算機系統必須在不知道未來需要做什麼工作的情況下安排已收到的任務。商店必須在不知道未來需求的情況下決定何時該訂購更多的庫存。共乘服務的司機必須在不知道未來誰會叫車的情況下決定是否讓乘客搭車。在這些情況以及許多其他情況下，你必須在不了解未來的情況下做出演算法決定。

我們可以用幾種方法來處理未知的未來輸入。其中一種方法是製作未來輸入的機率模型，並假設未來的輸入與該模型相符，為它設計演算法。這種技術很常見，例如排隊理論領域經常採用它，它也與機器學習有關。也許你無法開發出可行的機率模型，或者即使可以，仍然有一些輸入不符合它。本章採取不同的做法。我們不對未來的輸入做任何假設，而是採用保守的策略，限制任何輸入導致的糟糕結果。

因此，本章採用最壞情況方法（worst-case approach），我們設計出來的線上演算法可以保證所有可能的未來輸入所產生的解的品質。我們將比較線上演算法產生的解與知道未來輸入的最佳演算法產生的解來分析線上演算法，並計算所有可能的實例的最壞情況比率。這種方法稱為**競爭分析**。在第 35 章，當我們研究近似演算法時，我們將採取類似的方法，比較可能不太理想的演算法回傳的解與最佳解，以判斷所有潛在實例的最壞情況比率。

我們先從一個「玩具」問題開始：在搭乘電梯和走樓梯之間做出選擇。這個問題將介紹線上演算法的基本思維方式，以及如何使用競爭分析來分析它們。然後，我們將研究兩個運用競爭分析的問題。第一個問題是如何維護一個搜尋清單，以確保訪問時間不會太長，第二個問題是決定該將哪些區塊移出快取或其他快速記憶體。

27.1 等電梯

我們的第一個線上演算法要模擬一個你應該遇過的問題：該繼續等電梯來，還是直接走樓梯。假設你進入一棟大樓，想上去第 k 層樓的辦公室。你有兩個選擇：步行上樓或乘坐電梯。為了方便起見，假設你每分鐘能夠爬一層樓。電梯的速度比爬樓梯快得多，它可以在一分鐘內到達所有的 k 樓。你的困境在於，你不知道電梯還要多久才會抵達一樓，讓你搭乘。你該坐電梯還是走樓梯？如何做出選擇？

我們來分析這個問題。走樓梯無論如何都需要 k 分鐘。假設你知道，電梯最多需要 $B-1$ 分鐘才能到達，其中 B 是遠大於 k 的值（當你按電梯時，電梯可能正在上樓，然後在下樓的途中，在幾個樓層停留）。為了簡單起見，我們也假設電梯到達的時間是整數分鐘。因此，等電梯和搭電梯到 k 樓需要花費 1 分鐘（如果電梯已經到一樓）到 $(B-1)+1=B$ 分鐘（最壞的情況）。雖然你知道 B 和 k，但你不知道這一次電梯需要多久才能到達。你可以利用競爭分析來決定該走樓梯還是搭電梯。競爭分析的精神在於，你要確信，無論未來發生什麼事（電梯還要多久才會到達），你等電梯的時間都不會比一位知道電梯何時到達的先知還要長很多。

我們先考慮先知會怎麼做。如果先知知道電梯會在 $k-1$ 分鐘之內到達，先知就會等電梯，否則就會走樓梯。設 m 是電梯到達一樓所需的分鐘數，我們可以將先知花費的時間寫成函數

$$t(m) = \begin{cases} m+1 & \text{若 } m \leq k-1 \\ k & \text{若 } m \geq k \end{cases} \tag{27.1}$$

我們通常用**競爭比**（*competitive ratio*）來評估線上演算法。設 $\mathcal{U}$ 是包含所有可能的輸入的集合（universe），考慮某輸入 $I \in \mathcal{U}$。對一個最小化問題而言，例如樓梯 vs. 電梯問題，如果線上演算法 A 為輸入 I 產生的解為 $A(I)$，有預知能力的演算法 F 為相同輸入產生的解為 $F(I)$，那麼演算法 A 的競爭比為

$\max \{A(I)/F(I) : I \in \mathcal{U}\}$

如果線上演算法的競爭比為 c，我們說它是 *c-competitive*。競爭比至少是 1，所以我們希望線上演算法的競爭比越接近 1 越好。

在樓梯 vs. 電梯問題中，唯一的輸入是電梯到達的時間。演算法 F 知道這個資訊，但線上演算法必須在不知道電梯何時到達的情況下做出決定。考慮一個「永遠走樓梯」的演算法，它一定花費 k 分鐘。從式 (27.1) 可知，它的競爭比是

$$\max \{k/t(m) : 0 \leq m \leq B - 1\} \tag{27.2}$$

將式 (27.2) 的各項展開可得到競爭比為

$$\max \left\{ \frac{k}{1}, \frac{k}{2}, \frac{k}{3}, \ldots, \frac{k}{(k-1)}, \frac{k}{k}, \frac{k}{k}, \ldots, \frac{k}{k} \right\} = k$$

所以競爭比是 k。最大值出現在當電梯立刻到達時，此時，走樓梯需要 k 分鐘，但最佳解只需要 1 分鐘。

接著考慮相反的做法：「永遠搭電梯」。如果電梯花 m 分鐘到達一樓，那麼這個演算法一定花費 $m + 1$ 分鐘，所以競爭比變成

$$\max \{(m + 1)/t(m) : 0 \leq m \leq B - 1\}$$

我們同樣可以這樣展開它

$$\max \left\{ \frac{1}{1}, \frac{2}{2}, \ldots, \frac{k}{k}, \frac{k+1}{k}, \frac{k+2}{k}, \ldots, \frac{B}{k} \right\} = \frac{B}{k}$$

現在最大值出現在電梯花 $B-1$ 分鐘到達的時候，相較之下，走樓梯的最佳方法則需要 k 分鐘。

因此，「永遠走樓梯」演算法的競爭比是 k，「永遠搭電梯」的競爭比是 B/k。因為我們希望演算法的競爭比越小越好，如果 $k = 10$ 且 $B = 300$，我們選擇「永遠走樓梯」，它的競爭比是 10，勝過競爭比為 30 的「永遠搭電梯」。走樓梯並不總是更好，或者必然更常更好。只是走樓梯更能夠防範最壞的未來情況。

然而，「永遠走樓梯」和「永遠搭電梯」是極端的解決方案。你可以「預留選擇」，以更好的方式防範最壞的未來。具體來說，你可以先等一下電梯，如果電梯沒到，就走樓梯。「一下」是多久？假設「一下」是 k 分鐘。那麼，這個預留選擇策略所需要的時間 $h(m)$ 與電梯到達的分鐘數 m 之間的關係是

$$h(m) = \begin{cases} m + 1 & \text{若 } m \leq k \\ 2k & \text{若 } m > k \end{cases}$$

第二種情況 $h(m) = 2k$ 是因為你先等 k 分鐘，然後用 k 分鐘走樓梯。現在競爭比是

$$\max \{h(m)/t(m) : 0 \leq m \leq B-1\}$$

將這個比率展開是

$$\max \left\{ \frac{1}{1}, \frac{2}{2}, \ldots, \frac{k}{k}, \frac{k+1}{k}, \frac{2k}{k}, \frac{2k}{k}, \frac{2k}{k}, \ldots, \frac{2k}{k} \right\} = 2$$

現在競爭比與 k 和 B 無關。

這個例子說明線上演算法的一個常見理念：我們希望演算法能夠應對任何可能的最壞情況。起初，等電梯可應對電梯快速到達的情況，但最終改走樓梯可以應對電梯還要等很久的情況。

習題

27.1-1
假設當你預留選擇時，你等 p 分鐘才走樓梯，而不是等 k 分鐘。p 與 k 和競爭比有何關係？如何選出可將競爭比最小化的 p？

27.1-2
你想去滑雪。假設租一對滑雪板的租金是每天 r 元，買下它則要花 b 元，其中 $b > r$。如果你事先知道你會滑幾天，決定該買該租很簡單。如果你想滑 $\lceil b/r \rceil$ 天以上，那麼你應該買滑雪板，否則應該用租的。這種策略可以最大限度地減少你的總支出。在現實中，你不可能事先知道你最終會滑幾天。即使你已經滑雪好幾次了，你仍然不知道你還會滑幾次。你不想浪費金錢。設計一個競爭比為 2 的演算法並分析它，也就是說，這個演算法保證：無論你滑雪幾次，你的花費絕對不會超過你早就知道你將滑雪幾次時的兩倍。

27.1-3
你在玩卡牌配對遊戲，有 n 對兩兩相同的卡牌，卡牌背面的圖案都一樣，正面是動物圖片。其中一對是土豚，一對是熊，一對是駱駝，以此類堆。在遊戲開始時，卡牌都正面朝下。在每一回合，你可以把兩張牌翻開，檢查它們的圖片。如果圖片相符，你可以將那一對移走，如果不相符，你要把它們翻回去。一回合遊戲在移除全部的 n 對之後結束，你的分數是完成的回合數。假設你可以記得你看過的每張牌。寫出競爭比為 2 的演算法來玩這場遊戲。

27.2 維護搜尋串列

下一個線上演算法的例子與維護鏈接串列的元素順序有關，如第 10.2 節所述。實務上，在雜湊表裡使用 chaining（鏈接）來處理碰撞時（見第 11.2 節）經常遇到這個問題，因為每個儲存槽裡面都有一個鏈接串列。將雜湊表的每一個儲存槽裡面的鏈接串列重新排序可以大幅提升搜尋性能。

串列維護問題的定義如下：你有一個串列 L，它有 n 個元素：$\{x_1, x_2, ..., x_n\}$。我們假設這個串列是雙向鏈接的，儘管單向鏈接串列也可以用演算法來正確處理和分析。我們用 $r_L(x_i)$ 來代表元素 x_i 在串列 L 裡面的位置，其中 $1 \leq r_L(x_i) \leq n$。因此，呼叫第 248 頁的 LIST-SEARCH(L, x_i) 花費 $\Theta(r_L(x_i))$ 時間。

如果你事先知道搜尋請求的分布狀況，你可以事先排列串列，將較常被搜尋的元素放在前面，來將總成本最小化（見習題 27.2-1）。反過來說，如果不知道搜尋序列，無論串列如何排列，我們都可能遇到每一次搜尋的元素都位於串列尾端的情況，此時總搜尋時間將是 $\Theta(nm)$，其中 m 是搜尋次數。

如果你發現存取序列的某種模式，或發現元素被存取的頻率差異，你或許可以在執行搜尋的時候重新排列串列。例如，如果你發現每次搜尋都是針對特定的元素，你可以把那個元素移到串列的前面。一般來說，你可以在每次呼叫 LIST-SEARCH 之後重新排列串列。但如何在不知道未來的情況下這樣做？畢竟，無論你如何移動元素，每次搜尋都有可能是想要尋找最後一個元素。

但事實證明，某些搜尋序列比其他序列「較容易」。與其僅評估在最壞情況下的表現，我們可以比較「一種重組方案」與「最佳離線演算法在事先知道搜尋序列的情況下將會執行的操作」。如此一來，如果序列實質上很難，最佳離線演算法也覺得困難，但如果序列較容易，我們可以期望看到相當不錯的表現。

為了方便分析，我們將捨棄漸近表示法，直接說，在串列中搜尋第 i 個元素的成本是 i。我們也假設，重新排序串列元素的唯一手段是將相鄰的兩個元素對調。因為串列是雙向鏈接的，所以每次對調的成本都是 1。因此，舉例來說，搜尋第 6 個元素，然後將它前移兩個位置（需要兩次對調）的總成本是 8。我們的目標是將呼叫 LIST-SEARCH 的總成本加上執行對調的總次數最小化。

接下來要研究的線上演算法是 MOVE-TO-FRONT(L, x)。這個程序先在雙向鏈接串列 L 裡面搜尋 x，然後將 x 移到串列的開頭[1]。如果在呼叫前，x 位於 $r = r_L(x)$，MOVE-TO-FRONT 會將 x 與位於 $r-1$ 的元素對調，然後與位於 $r-2$ 的元素對調，以此類推，直到最後，將 x 與位置 1 的元素對調。所以，如果 MOVE-TO-FRONT($L, 8$) 處理的是串列 $L = \langle 5, 3, 12, 4, 8, 9, 22 \rangle$，串列會變成 $\langle 8, 5, 3, 12, 4, 9, 22 \rangle$。呼叫 MOVE-TO-FRONT($L, k$) 的成本是 $2r_L(k) - 1$：花費 $r_L(k)$ 來搜尋 k，將 k 移到串列前面需要對調 $r_L(k) - 1$ 次，每次都花費 1。

我們將看到 MOVE-TO-FRONT 的競爭比是 4。我們來思考一下這是什麼意思。MOVE-TO-FRONT 在一個雙向鏈接串列上執行一系列操作，並累計成本。為了做比較，假設有一個預知未來的演算法 FORESEE。它和 MOVE-TO-FRONT 一樣，也會搜尋串列並移動元素，但在每次呼叫之後，它都用對未來而言最好的方式重新排列串列（最佳順序可能不只一個）。因此，FORESEE 和 MOVE-TO-FRONT 將維護具有相同元素的不同串列。

考慮圖 27.1 的範例，最初串列是 $\langle 1, 2, 3, 4, 5 \rangle$，發生四次搜尋，分別搜尋元素 5、3、4 與 4。假想的程序 FORESEE 在搜尋 3 之後，將 4 移到串列前面，因為它知道接下來要搜尋 4 了。所以它在第二次呼叫時產生對調成本 3，此後就不產生對調成本了。MOVE-TO-FRONT 在每一步都產生對調成本，將找到的元素移到前面。在這個例子中，MOVE-TO-FRONT 每一步的成本都比較高，但並非總是如此。

證明競爭界限的關鍵在於證明無論如何，MOVE-TO-FRONT 的總成本都不會比 FORESEE 的高太多。令人驚訝的是，我們可以算出 MOVE-TO-FRONT 相對於 FORESEE 的成本界限，即使 MOVE-TO-FRONT 不能預見未來。

		FORESEE					MOVE-TO-FRONT			
所搜尋的元素	L	搜尋成本	對調成本	搜尋 + 對調成本	累計成本	L	搜尋成本	對調成本	搜尋 + 對調成本	累計成本
5	$\langle 1, 2, 3, 4, 5 \rangle$	5	0	5	5	$\langle 1, 2, 3, 4, 5 \rangle$	5	4	9	9
3	$\langle 1, 2, 3, 4, 5 \rangle$	3	3	6	11	$\langle 5, 1, 2, 3, 4 \rangle$	4	3	7	16
4	$\langle 4, 1, 2, 3, 5 \rangle$	1	0	1	12	$\langle 3, 5, 1, 2, 4 \rangle$	5	4	9	25
4	$\langle 4, 1, 2, 3, 5 \rangle$	1	0	1	13	$\langle 4, 3, 5, 1, 2 \rangle$	1	0	1	26

圖 27.1 FORESEE 與 MOVE-TO-FRONT 在搜尋串列 $L = \langle 1, 2, 3, 4, 5 \rangle$ 的元素 5、3、4、4 時的成本。如果 FORESEE 在搜尋 5 之後，改成將 3 移到前面，累計成本不變，如果在搜尋 5 之後將 4 移到第 2 個位置，累計成本也不變。

---

[1] 第 19.3 節的路徑壓縮捷思法類似 MOVE-TO-FRONT，儘管比較準確的名稱應該是「move-to-next-to-front」。與雙向鏈接串列中的 MOVE-TO-FRONT 不同的是，路徑壓縮可以重新定位多個元素，讓它們變成「next-to-front」。

如果我們比較任意特定步驟，Move-To-Front 和 Foresee 可能處理非常不同的串列，並且做非常不同的事情。如果我們把注意力放在上述的針對 4 的搜尋上，我們可以看到 Foresee 實際上提前把它移到串列的前面，在元素被存取之前，就付出將它移到前面的代價。我們使用逆序（*inversion*）來表示以下的概念：有一對元素，比如說 a 與 b，在一個串列中，a 在 b 前面，但在另一個串列中，b 在 a 前面。若 L 和 L' 是兩個串列，我們說逆序數 $I(L, L')$ 就是兩個串列間的逆序數量，即兩個串列中，兩兩順序不同的元素有幾對。例如，串列 $L = \langle 5, 3, 1, 4, 2 \rangle$，$L' = \langle 3, 1, 2, 4, 5 \rangle$，那麼在全部的 $\binom{5}{2} = 10$ 對元素中，有五對是逆序，包括 (1, 5), (2, 4), (2, 5), (3, 5), (4, 5)，因為這幾對在兩個串列中出現的順序不同，且只有這幾對如此。所以逆序數 $I(L, L') = 5$。

為了分析演算法，我們定義以下的表示法。L_i^M 是 Move-To-Front 在第 i 次搜尋之後維護的串列，同理，設 L_i^F 是 Foresee 在第 i 次搜尋之後的串列。設 c_i^M 與 c_i^F 分別是 Move-To-Front 與 Foresee 在它們的第 i 次呼叫時產生的成本。我們不知道 Foresee 在它的第 i 次呼叫執行多少次對調，但我們用 t_i 來表示那個次數。因此，如果第 i 次操作是搜尋元素 x，那麼

$$c_i^M = 2r_{L_{i-1}^M}(x) - 1 \tag{27.3}$$
$$c_i^F = r_{L_{i-1}^F}(x) + t_i \tag{27.4}$$

為了更仔細地比較這些成本，我們根據串列元素在第 i 次搜尋之前相對於第 i 次搜尋所搜尋的元素 x 的位置，將串列拆成不同的子集合。

我們定義三個集合：

$BB = \{$ 在 L_{i-1}^M 裡的 x 之前，也在 L_{i-1}^F 裡的 x 之前的元素 $\}$
$BA = \{$ 在 L_{i-1}^M 裡的 x 之前，但是在 L_{i-1}^F 裡的 x 之後的元素 $\}$
$AB = \{$ 在 L_{i-1}^M 裡的 x 之後，但是在 L_{i-1}^F 裡的 x 之前的元素 $\}$

我們可以將元素 x 在 L_{i-1}^F 與 L_{i-1}^M 裡面的位置與這些集合的大小的關係寫成：

$$r_{L_{i-1}^M}(x) = |BB| + |BA| + 1 \tag{27.5}$$
$$r_{L_{i-1}^F}(x) = |BB| + |AB| + 1 \tag{27.6}$$

當其中一個串列發生對調時,它會改變兩個元素的相對位置,進而改變逆序數。假設在某個串列裡,元素 x 與 y 被對調了,那麼這個串列和**任何**其他串列之間的逆序數是否改變,取決於 (x, y) 是不是一次逆序。事實上,(x, y) 與任何其他串列之間的逆序數一**定會**改變。如果 (x, y) 在對調之前是逆序,對調之後就不是了,反之亦然。因此,如果在串列 L 裡的兩個連續的元素 x 與 y 對調位置,那麼對任何其他串列 L' 而言,逆序數 $I(L, L')$ 若非加 1,就是減 1。

當我們比較 Move-To-Front 和 Foresee 如何搜尋和修改它們的串列時,我們會考慮 Move-To-Front 第 i 次處理它的串列的影響,然後考慮 Foresee 第 i 次處理它的串列的影響。在 Move-To-Front 執行第 i 次之後,並且在 Foresee 執行第 i 次之前,我們會比較 $I(L_{i-1}^M, L_{i-1}^F)$(第 i 次呼叫 Move-To-Front 之前的逆序數)與 $I(L_i^M, L_{i-1}^F)$(第 i 次呼叫 Move-To-Front 之後,但第 i 次呼叫 Foresee 之前的逆序數)。我們稍後會關注 Foresee 的做法。

我們來分析在第 i 次呼叫 Move-To-Front 後,逆序數會怎樣改變,假設它搜尋的是元素 x。更準確地說,我們將計算 $I(L_i^M, L_{i-1}^F) - I(L_{i-1}^M, L_{i-1}^F)$,也就是逆序數的變化,以大致了解 Move-To-Front 的串列與 Foresee 的串列更相似或更不相似的程度。在執行搜尋之後,Move-To-Front 對著串列 L_{i-1}^M 中 x 之前的每一個元素執行一系列的對調。使用上述的表示法,對調次數是 $|BB| + |BA|$。別忘了,L_{i-1}^F 還沒有被 Foresee 的第 i 次呼叫改變,我們來看看逆序數會怎樣改變。

考慮與元素 $y \in BB$ 的一次對調。在對調之前,在 L_{i-1}^M 與 L_{i-1}^F 內,y 都在 x 前面。在對調之後,在 L_i^M 裡,x 在 y 前面,L_{i-1}^F 不變。因此,對 BB 的每個元素而言,逆序數加 1。現在考慮與元素 $z \in BA$ 對調。在對調前,在 L_{i-1}^M 內,z 在 x 前面,但是在 L_{i-1}^F 內,x 在 z 前面。在對調之後,x 在兩個串列裡都在 z 前面。因此,對 BA 的每個元素而言,逆序數減 1。所以對調數總共增加

$$I(L_i^M, L_{i-1}^F) - I(L_{i-1}^M, L_{i-1}^F) = |BB| - |BA| \tag{27.7}$$

我們已經為分析 Move-To-Front 奠定必要的基礎了。

定理 27.1
演算法 Move-To-Front 的競爭比是 4。

證明 這個證明使用潛能函數，第 16 章的平攤分析曾經介紹它。在第 i 次呼叫 Move-To-Front 與 Foresee 之後，潛能函數的值 Φ_i 與逆序數有關：

$$\Phi_i = 2I(L_i^M, L_i^F)$$

（直覺上，2 這個因子體現一個概念，就是相對於 Foresee 而言，Move-To-Front 的每一次對調都代表成本為 2，其中，1 用來搜尋，1 用來對調）。根據式 (27.7)，在第 i 次呼叫 Move-To-Front 之後，但在第 i 次呼叫 Foresee 之前，潛能增加 $2(|BB| - |BA|)$。因為兩個串列的逆序數不是負值，我們得到 $\Phi_i \geq 0$，對所有 $i \geq 0$ 而言。假設 Move-To-Front 與 Foresee 的初始串列相同，初始潛能 Φ_0 是 0，所以對所有 i 而言，$\Phi_i \geq \Phi_0$。

根據第 437 頁的式 (16.2)，第 i 次 Move-To-Front 操作的平攤成本 $\hat{c}_i^M$ 是

$$\hat{c}_i^M = c_i^M + \Phi_i - \Phi_{i-1}$$

其中，第 i 次 Move-To-Front 操作的實際成本 c_i^M 是以式 (27.3) 求得的：

$$c_i^M = 2r_{L_{i-1}^M}(x) - 1$$

接下來，我們要考慮潛能的改變 $\Phi_i - \Phi_{i-1}$。因為 L^M 與 L^F 都改變，我們一次考慮一個串列的改變。之前說過，當 Move-To-Front 將元素 x 移到前面時，它會增加潛能 $2(|BB| - |BA|)$。我們來考慮最佳演算法 Foresee 如何改變它的串列 L^F：它執行 t_i 次對調。Foresee 執行的每一次對調若不是將潛能加 2，就是將它減 2，因此 Foresee 在第 i 次呼叫增加的潛能頂多是 $2t_i$。所以我們得到

$$\begin{aligned}
\hat{c}_i^M &= c_i^M + \Phi_i - \Phi_{i-1} \\
&\leq 2r_{L_{i-1}^M}(x) - 1 + 2(|BB| - |BA| + t_i) \\
&= 2r_{L_{i-1}^M}(x) - 1 + 2(|BB| - (r_{L_{i-1}^M}(x) - 1 - |BB|) + t_i) \\
&\qquad\qquad\qquad\qquad \text{（根據式 (27.5)）} \\
&= 4|BB| + 1 + 2t_i \\
&\leq 4|BB| + 4|AB| + 4 + 4t_i \qquad \text{（增加一些項）} \\
&= 4(|BB| + |AB| + 1 + t_i) \\
&= 4(r_{L_{i-1}^F}(x) + t_i) \qquad \text{（根據式 (27.6)）} \\
&= 4c_i^F \qquad\qquad\qquad \text{（根據式 (27.4)）} \qquad (27.8)
\end{aligned}$$

接下來要像第 16 章一樣完成證明，證明總平攤成本是總實際成本的上限，因為初始潛能函數是 0，且潛能函數一定不是負值。根據第 437 頁的式 (16.3)，對於任意 m 個 MOVE-TO-FRONT 操作序列，我們得到

$$\sum_{i=1}^{m} \hat{c}_i^M = \sum_{i=1}^{m} c_i^M + \Phi_m - \Phi_0$$
$$\geq \sum_{i=1}^{m} c_i^M \qquad （因為 \Phi_m \geq \Phi_0） \tag{27.9}$$

因此，我們得到

$$\sum_{i=1}^{m} c_i^M \leq \sum_{i=1}^{m} \hat{c}_i^M \qquad （根據式 (27.9)）$$
$$\leq \sum_{i=1}^{m} 4c_i^F \qquad （根據式 (27.8)）$$
$$= 4 \sum_{i=1}^{m} c_i^F$$

m 個 MOVE-TO-FRONT 操作的總成本最多是 m 個 FORESEE 操作的總成本的 4 倍，所以 MOVE-TO-FRONT 是 4-competitive。∎

不知道最佳演算法 FORESEE 做了哪些對調，卻可以拿 MOVE-TO-FRONT 和 FORESEE 進行比較真的很奇妙。我們可以藉著釐清特定的屬性（在此例為對調）在執行最佳演算法時如何演變，來找出 MOVE-TO-FRONT 的性能與最佳演算法的關係，而不需要實際知道最佳演算法是什麼。

線上演算法 MOVE-TO-FRONT 的競爭比是 4：對於任意輸入序列，它產生的成本最多是其他演算法的 4 倍。對於特定的輸入序列，它的成本可能遠遠低於最佳演算法的 4 倍，甚至與最佳演算法並駕齊驅。

習題

27.2-1

你有一個包含 n 個元素的集合 $S = \{x_1, x_2, ..., x_n\}$，你想要製作一個適合用來搜尋的靜態串列 L（在建立之後就不會重新排列），裡面有 S 的元素。假設你有一個機率分布，其中的 $p(x_i)$ 是特定搜尋尋找元素 x_i 的機率。證明 m 次搜尋的期望成本是

$$m \sum_{i=1}^{n} p(x_i) \cdot r_L(x_i)$$

證明這個和式在 L 的元素按照 $p(x_i)$ 的遞減順序排序時有最小值。

27.2-2
Carnac 教授認為，既然 FORESEE 是預知未來的最佳演算法，那麼它在每一步產生的成本一定不會比 MOVE-TO-FRONT 更多。證明 Carnac 教授是對的，或提出反例。

27.2-3
另一種維護鏈接串列以實現高效搜尋的方法是為每個元素保存一個<u>頻率計數</u>，代表該元素已經被搜尋幾次，在搜尋後重新排列串列元素，讓串列始終按照頻率從高到低遞減排序。證明這個演算法是 $O(1)$-competitive，或證明它不是。

27.2-4
本節設定每次對調的成本是 1。我們可以考慮另一種成本模式：在造訪 x 之後，你可以將 x 移到串列的前面的任何地方，而且這個動作沒有成本。唯一的成本就是實際造訪的成本。證明在這個成本模式下，MOVE-TO-FRONT 是 2-competitive，假設請求的數量夠大（提示：使用潛能函數 $\Phi_i = I(L_i^M, L_i^F)$）。

27.3 線上快取

我們曾經在第 15.4 節研究快取問題，當時，我們將計算機主記憶體中的<u>一塊</u>資料存入<u>快取</u>，快取是一種既小且快的儲存體。我們在那一節研究了這個問題的離線版本，假設事先知道記憶體請求的順序，並設計一種演算法來將快取未中的次數最小化。實際上，在幾乎所有的計算機系統中，快取是一個線上問題。我們通常無法事先知道一系列的快取請求，只能在區塊請求被實際提出時，才將這些請求傳給演算法。為了研究這種更符合現實的情況，我們將分析快取的線上演算法。我們會先看到，所有確定性的線上快取演算法的競爭比下限都是 $\Omega(k)$，其中 k 是快取的大小。然後，我們將提出一個競爭比為 $\Theta(n)$ 的演算法，n 是輸入大小，以及一個競爭比為 $O(k)$ 的演算法，有一樣的下限。最後，我們將展示如何使用隨機化，來設計一種更好的演算法，它的競爭比是 $\Theta(\lg k)$。我們也會討論隨機線上演算法的基本假設，採用對手（adversary）的概念，我們曾經在第 11 章看過這個概念，也會在第 31 章看到它。

你可以在第 15.4 節找到描述快取問題的術語，在繼續看下去之前，你可以先複習一下。

27.3.1 確定性快取演算法

在快取問題中，輸入包括一連串的 n 個記憶體請求，要求使用區塊 $b_1, b_2, ..., b_n$ 裡的資料。被請求的區塊不一定不同，每一個區塊都可能在請求序列中出現多次。當區塊 b_i 被請求後，它會被放在一個可以儲存多達 k 個區塊的快取中，其中 k 是固定的快取大小。我們假設 $n > k$，要不然，快取就一定可以同時容納所有被請求區塊。如果區塊 b_i 被請求時已經在快取中，此時發生**快取命中**，快取保持不變。如果 b_i 不在快取中，那就會發生**快取未中**。如果發生快取未中時，在快取內的區塊少於 k 個，那麼區塊 b_i 會被放入快取，使得快取內的區塊比以前多一個。然而，如果快取未中在快取已滿時發生，那就要把一些區塊從快取中移除，才能將它放入。因此，快取演算法必須決定在快取已滿且發生快取未中時，該將哪個區塊從快取中移除。我們的目標將整個請求序列的快取未中次數降到最低。本章考慮的各種快取演算法之間的差異，僅在於它們在快取未中時選擇移除的區塊。我們不考慮諸如預取（prefetching）的功能，也就是在請求到來之前，先將一個區塊放入快取，以避免未來的快取未中。

我們可以用許多線上快取策略來決定該移除哪個區塊，包括：

- 先入先出（FIFO）：移除在快取裡面待最久的區塊。
- 後入先出（LIFO）：移除最晚進入快取的區塊。
- 最近最少用（LRU）：移除最久未被使用的區塊。
- 最不常用（LFU）：移除被使用最少次的區塊，如果平手，那就選擇待在快取裡最久的那一個。

為了分析這些演算法，我們假設快取最初是空的，所以前 k 個請求不會發生移除。我們想要比較線上演算法與預知未來請求的最佳離線演算法的性能。我們很快就會看到，這些確定性的線上演算法的競爭比下限都是 $\Omega(k)$。有一些確定性演算法的競爭比上限也是 $O(k)$，但其他一些確定性演算法的競爭比是差很多的 $\Theta(n/k)$。

我們現在開始分析 LIFO 和 LRU 策略。除了假設 $n > k$ 之外，我們也假設至少有 k 個不同的區塊被請求。否則，快取永遠不會被填滿，也沒有區塊被移除，所以所有的演算法都有相同的行為。我們先來證明，LIFO 有很大的競爭比。

定理 27.2

對於請求數量為 n，快取大小為 k 的線上快取問題，LIFO 的競爭比為 $\Theta(n/k)$。

證明 我們先證明下限 $\Omega(n/k)$。假設輸入是由 $k+1$ 個區塊構成的，稱為 1, 2, ..., $k+1$，且請求序列為

1, 2, 3, 4, ..., k, $k+1$, k, $k+1$, k, $k+1$, ...

在最初的 1, 2, ..., $k, k+1$ 之後，序列的其餘部分在 k 與 $k+1$ 之間交換，總共有 n 個請求。如果 n 和 k 都是偶數或都是奇數，那麼這個序列在區塊 k 結束，否則在區塊 $k+1$ 結束。也就是說，若 $i = 1, 2, ..., k-1$，則 $b_i = i$，若 $i = k+1, k+3, ...$，則 $b_i = k+1$，若 $i = k, k+2, ...$，則 $b_i = k$。LIFO 移除多少區塊？在最初的 k 個請求之後（視為快取未中），快取被區塊 1, 2, ..., k 填滿了。第 $k+1$ 個請求是為了存取區塊 $k+1$，造成區塊 k 被移除。第 $k+2$ 個請求是為了存取區塊 k，造成區塊 $k+1$ 被移除，因為那個區塊剛被放入快取。LIFO 在其餘的請求裡，交替移除區塊 k 與 $k+1$，因此，使用 LIFO 使得 n 個請求中的每一個都發生快取未中。

最佳離線演算法事先知道整個請求序列。在第一次請求區塊 $k+1$ 後，它會移除區塊 k 之外的任意區塊，然後不再移除其他區塊。因此，最佳離線演算法只移除一次。因為前 k 個請求視為快取未中，所以快取未中的次數總共是 $k+1$ 次。所以競爭比是 $n/(k+1)$，或 $\Omega(n/k)$。

至少上限，我們可以觀察，對於大小為 n 的任何輸入，任何快取演算法最多皆導致 n 次快取未中。因為輸入至少有 k 個不同的區塊，任何快取演算法，包括最佳離線演算法，都一定至少產生 k 次快取未中。所以，LIFO 的競爭比是 $O(n/k)$。 ∎

我們將這種競爭比稱為**無界限的**（*unbounded*），因為它隨著輸入大小而增長。習題 27.3-2 會請你證明 LFU 也有無界限的競爭比。

FIFO 與 LRU 有好很多的競爭比 $\Theta(k)$。競爭比 $\Theta(n/k)$ 與 $\Theta(k)$ 有很大的不同。快取大小 k 與輸入序列無關，且不會隨著更多請求到來而增長。另一方面，與 n 有關的競爭比會隨著輸入序列的大小而增長，因此可能變得很大。我們應該盡量使用競爭比不隨著輸入序列的大小而增長的演算法。

現在要來證明 LRU 的競爭比是 $\Theta(k)$，我們先證明上限。

定理 27.3

對於請求數量為 n，快取大小為 k 的線上快取問題而言，LRU 的競爭比是 $O(k)$。

證明 為了分析 LRU，我們將請求序列分成期。第 1 期從第一個請求開始。第 i 期（$i > 1$）從第 $i-1$ 期的開頭看起，直到遇到第 $k+1$ 個不同的請求開始。考慮下面的請求範例，設 $k = 3$：

$$1, 2, 1, 5, 4, 4, 1, 2, 4, 2, 3, 4, 5, 2, 2, 1, 2, 2 \tag{27.10}$$

前 $k = 3$ 個不同的請求是針對區塊 1、2 與 5，所以第 2 期從針對區塊 4 的第一個請求開始。在第 2 期裡，前三個不同的請求是針對區塊 4、1 與 2。針對這些區塊的請求反覆出現，直到針對區塊 3 的請求，第三期從該請求開始。因此，這個例子有四期：

$$1, 2, 1, 5 \quad\quad 4, 4, 1, 2, 4, 2 \quad\quad 3, 4, 5 \quad\quad 2, 2, 1, 2, 2 \tag{27.11}$$

我們來考慮 LRU 的行為。在每一期，當針對特定區塊的請求第一次出現時，快取未中可能發生，但在該期針對該區塊的後續請求都不會造成快取未中，因為現在該區塊是 k 個最近被用過的之一。例如，在第 2 期中，第一個針對區塊 4 的請求造成快取未中，但後續針對區塊 4 的請求不會（習題 27.3-1 會請你寫出每次請求之後的快取內容）。在第 3 期，針對區塊 3 和 5 的請求造成快取未中，但針對區塊 4 的請求不會，因為它在第 2 期剛被存取過。因為只有在一期中針對某個區塊的第一次請求可能造成快取未中，且快取保存 k 個區塊，所以每一期最多導致 k 次快取未中。

現在考慮最佳演算法的行為。因為每一期都是從上一期開始後的第 $k+1$ 個不同的請求開始的，所以任何一期加下一期的第一個請求都有 $k+1$ 個不同的請求，其中至少有一次快取未中。因此，如果總共有 m 期，LRU 最多產生 mk 次快取未中，最佳演算法最少產生 $m/2$ 次，所以競爭比最多是 $mk/(m/2) = O(k)$。 ∎

習題 27.3-3 會請你證明 FIFO 的競爭比也是 $O(k)$。

雖然我們也可以證明 LRU 與 FIFO 的下限是 $\Omega(k)$，但事實上，我們可以提出更強的主張：任何確定性的線上快取演算法的競爭比都一定是 $\Omega(k)$。這個證明需要使用一位對手，他知道你使用什麼線上演算法，並能夠調整未來的請求，讓你的線上演算法比最佳離線演算法更容易發生快取未中。

考慮一個情況：快取的大小是 k，可能被請求的區塊是 $\{1, 2, \ldots, k+1\}$。前 k 個請求是針對區塊 $1, 2, \ldots, k$，所以對手與確定性線上演算法都將這些區塊放入快取。下一個請求是針對區塊 $k+1$。為了在快取中為區塊 $k+1$ 騰出空間，線上演算法從快取移除某個區塊 b_1。對手

知道線上演算法剛剛移除區塊 b_1，於是發出下一個針對 b_1 的請求，所以線上演算法必須移除某個區塊 b_2，來為 b_1 騰出快取空間。你應該已經猜到，對手接著發出針對 b_2 的下一個請求，所以線上演算法移除另一個區塊 b_3 來為 b_2 騰出空間。線上演算法與對手繼續以這種方式互動。線上演算法收到的每一個請求都導致快取未中，因此在 n 個請求之間導致 n 次快取未中。

現在我們來考慮能夠預知未來的最佳離線演算法。第 15.4 節說過，這種演算法稱為 furthest-in-future，它移除的區塊一定是最久之後才會被請求的區塊。因為不同的區塊只有 $k+1$ 個，當 furthest-in-future 移除區塊時，我們知道，該區塊至少在接下來的 k 次請求中都不會被存取。因此，在前 k 次快取未中之後，最佳演算法頂多每 k 個請求發生一次快取未中。所以，在 n 個請求期間，快取未中的次數頂多是 $k+n/k$ 次。

因為確定性線上演算法造成 n 次快取未中，而最佳離線演算法頂多造成 $k+n/k$ 次快取未中，所以競爭比至少是

$$\frac{n}{k+n/k} = \frac{nk}{n+k^2}$$

當 $n \geq k^2$，上面的算式至少是

$$\frac{nk}{n+k^2} \geq \frac{nk}{2n} = \frac{k}{2}$$

因此，對於足夠長的請求序列，我們證明了這件事：

定理 27.4
當快取大小為 k 時，任何確定性的快取線上演算法的競爭比都是 $\Omega(k)$。 ∎

雖然我們可以從競爭分析的角度來分析常見的快取策略，但結果卻有些不盡人意。沒錯，我們可以區分競爭比為 $\Theta(k)$ 的演算法和具有無界（unbounded）競爭比的演算法，但最終，這些競爭比都相當高。我們到目前為止看到的線上演算法都是確定性的，這也是對手利用的特性。

27.3.2 隨機化快取演算法

如果我們不限制自己只能使用確定性的線上演算法，我們可以使用隨機化來開發一種競爭比小很多的線上快取演算法。在介紹這種演算法之前，我們先來討論一下線上演算法中的隨機化。回顧一下，之前在分析線上演算法時，我們使用一位熟悉線上演算法、知道線上演算法的決定，而且可以相應調整請求的對手。使用隨機化時，我們必須問一個問題：對手是不是也知道線上演算法做出來的隨機選擇？不知道隨機選擇的對手是**無知的**（*oblivious*），知道隨機選擇的對手是**知悉的**（*nonoblivious*）。理想情況下，我們比較喜歡為知悉的對手設計演算法，因為這種對手比無知的對手更強。但不幸的是，知悉的對手將大幅削弱隨機化的效用，因為了解隨機選擇結果的對手，通常可以表現出彷彿線上演算法是確定性的那樣的行為。另一方面，無知的對手不知道線上演算法的隨機選擇，我們通常使用這種對手。

為了簡單說明無知的和知悉的對手之間的區別，想像你拋擲一枚公平的硬幣 n 次，對手想知道你拋出幾次正面。知悉的對手在你每次拋出硬幣後都知道它是正面還是反面，因此知道你拋了多少個正面。另一方面，無知的對手只知道你拋出一枚公平的硬幣 n 次。因此，無知的對手可以推理正面的次數遵循二項分布，因此正面期望次數為 $n/2$（根據第 1155 頁的式 (C.41)），變異數為 $n/4$（根據第 1156 頁的式 (C.44)）。但無知的對手無法知道你究竟丟出多少個正面。

我們回到快取。我們先看一個確定性的演算法，然後將它隨機化。我們將使用的演算法是一種近似 LRU 的演算法，稱為 Marking。你可以將 Marking 想成「最近使用的」而不是「最近最少用的」。Marking 為快取中的每個區塊維護一個 1 位元的屬性 *mark*。最初，在快取裡的所有區塊都是未標記的（unmarked）。當一個區塊被請求時，如果它已經在快取內，它就會被標記（marked）。如果請求發生快取未中，Marking 會檢查快取裡有沒有任何未標記的區塊。如果所有區塊都已標記，就將它們都改成未標記。現在，不管請求到來時，快取中的區塊是否都已被標記了，在快取中至少有一個未標記的區塊，於是將任意的一個未標記區塊移除，將被請求的區塊放入快取，並標記它。

如何從未標記的區塊中選出要移除的區塊？下一頁的 Randomized-Marking 展示隨機選擇區塊的程序。這個程序接收一個被請求的區塊 b。

RANDOMIZED-MARKING(b)
1 **if** block b resides in the cache,
2   b.mark = 1
3 **else**
4   **if** all blocks b' in the cache have b'.mark = 1
5   unmark all blocks b' in the cache, setting b'.mark = 0
6   select an unmarked block u with u.mark = 0 uniformly at random
7   evict block u
8   place block b into the cache
9   b.mark = 1

為了進行分析，我們說，每次執行第 5 行之後，新的一期就立即開始。在一期開始時，快取裡沒有已標記的區塊。在一期中，第一次有區塊被請求時，就將已標記的區塊數量加 1，後續針對該區塊的任何請求都不會改變已標記的區塊的數量。因此，已標記的區塊的數量在一期之內是單調遞增的。在這個觀點之下的「期」與定理 27.3 的證明裡面的一樣：對一個可容納 k 個區塊的快取而言，一期由針對 k 個不同區塊的請求構成（最後一期可能較少個區塊），而且下一期在請求一個不屬於這 k 個區塊的區塊時開始。

因為我們要分析的是隨機演算法，所以我們將計算期望競爭比。對於輸入 I，我們將線上演算法的解的值寫成 $A(I)$，將最佳演算法 F 的解的值寫成 $F(I)$。如果對所有輸入 I 而言，以下的式子成立，我們說線上演算法 A 的**期望競爭比**是 c

$$\mathrm{E}\left[A(I)\right] \leq cF(I) \tag{27.12}$$

其中，期望值是針對 A 所做的隨機選擇而計算的。

雖然確定性的 MARKING 演算法的競爭比是 $\Theta(k)$（定理 27.4 提供下限，習題 27.3-4 提供上限），但 RANDOMIZED-MARKING 有小很多的期望競爭比，即 $O(\lg k)$。競爭比有所改善的關鍵在於，對手不可能一直針對沒有在快取裡的區塊提出請求，因為無知的對手不知道快取裡面有哪些區塊。

定理 27.5

對於請求有 n 個、快取大小為 k，面對無知對手的線上快取問題而言，RANDOMIZED-MARKING 的期望競爭比是 $O(\lg k)$。

在證明定理 27.5 之前，我們先證明一個基本的機率事實。

引理 27.6

假設有一個袋子，裡面有 $x+y$ 顆球，其中有 $x-1$ 顆藍球，y 顆白球，1 顆紅球。你反覆從袋子裡隨機拿走一顆球，直到總共拿走 m 顆藍球或紅球為止，其中 $m \leq x$。你把拿出來的白球都放一邊。那麼，紅球被拿出來的機率是 m/x。

證明 拿走一顆白球不會影響你拿走多少顆紅球或藍球。因此，我們可以假裝袋子裡沒有白球，只有 $x-1$ 顆藍球與 1 顆紅球。

設 A 是紅球沒有被拿走的事件，設 A_i 是第 i 次拿球沒有拿走紅球的事件。根據第 1146 頁的式 (C.22) 可得

$$\begin{aligned} \Pr\{A\} &= \Pr\{A_1 \cap A_2 \cap \cdots \cap A_m\} \\ &= \Pr\{A_1\} \cdot \Pr\{A_2 \mid A_1\} \cdot \Pr\{A_3 \mid A_1 \cap A_2\} \cdots \\ &\quad \Pr\{A_m \mid A_1 \cap A_2 \cap \cdots \cap A_{m-1}\} \end{aligned} \tag{27.13}$$

第一顆球是藍色的機率 $\Pr\{A_1\}$ 等於 $(x-1)/x$，因為最初有 $x-1$ 顆藍球與 1 顆紅球。更普遍地說，我們得到

$$\Pr\{A_i \mid A_1 \cap \cdots \cap A_{i-1}\} = \frac{x-i}{x-i+1} \tag{27.14}$$

因為第 i 次是從 $x-i$ 顆藍球與 1 顆紅球中拿。從式 (27.13) 與 (27.14) 可得

$$\Pr\{A\} = \left(\frac{x-1}{x}\right)\left(\frac{x-2}{x-1}\right)\left(\frac{x-3}{x-2}\right) \cdots \left(\frac{x-m+1}{x-m+2}\right)\left(\frac{x-m}{x-m+1}\right) \tag{27.15}$$

式 (27.15) 的等號右邊是對消積，類似第 1099 頁的式 (A.12) 裡的級數分項對消。在式中，一項的分子等於下一項的分母，所以除了第一個分母與最後一個分子之外都可以對消，我們得到 $\Pr\{A\} = (x-m)/x$。因為我們其實想計算 $\Pr\{\bar{A}\} = 1 - \Pr\{A\}$，亦即，紅球**被拿出來**的機率，我們得到 $\Pr\{\bar{A}\} = 1 - (x-m)/x = m/x$。 ∎

接下來要證明定理 27.5。

證明 我們一期一期地分析 Randomized-Marking。如果在第 i 期裡針對區塊 b 的請求不是在該期第一次針對它的請求的話，一定會造成快取命中，因為在第 i 期的第一次請求之後，區塊 b 在快取內，並被標記，所以它在那一期不會被移除。由於我們想計算快取未中次數，所以只考慮每一期內針對各個區塊的第一次請求，不考慮所有其他請求。

我們可以將一期裡的請求分成舊的跟新的。如果區塊 b 在第 i 期開始時在快取內，在第 i 期針對區塊 b 的每次請求都是一次**舊請求**。在第 i 期裡的舊請求是針對已經在第 $i-1$ 期被請求過的區塊。如果第 i 期的請求不是舊的，它就是**新請求**，是針對在第 $i-1$ 期未被請求過的區塊。第 1 期的請求都是新的。例如，我們再看一次範例 (27.11) 裡的請求序列：

1, 2, 1, 5   4, 4, 1, 2, 4, 2   3, 4, 5   2, 2, 1, 2, 2

因為在一期中，我們可以忽略針對特定區塊的第一次請求之外的所有請求，為了分析快取行為，我們可以將這個請求序列視為

1, 2, 5   4, 1, 2   3, 4, 5   2, 1

在第 1 期，全部的三個請求都是新的。在第 2 期，針對區塊 1 與 2 的請求是舊的，但針對區塊 4 的請求是新的。在第 3 期，針對區塊 4 的請求是舊的，針對區塊 3 與 5 的請求是新的。第 4 期的兩個請求都是新的。

在一期內，每一個新請求都一定導致快取未中，因為根據定義，該區塊還沒有在快取中。另一方面，舊請求可能導致快取未中，也可能不會。舊區塊在一期開始時就在快取中了，但其他請求可能導致它被移除。回到我們的例子，在第 2 期，針對區塊 4 的請求一定導致快取未中，因為該請求是新的。針對區塊 1 的請求（它是舊的）可能導致快取未中，也可能不會。如果區塊 1 在區塊 4 被請求的時候被移除了，那就會發生快取未中，區塊 1 必須被放回快取。如果區塊 1 在區塊 4 被請求的時候沒有被移除，那麼針對區塊 1 的請求會導致快取命中。針對區塊 2 的請求在兩種情況下可能引起快取未中。第一種情況是，區塊 2 在請求區塊 4 時被移除了。另一種情況是，區塊 1 在請求區塊 4 時被移除，然後區塊 2 在請求區塊 1 時被移除。我們可以看到，在一期內，每一個後續的舊請求越來越有機會導致快取未中。

因為我們只考慮一期內針對每個區塊的第一次請求，我們假設每一期正好有 k 個請求，而且在一期內的每個請求都是針對不同的區塊（最後一期可能有少於 k 個請求。若是如此，我們只要加入空請求，將它補成 k 個請求即可）。我們將第 i 期的新請求數量寫成 $r_i \geq 1$（一期一定至少有一個新請求），所以舊請求的數量是 $k - r_i$。如上所述，新請求一定導致快取未中。

現在我們把注意力集中在任意的一期 i，以獲得該期的快取未中期望次數界限。具體來說，我們來考慮一期內的第 j 個舊請求，其中 $1 \leq j < k$。我們用 b_{ij} 來代表第 i 期的第 j 個舊請求所請求的區塊，用 n_{ij} 與 o_{ij} 分別代表第 i 期的第 j 個舊請求之前的新請求和舊請求的數量。因為在第 j 個舊請求之前有 $j-1$ 個舊請求，我們得到 $o_{ij} = j - 1$。接下來要證明第 j 個舊請求發生快取未中的機率是 $n_{ij}/(k - o_{ij})$，或 $n_{ij}/(k - j + 1)$。

我們先考慮第一個舊請求，它是針對區塊 $b_{i,1}$ 的請求。這個請求造成快取未中的機率為何？當之前的 $n_{i,1}$ 個請求之一導致 $b_{i,1}$ 被移除時，它會造成快取未中。我們可以用引理 27.6 來算出 $b_{i,1}$ 被選中移除的機率：把快取內的 k 個區塊想成 k 顆球，區塊 $b_{i,1}$ 是紅球，其他的 $k-1$ 個區塊是 $k-1$ 顆藍球，沒有白球。$n_{i,1}$ 個請求都以相同的機率選擇要移除的區塊，這相當於拿球 $n_{i,1}$ 次。因此，我們可以用 $x = k$、$y = 0$ 與 $m = n_{i,1}$ 來使用引理 27.6，導出第一個舊請求造成快取未中的機率是 $n_{i,1}/k$，因為 $j = 1$，它等於 $n_{ij}/(k-j+1)$。

為了算出後續的舊請求的快取未中機率，我們需要觀察另一件事。我們來考慮第二個舊請求，它是針對區塊 $b_{i,2}$ 的請求。這個請求會在之前的請求移除 $b_{i,2}$ 時造成快取未中。我們來考慮兩種情況，根據針對 $b_{i,1}$ 的請求。第一種情況，假設針對 $b_{i,1}$ 的請求未造成移除，因為 $b_{i,1}$ 已經在快取裡了，那麼，只有之前的 $n_{i,2}$ 個新請求之一可能將 $b_{i,2}$ 移除。這種移除發生的機率為何？$b_{i,2}$ 有 $n_{i,2}$ 次被移除的機會，但我們也知道，在快取裡還有一個區塊沒有被移除，即 $b_{i,1}$。因此，我們可以再次使用引理 27.6，但將 $b_{i,1}$ 當成白球，將 $b_{i,2}$ 當成紅球，其餘的區塊當成藍球，取球 $n_{i,2}$ 次。使用引理 27.6，設 $x = k-1$、$y = 1$、$m = n_{i,2}$，我們得到快取未中的機率是 $n_{i,2}/(k-1)$。第二種情況，針對 $b_{i,1}$ 區塊的請求沒有導致移除，這種情況只會在針對 $b_{i,1}$ 的請求之前的新請求移除 $b_{i,1}$ 時發生。那麼，針對 $b_{i,1}$ 的請求把 $b_{i,1}$ 放回快取，並移除另一個區塊。在這種情況下，我們知道有一個新請求沒有導致 $b_{i,2}$ 被移除，因為 $b_{i,1}$ 被移除了。所以，有 $n_{i,2}-1$ 個新請求可能移除 $b_{i,2}$，針對 $b_{i,1}$ 的請求也有可能，所以可能移除 $b_{i,2}$ 的請求數量是 $n_{i,2}$。每一個這種請求都會從 $k-1$ 個區塊中選出一個來移除，因為導致 $b_{i,1}$ 被移除的請求不會導致 $b_{i,2}$ 被移除。所以，我們可以使用引理 27.6，設 $x = k-1$、$y = 1$、$m = n_{i,2}$，得到未中的機率是 $n_{i,2}/(k-1)$。在這兩種情況下，機率是相同的，因為 $j = 2$，所以它等於 $n_{ij}/(k-j+1)$。

更普遍地說，在第 j 個舊請求之前有 o_{ij} 個舊請求，這些舊請求若不是造成移除，就是沒有造成移除。造成移除是因為它們被以前的請求移除，沒有造成移除是因為他們沒有被以前的任何請求移除。無論哪一種情況，我們都可以為每一個舊請求將隨機程序選擇的區塊數量減 1，因此 o_{ij} 個請求不會造成 b_{ij} 被移除。我們可以用引理 27.6 來推導 b_{ij} 被之前的請求移除的機率，設 $x = k-o_{ij}$、$y = o_{ij}$、$m = n_{ij}$。因此，我們的主張得證：在第 j 次請求舊區塊導致快取未中的機率是 $n_{ij}/(k-o_{ij})$，或 $n_{ij}/(k-j+1)$。因為 $n_{ij} \leq r_i$（r_i 是第 i 期的新請求數量），我們得到第 j 次舊請求造成快取未中的機率上限是 $r_i(k-j+1)$。

我們可以使用第 5.2 節介紹的指標隨機變數，來計算第 i 期的期望未中數。我們定義指標隨機變數

$Y_{ij} = \text{I}\{$ 第 i 期的第 j 個舊請求導致快取未中 $\}$

$Z_{ij} = \text{I}\{$ 第 i 期的第 j 個新請求導致快取未中 $\}$

我們得到當 $j = 1, 2, \ldots, r_i$ 時，$Z_{ij} = 1$，因為每一個新請求都導致快取未中。設隨機變數 X_i 代表第 i 期快取未中的次數，所以

$$X_i = \sum_{j=1}^{k-r_i} Y_{ij} + \sum_{j=1}^{r_i} Z_{ij}$$

所以

$$\begin{aligned}
\text{E}[X_i] &= \text{E}\left[\sum_{j=1}^{k-r_i} Y_{ij} + \sum_{j=1}^{r_i} Z_{ij}\right] \\
&= \sum_{j=1}^{k-r_i} \text{E}[Y_{ij}] + \sum_{j=1}^{r_i} \text{E}[Z_{ij}] \quad \text{（根據期望的線性性質）} \\
&\leq \sum_{j=1}^{k-r_i} \frac{r_i}{k-j+1} + \sum_{j=1}^{r_i} 1 \quad \text{（根據第 124 頁的引理 5.1）} \\
&= r_i \left(\sum_{j=1}^{k-r_i} \frac{1}{k-j+1} + 1\right) \\
&\leq r_i \left(\sum_{j=1}^{k-1} \frac{1}{k-j+1} + 1\right) \\
&= r_i H_k \quad \text{（根據第 1098 頁的式 (A.8)）} \quad (27.16)
\end{aligned}$$

其中 H_k 是第 k 個調和數。

我們將每一期相加，以計算快取未中的期望總次數。設 p 為期數，X 為代表快取未中的隨機變數，我們得到 $X = \sum_{i=1}^{P} X_i$，使得

$$\begin{aligned}
\mathrm{E}[X] &= \mathrm{E}\left[\sum_{i=1}^{p} X_i\right] \\
&= \sum_{i=1}^{p} \mathrm{E}[X_i] \quad \text{（根據期望的線性性質）} \\
&\leq \sum_{i=1}^{p} r_i H_k \quad \text{（根據不等式 (27.16)）} \\
&= H_k \sum_{i=1}^{p} r_i \quad\quad\quad\quad\quad\quad\quad\quad\quad\quad\quad\quad (27.17)
\end{aligned}$$

在分析的最後，我們要了解最佳離線演算法的行為。它可能做出與 RANDOMIZED-MARKING 完全不同的決定，而且在任何時候，它的快取都可能與隨機演算法的快取完全不同。然而，我們希望知道最佳離線演算法的快取未中次數與不等式 (27.17) 的值之間的關係，以得到一個與 $\sum_{i=1}^{P} r_i$ 無關的競爭比。只關注個別期數是不夠的。在任何一期開始時，離線演算法都可能已經在快取中載入該期將請求的區塊了。因此，我們不能孤立地看待任何一期，並聲稱在該期中，離線演算法一定會遭遇任何快取未中。

然而，考慮連續的兩期可以更準確地分析最佳離線演算法。考慮連續兩期，$i-1$ 和 i。每一期都有針對 k 個不同區塊的 k 個請求（我們之前假設所有的請求都是一期中的第一個請求）。第 i 期有 r_i 個針對新區塊的請求，它是第 $i-1$ 期未請求的區塊。因此，在第 $i-1$ 期和第 i 期中，不同請求的數量正好是 $k + r_i$。無論在第 $i-1$ 期開始時快取的內容是什麼，在 $k + r_i$ 個不同的請求之後，快取未中至少有 r_i 個，可能更多，但不可能更少。設 m_i 為離線演算法在第 i 期的快取未中次數，我們剛才證明了

$$m_{i-1} + m_i \geq r_i \quad\quad\quad\quad\quad\quad\quad\quad\quad\quad\quad\quad (27.18)$$

離線演算法的快取未中總次數為

$$\begin{aligned}
\sum_{i=1}^{p} m_i &= \frac{1}{2} \sum_{i=1}^{p} 2m_i \\
&= \frac{1}{2}\left(m_1 + \sum_{i=2}^{p}(m_{i-1} + m_i) + m_p\right) \\
&\geq \frac{1}{2}\left(m_1 + \sum_{i=2}^{p}(m_{i-1} + m_i)\right) \\
&\geq \frac{1}{2}\left(m_1 + \sum_{i=2}^{p} r_i\right) \quad \text{（根據不等式 (27.18)）} \\
&= \frac{1}{2} \sum_{i=1}^{p} r_i \quad \text{（因為 } m_1 = r_1\text{）}
\end{aligned}$$

最後一個等式的理由 $m_1 = r_1$ 是因為，根據我們的假設，快取最初是空的，且每個請求在第一期都會造成快取未中，即使是最佳的離線對手亦然。

分析的結論是，因為我們得到 RANDOMIZED-MARKING 的快取未中的期望次數上限是 $H_k \sum_{i=1}^{p} r_i$，最佳離線演算法的快取未中下限是 $\frac{1}{2} \sum_{i=1}^{p} r_i$，所以期望競爭比頂多是

$$\begin{aligned}
\frac{H_k \sum_{i=1}^{p} r_i}{\frac{1}{2}\sum_{i=1}^{p} r_i} &= 2H_k \\
&= 2\ln k + O(1) \quad \text{（根據第 1098 頁的式 (A.9)）} \\
&= O(\lg k)
\end{aligned}$$

∎

習題

27.3-1
對於快取序列 (27.10)，寫出每次請求之後的快取內容，並計算快取未中次數。每一期導致多少次未中？

27.3-2
設線上快取問題有 n 個請求，快取大小是 k，證明 LFU 處理它的競爭比是 $\Theta(n/k)$。

27.3-3
設線上快取問題有 n 個請求，快取大小是 k，證明 FIFO 處理它的競爭比是 $O(k)$。

27.3-4

設線上快取問題有 n 個請求,快取大小是 k,證明確定性的 Marking 演算法處理它的競爭比是 $O(k)$。

27.3-5

定理 27.4 指出,任何確定性的線上快取演算法的競爭比都是 $\Omega(k)$,其中 k 是快取大小。有一種提升演算法表現的方法,就是知道接下來的幾個請求將是什麼。我們說,如果演算法有能力預知接下來的 l 個請求,它就是 *l-lookahead* 演算法。證明對所有常數 $l \geq 0$ 與所有快取大小 $k \geq 1$ 而言,每個確定性的 *l*-lookahead 演算法的競爭比都是 $\Omega(k)$。

挑戰

27-1 乳牛路徑問題

阿帕拉契小徑(AT)是位於美國東部,橫跨喬治亞州斯普林格山和緬因州卡塔丁山的著名徒步路徑,大約 2,190 英里長。你打算從喬治亞州開始走 AT 到緬因州,再走回來。你想在步行時學習更多演算法,所以把這本書放在背包裡[2]。你已經在出發前看完這一章了。因為山路的美景分散了你的注意力,你忘了閱讀本書,直到你到達緬因州並徒步返回喬治亞州的半路上,你認為這條小徑的美景已經看過了,所以想繼續閱讀本書的其餘部分,從第 28 章開始。不幸的是,你發現這本書不在背包裡了。你一定把它遺留在山路的某個地方,但不知道在哪裡。它可能在喬治亞州和緬因州之間的任何地方。你想要找到這本書,但你已經掌握一些關於線上演算法的知識了,你想要讓尋找這本書的演算法有不錯的競爭比。也就是說,無論這本書在哪裡,如果它離你 x 英里遠,你想確保找到它的行走距離不超過 cx 英里,c 是某個常數。你不知道 x,但你可以假設 $x \geq 1$[3]。

你應該使用什麼演算法?你能夠證明什麼常數 c 限制了你需要行走的總距離 cx?你的演算法應適用於任何山路,而不僅僅是 2,190 英里長的 AT。

27-2 將平均完成時間最小化的線上調度

挑戰 15-2 討論了在沒有釋出時間和搶占的情況下,以及在有釋出時間和搶占的情況下,將一台機器的平均完成時間最小化的調度。現在你要開發一種線上演算法,以非搶占地調度一組具有釋出時間的任務。假設你有一組任務 $S = \{a_1, a_2, ..., a_n\}$,其中任務 a_i 的 **釋出時間**

---

[2] 這本書很重,不建議背著它長途步行。
[3] 這個問題和乳牛有什麼關係?有一些探討這個問題的論文把這個問題描述成一頭乳牛在尋找一塊可以吃草的土地。

是 r_i，在這段時間之前，它不能開始處理，而且當它開始處理之後，需要 p_i 個單位時間來完成。你用一台電腦來執行任務。任務不能被搶占，就是一旦任務開始處理，它就必須處理到完成為止，不能中斷（關於這個問題的細節，見第 427 頁的挑戰 15-2）。給定一個時間表，設 C_i 是任務 a_i 的完成時間，也就是任務 a_i 必須在什麼時候完成。你的目標是找到可將平均完成時間最小化的時間表，也就是將 $(1/n)\sum_{i=1}^{n} C_i$ 最小化。

在這個問題的線上版本裡，你只能在任務 i 到達其釋出時間 r_i 時知道它的情況，而且在那個時候，你才知道它的處理時間 p_i。這個問題的離線版本是 NP-hard（見第 34 章），但你將開發一個 2-competitive 的線上演算法。

a. 證明如果有釋出時間，按照最短處理時間來進行調度（當機器閒置時，啟動已經釋出的、處理時間最短的、尚未執行的任務）的策略不是 d-competitive，d 為任意常數。

為了開發線上演算法，考慮這個問題的搶占式版本，我們曾經在挑戰 15-2(b) 中討論它。有一種調度方法是按照最短剩餘處理時間（SRPT）的順序來執行任務，就是在任何時候，機器都處理剩餘處理時間最短的任務。

b. 說明如何用線上演算法來執行 SRPT。

c. 假設你執行 SRPT 並取得完成時間 $C_1^P, \ldots, C_n^P$。證明

$$\sum_{i=1}^{n} C_i^P \leq \sum_{i=1}^{n} C_i^*$$

其中，C_i^* 是最佳非搶占式調度的完成時間。

考慮離線演算法 COMPLETION-TIME-SCHEDULE。

COMPLETION-TIME-SCHEDULE(S)
1 compute an optimal schedule for the preemptive version of the problem
2 renumber the tasks so that the completion times in the optimal
      preemptive schedule are ordered by their completion times
      $C_1^P < C_2^P < \cdots < C_n^P$ in SRPT order
3 greedily schedule the tasks nonpreemptively in the renumbered
      order $a_1, \ldots, a_n$
4 let $C_1, \ldots, C_n$ be the completion times of renumbered tasks $a_1, \ldots, a_n$
      in this nonpreemptive schedule
5 **return** $C_1, \ldots, C_n$

d. 證明 $C_i^P \geq \max\{\sum_{j=1}^{i} p_j, \max\{r_j: j \leq i\}\}$，$i = 1, ..., n$。

 e. 證明 $C_i \leq \max\{r_j: j \leq i\} + \sum_{j=1}^{i} p_j$，$i = 1, ..., n$。

 f. COMPLETION-TIME-SCHEDULE 是離線演算法。說明如何將它改成線上演算法。

 g. 結合 (c)~(f)，證明 COMPLETION-TIME-SCHEDULE 的線上版本是 2-competitive。

後記

線上演算法在很多領域都被廣泛使用。Borodin 和 El-Yaniv 的教科書 [68]，Fiat 和 Woeginger 編輯的彙整全集 [142]，以及 Albers 的彙整 [14] 都是很好的概要。

Sleator 和 Tarjan [416, 417] 分析了第 27.2 節的 move-to-front 捷思法，作為早期的平攤分析研究的一部分。這條規則在實務上有很好的效果。

線上快取的競爭性分析也源自 Sleator 和 Tarjan [417]。Fiat 等人提出隨機化的標記演算法並分析它 [141]。Young [464] 彙整了線上快取和分頁演算法，Buchbinder 和 Naor [76] 彙整了 primal-dual 線上演算法。

有些類型的線上演算法使用其他的名稱。動態圖演算法是處理圖的線上演算法，它會在每一步修改一個頂點或一條邊。通常頂點或邊若非被插入就是被刪除，或改變一些相關的屬性，例如邊的權重。有些圖問題在每次對圖形進行更改後需要重新求解，優秀的動態圖演算法則不需要重新求解。例如，當邊被插入和刪除，且每次圖被改變後，最小生成樹就必須重新計算。習題 21.2-8 曾經問你這種問題。其他的圖演算法，例如最短路徑、連通性或配對組合，也有類似的問題。這個領域的第一篇論文來自 Even 和 Shiloach [138]，他們研究了如何在圖的邊被刪除時維護一棵最短路徑樹。從那時起，這個領域已經有數百篇論文發表。Demetrescu 等人 [110] 彙整了動態圖演算法的早期發展。

對巨量資料集而言，輸入資料可能太大而無法儲存。串流演算法藉著要求演算法使用的記憶體遠小於輸入的大小，來模擬這種情況。例如，你可能有一個具有 n 個頂點和 m 條邊的圖，且 $m \gg n$，但可用的記憶體可能只有 $O(n)$。或者，你可能有 n 個數字，但可用的記憶體只有 $O(\lg n)$ 或 $O(\sqrt{n})$。評估串流演算法的數據除了演算法的執行時間之外，還有遍歷資料的次數。McGregor [322] 彙整了圖的串流演算法，Muthukrishnan [341] 彙整了一般的串流演算法。

28 矩陣運算

由於矩陣運算是科學計算的核心，處理矩陣的高效率演算法有很多實際的應用。本章的主題是如何執行矩陣相乘，以及求解聯立線性方程組。附錄 D 有矩陣的基礎知識。

第 28.1 節將說明如何使用 LUP 分解法，來求解線性方程組。接下來的第 28.2 節將探討乘法與矩陣求逆之間的緊密關係。最後，第 28.3 節將討論重要的對稱正定矩陣類別，並說明如何利用它們來尋找超定線性方程組的最小平方解。

在實務上，**數值穩定性**是很重要的問題。由於實際的計算機只能表達精度有限的浮點數，所以在數值計算中的捨入誤差可能在過程中被放大，導致不正確的結果。這種計算稱為**數值不穩定**。在本章中，儘管我們偶爾會簡單地考慮數值穩定性，但不會重點討論它，建議你參考 Higham 的優秀著作 [216]，裡面有關於穩定性問題的詳盡討論。

28.1 求解線性方程組

許多應用都需要解決聯立線性方程組的問題。線性系統都可以寫成矩陣方程組，其中的每個矩陣或向量元素都屬於一個域（field），通常是實數 $\mathbb{R}$。本節將討論如何使用一種叫做 LUP 分解的方法來求解線性方程組。

我們先來看一組具有 n 個未知數 $x_1, x_2, \ldots, x_n$ 的線性方程式：

$$\begin{aligned}
a_{11}x_1 + a_{12}x_2 + \cdots + a_{1n}x_n &= b_1 \\
a_{21}x_1 + a_{22}x_2 + \cdots + a_{2n}x_n &= b_2 \\
&\vdots \\
a_{n1}x_1 + a_{n2}x_2 + \cdots + a_{nn}x_n &= b_n
\end{aligned} \qquad (28.1)$$

式 (28.1) 的**解**是一組同時滿足所有方程式的 $x_1, x_2, \ldots, x_n$ 值。在這一節，我們只處理 n 個未知數和 n 個方程式的情況。

接下來，將式 (28.1) 改寫成矩陣 / 向量式

$$\begin{pmatrix} a_{11} & a_{12} & \cdots & a_{1n} \\ a_{21} & a_{22} & \cdots & a_{2n} \\ \vdots & \vdots & \ddots & \vdots \\ a_{n1} & a_{n2} & \cdots & a_{nn} \end{pmatrix} \begin{pmatrix} x_1 \\ x_2 \\ \vdots \\ x_n \end{pmatrix} = \begin{pmatrix} b_1 \\ b_2 \\ \vdots \\ b_n \end{pmatrix}$$

或者，設 $A = (a_{ij})$，$x = (x_i)$ 與 $b = (b_i)$，上式可改寫為

$$Ax = b \tag{28.2}$$

如果 A 是非奇異（nonsingular）的，它有一個逆矩陣 A^{-1}，而

$$x = A^{-1}b \tag{28.3}$$

是向量解。我們可以證明 x 是式 (28.2) 的唯一解如下。如果解有兩個，x 與 x'，那麼 $Ax = Ax' = b$，且設 I 是單位矩陣，

$$\begin{aligned} x &= Ix \\ &= (A^{-1}A)x \\ &= A^{-1}(Ax) \\ &= A^{-1}(Ax') \\ &= (A^{-1}A)x' \\ &= Ix' \\ &= x' \end{aligned}$$

本節主要討論 A 是非奇異的情況，或者說（根據第 1177 頁的定理 D.1），A 的秩（rank）等於未知數的數目 n。不過，有一些其他的可能性值得簡單討論。如果方程式的數量少於未知數的數量 n，或者更普遍地說，如果 A 的秩小於 n，該系統就是**欠定**（*underdetermined*）的。欠定的系統通常有無限多解，儘管如果方程式不一致，它可能根本沒有解。如果方程式的數量超過未知數的數量 n，那麼系統是**超定**（*overdetermined*）的，可能沒有任何解。第 28.3 節將討論為超定線性方程組找出良好近似解的重要問題。

我們來求解包含 n 個方程式與 n 個未知數的 $Ax = b$ 系統，有一種做法是計算 A^{-1}，然後使用式 (28.3)，將 A^{-1} 乘以 b，產生 $x = A^{-1}b$，但是這種方法在實務上容易受到數值不穩定影響。幸運的是，另一種方法，LUP 分解，是數值穩定的，而且在實務上還有速度更快的好處。

LUP 分解概要

LUP 分解背後的想法是找出三個 $n \times n$ 矩陣 L、U 與 P，滿足

$$PA = LU \tag{28.4}$$

其中

- L 是單位下三角矩陣，
- U 是上三角矩陣，且
- P 是置換（permutation）矩陣。

滿足式 (28.4) 的 L、U 與 P 稱為矩陣的 **_LUP 分解_**。我們將證明，每一個非奇異矩陣 A 都擁有這種分解。

計算矩陣 A 的 LUP 分解的好處是，當線性系統是三角形的時候（就像矩陣 L 和 U 那樣），它們可以被高效地求解。如果你有 A 的 LUP 分解，你只要解三角形線性系統即可求解式 (28.2)，$Ax = b$，如下所示。我們將 $Ax = b$ 的兩邊乘以 P，得到等價方程式 $PAx = Pb$。根據第 1176 頁的習題 D.1-4，將兩邊都乘以一個置換矩陣相當於對方程組進行置換 (28.1)。分解 (28.4)，將 PA 換成 LU 得到

$$LUx = Pb$$

現在求解兩個三角線性系統即可得到這個式子的解。我們定義 $y = Ux$，其中 x 是所需的向量解。首先，我們用「順向代入法」來求解下三角系統

$$Ly = Pb \tag{28.5}$$

算出未知向量 y。解出 y 之後，我們用「反向代回法」來求解上三角系統

$$Ux = y \tag{28.6}$$

算出未知向量 x。為什麼這個程序可以求解 $Ax = b$？因為置換矩陣 P 是可逆的（見第 1180 頁的習題 D.2-3），將式 (28.4) 的兩邊乘以 P^{-1} 可得 $P^{-1}PA = P^{-1}LU$，所以

$$A = P^{-1}LU \tag{28.7}$$

所以，滿足 $Ux = y$ 的向量 x 就是 $Ax = b$ 的解：

$$\begin{aligned} Ax &= P^{-1}LUx \quad \text{（根據式 (28.7)）} \\ &= P^{-1}Ly \quad \text{（根據式 (28.6)）} \\ &= P^{-1}Pb \quad \text{（根據式 (28.5)）} \\ &= b \end{aligned}$$

接下來要展示順向代入法和反向代回法是如何運作的，然後解決計算 LUP 分解本身的問題。

順向代入法與反向代回法

給定 L、P 與 b，**順向代入法**可以在 $\Theta(n^2)$ 時間內解出下三角系統 (28.5)。在表示 P 時，比起使用大多數為 0 的 $n \times n$ 矩陣，使用陣列 $\pi[1:n]$ 更加緊湊。設 $i = 1, 2, ..., n$，項目 $\pi[i]$ 代表 $P_{i, \pi[i]} = 1$ 且 $P_{ij} = 0$，其中 $j \neq \pi[i]$。因此，PA 的 i 列與 j 行是 $a_{\pi[i], j}$，且 Pb 的第 i 個元素是 $b_{\pi[i]}$。因為 L 是單位下三角，矩陣方程式 $Ly = Pb$ 等於 n 個方程式

$$\begin{aligned} y_1 &= b_{\pi[1]} \\ l_{21}y_1 + y_2 &= b_{\pi[2]} \\ l_{31}y_1 + l_{32}y_2 + y_3 &= b_{\pi[3]} \\ &\vdots \\ l_{n1}y_1 + l_{n2}y_2 + l_{n3}y_3 + \cdots + y_n &= b_{\pi[n]} \end{aligned}$$

第一個方程式直接給出 $y_1 = b_{\pi[1]}$。知道 y_1 的值之後，你可以將它代入第二式，得到

$$y_2 = b_{\pi[2]} - l_{21}y_1$$

接下來，將 y_1 與 y_2 代入第三式，得到

$$y_3 = b_{\pi[3]} - (l_{31}y_1 + l_{32}y_2)$$

整體而言，你將 $y_1, y_2, ..., y_{i-1}$「順向」代入第 i 個式子來求解 y_i：

$$y_i = b_{\pi[i]} - \sum_{j=1}^{i-1} l_{ij} y_j$$

求解 y 之後，你可以使用**反向代回法**來求解式 (28.6) 的 x。這一次，你要先求解第 n 個式子，最後回到第一個式子。如同順向代入法，這個程序的執行時間是 $\Theta(n^2)$。因為 U 是上三角，所以矩陣方程式 $Ux = y$ 相當於 n 個方程式

$$
\begin{aligned}
u_{11}x_1 + u_{12}x_2 + \cdots + u_{1,n-2}x_{n-2} + u_{1,n-1}x_{n-1} + u_{1n}x_n &= y_1 \\
u_{22}x_2 + \cdots + u_{2,n-2}x_{n-2} + u_{2,n-1}x_{n-1} + u_{2n}x_n &= y_2 \\
&\vdots \\
u_{n-2,n-2}x_{n-2} + u_{n-2,n-1}x_{n-1} + u_{n-2,n}x_n &= y_{n-2} \\
u_{n-1,n-1}x_{n-1} + u_{n-1,n}x_n &= y_{n-1} \\
u_{n,n}x_n &= y_n
\end{aligned}
$$

所以，你可以依序求解 $x_n, x_{n-1}, \ldots, x_1$ 如下：

$$
\begin{aligned}
x_n &= y_n/u_{n,n} \\
x_{n-1} &= (y_{n-1} - u_{n-1,n}x_n)/u_{n-1,n-1} \\
x_{n-2} &= (y_{n-2} - (u_{n-2,n-1}x_{n-1} + u_{n-2,n}x_n))/u_{n-2,n-2} \\
&\vdots
\end{aligned}
$$

或整體而言，

$$
x_i = \left(y_i - \sum_{j=i+1}^{n} u_{ij}x_j\right)/u_{ii}
$$

給定 P、L、U 與 b，下一頁的 LUP-SOLVE 程序藉著結合順向代入法與反向代回法來求解 x。它以陣列來表示置換矩陣 P。這個程序先在第 2~3 行使用順向代入法來求解 y，然後在第 4~5 行使用反向代回法來求解 x。因為在每一個 **for** 迴圈裡面的和式都包含一個隱性迴圈，所以執行時間是 $\Theta(n^2)$。

舉一個這些方法的例子，考慮一個定義成 $Ax = b$ 的線性方程組，其中

$$
A = \begin{pmatrix} 1 & 2 & 0 \\ 3 & 4 & 4 \\ 5 & 6 & 3 \end{pmatrix} \text{ 且 } b = \begin{pmatrix} 3 \\ 7 \\ 8 \end{pmatrix}
$$

LUP-SOLVE(L, U, π, b, n)
1 let x and y be new vectors of length n
2 **for** $i = 1$ **to** n
3      $y_i = b_{\pi[i]} - \sum_{j=1}^{i-1} l_{ij} y_j$
4 **for** $i = n$ **downto** 1
5      $x_i = \left(y_i - \sum_{j=i+1}^{n} u_{ij} x_j\right) / u_{ii}$
6 **return** x

我們想要算出未知的 x。LUP 分解是

$$L = \begin{pmatrix} 1 & 0 & 0 \\ 0.2 & 1 & 0 \\ 0.6 & 0.5 & 1 \end{pmatrix}, \quad U = \begin{pmatrix} 5 & 6 & 3 \\ 0 & 0.8 & -0.6 \\ 0 & 0 & 2.5 \end{pmatrix}, \quad \text{且 } P = \begin{pmatrix} 0 & 0 & 1 \\ 1 & 0 & 0 \\ 0 & 1 & 0 \end{pmatrix}$$

（你可以驗算 $PA = LU$）。使用順向代入法來算出 $Ly = Pb$ 的 y：

$$\begin{pmatrix} 1 & 0 & 0 \\ 0.2 & 1 & 0 \\ 0.6 & 0.5 & 1 \end{pmatrix} \begin{pmatrix} y_1 \\ y_2 \\ y_3 \end{pmatrix} = \begin{pmatrix} 8 \\ 3 \\ 7 \end{pmatrix}$$

藉著先計算 y_1，然後計算 y_2，最後計算 y_3，得到

$$y = \begin{pmatrix} 8 \\ 1.4 \\ 1.5 \end{pmatrix}$$

然後，使用反向代回法來算出 $Ux = y$ 中的 x：

$$\begin{pmatrix} 5 & 6 & 3 \\ 0 & 0.8 & -0.6 \\ 0 & 0 & 2.5 \end{pmatrix} \begin{pmatrix} x_1 \\ x_2 \\ x_3 \end{pmatrix} = \begin{pmatrix} 8 \\ 1.4 \\ 1.5 \end{pmatrix}$$

我們得到想要的答案

$$x = \begin{pmatrix} -1.4 \\ 2.2 \\ 0.6 \end{pmatrix}$$

藉著先計算 x_3，然後計算 x_2，最後計算 x_1。

計算 LU 分解

給定一個非奇異矩陣 A 的 LUP 分解，你可以使用順向代入法和反向代回法來求解線性方程組 $Ax = b$。接下來，我們要看看如何高效地計算 A 的 LUP 分解。我們從比較簡單的例子看起。A 是一個 $n \times n$ 的非奇異矩陣，P 不存在（或等效地，$P = I_n$，即 $n \times n$ 單位矩陣），所以 $A = LU$。我們將 L 與 U 這兩個矩陣稱為 A 的 **LU 分解**。

我們將使用**高斯消去法**來建立 LU 分解。我們將第一個方程式以外的方程式減去第一個方程式的倍數，以便將那些方程式的第一個變數移除，然後將第三個之後的方程式減去第二個方程式的倍數，將它們的第一個和第二個變數移除，持續進行這個動作，直到系統剩下上三角形矩陣形式，這就是矩陣 U。矩陣 L 包含導致變數被移除的列乘數（row multipliers）。

為了實現這個策略，我們從一個遞迴公式開始。輸入是一個 $n \times n$ 的非奇異矩陣 A。若 $n = 1$，我們不必做任何事，只要選擇 $L = I_1$，$U = A$。如果 $n > 1$，將 A 拆成四個部分：

$$A = \begin{pmatrix} a_{11} & a_{12} & \cdots & a_{1n} \\ a_{21} & a_{22} & \cdots & a_{2n} \\ \vdots & \vdots & \ddots & \vdots \\ a_{n1} & a_{n2} & \cdots & a_{nn} \end{pmatrix}$$

$$= \begin{pmatrix} a_{11} & w^{\mathrm{T}} \\ v & A' \end{pmatrix} \tag{28.8}$$

其中 $v = (a_{21}, a_{31}, \ldots, a_{n1})$ 是行 $(n-1)$-向量，$w^{\mathrm{T}} = (a_{12}, a_{13}, \ldots, a_{1n})^{\mathrm{T}}$ 是列 $(n-1)$-向量，A' 是 $(n-1) \times (n-1)$ 矩陣。然後，使用矩陣代數（用簡單的乘法來驗證方程式），將 A 分解成

$$\begin{aligned} A &= \begin{pmatrix} a_{11} & w^{\mathrm{T}} \\ v & A' \end{pmatrix} \\ &= \begin{pmatrix} 1 & 0 \\ v/a_{11} & I_{n-1} \end{pmatrix} \begin{pmatrix} a_{11} & w^{\mathrm{T}} \\ 0 & A' - vw^{\mathrm{T}}/a_{11} \end{pmatrix} \end{aligned} \tag{28.9}$$

在式 (28.9) 裡的第一個矩陣與第二個矩陣裡面的 0 分別是列與行的 $(n-1)$-向量。vw^{T}/a_{11} 項是一個 $(n-1) \times (n-1)$ 矩陣，它是取 v 與 w 的外積，再將得到的每個元素除以 a_{11} 的結果。所以它的大小與減去它的 A' 矩陣一致。算出來的 $(n-1) \times (n-1)$ 矩陣

$$A' - vw^{\mathrm{T}}/a_{11} \tag{28.10}$$

稱為 A 用 a_{11} 算出來的**舒爾補**（*Schur complement*）。

我們主張，若 A 是非奇異的，那麼舒爾補也是非奇異的。為什麼？假設 $(n-1) \times (n-1)$ 的舒爾補是奇異的，那麼根據定理 D.1，它的列秩嚴格小於 $n-1$。因為矩陣第一行的最後 $n-1$ 個項目

$$\begin{pmatrix} a_{11} & w^{\mathrm{T}} \\ 0 & A' - vw^{\mathrm{T}}/a_{11} \end{pmatrix}$$

都是 0，所以這個矩陣最底下的 $n-1$ 列的列秩一定嚴格小於 $n-1$。所以，整個矩陣的列秩嚴格小於 n。將第 1180 頁的習題 D.2-8 套用至式 (28.9)，A 的秩嚴格小於 n，根據定理 D.1，我們得到 A 是奇異的，矛盾。

因為舒爾補是非奇異的，所以它也有 LU 分解，我們可以遞迴地找到它。假設

$$A' - vw^{\mathrm{T}}/a_{11} = L'U'$$

其中，L' 是單位下三角，U' 是上三角。A 的 LU 分解是 $A = LU$，其中

$$L = \begin{pmatrix} 1 & 0 \\ v/a_{11} & L' \end{pmatrix} \quad \text{且} \quad U = \begin{pmatrix} a_{11} & w^{\mathrm{T}} \\ 0 & U' \end{pmatrix}$$

證明為

$$\begin{aligned} A &= \begin{pmatrix} 1 & 0 \\ v/a_{11} & I_{n-1} \end{pmatrix} \begin{pmatrix} a_{11} & w^{\mathrm{T}} \\ 0 & A' - vw^{\mathrm{T}}/a_{11} \end{pmatrix} \quad \text{（根據式 (28.9)）} \\ &= \begin{pmatrix} 1 & 0 \\ v/a_{11} & I_{n-1} \end{pmatrix} \begin{pmatrix} a_{11} & w^{\mathrm{T}} \\ 0 & L'U' \end{pmatrix} \\ &= \begin{pmatrix} a_{11} & w^{\mathrm{T}} \\ v & vw^{\mathrm{T}}/a_{11} + L'U' \end{pmatrix} \\ &= \begin{pmatrix} 1 & 0 \\ v/a_{11} & L' \end{pmatrix} \begin{pmatrix} a_{11} & w^{\mathrm{T}} \\ 0 & U' \end{pmatrix} \\ &= LU \end{aligned}$$

因為 L' 是單位下三角，所以 L 也是，且因為 U' 是上三角，所以 U 也是。

當然，如果 $a_{11} = 0$，這個方法就沒有用，因為它除以 0。如果舒爾補的最左上角的項目 $A' - vw^{\mathrm{T}}/a_{11}$ 是 0，這個方法也沒有用，因為遞迴的下一步將除以它。在 LU 分解中的每一步的分母稱為 *pivot*，它們是矩陣 U 的對角線元素。LUP 分解中的置換矩陣 P 提供一種避免除以 0 的方法，等一下你會看到。使用置換來避免除以 0（或除以小數字，這可能導致數值不穩定）稱為 *pivoting*。

有一類重要的矩陣一定可以使用 LU 分解來正確地計算：對稱正定矩陣。這樣的矩陣不需要使用 pivoting 來避免在上述的遞迴策略中除以 0。我們將在第 28.3 節證明這個結果，以及幾個其他結果。

在 LU-Decomposition 程序裡的虛擬碼使用遞迴策略，但用一個迭代迴圈取代遞迴（這種轉變是「尾遞迴」程序的標準優化手法，尾遞迴就是最後一個操作遞迴呼叫它自己。見第 193 頁的挑戰 7-5）。這個程序將矩陣 U 的對角線之下設為 0，將矩陣 L 的對角線設為 1，將其對角線之上設為 0。每一次迭代都處理一個子方陣，使用它的左上角元素作為 pivot，來計算 v 與 w 向量以及舒爾補，這個舒爾補是下一次迭代處理的子方陣。

LU-Decomposition(A, n)
1 let L and U be new $n \times n$ matrices
2 initialize U with 0s below the diagonal
3 initialize L with 1s on the diagonal and 0s above the diagonal
4 **for** $k = 1$ **to** n
5      $u_{kk} = a_{kk}$
6   **for** $i = k + 1$ **to** n
7          $l_{ik} = a_{ik}/a_{kk}$ // a_{ik} 保存 v_i
8          $u_{ki} = a_{ki}$ // a_{ki} 保存 w_i
9   **for** $i = k + 1$ **to** n // 計算舒爾補⋯
10   **for** $j = k + 1$ **to** n
11             $a_{ij} = a_{ij} - l_{ik} u_{kj}$ // ⋯並將它存回 A
12 **return** L and U

前段文字所述的每一次迭代都在第 4~11 行的外部 **for** 迴圈的一次迭代中發生。在這個迴圈中，第 5 行找出 pivot 是 $u_{kk} = a_{kk}$。第 6~8 行的 **for** 迴圈（它在 $k = n$ 時不執行）使用 v 與 w 向量來更新 L 與 U。第 7 行計算 L 的下三角元素，將 v_i/a_{kk} 存入 l_{ik}，第 8 行計算 U 的上三角元素，將 w_i 存入 u_{ki}。最後，第 9~11 行計算舒爾補的元素，並將它們存回矩陣 A（在第 11 行不需要除以 a_{kk}，因為這件事在第 7 行計算 l_{ik} 時已經做過了）。因為第 11 行被嵌套三層，所以 LU-Decomposition 的執行時間是 $\Theta(n^3)$。

圖 28.1 是 LU-Decomposition 的操作情況，此圖展示標準的優化程序，將 L 和 U 的重要元素就地儲存在矩陣 A 裡。每一個元素 a_{ij} 都對應 l_{ij}（若 $i > j$）或 u_{ij}（若 $i \le j$），所以當程序終止時，矩陣 A 既保存 L 也保存 U。若要將 LU-Decomposition 程序的虛擬碼改成這個優化的虛擬碼，你只要將每一個引用 l 或 u 的地方改成 a 即可。你可以驗證這個改變可保留正確性。

$$
\begin{pmatrix} 2 & 3 & 1 & 5 \\ 6 & 13 & 5 & 19 \\ 2 & 19 & 10 & 23 \\ 4 & 10 & 11 & 31 \end{pmatrix}
\quad
\begin{pmatrix} 2 & 3 & 1 & 5 \\ 3 & 4 & 2 & 4 \\ 1 & 16 & 9 & 18 \\ 2 & 4 & 9 & 21 \end{pmatrix}
\quad
\begin{pmatrix} 2 & 3 & 1 & 5 \\ 3 & 4 & 2 & 4 \\ 1 & 4 & 1 & 2 \\ 2 & 1 & 7 & 17 \end{pmatrix}
\quad
\begin{pmatrix} 2 & 3 & 1 & 5 \\ 3 & 4 & 2 & 4 \\ 1 & 4 & 1 & 2 \\ 2 & 1 & 7 & 3 \end{pmatrix}
$$
$\quad\quad$ (a) $\quad\quad\quad\quad\quad$ (b) $\quad\quad\quad\quad\quad$ (c) $\quad\quad\quad\quad\quad$ (d)

$$
\underbrace{\begin{pmatrix} 2 & 3 & 1 & 5 \\ 6 & 13 & 5 & 19 \\ 2 & 19 & 10 & 23 \\ 4 & 10 & 11 & 31 \end{pmatrix}}_{A}
=
\underbrace{\begin{pmatrix} 1 & 0 & 0 & 0 \\ 3 & 1 & 0 & 0 \\ 1 & 4 & 1 & 0 \\ 2 & 1 & 7 & 1 \end{pmatrix}}_{L}
\underbrace{\begin{pmatrix} 2 & 3 & 1 & 5 \\ 0 & 4 & 2 & 4 \\ 0 & 0 & 1 & 2 \\ 0 & 0 & 0 & 3 \end{pmatrix}}_{U}
$$
(e)

圖 28.1 LU-Decomposition 的操作情況。**(a)** 矩陣 A。**(b)** 第一次迭代第 4~11 行的外部 **for** 迴圈的結果。藍色元素 $a_{11} = 2$ 是 pivot，棕行是 v/a_{11}，棕列是 w^{T}。到目前為止計算的 U 元素都在水平線之上，L 的元素在垂直線的左邊。舒爾補矩陣 $A' - vw^{\mathrm{T}}/a_{11}$ 在右下角。**(c)** 外部 **for** 迴圈下一次迭代的結果，處理 (b) 產生的舒爾補矩陣。藍色元素 $a_{22} = 4$ 是 pivot，棕行和棕列分別是 v/a_{22} 與 w^{T}（在舒爾補的分界線上）。圖中的兩條線將矩陣分成迄今為止算出來的 U 元素（上面）、與迄今為止算出來的 L 元素，以及新的舒爾補（右下角）。**(d)** 在下一次迭代後，矩陣 A 被分解了。當遞迴結束時，在新舒爾補裡的元素 3 變成 U 的一部分。**(e)** 分解結果是 $A = LU$。

計算 LUP 分解

如果 LU-Decomposition 收到的矩陣的對角線有任何 0，程序就會試著除以 0，造成一場災難。即使對角線沒有 0，但有很小的絕對值的數字，除以這種數字也可能造成數值不穩定。因此，LUP 分解會使用它可以找到的、絕對值最大的項目作為 pivot。

$\quad\,$LUP 分解的輸入是 $n \times n$ 非奇異矩陣 A，它的目標是找到置換矩陣 P、單位下三角矩陣 L，以及上三角矩陣 U，滿足 $PA = LU$。與 LU 分解一樣的是，在分解矩陣 A 之前，LUP 分解會將一個非零元素，假設是 a_{k1}，從第一行的某處移到矩陣的位置 $(1, 1)$。為了獲得最大的數值穩定性，LUP 分解會選擇第一行中絕對值最大的元素作為 a_{k1}（第一行不可能只有 0，若是如此，A 就是奇異的，因為它的行列式將為 0，根據第 1178 頁的定理 D.4 和 D.5）。為了保持方程組的一致性，LUP 分解交換第 1 行和第 k 行，這相當於在矩陣 A 的左邊乘以一個置換矩陣 Q（第 1176 頁的習題 D.1-4）。所以，用式 (28.8) 的形式來表示 QA，就是

$$ QA = \begin{pmatrix} a_{k1} & w^{\mathrm{T}} \\ v & A' \end{pmatrix} $$

其中 $v = (a_{21}, a_{31}, \ldots, a_{n1})$，但 a_{11} 取代了 a_{k1}；$w^T = (a_{k2}, a_{k3}, \ldots, a_{kn})^T$；$A'$ 是 $(n-1) \times (n-1)$ 矩陣。因為 $a_{k1} \neq 0$，類似式 (28.9)，絕不會發生除以 0：

$$QA = \begin{pmatrix} a_{k1} & w^T \\ v & A' \end{pmatrix}$$
$$= \begin{pmatrix} 1 & 0 \\ v/a_{k1} & I_{n-1} \end{pmatrix} \begin{pmatrix} a_{k1} & w^T \\ 0 & A' - vw^T/a_{k1} \end{pmatrix}$$

正如在 LU 分解中，如果 A 是非奇異的，那麼舒爾補 $A' - vw^T/a_{k1}$ 也是非奇異的。因此，你可以遞迴地找到它的 LUP 分解，得到單位下三角矩陣 L'，上三角矩陣 U'，和置換矩陣 P'，滿足

$$P'(A' - vw^T/a_{k1}) = L'U'$$

我們定義

$$P = \begin{pmatrix} 1 & 0 \\ 0 & P' \end{pmatrix} Q$$

它是個置換矩陣，因為它是兩個置換矩陣的積（第 1176 頁的習題 D.1-4）。從這個 P 的定義可得

$$PA = \begin{pmatrix} 1 & 0 \\ 0 & P' \end{pmatrix} QA$$
$$= \begin{pmatrix} 1 & 0 \\ 0 & P' \end{pmatrix} \begin{pmatrix} 1 & 0 \\ v/a_{k1} & I_{n-1} \end{pmatrix} \begin{pmatrix} a_{k1} & w^T \\ 0 & A' - vw^T/a_{k1} \end{pmatrix}$$
$$= \begin{pmatrix} 1 & 0 \\ P'v/a_{k1} & P' \end{pmatrix} \begin{pmatrix} a_{k1} & w^T \\ 0 & A' - vw^T/a_{k1} \end{pmatrix}$$
$$= \begin{pmatrix} 1 & 0 \\ P'v/a_{k1} & I_{n-1} \end{pmatrix} \begin{pmatrix} a_{k1} & w^T \\ 0 & P'(A' - vw^T/a_{k1}) \end{pmatrix}$$
$$= \begin{pmatrix} 1 & 0 \\ P'v/a_{k1} & I_{n-1} \end{pmatrix} \begin{pmatrix} a_{k1} & w^T \\ 0 & L'U' \end{pmatrix}$$
$$= \begin{pmatrix} 1 & 0 \\ P'v/a_{k1} & L' \end{pmatrix} \begin{pmatrix} a_{k1} & w^T \\ 0 & U' \end{pmatrix}$$
$$= LU$$

我們得到 LUP 分解。因為 L' 是單位下三角，所以 L 也是，且因為 U' 是上三角，所以 U 也是。

請注意，在這個推導過程中，與 LU 分解的推導不同的是，行向量 v/a_{k1} 和舒爾補 $A' - vw^T/a_{k1}$ 都乘以置換矩陣 P'。LUP-DECOMPOSITION 程序是 LUP 分解的虛擬碼。

```
LUP-DECOMPOSITION(A, n)
1   let π[1 : n] be a new array
2   for i = 1 to n
3       π[i] = i                        // 將 π 初始化成單位排列
4   for k = 1 to n
5       p = 0
6       for i = k to n                  // 找出 k 行的最大絕對值
7           if |a_ik| > p
8               p = |a_ik|
9               k' = i                  // 迄今為止找到的最大值的列數
10      if p == 0
11          error "singular matrix"
12      exchange π[k] with π[k']
13      for i = 1 to n
14          exchange a_ki with a_k'i    // 將 k 列與 k' 列對調
15      for i = k + 1 to n
16          a_ik = a_ik/a_kk
17          for j = k + 1 to n
18              a_ij = a_ij - a_ik a_kj // 在 A 裡就地計算 L 與 U
```

與 LU-DECOMPOSITION 一樣的是，LUP-DECOMPOSITION 程序將遞迴換成迭代迴圈。這個程序改善遞迴的直接做法，用陣列 π 的形式來動態維護置換矩陣 P，其中，$\pi[i] = j$ 代表 P 的第 i 列、第 j 行是 1。LUP-DECOMPOSITION 程序也實現了前面提到的改進，在矩陣 A 中就地計算 L 和 U。因此，當該程序終止時，

$$a_{ij} = \begin{cases} l_{ij} & \text{若 } i > j \\ u_{ij} & \text{若 } i \leq j \end{cases}$$

圖 28.2 說明 LUP-DECOMPOSITION 是如何分解矩陣的。第 2~3 行將陣列 π 初始化，以表示單位排列。第 4~18 行的外部 **for** 迴圈實作了遞迴，找出左上角位於 k 列 k 行的子矩陣 $(n-k+1) \times (n-k+1)$ 的 LUP 分解。每次執行外部迴圈時，第 5~9 行會找出程序正在處理的 $(n-k+1) \times (n-k+1)$ 子矩陣的當下第一行（k 行）中，絕對值最大的元素 $a_{k'k}$。如果在當下第一行的所有元素都是 0，第 10~11 行回報這個矩陣是奇異的。為了進行 pivoting，第

12 行將 π[k'] 與 π[k] 對調，第 13~14 行將 A 的第 k 列與第 k' 列對調，進而選出 pivot 元素 a_{kk}（之所以對調整列是因為在上述的推導中，不僅 $A' - vw^T/a_{k1}$ 與 P' 相乘，v/a_{k1} 也是如此）。最後，第 15~18 行使用類似 LU-DECOMPOSITION 第 6~11 行的演算法來計算舒爾補，但是在此操作是就地進行的。

因為 LUP-DECOMPOSITION 有三層迴圈結構，所以它的執行時間是 $\Theta(n^3)$，與 LU-DECOMPOSITION 一樣。所以，pivoting 的時間成本頂多是個常數因子。

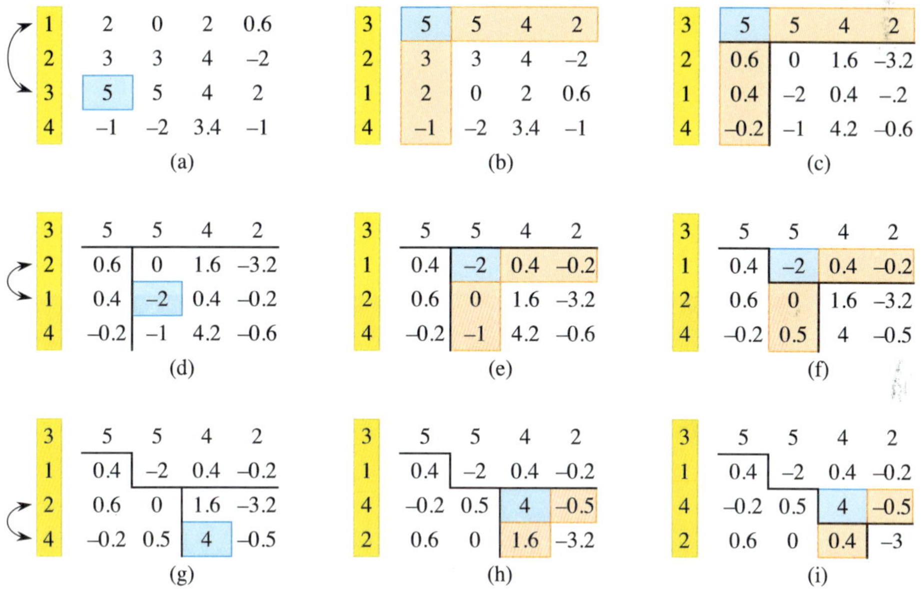

$$\begin{pmatrix} 0 & 0 & 1 & 0 \\ 1 & 0 & 0 & 0 \\ 0 & 0 & 0 & 1 \\ 0 & 1 & 0 & 0 \end{pmatrix} \begin{pmatrix} 2 & 0 & 2 & 0.6 \\ 3 & 3 & 4 & -2 \\ 5 & 5 & 4 & 2 \\ -1 & -2 & 3.4 & -1 \end{pmatrix} = \begin{pmatrix} 1 & 0 & 0 & 0 \\ 0.4 & 1 & 0 & 0 \\ -0.2 & 0.5 & 1 & 0 \\ 0.6 & 0 & 0.4 & 1 \end{pmatrix} \begin{pmatrix} 5 & 5 & 4 & 2 \\ 0 & -2 & 0.4 & -0.2 \\ 0 & 0 & 4 & -0.5 \\ 0 & 0 & 0 & -3 \end{pmatrix}$$
$$\qquad\quad P \qquad\qquad\qquad A \qquad\qquad\qquad\qquad L \qquad\qquad\qquad\qquad U$$
(j)

圖 28.2 LUP-DECOMPOSITION 的操作過程。**(a)** 輸入矩陣 A，黃色區域是矩陣列的單位排列。演算法的第一步找出第三列的藍色元素 5 作為第一行的 pivot。**(b)** 將第 1 列與第 3 列對調，並更新單位排列。棕列與行代表 v 與 w^T。**(c)** 向量 v 被換成 $v/5$，矩陣的右下角被更新成舒爾補，直線將矩陣分成三個區域：U 的元素（上方）、L 的元素（左方）與舒爾補的元素（右下）。**(d)~(f)** 是第二步。**(g)~(i)** 是第三步。第四步（最後一步）沒有做出其他改變。**(j)** LUP 分解 $PA = LU$。

習題

28.1-1
使用順向代入法來解這個方程式

$$\begin{pmatrix} 1 & 0 & 0 \\ 4 & 1 & 0 \\ -6 & 5 & 1 \end{pmatrix} \begin{pmatrix} x_1 \\ x_2 \\ x_3 \end{pmatrix} = \begin{pmatrix} 3 \\ 14 \\ -7 \end{pmatrix}$$

28.1-2
求這個矩陣的 LU 分解

$$\begin{pmatrix} 4 & -5 & 6 \\ 8 & -6 & 7 \\ 12 & -7 & 12 \end{pmatrix}$$

28.1-3
使用 LUP 分解來解這個方程式

$$\begin{pmatrix} 1 & 5 & 4 \\ 2 & 0 & 3 \\ 5 & 8 & 2 \end{pmatrix} \begin{pmatrix} x_1 \\ x_2 \\ x_3 \end{pmatrix} = \begin{pmatrix} 12 \\ 9 \\ 5 \end{pmatrix}$$

28.1-4
說明對角矩陣的 LUP 分解。

28.1-5
說明置換矩陣的 LUP 分解，並證明它是唯一的。

28.1-6
證明對於所有 $n \geq 1$ 而言，都存在一個具有 LU 分解的 $n \times n$ 奇異矩陣。

28.1-7
在 LU-Decomposition 裡，當 $k = n$ 時，是否一定要執行最外面的 **for** 迴圈迭代？在 LUP-Decomposition 裡面呢？

28.2 矩陣求逆

雖然你可以使用式 (28.3)，藉著計算逆矩陣來求解線性方程組，但是在實際的情況下，我們最好使用比較數值穩定的技術，例如 LUP 分解。然而，有時，你真的需要計算逆矩陣。本節將介紹如何使用 LUP 分解來計算逆矩陣，並證明矩陣乘法與計算逆矩陣是難度相同的問題，因為（在技術條件允許的情況下）處理其中一個問題的演算法可以用相同的漸近執行時間來處理另一個。因此，你可以使用計算矩陣乘法的 Strassen 演算法（見第 4.2 節）來計算一個矩陣的逆矩陣。其實，Strassen 的原始論文的動機是作者認為，線性方程組可以比常規的方法更快速地求解。

用 LUP 分解來計算逆矩陣

假設你有矩陣 A 的 LUP 分解，包含三個矩陣，L、U 與 P，滿足 $PA = LU$。使用 LUP-Solve 的話，你可以用 $\Theta(n^2)$ 時間來解 $Ax = b$ 形式的方程式。因為 LUP 分解取決於 A，但不取決於 b，你可以在 $\Theta(n^2)$ 的額外時間內，對 $Ax = b'$ 形式的第二個方程組執行 LUP-Solve。整體而言，一旦你有 A 的 LUP 分解，你就可以在 $\Theta(kn^2)$ 時間內，算出 k 種只有向量 b 不同的方程式 $Ax = b$。

我們來考慮這個方程式

$$AX = I_n \tag{28.11}$$

它將矩陣 X（即 A 的逆矩陣）定義成 n 個 $Ax = b$ 形式的方程式。準確地說，設 X_i 是 X 的第 i 行，單位向量 e_i 是 I_n 的第 i 行。你可以使用 A 的 LUP 分解來求解以下的各個方程式，來算出式 (28.11) 中的 X

$$AX_i = e_i$$

一旦你算出 LUP 分解，你就可以在 $\Theta(n^2)$ 時間內計算 n 行 X_i，並在 $\Theta(n^3)$ 時間內，用 A 的 LUP 分解算出 X。因為你在 $\Theta(n^3)$ 時間內算出 A 的 LUP 分解，所以你可以在 $\Theta(n^3)$ 時間內算出矩陣 A 的逆矩陣 A^{-1}。

矩陣乘法與計算逆矩陣

我們來看看矩陣乘法的理論速度如何轉化成矩陣求逆的速度。事實上，我們要證明更有力的事情：在以下意義上，矩陣求逆等價於矩陣乘法。設 $M(n)$ 是將兩個 $n \times n$ 矩陣相乘的時間，那麼非奇異 $n \times n$ 矩陣的逆矩陣可用 $O(M(n))$ 時間來算出。此外，若 $I(n)$ 代表計算非奇異 $n \times n$ 矩陣的逆矩陣的時間，那麼兩個 $n \times n$ 矩陣可以在 $O(I(n))$ 時間內相乘。我們用兩個定理來證明這些結果。

定理 28.1（乘法不難於矩陣求逆）

若 $n \times n$ 矩陣可在 $I(n)$ 時間內求逆，其中 $I(n) = \Omega(n^2)$ 且 $I(n)$ 滿足正規條件 $I(3n) = O(I(n))$，則兩個 $n \times n$ 矩陣可在 $O(I(n))$ 時間內相乘。

證明 設 A 與 B 為 $n \times n$ 矩陣。為了計算它們的積 $C = AB$，我們定義 $3n \times 3n$ 矩陣 D 為

$$D = \begin{pmatrix} I_n & A & 0 \\ 0 & I_n & B \\ 0 & 0 & I_n \end{pmatrix}$$

D 的逆矩陣為

$$D^{-1} = \begin{pmatrix} I_n & -A & AB \\ 0 & I_n & -B \\ 0 & 0 & I_n \end{pmatrix}$$

只要算出 D^{-1} 右上角的 $n \times n$ 子矩陣即可得到積 AB。

建構矩陣 D 需要 $\Theta(n^2)$ 時間，假設 $I(n) = \Omega(n^2)$，它是 $O(I(n))$，算出 D 的逆矩陣需要 $O(I(3n)) = O(I(n))$ 時間，根據 $I(n)$ 的正規條件。所以我們得到 $M(n) = O(I(n))$。 ∎

注意，當 $I(n) = \Theta(n^c \lg^d n)$，其中任意常數 $c > 0$ 且 $d \geq 0$ 時，$I(n)$ 滿足正規條件。

矩陣求逆的難度不高於矩陣乘法的證明，這需要使用第 28.3 節證明過的對稱正定矩陣的一些特性。

定理 28.2（矩陣求逆的難度不高於矩陣乘法）

假設兩個 $n \times n$ 實數矩陣可以在 $M(n)$ 時間內相乘，其中 $M(n) = \Omega(n^2)$ 且 $M(n)$ 滿足下面的兩個正規條件：

1. $M(n+k) = O(M(n))$，k 是範圍為 $0 \leq k < n$ 的任意值，且

2. $M(n/2) \leq cM(n)$，任意常數 $c < 1/2$。

那麼任意 $n \times n$ 實數非奇異矩陣的逆矩陣可在 $O(M(n))$ 時間內算出。

證明 設 A 是 $n \times n$ 的非奇異矩陣，其項目皆為實值。假設 n 是 2 的整數次方（即 $n = 2^l$，l 是整數），我們將在證明的結尾看到，如果 n 不是 2 的整數次方該怎麼證明。

目前先假設 $n \times n$ 矩陣 A 是對稱且正定的。我們將 A 與它的逆矩陣 A^{-1} 分成四個 $n/2 \times n/2$ 子矩陣：

$$A = \begin{pmatrix} B & C^T \\ C & D \end{pmatrix} \text{ 且 } A^{-1} = \begin{pmatrix} R & T \\ U & V \end{pmatrix} \tag{28.12}$$

若設

$$S = D - CB^{-1}C^T \tag{28.13}$$

為 A 相對於 B 的舒爾補（我們將在第 28.3 節看到更多這種形式的舒爾補），我們可得

$$A^{-1} = \begin{pmatrix} R & T \\ U & V \end{pmatrix} = \begin{pmatrix} B^{-1} + B^{-1}C^T S^{-1} CB^{-1} & -B^{-1}C^T S^{-1} \\ -S^{-1} CB^{-1} & S^{-1} \end{pmatrix} \tag{28.14}$$

因為 $AA^{-1} = I_n$，你可以用矩陣乘法來確認。因為 A 對稱且正定，從第 28.3 節的引理 28.4 與 28.5 可知，B 與 S 都對稱且正定。因此，根據第 28.3 節的引理 28.3，逆矩陣 B^{-1} 與 S^{-1} 存在，根據第 1180 頁的習題 D.2-6，B^{-1} 與 S^{-1} 是對稱的，所以 $(B^{-1})^T = B^{-1}$ 且 $(S^{-1})^T = S^{-1}$。因此，為了計算 A^{-1} 的子矩陣

$$\begin{aligned} R &= B^{-1} + B^{-1}C^T S^{-1} CB^{-1} \\ T &= -B^{-1}C^T S^{-1} \\ U &= -S^{-1} CB^{-1} \quad \text{且} \\ V &= S^{-1} \end{aligned}$$

我們可以做這些事情，裡面的矩陣都是 $n/2 \times n/2$：

1. 分出 A 的 B、C、C^T 與 D。

2. 遞迴地計算 B 的逆矩陣 B^{-1}。

3. 計算矩陣積 $W = CB^{-1}$，然後計算它的轉置 W^T，它等於 $B^{-1}C^T$（根據第 1176 頁的習題 D.1-2 與 $(B^{-1})^T = B^{-1}$）。

4. 計算矩陣積 $X = WC^T$，它等於 $CB^{-1}C^T$，然後計算矩陣 $S = D-X = D-CB^{-1}C^T$。

5. 遞迴地計算 S 的逆矩陣 S^{-1}。

6. 計算矩陣積 $Y = S^{-1}W$，它等於 $S^{-1}CB^{-1}$，然後計算它的轉置 Y^T，它等於 $B^{-1}C^TS^{-1}$（根據習題 D.1-2，$(B^{-1})^T = B^{-1}$，且 $(S^{-1})^T = S^{-1}$）。

7. 計算矩陣積 $Z = W^TY$，它等於 $B^{-1}C^TS^{-1}CB^{-1}$。

8. 設定 $R = B^{-1} + Z$。

9. 設定 $T = -Y^T$。

10. 設定 $U = -Y$。

11. 設定 $V = S^{-1}$。

因此，要算出 $n \times n$ 對稱正定矩陣的逆矩陣，你要在第 2 步與第 5 步計算兩個 $n/2 \times n/2$ 矩陣的逆矩陣；在第 3、4、6 與 7 步執行四次 $n/2 \times n/2$ 矩陣乘法，加上從 A 中提取子矩陣、將子矩陣插入 A^{-1}，以及對著 $n/2 \times n/2$ 矩陣執行固定數量的加減和轉置，所產生的 $O(n^2)$ 額外成本。執行時間可以用遞迴式算出

$$\begin{aligned} I(n) &\leq 2I(n/2) + 4M(n/2) + O(n^2) \\ &= 2I(n/2) + \Theta(M(n)) \\ &= O(M(n)) \end{aligned} \quad (28.15)$$

第二行是由 $M(n) = \Omega(n^2)$ 的假設和定理敘述中的第二個正規條件（它意味著 $4M(n/2) < 2M(n)$）得出的。因為 $M(n) = \Omega(n^2)$，主定理的情況 3（定理 4.1）適用於遞迴式 (28.15)，得出 $O(M(n))$ 結果。

我們還需要證明，在 A 可逆但非對稱且正定的情況下，如何實現漸進執行時間與矩陣求逆相同的矩陣乘法。基本概念是，對於任何非奇異矩陣 A，矩陣 A^TA 是對稱的（根據習題 D.1-2）和正定的（根據第 1179 頁的定理 D.6）。那麼，訣竅就是將求 A 的逆矩陣簡化成求 A^TA 的逆矩陣。

我們的簡化根據一個觀察：當 A 是 $n \times n$ 非奇異矩陣時，我們得到

$$A^{-1} = (A^TA)^{-1}A^T$$

因為 $((A^TA)^{-1}A^T)A = (A^TA)^{-1}(A^TA) = I_n$ 且逆矩陣是唯一的。所以，為了計算 A^{-1}，我們先將 A^T 乘以 A 得到 A^TA，然後使用上述的分治演算法來算出對稱正定矩陣 A^TA 的逆矩陣，最後將結果稱以 A^T。這三個步驟分別需要 $O(M(n))$ 時間，所以具有實數項目的任何非奇異矩陣的逆矩陣都可以在 $O(M(n))$ 時間內算出。

上面的證明假設 A 是 $n \times n$ 矩陣，其中 n 是 2 的整數次方。如果 n 不是 2 的整數次方，設 $k < n$ 使得 $n + k$ 是 2 的整數次方，並定義 $(n+k) \times (n+k)$ 矩陣 A' 為

$$A' = \begin{pmatrix} A & 0 \\ 0 & I_k \end{pmatrix}$$

那麼，A' 的逆矩陣為

$$\begin{pmatrix} A & 0 \\ 0 & I_k \end{pmatrix}^{-1} = \begin{pmatrix} A^{-1} & 0 \\ 0 & I_k \end{pmatrix}$$

使用證明 A' 的方法來計算 A' 的逆矩陣，並取結果的前 n 列與前 n 行來作為所需的答案 A^{-1}。$M(n)$ 的第一正規條件確保以這種方式來擴大矩陣最多增加固定倍數的執行時間。 ■

定理 28.2 的證明提出了如何使用 LU 分解來求解方程式 $Ax = b$，而不需要使用 pivoting，只要 A 是非奇異的即可。設 $y = A^Tb$。將 $Ax = b$ 的兩邊乘以 A^T 得到 $(A^TA)x = A^Tb = y$。這個轉換不影響解 x，因為 A^T 是可逆的。A^TA 對稱正定，所以可以藉著計算 LU 分解來分解。然後，使用順向代入法與反向代回法來求解 $(A^TA)x = y$ 裡的 x。雖然這個方法在理論上是正確的，但在實務上，LUP-Decomposition 程序的效果比較好。LUP 分解需要的算術運算少一個固定倍數，而且它的數值特性也更好一些。

習題

28.2-1
設 $M(n)$ 是將兩個 $n \times n$ 矩陣相乘的時間，設 $S(n)$ 是計算一個 $n \times n$ 矩陣的平方的時間。證明矩陣相乘與矩陣平方本質上有相同的困難度：$M(n)$ 時間的矩陣乘法演算法意味著 $O(M(n))$ 時間的平方演算法，$S(n)$ 時間的平方演算法意味著 $O(S(n))$ 時間的矩陣乘法演算法。

28.2-2
設 $M(n)$ 是將兩個 $n \times n$ 矩陣相乘的時間。證明：存在 $M(n)$ 時間的矩陣相乘演算法意味著存在 $O(M(n))$ 時間的 LUP 分解演算法（你的方法產生的 LUP 分解不需要與 LUP-Decomposition 程序產生的結果相同）。

28.2-3

設 $M(n)$ 是將兩個 $n \times n$ 布林矩陣相乘的時間，設 $T(n)$ 是找出 $n \times n$ 布林矩陣的遞移閉包的時間（見第 23.2 節）。證明 $M(n)$ 時間的布林矩陣乘法演算法意味著 $O(M(n)\lg n)$ 時間的遞移閉包演算法，且 $T(n)$ 時間的遞移閉包演算法意味著 $O(T(n))$ 時間的布林乘法演算法。

28.2-4

如果矩陣元素都取自整數 mod 2 的域，根據定理 28.2 設計的矩陣求逆演算法仍然可行嗎？解釋你的答案。

★ 28.2-5

將定理 28.2 的矩陣求逆演算法一般化，以處理複數矩陣，並證明你的做法可以正確運作（提示：使用**共軛轉置** A^* 而不是 A 的轉置。共軛轉置的計算方法是先將 A 轉置，再將每個項目換成其共軛複數。不考慮對稱矩陣，而是考慮 *Hermitian* 矩陣，也就是滿足 $A = A^*$ 的矩陣 A）。

28.3 對稱正定矩陣與最小平方近似

對稱正定矩陣有許多有趣且理想的特性。若 $n \times n$ 矩陣 $A = A^T$（A 是對稱的）且對於所有 n-向量 $x \ne 0$ 而言，$x^T A x > 0$，那麼 A 就是**對稱正定**。對稱正定矩陣是非奇異的，對它們進行 LU 分解不會除以 0。本節將證明對稱正定矩陣的這些與其他幾個重要特性。我們也會討論一個有趣的應用：用最小平方近似法來擬合曲線。

首先要證明的應該是最基本的特性。

引理 28.3

任何正定矩陣都是非奇異的。

證明 假設矩陣 A 是奇異的。那麼根據第 1178 頁的推論 D.3，存在一個非零向量 x 滿足 $Ax = 0$。因此，$x^T A x = 0$，A 不可能是正定的。 ∎

證明「對稱正定矩陣 A 的 LU 分解不會發生除以 0」比較複雜。我們先證明 A 的子矩陣的一些特性。我們定義 A 的第 k **前導子矩陣**是由 A 的前 k 列與前 k 行的交叉區域組成的矩陣 A_k。

引理 28.4

如果 A 是對稱正定矩陣，那麼 A 的每一個前導子矩陣都是對稱且正定的。

證明 因為 A 是對稱的,所以每一個前導子矩陣 A_k 也是對稱的。我們用反證法來證明 A_k 是正定的。若 A_k 不是正定的,那麼就存在一個 k-向量 $x_k \neq 0$,使得 $x_k^T A_k x_k \leq 0$。設 A 為 $n \times n$,且

$$A = \begin{pmatrix} A_k & B^T \\ B & C \end{pmatrix} \tag{28.16}$$

其中子矩陣 B 的大小是 $(n-k) \times k$,C 的大小是 $(n-k) \times (n-k)$。我們定義 n-向量 $x = (x_k^T \ 0)^T$,在 x_k 後面有 $n-k$ 個 0。我們得到

$$\begin{aligned} x^T A x &= (x_k^T \ 0) \begin{pmatrix} A_k & B^T \\ B & C \end{pmatrix} \begin{pmatrix} x_k \\ 0 \end{pmatrix} \\ &= (x_k^T \ 0) \begin{pmatrix} A_k x_k \\ B x_k \end{pmatrix} \\ &= x_k^T A_k x_k \\ &\leq 0 \end{aligned}$$

這與「A 是正定的」互相矛盾。 ∎

接著來看舒爾補的一些基本特性。設 A 是對稱正定矩陣,設 A_k 是 A 的前導 $k \times k$ 子矩陣。同樣根據式 (28.16) 來劃分 A。擴展式 (28.10),可定義 A 相對於 A_k 的 **舒爾補** S 是

$$S = C - B A_k^{-1} B^T \tag{28.17}$$

(根據引理 28.4,A_k 是對稱且正定的,因此,根據引理 28.3,A_k^{-1} 存在,且 S 是定義完善的)。設定 $k = 1$ 的話,之前的舒爾補的定義 (28.10) 與式 (28.17) 一致。

下一個引理證明,對稱正定矩陣的舒爾補矩陣本身是對稱且正定的。我們在定理 28.2 中使用了這個結果,此推論有助於證明 LU 分解可處理對稱正定矩陣。

引理 28.5(舒爾補引理)

如果 A 是對稱正定矩陣,且 A_k 是 A 的前導 $k \times k$ 子矩陣,那麼 A 相對於 A_k 的舒爾補 S 是對稱且正定的。

證明 因為 A 是對稱的,所以子矩陣也是。根據第 1180 頁的習題 D.2-6,$B A_k^{-1} B^T$ 是對稱的。因為 C 與 $B A_k^{-1} B^T$ 是對稱的,根據第 1176 頁的習題 D.1-1,S 也是。

接下來只需要證明 S 是正定的。考慮式 (28.16) 的 A 的分區。對於任何非零向量 x，根據「A 是正定的」這個假設，$x^\mathrm{T}Ax > 0$。設子向量 y 與 z 分別是由 x 的前 k 個元素與最後 $n-k$ 個元素構成的。因為 A_k^{-1} 存在，我們得到

$$\begin{aligned} x^\mathrm{T}Ax &= \begin{pmatrix} y^\mathrm{T} & z^\mathrm{T} \end{pmatrix} \begin{pmatrix} A_k & B^\mathrm{T} \\ B & C \end{pmatrix} \begin{pmatrix} y \\ z \end{pmatrix} \\ &= \begin{pmatrix} y^\mathrm{T} & z^\mathrm{T} \end{pmatrix} \begin{pmatrix} A_k y + B^\mathrm{T} z \\ By + Cz \end{pmatrix} \\ &= y^\mathrm{T}A_k y + y^\mathrm{T}B^\mathrm{T}z + z^\mathrm{T}By + z^\mathrm{T}Cz \\ &= (y + A_k^{-1}B^\mathrm{T}z)^\mathrm{T}A_k(y + A_k^{-1}B^\mathrm{T}z) + z^\mathrm{T}(C - BA_k^{-1}B^\mathrm{T})z \end{aligned} \tag{28.18}$$

最後一個式子可以用乘法來驗證，它相當於二次形（quadratic form）的「配方法（completing the square）」（見習題 28.3-2）。

因為 $x^\mathrm{T}Ax > 0$ 對任何非零的 x 都成立，我們選擇任意的非零 z，並選擇 $y = -A_k^{-1}B^\mathrm{T}z$，將式 (28.18) 的第一項消去，使得整個式子的值剩下

$$z^\mathrm{T}(C - BA_k^{-1}B^\mathrm{T})z = z^\mathrm{T}Sz$$

因此，對於任意的 $z \neq 0$，我們得到 $z^\mathrm{T}Sz = x^\mathrm{T}Ax > 0$，所以 S 是正定的。∎

推論 28.6

對稱正定矩陣的 LU 分解絕不會造成除以 0。

證明 設 A 是 $n \times n$ 對稱正定矩陣。事實上，我們將證明比推論的敘述更強的結果：每一個 pivot 都是嚴格正值。第一個 pivot 是 a_{11}。設 e_1 是長度為 n 的單位向量 $(1\ 0\ 0\ \cdots\ 0)^\mathrm{T}$，所以 $a_{11} = e_1^\mathrm{T}Ae_1$，它是正值，因為 e_1 非零，且 A 是正定。由於 LU 分解的第一步產生 A 相對於 $A_1 = (a_{11})$ 的舒爾補，透過歸納法，引理 28.5 意味著所有 pivot 都是正值。∎

最小平方近似

對稱正定矩陣有一個重要的應用是為一組資料點擬合曲線。你有 m 個資料點

$$(x_1, y_1), (x_2, y_2), \ldots, (x_m, y_m)$$

因為 y_i 會被測量誤差影響，你想要找出一個讓近似誤差

$$\eta_i = F(x_i) - y_i \tag{28.19}$$

很小的函數 $F(x)$，其中 $i = 1, 2, ..., m$。函數 F 的形式取決於當下的問題。假設它是線性加權和

$$F(x) = \sum_{j=1}^{n} c_j f_j(x)$$

其中求和項的數字 n 與**基礎函數** f_j 是你根據手頭的問題而選擇的。有一種常見的選擇是 $f_j(x) = x^{j-1}$，它意味著

$$F(x) = c_1 + c_2 x + c_3 x^2 + \cdots + c_n x^{n-1}$$

是 x 的 $n-1$ 次多項式。因此，如果你有 m 個資料點 $(x_1, y_1), (x_2, y_2), ..., (x_m, y_m)$，你必須計算可將近似誤差 $\eta_1, \eta_2, ..., \eta_m$ 最小化的 n 個係數 $c_1, c_2, ..., c_n$。

藉著選擇 $n = m$，在式 (28.19) 中，我們可以**精確**計算每個 y_i。但是，這種高次多項式 F 會「擬合雜訊」和資料，而且使用未曾見過的 x 值來預測 y 值時，通常會產生不好的結果。比較好的做法通常是選擇遠小於 m 的 n，並期望藉著選出好的係數 c_j 所得到的函數 F 可找出資料中的重要模式，而不致於太關注雜訊。現今有一些選擇 n 的理論原則，它們不在本書的討論範圍內。無論如何，一旦你選擇一個小於 m 的 n 值，你最終就會得到你想近似求解的超定方程組。我們來看看怎麼做。

設

$$A = \begin{pmatrix} f_1(x_1) & f_2(x_1) & \dots & f_n(x_1) \\ f_1(x_2) & f_2(x_2) & \dots & f_n(x_2) \\ \vdots & \vdots & \ddots & \vdots \\ f_1(x_m) & f_2(x_m) & \dots & f_n(x_m) \end{pmatrix}$$

為特定資料點的基礎函數的矩陣值，即 $a_{ij} = f_j(x_i)$。設 $c = (c_k)$ 是係數組成的 n 維向量，那麼

$$\begin{aligned} Ac &= \begin{pmatrix} f_1(x_1) & f_2(x_1) & \dots & f_n(x_1) \\ f_1(x_2) & f_2(x_2) & \dots & f_n(x_2) \\ \vdots & \vdots & \ddots & \vdots \\ f_1(x_m) & f_2(x_m) & \dots & f_n(x_m) \end{pmatrix} \begin{pmatrix} c_1 \\ c_2 \\ \vdots \\ c_n \end{pmatrix} \\ &= \begin{pmatrix} F(x_1) \\ F(x_2) \\ \vdots \\ F(x_m) \end{pmatrix} \end{aligned}$$

是由 y 的「預測值」組成的 m 維向量。因此，

$$\eta = Ac - y$$

是**近似誤差**的 m 維向量。

為了將近似誤差最小化，我們將誤差向量 η 的範數（norm）最小化，以得出**最小平方解**，由於

$$\|\eta\| = \left(\sum_{i=1}^{m} \eta_i^2\right)^{1/2}$$

因為

$$\|\eta\|^2 = \|Ac - y\|^2 = \sum_{i=1}^{m}\left(\sum_{j=1}^{n} a_{ij}c_j - y_i\right)^2$$

為了將 $\|\eta\|$ 最小化，我們取 $\|\eta\|^2$ 對每個 c_k 的微分，然後將結果設為 0：

$$\frac{d\|\eta\|^2}{dc_k} = \sum_{i=1}^{m} 2\left(\sum_{j=1}^{n} a_{ij}c_j - y_i\right)a_{ik} = 0 \tag{28.20}$$

$k = 1, 2, \ldots, n$ 的 n 個式 (28.20) 相當於一個矩陣方程式

$$(Ac - y)^{\mathrm{T}} A = 0$$

或等價的（使用第 1176 頁的習題 D.1-2）

$$A^{\mathrm{T}}(Ac - y) = 0$$

這意味著

$$A^{\mathrm{T}}Ac = A^{\mathrm{T}}y \tag{28.21}$$

在統計學裡，式 (28.21) 稱為**正規方程式**。從習題 D.1-2 可知，矩陣 A^TA 是對稱的，如果 A 有全列秩（full column rank），根據第 1179 頁的定理 D.6，A^TA 也是正定的。因此，$(A^TA)^{-1}$ 存在，且式 (28.21) 的解為

$$\begin{aligned} c &= ((A^TA)^{-1}A^T)\, y \\ &= A^+ y \end{aligned} \tag{28.22}$$

其中矩陣 $A^+ = ((A^TA)^{-1}A^T)$ 是矩陣 A 的**偽逆矩陣**（*pseudoinverse*）。偽逆矩陣可以自然地將反矩陣概念推廣到 A 不是方陣的情況（拿式 (28.22) 作為 $Ac = y$ 的近似解，來與 $Ax = b$ 的精確解 $A^{-1}b$ 互相比較）。

舉個產生最小平方擬合的例子，假設你有五個資料點

$$\begin{aligned} (x_1, y_1) &= (-1, 2) \\ (x_2, y_2) &= (1, 1) \\ (x_3, y_3) &= (2, 1) \\ (x_4, y_4) &= (3, 0) \\ (x_5, y_5) &= (5, 3) \end{aligned}$$

即圖 28.3 的橘點，你想要用二次多項式來擬合這些點

$$F(x) = c_1 + c_2 x + c_3 x^2$$

我們從基礎函數值矩陣開始

$$A = \begin{pmatrix} 1 & x_1 & x_1^2 \\ 1 & x_2 & x_2^2 \\ 1 & x_3 & x_3^2 \\ 1 & x_4 & x_4^2 \\ 1 & x_5 & x_5^2 \end{pmatrix} = \begin{pmatrix} 1 & -1 & 1 \\ 1 & 1 & 1 \\ 1 & 2 & 4 \\ 1 & 3 & 9 \\ 1 & 5 & 25 \end{pmatrix}$$

它的偽逆矩陣是

$$A^+ = \begin{pmatrix} 0.500 & 0.300 & 0.200 & 0.100 & -0.100 \\ -0.388 & 0.093 & 0.190 & 0.193 & -0.088 \\ 0.060 & -0.036 & -0.048 & -0.036 & 0.060 \end{pmatrix}$$

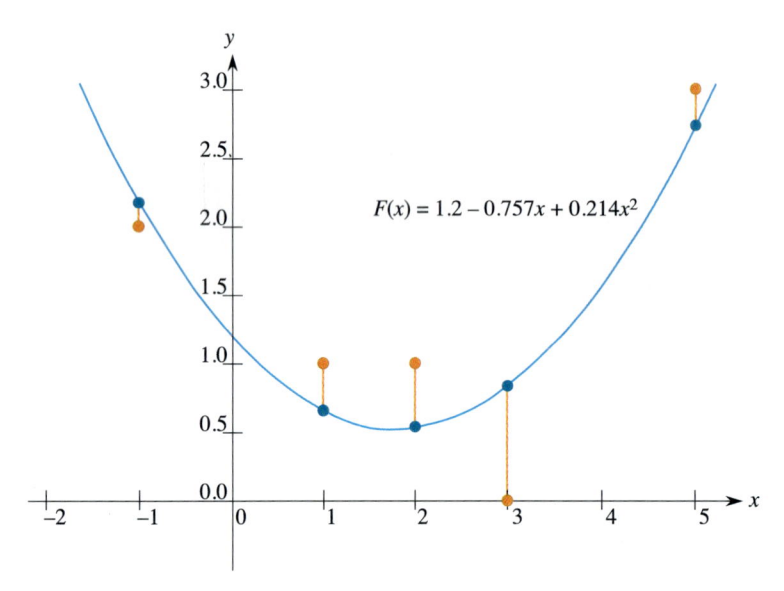

圖 28.3　用二次多項式及最小平方來擬合五個點 {(−1, 2), (1, 1), (2, 1), (3, 0), (5, 3)}。橘點是資料點，藍點是用多項式 $F(x) = 1.2 - 0.757x + 0.214x^2$ 來預測的估計值，以藍色來表示的 $F(x)$ 是將平方誤差和最小化的二次多項式。橘線是資料點的誤差。

將 A^+ 乘以 y 可得到係數向量

$$c = \begin{pmatrix} 1.200 \\ -0.757 \\ 0.214 \end{pmatrix}$$

它相當於二次多項式

$$F(x) = 1.200 - 0.757x + 0.214x^2$$

在最小平方的意義下，它是最擬合給定資料的二次多項式。

在實際應用中，為了求解正規方程式 (28.21)，我們通常將 y 乘以 A^T，然後找出 A^TA 的 LU 分解。如果 A 有全秩，矩陣 A^TA 保證是非奇異的，因為它是對稱且正定的（見習題 D.1-2 與定理 D.6）。

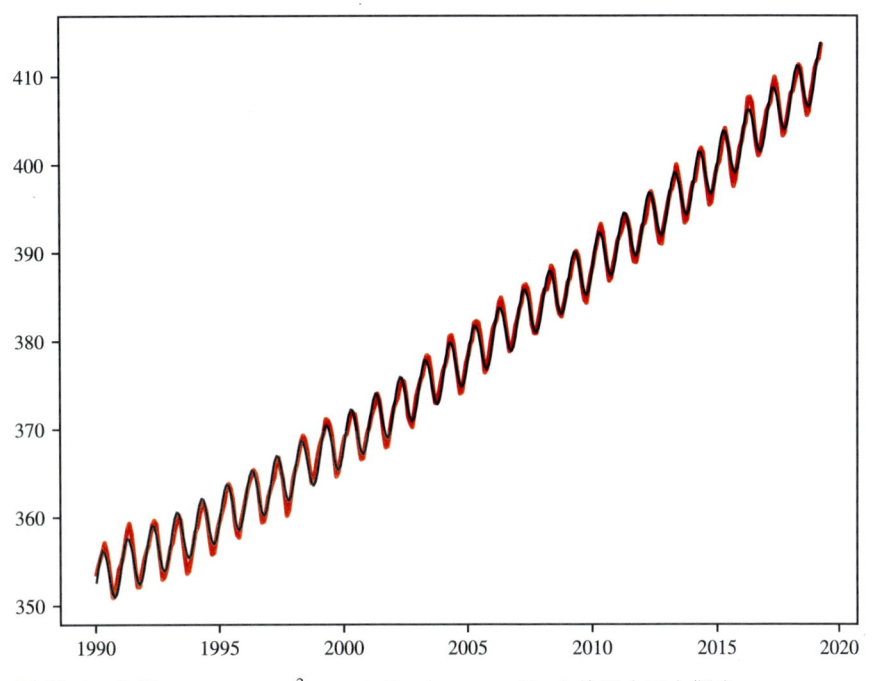

圖 28.4 曲線 $c_1 + c_2 x + c_3 x^2 + c_4 \sin(2\pi x) + c_5 \cos(2\pi x)$ 的最小平方擬合

此曲線來自 1990[1] 至 2019 年於夏威夷的茂納羅亞火山測量的二氧化碳濃度，其中 x 是自 1990 年以來的年份。這條曲線是著名的「基林曲線」，經常被當成針對非多項式進行曲線擬合的案例。正弦和餘弦項可以用來模擬二氧化碳濃度的季節變化。紅色曲線是測量到的二氧化碳濃度。黑線是最佳擬合，其表達式為

$$352.83 + 1.39x + 0.02x^2 + 2.83\sin(2\pi x) - 0.94\cos(2\pi x)$$

我們用圖 28.4 的例子來結束本節，說明曲線也可以擬合非多項式函數。該曲線證實了氣候變遷的一個層面：二氧化碳（CO_2）的濃度在 29 年之間穩步上升。表達式中的線性和二次項模擬年度增長，正弦和餘弦項模擬季節變化。

---

1 這一年也是本書第一版出版的年份。

習題

28.3-1
證明對稱正定矩陣的對角線元素都是正的。

28.3-2
設 $A = \begin{pmatrix} a & b \\ b & c \end{pmatrix}$ 是 2×2 對稱正定矩陣。用類似引理 28.5 的證明中使用過的方法,以「配方」法來證明它的行列式 $ac - b^2$ 是正的。

28.3-3
證明在對稱正定矩陣中的最大元素位於對角線上。

28.3-4
證明對稱正定矩陣的每個前導子矩陣的行列式都是正的。

28.3-5
設 A_k 是對稱正定矩陣 A 的第 k 前導子矩陣。證明 $\det(A_k)/\det(A_{k-1})$ 在 LU 分解的過程中是第 k 個 pivot,照慣例,$\det(A_0) = 1$。

28.3-6
找出具備以下這個形式

$$F(x) = c_1 + c_2 x \lg x + c_3 e^x$$

且與以下這些資料點有最佳最小平方擬合的函數:

$(1, 1), (2, 1), (3, 3), (4, 8)$

28.3-7
證明偽逆矩陣 A^+ 滿足以下四個式子:

$$\begin{aligned} AA^+A &= A \\ A^+AA^+ &= A^+ \\ (AA^+)^T &= AA^+ \\ (A^+A)^T &= A^+A \end{aligned}$$

挑戰

28-1 線性方程的三對角系統

考慮這個三對角矩陣

$$A = \begin{pmatrix} 1 & -1 & 0 & 0 & 0 \\ -1 & 2 & -1 & 0 & 0 \\ 0 & -1 & 2 & -1 & 0 \\ 0 & 0 & -1 & 2 & -1 \\ 0 & 0 & 0 & -1 & 2 \end{pmatrix}$$

a. 找出 A 的 LU 分解。

b. 使用順向代入法和反向代回法來求解式 $Ax = (1\ \ 1\ \ 1\ \ 1\ \ 1)^{\mathrm{T}}$。

c. 求 A 的逆矩陣。

d. 說明如何在 $O(n)$ 時間內使用 LU 分解,來為任意的 $n \times n$ 對稱正定三對角矩陣 A 與任意的 n 維向量 b 求解方程式 $Ax = b$。證明任何求 A^{-1} 的方法在最壞情況下都需要花費更多漸近時間。

e. 說明如何在 $O(n)$ 時間內使用 LUP 分解,來為任意的 $n \times n$ 非奇異三對角矩陣 A 與任意的 n 維向量 b 求解方程式 $Ax = b$。

28-2 樣條

我們可以使用三次樣條(*cubic splines*)在一組資料點上擬合曲線。你有 $n+1$ 對點值 $\{(x_i, y_i) : i = 0, 1, ..., n\}$,其中 $x_0 < x_1 < \cdots < x_n$。你的目標是對這些點擬合一個分段三次方曲線(樣條) $f(x)$。亦即,曲線 $f(x)$ 是用 n 條三次多項式 $f_i(x) = a_i + b_i x + c_i x^2 + d_i x^3$ 畫成的,其中 $i = 0, 1, ..., n-1$,如果 x 在範圍 $x_i \leq x \leq x_{i+1}$ 之內,那麼曲線值以 $f(x) = f_i(x - x_i)$ 算出。將三次多項式「接」在一起的點稱為 *knot*。為了簡化,假設 $x_i = i$,其中 $i = 0, 1, ..., n$。

為了確保 $f(x)$ 的連續性,我們要求

$$\begin{aligned} f(x_i) &= f_i(0) = y_i \\ f(x_{i+1}) &= f_i(1) = y_{i+1} \end{aligned}$$

$i = 0, 1, ..., n-1$。為了確保 $f(x)$ 足夠平滑，我們也要求在每一個 knot 的一階導數是連續的：

$$f'(x_{i+1}) = f_i'(1) = f_{i+1}'(0)$$

其中 $i = 0, 1, ..., n-2$。

a. 假設 $i = 0, 1, ..., n$，除了點值 $\{(x_i, y_i)\}$ 之外，你也知道每一個 knot 的一階導數 $D_i = f'(x_i)$。用值 y_i、y_{i+1}、D_i 與 D_{i+1} 來表達係數 a_i、b_i、c_i 與 d_i（別忘了 $x_i = i$）。你可以多快地用成對的點值和一階導數來算出 $4n$ 個係數？

我們的問題還有如何選擇 $f(x)$ 在每一個 knot 處的一階導數。有一個方法是要求當 $i = 0, 1, ..., n-2$ 時，在 knot 處的二階導數是連續的：

$$f''(x_{i+1}) = f_i''(1) = f_{i+1}''(0)$$

在第一個 knot 與最後一個 knot，假設 $f''(x_0) = f_0''(0) = 0$ 且 $f''(x_n) = f_{n-1}''(1) = 0$。這些假設可讓 $f(x)$ 成為<u>自然</u>三次樣條。

b. 使用二階導數的連續性限制來證明，當 $i = 1, 2, ..., n-1$ 時，

$$D_{i-1} + 4D_i + D_{i+1} = 3(y_{i+1} - y_{i-1}) \tag{28.23}$$

c. 證明

$$2D_0 + D_1 = 3(y_1 - y_0) \tag{28.24}$$
$$D_{n-1} + 2D_n = 3(y_n - y_{n-1}) \tag{28.25}$$

d. 將式 (28.23)~(28.25) 改寫成涉及未知數向量 $D = (D_0 \ D_1 \ D_2 \ \cdots \ D_n)^{\mathrm{T}}$ 的矩陣方程式。你的方程式裡的矩陣有什麼特性？

e. 證明自然三次樣條可以在 $O(n)$ 時間內對 $n+1$ 對點值進行插值（見挑戰 28-1）。

f. 說明如何算出一個自然三次樣條來對 $n+1$ 個滿足 $x_0 < x_1 < \cdots < x_n$ 的點 (x_i, y_i) 進行插值，即使 x_i 不一定等於 i。你的方法必須求解什麼矩陣方程式？你的演算法的執行速度為何？

後記

許多優秀的教科書都更詳細地介紹數值和科學計算。以下是特別值得一讀的書籍：George 與 Liu [180]、Golub 與 Van Loan [192]、Press、Teukolsky、Vetterling 與 Flannery [365, 366] 以及 Strang [422, 423]。

Golub 和 Van Loan [192] 討論了數值穩定性。他們證明為何 $\det(A)$ 不一定是矩陣 A 的良好穩定性指標，並建議改用 $\|A\|_\infty \|A^{-1}\|_\infty$，其中 $\|A\|_\infty = \max\{\sum_{j=1}^n |a_{ij}| : 1 \leq i \leq n\}$。他們也提出如何在不實際計算 A^{-1} 的情況下計算這個值。

高斯消去法是 LU 和 LUP 分解法的基礎，它是求解線性方程組的第一個系統方法，也是最早的數值演算法之一。一般認為 C. F. Gauss (1777~1855) 是發現它的人，雖然它更早就被發現了。Strassen 在他的著名論文 [424] 中證明 $n \times n$ 矩陣的逆矩陣可以在 $O(n^{\lg 7})$ 時間內算出。Winograd [460] 最早證明矩陣乘法不比矩陣求逆難，反向的證明則是 Aho、Hopcroft 和 Ullman [5] 的成果。

另一個重要的矩陣分解是**奇異值分解**，即 *SVD*。SVD 將一個 $m \times n$ 矩陣 A 分解成 $A = Q_1 \Sigma Q_2^T$，其中 Σ 是個非零值都在對角線的 $m \times n$ 矩陣，Q_1 是行 orthonormal（正規化正交）的 $m \times m$ 矩陣，Q_2 是 $n \times n$ 矩陣，也是行 orthonormal。如果兩個向量的內積是 0 且它們的範數都是 1，它們就是 *orthonormal*。Strang [422, 423] 和 Golub 及 Van Loan [192] 的書對 SVD 進行了詳細地討論。

Strang [423] 詳細地介紹對稱正定矩陣，和一般的線性代數。

29 線性規劃

許多問題都是在有限的資源和彼此競爭的限制條件下,將目標最大化或最小化。如果你可以用一些變數的線性函數來定義目標,而且可以用等式或不等式來指定資源的限制條件,那麼你要解的就是一個<u>線性規劃問題</u>。線性規劃可能出現在各種實際應用領域裡。我們先來研究政治選舉的一個應用。

政治問題

假設你是一位政治人物,企圖贏得一場選舉。你的選區有三種不同類型的地區:城市、郊區和農村,這些地區分別有 100,000、200,000 與 50,000 名註冊選民。雖然不是所有註冊選民都會去投票,但為了有效治理,你希望三個地區分別至少有一半的註冊選民投票給你。你立場堅定,絕對不會支持你不認同的政策。然而,你意識到,在某些地區,有一些政見或許有助於贏得選票。你的主要政見是為喪屍末日預做準備、幫鯊魚裝雷射槍,為飛行汽車建造高速公路,以及允許海豚參與投票。

根據競選團隊的研究,你可以估計為每個政見投入 1000 美元的廣告費的話,可以從每一個人群中獲得或失去多少票。圖 29.1 整理了這項資訊。在這個表格中,每一個項目都指出花 1000 美元為特定政見打廣告的話,可在城市、郊區或農村贏得多少千名選民的支持。負數代表失去選票。你的任務是算出為了贏得 5 萬張城市選票、10 萬張郊區選票和 2.5 萬張農村選票,最少需要投入多少資金。

雖然你可以使用試誤法,設計一個贏得所需票數的策略,但用這種方法想出來的策略可能不是最省錢的策略。例如,你可以花 2 萬美元的廣告在準備喪屍末日上,花 0 美元在幫鯊魚裝雷射槍上,花 4000 美元在為飛行汽車建造高速公路上,花 9000 美元在允許海豚投票上。在這種情況下,你會贏得 (20 · –2) + (0 · 8) + (4 · 0) + (9 · 10) = 50 千張城市選票、(20 · 5) + (0 · 2) + (4 · 0) + (9 · 0) = 100 千張郊區選票,與 (20 · 3) + (0 · –5) + (4 · 10) + (9 · –2) = 82 千張農村選票。你會在城市和郊區贏得想要的票數,在農村贏得足夠多的票數(事實上,根據你的模型,在農村地區,你得到的票數比選民的數量多)。為了爭取這些選票,你要支付 20 + 0 + 4 + 9 = 33 千美元的廣告費。

政策	城市	郊區	農村
喪屍末日	−2	5	3
幫鯊魚裝雷射槍	8	2	−5
飛行汽車高速公路	0	0	10
海豚投票	10	0	−2

圖 29.1 政策對票數的影響。每個項目都是用 1,000 美元來為特定政見打廣告時，可在城市、郊區或農村中獲得的票數，以千為單位。負數代表失去的票數。

我們自然會想，這個策略是不是最好的策略。也就是說，你能不能花更少廣告費來實現目標？雖然進行更多試誤法可協助你回答這個問題，但比較好的做法是用數學來制定（formulate）或**模擬**（*model*）這個問題。

第一步是決定你要做什麼決策，並使用變數來描述這些決策。因為我們有四個決策，所以使用四個**決策變數**：

- x_1 是為喪屍末日預作準備的廣告費，以千美元為單位，
- x_2 是為鯊魚裝雷射槍的廣告費，以千美元為單位，
- x_3 是為飛行汽車建構高速公路的廣告費，以千美元為單位，以及
- x_4 是允許海豚投票的廣告費，以千美元為單位。

然後，我們要考慮關於決策變數值的**限制條件**。你可以將至少贏得 50,000 張城市選票的需求寫成

$$-2x_1 + 8x_2 + 0x_3 + 10x_4 \geq 50 \tag{29.1}$$

同理，你可以將至少贏得 100,000 張城市選票與 25,000 張農村選票寫成

$$5x_1 + 2x_2 + 0x_3 + 0x_4 \geq 100 \tag{29.2}$$

與

$$3x_1 - 5x_2 + 10x_3 - 2x_4 \geq 25 \tag{29.3}$$

任何滿足不等式 (29.1)~(29.3) 的變數 x_1、x_2、x_3、x_4 都產生贏得足夠數量的各類選票的策略。

最後，你要考慮目標，也就是你希望最小化或最大化的值。為了盡可能節省成本，你要盡量減少廣告費。也就是說，你要將這個算式最小化

$$x_1 + x_2 + x_3 + x_4 \tag{29.4}$$

雖然在政治活動中經常出現負面廣告，但世上沒有負成本的廣告。因此，我們要求

$$x_1 \geq 0，x_2 \geq 0，x_3 \geq 0，且 x_4 \geq 0 \tag{29.5}$$

結合不等式 (29.1)~(29.3) 與 (29.5) 以及最小化的目標，可得出所謂的「線性規劃」。我們可以將這個問題以表格形式呈現如下

$$\begin{aligned} \text{將此式最小化} \quad & x_1 + x_2 + x_3 + x_4 & & (29.6) \\ \text{滿足限制條件} \quad & -2x_1 + 8x_2 + 0x_3 + 10x_4 \geq 50 & & (29.7) \\ & 5x_1 + 2x_2 + 0x_3 + 0x_4 \geq 100 & & (29.8) \\ & 3x_1 - 5x_2 + 10x_3 - 2x_4 \geq 25 & & (29.9) \\ & x_1, x_2, x_3, x_4 \geq 0 & & (29.10) \end{aligned}$$

這個線性規劃的解就是我們的最佳策略。

本章的其餘內容將討論如何制定線性規劃，並介紹建模。建模就是將一個問題轉化成可用演算法來解決的數學形式的過程。第 29.1 節將簡要地討論線性規劃的演算法層面，儘管該節不介紹線性規劃演算法的細節。在整本書中，你已經看了如何透過圖的最短路徑和連通性等方式來模擬問題。要將一個問題定義成線性規劃，你要按照這個政治例子所使用的步驟來操作，包括決定決策變數，指定限制條件，以及制定目標函數。為了將問題建模成線性程序，限制條件和目標必須是線性的。第 29.2 節會討論幾個用線性規劃來建模的例子。第 29.3 節會討論對偶性，這是線性規劃和其他優化演算法的重要概念。

29.1 線性規劃公式與演算法

線性規劃有一種特定的形式，我們將在本節中進行探討。很多人已經開發了多種演算法來解決線性規劃問題，有些可在多項式時間內執行，有些不行，但它們都太複雜了，不適合在本書中展示。所以，我們要用一個例子來展示簡單演算法背後的一些想法，它是目前最普遍的解決方案。

一般的線性規劃

在一般的線性規劃問題中，我們想優化一個具有一組線性不等式的線性函數。給定一組實數 $a_1, a_2, \ldots, a_n$ 與一組變數 $x_1, x_2, \ldots, x_n$，我們將這組變數的**線性函數** f 定義成

$$f(x_1, x_2, \ldots, x_n) = a_1 x_1 + a_2 x_2 + \cdots + a_n x_n = \sum_{j=1}^{n} a_j x_j$$

如果 b 是實數，f 是線性函數，那麼等式

$$f(x_1, x_2, \ldots, x_n) = b$$

是**線性等式**，而不等式

$$f(x_1, x_2, \ldots, x_n) \leq b \quad \text{且} \quad f(x_1, x_2, \ldots, x_n) \geq b$$

是**線性不等式**。我們將線性等式和線性不等式統稱為**線性限制條件**。線性規劃不允許嚴格不等式。形式上，**線性規劃問題**就是在有限的線性限制條件下，使線性函數最小化或最大化的問題。如果是最小化，我們稱該線性規劃為**最小化線性規劃**，如果是最大化，我們稱該線性規劃為**最大化線性規劃**。

為了方便討論線性規劃演算法和各種特性，我們將使用標準的輸入符號。習慣上，最大化線性規劃接收 n 個實數 $c_1, c_2, \ldots, c_n$；m 個實數 $b_1, b_2, \ldots, b_m$；mn 個實數 a_{ij}，其中 $i = 1, 2, \ldots, m$，$j = 1, 2, \ldots, n$。

我們的目標是找出 n 個實數 $x_1, x_2, \ldots, x_n$，以

最大化
$$\sum_{j=1}^{n} c_j x_j \tag{29.11}$$

滿足限制條件
$$\sum_{j=1}^{n} a_{ij} x_j \leq b_i \quad \text{其中 } i = 1, 2, \ldots, m \tag{29.12}$$
$$x_j \geq 0 \quad \text{其中 } j = 1, 2, \ldots, n \tag{29.13}$$

我們將式 (29.11) 稱為**目標函數**，將 (29.12) 與 (29.13) 稱為**限制條件**。在 (29.13) 裡的 n 個限制條件是**非負限制條件**。有時，用比較緊湊的形式來表達線性規劃比較方便。若建立一個 $m \times n$ 矩陣 $A = (a_{ij})$，m 維向量 $b = (b_i)$，n 維向量 $c = (c_j)$ 與 n 維向量 $x = (x_j)$，我們可將 (29.11)~(29.13) 定義的線性規劃改寫成

最大化 $\quad c^T x \quad$ (29.14)
滿足限制條件
$$Ax \leq b \quad (29.15)$$
$$x \geq 0 \quad (29.16)$$

在 (29.14) 中，$c^T x$ 是兩個 n 維向量的內積。在不等式 (29.15) 中，Ax 是 m 維向量，它是 $m \times n$ 矩陣與 n 維向量的積，在不等式 (29.16) 中，$x \geq 0$ 意味著向量 x 的每一個項目都必須是非負值。我們將這種表示法稱為線性規劃的**標準形**，並規定 A、b 與 c 始終有上述的維度。

上述的標準形可能無法自然地對應到你想要模擬的實際情況。例如，你的等式限制條件（equality constraints）或變數可以是負值。習題 29.1-6 與 29.1-7 會請你說明如何將任意線性規劃轉換成這種標準形。

接下來要介紹描述線性規劃解的術語。我們在變數名稱上加一條橫線來代表變數值的特定設定，例如 $\bar{x}$。如果 $\bar{x}$ 滿足所有限制，它就是**可行解**，如果它無法滿足至少一條限制，它就是**不可行解**。我們說解 $\bar{x}$ 有**目標值** $c^T \bar{x}$。如果一個可行解 $\bar{x}$ 的目標值是所有可行解目標值中最大的，我們稱它為**最佳解**，它的目標值 $c^T \bar{x}$ 稱為**最佳目標值**。如果一個線性規劃沒有可行解，我們說那個線性規劃是**不可行的**，否則，它是**可行的**。滿足所有限制條件的點集合稱為**可行區域**。如果線性規劃有一些可行解，但沒有有限的最佳目標值，那麼可行區域是**無界限的**，線性規劃也是無界限的。習題 29.1-5 會請你證明即使可行區域是無界限的，線性規劃也可能有有限的最佳目標值。

線性規劃如此強大且受歡迎的原因之一是，一般情況下，它都可以被有效地解決。橢圓演算法和內點演算法可在多項式時間內解決線性規劃。此外，單體演算法（simplex algorithm）是一種廣泛使用的演算法，儘管它在最壞的情況下無法以多項式時間執行，但在實務上往往有很好的表現。

29.1 線性規劃公式與演算法

我們將討論一些重要的概念,但不會提供詳細的線性規劃演算法。首先,我們要展示一個使用幾何程序來解決雙變數線性規劃的例子。雖然這個例子不能直接一般化,轉變成處理更大問題的高效演算法,但這個例子介紹了一些線性規劃和優化的重要概念。

雙變數線性規劃

我們先考慮下面這個具有兩個變數的線性規劃:

最大化 $\qquad x_1 + x_2$ $\hfill$ (29.17)

滿足限制條件

$\qquad\qquad 4x_1 - x_2 \leq 8$ $\hfill$ (29.18)

$\qquad\qquad 2x_1 + x_2 \leq 10$ $\hfill$ (29.19)

$\qquad\qquad 5x_1 - 2x_2 \geq -2$ $\hfill$ (29.20)

$\qquad\qquad x_1, x_2 \geq 0$ $\hfill$ (29.21)

圖 29.2(a) 用 (x_1, x_2) 直角座標系統來描繪限制條件。二維空間中的可行區域(圖中的藍色區域)是凸的[1]。概念上,你可以在可行區域裡的每一點計算目標函數 $x_1 + x_2$,然後找出具有最大目標值的點作為最佳解。然而,在這個例子中(以及在大多數的線性規劃中),可行區域有無限多的點,因此,為了求解這個線性規劃,你要用一種有效的方法來找出具有最大目標值的點,而不是用可行區域裡的每一點來計算目標函數。

在二維空間中,你可以透過圖解法來進行優化。滿足 $x_1 + x_2 = z$(z 為任意值)的點集合是斜率為 −1 的直線。畫出 $x_1 + x_2 = 0$ 可得到斜率為 −1 且穿越原點的直線,如圖 29.2(b) 所示。這條線和可行區域的交點是目標值為 0 的可行解集合。在這個例子中,直線與可行區域的交點是一個點 (0, 0)。更普遍地說,對於任何值 z,直線 $x_1 + x_2 = z$ 和可行區域的交點是目標值為 z 的可行解集合。圖 29.2(b) 裡面的直線是 $x_1 + x_2 = 0$,$x_1 + x_2 = 4$ 與 $x_1 + x_2 = 8$。因為在圖 29.2 裡面的可行區域是有界限的,所以一定有一個最大值 z 使得直線 $x_1 + x_2 = z$ 與可行區域的交點是非空的。在可行區域內將 $x_1 + x_2$ 最大化的任意點都是線性規劃的最佳解,在這個例子中,它是位於 $x_1 = 2$ 與 $x_2 = 6$ 的可行區域凸點,其目標值為 8。

---

[1] 凸區域(convex region)有一個直覺的定義,它滿足這個條件:在該區域內的任意兩點之間畫一條直線時,線上的點都在該區域內。

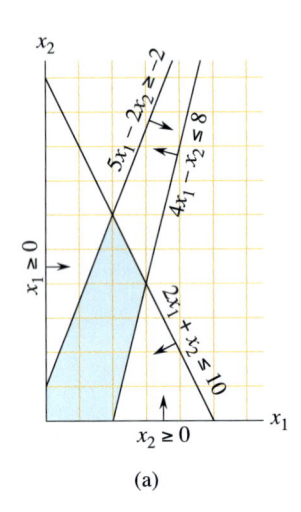

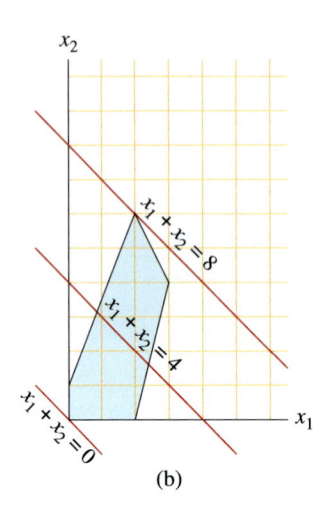

圖 29.2 (a) (29.18)~(29.21) 定義的線性規劃。每一個限制條件都用一條直線與一個方向來表示。藍色區域是限制條件的交點，即可行區域。**(b)** 紅線分別代表滿足目標值 0、4 與 8 的點。線性規劃的最佳解是 $x_1 = 2$ 與 $x_2 = 6$，其目標值為 8。

    線性規劃的最佳解位於可行區域的頂點並非偶然。直線 $x_1 + x_2 = z$ 與可行區域相交的最大 z 一定位於可行區域的邊界上，因此，那條線與可行區域邊界的相交處，若非單一頂點，就是一條線段。如果相交處是單一頂點，最佳解只有一個，也就是那個頂點。如果相交處是一條線段，那麼在該線段上的每一個點都一定有相同的目標值。特別是，該線段的兩個端點都是最佳解。由於線段的端點都是頂點，所以在這種情況下，在頂點上也有最佳解。

    雖然多於兩個變數的線性規劃圖不容易繪製，但相同的直覺仍然成立。如果你有三個變數，那麼每一個限制條件都對應到三維空間的一個半空間。這些半空間的相交處構成可行區域。可讓目標函數產生給定值 z 的點集合是一個平面（假設沒有退化條件（degenerate conditions））。如果目標函數的所有係數都是非負的，且原點是線性規劃的可行解，那麼當你將這個平面從原點移開，朝著目標函數的正交方向移動時，你會找到目標值增加的點（如果原點不是可行解，或目標函數的某些係數為負數，直覺上的圖像會變得稍微複雜一些）。與二維的情況一樣，由於可行區域是凸的，所以滿足最佳目標值的點集合一定包含可行區域的一個頂點。同理，如果你有 n 個變數，每個限制條件都在 n 維空間中定義了一個半空間，我們將這些半空間的交會處形成的可行區域稱為**單體**（*simplex*）。現在的目標函數是一個超平面，而且由於凸性，最佳解仍然出現在單體的一個頂點上。任何線性規劃演算法都必須能夠識別出無解的線性規劃，以及沒有有限最佳解的線性規劃。

單體演算法接收一組線性規劃作為輸入，並回傳一個最佳解。它會從單體的某個頂點開始處理，進行一連串的迭代，在每一次迭代中，它會沿著單體的一條邊，從當下頂點移到目標值不小於當下頂點的相鄰頂點（值通常更大）。單體演算法會在達到局部最大值時終止，局部最大值是指該頂點的相鄰頂點的目標值都比它的目標值還要小。因為可行區域是凸的，目標函數是線性的，所以這個局部最佳解實際上是一個全域最佳解。在第 29.3 節中，我們將看到一個重要的概念，稱為「對偶性」，我們將用它來證明單體演算法回傳的解確實是最佳的。

在實務上，精心設計的單體演算法通常可以更快速地解決一般的線性規劃。然而，單體演算法在處理一些特別設計的輸入時，可能需要指數時間。第一類的多項式時間的線性規劃演算法是**橢圓演算法**，在實務上，這個演算法跑起來很慢。第二類的多項式時間演算法稱為**內點法**。單體演算法沿著可行區域的外部移動，並在每次迭代時，保存一個單體頂點作為該次迭代的可行解，但這些演算法是在可行區域的內部移動，雖然在過程中的解可行，但不一定是單體的頂點，但最終解仍然是個頂點。對大型的輸入而言，內點演算法的執行速度和單體演算法一樣快，有時甚至比單體演算法還要快。本章的後記有關於這些演算法的更多資訊。

如果你在線性規劃中加入額外的要求，要求所有變數值都是整數，那麼它就是一個**整數線性規劃**。第 1058 頁的習題 34.5-3 會要求你證明找到這個問題的可行解是 NP-hard。由於任何 NP-hard 問題都還沒有已知的多項式時間演算法，所以整數線性規劃也沒有已知的多項式時間演算法。相較之下，一般的線性規劃問題可以在多項式時間內解決。

習題

29.1-1
考慮線性規劃

最小化 $\quad -2x_1 + 3x_2$

滿足限制條件

$$x_1 + x_2 = 7$$
$$x_1 - 2x_2 \leq 4$$
$$x_1 \geq 0$$

寫出這個線性規劃的三個可行解。它們的目標值分別為何？

29.1-2
考慮下面的線性規劃，它有非正（nonpositivity）限制條件：

最小化 $\quad 2x_1 + 7x_2 + x_3$

滿足限制條件
$$\begin{aligned} x_1 \quad - x_3 &= 7 \\ 3x_1 + x_2 \quad &\geq 24 \\ x_2 &\geq 0 \\ x_3 &\leq 0 \end{aligned}$$

寫出這個線性規劃的三個可行解。它們的目標值分別為何？

29.1-3
證明下面線性規劃是不可行的：

最大化 $\quad 3x_1 - 2x_2$

滿足限制條件
$$\begin{aligned} x_1 + x_2 &\leq 2 \\ -2x_1 - 2x_2 &\leq -10 \\ x_1, x_2 &\geq 0 \end{aligned}$$

29.1-4
證明下面的線性規劃是無界限的：

最大化 $\quad x_1 - x_2$

滿足限制條件
$$\begin{aligned} -2x_1 + x_2 &\leq -1 \\ -x_1 - 2x_2 &\leq -2 \\ x_1, x_2 &\geq 0 \end{aligned}$$

29.1-5
寫出這種線性規劃：可行區域無界限，但最佳目標值是有限的。

29.1-6
有時，在線性規劃中，你必須將一個限制條件轉換成另一個。

a. 說明如何將一個等式限制條件轉化為一組等價的不等式。亦即，給定一個限制條件 $\sum_{j=1}^{n} a_{ij} x_j = b_i$，寫出一組若且唯若 $\sum_{j=1}^{n} a_{ij} x_j = b_i$ 則會被滿足的不等式。

b. 說明如何將不等式限制條件 $\sum_{j=1}^{n} a_{ij} x_j \le b_i$ 轉換成等式限制條件和非負限制條件。你需要使用額外的變數 s，並使用限制條件 $s \ge 0$。

29.1-7
解釋如何將最小化線性規劃轉換為等價的最大化線性規劃，並證明你的新線性規劃與原始的等價。

29.1-8
在本章開頭的政治問題中，有一些可行解在某地區獲得的票數比實際的人數還要多。例如，你可以將 x_2 設為 200，將 x_3 設為 200，並讓 $x_1 = x_4 = 0$，雖然這個解是可行的，但它意味著，你將在郊區贏得 400,000 票，即使郊區選民實際上只有 200,000 位。你可以在線性規劃中加入什麼限制條件，以確保你絕對不會獲得比實際人數更多的選票？即使不需要加入這些限制條件，也要證明這個線性規劃的最佳解永遠不可能獲得比該區實際選民更多的選票。

29.2 將問題定義成線性規劃

線性規劃有許多應用。運籌學（operations research）領域的教科書有大量的線性規劃例子，線性規劃已經是大多數商學院教導的標準工具了。選舉情況就是一個典型的例子。以下是另外兩個例子。

- 有一家航空公司想調度機組人員。美國聯邦航空總署規定了一些限制條件，例如限制每位機組人員的連續工作時間，並要求特定機組人員在一個月內，只能在特定型號的飛機上工作。航空公司想運用盡可能少的人員來安排所有航班的機組人員。

- 有一家石油公司想要判斷該在何處鑽油。在特定地點進行鑽探有相關成本，也有根據地質調查報告的石油產量期望回報。公司定位新鑽井的預算有限，他們想在這個預算的範圍內，最大限度地提高所發現的期望石油產量。

線性規劃也可以模擬和解決圖和組合問題，例如在本書中出現過的問題。我們已經在第 22.4 節看過一個用來處理差分約束系統的線性規劃特例了。在這一節，我們將研究如何將幾個圖和網路流問題寫成線性規劃。第 35.4 節將使用線性規劃來尋找另一個圖問題的近似解。

也許線性規劃最重要的層面，就是讓你有能力意識到何時可以將一個問題寫成線性規劃。一旦你把問題設計成一個多項式規模的線性規劃，你就可以用橢圓演算法或內點法，在多項式時間內解決它。有一些線性規劃軟體可以有效地解決問題，因此，一旦問題被定義成線性規劃的形式，那種軟體就可以解決它。

接下來要看幾個線性規劃問題的具體例子。我們從兩個已經研究過的問題開始談起：第22章的單源最短路徑問題，和第24章的最大流量問題。然後，我們會介紹最小成本流問題（最小成本流問題有一種非線性規劃的多項式時間演算法，但我們不介紹那種演算法）。最後，我們要介紹多商品流問題（multicommodity-flow problem），這個問題的唯一已知多項式時間演算法就是使用線性規劃。

我們在第 6 部分處理圖問題時曾經使用屬性表示法，例如 v.d 與 (u, v).f。然而，線性規劃通常使用下標變數，而不是帶有屬性的物件。因此，當我們在線性規劃中表達變數時，我們會用下標來表示頂點和邊。例如，我們用 d_v 來表示頂點 v 的最短路徑權重而不是用 v.d，並且用 f_{uv} 來表示從頂點 u 到頂點 v 的物流而不是用 (u, v).f。對於作為問題輸入的數量，如邊的權重或容量，我們繼續使用 w(u, v) 和 c(u, v) 這樣的符號。

最短路徑

我們可以將單源最短路徑問題寫成一個線性規劃。我們將集中討論如何設計單對（single-pair）最短路徑問題，將更一般的單源最短路徑問題的延伸放在習題 29.2-2 給讀者練習。

在單對最短路徑問題中，輸入是一個加權有向圖 $G = (V, E)$，其權重函數 $w: E \to \mathbb{R}$ 將邊對映至實值權重、起點 s 與終點 t。我們的目標是算出 d_t，它是從 s 到 t 的最短路徑的權重。為了將這個問題寫成線性規劃，你必須找出一組變數和限制條件，以定義何時得到從 s 到 t 的最短路徑。三角不等式（第 609 頁的引理 22.10）說，對每一條邊 $(u, v) \in E$ 而言，$d_v \leq d_u + w(u, v)$。起點最初收到值 $d_s = 0$，它永遠不會改變。因此，下面的線性規劃表達從 s 到 t 的最短路徑權重：

最大化 d_t (29.22)
滿足限制條件
    對於每條邊 $(u, v) \in E$，$d_v \leq d_u + w(u, v)$ (29.23)
    $d_s = 0$ (29.24)

這個本應計算最短路徑的線性規劃卻最大化一個目標函數可能會令人驚訝。將目標函數最小化是錯的，因為如此一來，所有的邊權重都是非負值，將所有 $v \in V$ 設為 $\bar{d}_v = 0$（在變數名稱上面的短線代表該變數值的特定設定），可產生線性規劃的最佳解，卻不能解決最短路徑問題。最大化是正確的，因為最短路徑問題的最佳解將各個 $\bar{d}_v$ 設為 $\min\{\bar{d}_u + w(u, v) : u \in V$ 且 $(u, v) \in E\}$，所以 $\bar{d}_v$ 是小於或等於 $\{\bar{d}_u + w(u, v)\}$ 集合內的所有值的最大值。因此，對於從 s 到 t 的最短路徑上且滿足這些限制條件的所有頂點 v 來說，將 d_v 最大化是有意義的，且最大化 d_t 可實現這個目標。

這個線性規劃有 $|V|$ 個變數 d_v，每一個頂點 $v \in V$ 有一個。它也有 $|E| + 1$ 個限制，每條邊一個，再加上起點的最短路徑權重始終是 0 這個額外的限制。

最大流量

接下來，我們要把最大流量問題寫成線性規劃。最大流量的輸入是一個有向圖 $G = (V, E)$，其中每條邊 $(u, v) \in E$ 都有一個非負值容量 $c(u, v) \geq 0$，以及兩個不同的頂點：源頭 s 與匯集點 t。正如第 24.1 節的定義，物流是一個滿足容量限制與流量守恆的非負實值函數 $f: V \times V \to \mathbb{R}$。最大物流就是滿足這些限制條件，並將物流值最大化的物流，它是從源頭離開的總流量減去流入源頭的總流量。因此，物流滿足線性限制條件，且物流的值是一個線性函數。之前說過，若 $(u, v) \notin E$ 且沒有反向平行邊，我們假設 $c(u, v) = 0$，最大流量問題可以寫成線性規劃如下：

最大化 $\quad \sum_{v \in V} f_{sv} - \sum_{v \in V} f_{vs}$ \hfill (29.25)

滿足限制條件

$\quad\quad f_{uv} \leq c(u, v) \quad$ 對於所有 $u, v \in V$ \hfill (29.26)

$\quad\quad \sum_{v \in V} f_{vu} = \sum_{v \in V} f_{uv} \quad$ 對於所有 $u \in V - \{s, t\}$ \hfill (29.27)

$\quad\quad f_{uv} \geq 0 \quad\quad\quad\quad$ 對於所有 $u, v \in V$ \hfill (29.28)

這個線性規劃有 $|V|^2$ 個變數，對應每一對頂點之間的物流，而且有 $2|V|^2 + |V| - 2$ 個限制條件。

求解規模較小的線性規劃通常更有效率。為了方便記述，在 (29.25)~(29.28) 的線性規劃中，我們讓滿足 $(u, v) \notin E$ 的每對頂點 u, v 的物流值與容量皆為 0。你可以改寫這個線性規劃來讓它更有效率地僅使用 $O(V + E)$ 個限制條件。習題 29.2-4 將要求你做這件事。

最小成本流

我們已經在本節中使用線性規劃來解決已知可用高效演算法來解決的問題了。事實上，專門為特定問題設計的高效演算法，例如處理單源最短路徑問題的 Dijkstra 演算法，無論在理論上還是在實務上，往往比線性規劃更有效率。

線性規劃真正厲害之處在於它解決新問題的能力。回顧本章開始時政治人物面臨的問題。「在不花太多錢的前提下獲得足夠數量的選票」這個問題，無法用本書討論過的任何演算法來解決，但它可以用線性規劃來解決。很多書籍都有許多線性規劃可以解決的真實問題。線性規劃也特別適合處理那些還沒有高效的演算法可以解決的問題變體。

例如，考慮將最大流量問題一般化如下。假設除了每條邊 (u, v) 的容量 $c(u, v)$ 之外，你有一個實值的成本 $a(u, v)$。如同最大流量問題，假設當 $(u, v) \notin E$ 時，$c(u, v) = 0$，且沒有反向平行邊。在邊 (u, v) 上傳送 f_{uv} 單位的物流需要付出 $a(u, v) \cdot f_{uv}$ 的成本。你也有一個流量需求 d。你想要將 d 單位的物流從 s 送到 t，同時將物流總成本 $\sum_{(u,v) \in E} a(u, v) \cdot f_{uv}$ 最小化。這個問題稱為最小成本流問題（*minimum-cost-flow problem*）。

圖 29.3(a) 是一個最小成本流問題的例子，其目標是將 4 個單位的物流從 s 送到 t，並產生最小的總成本。任何特定的合法物流，也就是滿足限制條件 (29.26)~(29.28) 的函數 f，都會產生總成本 $\sum_{(u,v) \in E} a(u, v) \cdot f_{uv}$。可將這個總成本最小化的 4 單位物流是什麼？圖 29.3(b) 展示一個最佳解，它的總成本是

$$\sum_{(u,v) \in E} a(u, v) \cdot f_{uv} = (2 \cdot 2) + (5 \cdot 2) + (3 \cdot 1) + (7 \cdot 1) + (1 \cdot 3) = 27$$

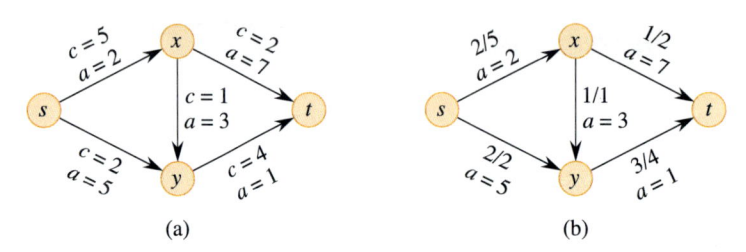

圖 29.3 (a) 最小成本流問題範例。c 為容量，a 為成本。頂點 s 是源頭，t 是匯集點。目標是將 4 個單位的物流從 s 送到 t。(b) 最小成本流問題的一個解，將 4 個單位的物流從 s 送到 t。在每條邊上，我們用流量 / 容量來表示流量與容量。

此外也有一些專為最小成本流問題設計的多項式時間演算法，但它們不在本書討論的範圍之內。然而，最小成本流問題可以表示成線性規劃。它的線性規劃看起來與最大流量問題的線性規劃很像，但有一條額外的限制條件，即物流值必須正好是 d 個單位，而且有一個新的目標函數，將成本最小化：

最小化 $\quad\sum_{(u,v)\in E} a(u,v) \cdot f_{uv}$ (29.29)

滿足限制條件

$$f_{uv} \leq c(u,v) \quad 對於所有\ u,v \in V$$
$$\sum_{v\in V} f_{vu} - \sum_{v\in V} f_{uv} = 0 \quad 對於所有\ u \in V - \{s,t\}$$
$$\sum_{v\in V} f_{sv} - \sum_{v\in V} f_{vs} = d$$
$$f_{uv} \geq 0 \quad 對於所有\ u,v \in V \quad (29.30)$$

多商品流

在最後一個例子裡，我們來考慮另一種物流問題。假設第 24.1 節的 Lucky Puck 公司決定將產品線多樣化，不僅運送冰球，也要運送冰球桿和冰球頭盔。這些設備都在它們自己的工廠裡生產，有自己的倉庫，而且每天都要從工廠運到倉庫。冰球桿是在 Vancouver 生產的，必須運到 Saskatoon，而頭盔是在 Edmonton 生產的，必須運到 Regina。然而，貨運網路的容量並沒有改變，不同的項目或商品必須共享同一個網路。

這個例子是一個多商品流問題。這個問題的輸入仍然是一個有向圖 $G = (V, E)$，其中每條邊 $(u, v) \in E$ 有一個非負的容量 $c(u, v) \geq 0$。與最大流量問題一樣，我們暗中假定，當 $(u, v) \notin E$ 時，$c(u, v) = 0$，且圖沒有反向平行邊。此外，我們有 k 種不同的商品，$K_1, K_2, \ldots, K_k$，商品 i 是用 triple $K_i = (s_i, t_i, d_i)$ 來指定的，其中，頂點 s_i 是商品 i 的源頭，頂點 t_i 是商品 i 的匯集點，而 d_i 是商品 i 的需求量，也就是商品從 s_i 到 t_i 的期望流量值。我們定義商品 i 的流量，以 f_i 表示（因此，f_{iuv} 是商品 i 從頂點 u 到頂點 v 的流量），是一個滿足流量守恆和容量限制的實值函數。我們定義總流量 f_{uv} 是各個商品物流之和，所以 $f_{uv} = \sum_{i=1}^{k} f_{iuv}$。在邊 (u, v) 上的總流量一定不大於邊 (u, v) 的容量。這個問題沒有目標函數，其目標是確定這種物流是否存在。因此，這個問題的線性規劃有「空」目標函數：

最小化 $\quad 0$

滿足限制條件

$$\sum_{i=1}^{k} f_{iuv} \le c(u,v) \quad \text{對於所有 } u, v \in V$$

$$\sum_{v \in V} f_{iuv} - \sum_{v \in V} f_{ivu} = 0 \quad \begin{array}{l}\text{對於所有 } i = 1, 2, \ldots, k \text{ 且} \\ \text{對於所有 } u \in V - \{s_i, t_i\}\end{array}$$

$$\sum_{v \in V} f_{i,s_i,v} - \sum_{v \in V} f_{i,v,s_i} = d_i \quad \text{對於所有 } i = 1, 2, \ldots, k$$

$$f_{iuv} \ge 0 \quad \begin{array}{l}\text{對於所有 } u, v \in V \text{ 且} \\ \text{對於所有 } i = 1, 2, \ldots, k\end{array}$$

這個問題唯一已知的多項式時間演算法將它定義成線性規劃，然後用多項式時間線性規劃演算法來解決它。

習題

29.2-1
明確地寫出線性規劃，尋找第 584 頁的圖 22.2(a) 中，從頂點 s 到頂點 x 的最短路徑。

29.2-2
給定一個圖 G，寫出單源最短路徑問題的線性規劃。解應該具有這樣的屬性：對於每個頂點 $v \in V$，d_v 是從源頭 s 到 v 的最短路徑權重。

29.2-3
明確地寫出圖 24.1(a) 中，尋找最大流量的線性規劃。

29.2-4
改寫最大流量的線性規劃 (29.25)~(29.28)，讓它僅使用 $O(V + E)$ 個限制條件。

29.2-5
給定一個二部圖 $G = (V, E)$，寫出線性規劃來解決二部圖最多配對問題。

29.2-6

將特定的問題寫成線性規劃的方法可能不止一種。本題以另一種方式來描述最大流量問題。設 $\mathcal{P} = \{P_1, P_2, \ldots, P_p\}$ 是從源頭 s 到匯集點 t 的所有可能的有向簡單路徑。我們使用決策變數 $x_1, \ldots, x_p$，其中 x_i 是在路徑 i 上的流量，來為最大流量問題設計一個線性規劃。從 s 到 t 的有向簡單路徑的數量 p 之上限是多少？

29.2-7

在最小成本多商品流問題中，輸入是一個有向圖 $G = (V, E)$，其中每條邊 $(u, v) \in E$ 有一個非負容量 $c(u, v) \geq 0$ 和一個成本 $a(u, v)$。與多商品流問題一樣，我們有 k 種不同的商品，$K_1, K_2, \ldots, K_k$，其中商品 i 是用 $K_i = (s_i, t_i, d_i)$ 來指定的。我們定義商品 i 的流量是 f_i，邊 (u, v) 的總流量是 f_{uv}，與多商品流問題一樣。可行物流就是讓每條邊 (u, v) 的總流量不超過 (u, v) 容量的物流。物流的成本是 $\sum_{(u,v) \in V} a(u, v) \cdot f_{uv}$，你的目標是找出成本最低的可行物流。用線性規劃來表達這個問題。

29.3 對偶性

現在我們要介紹一個很好用的概念，稱為線性規劃的對偶性。一般來說，給定一個最大化問題，對偶性可讓你寫出一個具有相同目標值且相關的最小化問題。對偶性的概念實際上比線性規劃更普遍，但本節把焦點放在線性規劃上。

對偶性可讓我們證明一個解確實是最佳的。我們曾經在第 24 章的定理 24.6 中（max-flow min-cut 定理）看到對偶性的一個例子。假設，給定一個最大流量問題，你找到一個具有 $|f|$ 值的物流 f。該怎麼知道 f 是不是最大物流？根據 max-flow min-cut 定理，如果你能找到一條切線，它的值也是 $|f|$，你就證明了 f 確實是最大物流。這種關係就是一個對偶性案例子：給定一個最大化問題，定義一個相關的最小化問題，使得這兩個問題具有相同的最佳目標值。

給定一個標準形的線性規劃，其目標是最大化，我們來看看如何寫出一個目標為最小化，且最佳值與原始線性規劃相同的對偶線性規劃。在討論對偶線性規劃時，我們將原始的線性規劃稱為 *primal*（原始的）。

給定 primal 線性規劃

最大化
$$\sum_{j=1}^{n} c_j x_j \tag{29.31}$$

滿足限制條件
$$\sum_{j=1}^{n} a_{ij} x_j \leq b_i \ \text{其中} \ i = 1, 2, \ldots, m \tag{29.32}$$
$$x_j \geq 0 \ \text{其中} \ j = 1, 2, \ldots, n \tag{29.33}$$

它的對偶是

最小化
$$\sum_{i=1}^{m} b_i y_i \tag{29.34}$$

滿足限制條件
$$\sum_{i=1}^{m} a_{ij} y_i \geq c_j \ \text{其中} \ j = 1, 2, \ldots, n \tag{29.35}$$
$$y_i \geq 0 \ \text{其中} \ i = 1, 2, \ldots, m \tag{29.36}$$

為了寫出對偶，我們機械性地將最大化改為最小化，改變在右邊和目標函數中的係數，並將每個 $\leq$ 改成 $\geq$。primal 的 m 個限制條件都對應對偶中的一個變數 y_i。同理，對偶的 n 個限制條件都對應 primal 的一個變數 x_j。例如，考慮這個 primal 線性規劃：

最大化
$$3x_1 + x_2 + 4x_3 \tag{29.37}$$

滿足限制條件
$$x_1 + x_2 + 3x_3 \leq 30 \tag{29.38}$$
$$2x_1 + 2x_2 + 5x_3 \leq 24 \tag{29.39}$$
$$4x_1 + x_2 + 2x_3 \leq 36 \tag{29.40}$$
$$x_1, x_2, x_3 \geq 0 \tag{29.41}$$

它的對偶是

最小化
$$30y_1 + 24y_2 + 36y_3 \tag{29.42}$$

滿足限制條件
$$y_1 + 2y_2 + 4y_3 \geq 3 \tag{29.43}$$
$$y_1 + 2y_2 + y_3 \geq 1 \tag{29.44}$$
$$3y_1 + 5y_2 + 2y_3 \geq 4 \tag{29.45}$$
$$y_1, y_2, y_3 \geq 0 \tag{29.46}$$

雖然寫出對偶可視為一種機械性的操作，但它也有一種直觀的解釋。考慮 primal 最大化問題 (29.37)~(29.41)。每一個限制條件都為目標函數設定一個上限。此外，如果你把一個或多個限制條件的非負倍數相加，你就會得到一個有效的限制條件。例如，你可以將限制條件 (29.38) 與 (29.39) 相加，得到限制條件 $3x_1 + 3x_2 + 8x_3 \leq 54$。primal 的任何可行解都滿足這個新限制條件，但它還有另一個有趣之處，拿這個新的限制條件與目標函數 (29.37) 相比，你可以看到，每個變數的係數至少和目標函數的對應係數一樣大。所以，因為變數 x_1、x_2 與 x_3 是非負值，我們得到

$$3x_1 + x_2 + 4x_3 \leq 3x_1 + 3x_2 + 8x_3 \leq 54$$

所以，primal 的解不會超過 54。換句話說，將這兩個限制條件相加可以得到目標值的上限。

整體而言，將 primal 限制條件乘以任意非負乘數 y_1、y_2 與 y_3 都可以產生一個限制條件

$$y_1(x_1+x_2+3x_3)+y_2(2x_1+2x_2+5x_3)+y_3(4x_1+x_2+2x_3) \leq 30y_1+24y_2+36y_3$$

或是使用分配與重組

$$(y_1+2y_2+4y_3)x_1+(y_1+2y_2+y_3)x_2+(3y_1+5y_2+2y_3)x_3 \leq 30y_1+24y_2+36y_3$$

現在，只要這個限制條件的係數 x_1、x_2 和 x_3 至少與它們的目標函數係數一樣大，它就是一個有效的上限。也就是說，只要

$$y_1 + 2y_2 + 4y_3 \geq 3$$
$$y_1 + 2y_2 + y_3 \geq 1$$
$$3y_1 + 5y_2 + 2y_3 \geq 4$$

你就得到有效上限 $30y_1 + 24y_2 + 36y_3$。乘數 y_1、y_2 和 y_3 必須是非負值，因為若非如此，你就無法合併不等式。上限當然越小越好，所以你要選擇將 $30y_1 + 24y_2 + 36y_3$ 最小化的 y。請注意，我們剛才將「對偶線性規劃」描述成「尋找 primal 的最小上限」的問題。

我們接下來要將把這個想法正式化，並在定理 29.4 中證明，如果線性規劃及其對偶是可行的且有界限的，那麼對偶線性規劃的最佳值始終等於 primal 線性規劃的最佳值。我們要先證明**弱對偶性**，也就是 primal 線性規劃的任何可行解的值都不大於對偶線性規劃的任何可行解。

引理 29.1（線性規劃的弱對偶性）

設 $\bar{x}$ 為 primal 線性規劃 (29.31)~(29.33) 的任意可行解，設 $\bar{y}$ 為其對偶線性規劃 (29.34)~(29.36) 的任意可行解。那麼

$$\sum_{j=1}^{n} c_j \bar{x}_j \leq \sum_{i=1}^{m} b_i \bar{y}_i$$

證明　我們可以得到

$$\begin{aligned} \sum_{j=1}^{n} c_j \bar{x}_j &\leq \sum_{j=1}^{n} \left(\sum_{i=1}^{m} a_{ij} \bar{y}_i \right) \bar{x}_j \quad \text{（根據不等式 (29.35)）} \\ &= \sum_{i=1}^{m} \left(\sum_{j=1}^{n} a_{ij} \bar{x}_j \right) \bar{y}_i \\ &\leq \sum_{i=1}^{m} b_i \bar{y}_i \quad \text{（根據不等式 (29.32)）} \end{aligned}$$

∎

推論 29.2

設 $\bar{x}$ 是 primal 線性規劃 (29.31)~(29.33) 的可行解，設 $\bar{y}$ 是對偶線性規劃 (29.34)~(29.36) 的可行解。若

$$\sum_{j=1}^{n} c_j \bar{x}_j = \sum_{i=1}^{m} b_i \bar{y}_i$$

則 $\bar{x}$ 與 $\bar{y}$ 分別是 primal 與對偶線性規劃的最佳解。

證明　根據引理 29.1，primal 的可行解的目標值不超過對偶的可行解的目標值。primal 線性規劃是一個最大化問題，而對偶是一個最小化問題。因此，如果可行解 $\bar{x}$ 和 $\bar{y}$ 有相同的目標值，那麼兩者都無法更好。 ∎

我們已經證明，在最佳化時，primal 和對偶目標值確實是相等的。為了證明線性規劃的對偶性，我們需要線性代數中的一個引理，即 Farkas 引理，挑戰 29-4 將請你證明這個引理。Farkas 引理有幾種形式，每一種都與一組線性等式何時有解有關。在敘述這個引理時，我們用 $m+1$ 作為維度，因為它與接下來的用法相符。

引理 29.3（Farkas 引理）

給定 $M \in \mathbb{R}^{(m+1) \times n}$ 與 $g \in \mathbb{R}^{m+1}$，那麼以下的情況之一為真：

1. 存在 $v \in \mathbb{R}^n$ 滿足 $Mv \leq g$，
2. 存在 $w \in \mathbb{R}^{m+1}$ 滿足 $w \geq 0$，$w^T M = 0$（全為 0 的 n 維向量），且 $w^T g < 0$。∎

定理 29.4（線性規劃的對偶性）

給定 primal 線性規劃 (29.31)~(29.33) 及其對偶 (29.34)~(29.36)，如果兩者都是可行且有界限的，那麼以最佳解 x^* 與 y^* 可得 $c^T x^* = b^T y^*$。

證明 設 $\mu = b^T y^*$ 是對偶線性規劃 (29.34)~(29.36) 的最佳值。考慮一組擴增的 primal 限制條件，我們在 (29.31)~(29.33) 裡面加一條限制條件，即目標值至少為 μ。這個**擴增的** *primal* 為

$$Ax \leq b \tag{29.47}$$
$$c^T x \geq \mu \tag{29.48}$$

我們可以將 (29.48) 乘以 -1，並將 (29.47)~(29.48) 改寫為

$$\begin{pmatrix} A \\ -c^T \end{pmatrix} x \leq \begin{pmatrix} b \\ -\mu \end{pmatrix} \tag{29.49}$$

在此，$\begin{pmatrix} A \\ -c^T \end{pmatrix}$ 是一個 $(m+1) \times n$ 矩陣，x 是一個 n 維向量，且 $\begin{pmatrix} b \\ -\mu \end{pmatrix}$ 是一個 $(m+1)$ 維向量。

我們主張，如果擴增的 primal 有可行解 $\bar{x}$，這個定理就被證明了。為了證明這個主張，我們可以觀察，$\bar{x}$ 也是原始的 primal 的可行解，而且它的目標值至少是 μ。我們可以應用引理 29.1 來完成定理證明，它說 primal 的目標值最多是 μ。

因此，我們接下來只要證明擴增的 primal 有可行解即可。我們使用反證法。假設擴增的 primal 是不可行的，這意味著沒有 $v \in \mathbb{R}^n$ 滿足 $\begin{pmatrix} A \\ -c^T \end{pmatrix} v \leq \begin{pmatrix} b \\ -\mu \end{pmatrix}$。我們可以對不等式 (29.49) 套用引理 29.3，使用

$$M = \begin{pmatrix} A \\ -c^T \end{pmatrix} \quad \text{且} \quad g = \begin{pmatrix} b \\ -\mu \end{pmatrix}$$

因為擴增的 primal 是不可行的，所以 Farkas 引理的條件 1 不成立，所以條件 2 必須成立，所以一定存在一個 $w \in \mathbb{R}^{m+1}$ 滿足 $w \geq 0$、$w^\mathrm{T} M = 0$、$w^\mathrm{T} g < 0$。我們將 w 寫成 $w = \begin{pmatrix} \bar{y} \\ \lambda \end{pmatrix}$，$\bar{y} \in \mathbb{R}^m$，$\lambda \in \mathbb{R}$，其中 $\bar{y} \geq 0$，$\lambda \geq 0$。代入條件 2 的 w、M 與 g 可得

$$\begin{pmatrix} \bar{y} \\ \lambda \end{pmatrix}^\mathrm{T} \begin{pmatrix} A \\ -c^\mathrm{T} \end{pmatrix} = 0 \quad \text{且} \quad \begin{pmatrix} \bar{y} \\ \lambda \end{pmatrix}^\mathrm{T} \begin{pmatrix} b \\ -\mu \end{pmatrix} < 0$$

展開矩陣表示法可得

$$\bar{y}^\mathrm{T} A - \lambda c^\mathrm{T} = 0 \quad \text{且} \quad \bar{y}^\mathrm{T} b - \lambda \mu < 0 \tag{29.50}$$

我們現在要證明，(29.50) 的要求與「μ 是對偶線性規劃的最佳解」這個假設互相矛盾。我們考慮兩種情況。

第一種情況是 $\lambda = 0$。此時，(29.50) 可化簡成

$$\bar{y}^\mathrm{T} A = 0 \quad \text{且} \quad \bar{y}^\mathrm{T} b < 0 \tag{29.51}$$

我們現在要建構目標值小於 $b^\mathrm{T} y^*$ 的對偶可行解 y'。設 $y' = y^* + \epsilon \bar{y}$，其中任意的 $\epsilon > 0$。因為

$$\begin{aligned} y'^\mathrm{T} A &= (y^* + \epsilon \bar{y})^\mathrm{T} A \\ &= y^{*\mathrm{T}} A + \epsilon \bar{y}^\mathrm{T} A \\ &= y^{*\mathrm{T}} A \quad \text{（根據 (29.51)）} \\ &\geq c^\mathrm{T} \quad \text{（因為 y^* 是可行的）} \end{aligned}$$

y' 是可行的。現在考慮目標值

$$\begin{aligned} b^\mathrm{T} y' &= b^\mathrm{T} (y^* + \epsilon \bar{y}) \\ &= b^\mathrm{T} y^* + \epsilon b^\mathrm{T} \bar{y} \\ &< b^\mathrm{T} y^* \end{aligned}$$

最後的不等式成立是因為 $\epsilon > 0$，且根據 (29.51)，$\bar{y}^\mathrm{T} b = b^\mathrm{T} \bar{y} < 0$（因為 $\bar{y}^\mathrm{T} b$ 與 $b^\mathrm{T} \bar{y}$ 是 b 與 $\bar{y}$ 的內積），所以它們的積是負值。因此，我們有一個值小於 μ 的可行對偶解，這與 μ 是最佳目標值互相矛盾。

現在考慮第二個情況，$\lambda > 0$。此時，我們可以將 (29.50) 除以 λ，得到

$$(\bar{y}^\mathrm{T}/\lambda) A - (\lambda/\lambda) c^\mathrm{T} = 0 \quad \text{且} \quad (\bar{y}^\mathrm{T}/\lambda) b - (\lambda/\lambda) \mu < 0 \tag{29.52}$$

在 (29.52) 中，設 $y' = \bar{y}/\lambda$，得到

$$y'^{\mathrm{T}} A = c^{\mathrm{T}} \quad \text{且} \quad y'^{\mathrm{T}} b < \mu$$

因此，y' 是目標值嚴格小於 μ 的可行對偶解，出現矛盾。結論是，擴增的 primal 有可行解，定理得證。 ∎

線性規劃的基礎理論

在本章的最後，我們要說明線性規劃的基礎理論，這個理論將定理 29.4 擴展到線性規劃可能是可行的或無界限的情況。習題 29.3-8 會請你提供證明。

定理 29.5（線性規劃的基礎理論）

以標準形表示的線性規劃可能是

1. 有一個有限目標值的最佳解，或
2. 不可行的，或
3. 無界限的。 ∎

習題

29.3-1
寫出第 822 頁的線性規劃 (29.6)~(29.10) 的對偶。

29.3-2
你有一個非標準形的線性規劃。為了寫出對偶，你可以先將它轉換成標準形，再取它的對偶。不過，直接寫出對偶比較方便。說明如何直接寫出任意線性規劃的對偶。

29.3-3
寫出第 831 頁 (29.25)~(29.28) 的最大流量線性規劃的對偶，解釋如何將這個表述解讀成最小切線問題。

29.3-4
寫下第 833 頁 (29.29)~(29.30) 的最小成本流線性規劃的對偶。解釋如何用圖與物流來描述這個問題。

29.3-5
證明線性規劃的對偶的對偶是 primal 線性規劃。

29.3-6
第 24 章的哪個結果可以解釋成最大流量問題的弱對偶性？

29.3-7
考慮下面的單變數 primal 線性規劃：

最大化 $\quad tx$

滿足限制條件

$$rx \leq s$$
$$x \geq 0$$

其中 r、s 與 t 是任意實數。說明哪些 r、s 和 t 值可讓你確定

1. primal 線性規劃和它的對偶都具有有限目標值的最佳解。
2. primal 是可行的，但對偶是不可行的。
3. 對偶是可行的，但 primal 是不可行的。
4. 對偶與 primal 都是不可行的。

29.3-8
證明線性規劃的基礎理論，即定理 29.5。

挑戰

29-1 線性不等式可行性

給定具有 n 個變數的 m 個線性不等式，**線性不等式可行性問題**問的是有沒有一組變數同時滿足每一個不等式。

a. 寫出一個線性規劃問題的演算法，說明如何用它來求解線性不等式可行性問題。在線性規劃問題中使用的變數和限制條件的數量，應該與 n 和 m 成多項式關係。

b. 寫出一個處理線性不等式可行性問題的演算法，說明如何用它來處理線性規劃問題。在線性不等式可行性問題中使用的變數和線性不等式的數量，應該與線性規劃中的變數和限制條件的數量 n 和 m 成多項式關係。

29-2 互補差餘

互補差餘（*complementary slackness*）描述了 primal 變數與對偶限制條件之間的關係，以及對偶變數與 primal 限制條件之間的關係。設 $\bar{x}$ 是 (29.31)~(29.33) 的 primal 線性規劃的可行解，$\bar{y}$ 是 (29.34)~(29.36) 的對偶線性規劃的可行解。互補差餘說明以下條件是使得 $\bar{x}$ 和 $\bar{y}$ 成為最佳解的必要和充分條件：

$$\sum_{i=1}^{m} a_{ij}\bar{y}_i = c_j \text{ 或 } \bar{x}_j = 0 \text{ 其中 } j = 1, 2, \ldots, n$$

且

$$\sum_{j=1}^{n} a_{ij}\bar{x}_j = b_i \text{ 或 } \bar{y}_i = 0 \text{ 其中 } i = 1, 2, \ldots, m$$

a. 證明對線性規劃 (29.37)~(29.41) 而言，互補差餘成立。

b. 證明對任意 primal 線性規劃及其對偶而言，互補差餘成立。

c. 證明若且唯若存在值 $\bar{y} = (\bar{y}_1, \bar{y}_2, \ldots, \bar{y}_m)$ 滿足以下條件，則 primal 線性規劃 (29.31)~(29.33) 的可行解 $\bar{x}$ 是最佳的

1. $\bar{y}$ 是對偶線性規劃 (29.34)~(29.36) 的可行解，
2. 對於所有 j，$\sum_{i=1}^{m} a_{ij}\bar{y}_i = c_j$，使得 $\bar{x}_j > 0$，以及
3. 對於所有 i，$\bar{y}_i = 0$，使得 $\sum_{j=1}^{n} a_{ij}\bar{x}_j < b_i$。

29-3 整數線性規劃

整數線性規劃問題是一種線性規劃問題，它有一條額外的限制條件，就是變數 x 必須是整數值。第 1058 頁的習題 34.5-3 指出，僅判斷一個整數線性規劃有沒有可行解是 NP-hard，意思是說，這個問題沒有已知的線性時間演算法。

a. 證明整數線性規劃具有弱對偶性（引理 29.1）。

b. 證明整數線性規劃不一定具有對偶性（定理 29.4）。

c. 給定一個標準形的 primal 線性規劃，設 P 是 primal 線性規劃的最佳目標值，D 是其對偶的最佳目標值，IP 是 primal 的整數版本的最佳目標值（也就是在 primal 中加入「變數為整數值」的限制條件），ID 是對偶的整數版本的最佳目標值。假設 primal 整數規劃和對偶整數規劃都是可行的、有界限的，證明

$IP \leq P = D \leq ID$

29-4 Farkas 引理

證明 Farkas 引理，即引理 29.3。

29-5 最小成本迴路

這個問題考慮的是第 29.2 節的最小成本流問題的一個變體，此問題沒有需求、源頭、匯集點，它的輸入一如往常，有一個流量網路、容量限制 $c(u, v)$，與邊成本 $a(u, v)$。如果物流滿足每一條邊的容量限制，以及每個頂點的流量守恆，那麼該物流就是可行的。我們的目標是在所有可行的物流中找出成本最小的。我們將這個問題稱為**最小成本迴路問題**。

a. 將最小成本迴路問題寫成線性規劃。

b. 假設所有邊 $(u, v) \in E$ 的 $a(u, v) > 0$，最小成本迴路問題的最佳解長怎樣？

c. 用最小成本迴路問題線性規劃來處理最大流量問題。亦即，給定一個最大流量問題實例 $G = (V, E)$，它的源頭為 s，匯集點為 t，邊容量為 c，設計一個最小成本迴路問題，用一個邊容量為 c'，邊成本為 a' 的網路 $G' = (V', E')$（可能不同），來讓你可以從最小成本迴路問題的解推導出最大流量問題的解。

d. 將單源最短路徑問題定義成最小成本迴路問題的線性規劃。

後記

本章只是廣大的線性規劃研究領域的敲門磚。坊間有許多書籍專門討論線性規劃，包括 Chvátal [94]、Gass [178]、Karloff [246]、Schrijver [398] 和 Vanderbei [444]。許多其他書籍也仔細地介紹線性規劃，包括 Papadimitriou 和 Steiglitz [353]，以及 Ahuja、Magnanti 和 Orlin [7] 的書籍。本章的內容採用 Chvátal 的方法。

線性規劃的單體演算法是 G. Dantzig 在 1947 年發明的。不久後，研究者發現如何將各種領域的問題寫成線性規劃，並用單體演算法來解決。自此之後，線性規劃的應用與一些演算法一起蓬勃發展。單體演算法的變體仍然是解決線性規劃問題的主流方法。許多文獻都提到這段歷史，包括 [94] 和 [246] 的記事。

橢圓演算法是線性規劃的第一個多項式時間演算法，它是 L. G. Khachian 在 1979 年提出的，基於 N. Z. Shor、D. B. Judin 和 A. S. Nemirovskii 的早期研究。Grötschel、Lovász 和 Schrijver [201] 介紹了如何使用橢圓演算法來處理組合優化的各種問題。到目前為止，在實務上，橢圓演算法的效果似乎比不上單體演算法。

Karmarkar 的論文 [247] 介紹第一個內點（interior-point）演算法。後來有許多研究者也設計了內點演算法。Goldfarb 和 Todd 的文章 [189] 以及 Ye 的書籍 [463] 對此做了詳細的彙整。

單體演算法的分析仍然是活躍的研究領域。V. Klee 和 G. J. 要下星期處理 Minty 設計了一個可讓單體演算法以 2^n-1 次迭代來處理的例子。單體演算法在實務上通常有很好的表現，有很多研究者試圖為這個現象提供理論上的解釋。由 K. H. Borgwardt 開始，並由許多其他人繼續進行的研究指出，在對輸入進行某些機率假設的情況下，單體演算法預期可以在多項式時間內收斂。Spielman 和 Teng [421] 在這個領域有所進展，提出「演算法的平滑分析」，並將它應用在單體演算法上。

眾所周知，單體演算法在某些特殊情況下可以高效地執行。特別值得注意的是網路單體演算法，它是專門針對網路流量問題的單體演算法。對於某些網路問題，包括最短路徑、最大流量和最小成本流量問題，網路單體演算法的變體可在多項式時間內執行。例如，Orlin [349] 和他所引用的文獻都值得參考。

30 多項式與 FFT

直接將兩個 n 次多項式相加需要 $\Theta(n)$ 時間，但直接將它們相乘需要 $\Theta(n^2)$ 時間。本章將介紹快速傅立葉轉換（FFT）如何將多項式相乘的時間降為 $\Theta(n \lg n)$。

最常使用 FFT 的領域是訊號處理。訊號是在**時域**中給定的：它是一個將時間對映到振幅的函數。傅立葉分析將訊號表示成不同頻率和相位移的正弦波之加權總和。訊號在**頻域**中的特性是用它的相關權重和相位來描述的。FFT 的日常應用包括數位影像和音訊的壓縮技術，包括 MP3 檔案。目前已有許多優秀的書籍深入研究訊號處理的豐富領域，本章的後記會介紹其中幾本。

多項式

在代數域 F 中，變數 x 的**多項式**以形式和（formal sum）來表示函數 $A(x)$：

$$A(x) = \sum_{j=0}^{n-1} a_j x^j$$

$a_0, a_1, \ldots, a_{n-1}$ 是多項式的**係數**。係數與 x 來自 F 域，通常是複數集合 $\mathbb{C}$。如果多項式 $A(x)$ 的最高非零係數是 a_k，它就是 k **次**（degree），此時，我們說 degree(A) = k。對於一個多項式而言，大於其次數的任何整數都是它的 *degree-bound*（**次數上限**）。因此，次數界限為 n 的多項式的次數可能是介於 0 和 $n-1$ 之間的任何整數，包括 $n-1$。

我們可以用多項式進行各種運算。例如**多項式加法**，如果 $A(x)$ 與 $B(x)$ 都是次數上限為 n 的多項式，它們的**和**是多項式 $C(x)$，其次數上限也是 n，滿足對定義域的所有 x 而言，$C(x) = A(x) + B(x)$。亦即，若

$$A(x) = \sum_{j=0}^{n-1} a_j x^j \quad \text{且} \quad B(x) = \sum_{j=0}^{n-1} b_j x^j$$

則

$$C(x) = \sum_{j=0}^{n-1} c_j x^j$$

其中 $c_j = a_j + b_j$，$j = 0, 1, ..., n-1$。例如，多項式 $A(x) = 6x^3 + 7x^2 - 10x + 9$ 與 $B(x) = -2x^3 + 4x - 5$ 的和是 $C(x) = 4x^3 + 7x^2 - 6x + 4$。

至於**多項式乘法**，若 $A(x)$ 與 $B(x)$ 是次數上限為 n 的多項式，它們的**積** $C(x)$ 是次數上限為 $2n-1$ 的多項式，對定義域的所有 x 而言，$C(x) = A(x)B(x)$。你應該曾經用這種算法來計算多項式乘法：將 $A(x)$ 的每一項與 $B(x)$ 的每一項相乘，然後將次方相同的項相加。例如將 $A(x) = 6x^3 + 7x^2 - 10x + 9$ 與 $B(x) = -2x^3 + 4x - 5$ 相乘如下

$$
\begin{array}{r}
6x^3 + 7x^2 - 10x + 9 \\
-2x^3 + 4x - 5 \\
\hline
-30x^3 - 35x^2 + 50x - 45 \\
24x^4 + 28x^3 - 40x^2 + 36x \\
-12x^6 - 14x^5 + 20x^4 - 18x^3 \\
\hline
-12x^6 - 14x^5 + 44x^4 - 20x^3 - 75x^2 + 86x - 45
\end{array}
$$

（將 $A(x)$ 乘以 -5）
（將 $A(x)$ 乘以 $4x$）
（將 $A(x)$ 乘以 $-2x^3$）

表達積 $C(x)$ 的另一種方法是

$$C(x) = \sum_{j=0}^{2n-2} c_j x^j \tag{30.1}$$

其中

$$c_j = \sum_{k=0}^{j} a_k b_{j-k} \tag{30.2}$$

（根據次數的定義，當 $k > \text{degree}(A)$ 時，$a_k = 0$，當 $k > \text{degree}(B)$ 時，$b_k = 0$）。如果多項式 A 的次數上限是 n_a，多項式 B 的次數上限是 n_b，那麼多項式 C 的次數上限一定是 $n_a + n_b - 1$，因為 $\text{degree}(C) = \text{degree}(A) + \text{degree}(B)$。因為次數上限為 k 的多項式也是次數上限為 $k+1$ 的多項式，我們通常簡單地說，乘積多項式 C 是次數上限為 $n_a + n_b$ 的多項式。

章節綱要

第 30.1 節將介紹兩種多項式表示法：係數表示法和點值（point-value）表示法。直接將 n 度多項式相乘的方法（式 (30.1) 和 (30.2)）在處理以係數表示的多項式時，需要 $\Theta(n^2)$ 時間，但處理以點值表示的多項式只需要 $\Theta(n)$ 時間。然而，在這兩種表示法之間進行轉換，可以將多項式相乘的時間縮短為只有 $\Theta(n \lg n)$。若想知道為什麼這種方法可行，你必須先了解複

數單位根，第 30.2 節會介紹它。第 30.2 節會使用 FFT 和它的逆轉換來進行轉換。因為 FFT 經常被用來處理訊號，所以它經常被做成硬體電路，第 30.3 節將介紹這種電路的結構。

本章使用複數，符號 i 在本章中僅代表 $\sqrt{-1}$。

30.1 多項式表示法

多項式的係數表示法和點值表示法在某種意義上是等效的：點值形式的多項式可對應到唯一的係數形式多項式。本節將介紹這兩種表示法，並說明如何將它們結合起來，在 $\Theta(n \lg n)$ 時間內，將兩個次數上限為 n 的多項式相乘。

係數表示法

次數上限為 n 的多項式 $A(x) = \sum_{j=0}^{n-1} a_j x^j$ 的**係數表示法**是一個係數向量 $a = (a_0, a_1, \ldots, a_{n-1})$。本章的矩陣式通常將向量視為行（column）向量。

係數表示法很適合用來對多項式進行某些操作。例如，**計算**多項式 $A(x)$ 在給定點 x_0 的值就是計算 $A(x_0)$ 的值。我們可以使用 **Horner 法則**，在 $\Theta(n)$ 時間內計算多項式的值：

$$A(x_0) = a_0 + x_0 \left(a_1 + x_0 \left(a_2 + \cdots + x_0 \left(a_{n-2} + x_0(a_{n-1}) \right) \cdots \right) \right)$$

同理，將兩個以係數向量 $a = (a_0, a_1, \ldots, a_{n-1})$ 與 $b = (b_0, b_1, \ldots, b_{n-1})$ 來表示的多項式相加需要 $\Theta(n)$ 時間，我們只要產生係數向量 $c = (c_0, c_1, \ldots, c_{n-1})$ 即可，其中 $c_j = a_j + b_j$，$j = 0, 1, \ldots, n-1$。

接下來，我們考慮將兩個次數上限為 n 的多項式 $A(x)$ 與 $B(x)$ 相乘，它們都使用係數表示法。式 (30.1) 與 (30.2) 的方法需要 $\Theta(n^2)$ 時間，因為它將向量 a 的每一個係數乘以向量 b 的每一個係數。將係數形式的多項式相乘看起來比計算一個多項式的值或將兩個多項式相加要困難許多。相乘得到的係數向量 c，即式 (30.2)，稱為輸入向量 a 與 b 的**摺積**（*convolution*），寫成 $c = a \otimes b$。因為多項式相乘和計算摺積是具有重要意義的基本計算問題，本章會專門討論它們的高效演算法。

點值表示法

次數上限為 n 的多項式 $A(x)$ 的**點值表示法**就是 n 組**成對的點值**

$$\{(x_0, y_0), (x_1, y_1), \ldots, (x_{n-1}, y_{n-1})\}$$

滿足所有的 x_k 皆不相同，且

$$y_k = A(x_k) \tag{30.3}$$

其中 $k = 0, 1, \ldots, n-1$。一個多項式有許多不同的點值表示法，因為任意 n 個不同的點 $x_0, x_1, \ldots, x_{n-1}$ 都可以當成這種表示法的基礎。

原則上，為一個係數形式的多項式算出點值表示法很簡單，因為你只要選擇 n 個不同的點 $x_0, x_1, \ldots, x_{n-1}$，然後為 $k = 0, 1, \ldots, n-1$ 計算 $A(x_k)$ 即可。使用 Horner 法來計算這 n 個點需要 $\Theta(n^2)$ 時間。等一下你會看到，如果你巧妙地選擇 x_k，你可以將計算速度提升至 $\Theta(n \lg n)$ 時間內。

反向的計算，也就是由點值表示法算出多項式的係數形式，稱為**插值**（*interpolation*）。以下定理證明，當你想插值的多項式的次數上限等於給定的點值對數（number of point-value pairs）時，插值才有明確的定義。

定理 30.1（插值多項式的唯一性）

如果有任意 n 對點值 $\{(x_0, y_0), (x_1, y_1), \ldots, (x_{n-1}, y_{n-1})\}$，滿足所有的 x_k 值都不相同，那就存在一個次數上限為 n，且滿足 $y_k = A(x_k)$，$k = 0, 1, \ldots, n-1$ 的唯一多項式 $A(x)$。

證明 這個證明需要利用矩陣之逆矩陣的存在性。式 (30.3) 相當於矩陣式

$$\begin{pmatrix} 1 & x_0 & x_0^2 & \cdots & x_0^{n-1} \\ 1 & x_1 & x_1^2 & \cdots & x_1^{n-1} \\ \vdots & \vdots & \vdots & \ddots & \vdots \\ 1 & x_{n-1} & x_{n-1}^2 & \cdots & x_{n-1}^{n-1} \end{pmatrix} \begin{pmatrix} a_0 \\ a_1 \\ \vdots \\ a_{n-1} \end{pmatrix} = \begin{pmatrix} y_0 \\ y_1 \\ \vdots \\ y_{n-1} \end{pmatrix} \tag{30.4}$$

我們用 $V(x_0, x_1, \ldots, x_{n-1})$ 來表示左邊的矩陣，它稱為 *Vandermonde* **矩陣**。根據第 1181 頁的挑戰 D-1，這個矩陣的行列式為

$$\prod_{0 \leq j < k \leq n-1} (x_k - x_j)$$

因此，根據第 1178 頁的定理 D.5，如果 x_k 互不相同，它是可逆的（也就是非奇異的）。針對給定的點值表示法，要唯一地求解係數 a_j，可使用 Vandermonde 矩陣的逆矩陣：

$$a = V(x_0, x_1, \ldots, x_{n-1})^{-1} y$$

∎

定理 30.1 的證明描述了一種基於求解線性方程組 (30.4) 的插值演算法。第 28.1 節介紹了如何在 $O(n^3)$ 時間內求解這些方程式。

更快速的 n 點插值演算法是基於 *Lagrange 公式*

$$A(x) = \sum_{k=0}^{n-1} y_k \frac{\prod_{j \neq k}(x - x_j)}{\prod_{j \neq k}(x_k - x_j)} \tag{30.5}$$

你可以驗證，式 (30.5) 的右邊是個次數上限為 n 的多項式，對所有 k 而言，滿足 $A(x_k) = y_k$。習題 30.1-5 會問你如何使用 Lagrange 公式在 $\Theta(n^2)$ 時間內計算 A 的係數。

因此，n 點求值和插值是定義完善的逆運算，可在多項式的係數表示法和點值表示法之間來回轉換[1]。上述處理這些問題的演算法耗時 $\Theta(n^2)$ 時間。

點值表示法很適合用來執行多項式的許多運算。對加法而言，若 $C(x) = A(x) + B(x)$，則對任意點 x_k 而言，$C(x_k) = A(x_k) + B(x_k)$。更準確地說，給定 A 的點值表示法，

$\{(x_0, y_0), (x_1, y_1), \ldots, (x_{n-1}, y_{n-1})\}$

且 B 為

$\{(x_0, y'_0), (x_1, y'_1), \ldots, (x_{n-1}, y'_{n-1})\}$

A 與 B 用相同的 n 個點來計算，那麼，C 的點值表示法是

$\{(x_0, y_0 + y'_0), (x_1, y_1 + y'_1), \ldots, (x_{n-1}, y_{n-1} + y'_{n-1})\}$

因此，將兩個次數上限為 n 的點值形式多項式相加的時間是 $\Theta(n)$。

---

[1] 從數值穩定性的角度來看，插值出了名的麻煩。儘管這裡介紹的方法在數學上是正確的，但輸入的微小差異，或計算過程的捨入誤差，將導致全然不同的結果。

點值表示法也適合用來將多項式相乘。若 $C(x) = A(x)B(x)$，則對任意點 x_k 而言，$C(x_k) = A(x_k)B(x_k)$，若要得到 C 的點值表示法，只要將 A 的點值表示法與 B 的點值表示法逐點相乘即可。然而，多項式乘法有一個關鍵層面與多項式加法不同：$\text{degree}(C) = \text{degree}(A) + \text{degree}(B)$，所以如果 A 與 B 的次數上限是 n，那麼 C 的次數上限是 $2n$。A 與 B 的標準點值表示法是由各個多項式的 n 對點值構成的。將它們相乘會得到 n 對點值，但是對一個次數上限為 $2n$ 的唯一多項式 C 進行插值需要 $2n$ 對點值（見習題 30.1-4）。所以我們要先「擴展」A 與 B 的點值表示法，讓它們分別有 $2n$ 對點值。給定一個 A 的擴展點值表示法，

$$\{(x_0, y_0), (x_1, y_1), \ldots, (x_{2n-1}, y_{2n-1})\}$$

與一個 B 的擴展點值表示法，

$$\{(x_0, y'_0), (x_1, y'_1), \ldots, (x_{2n-1}, y'_{2n-1})\}$$

那麼，C 的點值表示法是

$$\{(x_0, y_0 y'_0), (x_1, y_1 y'_1), \ldots, (x_{2n-1}, y_{2n-1} y'_{2n-1})\}$$

給定兩個擴展的點值形式的輸入多項式，將它們相乘以獲得點值形式的結果只需要 $\Theta(n)$ 時間，比係數形式的多項式相乘所需的 $\Theta(n^2)$ 時間要少得多。

最後要考慮的是如何在一個新點上計算點值形式多項式的值。針對這個問題，已知的最簡單方法是先將多項式轉換成係數形式，然後為新點計算。

係數多項式的快速乘法

線性時間的點值多項式乘法可以為係數多項式的乘法加速嗎？答案取決於能否將係數多項式轉換成點值多項式（求值，evaluate），和反過來轉換（插值，interpolate）。

每一個點都可以當成求值點,但有一些求值點可在僅僅 $\Theta(n \lg n)$ 時間內完成表示法的轉換。第 30.2 節將會提到,如果求值點是「複數單位根」,那就可以用離散傅立葉轉換(即 DFT)來求值,用逆 DFT 來插值。第 30.2 節將介紹 FFT 如何在 $\Theta(n \lg n)$ 時間內完成 DFT 和逆 DFT 運算。

圖 30.1 描述這個策略。有一個小細節涉及次數上限。兩個次數上限為 n 的多項式之積是次數上限為 $2n$ 的多項式。因此,在計算輸入多項式 A 與 B 之前,必須先將它們的次數上限加倍為 $2n$,做法是加入 n 個值為 0 的高階係數。因為向量有 $2n$ 個元素,我們使用「$2n$ 次複數單位根」,圖 30.1 用 ω_{2n} 項來表示它。

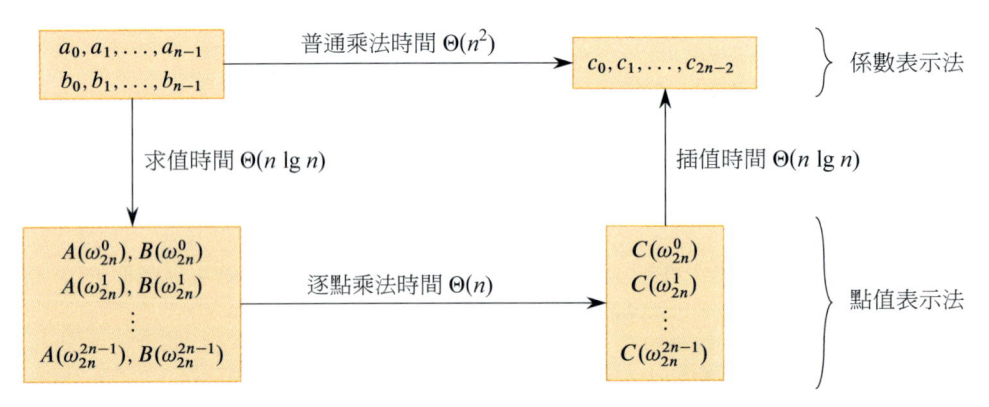

```
┌─────────────────┐                              ┌─────────────────┐  ⎫
│ a₀, a₁, ..., aₙ₋₁│  ──普通乘法時間 Θ(n²)──→     │ c₀, c₁, ..., c₂ₙ₋₂│  ⎬ 係數表示法
│ b₀, b₁, ..., bₙ₋₁│                              │                 │  ⎭
└─────────────────┘                              └─────────────────┘
         │                                                ↑
   求值時間 Θ(n lg n)                              插值時間 Θ(n lg n)
         ↓                                                │
┌─────────────────┐                              ┌─────────────────┐  ⎫
│ A(ω²ₙ⁰), B(ω²ₙ⁰)│                              │   C(ω²ₙ⁰)       │  │
│ A(ω²ₙ¹), B(ω²ₙ¹)│  ──逐點乘法時間 Θ(n)──→      │   C(ω²ₙ¹)       │  ⎬ 點值表示法
│       ⋮         │                              │     ⋮           │  │
│A(ω²ₙ²ⁿ⁻¹),B(ω²ₙ²ⁿ⁻¹)│                         │  C(ω²ₙ²ⁿ⁻¹)     │  ⎭
└─────────────────┘                              └─────────────────┘
```

圖 30.1 高效率的多項式乘法流程。上面的表示法是係數形式,下面的表示法是點值形式。由左向右的箭頭是乘法運算。ω_{2n} 項是 $2n$ 次複數單位根。

接下來的程序使用 FFT 在 $\Theta(n \lg n)$ 時間內將兩個次數上限為 n 的多項式 $A(x)$ 與 $B(x)$ 相乘,它的輸入和輸出都使用係數形式。這個程序假設 n 是 2 的整數次方,如果不是,只要加入高次零係數即可。

1. **將次數上限加倍**:在 $A(x)$ 與 $B(x)$ 的係數表示法中分別加入 n 個高次零係數,來讓它們成為次數上限為 $2n$ 的多項式。

2. **求值**:計算長度為 $2n$ 的 $A(x)$ 和 $B(x)$ 的點值表示法,做法是對著各個多項式執行 $2n$ 階的 FFT。這些表示法包含兩個多項式在 $2n$ 次單位根處的值。

3. **逐點乘法**:計算多項式 $C(x) = A(x)B(x)$ 的點值表示法,做法是將這些值逐點相乘。這個表示法包含 $C(x)$ 在各個 $2n$ 次單位根處的值。

4. **插值**：建立多項式 $C(x)$ 的係數表示法，對著 $2n$ 對點值套用 FFT 來計算逆 DFT。

第 (1) 至 (3) 步花費 $\Theta(n)$ 時間，第 (2) 至 (4) 步花費 $\Theta(n \lg n)$ 時間。因此，當你知道如何使用 FFT 之後，你就可以證明接下來的定理。

定理 30.2
兩個次數上限為 n 且輸入和輸出都採用係數形式的多項式，可以在 $\Theta(n \lg n)$ 時間內相乘。∎

習題

30.1-1
使用式 (30.1) 與 (30.2) 來將多項式 $A(x) = 7x^3 - x^2 + x - 10$ 與 $B(x) = 8x^3 - 6x + 3$ 相乘。

30.1-2
計算次數上限為 n 的多項式 $A(x)$ 在點 x_0 的另一種方法是將 $A(x)$ 除以多項式 $(x - x_0)$，得到次數上限為 $n-1$ 的商多項式 $q(x)$，與餘數 r，使得 $A(x) = q(x)(x - x_0) + r$。然後可得 $A(x_0) = r$。說明如何在 $\Theta(n)$ 時間內，使用 x_0 與 A 的係數來算出餘數 r 與 $q(x)$ 的係數。

30.1-3
給定一個多項式 $A(x) = \sum_{j=0}^{n-1} a_j x^j$，我們定義 $A^{rev}(x) = \sum_{j=0}^{n-1} a_{n-1-j} x^j$。說明如何用 $A(x)$ 的點值表示法來算出 $A^{rev}(x)$ 的點值表示法，假設點都不是 0。

30.1-4
證明：你必須使用 n 對不同的點值才能定義次數上限為 n 的唯一多項式。也就是說，使用少於 n 對點值無法定義次數上限為 n 的唯一多項式（**提示**：使用定理 30.1，你認為在已經包含 $n-1$ 對點值的集合中加入一對任意選擇的點值會怎樣？）。

30.1-5
說明如何使用式 (30.5) 在 $\Theta(n^2)$ 時間內進行插值（**提示**：先計算多項式 $\prod_j (x - x_j)$ 的係數表示法，然後視需要將每項的分子除以 $(x - x_k)$（見習題 30.1-2）。你可以在 $O(n)$ 時間內計算 n 個分母中的每一個）。

30.1-6

解釋使用這種「顯而易見」的方法來執行點值表示法的多項式除法有什麼問題：對相應的 y 值進行除法。分別討論除法的結果精確和不精確的情況。

30.1-7

考慮兩個集合 A 與 B，它們有 n 個整數，範圍為 0 至 $10n$。A 與 B 的<u>笛卡兒和</u>的定義是

$$C = \{x + y : x \in A \text{ 且 } y \in B\}$$

在 C 裡面的整數的範圍是 0 到 $20n$。說明如何在 $O(n \lg n)$ 時間內找出 C 的元素，以及 C 的各個元素被視為 A 與 B 的元素之和的次數（提示：用次數不超過 $10n$ 的多項式來表示 A 與 B）。

30.2 DFT 與 FFT

在第 30.1 節中，我們主張，藉著使用 FFT 來計算 DFT 及其逆運算，可以在 $\Theta(n \lg n)$ 時間內，在複數單位根處計算和插值一個次數為 n 的多項式。本節將定義複數單位根，研究它的特性，定義 DFT，然後說明如何在 $\Theta(n \lg n)$ 時間內，用 FFT 來計算 DFT 與它的逆運算。

複數單位根

<u>n 次複數單位根</u>是滿足這個條件的複數 ω：

$$\omega^n = 1$$

n 次複數單位根有 n 個：$e^{2\pi i k/n}$，$k = 0, 1, ..., n-1$。我們用複數的指數的定義來解釋這個公式：

$$e^{iu} = \cos(u) + i \sin(u)$$

如圖 30.2 所示，n 個複數單位根均勻地分布在以複數平面原點為中心、半徑為 1 的圓上。值

$$\omega_n = e^{2\pi i/n} \tag{30.6}$$

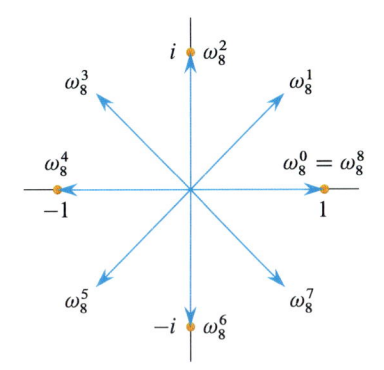

圖 30.2　在複數平面上的值 $\omega_8^0, \omega_8^1, \ldots, \omega_8^7$，其中 $\omega_8 = e^{2\pi i/8}$ 是主要的 8 次單位根。

是**主要的 n 次單位根** [2]。所有其他的 n 次複數根都是 ω_n 的次方。

n 個 n 次複數單位根

$$\omega_n^0, \omega_n^1, \ldots, \omega_n^{n-1},$$

形成一個乘法群（見第 31.3 節）。這個群組的結構與加法群 $(\mathbb{Z}_n, +) \bmod n$ 相同，因為 $\omega_n^n = \omega_n^0 = 1$ 意味著 $\omega_n^j \omega_n^k = \omega_n^{j+k} = \omega^{(j+k) \bmod n}$。同理，$\omega_n^{-1} = \omega_n^{n-1}$。下面的引理說明 n 次複數單位根的一些基本特性。

引理 30.3（消去引理）

對於任何整數 $n > 0$ 而言，$k \geq 0$，$d > 0$，

$$\omega_{dn}^{dk} = \omega_n^k \tag{30.7}$$

證明　用式 (30.6) 可以直接證明引理，因為

$$\begin{aligned}\omega_{dn}^{dk} &= \left(e^{2\pi i/dn}\right)^{dk} \\ &= \left(e^{2\pi i/n}\right)^k \\ &= \omega_n^k\end{aligned}$$

∎

2　很多其他作者以不同方式定義 ω_n：$\omega_n = e^{-2\pi i/n}$。這種定義較常在訊號處理領域中使用。無論 ω_n 是哪一種的定義，基本數學原理都一樣。

推論 30.4
對任何偶數整數 $n > 0$ 而言，

$$\omega_n^{n/2} = \omega_2 = -1$$

證明 我們將這個證明當成習題 30.2-1。∎

引理 30.5（折半引理）
若 $n > 0$ 為偶數，則 n 個 n 次複數單位根的平方的集合是 $n/2$ 個 $n/2$ 次複數單位根的集合。

證明 根據消去引理，對任意非負整數 k 而言，$(\omega_n^k)^2 = \omega_{n/2}^k$。取所有 n 次複數單位根的平方會得到 $n/2$ 次單位根，每一個 $n/2$ 次單位根出現兩次，因為

$$\begin{aligned}(\omega_n^{k+n/2})^2 &= \omega_n^{2k+n} \\ &= \omega_n^{2k}\omega_n^n \\ &= \omega_n^{2k} \\ &= (\omega_n^k)^2\end{aligned}$$

所以 ω_n^k 與 $\omega_n^{k+n/2}$ 的平方相同。我們也可以使用推論 30.4 來證明這個特性，因為 $\omega_n^{n/2} = -1$ 意味著 $\omega_n^{k+n/2} = \omega_n^k \omega_n^{n/2} = -\omega_n^k$，所以 $(\omega_n^{k+n/2})^2 = (-\omega_n^k)^2 = (\omega_n^k)^2$。∎

我們將看到，在使用分治法來進行係數與點值表示法之間的轉換時，折半引理非常重要，因為它保證遞迴子問題只有一半的大小。

引理 30.6（求和引理）
對任何整數 $n \geq 1$ 與無法被 n 整除的非零整數 k 而言，

$$\sum_{j=0}^{n-1}\left(\omega_n^k\right)^j = 0$$

證明 第 1098 頁的式 (A.6) 適用於複數值與實數，可得到

$$\begin{aligned}\sum_{j=0}^{n-1}\left(\omega_n^k\right)^j &= \frac{(\omega_n^k)^n - 1}{\omega_n^k - 1} \\ &= \frac{(\omega_n^n)^k - 1}{\omega_n^k - 1} \\ &= \frac{(1)^k - 1}{\omega_n^k - 1} \\ &= 0\end{aligned}$$

30.2 DFT 與 FFT | 857

為何分母不是 0？注意 k 可被 n 整除才會使得 $\omega_n^k = 1$，所以引理的敘述規定這件事。 ∎

DFT

別忘了，我們的目標是計算次數上限為 n 的多項式

$$A(x) = \sum_{j=0}^{n-1} a_j x^j$$

在 $\omega_n^0, \omega_n^1, \omega_n^2, \ldots, \omega_n^{n-1}$ 的值（也就是在 n 個 n 次複數單位根處的值）[3]。多項式 A 是以係數形式給定的：$a = (a_0, a_1, \ldots, a_{n-1})$。我們定義結果 y_k（$k = 0, 1, \ldots, n-1$）為

$$\begin{aligned} y_k &= A(\omega_n^k) \\ &= \sum_{j=0}^{n-1} a_j \omega_n^{kj} \end{aligned} \tag{30.8}$$

向量 $y = (y_0, y_1, \ldots, y_{n-1})$ 是係數向量 $a = (a_0, a_1, \ldots, a_{n-1})$ 的**離散傅立葉轉換（*DFT*）**。也可以寫成 $y = \text{DFT}_n(a)$。

FFT

快速傅立葉轉換（*FFT*）利用複數單位根的特性，可用 $\Theta(n \lg n)$ 時間來計算 $\text{DFT}_n(a)$，而不是直接計算時的 $\Theta(n^2)$ 時間。我們假設 n 是 2 的整數次方。雖然有一些策略可以處理非 2 的整數次方的大小，但它們不在本書的討論範圍之內。

FFT 方法採用分治策略，分別使用 $A(x)$ 的偶數索引係數和奇數索引係數，來定義兩個次數上限為 $n/2$ 的新多項式 $A^{\text{even}}(x)$ 和 $A^{\text{odd}}(x)$：

$$\begin{aligned} A^{\text{even}}(x) &= a_0 + a_2 x + a_4 x^2 + \cdots + a_{n-2} x^{n/2-1} \\ A^{\text{odd}}(x) &= a_1 + a_3 x + a_5 x^2 + \cdots + a_{n-1} x^{n/2-1} \end{aligned}$$

---

[3] 長度 n 其實就是第 30.1 節所說的 $2n$，因為給定的多項式的次數上限在求值之前翻倍。因此，在多項式乘法的背景下，我們其實要處理 $2n$ 次複數單位根。

注意，A^{even} 包含 A 的所有偶數索引係數（索引的二進制表示法的最後一個位元是 0），A^{odd} 包含所有奇數索引的係數（索引的二進制表示法的最後一個位元是 1）。因此

$$A(x) = A^{\text{even}}(x^2) + xA^{\text{odd}}(x^2) \tag{30.9}$$

所以，計算 $A(x)$ 在 $\omega_n^0, \omega_n^1, ..., \omega_n^{n-1}$ 的值可以化簡成

1. 計算次數上限為 $n/2$ 的多項式 $A^{\text{even}}(x)$ 與 $A^{\text{odd}}(x)$ 在這些點之處的值

$$(\omega_n^0)^2, (\omega_n^1)^2, ..., (\omega_n^{n-1})^2 \tag{30.10}$$

然後

2. 根據式 (30.9) 結合結果。

根據折半引理，值 (30.10) 不是由 n 個不同的值組成的，而是由 $n/2$ 個 $n/2$ 次複數單位根組成的，每個根出現兩次。因此，FFT 遞迴地計算次數上限為 $n/2$ 的多項式 A^{even} 與 A^{odd} 在 $n/2$ 個 $n/2$ 次複數單位根之處的值。這些子問題的形式與原始問題一樣，但大小折半，將一個包含 n 個元素的 DFT_n 計算分成兩個包含 $n/2$ 個元素的 $\text{DFT}_{n/2}$ 計算，此分解是下面的 FFT 程序的基礎。FFT 程序可計算 n 元素向量 $a = (a_0, a_1, ..., a_{n-1})$ 的 DFT，其中 n 是 2 的整數次方。

FFT 程序的運作方式如下。第 1~2 行是遞迴的基本情況。1 個元素的 DFT 就是該元素本身，因為此時

$$\begin{aligned} y_0 &= a_0 \omega_1^0 \\ &= a_0 \cdot 1 \\ &= a_0 \end{aligned}$$

第 5~6 行定義多項式 A^{even} 與 A^{odd} 的係數向量。第 3、4 與 12 行保證 ω 被正確更新，使得第 10~11 行執行時，$\omega = \omega_n^k$（在每次迭代時保存 ω 的累計值，比每次執行 **for** 迴圈時都重新計算 ω_n^k 值更節省時間 [4]）。第 7~8 行執行遞迴的 $\text{DFT}_{n/2}$ 計算，為 $k = 0, 1, ..., n/2-1$ 設定

$$\begin{aligned} y_k^{\text{even}} &= A^{\text{even}}(\omega_{n/2}^k) \\ y_k^{\text{odd}} &= A^{\text{odd}}(\omega_{n/2}^k) \end{aligned}$$

---

[4] 迭代地更新 ω 的缺點是捨入誤差會累計，特別是輸入較大時。已經有人提出一些限制 FFT 捨入誤差的技術，但不在本書討論的範圍。如果你要對著多個大小一樣的輸入執行幾次 FFT，或許值得預先計算一個包含全部的 $n/2$ 個 ω_n^k 值的表格。

FFT(a, n)
1 **if** $n == 1$
2   **return** a // 1 個元素的 DFT 是該元素本身
3   $\omega_n = e^{2\pi i/n}$
4   $\omega = 1$
5   $a^{\text{even}} = (a_0, a_2, \ldots, a_{n-2})$
6   $a^{\text{odd}} = (a_1, a_3, \ldots, a_{n-1})$
7   $y^{\text{even}} = \text{FFT}(a^{\text{even}}, n/2)$
8   $y^{\text{odd}} = \text{FFT}(a^{\text{odd}}, n/2)$
9   **for** $k = 0$ **to** $n/2 - 1$ // 此時，$\omega = \omega_n^k$
10      $y_k = y_k^{\text{even}} + \omega\, y_k^{\text{odd}}$
11      $y_{k+(n/2)} = y_k^{\text{even}} - \omega\, y_k^{\text{odd}}$
12      $\omega = \omega\, \omega_n$
13 **return** y

或者，因為根據消去引理，$\omega_{n/2}^k = \omega_n^{2k}$

$$y_k^{\text{even}} = A^{\text{even}}(\omega_n^{2k})$$
$$y_k^{\text{odd}} = A^{\text{odd}}(\omega_n^{2k})$$

第 10~11 行結合遞迴 $\text{DFT}_{n/2}$ 計算的結果。對於前 $n/2$ 個結果 $y_0, y_1, \ldots, y_{n/2-1}$，第 10 行產生

$$\begin{aligned} y_k &= y_k^{\text{even}} + \omega_n^k y_k^{\text{odd}} \\ &= A^{\text{even}}(\omega_n^{2k}) + \omega_n^k A^{\text{odd}}(\omega_n^{2k}) \\ &= A(\omega_n^k) \qquad \text{（根據式 (30.9)）} \end{aligned}$$

對於 $y_{n/2}, y_{n/2+1}, \ldots, y_{n-1}$，設 $k = 0, 1, \ldots, n/2-1$，第 11 行產生

$$\begin{aligned} y_{k+(n/2)} &= y_k^{\text{even}} - \omega_n^k y_k^{\text{odd}} \\ &= y_k^{\text{even}} + \omega_n^{k+(n/2)} y_k^{\text{odd}} && \text{（因為 } \omega_n^{k+(n/2)} = -\omega_n^k\text{）} \\ &= A^{\text{even}}(\omega_n^{2k}) + \omega_n^{k+(n/2)} A^{\text{odd}}(\omega_n^{2k}) \\ &= A^{\text{even}}(\omega_n^{2k+n}) + \omega_n^{k+(n/2)} A^{\text{odd}}(\omega_n^{2k+n}) && \text{（因為 } \omega_n^{2k+n} = \omega_n^{2k}\text{）} \\ &= A(\omega_n^{k+(n/2)}) && \text{（根據式 (30.9)）} \end{aligned}$$

所以 FFT 回傳的向量 y 確實是輸入向量 a 的 DFT。

第 10 與 11 行將各個值 y_k^{odd} 乘以 ω_n^k，$k = 0, 1, \ldots, n/2-1$。第 10 行將這個積加至 y_k^{even}，第 11 行減去它。因為 ω_n^k 出現在正數與負數形式裡，所以我們稱 ω_n^k 為**旋轉因子**（*twiddle factor*）。

我們來計算 FFT 程序的執行時間，注意，不算遞迴呼叫的話，每一次呼叫花費 $\Theta(n)$ 時間，其中 n 是輸入向量的長度。因此，執行時間遞迴式是

$$T(n) = 2T(n/2) + \Theta(n)$$
$$\quad\quad = \Theta(n \lg n)$$

根據主定理的情況 2（定理 4.1）。所以 FFT 可以在 $\Theta(n \lg n)$ 時間內，計算一個次數上限為 n 的多項式在 n 次複數單位根處的值。

在複數單位根處插值

多項式乘法方案需要將多項式從係數形式轉換為點值形式，方法是在複數單位根處求值，逐點進行乘法，最後透過插值來將多項式從點值形式轉換回係數形式。我們剛剛看了如何求值，接下來要說明如何透過多項式來插入複數單位根。為了進行插值，我們將 DFT 寫成一個矩陣方程式，然後觀察矩陣的逆矩陣形式。

根據式 (30.4)，我們可以將 DFT 寫成矩陣積 $y = V_n a$，其中 V_n 是一個包含適當的 ω_n 的次方的 Vandermonde 矩陣：

$$\begin{pmatrix} y_0 \\ y_1 \\ y_2 \\ y_3 \\ \vdots \\ y_{n-1} \end{pmatrix} = \begin{pmatrix} 1 & 1 & 1 & 1 & \cdots & 1 \\ 1 & \omega_n & \omega_n^2 & \omega_n^3 & \cdots & \omega_n^{n-1} \\ 1 & \omega_n^2 & \omega_n^4 & \omega_n^6 & \cdots & \omega_n^{2(n-1)} \\ 1 & \omega_n^3 & \omega_n^6 & \omega_n^9 & \cdots & \omega_n^{3(n-1)} \\ \vdots & \vdots & \vdots & \vdots & \ddots & \vdots \\ 1 & \omega_n^{n-1} & \omega_n^{2(n-1)} & \omega_n^{3(n-1)} & \cdots & \omega_n^{(n-1)(n-1)} \end{pmatrix} \begin{pmatrix} a_0 \\ a_1 \\ a_2 \\ a_3 \\ \vdots \\ a_{n-1} \end{pmatrix}$$

V_n 的 (k, j) 項目是 ω_n^{kj}，其中 $j, k = 0, 1, \ldots, n-1$。V_n 的項目的指數形成係數 0 至 $n-1$ 的乘法表。

至於逆運算 $a = \text{DFT}_n^{-1}(y)$，我們將 y 乘以矩陣 V_n^{-1}（V_n 的逆矩陣）。

定理 30.7

設 $j, k = 0, 1, \ldots, n-1$，V_n^{-1} 的 (j, k) 項目是 ω_n^{-jk}/n。

證明 我們證明 $V_n^{-1} V_n = I_n$，I_n 是 $n \times n$ 單位矩陣。考慮 $V_n^{-1} V_n$ 的 (k, k') 項目：

$$[V_n^{-1} V_n]_{kk'} = \sum_{j=0}^{n-1} (\omega_n^{-jk}/n)(\omega_n^{jk'})$$

$$= \sum_{j=0}^{n-1} \omega_n^{j(k'-k)}/n$$

若 $k' = k$，這個和等於 1，否則，根據求和引理（引理 30.6），它是 0。注意，$k'-k$ 不能被 n 整除才能使用求和引理，事實上，它的確不能，因為 $-(n-1) \le k'-k \le n-1$。∎

定義逆矩陣 V_n^{-1} 之後，$\text{DFT}_n^{-1}(y)$ 的算法是

$$a_j = \sum_{k=0}^{n-1} y_k \frac{\omega^{-jk}}{n}$$

$$= \frac{1}{n} \sum_{k=0}^{n-1} y_k \omega_n^{-kj} \tag{30.11}$$

其中 $j = 0, 1, \ldots, n-1$。比較式 (30.8) 與 (30.11) 可以看到，如果修改 FFT 演算法，把 a 與 y 互換，把 ω_n 換成 ω_n^{-1}，並將結果的每一個元素除以 n，你會得到逆 DFT（見習題 30.2-4）。所以，DFT_n^{-1} 也可以在 $\Theta(n \lg n)$ 時間內計算。

因此，FFT 與逆 FFT 可將次數上限為 n 的多項式從係數表示法轉換成點值表示法，以及轉換回去，只需要 $\Theta(n \lg n)$ 時間。在多項式乘法的背景下，我們證明了以下這個關於向量 a 與向量 b 的摺積 $a \otimes b$ 的定理：

定理 30.8（摺積定理）

a 與 b 是長度為 n 的兩個向量，n 是 2 的整數次方，

$$a \otimes b = \text{DFT}_{2n}^{-1}(\text{DFT}_{2n}(a) \cdot \text{DFT}_{2n}(b))$$

其中，向量 a 與 b 用 0 來填補至長度 $2n$，且 · 代表兩個包含 $2n$ 個元素的向量的逐元素乘積。∎

習題

30.2-1
證明推論 30.4。

30.2-2
計算向量 (0, 1, 2, 3) 的 DFT。

30.2-3
使用 $\Theta(n \lg n)$ 時間的方案來回答習題 30.1-1。

30.2-4
寫出在 $\Theta(n \lg n)$ 時間內計算 DFT_n^{-1} 的虛擬碼。

30.2-5
寫出 FFT 程序的一般化版本，以處理 n 是 3 的整數次方的情況。寫出執行時間的遞迴式，並求解。

★ 30.2-6
假設我們不是在複數域執行 n 個元素的 FFT（n 是 2 的整數次方），而是在整數 mod m 產生的環（ring）$\mathbb{Z}_m$ 上執行 FFT，其中 $m = 2^{tn/2} + 1$，t 是任意正整數。我們可以使用 $\omega = 2^t$ 而非 ω_n 來作為主要的 n 次單位根，mod m。證明 DFT 和逆 DFT 在這個系統裡是定義完善的。

30.2-7
給定一系列值 $z_0, z_1, \ldots, z_{n-1}$（可能有重複），說明如何找出次數上限為 $n+1$ 的多項式 $P(x)$ 的係數，使 $P(x)$ 僅在 $z_0, z_1, \ldots, z_{n-1}$ 處的值為零（可能有重複）。你的程序應在 $O(n \lg^2 n)$ 時間內執行（提示：若且唯若 $P(x)$ 是 $(x-z_j)$ 的倍數，則多項式 $P(x)$ 在 z_j 處的值為 0）。

★ 30.2-8
向量 $a = (a_0, a_1, \ldots, a_{n-1})$ 的**線性調頻轉換**（*chirp transform*）是向量 $y = (y_0, y_1, \ldots, y_{n-1})$，其中 $y_k = \sum_{j=0}^{n-1} a_j z^{kj}$，$z$ 是任意複數。因此，DFT 是線性調頻轉換的特例，可透過取 $z = \omega_n$ 獲得。說明如何在 $O(n \lg n)$ 時間內，為任意複數 z 算出線性調頻轉換（提示：使用式子

$$y_k = z^{k^2/2} \sum_{j=0}^{n-1} \left(a_j z^{j^2/2} \right) \left(z^{-(k-j)^2/2} \right)$$

來將線性調頻轉換視為摺積）。

30.3 FFT 電路

在訊號處理領域中，FFT 的許多應用都需要極高的速度，因此 FFT 通常被做成硬體電路。FFT 的分治結構可讓電路具有平行結構，因此電路的深度（任意輸出和可到達該輸出的任意輸入之間的最大計算元素數量）是 $\Theta(\lg n)$。此外，FFT 電路結構有幾個有趣的數學特性，但在此不予探討。

蝶形操作

請注意，FFT 程序第 9~12 行的 **for** 迴圈在每次迭代時，都會計算值 $\omega_n^k y_k^{odd}$ 兩次：一次在第 10 行，另一次在第 11 行。優化的編譯器可產生只對這個普通的子表達式進行一次求值的程式碼，並將其值儲入一個臨時變數，因此第 10~11 行可視為這三行

$$t = \omega\, y_k^{odd}$$
$$y_k = y_k^{even} + t$$
$$y_{k+(n/2)} = y_k^{even} - t$$

將旋轉因子 $\omega = \omega_n^k$ 乘以 y_k^{odd}，再將積存入臨時變數 t，然後將 y_k^{even} 加上 t 或減去 t 的這組操作稱為蝶形操作。圖 30.3 是它的電路，你可以看到它的形狀有點像蝴蝶（也可以稱為「領結」操作，儘管這個暱稱沒那麼浪漫）。

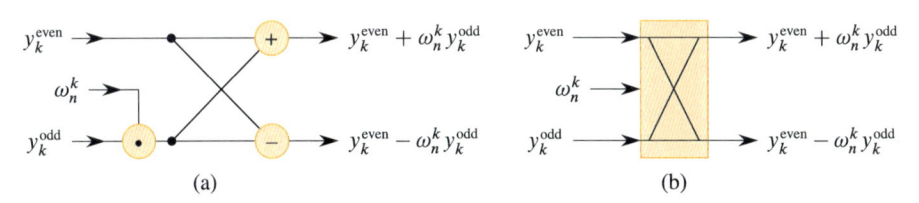

圖 30.3 蝶形操作的電路。**(a)** 兩個輸入值從左邊進入，將 y_k^{odd} 乘以旋轉因子 ω_n^k，加法與減法位於右邊的輸出。**(b)** 蝶形操作簡圖，我們在繪製平行 FFT 電路時會使用它。

遞迴電路結構

FFT 程序遵循第 2.3.1 節介紹的分治策略：

分解：將 n 個元素的輸入向量分解成 $n/2$ 個偶數索引與 $n/2$ 個奇數索引元素。

處理：遞迴計算兩個子問題的 DFT 來處理它，子問題的大小皆為 $n/2$。

合併：執行 $n/2$ 次蝶形操作來進行合併。這些蝶形操作處理旋轉因子 $\omega_n^0, \omega_n^1, ..., \omega_n^{n/2-1}$。

圖 30.4 的電路模式是按照這個模式的分治步驟來設計的，它是一個具有 n 個輸入和 n 個輸出的 FFT 電路，我們用 FFT_n 來表示它。每一行都是一條承載一個值的電線。輸入從左邊進入，每條線一個輸入，輸出從右邊離開。處理步驟讓輸入流經兩個 $\text{FFT}_{n/2}$ 電路，它們也是遞迴建構的。兩個 $\text{FFT}_{n/2}$ 電路產生的值連同旋轉因子 ($\omega_n^0, \omega_n^1, ..., \omega_n^{n/2}-1$) 一起傳給 $n/2$ 個蝶形操作，以結合結果。遞迴的基本情況發生在 $n=1$ 時，此時唯一的輸出值等於唯一的輸入值。所以，FFT_1 電路不做任何事情，因此，最小的有意義 FFT 電路是 FFT_2，它是一個簡單的蝶形操作，旋轉因子為 $\omega_2^0 = 1$。

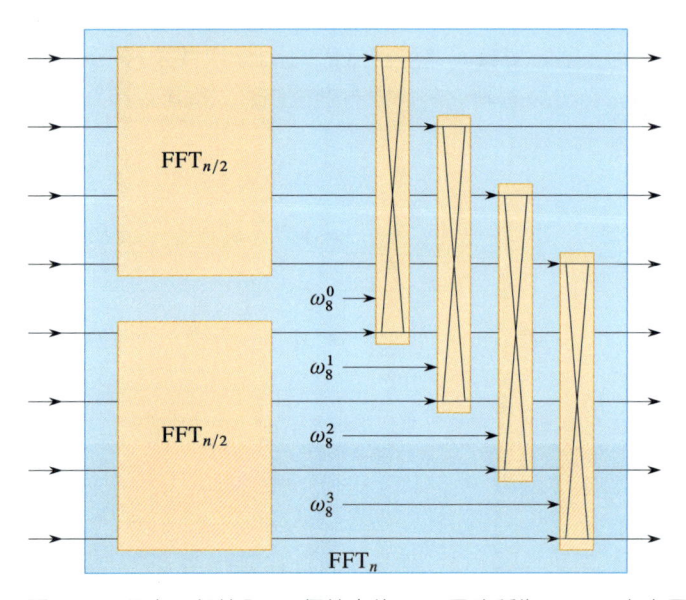

圖 30.4 具有 n 個輸入、n 個輸出的 FFT 電路稱為 FFT_n，在上圖中，$n=8$。此圖說明 FFT 的處理及合併步驟。輸入值先經過兩個 $\text{FFT}_{n/2}$ 電路，然後用 $n/2$ 蝶形電路結合結果。只有在最上面與最下面進入蝶形電路的線路會與它互動：穿過蝶形電路中間的線路不影響該蝶形電路，它們的值也不被蝶形電路影響。

重新排列輸入

如何將分解步驟放入電路設計？我們來分析 FFT 過程中各個遞迴呼叫的輸入向量與原始輸入向量之間的關係，好讓電路可以在所有遞迴層級上模擬起始的分解步驟。圖 30.5 將呼叫 FFT 產生的遞迴呼叫的輸入向量畫成一個樹狀結構，其中初始呼叫的 $n = 8$。程序的每一個呼叫在樹中都有一個節點，在節點裡面的標記是初始呼叫的元素出現在相應的輸入向量中的元素。每一次 FFT 呼叫都產生兩個遞迴呼叫，除非它收到單元素向量。第一次呼叫位於左子節點，第二次呼叫位於右子節點。

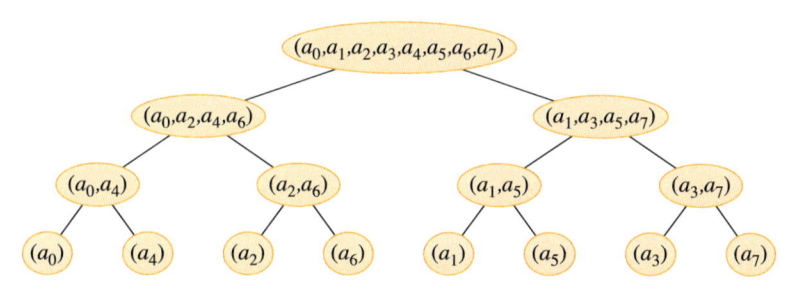

圖 30.5 遞迴呼叫 FFT 程序時的輸入向量樹。初始呼叫的 $n = 8$。

觀察這棵樹可以發現，按照初始向量 a 的各個元素在葉節點中出現的順序來排列它們的話，我們就可以追蹤 FFT 程序的執行，不過是由下往上，而不是由上往下。首先，取成對的元素，用蝶形操作來計算每一對元素的 DFT，然後將那對元素換成其 DFT。現在向量保存 $n/2$ 個雙元素 DFT。接下來，用這 $n/2$ 個 DFT 中的每一對執行兩次蝶形操作，計算它們原先的四向量元素的 DFT，將兩個雙元素 DFT 換成一個四元素 DFT。現在向量保存 $n/4$ 個四元素 DFT。繼續以這種方式處理，直到向量保存兩個具有 $n/2$ 個元素的 DFT 為止，然後用 $n/2$ 次蝶形操作將它合併成最終的 n 元素 DFT。換句話說，你可以從初始向量 a 的元素開始，但將它們排成圖 30.5 的葉節點，然後直接將它們傳給圖 30.4 的電路設計。

我們思考一下重新排列輸入向量的置換操作。在圖 30.5 中的葉節點順序是**位元反置排序**，也就是說，設 rev(k) 是一個 $\lg n$ 個位元的整數，它是將 k 的二進制表示法中的位元反過來排列得到的數字，我們將向量元素 a_k 移到位置 rev(k)。例如，在圖 30.5 中，葉節點的順序是 0, 4, 2, 6, 1, 5, 3, 7。這個順序用二進制來表示是 000, 100, 010, 110, 001, 101, 011, 111，將序列 0, 1, 2, 3, 4, 6, 7（二進制為 000, 001, 010, 011, 100, 101, 110, 111）中的每一個數字的位元反過來排列，就可以得到上述的順序了。要了解為何輸入向量應該按照位元反置排序來重新排列，請注意，在樹的頂層中，最低位元為 0 的索引被放到左子樹，最低位元為 1 的索引被

放到右子樹，我們在每一層都把最低位元移除，沿著樹往下持續這樣做，最後在葉節點就會得到位元反置排序產生的順序。

完整的 FFT 電路

圖 30.6 是 $n = 8$ 的完整電路。這個電路先對輸入進行位元反置排序，然後有 $\lg n$ 個階段，每個階段都由平行執行的 $n/2$ 個蝶形電路組成。假設每一個蝶形電路都有固定深度，完整電路有 $\Theta(\lg n)$ 深度。在 FFT 程序裡的每一層遞迴裡的蝶形操作都是獨立的，所以電路平行地執行它們。圖中的電路是由左往右移動，在 $\lg n$ 個階段之間承載值。設 $s = 1, 2, ..., \lg n$，第 s 階段是由 $n/2^s$ 組蝶形電路構成的，每一組有 2^{s-1} 個蝶形電路。第 s 階段的旋轉因子是 $\omega_m^0, \omega_m^1, ..., \omega_m^{m/2-1}$，其中 $m = 2^s$。

習題

30.3-1
設輸入向量為 $(0, 2, 3, -1, 4, 5, 7, 9)$，寫出圖 30.6 的 FFT 電路的每一個蝶形電路的輸入與輸出線路上的值。

30.3-2
考慮一個像圖 30.6 一樣的 FFT$_n$ 電路，它有電線 0, 1, ..., $n-1$（電線 j 的輸出是 y_j)，階段的編號如圖所示。階段 s 包含 $n/2^s$ 組蝶形電路，$s = 1, 2, ..., \lg n$。哪兩條線是 s 階段的第 g 組的第 j 個蝶形電路的輸入和輸出？

30.3-3
考慮 b 位元整數 k，其範圍為 $0 \leq k < 2^b$。將 k 視為一個由 $\{0, 1\}$ 組成的 b 元素向量，寫出一個 $b \times b$ 矩陣 M，使得矩陣向量積 Mk 是 $\text{rev}(k)$ 的二進制表示法。

30.3-4
BIT-REVERSE-PERMUTATION(a, n) 程序可對著長度為 n 的向量 a 就地執行位元反置排序，寫出它的虛擬碼。假設你可以呼叫程序 BIT-REVERSE-OF(k, b)，它可以計算非負值整數 k 的 b 位元反置，並回傳結果，其中 $0 \leq k < 2^b$。

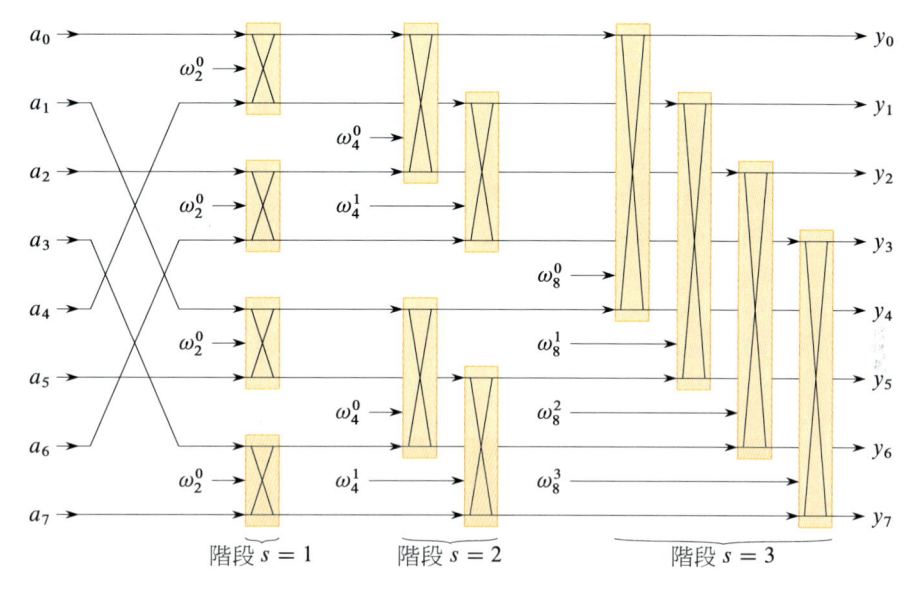

圖 30.6 平行計算 FFT 的完整電路，它有 $n = 8$ 個輸入，$\lg n$ 個階段，每個階段有 $n/2$ 個可平行操作的蝶形電路。如圖 30.4 所示，在進入蝶形的電線中，只有最上面的電線和最下面的電線會與它互動。例如，在第 2 階段最上面的蝶形只有在電線 0 和 2 有輸入和輸出（分別是輸出為 y_0 和 y_2 的電線）。這個電路的深度是 $\Theta(\lg n)$，總共執行 $\Theta(n \lg n)$ 次蝶形操作。

★ **30.3-5**
假設在特定 FFT 電路中的蝶形操作裡的加法器有時會故障，無論輸入為何總是輸出 0。此外，假設只有一個加法器故障，但你不知道是哪一個。說明如何藉著提供輸入給整個 FFT 電路並觀察輸出，來找出故障的加法器。你的方法的效率如何？

挑戰

30-1 分治乘法

a. 說明如何將兩個線性多項式 $ax + b$ 與 $cx + d$ 相乘，且只使用三次乘法（**提示**：其中一次乘法是 $(a + b) \cdot (c + d)$）。

b. 寫出兩個將兩個次數上限為 n 的多項式相乘的分治演算法，且讓它們的執行時間為 $\Theta(n^{\lg 3})$。第一個演算法應將多項式係數分成上半部與下半部，第二個演算法應根據它們的索引是偶數或奇數來分開它們。

c. 說明如何在 $O(n^{\lg 3})$ 步之內將兩個 n 位元整數相乘，其中每一步頂多只處理固定數量的 1 位元值。

30-2 多維快速傅立葉轉換

我們可將式 (30.8) 定義的 1 維離散傅立葉轉換推廣成 d 維。此時，輸入是 d 維陣列 $A = (a_{j_1, j_2, \ldots, j_d})$，其維度為 $n_1, n_2, \ldots, n_d$，其中 $n_1 n_2 \cdots n_d = n$。d 維離散傅立葉轉換的定義是

$$y_{k_1, k_2, \ldots, k_d} = \sum_{j_1=0}^{n_1-1} \sum_{j_2=0}^{n_2-1} \cdots \sum_{j_d=0}^{n_d-1} a_{j_1, j_2, \ldots, j_d} \omega_{n_1}^{j_1 k_1} \omega_{n_2}^{j_2 k_2} \cdots \omega_{n_d}^{j_d k_d}$$

其中 $0 \le k_1 < n_1, 0 \le k_2 < n_2, \ldots, 0 \le k_d < n_d$。

a. 說明如何藉著依序在每一維計算 1 維 DFT 來產生 d 維 DFT。亦即，先沿著第 1 維計算 n/n_1 次 1 維 DFT，然後使用第 1 維的 DFT 結果作為輸入，沿著第 2 維計算 n/n_2 次 1 維 DFT，使用其結果作為輸入，沿著第 3 維計算 n/n_3 次 1 維 DFT，以此類推，直到第 d 維。

b. 證明維度順序不重要，所以，若以 d 維的任何順序計算 1 維 DFT，你都可以算出 d 維 DFT。

c. 證明若藉著計算快速傅立葉轉換來計算每一個 1 維 DFT，那麼計算 d 維 DFT 的總時間是 $O(n \lg n)$，與 d 無關。

30-3 計算多項式在一點處的所有導數

給定次數上限為 n 的多項式 $A(x)$，它的 t 階導數的定義是

$$A^{(t)}(x) = \begin{cases} A(x) & \text{若 } t = 0 \\ \frac{d}{dx} A^{(t-1)}(x) & \text{若 } 1 \le t \le n-1 \\ 0 & \text{若 } t \ge n \end{cases}$$

在這個問題中，你要說明如何用 $A(x)$ 的係數表示法 $(a_0, a_1, \ldots, a_{n-1})$ 與一個點 x_0 來算出 $A^{(t)}(x_0)$，其中 $t = 0, 1, \ldots, n-1$。

a. 給定係數 $b_0, b_1, \ldots, b_{n-1}$ 滿足

$$A(x) = \sum_{j=0}^{n-1} b_j (x - x_0)^j$$

證明如何在 $O(n)$ 時間內計算 $A^{(t)}(x_0)$，其中 $t = 0, 1, \ldots, n-1$。

b. 解釋如何在 $O(n \lg n)$ 時間內找出 $b_0, b_1, \ldots, b_{n-1}$，給定 $A(x_0 + \omega_n^k)$，$k = 0, 1, \ldots, n-1$。

c. 證明

$$A(x_0 + \omega_n^k) = \sum_{r=0}^{n-1} \left(\frac{\omega_n^{kr}}{r!} \sum_{j=0}^{n-1} f(j) g(r-j) \right)$$

其中 $f(j) = a_j \cdot j!$ 且

$$g(l) = \begin{cases} x_0^{-l}/(-l)! & \text{若} -(n-1) \leq l \leq 0 \\ 0 & \text{若} 1 \leq l \leq n-1 \end{cases}$$

d. 解釋如何在 $O(n \lg n)$ 時間內計算 $A(x_0 + \omega_n^k)$，$k = 0, 1, \ldots, n-1$。得出結論：你可以在 $O(n \lg n)$ 時間內，計算 $A(x)$ 在 x_0 處的所有非平凡的（nontrivial）導數。

30-4 在多個點進行多項式求值

挑戰 2-3 說明如何使用 Horner 法則，在 $O(n)$ 時間內，計算一個次數上限為 n 的多項式在一個點處的值。本章介紹了如何在 $O(n \lg n)$ 時間內，使用 FFT 來計算這種多項式在全部 n 個複數單位根處的值。現在，你要說明如何在 $O(n \lg^2 n)$ 時間內，計算次數上限為 n 的多項式在 n 個任意點處的值。

假設你可以在 $O(n \lg n)$ 時間內，計算這樣的多項式除以另一個多項式的餘數。例如，$3x^3 + x^2 - 3x + 1$ 除以 $x^2 + x + 2$ 的餘數是

$(3x^3 + x^2 - 3x + 1) \bmod (x^2 + x + 2) = -7x + 5$

給定一個多項式的係數表示法 $A(x) = \sum_{k=0}^{n-1} a_k x^k$ 與 n 個點 $x_0, x_1, \ldots, x_{n-1}$，你的目標是計算 n 個值 $A(x_0), A(x_1), \ldots, A(x_{n-1})$。設 $0 \leq i \leq j \leq n-1$，我們定義多項式 $P_{ij}(x) = \prod_{k=i}^{j}(x - x_k)$ 且 $Q_{ij}(x) = A(x) \bmod P_{ij}(x)$。$Q_{ij}(x)$ 的次數不超過 $j - i$。

a. 證明對任意點 z 而言，$A(x) \bmod (x - z) = A(z)$。

b. 證明 $Q_{kk}(x) = A(x_k)$ 且 $Q_{0, n-1}(x) = A(x)$。

c. 證明當 $i \leq k \leq j$，我們得到 $Q_{ik}(x) = Q_{ij}(x) \bmod P_{ik}(x)$ 與 $Q_{kj}(x) = Q_{ij}(x) \bmod P_{kj}(x)$。

d. 寫出一個 $O(n \lg^2 n)$ 時間的演算法來計算 $A(x_0), A(x_1), \ldots, A(x_{n-1})$。

30-5 使用模數算術來做 FFT

根據定義，離散傅立葉轉換需要使用複數來計算，這可能會因為捨入誤差而導致精度的損失。對一些問題而言，目前已知的解方是只用整數，但有一種基於模數算術的 FFT 版本可以保證算出精確解。這種問題的例子之一，就是將兩個具備整數係數的多項式相乘。習題 30.2-6 提供了一種方法，使用一個長度為 $\Omega(n)$ 位元的模數，來處理 n 個點上的 DFT。這個問題採取另一種做法，使用更合理的長度為 $O(\lg n)$ 的模數，但你必須了解第 31 章的內容。設 n 是 2 的整數次方。

a. 你想要找出可讓 $p = kn + 1$ 是質數的最小 k。用簡單的捷思法證明為何你認為 k 大約是 $\ln n$（k 的值可能大很多或小很多，但你可以合理地預期，檢查候選 k 值的次數平均只需要 $O(\lg n)$ 次）。p 的期望長度與 n 的長度有什麼關係？

設 g 是 $\mathbb{Z}_p^*$ 的母元（generator），設 $\omega = g^k \bmod p$。

b. 證明 DFT 與逆 DFT 在 mod p 的情況下是定義良好的逆操作，其中 w 被用作主要的 n 次單位根。

c. 說明如何讓 FFT 和它的逆操作在 mod p 的情況下在 $O(n \lg n)$ 時間內執行，設針對具有 $O(\lg n)$ bit 的 word 進行操作需要單位時間。假設演算法已知道 p 與 w。

d. 計算向量 $(0, 5, 3, 7, 7, 2, 1, 6)$ 的 DFT mod $p = 17$（提示：確認 $g = 3$ 是 $\mathbb{Z}_{17}^*$ 的母元，並利用這個事實）。

後記

Van Loan 的書籍 [442] 詳細地介紹快速傅立葉轉換。Press、Teukolsky、Vetterling 與 Flannery [365, 366] 仔細地介紹快速傅立葉轉換及其應用。關於訊號處理這個喜歡使用 FFT 的領域的介紹，可參考 Oppenheim 和 Schafer [347]，以及 Oppenheim 和 Willsky [348] 的文章。Oppenheim 和 Schafer 的書籍也介紹了如何處理 n 不是 2 的整數次方的情況。

傅立葉分析不是只能處理 1 維資料，它被廣泛用在圖像處理，以分析 2 維或更多維的資料。Gonzalez 和 Woods [194] 及 Pratt [363] 的書籍討論了多維傅立葉轉換，及它在圖像處理領域中的應用，Tolimieri、An 和 Lu [439] 以及 Van Loan [442] 的書籍討論了多維快速傅立葉轉換的數學。

一般認為 Cooley 和 Tukey [101] 在 1960 年代提出 FFT。事實上，FFT 在他們發現之前已經被發現很多次了，但是在現代數位計算機出現之前，幾乎沒有人意識到它的重要性。儘管 Press、Teukolsky、Vetterling 和 Flannery 認為該方法的起源是 1924 年的 Runge 和 König，但 Heideman、Johnson 和 Burrus [211] 認為 FFT 的歷史最早可追溯到 1805 年的 C. F. Gauss。

Frigo 和 Johnson [161] 開發了一種快速和靈活的 FFT 實作，稱為 FFTW（「fastest Fourier transform in the West」）。FFTW 的設計是為了處理需要在同樣問題規模上進行多次 DFT 計算的情況。在實際計算 DFT 之前，FFTW 會執行一個「planner」，透過一系列的嘗試執行來確定如何在主機上，為給定的問題規模做最好的 FFT 計算分解。FFTW 可以有效地使用硬體快取，一旦子問題夠小，FFTW 就用優化的直線程式碼來解決它們。此外，FFTW 的優點是處理任何大小為 n 的問題都需要 $\Theta(n \lg n)$ 時間，即使 n 是個大質數。

標準傅立葉轉換假定輸入中的點在時域中是均勻分散的，但也有一些技術可以對「不均勻分開」的資料計算近似的 FFT。Ware [449] 的文章提供這種技術的概述。

31 數論演算法

數論曾被視為一種優美但基本上沒太大用處的純數學學科。但如今，數論演算法已被廣泛使用，這幾乎可歸功於基於大質數的加密方案的發明。這些方法之所以可行，是因為大質數可以快速地找到，而且它們是安全的，因為我們不知道如何有效地分解大質數的積（或處理相關問題，例如計算離散對數）。本章要介紹支持這種應用的數論和相關的演算法。

我們在第 31.1 節先介紹數論的基本概念，例如整除性、等模，和唯一質因分解。第 31.2 節將討論世界最古老的演算法之一：計算兩個整數的最大公因數的輾轉相除法，第 31.3 節將回顧模數算術的概念。然後，第 31.4 節將探討數字 a 的倍數 mod n 的結果集合，並介紹如何使用輾轉相除法來找到方程式 $ax = b \pmod{n}$ 的所有解。第 31.5 節介紹中國餘數定理。第 31.6 節考慮數字 a 的次方，mod n，並介紹一種反覆計算平方的演算法，在已知數字 a、b 與 n 的情況下，高效地計算 a^b mod n。這個運算是高效的質數判定法和許多現代密碼學的核心，例如第 31.7 節介紹的 RSA 公鑰加密系統。在最後的第 31.8 節，我們要研究一個隨機質數判定法。這個判定法可以有效地找出大質數，它是建立 RSA 加密系統的密鑰的重要步驟。

輸入的大小，以及算術計算的成本

因為我們即將處理大整數，所以要用另一種方式來理解輸入的大小和基本算術運算的成本。

在本章中，「大輸入」通常是指包含「大整數」的輸入，而不是包含「許多整數」的輸入（如排序）。因此，一個輸入的大小取決於用來表示該輸入所需的**位元數**，而不僅僅是輸入所包含的整數數量。如果演算法的輸入是整數 $a_1, a_2, \ldots a_k$，且其執行時間與 $\lg a_1, \lg a_2, \ldots, \lg a_k$ 成多項式關係，它就是**多項式時間演算法**，也就是與輸入的二進制編碼的長度成多項式關係。

本書的大部分內容都將初級算術運算（乘法、除法、計算餘數）視為基本運算，需要一個單位的時間。演算法執行這種算術運算的次數可以用來估計該演算法在計算機上的實際執行時間。然而，當初級運算的輸入很大時，它們可能會很耗時。因此，對數論演算法而言，比較適當的方法是測量它需要進行多少次**位元操作**。在這種模式下，用普通方法將兩個 β 位元的整數相乘需要做 $\Theta(\beta^2)$ 次位元操作。同理，用簡單的演算法來將一個 β 位元的整數除以一個較短的整數，或是用一個 β 位元的整數除以一個較短的整數並取其餘數，需要 $\Theta(\beta^2)$ 的時間（見習題 31.1-12）。我們知道有比較快的方法。例如，將兩個 β 位元整數相乘的簡單分治

法的執行時間是 $\Theta(\beta^{\lg 3})$，也可能是 $O(\beta \lg \beta \lg \lg \beta)$ 時間。然而，在實際應用時，$\Theta(\beta^2)$ 演算法通常是最好的，我們將使用這個界限來作為分析的基礎。在這一章，我們通常使用算術運算的數量和所需的位元運算的數量來分析演算法。

31.1 基本數論概念

本節將簡要回顧基本數論中，關於整數集合 $\mathbb{Z} = \{\ldots, -2, -1, 0, 1, 2, \ldots\}$ 與自然數集合 $\mathbb{N} = \{0, 1, 2, \ldots\}$ 的一些概念。

可整除性與因數

整數可被另一個整數整除的概念是數論的關鍵。$d \mid a$（讀成「d **整除**（*divides*）a」）這個寫法的意思是 $a = kd$，k 為整數。每一個整數都整除 0。若 $a > 0$ 且 $d \mid a$，則 $|d| \le |a|$。若 $d \mid a$，則 a 是 d 的**倍數**。若 d 不整除 a，我們寫成 $d \nmid a$。

若 $d \mid a$ 且 $d \ge 0$，則 d 為 a 的**因數**（*divisor*）。因為若且唯若 $-d \mid a$，則 $d \mid a$，不失普遍性，我們定義 a 的因數是非負的，因為我們知道，a 的任何因數的負數也整除 a。非零整數 a 的因數至少是 1，但不大於 $|a|$。例如，24 的因數是 1、2、3、4、6、8、12 與 24。

每一個正整數 a 都可被**平凡因數**（*trivial divisor*）1 與 a 整除。a 的非平凡因數稱為 a 的**因子**（*factor*）。例如，20 的因子是 2、4、5 與 10。

質數與合數

若整數 $a > 1$，且其因數只有 1 與 a，那麼它就是**質數**。質數有許多特性，在數論中發揮關鍵的作用。前 20 個質數依序是

2, 3, 5, 7, 11, 13, 17, 19, 23, 29, 31, 37, 41, 43, 47, 53, 59, 61, 67, 71

習題 31.1-2 會要求你證明質數有無限多個。非質數且大於 1 的整數 a 是**合數**。例如，39 是合數，因為 3 | 39。我們說整數 1 是**基本單位**（*unit*），它既非質數亦非合數。整數 0 和所有負整數也既非質數亦非合數。

除法定理、餘數與等模

給定整數 n，我們可以把整數分成 n 的倍數的和非 n 的倍數兩組。許多數論都是在進一步細化這種分類法，它們根據整數除以 n 產生的餘數，來對非 n 之倍數的整數進行分類。下面的定理是這個細化的基礎。以下省略證明（但可參考 Niven 與 Zuckerman [345]）。

定理 31.1（除法定理）

對任意整數 a 和任意正整數 n 而言，存在唯一的整數 q 與 r 滿足 $0 \leq r < n$ 且 $a = qn + r$。 ■

值 $q = \lfloor a/n \rfloor$ 是除法的*商*。值 $r = a \bmod n$ 是除法的*餘數*，所以若且唯若 $a \bmod n = 0$，則 $n | a$。

整數可以根據它們 $\bmod\ n$ 的結果分成 n 個等價類別。包含整數 a 的 *$\bmod\ n$ 等價類別*是

$$[a]_n = \{a + kn : k \in \mathbb{Z}\}$$

例如 $[3]_7 = \{\ldots, -11, -4, 3, 10, 17, \ldots\}$，且 $[-4]_7$ 與 $[10]_7$ 也代表這個集合。使用第 59 頁定義的表示法，$a \in [b]_n$ 與 $a = b \pmod{n}$ 一樣。所有這種等價類別的集合是

$$\mathbb{Z}_n = \{[a]_n : 0 \leq a \leq n-1\} \tag{31.1}$$

當你看到這個定義時

$$\mathbb{Z}_n = \{0, 1, \ldots, n-1\} \tag{31.2}$$

你應該將它視為等同於式 (31.1)，並明白 0 代表 $[0]_n$，1 代表 $[1]_n$，以此類推。每個類別都以它的最小非負值元素來表示。然而，你應該牢記底層的等價類別。例如，當我們說 -1 是 $\mathbb{Z}_n$ 的成員時，我們其實是指 $[n-1]_n$，因為 $-1 = n-1 \pmod{n}$。

公因數與最大公因數

如果 d 是 a 的因數，d 也是 b 的因數，那麼 d 是 a 與 b 的*公因數*。例如，30 的因數是 1、2、3、5、6、10、15 與 30，所以 24 與 30 的公因數是 1、2、3 與 6。任何兩個整數都有一個公因數 1。

公因數有一個重要的特性是

若 $d \mid a$ 且 $d \mid b$，則 $d \mid (a+b)$ 且 $d \mid (a-b)$ $\tag{31.3}$

更廣泛地說，對於任意整數 x 與 y，

若 $d \mid a$ 且 $d \mid b$，則 $d \mid (ax + by)$ (31.4)

此外，若 $a \mid b$，則若非 $|a| \le |b|$ 則 $b = 0$，這意味著

若 $a \mid b$ 且 $b \mid a$，則 $a = \pm b$ (31.5)

兩個非 0 的整數 a 與 b 的公因數中最大的那個稱為**最大公因數**，寫成 $\gcd(a, b)$。例如，$\gcd(24, 30) = 6$，$\gcd(5, 7) = 1$，$\gcd(0, 9) = 9$。若 a 與 b 都不是 0，則 $\gcd(a, b)$ 是介於 1 與 $\min\{|a|, |b|\}$ 之間的整數。我們定義 $\gcd(0, 0)$ 為 0，所以 gcd 函數的標準特性普遍成立（例如下面的式 (31.9)）。

習題 31.1-9 會要求你證明 gcd 函數的這些基本特性：

$$\begin{aligned}
\gcd(a, b) &= \gcd(b, a) & (31.6)\\
\gcd(a, b) &= \gcd(-a, b) & (31.7)\\
\gcd(a, b) &= \gcd(|a|, |b|) & (31.8)\\
\gcd(a, 0) &= |a| & (31.9)\\
\gcd(a, ka) &= |a| \quad \text{對於任何 } k \in \mathbb{Z} & (31.10)
\end{aligned}$$

下面的定理提供 $\gcd(a, b)$ 的另一種有用的特性。

定理 31.2

如果 a 和 b 是任意整數，皆非零，那麼 $\gcd(a, b)$ 是 a 和 b 的線性組合集合 $\{ax + by : x, y \in \mathbb{Z}\}$ 中的最小正元素。

證明 設 s 是 a 與 b 的線性組合的最小正值，設 $s = ax + by$，$x, y \in \mathbb{Z}$。設 $q = \lfloor a/s \rfloor$。從第 59 頁的式 (3.11) 可得

$$\begin{aligned}
a \bmod s &= a - qs\\
&= a - q(ax + by)\\
&= a(1 - qx) + b(-qy)
\end{aligned}$$

所以 $a \bmod s$ 也是 a 與 b 的線性組合。因為 s 是這個線性組合的最小正數，由於 $0 \le a \bmod s < s$（第 59 頁的不等式 (3.12)），$a \bmod s$ 不可能是正值。因此，$a \bmod s = 0$。所以，我們得到 $s \mid a$，且同理，$s \mid b$。所以 s 是 a 與 b 的公因數，所以 $\gcd(a, b) \ge s$。根據定義，$\gcd(a, b)$ 整除 a 與 b，且 s 是 a 與 b 的線性組合。因此從式 (31.4) 可得 $\gcd(a, b) \mid s$。但 $\gcd(a, b) \mid s$ 且 $s > 0$ 意味著 $\gcd(a, b) \le s$。結合 $\gcd(a, b) \ge s$ 與 $\gcd(a, b) \le s$ 可得 $\gcd(a, b) = s$。我們得出結論，a 與 b 的線性組合的最小正數 s 也是它們的最大公因數。 ∎

從定理 31.2 可得到三個實用的推論。

推論 31.3

對任意整數 a 與 b 而言，若 $d \mid a$ 且 $d \mid b$，則 $d \mid \gcd(a, b)$。

證明 這個推論來自式 (31.4) 與定理 31.2，因為 $\gcd(a, b)$ 是 a 與 b 的線性組合。 ∎

推論 31.4

對所有整數 a 與 b 及任何非負值整數 n 而言，

$$\gcd(an, bn) = n \gcd(a, b)$$

證明 如果 $n = 0$，這個推論不證自明。如果 $n > 0$，則 $\gcd(an, bn)$ 是集合 $\{anx + bny : x, y \in \mathbb{Z}\}$ 的最小正元素，所以是集合 $\{ax + by : x, y \in \mathbb{Z}\}$ 的最小正元素的 n 倍。 ∎

推論 31.5

對所有正整數 n、a 與 b 而言，若 $n \mid ab$ 且 $\gcd(a, n) = 1$，則 $n \mid b$。

證明 習題 31.1-5 會請你證明。 ∎

互質數

如果兩個整數 a 與 b 的公因數只有 1，那麼它們稱為**互質數**。例如，8 與 15 互質，因為 8 的因數是 1、2、4、8，15 的因數是 1、3、5、15。下面的定理說，如果兩個整數都與一個整數 p 互質，那麼它們的積與 p 互質。

定理 31.6

對任意整數 a、b 與 p 而言，若且唯若 $\gcd(a, p) = 1$ 且 $\gcd(b, p) = 1$ 皆成立，則 $\gcd(ab, p) = 1$。

證明 若 $\gcd(a, p) = 1$ 且 $\gcd(b, p) = 1$，那麼從定理 31.2 可知，存在整數 x、y、x' 與 y' 滿足

$$ax + py = 1$$
$$bx' + py' = 1$$

將這兩個式子的兩邊相乘並整理可得

$$ab(xx') + p(ybx' + y'ax + pyy') = 1$$

由於 1 是 ab 和 p 的正線性組合，所以它是最小的正線性組合。從定理 31.2 可得，$\gcd(ab, p) = 1$，所以這個方向得證。

從另一個方向，若 $\gcd(ab, p) = 1$，則從定理 31.2 可得，存在整數 x 與 y 滿足

$$abx + py = 1$$

將 abx 寫成 $a(bx)$ 並再次應用定理 31.2 可證明 $\gcd(a, p) = 1$。我們可用類似的方法來證明 $\gcd(b, p) = 1$。∎

若 $\gcd(n_i, n_j) = 1$，其中 $1 \leq i < j \leq k$，則整數 $n_1, n_2, \ldots, n_k$ **兩兩互質**。

唯一質數分解

關於質數的整除性有一個基本但重要的事實如下。

定理 31.7

對所有質數 p 與所有整數 a 和 b 而言，若 $p \mid ab$，則 $p \mid a$ 或 $p \mid b$（或兩者皆成立）。

證明 我們使用反證法，假設 $p \mid ab$ 但 $p \nmid a$ 且 $p \nmid b$。因為 $p > 1$ 且 $ab = kp$，其中 $k \in \mathbb{Z}$，從式 (31.10) 可知 $\gcd(ab, p) = p$。我們也知道 $\gcd(a, p) = 1$ 且 $\gcd(b, p) = 1$，因為 p 的因數只有 1 與 p，且我們假設 a 和 b 都不能被 p 整除。從定理 31.6 可知，$\gcd(ab, p) = 1$，與 $\gcd(ab, p) = p$ 矛盾，進而證明定理成立。∎

定理 31.7 的結果之一是，任何整數合數都可以分解成唯一的質數積。習題 31.1-11 會請你證明這一點。

定理 31.8（唯一質數分解）

只有一種方法可將任意整數合數 a 寫成這個形式的積

$$a = p_1^{e_1} p_2^{e_2} \cdots p_r^{e_r}$$

其中 p_i 是質數，$p_1 < p_2 < \ldots < p_r$，且 e_i 是正整數。∎

舉例而言，6000 的唯一質數分解是 $2^4 \cdot 3^1 \cdot 5^3$。

習題

31.1-1

證明若 $a > b > 0$，且 $c = a + b$，則 $c \bmod a = b$。

31.1-2
證明質數有無限多個（提示：證明質數 $p_1, p_2, ..., p_k$ 皆無法整除 $(p_1 p_2 \cdots p_k) + 1$）

31.1-3
證明若 $a \mid b$ 且 $b \mid c$，則 $a \mid c$。

31.1-4
證明若 p 為質數且 $0 < k < p$，則 $\gcd(k, p) = 1$。

31.1-5
證明推論 31.5。

31.1-6
證明若 p 為質數，且 $0 < k < p$，則 $p \mid \binom{p}{k}$。得出結論：對所有整數 a 與 b 及所有質數 p 而言，

$$(a + b)^p = a^p + b^p \pmod{p}$$

31.1-7
證明若 a 與 b 為任意正整數且 $a \mid b$，則對任意 x 而言，

$(x \bmod b) \bmod a = x \bmod a$

在同樣的假設下，證明對任意整數 x 與 y 而言，

$x = y \pmod{b}$ 意味著 $x = y \pmod{a}$

31.1-8
對於任意整數 $k > 0$，如果有一個整數 a 滿足 $a^k = n$，那麼整數 n 是 **k 次冪**。此外，若 $n > 1$ 且它是某個整數 $k > 1$ 的 k 次方，那麼 n 是**非平凡冪**（*nontrivial power*）。說明如何在 β 的多項時間內，判斷給定的 β 位元的整數 n 是否為非平凡冪。

31.1-9
證明式 (31.6)~(31.10)。

31.1-10
證明 gcd 運算滿足結合律。也就是說，證明對所有整數而言，

$\gcd(a, \gcd(b, c)) = \gcd(\gcd(a, b), c)$

★ **31.1-11**
證明定理 31.8。

31.1-12
寫出高效的演算法，來計算 β 位元的整數除以較短的整數，以及計算 β 位元的整數除以較短的整數的餘數。演算法的執行時間必須是 $\Theta(\beta^2)$。

31.1-13
寫出高效的演算法來將一個 β 位元（二進制）的整數轉換成十進制表示法。證明：如果用長度最多是 β 的整數來進行乘法或除法需要 $M(\beta)$ 時間，其中 $M(\beta) = \Omega(\beta)$，那麼你可以在 $O(M(\beta) \lg \beta)$ 時間內，將二進制轉換成十進制（**提示**：使用分治法，用獨立的遞迴來計算結果的上半部與下半部）。

31.1-14
教授 Marshall 設置了 n 顆燈泡。燈泡都有開關，當他按下一個燈泡時，如果它是關閉的，就會打開，如果它是打開的，就會關閉。所有燈泡最初都是關閉的。設 $i = 1, 2, 3, \ldots, n$，教授按下燈泡 $i, 2i, 3i, \ldots$。在最後一次按下燈泡之後，哪顆燈泡是打開的？證明你的答案。

31.2 最大公因數

在這一節，我們要介紹可高效地計算兩個整數的最大公因數的輾轉相除法。當我們分析執行時間時，我們將發現它與斐波那契數有驚人的關係，斐波那契數可產生輾轉相除法的最壞情況輸入。

本節僅討論非負值整數，之所以有這個限制，是因為從式 (31.8) 可知，$\gcd(a, b) = \gcd(|a|, |b|)$。

原則上，正整數 a 與 b 的質因數分解足以計算 $\gcd(a, b)$。事實上，如果我們在

$$a = p_1^{e_1} p_2^{e_2} \cdots p_r^{e_r} \tag{31.11}$$
$$b = p_1^{f_1} p_2^{f_2} \cdots p_r^{f_r} \tag{31.12}$$

裡面使用 0 次方，來讓 a 與 b 的質數集合 $p_1, p_2, \ldots, p_r$ 相同，那麼，正如習題 31.2-1 要求你證明的，

$$\gcd(a, b) = p_1^{\min\{e_1, f_1\}} p_2^{\min\{e_2, f_2\}} \cdots p_r^{\min\{e_r, f_r\}} \tag{31.13}$$

迄今為止,最好的分解演算法無法以多項式時間執行。因此,這種計算最大公因數的方法似乎不太可能產生高效的演算法。

計算最大公因數的輾轉相除法基於以下的定理。

定理 31.9(GCD 遞迴定理)

對任意非負值整數 a 與任意正整數 b 而言,

$$\gcd(a, b) = \gcd(b, a \bmod b)$$

證明　我們將證明 $\gcd(a, b)$ 與 $\gcd(b, a \bmod b)$ 可互相整除。因為它們都不是負值,所以從式 (31.5) 可知道,它們一定相等。

我們先證明 $\gcd(a, b) \mid \gcd(b, a \bmod b)$。設 $d = \gcd(a, b)$,則 $d \mid a$ 與 $d \mid b$。根據第 59 頁的式 (3.11),$a \bmod b = a - qb$,其中 $q = \lfloor a/b \rfloor$。因為 $a \bmod b$ 是 a 與 b 的線性組合,從式 (31.4) 可知,$d \mid (a \bmod b)$。因為 $d \mid b$ 且 $d \mid (a \bmod b)$,根據推論 31.3 可知 $d \mid \gcd(b, a \bmod b)$,即

$$\gcd(a, b) \mid \gcd(b, a \bmod b) \tag{31.14}$$

證明 $\gcd(b, a \bmod b) \mid \gcd(a, b)$ 的方法幾乎相同。設 $d = \gcd(b, a \bmod b)$,則 $d \mid b$ 且 $d \mid (a \bmod b)$。因為 $a = qb + (a \bmod b)$,其中 $q = \lfloor a/b \rfloor$,我們知道 a 是 b 和 $(a \bmod b)$ 的一個線性組合。根據式 (31.14),我們得出結論 $d \mid a$。因為 $d \mid b$ 且 $d \mid a$,根據推論 31.3 可得 $d \mid \gcd(a, b)$,所以

$$\gcd(b, a \bmod b) \mid \gcd(a, b) \tag{31.15}$$

使用式 (31.5) 來結合式 (31.14) 與 (31.15) 即完成證明。∎

輾轉相除法

歐幾里得的幾何原本(西元前 300 年左右成書)介紹了下面的 gcd 演算法,雖然它可能更早出現。遞迴程序 EUCLID 實現了輾轉相除法,直接基於定理 31.9。輸入 a 與 b 是任意非負值整數。

```
EUCLID(a, b)
1    if b == 0
2        return a
3    else return EUCLID(b, a mod b)
```

例如，這是程序計算 gcd(30, 21) 的過程：

$$\begin{aligned}\text{EUCLID}(30, 21) &= \text{EUCLID}(21, 9) \\ &= \text{EUCLID}(9, 3) \\ &= \text{EUCLID}(3, 0) \\ &= 3\end{aligned}$$

這次計算遞迴地呼叫 EUCLID 三次。

從定理 31.9 和以下屬性可證明 EUCLID 的正確性：如果演算法在第 2 行回傳 a，那麼 $b = 0$，所以根據式 (31.9)，$\gcd(a, b) = \gcd(a, 0) = a$。這個演算法不會無止盡地遞迴，因為第二個引數在每次遞迴呼叫時嚴格遞減，且絕不會是負的。因此，EUCLID 一定會終止並提供正確答案。

輾轉相除法的執行時間

我們來分析作為 a 與 b 大小的函數的 EUCLID 的最壞情況執行時間。EUCLID 的整體執行時間與它發出的遞迴呼叫次數成正比。這次分析假設 $a > b \geq 0$，亦即第一個引數大於第二個引數。為什麼？若 $b = a > 0$，則 $a \bmod b = 0$，程序在一次遞迴呼叫之後終止。若 $b > a \geq 0$，則程序只比 $a > b$ 時多做一次遞迴呼叫，因為此時，EUCLID(a, b) 立刻發出遞迴呼叫 EUCLID(b, a)，這次第一個引數大於第二個。

我們的分析使用斐波那契數 F_k，第 63 頁有它的遞迴式定義 (3.31)。

引理 31.10

若 $a > b \geq 1$ 且呼叫 EUCLID(a, b) 執行 $k \geq 1$ 次遞迴呼叫，則 $a \geq F_{k+2}$ 且 $b \geq F_{k+1}$。

證明 我們對 k 進行歸納來證明。首先是歸納法的基本情況，設 $k = 1$，則 $b \geq 1 = F_2$，因為 $a > b$，所以必然 $a \geq 2 = F_3$。因為 $b > (a \bmod b)$，在每次遞迴呼叫中，第一個引數嚴格大於第二個。因此，對每次遞迴呼叫而言，$a > b$ 的假設成立。

假設這個引理在程序發出 $k-1$ 次遞迴呼叫時成立，我們想證明，這個引理在 k 次遞迴呼叫時成立。因為 $k > 0$，所以 $b > 0$，且 Euclid(a, b) 遞迴地呼叫 Euclid$(b, a \bmod b)$，後者發出 $k-1$ 次遞迴呼叫。從歸納假設可得，$b \geq F_{k+1}$（因而證明部分的引理），且 $a \bmod b \geq F_k$，我們得到

$$b + (a \bmod b) = b + (a - b \lfloor a/b \rfloor) \quad \text{（根據式 (3.11)）}$$
$$\leq a$$

因為 $a > b > 0$ 意味著 $\lfloor a/b \rfloor \geq 1$，所以，

$$a \geq b + (a \bmod b)$$
$$\geq F_{k+1} + F_k$$
$$= F_{k+2}$$

∎

從這個引理可以直接推論接下來的定理。

定理 31.11（Lame 定理）

對於任意整數 $k \geq 1$，若 $a > b \geq 1$ 且 $b < F_{k+1}$，則呼叫 Euclid(a, b) 發出的遞迴呼叫少於 k。

∎

為了證明定理 31.11 的上限是最好的，我們將證明當 $k \geq 2$ 時，呼叫 Euclid(F_{k+1}, F_k) 會發出 $k-1$ 次遞迴呼叫。我們對 k 使用歸納法。在基本情況，$k = 2$，且呼叫 Euclid(F_3, F_2) 發出一次遞迴呼叫 Euclid$(1, 0)$（我們從 $k = 2$ 開始是因為若 $k = 1$，就不會是 $F_2 > F_1$）。在歸納步驟，假設 Euclid(F_k, F_{k-1}) 發出 $k-2$ 次遞迴呼叫，當 $k > 2$ 時，$F_k > F_{k-1} > 0$ 且 $F_{k+1} = F_k + F_{k-1}$，所以根據習題 31.1-1 可得 $F_{k+1} \bmod F_k = F_{k-1}$。因為當 $b > 0$ 時，Euclid(a, b) 呼叫 Euclid$(b, a \bmod b)$，所以呼叫 Euclid(F_{k+1}, F_k) 的遞迴次數比呼叫 Euclid(F_k, F_{k-1}) 多一次，也就是 $k-1$ 次，符合定理 31.11 說的上限。

因為 F_k 接近 $\phi^k/\sqrt{5}$，其中 ϕ 是第 64 頁的式 (3.32) 定義的黃金比例 $(1+\sqrt{5})/2$，所以在 Euclid 裡的遞迴呼叫次數是 $O(\lg b)$（較嚴格的界限見習題 31.2-5）。因此，用兩個 β 位元的數字來呼叫 Euclid 會執行 $O(\beta)$ 次算術運算與 $O(\beta^3)$ 次位元運算（假設使用 β 位元的數字來進行乘法與除法需要做 $O(\beta^2)$ 次位元運算）。挑戰 31-2 將請你證明位元運算次數的界限是 $O(\beta^2)$。

輾轉相除法的擴展形式

改寫輾轉相除法可讓我們得到額外的實用資訊。具體來說，我們要擴展演算法，來計算整數係數 x 與 y，使得

$$d = \gcd(a,b) = ax + by \tag{31.16}$$

x 與 y 可能是 0 或負值。這些係數在稍後計算模倒數時很有用。EXTENDED-EUCLID 程序接收一對非負值整數，回傳滿足式 (31.16) 的 triple (d, x, y)。舉個例子，圖 31.1 是呼叫 EXTENDED-EUCLID(99, 78) 時的追蹤。

EXTENDED-EUCLID(a, b)
1 **if** $b == 0$
2   **return** $(a, 1, 0)$
3 **else** $(d', x', y') = $ EXTENDED-EUCLID$(b, a \bmod b)$
4      $(d, x, y) = (d', y', x' - \lfloor a/b \rfloor y')$
5   **return** (d, x, y)

a	b	$\lfloor a/b \rfloor$	d	x	y
99	78	1	3	−11	14
78	21	3	3	3	−11
21	15	1	3	−2	3
15	6	2	3	1	−2
6	3	2	3	0	1
3	0	—	3	1	0

圖 31.1 EXTENDED-EUCLID 計算 gcd(99, 78) 的過程。每一行都代表一層遞迴，裡面有輸入 a 與 b 的值、計算出來的值 $\lfloor a/b \rfloor$，以及回傳值 d、x 與 y。所回傳的 triple (d, x, y) 會成為更高層的下一個遞迴使用的 triple (d', x', y')。呼叫 EXTENDED-EUCLID(99, 78) 回傳 (3, −11, 14)，所以 gcd(99, 78) $= 3 = 99 \cdot (-11) + 78 \cdot 14$。

EXTENDED-EUCLID 程序是 EUCLID 程序的變體。第 1 行相當於 EUCLID 第 1 行的測試「$b == 0$」。若 $b = 0$，則 EXTENDED-EUCLID 不只在第 2 行回傳 $d = a$，也回傳係數 $x = 1$ 與 $y = 0$，使得 $a = ax + by$。若 $b \neq 0$，EXTENDED-EUCLID 先計算 (d', x', y') 使得 $d' = \gcd(b, a \bmod b)$，且

$$d' = bx' + (a \bmod b)y' \tag{31.17}$$

如同 EUCLID 程序，我們得到 $d = \gcd(a, b) = d' = \gcd(b, a \bmod b)$。為了得到 x 與 y 使得 $d = ax + by$，我們改寫式 (31.17)，設定 $d = d'$ 並使用式 (3.11)：

$$\begin{aligned} d &= bx' + (a - b\lfloor a/b \rfloor)y' \\ &= ay' + b(x' - \lfloor a/b \rfloor y') \end{aligned}$$

因此，選擇 $x = y'$ 與 $y = x' - \lfloor a/b \rfloor y'$ 滿足式子 $d = ax + by$，進而證明 EXTENDED-EUCLID 的正確性。

因為在 EUCLID 裡面的遞迴呼叫次數等於在 EXTENDED-EUCLID 裡面的，所以 EUCLID 與 EXTENDED-EUCLID 的執行時間相同，在常數因子內。亦即，若 $a > b > 0$，則遞迴呼叫次數是 $O(\lg b)$。

習題

31.2-1
證明式 (31.11) 與 (31.12) 意味著式 (31.13)。

31.2-2
計算呼叫 EXTENDED-EUCLID(899, 493) 回傳的值 (d, x, y)。

31.2-3
證明對所有整數 a、k 與 n 而言，

$$\gcd(a, n) = \gcd(a + kn, n) \tag{31.18}$$

使用式 (31.18) 來證明 $a \equiv 1 \pmod{n}$ 意味著 $\gcd(a, n) = 1$。

31.2-4
將 EUCLID 改寫成迭代形式，讓它使用固定數量的記憶體（亦即僅儲存固定數量的整數值）。

31.2-5
若 $a > b \geq 0$，證明呼叫 EUCLID(a, b) 最多發出 $1 + \log_\phi b$ 次遞迴呼叫。把這個界限改進至 $1 + \log_\phi(b/\gcd(a, b))$。

31.2-6
EXTENDED-EUCLID (F_{k+1}, F_k) 回傳什麼？證明你的答案正確。

31.2-7

用遞迴等式 $\gcd(a_0, a_1, ..., a_n) = \gcd(a_0, \gcd(a_1, a_2, ..., a_n))$ 來定義超過兩個引數的 gcd 函數。證明 gcd 函數的回傳值和其輸入引數的順序無關。說明如何找出整數 $x_0, x_1, ..., x_n$，使得 $\gcd(a_0, a_1, ..., a_n) = a_0 x_0 + a_1 x_1 + \cdots + a_n x_n$。證明你的演算法執行的除法次數是 $O(n + \lg(\max\{a_0, a_1, ..., a_n\}))$。

31.2-8

整數 $a_1, a_2, ..., a_n$ 的最小公倍數 $\operatorname{lcm}(a_1, a_2, ..., a_n)$ 是所有 a_i 的最小非負值倍數。說明如何使用雙引數 gcd 運算作為子程序，來高效地計算 $\operatorname{lcm}(a_1, a_2, ..., a_n)$。

31.2-9

證明：若且唯若下式成立，則 n_1、n_2、n_3、n_4 兩兩互質

$$\gcd(n_1 n_2, n_3 n_4) = \gcd(n_1 n_3, n_2 n_4) = 1$$

更廣泛地說，證明：若且唯若從 n_i 衍生的 $\lceil \lg k \rceil$ 對數字是互質的，則 $n_1, n_2, ..., n_k$ 兩兩互質。

31.3 模數算術

非正式地說，模算術可以視為普通的整數算術運算，只不過在進行 mod n 運算時，每一個結果 x 都被換成等效於 $x \bmod n$ 的 $\{0, 1, ..., n-1\}$ 中的元素。如果你只使用加法、減法和乘法運算，這種非正式的模型就足夠了。更嚴謹的模型是在群論（group theory）框架下描述的，以下是更正式化的模型。

有限群組

群組 $(S, \oplus)$ 是一個由集合 S 和在 S 上定義的二元運算 $\oplus$ 組成的結構，該結構滿足以下性質：

1. **封閉性**：所有 $a, b \in S$ 皆滿足 $a \oplus b \in S$。
2. **恆等元**：群組有一個稱為恆等元的元素 $e \in S$，滿足 $e \oplus a = a \oplus e = a$，其中 $a \in S$。
3. **結合性**：所有 $a, b, c \in S$ 皆滿足 $(a \oplus b) \oplus c = a \oplus (b \oplus c)$。
4. **逆元素**：每個 $a \in S$ 都有唯一的元素 $b \in S$，稱為 a 的逆元素，滿足 $a \oplus b = b \oplus a = e$。

舉例，考慮我們熟悉的加法運算之下的整數 $\mathbb{Z}$ 群組 $(\mathbb{Z}, +)$：0 是恆等元，a 的逆元素是 $-a$。**交換群**（***abelian group***）$(S, \oplus)$ 滿足**交換律**，所有 $a, b \in S$ 皆滿足 $a \oplus b = b \oplus a$。$(S, \oplus)$ 群組的**大小**是 $|S|$，若 $|S| < \infty$，則 $(S, \oplus)$ 為**有限群組**。

以模數加法與乘法定義的群組

我們可以利用 mod n 的加法與乘法來形成兩個有限的交換群，其中 n 是正整數。這些群組都是基於整數 mod n 的等價類別，等價類別的定義見第 31.1 節。

為了在 $\mathbb{Z}_n$ 之上定義群組，我們需要合適的二元運算，我們藉著重新定義普通的加法和乘法運算得到它。我們可以為 $\mathbb{Z}_n$ 定義加法和乘法運算，因為兩個整數的等價類別可以決定它們的唯一的和或積的等價類別。亦即若 $a = a' \pmod{n}$ 且 $b = b' \pmod{n}$，則

$$\begin{aligned} a + b &= a' + b' \pmod{n} \\ ab &= a'b' \pmod{n} \end{aligned}$$

因此，我們將 mod n（寫成 $+_n$ 與 $\cdot_n$）的加法與乘法定義如下：

$$\begin{aligned} [a]_n +_n [b]_n &= [a+b]_n \\ [a]_n \cdot_n [b]_n &= [ab]_n \end{aligned} \tag{31.19}$$

（我們可以將 $\mathbb{Z}_n$ 的減法定義成 $[a]_n -_n [b]_n = [a-b]_n$，但除法比較複雜，等一下會介紹）。這些事實證明了在 $\mathbb{Z}_n$ 中進行計算時，使用每個等價類別的最小非負元素作為其代表是正確且方便的做法。我們像平常一樣，對代表元素進行加減和乘法，但將每個結果 x 換成其類別的代表元素，即換成 $x \bmod n$。

$+_6$	0	1	2	3	4	5
0	0	1	2	3	4	5
1	1	2	3	4	5	0
2	2	3	4	5	0	1
3	3	4	5	0	1	2
4	4	5	0	1	2	3
5	5	0	1	2	3	4

(a)

$\cdot_{15}$	1	2	4	7	8	11	13	14
1	1	2	4	7	8	11	13	14
2	2	4	8	14	1	7	11	13
4	4	8	1	13	2	14	7	11
7	7	14	13	4	11	2	1	8
8	8	1	2	11	4	13	14	7
11	11	7	14	2	13	1	8	4
13	13	11	7	1	14	8	4	2
14	14	13	11	8	7	4	2	1

(b)

圖 31.2 兩個有限群組。用代表元素來表示等價類別。**(a)** 群組 $(\mathbb{Z}_6, +_6)$。**(b)** 群組 $(\mathbb{Z}^*_{15}, \cdot_{15})$。

我們使用這個 mod n 加法的定義,將 **mod n 加法群** 定義成 $(\mathbb{Z}_n, +_n)$。mod n 加法群組的大小是 $|\mathbb{Z}_n| = n$。圖 31.2(a) 是群組 $(\mathbb{Z}_6, +_6)$ 的運算表。

定理 31.12

$(\mathbb{Z}_n, +_n)$ 系統是有限交換群。

證明 式 (31.19) 指出 $(\mathbb{Z}_n, +_n)$ 是封閉的。$+_n$ 的結合性與交換性可從 $+$ 的結合性與交換性得出:

$$([a]_n +_n [b]_n) +_n [c]_n = [a+b]_n +_n [c]_n$$
$$= [(a+b)+c]_n$$
$$= [a+(b+c)]_n$$
$$= [a]_n +_n [b+c]_n$$
$$= [a]_n +_n ([b]_n +_n [c]_n)$$

$$[a]_n +_n [b]_n = [a+b]_n$$
$$= [b+a]_n$$
$$= [b]_n +_n [a]_n$$

$(\mathbb{Z}_n, +_n)$ 的恆等元素是 0(即 $[0]_n$)。元素 a 的加法逆元素(即 $[a]_n$ 的加法逆元素)是元素 $-a$(即 $[-a]_n$ 或 $[n-a]_n$),因為 $[a]_n +_n [-a]_n = [a-a]_n = [0]_n$。 ∎

我們使用 mod n 乘法的定義,來將 **mod n 乘法群** 定義成 $(\mathbb{Z}_n^*, \cdot_n)$。這個群組的元素是在 $\mathbb{Z}_n$ 中與 n 互質的元素集合 $\mathbb{Z}_n^*$,所以每個元素在 mod n 下都有唯一的逆元素:

$$\mathbb{Z}_n^* = \{[a]_n \in \mathbb{Z}_n : \gcd(a, n) = 1\}$$

為了證明 $\mathbb{Z}_n^*$ 是定義完善的,我們可以注意,若 $0 \le a < n$,則對所有整數 k 而言,$a = (a+kn) \pmod{n}$。因此,根據習題 31.2-3,$\gcd(a, n)$ 意味著 $\gcd(a+kn, n) = 1$,對所有整數 k 而言。因為 $[a]_n = \{a+kn : k \in \mathbb{Z}\}$,集合 $\mathbb{Z}_n^*$ 是定義完善的。下面是這種群組的一個例子

$$\mathbb{Z}_{15}^* = \{1, 2, 4, 7, 8, 11, 13, 14\}$$

該群組的運算是 mod 15 的乘法(我們將元素 $[a]_{15}$ 寫成 a,所以,舉例來說,$[7]_{15}$ 寫成 7)。圖 31.2(b) 是群組 $(\mathbb{Z}_{15}^*, \cdot_{15})$。例如,在 $\mathbb{Z}_{15}^*$ 中,$8 \cdot 11 = 13 \pmod{15}$。這個群組的恆等元是 1。

定理 31.13

系統 $(\mathbb{Z}_n^*, \cdot_n)$ 是有限交換群。

證明 定理 31.6 意味著 $(\mathbb{Z}_n^*, \cdot_n)$ 是封閉的。我們可以用定理 31.12 證明 $+_n$ 的結合性和交換性的方法，來證明 $\cdot_n$ 的結合性與交換性。恆等元是 $[1]_n$。為了證明逆元素的存在，設 a 是 $\mathbb{Z}_n^*$ 的元素，且 EXTENDED-EUCLID(a, n) 回傳 (d, x, y)。我們得到 $d = 1$，因為 $a \in \mathbb{Z}_n^*$，且

$$ax + ny = 1 \tag{31.20}$$

或等價地，

$ax \equiv 1 \pmod{n}$

所以 $[x]_n$ 是 $[a]_n$ 的乘法逆元素，在 mod n 意義下。此外，我們主張 $[x]_n \in \mathbb{Z}_n^*$。因為式 (31.20) 指出 x 與 n 的最小正線性組合一定是 1，因此，定理 31.2 意味著 $\gcd(x, n) = 1$。我們會在第 31.4 節的推論 31.26 證明逆元素是唯一的。∎

舉個計算乘法逆元素的例子，假設 $a = 5$，$n = 11$。那麼 EXTENDED-EUCLID(a, n) 回傳 $(d, x, y) = (1, -2, 1)$，使得 $1 = 5 \cdot (-2) + 11 \cdot 1$。因此，$[-2]_{11}$（即 $[9]_{11}$）是 $[5]_{11}$ 的乘法逆元素。在本章接下來的內容中，我們在使用群組 $(\mathbb{Z}_n, +_n)$ 與 $(\mathbb{Z}_n^*, \cdot_n)$ 時，將依照慣例，用等價類別的代表元素來代表它們，並用一般的算術符號 $+$ 與 $\cdot$ 來代表 $+_n$ 與 $\cdot_n$（或用並列式（juxtaposition）來代表 $\cdot_n$，$ab = a \cdot b$）。此外，mod n 的等價關係也可以用 $\mathbb{Z}_n$ 裡的式子來表示。例如，下面的兩個敘述句是等價的：

$ax \equiv b \pmod{n}$

與

$[a]_n \cdot_n [x]_n = [b]_n$

為了方便，當我們在某些背景下知道 $\oplus$ 的意思時，有時會用 S 來代表群組 $(S, \oplus)$。所以，我們可以將群組 $(\mathbb{Z}_n, +_n)$ 與 $(\mathbb{Z}_n^*, \cdot_n)$ 分別寫成 $\mathbb{Z}_n$ 與 $\mathbb{Z}_n^*$。

我們將元素 a 的（乘法）逆元素寫成 $(a^{-1} \bmod n)$。在 $\mathbb{Z}_n^*$ 裡的除法定義是 $a/b \equiv ab^{-1} \pmod{n}$。例如，在 $\mathbb{Z}_{15}^*$ 中，$7^{-1} = 13 \pmod{5}$，因為 $7 \cdot 13 = 91 \equiv 1 \pmod{15}$，所以 $2/7 \equiv 2 \cdot 13 = 11 \pmod{15}$。

$\mathbb{Z}_n^*$ 的大小用 $\phi(n)$ 來表示。這個函數稱為 ***Euler phi 函數***，它滿足等式

$$\phi(n) = n \prod_{p \text{ 是滿足 } p\,|\,n \text{ 的質數}} \left(1 - \frac{1}{p}\right) \tag{31.21}$$

p 是可將 n 整除的所有質數（如果 n 是質數，那就包含 n 本身）。我們在此不證明這個式子。直覺上，我們先列出 n 個餘數 $\{0, 1, \ldots, n-1\}$，然後在此串列中，刪除能夠整除 n 的每個質數 p 的所有倍數。例如，因為 45 的質數因數是 3 與 5，

$$\begin{aligned}\phi(45) &= 45\left(1 - \frac{1}{3}\right)\left(1 - \frac{1}{5}\right)\\ &= 45\left(\frac{2}{3}\right)\left(\frac{4}{5}\right)\\ &= 24\end{aligned}$$

若 p 是質數，則 $\mathbb{Z}_p^* = \{1, 2, \ldots, p-1\}$，且

$$\begin{aligned}\phi(p) &= p\left(1 - \frac{1}{p}\right)\\ &= p - 1\end{aligned} \tag{31.22}$$

若 n 是合數，則 $\phi(n) < n-1$，雖然它可以表示成，若 $n \geq 3$

$$\phi(n) > \frac{n}{e^{\gamma} \ln \ln n + 3/\ln \ln n} \tag{31.23}$$

其中 $\gamma = 0.5772156649\cdots$ 是 ***Euler 常數***。當 $n > 5$ 時，比較簡單（或寬鬆）的下限是

$$\phi(n) > \frac{n}{6 \ln \ln n} \tag{31.24}$$

式 (31.23) 的下限其實是最好的，因為

$$\liminf_{n \to \infty} \frac{\phi(n)}{n/\ln \ln n} = e^{-\gamma} \tag{31.25}$$

子群組

若 $(S, \oplus)$ 是個群組，$S' \subseteq S$，且 $(S', \oplus)$ 也是一個群組，那麼 $(S', \oplus)$ 是 $(S, \oplus)$ 的**子群組**。例如，在加法運算下，偶數整數是整數的一個子群組。下面的定理是辨識子群組的好工具，它的證明留給習題 31.3-3。

定理 31.14（有限群組的非空封閉子集合是子群組）

若 $(S, \oplus)$ 是有限群組，且 S' 是 S 的任意非空子集合，且對所有 $a, b \in S'$ 而言，$a \oplus b \in S'$，那麼，$(S', \oplus)$ 是 $(S, \oplus)$ 的子群組。 ∎

例如，集合 $\{0, 2, 4, 6\}$ 是 $\mathbb{Z}_8$ 的子群組，因為它是非空的，而且在 + 運算之下是封閉的（亦即它在 $+_8$ 之下是封閉的）。

下面的定理為子群組的大小提供很實用的限制，我們省略它的證明。

定理 31.15（Lagrange 定理）

若 $(S, \oplus)$ 是有限群組，且 $(S', \oplus)$ 是 $(S, \oplus)$ 的子群組，則 $|S'|$ 是 $|S|$ 的因數。 ∎

設 S' 是群組 S 的子群組，若 $S' \neq S$，則 S' 是**真**子群組。我們將在第 31.8 節分析 Miller-Rabin 質數判定程序時使用以下推論。

推論 31.16

若 S' 為有限群組 S 的真子群組，則 $|S'| \leq |S|/2$。 ∎

用一個元素產生的子群組

定理 31.14 提供一種直接了當的方式來產生一個有限群組 $(S, \oplus)$ 的子群組：選擇一個元素 a，並加入可用群組運算和 a 產生的所有元素。具體來說，我們定義 $a^{(k)}$ 為 $k \geq 1$

$$a^{(k)} = \bigoplus_{i=1}^{k} a = \underbrace{a \oplus a \oplus \cdots \oplus a}_{k}$$

例如，取群組 $\mathbb{Z}_6$ 中的 $a = 2$ 可得

$$a^{(1)}, a^{(2)}, a^{(3)}, \ldots = 2, 4, 0, 2, 4, 0, \ldots$$

在群組 $\mathbb{Z}_n$ 中，$a^{(k)} = ka \bmod n$，且在群組 $\mathbb{Z}_n^*$ 中，$a^{(k)} = a^k \bmod n$。我們用 $\langle a \rangle$ 或 $(\langle a \rangle, \oplus)$ 來代表**用 a 產生的子群組**，它的定義是

$$\langle a \rangle = \{a^{(k)} : k \geq 1\}$$

我們說 a **產生**子群組 $\langle a \rangle$，或 a 是 $\langle a \rangle$ 的**母元**（*generator*）。因為 S 是有限的，所以 $\langle a \rangle$ 是 S 的有限子集合，可能包含全部的 S。從 $\oplus$ 的結合性可得

$$a^{(i)} \oplus a^{(j)} = a^{(i+j)}$$

$\langle a \rangle$ 是封閉的，所以，根據定理 31.14，$\langle a \rangle$ 是 S 的子群組。例如，在 $\mathbb{Z}_6$ 中，

$\langle 0 \rangle = \{0\}$
$\langle 1 \rangle = \{0, 1, 2, 3, 4, 5\}$
$\langle 2 \rangle = \{0, 2, 4\}$

同理，在 $\mathbb{Z}_7^*$ 中，

$\langle 1 \rangle = \{1\}$
$\langle 2 \rangle = \{1, 2, 4\}$
$\langle 3 \rangle = \{1, 2, 3, 4, 5, 6\}$

a 的**階數**（在群組 S 中的）是滿足 $a^{(t)} = e$ 的最小正整數 t，寫成 $\text{ord}(a)$（$e \in S$ 是群組恆等元）。

定理 31.17

對於任意有限群組 $(S, \oplus)$ 與任意 $a \in S$，a 的階數（order）等於它產生的子群組的大小，即 $\text{ord}(a) = |\langle a \rangle|$。

證明 設 $t = \text{ord}(a)$。因為 $a^{(t)} = e$，且 $k \geq 1$ 時，$a^{(t+k)} = a^{(t)} \oplus a^{(k)} = a^{(k)}$，若 $i > t$，則對某個 $j < i$ 而言，$a^{(i)} = a^{(j)}$。因此，當我們用 a 來產生元素時，在 $a^{(t)}$ 之後沒有新元素。所以，$\langle a \rangle = \{a^{(1)}, a^{(2)}, ..., a^{(t)}\}$，因此 $|\langle a \rangle| \leq t$。為了證明 $|\langle a \rangle| \geq t$，我們將證明 $a^{(1)}, a^{(2)}, ..., a^{(t)}$ 裡的每個元素都是不同的。我們用反證法，假設對滿足 $1 \leq i < j \leq t$ 的 i 與 j 而言，$a^{(i)} = a^{(j)}$，那麼，對 $k \geq 0$ 而言，$a^{(i+k)} = a^{(j+k)}$。但這個等式意味著 $a^{(i+(t-j))} = a^{(j+(t-j))} = e$，矛盾，因為 $i+(t-j) < t$，但 t 是滿足 $a^{(t)} = e$ 的最小正值。所以，在 $a^{(1)}, a^{(2)}, ..., a^{(t)}$ 裡的每個元素都是不同的，且 $|\langle a \rangle| \geq t$。我們得出結論，$\text{ord}(a) = |\langle a \rangle|$。 ∎

推論 31.18
若且唯若 $i \equiv j \pmod{t}$，則 $a^{(1)}, a^{(2)}, \ldots$ 為週期性序列，其週期為 $t = \text{ord}(a)$，即 $a^{(i)} = a^{(j)}$。∎

按照上述推論，對所有整數 i 而言，我們定義 $a^{(0)}$ 為 e、$a^{(i)}$ 為 $a^{(i \bmod t)}$，其中 $t = \text{ord}(a)$。

推論 31.19
若 $(S, \oplus)$ 是有限群組，恆等元為 e，則對所有 $a \in S$ 而言，

$$a^{(|S|)} = e$$

證明 從 Lagrange 定理（定理 31.15）可知 $\text{ord}(a) \mid |S|$，所以 $|S| \equiv 0 \pmod{t}$，其中 $t = \text{ord}(a)$。因此，$a^{(|S|)} = a^{(0)} = e$。∎

習題

31.3-1
畫出群組 $(\mathbb{Z}_4, +_4)$ 與 $(\mathbb{Z}_5^*, \cdot_5)$ 的群組運算表。證明這些群組是同構的（isomorphic），做法是展示 $\mathbb{Z}_4$ 與 $\mathbb{Z}_5^*$ 之間的一對一對應關係 f，滿足：若且唯若 $f(a) \cdot f(b) \equiv f(c) \pmod 5$，則 $a + b \equiv c \pmod 4$。

31.3-2
列出 $\mathbb{Z}_9$ 與 $\mathbb{Z}_{13}^*$ 的所有子群組。

31.3-3
證明定理 31.14。

31.3-4
證明若 p 為質數，且 e 為正整數，則

$$\phi(p^e) = p^{e-1}(p-1)$$

31.3-5
證明對任意整數 $n > 1$ 而言，與對任意 $a \in \mathbb{Z}_n^*$ 而言，以 $f_a(x) = ax \bmod n$ 定義的函數 $f_a : \mathbb{Z}_n^* \to \mathbb{Z}_n^*$ 是 $\mathbb{Z}_n^*$ 的重新排列（permutation）。

31.4 求解模數線性方程式

現在要來考慮如何找出下式的解

$$ax = b \pmod{n} \tag{31.26}$$

其中 $a > 0$ 且 $n > 0$。這個問題有很多應用。例如,在第 31.7 節中,我們會在尋找 RSA 公鑰加密系統的密鑰時使用它。假設 a、b 與 n 已知,我們想找出滿足式 (31.26) 的所有 x 值,在 mod n 之下。這個式子可能有零個、一個或不只一個這種解。

設 $\langle a \rangle$ 代表 a 產生的 $\mathbb{Z}_n$ 的子群組。因為 $\langle a \rangle = \{a^{(x)} : x > 0\} = \{ax \bmod n : x > 0\}$,若且唯若 $[b] \in \langle a \rangle$,則式 (31.26) 有解。Lagrange 定理(定理 31.15)告訴我們,$|\langle a \rangle|$ 一定是 n 的因數。下面的定理準確地指出 $\langle a \rangle$ 的特性。

定理 31.20

a 與 n 為任意整數,若 $d = \gcd(a, n)$,則在 $\mathbb{Z}_n$ 中

$$\langle a \rangle = \langle d \rangle$$
$$= \{0, d, 2d, \ldots, ((n/d) - 1)d\}$$

因此

$$|\langle a \rangle| = n/d$$

證明 我們先證明 $d \in \langle a \rangle$。EXTENDED-EUCLID(a, n) 回傳一個 triple (d, x, y),使得 $ax + ny = d$。因此,$ax = d \pmod{n}$,所以 $d \in \langle a \rangle$。換句話說,d 是 $\mathbb{Z}_n$ 中的 a 之倍數。

因為 $d \in \langle a \rangle$,所以 d 的每一個倍數都屬於 $\langle a \rangle$,因為 a 的倍數的任何倍數都是 a 的倍數,所以,$\langle a \rangle$ 裡面有 $\{0, d, 2d, \ldots, ((n/d)-1)d\}$ 裡的每一個元素。也就是 $\langle d \rangle \subseteq \langle a \rangle$。

接下來要證明 $\langle a \rangle \subseteq \langle d \rangle$。若 $m \in \langle a \rangle$,則對整數 x 而言,$m = ax \bmod n$,所以對整數 y 而言,$m = ax + ny$。因為 $d = \gcd(a, n)$,我們知道 $d \mid a$ 且 $d \mid n$,所以根據式 (31.4),$d \mid m$。因此,$m \in \langle d \rangle$。結合這些結果,我們知道 $\langle a \rangle = \langle d \rangle$。至於為何 $|\langle a \rangle| = n/d$,可觀察在 0 與 $n-1$(包括)之間有 n/d 個 d 的倍數。 ∎

推論 31.21

若且唯若 $d \mid b$，其中 $d = \gcd(a, n)$，則對於未知的 x，式 $ax = b \pmod{n}$ 是有解的。

證明 若且唯若 $[b] \in \langle a \rangle$，則 $ax = b \pmod{n}$ 是有解的，根據定理 31.20，這句話也可以這樣說

$$(b \bmod n) \in \{0, d, 2d, \ldots, ((n/d) - 1)d\}$$

如果 $0 \le b < n$，那麼若且唯若 $d \mid b$，則 $b \in \langle a \rangle$。因為 $\langle a \rangle$ 的成員就是 d 的倍數。若 $b < 0$ 或 $b \ge n$，我們觀察到，若且唯若 $d \mid (b \bmod n)$，則 $d \mid b$ 成立，因為 b 與 $b \bmod n$ 之間相差 n 的倍數，而 n 的倍數本身又是 d 的倍數。 ∎

推論 31.22

式 $ax = b \pmod{n}$ 在 $\bmod\ n$ 下可能有 d 個不同的解，其中 $d = \gcd(a, n)$，或者可能無解。

證明 若 $ax = b \pmod{n}$ 有解，則 $b \in \langle a \rangle$。根據定理 31.17，$\text{ord}(a) = |\langle a \rangle|$，所以從推論 31.18 與定理 31.20 可知，序列 $ai \bmod n$（$i = 0, 1, \ldots$）是週期性的，其週期為 $|\langle a \rangle| = n/d$。若 $b \in \langle a \rangle$，則 b 在序列 $ai \bmod n$ 中出現 d 次，其中 $i = 0, 1, \ldots, n-1$，因為當 i 從 0 增加到 $n-1$ 時，長度為 n/d 的一組值 $\langle a \rangle$ 重複 d 次。滿足 $ax \bmod n = b$ 的 d 個位置的索引 x，就是 $ax = b \pmod{n}$ 的解。 ∎

定理 31.23

設 $d = \gcd(a, n)$，假設 $d = ax' + ny'$，其中 x' 與 y' 為整數（例如 EXTENDED-EUCLID 算出來的結果）。若 $d \mid b$，則 $ax = b \pmod{n}$ 有一個解的值為 x_0，其中

$$x_0 = x'(b/d) \bmod n$$

證明 我們知道

$$\begin{aligned} ax_0 &= ax'(b/d) &\pmod{n} \\ &= d(b/d) &\pmod{n} &\quad (\text{因為 } ax' = d \pmod{n}) \\ &= b &\pmod{n} \end{aligned}$$

所以 x_0 是 $ax = b \pmod{n}$ 的一個解。 ∎

定理 31.24

假設式 $ax = b \pmod{n}$ 是有解的（亦即 $d \mid b$，其中 $d = \gcd(a, n)$），且 x_0 是這個式子的任意解。那麼，這個式子有 d 個不同的解（在 $\bmod n$ 下）可以用 $x_i = x_0 + i(n/d)$ 算出，其中 $i = 0, 1, ..., d-1$。

證明　因為 $n/d > 0$ 且 $0 \le i(n/d) < n$，其中 $i = 0, 1, ..., d-1$，值 $x_0, x_1, ..., x_{d-1}$ 都是不同的，在 $\bmod n$ 下。因為 x_0 是 $ax = b \pmod{n}$ 的解，所以 $ax_0 \bmod n = b \pmod n$。所以，設 $i = 0, 1, ..., d-1$

$$\begin{aligned} ax_i \bmod n &= a(x_0 + in/d) \bmod n \\ &= (ax_0 + ain/d) \bmod n \\ &= ax_0 \bmod n \quad \text{（因為 } d \mid a \text{ 意味著 } ain/d \text{ 是 } n \text{ 的倍數）} \\ &= b \pmod{n} \end{aligned}$$

且因為 $ax_i = b \pmod{n}$，所以 x_i 也是一個解。根據推論 31.22，$ax = b \pmod{n}$ 恰好有 d 個解，所以 $x_0, x_1, ..., x_{d-1}$ 必定是全部的解。∎

我們已經知道求解式子 $ax = b \pmod{n}$ 所需的數學了。下面的 MODULAR-LINEAR-EQUATION-SOLVER 程序可印出這個式子的所有解。它的輸入 a 與 n 是任意正整數，b 是任意整數。

MODULAR-LINEAR-EQUATION-SOLVER(a, b, n)

```
1   (d, x′, y′) = EXTENDED-EUCLID(a, n)
2   if d | b
3       x_0 = x′(b/d) mod n
4       for i = 0 to d − 1
5           print (x_0 + i(n/d)) mod n
6   else print "no solutions"
```

舉一個 MODULAR-LINEAR-EQUATION-SOLVER 運作案例，考慮式子 $14x = 30 \pmod{100}$（因此 $a = 14$，$b = 30$，$n = 100$）。在第 1 行呼叫 EXTENDED-EUCLID 得到 $(d, x', y') = (2, -7, 1)$。因為 $2 \mid 30$，所以執行第 3~5 行。第 3 行計算 $x_0 = (-7)(15) \bmod 100 = 95$。第 4~5 行的 **for** 迴圈印出兩個解，95 與 45。

MODULAR-LINEAR-EQUATION-SOLVER 程序的工作方式如下。在第 1 行呼叫 EXTENDED-EUCLID 得到一個 triple (d, x', y')，使得 $d = \gcd(a, n)$ 且 $d = ax' + ny'$。因此，x 是式 $ax' = d \pmod{n}$ 的一個解。根據推論 31.21，若 d 不能整除 b，則 $ax = b \pmod{n}$ 無解。第 2 行檢查是否 $d \mid b$，若否，第 6 行回報無解。否則，第 3 行計算 $ax = b \pmod{n}$ 的解 x_0，如定理 31.23 所

述。有了一個解後，定理 31.24 說，藉著加入 (n/d) 的倍數（在 $\bmod n$ 下）可產生其他的 $d-1$ 個解。第 4~5 行的 **for** 迴圈印出全部的 d 個解，從 x_0 開始，兩兩相差 n/d（在 $\bmod n$ 下）。

MODULAR-LINEAR-EQUATION-SOLVER 執行 $O(\lg n + \gcd(a, n))$ 次算術運算，因為 EXTENDED-EUCLID 執行 $O(\lg n)$ 次算術運算，且第 4~5 行的 **for** 迴圈的每一次迭代執行固定次數的算術運算。

定理 31.24 的以下推論給出幾個特例。

推論 31.25

對任何 $n > 1$ 而言，若 $\gcd(a, n) = 1$，則式 $ax = b \ (\bmod n)$ 有唯一解（在 $\bmod n$ 下）。 ■

如果 $b = 1$，這是一個非常重要且常見的情況，解算式的 x 是 a 在 $\bmod n$ 下的乘法逆元素。

推論 31.26

對任意 $n > 1$ 而言，若 $\gcd(a, n) = 1$，則式 $ax = 1 \ (\bmod n)$ 有唯一解（在 $\bmod n$ 下）。否則無解。 ■

根據推論 31.26，$a^{-1} \bmod n$ 是指在 $\bmod n$ 的情況下，當 a 與 n 互質時，a 的乘法逆元素。如果 $\gcd(a, n) = 1$，則 $ax = 1 \ (\bmod n)$ 的唯一解是 EXTENDED-EUCLID 回傳的整數 x，因為式

$$\gcd(a, n) = 1 = ax + ny$$

意味著 $ax = 1 \ (\bmod n)$。所以 EXTENDED-EUCLID 可以高效地計算 $a^{-1} \bmod n$。

習題

31.4-1
算出式 $35x = 10 \ (\bmod 50)$ 的所有解。

31.4-2
證明當 $\gcd(a, n) = 1$ 時，式 $ax = ay \ (\bmod n)$ 意味著 $x = y \ (\bmod n)$。用反例 $\gcd(a, n) > 1$ 來證明 $\gcd(a, n) = 1$ 這個條件是必要的。

31.4-3

將 MODULAR-LINEAR-EQUATION-SOLVER 程序的第 3 行改成：

3 $\quad x_0 = x'(b/d) \bmod (n/d)$

這個程序仍然可以正確運行嗎？解釋為何可以，或為何不行。

★ 31.4-4

設 p 是質數，且 $f(x) = (f_0 + f_1 x + \cdots + f_t x^t) \pmod{p}$ 是 t 次多項式，其係數 f_i 來自 $\mathbb{Z}_p$。若 $f(a) = 0 \pmod{p}$，我們說 $a \in \mathbb{Z}_p$ 是零元素。證明若 a 是 f 的零元素，則對某個 $t-1$ 次多項式 $g(x)$ 而言，$f(x) = (x-a)g(x) \pmod{p}$。對 t 使用歸納法來證明，若 p 為質數，則 t 次多項式 $f(x)$ 最多有 t 個不同的零元素（在 $\bmod n$ 下）。

31.5 中國餘數定理

在西元前 100 年左右，中國數學家孫子解出這個問題：哪個整數 x 除以 3、5 與 7 會產生餘數 2、3 與 2。其中一個答案是 $x = 23$，且所有解都可以用 $23 + 105k$（k 為任意整數）來表示。「中國餘數定理」可將一組方程式 mod 一組兩兩互質的模數（例如 3、5 與 7）對應到一個 mod 它們的乘積（例如 105）的方程式。

中國餘數定理有兩個主要的應用。設整數 n 被因數分解成 $n = n_1 n_2 \cdots n_k$，其中因子 n_i 互質。首先，中國餘數定理是個描述性的「結構定理」，它說，$\mathbb{Z}_n$ 的結構與笛卡兒積 $\mathbb{Z}_{n_1} \times \mathbb{Z}_{n_2} \times \cdots \times \mathbb{Z}_{n_k}$ 相同，其中，第 i 分量採用 $\bmod n_i$ 的分量相加和相乘。其次，這個描述可協助設計高效的演算法，因為處理每一個 $\mathbb{Z}_{n_i}$ 系統比處理 $\bmod n$ 更有效率（就位元操作而言）。

定理 31.27（中國餘數定理）

設 $n = n_1 n_2 \cdots n_k$，其中 n_i 兩兩互質。考慮這個對映關係

$$a \leftrightarrow (a_1, a_2, \ldots, a_k) \tag{31.27}$$

其中 $a \in \mathbb{Z}_n, a_i \in \mathbb{Z}_{n_i}$，且

$a_i = a \bmod n_i$

$i = 1, 2, \ldots, k$。那麼，$\mathbb{Z}_n$ 與笛卡兒積 $\mathbb{Z}_{n_1} \times \mathbb{Z}_{n_2} \times \cdots \times \mathbb{Z}_{n_k}$ 之間的對映關係 (31.27) 是一對一對映（對射）。針對 $\mathbb{Z}_n$ 中的元素進行的操作，可以在相應的 k-tuple 上等價地進行，做法是在適當的系統中，獨立地在每個座標位置進行操作。亦即，若

$a \leftrightarrow (a_1, a_2, \ldots, a_k)$
$b \leftrightarrow (b_1, b_2, \ldots, b_k)$

則

$(a + b) \bmod n \leftrightarrow ((a_1 + b_1) \bmod n_1, \ldots, (a_k + b_k) \bmod n_k)$ (31.28)
$(a - b) \bmod n \leftrightarrow ((a_1 - b_1) \bmod n_1, \ldots, (a_k - b_k) \bmod n_k)$ (31.29)
$(ab) \bmod n \leftrightarrow (a_1 b_1 \bmod n_1, \ldots, a_k b_k \bmod n_k)$ (31.30)

證明 我們來看看如何在這兩種表示法之間轉換。從 a 轉換成 $(a_1, a_2, \ldots, a_k)$ 只需要 k 次「mod」操作。反過來，用輸入 $(a_1, a_2, \ldots, a_k)$ 來計算 a 僅稍微複雜一些。

首先，我們定義 $m_i = n/n_i$，$i = 1, 2, \ldots, k$。因此，m_i 是除了 n_i 之外的所有 n_j 之積：$m_i = n_1 n_2 \cdots n_{i-1} n_{i+1} \cdots n_k$。我們接下來定義

$c_i = m_i (m_i^{-1} \bmod n_i)$ (31.31)

$i = 1, 2, \ldots, k$。式 (31.31) 是定義完善的：因為 m_i 與 n_i 互質（根據定理 31.6），推論 31.26 保證 $m_i^{-1} \bmod n_i$ 存在。以下是將 a 當成 a_i 與 c_i 的函數來計算 a 的方法：

$a = (a_1 c_1 + a_2 c_2 + \cdots + a_k c_k) \pmod{n}$ (31.32)

現在我們要證明式 (31.32) 可確保 $a \equiv a_i \pmod{n_i}$，$i = 1, 2, \ldots, k$。若 $j \neq i$，則 $m_j \equiv 0 \pmod{n_i}$，這意味著 $c_j \equiv m_j \equiv 0 \pmod{n_i}$。注意，從式 (31.31) 可得，$c_i \equiv 1 \pmod{n_i}$。所以我們得到一個有用的對應關係

$c_i \leftrightarrow (0, 0, \ldots, 0, 1, 0, \ldots, 0)$

它是除了第 i 個座標是 1 之外，其他元素都是 0 的向量。所以，在某種意義上，c_i 構成表示法的「基礎」。因此，對於每一個 i，我們得到

$\begin{aligned} a &= a_i c_i & \pmod{n_i} \\ &= a_i m_i (m_i^{-1} \bmod n_i) & \pmod{n_i} \\ &= a_i & \pmod{n_i} \end{aligned}$

這是我們想要證明的：用 a_i 來計算 a 的方法產生一個結果 a，這個 a 滿足條件 $a \equiv a_i \pmod{n_i}$，其中 $i = 1, 2, ..., k$。兩者的對應關係是一對一，因為我們可以從兩個方向進行轉換。最後，式 (31.28)~(31.30) 可直接由習題 31.1-7 證明，因為對任意 x 與 $i = 1, 2, ..., k$ 而言，$x \bmod n_i = (x \bmod n) \bmod n_i$。 ∎

本章將使用接下來的推論。

推論 31.28

若 $n_1, n_2, ..., n_k$ 兩兩互質，且 $n = n_1 n_2 \cdots n_k$，則對任何整數 $a_1, a_2, ..., a_k$ 而言，聯立方程組

$x \equiv a_i \pmod{n_i}$，對未知的 x 而言有唯一解（$\bmod\ n$）

其中 $i = 1, 2, ..., k$。 ∎

推論 31.29

若 $n_1, n_2, ..., n_k$ 兩兩互質且 $n = n_1 n_2 \cdots n_k$，則對所有整數 x 與 a 而言

$x \equiv a \pmod{n_i}$

其中 $i = 1, 2, ..., k$ 若且唯若

$x \equiv a \pmod{n}$ ∎

舉個中國餘數定理的應用案例，假設你有兩個式子

$a \equiv 2 \pmod{5}$
$a \equiv 3 \pmod{13}$

所以，$a_1 = 2$，$n_1 = m_2 = 5$，$a_2 = 3$，$n_2 = m_1 = 13$，你想計算 $a \bmod 65$，因為 $n = n_1 n_2 = 65$。由於 $13^{-1} \equiv 2 \pmod{5}$ 且 $5^{-1} \equiv 8 \pmod{13}$，你可以計算

$c_1 = 13 \cdot (2 \bmod 5) = 26$
$c_2 = 5 \cdot (8 \bmod 13) = 40$

且

$$\begin{aligned} a &\equiv 2 \cdot 26 + 3 \cdot 40 \pmod{65} \\ &= 52 + 120 \pmod{65} \\ &= 42 \pmod{65} \end{aligned}$$

圖 31.3 是中國餘數定理的說明（mod 65）。

因此，如果你要計算 mod n，你可以視情況直接計算它，或是在轉換的表示法中使用獨立的 mod n_i 計算。這兩種計算方法是完全等價的。

	0	1	2	3	4	5	6	7	8	9	10	11	12
0	0	40	15	55	30	5	45	20	60	35	10	50	25
1	26	1	41	16	56	31	6	46	21	61	36	11	51
2	52	27	2	42	17	57	32	7	47	22	62	37	12
3	13	53	28	3	43	18	58	33	8	48	23	63	38
4	39	14	54	29	4	44	19	59	34	9	49	24	64

圖 31.3 中國餘數定理的說明，其中 $n_1 = 5$，$n_2 = 13$。在這個例子中，$c_1 = 26$，$c_2 = 40$。第 i 列、第 j 行是 a 的值（mod 65），使得 $a \bmod 5 = i$ 且 $a \bmod 13 = j$。注意，第 0 列、第 0 行是 0。同理，第 4 列、第 12 行是 64（等價於 −1）。因為 $c_1 = 26$，下移一列會將 a 加 26。同理，$c_2 = 40$ 意味著右移一行會將 a 加 40。將 a 加 1 相當於往右下方移動。最下面一列繞回最上面一列，最右邊一行繞回最左邊一行。

習題

31.5-1
找出式 $x \equiv 4 \pmod 5$ 與 $x \equiv 5 \pmod{11}$ 的所有解。

31.5-2
找出除以 9、8、7 的餘數分別是 1、2、3 的所有整數 x。

31.5-3
根據定理 31.27 的定義，證明：如果 $\gcd(a, n) = 1$，則

$(a^{-1} \bmod n) \leftrightarrow ((a_1^{-1} \bmod n_1), (a_2^{-1} \bmod n_2), \ldots, (a_k^{-1} \bmod n_k))$

31.5-4
在定理 31.27 的定義之下，證明對任意多項式 f 而言，式 $f(x) \equiv 0 \pmod n$ 的根的數量等於式 $f(x) \equiv 0 \pmod{n_1}, f(x) \equiv 0 \pmod{n_2}, \ldots, f(x) \equiv 0 \pmod{n_k}$ 的根的數量之積。

31.6 元素的次方

在考慮特定元素 a 的倍數的同時（在 $\bmod n$ 下），我們往往也會考慮 a 的次方（在 $\bmod n$ 下），其中 $a \in \mathbb{Z}_n^*$：

$a^0, a^1, a^2, a^3, \ldots$

（在 $\bmod n$ 下）。從 0 開始檢索時，序列的第 0 個值是 $a^0 \bmod n = 1$，第 i 個值是 $a^i \bmod n$。例如，3 的次方 $\bmod 7$ 是

i	0	1	2	3	4	5	6	7	8	9	10	11	$\cdots$
$3^i \bmod 7$	1	3	2	6	4	5	1	3	2	6	4	5	$\cdots$

2 的次方 $\bmod 7$ 是

i	0	1	2	3	4	5	6	7	8	9	10	11	$\cdots$
$2^i \bmod 7$	1	2	4	1	2	4	1	2	4	1	2	4	$\cdots$

在本節，$\langle a \rangle$ 是藉著使用 a 及重複的乘法來產生的 $\mathbb{Z}_n^*$ 的子群組，設 $\text{ord}_n(a)$（在「$\bmod n$ 的情況下，a 的階數」）是 a 在 $\mathbb{Z}_n^*$ 裡的階數。例如，$\mathbb{Z}_7^*$ 裡，$\langle 2 \rangle = \{1, 2, 4\}$，且 $\text{ord}_7(2) = 3$。我們使用 Euler phi 函數 $\phi(n)$ 的定義作為 $\mathbb{Z}_n^*$ 的大小（見第 31.3 節），現在我們將推論 31.19 轉換成 $\mathbb{Z}_n^*$ 符號，得出 Euler 定理，並將其特化至 $\mathbb{Z}_p^*$，其中 p 是質數，得到 Fermat 定理。

定理 31.30（Euler 定理）

$n > 1$ 為任意整數，

對於所有 $a \in \mathbb{Z}_n^*$，$a^{\phi(n)} = 1 \ (\bmod\ n)$ ∎

定理 31.31（Fermat 定理）

若 p 為質數，則

對於所有 $a \in \mathbb{Z}_p^*$，$a^{p-1} = 1 \ (\bmod\ p)$

證明 根據式 (31.22)，若 p 為質數，$\phi(p) = p-1$。 ∎

Fermat 定理適用於 0 之外的所有 $\mathbb{Z}_p$ 的元素，因為 $0 \notin \mathbb{Z}_p^*$。然而，對所有 $a \in \mathbb{Z}_p$，若 p 為質數，則 $a^p = a \ (\bmod\ p)$。

若 $\text{ord}_n(g) = |\mathbb{Z}_n^*|$，那麼在 $\mathbb{Z}_n^*$ 裡的每一個元素都是 g 的次方（在 $\bmod n$ 下），且 g 是**原根**或 $\mathbb{Z}_n^*$ 的**母元**（*generator*）。例如，3 是原根（在 $\bmod 7$ 下），但 2 不是原根（在 $\bmod 7$ 下）。若 $\mathbb{Z}_n^*$ 有原根，那麼群組 $\mathbb{Z}_n^*$ 是**循環的**。我們省略接下來的定理的證明，Niven 與 Zuckerman [345] 有它們的證明。

定理 31.32

對所有質數 $p > 2$ 與正整數 e 而言，使得 $\mathbb{Z}_n^*$ 是循環的，且大於 1 的 n 值是 2、4、p^e 與 $2p^e$（其中 $n > 1$）。 ∎

如果 g 是 $\mathbb{Z}_n^*$ 的原根，且 a 是 $\mathbb{Z}_n^*$ 的任意元素，那麼存在一個 z 使得 $g^z = a \pmod{n}$。這個 z 是 a 的**離散對數**或**指數**，底數為 g（在 mod n 下）。我們將這個值寫成 $\text{ind}_{n,g}(a)$。

定理 31.33（離散對數定理）

若 g 是 $\mathbb{Z}_n^*$ 的原根，則若且唯若式 $x = y \pmod{\phi(n)}$ 成立，則式 $g^x = g^y \pmod{n}$ 成立。

證明 首先假設 $x = y \pmod{\phi(n)}$。那麼，我們得到對某個整數 k 而言，$x = y + k\phi(n)$，所以

$$\begin{aligned}
g^x &= g^{y+k\phi(n)} &&\pmod{n} \\
&= g^y \cdot (g^{\phi(n)})^k &&\pmod{n} \\
&= g^y \cdot 1^k &&\pmod{n} \quad \text{（根據 Euler 定理）} \\
&= g^y &&\pmod{n}
\end{aligned}$$

反之，假設 $g^x = g^y \pmod{n}$。因為 g 的次方序列產生 $\langle g \rangle$ 的每一個元素，且 $|\langle g \rangle| = \phi(n)$，從引理 31.18 可知，$g$ 的次方序列是週期性的，且其週期為 $\phi(n)$。因此，若 $g^x = g^y \pmod{n}$，我們一定得到 $x = y \pmod{\phi(n)}$。 ∎

現在讓我們把注意力轉向「mod 質數次方」之下，1 的平方根。下面的性質將有助於證明第 31.8 節中的質數判定試算法的正確性。

定理 31.34

若 p 是奇數質數，$e \geq 1$，則此式

$$x^2 = 1 \pmod{p^e} \tag{31.33}$$

只有兩個解，即 $x = 1$ 與 $x = -1$。

證明 根據習題 31.6-2，式 (31.33) 相當於

$$p^e \mid (x-1)(x+1)$$

因為 $p > 2$，我們得到 $p \mid (x-1)$ 或 $p \mid (x+1)$，但不會得到兩者（否則，根據特性 (31.3)，p 也能整除它們的差 $(x+1)-(x-1) = 2$）。若 $p \nmid (x-1)$，則 $\gcd(p^e, x-1) = 1$，根據推論 31.5，$p^e \mid (x+1)$。亦即，$x = -1 \pmod{p^e}$。同理，若 $p \nmid (x+1)$，則 $\gcd(p^e, x+1) = 1$，從推論 31.5 可知，$p^e \mid (x-1)$，所以 $x = 1 \pmod{p^e}$。因此，若非 $x = -1 \pmod{p^e}$，則為 $x = 1 \pmod{p^e}$。 ∎

如果 x 滿足 $x^2 = 1 \pmod{n}$，但它不等於兩個「平凡的（trivial）」平方根：1 或 $-1 \pmod{n}$，那麼它是 *1 的非平凡平方根（mod n）*。例如，6 是 1 的非平凡平方根（mod 35）。我們將在第 31.8 節的定理 31.34 中，使用接下來的推論，來證明 Miller-Rabin 質數判定程序的正確性。

推論 31.35

若在 mod n 下，存在 1 的非平凡平方根，則 n 為合數。

證明 根據定理 31.34 使用反證法，如果在 mod n 下存在 1 的非平凡平方根，那麼 n 不會是奇數質數，或奇數質數的次方。n 也不會是 2，因為若 $x^2 = 1 \pmod{2}$，則 $x = 1 \pmod{2}$，因此，在 mod 2 下，1 的平方根都是平凡的。所以，n 不會是質數。最終，唯有當 $n > 1$ 時，才存在 1 的非平凡平方根。所以，n 一定是合數。 ∎

用重複平方法來求冪

在數論計算中，經常需要取一個數字的幾次方 mod 另一個數字，也稱為 *模冪（modular exponentiation）*。更準確地說，我們想要更高效地計算 $a^b \bmod n$，其中 a 與 b 是非負整數，n 是正整數。模冪在許多質數判定程序和 RSA 公鑰加密系統裡是重要的運算。*重複平方*法可有效率地處理這個問題。

重複平方法根據以下的公式來計算 a^b，其中 a 與 b 是非負整數：

$$a^b = \begin{cases} 1 & \text{若 } b = 0 \\ (a^{b/2})^2 & \text{若 } b > 0 \text{ 且 } b \text{ 是偶數} \\ a \cdot a^{b-1} & \text{若 } b > 0 \text{ 且 } b \text{ 是奇數} \end{cases} \tag{31.34}$$

最後一種情況，即 b 為奇數，可簡化成前兩種情況中的一種，因為若 b 為奇數，則 $b-1$ 為偶數。下面的遞迴程序 MODULAR-EXPONENTIATION 使用式 (31.34) 來計算 $a^b \bmod n$，不過是在 mod n 之下執行所有計算。「重複平方」這句話來自第 5 行計算中間結果 $d = a^{b/2}$ 的平方。圖 31.4 是參數 b、區域變數 d 的值，與呼叫 MODULAR-EXPONENTIATION(7, 560, 561) 時的每一層遞迴回傳的值，它最終回傳的結果是 1。

b	560	280	140	70	35	34	17	16	8	4	2	1	0
d	67	166	298	241	355	160	103	526	157	49	7	1	–
回傳值	1	67	166	298	241	355	160	103	526	157	49	7	1

圖 31.4 使用參數值 $a = 7$，$b = 560$，$n = 561$ 來呼叫 MODULAR-EXPONENTIATION 時，參數 b、區域變數 d 的值，以及遞迴呼叫回傳的值。每一次遞迴呼叫的回傳值都直接指派給 d。用 $a = 7$，$b = 560$，$n = 561$ 來呼叫的結果是 1。

```
MODULAR-EXPONENTIATION(a, b, n)
1   if b == 0
2       return 1
3   elseif b mod 2 == 0
4       d = MODULAR-EXPONENTIATION(a, b/2, n)    // b 是偶數
5       return (d · d) mod n
6   else d = MODULAR-EXPONENTIATION(a, b − 1, n)  // b 是奇數
7       return (a · d) mod n
```

遞迴呼叫的總次數取決於 b 的位元數，以及那些位元的值。假設 $b > 0$，且 b 的最高有效位元是 1。每一個 0 產生一個遞迴呼叫（在第 4 行），每一個 1 產生兩個遞迴呼叫（一個在第 6 行，接下來在第 4 行，因為若 b 是奇數，則 b−1 是偶數）。如果輸入 a、b 與 n 是 β 位元數字，那麼遞迴呼叫的總數介於 β 與 2β−1 之間，所需的算術運算總數是 $O(β)$，所需的位元操作總數是 $O(β^3)$。

習題

31.6-1
畫一張表來展示 $\mathbb{Z}_{11}^*$ 的每一個元素的階數。選出最小原根 g，並計算 $x \in \mathbb{Z}_{11}^*$ 時的 $\text{ind}_{11,g}(x)$。

31.6-2
證明 $x^2 = 1 \pmod{p^e}$ 相當於 $p^e \mid (x-1)(x+1)$。

31.6-3
改寫 MODULAR-EXPONENTIATION 的第三種情況（b 是奇數），使得若 b 有 β 位元且最高有效位元是 1，則一定剛好有 β 次遞迴呼叫。

31.6-4
寫出 MODULAR-EXPONENTIATION 的非遞迴版本（即迭代版本）。

31.6-5
假設你知道 $\phi(n)$，說明如何使用 MODULAR-EXPONENTIATION 程序，來為任何 $a \in \mathbb{Z}_n^*$ 計算 $a^{-1} \bmod n$。

31.7 RSA 公鑰加密系統

公鑰加密系統可以將通訊的雙方所傳遞的訊息加密，讓竊密者無法解碼（或解密）加密過的訊息。公鑰加密系統也讓其中一方在電子訊息的結尾附加一個無法偽造的「數位簽章」。這種簽章是紙質文件的手寫簽名的電子版，任何人都可以輕鬆地檢查它，且沒有人可以偽造它，但如果訊息的任何一個位元被修改，它就會失效。因此，它可以用來認證簽署者的身分，和簽署訊息的內容，它很適合用於電子商業合約、電子支票、電子採購訂單和相關各方希望進行認證的電子通訊。

RSA 公鑰加密系統利用的是「尋找大質數」和「將兩個大質數之積因數分解」之間的難度的巨大差異。第 31.8 節將介紹一個尋找大質數的高效程序。

公鑰加密系統

在公鑰加密系統中，每一個參與者都有一個公鑰和一個密鑰。每一把鑰匙都是一段資訊。例如，在 RSA 加密系統中，每一把鑰匙都是由一對整數構成的。一般的加密範例習慣使用「Alice」與「Bob」來代表參與者。我們將 Alice 與 Bob 的公鑰分別寫成 P_A 與 P_B，將 Alice 的私鑰寫成 S_A，Bob 的私鑰寫成 S_B。

每一個參與者都建立他自己的公鑰與密鑰。密鑰必須保密，但公鑰可讓所有人看到，甚至公開。事實上，為了方便起見，我們通常假設所有人的公鑰都被放在一個公共目錄中，所以任何參與者都可以輕鬆地獲得任何其他參與者的公鑰。

公鑰與密鑰指定了可套用於任何資訊的函數。設 $\mathcal{D}$ 代表可接受的訊息集合。例如，$\mathcal{D}$ 可能是有限長度位元序列集合。公鑰密碼學最簡單且最原始的形式使用一組從 $\mathcal{D}$ 對映到它自己的一對一函式，這些函數都是基於公鍵與密鍵。我們將基於 Alice 的公鑰 P_A 的函數稱為 $P_A()$，將基於她的密鑰 S_A 的函數稱為 $S_A()$。函數 $P_A()$ 與 $S_A()$ 是 $\mathcal{D}$ 的排列（permutations）。我們假設函數 $P_A()$ 與 $S_A()$ 在給定對應的公鑰 P_A 與 S_A 時，可以有效地計算。

任何參與者的公鑰與密鑰都是「一對匹配」的鑰匙，因為它們指定的函數互為反函數。也就是，

$$M = S_A(P_A(M)) \tag{31.35}$$
$$M = P_A(S_A(M)) \tag{31.36}$$

對任意訊息 $M \in \mathcal{D}$ 而言。成功的話，用兩把鑰匙 P_A 與 S_A 來轉換 M 可取回原始訊息 M，無論兩者的順序為何。

公鑰加密系統要求 Alice（而且只有 Alice）能夠在任何實際時間範圍內算出函數 $S_A()$。這個假設非常重要，可確保發送給 Alice 的加密訊息的私密性，以及判斷 Alice 的數位簽章的真實性。Alice 不能讓別人知道她的密鑰 S_A，否則，無論誰取得 S_A，他都可以解密僅為 Alice 準備的訊息，也可以偽造她的數位簽章。但「只有 Alice 可以合理地計算 $S_A()$」這個假設也必須成立，儘管所有人都知道 P_A，而且可以有效地計算 $P_A()$，即 $S_A()$ 的反函數。這些要求看似難以實現，但我們將介紹如何滿足它們。

圖 31.5 展示公鑰加密系統如何進行加密。假設 Bob 想向 Alice 發送一條加密的訊息 M，而且想讓竊密者看起來就像無法理解的胡言亂語。發送訊息的劇情如下。

```
          Bob                              Alice
          加密         通訊管道              解密
M ──→  ┌────┐      C = P_A(M)           ┌────┐
       │ P_A│ ──────────────●──────────→│ S_A│ ──→ M
       └────┘               │            └────┘
                            ↓
                          竊密者
                            C
```

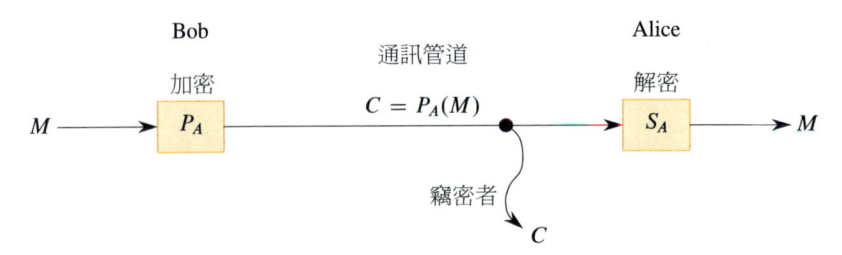

圖 31.5 公鑰系統的加密方法。Bob 使用 Alice 的公鑰 P_A 來加密訊息 M，並用通訊管道將產生的密文 $C = P_A(M)$ 傳給 Alice。截獲密文的竊密者無法知道關於 M 的資訊。Alice 收到 C，並使用她的密鑰解密它，獲得原始訊息 $M = S_A(C)$。

- Bob 獲得 Alice 的公鑰 P_A，或許是取自公共目錄，或許是來自 Alice。
- Bob 計算訊息 M 的密文 $C = P_A(M)$，並將 C 傳給 Alice。
- Alice 收到密文 C 後，用她的密鑰 S_A 來取得原始訊息：$S_A(C) = S_A(P_A(M)) = M$。

因為 $S_A()$ 與 $P_A()$ 是反函數，所以 Alice 可以從 C 算出 M。因為只有 Alice 能夠計算 $S_A()$，所以只有 Alice 能夠從 C 算出 M。因為 Bob 使用 $P_A()$ 來對 M 進行加密，所以只有 Alice 能夠理解傳輸的訊息。

我們可以在這種公鑰加密系統中實現數位簽章（數位簽章還有其他建構方式，在此不贅述）。假設現在 Alice 想要向 Bob 發送一個簽署數位簽章的回應 M'。圖 31.6 是數位簽章劇情的過程。

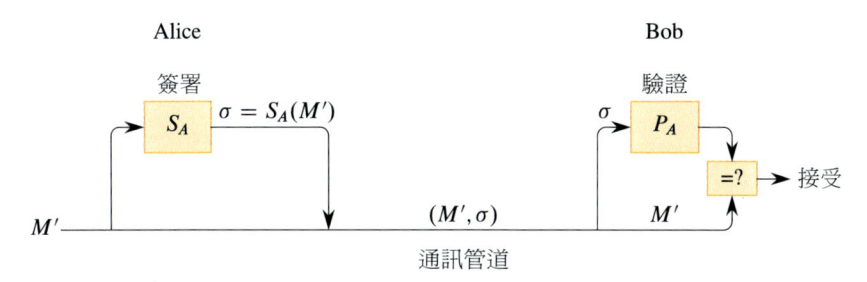

圖 31.6 在公鑰系統裡的數位簽章。Alice 在訊息 M' 中附加她的數位簽章 $\sigma = S_A(M')$ 來簽署 M'，並將訊息/簽章 (M', σ) 傳給 Bob，Bob 檢查式 $M' = P_A(\sigma)$ 來驗證它，如果這個式子成立，他就接受 (M', σ) 是 Alice 簽署的訊息。

- Alice 使用她的密鑰 S_A 與式 $\sigma = S_A(M')$，來為訊息 M' 計算她的**數位簽章** σ。

- Alice 將訊息/簽章 (M', σ) 傳給 Bob。

- Bob 收到 (M', σ) 後，他可以使用 Alice 的公鑰來驗證式 $M' = P_A(\sigma)$，以確定它來自 Alice（假設 M' 裡面有 Alice 的名字，所以 Bob 知道應該要使用哪個公鑰）。如果式子成立，Bob 就可以確定訊息 M' 的確是 Alice 簽署的。如果式子不成立，Bob 就知道，若非他收到的資訊因為傳輸錯誤而毀損，就是 (M', σ) 是偽造的。

由於數位簽章既可驗證簽署者身分，也可驗證被簽署的訊息的內容，所以它相當於書面文件結尾的手寫簽名。

數位簽章必須能夠被可獲得簽署者公鑰的任何人驗證。已簽署的訊息可以先由一方進行驗證，再傳遞給其他方進行驗證。例如，該訊息可能是一張 Alice 送給 Bob 的電子支票。Bob 驗證了 Alice 在支票上的簽名後，他可以把支票交給他的銀行，銀行也可以驗證簽名，並進行適當的資金轉移。

已簽署的訊息可以是加密的，也可以是未加密的。訊息可以是「明文」，不為了避免洩密而進行保護。結合上述的加密和簽章協議，Alice 可以創造一個既有簽章又進行加密的訊息給 Bob，Alice 先將她的數位簽章附加至訊息中，然後用 Bob 的公鑰對訊息/簽章進行加密。Bob 用他的密鑰來對收到的訊息進行解密，以獲得原始訊息，及其數位簽章。然後，Bob 可以用 Alice 的公鑰來驗證簽章。這個程序用紙本系統來類比的話，就是在紙本文件上簽名，然後把文件密封在紙質信封裡，只有指定的收件人可以打開。

RSA 加密系統

在 *RSA 公鑰加密系統*中,參與者按照以下程序來建立一個公鑰和一個密鑰:

1. 隨機選擇兩個大質數 p 與 q,且 $p \neq q$。質數 p 與 q 可能分別有 1024 位元。
2. 計算 $n = pq$。
3. 選擇與 $\phi(n)$ 互質的小奇數 e,根據式 (31.21),它等於 $(p-1)(q-1)$。
4. 計算 e 的乘法逆元素 d 的值(mod $\phi(n)$)(推論 31.26 保證 d 存在,而且只有一個。你可以用第 31.4 節介紹的技術,使用 e 與 $\phi(n)$ 來計算 d)。
5. 公布 $P = (e, n)$ 作為參與者的 *RSA 公鑰*。
6. 私下保存 $S = (d, n)$ 作為參與者的 *RSA 密鑰*。

在這個策略中,域 $\mathcal{D}$ 是集合 $\mathbb{Z}_n$。若要轉換一個使用公鑰 $P = (e, n)$ 的訊息 M,可計算

$$P(M) = M^e \bmod n \tag{31.37}$$

若要轉換一個使用密鑰 $S = (d, n)$ 的密文 C,可計算

$$S(C) = C^d \bmod n \tag{31.38}$$

這些公式可處理加密與簽章。若要建立簽章,簽署者的密鑰必須用於被簽署的訊息,而不是用於密文。若要驗證簽章,簽署者的公鑰必須用於簽章,而不是用於被加密的訊息。

你可以使用第 31.6 節的程序 MODULAR-EXPONENTIATION 來實現公鑰和密鑰操作 (31.37) 和 (31.38)。我們來分析這些操作的執行時間,假設公鑰 (e, n) 與密鑰 (d, n) 滿足 $\lg e = O(1)$、$\lg d \leq \beta$ 與 $\lg n \leq \beta$。應用公鑰需要 $O(1)$ 次模數乘法,使用 $O(\beta^2)$ 次位元操作。應用密鑰需要 $O(\beta)$ 次模數乘法,使用 $O(\beta^3)$ 次位元操作。

定理 31.36(RSA 的正確性)

RSA 等式 (31.37) 與 (31.38) 定義了滿足式 (31.35) 與 (31.36) 的 $\mathbb{Z}_n$ 的逆轉換。

證明 從式 (31.37) 與 (31.38),我們知道對於任何 $M \in \mathbb{Z}_n$,

$$P(S(M)) = S(P(M)) = M^{ed} \pmod{n}$$

因為 e 與 d 是乘法逆元素,mod $\phi(n) = (p-1)(q-1)$,對整數 k 而言,

$$ed = 1 + k(p-1)(q-1)$$

但如此一來，若 $M \neq 0 \pmod p$，則

$$\begin{aligned}
M^{ed} &= M(M^{p-1})^{k(q-1)} &\pmod p \\
&= M((M \bmod p)^{p-1})^{k(q-1)} &\pmod p \\
&= M(1)^{k(q-1)} &\pmod p &\quad\text{（根據定理 31.31）}\\
&= M &\pmod p
\end{aligned}$$

此外，若 $M = 0 \pmod p$，則 $M^{ed} = M \pmod p$。

$$M^{ed} = M \pmod p$$

對所有 M 而言。同理

$$M^{ed} = M \pmod q$$

對所有 M 而言。因此，根據中國餘數定理的推論 31.29，

$$M^{ed} = M \pmod n$$

對所有 M 而言。 ∎

    RSA 密碼系統的安全性與大整數因數分解的難度有很大關係。如果對手可以分解公鑰中的模數 n，他就可以利用他對因子 p 和 q 的了解，從公鑰中推導出密鑰，與公鑰的創造者利用它們的方式一樣。因此，如果大整數很容易分解，那麼 RSA 密碼系統也很容易破解。反過來說，「如果大整數很難因數分解，那麼 RSA 也很難破解」這句話則尚未證實。然而，經過二十年的研究，至今仍未發現比分解模數 n 更簡便的方法可破解 RSA 公鑰加密系統。分解大整數的難度令人難以置信。藉著隨機選擇兩個 1024 位元的質數並將它們相乘，你可以創造一個用目前的技術在任何可行的時間內都無法「破解」的公鑰。在數論演算法的設計還沒有獲得根本性突破的情況下，按照推薦的標準謹慎地實作的話，RSA 加密系統能夠在應用中提供高度的安全性。

    然而，為了實現 RSA 密碼系統的安全性，你要使用相當長的整數，超過 1000 位元，以防因數分解技術更加進步。在 2021 年，RSA 模數通常在 2048 至 4096 位元之間。為了建立這種大小的模數，你必須高效地找到大質數。第 31.8 節將處理這個問題。

    為了提高效率，RSA 經常採取「混合」或「密鑰管理」模式，以搭配非公鑰加密系統的快速加密系統。在這個對稱密鑰系統中，加密和解密的密鑰是相同的。如果 Alice 想要私下發送一條長訊息 M 給 Bob，她會幫快速對稱密鑰加密系統選擇一個隨機密鑰 K，並使用 K 來加密 M，得到密文 C，其中，C 與 M 一樣長，但 K 很短。然後她用 Bob 的 RSA 公鑰來對 K

進行加密。因為 K 很短，所以計算 $P_B(K)$ 很快（比計算 $P_B(M)$ 快很多）。然後她把 $(C, P_B(K))$ 傳給 Bob，Bob 解密 $P_B(K)$ 取得 K，然後使用 K 來解密 C，取得 M。

有一種類似的混合方法可以高效地創造數位簽章。這種方法將 RSA 與公共抗碰撞雜湊函數 h 結合起來，h 是一種容易計算的函數，但我們無法透過計算來找出滿足 $h(M) = h(M')$ 的兩個訊息 M 和 M'。短的（假設是 256 位元）$h(M)$ 值是訊息 M 的「指紋」。如果 Alice 想要簽署訊息 M，他要先對 M 應用 h 來取得指紋 $h(M)$，然後用她的密鑰來加密它，再將 $(M, S_A(h(M)))$ 當成簽署版的 M 傳給 Bob。Bob 可以計算 $h(M)$ 來驗證簽章，並驗證將 P_A 應用在 $S_A(h(M))$ 等於 $h(M)$。因為沒有人可以用相同的指紋來建立兩個訊息，所以沒有人可以透過計算來改變已簽署的訊息，同時保留簽章的有效性。

有一種發布公鑰的方法是使用憑證。例如，假設有一個「有公信力的機構」T，所有人都知道它的公鑰。Alice 可以從 T 獲得一個已簽署的訊息（她的憑證），該訊息聲明：「Alice 的公鑰是 P_A」。這個憑證是「自我認證的」，因為所有人都知道 P_T。Alice 可以在她簽署的訊息中附上她的憑證，如此一來，收件者就可以立即使用 Alice 的公鑰來驗證她的簽章。由於她的公鑰由 T 簽署的，所以收件者知道 Alice 的公鑰確實屬於 Alice。

習題

31.7-1
考慮以 $p = 11$，$q = 29$，$n = 319$，$e = 3$ 設定的 RSA 密鑰。在密鑰中，應使用哪個 d 值？將訊息 $M = 100$ 加密會產生什麼？

31.7-2
證明如果 Alice 的公鑰指數 e 是 3，且對手獲得 Alice 的密鑰指數 d，其中 $0 < d < \phi(n)$，那麼對手可以在「與 n 的位元數成多項式關係」的時間內分解 Alice 的模數 n（有趣的事實：即使去掉條件 $e = 3$，結果也是如此。儘管我們沒有要求你證明。見 Miller [327]）。

★ 31.7-3
證明 RSA 在以下意義上是乘法性的

$$P_A(M_1)P_A(M_2) = P_A(M_1 M_2) \pmod{n}$$

用這個事實來證明，如果對手擁有一個程序可以有效地解密 $\mathbb{Z}_n$ 中使用 P_A 來加密的 1% 訊息，對手就可以使用機率演算法，以很高的機率來解密用 P_A 加密的每一條訊息。

★ 31.8 質數判定

本節介紹如何尋找大質數。我們先討論質數的密度，然後研究一種可信的、但不完整的質數判定法，接下來介紹一種有效的隨機質數判定法，其發現者是 Miller 和 Rabin。

質數的密度

很多應用都需要找到大的「隨機」質數，例如密碼學。幸運的是，大質數並不太罕見，因此，我們可以隨機測試適當大小的整數，直到找到質數為止。**質數分布函數** $\pi(n)$ 指出小於或等於 n 的質數的數量，例如，$\pi(10) = 4$，因為少於 10 的質數有 4 個，即 2、3、5 與 7。質數定理提供實用的 $\pi(n)$ 近似值。

定理 31.37（質數定理）

$$\lim_{n \to \infty} \frac{\pi(n)}{n/\ln n} = 1$$

∎

近似算式 $n/\ln n$ 可以準確地估計 $\pi(n)$，即使 n 是小數字。例如，當 $n = 10^9$ 時，$\pi(n) = 50{,}847{,}534$，$n/\ln n \approx 48{,}254{,}942$，誤差低於 6%（對數論而言，$10^9$ 是小數字）。

隨機選擇一個整數 n 並判斷它是不是質數的過程其實就是 Bernoulli 試驗（見第 C.4 節）。根據質數定理，成功的機率（也就是 n 是質數的機率）大約是 $1/\ln n$。幾何分布描述了需要做多少次試驗才能獲得一次成功，根據第 1153 頁的式 (C.36)，期望的試驗次數大約是 $\ln n$。因此，為了測試隨機選擇的、接近 n 的整數來找到一個長度與 n 相同的質數，期望的檢查次數大約是 $\ln n$。例如，我們可以期望，找到一個 1024 位元的質數需要檢查約 $\ln 2^{1024} \approx 710$ 個隨機選擇的 1024 位元的數字是不是質數（當然，我們可以把這個數字減半，只選擇奇數）。

本節的其餘內容將介紹如何確定一個大奇數整數 n 是不是質數。為了方便說明，我們假設 n 的質因數分解是

$$n = p_1^{e_1} p_2^{e_2} \cdots p_r^{e_r}$$

其中 $r \geq 1$，$p_1, p_2, \ldots, p_r$ 是 n 的質因數，$e_1, e_2, \ldots, e_r$ 是正整數。若且唯若 $r = 1$ 且 $e_1 = 1$，則整數 n 為質數。

要判定質數，有一個簡單的方法是使用**試除法**：試著將 n 除以每一個整數 2, 3, 5, 7, 9, ..., $\lfloor\sqrt{n}\rfloor$，且跳過大於 2 的偶數整數。若且唯若試除數皆無法整除 n，則可認定 n 是質數。假設每次試除都花費固定時間，最壞情況執行時間是 $\Theta(\sqrt{n})$，它與 n 的長度成指數關係（之前說過，如果 n 被編碼成 β 位元的二進制，那麼 $\beta = \lceil \lg(n+1) \rceil$，故 $\sqrt{n} = \Theta(2^{\beta/2})$）。所以，試除法在 n 非常小，或剛好有小質因數時，才會有不錯的效果。當試除法有效時，它不但可以判斷 n 是質數還是合數，當 n 是合數時，它也可以判斷 n 的一個質因數。

本節的重點是判定特定的數字 n 是不是質數。如果 n 是合數，我們不找出它的質因數。計算數字的質因數需要高昂的計算成本。事實上，令人驚訝的是，判定特定數字是不是質數，比找出該數字的質因數（如果它不是質數）要容易得多。

偽質數檢測

我們先看一種「幾乎可行」的質數判定法，事實上，它在許多實際用途裡已經夠好了，稍後會改進這個方法，移除它的小缺陷。設 $\mathbb{Z}_n^+$ 是 $\mathbb{Z}_n$ 的非零元素：

$$\mathbb{Z}_n^+ = \{1, 2, \ldots, n-1\}$$

若 n 為質數，則 $\mathbb{Z}_n^+ = \mathbb{Z}_n^*$。

如果 n 是合數，而且滿足下面的等式，我們說它是 ***a* 底的偽質數**（*base-a pseudoprime*）

$$a^{n-1} = 1 \pmod{n} \tag{31.39}$$

從 Fermat 定理（第 901 頁的定理 31.31）可知，若 n 為質數，對 $\mathbb{Z}_n^+$ 裡的每一個 a 而言，n 滿足式 (31.39)。因此，如果有任何 $a \in \mathbb{Z}_n^+$ 使得 n 不滿足式 (31.39)，那麼 n 必然是合數。令人意外的是，反過來說也**幾乎**成立，所以這一條標準幾乎可以用來完美地檢查數字是不是質數。我們不嘗試 $a \in \mathbb{Z}_n^+$ 的每一個值，而是檢查 n 在 $a = 2$ 的情況下是否滿足式 (31.39)。如果不滿足，則回傳 COMPOSITE 來指出 n 是合數。否則，回傳 PRIME，猜測 n 是質數（事實上，此時我們只知道 n 若非質數，即為 2 底的偽質數）。

下面的 PSEUDOPRIME 程序以這種方式假裝檢查 n 是不是質數。它使用第 31.6 節的 MODULAR-EXPONENTIATION 程序，並假設輸入是大於 2 的奇數整數。這個程序可能犯錯，但只會犯一種錯誤，就是，如果它說 n 是合數，那麼它一定是對的，但是，如果它說 n 是質數，那麼它只會在 n 是 2 底的偽質數時犯錯。

PSEUDOPRIME(n)
1   **if** MODULAR-EXPONENTIATION$(2, n-1, n) \neq 1 \pmod{n}$
2   **return** COMPOSITE   // 絕對沒錯
3   **else return** PRIME   // 希望如此！

PSEUDOPRIME 多常犯錯？機率出人意料地低。小於 10,000 的 n 值只有 22 個會讓它出錯，前四個是 341、561、645、1105。這個程式在測驗隨機選擇的 β 位元數字時，犯錯的機率將隨著 β 趨近 ∞ 而趨近 0，但我們不予證明。根據 Pomerance [361]，對於特定大小的 2 底偽質數的數量，比較準確的估計是，若 PSEUDOPRIME 認為一個隨機選擇的 512 位元數字是質數，該數字是 2 底偽質數的機率不到 10^{20} 分之一，若它認為一個隨機選擇的 1024 位元數字是質數，它是 2 底偽質數的機率不到 10^{41} 分之一。因此，如果你只是為了在某些應用中找到一個大的質數來使用，從實際的角度來看，隨機選擇大數字，直到其中一個導致 PSEUDOPRIME 回傳 PRIME 幾乎不會錯。但如果數字不是隨機選擇的，你可能要用更好的方法來測試質數性。我們將看到，運用一些巧思，再加上一些隨機化，就可以產生一個能夠妥善處理所有輸入的質數測試方法。

因為 PSEUDOPRIME 只檢查 $a = 2$ 的式 (31.39)，你可能認為，只要檢查式 (31.39) 的第二個底數就可以排除所有的錯誤，例如 $a = 3$，甚至認為，用更多 a 值來檢查式 (31.39) 更好。不幸的是，就算是使用多個 a 值來進行檢查也無法消除所有的錯誤，因為有一些稱為 *Carmichael 數*的合數 n 滿足式 (31.39)，對*所有*的 $a \in \mathbb{Z}_n^*$ 而言（當 $\gcd(a, n) > 1$ 時（也就是當 $a \notin \mathbb{Z}_n^*$ 時），式子不成立，然而，如果 n 只有大的質因數，藉由找出這樣的 a 來證明 n 是合數可能很困難）。前三個 Carmichael 數是 561、1105 與 1729。Carmichael 數很稀有。例如，小於 100,000,000 的 Carmichael 數只有 255 個。習題 31.8-2 有助於解釋為何它們如此稀有。

我們來看看如何改善質數判定法，避免它被 Carmichael 數干擾。

Miller-Rabin 隨機質數判定

Miller-Rabin 質數判定修改兩個地方來解決程序 PSEUDOPRIME 的問題：

- 它會隨機選擇幾個底數 a，而不是只用一個底數。

- 在計算每一個模冪時，它會在最後一組平方運算時，尋找 1 的非平凡平方根（$\bmod n$）。找到的話，它會停止執行並回傳 COMPOSITE。第 31.6 節的推論 31.35 將證明用這種方式來檢測合數是正確的。

程序 Miller-Rabin 和 Witness 是 Miller-Rabin 質數判定的虛擬碼。Miller-Rabin 的輸入 $n > 2$ 是你想判定是不是質數的奇數，s 是從 $\mathbb{Z}_n^+$ 隨機選擇的底數。這段程式使用第 122 頁介紹的隨機數產生器 Random：Random$(2, n-2)$ 回傳滿足 $2 \leq a \leq n-2$ 且隨機選擇的整數 a（這個範圍避免 $a = \pm 1 \pmod{n}$）。在呼叫輔助程序 Witness(a, n) 時，若且唯若 a 是 n 的合數的「證據」，則其回傳 TRUE，也就是說，若可證明 n 是合數（用等一下介紹的方法）。Witness(a, n) 是 Pseudoprime 所使用的式 (31.39) 的擴展版本（使用 $a = 2$），但更有效率。

我們來了解 Witness 如何運作，然後看看 Miller-Rabin 質數判定如何使用它。設 $n-1 = 2^t u$，其中 $t \geq 1$ 且 u 是奇數。也就是說，$n-1$ 的二進制表示法是奇數整數 u 的二進制表示法後面加上 t 個零。因此，$a^{n-1} = (a^u)^{2^t} \pmod{n}$，所以計算 $a^{n-1} \bmod n$ 的方法之一，是先計算 $a^u \bmod n$，然後將結果連續平方 t 次。

```
MILLER-RABIN(n, s)                  // n > 2 為奇數
1  for j = 1 to s
2      a = RANDOM(2, n − 2)
3      if WITNESS(a, n)
4          return COMPOSITE        // 絕對沒錯
5  return PRIME                    // 幾乎如此

WITNESS(a, n)
1  let t and u be such that t ≥ 1, u is odd, and n − 1 = 2^t u
2  x_0 = MODULAR-EXPONENTIATION(a, u, n)
3  for i = 1 to t
4      x_i = x_{i−1}^2 mod n
5      if x_i == 1 and x_{i−1} ≠ 1 and x_{i−1} ≠ n − 1
6          return TRUE              // 找到 1 的非平凡平方根
7  if x_t ≠ 1
8      return TRUE                  // 合數，與 PSEUDOPRIME 裡一樣
9  return FALSE
```

Witness 計算 $a^{n-1} \bmod n$ 的方法是先在第 2 行計算 $x_0 = a^u \bmod n$，然後在第 3~6 行的 **for** 迴圈將結果重複平方 t 次。藉著對 i 進行歸納證明，算出來的值 $x_0, x_1, ..., x_t$ 滿足式 $x_i = a^{2^i u} \pmod{n}$，其中 $i = 0, 1, ..., t$，所以 $x_t = a^{n-1} \pmod{n}$。然而，在第 4 行執行平方後，如果第 5~6 行發現 1 的非平凡平方根，迴圈將提早終止（等一下就會解釋這些檢測）。若是如此，程序停止，並回傳 TRUE。如果 $x_t = a^{n-1} \pmod{n}$ 的計算結果不等於 1，第 7~8 行回傳 TRUE，類似 Pseudoprime 程序在遇到這種情況時回傳 composite。如果第 6 行或第 8 行沒有回傳 TRUE，第 9 行就回傳 FALSE。

下面的引理證明 WITNESS 的正確性。

引理 31.38

如果 WITNESS(a, n) 回傳 TRUE，我們可以將 a 當成證據，用來證明 n 是合數。

證明 WITNESS 在第 8 行回傳 TRUE，是因為第 7 行判斷 $x_t = a^{n-1} \bmod n \neq 1$。然而，如果 n 是質數，根據 Fermat 定理（定理 31.31），對所有 $a \in \mathbb{Z}_n^*$ 而言，$a^{n-1} = 1 \ (\bmod \ n)$。因為若 n 為質數，則 $\mathbb{Z}_n^+ = \mathbb{Z}_n^*$，Fermat 定理也指出，對所有 $a \in \mathbb{Z}_n^+$ 而言，$a^{n-1} = 1 \ (\bmod \ n)$。因此，$n$ 不是質數，且 $a^{n-1} \bmod n \neq 1$ 證明這件事。

如果 WITNESS 在第 6 行回傳 TRUE，代表它已經發現 x_{i-1} 是 1 的非平凡平方根（在 $\bmod \ n$ 下），因為我們知道 $x_{i-1} \neq \pm 1 \ (\bmod \ n)$，而 $x_i = x_{i-1}^2 = 1 \ (\bmod \ n)$。第 903 頁的推論 31.35 說，在 $\bmod \ n$ 下，唯有當 n 是合數時，才存在一個 1 的非平凡平方根。所以證明 x_{i-1} 是在 $\bmod \ n$ 之下，等於 1 的非平凡平方根，就證明了 n 是合數。∎

所以，如果呼叫 WITNESS(a, n) 得到 TRUE，那麼 n 就真的是合數，且證據 a 及程序回傳 TRUE 的原因（它是在第 6 行 return，還是在第 8 行 return？）是 n 為合數的證明。

我們用另一個視角來探討 WITNESS 的行為，這次將它視為序列 $X = \langle x_0, x_1, \ldots, x_t \rangle$ 的函數。當我們稍後分析 Miller-Rabin 質數判定的錯誤率時，你將看到這個視角很有用。注意，若 $x_i = 1$ 其中 $0 \leq i < t$，WITNESS 可能不會計算其餘的序列。但是，如果它有計算，$x_{i+1}, x_{i+2}, \ldots, x_t$ 的值都是 1，所以我們將序列 X 裡的這些位置都視為 1。我們有四種情況：

1. $X = \langle \ldots, d \rangle$，其中 $d \neq 1$：序列 X 的結尾不是 1。在第 8 行回傳 TRUE，因為 a 是「n 為合數」的證據（根據 Fermat 定理）。

2. $X = \langle 1, 1, \ldots, 1 \rangle$：$X$ 序列全為 1。回傳 FALSE，因為 a 不是「n 為合數」的證據。

3. $X = \langle \ldots, -1, 1, \ldots, 1 \rangle$：$X$ 序列的結尾是 1，且最後一個非 1 元素等於 -1。回傳 FALSE，因為 a 不是「n 為合數」的證據。

4. $X = \langle \ldots, d, 1, \ldots, 1 \rangle$，其中 $d \neq \pm 1$：X 序列的結尾是 1，但最後一個非 1 元素不是 -1。在第 6 行回傳 TRUE：a 是「n 為合數」的證據，因為 d 是 1 的非平凡平方根。

接下來，我們根據 Miller-Rabin 質數判定如何使用 WITNESS 程序，來研究它。我們同樣假設 n 是大於 2 的奇數。

MILLER-RABIN 是為了證明 n 是合數而執行的機率性搜尋。主迴圈（從第 1 行開始）從 $\mathbb{Z}_n^+$ 選擇 s 個隨機值，除了 1 與 $n-1$ 之外（第 2 行）。如果它選擇的 a 值是 n 為合數的證據，MILLER-RABIN 在第 4 行回傳 COMPOSITE。由於 WITNESS 的正確性，這個結果一定是正確的。

如果 MILLER-RABIN 在 s 次嘗試中沒有找到證據，程序假設它沒有找到證據，因為沒有證據存在，所以它假設 n 是質數。我們將看到，如果 s 夠大，這個結果極可能是正確的，但程序仍然有微小的機率不幸地選錯 a 的 s 個隨機值，即使程序未能找到證據，至少有一個證據存在。

我們來解釋 MILLER-RABIN 的操作，設 n 是 Carmichael 數 561，所以 $n-1 = 560 = 2^4 \cdot 35$，$t = 4$，$u = 35$。如果程序選 $a = 7$ 作為底數，在圖 31.4 中（第 31.6 節），$b = 35$ 那一行顯示 WITNESS 計算 $x_0 = a^{35} = 241 \pmod{561}$。由於 MODULAR-EXPONENTIATION 程序遞迴處理參數 b 的方式，圖 31.4 的前四行代表 560 的因子 2^4（560 的二進制表示法中，從右往左數的最右邊四個零），因此，WITNESS 計算序列 $X = \langle 241, 298, 166, 67, 1 \rangle$。接下來，在最後一個平方步驟，WITNESS 發現 a^{280} 是 1 的非平凡平方根，因為 $a^{280} = 67 \pmod{n}$ 且 $(a^{280})^2 = a^{560} = 1 \pmod{n}$。因此，$a = 7$ 是 n 為合數的證據，WITNESS$(7, n)$ 回傳 TRUE，MILLER-RABIN 回傳 COMPOSITE。

如果 n 是 β 位元數字，MILLER-RABIN 需要 $O(s\beta)$ 次算術運算與 $O(s\beta^3)$ 次位元運算，因為它所需的工作量在漸近意義上不超過 s 次模冪運算。

Miller-Rabin 質數判定的錯誤率

當 MILLER-RABIN 回傳 PRIME 時，它的錯誤率極低。但是，與 PSEUDOPRIME 不同的是，錯誤率與 n 無關，因為對於這個程序來說，並不存在不良輸入，它的錯誤率取決於 s 的大小，以及選擇底數 a 的「手氣」。此外，由於每一個測試都比單純檢查式 (31.39) 更嚴格，基於一般原則，我們可以預期隨機選擇整數 n 的錯誤率應該很小。下面的定理提供更精確的論證。

定理 31.39

如果 n 是奇數合數，那麼至少有 $(n-1)/2$ 個證據可證明 n 是合數。

證明 接下來要藉著證明非證據的數量最多是 $(n-1)/2$ 個，來推論這個定理成立。

我們主張，任何非證據都一定是 $\mathbb{Z}_n^*$ 的成員，為什麼？考慮任意非證據 a，它一定滿足 $a^{n-1} = 1 \pmod{n}$，或者說，$a \cdot a^{n-2} = 1 \pmod{n}$。因此，式 $ax = 1 \pmod{n}$ 有解，即 a^{n-2}。根據第 894 頁的推論 31.21，$\gcd(a, n) \mid 1$，所以 $\gcd(a, n) = 1$。因此，a 是 $\mathbb{Z}_n^*$ 的成員，且所有的非證據都屬於 $\mathbb{Z}_n^*$。

在證明的最後，我們要證明，不僅所有的非證據都在 $\mathbb{Z}_n^*$ 中，它們也都在 $\mathbb{Z}_n^*$ 的一個真子群 B 中（若 B 為 $\mathbb{Z}_n^*$ 的子群，但 B 不等於 $\mathbb{Z}_n^*$，則 B 為 $\mathbb{Z}_n^*$ 的**真**子群）。根據第 890 頁的推論 31.16，我們得到 $|B| \leq |\mathbb{Z}_n^*|/2$。因為 $|\mathbb{Z}_n^*| \leq n-1$，我們得到 $|B| \leq (n-1)/2$。所以，如果所有

的非證據都屬於 $\mathbb{Z}_n^*$ 的一個真子群，那麼非證據頂多有 $(n-1)/2$ 個，所以證據一定至少有 $(n-1)/2$ 個。

為了找出包含所有非證據的 $\mathbb{Z}_n^*$ 的真子群 B，我們考慮兩種情況：

情況 1：存在一個 $x \in \mathbb{Z}_n^*$，滿足

$$x^{n-1} \not\equiv 1 \pmod{n}$$

換句話說，n 不是 Carmichael 數。因為，如前所述，Carmichael 數極為稀有，情況 1 是典型的情況（例如，當 n 是隨機選擇的，而且被測試過是否為質數）。

設 $B = \{b \in \mathbb{Z}_n^* : b^{n-1} \equiv 1 \pmod{n}\}$。集合 B 一定是非空的，因為 $1 \in B$。因為集合 B 在 mod n 的乘法之下是封閉的，所以根據定理 31.34，B 是 $\mathbb{Z}_n^*$ 的子群。每一個非證據都屬於 B，因為非證據 a 滿足 $a^{n-1} \equiv 1 \pmod{n}$。由於 $x \in \mathbb{Z}_n^* - B$，故 B 是 $\mathbb{Z}_n^*$ 的真子群。

情況 2：對所有 $x \in \mathbb{Z}_n^*$ 而言，

$$x^{n-1} \equiv 1 \pmod{n} \tag{31.40}$$

換句話說，n 是 Carmichael 數。這個情況在現實中很罕見。然而，等一下會展示，與偽質數檢測不同的是，Miller-Rabin 檢驗可以高效地確定 Carmichael 數是合數。

在這一個情況下，n 不可能是質數次方。為了說明原因，我們假設反過來的情況，$n = p^e$，其中 p 是質數，$e > 1$。我們接下來要推理出矛盾的情況。因為我們假設 n 是奇數，所以 p 也一定是奇數。第 902 頁的定理 31.32 意味著 $\mathbb{Z}_n^*$ 是循環的群組：它裡面有一個母元 g，使得 $\mathrm{ord}_n(g) = |\mathbb{Z}_n^*| = \phi(n) = p^e(1-1/p) = (p-1)p^{e-1}$（$\phi(n)$ 的公式在第 889 頁的式 (31.21)）。根據式 (31.40)，我們得到 $g^{n-1} \equiv 1 \pmod{n}$。從離散對數定理（第 902 頁的定理 31.33，取 $y = 0$）可得，$n - 1 \equiv 0 \pmod{\phi(n)}$，即

$$(p-1)p^{e-1} \mid p^e - 1$$

這與 $e > 1$ 相矛盾，因為 $(p-1)p^{e-1}$ 可被質數 p 整除，但 $p^e - 1$ 不行。所以 n 不是質數次方。

因為奇數合數 n 不是質數，所以我們將它分解成一個乘積 $n_1 n_2$，其中 n_1 與 n_2 是大於 1 的奇數，且兩者互質（你可以用很多種方法分解 n，無論怎樣分解都無所謂，例如，如果 $n = p_1^{e_1} p_2^{e_2} \cdots p_r^{e_r}$，我們可以選擇 $n_1 = p_1^{e_1}$，$n_2 = p_2^{e_2} p_3^{e_3} \cdots p_r^{e_r}$）。

t 與 u 滿足 $n - 1 = 2^t u$，其中 $t \geq 1$ 且 u 是奇數，且程序 WITNESS 收到 a 會算出

$$X = \langle a^u, a^{2u}, a^{2^2 u}, \ldots, a^{2^t u} \rangle$$

其中所有計算都是基於 mod n 來計算的。

如果一對整數 (v,j) 的 $v \in \mathbb{Z}_n^*, j \in \{0, 1, \ldots, t\}$ 且
$$v^{2^j u} \equiv -1 \pmod{n}$$
我們稱它是**可接受的**（*acceptable*）。可接受的一對整數當然存在，因為 u 是奇數。我們選擇 $v = n-1$ 且 $j = 0$，並設 $u = 2k+1$，所以 $v^{2^j u} = (n-1)^u = (n-1)^{2k+1}$。取這個數字 mod n 得到 $(n-1)^{2k+1} = (n-1)^{2k} \cdot (n-1) = (-1)^{2k} \cdot -1 = -1 \pmod{n}$。所以，$(n-1, 0)$ 是可接受的一對。現在選擇最大的 j，使得存在一對可接受的整數 (v,j)，並固定 v，讓 (v,j) 是一對可接受的整數。設
$$B = \{x \in \mathbb{Z}_n^* : x^{2^j u} \equiv \pm 1 \pmod{n}\}$$
因為 B 在 mod n 的乘法之下是封閉的，所以它是 $\mathbb{Z}_n^*$ 的子群。根據第 889 頁的定理 31.25，$|B|$ 整除 $|\mathbb{Z}_n^*|$。每一個非證據都一定是 B 的成員，因為用非證據產生的序列 X 若非全為 1，就是在第 j 個位置之前有一個 -1，根據 j 的最大性（maximality）（如果 (a, j') 是可接受的，其中 a 是非證據，根據我們選擇 j 的方式，必然 $j' \leq j$）。

我們現在使用 v 的存在來證明存在一個 $w \in \mathbb{Z}_n^* - B$，因此 B 是 $\mathbb{Z}_n^*$ 的一個真子群。因為 $v^{2^j u} \equiv -1 \pmod{n}$，所以根據來自中國餘數定理的推論 31.29，$v^{2^j u} \equiv -1 \pmod{n_1}$。根據推論 31.28，有一個 w 同時滿足這兩個式子
$$w \equiv v \pmod{n_1}$$
$$w \equiv 1 \pmod{n_2}$$

因此，
$$w^{2^j u} \equiv -1 \pmod{n_1}$$
$$w^{2^j u} \equiv 1 \pmod{n_2}$$

根據推論 31.29，$w^{2^j u} \not\equiv 1 \pmod{n_1}$ 意味著 $w^{2^j u} \not\equiv 1 \pmod{n}$，而且 $w^{2^j u} \not\equiv -1 \pmod{n_2}$ 意味著 $w^{2^j u} \not\equiv -1 \pmod{n}$。所以結論是 $w^{2^j u} \not\equiv \pm 1 \pmod{n}$，所以 $w \notin B$。

最後還需要證明 $w \in \mathbb{Z}_n^*$。我們分別討論 mod n_1 與 mod n_2。mod n_1 時，因為 $v \in \mathbb{Z}_n^*$，所以 $\gcd(v, n) = 1$。此外，$\gcd(v, n_1) = 1$，因為如果 v 與 n 沒有任何公因數，那麼它與 n_1 一定沒有任何公因數。因為 $w \equiv v \pmod{n_1}$，我們知道 $\gcd(w, n_1) = 1$。mod n_2 時，根據習題 31.2-3，$w \equiv 1 \pmod{n_2}$ 意味著 $\gcd(w, n_2) = 1$。因為 $\gcd(w, n_1) = 1$ 且 $\gcd(w, n_2) = 1$，從第 876 頁的定理 31.6 可得 $\gcd(w, n_1 n_2) = \gcd(w, n) = 1$，亦即 $w \in \mathbb{Z}_n^*$。

因此，$w \in \mathbb{Z}_n^* - B$，我們得出情況 2 的結論，包含所有非證據的 B 是 $\mathbb{Z}_n^*$ 的真子群，故其大小頂多是 $(n-1)/2$。

無論哪一種情況，n 是合數的證據至少是 $(n-1)/2$ 個。 ∎

定理 31.40
對任何奇數整數 $n > 2$ 與正整數 s 而言，MILLER-RABIN(n, s) 出錯的機率頂多是 2^{-s}。

證明 根據定理 31.39，如果 n 是合數，那麼 MILLER-RABIN 的第 1~4 行的 **for** 迴圈的每次執行都至少有 1/2 的機率發現 n 是合數的證據。MILLER-RABIN 只會在主迴圈的 s 次迭代中，不幸運地未能發現 n 為合數的證據時，才會出錯。連續發生這種失誤的機率頂多是 2^{-s}。 ∎

如果 n 是質數，MILLER-RABIN 一定回報 PRIME，如果 n 是合數，MILLER-RABIN 回報 PRIME 的機率頂多是 2^{-s}。

但是，用 MILLER-RABIN 來處理隨機選擇的大整數 n 時，我們也要考慮 n 是質數的先驗概率，以便正確地解讀 MILLER-RABIN 的結果。假設我們使用固定的位元長度 β，並隨機選擇一個長度為 β 位元的整數 n 來檢查它是不是質數，使得 $\beta \approx \lg n \approx 1.443 \ln n$。假設 A 是 n 為質數的機率。根據質數定理（定理 31.37），n 為質數的機率大約是

$$\Pr\{A\} \approx 1/\ln n$$
$$\approx 1.443/\beta$$

設 B 代表 MILLER-RABIN 回傳 PRIME 的事件。我們得到 $\Pr\{\overline{B}|A\} = 0$（或者說，$\Pr\{B|A\} = 1$）且 $\Pr\{B|\overline{A}\} \leq 2^{-s}$（或者說，$\Pr\{\overline{B}|\overline{A}\} > 1 - 2^{-s}$）。

但是，當 MILLER-RABIN 回傳 PRIME 時，n 是質數的機率 $\Pr\{A|B\}$ 是多少？根據貝氏定理的另一種形式（第 1145 頁的式 (C.20)），並近似估計 $\Pr\{B|\overline{A}\}$ 為 2^{-s}，

$$\Pr\{A|B\} = \frac{\Pr\{A\}\Pr\{B|A\}}{\Pr\{A\}\Pr\{B|A\} + \Pr\{\overline{A}\}\Pr\{B|\overline{A}\}}$$
$$\approx \frac{(1/\ln n) \cdot 1}{(1/\ln n) \cdot 1 + (1 - 1/\ln n) \cdot 2^{-s}}$$
$$\approx \frac{1}{1 + 2^{-s}(\ln n - 1)}$$

這個機率在 s 超過 lg(ln n − 1) 之前不超過 1/2。直觀地說，lg(ln n − 1) 意味著，為了克服 n 是合數的先驗偏見，從「找不到 n 是合數的證據」獲得信心，我們需要做那麼多次最初的測試。對一個 β = 1024 個位元的數字而言，這個初始測試大約需要做

$$\lg(\ln n - 1) \approx \lg(\beta/1.443)$$
$$\approx 9$$

次。在任何情況下，選擇 s = 50 應足以滿足任何可以想像的應用。

事實上，真實的情況好得多。如果你想使用 MILLER-RABIN 和大的隨機奇數整數來找出大質數，那麼選擇小的 s 值（例如 3）不太可能產生錯誤的結果，但我們不在此證明這件事。原因是，對一個隨機選擇的奇數合數 n 而言，n 是否為合數的非證據期望數量很可能遠小於 $(n-1)/2$。

然而，如果整數 n 不是隨機選擇的，那麼可證明的最好結果是，非證據的數量頂多是 $(n-1)/4$，使用的是定理 31.39 的改進版本。此外，確實有些整數 n 的非證據數量是 $(n-1)/4$。

習題

31.8-1
證明如果奇數整數 $n > 1$ 不是質數或質數次方，則存在一個 1 的非平凡平方根（在 mod n 下）。

★ 31.8-2
我們能不能將 Euler 定理（定理 31.30）稍微強化成這個形式：

對於所有 $a \in \mathbb{Z}_n^*$，$a^{\lambda(n)} = 1 \pmod{n}$

其中 $n = p_1^{e_1} \cdots p_r^{e_r}$，且 $\lambda(n)$ 的定義是

$$\lambda(n) = \text{lcm}(\phi(p_1^{e_1}), \ldots, \phi(p_r^{e_r}))$$

證明 $\lambda(n) \mid \phi(n)$。若 $\lambda(n) \mid n-1$，則合數 n 是 Carmichael 數。最小的 Carmichael 數是 $561 = 3 \cdot 11 \cdot 17$，其 $\lambda(n) = \text{lcm}(2, 10, 16) = 80$，可以整除 560。證明 Carmichael 數一定是「square-free」（不能被任何質數的平方整除），而且是三個以上的質數的積（因此，它們不常見）。

31.8-3

證明如果 x 是 1 的非平凡平方根（$\mod n$），那麼 $\gcd(x-1, n)$ 與 $\gcd(x+1, n)$ 都是 n 的非平凡因數。

挑戰

31-1 二進制 gcd 演算法

多數計算機都可以執行減法、測試二進制整數的奇偶性，而且計算時間比計算餘數少一半。這一題將探討**二進制 *gcd* 演算法**，它可以避免輾轉相除法所使用的餘數計算。

a. 證明若 a 與 b 皆為偶數，則 $\gcd(a, b) = 2 \cdot \gcd(a/2, b/2)$。

b. 證明若 a 為奇數，b 為偶數，則 $\gcd(a, b) = \gcd(a, b/2)$。

c. 證明若 a 與 b 皆為奇數，則 $\gcd(a, b) = (\gcd((a-b)/2, b)$。

d. 設計一個高效的二進制 gcd 演算法，其輸入是整數 a 與 b，其中 $a \geq b$，讓它的執行時間為 $O(\lg a)$。假設每一次減法、奇偶性檢查、以及減半都花費單位時間。

31-2 分析輾轉相除法中的位元運算

a. 考慮傳統的「紙筆」長除法演算：a 除以 b 產生商數 q 與餘數 r。證明這個方法需要做 $O((1 + \lg q)\lg b)$ 次位元運算。

b. 我們定義 $\mu(a, b) = (1 + \lg a)(1 + \lg b)$。證明：用 Euclid 來將計算 $\gcd(a, b)$ 的問題轉換成計算 $\gcd(b, a \mod b)$ 的問題時，Euclid 執行的位元運算次數最多是 $c(\mu(a, b) - \mu(b, a \mod b))$，其中 $c > 0$ 為足夠大的常數。

c. 證明 Euclid(a, b) 通常需要執行 $O(\mu(a, b))$ 次位元運算，在處理兩個 β 位元的輸入時，需要 $O(\beta^2)$ 次位元運算。

31-3 計算斐波那契數的三個演算法

這個問題將比較三種接收 n 並計算第 n 個斐波那契數 F_n 的方法的效率。假設將兩個數字相加、相減和相乘都花費 $O(1)$ 時間。

a. 證明：根據第 63 頁的遞迴式 (3.31)，用簡單的遞迴方法來計算 F_n 的執行時間隨著 n 的增加成指數級增長（例如，第 724 頁的 Fib 程序）。

b. 說明如何使用記憶化，在 $O(n)$ 時間內計算 F_n。

c. 說明如何僅用整數加法與乘法，在 $O(\lg n)$ 時間內計算 F_n（提示：考慮矩陣 $\begin{pmatrix} 0 & 1 \\ 1 & 1 \end{pmatrix}$ 及其次方）。

d. 假設將兩個 β 位元的數字相加花費 $\Theta(\beta)$ 時間，將兩個 β 位元的數字相乘花費 $\Theta(\beta^2)$ 時間。用這種較合理的基本計算成本來算的話，這三種方法的執行時間為何？

31-4 二次剩餘

設 p 是奇數質數，數字 $a \in \mathbb{Z}_p^*$，如果對未知的 x 而言，$x^2 = a \pmod{p}$ 有解，那麼 a 是**二次剩餘**（*quadratic residue*）。

a. 證明二次剩餘的數量是 $(p-1)/2$ 個（在 $\bmod p$ 下）。

b. 設 $a \in \mathbb{Z}_p^*$，若 p 質數，且 a 是二次剩餘（在 $\bmod p$ 下）我們定義 *Legendre* **符號** $\left(\dfrac{a}{p}\right)$ 為 1，否則為 -1。證明若 $a \in \mathbb{Z}_p^*$，則

$$\left(\frac{a}{p}\right) = a^{(p-1)/2} \pmod{p}.$$

設計一個高效的演算法來判斷特定數字 a 是不是二次剩餘（在 $\bmod p$ 下）。分析你的演算法的效率。

c. 證明：若 p 是 $4k+3$ 形式的質數，且 a 是 $\mathbb{Z}_p^*$ 裡的二次剩餘，那麼 $a^{k+1} \bmod p$ 是 a 的平方根（在 $\bmod p$ 下）。找出二次剩餘 a 的平方根需要多久（在 $\bmod p$ 下）？

d. 設計一個高效的隨機演算法來找出非二次剩餘，在 $\bmod$ 任意質數 p 下，也就是找出非二次剩餘的 $\mathbb{Z}_p^*$ 成員。你的演算法平均需要做幾次算術運算？

後記

Knuth [260] 詳細地探討尋找最大公因數的演算法，以及其他基本數論演算法。Dixon [121] 有因數分解和質數判定的概述。Bach [33]、Riesel [378] 以及 Bach 和 Shallit [34] 概要介紹計算數論的基本知識；Shoup [411] 提供近期研究的彙整。Pomerance [362] 編輯的研討會論文集裡面有幾篇優秀的彙整文章。

　　Knuth [260] 討論了輾轉相除法的起源。它出現在希臘數學家歐幾里得的**幾何原本**第七冊的命題 1 和 2 中，該書大約寫於西元前 300 年。歐幾里得的論述可能來自 Eudoxus 在西元前 375 年左右提出的演算法。輾轉相除法應該是最古老的非線性演算法，只有古埃及人的乘法演算法與之並駕齊驅。Shallit [407] 記載了輾轉相除法的分析歷史。

Knuth 認為中國餘數定理的一個特例（定理 31.27）來自中國數學家孫子，孫子在世的年代大約是西元前 200 年到西元 200 年之間，具體年代並不確定。在西元 100 年左右，希臘數學家 Nichomachus 提出同樣的特例，秦九韶在 1247 年將它一般化。最終，Euler 在 1734 年以最完整的方式介紹並證明中國餘數定理。

本章介紹的隨機化質數判定演算法是由 Miller [327] 和 Rabin [373] 提出的，它是已知最快的隨機化質數判定演算法，可在常數因子內判定。定理 31.40 的證明改自 Bach [32] 提出的方法。Monier [332, 333] 用更強的方式證明 MILLER-RABIN 的結果。有些問題似乎必須透過隨機化來取得更高效率（多項式時間），質數判定一直是這種問題的經典案例。然而，Agrawal、Kayal 和 Saxena [4] 在 2002 年提出讓所有人感到驚訝的確定性多項式時間質數判定演算法。在此之前，已知最快的確定性質數判定演算法來自 Cohen 和 Lenstra [97]，它處理輸入 n 的執行時間為 $(\lg n)^{O(\lg \lg \lg n)}$，只稍微進入超多項式時間。儘管如此，在實際應用中，隨機化的質數判定演算法仍然比較高效，而且通常是首選。

Beauchemin、Brassard、Crépeau、Goutier 與 Pomerance [40] 針對尋找大「隨機」質數的問題進行詳細的討論。

公鑰加密系統的概念源自 Diffie 與 Hellman [115]。RSA 加密系統是 Rivest、Shamir 和 Adleman 於 1977 年提出的 [380]。密碼學領域自那時起百花齊放。我們對 RSA 加密系統的理解已更加深入，現代的實現方法使用了基於本書介紹的基本技術的重大改進。此外，有許多新技術被用來證明加密系統的安全性。例如，Goldwasser 和 Micali [190] 指出，隨機化可以有效地設計安全公鑰加密方法。關於簽章，Goldwasser、Micali 與 Rivest [191] 提出一種數位簽章方案，使用該方案時，每一種可想像的偽造類型都可以證明和因數分解一樣困難。Katz 和 Lindell [253] 提供了現代密碼學的概述。

對大數字進行因數分解的最佳演算法的執行時間，大致與被因數分解的數字 n 的長度的立方根成指數級增長關係。一般來說，在處理大型輸入時，普通數域篩選分解演算法應該是最高效的演算法，它是 Buhler、Lenstra 與 Pomerance [77] 延伸 Pollard [360] 與 Lenstra 等人 [295] 提出的數域篩選分解演算法裡的概念開發出來的，並經過 Coppersmith [102] 及其他人的改良。雖然我們很難對這種演算法進行嚴格的分析，但在合理的假設下，我們可以估計執行時間為 $L(1/3, n)^{1.902+o(1)}$，其中 $L(\alpha, n) = e^{(\ln n)^{\alpha}(\ln \ln n)^{1-\alpha}}$。

Lenstra [296] 提出的橢圓曲線法對某些輸入而言可能比數域篩選法更有效，因為它很快就可以找到小質數 p。使用這種方法來尋找 p 的估計時間是 $L(1/2, p)^{\sqrt{2}+o(1)}$。

32 字串比對

文本編輯程式經常需要找到文本中的所有模式。一般來說，文本是被編輯的文件，而用戶想搜尋的模式是他所提供的特定單字。能夠有效處理這個問題（稱為「字串比對」）的演算法，可以大幅提升文本編輯程式的回應速度。字串比對演算法有許多其他應用，包括搜尋 DNA 序列裡的特定模式。網際網路搜尋引擎也用它們來尋找與查詢相關的網頁。

以下是字串比對問題的正式定義。文本是一個長度為 n 的陣列 $T[1:n]$，模式是一個長度為 $m \leq n$ 的陣列 $P[1:m]$。P 與 T 的元素是取自字母集合 Σ 的字元，Σ 是有限的字元集合。例如，Σ 可能是集合 {0, 1}，或集合 {a, b, ..., z}。字元陣列 P 與 T 通常稱為字元的**字串**（*string*）。

如圖 32.1 所示，在文本 T 中，模式 P **出現在移位 s 處**（也可以說，模式 P **的開頭位於文本 T 的位置 $s+1$ 處**），若 $0 \leq s \leq n-m$ 且 $T[s+1:s+m] = P[1:m]$，亦即，若 $T[s+j] = P[j]$，$1 \leq j \leq m$。若 P 出現在 T 內的位移 s 處，那麼 s 是**有效位移**，否則它是**無效位移**。**字串比對問題**就是找出特定模式 P 出現在特定文本 T 內的所有有效位移。

文本 T | a | b | c | a | b | a | a | b | c | a | b | a | c |

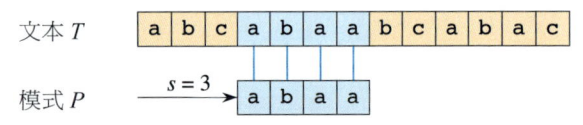

模式 P $s = 3$ a | b | a | a |

圖 32.1 找出文本 T = abcabaabcabac 裡的所有模式 P = abaa 的字串比對問題。這個模式在文本中只出現一次，位於位移 $s = 3$ 處，它是有效位移。模式的每一個字元與它在文本中的相符字元之間有一條垂直線，藍色是相符的字元。

除了第 32.1 節介紹的天真蠻力演算法之外，本章的每一個字串比對演算法都會先基於模式進行一些預先處理，再找出所有的有效位移。我們將第二個階段稱為「比對」。下面這張表是本章的每一種字串比對演算法的預先處理時間和比對時間。每一個演算法的總執行時間都是預先處理時間和比對時間之和：

演算法	預先處理時間	比對時間
天真	0	$O((n-m+1)m)$
Rabin-Karp	$\Theta(m)$	$O((n-m+1)m)$
有限自動機	$O(m\,|\Sigma|)$	$\Theta(n)$
Knuth-Morris-Pratt	$\Theta(m)$	$\Theta(n)$
後綴陣列 [1]	$O(n \lg n)$	$O(m \lg n + km)$

第 32.2 節介紹一種有趣的字串比對演算法，來自 Rabin 和 Karp 的研究成果。雖然這個演算法的最壞情況執行時間 $\Theta((n-m+1)m)$ 並不優於天真法，但它在平均情況下與實際情況下的效果比後者好很多。它也可以推廣到其他的模式比對問題。第 32.3 節介紹的字串比對演算法會先建構一個專門用來搜尋文本中的特定模式 P 的有限自動機。這個演算法的預先處理時間需要 $O(m\,|\Sigma|)$，但比對時間只需要 $\Theta(n)$。第 32.4 節介紹類似但聰明很多的 Knuth-Morris-Pratt（KMP）演算法，它有相同的 $\Theta(n)$ 比對時間，但將預先處理時間降至 $\Theta(m)$。

第 32.5 節介紹一種完全不同的方法，這種方法會檢查後綴（suffix）陣列與最長的共同前綴（prefix）陣列。你不但可以用這些陣列來尋找文本中的模式，也可以用它們來回答其他問題，例如，文本中，最長的重複子字串是什麼，以及兩個文本之間的最長相同子字串是什麼。在第 32.5 節中，產生後綴陣列的演算法需要 $O(n \lg n)$ 時間，該節將展示有了後綴陣列後，如何以 $O(n)$ 時間來計算最長的共同後綴陣列。

符號與術語

我們用 Σ^*（讀成「sigma-star」）來代表以字母集合 Σ 裡面的字元來組成的所有固定長度字串的集合。本章只考慮有限長度字串。長度為 0 的空字串，以 ε 來表示，也屬於 Σ^*。字串的長度以 $|x|$ 來表示。兩個字串 x 與 y 的串接以 xy 來表示，它的長度是 $|x|+|y|$，包含 x 的字元，及其後面的 y 的字元。

---

[1] 對後綴陣列而言，預先處理時間 $O(n \lg n)$ 來自第 32.5 節介紹的演算法。它可以用挑戰 32-2 的演算法來降為 $\Theta(n)$。在比對時間裡面的 k 因子是指模式在文本中出現幾次。

當字串 w 是字串 x 的前綴時，我們寫成 $w \sqsubset x$，若 $x = wy$，其中字串 $y \in \Sigma^*$。注意，若 $w \sqsubset x$，則 $|w| \leq |x|$。同理，如果字串 w 是字串 x 的後綴，我們寫成 $w \sqsupset x$，若 $x = yw$，其中 $y \in \Sigma^*$。與前綴一樣，$w \sqsupset x$ 意味著 $|w| \leq |x|$。例如，ab $\sqsubset$ abcca 且 cca $\sqsupset$ abcca。如果 $w \sqsubset x$ 且 $|w| < |x|$，則字串 w 是 x 的真前綴、真後綴以此類推。空字串 ε 是每個字串的前綴，也是每個字串的後綴。對任意字串 x 與 y 及任意字元 a 而言，若且唯若 $xa \sqsupset ya$，則 $x \sqsupset y$。$\sqsubset$ 與 $\sqsupset$ 關係具遞移性。我們等一下會使用下面這個引理。

引理 32.1（重疊後綴引理）

假設 x、y 與 z 是字串，且 $x \sqsupset z$ 與 $y \sqsupset z$。若 $|x| \leq |y|$，則 $x \sqsupset y$。若 $|x| \geq |y|$，則 $y \sqsupset x$。若 $|x| = |y|$，則 $x = y$。

證明 見圖 32.2。 ∎

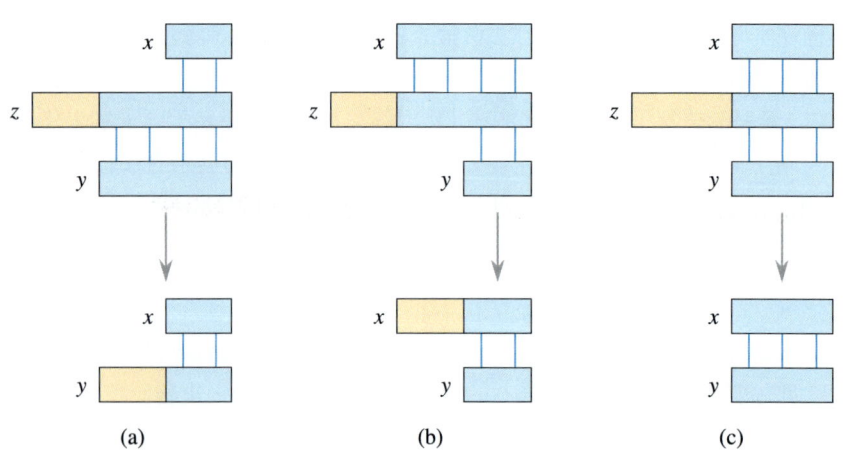

圖 32.2 用圖片來證明引理 32.1。假設 $x \sqsupset z$ 且 $y \sqsupset z$。本圖的三個部分說明引理的三個情況。垂直線連接字串的相符區域（藍色）。**(a)** 若 $|x| \leq |y|$，則 $x \sqsupset y$。**(b)** 若 $|x| \geq |y|$，則 $y \sqsupset x$。**(c)** 若 $|x| = |y|$，則 $x = y$。

為了方便起見，我們將模式 $P[1:m]$ 的 k 個字元的前綴 $P[1:k]$ 寫成 $P[:k]$。因此，$P[:0] = \varepsilon$，且 $P[:m] = P = P[1:m]$。同理，我們將文本 T 的 k 個字元的前綴寫成 $T[:k]$。使用這種表示法可以將字串比對問題描述成：找出在範圍 $0 \leq s \leq n - m$ 之內，滿足 $P \sqsupset T[:s+m]$ 的所有位移 s。

我們的虛擬碼可以用一個原始操作來比對兩個等長的字串是否相等。如果字串是從左到右進行比較的，而且在發現不相符時停止比較，我們假設這種檢查所需的時間與發現的相符字元的數量成線性關係。精確地說，我們假設檢查「$x == y$」花費 $\Theta(t)$ 時間，其中 t 是滿足 $z \sqsubset x$ 與 $z \sqsubset y$ 的最長字串 z 的長度。

32.1 天真字串比對演算法

NAIVE-STRING-MATCHER 使用迴圈來檢查，$n-m+1$ 個可能的 s 值中的每一個是否符合條件 $P[1:m] = T[s+1:s+m]$，以找出所有的有效位移。

NAIVE-STRING-MATCHER(T, P, n, m)
1   **for** $s = 0$ **to** $n - m$
2   **if** $P[1:m] == T[s+1:s+m]$
3   print "Pattern occurs with shift" s

圖 32.3 是天真字串比對程序的示意圖，它會在文本上滑動一個包含模式的「模板」，並檢查當模板停在哪一個位移時，它的所有字元都與文本中的相應字元相同。第 1~3 行的 **for** 迴圈明確地考慮每一個可能的位移。第 2 行檢查當下的位移是不是相符。這個測試私下執行迴圈，來檢查對應的字元位置，直到所有位置都相符，或找到一個不相符的字元為止。第 3 行印出每一個有效位移 s。

NAIVE-STRING-MATCHER 程序花費 $O((n-m+1)m)$ 時間，在最壞情況下，它是一個嚴格的界限。例如，考慮文本字串 a^n（一個包含 n 個 a 的字串）與模式 a^m。對於位移 s 的 $n-m+1$ 個可能的值中的每一個，第 2 行比較相應字元的隱形迴圈必須執行 m 次來驗證該位移。所以，最壞情況的執行時間是 $\Theta((n-m+1)m)$，如果 $m = \lfloor n/2 \rfloor$，它是 $\Theta(n^2)$。因為 NAIVE-STRING-MATCHER 不需要預先處理，所以它的執行時間等於它的比對時間。

NAIVE-STRING-MATCHER 絕不是處理這個問題的最佳程序。事實上，本章將證明，Knuth-Morris-Pratt 演算法在最壞情況下的表現好很多。天真字串比對程序比較低效的原因在於，當它考慮某個 s 值時，完全不考慮已獲得的關於其他 s 值的文本資訊。但是這種資訊可能很寶貴。例如，如果 $P = $ aaab 且 $s = 0$ 是有效的，那麼位移 1、2、3 都不會是有效的，因為 $T[4] = b$。接下來的小節將討論有效使用這種資訊的幾種方法。

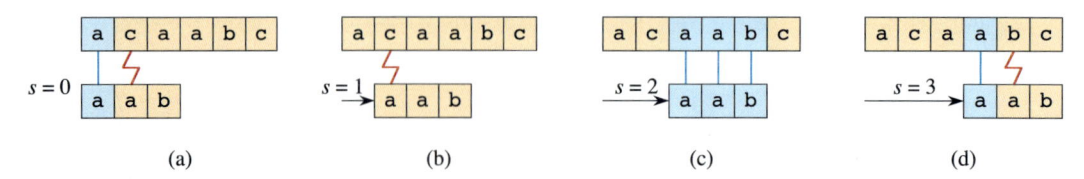

圖 32.3 NAIVE-STRING-MATCHER 程序在模式 P = aab，文本 T = acaabc 時的運作情況。模式 P 可以想成是一塊能夠移到文本的下一個位置的模板。**(a)~(d)** 是天真字串比對程序的連續四次對齊。在每一張小圖裡，我們用垂直線來連接發現相符的相應區域（藍色），用紅色閃電線來連接第一個不相符的字元，若有的話。這個演算法找到一個模式實例，位於位移 s = 2，如圖 (c) 所示。

習題

32.1-1
展示天真字串比對程序在文本 T = 000010001010001 裡比對模式 P = 0001 時的情況。

32.1-2
假設在模式 P 裡的所有字元都是不同的。說明如何加速 NAIVE-STRING-MATCHER，讓它在處理 n 個字元的文本 T 時，可在 $O(n)$ 時間內執行。

32.1-3
假設模式 P 與文本 T 是從 d 元字母集合 Σ_d = {0, 1, ..., $d-1$} 裡**隨機**選擇的字串，長度分別為 m 與 n，其中 $d \geq 2$。證明天真演算法第 2 行的隱形迴圈所做的字元比較**期望**次數是

$$(n - m + 1)\frac{1 - d^{-m}}{1 - d^{-1}} \leq 2(n - m + 1)$$

（假設天真演算法會在找到不相符的字元時，或發現整個模式相等時，停止比對特定位移的字元）。因此，對隨機選擇的字串而言，天真演算法相當高效。

32.1-4
假設模式 P 可能包含**間隙字元** ◇，它可以匹配**任意**字元字串（甚至是長度為 0 的）。例如，模式 ab◇ba◇c 以下列形式出現在文本 cabccbacbacab 中：

c ab cc ba cba c ab
   ab ◇ ba ◇ c

以及下列形式

c ab ccbac ba   c ab
  ab   ◇   ba ◇ c

間隙字元可能在模式中出現任意次數，但完全不會出現在文本中。寫出一個多項式時間的演算法來判斷這種模式 P 是否出現在給定的文本 T 中，並分析你的演算法的執行時間。

32.2 Rabin-Karp 演算法

Rabin 和 Karp 提出了一種字串比對演算法，這種演算法在實務上有不錯的表現，而且可以推廣到其他相關問題的演算法，例如二維模式比對。Rabin-Karp 演算法的預先處理時間是 $\Theta(m)$，最壞情況執行時間是 $\Theta((n-m+1)m)$。然而，在一些前提之下，它有更好的平均執行時間。

這種演算法利用基本的數論概念，例如兩個數字 mod 第三個數字的等價性。你可能需要參考第 31.1 節中的相關定義。

為了方便說明，我們假設 $\Sigma = \{0, 1, 2, ..., 9\}$，所以每一個字元都是一個十進制數字（在一般情況下，你可以假設每個字元都是數基為 d 的記數法中的一個數字，所以它的數值範圍是 0 到 $d-1$，其中 $d = |\Sigma|$）。然後，你可以將 k 個連續字元組成的字串視為一個長度為 k 的十進制數字。例如，字串 31415 對應十進制數字 31,415。因為我們將輸入字元解讀成圖形符號和數字，所以本節用標準文字字型中的數字來表示它們。

給定一個模式 $P[1:m]$，設 p 是它對應的十進制值。同理，給定文本 $T[1:n]$，設 t_s 是長度為 m 的子字串 $T[s+1:s+m]$ 的十進制值，$s = 0, 1, ..., n-m$。當然，若且唯若 $T[s+1:s+m] = P[1:m]$，則 $t_s = p$，所以，若且唯若 $t_s = p$，則 s 為有效位移。如果你可以在 $\Theta(m)$ 時間內計算 p，且在總共 $\Theta(n-m+1)$ 時間[2]內計算所有的 t_s 值，你就可以藉著比較 p 與每一個 t_s 值，在 $\Theta(m) + \Theta(n-m+1) = \Theta(n)$ 時間內找出所有有效位移 s（目前我們先忽略 p 與 t_s 值可能是很大的數字的可能性）。

---

2   之所以寫成 $\Theta(n-m+1)$ 而不是 $\Theta(n-m)$ 是因為 s 有 $n-m+1$ 個不同的值。「+1」是為了突顯漸近意義，因為當 $m = n$ 時，單單計算 t_s 的值需要 $\Theta(1)$ 時間，而不是 $\Theta(0)$ 時間。

事實上，你可以使用 Horner 法則（見挑戰 2-3），在 $\Theta(m)$ 時間內計算 p：

$$p = P[m] + 10\left(P[m-1] + 10\left(P[m-2] + \cdots + 10(P[2] + 10P[1])\cdots\right)\right)$$

同理，你可以在 $\Theta(m)$ 時間內，從 $T[1:m]$ 計算 t_0。

為了在 $\Theta(n-m)$ 時間內計算其餘的值 $t_1, t_2, \ldots, t_{n-m}$，透過觀察可發現，你可以在固定時間內由 t_s 計算 t_{s+1}，因為

$$t_{s+1} = 10\left(t_s - 10^{m-1}T[s+1]\right) + T[s+m+1] \tag{32.1}$$

減去 $10^{m-1}T[s+1]$ 就是移去 t_s 的高位數字，將結果乘以 10 就是將數字左移一個數字位置，加上 $T[s+m+1]$ 就是加入適當的低位數字。例如，假設 $m = 5$，$t_s = 31415$，新的低位數字是 $T[s+5+1] = 2$。要移除的高位數字是 $T[s+1] = 3$，所以

$$\begin{aligned} t_{s+1} &= 10\,(31415 - 10000 \cdot 3) + 2 \\ &= 14152 \end{aligned}$$

如果你預先計算常數 10^{m-1}（使用第 31.6 節的技術可以在 $O(\lg m)$ 時間內完成，雖然在這個應用中，只要使用 $O(m)$ 時間的方法就可以了），那麼每一次執行式 (32.1) 都花費固定數量的算術運算。因此，你可以在 $\Theta(m)$ 時間內計算 p，並且在 $\Theta(n-m+1)$ 時間內計算所有的 $t_0, t_1, \ldots, t_{n-m}$。所以，你可以用 $\Theta(m)$ 預先處理時間與 $\Theta(n-m+1)$ 比對時間，找到每一個在文本 $T[1:n]$ 中出現的模式 $P[1:m]$。

如果 P 夠短，且字母集合 Σ 夠小，所以對著 p 與 t_s 執行算術運算只需要常數時間的話，這種方法的效果很好。但如果 P 很長，或 Σ 的大小使你不能使用式 (32.1) 裡的 10 的次方，而是必須使用更大的數字的次方（例如 ASCII 字元擴展集合的 256 次方）呢？那麼，p 與 t_s 的值可能大到無法以常數時間處理。幸好，這個問題可以解決，如圖 32.4 所示：計算 p 與 t_s 值 mod 一個合適的模數 q。你可以在 $\Theta(m)$ 時間內計算 $p \bmod q$，並且在 $\Theta(n-m+1)$ 時間內計算全部的 t_s 值 mod q。設 $|\Sigma| = 10$，如果你選擇一個質數模數 q，使得 $10q$ 剛好可以放入一個計算機 word，那麼你就可以用單精度算術來執行所有必要的計算。總之，對於 d 元字母集合 $\{0, 1, \ldots, d-1\}$，我們選擇 q，使得 dq 可放入一個計算機 word，並將遞迴式 (32.1) 修改成以 mod q 進行計算，成為

$$t_{s+1} = \left(d(t_s - T[s+1]h) + T[s+m+1]\right) \bmod q \tag{32.2}$$

(a)

有效比對　　　　　　誤擊

(b)

舊高位數字　新低位數字　　　　　舊高位數字　位移　新低位數字

$$14152 = (31415 - 3 \cdot 10000) \cdot 10 + 2 \pmod{13}$$
$$= (7 - 3 \cdot 3) \cdot 10 + 2 \pmod{13}$$
$$= 8 \pmod{13}$$

(c)

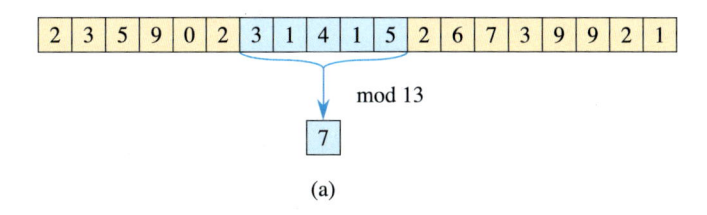

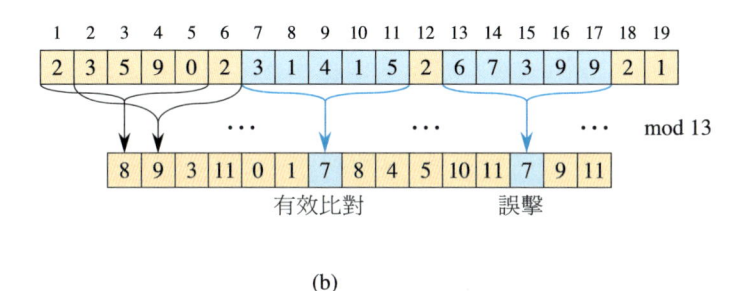

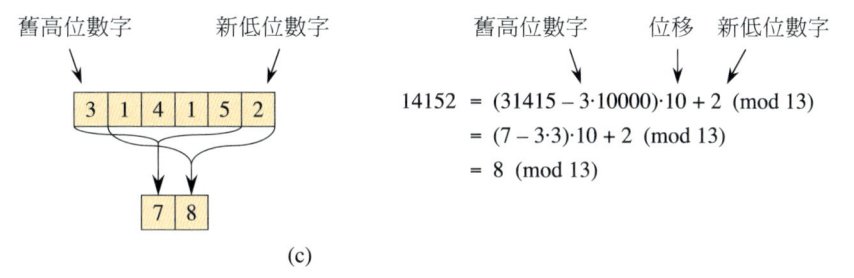

圖 32.4 Rabin-Karp 演算法。裡面的每一個字元都是一個十進制數字。值是以 mod 13 計算的。**(a)** 文本字串。藍色部分是長度為 5 的窗口。這些藍色的數字值 mod 13 是 7。**(b)** 將長度為 5 的窗口移到文本字串的每一個位置，並計算 mod 13。假設模式 $P = 31415$，演算法將尋找哪個窗口的值 mod 13 是 7，因為 $31415 \equiv 7 \pmod{13}$，演算法先找到兩個這種窗口，即圖中藍色的部分。始於文本位置 7 的第一個窗口符合模式。始於文本位置 13 的第二個窗口是假命中。**(c)** 是有了上一個窗口的值之後，在固定時間內計算一個窗口的值的方法。第一個窗口的值是 31415。移除高位數字 3，左移（乘以 10），加上低位數字 2，得到新值 14152。因為所有計算都是以 mod 13 來執行的，所以第一個窗口的值是 7，新窗口的值是 8。

其中，$h = d^{m-1} \bmod q$ 是 m 位數的文本窗口的高位數字「1」的值。

然而，用 mod q 得到的結果並不完美，$t_s = p \pmod{q}$ 不代表 $t_s = p$。另一方面，如果 $t_s \neq p \pmod{q}$，我們可以確定 $t_s \neq p$，所以位移 s 是無效的。因此，你可以將 $t_s = p \pmod{q}$ 當成排除無效位移的快速檢查。如果 $t_s = p \pmod{q}$（命中），你必須進一步測試 s 究竟是有效的，還是遇到假命中。這個額外的測試明確地檢查條件 $P[1:m] = T[s+1:s+m]$。如果 q 夠大，我們希望假命中的次數夠少，以壓低額外的檢查成本。

下面的 RABIN-KARP-MATCHER 程序精確地表達這些想法。這個程序的輸入是文本 T、模式 P、它們的長度 n 與 m、數基 d（通常是 $|\Sigma|$），及質數 q。這個程序的工作方式如下。它將所有的字元都解讀成數基為 d 的數字。t 的下標只是為了明確表述，將所有下標移除仍然可讓程序正確運作。第 1 行將 h 設為 m 位數窗口的高位值。第 2~6 行將 p 設為 $P[1:m] \bmod q$，將 t_0 設為 $T[1:m] \bmod q$。第 7~12 行的 **for** 迴圈迭代所有可能的位移 s，維持以下的不變性：

當第 8 行執行時，$t_s = T[s+1:s+m] \bmod q$。

如果在第 8 行因為 $p = t_s$ 而發生命中，第 9 行藉著測試 $P[1:m] == T[s+1:s+m]$ 來判斷 s 究竟是有效位移，還是發生假命中。第 10 行印出找到的任何有效位移。如果 $s < n-m$（在第 11 行檢查），那麼 **for** 迴圈至少再迭代一次，所以第 12 行先執行，以確保循環不變性在下一次迭代時成立。第 12 行直接使用式 (32.2)，用固定時間以 $t_s \bmod q$ 的值計算 $t_{s+1} \bmod q$ 的值。

RABIN-KARP-MATCHER 花費 $\Theta(m)$ 預先處理時間，它的比對時間在最壞情況下是 $\Theta((n-m+1)m)$，因為（如同天真的字串比對演算法）Rabin-Karp 演算法明確地確認每一個有效位移。如果 $P = a^m$ 且 $T = a^n$，那麼進行確認花費 $\Theta((n-m+1)m)$ 時間，因為 $n-m+1$ 個可能的位移中的每一個都是有效的。

在許多應用中，有效位移的期望次數很少，也許只有常數的 c 個。在這些應用中，演算法的期望比對時間只有 $O((n-m+1) + cm) = O(n+m)$，加上處理假命中所需的時間。我們可以基於以下的假設來進行捷思分析：將值 mod q，就像從 Σ^* 隨機對映到 $\mathbb{Z}_q$ 一般。所以，假命中的期望次數是 $O(n/q)$，因為我們可以估計，在 mod q 意義下，任意的 t_s 等價於 p 的機率為 $1/q$。由於在第 8 行的測試中，失敗的位置總數為 $O(n)$（其實，最多有 $n-m+1$ 個位置），而且在第 9 行檢查每次命中需要 $O(m)$ 時間，所以 Rabin-Karp 演算法的期望比對時間是

$O(n) + O(m(v + n/q))$

RABIN-KARP-MATCHER(T, P, n, m, d, q)
1 $h = d^{m-1} \bmod q$
2 $p = 0$
3 $t_0 = 0$
4 **for** $i = 1$ **to** m // 預先處理
5      $p = (dp + P[i]) \bmod q$
6      $t_0 = (dt_0 + T[i]) \bmod q$
7 **for** $s = 0$ **to** $n - m$ // 比對——嘗試所有可能的位移
8   **if** $p == t_s$ // 命中？
9   **if** $P[1:m] == T[s+1:s+m]$ // 有效位移？
10   print "Pattern occurs with shift" s
11   **if** $s < n - m$
12         $t_{s+1} = \bigl(d(t_s - T[s+1]h) + T[s+m+1]\bigr) \bmod q$

其中，v 是有效位移的數量。如果 $v = O(1)$ 而且你選擇 $q \geq m$，這個執行時間是 $O(n)$。亦即，如果有效位移的期望數量很小（$O(1)$），而且你選擇的質數 q 大於模式的長度，那麼 Rabin-Karp 程序的期望比對時間只有 $O(n+m)$。因為 $m \leq n$，這個期望比對時間是 $O(n)$。

習題

32.2-1
使用 $\bmod q = 11$ 的話，Rabin-Karp 在文本 $T = 3141592653589793$ 裡尋找模式 $P = 26$ 會遇到幾次假命中？

32.2-2
說明如何擴展 Rabin-Karp，讓它在一個文本字串中，搜尋 k 個給定的模式中的任何一個。先假設 k 個模式都一樣長。然後將你的解決方案一般化，讓它可處理不同長度的模式。

32.2-3
說明如何擴展 Rabin-Karp 方法，在一個 $n \times n$ 的字元陣列中，尋找給定的 $m \times m$ 模式（模式可以垂直或水平移動，但不能旋轉）。

32.2-4

Alice 有一個 n 位元的長檔案 $A = \langle a_{n-1}, a_{n-2}, \ldots, a_0 \rangle$，Bob 也有一個 n 位元的檔案 $B = \langle b_{n-1}, b_{n-2}, \ldots, b_0 \rangle$。Alice 與 Bob 想知道他們的檔案是否一致。為了避免傳遞整個 A 或 B，他們使用以下的快速機率性檢查。他們一起選擇一個質數 $q > 1000n$，並從 $\{0, 1, \ldots, q-1\}$ 隨機選擇一個整數 x。設

$$A(x) = \left(\sum_{i=0}^{n-1} a_i x^i \right) \bmod q \quad \text{且} \quad B(x) = \left(\sum_{i=0}^{n-1} b_i x^i \right) \bmod q$$

Alice 計算 $A(x)$，Bob 計算 $B(x)$。證明：若 $A \neq B$，$A(x) = B(x)$ 的機率頂多是千分之一，若兩個檔案一致，$A(x)$ 一定與 $B(x)$ 一樣（提示：見習題 31.4-4）。

32.3 使用有限自動機來比對字串

許多字串比對演算法都會建立有限自動機（finite automaton），這是一種處理資訊的簡單機制，它會掃描文本字串 T，以尋找模式 P 的所有實例。這些字串比對自動機很高效：它們只對每個文本字元檢查一次，檢查每個文本字元的時間都是固定的。因此，先處理模式以建構自動機後，比對時間是 $\Theta(n)$。但是，如果 $\sum$ 很大，建構自動機的時間可能很久。第 32.4 節將介紹一種解決這個問題的巧妙方法。

在這一節，我們先了解有限自動機的定義。接下來，我們要研究一種特殊的字串比對自動機，並介紹如何使用它在文本中尋找模式。最後，我們要說明如何為特定的輸入模式建構字串比對自動機。

有限自動機

有限自動機 M，如圖 32.5 所示，是一個 5-tuple $(Q, q_0, A, \sum, \delta)$，其中

- Q 是有限的狀態集合，
- $q_0 \in Q$ 是初始狀態，
- $A \subseteq Q$ 是特殊的接受狀態集合，
- $\sum$ 是有限的輸入字母集合，
- δ 是將 $Q \times \sum$ 對映至 Q 的函數，稱為 M 的轉移函數。

狀態	輸入 a	輸入 b
0	1	0
1	0	0

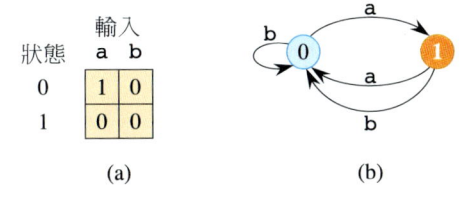

(a)　　　　　(b)

圖 32.5 簡單的雙狀態有限自動機，其狀態集合 $Q = \{0, 1\}$，初始狀態 $q_0 = 0$，輸入字母集合 $\Sigma = \{a, b\}$。**(a)** 轉移函數 δ 的表格。**(b)** 等價的狀態轉移圖。橘色的狀態 1 是唯一的接受狀態。有向邊代表轉移。例如，從狀態 1 指到狀態 0 的 b 邊代表 $\delta(1, b) = 0$。這個自動機接受結尾是奇數個 a 的字串。更準確地說，若且唯若字串 $x = yz$，其中 $y = \varepsilon$ 或 y 的結尾是 b，且 $z = a^k$，其中 k 是奇數，則此自動機接受 x。例如，對於輸入 abaaa，包括初始狀態，這個自動機輸入狀態序列：$\langle 0, 1, 0, 1, 0, 1\rangle$，因而它接受這個輸入。對於輸入 abbaa，它輸入狀態序列：$\langle 0, 1, 0, 0, 1, 0\rangle$，因而它拒絕這個輸入。

有限自動機從狀態 q_0 開始，每次讀取輸入字串的一個字元。如果自動機在狀態 q，並讀取輸入字元 a，它會從狀態 q 移到（進行轉移）狀態 $\delta(q, a)$。當自動機 M 的當下狀態 q 是 A 的成員時，它接受迄今為止讀取的字串。不被接受的字串會被拒絕。

有限自動機 M 可推導出一個函數 ϕ，稱為最終狀態函數，它可從 Σ^* 對映到 Q，使得 $\phi(w)$ 是 M 讀取字串 w 後的最終狀態。因此，若且唯若 $\phi(w) \in A$，則 M 接受字串 w。我們使用轉移函數來遞迴地定義函數 ϕ：

$$\phi(\varepsilon) = q_0,$$
$$\phi(wa) = \delta(\phi(w), a) \quad \text{其中 } w \in \Sigma^*, a \in \Sigma$$

字串比對自動機

給定模式 P，我們在預先處理步驟建構一個 P 專屬的字串比對自動機，然後用這個自動機在文本字串中尋找 P。圖 32.6 是模式 $P = $ ababaca 的自動機。為了簡潔起見，我們接下來不會在符號中指出對 P 的依賴性。

為了指定特定模式 $P[1:m]$ 的字串比對自動機，我們先定義一個輔助函數 σ，稱為與模式 P 對應的後綴函數。函數 σ 將 Σ^* 對映至 $\{0, 1, ..., m\}$，使得 $\sigma(x)$ 是與 x 的後綴相符的最長 P 前綴的長度（為了簡化文字敘述，接下來，「最長的 P 的前綴」皆簡稱為「最長 P 前綴」）：

$$\sigma(x) = \max\{k : P[:k] \sqsupset x\} \tag{32.3}$$

Chapter 32 字串比對

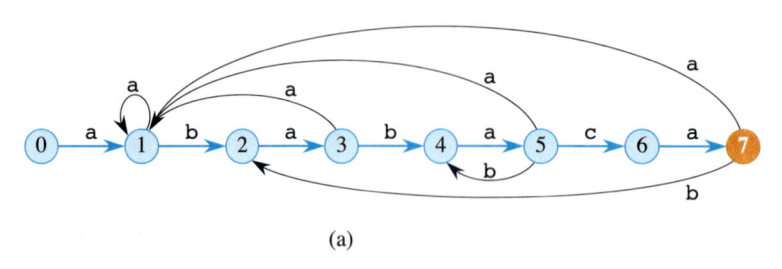

狀態	a	b	c	P
0	1	0	0	a
1	1	2	0	b
2	3	0	0	a
3	1	4	0	b
4	5	0	0	a
5	1	4	6	c
6	7	0	0	a
7	1	2	0	

(b)

i	—	1	2	3	4	5	6	7	8	9	10	11
$T[i]$	—	a	b	a	b	a	b	a	c	a	b	a
狀態 $\phi(T_i)$	0	1	2	3	4	5	4	5	6	**7**	2	3

(c)

圖 32.6 (a) 字串比對自動機的狀態轉移圖，這個自動機可接受結尾為 ababaca 的任何字串。狀態 0 是初始狀態，狀態 7（橘色）是唯一的接受狀態。轉移函數 δ 的定義是式 (32.4)，從狀態 i 到狀態 j 的有向邊 a 代表 $\delta(i, a) = j$。指向右邊的藍色邊是自動機的「脊樑」，相當於模式與輸入字元間的成功比對。除了從狀態 7 到狀態 1 與 2 的邊之外，指向左邊的邊相當於比對失敗。我們省略一些相當於比對失敗的邊，習慣上，如果狀態 i 沒有出邊 a，$a \in \sum$，那麼 $\delta(i, a) = 0$。
(b) 對應的轉移函數 δ，以及模式字串 $P = $ ababaca。藍色格子是在模式與輸入字元之間成功比對的項目。(c) 自動機處理文本 $T = $ abababacaba 的情況。在每一個文本字元 $T[i]$ 下面有狀態 $\phi(T[:i])$，它是自動機處理前綴 $T[:i]$ 之後的狀態。藍色的部分是文本中的模式子字串，這個自動機找出模式的一個實例，它的結尾在位置 9。

後綴函數 σ 是定義完善的，因為空字串 $P[:0] = \varepsilon$ 是每一個字串的後綴。舉個例子，設模式 $P = $ ab，我們得到 $\sigma(\varepsilon) = 0$，$\sigma($ccaca$) = 1$，$\sigma($caab$) = 2$。對於長度為 m 的模式 P，若且唯若 $P \sqsupset x$，則 $\sigma(x) = m$。從後綴函數的定義可知，$x \sqsupset y$ 意味著 $\sigma(x) \leq \sigma(y)$（見習題 32.3-4）。

現在我們可以定義與模式 $P[1:m]$ 對應的字串比對自動機了：

- 狀態集合 Q 是 $\{0, 1, ..., m\}$。初始狀態 q_0 是狀態 0，狀態 m 是唯一的接受狀態。

- 對於任意狀態 q 與字元 a，轉移函數 δ 的定義是

$$\delta(q, a) = \sigma(P[:q]a) \tag{32.4}$$

當自動機接收文本 T 的字元時，它會試著比較模式 P 與最近看過的 T 的字元。在任何時候，狀態數字 q 是 P 的前綴與最近看過的文本字元相符的長度。當自動機到達狀態 m 時，代表最近看到的 m 個文本字元與 P 的前 m 個字元相符。因為 P 的長度為 m，到達狀態 m 意味著最近看過的 m 個字元與整個模式相符，所以自動機找到相符的實例。

知道自動機的設計背後的直覺之後，以下是定義 $\delta(q, a) = \sigma(P[:q]a)$ 背後的理由。假設自動機在讀取文本的前 i 個字元之後處於狀態 q，亦即 $q = \phi(T[:i])$。直覺上，q 也等於 P 的前綴與 $T[:i]$ 的後綴相符的最長長度，也可以說，$q = \sigma(T[:i])$。所以，因為 $\phi(T[:i])$ 與 $\sigma(T[:i])$ 都等於 q，我們將看到（第 939 頁的定理 32.4），自動機維持下面的不變性：

$$\phi(T[:i]) = \sigma(T[:i]) \tag{32.5}$$

如果自動機處於狀態 q，並讀取下一個字元 $T[i+1] = a$，那麼接下來應轉移至對應「與 $T[:i]a$ 的後綴相符的最長 P 前綴」的狀態。那個狀態是 $\sigma(T[:i]a)$，從式 (32.5) 可得 $\phi(T[:i]a) = \sigma(T[:i]a)$。因為 $P[:q]$ 是與 $T[:i]$ 的後綴相符的最長 P 前綴，所以與 $T[:i]a$ 的後綴相符的最長 P 前綴的長度不但是 $\sigma(T[:i]a)$，也是 $\sigma(P[:q]a)$，所以 $\phi(T[:i]a) = \sigma(P[:q]a)$（第 939 頁的引理 32.3 將證明 $\sigma(T[:i]a) = \sigma(P[:q]a)$）。所以，當自動機位於狀態 q 時，在字元 a 上的轉移函數 δ 應該讓自動機轉移至狀態 $\delta(q, a) = \delta(\phi(T[:i]), a) = \phi(T[:i]a) = \sigma(P[:q]a)$（最後一個等號來自式 (32.5)）。

我們要考慮兩種情況，取決於下一個字元是否繼續符合模式。第一種情況，$a = P[q+1]$，所以字元 a 繼續符合模式。在這種情況下，因為 $\delta(q, a) = q + 1$，所以自動機繼續沿著「脊樑」轉移（圖 32.6(a) 的藍色邊）。第二種情況，$a \neq P[q+1]$，所以 a 沒有繼續相符。在這種情況下，我們必須找出與 $T[:i]a$ 的後綴相符的最長 P 前綴，它的長度最多是 q。預先處理步驟在建立字串比對自動機時，會拿模式與自身進行比對，好讓轉換函數可以快速地識別 P 的最長小前綴。

我們來看一個例子。考慮圖 32.6 的字串比對自動機的狀態 5。在狀態 5，最近讀取的五個 T 之字元是 ababa，也就是沿著自動機的脊樑到達狀態 5 的字元。如果 T 的下一個字元是 c，那麼最近讀取的 T 之字元是 ababac，這是長度為 6 的 P 的前綴。自動機應該繼續沿著脊樑到達狀態 6。這是第一種情況，比對繼續進行，且 $\delta(5, c) = 6$。為了說明第二種情況，假設在狀態 5，T 的下一個字元是 b，所以最近讀取的 T 之字元是 ababab。此時，在 P 中符合最近讀取的 T 之字元（也就是目前已讀取的部分 T 的後綴）的最長前綴是 abab，其長度為 4，所以 $\delta(5, b) = 4$。

為了釐清字串比對自動機的動作，我們用簡單有效的程序 Finite-Automaton-Matcher 來模擬這個自動機（以自動機的轉移函數 δ 來代表它）在輸入文本 $T[1:n]$ 中尋找長度為 m 的模式 P 時的行為。對於任何長度為 m 的字串比對自動機，狀態集合 Q 是 $\{0, 1, \ldots, m\}$，初始狀態是 0，唯一的接受狀態是狀態 m。從 Finite-Automaton-Matcher 的簡單迴圈結構可以看到，它處理長度為 n 的文本字串時的比對時間是 $\Theta(n)$，假設轉移函數 δ 的每一次查詢都花費固定時間。但是，這個比對時間不包括計算轉移函數所需的預先處理時間，我們將在證明 Finite-Automaton-Matcher 程序可正確運作之後處理這個時間。

Finite-Automaton-Matcher(T, δ, n, m)

```
1   q = 0
2   for i = 1 to n
3       q = δ(q, T[i])
4       if q == m
5           print "Pattern occurs with shift" i − m
```

我們來看看自動機如何處理輸入文本 $T[1:n]$。我們將證明自動機在讀取字元 $T[i]$ 之後處於狀態 $\sigma(T[:i])$。因為若且唯若 $P \sqsupset T[:i]$，則 $\sigma(T[:i]) = m$，所以若且唯若自動機剛剛讀取模式 P，則處於接受狀態。我們先來看兩個關於後綴函數 σ 的引理。

引理 32.2（後綴函數不等式）

對任意字串 x 與字元 a 而言，$\sigma(xa) \leq \sigma(x) + 1$。

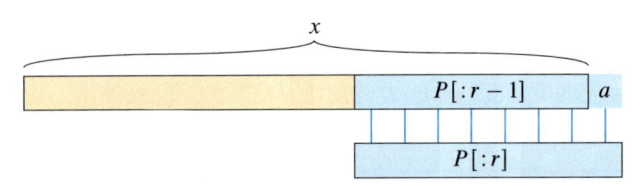

證明　參考圖 32.7，設 $r = \sigma(xa)$。如果 $r = 0$，則結論 $\sigma(xa) = r \leq \sigma(x) + 1$ 顯然滿足，因為 $\sigma(x)$ 是非負值。假設 $r > 0$。那麼，根據 σ 的定義，$P[:r] \sqsupset xa$。所以，從 $P[:r]$ 的結尾與 xa 的結尾移除 a，可得 $P[:r-1] \sqsupset x$。因此，$r-1 \leq \sigma(x)$，因為 $\sigma(x)$ 是滿足 $P[:k] \sqsupset x$ 的最大 k，所以 $\sigma(xa) = r \leq \sigma(x) + 1$。∎

圖 32.7　證明引理 32.2。在本圖中，$r \leq \sigma(x) + 1$，其中 $r = \sigma(xa)$。

引理 32.3（後綴函數遞迴引理）

對於任何字串 x 與字元 a，若 $q = \sigma(x)$，則 $\sigma(xa) = \sigma(P[:q]a)$。

證明 從 σ 的定義可得 $P[:q] \sqsupset x$。如圖 32.8 所示，我們也可以得到 $P[:q]a \sqsupset xa$。設 $r = \sigma(xa)$，那麼 $P[:r] \sqsupset xa$，並且根據引理 32.2，$r \leq q+1$。所以，$|P[:r]| = r \leq q+1 = |P[:q]a|$。因為 $P[:q]a \sqsupset xa$，所以 $P[:r] \sqsupset xa$，且 $|P[:r]| \leq |P[:q]a|$，從第 926 頁的引理 32.1 可知，$P[:r] \sqsupset P[:q]a$。因此，$r \leq \sigma(P[:q]a)$，亦即 $\sigma(xa) \leq \sigma(P[:q]a)$。但我們也知道 $\sigma(P[:q]a) \leq \sigma(xa)$，因為 $P[:q]a \sqsupset xa$。所以，$\sigma(xa) = \sigma(P[:q]a)$。 ∎

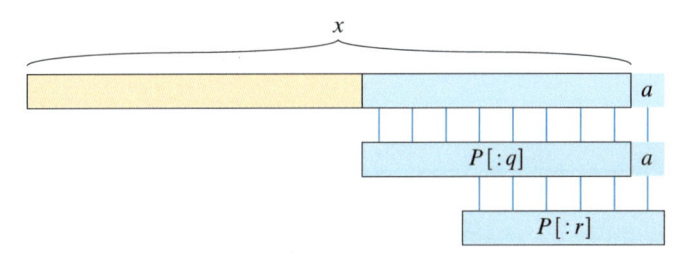

圖 32.8 證明引理 32.3。在本圖中，$r = \sigma(P[:q]a)$，其中 $q = \sigma(x)$，$r = \sigma(xa)$。

接下來要證明關於字串比對自動機處理給定輸入文本之行為的主要定理。如前所述，這個定理證明，自動機只是在每一步追蹤模式中與迄今為止讀取的後綴相符的最長前綴。換句話說，自動機維持不變性 (32.5)。

定理 32.4

設 ϕ 是字串比對自動機處理特定模式 P 的最終狀態函數，$T[1:n]$ 是自動機的輸入文本，那麼

$$\phi(T[:i]) = \sigma(T[:i])$$

其中 $i = 0, 1, ..., n$。

證明 我們對 i 進行歸納法來證明這個定理。當 $i = 0$，這個定理顯然成立，因為 $T[:0] = \varepsilon$。所以，$\phi(T[:0]) = 0 = \sigma(T[:0])$。

假設 $\phi(T[:i]) = \sigma(T[:i])$。我們將證明 $\phi(T[:i+1]) = \sigma(T[:i+1])$。我們用 q 來代表 $\phi(T[:i])$，所以 $q = \sigma(T[:i])$，並用 a 來代表 $T[i+1]$。於是，

$$\begin{aligned}
\phi(T[:i+1]) &= \phi(T[:i]a) &&\text{（根據 }T[:i+1]\text{ 與 }a\text{ 的定義）}\\
&= \delta(\phi(T[:i]),a) &&\text{（根據 }\phi\text{ 的定義）}\\
&= \delta(q,a) &&\text{（根據 }q\text{ 的定義）}\\
&= \sigma(P[:q]a) &&\text{（根據 }\delta\text{ 的定義 (32.4)）}\\
&= \sigma(T[:i]a) &&\text{（根據引理 32.3）}\\
&= \sigma(T[:i+1]) &&\text{（根據 }T[:i+1]\text{ 的定義）}
\end{aligned}$$

根據定理 32.4，如果自動機在第 3 行進入狀態 q，那麼 q 是滿足 $P[:q] \sqsupset T[:i]$ 的最大值。所以，在第 4 行，若且唯且自動機剛剛讀到模式 P 的實例，則 $q=m$。所以 FINITE-AUTOMATON-MATCHER 正確運作。 ∎

計算轉移函數

下面的 COMPUTE-TRANSITION-FUNCTION 程序用給定的模式 $P[1:m]$ 來計算轉移函數 δ。它根據 $\delta(q,a)$ 的定義（式 (32.4)），以直接了當的方式計算它。第 1 行與第 2 行的嵌套迴圈考慮所有狀態 q 與所有字元 a，第 3~6 行將 $\delta(q,a)$ 設為滿足 $P[:k] \sqsupset P[:q]a$ 的最大 k。程式碼開始時，k 的初始值是最大可能的值，即 $q+1$，除非 $q=m$，此時 k 不能大於 m。然後程式遞減 k，直到 $P[:k]$ 是 $P[:q]a$ 的後綴，這種情況終究會發生，因為 $P[:0]=\varepsilon$ 是每一個字串的後綴。

COMPUTE-TRANSITION-FUNCTION(P, Σ, m)
1　**for** $q = 0$ **to** m
2　　　**for** each character $a \in \Sigma$
3　　　　　$k = \min\{m, q+1\}$
4　　　　　**while** $P[:k]$ is not a suffix of $P[:q]a$
5　　　　　　　$k = k-1$
6　　　　　$\delta(q,a) = k$
7　**return** δ

COMPUTE-TRANSITION-FUNCTION 的執行時間是 $O(m^3|\Sigma|)$，因為外面的迴圈貢獻 $m|\Sigma|$ 因子，內部的 **while** 迴圈最多執行 $m+1$ 次，且第 4 行檢查 $P[:k]$ 是不是 $P[:q]$ 的後綴可能需要比較 m 個字元。我們有比它更快的程序。藉著巧妙地計算關於 P 的資訊並利用它（見習題 32.4-8），我們可將用 P 來計算 δ 的時間改進至 $O(m|\Sigma|)$。這個改進的 δ 計算程序可用 $O(m|\Sigma|)$ 預先處理時間與 $\Theta(n)$ 比對時間，在字母集合為 Σ，長度為 n 的文本裡，找出長度為 m 的模式的所有實例。

習題

32.3-1
有一個以字母集合 $\sum = \{a, b\}$ 來建構的模式 $P = \text{aabab}$，畫出它的字串比對自動機的狀態轉移圖，並說明它在處理文本 $T = \text{aaababaabaababaab}$ 時的操作過程。

32.3-2
有一個以字母集合 $\sum = \{a, b\}$ 來建構的模式 $P = \text{ababbabbababbababbabb}$，畫出它的字串比對自動機的狀態轉移圖。

32.3-3
如果對模式 P 而言，$P[:k] \sqsupset P[:q]$ 意味著 $k = 0$ 或 $k = q$，那麼它就是**不重疊的**。畫出不重疊的模式的字串比對自動機的狀態轉移圖。

32.3-4
設 x 與 y 是模式 P 的前綴，證明 $x \sqsupset y$ 意味著 $\sigma(x) \leq \sigma(y)$。

★ 32.3-5
給定兩個模式 P 與 P'，說明如何建構一個有限自動機來找出**兩個**模式的所有實例。試著將你的自動機的狀態數量降低最低。

32.3-6
給定一個包含間隙字元的模式 P（見習題 32.1-4），說明如何建構一個有限自動機，在 $O(n)$ 比對時間內，於文本 T 中找出 P 的一個實例，其中 $n = |T|$。

★ 32.4 Knuth-Morris-Pratt 演算法

Knuth、Morris 和 Pratt 一起開發了一種線性時間的字串比對演算法，它完全不必計算轉移函數 δ。KMP 演算法使用一種輔助函數 π，可在 $\Theta(m)$ 時間內，用模式來預先計算 π 並將它存入陣列 $\pi[1:m]$。陣列 π 可讓演算法視情況高效地「即時」計算轉移函數 δ（在攤平的意義下）。簡單地說，對於任何狀態 $q = 0, 1, ..., m$ 與任意字元 $a \in \sum$，值 $\pi[q]$ 包含計算 $\delta(q, a)$ 所需的資訊，但與 a 無關。因為陣列 π 只有 m 個項目，而 δ 有 $\Theta(m|\sum|)$ 個項目，所以 KMP 演算法藉著計算 π 而非 δ，讓預先處理時間減少一個 $|\sum|$ 因子。如同 Finite-Automaton-Matcher 程序，完成預先處理後，KMP 演算法使用 $\Theta(n)$ 比對時間。

模式的前綴函數

模式的前綴函數 π 封裝了模式與其自身位移的匹配資訊。KMP 演算法利用這項資訊來避免像天真模式比對演算法那樣，對無用的位移進行檢查，以及避免像字串比對自動機那樣，預先計算完整的轉移函數 δ。

考慮天真字串比對程序的操作。圖 32.9(a) 是用一個包含模式 $P = $ ababaca 的模板來比對文本 T 時的特定位移 s。在這個例子中，有 $q = 5$ 個字元相符，但第 6 個模式字元與對應的文本字元不符。「有 q 個字元相符」這個資訊確定了相應的文本字元。因為這 q 個文本字元相符，所以有一些位移一定是無效的。在圖中的例子裡，位移 $s + 1$ 一定是無效的，因為第一個模式字元 (a) 將會對到與它不符、但與模式的第二個字元 (b) 相符的文本字元。然而，圖 (b) 的位移 $s' = s + 2$ 把模式的前三個字元與一定相符的三個文本字元對齊。

更廣泛地說，假設你知道 $P[:q] \sqsupset T[:s+q]$，也就是說，$P[1:q] = T[s+1:s+q]$。可以的話，你想要移動 P，讓 P 的一個較短的前綴 $P[:k]$ 與 $T[:s+q]$ 的後綴相符。但是，你可以移動的距離可能不只一個。在圖 32.9(b) 中，我們可以將 P 移動 2 個位置，使得 $P[:3] \sqsupset T[:s+q]$，但也可以將 P 移動 4 個位置，變成圖 32.9(c) 的 $P[:1] \sqsupset T[:s+q]$。如果可以選擇的位移不只一個，你應該選擇最小的位移，以免錯過任何潛在的相符實例。更準確地說，你想要回答這個問題：

當模式字元 $P[1:q]$ 符合文本字元 $T[s+1:s+q]$ 時（即 $P[:q] \sqsupset T[:s+q]$），對於某個 $k < q$ 而言，滿足下式的最小位移 $s' > s$ 是多少

$$P[1:k] = T[s'+1:s'+k] \tag{32.6}$$

（亦即 $P[:k] \sqsupset T[:s'+k]$），其中 $s' + k = s + q$？

以下是看待這個問題的另一種方式。如果你知道 $P[:q] \sqsupset T[:s+q]$，如何在 $P[:q]$ 中，找到也是 $T[:s+q]$ 之後綴的最長真前綴 $P[:k]$？這些問題是等價的，因為給定 s 與 q，限定 $s' + k = s + q$ 意味著找到最小位移 s'（圖 32.9(b) 裡的 2）等於找到最長前綴長度 k（圖 32.9(b) 裡的 3）。如果你將位移 s 加上 P 的這些前綴的長度差 $q-k$，你會得到新位移 s'，所以 $s' = s + (q-k)$。在最好的情況下，$k = 0$，所以 $s' = s + q$，可立即排除位移 $s+1, s+2, \ldots, s+q-1$。無論如何，在新位移 s' 之處，拿 P 的前 k 個字元與 T 的對應字元做比較都是多餘的，因為式 (32.6) 保證它們相符。

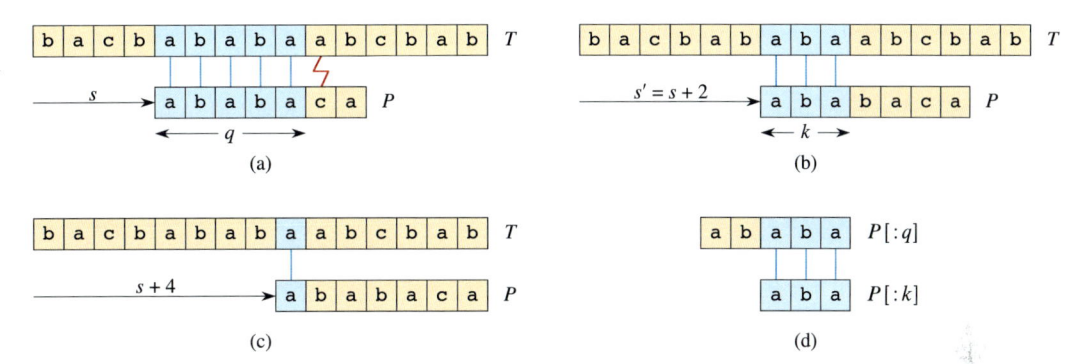

```
 b a c b a b a b a a b c b a b   T              b a c b a b a b a a b c b a b   T
   s     a b a b a c a   P                       s'=s+2    a b a b a c a   P
              q                                                k
             (a)                                              (b)

 b a c b a b a b a a b c b a b   T              a b a b a   P[:q]
       s+4          a b a b a c a   P           a b a       P[:k]
             (c)                                              (d)
```

圖 32.9 前綴函數 π。**(a)** 模式 $P = $ ababaca 的前 $q = 5$ 個字元與文本 T 相符。我們用藍線來將相符的字元（藍色）連接起來。**(b)** 知道有 5 個相符的字元（$P[:5]$）足以推斷出位移 $s+1$ 是無效的，但位移 $s' = s+2$ 與已知的文本內容相符，所以可能是有效的。前綴 $P[:k]$，其中 $k = 3$，與迄今所見的文本相符。**(c)** 位移 $s+4$ 也可能是有效的，但它只有前綴 $P[:1]$ 與迄今所見的文本相符。**(d)** 為了預先計算有用的資訊，我們拿模式與它自身做比較。在此，與 $P[:5]$ 的真後綴相符的最長 P 前綴是 $P[:3]$。陣列 π 代表這個預先計算的資訊，所以 $\pi[5] = 3$。如果在位移 s 有 q 個字元相符，下一個潛在有效位移是 $s' = s + (q - \pi[q])$，如圖 (b) 所示。

如圖 32.9(d) 所示，你可以拿模式與它自己做比較，來預先算出必要的資訊。因為 $T[s'+1 : s'+k]$ 是文本的相符部分的一部分，所以它也是字串 $P[:q]$ 的後綴。因此，我們可以將式 (32.6) 視為求出滿足 $P[:k] \sqsupset P[:q]$ 的最大的 $k < q$。那麼，新位移 $s' = s + (q - k)$ 是下一個潛在有效位移。我們可以為每一個 q 值儲存新位移 s' 處的相符字元數量 k，而不是儲存（比如說）位移量 $s' - s$。

我們來更正式地看一下預先計算的資訊。對於特定的模式 $P[1:m]$，P 的**前綴函數**是函數 $\pi : \{1, 2, ..., m\} \to \{0, 1, ..., m-1\}$，使得

$$\pi[q] = \max\{k : k < q \text{ 且 } P[:k] \sqsupset P[:q]\}$$

亦即 $\pi[q]$ 是與 $P[:q]$ 的真後綴相符的最長前綴的長度。以下是模式 ababaca 的完整前綴函數 π：

i	1	2	3	4	5	6	7
$P[i]$	a	b	a	b	a	c	a
$\pi[i]$	0	0	1	2	3	0	1

下面的 KMP-Matcher 程序是 Knuth-Morris-Pratt 比對演算法。這個程序大部分與 Finite-Automaton-Matcher 一樣。KMP-Matcher 呼叫輔助程序 Compute-Prefix-Function 來計算 π，這兩個程序幾乎相同，因為它們都拿一個字串與模式 P 做比較：KMP-Matcher 拿文本 T 與 P 做比較，Compute-Prefix-Function 拿 P 與它自身做比較。

接下來，我們要分析這些程序的執行時間，然後證明它們是正確的，這個證明比較複雜。

執行時間分析

Compute-Prefix-Function 的執行時間是 $\Theta(m)$，我們使用平攤分析的聚合分析（見第 16.1 節）來證明。唯一麻煩的地方是證明第 5~6 行的 **while** 迴圈總共執行 $O(m)$ 時間。我們從對 k 的一些觀察開始談起，等一下會證明它最多做 $m-1$ 次迭代。首先，k 在第 3 行從 0 開始，讓 k 增加的唯一方法是透過第 8 行的遞增操作，在第 4~9 行的 **for** 迴圈的每一次迭代中，它頂多執行一次。因此，k 最多總共遞增 $m-1$。第二，因為在進入 **for** 迴圈時 $k < q$，且每次迴圈迭代都會遞增 q，所以始終 $k < q$。因此，在第 2 行與第 9 行的賦值確保對所有 $q = 1, 2, \ldots, m$ 而言，$\pi[q] < q$，這意味著 **while** 迴圈的每次迭代都遞減 k。第三，k 絕不會變成負值。綜觀以上事實，我們可以知道，**while** 迴圈將 k 減少的量頂多是 **for** 迴圈的所有迭代對 k 的總遞增量。因此，**while** 迴圈總共最多迭代 $m-1$ 次，且 Compute-Prefix-Function 的執行時間是 $\Theta(m)$。

習題 32.4-4 會請你用類似的聚合分析來證明 KMP-Matcher 的比對時間是 $\Theta(n)$。

KMP-MATCHER(T, P, n, m)
1   π = COMPUTE-PREFIX-FUNCTION(P, m)
2   q = 0   // 符合的字元數量
3   **for** i = 1 **to** n   // 從左到右掃描文本
4   **while** q > 0 and P[q + 1] ≠ T[i]
5   q = π[q]   // 下一個字元不符
6   **if** P[q + 1] == T[i]
7   q = q + 1   // 下一個字元相符
8   **if** q == m   // 整個 P 都相符嗎？
9   print "Pattern occurs with shift" i − m
10   q = π[q]   // 尋找下一個相符的實例

COMPUTE-PREFIX-FUNCTION(P, m)
1   let π[1 : m] be a new array
2   π[1] = 0
3   k = 0
4   **for** q = 2 **to** m
5   **while** k > 0 and P[k + 1] ≠ P[q]
6   k = π[k]
7   **if** P[k + 1] == P[q]
8   k = k + 1
9   π[q] = k
10 **return** π

與 FINITE-AUTOMATON-MATCHER 相比，藉著使用 π 而非 δ，KMP 演算法將預先處理模式的時間從 $O(m|\Sigma|)$ 降為 $\Theta(m)$，並維持實際的比對時間上限 $\Theta(n)$。

前綴函數計算的正確性

等一下我們會看到，前綴函數 π 可協助你模擬字串比對自動機的轉移函數 δ。但首先，我們要證明 COMPUTE-PREFIX-FUNCTION 程序的確正確地算出前綴函數。證明這件事必須找出與給定的前綴 P[:q] 的真後綴相符的所有前綴 P[:k]。π[q] 的值是這種前綴的最長長度，但接下來的引理證明迭代前綴函數 π 會產生與 P[:q] 的真後綴相符的所有前綴 P[:k]，如圖 32.10 所示。設

$$\pi^*[q] = \{\pi[q], \pi^{(2)}[q], \pi^{(3)}[q], \ldots, \pi^{(t)}[q]\}$$

i	1	2	3	4	5	6	7
$P[i]$	a	b	a	b	a	c	a
$\pi[i]$	0	0	1	2	3	0	1

(a)

P_5 a b a b a c a

P_3 a b a b a c a $\pi[5] = 3$

P_1 a b a b a c a $\pi[3] = 1$

P_0 ε a b a b a c a $\pi[1] = 0$

(b)

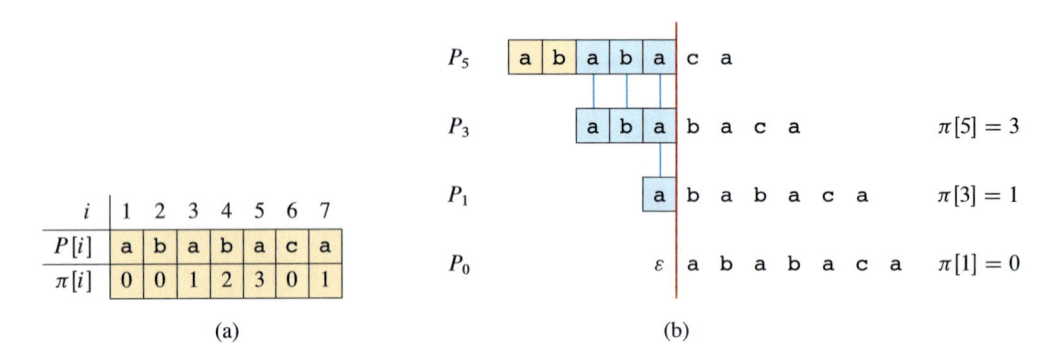

圖 32.10 本圖以模式 $P = $ ababaca 與 $q = 5$ 來說明引理 32.5。**(a)** 特定模式的 π 函數。因為 $\pi[5] = 3$，$\pi[3] = 1$，$\pi[1] = 0$，迭代 π 得到 $\pi^*[5] = \{3, 1, 0\}$。**(b)** 將包含模式 P 的模板右移，並注意何時 P 的前綴 $P[:k]$ 與 $P[:5]$ 的真後綴相符。當 $k = 3, 1, 0$ 時相符。在圖中，第一列提供 P，垂直的紅線畫在 $P[:5]$ 之後。接下來的幾列是造成 P 的某個前綴 $P[:k]$ 與 $P[:5]$ 的某個後綴相符的 P 位移。我們用藍底來表示後續的相符字元，用藍線來連接對齊的相符字元。因此，$\{k : k < 5$ 且 $P[:k] \sqsupset P[:5]\} = \{3, 1, 0\}$。引理 32.5 主張 $\pi^*[q] = \{k : k < q$ 且 $P[:k] \sqsupset P[:q]\}$，對所有 q 而言。

其中 $\pi^{(i)}[q]$ 是在函數迭代的意義下定義的，所以 $\pi^{(0)}[q] = q$，且對所有 $i \geq 1$ 而言，$\pi^{(i)}[q] = \pi[\pi^{(i-1)}[q]]$（所以 $\pi[q] = \pi^{(1)}[q]$），且 $\pi^*[q]$ 裡的序列在到達 $\pi^{(t)}[q] = 0$ 時停止，其中 $t \geq 1$。

引理 32.5（前綴函數迭代引理）

設 P 是長度為 m 的模式，其前綴函數為 π。設 $q = 1, 2, \ldots, m$，$\pi^*[q] = \{k : k < q$ 且 $P[:k] \sqsupset P[:q]\}$。

證明　我們先證明 $\pi^*[q] \subseteq \{k : k < q$ 且 $P[:k] \sqsupset P[:q]\}$，或等價的

$$i \in \pi^*[q] \text{ 意味著 } P[:i] \sqsupset P[:q] \tag{32.7}$$

若 $i \in \pi^*[q]$，則 $i = \pi^{(u)}[q]$，其中 $u > 0$。我們對 u 進行歸納，來證明 (32.7)。若 $u = 1$，則 $i = \pi[q]$，故主張成立，因為 $i < q$，且根據 π 的定義，$P[:\pi[q]] \sqsupset P[:q]$。現在考慮某個 $u \geq 1$，使得 $\pi^{(u)}[q]$ 與 $\pi^{(u+1)}[q]$ 屬於 $\pi^*[q]$。設 $i = \pi^{(u)}[q]$，所以 $\pi[i] = \pi^{(u+1)}[q]$。歸納假設是 $P[:i] \sqsupset P[:q]$。因為 $<$ 與 $\sqsupset$ 關係有遞移性，所以 $\pi[i] < i < q$ 且 $P[:\pi[i]] \sqsupset P[:i] \sqsupset P[:q]$，使得式 (32.7) 對所有 $\pi^*[q]$ 裡的 i 而言成立。因此，$\pi^*[q] \subseteq \{k : k < q$ 且 $P[:k] \sqsupset P[:q]\}$。

接下來用反證法來證明 $\{k : k < q$ 與 $P[:k] \sqsupset P[:q]\} \subseteq \pi^*[q]$。假設相反的情況，集合 $\{k : k < q$ 與 $P[:k] \sqsupset P[:q]\} - \pi^*[q]$ 不是空的，並設 j 是這個集合裡的最大數字。因為 $\pi[q]$ 是 $\{k : k < q$ 與 $P[:k] \sqsupset P[:q]\}$ 及 $\pi[q] \in \pi^*[q]$ 裡的最大值，所以 $j < \pi[q]$ 一定成立。知道 $\pi^*[q]$

裡面至少有一個大於 j 的整數後，設 j' 是這種整數中最小的那一個（如果在 $\pi^*[q]$ 裡沒有其他數字大於 j，我們可以選擇 $j' = \pi[q]$）。我們得到 $P[:j] \sqsupset P[:q]$，因為 $j \in \{k : k < q$ 且 $P[:k] \sqsupset P[:q]\}$，從 $j' \in \pi^*[q]$ 與式 (32.7) 可得，$P[:j'] \sqsupset P[:q]$。所以，根據引理 32.1，$P[:j] \sqsupset P[:j']$，且 j 是具有這個特性且小於 j' 的最大值。所以，$\pi[j'] = j$ 必然成立，而且，因為 $j' \in \pi^*[q]$，所以 $j \in \pi^*[q]$ 也一定成立。矛盾，故此引理得證。 ∎

COMPUTE-PREFIX-FUNCTION 演算法為 $q = 1, 2, ..., m$ 依序計算 $\pi[q]$。COMPUTE-PREFIX-FUNCTION 的第 2 行將 $\pi[1]$ 設為 0 當然是正確的，因為對所有 q 而言，$\pi[q] < q$。我們將使用接下來的引理及其推論來證明 COMPUTE-PREFIX-FUNCTION 正確地計算 $q > 1$ 時的 $\pi[q]$。

引理 32.6

設 P 是長度為 m 的模式，π 是 P 的前綴函數。設 $q = 1, 2, ..., m$，若 $\pi[q] > 0$，則 $\pi[q] - 1 \in \pi^*[q-1]$。

證明 設 $r = \pi[q] > 0$，故 $r < q$ 且 $P[:r] \sqsupset P[:q]$，所以 $r - 1 < q - 1$，且 $P[:r-1] \sqsupset P[:q-1]$（藉著移除 $P[:r]$ 與 $P[:q]$ 的最後一個字元。因為 $r > 0$，所以可以這樣做）。根據引理 32.5，$r - 1 \in \pi^*[q-1]$。所以，$\pi[q] - 1 = r - 1 \in \pi^*[q-1]$。 ∎

設 $q = 2, 3, ..., m$，我們這樣定義子集合 $E_{q-1} \subseteq \pi^*[q-1]$

$$\begin{aligned} E_{q-1} &= \{k \in \pi^*[q-1] : P[k+1] = P[q]\} \\ &= \{k : k < q - 1 \text{ 且 } P[:k] \sqsupset P[:q-1] \text{ 且 } P[k+1] = P[q]\} \\ &\qquad \text{（根據引理 32.5）} \\ &= \{k : k < q - 1 \text{ 且 } P[:k+1] \sqsupset P[:q]\} \end{aligned}$$

集合 E_{q-1} 包含值 $k < q - 1$，其中 $P[:k] \sqsupset P[:q-1]$，而且，因為 $P[k+1] = P[q]$，所以 $P[:k+1] \sqsupset P[:q]$。因此，E_{q-1} 由 $k \in \pi^*[q-1]$ 這些值組成，使得將 $P[:k]$ 擴展至 $P[:k+1]$ 會產生 $P[:q]$ 的真後綴。

推論 32.7

設 P 為長度為 m 的模式，設 π 為 P 的前綴函數。那麼，對於 $q = 2, 3, ..., m$，

$$\pi[q] = \begin{cases} 0 & \text{若 } E_{q-1} = \emptyset \\ 1 + \max E_{q-1} & \text{若 } E_{q-1} \neq \emptyset \end{cases}$$

證明 如果 E_{q-1} 是空的，那就沒有 $k \in \pi^*[q-1]$（包括 $k = 0$）可使得將 $P[:k]$ 擴展成 $P[:k+1]$ 產生 $P[:q]$ 的真後綴。因此，$\pi[q] = 0$。

反之，如果 E_{q-1} 不是空的，那麼對於每個 $k \in E_{q-1}$，我們有 $k+1 < q$ 且 $P[:k+1] \sqsupset P[:q]$。因此，從 $\pi[q]$ 的定義可得

$$\pi[q] \geq 1 + \max E_{q-1} \tag{32.8}$$

注意，$\pi[q] > 0$。設 $r = \pi[q]-1$，所以 $r+1 = \pi[q] > 0$，因此 $P[:r+1] \sqsupset P[:q]$。如果一個非空字串是另一個的後綴，那麼這兩個字串的最後一個字元一定相同。因為 $r+1 > 0$，前綴 $P[:r+1]$ 不是空的，所以 $P[r+1] = P[q]$。此外，根據引理 32.6，$r \in \pi^*[q-1]$。所以，$r \in E_{q-1}$，故 $\pi[q]-1 = r \leq \max E_{q-1}$，或者，等價地，

$$\pi[q] \leq 1 + \max E_{q-1} \tag{32.9}$$

結合式 (32.8) 與式 (32.9) 得證。∎

我們已經證明 COMPUTE-PREFIX-FUNCTION 能夠正確地計算了。關鍵是結合 E_{q-1} 的定義與推論 32.7 的敘述，得出 $\pi[q]$ 等於 1 加 $\pi^*[q-1]$ 裡的最大 k 值，使得 $P[k+1] = P[q]$。首先，當 COMPUTE-PREFIX-FUNCTION 的第 4~9 行的 **for** 迴圈每次開始迭代時，$k = \pi[q-1]$。在程序第一次進入迴圈時，第 2 行與第 3 行讓這個條件一定成立，而且因為有第 9 行，這個條件在後續的迭代中維持成立。第 5~8 行調整 k，讓它成為 $\pi[q]$ 的正確值。第 5~6 行的 **while** 迴圈按遞減順序搜尋所有 $k \in \pi^*[q-1]$ 值，以尋找 $\pi[q]$ 的值。這個迴圈可能因為 k 變成 0 或 $P[k+1] = P[q]$ 終止。因為「and」運算子有短路（short-circuit）效果，如果迴圈因為 $P[k+1] = P[q]$ 終止，那麼 k 一定是正值，所以 k 是 E_{q-1} 裡的最大值。在這種情況下，根據推論 32.7，第 7~9 行將 $\pi[q]$ 設為 $k+1$。反之，如果 **while** 迴圈因為 $k = 0$ 而終止，那就有兩種可能的情況。如果 $P[1] = P[q]$，則 $E_{q-1} = \{0\}$，第 7~9 行將 k 與 $\pi[q]$ 設為 1。如果 $k = 0$ 且 $P[1] \neq P[q]$，則 $E_{q-1} = \emptyset$。在這個情況下，第 9 行將 $\pi[q]$ 設為 0，同樣根據推論 32.7，故 COMPUTE-PREFIX-FUNCTION 的正確性得證。

Knuth-Morris-Pratt 演算法的正確性

你可以將 KMP-MATCHER 程序視為 FINITE-AUTOMATON-MATCHER 的重新實作版本，但使用前綴函數來計算狀態轉移。具體來說，我們將證明 KMP-MATCHER 和 FINITE-AUTOMATON-MATCHER 的 **for** 迴圈在第 i 次迭代測試狀態 q 與 m 是否相等時（在 KMP-MATCHER 的第 8 行和 FINITE-AUTOMATON-MATCHER 的第 4 行），q 的值相同。證明 KMP-MATCHER 確實模擬 FINITE-AUTOMATON-MATCHER 的行為後，KMP-MATCHER 的正確性就可以用 FINITE-AUTOMATON-MATCHER 的正確性來證明（但稍後會探討為什麼 KMP-MATCHER 的第 10 行是必要的）。

在正式證明 KMP-MATCHER 確實正確地模擬 FINITE-AUTOMATON-MATCHER 之前,我們先花點時間來了解為何前綴函數可以取代 δ 過渡函數。之前說過,當字串比對自動機處於狀態 q 且掃描到字元 $a = T[i]$ 時,它會前往新狀態 $\delta(q, a)$。如果 $a = P[q+1]$,代表 a 繼續符合模式,那就遞增狀態數字:$\delta(q, a) = q+1$。否則,$a \neq P[q+1]$,代表 a 未繼續符合模式,狀態數字不遞增:$0 \leq \delta(q, a) \leq q$。在第一種情況下,當 a 繼續符合時,KMP-MATCHER 移至狀態 $q+1$,而不引用 π 函數:第 4 行的 **while** 迴圈測試為 false,第 6 行的測試為 true,第 7 行遞增 q。

當字元 a 未繼續符合模式時,π 函數就派上用場,所以新狀態 $\delta(q, a)$ 若不是 q,就是 q 在自動機的脊樑上的左邊狀態。KMP-MATCHER 的第 4~5 行的 **while** 迴圈迭代 $\pi^*[q]$ 裡的狀態,直到它到達狀態 q',使得 a 與 $P[q'+1]$ 相符,或 q' 一直降為 0 時停止。如果 a 符合 $P[q'+1]$,那麼第 7 行將新狀態設為 $q'+1$,為了讓模擬正確運作,它應該等於 $\delta(q, a)$。換句話說,新狀態 $\delta(q, a)$ 應該是狀態 0,或是編號比 $\pi^*[q]$ 裡的某狀態多 1 的狀態。

我們來看圖 32.6 與 32.10 的例子,它們處理的模式是 $P = $ ababaca。假設自動機處於狀態 $q = 5$,已經比對到 ababa。在 $\pi^*[5]$ 裡面的狀態按降序排序是 3、1、0。如果下一個掃描到的字元是 c,那麼,在 FINITE-AUTOMATON-MATCHER(第 3 行)與 KMP-MATCHER(第 7 行)裡,你都可以看到自動機移到狀態 $\delta(5, c) = 6$。反之,假設下一個掃描到的字元是 b,自動機應移到狀態 $\delta(5, b) = 4$。KMP-MATCHER 裡面的 **while** 迴圈會在執行第 5 行之後退出,自動機到達狀態 $q' = \pi[5] = 3$。因為 $P[q'+1] = P[4] = $ b,在第 6 行的測試為 true,自動機移到新狀態 $q'+1 = 4 = \delta(5, b)$。最後,假設下一個掃描到的字元是 a,所以自動機應該移至狀態 $\delta(5, a) = 1$。第 4 行的測試的前三次結果是 true。第一次找到 $P[6] = $ c $\neq$ a,自動機移到狀態 $\pi[5] = 3$(在 $\pi^*[5]$ 裡的第一個狀態)。第二次找到 $P[4] = $ b $\neq$ a,自動機移到狀態 $\pi[3] = 1$(在 $\pi^*[5]$ 裡的第二個狀態)。第三次找到 $P[2] = $ b $\neq$ a,自動機移到狀態 $\pi[1] = 0$(在 $\pi^*[5]$ 裡的最後一個狀態)。**while** 迴圈在到達狀態 $q' = 0$ 時退出。現在第 6 行找到 $P[q'+1] = P[1] = $ a,第 7 行將自動機移到新狀態 $q'+1 = 1 = \delta(5, a)$。

因此,直覺上,KMP-MATCHER 以遞減順序迭代 $\pi^*[q]$ 裡的狀態,在某個狀態 q' 處停止,然後可能移到狀態 $q'+1$。雖然從表面上看,光是為了模擬計算 $\delta(q, a)$ 就要做很多工作,但請記得,在漸近意義上,KMP-MATCHER 不比 FINITE-AUTOMATON-MATCHER 慢。

我們現在可以正式地證明 Knuth-Morris-Pratt 演算法的正確性了。根據定理 32.4,我們知道,在 FINITE-AUTOMATON-MATCHER 的第 3 行每次執行後,$q = \sigma(T[:i])$。因此,我們只要證明 KMP-MATCHER 的 **for** 迴圈也有同樣的特性即可。我們藉著對迴圈迭代次數進行歸納來證

明。最初，這兩個程序在第一次進入各自的 **for** 迴圈時，都將 q 設為 0。考慮 KMP-MATCHER 的 **for** 迴圈的迭代 i。根據歸納假設，在迴圈開始迭代時，狀態號碼 q 等於 $\sigma(T[:i-1])$。我們必須證明，在到達第 8 行時，q 的新值是 $\sigma(T[:i])$（同理，我們將另外處理第 10 行）。

考慮 q 是 **for** 迴圈開始迭代時的狀態號碼，當 KMP-MATCHER 考慮字元 $T[i]$ 時，在 P 中符合 $T[:i]$ 的後綴的最長前綴若不是 $P[:q+1]$（若 $P[q+1] = T[i]$），就是 $P[:q]$ 的某個前綴（不一定是真前綴，且可能是空的）。我們分別考慮 $\sigma(T[:i]) = 0$、$\sigma(T[:i]) = q+1$ 與 $0 < \sigma(T[:i]) \le q$ 這三種情況。

- 若 $\sigma(T[:i]) = 0$，則 $P[:0] = \varepsilon$ 是 P 中符合 $T[:i]$ 的後綴的唯一前綴。第 4~5 行的 **while** 迴圈迭代 $\pi^*[q]$ 裡面的每一個值 q'，雖然對每個 $q' \in \pi^*[q]$ 而言，$P[:q'] \sqsupset P[:q] \sqsupset T[:i-1]$（因為 $<$ 與 $\sqsupset$ 是遞移關係），迴圈找不到可讓 $P[q'+1] = T[i]$ 的 q'。迴圈在 q 到達 0 時終止，第 7 行當然不執行，因此，在第 8 行，$q = 0$，所以現在 $q = \sigma(T[:i])$。

- 如果 $\sigma(T[:i]) = q+1$，那麼 $P[q+1] = T[i]$，第 4 行的 **while** 迴圈的第一次測試失敗。第 7 行執行，將狀態號碼加至 $q+1$，它等於 $\sigma(T[:i])$。

- 如果 $0 < \sigma(T[:i]) \le q'$，那麼第 4~5 行的 **while** 迴圈至少迭代一次，按遞減順序檢查 $\pi^*[q]$ 裡的每一個值，直到它在某個 $q' < q$ 時停止。因此，$P[:q']$ 是 $P[:q]$ 中可讓 $P[q'+1] = T[i]$ 的最長前綴，所以當 **while** 迴圈終止時，$q'+1 = \sigma(P[:q]T[i])$。因為 $q = \sigma(T[:i-1])$，從引理 32.3 可得，$\sigma(T[:i-1]T[i]) = \sigma(P[:q]T[i])$。所以，當 **while** 迴圈終止時，

$$\begin{aligned}
q' + 1 &= \sigma(P[:q]T[i]) \\
&= \sigma(T[:i-1]T[i]) \\
&= \sigma(T[:i])
\end{aligned}$$

在第 7 行遞增 q 之後，新狀態號碼 q 等於 $\sigma(T[:i])$。

KMP-MATCHER 的第 10 行是必須的，否則，第 4 行可能在找到 P 的實例之後，試著參考 $P[m+1]$（根據習題 32.4-8 的提示，即 $\delta(m, a) = \delta(\pi[m], a)$，或等價地，對任何 $a \in \Sigma$ 而言，$\sigma(Pa) = \sigma(P[:\pi[m]]a)$，在第 4 行下一次執行時，$q = \sigma(T[:i-1])$ 仍然成立）。我們已經證明 KMP-MATCHER 可模擬 FINITE-AUTOMATON-MATCHER 的行為了，關於 Knuth-Morris-Pratt 演算法的正確性的其他證明，都可以用 FINITE-AUTOMATON-MATCHER 的正確性來證明。

習題

32.4-1
計算模式 ababbabbabbababbabb 的前綴函數 π。

32.4-2
用 q 的函數來寫出 $\pi^*[q]$ 的大小的上限。舉例說明你的上限是嚴格的。

32.4-3
解釋如何藉著檢查字串 PT（將 P 和 T 串接起來，且長度為 $m+n$ 的字串）的函數 π，來找出模式 P 在文本 T 出現的次數。

32.4-4
使用聚合分析來證明 KMP-MATCHER 的執行時間是 $\Theta(n)$。

32.4-5
使用潛能函數來證明 KMP-MATCHER 的執行時間是 $\Theta(n)$。

32.4-6
說明如何將 KMP-MATCHER 的第 5 行的 π 換成 π'（但不在第 10 行做）來改進它，π' 在 $q = 1, 2, \ldots, m-1$ 的情況下，以遞迴的方式定義如下

$$\pi'[q] = \begin{cases} 0 & \text{若 } \pi[q] = 0 \\ \pi'[\pi[q]] & \text{若 } \pi[q] \neq 0 \text{ 且 } P[\pi[q]+1] = P[q+1] \\ \pi[q] & \text{若 } \pi[q] \neq 0 \text{ 且 } P[\pi[q]+1] \neq P[q+1] \end{cases}$$

解釋為何修改後的演算法是正確的，並解釋為何這個修改是一項改進。

32.4-7
寫出一個線性時間的演算法來判斷文本 T 是不是另一個字串 T' 的循環旋轉。例如，braze 與 zebra 是彼此的循環旋轉。

★ 32.4-8
寫出一個 $O(m|\Sigma|)$ 時間的演算法來計算模式 P 的字串比對自動機的轉移函數 δ（提示：證明 $\delta(q, a) = \delta(\pi[q], a)$，若 $q = m$，或 $P[q+1] \neq a$）。

32.5 後綴陣列

本章迄今為止介紹的演算法都可以有效地在文本找到所有模式實例。然而，它們能做的事情也僅此而已。本節將介紹不同的方法，即後綴陣列，你可以用它來找出文本裡的所有模式實例，但它還可以做更多事情。後綴陣列無法像 Knuth-Morris-Pratt 演算法那樣快速地找到一個模式的所有實例，但它有額外的靈活性，所以值得研究。

後綴陣列是一種簡單的表示法，用來表示一個長度為 n 的文本的全部 n 個後綴的詞典順序排序。給定一個文本 $T[1:n]$，設 $T[i:]$ 代表後綴 $T[i:]$。T 的**後綴陣列** $SA[1:n]$ 滿足：若 $SA[i] = j$，則 $T[j:]$ 代表 T 中按詞典順序排列的第 i 個後綴[3]。也就是說，按詞典順序排列時，T 的第 i 個後綴是 $T[SA[i]:]$。除了後綴陣列之外，另一種有用的陣列是**最長相同前綴陣列** $LCP[1:n]$。$LCP[i]$ 代表按照順序排列時的第 i 個和第 $i-1$ 個後綴之間的最長相同前綴的長度（我們定義 $LCP[SA[1]]$ 為 0，因為沒有前綴在詞典意義上小於 $T[SA[1]:]$）。圖 32.11 是包含 7 個字元的文本 ratatat 的後綴陣列與最長相同前綴陣列。

i	1	2	3	4	5	6	7
$T[i]$	r	a	t	a	t	a	t

i	$SA[i]$	$rank[i]$	$LCP[i]$	後綴 $T[SA[i]:]$
1	6	4	0	at
2	4	3	2	atat
3	2	7	4	atatat
4	1	2	0	ratatat
5	7	6	0	t
6	5	1	1	tat
7	3	5	3	tatat

圖 32.11 後綴陣列 SA、排名陣列 $rank$、最長相同前綴陣列 LCP，以及將長度為 $n = 7$ 的文本 $T = $ ratatat 的後綴按照詞典順序來排序的結果。$rank[i]$ 的值代表前綴 $T[i:]$ 在詞典順序中的排位，對於 $i = 1, 2, ..., n$，$rank[SA[i]] = i$。$rank$ 陣列的用途是計算 LCP 陣列。

給定文本的後綴陣列，你可以在後綴陣列中進行二元搜尋來尋找模式。在文本中的每一個模式實例都開始文本的某一個後綴，而且由於後綴陣列按詞典順序排序，所以所有的模式實例都出現在後綴陣列的連續項目的開始位置。例如，在圖 32.11 中，在 ratatat 裡的三個 at 出現在後綴陣列的項目 1 至 3。如果你用二元搜尋在長度為 n 的後綴陣列中找到長度為 m 的模式（花費 $O(m \lg n)$ 時間，因為每次比較花費 $O(m)$ 時間），你可以從那一點開始向前和向後搜尋，來找到文本中的所有模式實例，直到找到一個開頭不是該模式的後綴為止（或超出

---

[3] 非正式地說，詞典順序就是底層字元集合的「字母順序」。比較精準的詞典順序定義見第 314 頁的挑戰 12-2。

後綴陣列的範圍為止）。如果模式出現 k 次，那麼找到全部的 k 個實例的時間是 $O(m \lg n + km)$。

你可以用最長相同前綴陣列來尋找最長的重複子字串，也就是在文本中出現超過一次的最長子字串。如果 $LCP[i]$ 是 LCP 陣列中的最大值，那麼最長重複子字串出現在 $T[SA[i] : SA[i] + LCP[i] - 1]$ 裡。在圖 32.11 的例子裡，LCP 陣列有一個最大值：$LCP[3] = 4$。因為 $SA[3] = 2$，所以最長重複子字串是 $T[2:5]$ = atat。習題 32.5-3 會請你使用後綴陣列與最長相同前綴陣列來尋找兩個文本的最長相同子字串。接下來，我們來看看如何在 $O(n \lg n)$ 時間內，為 n 個字元的文本計算後綴陣列，以及給定後綴陣列與文本，如何在 $\Theta(n)$ 時間內計算最長相同前綴陣列。

計算後綴陣列

有幾種演算法可計算長度為 n 的文本的後綴陣列。其中有一些的執行時間是線性的，但相當複雜。挑戰 32-2 有一個這種演算法。在這裡，我們將研究一種較簡單的演算法，它的執行時間是 $\Theta(n \lg n)$。

下面的 $O(n \lg n)$ 時間的 COMPUTE-SUFFIX-ARRAY 程序背後的想法是對文本中的子字串進行詞典排序，按照漸增的長度。該程序對文本進行多次遍歷，每次都將子字串的長度加倍。在第 $\lceil \lg n \rceil$ 次遍歷時，程序會排序所有的後綴，進而獲得建構後綴陣列所需的資訊。演算法實現 $O(n \lg n)$ 時間的關鍵是確保除了第一次排序之外的每一次都在線性時間內完成，這可以藉著使用數基（radix）排序來實現。

我們從一個簡單的現象談起。考慮兩個字串，s_1 與 s_2。我們將 s_1 分成 s_1' 與 s_1''，使得 s_1 是 s_1' 與 s_1'' 串接的結果。同理，設 s_2 是 s_2' 與 s_2'' 串接的結果。假設 s_1' 在詞典意義上小於 s_2'。那麼，無論 s_1'' 和 s_2'' 是什麼，s_1 在詞典意義上一定小於 s_2。例如，設 s_1 = aaz，s_2 = aba，我們將 s_1 分成 s_1' = aa 與 s_1'' = z，將 s_2 分成 s_2' = ab 與 s_2'' = a。因為 s_1' 在詞典意義上小於 s_2'，所以 s_1 在詞典意義上小於 s_2，即使 s_2'' 在詞典意義上小於 s_1''。

COMPUTE-SUFFIX-ARRAY 不直接比較子字串，而是用整數排名來表示文本的子字串。排名有一個簡單的特性：若且唯若一個子字串的排名比另一個子字串小，則前者在詞典意義上比後者小。相同的子字串有相同的排名。

這些排名是怎麼得到的？程序最初考慮的子字串只是文本裡的一個字元。假設有一個函式 ord（許多程式語言都有這個函式）可將一個字元對映到它的底層編碼，該編碼是一個正整數。ord 函式可以是 ASCII 或 Unicode 編碼函式，或任何其他能夠產生字元的相對順序的函

數。例如,如果已知所有字元都是小寫字母,那麼使用 ord(a) = 1, ord(b) = 2, ..., ord(z) = 26 即可。當程序考慮的子字串包含多個字元時,它們的排名將是小於或等於 n 的正整數,這些數字來自它們被排序後的相對順序。空子字串的排名一定是 0,因為它在詞典意義上比任何非空的子字串都要小。

COMPUTE-SUFFIX-ARRAY(T, n)

1 allocate arrays $substr\text{-}rank[1:n]$, $rank[1:n]$, and $SA[1:n]$
2 **for** $i = 1$ **to** n
3    $substr\text{-}rank[i].left\text{-}rank = \text{ord}(T[i])$
4   **if** $i < n$
5      $substr\text{-}rank[i].right\text{-}rank = \text{ord}(T[i+1])$
6   **else** $substr\text{-}rank[i].right\text{-}rank = 0$
7    $substr\text{-}rank[i].index = i$
8 sort the array $substr\text{-}rank$ into monotonically increasing order based
     on the $left\text{-}rank$ attributes, using the $right\text{-}rank$ attributes to break ties;
     if still a tie, the order does not matter
9 $l = 2$
10 **while** $l < n$
11   MAKE-RANKS($substr\text{-}rank, rank, n$)
12   **for** $i = 1$ **to** n
13     $substr\text{-}rank[i].left\text{-}rank = rank[i]$
14   **if** $i + l \leq n$
15       $substr\text{-}rank[i].right\text{-}rank = rank[i+l]$
16   **else** $substr\text{-}rank[i].right\text{-}rank = 0$
17     $substr\text{-}rank[i].index = i$
18   sort the array $substr\text{-}rank$ into monotonically increasing order based
       on the $left\text{-}rank$ attributes, using the $right\text{-}rank$ attributes
       to break ties; if still a tie, the order does not matter
19   $l = 2l$
20 **for** $i = 1$ **to** n
21   $SA[i] = substr\text{-}rank[i].index$
22 **return** SA

MAKE-RANKS($substr\text{-}rank, rank, n$)

1 $r = 1$
2 $rank[substr\text{-}rank[1].index] = r$
3 **for** $i = 2$ **to** n
4   **if** $substr\text{-}rank[i].left\text{-}rank \neq substr\text{-}rank[i-1].left\text{-}rank$
         or $substr\text{-}rank[i].right\text{-}rank \neq substr\text{-}rank[i-1].right\text{-}rank$
5      $r = r + 1$
6    $rank[substr\text{-}rank[i].index] = r$

COMPUTE-SUFFIX-ARRAY 程序根據子字串的排名在內部使用物件來記錄它們的相對順序。在考慮特定長度的子字串時，程序會建立並排序一個包含 n 個物件的陣列 *substr-rank*[1:n]，每一個物件都有以下屬性：

- *left-rank* 儲存子字串的左邊部分的排名。
- *right-rank* 儲存子字串的右邊部分的排名。
- *index* 儲存子字串從文本 T 的哪裡開始的索引。

在探討這個程序的運作細節之前，我們先來看看它是如何處理輸入文本 ratatat 的，其 n = 7。假設 ord 函數回傳字元的 ASCII 碼，圖 32.12 是執行第 2~7 行的 **for** 迴圈之後的 *substr-rank* 陣列，以及執行第 8 行的排序步驟之後的 *substr-rank* 陣列。在第 2~7 行後的 *left-rank* 和 *right-rank* 值是位於 i 和 i + 1 的長度 –1 的子字串的排名，其中 i = 1, 2, ..., n。這些最初的排名是字元的 ASCII 值。此時，*left-rank* 與 *right-rank* 值是每一個長度為 2 的子字串的左邊部分與右邊部分的排名。因為從索引 7 開始的子字串僅由一個字元組成，它的右邊部分是空的，所以它的 *right-rank* 是 0。在執行第 8 行的排序步驟之後，*substr-rank* 陣列提供所有長度為 2 的子字串的相對詞典順序，*index* 屬性提供這些子字串的起點。例如，在詞典意義上，長度為 2 的最小子字串是 at，它的開始位置是 *substr-rank*[1].*index*，等於 2。這個子字串也出現在位置 *substr-rank*[2].*index* = 4 及 *substr-rank*[3].*index* = 6。

然後，程序進入第 10~19 行的 **while** 迴圈。迴圈變數 *l* 是迄今為止已被排序的子字串的長度上限。

		在第 2~7 行之後					在第 8 行之後		
i	left-rank	right-rank	index	子字串	i	left-rank	right-rank	index	子字串
1	114	97	1	ra	1	97	116	2	at
2	97	116	2	at	2	97	116	4	at
3	116	97	3	ta	3	97	116	6	at
4	97	116	4	at	4	114	97	1	ra
5	116	97	5	ta	5	116	0	7	t
6	97	116	6	at	6	116	97	3	ta
7	116	0	7	t	7	116	97	5	ta

圖 32.12 輸入字串為 T = ratatat 時，在執行第 2~7 行的 **for** 迴圈之後，以及在執行第 8 行的排序步驟之後，*substr-rank* 陣列的索引 i = 1, 2, ..., 7 處的內容。

因此，進入 **while** 迴圈時，程序會排序長度最多是 $l = 2$ 的子字串。在第 11 行呼叫 MAKE-RANKS 會按照排序順序為這些子字串設定排名，從 1 到長度為 2 的不同子字串的數量，根據它在 *substr-rank* 陣列裡找到的值。$l = 2$ 時，MAKE-RANKS 將 $rank[i]$ 設成長度為 2 的子字串 $T[i:i+1]$ 的排名。圖 32.13 展示這些新排名，它們不一定是唯一的。例如，因為長度為 2 的子字串 at 出現在位置 2、4、6，所以 MAKE-RANKS 發現 *substr-rank*[1]、*substr-rank*[2]、*substr-rank*[3] 的 *left-rank* 與 *right-rank* 的值相同。因為 *substr-rank*[1].*index* = 2、*substr-rank*[2].*index* = 4、*substr-rank*[3].*index* = 6，且因為 at 是詞典順序中最小的子字串，所以 MAKE-RANKS 設定 $rank[2] = rank[4] = rank[6] = 1$。

在第 11 行之後		在第 12~17 行之後					在第 18 行之後			
i	排名	i	*left-rank*	*right-rank*	*index*	子字串	i	*left-rank*	*right-rank*	*index*	子字串
1	2	1	2	4	1	rata	1	1	0	6	at
2	1	2	1	1	2	atat	2	1	1	2	atat
3	4	3	4	4	3	tata	3	1	1	4	atat
4	1	4	1	1	4	atat	4	2	4	1	rata
5	4	5	4	3	5	tat	5	3	0	7	t
6	1	6	1	0	6	at	6	4	3	5	tat
7	3	7	3	0	7	t	7	4	4	3	tata

圖 32.13　執行第 11 行之後的 *rank* 陣列，以及在執行第 10~19 行的 **while** 迴圈的第一次迭代時，執行第 12~17 行和第 18 行之後的 *substr-rank* 陣列，$l = 2$。

這次 **while** 迴圈的迭代會根據長度最多為 2 的子字串的排名，來對長度最多為 4 的子字串進行排序。在第 12~17 行的 **for** 迴圈對 *substr-rank* 陣列進行重組，將 *substr-rank*[i].*left-rank* 設成 $rank[i]$（長度為 2 的子字串 $T[i:i+1]$ 的排名），將 *substr-rank*[i].*right-rank* 設成 $rank[i+2]$（長度為 2 的子字串 $T[i+2:i+3]$ 的排名，如果這個子字串始於長度為 n 的文本的結尾之後，它是 0）。這兩個排名一起成為長度為 4 的子字串 $T[i:i+3]$ 的相對排名。圖 32.13 展示第 12~17 行的效果。這張圖也展示第 18 行排序 *substr-rank* 陣列的結果，排序是根據 *left-rank* 屬性，並在平手時，使用 *right-rank* 屬性來決定。現在 *substr-rank* 是長度最多為 4 的所有子字串的詞典順序排序。

下一次 **while** 迴圈的迭代排序長度最多為 8 的子字串，$l = 4$，根據排序長度最多[4]為 4 的子字串所得到的排名。圖 32.14 展示長度為 4 的子字串的排名，以及排序前跟排序後的 *substr-rank* 陣列。這次迭代是最後一次，因為文本的長度 n 等於 7，所以這個程序已經排序所有子字串了。

---

[4] 為什麼一直說「長度最多為」？因為對於特定的 l 值，始於位置 i 且長度為 l 的子字串是 $T[i:i+l-1]$。如果 $i+l-1 > n$，那麼子字串會在文本的結尾截斷。

在第 11 行之後		在第 12~17 行之後				在第 18 行之後			
i	排名	i	left-rank	right-rank	index	子字串	i	left-rank	right-rank	index	子字串
1	3	1	3	5	1	ratatat	1	1	0	6	at
2	2	2	2	1	2	atatat	2	2	0	4	atat
3	6	3	6	4	3	tatat	3	2	1	2	atatat
4	2	4	2	0	4	atat	4	3	5	1	ratatat
5	5	5	5	0	5	tat	5	4	0	7	t
6	1	6	1	0	6	at	6	5	0	5	tat
7	4	7	4	0	7	t	7	6	4	3	tatat

圖 32.14 在第 11 行之後的 *rank* 陣列，以及第 10~19 行的 **while** 迴圈的第二次（也是最後一次）迭代時，第 12~17 行之後和第 18 行之後的 *substr-rank* 陣列，$l = 4$。

一般來說，隨著迴圈變數 l 的增加，子字串的右邊部分會有越來越多位置是空的。因此，會有越多的 *right-rank* 值是 0。因為在第 12~17 行的迴圈中，i 最多是 n，所以每一個子字串的左邊部分始終不是空的，故所有的 *left-rank* 值始終是正的。

這個例子說明了為什麼 COMPUTE-SUFFIX-ARRAY 程序可以運作。在第 2~7 行建立的初始排名只是在文本中的字元的 ord 值，因此當第 8 行對 *substr-rank* 進行排序時，其順序與長度為 2 的子字串的詞典法順序一樣。第 10~19 行的 **while** 迴圈的每一次迭代都接收長度為 l 的已排序子字串，產生長度為 $2l$ 的已排序子字串。當 l 到達 n 或超過 n 時，所有的子字串都已被排序。

在 **while** 迴圈的一次迭代中，MAKE-RANKS 程序會對已被排序的子字串進行「重新排序」，那些子串可能已在第一次迭代之前的第 8 行排序，或是在前一次迭代的第 18 行排序。MAKE-RANKS 接收一個已經排序的 *substr-rank* 陣列，並填寫陣列 *rank*[1:n]，讓 *rank*[i] 是 *substr-rank* 陣列所表示的第 i 個子字串的排名。每一個排名都是一個正整數，從 1 開始，一直到長度為 $2l$ 的不同子字串的數量。如果兩個子字串的 *left-rank* 與 *right-rank* 值相同，那麼它們的排名相同，否則，在 *substr-rank* 陣列裡，詞典順序比較小的子字串會被放在前面，且排名較小。當長度為 $2l$ 的子字串都被重新排序後，第 18 行會按照排名排序它們，為 **while** 迴圈的下一次迭代做準備。

當 l 到達 n 或超過 n，而且所有的子字串都被排序時，*index* 屬性的值就是被排序的子字串的開始位置。這些索引正是構成後綴陣列的值。

我們來分析 COMPUTE-SUFFIX-ARRAY 的執行時間。第 1~7 行花費 $\Theta(n)$ 時間。第 8 行花費 $O(n \lg n)$ 時間，無論使用合併排序（第 2.3.1 節）還是堆積排序（第 6 章）。因為 l 的值在第 10~19 行的 **while** 迴圈的每次迭代中都會翻倍，所以這個迴圈執行 $\lceil \lg n \rceil - 1$ 次迭代。在每次迭代裡，呼叫 MAKE-RANKS 花費 $\Theta(n)$ 時間，第 12~17 行的 **for** 迴圈也是如此。第 18 行與第

8 行一樣，花費 $O(n \lg n)$ 時間，無論它使用合併排序還是堆積排序。最後，第 20~21 行的 **for** 迴圈花費 $\Theta(n)$ 時間。總時間是 $O(n \lg^2 n)$。

透過一個簡單的觀察可讓我們將執行時間降為 $\Theta(n \lg n)$。在第 18 行排序的 *left-rank* 與 *right-rank* 值一定是範圍為 0 至 n 的整數。因此，數基排序可以在 $\Theta(n)$ 時間內對 *substr-rank* 陣列進行排序，做法是先基於 *right-rank* 執行計數排序（見第 8 章），再基於 *left-rank* 執行計數排序。現在第 10~19 行的 **while** 迴圈的每一次迭代都只需要 $\Theta(n)$ 時間，總時間是 $\Theta(n \lg n)$。

習題 32.5-2 會請你稍微修改 COMPUTE-SUFFIX-ARRAY，來讓第 10~19 行的 **while** 迴圈處理某些輸入時的迭代次數少於 $\lceil \lg n \rceil - 1$。

計算 LCP 陣列

複習一下，$LCP[i]$ 是詞典意義上第 $i-1$ 小和第 i 小的後綴 $T[SA[i-1]:]$ 與 $T[SA[i]:]$ 的最長相同前綴的長度。因為 $T[SA[1]:]$ 是詞典意義上最小的後綴，我們定義 $LCP[1]$ 是 0。

為了計算 LCP 陣列，我們需要 SA 陣列的反置陣列 *rank*，如同 COMPUTE-SUFFIX-ARRAY 裡的最終 *rank* 陣列：若 $SA[i] = j$，則 $rank[j] = i$。亦即 $rank[SA[i]] = i$，其中 $i = 1, 2, ..., n$。對後綴 $T[i:]$ 而言，$rank[i]$ 的值是該後綴在詞典順序裡的位置。在圖 32.11 裡面有 ratatat 範例的 *rank* 陣列。例如，後綴 tat 是 $T[5:]$，只要查詢 $rank[5] = 6$，即可找到這個後綴在已排序的順序裡的位置。

為了計算 LCP 陣列，我們需要找出後綴出現在詞典排序順序裡的哪個位置，但將它的第一個字元移除。此時可使用 *rank* 陣列。考慮第 i 小的後綴，它是 $T[SA[i]:]$。將它的第一個字元移除會得到後綴 $T[SA[i]+1:]$，亦即從文本的位置 $SA[i]+1$ 開始的後綴。這個後綴在已排序順序裡的位置可用 $rank[SA[i]+1]$ 獲得。例如，對於後綴 atat，我們來看看 tat（將第一個字元移除的 atat）可在詞典順序排序的哪裡找到。後綴 atat 位於後綴陣列的位置 2，且 $SA[2] = 4$。所以，$rank[SA[2]+1] = rank[5] = 6$，後綴 tat 果然出現在已排序順序的位置 6。

下面的 COMPUTE-LCP 程序可產生 LCP 陣列。接下來的引理可證明這個程序的正確性。

COMPUTE-LCP(T, SA, n)

1　allocate arrays rank[1 : n] and LCP[1 : n]
2　for i = 1 to n
3　　　rank[SA[i]] = i　　　　　　// 根據定義
4　LCP[1] = 0　　　　　　　　　　// 也是根據定義
5　l = 0　　　　　　　　　　　　// LCP 的初始長度
6　for i = 1 to n
7　　　if rank[i] > 1
8　　　　　j = SA[rank[i] − 1]　// T[j :] 的詞典順序在 T[i :] 之前
9　　　　　m = max {i, j}
10　　　　while m + l ≤ n and T[i + l] == T[j + l]
11　　　　　　l = l + 1　　　　　// 共同前綴的下一個字元
12　　　　LCP[rank[i]] = l　　　// T[j :] 與 T[i :] 的 LCP 長度
13　　　if l > 0
14　　　　　l = l − 1　　　　　　// 將共同前綴的第一個字元移除
15　return LCP

引理 32.8

考慮後綴 $T[i-1:]$ 和 $T[i:]$，它們分別出現在位置 $rank[i-1]$ 和 $rank[i]$，按照後綴的詞典順序。如果 $LCP[rank[i-1]] = l > 1$，那麼 $T[i:]$（也就是將第一個字元移除的 $T[i-1:]$）的 $LCP[rank[i]] \geq l-1$。

證明　後綴 $T[i-1:]$ 出現在詞典順序的 $rank[i-1]$ 位置。在排好序的順序中，緊接在它前面的後綴出現在 $rank[i-1]-1$ 位置，它是 $T[SA[rank[i-1]-1]:]$。根據假設與 LCP 陣列的定義，$T[SA[rank[i-1]-1]:]$ 與 $T[i-1:]$ 這兩個後綴有長度 $l > 1$ 的最長相同前綴。將這些後綴的第一個字元移除得到後綴 $T[SA[rank[i-1]-1]+1:]$ 與 $T[i:]$。這些後綴的最長相同前綴的長度是 $l-1$。如果 $T[SA[rank[i-1]-1]+1:]$ 在詞典順序中位於 $T[i:]$ 之前（即如果 $rank[SA[rank[i-1]-1]+1] = rank[i]-1$），則引理得證。

所以，現在假設 $T[SA[rank[i-1]-1]+1:]$ 在排序順序中不是緊接在 $T[i:]$ 之前。因為 $T[SA[rank[i-1]-1]:]$ 緊接在 $T[i-1:]$ 之前，而且它們的前 $l > 1$ 個字元相同，所以 $T[SA[rank[i-1]-1]+1:]$ 在排序順序中，一定位於 $T[i:]$ 之前的某處，在它們之間有一個或多個其他的後綴。每一個這種後綴的前 $l-1$ 個字元一定與 $T[SA[rank[i-1]-1]+1:]$ 和 $T[i:]$ 相同，否則它就會出現在 $T[SA[rank[i-1]-1]+1:]$ 之前，或 $T[i:]$ 之後。因此，無論哪個前綴出現在位置 $rank[i]-1$，也就是緊接在 $T[i:]$ 之前，至少它的前 $l-1$ 個字元都與 $T[i:]$ 相同。所以，$LCP[rank[i]] \geq l-1$。　∎

Compute-LCP 程序的運作方式如下。它在第 1 行配置 rank 與 LCP 陣列後，在第 2~3 行填寫 rank 陣列，在第 4 行將 LCP[1] 設為 0，根據 LCP 陣列的定義。

第 6~14 行的 for 迴圈填寫其餘的 LCP 陣列，從最長的後綴開始。也就是說，它按照 rank[1], rank[2], rank[3], ..., rank[n] 的順序來填寫 LCP 的位置。在考慮後綴 T[i:] 時，第 8 行找出在詞典排序順序中，緊接在 T[i:] 之前的後綴 T[j:]。此時，T[j:] 與 T[i:] 的最長相同前綴的長度至少是 l。這個特性在 for 迴圈的第一次迭代當然成立，也就是當 l = 0 時。假設第 12 行正確地設定 LCP[rank[i]]，第 14 行（若 l 是正的，將它遞減）與引理 32.8 可為下一次迭代維持這個特性。但是，在迭代開始時，T[j:] 與 T[i:] 的最長相同前綴可能比 l 值還要長。在第 9~11 行，前綴有幾個相同的額外字元，程序就將 l 遞增幾次，讓它成為最長相同前綴的長度。程序在第 9 行設定索引 m，並在第 10 行的檢查中使用它來確保延伸最長相同前綴的測試 T[i + l] == T[j + l] 不會跑出文本 T 的結尾。當第 10~11 行的 while 迴圈終止時，l 是 T[j:] 與 T[i:] 的最長相同前綴的長度。

用簡單的聚合分析可以證明，Compute-LCP 程序的執行時間是 $\Theta(n)$。兩個 for 迴圈分別迭代 n 次，所以我們只需要找出第 10~11 行的 while 迴圈的總迭代次數上限。每次迭代都將 l 加 1，測試 $m + l \leq n$ 確保 l 始終小於 n。因為 l 的初始值是 0，且在第 14 行最多遞減 n − 1 次，第 11 行遞增 l 的次數少於 2n 次。所以，Compute-LCP 花費 $\Theta(n)$ 時間。

習題

32.5-1
寫出 Compute-Suffix-Array 處理文本 hippityhoppity 時，substr-rank 與 rank 陣列在第 10~19 行的 while 迴圈的每一次迭代之前，以及在 while 迴圈的最後一次迭代之後的內容、程序回傳的後綴陣列 SA，以及排序過的後綴。使用每一個字母在字母表裡面的位置作為它的 ord 值，所以 ord(b) = 2。給定文本 hippityhoppity 及其後綴陣列，寫出 Compute-LCP 的第 6~14 行的 for 迴圈每次迭代後的 LCP 陣列。

32.5-2
對於一些輸入，Compute-Suffix-Array 程序的第 10~19 行的 while 迴圈可以用少於 $\lceil \lg n \rceil - 1$ 次的迭代產生正確的結果。修改 Compute-Suffix-Array（而且在必要時，修改 Make-Ranks），來讓這個程序可以在某些情況下，在執行全部的 $\lceil \lg n \rceil - 1$ 次迭代之前停止。寫出一個可讓這個程序執行 O(1) 次迭代的輸入。寫出一個迫使程序進行最多次迭代的輸入。

32.5-3

給定兩個文本，包括長度為 n_1 的 T_1，以及長度為 n_2 的 T_2，說明如何使用後綴陣列與最長相同前綴陣列來找出全部的**最長相同子字串**，也就是既出現在 T_1 也出現在 T_2 的最長子字串。你的演算法的執行時間應該是 $O(n \lg n + kl)$，其中 $n = n_1 + n_2$，有 k 個這種最長子字串，其長度皆為 l。

32.5-4

Markram 教授提出以下的方法，藉著使用字串 $T[1:n]$ 的後綴陣列和 LCP 陣列來尋找最長的回文（挑戰 14-2 說過，回文是順向閱讀和反向閱讀的結果都一樣的非空字串）。

> 設 @ 是沒有出現在 T 裡的字元。串接 T、@ 與 T 的倒置來建構文本 T'。T' 的長度是 $n' = 2n+1$。為 T' 建立後綴陣列 SA 與 LCP 陣列 LCP。由於回文及其倒置的索引在後綴陣列裡出現在連續的位置，所以找出具有最大 LCP 值的項目，即 $LCP[i]$，滿足 $SA[i-1] = n' - SA[i] - LCP[i] + 2$（這個限制條件可防止子字串（與它的倒置）被做成回文，除非它真的是回文）。對於每一個這種索引 i，最長回文之一是 $T'[SA[i]:SA[i]+LCP[i]-1]$。
>
> 例如，如果文本 T 是 unreferenced，$n = 12$，那麼文本 T' 是 unreferenced@decnerefernu，其 $n' = 25$，而且有下面的後綴陣列與 LCP 陣列：

i	1	2	3	4	5	6	7	8	9	10	11	12	13	14	15	16	17	18	19	20	21	22	23	24	25
$T'[i]$	u	n	r	e	f	e	r	e	n	c	e	d	@	d	e	c	n	e	r	e	f	e	r	n	u
$SA[i]$	13	10	16	12	14	15	11	4	20	8	18	6	22	5	21	9	17	2	24	3	19	7	23	25	1
$LCP[i]$	0	0	1	0	1	0	1	1	4	1	1	3	2	0	3	0	1	1	1	0	5	2	1	0	1

> 最大 LCP 值在 $LCP[21] = 5$，$SA[20] = 3 = n' - SA[21] - LCP[21] + 2$。始於索引 $SA[20]$ 與 $SA[21]$ 的 T' 的後綴是 referenced@decnerefernu 與 refernu，它們的開頭都是長度為 5 的回文 refer。

可惜，這種方法並非萬無一失。寫出一個輸入字串 T，讓這個方法產生的結果比 T 裡的最長回文還要短，並解釋為什麼你的輸入導致這個方法失敗。

挑戰

32-1 使用重複因子來做字串比對

設 y^i 代表字串 y 與它自己串接 i 次。例如，$(ab)^3 =$ ababab。當字串 $x \in \sum^*$ 滿足以下條件時，我們說它有**重複因子** r：對某個字串 $y \in \sum^*$ 與某個 $r > 0$ 而言，$x = y^r$。設 $\rho(x)$ 是使得 x 有重複因子 r 的最大 r。

a. 寫出高效的演算法，讓它接收模式 $P[1:m]$，並計算值 $\rho(P[:i])$，其中 $i = 1, 2, ..., m$。你的演算法的執行時間為何？

b. 對於任意模式 $P[1:m]$，設 $\rho^*(P)$ 的定義是 $\max\{\rho(P[:i]):1 \leq i \leq m\}$。證明：如果模式 P 是從長度為 m 的所有二進制字串中隨機選擇的，那麼 $\rho^*(P)$ 的期望值是 $O(1)$。

c. 證明 REPETITION-MATCHER 程序可以在 $O(\rho^*(P)n + m)$ 時間內，在文本 $T[1:n]$ 裡正確地找出模式 $P[1:m]$ 的所有實例（這個演算法是由 Galil 和 Seiferas 提出的。他們大幅延伸這些想法，做出一個線性時間的字串比對演算法，除了儲存 P 和 T 所需的空間之外，僅使用了 $O(1)$ 的額外空間）。

```
REPETITION-MATCHER(T, P, n, m)
1   k = 1 + ρ*(P)
2   q = 0
3   s = 0
4   while s ≤ n − m
5       if T[s + q + 1] == P[q + 1]
6           q = q + 1
7           if q == m
8               print "Pattern occurs with shift" s
9       if q == m or T[s + q + 1] ≠ P[q + 1]
10          s = s + max {1, ⌈q/k⌉}
11          q = 0
```

32-2 線性時間的後綴陣列演算法

在這個問題中，你將開發和分析一個線性時間的分治演算法，來計算文本 $T[1:n]$ 的後綴陣列。與第 32.5 節一樣，假設在這個文本裡的每一個字元都是用底層的正整數編碼來表示的。

這個線性時間演算法的想法是為文本中 2/3 位置開始的後綴計算後綴陣列，根據需要進行遞迴，利用所得到的資訊對剩餘 1/3 位置開始的後綴進行排序，然後在線性時間內將排序好的資訊合併，以產生完整的後綴陣列。

設 $i = 1, 2, ..., n$，如果 $i \bmod 3$ 等於 1 或 2，那麼 i 是**樣本位置**，從該位置開始的後綴是**樣本後綴**。位置 3, 6, 9, ... 是**非樣本位置**，始於非樣本位置的後綴是**非樣本後綴**。

這個演算法會排序樣本後綴，排序非樣本後綴（利用排序樣本後綴的結果），再將已排序的樣本與非樣本後綴合併。下面是演算法處理樣本文本 T = bippityboppityboo 的細節，我們也列出每個步驟之下的次級步驟：

1. 樣本後綴大約占後綴的 2/3。用接下來的次步驟來排序它們，這些步驟使用經過大幅修改的 T，可能需要遞迴。在第 965 頁的 (a) 小題中，你將證明 T 的後綴的順序與修改版的 T 的後綴的順序是相同的。

    A. 建構兩個以「超字元（metacharacter）」組成的文本 P_1 與 P_2，它們是以 T 的三個連續字元組成的子字串。我們用小括號來劃分這種超字元。建構出

    $$P_1 = (T[1:3])\,(T[4:6])\,(T[7:9])\cdots(T[n':n'+2])$$

    其中，n' 是 mod 3 之下與 1 同餘且小於或等於 n 的最大整數，T 則在位置 n 之後，使用特殊字元 $\emptyset$ 來延伸，其編碼為 0。以文本 T = bippityboppityboo 為例，可得到

    $$P_1 = (\text{bip})(\text{pit})(\text{ybo})(\text{ppi})(\text{tyb})(\text{oo}\emptyset)$$

    我們以類似的方式建構

    $$P_2 = (T[2:4])\,(T[5:7])\,(T[8:10])\cdots(T[n'':n''+2])$$

    其中，n'' 是小於或等於 n，且在 mod 3 的意義下，與 2 同餘的最大整數，在我們的例子中，可得到

    $$P_2 = (\text{ipp})(\text{ity})(\text{bop})(\text{pit})(\text{ybo})(\text{o}\emptyset\emptyset)$$

    如果 n 是 3 的倍數，那就在 P_1 的結尾附加超字元 $(\emptyset\emptyset\emptyset)$。如此一來，$P_1$ 的結尾一定是包含 $\emptyset$ 的超字元（這個特性可協助回答本問題的 (a) 小題）。文本 P_2 的結尾可能是包含 $\emptyset$ 的超字元，也可能不是。

在 T 裡的位置	1	4	7	10	13	16	2	5	8	11	14	17
在 P 裡的超字元	(bip)	(pit)	(ybo)	(ppi)	(tyb)	(oo∅)	(ipp)	(ity)	(bop)	(pit)	(ybo)	(o∅∅)
在 P' 裡的字元	1	7	10	8	9	6	3	4	2	7	10	5
在 P' 裡的位置	1	2	3	4	5	6	7	8	9	10	11	12
$SA_{P'}$	1	9	7	8	12	6	10	2	4	5	11	3
T 的已排序樣本後綴在 T 裡的位置	1	8	2	5	17	16	11	4	10	13	14	7

圖 32.15 用線性時間後綴陣列演算法來處理文本 $T =$ bippityboppityboo，在排序樣本後綴時的計算值。

　　B. 將 P_1 與 P_2 串接成新文本 P。圖 32.15 是我們的例子的 P，以及 T 的對應位置。

　　C. 排序 P 的獨特超字元，並指定它們的排名（rank），排名從 1 開始。在這個例子裡，P 有 10 個獨特的超字元，按照排序順序，它們是 (bip), (bop), (ipp), (ity), (o∅∅), (oo∅), (pit), (ppi), (tyb), (ybo)。超字元 (pit) 與 (ybo) 都出現兩次。

　　D. 如圖 32.15 所示，將 P 的每個超字元改名為它的排名，來建構新的「文本」P'。如果 P 有 k 個獨特的超字元，那麼在 P' 裡面的每一個「字元」都是從 1 到 k 的整數。P 與 P' 的後綴陣列是一致的。

　　E. 計算 P' 的後綴陣列 $SA_{P'}$。如果 P' 的字元（即超字元在 P 裡的排名）是唯一的，你可以直接計算它的後綴陣列，因為個別字元的排序就是後綴陣列。否則，遞迴計算 P' 的後綴陣列，將 P' 裡的排序當成遞迴呼叫的輸入字元。圖 32.15 是我們的例子的後綴陣列 $SA_{P'}$。因為在 P 裡面的超字元的數量（也就是 P' 的長度）大約是 $2n/3$，所以這個遞迴子問題比當下問題小。

　　F. 根據 $SA_{P'}$ 與 T 中對應樣本位置的位置，來計算原始文本 T 的已排序樣本後綴的位置串列。圖 32.15 是我們的例子中經過排序的樣本後綴在 T 中的位置的串列。

2. 非樣本後綴約占後綴的 1/3。使用已排序樣本後綴，按照接下來的次級步驟來排序非樣本後綴。

　　G. 以兩個特殊字元 ∅∅ 來延伸文本 T，讓 T 有 $n+2$ 個字元，考慮每一個後綴 $T[i:]$，$i = 1, 2, ..., n+2$。為每個後綴 $T[i:]$ 指派一個排名 r_i。若遇到兩個特殊字元 ∅∅，則設定 $r_{n+1} = r_{n+2} = 0$。對於 T 的樣本位置，根據 T 的已排序樣本位置串列來指定其排名。目前 T 的非樣本位置的排名尚未定義，對於這些位置，設定 $r_i = \square$。圖 32.16 是 $T =$ bippityboppityboo 的排名，它的 $n = 17$。

i	1	2	3	4	5	6	7	8	9	10	11	12	13	14	15	16	17	18	19
$T[i]$	b	i	p	p	i	t	y	b	o	p	p	i	t	y	b	o	o	∅	∅
r_i	1	3	□	8	4	□	12	2	□	9	7	□	10	11	□	6	5	0	0

圖 32.16 文本 $T = \texttt{bippityboppityboo}$，$n = 17$ 的排名 r_1 至 r_{n+3}。

    H. 透過比較 tuple $(T[i], r_{i+1})$ 來排序非樣本後綴。在我們的例子裡，我們得到 $T[15:] < T[12:] < T[9:] < T[3:] < T[6:]$，因為 (b, 6) < (i, 10) < (o, 9) < (p, 8) < (t, 12)。

3. 合併已排序的後綴集合。用已排序的後綴集合來決定 T 的後綴陣列。

以上就是計算後綴陣列的線性時間演算法的說明。接下來的部分將請你證明這個演算法的一些步驟是正確的，並分析演算法的執行時間。

a. 我們定義次級步驟 B 所建立的文本 P 的位置 i 的**非空後綴**如下：從 P 的位置 i 開始，直到遇到第一個包含 ∅ 的超字元為止（包含這個超字元）的所有超字元，或直到 P 結束為止。在圖 32.15 的例子中，始於 P 的位置 1、4、11 的非空後綴分別是 (bip)(pit)(ybo)(ppi)(tyb)(oo∅)、(ppi)(tyb)(oo∅) 與 (ybo)(o∅∅)。證明 P 的後綴的順序與它的非空後綴的順序相同。結論是：P 的後綴的順序就是 T 的樣本後綴的順序（**提示**：如果 P 有重複的超字元，那就分別考慮兩個後綴都以 P_1 開始、兩個都以 P_2 開始，以及一個以 P_1 開始，另一個以 P_2 開始的情況。利用 ∅ 出現在 P_1 的最後一個字元的特性）。

b. 說明如何在 $\Theta(n)$ 時間內執行次級步驟 C，別忘了，在一次遞迴呼叫裡，T 裡的字元實際上是在呼叫方之中的 P' 裡的排名。

c. 證明在次級步驟 H 裡的 tuple 都是不相同的。然後說明如何在 $\Theta(n)$ 時間內執行這個次級步驟。

d. 考慮兩個後綴 $T[i:]$ 與 $T[j:]$，其中 $T[i:]$ 是樣本後綴，$T[j:]$ 是非樣本後綴。說明如何在 $\Theta(1)$ 時間內判斷 $T[i:]$ 在詞典意義上是否小於 $T[j:]$（**提示**：分別考慮 $i \bmod 3 = 1$ 與 $i \bmod 3 = 2$ 的情況。像圖 32.16 那樣，比較包含 T 的字元的 tuple 以及排名。每個 tuple 的元素數量可能取決於 $i \bmod 3$ 是否等於 1 或 2）。得出結論：第 3 步可以在 $\Theta(n)$ 時間內執行。

e. 證明整個演算法的執行時間遞迴式是 $T(n) \leq T(2n/3 + 2) + \Theta(n)$，並證明它的解是 $O(n)$。得出結論：這個演算法的執行時間是 $\Theta(n)$。

32-3 Burrows-Wheeler 轉換

針對文本 T 的 *Burrows-Wheeler* **轉換**（*BWT*）的定義如下。首先，附加一個新字元，該字元在詞典意義上比 T 的每一個字元還小，我們用 $ 來代表這個字元，用 T' 來代表附加後字串。設 n 為 T' 的長度，建立 n 列字元，每一列都是 T' 的 n 個循環旋轉（cyclic rotation）之一。接下來，按詞典順序排序各列。BWT 就是在最右邊那一行的字串，由上往下讀，BWT 裡面有 n 個字元。

例如，設 $T = $ rutabaga，所以 $T' = $ rutabaga$。循環旋轉是

```
rutabaga$
utabaga$r
tabaga$ru
abaga$rut
baga$ruta
aga$rutab
ga$rutaba
a$rutabag
$rutabaga
```

排序這幾列，並為排序後的各列編號，得到

```
1  $rutabaga
2  a$rutabag
3  abaga$rut
4  aga$rutab
5  baga$ruta
6  ga$rutaba
7  rutabaga$
8  tabaga$ru
9  utabaga$r
```

BWT 是最右邊的一行，agtbaa$ur（列號可協助了解如何計算逆 BWT）。

　BWT 經常在生物資訊學領域使用，它也可以當成文本壓縮的步驟。原因是，它傾向於將相同的字元放在一起，例如 rutabaga 的 BWT 將兩個 a 的實例放在一起。將相同的字元放在一起，甚至放在附近，讓我們有額外的壓縮手段可用。在進行 BWT 之後，執行前移編碼、運行長度（run-length）編碼和 Huffman 編碼（見第 15.3 節）的組合可以大幅壓縮文本。BWT 的壓縮率隨著文本長度的增加而提高。

a. 給定一個 T' 的後綴陣列，說明如何在 $\Theta(n)$ 時間內計算 BWT。

為了進行解壓縮，BWT 必須是可逆的。假設字母集合的大小是固定的，逆 BWT 可以在 $\Theta(n)$ 時間內，用 BWT 計算出來。我們來看看 rutabaga 的 BWT，以 $BWT[1:n]$ 來表示。在 BWT 裡面的每一個字元都是一個不同的詞典排名，從 1 排到 n。我們將 $BWT[i]$ 的排名寫成 $rank[i]$。如果一個字元在 BWT 裡出現多次，該字元的每一個實例的排名都比該字元的前一個實例大 1。以下是 rutabaga 的 BWT 與 $rank$：

i	1	2	3	4	5	6	7	8	9
$BWT[i]$	a	g	t	b	a	a	$	u	r
$rank[i]$	2	6	8	5	3	4	1	9	7

例如，$rank[1] = 2$，由於 $BWT[1] = a$，而且按照詞典順序，在第一個 a 之前的字元只有 $（我們定義 $ 位於所有其他字元之前，所以 $ 的排名是 1）。接下來是 $rank[2] = 6$，因為 $BWT[2] = g$，而且按照詞典順序，在 BWT 裡有五個字元排在 g 之前：$、a 的三個實例，以及 b。我們跳到 $rank[5] = 3$，因為 $BWT[5] = a$，也因為這個 a 是 BWT 裡的第二個 a 實例，它的 rank 值比 a 的上一個實例的 rank 值多 1，那個實例位於位置 1。

BWT 與 rank 具備足夠的資訊可由後至前重構 T'。假設你知道字元 c 在 T' 裡的排名 r。那麼，c 是在已排序的循環旋轉的 r 列的第一個字元。r 列的最後一個字元一定是 T' 裡的 c 前面的字元。但你知道 r 列的最後一個字元是哪一個，因為它是 $BWT[r]$。為了由後至前重建 T'，我們從 $ 開始，你可以在 BWT 裡找到它。然後使用 BWT 與 rank 反向操作，以重建 T'。

我們來看看如何用這個策略來處理 rutabaga。T' 的最後一個字元 $ 出現在 BWT 的第 7 個位置。因為 $rank[7] = 1$，T' 的已排序循環旋轉的第 1 列的開頭是 $。在 T' 裡，$ 前面的字元是第 1 列的最後一個字元，它是 $BWT[1]$: a。現在我們知道 T' 的最後兩個字元是 a$ 了。查詢 $rank[1]$，它等於 2，所以 T' 的已排序循環旋轉的第 2 列的開頭是 a。第 2 列的最後一個字元在 T' 裡位於 a 之前，那個字元是 $BWT[2] = g$。現在我們知道 T' 的最後三個字元是 ga$ 了。繼續做下去，我們知道 $rank[2] = 6$，所以已排序循環旋轉的第 6 列的開頭是 g。在 T' 裡，g 前面的字元是 $BWT[6] = a$，所以 T' 的最後四個字元是 aga$。因為 $rank[6] = 4$，a 是 T' 的已排序循環旋轉的第 4 列的開頭。在 T' 裡，a 前面的字元是第 4 列的最後一個字元，$BWT[4] = b$，T' 的最後五個字元是 baga$。以此類推，由後往前，直到確定 T' 的所有 n 個字元為止。

b. 給定陣列 $BWT[1:n]$，寫出虛擬碼，在 $\Theta(n)$ 時間內計算陣列 $rank[1:n]$，假設字母集合的大小是固定的。

c. 給定陣列 $BWT[1:n]$ 與 $rank[1:n]$，寫出虛擬碼，在 $\Theta(n)$ 時間內計算 T'。

後記

Aho、Hopcroft 與 Ullman [5] 討論了字串比對與有限自動機理論之間的關係。Knuth-Morris-Pratt 演算法 [267] 是 Knuth 和 Pratt 及 Morris 各自發明的，但他們共同發表他們的成果。在稍早，Matiyasevich [317] 也發明一個類似的演算法，該演算法只適用於具有兩個字元的字母集合，它是為了使用二維磁帶的圖靈機而設計的。Reingold、Urban 與 Gries [377] 提出 Knuth-Morris-Pratt 演算法的另一種處理方法。Rabin-Karp 演算法是由 Karp 與 Rabin 提出的 [250]。Galil 和 Seiferas [173] 提出一個有趣的確定性線性時間字串比對演算法，除了模式和文本所需的儲存空間之外，它只使用 $O(1)$ 空間。

第 32.5 節的後綴陣列演算法是由 Manber 和 Myers [312] 提出的，他們是最早提出後綴陣列概念的人。本章介紹的計算最長相同前綴陣列的線性時間演算法是由 Kasai 等人 [252] 提出的。挑戰 32-2 是基於 Kärkkäinen、Sanders 和 Burkhardt 的 DC3 演算法 [245]。關於後綴陣列演算法的彙整，可參考 Puglisi、Smyth 與 Turpin [370] 的著作。若要了解挑戰 32-3 中關於 Burrows-Wheeler 轉換的更多資訊，可參考 Burrows 和 Wheeler [78] 以及 Manzini [314] 的文章。

33 機器學習演算法

機器學習可以視為人工智慧的一個子領域。廣義上講，人工智慧的目的，是讓計算機能夠以類似人類的效能完成複雜的感知和資訊處理任務。人工智慧領域非常廣泛，具備許多不同的演算法。

機器學習內容豐富，引人入勝，與統計學和優化有密切的關係。現今的技術產生了大量的資料，為機器學習演算法提供了無數的機會，它們可以對資料中的模式做出假設，並加以檢測。這些假設可以用來預測新資料裡面的特徵或類別。由於機器學習特別擅長處理涉及不確定性的挑戰性任務（在這些任務中，觀察到的資料遵循未知的規則），機器學習已經顯著地改變了醫學、廣告和語音識別等領域。

本章將介紹三種重要的機器學習演算法：*k*-means 聚類法、乘法加權和梯度下降。你可以將這些任務都視為一種學習問題，也就是讓演算法使用迄今為止收集到的資料來做出假設，以描述所學到的規律性，和（或）對新資料進行預測。機器學習的界限不太精確，也還在不斷發展，有些人可能認為，*k*-means 聚類演算法應視為「資料科學」，而不是「機器學習」，而梯度下降雖然是機器學習的一種重要演算法，但在機器學習之外也有大量的應用（特別是針對優化問題）。

機器學習通常從**訓練階段**開始，然後是**預測階段**，對新資料進行預測。對**線上學習**而言，訓練階段和預測階段是交錯進行的。訓練階段的輸入是**訓練資料**，每個輸入資料點都有一個相關的輸出或**標籤**，標籤可能是一個類別名稱，或一些實值屬性。然後，系統產生關於標籤與輸入資料點的屬性之間有什麼關係的一個或多個**假設**作為輸出。假設有很多形式，通常是某種類型的公式或演算法。機器學習使用的學習演算法通常是某種形式的梯度下降。然後，預測階段使用對於新資料的假設，來**預測**新資料點的標籤。

剛才介紹的學習類型稱為**監督學習**，因為它最初是用一組標上標籤的輸入來學習的。舉例來說，考慮辨識垃圾郵件的機器學習演算法，它的訓練資料包括一系列的 email，每一封都被標上「垃圾」及「非垃圾」。機器學習演算法會建構一個假設，可能是一條規則，例如「如果郵件裡面有一組特定的詞彙之一，那麼它很可能是垃圾郵件」。或者，它可能學習一些規則來為每個單字指定一個垃圾郵件分數，然後用郵件單字的垃圾郵件分數總和來評估郵件，將總分高於某個閾值的郵件歸類為垃圾郵件。然後，機器學習演算法就可以預測新的電子郵件是不是垃圾郵件。

機器學習的第二種形式是**無監督學習**，即訓練資料是沒有標籤的，例如第 33.1 節的聚類問題。這種形式的機器學習演算法會產生關於輸入資料點的群組中心的假設。

機器學習的第三種形式（在此不進一步介紹）是**強化學習**，即機器學習演算法在一個環境中採取行動，從環境接收那些行動造成的回饋，然後根據回饋更新它的環境模型。學習演算法位於一個具有某種狀態的環境中，而學習演算法的行為會影響那個狀態。強化學習非常適合在玩遊戲或操作自動駕駛汽車等情況下使用。

有時，監督機器學習應用程式的目標不是準確地預測新案例的標籤，而是進行因果**推理**：找出一個解釋模型，來描述輸入資料點的各種特徵如何影響相關的標籤。為特定的訓練資料組找出適合它的模型不一定很容易，這件事可能涉及複雜的優化方法，必須在「產生非常符合資料的假設」和「產生簡單的假設」之間取得平衡。

本章的主題是三個問題領域：尋找能將輸入資料點正確分組的假設（使用聚類演算法）、在線上學習問題中，學習該依靠哪些預測者（專家）進行預測（使用乘法加權演算法），以及對資料進行模型擬合（使用梯度下降法）。

第 33.1 節考慮聚類問題：如何根據點之間的相似程度（或更準確地說，不相似程度），來將給定的 n 個訓練資料點分成給定數量的 k 個群組，或「聚類（cluster）」。這個方法是迭代式的，從任意的初始聚類開始持續改進，直到無法進一步的改進為止。在處理機器學習問題時，聚類通常被當成初始步驟，用來發現資料內部結構。

第 33.2 節介紹當你可以依賴一群預測者（通常稱為「專家」）時，如何準確地進行線上預測。這群預測者裡面可能有許多不好的預測者，但也有一些優秀預測者。起初，你不知道哪些預測者是不好的，哪些是好的，我們希望對於新案例進行預測的結果幾乎與最佳預測者所預測的結果一樣好。我們將研究一種高效的乘法加權預測法，這種方法為每一個預測器指派一個正的實數權重，當預測器的預測效果不佳時，以乘法來降低它的權重。本節的模型是線上的（見第 27 章），也就是說，我們在每一步都對未來的案例一無所知。此外，即使有專家級的對手合作對抗我們，我們也能做出預測，這種情況確實會在遊戲環境中發生。

最後，第 33.3 節會介紹梯度下降，這是一種強大的優化技術，用來尋找機器學習模型的參數設定。梯度下降在機器學習之外也有很多應用。直覺上，梯度下降法是藉著「走下坡路」來找到使函式產生局部最小值的值。在學習應用中，「下坡步驟」是一個調整假設參數的步驟，希望在處理帶標籤的案例時，獲得更好的結果。

本章大量使用向量。與本書的其他部分不同的是，本章的向量名稱使用黑體字，例如 **x**，以更清楚地區分哪些量是向量。向量的元素不使用粗體，所以如果向量 **x** 有 d 維，我們可能寫成 $\mathbf{x} = (x_1, x_2, ..., x_d)$。

33.1 聚類

假設你有大量的資料點（案例），你希望根據它們之間的相似程度，來將它們歸類。例如，每一個資料點可能都代表一個天體的星體，而且具有星體的溫度、大小和光譜特徵。或者，每一個資料點可能都代表一個語音紀錄的片段。對這些語音片段進行適當的分組，可能會揭示這些片段的口音集合。一旦找到訓練資料點的分組，我們就可以把新資料放入適當的群組裡，以便進行星體識別或語音識別。

這些情況以及其他許多情況，都屬於聚類的範疇。聚類問題的輸入是 n 個案例（物件）和一個整數 k，問題的目標是將這些案例分成最多 k 個互不相干的聚類，使得每個聚類裡的例子彼此相似。聚類問題有幾種變化。例如，整數 k 可能不是預先給定的，而是在聚類過程中產生的。在本節中，我們假定 k 是給定的。

特徵向量與相似度

我們來正式地定義聚類問題。問題的輸入是 n 個案例。每一個案例都有一組與所有其他案例相同的屬性，儘管不同的案例的屬性值可能有所不同。例如，圖 33.1 的聚類問題將 $n = 49$ 個案例（48 個州首府加上哥倫比亞特區）分成 $k = 4$ 個聚類。每個案例都有兩個屬性：首府的緯度和經度。在給定的聚類問題中，每個案例都有 d 個屬性，每一個案例 $\mathbf{x}$ 是用一個 d 維的特徵向量來指定的

$$\mathbf{x} = (x_1, x_2, \ldots, x_d)$$

在此，x_a（$a = 1, 2, \ldots, d$）是案例 $\mathbf{x}$ 的屬性 a 的實數值。我們稱 $\mathbf{x}$ 是代表案例的 $\mathbb{R}^d$ 裡的點。對圖 33.1 的範例而言，每一個首府 $\mathbf{x}$ 都有其緯度 x_1 及其經度 x_2。

為了將類似的點聚在一起，我們必須定義相似度。但我們定義相反的指標：點 $\mathbf{x}$ 與 $\mathbf{y}$ 的相異度 $\Delta(\mathbf{x}, \mathbf{y})$ 是它們兩者之間的歐氏距離的平方：

$$\begin{aligned}\Delta(\mathbf{x}, \mathbf{y}) &= \|\mathbf{x} - \mathbf{y}\|^2 \\ &= \sum_{a=1}^{d}(x_a - y_a)^2\end{aligned} \tag{33.1}$$

當然，為了讓 $\Delta(\mathbf{x}, \mathbf{y})$ 是定義完善的，所有屬性值都必須存在。如果有缺失，我們可能會直接忽略那個案例，或是用該屬性的中位數值來填補缺失的屬性值。

屬性值往往有各種「混亂」的情況，因此在執行聚類演算法之前，我們必須做一些「資料清洗」。例如，不同屬性值的尺度可能有很大的不同。在圖 33.1 的例子中，兩個屬性的尺度相差 2 倍，因為緯度從 −90 到 +90 度，而經度從 −180 到 +180 度。可想而知，在其他的場景裡，尺度的差異會更大。如果案例包含學生的資訊，其中一個屬性可能是平均成績，但另一個屬性可能是家庭收入。因此，屬性值通常會先做正規化或比例調整，如此一來，在計算相異度時，就不會有任何屬性的影響力遠大於其他屬性。有一種方法是用線性轉換來伸縮屬性值，將最小值變成 0，最大值變成 1。如果屬性值是二進制值，可能就不需要進行伸縮。另一個選項是透過伸縮來讓每一種屬性的平均值皆為 0，且具有單位變異數。有時我們可以讓幾個相關的屬性使用相同的伸縮規則（例如，如果它們是按相同比例測量的長度）。

33.1 聚類 | 973

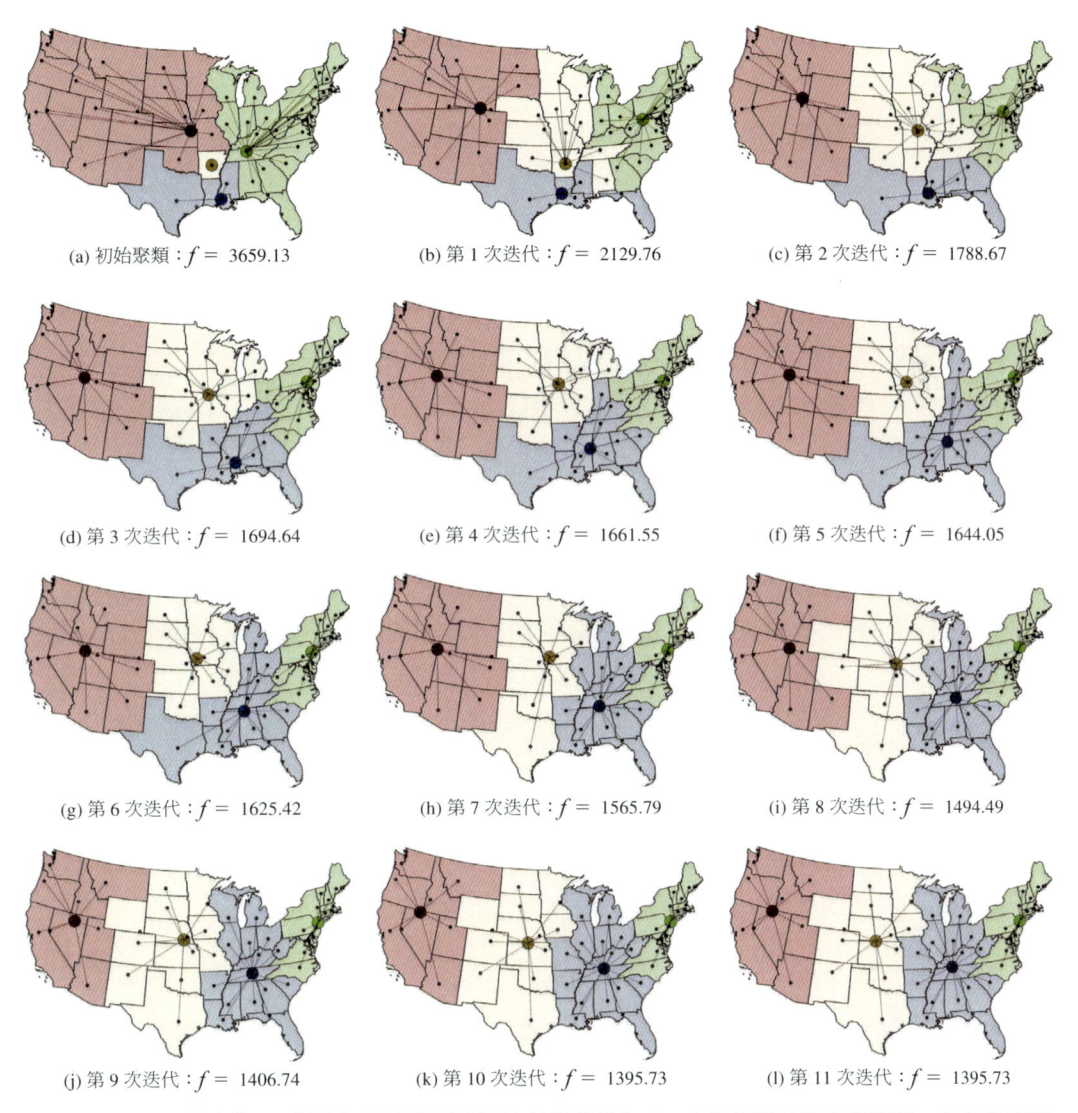

(a) 初始聚類：$f = 3659.13$

(b) 第 1 次迭代：$f = 2129.76$

(c) 第 2 次迭代：$f = 1788.67$

(d) 第 3 次迭代：$f = 1694.64$

(e) 第 4 次迭代：$f = 1661.55$

(f) 第 5 次迭代：$f = 1644.05$

(g) 第 6 次迭代：$f = 1625.42$

(h) 第 7 次迭代：$f = 1565.79$

(i) 第 8 次迭代：$f = 1494.49$

(j) 第 9 次迭代：$f = 1406.74$

(k) 第 10 次迭代：$f = 1395.73$

(l) 第 11 次迭代：$f = 1395.73$

圖 33.1 Lloyd 程序將 48 個州和哥倫比亞特區的首府聚類為 $k = 4$ 個集群時的迭代過程。每個首府都有兩個屬性：緯度與經度。每次迭代都會減小 f 值，該值是所有首府和它們的集群中心的距離平方和，直到 f 的值不再改變為止。**(a)** 最初的四個集群，選擇阿肯色州、堪薩斯州、路易斯安那州和田納西州的首府作為中心。**(b)~(k)** Lloyd 程序的迭代過程。**(l)** 中的第 11 次迭代產生的 f 值與 **(k)** 中的第 10 次迭代的 f 值相同，因此程序終止。

此外，相異度的測量方式在某種程度上是隨意的。你不一定要使用式 (33.1) 的平方差之和，但它是傳統的選擇，在數學上也很方便。以圖 33.1 為例，你可以使用首府之間的實際距離，而不是式 (33.1)。

聚類

定義了相似度（實際上是相異度）的概念之後，我們來看看如何定義相似點的群聚。設 S 是 $\mathbb{R}^d$ 裡的 n 個點的給定集合。在一些應用中，這些點不一定是不同的，所以 S 是個多集合（multiset），而不是單一集合。

因為我們的目標是建立 k 個群聚，所以我們將 S 的 *k-clustering* 或群聚（*cluster*）定義成：將 S 分解成 k 個不相交的子集合 $\langle S^{(1)}, S^{(2)}, \ldots, S^{(k)} \rangle$，使得

$$S = S^{(1)} \cup S^{(2)} \cup \cdots \cup S^{(k)}$$

群聚可能是空的，例如，當 $k > 1$，但 S 的所有點都有相同的屬性值時。

我們可以用很多方法來定義 S 的 k-clustering，也可以用很多方法來計算給定的 k-clustering 的品質。在這裡，我們只考慮以 k 個中心組成的序列 C 來定義的 k-clustering。

$$C = \langle \mathbf{c}^{(1)}, \mathbf{c}^{(2)}, \ldots, \mathbf{c}^{(k)} \rangle$$

其中，每個中心都是 $\mathbb{R}^d$ 裡的一個點，最接近中心規則（*nearest-center rule*）指出，如果點 $\mathbf{x}$ 與其他群聚的中心的距離都不短於 $\mathbf{x}$ 與 $S^{(\ell)}$ 的中心 $\mathbf{c}^{(\ell)}$ 的距離，那麼 $\mathbf{x}$ 可能屬於群聚 $S^{(\ell)}$：

$$\mathbf{x} \in S^{(\ell)} \text{ 唯有當 } \Delta(\mathbf{x}, \mathbf{c}^{(\ell)}) = \min\{\Delta(\mathbf{x}, \mathbf{c}^{(j)}) : 1 \leq j \leq k\}$$

中心可能在任何地方，且不一定是 S 裡的一點。

因為可能出現平手的情況，所以我們必須決定勝負，讓每個點都只屬於一個群聚。一般來說，平手的情況可以用任何方式打破，儘管我們需要滿足一個屬性：除非點 $\mathbf{x}$ 和其新群聚的中心的距離嚴格小於點 $\mathbf{x}$ 和其舊群聚的中心的距離，否則我們不會改變點 $\mathbf{x}$ 的群聚。也就是說，如果 $\mathbf{x}$ 當下的群聚的中心是距離 $\mathbf{x}$ 最近的群聚中心之一，那就不將 $\mathbf{x}$ 分給別的群聚。

k-means 問題是這樣的問題：給定 n 個點的集合 S 與一個正整數 k，找出 k 個中心點組成的序列 $C = \langle \mathbf{c}^{(1)}, \mathbf{c}^{(2)}, \ldots, \mathbf{c}^{(k)} \rangle$，來將每個點和離它最近的中心點之間的距離的平方和最小化，其中

$$f(S, C) = \sum_{\mathbf{x} \in S} \min \{\Delta(\mathbf{x}, \mathbf{c}^{(j)}) : 1 \leq j \leq k\}$$

$$= \sum_{\ell=1}^{k} \sum_{\mathbf{x} \in S^{(\ell)}} \Delta(\mathbf{x}, \mathbf{c}^{(\ell)}) \tag{33.2}$$

在第二行，k-clustering $\langle S^{(1)}, S^{(2)}, ..., S^{(k)} \rangle$ 是用中心點 C 與最接近中心規則來定義的。習題 33.1-1 提供基於兩兩一對的點之間的距離的替代公式。

k-means 問題有多項式時間的演算法嗎？應該沒有，因為它是 NP-hard [310]。我們將在第 34 章看到，NP-hard 問題沒有已知的多項式時間演算法，但也沒有人證明出 NP-hard 問題不存在多項式時間的演算法。雖然我們不知道有哪些多項式時間演算法可以在所有聚類中找到全域最小值（根據式 (33.2)），但我們可以找到局部最小值。

Lloyd [304] 提出一個簡單的程序，可以找到一個中心序列 C，使得 $f(S, C)$ 達到局部最小值。k-means 問題的局部最小值滿足兩個簡單的特性：每個群聚都有一個最佳中心（定義見下文），以及每個點都被分配給中心離它最近的群聚（或群聚之一）。Lloyd 程序可以找到滿足這兩個特性的好聚類（可能是最好的）。這些特性對最佳聚類而言是必要的，但不是充分的。

給定群聚的最佳中心

在 k-means 問題的最佳解中，每個中心點都必須是它的群聚裡的各點的形心（*centroid*）或均值（*mean*）。形心是一個具有 d 維度的點，它的每個維度的值都是群聚在該維度上的所有點的平均值（即群聚中，對應屬性值的平均值）。也就是說，如果 $\mathbf{c}^{(\ell)}$ 是群聚 $S^{(\ell)}$ 的形心，那麼對於屬性 $a = 1, 2, ..., d$，可得

$$c_a^{(\ell)} = \frac{1}{|S^{(\ell)}|} \sum_{\mathbf{x} \in S^{(\ell)}} x_a$$

對於所有屬性，可寫成

$$\mathbf{c}^{(\ell)} = \frac{1}{|S^{(\ell)}|} \sum_{\mathbf{x} \in S^{(\ell)}} \mathbf{x} \tag{33.3}$$

定理 33.1

給定非空群聚 $S^{(\ell)}$，它的形心（或均值）是將下式最小化的唯一群聚中心 $\mathbf{c}^{(\ell)} \in \mathbb{R}^d$

$$\sum_{\mathbf{x} \in S^{(\ell)}} \Delta(\mathbf{x}, \mathbf{c}^{(\ell)})$$

證明 我們想藉著選擇 $\mathbf{c}^{(\ell)} \in \mathbb{R}^d$ 來最小化和式

$$\sum_{\mathbf{x} \in S^{(\ell)}} \Delta(\mathbf{x}, \mathbf{c}^{(\ell)}) = \sum_{\mathbf{x} \in S^{(\ell)}} \sum_{a=1}^{d} (x_a - c_a^{(\ell)})^2$$

$$= \sum_{a=1}^{d} \left(\sum_{\mathbf{x} \in S^{(\ell)}} x_a^2 - 2 \left(\sum_{\mathbf{x} \in S^{(\ell)}} x_a \right) c_a^{(\ell)} + |S^{(\ell)}| (c_a^{(\ell)})^2 \right)$$

對每個屬性 a 而言，被加總的項是一個以 $c_a^{(\ell)}$ 為變數的凸二次函數。為了將這個函數最小化，我們可以對 $c_a^{(\ell)}$ 求導，並將它設為 0：

$$-2 \sum_{\mathbf{x} \in S^{(\ell)}} x_a + 2 |S^{(\ell)}| c_a^{(\ell)} = 0$$

或等價的

$$c_a^{(\ell)} = \frac{1}{|S^{(\ell)}|} \sum_{\mathbf{x} \in S^{(\ell)}} x_a$$

因為當 $c_a^{(\ell)}$ 的每個座標都是 $\mathbf{x} \in S^{(\ell)}$ 的相應座標的平均值時，我們可以得到唯一的最小值，所以當 $\mathbf{c}^{(\ell)}$ 是點 $\mathbf{x}$ 的形心時，我們可得到總體最小值，如式 (33.3) 所示。∎

給定中心點的最佳群聚

接下來的定理指出最接近中心規則（將每個點 $\mathbf{x}$ 分配給群聚中心離 $\mathbf{x}$ 最近的群聚），可產生 k-means 問題的最佳解。

定理 33.2

給定 n 個點的集合 S 與包含 k 個中心點的序列 $\langle \mathbf{c}^{(1)}, \mathbf{c}^{(2)}, ..., \mathbf{c}^{(k)} \rangle$，聚類 $\langle S^{(1)}, S^{(2)}, ..., S^{(k)} \rangle$ 可將下式最小化

$$\sum_{\ell=1}^{k} \sum_{\mathbf{x} \in S^{(\ell)}} \Delta(\mathbf{x}, \mathbf{c}^{(\ell)}) \tag{33.4}$$

若且唯若它將各個點 $\mathbf{x} \in S$ 分給可將 $\Delta(\mathbf{x}, \mathbf{c}^{(\ell)})$ 最小化的群聚 $S^{(\ell)}$。

證明 證明很簡單：每個點 $\mathbf{x} \in S$ 都對和式 (33.4) 貢獻一次，將 $\mathbf{x}$ 放入中心離它最近的群聚可以最小化 $\mathbf{x}$ 的貢獻。 ∎

Lloyd 程序

Lloyd 程序只是反覆進行兩個操作：根據「最接近中心規則」將點分配給群聚，然後重新計算群聚的中心點作為它的形心，直到結果收斂為止。以下是 Lloyd 程序：

輸入：一個 $\mathbb{R}^d$ 內的點集合 S，以及一個正整數 k。

輸出：S 的 k-clustering $\langle S^{(1)}, S^{(2)}, ..., S^{(k)} \rangle$，以及中心點序列 $\langle \mathbf{c}^{(1)}, \mathbf{c}^{(2)}, ..., \mathbf{c}^{(k)} \rangle$。

1. **初始中心點**：從 S 隨機且獨立地選擇 k 個點，產生包含 k 個中心點的初始序列 $\langle \mathbf{c}^{(1)}, \mathbf{c}^{(2)}, ..., \mathbf{c}^{(k)} \rangle$（如果點不一定不同，見習題 33.1-3）。先將點都指派給群聚 $S^{(1)}$。

2. **將點指派給群聚**：使用「最接近中心規則」來定義聚類 $\langle S^{(1)}, S^{(2)}, ..., S^{(k)} \rangle$。也就是將每一個點 $\mathbf{x} \in S$ 指派給中心最接近它的群聚 $S^{(\ell)}$（平手時任意決定，但除非新群聚的中心點距離 $\mathbf{x}$ 比舊群聚的中心點嚴格更近，否則不將 $\mathbf{x}$ 分配給別的群聚）。

3. **若沒有變則停止**：如果第 2 步沒有將任何點分配給其他的群聚，那就停止，並回傳聚類 $\langle S^{(1)}, S^{(2)}, ..., S^{(k)} \rangle$ 與相關的中心點 $\langle \mathbf{c}^{(1)}, \mathbf{c}^{(2)}, ..., \mathbf{c}^{(k)} \rangle$。否則，前往第 4 步。

4. **重新計算中心點，作為形心**：設 $\ell = 1, 2, ..., k$，計算群聚 $S^{(\ell)}$ 的中心點 $\mathbf{c}^{(\ell)}$ 作為 $S^{(\ell)}$ 內的點的形心（如果 $S^{(\ell)}$ 是空的，讓 $\mathbf{c}^{(\ell)}$ 是零向量）。然後前往第 2 步。

回傳的聚類有可能是空的，特別是在許多輸入點都相同的情況下。

　Lloyd 程序一定會終止。根據定理 33.1，重新計算每一個群聚的中心點作為群聚形心不會增加 $f(S, C)$。Lloyd 程序只有在能夠確保點被重新指派給不同的群聚時會嚴格減少 $f(S, C)$ 時，才會做這件事。因此，Lloyd 的每一次迭代，除了最後一次迭代之外，都一定嚴格減少 $f(S, C)$。因為 S 的 k-clustering 數量有限（最多 k^n 個），所以這個程序一定會終止。此外，一旦 Lloyd 程序的一次迭代不減少 f，後續的迭代就不會改變任何事情，程序可以在這個局部最佳的分配停止。

如果 Lloyd 程序真的需要做 k^n 次迭代，那就不切實際了。在實務上，有時只需在最近的迭代將 $f(S, C)$ 減少到預定的百分比之下時，即可終止程序。因為 Lloyd 程序只保證找到局部最佳聚類，因此，使用不同的隨機初始中心點來多次執行 Lloyd 程序，並選取最佳結果是一種很好的做法。

Lloyd 程序的執行時間與迭代次數 T 成正比。在一次迭代中，根據「最接近中心規則」將點指派給集群需要 $O(dk\,n)$ 時間，為每個集群重新計算新中心需要 $O(d\,n)$ 時間（因為每個點都在一個集群中）。所以 k-means 程序的總執行時間是 $O(T\,dk\,n)$。

Lloyd 演算法展示了許多機器學習演算法常用的一種方法。

- 首先，用適當的參數序列 θ 來定義一個假設空間，使每個 θ 都有一個特定的假設 h_θ（對 k-means 問題而言，θ 是 dk 維向量，相當於 C，裡面有 k 個群聚中的每一個的 d 維中心，而 h_θ 是假設每個資料點 **x** 都應該被分給一個中心點離 **x** 最近的群聚）。

- 第二，定義一個指標 $f(E, \theta)$ 來描述假設的 h_θ 與給定的訓練資料 E 的擬合程度有多差。$f(E, \theta)$ 值越小越好，且（局部）最佳解可將 $f(E, \theta)$（局部地）最小化（對 k-means 問題而言，$f(E, \theta)$ 是 $f(S, C)$）。

- 第三，給定一個訓練資料集合 E，使用合適的優化程序來找出可將 $f(E, \theta^*)$ 最小化的 θ^* 值，至少是局部最小化（對 k-means 問題而言，這個 θ^* 值是 Lloyd 演算法回傳的 k 個中心點序列 C）。

- 回傳 θ^* 作為解答。

在這個框架中，我們看到優化是機器學習的一種強大工具。以這種方式來使用優化很靈活。例如，你可以在想要最小化的函數中加入正則化項，以懲罰那些「太複雜」和「過度擬合」訓練資料的假設（正則化是複雜的主題，在此不進一步探討）。

範例

圖 33.1 是用 Lloyd 程序處理 $n = 49$ 個城市的情況，其中包含美國的 48 個州的首府，以及哥倫比亞特區。每一座城市都有 $d = 2$ 維：緯度與經度。在 (a) 圖的初始聚類中，初始群聚中心是任意選擇的，分別是阿肯色州、堪薩斯州、路易斯安那州和田納西州的首府。隨著程序的迭代，函數 f 的值不斷減少，直到 (l) 圖的第 11 次迭代，f 的值與 (k) 圖的第 10 次迭代相同。於是，Lloyd 程序以 (l) 圖的群聚告終。

如圖 33.2 所示，Lloyd 程序也可以用於「向量量化」，這項工作的目標是將表示一張照片所需的顏色數量減少，以大幅壓縮照片（儘管是有損的）。(a) 圖是一張寬 700 像素，高 500 像素的原始照片，每個像素都使用 24 位元（3 bytes）來編碼紅、綠、藍（RGB）三原色的強度。(b)~(e) 圖是使用 Lloyd 程序來壓縮照片的情況，從最初每個像素可能有 2^{24} 種可能的值的空間，壓縮到每個像素可能只有 $k = 4$、$k = 16$、$k = 64$ 或 $k = 256$ 種可能的值的空間。於是，照片可以僅用每個像素 2、4、6 或 8 位元來表示，而不是最初的照片所需的每個像素 24 位元。壓縮後的圖像附有一個輔助表，即「調色板」，它保存 k 個 24 位元群聚中心，可以在將照片解壓縮時，用來將每個像素值對映到它的 24 位元的群聚中心。

習題

33.1-1
證明式 (33.2) 的目標函數 $f(S, C)$ 可改寫成

$$f(S, C) = \sum_{\ell=1}^{k} \frac{1}{2\,|S^{(\ell)}|} \sum_{\mathbf{x} \in S^{(\ell)}} \sum_{\mathbf{y} \in S^{(\ell)}:\mathbf{x} \neq \mathbf{y}} \Delta(\mathbf{x}, \mathbf{y})$$

33.1-2
舉一個這樣的例子：在平面上有 $n = 4$ 個點和 $k = 2$ 個群聚，使得 Lloyd 程序的一次迭代未能改善 $f(S, C)$，但 k-clustering 卻不是最佳的。

33.1-3
當 Lloyd 程序的輸入有許多重複點時，可能會使用不同的初始化程序。描述一種方法，藉著隨機選擇一定數量的中心點，來將所選的不同中心點的數量最大化（**提示**：見習題 5.3-5）。

33.1-4
說明在只有一個屬性（$d = 1$）時，如何在多項式時間內找到最佳的 k-clustering。

(a) 原始照片

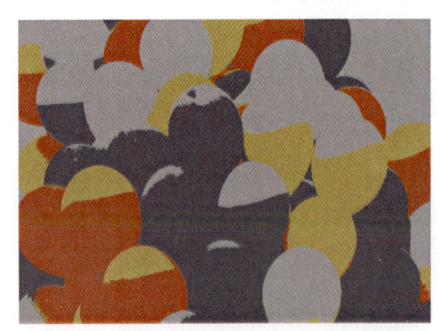

(b) $k = 4$（$f = 1.29 \times 10^9$；31 次迭代）

(c) $k = 16$（$f = 3.31 \times 10^8$；36 次迭代）

(d) $k = 64$（$f = 5.50 \times 10^7$；59 次迭代）

(e) $k = 256$（$f = 1.52 \times 10^7$；104 次迭代）

圖 33.2 使用向量量化 Lloyd 程序，以較少顏色來壓縮一張照片。**(a)** 原始照片有 350,000 像素（700 × 500），每一個像素都是一個 24 位元的 RGB（紅藍綠）8 位元值的 triple；這些像素（顏色）就是我們想要聚類的點。點的顏色會重複，所以只有 79,083 個不同的顏色（少於 2^{24}）。在壓縮後，只使用 k 個不同的顏色，所以每個像素都只用 $\lceil \lg k \rceil$ 位元來表示，而不是 24 位元。有一個「調色板」可將這些值對映回去 24 位元的 RGB 值（群聚中心）。**(b)~(e)** 是 $k = 4$、16、64 與 256 個顏色的同一張照片（照片來自 standuppaddle, pixabay.com）。

33.2 乘法加權演算法

本節將考慮需要由你做出一系列決定的問題。在做出每一個決定之後，你都會收到關於那個決定是否正確的回饋。我們將研究**乘法加權演算法**。這種演算法有廣泛的應用，包括經濟學的賽局（game playing）、求出線性規劃和多商品流問題的近似解，以及線上機器學習的各種應用。在此，我們強調問題的線上性質：你必須做出一連串的決定，但是，為了做出第 i 個決定所需的一些資訊只會在做出第 $i-1$ 個決定後出現。在這一節，我們要研究一個特殊問題，稱為「向專家學習」，並開發一個乘法權重演算法案例，稱為加權多數決演算法。

假設有一系列事件即將發生，你想要對這些事件進行預測。例如，在一系列的日子裡，你想預測會不會下雨。或者，你想預測一檔股票的價格會不會上漲或下跌。處理這個問題的方法之一，是召集一組「專家」，利用他們的集體智慧，做出準確的預測。我們用 $E_1, E_2, ..., E_n$ 來代表這 n 個專家，並假設有 T 個事件即將發生。每一個事件的結果都是 0 或 1，我們用 $o^{(t)}$ 來表示第 t 個事件的結果。在事件 t 發生之前，每位專家 $E^{(i)}$ 都會做出一個預測 $q_i^{(t)} \in \{0, 1\}$。作為「見習者」的你收集 n 位專家對事件 t 的預測，並做出你自己的單一預測 $p^{(t)} \in \{0, 1\}$。你只根據專家的預測，和你從專家以前的預測中得到的資訊來做出你的預測。你不使用關於事件的任何額外資訊。你只能在做出預測後確定事件 t 的結果 $o^{(t)}$。如果你的預測 $p^{(t)}$ 符合 $o^{(t)}$，你是正確的，否則，你是錯誤的。你的目標是將總錯誤量 m 最小化，$m = \sum_{t=1}^{T} |p^{(t)} - o^{(t)}|$。你也可以記錄每一位專家犯下的錯誤：專家 E_i 犯下 m_i 次錯誤，$m_i = \sum_{t=1}^{T} |q_i^{(t)} - o^{(t)}|$。

例如，假設你正在注意股價，每天你都要決定當天要不要投資，並在當天開盤時買入，收盤時賣出。如果在一天中，你買了股票，而且那支股票上漲了，那麼你的決定就是正確的，但如果股票下跌，你就犯了一次錯誤。相反地，如果在某一天，你沒有買入股票，且那支股票下跌了，你的決定就是正確的，但如果股票上漲了，你就犯了一次錯誤。因為你想盡量減少錯誤，所以利用專家的建議來做決定。

我們不對股票的走勢做任何假設，也不對專家做任何假設：專家的預測可能有相關性，可能欺騙你，甚至有人根本不是真正的專家，你要使用哪種演算法？

在為這個問題設計演算法之前，我們要考慮該怎麼公平地評估我們的演算法。我們可以合理地期待，當專家做出較好的預測時，我們的演算法有較好的表現，當專家做出較差的預測時，我們的演算法有較差的表現。演算法的目標是限制你的犯錯次數，使其接近最佳專家的犯錯次數。這個目標似乎是個不可能的任務，因為你最後才能知道哪一位專家是最好的。然

而，我們將看到，藉著考慮所有專家提供的建議，我們可以實現這個目標。更正式地說，我們使用「regret（悔憾）」的概念，拿我們的演算法與所有專家中（事後觀察）表現最好的專家進行比較。設 $m^* = \min\{m_i : 1 \leq i \leq n\}$ 是最佳專家的犯錯次數，*regret* 是 $m - m^*$。我們的目標是設計一個低 regret 的演算法（regret 可能是負值，儘管它通常不是，因為你不太可能比最佳專家更優秀）。

作為暖身，我們來考慮這種情況：有一位專家每次都做出正確的預測。即使你不知道那位專家是誰，你仍然可以獲得很好的結果。

引理 33.3

如果在 n 位專家中，有一位專家對全部的 T 個事件都做出正確的預測，那就有一個演算法頂多犯下 $\lceil \lg n \rceil$ 次錯誤。

證明 演算法維護一個集合 S，其成員是還沒有犯下錯誤的專家。最初，S 有全部的 n 位專家。演算法的預測始終是集合 S 裡的剩餘專家所做的預測的多數決結果。遇到平手的狀況時，演算法會隨意做出預測。每一次知道結果之後，演算法更新集合 S，移除預測出錯誤結果的所有專家。

我們來分析這個演算法。做出正確預測的專家始終留在 S 裡。每次演算法出錯時，還在 S 裡的專家至少有一半也是錯的，那些專家會被移除。設 S' 是移除犯錯的專家之後的專家集合，$|S'| \leq |S|/2$。在 S 的大小變成 $|S| = 1$ 之前，最多被減半 $\lceil \lg n \rceil$ 次。從那時起，我們知道演算法不會犯錯了，因為集合 S 裡只有一位從未犯錯的專家。因此，整體而言，演算法頂多犯下 $\lceil \lg n \rceil$ 次錯誤。 ∎

習題 33.2-1 會要求你將這個結果一般化，以處理「沒有專家能夠做出完美預測」的情況，並證明，對任合專家集合而言，都有一種演算法頂多犯下 $m^* \lceil \lg n \rceil$ 次錯誤。這個一般化的演算法以相同的方式開始工作。但是，集合 S 在某個時間點可能變成空的。如果發生這件事，那就重設 S，讓它包含所有專家，並繼續執行演算法。

你不但可以記錄哪些專家沒有犯任何錯誤，或最近沒有犯錯，也可以更詳細地評估每一位專家的品質，來大幅提升你的預測能力。關鍵的概念是利用你收到的回饋，來更新你對每位專家的信任程度。當專家做出預測時，你可以觀察他們是否正確，並調降對於犯較多錯誤的專家的信心。如此一來，久而久之，你可以知道哪些專家較可靠，哪些較不可靠，並對他們的預測做出相應的加權。權重的更改是用乘法來進行的，故名「乘法加權」。

下面的 Weighted-Majority 程序就是這個演算法，它接收一個專家集合 $E = \{E_1, E_2, ..., E_n\}$、事件數量 T、專家數量 n，與一個參數 $0 < \gamma \leq 1/2$，用來控制權重如何改變。這個演算法記錄權重 $w_i^{(t)}$，$i = 1, 2, ..., n$，$t = 1, 2, ..., T$。第 1~2 行的 **for** 迴圈將初始權重 $w_i^{(1)}$ 設為 1，代表在沒有任何資訊可供參考時，你一視同仁地信任每一位專家。第 3~18 行的主 **for** 迴圈的每一次迭代都為事件 $t = 1, 2, ..., T$ 做接下來的事情。在第 4 行，每一位專家 E_i 都為事件 t 做出預測。第 5~8 行計算 *upweight*$^{(t)}$，它是為事件 t 預測 1 的專家的權重之和，以及 *downweight*$^{(t)}$，它是為事件預測 0 的專家的權重之和。第 9~11 行根據哪一個權重和較大，來決定演算法對事件 t 的預測 $p^{(t)}$（若平手，則選擇 1）。第 12 行揭曉事件的結果。最後，第 14~17 行降低對事件 t 預測錯誤的專家的權重，將它的權重乘以 $1 - \gamma$，且不改變正確預測事件結果的專家的權重。因此，專家犯的錯越少，他的權重越高。

Weighted-Majority 程序的實際表現不會比任何專家差多少。具體來說，它不會比最好的專家差太多。為了量化這個主張，設 $m^{(t)}$ 是程序在預測事件 t 的過程中犯錯的次數，設 $m_i^{(t)}$ 是專家 E_i 在預測事件 t 的過程中犯錯的次數。接下來的定理是關鍵所在。

Weighted-Majority(E, T, n, γ)

```
1   for i = 1 to n
2       w_i^(1) = 1                              // 一視同仁地信任每位專家
3   for t = 1 to T
4       each expert E_i ∈ E makes a prediction q_i^(t)
5       U = {E_i : q_i^(t) = 1}                  // 預測 1 的專家
6       upweight^(t) = ∑_{i:E_i ∈ U} w_i^(t)     // 預測 1 的權重和
7       D = {E_i : q_i^(t) = 0}                  // 預測 0 的專家
8       downweight^(t) = ∑_{i:E_i ∈ D} w_i^(t)   // 預測 0 的權重和
9       if upweight^(t) ≥ downweight^(t)
10          p^(t) = 1                            // 演算法預測 1
11      else p^(t) = 0                           // 演算法預測 0
12      outcome o^(t) is revealed
13      // 如果 p^(t) ≠ o^(t)，代表演算法錯了。
14      for i = 1 to n
15          if q_i^(t) ≠ o^(t)                   // 如果專家 E^(i) 錯了…
16              w_i^(t+1) = (1 − γ)w_i^(t)       // …那就降低那位專家的權重
17          else w_i^(t+1) = w_i^(t)
18  return p^(t)
```

定理 33.4

在執行 WEIGHTED-MAJORITY 時，對於每位專家 E_i 與每一個事件 $T' \leq T$，可得

$$m^{(T')} \leq 2(1+\gamma)m_i^{(T')} + \frac{2\ln n}{\gamma} \tag{33.5}$$

證明 每次專家 E_i 犯錯時，它的權重（最初為 1）都會被乘以 $1-\gamma$，所以

$$w_i^{(t)} = (1-\gamma)^{m_i^{(t)}} \tag{33.6}$$

其中 $t = 1, 2, \ldots, T$

我們使用潛能函數 $W(t) = \sum_{i=1}^{n} w_i^{(t)}$，將第 3~18 行的 **for** 迴圈的第 t 次迭代後的全部 n 位專家的權重加總。最初，$W(0) = n$，因為全部的 n 個權重的初始值是 1。因為每位專家若非屬於集合 U 就是屬於集合 D（在 WEIGHTED-MAJORITY 的第 5 行與第 7 行定義），所以每次執行第 8 行之後，$W(t) = upweight^{(t)} + downweight^{(t)}$。

考慮迭代 t，在這次迭代，演算法做出錯誤的預測，這意味著演算法預測 1，但結果是 0，或演算法預測 0，但結果是 1。不失普遍性，假設演算法預測 1，結果是 0。演算法預測 1 是因為在第 9 行，$upweight^{(t)} \geq downweight^{(t)}$，這意味著

$$upweight^{(t)} \geq W(t)/2 \tag{33.7}$$

在 U 裡的專家的權重都被乘以 $1-\gamma$，在 D 裡的專家的權重都保持不變。因此，

$$\begin{aligned}
W(t+1) &= upweight^{(t)}(1-\gamma) + downweight^{(t)} \\
&= upweight^{(t)} + downweight^{(t)} - \gamma \cdot upweight^{(t)} \\
&= W(t) - \gamma \cdot upweight^{(t)} \\
&\leq W(t) - \gamma \frac{W(t)}{2} \quad \text{（根據不等式 (33.7)）} \\
&= W(t)(1-\gamma/2)
\end{aligned}$$

所以，對演算法犯錯的每個迭代 t 而言

$$W(t+1) \leq (1-\gamma/2)W(t) \tag{33.8}$$

在演算法沒有犯錯的迭代裡，有些權重降低，有些維持不變，所以得到

$$W(t+1) \leq W(t) \tag{33.9}$$

因為在第 T' 次迭代犯下的錯誤是 $m^{(T')}$ 次，且 $W(1) = n$，我們可以反覆地對演算法犯錯的迭代套用不等式 (33.8)，對演算法未犯錯的迭代套用不等式 (33.9)，得到

$$W(T') \leq n(1 - \gamma/2)^{m^{(T')}} \tag{33.10}$$

因為函數 W 是權重之和，且所有權重都是正的，它的值超過任何單一權重。因此，使用式 (33.6) 可得，對任何專家 E_i 與任何迭代 $T' \leq T$ 而言，

$$W(T') \geq w_i^{(T')} = (1 - \gamma)^{m_i^{(T')}} \tag{33.11}$$

結合不等式 (33.10) 與 (33.11) 可得

$$(1 - \gamma)^{m_i^{(T')}} \leq n(1 - \gamma/2)^{m^{(T')}}$$

對兩邊取自然對數可得

$$m_i^{(T')} \ln(1 - \gamma) \leq m^{(T')} \ln(1 - \gamma/2) + \ln n \tag{33.12}$$

我們用泰勒級數展開來推導不等式 (33.12) 裡的對數因子的上下限。$\ln(1 + x)$ 的泰勒級數見第 61 頁的式 (3.22)。將 x 換成 $-x$，我們得到對於 $0 < x \leq 1/2$，

$$\ln(1 - x) = -x - \frac{x^2}{2} - \frac{x^3}{3} - \frac{x^4}{4} - \cdots \tag{33.13}$$

因為等號右邊的每一項都是負值，我們可以移除第一項之外的每一項，得到上限 $\ln(1-x) \leq -x$。因為 $0 < \gamma \leq 1/2$，我們得到

$$\ln(1 - \gamma/2) \leq -\gamma/2 \tag{33.14}$$

至於下限，習題 33.2-2 會請你證明：當 $0 < x \leq 1/2$，$\ln(1-x) \geq -x - x^2$，所以

$$-\gamma - \gamma^2 \leq \ln(1 - \gamma) \tag{33.15}$$

因此可得

$$\begin{aligned} m_i^{(T')}(-\gamma - \gamma^2) &\leq m_i^{(T')} \ln(1 - \gamma) &&\text{（根據不等式 (33.15)）} \\ &\leq m^{(T')} \ln(1 - \gamma/2) + \ln n &&\text{（根據不等式 (33.12)）} \\ &\leq m^{(T')}(-\gamma/2) + \ln n &&\text{（根據不等式 (33.14)）} \end{aligned}$$

所以

$$m_i^{(T')}(-\gamma - \gamma^2) \le m^{(T')}(-\gamma/2) + \ln n \tag{33.16}$$

在不等式 (33.16) 兩邊減去 $\ln n$，然後在兩邊乘以 $-2/\gamma$ 可得 $m^{(T')} \le 2(1+\gamma)m_i^{(T')} + (2\ln n)/\gamma$，故定理得證。∎

定理 33.4 適用於任何專家和任何事件 $T' \le T$。特別是，我們可以在所有事件發生之後，與最好的專家做比較，得出接下來的推論。

推論 33.5

當 WEIGHTED-MAJORITY 程序結束時，

$$m^{(T)} \le 2(1+\gamma)m^* + \frac{2\ln n}{\gamma} \tag{33.17}$$

∎

我們來研究這個界限。假設 $\sqrt{\ln n/m^*} \le 1/2$，我們可以選擇 $\gamma = \sqrt{\ln n/m^*}$，並插入不等式 (33.17)，得到

$$\begin{aligned} m^{(T)} &\le 2\left(1 + \sqrt{\frac{\ln n}{m^*}}\right)m^* + \frac{2\ln n}{\sqrt{\ln n/m^*}} \\ &= 2m^* + 2\sqrt{m^* \ln n} + 2\sqrt{m^* \ln n} \\ &= 2m^* + 4\sqrt{m^* \ln n} \end{aligned}$$

因此，錯誤的數量頂多是最佳專家犯錯次數的兩倍，加上一個增長速度通常慢於 m^* 的項。習題 33.2-4 會介紹，你可以透過隨機化，將錯誤次數的上限降低 2 倍，產生更嚴格的界限。特別是，regret $(m-m^*)$ 的上限可從 $(1+2\gamma)m^* + (2\ln n)/\gamma$ 降為期望值 $\epsilon m^* + (\ln n)/\epsilon$，其中 γ 與 ϵ 頂多是 $1/2$。從數字上看，如果 $\gamma = 1/2$，WEIGHTED-MAJORITY 犯錯的次數最多是最佳專家的 3 倍，加上 $4\ln n$ 次錯誤。舉另一個例子，假設有 $n = 20$ 位專家做了 $T = 1000$ 次預測，最佳專家的正確率是 95%，犯了 50 次錯。那麼 WEIGHTED-MAJORITY 頂多犯錯 $100(1+\gamma) + 2\ln 20/\gamma$ 次錯誤。選擇 $\gamma = 1/4$，WEIGHTED-MAJORITY 最多犯 149 次錯誤，成功率至少 85%。

乘法加權法通常是指包含 WEIGHTED-MAJORITY 在內的廣泛演算法類別。它們產生的結果與預測並非只能是 0 或 1，也可以是實數，而且可能有與特定結果及預測相關的損失，你可以用一個與損失相關的乘法因子來更新權重。演算法可將給定的權重視為專家的分布，在遇到每一次事件時，使用它們來選擇一位專家的意見。即使是這種較一般化的設計，仍然有類似定理 33.4 的界限。

習題

33.2-1
引理 33.3 的證明假設有些專家絕不犯錯。我們可以將演算法一般化和分析它，來移除這個假設。新演算法起初以相同的方式運作，但是，集合 S 在某個時間點可能變成空的，如果發生這件事，那就重設 S，讓它包含所有專家，並繼續執行演算法。證明演算法犯錯的次數頂多是 $m^* \lceil \lg n \rceil$。

33.2-2
證明當 $0 < x \leq 1/2$ 時，$\ln(1-x) \geq -x - x^2$（提示：從式 (33.13) 做起，將前三項之後的所有項組成群組，並使用第 1098 頁的式 (A.7)）。

33.2-3
考慮引理 33.3 的證明中的演算法（有一些專家從未犯錯）的隨機化變體。在每一步，均勻且隨機地從集合 S 選出一位專家 E_i，然後做出與 E_i 一樣的預測。證明這個演算法犯錯的期望次數是 $\lceil \lg n \rceil$。

33.2-4
考慮 WEIGHTED-MAJORITY 的隨機化版本。這個演算法除了預測步驟之外都一樣，它的預測步驟將權重視為專家的機率分布，並根據該分布選擇一位專家 E_i。然後選擇專家 E_i 做出來的預測作為它的預測。證明：設 $0 < \epsilon < 1/2$，這個演算法犯錯的期望次數頂多是 $(1 + \epsilon)m^* + (\ln n)/\epsilon$。

33.3 梯度下降

假設你有一個點集合 $\{p_1, p_2, ..., p_n\}$，你想找出最貼近這些點的線。對於任何線 ℓ，在每一點 p_i 與該線之間都有一個距離 d_i。你想找出一條可將函數 $f(d_1, ..., d_n)$ 最小化的線。距離與函數 f 有很多可能的定義。例如，距離可能是投影到線上的距離，函數可能是距離的平方和。這類問題在資料科學和機器學習中很常見，線是最能夠描述資料的假設，最佳的定義由距離的定義和目標 f 決定。如果距離的定義和函數 f 是線性的，我們就有一個線性規劃問題，如第 29 章所述。儘管線性規劃框架可處理幾個重要的問題，但是有很多其他問題，包括各種機器學習問題，都不一定有線性的目標和限制條件，我們需要能夠解決此類問題的框架和演算法。

在這一節，我們要考慮優化一個連續函數的問題，並討論最流行的方法之一：梯度下降。梯度下降法是尋找函數 $f: \mathbb{R}^n \to \mathbb{R}$ 的局部最小值的通用方法，非正式地說，函數 f 的局部最小值是一點 $\mathbf{x}$，對「接近」$\mathbf{x}$ 的所有 $\mathbf{x}'$ 而言，$f(\mathbf{x}) \leq f(\mathbf{x}')$。如果函數是凸的，梯度下降可以找到一個接近 f 的**全域最小值解**的點，全域最小值就是一個使 $f(\mathbf{x})$ 是最小值的 n 維向量 $\mathbf{x} = (x_1, x_2, ..., x_n)$。要直覺地了解梯度下降，你可以想像自己站在一個包含山丘和山谷的環境裡，你想盡快走到一個低點。你勘察地形，選擇可從當下位置盡快下行的方向移動。你朝著該方向前進，但只走一小段時間，因為在前進的過程中，地形會改變，你可能要選擇不同的方向。所以你停下腳步，重新評估可能的方向，往最陡峭的下坡方向移動一小段距離，這個方向可能與之前的移動方向不同。你繼續這個過程，直到到達一個所有方向都往上的地點為止，這個地點就是局部最小值。

為了將這個非正式的程序寫得更正式，我們需要定義函數的梯度，按照上面的比喻，梯度就是每一個方向的陡峭程度指標。給定函數 $f: \mathbb{R}^n \to \mathbb{R}$，它的**梯度** ∇f 是一個函數 $\nabla f: \mathbb{R}^n \to \mathbb{R}^n$，包含 n 個偏導數：$(\nabla f)(\mathbf{x}) = \left(\frac{\partial f}{\partial x_1}, \frac{\partial f}{\partial x_2}, ..., \frac{\partial f}{\partial x_n} \right)$。類似單變數函數的導數，梯度可以視為函數值在局部區域加速度最快的方向，以及增加的速度。這個觀點並不正式，為了將它形式化，我們必須定義局部是什麼意思，並為函數設定一些條件，例如存在連續性或導數。儘管如此，此觀點啟發了梯度下降的關鍵步驟——朝著梯度的反方向移動，及移動距離受梯度大小影響。

梯度下降的程序一般是分步進行的。你從一個初始點 $\mathbf{x}^{(0)}$ 開始，它是個 n 維向量。在每一步 t，你計算 f 在點 $\mathbf{x}^{(t)}$ 處的梯度值，也就是 $(\nabla f)(\mathbf{x}^{(t)})$，它也是個 n 維向量。然後，在 $\mathbf{x}^{(t)}$ 的每一個維度朝著與梯度相反的方向移動，到達下一個點 $\mathbf{x}^{(t+1)}$，它也是個 n 維向量。因為你在每個維度往單調遞減的方向移動，你會得到 $f(\mathbf{x}^{(t+1)}) \leq f(\mathbf{x}^{(t)})$。將這個想法轉換成實際的

演算法還需要一些細節，主要的兩個細節在於，你需要一個初始點，以及決定該往負梯度的方向移動多遠。你也要了解何時該停止，以及判斷解的品質。我們將在本節進一步探討這些問題，包括有限制條件的最小化，也就是對點施加額外的限制條件，以及無限制條件的最小化。

無限制條件的梯度下降

為了培養直覺，我們來考慮一維的無限制條件梯度下降，也就是說，f 是純量 x 的函數，故 $f: \mathbb{R} \to \mathbb{R}$。此時，$f$ 的梯度 ∇f 就是 $f'(x)$，即 f 對 x 的導數。考慮圖 33.3 的藍色函數 f，它的最小值解是 x^*，起點是 $x^{(0)}$。橘色梯度（導數）$f'(x^{(0)})$ 的斜率是負的，所以從 $x^{(0)}$ 往 x 變大的方向走一小步到達點 x'，其 $f(x') < f(x^{(0)})$。但是，走太大步會到達點 x''，其 $f(x'') > f(x^{(0)})$，所以這樣走不好。限制自己小步邁進，讓每一步都是 $f(x') < f(x)$，最終會靠近點 $\hat{x}$，它可產生局部最小值。但是，如果從 $x^{(0)}$ 開始只往下坡小步邁進，梯度下降就沒有機會到達全域最小值解 x^*。

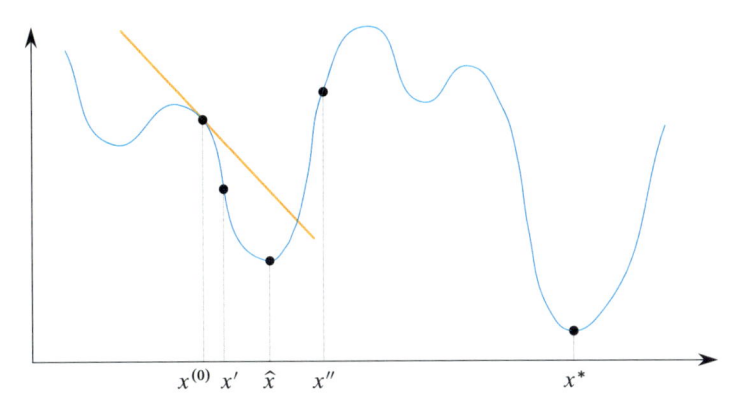

圖 33.3 藍線是函數 $f: \mathbb{R} \to \mathbb{R}$。它在 $x^{(0)}$ 的梯度（橘色）的斜率是負的，所以從 $x^{(0)}$ 微幅增加 x，走到 x' 可得到 $f(x') < f(x^{(0)})$。從 $x^{(0)}$ 少量增加 x 前往 $\hat{x}$ 可得到局部最小值解。增加太多 x 會到達 x''，$f(x'') > f(x^{(0)})$。從 $x^{(0)}$ 開始小步前進，只往 f 減少的方向前進，最終無法到達全域最小值 x^*。

我們可以從這個簡單的例子看到兩件事。首先，梯度下降是往局部最小值收斂的，不一定是全域最小值。其次，它的收斂速度和它的行為與函數的屬性、起始點和演算法的步幅有關。

下面的 GRADIENT-DESCENT 程序接收一個函數 f，一個起始點 $\mathbf{x}^{(0)} \in \mathbb{R}^n$，一個固定的步幅乘數 $\gamma > 0$，和一個步數 $T > 0$ 作為輸入。第 2~4 行的 **for** 迴圈的每一次迭代都計算點 $\mathbf{x}^{(t)}$ 的 n 維梯度，然後在 n 維空間中，往反方向移動 γ 距離。計算梯度的複雜性取決於函數 f，有時可能很昂貴。第 3 行將造訪過的點進行加總。在迴圈終止後，第 6 行回傳 **x-avg**，它是除了最後一個點 $\mathbf{x}^{(T)}$ 之外，造訪過的所有點的平均。雖然回傳 $\mathbf{x}^{(T)}$ 看起來比較自然，但事實上，在許多情況下，你可能更希望函數回傳 $\mathbf{x}^{(T)}$。但是，在我們即將分析的版本中，我們使用 **x-avg**。

GRADIENT-DESCENT($f, \mathbf{x}^{(0)}, \gamma, T$)
1   **sum** = 0   // n 維向量，最初都是 0
2   **for** $t = 0$ **to** $T - 1$
3   **sum** = **sum** + $\mathbf{x}^{(t)}$ // 將 n 維的每一維都加入 **sum**
4        $\mathbf{x}^{(t+1)} = \mathbf{x}^{(t)} - \gamma \cdot (\nabla f)(\mathbf{x}^{(t)})$ // $(\nabla f)(\mathbf{x}^{(t)}), \mathbf{x}^{(t+1)}$ 是 n 維的
5   **x-avg** = **sum**/T // 將 n 維的每一維除以 T
6   **return x-avg**

圖 33.4 描述梯度下降在凸的一維函數上的理想運作情況[1]。我們接下來將更正式地定義凸性，但如圖所示，每一次迭代的前進方向都與梯度相反，移動的距離與梯度的大小成正比。隨著迭代的進行，梯度的大小將減少，因此沿橫軸移動的距離也會減少。在每次迭代後，與最佳點 $\mathbf{x}^*$ 之間的距離都會減少。一般來說，這種理想的行為不保證發生，但本節接下來的分析會正式地說明這種行為何時發生，並量化需要迭代的次數。然而，梯度下降不一定有效。我們已經看到，如果函數不是凸的，梯度下降可能收斂到局部最小值而不是全域的最小值。我們也看到，如果步幅過大，GRADIENT-DESCENT 會跨過最小值，並離它更遠（但也有可能跨過最小值，並趨近最佳值）。

分析凸函數的無限制條件梯度下降

我們為梯度下降所做的分析將集中在凸函數上。第 1149 頁的不等式 (C.29) 定義一個變數的凸函數，如圖 33.5 所示。我們可以延伸函數 $f: \mathbb{R}^n \to \mathbb{R}$ 的定義，主張若所有 $\mathbf{x}, \mathbf{y} \in \mathbb{R}^n$ 以及所有 $0 \leq \lambda \leq 1$ 都滿足下式，那麼 f 是凸的

$$f(\lambda \mathbf{x} + (1 - \lambda)\mathbf{y}) \leq \lambda f(\mathbf{x}) + (1 - \lambda) f(\mathbf{y}) \tag{33.18}$$

---

[1] 雖然圖 33.4 的曲線看起來是凹的，但根據接下來介紹的凸性定義，此圖的函數 f 是凸的。

（除了 **x** 與 **y** 的維度之外，不等式 (33.18) 與 (C.29) 一樣）。我們也假設凸函數是閉合（closed）的[2]與可微的。

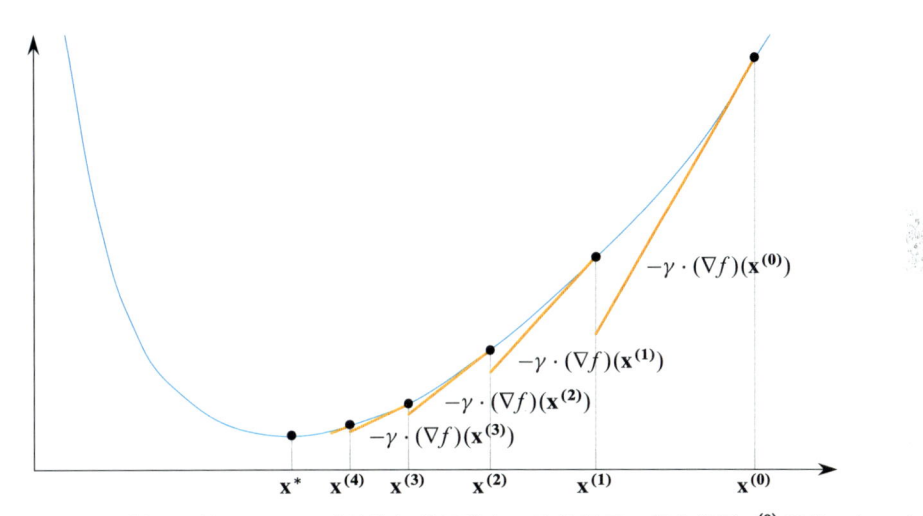

圖 33.4 對凸函數 $f: \mathbb{R} \to \mathbb{R}$（藍線）執行梯度下降的例子。程序從點 $\mathbf{x}^{(0)}$ 開始，每一次迭代都往梯度的反方向移動，移動的距離與梯度的大小成正比。橘線代表每一點的梯度的負值，乘以步幅大小 γ。隨著迭代的進行，梯度的大小逐漸減少，移動的距離也相應減少。在每次迭代後，與最佳點 $\mathbf{x}^*$ 之間的距離都會縮短。

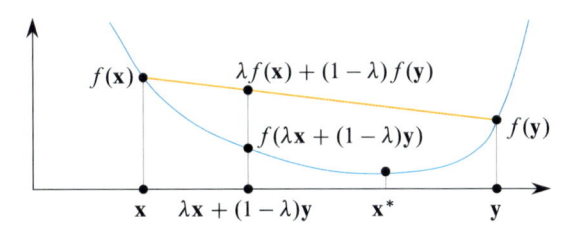

圖 33.5 藍線是凸函數 $f: \mathbb{R} \to \mathbb{R}$，它的局部與全域最小值解都是 $\mathbf{x}^*$。因為 f 是凸的，所以對任何兩個值 x 與 y 以及所有 $0 \leq \lambda \leq 1$ 而言，$f(\lambda \mathbf{x} + (1-\lambda)\mathbf{y}) \leq \lambda f(\mathbf{x}) + (1-\lambda)f(\mathbf{y})$，本圖使用特定的 λ 值。在此，橘線代表 $0 \leq \lambda \leq 1$ 的所有 $\lambda f(\mathbf{x}) + (1-\lambda)f(\mathbf{y})$ 值，它在藍線之上。

2　函數 $f: \mathbb{R}^n \to \mathbb{R}$ 如果滿足以下條件，它是閉合的：對每個 $\alpha \in \mathbb{R}$ 而言，集合 $\{\mathbf{x} \in \text{dom}(f) : f(\mathbf{x}) \leq \alpha\}$ 是閉合的，其中 $\text{dom}(f)$ 是 f 的定義域。

凸函數的第一個性質是，它的局部最小值也是全域最小值。為了證明這個特性，考慮不等式 (33.18)，我們使用反證法，假設 $\mathbf{x}$ 是局部最小值，但不是全域最小值，且 $\mathbf{y} \neq \mathbf{x}$ 是全域最小值，因此 $f(\mathbf{y}) < f(\mathbf{x})$。所以可得

$$\begin{aligned} f(\lambda \mathbf{x} + (1-\lambda)\mathbf{y}) &\leq \lambda f(\mathbf{x}) + (1-\lambda) f(\mathbf{y}) \quad （根據不等式 (33.18)） \\ &< \lambda f(\mathbf{x}) + (1-\lambda) f(\mathbf{x}) \\ &= f(\mathbf{x}) \end{aligned}$$

設 λ 接近 1，我們可以看到，$\mathbf{x}$ 附近有一個點，假設它是 $\mathbf{x}'$，滿足 $f(\mathbf{x}') < f(\mathbf{x})$，所以 $\mathbf{x}$ 不是局部最小值。

凸函數有一些實用的特性。第一個特性是，凸函式始終位於它的切超平面（tangent hyperplane）之上。我們將這個特性的證明當成習題 33.3-1。在梯度下降的背景下，角括號代表第 1175 頁定義的內積，而不是序列。

引理 33.6

對任何可微凸函數 $f: \mathbb{R}^n \to \mathbb{R}$ 與所有 $x, y \in \mathbb{R}^n$ 而言，

$$f(\mathbf{x}) \leq f(\mathbf{y}) + \langle (\nabla f)(\mathbf{x}), \mathbf{x} - \mathbf{y} \rangle \qquad \blacksquare$$

凸函數的第二個性質再次應用不等式 (33.18) 的凸性定義。習題 33.3-2 將請你證明。

引理 33.7

對於任何凸函數 $f: \mathbb{R}^n \to \mathbb{R}$、任何整數 $T \geq 1$、所有 $\mathbf{x}^{(0)}, \ldots, \mathbf{x}^{(T-1)} \in \mathbb{R}^n$ 而言，

$$f\left(\frac{\mathbf{x}^{(0)} + \cdots + \mathbf{x}^{(T-1)}}{T}\right) \leq \frac{f(\mathbf{x}^{(0)}) + \cdots + f(\mathbf{x}^{(T-1)})}{T} \qquad (33.19)$$

$\blacksquare$

不等式 (33.19) 的左邊是 f 在 Gradient-Descent 回傳的向量 **x-avg** 處的值。

接下來要分析 Gradient-Descent。它可能不會回傳全域最小值解 $\mathbf{x}^*$。我們使用誤差界限 ϵ，並選擇 T，使得在終止時，$f(\mathbf{x}\text{-avg}) - f(\mathbf{x}^*) \leq \epsilon$。$\epsilon$ 的值與迭代次數 T 和兩個其他值有關。第一，因為我們預期從全域最小值的附近開始比較好，所以 ϵ 是以下的函數

$$R = \|\mathbf{x}^{(0)} - \mathbf{x}^*\| \qquad (33.20)$$

也就是 $\mathbf{x}^{(0)}$ 與 $\mathbf{x}^*$ 之差的歐氏範數（或距離，見第 1176 頁的定義）。誤差界限 ϵ 是一個關於量 L 的函數，L 是梯度的大小 $\|(\nabla f)(\mathbf{x})\|$ 的上限，所以

$$\|(\nabla f)(\mathbf{x})\| \leq L \tag{33.21}$$

其中 $\mathbf{x}$ 涵蓋 Gradient-Descent 計算梯度的所有對象點 $\mathbf{x}^{(0)}, \ldots, \mathbf{x}^{(T-1)}$。當然，我們不知道 L 與 R 的值，現在先假設我們知道，等一下會討論如何排除這些假設。對於 Gradient-Descent 的分析可以歸納成接下來的定理。

定理 33.8

設 $\mathbf{x}^* \in \mathbb{R}^n$ 是凸函數 f 的最小值解，假設執行 Gradient-Descent$(f, \mathbf{x}^{(0)}, \gamma, T)$ 回傳 $\mathbf{x}\text{-}\mathbf{avg}$，其中 $\gamma = R/(L\sqrt{T})$，且 R 與 L 的定義是式 (33.20) 與 (33.21)。設 $\epsilon = RL/\sqrt{T}$。那麼，我們得到 $f(\mathbf{x}\text{-}\mathbf{avg}) - f(\mathbf{x}^*) \leq \epsilon$。 ∎

我們來證明這個定理。我們不為每次迭代所獲得的進展設定絕對界限，而是使用第 16.3 節的潛能函數。我們定義在計算 $\mathbf{x}^{(t)}$ 之後的潛能 $\Phi(t) \geq 0$，$t = 0, \ldots, T$。我們將計算 $\mathbf{x}^{(t)}$ 的迭代中的**平攤進展**定義成

$$p(t) = f(\mathbf{x}^{(t)}) - f(\mathbf{x}^*) + \Phi(t+1) - \Phi(t) \tag{33.22}$$

式 (33.22) 除了加入潛能的變化（$\Phi(t+1) - \Phi(t)$）之外，也減去最小值 $f(\mathbf{x}^*)$，因為最終，你關心的不是 $f(\mathbf{x}^{(t)})$ 的值，而是它們多麼接近 $f(\mathbf{x}^*)$。假設我們可以證明對某個值 B 與 $t = 0, \ldots, T-1$ 而言，$p(t) \leq B$。我們可以用式 (33.22) 來替換 $p(t)$，得到

$$f(\mathbf{x}^{(t)}) - f(\mathbf{x}^*) \leq B - \Phi(t+1) + \Phi(t) \tag{33.23}$$

加總 $t = 0, \ldots, T-1$ 時的不等式 (33.23) 得到

$$\sum_{t=0}^{T-1}(f(\mathbf{x}^{(t)}) - f(\mathbf{x}^*)) \leq \sum_{t=0}^{T-1}(B - \Phi(t+1) + \Phi(t))$$

將右邊的級數分項對消並重組，可得到

$$\left(\sum_{t=0}^{T-1} f(\mathbf{x}^{(t)})\right) - T \cdot f(\mathbf{x}^*) \leq TB - \Phi(T) + \Phi(0)$$

除以 T 並移除正項 $\Phi(T)$ 可得

$$\frac{\sum_{t=0}^{T-1} f(\mathbf{x}^{(t)})}{T} - f(\mathbf{x}^*) \leq B + \frac{\Phi(0)}{T} \tag{33.24}$$

所以得到

$$\begin{aligned} f(\mathbf{x}\text{-avg}) - f(\mathbf{x}^*) &= f\left(\frac{\sum_{t=0}^{T-1} \mathbf{x}^{(t)}}{T}\right) - f(\mathbf{x}^*) \quad \text{（根據 x-avg 的定義）} \\ &\leq \frac{\sum_{t=0}^{T-1} f(\mathbf{x}^{(t)})}{T} - f(\mathbf{x}^*) \quad \text{（根據引理 33.7）} \\ &\leq B + \frac{\Phi(0)}{T} \quad \text{（根據不等式 (33.24)）} \end{aligned} \tag{33.25}$$

換句話說，如果我們可以證明對某個 B 值而言，$p(t) \leq B$，並選擇 $\Phi(0)$ 不致於太大的潛能函數，那麼不等式 (33.25) 可告訴我們，在 T 次迭代之後，函數值 $f(\mathbf{x}\text{-avg})$ 多麼接近函數值 $f(\mathbf{x}^*)$。也就是說，我們可以得到 $B + \Phi(0)/T$ 的誤差界限 ϵ。

為了得到平攤進展的界限，我們必須寫出具體的潛能函數。我們定義潛能函數如下

$$\Phi(t) = \frac{\left\|\mathbf{x}^{(t)} - \mathbf{x}^*\right\|^2}{2\gamma} \tag{33.26}$$

亦即，潛能函數與當下的點和最小值解 $\mathbf{x}^*$ 之間的距離的平方成正比。有了潛能函數之後，接下來的引理提供 GRADIENT-DESCENT 的任意迭代帶來的平攤進展上限。

引理 33.9

設 $\mathbf{x}^* \in \mathbb{R}^n$ 是凸函數 f 的最小值解，考慮執行 GRADIENT-DESCENT$(f, \mathbf{x}^{(0)}, \gamma, T)$ 的情況。對於程序計算的每一個點 $\mathbf{x}^{(t)}$，可得

$$p(t) = f(\mathbf{x}^{(t)}) - f(\mathbf{x}^*) + \Phi(t+1) - \Phi(t) \leq \frac{\gamma L^2}{2}$$

證明 我們先找出潛能變化 $\Phi(t+1) - \Phi(t)$ 的上限。使用式 (33.26) 的 $\Phi(t)$ 定義，可得

$$\Phi(t+1) - \Phi(t) = \frac{1}{2\gamma}\left\|\mathbf{x}^{(t+1)} - \mathbf{x}^*\right\|^2 - \frac{1}{2\gamma}\left\|\mathbf{x}^{(t)} - \mathbf{x}^*\right\|^2 \tag{33.27}$$

從 GRADIENT-DESCENT 的第 4 行，我們知道

$$\mathbf{x}^{(t+1)} - \mathbf{x}^{(t)} = -\gamma \cdot (\nabla f)(\mathbf{x}^{(t)}) \tag{33.28}$$

所以我們想改寫式 (33.27)，讓它有 $\mathbf{x}^{(t+1)} - \mathbf{x}^{(t)}$ 項。正如習題 33.3-3 將請你證明的，對兩個向量 $\mathbf{a}, \mathbf{b} \in \mathbb{R}^n$ 而言，

$$\|\mathbf{a} + \mathbf{b}\|^2 - \|\mathbf{a}\|^2 = 2\langle \mathbf{b}, \mathbf{a} \rangle + \|\mathbf{b}\|^2 \tag{33.29}$$

設 $\mathbf{a} = \mathbf{x}^{(t)} - \mathbf{x}^*$ 與 $\mathbf{b} = \mathbf{x}^{(t+1)} - \mathbf{x}^{(t)}$，我們可以將式 (33.27) 的右邊寫成 $\frac{1}{2\gamma} \left(\|\mathbf{a} + \mathbf{b}\|^2 - \|\mathbf{a}\|^2 \right)$。然後可以將潛能的變化寫成

$$
\begin{aligned}
\Phi(t+1) &- \Phi(t) \\
&= \frac{1}{2\gamma} \|\mathbf{x}^{(t+1)} - \mathbf{x}^*\|^2 - \frac{1}{2\gamma} \|\mathbf{x}^{(t)} - \mathbf{x}^*\|^2 & \text{（根據式 (33.27)）} \\
&= \frac{1}{2\gamma} \left(2\langle \mathbf{x}^{(t+1)} - \mathbf{x}^{(t)}, \mathbf{x}^{(t)} - \mathbf{x}^* \rangle + \|\mathbf{x}^{(t+1)} - \mathbf{x}^{(t)}\|^2 \right) & \text{（根據式 (33.29)）} \\
&= \frac{1}{2\gamma} \left(2\langle -\gamma \cdot (\nabla f)(\mathbf{x}^{(t)}), \mathbf{x}^{(t)} - \mathbf{x}^* \rangle + \|-\gamma \cdot (\nabla f)(\mathbf{x}^{(t)})\|^2 \right) \\
& & \text{（根據式 (33.28)）} \\
&= -\langle (\nabla f)(\mathbf{x}^{(t)}), \mathbf{x}^{(t)} - \mathbf{x}^* \rangle + \frac{\gamma}{2} \|(\nabla f)(\mathbf{x}^{(t)})\|^2 & (33.30) \\
& & \text{（根據第 1176 頁的式 (D.3)）} \\
&\leq -(f(\mathbf{x}^{(t)}) - f(\mathbf{x}^*)) + \frac{\gamma}{2} \|(\nabla f)(\mathbf{x}^{(t)})\|^2 & \text{（根據引理 33.6）}
\end{aligned}
$$

所以可得

$$\Phi(t+1) - \Phi(t) \leq -(f(\mathbf{x}^{(t)}) - f(\mathbf{x}^*)) + \frac{\gamma}{2} \|(\nabla f)(\mathbf{x}^{(t)})\|^2 \tag{33.31}$$

我們來算 $p(t)$ 的上限。根據不等式 (33.31) 的潛能變化上限，並使用 L 的定義（不等式 (33.21)），我們得到

$$
\begin{aligned}
p(t) &= f(\mathbf{x}^{(t)}) - f(\mathbf{x}^*) + \Phi(t+1) - \Phi(t) & \text{（根據式 (33.22)）} \\
&\leq f(\mathbf{x}^{(t)}) - f(\mathbf{x}^*) - (f(\mathbf{x}^{(t)}) - f(\mathbf{x}^*)) + \frac{\gamma}{2} \|(\nabla f)(\mathbf{x}^{(t)})\|^2 \\
& & \text{（根據不等式 (33.31)）} \\
&= \frac{\gamma}{2} \|(\nabla f)(\mathbf{x}^{(t)})\|^2 \\
&\leq \frac{\gamma L^2}{2} & \text{（根據不等式 (33.21)）} \quad \blacksquare
\end{aligned}
$$

有了一個步驟的平攤進展上限之後，我們來分析整個 Gradient-Descent 程序，以完成定理 33.8 的證明。

定理 33.8 的證明 不等式 (33.25) 告訴我們，如果我們得到 $p(t)$ 的上限 B，就可以得到上限 $f(\text{x-avg}) = f(\mathbf{x}^*) \leq B + \Phi(0)/T$。根據式 (33.20) 與 (33.26)，$\Phi(0) = R^2/(2\gamma)$。引理 33.9 提供 B 的上限 $= \gamma L^2/2$，所以得到

$$f(\text{x-avg}) - f(\mathbf{x}^*) \leq B + \frac{\Phi(0)}{T} \qquad \text{（根據不等式 (33.25)）}$$

$$= \frac{\gamma L^2}{2} + \frac{R^2}{2\gamma T}$$

我們在定理 33.8 的說明裡選擇的 $\gamma = R/(L\sqrt{T})$ 平衡了兩項，得到

$$\frac{\gamma L^2}{2} + \frac{R^2}{2\gamma T} = \frac{R}{L\sqrt{T}} \cdot \frac{L^2}{2} + \frac{R^2}{2T} \cdot \frac{L\sqrt{T}}{R}$$

$$= \frac{RL}{2\sqrt{T}} + \frac{RL}{2\sqrt{T}}$$

$$= \frac{RL}{\sqrt{T}}$$

因為我們在定理的說明裡選擇 $\epsilon = RL/\sqrt{T}$，故完成證明。∎

繼續假設我們知道 R（來自式 (33.20)）與 L（來自式 (33.21)），我們可以用稍微不同的方式來分析。我們可以假定我們有一個目標準確度 ϵ，然後計算所需的迭代。也就是說，我們可以從 $\epsilon = RL/\sqrt{T}$ 得出 $T = R^2L^2/\epsilon^2$。所以，迭代次數取決於 R 與 L 的平方，更重要的是，迭代次數取決於 $1/\epsilon^2$（在不等式 (33.21) 裡的 L 的定義與 T 有關，但我們知道的 L 上限可能與特定的 T 值無關）。因此，如果你想要把誤差界限減半，你就要執行四倍的迭代次數。

我們很可能不知道實際的 R 和 L，因為要知道 R，你需要知道 $\mathbf{x}^*$（因為 $R = \|\mathbf{x}^{(0)} - \mathbf{x}^*\|$），而且你可能沒有梯度的明確上限，它可提供 L。然而，你可以把梯度下降的分析解釋成：證明存在某個步幅可讓程序朝著最小值進展，然後，你可以計算出一個步幅 γ，使 $f(\mathbf{x}^{(t)}) - f(\mathbf{x}^{(t+1)})$ 足夠大。事實上，在實際應用中，不使用固定的步幅乘數是有益的，因為你可以自由地使用任何步幅 s 來充分地減少 f 值。你可以用一種類似二元搜尋的程序來尋找能夠大幅下降的步幅，這種程序稱為**直線搜尋**（*line search*）。給定函數 f 與步幅 s，我們定義函數 $g(\mathbf{x}^{(t)}, s) = f(\mathbf{x}^{(t)}) - s(\nabla f)(\mathbf{x}^{(t)})$。我們從可實現 $g(\mathbf{x}^{(t)}, s) \leq f(\mathbf{x}^{(t)})$ 的小步幅 s 開始。然後反覆將 s 加倍，直到 $g(\mathbf{x}^{(t)}, 2s) \geq g(\mathbf{x}^{(t)}, s)$，然後在區間 $[s, 2s]$ 內執行二元搜尋。這個程序可以產生一個讓目標函數顯著下降的步幅。然而，在其他情況下，你可能知道 R 和 L 的準確上限，通常來自特定問題的相關資訊，此時使用它們即可。

在第 2~4 行的 **for** 迴圈的每次迭代中，最主要的計算步驟是計算梯度。計算梯度和評估梯度的複雜度有很大的差異，取決於眼前的應用。我們等一下會討論幾個應用。

有限制條件的梯度下降

我們可以使用梯度下降來進行有限制條件的最小化，將封閉凸函數 $f(\mathbf{x})$ 最小化，並滿足額外的要求：$\mathbf{x} \in K$，其中 K 是閉合凸體（closed convex body）。如果對所有 $\mathbf{x}, \mathbf{y} \in K$ 而言，凸組合 $\lambda \mathbf{x} + (1-\lambda)\mathbf{y} \in K$（$0 \leq \lambda \leq 1$），那麼體（*body*）$K \subseteq \mathbb{R}^n$ 是凸的。封閉凸體包含它的極限點（limit points）。有點令人驚訝的是，受限問題（constrained problem）的限制條件不會明顯增加梯度下降的迭代次數。你可以執行相同的演算法，但是在每一次迭代裡，你要檢查當下的點 $\mathbf{x}^{(t)}$ 是否仍然在凸體 K 裡。如果沒有，你只要移至 K 裡的最近點。移至最近點稱為投影（*projection*）。我們將 n 維的點 $\mathbf{x}$ 投射至凸體 K 的投影 $\Pi_K(\mathbf{x})$ 正式定義為點 $\mathbf{y} \in K$，使得 $\|\mathbf{x} - \mathbf{y}\| = \min\{\|\mathbf{x} - \mathbf{z}\| : z \in K\}$。若 $\mathbf{x} \in K$，則 $\Pi_K(\mathbf{x}) = (\mathbf{x})$。

這個改變產生下面的程序 GRADIENT-DESCENT-CONSTRAINED，其中，GRADIENT-DESCENT 的第 4 行被換成兩行。它假設 $\mathbf{x}^{(0)} \in K$。GRADIENT-DESCENT-CONSTRAINED 的第 4 行往負梯度的方向移動，第 5 行投射回 K。接下來的引理有助於證明，當 $\mathbf{x}^* \in K$ 時，如果第 5 行的投影步驟從 K 外的一點移到 K 內的一點，它不會遠離 $\mathbf{x}^*$。

GRADIENT-DESCENT-CONSTRAINED($f, \mathbf{x}^{(0)}, \gamma, T, K$)

```
1  sum = 0                              // n 維向量，最初全為 0
2  for t = 0 to T − 1
3      sum = sum + x^(t)                // 將 n 維的每一維加入 sum
4      x'^(t+1) = x^(t) − γ · (∇f)(x^(t))   // (∇f)(x^(t)), x'^(t+1) 是 n 維
5      x^(t+1) = Π_K(x'^(t+1))          // 投影至 K
6  x-avg = sum/T                        // 將 n 維的每一維除以 T
7  return x-avg
```

引理 33.10

考慮一個凸體 $K \subseteq \mathbb{R}^n$ 與點 $\mathbf{a} \in K$ 及 $\mathbf{b}' \in \mathbb{R}^n$。設 $\mathbf{b} = \Pi_K(\mathbf{b}')$。那麼 $\|\mathbf{b}-\mathbf{a}\|^2 \leq \|\mathbf{b}'-\mathbf{a}\|^2$。

證明 如果 $\mathbf{b}' \in K$，那麼 $\mathbf{b} = \mathbf{b}'$，這個主張成立。否則，$\mathbf{b}' \neq \mathbf{b}$，如圖 33.6 所示，我們可以將 $\mathbf{b}$ 和 $\mathbf{b}'$ 之間的線段延長成線 ℓ。設 $\mathbf{c}$ 是 $\mathbf{a}$ 投影至 ℓ 的投影。點 $\mathbf{c}$ 可能在 K 裡，也可能不在 K 裡，如果 $\mathbf{a}$ 在 K 的邊界上，那麼 $\mathbf{c}$ 可能與 $\mathbf{b}$ 重合。如果 $\mathbf{c}$ 與 $\mathbf{b}$ 重合（(c) 小圖），那麼 $\mathbf{abb}'$ 是直角三角形，所以 $\|\mathbf{b}-\mathbf{a}\|^2 \leq \|\mathbf{b}'-\mathbf{a}\|^2$。

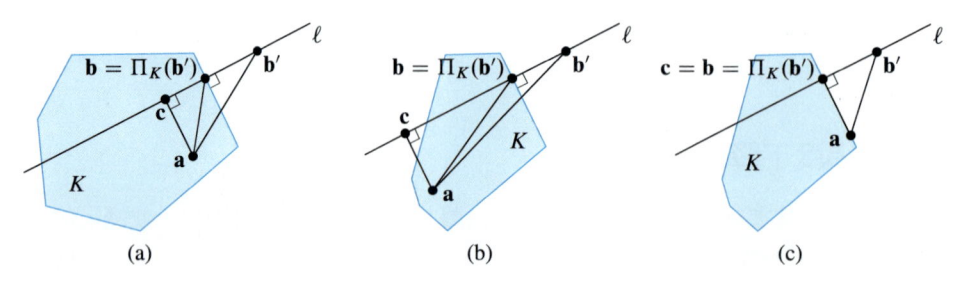

圖 33.6 將凸體 K 外面的點 $\mathbf{b}'$ 投影至 K 裡的最近點 $\mathbf{b} = \Pi_K(\mathbf{b}')$。線 l 是包含 $\mathbf{b}$ 與 $\mathbf{b}'$ 的線,點 $\mathbf{c}$ 是 $\mathbf{a}$ 在 ℓ 上的投影。**(a)** 當 $\mathbf{c}$ 在 K 裡時。**(b)** 當 $\mathbf{c}$ 不在 K 裡時。**(c)** 當 $\mathbf{a}$ 在 K 的邊界,且 $\mathbf{c}$ 與 $\mathbf{b}$ 重合時。

如果 $\mathbf{c}$ 與 $\mathbf{b}$ 不重合((a) 與 (b) 小圖),那麼因為凸性,角 $\mathbf{abb}'$ 一定是鈍角。因為角 $\mathbf{abb}'$ 是鈍角,所以在 ℓ 上,$\mathbf{b}$ 位於 $\mathbf{c}$ 與 $\mathbf{b}'$ 之間。此外,因為 $\mathbf{c}$ 是 $\mathbf{a}$ 在線 ℓ 上的投影,所以 $\mathbf{acb}$ 與 $\mathbf{acb}'$ 一定是直角三角形。根據畢氏定理,我們得到 $\|\mathbf{b}'-\mathbf{a}\|^2 = \|\mathbf{a}-\mathbf{c}\|^2 + \|\mathbf{c}-\mathbf{b}'\|^2$ 且 $\|\mathbf{b}-\mathbf{a}\|^2 = \|\mathbf{a}-\mathbf{c}\|^2 + \|\mathbf{c}-\mathbf{b}\|^2$。將兩式相減得到 $\|\mathbf{b}'-\mathbf{a}\|^2 - \|\mathbf{b}-\mathbf{a}\|^2 = \|\mathbf{c}-\mathbf{b}'\|^2 - \|\mathbf{c}-\mathbf{b}\|^2$。因為 $\mathbf{b}$ 在 $\mathbf{c}$ 與 $\mathbf{b}'$ 之間,所以 $\|\mathbf{c}-\mathbf{b}'\|^2 \geq \|\mathbf{c}-\mathbf{b}\|^2$ 一定成立,因此 $\|\mathbf{b}'-\mathbf{a}\|^2 - \|\mathbf{b}-\mathbf{a}\|^2 \geq 0$。引理得證。∎

我們可以將整個證明重複應用至無限制條件的情況,並得出相同的界限。在引理 33.10 中,設 $\mathbf{a} = \mathbf{x}^*$、$\mathbf{b} = \mathbf{x}^{(t+1)}$、$\mathbf{b}' = \mathbf{x}'^{(t+1)}$,可以得到 $\|\mathbf{x}^{(t+1)} - \mathbf{x}^*\|^2 \leq \|\mathbf{x}'^{(t+1)} - \mathbf{x}^*\|^2$。所以我們可以推導出符合不等式 (33.31) 的上限。我們繼續定義式 (33.26) 的 $\Phi(t)$,但是 GRADIENT-DESCENT-CONSTRAINED 的第 5 行計算的 $\mathbf{x}^{(t+1)}$ 的意思與在不等式 (33.31) 裡不同:

$$\Phi(t+1) - \Phi(t)$$
$$= \frac{1}{2\gamma} \left\|\mathbf{x}^{(t+1)} - \mathbf{x}^*\right\|^2 - \frac{1}{2\gamma} \left\|\mathbf{x}^{(t)} - \mathbf{x}^*\right\|^2 \qquad (\text{根據式 (33.27)})$$
$$\leq \frac{1}{2\gamma} \left\|\mathbf{x}'^{(t+1)} - \mathbf{x}^*\right\|^2 - \frac{1}{2\gamma} \left\|\mathbf{x}^{(t)} - \mathbf{x}^*\right\|^2 \qquad (\text{根據引理 33.10})$$
$$= \frac{1}{2\gamma} \left(2\langle \mathbf{x}'^{(t+1)} - \mathbf{x}^{(t)}, \mathbf{x}^{(t)} - \mathbf{x}^* \rangle + \left\|\mathbf{x}'^{(t+1)} - \mathbf{x}^*\right\|^2 \right) \qquad (\text{根據式 (33.29)})$$
$$= \frac{1}{2\gamma} \left(2\langle -\gamma \cdot (\nabla f)(\mathbf{x}^{(t)}), \mathbf{x}^{(t)} - \mathbf{x}^* \rangle + \left\|-\gamma \cdot (\nabla f)(\mathbf{x}^{(t)})\right\|^2 \right)$$
$$\qquad (\text{根據 GRADIENT-DESCENT-CONSTRAINED 的第 4 行})$$
$$= -\langle (\nabla f)(\mathbf{x}^{(t)}), \mathbf{x}^{(t)} - \mathbf{x}^* \rangle + \frac{\gamma}{2} \left\|(\nabla f)(\mathbf{x}^{(t)})\right\|^2$$

由於潛能函數的改變上限與式 (33.30) 裡相同，所以整個引理 33.9 的證明可以像以前一樣進行。我們可以得出結論：Gradient-Descent-Constrained 與 Gradient-Descent 的漸近複雜度與 Gradient-Descent 相同。我們將這個結果整理成接下來的定理。

定理 33.11

設 $K \subseteq \mathbb{R}^n$ 是凸體，$\mathbf{x}^* \in \mathbb{R}^n$ 是凸函數 f 在 K 上的最小值解，$\gamma = R/(L\sqrt{T})$，其中 R 與 L 的定義是式 (33.20) 與 (33.21)。假設執行 Gradient-Descent-Constrained($f, \mathbf{x}^{(0)}, \gamma, T, K$) 得到向量 **x-avg**。設 $\epsilon = RL/\sqrt{T}$。那麼，我們可得到 $f(\mathbf{x}\text{-avg}) - f(\mathbf{x}^*) \leq \epsilon$。∎

梯度下降的應用

梯度下降有許多關於最小化函數的應用，並被廣泛用於優化和機器學習中。接下來將簡述如何用它來處理線性系統。然後，我們要討論機器學習的一個應用：使用線性回歸來進行預測。

我們在第 28 章看了如何使用高斯消去法來求解線性方程組 $A\mathbf{x} = \mathbf{b}$，進而算出 $\mathbf{x} = A^{-1}\mathbf{b}$。如果 A 是個 $n \times n$ 矩陣，$\mathbf{b}$ 是個長度為 n 的向量，那麼高斯消去法的執行時間是 $\Theta(n^3)$，對大矩陣來說，這可能很昂貴。但是，如果近似解是可接受的，你可以使用梯度下降。

首先，我們來看看如何使用梯度下降，以一種迂迴（坦白說，也很低效）的方法，來求解純量方程 $ax = b$ 裡的 x，其中 $a, x, b \in \mathbb{R}$。這個方程式相當於 $ax - b = 0$。如果 $ax - b$ 是凸函數 $f(x)$ 的導數，那麼可將 $f(x)$ 最小化的 x 值會使得 $ax - b = 0$。給定 $f(x)$，我們可用梯度下降來找出這個最小值解。當然，$f(x)$ 只是 $ax - b$ 的積分，亦即 $f(x) = \frac{1}{2}ax^2 - bx$，如果 $a \geq 0$，它是凸的。因此，求解 $ax = b$ 其中 $a \geq 0$ 的方法之一，是用梯度下降來找出 $\frac{1}{2}ax^2 - bx$ 的最小值解。

我們把這個想法推廣到更高維數，此時，使用梯度下降可實際產生更快的演算法。我們用函數 $f(\mathbf{x}) = \frac{1}{2}\mathbf{x}^T A \mathbf{x} - \mathbf{b}^T \mathbf{x}$ 來模擬 n 維，其中 A 是 $n \times n$ 矩陣。f 對 $\mathbf{x}$ 的梯度是 $A\mathbf{x} - \mathbf{b}$。為了找出可將 f 最小化的 $\mathbf{x}$ 值，我們將 f 的梯度設為 0，並求解 $\mathbf{x}$。求解 $A\mathbf{x} - \mathbf{b} = 0$ 裡的 $\mathbf{x}$ 可得 $\mathbf{x} = A^{-1}\mathbf{b}$，因此，將 $f(\mathbf{x})$ 最小化相當於求解 $A\mathbf{x} = \mathbf{b}$。如果 $f(\mathbf{x})$ 是凸的，那麼梯度下降可以算出這個最小值的近似值。

如果 1 維函數的二階導數是正的，那麼它就是凸的。對多維函數而言，上一句話的等價定義是，當它的 Hessian 矩陣是半正定時（定義見第 1179 頁），它就是凸的。函數 $f(\mathbf{x})$ 的 *Hessian 矩陣* $(\nabla^2 f)(\mathbf{x})$ 就是它的每個項目 (i, j) 都是 f 對 i 與 j 的偏導數的矩陣：

$$(\nabla^2 f)(\mathbf{x}) = \begin{pmatrix} \frac{\partial^2 f}{\partial x_1 \partial x_1} & \frac{\partial^2 f}{\partial x_1 \partial x_2} & \cdots & \frac{\partial^2 f}{\partial x_1 \partial x_n} \\ \frac{\partial^2 f}{\partial x_2 \partial x_1} & \frac{\partial^2 f}{\partial x_2 \partial x_2} & \cdots & \frac{\partial^2 f}{\partial x_2 \partial x_n} \\ \vdots & \vdots & \ddots & \vdots \\ \frac{\partial^2 f}{\partial x_n \partial x_1} & \frac{\partial^2 f}{\partial x_n \partial x_2} & \cdots & \frac{\partial^2 f}{\partial x_n \partial x_n} \end{pmatrix}$$

類似一維的情況，f 的 Hessian 是 A，所以如果 A 是半正定函矩陣，我們就可以用梯度下降來找出使 $A\mathbf{x} \approx \mathbf{b}$ 的點 $\mathbf{x}$。如果 R 與 L 都不太大，那麼這個方法比高斯消除法更快。

機器學習裡的梯度下降

舉一個用監督學習來進行預測的具體例子，假設你想預測病人會不會罹患心臟病。你有 m 位病人，每位都有 n 個不同的屬性。例如 $n = 4$，這四筆資料是年齡、身高、血壓和罹患心臟病的近親人數。我們用向量 $\mathbf{x}^{(i)} \in \mathbb{R}^n$ 來代表病人 i 的資料，$x_j^{(i)}$ 是向量 $\mathbf{x}^{(i)}$ 裡的第 j 個項目。並用純量 $y^{(i)} \in \mathbb{R}$ 來代表病人 i 的標籤，標籤指出病人心臟病的嚴重程度。我們的推論應定義 $\mathbf{x}^{(i)}$ 值與 $y^{(i)}$ 之間的關係。在這個例子裡，我們在建立模型時假設這個關係是線性的，因此，我們的目標是計算 $\mathbf{x}^{(i)}$ 值與 $y^{(i)}$ 之間的「最佳」線性關係，也就是線性函數 $f:\mathbb{R}^n \to \mathbb{R}$ 滿足 $f(\mathbf{x}^{(i)}) \approx y^{(i)}$，對每位病人 i 而言。當然，這種函數不存在，但你想找出盡可能近似的函數。我們可以用權重向量 $\mathbf{w} = (w_0, w_1, \ldots, w_n)$ 來定義線性函數 f 如下

$$f(\mathbf{x}) = w_0 + \sum_{j=1}^n w_j x_j \tag{33.32}$$

在計算機器學習模型時，你必須測量每一個 $f(\mathbf{x}^{(i)})$ 值和它的標籤 $y^{(i)}$ 多麼接近。在這個例子裡，我們將病人 i 的誤差 $e^{(i)} \in \mathbb{R}$ 定義成 $e^{(i)} = f(\mathbf{x}^{(i)}) - y^{(i)}$。我們的目標函數是將誤差的平方和最小化，即

$$\sum_{i=1}^m \left(e^{(i)}\right)^2 = \sum_{i=1}^m \left(f(\mathbf{x}^{(i)}) - y^{(i)}\right)^2$$

$$= \sum_{i=1}^m \left(w_0 + \sum_{j=1}^n w_j x_j^{(i)} - y^{(i)}\right)^2 \tag{33.33}$$

目標函數通常稱為損失函數（*loss function*），由式 (33.33) 得到的最小平方誤差只是許多可能的損失函數案例之一。我們的目標是，給定 $\mathbf{x}^{(i)}$ 與 $y^{(i)}$ 值，算出可將式 (33.33) 裡的損失函數最小化的權重 $w_0, w_1, \ldots, w_n$。這裡的變數是權重 $w_0, w_1, \ldots, w_n$，不是 $\mathbf{x}^{(i)}$ 或 $y^{(i)}$ 值。

這個目標有時稱為**最小平方擬合**（*least-squares fit*）。找出可以擬合資料的線性函數，並將最小平方誤差最小化的問題稱為**線性回歸**。第 28.3 節也曾經尋找最小平方擬合。

當函數 f 是線性時，式 (33.33) 定義的損失函數是凸的，因為它是線性函數的平方和，而這些函數本身就是凸的。因此，我們可以使用梯度下降法來計算一組權重，將最小平方誤差近似值最小化。學習的具體目標是能夠用新資料來進行預測。非正式地說，如果這些特徵都以相同的單位進行報告，並且都來自相同的範圍（也許是透過正規化），那麼權重往往可以自然地解讀，因為能夠用來準確地預測標籤的資料特徵，將具有較大的權重。例如，你可以預期，在正規化之後，「罹患心臟病的近親人數」的權重比「身高」的權重還要大。

計算出來的權重形成資料的模型。有了模型之後，你就可以預測新資料的標籤。在我們的例子裡，當你收到一位不屬於原始訓練資料組的新病人 $\mathbf{x}'$ 時，你仍然希望能夠預測他罹患心臟病的機會。你可以使用以梯度下降法獲得的權重來計算標籤 $f(\mathbf{x}')$。

對於這個線性回歸問題，我們的目標是將式 (33.33) 裡的運算式最小化，該運算式計算 $n+1$ 個權重 w_j 的平方。因此，在梯度中的項目 j 對 w_j 是線性的。習題 33.3-5 會請你明確地計算梯度，並了解它可以在 $O(nm)$ 時間內計算出來，這個時間與輸入的大小成線性關係。梯度下降法通常比第 28 章裡求解式 (33.33) 的方法（需要計算逆矩陣）快得多。

第 33.1 節簡要地討論了正則化，也就是為了避免過度擬合訓練資料，我們必須對複雜的假設進行懲罰。正則化通常是藉著在目標函數中加入一項（term），但也可能藉著加入一條條件來實現。要將這個例子正則化，有一種方法是明確地限制權重的範數（norm），增加一個限制條件，即 $\|\mathbf{w}\| \leq B$，其中 $B > 0$ 是某個界限（之前提過，向量 $\mathbf{w}$ 的元素是當下的應用中的變數）。加入這個限制條件可以控制模型的複雜性，因為現在具備大絕對值的 w_j 的數量有限。

為了用 GRADIENT-DESCENT-CONSTRAINED 來處理任何問題，你必須實現投影步驟，以及計算 R 與 L 的界限。在本節的最後，我們用限制條件 $\|\mathbf{w}\| \leq B$ 來說明為梯度下降所做的這些計算。假設第 4 行的更新產生向量 $\mathbf{w}'$。我們藉著計算 $\Pi_k(\mathbf{w}')$ 來實現投影，其中，K 的定義是 $\|\mathbf{w}\| \leq B$。這個投影可以藉著簡單地伸縮 $\mathbf{w}'$ 來完成，因為我們知道，在 K 中，離 $\mathbf{w}'$ 最近的點一定是在範數（norm）恰好為 B 的向量上的一點。伸縮 $\mathbf{w}'$ 來到達 K 的邊界所需的大小 z 是式子 $z\|\mathbf{w}'\| = B$ 的解，其解為 $z = B/\|\mathbf{w}'\|$。因此，第 5 行是藉著計算 $\mathbf{w} = \mathbf{w}' B/\|\mathbf{w}'\|$ 來實現的。因為 $\|\mathbf{w}\| \leq B$ 始終成立，所以習題 33.3-6 會請你證明梯度的大小 L 的上限是 $O(B)$。我們也可以按照接下來的做法來算出 R 的上限。根據限制條件 $\|\mathbf{w}\| \leq B$，我們知道 $\|\mathbf{w}^{(0)}\| \leq B$ 且 $\|\mathbf{w}^*\| \leq B$，所以 $\|\mathbf{w}^{(0)} - \mathbf{w}^*\| \leq 2B$。使用式 (33.20) 的 R 的定義，我們得到 $R = O(B)$。在定理 33.11 中，經過 T 次迭代後，解的準確度上限 $RL/\sqrt{T}$ 變成 $O(B)L/\sqrt{T} = O(B^2/\sqrt{T})$。

習題

33.3-1
證明引理 33.6。從式 (33.18) 的凸函數的定義開始（提示：你可以先證明當 $n = 1$ 時的敘述，並以類似的方式，證明一般的 n 值）。

33.3-2
證明引理 33.7。

33.3-3
證明式 (33.29)（提示：$n = 1$ 維的證明很簡單。對於 n 維的一般值，你可以用類似的思路來證明）。

33.3-4
證明式 (33.32) 的函數 f 是變數 $w_0, w_1, \ldots, w_n$ 的凸函數。

33.3-5
計算運算式 (33.33) 的梯度，並解釋如何在 $O(nm)$ 時間內計算梯度。

33.3-6
考慮式 (33.32) 定義的函數 f，假設你有一個界限 $\|\mathbf{w}\| \leq B$，正如在正則化的討論中所考慮的那樣。證明在這個情況下，$L = O(B)$。

33.3-7
第 975 頁的式 (33.2) 給出一個函數，將它最小化可得到 k-means 問題的最佳解。解釋如何使用梯度下降來求解 k-means 問題。

挑戰

33-1 牛頓法

梯度下降法以迭代的方式，逐步接近一個函數的理想值（最小值）。有相同精神的另一種演算法稱為**牛頓法**，它是一種尋找函數根的迭代演算法。我們在此考慮牛頓法，給定函數 $f: \mathbb{R} \to \mathbb{R}$，我們要找出一個值 x^* 使得 $f(x^*) = 0$。這個演算法會遍歷一系列的點 $x^{(0)}, x^{(1)}, \ldots$。如果演算法目前在點 $x^{(t)}$，為了找出點 $x^{(t+1)}$，它先使用與 $x = x^{(t)}$ 處的曲線相切的切線的方程式

$$y = f'(x^{(t)})(x - x^{(t)}) + f(x^{(t)})$$

然後使用該切線的 x 軸截距作為下一個點 $x^{(t+1)}$。

a. 證明上述的演算法可以歸納成這條更新規則

$$x^{(t+1)} = x^{(t)} - \frac{f(x^{(t)})}{f'(x^{(t)})}$$

我們把注意力放在某個定義域 I，假設對所有 $x \in I$ 而言，$f'(x) \neq 0$，且 $f''(x)$ 是連續的。我們也假設起點 $x^{(0)}$ 夠靠近 x^*，所謂的「夠靠近」的意思是，我們只能使用 $f(x^*)$ 在 $x^{(0)}$ 附近的泰勒展開的前兩項，即

$$f(x^*) = f(x^{(0)}) + f'(x^{(0)})(x^* - x^{(0)}) + \frac{1}{2}f''(\gamma^{(0)})(x^* - x^{(0)})^2 \tag{33.34}$$

其中，$\gamma^{(0)}$ 是介於 $x^{(0)}$ 與 x^* 之間的某值。如果在式 (33.34) 裡的近似值在 $x^{(0)}$ 處成立，它對任何更接近 x^* 的點而言也成立。

b. 假設函數 f 只有一個點 x^* 使得 $f(x^*) = 0$。設 $\epsilon^{(t)} = |x^{(t)} - x^*|$。使用式 (33.34) 的泰勒展開式，證明

$$\epsilon^{(t+1)} = \frac{|f''(\gamma^{(t)})|}{2|f'(\gamma^{(t)})|}\epsilon^{(t)}$$

其中，$\gamma^{(t)}$ 是介於 $x^{(t)}$ 與 x^* 的值。

c. 若對於常數 c 與 $\epsilon^{(0)} < 1$ 而言，

$$\frac{|f''(\gamma^{(t)})|}{2|f'(\gamma^{(t)})|} \leq c$$

我們說函數 f 有<u>二次收斂</u>，因為誤差以二次方遞減。假設 f 有二次收斂，那麼找出 $f(x)$ 的根，且準確度為 δ，需要迭代幾次？你的答案應包含 δ。

d. 假設你想找到函數 $f(x) = (x-3)^2$ 的根，它也是最小值解，你從 $x^{(0)} = 3.5$ 開始找起。比較以梯度下降來尋找最小值解，以及用牛頓法來尋找根所需的迭代次數。

33-2 Hedge

HEDGE 是乘法加權框架的另一種變體。它與 WEIGHTED MAJORITY 有兩項差異。第一點，HEDGE 隨機做預測，在第 t 次迭代時，它會將一個機率 $p_i^{(t)} = w_i^{(t)}/Z^{(t)}$ 指派給專家 E_i，其中 $Z^{(t)} = \sum_{i=1}^n w_i^{(t)}$，然後根據這個機率分布來選擇專家 E_i，並根據 E_i 做出預測。第二點，它的更新規則不同。如果專家犯錯，第 16 行用規則 $w_i^{(t+1)} = w_i^{(t)} e^{-\epsilon}$ 來更新專家的權重，其中 $0 < \epsilon < 1$。證明執行 T 次 HEDGE 的期望錯誤次數頂多是 $m^* + (\ln n)/\epsilon + \epsilon T$。

33-3 Lloyd 程序在一個維度中的非優化性

舉例說明，即使在一個維度中，尋找群聚的 Lloyd 程序也不一定能夠回傳最佳結果。也就是說，Lloyd 程序可能終止，並回傳一個未能最小化 $f(S, C)$ 的群聚集合 C，即使 S 是在一條線上的點集合。

33-4 隨機梯度下降

考慮第 33.3 節的問題，也就是將一條直線 $f(x) = ax + b$ 擬合至給定的點/值集合 $S = \{(x_1, y_1), ..., (x_T, y_T)\}$，用梯度下降來找出最佳最小平方擬合，以優化參數 a 與 b。本題考慮 x 是一個實值變數，而不是一個向量的情況。

假設你不是一次得到 S 的所有點/值，而是以線上的方式，一次只得到一個。此外，點是以隨機順序傳來的。也就是說，你知道有 n 個點，但在第 t 次迭代時，你只得到 (x_i, y_i)，其中 i 是從 $\{1, ..., T\}$ 中獨立且隨機選擇的。

你可以使用梯度下降來計算函數的估計值。在考慮每一個點 (x_i, y_i) 時，你可以藉著計算目標函數（與 (x_i, y_i) 有關）的項（term）對 a 與 b 的導數，來更新當下的 a 值與 b 值。這可以算出梯度的隨機估計，然後朝著相反的方向邁出一小步。

寫出虛擬碼來實現這種梯度下降變體。誤差的期望值為何？以 T、L 與 R 的函數來表示（提示：使用第 33.3 節針對 GRADIENT-DESCENT 的分析來分析這個變體）。

這個程序及其變體稱為**隨機梯度下降**。

後記

關於人工智慧的一般介紹，我們推薦 Russell 和 Norvig [391]。關於機器學習的一般介紹，我們推薦 Murphy [340]。

處理 k-means 問題的 Lloyd 程序最初是 Lloyd [304] 提出的,後來 Forgy [151] 也提出它。它有時稱為「Lloyd 演算法」或「Lloyd-Forgy 演算法」。儘管 Mahajan 等人 [310] 證明尋找最佳聚類是 NP-hard,即使在平面上也是如此,但 Kanungo 等人 [241] 證明,k-means 問題有一種近似演算法,其近似比為 $9+\epsilon$,$\epsilon > 0$。

Arora、Hazan 和 Kale [25] 對乘法加權法進行了彙整。根據回饋來更新權重的想法已經被反覆發現很多次。它的其中一個早期應用是在博弈論中,Brown 提出了「虛構遊戲(Fictitious Play)」[74] 並推測它收斂到零和賽局的值。收斂特性是 Robinson [382] 提出的。

在機器學習裡,Littlestone 在 Winnow 演算法 [300] 中首次使用乘法加權,後來 Littlestone 和 Warmuth 將它擴展成第 33.2 節介紹的加權式多數決演算法 [301]。這項研究與 boosting 演算法有密切的關係,boosting 演算法是 Freund 和 Shapire [159] 最早提出的。乘法加權的概念也和幾種更普遍的優化演算法密切相關,包括感知演算法 [328] 和處理諸如 packing linear programs 的優化問題的演算法 [177, 359]。

本章處理梯度下降的方法大都參考 Bansal 和 Gupta [35] 未發表的手稿。他們強調使用潛能函數的想法,並使用平攤分析的概念來解釋梯度下降。梯度下降的其他介紹和分析包括 Bubeck [75]、Boyd 和 Vanderberghe [69] 以及 Nesterov [343] 的文獻。

當函數具備比一般的凸性更強的特性時,梯度下降法收斂得更快。例如,如果函數 f 是 $f(\mathbf{y}) \geq f(\mathbf{x}) + \langle (\nabla f)(\mathbf{x}), (\mathbf{y}-\mathbf{x}) \rangle + \alpha \|\mathbf{y}-\mathbf{x}\|$,$\mathbf{x}, \mathbf{y} \in \mathbb{R}^n$,那麼 f 是 *α-strongly convex*。在這種情況下,GRADIENT-DESCENT 可使用可變步幅,並回傳 $\mathbf{x}^{(T)}$。在第 t 步的步幅變成 $\gamma_t = 1/(\alpha(t+1))$,程序回傳一個點,使得 $f(\mathbf{x\text{-}avg}) - f(\mathbf{x}^*) \leq L^2/(\alpha(T+1))$。這種收斂性比定理 33.8 的還要好,因為所需的迭代次數與理想的誤差參數 ϵ 成線性關係,而不是二次關係,也因為其效能與起點無關。

用梯度下降來處理平滑凸函數的效率,也可能比第 33.3 節的分析中提出的效率還要好。如果 $f(\mathbf{y}) \leq f(\mathbf{x}) + \langle (\nabla f)(\mathbf{x}), (\mathbf{y}-\mathbf{x}) \rangle + \frac{\beta}{2} \|\mathbf{y}-\mathbf{x}\|^2$,我們說這個函數是 *β-smooth*。這個不等式的移動方向與 α-strong 凸性的相反。處理它的梯度下降也可能有更好的界限。

34 NP 完備性

我們到目前為止研究過的演算法幾乎都是**多項式時間演算法**，它們在處理大小為 n 的輸入時，最壞情況的執行時間是 $O(n^k)$，k 為任意常數。你可能在想，是否**所有**問題都能在多項式時間內解決？答案是否定的。例如，有些問題沒有計算機可以解決，無論你願意等多久，例如圖靈著名的「停機問題（Halting Problem）」[1]。有一些問題可以解決，但無法在 $O(n^k)$ 時間內解決，k 為任意常數。一般來說，我們認為可以用多項式時間的演算法來解決的問題是可解決的，或者說它是「容易的（easy）」，需要用超多項式時間來解決的問題是不可解決的，或者說它是「困難的（hard）」。

然而，本章的主題是一種有趣的問題，稱為 NP-complete（NP 完備）問題，這種問題的狀態還不明確，目前還沒有人發現可以解決 NP-complete 問題的多項式時間演算法，也沒有人證明其中一個問題不存在多項式時間演算法。這個所謂的 P ≠ NP 問題自 1971 年被首次提出以來，一直是理論計算機科學中最深奧、最令人疑惑的未決問題之一。

有幾個 NP-complete 問題特別吸引人，因為它們表面上和已知可在多項式時間內解決的問題相似。在接下來的每一對問題中，有一個是可以在多項式時間內解決的，另一個是 NP-complete 的，但兩個問題之間的差異看似很小：

最短 vs. 最長簡單路徑：在第 22 章，我們看到，即使邊的權重是負值，我們也可以在 $O(VE)$ 時間內，找出有向圖 $G = (V, E)$ 從單一起點出發的**最短**路徑。然而，找出兩點之間的**最長簡單路徑**卻很困難。即使是判斷圖中有沒有簡單路徑的邊數大於特定邊數，也是一種 NP-complete 問題。

---

1 對於 Halting Problem 和其他無法解決的問題，有證據表明不存在演算法能夠對每個輸入產生正確的答案。試圖解決無法解決的問題的程序，可能必定產生答案，但有時答案不正確，或者，它產生的答案都是正確的，但是對於某些輸入，它永遠不會產生答案。

Euler 迴路 vs. hamiltonian 迴路：在強連通有向圖 $G = (V, E)$ 裡的 *Euler 迴路*是一條遍歷 G 的每一條邊僅僅一次的迴路，但它可以造訪每個頂點不只一次。第 559 頁的挑戰 20-3 要求你說明如何判定一個強連通有向圖有沒有 Euler 迴路，如果有，找出 Euler 迴路裡的邊的順序，全部在 $O(E)$ 時間內完成。有向圖 $G = (V, E)$ 的 *hamiltonian 迴路*是包含 V 的每一個頂點的簡單迴圈。判定一個有向圖裡有沒有 hamiltonian 迴路是 NP-complete（在本章稍後，我們將證明判定有向圖有沒有 hamiltonian 迴路是 NP-complete）。

2-CNF 可滿足性 vs. 3-CNF 可滿足性：布林式包含值為 0 或 1 的二進制變數、∧（AND）、∨（OR）與 ¬（NOT）等布林連接符號，以及括號。如果將一個布林式的變數設為某些 0 值或 1 值可讓它的求值結果是 1，它就是可滿足的（*satisfiable*）。本章稍後將更正式地定義它，但非正式地講，如果布林式將 k 個變數或其 NOT 取 OR 形成子句，再取那些子句之間的 AND，這種布林式稱為 *k-conjunctive normal form*（*k-合取正規式*），或稱為 k-CNF。例如，布林式 $(x_1 \lor x_2) \land (\neg x_1 \lor x_3) \land (\neg x_2 \lor \neg x_3)$ 是 2-CNF（它的可滿足賦值是 $x_1 = 1$，$x_2 = 0$，$x_3 = 1$）。雖然已經有多項式時間的演算法可判斷 2-CNF 式是不是可滿足的，但本章稍後將介紹，判斷 3-CNF 布林式能不能滿足是一個 NP-complete 問題。

NP 完備性與 P 和 NP 類別

在這一章，我們將討論三類問題：P、NP 與 NPC，最後一個類別就是 NP-complete 問題。我們在此先非正式地介紹它們，稍後會提供正式的定義。

可在多項式時間內解決的問題屬於 P 類。更具體地說，它們是可以在 $O(n^k)$ 時間內解決的問題，k 是常數，n 是問題的輸入的大小。前面幾章所研究的問題大部分都屬於 P。

可在多項式時間內「驗證」的問題屬於 NP 類。問題可驗證是什麼意思？如果你以某種方式獲得一個解的「憑證」，你就可以在多項式時間內驗證憑證的正確性，驗證的時間與輸入的大小成多項式關係。例如，在 hamiltonian 迴路問題中，給定一個有向圖 $G = (V, E)$，憑證是 $|V|$ 個頂點的序列 $\langle v_1, v_2, v_3, ..., v_{|V|} \rangle$。你可以在多項式時間內確認：在這個序列裡，$|V|$ 個頂點都只出現一次，且 $(v_i, v_{i+1}) \in E$，其中 $i = 1, 2, 3, ..., |V|-1$，及 $(v_{|V|}, v_1) \in E$。舉另一個例子，對 3-CNF 可滿足性而言，憑證可能是將變數設為一些值，你可以在多項式時間內檢查設定那些值是否滿足布林式。

屬於 P 的問題也都屬於 NP，因為如果問題屬於 P，那麼它就可以在多項式時間內解決，甚至不用提供憑證。我們將在本章稍後正式說明這個概念，但現在你可以相信 P ⊆ NP。「P 是不是 NP 的真子集合」是著名的未解問題。

非正式地講，如果一個問題屬於 NP，而且它與 NP 裡的任何問題一樣「難」，它就屬於 NPC，我們稱之為 *NP-complete*。我們將在本章稍後正式定義「與 NP 裡的任何問題一樣難」是什麼意思。同時，我們將不加證明地指出，如果**任何** NP-complete 問題都能在多項式時間內解決，那麼 NP 的**每一個**問題都有多項式時間演算法。大多數理論計算機科學家認為，NP-complete 問題是難解的（intractable），考慮到迄今為止已經有廣泛的 NP-complete 問題被研究過了（其中的所有問題都還沒有人發現多項式時間的解決方案），如果這些問題都能在多項式時間內解決，那將是震撼全球的大事。然而，考慮到迄今為止為了證明「NP-complete 問題是無解的」所付出的努力（還沒有定論），我們不能排除 NP-complete 問題可在多項式時間內解決的可能性。

為了成為一名優秀的演算法設計師，你必須了解 NP 完備性理論的基礎。如果你能夠確定一個問題是 NP-complete 的，你就為它的困難性提供很好的證據。作為一名工程師，你最好把時間用來開發近似演算法（見第 35 章）或解決可處理的特例，而不是尋找能夠準確地解決問題的快速演算法。此外，有很多自然且有趣的問題表面上看起來不難於排序、圖搜尋或網路流量，實際上卻是 NP-complete 的。因此，你應該熟悉這類不尋常的問題。

概要說明如何證明問題是 NP-complete

證明特定問題是 NP-complete 的技術，與本書大部分的內容中用來設計和分析演算法的技術有根本上的差異。如果你能夠證明一個問題是 NP-complete 的，那麼你是在陳述其難度（或者至少是我們認為的難度），而不是其容易性。如果你證明一個問題是 NP-complete 的，你就是在說，尋找高效的演算法很有可能徒勞無功。所以，NP 完備性的證明與第 8.1 節證明比較排序演算法的時間下限是 $\Omega(n \lg n)$ 有一些相似之處，儘管用來證明 NP 完備性的具體技術與第 8.1 節使用決策樹的方法不同。

我們用三個關鍵概念來證明一個問題是 NP-complete 的：

決策問題 vs. 優化問題

許多有趣的問題都是優化問題，其中，每一個可行的（即「合法的」）解決方案都有一個相關值，我們的目標是找到一個具有最佳值的可行解決方案。例如，在所謂的 SHORTEST-PATH 問題中，輸入是一個無向圖 G 和頂點 u 和 v，我們的目標是找到一條從 u 到 v 且邊最少的路徑。換句話說，SHORTEST-PATH 是非加權無向圖裡的單對（single-pair）最短路徑問題。然而，NP-completeness 直接適用於決策問題，而不是優化問題，決策問題就是答案只有「是」或「不是」（或者更正式地，「1」或「0」）的問題。

雖然 NP-complete 問題僅限於決策問題領域，但我們通常可以為本來想優化的值設定一個界限，將一個優化問題轉換成決策問題。例如，PATH 是與 SHORTEST-PATH 有關的一個決策問題：給定一個無向圖 G，頂點 u 和 v，以及一個整數 k，有沒有一條從 u 到 v 且頂多包含 k 條邊的路徑？

要證明優化問題是「困難的」，你可以利用優化問題與相關的決策問題之間的關係。這是因為決策問題在某種意義上「比較容易」，或至少「不會比較難」。舉個具體的例子，你可以這樣解決 PATH：先求解 SHORTEST-PATH，然後拿找到的最短路徑的邊數來與決策問題的參數 k 做比較。換句話說，如果優化問題是容易的，那麼相關的決策問題也是容易的。採用與 NP 完備性更貼切的說法來陳述，如果你可以找到證據來證明一個決策問題是困難的，你也提供了證據來證明相關的優化問題是困難的。因此，儘管 NP 完備性理論聚焦於決策問題，但它對優化問題也有影響力。

約化

上面提到一個問題的難度不難於或不容易於另一個問題的概念，即使這兩個問題都是決策問題，這個概念也適用。幾乎所有的 NP-completeness 的證明都利用這個想法，如下所示。考慮一個決策問題 A，你想在多項式時間內解決這個問題。我們把特定問題的輸入稱為該問題的實例。例如，對 PATH 而言，實例就是特定圖 G，G 的特定頂點 u 與 v，以及特定整數 k。假設你已經知道如何在多項式時間內解決另一個決策問題 B 了。最後，假設你有一個程序，可將 A 的任何實例 α 轉換成 B 的實例 β，且該程序有以下特性：

- 轉換時間是多項式時間。
- 答案是相同的。也就是說，α 的答案是「是」若且唯若 β 的答案也是「是」。

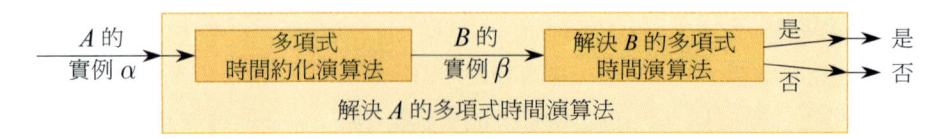

```
         A 的                          B 的                       是
        實例 α  ┌─────────────┐  實例 β  ┌─────────────┐  ──→  是
        ──→    │ 多項式      │  ──→    │ 解決 B 的多項式 │
               │ 時間約化演算法 │         │ 時間演算法    │  ──→  否
               └─────────────┘         └─────────────┘  否
                          解決 A 的多項式時間演算法
```

圖 34.1 給定問題 B 的多項式時間決策演算法，如何使用多項式時間的約化演算法，在多項式時間內，解決另一個問題 A。在多項式時間內，將 A 的實例 α 轉換成 B 的實例 β，在多項式時間內求解 B，並使用 β 的答案作為 α 的答案。

我們將這個程序稱為多項式時間的**約化演算法**，如圖 34.1 所示，它提供一種手段來以多項式時間求解問題 A：

1. 給定問題 A 的實例 α，使用多項式時間的約化演算法來將它轉換成問題 B 的實例 β。
2. 用 B 的多項式時間決策演算法來處理實例 β。
3. 使用 β 的答案作為 α 的答案。

只要這三個步驟的每一步都花費多項式時間，所有步驟加起來也是多項式時間，因此可以在多項式時間內得到 α 的解。換句話說，藉著將求解問題 A「約化」成求解問題 B，我們可以使用 B 的「容易性」來證明 A 的「容易性」。

別忘了，NP 完備性是證明問題有多難，而不是證明它有多簡單，你可以用相反的方式來使用多項式時間約化，來證明問題是 NP-complete。我們把這個想法往前推一步，說明如何使用多項式時間約化來證明特定問題 B 不存在多項式時間演算法。假設你有個決策問題 A，而且你已經知道它沒有多項式時間演算法（先不管如何找到這個問題 A）。我們進一步假設，你有一個多項式時間的約化程序，可將 A 的實例轉換成 B 的實例。現在我們可以使用簡單的反證法，來證明 B 不存在多項式時間的演算法。我們反過來假設 B 有多項式時間的演算法，那麼，使用圖 34.1 的方法，你就有一個方法可以在多項式時間內處理問題 A，這與 A 沒有多項式時間演算法的假設相矛盾。

你可以用類似的方法來證明 B 是 NP-complete。雖然你無法假設問題 A 絕對沒有多項式時間的演算法，但你可以在假設問題 A 是 NP-complete 的前提下，證明問題 B 是 NP-complete 的。

第一個 NP-complete 問題

因為在運用約化技巧時，必須用一個已知為 NP-complete 的問題，來證明不同的問題是 NP-complete，所以必須有「最初」的 NP-complete 的問題。我們將使用電路滿足性問題，它的輸入是由 AND、OR 和 NOT 閘組成的布林電路，要回答的問題是有沒有布林輸入可讓這個電路輸出 1。第 34.3 節將證明這個問題是 NP-complete。

章節綱要

本章將研究最直接影響演算法分析的 NP 完備性層面。第 34.1 節正式說明「問題」的概念，並定義可在多項式時間內解決的決策問題的複雜度類別 P。我們也會看到這些概念如何融入形式語言理論的框架。第 34.2 節定義決策問題的 NP 類別，其解決方案可在多項式時間內驗證。本節也正式地提出 P ≠ NP 問題。

第 34.3 節介紹如何用多項式時間的「約化」來建立問題的關聯性。本節定義 NP 完備性，並證明電路可滿足性問題是 NP-complete。證明一個問題是 NP-complete 後，第 34.4 節介紹如何利用約化方法，更簡單地證明其他問題是 NP-complete。為了說明這種方法，本節將證明兩個公式滿足性問題是 NP-complete 的。第 34.5 節使用約化來證明各種其他問題都是 NP-complete 的。你將看到其中幾個約化很有創意，因為它們將一個領域的問題轉換成一個完全不同領域的問題。

34.1 多項式時間

因為 NP 完備性的基礎是在多項式時間內解決一個問題和驗證一個憑證，我們先來研究「問題可在多項式時間內解決」的含義。

回顧一下，我們通常認為，具有多項式時間解決方案的問題是可解決的，理由有三個：

1. 雖然頭腦清醒的人都不認為 $\Theta(n^{100})$ 時間的問題是可解決的，但實際的問題幾乎都不需要如此高次的多項式的時間。在實際情況中，可在多項式時間內計算的問題所需的時間通常要少得多。經驗表明，一個問題的第一個多項式時間演算法被發現之後，更有效率的演算法往往隨之而來。即使某問題當下的最佳演算法的執行時間是 $\Theta(n^{100})$，也許很快就有人發現執行時間更好的演算法。

2. 對許多合理的計算模型而言，可用一個模型以多項式時間來解決的問題，也可以用另一個模型以多項式時間來解決。例如，可用本書經常使用的串行隨機存取機在多項式時間內解決的問題類別，就是可用抽象圖靈機在多項式時間內解決的問題類別[2]，而這個問題類別，就是平行計算機可以用多項式時間來解決的問題類別。平行計算機的處理器的數量可以隨著輸入的大小以多項式方式增長。

3. 可以用多項式時間解決的問題類別具有很好的封閉性，因為多項式在加法、乘法和組合方面是封閉的。例如，如果你將一個多項式時間演算法的輸出當成另一個演算法的輸入傳遞，那麼這組複合演算法就是多項式的。習題 34.1-5 將請你證明，如果一個演算法以固定的次數呼叫多項式時間的子程序，且執行花費多項式時間的其他工作，那麼複合演算法的執行時間是多項式的。

抽象問題

為了理解多項式時間可解決的問題類別，你必須正式地定義「問題」的概念。我們定義**抽象問題** Q 是問題**實例**集合 I 與問題**解**集合 S 之間的二元關係。例如，SHORTEST-PATH 的實例是一個 triple，裡面有一個圖與兩個頂點，它的解是圖裡的一系列頂點，也許是一個空序列，代表沒有路徑存在。SHORTEST-PATH 問題本身是一種關係，將每一個「包含圖與兩個頂點的實例」與「圖中連接兩個頂點的最短路徑」聯繫起來。由於最短路徑不一定是唯一的，所以特定問題實例的解可能不只一個。

以這種形式來描述抽象的問題對於我們的目的來說，可能太籠統了。正如我們在上面看到的，NP 完備性理論將焦點限制在**決策問題**上，也就是有一個「是 / 否」解的問題。在這種情況下，我們可以把抽象的決策問題視為一個將實例集合 I 對映到解集合 $\{0, 1\}$ 的函數。例如，我們看過的 PATH 問題就是與 SHORTEST-PATH 有關的決策問題。如果 $i = \langle G, u, v, k \rangle$ 是 PATH 的實例，那麼，如果 G 的 u 到 v 有一條路徑的邊不超 k 條，則 PATH$(i) = 1$（是），否則 PATH$(i) = 0$（否）。很多抽象問題不是決策問題，而是**優化問題**，需要將值最小化或最大化。然而，正如我們在上面看到的，你通常可以將優化問題轉換成難度不會更高的決策問題。

---

[2] 關於圖靈機模型的詳細說明，請參考 Hopcroft 及 Ullman [228]，Lewis 及 Papadimitriou [299]，或 Sipser [413]。

編碼

為了讓計算機程式能夠解決抽象問題，該問題的實例必須以程式可以理解的方式描述。將一個抽象物件集合 S 進行**編碼**，就是將 S 裡的 e 對映到二進制字串集合[3]。例如，我們都很熟悉的，將自然數 $\mathbb{N} = \{0, 1, 2, 3, 4, ...\}$ 編碼成字串 $\{0, 1, 10, 11, 100, ...\}$。使用這種編碼的話，$e(17) = 10001$。如果你查過鍵盤字元的計算機表示法，你應該知道 ASCII 碼，舉例來說，A 的編碼是 01000001。你可以將複合物件的各個部分的編碼結合在一起，來將它編碼成一個二進制字串。多邊形、圖、函數、有序對、程式…都可以編碼成二進制字串。

因此，「解決」抽象決策問題的計算機演算法其實是接收問題實例的編碼作為輸入。實例 i 的**大小**就是它的長度，寫成 $|i|$。我們將實例集合是二進制字串集合的問題稱為**具體問題**（*concrete problem*）。如果一個演算法接收了長度為 $n = |i|$ 的問題實例 i 之後，可在 $O(T(n))$ 時間內產生解，我們說那個問題在 $O(T(n))$ 時間內**解決了**一個具體問題[4]。因此，如果一個具體問題有演算法可在 $O(n^k)$ 時間內解決它（k 為常數），它就是**多項式時間可解的**。

現在我們正式地將**複雜性類別 P** 定義成多項式時間可解的具體決策問題集合。

編碼將抽象問題對映到具體問題。給定一個將實例集合 I 對映到 $\{0, 1\}$ 的抽象決策問題 Q，編碼 $e: I \to \{0, 1\}^*$ 可以引發一個相關的具體決策問題，我們將它寫成 $e(Q)$[5]。如果抽象問題實例 $i \in I$ 的解是 $Q(i) \in \{0, 1\}$，那麼具體問題實例 $e(i) \in \{0, 1\}^*$ 的解也是 $Q(i)$。在技術層面上，可能有一些二進制字串不代表有意義的抽象問題實例，為了方便，我們假設這種字串都對映到 0。因此，具體問題產生的解與抽象問題產生的解相同。抽象問題以二進制字串實例來描述，那些二進制字串實例代表抽象問題實例的編碼。

我們希望將編碼當成橋樑，將多項式時間可解性的定義，從具體問題擴展到抽象問題，理想情況下，我們希望讓此定義不依賴任何特定的編碼方式。也就是說，處理問題的效率不應該與問題的編碼方式有關。但遺憾的是，效率與編碼有密切的關係。例如，假設某個演算法的唯一輸入是一個整數 k，並假設該演算法的執行時間是 $\Theta(k)$。如果整數 k 是以 *unary* 提供的（一個包含 k 個 1 的字串），那麼這個演算法處理長度為 n 的輸入的執行時間是 $O(n)$，這是多項式時間。然而，如果輸入 k 是用較自然的二進制表示法來提供的，那麼輸入長度是 $n = \lfloor \lg k \rfloor + 1$，所以 unary 編碼的大小與二進制編碼的大小成指數關係。使用二進制表示法時，演算法的執行時間是 $\Theta(k) = \Theta(2^n)$，與輸入的大小成指數關係。因此，根據編碼的不同，演算法可能以多項式時間或超多項式時間執行。

---

[3] e 的對應域不一定是**二進制**字串，以至少有兩個符號的有限字母集合組成的任何字串集合皆可。

[4] 我們假設該演算法的輸出與輸入是分開的。因為產生輸出的每一個位元至少需要一個時步，且演算法花費 $O(T(n))$ 個時步，所以輸出的大小是 $O(T(n))$。

[5] $\{0, 1\}^*$ 代表用集合 $\{0, 1\}$ 裡的符號來組合的所有字串的集合。

在理解多項式時間時，抽象問題的編碼非常重要。如果不先指定編碼，我們就無法真正討論關於解決抽象問題的主題。儘管如此，在現實中，如果我們排除「昂貴」的編碼，例如 unary 編碼，那麼實際使用的問題編碼對問題能否在多項式時間內解決沒有什麼影響。例如，用基數 3 來表示整數而不是二進制，不會影響問題能不能在多項式時間內解決，因為我們可以在多項式時間內，把基數 3 整數轉換成用基數 2 整數。

如果存在多項式時間的演算法 A 可接收任意輸入 $x \in \{0,1\}^*$ 並產生輸出 $f(x)$，我們說函數 $f: \{0,1\}^* \to \{0,1\}^*$ 是**多項式時間可計算的**。對於問題實例的集合 I，以及兩個編碼 e_1 與 e_2，如果存在兩個多項式時間可計算的函數 f_{12} 與 f_{21}，使得對任意 $i \in I$ 而言，$f_{12}(e_1(i)) = e_2(i)$ 且 $f_{21}(e_2(i)) = e_1(i)$，我們說 e_1 與 e_2 是**多項式相關的** [6]。亦即，有多項式時間的演算法可用編碼 $e_1(i)$ 算出編碼 $e_2(i)$，反之亦然。如果抽象問題的兩個編碼 e_1 與 e_2 是多項式相關的，那麼一個問題是多項式時間可解的與否，與所使用的編碼無關，如接下來的引理所述。

引理 34.1

設 Q 是抽象決策問題，它的實例集合為 I。設 e_1 與 e_2 是在 I 之上的多項式相關的編碼。那麼，$e_1(Q) \in \text{P}$ 若且唯若 $e_2(Q) \in \text{P}$。

證明 我們只要證明順向即可，因為反向是對稱的。因此，假設 $e_1(Q)$ 可在 $O(n^k)$ 時間內解決，k 為常數，並假設對於任何問題實例 i，我們可以在 $O(n^c)$ 時間內，用編碼 $e_2(i)$ 來算出編碼 $e_1(i)$，其中 c 為常數，$n = |e_2(i)|$。為了求解輸入 $e_2(i)$ 的問題 $e_2(Q)$，我們先計算 $e_1(i)$，然後讓可處理 $e_1(Q)$ 的演算法處理 $e_1(i)$。這個程序需要多久？轉換編碼需要 $O(n^c)$ 時間，因此 $|e_1(i)| = O(n^c)$，因為串行計算機的輸出長度不超過其執行時間。求解 $e_1(i)$ 的問題需要 $O(|e_1(i)|^k) = O(n^{ck})$ 時間，因為 c 與 k 是常數，所以它是多項式。∎

因此，讓抽象問題的實例使用二進制或基數 3 編碼都不影響它的「複雜性」，也就不影響它是不是多項式時間可解的。然而，如果實例採用 unary 編碼，它的複雜性可能會改變。為了在進行討論時避免涉及編碼，我們通常假設問題實例是以任何一種合理、簡潔的方式來編碼的，除非有特別說明。更準確地說，我們假設整數的編碼與它的二進制表示法成多項式關係，而且有限集合的編碼與它的元素串列編碼成多項式關係，元素串列以大括號括起來，並用逗號分開（ASCII 是這種編碼方案之一）。有了這個「標準」的編碼後，我們就可以衍生

---

[6] 嚴格來說，我們也需要用函數 f_{12} 與 f_{21} 來「將非實例對映到非實例」。編碼 e 的**非實例**（*noninstance*）就是一個字串 $x \in \{0,1\}^*$，滿足沒有實例 i 使得 $e(i) = x$。我們希望對編碼 e_1 的每一個非實例 x 而言，$f_{12}(x) = y$，其中 y 是 e_2 的一個非實例，也希望對 e_2 的每一個非實例 x' 而言，$f_{21}(x') = y'$，其中 y' 是 e_1 的一個非實例。

其他數學物件的合理編碼了，例如 tuple、圖和公式。為了表示物件的標準編碼，我們把物件放在角括號裡，所以 $\langle G \rangle$ 是圖 G 的標準編碼。

只要所使用的編碼與這個標準編碼成多項式關係，我們就可以直接討論抽象問題，而不需要提及任何特定的編碼，因為編碼的不同不會影響抽象問題是否可在多項式時間內解決。從現在開始，我們假設所有問題實例都是採用標準編碼的二進制字串，除非明確地指出不同的情況。我們通常也忽略抽象問題和具體問題之間的區別。然而，在實務上，你要注意沒有明確的標準編碼，以及編碼可能造成差異時引起的問題。

形式語言框架

我們可以藉著專注於決策問題，來利用形式語言理論的工具。我們來看一下這個理論的一些定義。字母集合 Σ 是一個有限的符號集合。在 Σ 之上的語言 L 是用 Σ 裡的符號組成的字串集合。例如，若 $\Sigma = \{0, 1\}$，集合 $L = \{10, 11, 101, 111, 1011, 1101, 10001, …\}$ 是質數的二進制表示法語言。我們用 ε 來代表空字串，用 $\emptyset$ 來代表空語言，用 Σ^* 來代表 Σ 之上的所有字串的語言。例如，若 $\Sigma = \{0, 1\}$，則 $\Sigma^* = \{\varepsilon, 0, 1, 00, 01, 10, 11, 000, …\}$ 是所有二進制字串的集合。在 Σ 之上的每一個語言 L 都是 Σ^* 的一個子集合。

語言支援各種操作。集合論操作都直接遵循集合論定義，例如聯集與交集。我們定義語言 L 的補集為 $\overline{L} = \Sigma^* - L$。$L_1$ 與 L_2 兩個語言的串接 $L_1 L_2$ 是這個語言

$$L = \{x_1 x_2 : x_1 \in L_1 \text{ 且 } x_2 \in L_2\}$$

語言 L 的閉包（*closure*）或 *Kleene star* 是這個語言

$$L^* = \{\varepsilon\} \cup L \cup L^2 \cup L^3 \cup \cdots$$

其中，L^k 是將 L 串接它自己 k 次得到的語言。

從語言理論的觀點來看，任何決策問題 Q 的實例集合就是集合 Σ^*，其中 $\Sigma = \{0, 1\}$。因為 Q 是完全由產生 1（是）這個答案的問題實例來定義的，所以我們可以將 Q 視為 $\Sigma = \{0, 1\}$ 之上的語言 L，其中

$$L = \{x \in \Sigma^* : Q(x) = 1\}$$

例如，決策問題 PATH 有這個相應的語言

PATH = {⟨G, u, v, k⟩ : G = (V, E) 是有向圖
    u, v ∈ V
    k ≥ 0 是整數，且
    G 有一條從 u 到 v 且頂多 k 條邊的路徑 }

（方便的話，我們會使用同一個名字（在此是 PATH）來稱呼決策問題和相應的語言）。

形式語言框架可用來簡潔地表達決策問題和解決這些問題的演算法之間的關係。如果演算法 A 的輸入是 x，它的輸出 $A(x)$ 是 1，我們說 A **接受**字串 $x \in \{0, 1\}^*$。被演算法 A **接受**的語言是一個字串集合 $L = \{x \in \{0, 1\}^* : A(x) = 1\}$，也就是被演算法接受的字串集合。若字串 x 使 $A(x) = 0$，我們說演算法 A **拒絕**字串 x。

即使演算法 A 接受語言 L，它也不一定拒絕輸入字串 $x \notin L$。例如，演算法可能永無止盡地循環執行。如果在語言 L 裡的每一個二進制字串都被 A 接受，而不屬於 L 的每個二進制字串都被 A 拒絕，我們說語言 L 被演算法 A **決定**（*decide*）。如果語言 L 被演算法 A 接受，而且存在一個常數 k，使得對任意長度 n 的字串 $x \in L$ 而言，演算法以 $O(n^k)$ 時間接受 x，我們說 A **以多項式時間接受** L。如果存在常數 k，使得對任意長度 n 的字串 $x \in \{0, 1\}^*$ 而言，演算法 A 在 $O(n^k)$ 時間內正確地判定是否 $x \in L$，我們說 A **以多項式時間決定** L。因此，演算法只要可以在收到語言 L 的字串後產生答案，它就接受該語言了，但是要決定（decide）一個語言，演算法必須正確地接受或拒絕 $\{0, 1\}^*$ 裡的每一個字串。

舉個例子，語言 PATH 可以在多項式時間之內被接受。以多項式時間接受它的演算法可以驗證 G 是否編碼了一個無向圖、驗證 u 和 v 是不是 G 裡的頂點、使用廣度優先搜尋在 G 中計算從 u 到 v 的最少邊的路徑，然後比較路徑上的邊數與 k。如果 G 編碼了一個無向圖，且從 u 到 v 的路徑上最多有 k 條邊，該演算法會輸出 1 並停止運行，否則，該演算法將永遠運行。然而，該演算法未決定（decide）PATH，因為它沒有為邊數超過 k 的最短路徑的實例明確地輸出 0。決定（decide）PATH 的演算法必須明確地拒絕不屬於 PATH 的二進制字串。處理 PATH 這種決策問題的決定（decide）演算法很容易設計，只要讓它不能在沒有從 u 到 v 且最多 k 條邊的路徑時永遠執行，而是輸出 0 並停止（如果輸入編碼有問題，它也必須輸出 0 並停止）。其他的問題，例如圖靈的 Halting Problem，則存在接受演算法，但沒有決定（decide）演算法。

我們可以非正式地將**複雜度類別**定義成一組語言，語言的成員資格由一個判斷特定字串 x 是否屬於語言 L 的演算法的**複雜度度量**（例如執行時間）來決定。複雜度類別的確切定義稍微更具技術性[7]。

---

7   關於複雜度類別的更多資訊，可參考 Hartmanis 和 Stearns 的開創性論文 [210]。

我們可以使用這種語言理論框架來提供複雜度類別 P 的另一種定義：

P = {L ⊆ {0, 1}*: 存在一個演算法 A 可在多項式時間內決定 L}

事實上，如接下來的定理所示，P 也是可在多項式時間內被接受的語言類別。

定理 34.2

P = {L: L 可被多項式時間的演算法接受 }。

證明　因為被多項式時間演算法決定的語言類別，是被多項式時間演算法接受的語言類別的子集合，所以我們只要證明，如果 L 被一個多項式時間演算法接受，它就被一個多項式時間演算法決定。設 L 是被多項式時間演算法 A 接受的語言，我們用經典的「模擬」論證來構建另一個決定 L 的多項式時間演算法 A′。因為 A 在 $O(n^k)$ 時間內接受 L，k 為常數，所以也有一個常數 c，使 A 在頂多 cn^k 步之內接受 L。對任何輸入字串 x 而言，演算法 A′ 模擬了 A 的 cn^k 步。在模擬 cn^k 步之後，演算法 A′ 檢查 A 的行為。如果 A 接受 x，那麼 A′ 接受 x，故輸出 1。如果 A 沒有接受 x，那麼 A′ 拒絕 x，故輸出 0。A′ 模擬 A 的額外開銷不會增加執行時間超過一個多項式因子，因此，A′ 是個決定 L 的多項式時間演算法。∎

定理 34.2 的證明是非建構性的（nonconstructive）。對於給定的語言 L ∈ P，我們可能不知道接受 L 的演算法 A 的執行時間上限。然而，我們知道這樣的上限是存在的，因此，一定存在一個可以檢查上限的演算法 A′，儘管 A′ 可能不容易找到。

習題

34.1-1

我們將優化問題 LONGEST-PATH-LENGTH 定義成一種關聯，將每一個「包含無向圖和兩個頂點」的實例與「連接那兩個頂點的最長簡單路徑的邊數」連結起來。我們定義決策問題 LONGEST-PATH = {⟨G, u, v, k⟩: G = (V, E) 是無向圖，u, v ∈ V，整數 k ≥ 0，在 G 裡有一條從 u 到 v 的簡單路徑至少包含 k 條邊 }。證明若且唯若 LONGEST-PATH ∈ P，則優化問題 LONGEST-PATH-LENGTH 可以在多項式時間內解決。

34.1-2

為這個問題寫出正式的定義：尋找無向圖內的最長簡單迴路。寫出相關的決策問題。寫出決策問題的相應語言。

34.1-3

使用相鄰矩陣表示法，寫出以二進制字串來表示的有向圖的正式編碼。使用相鄰串列表示法來做同一件事。證明這兩種表示法是多項式相關的。

34.1-4

習題 15.2-2 中的 0-1 背包問題的動態規劃演算法是多項式時間演算法嗎？解釋你的答案。

34.1-5

證明：如果一個演算法呼叫多項式時間的子程序的次數是固定的，而且執行額外的工作也需要多項式時間，那麼它就可以在多項式時間之內執行。也證明：對多項式時間的子程序執行多項式次數的呼叫，可能導致指數時間的演算法。

34.1-6

證明：將類別 P 視為語言的集合的話，它的聯集、交集、串接、補集與 Kleene star 操作是封閉的。也就是說，若 $L_1, L_2 \in \mathrm{P}$，則 $L_1 \cup L_2 \in \mathrm{P}$、$L_1 \cap L_2 \in \mathrm{P}$、$L_1 L_2 \in \mathrm{P}$、$\overline{L_1} \in \mathrm{P}$，且 $L_1^* \in \mathrm{P}$。

34.2 多項式時間驗證

我們來看一下驗證語言成員資格的演算法。例如，假設你得到決策問題 PATH 的特定實例 $\langle G, u, v, k \rangle$，你也得到從 u 到 v 的路徑 p。你可以檢查 p 是不是 G 裡的一條路徑，以及 p 的長度是否不超過 k，如果是，你可以將 p 視為該實例確實屬於 PATH 的「憑證」。對決策問題 PATH 而言，這個憑證似乎沒有什麼價值，畢竟，PATH 屬於 P（事實上，你可以在線性時間內求解 PATH），所以用特定憑證來驗證成員資格所需的時間，與從零開始求解問題一樣長。我們來研究另一個問題，該問題沒有已知的多項式時間決策演算法，但是很容易使用憑證來驗證。

Hamiltonian 迴路

在無向圖裡尋找 hamiltonian 迴路的問題已經被研究一百多年了。從形式上看，無向圖 $G = (V, E)$ 的 *hamiltonian 迴路* 是一個包含 V 的每個頂點的簡單迴路。包含 hamiltonian 迴路的圖稱為 *hamiltonian*，否則稱為 *nonhamiltonian*。這個名字是為了紀念 W. R. Hamilton，他提出一個關於十二面體的數學遊戲（圖 34.2(a)），在遊戲中，有一位玩家在任意五個連續的

頂點插上五根針，另一位玩家必須完成一個包含所有頂點的迴路[8]。十二面體是 hamiltonian，圖 34.2(a) 是一個 hamiltonian 迴路。但是，並非所有圖都是 hamiltonian，例如圖 34.2(b) 這個有奇數頂點的二部圖。習題 34.2-2 會請你證明這種圖都是 nonhamiltonian。

以下是將 *hamiltonian 迴路問題*——「圖 G 有沒有 hamiltonian 迴路」定義成形式語言的寫法：

HAM-CYCLE = $\{\langle G \rangle : G$ 是 hamiltonian 圖 $\}$。

演算法如何判定語言是 HAM-CYCLE？給定一個問題實例 $\langle G \rangle$，有一種可能的決策演算法是列出 G 的頂點的所有排列，然後檢查每一個排列是不是 hamiltonian 迴路。

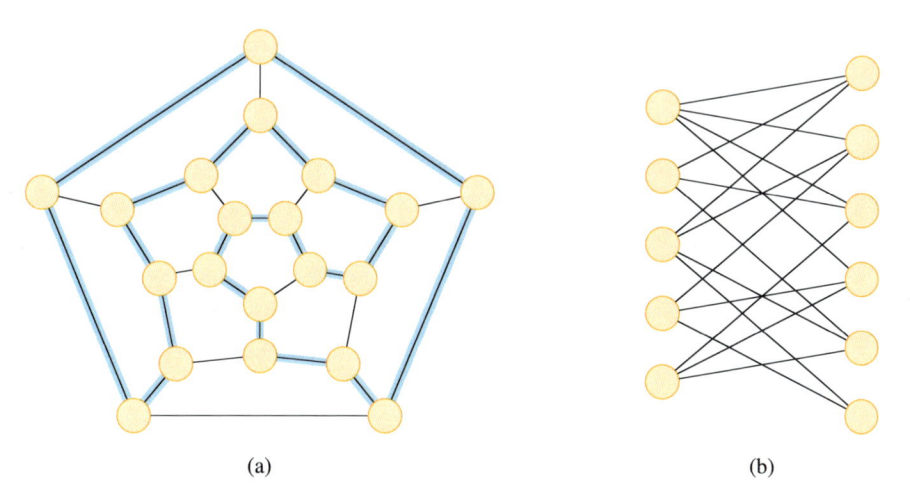

圖 34.2　(a) 十二面體的頂點、邊和面，藍邊是一個 hamiltonian 迴路。(b) 具有奇數頂點的二部圖。這種圖全都是 nonhamiltonian。

這個演算法的執行時間為何？它與圖 G 的編碼有關。設 G 被編碼成它的相鄰矩陣。如果相鄰矩陣有 n 個項目，所以 G 的編碼的長度等於 n，那麼在圖裡的頂點數量 m 是 $\Omega(\sqrt{n})$。頂點有 m! 種可能的排列，所以執行時間是 $\Omega(m!) = \Omega(\sqrt{n}!) = \Omega(2^{\sqrt{n}})$，這不是 $O(n^k)$，k 為任意常數。因此，這個天真的演算法無法以多項式時間執行。其實，hamiltonian 迴路問題是 NP-complete，我們將在第 34.5 節證明。

8　Hamilton 在 1856 年 10 月 17 日寫給友人 John T. Graves 的一封信中說道：「我看到有一些年輕人很喜歡玩 Icosion 提出的一種新數學遊戲，在遊戲裡，有一位玩家把 5 根針插在連續 5 點…另一位玩家試著插上其他的 15 根針，以覆蓋所有其他點並形成一個環形，最後一根針必須插在對手插的第一根針的隔壁，根據信中的理論，這是一定可以做到的。」

驗證演算法

考慮一個比較簡單的問題。假設有一位朋友告訴你，某個圖 G 是 hamiltonian，然後為了證明這件事，朋友給你一組依序沿著 hamiltonian 迴路的頂點。驗證這個憑證當然很容易，只要檢查他提供的迴路是不是 hamiltonian 即可，做法是檢查它是不是 V 的頂點的一個排列，以及沿著迴路的每一條連續邊在圖中是否實際存在。你一定可以為這個驗證流程寫出一個執行時間為 $O(n^2)$ 的演算法，其中 n 是 G 的編碼長度，因此，你可以在多項式時間內驗證圖中有 hamiltonian 迴路的憑證。

我們如此定義**驗證演算法**：這種演算法 A 有兩個引數，一個引數是普通的輸入字串 x，另一個是稱為**憑證**的二進制字串 y。如果對於輸入字串 x 存在憑證 y，使得 $A(x, y) = 1$，則 A **核實**了 x。被驗證演算法 A **核實的語言**是

$$L = \{x \in \{0, 1\}^* : 存在 y \in \{0, 1\}^* 使得 A(x, y) = 1\}$$

滿足以下條件時，我們可以認為演算法 A 可驗證語言 L：對任意字串 $x \in L$ 而言，存在憑證 y 可讓演算法 A 用來證明 $x \in L$。此外，對於任何字串 $x \notin L$，沒有憑證可以證明 $x \in L$。例如，在 hamiltonian 迴路問題中，憑證是在某個 hamiltonian 迴路裡的頂點串列。如果圖是 hamiltonian，那麼 hamiltonian 迴路本身就提供了足夠的資訊來驗證圖的確是 hamiltonian。反過來說，如果圖不是 hamiltonian，那就沒有頂點串列可欺騙驗證演算法相信圖是 hamiltonian，因為驗證演算法會仔細地檢查所謂的迴路來確定這件事。

複雜度類別 NP

複雜度類別 NP 是可用多項式時間演算法來驗證的語言類別[9]。更準確的說法是，若且唯若存在滿足以下條件的雙輸入多項式時間演算法 A 與常數 c，則語言 L 屬於 NP：

$$L = \{x \in \{0, 1\}^* : 存在憑證 y 且 |y| = O(|x|^c)$$
$$滿足 A(x, y) = 1\}$$

我們說，演算法 A **在多項式時間內核實**語言 L。

---

[9] 「NP」這個名稱代表「nondeterministic polynomial time（非確定性多項式時間）」。NP 類別最初是在非確定性的背景下研究的，但本書使用稍微簡單但等價的驗證概念。Hopcroft 和 Ullman [228] 從非確定性計算模型的觀點，詳細地闡述了 NP 完備性。

從稍早關於 hamiltonian 迴路問題的討論可以知道，HAM-CYCLE ∈ NP（知道重要的集合不是空的總是一件好事）。此外，如果 $L \in$ P，那麼 $L \in$ NP，因為如果有決定（decide）L 的多項式時間演算法，那個演算法就可以轉換成雙引數驗證演算法，可忽略任何憑證，僅接受讓它判定屬於 L 的輸入字串即可。因此，P ⊆ NP。

現在只剩下 P = NP 是否成立的問題，目前尚無確定答案，但大多數的學者認為 P 與 NP 是不同類別。我們把 P 想像成可以快速解決的問題所構成的類別，把 NP 想像成可以快速驗證解答的問題所構成的類別。或許根據經驗，你已經知道從頭開始解決一個問題往往比驗證一個被明確提出的解決方案更難，特別是在時間緊迫的情況下。理論計算機科學家普遍相信，這種類比可以延伸到 P 和 NP 類別，因此，NP 包含不屬於 P 的語言。

儘管還沒有確定的結論，但有更具說服力的證據表明 P ≠ NP── 存在一些「NP-complete」的語言。第 34.3 節將研究這個類別。

除了 P ≠ NP 之外，還有許多其他基本問題尚未被解決。圖 34.3 展示一些可能的情境。儘管許多學者做了很多研究，但即使是 NP 類別的補集合是不是封閉的也沒有人知道。也就是說，$L \in$ NP 是否意味著 $\overline{L} \in$ NP？我們定義**複雜度類別 *co*-NP** 是滿足 $\overline{L} \in$ NP 的語言集合 L，所以「NP 的補集合是不是封閉的」就是「NP = co-NP 是否成立」。因為 P 的補集合是封閉的（習題 34.1-6），所以從習題 34.2-9（P ⊆ co-NP）可得 P ⊆ NP ∩ co-NP。然而，同樣沒有人知道 P = NP ∩ co-NP 是否成立，或是在 (NP ∩ co-NP) − P 裡有沒有語言。

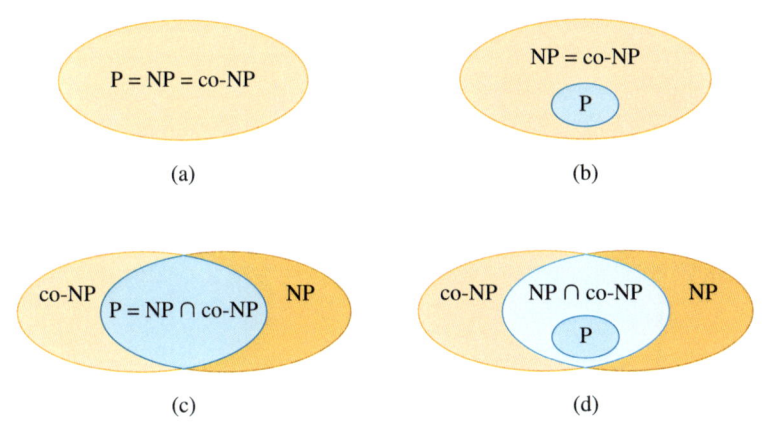

圖 34.3 複雜度類別間的四種可能的關係。在每張圖裡，當一個區域包含另一個區域時，它是一個真子集合關係。**(a)** P = NP = co-NP。大多數學者認為這是最不可能的情況。**(b)** 如果 NP 的補集合運算是封閉的，那麼 NP = co-NP，但不一定代表 P = NP。**(c)** P = NP ∩ co-NP，但 NP 的補集合不是封閉的。**(d)** NP ≠ co-NP 且 P ≠ NP ∩ co-NP。大多數學者認為這是最可能的情況。

因此，我們尚未完整理解 P 和 NP 之間的確切關係。儘管如此，即使我們無法證明特定問題是難解的，但如果我們能夠證明它是 NP-complete 的，我們就獲得關於它的寶貴資訊。

習題

34.2-1
考慮語言 GRAPH-ISOMORPHISM = $\{\langle G_1, G_2 \rangle: G_1$ 與 G_2 是同構圖 $\}$。寫出一個驗證語言的多項式時間演算法，來證明 GRAPH-ISOMORPHISM $\in$ NP。

34.2-2
證明如果 G 是頂點為奇數的無向二部圖，那麼 G 是 nonhamiltonian。

34.2-3
證明如果 HAM-CYCLE $\in$ P，那麼「依序列出 hamiltonian 迴路的頂點」是多項式時間可解的問題。

34.2-4
證明語言的 NP 類別的聯集、交集、串接和 Kleene star 操作是封閉的。討論 NP 在補集合操作下的封閉性。

34.2-5
證明在 NP 中的任何語言都可以由一個執行時間為 $2^{O(n^k)}$ 的演算法來決定，k 為常數。

34.2-6
在圖裡的 *hamiltonian* 路徑是一條造訪每一個頂點僅僅一次的簡單路徑。證明語言 HAM-PATH = $\{\langle G, u, v \rangle:$ 在圖 G 裡有一條從 u 到 v 的 hamiltonian 路徑 $\}$ 屬於 NP。

34.2-7
證明習題 34.2-6 的 Hamiltonian 路徑問題在有向無迴路圖裡，可以在多項式時間內解決。為這個問題寫出高效的演算法。

34.2-8
設 ϕ 是用布林輸入變數 $x_1, x_2, \ldots, x_k$、邏輯非（$\neg$）、AND（$\wedge$）、OR（$\vee$）與括號來建構的布林式。如果將輸入變數設為任何 1 或 0 的組合都能讓 ϕ 產生 1，那麼 ϕ 就是 *tautology*（恆真式）。我們定義 TAUTOLOGY 是恆真布林式的語言。證明 TAUTOLOGY $\in$ co-NP。

34.2-9
證明 P ⊆ co-NP。

34.2-10
證明：若 NP ≠ co-NP，則 P ≠ NP。

34.2-11
設 G 是至少有三個頂點的連通無向圖，設 G^3 是以以下方法得到的圖：在圖 G 中，找出以長度不超過 3 的路徑相連的每一對頂點，並將每一對這種頂點連接起來。證明 G^3 是 hamiltonian（提示：建構 G 的生成樹，並使用歸納證明）。

34.3 NP 完備性與可約化性

或許在理論計算機科學家相信 P ≠ NP 的理由中，最令人信服的是 NP-complete 問題類別的存在。這類問題有一個耐人尋味的特性：如果任何 NP-complete 問題都能夠在多項式時間內解決，那麼在 NP 中的每一個問題都有多項式時間解，亦即 P = NP。儘管經過幾十年的研究還沒有人發現 NP-complete 問題的任何多項式時間演算法。

語言 HAM-CYCLE 是一種 NP-complete 問題。如果有一種演算法可以在多項式時間內決定 HAM-CYCLE，那麼在 NP 中的每一個問題都可以在多項式時間內解決。就某種意義而言，NP-complete 語言是 NP 中「最難」的語言。事實上，如果 NP − P 被證明不是空的，我們就可以確定地說，HAM-CYCLE ∈ NP − P。

本節將介紹一種精確的概念：多項式時間可約化性（polynomial-time reducibility），並用它來比較語言的相對「難度」。然後正式定義 NP-complete 語言，最後要證明這種語言之一（CIRCUIT-SAT）是 NP-complete。第 34.4 節和第 34.5 節將使用約化的概念，來證明許多其他問題是 NP-complete 的。

可約化性

有時在解決一個問題時，我們可以將它轉換成不同的問題來處理它。我們將這種策略稱為將一個問題「約化」成另一個。如果一個問題 Q 的任何實例都可以重新定義成 Q' 的實例，而且 Q' 的實例的解可以作為 Q 的實例的解，我們說 Q 可被約化成另一個問題 Q'。例如，求解未知量 x 的線性方程問題可以約化成求解二次方程的問題。給定一個線性方程實例 $ax + b = 0$（解為 $x = -b/a$），你可以將它轉換成二次方程 $ax^2 + bx + 0 = 0$。這個二次方程的

解是 $x = (-b \pm \sqrt{b^2 - 4ac})/2a$，其中 $c = 0$，所以 $\sqrt{b^2 - 4ac} = b$，所以解是 $x = (-b + b)/2a$ $= 0$ 與 $x = (-b - b)/2a = -b/a$，進而提供 $ax + b = 0$ 的解。因此，如果問題 Q 可以約化成另一個問題 Q'，那麼從某種意義上說，Q 不會比 Q' 更難解。

回到決策問題的形式語言框架。我們說，滿足以下條件的語言 L_1 **可多項式時間約化**成語言 L_2，寫成 $L_1 \leq_P L_2$：存在一個可多項式時間計算的函數 $f : \{0,1\}^* \to \{0,1\}^*$，使得對所有 $x \in \{0,1\}^*$ 而言，

$$x \in L_1 \text{ 若且唯若 } f(x) \in L_2 \tag{34.1}$$

我們稱函數 f 是**約化函數**，計算 f 的多項式時間演算法 F 是**約化演算法**。

圖 34.4 說明將語言 L_1 約化成另一個語言 L_2 的概念。每一個語言都是 $\{0,1\}^*$ 的一個子集合。約化函數 f 提供一個對映關係，使得若 $x \in L_1$，則 $f(x) \in L_2$。此外，若 $x \notin L_1$，則 $f(x) \notin L_2$。因此，約化函數將以 L_1 語言所表達的決策問題的任何實例 x 對映到以 L_2 所表達的問題的實例 $f(x)$。算出 $f(x) \in L_2$ 是否成立的解，將直接獲得 $x \in L_1$ 是否成立的解。此外，如果 f 可在多項式時間內計算，它就是多項式時間約化函數。

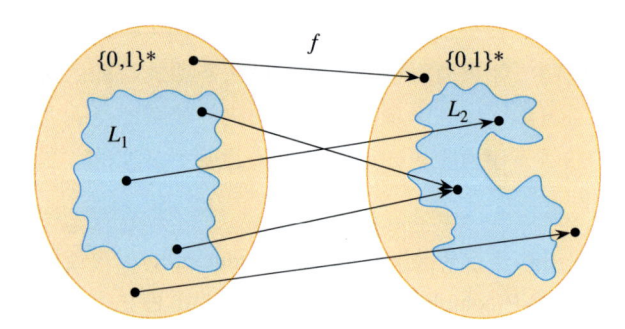

圖 34.4 將語言 L_1 約化成語言 L_2 的函數 f。對於任何輸入 $x \in \{0,1\}^*$，問題「$x \in L_1$ 是否成立」的答案與問題「$f(x) \in L_2$ 是否成立」的答案一樣。

多項式時間約化是證明各種語言屬於 P 的強大工具。

引理 34.3

如果語言 $L_1, L_2 \subseteq \{0,1\}^*$ 滿足 $L_1 \leq_P L_2$，那麼 $L_2 \in$ P 意味著 $L_1 \in$ P。

證明 設 A_2 是決定 L_2 的多項式時間演算法，F 是計算約化函數 f 的多項式時間約化演算法。我們來看如何建構一個決定 L_1 的多項式時間演算法 A_1。

圖 34.5 描繪如何建構 A_1。對於給定輸入 $x \in \{0, 1\}^*$，演算法 A_1 使用 F 來將 x 轉換成 $f(x)$，然後使用 A_2 來檢驗 $f(x) \in L_2$ 與否。演算法 A_1 取得演算法 A_2 的輸出，並產生那個答案作為它自己的輸出。

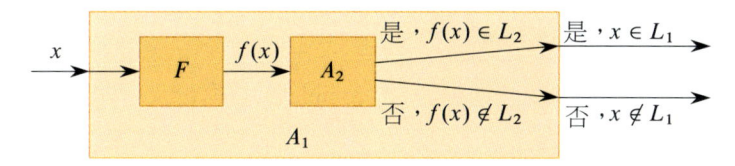

圖 34.5 引理 34.3 的證明。演算法 F 是約化演算法，可在多項式時間內，計算從 L_1 到 L_2 的約化函數 f，A_2 是決定 L_2 的多項式時間演算法。演算法 A_1 藉著使用 F 來將任意輸入 x 轉換成 $f(x)$，然後使用 A_2 來決定 $f(x) \in L_2$ 是否成立，藉以決定 $x \in L_1$ 是否成立。

A_1 的正確性來自條件 (34.1)。這個演算法以多項式時間執行，因為 F 與 A_2 都以多項式時間執行（見習題 34.1-5）。∎

NP 完備性

多項式時間約化讓我們能夠正式地證明一個問題至少與另一個問題一樣難，兩者的差距在多項式時間因子內。也就是說，如果 $L_1 \leq_P L_2$，那麼 L_1 的難度不會比 L_2 多一個多項式因子。這就是為什麼代表約化的「小於或等於」符號可幫助記憶。現在我們可以定義 NP-complete 語言的集合了。

若語言 $L \subseteq \{0, 1\}^*$ 符合以下條件，則為 *NP-complete*

1. $L \in \text{NP}$，且
2. 對所有 $L' \in \text{NP}$ 而言，$L' \leq_P L$。

如果語言 L 滿足特性 2，但不一定滿足特性 1，我們說 L 是 *NP-hard*。我們也定義 NPC 是 NP-complete 語言的類別。

如接下來的定理所示，NP 完備性是決定 P 是否實際等於 NP 的關鍵所在。

定理 34.4

若任何 NP-complete 問題皆是多項式時間可解的，則 P = NP。等價地，若在 NP 裡的任意問題不是多項式時間可解的，則無 NP-complete 問題是多項式時間可解的。

證明 假設 $L \in P$，且 $L \in \text{NPC}$。對任意 $L' \in \text{NP}$ 而言，根據 NP 完備性的定義的特性 2，我們得到 $L' \leq_p L$。因此，根據引理 34.3，我們也知道 $L' \in P$，證明定理的第一句話。

為了證明第二句話，考慮第一句話的逆否命題（contrapositive）：如果 $P \neq NP$，那就不存在多項式時間可解的 NP-complete 問題。但是，$P \neq NP$ 意味著在 NP 裡有一些問題不是多項式時間可解的，因此第二句話是第一句話的逆否命題。∎

正是由於這個原因，針對 $P \neq NP$ 問題的研究都圍繞著 NP-complete 問題進行。大多數的理論計算機科學家認為 $P \neq NP$，得出圖 34.6 所示的 P、NP 和 NPC 之間的關係。儘管如此，根據我們目前所知，可能有人能夠提出解決 NP-complete 問題的多項式時間演算法，進而證明 $P = NP$。然而，目前還沒有人發現任何 NP-complete 問題的多項式時間演算法，因此證明了一個問題是 NP-complete，就得到它難以處理的好證據。

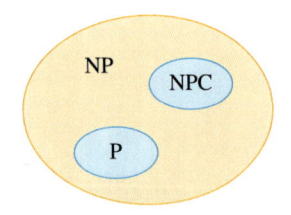

圖 34.6 大多數的理論計算機科學家都如此看待 P、NP 和 NPC 之間的關係。P 和 NPC 都被 NP 完全涵蓋，且 $P \cap \text{NPC} = \emptyset$。

電路可滿足性

我們已經定義了 NP-complete 問題的概念，但是到目前為止，我們還沒有證明任何問題是 NP-complete 的。一旦我們證明至少一個問題是 NP-complete 的，那麼多項式時間約化就成為證明其他問題是 NP-complete 的工具。因此，我們要來專心證明一個 NP-complete 問題的存在，那就是電路可滿足性問題。

不幸的是，正式證明「電路可滿足性問題是 NP-complete」所需的技術細節超出本書範圍。所以，我們將非正式地介紹一個採用基本布林組合電路理論的證明。

布林組合電路是用導線將布林組合元件互相連接建構出來的。**布林組合元件**是具有固定數量的布林輸入和輸出，並且具有明確功能的電路元件。布林值取自集合 $\{0, 1\}$，其中 0 代表 FALSE，1 代表 TRUE。

在電路可滿足性問題中的布林組合元件可以計算簡單的布林函數，它們稱為邏輯閘。圖 34.7 是電路可滿足性問題使用的三個基本邏輯閘：*NOT* 閘（或反相器）、*AND* 閘和 *OR* 閘。NOT 閘接受一個二元輸入 x，其值為 0 或 1，並產生一個二元輸出 z，其值與輸入值相反。另外兩個閘都接受兩個二元輸入 x 和 y，並產生一個的二元輸出 z。

每一個閘或任何布林組合元件的操作都用真值表來定義，也就是在圖 34.7 中，每個閘下面的表。真值表展示了組合元件為每一種可能的輸入組合產生的輸出。例如，OR 閘的真值表說，當輸入為 $x = 0$ 和 $y = 1$ 時，輸出值為 $z = 1$。符號 $\neg$ 代表 NOT 函數，$\wedge$ 代表 AND 函數，$\vee$ 代表 OR 函數。所以，舉例來說，$0 \vee 1 = 1$。

AND 與 OR 閘只有兩個輸入。如果 AND 閘的所有輸入都是 1，那麼它輸出 1，否則輸出 0。如果 OR 閘有任何輸入是 1，它輸出 1，否則輸出 0。

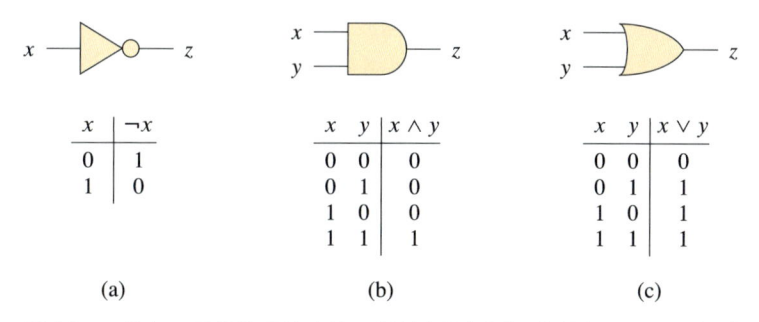

x	$\neg x$
0	1
1	0

(a)

x	y	$x \wedge y$
0	0	0
0	1	0
1	0	0
1	1	1

(b)

x	y	$x \vee y$
0	0	0
0	1	1
1	0	1
1	1	1

(c)

圖 34.7 具有二元輸入與輸出的三個基本邏輯閘。在邏輯閘下面是描述邏輯閘操作的真值表。**(a)** NOT 閘。**(b)** AND 閘。**(c)** OR 閘。

布林組合電路是由一個或多個布林組合元件組成的，元件之間以導線互相連接。一條線可以將一個元件的輸出連到另一個元件的輸入，使得第一個元件的輸出值成為第二個元件的輸入值。圖 34.8 是兩個相似的布林組合電路，兩者只有一個閘不同。圖 (a) 也顯示當輸入是 $\langle x_1 = 1, x_2 = 1, x_3 = 0 \rangle$ 時，每條線的值。雖然一條線只能連接一個組合元件的輸出，但一條線可以接到多個元件的輸入。一條線連接多少元件的輸入稱為該線的扇出（*fan-out*）。如果導線沒有接到元件的輸出，那條線就是電路輸入，接受來自外界的輸入值。如果導線沒有接到元件的輸入，那條線就是電路輸出，向外界提供電路的計算結果（內部導線也可以扇出至電路輸出）。為了定義電路可滿足性問題，我們將電路輸出的數量限制為 1，儘管在實際的硬體設計中，一個布林組合電路可能有多個輸出。

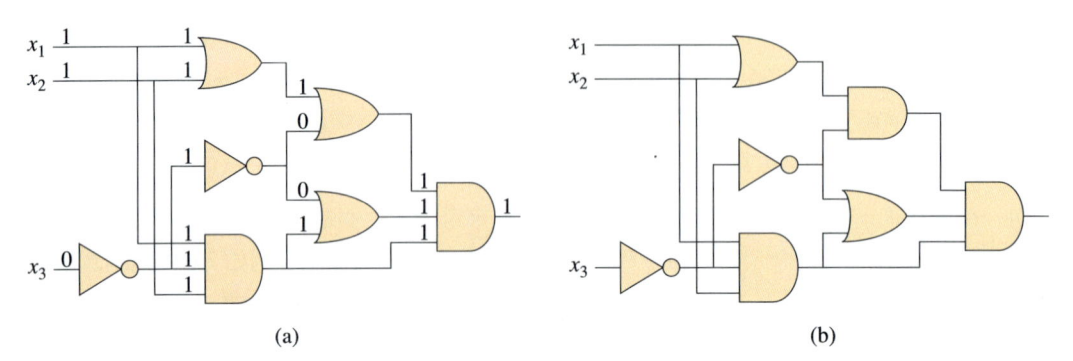

圖 34.8 兩個電路可滿足性問題的實例。**(a)** 對輸入傳入 $\langle x_1 = 1, x_2 = 1, x_3 = 0 \rangle$ 導致電路輸出 1。因此這個電路是可滿足的。**(b)** 對這個電路傳入任何值都不會導致它輸出 1。所以這個電路是不可滿足的。

布林組合電路沒有迴路。換句話說，一個組合電路可以對應到一個有向圖 $G = (V, E)$，其中每個組合元件有一個頂點，每條導線有 k 條有向邊，k 是導線的扇出量，如果有一條導線將元件 u 的輸出接到元件 v 的輸入，圖裡就有一條有向邊 (u, v)。G 一定是無迴路的。

布林組合電路的**真值賦值**是一組布林輸入值。如果一個單輸出的布林組合電路有**滿足賦值**，我們說它是**可滿足的**，滿足賦值就是造成電路輸出 1 的賦值。例如，圖 34.8(a) 的電路有滿足賦值 $\langle x_1 = 1, x_2 = 1, x_3 = 0 \rangle$，所以它是可滿足的。正如習題 34.3-1 將請你證明的，將圖 34.8(b) 的電路的 x_1、x_2、x_3 設為任何值都無法輸出 1，因為它一定產生 0，所以它是不可滿足的。

電路可滿足性問題就是「一個以 AND、OR 與 NOT 閘組成的布林組合電路是可滿足的嗎？」然而，為了正式提出這個問題，我們必須就電路的標準編碼取得共識。布林組合電路的**大小**是布林組合元件的數量加上電路中的導線數量。我們可以設計一個類似圖（graph-like）的編碼，將任何給定的電路 C 對映到一個二進制字串 $\langle C \rangle$，字串的長度與電路本身的大小成多項式關係。所以，我們可以定義這個形式語言

CIRCUIT-SAT = $\{\langle C \rangle : C$ 是可滿足的布林組合電路 $\}$

電路可滿足性問題常見於計算機輔助的硬體優化領域中。如果子電路始終產生 0，那個子電路就是沒必要的，設計者可以將它換成一個更簡單的子電路，省略所有的邏輯閘，讓它固定輸出 0 值。所以，多項式時間演算法對這個問題而言很有價值。

給定電路 C，你可以檢查所有可能的輸入賦值來確定它是否可滿足。不幸的是，如果電路有 k 個輸入，你就必須檢查多達 2^k 個可能的賦值。當 C 的大小與 k 成多項式關係時，檢查所有可能的輸入賦值需要 $\Omega(2^k)$ 時間，這與電路大小成超多項式關係[10]。事實上，正如我們的主張，有強力的證據指出，電路滿足性問題沒有多項式時間演算法可解，因為電路滿足性是 NP-complete。我們基於 NP 完備性定義的兩個部分，將這個事實的證明分為兩部分。

引理 34.5

電路可滿足性問題屬於 NP 類別。

證明 我們提供一個可驗證 CIRCUIT-SAT 的雙輸入多項式時間演算法 A。A 的一個輸入是布林組合電路 C（的標準編碼），另一個輸入是一個憑證，對應 C 的每條線路的布林值賦值（更小的憑證見習題 34.3-4）。

演算法 A 的工作方式如下。對於電路中的每個邏輯閘，演算法在輸出線檢查憑證所提供的值是否被正確地計算出來，輸出值應該是輸入線的值的函數。然後，如果整個電路的輸出是 1，演算法 A 就輸出 1，因為被指派給 C 的輸入的值提供一個滿足賦值。否則，A 輸出 0。

每當演算法 A 收到一個可滿足的電路 C，就存在一個憑證導致 A 輸出 1，憑證的長度與 C 的大小成多項式關係。當不可滿足的電路被傳入時，沒有任何憑證可以騙 A 相信該電路是可滿足的。演算法 A 在多項式時間內執行，如果寫得好，只需要執行線性時間。因此，CIRCUIT-SAT 可在多項式時間內驗證，且 CIRCUIT-SAT $\in$ NP。 ∎

證明 CIRCUIT-SAT 是 NP-complete 的第二部分是證明語言是 NP-hard：在 NP 裡的**每一個**語言都可以用多項式時間約化成 CIRCUIT-SAT。這件事的實際證明充斥著複雜的技術知識，所以我們基於計算機硬體的工作原理來簡單地證明。

計算機程式以一系列指令的形式儲存在計算機的記憶體裡。典型的指令編碼了要執行的操作、運算元在記憶體內的位址，以及儲存結果的位址。有一種特殊的記憶體位置，稱為**程式計數器**，負責記錄下一條要執行的指令。每條指令被抓取時，程式計數器會自動遞增，進而讓計算機依序執行指令。然而，有一些指令會將值寫入程式計數器，這會改變正常的循序執行，讓計算機執行迴圈和執行條件分支。

---

10 另一方面，如果電路 C 的大小是 $\Theta(2^k)$，那麼執行時間為 $O(2^k)$ 的演算法的執行時間與電路大小成多項式關係。即使 P $\neq$ NP，這個情況也不會與問題的 NP 完備性互相矛盾。在特殊情況下存在多項式時間的演算法，並不意味著所有情況都存在多項式時間演算法。

在程式執行的任何時間點，計算機的記憶體都保存計算的完整狀態（考慮記憶體包括程式本身、程式計數器、儲存空間，以及計算機為了進行記錄而維護的各種狀態位元。）。我們將計算機記憶體的任何特定狀態稱為組態。執行指令會改變組態。我們可以將指令想成將一個組態對映到另一個組態的動作。我們可以用布林組合電路來製作執行這種對映的計算機硬體，在接下來的引理的證明中，我們用 M 來代表這種電路。

引理 34.6

電路可滿足性問題是 NP-hard。

證明 設 L 為 NP 裡的任意語言。我們將描述一個計算約化函數 f 的多項式時間演算法 F。f 可將每個二進制字串 x 對映至一個電路 $C = f(x)$，使得 $x \in L$ 若且唯若 $C \in$ CIRCUIT-SAT。

因為 $L \in$ NP，所以一定有一個演算法可在多項式時間內核實 L。我們建構的演算法 F 使用雙輸入的演算法 A 來計算約化函數 f。

設 $T(n)$ 是演算法處理長度為 n 的輸入字串時的最壞情況執行時間，設常數 $k \geq 1$ 使 $T(n) = O(n^k)$，且憑證的長度是 $O(n^k)$（A 的執行時間其實與總輸入大小成多項式關係，輸入包括一個輸入字串與一個憑證，但因為憑證的長度與輸入字串的長度 n 成多項式關係，所以執行時間與 n 成多項式關係）。

這個證明的基本思路是將 A 的計算過程表示成一系列的組態。如圖 34.9 所示，考慮每一個組態都是由幾個部分組成的：A 的程式、程式計數器和輔助機器狀態、輸入 x、憑證 y，以及工作儲存空間。實現計算機硬體的組合電路 M 從初始組態 c_0 開始，將每個組態 c_i 對映到下一個組態 c_{i+1}。演算法 A 在完成執行時將它的輸出（0 或 1）寫到指定位置。在 A 停止後，輸出值就不會改變了。因此，如果演算法頂多執行 $T(n)$ 步，輸出就是在 $c_{T(n)}$ 裡的位元之一。

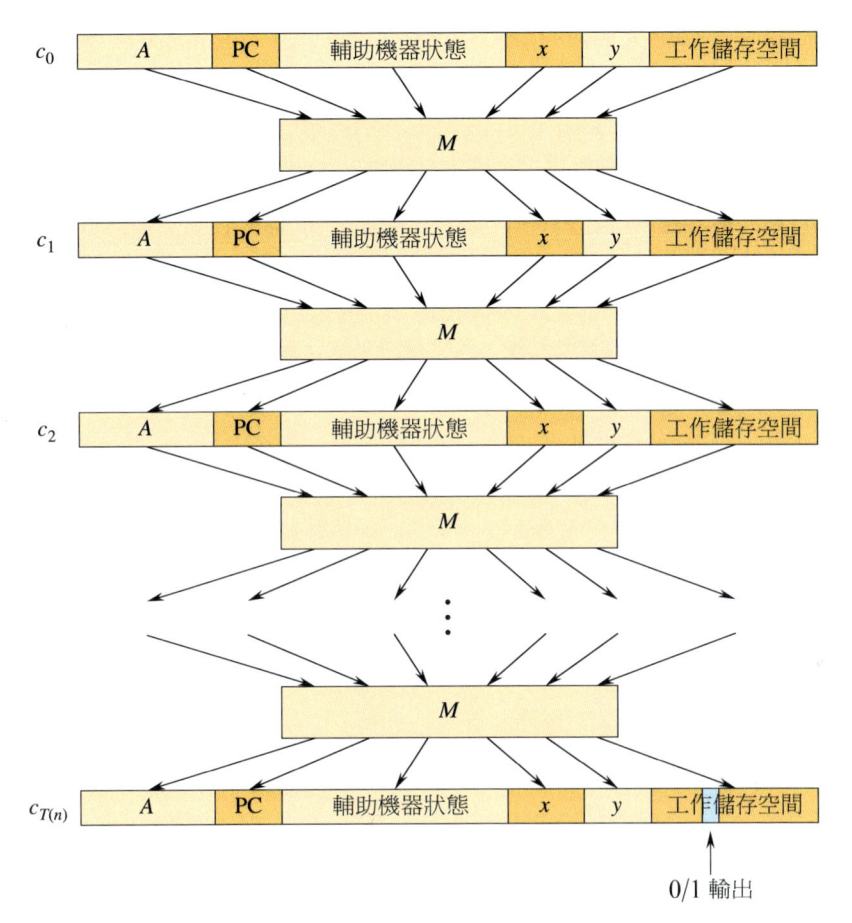

圖 34.9 演算法 A 處理輸入 x 與憑證 y 產生的一系列組態。每一個組態都代表計算機執行一步計算的狀態，除了 A、x、y 之外，組態也包含程式計數器（PC）、輔助機器狀態，以及工作儲存空間。初始組態 c_0 除了憑證 y 之外都是固定的。布林組合電路 M 將每一個組態對映到下一個組態。輸出是在工作儲存空間裡的特定位元。

約化演算法 F 建構一個組合電路，用來計算由給定的初始組態產生的所有組態，其背後的概念是將電路 M 的 $T(n)$ 個複本拼接在一起。第 i 個電路（會產生組態 c_i）的輸出會被直接傳給第 $i+1$ 個電路的輸入。因此，組態不是被儲存在計算機的記憶體裡面的東西，而是在連接 M 的各個複本的線路上的值。

回想一下多項式時間的約化演算法 F 所做的事情。給定一個輸入 x，它必須計算一個電路 $C = f(x)$，使得：若且唯若存在一個憑證 y 使得 $A(x, y) = 1$，則 C 是可滿足的。當 F 取得輸入 x 時，它會先計算 $n = |x|$，並建構一個由 $T(n)$ 個 M 的複本組成的組合電路 C'。C' 的輸入是一個初始組態（對映 $A(x, y)$ 裡的一個計算），輸出是組態 $c_{T(n)}$。

演算法 F 稍微修改電路 C' 來建構電路 $C = f(x)$。首先，它將 C' 的輸入直接接到已知值，那些輸入包括 A 的程式、初始程式計數器、輸入 x，與記憶體初始狀態，所以，剩餘的輸入只有憑證 y 的輸入。接下來，它忽略 C' 的幾乎所有輸出，除了 $c_{T(n)}$ 中對應 A 的輸出的一個位元之外。這個電路 C 可為長度為 $O(n^k)$ 的任何輸入 y 計算 $C(y) = A(x, y)$。當約化演算法 F 收到輸入字串 x 時，它會計算這個電路 C 並輸出它。

我們要證明兩個特性。第一，我們必須證明 F 正確地計算約化函數 f。也就是說，我們必須證明若且唯若存在憑證 y 使得 $A(x, y) = 1$，則 C 是可滿足的。第二，我們必須證明 F 以多項式時間執行。

為了證明 F 正確地計算約化函數，假設存在一個長度為 $O(n^k)$ 的憑證 y 使得 $A(x, y) = 1$。那麼，將 y 的位元傳給 C 的輸入之後，C 的輸出是 $C(y) = A(x, y) = 1$。所以，若憑證存在，則 C 是可滿足的。從另一個方向，假設 C 是可滿足的。因此 C 存在一個輸入 y 滿足 $C(y) = 1$，由此可知 $A(x, y) = 1$。因此，F 正確地計算約化函數。

在證明的最後，我們要證明 F 的執行時間和 $n = |x|$ 成多項式關係。首先，表示一個組態所需的位元數與 n 成多項式關係。為什麼？A 的程式本身是固定大小，與它的輸入 x 的長度無關。輸入 x 的長度是 n，憑證 y 的長度是 $O(n^k)$。因為演算法最多執行 $O(n^k)$ 步，所以 A 需要的工作儲存空間也與 n 成多項式關係（我們私下假設這個記憶體是連續的。習題 34.3-5 會請你將證明擴展成以下情況：A 存取的位置分布在更大的記憶體區域中，而且每個輸入 x 的分布模式可能不同）。

實作計算機硬體的組合電路 M 的大小與組態的長度成多項式關係，即 $O(n^k)$，因此，M 的大小與 n 成多項式關係（大部分的電路都是實作記憶體系統邏輯）。電路 C 是由 M 的 $O(n^k)$ 個複本構成的，因此，它的大小與 n 成多項式關係。約化演算法 F 可在多項式時間內從 x 建構 C，因為每一步建構都花費多項式時間。 ∎

因此，CIRCUIT-SAT 語言至少和 NP 中的任何語言一樣難，而且由於它屬於 NP，所以它是 NP-complete 的。

定理 34.7
電路可滿足性問題是 NP-complete。

證明 從引理 34.5 與 34.6，以及 NP 完備性的定義可直接得證。 ∎

習題

34.3-1
證明圖 34.8(b) 的電路是不可滿足的。

34.3-2
證明語言的 $\leq_P$ 關係是遞移關係，亦即證明若 $L_1 \leq_P L_2$ 且 $L_2 \leq_P L_3$，則 $L_1 \leq_P L_3$。

34.3-3
證明 $L \leq_P \overline{L}$，若且唯若 $\overline{L} \leq_P L$。

34.3-4
寫出引理 34.5 可以使用滿足賦值作為憑證的另一個證明。使用哪一種憑證來證明比較簡單？

34.3-5
引理 34.6 的證明假設演算法 A 的儲存空間占一個多項式大小的連續區域。它的證明在哪裡利用這個假設？證明這個假設不失普遍性。

34.3-6
如果語言 $L \in C$，且對所有 $L' \in C$ 而言，$L' \leq_P L$，在多項式時間約化的基礎上，對語言類別 C 來說，L 是完備的。證明在多項式時間約化的基礎上，$\emptyset$ 與 $\{0, 1\}^*$ 是 P 僅有的不完備語言。

34.3-7
證明就多項式時間約化而言（見習題 34.3-6），若且唯若 $\overline{L}$ 對 co-NP 是完備的，則 L 對 NP 是完備的。

34.3-8
在引理 34.6 的證明裡，約化演算法根據 x、A 和 k 的資訊建構了電路 $C = f(x)$。Sartre 教授觀察到，字串 x 是傳給 F 的輸入，但 F 只知道 A、k 的存在，以及隱藏在 $O(n^k)$ 執行時間裡的常數因子（因為語言 L 屬於 NP），但不知道它們的實際值。因此，教授得出結論，F 不可能建構電路 C，且語言 CIRCUIT-SAT 不一定是 NP-hard。指出教授的理論有什麼缺陷。

34.4 NP 完備性證明

「電路可滿足性問題是 NP-complete」的證明直接指出，對每一個語言 $L \in$ NP 而言，$L \leq_p$ CIRCUIT-SAT。這一節將介紹如何證明語言是 NP-complete，但不直接將 NP 裡的每一個語言約化成給定語言。我們藉著證明各種公式可滿足性問題是 NP-complete 來探索這種方法的案例。第 34.5 節將提供更多例子。

接下來的引理是證明特定語言是 NP-complete 的基礎。

引理 34.8

若語言 L 滿足 $L' \leq_p L$，其中 $L' \in$ NPC，則 L 是 NP-hard。此外，若 $L \in$ NP，則 $L \in$ NPC。

證明 因為 L' 是 NP-complete，對所有 $L'' \in$ NP 而言，$L'' \leq_p L'$。根據假設可得 $L' \leq_p L$，因此根據遞移性（習題 34.3-2）可得 $L'' \leq_p L$，這證明 L 是 NP-hard。若 $L \in$ NP，則 $L \in$ NPC。∎

換句話說，我們藉著將已知的 NP-complete 語言 L' 約化成 L，來將 NP 裡的每一個語言隱性地約化成 L。因此，引理 34.8 提供一個方法來證明語言 L 是 NP-complete：

1. 證明 $L \in$ NP。

2. 證明 L 是 NP-hard：
   a. 選擇一個已知的 NP-complete 語言 L'。
   b. 描述一個演算法，該演算法可計算函數 f，來將 L' 的每一個實例 $x \in \{0, 1\}^*$ 對映到 L 的一個實例 $f(x)$。
   c. 證明：對所有 $x \in \{0, 1\}^*$ 而言，若且唯若 $f(x) \in L$，則函數 f 滿足 $x \in L'$。
   d. 證明計算 f 的演算法以多項式時間執行。

比起直接展示如何從 NP 中的每個語言進行約化，這個從一個已知的 NP-complete 語言進行約化的方法簡單得多。證明 CIRCUIT-SAT $\in$ NPC 是一個起點。知道電路可滿足性問題是 NP-complete 之後，我們更容易證明其他問題是 NP-complete。此外，隨著已知的 NP-complete 問題的增加，可供約化的語言選項也會增加。

公式可滿足性

為了說明約化方法，我們來看一個判斷布林公式（而不是**電路**）是否可滿足的問題的 NP 完備性證明。這個問題具有歷史性意義，因為它是第一個被證明是 NP-complete 的問題。

我們用 SAT 語言來定義（**公式**）**可滿足性**問題如下。SAT 的實例是一個布林式 ϕ，由以下成分構成

1. n 個布林變數：$x_1, x_2, \ldots, x_n$；
2. m 個布林連接符號，代表具有一或兩個輸入與一個輸出的任何布林函數，例如 $\wedge$（AND）、$\vee$（OR）、$\neg$（NOT）、$\rightarrow$（意味著）、$\leftrightarrow$（若且唯若）；以及
3. 括號（不失普遍性，我們假設沒有多餘的括號，也就是一個公式裡的每個布林連接符號最多只有一對括號）。

我們可以將布林公式 ϕ 編碼為與 $n+m$ 成多項式關係的長度。如同布林組合電路，布林式 ϕ 的**真值賦值**是 ϕ 的變數的值，**滿足賦值**是造成它產生 1 的真值賦值。有滿足賦值的布林式是**可滿足的**。可滿足性問題想問的是給定的布林式是不是可滿足的，這可用形式語言來表示如下

SAT $= \{\langle\phi\rangle : \phi$ 是可滿足的布林式 $\}$。

舉個例子，布林式

$$\phi = ((x_1 \rightarrow x_2) \vee \neg((\neg x_1 \leftrightarrow x_3) \vee x_4)) \wedge \neg x_2$$

有滿足賦值 $\langle x_1 = 0, x_2 = 0, x_3 = 1, x_4 = 1 \rangle$，因為

$$\begin{aligned}\phi &= ((0 \rightarrow 0) \vee \neg((\neg 0 \leftrightarrow 1) \vee 1)) \wedge \neg 0 \\ &= (1 \vee \neg(1 \vee 1)) \wedge 1 \\ &= (1 \vee 0) \wedge 1 \\ &= 1\end{aligned} \quad (34.2)$$

所以這個式子 ϕ 屬於 SAT。

判定任意的布林式是否可滿足的天真演算法無法以多項式時間執行。具有 n 個變數的布林式有 2^n 種可能的賦值。如果 $\langle\phi\rangle$ 的長度與 n 成多項式關係，那麼檢查每一個賦值需要 $\Omega(2^n)$ 時間，這與 $\langle\phi\rangle$ 的長度成超多項式關係。如接下來的定理所述，多項式時間的演算法不太可能存在。

定理 34.9

布林式的可滿足性是 NP-complete。

證明 我們先證明 SAT ∈ NP。然後藉著證明 CIRCUIT-SAT $\leq_P$ SAT，來證明 SAT 是 NP-hard，根據引理 34.8，它可以證明此定理。

為了證明 SAT 屬於 NP，我們將證明，我們可以在多項式時間內驗證一個由輸入公式 ϕ 的滿足賦值組成的憑證。驗證演算法只是將公式裡的每個變數換成相應的值，然後計算布林式，就像我們在上面的式 (34.2) 中所做的那樣。這個工作可以在多項式時間內完成。如果布林式的值是 1，代表演算法驗證該公式是可滿足的。因此，SAT 屬於 NP。

為了證明 SAT 是 NP-hard，我們將證明 CIRCUIT-SAT $\leq_P$ SAT。換句話說，我們要說明如何在多項式時間內將電路可滿足性的任何實例約化成公式可滿足性的實例。我們可以用歸納法，來將任何布林組合電路表示成一個布林式。我們只要查看產生電路輸出的邏輯閘，然後遞迴地將每個閘的輸入寫成公式，再用運算式來表達「將閘的函數應用到它的輸入公式」，即可獲得電路的公式。

遺憾的是，這種直接的方法不能視為一種多項式時間的約化。正如習題 34.4-1 請你證明的那樣，共享子公式可能導致生成的公式的大小成指數級增長，這些子公式源自於輸出線的扇出量為 2 以上的邏輯閘。因此，約化演算法必須更加巧妙。

圖 34.10 說明如何克服這個問題，以圖 34.8(a) 的電路為例。電路 C 裡的每一條線 x_i 在布林式 ϕ 裡都有一個對應的變數 x_i。為了描述每個邏輯閘的運作方式，我們建構一個涉及其線路變數的小型公式。這種公式的形式是「若且唯若」（↔），公式的左邊是閘的輸出變數，右邊描述邏輯閘的函數處理其輸入的邏輯運算式。例如，在輸出處的 AND 閘（在圖中最右邊的閘）的操作是 $x_{10} \leftrightarrow (x_7 \wedge x_8 \wedge x_9)$。我們將這些小布林式稱為**子句**。

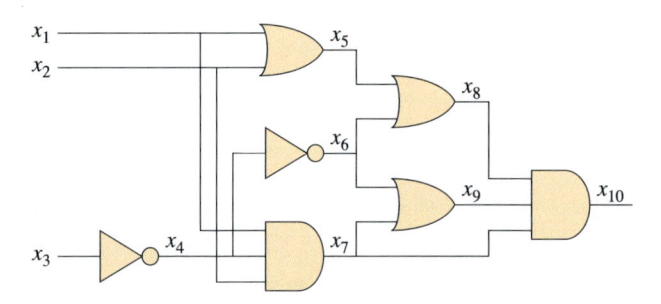

圖 34.10 將電路可滿足性約化成公式可滿足性。在約化演算法產生的布林式中，電路的每一條線都有一個變數，每一個邏輯閘都有一個子句（clause）。

約化演算法產生的布林式 ϕ 是「電路輸出變數」與「每一個描述邏輯閘的運算的子句」的 AND。對圖中的電路而言，其布林式為

$$\begin{aligned}
\phi = \; & x_{10} \wedge (x_4 \leftrightarrow \neg x_3) \\
& \wedge (x_5 \leftrightarrow (x_1 \vee x_2)) \\
& \wedge (x_6 \leftrightarrow \neg x_4) \\
& \wedge (x_7 \leftrightarrow (x_1 \wedge x_2 \wedge x_4)) \\
& \wedge (x_8 \leftrightarrow (x_5 \vee x_6)) \\
& \wedge (x_9 \leftrightarrow (x_6 \vee x_7)) \\
& \wedge (x_{10} \leftrightarrow (x_7 \wedge x_8 \wedge x_9))
\end{aligned}$$

給定電路 C，在多項式時間內產生布林式 ϕ 很簡單。

為什麼若布林式 ϕ 是可滿足的，則電路 C 也是可滿足的？如果 C 有滿足賦值，那麼電路的每一條接線都有定義完善的值，且電路的輸出是 1。因此，當接線值被指派給 ϕ 裡的變數時，ϕ 的每一個子句都產生 1，所以結合所有計算的結果是 1。反過來說，如果某個賦值導致 ϕ 的計算結果是 1，那麼藉由類似的論證，電路 C 是可滿足的。我們證明了 CIRCUIT-SAT $\leq_P$ SAT，故得證。∎

3-CNF 可滿足性

從公式可滿足性進行約化提供了證明許多問題是 NP-complete 的途徑。不過，約化演算法必須處理任何輸入布林式，使我們需要考慮大量的情況。通常比較簡單的做法是從一個受限的布林式語言進行約化。當然，受限的語言不一定可在多項式時間內解決。有一種方便的語言是 3-CNF satisfiability，又稱 3-CNF-SAT。

為了定義 3-CNF-SAT，我們必須先定義一些名詞。在布林式裡的**字符**（*literal*）就是一個變數（例如 x_1）或它的邏輯非（$\neg x_1$）。**子句**（*clause*）是一個或多個字符取 OR，例如 $x_1 \vee \neg x_2 \vee \neg x_3$。如果布林式以子句的 AND 來表達，那麼它就是**合取正規式**（*conjunctive normal form*），又稱 *CNF*，如果每一個子句都有三個不同的字符，它就是 *3- 合取正規式*，又稱 *3-CNF*。

例如，布林式

$(x_1 \vee \neg x_1 \vee \neg x_2) \wedge (x_3 \vee x_2 \vee x_4) \wedge (\neg x_1 \vee \neg x_3 \vee \neg x_4)$

是 3-CNF 格式。它的三個子句的第一個是 $(x_1 \vee \neg x_1 \vee \neg x_2)$，這個子句裡面有三個字符，$x_1$、$\neg x_1$ 與 $\neg x_2$。

3-CNF-SAT 語言是由 3-CNF 中可滿足的布林式的編碼構成的。下面的定理證明，即使是用這種簡單的正規式來表示，能夠在多項式時間內判定布林公式滿足性的演算法也不可能存在。

定理 34.10

在 3-CNF 裡的布林式的可滿足性是 NP-complete。

證明 在定理 34.9 中證明 SAT ∈ NP 的方法也可以用來證明 3-CNF-SAT ∈ NP。因此，根據引理 34.8，我們只需要證明 SAT $\leq_P$ 3-CNF-SAT。

我們將約化演算法分成三個基本步驟。每一步都讓輸入的布林式 ϕ 更接近理想的 3-CNF。

第一步類似我們在定理 34.9 裡證明 CIRCUIT-SAT $\leq_P$ SAT 的步驟。首先，為輸入布林式建構一個二分「解析」樹，字符是葉節點，連接符號是內部節點。圖 34.11 是下面的布林式的解析樹

$$\phi = ((x_1 \to x_2) \vee \neg((\neg x_1 \leftrightarrow x_3) \vee x_4)) \wedge \neg x_2 \tag{34.3}$$

如果輸入的布林式有「幾個字符取 OR」之類的子句，就使用結合律來將運算式全部包在括號裡，讓樹的每一個內部節點都只有一或兩個子節點。二分解析樹就像一個計算函數的電路。

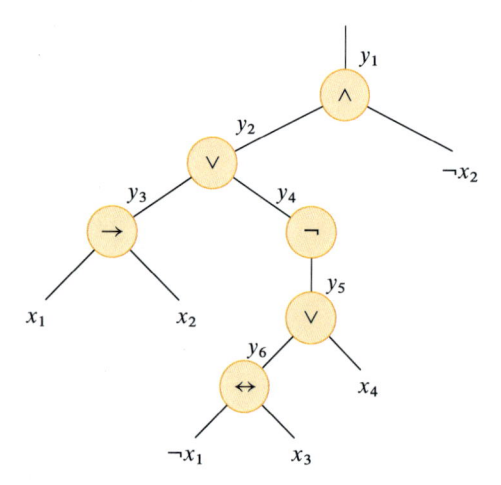

圖 34.11 布林式 $\phi = ((x_1 \to x_2) \vee \neg((\neg x_1 \leftrightarrow x_3) \vee x_4)) \wedge \neg x_2$ 的樹。

我們模仿定理 34.9 的證明裡的約化，用變數 y_i 來表示每個內部節點的輸出。然後將原始布林式 ϕ 改寫成「位於解析樹之根的變數」與「描述各個節點的操作的子句的結合」的 AND。對式 (34.3) 而言，得到的運算式為

$$\begin{aligned}
\phi' = \ & y_1 \land (y_1 \leftrightarrow (y_2 \land \neg x_2)) \\
& \land (y_2 \leftrightarrow (y_3 \lor y_4)) \\
& \land (y_3 \leftrightarrow (x_1 \rightarrow x_2)) \\
& \land (y_4 \leftrightarrow \neg y_5) \\
& \land (y_5 \leftrightarrow (y_6 \lor x_4)) \\
& \land (y_6 \leftrightarrow (\neg x_1 \leftrightarrow x_3))
\end{aligned}$$

所以，布林式 ϕ' 就是結合子句 ϕ'_i 的結果，每個子句最多有三個字符。這些子句還不是三個字符取 OR。

約化的第二步是將每一個子句 ϕ'_i 轉換成 CNF。我們藉著計算 ϕ'_i 的變數的所有可能值來建立它的真值表。真值表的每一列都包含子句變數的可能值，以及該值產生的子句值。我們使用計算結果為 0 的真值表項目，建立一個與 $\neg \phi'_i$ 等價的**析取範式**（*disjunctive normal form*）（又稱 *DNF*）（也就是 AND 的 OR）。然後取這個布林式的 NOT，將它轉換成 CNF 式 ϕ''_i，做法是使用命題邏輯中的**德摩根定律**

$$\neg(a \land b) = \neg a \lor \neg b$$
$$\neg(a \lor b) = \neg a \land \neg b$$

來將所有字符取補（complement），將 OR 變成 AND，將 AND 變成 OR。

在我們的例子中，子句 $\phi'_1 = (y_1 \leftrightarrow (y_2 \land \neg x_2))$ 以下面的方式轉換成 CNF。圖 34.12 是 ϕ'_1 的真值表。與 $\neg \phi'_1$ 等價的 DNF 式為

$$(y_1 \land y_2 \land x_2) \lor (y_1 \land \neg y_2 \land x_2) \lor (y_1 \land \neg y_2 \land \neg x_2) \lor (\neg y_1 \land y_2 \land \neg x_2)$$

取 NOT 並套用德摩根定律產生 CNF 式

$$\begin{aligned}
\phi''_1 = \ & (\neg y_1 \lor \neg y_2 \lor \neg x_2) \land (\neg y_1 \lor y_2 \lor \neg x_2) \\
& \land (\neg y_1 \lor y_2 \lor x_2) \land (y_1 \lor \neg y_2 \lor x_2)
\end{aligned}$$

它與原始的子句 ϕ'_1 等價。

y_1	y_2	x_2	$(y_1 \leftrightarrow (y_2 \wedge \neg x_2))$
1	1	1	0
1	1	0	1
1	0	1	0
1	0	0	0
0	1	1	1
0	1	0	0
0	0	1	1
0	0	0	1

圖 34.12 子句 $(y_1 \leftrightarrow (y_2 \wedge \neg x_2))$ 的真值表。

此時，布林式 ϕ' 的每一個子句 ϕ'_i 都被轉換成 CNF 式 ϕ''_i 了，所以 ϕ' 等價於由 ϕ''_i 的合取式組成的 CNF 式 ϕ''。此外，ϕ'' 的每一個子句都最多有三個字符。

約化的第三步，也是最後一步，就是進一步轉換布林式，使每一個子句都**正好**有三個不同的字符。我們用 CNF 式 ϕ'' 的子句來建構最終的 3-CNF 式 ϕ'''。這個布林式也使用兩個輔助變數 p 與 q。對於 ϕ'' 的每一個子句 C_i，在 ϕ''' 裡加入下面的子句：

- 如果 C_i 有三個不同的字符，那麼加入 C_i 作為 ϕ''' 的子句。

- 如果 C_i 有兩個不同的字符，也就是說，如果 $C_i = (l_1 \vee l_2)$，其中 l_1 與 l_2 是字符，那就加入 $(l_1 \vee l_2 \vee p) \wedge (l_1 \vee l_2 \vee \neg p)$ 作為 ϕ''' 的子句。字符 p 和 $\neg p$ 只是為了滿足「ϕ''' 的每個子句都包含三個不同的字符」這個要求。無論 $p = 0$ 或 $p = 1$，子句之一都與 $l_1 \vee l_2$ 等價，另一個算出來是 1，它是 AND 的恆等元。

- 如果 C_i 只有一個不同的字符 l，那就加入 $(l \vee p \vee q) \wedge (l \vee p \vee \neg q) \wedge (l \vee \neg p \vee q) \wedge (l \vee \neg p \vee \neg q)$ 作為 ϕ''' 的子句。無論 p 和 q 的值是什麼，這四個子句之一都與 l 等價，其他三個的值是 1。

檢查三個步驟中的每一步可以看到，若且唯若 ϕ 是可滿足的，則 3-CNF 式 ϕ''' 是可滿足的。如同從 CIRCUIT-SAT 約化至 SAT，在第一步中，由 ϕ 建構 ϕ' 保留了可滿足性。第二步產生在代數上與 ϕ' 等價的 CNF 式 ϕ''。然後，第三步產生一個 3-CNF 式 ϕ'''，它實際上與 ϕ'' 等價，因為將變數 p 和 q 設為任何值都會產生一個代數上與 ϕ'' 等價的式子。

我們也必須證明，約化可以在多項式時間內計算出來。由 ϕ 建構 ϕ' 時，ϕ 的每一個連接符號最多加入一個變數和一個子句。從 ϕ' 建構 ϕ'' 時，ϕ' 的每個子句最多可能在 ϕ'' 裡加入八個子句，因為 ϕ' 的每個子句最多包含三個變數，而且每個子句的真值表最多有 $2^3 = 8$ 列。由 ϕ'' 建構 ϕ''' 時，ϕ'' 的每個子句最多在 ϕ''' 裡引入四個子句。所以，最後 ϕ''' 的大小與原始布林式的長度成多項式關係。每一次建構都可以在多項式時間內完成。 ∎

習題

34.4-1
考慮定理 34.9 的證明裡的直接約化（非多項式時間）。畫出一個大小為 n 的電路，讓它在你用這種方法來轉換成公式時，會產生一個大小與 n 成指數關係的布林式。

34.4-2
將定理 34.10 的方法用於式 (34.3) 來得到 3-CNF 式。

34.4-3
Jagger 教授提議使用定理 34.10 的證明中的真值表技巧來證明 SAT $\leq_P$ 3-CNF-SAT，而不使用其他步驟。也就是說，教授主張將布林公式 ϕ 的變數寫成一個真值表，由真值表導出一個與 $\neg\phi$ 等價的 3-DNF 式，然後取 NOT 並應用德摩根定律，來產生一個與 ϕ 等價的 3-CNF 式。證明這種策略不會導致多項式時間的約化。

34.4-4
證明：判斷一個布林式是否為恆真式是 co-NP 完備的（**提示**：見習題 34.3-7）。

34.4-5
證明：「判定符合析取範式的布林式是否可滿足」這個問題是多項式時間可解的。

34.4-6
有人給你一個多項式時間演算法來判斷公式的滿足性，說明如何用這個演算法在多項式時間內找出滿足賦值。

34.4-7
設 2-CNF-SAT 是 CNF 的可滿足布林式集合，每個子句都有兩個字符。證明 2-CNF-SAT $\in$ P。盡量提升你的演算法的效率（**提示**：$x \vee y$ 等價於 $\neg x \to y$。將 2-CNF-SAT 約化成有向圖中的一個可以高效解決的問題）。

34.5 NP-complete 問題

NP-complete 問題可能在各種領域中出現，包括布林邏輯、圖、算術、網路設計、集合和分區、儲存和檢索、排序和調度、數學規劃、代數和數論、遊戲和謎題、自動機和語言理論、程式優化、生物學、化學、物理學⋯等。本節將使用約化法，來證明圖論和集合劃分領域的各種問題的 NP 完備性。

圖 34.13 概述了本節和第 34.4 節的 NP 完備性證明結構。我們藉著約化指向特定語言的另一個語言，來證明圖中的每一個語言是 NP-complete。此結構的根節點是 CIRCUIT-SAT，我們在定理 34.7 已證明它是 NP-complete。在本節的最後，我們將回顧約化策略。

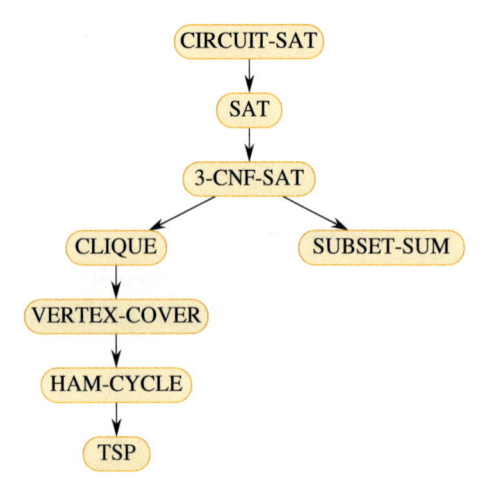

圖 34.13 第 34.4 與 34.5 節的 NP 完備性證明結構。所有的證明最終來自 CIRCUIT-SAT 的 NP 完備性的約化。

34.5.1 點集團問題

在無向圖 $G = (V, E)$ 裡面的**點集團**（*clique*）是頂點的子集合 $V' \subseteq V$，裡面的每一對頂點都以 E 的一條邊相連。換句話說，點集團是 G 的完全子圖。點集團的**大小**就是它裡面的頂點數量。**點集團問題**就是找出圖裡最大的點集團，它是一個優化問題。它對應的決策問題是詢問圖裡有沒有大小為 k 的點集團。正式的定義是

CLIQUE = $\{\langle G, k \rangle : $ 圖 G 包含大小為 k 的點集團 $\}$。

判斷具有 $|V|$ 個頂點的圖 $G = (V, E)$ 裡有沒有大小為 k 的點集團的天真演算法，就是列出 V 的全部的 k-子集合，並檢查裡面的每一個子集合是否形成點集團。這個演算法的執行時間是 $\Omega(k^2\binom{|V|}{k})$，如果 k 是常數，它就是多項式的。然而，一般來說，k 可能接近 $|V|/2$，此時，演算法以超多項式時間執行。其實，點集團問題不太可能有高效的演算法。

定理 34.11

點集團問題是 NP-complete。

證明 我們先證明 CLIQUE $\in$ NP。對於給定的圖 $G = (V, E)$，我們使用點集團裡的頂點集合 $V' \subseteq V$ 來作為 G 的憑證。為了在多項式時間內檢查 V' 是不是點集團，對於每一對 $u, v \in V'$，我們檢查邊 (u, v) 是否屬於 E。

接下來，我們證明 3-CNF-SAT $\leq_P$ CLIQUE，這可以證明點集團問題是 NP-hard。這個證明將 3-CNF-SAT 的實例約化成 CLIQUE 的實例可能讓你驚訝，因為表面上看，邏輯式與圖似乎沒有什麼關係。

約化演算法從一個 3-CNF-SAT 的實例開始處理。設 $\phi = C_1 \wedge C_2 \wedge \ldots \wedge C_k$ 是 3-CNF 的布林式，有 k 個子句。若 $r = 1, 2, \ldots, k$，每個子句 C_r 都有三個不同的字符：l_1^r, l_2^r 與 l_3^r。我們將建構圖 G，使得：若且唯若 G 有大小為 k 的點集團，則 ϕ 是可滿足的。

我們用接下來的方法來建構無向圖 $G = (V, E)$。對於 ϕ 裡的每一個子句 $C_r = (l_1^r \vee l_2^r \vee l_3^r)$，我們將一個頂點 v_1^r, v_2^r 與 v_3^r 的 triple 放入 V。如果以下兩個條件皆成立，則將邊 (v_i^r, v_j^s) 加入 E。

- v_i^r 與 v_j^s 在不同的 triple 裡，亦即 $r \neq s$，且
- 它們對應的字符是一致的，也就是，l_i^r 不是 l_j^s 的 NOT。

我們可以在多項式時間內，從 ϕ 建立這個圖。舉個例子，如果

$$\phi = (x_1 \vee \neg x_2 \vee \neg x_3) \wedge (\neg x_1 \vee x_2 \vee x_3) \wedge (x_1 \vee x_2 \vee x_3)$$

那麼 G 就是圖 34.14 裡的圖。

我們必須證明將 ϕ 轉換成 G 是一種約化。首先，假定 ϕ 有滿足賦值。那麼，每一個子句 C_r 都至少包含一個被設成 1 的字符 l_i^r，且每一個這種字符都對應一個頂點 v_i^r。從每一個子句選取一個這種「true」值字符，可以得到一個包含 k 個頂點的集合 V'。我們主張 V' 是點集團。對任意兩個頂點 $v_i^r, v_j^s \in V'$（$r \neq s$）而言，根據給定的滿足賦值，它們相應的字符 l_i^r 與 l_j^s 都對映至 1，所以這兩個字符不可能互補。因此，根據 G 的構造，邊 (v_i^r, v_j^s) 屬於 E。

$$C_1 = x_1 \vee \neg x_2 \vee \neg x_3$$

$C_2 = \neg x_1 \vee x_2 \vee x_3$ 　　　　　　　　　　　　　$C_3 = x_1 \vee x_2 \vee x_3$

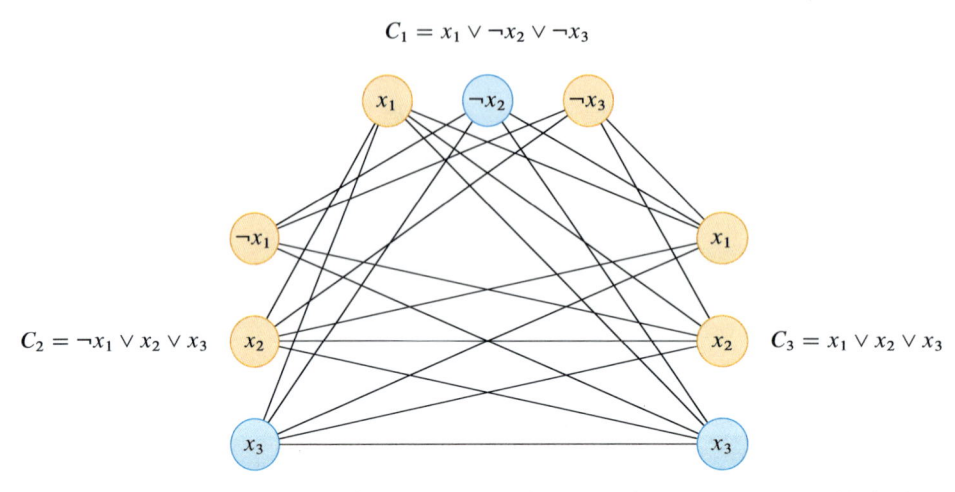

圖 34.14 從 3-CNF-SAT 約化成 CLIQUE 時，由 3-CNF 式 $\phi = C_1 \wedge C_2 \wedge C_3$ 導出的圖 G，其中 $C_1 = (x_1 \vee \neg x_2 \vee \neg x_3)$、$C_2 = (\neg x_1 \vee x_2 \vee x_3)$、$C_3 = (x_1 \vee x_2 \vee x_3)$。式子的滿足賦值是 $x_2 = 0$，$x_3 = 1$，x_1 設為 0 或 1。這個賦值以 $\neg x_2$ 滿足 C_1，以 x_3 滿足 C_2 與 C_3，這可對應至藍色頂點的點集團。

反過來說，假設 G 包含一個大小為 k 的點集團 V'。在 G 裡沒有邊連接同一個 triple 裡的頂點，因此 V' 只包含每個 triple 的一個頂點。如果 $v_i^r \in V'$，那就將對應的字符 l_i^r 設為 1。在 G 裡，不一致的字符之間沒有邊，所以沒有字符及其互補字符都被設為 1。每一個子句都被滿足，所以 ϕ 被滿足（未對應至點集團中的頂點的變數都可以任意設定）。　∎

在圖 34.14 的例子中，ϕ 的一個滿足賦值是 $x_2 = 0$ 且 $x_3 = 1$。大小 $k = 3$ 對應的點集團是由第一個子句的 $\neg x_2$、第二個子句的 x_3、第三個子句的 x_3 的對應頂點組成的。因為點集團沒有頂點對應 x_1 與 $\neg x_1$，所以這個滿足賦值可將 x_1 設為 0 或 1。

定理 34.11 的證明將任意的 3-CNF-SAT 實例約化成具有特定結構的 CLIQUE 實例。也許你認為我們只證明了 CLIQUE 在圖裡是 NP-hard，且頂點只能以 triple 來表示，且同一個 triple 裡的頂點之間沒有邊，事實上，我們證明了 CLIQUE 只有在這個受限的情況下是 NP-hard 的，但是這個證明足以證明 CLIQUE 在一般圖中是 NP-hard 的。為什麼？因為如果有多項式時間演算法可以解一般圖裡的 CLIQUE，那麼它也可以解受限圖裡的 CLIQUE 問題。

然而，反過來做（將具有特殊結構的 3-CNF-SAT 實例約化成 CLIQUE 的一般實例）是不夠的，為什麼不夠？也許我們選擇要約化的 3-CNF-SAT 實例是「容易」的，因此，我們並不是將一個 NP-hard 問題約化成 CLIQUE 問題。

此外，約化使用的是 3-CNF-SAT 的實例，而不是解。如果多項式時間的約化需要知道公式 ϕ 是否可滿足，我們就會出錯，因為我們不知道如何在多項式時間內判斷 ϕ 是否可滿足。

34.5.2 頂點覆蓋問題

無向圖的**頂點覆蓋**（*vertex cover*）是一個子集合 $V' \subseteq V$，使得：若 $(u, v) \in E$，則 $u \in V'$ 或 $v \in V'$（或皆成立）。也就是說，每一個頂點都「覆蓋」它的接觸邊，G 的頂點覆蓋是覆蓋 E 的所有邊的頂點。頂點覆蓋的**大小**是它裡面的頂點數量。例如，圖 34.15(b) 的圖有大小為 2 的頂點覆蓋 $\{w, z\}$。

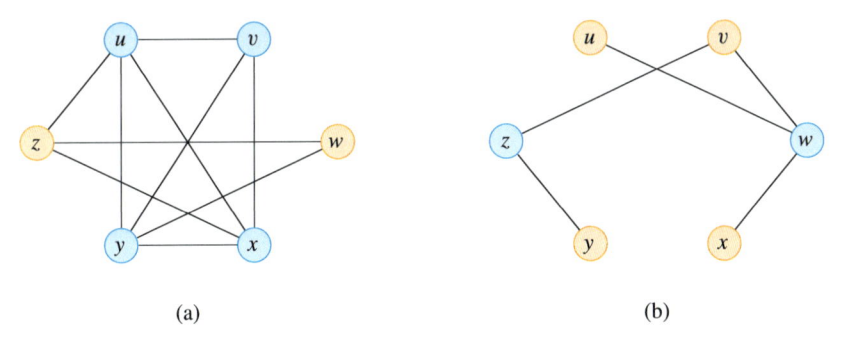

圖 34.15 將 CLIQUE 約化成 VERTEX-COVER。**(a)** 在無向圖 $G = (V, E)$ 裡有點集團 $V' = \{u, v, x, y\}$，以藍色表示。**(b)** 約化演算法產生的圖 $\overline{G}$ 的頂點覆蓋 $V - V' = \{w, z\}$，以藍色表示。

頂點覆蓋問題就是找出給定的圖裡的最小頂點覆蓋。這個優化問題對應的決策問題是圖裡有沒有給定大小 k 的頂點覆蓋。用語言來定義是：

VERTEX-COVER = $\{\langle G, k \rangle$：圖 G 有大小為 k 的頂點覆蓋 $\}$。

接下來的定理證明這個問題是 NP-complete。

定理 34.12

頂點覆蓋問題是 NP-complete。

證明 我們先證明 VERTEX-COVER $\in$ NP。給定圖 $G = (V, E)$ 與整數 k，憑證是頂點覆蓋 $V' \subseteq V$ 本身。驗證演算法確認 $|V'| = k$，然後檢查每一條邊 $(u, v) \in E$ 的 $u \in V'$ 或 $v \in V'$。用多項式時間來驗證憑證很簡單。

要證明頂點覆蓋問題是 NP-hard，我們從點集團問題約化，證明 CLIQUE $\leq_P$ VERTEX-COVER。這個約化需要使用圖的補圖的概念。給定無向圖 $G = (V, E)$，我們定義 G 的補圖是圖 $\overline{G} = (V, \overline{E})$，其中 $\overline{E} = \{(u, v): u, v \in V, u \neq v,$ 且 $(u, v) \notin E\}$。換句話說，$\overline{G}$ 包含不在 G 裡的邊。圖 34.15 是一個圖與它的補圖，並描述從 CLIQUE 約化至 VERTEX-COVER 的過程。

約化演算法接收點集團問題的實例 $\langle G, k \rangle$，並在多項式時間內計算補圖 $\overline{G}$。約化演算法的輸出是頂點覆蓋問題的實例 $\langle \overline{G}, |V|-k \rangle$。為了完成證明，我們將證明這個轉化的確是約化：若且唯若圖 $\overline{G}$ 有大小為 $|V|-k$ 的頂點覆蓋，則圖 G 包含大小為 k 的點集團。

假設 G 有點集團 $V' \subseteq V$，且 $|V'| = k$。我們主張 $V-V'$ 是 $\overline{G}$ 裡的一個頂點覆蓋。設 (u, v) 是 $\overline{E}$ 裡的任意邊。那麼，$(u, v) \notin E$，這意味著 u 與 v 之中，至少有一個不屬於 V'，因為在 V' 裡的每一對頂點都以 E 的一條邊相連。等價地，u 與 v 至少有一條邊屬於 $V-V'$，這意味著邊 (u, v) 被 $V-V'$ 覆蓋。因為 (u, v) 是從 $\overline{E}$ 任意選擇的，$\overline{E}$ 的每一條邊都被 $V-V'$ 裡的一個頂點覆蓋。因此，大小為 $|V|-k$ 的集合 $V-V'$ 形成 $\overline{G}$ 的頂點覆蓋。

反之，假設 $\overline{G}$ 有頂點覆蓋 $V' \subseteq V$，其中 $|V'| = |V|-k$。那麼對所有 $u, v \in V$ 而言，若 $(u, v) \in \overline{E}$，則 $u \in V'$ 或 $v \in V'$，或兩者皆成立。反過來說，對所有 $u, v \in V$ 而言，若 $u \notin V'$ 且 $v \notin V'$，則 $(u, v) \in E$。換句話說，$V-V'$ 是點集團，它的大小是 $|V|-|V'| = k$。∎

因為 VERTEX-COVER 是 NP-complete，我們不指望能夠找到一個以多項式時間來找到最小頂點覆蓋的演算法。然而，第 35.1 節會介紹一個多項式時間的「近似演算法」，它可以為頂點覆蓋問題算出「近似」解。這種演算法產生的頂點覆蓋的大小，頂多是最小頂點覆蓋的兩倍。

所以，千萬不要因為問題是 NP-complete 而絕望。也許你可以設計一個多項式時間的近似演算法來獲得接近最佳解的解決方案，即使你發現最佳解是 NP-complete。第 35 章會介紹幾個 NP-complete 問題的近似演算法。

34.5.3 hamiltonian 迴路問題

接下來，我們回到第 34.2 節定義的 hamiltonian 迴路問題。

定理 34.13

hamiltonian 迴路問題是 NP-complete。

證明 我們先證明 HAM-CYCLE ∈ NP。給定一個無向圖 $G = (V, E)$，組成 hamiltonian 迴路的一系列頂點 $|V|$ 是憑證。驗證演算法確認在這一系列頂點裡面，V 的頂點都只出現一次，而且第一個頂點會在結尾重複出現，形成 G 裡的一個迴路。也就是說，它確認在連續的每一對頂點之間，以及第一個與最後一個頂點之間有一條邊。這個憑證可在多項式時間內驗證。

接下來要證明 VERTEX-COVER $\leq_P$ HAM-CYCLE，這可證明 HAM-CYCLE 是 NP-complete。給定一個無向圖 $G = (V, E)$ 與一個整數 k，我們可以建構一個有 hamiltonian 迴路的無向圖 $G' = (V', E')$ 若且唯若 G 有大小為 k 的頂點覆蓋。不失普遍性地假設 G 沒有孤立的頂點（也就是在 V 裡的每一個頂點都至少有一條接觸邊），且 $k \leq |V|$（如果有孤立的頂點屬於大小為 k 的頂點覆蓋，那就有大小為 $k-1$ 的頂點覆蓋，對任意圖而言，整個 V 集合始終是頂點覆蓋）。

我們使用**工具圖**（*gadget*）來進行建構，它是確保具備某些特性的圖。圖 34.16(a) 是我們使用的工具圖。對於每條邊 $(u, v) \in E$，所建構的圖 G' 包含一個該工具圖的副本，以 Γ_{uv} 來表示。我們用 $[u, v, i]$ 或 $[v, u, i]$ 來表示 Γ_{uv} 裡的每一個頂點，其中 $1 \leq i \leq 6$，所以每一個工具圖 Γ_{uv} 都有 12 個頂點。工具圖 Γ_{uv} 也有 14 條邊，如圖 34.16(a) 所示。

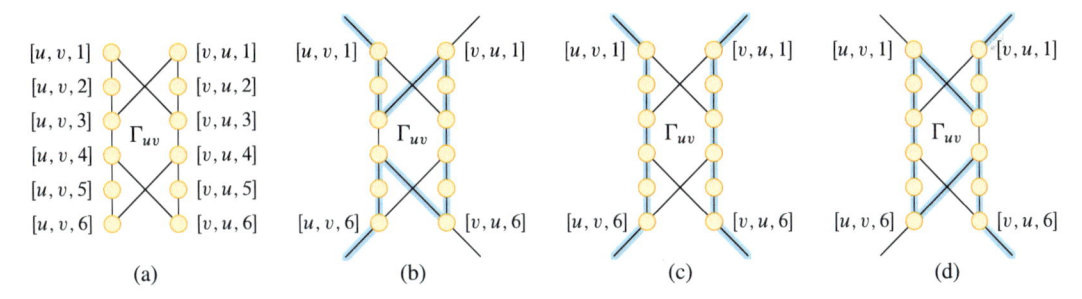

圖 34.16 用來將頂點覆蓋問題約化成 hamiltonian 迴路問題的工具圖。圖 G 的邊 (u, v) 對應圖 G' 裡的工具圖 Γ_{uv}，這個工具圖是在約化過程中建立的。**(a)** 標上個別頂點的工具圖。**(b)~(d)** 藍色路徑是穿越工具圖且包含所有頂點的唯一可能路徑，假設工具圖和 G' 的其餘部分只能透過頂點 $[u, v, 1]$、$[u, v, 6]$、$[v, u, 1]$ 與 $[v, u, 6]$ 連結。

除了工具圖的內部結構外，我們也藉著限制工具圖和所建構的圖 G' 的其餘部分之間的連接，來確保我們想要的特性。具體來說，只有頂點 $[u, v, 1]$、$[u, v, 6]$、$[v, u, 1]$、$[v, u, 6]$ 有接到 Γ_{uv} 外面的邊。G' 的任何 hamiltonian 迴路都必須按照圖 34.16(b)~(d) 的三種方式之一穿越 Γ_{uv} 的邊。如果迴路從頂點 $[u, v, 1]$ 進入，它就必須從頂點 $[u, v, 6]$ 離開，而且它若不是造訪工具圖的全部 12 個頂點（圖 34.16(b)），就是造訪 $[u, v, 1]$ 到 $[u, v, 6]$ 的六個頂點（圖 34.16(c)）。在第二種情況下，迴路將再次進入工具圖，造訪頂點 $[v, u, 1]$ 到 $[v, u, 6]$。同理，如果迴圈從頂點 $[v, u, 1]$ 進入，它一定從頂點 $[v, u, 6]$ 離開，而且它若不是造訪工具圖的全部 12 個頂點（圖 34.16(d)），就是造訪 $[v, u, 1]$ 到 $[v, u, 6]$ 這六個頂點，並重新進入，造訪 $[u, v, 1]$ 到 $[u, v, 6]$（圖 34.16(c)）。除此之外，沒有其他路徑可以造訪工具圖的全部 12 個頂點。要特別強調的是，以下這兩條無共同頂點的路徑不可能建構出來：一條連接 $[u, v, 1]$ 和 $[v, u, 6]$，另一條連接 $[v, u, 1]$ 和 $[u, v, 6]$，且兩條路徑包含工具圖的所有頂點。

在 V' 裡，除了工具圖的頂點以外的頂點都是**選擇頂點** $s_1, s_2, \ldots, s_k$。我們將使用連接 G' 的選擇頂點的邊，來選擇 G 的 k 個覆蓋頂點。

除了在工具圖裡的邊之外，E' 還有另外兩類邊，如圖 34.17 所示。首先，對於 V 的每一個頂點 u，邊連接了兩兩一對的工具圖，形成一條路徑，此路徑包含與 G 的頂點 u 相連的邊對應的所有工具圖。我們將與每個頂點相鄰的頂點任意排序為 $u^{(1)}, u^{(2)}, \ldots, u^{(\text{degree}(u))}$，其中 $\text{degree}(u)$ 是與 u 相鄰的頂點數量。為了在 G' 建立一條路徑，讓它穿越與 u 接觸的邊的對應工具圖，E' 包含邊 $\{([u, u^{(i)}, 6], [u, u^{(i+1)}, 1]) : 1 \leq i \leq \text{degree}(u) - 1\}$。例如，在圖 34.17 中，我們將與 w 相鄰的頂點排成 $\langle x, y, z \rangle$，因此 (b) 圖的圖 G' 包括邊 $([w, x, 6], [w, y, 1])$ 和 $([w, y, 6], [w, z, 1])$。我們將與 x 相鄰的頂點排成 $\langle w, y \rangle$，所以 G' 包含邊 $([x, w, 6], [x, y, 1])$。對於 V 的每一個頂點 u，在 G' 中，這些邊形成一條路徑，該路徑包含與 G 的頂點 u 相連的邊對應的所有工具圖。

這些邊背後的直覺是，如果頂點 $u \in V$ 屬於 G 的頂點覆蓋，那麼 G' 裡面有一條從 $[u, u^{(1)}, 1]$ 到 $[u, u^{(\text{degree}(u))}, 6]$ 的路徑，該路徑「覆蓋」與 u 接觸的所有邊對應的工具圖。也就是說，對各個工具圖 $\Gamma_{u, u^{(i)}}$ 而言，路徑若非包含所有的 12 個頂點（如果 u 屬於頂點覆蓋，但 $u^{(i)}$ 不屬於頂點覆蓋），就是從 $[u, u^{(i)}, 1]$ 到 $[u, u^{(i)}, 6]$ 的六個頂點（如果 u 與 $u^{(i)}$ 都屬於頂點覆蓋）。

在 E' 中的最後一類邊將每一條這種路徑的第一個頂點 $[u, u^{(1)}, 1]$ 和最後一個頂點 $[u, u^{(\text{degree}(u))}, 6]$ 與每個選擇頂點相連。也就是說，E' 包含這些邊

$$\{(s_j, [u, u^{(1)}, 1]) : u \in V \text{ 且 } 1 \leq j \leq k\}$$
$$\cup \{(s_j, [u, u^{(\text{degree}(u))}, 6]) : u \in V \text{ 且 } 1 \leq j \leq k\}$$

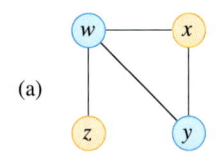

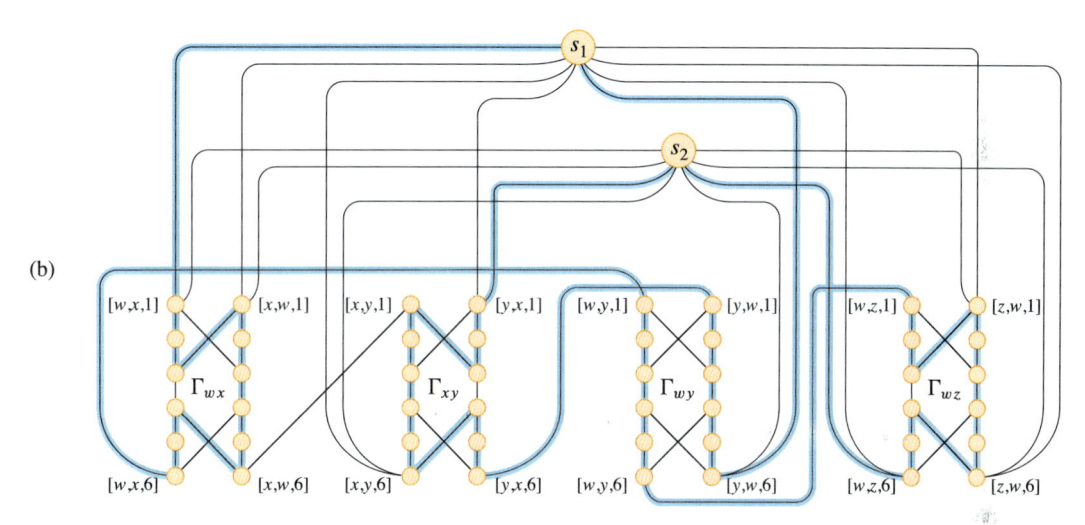

圖 34.17 將頂點覆蓋問題的實例約化成 hamiltonian 迴路問題的實例。**(a)** 這個無向圖有大小為 2 的頂點覆蓋。**(b)** 約化出來的無向圖 G'，藍色部分是對應頂點覆蓋的 hamiltonian 迴路。頂點覆蓋 $\{w, y\}$ 對應 hamiltonian 迴路裡的邊 $(s_1, [w, x, 1])$ 與 $(s_2, [y, x, 1])$。

接下來，我們要證明 G' 的大小與 G 的大小成多項式關係，因此建構 G' 所花費的時間與 G 的大小成多項式關係。G' 的頂點是工具圖裡的頂點加上選擇頂點。每個工具圖有 12 個頂點，加上 $k \leq |V|$ 個選擇頂點，所以 G' 總共有

$$|V'| = 12\,|E| + k$$
$$\leq 12\,|E| + |V|$$

個頂點。G' 的邊是在工具圖裡面的邊、在工具圖之間的邊，以及連接選擇頂點與工具圖的邊。每個工具圖有 14 條邊，全部的工具圖裡面總共有 $14\,|E|$ 條邊。對每個頂點 $u \in V$ 而言，圖 G' 有 $\mathrm{degree}(u) - 1$ 條邊在工具圖之間，所以合計 V 裡的所有頂點，在工具圖之間有

$$\sum_{u \in V}(\mathrm{degree}(u) - 1) = 2\,|E| - |V|$$

條邊。最後，對於包含選擇頂點與一個 V 之頂點的每一對頂點，G' 都有兩條邊，總共有 $2k\,|V|$ 條這種邊。所以 G' 總共有這麼多條邊：

$$\begin{aligned}|E'| &= (14\,|E|) + (2\,|E|-|V|) + (2k\,|V|) \\ &= 16\,|E| + (2k-1)\,|V| \\ &\leq 16\,|E| + (2\,|V|-1)\,|V|\end{aligned}$$

現在我們要證明從 G 轉換成 G' 是約化。也就是說，我們要證明 G 有一個大小為 k 的頂點覆蓋，若且唯若 G' 有 hamiltonian 迴路。

假設 $G = (V, E)$ 有頂點覆蓋 $V^* \subseteq V$，其中 $|V^*| = k$。設 $V^* = \{u_1, u_2, ..., u_k\}$。如圖 34.17 所示，我們可以在 G' 裡，藉著為每個頂點 $u_j \in V^*$ 加入接下來的邊[11]來建構一個 hamiltonian 迴路。我們先加入邊 $\{([u_j, u_j^{(i)}, 6], [u_j, u_j^{(i+1)}, 1]) : 1 \leq i \leq \text{degree}(u_j)-1\}$，它們連接對應 u_j 的接觸邊的所有工具圖。我們也加入圖 34.16(b)~(d) 的工具圖裡面的邊，根據邊是否被一個或兩個 V^* 裡面的頂點覆蓋。hamiltonian 迴路也包括這些邊：

$$\begin{aligned}&\{(s_j, [u_j, u_j^{(1)}, 1]) : 1 \leq j \leq k\} \\ &\cup \{(s_{j+1}, [u_j, u_j^{(\text{degree}(u_j))}, 6]) : 1 \leq j \leq k-1\} \\ &\cup \{(s_1, [u_k, u_k^{(\text{degree}(u_k))}, 6])\}\end{aligned}$$

藉著觀察圖 34.17，你可以確定這些邊形成一個迴路，其中 $u_1 = w$，$u_2 = y$。這個迴路始於 s_1，經過接觸 u_1 的邊對應的所有工具圖，然後經過 s_2，經過接觸 u_2 的邊對應的所有工具圖，以此類推，最後回到 s_1。這個迴路經過每一個工具圖一次或兩次，取決於有沒有 V^* 的一個或兩個頂點覆蓋它的對應邊。因為 V^* 是 G 的頂點覆蓋，所以在 E 裡的每一條邊都接觸 V^* 的某個頂點，所以迴圈經過 G' 的每個工具圖裡面的每個頂點。因為迴路也經過每個選擇頂點，所以它是 hamiltonian。

反過來說，假設 $G' = (V', E')$ 裡面有一個 hamiltonian 迴路 $C \subseteq E'$。我們主張集合

$$V^* = \{u \in V : (s_j, [u, u^{(1)}, 1]) \in C \text{ 對於某個 } j, 1 \leq j \leq k \tag{34.4}$$

是 G 的頂點覆蓋。

---

[11] 嚴格來說，迴路是用一系列的頂點來定義的，不是用邊來定義的（見第 B.4 節）。為了清楚說明，我們在這裡不守常規，用邊來定義 hamiltonian 迴路。

我們先證明集合 V^* 是定義完善的，亦即對於每個選擇頂點 s_j，在 hamiltonian 迴路 C 裡面只有一條接觸邊具有 $(s_j, [u, u^{(1)}, 1])$ 形式，其中 u 是 V 的某個頂點。為了理解原因，我們將 hamiltonian 迴路 C 分成多個極大（maximal）路徑，它們始於某個選擇頂點 s_i，經過一個或多個工具圖，結束於某個選擇頂點 s_j，而不經過任何其他的選擇頂點。我們將這些極大路徑稱為「覆蓋路徑」。設 P 是一條這種覆蓋路徑，而且它的方向是從 s_i 到 s_j。如果 P 裡面有邊 $(s_j, [u, u^{(1)}, 1])$，其中 u 是 V 的頂點，我們就證明了 s_i 的一條接觸邊有所需的形式。假設 P 裡面有邊 $(s_j, [v, v^{(\text{degree}(v))}, 6])$，其中 v 是 V 的一個頂點。這條路徑從底部進入一個工具圖，如圖 34.16 與 34.17 所示，從頂部離開。它可能經過幾個工具圖，但它一定從工具圖的底部進入，從頂部離開。在工具圖頂部的頂點的唯一接觸邊若不是前往另一個工具圖的底部，就是前往選擇頂點。因此，在 P 經過一系列工具圖的最後一個工具圖之後，邊一定前往選擇頂點 s_j，所以 P 有一條 $(s_j, [u, u^{(1)}, 1])$ 形式的邊，其中 $[u, u^{(1)}, 1]$ 是位於某個工具圖頂部的頂點。你只要在上面的論證中反向遍歷 P 即可確定並非 s_j 的兩條接觸邊都是這種形式。

確定集合 V^* 定義完善之後，我們來看看為什麼它是 G 的頂點覆蓋。我們已經知道，每一條覆蓋路徑都始於某個 s_i，經過邊 $(s_i, [u, u^{(1)}, 1])$，其中 u 是 V 的一個頂點，經過 E 中與 u 接觸的邊對應的所有工具圖，最後結束於某個選擇頂點 s_j（這個方向與上一段所述的方向相反）。我們將這個覆蓋路徑稱為 P_u，根據式 (34.4)，頂點覆蓋 V^* 包括 u。P_u 經過的每一個工具圖都一定是 Γ_{uv} 或 Γ_{vu}，其中 $v \in V$。對 P_u 經過的每個工具圖而言，它們的頂點都被一條或兩條覆蓋路徑造訪，如果它們被一條覆蓋路徑造訪，那麼邊 $(u, v) \in E$ 在 G 裡被頂點 u 覆蓋。如果有兩條覆蓋路徑經過工具圖，那麼另一條覆蓋路徑一定是 P_v，這意味著 $v \in V^*$，且邊 $(u, v) \in E$ 被 u 與 v 覆蓋。因為在每一個工具圖裡面的每一個頂點都被某個覆蓋路徑造訪，我們知道，在 E 裡的每一條邊都被 V^* 裡的某個頂點覆蓋。∎

34.5.4 旅行推銷員問題

在旅行推銷員問題中，推銷員必須造訪 n 座城市，這個問題與 hamiltonian 迴路問題有密切的關係。我們用一個具有 n 個頂點的完全圖來模擬這個問題，其中，推銷員想要走一條迴路，或 hamiltonian 迴路，造訪每一座城市一次，並在開始的城市結束。推銷員從城市 i 旅行到城市 j 產生一個非負的整數成本 $c(i, j)$。在這個問題的優化版本中，推銷員想要找出總成本最小的迴路，總成本就是迴路的每一條邊的成本的總和。例如，在圖 34.18 中，成本最小的迴路是 $\langle u, w, v, x, u \rangle$，它的成本是 7。它對應的決策問題的正式語言是

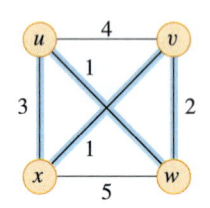

$$\text{TSP} = \{\langle G, c, k \rangle : G = (V, E) \text{ 是一個完全圖}$$
$$c \text{ 是 } V \times V \to \mathbb{N} \text{ 的函數,}$$
$$k \in \mathbb{N} \text{,且}$$
$$G \text{ 有一條成本不超過 } k \text{ 的旅行推銷員迴路}\}$$

圖 34.18 旅行推銷員問題的一個實例。藍邊代表最低成本迴路,其成本為 7。

下面的定理指出,能夠快速解決旅行推銷員問題的演算法可能不存在。

定理 34.14

旅行推銷員問題是 NP-complete。

證明 我們先證明 TSP ∈ NP。給定這個問題的一個實例,其憑證為迴路上的 n 個頂點,驗證演算法會檢查每一個頂點在裡面是不是都只出現一次,計算邊成本的總和,確定總和不超過 k。這個程序一定可以在多項式時間內完成。

為了證明 TSP 是 NP-hard,我們將證明 HAM-CYCLE $\leq_P$ TSP。給定一個 HAM-CYCLE 實例 $G = (V, E)$,我們藉著組成完全圖 $G' = (V, E')$ 來建構一個 TSP 的實例,其中 $E' = \{(i, j) : i, j \in V \text{ 且 } i \neq j\}$,成本函數 c 的定義是

$$c(i, j) = \begin{cases} 0 & \text{若 } (i, j) \in E \\ 1 & \text{若 } (i, j) \notin E \end{cases}$$

(因為 G 是無向的,所以它沒有自迴路,所以對所有 $v \in V$ 而言,$c(v, v) = 1$)。那麼,TSP 的實例是 $\langle G', c, 0 \rangle$,這可在多項式時間內建立。

接下來,我們要證明若且唯若圖 G' 有成本頂多為 0 的迴路,則圖 G 有 hamiltonian 迴路。假設圖 G 有 hamiltonian 迴路 H。H 的每條邊都屬於 E,因此在 G' 裡的成本是 0。所以,H 在 G' 裡是一條成本為 0 的迴路。反過來說,假設圖 G' 有成本最多為 0 的迴路 H'。因為在 E' 裡的邊的成本是 0 與 1,迴路 H' 的成本是 0,且在迴路上的每一條邊的成本一定是 0。因此,H' 只有 E 的邊。結論是,H' 是 G 裡的一條 hamiltonian 迴路。 ∎

34.5.5 子集合總和問題

接下來,我們要考慮一個算術 NP-complete 問題。**子集合總和問題**接收一個正整數有限集合 S,與一個整數**目標** $t > 0$。這個問題問的是,是否存在一個子集合 $S' \subseteq S$,其元素總和剛好是 t。例如,若 $S = \{1, 2, 7, 14, 49, 98, 343, 686, 2409, 2793, 16808, 17206, 117705, 117993\}$ 且 $t = 138457$,那麼子集合 $S' = \{1, 2, 7, 98, 343, 686, 2409, 17206, 117705\}$ 是解。

我們再次用語言來表達這個問題:

SUBSET-SUM $= \{\langle S, t \rangle :$ 存在一個子集合 $S' \subseteq S$,滿足 $t = \sum_{s \in S'} s\}$。

與任何算術問題一樣,千萬別忘了,我們的標準編碼假定輸入是以二進制編碼的整數。記得這個假設後,我們可以證明,子集合總和問題不太可能有快速演算法。

定理 34.15
子集合總和問題是 NP-complete。

證明 為了證明 SUBSET-SUM $\in$ NP,假設對這個問題的一個實例 $\langle S, t \rangle$ 而言,子集合 S' 是它的憑證。驗證演算法可以在多項式時間內檢查是否 $t = \sum_{s \in S'} s$。

接下來要證明 3-CNF-SAT $\leq_P$ SUBSET-SUM。給定一個 3-CNF 式 ϕ,ϕ 包含變數 l$x_1, x_2, \ldots, x_n$ 及子句 $C_1, C_2, \ldots, C_k$,每一個子句都有三個不同的字符,約化演算法會建構一個子集合總和問題的實例 $\langle S, t \rangle$,使得:若且唯若 S 有一個子集合的總和正好是 t,則 ϕ 是可滿足的。不失普遍性,我們對 ϕ 做兩個簡化的假設。第一個假設,沒有子句同時包含一個變數和它的 NOT,因為將變數設為任何值都自動滿足這種子句。第二個假設,每一個變數都出現在至少一個子句中,因為不在任何子句裡的變數被設成什麼值都無所謂。

約化步驟對於每個變數 x_i,在集合 S 中產生兩個數字,且對於每個子句 C_j,在集合 S 中產生兩個數字。數字以 10 進制表示,每一個數字包含 $n + k$ 位數,每個位數對應一個變數或一個子句。10 進制(或其他進制,等一下會看到)具有我們需要的特性,可防止低位數到高位數的進位。

	x_1	x_2	x_3	C_1	C_2	C_3	C_4
v_1 =	1	0	0	1	0	0	1
v_1' =	1	0	0	0	1	1	0
v_2 =	0	1	0	0	0	0	1
v_2' =	0	1	0	1	1	1	0
v_3 =	0	0	1	0	0	1	1
v_3' =	0	0	1	1	1	0	0
s_1 =	0	0	0	1	0	0	0
s_1' =	0	0	0	2	0	0	0
s_2 =	0	0	0	0	1	0	0
s_2' =	0	0	0	0	2	0	0
s_3 =	0	0	0	0	0	1	0
s_3' =	0	0	0	0	0	2	0
s_4 =	0	0	0	0	0	0	1
s_4' =	0	0	0	0	0	0	2
t =	1	1	1	4	4	4	4

圖 34.19 將 3-CNF-SAT 約化成 SUBSET-SUM。3-CNF 的式子是 $\phi = C_1 \wedge C_2 \wedge C_3 \wedge C_4$，其中 $C_1 = (x_1 \vee \neg x_2 \vee \neg x_3)$，$C_2 = (\neg x_1 \vee \neg x_2 \vee \neg x_3)$，$C_3 = (\neg x_1 \vee \neg x_2 \vee x_3)$，$C_4 = (x_1 \vee x_2 \vee x_3)$。$\phi$ 的滿足賦值是 $\langle x_1 = 0, x_2 = 0, x_3 = 1 \rangle$。約化產生的集合 S 包含圖中的 10 進制數字，從最上面讀到最下面的話，S = {1001001, 1000110, 100001, 101110, 10011, 11100, 1000, 2000, 100, 200, 10, 20, 1, 2}。目標 t 是 1114444。藍底是子集合 $S' \subseteq S$，它包含 v_1'、v_2'、v_3，對應滿足賦值。子集合 S' 也包含餘度變數 s_1、s_1'、s_2'、s_3、s_4 與 s_4'，以實現由 C_1 到 C_4 標記的位數的目標值 4。

如圖 34.19 所示，我們以接下來的方式建構集合 S 與目標 t。我們用一個變數或一個子句來標記每一個位數。最低的 k 個有效位數用子句來標記，最高的 n 個有效位數用變數來標記。

- 在目標 t 裡，變數位數皆為 1，子句位數皆為 4。

- 每一個變數 x_i 在集合 S 裡都有兩個整數 v_i 與 v_i'。v_i 與 v_i' 的 x_i 位數為 1，其他變數位數為 0。如果字符 x_i 出現在子句 C_j 裡，那麼 v_i 的 C_j 位數為 1。如果字符 $\neg x_i$ 出現在子句 C_j 裡，那麼 v_i' 的 C_j 位數為 1。v_i 與 v_i' 的其他子句位數為 0。

在集合 S 裡的所有 v_i 與 v_i' 值都是唯一的。為什麼？設 $\ell \neq i$，v_ℓ 或 v_ℓ' 值的最高 n 位數都不會等於 v_i 與 v_i'。此外，根據上述的簡化假設，v_i 與 v_i' 的全部 k 個最小位數都不會相等。如果 v_i 與 v_i' 相等，那麼 x_i 與 $\neg x_i$ 就出現在相同的子句集合裡。但我們假設沒有子句同時包含 x_i 與 $\neg x_i$，而且若不是 x_i 就是 $\neg x_i$ 會出現在某子句裡，所以 v_i 與 v_i' 一定有某個子句 C_j 不同。

- 在集合 S 裡，每個子句 C_j 有兩個整數 s_j 與 s_j'。s_j 與 s_j' 除了 C_j 位數之外的位數都是 0。s_j 的 C_j 位數為 1，s_j' 的該位數為 2。這些整數是「餘度變數」，我們使用它們來讓每個子句位數加到目標值 4。

簡單地觀察圖 34.19 可看到，集合 S 的所有 s_j 和 s_j' 值在 S 裡都是唯一的。

在任何位數位置上，位數之和的最大值是 6，最大值出現在子句位數裡（v_i 與 v_i' 的三個 1，加上 s_j 與 s_j' 的 1 與 2）。因此，用十進制來表示這些數字不會發生低位數向高位數進位的情況[12]。

這個約化可以在多項式時間內執行。集合 S 由 $2n + 2k$ 個值組成，其中的每一個有 $n + k$ 位數，產生每個位數的時間與 $n + k$ 成多項式關係。目標 t 有 $n + k$ 個位數，約化程序以固定時間產生每一個位數。

接下來，我們要證明：若且唯若存在一個子集合 $S' \subseteq S$ 之和為 t，則 3-CNF 式 ϕ 是可滿足的。首先，假定 ϕ 有一個滿足賦值。設 $i = 1, 2, ..., n$，如果在這個賦值裡，$x_i = 1$，那就將 v_i 納入 S'。否則，納入 v_i'。換句話說，S' 包含了與滿足賦值中值為 1 的字符對應的 v_i 與 v_i' 值。對於所有 i，我們納入 v_i 或 v_i'，但不是兩者，並將所有 s_j 與 s_j' 裡的變數位數設為 0，我們可以看到，對每個變數位數而言，S' 的值的和一定是 1，與目標 t 的這些位數相符。因為每個子句都被滿足，所以子句有值為 1 的字符。因此，每一個子句位數都至少貢獻一個 1 給它的和，透過 S' 裡的 v_i 或 v_i' 值。事實上，在每一個子句裡可能有一個、兩個或三個字符是 1，所以根據 S' 的 v_i 與 v_i' 值，每一個子句位數之和可能是 1、2 或 3。例如，在圖 34.19 中，在滿足賦值裡的字符 $\neg x_1$、$\neg x_2$ 與 x_3 的值是 1。子句 C_1 與 C_4 都有這些字符之一，所以 v_1'、v_2' 與 v_3 總共貢獻 1 給 C_1 與 C_4 位數的總和。

子句 C_2 有兩個字符，v_1'、v_2' 與 v_3 貢獻 2 給 C_2 位數的總和。子句 3 有全部的三個子符，v_1'、v_2' 與 v_3 貢獻 3 給 C_3 位數的總和。為了實現每個子句位數 C_j 的目標值 4，我們在 S' 裡加入適當的非空餘度變數子集合 $\{s_j, sj'\}$。在圖 34.19 裡，S' 包含 s_1、s_1'、s_2'、s_3、s_4 與 s_4'。因為 S' 的和的每個位數都符合目標，而且沒有進位，所以 S' 的值的總和是 t。

現在假設子集合 $S' \subseteq S$ 的總和是 t。對每個 $i = 1, 2, ..., n$ 而言，子集合 S' 一定有 v_i 與 v_i' 之一，否則變數位數的總和就不是 1。若 $v_i \in S'$，則設定 $x_i = 1$。否則，$v_i' \in S'$，設定 $x_i = 0$。我們主張這個賦值可滿足每個子句 C_j ($j = 1, 2, ..., k$)。為了證明這個主張，注意，為了讓 C_j 位數的總和是 4，子集合 S' 必須有至少一個 v_i 或 v_i' 值的 C_j 位數的值是 1，因為餘

---

[12] 事實上，任何 $b \geq 7$ 進制都可以。本小節開頭的實例是圖 34.19 中的集合 S 和目標 t，採用 7 進制，且 S 是按順序排列的。

度變數 s_j 與 s_j' 最多一起貢獻 3。如果 S' 有一個 v_i 的 C_j 位置是 1，那麼字符 x_i 出現在子句 C_j。因為當 $v_i \in S'$ 時，$x_i = 1$，所以子句 C_j 被滿足。如果 S' 有一個 v_i' 的該位置是 1，那麼 C_j 裡有字符 $\neg x_i$。因此當 $v_i' \in S'$ 時，$x_i = 0$，所以子句 C_j 一樣被滿足。因此，ϕ 的所有子句都被滿足，故得證。∎

34.5.6 約化策略

從這一節的約化可以看到，沒有一種策略適合所有 NP-complete 問題。有些約化很直接，例如將 hamiltonian 迴路問題約化成旅行推銷員問題。有些複雜得多。接下來是一些需要記住的事情，和一些常用的策略。

陷阱

千萬不要把約化步驟弄反。也就是說，在試圖證明問題 Y 是 NP-complete 時，或許你會找到一個已知 NP-complete 的問題 X，並從 Y 到 X 進行多項式時間的約化。這是錯誤的方向。約化應該是從 X 到 Y，這樣 Y 的解決方案就可以提供 X 的解決方案。

同時請記住，把一個已知 NP-complete 的問題 X 約化成問題 Y 不能證明 Y 是 NP-complete 的，只能證明 Y 是 NP-hard。為了證明 Y 是 NP-complete，你還要證明它是 NP 的，也就是要展示如何在多項式時間內驗證 Y 的憑證。

從一般到具體

將問題 X 約化成問題 Y 時，你一定要從問題 X 的任意輸入開始，但你可以視需要對問題 Y 的輸入進行任意限制。例如，在將 3-CNF 可滿足性問題約化成子集合總和問題時，約化必須能夠處理**任何**作為輸入的 3-CNF 式，但它產生的子集合總和問題的輸入有特定結構：在集合裡有 $2n + 2k$ 個整數，且每一個整數都以特殊方式形成。約化不需要產生子集合總和問題的**每一個**可能的輸入。重點是，解決 3-CNF 可滿足性問題的方法之一，是將輸入**轉換**為子集合總和問題的輸入，然後使用子集合總和問題的答案，作為 3-CNF 可滿足性問題的答案。

利用所約化的問題之結構

當你選擇一個問題來約化時，你可以考慮同一個領域的兩個問題，但其中一個問題的結構比另一個問題更多。例如，從 3-CNF 可滿足性進行約化，通常比從公式可滿足性進行約化要容易得多。布林式可能有任意的複雜度，但你可以在約化時利用 3-CNF 的結構。

同理，從 hamiltonian 迴路問題進行約化，通常比從旅行推銷員問題進行約化更直觀，儘管它們是如此相似。這是因為你可以把 hamiltonian 迴路問題視為一個邊權重只有 0 或 1 的完全圖，就像它們在相鄰矩陣中那樣。從這個意義上講，hamiltonian 迴路問題的限制比旅行推銷員問題更多，後者的邊權重是不受限制的。

注意特例

有幾個 NP-complete 問題只是其他 NP-complete 問題的特例。例如，考慮 0-1 背包問題的決策版本：給定 n 個項目，每個項目有一個重量和一個價值，有沒有項目子集合的總重量不超過給定的重量 W，而且它的總價值至少是給定的價值 V？你可以把習題 34.5-5 的集合分割問題視為 0-1 背包問題的特例：設每個項目的價值等於它的重量，並將 W 和 V 設為總重量的一半。如果問題 X 是 NP-hard，並且它是問題 Y 的一個特例，那麼問題 Y 也一定是 NP-hard，因為問題 Y 的多項式時間解自動提供了問題 X 的多項式時間解。更直觀地說，問題 Y 比問題 X 更一般化，因此至少與問題 X 一樣難解決。

選擇適當的問題來約化

當你嘗試證明一個問題是否 NP-complete 時，從該問題的同一個領域（或至少相關領域）中的問題進行約化通常是明智的策略。例如，我們曾經從點集團問題（圖問題）進行約化，來證明頂點覆蓋問題（也是圖問題）是 NP-hard 的。我們可以從頂點覆蓋問題約化成 hamiltonian 迴路問題，也可以從 hamiltonian 迴路約化成旅行推銷員問題。這些問題都接收無向圖作為輸入。

但有時跨領域更好，例如從 3-CNF 可滿足性約化到點集團問題或子集合總和問題。在跨領域時，3-CNF 可滿足性通常是很適合約化的問題。

在圖問題裡，如果你需要選擇圖的一部分，而不考慮排序，那麼頂點覆蓋問題通常是一個很好的起點。如果排序很重要，你可以考慮從 hamiltonian 迴路或 hamiltonian 路徑問題開始（見習題 34.5-6）。

重賞重罰

將圖 G 的 hamiltonian 迴路問題約化成旅行推銷員問題的策略，鼓勵在選擇旅行推銷員路徑的邊時，使用 G 裡的邊。約化策略藉著將這些邊設成低權重（0）來實現這一點。換句話說，我們給予使用這些邊的行為極高的獎勵。

或者，約化可以給予圖 G 的邊有限的權重，並給予不屬於 G 的邊無窮大的權重，進而針對使用不屬於 G 的邊施予巨大的懲罰。採取這種方法，如果 G 的每條邊都有權重 W，那麼旅行推銷員迴路的目標權重將變成 $W \cdot |V|$。有時你可以把懲罰當成強制手段。例如，如果旅行推銷員迴路有一條權重無限大的邊，它就違反迴路只能包含 G 的邊的要求。

設計工具

我們將頂點覆蓋問題約化成 hamiltonian 迴路問題時，使用了圖 34.16 的工具圖。這個工具圖是一個子圖，它與已建構的圖的其他部分相連，以限制迴路在工具圖中訪問每個頂點一次的方式。更廣泛地說，工具圖是一種強制實施特定屬性的元件。工具可能很複雜，就像約化為 hamiltonian 迴路的問題裡那樣，也可能很簡單：在將 3-CNF 可滿足性問題約化成子集合總和問題時，餘度變數 s_j 和 s'_j 可以視為讓每個子句位數達到目標值 4 的工具。

習題

34.5-1
子圖同構問題接收兩個無向圖 G_1 與 G_2，以確認 G_1 是否與 G_2 的子圖同構（isomorphic）。證明子圖同構問題是 NP-complete。

34.5-2
給定一個整數的 $m \times n$ 矩陣 A 與一個整數 m 維向量 b，**0-1 整數規劃問題**詢問是否存在一個整數的 n 維向量 x，其元素屬於集合 $\{0, 1\}$，滿足 $Ax \le b$。證明 0-1 整數規劃問題是 NP-complete（提示：從 3-CNF-SAT 約化）。

34.5-3
整數線性規劃問題很像習題 34.5-2 的 0-1 整數規劃問題，但是向量 x 的值可能是任意整數，而不是只有 0 或 1。假設 0-1 整數規劃問題是 NP-hard，證明整數線性規劃問題是 NP-complete。

34.5-4
說明如何在多項式時間內求解子集合總和問題，如果目標值 t 以 unary 表達。

34.5-5
集合分割問題接收數字集合 S 作為輸入。它問的是，數字能否分成兩個集合 A 與 $\overline{A} = S - A$，使得 $\sum_{x \in A} x = \sum_{x \in \overline{A}} x$。證明集合分割問題是 NP-complete。

34.5-6
證明 hamiltonian 路徑問題是 NP-complete。

34.5-7
最長簡單迴路問題是在圖裡找出最長的一條簡單迴路（沒有重複頂點）的問題。寫出相關的決策問題，並證明決策問題是 NP-complete。

34.5-8
半 3-CNF 可滿足性問題的輸入是 3-CNF 式，它有 n 個變數與 m 個子句，且 m 是偶數。此問題問的是：ϕ 的變數是否存在一個真值賦值，使一半的子句算出 0，一半的子句算出 1。證明半 3-CNF 可滿足性問題是 NP-complete。

34.5-9
VERTEX-COVER $\leq_P$ HAM-CYCLE 的證明假設作為頂點覆蓋問題的輸入圖 G 沒有孤立的頂點。請說明當圖 G 有孤立頂點時，證明中的約化將如何失效。

挑戰

34-1 獨立集合
圖 $G = (V, E)$ 的獨立集合是頂點子集合 $V' \subseteq V$，滿足 E 的每條邊都最多接觸 V' 的一個頂點。獨立集合問題是找出 G 的最大獨立集合。

- **a.** 寫出獨立集合問題的相關決策問題，並證明它是 NP-complete（提示：從點集團問題約化）。

- **b.** 你有一個解決 (a) 所定義的決策問題的「黑箱」子程序。寫出一個演算法來找出一個最大的獨立集合。你的演算法的執行時間應該與 $|V|$ 和 $|E|$ 成多項式關係，你可以將呼叫黑箱子程序視為一個步驟。

雖然獨立集合決策問題是 NP-complete，但有一些特例是多項式時間可解的。

- **c.** 寫出一個高效的演算法來求解當 G 的每個頂點都是 2 度時的獨立集合問題。分析執行時間，並證明你的演算法是正確的。

- **d.** 寫出一個高效的演算法來求解 G 是二部圖時的獨立集合問題。分析執行時間，並證明你的演算法是正確的（**提示**：先證明在二部圖裡，最大獨立集合的大小加最大配對組合的大小等於 $|V|$。然後在第一步使用 maximum-matching 演算法（見第 25.1 節）來找出獨立集合）。

34-2 Bonnie 與 Clyde

Bonnie 與 Clyde 剛剛從銀行搶了一袋錢，想把它分掉。在接下來的每一種情況中，寫出一個分贓的多項式時間演算法，或證明「以所述的方式來分贓」的問題是 NP-complete 的。以下每個情況的輸入都是在袋子裡的 n 個物品組成的串列，包含每個物品的價值。

- **a.** 袋子裡有 n 個硬幣，但只有兩種不同的面額：有些硬幣價值 x 元，有些價值 y 元。Bonnie 與 Clyde 想平分這筆錢。

- **b.** 袋子裡有 n 個硬幣，硬幣有任意數量的不同面額，但每個面額都是 2 的非負整數倍，所以面額可能有 1 元、2 元、4 元…等。Bonnie 與 Clyde 想平分這筆錢。

- **c.** 袋子裡有 n 張支票，驚人的巧合是，這些支票的收款人正好是「Bonnie 或 Clyde」。他們想把支票分成兩份，讓兩人都得到完全相同的金額。

- **d.** 和 (c) 一樣，袋子裡有 n 張支票，但這次 Bonnie 和 Clyde 願意接受相差不超過 100 元的分配。

34-3 地圖上色

當地圖繪製者為地圖上的國家上色時，他們會盡量使用最少顏色，但有一個限制，就是如果兩個國家有共同的邊界，那兩國就必須使用不同的顏色。你可以用一個無向圖 $G = (V, E)$ 來模擬這個問題，其中每個頂點代表一個國家，有共同邊界的國家對應的頂點是相鄰的。那麼，*k-coloring*（上 k 個顏色）是一個函數 $c : V \to \{1, 2, ..., k\}$，滿足對每條邊 $(u, v) \in E$ 而言，$c(u) \neq c(v)$。換句話說，數字 $1, 2, ..., k$ 代表 k 個顏色，且相鄰頂點必須使用不同顏色。*graph-coloring* 問題（為圖上色問題）是判定一個圖最少需要幾種顏色。

a. 寫出一個高效的演算法來找出一個圖的 2-coloring，如果存在的話。

b. 將 graph-coloring 問題轉換成決策問題。證明：若且唯若 graph-coloring 問題可在多項式時間內解決，則你的決策問題可以在多項式時間內解決。

c. 設語言 3-COLOR 是可上 3 種顏色的圖的集合。證明如果 3-COLOR 是 NP-complete，那麼 (b) 的決策問題也是 NP-complete。

為了證明 3-COLOR 是 NP-complete，你可以從 3-CNF-SAT 進行約化。給定一個包含 m 個子句，有 n 個變數 $x_1, x_2, ..., x_n$ 的式子 ϕ，按照接下來的方法來建構圖 $G = (V, E)$。在集合 V 裡，每個變數有一個頂點，每個變數的 NOT 有一個頂點，每個子句有五個頂點，還有三個特殊頂點：TRUE、FALSE 與 RED。圖的邊有兩類：「字符」邊與子句無關，「子句」邊與子句有關。如圖 34.20 所示，三個特殊頂點 TRUE、FALSE 與 RED 的字符邊形成一個三角形，x_i、$\neg x_i$ 與 RED 的字符邊也形成一個三角形，其中 $i = 1, 2, ..., n$。

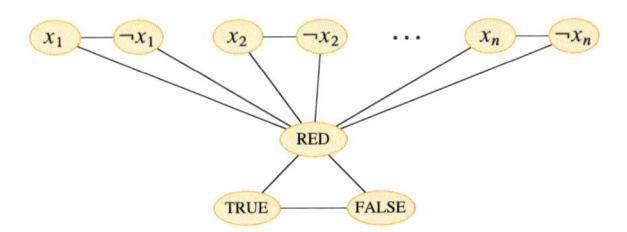

圖 34.20 在挑戰 34-3 中，用字符邊組成的 G 的子圖。特殊頂點 TRUE、FALSE、RED 形成一個三角形，而且每個變數 x_i 的頂點 x_i、$\neg x_i$ 與 RED 形成一個三角形。

d. 考慮一個包含字符邊的圖。證明，在這種圖的任意 3-coloring c 中，正好有一個變數與它的 NOT 會被塗成 c(TRUE)，另一個被塗成 c(FALSE)。然後證明對 ϕ 的任意真值賦值而言，圖有一個 3-coloring 僅包含字符邊。

圖 34.21 的工具圖可協助確保子句 $(x \lor y \lor z)$ 的對應條件，其中 x、y 與 z 是字符。每個子句都需要圖中五個藍色頂點的獨立副本，它們像圖中那樣，連接到子句的字符及特殊頂點 TRUE。

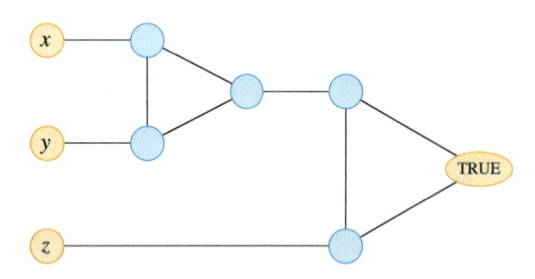

圖 34.21 挑戰 34-3 中使用的，對應子句 $(x \vee y \vee z)$ 的工具圖。

- **e.** 證明如果 x、y 與 z 都被塗上 $c(\text{TRUE})$ 或 $c(\text{FALSE})$，那麼若且唯若 x、y、z 之中至少一個被塗上 $c(\text{TRUE})$，則工具圖可塗上 3 色。

- **f.** 完成證明：3-COLOR 是 NP-complete 的。

34-4 根據利潤和最後期限來安排工作

你有一台電腦和 n 個需要在電腦上花時間處理的任務 $\{a_1, a_2, \ldots, a_n\}$。每個任務 a_j 都需要在電腦上花費 t_j 個時間單位（它的處理時間），產生利潤 p_j，而且任務有最後期限 d_j。電腦一次只能處理一個任務，且任務 a_j 必須連續執行 t_j 個時間單位，不能中斷。如果任務 a_j 可在它的最後期限 d_j 完成，你就可以收到利潤 p_j。如果任務 a_j 在它的最後期限之後才完成，你就沒有利潤。作為一個優化問題，給定 n 個任務的處理時間、利潤、最後期限，你想找出一個時程表，來完成所有任務，並獲得最大利潤。處理時間、利潤與最後期限都是非負值數字。

- **a.** 將這個問題寫成決策問題。

- **b.** 證明此決策問題是 NP-complete。

- **c.** 為這個決策問題寫出一個多項式時間演算法，假設所有處理時間都是從 1 到 n 的整數（提示：使用動態規劃）。

- **d.** 為優化問題寫出多項式時間的演算法，假設所有處理時間都是從 1 到 n 的整數。

後記

Garey 和 Johnson 的書籍 [176] 是很好的 NP 完備性指南，該書詳細討論該理論，並提供 1979 年已確定是 NP-complete 的問題清單。定理 34.13 的證明改編自他們的書籍，第 34.5 節開頭的 NP-complete 問題領域來自他們的清單。Johnson 在 1981 年至 1992 年之間在 *Journal of Algorithms* 寫了 23 個系列專欄，報告 NP 完備性的新發展。Fortnow 的書籍 [152] 提出 NP 完備性的歷史，以及社會影響。Hopcroft、Motwani 與 Ullman [225]，Lewis 與 Papadimitriou [299]，Papadimitriou [352] 及 Sipser [413] 在複雜性理論的背景下，詳細地說明 NP 完備性。NP 完備性和幾個約化也出現在 Aho、Hopcroft 與 Ullman [5]，Dasgupta、Papadimitriou 與 Vazirani [107]，Johnsonbaugh 與 Schaefer [239] 以及 Kleinberg 與 Tardos [257] 的書中。Hromkovič [229] 的書籍研究了解決困難問題的各種方法。

P 類別是 Cobham [96] 在 1964 年提出的，Edmonds [130] 在 1965 年也獨立提出這個類別，他還提出 NP 類別，並猜想 P ≠ NP。NP 完備性的概念是 Cook [100] 在 1971 年提出的，他為公式可滿足性和 3-CNF 可滿足性提出第一個 NP 完備性的證明。Levin [297] 獨自發現並提出一個平鋪問題（tiling problem）的 NP 完備性證明。Karp [248] 在 1972 年提出約化的方法論，並證明了 NP-complete 問題的豐富性。Karp 的論文包括點集團問題、頂點覆蓋問題和 Hamiltonian 迴路問題的原始 NP 完備性證明。從那時起，數以千計的問題被許多研究人員證明是 NP-complete 的。

有一項關於複雜性理論的研究揭示了計算近似解的複雜性。這項研究使用「可用機率來檢查的證明」來提出 NP 的新定義。這個新定義意味著，對於諸如點集團、頂點覆蓋、帶有三角不等式的旅行推銷員問題以及其他許多問題，計算良好的近似解（見第 35 章）是 NP-hard，因此不會比計算最佳解容易。複雜性領域的介紹可以在以下的文獻中找到：Arora 的論文 [21]、Arora 與 Lund 在 [221] 中的一章、Arora 的調查文章 [22]，Mayr、Prömel 與 Steger 的書 [319]、Johnson 的彙整文章 [237]，以及 Arora 和 Barak 的教科書中的一章 [24]。

35 近似演算法

許多具有實際意義的問題都是 NP-complete，但它們太重要了，不能因為沒有人知道如何在多項式時間內找到最佳解而放棄。即使問題是 NP-complete 也不要絕望，你至少有三個選項可以繞過 NP 完備性。第一，如果實際輸入很小，或許指數執行時間的演算法依然夠快。第二，也許你可以分離出重要的特殊情況，並在多項式時間內解決它。第三，你可以試著設計一種方法，在多項式時間內找到**近似最佳解**（無論是在最壞情況下，還是在預期情況下）。在實務上，近似最佳解通常已經夠好了。可算出近似最佳解的演算法稱為**近似演算法**。本章將介紹幾個 NP-complete 問題的多項式時間近似演算法。

近似演算法的性能

假設你正在處理一個優化問題，它的每個潛在解決方案都有正成本，你想找到一個近似最佳解。根據問題的不同，你可以將最佳解定義成具有最大可能成本的方案，或具有最小可能成本的方案，也就是說，該問題可能是一個最大化或最小化問題。

當一個問題的演算法滿足以下條件時，我們說它的**近似比**是 $\rho(n)$：對於任何大小的輸入 n，該演算法產生的解的成本 C 是最佳解的成本 C^* 的 $\rho(n)$ 倍之內：

$$\max\left\{\frac{C}{C^*}, \frac{C^*}{C}\right\} \leq \rho(n) \tag{35.1}$$

如果演算法的近似比是 $\rho(n)$，我們稱之為 $\rho(n)$ **近似演算法**。近似比與 $\rho(n)$ 近似演算法的定義適用於最小化與最大化問題。對最大化問題而言，$0 < C \leq C^*$，C^*/C 代表最佳解的成本比近似解的成本大幾倍。同理，對最小化問題而言，$0 < C^* \leq C$，那麼 C/C^* 代表近似解的成本比最佳解的成本大幾倍。因為我們假設所有解都有正的成本，所以這些比率始終是定義完善的。近似演算法的近似比絕不會小於 1，因為 $C/C^* \leq 1$ 意味著 $C^*/C \geq 1$。所以，1-近似演算法[1] 可產生最佳解，近似比很大的近似演算法可能回傳一個比最佳解糟很多的解。

---

1 當近似比與 n 無關時，我們使用「ρ 近似比」和「ρ 近似演算法」，以代表與 n 無關。

許多已知問題具有小常數近似比的多項式時間近似演算法，不過對一些其他的問題而言，已知的最佳多項式時間近似演算法的近似比會隨著輸入規模 n 的增長而增長。第 35.3 節介紹的集合覆蓋問題就是這種問題之一。

有一些多項式時間的近似演算法可以藉著使用越來越多的計算時間，來達到越來越好的近似比。對於這類問題，你可以用計算時間來換取近似的品質，其中一個例子是第 35.5 節研討的子集合總和問題。這種情況足夠重要，值得擁有一個獨特的名稱。

優化問題的近似方案（*approximation scheme*）是一種近似演算法，它接收的輸入不但有問題的實例，也有一個大於 0 的值 ϵ，使得對於任何固定的 ϵ，該方案都是一個 $(1+\epsilon)$-近似演算法。如果對於任何固定且大於 0 的 ϵ，這個方案的執行時間與它的輸入實例的大小 n 成多項式關係，我們說該方案是多項式時間近似方案。

多項式時間近似方案的執行時間可能隨著 ϵ 的減少而急劇增加。例如，一個多項式時間近似方案的執行時間可能是 $O(n^{2/\epsilon})$。理想情況下，如果 ϵ 減小一個固定因子，為了達到所需的近似程度，執行時間不應該增加超過一個固定因子（儘管增加的固定因子不一定與 ϵ 減少的固定因子相同）。

如果有一個方案是近似方案，而且它的執行時間與 $1/\epsilon$ 和輸入實例的大小 n 成多項式關係，我們說該近似方案是完全多項式時間近似方案。例如，這種方案的執行時間可能是 $O((1/\epsilon)^2 n^3)$。使用這樣的方案時，ϵ 減少任何固定因子，都會讓執行時間相應地增加一個固定因子。

章節綱要

本章前四節介紹一些 NP-complete 問題的多項式時間近似演算法的例子，第五節展示一個完全多項式時間近似方案。我們在第 35.1 節開始研究頂點覆蓋問題，它是一個 NP-complete 最小化問題，具有近似比為 2 的近似演算法。第 35.2 節要討論一個版本的旅行推銷員問題，它的成本函數滿足三角不等式，並介紹一個近似演算法，其近似比為 2。這一節也會證明，如果沒有三角形不等式，對於任何常數 $\rho \geq 1$，除非 P = NP，否則不可能存在一個 ρ-近似演算法。第 35.3 節使用貪婪法作為集合覆蓋問題的有效近似演算法，在最壞情況下，用這種演算法得到的覆蓋成本，只比最佳成本大一個對數因子。第 35.4 節使用隨機化與線性規劃來開發兩個近似演算法。這一節先定義 3-CNF 可滿足性的優化版本，並提出一個簡單的隨機演算法，它可以產生期望近似比為 8/7 的解。然後，第 35.4 節要研究頂點覆蓋問題的一種加權變體，並展示如何使用線性規劃來開發 2-近似演算法。最後，第 35.5 節將介紹子集合總和問題的完全多項式時間近似方案。

35.1 頂點覆蓋問題

第 34.5.2 節定義了頂點覆蓋問題，並證明它是 NP-complete。複習一下，無向圖 $G = (V, E)$ 的**頂點覆蓋**是一個子集合 $V' \subseteq V$，使得：如果 (u, v) 是 G 的一條邊，那麼 $u \in V'$，或 $v \in V'$（或皆成立）。頂點覆蓋的大小是它裡面的頂點數量。

頂點覆蓋問題是找出給定無向圖的最小頂點覆蓋。我們將這種頂點覆蓋稱為**最佳頂點覆蓋**。這個問題是 NP-complete 決策問題的優化版本。

儘管沒有人知道如何在多項式時間內找到圖 G 的最佳頂點覆蓋，但有一種高效的演算法可以找到近似最佳的頂點覆蓋。下面的近似演算法 APPROX-VERTEX-COVER 接收一個無向圖 G 作為輸入，並回傳一個頂點覆蓋，其大小保證不超過最佳頂點覆蓋的兩倍。

圖 35.1 說明 APPROX-VERTEX-COVER 如何處理一個範例圖。變數 C 儲存將建構的頂點覆蓋。第 1 行將 C 設成空集合。第 2 行將 E' 設成圖的邊集合 $G.E$ 的複本。第 3~6 行的 **while** 迴圈反覆從 E' 選一條邊 (u, v)，將它的端點 u 與 v 加入 C，然後在 E' 裡刪除 u 或 v 覆蓋的所有邊。最後，第 7 行回傳頂點覆蓋。這個演算法的執行時間是 $O(V + E)$，它使用相鄰串列來表示 E'。

```
APPROX-VERTEX-COVER(G)
1   C = ∅
2   E' = G.E
3   while E' ≠ ∅
4       let (u, v) be an arbitrary edge of E'
5       C = C ∪ {u, v}
6       remove from E' edge (u, v) and every edge incident on either u or v
7   return C
```

定理 35.1

APPROX-VERTEX-COVER 是一個多項式時間 2-近似演算法。

證明 我們已經證明 APPROX-VERTEX-COVER 以多項式時間執行了。

APPROX-VERTEX-COVER 回傳的頂點集合 C 是一個頂點覆蓋，因為演算法反覆執行迴圈，直到 $G.E$ 裡的每一條邊都被 C 的某個頂點覆蓋為止。

為了證明 APPROX-VERTEX-COVER 回傳一個大小頂多是最佳頂點覆蓋的兩倍的覆蓋，我們設 A 是 APPROX-VERTEX-COVER 的第 4 行所挑選的邊集合。為了覆蓋 A 裡的邊，任何頂點覆蓋（特別是最佳覆蓋 C^*）都必須包含 A 的每條邊的至少一個端點。在 A 裡任何兩條邊都沒有共

同端點，因為一旦有一條邊在第 4 行被挑選，連接其端點的其他邊都會在第 6 行被移出 E'。因此，C 的同一個頂點不會覆蓋 A 的兩條邊，這意味著對於 C 的每一個頂點，A 裡最多有一條邊，進而證明最佳頂點覆蓋的大小下限

$$|C^*| \geq |A| \tag{35.2}$$

程序每次執行第 4 行時，都會選擇一條端點都不在 C 裡的邊，進而產生所回傳的頂點覆蓋的大小上限（實際上是確切的上界）：

$$|C| = 2|A| \tag{35.3}$$

結合式 (35.2) 與 (35.3) 可得

$$\begin{aligned} |C| &= 2|A| \\ &\leq 2|C^*| \end{aligned}$$

故定理得證。 ∎

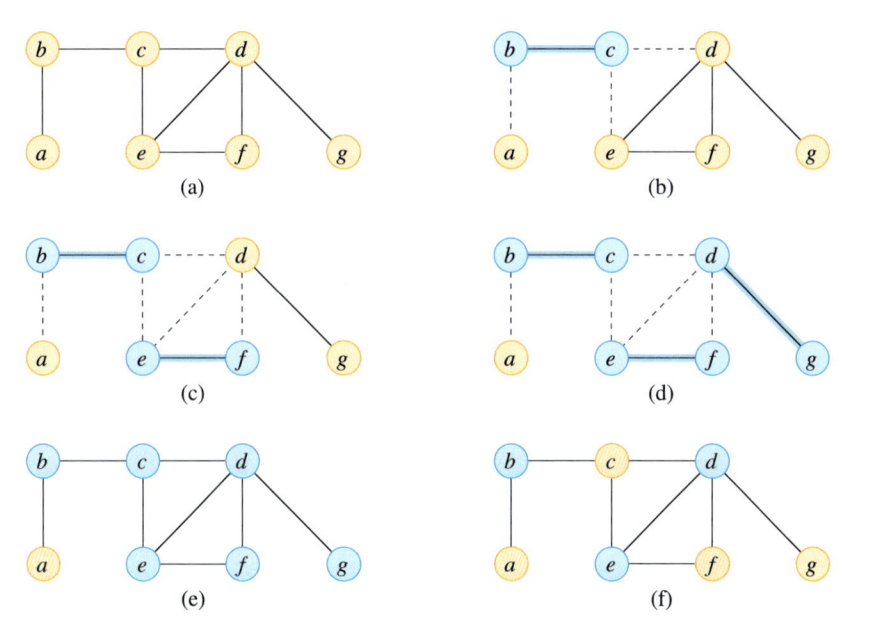

圖 35.1　APPROX-VERTEX-COVER 的操作過程。**(a)** 輸入圖 G，它有 7 個頂點與 8 條邊。**(b)** 加粗的邊 (b, c) 是 APPROX-VERTEX-COVER 選擇的第一條邊。頂點 b 與 c 被加入集合 C，C 儲存所建立的頂點覆蓋。虛線邊 (a, b)、(c, e) 與 (c, d) 被移除，因為它們現在被 C 裡面的頂點覆蓋了。**(c)** 邊 (e, f) 被選取，頂點 e 與 f 被加入 C。**(d)** 邊 (d, g) 被選取，頂點 d 與 g 被加入 C。**(e)** 集合 C，它是 APPROX-VERTEX-COVER 產生的頂點覆蓋，包含六個頂點，b、c、d、e、f、g。**(f)** 這個問題的最佳頂點覆蓋只有三個頂點：b、d、e。

我們來反思一下這個證明。最初，你可能會想，在不知道最佳頂點覆蓋多大的情況下，哪有可能證明 APPROX-VERTEX-COVER 回傳的頂點覆蓋的大小，頂多是最佳頂點覆蓋的兩倍？但是，我們不推導最佳頂點覆蓋的準確大小，而是找出該大小的下限。正如習題 35.1-2 將請你證明的，APPROX-VERTEX-COVER 的第 4 行選擇的邊集合 A 實際上是圖 G 的一個極大配對組合（maximal matching）（**極大配對組合**是無法再加入邊，但仍然有一個配對組合的配對組合）。正如我們在定理 35.1 的證明中論證的，極大配對組合的大小是最佳頂點覆蓋的大小的下限。演算法回傳一個頂點覆蓋，其大小頂多是極大配對組合 A 的兩倍。近似比是用演算法回傳的解的大小與下限算出來的指標。接下來的小節也會使用這種方法。

習題

35.1-1
畫出一個使得 APPROX-VERTEX-COVER 始終產生次優解的圖。

35.1-2
證明 APPROX-VERTEX-COVER 的第 4 行挑選的邊集合在圖 G 中形成極大配對組合。

★ 35.1-3
考慮接下來這個求解頂點覆蓋問題的捷思法。反覆選出一個最高度數（degree）的頂點，並移除它的所有接觸邊。舉個例子證明這個捷思法無法提供近似比 2（**提示**：試著使用這樣的二部圖：左邊頂點的度數都一樣，右邊頂點的度數各自不同）。

35.1-4
寫出一個高效的貪婪演算法，在線性時間內，找出一棵樹的最佳頂點覆蓋。

35.1-5
第 1045 頁的定理 34.12 的證明說明頂點覆蓋問題和 NP-complete 點集團問題，在某種意義上是互補的，因為最佳頂點覆蓋是互補圖裡面的最大點集團。這種關係是否意味著，點集團問題有一個固定近似比的多項式時間近似演算法？證明你的答案是正確的。

35.2 旅行推銷員問題

第 34.5.4 節介紹的旅行推銷員問題的輸入是一個完全無向圖 $G = (V, E)$，裡面的每條邊 $(u, v) \in E$ 都有非負整數成本 $c(u, v)$。這個問題的目標是找出 G 裡成本最小的 hamiltonian 迴路。沿用我們的符號，設 $c(A)$ 代表子集合 $A \subseteq E$ 的邊的總成本：

$$c(A) = \sum_{(u,v) \in A} c(u, v)$$

在許多實際情況下，要從 u 地到 w 地，成本最低的方法就是直接前往，沒有中間步驟。換句話說，砍掉中間點絕不會增加成本。以下的成本函數 c 滿足**三角不等式**：對於所有頂點 $u, v, w \in V$，

$$c(u, w) \leq c(u, v) + c(v, w)$$

這個三角不等式看似應該自然成立，在一些應用中它會被自動滿足。例如，如果圖的頂點是平面上的點，那麼兩個頂點之間的移動成本就是它們之間的普通歐氏距離，故三角不等式滿足。此外，除了歐氏距離外，許多成本函數都滿足三角不等式。

如習題 35.2-2 所示，即使要求成本函數滿足三角不等式，旅行推銷員問題也是 NP-complete 的。因此，你不應該試圖找出精確解決這個問題的多項式時間演算法，而是應該花費時間在尋找良好的近似演算法上。

在第 35.2.1 節，我們要研究一個使用三角不等式的旅行推銷員問題的 2-近似演算法。在第 35.2.2 節，我們將證明，如果沒有三角不等式，除非 P = NP，否則不存在具有固定近似比的多項式時間近似演算法。

35.2.1 使用三角不等式的旅行推銷員問題

我們先沿用上一節的方法來計算一個結構：最小生成樹，它的權重是最佳旅行推銷員迴路的長度下限。然後使用最小生成樹來建立一個迴路，只要成本函數滿足三角不等式，它的成本就不會超過最小生成樹的權重的兩倍。下面的 APPROX-TSP-TOUR 程序實現了這種方法，它呼叫第 572 頁的最小生成樹演算法 MST-PRIM。參數 G 是一個完全無向圖，成本函數 c 滿足三角不等式。

第 12.1 節提過，preorder tree walk 會遞迴地造訪樹的每一個頂點，在第一次遇到一個頂點時將它列出，再造訪它的子節點。

圖 35.2 是 APPROX-TSP-TOUR 的操作過程。其中的圖 (a) 是完全無向圖，圖 (b) 是 MST-PRIM 從根頂點發展的最小生成樹 T。圖 (c) 展示 T 的 preorder walk 如何訪問頂點，圖 (d) 展示對應的迴路，它就是 APPROX-TSP-TOUR 回傳的迴路。圖 (e) 是最佳迴路，它大約短 23%。

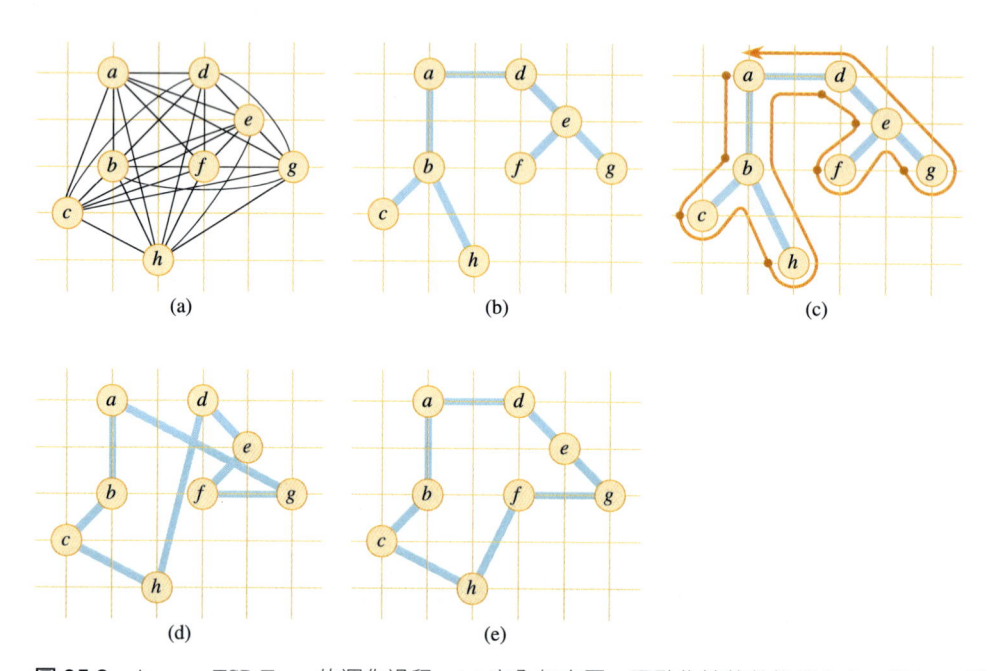

圖 35.2 APPROX-TSP-TOUR 的運作過程。**(a)** 完全無向圖。頂點位於整數格線之上。例如，f 位於 h 的右邊一個單位及上面兩個單位處。兩點之間的成本函數是普通歐氏距離。**(b)** 完全圖的最小生成樹 T，這是用 MST-PRIM 計算出來的。頂點 a 是根頂點。此圖只展示最小生成樹裡面的邊。這些頂點的標記，就是它們被 MST-PRIM 按字母順序加入主樹的順序。**(c)** 遍歷 T，從 a 開始。遍歷這棵樹的完整過程依此順序造訪頂點：$a, b, c, b, h, b, a, d, e, f, e, g, e, d, a$。$T$ 的 preorder walk 會在初次遇到特定頂點時列出它，在圖中以頂點旁的圓點來表示，產生這個順序：a, b, c, h, d, e, f, g。**(d)** 按照 preorder walk 產生的順序造訪頂點得到的迴路，也就是 APPROX-TSP-TOUR 回傳的迴路 H。它的總成本大約是 19.074。**(e)** 原始完全圖的最佳迴路 H^*，它的總成本大約是 14.715。

APPROX-TSP-TOUR(G, c)
1 select a vertex $r \in G.V$ to be a "root" vertex
2 compute a minimum spanning tree T for G from root r
      using MST-PRIM(G, c, r)
3 let H be a list of vertices, ordered according to when they are first visited
      in a preorder tree walk of T
4 **return** the hamiltonian cycle H

根據習題 21.2-2，即使是使用 MST-PRIM 的簡單實作，APPROX-TSP-TOUR 的執行時間仍為 $\Theta(V^2)$。接下來要證明，如果旅行推銷員問題實例的成本函數滿足三角不等式，那麼 APPROX-TSP-TOUR 回傳的迴路的成本頂多是最佳迴路的兩倍。

定理 35.2

當三角不等式成立時，APPROX-TSP-TOUR 是處理旅行推銷員問題的多項式時間 2-近似演算法。

證明 我們已經知道 APPROX-TSP-TOUR 可在多項式時間內執行了。設 H^* 是給定頂點集合的最佳迴路。從迴路中刪除任何一條邊都會產生一棵生成樹，而且每條邊的成本都是非負值。因此，APPROX-TSP-TOUR 的第 2 行計算的最小生成樹 T 的權重是最佳迴路的成本下限：

$$c(T) \leq c(H^*) \tag{35.4}$$

T 的 *full walk* 會在第一次造訪頂點時，以及在造訪一棵子樹的回程列出它們。我們將這個 full walk 稱為 W。範例的 full walk 產生這個順序

$a, b, c, b, h, b, a, d, e, f, e, g, e, d, a$

因為 full walk 正好經過樹 T 的每條邊兩次，透過自然地延伸成本 c 的定義以處理邊的多集合（multiset），可得

$$c(W) = 2c(T) \tag{35.5}$$

不等式 (35.4) 與式 (35.5) 意味著

$$c(W) \leq 2c(H^*) \tag{35.6}$$

所以 W 的成本不超過最佳迴路的成本的 2 倍。

當然，full walk W 不是一條迴路，因為它經過一些頂點不只一次。然而，根據三角不等式，將 W 中對於任何頂點的造訪刪除不會增加成本（在 W 中，將介於 u 和 w 之間的 v 刪除會成為直接從 u 走到 w）。我們在 W 中，對於每一個頂點的造訪重複執行這個操作，但該頂點的第一次造訪除外，使得 W 只剩下對於每一個頂點的第一次造訪。在我們的例子中，這個過程會產生以下的順序

a, b, c, h, d, e, f, g

這個排序與樹 T 的 preorder walk 得到的排序相同。設 H 是對應這個 preorder walk 的迴路。它是 hamiltonian 迴路，因為每個頂點都只被造訪一次，事實上，它就是 APPROX-TSP-TOUR 算出來的迴路。因為 H 是藉著刪除 full walk W 的頂點獲得的，所以

$$c(H) \leq c(W) \tag{35.7}$$

結合不等式 (35.6) 與 (35.7) 可得 $c(H) \leq 2c(H^*)$，得證。∎

儘管定理 35.2 提供一個小的近似比，但實際上，APPROX-TSP-TOUR 通常不是這個問題的最佳選擇。有其他近似演算的實際表現好很多（見本章結尾的參考文獻）。

35.2.2 一般旅行推銷員問題

當成本函數 c 不滿足三角不等式時，除非 P = NP，否則無法在多項式時間內找到好的近似迴路。

定理 35.3

若 P ≠ NP，對任何常數 $\rho \geq 1$ 而言，一般旅行推銷員問題沒有近似比為 ρ 的多項式時間近似演算法。

證明 這個證明使用反證法。假設相反的情況，對於某個數字 $\rho \geq 1$，存在一個近似比為 ρ 的多項式時間近似演算法。不失普遍性地假設 ρ 是一個整數，在必要時將它四捨五入。我們將說明如何使用 A 來求解 hamiltonian 迴路問題（定義在第 34.2 節）的實例。因為第 1046 頁的定理 34.13 指出 hamiltonian 迴路問題是 NP-complete，第 1025 頁的定理 34.4 意味著如果它有多項式時間演算法，那麼 P = NP。

設 $G = (V, E)$ 是 hamiltonian 迴路問題的實例。我們將展示如何利用假設的近似演算法 A 來有效地確定 G 裡面有沒有 hamiltonian 迴路。我們將 G 轉換成旅行推銷員問題如下。設 $G' = (V, E')$ 是 V 的完全圖，亦即

$$E' = \{(u, v) : u, v \in V \text{ 且 } u \neq v\}$$

我們為 E' 的每一條邊設定一個整數成本如下：

$$c(u, v) = \begin{cases} 1 & \text{若 } (u, v) \in E \\ \rho|V| + 1 & \text{其他情況} \end{cases}$$

給定 G，建立 G' 與 c 所需的時間與 $|V|$ 和 $|E|$ 成多項式關係。

現在考慮旅行推銷員問題 (G', c)。如果原始圖 G 有 hamiltonian 迴路 H，那麼成本函數將 H 的每一條邊的成本設為 1，所以 (G', c) 裡面有一條成本為 $|V|$ 的迴路。另一方面，如果 G 沒有 hamiltonian 迴路，那麼 G' 的任何迴路一定使用不在 E 裡的邊。但使用不屬於 E 的邊的迴路的成本至少是

$$(\rho|V| + 1) + (|V| - 1) = \rho|V| + |V|$$
$$> \rho|V|$$

因為不屬於 G 的邊的成本很高，所以在 G 中，本身是 hamiltonian 迴路的路線的成本（$|V|$），和任何其他路線的成本（至少是 $\rho|V| + |V|$）相差至少 $\rho|V|$。因此，在 G 裡不是 hamiltonian 迴路的路線的成本至少比在 G 裡是 hamiltonian 迴路的路線的成本大 $\rho + 1$ 倍。

用近似演算法 A 來處理旅行推銷員問題 (G', c) 會怎樣？因為 A 保證回傳一條成本不超過最佳迴路的成本的 ρ 倍的迴路，所以如果 G 有 hamiltonian 迴路，A 一定回傳它。如果 G 沒有 hamiltonian 迴路，那麼 A 會回傳一條成本不超過 $\rho|V|$ 的迴路。因此，使用 A 可在多項式時間內處理 hamiltonian 迴路問題。∎

定理 35.3 的證明展示了證明特定問題不存在良好近似演算法的通用證明技巧。給定一個 NP-hard 決策問題 X，在多項式時間內產生一個最小化問題 Y，使得 X 的「yes」實例所對應的 Y 實例的值頂多是 k（設 k 為某值），而 X 的「no」實例所對應的 Y 實例的值大於 ρk。此技巧證明，除非 P = NP，否則問題 Y 沒有多項式時間的 ρ-近似演算法。

習題

35.2-1
設 $G = (V, E)$ 是完全無向圖，裡面至少有 3 個頂點，設 c 是滿足三角不等式的成本函數。證明對所有 $u, v \in V$ 而言，$c(u, v) \geq 0$。

35.2-2
說明如何在多項式時間內將旅行推銷員問題的一個實例，轉換為成本函數滿足三角不等式的另一個實例。這兩個實例必須有相同的最佳迴路集合。解釋為什麼這種多項式時間轉換不會與定理 35.3 互相矛盾，假設 P $\neq$ NP。

35.2-3

考慮使用以下的**最接近點捷思法**，來建立一個旅行推銷員近似迴路，且其成本函數滿足三角不等式。這個方法從一個由任選的單一頂點構成的平凡迴路做起。在每一步，我們找出不在迴路上，但與迴路的任何頂點最近的頂點 u，假設在迴路上與 u 最近的頂點是 v。我們在 v 後面插入 u 來延伸迴路。反覆操作，直到所有頂點都在迴路上為止。證明這個捷思法產生的迴路的總成本不到最佳迴路成本的兩倍。

35.2-4

瓶頸旅行推銷員問題產生的解，就是將迴路中成本最高的邊的成本最小化的 hamiltonian 迴路。假設成本函數滿足三角不等式，證明這個問題存在一個近似比為 3 的多項式時間近似演算法（提示：就像第 577 頁的挑戰 21-4 所討論的那樣，說明如何遞迴地對樹執行 full walk 並跳過一些節點，以遍歷瓶頸生成樹的所有節點正好一次，但跳過的節點數不超過兩個。證明在瓶頸生成樹裡，成本最高的邊的成本上限，是 hamiltonian 迴路中成本最高的邊的成本）。

35.2-5

假設在旅行推銷員問題的實例中，頂點是在平面上的點，成本 $c(u, v)$ 是點 u 和 v 之間的歐氏距離。證明最佳迴路絕不會與自己交叉。

35.2-6

改寫定理 35.3 的證明，來證明對於任何常數 $c \geq 0$，一般的旅行推銷員問題不存在近似比為 $|V|^c$ 的多項式時間近似演算法。

35.3 集合覆蓋問題

集合覆蓋問題是一種優化問題，可用來模擬許多需要分配資源的問題。與它對應的決策問題是一般化的 NP-complete 頂點覆蓋問題，因此也是 NP-hard。然而，處理頂點覆蓋問題的近似演算法不能處理這種問題。本節將探討一個簡單的貪婪捷思法，它具備對數級的近似比，也就是說，隨著實例規模的擴大，近似解的規模可能也會增長，相對於最佳解的規模而言。然而，由於對數函數的增長速度相當緩慢，所以這種近似演算法仍然可望提供有用的結果。

集合覆蓋問題的實例 $(X, \mathcal{F})$ 是由一個有限集合 X 與 X 的子集合的族系（family）$\mathcal{F}$ 構成的，且 X 的每一個元素都至少屬於 $\mathcal{F}$ 裡的一個子集合：

$$X = \bigcup_{S \in \mathcal{F}} S$$

若滿足以下條件，我們說子族系 $\mathcal{C} \subseteq \mathcal{F}$ **覆蓋**一個元素集合 U：

$$U \subseteq \bigcup_{S \in \mathcal{C}} S$$

這個問題是找出成員覆蓋全部的 X 的最小子族系 $\mathcal{C} \subseteq \mathcal{F}$：

$$X = \bigcup_{S \in \mathcal{C}} S$$

圖 35.3 說明集合覆蓋問題。$\mathcal{C}$ 的大小是它包含的集合數量，而不是集合裡的個別元素數量，因為覆蓋 X 的每一個子族系 $\mathcal{C}$ 一定包含所有的 $|X|$ 個元素。在圖 35.3 中，最小集合覆蓋的大小是 3。

集合覆蓋問題將許多常見的組合問題抽象化。舉個簡單的例子，假設 X 代表解決一個問題所需的一組技能，你有一組人可以處理這個問題。你希望組一個委員會，人越少越好，而且 X 中的每一個技能都至少有一位委員會成員具備。集合覆蓋問題的決策版本問的是：是否存在一個大小不超過 k 的覆蓋？其中 k 是問題實例指定的額外參數。正如習題 35.3-2 要求你證明的那樣，這個問題的決策版本是 NP-complete。

貪婪近似演算法

下面的 Greedy-Set-Cover 程序中的貪婪方法，會在每一個階段挑選能夠覆蓋最多未覆蓋的剩餘元素的集合 S。在圖 35.3 的例子中，Greedy-Set-Cover 依序將集合 S_1、S_4、S_5 加入 $\mathcal{C}$，然後加入 S_3 或 S_6。

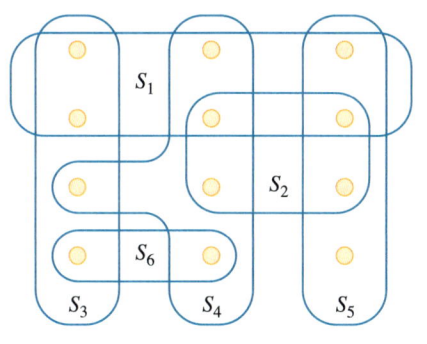

圖 35.3 集合覆蓋問題的實例 $(X, \mathcal{F})$，其中 X 由 12 個點構成，$\mathcal{F} = \{S_1, S_2, S_3, S_4, S_5, S_6\}$。用曲線圈起來的是每一個集合 $S_i \in \mathcal{F}$。最小集合覆蓋是 $\mathcal{C} = \{S_3, S_4, S_5\}$，其大小為 3。貪婪演算法產生大小為 4 的覆蓋，依序選擇集合 S_1、S_4、S_5、S_3，或 S_1、S_4、S_5、S_6。

```
GREEDY-SET-COVER(X, F)
1   U_0 = X
2   C = ∅
3   i = 0
4   while U_i ≠ ∅
5       select S ∈ F that maximizes |S ∩ U_i|
6       U_{i+1} = U_i − S
7       C = C ∪ {S}
8       i = i + 1
9   return C
```

貪婪演算法的做法如下。在每一次迭代開始時，U_i 是 X 的一個子集合，裡面有剩餘的未覆蓋元素。最初的子集合 U_0 包含 X 裡的所有元素。集合 C 包含所建構的子族系。第 5 行是貪婪決策步驟，它選擇一個可以覆蓋最多未覆蓋元素的子集合 S（若平手則任意選擇）。在選擇 S 之後，第 6 行更新剩餘的未覆蓋元素集合，用 U_{i+1} 來代表它，第 7 行將 S 放入 C。演算法終止時，C 是覆蓋 X 的 F 的一個子族系。

分析

接下來要證明這個貪婪演算法回傳一組不大於最佳集合覆蓋太多的集合覆蓋。

定理 35.4

處理集合 X 與子集合族系 F 的 GREEDY-SET-COVER 程序，是一個多項式時間的 $O(\lg |X|)$-近似演算法。

證明 我們先證明這個演算法的執行時間與 $|X|$ 和 $|F|$ 成多項式關係。第 4~7 行的迴圈的迭代次數頂多是 $\min\{|X|, |F|\} = O(|X| + |F|)$ 次。迴圈主體可以寫成以 $O(|X| \cdot |F|)$ 時間執行。所以，演算法的執行時間是 $O(|X| \cdot |F| \cdot (|X| + |F|))$，與輸入大小成多項式關係（習題 35.3-3 會請你設計線性時間的演算法）。

為了證明近似界限，設 C^* 是原始實例 (X, F) 的最佳集合覆蓋，設 $k = |C^*|$。因為 C^* 也是演算法所建構的 X 的每一個子集合 U_i 的集合覆蓋，所以我們知道，演算法建構的任何子集合 U_i 可被 k 個集合覆蓋。因此，如果 (U_i, F) 是集合覆蓋問題的實例，那麼它的最佳集合覆蓋的大小頂多是 k。

如果說實例 $(U_i, \mathcal{F})$ 的最佳集合覆蓋的大小頂多是 k，那麼在 $\mathcal{C}$ 裡至少有一個集合覆蓋至少有 $|U_i|/k$ 個新元素。因此，當 GREEDY-SET-COVER 的第 5 行選擇具有最多未覆蓋元素的集合時，一定會選擇新覆蓋的元素數量至少為 $|U_i|/k$ 的一個集合。這些元素在建構 U_{i+1} 時被移除，產生

$$\begin{aligned} |U_{i+1}| &\leq |U_i| - |U_i|/k \\ &= |U_i|(1-1/k) \end{aligned} \qquad (35.8)$$

迭代不等式 (35.8) 得到

$$\begin{aligned} |U_0| &= |X| \\ |U_1| &\leq |U_0|(1-1/k) \\ |U_2| &\leq |U_1|(1-1/k) = |U|(1-1/k)^2 \end{aligned}$$

將它一般化

$$|U_i| \leq |U_0|(1-1/k)^i = |X|(1-1/k)^i \qquad (35.9)$$

演算法在 $U_i = \emptyset$ 時停止，這意味著 $|U_i| < 1$。所以演算法的迭代次數上限是使得 $|U_i| < 1$ 的最小 i 值。

因為對所有實數 x 而言，$1 + x \leq e^x$（見第 60 頁的不等式 (3.14)），設 $x = -1/k$，我們得到 $1 - 1/k \leq e^{-1/k}$，所以 $(1-1/k)^k \leq (e^{-1/k})^k = 1/e$。將迭代次數 i 表示成 ck，其中 c 是非負整數，我們想要得到滿足下式的 c

$$|X|(1-1/k)^{ck} \leq |X|e^{-c} < 1 \qquad (35.10)$$

將等號兩邊乘以 e^c，然後對兩邊取自然對數得到 $c > \ln |X|$，所以，我們可以為 c 選擇大於 $\ln |X|$ 的任何整數。我們選擇 $c = \lceil \ln|x| \rceil + 1$。因為 $i = ck$ 是迭代次數上限，它等於 $\mathcal{C}$ 的大小，且 $k = |\mathcal{C}^*|$，所以 $|\mathcal{C}| \leq i = ck = c|\mathcal{C}^*| = |\mathcal{C}^*|(\lceil \ln |X| \rceil + 1)$，定理得證。 ∎

習題

35.3-1
將以下的單字視為一組字母：{arid, dash, drain, heard, lost, nose, shun, slate, snare, threadg}。說明 GREEDY-SET-COVER 會產生哪個集合覆蓋？平手時，選擇在字典中排在前面的單字。

35.3-2
藉著將頂點覆蓋問題約化成集合覆蓋問題，來證明集合覆蓋問題的決策版本是 NP-complete。

35.3-3
說明如何讓 Greedy-Set-Cover 的實作以 $O(\sum_{S \in \mathcal{F}} |S|)$ 時間執行。

35.3-4
定理 35.4 的證明指出，當 Greedy-Set-Cover 處理實例 $(X, \mathcal{F})$，並回傳子族系 $\mathcal{C}$ 時，$|\mathcal{C}| \leq |\mathcal{C}^*|\lceil \ln |X| \rceil$。證明下面這個更弱的界限顯然成立：

$|\mathcal{C}| \leq |\mathcal{C}^*| \max \{|S| : S \in \mathcal{F}\}$

35.3-5
Greedy-Set-Cover 可以回傳幾個不同的解，取決於它在第 5 行如何處理平手時的情況。寫出一個名為 Bad-Set-Cover-Instance(n) 的程序，讓它回傳一個包含 n 個元素的集合覆蓋問題的實例。當 Greedy-Set-Cover 處理它時，取決於第 5 行如何處理平手，它可能會回傳隨著 n 成指數級增長的不同解答。

35.4 隨機化與線性規劃

本節將探討兩種設計近似演算法的有用技術：隨機化和線性規劃。我們先介紹一個簡單的隨機化演算法，用它來處理優化版的 3-CNF 可滿足性問題。然後說明如何基於線性規劃，設計加權版頂點覆蓋問題的近似演算法。本節只介紹這兩種強大技術的皮毛。本章的後記將提供這些領域的進一步研究的參考文獻。

MAX-3-CNF 可滿足性的隨機近似演算法

就像有些隨機演算法可以算出精確解一樣，有一些隨機演算法也可以算出近似解。如果對於任何大小的輸入 n，隨機演算法產生解的**期望**成本 C 在最佳解的成本 C^* 的 $\rho(n)$ 倍之內，我們說隨機演算法的**近似比**是 $\rho(n)$。

$$\max \left\{ \frac{C}{C^*}, \frac{C^*}{C} \right\} \leq \rho(n) \tag{35.11}$$

我們將實現近似比 $\rho(n)$ 的隨機演算法稱為**隨機 $\rho(n)$-近似演算法**。換句話說，隨機近似演算法就像確定性近似演算法，只是其近似比是針對期望成本的。

3-CNF 可滿足性的特定實例（見第 34.4 節的定義）可能可以滿足，也可能不行。滿足的條件是存在一個變數賦值，使得每一個子句的計算結果為 1。如果實例不可滿足，也許你想知道它有多麼「接近」可滿足，也就是找出一組能夠滿足盡可能多的子句的變數值。我們將這樣子的最大化問題稱為 *MAX-3-CNF 可滿足性*。MAX-3-CNF 可滿足性的輸入與 3-CNF 可滿足性相同，其目標是回傳一組變數賦值來將計算結果為 1 的子句數量最大化。可能讓你驚訝的是，按 1/2 的機率隨機將每個變數設置為 1，並按 1/2 的機率將它們設為 0，會產生一個隨機的 8/7-近似演算法，等一下會解釋原因。第 34.4 節的 3-CNF 可滿足性的定義要求每個子句正好由三個不同的字符組成。我們現在進一步假設，任何子句都不同時包含一個變數和它的 NOT。習題 35.4-1 將請你移除最後一個假設。

定理 35.5

給定一個 MAX-3-CNF 可滿足性問題的實例，它有 n 個變數 $x_1, x_2, \ldots, x_n$ 與 m 個子句，按照 1/2 的機率隨機且獨立地將各個變數設為 1，且按照 1/2 的機率將它們設為 0 的隨機演算法是一個隨機 8/7-近似演算法。

證明 假設每一個變數都按 1/2 機率獨立地設為 1，按 1/2 機率設為 0。設 $i = 1, 2, \ldots, m$，我們定義指標隨機變數

$Y_i = \text{I}\{\text{子句 } i \text{ 被滿足}\}$

因此，只要在第 i 個子句中，至少有一個字符被設為 1，Y_i 就等於 1。因為沒有字符在同一個字句裡面出現超過一次，也因為我們假設在同一個子句裡面不會同時出現一個變數和它的 NOT，所以在每個子句中，三個字符的設定是獨立的。子句只會在全部的三個字符都被設為 0 時才不被滿足，所以 $\Pr\{\text{子句 } i \text{ 不被滿足}\} = (1/2)^3 = 1/8$。因此，我們得到 $\Pr\{\text{子句 } i \text{ 被滿足}\} = 1 - 1/8 = 7/8$，從第 124 頁的引理 5.1 可得 $\text{E}[Y_i] = 7/8$。設 Y 是整體被滿足的子句數量，於是 $Y = Y_1 + Y_2 + \cdots + Y_m$。所以得到

$$\begin{aligned} \text{E}[Y] &= \text{E}\left[\sum_{i=1}^{m} Y_i\right] \\ &= \sum_{i=1}^{m} \text{E}[Y_i] \quad \text{（根據期望的線性性質）} \\ &= \sum_{i=1}^{m} 7/8 \\ &= 7m/8 \end{aligned}$$

因為 m 是被滿足的子句的數量上限，所以近似比最多是 $m/(7m/8) = 8/7$。 ∎

使用線性規劃來求解近似加權頂點覆蓋

最小權重頂點覆蓋問題接收一個無向圖 $G = (V, E)$ 作為輸入，在無向圖裡，每一個頂點 $v \in V$ 都有正權重 $w(v)$。頂點覆蓋 $V' \subseteq V$ 的權重 $w(V')$ 是它的頂點的權重之和：$w(V') = \sum_{v \in V'} w(v)$。其目標是找到權重最小的頂點覆蓋。

第 35.1 節的未加權頂點覆蓋近似演算法在此無法使用，因為它回傳的解對加權問題來說可能離最佳解很遠。所以，我們先用線性規劃來計算最小權重頂點覆蓋的權重下限。然後將這個解「捨入（round）」，以獲得一個頂點覆蓋。

我們先為每一個頂點 $v \in V$ 指定一個變數 $x(v)$，然後要求對每一個 $v \in V$ 而言，那個 $x(v)$ 等於 0 或 1。若且唯若 $x(v) = 1$，則頂點覆蓋包含 v。然後我們規定對於每條邊 (u, v)，至少 u 與 v 之一屬於可以用 $x(u) + x(v) \geq 1$ 來表達的頂點覆蓋。這種觀點產生以下的 **0-1 整數規劃**，可用來尋找權重最小的頂點覆蓋：

最小化
$$\sum_{v \in V} w(v) \, x(v) \tag{35.12}$$

滿足限制條件
$$x(u) + x(v) \geq 1 \quad \text{其中 } (u, v) \in E \tag{35.13}$$
$$x(v) \in \{0, 1\} \quad \text{其中 } v \in V \tag{35.14}$$

在所有權重 $w(v)$ 都等於 1 的特殊情況下，這個公式是 **NP-hard** 頂點覆蓋問題的優化版本。我們將限制條件 $x(v) \in \{0, 1\}$ 換成 $0 \leq x(v) \leq 1$，產生下面的線性規劃：

最小化
$$\sum_{v \in V} w(v) \, x(v) \tag{35.15}$$

滿足限制條件
$$x(u) + x(v) \geq 1 \quad \text{其中 } (u, v) \in E \tag{35.16}$$
$$x(v) \leq 1 \quad \text{其中 } v \in V \tag{35.17}$$
$$x(v) \geq 0 \quad \text{其中 } v \in V \tag{35.18}$$

我們將這個線性規劃稱為**線性規劃鬆弛**。任何符合 (35.12)~(35.14) 中的 0-1 整數規劃的可行解，都是符合 (35.15)~(35.18) 中的線性規劃鬆弛的可行解。因此，線性規劃鬆弛的最佳解的值是 0-1 整數規劃的最佳解的值的下限，所以是最小權重頂點覆蓋問題的最佳權重的下限。

下面的程序 APPROX-MIN-WEIGHT-VC 先計算一個線性規劃鬆弛的解，再用它來建構最小權重頂點覆蓋問題的近似解。這個程序的做法如下。第 1 行將頂點覆蓋的初始值設為空的。第 2 行列出 (35.15)~(35.18) 的線性規劃鬆弛，然後求解這個線性規劃。最佳解使得每個頂點 v 有一個值 $\bar{x}(v)$，其中 $0 \leq \bar{x}(v) \leq 1$，程序在第 3~5 行使用這個值來決定該選擇哪個頂點加入頂點覆蓋 C：若且唯若 $\bar{x}(v) \geq 1/2$，則將頂點 v 加入頂點覆蓋 C。實際上，程序將線性規劃鬆弛的解的每個小數變數「捨入」成 0 或 1，以獲得 (35.12)~(35.14) 中 0-1 整數規劃的解。最後，第 6 行回傳頂點覆蓋 C。

定理 35.6

演算法 APPROX-MIN-WEIGHT-VC 是處理最小權重頂點覆蓋問題的多項式時間 2-近似演算法。

```
APPROX-MIN-WEIGHT-VC(G, w)
1   C = ∅
2   compute x̄, an optimal solution to the linear-programming relaxation
        in lines (35.15)–(35.18)
3   for each vertex v ∈ V
4       if x̄(v) ≥ 1/2
5           C = C ∪ {v}
6   return C
```

證明 因為第 2 行的線性規劃有多項式時間的演算法可解，而且因為第 3~5 行的 **for** 迴圈以多項式時間執行，所以 APPROX-MIN-WEIGHT-VC 是多項式時間演算法。

最後還要證明 APPROX-MIN-WEIGHT-VC 是 2-近似演算法。設 C^* 是最小權重頂點覆蓋問題的最佳解，並設 z^* 是 (35.15)~(35.18) 的線性規劃鬆弛的最佳解的值。因為最佳頂點覆蓋是線性規劃鬆弛的可行解，所以 z^* 一定是 $w(C^*)$ 的下限，也就是

$$z^* \leq w(C^*) \tag{35.19}$$

接下來，我們主張，將第 3~5 行的變數 $\bar{x}(v)$ 的分數值捨入可產生頂點覆蓋集合 C，並滿足 $w(C) \leq 2z^*$。為了證明 C 是頂點覆蓋，考慮任意邊 $(u, v) \in E$。從限制條件 (35.16) 可以知道 $x(u) + x(v) \geq 1$，這意味著 $\bar{x}(u)$ 與 $\bar{x}(v)$ 至少有一個是 1/2 以上。因此，u 和 v 至少有一個被加入頂點覆蓋，所以每條邊都被覆蓋。

接下來考慮覆蓋的權重，我們得到

$$\begin{aligned}
z^* &= \sum_{v \in V} w(v)\, \bar{x}(v) \\
&\geq \sum_{v \in V:\, \bar{x}(v) \geq 1/2} w(v)\, \bar{x}(v) \\
&\geq \sum_{v \in V:\, \bar{x}(v) \geq 1/2} w(v) \cdot \frac{1}{2} \\
&= \sum_{v \in C} w(v) \cdot \frac{1}{2} \\
&= \frac{1}{2} \sum_{v \in C} w(v) \\
&= \frac{1}{2} w(C)
\end{aligned} \qquad (35.20)$$

結合不等式 (35.19) 與 (35.20) 可得

$$w(C) \leq 2z^* \leq 2w(C^*)$$

因此 APPROX-MIN-WEIGHT-VC 是 2-近似演算法。 ∎

習題

35.4-1
證明：即使我們允許子句可以同時包含變數及其 NOT，以 1/2 的機率隨機將各個變數設成 1，並以 1/2 的機率設成 0，仍然會產生隨機的 8/7-近似演算法。

35.4-2
*MAX-CNF 可滿足性問題*很像 MAX-3-CNF 可滿足性問題，但不限制每個子句有三個字符。為 MAX-CNF 可滿足性問題寫出一個隨機 2-近似演算法。

35.4-3
MAX-CUT 問題的輸入是一個未加權無向圖 $G = (V, E)$。我們像第 21 章那樣定義切線 $(S, V-S)$，並將穿越切線的邊數定義成切線權重。這道問題的目標是找出權重最大的切線。假設我們將每一個頂點 v 以 1/2 的機率隨機且獨立地放入 S，以 1/2 的機率放入 $V-S$。證明這個演算法是隨機 2-近似演算法。

35.4-4

證明按照以下的說法，(35.17) 的限制條件是多餘的：將它們從 (35.15)~(35.18) 裡的線性規劃鬆弛移除所產生線性規劃的任何最佳解 x 一定滿足 $x(v) \leq 1$，其中 $v \in V$。

35.5 子集合總和問題

我們在第 34.5.5 節看過，子集合總和問題的實例是 (S, t)，其中 S 是正整數集合 $\{x_1, x_2, ..., x_n\}$，t 是正整數。這個決策問題問的是：S 有沒有一個子集合的總和是目標值 t。如第 34.5.5 節所述，這個問題是 NP-complete。

這個決策問題對應的優化問題可在實際的應用中發現。優化問題旨在尋找 $\{x_1, x_2, ..., x_n\}$ 的一個子集合，使其總和盡可能大，但不能超過 t。例如，有一輛卡車不能裝載超過 t 磅的貨物，它需要裝載 n 個不同的箱子，第 i 個箱子的重量為 x_i 磅。在不超過 t 磅的限制之下，卡車能夠裝載多重的貨物？

本節先介紹一個為這個最佳化問題計算最佳值的指數時間演算法，然後說明如何修改這個演算法，讓它變成完全多項式時間近似方案（之前說過，完全多項式時間近似方案的執行時間與 $1/\epsilon$ 和輸入的大小成多項式關係）。

指數時間的精確演算法

假設你為 S 的每一個子集合 S' 計算 S' 內的元素之和，然後從總和不超過 t 的子集合之中，選出總和最接近 t 的子集合。這個演算法可回傳最佳解。若要實現這個演算法，你可以使用迭代程序，在第 i 次迭代時，以 $\{x_1, x_2, ..., x_{i-1}\}$ 的所有子集合之和為起點，計算 $\{x_1, x_2, ..., x_i\}$ 的所有子集合之和，如此一來，你可以發現，一旦特定子集合 S' 的和超過 t，那就沒有理由保留它，因為 S' 的超集合都不可能是最佳解。我們來看看如何實現這個策略。

EXACT-SUBSET-SUM 程序接收集合 $S = \{x_1, x_2, ..., x_n\}$，其大小為 $n = |S|$，以及一個目標值 t。這個程序迭代地計算 L_i，即 $\{x_1, x_2, ..., x_i\}$ 的所有子集合中，總和不超過 t 的子集合串列，然後回傳 L_n 裡的最大值。

如果 L 是一個正整數串列，x 是另一個正整數，設 $L + x$ 代表將 L 的每一個元素加上 x 得到的整數串列。例如，如果 $L = \langle 1, 2, 3, 5, 9 \rangle$，那麼 $L + 2 = \langle 3, 4, 5, 7, 11 \rangle$，將這個表示法延伸至集合，得到

$$S + x = \{s + x : s \in S\}$$

EXACT-SUBSET-SUM(S, n, t)
1　$L_0 = \langle 0 \rangle$
2　**for** $i = 1$ **to** n
3　　$L_i = $ MERGE-LISTS$(L_{i-1}, L_{i-1} + x_i)$
4　　remove from L_i every element that is greater than t
5　**return** the largest element in L_n

EXACT-SUBSET-SUM 呼叫輔助程序 MERGE-LISTS(L, L')，它會將兩個已排序的串列 L 與 L' 合併，將重複值移除，並回傳產生的串列。如同我們在第 31 頁的合併排序中使用的 MERGE 程序，MERGE-LISTS 的執行時間是 $O(|L| + |L'|)$。我們省略 MERGE-LISTS 的虛擬碼。

為了說明 EXACT-SUBSET-SUM 如何運作，我們用 P_i 來代表選擇 $\{x_1, x_2, ..., x_i\}$ 的每一個子集合（可以是空集合）並計算其成員總和所得到的值集合。例如，若 $S = \{1, 4, 5\}$，則

$P_1 = \{0, 1\}$
$P_2 = \{0, 1, 4, 5\}$
$P_3 = \{0, 1, 4, 5, 6, 9, 10\}$

由此可得恆等式

$$P_i = P_{i-1} \cup (P_{i-1} + x_i) \tag{35.21}$$

你可以對 i 使用歸納法來證明（見習題 35.5-1）串列 L_i 是已排序串列，包含 P_i 裡不大於 t 的每一個元素。因為 L_i 可能長達 2^i，所以一般來說，EXACT-SUBSET-SUM 是一個指數時間演算法，儘管當 t 與 $|S|$ 成多項式關係，或 S 的所有成員的上限都與 $|S|$ 成多項式關係時，它是多項式時間演算法。

完全多項式時間近似方案

為子集合總和問題設計完全多項式時間近似方案的關鍵，是在建立每一個串列 L_i 後「修剪」它。修剪背後的思路如下：如果 L 裡的兩個值相近，由於目標只是一個近似解，所以沒必要明確地保留這兩個值。更準確地說，我們使用修剪參數 δ，$0 < \delta < 1$。在使用 δ 來修剪串列 L 時，我們從 L 中刪除盡可能多的元素，使得若 L' 是修剪 L 的結果，我們讓每一個被移出 L 的元素 y 在 L' 裡仍然有某個近似 y 的元素 z。z 近似 y 的意思是它不大於 y，且不小於 y 除以 $1 + \delta$，即

$$\frac{y}{1+\delta} \leq z \leq y \tag{35.22}$$

你可以將 z 視為 y 在新串列 L' 裡面的「代表元素」。每個被刪除的元素 y 都用一個滿足不等式 (35.22) 的剩餘元素 z 來代表。例如，假設 $\delta = 0.1$，且

$L = \langle 10, 11, 12, 15, 20, 21, 22, 23, 24, 29 \rangle$

那麼修剪 L 產生

$L' = \langle 10, 12, 15, 20, 23, 29 \rangle$

其中，被刪除的 11 的代表元素是 10，21 與 22 的代表元素是 20，24 的代表是 23。因為修剪版本的每個元素也是原始版本的元素，所以修剪可以大幅減少需要保存的元素數量，同時為每一個被刪除的元素保存一個接近（且略小）的代表值。

TRIM 程序可在 $\Theta(m)$ 時間內修剪串列 $L = \langle y_1, y_2, ..., y_m \rangle$，它的輸入是 L 與修剪參數 δ。TRIM 程序假設 L 被排序成單調遞增順序。程序的輸出是修剪過的已排序串列。這個程序按照單調遞增順序掃描 L 的每一個元素，只有在以下兩種情況時，才會將數字加入回傳的串列 L' 中，第一種情況是該數字是 L 的第一個元素，第二種情況是該數字無法用最後放入 L' 的數字來代表。

```
TRIM(L, δ)
1   let m be the length of L
2   L' = ⟨y₁⟩
3   last = y₁
4   for i = 2 to m
5       if yᵢ > last · (1 + δ)      // yᵢ ≥ last 是因為 L 是已排序的
6           append yᵢ onto the end of L'
7           last = yᵢ
8   return L'
```

下面的 APPROX-SUBSET-SUM 程序使用 TRIM 來實現近似方案。這個程序接收 n 個整數的集合 $S = \{x_1, x_2, ..., x_n\}$（任意順序），其大小 $n = |S|$，以及目標整數 t、近似參數 ϵ，其中

$$0 < \epsilon < 1 \tag{35.23}$$

它回傳一個值 z^*，最佳解是該值的 $1 + \epsilon$ 倍之內。

APPROX-SUBSET-SUM 程序的做法如下。第一行將串列 L_0 設為只有元素 0 的串列，第 2~5 行的 **for** 迴圈算出 L_i，使它成為一個已排序的串列，裡面有修剪版的集合 P_i，將大於 t 的元素都移除。因為程序用 L_{i-1} 來建立 L_i，所以它必須確保重複修剪不會產生太多逐漸累積的不

準確性。這就是在呼叫 TRIM 時，不使用 ϵ 作為修剪參數，而是較小的值 $\epsilon/2n$ 的原因。我們很快就會看到，APPROX-SUBSET-SUM 可回傳正確的近似解，如果存在的話。

APPROX-SUBSET-SUM(S, n, t, ϵ)
1 $L_0 = \langle 0 \rangle$
2 **for** $i = 1$ **to** n
3      $L_i = $ MERGE-LISTS$(L_{i-1}, L_{i-1} + x_i)$
4      $L_i = $ TRIM$(L_i, \epsilon/2n)$
5   remove from L_i every element that is greater than t
6 let z^* be the largest value in L_n
7 **return** z^*

舉個例子，假設 APPROX-SUBSET-SUM 收到

$S = \langle 104, 102, 201, 101 \rangle$

且 $t = 308$ 和 $\epsilon = 0.40$。修剪參數 δ 是 $\epsilon/2n = 0.40/8 = 0.05$。程序在所示的行數算出下列的值：

第 1 行：$L_0 = \langle 0 \rangle$

第 3 行：$L_1 = \langle 0, 104 \rangle$
第 4 行：$L_1 = \langle 0, 104 \rangle$
第 5 行：$L_1 = \langle 0, 104 \rangle$

第 3 行：$L_2 = \langle 0, 102, 104, 206 \rangle$
第 4 行：$L_2 = \langle 0, 102, 206 \rangle$
第 5 行：$L_2 = \langle 0, 102, 206 \rangle$

第 3 行：$L_3 = \langle 0, 102, 201, 206, 303, 407 \rangle$
第 4 行：$L_3 = \langle 0, 102, 201, 303, 407 \rangle$
第 5 行：$L_3 = \langle 0, 102, 201, 303 \rangle$

第 3 行：$L_4 = \langle 0, 101, 102, 201, 203, 302, 303, 404 \rangle$
第 4 行：$L_4 = \langle 0, 101, 201, 302, 404 \rangle$
第 5 行：$L_4 = \langle 0, 101, 201, 302 \rangle$

這個程序回傳 $z^* = 302$，它和最佳解 $307 = 104 + 102 + 101$ 的差距在 $\epsilon = 40\%$ 之內，事實上是在 2% 之內。

定理 35.7

APPROX-SUBSET-SUM 是子集合總和問題的完全多項式時間近似方案。

證明 在第 4 行中,修剪 L_i 和從 L_i 中移除大於 t 的每個元素維持了 L_i 的每個元素,也是 P_i 成員的特性。因此,第 7 行回傳的 z^* 的確是 S 的一個子集合之和,即 $z^* \in P_n$。設 $y^* \in P_n$ 代表子集合總和問題的最佳解,所以它是在 P_n 中,小於或等於 t 的最大值。因為第 5 行確保 $z^* \leq t$,我們知道 $z^* \leq y^*$。根據不等式 (35.1),我們必須證明 $y^*/z^* \leq 1 + \epsilon$。我們也必須證明這個演算法的執行時間與 $1/\epsilon$ 和輸入的大小成多項式關係。

正如習題 35.5-2 將請你證明的,對於 P_i 裡,最大為 t 的每個元素 y,存在一個元素 $z \in L_i$,使得

$$\frac{y}{(1+\epsilon/2n)^i} \leq z \leq y \tag{35.24}$$

不等式 (35.24) 在 $y^* \in P_n$ 時一定成立,因此存一個元素 $z \in L_n$,使得

$$\frac{y^*}{(1+\epsilon/2n)^n} \leq z \leq y^*$$

因此

$$\frac{y^*}{z} \leq \left(1 + \frac{\epsilon}{2n}\right)^n \tag{35.25}$$

因為存在一個元素 $z \in L_n$ 滿足不等式 (35.25),z^* 一定滿足不等式,它是在 L_n 裡的最大值,即

$$\frac{y^*}{z^*} \leq \left(1 + \frac{\epsilon}{2n}\right)^n \tag{35.26}$$

現在要證明 $y^*/z^* \leq 1 + \epsilon$。我們藉著證明 $(1 + \epsilon/2n)^n \leq 1 + \epsilon$ 來證明它。首先,不等式 (35.23),$0 < \epsilon < 1$,意味著

$$(\epsilon/2)^2 \leq \epsilon/2 \tag{35.27}$$

從第 60 頁的式 (3.16) 可得 $\lim_{n \to \infty} (1+\epsilon/2n)^n = e^{\epsilon/2}$。習題 35.5-3 將請你證明

$$\frac{d}{dn}\left(1 + \frac{\epsilon}{2n}\right)^n > 0 \tag{35.28}$$

因此，函數 $(1 + \epsilon/2n)^n$ 在接近其極限 $e^{\epsilon/2}$ 的情況下隨著 n 的增加而增加，我們得到

$$\begin{aligned}
\left(1 + \frac{\epsilon}{2n}\right)^n &\leq e^{\epsilon/2} \\
&\leq 1 + \epsilon/2 + (\epsilon/2)^2 \quad \text{（根據第 60 頁的不等式 (3.15)）} \\
&\leq 1 + \epsilon \quad \text{（根據不等式 (35.27)）}
\end{aligned} \quad (35.29)$$

結合不等式 (35.26) 與 (35.29) 即完成近似比的分析。

為了證明 APPROX-SUBSET-SUM 是完全多項式時間近似方案，我們來推導 L_i 的長度上限。在修剪後，L_i 的連續元素 z 與 z' 之間的關係一定是 $z'/z > 1 + \epsilon/2n$。亦即它們一定至少相差 $1 + \epsilon/2n$ 倍。因此，每一個串列都有值 0，可能有值 1，一直到 $\lfloor \log_{1+\epsilon/2n} t \rfloor$ 個額外值。在每個串列 L_i 裡的元素數量頂多是

$$\begin{aligned}
\log_{1+\epsilon/2n} t + 2 &= \frac{\ln t}{\ln(1 + \epsilon/2n)} + 2 \\
&\leq \frac{2n(1 + \epsilon/2n)\ln t}{\epsilon} + 2 \quad \text{（根據第 61 頁的不等式 (3.23)）} \\
&< \frac{3n \ln t}{\epsilon} + 2 \quad \text{（根據不等式 (35.23)，$0 < \epsilon < 1$）}
\end{aligned}$$

這個上限與輸入大小和 $1/\epsilon$ 成多項式關係，輸入大小是表示 t 所需的位元數 $\lg t$ 加上表示集合 S 所需的位元數，後者又與 n 成多項式關係。因為 APPROX-SUBSET-SUM 的執行時間與串列 L_i 的長度成多項式關係，所以結論是，APPROX-SUBSET-SUM 是完全多項式時間近似方案。 ∎

習題

35.5-1
證明式 (35.21)。然後證明：在執行 EXACT-SUBSET-SUM 的第 4 行後，L_i 是已排序的串列，裡面有 P_i 的元素中，值不超過 t 的每一個元素。

35.5-2
對 i 使用歸納法來證明不等式 (35.24)。

35.5-3
證明不等式 (35.28)。

35.5-4
如何修改本節的近似方案，來找出輸入串列的子集合的總和之中，不小於 t 的最小值之良好近似值？

35.5-5
修改 APPROX-SUBSET-SUM 程序，讓它也回傳 S 中，總和為 z^* 值的子集合。

挑戰

35-1 裝箱

你有 n 個物體，第 i 個物體的大小 s_i 是 $0 < s_i < 1$。你的目標是把所有物體裝入單位大小的箱子，使用越少箱子越好。每一個箱子可以容納總大小不超過 1 的物體子集合。

a. 證明：算出所需的最小箱數是個 NP-hard 的問題（提示：由子集合總和問題進行約化）。

first-fit 捷思法依序拿取每個物體並將它放入第一個可以容納的箱子，過程如下。它記錄一個有序箱子串列。b 代表串列裡的箱子數量，b 會在演算法執行期間增加，設 $\langle B_1, ..., B_b \rangle$ 是箱子串列。最初 $b = 0$，且串列是空的。演算法依序拿取每一個物體 i 並將它放入可容納它且編號最小的箱子。如果沒有箱子可以容納物體 i，那就遞增 b，打開新箱子 B_b，在裡面放入物體 i。設 $S = \sum_{i=1}^{n} s_i$。

b. 證明所需的最佳箱數至少為 $\lceil S \rceil$。

c. 證明 first-fit 捷思法最多只會讓一個箱子的物體不超過一半。

d. 證明 first-fit 捷思法使用的箱子絕不超過 $\lceil 2S \rceil$ 個。

e. 證明 first-fit 捷思法的近似比是 2。

f. 為 first-fit 捷思法寫出高效的實作，並分析它的執行時間。

35-2 近似最大點集團的大小

設 $G = (V, E)$ 是無向圖。對任意 $k \geq 1$，我們定義 $G^{(k)}$ 是無向圖 $(V^{(k)}, E^{(k)})$，其中 $V^{(k)}$ 是 V 的頂點的所有有序 k-tuple 的集合，$E^{(k)}$ 使得 $(v_1, v_2, ..., v_k)$ 與 $(w_1, w_2, ..., w_k)$ 相鄰，若且唯若頂點 v_i 在 G 中與 w_i 相鄰，或 $v_i = w_i$，其中 $i = 1, 2, ..., k$。

a. 證明在 $G^{(k)}$ 裡的最大點集團的大小等於 G 的最大點集團的大小的 k 次方。

b. 證明：如果尋找最大點集團的問題存在一個具有常數近似比的近似演算法，此問題就存在一個多項式時間的近似方案。

35-3 加權集合覆蓋問題

假設在集合覆蓋問題裡，集合有權重，所以在族系 $\mathcal{F}$ 裡的每一個集合 S_i 都有一個權重 w_i。覆蓋 $\mathcal{C}$ 的權重是 $\sum_{S_i \in \mathcal{C}} w_i$。這個問題的目標是找出權重最小的覆蓋（第 35.3 節處理 $w_i = 1$ 的情況，對所有 i 而言）。

說明如何自然地將貪婪集合覆蓋捷思法一般化，來為加權集合覆蓋問題的任何實例提供近似解。設 d 是任何集合 S_i 的最大大小，證明你的捷思法的近似比是 $H(d) = \sum_{i=1}^{d} 1/i$。

35-4 最大配對組合

對一個無向圖 G 而言，配對組合就是一個邊的集合，該集合的任意兩條邊都不接觸同一個頂點。第 25.1 節說明了如何找出二部圖的最大配對組合，也就是 G 的其他配對組合的邊都不會比最大配對組合還要多。這個問題探討的是無向圖中的配對組合，而且不要求無向圖是個二部圖。

a. 藉著展示一個無向圖 G 和 G 中的極大（maximal）但不是最大（maximum）的配對組合 M，來證明極大配對組合不一定是最大配對組合（**提示**：你可以找一個只有四個頂點的這種圖）。

b. 考慮一個連通無向圖 $G = (V, E)$。寫出一個 $O(E)$ 時間的貪婪演算法，來找出 G 的極大配對組合。

這個問題把焦點放在設計最大配對組合的多項式時間近似演算法上。雖然已知最快的最大配對組合演算法需要超線性（但多項式）時間，但這裡介紹的近似演算法有線性執行時間。你將證明 (b) 小題中的極大配對組合線性時間貪婪演算法是最大配對組合的 2-近似演算法。

c. 證明 G 裡的最大配對組合的大小是 G 的任何頂點覆蓋的大小的下限。

d. 考慮 $G = (V, E)$ 裡的一個極大配對組合 M。設 $T = \{v \in V : $ 在 M 裡與 v 接觸的一條邊$\}$。用 G 裡不屬於 T 的頂點來產生的子圖有什麼意義？

e. 從 (d) 小題得出結論：$2|M|$ 是 G 的頂點覆蓋的大小。

f. 使用 (c) 與 (e) 小題來證明 (b) 的貪婪演算法是最大配對組合的 2-近似演算法。

35-5 平行機器調度

平行機調度問題的輸入有兩個部分：n 個工作 $J_1, J_2, ..., J_n$，其中每個工作 J_k 都有一個非負值處理時間 p_k，以及 m 台相同的機器，$M_1, M_2, ..., M_m$。任何工作都可以在任何機器上執行。**調度**（*schedule*）就是為每一個工作 J_k 分配一台處理它的機器，以及機器的執行時段。每一個工作 J_k 都必須讓機器 M_i 執行 p_k 個連續的時間單位，而且在該時段，其他工作都不能在 M_i 上執行。設 C_k 是工作 J_k 的**完成時間**，也就是工作 J_k 處理完畢的時間。給定一個調度，我們定義 $C_{max} = \max\{C_j : 1 \leq j \leq n\}$ 是調度的**跨度**。我們的目標是找出跨度最小的調度。

例如，考慮一個包含兩台機器 M_1 與 M_2 以及四個工作 J_1、J_2、J_3、J_4 的輸入，其中 $p_1 = 2$，$p_2 = 12$，$p_3 = 4$，$p_4 = 5$。可能的調度之一，就是在機器 M_1 上執行工作 J_1，然後執行 J_2，並在機器 M_2 執行工作 J_4，然後執行 J_3，對這個調度而言，$C_1 = 2$，$C_2 = 14$，$C_3 = 9$，$C_4 = 5$，$C_{max} = 14$。最佳調度是在 M_1 執行工作 J_2，在 M_2 執行 J_1、J_3、J_4，對這個調度而言，$C_1 = 2$，$C_2 = 12$，$C_3 = 6$，$C_4 = 11$，所以 $C_{max} = 12$。

給定一個平行機器調度問題的輸入，設 C_{max}^* 是最佳調度的跨度。

a. 證明：最佳跨度至少與最大處理時間一樣大，即

$$C_{max}^* \geq \max\{p_k : 1 \leq k \leq n\}$$

b. 證明最佳跨度至少與平均機器負載一樣大，即

$$C_{max}^* \geq \frac{1}{m}\sum_{k=1}^{n} p_k$$

考慮接下來的平行機器調度貪婪演算法：每當機器閒置時，就安排尚未被安排的任意工作。

c. 寫出實現這個貪婪演算法的虛擬碼。你的演算法的執行時間為何？

d. 對於貪婪演算法回傳的調度，證明

$$C_{max} \leq \frac{1}{m}\sum_{k=1}^{n} p_k + \max\{p_k : 1 \leq k \leq n\}$$

得出結論：這個演算法是多項式時間的 2-近似演算法。

35-6 近似最大生成樹

設 $G = (V, E)$ 是無向圖，它的每條邊 $(u, v) \in E$ 都有不同的邊權重 $w(u, v)$。對於每一個頂點 $v \in V$，我們用 $\max(v)$ 來表示與該頂點接觸的最大權重邊。設 $S_G = \{\max(v): v \in V\}$ 是與各個頂點接觸的最大權重邊，設 T_G 是 G 的最大權重生成樹，也就是最大總權重的生成樹。對於邊的任何子集合 $E' \subseteq E$，我們定義 $w(E') = \sum_{(u,v) \in E'} w(u, v)$。

a. 畫出至少有 4 個頂點，且 $S_G = T_G$ 的圖。

b. 畫出至少有 4 個頂點，且 $S_G \neq T_G$ 的圖。

c. 證明對任何圖 G 而言，$S_G \subseteq T_G$。

d. 證明對任何圖 G 而言，$w(S_G) \geq w(T_G)/2$。

e. 寫出一個 $O(V + E)$ 時間的 2- 近似演算法來計算最大生成樹。

35-7 0-1 背包問題的近似演算法

回想一下第 15.2 節介紹的背包演算法。其輸入包含 n 個物品，第 i 個物品價值 v_i 元，重 w_i 磅。輸入也有一個背包容量，W 磅。在此，我們進一步假設重量 w_i 都不超過 W，並按照物品價值的單調遞增次序為它們指定索引：$v_1 \geq v_2 \geq \cdots \geq v_n$。

0-1 背包問題的目標是找到一個總重量頂多是 W，且總價值最大的子集合。小數背包問題與 0-1 背包問題幾乎一樣，不同的是，小數背包問題可將每件物品的一小部分放入背包，而不是只能放入整個物品或完全不放入。如果物品 i 的一部分 x_i 被放入背包，其中 $0 \leq x_i \leq 1$，它會讓背包的重量增加 $x_i w_i$，讓價值增加 $x_i v_i$。本題的目標是為 0-1 背包問題開發一個多項式時間的 2- 近似演算法。

為了設計多項式時間演算法，我們考慮 0-1 背包問題的受限實例（restricted instances）。給定背包問題的實例 I，我們藉著移除物品 $1, 2, ..., j-1$ 來獲得受限實例 I_j ($j = 1, 2, ..., n$)，並規定解必須包含物品 j（無論是小數背包問題還是 0-1 背包問題，都是完整的物品 j）。在實例 I_1 裡，我們不移除任何物品。對於實例 I_j，設 P_j 為 0-1 問題的最佳解，Q_j 為小數問題的最佳解。

a. 證明 0-1 背包問題的實例 I 的最佳解是 $\{P_1, P_2, ..., P_n\}$ 之一。

b. 證明：在小數問題中，為了幫實例 I_j 找出最佳解 Q_j，你可以放入物品 j，然後使用貪婪演算法，在每一步，從集合 $\{j+1, j+2, ..., n\}$ 中，盡可能多地挑選每磅價值 v_i/w_i 最大的未挑選物品。

c. 證明：對實例 I_j 的分數問題而言，一定存在一個最佳解 Q_j 最多只放入一個物品的一部分。也就是說，除了那個可能的物品之外的所有物品，若不是被全部放入背包，就是完全不放入。

d. 給定小數問題的實例 I_j 的最佳解 Q_j，藉著將 Q_j 裡的任何小數物品刪除，來從 Q_j 得出解 R_j。設 $v(S)$ 是解 S 選取的物品的總價值。證明 $v(R_j) \geq v(Q_j)/2 \geq v(P_j)/2$。

e. 寫出一個為集合 $\{R_1, R_2, ..., R_n\}$ 回傳最大值解的多項式時間演算法，證明你的演算法是 0-1 背包問題的多項式時間 2-近似演算法。

後記

雖然不保證算出精確解的方法已經流傳幾千年了（例如，逼近 π 值的方法），但近似演算法的概念最近才出現。Hochbaum [221] 認為，多項式時間近似演算法的概念是 Garey、Graham 與 Ullman [175] 及 Johnson [236] 正式提出的。一般認為，史上第一個這種演算法來自 Graham [197]。

自從這項早期的研究以來，人們已經設計了數以千計的近似演算法來處理廣泛的問題，而且這個領域有豐富的文獻。Ausiello 等人 [29]、Hochbaum [221]、Vazirani [446] 及 Williamson 和 Shmoys [459] 的文章專門探討近似演算法，Shmoys [409] 及 Klein 和 Young [256] 的整理也是如此。其他幾篇文章，例如 Garey 和 Johnson [176] 及 Papadimitriou 和 Steiglitz [353]，也有大量關於近似演算法的內容。Lawler、Lenstra、Rinnooy Kan 和 Shmoys [277]，以及 Gutin 和 Punnen [204] 等書籍，廣泛地整理旅行推銷員問題的近似演算法及捷思法。

Papadimitriou 和 Steiglitz 將演算法 APPROX-VERTEX-COVER 歸功於 F. Gavril 和 M. Yannakakis。頂點覆蓋問題已經受到廣泛地研究（Hochbaum [221] 為這個問題列出 16 種不同的近似演算法），但它們的近似比都至少是 $2 - o(1)$。

APPROX-TSP-TOUR 演算法出現在 Rosenkrantz、Stearns 和 Lewis [384] 的一篇論文中。Christofides 改良這個演算法，並為旅行推銷員問題提出一個使用三角不等式的 3/2-近似演算法。Arora [23] 和 Mitchell [330] 已經證明，如果點位於歐氏平面內，那就有一個多項式時間的近似方案。定理 35.3 是 Sahni 和 Gonzalez [392] 提出的。

APPROX-SUBSET-SUM 演算法及其分析的部分靈感，來自 Ibarra 和 Kim [234] 的背包問題和子集合總和問題的近似演算法。

挑戰 35-7 是 Bienstock 和 McClosky [55] 所做的近似背包類型整數規劃（approximating knapsack-type integer programs），所得到的結果的組合版本。

Johnson [236] 的研究隱晦地提到 MAX-3-CNF 可滿足性的隨機演算法。加權頂點覆蓋演算法是 Hochbaum [220] 提出的。第 35.4 節僅簡單介紹隨機化和線性規劃在設計近似演算法時的威力。「隨機捨入」是結合這兩種想法的技術，該技術將問題描述成整數線性規劃問題，以解決線性規劃鬆弛問題，並將解中的變數解釋為機率，這些機率可協助解決原始問題。Raghavan 和 Thompson [374] 最早開始使用這項技術，後來也有很多人使用它（見 Motwani、Naor 和 Raghavan [335] 的彙整）。在近似演算法領域中，還有一些其他值得注意的想法，包括 primal-dual method（見 Goemans 和 Williamson [184] 的彙整）、在分治演算法中尋找稀疏切線 [288]，以及使用半正定規劃 [183]。

正如第 34 章的後記中提到的，機率可檢驗證明（probabilistically checkable proofs）的成果，可以證明許多問題的近似可解性下限，包括本章的幾個問題。除了那裡列出的參考文獻外，Arora 和 Lund [26] 的幾個章節也詳細地介紹了「機率可檢驗證明」與「求出各種問題的近似解的難度」之間的關係。

VIII 附錄：數學基礎

簡介

在分析演算法時經常需要使用一些數學工具。有些工具很簡單，例如高中代數，但有些可能是你沒學過的。在第 1 部分，我們學會如何使用漸近式表示法，和如何求解遞迴式。本附錄簡單地彙編了分析演算法的其他幾個概念和方法。如第 1 部分的介紹所述，在閱讀本書之前，你可能已經學會本附錄的許多內容，儘管本書使用的符號可能和你在其他地方看到的不同。因此，請將本附錄當成參考資料。然而，和本書的其他部分一樣，為了幫助你提升這些技巧，本附錄也有習題和問題。

附錄 A 提供計算總和式，以及找出總和式的上下界的技巧，這些技巧經常在演算法的分析中出現。其中的許多公式可在任何微積分文章中找到，但你會發現，將這些方法彙編起來很有幫助。

附錄 B 介紹集合、關係、函數、圖和樹的基本定義和符號，並介紹這些數學物件的基本特性。附錄 C 從計數的基本原理談起，包括排列、組合…等。其餘部分介紹基本機率學的定義和屬性。本書大多數的演算法不需要使用機率來分析，因此，如果你是第一次閱讀，你可以放心地省略本章的後幾節，甚至不必略讀它們。以後，當你遇到想更深入了解的機率分析問題時，附錄 C 的架構很方便參考。

附錄 D 定義矩陣、它們的運算，以及它們的基本特性。如果你學過線性代數，你可能已經看過大部分的內容，但是把符號與定義整理在同一處，應該有助於查詢。

A 求和

當演算法有迭代控制結構,例如 **while** 迴圈或 **for** 迴圈時,它的執行時間可以表示成迴圈主體的每一次執行時間的總和。例如,第 2.2 節認為,在最壞的情況下,插入排序的第 i 次迭代所花費的時間與 i 成正比。將每次迭代所花費的時間相加可得到總和式(或級數)$\sum_{i=2}^{n} i$。計算這個總和式可以得到,在最壞情況下,演算法的執行時間頂多是 $\Theta(n^2)$。這個例子說明為何你要知道總和式的算法,以及如何推導它的界限。

第 A.1 節介紹幾個涉及總和式的基本公式。第 A.2 節提供幾個界定總和式的有用技術。第 A.1 節的公式都沒有證明,儘管有些公式會在第 A.2 節證明,以說明該節的技巧。你可以在任何微積分文獻中找到大多數其他證明。

A.1 和式與特性

給定一個數字級數 $a_1, a_2, ..., a_n$,其中 n 是非負整數,有限和 $a_1 + a_2 + \cdots + a_n$ 可以表示成 $\sum_{k=1}^{n} a_k$。如果 $n = 0$,這個和式的值被定義成 0。有限級數的值一定是明確的,而且它的項可以用任意順序來相加。

給定有限級數 $a_1, a_2, ...$,我們可以將它們的無限和 $a_1 + a_2 + \cdots$ 寫成 $\sum_{k=1}^{\infty} a_k$,意思是 $\lim_{n \to \infty} \sum_{k=1}^{n} a_k$。如果界限不存在,則級數**發散**,否則級數**收斂**。收斂級數的項不一定能以任意順序相加。但是,**絕對收斂級數**的項的順序可以重新排列。若 $\sum_{k=1}^{\infty} |a_k|$ 收斂,則 $\sum_{k=1}^{\infty} a_k$ 為絕對收斂。

線性性質

對任何實數 c 與任何有限級數 $a_1, a_2, ..., a_n$ 與 $b_1, b_2, ..., b_n$ 而言,

$$\sum_{k=1}^{n}(ca_k + b_k) = c\sum_{k=1}^{n} a_k + \sum_{k=1}^{n} b_k$$

無窮收斂級數也有這個線性性質。

帶漸近符號的和式也有線性性質。例如

$$\sum_{k=1}^{n} \Theta(f(k)) = \Theta\left(\sum_{k=1}^{n} f(k)\right)$$

在這個式子裡，左邊的 Θ 作用於變數 k，但是在右邊，它作用於 n。這種操作也適用於無窮收斂級數。

等差級數

這個和式

$$\sum_{k=1}^{n} k = 1 + 2 + \cdots + n$$

是一個**等差級數**，其值為

$$\sum_{k=1}^{n} k = \frac{n(n+1)}{2} \tag{A.1}$$
$$= \Theta(n^2) \tag{A.2}$$

普通等差級數（*general arithmetic series*）有一個額外的常數 $a \geq 0$，且每一項都有一個常數係數 $b > 0$，但漸近總和相同：

$$\sum_{k=1}^{n}(a + bk) = \Theta(n^2) \tag{A.3}$$

平方之和與立方之和

接下來的公式用於平方和與立方和：

$$\sum_{k=0}^{n} k^2 = \frac{n(n+1)(2n+1)}{6} \tag{A.4}$$

$$\sum_{k=0}^{n} k^3 = \frac{n^2(n+1)^2}{4} \tag{A.5}$$

等比級數

對實數 $x \neq 1$ 而言，和式

$$\sum_{k=0}^{n} x^k = 1 + x + x^2 + \cdots + x^n$$

是**等比級數**，其值為

$$\sum_{k=0}^{n} x^k = \frac{x^{n+1} - 1}{x - 1} \tag{A.6}$$

若和式是無窮的，且 $|x| < 1$，它是無窮遞減等比級數：

$$\sum_{k=0}^{\infty} x^k = \frac{1}{1 - x} \tag{A.7}$$

假設 $0^0 = 1$，即使 $x = 0$，這些式子也成立。

調和級數

設 n 是正整數，第 n 個**調和數**是

$$\begin{aligned} H_n &= 1 + \frac{1}{2} + \frac{1}{3} + \frac{1}{4} + \cdots + \frac{1}{n} \\ &= \sum_{k=1}^{n} \frac{1}{k} \end{aligned} \tag{A.8}$$

$$= \ln n + O(1) \tag{A.9}$$

第 1107 頁的不等式 (A.20) 與 (A.21) 提供更嚴謹的界限

$$\ln(n + 1) \leq H_n \leq \ln n + 1 \tag{A.10}$$

級數積分與微分

計算上面公式的積分或微分會產生新的公式。例如，對無窮等比級數 (A.7) 的等號兩邊進行微分並乘以 x 可得到

$$\sum_{k=0}^{\infty} k x^k = \frac{x}{(1-x)^2} \tag{A.11}$$

其中 $|x| < 1$。

級數分項對消

對任意級數 $a_0, a_1, \ldots, a_n$ 而言，

$$\sum_{k=1}^{n} (a_k - a_{k-1}) = a_n - a_0 \tag{A.12}$$

因為每一項 $a_1, a_2, \ldots, a_{n-1}$ 都被加一次，也被減一次，這種情況稱為**分項對消**。同理，

$$\sum_{k=0}^{n-1} (a_k - a_{k+1}) = a_0 - a_n$$

舉個將和式分項對消的例子，考慮這個級數

$$\sum_{k=1}^{n-1} \frac{1}{k(k+1)}$$

將每一項改寫成

$$\frac{1}{k(k+1)} = \frac{1}{k} - \frac{1}{k+1}$$

可得

$$\sum_{k=1}^{n-1} \frac{1}{k(k+1)} = \sum_{k=1}^{n-1} \left(\frac{1}{k} - \frac{1}{k+1} \right)$$
$$= 1 - \frac{1}{n}$$

改變和式的索引

我們有時可以藉著改變級數的索引來簡化它，通常是將求和的順序反過來。考慮級數 $\sum_{k=0}^{n} a_{n-k}$。因為在這個和式裡的項是 $a_n, a_{n-1}, \ldots, a_0$，我們可以設 $j = n-k$ 來將索引的順序反過來，並將這個和式改寫成

$$\sum_{k=0}^{n} a_{n-k} = \sum_{j=0}^{n} a_j \tag{A.13}$$

通常當和式主體內的索引有負號時，你可以考慮是否改變索引。

舉個例子，考慮這個和式

$$\sum_{k=1}^{n} \frac{1}{n-k+1}$$

在 $1/(n-k+1)$ 裡，索引 k 有負號，我們可以簡化這個和式，這一次設 $j = n-k+1$，得到

$$\sum_{k=1}^{n} \frac{1}{n-k+1} = \sum_{j=1}^{n} \frac{1}{j} \tag{A.14}$$

它正是調和級數 (A.8)。

積

有限積 $a_1 a_2 \cdots a_n$ 可以寫成

$$\prod_{k=1}^{n} a_k$$

如果所有因子都是正數，你可以用下面的恆等式，將積式改為和式

$$\lg \left(\prod_{k=1}^{n} a_k \right) = \sum_{k=1}^{n} \lg a_k$$

習題

A.1-1
使用和式的線性性質來證明 $\sum_{k=1}^{n} O(f_k(i)) = O(\sum_{k=1}^{n} f_k(i))$。

A.1-2
求 $\sum_{k=1}^{n}(2k-1)$ 的簡式。

A.1-3
根據式 (A.6),解釋十進制數字 111, 111, 111。

A.1-4
計算無窮級數 $1 - \frac{1}{2} + \frac{1}{4} - \frac{1}{8} + \frac{1}{16} - \cdots$。

A.1-5
設 $c \geq 0$ 為常數。證明 $\sum_{k=1}^{n} k^c = \Theta(n^{c+1})$。

A.1-6
證明 $\sum_{k=0}^{\infty} k^2 x^k = x(1+x)/(1-x)^3$,其中 $|x| < 1$。

A.1-7
證明:$\sum_{k=1}^{n} \sqrt{k \lg k} = \Theta(n^{3/2} \lg^{1/2} n)$(提示:分別證明漸近上限與下限)。

★ A.1-8
利用調和級數來證明 $\sum_{k=1}^{n} 1/(2k-1) = \ln(\sqrt{n}) + O(1)$。

★ A.1-9
證明 $\sum_{k=0}^{\infty} (k-1)/2^k = 0$。

★ A.1-10
計算和 $\sum_{k=1}^{\infty} (2k+1)x^{2k}$,其中 $|x| < 1$。

A.1-11
計算積 $\prod_{k=2}^{n} (1 - 1/k^2)$。

A.2 計算和式界限

對於描述演算法執行時間的和式，你可以用幾種技術來找出它們的界限，以下是最常用的幾種方法。

數學歸納法

計算級數最基本的方法是數學歸納法，舉個例子，我們來證明等差級數 $\sum_{k=1}^{n} k$ 是 $n(n+1)/2$。當 $n = 1$ 時，$n(n+1)/2 = 1 \cdot 2/2 = 1$，等於 $\sum_{k=1}^{1} k$。我們做出歸納假設：等式對 n 而言成立，我們要證明它對 $n+1$ 而言成立。我們得到

$$\begin{aligned}
\sum_{k=1}^{n+1} k &= \sum_{k=1}^{n} k + (n+1) \\
&= \frac{n(n+1)}{2} + (n+1) \\
&= \frac{n^2 + n + 2n + 2}{2} \\
&= \frac{(n+1)(n+2)}{2}
\end{aligned}$$

使用數學歸納法時，不一定要猜測和式的精確值，你可以用歸納法來證明和式的上限或下限。例如，我們來證明 $\sum_{k=0}^{n} 3^k$ 的漸近上限是 $O(3^n)$。更確切地說，我們要證明：對常數 c 而言，$\sum_{k=0}^{n} 3^k \leq c3^n$。對於初始條件 $n = 0$，只要 $c \geq 1$，我們得到 $\sum_{k=0}^{0} 3^k = 1 \leq c \cdot 1$。假設這個界限對 n 而言成立，我們要證明它對 $n+1$ 而言成立

$$\begin{aligned}
\sum_{k=0}^{n+1} 3^k &= \sum_{k=0}^{n} 3^k + 3^{n+1} \\
&\leq c3^n + 3^{n+1} \quad \text{（根據歸納假設）} \\
&= \left(\frac{1}{3} + \frac{1}{c}\right) c3^{n+1} \\
&\leq c3^{n+1}
\end{aligned}$$

只要 $(1/3 + 1/c) \leq 1$ 或等價地 $c \geq 3/2$，則上式成立。因此，我們想證明的 $\sum_{k=0}^{n} 3^k = O(3^n)$ 成立。

在使用漸近表示法和歸納法來證明界限時要很小心。考慮下面這個錯誤證明 $\sum_{k=1}^{n} k = O(n)$ 的例子。$\sum_{k=1}^{1} k = O(1)$。假設這個界限對 n 而言成立，我們要證明它對 $n+1$ 而言成立：

$$\begin{aligned}\sum_{k=1}^{n+1} k &= \sum_{k=1}^{n} k + (n+1) \\ &= O(n) + (n+1) \quad \Longleftarrow \text{錯！}\\ &= O(n+1)\end{aligned}$$

這個證明的問題出在：被「O」隱藏的「常數」會隨著 n 的增長而增長，因此不是常數。我們並未證明同一個常數對**所有** n 而言皆適用。

找出各項的界限

有時你可以藉著推導級數的每一項的界限，來獲得理想的級數上限，通常只要將級數的大項的界限當成其他項的界限即可。例如，等差級數 (A.1) 可以快速找出上限

$$\begin{aligned}\sum_{k=1}^{n} k &\leq \sum_{k=1}^{n} n \\ &= n^2\end{aligned}$$

一般來說，對級數 $\sum_{k=1}^{n} a_k$ 而言，若設 $a_{\max} = \max\{a_k : 1 \leq k \leq n\}$，那麼

$$\sum_{k=1}^{n} a_k \leq n \cdot a_{\max}$$

當級數可以被一個等比級數界定時，用最大項來界定每一項是比較弱的技巧。給定級數 $\sum_{k=0}^{n} a_k$，設對所有 $k \geq 0$ 而言，$a_{k+1}/a_k \leq r$，其中 $0 < r < 1$ 是個常數。你可以用無窮遞減等比級數來描述界限，因為 $a_k \leq a_0 r^k$，所以

$$\begin{aligned}\sum_{k=0}^{n} a_k &\leq \sum_{k=0}^{\infty} a_0 r^k \\ &= a_0 \sum_{k=0}^{\infty} r^k & \text{(A.15)} \\ &= a_0 \frac{1}{1-r} & \text{(A.16)}\end{aligned}$$

你可以用這個方法來找出和式 $\sum_{k=1}^{\infty}(k/3^k)$ 的界限。為了從 $k=0$ 開始求和，我們將它改寫成 $\sum_{k=0}^{\infty}((k+1)/3^{k+1})$。第一項 ($a_0$) 是 1/3，後續項之比 ($r$) 為

$$\frac{(k+2)/3^{k+2}}{(k+1)/3^{k+1}} = \frac{1}{3} \cdot \frac{k+2}{k+1}$$
$$\leq \frac{2}{3}$$

對所有 $k \geq 0$ 而言皆是如此。故可得

$$\sum_{k=1}^{\infty}\frac{k}{3^k} = \sum_{k=0}^{\infty}\frac{k+1}{3^{k+1}}$$
$$\leq \frac{1}{3} \cdot \frac{1}{1-2/3}$$
$$= 1$$

運用這種方法時，有一個常見的錯誤是展示連續項的比值小於 1，然後假設和式的上限是一個等比級數。例如無窮調和級數，它是發散的，因為

$$\sum_{k=1}^{\infty}\frac{1}{k} = \lim_{n\to\infty}\sum_{k=1}^{n}\frac{1}{k}$$
$$= \lim_{n\to\infty}\Theta(\lg n)$$
$$= \infty$$

這個級數的第 $k+1$ 項與第 k 項之比是 $k/(k+1) < 1$，但這個級數的上限不是一個遞減的等比級數。若要用等比級數來描述級數的界限，你必須證明：有一個**常數** $r < 1$，每一對連續項之比都不超過 r。在調和級數裡，這種 r 不存在，因為這個比逐漸接近 1。

分開和式

在推導困難的和式的界限時，有一種做法是劃分索引的範圍，將一個級數寫成兩個以上的級數之和，然後算出每一個級數的界限。例如計算等差級數 $\sum_{k=1}^{n} k$ 的下限，我們已經知道它的上限是 n^2 了。也許你想用最小項來決定和式裡的每一項的界限，但因為該項是 1，於是和式的下限為 n，這和它的上限 n^2 相差甚遠。

你可以藉著拆開和式來獲得更好的下限。為了方便起見，假設 n 是偶數，那麼

$$\sum_{k=1}^{n} k = \sum_{k=1}^{n/2} k + \sum_{k=n/2+1}^{n} k$$
$$\geq \sum_{k=1}^{n/2} 0 + \sum_{k=n/2+1}^{n} \frac{n}{2}$$
$$= \left(\frac{n}{2}\right)^2$$
$$= \Omega(n^2)$$

它是漸近嚴格界限，因為 $\sum_{k=1}^{n} k = O(n^2)$。

在分析演算法時看到的和式有時可以拆開並忽略固定數量的初始項。一般來說，如果和式 $\sum_{k=0}^{n} a_k$ 裡面的每一項 a_k 都與 n 無關，你就可以使用這個技巧。如此一來，設任意常數 $k_0 > 0$，你可以這樣寫

$$\sum_{k=0}^{n} a_k = \sum_{k=0}^{k_0-1} a_k + \sum_{k=k_0}^{n} a_k$$
$$= \Theta(1) + \sum_{k=k_0}^{n} a_k$$

因為和式的初始項都是常數，而且它們有固定的數量。然後，你可以使用其他方法來推導 $\sum_{k=k_0}^{n} a_k$ 的界限。這項技巧也適用於無窮和式，例如，我們想找出 $\sum_{k=0}^{\infty} k^2/2^k$ 的漸近上限，其連續項之比為

$$\frac{(k+1)^2/2^{k+1}}{k^2/2^k} = \frac{(k+1)^2}{2k^2}$$
$$\leq 8/9$$

若 $k \geq 3$。所以，你可將和式分解成

$$\sum_{k=0}^{\infty} \frac{k^2}{2^k} = \sum_{k=0}^{2} \frac{k^2}{2^k} + \sum_{k=3}^{\infty} \frac{k^2}{2^k}$$

$$= \sum_{k=0}^{2} \frac{k^2}{2^k} + \sum_{k=0}^{\infty} \frac{(k+3)^2}{2^{k+3}} \quad \text{（藉著改變索引）}$$

$$\leq \sum_{k=0}^{2} \frac{k^2}{2^k} + \frac{9}{8} \sum_{k=0}^{\infty} \left(\frac{8}{9}\right)^k \quad \text{（根據不等式 (A.15)）}$$

$$= (0 + 1/2 + 1) + \frac{9/8}{1 - 8/9} \quad \text{（根據不等式 (A.16)）}$$

$$= O(1)$$

在遇到困難很多的情況時，分解和式的技巧可以幫你求出漸近上限。例如，這是求出調和級數 (A.9) 的上限 $O(\lg n)$ 的方法之一：

$$H_n = \sum_{k=1}^{n} \frac{1}{k}$$

這題的概念是將範圍 1 到 n 分成 $\lfloor \lg n \rfloor + 1$ 個部分，並估計每個部分貢獻的上限為 1。設 $i = 0, 1, \ldots, \lfloor \lg n \rfloor$，第 i 個部分是由自 $1/2^i$ 開始、到 $1/2^{i+1}$ 之前的項組成的。最後一個部分可能包含不在原始調和級數裡面的項，可得出

$$\sum_{k=1}^{n} \frac{1}{k} \leq \sum_{i=0}^{\lfloor \lg n \rfloor} \sum_{j=0}^{2^i - 1} \frac{1}{2^i + j}$$

$$\leq \sum_{i=0}^{\lfloor \lg n \rfloor} \sum_{j=0}^{2^i - 1} \frac{1}{2^i}$$

$$= \sum_{i=0}^{\lfloor \lg n \rfloor} \left(2^i \cdot \frac{1}{2^i}\right)$$

$$= \sum_{i=0}^{\lfloor \lg n \rfloor} 1$$

$$\leq \lg n + 1 \tag{A.17}$$

用積分來求近似解

如果和式的形式是 $\sum_{k=m}^{n} f(k)$,其中 $f(k)$ 是單調遞增函數,你可以用積分來取它的近似解:

$$\int_{m-1}^{n} f(x)\,dx \leq \sum_{k=m}^{n} f(k) \leq \int_{m}^{n+1} f(x)\,dx \tag{A.18}$$

我們用圖 A.1 來證明這個近似解。在圖中,我們用長方形區域來表示求和,在曲線下面的藍色區域是積分。當 $f(k)$ 是單調遞減函數時,你可以用類似的方法來證明下限

$$\int_{m}^{n+1} f(x)\,dx \leq \sum_{k=m}^{n} f(k) \leq \int_{m-1}^{n} f(x)\,dx \tag{A.19}$$

積分近似法 (A.19) 可以用來證明式 (A.10) 的第 n 個調和數的嚴格界限。其下限為

$$\begin{aligned}\sum_{k=1}^{n} \frac{1}{k} &\geq \int_{1}^{n+1} \frac{dx}{x} \\ &= \ln(n+1)\end{aligned} \tag{A.20}$$

用積分近似法可得上限為

$$\begin{aligned}\sum_{k=1}^{n} \frac{1}{k} &= \sum_{k=2}^{n} \frac{1}{k} + 1 \\ &\leq \int_{1}^{n} \frac{dx}{x} + 1 \\ &= \ln n + 1\end{aligned} \tag{A.21}$$

習題

A.2-1
證明 $\sum_{k=1}^{n} 1/k^2$ 的上限是常數。

A.2-2
求下面的和式的漸近上限

$$\sum_{k=0}^{\lfloor \lg n \rfloor} \lceil n/2^k \rceil$$

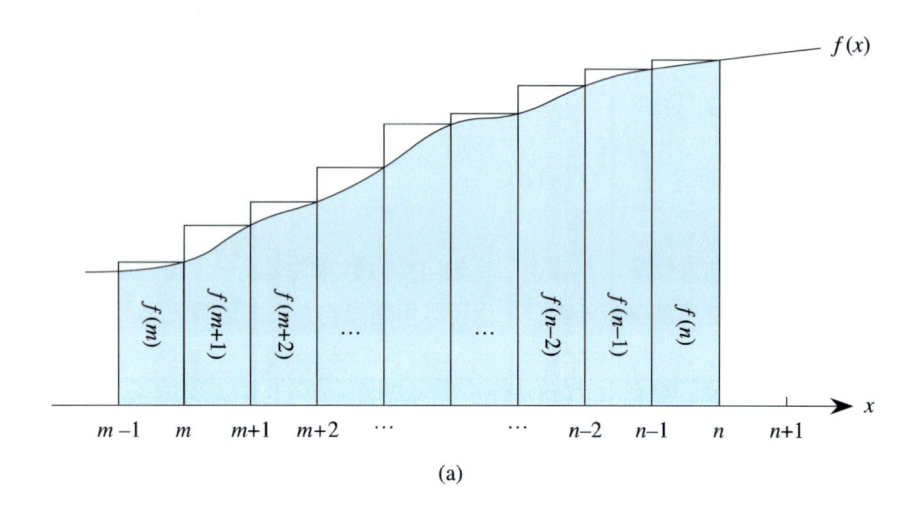

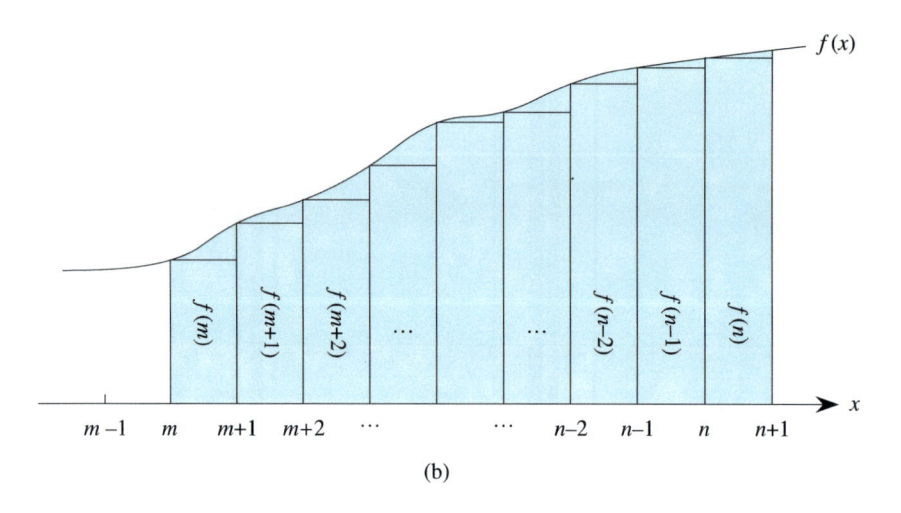

圖 A.1 用積分來求 $\sum_{k=m}^{n} f(k)$ 的近似值。在每個長方形裡面的區域是它的面積，長方形的總面積是和式的值。曲線下的藍色區域代表積分。比較 **(a)** 裡的區域可得下限為 $\int_{m-1}^{n} f(x)\,dx \leq \sum_{k=m}^{n} f(k)$。在 **(b)** 中，將長方形右移一個單位，可得上限 $\sum_{k=m}^{n} f(k) \leq \int_{m}^{n+1} f(x)\,dx$。

A.2-3
藉著拆開和式，來證明第 n 個調和數是 $\Omega(\lg n)$。

A.2-4
用積分法求 $\sum_{k=1}^{n} k^3$ 的近似值。

A.2-5
為什麼不能直接對著 $\sum_{k=1}^{n} 1/k$ 使用積分近似法 (A.19) 來得到第 n 個調和數的上限？

挑戰

A-1 計算和式上限
推導下面的和式的漸近嚴格界限。假設 $r \geq 0$ 與 $s \geq 0$ 是常數。

a. $\sum_{k=1}^{n} k^r$

b. $\sum_{k=1}^{n} \lg^s k$

c. $\sum_{k=1}^{n} k^r \lg^s k$

附錄後記

Knuth [259] 是本節的出色參考文獻。你可以在任何一本夠好的微積分書籍中找到級數的基本特性，例如 Apostol [19] 或 Thomas 等 [433]。

B 集合與離散數學的其他要素

本書的許多章節都涉及離散數學的要素。本附錄將複習集合、關係、函數、圖和樹的符號、定義和基本特性。如果你已經很熟悉這些內容，你可以直接略過這一章。

B.1 集合

集合就是一群不同的物件，那些物件稱為集合的**成員**或**元素**。如果物件 x 是集合 S 的成員，我們將這件事情寫成 $x \in S$（讀成「x 是 S 的成員」，或者簡單地說，「x 屬於 S」）。若 x 不是 S 的成員，我們寫成 $x \notin S$。若要明確地描述集合，那就將它的成員列在一對大括號裡。例如，集合 S 擁有數字 1、2、3 的寫法是 $S = \{1, 2, 3\}$。因為 2 屬於集合 S，所以 $2 \in S$，因為 4 不是成員，所以 $4 \notin S$。在集合裡面，同一個物件不能超過一個[1]，而且集合的元素是無序的。如果兩個集合有相同的元素，我們說它們**相等**，寫成 $A = B$。例如，$\{1, 2, 3, 1\} = \{1, 2, 3\} = \{3, 2, 1\}$。

我們用特殊的符號來代表常見的集合：

- $\emptyset$ 代表**空集合**，也就是沒有成員的集合。
- $\mathbb{Z}$ 代表**整數**集合，即集合 $\{..., -2, -1, 0, 1, 2, ...\}$。
- $\mathbb{R}$ 代表**實數**集合。
- $\mathbb{N}$ 代表**自然數**集合，即集合 $\{0, 1, 2, ...\}$[2]。

如果集合 A 的所有元素都在集合 B 裡面，也就是說，如果 $x \in A$ 意味著 $x \in B$，我們可以將它寫成 $A \subseteq B$，並可以說 A 是 B 的**子集合**。如果 $A \subseteq B$，但 $A \neq B$，那麼 A 是 B 的**真子集合**（有作者使用符號「$\subset$」來代表普通的子集合關係，而不是真子集合關係）。每一個集合都是它自己的子集合：對任何集合 A 而言，$A \subseteq A$。對兩個集合 A 與 B 而言，若且唯若 $A \subseteq B$ 且 $B \subseteq A$，則 $A = B$。子集合關係有遞移性（見第 1116 頁）：對任何三個集合 A、B 與 C 而言，若 $A \subseteq B$ 且 $B \subseteq C$，則 $A \subseteq C$。真子集合關係也有遞移性。空集合是所有集合的子集合，對任意集合 A 而言，$\emptyset \subseteq A$。

---

1   有一種集合變體可以容納多個同樣的物件，它稱為**多集合**（*multiset*）。
2   有些作者認為自然數從 1 開始，而非 0。但現代的趨勢看起來是從 0 開始。

集合可以用來定義其他的集合，如果有個集合 A，我們可以指出 B 的元素的獨特屬性，來定義集合 $B \subseteq A$。例如，我們可以這樣定義偶數整數 $\{x : x \in \mathbb{Z}$ 且 $x/2$ 是整數 $\}$。在這個寫法裡面的冒號讀成「such that」（有些作者使用「|」來取代冒號）。

給定兩個集合 A 與 B，我們可以用**集合運算**來定義新集合：

- 集合 A 與 B 的**交集**是

    $A \cap B = \{ x : x \in A$ 且 $x \in B \}$。

- 集合 A 與 B 的**聯集**是

    $A \cup B = \{ x : x \in A$ 或 $x \in B \}$。

- 集合 A 與 B 之間的**差集**是

    $A - B = \{ x : x \in A$ 且 $x \notin B \}$。

集合運算符合以下定律：

空集合律：

$$A \cap \emptyset = \emptyset$$
$$A \cup \emptyset = A$$

冪等律：

$$A \cap A = A$$
$$A \cup A = A$$

交換律：

$$A \cap B = B \cap A$$
$$A \cup B = B \cup A$$

結合律：

$$A \cap (B \cap C) = (A \cap B) \cap C$$
$$A \cup (B \cup C) = (A \cup B) \cup C$$

分配律：

$$A \cap (B \cup C) = (A \cap B) \cup (A \cap C)$$
$$A \cup (B \cap C) = (A \cup B) \cap (A \cup C)$$

(B.1)

吸收律：

$$A \cap (A \cup B) = A$$
$$A \cup (A \cap B) = A$$

德摩根定律

$$A - (B \cap C) = (A - B) \cup (A - C)$$
$$A - (B \cup C) = (A - B) \cap (A - C) \tag{B.2}$$

圖 B.1　使用范氏圖來說明德摩根第一定律，范氏圖是用平面上的區域來表示集合的圖表。

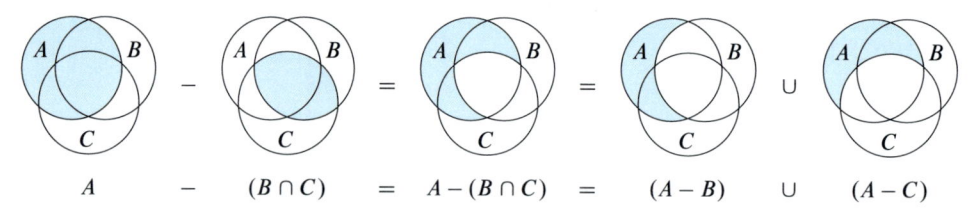

圖 B.1　展示德摩根第一定律 (B.2) 的范氏圖。用圓圈來代表集合 A、B、C。

我們考慮的集合通常是更大的集合 U（稱為**全集合**（*universe*））的子集合。例如，在考慮僅由整數構成的各種集合時，整數集合 $\mathbb{Z}$ 是適當的全集合。給定全集合 U，我們定義集合 A 的**補集合**為 $\overline{A} = U - A = \{x : x \in U \text{ 且 } x \notin A\}$。任何集合 $A \subseteq U$ 滿足以下定律：

$$\overline{\overline{A}} = A$$
$$A \cap \overline{A} = \emptyset$$
$$A \cup \overline{A} = U$$

我們也可以使用補集合，以等效的方法來表達德摩根定律 (B.2)。對任意兩個集合 $B, C \subseteq U$ 而言，可得

$$\overline{B \cap C} = \overline{B} \cup \overline{C}$$
$$\overline{B \cup C} = \overline{B} \cap \overline{C}$$

如果兩個集合 A 與 B 沒有共同元素，那麼它們是**不相交的**，也就是 $A \cap B = \emptyset$。集合的集合稱為**集合系列**（*collection*）$S_1, S_2, \ldots$，其中每一個成員都是一個集合 S_i，無論它們是有限的，還是無限的。當非空集合的集合系列 $\mathcal{S} = \{S_i\}$ 滿足以下條件時，它就是集合 S 的一個**劃分**（*partition*）

- 集合是**兩兩不相交**的，也就是 $S_i, S_j \in \mathcal{S}$ 且 $i \neq j$ 則 $S_i \cap S_j = \emptyset$，且
- 它們的聯集是 S，即

$$S = \bigcup_{S_i \in \mathcal{S}} S_i$$

換句話說，若 S 的每一個元素都只出現在一個集合 $S_i \in \mathcal{S}$ 裡面，則 $\mathcal{S}$ 形成 S 的劃分。

在集合裡面的元素數量稱為集合的**基數**（*cardinality*）（或**大小**（*size*）），寫成 $|S|$。如果兩個集合的元素有一對一的關係，那麼它們有相同的大小。空集合的大小是 $|\emptyset| = 0$。如果集合的大小是自然數，那麼它是**有限的**，否則，它是**無限的**。如果無限集合與自然數 $\mathbb{N}$ 有一對一的關係，那麼該集合是**可數無限的**（*countably infinite*），否則，它是**不可數的**。例如，整數 $\mathbb{Z}$ 是可數的，但實數 $\mathbb{R}$ 是不可數的。

任意兩個有限集合 A 與 B 皆滿足恆等式

$$|A \cup B| = |A| + |B| - |A \cap B| \tag{B.3}$$

由此可得：

$$|A \cup B| \leq |A| + |B|$$

若 A 與 B 是不相交的，則 $|A \cap B| = 0$，因此 $|A \cup B| = |A| + |B|$。若 $A \subseteq B$，則 $|A| \leq |B|$。

具有 n 個元素的有限集合有時稱為 *n-set*。1-set 稱為**單例**（*singleton*）。具有 k 個元素的子集合有時稱為 ***k-子集合***。

我們用 2^S 來表示 S 集合的所有子集合，包括空集合與 S 本身，並稱之為 S 的**冪集合**（*power set*）。例如，$2^{\{a,b\}} = \{\emptyset, \{a\}, \{b\}, \{a,b\}\}$。有限集合的冪集合的大小是 $2^{|S|}$（見習題 B.1-5）。

有時我們關注的結構類似集合，但裡面的元素是有序的。我們以 (a,b) 來表示兩個元素 a 與 b 的**有序對**（*ordered pair*），它的正式定義是集合 $(a,b) = \{a, \{a,b\}\}$。因此，有序對 (a,b) 與有序對 (b,a) 不一樣。

兩個集合 A 與 B 的**笛卡兒積**就是所有有序元素配對的集合，其中，每一對的第一個元素是 A 的元素，第二個元素是 B 的元素。較正式的寫法是

$$A \times B = \{(a,b) : a \in A \text{ 且 } b \in B\}$$

例如，$\{a, b\} \times \{a, b, c\} = \{(a, a), (a, b), (a, c), (b, a), (b, b), (b, c)\}$。當 A 和 B 是有限集合時，它們的笛卡兒積的大小是

$$|A \times B| = |A| \cdot |B| \tag{B.4}$$

n 個集合 $A_1, A_2, \ldots, A_n$ 的笛卡兒積是 *n-tuple* 的集合

$$A_1 \times A_2 \times \cdots \times A_n = \{(a_1, a_2, \ldots, a_n) : a_i \in A_i \text{ 其中 } i = 1, 2, \ldots, n\}$$

它的大小是

$$|A_1 \times A_2 \times \cdots \times A_n| = |A_1| \cdot |A_2| \cdots |A_n|$$

如果所有集合 A_i 都是有限的。我們將單一集合的 n 重（n-fold）笛卡兒積寫成集合

$$A^n = \underbrace{A \times A \times \cdots \times A}_{n \text{ 次}}$$

如果 A 是有限的，它的大小是 $|A^n| = |A|^n$。我們也可以將 n-tuple 視為長度為 n 的有限序列（見第 1118 頁）。

區間是實數的連續集合。我們用小括號與中括號來表示它們。給定實數 a 與 b，**閉區間** $[a, b]$ 是介於 a 與 b 之間的實數的集合 $\{x \in \mathbb{R} : a \leq x \leq b\}$，包括 a 與 b（如果 $a > b$，這個定義意味著 $[a, b] = \emptyset$）。**開區間** $(a, b) = \{x \in \mathbb{R} : a < x < b\}$ 不包含集合的兩個端點。**半開區間**有兩個，$[a, b) = \{x \in \mathbb{R} : a \leq x < b\}$ 與 $(a, b] = \{x \in \mathbb{R} : a < x \leq b\}$，它們都不包含一個端點。

區間也可以用整數來定義，做法是將這些定義裡面的 $\mathbb{R}$ 換成 $\mathbb{Z}$。你通常可以在前後文看到區間究竟是用實數還是整數來定義的。

習題

B.1-1
將第一條分配律 (B.1) 畫成范氏圖。

B.1-2
證明德摩根定律可以普遍地用於任何有限集合系列：

$$\overline{A_1 \cap A_2 \cap \cdots \cap A_n} = \overline{A_1} \cup \overline{A_2} \cup \cdots \cup \overline{A_n}$$
$$\overline{A_1 \cup A_2 \cup \cdots \cup A_n} = \overline{A_1} \cap \overline{A_2} \cap \cdots \cap \overline{A_n}$$

★ **B.1-3**
證明式 (B.3) 的普遍化成立，它稱為排容原理（*principle of inclusion and exclusion*）：

$|A_1 \cup A_2 \cup \cdots \cup A_n| =$
  $|A_1| + |A_2| + \cdots + |A_n|$
  $- |A_1 \cap A_2| - |A_1 \cap A_3| - \cdots$ （所有集合配對）
  $+ |A_1 \cap A_2 \cap A_3| + \cdots$ （所有三集合組合）
  $\vdots$
  $+ (-1)^{n-1} |A_1 \cap A_2 \cap \cdots \cap A_n|$

B.1-4
證明奇數自然數的集合是可數的。

B.1-5
證明對任何有限集合 S 而言，冪集合 2^S 有 $2^{|S|}$ 個元素（也就是說，S 有 $2^{|S|}$ 個不同的子集合）。

B.1-6
延伸有序元素配對的集合論定義，寫出 n-tuple 的歸納定義（inductive definition）。

B.2 關係

笛卡兒積 $A \times B$ 的子集合就是 A 與 B 兩個集合的二元關係 R。我們有時會把 $(a, b) \in R$ 寫成 $a R b$。所謂的「R 是 A 集合的二元關係」，意思就是 R 是 $A \times A$ 的一個子集合。例如，自然數的「小於」關係是集合 $\{(a, b) : a, b \in \mathbb{N}$ 且 $a < b\}$。集合 $A_1, A_2, ..., A_n$ 的 n 元關係是 $A_1 \times A_2 \times \cdots \times A_n$ 的一個子集合。

若所有 $a \in A \times A$ 滿足以下條件，則二元關係 $R \subseteq A$ 是自反的

$a R a$

例如，對 $\mathbb{N}$ 而言，「$=$」與「$\leq$」是自反關係，但「$<$」不是。若所有 $a, b \in A$ 滿足以下條件，則關係 R 是對稱的

$a R b$ 意味著 $b R a$

例如，「=」對 $\mathbb{N}$ 而言是對稱的，但「<」與「≤」不是。若所有 $a, b, c \in A$ 都滿足以下條件，則關係 R 是**遞移的**

$a R b$ 且 $b R c$ 意味著 $a R c$

例如，關係「<」、「≤」與「=」是遞移的，但是關係 $R = \{(a,b): a, b \in \mathbb{N}$ 且 $a = b-1\}$ 不是，因為 $3 R 4$ 且 $4 R 5$ 不意味著 $3 R 5$。

具有自反、對稱與遞移三者的關係稱為**等價關係**。例如，「=」對自然數而言是等價關係，但「<」不是。如果 R 與集合 A 有等價關係，那麼對 $a \in A$ 而言，a 的**等價類別**是集合 $[a] = \{b \in A: a R b\}$，也就是與 a 等價的所有元素的集合。例如，如果我們定義 $R = \{(a,b): a, b \in \mathbb{N}$ 且 $a+b$ 是偶數$\}$，那麼 R 是等價關係，因為 $a+a$ 是偶數（自反），$a+b$ 是偶數意味著 $b+a$ 是偶數（對稱），而 $a+b$ 是偶數且 $b+c$ 是偶數意味著 $a+c$ 是偶數（遞移）。4 的等價類別是 $[4] = \{0, 2, 4, 6, ...\}$，3 的等價類別是 $[3] = \{1, 3, 5, 7, ...\}$。以下是等價類別的基本定理。

定理 B.1（等價關係等同於劃分（partition））

集合 A 的所有等價關係 R 的等價類別構成 A 的劃分，且 A 的任何劃分都可以確定一個 A 的等價關係（在劃分裡的集合是等價類別）。

證明 在證明的第一部分，我們必須證明 R 的等價類別是兩兩不相交的非空集合，其聯集為 A。因為 R 是自反的，$a \in [a]$，所以等價類別不是空的。此外，當 $a \in A$ 時，a 都屬於等價類別 $[a]$，所以等價類別的聯集是 A。接下來要證明等價類別兩兩不相交，也就是說，如果兩個等價類別 $[a]$ 與 $[b]$ 都有元素 c，那麼它們實際上是同一個集合。假設 $a R c$ 以及 $b R c$。根據對稱性，可得 $c R b$，再根據遞移性，可以推出 $a R b$。因此，對於任意的元素 $x \in [a]$，可得到 $x R a$，再根據遞移性，可以得到 $x R b$，因此 $[a] \subseteq [b]$。同理，$[b] \subseteq [a]$，所以 $[a] = [b]$。

在證明的第二部分，設 $\mathcal{A} = \{A_i\}$ 是 A 的劃分，並定義 $R = \{(a,b):$ 存在 i 滿足 $a \in A_i$ 且 $b \in A_i\}$。我們主張 R 是 A 的等價關係。自反性成立，因為 $a \in A_i$ 意味著 $a R a$。對稱性成立，因為，若 $a R b$，則 a 與 b 屬於同一個集合 A_i，因此 $b R a$。若 $a R b$ 且 $b R c$，則全部的三個元素都在集合 A_i 內，所以 $a R c$ 與遞移性成立。為了證明在劃分裡的集合都是 R 的等價類別，我們可以觀察，若 $a \in A_i$，則 $x \in [a]$ 意味著 $x \in A_i$，且 $x \in A_i$ 意味著 $x \in [a]$。 ∎

如果集合 A 的二元關係 R 滿足以下條件，它就是**反對稱的**

$a R b$ 且 $b R a$ 意味著 $a = b$

例如，自然數的「≤」關係是反對稱的，因為 $a \leq b$ 與 $b \leq a$ 意味著 $a = b$。滿足自反、反對稱與遞移性三者的關係稱為**偏序**（*partial order*），滿足偏序的集合稱為**偏序集合**。例如，「為⋯之後代」這個關係是全人類集合的偏序（如果將個體視為他自己的後代的話）。

在一個偏序集合 A 裡，可能沒有單一「最大（maximum）」元素 a，可讓所有的 $b \in A$ 都滿足 bRa。但集合可能有一些**極大**（*maximal*）元素 a，可讓任何 $b \in A$（其中 $b \neq a$）都不滿足 aRb。例如，一組不同大小的盒子可能有幾個極大盒子無法被放入任何其他盒子裡，但沒有單一「最大」盒子可容納任何其他盒子。[3]

對集合 A 而言，滿足以下條件的關係 R 稱為**全關係**（*total relation*）：對所有 $a, b \in A$ 而言，aRb 或 bRa 成立（或兩者皆成立），也就是說，R 涵蓋集合內的每一對元素的關係。本身也是全關係的偏序稱為**全序**（*total order*）或**線性序**（*linear order*）。例如，「≤」關係是自然數的全序，但「為⋯之後代」對全人類集合而言不是全序，因為有些人不是彼此的後代。具遞移性，但不一定具對稱性或反對稱性的全關係稱為**全預序**（*total preorder*）。

習題

B.2-1
證明：$\mathbb{Z}$ 的所有子集合之間的「⊆」關係是偏序，但不是全序。

B.2-2
證明：對任何正整數 n 而言，整數的「等價 mod n」關係是等價關係（若存在整數 q 滿足 $a - b = qn$，則稱 $a \equiv b \pmod{n}$）。這個關係將整數分成哪些等價類別？

B.2-3
寫出這些關係的例子

a. 自反且對稱，但不遞移。

b. 自反且遞移，但不對稱。

c. 對稱且遞移，但不自反。

---

[3] 準確地說，若要讓「可放入」關係是偏序，那就要將盒子視為可放入它自己裡面。

B.2-4

設 S 是有限集合，R 是 $S \times S$ 的一個等價關係。證明：如果 R 是反對稱的，則相對於 R 的 S 的等價類別皆為單例。

B.2-5

Narcissus 教授聲稱，如果關係 R 是對稱且遞移的，那麼它也是自反的。他提供接下來的證明。根據對稱性，aRb 意味著 bRa，因此遞移性意味著 aRa。教授對嗎？

B.3 函數

給定兩個集合 A 與 B，**函數** f 是指 A 與 B 之間的二元關係，滿足：對於所有 $a \in A$，都存在唯一的 $b \in B$ 使得 $(a,b) \in f$。集合 A 稱為 f 的**定義域**，B 稱為 f 為**對應域**。我們有時寫成 $f:A \to B$，如果 $(a,b) \in f$，我們寫成 $b = f(a)$，因為 b 僅由 a 決定。

直覺上，函數 f 將 B 的元素指派給 A 的每個元素。A 的任何元素都不會被分配給 B 的兩個不同元素，但 B 的同一個元素可以被指派給 A 的兩個不同元素。例如，二元關係

$$f = \{(a,b) : a, b \in \mathbb{N} \text{ 且 } b = a \bmod 2\}$$

是函數 $f:\mathbb{N} \to \{0, 1\}$，因為對每個自然數 a 而言，在 $\{0, 1\}$ 裡都只有一個值 b 滿足 $b = a \bmod 2$。對這個例子而言，$0 = f(0)$，$1 = f(1)$，$0 = f(2)$，$1 = f(3)$…等。相較之下，這個二元關係

$$g = \{(a,b) : a, b \in \mathbb{N} \text{ 且 } a + b \text{ 為偶數}\}$$

不是函數，因為 $(1, 3)$ 與 $(1, 5)$ 都在 g 裡，所以選擇 $a = 1$ 時，並非只有一個 b 滿足 $(a, b) \in g$。

給定函數 $f:A \to B$，若 $b = f(a)$，我們說 a 是 f 的**自變數**，b 是 f 在 a 處的**值**。我們可以藉著指出函數定義域裡的每一個元素的值來定義函數。例如，我們可以定義 $f(n) = 2n$，其中 $n \in \mathbb{N}$，它的意思是 $f = \{(n, 2n) : n \in N\}$。如果函數 f 與 g 有相同的定義域和對應域，而且對於定義域裡的所有 a 而言，$f(a) = g(a)$，那麼 f 與 g **相等**。

長度為 n 的**有限序列**就是定義域為 n 個整數的集合 $\{0, 1, …, n-1\}$ 的函數 f。我們通常將有限序列的值寫在角括號裡來表示它：$\langle f(0), f(1), …, f(n-1) \rangle$。**無限序列**就是定義域為自然數集合 $\mathbb{N}$ 的函數。例如，以遞迴式 (3.31) 定義的斐波那契級數是無限序列 $\langle 0, 1, 1, 2, 3, 5, 8, 13, 21, … \rangle$。

當函數 f 的定義域是笛卡兒積時，我們通常省略 f 的自變數周圍的額外括號，例如將函數 $f:A_1 \times A_2 \times \cdots \times A_n \to B$ 寫成 $b = f(a_1, a_2, ..., a_n)$，而不是寫成 $b = f((a_1, a_2, ..., a_n))$。我們也將每一個 a_i 稱為函數 f 的**自變數**，儘管嚴格說來，f 只有一個自變數，即 n-tuple $(a_1, a_2, ..., a_n)$。

如果 $f:A \to B$ 是函數，且 $b = f(a)$，我們有時說 b 是 f 照射 a 形成的**映像**（*image*）。被 f 照射出來的集合 $A' \subseteq A$ 的映像的定義是

$$f(A') = \{b \in B : b = f(a)，對一些 a \in A' 而言\}$$

f 的**值域**就是它的定義域的映像，即 $f(A)$。例如，以 $f(n) = 2n$ 定義的函數 $f:\mathbb{N} \to \mathbb{N}$ 的值域是 $f(\mathbb{N}) = \{m:m = 2n$，對一些 $n \in \mathbb{N}$ 而言$\}$，換句話說，它是非負偶數整數集合。

如果函數的值域是它的對應域，那麼它是**滿射**（*surjection*）。例如，函數 $f(n) = \lfloor n/2 \rfloor$ 是從 $\mathbb{N}$ 到 $\mathbb{N}$ 的滿射函數，因為在 $\mathbb{N}$ 裡的每一個元素都是 f 為某個自變數產生的值。相較之下，函數 $f(n) = 2n$ 不是從 $\mathbb{N}$ 到 $\mathbb{N}$ 的滿射函數，因為 f 無法為任何自變數產生任何奇數自然數的值。然而，函數 $f(n) = 2n$ 是從自然數到偶數的滿射函數。滿射 $f:A \to B$ 有時稱為將 A **對映到** B（mapping A **onto** B），如果我們說 f 是 onto，我們的意思是它是滿射的。

如果不同的自變數會讓函數 $f:A \to B$ 產生不同的值，那麼 f 是**單射的**（*injection*）。例如，函數 $f(n) = 2n$ 是從 $\mathbb{N}$ 到 $\mathbb{N}$ 的單射函數，因為每一個偶數 b 都是至多一個定義域的元素被 f 照射產生的映像。函數 $f(n) = \lfloor n/2 \rfloor$ 不是單射的，因為兩個自變數可產生 1：$f(2) = 1$ 與 $f(3) = 1$。單射有時稱為**一對一**函數。

如果函數 $f:A \to B$ 既是單射又是滿射，它就是**雙射**。例如，函數 $f(n) = (-1)^n \lceil n/2 \rceil$ 是從 $\mathbb{N}$ 到 $\mathbb{Z}$ 的雙射：

$$
\begin{array}{rcr}
0 & \to & 0 \\
1 & \to & -1 \\
2 & \to & 1 \\
3 & \to & -2 \\
4 & \to & 2 \\
& \vdots &
\end{array}
$$

這個函數是單射，因為 $\mathbb{Z}$ 的任何元素都不是超過一個 $\mathbb{N}$ 的元素的映像。它是滿射，因為 $\mathbb{Z}$ 的每個元素都是 $\mathbb{N}$ 的某個元素的映像。所以，這個函數是雙射。雙射有時稱為一對一對應關係，因為它將定義域和對應域的元素配成兩兩一對。從集合 A 到自己的雙射也稱為**置換**（*permutation*）。

當函數 f 是雙射時，我們定義它的逆函數（*inverse*）f^{-1} 為

$f^{-1}(b) = a$ 若且唯若 $f(a) = b$

例如，$f(n) = (-1)^n \lceil n/2 \rceil$ 的逆函數是

$$f^{-1}(m) = \begin{cases} 2m & \text{若 } m \geq 0 \\ -2m - 1 & \text{若 } m < 0 \end{cases}$$

習題

B.3-1
設 A 與 B 是有限集合，且 $f: A \to B$ 是函數。證明：

a. 若 f 為單射，則 $|A| \leq |B|$。

b. 若 f 為滿射，則 $|A| \geq |B|$。

B.3-2
當函數 $f(x) = x + 1$ 的定義域和對應域都是集合 $\mathbb{N}$ 時，它是雙射的嗎？當定義域和對應域都是集合 $\mathbb{Z}$ 時，它是雙射的嗎？

B.3-3
寫出二元關係的逆關係的自然定義，以滿足：如果一個關係實際上是雙射函數，那麼它的逆關係就是它的逆函數。

★ **B.3-4**
寫出從 $\mathbb{Z}$ 到 $\mathbb{Z} \times \mathbb{Z}$ 的雙射。

B.4 圖

本節介紹兩種圖：有向的，和無向的。有些文獻的定義和本節的定義不一樣，但在多數情況下，差異不大。第 20.1 節介紹如何在計算機記憶體中表示圖。

有向圖（*directed graph* 或 *digraph*）G 是一對 (V, E)，其中 V 是一個有限集合，E 是 V 的二元關係。集合 V 稱為 G 的**頂點集合**，它的元素稱為**頂點**（*vertices*，單數是 *vertex*）。集合 E 稱為 G 的**邊集合**，它的元素稱為**邊**。圖 B.2(a) 是頂點集合為 $\{1, 2, 3, 4, 5, 6\}$ 的有向圖的圖像表示法。在圖像中，圓代表頂點，箭頭代表邊。圖可以有**自迴路**（*self-loop*），也就是從一個頂點到它自己的一條邊。

在**無向圖** $G = (V, E)$ 裡，邊集合 E 包含**無序**的頂點配對，而不是有序配對。也就是說，邊是一個集合 $\{u, v\}$，其中 $u, v \in V$ 且 $u \neq v$。習慣上，我們用 (u, v) 來表示一條邊，而不是用集合符號 $\{u, v\}$。我們將 (u, v) 和 (v, u) 視為同一條邊。無向圖不能有自迴路，所以每條邊都有兩個不同的頂點。圖 B.2(b) 是包含頂點集合 $\{1, 2, 3, 4, 5, 6\}$ 的無向圖。

有向圖和無向圖的許多定義相同，但有一些術語在兩者中有稍微不同的含義。如果 (u, v) 是有向圖 $G = (V, E)$ 裡的一條邊，我們說 (u, v) 從頂點 u **離開**且**進入**頂點 v。例如，在圖 B.2(a) 中，離開頂點 2 的邊有 $(2, 2)$、$(2, 4)$ 與 $(2, 5)$。進入頂點 2 的邊有 $(1, 2)$ 與 $(2, 2)$。如果 (u, v) 是無向圖 $G = (V, E)$ 的一條邊，我們說 (u, v) **接觸**頂點 u 與 v。在圖 B.2(b) 中，接觸頂點 2 的邊是 $(1, 2)$ 與 $(2, 5)$。

如果 (u, v) 是圖 $G = (V, E)$ 的一條邊，我們說頂點 v **鄰接**頂點 u。無向圖的鄰接關係是對稱的。有向圖的鄰接關係不一定是對稱的。在有向圖裡，v 鄰接 u 可以寫成 $u \rightarrow v$。在圖 B.2 的 (a) 與 (b) 中，頂點 2 鄰接頂點 1，因為兩個圖都有邊 $(1, 2)$。但是在圖 B.2(a) 中，頂點 1 **不**鄰接頂點 2，因為此圖沒有邊 $(2, 1)$。

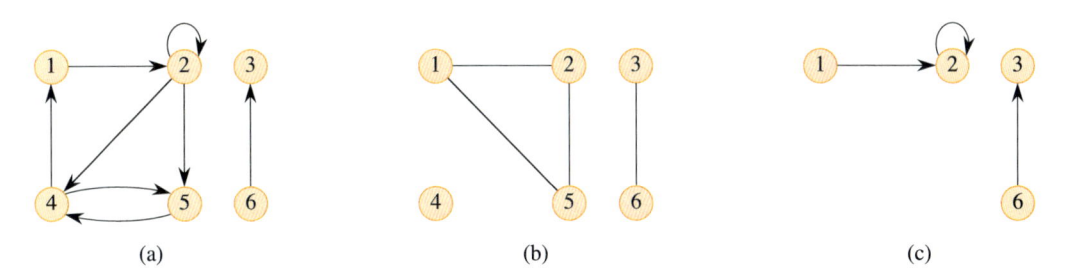

圖 B.2 有向與無向圖。**(a)** 有向圖 $G = (V, E)$，其中 $V = \{1, 2, 3, 4, 5, 6\}$，$E = \{(1, 2), (2, 2), (2, 4), (2, 5), (4, 1), (4, 5), (5, 4), (6, 3)\}$。邊 $(2, 2)$ 是自迴路。**(b)** 無向圖 $G = (V, E)$，其中 $V = \{1, 2, 3, 4, 5, 6\}$，$E = \{(1, 2), (1, 5), (2, 5), (3, 6)\}$。頂點 4 是孤立的。**(c)** (a) 圖的子圖，以頂點集合 $\{1, 2, 3, 6\}$ 取得。

在無向圖裡，一個頂點的**度數**就是與它接觸的邊。例如，圖 B.2(b) 的頂點 2 是 2 度。0 度的頂點是**孤立的**，例如圖 B.2(b) 的頂點 4。在有向圖裡，頂點的**出度**就是離開它的邊數，**入度**是進入它的邊數。在有向圖裡，頂點的**度數**就是它的入度加上出度。圖 B.2(a) 的入度是 2，出度是 3，度數是 5。

在圖 $G = (V, E)$ 裡，從頂點 u 到頂點 u' **長度**為 k 的**路徑**就是一個頂點序列 $\langle v_0, v_1, v_2, \ldots, v_k \rangle$，滿足 $u = v_0$、$u' = v_k$，且 $(v_{i-1}, v_i) \in E$，其中 $i = 1, 2, \ldots, k$。路徑的長度就是在路徑上的邊數，它比路徑中的頂點數少 1。這條路徑**包含**頂點 $v_0, v_1, \ldots, v_k$ 與邊 $(v_0, v_1), (v_1, v_2), \ldots, (v_{k-1}, v_k)$（一定有一條從 u 到 u、長度為 0 的路徑）。如果從 u 到 u' 有一條路徑 p，我們說 u' 可從 u 經由 p **到達**，可寫成 $u \overset{p}{\leadsto} u'$。如果在路徑上的所有頂點都是不同的，我們說該路徑是**簡單的**（*simple*）[4]。在圖 B.2(a) 中，路徑 $\langle 1, 2, 5, 4 \rangle$ 是長度為 3 的簡單路徑。路徑 $\langle 2, 5, 4, 5 \rangle$ 不是簡單的。路徑 $p = \langle v_0, v_1, \ldots, v_k \rangle$ 的**子路徑**是它的頂點的連續子序列。也就是說，對任意 $0 \le i \le j \le k$ 而言，頂點子序列 $\langle v_i, v_{i+1}, \ldots, v_j \rangle$ 是 p 的子路徑。

在有向圖裡，如果 $v_0 = v_k$，那麼路徑 $\langle v_0, v_1, \ldots, v_k \rangle$ 形成一個**迴路**，則這條路徑至少有一條邊。除此之外，如果 $v_1, v_2, \ldots, v_k$ 是不同的，這個迴路是**簡單的**。如果迴路有 k 個頂點，那麼它的**長度**為 k。自迴圈是長度為 1 的迴路。如果兩條路徑 $\langle v_0, v_1, \ldots, v_{k-1}, v_0 \rangle$ 與 $\langle v'_0, v'_1, v'_2, \ldots, v'_{k-1}, v'_0 \rangle$ 滿足以下條件，則它們形成同一個迴路：存在整數 j 使得 $v'_i = v_{(i+j) \bmod k}$，其中 $i = 0, 1, \ldots, k-1$。在圖 B.2(a) 中，路徑 $\langle 1, 2, 4, 1 \rangle$ 形成一個與 $\langle 2, 4, 1, 2 \rangle$ 及 $\langle 4, 1, 2, 4 \rangle$ 一樣的迴路。這個迴路是簡單的，但迴路 $\langle 1, 2, 4, 5, 4, 1 \rangle$ 不是。以邊 (2, 2) 形成的迴路 $\langle 2, 2 \rangle$ 是自迴路。無自迴路的有向圖是**簡單的**。在無向圖裡，$k > 0$，$v_0 = v_k$ 的路徑 $\langle v_0, v_1, \ldots, v_k \rangle$ 形成一個**迴路**，且在路徑上的所有邊都是不同的。如果 $v_1, v_2, \ldots, v_k$ 是不同的，迴路是**簡單的**。例如，在圖 B.2(b) 裡，路徑 $\langle 1, 2, 5, 1 \rangle$ 是簡單迴路。無簡單迴路的圖是**無迴路的**。

如果無向圖裡的每一個頂點都可以從所有其他頂點到達，它就是**連通的**（*connected*）。無向圖的**連通成分**就是「可從…到達」關係之下的頂點的等價類別。圖 B.2(b) 的圖有三個連通成分：$\{1, 2, 5\}$、$\{3, 6\}$ 與 $\{4\}$。在連通成分 $\{1, 2, 5\}$ 裡面的每一個頂點可以從 $\{1, 2, 5\}$ 中的每個其他頂點到達。如果無向圖有一個連通成分，它就是連通的。連通成分的邊就是只與該成分的頂點接觸的邊。換句話說，若且唯若 u 與 v 頂點皆為連通成分的頂點，則邊 (u, v) 為連通成分的邊。

4　有些作者將我們的路徑（path）稱為「walk」，將我們的簡單路徑（simple path）稱為「path」。

如果有向圖的每一對頂點都可以從彼此到達，那麼該圖是**強連通的**。有向圖的**強連通成分**是「可互相到達」關係之下的頂點等價類別。如果有向圖只有一個強連通成分，它就是強連通的。圖 B.2(a) 有三個強連通成分：{1, 2, 4, 5}、{3}、{6}。在 {1, 2, 4, 5} 裡的每一對頂點都可互相到達。頂點 {3, 6} 未形成強連通成分，因為頂點 6 不能從頂點 3 到達。

在兩個圖 $G = (V, E)$ 與 $G' = (V', E')$ 之間，如果存在一個雙射 $f: V \to V'$，滿足若且唯若 $(f(u), f(v)) \in E'$，則 $(u, v) \in E$，那麼這兩個圖是**同構的**。換句話說，如果 G 的頂點可以重新標成 G' 的頂點，同時 G 與 G' 的對應邊維持不變，那麼它們是同構的。圖 B.3(a) 是一對同構的圖 G 與 G'，它們分別有頂點集合 $V = \{1, 2, 3, 4, 5, 6\}$ 與 $V' = \{u, v, w, x, y, z\}$。從 V 到 V' 的對映關係（即 $f(1) = u$、$f(2) = v$、$f(3) = w$、$f(4) = x$、$f(5) = y$、$f(6) = z$）是雙射函數。圖 B.3(b) 裡的兩個圖不是同構的。雖然它們都有 5 個頂點與 7 條邊，但上圖有一個 4 度的頂點，下圖沒有。

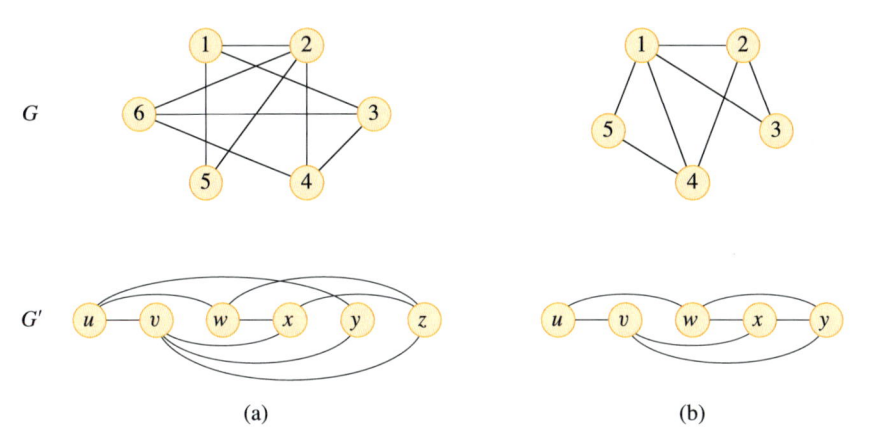

圖 B.3 **(a)** 一對同構的圖。上圖與下圖的頂點可用 $f(1) = u$、$f(2) = v$、$f(3) = w$、$f(4) = x$、$f(5) = y$、$f(6) = z$ 來對映。**(b)** 這一對圖不是同構的。上面的圖有 4 度的頂點，下面的圖沒有。

我們說圖 $G' = (V', E')$ 是 $G = (V, E)$ 的**子圖**，如果 $V' \subseteq V$ 且 $E' \subseteq E$。給定集合 $V' \subseteq V$，由 V' **導出**（*induced*）的 G 之子圖是圖 $G' = (V', E')$，其中

$$E' = \{(u, v) \in E : u, v \in V'\}$$

圖 B.2(c) 是由圖 B.2(a) 的頂點集合 {1, 2, 3, 6} 導出的子圖，它的邊集合是 {(1, 2,), (2, 2), (6, 3)}。

給定一個無向圖 $G = (V, E)$，G 的**有向版本**是有向圖 $G' = (V, E')$，其中 $(u, v) \in E'$ 若且唯若 $(u, v) \in E$。亦即，在 G 裡的每一條無向邊 (u, v) 在有向版本裡都要換成兩條有向邊 (u, v) 與 (v, u)。給定一個有向圖 $G = (V, E)$，G 的**無向版本**是無向圖 $G' = (V, E')$，其中 $(u, v) \in E'$ 若且唯若 $u \neq v$，且 E 至少有 (u, v) 與 (v, u) 之一。也就是說，在無向版本裡有「方向被移除」的 G 的邊，而且自迴路也被刪除（因為 (u, v) 與 (v, u) 在無向圖裡是同一條邊，所以有向圖的無向版本只有一個，即使在有向圖裡，既有邊 (u, v) 也有邊 (v, u)）。在有向圖 $G = (V, E)$ 裡，頂點 u 的**鄰居**是 G 的無向版本裡與 u 鄰接的任何頂點。也就是說，如果 $u \neq v$ 且 $(u, v) \in E$ 或 $(v, u) \in E$，那麼 v 是 u 的鄰居。在無向圖裡，如果 u 與 v 鄰接，它們就是鄰居。

有幾種圖具有特殊的名稱。**完全圖**就是每對頂點都互相鄰接的無向圖。如果無向圖 $G = (V, E)$ 的 V 可分成兩個集合 V_1 與 V_2，且 $(u, v) \in E$ 意味著 $u \in V_1$ 與 $v \in V_2$，或 $u \in V_2$ 與 $v \in V_1$，那麼 G 是**二部圖**。也就是說，它的邊都連接 V_1 與 V_2 兩個集合。無迴路無向圖是**森林**，連通無迴路無向圖是（**自由**）**樹**（見第 B.5 節）。我們通常取「directed acyclic graph（有向無迴路圖）」的第一個字母將它縮寫成 *dag*。

有時你會遇到兩種圖的變體。**多重圖**很像無向圖，但是它的頂點之間可能有多條邊（例如兩條不同的邊 (u, v) 與 (v, u)），也可能有自迴路。**超圖**（*hypergraph*）類似無向圖，但它的每一條**超邊**（*hyperedge*）並非連接兩個頂點，而是連接任意的頂點子集合。有很多為了普通有向圖和無向圖而設計的演算法，經過改寫後可以處理這些圖結構。

將無向圖 $G = (V, E)$ **縮約**（*contraction*）一條邊 $e = (u, v)$ 會成為圖 $G' = (V', E')$，其中 $V' = V - \{u, v\} \cup \{x\}$，且 x 是一個新頂點。邊集合 E' 就是刪除 E 裡的 (u, v)，且對於每一個與 u 或 v 鄰接的頂點 w，刪除 E 裡的 (u, w) 與 (v, w)，並加入新邊 (x, w)。實際上，u 和 v「縮約」成一個頂點。

習題

B.4-1
在一場教師聚會裡，教授們互相握手問候，每一對教授都互相握一次手，且每位教授都記得他握手次數。在聚會結束時，系主任會向教授詢問他們的握手次數，並將次數全部加起來。藉著證明接下來的**握手引理**來證明結果將是偶數：若 $G = (V, E)$ 是無向圖，則

$$\sum_{v \in V} \text{degree}(v) = 2|E|$$

B.4-2
證明如果一個有向圖或無向圖的兩個頂點 u 和 v 之間有一條路徑，那麼 u 和 v 之間有一條簡單路徑。證明如果有向圖有一條迴路，那麼它就有一個簡單迴路。

B.4-3
證明任何連通無向圖 $G = (V, E)$ 都滿足 $|E| \geq |V| - 1$。

B.4-4
證明在無向圖中，「可從…到達」關係是該圖頂點之間的等價關係。對有向圖的頂點的「可從…到達」關係而言，三個等價關係特性中的哪一個通常成立？

B.4-5
圖 B.2(a) 這個有向圖的無向版本長怎樣？圖 B.2(b) 這個無向圖的有向版本長怎樣？

B.4-6
藉著將超圖（hypergraph）中的關聯（incidence）對應到二部圖中的鄰接（adjacency），來展示如何用二部圖來表示超圖（**提示**：讓二部圖中的一組頂點對應到超圖的頂點，並讓二部圖中的另一組頂點對應到超圖的超邊）。

B.5 樹

樹與圖一樣，有許多相關但稍微不同的表示法。本節介紹幾種樹的定義與數學特性。第 10.3 與 20.1 節介紹如何在記憶體中表示樹。

B.5.1 自由樹

如第 B.4 節的定義，自由樹是連通無迴路有向圖。如果圖是樹，我們通常省略形容詞「自由」。如果無向圖沒有迴路，但不連通，它就是森林。可處理樹的演算法通常也可以處理森林。圖 B.4(a) 是一棵自由樹，圖 B.4(b) 是一個森林。圖 B.4(b) 的森林不是樹的原因是它不連通。圖 B.4(c) 雖然連通，但它不是樹也不是森林，因為它裡面有迴路。

接下來的定理描述自由樹的許多重要事實。

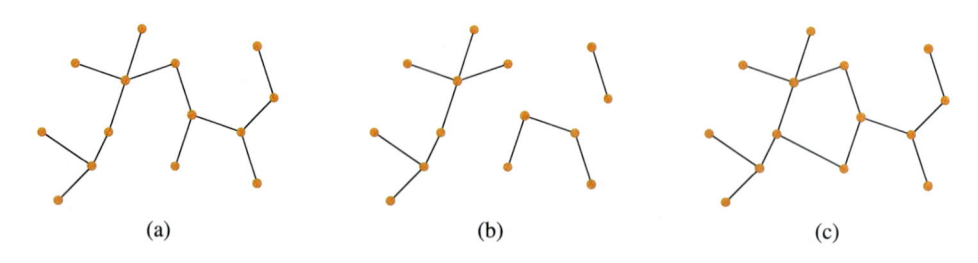

圖 B.4　**(a)** 自由樹。**(b)** 森林。**(c)** 圖裡面有迴路，因此它既不是樹，也不是森林。

定理 B.2（自由樹的特性）

設 $G = (V, E)$ 是無向圖。下面的敘述是等價的。

1. G 是自由樹。
2. 在 G 裡的任何兩個頂點之間，都以唯一的簡單路徑連接。
3. G 是連通的，但移除 E 的任何一條邊產生的圖是不連通的。
4. G 是連通的，且 $|E| = |V| - 1$。
5. G 是無迴路的，且 $|E| = |V| - 1$。
6. G 是無迴路的，但在 E 加入任何邊產生的圖有一個迴路。

證明　(1) ⇒ (2)：因為樹是連通的，所以 G 的任何兩個頂點之間至少有一條簡單路徑相連。採用反證法，假設有兩條不同的簡單路徑連接頂點 u 與 v，如圖 B.5 所示。設頂點 w 是這兩條路徑的分開處。也就是說，假設這兩條路徑稱為 p_1 與 p_2，w 是 p_1 與 p_2 的第一個頂點，p_1 的下一個頂點是 x，p_2 的是 y，且 $x \neq y$。設 z 是路徑重新聚合的第一個頂點，也就是說，z 是 w 之後，既在 p_1 上也在 p_2 上的第一個頂點。設 $p' = w \rightarrow x \rightsquigarrow z$ 是從 w 開始經過 x 到 z 的 p_1 的子路徑，所以 $p_1 = u \rightsquigarrow w \overset{p'}{\rightsquigarrow} z \rightsquigarrow v$，並設 $p'' = w \rightarrow y \rightsquigarrow z$ 是從 w 開始經過 y 到 z 的 p_2 的子路徑，所以 $p_2 = u \rightsquigarrow w \overset{p''}{\rightsquigarrow} z \rightsquigarrow v$。路徑 p' 與 p'' 除了端點之外沒有共同的頂點。那麼，如圖 B.5 所示，p' 與反向的 p'' 形成的路徑是一個迴路，與我們假設的「G 是一棵樹」矛盾。所以，如果 G 是一棵樹，那麼在兩個頂點之間最多只有一條簡單路徑。

(2) ⇒ (3)：如果 G 的任何兩個頂點之間以唯一的一條簡單路徑相連,那麼 G 是連通的。設 (u, v) 是 E 的任意邊,這條邊是一條從 u 到 v 的路徑,所以它一定是從 u 到 v 的唯一路徑。如果將 (u, v) 從 G 移除,那麼從 u 到 v 就沒有路徑存在,所以 G 是不連通的。

(3) ⇒ (4)：根據假設,G 是連通的,由習題 B.4-3 可知,$|E| \geq |V|-1$。我們對 $|V|$ 使用歸納法來證明 $|E| \leq |V|-1$。基本情況是 $|V|=1$ 或 $|V|=2$,在這兩種情況下,$|E| = |V|-1$。在歸納步驟,假設對 G 而言,$|V| \geq 3$,且滿足 (3) 的任意圖 $G' = (V', E')$($|V'| < |V|$)也滿足 $|E'| \leq |V'|-1$。從 G 移除任意邊會將圖分成 $k \geq 2$ 個連通成分(事實上 $k=2$)。每個成分都滿足 (3),否則 G 不滿足 (3)。我們將每一個連通成分 V_i 視為單獨的自由樹,它的邊集合是 E_i。那麼,因為每個連通成分的頂點都少於 $|V|$ 個,歸納假設暗示 $|E_i| \leq |V_i|-1$。所以,在 k 個連通成分裡面,邊的總數量最多是 $|V|-k \leq |V|-2$ 個。加入被移除的邊得到 $|E| \leq |V|-1$。

(4) ⇒ (5)：假設 G 是連通的,而且 $|E|=|V|-1$。我們必須證明 G 是無迴路的。假設 G 有一個迴路,該迴路包含 k 個頂點 $v_1, v_2, ..., v_k$,不失普遍性,假設這個迴路是簡單的。設 $G_k = (V_k, E_k)$ 是 G 的子圖,且包含該迴路,所以 $|V_k| = |E_k| = k$。如果 $k < |V|$,那麼因為 G 是連通的,所以一定有一個頂點 $v_{k+1} \in V - V_k$ 與某個頂點 $v_i \in V_k$ 鄰接。我們定義 $G_{k+1} = (V_{k+1}, E_{k+1})$ 是 G 的子圖,它有 $V_{k+1} = V_k \cup \{v_{k+1}\}$ 與 $E_{k+1} = E_k \cup \{(v_i, v_{k+1})\}$。注意,$|V_{k+1}| = |E_{k+1}| = k+1$。如果 $k+1 < |V|$,那麼,我們以相同的方式繼續定義 G_{k+2},以此類推,直到得到 $G_n = (V_n, E_n)$,其中 $n = |V|$,$V_n = V$,且 $|E_n| = |V_n| = |V|$。因為 G_n 是 G 的子圖,我們得到 $E_n \subseteq E$,因此 $|E| \geq |E_n| = |V_n| = |V|$,這與我們的假設 $|E| = |V|-1$ 矛盾。所以 G 是無迴路的。

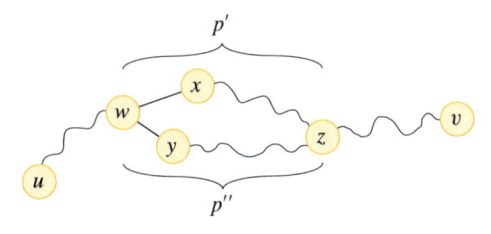

圖 B.5 證明定理 B.2 的步驟之一:如果 (1) G 是自由樹,那麼 (2) G 的任何兩個頂點都以唯一的簡單路徑相連。我們使用反證法,假設頂點 u 與 v 以兩條不同的簡單路徑相連。這兩條路徑先在頂點 w 分散,然後在頂點 z 第一次重新聚合。路徑 p' 與反向的路徑 p'' 形成一個迴路,出現矛盾。

(5) ⇒ (6)：假設 G 是無迴路的，而且 $|E| = |V|-1$。設 k 是 G 的連通成分的數量。根據定義，每一個連通成分都是一棵自由樹，且因為 (1) 意味著 (5)，所以 G 的所有連通成分的邊總共有 $|V|-k$。因此，k 一定等於 1，且 G 實際上是一棵自由樹。因為 (1) 意味著 (2)，所以在 G 裡的任意兩個頂點都以一條唯一的路徑相連。因此，將任何邊加入 G 會產生一個迴路。

(6) ⇒ (1)：假設 G 是無迴路的，但在 E 裡加入任何邊都會產生一個迴路。我們必須證明 G 是連通的。設 u 與 v 是 G 裡的任意頂點。如果 u 與 v 不是鄰接的，加入邊 (u, v) 會建立一個迴路，迴路中除了 (u, v) 之外的所有邊都屬於 G。因此，迴路減去邊 (u, v) 一定包含一條從 u 到 v 的路徑，因為 u 與 v 是任意選擇的，所以 G 是連通的。∎

B.5.2 有根樹與有序樹

有根樹是有一個頂點與其他頂點不一樣的自由樹，這個不一樣的頂點稱為樹的**根**。我們通常將有根樹的頂點稱為樹的**節點**（*node*）[5]。圖 B.6(a) 是一棵有根樹，它有 12 個節點，根為 7。

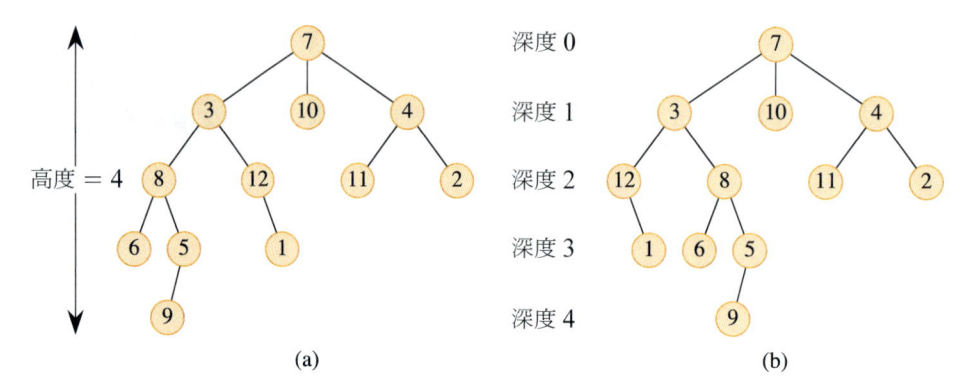

圖 B.6 有根樹與有序樹。**(a)** 高度為 4 的有根樹。這根樹以標準方式繪製：根（節點 7）位於頂部，它的子節點（深度為 1 的節點）在它下面，它們的子節點（深度為 2 的節點）在它們的下面，以此類推。如果樹是有序的，那麼節點的子節點的左右關係是有意義的，否則沒有意義。**(b)** 另一棵有根樹。作為有根樹，它與 (a) 的樹一模一樣，但作為有序樹，它不一樣，因為節點 3 的子節點的順序不同。

---

[5] 「節點（node）」一詞在圖論文獻裡通常是「頂點（vertex）」的同義詞。我們沿用「節點」一詞，用它來代表有根樹的頂點。

考慮根為 r 的有根樹 T 的節點 x。我們將從 r 到 x 的唯一簡單路徑上的任意節點 y 稱為 x 的**前代**（*ancestor*）。如果 y 是 x 的前代，那麼 x 是 y 的**後代**（*descendant*）（每一個節點都是它自己的前代與後代）。如果 y 是 x 的前代，且 $x \neq y$，那麼 y 是 x 的**真前代**，x 是 y 的**真後代**。**根為 x 的子樹**就是由 x 的後代組成的樹，其根為 x。例如，在圖 B.6(a) 中，根為 8 的子樹包含節點 8、6、5、9。

如果從樹 T 的根 r 到節點 x 的簡單路徑上的最後一條邊是 (y, x)，那麼 y 是 x 的**父節點**，x 是 y 的**子節點**。根是 T 裡唯一沒有父節點的節點。如果兩個節點有相同的父節點，那麼它們是**同層節點**。沒有子節點的節點是**葉節點**或**外圍節點**。非葉節點是**內部節點**。

有根樹 T 的節點 x 的子節點數量稱為 x 的**度數**[6]。從根 r 到節點 x 的簡單路徑的長度就是 x 在 T 裡的**深度**。樹的一**層**是由同一個深度的所有節點構成的。一個節點在樹中的**高度**就是從該節點到葉節點的向下最長簡單路徑的邊數。樹的高度也等於樹的任意節點的最大深度。

如果有根樹的每個節點的子節點都是有序的，它就是**有序樹**。亦即，如果一個節點有 k 個子節點，那麼它就有一個第一子節點、第二子節點，以此類推，直到第 k 子節點。如果圖 B.6 的兩棵樹是有序樹，它們是不同的。

B.5.3 二元樹與位置樹

我們以遞迴的方式定義二元樹。**二元樹** T 是一個用有限的節點來定義的結構，它

- 裡面沒有節點，或
- 由三個不相交的節點集合組成：一個**根節點**，一個二元樹，稱為它的**左子樹**，另一個二元樹，稱為它的**右子樹**。

沒有節點的二元樹稱為**空樹**（*empty tree* 或 *null tree*），有時用 NIL 來表示。如果左子樹是非空的，它的根稱為整棵樹的根節點的**左子節點**。同理，非空右子樹的根是整棵樹的根節點的**右子節點**。如果子樹是空樹 NIL，我們說子節點**不存在**（*absent* 或 *missing*）。圖 B.7(a) 是一棵二元樹。

---

[6] 節點的度數取決於 T 被視為有根樹還是自由樹。在自由樹裡，頂點的度數就是它的鄰接頂點數量，與任何無向圖一樣。但是在有根樹裡，度數是子節點的數量，節點的父節點不計入它的度數。

二元樹並非單純是節點的度數都不超過 2 的簡單有序樹，舉例來說，在二元樹裡，如果節點只有一個子節點，子節點的位置（它究竟是左子節點還是右子節點）是有意義的。在有序樹裡，單一子節點是左子節點還是右子節點沒有任何區別。圖 B.7(b) 是一棵與圖 B.7(a) 的樹不同的二元樹，因為有一個節點的位置不同。但是，如果這兩棵樹是有序樹的話，它們是相同的。

若要表示二元樹的位置資訊，有一種方法是使用有序樹的內部節點，如圖 B.7(c) 所示。這種方法將二元樹的每一個空缺的子節點都換成一個沒有子節點的節點。在圖中，我們用方塊來代表這些葉節點。用這種方法產生的樹是滿二元樹，也就是每個節點若非葉節點，就是 2 度的節點，樹裡沒有 1 度的節點。因此，節點的子節點的順序保留了位置資訊。

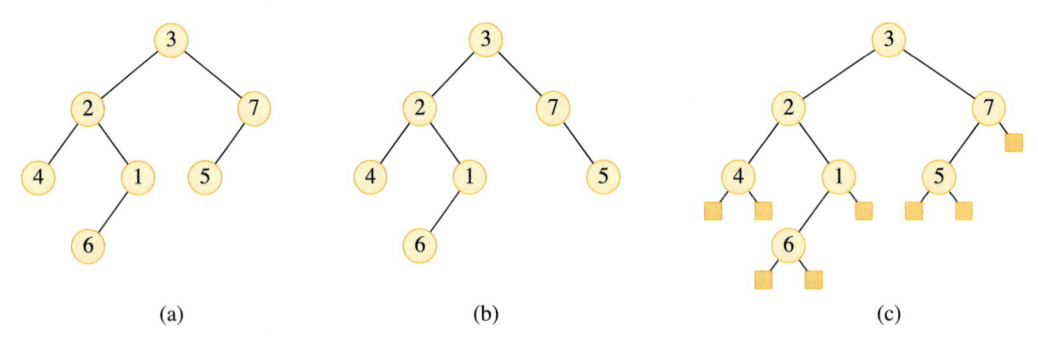

圖 B.7 二元樹。**(a)** 以標準的方法繪製的二元樹。節點的左子節點畫在節點的左下方。右子節點畫在右下方。**(b)** 與 (a) 不同的二元樹。在 (a)，節點 7 的左子節點是 5，右子節點不存在。在 (b)，節點 7 的左子節點不存在，右子節點是 5。如果這些樹是有序樹，它們是相同的，但如果它們是二元樹，它們是不同的。**(c)** 以滿二元樹的內部節點來表示 (a) 的二元樹，滿二元樹就是每個內部節點都是 2 度的有序樹。我們用方塊來表示這棵樹的葉節點。

用來區分二元樹與有序樹的位置資訊，也適用於每個節點具有超過兩個子節點的樹。在位置樹（*positional tree*）裡，子節點會被標上不同的正整數。如果節點沒有子節點被標上整數 i，它就不存在第 i 第子節點。k 元樹是一種位置樹，它的每一個節點的子節點的標記都不會超過 k。因此，二元樹是 $k = 2$ 的 k 元樹。

完整 k 元樹是所有葉節點都一樣深且所有內部節點都是 k 度的 k 元樹。圖 B.8 是一棵高度為 3 的完整二元樹。一棵高度為 h 的完整 k 元樹有多少個葉節點？因為根節點有 k 個深度為 1 的子節點，它們分別有 k 個深度為 2 的子節點，以此類推。所以，深度 d 的節點有 k^d 個。在高度為 h 的完整 k 元樹裡，葉節點位於深度 h，所以有 k^h 個葉節點。因此，有 n 個葉節點的完整 k 元樹的高度是 $\log_k n$。高度為 h 的完整 k 元樹有

$$1 + k + k^2 + \cdots + k^{h-1} = \sum_{d=0}^{h-1} k^d$$
$$= \frac{k^h - 1}{k - 1} \quad \text{(根據第 1098 頁的式 (A.6))}$$

個內部節點。所以一棵完整二元樹有 $2^h - 1$ 個內部節點。

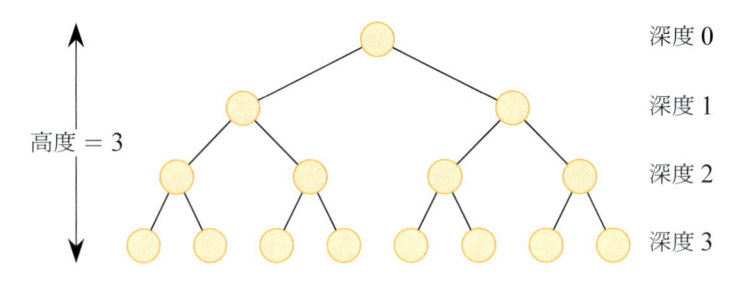

圖 B.8 高度為 3 的完整二元樹有 8 個葉節點與 7 個內部節點。

習題

B.5-1
畫出包含三個頂點 x、y、z 的所有自由樹。畫出包含節點 x、y、z，且根為 x 的所有有根樹。畫出包含節點 x、y、z，且根為 x 的所有有序樹。畫出包含節點 x、y、z，且根為 x 的所有二元樹。

B.5-2
設 $G = (V, E)$ 是有向無迴路圖，裡面有一個頂點 $v_0 \in V$，且從 v_0 到每個頂點 $v \in V$ 都有一條唯一的路徑。證明 G 的無向版本是一棵樹。

B.5-3
用歸納法來證明：任何非空二元樹的 2 度節點都比葉節點少一個。得出結論：滿二元樹的內部節點比葉節點少一個。

B.5-4
證明：對任何整數 $k \geq 1$ 而言，皆存在一棵具有 k 個葉節點的滿二元樹。

B.5-5
使用歸納法來證明：有 n 個節點的非空二元樹的高度至少是 $\lfloor \lg n \rfloor$。

★ B.5-6
滿二元樹的**內部路徑長度**是樹的所有內部節點的深度之和。同理，**外部路徑長度**是樹的所有葉節點的深度之和。考慮有 n 個內部節點、內部路徑長度為 i、外部長度為 e 的滿二元樹，證明 $e = i + 2n$。

★ B.5-7
我們為二元樹 T 中深度為 d 的每個葉節點 x 指定一個「權重」$w(x) = 2^{-d}$，並設 L 是 T 的葉節點集合。證明 **Kraft 不等式**：$\sum_{x \in L} w(x) \leq 1$。

★ B.5-8
證明：若 $L \geq 2$，具有 L 個葉節點的二元樹都有一棵子樹具有 $L/3$ 至 $2L/3$ 個葉節點（含兩者）。

挑戰

B-1 為圖上色
無向圖 $G = (V, E)$ 的 *k-coloring* 是函數 $c: V \to \{1, 2, ..., k\}$，滿足對每條邊 $(u, v) \in E$ 而言，$c(u) \neq c(v)$。換句話說，數字 $1, 2, ..., k$ 代表 k 個顏色，且鄰接頂點一定有不同顏色。

a. 證明任何樹都是 2-colorable（可以塗兩種顏色）。

b. 證明以下的敘述是等價的：

　　1. G 是二部圖。

　　2. G 是 2-colorable。

　　3. G 沒有奇數長度的迴路。

c. 設 d 是 G 裡的任何頂點的最大度數。證明 G 可以用 $d + 1$ 個顏色來上色。

d. 證明：如果 G 有 $O(|V|)$ 條邊，那麼 G 可以用 $O(\sqrt{|V|})$ 個顏色來上色。

B-2 友誼圖

將以下的每一句話都改寫成關於無向圖的定理,然後證明它。假設友誼是對稱且非自反的。

a. 在至少有兩個人的任何小組內,都至少有兩人在小組內有相同數目的朋友。

b. 任何六人小組都至少有三個人互為朋友或互不相識。

c. 任何團體都可以分成兩個小組,使得每個人都至少有一半的朋友與他不同組。

d. 如果在一個小組裡的每個人都是該小組的一半以上成員的朋友,那麼該小組的每一位成員都可以圍繞著一張桌子,坐在他的兩位朋友之間。

B-3 對分樹

許多處理圖的分治演算法都將圖對分成大小差不多的兩個子圖,這些子圖是藉著劃分頂點來產生的。本問題藉著移除少量的邊來將樹對分。我們規定,只要兩個頂點在移除邊之後位於同一棵子樹中,它們就必須屬於同一個部分。

a. 證明:具有 n 個頂點的任何二元樹都可以藉著移除一條邊,來將頂點分成兩個集合 A 與 B,滿足 $|A| \leq 3n/4$ 且 $|B| \leq 3n/4$。

b. 藉著舉一個簡單的二元樹的例子,證明 (a) 題的常數 3/4 在最壞情況下是最佳的,該樹在移除一條邊後,最平衡的分割是 $|A| = 3n/4$。

c. 證明:將具有 n 個頂點的任何二元樹移除最多 $O(\lg n)$ 條邊之後,就可以將它分成兩個集合 A 與 B,滿足 $|A| = \lfloor n/2 \rfloor$ 與 $|B| = \lceil n/2 \rceil$。

附錄後記

G. Boole 是符號邏輯學的先驅,他在 1854 年出版的一本書中介紹了許多基本的集合符號。現代集合理論是由 G. Cantor 在 1874~1895 年期間創立的。Cantor 的主要研究領域是無窮大的集合。「函數(function)」一詞來自 G. W. Leibniz,他用函數來稱呼幾種數學公式。他的有限定義已被多次推廣。圖論起源於 1736 年,當時 L. Euler 證明人們不可能經過 Königsberg 市的七座橋的每一座橋一次並返回起點。

Harary [208] 的書裡有一篇實用的概要,提供了圖論的許多定義和結果。

C 計數與機率

本附錄將複習初級組合數學和機率論。如果你對這些領域有很好的基礎，你可以略過本附錄的前面幾節，專心閱讀後面幾節。本書的大部分章節都不需要使用機率，但有一些章節需要。

第 C.1 節將複習計數理論的基本知識，包括計數排列的標準公式。第 C.2 節介紹機率的公理，和關於機率分布的基本事實。第 C.3 節介紹隨機變數，以及期望值和變異數的特性。第 C.4 節研討源於 Bernoulli 試驗的幾何分布和二項分布。第 C.5 節繼續研究二項分布，進一步討論分布的「尾部」。

C.1 計數

計數理論試圖回答「有幾個？」的問題，而不實際列出所有的選擇。例如，你可能想知道「不同的 n 位元數字有幾個？」或「n 個元素有幾種不同的排序方式？」本節將回顧計數理論的要素，其中有些內容假設你已經初步了解集合了，所以或許你可以複習一下第 B.1 節。

加法與乘法原理

我們有時可以將有待計數的項目集合表示成不相交的集合的聯集，或者表示成集合的笛卡兒積。

加法原理指出，從兩個不相交集合之一選出一個元素的選法數量等於這兩個集合的大小和。也就是說，如果 A 與 B 是有限集合，它們沒有共同的成員，那麼 $|A \cup B| = |A| + |B|$，根據第 1113 頁的式 (B.3)。例如，如果汽車車牌的每一個位置都是一個字母或一個數字，那麼每個位置可能的選擇有 $26 + 10 = 36$ 個，因為字母有 26 個選擇，數字有 10 個選擇。

乘法原理指出，選擇有順序的一對數字的選法數量等於選出第一個元素的選法數量乘以選出第二個元素的選法數量。也就是說，如果 A 與 B 是兩個有限的集合，那麼 $|A \times B| = |A| \cdot |B|$，這就是第 1114 頁的式 (B.4)。例如，如果冰淇淋店提供 28 種口味的冰淇淋和 4 種配料，那麼由一些冰淇淋和一種配料組成的聖代有 $28 \cdot 4 = 112$ 種。

串

有限集合 S 的 *string*（串）就是 S 的元素序列。例如，這是 8 個長度為 3 的二元 string：

000, 001, 010, 011, 100, 101, 110, 111

（我們在此使用簡寫，省略表示序列時使用的角括號）。我們有時將長度為 k 的 string 稱為 *k-string*。string s 的 *substring*（子串）s' 就是由 s 的連續元素組成的有序序列。string 的 *k-substring* 是長度為 k 的 substring。例如，010 是 01101001 的 3-substring（即始於位置 4 的 3-substring），但 111 不是 01101001 的 substring。

我們可以將集合 S 的一個 k-string 視為 k-tuple 的笛卡兒積 S^k 的一個元素，這意味著我們有 $|S|^k$ 個長度為 k 的 string。例如，二進制 k-string 的數量是 2^k。直覺上，為了建構 n-集合的 k-string，第一個元素有 n 種選法，每一個選法有 n 種選擇第二個元素的選法，以此類推 k 次，所以 k-string 的數目是 k 重積 $\underbrace{n \cdot n \cdots n}_{k 次} = n^k$。

排列

有限集合 S 的排列就是由 S 的所有元素組成的有序序列，其中每一個元素只出現一次。例如，如果 $S = \{a, b, c\}$，那麼 S 有 6 種排列：

abc, acb, bac, bca, cab, cba

（我們同樣使用簡寫，忽略表示序列時使用的角括號）。具有 n 個元素的集合有 $n!$ 種排列，因為序列的第一個元素有 n 種選法，第二個有 $n-1$ 種選法，第三個有 $n-2$ 種，以此類推。

S 的 *k*-排列就是 S 的 k 個元素的有序序列，且序列中的元素都不出現超過一次（因此，普通的排列就是 n-集合的 n-排列）。以下是集合 $\{a, b, c, d\}$ 的 2-排列：

ab, ac, ad, ba, bc, bd, ca, cb, cd, da, db, dc

n-集合的 k-排列的數量是

$$n(n-1)(n-2)\cdots(n-k+1) = \frac{n!}{(n-k)!} \tag{C.1}$$

因為第一個元素有 n 個選擇，第二個元素有 $n-1$ 個選擇，以此類推，直到選擇 k 個元素為止，且最後一個元素是從剩餘的 $n-k+1$ 個元素中選擇的。就上面的例子而言，$n=4$，$k=2$，式 (C.1) 的結果是 $4!/2! = 12$，符合上述的 2-排列的數量。

組合

n-集合 S 的 **k- 組合**就是 S 的 k-子集合。例如，4-集合 $\{a, b, c, d\}$ 有六個 2-組合：

ab, ac, ad, bc, bd, cd

（在此使用簡寫，省略每個子集合周圍的大括號，並省略同一個子集合的元素間的逗號。）為了建構 n-集合的 k-組合，我們要從 n-集合裡選擇 k 個不同的元素，元素的順序不重要。

我們可以用 n-集合的 k-排列的數量來表達 n-集合的 k-組合的數量。每一個 k-組合有 $k!$ 個元素排列方式，每一個排列都是 n-集合的不同 k-排列。所以 n-集合的 k-排列的數量，就是 k-組合的數量除以 $k!$。從式 (C.1) 可知，這個數量是

$$\frac{n!}{k!\,(n-k)!} \tag{C.2}$$

若 $k = 0$，這個式子告訴我們，從 n-集合選出 0 個元素的選法數量是 1（不是 0），因為 $0! = 1$。

二項式係數

$\binom{n}{k}$（讀成「n choose k」）代表 n-集合的 k-組合的數量。從式 (C.2) 可得

$$\binom{n}{k} = \frac{n!}{k!\,(n-k)!}$$

k 與 $n-k$ 在此公式中是對稱的：

$$\binom{n}{k} = \binom{n}{n-k} \tag{C.3}$$

這些數字也稱為**二項式係數**，因為它們出現在**二項式定理**裡面：

$$(x+y)^n = \sum_{k=0}^{n} \binom{n}{k} x^k y^{n-k} \tag{C.4}$$

其中 $n \in \mathbb{N}$ 且 $x, y \in \mathbb{R}$。式 (C.4) 的等號右邊稱為左邊的**二項展開式**。二項式定理有一個特例發生在 $x = y = 1$ 時：

$$2^n = \sum_{k=0}^{n} \binom{n}{k}$$

這個公式相當於根據 2^n 個二元 n-string 裡面有幾個 1 來算出它們的數量：$\binom{n}{k}$ 個 n-string 裡面有 k 個 1，因為從 n 個位置中選出 k 個位置來放置 1 的選法有 $\binom{n}{k}$ 個。

許多等式都涉及二項式係數。本節結尾的習題會讓你做一些證明。

二項式界限

有時你必須決定二項式係數的大小界限。設 $1 \le k \le n$，我們可得到下限

$$\begin{aligned}
\binom{n}{k} &= \frac{n(n-1)\cdots(n-k+1)}{k(k-1)\cdots 1} \\
&= \left(\frac{n}{k}\right)\left(\frac{n-1}{k-1}\right)\cdots\left(\frac{n-k+1}{1}\right) \\
&\ge \left(\frac{n}{k}\right)^k
\end{aligned} \tag{C.5}$$

利用從第 62 頁的 Stirling 近似式 (3.25) 推導出來的不等式 $k! \ge (k/e)^k$，我們可以得出上限

$$\begin{aligned}
\binom{n}{k} &= \frac{n(n-1)\cdots(n-k+1)}{k(k-1)\cdots 1} \\
&\le \frac{n^k}{k!} \\
&\le \left(\frac{en}{k}\right)^k
\end{aligned} \tag{C.6}$$

對滿足 $0 \le k \le n$ 的所有整數 k 而言，我們可以使用歸納法（見習題 C.1-12）來證明界限

$$\binom{n}{k} \le \frac{n^n}{k^k(n-k)^{n-k}} \tag{C.7}$$

為了方便起見，我們假設 $0^0 = 1$。設 $k = \lambda n$，其中 $0 \leq \lambda \leq 1$，這個界限可以改寫成

$$\binom{n}{\lambda n} \leq \frac{n^n}{(\lambda n)^{\lambda n}((1-\lambda)n)^{(1-\lambda)n}}$$
$$= \left(\left(\frac{1}{\lambda}\right)^{\lambda}\left(\frac{1}{1-\lambda}\right)^{1-\lambda}\right)^n$$
$$= 2^{n\,H(\lambda)}$$

其中

$$H(\lambda) = -\lambda \lg \lambda - (1-\lambda) \lg (1-\lambda) \tag{C.8}$$

是（二元）熵函數，為了方便，我們假設 $0 \lg 0 = 0$，所以 $H(0) = H(1) = 0$。

習題

C.1-1
一個 n-string 有多少個 k-substring？（將位於不同位置的相同 k-substring 視為相異）。n-string 總共有幾個 substring？

C.1-2
n-輸入，m-輸出的布林函數就是從 $\{0,1\}^n$ 至 $\{0,1\}^m$ 的函數。n-輸入，1-輸出的布林函數有幾個？n-輸入，m-輸出的布林函數有幾個？

C.1-3
n 位教授可以用幾種坐法圍著圓形會議桌坐下？如果一種坐法是另一種坐法旋轉之後的結果，那就將這兩種坐法視為相同。

C.1-4
從集合 $\{1, 2, ..., 99\}$ 中選出三個不同的數字，並讓它們的總和是偶數的方法有幾種？

C.1-5
證明恆等式

$$\binom{n}{k} = \frac{n}{k}\binom{n-1}{k-1} \tag{C.9}$$

其中 $0 < k \leq n$。

C.1-6
證明恆等式

$$\binom{n}{k} = \frac{n}{n-k}\binom{n-1}{k}$$

其中 $0 \leq k < n$。

C.1-7
從 n 個物體中選出 k 個時,你可以將其中一個物體視為特別物體,並考慮是否選擇那個特別物體,用這個做法來證明:

$$\binom{n}{k} = \binom{n-1}{k} + \binom{n-1}{k-1}$$

C.1-8
使用習題 C.1-7 的結果,將二項式係數 $\binom{n}{k}$ 畫成一個表格,其中 $n = 0, 1, \ldots, 6$,$0 \leq k \leq n$。將 $\binom{0}{0}$ 放在最上面,$\binom{1}{0}$ 與 $\binom{1}{1}$ 放在下一行,然後是 $\binom{2}{0}, \binom{2}{1}, \binom{2}{2}$,以此類推。這個二項式係數表格稱為**巴斯卡三角形**(*Pascal's triangle*)。

C.1-9
證明

$$\sum_{i=1}^{n} i = \binom{n+1}{2}$$

C.1-10
證明:對於任何整數 $n \geq 0$ 與 $0 \leq k \leq n$,$\binom{n}{k}$ 在 $k = \lfloor n/2 \rfloor$ 或 $k = \lceil n/2 \rceil$ 時為其最大值。

★ C.1-11
證明:對於任何整數 $n \geq 0$,$j \geq 0$,$k \geq 0$ 且 $j+k \leq n$,

$$\binom{n}{j+k} \leq \binom{n}{j}\binom{n-j}{k} \tag{C.10}$$

除了提供代數證明之外,也使用「從 n 個物品裡選出 $j+k$ 個」的方法來證明。舉一個讓等式不成立的例子。

★ **C.1-12**
對 $0 \leq k \leq n/2$ 的所有整數 k 使用歸納法來證明不等式 (C.7)，並使用式 (C.3) 來將它延伸到 $0 \leq k \leq n$ 的所有整數 k。

★ **C.1-13**
使用 Stirling 近似式來證明

$$\binom{2n}{n} = \frac{2^{2n}}{\sqrt{\pi n}}(1 + O(1/n)) \tag{C.11}$$

★ **C.1-14**
藉著計算熵函數 $H(\lambda)$ 的微分，來證明它在 $\lambda = 1/2$ 時到達最大值。$H(1/2)$ 為何？

★ **C.1-15**
證明：對於任意整數 $n \geq 0$，

$$\sum_{k=0}^{n}\binom{n}{k}k = n\,2^{n-1} \tag{C.12}$$

★ **C.1-16**
不等式 (C.5) 是二項式係數 $\binom{n}{k}$ 的下限。小 k 值有更嚴格的界限。證明

$$\binom{n}{k} \geq \frac{n^k}{4k!} \tag{C.13}$$

其中 $k \leq \sqrt{n}$。

C.2 機率

機率是設計和分析機率演算法和隨機演算法的基本工具。本節將複習基本的機率理論。

我們用**樣本空間** S 來定義機率，S 是一個集合，其元素稱為**結果**（*outcome*）或**基本事件**（*elementary event*）。我們可以把每一個結果都視為一項實驗可能產生的結果。對一個丟擲兩枚硬幣的實驗而言，每次丟擲的結果都是正面（H）或反面（T），你可以把樣本空間 S 視為由 {H, T} 的所有可能的 2-string 組成的集合：

$S = \{$HH, HT, TH, TT$\}$

事件是樣本空間 S 的子集合 [1]。例如，在丟擲兩枚硬幣的實驗中，得到一個正面與一個反面的事件是 {HT, TH}。事件 S 稱為**必然事件**，事件 $\emptyset$ 稱為**空事件**。如果兩個事件 A 與 B 滿足 $A \cap B = \emptyset$，它們稱為**互斥事件**。結果 s 也定義了事件 $\{s\}$，有時直接寫成 s。根據定義，所有結果都是互斥的。

機率公理

在樣本空間 S 裡的**機率分布** $\Pr\{\}$ 就是 S 的事件與滿足以下的**機率公理**的實數之間的對映關係：

1. 對任何事件 A 而言，$\Pr\{A\} \geq 0$。

2. $\Pr\{S\} = 1$。

3. 對任何兩個互斥事件 A 與 B 而言，$\Pr\{A \cup B\} = \Pr\{A\} + \Pr\{B\}$。更廣泛地說，對任何兩兩互斥的事件序列 $A_1, A_2, \ldots$（有限或可數無限）而言，

$$\Pr\left\{\bigcup_i A_i\right\} = \sum_i \Pr\{A_i\}$$

我們將 $\Pr\{A\}$ 稱為事件 A 的**機率**。公理 2 只是為了進行標準化：選擇 1 作為必然事件的機率沒有特別的原因，純粹只是這是自然且方便的選擇。

從這些公理和基本集合理論（見第 B.1 節）可以直接得到一些結果。空事件 $\emptyset$ 的機率 $\Pr\{\emptyset\} = 0$。若 $A \subseteq B$，則 $\Pr\{A\} \leq \Pr\{B\}$。我們用 $\overline{A}$ 來代表事件 $S-A$（A 的**補集合**），可得 $\Pr\{\overline{A}\} = 1 - \Pr\{A\}$。對任何兩個事件 A 與 B 而言，

$$\Pr\{A \cup B\} = \Pr\{A\} + \Pr\{B\} - \Pr\{A \cap B\} \quad \text{(C.14)}$$
$$\leq \Pr\{A\} + \Pr\{B\} \quad \text{(C.15)}$$

在丟硬幣的例子裡，假設四個結果的機率都是 1/4，那麼，至少丟出一個正面的機率是

$$\Pr\{\text{HH, HT, TH}\} = \Pr\{\text{HH}\} + \Pr\{\text{HT}\} + \Pr\{\text{TH}\}$$
$$= 3/4$$

---

[1] 在一般的機率分布中，樣本空間 S 可能有一些子集合不被視為事件。這種情況通常出現在樣本空間是不可數無限（uncountably infinite）時。可將子集合視為事件的主要條件是，樣本空間的事件集合在進行以下的操作後是封閉的（closed）：取事件的補集合、取有限的或可數的事件的聯集，以及取有限的或可數的事件的交集。本書大多數的機率分布都在有限或可數的樣本空間之上，我們通常將樣本空間的所有子集合都視為事件。但連續均勻機率分布是一個值得注意的例外，我們很快就會介紹。

我們也可以這樣子推理並得到相同的結果：因為獲得嚴格少於一個正面的機率是 $\Pr\{\text{TT}\} = 1/4$，所以獲得至少一個正面的機率是 $1 - 1/4 = 3/4$。

離散機率分布

如果一個機率分布是在有限或可數無限樣本空間裡定義的，它就是**離散的**。設 S 為樣本空間。對任何事件 A 而言，

$$\Pr\{A\} = \sum_{s \in A} \Pr\{s\}$$

因為結果是互斥的，具體來說是 A 裡面的結果。如果 S 是有限的，而且每一個結果 $s \in S$ 的機率都是 $\Pr\{s\} = 1/|S|$，那就得到 S 的**均勻機率分布**，在這種情況下，實驗通常說成「隨機選擇 S 的一個元素」。

舉個例子，考慮丟擲一枚公平硬幣的過程，公平硬幣就是出現正面與反面的機率相同（即 $1/2$）的硬幣。丟擲硬幣 n 次可以得到以樣本空間 $S = \{\text{H}, \text{T}\}^n$ 來定義的均勻機率分布，它是一個大小為 2^n 的集合。我們可以把 S 的每個結果都表示成 $\{\text{H}, \text{T}\}$ 的一個長度為 n 的 string，且每個 string 出現的機率為 $1/2^n$。事件 $A = \{$ 出現 k 個正面和 $n-k$ 個反面 $\}$ 是 S 的子集合，其大小 $|A| = \binom{n}{k}$，因為 $\{\text{H}, \text{T}\}$ 的長度為 n 的 $\binom{n}{k}$ string 有 k 個 H。所以事件 A 的機率是 $\Pr\{A\} = \binom{n}{k}/2^n$。

連續均勻機率分布

連續均勻機率分布是機率分布的一種，但是在這種機率分布中，並非所有樣本空間的子集合都被視為事件。連續均勻分布是在實數的閉區間 $[a, b]$ 之上定義的，其中 $a < b$。直覺上，在區間 $[a, b]$ 裡面的每一點都有「相同的機率」。然而，因為點的數量不可數，若所有點都有相同的有限正機率，則公理 2 與 3 無法同時滿足，所以我們通常只為 S 的**某些**子集合指定機率，讓這些事件滿足公理。

設 $a \le c \le d \le b$，對任意閉區間 $[c, d]$ 而言，**連續均勻機率分布**定義事件 $[c, d]$ 的機率為

$$\Pr\{[c, d]\} = \frac{d - c}{b - a}$$

設 $c = d$ 可得到一個點的機率是 0。移除區間 $[c, d]$ 的端點 $[c, c]$ 與 $[d, d]$ 可得到開區間 (c, d)。因為 $[c, d] = [c, c] \cup (c, d) \cup [d, d]$，所以從公理 3 可得 $\Pr\{[c, d]\} = \Pr\{(c, d)\}$。一般來說，連續均勻機率分布的事件集合包含樣本空間 $[a, b]$ 中，可由有限個或可數個開區間和閉區間的聯集得到的子集合，以及一些較複雜的集合。

條件機率與獨立

我們有時會有關於實驗結果的部分先驗知識。例如，假設有一位朋友丟擲了兩個公平的硬幣，並告訴你至少有一枚硬幣是正面。那麼，兩個硬幣都是正面的機率是多少？你得到的資訊排除了兩個都是反面的可能性。其餘的三個結果有相同的機率，所以你可以推論，它們發生的機率都是 1/3。因為只有一個結果是兩個正面，所以答案是 1/3。

條件機率正式地定義「事先知道部分的實驗結果資訊」這個概念。發生事件 B 後，另一個事件 A 的**條件機率**的定義如下

$$\Pr\{A \mid B\} = \frac{\Pr\{A \cap B\}}{\Pr\{B\}} \tag{C.16}$$

當 $\Pr\{B\} \neq 0$（「$\Pr\{A|B\}$」讀成「在 B 條件成立時，發生 A 的機率」）式 (C.16) 背後的想法是，既然我們知道事件 B 發生了，那麼 A 也發生的事件是 $A \cap B$。也就是說，$A \cap B$ 是 A 和 B 都發生的結果集合。因為結果是 B 的基本事件之一，我們將 B 的所有基本事件的機率除以 $\Pr\{B\}$ 來進行正規化，讓它們的總和是 1。因此，在發生 B 的情況下，發生 A 的條件機率就是事件 $A \cap B$ 的機率與事件 B 的機率之比。在上述例子中，A 是兩個硬幣都是正面的事件，B 是至少有一個硬幣是正面的事件，所以 $\Pr\{A|B\} = (1/4)/(3/4) = 1/3$。

若兩個事件滿足以下條件，則它們是**獨立的**

$$\Pr\{A \cap B\} = \Pr\{A\} \Pr\{B\} \tag{C.17}$$

它與下面的條件等價（若 $\Pr\{B\} \neq 0$）

$$\Pr\{A \mid B\} = \Pr\{A\}$$

例如，假設丟出兩個公平硬幣的結果是獨立的。那麼，出現兩個正面的機率是 $(1/2)(1/2) = 1/4$。假設有一個事件是第一枚硬幣是正面，另一個事件是兩枚硬幣不同面。這兩個事件的機率都是 1/2，兩個事件都發生的機率是 1/4。因此，根據獨立的定義，這兩個事件是獨立的，即使你可能認為這兩個事件都取決於第一個硬幣。最後，假如兩枚硬幣被焊在一起，所以它

們若不是同時出現正面，就是同時出現反面，各個硬幣出現正面的機率是 1/2，但是它們都出現正面的機率是 1/2 ≠ (1/2)(1/2)。因此，一個硬幣是正面的事件與另一個硬幣是正面的事件不是獨立的。

如果事件集合 $A_1, A_2, ..., A_n$ 滿足以下條件，那麼它們是**兩兩獨立的**

$$\Pr\{A_i \cap A_j\} = \Pr\{A_i\}\Pr\{A_j\}$$

對所有 $1 \le i < j \le n$ 而言。如果集合的每一個 k-子集合 $A_{i_1}, A_{i_2}, ..., A_{i_k}$ 滿足以下條件，那麼該集合的事件是（**互相**）**獨立的**，其中 $2 \le k \le n$ 且 $1 \le i_1 < i_2 < \cdots < i_k \le n$

$$\Pr\{A_{i_1} \cap A_{i_2} \cap \cdots \cap A_{i_k}\} = \Pr\{A_{i_1}\}\Pr\{A_{i_2}\}\cdots\Pr\{A_{i_k}\}$$

例如，假設你丟擲兩個公平硬幣。設 A_1 是第一枚硬幣是正面的事件，A_2 是第二枚硬幣是正面的事件，A_3 是兩枚硬幣不相同的事件，那麼，

$$\begin{aligned}
\Pr\{A_1\} &= 1/2 \\
\Pr\{A_2\} &= 1/2 \\
\Pr\{A_3\} &= 1/2 \\
\Pr\{A_1 \cap A_2\} &= 1/4 \\
\Pr\{A_1 \cap A_3\} &= 1/4 \\
\Pr\{A_2 \cap A_3\} &= 1/4 \\
\Pr\{A_1 \cap A_2 \cap A_3\} &= 0
\end{aligned}$$

因為當 $1 \le i < j \le 3$ 時，$\Pr\{A_i \cap A_j\} = \Pr\{A_i\}\Pr\{A_j\} = 1/4$，事件 A_1、A_2、A_3 是兩兩獨立的。但是，這些事件不是互相獨立的，因為 $\Pr\{A_1 \cap A_2 \cap A_3\} = 0$ 且 $\Pr\{A_1\}\Pr\{A_2\}\Pr\{A_3\} = 1/8 \ne 0$。

貝氏定理

從條件機率的定義 (C.16) 與交換率 $A \cap B = B \cap A$ 可以得到，對兩個機率非零的事件 A 與 B 而言

$$\begin{aligned}
\Pr\{A \cap B\} &= \Pr\{B\}\Pr\{A \mid B\} \\
&= \Pr\{A\}\Pr\{B \mid A\}
\end{aligned} \tag{C.18}$$

計算 Pr{A|B} 可得

$$\Pr\{A \mid B\} = \frac{\Pr\{A\}\Pr\{B \mid A\}}{\Pr\{B\}} \tag{C.19}$$

即**貝氏定理**。分母 Pr{B} 是正規化常數，我們可以將它轉換如下。因為 $B = (B \cap A) \cup (B \cap \overline{A})$，且因為 $B \cap A$ 和 $B \cap \overline{A}$ 是互斥事件，所以

$$\begin{aligned} \Pr\{B\} &= \Pr\{B \cap A\} + \Pr\{B \cap \overline{A}\} \\ &= \Pr\{A\}\Pr\{B \mid A\} + \Pr\{\overline{A}\}\Pr\{B \mid \overline{A}\} \end{aligned}$$

代入式 (C.19) 可得到貝氏定理的等價形式：

$$\Pr\{A \mid B\} = \frac{\Pr\{A\}\Pr\{B \mid A\}}{\Pr\{A\}\Pr\{B \mid A\} + \Pr\{\overline{A}\}\Pr\{B \mid \overline{A}\}} \tag{C.20}$$

貝氏定理可以簡化條件機率的計算。例如，假設我們有一枚公平硬幣，與一枚始終正面朝上的不平衡硬幣。我們進行一個包含三個獨立事件的實驗：隨機選擇兩枚硬幣之一、丟那枚硬幣一次，再丟它一次。假設你選擇的硬幣丟兩次都是正面，它是不平衡硬幣的機率是多少？

貝氏定理可解決這個問題。設 A 是你選擇不平衡硬幣的事件，設 B 是選出來的硬幣丟兩次都是正面的事件。已知 $\Pr\{A\} = 1/2$，$\Pr\{B|A\} = 1$，$\Pr\{\overline{A}\} = 1/2$，$\Pr\{B|\overline{A}\} = 1/4$，我們想找出 $\Pr\{A|B\}$，可得

$$\begin{aligned} \Pr\{A \mid B\} &= \frac{(1/2) \cdot 1}{(1/2) \cdot 1 + (1/2) \cdot (1/4)} \\ &= 4/5 \end{aligned}$$

習題

C.2-1
Rosencrantz 教授丟一枚公平硬幣兩次。Guildenstern 教授丟一枚公平硬幣一次。Rosencrantz 教授丟出正面的次數嚴格多於 Guildenstern 教授的機率是多少？

C.2-2
證明 **Boole 不等式**：對任何有限的或可數的事件序列 $A_1, A_2, \ldots$ 而言

$$\Pr\{A_1 \cup A_2 \cup \cdots\} \leq \Pr\{A_1\} + \Pr\{A_2\} + \cdots \tag{C.21}$$

C.2-3
有一副牌,裡面有 10 張牌,每張牌有一個從 1 到 10 的不同數字,你將那副牌徹底洗亂,然後從那副牌中拿走三張牌,每次拿走一張,你抽出來的牌依序遞增排列的機率是多少?

C.2-4
證明

$$\Pr\{A \mid B\} + \Pr\{\overline{A} \mid B\} = 1$$

C.2-5
證明:對任何事件集合 $A_1, A_2, \ldots, A_n$ 而言,

$$\Pr\{A_1 \cap A_2 \cap \cdots \cap A_n\} = \Pr\{A_1\} \cdot \Pr\{A_2 \mid A_1\} \cdot \Pr\{A_3 \mid A_1 \cap A_2\} \cdots \\ \Pr\{A_n \mid A_1 \cap A_2 \cap \cdots \cap A_{n-1}\} \qquad (C.22)$$

★ C.2-6
說明如何建構 n 個事件,讓裡面的事件兩兩獨立,但其中的 $k > 2$ 的子集合都不是互相獨立的。

★ C.2-7
給定事件 C,若事件 A 與 B 滿足以下條件,則它們是**條件獨立的**:

$$\Pr\{A \cap B \mid C\} = \Pr\{A \mid C\} \cdot \Pr\{B \mid C\}$$

舉一個容易理解但不致於過度簡單的例子,展示兩個非獨立,但在給定第三個事件時條件獨立的情況。

★ C.2-8
Gore 教授是節奏音樂課的教師,這堂課有三位學生快被當掉了,他們是 Jeff、Tim、Carmine。Gore 教授告訴這三個人,他們中,有一位會 pass,但另外兩位會被當掉。Carmine 私下詢問 Gore 教授,Jeff 和 Tim 中哪一位會被當掉,Carmine 認為,既然他已經知道其他兩位一定有一位會被當掉,所以使用這種問法,教授不會透露關於 Carmine 的下場的任何資訊。教授違反隱私條款,告訴 Carmine:Jeff 會被當掉。Carmine 鬆了一口氣,認為他或 Tim 會 pass,所以他 pass 的機率是 1/2。Carmine 對嗎?還是他 pass 的機率仍然是 1/3?解釋你的答案。

C.3 離散隨機變數

（離散）隨機變數 X 是一個將有限的或可數無限的樣本空間 S 對映到實數的函數，它為實驗的每一個可能結果指定一個實數，使我們能夠處理數字集合產生的機率分布。不可數無限樣本空間也可以定義隨機變數，但這會引發一些目前而言不必處理的技術問題。因此，我們將假設隨機變數是離散的。

設 X 為隨機變數，x 為實數，我們定義事件 $X = x$ 為 $\{s \in S : X(s) = x\}$，所以

$$\Pr\{X = x\} = \sum_{s \in S : X(s) = x} \Pr\{s\}$$

函數

$$f(x) = \Pr\{X = x\}$$

是隨機變數 X 的機率密度函數。從機率公理可得，$\Pr\{X = x\} \geq 0$ 且 $\sum_x \Pr\{X = x\} = 1$。

舉個例子，考慮丟一對普通的 6 面骰子。在樣本空間裡有 36 種可能的結果。假設機率分布是均勻的，所以每一個結果 $s \in S$ 的機率是相同的：$\Pr\{s\} = 1/36$。我們定義隨機變數 X 是兩個骰子點數最大的那一個，得到 $\Pr\{X = 3\} = 5/36$，因為 X 為 36 種可能的結果中的 5 個結果指定了 3 這個值，那 5 個是 (1, 3)、(2, 3)、(3, 3)、(3, 2)、(3, 1)。

我們可以在同一個樣本空間上定義多個隨機變數。如果 X 與 Y 是隨機變數，函數

$$f(x, y) = \Pr\{X = x \text{ 且 } Y = y\}$$

是 X 與 Y 的聯合機率密度函數。對於固定值 y，

$$\Pr\{Y = y\} = \sum_x \Pr\{X = x \text{ 且 } Y = y\}$$

同理，對於固定值 x，

$$\Pr\{X = x\} = \sum_y \Pr\{X = x \text{ 且 } Y = y\}$$

使用第 1143 頁的條件機率定義 (C.16) 可得

$$\Pr\{X = x \mid Y = y\} = \frac{\Pr\{X = x \text{ 且 } Y = y\}}{\Pr\{Y = y\}}$$

如果兩個隨機變數 X 與 Y 滿足以下條件，我們定義它們是**獨立的**：對所有 x 與 y 而言，事件 $X = x$ 與 $Y = y$ 是獨立的，或等價地，對所有 x 與 y 而言，$\Pr\{X = x \text{ 且 } Y = y\} = \Pr\{X = x\} \Pr\{Y = y\}$。

給定一組在同一個樣本空間定義的隨機變數，我們可以將新的隨機變數定義成原始變數的和、積或其他函數。

隨機變數的期望值

要概述一個隨機變數分布，最簡單的方法是計算其值的「平均值」，這通常也是最有用的方法。離散隨機變數 X 的**期望值**（*expected value*）（或 *expectation* 或 *mean*）是

$$\mathrm{E}[X] = \sum_x x \cdot \Pr\{X = x\} \tag{C.23}$$

如果和是有限的，或絕對收斂的，它就是定義完善的。有時 X 的期望值寫成 μ_X，或如果前後文有提到它是隨機變數，寫成 μ。

考慮一場丟兩枚公平硬幣的遊戲。只要丟出正面，你就可以賺 3 美元，但丟出反面就要賠 2 美元。代表獲利的隨機變數 X 的期望值是

$$\begin{aligned}\mathrm{E}[X] &= 6 \cdot \Pr\{2 \text{ H's}\} + 1 \cdot \Pr\{1 \text{ H}, 1 \text{ T}\} - 4 \cdot \Pr\{2 \text{ T's}\} \\ &= 6 \cdot (1/4) + 1 \cdot (1/2) - 4 \cdot (1/4) \\ &= 1\end{aligned}$$

期望的線性性質指出，兩個隨機變數之和的期望值就是它們的期望值之和，亦即

$$\mathrm{E}[X + Y] = \mathrm{E}[X] + \mathrm{E}[Y] \tag{C.24}$$

其中 $E[X]$ 與 $E[Y]$ 是有定義的。期望的線性性質普遍適用，即使在 X 與 Y 不獨立的情況下也成立。它也可以延伸到有限且絕對收斂的期望值總和。期望的線性性質是使你能夠使用指標隨機變數（見第 5.2 節）來進行機率分析的關鍵屬性。

如果 X 是任意隨機變數，任意函數 $g(x)$ 定義了一個新的隨機變數 $g(X)$。如果 $g(X)$ 的期望值有定義，那麼

$$\mathrm{E}[g(X)] = \sum_x g(x) \cdot \Pr\{X = x\}$$

設 $g(x) = ax$，對任何常數 a 而言，

$$\mathrm{E}[aX] = a\mathrm{E}[X] \tag{C.25}$$

因此，期望是線性的：對任何兩個隨機變數 X 和 Y 以及任何常數 a 而言，

$$\mathrm{E}[aX + Y] = a\mathrm{E}[X] + \mathrm{E}[Y] \tag{C.26}$$

當兩個隨機變數 X 與 Y 是獨立的，而且它們的期望都有定義時，

$$\begin{aligned}
\mathrm{E}[XY] &= \sum_x \sum_y xy \cdot \Pr\{X = x \text{ 且 } Y = y\} \\
&= \sum_x \sum_y xy \cdot \Pr\{X = x\}\Pr\{Y = y\} \quad \text{（根據 X 與 Y 的獨立性）} \\
&= \left(\sum_x x \cdot \Pr\{X = x\}\right)\left(\sum_y y \cdot \Pr\{Y = y\}\right) \\
&= \mathrm{E}[X]\mathrm{E}[Y] \quad \text{（根據式 (C.23)）}
\end{aligned}$$

一般來說，若 n 個隨機變數 $X_1, X_2, ..., X_n$ 互相獨立，則

$$\mathrm{E}[X_1 X_2 \cdots X_n] = \mathrm{E}[X_1]\mathrm{E}[X_2]\cdots\mathrm{E}[X_n] \tag{C.27}$$

當隨機變數 X 的值來自自然數集合 $\mathbb{N} = \{0, 1, 2..., \}$，我們可以得到一個漂亮的期望公式：

$$\begin{aligned}
\mathrm{E}[X] &= \sum_{i=0}^{\infty} i \cdot \Pr\{X = i\} \\
&= \sum_{i=0}^{\infty} i \cdot (\Pr\{X \geq i\} - \Pr\{X \geq i+1\}) \\
&= \sum_{i=1}^{\infty} \Pr\{X \geq i\}
\end{aligned} \tag{C.28}$$

因為每一項 $\Pr\{X \geq i\}$ 都被加入 i 次，並減去 $i-1$ 次（除了 $\Pr\{X \geq 0\}$ 之外，它被加入 0 次，且沒有被減去）。

當函數 $f(x)$ 滿足以下條件時，它是<u>凸的</u>

$$f(\lambda x + (1 - \lambda)y) \leq \lambda f(x) + (1 - \lambda)f(y) \tag{C.29}$$

對所有 x 與 y，且對所有 $0 \leq \lambda \leq 1$ 而言，**Jensen 不等式**指出，對隨機變數 X 應用凸函數 $f(x)$ 時，

$$\mathrm{E}[f(X)] \geq f(\mathrm{E}[X]) \tag{C.30}$$

若期望存在，而且是有限的。

變異數與標準差

隨機變數的期望值並未表達該變數的值有多麼「分散」。例如，考慮隨機變數 X 與 Y，$\Pr\{X = 1/4\} = \Pr\{X = 3/4\} = 1/2$ 且 $\Pr\{Y = 0\} = \Pr\{Y = 1\} = 1/2$。那麼 $\mathrm{E}[X]$ 與 $\mathrm{E}[Y]$ 都是 $1/2$，但 Y 的實際值和平均值的距離比 X 的實際值和平均值的距離更遠。

數學的變異數可以表達隨機變數的值可能離平均值多遠。平均值為 $\mathrm{E}[X]$ 的隨機變數 X 的**變異數**是

$$\begin{aligned}
\mathrm{Var}[X] &= \mathrm{E}\left[(X - \mathrm{E}[X])^2\right] \\
&= \mathrm{E}\left[X^2 - 2X\mathrm{E}[X] + \mathrm{E}^2[X]\right] \\
&= \mathrm{E}[X^2] - 2\mathrm{E}[X\mathrm{E}[X]] + \mathrm{E}^2[X] \\
&= \mathrm{E}[X^2] - 2\mathrm{E}^2[X] + \mathrm{E}^2[X] \\
&= \mathrm{E}[X^2] - \mathrm{E}^2[X] \tag{C.31}
\end{aligned}$$

為了證明 $\mathrm{E}[\mathrm{E}^2[X]] = \mathrm{E}^2[X]$，請注意，因為 $\mathrm{E}[X]$ 是實數而不是隨機變數，所以 $\mathrm{E}^2[X]$ 也是。$\mathrm{E}[X\mathrm{E}[X]] = \mathrm{E}^2[X]$ 來自式 (C.25)，設 $a = \mathrm{E}[X]$。改寫式 (C.31) 可得到隨機變數的平方的期望表達式：

$$\mathrm{E}[X^2] = \mathrm{Var}[X] + \mathrm{E}^2[X] \tag{C.32}$$

隨機變數 X 的變異數與 aX 的變異數是相關的（見習題 C.3-10）：

$$\mathrm{Var}[aX] = a^2 \mathrm{Var}[X]$$

當 X 與 Y 是獨立的隨機變數時，

$$\mathrm{Var}[X + Y] = \mathrm{Var}[X] + \mathrm{Var}[Y]$$

一般來說，如果 n 個隨機變數 $X_1, X_2, \ldots, X_n$ 是兩兩獨立的，那麼

$$\mathrm{Var}\left[\sum_{i=1}^{n} X_i\right] = \sum_{i=1}^{n} \mathrm{Var}[X_i] \tag{C.33}$$

隨機變數 X 的**標準差**是 X 的變異數的非負平方根。隨機變數 X 的標準差有時寫成 σ_X，或者如果可從前後文知道隨機變數 X 時，僅以 σ 來表示。使用這種表示法時，X 的變異數寫成 σ^2。

習題

C.3-1
丟兩顆普通的 6 面骰子時，兩顆骰子點數之和的期望值是多少？兩個骰子點數之中的最大值的期望值是多少？

C.3-2
有一個陣列 $A[1:n]$ 裡面有 n 個不同的數字，這些數字是隨機排列的，n 個數字的每一種排列都有相同的機率。陣列最大元素的索引的期望值是多少？陣列最小元素的索引的期望值是多少？

C.3-3
在一場嘉年華遊戲中，有 3 顆骰子被放在一個罐子裡。玩家可以為 1 到 6 的任何數字下注一元。然後主持人會搖動罐子，並按照以下的規則來決定報酬。如果沒有任何一顆骰子丟出玩家選擇的數字，玩家就賠一元。如果玩家選擇的數字在三個骰子中出現了 k 次（$k = 1, 2, 3$）中，玩家拿回一元，並贏得另外的 k 元。玩這場嘉年華遊戲一次的期望獲利是多少？

C.3-4
證明：如果 X 與 Y 是非負隨機變數，那麼

$$\mathrm{E}[\max\{X, Y\}] \leq \mathrm{E}[X] + \mathrm{E}[Y]$$

★ C.3-5
設 X 與 Y 是獨立隨機變數。證明：對任何函數 f 與 g 而言，$f(X)$ 與 $g(Y)$ 是獨立的。

★ **C.3-6**

設 X 是非負隨機變數,假設 $\mathrm{E}[X]$ 是定義完善的。證明**馬可夫不等式**:

$$\Pr\{X \geq t\} \leq \mathrm{E}[X]/t \tag{C.34}$$

對所有 $t > 0$ 而言。

★ **C.3-7**

設 S 是樣本空間,並設 X 與 X' 是隨機變數,且滿足對所有 $s \in S$ 而言,$X(s) \geq X'(s)$。證明:對任何實數常數 t 而言,

$$\Pr\{X \geq t\} \geq \Pr\{X' \geq t\}$$

C.3-8

哪個比較大:一個隨機變數的平方的期望值,還是它的期望值的平方?

C.3-9

證明:對值只有 0 與 1 的任何隨機變數 X 而言,$\mathrm{Var}[X] = \mathrm{E}[X]\mathrm{E}[1-X]$。

C.3-10

證明:根據變異數的定義 (C.31),$\mathrm{Var}[aX] = a^2\mathrm{Var}[X]$。

C.4 幾何分布和二項分布

Bernoulli **試驗**是只可能有兩種結果的試驗:**成功**,發生的機率為 p,以及**失敗**,發生的機率為 $q = 1-p$。丟硬幣就是一個例子,取決於個人觀點,我們可將正面視為成功,反面視為失敗。當我們談論一群 *Bernoulli* **試驗**時,我們認為這些試驗是互相獨立的,除非特別說明,否則每個試驗都有相同的成功機率 p。Bernoulli 試驗可產生兩個重要的分布:幾何分布和二項分布。

幾何分布

考慮一連串的 Bernoulli 試驗,其中每個試驗的成功機率都是 p,失敗機率都是 $q = 1-p$。試驗需要做幾次才會成功?我們定義隨機變數 X 是出現成功所需的試驗次數。那麼 X 的值的範圍是 $\{1, 2, \ldots\}$,且 $k \geq 1$,

$$\Pr\{X = k\} = q^{k-1}p \tag{C.35}$$

因為在第一次成功之前有 $k-1$ 次失敗。滿足式 (C.35) 的機率分布稱為**幾何分布**。圖 C.1 就是這種分布。

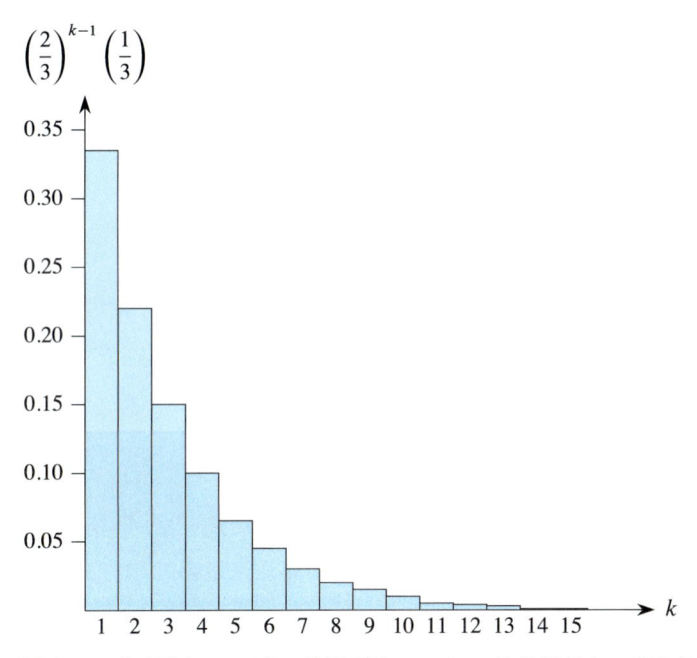

$\left(\frac{2}{3}\right)^{k-1}\left(\frac{1}{3}\right)$

圖 C.1 成功機率 $p = 1/3$，失敗機率 $q = 1-p$ 的幾何分布。分布的期望值是 $1/p = 3$。

假設 $q < 1$，我們可以計算幾何分布的期望值：

$$\begin{aligned}
\mathrm{E}[X] &= \sum_{k=1}^{\infty} k q^{k-1} p \\
&= \frac{p}{q} \sum_{k=0}^{\infty} k q^k \\
&= \frac{p}{q} \cdot \frac{q}{(1-q)^2} \quad \text{（根據第 1099 頁的式 (A.11)）} \\
&= \frac{p}{q} \cdot \frac{q}{p^2} \\
&= 1/p
\end{aligned} \tag{C.36}$$

因此，平均來說，我們要做 $1/p$ 次試驗才能看到成功，這是一個直覺的結果。正如習題 C.4-3 將請你證明的，變異數是

$$\text{Var}[X] = q/p^2 \tag{C.37}$$

舉個例子，假設你要重複丟兩顆骰子，直到丟出七或十一為止。在 36 種可能的結果裡，有 6 種產生七，2 種產生十一。因此，成功的機率是 $p = 8/36 = 2/9$，你平均要丟 $1/p = 9/2 = 4.5$ 次才能丟出七或十一。

二項分布

當成功的機率是 p，失敗的機率是 $1-p$ 時，做 n 次 Bernoulli 試驗會成功幾次？我們定義隨機變數 X 是 n 次試驗的成功次數。那麼 X 值的範圍是 $\{0, 1, ..., n\}$，設 $k = 0, 1, ..., n$，

$$\Pr\{X = k\} = \binom{n}{k} p^k q^{n-k} \tag{C.38}$$

因為從 n 次試驗選出 k 次成功的選法有 $\binom{n}{k}$ 種，且每次成功發生的機率是 $p^k q^{n-k}$。滿足式 (C.38) 的機率分布稱為**二項分布**。為了方便起見，我們使用下面的寫法來定義二項分布的族系

$$b(k; n, p) = \binom{n}{k} p^k (1-p)^{n-k} \tag{C.39}$$

圖 C.2 就是二項分布。「二項」這個名稱來自式 (C.38) 的等號右邊是 $(p+q)^n$ 的展開式的第 k 項。因為 $p + q = 1$，從第 1136 頁的式 (C.4) 可得

$$\sum_{k=0}^{n} b(k; n, p) = 1 \tag{C.40}$$

滿足機率公理 2 的要求。

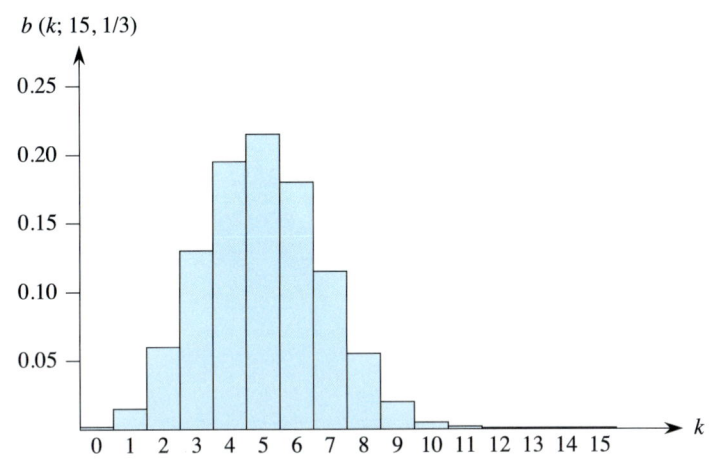

圖 C.2 $n = 15$ 次 Bernoulli 試驗的二項分布 $b(k; 15, 1/3)$，每次試驗都有 $p = 1/3$ 的成功機率。分布的期望值是 $np = 5$。

我們可以根據式 (C.9) 和 (C.40) 來計算具有二項分布的隨機變數的期望值。設 X 是具有二項分布 $b(k; n, p)$ 的隨機變數，設 $q = 1-p$。由期望的定義可得

$$
\begin{aligned}
\mathrm{E}[X] &= \sum_{k=0}^{n} k \cdot \Pr\{X = k\} \\
&= \sum_{k=0}^{n} k \cdot b(k; n, p) \\
&= \sum_{k=1}^{n} k \binom{n}{k} p^k q^{n-k} \\
&= np \sum_{k=1}^{n} \binom{n-1}{k-1} p^{k-1} q^{n-k} \quad \text{（根據第 1138 頁的式 (C.9)）} \\
&= np \sum_{k=0}^{n-1} \binom{n-1}{k} p^k q^{(n-1)-k} \\
&= np \sum_{k=0}^{n-1} b(k; n-1, p) \\
&= np \quad\quad\quad\quad\quad\quad\quad \text{（根據式 (C.40)）} \quad\quad\quad\quad\quad (\text{C.41})
\end{aligned}
$$

我們可以利用期望的線性性質,以更少的代數計算得到相同的結果。設 X_i 是描述第 i 次試驗的成功次數的隨機變數,那麼 $E[X_i] = p \cdot 1 + q \cdot 0 = p$,$n$ 次試驗的期望成功次數是

$$\begin{aligned} E[X] &= E\left[\sum_{i=1}^{n} X_i\right] \\ &= \sum_{i=1}^{n} E[X_i] \quad \text{(根據第 1148 頁的式 (C.24))} \\ &= \sum_{i=1}^{n} p \\ &= np \end{aligned} \tag{C.42}$$

我們可以使用同一種方法來計算分布的變異數。根據式 (C.31),$\text{Var}[X_i] = E[X_i^2] - E^2[X_i]$。因為 X_i 的值只有 0 與 1,所以 $X_i^2 = X_i$,這意味著 $E[X_i^2] = E[X_i] = p$。因此,

$$\text{Var}[X_i] = p - p^2 = p(1-p) = pq \tag{C.43}$$

我們利用 n 次試驗的獨立性來計算 X 的變異數。根據式 (C.33),可得

$$\begin{aligned} \text{Var}[X] &= \text{Var}\left[\sum_{i=1}^{n} X_i\right] \\ &= \sum_{i=1}^{n} \text{Var}[X_i] \\ &= \sum_{i=1}^{n} pq \\ &= npq \end{aligned} \tag{C.44}$$

如圖 C.2 所示，二項分布 $b(k; n, p)$ 隨著 k 增加，直到到達平均值 np，然後開始減少。為了證明分布一定是這種形式，我們來看看連續項的比：

$$\begin{aligned}
\frac{b(k; n, p)}{b(k-1; n, p)} &= \frac{\binom{n}{k} p^k q^{n-k}}{\binom{n}{k-1} p^{k-1} q^{n-k+1}} \\
&= \frac{n!\,(k-1)!\,(n-k+1)!\,p}{k!\,(n-k)!\,n!\,q} \\
&= \frac{(n-k+1)p}{kq} \\
&= 1 + \frac{(n-k+1)p - kq}{kq} \\
&= 1 + \frac{(n-k+1)p - k(1-p)}{kq} \\
&= 1 + \frac{(n+1)p - k}{kq}
\end{aligned} \qquad (C.45)$$

這個比值在 $(n+1)p - k$ 是正值時大於 1。因此，當 $k < (n+1)p$ 時，$b(k; n, p) > b(k-1; n, p)$（分布遞增），當 $k > (n+1)p$ 時，$b(k; n, p) < b(k-1; n, p)$（分布遞減）。如果 $(n+1)p$ 是整數，那麼當 $k = (n+1)p$ 時，比值 $b(k; n, p)/b(k-1; n, p)$ 等於 1，所以 $b(k; n, p) = b(k-1; n, p)$。在這種情況下，分布有兩個最大值：在 $k = (n+1)p$ 處，與在 $k-1 = (n+1)p - 1 = np - q$ 處。否則，它在唯一整數 k 處到達最大值，k 的範圍是 $np - q < k < (n+1)p$。

接下來的引理提供二項分布的上限。

引理 C.1

設 $n \geq 0$，$0 < p < 1$，$q = 1 - p$，$0 \leq k \leq n$。那麼

$$b(k; n, p) \leq \left(\frac{np}{k}\right)^k \left(\frac{nq}{n-k}\right)^{n-k}$$

證明 我們得到

$$\begin{aligned}
b(k; n, p) &= \binom{n}{k} p^k q^{n-k} \\
&\leq \left(\frac{n}{k}\right)^k \left(\frac{n}{n-k}\right)^{n-k} p^k q^{n-k} \quad \text{（根據第 1137 頁的不等式 (C.7)）} \\
&= \left(\frac{np}{k}\right)^k \left(\frac{nq}{n-k}\right)^{n-k}
\end{aligned}$$

∎

習題

C.4-1
證明機率公理的公理 2 對幾何分布而言成立。

C.4-2
平均而言,丟 6 枚公平硬幣幾次才能得到三個正面與三個反面?

C.4-3
證明幾何分布的變異數是 q/p^2(提示:使用第 1101 頁的習題 A.1-6)。

C.4-4
證明 $b(k; n, p) = b(n-k; n, g)$,其中 $q = 1-p$。

C.4-5
證明二項分布 $b(k; n, p)$ 的最大值大約是 $1/\sqrt{2\pi npq}$,其中 $q = 1-p$。

★ C.4-6
某 Bernoulli 試驗每次的成功機率都是 $p = 1/n$,證明 n 次試驗都不成功的機率大約是 $1/e$。證明一次成功的機率也大約是 $1/e$。

★ C.4-7
Rosencrantz 教授丟公平的硬幣 n 次,Guildenstern 教授也一樣。證明他們丟出正面的次數相同的機率是 $\binom{2n}{n}/4^n$(提示:假設 Rosencrantz 教授將正面稱為成功,Guildenstern 教授將反面稱為成功)。用你的證明來驗證恆等式

$$\sum_{k=0}^{n} \binom{n}{k}^2 = \binom{2n}{n}$$

★ C.4-8
證明:設 $0 \leq k \leq n$,

$b(k; n, 1/2) \leq 2^{n H(k/n) - n}$

其中 $H(x)$ 是第 1138 頁的熵函數 (C.8)。

★ **C.4-9**

考慮 n 次 Bernoulli 試驗，設 $i = 1, 2, ..., n$，第 i 次試驗成功的機率是 p_i，設 X 是代表總成功次數的隨機變數。設 $p \geq p_i$，$i = 1, 2, ..., n$。證明：設 $1 \leq k \leq n$，

$$\Pr\{X < k\} \geq \sum_{i=0}^{k-1} b(i; n, p)$$

★ **C.4-10**

設 X 是進行 n 次 Bernoulli 試驗的集合 A 的成功總次數的隨機變數，其中，第 i 次試驗成功的機率是 p_i，設 X' 是進行 n 次 Bernoulli 試驗的第二個集合 A' 的成功總次數的隨機變數，其中第 i 次試驗成功的機率 $p'_i \geq p_i$。證明：設 $0 \leq k \leq n$，

$$\Pr\{X' \geq k\} \geq \Pr\{X \geq k\}.$$

（提示：展示如何用 A 的試驗來進行 A' 的 Bernoulli 試驗，並使用習題 C.3-7 的結果。）

★ C.5 二項分布的尾部

n 次 Bernoulli 試驗至少或最多出現 k 次成功的機率，通常比恰好出現 k 次成功的機率更值得關注（每一次試驗成功的機率為 p）。在這一節，我們要研究二項分布的<u>尾部</u>，就是在分布 $b(k; n, p)$ 中，遠離均數 np 的兩個區域。我們將證明尾部（裡的所有項之和）的幾個重要的界限。

我們先證明分布 $b(k; n, p)$ 的右尾部的界限。只要將成功與失敗的角色對調，即可求得左尾部的界限。

定理 C.2

考慮 n 次 Bernoulli 試驗的序列，其成功的機率是 p。設 X 是代表總成功次數的隨機變數。若 $0 \leq k \leq n$，至少成功 k 次的機率是

$$\begin{aligned}\Pr\{X \geq k\} &= \sum_{i=k}^{n} b(i; n, p) \\ &\leq \binom{n}{k} p^k\end{aligned}$$

證明 設 $S \subseteq \{1, 2, ..., n\}$，對每一個 $i \in S$ 而言，設 A_S 是第 i 次試驗成功的事件。因為 $\Pr\{A_S\} = p^k$，其中 $|S| = k$，我們得到

$$\begin{aligned}
\Pr\{X \geq k\} &= \Pr\{\text{存在 } S \subseteq \{1, 2, \ldots, n\} : |S| = k \text{ 且 } A_S\} \\
&= \Pr\left\{\bigcup_{S \subseteq \{1,2,\ldots,n\}:|S|=k} A_S\right\} \\
&\leq \sum_{S \subseteq \{1,2,\ldots,n\}:|S|=k} \Pr\{A_S\} \quad \text{（根據第 1145 頁的不等式 (C.21)）} \\
&= \binom{n}{k} p^k
\end{aligned}$$

∎

接下來的推論重新陳述二項分布的左尾部的定理。一般來說，我們會讓讀者用證明一個尾部的方法來證明另一個尾部。

推論 C.3

考慮一個由 n 個 Bernoulli 試驗組成的序列，試驗成功的機率為 p。如果 X 是代表總成功次數的隨機變數，設 $0 \leq k \leq n$，頂多有 k 次成功的機率是

$$\begin{aligned}
\Pr\{X \leq k\} &= \sum_{i=0}^{k} b(i; n, p) \\
&\leq \binom{n}{n-k}(1-p)^{n-k} \\
&= \binom{n}{k}(1-p)^{n-k}
\end{aligned}$$

∎

接下來的界限涉及二項分布的左尾部。其推論指出，在遠離平均值的地方，左尾部會以指數形式縮小。

定理 C.4

考慮 n 次 Bernoulli 試驗的序列，它的成功機率是 p，失敗機率是 $q = 1-p$。設 X 是代表總成功次數的隨機變數。那麼設 $0 < k < np$，成功次數少於 k 次的機率是

$$\Pr\{X < k\} = \sum_{i=0}^{k-1} b(i; n, p)$$
$$< \frac{kq}{np - k} b(k; n, p)$$

證明 我們用第 1103 頁，第 A.2 節的技巧，以等比級數來界定級數 $\sum_{i=0}^{k-1} b(i; n, p)$ 的界限。設 $i = 1, 2, ..., k$，從式 (C.45) 可得

$$\frac{b(i-1; n, p)}{b(i; n, p)} = \frac{iq}{(n-i+1)p}$$
$$< \frac{iq}{(n-i)p}$$
$$\leq \frac{kq}{(n-k)p}$$

若設

$$x = \frac{kq}{(n-k)p}$$
$$< \frac{kq}{(n-np)p}$$
$$= \frac{kq}{nqp}$$
$$= \frac{k}{np}$$
$$< 1$$

由此可得

$$b(i-1; n, p) < x\, b(i; n, p)$$

設 $0 < i \leq k$。迭代地套用這個不等式 $k-i$ 次，可得

$$b(i; n, p) < x^{k-i}\, b(k; n, p)$$

設 $0 < i \leq k$，因此

$$\sum_{i=0}^{k-1} b(i;n,p) < \sum_{i=0}^{k-1} x^{k-i} b(k;n,p)$$
$$< b(k;n,p) \sum_{i=1}^{\infty} x^i$$
$$= \frac{x}{1-x} b(k;n,p)$$
$$= \frac{kq/((n-k)p)}{((n-k)p-kq)/((n-k)p)} b(k;n,p)$$
$$= \frac{kq}{np-kp-kq} b(k;n,p)$$
$$= \frac{kq}{np-k} b(k;n,p)$$

■

推論 C.5

考慮 n 次 Bernoulli 試驗的序列，成功機率為 p，失敗機率為 $q = 1-p$。設 $0 < k \leq np/2$，成功次數不到 k 次的機率低於成功次數不到 $k+1$ 次的機率的一半。

證明 因為 $k \leq np/2$，我們得到

$$\frac{kq}{np-k} \leq \frac{(np/2)q}{np-(np/2)}$$
$$= \frac{(np/2)q}{np/2}$$
$$\leq 1 \tag{C.46}$$

因為 $q \leq 1$。設 X 是代表成功次數的隨機變數，定理 C.4 與不等式 (C.46) 意味著成功次數少於 k 次的機率是

$$\Pr\{X < k\} = \sum_{i=0}^{k-1} b(i;n,p) < b(k;n,p)$$

所以可得

$$\frac{\Pr\{X < k\}}{\Pr\{X < k+1\}} = \frac{\sum_{i=0}^{k-1} b(i;n,p)}{\sum_{i=0}^{k} b(i;n,p)}$$
$$= \frac{\sum_{i=0}^{k-1} b(i;n,p)}{\sum_{i=0}^{k-1} b(i;n,p) + b(k;n,p)}$$
$$< 1/2$$

因為 $\sum_{i=0}^{k-1} b(i;n,p) < b(k;n,p)$。 ■

右尾部的界限可以用類似的方法推導。習題 C.5-2 將請你證明它們。

推論 C.6

考慮 n 次 Bernoulli 試驗的序列，其成功機率是 p。設 X 是代表總成功次數的隨機變數。設 $np < k < n$，成功次數超過 k 次的機率是

$$\Pr\{X > k\} = \sum_{i=k+1}^{n} b(i;n,p)$$
$$< \frac{(n-k)p}{k-np} b(k;n,p)$$

■

推論 C.7

考慮 n 次 Bernoulli 試驗的序列，其成功機率是 p，失敗機率是 $q = 1-p$。設 $(np+n)/2 < k < n$，成功次數超過 k 次的機率小於成功次數超過 $k-1$ 次的機率的一半。 ■

下一個定理考慮 n 次 Bernoulli 試驗，每次試驗的成功機率是 p_i，$i = 1, 2, ..., n$。如接下來的推論所述，我們可以使用這個定理，並設每次試驗的 $p_i = p$，來證明二項分布的右尾部界限。

定理 C.8

考慮 n 次 Bernoulli 試驗的序列，它的第 i 次試驗（$i = 1, 2, ..., n$）的成功機率是 p_i，失敗機率是 $q_i = 1-p_i$。設 X 是代表總成功次數的隨機變數，且 $\mu = \mathrm{E}[X]$。那麼，設 $r > \mu$，

$$\Pr\{X - \mu \geq r\} \leq \left(\frac{\mu e}{r}\right)^r$$

證明 因為對任何 $\alpha > 0$ 而言，函數 $e^{\alpha x}$ 隨著 x 嚴格遞增，

$$\Pr\{X - \mu \geq r\} = \Pr\{e^{\alpha(X-\mu)} \geq e^{\alpha r}\} \tag{C.47}$$

我們稍後會推導 α。使用馬可夫不等式 (C.34) 可得

$$\Pr\{e^{\alpha(X-\mu)} \geq e^{\alpha r}\} \leq \mathrm{E}\left[e^{\alpha(X-\mu)}\right]e^{-\alpha r} \tag{C.48}$$

此證明的絕大部分都在推導 $\mathrm{E}[e^{\alpha(X-\mu)}]$ 的界限，並將不等式 (C.48) 的 α 設為適當值。我們先計算 $\mathrm{E}[e^{\alpha(X-\mu)}]$。使用指標隨機變數的技巧（見第 5.2 節），設 $X_i = \mathrm{I}\{$ 第 i 次 Bernoulli 試驗成功 $\}$，$i = 1, 2, \ldots, n$。也就是說，X_i 是個隨機變數，如果第 i 次 Bernoulli 試驗成功，它是 1，如果失敗，它是 0。因此可得

$$X = \sum_{i=1}^{n} X_i$$

根據期望的線性性質

$$\mu = \mathrm{E}[X] = \mathrm{E}\left[\sum_{i=1}^{n} X_i\right] = \sum_{i=1}^{n} \mathrm{E}[X_i] = \sum_{i=1}^{n} p_i$$

這意味著

$$X - \mu = \sum_{i=1}^{n}(X_i - p_i)$$

為了計算 $\mathrm{E}[e^{\alpha(X-\mu)}]$，我們替換 $X-\mu$，得到

$$\begin{aligned}\mathrm{E}\left[e^{\alpha(X-\mu)}\right] &= \mathrm{E}\left[e^{\alpha \sum_{i=1}^{n}(X_i-p_i)}\right] \\ &= \mathrm{E}\left[\prod_{i=1}^{n} e^{\alpha(X_i-p_i)}\right] \\ &= \prod_{i=1}^{n} \mathrm{E}\left[e^{\alpha(X_i-p_i)}\right]\end{aligned}$$

這來自式 (C.27)，因為隨機變數 X_i 有相互獨立性，意味著隨機變數 $e^{\alpha(X_i - p_i)}$ 有相互獨立性（見習題 C.3-5）。根據期望的定義，

$$\begin{aligned}
\mathrm{E}\left[e^{\alpha(X_i - p_i)}\right] &= e^{\alpha(1-p_i)} p_i + e^{\alpha(0-p_i)} q_i \\
&= p_i e^{\alpha q_i} + q_i e^{-\alpha p_i} \\
&\leq p_i e^{\alpha} + 1 \\
&\leq \exp(p_i e^{\alpha})
\end{aligned} \qquad (C.49)$$

其中 $\exp(x)$ 代表指數函數：$\exp(x) = e^x$（不等式 (C.49) 來自不等式 $\alpha > 0$，$q_i \leq 1$，$e^{\alpha q_i} \leq e^{\alpha}$，$e^{-\alpha p_i} \leq 1$。最後一行來自第 60 頁的不等式 (3.14)）。因此，

$$\begin{aligned}
\mathrm{E}\left[e^{\alpha(X - \mu)}\right] &= \prod_{i=1}^{n} \mathrm{E}\left[e^{\alpha(X_i - p_i)}\right] \\
&\leq \prod_{i=1}^{n} \exp(p_i e^{\alpha}) \\
&= \exp\left(\sum_{i=1}^{n} p_i e^{\alpha}\right) \\
&= \exp(\mu e^{\alpha})
\end{aligned} \qquad (C.50)$$

因為 $\mu = \sum_{i=1}^{n} p_i$。因此，根據式 (C.47)、不等式 (C.48) 與 (C.50)，可以得到

$$\Pr\{X - \mu \geq r\} \leq \exp(\mu e^{\alpha} - \alpha r) \qquad (C.51)$$

選擇 $\alpha = \ln(r/\mu)$（見習題 C.5-7），可得

$$\begin{aligned}
\Pr\{X - \mu \geq r\} &\leq \exp(\mu e^{\ln(r/\mu)} - r \ln(r/\mu)) \\
&= \exp(r - r \ln(r/\mu)) \\
&= \frac{e^r}{(r/\mu)^r} \\
&= \left(\frac{\mu e}{r}\right)^r
\end{aligned}$$

∎

將定理 C.8 應用在每次試驗都有相同成功機率的 Bernoulli 試驗上，可得出以下推論，指出二項分布的右尾部的界限。

推論 C.9

考慮 n 次 Bernoulli 試驗的序列，其中每次試驗的成功機率是 p，失敗機率是 $q = 1-p$。設 $r > np$，

$$\Pr\{X - np \geq r\} = \sum_{k=\lceil np+r \rceil}^{n} b(k;n,p)$$
$$\leq \left(\frac{npe}{r}\right)^r$$

證明 根據式 (C.41)，$\mu = \mathrm{E}[X] = np$。 ∎

習題

★ C.5-1
哪一個事件比較有可能發生：丟一枚公平硬幣 $2n$ 次出現 n 次正面，還是丟一枚公平硬幣 n 次出現 n 次正面？

★ C.5-2
證明推論 C.6 與 C.7。

★ C.5-3
證明

$$\sum_{i=0}^{k-1} \binom{n}{i} a^i < (a+1)^n \frac{k}{na - k(a+1)} b(k; n, a/(a+1))$$

其中 $a > 0$，且 k 滿足 $0 < k < na/(a+1)$。

★ C.5-4
證明，若 $0 < k < np$，其中 $0 < p < 1$ 且 $q = 1-p$，那麼

$$\sum_{i=0}^{k-1} p^i q^{n-i} < \frac{kq}{np-k} \left(\frac{np}{k}\right)^k \left(\frac{nq}{n-k}\right)^{n-k}$$

★ **C.5-5**
使用定理 C.8 來證明

$$\Pr\{\mu - X \geq r\} \leq \left(\frac{(n-\mu)e}{r}\right)^r$$

$r > n-\mu$。同理，使用推論 C.9 來證明

$$\Pr\{np - X \geq r\} \leq \left(\frac{nqe}{r}\right)^r$$

其中 $r > n-np$。

★ **C.5-6**
考慮 n 次 Bernoulli 試驗的序列，它的第 i 次試驗（$i = 1, 2, ..., n$）的成功機率是 p_i，失敗機率是 $q_i = 1-p_i$。設 X 是描述總成功次數的隨機變數，並設 $\mu = \mathrm{E}[X]$。證明，當 $r \geq 0$，

$$\Pr\{X - \mu \geq r\} \leq e^{-r^2/2n}$$

（提示：證明 $p_i e^{\alpha q_i} + q_i e^{-\alpha p_i} \leq e^{\alpha^2/2}$。然後按照定理 C.8 的證明架構，將不等式 (C.49) 換成這個不等式。）

★ **C.5-7**
證明：選擇 $\alpha = \ln(r/\mu)$ 可將不等式 (C.51) 的右邊最小化。

挑戰

C-1 Monty Hall 問題

想像你是 1960 年代由 Monty Hall 主持的遊戲節目《*Let's Make a Deal*》的參賽者。節目裡，有一項高價的獎品被藏在三扇門之一後面，另外兩扇門後面是相對低價的獎品。如果你選擇正確的門，你就會贏得高價的獎品，通常是一輛汽車，或其他昂貴的產品。選好一扇門後，在門被打開之前，知道哪扇門藏有汽車的 Monty 會請他的助手 Carol Merrill 打開另外兩扇門之一，讓大家看到一隻山羊（沒什麼價值的獎品）。他會問你堅持不改，還是換成另一扇關起來的門。怎麼做才能將贏得汽車而不是另一隻山羊的機會最大化？

這個問題的答案（堅持不改還是改變主意）一直備受爭議，部分的原因是問題的定義並不明確。我們接下來要探討不同的微妙假設。

a. 假設你的第一次選擇是隨機的,那麼選擇正確門的機率是 1/3。此外,你知道 Monty 一定會給參賽者改變主意的機會(而且會給你機會)。請證明改變主意比堅持更好。獲得汽車的機率是多少?

經常有人提出這個答案,儘管問題的原始敘述很少提到這個假設:Monty **總是**給參賽者改變主意的機會。但是,正如本問題的其餘部分所述,如果這個未言明的假設不成立,你的最佳策略可能有所不同。事實上,在真正的遊戲節目中,Monty 有時會在參賽者選了一扇門後,直接請 Carol 打開那扇門。

我們用一個機率實驗來模擬你和 Monty 的互動,其中,你們兩人都採取隨機策略。具體來說,在你選了一扇門之後,如果你選了正確的門,Monty 有 p_{right} 的機率讓你改變主意,如果你選錯了門,則有 p_{wrong} 的機率。獲得改變主意的機會之後,你以 p_{switch} 的機率選擇改變。例如,如果 Monty 總是給你機會改變主意,那麼他的策略是 $p_{\text{right}} = p_{\text{wrong}} = 1$。如果你總是改變主意,你的策略是 $p_{\text{switch}} = 1$。

現在這場遊戲可以視為一個包含五個步驟的實驗:

1. 你隨機選一扇門,選到汽車(對)的機率是 1/3,選到山羊(錯)的機率是 2/3。
2. Carol 打開兩扇錯誤的門之一,展示山羊。
3. 如果你的選擇是對的,Monty 有 p_{right} 的機率讓你可以改變主意,如果你的選擇是錯的,則有 p_{wrong} 的機率。
4. 如果 Monty 在第 3 步給你機會,你有 p_{switch} 的機率改變主意。
5. Carol 打開你選擇的門,展示汽車(你贏)或山羊(你輸)。

我們來分析這場遊戲,並了解 p_{right}、p_{wrong} 與 p_{switch} 的選擇如何影響贏的機率。

b. 在這場遊戲的樣本空間裡有哪六種結果?哪些結果相當於你贏得汽車?出現每一種結果的機率為何?以 p_{right}、p_{wrong} 和 p_{switch} 來表示。將你的答案畫成一張表格。

c. 使用你的表格(或其他工具)來證明贏得汽車的機率是

$$\frac{1}{3}(2p_{\text{wrong}}p_{\text{switch}} - p_{\text{right}}p_{\text{switch}} + 1)$$

假設 Monty 知道你改變主意的機率 p_{switch},而且他的目標是將你獲獎的機率最小化。

d. 如果 $p_{\text{switch}} > 0$(你有正的機率會改變主意),Monty 的最佳策略是什麼,也就是說,他的 p_{right} 與 p_{wrong} 最佳選擇是什麼?

e. 如果 $p_{\text{switch}} = 0$（你一定不改變），證明 Monty 的所有策略對他而言都是最好的。

假設現在 Monty 的策略是固定的，有特定的 p_{right} 與 p_{wrong} 值。

f. 如果你知道 p_{right} 與 p_{wrong}，選擇 p_{switch} 的最佳策略是什麼？用 p_{right} 與 p_{wrong} 的函數來描述。

g. 如果你不知道 p_{right} 與 p_{wrong}，什麼 p_{switch} 可將所有的 p_{right} 與 p_{wrong} 選擇中的最小獲勝機率最大化？

我們回到最初的問題，也就是 Monty 給你改變主意的機會，但你不知道 Monty 的動機或策略。

h. 證明：當 Monty 給你換門的機會時，你獲得汽車的條件機率為

$$\frac{p_{\text{right}} - p_{\text{right}} p_{\text{switch}} + 2 p_{\text{wrong}} p_{\text{switch}}}{p_{\text{right}} + 2 p_{\text{wrong}}} \tag{C.52}$$

解釋為何 $p_{\text{right}} + 2 p_{\text{wrong}} \neq 0$。

i. 當 $p_{\text{switch}} = 1/2$ 時，式 (C.52) 的值是多少？證明：如果選擇 $p_{\text{switch}} < 1/2$ 或 $p_{\text{switch}} > 1/2$，那麼 Monty 選擇的 p_{right} 與 p_{wrong} 值會讓式 (C.52) 的值比選擇 $p_{\text{switch}} = 1/2$ 時更低。

j. 假設你不知道 Monty 的策略。在原始的命題下，解釋為何以 1/2 的機率改變主意是個好策略。總結你在這個問題中學到什麼。

C-2 球與箱子

這個問題將研究各種假設對於「將 n 顆球放入 b 個不同箱子」的做法造成的影響。

a. 假設 n 顆球是不同的，而且它們在箱子裡的順序不重要。證明把球放入箱子的方法有 b^n 種。

b. 假設球是不同的，而且在每一個箱子裡的球是有序的。證明將球放入箱子的方法有 $(b+n-1)!/(b-1)!$ 種（提示：考慮將 n 顆不同的球和 $b-1$ 根無法區分的棒子排成一排的方法有幾種）。

c. 假設球是一樣的，因此它們在箱子裡的順序不重要。證明將球放入箱子裡的方法有 $\binom{b+n-1}{n}$ 種（提示：在 (b) 的設定中，如果球是一樣的，有多少方法是重複的）。

d. 假設球是一樣的,而且任何箱子內的球都不能超過一顆,所以 $n \leq b$。證明放入球的方法有 $\binom{b}{n}$ 種。

e. 假設球是一樣的,而且箱子不能是空的。假設 $n \geq b$,證明放入球的方法有 $\binom{n-1}{b-1}$ 種。

附錄後記

解決機率問題的一般方法最早出現在 B. Pascal 和 P. de Fermat 往來的著名信件中,他們的討論始於 1654 年,C. Huygens 在 1657 年出版的一本書裡提到這件事。嚴格的機率理論始於 J. Bernoulli 在 1713 年的研究,和 A. De Moivre 在 1730 年的研究。後來,P.-S. Laplace、S.-D. Poisson 與 C. F. Gauss 繼續發展該理論。

隨機變數和最初是由 P. L. Chebyshev 和 A. A. Markov 研究的。A. N. Kolmogorov 在 1933 年將機率論公理化。Chernoff [91] 和 Hoeffding [222] 提出分布尾部的界限。P. Erdős 進行了隨機組合結構的開創性研究。

Knuth [259] 和 Liu [302] 是初級組合學和計數學的優良參考文獻。Billingsley [56]、Chung [93]、Drake [125]、Feller [139] 和 Rozanov [390] 等標準教科書為機率提供了全面的介紹。

D 矩陣

矩陣可在各種應用中看到,包括但不限於科學計算。看過矩陣的讀者將非常熟悉本附錄的大部分內容,但本附錄可能也有一些新內容。第 D.1 節介紹基本的矩陣定義和運算,第 D.2 節介紹一些基本的矩陣特性。

D.1 矩陣與乘法運算

本節複習矩陣理論的一些基本概念和矩陣的一些基本特性。

矩陣與向量

矩陣是矩形的數字陣列,例如,

$$\begin{aligned}A &= \begin{pmatrix} a_{11} & a_{12} & a_{13} \\ a_{21} & a_{22} & a_{23} \end{pmatrix} \\ &= \begin{pmatrix} 1 & 2 & 3 \\ 4 & 5 & 6 \end{pmatrix}\end{aligned} \tag{D.1}$$

在 2×3 矩陣 $A = (a_{ij})$ 中($i = 1, 2$,$j = 1, 2, 3$),位於第 i 列與第 j 行的矩陣元素寫成 a_{ij}。習慣上,我們用大寫字母來代表矩陣,用下標小寫字母來代表它的元素。我們將含有實值項目的 $m \times n$ 矩陣集合寫成 $\mathbb{R}^{m \times n}$,一般來說,如果 $m \times n$ 矩陣集合的項目來自 S 集合,那就將矩陣集合寫成 $S^{m \times n}$。

矩陣 A 的**轉置**寫成 A^T,轉置就是將 A 的列與行對調。(D.1) 的轉置矩陣是

$$A^\mathrm{T} = \begin{pmatrix} 1 & 4 \\ 2 & 5 \\ 3 & 6 \end{pmatrix}$$

向量是一維的數字陣列,例如,

$$x = \begin{pmatrix} 2 \\ 3 \\ 5 \end{pmatrix}$$

是大小為 3 的向量。我們有時將長度為 n 的向量稱為 **n- 向量**。習慣上，我們用小寫字母來代表向量，大小為 n 的向量 x 的第 i 個元素寫成 x_i，其中 $i = 1, 2, ..., n$。向量的標準形式是相當於 $n \times 1$ 矩陣的**行向量**，它的轉置則為相應的**列向量**：

$$x^T = \begin{pmatrix} 2 & 3 & 5 \end{pmatrix}$$

單位向量 e_i 是第 i 個元素是 1，其他元素都是 0 的向量。前後文通常會指出單位向量的大小。

零矩陣是所有項目都是 0 的矩陣。這種矩陣通常寫成 0，因為數字 0 與 0 的矩陣通常可以從前後文清楚分辨。如果 0 矩陣是有心使用的，那麼前後文也要指出矩陣的大小。

方陣

$n \times n$ 的**方陣**經常出現。有一些方陣的特例很有趣：

1. 在**對角矩陣**中，當 $i \neq j$ 時，$a_{ij} = 0$。因為對角線之外的元素都是 0，所以在描述這種矩陣時，只要簡潔地列出對角線上的元素即可：

$$\mathrm{diag}(a_{11}, a_{22}, \ldots, a_{nn}) = \begin{pmatrix} a_{11} & 0 & \ldots & 0 \\ 0 & a_{22} & \ldots & 0 \\ \vdots & \vdots & \ddots & \vdots \\ 0 & 0 & \ldots & a_{nn} \end{pmatrix}$$

2. $n \times n$ 的**單位矩陣** I_n 是對角線都是 1 的對角矩陣：

$$\begin{aligned} I_n &= \mathrm{diag}(1, 1, \ldots, 1) \\ &= \begin{pmatrix} 1 & 0 & \ldots & 0 \\ 0 & 1 & \ldots & 0 \\ \vdots & \vdots & \ddots & \vdots \\ 0 & 0 & \ldots & 1 \end{pmatrix} \end{aligned}$$

當 I 沒有下標時，它的大小可從前後文看到。單位矩陣的第 i 行是單位向量 e_i。

3. 如果矩陣 T 在 $|i-j| > 1$ 時，$t_{ij} = 0$，那麼它就是**三對角矩陣**。它的非零項目只出現在主對角線上、緊鄰主對角線的上方（$t_{i, i+1}$，其中 $i = 1, 2, ..., n-1$），或緊鄰主對角線的下方（$t_{i+1, i}$，其中 $i = 1, 2, ..., n-1$）：

$$T = \begin{pmatrix} t_{11} & t_{12} & 0 & 0 & \cdots & 0 & 0 & 0 \\ t_{21} & t_{22} & t_{23} & 0 & \cdots & 0 & 0 & 0 \\ 0 & t_{32} & t_{33} & t_{34} & \cdots & 0 & 0 & 0 \\ \vdots & \vdots & \vdots & \vdots & \ddots & \vdots & \vdots & \vdots \\ 0 & 0 & 0 & 0 & \cdots & t_{n-2,n-2} & t_{n-2,n-1} & 0 \\ 0 & 0 & 0 & 0 & \cdots & t_{n-1,n-2} & t_{n-1,n-1} & t_{n-1,n} \\ 0 & 0 & 0 & 0 & \cdots & 0 & t_{n,n-1} & t_{nn} \end{pmatrix}$$

4. 如果矩陣 U 在 $i > j$ 時，$u_{ij} = 0$，它就是**上三角形矩陣**。在它的對角線之下的項目都是 0：

$$U = \begin{pmatrix} u_{11} & u_{12} & \cdots & u_{1n} \\ 0 & u_{22} & \cdots & u_{2n} \\ \vdots & \vdots & \ddots & \vdots \\ 0 & 0 & \cdots & u_{nn} \end{pmatrix}$$

如果上三角矩陣的對角線都是 1，它就是**單位上三角矩陣**。

5. 如果矩陣 L 在 $i < j$ 時，$l_{ij} = 0$，它就是**下三角形矩陣**。在它的對角線之上的項目都是 0：

$$L = \begin{pmatrix} l_{11} & 0 & \cdots & 0 \\ l_{21} & l_{22} & \cdots & 0 \\ \vdots & \vdots & \ddots & \vdots \\ l_{n1} & l_{n2} & \cdots & l_{nn} \end{pmatrix}$$

如果下三角矩陣的對角線都是 1，它就是**單位下三角矩陣**。

6. **置換矩陣** P 的每一列或每一行都只有一個 1，其他元素都是 0。這是一個置換矩陣

$$P = \begin{pmatrix} 0 & 1 & 0 & 0 & 0 \\ 0 & 0 & 0 & 1 & 0 \\ 1 & 0 & 0 & 0 & 0 \\ 0 & 0 & 0 & 0 & 1 \\ 0 & 0 & 1 & 0 & 0 \end{pmatrix}$$

這種矩陣之所以稱為置換矩陣的原因是，將一個向量 x 乘以置換矩陣會產生置換（重新排列）x 的元素的效果。習題 D.1-4 將探討置換矩陣的其他特性。

7. **對稱矩陣** A 滿足 $A = A^T$。例如

$$\begin{pmatrix} 1 & 2 & 3 \\ 2 & 6 & 4 \\ 3 & 4 & 5 \end{pmatrix}$$

是對稱矩陣。

基本矩陣運算

矩陣或向量的元素是數字系統中的**純量數字**,例如實數、複數或整數 mod 質數。數字系統定義了如何將純量相加與相乘。這些定義可延伸並涵蓋矩陣的加法和乘法。

我們定義**矩陣加法**如下。若 $A = (a_{ij})$ 和 $B = (b_{ij})$ 為 $m \times n$ 矩陣,那麼它們的矩陣和 $C = (c_{ij}) = A + B$ 是滿足下面的定義的 $m \times n$ 矩陣

$$c_{ij} = a_{ij} + b_{ij}$$

其中 $i = 1, 2, \ldots, m$ 且 $j = 1, 2, \ldots, n$。亦即矩陣加法是逐元素計算的。零矩陣是矩陣加法的恆等元:

$$A + 0 = A = 0 + A$$

如果 λ 是純量數字,$A = (a_{ij})$ 是矩陣,那麼 $\lambda A = (\lambda a_{ij})$ 是 A 的**純量乘法**,算法是將它的每個元素乘以 λ。作為特例,我們定義矩陣 $A = (a_{ij})$ 的**負矩陣**是 $-1 \cdot A = -A$,所以 $-A$ 的第 ij 個項目是 $-a_{ij}$。所以,

$$A + (-A) = 0 = (-A) + A$$

負矩陣定義了**矩陣減法**:$A - B = A + (-B)$。

接下來是**矩陣乘法**的定義。首先,兩個矩陣 A 與 B 必須是**相容的**,也就是 A 的行數等於 B 的列數(一般來說,包含矩陣積 AB 的運算式都預設矩陣 A 與 B 是相容的)。如果 $A = (a_{ik})$ 是 $p \times q$ 矩陣,$B = (b_{kj})$ 是 $q \times r$ 矩陣,那麼它們的矩陣積 $C = AB$ 是 $p \times r$ 矩陣 $C = (c_{ij})$,滿足

$$c_{ij} = \sum_{k=1}^{q} a_{ik} b_{kj} \tag{D.2}$$

其中 $i = 1, 2, \ldots, m$，$j = 1, 2, \ldots, p$。第 360 頁的 RECTANGULAR-MATRIX-MULTIPLY 程序根據 (D.2) 以直接的方法實現了矩陣乘法，它假設 C 被初始化為 0，使用了 pqr 次乘法與 $p(q-1)r$ 次加法，執行時間為 $\Theta(pqr)$。如果矩陣是 $n \times n$ 方陣，因而 $n = p = q = r$，那麼虛擬碼可簡化成第 76 頁的 MATRIX-MULTIPLY，它的執行時間是 $\Theta(n^3)$（第 4.2 節介紹了漸近較快的 $\Theta(n^{\lg 7})$ 時間演算法，來自 V.Strassen）。

矩陣有數字的許多典型代數特性（但不是全部）。恆等矩陣是矩陣乘法的恆等元：

$$I_m A = A I_n = A$$

對任何 $m \times n$ 的矩陣 A 而言，乘以一個零矩陣會產生一個零矩陣：

$$A \cdot 0 = 0$$

矩陣乘法有結合性：

$$A(BC) = (AB)C$$

其中 A、B 與 C 是相容矩陣。對矩陣加法進行乘法滿足分配律：

$$A(B + C) = AB + AC$$
$$(B + C)D = BD + CD$$

設 $n > 1$，$n \times n$ 矩陣的乘法不可交換。例如，

$$A = \begin{pmatrix} 0 & 1 \\ 0 & 0 \end{pmatrix} \text{ 且 } B = \begin{pmatrix} 0 & 0 \\ 1 & 0 \end{pmatrix}，那麼 AB = \begin{pmatrix} 1 & 0 \\ 0 & 0 \end{pmatrix} \text{ 且 } BA = \begin{pmatrix} 0 & 0 \\ 0 & 1 \end{pmatrix}$$

在定義矩陣乘以向量或向量乘以向量時，我們將向量視為 $n \times 1$ 矩陣（或 $1 \times n$ 矩陣，在使用列向量時）。因此，如果 A 是 $m \times n$ 矩陣，x 是 n-向量，那麼 Ax 是 m-向量。如果 x 與 y 是 n-向量，那麼

$$x^T y = \sum_{i=1}^{n} x_i y_i$$

是純量數字（其實是 1×1 矩陣），稱為 x 與 y 的**內積**。我們也用 $\langle x, y \rangle$ 來代表 $x^T y$。內積運算子有交換性：$\langle x, y \rangle = \langle y, x \rangle$。矩陣 xy^T 是一個 $n \times n$ 矩陣 Z，稱為 x 與 y 的**外積**，其中 $z_{ij} = x_i y_j$。n-向量 x 的**歐氏範數** $\|x\|$ 的定義如下

$$\begin{aligned}\|x\| &= (x_1^2 + x_2^2 + \cdots + x_n^2)^{1/2} \\ &= (x^T x)^{1/2}\end{aligned}$$

因此，x 的範數就是它在 n 維歐氏空間裡的長度。從這個等式

$$((ax_1)^2 + (ax_2)^2 + \cdots + (ax_n)^2)^{1/2} = |a|\,(x_1^2 + x_2^2 + \cdots + x_n^2)^{1/2}$$

可以知道一件有用的事情：對任何實數 a 與 n-向量 x 而言，

$$\|ax\| = |a|\,\|x\| \tag{D.3}$$

習題

D.1-1
證明：如果 A 與 B 是對稱的 $n \times n$ 矩陣，那麼 $A + B$ 與 $A - B$ 也是。

D.1-2
證明：$(AB)^T = B^T A^T$，以及 $A^T A$ 一定是對稱矩陣。

D.1-3
證明：兩個下三角矩陣的積是下三角矩陣。

D.1-4
證明：P 是 $n \times n$ 的置換矩陣，A 是 $n \times n$ 矩陣，那麼矩陣積 PA 是將列重新排列之後的 A，矩陣積 AP 是將行重新排列之後的 A。證明兩個置換矩陣的積也是置換矩陣。

D.2 基本矩陣特性

接下來要定義與矩陣有關的基本特性，包括逆、線性相關和獨立、秩，及行列式。我們也會定義正定矩陣的類別。

矩陣的逆、秩與行列式

$n \times n$ 的矩陣 A 的逆矩陣是 $n \times n$ 矩陣，寫成 A^{-1}（若存在），滿足 $AA^{-1} = I_n = A^{-1}A$。例如

$$\begin{pmatrix} 1 & 1 \\ 1 & 0 \end{pmatrix}^{-1} = \begin{pmatrix} 0 & 1 \\ 1 & -1 \end{pmatrix}$$

許多非零的 $n \times n$ 矩陣都沒有逆矩陣。沒有逆矩陣的矩陣稱為不可逆的，或奇異的。這是一個非零的奇異矩陣

$$\begin{pmatrix} 1 & 0 \\ 1 & 0 \end{pmatrix}$$

如果矩陣有逆矩陣，它稱為可逆的，或非奇異的。矩陣的逆矩陣如果存在，它是唯一的（見習題 D.2-1）。如果 A 與 B 是非奇異的 $n \times n$ 矩陣，那麼

$$(BA)^{-1} = A^{-1}B^{-1}$$

逆運算與轉置運算可以對換：

$$(A^{-1})^{\mathrm{T}} = (A^{\mathrm{T}})^{-1}$$

滿足這些條件的向量 $x_1, x_2, \ldots, x_n$ 是線性相依的，也就是存在不全為 0 的係數 $c_1, c_2, \ldots, c_n$，滿足 $c_1 x_1 + c_2 x_2 + \cdots + c_n x_n = 0$。列向量 $x_1 = (1 \ \ 2 \ \ 3)$，$x_2 = (2 \ \ 6 \ \ 4)$，$x_3 = (4 \ \ 11 \ \ 9)$ 是線性相依的，因為（舉例）$2x_1 + 3x_2 - 2x_3 = 0$。如果向量不是線性相依的，它們就是線性獨立的。例如，單位矩陣的行是線性獨立的。

$m \times n$ 的非零矩陣 A 的行秩就是 A 的線性獨立行的最大集合的大小。同理，A 的列秩就是 A 的線性獨立列的最大集合的大小。任何矩陣 A 都有一個基本特性：它的列秩總是等於它的行秩，因此我們可以直接將之稱為 A 的秩。$m \times n$ 秩陣的秩是一個介於 0 和 $\min\{m, n\}$ 之間的整數（包含兩者）（零矩陣的秩是 0，$n \times n$ 單位矩陣的秩是 n）。另一種等價但通常更有用的定義是：非零的 $m \times n$ 矩陣 A 的秩是滿足以下條件的最小數字 r：存在 $m \times r$ 的矩陣 B 與 $r \times n$ 的秩陣 C，使得 $A = BC$。如果 $n \times n$ 方陣的秩是 n，它是滿秩的。當 $m \times n$ 矩陣的秩是 n 時，它是滿行秩的。接下來的定理指出秩的一個基本特性。

定理 D.1

方陣是滿秩的，若且唯若它是非奇異的。 ∎

矩陣 A 的**空向量**（*null vector*）是一個可使 $Ax = 0$ 成立的非零向量 x。接下來的定理（它的證明留到習題 D.2-7）及其推論說明行秩及奇異性和空向量之間的關係。

定理 D.2
矩陣是滿行秩，若且唯若它沒有空向量。∎

推論 D.3
方陣是奇異的，若且唯若它有空向量。∎

$n \times n$ 矩陣 A（$n > 1$）的第 ij 個**子矩陣**就是藉著刪除 A 的第 i 列與第 j 行得到的 $(n-1) \times (n-1)$ 矩陣 $A_{[ij]}$。$n \times n$ 矩陣 A 的**行列式**是以它的子矩陣如此遞迴定義的

$$\det(A) = \begin{cases} a_{11} & \text{若 } n = 1 \\ \sum_{j=1}^{n} (-1)^{1+j} a_{1j} \det(A_{[1j]}) & \text{若 } n > 1 \end{cases}$$

$(-1)^{i+j} \det(A_{[ij]})$ 稱為元素 a_{ij} 的**餘因子**（*cofactor*）。

接下來的定理（省略證明）指出行列式的基本特性。

定理 D.4（行列式的特性）
方陣 A 的行列式有以下特性：

- 如果 A 的任何列或行是零，那麼 $\det(A) = 0$。
- 將 A 的任何一列（或任何一行）的所有項目都乘以 λ，也會將 A 的行列式乘以 λ。
- 將 A 的一列（或行）中的項目加到另一列（或行）的項目上時，A 的行列式不變。
- A 的行列式等於 A^T 的行列式。
- 將 A 的任何兩列（或任何兩行）對調會將它的行列式乘以 -1。

此外，對任何方陣 A 與 B 而言，$\det(AB) = \det(A)\det(B)$。∎

定理 D.5
$n \times n$ 矩陣 A 是奇異的，若且唯若 $\det(A) = 0$。∎

正定矩陣

正定矩陣在許多應用中扮演重要的角色。如果 $n \times n$ 矩陣 A 滿足以下條件，它就是<u>正定的</u>：$x^T A x > 0$，其中 x 是 $\neq 0$ 的所有 n-向量。例如，單位矩陣是正定的，因為如果 $x = (x_1\ x_2\ \ldots\ x_n)^T$ 是非零向量，那麼

$$\begin{aligned} x^T I_n x &= x^T x \\ &= \sum_{i=1}^{n} x_i^2 \\ &> 0 \end{aligned}$$

由於以下的定理，在實際應用中出現的矩陣通常是正定的。

定理 D.6

對任何滿行秩矩陣 A 而言，矩陣 $A^T A$ 是正定的。

證明 我們必須證明：對任何非零向量 x 而言，$x^T(A^T A)x > 0$。對任何向量 x 而言，

$$\begin{aligned} x^T(A^T A)x &= (Ax)^T(Ax) \quad \text{（根據習題 D.1-2）} \\ &= \|Ax\|^2 \end{aligned}$$

$\|Ax\|^2$ 值只是向量 Ax 的元素的平方和，因此，$\|Ax\|^2 \geq 0$。我們用反證法來證明 $\|Ax\|^2 > 0$。假設 $\|Ax\|^2 = 0$。那麼，Ax 的每一個元素都是 0，亦即 $Ax = 0$。因為 A 有滿行秩，定理 D.2 指出 $x = 0$，這與 x 是非零的要求相矛盾。因此，$A^T A$ 是正定的。 ∎

第 28.3 節探索正定矩陣的其他特性。第 33.3 節使用類似的條件，稱為半正定。滿足以下條件的 $n \times n$ 矩陣 A 是<u>半正定</u>的：對所有 $\neq 0$ 的 n-向量 x 而言，$x^T A x \geq 0$。

習題

D.2-1
證明矩陣的逆矩陣是唯一的，亦即若 B 與 C 是 A 的逆矩陣，則 $B = C$。

D.2-2
證明：下三角矩陣或上三角矩陣的行列式等於其對角線元素的積。證明：下三角矩陣的逆矩陣如果存在，它是一個下三角矩陣。

D.2-3
證明：如果 P 是置換矩陣，那麼 P 是可逆的，它的逆矩陣是 P^T，且 P^T 是置換矩陣。

D.2-4
設 A 與 B 是 $n \times n$ 矩陣，且 $AB = I$。證明：如果 A' 是將 A 的 j 列加到 i 列得到的矩陣，其中 $i \neq j$，那麼將 B 的 j 行減去 i 行得到的 B' 是 A' 的逆矩陣。

D.2-5
設 A 是非奇異的 $n \times n$ 矩陣，內含複數項目，證明：A^{-1} 的每一個項目都是實數，若且唯若 A 的每一個項目都是實數。

D.2-6
證明：如果 A 是非奇異、對稱、$n \times n$ 矩陣，那麼 A^{-1} 是對稱的。此外，證明：如果 A 是對稱的 $n \times n$ 矩陣，且 B 是任意的 $m \times n$ 矩陣，那麼用 BAB^T 算出來的 $m \times m$ 矩陣是對稱的。

D.2-7
證明定理 D.2。亦即證明若且唯若 $Ax = 0$ 意味著 $x = 0$，則矩陣 A 為滿行秩（**提示**：將一行與其他行的線性關係寫成矩陣 - 向量方程式）。

D.2-8
證明：對任何兩個相容矩陣 A 與 B 而言，

$\mathrm{rank}(AB) \leq \min\{\mathrm{rank}(A), \mathrm{rank}(B)\}$

其中，若 A 或 B 是非奇異方陣，則等號成立（**提示**：使用矩陣秩的另一種定義）。

挑戰

D-1 Vandermonde 矩陣

給定數字 $x_0, x_1, \ldots, x_{n-1}$，證明 *Vandermonde 矩陣*的行列式

$$V(x_0, x_1, \ldots, x_{n-1}) = \begin{pmatrix} 1 & x_0 & x_0^2 & \cdots & x_0^{n-1} \\ 1 & x_1 & x_1^2 & \cdots & x_1^{n-1} \\ \vdots & \vdots & \vdots & \ddots & \vdots \\ 1 & x_{n-1} & x_{n-1}^2 & \cdots & x_{n-1}^{n-1} \end{pmatrix}$$

是

$$\det(V(x_0, x_1, \ldots, x_{n-1})) = \prod_{0 \le j < k \le n-1} (x_k - x_j)$$

（提示：將 i 行乘以 $-x_0$，將它加到 $i+1$ 行，其中 $i = n-1, n-2, \ldots, 1$，然後使用歸納法。）

D-2 用 GF(2) 之上的矩陣 - 向量乘法來定義排列

在集合 $S_n = \{0, 1, 2, \ldots, 2^n - 1\}$ 裡的整數有一種排列法，是用雙元素的有限域 $GF(2)$ 的矩陣乘法來定義的，我們將每一個整數 $x \in S_n$ 的二進制表示法當成一個 n-bit 向量

$$\begin{pmatrix} x_0 \\ x_1 \\ x_2 \\ \vdots \\ x_{n-1} \end{pmatrix}$$

其中 $x = \sum_{i=0}^{n-1} x_i 2^i$。如果 A 是 $n \times n$ 矩陣，其項目非 0 即 1，我們可以定義一個排列（permutation），來將各個 $x \in S_n$ 值都對映到二進制表示形式為矩陣向量積 Ax 的數字。所有的算術都是在 *GF(2)* 中執行的，也就是所有值都非 0 即 1，而且除了一個例外之外，加法和乘法的一般規則皆適用，那個例外就是 $1 + 1 = 0$。你可以將 $GF(2)$ 中的算術想成普通的整數算術，但只使用最低有效位元。

舉個例子，設 $S_2 = \{0, 1, 2, 3\}$，矩陣

$$A = \begin{pmatrix} 1 & 0 \\ 1 & 1 \end{pmatrix}$$

定義了以下的排列 π_A：$\pi_A(0) = 0$，$\pi_A(1) = 3$，$\pi_A(2) = 2$，$\pi_A(3) = 1$。為了了解為何 $\pi_A(3) = 1$，我們可以觀察，在 $GF(2)$ 中，

$$\pi_A(3) = \begin{pmatrix} 1 & 0 \\ 1 & 1 \end{pmatrix} \begin{pmatrix} 1 \\ 1 \end{pmatrix}$$

$$= \begin{pmatrix} 1 \cdot 1 + 0 \cdot 1 \\ 1 \cdot 1 + 1 \cdot 1 \end{pmatrix}$$

$$= \begin{pmatrix} 1 \\ 0 \end{pmatrix}$$

它是 1 的二進制形式。

這個問題接下來的部分都在 $GF(2)$ 中運算，且所有矩陣與向量的項目都非 0 即 1。我們定義 $GF(2)$ 的 0-1 矩陣（每個元素都非 0 即 1 的矩陣）的**秩**與普通矩陣一樣，但確定線性獨立性的算術都在 $GF(2)$ 中執行。我們定義 $n \times n$ 0-1 矩陣 A 的**範圍**是

$R(A) = \{y : y = Ax$，其中 $x \in S_n\}$

因此，$R(A)$ 是 S_n 裡的數字的集合，它們是藉著將每個屬於 S_n 的值 x 乘以 A 得到的。

a. 如果 r 是矩陣 A 的秩，證明 $|R(A)| = 2^r$。得出結論：唯有當 A 有滿秩時，A 才定義 S_n 的排列。

給定 $n \times n$ 矩陣 A 與值 $y \in R(A)$，我們定義 y 的**原像**（*preimage*）是

$P(A, y) = \{x : Ax = y\}$

所以 $P(A, y)$ 是乘以 A 可對映到 y 的 S_n 值集合。

b. 如果 r 是 $n \times n$ 矩陣 A 的秩，且 $y \in R(A)$，證明 $|P(A, y)| = 2^{n-r}$。

設 $0 \leq m \leq n$，假設我們將集合 S_n 分成幾個連續數字的區塊，其中第 i 個區塊是由 2^m 個數字 $i2^m, i2^m + 1, i2^m + 2, \ldots, (i+1)2^m - 1$ 構成的。對於任意子集合 $S \subseteq S_n$，我們定義 $B(S, m)$ 是含有 S 的某元素的 S_n 區塊（大小為 2^m）的集合。舉個例子，當 $n = 3$，$m = 1$，$S = \{1, 4, 5\}$ 時，$B(S, m)$ 是由區塊 0（因為 1 在第 0 個區塊）與區塊 2（因為 4 與 5 都屬於區塊 2）構成的。

c. 設 r 是 A 的左下角 $(n-m) \times m$ 子矩陣的秩，也就是由 A 的最下面的 $n-m$ 列與最左邊的 m 行交叉形成的矩陣。設 S 是 S_n 的任意區塊，大小為 2^m，設 $S' = \{y : y = Ax$，其中 $x \in S\}$。證明 $|B(S', m)| = 2^r$，並證明：$B(S', m)$ 裡的每一個區塊正好有 S 的 2^{m-r} 個數字對映至該區塊。

因為任何矩陣乘以零向量都產生零向量，所以用 $GF(2)$ 的滿秩乘以 $n \times n$ 的 0-1 矩陣來定義的 S_n 排列無法涵蓋 S_n 的所有排列。我們來延伸以矩陣向量乘法來定義的排列類別，加入一個加法項，讓 $x \in S_n$ 對映至 $Ax + c$，其中 c 是 n 位元向量，且加法是在 $GF(2)$ 中執行的。例如，當

$$A = \begin{pmatrix} 1 & 0 \\ 1 & 1 \end{pmatrix}$$

且

$$c = \begin{pmatrix} 0 \\ 1 \end{pmatrix}$$

我們得到以下的排列 $\pi_{A,c}$：$\pi_{A,c}(0) = 2$，$\pi_{A,c}(1) = 1$，$\pi_{A,c}(2) = 0$，$\pi_{A,c}(3) = 3$。從 $x \in S_n$ 對映至 $Ax + c$ 的任何排列稱為**線性排列**，其中 A 是滿秩的 $n \times n$ 0-1 矩陣，c 是 n 位元向量。

d. 使用計數論的方法證明：S_n 的線性排列的數量遠少於 S_n 的排列的數量。

e. 寫出無法用任何線性排列來實現的一個 n 值與一個 S_n 之排列（**提示**：對於給定的排列，考慮「將矩陣乘以單位向量」與「矩陣的行」之間有何關係）。

附錄後記

近代數學教科書有許多關於矩陣的背景資訊。Strang [422, 423] 是特別出色的一本。

參考文獻

[1] Milton Abramowitz and Irene A. Stegun, editors. *Handbook of Mathematical Functions*. Dover, 1965.

[2] G. M. Adel'son-Vel'skiĭ and E. M. Landis. An algorithm for the organization of information. *Soviet Mathematics Doklady*, 3(5):1259–1263, 1962.

[3] Alok Aggarwal and Jeffrey Scott Vitter. The input/output complexity of sorting and related problems. *Communications of the ACM*, 31(9):1116–1127, 1988.

[4] Manindra Agrawal, Neeraj Kayal, and Nitin Saxena. PRIMES is in P. *Annals of Mathematics*, 160(2):781–793, 2004.

[5] Alfred V. Aho, John E. Hopcroft, and Jeffrey D. Ullman. *The Design and Analysis of Computer Algorithms*. Addison-Wesley, 1974.

[6] Alfred V. Aho, John E. Hopcroft, and Jeffrey D. Ullman. *Data Structures and Algorithms*. Addison-Wesley, 1983.

[7] Ravindra K. Ahuja, Thomas L. Magnanti, and James B. Orlin. *Network Flows: Theory, Algorithms, and Applications*. Prentice Hall, 1993.

[8] Ravindra K. Ahuja, Kurt Mehlhorn, James B. Orlin, and Robert E. Tarjan. Faster algorithms for the shortest path problem. *Journal of the ACM*, 37(2):213–223, 1990.

[9] Ravindra K. Ahuja and James B. Orlin. A fast and simple algorithm for the maximum flow problem. *Operations Research*, 37(5):748–759, 1989.

[10] Ravindra K. Ahuja, James B. Orlin, and Robert E. Tarjan. Improved time bounds for the maximum flow problem. *SIAM Journal on Computing*, 18(5):939–954, 1989.

[11] Miklós Ajtai, Nimrod Megiddo, and Orli Waarts. Improved algorithms and analysis for secretary problems and generalizations. *SIAM Journal on Discrete Mathematics*, 14(1):1–27, 2001.

[12] Selim G. Akl. *The Design and Analysis of Parallel Algorithms*. Prentice Hall, 1989.

[13] Mohamad Akra and Louay Bazzi. On the solution of linear recurrence equations. *Computational Optimization and Applications*, 10(2):195–210, 1998.

[14] Susanne Albers. Online algorithms: A survey. *Mathematical Programming*, 97(1-2):3–26, 2003.

[15] Noga Alon. Generating pseudo-random permutations and maximum flow algorithms. *Information Processing Letters*, 35:201–204, 1990.

[16] Arne Andersson. Balanced search trees made simple. In *Proceedings of the Third Workshop on Algorithms and Data Structures*, volume 709 of *Lecture Notes in Computer Science*, pages 60–71. Springer, 1993.

[17] Arne Andersson. Faster deterministic sorting and searching in linear space. In *Proceedings of the 37th Annual Symposium on Foundations of Computer Science*, pages 135–141, 1996.

[18] Arne Andersson, Torben Hagerup, Stefan Nilsson, and Rajeev Raman. Sorting in linear time? *Journal of Computer and System Sciences*, 57:74–93, 1998.

[19] Tom M. Apostol. *Calculus*, volume 1. Blaisdell Publishing Company, second edition, 1967.

[20] Nimar S. Arora, Robert D. Blumofe, and C. Greg Plaxton. Thread scheduling for multiprogrammed multiprocessors. *Theory of Computing Systems*, 34(2):115–144, 2001.

[21] Sanjeev Arora. *Probabilistic checking of proofs and the hardness of approximation problems*. PhD thesis, University of California, Berkeley, 1994.

[22] Sanjeev Arora. The approximability of NP-hard problems. In *Proceedings of the 30th Annual ACM Symposium on Theory of Computing*, pages 337–348, 1998.

[23] Sanjeev Arora. Polynomial time approximation schemes for euclidean traveling salesman and other geometric problems. *Journal of the ACM*, 45(5):753–782, 1998.

[24] Sanjeev Arora and Boaz Barak. *Computational Complexity: A Modern Approach*. Cambridge University Press, 2009.

[25] Sanjeev Arora, Elad Hazan, and Satyen Kale. The multiplicative weights update method: A meta-algorithm and applications. *Theory of Computing*, 8(1):121–164, 2012.

[26] Sanjeev Arora and Carsten Lund. Hardness of approximations. In Dorit S. Hochbaum, editor, *Approximation Algorithms for NP-Hard Problems*, pages 399–446. PWS Publishing Company, 1997.

[27] Mikhail J. Atallah and Marina Blanton, editors. *Algorithms and Theory of Computation Handbook*, volume 1. Chapman & Hall/CRC Press, second edition, 2009.

[28] Mikhail J. Atallah and Marina Blanton, editors. *Algorithms and Theory of Computation Handbook*, volume 2. Chapman & Hall/CRC Press, second edition, 2009.

[29] G. Ausiello, P. Crescenzi, G. Gambosi, V. Kann, A. Marchetti-Spaccamela, and M. Protasi. *Complexity and Approximation: Combinatorial Optimization Problems and Their Approximability Properties*. Springer, 1999.

[30] Shai Avidan and Ariel Shamir. Seam carving for content-aware image resizing. *ACM Transactions on Graphics*, 26(3), article 10, 2007.

[31] László Babai, Eugene M. Luks, and Ákos Seress. Fast management of permutation groups I. *SIAM Journal on Computing*, 26(5):1310–1342, 1997.

[32] Eric Bach. Private communication, 1989.

[33] Eric Bach. Number-theoretic algorithms. In *Annual Review of Computer Science*, volume 4, pages 119–172. Annual Reviews, Inc., 1990.

[34] Eric Bach and Jeffrey Shallit. *Algorithmic Number Theory—Volume I: Efficient Algorithms*. The MIT Press, 1996.

[35] Nikhil Bansal and Anupam Gupta. Potential-function proofs for first-order methods. *CoRR*, abs/1712.04581, 2017.

[36] Hannah Bast, Daniel Delling, Andrew V. Goldberg, Matthias Müller-Hannemann, Thomas Pajor, Peter Sanders, Dorothea Wagner, and Renato F. Werneck. Route planning in transportation networks. In *Algorithm Engineering - Selected Results and Surveys*, volume 9220 of *Lecture Notes in Computer Science*, pages 19–80. Springer, 2016.

[37] Surender Baswana, Ramesh Hariharan, and Sandeep Sen. Improved decremental algorithms for maintaining transitive closure and all-pairs shortest paths. *Journal of Algorithms*, 62(2):74–92, 2007.

[38] R. Bayer. Symmetric binary B-trees: Data structure and maintenance algorithms. *Acta Informatica*, 1(4):290–306, 1972.

[39] R. Bayer and E. M. McCreight. Organization and maintenance of large ordered indexes. *Acta Informatica*, 1(3):173–189, 1972.

[40] Pierre Beauchemin, Gilles Brassard, Claude Crépeau, Claude Goutier, and Carl Pomerance. The generation of random numbers that are probably prime. *Journal of Cryptology*, 1(1):53–64, 1988.

[41] L. A. Belady. A study of replacement algorithms for a virtual-storage computer. *IBM Systems Journal*, 5(2):78–101, 1966.

[42] Mihir Bellare, Joe Kilian, and Phillip Rogaway. The security of cipher block chaining message authentication code. *Journal of Computer and System Sciences*, 61(3):362–399, 2000.

[43] Mihir Bellare and Phillip Rogaway. Random oracles are practical: A paradigm for designing efficient protocols. In *CCS '93, Proceedings of the 1st ACM Conference on Computer and Communications Security*, pages 62–73, 1993.

[44] Richard Bellman. *Dynamic Programming*. Princeton University Press, 1957.

[45] Richard Bellman. On a routing problem. *Quarterly of Applied Mathematics*, 16(1):87–90, 1958.

[46] Michael Ben-Or. Lower bounds for algebraic computation trees. In *Proceedings of the Fifteenth Annual ACM Symposium on Theory of Computing*, pages 80–86, 1983.

[47] Michael A. Bender, Erik D. Demaine, and Martin Farach-Colton. Cache-oblivious B-trees. *SIAM Journal on Computing*, 35(2):341–358, 2005.

[48] Samuel W. Bent and John W. John. Finding the median requires $2n$ comparisons. In *Proceedings of the Seventeenth Annual ACM Symposium on Theory of Computing*, pages 213–216, 1985.

[49] Jon L. Bentley. *Writing Efficient Programs*. Prentice Hall, 1982.

[50] Jon L. Bentley. *More Programming Pearls: Confessions of a Coder*. Addison-Wesley, 1988.

[51] Jon L. Bentley. *Programming Pearls*. Addison-Wesley, second edition, 1999.

[52] Jon L. Bentley, Dorothea Haken, and James B. Saxe. A general method for solving divide-and-conquer recurrences. *SIGACT News*, 12(3):36–44, 1980.

[53] Claude Berge. Two theorems in graph theory. *Proceedings of the National Academy of Sciences*, 43(9):842–844, 1957.

[54] Aditya Y. Bhargava. *Grokking Algorithms: An Illustrated Guide For Programmers and Other Curious People*. Manning Publications, 2016.

[55] Daniel Bienstock and Benjamin McClosky. Tightening simplex mixed-integer sets with guaranteed bounds. *Optimization Online*, 2008.

[56] Patrick Billingsley. *Probability and Measure*. John Wiley & Sons, second edition, 1986.

[57] Guy E. Blelloch. *Scan Primitives and Parallel Vector Models*. PhD thesis, Department of Electrical Engineering and Computer Science, MIT, 1989. Available as MIT Laboratory for Computer Science Technical Report MIT/LCS/TR-463.

[58] Guy E. Blelloch. Programming parallel algorithms. *Communications of the ACM*, 39(3):85–97, 1996.

[59] Guy E. Blelloch, Jeremy T. Fineman, Phillip B. Gibbons, and Julian Shun. Internally deterministic parallel algorithms can be fast. In *17th ACM SIGPLAN Symposium on Principles and Practice of Parallel Programming*, pages 181–192, 2012.

[60] Guy E. Blelloch, Jeremy T. Fineman, Yan Gu, and Yihan Sun. Optimal parallel algorithms in the binary-forking model. In *Proceedings of the 32nd Annual ACM Symposium on Parallelism in Algorithms and Architectures*, pages 89–102, 2020.

[61] Guy E. Blelloch, Phillip B. Gibbons, and Yossi Matias. Provably efficient scheduling for languages with fine-grained parallelism. *Journal of the ACM*, 46(2):281–321, 1999.

[62] Manuel Blum, Robert W. Floyd, Vaughan Pratt, Ronald L. Rivest, and Robert E. Tarjan. Time bounds for selection. *Journal of Computer and System Sciences*, 7(4):448–461, 1973.

[63] Robert D. Blumofe and Charles E. Leiserson. Scheduling multithreaded computations by work stealing. *Journal of the ACM*, 46(5):720–748, 1999.

[64] Robert L Bocchino, Jr., Vikram S. Adve, Sarita V. Adve, and Marc Snir. Parallel programming must be deterministic by default. In *Proceedings of the First USENIX Conference on Hot Topics in Parallelism (HotPar)*, 2009.

[65] Béla Bollobás. *Random Graphs*. Academic Press, 1985.

[66] Leonardo Bonacci. *Liber Abaci*, 1202.

[67] J. A. Bondy and U. S. R.Murty. *Graph Theory with Applications*. American Elsevier, 1976.

[68] A. Borodin and R. El-Yaniv. *Online Computation and Competitive Analysis*. Cambridge University Press, 1998.

[69] Stephen P. Boyd and Lieven Vandenberghe. *Convex Optimization*. Cambridge University Press, 2004.

[70] Gilles Brassard and Paul Bratley. *Fundamentals of Algorithmics*. Prentice Hall, 1996.

[71] Richard P. Brent. The parallel evaluation of general arithmetic expressions. *Journal of the ACM*, 21(2):201–206, 1974.

[72] Gerth Stølting Brodal. A survey on priority queues. In Andrej Brodnik, Alejandro López-Ortiz, Venkatesh Raman, and Alfredo Viola, editors, *Space-Efficient Data Structures, Streams, and Algorithms: Papers in Honor of J. Ian Munro on the Occasion of His 66th Birthday*, volume 8066 of *Lecture Notes in Computer Science*, pages 150–163. Springer, 2013.

[73] Gerth Stølting Brodal, George Lagogiannis, and Robert E. Tarjan. Strict Fibonacci heaps. In *Proceedings of the 44th Annual ACM Symposium on Theory of Computing*, pages 1177–1184, 2012.

[74] George W. Brown. Some notes on computation of games solutions. *RAND Corporation Report*, P-78, 1949.

[75] Sébastien Bubeck. Convex optimization: Algorithms and complexity. *Foundations and Trends in Machine Learning*, 8(3-4):231–357, 2015.

[76] Niv Buchbinder and Joseph Naor. The design of competitive online algorithms via a primal-dual approach. *Foundations and Trends in Theoretical Computer Science*, 3(2–3):93–263, 2009.

[77] J. P. Buhler, H. W. Lenstra, Jr., and Carl Pomerance. Factoring integers with the number field sieve. In A. K. Lenstra and H. W. Lenstra, Jr., editors, *The Development of the Number Field Sieve*, volume 1554 of *Lecture Notes in Mathematics*, pages 50–94. Springer, 1993.

[78] M. Burrows and D. J. Wheeler. A block-sorting lossless data compression algorithm. SRC Research Report 124, Digital Equipment Corporation Systems Research Center, May 1994.

[79] Neville Campbell. Recurrences. Unpublished treatise available at https://nevillecampbell.com/Recurrences.pdf, 2020.

[80] J. Lawrence Carter and Mark N. Wegman. Universal classes of hash functions. *Journal of Computer and System Sciences*, 18(2):143–154, 1979.

[81] Barbara Chapman, Gabriele Jost, and Ruud van der Pas. *Using OpenMP: Portable Shared Memory Parallel Programming*. The MIT Press, 2007.

[82] Philippe Charles, Christian Grothoff, Vijay Saraswat, Christopher Donawa, Allan Kielstra, Kemal Ebcioglu, Christoph Von Praun, and Vivek Sarkar. X10: An object-oriented approach to non-uniform cluster computing. In *ACM SIGPLAN Conference on Object-oriented Programming, Systems, Languages, and Applications (OOPSLA)*, pages 519–538, 2005.

[83] Bernard Chazelle. A minimum spanning tree algorithm with inverse-Ackermann type complexity. *Journal of the ACM*, 47(6):1028–1047, 2000.

[84] Ke Chen and Adrian Dumitrescu. Selection algorithms with small groups. *International Journal of Foundations of Computer Science*, 31(3):355–369, 2020.

[85] Guang-Ien Cheng, Mingdong Feng, Charles E. Leiserson, Keith H. Randall, and Andrew F. Stark. Detecting data races in Cilk programs that use locks. In *Proceedings of the 10th Annual ACM Symposium on Parallel Algorithms and Architectures*, pages 298–309, 1998.

[86] Joseph Cheriyan and Torben Hagerup. A randomized maximum-flow algorithm. *SIAM Journal on Computing*, 24(2):203–226, 1995.

[87] Joseph Cheriyan and S. N. Maheshwari. Analysis of preflow push algorithms for maximum network flow. *SIAM Journal on Computing*, 18(6):1057–1086, 1989.

[88] Boris V. Cherkassky and Andrew V. Goldberg. On implementing the push-relabel method for the maximum flow problem. *Algorithmica*, 19(4):390–410, 1997.

[89] Boris V. Cherkassky, Andrew V. Goldberg, and Tomasz Radzik. Shortest paths algorithms: Theory and experimental evaluation. *Mathematical Programming*, 73(2):129–174, 1996.

[90] Boris V. Cherkassky, Andrew V. Goldberg, and Craig Silverstein. Buckets, heaps, lists and monotone priority queues. *SIAM Journal on Computing*, 28(4):1326–1346, 1999.

[91] H. Chernoff. A measure of asymptotic efficiency for tests of a hypothesis based on the sum of observations. *Annals of Mathematical Statistics*, 23(4):493–507, 1952.

[92] Brian Christian and Tom Griffiths. *Algorithms to Live By: The Computer Science of Human Decisions*. Picador, 2017.

[93] Kai Lai Chung. *Elementary Probability Theory with Stochastic Processes*. Springer, 1974.

[94] V. Chvátal. *Linear Programming*. W. H. Freeman and Company, 1983.

[95] V. Chvátal, D. A. Klarner, and D. E. Knuth. Selected combinatorial research problems. Technical Report STAN-CS-72-292, Computer Science Department, Stanford University, 1972.

[96] Alan Cobham. The intrinsic computational difficulty of functions. In *Proceedings of the 1964 Congress for Logic, Methodology, and the Philosophy of Science*, pages 24–30. North-Holland, 1964.

[97] H. Cohen and H. W. Lenstra, Jr. Primality testing and Jacobi sums. *Mathematics of Computation*, 42(165):297–330, 1984.

[98] Michael B. Cohen, Aleksander Madry, Piotr Sankowski, and Adrian Vladu. Negative weight shortest paths and unit capacity minimum cost flow in $\widetilde{O}(m^{10/7} \log w)$ time (extended abstract). In *Proceedings of the 28th ACM-SIAM Symposium on Discrete Algorithms*, pages 752–771, 2017.

[99] Douglas Comer. The ubiquitous B-tree. *ACM Computing Surveys*, 11(2):121–137, 1979.

[100] Stephen Cook. The complexity of theorem proving procedures. In *Proceedings of the Third Annual ACM Symposium on Theory of Computing*, pages 151–158, 1971.

[101] James W. Cooley and John W. Tukey. An algorithm for the machine calculation of complex Fourier series. *Mathematics of Computation*, 19(90):297–301, 1965.

[102] Don Coppersmith. Modifications to the number field sieve. *Journal of Cryptology*, 6(3):169–180, 1993.

[103] Don Coppersmith and Shmuel Winograd. Matrix multiplication via arithmetic progression. *Journal of Symbolic Computation*, 9(3):251–280, 1990.

[104] Thomas H. Cormen. *Algorithms Unlocked*. The MIT Press, 2013.

[105] Thomas H. Cormen, Thomas Sundquist, and Leonard F. Wisniewski. Asymptotically tight bounds for performing BMMC permutations on parallel disk systems. *SIAM Journal on Computing*, 28(1):105–136, 1998.

[106] Don Dailey and Charles E. Leiserson. Using Cilk to write multiprocessor chess programs. In H. J. van den Herik and B. Monien, editors, *Advances in Computer Games*, volume 9, pages 25–52. University of Maastricht, Netherlands, 2001.

[107] Sanjoy Dasgupta, Christos Papadimitriou, and Umesh Vazirani. *Algorithms*. McGraw-Hill, 2008.

[108] Abraham de Moivre. De fractionibus algebraicis radicalitate immunibus ad fractiones simpliciores reducendis, deque summandis terminis quarundam serierum aequali intervallo a se distantibus. *Philosophical Transactions*, 32(373):162–168, 1722.

[109] Erik D. Demaine, Dion Harmon, John Iacono, and Mihai Pătraşcu. Dynamic optimality—almost. *SIAM Journal on Computing*, 37(1):240–251, 2007.

[110] Camil Demetrescu, David Eppstein, Zvi Galik, and Giuseppe F. Italiano. Dynamic graph algorithms. In Mikhail J. Attalah and Marina Blanton, editors, *Algorithms and Theory of Computation Handbook*, chapter 9, pages 9-1–9-28. Chapman & Hall/CRC, second edition, 2009.

[111] Camil Demetrescu and Giuseppe F. Italiano. Fully dynamic all pairs shortest paths with real edge weights. *Journal of Computer and System Sciences*, 72(5):813–837, 2006.

[112] Eric V. Denardo and Bennett L. Fox. Shortest-route methods: 1. Reaching, pruning, and buckets. *Operations Research*, 27(1):161–186, 1979.

[113] Martin Dietzfelbinger, Torben Hagerup, Jyrki Katajainen, and Martti Penttonen. A reliable randomized algorithm for the closest-pair problem. *Journal of Algorithms*, 25(1):19–51, 1997.

[114] Martin Dietzfelbinger, Anna Karlin, Kurt Mehlhorn, Friedhelm Meyer auf der Heide, Hans Rohnert, and Robert E. Tarjan. Dynamic perfect hashing: Upper and lower bounds. *SIAM Journal on Computing*, 23(4):738–761, 1994.

[115] Whitfield Diffie and Martin E. Hellman. New directions in cryptography. *IEEE Transactions on Information Theory*, IT-22(6):644–654, 1976.

[116] Edsger W. Dijkstra. A note on two problems in connexion with graphs. *Numerische Mathematik*, 1(1):269–271, 1959.

[117] Edsger W. Dijkstra. *A Discipline of Programming*. Prentice-Hall, 1976.

[118] Dimitar Dimitrov, Martin Vechev, and Vivek Sarkar. Race detection in two dimensions. *ACM Transactions on Parallel Computing*, 4(4):1–22, 2018.

[119] E. A. Dinic. Algorithm for solution of a problem of maximum flow in a network with power estimation. *Soviet Mathematics Doklady*, 11(5):1277–1280, 1970.

[120] Brandon Dixon, Monika Rauch, and Robert E. Tarjan. Verification and sensitivity analysis of minimum spanning trees in linear time. *SIAM Journal on Computing*, 21(6):1184–1192, 1992.

[121] John D. Dixon. Factorization and primality tests. *The American Mathematical Monthly*, 91(6):333–352, 1984.

[122] Dorit Dor, Johan Håstad, Staffan Ulfberg, and Uri Zwick. On lower bounds for selecting the median. *SIAM Journal on Discrete Mathematics*, 14(3):299–311, 2001.

[123] Dorit Dor and Uri Zwick. Selecting the median. *SIAM Journal on Computing*, 28(5):1722–1758, 1999.

[124] Dorit Dor and Uri Zwick. Median selection requires $(2+\epsilon)n$ comparisons. *SIAM Journal on Discrete Mathematics*, 14(3):312–325, 2001.

[125] Alvin W. Drake. *Fundamentals of Applied Probability Theory*. McGraw-Hill, 1967.

[126] James R. Driscoll, Neil Sarnak, Daniel D. Sleator, and Robert E. Tarjan. Making data structures persistent. *Journal of Computer and System Sciences*, 38(1):86–124, 1989.

[127] Ran Duan, Seth Pettie, and Hsin-Hao Su. Scaling algorithms for weighted matching in general graphs. *ACM Transactions on Algorithms*, 14(1):8:1–8:35, 2018.

[128] Richard Durstenfeld. Algorithm 235 (RANDOM PERMUTATION). *Communications of the ACM*, 7(7):420, 1964.

[129] Derek L. Eager, John Zahorjan, and Edward D. Lazowska. Speedup versus efficiency in parallel systems. *IEEE Transactions on Computers*, 38(3):408–423, 1989.

[130] Jack Edmonds. Paths, trees, and flowers. *Canadian Journal of Mathematics*, 17:449–467, 1965.

[131] Jack Edmonds. Matroids and the greedy algorithm. *Mathematical Programming*, 1(1):127–136, 1971.

[132] Jack Edmonds and Richard M. Karp. Theoretical improvements in the algorithmic efficiency for network flow problems. *Journal of the ACM*, 19(2):248–264, 1972.

[133] Jeff Edmonds. *How To Think About Algorithms*. Cambridge University Press, 2008.

[134] Mourad Elloumi and Albert Y. Zomaya, editors. *Algorithms in Computational Molecular Biology: Techniques, Approaches and Applications*. John Wiley & Sons, 2011.

[135] Jeff Erickson. *Algorithms*. https://archive.org/details/Algorithms-Jeff-Erickson, 2019.

[136] Martin Erwig. *Once Upon an Algorithm: How Stories Explain Computing*. The MIT Press, 2017.

[137] Shimon Even. *Graph Algorithms*. Computer Science Press, 1979.

[138] Shimon Even and Yossi Shiloach. An on-line edge-deletion problem. *Journal of the ACM*, 28(1):1–4, 1981.

[139] William Feller. *An Introduction to Probability Theory and Its Applications*. John Wiley & Sons, third edition, 1968.

[140] Mingdong Feng and Charles E. Leiserson. Efficient detection of determinacy races in Cilk programs. In *Proceedings of the 9th Annual ACM Symposium on Parallel Algorithms and Architectures*, pages 1–11, 1997.

[141] Amos Fiat, Richard M. Karp, Michael Luby, Lyle A. McGeoch, Daniel Dominic Sleator, and Neal E. Young. Competitive paging algorithms. *Journal of Algorithms*, 12(4):685–699, 1991.

[142] Amos Fiat and Gerhard J. Woeginger, editors. *Online Algorithms, The State of the Art*, volume 1442 of *Lecture Notes in Computer Science*. Springer, 1998.

[143] Sir Ronald A. Fisher and Frank Yates. *Statistical Tables for Biological, Agricultural and Medical Research*. Hafner Publishing Company, fifth edition, 1957.

[144] Robert W. Floyd. Algorithm 97 (SHORTEST PATH). *Communications of the ACM*, 5(6):345, 1962.

[145] Robert W. Floyd. Algorithm 245 (TREESORT). *Communications of the ACM*, 7(12):701, 1964.

[146] Robert W. Floyd. Permuting information in idealized two-level storage. In Raymond E. Miller and James W. Thatcher, editors, *Complexity of Computer Computations*, pages 105–109. Plenum Press, 1972.

[147] Robert W. Floyd and Ronald L. Rivest. Expected time bounds for selection. *Communications of the ACM*, 18(3):165–172, 1975.

[148] L. R. Ford. *Network Flow Theory*. RAND Corporation, Santa Monica, CA, 1956.

[149] Lestor R. Ford, Jr. and D. R. Fulkerson. *Flows in Networks*. Princeton University Press, 1962.

[150] Lester R. Ford, Jr. and Selmer M. Johnson. A tournament problem. *The American Mathematical Monthly*, 66(5):387–389, 1959.

[151] E. W. Forgy. Cluster analysis of multivariate efficiency versus interpretatbility of classifications. *Biometrics*, 21(3):768–769, 1965.

[152] Lance Fortnow. *The Golden Ticket: P, NP, and the Search for the Impossible*. Princeton University Press, 2013.

[153] Michael L. Fredman. New bounds on the complexity of the shortest path problem. *SIAM Journal on Computing*, 5(1):83–89, 1976.

[154] Michael L. Fredman, János Komlós, and Endre Szemerédi. Storing a sparse table with $O(1)$ worst case access time. *Journal of the ACM*, 31(3):538–544, 1984.

[155] Michael L. Fredman and Michael E. Saks. The cell probe complexity of dynamic data structures. In *Proceedings of the Twenty First Annual ACM Symposium on Theory of Computing*, pages 345–354, 1989.

[156] Michael L. Fredman and Robert E. Tarjan. Fibonacci heaps and their uses in improved network optimization algorithms. *Journal of the ACM*, 34(3):596–615, 1987.

[157] Michael L. Fredman and Dan E. Willard. Surpassing the information theoretic bound with fusion trees. *Journal of Computer and System Sciences*, 47(3):424–436, 1993.

[158] Michael L. Fredman and Dan E. Willard. Trans-dichotomous algorithms for minimum spanning trees and shortest paths. *Journal of Computer and System Sciences*, 48(3):533–551, 1994.

[159] Yoav Freund and Robert E. Schapire. A decision-theoretic generalization of on-line learning and an application to boosting. *Journal of Computer and System Sciences*, 55(1):119–139, 1997.

[160] Matteo Frigo, Pablo Halpern, Charles E. Leiserson, and Stephen Lewin-Berlin. Reducers and other Cilk++ hyperobjects. In *Proceedings of the 21st Annual ACM Symposium on Parallelism in Algorithms and Architectures*, pages 79–90, 2009.

[161] Matteo Frigo and Steven G. Johnson. The design and implementation of FFTW3. *Proceedings of the IEEE*, 93(2):216–231, 2005.

[162] Hannah Fry. *Hello World: Being Human in the Age of Algorithms*. W. W. Norton & Company, 2018.

[163] Harold N. Gabow. Path-based depth-first search for strong and biconnected components. *Information Processing Letters*, 74(3–4):107–114, 2000.

[164] Harold N. Gabow. The weighted matching approach to maximum cardinality matching. *Fundamenta Informaticae*, 154(1-4):109–130, 2017.

[165] Harold N. Gabow, Z. Galil, T. Spencer, and Robert E. Tarjan. Efficient algorithms for finding minimum spanning trees in undirected and directed graphs. *Combinatorica*, 6(2):109–122, 1986.

[166] Harold N. Gabow and Robert E. Tarjan. A linear-time algorithm for a special case of disjoint set union. *Journal of Computer and System Sciences*, 30(2):209–221, 1985.

[167] Harold N. Gabow and Robert E. Tarjan. Faster scaling algorithms for network problems. *SIAM Journal on Computing*, 18(5):1013–1036, 1989.

[168] Harold N. Gabow and Robert Endre Tarjan. Faster scaling algorithms for general graph matching problems. *Journal of the ACM*, 38(4):815–853, 1991.

[169] D. Gale and L. S. Shapley. College admissions and the stability of marriage. *American Mathematical Monthly*, 69(1):9–15, 1962.

[170] Zvi Galil and Oded Margalit. All pairs shortest distances for graphs with small integer length edges. *Information and Computation*, 134(2):103–139, 1997.

[171] Zvi Galil and Oded Margalit. All pairs shortest paths for graphs with small integer length edges. *Journal of Computer and System Sciences*, 54(2):243–254, 1997.

[172] Zvi Galil and Kunsoo Park. Dynamic programming with convexity, concavity and sparsity. *Theoretical Computer Science*, 92(1):49–76, 1992.

[173] Zvi Galil and Joel Seiferas. Time-space-optimal string matching. *Journal of Computer and System Sciences*, 26(3):280–294, 1983.

[174] Igal Galperin and Ronald L. Rivest. Scapegoat trees. In *Proceedings of the 4th ACM-SIAM Symposium on Discrete Algorithms*, pages 165–174, 1993.

[175] Michael R. Garey, R. L. Graham, and J. D. Ullman. Worst-case analyis of memory allocation algorithms. In *Proceedings of the Fourth Annual ACM Symposium on Theory of Computing*, pages 143–150, 1972.

[176] Michael R. Garey and David S. Johnson. *Computers and Intractability: A Guide to the Theory of NP-Completeness*. W. H. Freeman, 1979.

[177] Naveen Garg and Jochen Könemann. Faster and simpler algorithms for multicommodity flow and other fractional packing problems. *SIAM Journal on Computing*, 37(2):630–652, 2007.

[178] Saul Gass. *Linear Programming: Methods and Applications*. International Thomson Publishing, fourth edition, 1975.

[179] Fănică Gavril. Algorithms for minimum coloring, maximum clique, minimum covering by cliques, and maximum independent set of a chordal graph. *SIAM Journal on Computing*, 1(2):180–187, 1972.

[180] Alan George and Joseph W-H Liu. *Computer Solution of Large Sparse Positive Definite Systems*. Prentice Hall, 1981.

[181] E. N. Gilbert and E. F. Moore. Variable-length binary encodings. *Bell System Technical Journal*, 38(4):933–967, 1959.

[182] Ashish Goel, Sanjeev Khanna, Daniel H. Larkin, and Rober E. Tarjan. Disjoint set union with randomized linking. In *Proceedings of the 25th ACM-SIAM Symposium on Discrete Algorithms*, pages 1005–1017, 2014.

[183] Michel X. Goemans and David P. Williamson. Improved approximation algorithms for maximum cut and satisfiability problems using semidefinite programming. *Journal of the ACM*, 42(6):1115–1145, 1995.

[184] Michel X. Goemans and David P. Williamson. The primal-dual method for approximation algorithms and its application to network design problems. In Dorit S. Hochbaum, editor, *Approximation Algorithms for NP-Hard Problems*, pages 144–191. PWS Publishing Company, 1997.

[185] Andrew V. Goldberg. *Efficient Graph Algorithms for Sequential and Parallel Computers*. PhD thesis, Department of Electrical Engineering and Computer Science, MIT, 1987.

[186] Andrew V. Goldberg. Scaling algorithms for the shortest paths problem. *SIAM Journal on Computing*, 24(3):494–504, 1995.

[187] Andrew V. Goldberg and Satish Rao. Beyond the flow decomposition barrier. *Journal of the ACM*, 45(5):783–797, 1998.

[188] Andrew V. Goldberg and Robert E. Tarjan. A new approach to the maximum flow problem. *Journal of the ACM*, 35(4):921–940, 1988.

[189] D. Goldfarb and M. J. Todd. Linear programming. In G. L. Nemhauser, A. H. G. Rinnooy-Kan, and M. J. Todd, editors, *Handbooks in Operations Research and Management Science, Vol. 1, Optimization*, pages 73–170. Elsevier Science Publishers, 1989.

[190] Shafi Goldwasser and Silvio Micali. Probabilistic encryption. *Journal of Computer and System Sciences*, 28(2):270–299, 1984.

[191] Shafi Goldwasser, Silvio Micali, and Ronald L. Rivest. A digital signature scheme secure against adaptive chosen-message attacks. *SIAM Journal on Computing*, 17(2):281–308, 1988.

[192] Gene H. Golub and Charles F. Van Loan. *Matrix Computations*. The Johns Hopkins University Press, third edition, 1996.

[193] G. H. Gonnet and R. Baeza-Yates. *Handbook of Algorithms and Data Structures in Pascal and C*. Addison-Wesley, second edition, 1991.

[194] Rafael C. Gonzalez and Richard E. Woods. *Digital Image Processing*. Addison-Wesley, 1992.

[195] Michael T. Goodrich and Roberto Tamassia. *Algorithm Design: Foundations, Analysis, and Internet Examples*. John Wiley & Sons, 2001.

[196] Michael T. Goodrich and Roberto Tamassia. *Data Structures and Algorithms in Java*. John Wiley & Sons, sixth edition, 2014.

[197] Ronald L. Graham. Bounds for certain multiprocessor anomalies. *Bell System Technical Journal*, 45(9):1563–1581, 1966.

[198] Ronald L. Graham and Pavol Hell. On the history of the minimum spanning tree problem. *Annals of the History of Computing*, 7(1):43–57, 1985.

[199] Ronald L. Graham, Donald E. Knuth, and Oren Patashnik. *Concrete Mathematics*. Addison-Wesley, second edition, 1994.

[200] David Gries. *The Science of Programming*. Springer, 1981.

[201] M. Grötschel, László Lovász, and Alexander Schrijver. *Geometric Algorithms and Combinatorial Optimization*. Springer, 1988.

[202] Leo J. Guibas and Robert Sedgewick. A dichromatic framework for balanced trees. In *Proceedings of the 19th Annual Symposium on Foundations of Computer Science*, pages 8–21, 1978.

[203] Dan Gusfield and Robert W. Irving. *The Stable Marriage Problem: Structure and Algorithms*. The MIT Press, 1989.

[204] Gregory Gutin and Abraham P. Punnen, editors. *The Traveling Salesman Problem and Its Variations*. Kluwer Academic Publishers, 2002.

[205] Torben Hagerup. Improved shortest paths on the word RAM. In *Procedings of 27th International Colloquium on Automata, Languages and Programming, ICALP 2000*, volume 1853 of *Lecture Notes in Computer Science*, pages 61–72. Springer, 2000.

[206] H. Halberstam and R. E. Ingram, editors. *The Mathematical Papers of Sir William Rowan Hamilton*, volume III (Algebra). Cambridge University Press, 1967.

[207] Yijie Han. Improved fast integer sorting in linear space. *Information and Computation*, 170(1):81–94, 2001.

[208] Frank Harary. *Graph Theory*. Addison-Wesley, 1969.

[209] Gregory C. Harfst and Edward M. Reingold. A potential-based amortized analysis of the union-find data structure. *SIGACT News*, 31(3):86–95, 2000.

[210] J. Hartmanis and R. E. Stearns. On the computational complexity of algorithms. *Transactions of the American Mathematical Society*, 117:285–306, 1965.

[211] Michael T. Heideman, Don H. Johnson, and C. Sidney Burrus. Gauss and the history of the Fast Fourier Transform. *IEEE ASSP Magazine*, 1(4):14–21, 1984.

[212] Monika R. Henzinger and Valerie King. Fully dynamic biconnectivity and transitive closure. In *Proceedings of the 36th Annual Symposium on Foundations of Computer Science*, pages 664–672, 1995.

[213] Monika R. Henzinger and Valerie King. Randomized fully dynamic graph algorithms with polylogarithmic time per operation. *Journal of the ACM*, 46(4):502–516, 1999.

[214] Monika R. Henzinger, Satish Rao, and Harold N. Gabow. Computing vertex connectivity: New bounds from old techniques. *Journal of Algorithms*, 34(2):222–250, 2000.

[215] Nicholas J. Higham. Exploiting fast matrix multiplication within the level 3 BLAS. *ACM Transactions on Mathematical Software*, 16(4):352–368, 1990.

[216] Nicholas J. Higham. *Accuracy and Stability of Numerical Algorithms*. SIAM, second edition, 2002.

[217] W. Daniel Hillis and Jr. Guy L. Steele. Data parallel algorithms. *Communications of the ACM*, 29(12):1170–1183, 1986.

[218] C. A. R. Hoare. Algorithm 63 (PARTITION) and algorithm 65 (FIND). *Communications of the ACM*, 4(7):321–322, 1961.

[219] C. A. R. Hoare. Quicksort. *The Computer Journal*, 5(1):10–15, 1962.

[220] Dorit S. Hochbaum. Efficient bounds for the stable set, vertex cover and set packing problems. *Discrete Applied Mathematics*, 6(3):243–254, 1983.

[221] Dorit S. Hochbaum, editor. *Approximation Algorithms for NP-Hard Problems*. PWS Publishing Company, 1997.

[222] W. Hoeffding. On the distribution of the number of successes in independent trials. *Annals of Mathematical Statistics*, 27(3):713–721, 1956.

[223] Micha Hofri. *Probabilistic Analysis of Algorithms*. Springer, 1987.

[224] John E. Hopcroft and Richard M. Karp. An $n^{5/2}$ algorithm for maximum matchings in bipartite graphs. *SIAM Journal on Computing*, 2(4):225–231, 1973.

[225] John E. Hopcroft, Rajeev Motwani, and Jeffrey D. Ullman. *Introduction to Automata Theory, Languages, and Computation*. Addison Wesley, third edition, 2006.

[226] John E. Hopcroft and Robert E. Tarjan. Efficient algorithms for graph manipulation. *Communications of the ACM*, 16(6):372–378, 1973.

[227] John E. Hopcroft and Jeffrey D. Ullman. Set merging algorithms. *SIAM Journal on Computing*, 2(4):294–303, 1973.

[228] John E. Hopcroft and Jeffrey D. Ullman. *Introduction to Automata Theory, Languages, and Computation*. Addison-Wesley, 1979.

[229] Juraj Hromkovič. *Algorithmics for Hard Problems: Introduction to Combinatorial Optimization, Randomization, Approximation, and Heuristics*. Springer-Verlag, 2001.

[230] T. C. Hu and M. T. Shing. Computation of matrix chain products. Part I. *SIAM Journal on Computing*, 11(2):362–373, 1982.

[231] T. C. Hu and M. T. Shing. Computation of matrix chain products. Part II. *SIAM Journal on Computing*, 13(2):228–251, 1984.

[232] T. C. Hu and A. C. Tucker. Optimal computer search trees and variable-length alphabetic codes. *SIAM Journal on Applied Mathematics*, 21(4):514–532, 1971.

[233] David A. Huffman. A method for the construction of minimum-redundancy codes. *Proceedings of the IRE*, 40(9):1098–1101, 1952.

[234] Oscar H. Ibarra and Chul E. Kim. Fast approximation algorithms for the knapsack and sum of subset problems. *Journal of the ACM*, 22(4):463–468, 1975.

[235] E. J. Isaac and R. C. Singleton. Sorting by address calculation. *Journal of the ACM*, 3(3):169–174, 1956.

[236] David S. Johnson. Approximation algorithms for combinatorial problems. *Journal of Computer and System Sciences*, 9(3):256–278, 1974.

[237] David S. Johnson. The NP-completeness column: An ongoing guide—The tale of the second prover. *Journal of Algorithms*, 13(3):502–524, 1992.

[238] Donald B. Johnson. Efficient algorithms for shortest paths in sparse networks. *Journal of the ACM*, 24(1):1–13, 1977.

[239] Richard Johnsonbaugh and Marcus Schaefer. *Algorithms*. Pearson Prentice Hall, 2004.

[240] Neil C. Jones and Pavel Pevzner. *An Introduction to Bioinformatics Algorithms*. The MIT Press, 2004.

[241] T. Kanungo, D. M. Mount, N. S. Netanyahu, C. D. Piatko, R. Silverman, and A. Y. Wu. A local search approximation algorithm for k-means clustering. *Computational Geometry*, 28:89–112, 2004.

[242] A. Karatsuba and Yu. Ofman. Multiplication of multidigit numbers on automata. *Soviet Physics—Doklady*, 7(7):595–596, 1963. Translation of an article in *Doklady Akademii Nauk SSSR*, 145(2), 1962.

[243] David R. Karger, Philip N. Klein, and Robert E. Tarjan. A randomized linear-time algorithm to find minimum spanning trees. *Journal of the ACM*, 42(2):321–328, 1995.

[244] David R. Karger, Daphne Koller, and Steven J. Phillips. Finding the hidden path: Time bounds for all-pairs shortest paths. *SIAM Journal on Computing*, 22(6):1199–1217, 1993.

[245] Juha Kärkkäinen, Peter Sanders, and Stefan Burkhardt. Linear work suffix array construction. *Journal of the ACM*, 53(6):918–936, 2006.

[246] Howard Karloff. *Linear Programming*. Birkhäuser, 1991.

[247] N. Karmarkar. A new polynomial-time algorithm for linear programming. *Combinatorica*, 4(4):373–395, 1984.

[248] Richard M. Karp. Reducibility among combinatorial problems. In Raymond E. Miller and James W. Thatcher, editors, *Complexity of Computer Computations*, pages 85–103. Plenum Press, 1972.

[249] Richard M. Karp. An introduction to randomized algorithms. *Discrete Applied Mathematics*, 34(1–3):165–201, 1991.

[250] Richard M. Karp and Michael O. Rabin. Efficient randomized pattern-matching algorithms. *IBM Journal of Research and Development*, 31(2):249–260, 1987.

[251] A. V. Karzanov. Determining the maximal flow in a network by the method of preflows. *Soviet Mathematics Doklady*, 15(2):434–437, 1974.

[252] Toru Kasai, Gunho Lee, Hiroki Arimura, Setsuo Arikawa, and Kunsoo Park. Linear-time longest-common-prefix computation in suffix arrays and its applications. In *Proceedings of the 12th Annual Symposium on Combinatorial Pattern Matching*, volume 2089, pages 181–192. Springer-Verlag, 2001.

[253] Jonathan Katz and Yehuda Lindell. *Introduction to Modern Cryptography*. CRC Press, second edition, 2015.

[254] Valerie King. A simpler minimum spanning tree verification algorithm. *Algorithmica*, 18(2):263–270, 1997.

[255] Valerie King, Satish Rao, and Robert E. Tarjan. A faster deterministic maximum flow algorithm. *Journal of Algorithms*, 17(3):447–474, 1994.

[256] Philip N. Klein and Neal E. Young. Approximation algorithms for NP-hard optimization problems. In *CRC Handbook on Algorithms*, pages 34-1–34-19. CRC Press, 1999.

[257] Jon Kleinberg and Éva Tardos. *Algorithm Design*. Addison-Wesley, 2006.

[258] Robert D. Kleinberg. A multiple-choice secretary algorithm with applications to online auctions. In *Proceedings of the 16th ACM-SIAM Symposium on Discrete Algorithms*, pages 630–631, 2005.

[259] Donald E. Knuth. *Fundamental Algorithms*, volume 1 of *The Art of Computer Programming*. Addison-Wesley, third edition, 1997.

[260] Donald E. Knuth. *Seminumerical Algorithms*, volume 2 of *The Art of Computer Programming*. Addison-Wesley, third edition, 1997.

[261] Donald E. Knuth. *Sorting and Searching*, volume 3 of *The Art of Computer Programming*. Addison-Wesley, second edition, 1998.

[262] Donald E. Knuth. *Combinatorial Algorithms*, volume 4A of *The Art of Computer Programming*. Addison-Wesley, 2011.

[263] Donald E. Knuth. *Satisfiability*, volume 4, fascicle 6 of *The Art of Computer Programming*. Addison-Wesley, 2015.

[264] Donald E. Knuth. Optimum binary search trees. *Acta Informatica*, 1(1):14–25, 1971.

[265] Donald E. Knuth. Big omicron and big omega and big theta. *SIGACT News*, 8(2):18–23, 1976.

[266] Donald E. Knuth. *Stable Marriage and Its Relation to Other Combinatorial Problems: An Introduction to the Mathematical Analysis of Algorithms*, volume 10 of *CRM Proceedings and Lecture Notes*. American Mathematical Society, 1997.

[267] Donald E. Knuth, James H. Morris, Jr., and Vaughan R. Pratt. Fast pattern matching in strings. *SIAM Journal on Computing*, 6(2):323–350, 1977.

[268] Mykel J. Kochenderfer and Tim A. Wheeler. *Algorithms for Optimization*. The MIT Press, 2019.

[269] J. Komlós. Linear verification for spanning trees. *Combinatorica*, 5(1):57–65, 1985.

[270] Dexter C. Kozen. *The Design and Analysis of Algorithms*. Springer, 1992.

[271] David W. Krumme, George Cybenko, and K. N. Venkataraman. Gossiping in minimal time. *SIAM Journal on Computing*, 21(1):111–139, 1992.

[272] Joseph B. Kruskal, Jr. On the shortest spanning subtree of a graph and the traveling salesman problem. *Proceedings of the American Mathematical Society*, 7(1):48–50, 1956.

[273] Harold W. Kuhn. The Hungarian method for the assignment problem. *Naval Research Logistics Quarterly*, 2:83–97, 1955.

[274] William Kuszmaul and Charles E. Leiserson. Floors and ceilings in divide-and-conquer recurrences. In *Proceedings of the 3rd SIAM Symposium on Simplicity in Algorithms*, pages 133–141, 2021.

[275] Leslie Lamport. How to make a multiprocessor computer that correctly executes multiprocess programs. *IEEE Transactions on Computers*, C-28(9):690–691, 1979.

[276] Eugene L. Lawler. *Combinatorial Optimization: Networks and Matroids*. Holt, Rinehart, and Winston, 1976.

[277] Eugene L. Lawler, J. K. Lenstra, A. H. G. Rinnooy Kan, and D. B. Shmoys, editors. *The Traveling Salesman Problem*. John Wiley & Sons, 1985.

[278] François Le Gall. Powers of tensors and fast matrix multiplication. In *Proceedings of the 2014 International Symposium on Symbolic and Algebraic Computation, (ISSAC)*, pages 296–303, 2014.

[279] Doug Lea. A Java fork/join framework. In *ACM 2000 Conference on Java Grande*, pages 36–43, 2000.

[280] C. Y. Lee. An algorithm for path connection and its applications. *IRE Transactions on Electronic Computers*, EC-10(3):346–365, 1961.

[281] Edward A. Lee. The problem with threads. *IEEE Computer*, 39(3):33–42, 2006.

[282] I-Ting Angelina Lee, Charles E. Leiserson, Tao B. Schardl, Zhunping Zhang, and Jim Sukha. On-the-fly pipeline parallelism. *ACM Transactions on Parallel Computing*, 2(3):17:1–17:42, 2015.

[283] I-Ting Angelina Lee and Tao B. Schardl. Efficient race detection for reducer hyperobjects. *ACM Transactions on Parallel Computing*, 4(4):1–40, 2018.

[284] Mun-Kyu Lee, Pierre Michaud, Jeong Seop Sim, and Daehun Nyang. A simple proof of optimality for the MIN cache replacement policy. *Information Processing Letters*, 116(2):168–170, 2016.

[285] Yin Tat Lee and Aaron Sidford. Path finding methods for linear programming: Solving linear programs in $\tilde{O}(\sqrt{rank})$ iterations and faster algorithms for maximum flow. In *Proceedings of the 55th Annual Symposium on Foundations of Computer Science*, pages 424–433, 2014.

[286] Tom Leighton. Tight bounds on the complexity of parallel sorting. *IEEE Transactions on Computers*, C-34(4):344–354, 1985.

[287] Tom Leighton. Notes on better master theorems for divide-and-conquer recurrences. Class notes. Available at http://citeseerx.ist.psu.edu/viewdoc/summary?doi=10.1.1.39.1636, 1996.

[288] Tom Leighton and Satish Rao. Multicommodity max-flow min-cut theorems and their use in designing approximation algorithms. *Journal of the ACM*, 46(6):787–832, 1999.

[289] Daan Leijen and Judd Hall. Optimize managed code for multi-core machines. *MSDN Magazine*, 2007.

[290] Charles E. Leiserson. The Cilk++ concurrency platform. *Journal of Supercomputing*, 51(3):244–257, March 2010.

[291] Charles E. Leiserson. Cilk. In David Padua, editor, *Encyclopedia of Parallel Computing*, pages 273–288. Springer, 2011.

[292] Charles E. Leiserson, Tao B. Schardl, and Jim Sukha. Deterministic parallel random number generation for dynamic-multithreading platforms. In *Proceddings of the 17th ACM SIGPLAN Symposium on Principles and Practice of Parallel Programming (PPoPP)*, pages 193–204, 2012.

[293] Charles E. Leiserson, Neil C. Thompson, Joel S. Emer, Bradley C. Kuszmaul, Butler W. Lampson, Daniel Sanchez, and Tao B. Schardl. There's plenty of room at the Top: What will drive computer performance after Moore's law? *Science*, 368(6495), 2020.

[294] Debra A. Lelewer and Daniel S. Hirschberg. Data compression. *ACM Computing Surveys*, 19(3):261–296, 1987.

[295] A. K. Lenstra, H.W. Lenstra, Jr., M. S. Manasse, and J. M. Pollard. The number field sieve. In A. K. Lenstra and H.W. Lenstra, Jr., editors, *The Development of the Number Field Sieve*, volume 1554 of *Lecture Notes in Mathematics*, pages 11–42. Springer, 1993.

[296] H. W. Lenstra, Jr. Factoring integers with elliptic curves. *Annals of Mathematics*, 126(3):649–673, 1987.

[297] L. A. Levin. Universal sequential search problems. *Problems of Information Transmission*, 9(3):265–266, 1973. Translated from the original Russian article in *Problemy Peredachi Informatsii* 9(3): 115–116, 1973.

[298] Anany Levitin. *Introduction to the Design & Analysis of Algorithms*. Addison-Wesley, third edition, 2011.

[299] Harry R. Lewis and Christos H. Papadimitriou. *Elements of the Theory of Computation*. Prentice Hall, second edition, 1998.

[300] Nick Littlestone. Learning quickly when irrelevant attributes abound: A new linear threshold algorithm. *Machine Learning*, 2(4):285–318, 1988.

[301] Nick Littlestone and Manfred K. Warmuth. The weighted majority algorithm. *Information and Computation*, 108(2):212–261, 1994.

[302] C. L. Liu. *Introduction to Combinatorial Mathematics*. McGraw-Hill, 1968.

[303] Yang P. Liu and Aaron Sidford. Faster energy maximization for faster maximum flow. In *Proceedings of the 52nd Annual ACM Symposium on Theory of Computing*, pages 803–814, 2020.

[304] S. P. Lloyd. Least squares quantization in PCM. *IEEE Transactions on Information Theory*, 28(2):129–137, 1982.

[305] Panos Louridas. *Real-World Algorithms: A Beginner's Guide*. The MIT Press, 2017.

[306] László Lovász and Michael D. Plummer. *Matching Theory*, volume 121 of *Annals of Discrete Mathematics*. North Holland, 1986.

[307] John MacCormick. *9 Algorithms That Changed the Future: The Ingenious Ideas That Drive Today's Computers*. Princeton University Press, 2012.

[308] Aleksander Madry. Navigating central path with electrical flows: From flows to matchings, and back. In *Proceedings of the 54th Annual Symposium on Foundations of Computer Science*, pages 253–262, 2013.

[309] Bruce M. Maggs and Serge A. Plotkin. Minimum-cost spanning tree as a path-finding problem. *Information Processing Letters*, 26(6):291–293, 1988.

[310] M. Mahajan, P. Nimbhorkar, and K. Varadarajan. The planar k-means problem is NP-hard. In S. Das and R. Uehara, editors, *WALCOM 2009: Algorithms and Computation*, volume 5431 of *Lecture Notes in Computer Science*, pages 274–285. Springer, 2009.

[311] Michael Main. *Data Structures and Other Objects Using Java*. Addison-Wesley, 1999.

[312] Udi Manber and Gene Myers. Suffix arrays: A new method for on-line string searches. *SIAM Journal on Computing*, 22(5):935–948, 1993.

[313] David F. Manlove. *Algorithmics of Matching Under Preferences*, volume 2 of *Series on Theoretical Computer Science*. World Scientific, 2013.

[314] Giovanni Manzini. An analysis of the Burrows-Wheeler transform. *Journal of the ACM*, 48(3):407–430, 2001.

[315] Mario Andrea Marchisio, editor. *Computational Methods in Synthetic Biology*. Humana Press, 2015.

[316] William J. Masek and Michael S. Paterson. A faster algorithm computing string edit distances. *Journal of Computer and System Sciences*, 20(1):18–31, 1980.

[317] Yu. V. Matiyasevich. Real-time recognition of the inclusion relation. *Journal of Soviet Mathematics*, 1(1):64–70, 1973. Translated from the original Russian article in *Zapiski Nauchnykh Seminarov Leningradskogo Otdeleniya Matematicheskogo Institute im. V. A. Steklova Akademii Nauk SSSR* 20: 104–114, 1971.

[318] H. A. Maurer, Th. Ottmann, and H.-W. Six. Implementing dictionaries using binary trees of very small height. *Information Processing Letters*, 5(1):11–14, 1976.

[319] Ernst W. Mayr, Hans Jürgen Prömel, and Angelika Steger, editors. *Lectures on Proof Verification and Approximation Algorithms*, volume 1367 of *Lecture Notes in Computer Science*. Springer, 1998.

[320] Catherine C. McGeoch. All pairs shortest paths and the essential subgraph. *Algorithmica*, 13(5):426–441, 1995.

[321] Catherine C. McGeoch. *A Guide to Experimental Algorithmics*. Cambridge University Press, 2012.

[322] Andrew McGregor. Graph stream algorithms: A survey. *SIGMOD Record*, 43(1):9–20, 2014.

[323] M. D. McIlroy. A killer adversary for quicksort. *Software—Practice and Experience*, 29(4):341–344, 1999.

[324] Kurt Mehlhorn and Stefan Näher. *LEDA: A Platform for Combinatorial and Geometric Computing*. Cambridge University Press, 1999.

[325] Kurt Mehlhorn and Peter Sanders. *Algorithms and Data Structures: The Basic Toolbox*. Springer, 2008.

[326] Dinesh P. Mehta and Sartaj Sahni. *Handbook of Data Structures and Applications*. Chapman and Hall/CRC, second edition, 2018.

[327] Gary L. Miller. Riemann's hypothesis and tests for primality. *Journal of Computer and System Sciences*, 13(3):300–317, 1976.

[328] Marvin Minsky and Seymore A. Pappert. *Perceptrons*. The MIT Press, 1969.

[329] John C. Mitchell. *Foundations for Programming Languages*. The MIT Press, 1996.

[330] Joseph S. B. Mitchell. Guillotine subdivisions approximate polygonal subdivisions: A simple polynomial-time approximation scheme for geometric TSP, k-MST, and related problems. *SIAM Journal on Computing*, 28(4):1298–1309, 1999.

[331] Michael Mitzenmacher and Eli Upfal. *Probability and Computing*. Cambridge University Press, second edition, 2017.

[332] Louis Monier. *Algorithmes de Factorisation D'Entiers*. PhD thesis, L'Université Paris-Sud, 1980.

[333] Louis Monier. Evaluation and comparison of two efficient probabilistic primality testing algorithms. *Theoretical Computer Science*, 12(1):97–108, 1980.

[334] Edward F. Moore. The shortest path through a maze. In *Proceedings of the International Symposium on the Theory of Switching*, pages 285–292. Harvard University Press, 1959.

[335] Rajeev Motwani, Joseph (Seffi) Naor, and Prabhakar Raghavan. Randomized approximation algorithms in combinatorial optimization. In Dorit Hochbaum, editor, *Approximation Algorithms for NP-Hard Problems*, chapter 11, pages 447–481. PWS Publishing Company, 1997.

[336] Rajeev Motwani and Prabhakar Raghavan. *Randomized Algorithms*. Cambridge University Press, 1995.

[337] James Munkres. Algorithms for the assignment and transportation problems. *Journal of the Society for Industrial and Applied Mathematics*, 5(1):32–38, 1957.

[338] J. I.Munro and V. Raman. Fast stable in-place sorting with $O(n)$ data moves. *Algorithmica*, 16(2):151–160, 1996.

[339] Yoichi Muraoka and David J. Kuck. On the time required for a sequence of matrix products. *Communications of the ACM*, 16(1):22–26, 1973.

[340] Kevin P. Murphy. *Machine Learning: A Probabilistic Perspective*. MIT Press, 2012.

[341] S. Muthukrishnan. Data streams: Algorithms and applications. *Foundations and Trends in Theoretical Computer Science*, 1(2), 2005.

[342] Richard Neapolitan. *Foundations of Algorithms*. Jones & Bartlett Learning, fifth edition, 2014.

[343] Yurii Nesterov. *Introductory Lectures on Convex Optimization: A Basic Course*, volume 87 of *Applied Optimization*. Springer, 2004.

[344] J. Nievergelt and E. M. Reingold. Binary search trees of bounded balance. *SIAM Journal on Computing*, 2(1):33–43, 1973.

[345] Ivan Niven and Herbert S. Zuckerman. *An Introduction to the Theory of Numbers*. John Wiley & Sons, fourth edition, 1980.

[346] National Institute of Standards and Technology. Hash functions. https://csrc.nist.gov/projects/hash-functions, 2019.

[347] Alan V. Oppenheim and Ronald W. Schafer, with John R. Buck. *Discrete-Time Signal Processing*. Prentice Hall, second edition, 1998.

[348] Alan V. Oppenheim and Alan S. Willsky, with S. Hamid Nawab. *Signals and Systems*. Prentice Hall, second edition, 1997.

[349] James B. Orlin. A polynomial time primal network simplex algorithm for minimum cost flows. *Mathematical Programming*, 78(1):109–129, 1997.

[350] James B. Orlin. Max flows in $O(nm)$ time, or better. In *Proceedings of the 45th Annual ACM Symposium on Theory of Computing*, pages 765–774, 2013.

[351] Anna Pagh, Rasmus Pagh, and Milan Ruzic. Linear probing with constant independence. https://arxiv.org/abs/cs/0612055, 2006.

[352] Christos H. Papadimitriou. *Computational Complexity*. Addison-Wesley, 1994.

[353] Christos H. Papadimitriou and Kenneth Steiglitz. *Combinatorial Optimization: Algorithms and Complexity*. Prentice Hall, 1982.

[354] Michael S. Paterson. Progress in selection. In *Proceedings of the Fifth Scandinavian Workshop on Algorithm Theory*, pages 368–379, 1996.

[355] Seth Pettie. A new approach to all-pairs shortest paths on real-weighted graphs. *Theoretical Computer Science*, 312(1):47–74, 2004.

[356] Seth Pettie and Vijaya Ramachandran. An optimal minimum spanning tree algorithm. *Journal of the ACM*, 49(1):16–34, 2002.

[357] Seth Pettie and Vijaya Ramachandran. A shortest path algorithm for real-weighted undirected graphs. *SIAM Journal on Computing*, 34(6):1398–1431, 2005.

[358] Steven Phillips and Jeffery Westbrook. Online load balancing and network flow. *Algorithmica*, 21(3):245–261, 1998.

[359] Serge A. Plotkin, David. B. Shmoys, and Éva Tardos. Fast approximation algorithms for fractional packing and covering problems. *Mathematics of Operations Research*, 20:257–301, 1995.

[360] J. M. Pollard. Factoring with cubic integers. In A. K. Lenstra and H.W. Lenstra, Jr., editors, *The Development of the Number Field Sieve*, volume 1554 of *Lecture Notes in Mathematics*, pages 4–10. Springer, 1993.

[361] Carl Pomerance. On the distribution of pseudoprimes. *Mathematics of Computation*, 37(156):587–593, 1981.

[362] Carl Pomerance, editor. *Proceedings of the AMS Symposia in Applied Mathematics: Computational Number Theory and Cryptography*. American Mathematical Society, 1990.

[363] William K. Pratt. *Digital Image Processing*. John Wiley & Sons, fourth edition, 2007.

[364] Franco P. Preparata and Michael Ian Shamos. *Computational Geometry: An Introduction*. Springer, 1985.

[365] William H. Press, Saul A. Teukolsky, William T. Vetterling, and Brian P. Flannery. *Numerical Recipes in C++: The Art of Scientific Computing*. Cambridge University Press, second edition, 2002.

[366] William H. Press, Saul A. Teukolsky, William T. Vetterling, and Brian P. Flannery. *Numerical Recipes: The Art of Scientific Computing*. Cambridge University Press, third edition, 2007.

[367] R. C. Prim. Shortest connection networks and some generalizations. *Bell System Technical Journal*, 36(6):1389–1401, 1957.

[368] Robert L. Probert. On the additive complexity of matrix multiplication. *SIAM Journal on Computing*, 5(2):187–203, 1976.

[369] William Pugh. Skip lists: A probabilistic alternative to balanced trees. *Communications of the ACM*, 33(6):668–676, 1990.

[370] Simon J. Puglisi, W. F. Smyth, and Andrew H. Turpin. A taxonomy of suffix array construction algorithms. *ACM Computing Surveys*, 39(2), 2007.

[371] Paul W. Purdom, Jr. and Cynthia A. Brown. *The Analysis of Algorithms*. Holt, Rinehart, and Winston, 1985.

[372] Michael O. Rabin. Probabilistic algorithms. In J. F. Traub, editor, *Algorithms and Complexity: New Directions and Recent Results*, pages 21–39. Academic Press, 1976.

[373] Michael O. Rabin. Probabilistic algorithm for testing primality. *Journal of Number Theory*, 12(1):128–138, 1980.

[374] P. Raghavan and C. D. Thompson. Randomized rounding: A technique for provably good algorithms and algorithmic proofs. *Combinatorica*, 7(4):365–374, 1987.

[375] Rajeev Raman. Recent results on the single-source shortest paths problem. *SIGACT News*, 28(2):81–87, 1997.

[376] James Reinders. *Intel Threading Building Blocks: Outfitting C++ for Multi-core Processor Parallelism*. O'Reilly Media, Inc., 2007.

[377] Edward M. Reingold, Kenneth J. Urban, and David Gries. K-M-P string matching revisited. *Information Processing Letters*, 64(5):217–223, 1997.

[378] Hans Riesel. *Prime Numbers and Computer Methods for Factorization*, volume 126 of *Progress in Mathematics*. Birkh¨auser, second edition, 1994.

[379] Ronald L. Rivest, M. J. B. Robshaw, R. Sidney, and Y. L. Yin. The RC6 block cipher. In *First Advanced Encryption Standard (AES) Conference*, 1998.

[380] Ronald L. Rivest, Adi Shamir, and Leonard M. Adleman. A method for obtaining digital signatures and public-key cryptosystems. *Communications of the ACM*, 21(2):120–126, 1978. See also U.S. Patent 4,405,829.

[381] Herbert Robbins. A remark on Stirling's formula. *American Mathematical Monthly*, 62(1):26–29, 1955.

[382] Julia Robinson. An iterative method of solving a game. *The Annals of Mathematics*, 54(2):296–301, 1951.

[383] Arch D. Robison and Charles E. Leiserson. Cilk Plus. In Pavan Balaji, editor, *Programming Models for Parallel Computing*, chapter 13, pages 323–352. The MIT Press, 2015.

[384] D. J. Rosenkrantz, R. E. Stearns, and P. M. Lewis. An analysis of several heuristics for the traveling salesman problem. *SIAM Journal on Computing*, 6(3):563–581, 1977.

[385] Tim Roughgarden. *Algorithms Illuminated, Part 1: The Basics*. Soundlikeyourself Publishing, 2017.

[386] Tim Roughgarden. *Algorithms Illuminated, Part 2: Graph Algorithms and Data Structures*. Soundlikeyourself Publishing, 2018.

[387] Tim Roughgarden. *Algorithms Illuminated, Part 3: Greedy Algorithms and Dynamic Programming*. Soundlikeyourself Publishing, 2019.

[388] Tim Roughgarden. *Algorithms Illuminated, Part 4: Algorithms for NP-Hard Problems*. Soundlikeyourself Publishing, 2020.

[389] Salvador Roura. Improved master theorems for divide-and-conquer recurrences. *Journal of the ACM*, 48(2):170–205, 2001.

[390] Y. A. Rozanov. *Probability Theory: A Concise Course*. Dover, 1969.

[391] Stuart Russell and Peter Norvig. *Artificial Intelligence: A Modern Approach*. Pearson, fourth edition, 2020.

[392] S. Sahni and T. Gonzalez. P-complete approximation problems. *Journal of the ACM*, 23(3):555–565, 1976.

[393] Peter Sanders, Kurt Mehlhorn, Martin Dietzfelbinger, and Roman Dementiev. *Sequential and Parallel Algorithms and Data Structures: The Basic Toolkit*. Springer, 2019.

[394] Piotr Sankowski. Shortest paths in matrix multiplication time. In *Proceedings of the 13th Annual European Symposium on Algorithms*, pages 770–778, 2005.

[395] Russel Schaffer and Robert Sedgewick. The analysis of heapsort. *Journal of Algorithms*, 15(1):76–100, 1993.

[396] Tao B. Schardl, I-Ting Angelina Lee, and Charles E. Leiserson. Brief announcement: Open Cilk. In *Proceedings of the 30th Annual ACM Symposium on Parallelism in Algorithms and Architectures*, pages 351–353, 2018.

[397] A. Schönhage, M. Paterson, and N. Pippenger. Finding the median. *Journal of Computer and System Sciences*, 13(2):184–199, 1976.

[398] Alexander Schrijver. *Theory of Linear and Integer Programming*. John Wiley & Sons, 1986.

[399] Alexander Schrijver. Paths and flows—A historical survey. *CWI Quarterly*, 6(3):169–183, 1993.

[400] Alexander Schrijver. On the history of the shortest paths problem. *Documenta Mathematica*, 17(1):155–167, 2012.

[401] Robert Sedgewick. Implementing quicksort programs. *Communications of the ACM*, 21(10):847–857, 1978.

[402] Robert Sedgewick and Kevin Wayne. *Algorithms*. Addison-Wesley, fourth edition, 2011.

[403] Raimund Seidel. On the all-pairs-shortest-path problem in unweighted undirected graphs. *Journal of Computer and System Sciences*, 51(3):400–403, 1995.

[404] Raimund Seidel and C. R. Aragon. Randomized search trees. *Algorithmica*, 16(4–5):464–497, 1996.

[405] João Setubal and João Meidanis. *Introduction to Computational Molecular Biology*. PWS Publishing Company, 1997.

[406] Clifford A. Shaffer. *A Practical Introduction to Data Structures and Algorithm Analysis*. Prentice Hall, second edition, 2001.

[407] Jeffrey Shallit. Origins of the analysis of the Euclidean algorithm. *Historia Mathematica*, 21(4):401–419, 1994.

[408] M. Sharir. A strong-connectivity algorithm and its applications in data flow analysis. *Computers and Mathematics with Applications*, 7(1):67–72, 1981.

[409] David B. Shmoys. Computing near-optimal solutions to combinatorial optimization problems. In William Cook, László Lovász, and Paul Seymour, editors, *Combinatorial Optimization*, volume 20 of *DIMACS Series in Discrete Mathematics and Theoretical Computer Science*. American Mathematical Society, 1995.

[410] Avi Shoshan and Uri Zwick. All pairs shortest paths in undirected graphs with integer weights. In *Proceedings of the 40th Annual Symposium on Foundations of Computer Science*, pages 605–614, 1999.

[411] Victor Shoup. *A Computational Introduction to Number Theory and Algebra*. Cambridge University Press, second edition, 2009.

[412] Julian Shun. *Shared-Memory Parallelism Can Be Simple, Fast, and Scalable*. Association for Computing Machinery and Morgan & Claypool, 2017.

[413] Michael Sipser. *Introduction to the Theory of Computation*. Cengage Learning, third edition, 2013.

[414] Steven S. Skiena. *The Algorithm Design Manual*. Springer, second edition, corrected printing, 2012.

[415] Daniel D. Sleator and Robert E. Tarjan. A data structure for dynamic trees. *Journal of Computer and System Sciences*, 26(3):362–391, 1983.

[416] Daniel D. Sleator and Robert E. Tarjan. Amortized efficiency of list update rules. In *Proceedings of the Sixteenth Annual ACM Symposium on Theory of Computing*, pages 488–492, 1984.

[417] Daniel D. Sleator and Robert E. Tarjan. Amortized efficiency of list update and paging rules. *Communications of the ACM*, 28(2):202–208, 1985.

[418] Daniel D. Sleator and Robert E. Tarjan. Self-adjusting binary search trees. *Journal of the ACM*, 32(3):652–686, 1985.

[419] Michael Soltys-Kulinicz. *An Introduction to the Analysis of Algorithms*. World Scientific, third edition, 2018.

[420] Joel Spencer. *Ten Lectures on the Probabilistic Method*, volume 64 of *CBMS-NSF Regional Conference Series in Applied Mathematics*. Society for Industrial and AppliedMathematics, 1993.

[421] Daniel A. Spielman and Shang-Hua Teng. Smoothed analysis of algorithms: Why the simplex algorithm usually takes polynomial time. *Journal of the ACM*, 51(3):385–463, 2004.

[422] Gilbert Strang. *Introduction to Applied Mathematics*. Wellesley-Cambridge Press, 1986.

[423] Gilbert Strang. *Linear Algebra and Its Applications*. Thomson Brooks/Cole, fourth edition, 2006.

[424] Volker Strassen. Gaussian elimination is not optimal. *Numerische Mathematik*, 14(3):354–356, 1969.

[425] T. G. Szymanski. A special case of the maximal common subsequence problem. Technical Report TR-170, Computer Science Laboratory, Princeton University, 1975.

[426] Robert E. Tarjan. Depth first search and linear graph algorithms. *SIAM Journal on Computing*, 1(2):146–160, 1972.

[427] Robert E. Tarjan. Efficiency of a good but not linear set union algorithm. *Journal of the ACM*, 22(2):215–225, 1975.

[428] Robert E. Tarjan. A class of algorithms which require nonlinear time to maintain disjoint sets. *Journal of Computer and System Sciences*, 18(2):110–127, 1979.

[429] Robert E. Tarjan. *Data Structures and Network Algorithms*. Society for Industrial and Applied Mathematics, 1983.

[430] Robert E. Tarjan. Amortized computational complexity. *SIAM Journal on Algebraic and Discrete Methods*, 6(2):306–318, 1985.

[431] Robert E. Tarjan. Class notes: Disjoint set union. COS 423, Princeton University, 1999. Available at https://www.cs.princeton.edu/courses/archive/spr00/cs423/handout3.pdf.

[432] Robert E. Tarjan and Jan van Leeuwen. Worst-case analysis of set union algorithms. *Journal of the ACM*, 31(2):245–281, 1984.

[433] George B. Thomas, Jr., Maurice D. Weir, Joel Hass, and Frank R. Giordano. *Thomas' Calculus*. Addison-Wesley, eleventh edition, 2005.

[434] Mikkel Thorup. Faster deterministic sorting and priority queues in linear space. In *Proceedings of the 9th ACM-SIAM Symposium on Discrete Algorithms*, pages 550–555, 1998.

[435] Mikkel Thorup. Undirected single-source shortest paths with positive integer weights in linear time. *Journal of the ACM*, 46(3):362–394, 1999.

[436] Mikkel Thorup. On RAM priority queues. *SIAM Journal on Computing*, 30(1):86–109, 2000.

[437] Mikkel Thorup. High speed hashing for integers and strings. http://arxiv.org/abs/1504.06804, 2015.

[438] Mikkel Thorup. Linear probing with 5-independent hashing. http://arxiv.org/abs/1509.04549, 2015.

[439] Richard Tolimieri, Myoung An, and Chao Lu. *Mathematics of Multidimensional Fourier Transform Algorithms*. Springer, second edition, 1997.

[440] P. van Emde Boas. Preserving order in a forest in less than logarithmic time and linear space. *Information Processing Letters*, 6(3):80–82, 1977.

[441] P. van Emde Boas, R. Kaas, and E. Zijlstra. Design and implementation of an efficient priority queue. *Mathematical Systems Theory*, 10(1):99–127, 1976.

[442] Charles Van Loan. *Computational Frameworks for the Fast Fourier Transform*. Society for Industrial and Applied Mathematics, 1992.

[443] Benjamin Van Roy. A short proof of optimality for the MIN cache replacement algorithm. *Information Processing Letters*, 102(2–3):72–73, 2007.

[444] Robert J. Vanderbei. *Linear Programming: Foundations and Extensions*. Kluwer Academic Publishers, 1996.

[445] Virginia Vassilevska Williams. Multiplying matrices faster than Coppersmith-Winograd. In *Proceedings of the 44th Annual ACM Symposium on Theory of Computing*, pages 887–898, 2012.

[446] Vijay V. Vazirani. *Approximation Algorithms*. Springer, 2001.

[447] Rakesh M. Verma. General techniques for analyzing recursive algorithms with applications. *SIAM Journal on Computing*, 26(2):568–581, 1997.

[448] Berthold Vöcking, Helmut Alt, Martin Dietzfelbinger, Rüdiger Reischuk, Christian Scheideler, Heribert Vollmer, and Dorothea Wager, editors. *Algorithms Unplugged*. Springer, 2011.

[449] Antony F. Ware. Fast approximate Fourier transforms for irregularly spaced data. *SIAM Review*, 40(4):838–856, 1998.

[450] Stephen Warshall. A theorem on boolean matrices. *Journal of the ACM*, 9(1):11–12, 1962.

[451] Mark Allen Weiss. *Data Structures and Problem Solving Using C++*. Addison-Wesley, second edition, 2000.

[452] Mark Allen Weiss. *Data Structures and Problem Solving Using Java*. Addison-Wesley, third edition, 2006.

[453] Mark Allen Weiss. *Data Structures and Algorithm Analysis in C++*. Addison-Wesley, third edition, 2007.

[454] Mark Allen Weiss. *Data Structures and Algorithm Analysis in Java*. Addison-Wesley, second edition, 2007.

[455] Herbert S. Wilf. *Algorithms and Complexity*. A K Peters, second edition, 2002.

[456] J. W. J. Williams. Algorithm 232 (HEAPSORT). *Communications of the ACM*, 7(6):347–348, 1964.

[457] Ryan Williams. Faster all-pairs shortest paths via circuit complexity. *SIAM Journal on Computing*, 47(5):1965–1985, 2018.

[458] David P. Williamson. *Network Flow Algorithms*. Cambridge University Press, 2019.

[459] David P. Williamson and David B. Shmoys. *The Design of Approximation Algorithms*. Cambridge University Press, 2011.

[460] Shmuel Winograd. On the algebraic complexity of functions. In *Actes du Congrès International des Mathématiciens*, volume 3, pages 283–288, 1970.

[461] Yifan Xu, I-Ting Angelina Lee, and Kunal Agrawal. Efficient parallel determinacy race detection for two-dimensional dags. In *Proceedings of the 23rd ACM SIGPLAN Symposium on Principles and Practice of Parallel Programming (PPoPP)*, pages 368–380, 2018.

[462] Chee Yap. A real elementary approach to the master recurrence and generalizations. In M. Ogihara and J. Tarui, editors, *Theory and Applications of Models of Computation. TAMC 2011*, volume 6648 of *Lecture Notes in Computer Science*, pages 14–26. Springer, 2011.

[463] Yinyu Ye. *Interior Point Algorithms: Theory and Analysis*. John Wiley & Sons, 1997.

[464] Neal E. Young. Online paging and caching. In *Encyclopedia of Algorithms*, pages 1457–1461. Springer, 2016.

[465] Raphael Yuster and Uri Zwick. Answering distance queries in directed graphs using fast matrix multiplication. In *Proceedings of the 46th Annual Symposium on Foundations of Computer Science*, pages 389–396, 2005.

[466] Jisheng Zhao and Vivek Sarkar. The design and implementation of the Habanero-Java parallel programming language. In *Symposium on Object-Oriented Programming, Systems, Languages and Applications (OOPSLA)*, pages 185–186, 2011.

[467] Uri Zwick. All pairs shortest paths using bridging sets and rectangular matrix multiplication. *Journal of the ACM*, 49(3):289–317, 2002.

[468] Daniel Zwillinger, editor. *CRC Standard Mathematical Tables and Formulae*. Chapman & Hall/CRC Press, 31st edition, 2003.

索引

本索引採取以下規範。數字按照它們的英文拼音來編排，例如「2-3-4 tree」的編排順序如同「two-three-four tree」。當一個項目提到正文以外的部分時，在頁碼後面有一個標籤：ex. 代表習題，pr. 代表挑戰，fig. 代表圖，n. 代表注腳。附標記的頁碼通常代表習題或挑戰的第一頁，實際的參考文獻不一定位於該頁。（※ 提醒您：由於翻譯書排版的關係，部分索引名詞的對應頁碼會和實際頁碼有一頁之差。）

符號

$\alpha(n)$, 510
α-strongly convex function, 1005
β-smooth 函數, 1005
δ
 （最短路徑距離）, 534
 （最短路徑權重）, 580
ϕ（黃金比例）, 63
$\hat{\phi}$（黃金比例的共軛數）, 63
$\phi(n)$（Euler phi 函數）, 888
π
 （廣度優先樹的前驅值）, 531
 （最短路徑樹的前驅值）, 583
$\rho(n)$- 近似演算法, 1064, 1078
o-notation（o 表示法）, 54
O-notation（O 表示法）, 44, 48-49
O'-notation（O' 表示法）, 68 pr.
$\widetilde{O}$-notataion（$\widetilde{O}$ 表示法）, 68 pr.
ω-notation（ω 表示法）, 55
Ω-notation（Ω 表示法）, 45, 48 fig., 49-50
$\overset{\infty}{\Omega}$-notation（$\overset{\infty}{\Omega}$ 表示法）, 68 pr.
$\widetilde{\Omega}$-notation（$\widetilde{\Omega}$ 表示法）, 68 pr.
Θ-notation（Θ 表示法）, 28, 45, 48 fig., 50
$\widetilde{\Theta}$-notation（$\widetilde{\Theta}$ 表示法）, 68 pr.
$\{\}$（集合）, 1110
$\in$（集合成員）, 1110
$\notin$（非集合成員）, 1110
$\emptyset$
 （空語言）, 1015
 （空集合）, 1110

$\subseteq$（子集合）, 1110
$\subset$（真子集合）, 1110
:（滿足）, 48 n., 1110
$\cap$（集合交集）, 1110
$\cup$（集合聯集）, 1110
$-$（集合差集）, 1110
$|\ |$
 （流量值）, 647
 （string 長）, 926
 （集合大小）, 1112
$\times$（笛卡兒積）, 1113
$\langle\rangle$
 （序列）, 1118
 （標準編碼）, 1015
:（子陣列）, 15, 19
$[a, b]$（閉區間）, 1113
(a, b)（開區間）, 1113
$[a, b)$ 或 $(a, b]$（半開區間）, 1113
$\binom{n}{k}$（選）, 1135
$\|\ \|$（歐氏範數）, 1175
!（階乘）, 61-62
$\lceil\ \rceil$（向上取整）, 57
$\lfloor\ \rfloor$（向下取整）, 57
∂（偏導數）, 988
$\sum$（總和）, 1096
$\prod$（積）, 1100
$\rightarrow$（鄰接關係）, 1121
$\rightsquigarrow$（可到達關係）, 1121
$\wedge$（AND）, 634, 1026
$\|$（串接）, 279

¬（NOT），1026
∨（OR），634, 1026
≪（左移），292
≫（邏輯右移），272
⊕
　（群組運算子），885
　（semiring 運算子），626 n.
　（對稱差），682
⊗
　（摺積運算子），849
　（semiring 運算子），626 n.
*（閉包運算子），1015
|（整除關係），872
∤（不整除關係），872
=（mod n）（等價，mod n），58
≠（mod n）（不等價，mod n），58
$[a]_n$（等價類別 mod n），873
$+_n$（加法 mod n），885
$\cdot_n$（乘法 mod n），885
$\left(\frac{a}{p}\right)$（Legendre 符號），921 pr.
ε（空字串），926, 1015
⊏（前綴關係），926
⊐（後綴關係），926
//（註解符號），18
≫（遠大於關係），510
≪（遠小於關係），734
$\le_P$（多項式時間可約化關係），1024, 1032 ex.

A

AA 樹，344
交換群，885
absent child（不存在子節點），1129
absolutely convergent series（絕對收斂級數），1096
absorption laws for sets（集合的吸收律），1111
abstract problem（抽象問題），1011
abuse of asymptotic notation（故意誤用漸近表示法），49, 53-54
acceptable pair of integers（可接受的一對整數），917

acceptance（可接受性）
　by an algorithm（演算法），1016
　by a finite automaton（有限機），935
accepting state（接受狀態），934
accounting method（會計法），433-436
　for binary counters（二進制計數器），435
　for dynamic tables（動態表），443
　for stack operations（堆疊操作），434-435
Ackermann 函數，521
activity-selection problem（活動選擇問題），400-407
acyclic graph（無迴路圖），1122
ADD-BINARY-INTEGERS, 21 ex.
add instruction（加法指令），21
addition（加法）
　of matrices（矩陣），1173
　modulo n（$+_n$）（模 n），885
　of polynomials（多項式），846
additive group modulo n（mod n 加法群），886
addressing, open（開放定址，見 open-address hash table）
ADD-SUBARRAY, 755 pr.
adjacency-list representation（相鄰串列表示法），526-527
　replaced by a hash table（換成雜湊表），528 ex.
adjacency-matrix representation（相鄰矩陣表示法），527
adjacency relation（→）（鄰接關係），1121
adjacent vertices（鄰接頂點），1121
Advanced Encryption Standard（AES），279
adversary（對手），194, 273, 776, 778, 909
AES, 279
aggregate analysis（聚合分析），429-433
　for binary counters（二進制計數器），431-433
　for breadth-first search（廣度優先搜尋），534
　for depth-first search（深度優先搜尋），542-543
　for Dijkstra's algorithm（Dijkstra 演算法），598-599

for disjoint-set data structures（不相交集合資料結構）, 502-503, 503 ex.
　　for dynamic tables（動態表）, 442-443
　　for the Knuth-Morris-Pratt algorithm（Knuth-Morris-Pratt 演算法）, 943-945
　　for Prim's algorithm（Prim 演算法）, 573
　　for rod cutting（鋼棒切割）, 356
　　for shortest paths in a dag（在 dag 裡的最短路徑）, 593
　　for stack operations（堆疊操作）, 429-431
aggregate flow（總流量）, 833
Akra-Bazzi 遞迴, 109-113
　　solving by Akra-Bazzi method（用 Akra-Bazzi 法來解）, 111-112
algorithm（演算法）, 1-1183
　　analysis of（分析）, 21-29
　　approximation（近似）, 1064-1093
　　compare-exchange（比較交換）, 211 pr.
　　correctness of（正確性）, 3
　　decision（決策）, 1016
　　deterministic（確定性）, 128
　　lookahead, 786 ex.
　　nondeterministic（非確定性）, 737
　　oblivious（疏忽的）, 211 pr.
　　offline（離線）, 763
　　online（線上，見 online algorithm）
　　origin of word（單字起源）, 42
　　parallel（平行，見 parallel algorithm）
　　push-relabel, 677
　　randomized（隨機化，見 randomized algorithm）
　　recursive（遞迴）, 29
　　reduction（約化）, 1010, 1024
　　running time of（執行時間）, 24
　　scaling（伸縮）, 616 pr., 674 pr.
　　streaming（串流）, 788
　　as a technology（作為技巧）, 9
　　verification（驗證）, 1020
algorithmic recurrence, 71-73
ALLOCATE-NODE, 484

all-pairs 最短路徑, 580, 622-644
　　in dynamic graphs（動態圖）, 644
　　in ϵ-dense graphs（ϵ 密集圖）, 643 pr.
　　Floyd-Warshall 演算法, 630-634
　　Johnson 演算法, 637-643
　　by matrix multiplication（矩陣乘法）, 623-630, 643-644
　　by repeated squaring（重複平方法）, 627-628
α-balanced（α 平衡）, 451 pr.
$\alpha(n)$, 510
α-strongly convex 函數, 1005
alphabet（字母集合）, 934, 1015
alternating path（交替路徑）, 680
amortized analysis（平攤分析）, 429-454
　　by accounting method（會計法）, 433-436
　　by aggregate analysis（聚合分析）, 356, 429-433
　　for breadth-first search（廣度優先搜尋）, 534
　　for depth-first search（深度優先搜尋）, 542-543
　　for Dijkstra's algorithm（Dijkstra 演算法）, 598-599
　　for disjoint-set data structures（不相交集合資料結構）, 502-503, 503 ex., 508 ex., 511-517, 518 ex.
　　for dynamic tables（動態表）, 440-450
　　for the Knuth-Morris-Pratt algorithm（Knuth-Morris-Pratt 演算法）, 943-945
　　for making binary search dynamic（將二元搜尋動態化）, 451 pr.
　　by potential method（用潛能法）, 436-440
　　for Prim's algorithm（Prim 演算法）, 573
　　for restructuring red-black trees（重建紅黑樹）, 452 pr.
　　for shortest paths in a dag（在 dag 裡的最短路徑）, 593
　　for stacks on secondary storage（二級儲存設備的堆疊）, 495 pr.
　　for weight-balanced trees（加權平衡樹）, 451 pr.

amortized cost（平攤成本）
    in the accounting method（會計法）, 433
    in aggregate analysis（聚合分析）, 429
    in the potential method（潛能法）, 436
amortized progress（平攤進展）, 993
analysis of algorithms（演算法分析）, 21-29
    （亦見 amortized analysis, competitive analysis, probabilistic analysis）
ancestor（前代）, 1128
    lowest common（最低共同）, 520 pr.
AND 函數（∧）, 634, 1026
AND 閘, 1026
and, 虛擬碼, 20
antiparallel edges（反向平行邊）, 649-650
antisymmetric relation（反對稱關係）, 1116
approximation（近似）
    by least squares（最小平方）, 810-815
    of summation by integrals（用積分求和）, 1107
approximation algorithm（近似演算法）, 1063-1093
    for bin packing（裝箱）, 1089 pr.
    for MAX-CNF satisfiability（MAX-CNF 可滿足性）, 1082 ex.
    for maximum clique（最大點集團）, 1089 pr.
    for maximum matching（最大配對組合）, 1090 pr.
    for maximum spanning tree（最大生成樹）, 1092 pr.
    for maximum-weight cut（最大權重切線）, 1082 ex.
    for MAX-3-CNF satisfiability（MAX-3-CNF 可滿足性）, 1078-1079
    for parallel machine scheduling（平行機器調度）, 1091 pr.
    randomized（隨機化）, 1078
    for set cover（集合覆蓋）, 1074-1077
    for subset sum（子集合和）, 1082-1088
    for traveling-salesperson problem（旅行推銷員問題）, 1068-1074
    for vertex cover（頂點覆蓋）, 1065-1068, 1079-1082
    for weighted set cover（加權集合覆蓋）, 1090 pr.
    for 0-1 knapsack problem（0-1 背包問題）, 1092 pr.
approximation error（近似誤差）, 811
approximation ratio（近似比）, 1064, 1078
approximation scheme（近似方案）, 1065
APPROX-MIN-WEIGHT-VC, 1081
APPROX-SUBSET-SUM, 1086
APPROX-TSP-TOUR, 1070
APPROX-VERTEX-COVER, 1066
arbitrage（套利）, 616 pr.
arc（見 edge）
argument of a function（函數的自變數）, 1117-1118
arithmetic instructions（算術指令）, 21
arithmetic, modular（模數算術）, 58, 884-892
arithmetic series（等差級數）, 1096
arithmetic with infinities（有無窮大的算術）, 586
arm in a disk drive（磁碟機的磁臂）, 476
array（陣列）
    indexing into（檢索）, 18-19, 21 n., 240
    inversion in（逆序）, 41 pr.
    Monge, 116 pr.
    passing as a parameter（當成參數來傳遞）, 20
    in pseudocode（虛擬碼）, 18-19
    storage of（儲存空間）, 21 n., 240
articulation point（銜接點）, 558 pr.
assignment（賦值）
    optimal（最佳）, 698-714
    satisfying（滿足）, 1028, 1035
    truth（真值）, 1028, 1034
assignment problem（指派問題）, 698-714
associative laws for sets（集合的結合律）, 1111
associative operation（可結合的運算）, 885
asymptotically larger（漸近大於）, 56

asymptotically nonnegative（漸近非負值），48
asymptotically positive（漸近正數），48
asymptotically smaller（漸近小於），56
asymptotically tight bound（漸近嚴格界限），50
asymptotic lower bound（漸近下限），49
asymptotic notation（漸近表示法），47-57, 67 pr.
 and graph algorithms（圖演算法），524
 and linearity of summations（和式的線性特性），1096
asymptotic running time（漸進執行時間），44
asymptotic upper bound（漸近上限），48
attribute（特性）
 in clustering（聚類），972
 in a graph（圖），527
 of an object（物件），19
augmentation of a flow（流的增量），654
augmented primal linear program（擴增 primal 線性規劃），839
augmenting data structures（擴增資料結構），459-474
augmenting path（增量路徑），657-658, 680
 widest（最寬），675 pr.
authentication（身分驗證），296 pr., 906-907, 910
automaton（機），934-940
auxiliary hash function（輔助雜湊函數），283
average-case running time（平均情況執行時間），27, 121
AVL 樹，344 pr., 344

B

back edge（後向邊），544, 549
back substitution（反向代回法），792
balanced search tree（平衡搜尋樹）
 AA 樹，344
 AVL 樹，344 pr., 344
 B 樹，476-496
 k-neighbor trees, 344

left-leaning red-black binary search trees（左傾紅黑二元搜尋樹），344
 red-black trees（紅黑樹），318-345
 scapegoat trees（代罪羊樹），344
 splay trees（伸展樹），345, 457
 treaps, 344
 2-3-4 樹，480, 495 pr.
 2-3 樹，344, 496
 weight-balanced trees（加權平衡樹），344, 451 pr.
balls and bins（球與箱子），135-136, 1169 pr.
base-a pseudoprime（a 底的偽質數），912
base case（基本步驟）
 of a divide-and-conquer algorithm（分治演算法），29, 71
 of a recurrence（遞迴式），35, 71-73
base, in DNA（DNA 的鹼基），376
basis function（基礎函數），810
Bayes's theorem（貝氏定理），1144
BELLMAN-FORD, 587
Bellman-Ford 演算法，587-592
 for all-pairs 最短路徑，622
 Johnson 演算法，639-642
 and objective functions（目標函數），607 ex.
 to solve systems of difference constraints（解差分約束系統），605-606
 Yen 的改進，616 pr.
Bernoulli trial（Bernoulli 試驗），1152
 and balls and bins（球與箱子），135-136
 in bucket sort analysis（桶排序分析），206
 in finding prime numbers（尋找質數），911
 in randomized selection analysis（隨機選擇分析），220
 and streaks（連勝），136-143
best-case running time（最佳情況執行時間），29 ex.
β-smooth 函數，1005
BFS, 532
 亦見 breadth-first search
BIASED-RANDOM, 122 ex.

biconnected component（雙連通成分），558 pr.
big-oh notation（O）（大 O 表示法），44, 48-49
big-omega notation（Ω）（大 Ω 表示法），45, 48 fig., 49-50
bijective function（雙射函數），1118
binary character code（二進制字元碼），412
binary counter（二進制計數器）
　　analyzed by accounting method（用會計法來分析），435
　　analyzed by aggregate analysis（用聚合分析來分析），431-433
　　analyzed by potential method（用潛能法來分析），438-439
binary entropy function（二元熵函數），1137
binary gcd algorithm（二進制 gcd 演算法），920 pr.
binary heap（二元堆積，見 heap）
binary logarithm (lg)（以 2 為底的對數），60
binary reflected Gray code（二進制反射 Gray 碼），450 pr.
binary relation（二元關係），1114
binary search（二元搜尋），39 ex.
　　with fast insertion（快速插入），451 pr.
　　in insertion sort（插入排序），40 ex.
　　in parallel merging（平行合併），749-750
　　in searching B-trees（搜尋 B 樹），489 ex.
binary search tree（二元搜尋樹），299-316
　　AA 樹，344
　　AVL 樹，344 pr., 344
　　deletion from（刪除），309-312, 312 ex.
　　with equal keys（使用相等鍵），313 pr.
　　insertion into（插入），308-309
　　k-neighbor trees, 344
　　left-leaning red-black binary search trees（左傾紅黑二元搜尋樹），344
　　maximum key of（最大鍵），304-305
　　minimum key of（最小鍵），304-305
　　optimal（最佳），384-391
　　persistent（持久化），342 pr.
　　predecessor in（前驅值），305-306
　　querying（查詢），303-307
　　randomly built（隨機建立），315 pr.
　　red-black trees（紅黑樹），318-345
　　right-converting of（右轉換），324 ex.
　　scapegoat trees（代罪羊樹），344
　　searching（搜尋），303-304
　　for sorting（排序），312 ex.
　　splay trees（伸展樹），345
　　successor in（下一個），305-306
　　weight-balanced trees（加權平衡樹），344
　　（亦見 red-black tree）
binary-search-tree property（二元搜尋樹特性），300
　　vs. min-heap property（最小堆積特性），301 ex.
binary tree（二元樹），1129
　　full（滿），414, 1130
　　number of different ones（不同的數量），315 pr.
　　representation of（表示法），253
　　亦見 binary search tree
binomial coefficient（二項式係數），1136-1137
binomial distribution（二項分布），1154-1157
　　and balls and bins（球與箱子），135
　　in bucket sort analysis（桶排序分析），206
　　maximum value of（最大值），1158 ex.
　　tails of（尾部），1159-1167
binomial expansion（二項展開式），1136
binomial theorem（二項式定理），1136
bin packing（裝箱），1089 pr.
bipartite graph（二部圖），1124
　　complete（完全），691
　　corresponding flow network of（對應流量網路），670
　　d-regular（d-正則），691 ex., 715 pr.
　　matching in（配對組合），669-672, 680-717
bipartite matching（二部圖配對組合），669-672, 680-717
birthday paradox（生日悖論），132-135
bisection of a tree（將樹對分），1133 pr.

bitonic euclidean traveling-salesperson problem
（雙調歐氏旅行推銷員）, 391 pr.
bitonic sequence（雙調序列）, 619 pr.
bitonic tour（雙調迴路）, 391 pr.
bit operation（位元操作）, 872
　　in Euclid's algorithm（輾轉相除法）, 921 pr.
bit-reversal permutation（位元反置排序）, 865
bit vector（位元向量）, 261 ex.
black-height（黑高）, 318
black vertex（黑色頂點）, 529, 540
block（區塊）
　　in a cache（快取）, 421, 773
　　on a disk（磁碟）, 477, 489 ex., 495 pr.
blocking flow, 677
blocking pair（阻礙性配對）, 691
block representation of matrices（矩陣的區塊表示法）, 242
block structure in pseudocode（虛擬碼的區塊結構）, 17-18
body（主體）, 997
Boole's inequality（Boole 不等式）, 1145 ex.
boolean combinational circuit（布林組合電路）, 1026
boolean combinational element（布林組合元素）, 1026
boolean connective（布林連接詞）, 1034
boolean data type（布林資料型態）, 21
boolean formula（布林式）, 1007, 1022 ex., 1034-1035
boolean function（布林函數）, 1137 ex.
boolean operators（布林運算子）, 20
Borůvka 演算法, 579
bottleneck spanning tree（瓶頸生成樹）, 577 pr.
bottleneck traveling-salesperson problem（瓶頸旅行推銷員問題）, 1074 ex.
bottoming out（觸底）, 71
bottom of a stack（堆疊的底部）, 242
BOTTOM-UP-CUT-ROD, 355
bottom-up method, for dynamic programming（由下而上法，動態規劃）, 353

bound（界限）
　　asymptotically tight（漸近嚴格）, 50
　　asymptotic lower（漸近下限）, 49
　　asymptotic upper（漸近上限）, 48
　　on binomial coefficients（二項式係數）, 1136-1137
　　on binomial distributions（二項分布）, 1157
　　polylogarithmic（多對數）, 61
　　on the tails of a binomial distribution（二項分布的尾部）, 1159-1167
　　亦見 lower bounds
bounding a summation（計算和式上限）, 1101-1109
box, nesting（箱子，嵌套）, 616 pr.
B^+ 樹, 479
branch instructions（分支指令）, 21
breadth-first forest（廣度優先森林）, 703
breadth-first search（廣度優先搜尋）, 529-539
　　in the Hopcroft-Karp algorithm（Hopcroft-Karp 演算法）, 686
　　in the Hungarian algorithm（Hungarian 演算法）, 702-703
　　in maximum flow（最大流量）, 665-666
　　and shortest paths（最短路徑）, 534-536, 580
　　similarity to Dijkstra's algorithm（類似 Dijkstra 演算法）, 599, 600 ex.
breadth-first tree（廣度優先樹）, 531, 536
bridge（橋）, 558 pr.
B^* 樹, 480 n.
B 樹, 476-496
　　compared with red-black trees（與紅黑樹相比）, 476, 481
　　creating（建立）, 483-484
　　deletion from（刪除）, 491-494
　　full node in（滿節點）, 480
　　height of（高）, 480-482
　　insertion into（插入）, 484-489
　　minimum degree of（最小度數）, 480
　　properties of（特性）, 479-482
　　searching（搜尋）, 482-483

splitting a node in（拆開節點）, 484-486
2-3-4 樹, 480
B-TREE-CREATE, 484
B-TREE-DELETE, 491
B-TREE-INSERT, 486
B-TREE-INSERT-NONFULL, 489
B-TREE-SEARCH, 483, 489 ex.
B-TREE-SPLIT-CHILD, 485
B-TREE-SPLIT-ROOT, 487
BUBBLESORT, 40 pr.
bucket（桶）, 204
bucket sort（桶排序）, 204-209
BUCKET-SORT, 206
BUILD-MAX-HEAP, 159
BUILD-MAX-HEAP′, 170 pr.
BUILD-MIN-HEAP, 161
Burrows-Wheeler 轉換（BWT）, 965 pr.
butterfly operation（蝶形操作）, 863
BWT（Burrows-Wheeler 轉換）, 965 pr.
by, 虛擬碼, 18

C

cache（快取）, 22, 289, 421, 773
cache block（快取區塊）, 289, 421, 773
cache hit（快取命中）, 421, 774
cache line（快取線，見 cache block）
cache miss（快取未中）, 421, 774
cache obliviousness, 496
caching（快取）
    offline（離線）, 421-426
    online（線上）, 773-786
call（呼叫）
    in a parallel computation（平行計算）, 727
    of a subroutine（子程序）, 21, 24 n.
    by value（以值）, 19
cancellation lemma（消去引理）, 855
cancellation of flow（flow 的抵消）, 654
capacity（容量）
    of a cut（切線）, 658
    of an edge（邊）, 646
    residual（剩餘）, 652, 657
    of a vertex（頂點）, 652 ex.
capacity constraint（容量限制）, 647
cardinality of a set（|·|）（集合的大小）, 1112
Carmichael 數, 913, 920 ex.
Cartesian product（×）（笛卡兒積）, 1113
Cartesian sum（笛卡兒和）, 853 ex.
Catalan 數, 315 pr., 360
CBC-MAC, 279, 294
c-competitive, 764
ceiling function（⌈ ⌉）（向上取整函數）, 57
    in recurrences（遞迴式）, 110-111
ceiling instruction（向上取整指令）, 21
center of a cluster（群聚的中心）, 974
centralized scheduler（集中型調度器）, 732
centroid of a cluster（群聚的形心）, 975
certain event（必然事件）, 1140
certificate（憑證）
    in a cryptosystem（加密系統）, 910
    for verification algorithms（驗證演算法）, 1020
CHAINED-HASH-DELETE, 266
CHAINED-HASH-INSERT, 266
CHAINED-HASH-SEARCH, 266
chaining（串連）, 265-268, 296 pr.
changing variables, to solve a recurrence（改變變數，求解遞迴式）, 114 pr.
character code（字元碼）, 412
character data type（字元資料型態）, 21
chess-playing program（西洋棋程式）, 740-741
child（子）
    in a binary tree（二元樹）, 1129
    in a parallel computation（平行計算）, 727
    in a rooted tree（有根樹）, 1128
Chinese remainder theorem（中國餘數定理）, 897-900
chirp transform（線性調頻轉換）, 861 ex.
choose $\binom{n}{k}$（選 $\binom{n}{k}$）, 1135
chord（弦）, 464 ex.

Cilk, 723, 761
ciphertext（密文）, 906
circuit（電路）
　boolean combinational（布林組合）, 1026
　depth of（深度）, 863
　for fast Fourier transform（快速傅立葉轉換）, 863-865
CIRCUIT-SAT, 1028
circuit satisfiability（電路可滿足性）, 1026-1032
circular, doubly linked list with a sentinel（帶有哨符的環狀雙向鏈接串列）, 250
circular linked list（環狀鏈接串列）, 247
class（類別）
　complexity（複雜度）, 1016
　equivalence（等價）, 1115
classification of edges（邊的分類）
　in breadth-first search（廣度優先搜尋）, 556 pr.
　in depth-first search（深度優先搜尋）, 544-545, 547 ex.
clause（子句）, 1036-1037
clean area（乾淨區域）, 211 pr.
climate change（氣候變遷）, 815
clique（點集團）, 1042
CLIQUE, 1042
clique problem（點集團問題）
　approximation algorithm for（近似演算法）, 1089 pr.
　NP-completeness of（NP 完備性）, 1042-1045
closed convex body（封閉凸體）, 997
closed interval（$[a, b]$）（閉區間）, 1113
closed semiring, 644
closest-point heuristic（最近點捷思法）, 1074 ex.
closure（閉包）
　group property（群組屬性）, 885
　of a language（*）（語言）, 1015
　transitive（遞移，見 transitive closure）

cluster（群聚）, 974
　for parallel computing（平行計算）, 722
clustering（聚類）, 971-979
　Lloyd's procedure for（Lloyd 程序）, 977-979
　primary（主）, 291
CNF (conjunctive normal form)（合取正規式）, 1007, 1037
CNF 可滿足性, 1082 ex.
coarsening leaves of recursion（粗化遞迴的葉節點）
　in merge sort（合併排序）, 40 pr.
　in quicksort（快速排序）, 188 ex.
　when recursively spawning（遞迴生產）, 737
code（碼）, 412-413
　Huffman, 412-419
codeword（碼字）, 413
codomain（對應域）, 1117
coefficient（係數）
　binomial（二項式）, 1136
　of a polynomial（多項式）, 59, 846
coefficient representation（係數表示法）, 847
　and fast multiplication（快速乘法）, 850-852
cofactor（餘因子）, 1178
coin changing（找零）, 426 pr.
coin flipping（丟硬幣）, 124-125
collection of sets（集合系列）, 1112
collision（碰撞）, 263
　resolution by chaining（用串連來解決）, 265-268
　resolution by open addressing（用開放定址來解決）, 281-289
collision-resistant hash function（抗碰撞雜湊函數）, 909
coloring（上色）, 407 ex., 1060 pr., 1132 pr.
color, of a red-black-tree node（紅黑樹節點的顏色）, 318
column-major order（以行為主順序）, 211 pr., 241
column rank（行秩）, 1177
columnsort（行排序）, 211 pr.

column vector（行向量）, 1171
combination（組合）, 1135
combinational circuit（組合電路）, 1026
combinational element（組合元素）, 1026
combine step, in divide-and-conquer（分治法的合併步驟）, 29, 71
comment, in pseudocode (//)（虛擬碼的註解）, 18
commodity（商品）, 833
common divisor（公因數）, 874
　greatest（最大，見 greatest common divisor）
common multiple（公倍數）, 884 ex.
common subexpression（普通的子表達式）, 863
common subsequence（相同子序列）, 377
　longest（最長）, 376-383
commutative laws for sets（集合的交換律）, 1110
commutative operation（可交換的操作）, 885
compact list（緊湊串列）, 257 pr.
COMPACT-LIST-SEARCH, 257 pr.
COMPACT-LIST-SEARCH′, 258 pr.
COMPARE-EXCHANGE, 211 pr.
COMPARE-EXCHANGE-INSERTION-SORT, 212 pr.
compare-exchange operation（比較交換操作）, 211 pr.
comparison sort（比較排序）, 195
　and binary search trees（二元搜尋樹）, 301 ex.
　randomized（隨機化）, 209 pr.
　and selection（選擇）, 229
compatible activities（相容的活動）, 400
compatible matrices（相容矩陣）, 1174
competitive analysis（競爭分析）, 763
competitive ratio（競爭比）, 764
　expected（期望）, 779
　unbounded（無界限的）, 775
complement（補）
　of an event（事件）, 1141
　of a graph（圖）, 1046

of a language（語言）, 1015
　Schur, 795, 808
　of a set（集合）, 1111
complementary slackness（互補差餘）, 842 pr.
complete graph（完全圖）, 1124
　bipartite（二部圖）, 691
complete k-ary tree（完整 k 元樹）, 1130
　亦見 heap
completeness of a language（語言的完整性）, 1033 ex.
complete step（完全步）, 732
completion time（完成時間）, 426 pr., 786 pr., 1091 pr.
COMPLETION-TIME-SCHEDULE, 787 pr.
complexity class（複雜度類別）, 1016
　co-NP, 1021
　NP, 1007, 1020, 1022 ex.
　NPC, 1008, 1024
　P, 1007, 1013, 1016, 1017 ex.
complexity measure（複雜度度量）, 1016
complex numbers（複數）
　inverting matrices of（矩陣求逆）, 807 ex.
　multiplication of（乘法）, 84 ex.
complex root of unity（單位複數根）, 853
　interpolation at（插值）, 859-860
component（成分）
　biconnected（雙連通）, 558 pr.
　connected（連通）, 1122
　strongly connected（強連通）, 1122
component graph（成分圖）, 551
composite number（合數）, 873
　witness to（證據）, 914
composition（複合）
　of logarithms（對數）, 60
　of parallel traces（平行追跡）, 735 fig.
compression（壓縮）
　用 Huffman 碼, 412-419
　of images（圖像）, 395 pr.
compulsory miss（強制未中）, 421
computational depth（計算深度，見 span）

computational problem（計算問題），3
computation dag（計算 dag），727 n.
COMPUTE-LCP, 959
COMPUTE-PREFIX-FUNCTION, 945
COMPUTE-SUFFIX-ARRAY, 954
COMPUTE-TRANSITION-FUNCTION, 940
concatenation（串接）
　of languages（語言），1015
　operator (||)（運算子），279
　of strings（字串），926
concrete problem（具體問題），1012
conditional branch instruction（條件型分支指
　　令），21
conditional independence（條件獨立），1145 ex.
conditional probability（條件機率），1142, 1144
configuration（組態），1029
conjugate of the golden ratio ($\hat{\phi}$)（黃金比例的
　　共軛數），63, 65 ex.
conjugate transpose（共軛轉置），807 ex.
conjunctive normal form（合取正規式），1007,
　1037
connected component（連通成分），1122
　identified using depth-first search（用深度優
　　先搜尋來識別），548 ex.
　identified using disjoint-set data structures（用
　　不相交集合資料結構來識別），
　　497-500
CONNECTED-COMPONENTS, 499
connected graph（連通圖），1122
connective（連接詞），1034
co-NP（複雜度類別），1021
conquer step, in divide-and-conquer（分治法的處
　　理步驟），29, 71
conservation of flow（流量守恆），647
consistency（一致性）
　of literals（字符的），1043
　sequential（順序），729
constrained gradient descent（有限制條件的梯度
　　下降），997-999
constraint（限制條件）

difference（差分），602
equality（相等），607 ex.
linear（線性），821, 822-823
nonnegativity（非負），823
constraint graph（約束圖），603-605
contain, in a path（包含，路徑裡），1121
continuous master theorem（連續主定理），106
　proof of（證明），100-109
continuous uniform probability distribution（連續
　　均勻機率分布），1142
contraction（收縮）
　of a dynamic table（動態表），445-449
　of an undirected graph by an edge（用邊縮約
　　無向圖），1124
contraction algorithm（縮約演算法），676 pr.
control instructions（控制指令），21
convergence property（收斂特性），586, 609-611
convergent series（收斂級數），1096
converting binary to decimal（將二進制轉換成十
　　進制），878 ex.
convex body（凸體），997
convex function（凸函數），990-992, 1149
　α-strongly convex, 1005
convex set（凸集合），651 ex.
convolution (⊗)（摺積），849
convolution theorem（摺積定理），860
copy instruction（複製指令），21
correctness of an algorithm（演算法的正確性），
　3
corresponding flow network for bipartite matching
　　（對應二部圖的流量網路配對組合），
　　670
countably infinite set（可數無限集合），1112
counter（計數器，見 binary counter）
counting（計數），1134-1139
　probabilistic（機率），145 pr.
counting sort（計數排序），197-200
　in computing suffix arrays（計算後綴陣列），
　　958
　in radix sort（數基排序），203

COUNTING-SORT, 199
coupon collector's problem（獎券收集者問題），136
cover（覆蓋）
　path（路徑），673 pr.
　by a subfamily（子族系），1074
　vertex（頂點），1045, 1065
credit（信用額度），433
critical edge（關鍵邊），665
critical path（關鍵路徑）
　dag, 595
　PERT 圖，593
　of a task-parallel trace（任務平行追跡），730
cross a cut（穿越切線），562, 676 pr.
cross edge（交叉邊），544
cryptographic hash function（加密雜湊函數），279
cryptosystem（加密系統），904-910
cubic spline（三次樣條），817 pr.
currency exchange（換匯），616 pr.
curve fitting（曲線擬合），810-815
cut（切線）
　capacity of（容量），658
　of a flow network（流量網路），658-661
　global（全域），676 pr.
　minimum（最小），658
　net flow across（淨流量），658
　of an undirected graph（無向圖），562
　weight of（權重），1082 ex.
CUT-ROD, 351
cycle of a graph（圖的迴路），1121-1122
　hamiltonian, 1007, 1018, 1046-1050
　minimum mean-weight（最小平均權重），617 pr.
　negative-weight（負權重，見 negative-weight cycle）
　and shortest paths（最短路徑），582-583
cycle cover, 716 pr.
cyclic group（循環群組），901

D

dag（見 directed acyclic graph）
DAG-SHORTEST-PATHS, 593
d 元堆積，170 pr.
　in shortest-paths algorithms（最短路徑演算法），643 pr.
data-movement instructions（資料移動指令），21
data-parallel model（資料平行模型），760
data science（資料科學），10-11
data structure（資料結構），6, 237-345, 457-522
　AA 樹，344
　augmentation of（增量），459-474
　AVL 樹，344 pr., 344
　binary search trees（二元搜尋樹），299-316
　bit vectors（位元向量），261 ex.
　B 樹，476-496
　deques, 246 ex.
　dictionaries（字典），237
　direct-address tables（直接定址表），260-263
　for disjoint sets（不相交集合），497-522
　for dynamic graphs（動態圖），458
　dynamic sets（動態集合），237-239
　dynamic trees（動態樹），457
　exponential search trees（指數搜尋樹），215, 457
　Fibonacci heaps（斐波那契堆積），457
　fusion trees（融合樹），215, 457
　hash tables（雜湊表），263-269
　heaps（堆積），153-172
　interval trees（區間樹），467-473
　k-neighbor trees, 344
　left-leaning red-black binary search trees（左傾紅黑二元搜尋樹），344
　linked lists（鏈接串列），246-252
　order-statistic trees（順序統計樹），459-464
　persistent（持久化），342 pr., 457
　potential of（潛能），436
　priority queues（優先佇列），164-169

queues（佇列）, 242, 244-245
radix trees（數基樹）, 313 pr.
red-black trees（紅黑樹）, 318-345
rooted trees（有根樹）, 253-256
scapegoat trees（代罪羊樹）, 344
on secondary storage（二級儲存設備）,
    476-479
skip lists, 345
splay trees（伸展樹）, 345, 457
stacks（堆疊）, 242-243
treaps, 344
2-3-4 樹, 480, 495 pr.
2-3 樹, 344, 496
van Emde Boas 樹, 457
weight-balanced trees（加權平衡樹）, 344
data type（資料型態）, 21
decision by an algorithm（用演算法做決定）,
    1016
decision problem（決策問題）, 1008, 1012
and optimization problems（優化問題）, 1008
decision tree（決策樹）, 196-197, 209 pr.
decision variable（決策變數）, 821
DECREASE-KEY, 165
decrementing（遞減）, 18
decryption（解密）, 904
default vertex labeling（預設頂點標籤）, 699
degree（度數）
    minimum, of a B-tree（最小, B 樹）, 480
    of a node（節點）, 1129
    of a polynomial（多項式）, 59, 846
    of a vertex（頂點）, 1121
degree-bound, 846
DELETE, 238
DELETE-LARGER-HALF, 440 ex.
deletion（刪除）
    from binary search trees（二元搜尋樹）,
        309-312, 312 ex.
    B 樹, 491-494
    from chained hash tables（串接雜湊表）, 266
    from direct-address tables（直接定址表）,
        261

from dynamic tables（動態表）, 445-449
from hash tables with linear probing（用線性
    探測從雜湊表…）, 289-291
from heaps（堆積）, 169 ex.
from interval trees（區間樹）, 469
from linked lists（鏈接串列）, 249
from open-address hash tables（開放定址雜湊
    表）, 282-283
from order-statistic trees（順序統計樹）,
    463-464
from queues（佇列）, 244
from red-black trees（紅黑樹）, 333-342
from stacks（堆疊）, 242
DeMorgan's laws（德摩根定律）
    for propositional logic（命題邏輯）, 1039
    for sets（集合）, 1111, 1114 ex.
dense graph（密集圖）, 525
ϵ 密集, 643 pr.
dense matrix（密集矩陣）, 75
density（密度）
    of prime numbers（質數）, 911
    of a rod（鋼棒）, 357 ex.
dependence（相依）
    and indicator random variables（指標隨機變
        數）, 124
    linear（線性）, 1177
    亦見 independence
depth（深度）
    average, of a node in a randomly built binary
        search tree（隨機建立二元搜尋樹的節
        點平均深度）, 315 pr.
    of a circuit（電路）, 863
    of a node in a rooted tree（有根樹的節點）,
        1129
    of quicksort recursion tree（快速排序遞迴
        樹）, 182 ex.
    of a stack（堆疊）, 192 pr.
depth-determination problem（深度確定問題）,
    519 pr.
depth-first forest（深度優先森林）, 540

depth-first search（深度優先搜尋）, 539-548
    in finding articulation points, bridges, and biconnected components（尋找銜接點、橋和雙連通成分）, 558 pr.
    in finding strongly connected components（尋找強連通成分）, 551-556
    Hopcroft-Karp 演算法, 686
    in topological sorting（拓撲排序）, 549-551
depth-first tree（深度優先樹）, 540
deque, 246 ex.
DEQUEUE, 245
derivative of a series（級數的導數）, 1098
descendant（後代）, 1128
destination vertex（終點）, 580
det, 1178
determinacy race（確定性競態）, 737-740
determinant（行列式）, 1178
deterministic algorithm（確定性演算法）, 128
    parallel（平行）, 737
DETERMINISTIC-SEARCH, 146 pr.
DFS, 541
    亦見 depth-first search
DFS-VISIT, 541
DFT, 856
diagonal matrix（對角矩陣）, 1171
diameter（直徑）
    of a network（網路）, 622
    of a tree（樹）, 539 ex.
dictionary（字典）, 237
difference（差）
    of sets（－）（集合）, 1110
    symmetric（對稱）, 682
difference constraints（差分約束）, 601-607
differentiation of a series（級數微分）, 1098
digital signature（數位簽章）, 906
digraph（有向圖，見 directed graph）
DIJKSTRA, 595
Dijkstra 演算法, 595-601
    for all-pairs shortest paths（all-pairs 最短路徑）, 622, 642
    with edge weights in a range（有一個範圍內的邊權重）, 601 ex.
    implemented with a Fibonacci heap（用斐波那契堆積來實現）, 598-599
    implemented with a min-heap（用最小堆積來實作）, 598
    with integer edge weights（整數邊權重）, 600-601 ex.
    in Johnson's algorithm（Johnson 演算法）, 639
    similarity to breadth-first search（類似廣度優先搜尋）, 599, 600 ex.
    similarity to Prim's algorithm（與 Prim 演算法的相似度）, 599
d-independent family of hash functions（雜湊函數的 d-獨立家族）, 275
DIRECT-ADDRESS-DELETE, 261
direct addressing（直接定址）, 260-263
DIRECT-ADDRESS-INSERT, 261
DIRECT-ADDRESS-SEARCH, 261
direct-address table（直接定址表）, 260-263
directed acyclic graph (dag)（有向無迴路圖）, 1124
    and back edges（後向邊）, 549
    and component graphs（成分圖）, 554
    hamiltonian 路徑, 1022 ex.
    longest simple path in（最長簡單路徑）, 391 pr.
    for representing a parallel computation（代表平行計算）, 727
    single-source shortest-paths algorithm for（單源最短路徑演算法）, 592-595
    topological sort of（拓撲排序）, 549-551
directed equality subgraph（有向等效子圖）, 702
directed graph（有向圖）, 1120
    all-pairs shortest paths in（all-pairs 最短路徑）, 622-644
    constraint graph（約束圖）, 603
    Euler 迴路, 558 pr., 1007

hamiltonian 迴路, 1007
incidence matrix of（關聯矩陣）, 528 ex.
and longest paths（最長路徑）, 1006
path cover of（路徑覆蓋）, 673 pr.
PERT 圖, 593, 595 ex.
semiconnected（半連通）, 556 ex.
shortest path in（最短路徑）, 580
single-source shortest paths in（單源最短路徑）, 580-620
singly connected（單連通）, 548 ex.
square of（平方）, 528 ex.
transitive closure of（遞移閉包）, 634
transpose of（轉置）, 528 ex.
universal sink in（普遍匯點）, 528 ex.
亦見 directed acyclic graph, graph,
directed version of an undirected graph（無向圖的有向版本）, 1122
dirty area（髒區域）, 211 pr.
discovered vertex（被發現的頂點）, 529, 540
discovery time（發現時間）, 541
discrete Fourier transform（離散傅立葉轉換）, 856
discrete logarithm（離散對數）, 902
discrete logarithm theorem（離散對數定理）, 902
discrete probability distribution（離散機率分布）, 1141
discrete random variable（離散隨機變數）, 1147-1152
disjoint-set data structure（不相交集合資料結構）, 497-522
analysis of（分析）, 511-517
in connected components（連通成分）, 497-500
in depth determination（確定深度）, 519 pr.
disjoint-set-forest implementation of（不相交集合資料結構的實作）, 503-508
Kruskal 演算法, 569
linear-time special case of（線性時間特例）, 522

linked-list implementation of（鏈接串列實作）, 500-503
lower bound for（下限）, 522
in offline lowest common ancestors（離線最低共同前代）, 520 pr.
in offline minimum（離線最小化）, 518 pr.
disjoint-set forest（不相交集合森林）, 503-508
analysis of（分析）, 511-517
rank properties of（rank 的特性）, 510-511, 517 ex.
亦見 disjoint-set data structure
disjoint sets（不相交集合）, 1112
disjunctive normal form（析取範式）, 1039
disk drive（磁碟機）, 476-478
亦見 secondary storage
DISK-READ, 478
DISK-WRITE, 478
dissimilarity（相異度）, 972
distance（距離）
edit（編輯）, 393 pr.
Manhattan, 232 pr.
of a shortest path (δ)（最短路徑）, 534
distributed memory（分散式記憶體）, 722
distribution（分布）
binomial（二項分布，見 binomial distribution）
continuous uniform（連續均勻）, 1142
discrete（離散）, 1141
geometric（幾何，見 geometric distribution）
of inputs（輸入）, 121, 127
of prime numbers（質數）, 911
probability（機率）, 207 ex., 1140
uniform（均勻）, 1141
distributive laws for sets（集合的分配律）, 1111
divergent series（發散級數）, 1096
divide-and-conquer method（分治法）, 29, 71
analysis of（分析）, 33-35, 84-113
for binary search（二元搜尋）, 39 ex.
for conversion of binary to decimal（二進制轉換成十進制）, 878 ex.

for fast Fourier transform（快速傅立葉轉換），856-859, 864
for matrix inversion（逆矩陣）, 803-806
for matrix multiplication（矩陣乘法）, 75-84, 742-747, 755 pr.
for merge sort（合併排序）, 29-39, 747-753
for multiplication（乘法）, 867 pr.
for quicksort（快速排序）, 173-194
relation to dynamic programming（與動態規劃的關係）, 348
for selection（選擇）, 218-232
solving recurrences for（求解遞迴式）, 84-113
for Strassen's algorithm（Strassen 演算法）, 79-84, 745-746
divide instruction（分解指令）, 21
divides relation (|)（整除關係）, 872
divide step, in divide-and-conquer（分治法的分解步驟）, 29, 71
division method（除法）, 271, 280 ex.
division theorem（除法定理）, 873
divisor（因數）, 872
　common（公）, 874
　亦見 greatest common divisor
DNA, 3, 376-377, 393 pr.
DNF (disjunctive normal form)（析取範式）, 1039
does-not-divide relation (∤)（不整除關係）, 872
Dog River, 692
dolphins, allowing to vote（讓海豚投票）, 820
domain（域）, 1117
double hashing（雙重雜湊）, 283-285, 289 ex.
doubly linked list（雙向鏈接串列）, 246-247, 252 ex.
　circular, with a sentinel（環狀，哨符的）, 250
downto, 虛擬碼, 18
d-正則圖, 691 ex., 715 pr.
driving function（驅動函數）, 95
duality（對偶性）, 709, 835-842, 843 pr.

weak（弱）, 837-838, 843 pr.
dual linear program（對偶線性規劃）, 835
dummy key（假鍵）, 384
dynamic graph（動態圖）, 500
　all-pairs shortest paths algorithms for（all-pairs 最短路徑演算法）, 644
　資料結構 for, 458
　minimum-spanning-tree algorithm for（最小生成樹演算法）, 575 ex.
　transitive closure of（遞移閉包）, 643 pr., 644
dynamic graph algorithm（動態圖演算法）, 787
dynamic multiset（動態多集合）, 440 ex.
dynamic order statistics（動態順序統計量）, 459-464
dynamic-programming method（動態規劃法）, 348-399
　for activity selection（活動選擇）, 406 ex.
　for all-pairs shortest paths（all-pairs 最短路徑）, 623-634
　for bitonic euclidean traveling-salesperson problem（雙調歐氏旅行推銷員問題）, 391 pr.
　bottom-up（由下而上）, 353
　for breaking a string（拆開字串）, 395 pr.
　compared with greedy method（與貪婪法相比）, 368-369, 376 ex., 403, 407-411
　for edit distance（編輯距離）, 393 pr.
　elements of（元素）, 366-376
　Floyd-Warshall 演算法, 630-634
　for inventory planning（庫存規劃）, 397 pr.
　for longest common subsequence（最長相同子序列）, 376-383
　for longest palindrome subsequence（最長回文子序列）, 391 pr.
　for longest simple path in a weighted directed acyclic graph（加權有向無迴路圖的最長簡單路徑）, 391 pr.
　for matrix-chain multiplication（矩陣乘法鏈）, 358-366
　and memoization（記憶化）, 373-375

for optimal binary search trees（最佳二元搜尋樹），384-391
optimal substructure in（最佳子結構），366-370
overlapping subproblems in（子問題重疊），370-373
for printing neatly（整齊列印），392 pr.
reconstructing an optimal solution in（重建最佳解），373
relation to divide-and-conquer（與分治法的關係），348
for rod cutting（鋼棒切割），349-358
for seam carving（縫線雕刻），395 pr.
for signing free agents（簽下自由球員），397 pr.
top-down with memoization（使用記憶體化由上而下），353
for transitive closure（遞移閉包），634-637
Viterbi 演算法，395 pr.
for the 0-1 knapsack problem（0-1 背包問題），411 ex.
dynamic set（動態集合），237-239
亦見 data structure
dynamic table（動態表），440-450
analyzed by accounting method（用會計法來分析），443
analyzed by aggregate analysis（用聚合分析來分析），442-443
analyzed by potential method（用潛能法來分析），443-449
load factor of（負載率），441
dynamic tree（動態樹），457

E

E [ ]，見 expected value
e（自然對數的底數），59
edge（邊），1120
antiparallel（反向平行），649-650
attributes of（特性），527

back（反向），544
bridge（橋），558 pr.
capacity of（容量），646
classification in breadth-first search（廣度優先搜尋的分類），556 pr.
classification in depth-first search（深度優先搜尋的分類），544-545, 547 ex.
critical（關鍵），665
cross（交叉），544
forward（順向），544
light（輕），562
negative-weight（負權重），581-582
residual（剩餘），654
safe（安全），562
tree（自由），536, 540, 544
weight of（權重），527
edge connectivity（邊連通性），667 ex.
edge set（邊集合），1120
edit distance（編輯距離），393 pr.
Edmonds-Karp 演算法，665-666
elementary event（基本事件），1140
elementary insertion（基本插入），441
element of a set（∈）（集合的元素），1110
ellipsoid algorithm（橢圓演算法），827
elliptic-curve factorization method（橢圓曲線分解法），923
elseif，虛擬碼，18 n.
else，虛擬碼，18
empty language（∅）（空語言），1015
empty set（∅）（空集合），1110
empty set laws（空集合律），1110
empty stack（空堆疊），243
empty string（ε）（空字串），926, 1015
empty tree（空樹），1129
encoding of problem instances（問題實例的編碼），1012-1015
encryption（加密），904
endpoint of an interval（區間的端點），467
ENQUEUE, 245
entering a vertex（進入頂點），1120

entropy function（熵函數）, 1137
epoch（期）, 776
ϵ 密集圖, 643 pr.
ϵ-universal family of hash functions（雜湊函數的 ϵ-通用家族）, 274, 280 ex.
equality（相等）
    of functions（函數）, 1118
    linear（線性）, 822
    of sets（集合）, 1110
equality constraint（相等限制條件）, 607 ex.
equality subgraph（等效子圖）, 699
    directed（有向）, 702
equations and asymptotic notation（方程式與漸近表示法）, 52-53
equivalence class 等效類別, 1115
    mod n ($[a]_n$), 873
equivalence, modular ($\equiv (\bmod n)$)（等價，模 ($\equiv (\bmod n)$)）, 58
equivalence relation（等價關係）, 1115
error bound（誤差界限）, 992
error, 虛擬碼, 20
escape problem（逃脫問題）, 672 pr.
EUCLID, 880
Euclid's algorithm（輾轉相除法）, 879-884, 921 pr.
euclidean norm ($\|\ \|$)（歐氏範數）, 1175
Euler's constant（Euler 常數）, 889
Euler's phi function（Euler phi 函數）, 888
Euler 定理, 901, 920 ex.
Euler 迴路, 558 pr., 715 pr.
    hamiltonian 迴路, 1007
evaluation of a polynomial（計算多項式）, 40 pr., 847, 852 ex.
    derivatives of（導數）, 868 pr.
    at multiple points（多點）, 868 pr.
event（事件）, 1140
event-driven simulation（事件驅動模擬）, 165, 172
EXACT-SUBSET-SUM, 1083
example, in clustering（聚類的範例）, 972

exclusion and inclusion（排容）, 1114 ex.
execute a subroutine（執行子程序）, 24 n.
expansion of a dynamic table（展開動態表）, 441-445
expectation（期望，見 expected value）
expected competitive ratio（期望競爭比）, 779
expected running time（期望執行時間）, 27, 122
expected value（期望值）, 1147-1149
    of a binomial distribution（二項分布）, 1154
    of a geometric distribution（幾何分布）, 1153
    of an indicator random variable（指標隨機變數）, 123
explored edge（探索邊）, 541
exponential function（指數函數）, 59-60
exponential search tree（指數搜尋樹）, 215, 457
exponentiation（冪）
    of logarithms（對數）, 60
    modular（模）, 903-903
exponentiation instruction（冪指令）, 22
EXTENDED-BOTTOM-UP-CUT-ROD, 357
EXTENDED-EUCLID, 882
EXTEND-SHORTEST-PATHS, 625
external node（外圍節點）, 1128
external path length（外部路徑長度）, 1131 ex.
extracting the maximum key（提取最大鍵）
    from d-ary heaps（d 元堆積）, 170 pr.
    from max-heaps（最大堆積）, 166
extracting the minimum key（提取最小鍵）
    from Young tableaus（楊表）, 170 pr.
EXTRACT-MAX, 165-166
EXTRACT-MIN, 165

F

factor（因子）, 872
    twiddle（旋轉）, 859
factorial function (!)（階乘函數）, 61-62
factorization（分解）, 923
    unique（唯一）, 877

failure, in a Bernoulli trial（Bernoulli 試驗的失敗）, 1152
fair coin（公平的硬幣）, 1141
family of hash functions（雜湊函數家族）, 273-275, 280 ex.
fan-out（扇出）, 1028
Farkas's lemma（Farkas 引理）, 838
FASTER-APSP, 628, 630 ex.
fast Fourier transform (FFT)（快速傅立葉轉換）, 846-870
  circuit for（電路）, 863-865
  multidimensional（多維）, 867 pr.
  recursive implementation of（遞迴實作）, 856-859
  using modular arithmetic（使用模數算術）, 869 pr.
feasibility problem（可行性問題）, 602, 842 pr.
feasible linear program（可行的線性規劃）, 823
feasible region（可行區域）, 823
feasible solution（可行解）, 602, 823
feasible vertex labeling（可行頂點標籤）, 699, 716 pr.
feature vector（特徵向量）, 972
Fermat 定理, 901
FFT, 859
  亦見 fast Fourier transform
FFTW, 870
FIB, 724
Fibonacci heap（斐波那契堆積）, 457
  Dijkstra 演算法, 598-599
  in Johnson's algorithm（Johnson 演算法）, 642
  in Prim's algorithm（Prim 演算法）, 573
Fibonacci numbers（斐波那契數）, 63, 65 ex., 114 pr.
  computation of（計算）, 723-727, 921 pr.
FIFO（見 first-in, first-out; queue）
final-state function（最終狀態函數）, 935
FIND-AUGMENTING-PATH, 713
FIND-DEPTH, 519 pr.

find path（尋找路徑）, 505
FIND-POM, 474 pr.
FIND-SET, 497
  disjoint-set-forest implementation of（不相交集合森林的實作）, 507, 521
  linked-list implementation of（鏈接串列實作）, 500
FIND-SPLIT-POINT, 750
finished vertex（完成的頂點）, 540
finish time（完成時間）
  in activity selection（活動選擇）, 400
  in depth-first search（深度優先搜尋）, 541
  and strongly connected components（強連通成分）, 554
finite automaton（有限自動機）, 934-941
FINITE-AUTOMATON-MATCHER, 937
finite group（有限群組）, 885
finite sequence（有限序列）, 1118
finite set（有限集合）, 1112
finite sum（有限和）, 1096
first-fit heuristic（first-fit 捷思法）, 1089 pr.
first-in, first-out (FIFO)（先入先出）, 242, 774-775, 784 ex.
  implemented with a priority queue（用優先佇列來實作）, 169 ex.
  亦見 queue
fixed-length code（固定長度碼）, 413
floating-point data type（浮點資料型態）, 21
floor function ($\lfloor \, \rfloor$)（向下取整）, 57
  in recurrences（遞迴式）, 110-111
floor instruction（向下取整指令）, 21
flow（流）, 646-652
  aggregate（聚集）, 833
  augmentation of（增量）, 654
  blocking（阻擋）, 677
  cancellation of（取消）, 654
  integer-valued（整數值）, 670
  net, across a cut（網路，穿越切線）, 658
  value of（值）, 647
flow conservation（流量守恆）, 647

flow network（流量網路）, 646-652
    corresponding to a bipartite graph（對應至二部圖）, 670
    cut of（切線）, 658-661
    with multiple sources and sinks（有多個源頭到匯集點）, 650
FLOYD-WARSHALL, 632
FLOYD-WARSHALL′, 637 ex.
Floyd-Warshall 演算法, 630-634, 637-637 ex.
flying cars, highways for（飛行汽車高速公路）, 820
FORD-FULKERSON, 662
Ford-Fulkerson 法, 652-669
FORD-FULKERSON-METHOD, 652
FORESEE, 768
forest（森林）, 1124, 1125
    breadth-first（廣度優先）, 703
    depth-first（深度優先）, 540
    disjoint-set（不相交集合）, 503-508
for, 虛擬碼, 18
    and loop invariants（循環不變性）, 17 n.
fork-join parallelism（分叉聚合平行化）, 722-742
    亦見 parallel algorithm
fork-join scheduling（分叉聚合調度）, 732-734, 741 ex.
formal power series（形式冪級數）, 114 pr.
formula satisfiability（公式可滿足性）, 1034-1037
forward edge（前向邊）, 544
forward substitution（順向代入法）, 791-792
Fourier transform（傅立葉轉換，見 discrete Fourier transform, fast Fourier transform）
fractional knapsack problem（小數背包問題）, 410
fractional matching（小數配對組合）, 716 pr.
free tree（自由樹）, 1124, 1125-1127
frequency count（頻率計數）, 773 ex.
frequency domain（頻域）, 846
full binary tree（滿二元樹）, 1130

relation to optimal code（與最佳碼的關係）, 414
full node（滿節點）, 480
full rank（滿秩）, 1177
full walk of a tree（樹的 full walk）, 1071
fully parenthesized matrix-chain product（全括號化的矩陣乘法鏈）, 359
fully polynomial-time approximation scheme（完全多項式時間近似方案）, 1065
    for subset sum（子集合和）, 1082-1088
function（函數）, 1117-1119
    Ackermann, 521
    α-strongly convex, 1005
    basis（基礎）, 810
    β-smooth, 1005
    boolean（布林）, 1137 ex.
    convex（凸）, 990-992, 1149
    driving（驅動）, 95
    final-state（最終狀態）, 935
    hash（雜湊，見 hash function）
    iterated（迭代）, 62, 68 pr.
    linear（線性）, 25, 822
    objective（目標）, 601, 821, 823
    potential（潛能）, 436
    prefix（前綴）, 941-943
    probability distribution（機率分布）, 207 ex.
    quadratic（二次）, 26
    reduction（約化）, 1024
    suffix（後綴）, 935
    transition（轉移）, 934, 939-940
    watershed（分水嶺）, 96
functional iteration（函數迭代）, 62
fundamental theorem of linear programming（線性規劃的基礎理論）, 841
furthest-in-future（最久以後）, 421
fusion tree（融合樹）, 215, 457
fuzzy sorting（模糊排序）, 193 pr.

G

Gabow's scaling algorithm for single-source shortest paths（Gabow 單源最短路徑伸縮演算法）, 616 pr.
gadget（工具）, 1047, 1057
GALE-SHAPLEY, 694
Gale-Shapley 演算法, 693-697
Galois field of two elements（$GF(2)$）（兩個元素的伽羅瓦體）, 1181 pr.
gap character（間隙字元）, 928 ex., 941 ex.
gate（閘）, 1026
Gaussian elimination（高斯消除法）, 795
gcd（見 greatest common divisor）
GCD 遞迴定理, 879
general arithmetic series, 1096
general number-field sieve（普通數域篩選）, 923
generating function（母函數）, 114 pr.
generation of partitioned sets（產生分割子集合）, 223
generator（產生器）
　of a subgroup（子群組）, 890
　of $\mathbb{Z}_n^*$, 901
GENERIC-MST, 562
geometric distribution（幾何分布）, 1152-1154
　and balls and bins（球與箱子）, 135-136
　in finding prime numbers（尋找質數）, 911
　in randomized selection analysis（隨機選擇分析）, 220
geometric series（等比級數）, 1098
$GF(2)$（Galois field of two elements）（兩個元素的伽羅瓦體）, 1181 pr.
global cut（全域切線）, 676 pr.
global minimizer（全域最小值）, 987, 989 fig., 991 fig.
global variable（全域變數）, 18
golden ratio（ϕ）（黃金比例）, 63, 65 ex.
gossiping, 454
gradient descent（梯度下降）, 987-1002

　constrained（有限制條件的）, 997-999
　in machine learning（機器學習）, 1000-1001
　for solving systems of linear equations（求解線性方程組）, 999-1000
　stochastic（隨機）, 1004 pr.
　unconstrained（無限制條件的）, 988-996
GRADIENT-DESCENT, 990
GRADIENT-DESCENT-CONSTRAINED, 997
gradient of a function（函數的梯度）, 988
GRAFT, 519 pr.
grain size in a parallel algorithm（平行演算法的 grain size）, 755 pr.
graph（圖）, 1120-1125
　adjacency-list representation of（相鄰串列表示法）, 526-527
　adjacency-matrix representation of（相鄰矩陣表示法）, 527
　and asymptotic notation（漸近符號）, 524
　attributes of（特性）, 524, 527
　breadth-first search of（廣度優先搜尋）, 529-539
　coloring of（上色）, 1060 pr.
　complement of（補）, 1046
　component（成分）, 551
　constraint（限制條件）, 603-605
　dense（密集）, 525
　depth-first search of（深度優先搜尋）, 539-548
　dynamic（動態）, 500, 787
　ϵ 密集, 643 pr.
　hamiltonian, 1018
　interval（區間）, 407 ex.
　matching in（配對組合）, 669-672, 680-717
　nonhamiltonian, 1018
　planar（平面）, 560 pr.
　regular（常規）, 691 ex., 715 pr.
　shortest path in（最短路徑）, 534
　singly connected（單連通）, 548 ex.
　sparse（稀疏）, 525
　static（靜態）, 499

subproblem（子問題）, 356-357
tour of（路徑）, 1050
weighted（有權重）, 527
亦見 directed acyclic graph, directed graph, flow network, undirected graph, tree
GRAPH-ISOMORPHISM, 1022 ex.
Gray 碼, 450 pr.
gray vertex（灰頂點）, 529, 540
greatest common divisor（gcd）（最大公因數）, 874-875, 878 ex.
　binary gcd algorithm for（二進制 gcd 演算法）, 920 pr.
　Euclid's algorithm for（輾轉相除法）, 879-884, 921 pr.
　with more than two arguments（超過兩個引數）, 884 ex.
　recursion theorem for（遞迴定理）, 879
GREEDY-ACTIVITY-SELECTOR, 406
GREEDY-BIPARTITE-MATCHING, 701
greedy-choice property（貪婪選擇特性）, 408-409
　of activity selection（活動選擇）, 402-403
　Huffman 碼, 417-418
　of offline caching（離線快取）, 422-425
greedy method（貪婪法）, 400-427
　for activity selection（活動選擇）, 400-407
　for coin changing（找零）, 426 pr.
　compared with dynamic programming（與動態規劃相比）, 368-369, 376 ex., 403, 407-411
　Dijkstra 演算法, 595-601
　elements of（元素）, 407-412
　for the fractional knapsack problem（小數背包問題）, 410
　greedy-choice property in（貪婪選擇特性）, 408-409
　Huffman 碼, 412-419
　Kruskal 演算法, 568-570
　for maximal bipartite matching（極大二部圖配對組合）, 701

for minimum spanning tree（最小生成樹）, 566-575
for offline caching（離線快取）, 421-426
optimal substructure in（最佳子結構）, 409
Prim 演算法, 570-573
for set cover（集合覆蓋）, 1074-1077
for task-parallel scheduling（任務平行調度）, 732-734, 741 ex.
for task scheduling（任務調度）, 426 pr.
for weighted set cover（加權集合覆蓋）, 1090 pr.
greedy scheduler（貪婪調度器）, 732
GREEDY-SET-COVER, 1075
grid（網格）, 672 pr.
group（群組）, 884-892
　cyclic（循環）, 901
　operator（⊕）（運算子）, 885
growth step（增長步驟）, 711
guessing the solution, in the substitution method（代入法，猜解）, 86

H

Habanero-Java, 723
half 3-CNF satisfiability（半 3-CNF 可滿足性）, 1059 ex.
half-open interval（$[a, b)$ 或 $(a, b]$）（半開區間）, 1113
Hall 定理, 690 ex.
halting（停機）, 3
halting problem（停機問題）, 1006
halving lemma（折半引理）, 856
HAM-CYCLE, 1018
hamiltonian 迴路, 1007, 1018
　NP 完備性, 1046-1050
hamiltonian 圖, 1018
hamiltonian 路徑, 1022 ex., 1058 ex.
HAM-PATH, 1022 ex.
handle（處理）, 165
handshaking lemma（握手引理）, 1124 ex.

harmonic number（調和數）, 1098, 1105
harmonic series（調和級數）, 1098, 1105
HASH-DELETE, 288 ex.
hash function（雜湊函數）, 263, 269-280
    auxiliary（輔助）, 283
    collision-resistant（抗碰撞）, 909
    cryptographic（加密）, 279
    division method for（除法）, 271, 280 ex.
    for hierarchical memory（階層記憶體）, 292-295
    multiplication method for（乘法）, 271-273
    multiply-shift method for（乘法移位法）, 272-273
    random（隨機）, 273-277
    static（靜態）, 269, 271-273
    universal（通用）, 273-277
    wee, 292-295
    亦見 family of hash functions
hashing（雜湊化）, 260-298
    with chaining（用串連）, 265-268, 296 pr.
    double（雙重）, 283-285, 289 ex.
    independent uniform（獨立均勻）, 264
    with linear probing（線性探測）, 285, 289-292
    in memoization（記憶化）, 353, 374
    with open addressing（開放定址）, 281-289, 296 pr.
    perfect（完美）, 297
    random（隨機）, 273-277
    to replace adjacency lists（替代相鄰串列）, 528 ex.
    of static sets（靜態集合）, 296 pr.
    of strings（字串）, 277-279, 280 ex.
    uniform（均勻）, 266
    universal（通用）, 273-277, 296 pr.
    of variable-length inputs（可變長度輸入）, 277-279
    of vectors（向量）, 277-279
HASH-INSERT, 282, 288 ex.
HASH-SEARCH, 282, 288 ex.

hash table（雜湊表）, 263-269
    dynamic（動態）, 449 ex.
    used within a priority queue（在優先佇列內使用）, 166
    亦見 hashing
hash value（雜湊值）, 263
hat-check problem（帽子檢查問題）, 127 ex.
head（頭）
    in a disk drive（磁碟機）, 476
    of a linked list（鏈接串列）, 247
    of a queue（佇列）, 244
heap（堆積）, 153-172
    analyzed by potential method（用潛能法來分析）, 439 ex.
    building（建構）, 159-162, 169 pr.
    in constructing Huffman codes（建構 Huffman 碼）, 417
    d 元, 170 pr., 643 pr.
    deletion from（刪除）, 169 ex.
    Dijkstra 演算法, 598
    extracting the maximum key from（提取最大鍵）, 166
    Fibonacci（斐波那契）, 457
    height of（高）, 155
    increasing a key in（遞增鍵）, 166-167
    insertion into（插入）, 167
    in Johnson's algorithm（Johnson 演算法）, 642
    max-heap（最大堆積）, 154
    maximum key of（最大鍵）, 166
    mergeable（可合併）, 256 pr.
    min-heap（最小堆積）, 155
    Prim 演算法, 573
    as a priority queue（優先佇列）, 164-169
HEAP-DECREASE-KEY, 168 ex.
HEAP-EXTRACT-MIN, 168 ex.
HEAP-MINIMUM, 168 ex.
heap property（堆積特性）, 154
    maintenance of（維持）, 156-159
    vs. 二元搜尋樹特性, 301 ex.

heapsort（堆積排序）, 153-172
　　lower bound for（下限）, 197
HEAPSORT, 162
HEDGE, 1003 pr.
height（高）
　　black-（黑）, 318
　　B 樹, 480-482
　　of a d-ary heap（d 元堆積）, 170 pr.
　　of a decision tree（決策樹）, 197
　　of a heap（堆積）, 155
　　of a node in a heap（堆積內的節點）, 155, 162 ex.
　　of a node in a tree（樹的節點）, 1129
　　of a red-black tree（紅黑樹）, 318
　　of a tree（樹）, 1129
height-balanced tree（高度平衡樹）, 344 pr.
helpful partitioning（有用的劃分）, 220
Hermitian 矩陣, 807 ex.
Hessian 矩陣, 1000
heuristic（捷思法）
　　first-fit for bin packing（用 first-fit 來裝箱）, 1089 pr.
　　path compression（路徑壓縮）, 505
　　Rabin-Karp 演算法, 931
　　for the set-covering problem（集合覆蓋問題）, 1074, 1090 pr.
　　table doubling（表的加倍）, 441
　　for the traveling-salesperson problem（旅行推銷員問題）, 1074 ex.
　　union by rank（依 rank 聯合）, 505
　　weighted union（加權聯合）, 502
high endpoint of an interval（區間的高端）, 467
high side of a partition（劃分的高端）, 173
HIRE-ASSISTANT, 120
hiring problem（僱用問題）, 120, 128-129
　　online（線上）, 143-144
　　probabilistic analysis of（機率分析）, 125-126
hit（命中）, 931
HOARE-PARTITION, 189 pr.

HOPCROFT-KARP, 684
Hopcroft-Karp 演算法, 684-690
HORNER, 41 pr.
Horner 法則, 40 pr., 847, 930
HUFFMAN, 415
Huffman 碼, 412-419
Human Genome Project, 3
HUNGARIAN, 712
Hungarian algorithm（匈牙利演算法）, 698-714, 715 pr.
hybrid cryptosystem（混合加密系統）, 909
hyperedge（超邊）, 1124
hypergraph（超圖）, 1124
hypotheses（假設）, 969

I

ideal parallel computer（理想平行計算機）, 729
idempotency laws（冪等律）, 1110
identity（恆等元）, 885
identity matrix（單位矩陣）, 1171
identity permutation（恆等置換）, 131 ex.
if, 虛擬碼, 18
ill-defined recurrence（定義不明的遞迴）, 71
image（像）, 1118
image compression（圖像壓縮）, 395 pr.
incidence（關聯）, 1120-1121
incidence matrix（關聯矩陣）
　　and difference constraints（差分約束）, 603
　　of a directed graph（有向圖）, 528 ex.
inclusion and exclusion（排容）, 1114 ex.
incomplete step（不完全步）, 732
INCREASE-KEY, 165
increasing a key, in a max-heap（在最大堆積裡遞增鍵）, 166-167
INCREMENT, 431
incremental design method（漸增設計法）, 29
incrementing（遞增）, 17
in-degree（入度）, 1121
indentation in pseudocode（虛擬碼的縮排）, 17-18

independence（獨立）
    of events（事件）, 1143, 1145 ex.
    of random variables（隨機變數）, 1147
    of subproblems in dynamic programming（動態規劃的子問題）, 370
independent family of hash functions（雜湊函數的獨立家族）, 275
independent set（獨立集合）, 1059 pr.
independent uniform hash function（獨立均勻雜湊函數）, 264
independent uniform hashing（獨立均勻雜湊化）, 264, 266
independent uniform permutation hashing（獨立均勻排列雜湊）, 283
indexing into an array（檢索陣列）, 18-19, 21 n., 240
index of an element of $\mathbb{Z}_n^*$（$\mathbb{Z}_n^*$ 的元素索引）, 902
indicator random variable（指標隨機變數）, 123-126
    in approximation algorithm for MAX-3-CNF satisfiability（MAX-3-CNF 可滿足性的近似演算法）, 1078-1079
    in birthday paradox analysis（生日悖論分析）, 134-135
    in bounding the right tail of the binomial distribution（決定二項分布的右尾界限分布）, 1163-1165
    in coin flipping analysis（丟硬幣分析）, 124-125
    expected value of（期望值）, 123
    in hashing analysis（雜湊分析）, 266-268
    in the hat-check problem（帽子檢查問題）, 127 ex.
    in hiring-problem analysis（僱用問題分析）, 125-126
    and linearity of expectation（期望的線性性質）, 124
    in quicksort analysis（快速排序分析）, 187-188, 190 pr.
    in randomized caching analysis（隨機化快取分析）, 782
    in randomized-selection analysis（隨機選擇分析）, 233 pr.
    in streak analysis（連勝分析）, 140-143
induced subgraph（導出的子圖）, 1122
inequality, linear（線性不等式）, 822
infeasible linear program（不可行的線性規劃）, 823
infeasible solution（不可行解）, 823
inference（推理）, 970
infinite sequence（無限序列）, 1118
infinite set（無限集合）, 1112
infinite sum（無限和）, 1096
infinity, arithmetic with（無限大，算術）, 586
initialization of a loop invariant（循環不變性的初始化）, 16
INITIALIZE-SINGLE-SOURCE, 584
injective function（單射函數）, 1118
inner product（內積）, 1175
inorder tree walk（中序 tree walk）, 300, 307 ex.
INORDER-TREE-WALK, 300
in-place permuting（就地排列）, 129
in-place sorting（就地排序）, 149, 209 pr.
in play（活動中）, 220
input（輸入）
    to an algorithm（演算法）, 3
    to a combinational circuit（組合電路）, 1028
    distribution of（分布）, 121, 127
    to a logic gate（邏輯閘）, 1026
    size of（大小）, 23
input alphabet（輸入字母集合）, 934
INSERT, 165, 238, 440 ex.
insertion（插入）
    into binary search trees（二元搜尋樹）, 308-309
    B 樹, 484-489
    into chained hash tables（串接雜湊表）, 266
    into d-ary heaps（d 元堆積）, 170 pr.
    into direct-address tables（直接定址表）, 261

into dynamic tables（動態表）, 441-445
　　　elementary（基本）, 441
　　　into heaps（堆積）, 167
　　　into interval trees（區間樹）, 469
　　　into linked lists（鏈接串列）, 248
　　　into open-address hash tables（開放定址雜湊表）, 281-282
　　　into order-statistic trees（順序統計樹）, 463
　　　into queues（佇列）, 244
　　　into red-black trees（紅黑樹）, 325-333
　　　into stacks（堆疊）, 242
　　　into Young tableaus（楊表）, 170 pr.
insertion sort（插入排序）, 14-17, 24-26, 45-47, 50-51
　　　in bucket sort（桶排序）, 206-207
　　　compared with merge sort（與合併排序相比）, 9, 11 ex.
　　　compared with quicksort（與快速排序相比）, 182 ex.
　　　decision tree for（決策樹）, 196 fig.
　　　lower bound for（下限）, 46-47
　　　in merge sort（合併排序）, 40 pr.
　　　in quicksort（快速排序）, 188 ex.
　　　using binary search（使用二元搜尋）, 40 ex.
INSERTION-SORT, 15, 25, 45
instance（實例）
　　　of an abstract problem（抽象問題）, 1008, 1012
　　　of a problem（問題）, 3
instructions of the RAM model（RAM 模型的指令）, 21
integer data type（整數資料型態）, 21
integer linear programming（整數線性規劃）, 827, 843 pr., 1058 ex.
integers（ℤ）（整數）, 1110
integer-valued flow（整數值的流）, 670
integrality theorem（整數定理）, 672
integral, to approximate summations（用積分求和的近似值）, 1107
integration of a series（級數積分）, 1098

interior-point methods（內點法）, 827
intermediate vertex（中間頂點）, 630
internal node（內部節點）, 1128
internal path length（內部路徑長度）, 1131 ex.
interpolation by a cubic spline（用三次樣條插入）, 817 pr.
interpolation by a polynomial（用多項式插值）, 849, 853 ex.
　　　at complex roots of unity（單位複數根）, 859-860
intersection（交叉）
　　　of chords（弦）, 464 ex.
　　　of languages（語言）, 1015
　　　of sets（∩）（集合）, 1110
interval（區間）, 467-468, 1113
　　　fuzzy sorting of（模糊排序）, 193 pr.
INTERVAL-DELETE, 468, 474 pr.
interval graph（區間圖）, 407 ex.
INTERVAL-INSERT, 468, 474 pr.
INTERVAL-SEARCH, 468, 470
INTERVAL-SEARCH-EXACTLY, 473 ex.
interval tree（區間樹）, 467-473
interval trichotomy（區間三一性）, 468
intractability（困難性）, 1006
invalid shift（無效位移）, 924
inventory planning（庫存規劃）, 397 pr.
inverse（逆）
　　　of a bijective function（雙射函數）, 1119
　　　in a group（群）, 885
　　　of a matrix（矩陣）, 756 pr., 802-806, 1177
　　　multiplicative, modulo n（乘法, mod n）, 896
inversion（逆序）
　　　in an array（陣列）, 41 pr.
　　　in linked lists（鏈接串列）, 769
　　　in a sequence（序列）, 127 ex., 464 ex.
inversion count（逆序數）, 769
inverter（反相器）, 1026
invertible matrix（可逆矩陣）, 1177
invocation tree（呼叫樹）, 729

isolated vertex（孤立頂點）, 1121
isomorphic graphs（同構圖）, 1122
iterated function（迭代函數）, 62, 68 pr.
iterated logarithm function（lg*）（迭代對數函
　　數）, 62
ITERATIVE-TREE-SEARCH, 303
iter 函數, 513

J

Java Fork-Join Framework, 723
Jensen 不等式, 1149
JOHNSON, 642
Johnson 演算法, 637-643
joining（結合）
　　of red-black trees（紅黑樹）, 343 pr.
　　2-3-4 樹, 495 pr.
joint probability density function（聯合機率密度
　　函數）, 1147
Josephus 排列, 474 pr.

K

Karmarkar 演算法, 845
Karp 的最小平均權重迴路演算法, 617 pr.
k-ary tree（k 元樹）, 1130
k- 聚類, 974
k-CNF, 1007
k-coloring（上 k 個顏色）, 1060 pr., 1132 pr.
k-combination（k-組合）, 1135
k-conjunctive normal form（k-合取正規式）,
　　1007
Keeling curve（基林曲線）, 815 fig.
key（鍵）, 14, 149, 165, 237, 270-271
　　in a cryptosystem（加密系統）, 904, 907
　　dummy（假）, 384
　　median, of a B-tree node（B 樹節點的中位
　　　　數）, 484
keywords, 虛擬碼, 17-18, 20
　　parallel（平行）, 723, 725-727, 735

Kleene star（*）, 1015
k-means 問題, 974
KMP 演算法, 941-951
KMP-MATCHER, 945
knapsack problem（背包問題）
　　decision version（決策版本）, 1056
　　fractional（小數）, 410
　　0-1, 409, 411 ex., 1092 pr.
k-neighbor tree, 344
knot, of a spline（樣條的點）, 817 pr.
Knuth-Morris-Pratt 演算法, 941-951
k-permutation（k-排列）, 129, 1135
Kraft 不等式, 1132 ex.
Kruskal 演算法, 568-570
　　with integer edge weights（整數邊權重）,
　　　　574 ex.
k-sorted（k-排序的）, 210 pr.
k-string（k-字串）, 1134
k-subset（k-子集合）, 1112
k-substring, 1134
kth power（k 次冪）, 878 ex.

L

label（標籤）
　　in machine learning（機器學習）, 969, 1000
　　of a vertex（頂點）, 699, 716 pr.
Lagrange 公式, 849
Lagrange 定理, 889
Lamé 定理, 881
language（語言）, 1015
　　completeness of（完整性）, 1033 ex.
　　proving NP-completeness of（證明 NP 完備
　　　　性）, 1033-1034
　　verification of（驗證）, 1020
lasers, sharks with（幫鯊魚裝雷射槍）, 820
last-in, first-out（LIFO）（後入先出）, 242,
　　774-775
　　implemented with a priority queue（用優先佇
　　　　列來實作）, 169 ex.

亦見 stack
latency（延遲），477
LCA, 521 pr.
lcm（least common multiple）（最小公倍數），884 ex.
LCP, 見 longest common prefix array
LCS, 376-383
LCS-LENGTH, 381
leading submatrix（前導子矩陣），808
leaf, 1128
least common multiple（最小公倍數），884 ex.
least frequently used (LFU)（最不常用），774, 784 ex.
least recently used (LRU)（最近最少用），425 ex., 774-776
least-squares approximation（最小平方近似），810-815, 1000-1001
leaving a vertex（離開頂點），1120
LEFT, 154
left child（左子節點），1129
left-child, right-sibling representation（左子節點、右同層節點表示法），253, 256 ex.
left-leaning red-black binary search tree（左傾紅黑二元搜尋樹），344
LEFT-ROTATE, 323, 473 ex.
left rotation（左旋），321
left shift（≪）（左移），292
left subtree（左子樹），1129
Legendre 符號 $\left(\frac{a}{p}\right)$, 921 pr.
length（長度）
　of a cycle（迴路），1121
　of a path（路徑），1121
　of a sequence（序列），1118
　of a string（字串），926, 1134
level（階級）
　of a function（函數），509
　of a node in a disjoint-set forest（不相交集合森林的節點），512
　of a tree（樹），1129
lexicographically less than（詞典順序小於），313 pr.

lexicographic sorting（詞典順序排序），313 pr., 952 n.
LFU (least frequently used)（最不常用），774, 784 ex.
lg (binary logarithm)（以 2 為底的對數），60
lg* (iterated logarithm function)（迭代對數函數），62
lg^k (exponentiation of logarithms)（對數的冪），60
lg lg (composition of logarithms)（對數的複合），60
LIFO, 見 last-in, first-out; stack
light edge（輕邊），562
linear constraint（線性限制條件），822-823
linear dependence（線性相關），1177
linear equality（線性等式），822
linear equations（線性方程式）
　solving modular（求解模），893-897
　solving systems of（求解方程組），789-802, 999-1000
　solving tridiagonal systems of（求解三對角系統），817 pr.
linear function（線性函數），25, 822
linear independence（線性獨立），1177
linear inequality（線性不等式），822
linear-inequality feasibility problem（線性不等式可行性問題），842 pr.
linearity of expectation（期望的線性性質），1147-1148
　and indicator random variables（指標隨機變數），124
linearity of summations（和的線性性質），1096
linear order（線性序），1116
linear permutation（線性排列），1181 pr.
linear probing（線性探測），285, 289-292
LINEAR-PROBING-HASH-DELETE, 291
linear programming（線性規劃），820-845, 1079-1082
　applications of（應用），829-835
　duality in（對偶性），835-842

ellipsoid algorithm for（橢圓演算法）, 827
　　fundamental theorem of（基礎理論）, 841
　　integer（整數）, 827, 843 pr.
　　interior-point methods for（內點法）, 827
　　Karmarkar 演算法, 845
　　and maximum flow（最大流量）, 831
　　and minimum-cost circulation（最小成本迴路）, 844 pr.
　　and minimum-cost flow（最小成本流）, 831-833
　　and multicommodity flow（多商品流）, 833-834
　　simplex algorithm for（單體演算法）, 827
　　and single-pair shortest path（單對最短路徑）, 830
　　and single-source shortest paths（單源最短路徑）, 601-607
　　standard form for（標準形式）, 823
　　亦見 integer linear programming, 0-1 integer programming
linear-programming relaxation（線性規劃鬆弛）, 1080
linear regression（線性回歸）, 1000
linear search（線性搜尋）, 21 ex.
linear speedup（線性加速）, 731
line search（直線搜尋）, 996
LINK, 507
linked list（鏈接串列）, 246-252
　　compact（緊湊）, 257 pr.
　　deletion from（刪除）, 249
　　to implement disjoint sets（實作不相交集合）, 500-503
　　insertion into（插入）, 248
　　maintained by an online algorithm（以線上演算法維護）, 766-773
　　searching（搜尋）, 248, 280 ex.
linking of trees in a disjoint-set forest（不相交集合森林內的樹的連結）, 506
list（串列，見 linked list）
LIST-DELETE, 249

LIST-DELETE′, 250
LIST-INSERT, 249
LIST-INSERT′, 251
LIST-PREPEND, 248
LIST-SEARCH, 248
LIST-SEARCH′, 251
literal（字符）, 1037
little-oh notation (o)（o 表示法）, 54
little-omega notation (ω)（ω 表示法）, 55
Lloyd's procedure（Lloyd 程序）, 977-979, 1003 pr.
ln (natural logarithm)（自然對數）, 60
load factor（負載率）
　　of a dynamic table（動態表）, 441
　　of a hash table（雜湊表）, 266
load instruction（載入指令）, 21, 729
local minimizer（局部最小值）, 991 fig.
local variable（區域變數）, 18
logarithm function (log)（對數函數）, 60-61
　　discrete（離散）, 902
　　iterated (lg*)（迭代）, 62
logical parallelism（邏輯平行性）, 727
logical right shift (≫)（邏輯右移）, 272
logic gate（邏輯閘）, 1026
longest common prefix (LCP) array（最長相同前綴陣列）, 952, 958-960
longest common subsequence（最長相同子序列）, 376-383
longest common substring（最長相同子字串）, 960 ex.
longest monotonically increasing subsequence（最長單調遞增子序列）, 383 ex.
longest palindrome subsequence（最長回文子序列）, 391 pr.
LONGEST-PATH, 1017 ex.
LONGEST-PATH-LENGTH, 1017 ex.
longest repeated substring（最長重複子字串）, 953
longest simple cycle（最長簡單迴路）, 1058 ex.
longest simple path（最長簡單路徑）, 1006

in an unweighted graph（無權重圖）, 369
in a weighted directed acyclic graph（加權有向無迴路圖）, 391 pr.
lookahead 演算法, 786 ex.
LOOKUP-CHAIN, 374
loop, 虛擬碼, 18
    parallel（平行）, 735-737
loop invariant（循環不變性）, 15-16
    for breadth-first search（廣度優先搜尋）, 531
    for building a heap（建立堆積）, 159
    for counting sort（計數排序）, 200 ex.
    for determining the rank of an element in an order-statistic tree（決定順序統計樹的元素次序）, 462
    for 迴圈, 17 n.
    for the generic minimum-spanning-tree method（通用最小生成樹方法）, 561
    for heapsort（堆積排序）, 164 ex.
    Horner 法則, 40 pr.
    for increasing a key in a heap（在堆積裡遞增鍵）, 169 ex.
    for insertion sort（插入排序）, 15-16
    for partitioning（劃分）, 174
    Prim 演算法, 573
    Rabin-Karp 演算法, 931
    for randomly permuting an array（隨機排列陣列）, 130
    for red-black tree insertion（紅黑樹插入）, 327
    for string-matching automata（字串比對自動機）, 936, 939
loss function（損失函數）, 1000
low endpoint of an interval（區間的低端點）, 467
lower bounds（下限）
    asymptotic（漸近）, 49
    on binomial coefficients（二項式係數）, 1136, 1139 ex.
    for comparing water jugs（比較水壺）, 209 pr.

for competitive ratios for online caching（線上快取的競爭比）, 775-777
for constructing binary search trees（建構二元搜尋樹）, 301 ex.
for disjoint-set data structures（不相交集合資料結構）, 522
for finding the minimum（尋找最小值）, 216
for insertion sort（插入排序）, 46-47
for k-sorting（k-排序）, 210 pr.
for median finding（尋找中位數）, 236
for merging（合併）, 211 pr.
and potential functions（潛能函數）, 454
for simultaneous minimum and maximum（同時找到最小值與最大值,）, 217 ex.
for sorting（排序）, 195-197, 209 pr., 214
for streaks（連勝）, 139-140, 145 ex.
on summations（和）, 1104, 1107
for task-parallel computations（任務平行計算）, 730
for traveling-salesperson tour（旅行推銷員迴路）, 1069-1072
for vertex cover（頂點覆蓋）, 1067, 1079-1081, 1090 pr.
lower median（較低中位數）, 216
lower-triangular matrix（下三角矩陣）, 1172
lowest common ancestor（最低共同前代）, 520 pr.
low side of a partition（劃分的低端）, 173
LRU（least recently used）（最近最少用）, 425 ex., 774-776
LU 分解, 794-797
    parallel algorithm for（平行演算法）, 756 pr.
LU-DECOMPOSITION, 797
LUP 分解, 790
    computation of（計算）, 798-801
    in matrix inversion（逆矩陣）, 802-803
    and matrix multiplication（矩陣乘法）, 807 ex.
    parallel algorithm for（平行演算法）, 756 pr.
    use of, 790-794

LUP-DECOMPOSITION, 799
LUP-SOLVE, 794

M

machine learning（機器學習）, 10, 969-1005
main memory（主記憶體）, 476
maintenance of a loop invariant（循環不變性的維護）, 16
MAKE-RANKS, 954
MAKE-SET, 497
 disjoint-set-forest implementation of（不相交集合森林的實作）, 507
 linked-list implementation of（鏈接串列實作）, 500
makespan（跨度）, 1091 pr.
MAKE-TREE, 519 pr.
Manhattan 距離, 232 pr.
MARKING, 778, 786 ex.
Markov's inequality（馬可夫不等式）, 1152 ex.
master method for solving a recurrence（求解遞迴式的主法）, 95-100
master recurrence（主遞迴式）, 95
master theorem（主定理）, 95
 continuous（連續）, 106
 proof of（證明）, 100-109
matched vertex（已配對頂點）, 669, 680
matching（配對組合）, 680-717
 bipartite（二部圖）, 669-672, 680-717
 fractional（小數）, 716 pr.
 Hopcroft-Karp 演算法, 684-690
 maximal（極大）, 680, 1067, 1090 pr.
 maximum（最大）, 680-691, 1090 pr.
 and maximum flow（最大流量）, 669-672
 perfect（完美）, 690 ex., 715 pr.
 stable（穩定）, 691
 of strings（字串）, 924-967
 unstable（不穩定）, 692
matrix（矩陣）, 1171-1183
 addition of（加法）, 1173

 adjacency（相鄰）, 527
 conjugate transpose of（共軛轉置）, 807 ex.
 dense（密集）, 75
 determinant of（行列式）, 1178
 diagonal（對角線）, 1171
 Hermitian, 807 ex.
 Hessian, 1000
 identity（恆等元）, 1171
 incidence（關聯）, 528 ex.
 inverse of（逆）, 756 pr., 802-806, 1177
 lower-triangular（下三角）, 1172
 minor of（子）, 1178
 multiplication of（乘法，見 matrix multiplication）
 negative of（負）, 1173
 permutation（排列）, 1173
 positive-definite（正定）, 1179
 positive-semidefinite（半正定）, 1179
 predecessor（前驅值）, 622, 630 ex., 632-634, 637 ex.
 product of, with a vector（向量積）, 735-737, 739, 1174
 pseudoinverse of（偽逆）, 812
 representation of（表示法）, 241-242
 scalar multiple of（純量倍數）, 1173
 sparse（稀疏）, 75
 subtraction of（減法）, 1174
 symmetric（對稱）, 1173
 symmetric positive-definite（對稱正定）, 807-810
 transpose of（轉置）, 1171
 tridiagonal（對角線）, 1172
 unit lower-triangular（單位下三角）, 1172
 unit upper-triangular（單位上三角）, 1172
 upper-triangular（上三角）, 1172
 Vandermonde, 849, 1179 pr.
matrix-chain multiplication（矩陣乘法鏈）, 358-366
MATRIX-CHAIN-MULTIPLY, 366 ex.
MATRIX-CHAIN-ORDER, 363

matrix multiplication（矩陣乘法）, 74-84, 1174
    for all-pairs shortest paths（all-pairs 最短路徑）, 623-630, 643-644
    divide-and-conquer method for（分治法）, 75-84, 742-747, 755 pr.
    LUP 分解, 807 ex.
    and matrix inversion（逆矩陣）, 803-806
    Pan 方法, 83 ex.
    parallel algorithm for（平行演算法）, 742-747, 755 pr.
    Strassen 演算法, 79-84, 117-119, 745-746
    and transitive closure（遞移閉包）, 807 ex.
MATRIX-MULTIPLY, 75
MATRIX-MULTIPLY-RECURSIVE, 77
matrix-vector multiplication（矩陣向量乘法）, 735-737, 739, 1174
MAX-CNF 可滿足性, 1082 ex.
MAX-CUT 問題, 1082 ex.
MAX-FLOW-BY-SCALING, 675 pr.
max-flow min-cut 定理, 660
max-heap（最大堆積）, 154
    building（建構）, 159-162
    d-ary（d 元）, 170 pr.
    deletion from（刪除）, 169 ex.
    extracting the maximum key from（提取最大鍵）, 166
    in heapsort（堆積排序）, 162-164
    increasing a key in（遞增鍵）, 166-167
    insertion into（插入）, 167
    maximum key of（最大鍵）, 166
    as a max-priority queue（最大優先佇列）, 164-169
    mergeable（可合併）, 256 n.
MAX-HEAP-DECREASE-KEY, 168 ex.
MAX-HEAP-DELETE, 169 ex.
MAX-HEAP-EXTRACT-MAX, 167
MAX-HEAPIFY, 157
MAX-HEAP-INCREASE-KEY, 168
MAX-HEAP-INSERT, 168
    building a heap with（建立堆積）, 169 pr.

MAX-HEAP-MAXIMUM, 167
max-heap property（最大堆積特性）, 154
    maintenance of（維持）, 156-159
maximal element（極大元素）, 1116
maximal matching（極大配對組合）, 680, 1067, 1090 pr.
    greedy method for（貪婪法）, 701
maximization linear program（最大化線性規劃）, 822
maximum（最大）, 216
    in binary search trees（二元搜尋樹）, 304-305
    of a binomial distribution（二項分布）, 1158 ex.
    finding（尋找）, 216-217
    in heaps（堆積）, 166
    in red-black trees（紅黑樹）, 321
MAXIMUM, 165-166, 238
maximum bipartite matching（最大二部圖配對組合）, 669-672, 680-691
maximum flow（最大流量）, 646-678
    Edmonds-Karp 演算法, 665-666
    Ford-Fulkerson 方法, 652-669
    as a linear program（線性規劃）, 831
    and maximum bipartite matching（最大二部圖配對組合）, 669-672
    push-relabel 演算法, 677
    scaling algorithm for（伸縮演算法）, 674 pr.
    updating（更新）, 674 pr.
maximum matching（最大配對組合）, 669, 680, 1090 pr.
    亦見 maximum bipartite matching
maximum spanning tree（最大生成樹）, 1092 pr.
max-priority queue（最大優先佇列）, 165
MAX-3-CNF 可滿足性, 1078-1079
MAYBE-MST-A, 578 pr.
MAYBE-MST-B, 578 pr.
MAYBE-MST-C, 578 pr.
mean（平均值）
    of a cluster（群聚）, 975

亦見 expected value
mean weight of a cycle（迴路的平均權重），
    617 pr.
median（中位數），216-236
    weighted（加權），232 pr.
median key, of a B-tree node（B 樹節點的中位
    鍵），484
median-of-3 method（三數取中法），193 pr.
member of a set（∈）（集合的成員），1110
memoization（記憶化），353, 373-375
MEMOIZED-CUT-ROD, 355
MEMOIZED-CUT-ROD-AUX, 355
MEMOIZED-MATRIX-CHAIN, 374
memory hierarchy（記憶體階層），22, 289
    hash functions for（雜湊函數），292-295
MERGE, 31
mergeable heap（可合併堆積），256 pr.
MERGE-LISTS, 1083
merge sort（合併排序），29-39, 51
    compared with insertion sort（與插入排序相
        比），9, 11 ex.
    lower bound for（下限），197
    parallel algorithm for（平行演算法），
        747-753
    use of insertion sort in（使用插入排序），
        40 pr.
MERGE-SORT, 33
merging（合併）
    of k sorted lists（k 個已排序串列），169 ex.
    lower bounds for（下限），211 pr.
    parallel algorithm for（平行演算法），
        748-751
    of two sorted subarrays（兩個已排序的子陣
        列），30-33
MILLER-RABIN, 914
Miller-Rabin primality test（Miller-Rabin 質數判
    定），913-920
MIN-GAP, 473 ex.
min-heap（最小堆積），155
    analyzed by potential method（用潛能法來分
        析），439 ex.

building（建構），159-162
    in constructing Huffman codes（建構 Huffman
        碼），417
    d-ary（d 元），643 pr.
    Dijkstra 演算法, 598
    Johnson 演算法, 642
    mergeable（可合併），256 n.
    as a min-priority queue（最小優先佇列），
        168 ex.
    Prim 演算法, 573
MIN-HEAPIFY, 158 ex.
MIN-HEAP-INSERT, 168 ex.
min-heap property（最小堆積特性），155
    maintenance of（維護），158 ex.
    vs. 二元搜尋樹特性, 301 ex.
minimization linear program（最小化線性規劃），
    822
minimizer of a function（函數的最小值），987,
    989 fig., 991 fig.
minimum（最小），216
    in binary search trees（二元搜尋樹），
        304-305
    finding（尋找），216-217
    offline（離線），518 pr.
    in red-black trees（紅黑樹），321
MINIMUM, 165, 216, 238
minimum-cost circulation（最小成本迴路），
    844 pr.
minimum-cost flow（最小成本流），831-833
minimum-cost multicommodity flow（最小成本
    多商品流），835 ex.
minimum-cost spanning tree（最小成本生成樹，
    見 minimu spanning tree）
minimum cut（最小切線），658
    global（全域），676 pr.
minimum degree, of a B-tree（B 樹的最小度數），
    480
minimum mean-weight cycle（最小平均權重迴
    路），617 pr.
minimum path cover（最小路徑覆蓋），673 pr.

minimum spanning tree（最小生成樹）, 561-579
　　in approximation algorithm for（近似演算法）
　　　　traveling-salesperson problem（旅行推
　　　　銷員問題）, 1069
　　Borůvka 演算法, 579
　　on dynamic graphs（動態圖）, 575 ex.
　　generic method for（通用方法）, 561-566
　　Kruskal 演算法, 568-570
　　Prim 演算法, 570-573
　　second-best（次佳）, 575 pr.
minimum-weight spanning tree（最小權重生成
　　樹，見 minimum spanning tree）
minimum-weight vertex cover（最小權重頂點覆
　　蓋）, 1079-1082
minor of a matrix（子矩陣）, 1178
min-priority queue（最小優先佇列）, 165
　　in constructing Huffman codes（建構 Huffman
　　　　碼）, 415
　　Dijkstra 演算法, 598-599
　　Prim 演算法, 572-573
missing child（子節點不存在）, 1129
mod（模）, 58, 873
modeling（模擬）, 821
modifying operation（修改操作）, 238
modular arithmetic（模數算術）, 58, 869 pr.,
　　884-892
modular equivalence（≡(mod n)）（模等價）,
　　58, 873
modular exponentiation（模冪）, 903
MODULAR-EXPONENTIATION, 903
modular linear equations（模數線性方程式）,
　　893-897
MODULAR-LINEAR-EQUATION-SOLVER, 895
modulo（模）, 58, 873
Monge 陣列, 116 pr.
monotone sequence（單調序列）, 172
monotonically decreasing（單調遞減）, 57
monotonically increasing（單調遞增）, 57
Monty Hall 問題, 1167 pr.
MOVE-TO-FRONT, 767-768
MST-KRUSKAL, 570

MST-PRIM, 572
MST-REDUCE, 577 pr.
much-greater-than（≫）（遠大於）, 510
much-less-than（≪）（遠小於）, 734
multicommodity flow（多商品流）, 833-834
multicore computer（多核心計算機）, 722
multidimensional fast Fourier transform（多維快
　　速傅立葉轉換）, 867 pr.
multigraph（多重圖）, 1124
multiple（倍數）, 872
　　of an element modulo n（元素模 n）, 893-897
　　least common（最小公倍數）, 884 ex.
　　scalar（純量）, 1173
multiple sources and sinks（多個源頭與匯集點）,
　　650
multiplication（乘法）
　　of complex numbers（複數）, 84 ex.
　　divide-and-conquer method for（分治法）,
　　　　867 pr.
　　of matrices（矩陣，見 matrix multiplication）
　　of a matrix chain（矩陣鏈）, 358-366
　　matrix-vector（矩陣-向量）, 735-737, 739,
　　　　1174
　　modulo n（·n）（模 n）, 885
　　of polynomials（多項式）, 846
multiplication method（乘法）, 271-273
multiplicative group modulo n（mod n 乘法群）,
　　887
multiplicative inverse, modulo n（乘法逆元素，
　　mod n）, 896
multiplicative weights（乘法加權）, 981-987
multiply instruction（乘法指令）, 21
multiply-shift method（乘法移位法）, 272-273
MULTIPOP, 430
multiset（多集合）, 1110 n.
　　dynamic（動態）, 440 ex.
mutually exclusive events（互斥事件）, 1140
mutually independent events（互相獨立事件）,
　　1143
mutually noninterfering strands（互不干擾串）,
　　739

N

ℕ (set of natural numbers)（自然數集合）, 1110
naive algorithm for string matching（字串比對的天真演算法）, 927-928
NAIVE-STRING-MATCHER, 927
National Resident Matching Program（全國住院醫生媒合計畫）, 680, 697 ex.
natural cubic spline（自然三次樣條）, 817 pr.
natural logarithm (ln)（自然對數）, 60
natural numbers (ℕ)（自然數）, 1110
    keys interpreted as（鍵解讀成）, 270-271
nearest-center rule（最接近中心規則）, 974
negative of a matrix（負矩陣）, 1173
negative-weight cycle（負權重迴路）
    and difference constraints（差分約束）, 605
    and relaxation（放鬆）, 615 ex.
    and shortest paths（最短路徑）, 581-582, 589-590, 630 ex., 637 ex.
negative-weight edges（負權重邊）, 581-582
neighbor（鄰）, 1124
neighborhood（鄰點）, 690 ex.
nesting boxes（嵌套盒子）, 616 pr.
net flow across a cut（穿越切線的網路流）, 658
network（網路）
    flow（物流，見 flow network）
    residual（剩餘）, 652-657
    for sorting（排序）, 760
new request（新請求）, 780
Newton's method（牛頓法）, 1002 pr.
NIL, 19
node（節點）, 1128
    亦見 vertex
nondeterministic algorithm（非確定性演算法）, 737
nondeterministic polynomial time（非確定性多項式時間）, 1020 n.
    亦見 NP
nonempty suffix（非空後綴）, 962 pr.

nonhamiltonian 圖, 1018
noninstance（非實例）, 1014 n.
noninvertible matrix（不可逆矩陣）, 1177
nonnegativity constraint（非負限制條件）, 823
nonoblivious adversary（非疏忽的對手）, 778
nonoverlappable string pattern（不重疊的字串模式）, 940 ex.
nonsample position（非樣本位置）, 962 pr.
nonsample suffix（非樣本後綴）, 962 pr.
nonsingular matrix（非奇異矩陣）, 1177
nontrivial power（非平凡冪）, 878 ex.
nontrivial square root of 1, modulo n（1 的非平凡平方根，mod n）, 903
no-path property（無路徑特性）, 586, 609
normal equation（正規方程式）, 812
norm of a vector (∥ ∥)（向量的範數）, 1175
NOT 函數 (¬), 1026
not a set member (∉)（非集合成員）, 1110
not equivalent ($\not\equiv$ (mod n))（不等價）, 58
NOT 閘, 1026
NP（複雜度類別）, 1007, 1020, 1022 ex.
NPC（複雜度類別）, 1008, 1024
NP-complete（NP 完備）, 1008, 1024
NP-completeness（NP 完備性）, 6-7, 1006-1063
    of the circuit-satisfiability problem（電路可滿足性問題）, 1026-1032
    of the clique problem（點集團問題）, 1042-1045
    of the formula-satisfiability problem（公式可滿足性問題）, 1034-1037
    of the graph-coloring problem（圖上色問題）, 1060 pr.
    of the half 3-CNF satisfiability problem（半 3-CNF 可滿足性問題）, 1059 ex.
    hamiltonian 迴路問題, 1046-1050
    hamiltonian 路徑問題, 1058 ex.
    of the independent-set problem（獨立集合問題）, 1059 pr.
    of integer linear programming（整數線性規劃）, 1058 ex.

of the longest-simple-cycle problem（最長簡單迴路問題）, 1058 ex.
proving, of a language（證明，語言）, 1033-1034
reduction strategies for（約化策略）, 1055-1058
of scheduling with profits and deadlines（根據利潤和最後期限來安排工作）, 1062 pr.
of the set-covering problem（集合覆蓋問題）, 1077 ex.
of the set-partition problem（集合分割問題）, 1058 ex.
of the subgraph-isomorphism problem（子圖同構問題）, 1058 ex.
of the subset-sum problem（子集合總和問題）, 1053-1055
of the 3-CNF-satisfiability problem（3-CNF 可滿足性問題）, 1037-1040
of the traveling-salesperson problem（旅行推銷員問題）, 1050-1053
of the vertex-cover problem（頂點覆蓋問題）, 1045-1046
of 0-1 integer programming（0-1 整數規劃）, 1058 ex.
NP-hard, 1024
n-set（n-集合）, 1112
n-tuple, 1113
null event（空事件）, 1140
null tree（空樹）, 1129
null vector（空向量）, 1178
number-field sieve（數域篩選）, 923
numerical stability（數值穩定性）, 789, 790
n-vector（n-向量）, 1171

O

o-notation（o 表示法）, 54
O-notation（O 表示法）, 44, 48-49
O'-notation（O' 表示法）, 68 pr.
$\widetilde{O}$-notation（$\widetilde{O}$ 表示法）, 68 pr.
object（物件）, 19
objective function（目標函數）, 601, 821, 823
objective value（目標值）, 823
oblivious adversary（疏忽的對手）, 778
oblivious compare-exchange algorithm（疏忽比較交換演算法）, 211 pr.
occurrence of a pattern（模式的實例）, 924
offline algorithm（離線演算法）, 763
OFFLINE-MINIMUM, 519 pr.
offline problem（離線問題）
    caching（快取）, 421-426
    lowest common ancestors（最低共同前代）, 520 pr.
    minimum（最小）, 518 pr.
old request（舊請求）, 780
Omega 表示法, 45, 48 fig., 49-50
1-approximation algorithm（1-近似演算法）, 1065
one-pass method（單程法）, 521
one-to-one correspondence（一對一對應關係）, 1119
one-to-one function（一對一函數）, 1118
online algorithm（線上演算法）, 763-788
    for caching（快取）, 773-786
    for the cow-path problem（乳牛路徑問題）, 786 pr.
    for hiring（僱用）, 143-144
    for maintaining a linked list（維護鏈接串列）, 766-773
    for task scheduling（工作調度）, 786 pr.
    for waiting for an elevator（等電梯）, 763-765
online learning（線上學習）, 969
ONLINE-MAXIMUM, 143
online task-parallel scheduler（線上任務平行調度器）, 732
onto 函數, 1118
open-address hash table（開放定址雜湊表）, 281-289, 296 pr.

with double hashing（雙重雜湊）, 283-285, 289 ex.
with linear probing（線性探測）, 285, 289-292
open interval $((a, b))$（開區間）, 1113
OpenMP, 723
optimal assignment（最佳賦值）, 698-714
optimal binary search tree（最佳二元搜尋樹）, 384-391
OPTIMAL-BST, 389
optimal objective value（最佳目標值）, 823
optimal solution（最佳解）, 823
optimal substructure（最佳子結構）, 366-370
　of activity selection（活動選擇）, 401
　of binary search trees（二元搜尋樹）, 386-387
　of the fractional knapsack problem（小數背包問題）, 410
　in greedy method（貪婪法）, 409
　of Huffman codes（Huffman 碼）, 418
　of longest common subsequences（最長相同子序列）, 377-378
　of matrix-chain multiplication（矩陣乘法鏈）, 361
　of offline caching（離線快取）, 421-422
　of rod cutting（鋼棒切割）, 350
　of shortest paths（最短路徑）, 580-581, 624, 630-632
　of unweighted shortest paths（無權重最短路徑）, 369
　of the 0-1 knapsack problem（0-1 背包問題）, 410
optimal vertex cover（最佳頂點覆蓋）, 1065
optimization problem（優化問題）, 348, 1008, 1012
　approximation algorithms for（近似演算法）, 1064-1093
　and decision problems（決策問題）, 1008
OR 函數（∨）, 634, 1026
order（階數、率、序）

of a group（群組）, 890
of growth（增長率）, 27
linear（線性序）, 1116
partial（偏序）, 1116
total（全序）, 1116
ordered pair（有序配對）, 1112
ordered tree（有序樹）, 1129
order statistics（順序統計量）, 151, 216-236
　dynamic（動態）, 459-464
order-statistic tree（順序統計樹）, 459-464
ord 函數, 953
OR 閘, 1026
or, 虛擬碼, 20
orthonormal（標準正交）, 819
OS-KEY-RANK, 464 ex.
OS-RANK, 462
OS-SELECT, 461
outcome（結果）, 1140
out-degree（出度）, 1121
outer product（外積）, 1175
output（輸出）
　of an algorithm（演算法）, 3
　of a combinational circuit（組合電路）, 1028
　of a logic gate（邏輯閘）, 1026
overdetermined system of linear equations（超定線性方程組）, 790
overflow（溢位）
　of a queue（佇列）, 245
　of a stack（堆疊）, 243
overflowing vertex（溢位頂點）, 678
overlapping intervals（重疊區間）, 467
　finding all（找出所有）, 473 ex.
　point of maximum overlap（最多重疊點）, 474 pr.
overlapping rectangles（重疊矩形）, 473 ex.
overlapping subproblems（子問題重疊）, 370-373
overlapping-suffix lemma（重疊後綴引理）, 926

P

P（複雜度類別）, 1007, 1013, 1016, 1017 ex.
page, in virtual memory（虛擬記憶體的頁）, 421
pair（配對）
    blocking（阻礙性）, 691
    ordered（有序）, 1112
pairwise disjoint sets（兩兩不相交集合）, 1112
pairwise independence（兩兩獨立）, 1143
pairwise relatively prime（兩兩互質）, 876
palindrome（回文）, 391 pr., 960 ex.
Pan 矩陣乘法, 83 ex.
parallel algorithm（平行演算法）, 722-761
    for computing Fibonacci numbers（計算斐波那契數）, 723-727
    grain size in, 755 pr.
    LU 分解, 756 pr.
    LUP 分解, 756 pr.
    for matrix inversion（逆矩陣）, 756 pr.
    for matrix multiplication（矩陣乘法）, 742-747, 755 pr.
    for matrix-vector product（矩陣-向量積）, 735-737, 739
    for merge sort（合併排序）, 747-753
    for merging（合併）, 748-751
    for prefix computation（前綴計算）, 756 pr.
    for quicksort（快速排序）, 760 pr.
    randomized（隨機化）, 760 pr.
    for reduction（約化）, 756 pr.
    for a simple stencil calculation（簡單的模板計算）, 759 pr.
    for solving systems of linear equations（求解線性方程）, 756 pr.
    Strassen 演算法, 745-746
    for well-formed parentheses（正確配對的括號）, 758 pr.
parallel computer（平行計算機）, 7, 722, 729
parallel for, 虛擬碼, 735
parallelism（平行化）

logical（邏輯）, 727
    of a randomized parallel algorithm（隨機化平行演算法）, 760 pr.
    spawning（生產）, 727
    syncing（同步）, 727
    of a task-parallel computation（任務平行計算）, 731
parallel 關鍵字, 723, 725, 735
parallel loop（平行迴圈）, 735-737, 755 pr.
parallel-machine-scheduling problem（平行機器調度問題）, 1091 pr.
parallel prefix（平行前綴）, 756 pr.
parallel random-access machine（平行隨機存取機）, 760
parallel slackness（平行鬆弛性）, 731
    rule of thumb（經驗法則）, 734
parallel, strands logically in（串邏輯上平行）, 729
parallel trace（平行追跡）, 727-729
    series-parallel composition of（串聯/並聯組合）, 735 fig.
parameter（參數）, 19
    costs of passing（傳遞的成本）, 114 pr.
parent（父節點）
    in a breadth-first tree (π)（廣度優先樹(π)）, 531
    in a parallel computation（平行計算）, 727
    in a rooted tree（有根樹）, 1128
PARENT, 154
parenthesis theorem（括號定理）, 543
parenthesization of a matrix-chain product（矩陣乘法鏈的括號方法）, 359
Pareto optimality, 697 ex.
parse tree（解析樹）, 1038
partial derivative (∂)（偏導數）, 988
partial order（偏序）, 1116
PARTITION, 174
PARTITION′, 190 pr.
PARTITION-AROUND, 226
partition function（切割函數）, 349 n.

partitioning（分割）, 173-177
  around median of 3 elements（三數取中法）, 188 ex.
  helpful（實用）, 220
  Hoare 法, 189 pr.
  randomized（隨機化）, 183, 188 ex., 190 pr., 193 pr.
partition of a set（分割集合）, 1112, 1115
Pascal's triangle（巴斯卡三角形）, 1138 ex.
path（路徑）, 1121
  alternating（交替）, 680
  augmenting（增量）, 657-658, 680
  critical（關鍵）, 595
  find（尋找）, 505
  hamiltonian, 1022 ex., 1058 ex.
  longest（最長）, 369, 1006
  shortest（最短，見 shortest paths）
  simple（簡單）, 1121
  weight of（權重）, 391 pr., 580
PATH, 1008, 1016
path compression（路徑壓縮）, 505
path cover（路徑覆蓋）, 673 pr.
path length, of a tree（樹的路徑長度）, 315 pr., 1131 ex.
path-relaxation property（路徑放鬆特性）, 586, 611
pattern（模式）, 924
  nonoverlappable（不重疊的）, 940 ex.
pattern matching（模式比對，見 string matching）
perfect hashing（完美雜湊）, 297
perfect linear speedup（完美線性加速）, 731
perfect matching（完美配對組合）, 690 ex., 715 pr.
permutation（置換）, 1119, 1134-1135
  bit-reversal（位元反置）, 865
  identity（恆等）, 131 ex.
  in place（就地）, 129
  Josephus, 474 pr.
  k-permutation（k-排列）, 129, 1135

  linear（線性）, 1181 pr.
  random（隨機）, 129-131
  uniform random（均勻隨機）, 121, 129
permutation matrix（置換矩陣）, 1173
PERMUTE-BY-CYCLE, 132 ex.
PERMUTE-WITH-ALL, 132 ex.
PERMUTE-WITHOUT-IDENTITY, 131 ex.
persistent data structure（持久化資料結構）, 342 pr., 457
PERSISTENT-TREE-INSERT, 342 pr.
PERT 圖, 593, 595 ex.
P-FIB, 727
phi 函數 ($\phi(n)$), 888
pivot
  LU 分解, 796
  in quicksort（快速排序）, 173
  in selection（選擇）, 218
$P[:k]$（模式的前綴）, 926
planar graph（平面圖）, 560 pr.
platter in a disk drive（磁盤）, 476
P-MATRIX-MULTIPLY, 743
P-MATRIX-MULTIPLY-RECURSIVE, 744
P-MAT-VEC, 735
P-MAT-VEC-RECURSIVE, 735
P-MAT-VEC-WRONG, 740
P-MERGE, 751
P-MERGE-AUX, 751
P-MERGE-SORT, 747
P-NAIVE-MERGE-SORT, 747
pointer（指標）, 19
  trailing（尾隨）, 308
point, in clustering（點，聚類）, 972
point-value representation（點值表示法）, 849
polylogarithmically bounded（多對數有界）, 61
polynomial（多項式）, 59, 846-853
  addition of（加）, 846
  asymptotic behavior of（漸近行為）, 66 pr.
  coefficient representation of（係數表示法）, 847
  derivatives of（導數）, 868 pr.

evaluation of（求值）, 40 pr., 847, 852 ex., 868 pr.
    interpolation by（插值）, 849, 853 ex.
    multiplication of（乘法）, 846, 850-852, 867 pr.
    point-value representation of（點值表示法）, 849
polynomial-growth condition（多項式增長的條件）, 110-111
polynomially bounded（多項式界限）, 59
polynomially related（多項式相關）, 1014
polynomial-time acceptance（多項式時間接受）, 1016
polynomial-time algorithm（多項式時間演算法）, 872, 1006
polynomial-time approximation scheme（多項式時間近似方案）, 1065
    for maximum clique（最大點集團）, 1089 pr.
    for subset sum（子集合和）, 1082-1088
polynomial-time computability（多項式時間可計算性）, 1014
polynomial-time decision（多項式時間決定）, 1016
polynomial-time reducibility（≤p）（多項式時間可約化性）, 1024, 1032 ex.
polynomial-time solvability（多項式時間可解性）, 1013
polynomial-time verification（多項式時間驗證）, 1018-1023
POP, 243, 429
pop from a runtime stack（從執行期堆疊 pop 出來）, 192 pr.
positional tree（位置樹）, 1130
positive-definite matrix（正定矩陣）, 1179
positive-semidefinite matrix（半正定矩陣）, 1179
post-office location problem（郵局位置問題）, 232 pr.
postorder tree walk, 300
potential function（潛能函數）, 436

    for lower bounds（下限）, 454
potential method（潛能法）, 436-440
    for binary counters（二進制計數器）, 438-439
    for disjoint-set data structures（不相交集合資料結構）, 511-517, 518 ex.
    for dynamic tables（動態表）, 443-449
    for maintaining a linked list（維護鏈接串列）, 770-772
    for min-heaps（最小堆積）, 439 ex.
    for restructuring red-black trees（重建紅黑樹）, 452 pr.
    for stack operations（堆疊操作）, 437-438
potential of a data structure（資料結構的潛能）, 436
power（冪）
    of an element, modulo n（元素，模 n）, 901-904
    kth（k 次方）, 878 ex.
    nontrivial（非平凡）, 878 ex.
power series（冪級數）, 114 pr.
power set（冪集合）, 1112
Pr{ }（機率分布）, 1140
PRAM, 760
predecessor（前驅值）
    in binary search trees（二元搜尋樹）, 305-306
    in breadth-first trees（π）（廣度優先樹（π））, 531
    in linked lists（鏈接串列）, 247
    in red-black trees（紅黑樹）, 321
    in shortest-paths trees（π）（最短路徑樹）, 583
PREDECESSOR, 238
predecessor matrix（前驅矩陣）, 622, 630 ex., 632-634, 637 ex.
predecessor subgraph（前驅子圖）
    in all-pairs shortest paths（all-pairs 最短路徑）, 622
    in breadth-first search（廣度優先搜尋）, 536

in depth-first search（深度優先搜尋），540
in single-source shortest paths（單源最短路徑），583
predecessor-subgraph property（前驅子圖特性），586, 613-614
prediction（預測），970
prediction phase（預測階段），969
preemption（搶占），426 pr., 786 pr.
prefix（前綴）
    of a sequence（序列），378
    of a string（□）（字串），926
prefix computation（前綴計算），756 pr.
prefix-free 編碼，413
prefix function（前綴函數），941-943
prefix-function iteration lemma（前綴函數迭代引理），946
preflow, 678
preimage of a matrix（矩陣的原像），1181 pr.
preorder, total（全預序），1116
preorder tree walk, 300
Prim 演算法，570-573
    with an adjacency matrix（相鄰矩陣），574 ex.
    in approximation algorithm for traveling-salesperson problem（旅行推銷員問題的近似演算法），1069
    with integer edge weights（整數邊權重），574 ex.
    similarity to Dijkstra's algorithm（類似 Dijkstra 演算法），599
    for sparse graphs（稀疏圖），575 pr.
primality testing（質數判定），910-920, 923
    Miller-Rabin test（Miller-Rabin 判定），913-920
    pseudoprimality testing（偽質數檢測），912-913
primal 線性規劃，835
    augmented（擴增），839
primary clustering（主叢集），291
prime distribution function（質數分布函數），911

prime factorization of integers（整數的質數分解），877
prime number（質數），873
    density of（密度），911
prime number theorem（質數定理），911
primitive root of $\mathbb{Z}_n^*$（$\mathbb{Z}_n^*$ 的原根），901
principal root of unity（主單位根），855
principle of inclusion and exclusion（排容原理），1114 ex.
PRINT-ALL-PAIRS-SHORTEST-PATH, 623
PRINT-CUT-ROD-SOLUTION, 357
PRINT-LCS, 381
PRINT-OPTIMAL-PARENS, 366
PRINT-PATH, 538
PRINT-SET, 508 ex.
priority queue（優先佇列），164-169
    in constructing Huffman codes（建構 Huffman 碼），415
    Dijkstra 演算法，598-599
    heap implementation of（堆積實作），164-169
    max-priority queue（最大優先佇列），165
    min-priority queue（最小優先佇列），165, 168 ex.
    with monotone extractions（單調提取），172
    Prim 演算法，572-573
    亦見 Fibonacci heap
probabilistically checkable proof（可用機率來檢查的證明），1063, 1093
probabilistic analysis（機率分析），120-121, 132-145
    of approximation algorithm for MAX-3-CNF satisfiability（MAX-3-CNF 可滿足性的近似演算法），1078-1079
    and average inputs（平均輸入），27
    of average node depth in a randomly built binary search tree（隨機建立的二元搜尋樹的平均節點深度），315 pr.
    of balls and bins（球與箱子），135-136
    of birthday paradox（生日悖論），132-135

of bucket sort（桶排序），206-207, 207 ex.
of collisions（碰撞），268 ex.
of file comparison（檔案比較），934 ex.
of fuzzy sorting of intervals（區間的模糊排序），193 pr.
of hashing with chaining（用串連來進行雜湊化），266-268
of hiring problem（僱用問題），125-126, 143-144
of insertion into a binary search tree with equal keys（二元搜尋樹插入相等鍵），313 pr.
of longest probe bound for hashing（雜湊的最長探測界限），296 pr.
of lower bound for sorting（排序下限），209 pr.
of Miller-Rabin primality test（Miller-Rabin 質數判定），915-920
of online hiring problem（線上僱用問題），143-144
of open-address hashing（開放定址雜湊），285-288
and parallel algorithms（平行演算法），760 pr.
of partitioning（劃分），182 ex., 188 ex., 190 pr., 193 pr.
of probabilistic counting（機率計數），145 pr.
of quicksort（快速排序），185-188, 190 pr., 193 pr.
Rabin-Karp 演算法, 931-933
and randomized algorithms（隨機演算法），127-129
of randomized online caching（隨機線上快取），779-784
of randomized selection（隨機選擇），220-225, 233 pr.
of randomized weighted majority（隨機化加權多數決），987 pr.
of searching a sorted compact list（搜尋已排序的緊湊串列），257 pr.

of slot-size bound for chaining（使用 chaining 時槽位的大小界限），296 pr.
of sorting points by distance from origin（按離原點的距離排序點），207 ex.
of streaks（連勝），136-143
of universal hashing（通用雜湊），273-277
probabilistic counting（機率計數），145 pr.
probability（機率），1139-1147
probability axioms（機率公理），1140
probability density function（機率密度函數），1147
probability distribution（機率分布），1140
probability distribution function（機率分布函數），207 ex.
probe sequence（探測順序），281
probing（探測），281
　亦見 linear probing, double hashing
problem（問題）
　abstract（抽象），1011
　computational（計算），3
　concrete（具體），1012
　decision（決策），1008, 1012
　intractable（難解的），1006
　optimization（優化），348, 1008, 1012
　solution to（解），3, 1012
　tractable（可解決的），1006
procedure（程序），15
　calling（呼叫），19, 21, 24 n.
product（∏）（積），1100
　Cartesian（×）（笛卡兒），1113
　inner（內），1175
　of matrices（矩陣，見 matrix multiplication）
　outer（外），1175
　of polynomials（多項式），846
　rule of（規則），1134
　scalar flow（純量流），651 ex.
professional wrestler（職業摔角手），539 ex.
program counter（程式計數器），1029
programming（規劃，見 dynamic programming, linear programming）

projection（投影）, 997
proper ancestor（真前代）, 1128
proper descendant（真後代）, 1128
proper prefix（真前綴）, 926
proper subgroup（真子群組）, 889
proper subset（⊂）（真子集合）, 1110
proper suffix（真後綴）, 926
P-SCAN-1, 756 pr.
P-SCAN-1-AUX, 756 pr.
P-SCAN-2, 758 pr.
P-SCAN-2-AUX, 758 pr.
P-SCAN-3, 759 pr.
P-SCAN-DOWN, 759 pr.
P-SCAN-UP, 759 pr.
pseudocode（虛擬碼）, 15, 17-20
pseudoinverse（偽逆）, 812
pseudoprime（偽質數）, 912-913
PSEUDOPRIME, 913
pseudorandom-number generator（偽隨機數產生器）, 122
P-TRANSPOSE, 742 ex.
public key（公鑰）, 904, 907
public-key cryptosystem（公鑰加密系統）, 904-910
PUSH, 243, 429
push onto a runtime stack（push 至執行期堆疊）, 192 pr.
push-relabel 演算法, 677

Q

quadratic convergence（二次收斂）, 1003 pr.
quadratic function（二次函數）, 26
quadratic residue（二次剩餘）, 921 pr.
quantile（分位數）, 231 ex.
query（查詢）, 238
queue（佇列）, 242, 244-245
    in breadth-first search（廣度優先搜尋）, 529
    implemented by stacks（以堆疊來實作）, 246 ex., 440 ex.
    linked-list implementation of（鏈接串列實作）, 252 ex.
    priority（佇列，見 priority queue）
quicksort（快速排序）, 173-194
    analysis of（分析）, 178-182, 184-188
    average-case analysis of（平均情況分析）, 185-188
    compared with insertion sort（與插入排序相比）, 182 ex.
    compared with radix sort（與數基排序相比）, 203
    with equal element values（具相等元素值）, 190 pr.
    good worst-case implementation of（好的最壞情況實作）, 229 ex.
    with median-of-3 method（三數取中法）, 193 pr.
    parallel algorithm for（平行演算法）, 760 pr.
    randomized version of（隨機化版本）, 182-184, 190 pr., 193 pr.
    stack depth of（堆疊深度）, 192 pr.
    and tail recursion（尾端遞迴）, 192 pr.
    use of insertion sort in（使用插入排序）, 188 ex.
    worst-case analysis of（最壞情況分析）, 184-185
QUICKSORT, 173
QUICKSORT′, 190 pr.
quotient（商）, 873

R

$\mathbb{R}$（set of real numbers）（實數集合）, 1110
Rabin-Karp 演算法, 928-934
RABIN-KARP-MATCHER, 933
race condition（競態情況）, 737-740
RACE-EXAMPLE, 738
radix sort（數基排序）, 200-204
    compared with quicksort（與快速排序相比）, 203

in computing suffix arrays（計算後綴陣列），958
RADIX-SORT, 203
radix tree（數基樹），313 pr.
RAM, 21-22
RANDOM, 122
random-access machine（隨機存取機），21-22
 parallel（平行），760
random hashing（隨機雜湊），273-277
randomized algorithm（隨機演算法），121-122, 127-132
 and average inputs（平均輸入），27
 comparison sort（比較排序），209 pr.
 for fuzzy sorting of intervals（區間的模糊排序），193 pr.
 for hiring problem（僱用問題），128-129
 for insertion into a binary search tree with equal keys（二元搜尋樹插入相等鍵），313 pr.
 for MAX-3-CNF satisfiability（MAX-3-CNF 可滿足性），1078-1079
 Miller-Rabin primality test（Miller-Rabin 質數判定），913-920
 for online caching（線上快取），778-784
 parallel（平行），760 pr.
 for partitioning（劃分），183, 188 ex., 190 pr., 193 pr.
 for permuting an array（排列陣列），129-131
 and probabilistic analysis（機率分析），127-129
 quicksort（快速排序），182-184, 190 pr., 193 pr.
 random hashing（隨機雜湊），273-277
 randomized rounding（隨機捨入），1093
 for searching a sorted compact list（搜尋已排序的緊湊串列），257 pr.
 for selection（選擇），218-225, 233 pr.
 universal hashing（通用雜湊），273-277
 for weighted majority（加權多數決），987 ex.
RANDOMIZED-HIRE-ASSISTANT, 128

RANDOMIZED-MARKING, 779
RANDOMIZED-PARTITION, 183
RANDOMIZED-PARTITION′, 190 pr.
RANDOMIZED-QUICKSORT, 183
 relation to randomly built binary search trees（與隨機建立二元搜尋樹的關係），315 pr.
randomized rounding（隨機捨入），1093
RANDOMIZED-SELECT, 218
randomly built binary search tree（隨機建立二元搜尋樹），315 pr.
RANDOMLY-PERMUTE, 129, 131 ex.
random-number generator（隨機數產生器），122
random oracle（隨機預言），264
random permutation（隨機排列），129-131
 uniform（均勻），121, 129
RANDOM-SAMPLE, 132 ex.
RANDOM-SEARCH, 146 pr.
random variable（隨機變數），1147-1152
 indicator（指標，見 indicator random variable）
range（範圍），1118
 of a matrix（矩陣），1181 pr.
rank（秩）
 column（行），1177
 in computing suffix arrays（計算後綴陣列），953
 full（滿），1177
 of a matrix（矩陣），1177, 1181 pr.
 of a node in a disjoint-set forest（不相交集合森林的節點），505, 510-511, 517 ex.
 of a number in an ordered set（有序集合裡的數字），459
 in order-statistic trees（順序統計樹），461-463, 464-465 ex.
 row（列），1177
rate of growth（增長率），27
RB-DELETE, 335
RB-DELETE-FIXUP, 338
RB-ENUMERATE, 342 ex.

RB-INSERT, 325
RB-INSERT-FIXUP, 326
RB-JOIN, 343 pr.
RB-TRANSPLANT, 334
RC6, 292
reachability in a graph（↝）（圖的可到達性），1121
real numbers（ℝ）（實數），1110
reconstructing an optimal solution, in dynamic programming（建構最佳解，動態規劃），373
record（記錄），14, 149
rectangle（矩形），473 ex.
RECTANGULAR-MATRIX-MULTIPLY, 359
recurrence（遞迴式），33, 71-74, 84-119
    Akra-Bazzi, 109-113
    algorithmic（演算法），71-73
    inequalities in（不等式），73
    master（主），95
    solution by Akra-Bazzi method（用 Akra-Bazzi 法來解），111-112
    solution by master method（以主法求解），95-100
    solution by recursion-tree method（以遞迴樹法求解），89-95
    solution by substitution method（以代入法求解），84-89
recursion（遞迴），29
recursion tree（遞迴樹），36, 89-95
    in matrix-chain multiplication analysis（矩陣乘法鏈分析），372-373
    in merge sort analysis（合併排序分析），36-39
    in proof of continuous master theorem（證明連續主定理），101-103
    in quicksort analysis（快速排序分析），178-181
    in rod cutting analysis（鋼棒切割分析），351-353
    and the substitution method（代入法），91

RECURSIVE-ACTIVITY-SELECTOR, 404
recursive case（遞迴情況），29
    of a divide-and-conquer algorithm（分治演算法），71
    of a recurrence（遞迴式），71
RECURSIVE-MATRIX-CHAIN, 373
red-black properties（紅黑特性），318
red-black tree（紅黑樹），318-345
    augmentation of（增量），466-467
    compared with B-trees（與 B 樹相比），476, 481
    deletion from（刪除），333-342
    for enumerating keys in a range（列舉一個範圍內的鍵），342 ex.
    height of（高），318
    insertion into（插入），325-333
    in interval trees（區間樹），468-473
    joining of（結合），343 pr.
    left-leaning（左傾），344
    maximum key of（最大鍵），321
    minimum key of（最小鍵），321
    in order-statistic trees（順序統計樹），459-464
    persistent（持久化），342 pr.
    predecessor in（前驅值），321
    properties of（特性），318-321
    relaxed（放鬆），321 ex.
    restructuring（重建），452 pr.
    rotation in（旋轉），321-325
    searching in（搜尋），321
    successor in（下一個），321
    亦見 interval tree, order-statistic tree
REDUCE, 756 pr.
reducibility（可約化性），1023-1024
reduction algorithm（約化演算法），1010, 1024
reduction function（約化函數），1024
reduction, of an array（約化，陣列），756 pr.
reduction strategies（約化策略），1055-1058
reference（參考），19
reflexive relation（自反關係），1114

reflexivity of asymptotic notation（漸近表示法的自反性）, 55
region, feasible（區域，可行）, 823
register（暫存器）, 289, 729
regret（悔憾）, 981
regular graph（正則圖）, 691 ex., 715 pr.
regularity condition（正規條件）, 96, 106, 108 ex.
regularization（正則化）, 978, 1000-1001
reindexing summations（改變和式的索引）, 1099-1100
reinforcement learning（強化學習）, 970
rejection（拒絕）
    by an algorithm（演算法）, 1016
    by a finite automaton（有限自動機）, 935
relation（關係）, 1114-1117
relatively prime（互質）, 876
RELAX, 585
relaxation（放鬆）
    of an edge（邊）, 584-586
    linear programming（線性規劃）, 1080
relaxed red-black tree（放鬆紅黑樹）, 321 ex.
release time（釋放時間）, 426 pr., 786 pr.
remainder（餘數）, 58, 873
remainder instruction（餘數指令）, 21
repeated squaring（重複平方法）
    for all-pairs shortest paths（all-pairs 最短路徑）, 627-628
    for raising a number to a power（取一個數字的某次方）, 903
repeat, 虛擬碼, 18
repetition factor, of a string（重複因子，字串）, 961 pr.
REPETITION-MATCHER, 961 pr.
representative of a set（代表集合）, 497
RESET, 436 ex.
residual capacity（剩餘容量）, 652, 657
residual edge（剩餘邊）, 654
residual network（剩餘網路）, 652-657
residue（剩餘）, 58, 873, 921 pr.

respecting a set of edges（遵守一組邊）, 562
return, 虛擬碼, 20
return 指令, 21
reweighting（重設權重）
    in all-pairs shortest paths（all-pairs 最短路徑）, 637-639
    in single-source shortest paths（單源最短路徑）, 616 pr.
$\rho(n)$-近似演算法, 1064, 1078
RIGHT, 154
right child（右子節點）, 1129
right-conversion（右轉換）, 324 ex.
RIGHT-ROTATE, 323
right rotation（右旋）, 321
right shift（≫）（右移）, 272
right subtree（右子樹）, 1129
rod cutting（鋼棒切割）, 349-358, 376 ex.
root（根）
    of a tree（樹）, 1127
    of unity（單位）, 853-855
    of $\mathbb{Z}_n^*$, 901
rooted tree（有根樹）, 1127
    representation of（表示法）, 253-256
rotation（旋轉）, 321-325
rounding（捨入）, 1080
    randomized（隨機化）, 1093
row-major order（以列為主順序）, 241, 379
row rank（列秩）, 1177
row vector（列向量）, 1171
RSA 公鑰加密系統, 904-910
rule of product（乘法原理）, 1134
rule of sum（加法原理）, 1134
running time（執行時間）, 24
    asymptotic（漸近）, 44
    average-case（平均情況）, 27, 121
    best-case（最佳情況）, 29 ex.
    expected（期望）, 27, 122
    of a graph algorithm（圖演算法）, 524
    order of growth（增長率）, 27
    parallel（平行）, 730-731

and proper use of asymptotic notation（正確使用漸近表示法）, 50-51
　rate of growth（增長率）, 27
　worst-case（最壞情況）, 26

S

SA, 見 suffix array
sabermetrics（計量學）, 398 n.
safe edge（安全邊）, 562
SAME-COMPONENT, 499
sample position（樣本位置）, 962 pr.
sample space（樣本空間）, 1140
sample suffix（樣本後綴）, 962 pr.
sampling（採樣）, 132 ex.
SAT, 1035
satellite data（衛星資料）, 14, 149, 237
satisfiability（可滿足性）, 1028, 1034-1040, 1078-1079, 1082 ex.
satisfiable formula（可滿足方程式）, 1007, 1035
satisfying assignment（滿足賦值）, 1028, 1035
scalar（純量）, 1173
scalar flow product（純量流積）, 651 ex.
scaling（縮放）
　in maximum flow（最大流量）, 674 pr.
　in single-source shortest paths（單源最短路徑）, 616 pr.
scan（掃描）, 756 pr.
SCAN, 756 pr.
scapegoat tree（代罪羊樹）, 344
schedule（調度）, 1091 pr.
scheduler for task-parallel computations（任務平行計算調度器）, 727, 732-734, 741 ex., 760
scheduling（調度）, 426 pr., 786 pr., 1062 pr., 1091 pr.
Schur complement（舒爾補）, 795, 808
Schur complement lemma（舒爾補引理）, 809
SCRAMBLE-SEARCH, 146 pr.
seam carving（縫線雕刻）, 395 pr.

SEARCH, 238
searching（搜尋）
　binary search（二元搜尋）, 39 ex., 749-750
　in binary search trees（二元搜尋樹）, 303-304
　B 樹, 482-483
　in chained hash tables（串接雜湊表）, 266
　in direct-address tables（直接定址表）, 261
　for an exact interval（精確區間）, 473 ex.
　in interval trees（區間樹）, 470-472
　linear search（線性搜尋）, 21 ex.
　in linked lists（鏈接串列）, 248
　in open-address hash tables（開放定址雜湊表）, 282
　in red-black trees（紅黑樹）, 321
　in sorted compact lists（已排序的緊湊串列）, 257 pr.
　of static sets（靜態集合）, 296 pr.
　in an unsorted array（未排序陣列）, 146 pr.
search list（搜尋串列，見 linked list）
search tree（搜尋樹，見 balanced search tree, binary search tree, B-tree, exponential search tree, interval tree, optimal binary search tree, order-statistic tree, red-black tree, splay tree, 2-3 tree, 2-3-4 tree
secondary storage（二級儲存設備）
　search tree for（搜尋樹）, 476-496
　stacks on（堆疊）, 495 pr.
second-best minimum spanning tree（次佳最小生成樹）, 575 pr.
secret key（密鑰）, 904, 907
SELECT, 226
　used in quicksort（在快速排序中使用）, 229 ex.
SELECT3, 236 pr.
selection（選擇）, 216
　of activities（活動）, 400-407
　and comparison sorts（比較排序）, 229
　in order-statistic trees（順序統計樹）, 460-461

randomized（隨機化）, 218-225, 233 pr.
  in worst-case linear time（最壞情況線性時間）, 225-232
selection sort（選擇排序）, 28 ex., 47 ex.
selector vertex（選擇頂點）, 1048
self-loop（自迴路）, 1120
semiconnected graph（半連通圖）, 556 ex.
semiring, 626 n., 644
sentinel（哨符）
  in linked lists（鏈接串列）, 249-252
  in red-black trees（紅黑樹）, 318
sequence (⟨⟩)（序列）, 1118
  bitonic（雙調）, 619 pr.
  inversion in（逆序）, 127 ex., 464 ex.
  probe（探測）, 281
sequential consistency（順序一致性）, 729
serial algorithm versus parallel algorithm（串行演算法 vs. 平行演算法）, 722
serial projection（串行投影）, 723, 727
series（級數）, 1096-1100
  strands logically in（串邏輯上）, 729
series-parallel composition of parallel traces（平行追跡的串聯/並聯組合）, 735 fig.
set ({ })，1110-1114
  cardinality (| |)（大小）, 1112
  collection of（集合）, 1112
  convex（凸）, 651 ex.
  difference (−)（差）, 1110
  independent（獨立）, 1059 pr.
  intersection (∩)（交集）, 1110
  member (∈)（成員）, 1110
  not a member (∉)（非成員）, 1110
  partially ordered（偏序）, 1116
  static（靜態）, 296 pr.
  union (∪)（聯集）, 1110
set-covering problem（集合覆蓋問題）, 1074-1077
  weighted（加權）, 1090 pr.
set-partition problem（集合分割問題）, 1058 ex.
SHA-256, 279

shared memory（共享記憶體）, 722
sharks with lasers（幫鯊魚裝雷射槍）, 820
Shell 排序, 42
shift（位移）
  left (≪)（左移）, 292
  right (≫)（右移）, 272
  in string matching（字串比對）, 924
shift instruction（位移指令）, 22
short-circuiting operator（短路運算子）, 20
SHORTEST-PATH, 1008
shortest paths（最短路徑）, 580-644
  all-pairs, 580, 622-644
  Bellman-Ford 演算法, 587-592
  with bitonic shortest paths（雙調最短路徑）, 619 pr.
  and breadth-first search（廣度優先搜尋）, 534-536, 580
  convergence property of（收斂特性）, 586, 609-611
  and cycles（迴路）, 582-583
  and difference constraints（差分約束）, 601-607
  Dijkstra 演算法, 595-601
  in a directed acyclic graph（有向無迴路圖）, 592-595
  distance in (δ)（距離）, 534
  ϵ 密集圖, 643 pr.
  estimate of（估計）, 584
  Floyd-Warshall 演算法, 630-634, 637 ex.
  Gabow 伸縮演算法, 616 pr.
  Johnson 演算法, 637-643
  as a linear program（線性規劃）, 830
  and longest paths（最長路徑）, 1006
  by matrix multiplication（矩陣乘法）, 623-630, 643-644
  and negative-weight cycles（負權重迴路）, 581-582, 589-590, 630 ex., 637 ex.
  with negative-weight edges（負權重邊）, 581-582
  no-path property of（無路徑特性）, 586, 609

optimal substructure of（最佳子結構），
    580-581, 624, 630-632
path-relaxation property of（路徑放鬆特性），
    586, 611
predecessor in（π）（π 的前驅值）, 583
predecessor-subgraph property of（前驅子圖
    特性）, 586, 613-614
problem variants（問題的變體）, 580
and relaxation（放鬆）, 584-586
by repeated squaring（重複平方法）, 627-628
single-destination（單目的）, 580
single-pair（單對）, 369, 580
single-source（單源）, 580-620
tree of（樹）, 583-584, 611-614
triangle inequality of（三角不等式）, 586, 608
in an unweighted graph（無權重圖）, 369, 534
upper-bound property of（上限特性）, 586, 608-609
in a weighted graph（權重圖）, 580
weight in（δ）（權重）, 580
shortest remaining processing time（SRPT）（最
    短剩餘處理時間）, 786 pr.
sibling（同層）, 1128
signature（簽章）, 906
simple cycle（簡單迴路）, 1121-1122
simple graph（簡單圖）, 1122
simple path（簡單路徑）, 1121
    longest（最長）, 369, 1006
SIMPLER-RANDOMIZED-SELECT, 232 pr.
simplex（單體）, 827
simplex algorithm（單體演算法）, 601, 827, 845
simulation（模擬）, 165, 172
single-destination shortest paths（單目的地最短
    路徑）, 580
single-pair shortest path（單對最短路徑）, 369, 580
    as a linear program（線性規劃）, 830
single-source shortest paths（單源最短路徑），
    580-620

Bellman-Ford 演算法, 587-592
    with bitonic shortest paths（雙調最短路徑），
        619 pr.
    and difference constraints（差分約束），
        601-607
Dijkstra 演算法, 595-601
    in a directed acyclic graph（有向無迴路圖），
        592-595
ϵ 密集圖, 643 pr.
Gabow 伸縮演算法, 616 pr.
and longest paths（最長路徑）, 1006
singleton（單例）, 1112
singly connected graph（單連通圖）, 548 ex.
singly linked list（單向鏈接串列）, 247
singular matrix（奇異矩陣）, 1177
singular value decomposition（奇異值分解），
    819
sink vertex（匯集點）, 528 ex., 646, 650
size（大小）
    of an algorithm's input（演算法的輸入）, 23,
        872, 1012-1015
    of a boolean combinational circuit（布林組合
        電路）, 1028
    of a clique（點集團）, 1042
    of a group（群組）, 885
    of a set（集合）, 1112
    of a vertex cover（頂點覆蓋）, 1045, 1065
skip list, 345
slackness（鬆弛性）
    complementary（互補）, 842 pr.
    parallel（平行）, 731
slot（槽位）
    of a direct-access table（直接存取表）, 260
    of a hash table（雜湊表）, 263
SLOW-APSP, 627
smoothed analysis（平滑分析）, 845
solution（解）
    to an abstract problem（抽象問題）, 1012
    to a computational problem（計算問題）, 3
    to a concrete problem（具體問題）, 1012

feasible（可行）, 602, 823
infeasible（不可行）, 823
optimal（最佳）, 823
to a system of linear equations（線性方程組）, 789
sorted linked list（已排序鏈接串列）, 247
sorting（排序）, 3, 14-17, 29-39, 45-47, 50-51, 149-215, 747-753
    bubblesort（氣泡排序）, 40 pr.
    bucket sort（桶排序）, 204-209
    columnsort（行排序）, 211 pr.
    comparison sort（比較排序）, 195
    counting sort（計數排序）, 197-200
    fuzzy（模糊）, 193 pr.
    heapsort（堆積排序）, 153-172
    in place（就地）, 149, 209 pr.
    insertion sort（插入排序）, 9, 14-17, 45-47, 50-51
    k-sorting（k-排序）, 210 pr.
    lexicographic（詞典）, 313 pr., 952 n.
    in linear time（線性時間）, 197-209, 209 pr.
    lower bounds for（下限）, 195-197, 214
    merge sort（合併排序）, 9, 29-39, 51, 747-753
    by an oblivious compare-exchange（疏忽比較交換）
        algorithm（演算法）, 211 pr.
    parallel merge sort（平行合併排序）, 747-753
    parallel quicksort（平行快速排序）, 760 pr.
    probabilistic lower bound for（機率下限）, 209 pr.
    quicksort（快速排序）, 173-194
    radix sort（數基排序）, 200-204
    selection sort（選擇排序）, 28 ex., 47 ex.
    Shell 排序, 42
    stable（穩定）, 200
    table of running times（執行時間表）, 150
    topological（拓撲）, 549-551

    using a binary search tree（使用二元搜尋樹）, 312 ex.
    with variable-length items（可變長度項目）, 209 pr.
    0-1 排序引理, 211 pr.
sorting network（排序網路）, 760
source vertex（源頭）, 529, 580, 646, 650
span（跨度）, 730
span law（跨度法則）, 731
spanning tree（生成樹）, 561
    bottleneck（瓶頸）, 577 pr.
    maximum（最大）, 1092 pr.
    verification of（驗證）, 579
    亦見 minimum spanning tree
sparse graph（稀疏圖）, 525
    all-pairs shortest paths for（all-pairs 最短路徑）, 637-643
    Prim 演算法, 575 pr.
sparse matrix（稀疏矩陣）, 75
spawn, 虛擬碼, 725-727
spawning（生產）, 727
speedup（加速）, 731
    of a randomized parallel algorithm（隨機平行演算法）, 760 pr.
spindle in a disk drive（磁碟機的轉軸）, 476
spine of a string-matching automaton（字串比對自動機）, 936
splay tree（伸展樹）, 345, 457
splicing
    in a binary search tree（二元搜尋樹）, 311-312
    in a linked list（鏈接串列）, 248-249
spline（樣條）, 817 pr.
splitting（分開）
    of B-tree nodes（B 樹節點）, 484-486
    2-3-4 樹, 495 pr.
splitting summations（分開和式）, 1104-1105
spurious hit（假命中）, 931
square matrix（方陣）, 1171

square of a directed graph（有向圖的平方），528 ex.
square root, modulo a prime（平方根，模質數），921 pr.
squaring, repeated（重複平方法）
　　for all-pairs shortest paths（all-pairs 最短路徑），627-628
　　for raising a number to a power（取一個數字的某次方），903
SRPT (shortest remaining processing time)（最短剩餘處理時間），786 pr.
stability（穩定性）
　　numerical（數值），789, 790
　　of sorting algorithms（排序演算法），200
stable-marriage problem（穩定婚配問題），691-698
stable matching（穩定配對組合），691
stable-roommates problem（穩定室友問題），698 ex.
stack（堆疊），242-243
　　implemented by queues（用佇列來實作），246 ex.
　　implemented with a priority queue（用優先佇列來實作），169 ex.
　　linked-list implementation of（鏈接串列實作），252 ex.
　　operations analyzed by accounting method（用會計法來分析操作），434-435
　　operations analyzed by aggregate analysis（用聚合分析來分析操作），429-431
　　operations analyzed by potential method（用潛能法來分析操作），437-438
　　for procedure execution（程序執行），192 pr.
　　on secondary storage（二級儲存設備），495 pr.
STACK-EMPTY, 243
standard deviation（標準差），1151
standard encoding (⟨⟩)（標準編碼），1015
standard form of a linear program（線性規劃的標準形式），823

start state（開始狀態），934
start time（開始時間），400
state of a finite automaton（有限自動機的狀態），934
static graph（靜態圖），499
static hashing（靜態雜湊化），269, 271-273
static set（靜態集合），296 pr.
stencil, 759 pr.
Stirling's approximation（Stirling 近似式），61
stochastic gradient descent（隨機梯度下降），1004 pr.
STOOGE-SORT, 192 pr.
store instruction（儲存指令），21, 729
strand（串），727
　　mutually noninterfering（互不干擾），739
Strassen 演算法, 79-84, 117-119
　　parallel algorithm for（平行演算法），745-746
streaks（連勝），136-143, 145 ex.
streaming algorithms（串流演算法），788
strict Fibonacci heap（嚴格斐波那契堆積），457
strictly decreasing（嚴格遞減），57
strictly increasing（嚴格遞增），57
string, 924, 1134
　　interpreted as a key（解讀為鍵），277-279, 280 ex.
string matching（字串比對），924-967
　　based on repetition factors（根據重複因子），961 pr.
　　by finite automata（有限自動機），934-941
　　with gap characters（間隙字元），928 ex., 941 ex.
　　Knuth-Morris-Pratt 演算法, 941-951
　　naive algorithm for（天真演算法），927-928
　　Rabin-Karp 演算法, 928-934
　　by suffix arrays（後綴陣列），951-961
string-matching automaton（字串比對自動機），935-941
strongly connected component（強連通成分），1122

decomposition into（分解）, 551-556
STRONGLY-CONNECTED-COMPONENTS, 553
strongly connected graph（強連通圖）, 1122
subarray (:)（子陣列）, 15, 19
subgraph（子圖）, 1122
    equality（相等）, 699
    predecessor（前驅值，見 predecessor subgraph）
subgraph-isomorphism problem（子圖同構問題）, 1058 ex.
subgroup（子群組）, 889-892
subpath（子路徑）, 1121
subproblem graph（子問題圖）, 356-357
subroutine（子程序）, 19, 21, 24 n.
subsequence（子序列）, 377
subset (⊆)（子集合）, 1110, 1112
SUBSET-SUM, 1053
subset-sum problem（子集合總和問題）
    approximation algorithm for（近似演算法）, 1082-1088
    NP-completeness of（NP 完備性）, 1053-1055
    with unary target（unary 目標）, 1058 ex.
substitution method（代入法）, 84-89
    in quicksort analysis（快速排序分析）, 182 ex., 184-185
    and recursion trees（遞迴樹）, 91
    in selection analysis（選擇分析）, 229
substring（子字串）, 928, 1134
    rank of（排名）, 953
subtracting a low-order term, in the substitution method（在代入法裡減去低次項）, 86-87
subtract instruction（減法指令）, 21
subtraction of matrices（矩陣減法）, 1174
subtree（子樹）, 1128
    maintaining size of, in order-statistic trees（維護大小，順序統計樹）, 463-464
success, in a Bernoulli trial（Bernoulli 試驗的成功）, 1152
successor（下一個）

in binary search trees（二元搜尋樹）, 305-306
finding i th, of a node in an order-statistic tree（在順序統計樹找到一個節點的第 i 個…）, 464 ex.
in linked lists（鏈接串列）, 247
in red-black trees（紅黑樹）, 321
SUCCESSOR, 238
such that (:)（滿足）, 1110
suffix (⊐)（後綴）, 926
suffix array (SA)（後綴陣列）, 951-961, 962 pr.
suffix function（後綴函數）, 935
suffix-function inequality（後綴函數不等式）, 937
suffix-function recursion lemma（後綴函數遞迴引理）, 938
sum (∑)（和）, 1096
    Cartesian（笛卡兒）, 853 ex.
    of matrices（矩陣）, 1173
    of polynomials（多項式）, 846
    rule of（規則）, 1134
    telescoping（分項對消）, 1099
SUM-ARRAY, 21 ex.
SUM-ARRAYS, 755 pr.
SUM-ARRAYS′, 755 pr.
summation（和式）, 1096-1109
    approximated by integrals（用積分求近似解）, 1107
    in asymptotic notation（漸近表示法）, 52, 1096
    bounding（界限）, 1101-1109
    formulas and properties of（和式與特性）, 1096-1101
    linearity of（線性性質）, 1096
    lower bounds on（下限）, 1104, 1107
    splitting（分開）, 1104-1105
summation lemma（求和引理）, 856
supercomputer（超級計算機）, 722
superpolynomial time（超多項式時間）, 1006
supersink（超匯集點）, 650

supersource（超源頭）, 650
supervised learning（監督學習）, 970
surjection（滿射）, 1118
SVD, 819
symbol table（符號表）, 260
symmetric difference（對稱差）, 682
symmetric-key cryptosystem（對稱鍵加密系統）, 909
symmetric matrix（對稱矩陣）, 1173
symmetric positive-definite matrix（對稱正定矩陣）, 807-810
　　inverse of（逆）, 756 pr.
symmetric relation（對稱關係）, 1115
symmetry of Θ-notation（Θ 表示法的對稱性）, 55
sync, 虛擬碼, 725-727
system of difference constraints（差分約束系統）, 601-607
system of linear equations（線性方程組）, 756 pr., 789-802, 817 pr., 999-1000

T

TABLE-DELETE, 447
TABLE-INSERT, 442
tail（尾部）
　　of a binomial distribution（二項分布）, 1159-1167
　　of a linked list（鏈接串列）, 247
　　of a queue（佇列）, 244
tail recursion（尾端遞迴）, 192 pr., 404
target（目標）, 1053
Tarjan's offline lowest-common-ancestors algorithm（Tarjan 的離線最低共同前代演算法）, 520 pr.
task parallelism（任務平行化）, 722
　　亦見 parallel algorithm
Task Parallel Library, 723
task-parallel scheduling（任務平行調度）, 732-734, 741 ex.

task scheduling（任務調度）, 426 pr., 786 pr.
tautology（恆真）, 1022 ex.
Taylor series（泰勒級數）, 315 pr.
telescoping series（級數分項對消）, 1099
telescoping sum（和式分項對消）, 1099
termination of a loop invariant（循環不變性的終止）, 16
testing（測試）
　　of primality（質數）, 910-920, 923
　　of pseudoprimality（偽質數）, 912-913
text（文本）, 924
Theta 表示法（Θ）, 28, 45, 48 fig., 50
thread（執行緒）, 722
Threading Building Blocks, 723
thread parallelism（執行緒平行化）, 722
3-CNF, 1037
3-CNF-SAT, 1037
3-CNF 可滿足性, 1037-1040
　　approximation algorithm for（近似演算法）, 1078-1079
　　and 2-CNF satisfiability（2-CNF 可滿足性）, 1007
3-COLOR, 1060 pr.
3- 合取正規式, 1037
threshold constant（閾常數）, 71
tight bounds（嚴格界限）, 50
time（時間，見 running time）
time domain（時域）, 846
time-memory trade-off（時間與記憶體之間的權衡）, 353
timestamp（時戳）, 540, 547 ex.
$T[i:]$（文本後綴）, 952
$T[:k]$（文本前綴）, 926
to, 虛擬碼, 18
top-down method, for dynamic programming（動態規劃的由上而下法）, 353
top of a stack（堆疊頂部）, 242
topological sort（拓撲排序）, 549-551
　　in computing single-source shortest paths in a dag（計算 dag 裡的單源最短路徑）, 592

TOPOLOGICAL-SORT, 549
total order（全序）, 1116
total path length（總路徑長度）, 315 pr.
total preorder（全預序）, 1116
total relation（全關係）, 1116
tour（迴路）
    bitonic（雙調）, 391 pr.
    Euler, 558 pr., 1007
    of a graph（圖）, 1050
trace（追跡）, 727-729
    series-parallel composition of（串聯/並聯組合）, 735 fig.
track in a disk drive（磁碟機的磁軌）, 476
tractability（可解決性）, 1006
trailing pointer（尾隨指標）, 308
training data（訓練資料）, 969
training phase（訓練階段）, 969
transition function（轉移函數）, 934, 939-940
transitive closure（遞移閉包）, 634-637
    and boolean matrix multiplication（布林矩陣乘法）, 807 ex.
    of dynamic graphs（動態圖）, 643 pr., 644
TRANSITIVE-CLOSURE, 635
transitive relation（遞移閉包）, 1115
transitivity of asymptotic notation（漸近表示法的遞移性）, 55
TRANSPLANT, 311, 333
transpose（轉置）
    conjugate（共軛）, 807 ex.
    of a directed graph（有向圖）, 528 ex.
    of a matrix（矩陣）, 1171
transpose symmetry of asymptotic notation（漸近表示法的轉置對稱性）, 56
traveling-salesperson problem（旅行推銷員問題）
    approximation algorithm for（近似演算法）, 1068-1074
    bitonic euclidean（雙調歐氏）, 391 pr.
    bottleneck（瓶頸）, 1074 ex.
    NP-completeness of（NP 完備性）, 1050-1053

with the triangle inequality（有三角不等式）, 1069-1072
without the triangle inequality（沒有三角不等式）, 1072
traversal of a tree（遍歷樹）, 300, 307 ex., 1071
treap, 344
tree（樹）, 1125-1132
    AA 樹, 344
    AVL, 344 pr., 344
    binary（二元，見 binary tree）
    bisection of（對分）, 1133 pr.
    breadth-first（廣度優先）, 531, 536
    B 樹, 476-496
    decision（決策）, 196-197, 209 pr.
    depth-first（深度優先）, 540
    diameter of（直徑）, 539 ex.
    dynamic（動態）, 457
    free（自由）, 1124, 1125-1127
    full walk, 1071
    fusion（融合）, 215, 457
    heap（堆積）, 153-172
    height-balanced（高度平衡）, 344 pr.
    height of（高）, 1129
    interval（區間）, 467-473
    k-neighbor, 344
    left-leaning red-black binary search trees（左傾紅黑二元搜尋樹）, 344
    minimum spanning（最小生成樹，見 minimum spanning tree）
    optimal binary search（最佳二元搜尋樹）, 384-391
    order-statistic（順序統計）, 459-464
    parse（解析）, 1038
    recursion（遞迴）, 36, 89-95
    red-black（紅黑，見 red-black tree）
    rooted（有根）, 253-256, 1127
    scapegoat（代罪羊）, 344
    search（搜尋，見 search tree）
    shortest-paths（最短路徑）, 583-584, 611-614
    spanning（生成，見 minimum spanning tree, spanning tree）

splay, 345, 457
treap, 344
2-3, 344, 496
2-3-4, 480, 495 pr.
van Emde Boas, 457
walk of（遍歷）, 300, 307 ex., 1071
weight-balanced trees（加權平衡樹）, 344
TREE-DELETE, 312, 312 ex., 333-334
tree edge（樹邊）, 536, 540, 544
TREE-INSERT, 308, 325
TREE-MAXIMUM, 305
TREE-MINIMUM, 305
TREE-PREDECESSOR, 306
TREE-SEARCH, 303
TREE-SUCCESSOR, 306
tree walk, 300, 307 ex., 1071
TRE-QUICKSORT, 192 pr.
trial division（試除法）, 911
triangle inequality（三角不等式）, 1069
    for shortest paths（最短路徑）, 586, 608
triangular matrix（三角矩陣）, 1172
trichotomy, interval（三一性，區間）, 468
trichotomy property of real numbers（實數的三一性）, 56
tridiagonal linear systems（三對角系統）, 817 pr.
tridiagonal matrix（三對角矩陣）, 1172
trie (radix tree)（數基樹）, 313 pr.
TRIM, 1085
trimming a list（修剪串列）, 1084
trivial divisor（平凡因數）, 872
tropical semiring, 626 n.
truth assignment（真值賦值）, 1028, 1034
truth table（真值表）, 1026
TSP, 1052
tuple, 1113
twiddle factor（旋轉因子）, 859
2-CNF-SAT, 1041 ex.
2-CNF 可滿足性, 1041 ex.
    and 3-CNF satisfiability（3-CNF 可滿足性）, 1007

two-pass method（雙程法）, 506
2-3-4 樹, 480, 495 pr.
2-3 樹, 344, 496

U

unary, 1013
unbounded competitive ratio（無界限的競爭比）, 775
unbounded linear program（無界限的線性規劃）, 823
uncle（叔節點）, 327
unconditional branch instruction（非條件型分支指令）, 21
unconstrained gradient descent（無限制條件的梯度下降）, 988-996
uncountable set（不可數集合）, 1112
underdetermined system of linear equations（欠定線性方程組）, 789
underflow（低於下限）
    of a queue（佇列）, 244
    of a stack（堆疊）, 243
undirected graph（無向圖）, 1120
    articulation point of（銜接點）, 558 pr.
    biconnected component of（雙連通成分）, 558 pr.
    bridge of（橋）, 558 pr.
    clique in（點集團）, 1042
    coloring of（上色）, 1060 pr., 1132 pr.
    computing a minimum spanning tree in（計算最小生成樹）, 561-579
    d-regular（d-正則）, 691 ex., 715 pr.
    grid（網格）, 672 pr.
    hamiltonian, 1018
    independent set of（獨立集合）, 1059 pr.
    matching in（配對組合）, 669-672, 680-717
    nonhamiltonian, 1018
    vertex cover of（頂點覆蓋）, 1045, 1065
    亦見 graph
undirected version of a directed graph（有向圖的無向版本）, 1124

uniform family of hash functions（雜湊函數的均
　　勻家族）, 274
uniform hash function（均勻雜湊函數）, 266
uniform hashing（均勻雜湊化）, 283
uniform probability distribution（均勻機率分布）,
　　1141-1142
uniform random permutation（均勻隨機排列）,
　　121, 129
union（聯集）
　　of languages（語言）, 1015
　　of linked lists（鏈接串列）, 252 ex.
　　of sets（∪）（集合）, 1110
UNION, 252 ex., 497
　　disjoint-set-forest implementation of（不相交
　　　　集合森林的實作）, 507
　　linked-list implementation of（鏈接串列實
　　　　作）, 501-503
union by rank（依 rank 聯合）, 505
unit (1)（單位）, 873
unit lower-triangular matrix（單位下三角矩陣）,
　　1172
unit upper-triangular matrix（單位上三角矩陣）,
　　1172
unit vector（單位向量）, 1171
universal family of hash functions（雜湊函數的
　　通用家族）, 273-274
universal hash function（通用雜湊函數）, 266
universal hashing（通用雜湊）, 273-277, 296 pr.
universal sink（普遍匯點）, 528 ex.
universe（域）, 260, 1111
unmatched vertex（未配對頂點）, 669, 680
unsorted linked list（未排序鏈接串列）, 247
unstable matching（不穩定配對組合）, 692
unsupervised learning（無監督學習）, 970
until, 虛擬碼, 18
unweighted longest simple paths（無權重最長簡
　　單路徑）, 369
unweighted shortest paths（無權重最短路徑）,
　　369
upper bound（上限）, 48

upper-bound property（上限特性）, 586,
　　608-609
upper median（較高中位數）, 216
upper-triangular matrix（上三角矩陣）, 1172

V

valid shift（有效位移）, 924
value（值）
　　of a flow（流）, 647
　　of a function（函數）, 1117
　　objective（目標）, 823
Vandermonde 矩陣, 849, 1179 pr.
van Emde Boas 樹, 457
Var[ ], 見 variance
variable（變數）
　　decision（決策）, 821
　　in pseudocode（虛擬碼）, 18
　　random（隨機）, 1147-1152
　　亦見 indicator random variable
variable-length code（可變長度碼）, 413
variable-length input（可變長度輸入）
　　interpreted as a key（解讀為鍵）, 277-279
　　to the wee hash function（wee 雜湊函數）,
　　　　294
variance（變異數）, 1149
　　of a binomial distribution（二項分布）, 1156
　　of a geometric distribution（幾何分布）, 1154
vector（向量）, 1171, 1175-1178
　　convolution of（摺積）, 849
　　interpreted as a key（解讀為鍵）, 277-279
　　orthonormal（標準正交）, 819
Venn diagram（范氏圖）, 1111
verification（驗證）, 1018-1023
　　of spanning trees（生成樹）, 579
verification algorithm（驗證演算法）, 1020
vertex（頂點）
　　articulation point（銜接點）, 558 pr.
　　attributes of（特性）, 527
　　capacity of（容量）, 652 ex.

in a graph（圖裡）, 1120
intermediate（中間）, 630
isolated（孤立）, 1121
matched（已配對）, 669, 680
selector（選擇）, 1048
unmatched（未配對）, 669, 680
vertex cover（頂點覆蓋）, 1045, 1065
VERTEX-COVER, 1045
vertex-cover problem（頂點覆蓋問題）
approximation algorithm for（近似演算法）, 1065-1068, 1079-1082
NP-completeness of（NP 完備性）, 1045-1046
vertex labeling（頂點標籤）, 699, 716 pr.
vertex set（頂點集合）, 1120
virtual memory（虛擬記憶體）, 22
Viterbi 演算法, 395 pr.

X

X10, 723

Y

Yen's improvement to the Bellman-Ford algorithm（Yen 對 Bellman-Ford 演算法的改善）, 616 pr.
Young tableau（楊表）, 170 pr.

Z

$\mathbb{Z}$（set of integers）（整數集合）, 1110
$\mathbb{Z}_n$（equivalence classes modulo n）（等價類別 mod n）, 873
$\mathbb{Z}_n^*$（mod n 乘法群的元素）, 887
$\mathbb{Z}_n^+$（$\mathbb{Z}_n$ 的非零元素）, 912
zero matrix（零矩陣）, 1171
zero of a polynomial modulo a prime（多項式 mod 質數之零）, 897 ex.

0-1 integer programming（0-1 整數規劃）, 1058 ex., 1079
0-1 knapsack problem（0-1 背包問題）, 409, 411 ex., 1092 pr.
0-1 sorting lemma（0-1 排序引理）, 211 pr.
zombie apocalypse（喪屍末日）, 820

演算法導論 第四版

作　　者：Thomas H. Cormen 等
譯　　者：賴屹民
企劃編輯：詹祐甯
文字編輯：江雅鈴
設計裝幀：張寶莉
發 行 人：廖文良

發 行 所：碁峰資訊股份有限公司
地　　址：台北市南港區三重路 66 號 7 樓之 6
電　　話：(02)2788-2408
傳　　真：(02)8192-4433
網　　站：www.gotop.com.tw
書　　號：ACL067500
版　　次：2024 年 08 月初版
建議售價：NT$1800

國家圖書館出版品預行編目資料

演算法導論 / Thomas H. Cormen 等原著；賴屹民譯. -- 初版.
-- 臺北市：碁峰資訊, 2024.08
　面；　公分
譯自：Introduction to Algorithms, 4th ed.
ISBN 978-626-324-836-6(平裝)
1.CST：演算法
318.1　　　　　　　　　　　　　　113008162

商標聲明：本書所引用之國內外公司各商標、商品名稱、網站畫面，其權利分屬合法註冊公司所有，絕無侵權之意，特此聲明。

版權聲明：本著作物內容僅授權合法持有本書之讀者學習所用，非經本書作者或碁峰資訊股份有限公司正式授權，不得以任何形式複製、抄襲、轉載或透過網路散佈其內容。
版權所有‧翻印必究

本書是根據寫作當時的資料撰寫而成，日後若因資料更新導致與書籍內容有所差異，敬請見諒。若是軟、硬體問題，請您直接與軟、硬體廠商聯絡。